I0033105

ENCYCLOPÉDIE MÉTHODIQUE,

OU

PAR ORDRE DE MATIERES;

PAR UNE SOCIÉTÉ DE GENS DE LETTRES, DE SAVANS ET D'ARTISTES;

Précédée d'un Vocabulaire universel, *servant de Table pour tout l'Ouvrage, ornée des Portraits de MM.* Diderot & d'Alembert, *premiers Éditeurs de l'*Encyclopédie.

ENCYCLOPÉDIE MÉTHODIQUE.

AGRICULTURE,

Par MM. Tessier, Thouin & Bosc, *de l'Institut impérial de France.*

TOME CINQUIÈME.

A PARIS,

Chez H. Agasse, Imprimeur-Librare, rue des Poitevins, nº. 6.

M. DCCCXIII.

IBÉRIDE. *Iberis.*

Genre de plante de la tétradynamie siliculeuse & de la famille des *Crucifères*, qui rassemble plus de vingt espèces, dont la plupart se trouvent dans nos jardins de botanique, & dont plusieurs se cultivent fréquemment dans ceux d'agrément. *Voyez* les *Illustrations des genres* de Lamarck, pl. 557.

Espèces.

1. L'Ibéride de Perse, vulgairement *tharaspi*.
Iberis semperflorens. Linn. ♄ De la Perse.

2. L'Ibéride toujours verte.
Iberis sempervirens. Linn. ♄ Du midi de l'Europe.

3. L'Ibéride en buisson.
Iberis contracta. Pers. ♄ D'Espagne.

4. L'Ibéride de roche.
Iberis saxatilis. Linn. ♄ Du midi de l'Europe.

5. L'Ibéride vermiculaire.
Iberis vermiculata. Willd. ♄ De la Tauride.

6. L'Ibéride de Gibraltar.
Iberis gibraltarica. Lam. ♄ D'Espagne.

7. L'Ibéride de la Cappadoce.
Iberis cappadocica. Willd. ♃ De l'Orient.

8. L'Ibéride à petites fleurs.
Iberis parviflora. Lam. Du Levant.

9. L'Ibéride à feuilles obrondes.
Iberis rotundifolia. Linn. ♃ Du midi de la France.

10. L'Ibéride charnue.
Iberis carnosa. Willd. ♃ Des Pyrénées.

11. L'Ibéride à feuilles d'oignon.
Iberis cepeæfolia. Willd. ♃ De Carinthie.

12. L'Ibéride ciliée.
Iberis ciliata. Willd. ♃ Du Caucase.

13. L'Ibéride de Crète, vulgairement *tharaspi, gris de lin.*
Iberis umbellata. Linn. ☉ Du midi de l'Europe.

14. L'Ibéride des champs.
Iberis amara. Linn. ☉ Indigène.

15. L'Ibéride à feuilles de lin.
Iberis linifolia. Linn. ☉ Du midi de la France.

16. L'Ibéride odorante.
Iberis odorata. Linn. ☉ Des Alpes.

17. L'Ibéride d'Arabie.
Iberis arabica. Linn. ☉ De l'Orient.

18. L'Ibéride crénelée.
Iberis crenata. Lam. D'Espagne.

19. L'Ibéride pinnée.
Iberis pinnata. Linn. ☉ Des parties méridionales de l'Europe.

20. L'Ibéride à tiges nues.
Iberis nudicaulis. Linn. ☉ Indigène.

21. L'Ibéride naine.
Iberis nana. Allioni. ☉ Du Piémont.

22. L'Ibéride à feuilles opposées.
Iberis oppositifolia. Pers. De Syrie.

23. L'Ibéride intermédiaire.
Iberis intermedia. Pers. ☉ De Normandie.

Culture.

L'Ibéride de Perse est une des plus intéressantes de ce genre : on la cultive fréquemment parce qu'elle reste verte & en fleurs pendant l'hiver, & qu'elle donne par conséquent des jouissances dans une saison où on en a peu de ce genre. Les fortes gelées seulement lui sont nuisibles; mais il n'en est pas moins bon de la rentrer de bonne heure dans l'orangerie, ou mieux sous un châssis, afin d'activer sa végétation, & de lui faire développer un plus grand nombre de fleurs : il lui faut beaucoup de lumière & peu d'arrosemens; car elle est fort disposée, à raison de sa constitution aqueuse, à chancir & à pourrir. Une terre légère & substantielle lui est indispensable, & malgré cela on la change de pot deux fois par an, au printems & en automne, & chaque fois on lui donne de la nouvelle terre, étant très-vorace par sa nature. C'est presqu'exclusivement de boutures faites à la fin du printems sur couche & sous châssis, qu'on la multiplie, réussissant rarement de marcotes, ne poussant presque jamais de rejetons de ses racines, & ses fleurs donnant rarement de bonnes graines. Comme une tête régulière concourt puissamment aux agrémens dont elle est pourvue, il faut tendre de bonne heure à lui en former une, & deux à trois ans suffisent ordinairement à peine pour cela.

Cette espèce offre une variété à feuilles panachées, qui me paroît lui être inférieure en beauté.

L'Ibéride toujours verte ressemble beaucoup à la précédente; mais elle est moins agréable par son port, ayant les tiges traînantes, & par ses fleurs plus petites, & qui ne durent que quelques jours en été. On la multiplie comme la précédente, & de plus facilement de marcotes : du reste, elle demande à être traitée de même.

Les Ibérides en buisson, de roche, de Gibraltar ne se voient guère que dans les jardins de botanique, quoiqu'elles soient toutes trois dignes d'être cultivées pour l'agrément. Ce qui vient d'être dit à l'occasion des deux premières leur est complétement applicable.

Parmi les espèces vivaces on ne cultive, à ma connoissance, dans les mêmes jardins, que celle à feuilles obrondes, celle à feuilles charnues. Celles-là craignent peu les gelées, & peuvent être semées en place dans toute nature de terrein : on les multiplie de graines.

L'Ibéride de Crète est la seule, parmi les annuelles, qu'on cultive pour l'ornement des parterres; mais c'est surabondamment, car elle remplit parfaitement bien son objet, à raison de la facilité de sa multiplication par graines, de sa faculté de prospérer dans presque tous les terreins, de son peu de hauteur, de sa forme étalée, de la grandeur & de la largeur de ses fleurs, & surtout de ses nombreuses variétés. En effet, on trouve en elle toutes les nuances du rouge au blanc.

Cette espèce, souffrant toujours lorsqu'on la transplante, demande à être préférablement semée en place ou dans des pots, d'où on puisse l'enlever en motte. Cette opération s'exécute avant ou après l'hiver, ou mieux avant & après, afin de faire durer plus long-tems les jouissances qu'elle offre. Le plus souvent c'est la Nature seule qui l'exécute. Les semis d'automne donnent des productions plus fortes, mais ils gênent les labours. On les exécute, soit en petites touffes, soit en bordure, quelquefois même irréguliérement. Il est toujours bon, pour assurer la beauté des produits, de répandre la graine dans des creux appelés *augelots*, ou dans des fossètes appelées *rigoles*, & de la recouvrir d'un demi-pouce de terreau de couche. La seule culture que demandent les pieds lorsqu'ils sont levés, sont des binages ou des sarclages & des éclaircies successives. Dans la dernière de ces éclaircies, qui a lieu lorsque les fleurs commencent à se montrer, on a soin de diminuer les pieds dont la nuance domine trop; car c'est de l'opposition des couleurs qu'ils tirent, comme je l'ai déjà dit, la plus grande partie de leurs agrémens.

La graine de l'Ibéride de Crète se recueille sur les plus beaux pieds.

L'Ibéride amère est moins belle que la précédente; mais elle l'est cependant assez pour la suppléer, & elle la supplée en effet. Sa culture est la même. On la trouve en abondance dans les champs du midi de l'Europe. Son amertume s'oppose à ce qu'elle soit mangée par les bestiaux.

L'Ibéride pinnée est très-élégante; mais la petitesse & le foible nombre de ses fleurs ne permettent pas de la cultiver pour l'ornement. On ne la voit que dans les jardins de botanique & dans les champs sabloneux du midi qu'elle couvre quelquefois.

Je ferai la même observation relativement à l'Ibéride à feuilles de lin.

C'est dans les sables les plus arides que croît naturellement l'Ibéride à tige nue, & c'est immédiatement après la fonte des neiges qu'elle fleurit. Sa petitesse empêche de remarquer son élégance. Elle a la saveur & les propriétés antiscorbutiques du cresson alénois. J'en ai plusieurs fois mangé en salade avec plaisir & profit sous le rapport de la santé. On ne la sème que dans les jardins de botanique & en place. Ce que j'ai dit des autres espèces annuelles lui est applicable. (*Bosc.*)

ICACORE. *Ardisia.*

Genre de plante de la pentandrie monogynie & de la famille des *Ophiospermes* de Ventenat, ou des *Sapotilliers*, qui renferme douze espèces, dont deux sont cultivées dans nos jardins. Il est figuré planche 136 des *Illustrations* de Lamarck.

Observation.

Ce genre est le même que le *badula* de Jussieu, l'*anguillaire* de Gærtner, l'*heberdenia* de Bancks. Il se rapproche beaucoup du *bladhia* de Thunberg.

Espèces.

1. L'Icacore à feuilles de laurier-thym.
Ardisia tinifolia. Swartz. ♄ Des Antilles.
2. L'Icacore à feuilles coriaces.
Ardisia coriacea. Swartz. ♄ Des Antilles.
3. L'Icacore à feuilles en scie.
Ardisia serrulata. Sw. ♄ De Saint-Domingue.
4. L'Icacore à feuilles aiguës.
Ardisia acuminata. Swartz. ♄ De la Guiane.
5. L'Icacore à feuilles crénelées.
Ardisia crenulata. Vent. ♄ Des Antilles.
6. L'Icacore pyramidale.
Ardisia pyramidalis. Cavan. ♄ Du Mexique.
7. L'Icacore à feuilles dentelées.
Ardisia serrata. Cavan. ♄ Du Mexique.
8. L'Icacore naine.
Ardisia humilis. Vahl. ♄ De l'île d'Haman.
9. L'Icacore solanacée.
Ardisia solanacea. Willd. ♄ Des Indes.
10. L'Icacore à feuilles latérales.
Ardisia lateriflora. Swartz. ♄ Des Indes.
11. L'Icacore élevée.
Ardisia excelsa. Ait. ♄ De Madère.
12. L'Icacore parasite.
Ardisia parasitica. Swartz. ♄ De la Dominique.

Culture.

Les Icacores élevée & crénelée sont celles qui se voient dans nos jardins.

La première se contente de l'orangerie, & se multiplie de marcotes. Comme elle pousse beaucoup en racines, & qu'elle reste verte toute l'année, elle a besoin d'une bonne terre & d'être changée de pot chaque année.

La seconde exige la serre chaude. Elle se multiplie & se conduit de même. Toutes deux sont encore rares. (*Bosc.*)

ICAQUIER. *Chrysobalanus.*

Genre de plante de l'icosandrie monogynie &

de la famille des *Rosacées*, qui renferme deux espèces, dont l'une se cultive dans nos serres, & porte, dans son pays natal, des fruits qui se mangent. *Voyez* les *Illustrations des genres* de Lamarck, pl. 428.

Espèces.

1. L'ICAQUIER d'Amérique, vulgairement *prune icaque, prune coton.*

Chrysobalanus icaco. Linn. ♄ De l'Amérique méridionale.

2. L'ICAQUIER à feuilles oblongues.

Chrysobalanus oblongifolius. Mich. ♄ De l'Amérique septentrionale.

Culture.

C'est la première espèce qui se cultive dans nos jardins, & dont les fruits se mangent. Dans son pays natal, on ne lui donne aucune culture : seulement on réserve les pieds qui croissent naturellement pour en cueillir les fruits, qui varient en jaune, en rouge, en violet, en bleu-noirâtre.

Dans nos serres, l'Icaquier demande une terre légère & un haut degré de chaleur, même pendant l'été. On le multiplie de graines tirées de nos colonies d'Amérique, & semées sur couche & sous châssis. Je ne sache pas que ses marcotes soient dans le cas de réussir, & il est certain, pour moi, qu'il ne reprend pas de boutures. Tous les deux ans on le rempote & on lui donne de la nouvelle terre. (*Bosc.*)

ICARANDE. *Icaranda.*

Nom donné par Jussieu à un genre de plante qu'il a formé aux dépens des Bignones de Linnæus, & qui comprend la BIGNONE bleue & la BIGNONE du Brésil.

Comme il a été fait mention de la culture de ces deux espèces au mot BIGNONE, je dois me contenter de donner cette indication. (*Bosc.*)

ICHNEUMON. *Ichneumon.*

Genre d'insectes de la classe des hyménoptères, qui renferme un très-grand nombre d'espèces (plus de trois cents), qui toutes déposent leurs œufs dans le corps des chenilles & autres larves d'insectes, aux dépens de la substance desquelles elles vivent, sans pour cela qu'elles cessent de manger & même de croître jusqu'au moment fixé pour leur mort, moment qui varie selon les espèces de chenilles & les espèces d'Ichneumons.

Je ne cite ce genre, dont les espèces sont décrites dans le *Dictionnaire des Insectes*, que pour faire remarquer aux cultivateurs que, comme ces espèces sont leurs auxiliaires contre leurs ennemis les chenilles & autres larves destructives de leurs récoltes, ils doivent éviter de les tuer. Du reste, il n'y a pas moyen de favoriser leur multiplication. (*Bosc.*)

ICIQUIER. *Icica.*

Linnæus avoit donné ce nom à un genre de plante, qui depuis a été reconnu ne pas différer essentiellement de celui des BALSAMIERS (*amyris*), & lui a été en conséquence réuni par les botanistes modernes. *Voyez* les *Illustrations des genres* de Lamarck, pl. 303.

Observation.

Aucune des espèces de l'ancien genre ICIQUIER n'est cultivée dans nos jardins.

Espèces.

1. L'ICIQUIER à sept feuilles, vulgairement l'*arbre d'encens.*

Icica heptaphylla. Aubl. ♄ De Cayenne.

2. L'ICIQUIER à fleurs vertes.

Icica viridiflora. Lam. ♄ De Cayenne.

3. L'ICIQUIER cèdre, vulgairement le *cèdre blanc* ou le *cèdre rouge.*

Icica altissima. Aubl. ♄ De Cayenne.

4. L'ICIQUIER balsamifère.

Icica aracouchini. Lam. ♄ De Cayenne.

5. L'ICIQUIER à trois feuilles, vulgairement l'*araou.*

Icica enneandra. Lam. ♄ De Cayenne.

6. L'ICIQUIER décandrique, vulgairement *chipa.*

Icica decandra. Aubl. ♄ De Cayenne. (*Bosc.*)

ICTÈRE. *Voyez* JAUNISSE.

IGNATIE. *Ignatia.*

Arbuste grimpant de l'Inde, dont les semences ont joui, sous le nom de *fèves de Saint-Ignace*, d'une réputation médicale assez étendue, & qui forme seul un genre dans la pentandrie monogynie & dans la famille des *Apocinées.*

Cet arbuste, qui se rapproche des VOMIQUES (*voyez* ce mot), n'est pas encore cultivé en Europe; aussi je n'ai rien à en dire de plus. (*Bosc.*)

IGNAME. *Dioscorea.*

Genre de plante de la dioécie hexandrie & de la famille des *Asperges*, qui rassemble près de trente espèces toutes à tiges grimpantes, dont quatre sont l'objet d'une grande culture dans les pays intertropicaux, à raison de ce qu'on y mange habituellement leurs racines, & dont une ou deux se voient dans nos serres. Il est figuré dans les *Illustrations des genres* de Lamarck, pl. 818.

Espèces.

1. L'IGNAME ailée.

Dioscorea alata. Linn. ♃ Des Indes.

2. L'Igname trinerve.
Dioscorea oppositifolia. Linn. ♄ De Ceilan.
3. L'Igname verticillée.
Dioscorea verticillata. Lam. ♃ De Java.
4. L'Igname nummulaire.
Dioscorea nummularia. Lam. ♃ De Java.
5. L'Igname velue.
Dioscorea villosa. Linn. ♃ De la Caroline.
6. L'Igname élevée.
Dioscorea altissima. Lam. ♃ De la Martinique.
7. L'Igname de Cliffort.
Dioscorea cliffortiana. Lam. ♃ Des Indes.
8. L'Igname bulbifère.
Dioscorea bulbifera. Linn. ♃ De Madagascar.
9. L'Igname à aiguillon.
Dioscorea aculeata. Linn. ♃ Des Indes.
10. L'Igname de Cayenne.
Dioscorea cayennensis. Lam. ♃ De Cayenne.
11. L'Igname à feuilles étroites.
Dioscorea angustifolia. ♃ Lam. Du Pérou.
12. L'Igname du Japon.
Dioscorea japonica. Thunb. ♃ Du Japon.
13. L'Igname à sept lobes.
Dioscorea septemloba. Thunb. ♃ Du Japon.
14. L'Igname à trois lobes.
Dioscorea triloba. Lam. ♃ De l'Amérique méridionale.
15. L'Igname à trois feuilles.
Dioscorea triphylla. Linn. ♃ Des Indes.
16. L'Igname à cinq feuilles.
Dioscorea pentaphylla. Linn. ♃ Des Indes.
17. L'Igname à cinq lobes.
Dioscorea quinqueloba. Thunb. ♃ Du Japon.
18. L'Igname du Brésil.
Dioscorea brasiliensis. Willd. ♃ Du Brésil.
19. L'Igname hérissée.
Dioscorea aspera. Willd. ♃ De l'Amérique méridionale.
20. L'Igname rude.
Dioscorea scabra. Willd. ♃ De l'Amérique méridionale.
21. L'Igname à feuilles en pointe.
Dioscorea cuspidata. Willd. ♃ De l'Amérique méridionale.
22. L'Igname à feuilles coriaces.
Dioscorea coriacea. Willd. ♃ De l'Amérique méridionale.
23. L'Igname polygonoïde.
Dioscorea polygonoides. Willd. ♃ De l'Amérique méridionale.
24. L'Igname à feuilles de poivrier.
Dioscorea piperifolia. Willd. ♃ De l'Amérique méridionale.
25. L'Igname éburnée.
Dioscorea eburnea. Lour. ♃ De la Cochinchine.
26. L'Igname à vrilles.
Dioscorea cirrhosa. Lour. ♃ De la Cochinchine.

Culture.

Les Ignames ailée, du Japon, à trois feuilles & à cinq feuilles sont celles qui se cultivent dans les pays chauds pour leurs racines, qui, comme je l'ai dit plus haut, servent habituellement à la nourriture des hommes. La première surtout est aujourd hui répandue dans presque toute la zône tropicale, en Asie, en Afrique, en Amérique & dans les îles de la mer du Sud. Les renseignemens que nous avons sûr sa culture annoncent qu'elle est peu perfectionnée, & elle n'a peut-être pas besoin de l'être davantage, tant la Nature a été libérale envers les habitans de ces heureux climats. Elle consiste à labourer la terre au commencement de la saison des pluies, le plus souvent avec une houe de bois, & à y introduire des morceaux de racines conservées à cet effet, morceaux auxquels il suffit qu'il y ait un œil pour qu'ils donnent naissance à un nouveau pied. On abandonne ensuite la plantation à la Nature jusqu'à la saison sèche, pendant laquelle on consomme les racines en les arrachant à mesure du besoin. Ces racines pèsent quelquefois de trente à quarante livres chaque, & varient dans leur couleur & dans leur saveur, selon les localités. On les mange cuites sous la cendre ou dans l'eau : on en fait des ragoûts, où leur fadeur naturelle est corrigée par un assaisonnement relevé. Point de doute pour moi, que si on donnoit à ses tiges des tuteurs, & qu'on binât la terre deux ou trois fois, on n'obtînt des racines encore plus grosses. Point de doute pour moi, que si on semoit de tems en tems des graines, on n'obtînt de nouvelles variétés plus avantageuses que celles qui existent. Mais dans les pays où se cultive l'Igname ailée, les propriétaires des terres ne se doutent pas des avantages d'une culture perfectionnée, & les esclaves qu'ils emploient pour les opérations agricoles n'y donnent, comme de raison, que le moins de soins qu'ils peuvent, & ne s'intéressent aux résultats qu'autant qu'ils craignent de mourir de faim.

En Europe, on ne cultive guère que l'Igname ailée, dont on apporte de tems en tems des racines de nos colonies, racines qu'on plante dans de grands pots remplis de terre franche, un peu améliorée avec du terreau, & qu'on place dans la tannée de la serre chaude. Ces racines poussent d'assez vigoureuses tiges, mais il est difficile de les conserver plusieurs années en vie ; aussi, en ce moment, cette plante, que j'ai vue si belle dans les serres du Muséum d'Histoire naturelle de Paris, ne s'y trouve-t elle plus.

L'Igname velue, que j'ai observée en Caroline, & dont j'ai apporté considérablement de graines, est la seule que possède le Jardin du Muséum. C'est l'espèce qui craint le moins le froid ; aussi se contente-t elle de l'orangerie, & même, dit-on, en Angleterre, de la pleine terre. On doit lui donner de la terre de bruyère mêlée de terre franche, la changer de pot tous les deux ans, & lui donner de fréquens arrosemens en été. Je crois qu'on peut la multiplier par le déchirement des pieds; car elle ne donne pas de graines dans le climat de Paris. Au reste, je n'ai pas suivi convenablement sa culture, quoiqu'elle ait existé dans les pépinières impériales. (*Bosc.*)

ILLÉCÈBRE. *Illecebrum.*

Genre de plante de la pentandrie monogynie & de la famille des *Amaranthes*, qui réunit près de trente espèces, dont une douzaine se cultive dans nos jardins.

Observation.

Lamarck a réuni une partie de ce genre aux CADELARIS (*achyranthes*), & a formé avec l'autre le genre PARONYCHIA. Comme son avis n'a pas été suivi par la majorité des autres botanistes, & que fort peu d'espèces ont été citées à l'article CADELARI, je crois devoir le traiter ici dans son entier.

Espèces.

1. ILLÉCÈBRE branchu.
Illecebrum brachiatum. Linn. ⊙ Des Indes.
2. ILLÉCÈBRE sanguinolent.
Illecebrum sanguinolentum. Linn. ♃ Des Indes.
3. L'ILLÉCÈBRE laineux.
Illecebrum lanatum. Linn. ♂ Des Indes.
4. L'ILLÉCÈBRE de Java.
Illecebrum javanicum. Ait. ♂ Des Indes.
5. L'ILLÉCÈBRE verticillé.
Illecebrum verticillatum. Linn. ♃ Indigène.
6. L'ILLÉCÈBRE aristé.
Illecebrum aristatum. Ait. ♂ Des Canaries.
7. L'ILLÉCÈBRE des Canaries.
Illecebrum canariense. Linn. ♄ Des Canaries.
8. L'ILLÉCÈBRE à fleurs en cymes.
Illecebrum cymosum. Linn. ⊙ Des parties méridionales de la France.
9. L'ILLÉCÈBRE paronychia.
Illecebrum paronychia. Linn. ♃ Des parties méridionales de la France.
10. L'ILLÉCÈBRE à fleurs en tête.
Illecebrum capitatum. Linn. ♂ Des parties méridionales de la France.
11. L'ILLÉCÈBRE divariqué.
Illecebrum divaricatum. Ait. ⊙ Des Canaries.
12. L'ILLÉCÈBRE du Bengale.
Illecebrum bengalense. Linn. ⊙ Des Indes.
13. L'ILLÉCÈBRE d'Arabie.
Illecebrum arabicum. Linn. De l'Arabie.
14. L'ILLÉCÈBRE achyrantha.
Illecebrum achyrantha. Linn. De l'Orient.
15. L'ILLÉCÈBRE frutescent.
Illecebrum frutescens. Lhérit. ♄ Du Pérou.
16. L'ILLÉCÈBRE polygonoïde.
Illecebrum polygonoides. De l'Amérique septentrionale.
17. L'ILLÉCÈBRE ficoïde.
Illecebrum ficoideum. Linn. ♃ De l'Amérique septentrionale.
18. L'ILLÉCÈBRE à feuilles sessiles.
Illecebrum sessile. Linn. ⊙ Des Indes.
19. L'ILLÉCÈBRE à feuilles de Morgeline.
Illecebrum alsinefolium. Linn. De l'Espagne.
20. L'ILLÉCÈBRE hérissé.
Illecebrum echinatum. De la Barbarie.
21. L'ILLÉCÈBRE d'Italie.
Illecebrum italicum. Linn. De l'Italie.
22. L'ILLÉCÈBRE de Narbonne.
Illecebrum narbonense. Willd. Des parties méridionales de la France.
23. L'ILLÉCÈBRE de Lyon.
Illecebrum lugdunense. Perf. Des environs de Lyon.
24. L'ILLÉCÈBRE blanc.
Illecebrum niveum. Perf. Des parties méridionales de la France.
25. L'ILLÉCÈBRE à feuilles subulées.
Illecebrum subulatum. Perf. Des Indes.
26. L'ILLÉCÈBRE strié.
Illecebrum striatum. Perf. De.....
27. L'ILLÉCÈBRE à feuilles de linaire.
Illecebrum linarifolium. Perf. De.....
28. L'ILLÉCÈBRE à tiges dichotomes.
Illecebrum dichotomum. Perf. De.....

Culture.

Les Illécèbres sont de petites plantes de nul agrément, & qu'on ne cultive que dans les écoles de botanique. Toutes celles qui sont propres à l'Europe & une partie de celles qui lui sont étrangères croissent dans les lieux les plus arides, & ne peuvent au plus servir qu'à la nourriture des moutons. Ce que j'ai à dire de leur culture se réduit donc à peu de chose.

Les espèces annuelles qui se voient dans nos jardins, c'est-à-dire, la laineuse, la sessille & l'achyrantha, se sèment sur couche dans des pots remplis de terre de bruyère, & se mettent en place lorsqu'elles sont assez fortes pour souffrir la transplantation. Elles craignent les gélées, & demandent une exposition chaude pendant l'été pour amener leurs graines à maturité.

Les espèces bisannuelles, comme celle de Java, celle à fleurs en tête, se sèment de même, mais se conservent, en pots, dans des lieux abrités des vents froids, pour pouvoir les rentrer dans l'orangerie aux approches de l'hiver, & au mois d'avril suivant on les met en pleine terre, sauf un ou deux pots qu'on rentre comme l'année précédente pour obtenir plus sûrement de la graine.

Parmi les espèces vivaces, la verticillée se sème en place, & y reste sans autres soins que des sarclages & des binages; l'hérissée se sème en pot & se rentre l'hiver dans l'orangerie; enfin, la ficoïde, la sessile & la frutescente se sèment également en pot, & exigent la serre chaude; toutes trois se multiplient par le déchirement de leurs vieux pieds, & la dernière le plus souvent par boutures. (*Bosc.*)

ILLIPÉ. *Bassia.*

Genre de plante de la dodécandrie monogynie, qui réunit trois arbres, dont aucun n'est encore cultivé dans nos jardins. *Voyez* les *Illustrations des genres* de Lamarck, pl. 398.

Espèces.

1. L'Illipé à longues feuilles.
Bassia longifolia. Lam. ♄ Des Indes.
2. L'Illipé à larges feuilles.
Bassia latifolia. Willd. ♄ Des Indes.
3. L'Illipé à feuilles ovales.
Bassia obovata. Forst. ♄ De l'île de Tanna.

On mange, dans son pays natal, les fleurs de la première de ces espèces. (*Bosc.*)

IMMOBILITÉ, maladie des animaux, qui ne paroît pas différer de la catalepsie, & qui se guérit rarement.

Dans cette maladie, l'animal s'arrête subitement, & ne peut plus avancer ni reculer que lorsque la crise est passée. Si on change une de ses jambes de position avec la main, elle reste dans l'endroit où on l'a mise; si on lève sa tête, elle reste levée. Ces symptômes se renouvellent plus ou moins souvent, durent plus ou moins longtems, suivant les individus & suivant l'intensité de la maladie.

Les chevaux attaqués d'Immobilité ne peuvent fournir qu'un service précaire, & presque toujours il est plus avantageux de les tuer que de les garder. Au reste, ils vivent rarement longtems.

Quant aux animaux dont on mange la chair, on doit les vendre de suite au boucher.

Il n'a pas encore été donné de théorie satisfaisante de l'Immobilité. Comme toutes les autres maladies nerveuses, elle échappe aux recherches anatomiques & à l'effet des remèdes. (*Bosc.*)

IMMORTELLE. *Xeranthémum.*

Genre de plante de la syngénésie superflue & de la famille des *Corymbyfères*, dans lequel on compte quarante espèces & plus, dont plusieurs se cultivent dans nos jardins. *Voyez* les *Illustrations des genres* de Lamarck, pl. 692.

Observation.

Ce genre a été divisé en deux par quelques botanistes qui y ont laissé cinq à six espèces seulement, les annuelles, & qui ont appelé *élychryses* toutes celles du Cap de Bonne-Espérance, à tiges ligneuses, qui en faisoient partie, & deux ou trois autres. Comme il n'a pas été question des élychryses à ce mot, & que d'ailleurs leur séparation des Immortelles n'a pas été adoptée par tous les botanistes, je vais traiter ce genre dans son entier.

Espèces.

Immortelles proprement dites.

1. L'Immortelle commune.
Xeranthemum annuum. Linn. ⊙ Du midi de l'Europe.
2. L'Immortelle fermée.
Xeranthemum inapertum. ⊙ Du midi de l'Europe.
3. L'Immortelle piquante.
Xeranthemum pungens. Lam. ⊙ De l'Orient.
4. L'Immortelle de la Chine.
Xeranthemum chinense. Lour. De la Chine.

Élychryses.

5. L'Immortelle lanugineuse.
Xeranthemum vestitum. Linn. ♄ Du Cap de Bonne-Espérance.
6. L'Immortelle à grandes fleurs.
Xeranthemum speciosissimum. Linn. ♄ Du Cap de Bonne-Espérance.
7. L'Immortelle éclatante.
Xeranthemum fulgidum. Linn. ♄ Du Cap de Bonne-Espérance.
8. L'Immortelle en spirale.
Xeranthemum spirale. Andr. ♄ Du Cap de Bonne-Espérance.
9. L'Immortelle bigarrée.
Xeranthemum variegatum. Linn. ♄ Du Cap de Bonne-Espérance.
10. L'Immortelle ferrugineuse.
Xeranthemum ferrugineum. Lam. ♄ Du Cap de Bonne-Espérance.
11. L'Immortelle prolifère.
Xeranthemum proliferum. Linn. ♄ Du Cap de Bonne-Espérance.
12. L'Immortelle à feuilles de serpolet.
Xeranthemum serpillifolium. Lam. ♄ Du Cap de Bonne-Espérance.
13. L'Immortelle à tiges torses.
Xeranthemum retortum. Linn. ♄ Du Cap de Bonne-Espérance.
14. L'Immortelle épineuse.
Xeranthemum spinosum. Lam. ♄ Du Cap de Bonne-Espérance.
15. L'Immortelle sésamoïde.
Xeranthemum sesamoides. Linn. ♄ Du Cap de Bonne-Espérance.
16. L'Immortelle hétérophylle.
Xeranthemum heterophyllum. Linn. ♄ Du Cap de Bonne-Espérance.

17. L'IMMORTELLE à feuilles de pin.
Xeranthemum pinifolium. Lam. ♄ Du Cap de Bonne-Espérance.

18. L'IMMORTELLE stéhéline.
Xeranthemum stahelina. Linn. ♄ Du Cap de Bonne-Espérance.

19. L'IMMORTELLE à feuilles de bruyère.
Xeranthemum ericoides. Lam. ♄ Du Cap de Bonne-Espérance.

20. L'IMMORTELLE traçante.
Xeranthemum stoloniferum. Linn. ♄ Du Cap de Bonne-Espérance.

21. L'IMMORTELLE recourbée.
Xeranthemum recurvatum. Linn. ♄ Du Cap de Bonne-Espérance.

22. L'IMMORTELLE vermiculée.
Xeranthemum vermiculatum. Lam. ♄ Du Cap de Bonne-Espérance.

23. L'IMMORTELLE squarreuse.
Xeranthemum squarrosum. Lam. ♄ Du Cap de Bonne-Espérance.

24. L'IMMORTELLE à feuilles étroites.
Xeranthemum angustifolium. Lam. ♄ Du Cap de Bonne-Espérance.

25. L'IMMORTELLE paniculée.
Xeranthemum paniculatum. Linn. ♄ Du Cap de Bonne-Espérance.

26. L'IMMORTELLE à corymbe.
Xeranthemum corymbosum. Lam. ♄ Du Cap de Bonne-Espérance.

27. L'IMMORTELLE imbriquée.
Xeranthemum imbricatum. Linn. ♄ Du Cap de Bonne-Espérance.

28. L'IMMORTELLE blanchâtre.
Xeranthemum canescens. Linn. ♄ Du Cap de Bonne-Espérance.

29. L'IMMORTELLE argentée.
Xeranthemum argenteum. Linn. ♄ Du Cap de Bonne-Espérance.

30. L'IMMORTELLE radicante.
Xeranthemum radicans. Thunb. ♄ Du Cap de Bonne-Espérance.

31. L'IMMORTELLE fasciculée.
Xeranthemum fasciculatum. Andr. ♄ Du Cap de Bonne-Espérance.

32. L'IMMORTELLE à tiges grêles.
Xeranthemum virgatum. Linn. ♄ Du Cap de Bonne-Espérance.

33. L'IMMORTELLE striée.
Xeranthemum striatum. Thunb. ♄ Du Cap de Bonne-Espérance.

34. L'IMMORTELLE à feuilles en lance.
Xeranthemum lancifolium. Thunb. ♄ Du Cap de Bonne-Espérance.

35. L'IMMORTELLE variée.
Xeranthemum variegatum. Linn. ♄ Du Cap de Bonne-Espérance.

36. L'IMMORTELLE du Liban.
Xeranthemum frigidum. Labill. ♃ Du sommet du Liban.

37. L'IMMORTELLE à feuilles de paquerette.
Xeranthemum bellidioides. Forst. ♃ De la Nouvelle-Zélande.

38. L'IMMORTELLE papilleuse.
Xeranthemum papillosum. Labill. ♃ De la Nouvelle-Hollande.

39. L'IMMORTELLE grise.
Xeranthemum dealbatum. Labill. ♃ De la Nouvelle-Hollande.

40. L'IMMORTELLE scorpioïde.
Xeranthemum scorpioides. Labill. ♃ De la Nouvelle-Hollande.

41. L'IMMORTELLE à bractées.
Xeranthemum bracteatum. Vent. ♂ De la Nouvelle-Hollande.

Culture.

Les deux premières espèces ont été long-tems confondues comme variétés l'une de l'autre, quoiqu'elles soient réellement distinctes. Leur culture ne diffère pas ; mais la première est la seule qu'on voie dans les jardins autres que ceux de botanique, parce qu'elle a les fleurs beaucoup plus grandes. On la sème fréquemment dans ces derniers à raison de la propriété qu'ont ses fleurs de conserver une apparence vivante après leur dessiccation, apparence qui est due à la nature coriace & à la belle coloration des folioles de son calice, & des écailles de son réceptacle. On fait, pendant l'hiver, avec ces fleurs, des bouquets qu'on aromatise avec des liqueurs odorantes, & qui consolent de l'absence des beaux jours : de là le nom d'*Immortelle*.

Autrefois on cultivoit beaucoup l'Immortelle commune dans les jardins de Paris ; mais aujourd'hui elle n'y remplit plus qu'une très-petite place, parce que sa valeur est devenue nulle dans le commerce, à raison du perfectionnement de la culture, qui donne au plus fort de l'hiver, & à fort bon compte, presque toutes les fleurs de l'été, & qu'une seule rose sera toujours plus estimée que cent Immortelles.

Pour obtenir de beaux pieds d'Immortelle commune, on en sème la graine au printems, sur couche nue, ou dans des pots remplis de terre de bruyère ; & lorsque le plant qui en est provenu, a acquis quatre à cinq pouces de haut, on le repique dans une terre sèche & légère, à l'exposition la plus chaude possible. Ces pieds donnent d'autant plus de fleurs, qu'on coupe plus tôt celles qui sont épanouies. On les arrose dans la sécheresse, mais peu souvent & peu abondamment. Ils ne demandent que les sarclages ou binages propres à tout jardin bien entretenu.

Si on semoit l'Immortelle commune en pleine terre, on auroit également des fleurs ; mais ces fleurs commenceroient à s'épanouir un mois plus tard, & seroient plus petites.

Quoique d'un port peu élégant, les pieds de

cette plante se font voir avec plaisir, à raison des variations en blanc, en gris, en brun, en rouge, en jaune, &c. que présentent leurs fleurs, qui sont en outre quelquefois doubles, & dont la singulière nature frappe les regards les moins attentifs.

Pour conserver les belles variétés, il faut réserver des pieds auxquels on n'enlève pas les fleurs, & ne prendre la graine que sur celles de ces fleurs qui se sont épanouies les premières.

Dans le midi de la France, l'Immortelle commune vient presque partout où le terrein est sec & l'exposition chaude. Elle n'y demande pas même le soin d'être semée.

Le *Catalogue du Jardin du Muséum de Paris* n'indique qu'une seule espèce d'Immortelle du Cap de Bonne-Espérance comme s'y trouvant: c'est la septième; cependant j'y en ai vu successivement plus d'une douzaine. La cause de cette rareté actuelle des espèces de ce genre, dans cette riche collection, tient à ce que toutes périssent facilement par suite de l'humidité de nos orangeries pendant l'hiver, & que la correspondance avec le Cap de Bonne-Espérance, dont on en recevoit de tems en tems des graines, est interrompue depuis plusieurs années, à quoi il faut ajouter qu'elles ne donnent presque jamais de bonnes graines dans notre climat.

Il paroît qu'il s'en cultive douze ou quinze dans les jardins des environs de Londres; mais on ne peut les envoyer en France, tant à raison des circonstances politiques, que parce qu'elles souffrent très-rarement le transport, par la même raison que ci-dessus, c'est-à-dire, l'humidité où elles se trouvent dans les caisses qui les renferment.

Pour conserver ces plantes, il faudroit une orangerie qui leur fût spécialement consacrée, & où elles fussent en assez petit nombre pour être toutes auprès des jours, & pour n'y pas répandre d'humidité.

Une terre de bruyère, rendue un peu consistante par son mélange avec un tiers de terre franche, est celle qui convient le mieux aux Immortelles originaires du Cap de Bonne-Espérance. Excepté dans les grandes chaleurs de l'été, il ne faut leur donner que les arrosemens strictement nécessaires à leur conservation. Les boutures destinées à les multiplier se feront au premier printems, sur couches & sous châssis, mais en prenant garde à l'excès d'humidité qui y règne assez souvent. Ces boutures, bien conduites, fleurissent la même année, & ne demandent pas d'autres soins que ceux qu'on doit donner aux vieux pieds. Dumont Courset conseille de choisir, pour faire des boutures, les branches qui auront porté des fleurs, & dont on aura avancé la foliation en coupant les fleurs peu après leur épanouissement; je ne puis que m'en rapporter à lui sur ce fait comme sur tant d'autres.

Il arrive souvent que les fleurs des Immortelles originaires du Cap, qui pour la plupart se montrent pendant l'hiver, ne s'épanouissent pas faute de chaleur, ou mieux par excès d'humidité, & alors il faut les mettre dans la serre chaude jusqu'à ce qu'elles aient repris assez de vigueur pour se développer, après quoi on les reporte à l'orangerie, la chaleur sèche de la serre leur étant aussi nuisible que le froid humide de l'orangerie. Il est fâcheux qu'on ne puisse jouir facilement, en France, de ces fleurs qui, dans quelques espèces, ont une grandeur & un éclat très-remarquables.

L'Immortelle à bractée est, de toutes les exotiques que nous possédons, la plus facile à multiplier, parce qu'elle amène fort bien ses graines à maturité. De plus, elle est moins sensible à l'humidité de nos orangeries, qu'aucune autre. On la sème, au premier printems, dans des pots sur couche, soit nue, soit à châssis. Une partie des pieds qui lèvent, sont repiqués en pleine terre, où ils fleurissent jusqu'aux gelées; l'autre est laissée dans leurs pots placés contre un mur exposé au midi, & ensuite rentrés dans l'orangerie, où ils continuent à fleurir pendant tout l'hiver. On peut prolonger leur durée en les empêchant de fleurir. (*Bosc.*)

IMMORTELLE d'Amérique. C'est la GNAPHALE des jardins.

IMMORTELLE jaune. C'est la GNAPHALE citrine.

Voyez au mot GNAPHALE, qui, pour quelques botanistes, est synonyme d'IMMORTELLE.

IMPÉRATOIRE. *IMPERATORIA.*

Plante vivace des hautes montagnes de l'Europe, qui seule forme un genre dans la pentandrie digynie & dans la famille des ombellifères. *Voyez* les *Illustrations des genres* de Lamarck, pl. 199.

La racine de l'IMPERATOIRE des montagnes, *Imperatoria ostruthium* Linn. est aromatique, & est employée en médecine; ce qui fait que la plante se cultive dans quelques jardins pour l'usage des pharmaciens. On peut aussi la cultiver pour ornement dans les jardins paysagers. La grosseur de ses touffes, la forme & le luisant de ses feuilles, le nombre & la couleur de ses fleurs lui donnent un aspect remarquable.

Cette plante se multiplie de graines, dont elle donne abondamment, & par éclats des racines des vieux pieds; ce qui suffit généralement aux besoins de la culture. Tout terrein qui n'est pas aquatique lui convient; toute exposition lui est bonne, cependant elle paroît se plaire mieux dans les lieux frais & un peu ombragés. Une fois en place, elle y subsiste long-tems sans autre soin que de couper ses tiges & ses feuilles au commencement de l'hiver, de lui donner un ou deux binages de propreté. C'est autour des massifs, sur le bord des gazons, derrière les fabriques, qu'il est le plus avantageux de la placer. *Voyez* le genre ANGELIQUE, qui a beaucoup de rapport avec celui-ci. (*Bosc.*)

IMPÉRIALE. *Imperialis*.

Plante vivace, à racines bulbeuses, qui fait partie des FRITILLAIRES (*voyez* ce mot) dans la plupart des auteurs de botanique, mais que des motifs suffisans peuvent déterminer à regarder comme formant seule un genre dans l'hexandrie monogynie & dans la famille des *Liliacées*. *Voyez* les *Illustrations des genres* de Lamarck, pl. 245, fig. 2.

L'IMPÉRIALE couronnée (*fritillaria imperialis* Linn.) est une plante d'un superbe port, & très-propre à servir à l'ornement des jardins; aussi s'y voit-elle très-fréquemment. C'est dans les plates-bandes des grands parterres, dans les corbeilles formées au milieu des gazons ou à quelque distance des massifs des jardins paysagers, qu'elle se place avec le plus d'avantage: on doit faire en sorte que ses touffes offrent plus d'une tige & pas plus de cinq. Un terrein léger & frais est celui où elle prospère le mieux. L'exposition lui est indifférente, mais cependant elle se plaît à l'ombre. On doit la déplanter tous les trois ans, soit pour lui donner de la nouvelle terre, soit pour séparer ses cayeux, soit pour empêcher ses touffes de trop grossir. Les gros cayeux se mettent de suite en place, & les petits se plantent en pépinière pour être relevés un ou deux ans après, car ils ne fleurissent qu'après cette révolution de tems. La profondeur à laquelle ils doivent être est trois à quatre pouces. Les hivers les plus rigoureux ne leur nuisent pas, mais bien les grandes sécheresses & les longues pluies. Comme ils perdent leurs tiges de bonne heure, c'est-à-dire, au milieu de l'été, il est nécessaire d'indiquer leur place par un piquer.

On peut multiplier l'Impériale par le semis de ses graines, dont elle donne abondamment, & pour cela les mettre, dès les premiers jours du printems, dans une planche de terre de bruyère, exposée au midi. Le plant qui en provient, est laissé deux ans dans la même place, ensuite repiqué pendant deux autres années, à la distance de six pouces, dans une planche différente, mais semblable. Ce n'est qu'à cinq ou six ans que ce plant commence à donner des fleurs. C'est par ce moyen qu'on augmente ses variétés qui sont déjà nombreuses, puisqu'on en voit à *fleurs plus rouges*; à *fleurs orangées*; à *fleurs plus grandes*; à *fleurs doubles*; à *fleurs jaunes de différentes nuances, simples & doubles*; à *feuilles panachées de jaune, de blanc*; à *tige naine*, &c. Le type de l'espèce, c'est-à-dire, les pieds à *fleurs rouges peu foncées*, m'a toujours paru plus beau que ces variétés.

Quelquefois les tiges de l'Impériale s'aplatissent, ce qui empêche les fleurs de se développer régulièrement: c'est presque toujours le signe d'une nourriture surabondante, & en conséquence il faut relever les oignons pour les placer autre part ou pour amaigrir le sol en y introduisant du sable.

Il est fâcheux que l'odeur des fleurs de cette belle plante soit désagréable. (*Bosc.*)

IMPLANTATION, nom donné, par quelques écrivains, à la plantation des arbres lorsque leurs racines sont simplement étendues sur la surface du sol, & ensuite recouvertes de terre. Ce mode de plantation est si peu employé, & il est sujet à de si nombreux inconvéniens, qu'il n'est pas dans le cas d'être discuté particuliérement ici. *Voyez* PLANTATION. (*Bosc.*)

INCARVILLE. *Incarvillea*.

Plante vivace de la Chine, qui seule forme un genre dans la didynamie angiospermie & dans la famille des *Bignones*.

Comme cette plante n'est pas encore introduite dans nos cultures, je n'ai rien à en dire de plus. (*Bosc.*)

INCENDIE. Le manque de précaution & des accidens que la prudence humaine ne peut prévoir sont souvent, dans les campagnes, la cause d'Incendies qu'à défaut de prévoyance & de secours puissans on n'est pas toujours en possibilité d'arrêter, Incendies qui ruinent les cultivateurs ou du moins diminuent beaucoup leur fortune, & à l'occasion desquels je crois devoir présenter quelques considérations générales.

Il est sans doute beaucoup de cantons en France où, à défaut de matériaux, il seroit extrêmement coûteux, & par conséquent hors de la portée de la plupart des cultivateurs, de bâtir leurs maisons en pierres, & de les couvrir en tuiles; mais pour peu qu'on ait voyagé on a dû reconnoître que le plus souvent c'est l'ignorance & l'habitude qui déterminent les constructions sujètes aux Incendies, & contre lesquelles la police générale devroit agir pour l'intérêt de la société. En effet, n'est-il pas absurde de voir des maisons de bois bâties sur des rochers, des maisons dont les murs sont recrépis d'argile, couvertes en paille? Mais, dira-t-on, les propriétaires de ces maisons n'avoient pas les avances nécessaires pour faire tirer la pierre, pour faire cuire la brique & les tuiles nécessaires à leur bâtisse. Cela est possible, est même vrai pour tel ou tel, mais ne peut s'appliquer à tout un village, où il y a toujours quelques riches; ne peut s'appliquer à toutes les familles, à toutes les générations. Pourquoi le pauvre ne loue-t-il pas une maison bâtie en pierres ou en briques, & couverte en tuiles, plutôt que d'en construire une? Uniquement par suite d'un ancien préjugé des campagnes, qui met au dernier rang celui qui ne possède pas une maison, préjugé qui heureusement s'affoiblit de jour en jour, surtout autour des grandes villes.

Tous ceux qui, comme moi, ont vécu dans des pays pauvres savent combien peu de précautions leurs habitans prennent contre les Incendies. Il m'a toujours paru étonnant que les villages ne fussent pas brûlés tous les ans, à voir la manière dont on y transporte les lumières, les lieux où on accumule les matières les plus combustibles, le peu d'influence des pères & mères sur leurs enfans, &c. Rarement les cheminées sont construites avec la solidité convenable, & on les ramone le moins souvent possible; aussi est-ce par elles que les Incendies commencent le plus ordinairement, & ce d'autant mieux qu'on y brûle de préférence des fagots qui donnent beaucoup de flamme, & qu'on y laisse couver le feu pendant la nuit, afin de s'éviter la peine de battre le briquet le lendemain. Je dois ici indiquer deux moyens faciles d'éteindre subitement le feu des cheminées, tous deux fondés sur la nécessité d'un courant d'air pour alimenter la combustion : le premier est de boucher l'ouverture inférieure ou supérieure, ou toutes les deux, avec du fumier bien mouillé ou des couvertures de laine également mouillées; le second, de jeter sur l'âtre, lorsqu'il y a encore du feu, du soufre en poudre, qui, décomposant l'air, produit le même effet. Tout cultivateur prudent devroit, à cet effet, avoir toujours chez lui quelques livres de fleur de soufre pour l'occasion.

Les bois qui ont séjourné quelques jours dans une dissolution d'alun, dans une forte décoction d'ail, ne prennent plus feu, parce qu'il se forme à leur surface, lorsque le feu les atteint, une croûte qui empêche la communication avec l'air. Il est un grand nombre de cas où l'on peut faire usage de ce moyen de sécurité, principalement pour les charpentes voisines des cheminées, pour celles des bâtimens des verreries, des forges, &c.

L'eau est le moyen le plus employé pour éteindre les Incendies, ainsi que tout le monde le sait; mais ce que tout le monde ne sait pas, c'est qu'un peu d'eau augmente les Incendies. Ce sont donc des flots d'eau, c'est-à-dire, assez d'eau pour empêcher, dans un grand espace, la communication des matières embrâsées avec l'air. Pourquoi l'autorité n'exige-t-elle pas que toutes les communes rurales aient au moins une pompe à Incendie & des sceaux de cuir, comme il y en a dans la plupart des villes, puisque c'est le vrai moyen d'empêcher les progrès du feu ? Quel est le propriétaire qui se refuseroit à une mise dehors d'un ou deux francs pour se donner une garantie contre les Incendies qui peuvent dévorer en un instant sa maison & tout ce qu'elle contient, même sa personne, sa femme & ses enfans?

La foudre mettant souvent le feu aux maisons des cultivateurs, il faudroit que chaque village eût au moins un paratonnère sur le clocher de son église ou sur la maison la plus élevée, soit par sa position, soit par le nombre de ses étages; mais quoique, depuis plus d'un demi-siècle, les avantages des paratonnères soient constatés, on n'en voit encore que dans les villes & sur quelques châteaux. *Voy.* TONNERRE & PARATONNERRE.

Il n'arrive que trop souvent que le feu du ciel ou les imprudences des pâtres & souvent la malveillance mettent le feu aux récoltes des céréales vers le tems de la moisson, aux forêts pendant l'hiver. Le seul moyen de diminuer le mal, c'est de faire ce qu'on appelle la part du feu, c'est-à-dire, d'arracher ou de couper au dessous du vent les blés ou les bois, & de nétoyer la terre avec la houe, de manière que le feu n'y trouve plus d'aliment. Pour cela, il faut le concours simultané du plus grand nombre d'hommes possible; aussi la loi autorise-t-elle partout leur mise en requisition forcée.

Dans presque toute l'Amérique, il est d'usage de mettre, au printems, le feu aux herbes sèches pour faciliter aux bestiaux le moyen de paître l'herbe verte qui croît dessous. Là, la loi a prévu les accidens qui pourroient résulter de ces vastes Incendies, & en conséquence le feu ne peut être mis aux herbes avant le premier avril, afin de donner le tems d'essarter le pourtour de tous les lieux qu'on veut en garantir. Celui qui seroit convaincu de l'avoir mis avant le lever du soleil de ce jour paieroit tous les dommages qu'il auroit occasionnés. Il est en France, surtout dans les pays de landes, quelques endroits où le même usage a lieu.

On attribue toujours à la malveillance l'Incendie des granges ou des greniers remplis de céréales ou de foin, ainsi que des meules qui en sont composées; mais il est prouvé, par des expériences positives, que ces objets peuvent s'enflammer spontanément lorsqu'ils n'ont pas été rentrés parfaitement secs, parce que la fermentation s'y développe comme dans le fumier. (*Voy.* FERMENTATION.) Je ne puis donc trop recommander aux cultivateurs, sous ce rapport & sous beaucoup d'autres, de veiller à ce que les produits de leurs récoltes ne soient définitivement amoncelés dans des granges, des greniers ou des meules qu'après leur complète dessiccation. Si des circonstances impérieuses les forcent à agir autrement, ils doivent profiter du premier moment favorable pour mettre de nouveau à l'air les produits de leur récolte ou les changer de place.

Plusieurs faits prouvent que les linges, les foins, les pailles, imprégnés de goudron ou d'huile, sont également dans le cas de s'enflammer sans causes extérieures, & qu'il faut par conséquent veiller sur ces objets qui seroient rapprochés d'autres matières combustibles.

Toutes les tourbes, qui contiennent des pyrites & qui sont desséchées, soit qu'elles soient exploitées, soit qu'elles soient en place, sont dans le cas de s'enflammer spontanément. On doit donc éviter d'amonceler les premières près des maisons ou des matières combustibles. L'immersion ou une large tranchée est le seul moyen de s'opposer aux progrès de l'Incendie dans le second cas.

Le même phénomène se remarque souvent dans les mines de houille ou charbon de terre. (*Bosc.*)

INCISION ANNULAIRE. Les Anciens savoient que lorsqu'on enlevoit, au printems, un anneau d'écorce à un cep de vigne, à un rameau d'olivier, on empêchoit la fleur de couler, & par conséquent on assuroit l'abondance des récoltes. Il est des localités où leurs procédés se sont transmis d'âge en âge; mais ce n'est que dans ces derniers tems qu'ils ont été rappelés dans les livres, répétés par des hommes instruits, enfin expliqués. *Voyez* SEVE.

Aujourd'hui, pour peu qu'on soit instruit par la lecture ou par la pratique des jardiniers des grandes villes, on ne doute plus des grands avantages qu'il est possible de retirer des Incisions annulaires convenablement exécutées, 1°. pour avoir du fruit des arbres qui n'en portoient pas; 2°. pour assurer la fructification de toutes les fleurs des arbres; 3°. pour avoir du fruit plus gros; 4°. pour accélérer l'époque de la maturité des fruits; 5°. pour déterminer la production des racines dans l'opération des marcotes & des boutures; 6°. pour arrêter la fougue des gourmands.

Cependant, je dois l'avouer, cette belle opération ne s'exécute pas aussi souvent qu'il paroît être de l'intérêt des cultivateurs. Je ne puis en deviner la raison, car elle est facile, rapide, certaine, & ses suites sans inconvéniens majeurs lorsque l'anneau enlevé n'est pas assez large pour qu'il se remplisse de nouvelle écorce dans le courant de l'été. *Voyez* BOURRELET.

Les suites de l'enlévement d'un anneau d'écorce sont l'accumulation de la séve, tant montante que descendante dans la partie de l'arbre supérieure à cet anneau: de là le grossissement ou l'élargissement plus considérable de tout ce qui s'y trouve, comme feuilles, fleurs, fruits, branches. Il faut avoir attention, en l'exécutant, de ne laisser aucune particule de la dernière couche corticale (*liber* de Duhamel), une seule suffisant pour régénérer l'écorce. Sa largeur doit être calculée. Si on veut qu'elle se recouvre avant l'hiver, selon l'espèce d'arbre, le terrein, la saison, l'âge, la grosseur, &c. terme moyen, elle sera de quatre lignes sur un arbre de quatre pouces de diamètre. Lorsqu'on a lieu de craindre de faire une incision trop large, il vaut mieux la faire trop étroite, sauf à l'élargir par son bord inférieur s'il en est besoin. Il sort au bout de quelques jours, plus ou moins promptement, suivant l'espèce, le terrein, la saison, &c., un bourrelet de CAMBIUM (*voyez* ce mot dans le *Dictionnaire des Arbres & Arbustes*) de la partie supérieure de la plaie, bourrelet qui se durcit promptement, se couvre d'écorce, gagne la partie inférieure, où elle se réunit, lorsque la plaie est un peu large, à un bourrelet semblable, mais bien moins volumineux, qui s'est également formé à cette partie. A la seconde année, on ne s'apperçoit plus de la cicatrice. Si au contraire l'anneau a été trop large, la plaie ne peut se recouvrir, & l'arbre ou la branche, après avoir poussé foiblement aux deux printems suivans, périt immanquablement. *Voyez* ÉCORCEMENT DES ARBRES dans le *Dictionnaire des Arbres & Arbustes*.

La LIGATURE (*voyez* ce mot) supplée souvent à l'Incision annulaire: il est même des cas où elle lui est préférable, comme quand il ne s'agit que d'empêcher des fleurs de couler, d'augmenter la grosseur des fruits.

Actuellement je vais passer en revue les six cas cités plus haut comme devant donner lieu à l'opération de l'Incision annulaire, & faire voir les avantages dont elle peut être pour les cultivateurs qui savent l'employer avec prudence.

Il est des arbres fruitiers, des poiriers principalement, qui ne donnent du fruit qu'après plusieurs années de plantation, toute leur force végétative se portant à former du bois. En faisant au tronc de ces arbres, au dessous de leurs grosses branches, avant la séve d'août, une Incision annulaire, qu'on élargit par le bas au printems suivant si cela est nécessaire, on met certainement l'arbre à fruit.

La floraison des arbres étrangers, même des plantes vivaces, est avancée par le même artifice.

Certaines expositions, celles qui sont au nord ou dans le voisinage des bois & des marais; certains terreins, ceux qui sont humides & froids; certaines variétés d'arbres; un printems, ou trop pluvieux & trop froid, ou trop sec & trop chaud, empêchent la fécondation de s'exécuter convenablement. En faisant l'Incision annulaire quinze jours avant l'épanouissement des fleurs & même quelquefois moins de tems, on parvient à annuler ou au moins à affoiblir l'effet de ces circonstances. *Voyez* FÉCONDATION.

On objectera peut-être que plusieurs de ces circonstances sont éventuelles, & que pratiquer l'Incision annulaire peut, si elles ne se développoient pas, amener une trop forte production de fruits qui épuiseroient l'arbre pour plusieurs années. A cela je réponds qu'il est toujours possible & facile de décharger un arbre trop chargé de fruits.

Quoiqu'en enlevant une partie des fruits à un arbre peu après qu'ils sont noués, on soit assuré d'augmenter le grossissement de ceux qui restent, il peut être des cas où il soit desirable de produire le même effet par l'Incision annulaire, ou de l'augmenter en réunissant les deux moyens: pour cela, il faut faire l'opération peu après que la fécondation des dernières fleurs est terminée. Aux environs de Montpellier & de Béziers, on augmente ainsi la grosseur des têtes des artichauts. Il n'est pas encore certain, à mon avis, quoiqu'on l'ait écrit, que l'annulation rende les fruits plus savoureux; du moins les expériences que j'ai tentées pour m'assurer de ce fait, ne m'ont donné aucun résultat sensible.

On ne peut mettre en doute qu'en toutes circonstances l'Incision annulaire avance la maturité des fruits. J'ai devers moi des observations qui constatent une accélération de quinze jours & plus. Il semble donc que, dans les environs des grandes villes, où les fruits précoces ont souvent une si grande valeur, on devroit en faire usage annuellement sous ce rapport; cependant il n'y a que quelques amateurs qui la pratiquent autour de Paris. Les célèbres cultivateurs de Montreuil, qui la connoissent, la repoussent sous le spécieux prétexte qu'ils risqueroient de perdre leurs arbres. Je crois qu'ils exagèrent ses dangers. En effet, 1°. on peut toujours, comme je l'ai déjà observé, ménager la largeur de la plaie, de manière qu'elle soit remplie dans l'année même où elle a été faite; 2°. on peut ne la pratiquer que tous les deux ou trois ans, sur le même arbre si on craint qu'elle l'affoiblisse; 3°. on peut n'y soumettre qu'une ou deux mères branches du même arbre, même seulement les brindilles qui portent le fruit, brindilles qui meurent toujours lorsqu'on ne fait pas sur elles l'opération du Remplacement (*voyez* ce mot); 4°. on n'a aucune objection à faire au sujet des arbres qui sont destinés à être arrachés l'hiver suivant, & à Montreuil chaque cultivateur en a, toutes les années, quelques-uns qui sont dans ce cas. Un des principes de leur savante taille les y invite même, puisque le plus souvent un des membres de leurs pêchers est plus vigoureux que l'autre, & que la seule Incision annulaire de ce membre l'affoiblit.

La formation d'un bourrelet est toujours le préliminaire de la pousse des racines dans les marcotes & les boutures, ainsi que l'a prouvé Duhamel. Forcer la formation de ce bourrelet est donc assurer & accélérer la sortie des racines; aussi pratique-t-on l'Incision annulaire ou la ligature, qui produit le même effet sur tous les arbres ou arbustes dont la reprise est difficile par ces deux modes de multiplication, & on s'en trouve bien. Dans le premier cas, on fait l'opération en même tems que le couchage; dans le second, on l'exécute à la séve d'août, parce que les boutures des arbres de pleine terre se font toutes au printems.

Tout ce qui arrête la circulation de la séve est propre à régulariser la végétation des Gourmands. (*Voyez* ce mot.) Or, l'Incision annulaire remplit cet objet encore mieux que le Pincement, le Cassement, la Torsion, &c. (*Voyez* ces mots.) Il est donc souvent indispensable de la faire sur eux, surtout lorsqu'on les destine, comme cela arrive souvent, à remplacer des branches à fruits épuisées. *Voyez* Taille & Courbure des branches.

Comme l'Incision annulaire affoiblit le germe des graines, on doit rarement l'employer pour mettre à fruit un arbre uniquement destiné à la reproduction; elle donne lieu, dans ce cas, à la production de nouvelles Variétés. *Voyez* ce mot.

Cet article seroit susceptible de plus grands développemens s'il ne trouvoit des supplémens importans dans la plupart de ceux auxquels j'ai renvoyé le lecteur. (*Bosc.*)

INCUBATION. On appelle ainsi l'acte par lequel les oiseaux, excitant, au moyen de la chaleur de leur corps, le principe vital du germe de leurs œufs, font croître le poulet dans l'œuf, jusqu'à ce qu'ayant consommé toute la substance du jaune & du blanc, il casse sa coquille & en sort assez fort pour pouvoir marcher & manger. *Voyez* Œuf.

Cette merveilleuse opération a de tout tems été l'objet des méditations des scrutateurs de la Nature; mais le principe n'en est pas moins complétement inconnu, & on peut croire qu'il le sera éternellement, comme le principe de la Gestation. *Voyez* ce mot.

Mon objet n'est pas de disserter sur la théorie de l'Incubation, mais de donner quelques notions précises des phénomènes qu'elle présente, afin de guider les ménagères dans la conduite qu'elles doivent suivre pour amener à bien les couvées des oiseaux de basse-cour. Je dirai aussi un mot des Incubations artificielles, non pour les conseiller, car je ne crois pas qu'elles puissent être, en France, avantageuses dans leurs résultats, mais pour compléter ce qu'il est bon qu'on sache sur cet objet.

Tout œuf, pour être utilement soumis à l'Incubation, doit avoir été fécondé par le mâle: c'est lui qui place dans le germe l'élément de la vie. Toute basse-cour qui contient des poules sans coqs, des dindes sans dindons, des oies & des canards sans jars, ne peut donc pas être productive. C'est la première considération que doit avoir toute ménagère qui veut spéculer sur l'élève de la volaille.

On estime généralement qu'il faut un coq par vingt poules, un dindon par douze dindes, un canard par dix cannes, un jars par six oies; mais il est toujours bon d'avoir plus que moins de mâles, parce que les productions de ceux qui sont épuisés deviennent plus foibles. Dans le pays de Caux, où les coqs sont trois fois plus gros qu'ailleurs, on est si persuadé de ce fait, qu'ils s'y trouvent, dans toutes les fermes, en nombre double de celui que j'ai indiqué plus haut.

La chaleur de l'Incubation altère très-promptement le blanc & le jaune des œufs non fécondés, les rend ce qu'on appelle *clairs*, *punais*, tandis qu'elle ne décompose pas ceux qui le sont. Ce fait, très-remarquable, mériteroit d'être l'objet des recherches des physiologistes & des chimistes.

Comme il y a souvent des œufs qui sont clairs quoiqu'ils n'aient pas été couvés, soit parce qu'ils sont restés long-tems dans le nid où toutes les poules viennent pondre, soit parce que leur nature étoit imparfaite (j'ai connu une poule dont les œufs ne pouvoient pas se garder plus de deux à trois jours en été, & plus de cinq à six en hiver), il faut mirer tous ceux qu'on veut donner à couver, les clairs ayant perdu la demi-transparence qui est propre aux bons. C'est peut-être de cette opération très-générale & très-facile qu'est résultée la pratique des ménagères, qui prétendent reconnoître, en regardant une lumière à travers un œuf en le mirant, comme elles disent, si un œuf est fécondé ou non. J'ai bien remarqué que, dans le premier cas, les germes étoient plus gros & plus colorés; mais je déclare que je n'ai pas pu saisir cette différence à travers la coquille & le blanc. Je ne nie cependant pas la possibilité de la science acquise par ces ménagères, l'habitude de l'observation rendant sensibles beaucoup de choses qu'on ne voyoit pas d'abord.

Une bonne méthode à suivre quand on veut que tous les œufs d'une couvée donnent des petits, c'est de faire le mirage trois à quatre jours après que l'Incubation a été commencée, parce qu'alors on peut déjà juger avec certitude de la bonté des œufs, ceux qui doivent devenir clairs étant déjà complétement opaques; mais alors il faut avoir d'autres œufs du même âge d'Incubation pour remplacer ceux qu'on jette, parce que, ainsi que je le dirai plus bas, il y a des inconvéniens graves à ce que les petits d'une couvée éclosent à des époques différentes.

Chaque espèce de volaille demande à couver à des époques différentes, mais qui varient beaucoup, selon les années, les localités, la nourriture. En général, ce sont les cannes qui commencent, puis les oies, les dindes, & les poules terminent; cependant il est des poules qui couvent avant toutes les autres volailles : ce sont aussi elles qui le font le plus de fois dans le courant de la même année, & le plus tard. On avance ou on retarde bien plus facilement, par des moyens artificiels, leur disposition à couver, que celle des autres oiseaux.

Ceux de ces moyens qu'on emploie le plus souvent pour arriver au premier de ces buts, c'est de les tenir dans un endroit constamment chaud, de les nourrir avec des alimens très-échauffans, comme du chénevis, du senevé, des feuilles d'ortie desséchées, mêlées avec du gruau, &c. En général, un vrai cultivateur attend que l'époque de la couvaison naturelle arrive, & au plus la fait-il devancer de quelques jours par une nourriture plus abondante, parce que, quoique les premières couvées soient généralement les meilleures, l'augmentation de soins & de dépense qu'elles exigent compense cet avantage.

Le cas qui fait le plus fréquemment desirer de retarder la couvée des volailles, principalement des poules, est celui où l'on veut prolonger leur ponte. Pour y parvenir, on enlève leurs œufs à mesure qu'elles les pondent, car c'est la vue de ces œufs qui les excite principalement : on les chasse du nid avec bruit aussi souvent qu'on les y voit se placer; on ferme le lieu où elles avoient coutume d'aller pondre, &c. Si on veut les empêcher tout-à-fait de pondre, on leur arrache les grandes plumes des ailes & de la queue; on leur passe une plume dans les narines; on les enferme, sans manger ni boire, dans un lieu obscur pendant un jour ou deux.

Le choix des œufs est d'une grande importance pour le succès de l'Incubation. Il faut qu'ils soient à peu près de même âge & de même grosseur, & les plus volumineux dans chaque espèce ou variété. Leur coque n'aura aucune imperfection, &, comme je l'ai déjà dit, ils seront mirés pour juger de ceux qui sont altérés. Quelques personnes ont avancé, mais le fait ne s'est pas trouvé exact, que les plus pointus donnoient des poulets mâles; d'autres, que lorsque le vide qu'ils offrent au bout qui est en haut, étoit latéral, il indiquoit des femelles; ce qui n'est pas plus vrai. Il faut donc livrer au hasard la proportion entre les mâles & les femelles.

Il est toujours possible de substituer des œufs d'un autre oiseau domestique à ceux d'une couveuse. On donne très-fréquemment surtout des œufs de cannes à des poules, afin de déterminer les premières, dont on ne réserve généralement que le strict nécessaire, sans faire attention au chapitre des accidens, à pondre un plus grand nombre d'œufs. Il est souvent avantageux, lorsqu'on possède beaucoup de dindes, de leur donner des œufs de poules, non-seulement par la raison ci-dessus, mais parce qu'elles peuvent recevoir un plus grand nombre d'œufs, à raison de leur grosseur, & qu'elles sont d'excellentes couveuses.

Le moment où une femelle d'oiseau domestique témoigne le desir de couver est généralement celui où elle a fini la ponte de la quantité d'œufs qu'elle peut couvrir de son corps; mais comme, ainsi que je l'ai dit plus haut, on lui enlève les œufs à mesure qu'elle les dépose, toutes en pondent plus que ce nombre. Les oies sont celles qui s'en approchent, & les poules celles qui s'en éloignent le plus. Il est de ces dernières qui ne discontinuent presque pas de pondre pendant toute l'année.

Il est des volailles chez qui les premières indications de l'envie de couver se passent pour ne plus revenir, d'autres chez qui elles reviennent alternativement à des époques plus ou moins éloignées, d'autres qui quittent leurs œufs avant la fin de l'Incubation, d'autres qui les cassent, d'autres qui les mangent : toutes ces anomalies ne peuvent être expliquées; mais leurs conséquences sont telles, qu'il ne faut pas hésiter à sacrifier les individus qui les offrent.

Les jeunes volailles sont meilleures pondeuses, mais plus mauvaises couveuses que les vieilles. Il faut faire attention à cette circonstance dans la conduite d'une basse-cour.

On reconnoît qu'une femelle veut couver à un cri particulier qu'on appelle *glouffement* dans les poules, où il est plus marqué que dans les autres oiseaux domestiques; à l'inquiétude qu'elle témoigne dans sa démarche; à l'abaissement de ses ailes & au hérissement de ses plumes; aux fréquentes visites qu'elle fait à l'endroit où elle a coutume de pondre; enfin, à la ténacité avec laquelle elle reste accroupie sur cet endroit, lors même qu'il n'y a pas d'œuf, ou qu'il n'y en a qu'un seul ou son simulacre.

C'est ce dernier acte qui confirme le besoin de couver de ces femelles, & qui détermine à leur donner des œufs.

Comme toutes les femelles d'oiseaux sont plus exposées à devenir la proie de leurs ennemis lorsqu'elles sont sur leurs œufs, que dans tout autre tems, la Nature leur a donné l'instinct de cacher leur nid, autant que possible, dans les lieux les plus solitaires. Les femelles de ceux que nous avons rendus domestiques, quoique moins dans le cas de craindre, veulent être placées loin des passans, des chiens, des chats, des rats, & même des mâles de leur espèce & du bruit. Il faut les satisfaire. Le local où on les place doit être sec, chaud & peu éclairé. Dans toutes les habitations rurales bien montées, il doit toujours y avoir une chambre uniquement destinée à cet objet. Le dessus d'un four est convenable pour les petites exploitations. Il est bon que chaque espèce soit dans un lieu particulier, & que chaque femelle de la même espèce soit séparée des autres par des cloisons qui les empêchent de se voir.

Il arrive très-souvent que les femelles vont pondre & couver dans des granges, des greniers, des haies, des bois, & ces couvées, lorsqu'elles ne sont pas la proie des animaux destructeurs, sont celles qui réussissent le mieux.

On met ordinairement quinze œufs de dinde & trente de poule sous une dinde; quinze œufs d'oie & vingt-cinq de canard sous une oie; quinze œufs de canard sous une canne; douze œufs de poule & dix de canard sous une poule: deux ou trois de moins lorsque l'individu est d'une petite variété.

En général, il faut diminuer ces nombres dans les premières couvées, c'est-à-dire, quand il fait encore froid, & on doit les augmenter dans les dernières couvées, c'est-à-dire, quand il fait chaud.

Il est rare qu'on place des œufs de dinde ou de poule sous des oies ou des cannes, parce que ces derniers oiseaux, allant à l'eau, abandonnent les petits qui ne veulent pas les y suivre.

Jamais on ne doit mettre des œufs de deux espèces sous la même couveuse, parce qu'ayant une grosseur inégale, une coque de différente densité, une époque différente d'incubation, il y a irrégularité dans le degré de chaleur qu'ils reçoivent, dans le jour qu'éclosent les petits, dans la manière d'être de ces petits tant qu'ils restent avec leur mère adoptive. Je n'ai jamais vu réussir complétement de ces couvées ainsi mélangées, couvées, au reste, que même les plus ineptes habitans des campagnes font rarement.

Dans une ferme où on veut élever beaucoup de volailles, sans embarras comme sans frais, observe mon estimable collégue Parmentier, il y auroit un grand bénéfice à entretenir trois ou quatre dindes tout exprès pour couver, d'autant mieux que leur ponte, qui commence & finit de bonne heure, permettroit de leur confier des œufs de poule ordinaire, donneroit à celle-ci la faculté de faire plus d'œufs, d'où résulteroient des poussins dont l'éducation deviendroit d'autant plus facile, qu'ils seroient nés dans la saison la plus favorable à leur développement.

Il est des lieux où on force les chapons, soit de dindons, soit de coqs, à couver & à conduire les petits. J'ai vu cela fort bien réussir; mais je n'aime pas les procédés contraires à la Nature, & je ne fais en conséquence qu'indiquer celui-ci.

Toutes les femelles des oiseaux domestiques font leur nid à terre, & avec les premiers matériaux qu'elles trouvent à leur portée: il est généralement très-grossier quand on le compare à celui de la plupart des espèces sauvages. Le soin principal qu'elles y donnent, c'est de le garnir des plumes de leur ventre, qu'elles arrachent à cet effet. On doit favoriser le besoin qu'auront les œufs de ne pas perdre la chaleur que la couveuse leur aura communiquée, surtout pendant son absence, & éviter à cette couveuse les rhumatismes, qui sont souvent la suite de leur séjour sur une terre humide ou une pierre froide, en plaçant le nid sur des planchers, dans des paniers ou autres objets du même genre, en le formant d'un lit de paille froissée ou de foin.

L'état d'une femelle qui couve est vraiment extraordinaire; elle paroît avoir plusieurs des symptômes de la fièvre: ses yeux sont étincelans & sa peau brûlante, & il faut qu'elle soit telle, puisqu'elle doit élever la température de ses œufs jusqu'au soixante-deuxième degré du thermomètre de Réaumur. Elle est toute entière à son objet, & paroît prendre un vif plaisir aux gênes & aux privations qui en sont la suite; elle mange peu & boit beaucoup. Il est bon de mettre ses alimens à sa portée; cependant elle peut les aller chercher à une petite distance sans grands inconvéniens, parce qu'elle sait couvrir ses œufs de plumes pour retarder la déperdition de leur chaleur, & revenir assez promptement pour empêcher que cette déperdition devienne trop considérable.

Tous les jours à la même heure la couveuse retourne ses œufs pour ramener sous son ventre le côté qui étoit sur le nid, & qui par conséquent se trouvoit jouir d'un moindre degré de chaleur. Cette opération est très-importante, comme je le fais voir plus bas. Il eſt des ménagères qui croient bien faire en l'exécutant de leur côté; mais il eſt bien évident qu'elles contrarient la marche de la Nature, & qu'elles doivent donner lieu à des inconvéniens graves.

Il eſt avantageux de mettre couver pluſieurs volailles de la même eſpèce ou ayant des œufs de la même ſorte, afin que ſi un accident arrive à l'une, on puiſſe tranſporter ſes œufs ſous les autres. Cette circonſtance milite encore en faveur de ceux qui penſent qu'il ne faut pas mettre ſous ces couveuſes autant d'œufs qu'elles en peuvent couvrir.

Les couveuſes abandonnent quelquefois leurs œufs, & alors, ſi on n'en a pas d'autres ſous leſquelles on puiſſe les mettre, ils ſont perdus; car quelqu'âge de couvaiſon qu'ils aient, le petit que contient chaque œuf meurt dès qu'il eſt refroidi.

Le tonnerre, ou mieux l'électricité, a une grande influence ſur la réuſſite des couvées; quelquefois il occaſionne leur perte totale. On ne connoît pas encore bien la théorie de ſon action ſur les petits renfermés dans leur coque. De tout tems les ménagères, choſe fort remarquable, ont cru parer, & ſans doute ont quelquefois paré à ſes effets en mettant du fer dans le nid. Cette pratique n'eſt pas à dédaigner; mais fermer exactement toutes les ouvertures des lieux où ſont placées les couveuſes eſt encore plus certain.

L'Incubation de la dinde dure trente-deux jours, celle de l'oie trente-un jours, celle du canard vingt-neuf jours, & celle de la poule vingt jours.

Je vais, d'après Haller, donner un apperçu de ce qui ſe paſſe dans les œufs de poule ſoumis à l'Incubation.

Au bout de douze heures on apperçoit un commencement d'organiſation dans cette tache gélatineuſe dont j'ai parlé plus haut, laquelle eſt placée ſur le globe du jaune, & toujours à ſa partie ſupérieure, quelle que ſoit la ſituation de l'œuf.

A la fin du premier jour on diſtingue la tête & l'épine dorſale du poulet.

On reconnoît de plus, à la fin du ſecond, les vertèbres & le cœur.

Le troiſième fournit au développement du col & de la poitrine.

Le quatrième à celui des yeux & du foie.

Le cinquième offre de plus l'eſtomac & les reins.

Le ſixième le poumon & la peau.

Le ſeptième les inteſtins & le bec.

Le huitième la véſicule du fiel & les ventricules du cerveau.

Le neuvième les ailes & les cuiſſes.

Le dixième, toutes les parties qui conſtituent le poulet ſont à leur place : les jours ſuivans elles ſe développent, & prennent enfin l'accroiſſement qui leur eſt propre.

Mais comment vit le petit poulet ainſi animé par la chaleur que lui communique la couveuſe? Aux dépens du jaune, qui abſorbe petit à petit le blanc, & qui eſt enſuite preſqu'inſtantanément introduit dans le ventre du poulet, auquel il tenoit par une eſpèce de cordon ombilical.

C'eſt le dix-neuvième jour que cette introduction s'effectue. Alors le poulet quadruple de groſſeur, la poche des eaux ſe briſe, l'air s'introduit à travers la coquille dans le vide qui s'eſt formé, le poulet reſpire; il prend de la conſiſtance, & trois jours après il rompt ſa priſon & ſe montre à la lumière.

Pour briſer ſa coquille, le jeune oiſeau n'emploie pas le bout de ſon bec, comme on le croit communément, mais un tubercule oſſeux qui s'eſt formé ſur ſa partie ſupérieure & antérieure, tubercule qui tombe peu d'heures après ſa naiſſance. Le plus ſouvent cette opération s'exécute ſans difficulté; quelquefois elle a beſoin d'être aidée, car la mère n'y concourt jamais, dit-on. Il faut donc veiller avec ſoin ſur les œufs le jour où on ſait que les petits doivent en ſortir.

Le premier jour de leur naiſſance, les petits oiſeaux n'ont pas beſoin de manger; ils ne demandent que de la chaleur : on leur donne cependant quelquefois quelques gouttes de vin chaud pour les fortifier. Le lendemain on leur donne de la mie de pain trempée dans du vin ou mêlée avec des jaunes d'œufs cuits & du lait. Peu à peu leur nourriture devient plus ſolide, & enfin ils vont la chercher eux-mêmes, accompagnés de leur mère naturelle ou adoptive.

Pour le ſurplus, voyez aux articles de chacun des oiſeaux qu'on élève dans nos baſſes-cours.

La ſeule chaleur de la couveuſe développant, comme on l'a vu, la vie dans l'embryon placé dans l'œuf, & quelques oiſeaux, comme l'autruche, ſe diſpenſant de couver leurs œufs qu'ils enfouiſſent ſimplement dans le ſable pour les faire éclore, on a dû penſer qu'il étoit poſſible de ſe procurer un grand nombre de petits poulets en expoſant les œufs de poule à une chaleur artificielle auſſi forte que celle qu'ils trouvent ſous la couveuſe. De toute ancienneté on emploie à cet effet, en Égypte, des fours qui en reçoivent à la fois pluſieurs milliers, & on réuſſit à rendre au propriétaire deux poulets pour trois œufs. Ces fours ſont décrits & figurés dans un grand nombre d'ouvrages. J'en aurois emprunté les deſcriptions & les figures ſi nous avions en France le climat de l'Egypte, car on ne peut ſe diſſimuler leurs grands avantages; mais toutes les tentatives qui ont été faites depuis les dernières croiſades pour tranſporter chez nous cette induſtrie, n'ont pas eu des réſultats très-ſatisfaiſans. On voit un duc de Florence faire venir d'Egypte un homme attaché à un de ces fours, & ne pas l'employer longtems; depuis, Alphonſe II, roi de Naples, Charles VIII & François Ier., rois de France, eſſayer de même la méthode égyptienne, & l'abandonner bientôt.

L'historique des efforts anciennement faits pour arriver au but fit penser à Réaumur, que la difficulté de conduire le feu dans les fours avoit été la véritable cause du défaut de continuité d'emploi de la méthode égyptienne. Il proposa en conséquence de faire éclore les poulets par la chaleur du fumier, & il en montra la possibilité par des expériences en grand nombre, qui réussirent fort bien.

Il est bon de remarquer que, dans la première de ses expériences, Réaumur avoit négligé de retourner chaque jour ses œufs, & que, par suite du manque de soin, la plupart de ses poulets furent contrefaits & ne vécurent pas.

Depuis, M. Chopineau indiqua la chaleur de l'eau comme plus convenable encore, & inventa un appareil qui a été exécuté, & qui produisit l'effet desiré.

Les étuves que MM. Dubois, Bonnemain & autres ont imaginées dans ces derniers tems se rapprochent des fours égyptiens, & n'ont pas leurs inconvéniens. Les œufs qu'on y a placés ont fort bien éclos.

Cependant, malgré les efforts réunis de tant de personnes habiles, il ne se trouve pas en France, même pas en Europe, même pas dans le Monde, hors l'Egypte, d'endroits où on fasse éclore artificiellement des œufs de poule ou autres volailles. Pourquoi cela? Parce qu'il ne suffit pas d'avoir des poulets, qu'il faut les élever, & qu'en France il est impossible de le faire avec certitude & sans des dépenses considérables, & que là, ainsi que partout ailleurs, il faut des soins qu'on trouve, & avec raison, plus simple de laisser prendre aux poules.

L'expérience de trois siècles doit donc faire penser que ce n'est que dans les pays où la température est constamment élevée & égale, & où la main d'œuvre est à très-bas prix, qu'il peut y avoir de l'avantage à faire éclore artificiellement des poulets. Il faut donc y renoncer en France, & se contenter des produits des couvaisons naturelles, produits assez considérables pour satisfaire aux besoins de la consommation. (*Bosc.*)

INCULTE. Ce mot est extrêmement vague, car tantôt il indique un terrein qui n'a jamais été cultivé, tantôt un terrein qui n'a pas été cultivé depuis plusieurs années, même seulement depuis quelques mois.

Tout terrein inculte, soit de tout tems, soit depuis quelque tems, peut sans doute être cultivé avec profit pour la société en général, puisqu'il donne le moyen d'augmenter la masse des produits agricoles ou industriels; mais il n'est pas toujours de l'intérêt du propriétaire de le cultiver, parce qu'il faut que les dépenses de sa culture soient couvertes par les bénéfices qu'il donne. Il est d'ailleurs un grand nombre de circonstances où il est bon qu'un terrein ne soit pas cultivé, comme quand il est très en pente. C'est pour avoir cultivé de ces sortes de terreins, que tant de localités sont devenues à jamais infertiles à la suite de l'enlévement de leur terre par les eaux pluviales.

Il fut un tems où on ne prêchoit que défrichement, & où il sembloit qu'il ne devoit plus rester un seul arpent inculte en France. Le Gouvernement, stimulé par des écrivains estimables, mais peu éclairés, les provoquoit par des exemptions d'impôts, même des avances. Qu'en est-il résulté? La ruine de beaucoup de cultivateurs, & le retour de ces terreins à l'état où ils étoient avant leur défrichement. Aujourd'hui on ne dit plus: Cultivez le plus de terre que vous pourrez, mais cultivez bien ce qui est susceptible de l'être avec profit, & tirez le meilleur parti possible du reste du sol, soit par des plantations de bois, soit par des pâturages.

Beaucoup de terreins incultes appartiennent aux communes, &, quoique susceptibles d'être améliorés, ils ne fournissent qu'un pâturage extrêmement maigre. La cause en est que les bestiaux de la commune y paissent pendant tout le cours de l'année, & qu'ils empêchent les plantes qu'ils aiment, c'est-à-dire les meilleures, d'y porter des graines. Or, comme chaque pied ne peut subsister qu'un petit nombre d'années, il s'ensuit qu'elles cèdent peu à peu la place aux mauvaises. Les moyens de remédier à cet inconvénient sont au nombre de deux: 1°. ou on doit partager la commune en trois parties, dont une sera interdite aux bestiaux tous les trois ans, depuis le premier avril jusqu'au premier août, c'est-à-dire, pendant la floraison & la maturité des graines des graminées; 2°. ou on labourera tous les dix ans la totalité de la commune, & on y sémera de l'avoine mêlée avec des balayures de grenier à foin, du sainfoin, de la luzerne & du trèfle.

On trouvera aux mots JACHÈRE, ASSOLEMENT, SUBSTITUTION DE CULTURE, LANDE, MARAIS, FRICHE, COMMUNAUX, DEFRICHEMENT, les supplémens qu'exige celui-ci. (*Bosc.*)

INDEL. *Elate.*

Palmier de l'Inde, qui seul forme un genre dans la dioécie hexandrie, & qui est figuré pl. 893 des *Illustrations* de Lamarck.

Ce palmier, dont on mange les fruits, n'est pas encore cultivé en Europe; ainsi je n'ai rien à en dire de plus. (*Bosc.*)

INDIGÈNE, né dans le lieu.

Parmi les animaux domestiques, il n'y a que le cochon, le chat, l'oie, le canard & le pigeon qui soient Indigènes à la France, parce que ce sont les seuls qu'on trouve sauvages dans les forêts. Il est possible que le bœuf, ainsi qu'on l'a avancé, doive être regardé aussi comme tel; cependant les ossemens de cet ancien bœuf, différant de l'aurochs, qui ont été trouvés dans les tourbières de la la Somme & ailleurs, indiquent une eſpèce différente.

Le cheval, l'âne, le mouton & la chèvre, étant originaires de la Tartarie, la poule de l'Inde, le dindon de l'Amérique, ſont exotiques, quoique depuis long-tems naturaliſés dans nos climats.

Les plantes Indigènes à la France ſont au nombre de quatre mille, d'après la *Flore françaiſe*, édition de Decandolle. Parmi elles il en eſt peu qui ſoient cultivées pour l'uſage de l'homme; mais la plupart de celles qui fourniſſent des fourages en font partie.

Il eſt très-remarquable que les animaux & les végétaux Indigènes ſe multiplient très-facilement & très-abondamment, & que les exotiques, quel que ſoit le long tems qui s'eſt écoulé depuis qu'ils ont été introduits ſur notre ſol, & quelque bien acclimatés qu'ils paroiſſent, ont toujours beſoin de la main de l'homme pour ſe conſerver. Pourquoi, non pas les chevaux & les bœufs, que leur groſſeur expoſe trop aux chaſſeurs, mais les chiens, les poules, ne ſont-ils pas devenus ſauvages? Pourquoi même le faiſan, originaire d'un pays ſi voiſin du nôtre, & à demi ſauvage avant la révolution, ne s'eſt-il pas conſervé dans nos forêts depuis qu'il n'eſt plus protégé? Pourquoi ne trouve-t-on nulle part du ſeigle, du froment, de l'orge, de l'avoine, qui croiſſent ſans culture? J'avoue que plus je médite ſur cet objet, & plus je le trouve inexplicable. La Nature auroit-elle mis un obſtacle à l'émigration des êtres? La loi au moins ne paroît pas générale, puiſqu'il eſt un quadrupède, le ſurmulot, qui s'eſt malheureuſement acclimaté dans la plus grande partie de la France, puiſqu'il eſt des plantes exotiques, l'ONAGRE biſannuelle, le PHYTOLACA décandre, la VERGEROLLE du Canada, qui ſont devenues très-communes dans certains lieux, & qui s'y reproduiſent avec la même abondance que les plantes Indigènes.

Ne pouvant eſpérer de rendre Indigènes un grand nombre d'animaux ou de plantes, les cultivateurs doivent donc ſe borner à les acclimater de manière à pouvoir en tirer le même parti que s'ils l'étoient, & l'expérience prouve que ce n'eſt pas une choſe très-difficile quand on joint un caractère perſévérant à un eſprit éclairé. (*Bosc.*)

INDIGOTIER. *Indigofera.*

Genre de plante de la diadelphie décandrie & de la famille des *Légumineuſes*, qui renferme une ſoixantaine d'eſpèces, dont deux ou trois ſont l'objet d'une très-grande culture dans les pays intertropicaux, à raiſon de la belle couleur bleue que donne la matière féculente contenue dans leurs feuilles, & dont une quinzaine ſe voient dans nos jardins de botanique. Il eſt figuré pl. 626 des *Illuſtrations* de Lamarck.

Eſpèces.

Indigotiers à feuilles pinnées.

1. L'INDIGOTIER franc.
Indigofera anil. Linn. ♄ Des Indes.

2. L'INDIGOTIER des Indes.
Indigofera tinctoria. Linn. ♄ Des Indes.

3. L'INDIGOTIER glauque.
Indigofera glauca. Lam. ♂ De l'Afrique.

4. L'INDIGOTIER diſperme.
Indigofera diſperma. Lam. Des Indes.

5. L'INDIGOTIER à feuilles étroites.
Indigofera anguſtifolia. Linn. ♄ Du Cap de Bonne-Eſpérance.

6. L'INDIGOTIER à fruits comprimés.
Indigofera compreſſa. Lam. ♄ Du Sénégal.

7. L'INDIGOTIER velu.
Indigofera hirſuta. Linn. Des Indes.

8. L'INDIGOTIER viſqueux.
Indigofera viſcoſa. Lam. De.....

9. L'INDIGOTIER à neuf folioles.
Indigofera enneaphylla. Linn. ⊙ Des Indes.

10. L'INDIGOTIER glabre.
Indigofera glabra. Linn. ⊙ Des Indes.

11. L'INDIGOTIER à feuilles de cytiſe.
Indigofera cytiſoides. Linn. ♄ Du Cap de Bonne-Eſpérance.

12. L'INDIGOTIER frutescent.
Indigofera fruteſcens. Linn. ♄ Du Cap de Bonne-Eſpérance.

13. L'INDIGOTIER droit.
Indigofera ſtriata. Linn. ♄ Du Cap de Bonne-Eſpérance.

14. L'INDIGOTIER hendécaphylle.
Indigofera hendecaphylla. Jacq. ⊙ De l'Afrique.

15. L'INDIGOTIER à fleurs rouges.
Indigofera lateritia. Willd. ⊙ De l'Afrique.

16. L'INDIGOTIER en épi.
Indigofera ſpicata. Forſt. De l'Arabie.

17. L'INDIGOTIER du Sénégal.
Indigofera ſenegalenſis. Lam. Du Sénégal.

18. L'INDIGOTIER odorant.
Indigofera fragrans. Retz. Des Indes.

19. L'INDIGOTIER capillaire.
Indigofera capillaris. Thunb. ♃ Du Cap de Bonne-Eſpérance.

20. L'INDIGOTIER dendroïde.
Indigofera dendroides. Jacq. ⊙ De l'Afrique.

21. L'INDIGOTIER auſtral.
Indigofera auſtralis. ♄ De la Nouvelle-Hollande.

22. L'INDIGOTIER ponctué.
Indigofera punctata. Thunb. Du Cap de Bonne-Eſpérance.

23. L'INDIGOTIER écarlate.
Indigofera inquinans. Willd. ⊙ De Saint-Domingue.

24. L'INDIGOTIER ponceau.
Indigofera miniata. Ortega. De Cuba.

25. L'INDIGOTIER noirciſſant.
Indigofera nigricans. Perſ. De l'Afrique.
26. L'INDIGOTIER à gros épis.
Indigofera macroſtachia. Vent. De la Chine.
27. L'INDIGOTIER argenté.
Indigofera argentea. Lhérit. ♄ De l'Égypte.
28. L'INDIGOTIER de la Caroline.
Indigofera caroliniensis. Mich. ♃ De la Caroline.
29. L'INDIGOTIER très-beau.
Indigofera pulchra. Willd. De l'Afrique.

Indigotiers à feuilles quinées.

30. L'INDIGOTIER à cinq folioles.
Indigofera pentaphylla. Linn.
31. L'INDIGOTIER preſqu'à ſix folioles.
Indigofera ſemitrijuga. Forsk. ♄ De l'Arabie.
32. L'INDIGOTIER à feuilles coriaces.
Indigofera coriacea. Ait. ♄ Du Cap de Bonne-Eſpérance.
33. L'INDIGOTIER à tiges filiformes.
Indigofera filiformis. Linn. Du Cap de Bonne-Eſpérance.
34. L'INDIGOTIER à feuilles digitées.
Indigofera digitata. Linn. ♄ Du Cap de Bonne-Eſpérance.

Indigotiers à feuilles ternées.

35. L'INDIGOTIER trifolié.
Indigofera trifoliata. Linn. Des Indes.
36. L'INDIGOTIER pſoraloïde.
Indigofera pſoraloides. Linn. ♄ Du Cap de Bonne-Eſpérance.
37. L'INDIGOTIER blanchâtre.
Indigofera candidans. Aiton. ♄ Du Cap de Bonne-Eſpérance.
38. L'INDIGOTIER agréable.
Indigofera amœna. Jacq. ♄ Du Cap de Bonne-Eſpérance.
39. L'INDIGOTIER incane.
Indigofera incana. Thunb. ♄ Du Cap de Bonne-Eſpérance.
40. L'INDIGOTIER épineux.
Indigofera ſpinoſa. Forsk. ♄ De l'Arabie.
41. L'INDIGOTIER couché.
Indigofera procumbens. Linn. ♃ Du Cap de Bonne-Eſpérance.
42. L'INDIGOTIER rampant.
Indigofera proſtrata. Willd. Des Indes.
43. L'INDIGOTIER ſarmenteux.
Indigofera ſarmentoſa. Linn. Du Cap de Bonne-Eſpérance.
44. L'INDIGOTIER nu.
Indigofera denudata. Linn. ♄ Du Cap de Bonne-Eſpérance.
45. L'INDIGOTIER à tiges droites.
Indigofera erecta. Thunb. Du Cap de Bonne-Eſpérance.
46. L'INDIGOTIER du Mexique.
Indigofera mexicana. Linn. ♄ Du Mexique.
47. L'INDIGOTIER glanduleux.
Indigofera glanduloſa. Roxb. ⊙ Des Indes.
48. L'INDIGOTIER vert.
Indigofera trita. Linn. Des Indes.
49. L'INDIGOTIER arqué.
Indigofera arcuata. Willd. Des Indes.
50. L'INDIGOTIER cendré.
Indigofera cinerea. Willd. Des Indes.

Indigotiers à feuilles ſimples.

51. L'INDIGOTIER à feuilles filiformes.
Indigofera filifolia. Thunb. Du Cap de Bonne-Eſpérance.
52. L'INDIGOTIER à feuilles de lin.
Indigofera linifolia. Linn. ⊙ Des Indes.
53. L'INDIGOTIER à feuilles ſimples.
Indigofera ſimplicifolia. Lam. De l'Afrique.
54. L'INDIGOTIER ſoyeux.
Indigofera ſericea. Thunberg. ♄ Du Cap de Bonne-Eſpérance.
55. L'INDIGOTIER à feuilles oblongues.
Indigofera oblongifolia. Forsk. ♄ De l'Arabie.
56. L'INDIGOTIER déprimé.
Indigofera depreſſa. Thunberg. ♄ Du Cap de Bonne-Eſpérance.
57. L'INDIGOTIER à feuilles ovales.
Indigofera ovata. Thunb. ♄ Du Cap de Bonne-Eſpérance.
58. L'INDIGOTIER échiné.
Indigofera echinata. Willd. ⊙ Des Indes.
59. L'INDIGOTIER à quatre ſemences.
Indigofera tetraſperma. Vahl. De l'Afrique.
60. L'INDIGOTIER paniculé.
Indigofera paniculata. Vahl. De l'Afrique.

Culture.

Aucun de ces Indigotiers n'eſt véritablement de pleine terre dans le climat de Paris ; cependant, les annuels, ſemés ſur couche & ſous châſſis pour avancer leur végétation, peuvent enſuite y être placés à une expoſition méridienne, & y donner, comme je l'ai vu ſouvent, des fleurs & des fruits. Il en eſt de même des deux premières eſpèces ; mais, dans ce cas, elles ſont frappées de mort par les premières gelées.

Plus on avance vers le midi & plus il eſt poſſible d'eſpérer de cultiver en pleine terre, avec ſuccès, ces deux premières eſpèces, qui ſont véritablement les ſeules importantes ſous le rapport agricole. A Montpellier, elles amènent tous leurs fruits à maturité dans les années favorables, & n'y périſſent pas même tous les hivers. Cependant ce n'eſt que ſous la latitude du quarantième degré qu'il faut tenter de les cultiver en grand pour le profit, comme je le prouverai plus bas.

Il eſt donc bon, dans le climat de Paris, lorſqu'on veut obtenir des fleurs & des fruits dès annuelles, & conſerver pluſieurs années les vivaces, de ſemer en pot ſur couche & ſous châſſis toutes les eſpèces d'Indigotiers, afin de pouvoir les rentrer dans l'orangerie, ou dans la ſerre chaude aux approches des froids.

Comme ces plantes ſont de peu d'agrément & d'une culture aſſez difficile, on ne les recherche, comme je l'ai dit au commencement de cet article, que dans les écoles de botanique & dans les grandes collections des amateurs.

On ne cultive, au Muſéum d'Hiſtoire naturelle de Paris, outre les trois premières eſpèces, que la viſqueuſe, l'auſtrale, celle à gros épis & celle à neuf folioles; mais j'en ai vu cultiver un bien plus grand nombre, qui n'y ont ſubſiſté qu'une ou deux années. Celle de la Caroline, par exemple, ne s'y eſt vue que pendant cet eſpace de tems après mon retour d'Amérique, c'eſt-à-dire, tant qu'ont duré les graines que j'avois rapportées, parce qu'elle périſſoit tous les hivers quoique placée dans l'orangerie, & qu'elle ne fructifioit pas. Il en eſt ſans doute de même de beaucoup d'autres, parmi leſquelles il en eſt quelques-unes dont j'ai obtenu des échantillons.

Outre ces eſpèces, Dumont Courſet indique, dans ſon eſtimable ouvrage intitulé *Le Botaniſte cultivateur*, comme cultivées dans les jardins d'Europe, la pſoraloïde, l'agréable, la ſarmenteuſe, celle à feuilles coriaces, celle à feuilles étroites, celle à feuilles de cytiſe, la droite & la nue. Toutes s'accommodent de l'orangerie ou mieux de la ſerre tempérée, exigent une terre ſubſtantielle & conſiſtante. Les arroſemens leur doivent être ménagés en hiver, qu'elles paſſeront près des jours. On renouvelle leur terre tous les ans ou tous les deux ans, en automne.

L'Indigotier franc, comme je l'ai obſervé plus haut, eſt originaire des Indes; mais il ſe cultive généralement dans toutes les colonies européennes de l'Amérique. C'eſt un arbuſte de deux ou trois pieds de hauteur, dont les gouſſes ſont courbés en faucille, & dont les feuilles donnent le meilleur indigo connu; mais il eſt d'une culture plus incertaine que les autres.

L'Indigotier des Indes a beaucoup de rapport avec le précédent, & ſe cultive dans les mêmes lieux : on l'en diſtingue principalement par ſes gouſſes non courbés en faucille. Il eſt regardé comme préférable au premier dans beaucoup de lieux, principalement aux îles de France & de Bourbon.

L'Indigotier glauque eſt celui qu'on cultive en Arabie, en Egypte & dans quelques autres parties de l'Afrique, entr'autre au Sénégal, d'où j'en ai reçu des échantillons. Ses gouſſes ſont articulées. Je ne crois pas qu'il ſoit introduit dans les cultures de nos colonies d'Amérique.

L'Indigotier appelé bâtard à Saint-Domingue eſt regardé comme bien moins délicat que le franc. Il n'eſt, ainſi que l'Indigotier de Guatimala, qu'une variété de ce dernier, ainſi que s'en eſt aſſuré, à Saint-Domingue, mon collègue Paliſot-Beauvois. Son indigo a le grain moins gros & il eſt d'une fabrication plus difficile.

Toutes ces eſpèces, qui diffèrent ſi peu, demandent à peu près la même culture; auſſi celle que je vais indiquer comme propre à l'Indigotier conviendra-t-elle à chacune d'elles.

La queſtion de la poſſibilité de cultiver utilement l'Indigotier, ou comme on dit vulgairement l'indigo, dans les parties méridionales de la France a été propoſée pluſieurs fois, ſoit par des raiſonnemens, ſoit par l'expérience, & jamais réſolue d'une manière complète : c'eſt qu'il n'y a que quelques localités aux environs de Toulon, aux environs de Narbonne, qui ſoient propres à cette culture, & que leur valeur territoriale étant fort élevée, on ne peut mettre l'indigo qu'elles produiront dans le commerce, en concurrence avec celui de nos colonies. Ce ſont preſque toujours des motifs d'intrigue qui ont porté à propoſer ou à faire des eſſais en ce genre, eſſais qui ont réuſſi, mais qu'on n'a jamais oſé étendre au-delà d'un carré de jardin. Je crois donc que c'eſt de la feuille du PASTEL (*voy.* ce mot), que les cultivateurs doivent ſeulement tenter de tirer, en France, de la fécule bleue.

La culture de l'indigo eſt une des trois grandes cultures de toutes nos colonies. Si elle eſt moins productive que celle du café & du ſucre, ſes réſultats ſont moins longs à attendre, & exigent de moins grandes avances. On la regarde, avec raiſon, comme plus incertaine que ces dernières, parce que les inſectes, les pluies, les ſécherêſſes nuiſent ſouvent à la plante ſur pied, & que les erreurs de fabrication en font encore plus ſouvent perdre les réſultats. J'ai ſuivi cette culture & cette fabrication en Caroline, & je me crois autoriſé à dire, ſi, comme on me l'a aſſuré, celles de nos colonies ſont exactement les mêmes, que l'une & l'autre ſont encore dans l'enfance. Que peut-on en effet eſpérer d'un travail exécuté par des noirs eſclaves, & dirigé par des blancs ignorans? En penſant à toutes leurs circonſtances, ſi difficiles à ſaiſir, je n'ai pu concevoir ſur les lieux, & je ſuis encore, en ce moment, étonné qu'il arrive en Europe tant d'indigo, & qu'on l'y vende à ſi bon compte.

Les terreins nouvellement défrichés ſont ceux où l'indigo réuſſit le mieux, parce que ce ſont ceux qui ſont les plus fertiles, & qu'ils conſervent juſtement la portion d'humidité néceſſaire à ſa croiſſance. D'ailleurs, ces terreins, à raiſon même de cet excès de fertilité, ne ſont pas propres à la culture des plantes dont on récolte la graine pour la nourriture de l'homme ou des animaux domeſtiques, parce qu'ils en donneroient fort peu. Cependant, comme la canne à ſucre eſt plus difficile ſur la nature du terrein, & que ſa culture eſt plus ſûre & plus productive, on ne sème généralement l'indigo que dans les lieux qui ne lui conviennent pas, c'est-à-dire, que dans ceux qui sont trop forts ou trop légers pour elle. Dans les premiers, l'indigo est plus vigoureux, mais donne moins de fécule.

Des abris naturels ou artificiels contre les grands vents sont toujours avantageux à la croissance de l'indigo, & en conséquence on doit préférer de le semer sur le bord des bois, dans les vallons, & lorsqu'on ne le peut pas, l'entourer d'une lisière de roseaux ou autres grandes plantes d'une rapide croissance, plantes si communes entre les tropiques. En général, on néglige trop la plantation des haies dans nos colonies, où elles sont si faciles & si économiques à établir, puisqu'il suffit de mettre des branches dans des trous. *Voyez* BOUTURES & HAIE.

Très-rarement on fume les terreins destinés à porter de l'indigo, quoique cela devienne souvent nécessaire, & qu'on puisse le faire aisément en mettant parquer dessus les chevaux, les mulets & les vaches, ou en y apportant les fanes de cette immensité de grandes plantes vivaces qui croissent dans les lieux non cultivés, surtout dans les marais. J'ai pu juger en Caroline, où la végétation n'est pas cependant si active qu'à Saint-Domingue, de la quantité de produits agricoles qui seroient la suite de cette pratique. *Voyez* MARAIS.

Dans aucune des colonies où on cultive l'indigo, on ne connoît les bons effets des amendemens; ainsi on laisse perdre les cendres qui proviennent de la destruction du bois, au lieu de les répandre sur les terreins anciennement cultivés, pour ranimer leur force végétative; ainsi on n'y fait aucun usage de la chaux, de la marne, des sables des bords de la mer, &c.

Les cultivateurs d'indigo prétendent que les labours à la charue ne sont pas convenables, qu'il faut leur préférer ceux à la houe. Les raisons qu'ils donnent pour faire valoir cette opinion sont si vagues, qu'on ne peut croire qu'elles soient fondées; mais il est de fait que partout on n'emploie que ce dernier moyen.

Dans les pays chauds, où le soleil dessèche rapidement la terre, & où, pendant l'été, il se forme journellement des orages accompagnés de torrens d'eau qui l'entraînent, il faut faire les labours très-peu profonds si on ne veut pas l'amener à un état certain d'infertilité; ainsi, quoique l'indigo ait une racine pivotante assez longue, on ne fait que gratter la surface du sol où on doit le semer, c'est-à-dire qu'on lui donne plutôt un binage qu'un labour.

Comme souvent, ainsi que je l'ai dit plus haut, on sème l'indigo sur les défrichis de bois, on laisse les souches des grands arbres qui seroient trop longues & trop coûteuses à arracher; on laisse également en terre toutes les petites racines des arbrisseaux & des arbustes, qui ne pourroient être enlevées que par un défoncement de deux pieds au moins, racines dont beaucoup poussent des rejetons; de sorte qu'une plantation d'indigo, dans ce cas, est un fouillis inextricable : ce n'est qu'après trois à quatre ans de culture qu'elle commence à s'approprier par la pourriture des souches & des racines.

Quoique l'indigo soit un arbuste, on est dans l'usage de le semer tous les ans, parce qu'on a remarqué que les jeunes pieds fournissent, comme cela doit être, des feuilles plus grandes & plus nombreuses.

Après que le terrein a été débarrassé des mauvaises herbes qu'il contenoit, & labouré, comme il a été dit plus haut, on le *rabotte*, c'est-à-dire, qu'on le ratisse avec une douve de tonneau emmanchée à un long bâton pour unir sa surface, puis on sème.

A Saint-Domingue on sème l'indigo depuis novembre jusqu'en mai, immédiatement après des pluies. Dans la partie septentrionale on le fait en novembre ou décembre, époque où il tombe des pluies amenées par les vents du nord. Dans la partie sud il faut attendre mars & avril, époque des pluies d'orage. Lorsqu'il est possible d'irriguer, on doit toujours le semer de bonne heure, parce qu'on gagne beaucoup à le faire.

C'est dans de petites fosses de quatre pouces de largeur, de deux pouces de profondeur, écartées de six à huit pouces, fosses faites au moyen d'un seul coup de houe par des nègres rangés en ligne, que d'autres nègres déposent huit à dix graines d'indigo que d'autres nègres recouvrent avec le rabot.

Il faut faire en sorte que les semis d'indigo se fassent à des intervalles suffisans pour que les récoltes puissent être successives, car rien ne nuit plus aux opérations qui suivent ces récoltes, qu'une trop forte coupe à la fois. Cette considération oblige souvent de semer avant la pluie, quoiqu'on risque une non-réussite complète si elle ne vient pas promptement, les graines se racornissant en terre.

La graine la plus nouvelle doit être préférée; cependant celle de deux ou trois ans lève encore en partie. Comme il y en a souvent parmi beaucoup qui n'est pas arrivée au degré de maturité convenable, il devient presque toujours nécessaire de la trier par des vannages répétés, ou d'en mettre en terre plus qu'il ne faudroit si elle étoit toute bonne. Les graines qui ne sont pas assez mûres lorsqu'elles lèvent, le font plus tard que les autres; ce qui met parmi les tiges une inégalité de végétation, des mauvais résultats desquels on s'apperçoit lors de la fabrication de la fécule, comme je le dirai plus bas.

Lorsque les circonstances sont favorables; & qu'on n'a employé que de la graine bien mûre, elle lève en trois ou quatre jours. Autant de tems après il faut faire un sarclage, & le répéter tous les quinze jours, jusqu'à ce que les pieds d'indigo soient assez forts pour empêcher les mauvaises herbes de repousser. Il semble qu'on devroit plutôt faire des binages que des sarclages, puisqu'ils ne seroient guère plus pénibles, & qu'ils produiroient deux fois plus d'effet. (*Voyez* BINAGE.) Plus les sarclages sont nombreux & bien faits, & plus on retire d'indigo, & plus cet indigo est supérieur, les herbes étrangères empêchant, soit par leur ombre, soit par leur voracité, l'indigo de se développer autant qu'il l'auroit pu sans elles, & portant dans la cuve des principes nuisibles à la fabrication de la fécule. Si on a la possibilité d'irriguer on le fera, si cela est jugé nécessaire, lorsque l'indigo sera arrivé à un pied de haut, mais modérément, car trop d'humidité nuit à la formation de la matière féculente dans les feuilles.

L'indigo a à craindre la sécheresse, les vents brûlans & impétueux, les pluies trop fortes ou trop prolongées, les chenilles & autres insectes.

On ne peut s'opposer aux effets de la sécheresse que par des irrigations, comme je l'ai déjà observé. Un champ d'indigo qui les ressent donne fort peu de feuilles, & le nombre de ses coupes est diminué; aussi est-ce après la pluie que soupirent les cultivateurs.

Les vents brûlans dessèchent quelquefois les feuilles de l'indigo, soit en totalité, soit en partie (celles du sommet principalement, comme plus tendres); ils agissent sur un champ entier, ou seulement sur quelques parties d'un champ. Des abris, surtout des haies élevées, sont le seul moyen de le garantir de cet inconvénient. (*Voyez* BRULURE.) Un soleil vif après une pluie cause quelquefois des effets semblables. L'indigo brûlé doit être coupé de suite, car on ne doit rien en espérer, & une nouvelle pousse peut dédommager, en partie, de sa récolte si le tems est favorable.

Des vents très-violens, comme il y en a souvent dans nos colonies, déchirent les feuilles de l'indigo, cassent ses tiges, enfin nuisent plus ou moins à la récolte; dont ils diminuent le produit. S'il est près du moment où il peut être employé, il faut le couper de suite. C'est principalement pour le garantir des effets de ces vents, que j'ai dit qu'il falloit le semer dans des lieux abrités par des montagnes ou des bois. Quoique les haies soient moins efficaces, elles peuvent cependant être encore utiles.

Les pluies continues semblent faire prospérer l'indigo, mais elles empêchent sa fécule de se former; de sorte que, quelqu'abondantes que soient ses feuilles, ses produits sont moindres. Il n'y a point de possibilité d'empêcher leurs effets : j'en dirai autant du déchaussement des pieds, de la rupture des tiges, qui sont les effets des pluies qui tombent à la suite des orages, pluies de la violence desquelles on ne se fait qu'une idée fort incomplète en Europe.

Trois espèces d'insectes dévorent l'indigo dans nos colonies.

La première est la chenille d'un bombyce. Elle forme une toile sur les tiges, qui se charge de rosée pendant la nuit, rosée dont les goutes font, au moment où le soleil paroît, l'office de lentilles qui brûlent les tiges. On l'appelle le *ver brûlant*.

La seconde porte le nom de *rouleux*. Il est probable que c'est la chenille d'une pyrale. Ce sont les rejetons qu'il attaque particuliérement, & qu'il ronge pendant toute la belle saison.

La troisième est, d'après l'observation de Palisot-Beauvois, la chenille d'un papillon blanc, qui paroît subitement lorsqu'elle est déjà fort grosse, & qui met à nu les champs d'indigo en deux ou trois jours.

J'ai anciennement fait beaucoup de démarches pour obtenir ces insectes de Saint-Domingue sans pouvoir réussir; de sorte que je ne puis les indiquer par leur nom.

Beaucoup de moyens ont été proposés pour arrêter les ravages de ces insectes; mais la plupart ne remplissent pas leur objet. Les deux meilleurs & les seuls que je citerai, sont, 1°. de couper l'indigo (cela s'applique seulement au dernier) & de le fabriquer : ce moyen est d'autant plus praticable, que c'est lorsque l'indigo est près d'être récolté, que cet insecte paroît; 2°. de mettre dans le champ un troupeau de dindons ou de cochons affamés. M. Dutour, qui a cultivé long-tems l'indigo, préfère les dindons comme leur ayant toujours vu remplir l'objet qu'on avoit en vue. Je ne puis qu'applaudir à son avis.

Le moment où l'indigo doit être coupé, est indiqué par le commencement du développement de ses premières fleurs. En effet, l'expérience a prouvé qu'avant la formation des boutons, & après leur épanouissement complet, les feuilles contenoient moins de fécule. La couleur des feuilles est aussi un indice de leur maturité; elle est vive & foncée. Lorsqu'on mêle l'indigo franc avec l'indigo bâtard, c'est la floraison du premier, laquelle devance l'autre, qui décide. Généralement c'est à Saint-Domingue, dans le cours du troisième mois, qu'on en fait la récolte. En Caroline, où j'ai vu cultiver cette plante, c'est dans le cours du quatrième mois, parce que la chaleur y est moins considérable.

On emploie une faucille bien tranchante pour couper l'indigo à un ou deux pouces de terre. Les tiges se mettent sur des toiles carrées, nommées *balandras*, & sont de suite portées à l'atelier, soit sur la tête des nègres, soit sur des charettes.

La première coupe de l'indigo est suivie d'une seconde six à sept semaines après, & de plus ou moins d'autres, selon le terrein. Dans les terreins médiocres ou épuisés, on détruit la plantation à la fin de la première année; dans ceux qui sont *neufs* (nouvellement défrichés) on la laisse subsister deux ans.

Une petite portion du champ, ou un champ séparé, est réservée pour la reproduction de la graine. On ne cueille cette graine qu'à parfaite maturité, c'est-à-dire, que lorsque ses gousses sont complétement noires. On ne doit rien négliger pour l'avoir la plus grosse & la plus mûre possible, puisque c'est de sa bonté que résulte la beauté des récoltes futures.

La culture de l'indigo, en Egypte, est moins sujète aux accidens qu'à Saint-Domingue, & semble mieux entendue. On choisit, pour la faire, des terreins élevés, & on a soin de les entourer d'une chaussée pour empêcher l'inondation du Nil d'y pénétrer, parce qu'on ne renouvelle la plante que tous les trois ou quatre ans.

On sème la graine en sillon, vers l'équinoxe du printems, sur deux labours, & après avoir divisé le terrein en planches; ensuite on arrose pendant deux ou trois jours. Pendant les chaleurs, on arrose également deux fois par semaine.

Chaque année on fait quatre coupes, deux avant & deux après la crue du Nil; la première lorsque les tiges ont acquis trois pieds de haut. On n'attend pas une aussi grande élévation pour faire les autres.

Les procédés pour retirer la fécule de l'indigo, des feuilles & des tiges varient un peu dans les divers pays où on le cultive, mais ils peuvent se réduire à trois : l'un, très-coûteux, compliqué, est sujet à ne pas remplir le but : c'est celui usité à Saint-Domingue & dans toutes les autres colonies européennes de l'Amérique; les deux autres, peu coûteux, simples, qui réussissent presque toujours, sont ceux dont on fait usage au Sénégal & en Egypte de tems immémorial, & sans doute dans le reste de l'Afrique.

Un établissement pour fabriquer l'indigo est, à Saint-Domingue, composé de trois cuves d'une capacité moyenne, & d'un petit vaisseau; elles sont, au moyen d'une bâtisse en pierres ou en charpente, élevées & accolées les unes au dessus des autres, de manière que l'eau contenue dans la plus haute, qu'on nomme le *trempoir*, puisse se vider dans la seconde, qui s'appelle la *batterie*, & celle-ci dans la troisième, qu'on connoît sous la dénomination de *reposoir*. Le petit vaisseau intitulé le *bassinot* ou le *diablotin* est placé entre la seconde & la troisième cuve : il est destiné à recevoir la fécule qui en sort, & est terminé en cul-de-lampe pour la facilité de l'enlévement de cette fécule.

Les habitations qui cultivent beaucoup d'indigo ont plusieurs établissemens semblables en plein air, placés de manière à éviter de longs transports de la plante, transports qui sont coûteux, & qui peuvent nuire au succès de la fabrication. Il est nécessaire qu'ils soient tous à la portée de l'eau, car il s'en fait une assez grande consommation.

Le trempoir est ordinairement un parallélogramme de dix pieds de long, sur neuf de large & trois de profondeur. Il seroit désavantageux de le faire trop grand, parce que la fermentation ne s'y feroit pas aussi bien. Son fond est incliné du côté de la batterie, & a une bonde de trois pouces de diamètre.

La batterie doit être placée à trois pieds au dessous du trempoir, & à six pouces au dessus du reposoir; elle doit être plus longue que large, & disposée de manière que le côté étroit avance sous le trempoir. Sa capacité est de moitié plus petite que celle de ce dernier; elle laisse échapper son eau par trois robinets placés au dessus les uns des autres, à quatre pouces de distance, les deux premiers servant successivement à écouler l'eau après le battage, & le dernier à faire sortir la fécule encore liquide.

Le reposoir a une ouverture qui ne se ferme jamais, & qui conduit les eaux dans une fosse par un canal qu'on nomme *la vide*.

Le diablotin n'a besoin d'aucune issue. Ses dimensions sont d'environ deux pieds carrés.

Toutes ces cuves doivent être à l'épreuve des pertes d'eau, & entretenues avec le plus grand soin.

Quatre poteaux sont fixés aux coins du trempoir, & servent à maintenir des planches qu'on place sur l'indigo pour l'empêcher d'être rejeté dehors par l'effet de la fermentation.

Trois fourches disposées en triangle des deux côtés de la batterie, & fixées dans ses bords, servent d'appui au jeu de l'instrument avec lequel on bat l'eau chargée de la fécule. Cet instrument se nomme un *buquet*; il est formé par un cadre de quatre planches de six pouces carrés, attaché à un long manche. Un nègre le fait mouvoir à droite, à gauche, en haut & en bas, enfin dans tous les sens possibles, afin d'introduire dans l'eau la plus grande quantité d'air possible.

Comme les trois buquets de la batterie doivent agir avec un grand ensemble pour produire tout l'effet possible, & que cela arrive rarement quand ce sont trois hommes qui les meuvent, on a imaginé de les faire aller par le moyen d'une bascule & d'un seul homme.

On emploie aussi, pour battre l'indigo, des machines mues par des hommes, par des chevaux ou par un courant d'eau. Le mouvement, dans ces machines, est donné par des palettes fixées à un arbre horizontal.

Toutes les eaux ne sont pas indifférentes à la préparation de l'indigo : celles qui sont crues, c'est-à-dire, qui tiennent en dissolution de la craie ou de la sélénite, comme celles de la plupart des puits, ne valent rien. Il en est de même de celles qui sont chargées de principes extractifs, comme celles des mares; de sels, comme celles des rivières dans lesquelles remonte la marée. On doit laisser déposer celles qui sont troubles avant d'en faire usage, & exposer à l'air celles qui sont froides pour qu'elles en prennent la température.

La série des opérations qu'on fait subir à l'indigo pour en obtenir la fécule sont peu nombreuses, mais elles sont assujetties à beaucoup de causes perturbatrices; de sorte qu'en les commençant, on n'est jamais assuré de pouvoir les amener à bien.

J'ai laissé plus haut les tiges de l'indigo dans des toiles au pied de l'appareil des cuves que je viens de décrire. On les monte dans le trempoir, où on les arrange de manière qu'elles ne soient ni trop ni pas assez pressées, où on les recouvre de trois à quatre pouces d'eau, & on fixe les planches qui doivent les empêcher de déborder. La fermentation s'établit plus ou moins rapidement dans la masse, selon la chaleur de l'atmosphère: il s'en dégage beaucoup d'air. L'eau prend une teinte verte, puis sa surface passe au violet. Des flots d'écume paroissent & disparoissent alternativement; un gaz susceptible de s'enflammer en sort; les planches sont soulevées. Cet état d'agitation dure plus ou moins, suivant les circonstances On juge qu'il est tems de l'arrêter en mettant successivement un peu d'eau, prise dans la cuve à diverses profondeurs, dans une tasse d'argent, & en regardant ce qui lui arrive. Si la fermentation est parvenue au degré convenable à la préparation de la fécule, il s'en précipite au fond de la tasse en grains bien caractérisés. En général, il faut beaucoup d'habitude pour juger avec certitude de l'état d'une cuve d'indigo en fermentation. Il est des circonstances où le signe que je viens d'indiquer est ordinairement le plus trompeur, & où il faut en chercher d'autres dans la couleur, dans le goût, &c. Si la fermentation n'étoit pas arrivée au point convenable, il resteroit considérablement d'indigo dans les feuilles: si elle passoit ce point, une partie & même la totalité de la fécule se décomposeroit, se putréfieroit. La couleur brune de la surface du bain est un indice assez certain de pourriture, indice qui est bientôt confirmé par l'odeur.

Dès qu'on a reconnu que la fermentation a assez duré, que la fécule est séparée du parenchyme par suite de la destruction de ce dernier, on fait écouler toute l'eau du trempoir dans la batterie, où on l'agite en tout sens avec les buquets, comme il a été dit plus haut.

On a deux buts en battant ainsi l'eau qui tient la fécule colorante, non en dissolution, comme on le croit généralement, mais en suspension: le premier, de la mettre en contact avec l'air atmosphérique, qui lui fournit l'oxigène dont elle a besoin pour se colorer en bleu; le second, de réunir ses molécules, alors infiniment petites, les unes aux autres, & d'en former des grains que leur pesanteur fait précipiter au fond de la cuve.

Le mouvement donné à la masse d'eau par l'action des buquets élève une quantité d'écume, qu'on dissipe avec un peu d'huile qu'on jette dans la batterie. Bientôt l'eau, de verte qu'elle étoit, devient insensiblement d'un bleu très-foncé.

Il est impossible de fixer l'instant où il faut cesser de battre l'indigo, parce que cela dépend, & de l'état de l'atmosphère, & du degré de fermentation qu'a éprouvé la plante, & de la manière de faire agir les buquets, &c.; ainsi un tems froid, un commencement de pourriture & la paresse des nègres obligent de battre plus long-tems. L'examen de l'eau, au moyen de la tasse d'argent, est encore le moyen qu'on emploie pour juger s'il est tems de cesser l'opération. Ce moment est arrivé lorsque le grain de l'indigo paroît gros, rond, & qu'il se précipite promptement en roulant au fond de la tasse & en laissant l'eau bien claire. Le battage, poussé trop loin, remet les choses comme elles étoient d'abord, c'est-à-dire, détermine une nouvelle division des molécules de la fécule, & par conséquent produit un effet contraire à celui qu'on en attend.

Il suffit de deux ou trois heures à une cuve convenablement battue pour que toute la fécule qu'elle contient se soit précipitée; mais lorsqu'on n'est pas pressé, il vaut mieux attendre une ou deux heures de plus: alors l'eau est très-claire & d'une belle couleur ambrée. On ouvre d'abord le premier robinet, afin de faire écouler, sans troubler le fond de la cuve, l'eau qui lui est supérieure; ensuite on en fait autant au second. Le troisième est destiné, comme je l'ai déjà annoncé, à faire écouler l'indigo, qui ressemble alors à une vase noire liquide, dans le diablotin. Un panier placé à son orifice empêche le passage à tout ce qui lui est étranger. La fécule retirée du diablotin est d'abord mise dans des sacs suspendus, afin de faire écouler la surabondance de son eau; ensuite dans des caisses plates, qu'on expose en plein air sous des hangars, & où elle prend encore plus de consistance. On bouche chaque jour avec une truelle, & en comprimant la surface, les fentes qui s'y font, afin que le tout soit homogène. Enfin, on divise la fécule en petits parallélogrammes, qu'on expose au soleil jusqu'à ce qu'ils soient en apparence parfaitement secs. Dans cet état, l'indigo n'est cependant pas encore marchand. Si on l'enfutailloit alors, il se détérioreroit & perdroit beaucoup de sa valeur. Il faut le faire ressuyer, c'est-à-dire, le mettre dans une barique, où il éprouve une nouvelle fermentation, s'échauffe, rend de grosses goutes d'eau, exhale une odeur désagréable, & enfin se couvre d'une poussière fine & blanchâtre. Au bout d'un mois on l'ôte de cette barique & on le fait sécher de nouveau; ce qui ne demande pas plus de cinq à six jours. Alors on peut le vendre, quoiqu'il faille encore six mois pour qu'il soit arrivé au dernier point de perfection où il puisse atteindre; point au-delà duquel il n'est pas dans le cas de subir de déchet ni d'altération s'il est conservé dans un lieu sec.

Quand on fait dessécher la pâte de l'indigo trop rapidement au soleil, sa surface s'écaille & noircit. Quand on la fait dessécher trop lentement à l'ombre, les mouches y déposent leurs œufs, & les larves qui en naissent, vivant à ses dépens & introduisant en lui une humeur visqueuse, lui nuisent sous le rapport de sa quantité & sous celui de sa qualité. On garantit l'indigo de ce dernier inconvénient en le renfermant dans un lieu obscur, où les mouches craignent d'entrer, ou en faisant des fumigations qui les éloignent.

On distingue dans le commerce plusieurs sortes d'indigo, qui offrent en effet des caractères fort différens, & qui paroissent cependant, comme je l'ai observé, provenir tous de la même plante. Celui de Guatimala passe pour le meilleur, ensuite celui de Saint-Domingue. Il m'a semblé que celui de la Caroline, autrefois fort estimé, devoit le discrédit dans lequel il est tombé, à ce qu'on ne laissoit pas arriver la plante à un assez grand degré de maturité, par suite de l'infériorité de la chaleur de son climat, & du desir d'en faire un plus grand nombre de coupes que cette chaleur ne comporte. Il en est de même des indigos qu'on a fabriqués en Espagne, en Italie, & même dans le midi de la France.

Dans quelques parties de l'Inde on sépare les feuilles des tiges, & ce sont les premières seules qu'on met dans le trempoir. On prétend que, par cette méthode, on obtient une plus belle fécule. Cela est possible; cependant, comme elle occasionne une plus grande dépense de tems & de main-d'œuvre, & qu'elle fait perdre de la fécule, car il est certain que l'écorce des tiges en contient comme les feuilles, elle ne paroît pas dans le cas d'être adoptée.

Les Chinois font entrer la chaux dans le trempoir, comme nos teinturiers dans leur cuve, & sans doute par la même raison; mais il est toujours possible de s'en dispenser lorsqu'on fait conduire convenablement la fermentation & l'arrêter à propos.

Sur la côte occidentale d'Afrique on fait l'indigo comme nous faisons ici le pastel, c'est-à-dire qu'on pile les feuilles & les tiges de l'indigo, & qu'on en forme des boules qui sont desséchées à l'ombre. C'est ainsi qu'on traite, ou mieux qu'on traitoit le PASTEL en France. *Voyez* ce mot.

Il ne me reste plus qu'à parler de la pratique des Égyptiens pour retirer la fécule de l'indigo; pratique peu connue, mais qui n'en est pas moins la plus simple, la plus sûre & la plus économique peut-être, & qui vient d'avoir dernièrement la sanction des chimistes français, qui ont proposé de l'appliquer au pastel.

En Égypte donc on ne coupe chaque jour de tiges d'indigo que ce que peuvent en employer quatre ou cinq hommes. On jette ces tiges (& les feuilles) dans de grandes chaudières remplies d'eau, qu'on fait bouillir pendant trois heures; après quoi l'eau, chargée de fécule, est conduite dans d'autres vaisseaux, où on la bat avec de larges pelles, jusqu'à ce que la fécule se soit précipitée; puis on décante l'eau, on fait sécher la pâte, &c.

Qui ne voit que l'ébullition fait ici en peu d'heures, & sans aucun inconvénient, le même effet que la fermentation, c'est-à-dire qu'elle désorganise le parenchyme des feuilles & de l'écorce, & permet aux molécules féculentes de s'en séparer? En Égypte on ne perd donc jamais le produit de la récolte, comme cela arrive si souvent en Amérique; & quel immense avantage aux yeux de ceux qui ont fabriqué ou vu fabriquer dans ce dernier pays! Je n'ai suivi qu'une fois, en Caroline, les opérations de la fermentation, &, sur trois appareils appartenant au même propriétaire, deux manquèrent le point convenable, & ne purent faire de l'indigo marchand. J'ai entendu dire à des colons de Saint-Domingue, qu'il y avoit des habitations où on ne comptoit que sur la moitié des produits qu'on devoit attendre, tant les chances de non-succès étoient nombreuses. J'invite donc les cultivateurs d'indigo à suivre à l'avenir l'exemple des Égyptiens.

A l'article du PASTEL je reviendrai sur l'extraction des fécules colorantes par la décoction, les expériences qui se font en ce moment en Europe devant jeter un nouveau jour sur cet objet.

Il résulte d'expériences positives faites par Arthur-Young, & consignées dans ses Annales, que la fécule de l'indigo est, après le fumier, un des plus puissans engrais connus. Je ne fais pas cette observation pour engager d'acheter de l'indigo pour le répandre sur les terres arables, mais pour indiquer la possibilité de tirer parti, sous ce rapport, des feuilles fraîches de pastel, qui, contenant beaucoup de fécule, auroient peut-être la même propriété. Il se pourroit cependant que la préparation influât beaucoup sur cette propriété. (*Bosc.*)

INFERTILITÉ, qualité contraire à FERTILITÉ (*voyez* ce mot), & qui, comme elle, est le plus souvent relative, puisqu'il est beaucoup de terreins à qui on la donne, qui produisent cependant quelque chose. Les terreins véritablement infertiles se réduisent aux plages du bord de la mer, à quelques portions de sable ou d'argile placées au milieu des continens, à quelques rochers privés de terre, &c.

Tout terrein infertile, à quelque degré que ce soit, peut être rendu fertile par suite des travaux de l'homme; mais comme, en agriculture, toute mise de fonds doit rentrer avec un bénéfice, il en est beaucoup qu'il est de l'intérêt des cultivateurs d'abandonner à la Nature.

Il est des terreins qui sont tantôt fertiles, tantôt infertiles, selon que des circonstances atmosphériques ou autres ont agi de telle ou telle manière; ainsi les terreins sabloneux sont fertiles dans les années pluvieuses, & infertiles dans les années sèches; ainsi les plaines de l'Égypte sont fertiles lorsque l'inondation du Nil a été complète, & infertiles dans le cas contraire.

L'excès de la fertilité amène l'Infertilité, comme le prouvent les engrais qui, mis en masse dans un endroit, font périr toutes les plantes qui s'y trouvent, & empêchent qu'il n'en pousse de nouvelles, jusqu'à ce que leur action se soit affoiblie. *Voyez* ENGRAIS.

En général, l'excès en moins ou en plus diminue la fertilité, & ce dans tous les agens qui concourent à l'action de la végétation. (*Bosc.*)

INFLAMMATION, enflure plus ou moins étendue, plus ou moins saillante, plus ou moins douloureuse, plus ou moins accompagnée de tension, de rougeur, d'Inflammation, de chaleur, qui naît sur toutes les parties molles, externes & internes du corps des animaux, & qui se termine, soit par résolution, soit par suppuration, soit par induration, soit par gangrène.

Les causes de l'Inflammation sont nombreuses, souvent très-difficiles à reconnoître.

La plupart tiennent à des maladies très-compliquées; quelques-unes à des accidens, comme des coups, des morsures, des brûlures, des ruptures de membres, &c.

Si je voulois entrer dans toutes les considérations qu'amène, sous le rapport de la guérison des animaux domestiques, le sujet que je traite, j'emploîrois un volume; car les deux tiers des maladies s'y rattachent ou peuvent s'y rattacher. En conséquence, je préfère renvoyer au *Dictionnaire de Médecine* pour les principes généraux, & aux différens articles de médecine vétérinaire pour les applications particulières. (*Bosc.*)

INFUSION, dissolution dans l'eau froide ou chaude des parties médicamenteuses des plantes.

Il m'a paru nécessaire de donner cette définition, parce qu'on donne souvent des Infusions aux animaux malades, & que beaucoup de cultivateurs les confondent avec les MACÉRATIONS & les DÉCOCTIONS, même avec les TEINTURES. *Voy.* ces mots.

Les plantes dont on veut obtenir une Infusion restent plus ou moins de tems dans l'eau, suivant leur nature ou l'objet qu'on se propose; cependant il est rare qu'elles ne doivent pas en être ôtées avant les vingt-quatre heures révolues. (*Bosc.*)

INGRAIN, synonyme d'épautre dans le département de l'Indre & autres voisins.

INGRAT. Un terrein est ingrat lorsqu'il ne répond pas, par la richesse de ses produits, aux soins qu'on se donne, & aux dépenses qu'on fait pour le cultiver.

Les terreins infertiles sont toujours ingrats, & les terreins fertiles le sont souvent lorsqu'on ne les cultive pas convenablement.

Par suite, on dit qu'une culture est ingrate lorsqu'elle ne produit pas au-delà du remboursement de ses avances. (*Bosc.*)

INOCARPE. *INOCARPUS.*

Arbre de l'Inde & des îles de la mer du Sud, qui seul forme un genre dans la décandrie monogynie.

Cet arbre, qui est figuré pl. 362 des *Illustrations des genres* de Lamarck, a un fruit dont l'amande se mange comme la châtaigne, de laquelle elle a un peu le goût. Je ne puis en dire davantage, puisqu'il n'a pas encore été introduit dans nos jardins. (*Bosc.*)

INONDATION. On appelle ainsi une masse d'eau, quelle que soit sa profondeur, qui, par suite d'une circonstance quelconque, couvre un terrein de quelqu'étendue pendant un tems plus ou moins long.

Ainsi lorsque les eaux des pluies se sont amassées dans des endroits creux, on dit qu'ils sont inondés; ainsi quand les rivières se débordent, elles inondent les terreins qui sont plus bas que le niveau de la surface de leurs eaux.

Les Inondations de la première sorte sont rarement très-nuisibles; au plus font-elles pourrir les blés, les navettes, &c. qu'elles recouvrent, car elles ne sont ordinairement à craindre que pendant l'hiver. On peut d'ailleurs assez facilement se garantir de leurs effets par des RIGOLES, des FOSSÉS D'ÉCOULEMENT, des PIERRÉES, des PUISARDS, &c.

Il n'en est pas de même de celles de la seconde sorte; elles privent non-seulement de la récolte de l'année, mais quelquefois de celles de plusieurs années, soit en subsistant trop long-tems, soit en enlevant les terres, soit en les couvrant de sables ou de graviers infertiles. Cette seconde sorte d'Inondations se subdivise, en conséquence de ces effets, en Inondations de RIVIÈRES & en Inondations de TORRENS. (*Voyez* ces deux mots.) On les appelle plus particuliérement DÉBORDEMENS. *Voyez* ce mot.

Les ruisseaux, les étangs, les lacs, donnent aussi lieu à des Inondations des mêmes genres, & qui se rangent, selon les localités ou les circonstances, dans un des deux.

La mer, dans les grandes marées des équinoxes ou lorsque des vents d'une excessive violence la poussent sur ses bords, cause aussi des Inondations. Certaines localités, comme les côtes de la Flandre & de la Hollande, sont surtout dans le cas de les redouter.

Les Inondations des rivières, si souvent nuisibles, peuvent être utilisées lorsqu'elles sont dirigées convenablement; ainsi, par leur moyen, 1°. on arrose par irrigation des terreins qui sans cela produiroient moins; 2°. on améliore sans dépense, par le dépôt du limon que les eaux tiennent en suspension, des pays entiers, comme le Nil le fait en Égypte; 3°. on élève les lieux bas par le transport des terres & même des sables enlevés aux montagnes. *Voy.* IRRIGATION, PRÉ & ACCOUL-

Il eſt des eſpèces d'herbes qui ne ſouffrent pas de reſter long-tems ſous l'eau, & en général ce ſont les meilleures; de ſorte que les prairies ſouvent ou long-tems inondées ſont moins bonnes que celles qui ne le ſont pas du tout. Leur pâturage ou leur foin convient mieux aux bœufs & aux vaches qu'aux chevaux, & ne vaut rien pour les moutons.

Les Inondations peuvent avoir lieu à toutes les époques de l'année, parce qu'elles ſont le plus ſouvent cauſées par l'abondance ou la longue durée des pluies, la fonte des neiges, la rupture d'une digue, &c.; cependant c'eſt en automne & au printems qu'elles ſont le plus communes, parce que c'eſt alors qu'il pleut le plus. Je vais paſſer en revue les effets de celles qui ſont paiſibles, renvoyant de parler, au mot TORRENT, des effets de celles qui ſont tumultueuſes.

Les Inondations de l'automne & de l'hiver ont pour réſultat, lorſqu'elles ſont durables, la perte des ſeigles & des fromens qu'elles recouvrent; cependant on a des exemples très-remarquables de l'effet contraire, & il eſt une commune près de Verſailles, où on inonde les artichauts pendant les grands froids pour les garantir des gelées.

Un cultivateur prudent, & dans le cas de craindre les Inondations, ſe précautionne toujours de graines de blé de mars, d'orge, d'avoine, de féves de marais, de pois gris, de veſce, &c., pour remplacer le froment ou le ſeigle dont elles auront occaſionné la perte. Le plus ſouvent un ſeul herſage ſuffit pour aſſurer la proſpérité du nouveau ſemis.

Au printems, les Inondations, outre les inconvéniens précités, empêchent le ſemis des plantes qui doivent être miſes en terre à cette époque, cauſent la coulure des fleurs des arbres, font périr les herbes des prairies ou au moins retardent leur croiſſance. Les principes d'humidité ſurabondante qu'elles laiſſent dans la terre nuiſent à la beauté des récoltes, & à la ſanté des hommes & des animaux. Tous les fruits, & ſurtout les grains, récoltés ſur un terrein trop humide, ſont petits, ſans ſaveur & de peu de garde.

Au commencement de l'été, les Inondations font pourrir tous les objets de nos cultures, couvrent de vaſe le foin ſur pied, le ROUILLENT (*voyez* ce mot), & entraînent celui qui eſt coupé; elles produiſent, plus tard, les mêmes effets ſur les céréales. C'eſt alors qu'elles expoſent à des épidémies deſtructives les hommes & les animaux domeſtiques. Une bonne pratique à ſuivre pour dédommager des pertes qui ſont la ſuite des Inondations de cette ſaiſon, c'eſt de ſemer, ſur un ſeul herſage, des navets dès que les eaux ſe ſont retirées, navets qui proſpéreront à la faveur de l'humidité du ſol.

C'eſt pour diminuer la ſomme de ces inconvéniens, que, ſur le bord des rivières ſujètes aux Inondations, on préfère les prairies à tout autre genre de bien. En effet, elles ne les craignent que lorſque l'herbe eſt grande ou qu'elle eſt coupée; & comme la terre y eſt arrêtée par les racines des herbes, elle eſt plus rarement entraînée que celle des champs labourés: l'eau y pénètre plus difficilement, &c.

Il n'eſt pas donné à l'homme d'influer ſur la cauſe des Inondations, à moins qu'elle ne ſoit dans le barrage d'une rivière, dans la mauvaiſe conſtruction de la chauſſée d'un étang; mais il peut quelquefois en empêcher les effets ou en affoiblir les ſuites. Par exemple, redreſſer le cours d'une rivière c'eſt donner un plus facile & plus prompt écoulement aux eaux, & par conſéquent empêcher qu'elles ne débordent auſſi ſouvent. Par exemple, élever les bords d'une rivière par une chauſſée (jetée) d'une hauteur & d'une largeur proportionnées à ſa grandeur produit le même effet. Mais ces deux moyens ne peuvent être employés que par les Gouvernemens, 1°. à raiſon de la néceſſité d'exhauſſer une grande longueur des deux côtés de ces rivières, & par conſéquent de travailler ſur le terrein de beaucoup de propriétaires différens; 2°. à raiſon de la grande dépenſe, qui ſeroit rarement couverte par les bénéfices de la culture des terreins préſervés de l'Inondation. J'indiquerai, au mot TORRENT, tous les moyens à la portée des ſimples particuliers, qui peuvent être employés pour s'oppoſer aux Inondations partielles. (*Bosc.*)

INSECTE. Beaucoup d'animaux, vivant du produit de nos cultures, ſont les ennemis des cultivateurs, & parmi eux les Inſectes, quoique généralement très-petits & très-foibles, ſe trouvent au premier rang, parce que leur grand nombre & les ruſes qu'ils emploient pour leur échapper rendent leurs ravages plus ſenſibles & leur recherche plus infructueuſe.

Mais il ne faut pas croire, comme quelques perſonnes, que tous les Inſectes ſont nuiſibles. Il en eſt au contraire qui nous ſont très-utiles, en ce que, vivant aux dépens des premiers, ils deviennent auxiliaires dans la guerre perpétuelle que nous devons leur faire; auxiliaires d'autant plus puiſſans, qu'ils agiſſent conſtamment, qu'ils ſont très-nombreux, & qu'ils connoiſſent mieux que nous les retraites où ſe cachent ceux que nous devons redouter.

Apprendre à diſtinguer ces derniers Inſectes de ceux qui leur font la guerre, obſerver les mœurs des premiers pour être mieux en état de les chercher & de les détruire, c'eſt-à-dire s'inſtruire en entomologie, doit donc entrer dans les vues d'un cultivateur deſireux de remplir ſon but le plus ſûrement poſſible. Que de jouiſſances leur étude m'a procurées! Je ne conçois pas comment les pères, jaloux du bonheur de leurs enfans, ne les portent pas à cette étude.

Juſqu'à ces derniers tems, les cultivateurs ont eu peu de moyens pour apprendre à connoître les

Insectes. Le premier je me suis occupé de mettre sous leurs yeux, dans un ouvrage spécialement consacré à leur instruction, ceux qui méritoient le plus de fixer leur attention. Si je ne suis pas ici la même marche, c'est que le *Dictionnaire des Insectes*, qui fait partie de cet ouvrage, satisfait à toutes les intentions que je pourrois mettre en avant. Honneur soit rendu à mon confrère & collaborateur Olivier, qui l'a rédigé avec une si grande distinction !

On trouvera au mot INSECTE du Dictionnaire précité ce qu'il convient de savoir sur l'organisation de ces animaux, sur les méthodes qu'on a employées pour les classer, pour établir leurs genres, pour caractériser leurs espèces. A chaque genre sont mentionnées les espèces qui le composent, & à chaque espèce les mœurs qui lui sont propres. J'aurois donc pu me dispenser de parler ici de ces genres & de ces espèces; mais la considération qu'il faut que les cultivateurs y rencontrent, l'ensemble de ce qu'ils doivent savoir, & que, quelque complets que soient les articles qui leur sont consacrés, ils n'y sont pas envisagés tout-à-fait sous le rapport de l'intérêt des cultivateurs, j'ai cru devoir dire quelques mots de tous ceux dont ils ont à se plaindre.

Ces espèces appartiennent :

Parmi les COLÉOPTÈRES :

Aux genres HANNETON, DERMESTE, ANTHRÈNE, CHARANÇON, ATTELADE, CRIOCÈRE, ALTISE, TENEBRION, CASSIDE, CHRYSOMELLE, EUMOLPE, GRIBOURI, BRUCHE, PTINE, CANTHARIDE, CARABE & TROGOSSITE.

Parmi les ORTHOPTÈRES :

Aux genres GRILLON, CRIQUET, SAUTERELLE, COURTILLIÈRE, FORFICULE & BLATTE.

Parmi les NÉVROPTÈRES :

Au genre LÉPISME.

Parmi les HYMÉNOPTÈRES :

Aux genres ABEILLE, GUÊPE, ICHNEUMON, TENTHRÈDE, CYNIPS, DIPLOLÈPE & FOURMI.

Parmi les APTÈRES :

Aux genres POU, TIQUE, RICIN, IXODE & ARAIGNÉE.

Parmi les LÉPIDOPTÈRES :

Aux genres PAPILLON, BOMBYCE, HÉPIALE, NOCTUELLE, PHALÈNE, TEIGNE, GALLERIE, PYRALE & ALUCITE.

Parmi les HÉMIPTÈRES :

Aux genres CIGALE, CERCOPE, ACANTHIE, PUNAISE, PUCERON & COCHENILLE ou GALLE-INSECTE.

Parmi les DIPTÈRES :

Aux genres MOUCHE, SYRPHE, TAON, STOMOXE, ASILE, ŒSTRE, COUSIN & HIPOBOSQUE.

Voyez tous ces mots & ceux CHENILLE, LARVE, GALLE.

Les Insectes utiles se réduisent au VER A SOIE & à la CANTHARIDE. *Voyez* ces mots.

Les terreins secs & chauds & les terreins frais & humides sont ceux où on trouve le plus d'Insectes. Les terres cultivées & les bois en bon fonds en offrent peu. C'est une erreur de croire que les hivers très-froids leur sont nuisibles : ce sont les pluies froides du printems qui font le plus périr de chenilles. Quelques espèces, ordinairement rares, se montrent quelquefois en immense quantité sans qu'on puisse en découvrir la cause. Leurs cadavres concourent sans doute beaucoup, à raison de leur nombre immense & de leur succession non interrompue, à la fertilité de la terre.

Les préparations mercurielles sont un des moyens les plus certains à employer contre les acares, les ixodes, les poux & autres Insectes qui tourmentent les animaux; mais leur emploi est dangereux, & il n'appartient qu'aux mains exercées & prudentes d'en faire usage.

Un ruban imbibé d'onguent-gris, dont on entoure le tronc d'un arbre, suffit pour empêcher les fourmis, les chenilles & autres Insectes d'y monter. (*Bosc.*)

INSTRUMENS D'AGRICULTURE. Quel que soit son orgueil, l'homme est forcé à chaque instant d'avouer son infériorité sous beaucoup de rapports, comparativement aux animaux, surtout relativement à la force; mais la Nature lui a donné une intelligence tellement supérieure, qu'avec les Instrumens qu'il a inventés, il supplée à la foiblesse de ses organes à un point si prodigieux, qu'il ne peut pas être fixé ; ainsi, au moyen du microscope, il augmente mille fois & plus la grosseur des animalcules microscopiques qui échappoient à sa vue ; ainsi, au moyen de la percussion, il produit un effet cent mille fois plus grand que par tout autre moyen ; ainsi, au moyen d'une poulie ou d'un levier, il élève des masses dix mille fois plus considérables qu'il ne l'eût fait avec le seul secours de ses bras, &c. &c.

En agriculture, l'homme seroit beaucoup inférieur au castor, qui sait couper les arbres; au renard, qui sait creuser la terre, s'il n'avoit pas inventé la hache & la pioche, avec lesquelles il fait des millions de fois plus d'ouvrage qu'avec ses dents & ses ongles. Cueillir les fruits des végétaux de la troisième & de la seconde grandeur seroit presque la seule opération agricole qu'il pourroit faire si les Instrumens qu'il possède en ce moment venoient à lui manquer totalement. Le sauvage même ne peut pas monter, sans Instrumens, sur un arbre de première grandeur s'il a plus d'un pied de diamètre, & est dégarni de branches à sa partie inférieure.

Un bâton pointu a dû être le premier Instrument agricole employé par l'homme pour arracher les racines dont il se nourrissoit, pour gratter la terre, dans laquelle il a ensuite planté ces racines afin de les avoir à sa portée & pouvoir les défendre contre les animaux ou les autres hommes. C'est l'origine de la bêche. Bientôt il s'est apperçu qu'en frappant sur la surface de la terre avec ce bâton muni d'un crochet, & de manière que ce fût la pointe de ce crochet qui entrât dans la terre, il alloit plus vîte & se fatiguoit moins; qu'en traînant ce bâton derrière lui, & de manière que la pointe du crochet restât toujours en terre, il alloit encore plus vîte & se fatiguoit encore moins, & par-là il inventa la pioche & la charue.

Les premiers Instrumens aratoires dûrent donc être & furent en effet très-grossiers. Ce n'est que par les résultats de l'expérience des siècles, surtout par suite de la découverte des métaux & de leur emploi, qu'ils sont petit à petit arrivés au point où nous les voyons. Il sembleroit que la généralité & l'importance de la culture auroient dû amener leur perfection préférablement à celle de tous les autres; mais le fait est qu'ils sont de beaucoup inférieurs à ceux des arts de pur agrément. Le plus fameux de tous, la charue, est surtout dans ce cas. Un grand nombre de causes concourt plus ou moins à cet effet, les unes par circonstance, les autres d'une manière permanente. Les rechercher toutes ici seroit long & difficile. Je me bornerai donc à observer que les principales tirent leur origine du peu d'aisance, & de l'ignorance des cultivateurs proprement dits: on pourroit encore ajouter à leur isolement, qui ne leur permet pas de comparer les Instrumens qu'ils emploient avec ceux qui sont usités ailleurs; car sans comparaison il y a peu d'amélioration à espérer, vu l'influence de l'habitude & la paresse naturelle à l'esprit humain.

Cependant, depuis un petit nombre d'années, l'établissement des Sociétés d'agriculture & les voyages lointains que les événemens de la révolution font faire aux riches comme aux pauvres, ont amené des changemens très-marqués à cet égard, & il est à croire qu'on en obtiendra à l'avenir les plus heureux résultats. En effet, 1°. les Sociétés d'agriculture, composées, & de propriétaires riches & éclairés, & de non-propriétaires très-instruits dans les sciences qui servent de base à la pratique & à la théorie de la culture, telles que la physique, la chimie, la botanique, la minéralogie, la zoologie, les mathématiques, &c. sont des foyers qui puisent des lumières dans l'observation, dans la discussion, dans une correspondance très-active & très-étendue; qui font venir à grands frais de nouveaux Instrumens; qui répètent les expériences faites ailleurs; qui répandent à profusion des instructions imprimées, des livres élémentaires; qui encouragent les praticiens intelligens par des prix, par des honneurs, &c. On doit en attendre encore de plus grands avantages par la suite, car à peine sont-elles organisées. 2°. L'incursion des jeunes gens de toutes les classes dans les parties de l'Europe les plus éloignées leur apprennent à rejeter les préjugés de leur enfance, & ils reviennent instruits des progrès que les autres peuples ont faits en agriculture, & disposés à changer les mauvais Instrumens, les vicieuses pratiques usitées dans le canton où ils sont nés. Déjà on s'apperçoit des suites heureuses de cette dispersion de nos propriétaires & des fils de nos laboureurs, & on s'en appercevra encore mieux dans quelques années.

Plus un Instrument est approprié à son objet, plus il dure, plus il économise de tems, & mieux il remplit son objet. Ce sont donc toujours les meilleurs que les agriculteurs doivent employer, & cependant ce sont les plus mauvais qu'ils achètent presque partout, uniquement parce qu'ils les obtiennent à un peu meilleur marché; ils ne voient pas que, pour épargner 6 francs, ils manquent à gagner 600 francs. Eh! qu'on ne suppose pas que j'exagère ici. Je pourrois citer bien des faits propres à convaincre que toute fausse économie de ce genre amène de grandes pertes. C'est donc à acquérir les Instrumens les plus parfaits, à perfectionner continuellement ceux dont on se sert, que doivent tendre tous les cultivateurs capables, par leur intelligence, de parvenir au degré de prospérité qu'ils ambitionnent.

Le Gouvernement entretient à Paris un immense dépôt d'Instrumens & de machines de toute espèce, parmi lesquels ceux employés à l'agriculture tiennent un rang distingué. Chaque jour on en augmente la masse. On est étonné, en le parcourant, qu'on n'ait pas encore choisi, parmi leur grand nombre, ceux qui, par leur simplicité, leur solidité, leur appropriation à leur objet, sont les plus convenables pour en faire exclusivement usage dans les campagnes. Tout agriculteur qui vient dans la capitale doit le visiter, ne fût-ce que pour s'assurer de la possibilité de remplacer les Instrumens qu'il emploie par de meilleurs.

Tout doit être en harmonie dans une exploitation rurale bien montée; ainsi, il ne suffit pas d'avoir une charue construite dans les meilleurs principes relativement à la nature de sa terre, il faut encore qu'elle soit solide, que le fer du socle ne soit pas cassant, qu'elle soit traînée par des chevaux vigoureux, pourvus de bons harnois. Je fais cette observation parce qu'il est commun, dans les campagnes, de voir une grande inégalité dans le degré de bonté des diverses parties d'un Instrument; ce qui rend inutile, & même souvent nuisible la perfection d'une d'elles; par exemple, si toutes les pièces d'une voiture sont bonnes, excepté l'essieu, si une hache est armée d'un bon acier, & que son manche soit d'un bois cassant, &c.

Il ne suffit pas d'avoir des Instrumens aussi parfaits que possible; il faut encore les entretenir en bon état, & empêcher qu'ils se dégradent par défaut de soin: c'est ce à quoi les habitans des campagnes ne font nulle attention. Il semble que plus ils sont pauvres, & moins ils craignent d'être souvent obligés de renouveler leurs outils. Achètent-ils une faux? ils la laissent dans un coin de la cour ou de l'écurie, exposée à se rouiller, à s'ébrecher, à se casser même, au lieu de la monter au grenier & de l'y enfermer. Achètent-ils un panier? ils le laissent à la disposition des enfans, entre les mains desquels il ne reste pas entier deux jours. Combien en est-il qui fassent peindre à l'huile ou goudronner leurs charues, leurs brouettes, leurs échelles, leurs voitures & autres articles en bois qui sont susceptibles d'être long-tems exposés à la pluie? A peine quelques-uns. En est-il même beaucoup qui se donnent la peine de mettre ces articles à l'abri sous un hangar, dans une grange lorsqu'ils ne s'en servent pas? A peine quelques-uns. Ce sont cependant là les véritables économies, & non celles qui consistent à remplacer à bon compte un mauvais Instrument par un autre, comme cela a lieu si souvent.

L'économie consiste encore à faire faire, & surtout à faire soi-même toutes les petites réparations qu'exigent les Instrumens aratoires, à mesure qu'on s'apperçoit de leur nécessité. Une cheville mise à point peut éviter, huit jours plus tard, une réparation de 50 francs à une charette, ou la faire durer six ans de plus. Que de fers à chevaux épargneroient les laboureurs s'ils savoient remettre un clou à celui qui l'a perdu! Quelques clavettes, fichées à propos à l'extrémité des montans d'une échelle qui se disjoint, peuvent empêcher la mort du père de famille qui s'en sert, & prolonger l'usage de cette échelle encore bien des années. Je ne finirois pas si je voulois citer tous les cas où le défaut de soin & de prévoyance peut être nuisible aux agriculteurs.

Ce seroit peut-être ici le lieu de donner la nomenclature de tous les Instrumens agricoles dont on fait usage en France; mais je préfère renvoyer à leur article pour leur indication, & au *Dictionnaire des Manufactures & Arts* pour leur description, afin de ne pas alonger inutilement celui-ci. (*Bosc.*)

INSTRUMENS nécessaires au pansement des animaux. Quoique ces Instrumens doivent être placés au nombre de ceux dont il a été parlé d'une manière générale dans l'article précédent, j'ai cru devoir leur en consacrer un particulier, tant je crois qu'il faut que les cultivateurs sachent apprécier leur importance relativement à la santé des animaux qu'ils ont assujettis pour les aider dans leurs travaux.

Ordinairement on ne panse que le CHEVAL & le MULET, encore n'est-ce pas partout; mais il est également avantageux de panser l'ANE, le BŒUF, la VACHE, & même quelquefois le MOUTON, la CHÈVRE, le COCHON & le CHIEN. *Voyez* ces mots.

Les Instrumens employés à ce pansement n'ont pas besoin d'être décrits, tant ils sont simples. Je me contenterai donc d'indiquer leurs noms: ce sont l'ÉTRILLE, l'ÉPOUSSÈTE, la BROSSE, le BOUCHON, l'ÉPONGE, le PEIGNE & le COUTEAU DE CHALEUR. (*Bosc.*)

INULE. *Inula.*

Genre de plante de la syngénésie superflue & de la famille des *Corymbifères*, dont plusieurs espèces sont très-communes dans les terreins humides, & ne servent d'aliment à aucun animal domestique, mais qui peuvent être avantageusement employées à la guérison de leurs maladies. Il est figuré pl. 680 des *Illustrations* de Lamarck.

Espèces.

1. L'INULE aunée.
Inula helenium. Linn. ♃ Indigène.
2. L'INULE du Caucase.
Inula caucasia. Pers. ♃ Du Caucase.
3. L'INULE odorante.
Inula odorata. Linn. ♃ Du midi de l'Europe.
4. L'INULE œil de Christ.
Inula oculus Christi. Linn. ♃ Du midi de l'Europe.
5. L'INULE aquatique.
Inula britannica. Linn. ♃ Indigène.
6. L'INULE des prés.
Inula dyssenterica. Linn. ♃ Indigène.
7. L'INULE du Levant.
Inula orientalis. Lam. ♃ Du Levant.
8. L'INULE visqueuse.
Inula viscosa. Willd. ♃ Des parties méridionales de l'Europe.
9. L'INULE à grandes fleurs.
Inula grandiflora. Willd. ♃ De l'Orient.
10. L'INULE glanduleuse.
Inula glandulosa. Willd. ♃ De l'Orient.
11. L'INULE ondulée.
Inula undulata. Linn. ♃ D'Égypte.
12. L'INULE découpée.
Inula incisa. Lamarck. ⊙ Du Sénégal.
13. L'INULE pulicaire.
Inula pulicaria. Linn. ♃ Indigène.
14. L'INULE d'Afrique.
Inula africana. Lamarck. Du Cap de Bonne-Espérance.
15. L'INULE de l'Inde.
Inula indica. Linn. Des Indes.
16. L'INULE arabique.
Inula arabica. Linn. ⊙ D'Arabie.
17. L'INULE bubonium.
Inula bubonium. Jacq. ♃ D'Autriche.
18. L'INULE squarreuse.
Inula squarrosa. Linn. ♃ Des parties méridionales de l'Europe.
19. L'INULE à feuilles de spirée.
Inula spiræifolia. Lamarck. ♃ Des parties méridionales de l'Europe.
20. L'INULE germanique.
Inula germanica. Linn. ♃ D'Allemagne.
21. L'INULE à feuilles de saule.
Inula salicifolia. Linn. ♃ Des parties méridionales de la France.

22. L'INULE à feuilles laineuses.
Inula suaveolens. Ait. ♃ Des parties méridionales de l'Europe.
23. L'INULE cendrée.
Inula Vaillantii. All. ♃ Des Alpes.
24. L'INULE hérissée.
Inula hirta. Linn. ♃ Des parties méridionales de l'Europe.
25. L'INULE de Caroline.
Inula mariana. Linn. ♃ De Caroline.
26. L'INULE sous-axillaire.
Inula subaxillaris. Lam. ♃ De Caroline.
27. L'INULE de Provence.
Inula provincialis. Linn. ♃ Des parties méridionales de la France.
28. L'INULE graminée.
Inula ensifolia. Linn. ♃ Des parties méridionales de l'Europe.
29. L'INULE tubéreuse.
Inula tuberosa. Lam. ♃ Des parties méridionales de la France.
30. L'INULE de roche.
Inula saxatilis. Lam. ♃ Des parties méridionales de l'Europe.
31. L'INULE chrysocomoïde.
Inula chrysocomoides. Lam. De Barbarie.
32. L'INULE perce-pierre.
Inula crithmoides. Linn. ♃ Des parties méridionales de l'Europe.
33. L'INULE à feuilles de primevère.
Inula primulæfolia. Lam. De Saint-Domingue.
34. L'INULE glomériflore.
Inula bifrons. Linn. ⊙ Des parties méridionales de la France.
35. L'INULE de montagne.
Inula montana. Linn. ♃ Des parties méridionales de la France.
36. L'INULE de Malte.
Inula fetida. Linn. ⊙ De Malte.
37. L'INULE aromatique.
Inula aromatica. Linn. ♄ Du Cap de Bonne-Espérance.
38. L'INULE du Japon.
Inula japonica. Thunb. Du Japon.
39. L'INULE douteuse.
Inula dubia. Thunb. Du Japon.
40. L'INULE brûlante.
Inula æstuans. Linn. De l'Amérique méridionale.
41. L'INULE bleue.
Inula cœrulea. Linn. ♄ Du Cap de Bonne-Espérance.
42. L'INULE saturéjoïde.
Inula saturejoides. Mill. ♄ De l'Amérique méridionale.
43. L'INULE crépue.
Inula crispa. Vent. ♃ D'Égypte.
44. L'INULE à feuilles de graminée.
Inula graminifolia. Michaux. ♃ De Caroline.
45. L'INULE argentée.
Inula argentea. Mich. ♃ De l'Amérique septentrionale.
46. L'INULE glutineuse.
Inula glutinosa. Cav. ♃ Du Mexique.

Culture.

Les Inules ne se cultivent que dans les jardins de botanique, quoique quelques espèces, telle que la première, la sixième, la huitième, la vingtième, la vingt-neuvième soient assez remarquables pour entrer dans la décoration des jardins paysagers. Toutes demandent un sol argileux, frais & ombragé. La plupart, principalement la sixième & la treizième, tracent excessivement, & demandent à être annuellement dégarnies de leurs nouvelles pousses si on ne veut pas qu'elles s'emparent de tout l'espace. Leur multiplication a lieu par semis de graines & par déchirement des vieux pieds. Le semis s'exécute au printems en pleine terre pour toutes les espèces d'Europe, & dans des pots sur couche pour les espèces étrangères. Parmi ces dernières, la quarantième exige la serre chaude, & la quarante-sixième demande l'orangerie.

L'odeur forte & la saveur âcre des Inules en éloignent tous les bestiaux. Celles qui sont les plus communes peuvent seulement être mises à profit pour augmenter la masse du fumier, ou fabriquer de la potasse en les coupant à la fin de l'été.

On dit qu'on confit au vinaigre les feuilles de la trente-deuxième espèce, comme la baccile, les câpres, &c.; mais je ne les ai vues nulle part employées à cet usage, auquel elles paroissent au reste aussi propres que celles de beaucoup d'autres plantes. L'Inule aunée donne, dit-on, par la distillation, une huile concrète si solide, qu'elle est sonore. (*Bosc.*)

INULE CAMPANÉE : c'est L'INULE AUNÉE.

IPECACUANHA : nom commun à plusieurs racines qui nous sont apportées de l'Amérique méridionale, & qui, réduites en poudre, servent à faire vomir les hommes & les animaux qui en sont susceptibles.

On doit à Decandolle un excellent travail sur ces différentes racines; mais comme aucune des plantes qui les fournissent n'est cultivée en France, c'est dans le *Dictionnaire de Médecine* qu'il faut en chercher l'indication. (*Bosc.*)

IPO. *Ipo.*

Arbre vénéneux de Java, qui seul forme un genre dans la monoécie polyandrie.

Cet arbre, qui est fameux par les contes qu'on a faits sur les effets du suc laiteux qui transsude de ses blessures, n'étant pas cultivé dans nos jardins ni dans son pays natal, n'est pas dans le cas de mériter un plus long article. C'est l'UPAS, le BUBON UPAS de Rumphius & des voyageurs. (*Bosc.*)

IPOMOPSIS. *Ipomopsis.*

Genre de plante établi par Michaux, pour placer quelques espèces de QUAMOCLITES; il est appelé CANTU par Willdenow.

Comme j'ai traité de ces espèces au mot précité, je n'ai rien à en dire ici. (*Bosc.*)

IRÉON. *Ireon.*

Arbuste du Cap de Bonne-Espérance, que Burmann a indiqué comme formant un genre dans la pentandrie monogynie.

Cet arbuste paroît avoir été mal décrit, puisqu'il n'a pas été retrouvé.

IRÉSINÉ. *Iresine.*

Genre de plante de la dioécie pentandrie & de la famille des *Amaranthes*, qui réunit une demi-douzaine d'espèces, dont une se cultive dans les serres de nos jardins de botanique. *Voyez* les *Illustrations des genres* de Lamarck, pl. 813.

Espèces.

1. L'IRÉSINÉ amaranthoïde.
Iresine celosioides. Linn. ♃ De Saint-Domingue.

2. L'IRÉSINÉ diffuse.
Iresine diffusa. Willd. De l'Amérique méridionale.

3. L'IRÉSINÉ alongée.
Iresine elongata. Willd. De l'Amérique méridionale.

4. L'IRÉSINÉ blanchâtre.
Iresine canescens. Willd. ♄ De l'Amérique méridionale.

5. L'IRÉSINÉ jaunâtre.
Iresine flavescens. Willd. De l'Amérique méridionale.

6. L'IRÉSINÉ élevée.
Iresine elatior. Swartz. ☉ De la Jamaïque.

Culture.

La première espèce, qui est celle que nous cultivons, est une plante de peu d'agrément, qui exige la serre chaude ou au moins la tempérée, & qui, ne donnant jamais de graines, ne se multiplie que de boutures faites au printems sur couche & sous châssis, & par déchirement des vieux pieds, déchirement qui s'effectue en automne, lors du renouvellement de la terre des pots qui la contiennent.

Cette plante est peu délicate sur la nature de la terre qu'on lui donne, c'est-à-dire, qu'elle s'accommode de toutes. Des arrosemens fréquens en été & rares en hiver sont ce qu'elle demande le plus. (*Bosc.*)

IRIARTÉE. *Iriartea.*

Petit palmier du Pérou, qui, n'étant pas cultivé en Europe, n'est pas dans le cas de donner ici lieu à un article de quelqu'étendue. (*Bosc.*)

IRIS. *Iris.*

Genre de plante de la triandrie monogynie & de la famille de son nom, qui rassemble plus de soixante espèces, toutes ayant des fleurs très-remarquables par leur forme & souvent par leurs couleurs, qui sont ou peuvent être l'objet d'une culture fort étendue dans nos jardins d'agrément, où un grand nombre d'entr'elles passe l'hiver en pleine terre sans inconvénient. *Voyez* les *Illustrations des genres* de Lamarck, pl. 33.

Espèces.

Iris à pétales barbus.

1. L'IRIS ciliée.
Iris ciliata. Linn. ♃ Du Cap de Bonne-Espérance.

2. L'IRIS de Suze. *Variété blanche.*
Iris susiana. Linn. ♃ D'Orient.

3. L'IRIS de Florence.
Iris florentina. Linn. ♃ D'Italie. *Variétés nombreuses dans les nuances de la fleur.*

4. L'IRIS germanique.
Iris germanica. Linn. ♃ Des parties méridionales de l'Europe.

5. L'IRIS à fleurs pâles. *Passe pour une variété de la précédente.*
Iris pallida. Lam. ♃ D'Orient.

6. L'IRIS en crête.
Iris cristata. Ait. ♃ De l'Amérique septentrionale.

7. L'IRIS très-jaune.
Iris flavissima. Pallas. ♃ De Sibérie.

8. L'IRIS verdâtre.
Iris virescens. Decand. ♃ De.....

9. L'IRIS à odeur de sureau.
Iris sambucina. Linn. ♃ Du midi de l'Europe.

10. L'IRIS jaune-sale.
Iris squallens. Linn. ♃ Du midi de l'Europe.

11. L'IRIS panachée.
Iris variegata. Thunb. ♃ Du midi de l'Europe.

12. L'IRIS des deux saisons.
Iris biflora. Linn. ♃ Du Portugal.

13. L'IRIS plissée.
Iris plicata. Lam. ♃ Du midi de l'Europe.

14. L'IRIS de Hollande.
Iris Swertii. Lam. ♃ De Hollande.

15. L'IRIS à tige nue.
Iris nudicaulis. Lam. ♃ De.....

16. L'Iris aplatie.
Iris compressa. Linn. ♃ Du Cap de Bonne-Espérance.

17. L'Iris dichotome.
Iris dichotoma. Lam. ♃ De Tartarie.

18. L'Iris jaunâtre.
Iris lutescens. Lam. ♃ Du midi de l'Europe.

19. L'Iris naine *offre de nombreuses variétés dans les nuances du violet, qui est sa couleur naturelle, du pourpre, du blanc, & dans la hauteur de sa tige.*
Iris pumila. Linn. ♃ Du midi de la France.

20. L'Iris des sables.
Iris arenaria. Waldst. ♃ De Hongrie.

21. L'Iris fluette.
Iris minuta. Linn. ♃ Du Cap de Bonne-Espérance.

22. L'Iris à trois pétales.
Iris tripetala. Linn. ♃ Du Cap de Bonne-Espérance.

23. L'Iris à trois pointes.
Iris tricuspis. Linn. ♃ Du Cap de Bonne-Espérance.

24. L'Iris plumaire.
Iris plumaria. Thunb. ♃ Du Cap de Bonne-Espérance.

25. L'Iris du Japon.
Iris japonica. Thunb. ♃ Du Japon.

26. L'Iris à tige comprimée.
Iris compressa. Thunb. ♃ Du Cap de Bonne-Espérance.

27. L'Iris frangée.
Iris fimbriata. Vent. ♃ De la Chine.

Iris à pétales non barbus.

28. L'Iris des marais, vulgairement *glayeul des marais, glayeul jaune.*
Iris pseudo-acorus. Linn. ♃ Indigène.

29. L'Iris fétide, vulgairement *glayeul puant, iris gigot.*
Iris fetida. Linn. ♃ Indigène.

30. L'Iris des prés.
Iris sibirica. Linn. ♃ Du midi de la France.

31. L'Iris variée.
Iris versicolor. Linn. ♃ De l'Amérique septentrionale.

32. L'Iris de Virginie.
Iris virginica. Linn. ♃ De l'Amérique septentrionale.

33. L'Iris de la Martinique. *Vieusseuxie* Decand.
Iris martinicensis. Jacq. ♃ De la Martinique.

34. L'Iris spatulée.
Iris spuria. Linn. ♃ Du midi de la France.

35. L'Iris jaune-blanc.
Iris ochroleuca. Linn. ♃ De Sibérie.

36. L'Iris graminée.
Iris graminea. Linn. ♃ Du midi de l'Europe.

37. L'Iris ventrue.
Iris ventricosa. Pallas. ♃ De Tartarie.

38. L'Iris printanière.
Iris verna. Linn. ♃ De Caroline.

39. L'Iris à petites ailes.
Iris alata. Poir. ♃ De Barbarie.

40. L'Iris unguiculaire.
Iris unguicularis. Poir. ♃ De Barbarie.

41. L'Iris spathacée.
Iris spathacea. Linn. ♃ Du Cap de Bonne-Espérance.

42. L'Iris rameuse.
Iris ramosa. Thunb. ♃ Du Cap de Bonne-Espérance.

43. L'Iris œil de paon. *Vieusseuxie* Decand.
Iris pavonia. Thunb. ♃ Du Cap de Bonne-Espérance.

44. L'Iris papilionacée.
Iris papilionacea. Thunb. ♃ Du Cap de Bonne-Espérance.

45. L'Iris bitumineuse.
Iris bituminosa. Thunb. ♃ Du Cap de Bonne-Espérance.

46. L'Iris de Lemonier.
Iris Monieri. Decand. ♃ De Rhodes.

47. L'Iris visqueuse.
Iris viscosa. Thunb. ♃ Du Cap de Bonne-Espérance.

48. L'Iris crépue.
Iris crispa. Thunb. ♃ Du Cap de Bonne-Espérance.

49. L'Iris comestible.
Iris edulis. Thunb. ♃ Du Cap de Bonne-Espérance.

50. L'Iris à fleurs tristes.
Iris tristis. Thunb. ♃ Du Cap de Bonne-Espérance.

51. L'Iris à spathes frangées.
Iris lacera. Thunb. ♃ Du Cap de Bonne-Espérance.

52. L'Iris à feuilles de jonc.
Iris juncea. Poir. ♃ Du Cap de Bonne-Espérance.

53. L'Iris xiphioïde.
Iris xiphioides. Ehrh. ♃ De l'Espagne. *Variétés si nombreuses en grandeur & en couleur, qu'il est rare de trouver, dans une planche, deux pieds parfaitement semblables.*

54. L'Iris bulbeuse.
Iris xiphium. Linn. ♃ Du Portugal.

55. L'Iris double bulbe.
Iris sisyrinchium. Linn. ♃ Du Portugal.

56. L'Iris de Perse.
Iris persica. Linn. ♃ De la Perse.

57. L'Iris à feuilles menues.
Iris tenuifolia. Lam. ♃ De la Tartarie.

58. L'Iris sétacée.
Iris setacea. Thunb. ♃ Du Cap de Bonne-Espérance.

59. L'Iris jaune-pourpre.
Iris angusta. Thunb. ♃ Du Cap de Bonne-Espérance.

60. L'Iris tubéreuse, vulgairement *le faux hermodate.*
Iris tuberosa. Linn. ♃ Des îles de l'Archipel.
61. L'Iris à longues feuilles.
Iris halophila. Ait. ♃ De la Sibérie.
62. L'Iris ensâte.
Iris ensata. Thunb. ♃ Du Japon.
63. L'Iris viscaire.
Iris viscaria. Thunb. ♃ Du Cap de Bonne-Espérance.
64. L'Iris northiane.
Iris northiana. Andr. ♃ Du Brésil.
65. L'Iris à long style.
Iris stylosa. Desfont. ♃ De la Barbarie.
66. L'Iris scorpioïde.
Iris scorpioides. Desfont. ♃ De la Barbarie.
67. L'Iris à longues feuilles.
Iris longifolia. Andr. ♃ Du Cap de Bonne-Espérance.
68. L'Iris élégante.
Iris elegans. Pers. ♃ De.....
69. L'Iris fugace.
Iris fugax. Andr. ♃ Du Cap de Bonne-Espérance.

Culture.

A peu près la moitié de ces espèces se trouve dans nos jardins de botanique, & parmi elles il en est cinq à six qui s'emploient fréquemment à la décoration des parterres & des jardins paysagers. On est invité à les y introduire par la grandeur, la belle couleur & la singulière disposition de leurs fleurs, & à les y multiplier à satiété par la facilité de leur culture. Une seule, la trente-troisième, est de serre chaude. Toutes celles du Japon, du Cap de Bonne-Espérance, de la côte de Barbarie, de l'Amérique septentrionale & quelques-unes de celles de l'Europe méridionale se tiennent l'hiver dans l'orangerie dans le climat de Paris, mais plutôt parce qu'elles fleurissent de bonne heure, que par la crainte de l'effet des gelées, qui sont rarement assez fortes pour qu'on ne puisse pas les en garantir en les couvrant de fougère ou de feuilles sèches.

Quelque similitude qu'il y ait entre les iris, leur culture, relativement à la nature de la terre & à l'exposition qu'elles demandent, est assez différente pour qu'on ne puisse pas en traiter d'une manière générale. Je vais en conséquence passer successivement en revue les espèces que nous possédons, en donnant une courte notice sur chacune d'elles.

L'Iris de Suze est remarquable par la grandeur & par la veinure de ses fleurs; mais elle est fort délicate & fleurit rarement, soit en pleine terre, soit en orangerie; aussi reste-t-elle toujours rare. Voici ce qu'en dit M. Dumont Coursel: « La racine de cette plante doit passer l'hiver dans un pot rempli de sable & de terre de bruyère, & placé sous un châssis. Au mois de mars ou d'avril, on la retire de ce pot pour la planter contre un mur ou sur un ados exposé au midi, en la préservant, avec une cloche, des vents froids du printems. Par ce moyen elle fleurit tous les ans. »

L'Iris de Florence, moins recherchée que la précédente pour sa fleur, mais dont la racine, douée d'une odeur très-suave, est l'objet d'un commerce de quelqu'étendue, & demande les mêmes soins qu'elle.

Toutes deux ne prospèrent que dans des terres légères & fertiles. On les multiplie de graines semées sur couche & sous châssis, & par la séparation des bulbes qui naissent sur leurs racines; bulbes qui se traitent comme les vieux pieds, mais qui ne fleurissent qu'au bout de deux à trois ans.

L'Iris germanique est le plus abondamment cultivée dans les jardins. Les plus mauvaises terres sont celles qui lui plaisent le mieux. Elle se place en touffe dans les parterres, le long des allées, aux pieds des arbres, sur les rochers, dans les jardins paysagers. On la voit fréquemment garnir, ses racines n'étant qu'à moitié couvertes de terre, la crête des murs de clôture, même le sommet des chaumières, qu'elle garantit des effets destructeurs des eaux pluviales. Au midi & dans les lieux secs, ses tiges sont peu élevées; ses fleurs sont petites & vivement colorées. Au nord ou à l'ombre, les premières sont hautes, & les secondes grandes & pâles; ainsi tout est compensé. Elle contribue à nos jouissances la plus grande partie de l'été, quoique chaque tige n'épanouisse qu'une fleur par jour. Il faut que ses touffes ne soient ni trop grosses ni trop petites pour produire tout l'effet dont elles sont susceptibles. Six à huit tiges est le nombre qu'il convient de laisser sur chacune. Leur propension à s'étendre est si active dans un bon terrein, qu'on est obligé de les diviser en deux ou trois parties, ou les rogner tout autour à la fin de chaque hiver, sans quoi elles s'empareroient de toute la plate-bande où elles se trouvent. Ces divisions fournissent surabondamment des moyens de multiplication, qui donnent des fleurs l'année même de leur transplantation; de sorte qu'on emploie rarement la voie des semis, quoiqu'elle fournisse des variétés nouvelles; car le plant qui provient de ces semis ne fleurit que la troisième année.

Le plus grand reproche qu'on peut faire à cette Iris, c'est d'être devenue trop commune, parce que l'habitude de la voir affoiblit l'impression qu'elle fait. Sa racine est violemment purgative, mais n'en contient pas moins une fécule susceptible d'être mangée. Les peintres retirent de ses fleurs une couleur verte.

Les Iris à fleurs pâles, à odeur de sureau, d'un jaune-sale & de Hollande se cultivent comme celle dont il vient d'être question, & se groupent fort avantageusement dans son voisinage, quelque rapport qu'il y ait entr'elles. Elles sont généralement plus rares. Leur multiplication ne diffère pas-

L'Iris naine & ses nombreuses variétés, desquelles je ne séparerai pas l'Iris jaunâtre, quoique je sois convaincu qu'elle constitue en effet une espèce, est, après l'Iris germanique, la plus généralement cultivée en France. Tout ce que j'ai dit à l'occasion de cette dernière lui convient, excepté qu'elle est plus précoce, & que son peu d'élévation permet de l'employer plus avantageusement en bordure, où elle produit de loin, lorsque ses variétés sont convenablement mélangées, des effets presque magiques. On la cultive aussi sur les murs & en pots, qu'on place dans les appartemens.

Les Iris à crête, biflore, plissée, à tiges nues, dichotome & à trois pointes ne se voient guère que dans les jardins des amateurs. L'orangerie leur convient mieux que la pleine terre, quoiqu'elles puissent s'y conserver. Il en est de même de l'Iris frangée, charmante espèce qui commence à se multiplier, & qui le mérite par la beauté de sa fleur & l'époque de sa floraison. C'est surtout dans les boudoirs des belles, boudoirs qu'elle embellit, qu'il est bon de la placer quand elle est entrée en fleurs. On les reproduit toutes par le déchirement des vieux pieds.

L'Iris des marais est la seule qu'on trouve abondamment dans les campagnes, aux environs de Paris, où elle croît dans les étangs, les mares, les fossés à eau stagnante, &c. Elle fleurit au milieu de l'été. Les bestiaux n'y touchent point. On en coupe les feuilles, en été, pour servir à faire de la litière ou augmenter directement la masse des fumiers. La planter sur le bord des torrens ou dans les lieux dont on craint que les eaux entraînent la terre est toujours avantageux; car ses racines sont si nombreuses & si entrelacées, qu'elles résistent plus à leurs efforts, quelque constans qu'ils soient, que les arbres mêmes. Les bords des ruisseaux & des bassins des jardins paysagers en réclament quelques pieds, que le beau vert de leurs feuilles & le beau jaune de leurs fleurs feront remarquer. On la multiplie, comme l'Iris germanique, avec la plus grande facilité, par le déchirement des vieux pieds ou par le semis de ses graines.

Cette plante concourt puissamment à élever le sol des marais par la propriété dont elle jouit de tracer à la surface du sol, & de retenir les terres & les détritus des végétaux amenés par les eaux dans les intervalles de ses nombreuses racines & de ses tiges. On doit en conséquence la planter dans les lieux susceptibles d'être inondés par les débordemens, & empêcher qu'elle se propage sur le bord des étangs. Pourquoi donc nulle part ne la plante-t-on dans le premier cas, ne l'arrache-t on dans le second? Parce que les cultivateurs sont généralement ignorans & insoucians.

L'Iris fétide, qu'on appelle vulgairement *glayeul puant*, *Iris gigot*, croît sur les coteaux couverts de bois des environs de Paris. Le peu de beauté de ses fleurs, & la mauvaise odeur qu'exhalent ses feuilles, d'ailleurs d'un beau vert & toujours subsistantes, n'engagent pas à la multiplier dans les jardins; cependant le rouge-vif de ses graines, qui restent attachées aux cloisons de leurs capsules (capsules qui s'ouvrent à l'époque de la maturité) pendant presque tout l'hiver, peut l'y faire remarquer. On la multiplie, comme les autres, de graines & de racines.

L'Iris des prés, l'Iris variée, l'Iris spatulée, l'Iris jaune, l'Iris graminée, ne se voient guère que dans les jardins de botanique, où on les multiplie par le déchirement de leurs vieux pieds. La première, par la beauté de ses touffes, mérite d'être plus répandue qu'elle ne l'est.

J'ai toujours regretté de n'avoir pu conserver, même en pot, l'Iris printanière, dont j'avois apporté des graines de la Caroline, & dont j'ai cultivé quelques pieds dans les pépinières de Versailles; car, aux agrémens de l'Iris naine, elle joint une odeur très-suave.

Les Iris bulbeuse, à double bulbe, de Perse & tubéreuse ont pour racines des bulbes non traçantes. Elles aiment un sol substantiel & frais, & une exposition chaude. On les multiplie par la séparation de leurs bulbes, dont elles donnent chaque année quelques nouvelles. La première se cultive très-fréquemment dans les jardins, à raison de l'éclat de ses fleurs; car sa tige haute & grêle lui nuit sous plus d'un rapport, & oblige souvent à lui donner un tuteur. On doit la relever tous les trois ans pour la changer de place & ôter ses bulbes superflues. La seconde est moins commune. La troisième est dans le cas d'être multipliée de préférence, à raison de la précocité de sa floraison. Sa racine entre dans le commerce sous le nom de *faux hermodate*, & sert à purger.

Ces quatre espèces périssent souvent sans qu'on puisse en deviner la cause. Il est bon d'en tenir quelques pieds en pot pour pouvoir en conserver des bulbes en cas de perte causée par des pluies constantes ou de fortes gelées.

Les Iris à longues feuilles, de Lemonier, visqueuse & scorpioide se trouvent encore dans quelques collections; mais elles sont si rares, que je ne me rappelle pas les avoir vues. Leur culture doit se rapprocher de celle de l'Iris des prés, &c. (*Bosc.*)

IRRIGATION. Une quantité d'eau plus ou moins considérable, selon les espèces, les climats, les saisons, est indispensable à la végétation des plantes. La plupart de celles qui sont l'objet de nos cultures languissent lorsqu'elles manquent de la portion qui leur est nécessaire. Plus il fait chaud & plus elles en ont généralement besoin; & plus on leur en donne dans ces cas, en se renfermant cependant dans certaines limites, & plus leurs produits sont abondans.

Ces faits n'ont pas besoin d'autres preuves que la pratique générale des cultivateurs, & l'observation journalière de ceux qui ne le font pas.

Il y a deux principaux moyens de donner de l'eau aux cultures à qui les pluies n'en fournissent pas assez : les arrosemens & les Irrigations.

Les ARROSEMENS, comme on l'a vu à ce mot, sont l'eau donnée aux cultures en petit, telles que celles des légumes, des fleurs, &c., avec des vases, soit portés à la main, soit traînés par des animaux, ou avec des pompes & autres instrumens qui la prennent dans le voisinage.

Les Irrigations, comme je vais le faire voir, sont l'eau donnée aux cultures en grand, par la déviation d'un ruisseau, d'une rivière, d'un étang, &c., soit par des saignées, soit par des barrages, &c. Dans la culture des jardins on les appelle ABREUVEMENT. *Voyez* ce mot.

Les Irrigations sont connues de toute ancienneté. Les premiers peuples agricoles, tels que les Perses, les Égyptiens, ont fait d'énormes travaux pour en étendre les bienfaits sur la plus grande quantité possible de terre. Par leur moyen il est des cantons de l'Inde, de la Chine, même de l'Espagne & de l'Italie, où on retire jusqu'à six & huit abondantes récoltes par an, lorsque sans eux on en auroit seulement une ou deux médiocres. On cite même une localité en Espagne, où elles ont donné lieu de faire quatorze coupes de luzerne dans le même champ pendant une seule année.

Aujourd'hui c'est dans le nord de l'Italie qu'elles sont le plus généralement pratiquées, le plus habilement combinées, & par conséquent qu'elles offrent les résultats les plus avantageux pour la société ; car la moindre chaleur du climat ne permet pas d'y faire, par leurs moyens, des récoltes aussi nombreuses que celle que je viens de citer : quatre est ordinairement leur maximum. Il en est de même de quelques parties de la ci-devant Provence, où des canaux d'Irrigation existent depuis long-tems. J'ai vu ces pays, & ils m'ont donné une telle idée des avantages des Irrigations, que je ne crois pas que les propriétaires des terres arides, surtout dans les pays chauds, puissent craindre de faire trop de dépenses pour s'en procurer la possibilité. Ces avantages sont d'une telle importance pour la société en général, relativement à la masse de subsistances qu'ils jettent de plus dans la société, qu'il est de l'intérêt des Gouvernemens, non-seulement de faciliter par des lois coërcitives la construction des grands canaux d'Irrigation, mais encore de faire les fonds, souvent hors de la portée des particuliers, des avances qu'ils nécessitent.

En France les Irrigations des terres labourées sont peu connues hors des départemens méridionaux, quoiqu'elles puissent être pratiquées avec un grand profit dans quelques-uns des autres, surtout dans les années sèches, mais dans presque tous ceux où il existe des prairies naturelles, elles sont souvent arrosées, soit naturellement par les DÉBORDEMENS, les INONDATIONS, &c. (*voyez* ces mots), soit artificiellement au moyen des déviations ou des barrages dont j'ai déjà parlé : ce sont de ces dernières dont je vais m'occuper.

Trois causes s'opposent à ce que la pratique des Irrigations s'étende en France : 1°. l'ignorance des cultivateurs qui n'en connoissent pas les avantages, ou qui, les connoissant, ne savent pas trouver les moyens de les mettre en pratique ; 2°. le morcellement des propriétés & l'usage du parcours, morcellement & usage destructifs de toute industrie agricole, qui s'oppose à ce qu'un propriétaire retire tout le profit possible de sa terre ; 3°. les grandes avances qu'elles exigent dans quelques cas.

La première de ces causes est la seule sur les effets de laquelle je puisse influer, & c'est pour en affoiblir l'action, autant qu'il est en moi, que j'entreprends de rédiger le présent article.

L'eau pure est identique sur toute la surface de la terre, mais il est peu d'eaux pures. Elles tiennent souvent en dissolution du calcaire ou de la sélénite sans perdre de leur transparence, & dans ce cas elles ne sont pas aussi bonnes pour arroser. Elles sont souvent chargées des principes extractifs des animaux & des végétaux qui se sont décomposés dans leur sein, & alors elles sont colorées en brun. Il est des momens où elles offrent des terres & même des sables en suspension, & alors elles sont troubles : dans ces deux derniers cas, tantôt elles sont avantageuses, tantôt elles sont nuisibles aux Irrigations ; ainsi les eaux qui sont trop chargées d'extractif, celles du fumier, par exemple, peuvent nuire par excès de fertilité, comme l'expérience le prouve tous les jours, & comme Théodore de Saussure l'a prouvé par des expériences positives ; ainsi les eaux qui sont chargées du principe astringent des feuilles du chêne, comme les eaux des mares des bois, font périr les plantes par suite de l'action de ce principe ; ainsi les eaux qui roulent des argiles ferrugineuses & même non-ferrugineuses, des sables, & encore plus des graviers recouvrant la bonne terre de ces substances infertiles par elles-mêmes, peuvent s'opposer aux récoltes subséquentes, je dis peuvent parce que si la couche est légère, les labours la font disparoître, & que quelquefois leur mélange avec la terre du fond améliore cette dernière. *Voyez* ARGILE, SABLE & GRAVIER.

Les eaux de source sont, en été, plus défavorables aux Irrigations, que les eaux de rivière & d'étang, parce que leur température est alors plus froide ; mais elles sont préférables au premier printems par la raison contraire. Qui n'a pas vu, dans les pays de montagnes, les environs des sources couvertes d'herbes verdoyantes, lorsque les environs étoient couverts de neige ?

Il est des localités où, par le même principe, on couvre d'un à deux pieds d'eau les prairies pendant l'hiver. Les prairies dont le sol est moins refroidi poussent plus promptement au printems ;

mais alors on diminue le nombre des espèces d'herbes qui les composent, plusieurs de ces espèces ne souffrant pas une aussi longue INONDATION. *Voyez* ce mot.

Il est cependant un cas où on doit couvrir d'eau les terres pendant cette saison: c'est celui où on veut en améliorer ou en élever le sol par le dépôt des terres qu'entraînent ces eaux lorsqu'elles sont troubles; mais alors on ne tient aucun compte de l'herbe qu'elles portent. *Voyez* CANAL.

Les véritablement bonnes Irrigations sont celles qui sont plutôt fréquentes qu'abondantes, plutôt de courte que de longue durée, & qui se font quand la terre est fortement échauffée par les rayons du soleil. C'est donc pendant l'été qu'il faut arroser de préférence; cependant c'est généralement au printems qu'on le fait, du moins dans le nord, & pour les prairies; mais je crois qu'hors les cas de grande sécheresse, on a le plus souvent tort, au moins sous les rapports de la qualité du foin.

Les Irrigations ne doivent pas avoir lieu sur les prairies lorsque l'herbe est déjà haute, à plus forte raison lorsqu'elle commence à fleurir, que dans le cas où la sécheresse seroit extrême, & les eaux dont on peut disposer très-pures, parce que, outre un retard dans la maturité de cette herbe, elles altèrent sa qualité en déposant sur elle un principe extractif ou une vase qui la rend impropre à la nourriture des bestiaux. *Voyez* ROUILLE.

On voit, d'après ce que j'ai dit plus haut, qu'on distingue trois sortes d'Irrigations: par *écoulement*, c'est la plus commune; par *inondation*, c'est la plus naturelle; par *infiltration*: un petit nombre de localités en est susceptible.

Dans les deux premières sortes d'Irrigations il est indispensable que les eaux soient supérieures au terrein à arroser; dans la dernière il faut qu'on puisse l'élever presque jusqu'à sa surface.

L'Irrigation par écoulement est celle où on fait écouler l'eau sur le terrein petit à petit, & de manière qu'elle en imbibe successivement toutes les parties sans les jamais couvrir: c'est la meilleure de toutes, en ce qu'elle ne retarde pas, hors le cas cité plus haut (*voyez* FONTAINE), la végétation des herbes, & qu'elle n'en change pas la nature. On en voit des exemples partout, mais principalement dans les pays de montagnes, où les ruisseaux sont très-nombreux, & leur direction facile à changer à raison de la rapidité des pentes. Dans les vallées des Alpes, des Pyrénées, des Cévènes, des Vosges, &c., par exemple, on arrête à une hauteur plus ou moins considérable les ruisseaux qui tombent perpendiculairement à celui qui coule dans le fond de la vallée, & on leur fait suivre une direction presque parallèle à ce même ruisseau; ensuite, lorsqu'on veut arroser les pentes inférieures, on fait des saignées de distance en distance, saignées plus ou moins larges, plus ou moins profondes, par lesquelles l'eau s'écoule plus ou moins long-tems, & qu'on bouche quand on veut l'arrêter, avec une seule pelletée de terre ou un gazon; souvent aussi on fabrique des vannes pour remplir le même objet; mais il est bon d'éviter leur dépense toutes les fois que cela est possible.

Une importante attention à avoir dans la pratique des Irrigations, c'est que les eaux soient distribuées le plus également possible sur la portion de terre qu'on veut arroser. De petites rigoles sortant des principales, & embranchées les unes avec les autres, rendent ce résultat facile; elles se font très-rapidement & très-économiquement par des suites de coups de pioche à large fer, qui ne s'approfondissent pas au-delà de deux à trois pouces, ou au moyen d'un TRANCHE-GAZON qu'on roule devant soi. (*Voyez* ce mot.) Il faut surtout éviter les dépôts d'eau dans les endroits creux ou au bas de la partie à arroser, & on le peut plus ou moins aisément; cependant quelquefois il est nécessaire d'avoir recours à un grand fossé d'écoulement ou à un puisard.

Si je prétendois épuiser la matière que je traite, il me faudroit y consacrer un volume: c'est pourquoi je crois devoir me restreindre à des considérations générales, & aux applications les plus usitées.

Les rivières qui ont des terreins en pente inférieurs à leur niveau, & encore plus les canaux d'arrosement, c'est-à-dire, creusés exprès pour fournir aux Irrigations de toute une contrée, sont dans le même cas, excepté que comme la masse de leurs eaux est plus considérable, des vannes accompagnées de fortes maçonneries sont indispensables. *Voyez* le *Dictionnaire d'Architecture*, au mot VANNE.

Dans beaucoup de vallées où il n'y a pas de ruisseaux, on devroit réunir en étang, par une simple digue, les eaux pluviales afin de pouvoir ensuite les employer à l'Irrigation des terreins inférieurs. Cette excellente pratique, très-usitée dans l'Orient, & dont on voit quelques exemples dans le Piémont, devroit devenir commune dans beaucoup de cantons de la France, & surtout dans les départemens méridionaux, où tant de localités sont infertiles par défaut d'humidité. On doit à M. Carena un très-bon Mémoire sur cet objet, Mémoire dont je donnerai l'analyse au mot RÉSERVOIRS ARTIFICIELS.

Depuis que les prairies artificielles sont devenues communes, on se trouve dans le cas d'en semer sur des pentes qu'il est possible d'arroser, & alors c'est toujours agir contre ses intérêts que de ne le pas faire d'abord légérement au moment qui précède la pousse de la première herbe, & ensuite d'autant plus fortement, que le terrein est plus sec ou qu'il fait plus chaud, le lendemain de chacune des coupes subséquentes. Par leur moyen on triple, on sextuple même le produit d'un terrein. C'est ainsi qu'en Espagne, ainsi que je l'ai dit plus haut, on est parvenu à obtenir jusqu'à quatorze coupes dans une année, d'une luzerne semée en bon fonds.

Lorsque le terrein qu'on veut arroser par écoulement est en pente trop rapide ou d'une étendue considérable, il faut le couper de distance en distance par des fossés parallèles ou presque parallèles à celui du cours d'eau supérieur, afin d'y arrêter les eaux, & de pouvoir subdiviser & diriger leur écoulement conformément aux besoins. Un moyen très-expéditif de former ces fosses, c'est de couper le gazon avec un coupe-gazon tournant, & de le retourner ensuite avec la bêche. (*Voyez* COUPE-GAZON.) Il est difficile de donner des indications positives de pratique sur tous ces objets, attendu que chaque localité doit les fournir.

Dans le midi de la France, comme je l'ai déjà observé, on arrose toutes les cultures par Irrigation, même les vignes, même les blés; cependant les eaux entraînent les terres labourées ou l'humus qu'elles contiennent. Pour diminuer ce grave inconvénient on partage tous les champs en planches d'autant moins larges, que le terrein est plus en pente, planches qu'on nivelle le plus exactement possible en formant avec la terre de leur partie supérieure une petite chaussée sur leurs bords inférieurs & latéraux.

On procède de même dans les plantations de riz, plantations qui demandent d'être inondées une partie de l'été. *Voyez* RIZ.

Lorsque les eaux d'un ruisseau, d'une rivière, d'un canal ne sont pas supérieures aux terreins qu'on veut arroser, on les répand sur eux, soit au moyen de machines hydrauliques que l'eau ou le vent ou le courant fait mouvoir, machines parmi lesquelles le NORIA (*voyez* ce mot) ou grande roue à augets tient le premier rang, soit, ce qui est mieux lorsqu'on le peut, en élevant la surface de l'eau par des vannes, des écluses & autres barrages qui la font refluer sur son cours. Ce dernier moyen est fréquemment employé, & rentre dans les principes des étangs, des biefs, &c.

Souvent, pour arriver à ce but d'une manière durable, il faut se livrer à des constructions en terre & en maçonnerie très-coûteuses, constructions dont je renverrai le détail au *Dictionnaire d'Architecture* & au mot ÉTANG.

Les Irrigations par inondation ont lieu naturellement presque toutes les années, quelquefois même plusieurs fois dans la même année, contre le gré des propriétaires, sur le bord des torrens qui descendent des hautes montagnes & des grandes rivières. On les pratique souvent artificiellement, soit, lorsque les eaux sont troubles, pour engraisser les prairies, soit pour élever leur sol, comme je l'ai déjà dit; soit, lorsqu'elles sont claires, pour les arroser, les débarrasser de la mousse qui y croît, des taupes & des mulots qui les infestent, &c.

On les emploie presqu'exclusivement pour les cultures du riz.

J'ai parlé plus haut des Irrigations par inondation; ainsi je n'en entretiendrai plus le lecteur. Seulement je ferai observer que, comme elles amènent souvent, de même que les inondations naturelles, des maladies épidémiques à leur suite, il faut les ménager avec prudence dans certaines localités, & principalement pendant l'été. Il m'a paru qu'on les faisoit durer trop long-tems dans beaucoup d'endroits où elles sont en usage. L'inondation d'un pré pendant cinq à six jours suffit certainement à l'imbibition d'une assez grande quantité d'eau pour suffire pendant un mois, surtout au printems, aux besoins de la végétation.

Je dois citer un fait contraire aux opinions reçues par les cultivateurs.

Dans le comté de Wilhs en Angleterre, où on fait un grand emploi des Irrigations par inondation, on a reconnu que les prés qui ont été inondés favorisent puissamment l'éducation des moutons; & en conséquence dès le mois de mars, trois ou quatre jours après en avoir fait écouler l'eau, on y met les brebis & leurs agneaux. Il est vrai qu'on prend la précaution de ne les y mettre qu'après qu'elles ont mangé, & de ne les y laisser qu'une heure le matin & autant le soir, après que la rosée a disparu & avant que le serein se fasse sentir.

Ces mêmes prés, si favorables aux bêtes à laine au printems, leur sont mortels en automne.

Pour exécuter des Irrigations par infiltration, il faut un terrein exactement de niveau, suffisamment perméable aux eaux, comme de la tourbe ou du sable, & une rivière ou un étang à sa disposition. On entoure ce terrein, & on le coupe de canaux plus ou moins nombreux, plus ou moins larges, dans lesquels on fait entrer, lorsqu'on veut l'arroser, plus ou moins d'eau, selon la quantité dont on jouit, & suivant la nature du sol. Cette eau s'infiltre (s'imbibe) dans la terre & abreuve la racine des plantes. Des exemples de cette sorte d'Irrigation ne sont pas rares en France; mais presque jamais ils n'y sont le résultat de la volonté des cultivateurs. Il faut aller en Hollande pour apprécier tout le parti qu'on en peut tirer. Je dois cependant observer que dans ce pays, qui abonde en tourbe, beaucoup de prairies ainsi arrosées ne présentent que des herbes grossières, parmi lesquelles se trouvent beaucoup de laîches, herbes qui ne sont presque qu'à l'usage des bêtes à cornes.

La grande perte de terrein que nécessitent les canaux dans l'Irrigation par infiltration est un obstacle à son adoption dans toutes les localités où on peut se dispenser de l'employer; aussi n'est-elle guère usitée que dans les prairies établies sur d'anciens marais qui n'ont pu être desséchés qu'au moyen de ces canaux, creusés beaucoup au dessous de la couche de terre végétale, & qui doivent être conservés pour servir d'égout aux eaux qui formoient ces marais. Lorsqu'on veut arroser, on ne fait qu'élever la masse de ces eaux en y introduisant celles qui étoient en réserve dans le voisinage. Ayant ainsi de l'eau toute l'année, ces canaux peuvent nourrir du poisson, & par conséquent donner un revenu.

Ici il est bon de citer la pratique d'Irrigation usitée aux environs de Saint-Lucar de Barameda en Espagne, pratique que Lasterye nous a fait connoître, & qui sans doute pourroit être appliquée à quelques localités de France, quoique cette pratique soit l'inverse de celles que j'ai eu en vue en rédigeant cet article.

Le Guadalquivir traverse, aux environs de cette ville, une grande plaine sabloneuse, élevée de huit à dix pieds au dessus de ses moyennes eaux, plaine brûlée par les rayons du soleil, & par conséquent très-peu productive, mais qui recouvre une nappe d'eau provenant des infiltrations du fleuve. Pour en tirer parti, les industrieux habitans de Saint-Lucar y creusent des fosses larges de six à huit toises au moins (quelques-unes ont le double & plus). Leur longueur est indéterminée. Leur profondeur est fixée par la ligne de l'élévation moyenne des eaux de la rivière. C'est dans ces fosses, dont le fond est toujours abreuvé, toujours échauffé par le soleil, toujours abrité des vents par leurs parois, qu'ils établissent leurs cultures, dont les produits doivent être & sont énormes à raison de ces circonstances, jointes à la chaleur du climat.

L'importance dont sont les Irrigations bien entendues doit faire desirer que le Gouvernement étende, dans les parties méridionales principalement, le bienfait des canaux qui les ont pour objet, & que, par des lois favorables à leur établissement, il les encourage dans tout l'Empire. (*Bosc.*)

IRRITABILITÉ, propriété inhérente à tous les animaux, & qu'on remarque dans quelques parties des végétaux, laquelle consiste dans des contractions à la suite de l'attouchement d'un corps étranger.

Les plantes dans lesquelles on reconnoît le mieux les signes de l'Irritabilité sont l'ACACIE SENSITIVE, le SAINFOIN GIRANT, la DIONÉE GOBE-MOUCHE, parce que ce sont celles dont les feuilles se meuvent par le simple attouchement ou par le seul effet de l'absence de la lumière; mais il en est considérablement qui ont leurs étamines irritables à un dégré encore plus éminent.

Cette matière étant du ressort de la physiologie végétale, je ne la traiterai pas ici; c'est pourquoi je renvoie au Dictionnaire qui l'a pour objet, ainsi qu'aux ouvrages de Desfontaines, de Brugman, de Saussure, de Julio, &c. (*Bosc.*)

IRUSCLE. On donne ce nom à l'EUPHORBE *characias* dans le département des Pyrénées-Orientales.

ISANTHE. *ISANTHUS.*

Plante annuelle de l'Amérique septentrionale, qui seule fait, selon Michaux, un genre dans la didynamie gymnospermie & dans la famille des *Labiées.*

Cette plante n'étant pas, à ma connoissance, cultivée dans les jardins de Paris, je n'ai rien à en dire. (*Bosc.*)

ISCHÈME. *ISCHÆMUM.*

Genre de plante de la polygamie monoécie & de la famille de *Graminées*, qui rassemble neuf espèces, dont aucune n'est cultivée dans nos jardins. *Voyez* les *Illustrations des genres* de Lamarck, pl. 839.

Espèces.

1. L'ISCHÈME sans barbe.
Ischæmum muticum. Linn. ♃ Des Indes.
2. L'ISCHÈME aristé.
Ischæmum aristatum. Linn. ♃ Des Indes.
3. L'ISCHÈME filiforme.
Ischæmum filiforme. Thunberg. ♃ Du Cap de Bonne-Espérance.
4. L'ISCHÈME barbu.
Ischæmum barbatum. Retz. ♃ De Java.
5. L'ISCHÈME cilié.
Ischæmum ciliare. Retz. ♃ De la Chine.
6. L'ISCHÈME rugueux.
Ischæmum rugosum. Salisb. ♃ Des Indes.
7. L'ISCHÈME gris de souris.
Ischæmum murinum. Forst. ♃ De l'île de Tana.
8. L'ISCHÈME enveloppé.
Ischæmum involutum. Forster. Des îles de la Société.
9. L'ISCHÈME mélicoïde.
Ischæmum melicoides. Kœn. ♃ Des Indes.
(*Bosc.*)

ISNARDE. *ISNARDIA.*

Plante annuelle, à feuilles opposées, qui croît sur le bord des rivières & dans les marais du nord de l'Europe & de l'Amérique, qui seule forme un genre dans la tétrandrie monogynie & dans la famille des *Salicaires.* On la cultive dans les jardins de botanique. Elle est figurée pl. 77 des *Illustrations* de Lamarck.

Culture.

Pour que les graines de cette plante puissent germer, & que les pieds qui en proviennent, puissent se conserver dans les jardins de botanique, il faut semer les premières & laisser les seconds dans une terrine remplie de terre limoneuse, & placée dans une autre terrine plus grande, contenant de l'eau qu'on renouvelle d'autant plus souvent, qu'il fait plus chaud, c'est-à-dire au moins une fois par semaine en été, & tous les quinze jours au printems & en automne. Du reste, elle n'exige que d'être éclaircie & sarclée. Elle aime la chaleur. Ses graines demandent à être semées, sans être enterrées, peu après qu'elles sont récoltées. Pendant l'hiver, on peut se dispenser de mettre de l'eau dans la terrine inférieure; mais il n'y faut pas manquer dans les premiers jours du printems. (*Bosc.*)

ISOPYRE. *Isopyrum.*

Genre de plante de la polyandrie polygynie & de la famille de *Renonculacées*, qui rassemble deux espèces, toutes deux cultivées dans nos jardins.

Observation.

Ce genre a été réuni aux hellébores par quelques botanistes.

Espèces.

1. L'Isopyre à feuilles de fumeterre.
Isopyrum fumaroides. Linn. ⊙ De la Sibérie.
2. L'Isopyre à feuilles de thalictron.
Isopyrum thalictroides. Linn. ⊙ De la France méridionale.

Culture.

Ces plantes ne se cultivent que dans les jardins de botanique. On les sème en pleine terre, au printems, dans une terre fraîche & dans une situation ombragée. Le plant levé s'éclaircit & se sarcle au besoin. On l'arrose, s'il est nécessaire, pendant les grandes chaleurs de l'été. (*Bosc.*)

ISOTE. *Isotes.*

Genre de plante de la famille des *Fougères*, qui renferme deux espèces qui croissent au fond des lacs & des étangs, & qu'on ne peut cultiver que dans des lieux analogues. *Voyez* les *Illustrations des genres* de Lamarck, pl. 862.

Ce n'est que dans les jardins de botanique que l'on peut desirer de cultiver ces plantes. Pour y parvenir, il faut mettre des pieds dans des pots remplis de vase, & les placer au fond d'un bassin, où ils resteront toute l'année. Il paroît qu'il faut, pour qu'ils se conservent, que l'eau soit assez profonde pour que la gelée ne puisse y atteindre. Je dis il paroît, parce que je n'ai pas pu m'assurer positivement du fait. (*Bosc.*)

ITÉE. *Itea.*

Genre de plante de la pentandrie monogynie & de la famille des *Rhodoracées*, qui renferme trois arbrisseaux, dont un se cultive en pleine terre dans nos jardins. La culture d'un des deux autres qui composoient autrefois le genre Cyrille se trouve indiquée à ce mot. *Voyez* les *Illustrations des genres* de Lamarck, pl. 147.

Espèce.

L'Itée de Virginie.
Itea virginica. Linn. ♄ Des parties méridionales de l'Amérique septentrionale.

Culture.

J'ai vu d'immenses quantités de cet arbrisseau dans les taillis frais & ombragés de la Caroline. Il s'accommode même des lieux qui sont inondés pendant l'hiver : c'est de l'extrémité de ses rameaux que sortent ses épis de fleurs, qui s'épanouissent au commencement du printems. Il est d'un aspect fort agréable. On le cultive fréquemment dans les jardins des environs de Paris, où il ne craint pas les plus fortes gelées, & où il se place au nord, dans des plates-bandes de terre de bruyère, soit contr'un mur, soit derrière un rocher, soit à une petite distance des massifs, soit sur le bord des eaux, &c. Plus ses touffes sont grosses & peu élevées, & plus il fait d'effet, parce que, dans ces deux cas, il offre des épis de fleurs plus nombreux & plus longs. La meilleure manière de les conduire consiste donc à couper leurs tiges tous les trois ou quatre ans, rez terre, & à ne jamais faire sentir à leurs branches le tranchant de la serpette.

L'Itée de Virginie se multiplie par ses graines, qui mûrissent assez bien dans le climat de Paris, par le déchirement des vieux pieds, par rejetons & par marcotes.

On sème les graines de l'Itée aussitôt qu'elles sont mûres, dans une plate-bande de terre de bruyère, exposée au nord. Beaucoup sont avortées : celles qui sont bonnes lèvent au printems suivant, & le plant qui en provient se repique en pépinière, à six pouces de distance, pendant le cours de l'hiver suivant. Deux ans après, il est en état d'être mis en place.

Le plus souvent on peut éclater une partie des tiges des vieux pieds après les avoir arrachés, & chacune de ces tiges, pourvu qu'elles aient deux ou trois fibrilles de racines, reprennent immanquablement lorsqu'on les met en lieu convenable & qu'on les arrose suffisamment.

Les touffes d'Itée poussent souvent des rejetons de leurs racines, surtout quand on les blesse dans le cours de l'été. On les relève en hiver & on les plante en pépinière, à un pied les unes des autres. L'année suivante, on peut les planter à demeure.

Les marcotes d'Itée se font au printems, avec les jeunes pousses les plus extérieures ; elles s'enracinent dans le courant de l'été. On les traite comme les rejetons. (*Bosc.*)

IVA. *Iva.*

Genre de plante de la syngénésie nécessaire & de la famille des *Orties*, qui réunit quatre espèces, dont une se cultive dans les jardins des environs de Paris. *Voyez* les *Illustrations des genres* de Lamarck, pl. 766.

Espèces.

1. L'Iva annuel.
Iva annua. Linn. ⊙ De l'Amérique mérid.

2. L'Iva cilié.

Iva ciliata. Willd. ☉ De l'Amérique septentrionale.

3. L'Iva imbriqué.

Iva imbricata. Mich. ♄ De la Caroline.

4. L'Iva frutescent.

Iva frutescens. Linn. ♄ De l'Amérique méridionale.

Culture.

J'ai rapporté de la Caroline des graines des seconde & troisième espèces; mais les produits qu'elles ont donnés, n'ont pu être conservés. La dernière est celle qui se voit dans nos écoles de botanique ou dans les collections des amateurs; car elle est de trop peu d'agrément & trop délicate pour être placée dans les jardins paysagers ou autres. On peut risquer de la laisser passer l'hiver en pleine terre, dans le climat de Paris, en lui donnant une exposition chaude, & en la couvrant de fougère aux approches des fortes gelées de l'hiver; mais le plus sûr est de la tenir en pot, & de la rentrer dans une orangerie pendant cette saison. Il faut même, dans ce cas, la mettre près des jours; car la température la plus douce suffit pour la faire végéter, & elle s'étioleroit si elle étoit privée de lumière.

L'Iva frutescent se multiplie de marcotes & de boutures. Les premières se font au printems & s'enracinent immanquablement dans le cours de l'été. On les relève & on les transplante dans d'autres pots, à la fin de l'automne. Les secondes s'exécutent également au printems, plusieurs à la fois, dans des pots, sur couche & sous châssis. Quelques-unes réussissent, & celles-là se traitent comme les marcotes.

Une terre un peu consistante est celle qui convient le mieux à cet arbrisseau, qui demande des arrosemens fréquens en été. C'est peut-être faute de n'en avoir pas assez donné à la troisième espèce, qui croît en Caroline, sur le bord des eaux, & qui est la plus belle des quatre, que nous ne la possédons plus. (*Bosc.*)

IVETTE. On donne ce nom à deux espèces de Bugles. *Voyez* ce mot.

IVRAIE. *Lolium.*

Genre de plante de la triandrie monogynie & de la famille des *Graminées*, qui renferme cinq espèces, dont une est très-célèbre par le tort qu'elle cause aux cultivateurs, & dont une autre leur offre de nombreux avantages lorsqu'ils savent l'employer convenablement. *Voyez* les *Illustrations des genres* de Lamarck, pl. 48.

Espèces.

1. L'Ivraie annuelle, quelquefois appelée *zizanie.*

Lolium temulentum. Linn. ☉ Indigène. *Offre plusieurs variétés.*

2. L'Ivraie vivace, le *ray-grass* des Anglais.

Lolium perenne. Linn. ♃ Indigène. *Présente plusieurs variétés.*

3. L'Ivraie très-grande.

Lolium maximum. Willd. ☉ De la Jamaïque.

4. L'Ivraie à deux épis.

Lolium distachyon. Linn. Des Indes.

5. L'Ivraie grêle.

Lolium tenue. Linn. ♃ Indigène.

Culture.

La première espèce est l'Ivraie proprement dite, celle dont les cultivateurs ont à se plaindre. Lorsqu'on ne savoit pas nétoyer le blé comme on le fait aujourd'hui, lorsqu'on ignoroit les principes des assolemens, elle étoit un fléau pour eux. On n'en voit plus que quelques pieds dans les plaines bien cultivées, tandis qu'elle foisonne encore dans les pays de montagnes, où la misère empêche les lumières de pénétrer.

L'Ivraie annuelle nuit de deux manières aux cultures des céréales, 1°. en absorbant, pour sa croissance, une partie des sucs qui leur eussent servi; 2°. en portant dans le pain, par le mélange des graines, un principe désagréable au goût & à la vue, & surtout contraire à la santé. C'est principalement sous ce dernier point de vue qu'elle étoit autrefois si redoutée. En effet, sa farine, introduite dans le pain, le rend non-seulement susceptible de causer l'ivresse, ainsi que l'indique son nom, mais encore produit des vertiges, des nausées, des vomissemens, des foiblesses, des mouvemens convulsifs, & enfin la mort. Il paroît, d'après des expériences de Parmentier, que ces phénomènes tiennent à l'eau de végétation de la graine de l'Ivraie, puisque, lorsqu'on la fait dessécher au four, sa qualité malfaisante s'affoiblit, & que, lorsqu'on mange ce pain rassis, il est moins enivrant. Pour peu qu'on en ait l'habitude, on distingue, à l'odeur & à la saveur, le pain dans lequel il entre de l'Ivraie dans une certaine proportion; il est nauséabond & amer. J'ai cru remarquer qu'un tel pain avoit moins d'action sur ceux qui en font journellement usage, que sur ceux qui en mangent par circonstance. Je me souviens qu'un seul dejeûner où j'en mangeai me troubla la tête & m'affoiblit pendant plusieurs jours, lorsqu'il ne fit rien aux personnes chez qui je le pris. Le pain d'Ivraie est plus dangereux dans les pays chauds que dans les pays froids, ainsi que le constatent des observations faites en Suède & sur les côtes de Barbarie. Presque partout c'est par un principe d'économie aussi absurde que coupable, que les pauvres cultivateurs des pays de montagnes granitiques ne purgent pas leurs seigles ou leurs fromens de l'Ivraie qui s'y trouve, opération extrêmement facile, comme je l'ai déjà observé, à raison de la grosseur de ses grains, moindre que celle du seigle, & encore plus du froment, & qui peut, par

par conféquent paffer par les cribles, qui arrêtent ces deux derniers.

Les remèdes à employer pour empêcher les effets de l'Ivraie fur les perfonnes qui ont mangé du pain qui en contenoit, font, 1°. le vomiffement; 2°. le vinaigre étendu d'eau; 3°. les alimens adouciffans.

Les volailles ne mangent jamais, de leur propre gré, de l'Ivraie fous forme de grain. Elle produit fur elles, lorfqu'elle eft réduite en poudre & mêlée avec de la farine de bonne nature, des effets plus graves que fur l'homme, à raifon de leur moindre groffeur. Il en eft fans doute de même des autres beftiaux.

D'après ces faits, on doit juger combien il eft important d'empêcher l'Ivraie de fe propager dans les champs cultivés en céréales. Or, les deux moyens propres à arriver à ce but font, 1°. de ne femer que des grains extrêmement bien purgés de graines étrangères par des criblages répétés; 2°. de fuivre un affolement tel que, ou les récoltes binées, ou les plantes étouffantes, ou les prairies artificielles précèdent toujours le femis de ces céréales; par exemple, qu'on fème le blé après une culture de haricots, après une culture de vefces, après une culture de luzerne. Ce dernier cas s'applique principalement à l'avoine, qui profpère mieux fur les défrichemens. Je ne parle pas du farclage, parce qu'il eft pour ainfi dire impoffible, l'Ivraie pouffant prefqu'en même tems que le feigle & le froment, & s'en diftinguant difficilement dans fa jeuneffe.

Je dois ajouter que l'Ivraie fe perpétue dans quelques fermes où on fait annuellement des efforts bien conçus pour la détruire, parce qu'on y donne aux poules des criblures qui contiennent de fes graines auxquelles elles ne touchent point, & qui font enfuite balayées fur le fumier avec les ordures de la cour. Il faudroit ne jamais donner ces criblures aux poules que dans des baquets, afin de pouvoir jeter au feu toutes les graines qu'elles ne mangent pas, & qui font en affez grand nombre, comme on peut facilement s'en affurer. Telle ménagère trop économe ne fe doute pas que par cette légère attention elle peut éviter beaucoup de dépenfes à fon mari, & lui affurer un plus haut prix de fes grains, car tout blé mêlé d'Ivraie perd de fa valeur au marché.

C'eft donc toujours la faute des cultivateurs s'ils ont de l'Ivraie dans leurs champs. J'en appelle à ceux qui ont vifité la Flandre, l'Alface, quelques fermes des environs de Paris, de la Normandie, &c.

Dans les jardins de botanique, où on cultive l'Ivraie annuelle pour l'étude, on fe contente d'en femer quelques graines au printems & en place. Les foins de propreté font les feuls qu'elle demande.

L'Ivraie vivace eft une des plantes les plus communes de l'Europe : on la trouve partout où le terrein n'eft pas extrêmement aride ou très-marécageux; elle couvre prefque tous les lieux où il eft gras & frais. Mieux qu'aucune autre graminée, elle réfifte au piétinement des hommes & à la dent des beftiaux; auffi fans elle les bords des chemins, les cours des maifons rurales, &c., feroient dénués de verdure. C'eft elle qu'on doit employer de préférence pour former des gazons dans les jardins payfagers & autres, non-feulement à caufe de cette propriété, mais encore parce qu'elle s'étend en rampant fur la terre, garnit également fa furface, eft d'un vert-foncé, ami de l'œil, pouffe de très-bonne heure au printems, & brave, dans le climat de Paris & autres plus au nord, les féchereffes de l'été, ainfi que les pluies de l'hiver.

Ajoutez à cela qu'elle eft un excellent fourage, feulement un peu dur quand on le fauche trop tard.

Les amis de la belle nature doivent donc, pour peu que le fol foit convenable, femer leurs gazons en Ivraie. Pour le faire avec fuccès il faut que le terrein foit labouré, égalifé & ratiffé. On répand la graine fur fa furface fans pour ainfi dire l'enterrer, un peu avant ou immédiatement après la pluie. Ordinairement cette opération fe fait au printems, mais c'eft à tort : fa véritable époque, ainfi que Dumont-Courfet le remarque, eft peu après la récolte de la graine, c'eft-à-dire, à la fin de juin ou au commencement de juillet; alors cette graine lève en moins de quinze jours, & les pieds qui en proviennent prennent affez de force pour pouvoir paffer l'hiver fans accident, & pour fournir trois coupes dans le courant de l'année fuivante. J'ai donné au mot GAZON les indications néceffaires pour les former & les entretenir; ainfi j'y renvoie le lecteur.

Les agronomes anglais ont beaucoup vanté le ray-grafs pour faire, non des prairies, mais des pâturages, qu'ils ne laiffent fubfifter que deux ou trois ans. Ils le regardent comme éminemment propre à terminer l'engrais des bœufs après l'hiver, à raifon de la précocité de fa végétation, de fes qualités nutritives & de la rapidité avec laquelle il repouffe. Il n'eft dur fous la dent que lorfqu'il eft monté en graine. Là comme ici on ne croit pas qu'il foit propre à former feul des prairies deftinées à donner du foin, mais bien lorfqu'il eft mêlé avec du trèfle ou de la luzerne qu'on coupe de bonne heure. Je dois dire que les pieds de cette graminée ayant des racines traçantes, & par conféquent changeant chaque année de place, peuvent fubfifter long-tems dans le même local; ce que ne font pas ceux du paturin des prés, de la canche élevée, de la fétuque ovine, &c.; mais pour cela il faut qu'ils ne fe touchent pas, c'eft-à-dire, qu'ils aient de l'efpace pour s'étendre d'un côté pendant qu'ils périffent de l'autre.

Il eft un moyen de cultiver l'Ivraie vivace employée en Angleterre, par lequel on en obtient des produits extrêmement avantageux; c'eft de la semer en rangées larges de six à huit pouces, en laissant vide une égale quantité de terrein. Les récoltes qu'elle donne par cette méthode, sont plus que doubles de celles qu'auroit données la totalité du terrein semé selon la méthode commune, & au bout de trois à quatre ans, c'est-à-dire, quand la terre des rangées garnies commence à être épuisée, on transporte la culture sur les autres.

Il a été remarqué par Arthur-Young, que le ray-grass est une mauvaise culture avant le blé; ce qui est conforme aux principes, puisque ces deux plantes appartiennent à la même famille. Ce sont des *Légumineuses*, comme des féves, des pois, des vesces ou des pommes de terre, de la garance, &c., qu'on doit lui substituer.

L'Ivraie grêle se cultive, comme la précédente, dans les jardins de botanique. On pourroit en former de superbes gazons, à raison de la finesse de ses feuilles; mais comme elle est rare, je ne sache pas qu'on y ait jamais pensé.

Les deux autres espèces d'Ivraie ne se voient pas encore dans les jardins de France. (*Bosc.*)

IXIE. *Ixia.*

Genre de plante de la triandrie monogynie & de la famille des *Liliacées*, qui renferme une soixantaine d'espèces, dont beaucoup se cultivent ou se sont cultivées dans nos jardins. Plusieurs se font remarquer par leur beauté. *Voyez* les *Illustrations des genres* de Lamarck, pl. 31.

Observation.

Ce genre est si peu distinct de celui des GLAYEULS, que plusieurs espèces ont passé alternativement de l'un à l'autre. Il se rapproche aussi des MORÉES, des ANTHOLYZES & des HYPOXIS. *Voyez* ces mots.

Thunberg a établi, aux dépens de ce genre, celui qu'il a appelé WITSENIE; mais il n'a pas été adopté par tous les botanistes, & je le regarderai ici comme non-avenu. Il comprend les espèces ligneuses.

Espèces.

1. L'IXIE ligneuse.
Ixia fruticosa. Linn. ♄ Du Cap de Bonne-Espérance.

2. L'IXIE distique.
Ixia disticha. Lamarck. ♄ Du Cap de Bonne-Espérance.

3. L'IXIE pyramidale.
Ixia pyramidalis. Lam. ♄ Du Cap de Bonne-Espérance.

4. L'IXIE antholyze.
Ixia antholyzæformis. Lamarck. ♄ Du Cap de Bonne-Espérance.

5. L'IXIE de Magellan.
Ixia magellanica. Lamarck. Du détroit de Magellan.

6. L'IXIE naine.
Ixia minuta. Linn. Du Cap de Bonne-Espérance.

7. L'IXIE bulbocode.
Ixia bulbocodium. Linné. ♃ Du midi de la France. *Variété à grandes fleurs.*

8. L'IXIE à feuilles filiformes.
Ixia filifolia. Decand. Liliacées. ♃ Du Cap de Bonne-Espérance.

9. L'IXIE à feuilles recourbées.
Ixia recurva. Decand. Liliacées. ♃ Du Cap de Bonne-Espérance.

10. L'IXIE jaunâtre.
Ixia sublutea. Lamarck. Du Cap de Bonne-Espérance.

11. L'IXIE bassette.
Ixia humilis. Thunb. ♃ Du Cap de Bonne-Espérance.

12. L'IXIE rose.
Ixia rosea. Linn. ♃ Du Cap de Bonne-Espérance.

13. L'IXIE jaune blanc.
Ixia chloroleuca. Jacq. ♃ Du Cap de Bonne-Espérance.

14. L'IXIE croisette.
Ixia cruciata. Jacquin. ♃ Du Cap de Bonne-Espérance.

15. L'IXIE odorante.
Ixia fragrans. Jacquin. ♃ Du Cap de Bonne-Espérance.

16. L'IXIE poilue.
Ixia pilosa. Linn. ♃ Du Cap de Bonne-Espérance.

17. L'IXIE hérissée.
Ixia hirta. Thunberg. ♃ Du Cap de Bonne-Espérance.

18. L'IXIE unilatérale.
Ixia secunda. Linn. ♃ Du Cap de Bonne-Espérance.

19. L'IXIE plissée.
Ixia plicata. Lamarck. ♃ Du Cap de Bonne-Espérance.

20. L'IXIE velue.
Ixia villosa. Jacquin. ♃ Du Cap de Bonne-Espérance. *Deux variétés.*

21. L'IXIE violette.
Ixia rubro-cyanea. Jacq. ♃ Du Cap de Bonne-Espérance.

22. L'IXIE rouge de sang.
Ixia prunicea. Jacq. ♃ Du Cap de Bonne-Espérance.

23. L'IXIE pourpre.
Ixia purpurea. Jacq. ♃ Du Cap de Bonne-Espérance. *Cinq variétés.*

24. L'IXIE à fleurs de lis.
Ixia liliago. Decand. Liliacées. ♃ Du Cap de Bonne-Espérance.

25. L'IXIE crépue.
Ixia crispa. Linn. ♃ Du Cap de Bonne-Espérance.

26. L'Ixie odorante.
Ixia cinnamomea. Linn. ♃ du Cap de Bonne-Espérance.

27. L'Ixie à corymbe.
Ixia corymbosa. Linn. ♃ Du Cap de Bonne-Espérance.

28. L'Ixie en cime.
Ixia fastigiata. Lam. ♃ Du Cap de Bonne-Espérance.

29. L'Ixie hétérophylle.
Ixia heterophylla. Willd. ♃ Du Cap de Bonne-Espérance.

30. L'Ixie très-courte.
Ixia pusilla. Andr. ♃ Du Cap de Bonne-Espérance.

31. L'Ixie filiforme.
Ixia filiformis. Andr. ♃ Du Cap de Bonne-Espérance.

32. L'Ixie très-belle.
Ixia speciosa. Andr. ♃ Du Cap de Bonne-Espérance.

33. L'Ixie à feuilles d'oignon.
Ixia cepacea. Decand. Liliacées. ♃ Du Cap de Bonne-Espérance.

34. L'Ixie jaune & brune.
Ixia fusco-citrina. Decand. Liliacées. ♃ Du Cap de Bonne-Espérance.

35. L'Ixie à fleurs d'anémone.
Ixia anemonæflora. Jacq. ♃ Du Cap de Bonne-Espérance.

36. L'Ixie bleu céleste.
Ixia cœlestina. Bart. ♃ De Caroline.

37. L'Ixie en épi.
Ixia spicata. Willd. ♃ Du Cap de Bonne-Espérance.

38. L'Ixie à feuilles de plantin.
Ixia plantaginea. Ait. ♃ Du Cap de Bonne-Espérance.

39. L'Ixie linéaire.
Ixia linearis. Thunb. ♃ Du Cap de Bonne-Espérance.

40. L'Ixie incarnate.
Ixia incarnata. Jacq. ♃ Du Cap de Bonne-Espérance.

41. L'Ixie évasée.
Ixia patens. Ait. ♃ Du Cap de Bonne-Espéracne.

42. L'Ixie capillaire.
Ixia capillaris. Linn. ♃ Du Cap de Bonne-Espérance.

43. L'Ixie en zigzag.
Ixia flexuosa. Linn. ♃ Du Cap de Bonne-Espérance.

44. L'Ixie à feuilles aiguës.
Ixia angusta. Jacq. ♃ Du Cap de Bonne-Espérance.

45. L'Ixie radiée.
Ixia radiata. Jacq. ♃ Du Cap de Bonne-Espérance.

46. L'Ixie rayée.
Ixia virgata. Willd. ♃ Du Cap de Bonne-Espérance.

47. L'Ixie à longues fleurs.
Ixia longiflora. Ait. ♃ Du Cap de Bonne-Espérance.

48. L'Ixie sétacée.
Ixia setacea. Thunb. ♃ Du Cap de Bonne-Espérance.

49. L'Ixie à fleurs de scille.
Ixia scillaris. Linn. ♃ Du Cap de Bonne-Espérance.

50. L'Ixie à barbe.
Ixia aristata. Thunb. ♃ Du Cap de Bonne-Espérance.

51. L'Ixie pendante.
Ixia pendula. Linn. ♃ Du Cap de Bonne-Espérance.

52. L'Ixie bulbifère.
Ixia bulbifera. Linn. ♃ Du Cap de Bonne-Espérance

53. L'Ixie blanche.
Ixia leucantha. Jacq. ♃ Du Cap de Bonne-Espérance.

54. L'Ixie phalangère.
Ixia erecta. Willd. ♃ Du Cap de Bonne-Espérance.

55. L'Ixie à grandes fleurs.
Ixia fimbriata. Lam. ♃ Du Cap de Bonne-Espérance. *Variété à fleurs carnées.*

56. L'Ixie tricolore.
Ixia tricolor. Decand. Liliacées. ♃ Du Cap de Bonne-Espérance.

57. L'Ixie douteuse.
Ixia dubia. Decand. Liliacées. ♃ Du Cap de Bonne-Espérance.

58. L'Ixie conique.
Ixia conica. Decand. Liliacées. ♃ Du Cap de Bonne-Espérance.

59. L'Ixie bordée.
Ixia marginata. Linn. ♃ Du Cap de Bonne-Espérance.

60. L'Ixie maculée.
Ixia maculata. Thunb. ♃ Du Cap de Bonne-Espérance. *Beaucoup de variétés.*

61. L'Ixie brûlée.
Ixia deusta. Ait. ♃ Du Cap de Bonne-Espérance.

62. L'Ixie orangée.
Ixia crocata. Linn. ♃ Du Cap de Bonne-Espérance. *Beaucoup de variétés.*

63. L'Ixie minium.
Ixia miniata. Decand. Liliacées. ♃ Du Cap de Bonne-Espérance.

64. L'Ixie demi-transparente.
Ixia hyalina. Decand. Liliacées. ♃ Du Cap de Bonne-Espérance.

65. L'Ixie à fleurs vertes.
Ixia viridiflora. Lam. ♃ Du Cap de Bonne-Espérance.

66. L'Ixie cartilagineuse.

Ixia cartilaginea. Lam. ♃ Du Cap de Bonne-Espérance.

67. L'Ixie jaune-sale.

Ixia squalida. Ait. ♃ Du Cap de Bonne-Espérance.

68. L'Ixie lancéolée.

Ixia lancea. Thunb. ♃ Du Cap de Bonne-Espérance.

69. L'Ixie à cinq étamines.

Ixia pentandra. Linn. ♃ Du Cap de Bonne-Espérance.

70. L'Ixie aulique.

Ixia aulica. Ait. ♃ Du Cap de Bonne-Espérance.

71. L'Ixie à feuilles en faux.

Ixia falcata. Linn. ♃ Du Cap de Bonne-Espérance.

72. L'Ixie gladiolaire.

Ixia gladiolaris. Lam. ♃ Du Cap de Bonne-Espérance.

73. L'Ixie à feuilles courtes.

Ixia excisa. Thunb. ♃ Du Cap de Bonne-Espérance.

74. L'Ixie tubiflore.

Ixia tubiflora. Lam. ♃ Du Cap de Bonne-Espérance.

75. L'Ixie échancrée.

Ixia emarginata. Lam. ♃ Du Cap de Bonne-Espérance.

76. L'Ixie columnaire.

Ixia columnaris. Andr. ♃ Du Cap de Bonne-Espérance.

Culture.

On cultive dans les jardins de France à peu près la moitié de ces espèces, mais il n'y en a que le quart indiqué dans le Catalogue du Jardin du Muséum d'Histoire-Naturelle de Paris, parce que beaucoup de celles qui s'y sont vues ont disparu par suite de la difficulté qu'offrent beaucoup d'entr'elles pour leur conservation, & encore plus pour leur multiplication. Excepté l'Ixie bulbocode qui passe fort bien l'hiver en pleine terre dans le climat de Paris, toutes les autres exigent la serre chaude, ou mieux une bache dont le sol soit peu distant du vitrage, parce qu'elles aiment le grand jour encore plus que la chaleur. La terre de bruyère pure est celle qu'il est préférable de donner à la plupart. On peut ne la renouveler que tous les deux ou trois ans; car lorsqu'elle est trop bonne, elle les fait pousser en feuilles plutôt qu'en fleurs: il est même des cultivateurs qui prétendent qu'il vaut mieux leur donner du sable mêlé d'un quart de terre franche, & quelques faits, qui se sont passés sous mes yeux, appuient leur opinion. Il est peu de pieds qui fleurissent tous les ans dans la pratique commune, & il en est qui sont souvent plusieurs années sans fleurir; ce qui dégoûte de leur culture beaucoup d'amateurs : c'est dommage, car il y a, parmi les Ixies, de très-belles espèces qui, quoiqu'en général portées sur des tiges trop grêles, ornent infiniment les lieux où on les place. La plupart fleurissent à la fin de l'hiver, c'est-à-dire, avant qu'on puisse les tenir en plein air: il en est cependant un certain nombre dont les fleurs ne s'épanouissent qu'au printems & même en été.

Rarement les Ixies donnent de bonnes graines dans le climat de Paris : c'est donc principalement de cayeux qu'on les multiplie, & on se trouve quelquefois dans le cas de ne le pouvoir faire pour quelques espèces, parce qu'elles n'en fournissent que de loin en loin & même jamais; ce qui en rend certaines si peu communes dans les plus riches collections, & qui fait que certaines autres n'ont fait que passer dans nos jardins. Les graines de celles qui en donnent doivent être mises en terre peu après leur maturité, & les pots qui les contiennent doivent être tenus dans une orangerie pendant l'automne & une partie de l'hiver. En février ou mars on mettra ces pots sur couche & sous châssis, & on les arrosera modérément: le plant levé restera un ou deux ans dans le même pot, qu'on rentrera toujours dans l'orangerie, après quoi on plantera chaque bulbe en automne, dans un pot séparé ou seul à seul, ou deux, trois, quatre, cinq ensemble, selon la grandeur du pot, & on le traitera comme les vieux pieds. Il ne fleurit, dans les espèces le plus dans le cas de le faire, comme dans les maculée & orangée, qu'au bout de trois ou quatre ans. Les vieux pieds se dépotent en automne pour leur donner de la nouvelle terre lorsqu'on le juge nécessaire, & pour séparer leurs cayeux s'ils en ont. Ces cayeux se mettent, comme les plants provenus de semence, dans des pots séparés ou seuls ou plusieurs ensemble.

Pour faire une belle culture d'Ixies il faudroit, ainsi que je l'ai dit plus haut, les mettre seuls ou avec des espèces des genres voisins, comme Glayeuls, Morées, Antholyzes (*voyez* ces mots), en pleine terre, dans une bache dont le sol seroit divisé en cases au moyen de planches étroites qui se coupent à angles droits, cases qui n'en recevroient chacune qu'une seule espèce. La distance du sol de cette bache à son vitrage seroit de deux pieds, distance suffisante pour que les plus grandes espèces ne puissent atteindre ce dernier. On entretiendroit dans cette bache, seulement depuis janvier jusqu'à avril, une chaleur artificielle de dix à quinze degrés, laquelle sera assez forte pour développer la végétation dans ces bulbes & les faire fleurir. Les arrosemens seroient rares dans tout autre tems que celui de la pousse & de la fleuraison: on les ménageroit même alors. Les panaux des vitrages s'ouvriroient quelques instans au milieu du jour lorsqu'il feroit doux, afin de renouveler l'air. L'important seroit seulement d'empêcher la gelée de pénétrer; car, je le répète, le froid au dessous de zéro du thermomètre de Réaumur ne nuit pas aux Ixies. Lorsque les gelées ne sont plus à craindre, on enlève les châssis & on ne les remet qu'à leur approche en automne.

Les tiges de la plupart des Ixies sont trop foibles pour soutenir leurs fleurs avec grâce : on est donc obligé de leur donner de petits tuteurs.

Pendant les chaleurs de l'été les bulbes des Ixies, quoique privées de tiges, sont dans le cas d'être frappées de mort par le soleil. Il faut les ombrager & les arroser quelquefois. (*Bosc.*)

IXODE. *Ixodes.*

Genre d'insecte que Latreille a établi parmi les aptères, & qu'il est intéressant de faire connoître aux cultivateurs, parce que leurs animaux domestiques & même leurs personnes sont souvent tourmentés par quelques-unes des espèces qui le composent. Il faisoit jadis partie des MITTES, *acarus* Linn.

L'IXODE RICIN se trouve communément sur les chiens, les bœufs, les chevaux qui vivent dans les pays boisés, &c. Il est plat, & a moins de deux lignes de long lorsqu'il est vide; mais lorsqu'il est gorgé de sang, il devient globuleux & du double plus gros. Le tuer n'est pas facile, tant il a la peau coriace. On en débarrasse soi ou ses bestiaux en le recherchant à la main; car les décoctions amères ont peu d'action sur lui, & les préparations mercurielles sont dangereuses & coûteuses. Les animaux qui en ont beaucoup maigrissent, & parce que la démangeaison qu'ils causent les empêche de manger, & parce qu'ils sucent leur sang. Dans les pays chauds, ils sont si abondans, qu'ils causent quelquefois la mort à ces animaux.

Les IXODES RÉDUVE & SANGUISUGE diffèrent peu du précédent, & ont les mêmes mœurs.

L'IXODE SANGUIN est si petit, qu'on peut rarement le voir à la simple vue. Il est si commun dans certains bois des pays montagneux, qu'il suffit de se reposer quelques instans sur l'herbe pour en être infesté. Les démangeaisons qu'il cause sont très-cuisantes, & plus on se gratte, & plus elles augmentent. Il est fort difficile de s'en débarrasser, comme je l'ai éprouvé plusieurs fois, parce qu'on ne sait pas où il est. Il doit causer de cruels tourmens aux animaux, sur qui il est impossible de le trouver. (*Bosc.*)

IXORE. *Ixora.*

Genre de plante de la tétrandrie monogynie & de la famille des *Rubiacées*, qui rassemble onze espèces, dont deux ou trois se cultivent dans nos serres. *Voyez* les *Illustrations des genres* de Lamarck, pl. 66.

Espèces.

1. L'IXORE écarlate.
Ixora coccinea. Linn. ♄ De l'Inde.
2. L'IXORE lancéolé.
Ixora alba. Linn. ♄ De l'Inde.
3. L'IXORE de la Chine.
Ixora chinensis. Lam. ♄ De la Chine.
4. L'IXORE paniculée.
Ixora paniculata. Lam. ♄ De l'Inde.
5. L'IXORE épineuse.
Ixora spinosa. Lam. ♄ De l'Amérique méridionale.
6. L'IXORE à petites fleurs.
Ixora parviflora. Vahl. ♄ De l'Inde.
7. L'IXORE d'Amérique.
Ixora americana. Linn. ♄ De la Jamaïque.
8. L'IXORE fasciculée.
Ixora fasciculata. Swartz. ♄ De la Jamaïque.
9. L'IXORE multiflore.
Ixora multiflora. Swartz. ♄ De la Jamaïque.
10. L'IXORE pavette.
Ixora pavetta. Andr. ♄ De l'Inde.
11. L'IXORE à feuilles ternées.
Ixora ternifolia. Cav. ♄ De la Nouvelle-Espagne.

Culture.

Les première, seconde, dixième & onzième sont celles que nous cultivons. Elles exigent la serre chaude, une terre consistante & des arrosemens modérés en hiver. On ne sauroit leur donner trop de chaleur lorsqu'on veut les voir pousser vigoureusement & fleurir abondamment. Ce sont de très-belles plantes. La première est la plus commune : on la multiplie de marcotes & de boutures. Ces dernières se font, au printems, sur couche & sous châssis, & ne réussissent pas toujours. Elles demandent une grande chaleur, une grande humidité & de l'ombre. Il est bon de ne changer la terre des Ixores que tous les deux ans, afin qu'elles donnent plus de fleurs, & que par-là elles ornent davantage les serres. (*Bosc.*)

IZARI : nom de la GARANCE sauvage, la meilleure qui soit dans le commerce. *Voyez* ce mot.

IZQUIERDE. *Izquierda.*

Arbre du Pérou, qui seul forme un genre dans la dioécie tétrandrie, & qui n'est pas encore cultivé dans nos jardins. (*Bosc.*)

JABLE. Les tonneliers appellent ainsi la rainure qu'ils font près de l'extrémité de chaque douve, rainure destinée à recevoir le fond. *Voyez* le *Dictionnaire des Arts & Métiers*. (*Bosc*.)

JABOROSE. *JABOROSA*.

Genre de plante de la pentandrie monogynie & de la famille des *Solanées*, qui renferme deux espèces, dont aucune n'est cultivée dans nos jardins.

Espèces.

1. La JABOROSE à feuilles entières.
Jaborosa integrifolia. Lam. ♃ De l'Amérique méridionale.

2. La JABOROSE à feuilles roncinées.
Jaborosa runcinata. Lam. ♃ De l'Amérique méridionale. (*Bosc*.)

JACARANDE. *JACARANDA*.

Genre de plante établi par Jussieu pour placer quelques espèces de bignones, qui ont des caractères un peu différens de ceux des autres. Les BIGNONES BLEUE & BRASILIENNE en font partie. Comme il en a été question à leur article, je ne dois pas en parler ici. *Voyez* BIGNONE. (*Bosc*.)

JACÉE. *JACEA*.

Plante indigène à la France, qui, selon quelques botanistes, doit faire partie du genre des *Centaurées*, &, selon d'autres, doit servir de type à un nouveau genre de son nom.

Il a été question de cette plante & de quelques-unes des espèces qui lui ont été réunies au mot CENTAURÉE, auquel je renvoie le lecteur; mais comme, depuis qu'il est rédigé, on en a découvert plusieurs qui ne peuvent en être séparées, j'ai cru devoir les rappeler ici.

Espèces.

1. La CENTAURÉE à feuilles de picride.
Centaurea picris. Willd. ♃ Des bords de la mer Caspienne.

2. La CENTAURÉE à tiges couchées.
Centaurea decumbens. Dubois. ♃ Indigène.

3. La CENTAURÉE amère.
Centaurea amara. Linn. ♃ Du midi de la France.

4. La CENTAURÉE à bractées.
Centaurea bracteata. Scop. ♃ Des environs de Gênes.

5. La CENTAURÉE brillante.
Centaurea nitens. Willd. ⊙ Du Caucase.

6. La CENTAURÉE de Portugal.
Centaurea tagana. Willd. ♃ Du Portugal. (*Bosc*.)

JACHÈRE. Lorsqu'après avoir défriché des portions de forêts, les premiers cultivateurs eurent remplacé les arbres qui s'y succédoient depuis des siècles & qui y laissoient leurs dépouilles, par des semis de plantes annuelles, principalement de céréales dont ils enlevoient les produits chaque année, ils ne tardèrent pas à s'appercevoir de la diminution successive & rapide de la fertilité du sol; mais comme la terre ne leur manquoit pas, ils abandonnèrent ces portions, & en défrichèrent de nouvelles. C'est encore, ainsi que je l'ai remarqué pendant le séjour que j'y ai fait, la marche qui se suit dans l'Amérique septentrionale, & partout où se fixe une foible population agricole.

Cependant bientôt le droit de propriété, ce fondement éternel des sociétés humaines, s'organisa, & il fallut revenir aux terreins anciennement cultivés, qui furent trouvés avoir repris une partie de leur fertilité première.

De cette observation, qui remonte par conséquent aux premiers âges du Monde, dérive l'opinion, à quelques exceptions près, généralement reçue, que le défaut de culture pendant un tems plus ou moins prolongé rétablit la terre épuisée par plusieurs récoltes successives, principalement de céréales.

Ce défaut de culture s'appelle aujourd'hui tantôt *friche*, tantôt *Jachère*; mais dans le plus grand nombre des lieux on applique le premier de ces noms aux terres qu'on laisse en pâturage pendant long-tems, ou qui y sont depuis des siècles; & le second à celles qu'on empêche de rien produire pendant un ou deux ans par le moyen de labours répétés. C'est dans cette dernière acception que je vais considérer la Jachère. *Voyez* FRICHE.

On désigne aussi, selon les lieux, la Jachère sous les appellations de *guéret*, *novale*, *sombre*, *gaure*, *verchère*, *versère*; *versaine*, *varet*, &c.; cependant ces noms s'appliquent quelquefois à la culture, c'est-à-dire, aux labours que la terre reçoit dans l'année de Jachère, & même aux champs soumis à la Jachère.

L'homme a besoin de repos quand il a travaillé. Produire est un travail : donc la terre, après une ou deux récoltes, a besoin de repos : de là l'expression si impropre de *repos des terres* qu'on donne également à la Jachère, & celles si usitées, que les terres se lassent, se fatiguent, perdent leurs forces, s'épuisent, s'usent, vieillissent, &c.; de là l'assolement suivant usité dans la plus grande partie de la France & des autres contrées de l'Europe, seigle ou froment, avoine ou orge, Jachère.

Les Jachères ne sont point dans la Nature. On n'a jamais vu un terrein se dépouiller de toute végétation pour se reposer. Les forêts, les prairies, les pâturages & autres lieux incultes nourrissent des arbres & des plantes vivaces & annuelles depuis le commencement, & en nourriront jusqu'à la fin. Comment donc se fait-il que les terreins cultivés cessent de produire au bout d'un certain tems?

Ils ne cessent pas de produire en général, puisqu'on les voit se couvrir de mauvaises herbes dans l'année de Jachère, & même que la destruction de ces mauvaises herbes est un des principaux objets des Jachères; mais ils cessent de pouvoir fournir à une telle plante les principes nécessaires à sa végétation. De ce fait on peut conclure que la Jachère n'est pas nécessaire à ces terreins, puisqu'il suffit, pour leur continuer la faculté de produire, d'y semer la graine d'une plante différente. Le vrai est que toute plante, grande ou petite, est sujète à la mort, & que lorsqu'elle est morte le terrein où elle se trouvoit n'est plus en état d'en nourrir convenablement sans un intervalle plus ou moins long, une autre de la même espèce.

On a établi un grand nombre de systèmes pour expliquer les principes de la végétation; mais ce n'est que dans ces dernières années qu'il a été reconnu, 1°. que l'humus étoit la seule substance solide qui entrât dans la composition des végétaux; 2°. que cet humus avoit besoin d'être mis en état soluble pour y entrer, & que naturellement il ne s'y mettoit que successivement & fort lentement; 3°. que chaque espèce de plante ne consommoit que la partie de cet humus soluble qui lui étoit exclusivement propre; 4°. que les plantes qui amènent leurs graines à maturité en consomment plus que les autres, toutes circonstances égales; 5°. que les plantes qui n'amènent pas leurs graines à maturité tirent de l'atmosphère la plus grande partie de leurs principes constituans. Or, c'est sur ces cinq bases que repose toute la théorie de la culture, & par suite des Jachères.

D'après la première base, les plantes ne peuvent croître convenablement dans l'argile pure, dans le calcaire pur, dans la silice pure ni dans le mélange de ces terres, quoiqu'elles y germent & y végètent comme elles germeroient & végéteroient dans l'eau lorsqu'on les arrose abondamment.

D'après la seconde & la troisième base les plantes qui ont consommé l'humus soluble qui existoit dans un champ ne peuvent plus y être semées avec profit jusqu'à ce qu'on en ait mis du nouveau (des engrais), ou jusqu'à ce qu'une autre partie de celui qui s'y trouve encore indissous soit devenue soluble. *Voyez* HUMUS & TERREAU.

D'après les quatrième & cinquième bases, les plantes qu'on cultive pour leurs graines, soit farineuses, soit huileuses, absorbent une plus grande quantité d'humus soluble que celles qu'on cultive pour leurs racines, pour leurs feuilles, pour leurs tiges, pour leurs fleurs, & qu'on coupe avant leur maturité.

Il est de plus une autre considération, qu'il est nécessaire de mettre ici sous les yeux du lecteur, parce qu'elle influe sur celles dont il vient d'être question: c'est que, dans l'état naturel, les plantes qui ont crû dans un lieu y laissent leurs débris, qui réparent souvent avec usure, lorsqu'ils sont décomposés, l'humus qu'elles avoient consommé, puisqu'une partie de leur substance provient de la fixation des gaz atmosphériques, tandis que, dans l'état de culture, on enlève les plantes en entier ou presqu'en entier (*voyez* FROMENT, CHANVRE, LUZERNE, &c.); de sorte qu'elles ne rendent rien à la terre où elles se trouvoient.

Le but de tout cultivateur doit donc être de réparer, autant que possible, la sorte d'épuisement de la terre, qui résulte des cultures dont on est forcé d'enlever les produits.

Comme je l'ai dit au commencement de cet article, la perte d'humus d'un terrein qui résulte de récoltes enlevées se répare seulement, 1°. en le laissant se couvrir d'herbes qui, en se décomposant, fournissent du nouvel humus, c'est-à-dire, en l'abandonnant pendant un tems plus ou moins long (*voyez* FRICHE); 2°. en y semant des plantes d'une croissance rapide immédiatement après la récolte, & en les enterrant, par un labour, au moment où elles entrent en fleurs (*voyez* RÉCOLTES ENTERRÉES); 3°. en lui donnant des ENGRAIS (*voyez* ce mot). Le repos avec labour, c'est-à-dire, la Jachère proprement dite, ne lui rend rien, absolument rien, quoiqu'il augmente réellement sa fertilité; il n'agit qu'en donnant le tems à l'humus, qu'il contient en état indissoluble, de devenir soluble; par conséquent il l'appauvrit.

D'après ce que je viens de dire, la Jachère seroit plus avantageuse sur les terreins naturellement fertiles, & c'est justement sur ceux qui sont les plus stériles, qu'on la pratique le plus.

Mais l'humidité est nécessaire à la terre pour que l'action de l'air rende soluble une partie de son humus: donc, dans les étés secs & chauds, dans les pays où il est d'usage de donner plusieurs labours dans cette saison, cet effet est moins sensible que quand on couvre la terre de plantes qui interceptent l'action des rayons du soleil, de trèfle, de pois gris, de vesce, &c., ou quand on y cultive des plantes qui, comme les pommes de terre, les haricots, le maïs, &c. exigent des binages d'été dont la profondeur ne surpasse pas trois pouces; aussi a-t-on remarqué, dans les parties méridionales de la France, que les labours multipliés pendant l'année de Jachère rendoient souvent les terres infertiles pour plusieurs années. *Voy.* TERRES GATÉES.

Je ne cite pas ce résultat pour faire proscrire toutes les opérations qui tendent à rendre l'humus soluble, car il faut qu'il y en ait de soluble pour que les plantes puissent végéter, & il est indifférent au cultivateur que ce soit celui qui est depuis long-tems dans la terre, ou celui que contiennent les engrais qu'il vient d'y répandre, qui le fournissent : mon unique objet est de faire voir que l'expression si généralement employée, que la *Jachère vaut engrais*, est établie sur une fausse base. Il est d'ailleurs aujourd'hui reconnu que les alkalis, la chaux, la pierre calcaire, la marne, dont la puissance d'action est dans l'ordre où je viens de les placer, produisent sur l'humus le même effet que la Jachère, & agissent en peu de minutes, en peu d'heures, en peu de jours, selon le degré de leur intensité de force.

Ce que je viens d'observer suffit sans doute pour convaincre de l'inutilité des Jachères sous le rapport de l'amélioration du sol; mais il est encore deux considérations qu'on fait valoir en leur faveur & qu'il s'agit d'examiner.

La première, ce sont les labours qu'elles permettent de donner en grand nombre, labours qui ameublissent la terre, la rendent plus perméable aux racines, aux eaux des pluies, aux gaz atmosphériques, &c.

Sans doute les labours sont nécessaires sous tous ces rapports; mais toutes les terres en exigent-elles le même nombre? J'ai déja rapporté plus haut que, trop multipliés pendant l'été dans les pays chauds, ils amenoient l'infertilité. Il est une infinité de faits qui prouvent que les récoltes de froment sur deux labours sont le plus souvent plus belles que sur cinq; ce qui fait soupçonner qu'ils diminuent aussi quelquefois la fertilité dans les pays froids. Mais les terres, argileuses dira-t-on? Les terres argileuses, répondrai-je, n'exigent peut-être pas plus de labours que les autres, mais seulement de meilleurs labours. Sous les rapports de la facile introduction des eaux pluviales & des gaz atmosphériques, les binages, c'est-à-dire, les labours superficiels, leur sont certainement préférables; c'est d'eux qu'on doit attendre sans aucun inconvénient tous les avantages promis par Tull. *Voyez* LABOUR & BINAGE.

La seconde, c'est la destruction des mauvaises herbes.

En voyant la charue retourner les mauvaises herbes qui ont cru dans un champ, & les faire périr, on est déterminé à croire qu'en multipliant les labours dans le courant d'une année, on parviendra à les détruire toutes; aussi est-ce sur ce résultat que les partisans des Jachères insistent avec le plus de complaisance, quoiqu'il soit évident qu'il n'a pas lieu puisque les seigles ou les fromens des pays qui y sont assujettis, en sont infestés malgré les sarclages, tandis que ceux des pays qui ne connoissent pas les Jacères sont très-propres. Le vrai est que si les labours d'été font périr les mauvaises herbes levées au moment où on les exécute, ils ramènent à la surface du sol les graines qui étoient dans la profondeur & qui n'y germoient pas faute de chaleur & d'air. Il est prouvé que ces graines peuvent se conserver ainsi un grand nombre d'années sans perdre leur faculté de germer. (*Voyez* GRAINE & STRATIFICATION.) Au reste, sous ce rapport les binages d'été sont encore plus avantageux que les labours, puisqu'ils font périr autant de mauvaises herbes annuelles & coûtent infiniment moins, surtout s'ils sont faits avec la HOUE A CHEVAL.

Quelques écrivains reconnoissent que la Jachère doit être supprimée dans les terres légères & sèches, mais soutiennent qu'elle doit être conservée dans les terres argileuses & humides. Je conviendrai avec eux, que ces dernières sont en effet plus souvent dans le cas de n'être pas ensemencées, à raison de la difficulté de les labourer pendant la sécheresse, ainsi que pendant la pluie; mais je ne reconnoîtrai point que des labours ordinaires, quelque multipliés qu'ils soient, puissent débarrasser ces sortes de terres des chardons, des pas-d'âne, des laitues, des prêles & autres plantes vivaces, à racines profondes qui les infestent. On ne peut y parvenir qu'au moyen des défoncemens ou des cultures étouffantes, principalement de la luzerne, ou des cultures consécutives qui exigent plusieurs binages d'été, comme la pomme-de-terre, le maïs, &c., ces binages, quoique superficiels, finissant par faire périr les racines de ces plantes.

Je n'entamerai pas de discussion sur l'objection qu'on fait si souvent à ceux qui prêchent la suppression des Jachères, qu'il deviendroit impossible, si elles n'existoient pas, de faire tous les travaux qu'exige la culture, fumer convenablement, &c., parce qu'il me paroît évident, 1°. qu'on le pourroit toujours en augmentant le nombre de ses ouvriers & de ses bestiaux; 2°. qu'on y parvient, sans cette augmentation, en adoptant un cours d'assolement tel que ces travaux soient régulièrement répartis sur tous les mois de l'année. Les prairies artificielles seules, telles que la luzerne & le sainfoin, en diminuant la surface cultivable, augmentent nécessairement les forces disponibles.

C'est donc par un assolement bien entendu & par un soin scrupuleux de n'employer que des graines de céréales rigoureusement privées de graines de mauvaises herbes, qu'on parvient, à la longue, à nétoyer un champ. On y parvient aussi, & plus promptement, en adoptant la culture des céréales par rangées, culture qui permet les binages & favorise les sarclages.

Il est très-remarquable que, dans beaucoup de cantons soumis à la Jachère, les cultivateurs ne sont contens que lorsque leurs céréales sont surchargées de mauvaises herbes, dont les tiges, laissées dans la paille, rendent cette dernière plus nourrissante pour leurs bestiaux, & dont les racines, repoussant

repoussant après la moisson, leur donnent, pendant l'automne & l'hiver, un pâturage pour leurs vaches & leurs moutons. Peut-on imaginer une plus grande contradiction? Peut-on faire un plus mauvais calcul? C'est dans les cantons les plus pauvres, & par conséquent les plus ignorans, car l'ignorance est toujours la compagne de la pauvreté, que j'ai observé le plus fréquemment cette absurde pratique.

Il semble que la prétendue nécessité des Jachères pour détruire les mauvaises herbes devroit mettre sur la voie du principe des assolemens; car, puisque, malgré plusieurs récoltes de céréales successivement produites & enlevées, & des labours multipliés sur un terrein quelconque, il y croît tant de ces mauvaises herbes, il est évident que la terre n'est pas épuisée de principes productifs; qu'il ne s'agit par conséquent que de substituer d'autres plantes à ces céréales, & c'est ce qu'on fait actuellement dans tous les pays bien cultivés. *Voyez* ASSOLEMENT & SUBSTITUTION DE CULTURE.

Ces mêmes cultivateurs qui proclament la nécessité des Jachères pour leurs terres arables, non-seulement la proscrivent dans leurs chénevières, dans leurs jardins, mais veulent encore que la même planche de ces derniers leur procure plusieurs récoltes dans la même année. Pourquoi ne rompent-ils pas leurs prairies naturelles tous les trois ans?

La Jachère, n'étant utile ni pour rendre à la terre les principes de fertilité qu'elle a perdus, ni pour détruire les mauvaises herbes qui souillent les récoltes, ni ordinairement pour donner le moyen de multiplier les labours, est donc nuisible aux intérêts des cultivateurs qu'elle empêche de retirer un revenu d'une partie de leurs terres; elle l'est également aux intérêts de la société, puisqu'elle s'oppose à l'augmentation de la masse des subsistances, soit pour les hommes, soit pour les animaux.

Pourquoi donc ces cultivateurs tiennent-ils si obstinément à la conservation des Jachères? Par l'effet de leurs habitudes, de leurs préjugés fondés, comme à l'ordinaire, sur leur ignorance, même sur la loi; car il est des cantons où elle est consacrée par elle, soit directement par des clauses spéciales insérées dans les baux, soit indirectement par le droit de PARCOURS. (*Voyez* ce mot.) L'exemple même des succès ne peut faire disparoître cette lèpre de l'agriculture française, ainsi que le font voir tant de contrées où elle n'est pas connue, & qui ne sont souvent séparées que par un ruisseau de ceux où elle est le plus en faveur. Ce n'est pas aux cultivateurs proprement dits qu'il faut adresser, à cet égard, les conseils de la raison, c'est aux propriétaires éclairés, à ceux surtout qui ont habité les villes dans leur jeunesse, & qui ne sont pas par conséquent imbus de fausses idées, sur lesquelles on se fonde généralement pour les conserver.

Dans ces derniers tems, beaucoup d'écrivains français & anglais ont de nouveau tonné contre les Jachères. Quelques-uns tiroient leurs raisonnemens de la théorie seulement; quelques autres ne s'appuyoient que sur des expériences positives: la plupart réunissoient ces deux sortes de preuves. Au nombre de ces derniers je citerai seulement Arthur Young en Angleterre, & Victor Yvart en France, parce que ce sont eux qui ont le plus concouru à éclaircir la question. C'est dans leurs ouvrages qu'il faut chercher le complément de cet article, qui n'en est & ne peut en être que le résumé.

J'emprunte au dernier les définitions suivantes:

« La Jachère est absolue & complète, ou seulement relative & incomplète.

» La Jachère est absolue & complète lorsque la terre arable ne reçoit aucune espèce d'ensemencement pendant toute la durée d'une ou de plusieurs années rurales.

» La Jachère est relative & incomplète lorsque la même terre ne reste sans ensemencement que pendant une partie plus ou moins considérable de l'année, suivant les circonstances.

» On peut considérer la Jachère absolue comme annuelle, bisannuelle & pérenne.

» La Jachère absolue est annuelle lorsqu'après une ou plusieurs récoltes épuisantes consécutives, on laisse la terre sans l'ensemencer pendant une année entière, pendant laquelle elle est soumise à diverses opérations aratoires, destinées à la préparer pour la récolte subséquente.

» Elle est bisannuelle lorsqu'on la laisse entiérement inculte & sans ensemencement pour en faire un pâturage pendant l'année qui suit immédiatement la dernière récolte épuisante, & que, dans le courant de la seconde seulement, elle reçoit les préparations pour la récolte qu'on se propose d'obtenir à la troisième.

» Enfin elle est pérenne & d'une durée indéterminée lorsqu'après une série indéterminée de récoltes épuisantes, qui ont diminué chaque année de quantité & de qualité, & n'ont laissé aucun moyen de réparer les pertes par de nouveaux engrais, on l'abandonne entiérement à la nature, qui, en la couvrant de végétaux, répare, après un intervalle plus ou moins long, le mal qu'une culture barbare avoit occasionné. »

Cette dernière Jachère est la FRICHE dont j'ai déjà parlé. *Voyez* ce mot.

Toute Jachère donnant lieu à une diminution des produits généraux du sol, celle qui alterne avec une seule année de culture est la plus désavantageuse; elle n'est jamais nécessaire, & suppose excès d'ignorance ou excès de misère. On peut plus facilement la supprimer en augmentant le nombre des bestiaux ou en faisant des prairies artificielles. C'est dans les départemens du Midi qu'elle se voit le plus souvent.

La plus commune des sortes de Jachères est celle qui revient constamment à la troisième année, après deux récoltes consécutives de céréales. C'est celle à laquelle les cultivateurs tiennent le plus.

Lorsque la Jachère ne revient que la quatrième année, comme on le voit dans les départemens de l'Ouest principalement, elle dure ordinairement deux ans, & fournit, la première année, un chétif pâturage dont on vante les avantages avec exagération, parce que, n'ayant pas été semé, il semble ne rien coûter. Ceux qui pratiquent ce mode de culture sont trop peu éclairés pour voir qu'il est plus avantageux de retirer 50 francs d'un terrein où l'on a mis 20 francs en frais de culture, que 10 francs d'un terrein où l'on n'a rien dépensé.

Il n'est donc qu'un petit nombre de cas où on doive faire une Jachère complète, & ces cas sont toujours rares.

Ainsi on peut desirer de défoncer le terrein, soit à la charue, soit à la pioche, bien au-dessous de la ligne qu'atteint ordinairement la charue. Alors il faut donner le tems à la terre ramenée du fond, qui est infertile, de s'imprégner, pendant un hiver & un été, des principes de l'air qui lui manquent.

Ainsi on peut être contrarié dans la série ordinaire de ses travaux par une sécheresse trop durable, des pluies continues, une inondation long-tems prolongée, la nécessité de détruire le chiendent & autres mauvaises herbes vivaces à racines profondes, une mortalité sur les animaux de labour, &c. &c., & qu'on soit forcé de ne pas ensemencer une partie de ses terres. Si on ne peut se dispenser de faire une Jachère, les principes posés par les agriculteurs anglais veulent qu'elle précède les graines du printems (les mars), afin que les trèfles, les vesces ou les féves occupent le terrein immédiatement avant le froment. Dans ce cas, plus ces plantes sont abondantes & hautes, & plus la récolte qui suit est bonne, observation qui est en contradiction complète avec la théorie que se font les partisans des Jachères; ce qui s'explique en disant que ces plantes ont empêché l'évaporation d'une partie des principes fertilisans de la terre, & ont favorisé la fixation d'une partie de ceux qui flottent dans l'air.

Mais si une Jachère complète n'est presque jamais nécessaire, il n'en est pas de même d'une Jachère relative & incomplète, puisqu'elle donne le tems de conduire les fumiers, les marnes & autres amendemens, d'ameublir la terre par un ou deux labours, de lui donner toutes les préparations secondaires qu'elle exige pour assurer le succès des récoltes; elle peut avoir lieu pendant l'été & pendant l'hiver; pendant l'hiver, parce qu'il y a des plantes qui craignent les gelées & la trop grande humidité de cette saison, & qu'on a des raisons particulières pour ne semer qu'après; pendant l'été, parce que la sécheresse est trop considérable; parce qu'il devient nécessaire, comme je l'ai dit plus haut, de détruire les mauvaises herbes; parce qu'enfin on a des motifs particuliers de ne faire les semis qu'aux approches de l'hiver.

Un des moyens les plus économiques & les plus certains, d'après des expériences sans nombre, de rendre une Jachère d'été avantageuse aux récoltes futures, c'est de semer des féves, des pois, des vesces, des raves, du sarrasin & autres plantes annuelles, qui lèvent & poussent promptement, & qui, à raison de la largeur ou du nombre de leurs feuilles, soutirent une grande quantité de principes constituans de l'atmosphère, dans le but de les enterrer lorsqu'elles entrent en fleurs, afin qu'elles donnent à la terre plus qu'elles ne lui ont pris, & qu'elles y introduisent de plus une humidité durable, extrêmement avantageuse à son amélioration, ainsi que je l'ai déjà observé.

Dans le comté de Norfolk en Angleterre, on pratique ce qu'on appelle des *Jachères tardives*, c'est-à-dire qu'après la récolte d'automne, on sème des turneps ou autres plantes propres à faire une pâture d'hiver & de printems, & qu'en mai ou juin on détruit cette pâture pour semer du seigle ou du froment. Ce mode de culture rentre dans les Jachères d'été. Cette Jachère, dans d'autres lieux, s'appelle *Jachère bâtarde*, *récolte dérobée*, *&c.*

Il résulte des observations précédentes, que les Jachères absolues, hors quelques cas rares, sont dans le cas d'être partout supprimées, puisqu'elles font perdre une année de revenu, & détériorent la terre supposée ne recevoir d'engrais d'aucune espèce, c'est-à-dire qu'il est de l'intérêt des cultivateurs de leur substituer des cultures de plantes non épuisantes, de la remplacer par des engrais plus abondans, des binages d'été plus multipliés, &c. &c.

Une question difficile à résoudre par une ou deux expériences seulement, mais qui l'est à mon avis par des milliers de rapports insérés dans les ouvrages les plus modernes sur l'agriculture, principalement dans ceux d'Arthur Young, dans les *Annales d'Agriculture* & dans la *Bibliothèque britannique*, c'est de savoir si deux récoltes après une Jachère ne valent pas mieux que trois sans Jachère, toutes autres circonstances égales. Je ne citerai pas tous ces rapports, mais je ferai remarquer qu'à égalité, il y auroit encore à supprimer toute Jachère, le bénéfice résultant de la plus prompte rentrée des capitaux mis dans la culture, & des chances moindres des accidens produits par la gelée, la sécheresse, les pluies durables, les inondations, les grêles, les vents, &c. &c.

Mais il est tant de lieux, comme je l'ai déjà observé, en Allemagne, en Italie, en Angleterre, en Flandre, en Brabant, en Normandie, en Guienne, en Alsace, &c. &c. où de tems immémorial on ne connoît point la Jachère, & où les récoltes sont excellentes; il est tant d'exemples partout ailleurs de petites cultures, telles que celles des jardins, des chénevières, &c. qui se suivent sans qu'on les leur applique, qu'il seroit superflu de chercher des preuves plus nombreuses que celles que j'ai rapportées. (*Bosc.*)

Jachère batarde. On donne ce nom, dans quelques lieux, à une Jachère, pendant laquelle on fait une culture de peu de durée, comme de pois, de haricots, de raves, &c. (*Bosc.*)

Jachère morte. Les cultivateurs qui ne connoissent que les Jachères d'été, appellent ainsi les Jachères complètes, c'est-à-dire, qui durent une année entière. (*Bosc.*)

JACINTHE. *Hyacinthus.*

Genre de plante de l'hexandrie monogynie & de la famille des *Liliacées*, qui réunit dix-sept espèces, dont l'une est l'objet d'une culture très-étendue & très-productive pour quelques jardiniers de Hollande. *Voyez* les *Illustrations des genres* de Lamarck, pl. 238.

Observations.

On a derniérement séparé de ce genre un assez grand nombre d'espèces pour en former le genre Lachenal & le genre Drimie. Je mentionnerai, au premier de ces mots, les espèces qui doivent le former, & je parlerai dans le *Dictionnaire des Arbres & Arbustes*, de celles qui se rangent sous le second, qui a été établi depuis la rédaction des articles auprès desquels il devoit être placé. Quelques espèces que je mets ici ont été également regardées comme devant constituer un nouveau genre sous le nom de Muscari : ce sont celles qui se rapprochent de la musquée.

Espèces.

1. La Jacinthe orientale.
Hyacinthus orientalis. Linn. ♃ De l'Asie.

2. La Jacinthe des bois.
Hyacinthus non scriptus. Linn. ♃ Indigène.

3. La Jacinthe d'Espagne.
Hyacinthus ametystinus. Linn. ♃ De l'Espagne.

4. La Jacinthe étalée.
Hyacinthus patulus. Desf. ♃ De l'Espagne.

5. La Jacinthe d'Italie.
Hyacinthus romanus. Linn. ♃ De l'Italie.

6. La Jacinthe à fleurs pâles.
Hyacinthus serotinus. Linn. ♃ De l'Espagne.

7. La Jacinthe à tige penchée.
Hyacinthus cernuus. Linn. ♃ De l'Espagne.

8. La Jacinthe à tige en zigzag.
Hyacinthus flexuosus. Thunb. ♃ Du Cap de Bonne-Espérance.

9. La Jacinthe en corymbe.
Hyacinthus corymbosus. Linn. ♃ Du Cap de Bonne-Espérance.

10. La Jacinthe à fleurs de muguet.
Hyacinthus convallarioides. Linn. ♃ Du Cap de Bonne-Espérance.

11. La Jacinthe à feuilles courtes.
Hyacinthus brevifolius. Thunb. ♃ Du Cap de Bonne-Espérance.

12. La Jacinthe à toupet. Variétés.
Hyacinthus comosus. Linn. ♃ Indigène.

13. La Jacinthe musquée.
Hyacinthus muscari. Linn. ♃ Indigène.

14. La Jacinthe botryoïde.
Hyacinthus botryoides. Linn. ♃ Du Midi de l'Europe.

15. La Jacinthe à feuilles de jonc.
Hyacinthus racemosus. Linn. ♃ Du Midi de l'Europe.

16. La Jacinthe maritime.
Hyacinthus maritimus. Desf. ♃ De la Côte d'Afrique.

17. La Jacinthe à petites fleurs.
Hyacinthus parviflorus. Desf. ♃ De la Côte d'Afrique.

Culture.

La Jacinthe orientale, ou simplement la Jacinthe, car c'est toujours de cette espèce qu'on entend parler lorsqu'on prononce ce mot seul, a été, à ce qu'il paroît, apportée en Europe au retour des Croisades, & depuis lors elle y a été cultivée avec plus ou moins de zèle & de succès, suivant les tems & suivant les lieux. Aujourd'hui, quoiqu'un peu tombée de valeur, quand on la compare au cas qu'on en faisoit au commencement du dernier siècle, elle est encore très-recherchée ; & les Hollandais savent fonder, sur sa culture, un bénéfice annuel très-considérable & très-assuré.

Plusieurs auteurs ont écrit sur la Jacinthe & sa culture ; mais, à mon avis, personne mieux que M. Feburier, qui, joignant la théorie à la pratique, a pu éclairer l'une par l'autre. Entreprendre de rédiger cet article d'après d'autres données que celles qu'il a fournies, seroit trop hasardeux. Je vais donc me borner à mettre sous les yeux du lecteur un précis de son travail, sans m'astreindre cependant à suivre rigoureusement sa marche.

On a varié d'opinion sur la couleur primitive de la Jacinthe ; mais tout porte à croire que cette couleur est la bleue. *Voyez* Couleur.

Entre les mains des cultivateurs la Jacinthe, comme toutes les plantes cultivées depuis longtems, a produit une immense quantité de variétés, dont les unes sont plus estimées pendant quelques années que les autres, & qui ensuite sont oubliées à leur tour, parce qu'il en paroît d'autres qui sont regardées comme plus belles. C'est en Hollande, aux environs de Harlem principalement, qu'on s'est le plus occupé de la production de ces variétés, & les catalogues accompagnés de noms insignifians, qu'on en distribue tous les ans, les portent à plus de deux mille, quoiqu'ils n'indiquent pas celles qui, rangées sous le nom général de *communes*, forment une masse bien plus considérable encore de variétés peu remarquables par leur grandeur ou leurs couleurs.

Si on considère les Jacinthes sous le rapport de leur organisation, on les divise en simples, semi-doubles & doubles.

Si c'est sous le rapport de la couleur, on les distingue en bleues, de toutes les nuances; en pourpres, de toutes les nuances; en violet, de toutes les nuances; en rouges, dans les nuances intermédiaires & foibles; en jaunes, dans les nuances foibles; en vertes, dans les nuances foibles; en panachées, dans toutes les couleurs, excepté le noir; enfin, en blanches.

Les variations de cette fleur se portent en outre sur la grosseur & la hauteur de la tige, sur le nombre des fleurs, sur leur largeur; ce qui fournit de nouvelles combinaisons, dont on ne peut se former une idée qu'en voyant les riches collections des fleuristes de Harlem ou de quelques amateurs des autres pays. L'influence d'une bonne culture est telle, qu'il est des Jacinthes doubles dont les fleurs ont près de deux pouces de diamètre, tandis que, dans l'état le plus voisin de la nature, la Jacinthe simple a au plus le quart de cette largeur.

Les qualités que doivent avoir les belles Jacinthes sont indiquées dans plusieurs ouvrages; mais, ainsi que l'observe M. Feburier, elles sont souvent contradictoires. Celles qu'il convient d'adopter sont, 1°. une tige ni trop ni pas assez haute, & assez forte pour pouvoir soutenir le poids des fleurs; ce qui n'est pas commun parmi les doubles; 2°. un grand nombre de fleurs, c'est-à-dire entre douze & vingt: il en est cependant qui n'en ont que sept à huit, & qui sont recherchées à raison de la grosseur de ces fleurs; 3°. des fleurs larges, fixées horizontalement sur leur tige, & faisant une pyramide régulière par leur réunion; 4°. des couleurs vives, nettes, qui tranchent sur le fond.

Il est des Jacinthes plus précoces que les autres, & qui sont par conséquent à desirer dans les pays chauds: il en est également de tardives, qui sont certainement préférables dans les pays froids. On doit apprendre à les reconnoître pour les planter séparément; car la beauté d'une plate-bande, garnie de ces fleurs, tire son principal agrément de leur complète floraison au même instant, afin qu'on jouisse de leur ensemble.

Depuis quelques années, le goût du public se porte de préférence sur les Jacinthes simples, dont les fleurs sont très-nombreuses & très-larges, parce qu'elles sont moins sujètes à manquer de fleurir, que leurs couleurs sont plus vives, & que leur odeur est plus agréable.

Il est des Jacinthes dont, sans cause apparente, les feuilles & les tiges ne sont pas d'un vert foncé, dont les fleurs supérieures ne s'épanouissent pas complètement & même pas du tout: ces variétés indiquent une foiblesse d'organisation qui doit les faire rejeter.

Les notions d'après lesquelles peuvent se guider ceux qui veulent choisir des oignons de Jacinthes sont fort incertaines. La grosseur n'est pas un bon caractère; car il annonce ou une culture plus soignée, ou l'âge plus avancé ou la variété, les bleues ayant l'avantage à cet égard comme plus voisines de la nature; ainsi, en la prenant pour unique règle, on risque d'avoir une variété simple, ou une variété qui ne se conservera pas long-tems. Il en est de même de la forme alongée ou écrasée, qui tient autant à la variété qu'à toute autre chose, ainsi que la surface lisse ou raboteuse, des accidens pouvant l'altérer, & quelques variétés, comme les blanches mêlées de rouge, offrant constamment ce dernier caractère.

M. Feburier observe que la couronne s'élargissant tous les ans par la transformation en tuniques de la base des feuilles, & les oignons ne subsistant qu'un certain nombre d'années, c'est principalement ceux à petite couronne qu'il faut choisir si on veut jouir long-tems.

La culture de la Jacinthe occupe beaucoup d'amateurs aisés, qui y consacrent tous leurs loisirs, & qui croient n'y mettre jamais ni assez de tems ni assez d'argent. Les minuties dont ils la surchargent, la rendroient impraticable à ceux qui s'y livrent par spéculation; mais, heureusement pour ces derniers, cette plante n'a pas besoin de tant de précautions. Il suffit de la conduire suivant certains principes que je vais développer, pour arriver plus ou moins sûrement au but selon la nature de la terre & le climat dans lequel on opère; car il est des terres & des pays où, quelques efforts qu'on fasse, on ne pourra jamais conserver les belles Jacinthes de Hollande au-delà de deux ou trois ans sans qu'elles dégénèrent, & encore moins produire des variétés analogues en beauté.

La dégénérescence en France des belles variétés tirées de Hollande se borne à donner des fleurs plus petites & moins nombreuses, & à dégrader un peu la nuance des couleurs tendres; ce qui indique que c'est seulement le défaut des circonstances les plus favorables à leur développement qui la cause. Je ne fais point de doute, quoique l'expérience d'un siècle entier semble prouver le contraire, qu'il soit très-possible, sinon de les surpasser, au moins de les égaler.

Pour bien établir ce mode de culture il convient d'abord de parler de celle qui est usitée en Hollande, laquelle doit sa supériorité à la nature du sol & du climat, aux connoissances acquises par une longue pratique, & même à l'importance dont elle est pour ceux qui s'y livrent.

Les environs d'Harlem, principalement le territoire de Rorwick, offrent une couche de six à huit pouces d'épaisseur de sable, un lit de tourbe parsemé d'arbres renversés du côté de l'ouest, & tous, & qui sont plus ou moins decomposés (il en est qui le sont si peu, qu'ils s'emploient à la charpente). Cette couche, qui s'appelle *derry*, est infertile, & ne laisse pas passer les eaux pluviales. On eſt donc obligé de la rompre pour pouvoir cultiver partout où elle ſe trouve ; mais il eſt des lieux où cela eſt défendu ſous peine de mort, parce que ſa rupture occaſionne des inondations d'eau de mer : ce ſont ceux où elle eſt au-deſſous du niveau de cette eau.

Le territoire de Rorwick n'eſt pas dans ce cas : en conſéquence les cultivateurs de Jacinthes rompent le derry, & le mêlent avec le ſable de la ſurface & avec le ſable qui eſt au-deſſous, pour compoſer la terre de leurs planches. Comme, dans les planches de parade, ils ne mêlent à ce derry que du ſable qui lui eſt inférieur de l'épaiſſeur d'un pied, M. Feburier, qui a été ſur les lieux, ſuppoſe avec raiſon qu'il doit contenir une partie de l'humus qui ſervoit à la végétation des arbres lorſqu'ils étoient ſur pied, & une partie des ſels que contenoit l'eau de la mer qui les a renverſés. Au ſable ils ajoutent de plus une épaiſſeur de ſix pouces de fumier de vache & de tan, la mêlent avec ſoin, & attendent une année pour y planter les Jacinthes. Ce terrein reçoit trois fois des oignons de cette fleur en cinq ans, après quoi il faut recommencer de nouveau à mêler du ſable du fond avec de l'engrais. Pendant les deux années de cette ſérie, où on ne plante pas de Jacinthes dans le terrein, on y met d'autres fleurs.

Outre cela, les plus recherchés de ces cultivateurs compoſent du terreau avec trois parties de fumier de vache (qui n'eſt que de la bouſe, les cultivateurs de ces pays ne donnant point de litière à ces animaux), deux parties de ſable gris ou fauve-noirâtre, pris au-deſſous du derry, & une partie de feuilles ou de tan conſommés, en ſe conduiſant dans cette compoſition à peu près comme dans celles de nos terres à ORANGERS. *Voyez* ce mot & le mot TERRE.

C'eſt avec cette terre compoſée qu'on forme les planches dans leſquelles on plante les oignons de Jacinthe. Lorſqu'on les relève, on la caſſe & on l'expoſe à l'air, après quoi elle eſt employée pour les tulipes, les renoncules, les anémones, les oreilles-d'ours ; de ſorte qu'elle ne ſert qu'une fois pour les Jacinthes. Elle eſt trop légère pour les autres fleurs, & principalement pour les œillets.

Ces deux manières de cultiver les Jacinthes conviennent certainement à la Hollande, pays froid, humide, & dont l'air eſt chargé de ſel marin, puiſque ce ſont elles qui donnent les plus belles fleurs de l'Univers. J'ignore ſi on a tenté de les introduire exactement autre part ; mais on ne doit certainement pas le tenter dans des pays plus chauds, plus ſecs & plus éloignés de la mer, qui n'ont pas le même ſable, le même fumier, &c. Voici les modifications que M. Feburier propoſe de leur faire ſubir autour de Paris, ville qui tire tous les ans pour des ſommes conſidérables d'oignons de Jacinthe de Hollande.

« Employez, au lieu de ſable, celui que nous appelons *terre de bruyère*, & ne changez rien à la quantité des parties de ſable, de fumier & de tan ou de terreau de feuilles qu'y mêlent les cultivateurs de Rorwick ; mais ajoutez à chaque couche un peu de ſel que vous répandrez légérement deſſus. Si le climat eſt chaud & les pluies rares, ajoutez à votre mélange autant de parties de terre franche que de terre de bruyère, afin de la rendre plus compacte & d'y conſerver l'humidité, parce que les arroſemens nuiſent aux Jacinthes. Faites ramaſſer & piler des coquilles d'huitres dont vous couvrirez vos planches. Les pluies, en leur enlevant les ſucs qu'elles contiennent, les entraînent avec elles & en nourriſſent les plantes ; mais lorſque les Jacinthes ſeront prêtes à fleurir, vous couvrirez ces coquilles par un peu de terreau pour que ſa couleur foncée faſſe reſſortir davantage le vert des feuilles & les nuances des fleurs, & que les rayons du ſoleil, réfléchis par ces coquilles, ne nuiſent pas aux oignons, en mettant une différence conſidérable entre la chaleur d'une partie de la plante & celle de l'autre. »

On pourroit croire, d'après cela, qu'il ſeroit avantageux de couvrir le ſol de ces planches de tuiles, entre leſquelles on ne laiſſeroit que l'intervalle néceſſaire pour la ſortie de la tige.

« Au défaut de terre de bruyère, on emploîra du ſable tel qu'on peut s'en procurer, après l'avoir lavé s'il eſt mêlé d'argile, & on y ajoutera d'autant plus de terreau de feuilles, qu'il ſera moins pourvu d'humus. »

C'eſt au milieu de l'automne qu'on doit penſer à planter les Jacinthes. Elles ſe mettent le plus ſouvent en planches de trois pieds de large, ſur une longueur indéterminée : on les y eſpace de ſix pouces. Le mieux eſt de placer les ſimples ſéparement des doubles, les hâtives des tardives ; mais il eſt des amateurs qui les mélangent, & qui, pour que la floraiſon arrive cependant au même moment, enfoncent davantage les ſimples & les précoces, qui pouſſent quinze jours plus tôt que les doubles & les tardives. Quand on craint l'humidité on incline un peu l'oignon.

Pour mieux faire, on place les oignons ſur les planches ſans les enfoncer, & on les recouvre de trois, quatre ou cinq pouces de terre. Alors ceux qui doivent être les plus près de la ſurface ſont mis ſur une petite butte formée par une poignée de terre. De cette manière, la terre ſe taſſe uniformément & les eaux ne ſéjournent pas.

On prévient les effets de la ſurabondante humidité de la terre en élevant les planches.

Il eſt bon d'obſerver que ſi la Jacinthe craint l'humidité, elle craint auſſi la ſéchereſſe.

Il eſt des amateurs qui font leurs planches entiérement bombées, afin que leurs Jacinthes ſoient diſpoſées en amphithéâtre des deux côtés ; d'autres les inclinent d'un ſeul côté dans cette même intention ; d'autres enfin placent les variétés à hautes tiges ſur le milieu ou ſur le derrière, & les variétés à baſſes tiges ſur les côtés ou ſur le devant. Par tous ces moyens, & en mélangeant convenablement les couleurs, ils obtiennent des effets presque magiques, tant ils sont brillans, de leurs planches de Jacinthes en fleurs. Comme il y a toujours quelques oignons qui périssent, on plante séparément, dans des pots longs & étroits, des oignons destinés à regarnir, sans les ôter du pot, les places vides.

Les caïeux se plantent dans des planches séparées & à des distances plus rapprochées. Il est bon de mettre les gros avec les gros, & les petits avec les petits. Quelques amateurs soignent moins le terrein où ils les mettent, que celui des planches des oignons faits; mais ils ont tort, car l'influence des premières années des végétaux sur leur avenir est certaine. Un jeune oignon qui a souffert ne fournira donc pas, quelques années plus tard, d'aussi belles fleurs que celui qui n'a trouvé aucun obstacle dans son développement.

L'exposition du midi est celle que les Hollandais donnent à leurs planches de Jacinthes. Dans un climat plus sec & plus chaud, celle du levant doit être préférable.

Une fois plantés, les oignons de Jacinthe ne demandent plus aucun soin jusqu'aux gelées, à moins qu'il ne pousse dans les planches qui les contiennent, de mauvaises herbes qu'il faudroit sarcler. Si les froids sont vifs, on couvre ces planches avec de la litière, de la fougère, des feuilles sèches, des paillassons; car lorsque la gelée atteint la couronne de l'oignon, il est perdu.

Les mulots & les campagnols mangent quelquefois les oignons de Jacinthe : c'est pourquoi il faut leur tendre continuellement des piéges.

Au printems, s'il arrive des gelées après que les feuilles & les fleurs sont sorties de terre, on doit encore plus les couvrir; mais il faut le faire avec beaucoup de précaution, car les tiges se cassent facilement, & leur donner de l'air petit à petit toutes les fois que le tems le permet.

Lorsque les gelées ne sont plus à craindre, on fera la chasse aux limaces & aux escargots, qui mangent les feuilles & les fleurs de la Jacinthe.

Comme je l'ai déjà observé plus haut, un des plus grands inconvéniens que présente la culture des Jacinthes, surtout des belles variétés doubles, c'est la foiblesse de leurs tiges, comparativement à la grosseur de leurs fleurs, foiblesse qui les empêche de se soutenir droites, qui fait que les fortes pluies, les grands vents, les couchent ou même les rompent très-souvent. Il faut donc donner des tuteurs à toutes celles qui sont dans le cas de faire craindre cet accident, & ces tuteurs seront ou de fil de fer ou de bois, peints en vert, & les plus courts, ainsi que les plus minces possible, afin de peu diminuer les effets du coup-d'œil. On y attache les tiges avec de la soie verte, & de manière qu'elles ne soient pas blessées.

Pour prolonger leurs jouissances, les amateurs couvrent leurs planches de Jacinthes de toiles depuis dix heures du matin jusqu'à quatre heures du soir, la privation de l'action directe des rayons du soleil retardant l'évolution des fleurs de cette plante, comme celle de toutes les autres, & les conservant dans tout l'éclat de leurs couleurs, surtout dans les nuances tendres.

Il est encore plusieurs autres manières de cultiver les Jacinthes, que je dois rappeler ici.

Celle de ces manières qui s'éloigne le moins de la culture en grand, c'est d'en faire des touffes dans les plates-bandes des parterres, dans les corbeilles des jardins paysagers; de les placer dans des pots pour garnir les terrasses, les murs à hauteur d'appui, les fenêtres, &c. Il faut que ces pots aient au moins six pouces de profondeur, que la terre qui les remplit soit légère & substantielle, & qu'elle soit arrosée au besoin. Au reste, rarement on cultive ainsi les plus belles variétés.

Une autre manière consiste à planter dans des pots de belles variétés pour les faire fleurir au milieu de l'hiver, dans une serre, une bache, sous un châssis, & en offrir aux belles ou orner la cheminée d'une chambre où on fait continuellement du feu. On en consacre prodigieusement, chaque année, dans Paris, à ces deux emplois.

Toutes les plantes bulbeuses tirant une grande partie de leur nourriture de leur bulbe, on a pu élever & faire fleurir les Jacinthes dans l'eau pure. La singularité de cette façon de végéter a même invité à employer généralement ce mode de culture, quoique sa conséquence soit presque toujours la perte de l'oignon ou au moins son affoiblissement pour plusieurs années, même en le mettant en terre immédiatement après sa floraison. On a fait en conséquence fabriquer des caraffes de porcelaine, de verre, &c. propres à en recevoir un seul; des vases de différentes formes, au moyen desquels on peut en rassembler plusieurs. Ces vases se placent, avant l'hiver, sur la cheminée des appartemens constamment chauffés, & les Jacinthes fleurissent pendant la durée de cette saison. Je regrette toujours, quoique je suive le mauvais exemple, la perte immense d'oignons de Jacinthe, qui est la suite de cette mode à Paris, perte qui tourne au profit des cultivateurs hollandais qui sont en possession de nous les fournir. Toutes les variétés ne sont pas propres à être cultivées ainsi; mais le nombre en est assez considérable pour qu'on ait une grande latitude de choix.

Je ne parlerai pas de ces raves creusées & suspendues au plancher, de ces globes percés de trous, également suspendus, dans lesquels on met des Jacinthes, inventions bizarres & que le bon goût a proscrites.

Les amateurs qui, après la floraison de leurs Jacinthes, en coupent la tige & encore plus les feuilles, agissent directement contre leur but, qui est, disent-ils, de favoriser le perfectionnement de l'oignon; car il est de fait que, jusqu'à ce qu'elles se fanent, ces tiges & encore plus ces feuilles lui fournissent de la nourriture. Il n'en est pas de même des capsules des variétés simples : on doit toujours les supprimer lorsqu'on ne veut pas en obtenir de la graine, à raison de ce que la nourriture qui leur est nécessaire tonrne au profit de la croissance de l'oignon. Il est de fait que les oignons des Jacinthes simples subsistent moins long-tems que ceux des Jacinthes doubles, & encore moins long-tems lorsqu'elles ont porté de la graine.

On peut relever les oignons de Jacinthe dès que leurs fanes commencent à jaunir; mais il vaut mieux attendre qu'elles commencent à se dessécher, car c'est là la véritable indication qu'ils ne se perfectionnent plus. C'est une circonstance à laquelle on ne fait pas généralement assez d'attention, & que je dois en conséquence recommander de prendre en sérieuse considération.

Il est des amateurs qui relèvent leurs oignons les uns après les autres, c'est-à-dire, dès que leur fane est desséchée; il en est qui attendent que les fanes des plus tardives de la planche le soient. Ces derniers sont dans le cas d'être imités de préférence; car il n'y a aucun inconvénient de retarder, & on s'évite des pertes & des embarras, la suite de la pratique des premiers.

Les oignons, arrachés par ordre, sont laissés quelque tems sur la terre, aussi par ordre, après en avoir détaché les fanes, puis mis dans des paniers & déposés sur des planches également par ordre, & écartés seulement de quelques lignes, dans une serre ou dans un autre lieu tempéré & aéré. Là, leurs racines se dessèchent, & ils perdent, avec toute la lenteur convenable, la surabondance d'eau de végétation qu'ils contenoient, c'est-à-dire, en continuant toujours à se perfectionner.

Il est une autre pratique recommandée par plusieurs écrivains & employée par beaucoup de fleuristes : c'est, après avoir arraché les oignons & les avoir privés de leurs fanes, de les remettre en terre, à peu de distance de la surface & un peu inclinés du côté du nord, & de les y laisser un mois. Cette pratique n'est dans le cas d'être préférée que pour les oignons qui ont été arrachés avant le desséchement de leurs fanes, car elle est sujète à de nombreux inconvéniens.

On visite de tems en tems les oignons sur les planches, & on enlève ceux qui moisissent, pour les nétoyer & les mettre ensuite à part.

Un insecte du genre des Syrphes dépose ses œufs dans les oignons de la Jacinthe, & si la larve qui en naît ne les fait pas périr, elle les empêche de fleurir & leur fait pousser une grande quantité de petits caïeux.

C'est encore exclusivement dans ce moment que l'on doit séparer des oignons les caïeux qu'ils ont fournis, parce que, plusieurs étant fort petits & offrant une large plaie à leur base, ils se dessécheroient trop.

Lorsqu'on veut transporter au loin les oignons de Jacinthe, on les enveloppe de papier, & on les place dans des boîtes par couches, alternant avec des couches de balles d'avoine ou de froment. Quelque sèches que soient ces matières, ils poussent quelquefois, mais c'est presque sans inconvénient pour les fleurs qu'ils donnent ensuite.

Il ne me reste plus, pour terminer ce que j'ai à dire de la culture de la Jacinthe orientale, qu'à parler des moyens de multiplication qu'elle offre, moyens qui exigent encore d'assez longs développemens.

La multiplication des Jacinthes simples ou semi-doubles peut s'opérer par le semis de leurs graines & par les caïeux qui naissent naturellement ou qu'on fait naître autour de la couronne de leurs oignons. Celle des Jacinthes doubles n'a lieu que par ce dernier moyen.

Les graines fournissent des variétés nouvelles; les caïeux perpétuent les anciennes, du moins en Hollande.

M. Feburier conseille de choisir les plus belles variétés simples des Jacinthes de Hollande pour en tirer la graine, plutôt que des belles variétés de sémi-doubles, quoique cela soit contraire aux principes (*voyez* Fleurs doubles), parce que ces dernières sont d'une nature si altérée, qu'elles fournissent peu de graines ou des graines trop foiblement organisées pour donner ces variétés vigoureuses qu'on recherche principalement, & il n'y a pas d'objection à lui faire. Les variétés de Jacinthes à fleurs doubles sont déjà si nombreuses, ajoute-t-il, qu'on ne peut en desirer de nouvelles qu'autant qu'elles seroient très-belles, & on ne doit en espérer de telles ni de ces variétés simples vulgaires, connues sous le nom de *passetout*, ni de ces variétés doubles, énervées par l'excès de leur luxuriance.

Ordinairement on mélange dans la même planche toutes les variétés de couleur de Jacinthes, afin que leur fécondation réciproque donne lieu à un plus grand nombre de nouvelles.

Lorsque, dans une planche de Jacinthes de choix pour semence, il se trouve des pieds à feuilles étroites ou recoquillées, des pieds à fleurs petites ou peu nombreuses, il faut couper leur tige avant la floraison, afin d'empêcher les poussières fécondantes de leurs fleurs d'altérer, par leur transport sur les pistils des autres, les germes de perfectionnement qui y existent.

On récolte les graines de la Jacinthe lorsque leurs capsules commencent à s'ouvrir naturellement, & on les laisse dans ces capsules jusqu'au moment de les mettre en terre.

C'est à la fin d'octobre ou au commencement de novembre qu'on sème un peu clair la graine des Jacinthes dans une terre préparée comme celle pour les oignons, mais moins profonde. On recouvre le semis d'un démi-pouce de terre, & on le recouvre, pendant l'hiver, comme les oignons, mais plus tôt & plus exactement. Le plant qui en provient, reste deux & même trois ans dans la même planche, tems pendant lequel il se fortifie. Dans cet intervalle, on n'a à lui faire que des sarclages pendant l'été, & des couvertures pendant l'hiver, excepté à la troisième année, qu'on lui donne un ou deux binages. Les arrosemens lui sont rarement nécessaires, parce que la végétation est suspendue pendant l'été. Cependant si la sécheresse étoit trop prolongée, il seroit bon de lui en donner ou au moins de le couvrir de paille. A cette époque, lorsqu'il est formé, on le relève, & on le traite comme les caïeux de même grossenr.

Il est quelques oignons qui fleurissent la troisième année, & d'autres qui ne le font que la sixième; ainsi c'est pendant la quatrième & la cinquième qu'il en fleurit le plus. Ces fleurs n'indiquent encore que très-imparfaitement ce qu'elles deviendront. Il faut trois floraisons pour qu'elles arrivent à leur état parfait; alors l'oignon a environ vingt tuniques. Ce n'est qu'après avoir fleuri qu'il commence à donner des caïeux.

En Hollande, on ne sème plus que des graines de fleurs simples, qui donnent peu d'oignons à fleurs doubles, parmi lesquels il y a rarement de nouvelles variétés, de sorte qu'il n'en paroît que de loin en loin, & après des dépenses considérables; ce qui ne permet pas aux cultivateurs peu aisés de les rechercher. Avant la révolution, quand un d'eux en avoit trouvé une, tous les autres venoient la voir, lui donnoient un nom, lui fixoient un prix qu'ils se cottisoient pour payer au propriétaire, qui se trouvoit ainsi indemnisé de ses avances, & qui cependant conservoit l'oignon pour n'en partager les produits avec ses confrères lorsqu'ils étoient assez multipliés pour cela.

Les Caieux (*voyez* ce mot) naissent entre les tuniques de l'oignon, & plus souvent extérieurement au-dessus de la couronne de ses racines. Ils n'offrent d'abord qu'un point de consistance plus solide que celle des tuniques; mais chaque année ils grossissent, & finissent par devenir semblables aux oignons, à la forme près, qui n'est jamais ronde à raison de ce qu'ils sont toujours gênés d'un côté dans leur croissance; ce qui ne les empêche pas de fleurir comme eux quand ils sont arrivés au point où ils doivent le faire. Il paroît que trois, quatre & cinq ans sont le tems qu'exige cette évolution. Plus l'oignon est vieux & plus il en fournit naturellement : c'est pourquoi les oignons de fleurs doubles en donnent constamment davantage que ceux à fleurs simples. Il se forme quelquefois des caïeux sur la tige à la sortie de l'oignon : on les utilise en coupant la tige au-dessous & au-dessus, & en les plantant comme les autres.

Couper une tige immédiatement après sa floraison, & la mettre en terre, donne souvent lieu à la formation de plusieurs caïeux.

Les caïeux, quelle que soit leur grosseur, se séparent des oignons dès qu'on le peut facilement sans blesser ces derniers, pour être plantés séparément, comme je l'ai indiqué plus haut. Lorsqu'ils sont placés au centre, & cela arrive assez souvent dans les oignons à fleurs doubles surtout, il faut quelquefois attendre deux ou trois ans.

On favorise la multiplication des caïeux de plusieurs manières :

Par le retard de la sortie de terre de la tige, en enterrant trop profondément l'oignon, ou en couvrant son sommet d'une pierre;

En blessant la couronne des racines de l'oignon; en détruisant par le feu, ou autrement, le germe de la tige; en séparant les tuniques, &c.

Ordinairement on opère ou en fendant un oignon en croix sans offenser la couronne, & en tenant écartées les parties au moyen de petites pierres, ou en cernant l'oignon jusqu'au germe de la tige future. Dans ce dernier cas le cône enlevé, qu'on met en terre ainsi que la base de l'oignon, donne plus de caïeux que cette base, qui tend principalement à rétablir ses tuniques.

Ce sont surtout les oignons blessés, écrasés, à moitié pourris qu'on consacre à la production forcée & exclusive des caïeux.

L'humidité étant un grand obstacle à la réussite de ces moyens extraordinaires de multiplication, on doit placer les oignons qui y servent, dans du sable plutôt que dans de la terre, & les mettre à l'abri des grandes pluies.

Les oignons de Jacinthe sont sujets à plusieurs maladies, dont les plus dangereuses & les mieux observées sont:

Le *chancre*, caractérisé par un cercle ou un demi-cercle brun, qui s'étend depuis la surface dans tout l'intérieur de l'oignon, & répond à la couronne. C'est en plantant les oignons qu'on le reconnoît. Lorsque le mal commence par la couronne, il gagne rapidement le cœur, & le mal est sans remède. Lorsqu'il se développe d'abord par la pointe, on peut facilement arrêter ses progrès en coupant l'oignon jusqu'au vif. Comme ce mal est contagieux, il faut, 1°. jeter tous les oignons qui en sont infectés au dernier degré, & planter séparément les autres; 2°. ne pas mettre d'autres oignons dans la place où ils ont été, que deux ou trois ans après.

Le *gluant*, indiqué par une sanie infecte & visqueuse qui couvre la surface de l'oignon, & gagne rapidement le cœur. Il cause quelquefois de grands ravages dans les planches de Jacinthes. On dit que, pour le guérir, il suffit de mettre tremper, pendant quelques heures, l'oignon dans une décoction de tabac ou de tanaisie, & de le faire sécher ensuite.

La *carie sèche* se montre sur les oignons hors de terre, & gagne de la surface au centre. Il faut enlever la tunique ou les tuniques extérieures: cela ne les empêche pas de fleurir.

Le *moisi*. Ce sont principalement les oignons qui

qui ont été levés avant la dessiccation de leurs tiges, qui y sont sujets : le remède précédent convient aussi dans ce cas.

Un oignon qui pousse foiblement au printems, dont les fleurs se dessèchent au moment de s'épanouir, indique par cela même qu'il est malade. On peut ou le relever pour le visiter & l'opérer, ou le laisser & attendre tout de la nature : dans ces deux cas, il donne ordinairement beaucoup de caïeux.

J'ai lieu de croire que l'exposé que je viens de faire suffira pour guider les amateurs qui voudront cultiver la Jacinthe avec succès; mais, je le répète, ils ne réussiront pas s'ils n'ont une terre légère & riche en principes, un climat ni trop chaud ni trop froid, & s'ils ne font pas usage du sel. Il est à desirer que quelqu'un d'eux puisse enfin rivaliser les habitans de Rorwick, du moins dans la conservation des belles variétés simples & doubles, conservation qui, comme je l'ai déjà dit, n'a pas pu se prolonger jusqu'ici, en France, au-delà de deux ou trois ans.

La Jacinthe des bois croît abondamment dans les bois d'une grande partie de la France, qu'elle embellit lorsqu'elle est en fleur, c'est-à-dire, dans les commencemens du printems. On ne doit pas manquer de la multiplier, le plus possible, dans les bosquets des jardins paysagers, soit avec des pieds enlevés des bois au milieu de l'été, soit avec des graines récoltées un peu plus tard. Elle ne se cultive régulièrement que dans ceux de botanique, & les soins qu'elle exige se bornent à des sarclages.

M. Leroux, apothicaire à Versailles, a découvert que son bulbe pouvoit fournir dix-huit pour cent d'une gomme analogue à celle dite du Sénégal, & qui peut être employée aux mêmes usages : il a bien mérité de la science par cette découverte.

Les Jacinthes d'Espagne, d'Italie, étalées, à fleurs pâles & à tiges penchées, se cultivent dans nos jardins de botanique seulement; elles demandent l'orangerie ou le châssis pendant l'hiver : c'est pourquoi on les tient presque toujours en pot. La manière de les conduire diffère peu de celle de la Jacinthe orientale.

La Jacinthe à toupet croît dans les champs sabloneux, & quelquefois en si grande abondance, qu'elle nuit à la culture des céréales. Son oignon descend toujours au-dessous de la portée de la charue; de sorte qu'il n'est possible de la détruire que par le semis de plantes étouffantes, telles que le sainfoin, le trèfle, la vesce, les pois, ou de plantes qui demandent des binages d'été, tels que les haricots, les pommes-de-terre, le maïs : on l'appelle vulgairement *lilas de terre*.

Les fleurs de cette espèce avortent facilement; ce qui donne lieu à un type de variétés, ou mieux de monstruosités qu'on a introduites dans les parterres, à raison de leur élégance & de leur bonne odeur. C'est dans les terres légères & chaudes qu'elles se plaisent le mieux. On les multiplie par leurs caïeux qu'elles donnent abondamment, & qu'on relève tous les deux ou trois ans. Les gelées ne leur font aucun tort. Comme leurs tiges sont foibles & leurs épis de fleurs souvent fort longs, il est presque toujours nécessaire de leur donner un tuteur; ce qui fait un effet désagréable à la vue.

Les Jacinthes musquée & botryde se ressemblent beaucoup; elles croissent dans les lieux cultivés, &, comme la précédente, elles nuisent quelquefois aux céréales par leur abondance. Quoique petites, elles se font remarquer par la singulière forme de leurs fleurs, & celles de la première pour l'excellente odeur dont elles sont pourvues : on la cultive dans quelques jardins, positivement comme la précédente.

Ces trois Jacinthes se mettent en place dans les jardins de botanique, & n'y demandent d'autre culture que des sarclages.

Je ne crois pas que les autres espèces se trouvent dans nos jardins, quoique quelques-unes aient pu y être anciennement apportées. (*Bosc.*)

JACOBÉE, espèce du genre SENEÇON.

JACQUINIER. *JACQUINIA.*

Genre de plante de la pentandrie monogynie & de la famille des *Sapotiliers*, qui renferme six arbrisseaux ou arbustes, dont deux sont cultivés dans nos jardins.

Espèces.

1. Le JACQUINIER en arbre.
Jacquinia arborea. Vahl. ♄ De l'Amérique méridionale.

2. Le JACQUINIER à bracelets.
Jacquinia armillaris. Jacq. ♄ De l'Amérique méridionale.

3. Le JACQUINIER à gros fruits.
Jacquinia macrocarpa. Cav. ♄ De l'Amérique méridionale.

4. Le JACQUINIER à feuilles de fragon.
Jacquinia ruscifolia. Linn. ♄ De l'Amérique méridionale.

5. Le JACQUINIER veineux.
Jacquinia venosa. Swartz. ♄ De l'Amérique méridionale.

6. Le JACQUINIER linéaire.
Jacquinia linearis. Jacq. ♄ De l'Amérique méridionale.

Culture.

Les Jacquiniers qu'on voit dans nos jardins sont les second & quatrième; ils y sont rares & n'y fleurissent pas. C'est dans la serre chaude qu'ils demandent à être tenus. On leur donne une terre à demi consistante, & peu d'arrosemens. Leur multiplication ne peut avoir lieu que de graines tirées de leur pays natal, & femées dans des baches. (*Bosc.*)

JALAP. Efpèce du genre des LISERONS, dont la racine eft employée comme purgatif pour les hommes & pour les animaux.

Cette plante a été cultivée dans les ferres du Muféum d'hiftoire naturelle de Paris, où j'en avois envoyé des graines de la Caroline, & depuis Michaux y a apporté la racine du pied fur lequel j'avois cueilli ces graines; mais elle ne s'y voit plus. Je parlerai de fa culture à l'article LISERON.

On donne la poudre de Jalap aux animaux domeftiques, depuis une demi-once jufqu'à une once. (*Bosc.*)

JALONS, longs bâtons qu'on enfonce perpendiculairement en terre, & qui fervent à prendre des alignemens & à marquer les places où on doit planter les arbres de ligne, faire des trous, &c.

On fe fert fréquemment de Jalons dans les travaux de l'agriculture; & comme plus ils font droits & plus ils font propres à remplir leur objet, on doit réferver ceux qui ont cette qualité pour le befoin, & non en couper chaque fois, ce qui emploie du tems & dégrade les forêts. (*Bosc.*)

JALOUSIE : nom jardinier de l'AMARANTHINE TRICOLORE.

JAMBOISIER. *Eugenia*.

Genre de plante de l'icofandrie monogynie & de la famille des *Myrthoïdes*, qui réunit près de foixante efpèces d'arbres, d'arbriffeaux ou d'arbuftes, dont plufieurs font fort recherchés pour leurs fruits qui fe mangent, & dont quelques-uns font cultivés dans les jardins de l'Europe. *Voyez* les *Illuftrations des genres* de Lamarck, pl. 418.

Obfervations.

On a réuni à ce genre des efpèces fans corolle, avec lefquelles on a depuis formé celui appelé *Calyptrante*. Comme quelques-unes de ces efpèces portent le nom français ci-deffus, & que leur culture ne diffère pas de celle des autres, je ne les ai pas féparées : ce font les premières.

Le géroflier aromatique (*caryophyllus*) vient d'être réuni à ce genre : fon importance m'a déterminé à en traiter féparément. *Voyez* GÉROFLIER.

Efpèces.

1. Le JAMBOISIER fuzygie.
Calyptranthes fuzygium. Swartz. ♄ De la Jamaïque.

2. Le JAMBOISIER de Guinée.
Calyptranthes guineenfis. Willd. ♄ D'Afrique.

3. Le JAMBOISIER caryophylloïde, vulgairement *jambe-longue* ou *jamlongue.*
Calyptranthes caryophyllifolia. Willd. ♄ Des Indes.

4. Le JAMBOISIER des Moluques.
Calyptranthes jambolana. Lam. ♄ Des Moluques.

5. Le JAMBOISIER chytraculié.
Calyptranthes chytraculia. Swartz. ♄ De la Jamaïque.

6. Le JAMBOISIER à feuilles roides.
Calyptranthes rigida. Swartz. ♄ De la Jamaïque.

7. Le JAMBOISIER caryophyllate.
Calyptranthes caryophyllata. Perf. ♄ De Ceilan.

8. Le JAMBOISIER de Malacca.
Eugenia malaccenfis. Linn. ♄ Des Indes.

9. Le JAMBOISIER à grandes feuilles.
Eugenia macrophylla. Lam. ♄ Des Indes.

10. Le JAMBOISIER à feuilles longues, vulgairement *pomme rofe.*
Eugenia jambos. Linn. ♄ Des Indes.

11. Le JAMBOISIER à longues grappes.
Eugenia racemofa. Linn. ♄ Des Indes.

12. Le JAMBOISIER à angles aigus.
Eugenia acutangula. Linn. ♄ Des Indes.

13. Le JAMBOISIER à cymes.
Eugenia cymofa. Lam. ♄ Des Moluques.

14. Le JAMBOISIER paniculé.
Eugenia paniculata. Lam. ♄ De l'Ile-Bourbon.

15. Le JAMBOISIER gloméralé, vulgairement *bois de pomme.*
Eugenia glomerata. Lam. ♄ De l'Ile-Bourbon.

16. Le JAMBOISIER à corymbes.
Eugenia corymbofa. Lam. ♄ Des Indes.

17. Le JAMBOISIER de Java.
Eugenia javanica. Lam. ♄ De Java.

18. Le JAMBOISIER veineux.
Eugenia venofa. Lam. ♄ De Madagafcar.

19. Le JAMBOISIER violet.
Eugenia violacea. Lam. ♄ De l'Ile-de-France.

20. Le JAMBOISIER lancéolé, vulgairement *jame vermeille.*
Eugenia lanceolata. Lam. ♄ Des Indes.

21. Le JAMBOISIER à épis.
Eugenia fpicata. Lam. ♄ Des Indes.

22. Le JAMBOISIER odorant.
Eugenia montana. Aubl. ♄ De Cayenne.

23. Le JAMBOISIER coumète.
Eugenia coumete. Aubl. ♄ De Cayenne.

24. Le JAMBOISIER à petites baies.
Eugenia microcarpos. Lam. ♄ Des Antilles.

25. Le JAMBOISIER divergent, vulgairement *bois à petites feuilles.*
Eugenia divaricata. Lam. ♄ De Saint-Domingue.

26. Le JAMBOISIER cotoneux.
Eugenia tomentofa. Aubl. ♄ De Cayenne.

27. Le JAMBOISIER de la Guiane.
Eugenia guianenfis. Aubl. ♄ De Cayenne.

28. Le JAMBOISIER multiflore.
Eugenia multiflora. Lam. ♄ De Cayenne.

29. Le JAMBOISIER du Bréfil.
Eugenia brafilienfis. Lam. ♄ De Cayenne.

30. Le JAMBOISIER à feuilles étroites.
Eugenia angustifolia. Lam. ♄ De Saint-Domingue.

31. Le JAMBOISIER uniflore, vulgairement *roussaille.*
Eugenia uniflora. Linn. ♄ Des Indes.

32. Le JAMBOISIER goyavier bâtard.
Eugenia pseudo-psydium. Jacq. ♄ De la Martinique.

33. Le JAMBOISIER à feuilles de fustel.
Eugenia cotinifolia. Linn. ♄ De Cayenne.

34. Le JAMBOISIER orbiculé.
Eugenia orbiculata. Lam. ♄ De l'Ile-Bourbon.

35. Le JAMBOISIER à feuilles de buis, vulgairement *bois de nèfle des haies.*
Eugenia buxifolia. Lam. ♄ De l'Ile-Bourbon.

36. Le JAMBOISIER luisant, vulgairement *bois de clous.*
Eugenia lucida. Lam. ♄ De l'Ile-de-France.

37. Le JAMBOISIER à feuilles de cassine.
Eugenia cassinoides. Lam. ♄ De Madagascar.

38. Le JAMBOISIER bois de nèfle ou bois de pêche.
Eugenia mespilloides. Lam. ♄ De l'Ile-Bourbon.

39. Le JAMBOISIER à feuilles de laurier-thym.
Eugenia tinifolia. Lam. ♄ De l'Ile-de-France.

40. Le JAMBOISIER de Sinemari.
Eugenia sinemariensis. Aubl. ♄ De Cayenne.

41. Le JAMBOISIER à larges feuilles.
Eugenia latifolia. Aubl. ♄ De Cayenne.

42. Le JAMBOISIER à feuilles ondulées.
Eugenia undulata. Aubl. ♄ De Cayenne.

43. Le JAMBOISIER elliptique.
Eugenia elliptica. Aubl. ♄ De Cayenne.

44. Le JAMBOISIER de Baru.
Eugenia baruensis. Jacq. ♄ De l'Amérique méridionale.

45. Le JAMBOISIER à fleurs nombreuses.
Eugenia floribunda. Willden. ♄ De l'île Sainte-Croix.

46. Le JAMBOISIER axillaire.
Eugenia axillaris. Willd. ♄ De la Jamaïque.

47. Le JAMBOISIER à fleurs latérales.
Engenia lateriflora. Vahl. ♄ De l'île Sainte-Croix.

48. Le JAMBOISIER à feuilles crénelées.
Eugenia crenulata. Swartz. ♄ De Saint-Domingue.

49. Le JAMBOISIER de la Jamaïque.
Eugenia alpina. Swartz. ♄ De la Jamaïque.

50. Le JAMBOISIER à feuilles de troëne.
Eugenia ligustrina. Sw. ♄ De Saint-Domingue.

51. Le JAMBOISIER de Patris.
Eugenia Patrisii. Vahl. ♄ De l'Amérique méridionale.

52. Le JAMBOISIER mini.
Eugenia mini. Aubl. ♄ De Cayenne.

53. Le JAMBOISIER ponctué.
Eugenia punctata. Vahl. ♄ De l'île Sainte-Croix.

54. Le JAMBOISIER à trois nervures.
Eugenia trinervia. Vahl. ♄ De Cayenne.

55. Le JAMBOISIER à feuilles de laurier.
Eugenia laurifolia. Retz. ♄ De Ceilan.

56. Le JAMBOISIER à grappes.
Eugenia racemosa. Linn. ♄ Des Indes.

57. Le JAMBOISIER à angles aigus.
Eugenia acutangula. Linn. ♄ Des Indes.

58. Le JAMBOISIER à mauvaise odeur.
Eugenia maleolens. Vahl. ♄ Des Antilles.

59. Le JAMBOISIER fétide.
Eugenia fetida. Rich. ♄ Des Antilles.

Culture.

Les espèces 3, 4, 8, 9, 10, 15, & sans doute plusieurs autres, sont cultivées dans les Indes & dans les îles qui en dépendent, pour leurs fruits d'une saveur agréable, & en conséquence recherchés des habitans de ces pays. Il ne paroît pas qu'on leur donne d'autres soins que de les planter autour des habitations, & de cueillir leurs fruits. Nous n'avons point de renseignemens positifs sur le terrein qui leur convient, & on sait qu'entre les tropiques on ne connoît ni la greffe ni la taille. Leur multiplication n'a lieu que par le semis de leurs graines. Le bois de la plupart des espèces est propre à la fabrication des meubles, par la finesse de son grain & sa belle coloration.

En Europe, on cultive quelques espèces de Jamboisier, c'est-à-dire, les 8e., 10e., 22e., 25e., 31e., 43e. & 44e.; mais il n'y a que la 10e. & la 25e. qui se voient fréquemment dans nos serres, où elles fleurissent & donnent annuellement des fruits. Leur beau feuillage toujours vert, leurs fleurs nombreuses & remarquables par la grandeur & la quantité de leurs étamines, font qu'elles concourent beaucoup à leur ornement.

Une chaleur très-élevée n'est pas nécessaire à ces deux Jamboisiers, mais il faut qu'elle soit constante : en conséquence on les tient un peu loin des fourneaux de la serre, & on ne les sort que pendant le plus fort de l'été. C'est seulement à l'époque de leur végétation qu'il faut leur donner des arrosemens abondans. Ils sont sujets aux cochenilles & aux pucerons, &, pour les en débarrasser, il faut les brosser & laver leurs feuilles & leurs jeunes rameaux. On les multiplie, 1°. par leurs graines semées dans des pots, sur couche & sous châssis; 2°. par boutures placées de même; 3°. par marcotes, qui s'enracinent dans l'année. Avec un peu d'habitude on manque rarement de réussir par tous ces moyens.

Les fruits des Jamboisiers ne sont pas au rang des meilleurs; mais il s'en fait cependant une grande consommation, soit crus, soit cuits, soit confits dans le sucre : on les conserve même dans de la saumure pour pouvoir en manger toute l'année. (*Bosc.*)

JAMBOLIER. *Jambolifera.*

Arbre de l'Inde, qui seul forme un genre dans l'octandrie monogynie & dans la famille des *Myrtes*, mais qui, n'étant pas cultivé dans nos jardins, ne peut être ici l'objet d'un article étendu. (*Bosc.*)

JAMBON. On appelle ainsi les cuisses & les épaules des cochons, lorsqu'elles ont été salées & fumées.

Presque dans toute la France on fabrique des Jambons, & cependant il n'y a que deux endroits où ils soient l'objet d'un commerce très-productif, Bayonne & Mayence. Pourquoi, demande-t-on souvent, ces Jambons sont-ils supérieurs aux autres, & en conséquence jouissent-ils d'une si grande réputation?

Aux environs de Bayonne, ainsi que je l'ai appris pendant mon séjour dans cette ville, les cochons sont menés aux champs, & sont engraissés d'abord avec des glands de chêne-liége & de chêne-toza, ensuite avec du maïs. Or, il est constant, 1°. qu'un air pur améliore la chair des animaux; 2°. que le gland du liége & du toza sont les plus doux de France, & que le maïs est le grain qui donne la graisse la plus savoureuse. Il n'est donc pas étonnant que les Jambons de Bayonne soient supérieurs à ceux du reste de la France.

Aux environs de Mayence, les cochons n'ont ni glands de liége & de toza, ni maïs pour nourriture, & ne sont pas moins bons. N'ayant pas été dans cette ville, & ne connoissant aucun ouvrage qui indique la manière dont on y élève & engraisse les cochons, je ne puis dire à quoi tient leur supériorité.

Voici, d'après mon collègue Parmentier, les conditions propres à faire espérer qu'un cochon fournira de bons Jambons, & les procédés qu'il faut suivre pour assurer leur bonté & leur conservation.

Les cochons, pour fournir de bons & gros Jambons, doivent être âgés de deux ans & avoir été engraissés avec des racines & de la farine d'orge. (Il parle pour le nord de la France & pour les pays de plaine.)

Le plus généralement on met les Jambons dans le saloir avec les autres parties du corps du cochon; & après qu'ils y sont restés six mois, on les met plus ou moins long-tems, selon le goût des propriétaires, dans une cheminée, où ils s'enfument, après quoi on les suspend au plancher pour ne les consommer que l'année suivante.

Il est des pays où on aime tant la viande fumée (ils appartiennent tous au nord de l'Europe), qu'on laisse trois & quatre mois les Jambons dans la cheminée; ils acquièrent alors un goût âcre & désagréable à tous ceux qui n'y sont pas accoutumés.

Pour mieux faire, il convient de frotter fortement de sel fin & sec, les cuisses & les épaules aussitôt qu'ils sont séparés du reste du corps, les mettre chacune dans un sac de grosse toile & les enfouir à deux pieds dans un cellier ou une cave en terrein sec, ayant soin de mettre de la paille dessus & dessous, & de recouvrir le tout de terre. Au bout d'une semaine on retire les Jambons, on les frotte de nouveau de sel, & on les remet en terre pendant un mois, après lequel tems on les met légérement en presse, on les suspend quelques jours à la fumée, & on les garde, enveloppés de foin, dans un sac tenu dans un lieu frais & privé de lumière.

Laisser les Jambons à l'air comme on le fait généralement, c'est les exposer, d'un côté, à se trop dessécher (se racornir); de l'autre, à être dévorés par des insectes. *Voyez* DERMESTE, PTINE & CHENILLE.

Pour faire convenablement cuire un Jambon, on l'enveloppe d'une toile claire, & on le met dans une marmite de capacité suffisante, garnie de son couvercle, & remplie d'eau, à laquelle on ajoute des carotes, du thym, du laurier, du persil, des oignons, quelques gousses d'ail & quelques clous de gérofle: l'important est que cette eau ne bouille pas, mais frémisse seulement.

Quand on juge que le Jambon doit être cuit, ce qui n'arrive qu'au bout de dix, douze à quinze heures, on s'en assure au moyen d'un fétu de paille, qui doit alors entrer sans peine dans sa substance. (*Bosc.*)

JANÈGUE, nom vulgaire que l'on donne à la GÉNISSE.

JANVIER, le premier mois de l'hiver & de l'année dans notre calendrier, mais celui où les froids se font ordinairement le plus fortement sentir dans les climats au nord de Paris. *Voyez* au mot HIVER.

Lorsque les gelées sont fortes ou que la neige couvre la terre, ce mois est celui du plus long repos des cultivateurs; cependant ils ont encore bien des moyens d'employer utilement leur tems, en battant les produits de leurs récoltes de graines, en préparant leurs chanvres, en fabriquant leurs huiles, en raccommodant leurs instrumens agricoles, en coupant le bois nécessaire à leur consommation, en émondant leurs haies, en aiguisant leurs échalas, &c. &c.

Quand le tems le permet, on continue les labours d'hiver & on commence ceux de printems. On fait des fossés, des rigoles, des haies vertes & sèches; on arrache les vieux arbres, on transplante les jeunes; on transporte les fumiers, les pierres, les bois, &c.

Dans les jardins, si la gelée n'est pas trop forte, on continue la plantation des arbres, leur taille, les labours, les semis des primeurs au pied des murs; on détruit les nids de la chenille commune; on enlève les mousses & les lichens des arbres.

Lorsque les jardins contiennent des serres, des baches ou des châssis, il faut que le jardinier redouble de surveillance pour empêcher la gelée d'y pénétrer. Les premières surtout doivent être visitées deux ou trois fois pendant la nuit, soit pour augmenter, soit pour diminuer la chaleur qui y règne.

Dans ce mois, il faut nourrir plus abondamment les volailles pour les déterminer à pondre & à couver de bonne heure. (*Bosc.*)

JAQUIER. *Artocarpus.*

Genre de plante de la monoécie monandrie & de la famille des *Urticées*, qui renferme une demi-douzaine d'espèces, dont deux sont ou peuvent devenir l'objet d'une culture de première importance pour les peuples intertropicaux, & se trouvent dans quelques jardins d'Europe. *Voyez* les *Illustrations des genres* de Lamarck, pl. 744.

Espèces.

1. Le JAQUIER à feuilles découpées, ou *Rima*, ou *Fruit à pain*.
Artocarpus incisa. Linn. ♄ Des Moluques.

2. Le JAQUIER des Indes, vulgairement *jaque, jalk, jaquira.*
Artocarpus integrifolia. Linn. ♄ Des Indes.

3. Le JAQUIER hétérophylle.
Artocarpus heterophylla. Lamarck. ♄ Des Moluques.

4. Le JAQUIER des Philippines.
Artocarpus philippensis. Lamarck. ♄ Des Philippines.

5. Le JAQUIER velu.
Artocarpus hirsuta. Lamarck. ♄ Des Indes.

6. Le JAQUIER polyphème.
Artocarpus polyphema. Lour. ♄ De la Cochinchine.

Culture.

La première de ces espèces est célèbre, surtout depuis la découverte par Cook, des îles de la mer du Sud, à raison du fruit d'une de ses variétés, fruit qui est gros comme la tête d'un homme, & dont la pulpe a le goût du pain & de l'artichaut tout ensemble. Les autres, & principalement la seconde, offrent des amandes qui se rapprochent, par la forme & la saveur, de notre châtaigne, & qui servent également de nourriture aux hommes. Toutes sont donc d'un grand intérêt pour les habitans des pays où elles se trouvent, soit naturellement, soit par suite de leur importation. Je ne parlerai cependant que des deux premières, parce que ce sont celles sur lesquelles nous avons le plus de renseignemens, & les seules que nous possédions dans nos jardins.

Le Jaquier à feuilles découpées est connu depuis près de deux cents ans, Rumphius ayant décrit & figuré, non-seulement le type de l'espèce qui porte des graines fertiles, mais encore plusieurs de ses variétés, l'une desquelles constitue ce qu'on appelle proprement *le fruit à pain*. En 1771, Sonnerat en a rapporté des graines des Moluques à l'Ile-de-France, où elles ont fort bien réussi. Mais ce n'est, comme je l'ai déjà observé, que depuis la découverte des îles de la mer du Sud par Cook, que nous possédons la meilleure de ces variétés, celle dont le fruit n'offre absolument plus de graines, & qui a été transportée d'Otahiti à l'Ile-de-France, à Cayenne, à la Martinique, à la Jamaïque, &c. J'ai vu, à Paris, des fruits nés à Cayenne, qui ne sembloient pas intérieurs en grosseur aux plus beaux de ceux d'Otahiti, & on dit qu'ils n'y ont pas perdu en bonté. Encore quelques années, & toutes les possessions des Européens, entre les Tropiques, en seront suffisamment pourvues pour qu'ils soient le fondement de la nourriture de leurs habitans pendant la majeure partie de l'année.

Forster, auquel on doit les renseignemens les plus étendus sur le Jaquier à feuilles découpées, dit qu'on en distingue six variétés principales à Otahiti, qui toutes ont perdu la faculté de donner des semences fertiles, & qui par conséquent ne peuvent se multiplier que de rejetons, d'éclats de racines ou de marcotes.

1. Fruit globuleux, uni; c'est la variété la plus cultivée.

2. Fruit ovale, uni, feuilles profondément divisées.

3. Fruit oblong, rude, presqu'écailleux.

4. Fruit ovale, tuberculeux par suite de la persistance du style.

5. Fruit rond, hérissé de pointes, cotoneux en dedans: c'est le plus mauvais.

Ces variétés mûrissant à des époques différentes, il est possible aux habitans d'Otahiti d'en manger pendant huit mois; ce qui les rend pour eux d'une importance telle, que leur population diminueroit de plus de moitié si on les leur enlevoit.

Pendant les quatre autres mois, ils en conservent la pulpe après lui avoir fait subir la fermentation. Cook ne tarit point sur les éloges de ces fruits, qui lui servirent de principale nourriture lors de ses relâches dans cette île, & rétablirent promptement ses malades.

Non-seulement le Jaquier à feuilles découpées est utile pour ses fruits, mais encore pour ses autres parties. On fabrique des vêtemens avec la seconde écorce. Son bois entre dans la construction des maisons: c'est avec ses chatons mâles desséchés, qu'on remplace l'amadou; c'est avec ses feuilles qu'on enveloppe les alimens pour les faire cuire. Le suc laiteux qui sort des blessures qui se font à toutes ses parties devient, lorsqu'il est épaissi, une excellente glu pour prendre les oiseaux.

Les amandes des fruits du Jaquier à feuilles découpées se mangent cuites sous la cendre ou dans l'eau, comme les châtaignes, dont elles ont la grosseur & le goût: on les dit excellentes. L'usage qu'on en fait dans les îles des Moluques, des Célèbes, &c. est très-étendu. Il en est de même de celles du Jaquier des Indes, de celui des Philippines & autres. Le bois de ces dernières espèces est supérieur en qualité à celui de la première. Leur suc laiteux qui découle des blessures qu'on fait à leur écorce, se transforme, par l'évaporation, en une gomme élastique analogue à celle du Caoutchouc. Toutes peuvent se multiplier de graines, de rejetons & de marcotes : j'ignore si on peut les faire reprendre de boutures. La culture du Jaquier des Indes principalement est très-générale, & a donné lieu à plusieurs variétés; mais nous ne sommes pas pour cela plus instruits sur son mode.

Les deux premiers Jaquiers exigent, dans nos climats, la serre chaude toute l'année. Il n'y a pas encore assez long-tems que nous les possédons pour avoir pu chercher à les multiplier : une terre consistante paroît devoir leur convenir. Cette terre se renouvelle tous les ans en automne, lorsqu'on les met dans un plus grand pot ; ils sont, malgré ces soins, toujours languissans ; de sorte qu'il n'est pas certain qu'on puisse les conserver. (*Bosc.*)

JARAVE. *Jarava*.

Plante graminée vivace, originaire du Pérou, dont les feuilles & les tiges servent, dans leur jeunesse, à la nourriture des bestiaux, &, après leur dessiccation, à faire des nattes ou à couvrir les maisons. Elle forme seule un genre dans la monandrie digynie : comme elle n'est pas encore introduite dans nos cultures, je n'ai rien à en dire ici. (*Bosc.*)

JARDIN, espace de terrein, le plus souvent enclos, où on cultive avec des soins particuliers des plantes frutescentes ou herbacées, exclusivement aux céréales & aux fourages, pour l'utilité & l'agrément, ou pour l'un ou l'autre seulement.

Lorsque l'homme quitta la vie sauvage pour devenir cultivateur, il dut commencer par se former un Jardin, 1°. parce qu'il n'eut d'abord pour objet que de se procurer le strict nécessaire, même seulement un léger supplément à la nourriture animale que lui fournissoit sa chasse ou son troupeau; 2°. parce qu'il falloit défendre les produits de sa culture du pillage de ses semblables & des animaux, en la plaçant le plus près possible de sa demeure. A raison de ce second motif, il dut l'entourer de palissades, de haies, de fossés, de murs.

Les Jardins des cultivateurs d'aujourd'hui sont encore, pour la plupart, ce qu'ils durent être dans l'origine, mais, par les progrès de la civilisation, un certain nombre d'hommes ayant trouvé moyen de vivre sans travailler, il en est résulté des Jardins d'agrément, c'est-à-dire, des Jardins qui n'ont pas un but nécessaire d'utilité relativement à la subsistance de leurs propriétaires.

Cette circonstance détermine donc la division des Jardins en deux classes, ceux qui produisent des moyens de subsistance, & ceux qui n'en produisent pas.

Les Jardins productifs se divisent en deux sortes, qui elles-mêmes se subdivisent selon le but qui les fait établir, & le genre de culture qu'on leur donne.

Les Jardins improductifs sont au nombre de six, & s'offrent également sous plusieurs modes, relativement à leur objet & à la nature des travaux qu'ils exigent.

J'expose cette classification uniquement pour mettre de l'ordre dans ce que j'ai à dire sur les Jardins ; car il est rare qu'ils ne réunissent pas plusieurs objets à la fois, quelquefois même ils les réunissent tous.

Un Jardin où on ne cultive que des arbres à fruits en plein vent se nomme un VERGER. *Voyez* ce mot.

Un Jardin où on cultive des arbres fruitiers ou autres seulement pendant les premières années de leur vie, & dans l'intention de les transporter ensuite ailleurs, s'appelle une PÉPINIÈRE. *Voyez* ce mot.

Ces deux sortes de Jardins, portant des noms particuliers, seront l'objet de deux articles distincts.

Il n'est point nécessaire en général qu'un espace soit entouré de murs, comme je l'ai déjà observé, pour porter le nom de *Jardin* ; cependant il en est, ceux dans lesquels on veut cultiver des arbres fruitiers en espalier, où cela est indispensable.

Les ustensiles nécessaires à tous les Jardins sont des BÊCHES, des PIOCHES grandes & petites, des PELLES, des ARROSOIRS, des BROUETTES, des BARDS, des SERPES, des SERPETTES, des CROISSANS, des SCIES, des FAULX, des CRIBLES, des CLAIES, des POTS & des CLOCHES. Quelques-uns d'entr'eux ont encore besoin de quelques autres objets dont je parlerai lorsque le sujet m'y conviera.

Les Jardins productifs sont les *Jardins potagers ou légumiers*, & les *Jardins fruitiers*.

Parmi les premiers on distingue le *Jardin rustique*, celui que la plupart des pauvres habitans des campagnes cultivent près de leur demeure ; le *Jardin maraicher*, qui ne peut s'établir fructueusement qu'auprès des villes très-populeuses, comme Paris, Lyon, Bordeaux, Rouen, &c. ; le *Jardin soigné*, comme on en voit autour des châteaux & dans le voisinage des villes.

Bien peu de personnes peuvent choisir l'emplacement d'un Jardin potager avec toute la latitude possible, parce que c'est celui de la maison qui le détermine, & qu'il n'y a que quelques grands propriétaires dans le cas de n'être pas gênés dans leur choix par des circonstances étrangères à l'objet qui m'occupe. Quoi qu'il en soit, dans le climat de Paris, & à plus forte raison dans ceux plus au nord, il est bon qu'il soit à l'exposition du levant ou du midi, ou, s'il est en plaine, abrité des vents de ces deux rhumbs par des murs ou des haies.

Après l'exposition & peut-être même avant, l'abondance & la nature des eaux doivent être prises en férieuse considération lorsqu'on entreprend la formation d'un Jardin potager : grands ou petits, rustiques ou soignés, il leur en faut. Celle des puits est la dernière sur laquelle il faut compter, à raison de ce qu'elle est trop froide en été pour être employée sans rester exposée à l'air au moins pendant vingt-quatre heures, & que souvent elle est séléniteuse. (*Voyez* EAU.) Ainsi lorsqu'il ne se trouve pas un bassin qu'on puisse alimenter avec une fontaine, qu'il n'y passe pas un ruisseau ou une rivière, il faut y établir, autant que possible, un réservoir d'eau de pluie, soit au dedans, soit au dehors. Dans tous les cas, il est à desirer, & la dépense ne doit pas être épargnée pour cela, que les eaux puissent être conduites par des rigoles extérieures, ou mieux par des tuyaux souterreins dans toutes les parties du Jardin, afin qu'elles puissent être arrosées rapidement & avec le moins de bras possible. L'économie de tous les jours qui résultera de cette disposition ne tardera pas à dédommager de la première mise de fonds, quelque considérable qu'elle ait paru d'abord.

Un Jardin rustique est un terrein divisé par quelques allées & par des sentiers, en planches plus ou moins longues, & larges au plus de cinq pieds, enclos ou non. Les planches & les sentiers sont labourés, fumés & semés selon le but du propriétaire. Ordinairement on n'y sème que peu d'espèces de légumes, & en petite quantité. Des salades, des oignons, des poireaux, des choux, des carotes, des pois, des haricots, s'y voient plus fréquemment que nulle autre chose. On y voit assez souvent quelques arbres fruitiers & quelques fleurs. On n'y arrose guère que les salades & les choux au moment de la transplantation. On n'y fait des labours qu'au moment d'un semis ou d'une plantation, & on y ménage les binages autant que possible; aussi la plupart d'entr'eux offrent-ils l'image d'un terrein abandonné, tant ils sont garnis d'herbes pendant l'été, & la plus grande partie de leur étendue est-elle en friche pendant l'automne & l'hiver. Il est affligeant de voir combien peu les habitans des campagnes apportent de soins à la culture de leurs Jardins, quelque grand que soit l'intérêt qu'ils ont à le faire.

Les jardiniers qui cultivent les potagers appelés *marais* à Paris, ne mettent aucune importance à leur forme & à la manière dont ils sont enceints. Le plus souvent ils ne sont séparés entr'eux ou des chemins, que par un simple relèvement de terre ou une palissade de paille. L'objet qui les intéresse le plus lorsqu'ils pensent à en établir un, c'est de savoir si l'eau de leurs puits pourra être dirigée vers toutes ses parties par le moyen de rigoles en plâtre ou en terre cuite; car, comme ils arrosent beaucoup, il leur faut économiser le tems. Le nivellement pris, ils creusent un ou plusieurs puits, & défoncent le terrein à trois pieds de profondeur, en y mettant le plus de fumier que leur capital le permet : ce n'est que lorsque le terrein est saturé d'engrais, c'est-à-dire, souvent seulement au bout de cinq à six ans de dépenses & de travaux, qu'il est en bon état de production.

Les deux principes sur lesquels est basé le mode de culture adopté par les maraichers sont de faire croître leurs légumes le plus promptement & le plus abondamment possible sur l'espace très-circonscrit dont ils disposent. Ils parviennent par les engrais, les arrosemens, & non-seulement en ne laissant pas la terre un seul instant sans emploi, mais en lui faisant le plus souvent produire plusieurs sortes de légumes en même tems. On trouve beaucoup de science dans leur pratique, mais elle ne peut servir de modèle pour celle à adopter dans nos Jardins particuliers. Comme je me propose de donner une notion détaillée au mot MARAICHER, je me dispenserai d'en parler plus longuement ici.

Toute forme doit être indifférente pour un Jardin potager soigné; cependant la rectangulaire est préférable à toute autre, & il est bon de la choisir lorsqu'on le peut, ou de la simuler par des plantations lorsqu'on ne le peut pas.

Lorsqu'un Jardin potager soigné est destiné à être entouré de murs, il est desirable, à raison des cultures des primeurs & des espaliers, qu'il soit exactement orienté, c'est-à-dire, que son principal mur soit en face du midi.

Les premières opérations à entreprendre lorsqu'on a décidé le lieu de l'emplacement d'un Jardin sont, 1°. de l'entourer s'il doit l'être, & il est presque toujours bon qu'il le soit d'un mur, ou d'une haie, ou d'un fossé sec ou plein d'eau; 2°. de tracer les allées qui doivent nécessairement s'y trouver pour le passage & les transports; 3°. de défoncer à deux pieds au moins, lorsque la nature du terrein le comporte, tout ce qui n'est pas allée, & qui porte généralement le nom de *carré*, quoique la forme soit quelquefois parallélogramique ou toute autre; 4°. de creuser les allées d'un pied, d'en rejeter la terre sur les carrés, & de la remplacer par des cailloux, des gravats, des recoupes de pierres; enfin, tout ce qui peut donner passage aux eaux de pluie, & de recouvrir ces matières de quelques pouces d'épaisseur de gravier ou de sable.

Une précaution toujours louable, c'est de réserver, dans un endroit caché, un lieu où on puisse creuser deux trous assez grands pour que l'un d'eux puisse contenir toutes les mauvaises herbes provenantes des sarclages, tous les légumes trop altérés pour être mangés, toutes les tiges des porte-graines, les branches résultantes de l'ébourgeonnage des arbres fruitiers, de la tonte des charmilles, pendant une année. Ces matières, pourries, forment un engrais préférable au fumier dans beaucoup de cas, & en les accumulant ainsi on évite la dépense de leur transport au loin & le désagrément de leur aspect.

La sorte de terre la plus avantageuse pour un Jardin potager est une terre franche, fort abondante en humus & fraîche sans être humide. Quand on n'en a pas une telle, & cela n'arrive que trop souvent, il faut, si elle est trop légère, lui donner de la consistance par le moyen de l'argile ou d'une marne argileuse, &, si elle est trop forte, la rendre plus légère en la mélangeant de sable ou de marne calcaire. Ces opérations, je le sais, sont très-coûteuses, mais leur effet peut durer des siècles; & quand on a des capitaux disponibles, il est économique de les entreprendre, puisque leur dépense, répartie sur chaque année, est fort peu de chose.

Sans fumier on ne peut rendre un Jardin potager convenablement productif, lors même que son sol est fertile par lui-même. Il est donc presque toujours indispensable, lorsqu'on l'établit, d'en mettre une surabondance; c'est ce qu'on appelle *fumer à fond*: entre tous, c'est celui de vache qui est à préférer dans ce cas. On l'enterre au fond de la jauge du défoncement; malgré cela, tous les ans ensuite, il faudra lui donner, soit pendant l'hiver, soit à une autre époque de l'année, une nouvelle fumure plus ou moins forte, selon le besoin; car, je le répète, la prompte végétation des légumes & leur grosseur sont les deux objets qu'on a en vue, & on ne les obtient qu'au moyen des engrais, des arrosemens & des labours multipliés.

Quelqu'avantageux que soient les engrais à un Jardin, il est cependant bon de ne l'en pas surcharger sous le rapport de l'économie d'abord, & ensuite sous celui de la qualité des légumes, qui cessent d'avoir du goût, qui même en prennent un désagréable lorsqu'on en met trop. Il est surtout nécessaire de choisir les fumiers, quelques-uns d'entr'eux ayant une mauvaise odeur. Celui de cheval, excepté dans les terres très-sèches, est préférable à tous autres: tantôt on l'emploie frais, principalement pendant l'hiver; tantôt il le faut à moitié consumé, tantôt enfin ce n'est que réduit complétement en terreau qu'il convient. Dans ce dernier état, il se répand souvent uniquement à la surface pour faire des semis ou des repiquages de salades & autres petites plantes. Dans le premier, il s'y répand aussi quelquefois sur la surface pour affoiblir les effets desséchans des rayons du soleil ou des vents. *Voyez* FUMIER.

Un petit nombre de brouétées de chaux éteinte, mises de loin en loin sur les carrés d'un Jardin, pendant l'hiver, favorisent singuliérement leur fertilité naturelle ou acquise.

Les carrés de Jardins sont ordinairement entourés de plates-bandes, plantés d'arbres fruitiers en contr'espaliers, en buissons, en quenouilles, en pyramides, en nains; plates-bandes dont le bord extérieur est garni de plantes utiles, propres à empêcher l'éboulement de la terre, telles que l'oseille, le persil, le cerfeuil, la ciboulète, la pimprenelle, le fraisier, la sariète, la sauge, &c., ou de plantes d'agrément, comme le buis, le gazon d'olympe, la mignardise, l'hyssope, &c.: des dalles de pierres enterrées, & ne sortant que de quelques pouces, assurent une plus grande propreté, mais coûtent davantage.

La grandeur des carrés est presqu'indifférente; mais le coup-d'œil & le besoin de ne pas trop perdre de tems pour circuler autour doivent engager à leur donner une étendue qui ne soit pas trop considérable: dix à douze toises sur chaque face sont assez convenables: on est au reste assez déterminé dans ce cas, par la contenance du Jardin, qui, à moins qu'il ne soit très-étroit, doit avoir une allée dans son milieu.

Chaque carré se subdivise ensuite en planches parallèles, dont la longueur sera celle du carré ou celle de sa moitié, & dont la largeur, pour la facilité du sarclage & de l'arrosement, ne doit pas avoir plus de six pieds. Leur orientement n'est pas indifférent, & je crois que celui du midi au nord est préférable.

Ce seroit ici le lieu de discuter la question de savoir s'il convient qu'il y ait des arbres dans les Jardins potagers, ou s'ils doivent être plantés dans un endroit séparé, question souvent débattue & non résolue aux yeux de quelques personnes, mais je ne l'entreprendrai pas.

A mon avis, les arbres sont nuisibles ou utiles aux Jardins potagers, selon les lieux, les terreins, les tems & l'objet de culture qu'on a en vue.

En effet, portant avec eux l'ombre & la fraîcheur, ils sont plus nuisibles dans le nord que dans le midi, dans un terrein humide que dans un terrein sec, pendant le printems & l'automne que pendant l'été, pour des melons que pour des carotes; par conséquent ils deviennent utiles, dans beaucoup de cas, aux plantes potagères, & le sont toujours pour leurs fruits. On doit donc en planter le plus souvent, mais en modérer le nombre en les espaçant beaucoup, dans les climats froids, les terreins frais, aux expositions du nord, & n'en point mettre dans les parties consacrées aux couches & aux semis de primeur. Les pyramides & les nains sont ceux qui sont les moins nuisibles & qu'on doit préférer; après, ce sont les contr'espaliers. Les buissons & les quenouilles sont passés de mode & c'est un bien. Quant aux pleins vents, bas ou hauts de tige, ils doivent être dans un lieu complétement distinct, à moins que le sol ne soit à une exposition brûlante, ou dans un terrein extrêmement sec, auxquels cas ils serviroient d'abris; car ils ne nuisent pas seulement par leur ombre, mais encore par leurs racines, qui sont bien plus grosses, bien plus longues & bien plus nombreuses que celles des arbres rigoureusement taillés.

Jamais une seule partie de ces sortes de Jardins ne doit rester plus d'un mois sans être semée ou plantée. Le principe général des assolemens doit leur être rigoureusement appliqué, c'est-à-dire, qu'il ne faut remettre la même plante dans la même planche, que plusieurs années après, surtout furtout celles qu'on cultive pour la graine, comme les pois, les haricots, les féves, &c.

Les grands labours se font pendant l'hiver; ils doivent être exécutés à la bêche & le plus soigneusement possible. Chaque fois qu'on a terminé une récolte, il en faut faire de suite un nouveau, à moins qu'il ne fasse très-sec & très-chaud; car la terre gagne à être exposée aux influences atmosphériques : on reconnoît un jardinier paresseux aux retards qu'il met à les faire.

Il est superflu de mentionner ici les époques des semis & des plantations dans les Jardins potagers, puisqu'ils varient suivant les climats, les expositions & le goût du propriétaire, ami ou non des primeurs, & qu'on trouvera, d'une manière générale, les indications qui les concernent, aux articles particuliers de chaque espèce de légume. Ces semis & ces plantations se font généralement au printems; mais ils ont lieu, au reste, pendant presque tout le cours de l'année.

Je ferai connoître au mot SEMIS les différens modes de semer, modes qui varient selon les espèces, les climats & les intentions, & dont il est très-important de ne pas trop s'écarter si on veut réussir à avoir de beaux & bons légumes.

Il en est de même des REPIQUAGES & des TRANSPLANTATIONS, qui demandent, pour être suivis de la reprise & ensuite d'une belle végétation, des précautions multipliées, dont on trouvera l'énumération à leur article.

La plupart des Jardins potagers soignés sont pourvus de couches dans le climat de Paris, & encore plus souvent dans ceux plus au nord, soit pour semer les graines des plantes dont on veut avancer la germination & activer la croissance, soit pour placer les plantes qui demandent, pour amener leurs fruits à maturité, comme les melons, un degré de chaleur plus constamment élevé que celui de la pleine terre. Ces couches se construisent toujours dans la partie du jardin la plus exposée au midi & la plus abritée du nord : aucune ombre ne doit se projeter sur elles. Souvent on leur consacre une enceinte particulière, pour concentrer d'autant plus autour d'elles les rayons du soleil & les garantir plus parfaitement des vents froids. De plus, on les couvre pendant les nuits, avec des paillassons, qui empêchent la perte de leur chaleur, & lorsqu'on veut concentrer la chaleur qui en émane, on place dessus des cloches ou des châssis qui y restent jour & nuit, & qu'on ferme lorsque le tems se refroidit. Il est des tems où de simples caisses carrées, de la largeur des couches, & de six à huit pouces de hauteur, ouvertes d'un côté & placées de ce côté sur elles pendant la nuit, suffisent pour garantir ce qui s'y trouve des atteintes des gelées : ce moyen est très-recommandable, parce qu'il est très-économique.

Il a été donné aux articles COUCHES & CHASSIS, des détails suffisans, relativement au mode de leur formation & de leur culture; en conséquence j'y renvoie le lecteur.

Deux opérations fort importantes, & que cependant on néglige dans beaucoup de Jardins potagers soignés, ce sont les SARCLAGES & les BINAGES. Je ne puis trop recommander de les multiplier autant que possible, parce qu'ils concourent puissamment à la beauté & à la bonté des légumes. Les principes sur lesquels cette opinion est basée, sont développés aux articles qui les concernent.

Ainsi qu'il a été observé au mot ARROSEMENT, il ne faut ni ménager ni prodiguer l'eau aux plantes, parce que, dans le premier cas, elles n'acquièrent pas toute l'amplitude de végétation qui leur est propre & restent trop dures, & que, dans le second, elles s'étiolent & perdent leur saveur. Au reste, il est des considérations qui modifient la pratique dans ces cas. Par exemple, on peut arroser abondamment des salades sans inconvénient, & on ne peut pas arroser de même des pois, parce que l'on n'auroit pas de graine, qui est l'objet qu'on a en vue. Par exemple, un terrein sablonneux, exposé au midi, demande plus d'eau qu'un terrein argileux exposé au nord. Des légumes, nouvellement transplantés, la craignent moins que ceux qui sont prêts à fleurir.

Il est un grand nombre d'animaux, comme les TAUPES, les COURTILIÈRES, les VERS BLANCS, les CHENILLES, les LIMACES, &c. qui font une guerre perpétuelle aux légumes, & qu'il est du devoir du jardinier de chercher à détruire. J'ai donné, aux articles qui les concernent, les moyens de parvenir, autant que possible, à ce but.

Un soin que ne prennent pas assez les jardiniers, c'est de faire la récolte des légumes au moment où ils sont pourvus de toutes les qualités qui leur sont propres. Je sais qu'il est difficile de prévoir leur altération, qu'un coup de soleil, qu'une pluie d'orage amène instantanément; mais je me promène rarement dans un Jardin, sans gémir sur la prodigieuse quantité de subsistances qui se perdent chaque année par leur négligence.

Laisser çà & là, dans les planches, des pieds destinés à porter graine est une mauvaise méthode. On doit avoir des places abritées, destinées uniquement à des semis ou à des plantations, qui aient cet objet pour but. Je dis des places, parce qu'un jardinier instruit évite, pour conserver ses races de variétés, de placer leurs porte-graines à côté les unes des autres. (*Voyez* HYBRIDES.) Elles doivent être peu fumées, mais bien cultivées, & les plantes y être très-écartées, car c'est de la beauté de la graine que dépend la beauté des légumes. L'usage où sont quelques jardiniers d'acheter, chaque année, les graines nécessaires à leurs semis, sous prétexte qu'il est nécessaire de la changer, doit être proscrit. *Voyez* SUBSTITUTION DE SEMENCE.

Le Jardin fruitier diffère du VERGER (*voyez* ce

mot), parce que la terre y est labourée, & que les arbres y sont taillés. Souvent cependant on y place des plein-vents, mais alors ils sont tenus peu élevés & fort écartés les uns des autres.

Il n'y a pas deux siècles qu'on connoît en France les Jardins fruitiers proprement dits. La théorie de leur construction a été ébauchée par la Quintinie, & successivement perfectionnée depuis lui. Aujourd'hui, quelque coûteux qu'en soit l'entretien, ils sont extrêmement répandus autour des villes, & il n'est pas de propriétaire aisé qui n'en ait annexé un à sa demeure des champs, le plus souvent cependant allié avec un Jardin potager.

Un Jardin fruitier est plus rigoureusement dans le cas d'être entouré de murs, qu'un Jardin potager, surtout dans les pays du nord, à raison des espaliers, qui semblent devoir nécessairement faire partie de son essence. Sa forme varie sans fin, comme celle des précédens; mais elle est le plus souvent parallélogramique. On doit à Dumont-Courset, auteur du *Botaniste cultivateur*, l'idée de lui en donner, lorsqu'il est long & étroit, une trapézoïde, dont le petit côté seroit en face du midi, afin que les côtés latéraux jouissent plus long-tems des rayons du soleil. *Voyez* EXPOSITION.

Les racines des arbres pénétrant de cinq à six pieds de profondeur au moins, le défoncement d'un Jardin, destiné à en recevoir, doit être au moins de trois pieds. Des engrais abondans ne sont nécessaires que dans les terres de mauvaise nature, mais on ne doit pas se refuser à en donner à toutes. Il faut éviter les fumiers trop décomposés ou altérés par des mélanges fétides. Je puis même conseiller de leur préférer des curures d'étangs, de rivières, des pelures de gazon prises dans les bois, les prairies ou les chemins, des terres d'anciens Jardins potagers, &c. parce que ces engrais sont plus durables, & ne portent aucune mauvaise odeur avec eux.

Comme les arbres fruitiers sont rarement dans le cas d'être arrosés, l'eau est moins nécessaire aux Jardins où on les cultive exclusivement; ainsi on peut en établir dans un plus grand nombre d'endroits.

Ce n'est ordinairement que dans la limite de huit à dix pieds que varie la hauteur des murs, parce que plus hauts ils coûteroient trop cher & intercepteroient la circulation de l'air, & que plus bas ils n'offriroient pas assez de surface aux branches des espaliers, & ne donneroient pas une garantie suffisante contre les entreprises des voleurs. Leurs matériaux sont généralement ceux du pays; cependant, lorsqu'on peut choisir, il est utile de préférer les pierres colorées aux blanches, à raison de ce qu'elles conservent mieux la chaleur, & le plâtre à la chaux, comme recevant plus facilement les clous, & se polissant plus exactement. Les murs en pisé, les plus économiques de tous, remplissent ces deux données; mais ils sont très-susceptibles de dégradation, & leur réparation est fort difficile lorsqu'ils sont garnis d'espaliers. Une saillie latérale, à leur partie supérieure, est utile à leur conservation & à la bien-venue des fruits des espaliers; mais elle doit être peu considérable, car elle produiroit l'effet contraire sous ce dernier rapport.

Les amateurs qui n'ont qu'un petit espace disponible, font construire dans leur Jardin des murs intérieurs parallèles à celui qui fait face au midi, & par ce moyen se procurent une plus grande quantité d'espaliers. Quelquefois ces murs s'arrêtent aux allées, d'autres fois ils sont percés de portes vis-à-vis de ces allées. Dans les Jardins où ils sont construits dans ce dernier mode, la concentration des rayons du soleil est quelquefois si forte, que les jeunes bourgeons sont frappés instantanément de mort & que les fruits tombent avant leur maturité. Il est donc prudent de n'en pas faire construire de tels dans les sols arides & les expositions brûlantes. Ces murs transversaux ne doivent pas être, selon les cultivateurs de Montreuil, qui en font un grand usage, ni plus rapprochés que douze, ni plus éloignés que vingt toises pour remplir leur objet.

Ce sont ordinairement des pêchers, des abricotiers, des poiriers, des vignes, des pruniers & des cerisiers qu'on met en espaliers: les pommiers s'y voient rarement. Le choix des variétés n'est pas indifférent, comme on le verra à chacun des articles qui les concernent. Leur donner un espace suffisant est très-avantageux sous tous les rapports, & cependant ils sont généralement si rapprochés, qu'ils se touchent avant d'être entiérement formés. Les propriétaires, jaloux d'avoir un bel espalier, ne peuvent trop s'opposer aux idées de leur jardinier pour la distance à observer.

Les poiriers & les pommiers qu'on place dans le pourtour & au milieu des carrés doivent également être très-espacés, d'après la considération que les fruits sont d'autant plus abondans, que les arbres qui les portent, ont plus d'espace pour étendre leurs racines, & d'autant plus savoureux, qu'ils reçoivent plus long-tems l'influence des rayons du soleil.

Certains arbres fruitiers profitent mieux en plein vent qu'autrement, principalement les amandiers, les cerisiers, les abricotiers, les pruniers & quelques variétés de poires & de pommes. Il est donc bon de les y mettre; mais alors on leur consacre un carré particulier, on les espace beaucoup, & on s'oppose à ce qu'ils s'élèvent autant que dans les vergers, soit en les choisissant greffés sur de foibles sujets de coignassier pour le poirier, le doucin pour le pommier, soit en coupant la tête aux espèces à noyau. Ces arbres se taillent quelquefois ou s'émondent toujours.

La plantation des arbres fruitiers, dans ces sortes de Jardins, ne doit se faire qu'un an après leur défoncement, & six mois après le creusement des trous qui sont destinés à les recevoir. Son époque est avant l'hiver dans les terreins secs, & après dans les terreins humides. On gagne à remplir les trous avec de la terre rapportée & prise à la surface d'un autre Jardin anciennement cultivé ou d'une prairie en bon fonds. *Voyez* PLANTATION.

On laboure tous les ans les carrés où se trouvent des arbres fruitiers, au moins deux fois, & on leur donne en outre plusieurs binages de propreté. Il ne faut pas les fumer, mais on doit de loin en loin, lorsqu'on le peut facilement, y apporter de la nouvelle terre. Les cornes, les ongles, les poils des animaux domestiques, & par conséquent les vieux chiffons de laine, sont très-recommandés, comme donnant une énergie durable à la terre.

Quelques oiseaux, tels que les gros-becs, les bouvreuils ainsi que les chenilles, sont, au printems, les principaux ennemis des Jardins fruitiers. Plus tard, ce sont d'autres oiseaux, les lerots, les guêpes, les limaces. Un jardinier soigneux doit faire la chasse à ces animaux à toutes les époques.

On trouvera aux mots TAILLE, ÉBOURGEONNAGE, PALISSAGE, la série des différens travaux qu'exigent les arbres fruitiers dans le courant d'une année, & aux mots FRUIT & FRUITIER les précautions qu'exigent la cueille & la conservation des fruits.

Quant au mode particulier de culture propre à chaque espèce d'arbre, il sera détaillé à l'article de chacune de ces espèces.

Les habitans de Mexico possèdent, sur le lac qui entoure leur ville, des jardins flottans, qui pourroient former une sorte de Jardins productifs s'ils étoient plus connus, & surtout plus usités en Europe, où d'ailleurs rien ne s'oppose à ce qu'on les introduise.

La construction de ces Jardins, nommés *Chinampas*, est simple. On prend des branches de saules, des racines de plantes aquatiques ou autres matériaux très-légers : on les attache ensemble de manière à former une espèce de radeau. On pose sur ces fondemens un lit de joncs, & ensuite une couche de terre provenant du fond même du lac.

Les chinampas sont quadrangulaires, & varient sans fin dans leurs dimensions; ils ne s'élèvent pas de plus d'un pied au-dessus de l'eau. On y cultive des fleurs & toutes sortes de plantes potagères. Les plantes y prospèrent d'une manière surprenante. La vase qui compose le fond de ces Jardins est très-grasse & n'a pas besoin des pluies du ciel. Il y a ordinairement au milieu des grands chinampas, un petit arbre & une petite cabane. Lorsque les propriétaires veulent les changer de place, ils se mettent dans un bateau & les prennent à la remorque.

Les voyageurs, en Chine, rapportent qu'il s'en construit dans ce pays à peu près de semblables, sur les rivières & les lacs, au moyen de radeaux de bambous, & que leur culture est fort étendue & fort perfectionnée. On voit, dans ces Jardins, du riz, dont la qualité est supérieure à celle de celui qui croît dans les marais; ce qui n'est pas difficile à croire.

Qui empêcheroit d'employer ce dernier moyen dans beaucoup de localités de l'Europe méridionale? Ne pourroit-on pas remplacer les bambous par des claies attachées à de petits bateaux, claies sur lesquelles on mettroit six pouces de terre, & qui dureroient au moins deux ans? ce qui suffiroit pour payer la dépense de leur acquisition.

J'ai appelé Jardins improductifs ceux qui ne concourent pas à fournir des moyens de subsistance aux hommes; mais on sent bien que cette dénomination ne peut être rigoureuse, & il n'est personne qui ne soit chaque jour dans le cas de voir qu'ils s'allient le plus ordinairement avec les Jardins potagers & les Jardins fruitiers, ainsi qu'entr'eux.

Le premier de ces Jardins improductifs est le Jardin à fleurs.

On en distingue de deux sortes : celui appartenant à un homme aisé, qui n'y veut trouver que son agrément; celui qu'un jardinier, appelé *fleuriste*, cultive dans le but d'en tirer parti en en vendant les fleurs. Je vais présenter quelques considérations sur l'une & sur l'autre de ces sortes.

Les Jardins à fleurs de la première sorte, que j'appelle *Jardins à fleurs d'amateur*, sont les plus petits de tous; ils étoient autrefois beaucoup plus communs qu'aujourd'hui, le goût ayant changé. C'est presqu'exclusivement dans l'enceinte ou dans le voisinage des villes qu'ils se trouvent, parce qu'ils nécessitent la présence continuelle du propriétaire pour se conserver.

On peut entourer un Jardin à fleurs d'amateur, d'une haie, d'une palissade, d'un fossé plein d'eau, &c. sans inconvéniens pour les plantes qu'on y cultive; cependant l'importance qu'on y attache fait qu'ils le sont presque tous de murs. Leur distribution intérieure diffère, mais en général elle est basée sur le besoin de voir, d'un seul coup-d'œil, toutes les variétés de la même espèce de fleurs, & de pouvoir les cultiver facilement : or, ce sont des plates-bandes parallèles plus ou moins longues, de quatre à cinq pieds au plus de large, séparées par des sentiers seulement suffisans pour le passage d'un homme qui remplisse le mieux ces données. Quelques amateurs cependant préfèrent des séries de cercles ou d'ovales, appelés *corbeilles*. Ces plates-bandes ou corbeilles sont bordées ou de dales de pierre, ou de planches de bois peintes, ou de buis, ou de gazon, ou de mignardises, ou de staticé, &c. La terre qui s'y trouve, est relevée en dos de BAHUT. *Voyez* ce mot.

Une des choses qui doivent le plus occuper celui qui veut établir un Jardin à fleurs d'amateur, c'est la composition de la terre qui doit remplir les plates-bandes, chaque sorte de fleur en exigeant une différente. Le fond est une terre de moyenne consistance, une terre franche, dans laquelle on mêle, deux ans à l'avance, ou du terreau, ou de l'argile, ou du sable, selon qu'on veut la rendre ou plus fertile ou plus consistante, ou plus maigre.

J'indiquerai à chacune des plantes à fleurs qu'on cultive le plus généralement, c'est-à-dire, aux mots JACINTHE, TULIPE, RENONCULE, ANÉMONE, PRIMEVÈRE, ŒUILLET, &c. la nature de la terre qui leur convient, & la manière de la préparer; mais je m'abstiendrai de parler de ces compositions baroques ou minutieuses inventées par les fleurimanes, & qui n'ont d'autre mérite que de faire dépenser beaucoup d'argent en pure perte.

Des couches sont nécessaires à un Jardin à fleurs d'amateur, soit pour semer quelques espèces dont il est utile d'avancer la végétation, soit pour avoir du terreau propre à entrer dans la composition des terres. Aujourd'hui qu'on y cultive des plantes intertropicales, il ne peut se passer de châssis. Un local pour conserver les oignons & les griffes qu'on ne laisse pas en terre, doit suppléer à ce que la maison n'offre pas à cet égard.

Il est des Jardins à fleurs d'amateur, où on est dans l'habitude de cultiver dans des pots. A ceux-là il faut de plus des GRADINS, sur lesquels on puisse mettre ces pots lorsque les plantes qu'ils contiennent, sont en fleurs. *Voyez* ce mot.

Le grand soleil accélérant beaucoup le développement des fleurs, on a dû chercher à l'empêcher d'agir sur elles, pour alonger d'autant les jouissances qu'elles procurent. En conséquence on a imaginé de placer sur les plates-bandes, des toiles soutenues par des cercles, toiles qui sont assez éloignées des fleurs pour qu'on puisse les voir sans gêne & pour que l'air circule autour d'elles.

Souvent les fleurs des Jardins des amateurs ont leur nom (ou un numéro correspondant à un catalogue de ces noms) inscrit sur un morceau de bois fiché dans le voisinage de chacune d'elles. Il est très-important de soigner cette partie du travail, afin qu'on puisse retrouver les racines; c'est pourquoi le propriétaire fait ordinairement lui-même les opérations relatives au déplantage & au replantage, ou les fait faire sous ses yeux.

Souvent aussi il se charge des binages, des arrosemens & de tous les petits travaux que nécessitent les plates-bandes & les fleurs qui y végètent: c'est un plaisir & une occupation pour lui.

La propreté est le caractère essentiel des Jardins à fleurs des amateurs. Il ne faut pas qu'on y trouve une seule pierre dans les allées, une seule mauvaise herbe dans les plates-bandes: les buis seront taillés plusieurs fois dans l'année. Tout ce qui est peint, soit en bois, soit en fer, le sera aussi souvent que nécessaire. La recherche la plus minutieuse doit régner partout.

Les Jardins à fleurs des fleuristes peuvent être comparés à ceux des maraîchers sous beaucoup de rapports. Leur enceinte n'est souvent qu'indiquée par quelques pierres, quelques arbustes, quelques restes de palissades: tout le terrein y est utilement employé, & tout le travail qui n'est pas indispensable y est épargné. On tend à faire produire le plus possible, le plus beau possible, avec promptitude, & pour cela on ne ménage ni les engrais, ni les arrosemens, ni les binages. Les fleurs qui durent peu de jours sont entre-mêlées avec celles qui occuperont le terrein plusieurs mois; de sorte que les premières sont ôtées quand les secondes approchent de leur complet développement. L'art consiste à calculer, par aperçu, quelle sera la nature de la vente à telle époque, pour forcer la multiplication en conséquence. Les couches & les châssis concourent à accélérer la croissance des plantes, & par conséquent le moment de leur floraison. Il faut donc qu'il y en ait. Il y a trente ans qu'on ne voyoit qu'un petit nombre d'espèces de fleurs dans ces Jardins; aujourd'hui elles y sont extrêmement multipliées. Celles des cinq parties du Monde s'y trouvent réunies & y prospèrent, quoique chacune demande une culture particulière. Jadis on n'y avoit que des plantes herbacées, annuelles ou vivaces; mais dans ce moment les arbustes & arbrisseaux d'agrément y sont communs; ce qui les rapproche de ceux des marchands de plantes étrangères, les confond même avec les leurs.

Le travail des jardiniers fleuristes leur est profitable de deux manières: ou ils vendent les fleurs coupées aux bouquetières qui viennent les chercher pour les revendre en détail, ou ils vendent les pieds, soit avant, soit pendant, soit après leur floraison. Quoique les bénéfices qu'ils font, soient souvent considérables, il ne paroît pas qu'ils s'enrichissent fréquemment, probablement à raison des pertes auxquelles ils sont exposés.

J'ai mentionné la culture de toutes les plantes qui se trouvent dans les Jardins des fleuristes; ainsi il ne s'agit que de savoir le nom de telle d'entr'elles, pour apprendre à connoître cette culture, en recourant à son article.

Je place au second rang des Jardins non-productifs ceux qu'on appelle de *botanique*, c'est-à-dire, dans lesquels on cultive, pour en faciliter l'étude, toutes les plantes qu'il est possible de se procurer. Les plus anciens de ces Jardins, ceux de Paris & de Montpellier, n'ont pas deux cents ans d'ancienneté, puisqu'ils n'ont été fondés qu'en 1626 & 1670. En ce moment ils sont fort multipliés en Europe, mais ne le sont pas encore assez pour l'avantage de la science. On doit regretter que la plupart de ceux établis en France, pour les écoles centrales dans chaque chef-lieu de département, aient été supprimés.

Un Jardin de botanique étant presque toujours dans une grande ville ou très-près de son enceinte, il est rare qu'il jouisse de tous les avantages de la position qu'il seroit à desirer qu'il eût. L'art est chargé de suppléer à la nature, & il ne le peut pas toujours complétement. D'autres causes d'ailleurs s'opposent à ce que les plantes s'y conservent aussi long-tems qu'ailleurs. C'est, 1°. la nécessité d'y placer les plantes, non selon le terrein & l'exposition qui leur sont propres, mais dans l'ordre de classification adoptée par le professeur; ainsi la plante des marais se trouve à côté de celle des montagnes, la plante des champs se trouve à côté de celle qui veut l'ombre des grands bois; 2°. les dégâts qu'exercent les élèves qui font des herbiers, & tous ceux qui ont véritablement l'amour de la science en doivent faire.

Les Jardins de botanique sont composés de trois parties, qui demandent chacune des soins différens, & dont je dois en conséquence traiter particuliérement.

L'*école* est la partie destinée le plus spécialement à l'étude; elle doit être, autant que possible, à l'exposition du levant ou du midi. C'est là que les plantes sont disposées à la suite les unes des autres, & près à près, afin qu'on puisse les comparer facilement & en peu de tems, dans des plates-bandes parallèles, écartées au plus de deux pieds, larges de trois à quatre, longues de dix à douze toises au plus, bordées, ou de dales de pierre, ou de planches de bois peintes, ou en buis ou autres arbustes analogues, ou en plantes vivaces de petite stature. La terre en doit être relevée en dos de bahut, de consistance moyenne & médiocrement fumée. On y place les plantes, soit des deux côtés, soit au milieu, à la distance d'environ trois pieds, sauf les exceptions pour les arbres. Chacune d'elles est accompagnée d'une étiquette, c'est-à-dire, d'une verge de fer de trois pieds de long, enfoncée en terre, & au sommet de laquelle est attachée, ou une planchette de bois de trois pouces de long sur un & demi de large, ou une lame de fer, ou un morceau de faïence de même dimension, sur laquelle est écrit le nom de la plante.

Comme plusieurs circonstances peuvent empêcher de mettre certaines plantes dans l'école, quoiqu'on les possède ou qu'on puisse les posséder à volonté, beaucoup de places n'ont souvent que des étiquettes.

Sous les rapports de la culture, les plantes d'une école de botanique se divisent en cinq groupes: 1°. les plantes vivaces qui ne craignent pas la gelée, & qui une fois mises en place s'y conservent un laps de tems indéterminé, sans qu'on s'en occupe particuliérement; 2°. les plantes annuelles qui doivent être semées tous les printems en place, & dont il faut avoir soin de recueillir la graine dans sa maturité; 3°. les plantes des campagnes environnantes, qui se refusent à la culture, & qu'on est obligé d'y apporter toutes les années; 4°. les plantes annuelles, qui ont besoin, pour lever, de la chaleur du châssis ou de la couche, & qu'on a semées dans des pots; 5°. enfin, les plantes exotiques vivaces & frutescentes, qui exigent, pendant l'hiver, l'orangerie ou la serre, & qui se tiennent en conséquence dans des pots ou dans des caisses.

Il est quelques moyens artificiels de rapprocher les plantes qui se trouvent rangées dans une école de botanique, des positions que la nature leur a assignées. Par exemple, une plante demande-t-elle une terre légère? on met de la terre de bruyère à la place qui lui est destinée, après avoir enlevé celle qui s'y trouvoit. Une plante ne vit-elle que dans l'eau? on enterre une petite auge, on la garnit à moitié de terre, & on la tient toujours pleine d'eau. Une plante veut-elle seulement un sol humide? on la place dans un pot, & le pied de ce pot trempe dans une auge dans laquelle on met une plus ou moins grande quantité d'eau, qu'on renouvelle d'autant plus souvent qu'il fait plus chaud. Si une forte chaleur est nécessaire à une plante, on met sur elle une cloche ou une cage de verre; si au contraire c'est la fraîcheur, on met devant elle, du côté du midi, un abri en bois, en osier, &c. qui empêche les rayons du soleil de la frapper (*voyez* PARASOL), ou bien on couvre de mousse ou de paille brisée la terre qui l'environne, ce qui retarde l'évaporation de l'humidité.

Les plates-bandes des Jardins de botanique exigent un fort labour d'hiver, & deux ou trois binages d'été: leurs allées sont ratissées trois à quatre fois, selon le besoin & la nature du sol.

Les plantes qui ne craignent que les très-fortes gelées sont presque toujours laissées en place pendant l'hiver, afin d'éviter la dépense & les embarras de leur transport dans l'orangerie, ou seulement parce qu'elles se trouvent mieux en pleine terre qu'en pot. Alors il est prudent d'augmenter les chances de leur conservation, en les couvrant, pendant cette saison, ou de litière, ou de feuilles sèches, ou de fougère. Lorsque les plantes perdent leurs tiges, on met ces matières à plat; mais lorsqu'elles les conservent, on les enveloppe, soit immédiatement, soit, ce qui vaut mieux, après avoir fabriqué autour d'elles une petite cage. On doit choisir le lieu du Jardin le mieux abrité des vents froids & le plus dégagé d'ombre, pour construire, en regard du levant & du midi, les couches, les baches & les serres, qui presque toujours s'accompagnent.

Les couches des Jardins de botanique ne diffèrent de celles dont il a été parlé plus haut, que parce qu'elles sont le plus souvent accouplées, afin de pouvoir plus facilement les réchauffer en mettant du fumier neuf dans leur intervalle. *Voyez* COUCHES.

Les semis ne se font pas immédiatement sur les couches des Jardins de botanique, comme sur celles des Jardins potagers, mais dans des pots remplis de terre préparée, pots qu'on y enfonce jusqu'au bord aussitôt qu'on n'a plus à craindre les effets de leur première chaleur. Chacun de ces pots porte une étiquette en plomb ou en bois, offrant un numéro correspondant à un catalogue;

de sorte qu'on peut toujours, dans le besoin, savoir le nom de la plante qui s'y trouve. On donne des arrosemens légers, mais fréquens, à ces semis, & on les sarcle lorsqu'il est nécessaire; mais d'ailleurs on n'y touche que pour les placer dans l'école, ou pour séparer les plantes qu'ils ont données, & les mettre chacune dans un pot. Un de ces pots, pour chaque espèce, est destiné à garnir l'école, & les autres sont remis sur la couche ou placés contre quelque mur.

Autrefois on couvroit toujours les couches, pendant la nuit, de paillassons épais, afin d'arrêter les émanations de la chaleur & de s'opposer aux effets des foibles gelées; mais on y a renoncé depuis qu'on connoît les châssis & leurs avantages: il arrive cependant qu'on s'en sert encore lorsqu'un froid vif annonce la possibilité d'une forte gelée.

On fait encore moins souvent usage des cloches, si en faveur dans les Jardins potagers; cependant il faut en avoir toujours quelques-unes à sa disposition pour les cas extraordinaires.

Ce sont les graines des plantes des parties méridionales de l'Europe, des parties tempérées de l'Asie, de l'Afrique & de l'Amérique, qu'on sème ainsi, afin d'avancer & d'activer leur germination.

Ordinairement les couches à châssis sont au-dessus des couches nues, c'est-à-dire, plus élevées & plus près du mur du midi: on y sème les graines des plantes inter-tropicales, qui ne demandent pas le plus haut degré de chaleur, positivement comme on l'a fait sur les couches nues. Il est de ces châssis qui n'ont point de vitrages: on peut les considérer comme de larges caisses peu profondes, qu'on place sur les semis pendant la nuit, pour empêcher le refroidissement de la couche, même l'effet des foibles gelées.

Conduire un semis sous châssis n'est pas une chose aisée: celui qui en est chargé doit avoir beaucoup d'instruction & de maturité de jugement. Point d'air à telle époque peut faire périr en un instant, *fondre*, comme disent les jardiniers, la totalité du jeune plant. Trop d'air peut amener sa perte par différentes causes, ou retarder sa croissance. Généralement cependant on ouvre le vitrage vers les neuf heures du matin dans les jours chauds, & on le ferme vers les six heures du soir. Le trop & le pas assez de soleil ont également de graves inconvéniens; c'est pourquoi il faut avoir des toiles ou des claies légères pour recouvrir les vitrages dans les jours où il est trop vif, ou dans ceux qui sont disposés à l'orage.

On remet ordinairement sous un autre châssis, au moins pendant quelques jours, les plantes qu'on a enlevées des pots où il y en avoit plusieurs, pour les mettre isolément dans d'autres pots; ensuite on en porte un pied dans l'école, & on dispose les autres contr'un mur, au midi, où ils restent jusqu'aux approches des gelées, qu'on les remet sous le châssis, ou qu'on les rentre dans l'orangerie ou dans la serre tempérée.

On appelle ORANGERIE un bâtiment élevé, à l'exposition du levant ou du midi, percé d'un grand nombre de fenêtres à doubles vitrages, dont les murs sont assez épais pour que les plus fortes gelées ne puissent pas y pénétrer: sa porte est également double. C'est là qu'on dépose, pendant l'hiver, les plantes qui ne peuvent rester en pleine terre, mais à qui il suffit, pour les conserver, qu'elles ne soient pas atteintes d'un froid au-dessous du zéro du thermomètre de Réaumur. L'humidité est le plus grand ennemi des orangeries, & on doit prendre, en les construisant & en les employant, toutes les précautions possibles pour l'éviter. Je m'étendrai beaucoup sur ce qui les concerne sous ces deux rapports, à l'article qui les a pour objet.

Il vaut toujours mieux avoir plusieurs petites orangeries qu'une grande, & elles doivent être placées dans la partie la plus sèche du Jardin.

Celui qui est chargé de la surveillance d'une orangerie doit en ouvrir les fenêtres toutes les fois que le tems n'est pas ou trop chargé d'humidité ou très-disposé à la gelée. Il ne donnera que les arrosemens strictement nécessaires à la conservation des plantes, & avec de l'eau à sa température, à l'effet de quoi il en tiendra, à l'intérieur, dans un bassin ou dans un tonneau, &c. Les feuilles mortes, les tiges moisies, seront journellement enlevées par lui. Deux remuemens généraux de tous les pots sont avantageux à exécuter, l'un à la fin de décembre, & l'autre au commencement de mars; ce n'est pas à la forte végétation des plantes qu'il doit tendre, c'est uniquement à leur conservation.

Une bache est une espèce de petite serre en pierre, enfoncée en terre, dans laquelle on peut entrer, qu'on chauffe le plus souvent au moyen d'un fourneau, & par le moyen duquel on se procure le plus haut degré de chaleur humide qu'exigent les plantes équatoriales, les seules qu'on y sème & qu'on y cultive. Sa conduite est encore plus difficile que celle d'un châssis, puisqu'aux causes d'accidens qui sont propres à ces derniers, se joint celle de la chaleur trop forte ou trop foible du fourneau. C'est l'homme en même tems le plus instruit, le plus prudent & le plus assidu qu'il faut en charger, encore, avec tous les soins possibles, n'est-il pas sûr de ne pas éprouver des pertes fréquentes.

Je donnerai des développemens plus étendus à ce qu'il convient de savoir, relativement aux baches, à la suite de l'article SERRE.

Depuis que l'Univers entier est mis à contribution pour enrichir nos Jardins de nouvelles espèces, beaucoup de serres sont devenues des bâtimens indispensables, malgré la grande dépense à laquelle elles donnent lieu dans les Jardins de botanique.

Les serres varient beaucoup de forme & de grandeur. Je ferai valoir les avantages & les inconvéniens des unes & des autres à l'article qui les aura pour objet. Ici il suffira de dire qu'elles se divisent en serres tempérées & en serres chaudes, lesquelles ne diffèrent que parce que les premières sont moins chauffées que les secondes, auxquelles elles sont le plus souvent adossées.

La conduite d'une serre, quelque difficile qu'elle soit, est certainement moins scabreuse que celle d'un châssis, & encore moins d'une bache : les accidens qui ne sont pas la suite d'un défaut d'intelligence ou de surveillance y arrivent plus rarement. Un homme peu instruit, pourvu qu'il soit très-soigneux & très-assidu, peut en diriger les travaux d'une manière satisfaisante.

Dans les serres chaudes, on entretient toujours une chaleur supérieure à celle qui est indiquée par dix degrés du thermomètre de Réaumur. Outre cela les plantes, ou mieux les pots qui les contiennent, sont souvent placées dans une couche tannée. Comme elles jouissent de plus de lumière & de chaleur que les orangeries, on peut pousser les plantes à la végétation avec moins d'inconvéniens. On doit avoir une serre uniquement destinée à faire ainsi pousser activement les plantes, au risque de les perdre; car les Jardins de botanique ne remplissent leur objet qu'autant qu'on y trouve des fleurs & des fruits.

Celui qui dirige la culture d'une serre doit porter son attention sur l'entretien du feu, c'est-à-dire, veiller à ce qu'il n'y en ait jamais ni pas assez ni trop; prévoir les changemens de tems vingt-quatre heures au moins à l'avance, & ne pas se coucher pendant les nuits où la force de la gelée oblige d'augmenter le feu; car c'est alors que, comme les baches, les serres sont le plus exposées à des accidens fâcheux, produits par l'excès du froid ou du chaud. Des thermomètres, accrochés à différens endroits de la serre, lui servent de guide. Il n'y a pas de doute pour moi, que si on vouloit faire la dépense d'un double vitrage, on obtiendroit un degré de chaleur plus égal & plus durable, avec une moindre consommation de bois; mais nulle part il n'existe de serres ainsi disposées.

Un air fréquemment renouvelé assure la bonne santé des plantes des serres; il faut donc profiter de tous les jours où il ne gèle pas pour ouvrir un ou deux panneaux de leurs fenêtres pendant quelques instans, vers midi. Les arrosemens se feront toujours le matin, comme dans les orangeries, & avec de l'eau apportée, depuis au moins vingt-quatre heures, dans un réservoir intérieur, afin qu'elle prenne la température convenable, c'est-à-dire, celle de la serre même. De tems en tems ces arrosemens se feront en forme de pluie pour laver les feuilles.

Dans quelques serres de l'Allemagne, principalement dans celle de Schoenbrune près Vienne, les plantes sont en pleine terre; aussi leur végétation y est-elle presqu'aussi belle que dans leur pays natal; aussi portent-elles des fleurs & même des fruits en abondance. Il n'en existe pas de telles en France; cependant il en est peu dans lesquelles on ne voie quelques plantes ainsi placées, palissadées sur le mur du fond. On dit partout que la grande dépense arrête, & cependant il est probable que cette dépense seroit couverte en moins de dix ans par l'économie de main-d'œuvre qui en résulteroit.

Les plantes conservées dans des pots demandent à être chaque année pourvues, au moins une fois, de nouvelle terre. Cette opération s'appelle le REMPOTAGE. (*Voyez* ce mot.) Elle s'exécute au commencement de l'automne. Le plus souvent chaque pied est mis dans un autre pot plus grand, après qu'on a enlevé avec un couteau la moitié ou même les deux tiers de la terre qui entoure ses racines, en coupant une partie de ces racines, & en en débarrassant l'autre. Elle ne laisse pas que d'être scabreuse, à raison de ce que souvent chaque pied doit être traité différemment, & qu'il faut juger, à l'inspection de ses branches & de ses racines, ce qui lui convient. C'est alors qu'on s'occupe des multiplications qui se font par rejetons, par déchirement des vieux pieds, par éclat & par racines. Les plantes rempotées sont arrosées copieusement, & placées à l'ombre jusqu'à ce qu'elles soient complétement remises de la fatigue qu'elles ont éprouvée.

La récolte des graines est un objet très-important dans un Jardin de botanique, puisqu'elle est le seul moyen de reproduction des plantes annuelles, & le meilleur de tous les autres, quoique le plus lent. On ne peut donc y apporter assez d'attention. En conséquence une personne intelligente, munie de petits sacs, parcourra tout le Jardin, une, deux & trois fois par semaine, selon la saison, ramassera celles de ces graines qu'il trouvera mûres, & les mettra de suite dans un des sacs, sur lequel elle inscrira le nom de la plante à laquelle elles appartiennent. Comme les graines se conservent mieux dans leurs enveloppes qu'isolées, on n'épluchera que pendant l'hiver celles qui doivent être semées au printems. Les autres seront mises de suite en terre avec les précautions convenables. *Voyez* SEMIS.

Quant aux moyens de multiplication dont je n'ai pas encore parlé, & qui se pratiquent dans tous les Jardins, *voyez* aux mots BOUTURE, MARCOTE & GREFFE.

Une troisième sorte de Jardins non-productifs sont ceux que j'appellerai *Jardins des amateurs de plantes étrangères* : on y cultive, comme dans ceux de botanique, toutes les espèces qu'on peut se procurer; mais comme on n'y est pas astreint à suivre un ordre dans leur placement, & à y recevoir toutes celles qui se présentent, on les dispose dans les terreins & dans les expositions qui leur sont le plus convenables; aussi y prospèrent-elles généralement mieux, & elles ne sont pas exposées aux dégradations dont on se plaint avec tant de raison dans ceux dont il vient d'être question. Il y a aussi des couches nues & à châssis, des orangeries, des baches, des serres tempérées & chaudes. Toutes les opérations qui s'y font, ne diffèrent pas de celles des Jardins de botanique, à l'exception de celles qui regardent l'école. Leur étendue doit être assez considérable pour qu'on y trouve naturellement ou qu'on puisse y créer artificiellement des terreins secs & montueux, exposés aux vents; des vallons gras & humides, des bois sombres, des prairies, des champs, des rochers, des eaux dormantes & courantes. Leur ordonnance est généralement la même que celle des Jardins paysagers, dont il sera question plus bas; mais on y trouve une bien plus grande variété de plantes. Je citerai, comme modèle en ce genre, celui de Kiw, appartenant au Roi d'Angleterre. Nul en France ne peut lui être comparé, & en richesse, & en élégance. Tous les climats ont été mis à contribution pour l'embellir; on y compte, dit-on, plus de dix mille espèces, chacune cultivée comme il lui convient, & placée de la manière la plus favorable pour produire tout l'effet dont elle est susceptible.

Il est beaucoup de ces sortes de Jardins aux environs de Paris & dans les départemens, surtout vers le nord. Parmi eux, celui que possède, près de Boulogne, M. Dumont-Courset, auteur du *Botaniste cultivateur*, se distingue par la quantité d'objets qu'il contient & par la science qui préside à sa culture. Les amis de la botanique doivent faire des vœux pour qu'ils se multiplient encore davantage, car c'est principalement sur eux qu'on peut compter pour la conservation & la multiplication des espèces que nous possédons, & pour l'introduction de celles connues ou inconnues, qui ne s'y trouvent pas encore, parce que le goût des plantes devient facilement une passion qui, comme toutes les autres, fait surmonter les obstacles.

Un des objets sur lesquels on doit porter le plus d'attention dans ces sortes de Jardins, c'est l'établissement de plates-bandes droites ou courbes de terre de bruyère, parce que c'est là que réussissent exclusivement une grande quantité d'arbustes à racines grêles, dont les fleurs se font souvent remarquer par leur beauté. La manière de les faire sera mentionnée au mot TERRE DE BRUYÈRE.

Les Jardins des *marchands de plantes étrangères*, dont je fais ma quatrième sorte de Jardins non-productifs, quoique ce soit sans contredit ceux qui, proportion gardée, rapportent le plus, sont à ceux des amateurs de plantes étrangères ce que ceux des jardiniers fleuristes sont à ceux des amateurs de fleurs: même négligence dans les objets accessoires, même économie de terrein & de tems. Ici, comme là, le but est de produire promptement & considérablement; en conséquence aucun des moyens d'assurer la germination des graines, la reprise des marcotes, des boutures, des greffes, &c. n'est négligé: là on ne craint point de faire des avances dès qu'on prévoit un bénéfice certain. En effet, qu'est-ce qu'une dépense de 6 francs lorsqu'il s'agit de faire reprendre en un an plutôt qu'en deux, une marcote de magnolier à grandes feuilles, qui sera vendue 300 francs? Qu'est-ce qu'une dépense de 100 francs de plus en feu, pendant un hiver, lorsqu'il s'agit de faire pousser plus vigoureusement des plantes dont une seule, comme le strélitzia, sera vendue plus de 2,000 fr.?

Tous les travaux qui sont nécessaires à l'entretien des Jardins de botanique & à ceux des amateurs de plantes étrangères s'exécutent dans ceux des marchands dont il est ici question. Seulement, comme je l'ai déjà dit, on *pousse* plus à l'eau & au feu, pour me servir de l'expression consacrée, dans le but d'avoir une vente plus prompte & plus avantageuse.

Presque tous les marchands de plantes étrangères sont en même tems pépiniéristes, & même quelques-uns fleuristes; mais j'ai dû séparer ces diverses occupations pour ne pas jeter de la confusion dans ce que j'avois à en dire.

C'est chez les marchands de plantes étrangères que se fournissent les amateurs, qui ensuite, lorsqu'ils ont multiplié certaines espèces rares, les leur rendent en échange d'autres qu'ils ne possèdent pas encore. C'est cette rotation qui, ainsi que je l'ai déjà observé, assure la conservation des plantes exotiques dans nos Jardins, car il est fort rare que telle d'entr'elles périsse la même année dans tous; & comme, dès qu'elle cesse d'être commune, sa valeur augmente, le desir de la reproduire se ranime.

Les amis des plantes doivent donc favoriser de tous leurs moyens les marchands de plantes étrangères.

On appelle *Jardins d'ornement*, *Jardins français*, *Jardins peignés*, ceux que je range dans ma quatrième sorte. Ils étoient l'objet de l'admiration de nos pères; aujourd'hui ils sont tombés dans un tel discrédit, qu'on n'en construit plus que pour les promenades publiques. Ils sont caractérisés par des allées toujours droites, & par l'exacte symmétrie de toutes leurs parties. On y trouve des MASSIFS, des QUINCONCES, des BERCEAUX, des ÉTOILES, des LABYRINTHES, des BOULINGRINS, des PARTERRES, des BASSINS, des JETS D'EAU. Les arbres y sont taillés en palissades, en éventail, en boule, &c. Les statues semblent leur être essentielles par l'habitude qu'on a d'y en voir.

Ces sortes de jardins, lorsque, comme les Tuileries & Versailles, ils ont été plantés par une main savante, ont de la grandeur & de la majesté, & plaisent au premier coup-d'œil; mais bientôt leur monotonie fatigue, & on les quitte pour aller jouir de la variété des champs. Il semble qu'ils ne sont destinés que pour les réunions nombreuses & passagères, qu'on n'y va que pour voir & y être vus.

Des

Des allées à ratisser plusieurs fois dans l'année, des plates-bandes de parterre à labourer, planter & biner; des arbres de ligne, des charmilles & des arbustes à tailler; des gazons à faucher, sont les objets principaux d'occupation des ouvriers attachés aux Jardins français. La plus médiocre habileté suffit pour diriger & exécuter les travaux qu'ils exigent.

Ni les arbres de ligne ni les fleurs des parterres ne sont variés dans les Jardins francais. Le marronnier d'Inde ou l'orme pour les grandes allées, le tilleul ou l'orme pour les petites, la charmille pour les palissades; quelques arbustes, comme lilas de Perse, spirée à feuilles de millepertuis, lavatère en arbre, rosiers, seringat, chèvre-feuille de Tartarie, &c. pour les plates-bandes des parterres; quelques touffes de grandes & petites plantes vivaces, prises parmi les astères, les verges-d'or, les centaurées, les chrysanthèmes, les lychnides, les hélianthes, les althées, les campanules, les pivoines, les sauges, les véroniques, les matricaires, les mufliers, les alysses, les ancolies, les immortelles, les ceraistres, les iris, les œillets, les staticés; quelques plantes annuelles, comme les pieds-d'alouette, les passe-velours, les adonides, les balsamines, le pavot, le liseron belle-de-jour, les basilics, le coquelicot, le lupin, le taget, le souci, les belles-de-nuit, les nigelles, la reine-marguerite, le zinia, les giroflées, la persicaire du Levant, la scabieuse fleur-de-veuve, le thlaspi, sont presque les seuls objets qu'on y rencontre. *Voyez* tous ces mots, où est décrite la culture des plantes qu'ils indiquent.

On voit dans les Jardins français, aussi souvent que la localité le permet, des pièces d'eau de forme toujours régulière, & quelquefois pourvues de jets d'eau. Les fontaines, s'il s'en trouve, sont généralement, ou des monumens d'architecture, ou des colifichets en pierres de couleur, en coquillages, &c.

Quant aux statues qui les ornent, on sent bien qu'elles ne peuvent avoir de valeur, sous le rapport de l'art, que dans les Jardins des Rois. Il en est de même des vases lorsqu'ils offrent des bas-reliefs.

Voici, d'après Leblond, élève de Lenôtre, un extrait des préceptes ou règles qui doivent guider dans la formation des Jardins français.

Il y a trois sortes de Jardins: ceux à niveau parfait, ceux en pente douce, & ceux en terrasse.

Les premiers sont les plus beaux, les plus faciles à construire, & les moins coûteux à entretenir.

Les seconds sont sujets à être ravinés par les pluies; mais au moyen de rigoles traversant obliquement les allées, on peut remédier à cet inconvénient.

Les troisièmes ont des beautés nombreuses, en ce que chaque terrasse forme un Jardin particulier, d'où on a le coup-d'œil des inférieures, & en ce qu'on peut y multiplier les pièces d'eau à volonté; mais ils sont extrêmement coûteux à construire & à entretenir.

Il doit toujours y avoir un rapport entre la grandeur du Jardin & celle de la maison. En sortant de cette dernière on se trouve d'abord sur un perron au moins de trois marches, d'où on découvre la majeure partie de son ensemble. Au-dessous de ce perron, en face & sur les côtés, est le parterre, qui sera accompagné de bosquets, de palissades, mais seulement dans le cas où il n'y auroit pas de vue à conserver, car alors il faudroit les remplacer par des boulingrins.

Les bosquets voisins des parterres offriront des compartimens, des quinconces, des salles, des boulingrins, des treillages, des fontaines. Ceux d'arbres verts sont à préférer.

Il est desirable que la tête d'un parterre soit décorée avec des pièces d'eau, & des gazons en broderie, garnis de vases.

La principale allée sera toujours triple, & en face du bâtiment: une ou plusieurs autres lui seront perpendiculaires dans sa longueur; des grilles ou des sauts-de-loup les termineront.

Dans le reste du Jardin on plantera, sur différens dessins, des bois de haute futaie, des quinconces, des cloîtres, des galeries, des salles vertes, des cabinets, des labyrinthes, des boulingrins, des amphithéâtres ornés de fontaines, de canaux, statues, &c.

Une attention à avoir en traçant les différentes parties d'un Jardin, c'est de les opposer toujours l'une à l'autre. On ne doit répéter les mêmes pièces que dans les lieux découverts.

Un PARC (*voyez* ce mot) se voyoit presque toujours anciennement à la suite des Jardins des châteaux, & en faisoit réellement partie. Aujourd'hui on en établit peu, mais on conserve ceux qui existent.

La dernière sorte de Jardins non-productifs est celle qu'on appelle *Jardins anglais*, *Jardins chinois*, *Jardins naturels*, & que je crois qu'on doit nommer *Jardins paysagers*, parce qu'ils imitent en petit ce que la campagne offre en grand, c'est-à-dire, qu'ils renferment, dans une enceinte de quelques arpens, ce qu'on trouve dans un espace de plusieurs lieues.

Ces Jardins, connus de tout tems en Chine, imités ensuite en Angleterre, sont devenus très-communs en France dans ces derniers tems, & commencent à se multiplier en Allemagne. Ils offrent des beautés toujours nouvelles à leurs propriétaires, parce qu'ils réunissent un grand nombre d'intentions, & qu'ils frappent ensemble ou successivement plusieurs sens. Leur perfection consiste dans le choix & la diversité des sites, dans un ensemble agréable, & dans des détails toujours intéressans. On doit faire en sorte que l'art ne paroisse pas, que tout semble naturel. Les lignes droites, si estimées dans les Jardins français, y sont proscrites. Il faut que les sensations y soient convenablement ménagées, s'y succèdent en se contrastant sans efforts. Ainsi, en quittant un riant gazon émaillé de fleurs, on trouve, derrière le bosquet qui le borne, un rocher stérile, qui menace de sa chute; ainsi, lorsqu'on a traversé l'obscure caverne qu'il renferme, on arrive sur le bord d'un lac dont les eaux pures & tranquilles réfléchissent les rayons du soleil, & peignent à rebours les îles verdoyantes qu'elles entourent; ainsi, au milieu d'un bois sombre, on monte insensiblement sur un tertre, au sommet duquel est un petit temple à l'Amitié, dont la vue s'étend d'un côté sur une riche campagne, & de l'autre sur de fertiles coteaux; enfin, en descendant de l'autre côté du même tertre, on rencontre un assemblage de rochers d'où tombe une bruyante cascade dont les eaux, après avoir serpenté encore quelque tems sous les arbres, à travers des pierres couvertes de mousse, vont se rendre dans une prairie animée par des vaches mugissantes, & y continuent lentement leur cours. Cacher une partie de la composition par le moyen d'arbres, de collines, de bâtimens, de rochers, &c. est un artifice qu'il ne faut pas négliger. La curiosité du promeneur doit être continuellement surprise, & son imagination toujours en action. On variera la forme des bosquets, on mettra en opposition les couleurs & les formes des arbres.

Donner des règles précises pour tracer un Jardin paysager est impossible, puisque son ensemble & ses détails dépendent de la localité où on veut l'établir, & de la dépense qu'on peut lui consacrer. Il est tel endroit où, avec du goût & du tems, un propriétaire en peut construire sans frais un superbe, & tel autre où des sommes énormes seroient insuffisantes pour en faire un médiocre. On rit toujours lorsqu'on voit entasser montagnes sur montagnes, rochers sur rochers, fabriques sur fabriques dans un espace de quelques arpens; lorsqu'on multiplie les ruisseaux, les rivières, les lacs dans un lieu où le manque d'eau oblige de recourir à une pompe. Une pelouse irrégulière, entourée de quelques bouquets d'arbres, où serpentent des sentiers, sera toujours plus agréable dans un petit espace, que tous les colifichets que l'on multiplie à grands frais aujourd'hui dans les maisons voisines de Paris & autres grandes villes.

Deux principes se mettent, avec succès, en usage dans les Jardins paysagers: c'est, 1°. l'irrégularité des bosquets & les angles rentrans & saillans qu'ils présentent sur leurs bords; 2°. les arbres isolés, les bouquets d'arbres, les buissons, les petites plates-bandes irrégulières que présentent les gazons. Par ce moyen, on trompe les yeux sur les distances, & on développe à un haut degré la magie du clair-obscur.

Il est des arbres difformes, obliquement plantés, qui font beaucoup d'effet dans ces sortes de Jardins: on y voit avec plaisir quelques têtards.

Les allées, ou pour mieux dire les sentiers, doivent sans doute être multipliés dans les Jardins paysagers, mais non au point où on les y voit quelquefois. Il faut surtout qu'ils aient toujours un but au moins apparent d'utilité. Il n'est pas dans la nature de faire cent toises de chemin pour arriver à un objet qui n'est qu'à quelques pas, lorsqu'aucun obstacle ne s'y oppose; aussi quitte-t-on les allées courbes dans ce cas, comme on le voit si souvent aux traces indiscrètes empreintes sur le gazon dans ceux où ce défaut existe.

Les rochers, les grottes, les kiostes, les fabriques de toute espèce, les eaux mêmes, soit courantes, soit stagnantes, doivent être ménagé; car leur excès fatigue autant que leur sage combinaison plaît.

Il est toujours desirable que ces eaux offrent, ou des plantes à fleurs & des poissons, ou des oiseaux aquatiques. Je n'aime pas ces derniers, surtout les cygnes & les oies, parce qu'ils dégradent.

Des abeilles sont un accessoire qu'on devroit voir dans tous les Jardins & surtout dans les Jardins paysagers, où elles trouvent tant de moyens de subsistance. Eh! qu'on n'argue pas, pour les repousser, les dangers de leurs piqûres! Il est tant de places où elles ne sont nullement à craindre sous ce rapport!

Que de choses j'aurois à dire sur tous ces objets, mais c'est un article & non un volume que je rédige!

Les deux Jardins paysagers les mieux dessinés que je connoisse en France sont, celui du Petit-Trianon, où tout est dû à l'art, & celui d'Ermenonville, dont la nature a fait la plus grande partie des frais. Je pourrois les décrire pour en donner une idée; mais j'en suis dispensé par la facilité de les voir qu'ont tous ceux qui viennent à Paris. Ils sont d'ailleurs aujourd'hui inférieurs à ce qu'ils étoient autrefois, & il seroit pénible pour moi de rechercher les causes de leur dégradation.

L'Angleterre offre, dit-on, un grand nombre de Jardins plus beaux que ceux-ci. Celui de Kiw, dont j'ai déjà parlé, doit en effet tirer de grands avantages de la multitude de plantes étrangères qui s'y voient; car, je le répète, plus on y trouve de variété & d'opposition, & plus leur effet est grand.

Mais il ne suffit pas de dessiner & de tracer un Jardin paysager; il faut encore le construire, le planter & l'entretenir. Pour tous ces objets, on doit chercher des hommes capables, & ils ne sont pas communs. Le placement d'un fragment de rocher est une chose facile à ce qu'il paroît, & cependant il est rare qu'il soit d'abord convenablement fait. Pour juger du meilleur effet qu'il doit produire, il faut aller pour ainsi dire à tâtons. Telle rivière, tel lac perd ses eaux & coûte chaque année des frais de réparations considérables, parce qu'on n'a pas fait attention, en les creusant, à la nature des veines de terre. Un gazon ne peut être semé avec avantage parce qu'on aura recouvert le sol de terres infertiles, & qu'on persistera, par ignorance, à vouloir qu'elles produisent sans amélioration. Tout est à considerer, tout est à calculer, & ce sont de simples terrassiers qui agissent, c'est-à-dire, des hommes inaccoutumés à la réflexion!

Il semble qu'il n'y a que les botanistes consommés & les cultivateurs les plus instruits qui puissent planter un Jardin paysager, tant il y a de choses à savoir pour le faire d'une manière convenable. Ne doivent-ils pas indiquer les arbres, arbrisseaux, arbustes & plantes vivaces qui peuvent le plus concourir à son embellissement, le lieu où la nature du sol doit les faire placer de préférence, la grandeur à laquelle ils parviennent, pour que les petits ne se trouvent pas derrière, pour que, par la disposition de leurs branches, la couleur de leurs feuilles, de leurs fleurs, l'époque de l'épanouissement de ces dernières, on puisse y ménager les contrastes, qui doublent, triplent même les effets? Tel arbre qui fait bien devant tel autre, en tel lieu, fera mal devant le même dans tel autre. Tel arbre qui concourra à l'embellissement dans une exposition au nord lui nuira dans une exposition au midi. Il faut, autant que possible, que les espèces à fleurs soient disposées de manière qu'il y en ait en fleurs dans les bordures des bosquets pendant toute la durée de l'été. Il en est de même des plantes vivaces. Toutes ces considérations, sur lesquelles reposent les véritables beautés des Jardins paysagers, sont négligées au point qu'excepté le Petit-Trianon, avant la révolution, je ne puis dire où on s'en soit occupé. Le hasard seul détermine le placement des arbres: heureux quand il sert passablement bien! Je gémis toujours lorsque je me promène dans les Jardins des environs de Paris, des contre-sens qu'ils présentent à chaque pas sous tous ces rapports, & encore plus lorsque j'y vois des arbres rares placés sans choix & de manière à bientôt périr.

C'est à la circonférence des bosquets que se placent tous les arbrisseaux & arbustes étrangers, toutes les grandes plantes vivaces qui ne demandent pas de culture, & ce de manière que ce soient les plus petits qui soient sur le devant.

Les arbres rares que j'ai signalés plus haut, & dont la multiplication est quelquefois si importante à la prospérité future de l'agriculture française; aux yeux des personnes instruites, seront toujours isolés à quelque distance des massifs, afin qu'ils jouissent de toute l'influence de la lumière solaire, & qu'ils puissent recevoir à leur pied, pendant leur jeunesse, les binages nécessaires à leur accroissement.

On doit faire une attention particulière aux gazons des Jardins paysagers, car ils tirent d'eux une grande partie de leur beauté. Il y en aura de plusieurs sortes, c'est-à-dire, que ceux des environs de la maison seront d'une seule espèce de graminée, d'ivraie vivace si le terrein est frais, de canches s'il est aride; & ceux des parties les plus éloignées seront des prés ou des pelouses naturelles. Les premiers se couperont trois ou quatre fois au moins dans l'été, se couvriront de terreau pendant l'hiver, afin qu'ils soient constamment bien garnis & frais. Aux seconds on se contentera de donner des sarclages pour enlever les herbes trop dominantes, & de la nouvelle terre tous les trois ou quatre ans.

Aucun arbre, aucune plante ne gagne à être tondue au croissant ou au ciseau dans les Jardins paysagers. Une branche prend-elle une direction vicieuse on la retranchera à la serpe ou à la serpette. Un buisson vieillit-il? on le coupera rez terre. Comme il ne doit y avoir des arbres de haute futaie que dans le centre de quelques massifs, ou isolés, on coupera les autres lorsqu'ils seront arrivés à une certaine hauteur, lorsqu'ils nuiront à l'effet ou qu'ils gêneront la croissance des autres. C'est pour n'avoir pas fait attention à cela que tant de ces sortes de Jardins ont perdu les caractères qu'ils avoient d'abord. Tous les hivers il doit se faire une revue générale, d'après des notes prises pendant l'été, pour faire ces coupes, en enlevant les branches mortes, les branches chiffones, &c.

Comme on place des plantes dans les fentes des rochers, sur le sommet des monticules, où elles ne trouvent pas le sol qui leur est convenable, comme, surtout aujourd'hui, on y introduit beaucoup d'arbustes de terre de bruyère, qui demandent à être dans une humidité constante, il faut souvent arroser.

Les travaux qu'exigent les allées se bornent à des ratissages & à la rognure des gazons qui les bordent, pour empêcher leurs envahissemens. (*Bosc.*)

JARDINAGE. On donne ce nom, tantôt à l'art de cultiver les jardins, tantôt aux légumes qu'on cultive dans les jardins. (*Bosc.*)

JARDINER. Tantôt ce mot signifie travailler au jardin pour s'amuser, tantôt couper les arbres d'un bois çà & là. On exploite en jardinant les forêts d'arbres résineux, parce que ces arbres ne se reproduisent que de semences, & demandent de l'ombre pendant les premières années de leur vie. (*Bosc.*)

JARDINIER. C'est celui qui cultive & soigne un jardin.

On me demande souvent: Indiquez-moi un bon Jardinier. Mais qu'entendez-vous par un bon Jardinier? Un homme, répond-t-on, qui sache son état, qui soit d'une forte constitution, qui aime le travail, qui soit probe, qui ne s'enivre pas, &c.

Il est fort commun de trouver des Jardiniers qui possèdent ces dernières qualités, mais il en est peu qui soient convenablement instruits. La science du jardinage est si étendue, si compliquée, que celui qui s'y livreroit, avec l'avantage d'une bonne éducation première, c'est-à-dire, avec l'habitude de réfléchir & la connoissance de toutes les sciences accessoires, pourroit à peine se flatter de l'apprendre complétement. Comment est-il possible que des hommes nés dans la pauvreté, qui n'ont le plus souvent pas même appris à lire, puissent s'y distinguer? On met à seize ans un jeune homme en apprentissage; il traîne la brouette, ratisse les allées, sarcle, arrose, laboure pendant deux ans, après quoi on lui permet de planter, de greffer, de palissader, de tailler pendant deux autres années, & il se croit Jardinier, parce qu'il fait aussi bien que son maître toutes les opérations qu'il lui a vu faire, & qu'il est d'usage de l'être après quatre ans de travail dans un jardin. Mais qu'au bout de ce tems on lui demande quel est l'objet du labourage, du palissage; pourquoi il coupe telle branche & réserve telle autre, il n'en pourra rien dire, parce qu'on ne le lui a jamais appris. Or, ce jeune homme est-il réellement Jardinier? Non, répondrai-je; cependant il en fait assez pour conduire un jardin, puisqu'il en fait autant que la plupart des autres.

En général, il est très-peu de Jardiniers véritablement instruits, parce qu'ils ne sont ni assez payés ni assez honorés.

Comment un jeune homme de quelque valeur peut-il se résoudre à prendre un état où il ne gagnera que 800 francs, où il sera exposé à des caprices & à des injustices, où il sera enfin traité comme le dernier des domestiques; aussi n'est-ce qu'autour des grandes villes, c'est-à-dire, autour de celles où le commerce des fruits, des légumes, des fleurs & des plantes étrangères est en grande activité, qu'il se trouve de ces Jardiniers, l'honneur de leur état, qui sont arrivés à un haut degré d'habileté en théorie & en pratique, parce qu'ils travaillent pour leur compte, & que par conséquent il est de leur intérêt de se perfectionner chaque jour pour gagner davantage.

Aujourd'hui les Jardiniers se subdivisent en Jardiniers ordinaires, qui traitent toutes les parties; en Jardiniers fleuristes, en Jardiniers maraîchers, en Jardiniers pépiniéristes, en Jardiniers tailleurs d'arbres fruitiers (ceux de Montreuil), en Jardiniers entreteneurs de jardins paysagers. (*Bosc.*)

JARDON, tumeur causée par une extension, contre nature, du tendon fléchisseur du pied, & qui fait boîter le cheval.

On la fait disparoître, si elle est nouvelle, par des fomentations émollientes, auxquelles on fait succéder des frictions résolutives & spiritueuses, telles que l'eau-de-vie camphrée; & quand elle est vieille, par l'application du feu. Quelquefois elle devient phlegmoneuse. *Voyez* le mot CHEVAL. (*Bosc.*)

JAROSSE ou JAROUSSE. La gesse porte ce nom dans quelques lieux.

JARRET, longue branche d'arbre, qui forme un angle & qui est dénuée de rameaux. (*Bosc.*)

JARRET. Les cultivateurs qui achètent des chevaux doivent principalement s'attacher à examiner leurs Jarrets; car, comme on le doit penser, c'est de leur bonne organisation que résulte le service qu'on a droit d'en espérer.

De petits & de gros Jarrets sont également foibles. Il en est encore ainsi de ceux qui sont trop en dedans ou trop en dehors.

Des Jarrets trop courts ou dont le pli est trop considérable font manquer le cheval dans les descentes: on nomme les chevaux qui les ont tels, *jarretés*, *crochus*, *clos du derrière*.

Outre les engorgemens & les enflures qui sont la suite d'un travail trop forcé, les Jarrets sont sujets au CAPELET ou PASSE-CAMPAGNE, à la MALANDRE, au VESSIGON, à la VARICE, à la COURBE, à l'ÉPARVIN & au JARDON. *Voyez* ces mots. (*Bosc.*)

JAS. Dans le département du Var, on donne ce nom aux BERGERIES.

JASIONE. *Jasione.*

Genre de plante de la syngénésie monogynie ou de la monadelphie pentandrie & de la famille des *Campanulacées*, lequel réunit deux espèces qui se cultivent dans les jardins de botanique; & qui par conséquent sont dans le cas d'être citées ici. *Voy.* les *Illustrations des genres* de Lamarck, pl. 724.

Espèces.

1. La JASIONE ondulée.
Jasione montana. Linn. ☉ Indigène.

2. La JASIONE vivace.
Jasione perennis. Linn. ♃ Indigène.

Culture.

Ces plantes ne sont pas sans agrément, mais cependant elles ne se cultivent que dans les jardins de botanique, où on les sème en place, & où on ne leur donne d'autres soins que de les éclaircir & de les sarcler.

La première est seule commune. C'est dans les terreins les plus arides qu'elle croît exclusivement; aussi sa présence est-elle le signe de l'infertilité. Les bestiaux n'y touchent pas. (*Bosc.*)

JASMIN. *Jasminum.*

Genre de plante de la diandrie monogynie & de la famille de son nom, qui rassemble une vingtaine d'espèces, dont une douzaine sont cultivées dans nos jardins, à raison de l'excellente odeur de leurs fleurs, & méritent par conséquent un article de quelqu'étendue. *Voyez* les *Illustrations des genres* de Lamarck, pl. 7.

Observation.

Plusieurs espèces de NYCTANTES ont été dernièrement transportées dans ce genre par quelques botanistes, tandis que d'autres en ont formé un genre particulier qu'ils ont appelé MOGORI.

Espèces.

1. Le JASMIN à feuilles de cytise, vulgairement *jasmin jaune.*
Jasminum fruticans. Linn. ♄ Du midi de l'Europe.

2. Le JASMIN d'Italie.
Jasminum humile. Linn. ♄ D'Italie.

3. Le JASMIN commun, le *jasmin proprement dit.*
Jasminum officinale. Linn. ♄ Des Indes.

4. Le JASMIN à grandes fleurs, vulgairement le *jasmin d'Espagne.*
Jasminum grandiflorum. Linn. ♄ Des Indes.

5. Le JASMIN genouillé.
Jasminum geniculatum. Vent. ♄ Des îles de la mer du Sud.

6. Le JASMIN jonquille.
Jasminum odoratissimum. Linn. ♄ Des Indes.

7. Le JASMIN des Açores.
Jasminum azoricum. Linn. ♄ Des Açores.

8. Le JASMIN sambac.
Jasminum sambac. Linn. ♄ Des Indes.

9. Le JASMIN de l'Île-de-France.
Jasminum mauritianum. Desfont. ♄ De l'Île-de-France.

10. Le JASMIN à feuilles de troêne.
Jasminum glaucum. Linn. ♄ Du Cap de Bonne-Espérance.

11. Le JASMIN hérissé.
Jasminum hirsutum. Linn. ♄ Des Indes.

12. Le JASMIN ondulé.
Jasminum undulatum. Linn. ♄ Des Indes.

13. Le JASMIN à feuilles aiguës.
Jasminum angustifolium. Linn. ♄ Des Indes.

14. Le JASMIN à feuilles d'osier.
Jasminum vimineum. Retz. ♄ Des Indes.

15. Le JASMIN multiflore.
Jasminum pubescens. Retz. ♄ Des Indes.

16. Le JASMIN grimpant.
Jasminum scandens. Retz. ♄ Des Indes.

17. Le JASMIN alongé.
Jasminum elongatum. Linn. ♄ Des Indes.

18. Le JASMIN trinerve.
Jasminum trinerve. Vahl. ♄ De Java.

19. Le JASMIN à feuilles simples.
Jasminum simplicifolium. Forst. ♄ Des îles des Amis.

20. Le JASMIN auriculé.
Jasminum auriculatum. Vahl. ♄ Des Indes.

21. Le JASMIN angulaire.
Jasminum angulare. Vahl. ♄ Du Cap de Bonne-Espérance.

22. Le JASMIN flexible.
Jasminum flexile. Vahl. ♄ Des Indes.

23. Le JASMIN didyme.
Jasminum didymum. Forst. ♄ Des îles de la Société.

Culture.

Le Jasmin à feuilles de cytise est très-commun dans les haies & autres lieux incultes des parties méridionales de la France. Il ne sert qu'au chauffage ou à faire des tuyaux de pipe. Si les moutons aimoient ses feuilles, chose dont je doute, il pourroit être utile de le multiplier pour leur servir de nourriture pendant l'hiver. Comme les gelées ordinaires du climat de Paris ne lui font aucun tort, & que la disposition à former buisson, sa perpétuelle verdure, ses fleurs nombreuses, le rendent agréable à la vue, on le cultive abondamment dans les jardins paysagers & autres. C'est au dernier rang des massifs & par touffes isolées qu'on le place : toute terre & toute exposition lui conviennent; cependant il préfère les terres légères & les expositions chaudes. Ses racines tracent au point que presque toujours il faut arrêter leurs accroissemens chaque année, sans quoi elles envahiroient tous leurs alentours. Il n'est presque jamais nécessaire de lui faire sentir le tranchant de la serpète, parce qu'il s'élève peu & prend naturellement une forme régulière : seulement il est bon de le récéper de tems en tems, c'est-à-dire, de couper ses tiges rez terre afin de les renouveler.

Ce Jasmin se multiplie par semences, dont il donne abondamment; par marcotes, par boutures, par drageons & par déchirement des vieux pieds. Ces deux derniers moyens suffisent bien au-delà aux besoins du commerce; aussi s'y tient-on généralement. C'est pendant l'hiver qu'on les exécute. Les pieds qui en proviennent, fleurissent dans le courant de l'été suivant.

Le Jasmin d'Italie se rapproche beaucoup du précédent; mais il est constamment moitié plus petit: on le cultive peu hors des jardins de botanique. Sa culture ne diffère pas de celle de la précédente; cependant il exige une exposition un peu plus chaude & il trace un peu moins.

Le Jasmin commun est cultivé en Europe depuis les dernières années du quinzième siècle. Il étoit jadis un des plus beaux ornemens de nos jardins; mais le goût a changé, &, malgré l'excellente odeur de ses fleurs, la beauté de son feuillage & la facilité de sa multiplication, on ne l'y voit plus aussi souvent. C'est facheux; cependant on doit espérer qu'il reviendra à la mode. Il me semble même qu'il est plus recherché aujourd'hui qu'il ne l'étoit il y a dix ans.

Toutes sortes de terres, pourvu qu'elles ne soient pas aquatiques, conviennent au Jasmin commun; cependant il vient mieux dans celles qui sont légères & fraîches, que dans aucune autre. Il aime les expositions chaudes; cependant il réussit fort bien au nord. Les gelées du climat de Paris l'affectent quelquefois, mais seulement dans ses rameaux; car je ne crois pas avoir vu un seul pied périr par suite de leur action; au contraire, elles lui sont souvent utiles en ce qu'elles forcent de rabattre les branches, & qu'il en résulte de nouvelles pousses extrêmement vigoureuses, qui fournissent, & plus de fleurs, & de plus belles fleurs deux ans après. *Voyez* le mot RABATTRE.

La meilleure manière de placer le Jasmin commun est certainement en PALISSADE. (*Voyez* ce mot.) Bien conduit dans cette disposition, il peut couvrir, en peu d'années, les murs les plus élevés; mais comme c'est principalement pour jouir de l'odeur de ses fleurs qu'on le recherche, il vaut mieux le tenir bas & le faire s'alonger latéralement. Il gagne à être rapproché, même rez terre, toutes les fois qu'on s'apperçoit que ses pousses sont foibles, ses fleurs ne se développant jamais que sur les pousses latérales de l'année. Cependant une taille annuelle & rigoureuse lui est extrêmement nuisible, en ce qu'elle l'empêche de fleurir & de grandir.

On fait quelquefois monter le Jasmin en tige de deux ou trois pieds de haut, tige au sommet de laquelle on laisse se former une boule qu'une taille rigoureuse empêche de grossir. Les Jasmins destinés à être mis en pot, pour garnir les fenêtres ou les consoles des appartemens, reçoivent principalement cette disposition, qui fournit peu de fleurs, & qui est trop contraire à la nature pour paroître agréable. Les pieds ainsi conduits subsistent rarement un grand nombre d'années.

Dans les jardins paysagers, on trouve des moyens fréquens de placer avantageusement le Jasmin; par exemple, pour garnir le bas des rochers, des murs de fabriques, les supports des ponts, le pied des arbres isolés, &c.

Un ou deux binages par an, un palissage en hiver, l'enlévement des branches mortes, sont, outre ceux que je viens d'indiquer, tous les travaux que demande le Jasmin mis en place.

Le Jasmin commun ne donne jamais de fleurs en Europe. J'ai cru long-tems, avec la plupart des cultivateurs, que cette circonstance étoit due à ce que son organisation avoit été affoiblie par une multiplication de plusieurs siècles, au moyen des marcotes & des boutures; mais aujourd'hui je penche à croire que c'est simplement une variété stérile qu'on aura recherchée de préférence, à raison de quelques circonstances que nous ne connoissons pas. Quoi qu'il en soit, il faut renoncer aux variétés dans cet arbuste, puisqu'on ne les obtient que par des semis.

Les marcotes du Jasmin commun se font quelquefois naturellement: car il suffit qu'un rameau touche la terre pour qu'il prenne des racines. Toujours elles sont bonnes à lever à la fin de l'année, & même souvent à être mises de suite en place, quoiqu'il soit mieux de les tenir un ou deux ans en pépinière, pour donner à leur tige le tems de se former.

On relève les rejetons du Jasmin immédiatement après l'hiver, & on les met ordinairement & directement en place.

Rarement on fait des boutures de Jasmin, quoique, mises dans un terrein frais, elles reprennent fort bien, probablement parce que les marcotes & les rejetons fournissent plus de pieds que les besoins de la culture ne le demandent.

L'odeur du Jasmin s'exhale, dans la chaleur, au point de faire mal à la tête. Dans le midi de la France, on est obligé de le tenir, par cette cause, loin de la maison: c'est le soir qu'elle est la plus suave.

Les fleurs de Jasmin commun étoient employées autrefois à aromatiser les huiles & les graisses dont il se fait un grand usage à la toilette de nos belles; mais on préfère aujourd'hui celles du suivant, comme plus odorantes.

Le Jasmin à grandes fleurs ne supporte pas la pleine terre dans le climat de Paris, mais il est en culture réglée autour des villes de Grasse, Vence, Antibes, Nice & Gênes, pour ses fleurs, dont on fait des pomades d'un grand débit. Là, on le greffe généralement sur le Jasmin commun, à écusson à œil dormant, pour le rendre moins sensible aux gelées qui s'y font sentir quelquefois, & non parce qu'il ne peut pas se multiplier autrement, car il n'est pas probable qu'il se refuse au marcotage & qu'il ne donne pas de rejetons lorsqu'il est franc de pied.

A Paris & autres grandes villes plus au nord, on trouve plus facile & plus économique de tirer de Gênes des pieds greffés de ce Jasmin, que de multiplier ceux qui s'y trouvent d'ancienne date. Comme ces pieds viennent par le roulage, & pendant l'hiver, qu'ils souffrent nécessairement pendant ce voyage, il faut savoir les choisir à leur arrivée, & les placer de suite dans une bache ou sous un châssis, où on élevera la chaleur, & où on leur donnera de fréquens arrosemens, jusqu'à ce que leur végétation se soit ranimée, après quoi, lorsque la chaleur de la saison le permettra, c'est-à-dire en juin, on les mettra contre un mur exposé au midi, pour les y laisser jusqu'aux froids, époque où ils seront rentrés dans l'orangerie, ou mieux la serre tempérée.

La terre dans laquelle on doit tenir le Jasmin à grandes fleurs est celle qui est légère. De petits arrosemens lui sont donnés en tout tems, mais principalement pendant l'hiver. Toujours on le dispose en tête sur une tige d'un pied au plus de haut, & on le taille toutes les années au printems. Ce n'est guère qu'au milieu de l'été qu'il fleurit, & il continue à le faire jusqu'à ce que le froid suspende sa végétation; aussi à Paris, où il est fort recherché pendant l'hiver, à raison de l'excellente odeur de ses fleurs & de la petitesse de sa taille, pour le mettre dans les appartemens, au lieu de le rentrer dans l'orangerie, le met-on dans une bache ou sous un châssis où il continue de fleurir, & où il fleuriroit toute l'année si on l'y laissoit.

Le Jasmin à grandes fleurs offre une variété à fleurs semi-doubles d'une nuance plus rouge que l'espèce, laquelle se developpe rarement bien, & qui, à mon avis, est peu à rechercher.

Dans les parties méridionales de la France, la culture de ce Jasmin consiste, 1°. dans la plantation au printems, en terre légère, & cependant substantielle, des pieds de Jasmin commun, à la distance d'un pied & demi à deux pieds en tout sens; 2°. dans leur greffe, l'automne suivant, en écusson à œil dormant; 3°. dans un labour d'hiver, précédé d'une forte fumure; 4°. dans le retranchement, tous les deux ans, de la totalité des branches pour en faire pousser de nouvelles & en plus grand nombre, & par conséquent donner de plus grandes fleurs & plus de fleurs, ces fleurs ne sortant jamais que des pousses de l'année; 5°. dans la récolte des fleurs, récolte qui se fait chaque jour ou chaque deux jours, depuis le printems jusqu'à l'hiver, ceux de pluie exceptés. Lorsque l'on a lieu de craindre de fortes gelées, on établit, au-dessus des pieds de Jasmin, un treillage de roseaux, que l'on couvre de paille. Une telle plantation dure douze à quinze ans, après quoi on en fait une nouvelle dans un autre local où il n'y en ait pas eu encore.

Pour obtenir l'arome de ce Jasmin, on place ses fleurs dans des boîtes plates, dont les deux fonds sont garnis, ou d'une couche de sain-doux, ou d'une couche de coton imbibé d'huile (celle de lin est la meilleure), & on les y laisse vingt-quatre heures, ensuite on en met de nouvelles. Leur arome passe dans ce sain-doux ou cette huile, & s'y conserve une ou plusieurs années. Quelquefois, quand c'est l'huile qu'on emploie, on met dans une boîte plus haute, alternativement, une couche de coton & une couche de fleurs, & alors on obtient en une seule opération le degré d'intensité desirable.

Le Jasmin genouillé a des fleurs blanchâtres peu odorantes. Sa culture ne diffère de celle du précédent, qu'en ce qu'il demande plus de chaleur; il ne se voit guère que dans les orangeries des jardins de botanique.

Le Jasmin jonquille a les fleurs jaunes & très-odorantes. Il demande encore la même culture; mais sa taille doit être moins rigoureuse, parce qu'il fleurit sur les vieux comme sur les jeunes rameaux. Il n'est pas non plus très-commun dans les orangeries, quoiqu'il mérite beaucoup de l'être.

Le Jasmin des Açores paroît être susceptible de devenir un arbre d'une certaine grandeur. Il se cultive fréquemment dans nos orangeries, où il donne abondamment des fleurs très-odorantes, mais où la longueur & le peu de consistance de ses rameaux ne permettent pas qu'il fasse un effet agréable lorsqu'il est en pot & isolé. C'est comme le Jasmin commun, en palissade, qu'il devroit être tenu; mais il est si sensible à la gelée, qu'il ne peut rester dehors que quatre à cinq mois, & c'est lorsqu'on est forcé de le mettre à l'abri des effets du froid, qu'il commence à fleurir : j'en ai vu en Italie de superbes pieds palissadés en pleine terre.

En le greffant sur le Jasmin commun, on le rend un peu plus rustique & un peu plus facile à conduire.

Il se multiplie, outre ce moyen, fort aisément de marcotes & de boutures, ainsi que j'en ai l'expérience.

Une terre de moyenne consistance & des arrosemens modérés sont favorables à sa végétation.

On peut tirer l'arome de cette espèce comme des précédentes : quelques personnes le préfèrent même comme plus doux & plus ami des nerfs.

Les Jasmins à feuilles de troëne, de l'Ile-de-France & Sambac, exigent la serre chaude. Leurs fleurs sont également très-odorantes & se succèdent pendant presque toute l'année; le dernier offre une variété à fleurs doubles, préférable sous plusieurs rapports. On les place dans des pots remplis de terre légère & cependant substantielle; on les arrose légérement. Ils se multiplient, ou par la greffe sur l'espèce commune, ou par marcotes, ou par boutures, ces dernières faites sur couches & sous châssis au printems.

Tous les Jasmins conservent leurs feuilles pendant l'hiver; ceux d'orangerie & de serre doivent être changés de pots tous les ans, en automne, ou même, selon Dumont-Courset, dans le fort de leur végétation, pour leur donner de la nouvelle terre.

Les autres espèces ne sont point cultivées dans nos jardins. (*Bosc.*)

JASMIN DE VIRGINIE. C'est la BIGNONE RADICANTE.

JASMINÉE. *Gelsemium.*

Genre de plante de la didynamie angiospermie, & de la famille des *Apocinées*, qui a été établi par Jussieu, & qui ne renferme qu'une espèce, la JASMINÉE *toujours verte*, qui faisoit partie des BIGNONES de Linnæus, & qui a été décrite à leur article. (*Bosc.*)

JASMINOIDE. Nom jardinier du LYCIET.

JAU. On appelle ainsi le COQ dans le département des Deux-Sèvres.

JAUBE. L'AJONC se nomme ainsi dans les Landes de Bordeaux.

JAUGE. On appelle de ce nom le vide que laisse la bêche ou la pioche en enlevant la terre dans les labours, vide qui est rempli par la terre qui doit être levée un moment après. *Voyez* LABOUR.

Dans les labours faits convenablement, on remplit la Jauge qui reste à la fin de la planche, par la terre qu'on a enlevée en faisant la première,

& qu'en effet on transporte à la tête de la planche, avec une brouette ou autrement.

Plus la Jauge est large & plus les labours sont bons, parce que sa largeur fait supposer que la terre a eté jetée plus loin, & que par conséquent elle doit s'être mieux divisée.

C'est surtout dans les DÉFONCEMENS (*voyez* ce mot), qu'il faut exiger que la Jauge soit large & profonde.

Par suite on dit mettre en Jauge, c'est-à-dire, dans une fosse, 1°. les graines qui perdent facilement leur faculté végétative, & qu'on ne veut pas semer immédiatement après leur récolte, principalement les amandes, les noix, les châtaignes, les glands; 2°. le plant des arbres & arbustes, trop petit pour être planté en quinconce; 3°. les arbres qu'on vient de lever & qui ne peuvent pas être plantés de suite.

Les graines se disposent en lits alternatifs dans la Jauge, avec de la terre ou du sable, & elles se recouvrent d'une épaisseur de terre suffisante pour qu'elles ne ressentent les atteintes ni du froid, ni du chaud, ni de l'humidité, c'est-à-dire, qu'elles ne puissent ni geler, ni germer, ni pourrir. Pour empêcher que les rats & les oiseaux ne mangent ces graines, on les met quelquefois, disposées comme je viens de le dire, dans des caisses ou dans des pots qu'on rentre dans une cave, un cellier ou autre lieu analogue; alors on entretient la terre de ces pots dans une légère humidité.

Il est des cas où on place ainsi les graines pour les faire germer; mais alors on les rapproche de la surface & on les humecte davantage. *Voyez* GERMOIR.

Souvent le plant provenu du semis est trop petit pour être planté en quinconce, sans une perte de terrein considérable pendant une ou deux années; souvent on manque de terrein pour le placer, ou on n'a pas le tems de le planter. Alors on le met en Jauge, ou mieux en RIGOLE, c'est-à-dire qu'on le place près à près (deux à trois pouces) dans de petits fossés écartés d'un pied. Là, on le cultive jusqu'à ce qu'il soit devenu assez fort, après quoi on le plante en quinconce.

J'entrerai dans de plus grands détails relativement à cette opération, au mot RIGOLE.

Lorsqu'on ne peut pas planter des arbres & des arbustes le jour même où on les lève, & cela arrive très-souvent, on met leurs racines dans une fosse, en inclinant plus ou moins leurs tiges, & on remplit la fosse. Ces arbres peuvent rester ainsi tout l'hiver sans graves inconvéniens; cependant il est mieux de les y laisser le moins possible.

Certains arbres demandent à être mis en Jauge immédiatement après qu'ils sont levés, parce que le hâle frappe leurs racines plus facilement que celles des autres. Les arbres résineux sont principalement dans ce cas: certains autres ont des racines si susceptibles des atteintes de la gelée, que la plus petite les fait périr dans la Jauge, & qui par conséquent demandent à être plus profondément enterrés que les autres: l'orme est principalement dans ce cas.

Comme les racines ne tiennent pas à la terre qui les recouvre dans la Jauge, on peut en arracher les arbres par le seul effort de la main: c'est ce qui rend principalement cette opération très-commune dans les grandes pépinières, c'est-à-dire, dans celles où on vend beaucoup d'arbres, & où on ne les livre que lorsqu'il y en a assez de levés pour former une voiture ou compléter une demande.

On donne aussi ce nom à une mesure linéaire qui sert à juger de la capacité d'un tonneau ou d'un autre vase destiné à contenir un liquide: on jauge les pièces de vin pour faire payer les droits d'octroi, &c. (*Bosc.*)

JAUME. *Jaumea.*

Genre de plante établi par Jussieu pour placer une espèce du genre des *Klénies*, qui offre quelques caractères différens des autres.

Cette plante n'est pas cultivée dans nos jardins. *Voyez* KLENIE. (*Bosc.*)

JAUNISSE, maladie des bestiaux, qui est produite par la bile, & qui est indiquée par la couleur jaune de la conjonctive & de toutes les parties minces & nues de la peau: on l'appelle aussi *ictère*.

Dans la Jaunisse, la bile, au lieu de couler du foie dans les intestins, s'épanche dans les tégumens & se mêle avec le sang. Il en résulte une altération dans les phénomènes généraux de la nutrition caractérisée par divers symptômes. *Voyez* OBSTRUCTION.

On distingue trois sortes de Jaunisse.

1°. La Jaunisse avec chaleur. On lui donne pour cause les coups de soleil, le passage subit du chaud au froid, l'usage des mauvais foins & des mauvaises eaux. Le bœuf & le mouton y sont plus sujets que le cheval & l'âne; la chèvre & le cochon y échappent rarement lorsqu'ils sont vieux & foibles. Elle se manifeste d'abord par la tristesse des animaux, leur foiblesse, leur répugnance à agir; ensuite par la chaleur, la fièvre, l'envie de boire frais; puis par la perte de l'appétit, la difficulté de la respiration, la coloration des urines & des excrémens, ainsi que la nature trouble des premières, & dure des seconds; le hérissement des poils & le refroidissement des oreilles.

On indique la saignée dans cette maladie; mais comme cette opération développe quelquefois la Jaunisse dans les animaux qui n'en offrent aucune apparence, il est probable qu'elle est plus souvent nuisible qu'utile. Il est donc préférable d'employer d'autres remèdes. Ainsi dès l'apparition des premiers symptômes, on mettra l'animal dans un lieu sec & aéré, on lui donnera pour nourriture du son humecté avec de l'eau nitrée pour le cheval, salée pour le mouton; pour boisson, du petit-lait ou une infusion d'aigremoine aiguisée de vinaigre: on lui administrera

adminiſtrera des lavemens d'une décoction nitrée d'orge. Ordinairement la maladie cède à ce traitement; mais ſi la couleur des yeux ne diſparoît pas, ſi l'appétit ne revient pas, &c. on fera uſage, pendant huit ou dix jours, avec les remèdes ci-deſſus, d'un mélange de ſuc de chélidoine, de miel, de ſavon, d'extrait de genièvre délayé dans une décoction de pariétaire, de garance ou d'aſperge.

2°. Jauniſſe froide : elle a les mêmes cauſes que la précédente, & elle offre d'abord les plus graves de ſes ſymptômes. On la traite immédiatement avec les médicamens indiqués en dernier lieu. On n'eſt pas auſſi aſſuré de la guérir.

3°. Jauniſſe par les vers. Les vers produiſent ſouvent l'effet des obſtructions du foie. Cette ſorte de Jauniſſe doit être traitée par les vermifuges; mais les vermifuges agiſſent difficilement & lentement ſur les vers qui vivent ſur le foie. Il faut donc avoir de la patience. *Voyez* au mot VERS.

JAUNISSE. Lorſque les vers à ſoie ſont prêts à filer, c'eſt-à-dire, vers la fin du cinquième âge, ils s'enflent quelquefois, prennent une couleur jaune & meurent. M. Nyſten, auquel on doit des recherches importantes ſur les vers à ſoie, attribue cette maladie, qu'on appelle *Jauniſſe*, à l'infiltration de la matière de la ſoie dans le tiſſu cellulaire de la peau. On ne lui connoît pas de remède. *Voyez* VER A SOIE. (*Bosc.*)

JAUNISSE. On donne encore ce nom à une maladie des plantes, qui eſt caractériſée par la couleur jaune de leurs feuilles, & qui eſt principalement due à la diminution de leurs moyens de nutrition.

Ainſi un arbre, planté dans un ſol aride, & que l'on n'arroſe pas, eſt ſujet d'abord à jaunir pendant l'été, enſuite à perdre ſes feuilles; enfin, à périr.

Ainſi un arbre, planté dans une argile dépourvue d'humus, jaunit, parce qu'il n'y trouve pas la quantité de nourriture néceſſaire à ſa croiſſance. Il meurt quand il a épuiſé toute celle qui s'y trouvoit.

Ainſi un arbre, planté dans un terrein marécageux, jaunit, parce que ſes racines pourriſſent. Il périt lorſque la plus grande partie de ſes racines ſont pourries.

Ainſi un arbre dont la plantation a été trop tardive ou mal faite, dont les racines ont été rongées par les fourmis, par la larve du hanneton, dont l'écorce a été enlevée en partie ou en totalité, dont le bois eſt ulcéré, &c. jaunit, parce qu'il ne peut plus ſoutirer aſſez de ſève de la terre ou la répartir également dans toutes ſes parties.

Le froid fait jaunir les feuilles des arbres par ſuite de l'affoibliſſement de leur force aſſimilatrice & de celle des racines. Ce phénomène ſe montre tous les ans en automne.

Tous les arbres ne ſont pas également ſujets à la Jauniſſe : le poirier l'eſt plus que le pommier, l'acacia plus que le platane. Il en eſt qui offrent cette maladie tous les ans, pendant une longue ſérie d'années, ſans périr; mais ceux qui ſont dans ce cas ne parviennent pas, dans le même tems, à la même groſſeur que les autres.

Il eſt aſſez facile de faire diſparoître la Jauniſſe d'un arbre qui doit cette maladie au manque d'eau ou d'engrais, puiſqu'il ne s'agit que d'arroſer & de fumer ſes racines.

Si la Jauniſſe eſt due au défaut de proportion des branches d'un arbre avec la quantité de ſève que peuvent lui fournir ſes racines, rapprocher ſes branches eſt un moyen aſſuré de le guérir. Couper l'arbre rez terre produit encore plus ſûrement le même effet.

Pour empêcher les effets des eaux ſtagnantes ſur les arbres, il faut leur donner de l'écoulement par le moyen de tranchées, de foſſés, &c.

La deſtruction des FOURMIS, des larves de HANNETON (*voyez* ces mots), eſt le véritable moyen de s'oppoſer à ce que les arbres qu'ils attaquent, jauniſſent.

C'eſt au jardinier à rechercher la cauſe de la Jauniſſe des plantes & des arbres, & à y apporter les remèdes convenables. Il ſeroit ſuperflu d'en parler plus longuement, puiſque ces cauſes varient ſans ceſſe, ſelon les climats, les terreins, les eſpèces, & que les remèdes doivent varier de même. (*Bosc.*)

JAUNISSE : un des noms de la POURRITURE des MOUTONS. *Voyez* ces deux mots.

JAVART, tumeur dans le centre de laquelle eſt une cavité, d'où ſort une ſanie liquide ou un peu ſolide, qui ſe forme à la partie inférieure des pieds du cheval, qui le fait boîter, qui ſe termine ſouvent en gangrène, & peut par conſéquent cauſer ſa mort.

Beaucoup de cauſes, telles que des coups, des boues & des fumiers de mauvaiſe nature, l'acrimonie des humeurs, &c. déterminent la formation des Javarts.

On diſtingue pluſieurs ſortes de Javarts, le ſimple, le nerveux & l'encorné.

Le Javart ſimple eſt rarement accompagné de dangers; il attaque ſeulement la peau & une partie du tiſſu cellulaire du paturon, principalement des pieds de derrière. Pour le guérir, on fait une inciſion, on détache le bourbillon, & on favoriſe la ſuppuration par des cataplaſmes émolliens, tels que la mie de pain & le lait, l'onguent baſilicum, &c. &c.

Le Javart nerveux naît ſur la gaîne du tendon du paturon, & pénètre juſqu'à ſa gaîne. Il eſt beaucoup plus dangereux que l'autre. Pour le guérir, il faut introduire dans la plaie la ſonde cannelée, & fendre le tendon juſqu'au fond du foyer du mal, en prenant garde d'offenſer les parties tendineuſes, & mettre dans la plaie des plumaſſeaux chargés de digeſtif ſimple, &, ſi les parties tendineuſes ſont affectées, d'un digeſtif animé avec de l'eau-de-vie camphrée, de la teinture d'aloès, &c.

Si le Javart est en dedans du paturon, on fait l'incision en tirant du côté de la fourchette.

Il y a deux sortes de Javarts encornés, le proprement dit & l'improprement dit.

Le Javart encorné proprement dit existe toujours sur la couronne du sabot. Un léger résolutif, tel que la térébenthine de Venise, suffit dans le commencement pour le guérir. La suppuration est-elle établie, il faut la favoriser par une emplâtre de basilicum. Si ces remèdes ne produisent aucun effet, le mal gagne le cartilage, pénètre sous le sabot, & donne naissance au Javart encorné improprement dit.

Le Javart est donc une carie du cartilage, & une maladie fort grave, qu'on ne peut guérir qu'en enlevant une partie du sabot & toute la partie du cartilage affectée, opération difficile, c'est-à-dire, que les vétérinaires seuls peuvent espérer d'entreprendre avec succès. L'extirpation faite, on met sur la plaie des plumasseaux imbibés d'essence de térébenthine, & on la recouvre d'un bandage. Au bout de quatre à cinq jours on lève l'appareil, & on le remplace par un autre avec de la teinture d'aloès. Le sabot doit être tenu humide par des lotions d'eau tiède. Des hémorragies & des fusées de pus sont à craindre. *Voyez* CHEVAL.

Le FOURCHET est une sorte de Javart, qui est propre aux bêtes à cornes & aux bêtes à laine. *Voyez* ce mot. (*Bosc.*)

JAVELLES, petits tas que forme le moissonneur en coupant les céréales, c'est-à-dire, le seigle, le froment, l'orge & l'avoine, & qu'il laisse derrière lui pour, après que la paille & le grain se sont suffisamment desséchés, être réunis plusieurs ensemble & liés en GERBES. *Voyez* ce mot.

Le plus ou moins de fertilité du sol influe sur la grosseur & le nombre des Javelles; car elles ne peuvent pas être égales dans deux champs, dans l'un desquels les tiges seroient très-rapprochées, tandis qu'elles seroient fort éloignées dans l'autre, puisqu'il faudroit perdre beaucoup de tems, dans ce dernier, pour les faire aussi grosses, & que, si on les faisoit aussi nombreuses, elles seroient très-petites.

Javeller est, ou mettre en Javelles, ou laisser les Javelles sur le terrein. Sous cette dernière acception, javeller est une opération, ou utile, ou nuisible.

Utile parce qu'elle donne le tems aux pailles & aux grains, comme je l'ai dit plus haut, de se dessécher convenablement, & les empêche par conséquent de se moisir, de se pourrir, comme il arrive quelquefois, & par conséquent d'être perdu en partie ou en totalité pour le cultivateur.

Nuisible en ce que quelquefois les vents dispersent les Javelles, les pluies violentes en font sortir le grain, les pluies continues le font germer, font noircir & moisir ou pourrir la paille.

Jusqu'ici il n'y a rien à reprocher aux cultivateurs, parce qu'ils ne peuvent pas toujours prévoir le tems; mais que dire de ceux qui augmentent les chances des inconvéniens du javellage, en laissant les avoines en Javelles pendant un mois entier, lorsqu'il auroit suffi de deux ou trois jours? Ils sont cependant nombreux, ces derniers.

Il existe une variété d'avoine dont le grain est noir. Pour moins perdre de cette avoine, ainsi que des autres, en la récoltant, on la coupe avant qu'elle soit complétement mûre. Les grains non mûrs noircissent par suite d'une longue exposition à l'air, & par conséquent deviennent semblables aux mûrs. C'est sans doute là l'origine de l'usage du javellage exagéré.

Quoi qu'il en soit, il est beaucoup de cantons où on ne pourroit pas vendre au marché de l'avoine qui ne seroit pas javellée, parce qu'elle passe pour meilleure & même plus grosse : opinions absurdes s'il en fût jamais, puisque cette avoine est évidemment altérée, & qu'elle doit être plus petite que celle qui est arrivée à complète maturité, le gonflement que lui a occasionné l'humidité ayant disparu en totalité par la dessiccation. D'ailleurs, les pailles sont presque toujours perdues, c'est-à-dire, ne peuvent plus servir qu'à faire de la litière.

Ajoutez à ces inconvéniens ceux de retarder les labours, &, lorsqu'il y a eu du sainfoin, de la luzerne ou du trèfle semés sur le terrein, de nuire à sa croissance.

Les immenses dommages qui résultent de la pratique du javellage des avoines, pertes telles que je les ai vues quelquefois être de la totalité de la récolte, ne corrigent pas les cultivateurs. Il est cependant facile de se dispenser de courir la chance de ces pertes, & d'avoir des avoines noires. Pour cela il suffit d'attendre leur complète maturité pour les couper, & de ne faire cette dernière opération, ainsi que le bottelage & le charroi, qu'avant la chute de la rosée ou par des jours humides, afin d'éviter l'égrainement. *Voyez*, pour le surplus, au mot AVOINE. (*Bosc.*)

JEANETTE : nom vulgaire du NARCISSE DES POÈTES.

JECANULE. *Jecanulloa.*

Plante frutescente, parasite des arbres, originaire du Pérou, & qui est figurée pl. 185 de la Flore de ce pays.

Comme cette plante n'est pas cultivée en Europe, & ne le sera que fort difficilement, je n'ai rien à en dire. (*Bosc.*)

JEFFERSONE. *Jeffersonia.*

Genre de plante établi par Michaux, pour placer la PODOPHYLLE DIPHYLLE, qui ne possède pas tous les caractères de ce dernier genre.

Michaux m'avoit envoyé un pied vivant de

cette plante, que j'ai cultivé quelque tems dans mon habitation de la forêt de Montmorenci. Je ne sache pas qu'elle ait existé nulle autre part en France. *Voyez* PODOPHYLLE. (*Bosc.*)

JEROSE. *ANASTATICA.*

Petite plante annuelle, de la tétradynamie siliculeuse & de la famille des *Crucifères*, originaire des déserts de l'Arabie, qui seule forme un genre figuré pl. 555 des *Illustrations* de Lamarck.

Cette plante, appelée JEROSE hygrométrique, & vulgairement *rose de Jérico*, se cultive dans nos jardins de botanique. On sème ses graines dans un pot rempli de terre légère, qu'on place sur une couche nue dès que les gelées ne sont plus à craindre. Lorsque le plant qui en est provenu, a acquis un pouce de haut, on le repique en place, ou mieux contr'un mur exposé au midi, où il fleurit & amène ses graines à maturité. (*Bosc.*)

JET. C'est la pousse d'un arbre ou d'une plante qui a été coupée rez terre. *Voyez* BOURGEON.

JETTONS : nom vulgaire des essaims. *Voyez* ABEILLE.

JEUVIER, synonyme de JAVELLER.

JITE, altération du mot JET.

JOALLE, manière de cultiver la vigne dans la haute Garonne.

Une vigne en Joalle est partagée en planches vides de trois à quatre toises de large, & en planches pleines de moindre largeur, dans lesquelles sont plantés deux, trois ou quatre rangs de ceps.

Cette manière de cultiver la vigne est très-digne d'imitation, en ce qu'elle donne des produits plus abondans & de meilleure qualité. *Voyez* VIGNE. (*Bosc.*)

JOGUE. On appelle ainsi l'AJONC dans le Médoc.

JOLI-BOIS : nom vulgaire de la LAURÉOLE GENTILLE.

JONC. *JUNCUS.*

Genre de plante de l'hexandrie monogynie & de la famille de son nom, qui renferme cinquante-trois espèces, dont plusieurs sont communes dans nos marais, & dont beaucoup se cultivent dans nos jardins pour l'étude, & dont un ou deux s'emploient communément pour faire des liens. *Voyez* les *Illustrations des genres* de Lamarck, pl. 250.

Observations.

Les cultivateurs appellent *Joncs* plusieurs SCIRPES (*voyez* ce mot), dont les tiges ont quelques rapports avec celles des espèces de ce genre. Même, dans quelques lieux, ils donnent ce nom à toutes les plantes des marais. Ici je l'ai rigoureusement appliqué à celles qui doivent le porter.

Quelques botanistes ont séparé de ce genre les espèces à feuilles planes pour en former celui qu'ils ont appelé LUZULE. *Voyez* ce mot.

Espèces

Joncs à tiges nues.

1. Le JONC aigu.
Juncus acutus. Linn. ♃ Indigène.

2. Le JONC maritime.
Juncus maritimus. Lam. ♃ Indigène.

3. Le JONC gloméruIé.
Juncus glomeratus. Linn. ♃ Indigène.

4. Le JONC épars.
Juncus effusus. Linn. ♃ Indigène.

5. Le JONC à pointe courbée.
Juncus inflexus. Linn. ♃ Indigène.

6. Le JONC roide.
Juncus rigidus. Desfont. ♃ De la Barbarie.

7. Le JONC glauque.
Juncus glaucus. Sibst. ♃ De l'Allemagne.

8. Le JONC arctique.
Juncus arcticus. Willd. ♃ De la Laponie.

9. Le JONC en tête.
Juncus capitatus. Willd. ♃ De l'Allemagne.

10. Le JONC filiforme.
Juncus filiformis. Linn. ♃ Des montagnes de l'Europe.

11. Le JONC capillacé.
Juncus capillaceus. Lam. De l'Amérique méridionale.

12. Le JONC à grandes fleurs.
Juncus grandiflorus. Linn. ♃ Du détroit de Magellan.

13. Le JONC de Magellan.
Juncus magellanicus. Lam. ♃ Du détroit de Magellan.

14. Le JONC rougeâtre.
Juncus rubens. Lam. ♃ De l'Amérique méridionale.

15. Le JONC à deux fleurs.
Juncus biglumis. Linn. ♃ Des Alpes.

16. Le JONC à trois fleurs.
Juncus triglumis. Linn. ♃ Des Alpes.

17. Le JONC rude.
Juncus squarrosus. Linn. ♃ Indigène.

18. Le JONC du Cap.
Juncus cymosus. Lam. ♃ Du Cap de Bonne-Espérance.

Joncs à tiges feuillées.

19. Le JONC scirpoïde.
Juncus scirpoides. Lam. ♃ De la Caroline.

20. Le JONC à fleurs pâles.
Juncus pallescens. Lam. ♃ De l'Amérique méridionale.

21. Le JONC articulé.
Juncus articulatus. Linn. ♃ Indigène.

22. Le JONC à pointe roide.
Juncus punctorius. Linn. ♃ Du Cap de Bonne-Espérance.

23. Le Jonc presque verticillé.
Juncus subverticillatus. Wulf. ♃ Du nord de l'Europe.

24. Le Jonc à fleurs sessiles.
Juncus tanageja. Linn. ⊙ Indigène.

25. Le Jonc grêle.
Juncus tenuis. Willd. ♃ De l'Amérique septentrionale.

26. Le Jonc bulbeux.
Juncus bulbosus. Linn. ♃ Indigène.

27. Le Jonc noueux.
Juncus nodosus. Linn. ♃ De l'Amérique septentrionale.

28. Le Jonc sylvestre.
Juncus silvaticus. Rothe. ♃ Indigène.

29. Le Jonc des crapauds.
Juncus bufonius. Linn. ⊙ Indigène.

30. Le Jonc changeant.
Juncus mutabilis. Lam. Des montagnes du centre de la France.

31. Le Jonc flottant.
Juncus fluitans. Lam. Indigène.

32. Le Jonc de Jacquin.
Juncus atratus. Lam. ♃ Des Alpes.

33. Le Jonc trifide.
Juncus trifidus. Linn. ♃ Des Alpes.

34. Le Jonc à grosse tête.
Juncus cephalotes. Thunb. ♃ Du Cap de Bonne-Espérance.

35. Le Jonc du Péné.
Juncus stygius. Linn. ♃ Du nord de l'Europe.

36. Le Jonc triceps.
Juncus triceps. Roth. ♃ De la Sibérie.

37. Le Jonc châtain.
Juncus castaneus. Smith. ♃ De l'Écosse.

38. Le Jonc jaunâtre.
Juncus luteus. Allioni. ♃ Des Alpes.

39. Le Jonc à fleurs blanches.
Juncus niveus. Lam. ♃ Des Alpes.

40. Le Jonc cendré.
Juncus albidus. Hoffm. ♃ Des Alpes.

41. Le Jonc luzuloïde.
Juncus luzuloides. Lam. ♃ Des Alpes.

42. Le Jonc velu.
Juncus pilosus. Linn. ♃ Indigène.

43. Le Jonc des montagnes.
Juncus maximus. Rost. ♃ Indigène.

44. Le Jonc bège.
Juncus spadiceus. Willd. ♃ Des Alpes.

45. Le Jonc à petites fleurs.
Juncus parviflorus. Retz. ♃ Du nord de l'Europe.

46. Le Jonc des champs.
Juncus campestris. Linn. ♃ Indigène.

47. Le Jonc à épi.
Juncus spicatus. Linn. ♃ Des Alpes.

48. Le Jonc denté.
Juncus serratus. Linn. Du Cap de Bonne-Espérance.

49. Le Jonc de Silésie.
Juncus sudeticus. Willd. De l'Allemagne.

50. Le Jonc glâbre.
Juncus glabratus. Smith. ♃ De l'Angleterre.

51. Le Jonc pédiforme.
Juncus pediformis. Vill. ♃ Des Alpes.

52. Le Jonc ramassé.
Juncus congestus. Thuill. ♃ Indigène.

53. Le Jonc droit.
Juncus erectus. Thuill. ♃ Indigène.

Culture.

C'est généralement dans les marais, ou au moins dans les lieux frais, que croissent les Joncs; cependant il est des espèces, surtout de celles qui entrent dans le genre *Luzule*, qui ne se trouvent que sur les montagnes les plus sèches. Les bestiaux, & surtout les chevaux, recherchent ces derniers; & comme ils poussent de très-bonne heure au printems, ils deviennent souvent une ressource précieuse pour les cultivateurs dont les fourages secs sont consommés avant l'époque de la pousse des prairies. Il a même été proposé, & je ne m'éloigne pas de cet avis, d'en semer exprès lorsqu'on possède des terreins qui leur conviennent: le plus grand reproche qu'on puisse leur faire, c'est d'être trop courtes, quoique quelques-unes d'elles élèvent cependant leurs tiges à un pied.

Le Jonc des crapauds est généralement du goût de tous les bestiaux. Il croît de préférence dans les terreins qui sont réguliérement inondés tous les hivers, & qui ne se dessèchent qu'imparfaitement pendant l'été. On pourroit le semer dans ces terreins qui généralement sont perdus pour la culture. Je l'ai vu s'élever de près d'un pied, quoique quelquefois il ne parvienne qu'à un pouce.

Les grandes espèces de Joncs ne sont mangées par les bestiaux que quand elles sont jeunes. Les marais, les bords des étangs, des rivières, des fossés en terrein argileux en offrent quelquefois d'immenses quantités. Leurs touffes élèvent le sol, & sous ce rapport ils sont d'une grande utilité. Les planter dans les lieux sujets aux inondations est donc une excellente opération, & par cette raison, & parce qu'ils arrêtent entre leurs tiges les terres amenées par les alluvions. Ils ne sont pas moins propres à empêcher les eaux de creuser les rives des torrens & encore plus des ruisseaux. Que ne puis-je citer tous les cas où j'ai été à portée d'observer les bons effets qu'ils ont produits! Nulle part leur importance n'est appréciée à sa juste valeur. On peut en tirer un parti très-avantageux en les coupant pendant l'été pour en faire de la litière & augmenter la masse des fumiers. Ils nuisent quelquefois prodigieusement aux prairies humides, où leur abondance indique toujours un défaut de soins de la part du propriétaire. On a proposé un grand nombre de moyens pour les détruire, dont les seuls, véritablement dans le cas d'être conseillés, sont l'ÉCOBUAGE (*voyez* ce mot) & les labours multipliés, suivis d'une culture de céréales & de féves de marais ou autres plantes qui exigent des binages d'été. Toujours il est facile d'empêcher leur multiplication en les arrachant, lorsqu'ils sont jeunes, par un seul coup de pioche donné au printems.

On dit que les cochons recherchent les racines des Joncs bulbeux.

Le Jonc épars est celui dont les agriculteurs tirent le plus de parti. Ses tiges longues & liantes servent à faire des paniers, des cordes, des nattes, à lier la vigne, les espaliers, les légumes, &c. Pour ces services, on le plante souvent en bordure dans les jardins, où il vient fort bien pourvu qu'il soit à l'ombre & que le terrein soit un peu frais. C'est principalement lui que les jardiniers ont en vue quand ils parlent du Jonc. Il doit être frais ou imbibé d'eau pour être employé. Dans quelques pays marécageux qui manquent de bois, on arrache, pour les brûler, ses touffes, généralement fort larges & fort denses.

Le Jonc gloméruié, quoique plus tendre, en apparence, que la plupart des autres, est un des moins du goût des bestiaux. Il remplit souvent les fossés des pays argileux. Ses tiges sont trop cassantes pour être employées à faire des corbeilles, des liens, &c.; mais en croisant deux épingles dans l'une d'elles, vers la tête, & en les tirant vers le pied, on en fait sortir entière une moëlle blanche qui peut servir de mèche aux lampes & aux chandelles, & avec laquelle les jeunes filles ornent quelquefois leurs cheveux.

Aucun Jonc n'est assez remarquable, quoique plusieurs soient d'un effet pittoresque, pour concourir à l'ornement des jardins.

La culture des Joncs, dans les écoles de botanique, se réduit à planter une touffe de chacune des vivaces, & à semer annuellement en place les annuelles. On en compte dix-sept espèces au Muséum d'Histoire naturelle, & je ne crois pas qu'il y en ait dans les autres jardins qui ne s'y trouvent pas. Aucune de ces dix-sept espèces n'exige l'orangerie. (*Bosc.*)

JONC ÉPINEUX. *Voyez* AJONC.

JONC FLEURI. On appelle ainsi le BUTOME.

JONC MARIN : nom le plus vulgaire de l'AJONC.

JONCIER. Quelques personnes appellent ainsi le GENÊT D'ESPAGNE.

JONCINELLE. *ERIOCAULON.*

Genre de plante de la triandrie trigynie & de la famille des *Joncoïdes*, qui réunit douze espèces, dont la culture est extrêmement difficile dans nos jardins. Il est figuré pl. 50 des *Illustrations des genres* de Lamarck.

Espèces.

1. La JONCINELLE naine.
Eriocaulon minimum. Lam. ♃ Des Indes.

2. La JONCINELLE sétacée.
Eriocaulon setaceum. Linn. ♃ Des Indes.

3. La JONCINELLE cannelée.
Eriocaulon quiquangulare. Linn. ♃ Des Indes.

4. La JONCINELLE rampante.
Eriocaulon repens. Lam. ♃ De l'Ile-Bourbon.

5. La JONCINELLE comprimée.
Eriocaulon anceps. Walt. ♃ De la Caroline.

6. La JONCINELLE décangulaire.
Eriocaulon decangulare. Linn. ♃ De la Caroline.

7. La JONCINELLE tardive.
Eriocaulon serotinum. Walt. ♃ De la Caroline.

8. La JONCINELLE pubescente.
Eriocaulon pubescens. Lam. ♃ De Madagascar.

9. La JONCINELLE fasciculée.
Eriocaulon fasciculatum. Lam. ♃ De Cayenne.

10. La JONCINELLE à ombelle.
Eriocaulon umbellatum. Lam. ♃ De Cayenne.

11. La JONCINELLE triangulaire.
Eriocaulon triangulare. Linn. ♃ Du Brésil.

12. La JONCINELLE à six angles.
Eriocaulon sexangulare. Linn. ♃ De Ceilan.

Culture.

J'ai rapporté des graines des trois espèces originaires de la Caroline, & elles n'ont point levé. La cause en est qu'il leur falloit & beaucoup de chaleur & un terrein tout à fait couvert d'eau pendant l'hiver, ou légérement humide ou très-sec pendant l'été, circonstances difficiles à établir dans un jardin. Cels a possédé en végétation, en pleine terre, une de ces espèces, la cinquième, dont quelques pieds s'étoient trouvés dans la terre qui avoit servi à stratifier des graines ; mais, malgré les soins de cet habile cultivateur, ils ne se sont pas conservés.

Les trois espèces dont je viens de parler forment, les deux premières dans les lieux humides, & la dernière dans les lieux secs, des touffes d'une grande largeur, que je puis comparer à celles du statice gazon d'Olympe, & qui font un très-agréable effet, soit avant, soit pendant leur floraison. Il est fâcheux qu'on ne puisse pas espérer de les introduire dans nos plates-bandes de terre de bruyère de nos jardins paysagers. (*Bosc.*)

JONCIOLLE. *APHYLLANTES.*

Plante vivace, dont les feuilles ressemblent à un jonc, & les fleurs à un œillet, qui croît naturellement dans les parties méridionales de la France, & principalement aux environs de Montpellier, où on l'appelle *Bragalou*, & on la cultive dans les jardins de botanique.

Cette plante forme seule un genre dans l'héxandrie monogynie & dans la famille des *Joncs*. Elle est figurée, pl. 252 des *Illustrations des genres* de Lamarck.

Cette plante craint les hivers du climat de Paris, peut-être plus à cause de l'humidité, qu'à raison des gelées. On la tient dans des pots remplis de terre de bruyère, pour pouvoir la rentrer dans l'orangerie. Il faut lui ménager le plus possible les arrosemens, excepté pendant les grandes chaleurs de l'été. Je ne sache pas qu'elle ait donné aucune bonne graine au Jardin du Muséum de Paris, où on la perd de tems en tems, & où on tire de nouveaux pieds de Montpellier; elle peut se multiplier par déchirement de racines en automne, époque où on lui donne de la nouvelle terre chaque année. (*Bosc.*)

JONCQUETIE. *Joncquetia.*

Arbre de la Guiane, qui seul forme un genre dans la décandrie pentagynie, & qui est figuré sous le nom de TAPIRIÉ dans les *Illustrations des genres* de Lamarck, pl. 386.

Cet arbre n'étant pas encore introduit dans nos jardins, je ne puis en dire rien de plus. (*Bosc.*)

JONESIE. *Jonesia vel Johanesia.*

Genre de plante de la syngénésie égale, & de la famille des *Cynarocéphales*, lequel ne renferme qu'une espèce, originaire du Pérou, qui est vivace, & est figurée sous le nom de CHIAQUIRAGA, pl. 691 des *Illustrations des genres* de Lamarck.

Comme cette plante n'est pas encore cultivée dans nos jardins, je n'ai rien à en dire. (*Bosc.*)

JONQUILLES. Espèces du genre des NARCISSES.

JOSÉPHINE. *Josephinia.*

Plante bisannuelle, originaire de la Nouvelle-Hollande, que Ventenat a décrite & figurée dans son bel ouvrage intitulé *Jardin de la Malmaison*, où elle a été cultivée, & où elle a fleuri. Je crois qu'elle n'y existe plus; mais il est possible qu'elle se trouve dans quelques autres collections.

C'est l'orangerie & la terre de bruyère que demande cette plante, dont on sème les graines sur couche & sous châssis, & dont on repique le plant seul à seul au printems suivant; on l'arrose fréquemment pendant qu'elle monte en fleurs. (*Bosc.*)

JOUANETTE: nom vulgaire des racines de l'ŒNANTHE-PIMPINELLOIDE dans quelques lieux.

JOUBARBE. *Sempervivum.*

Genre de plante de la dodécandrie dodécagynie, & de la famille des *Succulentes*, qui renferme treize espèces, la plupart indigènes & susceptibles d'être cultivées dans les jardins de botanique. *Voy.* les *Illustrations des genres* de Lamarck, pl. 413.

Espèces.

1. La JOUBARBE arborescente.
Sempervivum arboreum. Linn. ♄ Du midi de l'Europe.

2. La JOUBARBE des Canaries.
Sempervivum canariense. Linn. ♄ Des Canaries.

3. La JOUBARBE glutineuse.
Sempervivum glutinosum. Ait. ♄ De Madère.

4. La JOUBARBE glanduleuse.
Sempervivum glandulosum. Ait. ♄ De Madère.

5. La JOUBARBE des toits.
Sempervivum tectorum. Linn. ♃ Indigène.

6. La JOUBARBE globifère.
Sempervivum globiferum. Linn. ♃ De l'Allemagne.

7. La JOUBARBE arachnoïde.
Sempervivum arachnoideum. Linn. ♃ Des Alpes.

8. La JOUBARBE hérissée.
Sempervivum hirtum. Linn. ♃ Des Alpes.

9. La JOUBARBE des montagnes.
Sempervivum montanum. Willd. ♃ Des Alpes.

10. La JOUBARBE tortueuse.
Sempervivum tortuosum. Ait. ♃ Des Canaries.

11. La JOUBARBE aizoïde.
Sempervivum aizoides. Lam. ♄ Des Canaries.

12. La JOUBARBE à feuilles d'orpin.
Sempervivum sediforme. Jacq. ♃ Des Alpes.

13. La JOUBARBE à une seule fleur.
Sempervivum monanthos. Ait. ♃ Des Canaries.

14. La JOUBARBE velue.
Sempervivum villosum. Ait. ⊙ De Madère.

15. La JOUBARBE étoilée.
Sempervivum stellatum. Smith. ⊙ Du Monte-baldo.

Culture.

La Joubarbe en arbre se cultive souvent dans nos orangeries, où elle se fait remarquer par ses belles rosettes de feuilles & lorsqu'elle est en fleurs, ce qui lui arrive rarement, ainsi que par ses longs panicules de fleurs jaunes, qui s'épanouissent pendant l'hiver, c'est-à-dire, à une époque où les fleurs sont peu communes. Rarement elle donne des graines dans le climat de Paris; mais on la multiplie, avec la plus grande facilité, de boutures qu'on coupe au printems, qu'on laisse faner quelques jours, & qu'on enterre ensuite dans un pot sur couche & sous châssis.

Cette plante ne demande qu'à être garantie des gelées & de l'humidité. Il ne faut l'arroser pendant l'hiver qu'à la dernière extrémité, & supprimer ses feuilles & ses tiges dès qu'elles commencent à s'altérer: une terre consistante & maigre est celle qui lui convient le mieux. Ordinairement on la change de pot tous les ans, mais on a tort; car ce n'est qu'autant qu'elle ne pousse pas trop de rosettes & trop de feuilles à chaque rosette, qu'elle donne des fleurs.

La Joubarbe des Canaries est plus petite que la précédente, & offre rarement plus de trois rosettes sur chaque pied, desquelles sort une grappe de fleurs blanches. On la cultive & on la multiplie comme elle. Elle est assez peu commune, parce qu'il faut attendre, 1°. qu'elle ait plusieurs rosettes de feuilles; 2°. que ces rosettes aient cessé d'être sessiles pour en faire des boutures; & lorsqu'elles fleurissent toutes, le pied meurt.

Les Joubardes glutineuse, tortueuse, velue, aizoïde & à une seule fleur, que nous possédons dans nos collections, & la glanduleuse, qui ne se trouve que dans celles d'Angleterre, se cultivent encore comme la première, à très-peu de différences près.

La Joubarbe des toits est la plus généralement répandue & la plus célèbre de toutes. On la voit sur la crête des toits de beaucoup de chaumières, dans toutes les parties de la France, crête que ses touffes consolident contre les effets des pluies & des vents. Elle s'étend avec une grande rapidité par le moyen de ses rosettes latérales, qui alongent leur pédicule & prennent ensuite racine. On la multiplie avec la plus grande facilité par la séparation de ses rosettes, qui toutes donnent lieu à la formation d'un nouveau pied lorsqu'on les met en terre en quelque saison de l'année que ce soit. Elle ne fleurit que dans les lieux secs & aérés, & que lorsqu'elle a épuisé le sol où on la place, ou qu'on a mis ce sol dans les circonstances les plus défavorables à sa végétation; c'est pourquoi il arrive quelquefois que, pendant plusieurs années consécutives, elle ne fait que s'étendre. L'épaisseur de ses feuilles & leur singulière disposition en rosettes la rendent propre à servir à l'ornement des murs de terrasses, des rochers, même des pierres isolées dans les jardins paysagers. Ses vastes épis de fleurs purpurines font un bel & assez durable effet.

La Joubarbe arachnoïde se cultive dans quelques jardins, uniquement à cause de la singularité qu'elle offre dans la disposition de ses poils entre ses feuilles. On la tient ordinairement dans des pots remplis de sable & de gravois, parce qu'elle se rapproche trop de la précédente lorsqu'on la cultive dans de la bonne terre.

Les Joubarbes globifère, hérissée & des montagnes, qui sont celles qui se voient encore dans nos jardins de botanique, se cultivent comme la précédente.

Aucune de ces Joubarbes indigènes ne craint les gelées, mais bien l'humidité & l'ombre. Il n'est presque jamais nécessaire de les arroser. (*Bosc.*)

JOUBARBE PETITE : c'est l'ORPIN BLANC.

JOUBARBE DES VIGNES. On appelle ainsi l'ORPIN TELÈPHE.

JOUG : c'est une longue pièce de bois entaillée des deux côtés d'un de ses bords, percée d'un large trou dans son milieu, & de plusieurs petits autour de ses entailles, & qui sert à atteler les bœufs dans une partie de la France. Elle varie beaucoup dans sa forme, sa longueur, sa largeur, son épaisseur & la nature de son bois.

Il est encore en discussion de savoir s'il convient mieux d'atteler les bœufs avec un Joug ou avec un collier. Les raisons pour & contre sont également appuyées sur des expériences incontestables & des raisonnemens solides. On peut donc croire qu'il est à peu près indifférent d'adopter l'une ou l'autre méthode; cependant je crois qu'il vaut mieux employer le collier. *Voyez* BŒUF.

J'ai vécu dans des cantons où on emploie le Joug, & j'ai vu qu'il remplissoit moins bien son objet que le collier.

Je voudrois engager les cultivateurs de ne point changer le Joug sans la plus absolue nécessité; car les bœufs souffrent beaucoup avant de s'accoutumer à un nouveau. Je voudrois aussi leur recommander de tenir toujours en bon état le coussin qui se pose sur la tête du bœuf, & qui est destiné à empêcher le Joug de la blesser; car ils en ont généralement fort peu de soin, ainsi que du Joug en général.

Lorsqu'un attelage est composé de bœufs d'inégales forces, on place des crochets au Joug & à l'axe, & on fixe plus ou moins près la courroie; de sorte qu'on peut donner au plus fort le levier le plus court, ce qui égale leurs forces.

En Savoie, & même dans les environs de Genève, on met deux Jougs aux bœufs, l'un attaché aux cornes, & l'autre entourant le poitrail. Le second Joug partage avec le premier le point d'appui de la puissance, & soulage la tête.

En Bavière & en Saxe on attèle les bœufs par le moyen du *Stimblast* : c'est une pièce de bois applatie, courbée, un peu plus longue que la largeur de la tête, plus étroite & moins épaisse à ses deux bouts: sa face concave, rembourée de crin & couverte de peau, s'appuie au milieu du front, & porte deux échancrures répondant aux cornes. Une bande de fer la recouvre, & se termine de chaque côté en anse, dans laquelle passe un anneau mobile. Dans chacune des échancrures, entre le bois & la bande, passe une courroie portant une boucle, laquelle, embrassant le bois & la corne, fixe le tout. Les anneaux reçoivent les bouts de traits.

Par ce mode d'attelage, le bœuf a la tête libre, & suit facilement la marche ordinaire des troupes. (*Bosc.*)

JOVELLANE. *JOVELLANA.*

Genre de plante de la diandrie monogynie,

fort voisin des *Calcéolaires*, qui a été établi par Cavanille, & auquel on a réuni le BÉOLE (*Boea*), figuré planche 15 des *Illustrations des genres* de Lamarck.

Une seule de ces plantes étant indiquée au genre des calcéolaires, je dois les mentionner toutes ici, quoiqu'aucune ne soit cultivée dans nos jardins.

Espèces.

1. La JOVELLANE de Magellan.
Boea magellanica. Lam. ♃ Du détroit de Magellan.

2. La JOVELLANE à feuilles de plantain.
Jovellana plantaginea. Ruiz & Pav. ♃ Du Pérou.

3. La JOVELLANE ponctuée.
Jovellana punctata. Cavan. ♃ Du Pérou.

4. La JOVELLANE violette.
Jovellana violacea. Cavan. ♃ Du Pérou.

5. La JOVELLANE triandre.
Jovellana triandra. Cavan. ♃ Du Pérou.
(*Bosc.*)

JUCHOIR, disposition pour donner moyen aux poules & aux dindes de passer la nuit à une certaine élévation de terre, conformément à leur nature.

Dans les poulaillers, le Juchoir est une suite de perches parallèles, de deux ou trois pouces de diamètre, fixées dans le mur, à trois ou quatre pieds du sol, & assez écartées pour que les poules ne se touchent pas. Les placer au-dessus les unes des autres est vicieux, parce que les excrémens des poules qui sont juchées sur les perches supérieures tombent sur celles juchées sur les perches inférieures. Il vaut mieux que l'élévation soit plus que moins considérable, sauf à mettre de courts Juchoirs en escalier des deux côtés du mur, pour faciliter la montée des poules, parce qu'elles y sont plus à l'abri des puces & des poux, même des belettes s'il s'en introduisoit dans le poulailler.

Les Juchoirs doivent être grattés au moins deux fois par an pour les débarrasser des excrémens qui s'y accumulent.

Dans les cours on établit des Juchoirs sur des baliveaux, au moyen de bâtons de traverses placés alternativement à environ un pied de distance. Souvent le sommet de ce baliveau est terminé par une vieille roue placée horizontalement. Ce sont principalement les dindes qui se couchent sur ce Juchoir; mais il est bon, pour la santé des poules, de les accoutumer à s'y coucher pendant les chaleurs de l'été. *Voyez* POULES, DINDES & POULAILLER. (*Bosc.*)

JUILLET. Ce mois est celui de la sécheresse & des orages; c'est pendant sa durée que se fait la récolte des seigles dans le climat de Paris, & même quelquefois celle des fromens, des orges & des avoines; qu'on recueille le chanvre mâle, les lentilles, les vesces, &c.; qu'on fait la seconde coupe des prairies artificielles & la première des prairies basses; qu'on opère la monte des vaches & des brebis, qu'on tond les agneaux, qu'on commence à récolter les pommes de terre & le miel, qu'on ébourgeonne les vignes & leur donne la troisième façon, qu'on arrose les prés qui viennent d'être fauchés.

Dans les jardins, on continue de semer les raves, les radis, les épinards, les oignons, les laitues tardives & les chicorées. On rempote les auricules, les œillets; on bine & sarcle au besoin toutes les cultures; on récolte les fruits d'été; on continue l'ébourgeonnement des arbres fruitiers & de ceux des pépinières forestières, qui sont destinées à être enlevés en automne; on abat les fruits trop abondans, trop malvenans, pour favoriser l'accroissement des autres; on fait la guerre aux escargots, aux limaçons, aux lerots, aux mulots, aux taupes, &c.

Dans le climat de Paris, une moitié de ce mois peut être employée, sans nuire aux récoltes, à des objets étrangers à la culture. En conséquence on pourra faire des charois de bois pour la provision de l'hiver, de pierres pour la bâtisse ou pour la réparation des chemins; enfin, pour les approvisionnemens de toute espèce.

C'est aussi l'instant de nétoyer les granges & les greniers, pour les mettre en état de recevoir les produits de la moisson. Souvent la greffe à œil dormant se fait à la fin de ce mois. (*Bosc.*)

JUIN, sixième mois de l'année & le dernier du printems. Il est ordinairement beau, quoique chaud. Dans le climat de Paris, c'est dans son cours que commencent les récoltes.

Ces récoltes sont celles des prairies artificielles, puis celles des prairies naturelles, celles du lin, de la vesce, de la navette, des fruits rouges, &c.

On repique, pendant ce mois, le colsa; on ébourgeonne la vigne, & on lui donne le premier binage d'été; on surveille les essaims naturels; on tond les brebis, &c.

Dans les jardins, on sème, à l'ombre, des épinards, des chicorées, des raves, des pois & des haricots d'automne; on repique les poireaux, les ciboules, les cardons, les céleris, l'escarole, les fleurs annuelles d'automne; on commence à récolter les graines des légumes & des fleurs. Les sarclages & les binages se continuent; les arbres verts peuvent se replanter, les marcotes se faire. On ébourgeonne & palissade les arbres fruitiers en espalier, & ceux des pépinières qui ont été greffés ou rabattus.

Les arrosemens deviennent souvent très-nécessaires pendant ce mois, & il faut surtout ne les pas ménager aux repiquages & aux semis. (*Bosc.*)

JULIBRISSIN, espèce d'ACACIA.

JULIENNE. *HESPERIS.*

Genre de plante de la tétradynamie siliqueuse & de

de la famille des *Crucifères*, qui rassemble neuf à dix espèces, dont une est fréquemment cultivée dans les jardins d'agrément, à raison de l'excellente odeur de ses fleurs, & dont la plupart des autres se voient dans ceux de botanique. Il est figuré pl. 564 des *Illustrations des genres* de Lamarck.

Observation.

Ce genre ayant beaucoup de rapport avec ceux appelés ARABETTE, GIROFLÉE, VELAR, &c., quelques-unes de ses espèces peuvent y être placées, & l'ont même été par plusieurs botanistes. Je ne donnerai ici que celles indiquées par Willdenow, comme lui appartenant plus particuliérement, & je renverrai aux genres précités pour les autres.

Espèces.

1. La JULIENNE des jardins. *Variétés nombreuses.*
Hesperis matronalis. Linn. ♂ Du midi de la France.

2. La JULIENNE inodore.
Hesperis inodora. Linn. ♂ Du midi de l'Europe.

3. La JULIENNE à fleurs brunes.
Hesperis tristis. Linn. ♂ Du midi de l'Europe.

4. La JULIENNE découpée.
Hesperis lacera. Linn. ⊙ Du midi de l'Europe.

5. La JULIENNE à feuilles laciniées.
Hesperis laciniata. Allioni. ♂ Du midi de la France.

6. La JULIENNE de Tartarie.
Hesperis tartarica. Pall. ♃ De la Tartarie.

7. La JULIENNE très-rameuse.
Hesperis ramosissima. Desfont. ⊙ Des côtes de Barbarie.

8. La JULIENNE des sables.
Hesperis arenaria. Desfont. Des côtes de Barbarie.

9. La JULIENNE printanière.
Hesperis verna. Linn. ⊙ Du midi de la France.

Culture.

Une terre très-fertile, consistante & fraîche est celle dans laquelle la Julienne des jardins devient la plus belle, c'est-à-dire, la plus grande dans toutes ses parties; mais c'est dans une terre peu fertile, légère & chaude, que ses fleurs sont les plus odorantes. On doit donc la placer ou dans l'une ou dans l'autre, selon l'objet qu'on a en vue, ou mieux diriger sa culture d'après les indications que donne la nature de la terre de son jardin.

La couleur naturelle des fleurs de la Julienne des jardins est la rouge; mais elle varie prodigieusement dans les nuances de cette couleur, ainsi que dans celles du violet & dans celles du blanc: il y en a aussi de verdâtres. La grandeur de ces mêmes fleurs varie également sans fin. Il y en a de doubles à tous les degrés, même de si doubles qu'elles ne peuvent se développer entiérement. La grandeur des feuilles & la hauteur des tiges est sujète aussi à des irrégularités indépendantes de la nature du sol & de la culture. A mon avis, la plus belle de toutes ces variétés est celle à fleurs blanches, médiocrement doubles, dont l'épi a un pied de long, & les fleurs un demi-pouce de diamètre. Rien de plus digne d'admiration qu'une touffe épanouie de cette variété, lorsqu'elle est dans tout son éclat. C'est celle qu'on doit cultiver de préférence, & qu'on cultive en effet le plus fréquemment dans les jardins des véritables amateurs.

Les gelées ne sont point à craindre pour les Juliennes, mais bien l'humidité surabondante. Il est commun d'en perdre, pendant l'hiver, par cette cause, des pieds à fleurs doubles, qui eussent dû subsister plus long-tems; car quoique les simples soient annuelles ou bisannuelles, selon l'époque où on sème leurs graines, les doubles deviennent d'autant plus vivaces qu'elles le sont davantage.

La transmutation en plantes vivaces des plantes bisannuelles a principalement lieu lorsqu'elles ne donnent pas de graines, & s'opère par le développement, sur le collet des racines latérales, de bourgeons qui poussent de nouvelles racines, & donnent lieu à un nouveau pied; ainsi l'ordre naturel n'est pas interverti, il n'est que modifié; car la tige qui a porté fleur périt.

On multiplie la Julienne simple & la semi double par le semis de ses graines dans une terre bien préparée & exposée au levant. Ce semis s'exécute en automne préférablement lorsqu'on veut avoir de beaux pieds, ou au printems lorsqu'on ne peut faire autrement. Pour obtenir des doubles, il faut choisir, parmi les graines des semi-doubles, les plus grêles & les plus vieilles, & les semer dans des pots remplis de terreau & placés sur une couche nue. Les pieds présumés à fleurs simples ou semi-doubles, semés en automne, se repiquent au printems, & ceux semés au printems ne se repiquent point: tous donnent leurs fleurs dans le courant de l'été. Les pieds présumés à fleurs doubles se repiquent de même, soit qu'ils aient été semés en automne ou au printems; mais dans ce dernier cas ils ne fleurissent ordinairement que l'année suivante.

On sème souvent les Juliennes à fleurs simples & à fleurs semi-doubles, dans les parterres, en masse, & pour produire de l'effet par l'opposition des nuances de leurs couleurs. Alors c'est au printems qu'on le fait, & le plant levé ne demande d'autres soins que d'être éclairci & sarclé. Quoique les graines des pieds à fleurs blanches puissent donner des pieds à fleurs violettes, & *vice versâ*, il est prudent, dans ce cas, de prendre des graines sur les pieds de toutes nuances; car plus ces nuances sont nombreuses, & plus l'effet en est brillant.

Les Juliennes doubles ne se distinguent des autres que lorsque leurs boutons commencent à se montrer, ces boutons étant plus gros & plus ronds; toute autre indication est fautive quoi qu'on en ait dit. On les multiplie très-facilement de boutures faites, à la fin de l'été, dans une terre fraîche & à une exposition ombragée. On les multiplie également par le déchirement des vieux pieds, au printems. Les pieds produits par ce dernier moyen fleurissent deux ou trois mois après.

On place des Juliennes à fleurs doubles ou en pot dans les appartemens, sur les fenêtres, sur les rampes des escaliers des jardins, sur les murs de terrasse; enfin, dans tous les lieux où elles peuvent être fréquemment vues & senties, ou en pleine terre dans les plates-bandes des parterres, dans les corbeilles des jardins paysagers, &c.

Pour assurer la conservation des pieds des Juliennes à fleurs doubles, il est bon de couper rez terre les tiges qui ont porté fleurs, un peu avant qu'elles soient complétement défleuries.

Les bourgeons des Juliennes sont sujets à être mangés par une chenille qui se cache entre ses feuilles, en les liant par des fils de soie. Comme ces bourgeons ne donnent plus de tiges & par conséquent de fleurs, il faut ouvrir le plus tôt possible pour écraser cette chenille, qui appartient au genre des ALUCITES. *Voyez* ce mot dans le *Dictionnaire des Insectes*.

On a proposé de cultiver la Julienne simple en plein champ pour retirer de l'huile de ses graines; mais cette huile est âcre, amère, & donne beaucoup de fumée en brûlant; de sorte qu'elle est inférieure à toutes les autres qu'on retire des plantes de la même famille; aussi nulle part ne l'a-t-on cultivée, & nulle part ne la cultivera-t-on pour cet objet.

Des autres espèces de Juliennes la troisième est encore dans le cas d'être cultivée dans les jardins d'agrément, à raison de l'odeur de ses fleurs, odeur bien supérieure en suavité & en intensité à celle de la précédente; mais elle n'a aucun autre agrément. Je ne lui connois pas de variété, attendu qu'il y a peu de tems qu'on la possède, & qu'elle est encore rare. On la sème en place, à une exposition chaude, peu après que ses graines sont récoltées. Le plant levé s'éclaircit & se sarcle, s'il y a lieu, avant & après l'hiver: on lui donne même quelques légers binages. Après leur floraison les pieds périssent.

Cette culture convient également à toutes les Juliennes que nous conservons dans nos jardins de botanique. La dernière, quelque petite qu'elle soit, se fait voir avec plaisir, à raison de l'époque de sa floraison. (*Bosc.*)

JULIENNE, variété de FÈVE.

JUMART, prétendu mulet provenant du taureau & de la jument, ou du cheval & de la vache.

Il a été souvent question de Jumarts dans les écrits des Anciens & des Modernes; mais il y a trop de différence dans l'organisation des deux sortes d'animaux qui sont supposés les procréer, pour qu'on puisse y croire. Buffon & Huzard en ont nié avec raison la possibilité. Je n'en parlerai donc pas davantage. Tous les Jumarts qui ont été montrés en public étoient des BARDOTS à tête difforme. *Voyez* ce mot.

JUMENT, femelle du CHEVAL. *Voyez* ce mot.

JUNGIE. *Jungia.*

Plante de l'Amérique méridionale, qui seule forme un genre dans la syngénésie agrégée. Comme elle ne se trouve pas dans nos jardins, je ne puis rien dire sur sa culture. (*Bosc.*)

JUSQUIAME. *Hyosciamus.*

Genre de plante de la pentandrie monogynie & de la famille des *Solanées*, qui rassemble huit espèces, presque toutes susceptibles d'être cultivées en pleine terre dans le climat de Paris, & dont une est fort commune dans nos campagnes. *Voyez* les *Illustrations des genres* de Lamarck, pl. 117.

Espèces.

1. La JUSQUIAME noire.
Hyosciamus niger. Linn. ♂ Indigène.

2. La JUSQUIAME réticulée.
Hyosciamus reticulatus. Linn. ♂ De la Perse.

3. La JUSQUIAME blanche.
Hyosciamus albus. Linn. ⊙ Du midi de l'Europe.

4. La JUSQUIAME dorée.
Hyosciamus aureus. Linn. ♃ Des parties méridionales de l'Europe.

5. La JUSQUIAME à feuilles de bète.
Hyosciamus muticus. Linn. ♂ De l'Égypte.

6. La JUSQUIAME fluette.
Hyosciamus pusillus. Linn. ⊙ De la Perse.

7. La JUSQUIAME de Sibérie.
Hyosciamus physaloides. Linn. ♃ De la Sibérie.

8. La JUSQUIAME à fleurs pendantes.
Hyosciamus scopolia. Lam. ♃ Du midi de l'Europe.

Culture.

La Jusquiame noire croît dans les terres de bonne nature, & qui sont remuées de tems en tems. Elle est très-commune autour de certains villages, de certaines fermes. Son odeur nauséabonde en éloigne tous les bestiaux. Le seul parti qu'on en puisse tirer, c'est de l'arracher lorsqu'elle entre en fleurs pour la porter sur le fumier, dont elle augmentera la masse. Il faut se garder de la faire servir de litière, car ses émanations sont dangereuses. On la sème, pour l'étude, dans les jardins de botanique, où la seule culture qu'on lui donne consiste dans des sarclages.

Des autres espèces de Jusquiame, il n'y a que la quatrième & la cinquième qui demandent l'orangerie, dans le climat de Paris, encore avec quelques soins peut-on leur faire passer les hivers doux en pleine terre. On sème leurs graines sur couche & sous châssis dans des pots remplis de terre franche; & lorsque le plant qui en provient a acquis cinq à six feuilles, on le repique seul à seul dans d'autres pots, qu'on tient pendant l'été à une exposition méridienne & abritée. L'hiver on les rentre & on les arrose médiocrement. Les vieux pieds de la quatrième, qui deviennent quelquefois ligneux, peuvent être divisés en automne & servir à la multiplier.

Les Jusquiames septième & huitième se sèment en pleine terre, &, lorsqu'elles sont devenues grandes, se multiplient aussi par le déchirement des vieux pieds.

Quant aux Jusquiames bisannuelles & annuelles, leur culture ne diffère pas de celle de la première. (*Bosc.*)

JUSSIE. *Jussiæa.*

Genre de plante de l'octandrie monogynie & de la famille des *Onagres*, qui réunit dix-sept espèces, dont deux ou trois se cultivent ou se sont cultivées dans nos jardins. *Voyez* les *Illustrations des genres* de Lamarck, pl. 280.

Espèces.

1. La Jussie rampante.
Jussiæa repens. Linn. ♃ Des Indes.
2. La Jussie inclinée.
Jussiæa inclinata. Linn. ☉ De Cayenne.
3. La Jussie délicate.
Jussiæa tenella. Linn. De Java.
4. La Jussie à fruits courts.
Jussiæa brachycarpa. Lam. De la Caroline.
5. La Jussie à feuilles étroites.
Jussiæa angusta. Linn. ♃ Des Indes.
6. La Jussie veloutée.
Jussiæa suffruticosa. Linn. ♃ Des Indes.
7. La Jussie herissée.
Jussiæa hirta. Lam. ♄ Du Brésil.
8. La Jussie caryophylloïde.
Jussiæa caryophyllata. Lam. Des Indes.
9. La Jussie à feuilles de persicaire.
Jussiæa erecta. Linn. ☉ De l'Amérique méridionale.
10. La Jussie à huit nervures.
Jussiæa octonervia. Lam. Des Antilles.
11. La Jussie du Pérou.
Jussiæa peruviana. Linn. Du Pérou.
12. La Jussie linéaire.
Jussiæa linearis. Willd. De l'Afrique.
13. La Jussie à feuilles de lin.
Jussiæa linifolia. Vahl. De l'Amérique méridionale.
14. La Jussie pubescente.
Jussiæa pubescens. Mull. De l'Amérique.
15. La Jussie à huit valves.
Jussiæa octovalvis. Swartz. ☉ De l'Amérique.
16. La Jussie à feuilles aiguës.
Jussiæa acuminata. Swartz. ☉ De la Jamaïque.
17. La Jussie à grandes fleurs.
Jussiæa grandiflora. Mich. ♄ De la Caroline.

Culture.

La plupart de ces plantes, dont j'ai observé deux ou trois espèces en Caroline, vivent naturellement dans les marais, & exigent par conséquent de la chaleur & de l'eau. C'est sans doute à la réunion de ces deux circonstances difficiles à favoriser dans les pays froids, qu'est due leur rareté dans nos serres, où j'en ai vu cultiver qui ne s'y trouvent plus. On doit semer leurs graines aussitôt qu'elles sont mûres, dans des pots qu'on place sur couche & sous châssis, & le plant qui en provient doit être repiqué seul à seul dans d'autres pots qu'on plonge dans des terrines pleines d'eau non croupie, ou qu'on arrose tous les jours. On les change de pots tous les ans : la dernière est la plus belle de toutes celles que je connois. (*Bosc.*)

KAGENECKE. *Kageneckia.*

Arbre du Pérou, qui forme un genre dans la polygamie dioécie, mais qui n'eſt pas encore introduit dans nos cultures. Il eſt figuré pl. 37 de la flore de ce pays. (*Bosc.*)

KAKILE. *Kakile.*

Genre de plante établi par Tournefort, mais depuis réuni aux Buniades. *Voyez* ce mot.

KALMIE. *Kalmia.*

Voyez ce mot dans le *Dictionnaire des Arbres & Arbuſtes.*

KANDEN. Arbre du Malabar, qui n'eſt connu que par une figure de Rheed, & que je dois par conſéquent me contenter de nommer. (*Bosc.*)

KANDIQUE. Autre arbre du Malabar, qui ſe trouve dans le même cas que le précédent. (*Bosc.*)

KARODIE. Plante du Malabar, à l'occaſion de laquelle je ne puis que répéter ce que je viens de dire. (*Bosc.*)

KELIN. Plante à racines tubéreuſes, qui croît à Java, & dont on mange les tubéroſités après les avoir fait cuire dans l'eau ou ſous la cendre.

Comme cette plante ne ſe trouve pas dans nos jardins, je me diſpenſe d'en parler plus longuement. (*Bosc.*)

KENIGE D'ISLANDE. Petite plante annuelle, de la triandrie trigynie & de la famille des *Polygonées*, qui croît naturellement dans les lieux inondés de l'Iſlande.

Cette plante, qui eſt figurée pl. 51 des *Illuſtrations des genres* de Lamarck, ſe cultive dans quelques jardins de botanique; mais il eſt rare qu'elle ſe conſerve long-tems dans ceux du midi. Il faut la ſemer au nord, dans une terre de bruyère très-humide ou ſuſceptible d'être facilement arroſée. Elle ne demande d'autres ſoins que d'être ſarclée. (*Bosc.*)

KERMÈS. *Chermes.*

Genre d'inſecte, qui ne diffère des cochenilles que parce que les anneaux des eſpèces qui le compoſent, diſparoiſſent complétement après leur ponte, par ſuite du gonflement de leur peau, opéré par leurs œufs, qui groſſiſſent & qui ſont placés ſous leur corps.

Ce genre n'a pas été adopté par la plupart des naturaliſtes, & je ſuis du nombre de ceux qui croient qu'il n'eſt pas aſſez caractériſé.

Tous les Kermès vivent aux dépens de la ſève des plantes, & quelques-uns nuiſent aux cultivateurs, qui les connoiſſent ſous les noms de *Galles*, de *Poux*, de *Punaiſes*, &c. J'en ai parlé ſous le premier de ces noms. (*Bosc.*)

KETMIE. *Hibiscus.*

Genre de plante de la monadelphie polyandrie & de la famille des *Malvacées*, qui réunit ſoixante-dix eſpèces, dont deux ou trois peuvent ſe cultiver en pleine terre en France pour l'ornement, dont autant ſe cultivent dans les pays chauds pour ſervir d'aliment ou pour fournir de la filaſſe; enfin dont un aſſez grand nombre ſe voit dans nos orangeries ou nos ſerres. Il eſt figuré pl. 584 des *Illuſtrations des genres* de Lamarck.

Obſervation.

Pluſieurs eſpèces ont été retirées de ce genre, pour former ceux qu'on a appelés Pavone & Mauvisque. (*Voyez* ces mots.) Quelques botaniſtes lui ont réuni le genre Solandre. *Voyez* ce mot.

1. La Ketmie haſtée.
Hibiſcus haſtatus. Cavan. Des Indes.

2. La Ketmie acuminée.
Hibiſcus acuminatus. Cavan. Des Indes.

3. La Ketmie de Virginie.
Hibiſcus virginicus. Jacq. ♃ De la Virginie.

4. La Ketmie à feuilles de vigne.
Hibiſcus vitifolius. Linn. ☉ Des Indes.

5. La Ketmie fourchue.
Hibiſcus bifurcatus. Cavan. ♄ Du Bréſil.

6. La Ketmie tachée.
Hibiſcus maculatus. Lam. ♄ De Saint-Domingue.

7. La Ketmie ſtriée.
Hibiſcus ſtriatus. Cavan. De.....

8. La Ketmie à trois lobes.
Hibiſcus trilobus. Cavan. De Saint-Domingue.

9. La Ketmie à feuilles de figuier.
Hibiſcus ficulneus. Linn. ☉ Des Indes.

10. La Ketmie ſcabre.
Hibiſcus ſcaber. Lam. ♄ De l'Ile-de-France.

11. La Ketmie à feuilles de chanvre.
Hibiſcus cannabinus. Cavan. ☉ Des Indes.

12. La Ketmie rayonnée.
Hibiſcus radiatus. Cavan. ☉ Des Indes.

13. La Ketmie de Surate.
Hibiſcus ſuratenſis. Linn. ☉ Des Indes.

14. La KETMIE à feuilles de tilleul.
Hibiscus tiliaceus. Linn. ♄ Des Indes.

15. La KETMIE à trois pointes.
Hibiscus tricuspis. Cavan. ♄ D'Otahiti.

16. La KETMIE à feuilles de peuplier.
Hibiscus populneus. Linn. ♄ Des Indes.

17. La KETMIE liliflore, vulgairement la *fleur de Saint Louis*.
Hibiscus liliflorus. Cavan. ♄ De l'Ile-Bourbon.

18. La KETMIE des Philippines.
Hibiscus lampas. Cavan. ♄ Des Philippines.

19. La KETMIE à fleurs changeantes.
Hibiscus mutabilis. Linn. ♄ Des Indes.

20. La KETMIE à fruits tronqués.
Hibiscus clypeatus. Linn. ♄ De Saint-Domingue.

21. La KETMIE rose de Chine.
Hibiscus rosa sinensis. Linn. ♄ Des Indes.

22. La KETMIE rhomboïde.
Hibiscus rhombifolius. Cavan. ♄ Des Indes.

23. La KETMIE des jardins, vulgairement *mauve en arbre*, *althea frutex*.
Hibiscus syriacus. Linn. ♄ De l'est de l'Europe.

24. La KETMIE d'Éthiopie.
Hibiscus æthiopicus. Linn. ♄ Du Cap de Bonne-Espérance.

25. La KETMIE rude.
Hibiscus rigidus. Linn. ♄ De Ceilan.

26. La KETMIE hérissée.
Hibiscus hirtus. Linn. ♄ Des Indes.

27. La KETMIE rouge.
Hibiscus phœniceus. Linn. ♄ De Ceilan.

28. La KETMIE unilatérale.
Hibiscus unilateralis. Cavan. ♄ De Saint-Domingue.

29. La KETMIE à feuilles en cœur.
Hibiscus cordifolius. Linn. ♄ De l'Amérique méridionale.

30. La KETMIE à feuilles ovales.
Hibiscus ovatus. Cavan. ♄ Du Cap de Bonne-Espérance.

31. La KETMIE pédonculée.
Hibiscus pedunculatus. Linn. ♄ Du Cap de Bonne-Espérance.

32. La KETMIE luisante.
Hibiscus micans. Cavan. ♄ De Java.

33. La KETMIE calicinale.
Hibiscus calyphyllos. Cavan. ♄ De l'Ile-Bourbon.

34. La KETMIE tubuleuse.
Hibiscus tubulosus. Cavan. ♄ Des Indes.

35. La KETMIE furcellée.
Hibiscus furcellatus. Lam. ♄ De la Guiane.

36. La KETMIE à fruits velus.
Hibiscus lasiocarpos. Cavan. ♄ De.....

37. La KETMIE à membranes.
Hibiscus membranaceus. Cavan. De.....

38. La KETMIE à feuilles de manhiot.
Hibiscus manihot. Linn. ♄ Des Indes.

39. La KETMIE musquée.
Hibiscus abelmoscus. Linn. ⊙ Des Indes.

40. La KETMIE gombo.
Hibiscus esculentus. Linn ⊙ De l'Amérique.

41. La KETMIE acide, vulgairement *oseille de Guinée*.
Hibiscus sabdarifa. Linn. ⊙ De l'Afrique.

42. La KETMIE à épi.
Hibuscus spicatus. Cavan. De.....

43. La KETMIE piquante.
Hibiscus urens. Linn. Du Cap de Bonne-Espérance.

44. La KETMIE ferrugineuse.
Hibiscus ferrugineus. Cavan. De Madagascar.

45. La KETMIE du Sénégal.
Hibiscus senegalensis. Du Sénégal.

46. La KETMIE appendiculée.
Hibiscus sororius. Linn. De Cayenne.

47. La KETMIE mériane.
Hibiscus fraternus. Linn. De Cayenne.

48. La KETMIE lisse.
Hibiscus militaris. Cavan. ♃ De la Louisiane.

49. La KETMIE des marais.
Hibiscus palustris. Linn. ♃ De l'Amérique septentrionale.

50. La KETMIE pétioliflore.
Hibiscus moscheutos. Linn. ♃ De la Caroline.

51. La KETMIE à petites fleurs.
Hibiscus micrantus. Linn. ⊙ Des Indes.

52. La KETMIE blanchâtre.
Hibiscus incanus. Vend. ♃ De la Caroline.

53. La KETMIE élevée.
Hibiscus elatus. Swartz. ♄ De la Jamaïque.

54. La KETMIE à feuilles de lunaire.
Hibiscus lunarifolius. Willd. Des Indes.

55. La KETMIE spirale.
Hibiscus spiralis. Cavan. ♄ Du Mexique.

56. La KETMIE du Brésil.
Hibiscus brasiliensis. Linn. ♄ Du Brésil.

57. La KETMIE clandestine.
Hibiscus clandestinus. Cavan. ♄ Du Sénégal.

58. La KETMIE à feuilles de cotonier.
Hibiscus gossipinus. Thunb. Du Cap de Bonne-Espérance.

59. La KETMIE à petites feuilles.
Hibiscus microphyllus. Vahl. ♄ De l'Arabie.

60. La KETMIE columnaire.
Hibiscus columnaris. Cavan. ♄ De l'Ile-Bourbon.

61. La KETMIE laciniée.
Hibiscus speciosus. Ait. ♃ De la Caroline.

62. La KETMIE à feuilles obtuses.
Hibiscus obtusifolius. Willd. ♄ Des Indes.

63. La KETMIE trilobée.
Hibiscus trionus. Linn. ⊙ De l'Italie.

64. La KETMIE hétérophylle.
Hibiscus heterophyllus. Vent. ♄ De la Nouvelle-Hollande.

65. La KETMIE jaunâtre.
Hibiscus flavescens. Cavan. Des Indes.

66. La KETMIE à grandes fleurs.
Hibiscus grandiflorus. Mich. ♄ De la Floride.

67. La KETMIE à grandes feuilles.
Hibiscus macrophyllus. ♄ De.....

68. La KETMIE en éventail.
Hibiscus flabellatus. Linn. De la Nouvelle-Hollande.

69. La KETMIE digitée.
Hibiscus digitatus. ♄ Du.....

70. La KETMIE à cinq fruits.
Hibiscus pentecarpos. Linn. ♃ De l'Italie.

71. La KETMIE vésiculaire.
Hibiscus vesicularis. Cavan. ☉ De l'Afrique.

Culture.

Parmi toutes ces espèces, la Ketmie des jardins est celle dont la culture est la plus étendue en France, & de laquelle je dois principalement m'occuper; c'est pourquoi je commence par elle la série des considérations que j'ai à présenter sur le genre entier.

Cet arbrisseau se cultive, de tems immémorial, dans nos jardins, qu'il orne par son feuillage en été, & en automne par ses fleurs, grandes, nombreuses & diversement colorées. Il offre un grand nombre de variétés, dont les principales sont celles, 1°. à fleurs rouges, simples; 2°. à fleurs d'un pourpre-violet; 3°. à fleurs blanches simples, avec les onglets rouges; 4°. à fleurs panachées; 5°. à fleurs doubles, rouges & blanches; 6°. à feuilles panachées; 7°. à feuilles très-étroites. Ses fleurs ne subsistent que quelques heures, c'est-à-dire, depuis dix heures du matin jusqu'à quatre heures du soir, mais elles se succèdent chaque jour, de manière qu'il en est toujours abondamment garni. Il est dommage qu'elles soient sans odeur. On le tient généralement en buisson; mais il fait fort bien en boule sur une seule tige peu élevée. Le tailler avec le ciseau est une fort mauvaise méthode, attendu qu'il en résulte une diminution dans le nombre & dans la grandeur des fleurs; aussi faut-il se contenter de lui donner la forme globuleuse qu'il prend facilement & qui lui convient beaucoup, seulement en retranchant, avec la serpète, toutes les branches qui poussent plus que les autres.

Un terrein léger, sec & chaud est celui dans lequel la Ketmie des jardins prospère le mieux dans le climat de Paris, c'est-à-dire, celui où elle donne plus de fleurs, des fleurs plus vivement colorées, & où elle craint moins les effets des gelées de l'automne, qui frappent souvent de mort l'extrémité de ses rameaux; car lorsqu'ils poussent avec trop de vigueur ils s'aoûtent fort tard; aussi les pieds qui s'y cultivent, quelque nombreux qu'ils soient, n'ont-ils pas la belle apparence de ceux que j'ai vus dans les parties méridionales de la France, & surtout en Italie.

Les Ketmies à fleurs doubles, & particulièrement la blanche, ainsi que celles à feuilles panachées, sont plus sensibles à la gelée que les autres, & il est fort difficile de les conserver en pleine terre dans le climat de Paris. Il est donc prudent de les mettre en pot pour pouvoir les rentrer l'hiver dans l'orangerie.

On place la Ketmie des jardins, 1°. dans les plates-bandes des parterres, où on la dispose en boule plus ou moins régulière; 2°. contre les murs des terrasses exposées au midi, en les palissadant; 3°. dans les lieux les plus abrités des vents du nord des jardins paysagers, & alors on l'abandonne à elle-même. J'en ai vu faire, en Italie, des haies très-agréables & très-propres à arrêter les bestiaux, mais qui étoient d'une foible défense contre les malfaiteurs.

La Ketmie des jardins est sujète à cesser de donner de nouvelles pousses, & à se couvrir de lichens par suite, ou de la mauvaise nature du sol dans lequel on la place (il est probable, si j'en juge par quelques observations que j'ai faites en Italie, qu'elle doit croître naturellement sur le bord des eaux), ou de la perte trop fréquente de ses jeunes pousses par l'effet des gelées. Dans ces deux cas, il faut la couper rez terre afin de lui faire donner de nouveaux jets. *Voyez* RAJEUNISSEMENT.

L'écorce de la Ketmie des jardins est extrêmement filandreuse, & peut être employée, comme celle du tilleul, à faire des cordes. On a essayé, avec succès, d'en faire du papier d'enveloppe.

La multiplication de la Ketmie des jardins s'opère par le semis de ses graines, qui ne mûrissent, dans le climat de Paris, que quand l'automne se prolonge & qu'il est sec & chaud, par déchirement des vieux pieds en touffes, par marcotes, par boutures & par racines.

Les graines de la Ketmie des jardins se sèment, dans le climat de Paris, ou en pleine terre, à une exposition méridienne & dans une terre très-légère, ou dans des pots qu'on place sur couche & sous châssis. On risque, par le premier mode, la perte du plant, qui est, pendant les deux premiers hivers, extrêmement sensible à la gelée & à l'humidité, & qu'on ne parvient pas toujours à en garantir, quelque soin qu'on prenne. C'est pourquoi le second mode, quoique ne pouvant pas fournir autant de sujets, est-il préférable. Dans tous les cas le plant doit rester deux ans dans le lieu des semis, & être ensuite repiqué à un pied de distance, pour lui donner moyen de se fortifier afin de le mettre en place définitive deux ans après.

Le déchirement des vieux pieds, & il peut souvent avoir lieu lorsqu'ils sont en touffes, se pratique à la fin de l'hiver: il fournit des sujets qui se plantent de suite, & donnent souvent des fleurs la même annnée.

C'est à la même époque que se font les marcotes. Elles reprennent généralement dans le courant de l'été, si on a employé le jeune bois. On peut les relever à la fin de l'hiver suivant, pour les mettre en pépinière à un pied de distance, & attendre qu'elles se soient assez fortifiées pour être plantées en place ; on les laisse deux ans attachées à leur mère : je préfère le premier mode.

Pour faire les boutures, on emploie deux moyens: ou on met en pleine terre dans une bonne exposition, des pousses de l'année précédente, coupées en avril, & on les arrose fréquemment : ou on met dans des terrines, sur couche & sous châssis à la fin du printems, les pousses de l'année, avec un petit talon, & on arrose également. La seconde de ces pratiques a des résultats plus assurés que la première, dans le climat de Paris. On les emploie peu l'une & l'autre, ainsi que les semis, le déchirement des vieux pieds & les marcotes donnant des produits plus faciles, plus certains, d'une jouissance plus prompte, & qui suffisent aux besoins.

Comme la graine de la Ketmie des jardins craint les gelées du climat de Paris, même dans les années les plus favorables, il faut la mettre à l'abri de leurs effets en cueillant les capsules qui la contiennent, & en les déposant dans un lieu ni trop sec ni trop humide, afin qu'elle y achève lentement sa maturité. Pour bien faire, on coupera les branches qui les portent, on supprimera toutes les supérieures, afin que celles du bas profitent du reste de la sève, & on n'épluchera la graine qu'au moment de la semer.

Les Ketmies des marais & pétioliflore se sont, à ce qu'il paroît, naturalisées sur le bord de quelques rivières de l'ouest de la France, principalement à l'embouchure de la Garonne ; elles passent quelquefois l'hiver en pleine terre à Paris. Ce sont de très-belles plantes, mais qui offrent peu de fleurs, & des fleurs d'une très-courte durée. Elles ne sont pas dans le cas d'être beaucoup recherchées. On les multiplie assez facilement par le déchirement des vieux pieds.

La Ketmie trilobée étant annuelle, peut être cultivée en pleine terre dans le climat de Paris, & l'est en effet, mais seulement dans les jardins de botanique, à raison de ce qu'elle n'est d'aucun agrément. Sa culture se réduit à semer ses graines, ou en place lorsque les gelées ne sont plus à craindre, & à éclaircir & sarcler le plant qu'elles produisent, ou dans des pots sur couche nue, pour repiquer le plant en place lorsqu'il aura acquis deux pouces de haut.

La plus importante des Ketmies, sous les rapports de l'utilité, est certainement la Ketmie Gombo ou Gombeau. On fait dans toutes les contrées chaudes de l'Asie, de l'Afrique & de l'Amérique, une immense consommation de ses capsules vertes, soit pour en tirer, en les mettant dans l'eau bouillante, une grande quantité de mucilage, qui sert à donner de la consistance aux alimens liquides, soit pour les manger en nature, cuites & assaisonnées de diverses manières. Cet aliment est extrêmement nourrissant, au dire des habitans de ces contrées, qui l'aiment avec passion, surtout les femmes ; je n'ai cependant jamais pu m'y faire. Il est fade au suprême degré ; & malgré le piment & autres assaisonnemens actifs qu'on y introduit, il m'a paru qu'il altéroit le goût de tous les mets auxquels on l'associoit.

La culture du Gombo est extrêmement simple, ainsi que j'ai pu en juger en Caroline, où elle est générale. En effet, il suffit de gratter la surface de la terre au printems, d'y jeter des graines de loin en loin, par rangées ; d'éclaircir les plants qu'elles produisent, de manière à les mettre à un pied & demi de distance les uns des autres, & de leur donner un ou deux binages dans le cours de l'été. On fait ordinairement trois semis à quinze jours de distance les uns des autres, afin d'avoir des pieds en rapport pendant toute l'année. Les capsules se cueillent de toutes grosseurs ; mais l'économie engage à attendre qu'elles aient celle du pouce. Chaque pied en donne successivement, & d'autant plus qu'on les laisse moins grossir, jusqu'à ce qu'il soit parvenu à la hauteur de cinq à six pieds, après quoi il meurt : les tiges servent à chauffer le four ou à d'autres emplois analogues.

En Egypte, où la culture de cette plante est également fort en faveur, on sème ses graines en mars sur deux labours. Le plant levé s'arrose deux fois la semaine, & se bine au besoin, c'est-à-dire, deux à trois fois. On commence à cueillir les capsules vers la fin de mai, & on continue jusques vers le milieu de janvier. On est généralement persuadé, dans le pays, que l'usage fréquent du Gombo facilite l'écoulement des urines & préserve de la pierre ; aussi en mange-t-on tous les jours à la table des riches, & le plus souvent possible à celle des pauvres : il est certain que ce doit être un aliment très-propre à adoucir l'âcreté des humeurs.

On transplante quelquefois les pieds de Gombo, principalement lorsqu'il s'agit de regarnir des places vides ; mais j'ai observé que ceux qui avoient subi cette opération ne venoient jamais aussi beaux que les autres.

Une autre culture, mais bien moins étendue que la précédente, est celle de la Ketmie acide, plus connue sous le nom d'*Oseille de Guinée*. Ses feuilles ont une saveur acide analogue à celle de notre oseille, & se mangent comme elle, cuites, soit seules, soit avec des viandes, du poisson, &c. Ses calices confits au sucre forment un mets fort agréable & fort sain, qui se garde long-tems & se transporte fort loin. Je faisois beaucoup plus de cas de cette plante que du Gombo pendant mon séjour en Caroline, mais peu de personnes étoient de mon avis.

Il y a deux variétés de la Ketmie acide : dans l'une les tiges sont rouges, & dans l'autre les fleurs sont entièrement jaunes ou entièrement rouges.

La culture de la Ketmie acide diffère à peine

de celle du Gombo ; ainſi je n'en parlerai pas particuliérement.

Il eſt une Ketmie qui ſe cultive fréquemment dans nos ſerres ou dans nos orangeries, & qui, dans ſon pays natal, l'Aſie méridionale, fait l'ornement de tous les jardins ; c'eſt la Ketmie roſe de la Chine, bien ſupérieure en beauté à celle des jardins. Il eſt probable qu'aux Indes & à la Chine on la traite comme nous traitons ici cette dernière ; mais nous n'avons pas de renſeignemens ſur cet objet ; elle reſte verte toute l'année.

On connoît une demi-douzaine de variétés principales de la Ketmie roſe de la Chine, toutes, chez nous, plus communes que l'eſpèce de celle à grandes fleurs ſimples & rouges, celle à fleurs blanches, celle à fleurs doubles rouge-pâle, celle à fleurs doubles rouge-brun, celle à fleurs doubles aurore.

La multiplication de cette eſpèce n'a jamais lieu par ſes graines, qui avortent ou ne mûriſſent pas dans nos climats. C'eſt par le moyen du déchirement des vieux pieds, & ſurtout par marcotes & boutures, qu'elle s'exécute. Les boutures ſe font toujours ſur couche & ſous châſſis, & manquent rarement en prenant les précautions indiquées pour la Ketmie des jardins. Les ſujets qui en proviennent ſe traitent de même, excepté qu'on les rentre en hiver dans la ſerre chaude.

En général, cet arbriſſeau proſpère mieux dans les ſerres que dans les orangeries, & on doit l'y mettre de préférence lorſqu'on le peut. Il fleurit pendant preſque toute l'année. Il ne faut pas lui ménager les arroſemens pendant qu'il végète. Quoiqu'on puiſſe le faire moins ſouvent, il eſt bon de lui donner de la nouvelle terre tous les ans, en automne.

Pluſieurs autres Ketmies ont auſſi des fleurs fort dignes de remarque ; mais elles ſont, ou plus rares, ou plus difficiles à cultiver, ou annuelles. Les unes ſe contentent de l'orangerie ; les autres exigent la ſerre chaude. La culture des frutescentes ſe rapporte à celle qui vient d'être indiquée. Parmi elles je citerai celle à feuilles de tilleul, celle à feuilles de peuplier, celle à fleurs changeantes, la rouge, la ſcabre ; celle à feuilles de figuier, celle à feuilles de manihot, celle en éventail ; la digitée, l'inerme, la grandiflore, la colomnaire ; celle à feuilles de vigne, comme exigeant la ſerre chaude. Je ne trouve que la laciniée, celle à cinq feuilles, celle d'Éthiopie & l'hétérophylle, qui veulent l'orangerie, parmi les fruteſcentes ou les vivaces que nous poſſédons. Quant aux annuelles, toutes ſe ſèment ſur couche & ſous châſſis, ſe mettent à l'expoſition la plus chaude poſſible pendant l'été, & ſe rentrent de bonne heure dans la ſerre ou dans l'orangerie, afin de jouir de leur floraiſon & favoriſer la maturité de leurs graines. Nous poſſédons celle à feuilles de chanvre, de l'écorce de laquelle on tire, dans l'Inde, une filaſſe analogue au chanvre, celles Gombo, acide, dont il a été queſtion plus haut, celle tubulée, celle à feuilles de vigne, celle à feuilles de chanvre, & enfin la muſquée, dont les ſemences, qui ont une odeur de muſc très-marquée, entrent dans la compoſition des parfums, & ſont, dans l'Orient, l'objet d'un commerce de quelqu'étendue. (*Bosc.*)

KIEL, arbriſſeau laiteux des Moluques, avec le ſuc duquel on teint les étoffes en noir.

Cet arbriſſeau eſt peu connu, & ne ſe trouve pas dans nos jardins. (*Bosc.*)

KIGGELAIRE. *Kiggelaria.*

Arbriſſeau originaire d'Afrique, qu'on cultive depuis long-tems dans nos orangeries, & qui forme un genre dans la dioécie polyandrie & dans la famille des *Euphorbes*. *Voyez* les *Illuſtrations des genres* de Lamarck, pl. 821.

Culture.

La Kiggelaire s'élève à ſix ou huit pieds, & ſe ramifie beaucoup. Ses feuilles ſont d'un vert-gris en deſſus & d'un blanc-cendré en deſſous. Ses fleurs ſont jaunâtres, petites & diſpoſées en grappes axillaires. Ce ſignalement indique qu'il a peu d'agrément ; & en effet, ſon principal mérite eſt de conſerver ſes feuilles toute l'année ; auſſi ne le cultive-t-on que dans les jardins de botanique & dans les grandes collections des amateurs.

Il ſuffit que la gelée n'attaque pas la Kiggelaire, pour qu'elle ſe conſerve dans nos orangeries ; car d'ailleurs elle eſt très-ruſtique. On lui donne une bonne terre conſiſtante, qu'on renouvelle tous les deux ans. En été elle demande une ſituation un peu ombragée & de fréquens arroſemens. On la multiplie de marcotes qui s'enracinent dans l'année, ou de boutures qu'on fait avec les jeunes pouſſes, & qu'on place dans des pots, ſur couche & ſous châſſis. Elle donne aſſez ſouvent des graines ; mais je ſoupçonne qu'elles ſont rarement bonnes, car je ne les ai jamais vu ſemer. (*Bosc.*)

KILCOLA. Plante du Malabar, dont on ne connoît pas le genre, & qui n'a pas encore été cultivée dans les jardins d'Europe. Il n'y a par conſéquent rien à en dire de plus ici. (*Bosc.*)

KILLINGE. *Killingia.*

Genre de plante de la triandrie monogynie & de la famille des *Souchets*, qui contient une douzaine d'eſpèces, dont une ou deux ſe cultivent dans nos ſerres.

Eſpèces.

1. La KILLINGE monocéphale.
Killingia monocephala. Linn. ♃ Des Indes.

2. La

2. La KILLINGE du Pérou.
Killingia peruviana. Lam. ♃ Du Pérou.
3. La KILLINGE tricéphale.
Killingia triceps. Linn. ♃ Des Indes.
4. La KILLINGE panicée.
Killingia panicea. Linn. ♃ Des Indes.
5. La KILLINGE à ombelle.
Killingia umbellata. Linn. ♃ Des Indes.
6. La KILLINGE à feuilles courtes.
Killingia brevifolia. Roth. ♃ Des Indes.
7. La KILLINGE filiforme.
Killingia filiformis. Swartz. ♃ De la Jamaïque.
8. La KILLINGE cypérine.
Killingia ciperina. Retz. ♃ Des Indes.
9. La KILLINGE. incomplète.
Killingia incompleta. Jacq. ♃ De l'Amérique méridionale.
10. La KILLINGE naine.
Killingia pumila. Mich. ♃ De l'Amérique septentrionale.
11. La KILLINGE tachetée.
Killingia maculata. Mich. ♃ De l'Amérique septentrionale.
12. La KILLINGE ovulaire.
Killingia ovularis. Mich. ♃ De l'Amérique septentrionale.

Culture.

La seule de ces espèces qui soit indiquée comme cultivée au jardin du Muséum est la troisième; mais j'y en ai vu un plus grand nombre, parmi lesquelles se trouvoit la onzième & la douzième, dont j'avois rapporté des graines. On la cultive dans la serre chaude. Comme c'est une plante de marais, elle demande une terre consistante & des arrosemens abondans; elle se multiplie exclusivement par le déchirement des vieux pieds, car je ne crois pas qu'elle donne de bonnes graines dans le climat de Paris. Tous les deux ans il faut renouveler sa terre. (*Bosc.*)

KIOSQUE, bâtiment ouvert de tous côtés, & d'une construction très-légère, qu'on élève dans les jardins pour jouir du frais ou de la vue, sans être exposé au soleil ou à la pluie.

Les Kiosques étoient jadis à la mode dans les jardins paysagers; mais ils ont cédé la place aux chaumières, aux temples, &c. On n'en voit plus guère construire aujourd'hui. (*Bosc.*)

KIRGANELE. *KIRGANELIA.*

Arbrisseau de l'Ile-de-France, qui fait partie des NIRURIS (*voyez* ce mot) au dire de quelques botanistes, & qui, selon d'autres, doit seul constituer un genre dans la monoécie monadelphie & dans la famille des *Euphorbes*.

Cet arbrisseau, connu, dans son pays natal, sous le nom de *bois de demoiselle*, probablement à raison de l'élégance de son feuillage, se cultive dans nos serres, qu'il orne pendant tout l'hiver. Il demande une terre consistante & des arrosemens fréquens lorsqu'il est en végétation, ce qui lui arrive deux fois l'an. Il faut lui donner de la nouvelle terre & un plus grand pot chaque automne, car il pousse beaucoup de racines. On le multiplie de marcotes. (*Bosc.*)

KISTE, tumeur molle & insensible, qui se montre sous la peau des animaux, & qui contient, ou une sanie purulente ou une limphe jaunâtre.

Ordinairement on guérit le Kiste en l'ouvrant & en pansant la plaie avec le digestif animé. Quelquefois il est avantageux de l'extraire en totalité. Dans ce dernier cas, l'opération ne diffère pas de celle employée pour le SQUIRRE. *Voyez* ce mot.

Il est des Kistes qui subsistent long tems sans occasionner de douleur à l'animal, & sans augmenter. (*Bosc.*)

KITAIBELIE. *KITAIBELIA.*

Plante vivace, qui croît naturellement en Hongrie, & qu'on cultive dans nos jardins. Elle faisoit ci-devant partie du genre des KETMIES (*voyez* ce mot), & aujourd'hui elle en forme un dans la monadelphie & dans la famille des *Malvacées*. On ne la voit pas encore dans les jardins de Paris. Sa culture ne doit pas différer de celle de la MAUVE SAUVAGE. *Voyez* ce mot.

KLEINHOVE. *KLEINHOVIA.*

Arbre des îles de l'Inde, qui seul forme un genre dans la monadelphie dodécandrie & dans la famille des *Malvacées*. Il est figuré pl. 734 des *Illustrations des genres* de Lamarck.

Cet arbre, dont les feuilles ont l'odeur de la violette, n'est pas encore cultivé dans nos jardins.

KNAUTIE. *KNAUTIA.*

Genre de plante de la tétrandrie monogynie & de la famille des *Dipsacées*, qui rassemble quatre espèces, dont deux se cultivent dans nos jardins. *Voy.* les *Illustrations des genres* de Lamarck, pl. 58.

Espèces.

1. La KNAUTIE du Levant.
Knautia orientalis. Linn. ☉ Du Levant.
2. La KNAUTIE propontique.
Knautia propontica. Linn. ☉ Du Levant.
3. La KNAUTIE de la Palestine.
Knautia palestina. Linn. ☉ Du Levant.
4. La KNAUTIE plumeuse.
Knautia plumosa. Linn. ☉ Du Levant.

Culture.

La première & la dernière de ces espèces sont celles qui se cultivent dans le jardin du Muséum, où on les sème dans des pots, sur couche nue lorsqu'il n'y a plus de gelées à craindre, & où on les met en place quand le plant est parvenu à trois ou quatre pouces de haut. Deux sarclages, ou mieux deux binages dans le courant de l'été, & des arrosemens si les sécheresses se prolongent, sont tous les soins qu'elles demandent.

Ces plantes, qui s'élèvent d'environ deux pieds, sont de peu d'agrément. (*Bosc.*)

KNÉMA. *Knema.*

Grand arbre de la Cochinchine, qui seul forme un genre dans la dioécie monandrie.

Comme il n'est pas cultivé dans nos jardins, je ne puis en parler ici plus longuement. (*Bosc.*)

KNÉPIER. *Melicocca.*

Arbre de la Jamaïque & des îles voisines, qui seul forme un genre dans l'octandrie monogynie & dans la famille des *Savoniers.* Il est figuré planche 306 des *Illustrations des genres* de Lamarck.

Culture.

La pulpe des fruits de cet arbre étant bonne à manger crue, ainsi que leurs amandes cuites dans l'eau ou sous la cendre, on le place dans les jardins de son pays natal; mais où on ne lui donne pour ainsi dire aucune culture.

En France, on le tient toute l'année dans la serre chaude, dans des pots remplis d'une terre à demi consistante, & on l'arrose fréquemment en été. Sa multiplication ne s'opère qu'au moyen des graines apportées des Colonies, car il résiste à celle par marcotes & par boutures. On lui donne de la nouvelle terre tous les ans. (*Bosc.*)

KNOXIE. *Knoxia.*

Plante de Ceilan, qui seule forme un genre dans la tétrandrie monogynie & dans la famille des *Rubiacées*. Elle est figurée pl. 59. des *Illustrations des genres* de Lamarck.

Cette plante qui croît sur les troncs d'arbres pourris n'est pas cultivée en Europe, & paroît peu susceptible de l'être. Je n'en parlerai donc pas plus au long. (*Bosc.*)

KOBRÉSIE. *Cobresia.*

Genre de plante établi pour placer quelques laiches qui diffèrent un peu des autres par leurs caractères. Il renferme les LAICHES SCIRPINE, CARICINE & CYPÉRINE. *Voyez* LAICHE.

KOCLÉRIE. Genre de plante dans lequel on a placé une demi-douzaine de paturins, auxquelles on n'a pas trouvé exactement le caractère des autres.

Ce genre n'ayant pas été adopté de la majorité des botanistes, je ferai mention, à l'article PATURIN, des espèces qu'il contient. (*Bosc.*)

KOELREUTERIE *Koelreuteria,*

Voyez ce mot dans le *Dictionnaire des Arbres & arbustes.*

KOLA. *Cola.*

Fruit esculent qui croît en Guinée & qu'on y estime beaucoup. On ignore à quel arbre il appartient. (*Bosc.*)

KRAMER D'AMÉRIQUE. *Krameria ixina.*

Arbrisseau originaire des environs de Cumana, qui seul forme un genre dans la didynamie gymnospermie & dans la famille des *Personnées.*

Cet arbrisseau n'est pas cultivé dans nos jardins, & par conséquent n'est pas dans le cas de donner lieu à un plus long article. (*Bosc.*)

KRIGIE. *Krigia.*

Genre de plante de la syngénésie égale & de la famille des *Chicoracées*, établi pour placer une espèce d'hyoséride qui s'éloigne des autres par des caractères essentiels.

Cette espèce est l'HYOSÉRIDE de Virginie, *hyoseris virginica* Linn., plante annuelle que j'ai fréquemment observée en Caroline, & dont j'ai apporté des graines dont les produits ne se sont pas conservés dans nos jardins, où ils demandoient la terre de bruyère & l'orangerie. (*Bosc.*)

KUHNIE. *Kuhnia.*

Genre de plante de la pentandrie monogynie & de la famille des *Corymbifères*, qui réunit deux plantes, dont l'une est cultivée dans nos jardins.

Espèces.

1. La KUHNIE eupatorioïde.
Kuhnia eupatorioides. Linn. ♃ De Pensilvanie.
2. La KUHNIE à feuilles de romarin.
Kuhnia rosmarinifolia. Vent. ♄ De Cuba.

Culture.

Cette dernière est celle que nous cultivons. Comme elle craint les gelées du climat de Paris, on la rentre dans l'orangerie à leur approche. C'est une terre consistante qu'on lui donne : elle n'exige que peu d'arrosement. On la multiplie de graines, qui mûrissent assez souvent dans le climat de Paris. Son peu d'agrément fait qu'elle ne se voit que dans les jardinsde botanique. (*Bosc.*)

KUNISTÈRE. *Cunisteria.*

Lamarck a donné ce nom au genre qu'il a appellé depuis *Rothia*, & que Lhéritier a décrit sous celui d'HYMÉNOPAPE. *Voyez* ce dernier mot. (*Bosc.*)

LABIÉES : famille de plante qui est caractérisée par une corolle irrégulière à deux lèvres plus ou moins prononcées, par quatre étamines, dont deux plus courtes, par quatre graines nues, situées au fond du calice qui subsiste, par une tige ordinairement tetragone, par des feuilles toujours opposées, par une odeur presque toujours forte.

Les plantes qui appartiennent à cette famille sont herbacées, ou au plus, légèrement ligneuses. La plupart sont propres aux parties méridionales de l'Europe. On en cultive un grand nombre dans nos jardins, soit pour leur odeur, soit pour leur utilité en médecine : les bestiaux les repoussent. *Voyez* au mot PERSONNÉES. (*Bosc.*)

LABOUR, LABOURAGE : la plus importante des opérations de l'agriculture, celle qui la constitue pour ainsi dire.

On devroit croire que les hommes labourant depuis plusieurs milliers d'années, les principes du Labourage sont fixés, sa pratique assurée ; cependant on n'est pas d'accord sur les premiers, & la seconde varie en tous lieux.

Rechercher les causes qui ont retardé les progrès d'un art aussi général, aussi nécessaire, seroit de quelqu'utilité ; cependant, comme cela me mèneroit trop loin, à raison de la complication des causes, & de la différence de leur action selon les tems & les lieux, je m'y refuserai pour pouvoir m'étendre d'autant plus sur l'objet essentiel, de cet article, qui doit être d'établir les principes du labourage.

Plusieurs écrivains ont défini le Labourage, l'action de retourner la terre ; mais, d'un côté, on retourne la terre quand on creuse un fossé, quand on élève une chaussée, & cependant on n'appelle pas cela labourer ; d'un autre côté il est des sortes de Labours par lesquels la terre n'est pas, ou presque pas retournée, ceux qui se font avec une fourche, avec le scarificateur, avec la herse à dents de fer, &c.

Les principaux objets des Labours sont, 1°. de changer de place, dans une épaisseur suffisante, les molécules de la terre, afin de les mettre successivement en contact avec les racines des plantes que l'on cultive & qui les ont, surtout les céréales, souvent toutes superficielles ; 2°. de la rendre plus perméable aux racines, afin qu'elles puissent s'y étendre sans peine & y puiser une grande quantité de sucs ; 3°. de permettre à l'eau & à l'air, ces deux importans agens de la végétation, d'y pénétrer avec facilité.

Mais, peut-on dire, les arbres qui végètent dans les forêts, les herbes qui croissent dans les prairies, se passent de Labours depuis le commencement du monde, pourquoi donc sont-ils si nécessaires? Parce que le tems n'est rien pour la nature & qu'il est tout pour l'homme ; parce que les espèces se substituent les unes aux autres, selon les besoins qu'a la terre d'en changer ; parce que chaque année les feuilles & les tiges des plantes qu'on laisse périr sur pied, rendent à la terre, & au-delà, les principes de fertilité qu'elle a perdus, &c. &c. Qu'on compare des arbres de même âge, cultivés dans les pépinières & crus dans les forêts ; une prairie nouvellement semée à une ancienne, & on ne pourra nier les avantages des Labours. Qui n'est pas à portée de voir chaque année la foible végétation des céréales, que le hasard a fait lever dans un terrein non labouré ?

Puisque les Labours augmentent la fertilité du sol, ils diminuent la nécessité des engrais. Il est même des agronomes, tels que Tull & Duhamel, qui ont écrit qu'en les multipliant on pouvoit se passer de fumier. Leur seul tort c'est d'avoir posé cette proposition d'une manière trop générale ; car il est certain qu'elle est fondée en raison dans les terres naturellement fertiles, c'est-à-dire, dans celles où il ne s'agit que de favoriser la décomposition de l'humus non soluble. Rien ne peut suppléer à l'humus en agriculture, & on laboureroit inutilement tous les jours pendant des années les argiles, les sables & les craies, sans en tirer un meilleur parti.

Les avantages des Labours sont d'ailleurs constatés par l'expérience des siècles, & vouloir les nier seroit folie. Il faut cependant dire qu'il est des cas où ils peuvent devenir nuisibles, & que la considération de leur utilité les fait quelquefois trop multiplier : ces exceptions, je les citerai lorsqu'il en sera tems.

Tout porte à croire, & c'est ainsi que les peuples de quelques parties de l'Afrique, des îles de la mer du Sud labourent encore, que dans l'origine de l'agriculture, une branche d'arbre pointue étoit l'instrument avec lequel on labouroit. Bientôt cette branche fut rendue tranchante, & voilà la bêche. Cependant on s'aperçut que les terres dures étoient plus facilement entammées par la percussion, & une branche d'arbre fourchue, dont une des parties fut considérablement raccourcie, devint un pic, puis une houe. Plus tard enfin on reconnut que cette branche traînée en appuyant, grattoit suffisamment la terre pour un grand nombre de cas, & expédioit beaucoup plus d'ouvrages : tel est l'origine de la CHARUE.

C'est sous ces trois divisions que je rangerai toutes ces sortes de Labours.

Beaucoup d'écrivains ont dit que la première sorte de Labour, celle à la bêche, étoit la meilleure ;

mais ils ne l'ont sans doute comparé qu'à celui de la charue, qui lui est en effet inférieur; car si le but du Labourage, comme il doit l'être en effet dans le plus grand nombre de cas, est de diviser & de changer, le plus possible, la terre de place; celui à la houe, fait à une égale profondeur, lui est certainement préférable. Le Labour à la bêche est bien moins fatigant & plus expéditif, quand il faut approfondir, que celui à la pioche; aussi est-il celui qui, après celui de la charrue, est le plus pratiqué. C'est presque le seul dont on fasse usage dans la petite culture : il est même des pays très-populeux, quelques cantons de la Flandres, par exemple, où il est d'usage dans la grande culture, malgré l'augmentation de dépense auquel il donne lieu.

La bonté d'un Labour à la bêche, dépend d'abord de la forme de la bêche, ensuite de l'habileté de celui qui la manie.

La forme de la bêche varie beaucoup, ainsi qu'on peut le voir à l'article qui la concerne. Chaque espèce de sol en exige une particulière. Ainsi son fer peut être plus mince, plus large, plus long, & son manche plus court dans les terreins légers, qu'elle pénètre facilement & dont elle peut détacher des morceaux sans grands efforts. Ainsi son fer doit être plus épais, moins large, moins long, & le manche plus long lorsqu'elle agit dans les terreins argilleux, parce qu'elle trouve plus de résistance, & que celui qui la fait mouvoir y fatigue davantage à raison des efforts qu'il est obligé de faire.

On distingue deux sortes de Labours à la bêche; le plus facile à faire doit être considéré comme un binage. Il ne consiste qu'à enfoncer à moitié le fer de la bêche, supposé de six pouces de long, & à la retourner à moitié par un mouvement brusque, qui émiette la terre si elle n'est pas trop argilleuse, & la fait retomber à une petite distance de la place où elle se trouvoit. Ce Labour va beaucoup plus vîte lorsqu'on tient la bêche très-oblique, soit relativement à la surface, soit relativement au sens dans lequel on opère : rarement, en le faisant, on est obligé d'appuyer le pied sur la bêche.

Celui des Labours à la bêche, qu'on pratique le plus généralement, s'exécute en tenant la bêche peu oblique relativement à la surface, & rigoureusement parallèle au sens dans lequel on opère. Pour cette sorte de Labour, qui est au moins du double du précédent en profondeur, à moins que le terrein soit sabloneux, ou labouré depuis peu de tems, on est obligé d'appuyer le pied sur la bêche, afin de la faire enfoncer davantage & plus vîte, ainsi que pour soulager l'effort du bras. Alors la terre enlevée est, ou complétement retournée en motte & placée à six pouces du lieu, où elle se trouvoit, ou éparpillée sur la surface déjà labourée, par un mouvement demi-circulaire. Dans le premier cas, on la recoupe par quelques coups de bêche donnés dans différens sens. Plus l'espace entre le terrein labouré & le terrein à labourer est large, & plus le Labour se fait bien & vîte. C'est ce qu'on nomme la JAUGE, (*voyez* ce mot.) aussi est-il reçu parmi les cultivateurs jaloux de bien faire, de commencer les Labours par une fosse de deux ou trois pieds de large, fosse dont on reporte la terre, dans des brouettes, à la queue de la pièce, pour combler la fosse de même largeur, qui doit y rester lorsque le Labour est terminé.

La troisième sorte de Labour à la bêche, dont il doit être question, porte le nom de DÉFONCE, DESFONÇAGE. (*Voyez* ce mot.) C'est le plus profond. Pour le faire, on établit une fosse, en tête, encore plus large que celle indiquée plus haut, c'est-à-dire, de trois ou quatre pieds & profonde de deux fers de bêche, c'est-à-dire, de seize à vingt pouces, même plus. On laboure ensuite à l'ordinaire & on jète la terre dans la fosse, puis on descend sur l'espace de marche d'escalier que ce premier Labour laisse entre lui & le fond de la fosse, & on la laboure de côté, comparativement à la ligne précédemment faite, en rejetant la terre sur la surface de celle qui vient d'être enlevée.

Quelquefois, mais les cas où on le peut sont rares, on laboure à trois fers de bêche.

Il arrive quelquefois qu'on combine le Labour à la bêche avec celui à la charue, & dans ce cas, plusieurs ouvriers armés de bêches suivent la charue & aprofondissent le sillon qu'elle forme, de toute la hauteur de leur bêche : le nombre de ces ouvriers doit être tel qu'ils aillent aussi vîte que la charue. Cette opération est très-coûteuse & peut être en partie suppléée en faisant passer deux fois la charue dans le même sillon, ou en employant ces énormes charues inventées en Angleterre.

Une sorte de Labour qui rentre dans celui-ci, se pratique en Flandres & est appelé RUOTTE. (*Voyez* ce mot.) Il a pour objet de BUTTER ou CHAUSSER (*voyez* ces mots.) les colsas, les pommes de terre, les garances, les houblons, &c, mais comme pour le faire on creuse des rigoles de plus d'un pied de profondeur, il équivaut à un DÉFONCEMENT partiel. (*Voyez* ce mot.) Ses effets sont très-durables.

Dans tous ces Labours, le soin de l'opérateur doit être, le plus possible, de diviser la terre, de changer ses molécules de place, de mettre en dessus celle qui étoit en dessous, & d'en rendre la surface de niveau, c'est-à-dire, de n'y laisser ni saillies ni creux d'une certaine étendue. Ce n'est pas une chose aussi facile que quelques personnes peuvent le supposer, que de faire un bon Labour à la bêche, & pour peu que l'œil soit exercé, on distingue sans peine celui qui est exécuté par un habile ouvrier.

Une attention à avoir lorsqu'on laboure, & que la surface du sol est parsemée de mauvaises herbes, des restes des dernières cultures, qu'il eſt couvert de fumier, &c. c'eſt de mettre ces objets au fond de la jauge, de manière qu'il n'en paroiſſe aucun à la ſurface.

D'un autre côté, il faut avoir ſoin de ramaſſer & de jeter ſur la ſurface, ou ſur les côtés, toutes les racines ſuſceptibles de repouſſer lorſqu'elles reſtent enterrées, principalement celles de chiendent & de chardon, précaution qu'on néglige trop pour l'avantage des cultures.

Il en eſt de même des pierres lorſqu'elles ſont d'une certaine groſſeur, parce qu'elles nuiſent aux plantes, gênent les Labours ſubſéquens & uſent rapidement les bêches.

Les terreins très-abondans en pierres ne peuvent être facilement labourés à la bêche. On emploie, quand on ne veut pas labourer d'après un autre principe, une fourche à deux ou trois dents aplaties & pointues, qui entrent facilement entre les pierres & les déplacent. Du reſte, on procède comme avec la bêche; mais ſi, par ce moyen, la diviſion de la terre peut être auſſi & même plus exacte, ſon changement de place ne peut être auſſi complet.

Quant aux Labours avec une fourche à dents rondes, Labours qui ſont en faveur dans quelques lieux, ils rempliſſent très-imparfaitement leur objet. Cependant, comme ils s'exécutent très-promptement & très-économiquement, on peut ſe les permettre dans les terreins légers ou dans ceux qui en ont eu depuis peu un bon, lorſqu'il ne s'agit que de diviſer aſſez la ſurface pour favoriſer le recouvrement & la germination des graines.

On fait auſſi très-avantageuſement à la fourche à dents rondes un Labour ſupplémentaire à un autre, lorſque le terrein eſt très-rempli de chiendent, qu'on enlève alors très-facilement.

Les Labours de la ſeconde diviſion ſont ceux qui ſe font avec un inſtrument de fer pointu ou aplati, droit ou recourbé, fixé perpendiculairement ou obliquement à l'extrémité d'un manche de bois plus ou moins long.

La forme, la groſſeur, la grandeur des pics, des pioches, des houes, &c. noms que porte cet inſtrument, varient encore plus que celles de la bêche. Chaque pays en a adopté un auquel il tient, quoique ſouvent il ne ſoit pas le plus approprié à la nature de ſon ſol. On trouvera, aux articles qui les concernent, quelques indications ſur les avantages & les inconvéniens de chacun d'eux.

C'eſt en frappant ſur le ſol qu'on exécute cette eſpèce de Labour, & on ſait que la force de percuſſion eſt la plus puiſſante de celles qui ſont à la diſpoſition de l'homme; auſſi entrepend-il avec le pic & la pioche des Labours qu'il ne pourroit pas faire avec la bêche ni avec la charue, ſoit à cauſe de la dureté de la terre, ſoit à cauſe du nombre ou de la groſſeur des pierres qui s'y trouvent; mais l'emploi de ces inſtrumens fatigue beaucoup, & il expédie peu de beſogne; auſſi, toutes les fois qu'on le peut, on préfère les houes qui, étant plus légères & plus larges, ſe rapprochent davantage de la bêche. *Voyez* aux mots PIC, PIOCHE, HOUE & TOURNEE.

De tous les Labours, ceux faits avec la pioche, dont je ſuppoſe le fer de trois à quatre pouces de large, lorſqu'on les exige à *jauge vive*, ſont les meilleurs, parce qu'ils émiètent la terre autant que poſſible, & que l'obligation où ils mettent de reprendre la terre avec une pelle pour la ſortir de la jauge & la jeter au loin, en mélange bien plus exactement les molécules. C'eſt en conſéquence toujours celui qu'on doit préférer quand on défonce un terrein argileux & caillouteux.

La houe laboure plus ou moins vîte & plus ou moins bien, ſelon ſa forme & ſa largeur, & à la profondeur près qu'elle n'atteint jamais, l'ouvrage qu'elle fait peut être comparé à celui de la bêche. C'eſt dans les terreins légers qu'elle agit le mieux.

Relativement aux réſultats, je crois qu'on peut ranger le travail à la houe ſous trois diviſions.

Dans la première de ces diviſions ſe trouvent les houes, ſoit pleines, ſoit fourchues, ſoit carrées, ſoit triangulaires, fort larges, fort inclinées ſur leur manche, qui eſt très-court. Pour les mettre en action, l'ouvrier ſe courbe à angle droit, & rejette la terre derrière lui, entre ſes jambes, ou à côté de lui lorſque cela devient néceſſaire. Ce travail fatigue beaucoup, à raiſon de la poſition forcée du corps; auſſi la plupart des vignerons ſont-ils voûtés dans leur vieilleſſe; mais il expédie vîte & fait de la bonne beſogne.

Dans la ſeconde de ces diviſions ſe placent les houes de mêmes formes que les précédentes, mais ayant au plus ſix pouces de large, formant preſque un angle droit avec le manche, qui eſt très-long. Avec ces houes, l'ouvrier, ſe tenant droit ou peu courbé, ramène à ſes pieds, un peu ſur le côté, la terre qu'il a entamée devant lui. C'eſt ſouvent plutôt un binage qu'un Labour; mais quand la terre n'eſt pas dure, on peut l'approfondir aſſez pour lui mériter le ſecond de ces noms.

Un des emplois les plus avantageux de ces houes, c'eſt de faciliter la formation des BILLONS, des ADOS, des DOS-D'ANE. *Voyez* ces mots.

C'eſt par leur moyen qu'aux environs de Paris les vignerons, ſoit dans leurs vignes, ſoit dans leurs champs, ſoit dans leurs jardins, forment avant l'hiver, pour les détruire au printems, des petits tas coniques de terre, qui ſemblent le réſultat des connoiſſances les plus profondes des principes du Labourage, tant ils ſont en concordance avec eux, puiſque la terre qui les compoſe, étant bien ameublie, & préſentant plus de ſurface, reçoit plus facilement les influences atmoſphériques, tandis qu'ils laiſſent la couche inférieure nue, & par conſéquent dans le cas de les recevoir également.

La troiſième de ces diviſions comprendra les houes à fer encore moins large & à manche plus court, houes qui se confondent généralement avec la pioche, parce qu'elles agissent de même. Ce sont elles qu'on substitue aux précédentes, dans beaucoup de cantons, pour les binages: de là le nom de BINETTE (*voyez* ce mot) que porte la plus petite d'entr'elles. On les emploie aussi à faire, lorsque le terrein n'est ni trop dur ni trop caillouteux, des défoncemens semblables à ceux que j'ai dit plus haut être le plus souvent entrepris avec la pioche.

Lorsqu'il s'agit de culture délicate, on fait quelquefois passer à la claie ou même au crible les terres divisées par la pioche ou la houe; ce qui en extrait toutes les grosses pierres, toutes les grosses racines, & opère un mélange aussi parfait que possible. Cette opération est donc un complément très-avantageux aux Labours; aussi doit-on la pratiquer toutes les fois qu'on établit un nouveau jardin potager ou une culture de plantes étrangères, l'augmentation de dépense à laquelle elle donne lieu étant bientôt couverte par la beauté des produits & par la facilité des Labours.

Les avantages de la troisième sorte de Labour sont la rapidité & l'économie. En effet, au moyen de la bêche, supposée entrer à quatre pouces de profondeur, qui est le terme ordinaire de l'entrée des charues, on ne peut labourer que cinq à six perches carrées par jour, au moyen de la pioche que quatre à cinq perches, au moyen de la houe à large fer & à court manche que douze à quinze perches, & une charue bien attelée, dans une terre de médiocre consistance, laboure jusqu'à un arpent par jour.

Ces avantages sont d'une telle importance, que, sans la charue, les hommes ne pourroient pas exister en grands corps de nations, il n'y auroit que de petites peuplades pauvres, comme on en voit en Afrique & dans quelques parties de l'Asie.

Comme il n'a pas été question de la CHARUE à ce mot, il faut suppléer ici à cet oubli.

Il y a tout lieu de croire, d'après un passage de Caton, que les Romains employèrent deux sortes de charue, une légère, qui est notre araire, & une pesante, sur la forme de laquelle il n'est pas aussi facile de fixer ses idées; mais si on en juge par ce qui a lieu aujourd'hui, il est probable qu'il y en avoit un bien plus grand nombre. En effet, si on parcourt la France, on trouve partout des charues de dimensions & de formes différentes, qui chacune, au dire des cultivateurs qui les emploient, est la meilleure possible, relativement au terrein qu'elle est destinée à retourner. C'est encore bien plus si on voyage dans toutes les parties de l'Europe, dans l'Inde, dans la Chine, &c. Peut-on croire que cette multitude de charues soit nécessaire, que l'opinion ci-dessus énoncée soit fondée, qu'il faille prendre à la lettre cet adage de Caton: *Ne change point ton soc.* Je ne le pense pas quand je considère que la nature des terres varie beaucoup moins que les charues, & que presqu'aucune n'est construite dans des principes propres à lui faire produire le plus grand & le meilleur effet avec le moins de force possible.

Dans l'impossibilité d'indiquer ici la meilleure charue, je vais d'abord poser les principes d'après lesquels elle doit être construite, & ensuite indiquer celles qui paroissent le plus s'approcher de la perfection.

Toute charue est composée de quatre parties; savoir: le sep, le soc, l'âge ou la flèche & le manche. A ces parties se joignent souvent l'oreille ou le versoir, le coutre & l'avant-train.

Entrer dans la terre à la profondeur jugée convenable est la plus importante des qualités de la charue. C'est de l'ouverture de l'angle que forme l'âge ou la flèche avec le sep, ouverture qui varie entre dix-huit & vingt-quatre degrés, qu'elle dépend. Quand on veut avoir un sillon profond, on diminue cet angle, & on l'augmente si on veut qu'il soit plus superficiel. Si la charue est mal faite, & que l'angle ci-dessus soit hors des proportions indiquées, le conducteur appuiera inutilement sur les manches; il n'obtiendra pas plus de profondeur.

C'est par le moyen d'un ou de plusieurs coins, qui se placent dans une mortaise pratiquée à l'âge à sa réunion avec le sep, qu'on augmente ou diminue l'entrure des charues sans avant-train, & c'est en avançant ou reculant l'âge sur la sellette, qu'on produit le même effet dans les charues à avant-train.

Il est quelques charues sans avant-train où l'angle d'entrure est invariable, & où, pour suppléer aux effets qu'elles ne peuvent produire, on rend les manches mobiles, afin d'en mettre de courts ou de longs à volonté; mais ce moyen fatigue beaucoup plus le conducteur, & ne remplit qu'imparfaitement son objet; aussi les Labours qu'elles font sont-ils toujours mauvais.

Le point de tirage des charues doit, d'après la théorie, être aussi voisin que possible de celui de la résistance. C'est pour ne pas faire attention à cette considération que tant de charues, d'ailleurs bien construites, ne produisent pas tout l'effet qu'on a droit d'en attendre. Ce point est donc la seconde chose sur laquelle l'attention des constructeurs de charues doit se porter.

Deux choses sont à considérer dans la construction du sep; la première c'est que sa résistance, dans le travail, est moins à sa pointe que sur ses côtés, & est moins due à la pesanteur qu'à l'adhérence des parties de la terre qu'il retourne. Il doit donc être de bois dur & susceptible de poli, tels que le poirier, le sorbier, le prunier; cependant on le fait le plus communément ou de hêtre, ou de frêne, ou de chêne. Sa surface inférieure & ses surfaces latérales, ne seront pas plates mais un peu concaves, afin de donner plus d'assiète à la charue dans le travail & empêcher qu'elle s'use trop sur ses bords. Pour rendre les frottemens encore moindres, on est dans l'usage, dans quelques parties de l'Angleterre, de mettre une ou deux roulettes très-basses à l'extrémité postérieure du sep, & cette pratique est très-recommandable; car c'est de la marche aisée de la charue que dépendent les bons Labours.

Les versoirs ou oreilles ayant les mêmes frottemens à essuyer que le sep, ils doivent être construits avec les mêmes bois & être également bien polis. En Angleterre, on les fait fréquemment en fer fondu, & on y trouve de nombreux avantages.

L'accélération ou le retard du Labourage, sont beaucoup influencés par la forme du versoir. Quelques personnes croient qu'une simple planche remplit toutes les indications qu'il présente; mais la nécessité de renverser la terre avec le moins de frottement possible, exige qu'on lui donne une forme recourbée.

M. Arbuthnot est dans l'opinion que la courbure semicycloïde est celle qui oppose le moins de résistance; &, en effet, il paroît que c'est la meilleure dans les terres fortes, mais dans les terres légères, elle ne décharge pas la terre aussi vîte que le feroit une demi-ellipse.

Partout, c'est au hasard que les charons taillent les oreilles de leurs charues; aussi, dans les pays où les grandes oreilles sont usitées, n'en trouve-t-on pas deux qui se ressemblent; & tel cultivateur, comme je l'ai vu souvent, qui a cette année une charue qui travaille avec la plus grande facilité, en aura une l'année suivante qui fera moins de besogne, & de la plus mauvaise besogne, en fatigant davantage lui & ses animaux.

Pour diminuer ces graves inconvéniens, l'illustre Jefferson, président des États-Unis de l'Amérique, a cherché s'il n'y avoit pas moyen de tailler des versoirs d'une courbure rigoureusement uniforme, & il a indiqué une méthode graphique qui remplit cet objet. Comme il faudroit des figures pour en donner une idée, je renvoie aux *Annales du Muséum d'Histoire naturelle de Paris*, où elle se trouve décrite.

Dans la plûpart des charues, la flèche est droite; cependant il est des cas, comme quand il y a plusieurs coutres où elle gagne à être droite à sa base, & courbe dans le reste de sa longueur, afin que ces coutres puissent être à peu près d'égale longueur, ce qui assure de leur force.

Le bois le plus lourd & le plus dur, est le meilleur pour construire le manche de la charue, parce qu'il doit pouvoir contrebalancer la pesanteur du sep, du soc & des coutres, & résister aux efforts que le conducteur est obligé de faire sur lui. C'est presque partout le chêne qu'on y emploie.

Beaucoup de charues, destinées à labourer des terres légères, n'ont qu'un manche simple, un peu recourbé; mais dans les terres fortes il faut que ce manche soit fourchu, afin que le conducteur puisse à volonté peser de tout le poids de son corps, soit sur le centre de direction, soit sur un des côtés, lorsque le soc se dérange de la ligne qu'il doit suivre: ce double manche est tantôt d'une seule, tantôt de deux pièces; sa hauteur dépend de la taille de celui qui doit la conduite; il vaut mieux qu'il soit un peu trop court que beaucoup trop long.

Dans l'origine, ainsi que je l'ai dit plus haut, on labouroit avec un sep pointu, & on le fait encore dans quelques cantons dont le sol est très-léger; mais dans des terrains tenaces & pierreux, il seroit bientôt usé si on ne le garnissoit d'un fer qu'on a appelé *soc*.

On peut ranger en trois classes les nombreuses formes qu'on a données au soc de la charue.

Dans la première, sont les socs qui offrent un triangle isocèle dont l'angle de la pointe est très-aigu, & les deux autres repliés autour du sep.

Dans la seconde, se placent ceux qui sont presque équilatéraux, où les angles postérieurs sont arrondis & évasés en forme d'ailes, & au milieu du dessous desquels est une véritable douille.

Dans la troisième, on met ceux qui sont comme coupés en deux, c'est-à-dire, dont le côté gauche est sans largeur, & le côté droit pourvu d'une aile.

Ces charues qui n'ont qu'un demi-soc, si je puis employer cette expression, & qui coupent net le terrein, font un Labour régulier & de belle apparence, mais peu ameublissant. Au contraire, le soc des autres agissant sur les deux côtés de la ligne labourée, disposent la terre qu'elles ne renverse pas, à s'émietter davantage au tour suivant: elles sont donc préférables dans le plus grand nombre des cas.

Pour pouvoir pénétrer plus aisément dans la terre, l'extrémité antérieure du soc semble devoir être très-pointue; souvent cependant il est arrondi & aplati, d'autres fois il est terminé par un croissant, comme en Biscaye, ou bifurqué comme en Picardie. Ces deux derniers socs paroissent si en contradiction avec les principes, que je ne pourrois pas croire à leur adoption si je ne les avois pas vus en action.

Dans les terres compactes & non pierreuses, un soc aigu & à ailes tranchantes est favorable à la bonté & à la promptitude du Labour, parce qu'il doit couper. Si on en employoit un semblable pour les terres légères & pierreuses, il s'useroit rapidement sans utilité puisque là il n'a besoin que de soulever la terre.

On ne peut trop bien choisir le fer des socs. Il doit n'être ni trop tendre pour qu'il s'use moins & ne plie pas. Il doit n'être pas trop dur, crainte qu'il s'ébrèche & se casse: leur pointe & leurs ailes sont le plus souvent armées d'acier.

Le coutre est une espèce de couteau qu'on fixe dans la flèche, au moyen d'une mortaise & d'un coin, & dont la pointe descend vis-à-vis & un peu au-dessus de celle du socle. Son objet est de couper la terre devant le soc, afin d'en rendre le renversement plus facile. Ce sont principalement les terreins gazonés & qui contiennent beaucoup de racines, qu'on laboure avec des charues à coutre. Dans certains cas, on met deux ou trois coutres à différentes élévations sur la même ligne, & alors les plus en avant sont les plus courts : dans d'autres cas, on les met sur des lignes différentes. Il est même des charues, comme j'en citerai des exemples plus bas, qui ne sont composées que de coutres : on les a appelées des SCARIFICATEURS. *Voyez* ce mot.

Au lieu d'un coutre, les Anglais emploient quelquefois un TRANCHE-GAZON TOURNANT, qui produit le même effet avec moins d'effort.

Dans le midi de la France, une charue est le plus souvent regardée comme complète, quand elle est pourvue de toutes les parties dont il vient d'être question.

C'est celle qu'on appelle l'*Araire* : elle offre des modifications sans nombre ; on la voit figurée pl. 41 de l'Art aratoire. Sa simplicité la rend préférable, & elle suffit pour les terres légères et sèches ; mais dans le nord elle ne rempliroit pas son objet, aussi n'y voit-on que des charues à avant-train.

Les cultivateurs de la Haute-Autriche font usage d'une araire qu'ils appellent *charue tournante*, *charue double*, & qui a deux socs, deux coutres & deux oreilles. Quand un soc travaille l'autre est en l'air. Arrivé au bout du sillon, le conducteur fait faire un quart de cercle à la flèche, & il met en jeu le soc qui se reposoit. Je ne vois pas que cette charue puisse faire le Labour plus rapidement ou mieux que l'araire à tourne-oreille, & elle est bien plus coûteuse.

On appelle *avant-train* deux petites roues dont l'essieu porte deux montans surmontés de deux traverses échancrées dans leur milieu, l'inférieure fixe & la supérieure mobile. Plus du tetard, du patron & du limonier. La première traverse supporte la flèche, & la seconde l'empêche de vaciller : souvent il n'y en a qu'une & elle est percée. C'est par leur moyen que l'avant-train se lie à l'arrière-train.

Tantôt les roues sont en fer, tantôt elles sont en bois ; le plus souvent elles sont égales, quelquefois elles sont inégales. Elles doivent avoir beaucoup de jeu, soit pour prendre une position différente, soit pour s'écarter ou se rapprocher.

Il est impossible de donner des règles invariables pour construire une charue ; les dimensions de chacune de ses parties varient suivant la nature du sol, l'objet du Labour, la vigueur des attelages, même l'habitude du conducteur. Cependant, pour satisfaire le lecteur, je vais mettre sous ses yeux quelques-unes des considérations qui doivent guider dans leur fabrication, & les mesures approximatives de leurs principales parties.

Ainsi que je l'ai dit plus haut, la plupart de nos charues pèchent par le lieu de la flèche où est établi le point de tirage qui est ou trop près, ce qui fait qu'il se perd sans utilité une grande partie des forces, ou trop loin, ce qui fait que la charue marche par saccade. Il doit varier selon les charues, mais dans de très-courtes limites, c'est-à-dire, entre trois & six pouces du sep.

La largeur du soc varie sans fin, sa largeur est communément de douze à quatorze pouces.

Les charues dont le soc coupe, valent mieux que celles qui n'agissent qu'en écartant comme un coin. On est obligé cependant de se servir de ces dernières dans les terres fort pierreuses.

J'ai déjà observé que la longueur des manches varioit. Le plus souvent elle est de trois pieds neuf pouces, & lorsqu'il n'est pas simple, l'écartement de ses branches est de quinze à dix-huit pouces à leur extrémité.

La longueur de la flèche rendant la marche de la charue plus aisée, elle doit être, pour ainsi dire, exagérée dans un terrein fort & avec un attelage foible, dans une charue très-lourde, dans une charue à hautes roues.

Dans les charues légères & sans avant-train, la longueur de la flèche n'est communément que de six pieds, qui est le double de celle du sep joint au soc ; dans celle à arrière-train, elle est souvent de dix à douze pieds & plus.

Le diamètre des roues des charues à avant-train, est très-fréquemment de vingt-deux à vingt-quatre pouces. Lorsqu'on fait une de ces roues plus petite pour éviter le renversement de la charue dans les terreins en pente, la différence en moins du diamètre de celle qui est à droite, est de six pouces : cette inégalité ne peut avoir lieu quand le versoir est mobile.

Il est résulté d'une expérience comparative faite par la Société d'Agriculture de Clèves, que la charue à roues égales, dite *Charue de Gueldres*, est d'un usage moins fatigant pour les chevaux, & que celle à roues fort inégales, dite *Charue de Clèves*, exige un très-petit emploi de force, & à peine quelque direction de la part du conducteur. Pourquoi donc cette charue est-elle si peu connue ? Nous verrons plus bas qu'une autre espèce de charue, celle de Brie, jouit du même avantage.

Il y a en Angleterre des charues à avant-train qui n'ont qu'une roue. On leur a donné le nom de *Cultivateur*, parce qu'elles sont principalement destinées à biner les récoltes. Il est à desirer que leur introduction en France ait lieu, à raison des avantages dont elles sont pourvues.

La distance des roues est de dix-huit à vingt pouces. Ce n'est même pas trop de deux pieds pour les fortes charues.

La traverse ou les traverses sont communément à douze ou treize pouces de l'essieu ; elles ont deux pouces & demi d'écarissage, & dix à onze pouces de longueur.

C'est sur ces traverses que se fixe la selette, ordinairement

dinairement un peu plus petite dans toutes ses dimensions.

La longueur du tétard doit être de vingt-deux à vingt-six pouces, & son écarissage de trois pouces.

L'épart ou la traverse qui passe dans la mortaise du tétard pour attacher les paloniers doit porter trente pouces de longueur, trois pouces de largeur & un pied & demi d'épaisseur.

Les deux paloniers ont chacun vingt-un pouces de longueur; ce qui est suffisant pour empêcher les traits de frotter contre les cuisses des chevaux. Quand on laboure avec un seul cheval, on supprime l'épart pour mettre un seul palonier au bout du tétard. On peut même, dans ce cas, supprimer le tétard & le remplacer par deux limons qu'on cloue sur le patron.

De toutes les charues, la plus ancienne & la plus simple est l'araire, dont parle Virgile dans ses *Géorgiques*, & qui a été décrite par Pline. C'est celle qu'on emploie encore le plus généralement dans les parties méridionales de la France; elle suffit pour les terreins légers.

Deux leviers, l'un de la première & l'autre de la seconde sorte, qui ont un point commun, & qui agissent en même-tems, forment le mécanisme de l'araire. L'un de ces leviers est le manche assemblé avec le sep, qui agit par le moyen de la main du conducteur; il a son point d'appui sur le talon du sep, & sa résistance à la pointe du soc. La résistance qui provient des frottemens du soc & du sep doit être considérée comme secondaire, parce qu'elle est une suite de l'action de la pointe.

Pour labourer profondément avec l'araire, il faut soulever le manche, & pour labourer superficiellement, il faut appuyer dessus. On ne peut la maintenir dans une direction droite & à une profondeur égale, que par une attention continuelle; ce qui en rend la conduite très-pénible.

La planche 40 de l'*Art aratoire* offre le modèle d'une araire.

Les dimensions & les formes des araires varient comme celles de toutes les charues; ainsi celle usitée aux environs de Marseille n'est pas la même que celle employée dans les environs d'Auch, de Castres, d'Angoulême, &c. J'ai vu faire usage, sur les montagnes de la Galice, d'une araire, dont j'ai donné la description dans mon *Voyage en Espagne*, araire qui porte, à la base de son manche, un petit fagot de genêt, au moyen duquel on fait des billons aussi unis que s'ils avoient été ratissés. Cette araire devroit être adoptée dans tous les pays en même tems sabloneux, humides & froids.

A l'exemple d'Arbuthenot, un de leurs concitoyens, les Anglais font beaucoup construire de charues dont la flèche est courte & terminée par une crémaillère perpendiculaire, à cinq ou six dents, crémaillère qui leur permett d'élever ou d'abaisser la ligne du tirage, selon le besoin; mais avec laquelle ils ne peuvent ni augmenter ni diminuer l'entrure.

On ne peut nier que les charues à avant-train ne soient, comme je l'ai déjà fait voir, beaucoup supérieures aux autres dans les terreins argileux & dans ceux qu'on défriche. Elles diminuent en effet considérablement la fatigue de l'homme & des animaux qui sont destinés à les faire agir, & exécutent un Labour plus régulier que celui des araires. A peine est-il besoin d'en tenir le manche dans les terres meubles; aussi se substituent-elles partout à celles sans avant-train. Le plus grave inconvénient qu'elles offrent, c'est de ne pas être aussi commodes pour labourer en billons très-étroits & très-élevés. *Voyez* BILLON.

Dans beaucoup de lieux où le Labour se fait avec des bœufs, on supprime l'avant-train & on fait passer la flèche dans un trou pratiqué au milieu du joug; ce qui donne à la charue tous les inconvéniens de l'araire, sans lui donner ses avantages.

Pour qu'une charue à avant-train soit d'un bon usage, dit un rapport fait à la Société d'Agriculture du département de la Seine, à l'occasion d'un prix qu'elle a proposé pour le perfectionnement de cet instrument, il faut:

1°. Que le laboureur n'ait pas besoin d'aide, c'est-à-dire, qu'il conduise en même tems le soc & l'attelage;

2°. Que la charue soit simple, c'est-à-dire, composée des seules pièces nécessaires;

3°. Que l'attelage qui le tire ne soit pas de plus de deux bêtes;

4°. Que le soc soit plat & tranchant, toute autre figure donnant lieu à des résistances;

5°. Que la charue n'ait qu'une seule oreille, & que cette oreille soit disposée de manière qu'elle nétoie facilement le fond de la raie, & range la terre sur le côté;

6°. Que le Labour soit en même tems d'une profondeur convenable & le plus étroit qu'il se peut.

Lorsqu'une charue à avant-train rencontre une pierre ou une grosse racine, son entrure remonte & le conducteur ne s'en apperçoit pas toujours, parce qu'il ne fait que diriger le soc, tandis qu'avec une araire, il sent d'abord, à la résistance moindre du sol, qu'il laboure moins profondément. C'est un des grands inconvéniens de ces sortes de charues; mais on peut le diminuer & même le rendre nul par une attention soutenue.

J'ai déjà dit plus haut qu'il y avoit des charues à oreilles fixes & à oreilles mobiles; ces dernières, qu'on appelle aussi *charues à tourne-oreille*, ne labourent généralement pas aussi bien dans les terres fortes, parce que leur oreille est trop petite pour soulever la terre à une hauteur suffisante, & la renverser exactement sens dessus dessous; mais elles évitent la perte de tems qui résulte de la nécessité d'aller, à chaque tour, recommencer le sillon de l'autre côté du champ. Il est donc bon de les préférer dans les terres légères, & pour les derniers Labours; leur action est très-irrégulière & très-fatigante dans ceux qui sont en pente.

Dans la plupart des charues à tourne-oreille, l'oreille est une simple planche triangulaire, à l'angle aigu de laquelle est un crochet de fer, qui sert à l'attacher à un crampon fixé dans le sep, & vers le milieu de laquelle est une forte cheville, qui entre dans un trou pratiqué un peu obliquement dans le sep.

La charue à tourne-oreille n'a le plus souvent qu'un seul coutre, dont on est obligé de changer la direction chaque fois qu'on change l'oreille de côté; ce qui se fait fort aisément, au moyen d'un coin & d'un maillet.

Les charues à soc étroit divisent beaucoup mieux la terre, mais il faut qu'elles soient conduites par un laboureur expérimenté parce qu'elles exigent qu'on fasse les raies moins larges, & que par suite de la résistance du terrein non labouré la terre est sujète à retomber dans le sillon avant d'être retournée.

Il est des charues dont l'oreille ne descend pas jusqu'à la partie inférieure du sep, & dont le soc est en outre comme il vient d'être dit. Ces sortes de charues semblent faire un bon Labour; mais il n'en est pas moins vrai que la moitié du terrein n'est pas labouré; aussi les résultats sont-ils de foibles récoltes surchargées de mauvaises herbes.

On se sert, aux environs d'Angers, d'une charue à double versoir pour labourer en billon. Elle expédie bien l'ouvrage, mais ne peut être employée que dans les terres déjà très-meubles; aussi est elle principalement réservée pour donner la dernière façon aux terres labourées auparavant avec les autres, c'est-à-dire, pour recouvrir la semence.

En Allemagne, on fait, dit-on, usage d'une charue qui, au moyen d'un versoir attaché à son coutre, divise la tranche horizontalement en deux parties, & jette la supérieure au fond de la raie: on l'appelle *charue tranchante*. Je ne crois pas qu'elle soit connue en France, où elle pourroit être utile dans beaucoup de cas.

Dans les terreins très-pierreux le sep & l'âge de la charue sont dans le cas de se casser par l'effet des contre-coups qu'ils éprouvent. Pour éviter cet inconvénient, on fixe quelquefois l'extrémité de la chaîne à une simple cheville de bois, qui se rompt de préférence, & qui ne coûte rien à remplacer.

Une des meilleures charues de France est sans contredit, au rapport de tous les agriculteurs éclairés, celle dont on fait usage dans une partie de la ci-devant Champagne, & qu'on connoît à Paris, où elle est quelquefois employée, sous les noms de *charue à chaîne*, *charue de Brie*. Elle débite beaucoup d'ouvrage & marche très-régulièrement; mais elle fatigue extrêmement les chevaux & le conducteur. C'est dans les terres fortes qu'elle est la plus avantageuse. Elle se rapproche infiniment de celle qui est figurée pl. 1, fig. 2 de l'*Art aratoire*. Son importance m'oblige d'en donner une description complète.

L'arrière-train de la charue de Brie consiste dans un soc dont le côté gauche est en ligne droite avec le sep, parce que le versoir étant fixé à la droite, le soc ne doit pas avoir d'ailes au côté opposé, afin qu'il ne soulève pas la terre, qui retomberoit dans le sillon. L'autre côté forme une aile tranchante plus en dehors que le versoir qui est au-dessous. Il a une douille à son extrémité, formée par le fer replié en dessous, dans laquelle on fait entrer le sep. A quatre ou cinq pouces de sa pointe il est percé d'un trou rond, dans lequel la pointe du gendarme est reçue.

On appelle *gendarme*, dans cette charue, une pièce de fer de quatre pouces de largeur, repliée à angle aigu, dont la pointe, qui est à son bout, entre dans le trou pratiqué au soc. Son côté gauche, plus élevé que le droit, est percé d'un trou à son extrémité, dans lequel entre un clou à vis qui l'attache d'une manière solide à la flèche. L'autre côté, un peu moins élevé, passe par-dessous la flèche. La destination du gendarme est d'arrêter les herbes & les broussailles qui s'embarrasseroient dans les jambettes qui soutiennent l'âge ou la flèche sur le sep.

A l'extrémité inférieure du double manche se trouve un tenon qui est chevillé dans la mortaise pratiquée pour le recevoir au bout postérieur du sep. Il est formé d'une seule pièce de bois fourchue, ou de deux pièces assemblées solidement comme aux autres charues. On met, entre les cornes de ce double manche, une traverse assez forte, qui les soutient & les empêche de se briser lorsque le conducteur appuie fortement d'un côté pour faire tourner la charue.

La longueur de la flèche de la charue de Brie est plus considérable que celle des autres; elle est ordinairement de huit à dix pieds. Cette longueur est nécessaire, afin qu'en donnant beaucoup d'entrure au soc, l'attelage ne soit pas aussi fatigué. Depuis le coutre jusqu'au manche la flèche est carrée, avec les angles abattus; elle est ronde dans le reste de sa longueur, & porte, à son extrémité postérieure, un tenon qui, après avoir traversé la mortaise qui est au bout du double manche, va aboutir dans l'entaille qui est pratiquée à l'extrémité du sep, au dessous & derrière le double manche.

Le versoir, placé à la droite de la charue, est une longue pièce de bois un peu convexe en dehors, au-dessous de l'aile du soc, & concave en dedans. L'extrémité de ce versoir, qui est très-solidement unie au sep, est placée dans l'angle intérieur du gendarme. Il est soutenu par trois jambettes, dont une se trouve directement sous la flèche, & entre dans la surface supérieure du sep. Les deux autres, placées en arcs-boutans, prennent dans la surface intérieure du versoir, & viennent entrer dans les trous à la surface latérale du sep, à sa droite. Sa largeur n'est pas égale d'un bout à l'autre. La partie antérieure, c'est-à-dire, celle qui entre dans l'angle intérieur du gendarme est plus large que la partie postérieure, qui se trouve un peu plus étroite. Dans le haut, il est terminé en ligne droite; ce n'est que par le bas que sa largeur diminue insensiblement.

Toutes les pièces de cet avant-train sont parfaitement assemblées & se fortifient les unes par les autres.

On ne met ordinairement qu'un seul coutre à cette charue, & son manche est percé de plusieurs trous, afin de l'élever & de l'abaisser selon les circonstances. Ce coutre, placé dans la mortaise qui est dans la flèche, en avant du soc, y est assujetti par deux petits coins de bois, dont un de côté & l'autre en avant, qui sert à lui donner l'inclinaison qu'on desire, en l'enfonçant plus ou moins dans la mortaise. Une cheville de fer, passée dans un des trous, le lie à la hauteur nécessaire & l'empêche en même tems de vaciller, parce qu'il y a sur la flèche, de chaque côté du coutre, deux anneaux qui y sont fixés, & dans lesquels on passe la cheville.

La charue de Brie a un avant-train qui consiste dans deux roues d'inégale grandeur. Le diamètre de celle qui est à gauche a trois ou quatre pouces de moins que celle qui est à droite. Leur essieu, qui est en fer, passe dans une traverse carrée, qui est percée, pour cet effet, d'un bout à l'autre.

Une pièce de bois fourchue, dont les deux cornes sont clouées vis-à-vis de la traverse dans laquelle passe l'essieu des roues, forme le tétard.

A dix ou douze pouces au dessus du tétard se trouve la selette. Elle est assujettie immédiatement sur les deux cornes par deux fortes chevilles, qui ne lui permettent aucun mouvement quand la charue est en action. Sa longueur n'est pas tout-à-fait celle de la traverse qui couvre l'essieu. On voit dans son milieu une échancrure pour recevoir la flèche.

Il y a, à l'extrémité antérieure du tétard, une mortaise latérale, dans laquelle passe la traverse qui doit porter les paloniers; une forte cheville la maintient en place.

Les deux paloniers pendent, par le moyen d'une chaîne ou d'un crochet & d'un anneau, à chaque bout de la traverse.

Deux chaînes joignent ensemble l'arrière & l'avant-train de la charue de Brie. La première est terminée par un grand anneau, dans lequel passe la flèche. Il est retenu par une cheville. L'autre bout offre un autre petit anneau, qui se fixe à un crochet implanté en dessous du tétard, vers son milieu. Cette seule chaine suffiroit; mais pour mieux fixer la flèche dans l'échancrure de la sellette, & afin de tenir le tétard au niveau de la traverse pour que l'attelage n'ait pas son poids à supporter, on met une seconde chaîne assez courte, qui est attachée par un de ses bouts à la surface supérieure du tétard, assez près de la traverse qui recouvre l'essieu. Son autre bout porte un grand anneau, dans lequel passe la flèche, & qu'on arrête, comme le premier, par une cheville qui entre dans un des trous de la flèche.

On a souvent confondu avec la charue de Brie, parce qu'elle porte aussi ce nom aux environs de Paris, où on en fait fréquemment usage, une charue qui s'en distingue principalement parce que sa flèche est courte & fort peu inclinée.

Il est une autre charue également en usage aux environs de Paris, & qu'on appelle *à déversoir*. Elle ne diffère presque de la charue de Brie, que parce que son avant & son arrière-train sont liés par un collet de bois. Elle est figurée pl. 1 & 2, fig. 1re. de l'*Art aratoire*. Elle fait un fort bon Labour.

Ces trois charues, ainsi que celle à tourne-oreille sont dessinées dans l'excellent rapport de Challan, sur le perfectionnement des charues, imprimé par ordre de la Société d'Agriculture du département de Seine & Oise.

La charue de Norfolk, figurée pl. 38 de l'*Art aratoire*, & qui laboure avec un seul homme & deux chevaux, quatre-vingt mille pieds de surface, c'est-à-dire, quatre à cinq fois plus que la charue de Brie, est regardée en Angleterre comme la meilleure; cependant M. Arbuthnot, qui a beaucoup travaillé en théorie & en pratique sur les charues, pense qu'elle ne doit cette supériorité qu'à la hauteur de ses roues. En général, on fait en France les roues des charues beaucoup trop basses; aussi le soc sort-il souvent de la raie, quelque précaution qu'on prenne, & quelqu'effort que fasse le conducteur en appuyant sur les manches. Il faudroit que la grandeur des roues fût telle que la ligne de tirage fût toujours parallèle au sol. C'est parce que la charue de M. Despommiers, dont on trouvera la description à l'article CHARUE de l'*Art aratoire*, avoit de grandes roues, qu'elle remporta l'avantage dans les expériences comparatives qui furent faites en 1766 à Châteauneuf sur le Cher.

Dans une expérience tentée aux environs de Londres, pour constater laquelle des charues anglaises méritoit la préférence, celle de lord Sommerville, avec quatre bœufs attelés par les cornes, retourna, en une heure vingt-huit minutes, trois-quarts d'acre, c'est-à-dire, autant que nous en labourons en un jour en France, avec nos meilleures charues.

On emploie dans la Belgique une charue qu'on dit être une des plus parfaite qui existe: elle diffère fort peu de celle de Norfolk. Sa marche est facile au point d'expédier, avec deux chevaux ou deux bœufs, conduits par un homme, à six ou huit pouces de profondeur, dans un terrein de consistance moyenne, deux arpens de Paris par jour. On lui joint souvent ce qu'on appelle *un alonge versoir*, c'est-à-dire, un bâton de bois dur, à une des extrémités duquel est fixé un crochet de fer qui s'introduit dans un anneau placé derrière le versoir, au bas du manche de la charue, & un peu plus loin est cloué un bout de planche; l'autre bout du bâton est tenu par un homme qui lui fait faire, avec la charue, un angle plus ou moins ouvert. La terre, après s'être élevée dans la courbure de l'oreille, à toute la hauteur possible, se jète sur l'alonge qui la disperse si on le desire, à deux ou trois pieds de distance, en couche extrêmement mince.

Cette invention est dans le cas d'être appliquée à toutes les charues, tant elle remplit bien son objet.

La charue du Piémont, appelée *Sloria*, est regardée comme une des meilleures connues, par M. Pictet, qui en a donné la description dans le septième volume de la *Bibliothèque britannique*.

On voit dans l'Argau, en Suisse, une charue fort longue, fort basse, à manche fort court, qui laboure fort mal. Elle est figurée sur la planche du Bœuf de Fribourg, dans l'ouvrage de Witte, sur les races des bêtes à cornes.

Arthur Young a inventé une charue qui a obtenu le prix dans un concours de laboureurs de Suffolk, en Angleterre. Son emploi, depuis nombre d'années, à la ferme de Liancourt, dans le département de l'Oise, constate sa bonté.

On cite la charue de Rotheram, comme une de celles qui ont le plus de réputation en Angleterre.

Lasteyrie, dont on ne peut trop louer le zèle pour la prospérité de l'agriculture, a rapporté un dessin de la charue de Suède, appelée de *Stiersund*, qu'il regarde comme une des meilleures connues.

Il y a en Angleterre, principalement dans le Dewonshire, une charue dont le soc est extrêmement plat, & qui sert à enlever & retourner le gazon lorsqu'on veut écobuer. Cette charue ne prend que deux à trois pouces de la surface du sol, mais coupe toutes les racines qui se trouvent sur son passage. Son introduction dans l'agriculture française, seroit donc très-importante dans beaucoup de cas.

Une autre charue du même pays, & qui se rapproche beaucoup de la précédente, est employée pour faire des tranchées. Elle est figurée pl. 13 de l'*Art aratoire*.

Il me seroit possible de multiplier encore beaucoup les citations des charues qui sont estimées dans les pays où on en fait usage, ou qui ont été préconisées par les agronomes; mais il faut se borner &, du nombre des simples, je ne parlerai plus que de celle qui a été présentée, il y a quelques années, par M. Guillaume, au concours ouvert sur les charues, par la Société d'Agriculture du département de la Seine, & qui lui a valu un encouragement de 500 francs.

Frappé de l'idée que la charue, l'instrument le plus utile, étoit celui de la perfection duquel on s'occupoit le moins, M. François-de-Neuf Château provoqua, en l'an IX de la République, la proclamation d'un prix par cette société, prix qui fut porté à 10,000 francs par M. Chaptal, alors ministre de l'intérieur. Le rapport qu'il fit à ce sujet, rapport qui est une histoire complète de la charue, & qui se lit dans le troisième volume des Mémoires de la Société, a été suivi de quatre autres dans lesquels il décrit les différentes charues envoyées à la Société, & rend compte des essais faits pour juger du mérite de chacune d'elles.

C'est de la charue de Brie, comme la plus parfaite de France, dont les commissaires de la Société d'Agriculture se sont servi pour point de comparaison, afin de juger le mérite de la charue de M. Guillaume, la seule qu'ils aient distinguée parmi celles envoyées au concours. Voici comme ils s'expriment à son sujet :

« La charue de M. Guillaume, dont l'arrière-train est à peu près semblable aux charues ordinaires, porte, au bout de la haie, une alonge surbaissée à laquelle est attaché un régulateur qui remplace l'épart pour diriger la ligne de tirage. La haye est broyée sur une sellette mobile & tenue solide par la manière dont elle est broyée parallèlement à la sellette. La chaine de tirage prend au gendarme & passe par le régulateur.

» Cette charue a été trouvée d'une conduite facile; elle tient bien la raie. Les actions que les agriculteurs appellent le *revotage* & *l'étrampage*, sont on ne peut plus aisées. Son Labour est parfaitement retourné; aussi uni qu'un Labour à la houe; elle marche parfaitement; son travail a été jugé infiniment supérieur à celui de la charue de Brie.

» Après avoir jugé de la qualité du Labour, il falloit juger de la quantité de force employée pour le tirage. Pour cela, chaque charue étant enrayée à cinq pouces de profondeur, prenant huit pouces de raie, dans un terrein uni & d'égale qualité, on a dételé les chevaux & un dynamomètre (sorte de romaine destinée à peser les forces mouvantes) a été attaché successivement au point de tirage de chacune, & des hommes tirant dans la raie & sans secousses, ont pu juger que la charue de Brie exigeoit trois cents quatre-vingt-dix kilogrammes pour marcher, tandis que celle de M. Guillaume n'en demandoit que deux cents. Ainsi cette dernière dépense environ quatre cents livres de forces de moins, ce qui est un avantage immense.

» Cette expérience prouve que plus le point de tirage est rapproché de celui de la résistance, & moins il faut d'emploi de force. C'est de cette base, qu'avoient déjà sentie des inventeurs de charues, entr'autres M. Arbuthnot, qu'est parti M. Guillaume pour construire sa charue, que les commissaires considèrent comme la plus parfaite qui existe en ce moment en France; car ce qui constitue une excellente charue, c'est que sa construction soit simple, solide; qu'elle soit facile à mener; qu'elle tienne bien dans la terre; que le soc coupe toute la terre retournée par le versoir; qu'on puisse labourer à volonté à grosse ou petite raie, profondément ou légèrement, & qu'elle exige le moins d'efforts possibles pour la tirer. Sans doute, avec ces qualités, une charue ne sera pas encore bonne pour tous les terreins & tous les cas; mais au moins pour le plus grand nombre & le principe qui la perfectionne, pourra être ensuite adapté à toutes les améliorations que l'on poura faire dans les autres parties de l'instrument, de manière à approcher toujours plus en plus de la solution complète du problème.

» On cite souvent des charues qui font beaucoup d'ouvrage. Il est facile de prouver que celle-ci doit en faire plus qu'une autre; c'est surtout à raison de la légèreté du poids que les chevaux vont plus ou moins vîte: ce qui a été prouvé le jour de l'expérience. La charue de Brie n'a fait qu'un planche de dix pieds, pendant que celle de M. Guillaume en a fait une de douze.

» Nous pensons qu'il doit résulter de l'emploi de cette charue, un très-grand avantage pour l'agriculteur. Car si la charue de Brie, par exemple, pesant trois cents quatre-ving-dix kilogrammes, est menée par trois chevaux, il s'ensuit que chaque cheval est chargé de cent trente kilogrammes. Or, cette charue de M. Guillaume ne pesant que deux cents kilogrammes, deux chevaux feront l'ouvrage de trois, & traîneront soixante kilogrammes de moins; ce qui doit donner plus de célérité à leur marche, & augmenter par conséquent la masse des Labours. Il n'est personne qui ne puisse calculer le soulagement qu'en recevront les animaux & les hommes qui les conduisent. Pour labourer un seul arpent, il faut que les chevaux ou les bœufs parcourent plusieurs lieues ainsi que leur conducteur. Lorsque le tirage est pénible, on ne sauroit aller qu'au pas, & les animaux & les hommes sont bientôt fatigués. Plus ce poids diminue, plus la marche s'allége & plus l'ouvrage avance. Quelques livres de moins sont en ce genre une conquête. La charue de M. Guillaume enlève, en quelque sorte, la moitié du fardeau: c'est, on ose le dire, un bienfait pour l'humanité; & si ce n'est qu'un premier pas vers la perfection, ce pas est si nouveau, il présente tant d'avantages, il fait naître tant d'espérances, que le concours de la charue, n'eût-il que ce seul résultat, c'en seroit assez pour l'honneur du pays qui l'a proposé, & du siècle qui l'a vu naître. »

Ces réflexions sont excellentes; cependant on peut jeter quelques doutes sur le fait de la supériorité des charues légères, quoique l'opinion des commissaires soit en concordance avec celle généralement reçue en France; car il résulte d'expériences faites en présence de la Société d'Agriculture de Londres, & dont on ne peut contester l'exactitude, quand on en lit le procès-verbal, que les charues pesantes labourent mieux & fatiguent moins les chevaux. Cette différence dans la manière de voir, provient sans doute de ce que les commissaires de la Société d'Agriculture de Paris, n'ont pas fait entrer en ligne de compte dans leurs calculs, les saccades qui ont plus souvent lieu avec les charrues légères. D'ailleurs, à quelle autre cause pourroit-on attribuer la difficulté de faire usage de la charue de M. Guillaume, dans les terres fortes, difficulté telle qu'on a été obligé d'y renoncer dès les premiers momens où elle a été connue, aucun laboureur ne pouvant résister à la fatigue.

Depuis, M. Guillaume a voulu faire disparoître ce grave inconvénient sans augmenter la pesanteur de sa charue; de sorte que celle qu'il vend en ce moment n'est pas celle que les commissaires de la Société d'Agriculture ont essayée. A-t-il réussi à l'améliorer? Les uns disent oui, les autres disent qu'il l'a rendue moins propre à labourer dans les terres légères, sans la rendre plus convenable pour les terres fortes.

Jusqu'ici je n'ai parlé que des charues simples, mais il en est de composées de deux, ou d'un plus grand nombre de socs; il en est qui ne sont formées que de coutres, comme je l'ai déjà annoncé. Je dois dire un mot des unes & des autres.

Il a dû depuis long-tems venir à l'idée des cultivateurs, de mettre deux socs à côté l'un de l'autre pour faire double besogne dans le même tems; mais l'expérience n'a pas tardé à faire connoître que pour remplir leur objet, il falloit que ces socs ne fussent pas sur la même ligne, parce que la terre de la raie intermédiaire ne pouvoit pas être renversée. C'est donc en arrière l'un de l'autre, & à une distance qui ne peut pas être moindre de trois pouces, largeur ordinaire des sillons les plus étroits, qu'ils doivent être placés. On en voit un exemple fig. 7 de la neuvième planche de l'*Art aratoire*. C'est en Hollande & en Angleterre qu'on en fait le plus usage; cependant on a cité & on cite encore quelques cultivateurs, même aux environs de Paris, qui se trouvent bien de son emploi. Le lord Sommerville l'a perfectionnée, au point de faire dans des terres fortes, avec trois chevaux, un meilleur Labour en moins de tems qu'avec deux chevaux ordinaires attelées chacune de deux chevaux.

Non-seulement on peut fabriquer, avec avantage, des charues à deux socs, donnt l'un en arrière, sur le même niveau, mais encore des charues à deux socs, dont l'un en arrière, le premier plus élevé que le second. Cette dernière sorte est, comme on le sent bien, destinée à approfondir les sillons, & elle remplit bien son objet. Lorsqu'on en augmente beaucoup les dimensions &

qu'on y attèle un grand nombre de chevaux, dix à douze & plus, on peut l'employer à creuser des fossés de quinze à seize pouces de profondeur. On voit plusieurs de ces sortes de charues figurées dans les *Annales d'Agriculture* d'Arthur-Young.

Quant aux charues à coutres sans socs, on les emploie rarement en France; mais il paroît qu'on en fait usage en Angleterre, pour faciliter les défrichemens des terres qui contiennent beaucoup de racines & peu de pierres, des tourbières, par exemple. Elles offrent toujours plusieurs coutres en arrière & sur des lignes différentes, ayant la même longueur où les premiers étant plus courts que les seconds & les troisièmes, leur nombre varie de deux à dix ou douze. J'en parlerai de nouveau sous le nom de SCARIFICATEUR qu'elles portent dans quelques lieux.

Certaines herses à dents de fer longues & tranchantes avec lesquelles il suffit souvent de diviser la surface du sol après une récolte, pour la rendre propre à recevoir les semences d'une autre, peuvent être regardées comme des charues de cette sorte.

Un autre ordre de charues seroit encore dans le cas d'être mise sous les yeux du lecteur. Ce sont celles qui sont accompagnées d'une mécanique propre à verser la semence & à la recouvrir à mesure qu'elles labourent; mais je préfère en parler au mot SEMOIR, nom qu'elles portent généralement.

Actuellement que j'ai donné sur les sortes de charues les plus connues, des notions suffisantes pour s'en former une idee, je reviens aux diverses espèces de Labours qu'on peut pratiquer par leur moyen, & aux principes d'après lesquels on les exécute dans les grandes cultures, principes qui ne diffèrent pas de ceux développés au commencement de cet article; mais qui doivent être considérés sous un nouveau point de vue.

D'abord il faut discuter la question de savoir lequel, du cheval ou du bœuf, mérite la préférence pour les Labours. Cette question est partout résolue par la pratique, tantôt dans un sens, tantôt dans l'autre, & n'est pas fort difficile à traiter.

Le cheval, par la vivacité de ses mouvemens, par son ardeur au travail, par le peu de repos qu'il demande, par la promptitude avec laquelle il se nourrit, par son obéissance au mors ou au fouet, par la durée de sa vie, &c. semble préférable, & est en effet préféré dans les grandes exploitations des plaines, dont le principal avantage provient de la possibilité d'économiser sur le tems & la main-d'œuvre. *Voyez* CHEVAL.

L'égalité de force & d'ardeur dans les chevaux est une qualité très-desirable pour un attelage de charue. Le fouet ne peut jamais suppléer aux inconvéniens qui sont la suite du manque de cette qualité. Ce n'est pas avec des saccades que le conducteur peut maintenir le manche de sa charue de manière à prendre la même raie, soit en profondeur, soit en largeur, à appuyer dans les endroits difficiles, &c. Un cultivateur qui entend bien ses intérêts ne doit donc pas s'arrêter à quelqu'argent de plus pour en avoir qui s'accouplent aisément & qui obéissent à la voix.

La manie des gros chevaux pour les Labours a existé en Angleterre, mais elle a été abandonnée comme nuisible aux intérêts des laboureurs. En France, c'est tout le contraire dans beaucoup de cantons. On recherche le bon marché, & on n'a que de foibles attelages. C'est l'exemple de la Normandie, de la Picardie & des environs de Paris qu'il faut suivre.

Le bœuf, par sa masse, sa force, l'égalité de ses mouvemens, le peu de dépense de sa nourriture & de son attelage, son bon tempérament, sa grande valeur après qu'il a été engraissé, semble offrir plus d'avantages; aussi est-ce lui que les petits propriétaires des pays de montagnes recherchent de préférence. *Voyez* BŒUF.

Ainsi le Labour du cheval est plus expéditif & celui du bœuf plus économique. Mais lequel des deux est le meilleur?

Long-tems on a cru que le Labour du bœuf étant plus lent il devoit être mieux exécuté; mais des expériences rigoureuses ont constaté que s'il avoit quelqu'avantage, ce n'étoit que dans les défrichemens, c'est-à-dire, que dans une terre en culture réglée & avec la même charue, les Labours des chevaux & des bœufs ne différoient pas sensiblement en bonté.

Une charue attelée de chevaux est beaucoup plus facile à diriger qu'une charue attelée de bœufs. Il est fort peu de laboureurs qui soient également habiles dans la conduite de ces deux charues. L'intelligence semble plus nécessaire dans les premiers, & la patience dans les seconds; aussi remarque-t-on une grande différence dans le caractère des cultivateurs des pays où on emploie exclusivement une seule espèce de ces animaux.

La manière d'atteler doit influer & influe en effet sur la bonté des Labours. Il y a quelques différences à cet égard, dont il est nécessaire que je dise un mot.

Les chevaux se mettent à la charue, tantôt à la queue, tantôt à côté l'un de l'autre. Le tirage, dans le premier cas, paroît devoir être plus direct; mais il est de fait que lorsque le conducteur a une longue pratique, il l'est également dans tous les deux. Deux chevaux à la queue font moins de besogne que deux chevaux de front, parce qu'ils agissent inégalement. Combien sont à plaindre les cultivateurs qui sont obligés d'en mettre jusqu'à six & huit; car ils ont moins de bénéfices à espérer, & plus de chances défavorables à courir!

Il est des cantons où un seul homme conduit la charue & les chevaux quelques nombreux qu'ils soient. Il en est d'autres où on croit qu'il n'est pas possible de labourer sans deux personnes. L'économie doit engager à imiter la pratique des premiers, & il m'a semblé qu'elle commençoit à prédominer en France. Avec de l'habitude, on peut diriger six chevaux bien dressés aussi facilement que deux.

Quand on voit le peu d'intelligence de certains conducteurs de charues, on est tenté de croire qu'il faut peu de combinaisons d'esprit pour labourer; cependant cette opération exige plus de réflexions que le supposent les habitans des villes. Ce n'est qu'à la suite d'une pratique de quelques années qu'on acquiert l'habileté nécessaire pour être appelé un bon laboureur. On doit de toute nécessité faire en même teme attention à la largeur, à la profondeur & à la direction qu'on donne à la raie, & par conséquent faire mouvoir le manche en haut ou en bas, à droite ou à gauche, & veiller à la marche des chevaux. Tel est habile dans le lieu où il est accoutumé d'opérer, ou avec les animaux qu'il connoît, qui ne fait qu'un mauvais Labour dans un autre canton, dont la nature de la terre est différente, ou avec des animaux nouvellement achetés, &c.

Convient-il de labourer aussitôt que le terrein est vacant, ou faut-il attendre telle ou telle époque?

Un grand nombre d'écrivains ont discuté contradictoirement cette question qui est très-compliquée: c'est, à ma connoissance, Arthur Young qui a fait le plus d'expériences dans le but de la résoudre.

Il est avantageux de labourer aussitôt que la terre est dépouillée, & on le fait dans toutes les exploitations rurales où les assolemens réguliers sont admis, 1°. parce que par-là on enfouit, avant leur décomposition spontanée, les chaumes & les mauvaises herbes, ce qui fait engrais (*voyez* RECOLTES ENTERRÉES); 2°. parce que la terre n'est pas encore assez desséchée ou assez piétinée par les bestiaux pour que le Labour n'en soit pas plus facile & meilleur; 3°. parce qu'il est bon de ne pas laisser un seul jour sans emploi une terre qui est susceptible de produire.

Mais ces principes ne sont pas admis dans les pays où la jachère triennale est encore en faveur. Là, si quelques cultivateurs donnent un premier Labour aux chaumes avant l'hiver, le plus grand nombre d'entr'eux attendent le plus tard possible pour, disent-ils, faire profiter leurs bestiaux des mauvaises herbes qui y croissent naturellement; détestable pratique que l'ignorance & la misère peuvent seules excuser; car son résultat est un mauvais PATURAGE (*voyez* ce mot) & une diminution considérable dans les produits de la récolte suivante.

Les Labours d'automne ont l'immense avantage d'ouvrir la terre aux influences de l'hiver, saison où l'air est le plus dense dans ses couches inférieures, & de favoriser la décomposition de l'humus non soluble. Il est de fait, & cela est conforme à la théorie, qu'ils sont plus nécessaires dans les terres fortes que dans les terres légères.

Cependant il est des cas où il est bon de retarder les Labours après l'hiver; tel est celui d'un terrein susceptible d'être noyé, parce que l'effet de ceux d'automne seroit détruit, & qu'ils favoriseroient l'absorption d'une trop grande quantité d'eau. Il est des terres tellement gâcheuses pendant cette saison, que les hommes & les animaux s'y perdent quelquefois. On en cite de telles à l'ouest de Tours.

Arthur Young n'est point partisan des Labours d'automne; il prétend que son expérience prouve leur nuisible influence sur le produit des récoltes.

Les Labours, en ouvrant la surface du sol, favorisent l'évaporation de l'humidité qui s'y trouve. De cette observation il faut conclure: 1°. que les terres sèches & légères doivent être moins fréquemment labourées que les humides & les fortes; 2°. que les Labours d'été peuvent souvent devenir nuisibles dans les premières de ces terres, surtout dans les pays chauds; 3°. qu'il ne faut pas labourer pendant la floraison des végétaux qu'on cultive pour leur fruit, de crainte que cette opération n'amène la COULURE. *Voyez* ce mot.

Ce n'est donc que lorsqu'on veut réensemencer de suite les terres qui viennent de porter une récolte, que les Labours d'été doivent être tolérés. La remarque qu'ils diminuoient la faculté productive, quelquefois pour plusieurs années, a été faite depuis des siècles; elle se lit dans les *Géorgiques*. Leurs inconvéniens sont bien plus sensibles dans les pays chauds & dans les années sèches, comme je l'ai observé plus haut. Dans nos départemens méridionaux, on a même donné le nom de TERRES GATÉES (*voyez* ce mot) à celles qui ont ainsi perdu une partie de leur fertilité par des Labours inconsidérés pendant la durée de cette saison. L'état de la science ne permet pas d'indiquer positivement ce qui cause cet effet; mais il est probable que c'est la portion d'humus soluble qui redevient insoluble, dans lequel cas il semble qu'il suffiroit de répandre de la chaux en poudre & d'arroser. Il y a aussi sans doute une grande déperdition de gaz. L'évaporation excessive d'eau que favorise ces Labours ne peut influer sur l'infertilité subséquente de ces terres, qu'autant qu'elle empêche la décomposition des gaz atmosphériques ou de l'humus non soluble, puisque les pluies de l'automne & de l'hiver ne les remettent pas.

On ne doit donc jamais faire, surtout dans les pays chauds & dans les terres sèches & légères, que de très-légers binages pendant l'été; mais bien dirigés, ces binages produisent autant de bien que les Labours auroient produit de mal. C'est dans les pépinières & dans les cultures de plantes à larges feuilles, qui entretiennent la surface de la terre dans un état perpétuel de fraîcheur, qu'il est possible d'apprécier leurs grands avantages Nous les appliquons peu en France aux grandes cultures; mais en Angleterre ils y concourent fréquemment au moyen de la disposition en rangées de ces cultures, & de l'usage des houes à cheval ou des charues à biner.

L'époque des Labours n'est pas assez fixe pour qu'on ne puisse l'avancer ou la retarder de quelques jours; mais il ne faut pas cependant, comme beaucoup de cultivateurs, ne les faire que lorsqu'il n'y a pas d'autre emploi à donner aux chevaux ou aux bœufs.

Dans les terres des environs de Paris on ne laboure guères, terme moyen, relativement à la longueur des jours, la force des chevaux & la tenacité de la terre, que quatre-vingts perches par jour, c'est-à-dire, un peu moins d'un arpent. Ailleurs, où la terre est plus légère, on fait un peu plus d'un arpent dans les mêmes circonstances.

On doit labourer les premiers, au printems, les terreins secs & légers, parce qu'ils sont propres à l'être en tout tems, & qu'étant les plus précoces, il devient avantageux de les ensemencer le plus tôt que faire se peut.

Les terres compactes doivent être labourées après la pluie qui les attendrit; mais lorsqu'elles sont trop imbibées d'eau, elles ne peuvent plus l'être. Ces sortes de terres, qui sont très-fréquentes, sont les plus difficiles à labourer. J'ai vu être obligé d'en laisser en friche certaines années, par l'impossibilité de trouver le moment d'y mettre la charue en tems convenable. Elles se labourent généralement les dernières.

Quelques cultures, d'après les expériences d'Arthur-Young, demandent des Labours d'automne plutôt que des Labours de printems; celle des féves de marais est du nombre. Je crois qu'ici cet agriculteur a pris pour exception un fait général; car, d'après ce que j'ai observé plus haut, on peut conclure, contre son avis, que les Labours d'automne sont préférables dans tous les cas possibles.

Il est quelques cantons en Angleterre où on fait biner les jachères quelque tems avant de les labourer. Cette pratique, que je n'ai pas vu usitée en France, me paroît excellente en ce qu'elle fait immanquablement périr toutes les mauvaises herbes, tandis que le Labour en enterre beaucoup qui repoussent peu après.

Les agriculteurs varient beaucoup d'opinion sur le nombre des Labours qu'il convient de donner à la terre destinée à être ensemencée en froment. Partout l'usage semble seul les guider: je vais développer les principes.

Diviser la terre, étant le principal but des Labours, plus elle sera tenace & plus il faudra lui en donner; donc les terres légères en demandent moins que les autres.

Ainsi que je l'ai annoncé plus haut, les Labours d'été étant aussi nuisibles que les Labours d'hiver sont utiles, on en donnera moins dans les contrées méridionales que dans les contrées septentrionales.

Dans les climats intermédiaires, comme dans celui de Paris, on ne multipliera les Labours d'hiver que dans les terres fortes ou lorsqu'on aura intention de cultiver des plantes à racines pivotantes, comme les CAROTTES, les BETTERAVES & surtout la LUZERNE. *Voyez* ces mots.

On regarde généralement dans les pays de jajachères, trois Labours comme le nombre nécessaire aux terres à froment: Arthur-Young établit qu'il en faut quatre. Il est des terres fortes qui en reçoivent six & sept dans ce cas. Mais sont-ils toujours bien nécessaires? c'est ce dont il est permis de douter. L'économie, si nécessaire en agriculture, oblige à les ménager; car il n'est pas possible qu'un blé qui les a reçus, soutienne dans les marchés la concurrence avec ceux qui n'en ont exigé qu'un ou deux.

V. Yvart & les agriculteurs qui ont adopté un assolement régulier, croient que le nombre des Labours peut être diminué sans inconvénient dans un grand nombre de circonstances, sans nuire aux produits des récoltes. Par exemple dans les terres légères, dans celles qui sont suffisamment fumées, lorsqu'on sème, immédiatement après la récolte, des graines de plantes qui pivotent peu, comme la spergule, les raves, le sarazin, la vesce, &c. On peut, de plus, les remplacer souvent par de simples binages, au moyen d'une houe à cheval, pourvue d'un grand nombre de socs qui expédient la besogne huit à dix fois plus vîte, & remplissent souvent aussi bien l'objet qu'on a en vue. Que d'économie présente ce dernier mode de culture! Par exemple il est un grand nombre de cas où on donne coup sur coup plusieurs Labours, uniquement dans l'intention d'ammeublir la surface de la terre, soit parce qu'elle a été plombée par des pluies d'orage, soit parce qu'elle présente de trop grosses mottes, soit parce que sa surface est trop desséchée, &c.

Dans certains cas, on dit avantageux de faire un Labour superficiel & un Labour profond; le second croisant le premier, afin de bien mélanger les terres.

Lorsqu'on donne plusieurs coups de charue à la même terre, il est bon qu'ils soient impairs, afin que la terre qui étoit à la surface, & qui est la plus épuisée des principes propres à la végétation, reste définitivement au fond. C'est un principe auquel on ne fait pas assez attention dans la pratique journalière.

C'est de la nature du sol & du but qu'on se propose, que dépend la profondeur des Labours. Les champs qui n'ont que trois pouces de bonne terre, ne peuvent pas être labourées à six; ceux qui doivent recevoir des plantes à longues racines pivotantes, le seront aussi profondément que possible, ainsi que je l'ai déjà observé: le taux commun est entre quatre & huit pouces.

En Angleterre, & dans quelques parties du nord de l'Allemagne, on donne de loin en loin des

des labours très profonds, c'est-à-dire, de huit, dix & douze pouces, surtout aux terres argileuses, mais on se contente ensuite de leur en donner de légers; & on se trouve bien de cette méthode, qui est due à M. Duchet.

Certaines charues ont un soc très-étroit & une oreille qui ne descend pas jusqu'à la partie inférieure du sep. Il résulte de cette disposition qu'elles semblent faire un bon Labour, parce que la surface de la terre est retournée; mais le vrai est qu'elles n'entament que la moitié de la raie, ne coupent que la moitié des racines: on doit donc les proscrire de toute exploitation bien conduite.

Lorsqu'on laboure les terres plus bas que la couche, dite végétale, on s'expose à les rendre infertiles pour plusieurs années, parce que celle du fond ne contient pas d'humus, & n'est pas saturée des principes de l'air, ou parce qu'elle renferme une grande quantité de pierres. Il est cependant des cas où le mélange de cette seconde couche est avantageuse; c'est quand elle est plus ou moins légère que celle de la surface; c'est lorsqu'elle contient de la marne. (*Voyez* PIERRES & MARNE). Il faut voir la localité & même faire quelques expériences pour juger de ces cas.

Je ne parlerai ici ni des DÉFRICHEMENS ni des DEFONCEMENS, parce qu'ils ont été l'objet d'articles particuliers. *Voyez* ces mots.

Il résulte de ce que je viens de dire, que les Labours profonds ont plus besoin d'engrais que les Labours superficiels, & Arthur-Young l'a constaté par des observations positives.

Tout Labour ayant pour but, comme je l'ai déjà dit plusieurs fois, de diviser la terre en molécules infiniment petites, pour en faire un bon, on doit prendre fort peu d'épaisseur de terre à chaque raie, & en effet c'est ce que font les laboureurs éclairés; mais dans les pays pauvres, on croit avancer la besogne en en prenant autant que le permet la force de la charue & de l'attelage; mais le plus souvent on en perd réellement, puisqu'on est forcé de labourer plus lentement, & puisqu'il devient nécessaire de recommencer, comme je l'ai déjà fait remarquer. Je me suis quelquefois plaint de ces mauvais Labours à ceux qui les exécutoient, & ils se justifioient en disant que les pluies, les sécheresses, les gelées, émietteroient les mottes qu'ils faisoient, ce qui arrivoit en effet plus ou moins promptement; mais dans l'intervalle l'effet du Labour, quant à la fixation des gaz atmosphériques, étoit nul, & j'ai indiqué les motifs qui devoient faire desirer qu'elle eût lieu. Dans quelques endroits, cette sorte de Labour, qui s'appelle CASSER, ROMPRE, en suppose un second & même un troisième, le plus souvent croisés: elle devroit être proscrite, car il n'y a que la moitié de la terre qui soit labourée, & les chevaux ou les bœufs sont excessivement fatigués.

Les Labours croisés, si en faveur dans certains cantons, se font tantôt à angles droits, tantôt à angles aigus. Ils remplissent bien leur objet après ceux que je viens de signaler; mais partout on peut s'en passer, lorsqu'on a une bonne charue, qu'on sait convenablement la conduire, & surtout qu'on ne prend, comme je l'ai conseillé plus haut, que le moins de terre possible à chaque raie. Voilà la raison pour laquelle on ne les connoit que de nom dans les pays bien cultivés.

La quantité de terre que doit prendre un laboureur pour allier la bonté du Labour avec l'économie du tems, si précieuse en agriculture, dépend de la nature du sol. Ainsi on pourra en prendre une largeur de six à huit pouces dans les terres légères, & il faudra se réduire à la moitié dans les terres fortes.

Dans le département de Maine & Loire, au rapport de mon excellent ami Pilastre, on donne trois Labours aux terres à blé.

Le premier, qu'on appelle *airer*, se fait en février ou en mars. On fend les sillons, qui ont environ dix pouces de large sur deux d'élévation, en quatre parties, & la nouvelle raze se trouve dans le milieu du nouveau sillon. Cette manière de labourer se nomme de *quatre raies*.

Le second se fait en juin. On refend le nouveau sillon en deux, on reverse la terre où elle étoit d'abord, & on attaque le *cru* qui étoit resté au fond de l'ancienne raze. Cela se nomme *fendre*.

Enfin, le troisième a lieu en août ou septembre, & est appelé *contre-fendre*. C'est la répétition du précédent, à la différence cependant qu'on laisse au milieu de la raze un petit rayon d'un à deux pouces, qu'on fend en deux parties lors des semailles pour couvrir le grain.

Cette dernière circonstance doit être prise en considération. *Voyez* SEMAILLES.

Le Labour destiné à enterrer le froment, dans les pays où on sème au BINOT ou sous raies, se fait presqu'exclusivement avec une charue à tourne-oreille. Il est plus ou moins profond selon la nature de la terre, & l'état de la saison, c'est-à-dire, qu'il doit être très-léger quand la terre est forte & bien nétoyée, & que le tems est pluvieux, & qu'il doit être au contraire profond si elle est légère, garnie d'herbes, & que le tems soit sec. Je ne puis ici, comme dans tant d'autres endroits de cet article, que donner des indications générales, la pratique devant varier sans fin.

Pour améliorer un Labour mal fait, c'est-à-dire, pour suppléer au défaut de division de la terre, il est d'usage, dans beaucoup de lieux, de briser à coups de MAILLET les MOTTES qu'il a laissées ou de les écraser sous le ROULEAU. (*Voyez* ces trois mots.)

Les champs doivent être le plus unis que faire se peut, c'est-à-dire, n'offrir dans leur étendue ni cavités ni saillies remarquables. Il faut donc s'attacher à diriger la marche de la charue de manière que les premières soient comblées & les secondes abattues par l'action même du Labourage. C'est une attention qui ne coûte pas beaucoup, mais qu'on n'a pas assez généralement, quoique ses résultats soient très-utiles aux récoltes, ne fût-ce qu'en distribuant plus également les eaux pluviales.

Tenir les raies extrêmement droites est aussi un avantage qui n'est pas assez apprécié. N'y trouvât-on que la faculté donnée à l'air de circuler plus aisément, ce seroit déjà beaucoup. C'est principalement aux environs de Paris qu'il faut voir la beauté des Labours, sous ce rapport. Le seul coup-d'œil suffit pour les guider; ainsi il n'y a pas de motif pour que ceux du centre de la France, qui décrivent constamment des courbes, fassent de même.

Quant à la longueur de ces raies, elle n'est bornée que par la nécessité de laisser reposer les attelages; ainsi elle sera plus considérable dans les terres légères, où ils fatiguent peu, que dans les terres fortes & caillouteuses, où ils fatiguent davantage. Le moins, dans ce cas, est préférable au plus, lorsque d'autres circonstances, telles que les bornes de la propriété, laissent de l'incertitude sur sa fixation, parce qu'il se trouve des cas, comme une longue pluie, qui rendent les Labours plus pénibles. Comme cette fixation est fondée sur des élémens très-variables, la nature de la terre & la force des attelages, elle appartient exclusivement à celui qui opère.

La largeur des planches des Labours dépend, & de l'espèce de charue qu'on emploie, celle à tourne-oreille pouvant les faire plus grandes sans inconvéniens, & de la nature du sol, devenant avantageux de les faire étroites dans ceux qui, étant argileux, retiennent facilement & long-tems les eaux pluviales. Dans ce dernier cas, on laboure souvent en billon, c'est-à-dire, de manière que les planches sont fort élevées dans leur milieu.

On forme des billons soit avec la charue ordinaire du pays, soit avec une charue particulière, appelée *charue à billonner*.

Pour opérer, le premier sillon est tracé à deux ou trois pieds en dedans du bord de la pièce, & on en ouvre un second à côté qui le remplit; ensuite en ouvrant un troisième de l'autre côté du premier, la terre de ce troisième est renversée sur le premier; un quatrième remplit ce troisième. Pour continuer à billonner le champ, il faut revenir remplir le second sillon, puis le quatrième, & ce jusqu'à ce qu'on soit arrivé à la largeur desirée.

Plus les billons sont étroits & plus la terre devient promptement sèche; aussi sont-ils de beaucoup préférables dans certains sols humides & dans certaines années pluvieuses. Dans le comté de Norfolk en Angleterre, on les fait quelquefois seulement de deux raies, & ils fournissent des orges de la plus grande beauté. Cette sorte de culture se confond alors avec celle par RANGÉES. *Voyez* ce mot.

Comme le Labour en billon fait perdre pour la production, à raison du séjour des eaux, tout l'entre-deux des billons, beaucoup de cultivateurs ignorans la repoussent; mais ses avantages sont si certains dans les pays argileux, qu'il n'est pas possible à ceux qui sont éclairés, soit par la théorie soit par la pratique, de se refuser à son exécution. Des contrées fort étendues ne pourroient que rarement obtenir des récoltes si on n'en faisoit pas usage, parce que les céréales seroient noyées pendant les quatre mois de l'hiver, & brûlées pendant les quatre mois de l'été. J'en ai vu des exemples sans nombre, principalement dans les montagnes granitiques & schisteuses du centre de la France, & dans les landes argilo-sabloneuses du Bordelais, de la Sologne, &c.

Lorsque le Labour en billon est dirigé de l'est à l'ouest, il produit l'effet des ADOS (*voyez* ce mot), c'est-à-dire, que les billons sont susceptibles de s'échauffer du côté du midi, au point d'amener leurs récoltes à maturité huit ou quinze jours avant les terreins voisins. Sous ce rapport, de tous les billonages, celui que j'ai observé sur les montagnes de la Galice, & qui se fait, comme je l'ai déjà dit, avec une araire, à la base du manche de laquelle est fixé transversalement un petit fagot de genêt, remplit le mieux son objet

Il est d'observation que les blés venus au nord, dans les billons ainsi dirigés, sont inférieurs à ceux venus au midi, ainsi, les conseils précédens ne sont pas applicables aux circonstances où on desire égalité dans tous les produits du champ.

La culture par billon diffère fort peu par sa disposition, comme je viens déjà de l'observer, de celle par rangées, & on sait combien cette dernière offre d'avantages. On peut l'y assimiler complétement en suivant la méthode usitée dans les landes de Bordeaux. La voici :

En automne, on forme des billons d'un pied de large, sur lesquels on sème du seigle. Au printems, on laboure l'intervalle de ces billons, & on y sème ou du maïs, ou du sorgho, ou des pommes de terre. Ces plantes levées reçoivent une première façon. Plus tard, lorsque le seigle est récolté, on les butte à la houe avec la terre des billons. Cette culture est une des meilleures qu'on puisse imaginer.

Il est une manière de labourer en billon, qu'on appelle *ruchotter* dans la ci-devant Belgique. Elle a pour but de transporter successivement la terre de gauche à droite ou de droite à gauche, jusqu'à l'autre côté de la planche, de sorte qu'au bout de huit ans elle parcourt toute la largeur de cette planche. Cette manière ne paroît pas offrir de grands avantages, cependant, comme elle est employée par un peuple très-induſtrieux, et que je ne l'ai pas étudiée ſur les lieux, je ne me perm. ts pas de la critiquer. *Voyez* RUCHOTTER.

Très ſouvent dans les terres fortes, qui ne ſont pas diſpoſées en billons, on eſt obligé, pour donner de l'écoulement aux eaux pluviales, de faire, après les Labours, de profonds ſillons irréguliers dans le ſens des pentes, ſillons dans leſquels on paſſe quelquefois deux fois de ſuite la charue pour les creuſer davantage. On appelle ces ſillons des FOSSERAIES, des ÉGOUTS, des MAITRES. *Voyez* ces mots.

Par la raiſon contraire, on eſt déterminé à faire des Labours auſſi plats que poſſible dans les terreins ſabloneux, graveleux, crayeux, & autres de même nature; car c'eſt de la permanence de leur humidité qu'on peut eſpérer de bonnes récoltes. Il eſt telle localité où on laboure toutes les pièces ſans les ſéparer en planches. Ces ſortes de Labours s'appellent des *Labours plats :* on ne peut les exécuter qu'avec des charues à tourne-oreille.

Souvent on laboure à plat & enſuite on marque les planches par des raies très-profondes; mais cette méthode ne vaut rien, parce que la terre, tirée de ces raies, les bordant d'une élévation, l'eau de la planche s'écoule plus difficilement. *Voyez* RAIE.

Les eaux pluviales entraînent toujours dans les vallées la terre des coteaux qui ſont en culture; il faut les labourer de manière à retarder cet effet le plus poſſible, & pour cela employer encore la charue à tourne-oreille, & faire les raies tranſverſales, en commençant par le haut; ce qui fait que chacune d'elles eſt remontée de quelques pouces. Si on avoit ſuivi plus généralement cette pratique, il n'y auroit pas autant de montagnes dénudées, & par conſéquent perdues pour la culture. *Voyez* MONTAGNE.

Par les mêmes raiſons, les binages de la vigne devroient être faits de haut en bas; mais il eſt très-peu d'endroits où on ſe donne cette peine, car c'en eſt une. On aime mieux faire la dépenſe de remonter, de loin en loin, les terres à dos d'homme ou de cheval, opération fort coûteuſe & fort longue.

Je dois dire, à cette occaſion, que dans le Médoc & autres parties des environs de Bordeaux, ainſi que dans beaucoup de cantons des départemens méridionaux, on laboure la vigne à la charue, & qu'on s'en trouve bien ſous tous les rapports. Il ſeroit fort à deſirer, pour l'avantage des propriétaires, que cette pratique fût ſuivie dans tous les vignobles où elle eſt ſuſceptible d'être introduite. J'entrerai, à ſon égard, dans de grands détails à l'article VIGNE.

Lorſque les champs ſont bornés par des murs, des haies, des foſſés, on ne peut approcher les extrémités des ſillons de ces obſtacles, & il faut néceſſairement faire, dans ce cas, un Labour perpendiculaire aux deux extrémités de ces ſillons. Il en eſt de même lorſque le champ eſt irrégulier, qu'il préſente des angles ſaillans, qui ne peuvent entrer dans les lignes des ſillons. Quelquefois auſſi on les laboure à la bêche ou à la houe. On appelle cela *relever les couturnières*, dans le département du Gers.

Dans quelques endroits, on reprend, de loin en loin, la terre apportée par les Labours aux deux extrémités des ſillons, pour la rendre au milieu du champ, & cette opération offre, outre ſon avantage direct, ceux d'élever ce milieu avec de la terre bien remuée, & de favoriſer l'écoulement des eaux.

Il eſt des cantons où la nature des terres eſt ſi variable, qu'elle change pluſieurs fois dans l'eſpace d'un arpent. Ainſi il faut ici labourer plus profondément, plus loin il ſuffit de gratter la terre; dans tel endroit il convient de labourer avant l'hiver, dans tel autre après. Réfléchir, à la tête de ſa charue, eſt bien plus important qu'on le penſe communément.

Dans le pays de Waes & aux environs d'Aloſt dans la ci-devant Belgique, on laboure les champs à la bêche tous les ſix à huit ans, & cette opération, qui s'exécute ſous un mode particulier, s'appelle ROYOLER. *Voyez* ce mot.

Le binage à la houe à cheval, immédiatement avant les ſemailles, équivaut le plus ſouvent à un Labour & quelquefois vaut mieux. Combien il eſt à deſirer que cet utile inſtrument ſe trouve, comme la herſe & le rouleau, dans toutes nos exploitations rurales, & qu'on en faſſe un uſage habituel? *Voyez* HOUE A CHEVAL.

Les Labours doivent être plus parfaits dans les pays où les terres ſont chères & les bras à bon compte, que dans ceux où la terre eſt à bon compte & la main-d'œuvre eſt fort chère. C'eſt pourquoi ils ſont ſi peu ſoignés dans les nouveaux établiſſemens de l'Amérique ſeptentrionale. A quoi ſerviroit au propriétaire de mille arpens de friches dans le Kentuke, de labourer parfaitement un arpent, lorſqu'en en labourant mal dix, il aura trois fois plus de produits?

On ſuit, dans le comté de Norfolk, en Angleterre, une pratique dans le Labour des champs, dont on ſe loue beaucoup, & dont j'ai vu quelques exemples en France. C'eſt de faire travailler trois charues en même tems à la formation de la même planche, chaque planche étant compoſée de ſix raies, comme cela a le plus communément lieu. Lorſqu'on ne met que quatre raies à la planche, on n'emploie que deux charues : dans ces deux cas, on donne ſept pouces de largeur à chaque raie. (*Bosc.*)

LABOUR D'UNE CHARUE. On dit qu'une ferme eſt d'une charue, lorſqu'elle contient exactement la quantité de terres labourables qu'un attelage peut labourer dans le cours de l'année. Or, les terres se labourent plus ou moins rapidement selon leur nature légère ou forte; de sorte que cette quantité varie, selon les localités, depuis cinquante jusqu'à cent arpens. Cette expression n'a donc quelqu'exactitude, qu'autant qu'on parle d'une ferme voisine, dont la nature des terres est connue.

La culture par assolement à longs retours, diminuant le nombre des Labours, change aussi la valeur de cette expression. (*Bosc.*)

LABOUR RETOMBÉ. On emploie cette expression dans les plaines voisines de Paris, où on sème sous raies. Un Labour trop retombé est celui qui a enfoui la semence plus qu'il convenoit. (*Bosc.*)

LABOUREUR. Dans l'origine des Sociétés agricoles, ce mot étoit synonyme de celui de propriétaire, parce qu'alors chacun cultivoit ses terres de ses propres mains; mais depuis bien des siècles il ne s'applique plus dans ce sens; il signifie celui qui conduit habituellement la charue.

La plupart des Laboureurs actuels sont, ou de petits propriétaires, ou de petits fermiers, ou les valets des gros propriétaires & des gros fermiers. Ils méritent, sans doute, une grande considération, puisqu'ils sont les agens de la plus importante de toutes les fabriques, de celle qui nous donne le pain; mais il ne faut pas croire, comme quelques personnes se plaisent à le répéter, qu'eux seuls peuvent perfectionner l'art agricole.

En effet, pour perfectionner, il faut avoir des connoissances générales accessoires à son objet principal, il faut réfléchir sur ce qu'on a fait & méditer sur ce qu'on fera. Or, comment un Laboureur qui n'a pas même appris à lire, qui travaille au même objet depuis le matin jusqu'au soir, & depuis le commencement jusqu'à la fin de l'année, peut-il s'occuper d'autres choses que de la conduite de sa charue? Pendant qu'il est à l'ouvrage, il est forcé de porter son attention sur la largeur, la profondeur, la rectitude du sillon qu'il trace, sur les embaras que trouvent le soc, le coutre, sur la marche de ses chevaux, &c.; la plus petite distraction lui occasionne ou un dérangement ou une perte de tems. Lorsqu'il a fini cet ouvrage, il faut qu'il ramène ses chevaux ou ses bœufs, qu'il leur donne à manger, à boire, qu'il les panse, les surveille, &c. Rentré à la maison, il faut qu'il se restaure lui-même, & il est généralement si fatigué, que cela fait, il ne pense plus qu'à dormir. Pour perfectionner un art il faut du loisir: or, les Laboureurs n'en ont pas. Aussi, quelqu'habiles qu'ils soient, dans la pratique du labourage, ne peuvent ils jamais rendre compte des motifs qui les font agir. *C'est l'usage, c'est ainsi qu'on m'a appris*, est la réponse qu'ils font aux questions qu'on leur adresse: un esprit éclairé en apprendra plus en en voyant travailler un pendant une heure, qu'en causant avec lui pendant un jour.

Les propriétaires qui vivent habituellement sur leurs terres, & qui dirigent le travail des Laboureurs à leurs gages, sont donc les seuls dont on doive espérer des perfectionemens en agriculture, parce qu'eux seuls sont accoutumés à penser, à comparer ce qui s'est fait en divers tems, se fait en divers lieux, à distinguer les circonstances, &c. C'est pour eux que j'écris.

En parlant ainsi, je ne cherche pas à dénigrer les simples Laboureurs, car j'ai trop vécu parmi eux pour ne pas les aimer. Leur nullité, sous les rapports précédens, tient aux circonstances dans lesquelles ils se trouvent. Tout homme qui n'a pas reçu le bienfait d'une éducation distinguée, & qui est forcé par sa position de répéter continuellement la même opération manuelle, finira comme eux par perdre une partie de ses faculés inventives.

Pour bien remplir sa tâche, il faut qu'un Laboureur ne soit ni trop grand ni trop petit; qu'il ait les poignets vigoureux; qu'il soit sobre & ait le goût de son état: il n'en est que trop que la boisson dérange & même abrutit, que la paresse domine.

Combien il est à desirer qu'il y ait plus d'aisance parmi eux! (*Bosc.*)

LABYRINTHE. Assemblage d'allées étroites circulaires ou anguleuses, mais le plus semblables possibles, & tellement disposées qu'elles remplissent complètement un très-petit espace de terrein. Ces allées, qui le plus souvent ne sont séparées que par un rang de charmilles à hauteur d'appui, n'ont qu'une seule ou au plus deux entrées, débouchent un certain nombre de fois les unes dans les autres, & sont interrompues également un certain nombre de fois; de sorte que quand on ne reconnoît pas celle par laquelle on est venu, on est dans le cas d'en parcourir beaucoup avant de retrouver la sortie.

Il fut un tems où les Labyrinthes étoient extrêmement à la mode en France: les jardins de tous les châteaux des seigneurs de village en contenoient au moins un. On les accompagnoit quelquefois de jets d'eau, de pièces de verdure; on y construisoit des berceaux, des pavillons; on y plaçoit des statues, des bancs de gazon, de bois, de pierre, &c. Quelques vieux châteaux en offrent encore, mais il ne s'en construit plus. Le bon goût les a proscrits depuis un demi-siècle; et si les gens riches continuent de perdre leur tems, ce n'est plus en se fatigant à tourner sans but dans un espace de quelques toises de large.

C'est ordinairement avec des charmilles qu'on plante les Labyrinthes, mais on peut le faire avec beaucoup d'autres espèces d'arbres ou d'arbustes.

Au reste, leur construction ne diffère pas de celle des autres allées, & leur entretien est positivement le même. *Voyez* ALLÉE, CHARMILLE. (*Bosc.*)

LAC. Grande étendue d'eau qui se trouve dans l'intérieur des continens.

Les petits lacs portent souvent le nom d'étang,

dont ils ne diffèrent en réalité que parce qu'ils ne sont pas le produit de l'industrie de l'homme, & qu'on ne peut pas les mettre à sec.

Il y a des Lacs d'eau salée, même à une grande distance de la mer; mais on n'en voit pas de tels en France.

Dans certains Lacs, il entre & sort une rivière; dans d'autres il en sort & n'en entre pas: dans d'autres enfin il en entre seulement.

Jadis les Lacs étoient beaucoup plus communs en France qu'ils ne le sont en ce moment, & la plupart de ceux qui s'y trouvent, doivent disparoître également par suite, & du comblement de leur lit & de l'approfondissement de leur déchargeoir.

Les Lacs n'intéressent pas directement les agriculteurs, autrement que comme un amas d'eau, 1°. qui jète dans les environs une humidité utile ou nuisible, selon les circonstances atmosphériques de l'année, 2°. dans lequel ils trouvent des poissons pour leur nourriture & quelquefois pour servir d'engrais à leurs terres, 3°. dont ils tirent parti pour la boisson de leurs chevaux, le lavage de leur linge, &c. Ainsi je n'en dirai rien de plus; mais je dois parler de ce qu'on appelle *Lac* dans les jardins paysagers.

Tous ceux qui, avec une ame sensible & un esprit cultivé, ont voyagé dans les montagnes de la Suisse, en sont revenus profondément pénétrés des beautés que les Lacs de cette contrée jètent sur les paysages si romantiques qui les entourent. Ils ont donc dû desirer en introduire l'image dans les jardins paysagers. De là le nom de *Lac* donné à ces étangs irréguliers qui s'y voient, étangs dont trop souvent l'eau fétide porte avec elle un principe d'insalubrité marqué.

Indiquer les principes d'après lesquels les Lacs des jardins paysagers doivent être construits, est chose difficile, puisqu'ils sont toujours subordonnés aux dispositions locales pour l'étendue, la profondeur, la forme, &c. L'important est qu'ils soient creusés dans l'argile, ou que leur fond soit couvert d'une couche d'argile corroyée, pour empêcher les eaux de se perdre. Leur donner un écoulement au moins temporaire, est indispensable si on veut diminuer leurs inconvéniens pour la santé. Il est bon de disposer les abords de leurs eaux, de manière qu'elles déposent les terres dont elles sont chargées avant d'y entrer, afin qu'il soit moins souvent nécessaire de les curer.

Des monticules, des rochers, des arbres isolés, surtout des saules pleureurs, des groupes d'arbres & d'arbrisseaux, de grandes plantes vivaces doivent, autant que possible, se faire voir sur les bords des Lacs factices; mais pour que ces objets y produisent tout l'effet qu'on en espère, il faut qu'ils ne soient pas trop prodigués, & que leur disposition soit faite avec goût & intelligence: je ne puis donner de préceptes à cet égard; parce qu'il faudroit autant d'exemples qu'il y a de cas.

J'ai toujours remarqué que quelques touffes de plantes aquatiques, tant de celles qui s'élèvent beaucoup, que celles dont les feuilles nagent sur la surface des eaux, se faisoit voir avec plaisir; mais il faut empêcher leur trop grande multiplication, qui nuiroit complétement au but qu'on se propose; & cela n'est pas toujours facile.

La considération des êtres vivans ayant toujours un charme qui tient à notre nature, on ne doit jamais se dispenser de peupler les profondeurs des Lacs factices de poissons de toutes les espèces, principalement du cyprin-doré, que sa vive couleur fait facilement remarquer, & leur surface, d'oiseaux nageurs. J'en repousse cependant le cygne & l'oie, parce qu'ils nuisent trop à la belle végétation des plantes qui en ornent les bords. Les espèces sauvages, qui se cachent quand on en approche, mais qu'on rend aisément moins farouches par l'habitude, telles que les sarcelles, les foulques, les rales, les grèbes, les harles, &c. sont souvent à préférer. *Voyez* pour le surplus au mot JARDIN. (*Bosc.*)

LACHENALE. *Lachenalia.*

Genre de plante établi dans l'hexandrie monogynie & dans la famille des *Liliacées* pour placer une trentaine d'espèces, qui ont beaucoup de rapport avec les Jacinthes, dont plusieurs ont fait partie. Il est figuré pl. 237, n°. 1, des *Illustrations des genres* de Lamarck.

Espèces.

1. La LACHENALE tricolor.
Lachenalia tricolor. Jacq. ♃ Du Cap de Bonne-Espérance.

2. La LACHENALE linguiforme.
Lachenalia linguiformis. Lam. ♃ Du Cap de Bonne-Espérance.

3. La LACHENALE hyacinthoïde.
Lachenalia hyacinthoides. Lam. ♃ Du Cap de Bonne-Espérance.

4. La LACHENALE blanchâtre.
Lachenalia glaucina. Jacq. ♃ Du Cap de Bonne-Espérance.

5. La LACHENALE orchioïde.
Lachenalia orchioides. Jacq. ♃ Du Cap de Bonne-Espérance.

6. La LACHENALE pâle.
Lachenalia pallida. Thunb. ♃ Du Cap de Bonne-Espérance.

7. La LACHENALE à feuilles aigues.
Lachenalia angustifolia. Jacq. ♃ Du Cap de Bonne-Espérance.

8. La LACHENALE de plusieurs couleurs.
Lachenalia contaminata. Ait. ♃ Du Cap de Bonne-Espérance.

9. La LACHENALE verte.
Lachenalia viridis. Thunb. ♃ Du Cap de Bonne-Espérance.

10. La LACHENALE rouillée.
Lachenalia serrotina. Willd. ♃ De l'Espagne.

11. La LACHENALE naine.
Lachenalia pusilla. Jacq. ♃ Du Cap de Bonne-Espérance.

12. La LACHENALE à fleurs ouvertes.
Lachenalia patula. Jacq. ♃ Du Cap de Bonne-Espérance.

13. La LACHENALE odorante.
Lachenalia fragrans. Jacq. ♃ Du Cap de Bonne-Espérance.

14. La LACHENALE à fleurs de lis.
Lachenalia liliiflora. Jacq. ♃ Du Cap de Bonne-Espérance.

15. La LACHENALE à pustules.
Lachenalia pustulata. Jacq. ♃ Du Cap de Bonne-Espérance.

16. La LACHENALE d'un bleu-pourpre.
Lachenalia purpureo-cærulea. Jacq. ♃ Du Cap de Bonne-Espérance.

17. La LACHENALE violette.
Lachenalia violacea. Jacq. ♃ Du Cap de Bonne-Espérance.

18. La LACHENALE pourprée.
Lachenalia purpurea. Jacq. ♃ Du Cap de Bonne-Espérance.

19. La LACHENALE à feuilles lancéolées.
Lachenalia lanceæfolia. Jacq. ♃ Du Cap de Bonne-Espérance.

20. La LACHENALE à une seule feuille.
Lachenalia unifolia. Jacq. ♃ Du Cap de Bonne-Espérance.

21. La LACHENALE hérissée.
Lachenalia hirta. Thunb. ♃ Du Cap de Bonne-Espérance.

22. La LACHENALE à pétales presqu'égaux.
Lachenalia isopetala. Jacq. ♃ Du Cap de Bonne-Espérance.

23. La LACHENALE rougeâtre.
Lachenalia rubida. Jacq. ♃ Du Cap de Bonne-Espérance.

24. La LACHENALE ponctuée.
Lachenalia punctata. Jacq. ♃ Du Cap de Bonne-Espérance.

25. La LACHENALE pendante.
Lachenalia pendula. Jacq. ♃ Du Cap de Bonne-Espérance.

26. La LACHENALE tigrine.
Lachenalia tigrina. Jacq. ♃ Du Cap de Bonne-Espérance.

27. La LACHENALE de quatre couleurs.
Lachenalia quadricolor. ♃ Jacq. Du Cap de Bonne-Espérance.

28. La LACHENALE jaunâtre.
Lachenalia luteola. Linn. ♃ Du Cap de Bonne-Espérance.

Culture.

On trouveroit à peu près la moitié de ces espèces dans les jardins de France, d'Allemagne & d'Italie; mais aucunes d'elles n'y sont communes. Celui du Muséum même n'en indique que cinq sur son catalogue, savoir: la 1re, la 7e, la 10e, la 19e & la 25e; toutes sont des plantes d'un aspect très-agréable, dont on doit desirer augmenter le nombre, mais qu'il n'est pas toujours aisé de multiplier. Leurs oignons se tiennent dans des pots remplis de terre, en même tems légère & substantielle, & s'arrosent fréquemment, mais peu abondamment pendant la durée de leur végétation. La serre chaude ou tempérée leur est indispensable pendant l'hiver, non parce qu'ils craignent beaucoup le froid, mais parce que c'est la saison pendant laquelle ils fleurissent: il faut les mettre toujours le plus près possible des croisées. Tous les ans, lorsque leurs feuilles sont fanées, on les change de pot & on leur donne de la nouvelle terre. Si les oignons ont poussé des caïeux, on les enlève pour les mettre chacun dans un pot, ou même plusieurs s'ils sont petits & ne doivent pas donner de fleurs. Au reste, leur culture & leur multiplication ne diffère pas sensiblement de celle des jacinthes d'orangerie, & les principes sur lesquels elles reposent, leur sont complètement applicables.

La Lachenale rouillée, la seule espèce qui se trouve en Europe & qui fait encore partie des jacinthes dans la plupart des livres de botanique, se contente de l'orangerie. La couleur sombre qui la caractérise, la rend bien moins remarquable que les autres qui brillent, principalement par la cause contraire. (*Bosc.*)

LACHNÉE. *LACHNÆA.*

Genre de plante de l'octandrie monogynie, & de la famille de *Thymelées*, qui réunit trois espèces, dont une se voit dans quelques jardins. *Voyez* les *Illustrations* de Lamarck, pl. 292.

Espèces.

1. La LACHNÉE à feuilles de buis.
Lachnæa buxifolia. Lam. ♄ Du Cap de Bonne-Espérance.

2. La LACHNÉE ériocéphale.
Lachnæa eriocephala. Linn. ♄ Du Cap de Bonne-Espérance.

3. La LACHNÉE conglomérée.
Lachnæa conglomerata. Linn. ♄ Du Cap de Bonne-Espérance.

Culture.

Cette dernière espèce est celle qui se cultive en France. Elle exige une orangerie très-sèche, ou mieux, une serre tempérée & très-éclairée, ainsi que de la terre de bruyère. On la multiplie de boutures faites au printems, sur couches & sous châssis, boutures qui reprennent assez facilement, mais qui demandent des soins particuliers pour être conservées pendant l'hiver qui suit leur enracinement. Tous les deux ans on la changera de pot & de terre en automne. : elle aura des arrosemens fréquens en été, & modérés en hiver.

Cet arbrisseau est peu remarquable. (*Bosc.*)

LACHNOSPERME. *Lachnospermum.*

Arbrisseau du Cap de Bonne-Espérance, qui seul forme un genre dans la syngénesie égale, & dans la famille des *Flosculeuses*, fort voisin des *Stalines.*

Cet arbrisseau n'est pas encore introduit dans nos jardins, ainsi je n'ai rien à en dire. (*Bosc.*)

LACHUGURE. On appelle ainsi la laitue dans le département de Lot-&-Garonne.

LACISTÈME. *Lacistema.*

Arbrisseau de l'Améri que méridionale, qui seul forme un genre dans la monandrie dyginie, & dans la famille des *Orties.*

Comme sa culture n'a pas lieu dans nos jardins, je me dispense d'en parler plus au long. (*Bosc.*)

LACUNES. Cellules plus grandes que les autres, qui se remarquent dans le tissu cellulaire des plantes. Les unes paroissent organiques, les autres le produit de quelques accidens. Souvent elles sont vides; souvent elles servent au dépôt du suc propre. Leur présence ou leur absence sont de nul intérêt pour le cultivateur, ainsi je n'en parlerai pas plus longuement. (*Bosc.*)

LADRERIE. On donne ce nom à une maladie des cochons, qui est causée par l'excessive multiplication, dans le tissu cellulaire qui entoure tous leurs organes, d'une espèce de ver, qui n'est connu que depuis un demi-siècle au plus. *Voyez* au mot HYDATIDE, dans ce Dictionnaire & dans celui des *vers.*

Une petite quantité d'hydatides ne semble pas nuire sensiblement aux cochons, mais dès qu'elles se sont multipliées au point d'être visibles sous la langue, elles absorbent la nourriture destinée à leur accroissement, même à leur entretien; en conséquence d'abord leurs digestions se font mal, leurs yeux s'éteignent, leurs jambes fléchissent sous leur poids, & ensuite la gangrenne sèche se développe à la racine de leurs soies, qu'on peut alors arracher sans effort, & ils meurent en plus ou moins de tems, selon leur vigueur ou l'intensité de la maladie.

J'ai eu occasion de suivre cette maladie dans toutes ses phases sur un cochon acheté à cet effet, & qui languit plus d'un an sans succomber.

Comme je l'ai dit plus haut, on ne peut juger de l'état de la Ladrerie qu'à l'inspection de la racine de la langue des cochons, en dessous, racine où se montrent des tubercules blancs, de la grosseur d'un petit pois, qui sont l'hydatide même. Dès que ce signe se montre, il faut se hâter de tuer ces animaux pour empêcher la maladie de se propager, car il y a tout lieu de croire qu'elle est contagieuse par cohabitation, & pouvoir profiter de leur chair, qui est blanche & fade, mais nullement nuisible à la santé. Ce n'est donc point, comme on l'a écrit, à raison de son danger qu'on l'a proscrite des marchés des grandes villes, & qu'on a établi à Paris des *jurés langayeurs de porcs* pour la reconnoître sur le vivant, mais parce que cette maladie cause une diminution dans sa valeur, qui ne peut être appréciée que par des experts ou des personnes instruites.

Mais quels sont les moyens de garantir les cochons de cette maladie? Je n'en connois pas & ne puis croire qu'il y en ait, puisqu'on a vu des cochons en être affectés dans le ventre de leur mère. La malpropreté à laquelle on l'a attribuée & à laquelle il est si important, sous d'autres rapports, de les soustraire, n'a aucune influence sur sa naissance & ses progrès, puisque les sangliers n'en sont pas exempts, puisque les dauphins qui vivent dans la mer en sont pourvus, ainsi que je l'ai constaté. *Voyez*, pour le surplus, au mot COCHON. (*Bosc.*)

LAET. *Laetia.*

Genre de plante de la polyandrie monogynie, qui réunit quatre espèces, dont aucune n'est cultivée dans nos jardins.

Espèces.

1. Le LAET sans pétales.
Laetia apetala. Jacq. ♄ De l'Amérique méridionale.

2. Le LAET thaumie.
Laetia thaumia. Swartz. ♄ De la Jamaïque.

3. La LAET guidonie.
Laetia guidonia. Swartz. ♄ De la Jamaïque.

4. Le LAET complet.
Laetia completa. Jacq. ♄ De l'Amérique méridionale. (*Bosc.*)

LAGASQUE. *Lagasca.*

Plante annuelle de la syngénésie égale & de la famille des *Semi-Flosculeuses*, qui est originaire de la Havanne, & qu'on cultive en Europe.

Cette plante se sème sur couche & sous châssis, & le plant qui en provient se repique à une exposition méridienne. Comme elle n'est d'aucun agrément, elle ne sort pas des jardins de botanique où elle est même assez rare. (*Bosc.*)

LAGENULE. *Lagenula.*

Arbrisseau grimpant de la Cochinchine, qui seul forme un genre dans la tétrandrie monogynie,

& que nous ne possédons pas dans nos jardins. (*Bosc.*)

LAGERSTROME. *Lagerstromia.*

Genre de plante de la polyandrie monogynie & de la famille des *Salicaires*, qui rassemble une demi-douzaine d'espèces d'arbrisseaux d'un très-bel aspect, qu'on recherche pour leurs fleurs dans leur pays natal, & dont la moitié se cultive dans nos jardins. Il est figuré pl. 473 des *Illustrations des genres* de Lamarck.

Espèces.

1. Le LAGERSTROME des Indes.
Lagerstromia indica. Linn. ♄ Des Indes.
2. Le LAGERSTROME à grandes feuilles.
Lagerstromia grandiflora. Lam. ♄ Des Indes.
3. Le LAGERSTROME de la reine.
Lagerstromia regina. Willd. ♄ Des Indes.
4. Le LAGERSTROME hérissé.
Lagerstromia hirsuta. Willd. ♄ Des Indes.
5. Le LAGERSTROME remarquable.
Lagerstromia speciosa. Willd. ♄ De la Chine.
6. Le LAGERSTROME à petites fleurs.
Lagerstromia parviflora. Willd. ♄ Des Indes.

Culture.

Ces arbrisseaux, du moins les trois premiers, les seuls que nous possédions, demandent tous une terre substantielle & la serre chaude; car si le premier se contente de la serre tempérée & même de l'orangerie, il y pousse peu & n'y fleurit jamais. On ne doit les dépoter que lorsqu'ils en ont absolument besoin; ce qu'on reconnoît à la foiblesse de leur végétation. Leur multiplication a lieu par rejets, qui poussent abondamment, par marcotes & par boutures.

Les rejets se lèvent au printems, & se placent sur couche & sous châssis jusqu'à ce qu'ils soient bien repris.

On peut faire des marcotes presqu'en tout tems; mais principalement quand la végétation commence à se développer, & elle se développe le plus souvent deux fois par an.

Pour être sûr de la réussite des boutures, il faut les faire au printems, sur couche & sous châssis.

Des arrosemens fréquens sont nécessaires à ces plantes; on ne doit les leur ménager que lorsqu'elles commencent à perdre leurs feuilles. (*Bosc.*)

LAGET. *Lagetta.*

Arbrisseau de Saint-Domingue & îles voisines, qui seul forme un genre dans l'octandrie monogynie & dans la famille des *Passerinées*. *Voyez* les *Illustrations des genres* de Lamarck, pl. 289.

Cet arbrisseau, de la seconde écorce duquel on fait, dans son pays natal, des espèces de nattes, des cordes, &c. &, en l'etirant, des espèces de réseaux imitant la dentelle, d'où le nom de *Laget à dentelle* qu'il porte, n'est pas cultivé dans nos jardins; ainsi je n'ai rien à en dire de plus. (*Bosc.*)

LAGOCIE. *Lagoecia.*

Plante annuelle de la pentandrie monogynie & de la famille des *Ombellifères*, qui forme seule un genre, qu'on cultive dans les jardins de botanique. *Voyez* les *Illustrations des genres* de Lamarck, pl. 142.

Les graines de cette plante, qui porte le nom de *Lagocie cuminoïde*, parce que ses feuilles froissées offrent l'odeur du cumin, se sèment dans des pots, sur couche nue, lorsque les gelées ne sont plus à craindre; & quand le plant qui en provient a atteint deux ou trois pouces de haut, on le met en place où on le sarcle & arrose au besoin. (*Bosc.*)

LAGUNÉE. *Lagunea.*

Genre de plante de la monadelphie polyandrie & de la famille des *Malvacées*, qui renferme quatre espèces, dont deux sont cultivées dans nos jardins. Il est figuré pl. 577 & 580 des *Illustrations des genres* de Lamarck.

Observation.

On a réuni à ce genre le SOLANDRA de Murrey, qui est le TRIGUERA de Cavanilles, & qui fait partie des KETMIES dans quelques ouvrages.

Espèces.

1. La LAGUNÉE lobée.
Lagunea lobata. Willd. ☉ De l'Ile-Bourbon.
2. La LAGUNÉE ternée.
Lagunea ternata. Cavan. ♄ Du Sénégal.
3. La LAGUNÉE à tige épineuse.
Lagunea aculeata. Cavan. ♄ Des Indes.
4. La LAGUNÉE de Paterson.
Lagunea squamea. Vent. ♄ De l'Ile Norfolk.

Culture.

La première & la dernière espèce sont celles que nous cultivons.

On sème les graines de la première sur couche & sous châssis, au printems, & lorsque le plant qui en est provenu a acquis trois ou quatre pouces de haut, on le repique, seul à seul, dans des pots que l'on remet encore, pendant un mois, sur couche & sous châssis, & qu'on place ensuite contre un mur, au midi. On arrose les pots au besoin. Pour obtenir de bonnes graines on est quelquefois dans le le cas de rentrer les pieds de cette espèce dans l'orangerie, aux approches de l'hiver, afin qu'elles y acquièrent leur parfaite maturité.

La dernière espèce est une très-belle plante lorsqu'elle est en fleur. On la tient, pendant l'hiver, dans la serre tempérée ou dans une bonne orangerie, & on lui donne de fréquens arrosemens lorsqu'elle est en végétation. Sa multiplication s'opère par boutures placées sur couche & sous châssis, au printems. Ces boutures manquent rarement & fleurissent la seconde année. (*Bosc.*)

LAGURIER. *Lagurus.*

Plante annuelle de la triandrie digynie & de la famille des *Graminées*, qui croît naturellement dans les parties méridionales de l'Europe, & qu'on cultive dans les jardins de botanique. *Voyez* planche 41 des *Illustrations* de Lamarck, où elle est figurée.

Les graines de cette plante, dans le climat de Paris, se sèment fort clair en place, au printems, lorsque les gelées ne sont plus à craindre, ou mieux dans des pots, sur couche nue; & lorsque le plant a acquis trois pouces de haut, on met ces pots dans une bonne exposition, & on les arrose au besoin.

Cette plante s'appelle LAGURE ovale, de la forme de son épi. Il y en avoit une autre qui s'appeloit LAGURE cylindrique, qu'on place aujourd'hui parmi les CANAMELLES. (*Bosc.*)

LAICHE. *Carex.*

Genre de plante de la monoécie triandrie & de la famille des *Cypéroïdes*, qui contient plus de deux cents espèces lesquelles, pour la plupart, croissent dans les marais, fournissent une mauvaise nourriture aux bestiaux, & sont susceptibles d'être cultivées en pleine terre, dans le climat de Paris. Il est figuré pl. 752 des *Illustrations des genres* de Lamarck.

Observations.

On a tiré plusieurs espèces de ce genre pour former ceux appelés KOBRESIE, UNCINIE & SCLÉRIE. Je ne traiterai particulièrement que de celles appartenant à ce dernier. *Voyez* son article.

Espèces.

Laiches à épis dioïques.

1. La LAICHE dioïque.
Carex dioica. Linn. ♃ Indigène.

2. La LAICHE de Davalian.
Carex davaliana. Smith. ♃ Indigène.

3. La LAICHE stérile.
Carex sterilis. Schk. ♃ De Pensylvanie.

Laiches androgynes, à épi unique.

4. La LAICHE à barbe crochue.
Carex uncinata. Linn. ♃ De la Nouvelle-Zélande.

5. La LAICHE à hameçons.
Carex hamata. Swartz. ♃ de la Jamaïque.

6. La LAICHE hérisson.
Carex erinacea. Cavan. ♃ De l'Amérique méridionale.

7. La LAICHE en tête.
Carex capitata. Linn. ♃ Du nord de l'Europe.

8. La LAICHE de Wildenow.
Carex Wildenowii. Schk. ♃ De l'Amérique septentrionale.

9. La LAICHE pauciflore.
Carex pauciflora. Lightf. ♃ Du nord de l'Europe.

10. La LAICHE à petits épis.
Carex microglochia. Wahlenb. ♃ Du nord de l'Europe.

11. La LAICHE à épis obtus.
Carex obtusata. Wahlenb. ♃ Du nord de l'Europe.

12. La LAICHE polytrichoïde.
Carex polytrichoides. Willd. ♃ De l'Amérique septentrionale.

13. La LAICHE pulicaire.
Carex pulicaris. Linn. ♃ Indigène.

14. La LAICHE des Pyrénées.
Carex pyrenaica. Wahlenb. ♃ Des Pyrénées.

15. La LAICHE des rochers.
Carex petraea. Wahlenb. ♃ Du nord de l'Europe.

16. La LAICHE rupestre.
Carex rupestris. Allioni. ♃ Des Alpes.

17. La LAICHE squarreuse.
Carex squarrosa. Linn. ♃ De l'Amérique septentrionale.

18. La LAICHE très-aiguë.
Carex acutissima. Desgl. ♃ Des Pyrénées.

19. La LAICHE typhine.
Carex typhina. Mich. ♃ De l'Amérique septentrionale.

Laiches androgynes à épis rassemblés en tête.

20. La LAICHE cypéroïde.
Carex cyperoides. Linn. ♃ Du nord de l'Europe.

21. La LAICHE du Montbaldo.
Carex baldensis. Linn. ♃ Des Alpes.

22. La LAICHE fétide.
Carex fetida. Allioni. ♃ Des Alpes.

23. La LAICHE à fruits en crochet.
Carex incurva. Smith. ♃ Des Alpes.

24. La LAICHE sténophylle.
Carex stenophylla. Wahlenb. ♃ Des Alpes.

25. La LAICHE courbée.
Carex curvula. Linn. ♃ Des Alpes.

26. La LAICHE presque simple.
Carex simpliciuscula. Wahlenb. ♃ De l'Angleterre.

27. La LAICHE chordorrhize.
Carex chordorrhiza. Linn. ♃ Du nord de l'Europe.

28. La LAICHE céphalophore.
Carex cephalophora. Willd. ♃ De l'Amérique septentrionale.

29. La LAICHE de Villars.
Carex Villarsii. Schk. ♃ Des Alpes.

30. La LAICHE à deux épis.
Carex distachya. Willd. ♃ De l'Angleterre.

31. La LAICHE tubéreuse.
Carex tuberosa. Perf. ♃ Du midi de la France.

32. La LAICHE brillante.
Carex splendens. Thuill. ♃ Indigène.

Laiches androgynes, à épis pédonculés.

33. La LAICHE noirâtre.
Carex atrata. Linn. ♃ Indigène.

34. La LAICHE de Magellan.
Carex magellanica. Lam. ♃ Du détroit de Magellan.

35. La LAICHE de deux couleurs.
Carex bicolor. Allioni. ♃ Des Alpes.

36. La LAICHE pédonculée.
Carex pedunculata. Willd. ♃ De l'Amérique septentrionale.

37. La LAICHE de Linck.
Carex Linckii. Schk. ♃ Du Portugal.

Laiches androgines, à épis sessiles & alternes.

38. La LAICHE des sables.
Carex arenaria. Linn. ♃ Indigène.

39. La LAICHE intermédiaire.
Carex intermedia. Smith. ♃ Indigène.

40. La LAICHE rampante.
Carex repens. Bellard. ♃ Des Alpes.

41. La LAICHE de Schreber.
Carex Schreberi. Willd. ♃ Du nord de l'Europe.

42. La LAICHE ammophile.
Carex ammophila. Willd. ♃ Du midi de l'Europe.

43. La LAICHE choin.
Carex schenoides. Host. ♃ De l'est de l'Europe.

44. La LAICHE rivulaire.
Carex rivularis. Schk. ♃ De l'est de l'Europe.

45. La LAICHE du Cap.
Carex capensis. Thunb. ♃ Du Cap de Bonne-Espérance.

46. La LAICHE de Norwège.
Carex norwegica. Schk. ♃ Du nord de l'Europe.

47. La LAICHE hélenoste.
Carex helenostes. Linn. ♃ Du nord de l'Europe.

48. La LAICHE lobée.
Carex lobata. Schk. ♃ Des Alpes.

49. La LAICHE léporine.
Carex leporina. Linn. ♃ Du nord de l'Europe.

50. La LAICHE ovale.
Carex ovalis. Schk. ♃ Indigène.

51. La LAICHE lagopodioïde.
Carex lagopodioides. Schk. ♃ De l'Amérique septentrionale.

52. La LAICHE à balai.
Carex scoparia. Schk. ♃ De l'Amérique septentrionale.

53. La LAICHE de Mühlenberg.
Carex Muhlenbergii. Schk. ♃ De l'Amérique septentrionale.

54. La LAICHE compacte.
Carex vulpina. Linn. ♃ Indigène.

55. La LAICHE en boule.
Carex glomerata. Thunb. ♃ Du Cap de Bonne-Espérance.

56. La LAICHE némorale.
Carex nemorosa. Willd. ♃ De l'est de l'Europe.

57. La LAICHE stipate.
Carex stipata. Willd. ♃ De l'Amérique septentrionale.

58. La LAICHE divisée.
Carex divisa. Good. ♃ De l'Angleterre.

59. La LAICHE brizoïde.
Carex brizoides. Linn. ♃ Du midi de l'Europe.

60. La LAICHE muriquée.
Carex muricata. Linn. ♃ Indigène.

61. La LAICHE divulse.
Carex divulsa. Good. ♃ Indigène.

62. La LAICHE rétroflexe.
Carex retroflexa. Willd. ♃ De l'Amérique septentrionale.

63. La LAICHE étoilée.
Carex stellulata. Good. ♃ Indigène.

64. La LAICHE rose.
Carex rosea. Schk. ♃ De l'Amérique septentrionale.

65. La LAICHE sparganioïde.
Carex sparganioides. Willd. ♃ De l'Amérique septentrionale.

66. La LAICHE scirpoïde.
Carex scirpoides. Schk. ♃ De l'Amérique septentrionale.

67. La LAICHE loliacée.
Carex loliacea. Linn. ♃ Indigène.

68. La LAICHE de Gebhard.
Carex Gebhardii. Schk. ♃ De l'Angleterre.

69. La LAICHE alongée.
Carex elongata. Linn. ♃ Du nord de l'Europe.

70. La LAICHE courte.
Carex curta. Good. ♃ Indigène.

71. La LAICHE fetuquée.
Carex festucacea. Schk. ♃ De l'Amérique septentrionale.

72. La LAICHE straminée.
Carex straminea. Schk. ♃ De l'Amérique septentrionale.

73. La LAICHE multiflore.
Carex multiflora. Willd. ♃ De l'Amérique septentrionale.

74. La LAICHE paradoxale.
Carex paradoxa. Willd. ♃ Du nord de l'Europe.

75. La LAICHE cylindrique.
Carex tereiiuscula. Good. ♃ De l'Angleterre.

76. La LAICHE paniculée.
Carex paniculata. Linn. ♃ Indigène.

77. La LAICHE de Portugal.
Carex lusitanica. Schk. ♃ Du Portugal.

78. La LAICHE bossue.
Carex gibba. Thunb. ♃ Du Japon.

79. La LAICHE axillaire.
Carex axillaris. Schk. ♃ De l'Angleterre.

Laiches androgynes, à épis disposés en panicules.

80. La LAICHE brune.
Carex brunea. Thunb. ♃ Du Japon.

81. La LAICHE sparte.
Carex spartea. Wahlenb. ♃ Du Cap de Bonne-Espérance.

82. La LAICHE des Indes.
Carex indica. Linn. ♃ De l'Ile-Bourbon.

83. La LAICHE rameuse.
Carex ramosa. Schk. ♃ De l'Ile-de-France.

84. La LAICHE à plusieurs épis.
Carex polystachya. Wahl. ♃ De la Jamaïque.

85. La LAICHE de la Jamaïque.
Carex cladostachya. Wahlenb. ♃ De la Jamaïque.

86. La LAICHE rude.
Carex scabrella. Wahlenb. ♃ De la Jamaïque.

87. La LAICHE croisée.
Carex cruciata. Wahlenb. ♃ De la Chine.

Laiches à épis terminaux mâles & les autres androgynes.

88. La LAICHE fasciculée.
Carex fasciculata. Schk. ♃ Du Portugal.

89. La LAICHE de Forster.
Carex Forsteri. Wahlenb. ♃ De la Nouvelle-Zélande.

90. La LAICHE géminée.
Carex geminata. Schk. ♃ De la Nouvelle-Zélande.

91. La LAICHE ambiguë.
Carex ambigua. Schk. ♃ Du Portugal.

92. La LAICHE déprimée.
Carex depressa. Linck. ♃ Du Portugal.

93. La LAICHE de Turinge.
Carex turingiaca. Schk. ♃ Du nord de l'Europe.

Laiches androgynes, à un seul épi mâle, & les autres femelles.

94. La LAICHE à petits épis.
Carex microstachya. Wahlenb. ♃ Du nord de l'Europe.

95. La LAICHE verdâtre.
Carex virescens. Willd. ♃ De l'Amérique septentrionale.

96. La LAICHE des grèves.
Carex glareosa. Wahlenb. ♃ Du nord de l'Europe.

97. La LAICHE hérissée.
Carex hirsuta. Schk. ♃ De l'Amérique septentrionale.

98. La LAICHE de Buxbaume.
Carex Buxbaumii. Wahlenb. ♃ Du nord de l'Europe.

99. La LAICHE de Vahl.
Carex Vahlii. Schk. ♃ Du nord de l'Europe.

100. La LAICHE à petites fleurs.
Carex parviflora. Host. ♃ Des Alpes de la Styrie.

Laiches à sexe sur des épis différens, les mâles solitaires, les femelles presque sessiles, en tout ou en partie.

101. La LAICHE blanche.
Carex alba. Schk. ♃ Des Alpes de l'Allemagne.

102. La LAICHE clandestine.
Carex clandestina. Good. ♃ indigène.

103. La LAICHE pédiforme.
Carex pedata. Linn. ♃ Du nord de l'Europe.

104. La LAICHE ornithopode.
Carex ornithopoda. Schk. ♃ Des Alpes.

105. La LAICHE digitée.
Carex digitata. Linn. ♃ Indigène.

106. La LAICHE à feuilles de plantain.
Carex plantaginea. Lam. ♃ De l'Amérique septentrionale.

107. La LAICHE bège.
Carex badia. Villars. ♃ Des Alpes.

108. La LAICHE à larges feuilles.
Carex latifolia. Wahlenb. ♃ De l'Amérique septentrionale.

109. La LAICHE à trois épis.
Carex tristachya. Thunb. ♃ Du Japon.

110. La LAICHE bromoïde.
Carex bromoides. Schk. ♃ De l'Amérique septentrionale.

111. La LAICHE variée.
Carex varia. Wahlenb. ♃ De l'Amérique septentrionale.

112. La LAICHE pilulifère.
Carex pilulifera. Good. ♃ Du nord de l'Europe.

113. La LAICHE des collines.
Carex collina. Willd. ♃ Du nord de l'Europe.

114. La LAICHE marginée.
Carex marginata. Willd. ♃ De l'Amérique septentrionale.

115. La LAICHE ciliée.
Carex ciliata. Willd. ♃ Du nord de l'Europe.

116. La LAICHE précoce.
Carex precox. Jacq. ♃ Indigène.

117. La LAICHE émarginée.
Carex emarginata. Schk. ♃ De l'est de l'Europe.

118. La LAICHE cotoneuse.
Carex tomentosa. Linn. ♃ Du nord de l'Europe.

119. La LAICHE vêtue.
Carex vestita. Schk. ♃ De l'Amérique septentrionale.

120. La LAICHE mucronée.
Carex mucronata. Allioni. ♃ Des Alpes.

121. La LAICHE de Schkur.
Carex Schkurii. Willd. ♃ Des bords de la mer Caspienne.

122. La LAICHE couchée.
Carex supina. Willd. ♃ De l'est de l'Europe.

123. La LAICHE à fruits ronds.
Carex sphærocarpa. Willd. Des bords de la mer Caspienne.

124. La LAICHE globulaire.
Carex globularis. Linn. ♃ Du nord de l'Europe.

125. La LAICHE noire.
Carex nigra. Allioni. ♃ Des Alpes.

126. La LAICHE tentaculée.
Carex tentaculata. Willd. ♃ De l'Amérique septentrionale.

127. La LAICHE lupuline.
Carex lupulina. Willd. ♃ De l'Amérique septentrionale.

128. La LAICHE en massue.
Carex clavata. Thunb. ♃ Du Cap de Bonne-Espérance.

129. La LAICHE de Bourbon.
Carex borbonica. Lam. ♃ De l'Ile-Bourbon.

130. La LAICHE étendue.
Carex extensa. Good. ♃ De l'Angleterre.

131. La LAICHE jaunâtre.
Carex flava. Linn. ♃ Indigène.

132. La LAICHE du Japon.
Carex japonica Thunb. ♃ Du Japon.

133. La LAICHE fauve.
Carex fulva. Good. ♃ Du nord de l'Europe.

134. La LAICHE à épis espacés.
Carex distans. Linn. ♃ Indigène.

135. La LAICHE à deux nervures.
Carex binervis. Smith. ♃ De l'Angleterre.

136. La LAICHE à fruits ronds.
Carex rotundata. Wahl. ♃ Du nord de l'Europe.

137. La LAICHE des lieux pierreux.
Carex saxatilis. Linn. ♃ Du nord de l'Europe.

138. La LAICHE à feuilles roides.
Carex rigida. Good. ♃ De l'Angleterre.

139. La LAICHE enfumée.
Carex pulla. Good. ♃ Du nord de l'Europe.

140. La LAICHE ferrugineuse.
Carex ferruginea. Schk. ♃ Des Alpes.

141. La LAICHE des lieux froids.
Carex frigida. Allioni. ♃ Des Alpes.

142. La LAICHE de Mielichhofer.
Carex Mielichhoferi. Schk. ♃ Des Alpes.

143. La LAICHE à épi en forme de bras.
Carex brachystachis. Schk. ♃ Des Alpes.

144. La LAICHE comprimée.
Carex compressa. Willd. ♃ De l'est de l'Europe.

145. La LAICHE des lieux ombragés.
Carex umbrosa. Host. ♃ De l'est de l'Europe.

146. La LAICHE de Micheli.
Carex Michelii. Host. ♃ De l'est de l'Europe.

147. La LAICHE à fruits rares.
Carex depauperata. Good. ♃ De l'Angleterre.

148. La LAICHE à tige aplatie.
Carex anceps. Willd. ♃ De l'Amérique septentrionale.

149. La LAICHE velue.
Carex pilosa. Allioni. ♃ Des Alpes.

150. La LAICHE oligocarpe.
Carex oligocarpa. Schk. ♃ De l'Amérique septentrionale.

151. La LAICHE granulaire.
Carex granularis. Willd. ♃ De l'Amérique septentrionale.

152. La LAICHE conoïde.
Carex conoidea. Schk. ♃ De l'Amérique septentrionale.

152. La LAICHE faux panis.
Carex panicea. Linn. ♃ Indigène.

154. La LAICHE conglobée.
Carex conglobata. Willd. ♃ De l'est de l'Europe.

155. La LAICHE pubescente.
Carex pubescens. Willd. ♃ De l'Amérique septentrionale.

156. La LAICHE à fleurs lâches.
Carex laxiflora. Lam. ♃ De l'Amérique septentrionale.

157. La LAICHE folliculée.
Carex folliculata. Linn. ♃ De l'Amérique septentrionale.

158. La LAICHE rostrale.
Carex rostrata. Willd. ♃ De l'Amérique septentrionale.

158. La LAICHE hystéricine.
Carex hystericina. Willd. ♃ De l'Amérique septentrionale.

160. La LAICHE de la Chine.
Carex chinensis. Retz ♃ De la Chine.

161. La LAICHE approximate.
Carex approximata. Allioni. ♃ Des Alpes.

162. La LAICHE alpestre.
Carex alpestris. Allioni. ♃ Des Alpes.

163. La LAICHE luisante.
Carex nitida. Host. ♃ De l'est de l'Europe.

164. La LAICHE printanière.
Carex verna. Schk. ♃ Des Alpes.

165. La LAICHE livide.
Carex livida. Willd. ♃ Du nord de l'Europe.

166. La LAICHE à fruits pointus.
Carex cuspidata. Wahlenb. ♃ Du nord de l'Europe.

167. La LAICHE à feuilles fermes.
Carex firma. Host. ♃ Des Alpes de l'Allemagne.

168. La LAICHE de Schrader.
Carex Schraderi. Schk. ♃ De l'est de l'Europe.

169. La LAICHE des tourbières.
Carex cæspitosa. Linn. ♃ Indigène.

170. La LAICHE effilée.
Carex stricta. Good. ♃ Du nord de l'Europe.
171. La LAICHE à épis pendans.
Carex pendula. Good. ♃ Indigène.
172. La LAICHE de Croatie.
Carex psilostachya. Willd. ♃ De l'est de l'Europe.

173. La LAICHE maigre.
Carex strigosa. Good. ♃ De l'Angleterre.
174. La LAICHE miliacée.
Carex miliacea. Willd. ♃ De l'Amérique septentrionale.

Laiches à sexes sur des épis différens, les mâles solitaires, les femelles toutes pédonculées.

175. La LAICHE en ombelle.
Carex umbellata. Schk. ♃ De l'Amérique septentrionale.
176. La LAICHE capillaire.
Carex capillaris. Linn. ♃ Indigène.
177. La LAICHE pâle.
Carex palescens. Linn. ♃ Indigène.
178. La LAICHE unie.
Carex lævis. Willd. ♃ De l'est de l'Europe.
189. La LAICHE scopoliane.
Carex scopoliana. Willd. ♃ Des Alpes de l'Allemagne.
180. La LAICHE ustulate.
Carex ustulata. Wahlenb. ♃ Du nord de l'Europe.
181. La LAICHE bourbeuse.
Carex limosa. Linn. ♃ Indigène.
182. La LAICHE lâche.
Carex laxa. Wahlenb. ♃ Du nord de l'Europe.
183. La LAICHE lisse.
Carex lævigata. Smith. ♃ De l'Angleterre.
184. La LAICHE en ombelle.
Carex pseudo-cyperus. Linn. ♃ Indigène.
185. La LAICHE drymèje.
Carex drymeja Linn. ♃ Indigène.
186. La LAICHE en zig-zag.
Carex flexuosa. Willd ♃ De l'Amérique septentrionale.
187. La LAICHE réfléchie.
Carex refracta. Schk. ♃ Des Alpes.
188. La LAICHE haute d'un doigt.
Carex digitalis. Willd. ♃ De l'Amérique septentrionale.

Laiches à sexes sur des épis différens, plusieurs mâles & plusieurs femelles.

189. La LAICHE recourbée.
Carex recurva. Wald. ♃ Indigène.
190. La LAICHE à épis noirs.
Carex melanostachya Willd. ♃ Des bords de la mer Caspienne.
191. La LAICHE penchée.
Carex nutans. Holt. ♃ De l'est de l'Europe.
192. La LAICHE acuminée.
Carex acuminata. Willd. ♃ De l'est de l'Europe.
193. La LAICHE chevelue.
Carex crinita. Lam. ♃ De l'Amérique septentrionale.
194. La LAICHE maritime.
Carex maritima. Vahl. ♃ Du nord de l'Europe.
195. La LAICHE des salines.
Carex salina. Wahlenb. ♃ Du nord de l'Europe.
196. La LAICHE trifide.
Carex trifida. Cavan. ♃ Des îles Falkland.
197. La LAICHE trichocarpe.
Carex trichocarpa. Willd. ♃ De l'Amérique septentrionale.
198. La LAICHE pellite.
Carex pellita. Willd. ♃ De l'Amérique septentrionale.
199. La LAICHE hispide.
Carex hispida. Schk. ♃ De l'Amérique septentrionale.
200. La LAICHE filiforme.
Carex filiformis. Good. ♃ Du nord de l'Europe.
201. La LAICHE aquatile.
Carex aquatilis. Wahlenb. ♃ Du nord de l'Europe.
202. La LAICHE aiguë.
Carex acuta. Linn. ♃ Indigène.
203. La LAICHE des marais.
Carex paludosa. Good. ♃ Du nord de l'Europe.
204. La LAICHE des rivages.
Carex riparia. Good. ♃ Indigène.
205. La LAICHE des lacs.
Carex lacustris. Schk. ♃ De l'Amérique septentrionale.
206. La LAICHE ambléocarpe.
Carex ambleocarpa. Willd. ♃ De l'Angleterre.
207. La LAICHE vésiculeuse.
Carex vesicaria. Linn. ♃ Indigène.
208. La LAICHE plombée.
Carex plumbea. Wahlenb. ♃ Du Caucase.
209. La LAICHE ampullacée.
Carex ampullacea. Willd. ♃ Indigène.
210. La LAICHE brellée.
Carex brellata. Schk. ♃ De l'Amérique septentrionale.
211. La LAICHE sécaline.
Carex secalina. Wahlenb. ♃ De l'est de l'Europe.
212. La LAICHE hordéiforme.
Carex hordeiformis. Wahlenb. ♃ Des Alpes.
213. La LAICHE naine.
Carex pumila. Thunb. ♃ Du Japon.
214. La LAICHE hérissée.
Carex hirta. Linn. ♃ Indigène.

Culture.

Aucune de ces espèces n'a d'agrément ; aussi

n'en cu'tive-t-on point hors des jardins de botanique. Comme je l'ai dit dans le commencement, la plupart sont propres aux terreins marécageux; il en est même qui ne vivent absolument que dans l'eau. Il faut donc les mettre dans une position analogue à leur nature, ou les arroser abondamment. Quant à celles qui croissent dans les lieux secs, elles s'accommodent de toute sorte de places dans les jardins. La seule culture qu'on leur donne consiste dans leur plantation ou le semis de leurs graines, dans des sarclages ou des binages annuels de propreté, & dans leur circonscription; car il en est plusieurs qui tendent continuellement à s'emparer du terrein. Le déchirement des vieux pieds est un moyen très-facile de les multiplier lorsqu'on les possède déjà. Généralement les jardins de botanique n'offrent qu'un petit nombre d'espèces étrangères, parce que les botanistes s'occupent peu d'en ramasser des graines. Le *Catalogue du Jardin du Muséum de Paris*, parmi quarante, n'en indique qu'une dans ce cas; c'est la Laiche à feuilles de plantain, espèce remarquable, rapportée par Michaux. Il renferme même à peine la moitié des espèces existantes en France, & ce par la même raison, joint à ce qu'elles sont difficiles à caractériser & à fixer dans la mémoire. Il est peu de botanistes qui puissent se vanter de pouvoir en nommer beaucoup de suite s'il a été seulement un an sans les étudier.

Les Laiches qui vivent toujours le pied dans l'eau, comme les Laiches en ombelle, ovale, jaunâtre, des marais, coupante, &c. concourent puissamment à la formation de la tourbe & à l'élévation du sol des marais, par les abondans débris qu'elles laissent annuellement. Toutes celles qui ne vivant pas habituellement dans l'eau, croissent cependant exclusivement dans les endroits marécageux, remplissent aussi le dernier objet: sous ces rapports, elles rendent service aux cultivateurs.

La Laiche des sables & quelques autres, servent par leurs longues racines à fixer les sables mobiles des dunes, & à donner de la verdure à des cantons, qui n'en auroient pas sans elles. Les Laiches des rives & jaunâtre, arrêtent les effets dévastateurs des eaux courantes. On devroit les planter le long des torrens; on pourroit, par leur moyen, arrêter le débordement de bien des ruisseaux, en en plantant des pieds près à près dans les lieux les plus bas, c'est-à-dire, dans ceux par où l'eau s'épanche. *Voyez* DÉBORDEMENT.

Les bestiaux en général, & principalement les bœufs, mangent les Laiches, surtout lorsqu'elles sont jeunes. Il est même des espèces que ces derniers recherchent de préférence à d'autres plantes, telles que les Laiches filiforme, capillaire, en ombelle, faux panis, souchet, des tourbières. Les moutons, qui sembleroient devoir les repousser, vu la nature des lieux où elles croissent, les mangent presque toutes. Il en est quelques-unes, parmi celles qui vivent dans les lieux secs, qui sont même importantes à multiplier pour eux, à raison de leur précoce végétation, telles que les Laiches précoce, de Schreber, &c.

Malgré cela les Laiches, surtout quand elles ont fleuri & qu'elles sont desséchées, sont généralement regardées comme un mauvais fourrage. Ce sont principalement elles qui rendent si peu du goût des bestiaux, & si peu nourissant, le foin des prés bas. La plupart ont les bords de leurs feuilles garnies de petites dents, qui font qu'elles coupent comme un rasoir la langue du bœuf, & la main de l'homme qui veut les enlever: de là le nom d'*herbes coupantes* qu'elles portent dans beaucoup de lieux. C'est à faire de la litière qu'on les utilise le plus communément. A défaut de cet emploi, on peut encore les faire servir à couvrir les plantes qui craignent les gelées de l'hiver, à augmenter la masse des fumiers, à entrer dans la composition des composts.

Mais ces usages peuvent être suppléés plus utilement par d'autres plantes, & presque toujours il est plus avantageux de détruire les Laiches qui croissent dans les prés humides, que de les conserver. Pour les premiers, il faut employer la pioche & le feu, car leurs touffes sont souvent si grosses, & leurs racines souvent si longues, que la charue ne pourroit rien contr'elles. *Voyez* (ÉCOBUAGE.) Pour les secondes, il suffit de quelques labours, & d'une ou deux cultures de céréales ou de féves de marais, de pommes de terre, & autres plantes qui demandent des binages d'été, pour les faire disparoître. *Voyez* PRÈS BAS. (*Bosc.*)

LAICHE, nom vulgaire des lombrics ou vers de terre, dans beaucoup de cantons.

LAINE. *Voyez* MOUTON.

LAIS, nom employé dans le langage forestier, pour signifier un baliveau de l'âge de la coupe qu'on devoit réserver, & qu'on coupe. *Voyez* FORÊT, dans le *Dictionnaire des Arbres & Arbustes*.

LAISSE DE MER. C'est ainsi qu'on appelle les lieux que la mer a abandonnés, ou mieux, les amoncellemens de terre qui se sont faits sur ses bords par suite, 1°. du mouvement diurne de la terre; 2°, des alluvions produites par des rivières.

La terre, en tournant sur son axe d'occident en orient, détermine un mouvement des eaux de la mer en sens contraire; de sorte que toutes les côtes orientales des continens sont continuellement abandonnés par elles. Ainsi celles de l'Amérique septentrionale & méridionale se découvrent d'une manière très-marquée, ainsi que j'ai pu le constater pendant mon séjour dans la première de ces contrées.

Les côtes de France étant tournées à l'ouest, sont par la même même cause rongées continuellement par la mer, comme on le voit par les falaises de la ci-devant Normandie, par les rochers granitiques ou schisteux de la ci-devant Bretagne, &c. Mais les grands fleuves, tels que l'Adour, la

Garonne, la Charente, la Loire, la Seine, la Somme, la Meuse & le Rhin, ont anciennement versé dans cette mer une si immense quantité de pierres & de terre, que de grandes étendues de côtes sont formées de Laisses, principalement entre Bayonne & la Rochelle, & entre Dunkerque & Groningue. Il y en a aussi de petites plus ou moins étendues à l'embouchure de toutes les rivières.

Les Laisses de la mer n'appartenant de droit à personne, sont partout à la disposition des gouvernemens, qui les alienent lorsqu'il se présente des acquéreurs; cependant il arrive souvent qu'elles sont envahies, à mesure qu'elles se découvrent par les propriétaires riverains, sans qu'on les inquiète.

De gros, de moyens & de petits cailloux quartzeux & roulés, mêlés de sable, d'argile & de limon, forment les Laisses de mer: les gros & moyens cailloux se nomment des GALETS. On appelle GRÈVE les Laisses formées de moyens & de petits cailloux; DUNES, celles où il n'entre presque que du sable. Je ne connois pas de mot français qui exprime les Laisses de mer, uniquement formées de LIMON. *Voyez* tous ces mots.

La première opération à faire, quand on veut utiliser une Laisse de mer, c'est de construire une digue qui empêche les hautes marées de la recouvrir d'eau salée. Souvent un fossé de quelques pieds de profondeur, dont on rejète la terre du côté opposé à l'eau, suffit. D'autres fois il faut des jetées assez puissantes pour résister à l'effort des vagues. La seconde c'est de former des abris artificiels avec des arbres, pour garantir le sol des vents de mer. Ces deux opérations sont quelquefois très-difficiles & coûtent des sommes très-considérables: aussi, combien de Laisses de mer sont encore, sur nos côtes, perdues pour l'agriculture!

C'est en soude & autres plantes marines, susceptibles de donner de l'alkali par leur incinération, qu'il convient de cultiver d'abord les Laisses de la mer, parce que la plupart de celles qui sont l'objet ordinaire de nos soins, n'y croîtroient pas à raison du sel marin qui s'y trouve. On peut aussi les planter en tamarix qui décompose de même très-promptement le sel marin: plus tard, on y essaie successivement telle & telle plante.

Les Laisses de mer qui ne peuvent pas être cultivées, à raison de leur peu d'élévation au-dessus de la surface des eaux, restent en pâturages, dans lesquels les vaches & les moutons trouvent une subsistance peu abondante, mais extrêmement de leur goût, & favorable à leur santé & à la finesse de leur chair. Tels sont ceux de pré-salé, sur les côtés de la ci-devant Normandie. On peut aussi les transformer en marais salans ou en étangs, destinés à conserver le superflu de la pêche de certains poissons de mer, & à engraisser les huîtres, les moules & autres coquillages, ainsi qu'on peut le voir à Marennes & ailleurs. (*Bosc.*)

LAIT. Dans le second état des sociétés, dans celui de pasteur, le lait des animaux domestiques fait le principal objet de la nourriture, & par conséquent de la sollicitude des hommes. Plus avancés dans la civilisation, c'est-à-dire, devenus cultivateurs, ils n'ont pas dû renoncer complètement à un aliment aussi sain, aussi agréable, aussi facile à se procurer, aussi entre-t-il pour beaucoup dans le régime diététique des habitans de la campagne, & forme-t-il, en le vendant aux habitans des villes, soit en nature, soit séparé en ses parties constituantes, un important objet de revenu pour eux.

La femme & les femelles de beaucoup d'espèces d'animaux, sécrètent du lait pour la nourriture de leurs petits, depuis la naissance de ces derniers, jusqu'à l'époque où leurs organes sont devenus assez forts pour saisir & digérer des substances solides. Il seroit donc possible de s'approprier celui de tous ces animaux; mais les uns sont trop petits, les autres trop difficiles à dompter, les autres impossibles à joindre, &c. Aussi la jument, l'ânesse, la chamelle, la bufle, la vache, la chèvre, la brebis, sont-ils les seuls dont on tire parti sous ce rapport.

Les peuples encore pasteurs, ou nomades de la Tartarie, font usage, exclusivement aux autres peuples, du Lait de jument. Ils le boivent en nature; ils en tirent du beurre, du fromage, du sérum, & une liqueur ennivrante qu'ils appellent *Kumisse*, liqueur peu connue en Europe, & qu'on a inutilement tenté de fabriquer avec les autres Laits.

Le Lait de l'ânesse n'est guère employé, à ma connoissance, que comme remède.

On ne trait les chamelles que dans les déserts de l'Asie intermédiaire, & de l'Afrique septentrionale.

Ce n'est que dans quelques cantons de l'Italie, de la Sicile, de l'Afrique & de l'Inde, qu'on fait usage de celui de la bufle.

Reste donc la vache, la chèvre & la brebis.

Quelle que soit la femelle qui a fourni le Lait, il est toujours composé de beurre, de matière caseuse ou fromage, de sérum ou petit-Lait, de sucre ou sel essentiel de Lait; mais il y a des variations dans les proportions de ces substances, non-seulement dans chaque espèce, mais même dans chaque individu, & ce, selon son âge, l'époque de la mise bas, la nature des pâturages, la situation de leur santé, l'état de l'atmosphère, &c.

L'analyse du Lait se fait d'elle-même, lorsqu'il est laissé en repos dans un lieu ni trop chaud ni trop froid. La crême, c'est-à-dire, le beurre encore en état d'émulsion, monte d'abord à la surface, comme plus légère que l'eau, la matière caseuse se coagule, se caille, comme on dit généralement, & nage dans le sérum. On sépare la crême en l'enlevant avec une cuiller, le sérum en le passant à travers un filtre, le sucre en faisant évaporer le sérum.

Quant à son analyse complète, elle a été faite par MM. Fourcroy & Vauquelin, & est insérée à l'article Lait, du *Dictionnaire de Chimie.*

On doit à M. Parmentier & à M. Desyeux, un très-important travail sur les Laits des cinq quadrupèdes domestiques qui en fournissent. Leur objet étoit de déterminer la quantité & la proportion de leurs parties constituantes; mais comme ils sont exposés, ainsi que je viens de l'observer, à une multitude innombrable de variations dans le même animal, dans la même traite, ils se sont convaincus de l'impossibilité de l'établir avec une exactitude rigoureuse. Ils ont donc dû se contenter de fixer l'ordre de ces Laits, sous le rapport de leur composition, & ils ont en conséquence publié le tableau ci-après.

Beurre.	Fromage.	Sel essentiel.	Sérum.
La Brebis.	La Chèvre.	L'Anesse.	L'Anesse.
La Vache.	La Brebis.	La Jument.	La Jument.
La Chèvre.	La Vache.	La Vache.	La Vache.
L'Anesse.	L'Anesse.	La Chèvre.	La Chèvre.
La Jument.	La Jument.	La Brebis.	La Brebis.

On voit, par ce tableau, que si on veut faire du beurre en plus grande quantité possible, avec la même quantité de Lait, il faut prendre celui de brebis; que si c'est du fromage, il faut prendre celui de chèvre; que si c'est du sucre, il faut prendre celui d'ânesse. On voit aussi que la vache est dans le premier cas au second rang, & dans tous les autres au troisième: or, comme c'est elle qui fournit le plus de Lait, & pendant le plus long-temps, elle a dû être & est en effet partout autre part que dans la Tartarie & l'Arabie, la femelle spécialement consacrée à sa production.

Le Lait de vache étant le plus commun & le plus généralement l'objet des spéculations des agriculteurs, c'est sur lui que je dois m'étendre davantage; & en conséquence je vais parler d'abord des autres.

La campagne de Rome est l'endroit le plus au nord où on élève des bufles. On y trait leurs femelles, qui donnent un Lait d'un goût musqué & sauvage, mais fort riche en beurre & en matière caseuse: les fromages qu'on en fabrique sont très-estimés.

On distingue facilement à la simple vue, le Lait de brebis des autres, & encore mieux en le touchant & en le goûtant, à raison de la surabondance de ses parties graisseuses. On calcule sa quantité moyenne, à une demi-livre par jour dans la bonne saison.

Si le beurre que fournissent les brebis est abondant, il n'est pas d'une nature aussi parfaite que celui de vache; sa consistance n'est jamais solide. Il fond aisément dans la bouche & y donne la sensation de l'huile. Sa couleur est d'un jaune-pâle. Il rancit aisément.

Quant au caillé, il offre également une apparence grasse. Il n'est ni tremblant ni gélatineux comme celui de vache.

On ne fait de beurre de brebis que dans les lieux où on ne peut pas avoir de vaches, & nulle part, à ma connoissance, il n'est mis dans le commerce.

Le caillé sert, dans plusieurs endroits, à faire des fromages, dont quelques-uns, comme ceux de Roquefort, de Montpellier, de Sassenage, &c. sont fort estimés. *Voyez* Fromage.

L'odeur souvent propre au lait de chèvre, odeur qui augmente lorsqu'elle est en chaleur & qu'elle reçoit le mâle, en éloigne d'abord beaucoup de personnes; mais on s'y fait bientôt. Sa densité est considérable. Il fournit peu de beurre; mais il est ferme, agréable au goût & d'une facile conservation. Son caillé est extrêmement abondant, comme l'indique le tableau, & d'une densité remarquable; aussi en fait-on, en l'employant pur, des fromages fort estimés, tels que ceux du Mont-Dor, du Cantal (*le cabrilaux*); aussi le mélange-t-on avec ceux de brebis & de vaches pour les améliorer, comme le prouve le Sassenage, cité plus haut.

J'ai déjà dit que le lait d'ânesse ne servoit guère qu'à des usages médicinaux: son analogie avec celui de femme, le rend son supplément le plus naturel, & il est très-propre à adoucir l'âcreté des humeurs. Le grand emploi qu'on en fait dans les grandes villes pour les maladies du poumon le rendent l'objet d'un commerce de quelqu'importance. Il fournit peu de beurre & de fromage; le premier est toujours mou, fade, blanc, se rancit & se liquéfie aisément; le second présente une coagulation sans consistance.

Ce n'est que chez les Tartares, car les Arabes n'en font usage qu'à défaut de celui de chamelle, que le lait de jument remplace le lait de vache. On le mange en nature; on en fait du beurre, du fromage & surtout une liqueur enivrante, extrêmement de leur goût, qu'on appelle *kumisse*, comme je l'ai déjà dit, liqueur qu'on a inutilement tenté de faire en France avec les autres Laits.

Il ne paroît pas qu'on fasse souvent du beurre & du fromage avec le Lait de chamelle. Les Arabes se contentent de le consommer en nature.

De tous les animaux, c'est la vache qui produit le plus de Lait. On rapporte qu'il en est en Hollande qui en fournissent trente pintes par jour. Beaucoup de celles de Suisse, de Normandie, de l'Angleterre, n'en donnent guère moins de quinze à vingt: le taux commun est de six. Il est bon d'observer cependant que pour cela il faut qu'elles aient nouvellement vêlé, & qu'elles soient excessivement nourries.

L'opération de faire sortir le Lait des mamelles (du pis) des vaches, &c. s'appelle Traite. On l'exécute en embrassant avec le pouce & le premier doigt la partie supérieure du trayon, partie saillante du pis, & en le pressant dans toute sa longueur,

longueur, agissant des deux mains, une sur chaque trayon, le pis est bientôt vidé.

Il est des lieux où les vaches ne se laissent traire qu'autant que leur veau tete de l'autre côté; d'autres, qu'après que le veau a teté un peu. Tout cela dépend de l'habitude qu'on leur a fait prendre.

Plus les traites sont fréquentes & plus le Lait se sécrète abondamment; mais on ne gagne rien à les multiplier lorsqu'on veut tirer parti du Lait pour faire du beurre & du fromage, parce qu'ainsi que l'ont constaté MM. Parmentier & Desyeux, il faut au moins douze heures de séjour dans le pis pour que ce liquide prenne tous les principes butireux & caseux dont il est susceptible de se charger. C'est donc seulement le matin & le soir qu'il convient de traire, à moins qu'un vêlement nouveau, joint à l'abondance des herbes, n'oblige, pour la santé de la vache, de le faire trois fois.

Le bon Lait de vache n'est ni trop clair ni trop épais. Sa couleur est d'un blanc-mat; sa saveur est douce; son odeur est suave. Il devient bleu & s'affoiblit d'autant plus qu'on y met davantage d'eau.

La qualité du Lait dépend à la fois & de la nature constitutive de la vache, & de son état de santé, & de son âge, & du tems qui s'est écoulé depuis qu'elle a mis bas, & de l'espèce d'herbe dont elle s'est nourrie, & de la quantité d'eau qu'elle a bue, & de l'état de l'atmosphère au moment où il se forme, &c. Ainsi de deux vaches aussi semblables que possible, & mises dans les mêmes circonstances, l'une donnera constamment du meilleur Lait & du Lait plus abondant que l'autre; ainsi une vache de cinq à six ans en fournira de meilleur qu'une de trois ou une de douze; ainsi une vache qui aura nouvellement vêlé en donnera davantage, mais moins bon, qu'une vache qui aura vêlé depuis quinze jours, un mois.

Des expériences positives ont fait connoître à MM. Parmentier & Desyeux que le Lait qui se présentoit le premier à l'ouverture du pis étoit plus aqueux, & en conséquence ils proposent de faire deux parts de chaque traite. La première destinée, par exemple, à faire des fromages maigres, & la seconde des fromages gras.

En été, le Lait est savoureux & abondant; en hiver, il est plus crêmeux.

M. Boisson, auquel on doit un très-bon Mémoire sur la fabrication des fromages du Cantal, dit avoir trouvé que chaque livre de Lait donnoit en beurre,

	gros	grains
Deux mois après l'accouchement	3 gros	48 grains
Quatre mois	4	64
Huit mois	5	62

Cette dernière époque est celle où le Lait est à son plus haut degré de perfection, c'est-à-dire, après laquelle la quantité de beurre n'augmente plus sensiblement.

Cette expérience n'est pas rigoureuse sans doute; mais en la regardant comme un terme moyen approximatif, elle peut servir à guider les cultivateurs.

J'ajouterai que, dans les fermes du voisinage de Paris, on calcule que six pintes de Lait donnent une livre de beurre.

Le Lait de vache est bien moins sucré en hiver qu'en été; mais, ainsi que je l'ai déjà dit plus haut, il contient plus de beurre pendant cette dernière saison.

Les vaches nourries au foin sec, les vaches nourries de graines farineuses, donnent moins de Lait que celles qui paissent & que celles auxquelles on donne des racines; mais il contient plus de beurre. C'est le contraire pour celles qui sont mises dans des prairies au premier printems, qui restent dehors pendant la pluie, qui boivent avec excès, &c.

Lorsque les vaches ont mangé de l'ail ou autres plantes à odeur forte, on le reconnoît en sentant ou buvant leur Lait.

Chaque jour le Lait des vaches que je possédois en Amérique avoit un goût différent de la veille, parce qu'étant libres elles alloient paître dans une partie différente de la forêt.

Les vaches qui paissent dans les marais font contracter un goût marécageux à leur Lait. Il a de plus une couleur grise très-sensible.

Lorsqu'on donne aux vaches des foins de mauvaise qualité, le Lait contracte ce qu'on appelle *goût de fourage*, goût repoussant dans certains lieux.

Il a été constaté, par des expériences directes, que les vaches nourries exclusivement avec des choux, des raves & autres plantes de la famille des *Crucifères*, donnoient un Lait d'une odeur & d'une saveur désagréables.

Les fourages artificiels, surtout la luzerne & le trèfle, diminuent de beaucoup l'agrément de la saveur du Lait & de ses produits, d'après les observations de beaucoup d'agriculteurs.

Je fais la même remarque relativement aux racines, principalement aux pommes de terre.

Ce seroit mal comprendre mes intentions si on inféroit de ce que je viens de dire, qu'il faille nourrir des vaches exclusivement sur les montagnes de la Suisse ou dans les herbages de la Normandie; car j'indique, aux articles qui les concernent, ces fourages & ces racines comme devant leur être donnés; mais il faut seulement en déduire la conséquence, que quand on veut avoir du Lait, & par suite du beurre & du fromage d'excellente qualité, il faut varier la nourriture autant que possible.

Le Lait est sujet à une altération qui lui fait prendre une couleur bleue. M. Serain est le premier qui l'ait fait connoître, & on doit à mon collaborateur Tessier le premier bon Mémoire qui ait été imprimé à son occasion. Il est inséré dans le tome 20 des *Annales d'Agriculture*. Dans ce Mémoire, il se contente de faire part de ce qu'il a vu, & de prouver que les causes assignées à ce phénomène sont toutes mal fondées; qu'on devoit les chercher dans les alimens.

Dans le tome 28 du même ouvrage, M. Serain, cité plus haut, a fait imprimer un second Mémoire, où il prétend que cette couleur est due à la chaleur.

Je pense que ces deux causes, ainsi que l'organisation de la vache, peuvent agir simultanément.

Au reste, comme le Lait bleu est aussi bon que l'autre, qu'il est rare, & ne se montre que pendant deux ou trois mois de l'été, il n'est pas nécessaire que j'en parle plus longuement.

La consommation du Lait en nature est extrêmement considérable dans les campagnes; c'est principalement la nourriture de l'enfance & de l'adolescence: il sert à faire des bouillies, & entre dans la composition de quantité de mets. On en fait un commerce assez important aux environs des grandes villes. Là, on nourrit des vaches dont on force la production en Lait aux dépens de la qualité, en les tenant toute l'année dans des étables chaudes, en les nourrissant abondamment, non-seulement avec des herbes ou du foin de bonne qualité, mais encore avec des graines & du son gras, c'est-à-dire, contenant encore beaucoup de farine. Outre cela, on les fait boire une heure avant la traite, &, pour les y exciter, on met un peu de farine & de sel dans leur eau.

Ils sont coupables les nourrisseurs de vaches laitières d'augmenter, par ces moyens, la quantité de Lait; mais leur friponnerie semble plus pardonnable que celle que se permettent les laitières en l'alongeant avec de l'eau. Celle-ci est si générale, à Paris principalement, qu'elle est regardée comme de droit. Il est cependant bien à desirer, pour la morale publique, que la police mette un frein à leur cupidité. Je sais qu'il n'est pas facile de prouver rigoureusement la fraude dans ce cas; mais il suffiroit de punir ceux qui se la permettent avec excès, pour diminuer le mal. Les fabricans de fromages de la Suisse (les FRUITIERS, *voyez* ce mot) jugent, dit-on, avec certitude, par la couleur, la dégustation, la caillaison, &c. d'un dixième d'eau ajouté au Lait. Seroit-il impossible de trouver des inspecteurs honnêtes qui, par suite d'une grande habitude, pussent reconnoître avec la même certitude du Lait mélangé avec un tiers & même un quart d'eau?

Je ne parle pas des autres substances qu'on mêle aussi avec le Lait pour pouvoir augmenter d'autant la quantité d'eau; telles que la farine, l'amidon, la craie, le plâtre, parce qu'il est facile de s'en appercevoir.

Dans l'état naturel, le Lait ne peut se conserver que quelques heures dans l'état apparent où il étoit au sortir du pis de la vache, à moins qu'on ne le mette dans un endroit très-froid ou qu'on le remue continuellement. Pour le rendre propre à être employé le lendemain ou le surlendemain, il faut le faire bouillir. En le renfermant, en cet état, dans des bouteilles bien bouchées, il est possible de le garder des années entières. Les autres indications qu'on trouve dans les livres pour arriver à un semblable but sont ou mensongères, ou dans le cas d'en altérer la nature.

La vente du Lait, si avantageuse aux environs des grandes villes, est presque nulle ou de peu de profit dans les cantons écartés. C'est à la fabrication du beurre ou du fromage que doivent tendre les cultivateurs, parce que ces objets sont de garde pendant un certain tems, & peuvent se transporter au loin.

Dans quelques parties de la Suisse, les possesseurs de vaches s'associent pour mettre en commun le Lait de leurs vaches, & en faire fabriquer, par un homme spécialement destiné à cet objet, le beurre & le fromage. Cette méthode, extrêmement favorable aux produits, commence à s'introduire en France, & il est très-desirable qu'elle devienne bientôt générale. J'en ai fait sentir les avantages & décrit le mode à l'article FRUITIÈRE. *Voyez* ce mot.

Dans quelques cantons, on tire le beurre du Lait au moment même qu'il sort du pis de la vache, en l'agitant fortement & longuement dans des barattes. (*Voy.* LAITERIE.) Ce beurre est toujours extrêmement fin; mais on en obtient peu, & la matière caseuse est perdue pour la fabrication du fromage. Ces deux considérations font que cette pratique est rarement usitée.

Ainsi que je l'ai déjà annoncé plusieurs fois, le Lait, abandonné à lui-même dans des vases, se sépare en trois parties fort faciles à distinguer & à isoler. Une température moyenne favorise cette séparation. En conséquence, il faut déposer le Lait, pendant l'été, dans une chambre fraîche, & l'hiver dans une chambre chaude. Ce lieu s'appelle une LAITERIE. *Voyez* ce mot.

Généralement on fait monter la crême sur le Lait, en hiver, au moyen de la chaleur du feu; mais il est des pays où on suit cette pratique dans toutes les saisons de l'année. Si le Lait bout la crême est perdue; ainsi il faut le retirer de dessus le feu juste au moment convenable. Le Lait chauffé donne un beurre parfaitement doux, mais qui ne se conserve bon que pendant deux ou trois jours.

Les vases dans lesquels on met le Lait, après la traite, varient sans fin en matière, en forme & en grandeur. Dans beaucoup de lieux, principalement en Suisse, ce sont des baquets de bois très-larges & très-peu profonds; dans une partie de l'intérieur de la France, ce sont des terrines de terre cuite ou de grès fort évasées. Ces deux sortes de vases sont les meilleurs, parce qu'ils présentent une grande surface à l'air, & qu'ils peuvent se nétoyer complétement & avec facilité. Ceux de ces vases qui sont aussi profonds que larges, qui sont faits de terre non vernissée ou avec de la terre recouverte de verre de plomb, ne valent rien. *Voyez* BAQUET, TERRINE.

Je ne parle pas des vases de verre, de faïence, de porcelaine, d'étain, d'argent, parce qu'ils sont rarement employés.

Comme la crême monte d'autant plus rapidement à la surface, qu'elle a moins d'espace à parcourir & qu'elle trouve moins d'obstacles, trois pouces de profondeur sont le terme moyen qu'on devroit donner aux baquets & aux terrines destinés à mettre le Lait dont on veut obtenir du beurre. En Angleterre, il est des cultivateurs qui ne donnent à leurs vases qu'un pouce de profondeur; mais alors l'épaisseur de la crême n'est pas assez considérable pour qu'on puisse facilement la lever.

Par la raison contraire, lorsque le Lait est destiné à faire des fromages, une profondeur de six à huit pouces est préférable, à raison de ce que le caillé s'y fait mieux; car moins il s'élève de crême, dans ce cas, & meilleur est le fromage.

Un repos absolu est nécessaire à la séparation de la crême; le vent même devient nuisible. Il est des ménagères qui n'entrent jamais que deux fois par jour dans leur laiterie, & qui n'y laissent entrer personne, prétendant que l'haleine seule est à craindre.

Puisque la nature du Lait, la profondeur des vases, la chaleur de l'air, la position de la laiterie, influent sur la plus ou moins prompte montée de la crême, je ne puis indiquer le moment où il est bon de la lever. Quelques heures, en été, sont ordinairement suffisantes; plusieurs jours, en hiver, ne sont souvent pas de trop. C'est entre douze & vingt-quatre heures qu'est le terme moyen ordinaire. On ne risque rien d'attendre. En général cependant, la formation du caillé guide les ménagères, puisque, dès qu'elle est complète, il ne peut plus monter de crême : on dit alors que le Lait est *pris*.

Les moyens employés pour lever la crême de dessus le Lait varient selon les lieux. Tantôt c'est une simple cuiller d'étain, tantôt une valve de coquille d'anodonte (moule d'étang), tantôt un demi-cercle de fer-blanc de trois pouces de diamètre, dont les bords sont recourbés, excepté du côté du diamètre. L'important est que l'épaisseur de l'instrument soit la moindre possible, afin que l'on puisse faire passer facilement le côté tranchant entre la crême & le caillé, & la forme telle que le tranchant soit parallèle à la main.

La crême levée, elle se dépose dans un vase qui est d'autant plus convenable qu'il est plus profond, relativement à sa largeur, afin qu'il n'y ait qu'une très-petite surface en contact avec l'air. Ce vase est placé dans l'endroit le plus froid de la laiterie pour être repris aux autres levées, jusqu'à ce qu'on ait assez de crême pour battre le beurre.

Il est une attention peu usitée en France, mais très en faveur dans l'étranger; c'est de remuer la crême ainsi déposée trois à quatre fois par jour pour l'empêcher de s'aigrir, ce dernier état nuisant à la qualité, & encore plus à la conservation du beurre.

Moins long-tems par conséquent la crême reste sans être battue, & meilleur est le beurre qui en provient; aussi est-ce dans les établissemens ruraux, où le nombre des vaches permet de battre le beurre tous les jours, immédiatement après que la crême est levée, qu'il est le meilleur. Probablement que c'est à la même cause qu'est due l'excellence du beurre tiré immédiatement du Lait.

La crême fraîche, comme tout le monde le sait, est un manger fort délicat, mais très-indigeste. On la fait entrer, comme assaisonnement, dans un grand nombre de mets.

On conserve la crême comme le Lait, en la faisant légérement bouillir & en la renfermant dans des bouteilles bien bouchées.

Pour retirer le beurre de la crême, on met cette dernière dans un vase & on l'agite avec assez de force & de rapidité pour que toutes ses parties soient successivement présentées à l'air. Cette opération a pour but d'introduire dans la crême la quantité d'oxigène nécessaire pour achever de former le beurre. *Voyez* HUILE, BEURRE & OXIGÈNE, dans le *Dictionnaire de Chimie*.

Les vases dans lesquels on met la crême pour la battre, varient beaucoup de forme & de grandeur : les moyens d'agitation varient également. La plus simple manière, mais qui ne peut s'exécuter que très en petit, est une terrine & une cuiller de bois, ou mieux un paquet de verges. La plus commune est un cône tronqué en tonnellerie, de trois pieds de haut, & un bâton terminé par un disque de bois. La meilleure est un petit baril garni d'un axe portant des ailes, baril qu'on fait rapidement tourner, ou dont on fait seulement tourner les ailes.

Je décrirai ces instrumens plus en détail à l'article de la LAITERIE, dont ils sont les meubles nécessaires.

Pendant l'hiver il faut battre le beurre dans une chambre très-chaude, dans une étuve, ou envelopper la baratte d'une couverture chauffée, lui mettre le pied dans l'eau chaude : on mêle de l'eau chaude avec la crême pour accélérer la formation du beurre.

Pendant l'été c'est tout le contraire; il faut rafraîchir la baratte pour que le beurre se consolide.

Lorsque le beurre commence à se montrer, on dit que la crême *a tourné*.

Le beurre formé, on le rassemble en masse & on le pétrit dans l'eau fraîche jusqu'à ce que tout le petit-Lait en soit sorti. C'est de cette opération que dépend sa conservation; ainsi on ne peut y procéder avec trop d'exactitude. L'eau courante d'une fontaine est préférable à toute autre; mais il faut, dans ce cas, empêcher la perte des parcelles de beurre qui se détachent de la masse; ce qu'on peut facilement avec un vase de bois percé de très-petits trous, & des précautions.

Ainsi lavé, le beurre se conserve dans un endroit frais lorsqu'il doit être consommé dans la quinzaine, & se sale quand il est destiné à être exporté au loin.

En été, ce n'est que quelques heures après qu'il a été battu, & en hiver le lendemain, que le beurre prend toute la saveur qu'il doit avoir, parce qu'il faut qu'il absorbe encore de l'oxigène : plus tard, c'est-à-dire, quand il a absorbé trop d'oxigène, il rancit.

D'après cela on doit croire, & l'expérience le prouve, que quand on prive le beurre du contact de l'air, il se conserve plus long-tems avec toute sa qualité. Parmi les moyens de le soustraire à son action, le mettre, comme on le fait en Espagne, dans des boyaux préparés, doit être recommandé.

L'eau, qui paroît un bon moyen d'empêcher l'oxigène de s'introduire dans le beurre en l'en recouvrant, n'est avantageuse que dans les premiers jours & en la renouvelant plusieurs fois, parce qu'elle favorise la réaction des principes du beurre sur eux-mêmes : ce dernier effet est d'autant plus prompt, que cette eau est d'une température plus élevée.

On retarde, pendant plusieurs années, cette réaction des principes du beurre sur eux-mêmes, 1°. au moyen du sel; 2°. par la fonte & la dépuration.

Pour saler convenablement le beurre, on commence par le laver de nouveau dans de l'eau fraîche, puis dans une forte saumure dans laquelle on le laisse séjourner quelque tems, une semaine, par exemple, sous la température la plus froide possible, en petits pains de la largeur & de l'épaisseur de la main; ensuite on le repétrit, on le reforme en petits pains semblables qu'on place les uns à côté des autres, dans des vases de bois ou de terre, en saupoudrant leurs intervalles d'une quantité d'autant plus considérable de sel, réduit en poudre, qu'on veut qu'il se garde un plus long espace de tems; de là le *beurre demi-sel*, le *beurre salé* & le *beurre sursalé*.

C'est en automne qu'il est préférable de saler le beurre, parce que, comme ce sont les chaleurs qui l'altèrent le plus, on gagne six mois; & comme c'est pendant l'hiver qu'on en fait le moins, il se vend plus avantageusement.

Le beurre salé doit être tenu à la cave, & le mieux possible garanti de l'action de l'air.

Pour fondre le beurre on le met, peu après qu'il est fait, dans un chaudron de cuivre bien propre sur un feu doux. Lorsqu'il est liquéfié, il monte à la surface une écume qu'on enlève à mesure, & il se précipite des impuretés pesantes qui se fixent au fond du chaudron. On augmente le feu, en écumant toujours, jusqu'à ce qu'il bouille. Si on poussoit le feu trop vîte, il y auroit à craindre deux graves inconvéniens, 1°. qu'il ne s'élève au-dessus des bords du chaudron, & qu'on en perde une partie; 2°. que les grains solides, attachés au fond du chaudron, se carbonisent & communiquent une odeur de brûlé à la totalité. L'opération est terminée lorsqu'il ne s'élève plus d'écume, & que le liquide est de la transparence la plus complète.

On laisse le beurre, ainsi purifié de toutes ses impuretés, se refroidir dans le chaudron jusqu'à ce qu'on puisse y tremper le doigt, & on le verse doucement, pour que les impuretés du fond ne s'y mêlent pas de nouveau, dans des pots de faïence, de grès, ou dans des vases de bois, dont on couvre rigoureusement l'ouverture, & qu'on descend ensuite à la cave. Il s'y conserve plus d'un an sans altération sensible, ce qui est vingt ou trente fois plus de tems qu'il ne l'eût fait s'il n'avoit pas été fondu. Les matières qu'on enlève au beurre, en le fondant, sont de la crême, du fromage & de l'eau.

Lorsque le beurre est devenu complétement rance, il n'est plus convenable à l'apprêt des alimens, à raison de sa mauvaise odeur & de son âcreté, auxquels sont au reste plus sensibles certaines personnes que certaines autres : alors il s'utilise dans les arts; mais comme il n'arrive que par degré à cet état, il est possible de l'employer à des fritures, des sauces rousses ou autres mets, où cette odeur & cette âcreté sont masquées, ou de les diminuer assez, par le moyen de procédés particuliers, pour le rendre mangeable. Ces procédés seront indiqués au mot RANCIDITE.

Lorsque, comme on ne le voit que trop dans les campagnes, on bat le beurre seulement une fois par semaine, en été, la crême rancit, & le beurre qui en provient, conserve l'odeur & la saveur que ce nom indique.

Parmi les beurres de France, celui des Alpes, ceux d'Isigny, de Gournai, de Bretagne, &c. sont les plus réputés, & ils méritent leur célébrité; mais j'en ai mangé dans une infinité de pays, qui ne leur étoient pas inférieurs. Les mêmes causes qui agissent sur la qualité du Lait, agissent sur la leur. Celui de Bretagne a un aspect, une odeur & une saveur trop différentes des autres, pour qu'on ne desire pas en connoître la cause. J'ai eu la nomenclature des plantes qui croissent dans les prés de la Prévalais, & elle m'a prouvé que la nourriture devoit avoir peu d'influence. D'après des renseignemens pris par mon collègue Tessier, il semble que la fabrication est ce qui a dû agir le plus puissamment, puisque d'un côté on lui a rapporté qu'on battoit le Lait même, & qu'on plaçoit ensuite le beurre sous un couvercle de tourtière légérement chaud; mais des personnes du pays m'ont assuré qu'on procédoit positivement comme aux environs de Paris.

Les beurres de jument, d'ânesse, de chèvre &

de brebis sont constamment plus ou moins blancs ; celui de vache seul est jaune. Cependant il est des saisons, l'hiver ; il est des pâturages, ceux des marais ; il est des races de vaches qui le donnent moins jaune, ce qui diminue sa valeur dans le commerce : les cultivateurs ont donc été déterminés à lui donner artificiellement ce qui lui manque en couleur.

Les substances qu'on emploie le plus généralement en France pour colorer le beurre, sans nuire à sa bonne qualité, sont la fleur de souci, les baies d'asperges ou d'alkekenge, qu'on empile dans des pots, où elles se décomposent en une liqueur dont on met une petite quantité dans la baratte, au moment où le beurre va se former. Le suc des carottes rouges, les décoctions de rocou & d'orcanette sont également usitées. D'autres substances peuvent encore servir ; mais il en est qui ne se combinent pas avec lui, telles que la cochenille, le suc de betterave. L'habitude apprend bientôt à connoître la quantité de matière colorante nécessaire, quantité qui varie suivant sa nature, la saison, la qualité du beurre, &c., & que je ne puis pas, par conséquent, indiquer ici : je dirai seulement qu'il vaut mieux en mettre moins que trop.

Le commerce du beurre n'est pas aussi étendu en France qu'il seroit à desirer qu'il le fût pour l'avantage de notre agriculture. Nous sommes obligés, en tems de paix, d'en tirer une grande quantité d'Irlande pour l'approvisionnement de Paris & de nos vaisseaux.

Après que le beurre est formé dans la baratte, il reste un liquide qui contient encore un peu de beurre en dissolution & en suspension, beurre qu'on pourroit en retirer, mais qu'on y laisse presque toujours. Ce liquide s'appelle *Lait de beurre* ; on le mange ou on le fait manger aux animaux. Il est d'autant meilleur que la crême qu'on a employée étoit plus fraîche ; car l'aigreur & l'amertume qu'il offre souvent, tient à l'état d'altération de cette dernière : les estomacs délicats le digèrent difficilement, mais il passe pour très-nourrissant.

Le Lait de beurre doit être distingué du petit-Lait, dans lequel nage le caillé, quoiqu'il soit composé des mêmes élémens. *Voyez* LAIT (petit).

Mais je reviens au Lait dont on a enlevé la crême, parce qu'il n'a été question ni de la crême ni du beurre aux articles qui devoient les concerner.

Si c'est pendant l'hiver qu'on opère, le Lait qui est sous la crême est liquide lorsqu'on la lève, c'est-à-dire, offre sa matière caseuse encore suspendue dans la partie séreuse : dans cet état, on le mange ou on le donne aux cochons.

Si c'est pendant l'été, dès que la crême est montée, il prend de suite, c'est-à-dire, que sa partie caseuse se sépare de sa partie séreuse ou petit-Lait, se coagule, se caille, pour me servir de l'expression commune ; alors, ou on la met dans des formes, c'est-à-dire, dans des paniers à claire-voie, ou dans des vases percés de petits trous, afin qu'il se consolide par l'écoulement du petit-Lait, qu'il devienne fromage, ou on jette le tout dans un tonneau, pour servir, comme le Lait non caillé, à la nourriture des cochons.

Lorsqu'on veut avoir du fromage qui contienne toute la crême du Lait, on fait cailler ce dernier artificiellement par le moyen de la présure, c'est-à-dire, en y introduisant du Lait déjà caillé.

J'ai traité longuement de la fabrication des fromages à l'article qui les concerne ; ainsi j'y renvoie le lecteur.

Le Lait caillé est, à raison du petit-Lait qu'il contient, un aliment fort sain ; on ne peut trop en faire usage pendant les ardeurs de la canicule : il est, dans beaucoup de lieux, la nourriture principale des cultivateurs pauvres, surtout de leurs femmes & de leurs enfans. Je lui dois d'avoir pu braver la fièvre jaune pendant que j'étois dans les parties méridionales de l'Amérique septentrionale. (*Bosc.*)

LAIT (petit). On donne généralement ce nom ou ceux de *Lait maigre*, *Lait aigre*, au Lait privé de crême & de fromage, soit par le seul effet du repos, soit par des moyens chimiques.

Ainsi, lorsque pendant l'été on laisse un vase de Lait en repos, la crême monte à la surface, sa partie caseuse se réunit en une seule masse qui nage dans le petit-Lait, masse qu'on peut en séparer en partie par la simple inclinaison du vase, & en totalité en la mettant dans un autre vase percé de petits trous.

Ainsi, quand on mêle un acide avec du Lait & qu'on le fait bouillir, les parties butireuse & caseuse se coagulent instantanément en grumelots, qu'on peut en séparer en mettant le tout sur un filtre.

La première manière est celle qui fournit la plus grande quantité de petit-Lait, puisque c'est celle qui s'emploie dans la fabrication des FROMAGES. (*Voyez* ce mot.) Le petit-Lait qui en résulte est blanchâtre, parce qu'outre le sucre il contient du beurre & du fromage en dissolution. Son acidité est très-prononcée.

La seconde manière n'a que trop souvent lieu dans les cuisines, lorsqu'on veut faire bouillir le Lait, & se pratique dans les pharmacies pour l'usage de la médecine. On en obtient un petit-Lait transparent, d'un vert-jaunâtre, très-peu chargé de beurre ainsi que de fromage, & peu acide.

Le petit-Lait est une boisson très-rafraîchissante & très-saine, quoique débilitante, & dont on ne tire pas tout le parti possible : il sert généralement dans les campagnes à nourrir les cochons. On l'emploie en nature pour le blanchiment des toiles, la préparation des peaux des animaux, & pour quelques autres usages économiques.

Dans plusieurs endroits, & principalement en

Angleterre, on fait crêmer le petit-Lait des fromages gras, & on en obtient un beurre qu'on dit meilleur que celui qui est tiré immédiatement de la crême du Lait, pourvu qu'on le mange frais.

En Suisse & autres lieux, où on fait des fromages cuits, on en obtient deux articles de quelqu'importance; savoir: 1°. un second fromage fort délicat, mais peu de garde, qu'on appelle SERAI (*voyez* ce mot); 2°. un sucre fort peu différent de celui de canne. (*Bosc.*)

LAIT des plantes: suc propre des plantes, de la consistance & de la couleur du Lait. Il en sera question au mot SUC PROPRE DES PLANTES.

Les plantes laiteuses que l'on cultive le plus fréquemment en France sont, le FIGUIER, le PAVOT, la LAITUE, la CHICORÉE, le SALSIFIS, la SCORSONÈRE. *Voyez* ces mots.

LAITERIE: lieu où on dépose le lait au sortir du pis de la vache, & où on fait toutes les opérations qui l'ont pour objet.

Chez la plupart des pauvres cultivateurs qui n'ont qu'une vache ou deux, la Laiterie est la huche au pain, le bas d'une armoire, le dessous d'une table, placée dans la chambre où ils couchent.

Ceux qui jouissent d'un peu plus d'aisance, y consacrent une petite pièce de leur appartement, laquelle sert en même tems à un autre objet, comme de magasin pour les provisions, de serre-ustensiles, &c.

Mais ce n'est pas de telles Laiteries dont il doit être ici question, c'est de bâtimens faits exprès, ou du moins disposés uniquement pour y déposer le lait, & faire subir à ses produits toutes les opérations qui en rendent l'usage plus varié, ou la vente plus avantageuse.

Une bonne Laiterie est de première importance dans une exploitation rurale, parce que d'elle dépend le succès d'une des principales branches de son économie.

L'exposition du nord est celle qu'on doit donner de préférence aux Laiteries, comme la plus fraîche.

Le principal objet qu'on doit avoir en procédant à la construction d'une Laiterie, c'est que la température de l'atmosphère y pénètre difficilement. Une cave seroit en conséquence partout à préférer, s'il étoit facile de donner un écoulement aux eaux superflues, & d'y faire passer de tems en tems un courant d'air, pour en faire sortir l'odeur acide que développe le lait caillé. On les établit ordinairement au rez-de-chaussée.

Il paroît qu'en Angleterre beaucoup de Laiteries sont construites de manière à pouvoir être chauffées pendant l'hiver, ce qui fait qu'on y retire alors autant de crême du lait que pendant l'été. C'est un perfectionnement que je crois peu commun en France, où pendant cette saison on se contente généralement de porter le lait auprès du feu, ou de le mettre dans le four après qu'on en a retiré le pain; moyens petits & qui ne remplissent que très-imparfaitement leur objet.

La commodité du service exige que la Laiterie soit peu éloignée des étables, & cependant à la proximité du logement de la ménagère, pour qu'elle puisse y entrer, sans trop perdre de tems, à toutes les époques du jour & de la nuit. Le plus souvent sa porte s'ouvre dans la cuisine ou dans la chambre commune: sa position doit être telle que les émanations des fumiers, des égouts, &c. ne puissent y pénétrer.

Les meilleures Laiteries sont celles qui sont voûtées, & dans lesquelles il arrive de l'eau à volonté; ainsi, toutes les fois qu'on construit un bâtiment d'exploitation rurale, il faut réunir ces deux objets, si cela est possible.

La planche 32 de l'*Art aratoire de l'Encyclopédie* offre l'intérieur d'une Laiterie de luxe, & la planche 39, le plan d'une Laiterie suisse. *Voyez* FROMAGE.

L'étendue d'une Laiterie doit être proportionnée à la quantité de lait qui doit y entrer chaque jour, pendant le meilleur tems de l'année; il y a des inconvéniens graves à ce qu'elle soit trop petite ou trop grande. Sa hauteur ne doit pas surpasser six pieds, qui est celle de l'homme debout. Il est plus économique de la faire plutôt longue que carrée. Soit qu'elle soit voûtée, soit qu'elle ne le soit pas, son pavé sera fait avec des dalles de pierre, ou à leur défaut, de larges briques assemblées à chaux & ciment, & l'inclinaison de ce pavé sera suffisante pour que les eaux puissent s'écouler rapidement vers le trou qui doit les porter dehors. Les jours doivent être très-petits, &, autant que possible, dans les extrémités, afin qu'on puisse établir à volonté des courans d'air dans son intérieur; ils seront fermés par des vitres & par un treillage en fil de fer assez fin, pour qu'une souris soit dans l'impossibilité d'y entrer.

A trois pieds du pavé régnera, dans tout le pourtour de la Laiterie, l'endroit de la porte excepté, une table de deux à trois pieds de large, soit en madriers de chêne, soit en pierre dure, & en dessus un ou deux rangs de tablettes moitié moindres en largeur.

Souvent la table est rayée dans le sens de sa largeur, pour donner écoulement au petit-lait des fromages qu'on fait égouter dessus, & aux eaux des lavages; mais je préfère qu'elles soient unies pour la facilité de ces lavages, sauf à remplacer ces rainures par des treillages en bois.

C'est le long de cette table que doivent être placés les robinets dans les Laiteries qui ont de l'eau à leur disposition, parce qu'il faut qu'elles soient lavées, ainsi que le pavé, deux fois par jour en été, & une fois en hiver.

Lorsque la porte de la Laiterie ne donne pas dans la cuisine ou dans le fournil, il faut construire, en avant, une petite chambre, de même dimension en hauteur, dans laquelle se trouve une auge ou un tonneau défoncé, & un fourneau muni d'une chaudière, pour avoir de l'eau à sa portée, & les moyens de la faire chauffer. C'est aussi dans cette partie que se laissent tous les ustensiles qui ne doivent pas rester dans la Laiterie, soit parce qu'ils l'encombreroient trop, soit parce qu'ils s'y altéreroient à raison de la trop grande humidité qui y règne.

Dans beaucoup d'établissemens ruraux, dans tous ceux de la Brie, par exemple, à cette chambre est encore attenante une autre à peu près semblable, autant que possible au midi, que, du service auquel elle est destinée, on appelle *chambre aux fromages*, c'est-à-dire, que c'est là où se déposent les fromages qui ont subi toutes les opérations qu'ils devoient subir jusqu'au moment de leur vente. Cette pièce doit être garnie de tablettes écartées de six à huit pouces, depuis le bas jusqu'en haut; du reste elle est éclairée comme la Laiterie. Son atmosphère doit être très-sèche, & pour la conserver telle, on y place quelquefois un poêle.

Dans les grandes exploitations, on a souvent deux Laiteries distinctes, quoiqu'attenantes; une à lait & à beurre, & une à fromage : cette dernière est la plus grande, & est toujours accompagnée d'une chambre aux fromages.

Un propriétaire soigneux fera, une fois par an, nétoyer sa Laiterie à fond, & enduire les murs d'une couche ou deux de lait de chaux. C'est bien le cas d'employer la peinture au fromage, si facile à faire & d'un si bon usage, puisqu'elle ne consiste qu'à mêler de la chaux vive en poudre avec du fromage maigre & frais, & à enduire de suite les murs avec une brosse & même simplement un balai de bouleau.

La propreté la plus scrupuleuse, je ne puis trop le répéter, doit régner dans la Laiterie & sur tous les ustensiles qui y entrent.

L'acidité du petit-lait rongeant tous les métaux, excepté le platine & l'or, ils ne peuvent entrer dans la composition des vases & autres ustensiles destinés à meubler une Laiterie. Il devroit en être de même de leurs oxides : c'est pourquoi il faut en éloigner les terrines de terre vernissées avec du verre de plomb, qu'on y voit dans certains cantons de la France.

Les vases de terre rouge ou jaune, ayant reçu une cuisson incomplète, sont d'une fragilité qui les en repousse également.

La faïence est généralement trop chère pour y être fréquemment admise.

Reste donc la terre dite de grès, ou cuite en grès, & les vaisseaux en bois, soit d'une, soit de plusieurs pièces.

Une Laiterie doit être montée de douze sortes d'ustensiles; savoir : ceux destinés,

1. A traire les vaches;
2. A transporter le lait;
3. A le couler;
4. A le contenir, à laisser monter la crême & à cailler le fromage;
5. A ôter la crême de dessus le lait;
6. A mettre la crême jusqu'à ce qu'on la batte;
7. A battre la crême;
8. A délaiter le beurre;
9. A saler le beurre;
10. A fondre le beurre;
11. A faire les fromages;
12. A nétoyer.

1°. Selon les pays, on trait les vaches dans des seaux ou dans des tinettes à ce disposées. Les tinettes en sapin, avec deux anses, m'ont paru préférables. Il faut que leur contenance permette d'y mettre au moins la traite entière d'une vache, mais qu'elle ne soit pas trop considérable, afin que l'on puisse facilement les tenir entre les genoux.

2°. Cette dernière circonstance fait qu'on doit avoir, dans les grandes exploitations rurales, d'autres vases de même nature que les précédens, mais plus grands & susceptibles d'être portés aisément, pour mettre le lait des premiers & le transporter à la Laiterie.

La nécessité de laver ces vases chaque fois qu'on s'en sert, & de les faire ensuite sécher, oblige d'en avoir plusieurs de chaque sorte.

3°. La première opération qu'on fait subir au lait, arrivé dans la Laiterie, c'est de le couler, c'est-à-dire, de le faire passer à travers un linge peu serré, ou un vase percé de beaucoup de petits trous, pour en séparer les ordures qui auroient pu y tomber, & qui y tombent en effet fréquemment pendant la traite, surtout des poils de la vache. On appelle cet ustensile un *couloir*. Il y en a de beaucoup de formes & de matières. Les plus simples, les moins coûteux & les plus durables sont des demi-sphères de bois, percées dans le tiers de leur largeur, d'un trou auquel on adapte un linge qui y est fixé avec une corde passant dans une goutière ménagée autour du trou. Ceux en fer-blanc, malgré la proscription des métaux, sont assez communs, parce que comme il faut les laver, qu'ils aient du linge ou non, aussitôt qu'ils ont servi, & qu'ils ne servent de suite que pendant quelques momens, ils ont peu d'inconvéniens.

4°. Les vases destinés à recevoir le lait, pour que la crême & le caillé s'en séparent, sont, comme je l'ai dit à l'article LAIT, de terre de grès ou de bois, & plus ou moins profonds, & plus ou moins évasés; suivant qu'on veut obtenir plus de crême ou faire de meilleurs fromages : leur nombre doit être double du strict nécessaire. Ceux en bois sont préférés dans certains lieux; en Suisse, par exemple, où on ne pourroit pas transporter ceux en terre, sans accidens, au sommet des montagnes où on conduit les vaches pendant l'été. Leur diamètre est ordinairement de deux à trois pieds : ils exigent encore plus de propreté que ceux en terre, parce qu'ils s'imbibent de lait; aussi, après les avoir lavés à l'eau chaude & à l'eau froide, les fait-on sécher au soleil pour ne les employer de nouveau que vingt-quatre heures après. Le seul inconvénient de ceux en grès, c'est la cassure; mais on peut le diminuer avec des soins; par exemple, en ne les trempant pas de suite dans l'eau bouillante, ou en n'en versant pas dedans, lorsqu'on les lave, parce qu'une trop prompte dilatation les fait fendre. La plus grande largeur de ces vases de grès est d'un pied & demi. Les plus ordinaires ont un pied, & cela suffit: le plus souvent cette largeur se réduit de moitié au fond, ce qui est approuvé par les uns & blâmé par les autres.

5°. On enlève souvent la crême de dessus le lait, avec une cuiller de bois ou d'étain, en la poussant vers un côté des bords; mais il est préférable d'employer un instrument plus mince pour en moins laisser ou moins prendre de fromage & de petit-lait. La valve droite de l'anodonte (moule d'étang), par cette qualité, par sa forme, par sa grandeur, par sa légéreté, par son bas prix, est extrêmement propre à cet objet; aussi l'y emploie-t-on partout où il est facile de se la procurer. On ne peut mieux faire que de se rapprocher de sa forme, lorsqu'on fait un *écrémoir* en fer-blanc.

6°. Les vases où on dépose la crême, après l'avoir enlevée de dessus le beurre, sont souvent les mêmes que ceux où on met le lait; cependant l'importance dont il est que cette crême ne s'aigrisse pas par le contact de l'air, doit engager à leur donner une forme contraire, c'est-à-dire, plus de hauteur que de largeur: il faut de plus qu'ils soient garnis d'un couvercle.

7°. C'est dans les instrumens propres à battre le beurre, que les Laiteries varient le plus. Chaque pays a ses usages, à cet égard, qu'il croit meilleurs que ceux des autres.

La baratte la plus généralement usitée en France, qu'on appelle aussi *batte-beurre*, *beurrière*, *seringue*, est un vase de tonnellerie, de deux à trois pieds de haut, sur environ huit pouces de large à sa base, & six pouces en haut. Ce dernier bout est ouvert & susceptible de se fermer exactement avec une rondelle plane ou concave, percée d'un trou assez large pour permettre à un bâton de cinq à six pieds, armé à sa base d'une rondelle fixe, plus étroite que celle dont il vient d'être parlé, d'y glisser sans gêne. Cet instrument est figuré planche 32, n°s. 8, 9, 11 & 12 de l'*Art aratoire*, faisant partie de l'*Encyclopédie*. On met la crême dans ce vase, au plus jusqu'à moitié; on y introduit le bâton, armé de sa rondelle fixe; on fait entrer ce bâton dans le trou de la rondelle mobile, & on ferme, avec cette dernière, l'ouverture du vase. Alors on fait frapper, au moyen du bâton, la rondelle fixe sur le fond du vase, de manière qu'à chaque coup elle soulève deux fois, en descendant & en montant, la totalité de la crême; ce qui, d'un côté, l'échauffe, & de l'autre la divise, & par-là expose ses molécules à l'action de l'air, qui s'y fixe & lui donne l'oxigène qui lui est nécessaire pour devenir beurre.

En été, il faut peu de tems pour battre le beurre de cette manière, de sorte qu'on peut en supporter la fatigue; mais en hiver une demi-journée n'est quelquefois pas de trop; aussi faut-il que plusieurs personnes se succèdent.

Lorsque la crême est presqu'entiérement oxigénée, elle se granule, & alors on ralentit le mouvement du bâton, on le dirige dans tous les sens, on cherche à rassembler les grains en une masse, & le beurre est fait: on le sépare, à la main, du lait de beurre, dans lequel il nage, pour lui faire subir les opérations dont il a été question au mot BEURRE.

On ne peut battre qu'une quantité déterminée de crême dans les barattes de la sorte que je viens d'indiquer. Les établissemens ruraux, qui ont beaucoup de vaches, ont donc dû chercher à en faire davantage à la fois, & à économiser de plus & le tems & la peine. Ils sont parvenus à ce but au moyen d'un baril ordinaire ou plus long & moins large qu'à l'ordinaire, ou plus large & moins long, baril dans lequel on a transformé la bonde en un trou carré, susceptible de laisser passer la main & de recevoir un morceau de bois qui le ferme exactement, dans les deux fonds duquel on a percé deux trous centraux d'un pouce de diamètre, & dans lequel on a introduit une manivelle ou moulinet armé de quatre petites planches, laquelle tourne, à l'aide d'un manche extérieur, dans les deux trous des fonds, qui sont taraudés de manière à ne pas laisser passer de crême.

La crême se met dans ce baril, qui est fixé sur un chevalet ou autre part, à hauteur d'appui, par le trou de la bonde, qui se bouche: après quoi on fait agir la manivelle, qui produit dans le beurre le même mouvement & les mêmes effets que la percussion du bâton dans l'instrument précédent, mais avec beaucoup plus de rapidité & moins de fatigue. Lorsque le beurre est fait, on l'ôte, ainsi que le lait de beurre, & on met le tout dans une tinette ou baquet, pour le réunir en motte.

Dans ces deux instrumens, l'opération ne se feroit pas s'il n'y entroit pas d'air; ainsi il faut se résoudre à voir perdre quelque peu de crême, qu'on peut au reste reprendre & réunir à la masse lorsque l'opération est presque terminée.

La baratte tournante dont je viens de donner la description, & dont la longueur surpasse la largeur, est celle dont on fait usage dans le nord de la France. Elle est figurée pl. 32 de l'*Art aratoire* précité.

Celle dont on fait usage en Suisse est au contraire plus large que longue, son diamètre ayant ordinairement deux pieds & demi, & sa longueur moins d'un pied. Elle ressemble à une grande meule à aiguiser par sa forme & par la manière dont elle se place. Le moulinet a huit ailes, chacune composée de quatre petites planches, de sorte qu'il transforme

transforme la crême en beurre avec une incroyable rapidité.

Quand on a vu, comme moi, agir ces espèces de barattes, on ne peut concevoir comment on conserve celles dont j'ai d'abord parlé, tant leurs avantages sont palpables.

En Angleterre on fabrique fréquemment, d'après ce principe, des barattes en cristal, dont le moulinet tourne perpendiculairement, & par leur moyen les dames font du beurre sur la table du déjeûner; de sorte que les convives ne peuvent pas dire qu'il n'est pas frais.

On pense bien qu'il est facile de modifier ces instrumens, & on les modifie en effet; mais il me suffit de faire connoître le principe & ses plus communes applications.

8°. C'est dans une tinette semblable à celle dans laquelle on transporte le lait qu'on lave (délaite) le beurre lorsqu'on n'a pas un courant d'eau à sa disposition; encore, dans ce dernier cas, est-il bon de le tenir dans un vase, afin de ne pas perdre les particules qui s'en séparent; mais alors ce vase est percé de petits trous pour donner sortie à l'eau.

9°. On sale le beurre, ou dans des petits pots de terre ou de grès, qui n'en contiennent que depuis une demi-livre jusqu'à douze, ou dans des grands vases de même matière, qui en contiennent jusqu'à cinquante, ou dans des barils qui en renferment cent livres ou au-delà.

10°. Les ustensiles pour fondre le beurre se réduisent à une chaudière plus ou moins grande. Elle doit être de préférence en cuivre, parce qu'on voit celles en fonte casser quelquefois, à raison du haut degré de chaleur que prend le beurre, & du tems pendant lequel il la conserve. Le beurre fondu se met dans les mêmes vases que le beurre salé.

11°. Les instrumens propres à faire les fromages ont été décrits en détail à l'article qui les concerne. *Voyez* FROMAGE.

12°. Enfin, les ustensiles destinés à nétoyer tous ceux dont il vient d'être question, & je le répète encore ici, ils doivent être nétoyés chaque fois que l'on s'en sert & chaque fois qu'on s'en est servi; ce sont: 1°. une chaudière pour faire chauffer l'eau; 2°. un ou plusieurs baquets pour mettre l'eau chaude & procéder au nétoiement; 3°. des brosses; 4°. des morceaux de bois pointus pour frotter où les brosses ne peuvent pas atteindre; 5°. des linges de plusieurs sortes, les uns pour frotter dans l'eau, les autres pour essuyer. (*Bosc.*)

LAITIER. On donne ce nom au verre mêlé d'oxide de fer, qui coule des hauts fourneaux où on fabrique le fer, & qu'on accumule, aux environs de ces fourneaux, en monticules souvent fort étendus ou fort élevés.

J'ai beaucoup fréquenté les forges, & j'ai souvent eu à regretter le terrein que faisoit perdre le Laitier. Des observations faites dans une tournée m'ont donné la conviction qu'il seroit très-possible de l'utiliser.

En effet, tous les amas de Laitier, couverts de quelques pouces de terre, que j'ai vus, nourrissoient des plantes annuelles qui ne demandent pas beaucoup d'humidité; quelques-unes de ces plantes croissoient même avec une vigueur remarquable, & leur floraison précédoit de quinze jours celles de leur espèce qui se trouvoient dans le voisinage. Sans doute si elles eussent été arrosées, elles se seroient montrées encore plus belles; car le verre étant un très-mauvais conducteur de la chaleur, celle du soleil s'accumule toute entière dans la terre qui le recouvre, & donne dans ce cas, à cette terre, toute l'énergie possible.

Je conclus de ces observations que si ces amas de Laitier se trouvoient autour des grandes villes, on pourroit en tirer un parti fort avantageux pour cultiver les melons & autres articles des pays chauds, pour se procurer des primeurs, &c. Il est probable qu'un lit de Laitier, mis sous une couche, l'amélioreroit beaucoup. Des expériences faites au Muséum d'Histoire naturelle de Paris prouvent qu'il peut dispenser, jusqu'à un certain point, de mettre de la tannée dans les serres. Il peut suppléer au MACHE-FER dans la construction des allées. *Voyez* ce dernier mot & le mot CHARBON. (*Bosc.*)

LAITRON. *Sonchus*.

Genre de plante de la syngénésie égale & de la famille des *Chicoracées*, qui réunit trente-cinq espèces, dont quelques-unes sont communes dans les campagnes ou intéressent les cultivateurs sous divers rapports, & dont beaucoup se trouvent dans les jardins de botanique & dans les collections des amateurs. Il est figuré pl. 649 des *Illustrations des genres* de Lamarck.

Espèces.

Laitrons à fleurs jaunes.

1. Le LAITRON de Gorée.
Sonchus goreensis. Lam. ⊙ De l'Afrique.

2. Le LAITRON maritime.
Sonchus maritimus. Linn. ♃ Du midi de l'Europe.

3. Le LAITRON de Tanger.
Sonchus tingitanus. Lam. ♃ De l'Afrique.

4. Le LAITRON picroïde.
Sonchus picroides. Lam. ⊙ Du midi de l'Europe.

5. Le LAITRON commun.
Sonchus oleraceus. Linn. ⊙ Indigène.

6. Le LAITRON des champs.
Sonchus arvensis. Linn. ♃ Indigène.

7. Le LAITRON des marais.
Sonchus palustris. Linn. ♃ Indigène.

8. Le LAITRON acide.
Sonchus acidus. Willd. ♄ De la Barbarie.
9. Le LAITRON à feuilles épaisses.
Sonchus crassifolius. Willd. ♃ De l'Espagne.
10. Le LAITRON à feuilles de chêne.
Sonchus quercifolius. Desf. ♃ De la Barbarie.
11. Le LAITRON ligneux.
Sonchus fruticosus. Linn. ♄ De Madère.
12. Le LAITRON pinné.
Sonchus pinnatus. Ait. ♄ De Madère.
13. Le LAITRON à longues racines.
Sonchus radicatus. Ait. ♄ De Madère.
14. Le LAITRON à feuilles de pissenlit.
Sonchus taraxacifolius. Willd. De Guinée.
15. Le LAITRON agreste.
Sonchus agrestis. Swartz. ⊙ De la Jamaïque.
16. Le LAITRON à feuilles lacérées.
Sonchus lacerus. Willd. ⊙ De.....
17. Le LAITRON à feuilles aiguës.
Sonchus angustifolius. Desfont. ♃ De la Barbarie.
18. Le LAITRON ombellifère.
Sonchus umbelliferus. Thunb. Du Cap de Bonne-Espérance.
19. Le LAITRON glabre.
Sonchus glaber. Thunb. Du Cap de Bonne-Espérance.
20. Le LAITRON chondrilloïde.
Sonchus chondrilloides. Desfont. ♃ De la Barbarie.
21. Le LAITRON de Sibérie.
Sonchus sibericus. Linn. ♃ Du nord de l'Europe.
22. Le LAITRON de Tartarie.
Sonchus tartaricus. Linn. ♃ De la Tartarie.
23. Le LAITRON tubéreux.
Sonchus tuberosus. Linn. ♃ De la Tartarie.
24. Le LAITRON de Laponie.
Sonchus alpinus. Linn. ⊙ De la Laponie.
25. Le LAITRON à grappes.
Sonchus racemosus. Lam. ⊙ De.....
26. Le LAITRON à épi.
Sonchus leucocephalus. Willd. ♂ De la Caroline.
27. Le LAITRON de la Floride.
Sonchus floridanus. Lam. ⊙ De la Floride.
28. Le LAITRON de montagne.
Sonchus montanus. Lam. ♃ Des Alpes.
29. Le LAITRON de Plumier.
Sonchus Plumerii. Gouan. ♃ Des Pyrénées.
30. Le LAITRON d'Espagne.
Sonchus hispanicus. Jacq. ⊙ De l'Espagne.
31. Le LAITRON dichotome.
Sonchus dichotomus. Willd. De l'Arabie.
32. Le LAITRON macrophylle.
Sonchus macrophyllus. Willd. ♃ De l'Amérique septentrionale.
33. Le LAITRON acuminé.
Sonchus acuminatus. Willd. De l'Amérique septentrionale.
34. Le LAITRON pâle.
Sonchus pallidus. Willd. De l'Amérique septentrionale.
35. Le LAITRON à feuilles en cœur.
Sonchus cordifolius. Desfont. De la Barbarie.

Culture.

Celle de ces espèces qu'il est le plus important que les cultivateurs considèrent, est le Laitron commun, qui tantôt est regardé comme une mauvaise herbe, tantôt comme une manne précieuse pour les bestiaux. En effet, d'un côté, elle croît en si grande abondance & si rapidement dans les jardins, ainsi que dans les champs humides & en bon fond; sa tige est si haute & ses feuilles si grandes, qu'elle nuit beaucoup aux cultures, & qu'il faut la sarcler avec le plus grand soin plusieurs fois dans l'année; car elle végète pendant toutes les saisons, & ses graines sont portées au loin par les vents: de l'autre, elle est une excellente nourriture pour tous les bestiaux, qui l'aiment avec passion, principalement les vaches, dont elle augmente le lait; pour les lapins & les cochons, qu'elle rafraîchit & dispose à l'engrais. Aussi dans beaucoup de pays, surtout dans ceux de petite culture, les femmes & les enfans s'occupent-ils journellement du soin de la ramasser partout où ils la trouvent pour la leur donner. D'après cela, il sembleroit qu'il seroit très-avantageux de la cultiver, ne fût-ce que pour avoir abondamment de la nourriture fraîche pendant l'hiver; mais nulle part on ne le fait, probablement par la difficulté d'en récolter la graine & de la semer convenablement. Je crois cependant qu'il seroit possible de surmonter cet inconvénient en coupant les sommités des tiges lorsqu'une partie de leurs calices auroit perdu ses graines, & en mettant ces sommités dans des sacs où les autres calices achèveroient de mûrir les leurs; après quoi on méleroit le tout avec de la terre franche humide, & on le semeroit à la volée.

Lorsqu'on coupe le Laitron commun avant sa floraison, il repousse, & on peut, par ce moyen, prolonger son existence pendant plus d'une année.

J'observe que cette plante doit être donnée aux bestiaux aussitôt qu'elle est coupée ou arrachée, parce qu'elle pourrit avec la plus grande rapidité. Comme toutes ses parties sont très-cassantes, on empêchera les bestiaux & même les chiens d'entrer dans les pièces de terre où on en aura semé.

Dans quelques endroits on mange les feuilles, les tiges & les racines du Laitron des champs, soit crues en salade, soit cuites avec des viandes ou assaisonnées au beurre. J'en ai goûté, &, à la dureté près, j'ai trouvé ce mets meilleur que la laitue.

Pour cultiver cette espèce dans les jardins de botanique, il suffit de la semer en place, de l'éclaircir & de la sarcler au besoin. Elle ne vient pas bien dans les terreins arides & secs, & présente des variétés sans nombre, selon les lieux & les saisons.

Le Laitron des champs est également du goût de tous les bestiaux; mais les chevaux le recherchent plus que les vaches. Il croît si abondamment dans certains cantons sablono-argileux & humides, qu'il s'oppose à ce qu'on en obtienne de bonnes récoltes de céréales. J'ai vu des champs dont la culture avoit été abandonnée par suite de l'impossibilité où on s'étoit trouvé de le détruire; car plus on l'arrache, & plus il s'en produit, la plus petite racine laissée en terre suffisant pour donner naissance à un nouveau pied. Le seul moyen de le vaincre, c'est d'adopter un système d'assolement tel qu'à une culture de plantes qui exigent des binages d'été, comme de pommes de terre, de féves de marais, de haricots, &c. il succède une culture de plantes étouffantes, comme de pois gris, de vesces, de gesses, &c. puis de céréales avec trèfle ou luzerne. Si on ne faisoit pas précéder la prairie artificielle de ces cultures préparatoires, qui empêchent les pieds de Laitron de se fortifier, ils domineroient & détruiroient la prairie, ainsi que je m'en suis assuré un grand nombre de fois.

Au reste, il peut quelquefois être bon, d'après le goût des bestiaux pour cette plante, ainsi que d'après la grandeur de sa tige & la largeur de ses feuilles, de la multiplier pour leur nourriture. Comme la précédente, elle n'est pas dans le cas d'être desséchée, & elle a l'inconvénient de n'arriver à toute sa hauteur qu'au milieu de l'été, c'est-à-dire, à une époque où les pâtures ne sont pas rares.

Les Laitrons de Sibérie, de Tanger & de Plumier se placent dans quelques jardins paysagers, soit au milieu des gazons, soit entre les buissons du rang le plus extérieur des massifs, à raison de leur grandeur & de leur agréable aspect. Tous trois se sèment dans des pots, sur couche nue, & se mettent en place quand ils ont cinq à six feuilles. Des binages de propreté deux à trois fois l'année font toute la culture ultérieure qu'ils exigent. Lorsqu'on les possède, il est facile de les multiplier par le déchirement des vieux pieds. Les fortes gelées les affectent souvent, les font même périr.

Toutes les autres espèces de Laitron que nous possédons dans nos jardins de botanique, & leur nombre est d'une douzaine, se cultivent, les annuels comme le commun, & les vivaces comme ces derniers, excepté les Laitrons ligneux, pinné & à longues racines, qui exigent l'orangerie.

Ces trois espèces demandent une terre consistante, mais peu engraissée. Comme ils poussent pendant toute l'année, il faut leur en donner de la nouvelle deux fois par an, en automne & au printems. Des arrosemens fréquens leur seront donnés pendant l'été, qu'ils passent dans un lieu exposé au midi. Le premier est très-ornant; le second très-élégant, & le troisième, qui est encore rare, fort remarquable. On les multiplie tous trois de graines, dont ils fournissent abondamment dans le climat de Paris lorsqu'on leur donne les soins convenables, par œilletons & par boutures placés dans des pots, au printems, sur couche & sous châssis. Les œilletons naissent, ou sur la tige ou sur les racines, & n'importe le lieu d'où ils proviennent, ce sont eux qu'on doit préférer comme donnant des tiges uniques, ce qui est une beauté dans ces espèces.

Ces Laitrons craignent beaucoup plus l'humidité que le froid, & ils demandent en conséquence d'être un peu isolés dans les orangeries, où on les rentrera aux premières gélées. (*Bosc.*)

LAITUE. *Lactuca.*

Genre de plante de la syngénésie égale & de la famille des *Chicoracées*, qui renferme plus de vingt espèces, dont deux & leurs nombreuses variétés sont le but d'une grande culture dans nos jardins, & dont deux à trois autres sont assez communes dans nos campagnes pour mériter l'attention des cultivateurs. Il est figuré pl. 649 des *Illustrations des genres* de Lamarck.

Espèces.

1. La Laitue cultivée.
Lactuca sativa. Linn. ⊙ De la Perse.
2. La Laitue scarole, *escarole* ou *escariole.*
Lactuca scariola. Linn. ⊙ Du midi de l'Europe.
3. La Laitue à feuilles de chêne.
Lactuca quercina. Linn. ♃ Du nord de l'Europe.
4. La Laitue sauvage.
Lactuca sylvestris. Lam. ⊙ Indigène.
5. La Laitue vireuse.
Lactuca virosa. Linn. ⊙ Indigène.
6. La Laitue saulière.
Lactuca saligna. Linn. ⊙ Indigène.
7. La Laitue d'août.
Lactuca augustana. Allioni. ⊙ Des Alpes.
8. La Laitue nudicaule.
Lactuca intibacea. Jacq. ⊙ De l'Amérique méridionale.
9. La Laitue épineuse.
Lactuca spinosa. Lam. ♄ De la Barbarie.
10. La Laitue du Canada.
Lactuca canadensis. Linn. Du Canada.
11. La Laitue des Indes.
Lactuca indica. Linn. Des Indes.
12. La Laitue vivace.
Lactuca perennis. Linn. ♃ Indigène.
13. La Laitue glauque.
Lactuca tenerrima. Pourr. ♃ Du midi de l'Europe.
14. La Laitue grêle.
Lactuca stricta. Waldst. ♂ De la Hongrie.

15. La Laitue de chaix.
Lactuca chaixi. Villars. ⊙ Des Alpes.

16. La Laitue alongée.
Lactuca elongata. Willd. De l'Amérique septentrionale.

17. La Laitue du Cap.
Lactuca capensis. Thunb. Du Cap de Bonne-Espérance.

18. La Laitue à feuilles aiguës.
Lactuca angustana. Allioni. ⊙ Des Alpes.

19. La Laitue à feuilles sagittées.
Lactuca sagittata. Waldst. ♂ De la Hongrie.

20. La Laitue tubéreuse.
Lactuca tuberosa. Murr. ♃ De.....

21. La Laitue ségusiane.
Lactuca segusiona. Balb. ⊙ Des Alpes.

22. La Laitue à feuilles de laitron.
Lactuca sonchifolia. Willd. ♃ Du Levant.

23. La Laitue à longues feuilles.
Lactuca longifolia. Mich. ♃ De l'Amérique septentrionale.

24. La Laitue à feuilles de graminées.
Lactuca graminifolia. Mich. ♃ De l'Amérique septentrionale.

25. La Laitue à grappes.
Lactuca racemosa. Willd. De l'Arménie.

Culture.

Je vais d'abord parler de la Laitue cultivée, la seule qui intéresse véritablement les amateurs du jardinage, & ensuite je dirai quelques mots des autres.

Les variétés que fournit la Laitue cultivée sont innombrables, parce que, comme toutes les plantes anciennement cultivées, il s'en crée chaque année par le mélange des poussières fécondantes, par l'influence du climat, du sol, des soins, &c. Partout où j'ai voyagé, j'en ai trouvé qui étoient différentes de celles recherchées dans les jardins des environs de Paris. Dans l'impossibilité d'en donner une nomenclature complète, je me bornerai à faire mention de ces dernières, & ce d'autant plus qu'elles remplissent bien au-delà tous les buts qu'on peut avoir en vue en les cultivant, & qu'il est plus facile d'en avoir de la graine.

On distingue trois races principales de Laitues, dont les types sont si différens les uns des autres, qu'on pourroit croire qu'ils appartiennent à autant d'espèces; mais comme on ne les connoît pas dans la nature, il faut se résoudre à rester éternellement dans le doute à cet égard.

1°. Les Laitues non pommées. Leurs feuilles sont toujours longues, & peuvent être successivement enlevées pendant tout l'été; elles ne se cultivent pas autant qu'il seroit bon qu'elles le fussent, car elles offrent des avantages que ne présentent pas les autres : on en connoît trois variétés.

La *Laitue à couper*, dont les feuilles sont brunes & presqu'entières : graines noires.

La *Laitue chicorée*, ayant les feuilles vertes, très-crépues & très-tendres : graines noires.

La *Laitue épinard.* Ses feuilles sont lâches & arrondies; elle pousse des bourgeons. Sa culture est très en faveur dans le midi, parce qu'elle fournit des feuilles tout l'hiver : graines indifféremment noires & blanches. La Laitue à feuilles de chêne peut probablement lui être rapportée.

2°. Les Laitues pommées. Leurs feuilles sont presque rondes, ondulées, bullées, & se recouvrant les unes par les autres, à une certaine époque de leur végétation, de manière à former une boule plus ou moins serrée.

Relativement à leurs couleurs, on subdivise ces Laitues en *vertes*, *en blondes ou mouchetées de jaune*, *en flagellées ou tachetées de rouge*, subdivisions peu rigoureuses, sans doute, mais qui aident cependant à les classer.

Quelques personnes font aussi une subdivision des Laitues crépues ou frisées; mais ces Laitues sont tellement liées aux autres par les variétés intermédiaires, qu'on ne peut décider la place de certaines de ces dernières.

Parmi les Laitues *pommées vertes*, je citerai:

La *Laitue impériale*, ou *Laitue d'Autriche*, ou *grosse allemande.* Sa bonté & sa grosseur devroient la faire cultiver plus généralement; sa couleur est d'un vert-jaunâtre : elle se sème sur couche ou en pleine terre, & se repique à un pied au moins. La sécheresse lui nuit moins qu'aux autres, & trop d'eau cause souvent sa mort. Elle convient principalement aux départemens méridionaux : graines blanches.

La *Laitue cocasse.* Ses feuilles sont d'un vert-foncé & très-bullées ou cloquées. Elle est médiocrement tendre & un peu amère : c'est celle qu'on préfère pour l'été, parce qu'elle monte difficilement. Un terrein léger & de copieux arrosemens lui conviennent : semée en août, elle se mange pendant l'hiver; on la voit fréquemment dans les jardins des environs de Paris. Elle donne rarement des graines, si elle n'a pas été semée de très-bonne heure sur couche : graines blanches.

La *Laitue de Versailles* a les feuilles d'un vert-clair, peu nombreuses, formant une tête aplatie; on la sème presque toute l'année. Elle est très-multipliée; ses qualités & sa culture diffèrent peu de celles de la précédente : graines blanches.

La *Laitue de Gênes.* Elle a les feuilles frisées, la pomme dure & jaune, demande peu d'eau, mais de fréquens binages. C'est dans le midi de la France qu'on la cultive le plus; elle varie en vert, en blond & en roux : graines blanches.

La *Laitue d'Aubervilliers.* Ses feuilles sont lisses, sa pomme très-petite, jaune & fort tendre. C'est dans le nord qu'elle réussit le mieux : elle monte difficilement.

La *Laitue gotte*, petite, blanche, tendre; elle

monte facilement à graines. On la sème fréquemment à Paris sous chassis, pour être mangée lorsqu'elle n'a que cinq à six feuilles.

La *Laitue dauphine* ou *Laitue printanière* a la pomme serrée & aplatie. Elle pousse souvent des bourgeons; la nature du terrein lui est presque indifférente. Des arrosemens fréquens lui sont indispensables. Sa bonté & sa précocité devroient la faire cultiver plus généralement : graines noires.

La *Laitue de Perpignan verte*, ou *Laitue verte à grosses côtes*. Ses feuilles sont unies, vertes, à grosses côtes. Sa pomme est grosse & jaune; elle réussit à la chaleur & craint l'humidité. Si on veut avoir de bonnes graines dans le nord, il faut la semer sur couche dès le mois de février : graines blanches.

La *Laitue de Batavia* ou *de Silésie*. Elle a les feuilles légérement frisées, quelquefois légérement bordées de rouge. Sa grosseur & sa bonté la font rechercher; mais elle est fort difficile sur le choix du terrein, & pomme rarement avant le mois d'août. Le froid lui est contraire, & les arrosemens abondans favorables : graines blanches.

La *Silésie* des départemens méridionaux est la sanguine.

La *Laitue coquille*. Feuilles concaves, peu frisées, jaunâtres; pomme petite. Elle se sème ordinairement en automne, dans les parties méridionales de la France, & sur couche en février, dans le climat de Paris. Elle est dure & amère : graines noires.

Parmi les *Laitues pommées blondes ou mouchetées de jaune ou de brun*, il faut remarquer :

La *Laitue grosse-blonde* a les feuilles grandes & très-bullées. Sa tête se forme assez promptement & est assez serrée; elle diffère peu de la Laitue de Versailles : graines blanches.

La *Laitue george-blonde*. Feuilles grandes, lisses, cassantes, d'un vert fauve, formant une tête un peu aplatie, grosse & serrée. Elle monte promptement en graine, & doit, de préférence, être semée pour l'hiver, surtout dans le midi : c'est une terre forte & substantielle qui lui convient le mieux.

La *Laitue Bapaume* a la pomme grosse, un peu vide au sommet. Elle réussit dans toutes les saisons, mais sa qualité est médiocre : graines noires.

La *Laitue de Gênes blonde* a les feuilles lisses & blondes, la pomme jaune, pointue & de médiocre grosseur : elle monte facilement à graines.

La *Laitue de Gênes rousse*. Ses feuilles sont frisées, rousses, tachetées de brun; sa pomme jaune, tendre & bien remplie; elle passe l'hiver dans le midi & craint la chaleur dans le nord : graines noires.

La *Laitue de Hollande* ou *Laitue brune*, dont les feuilles sont lisses, d'un vert-brun mat, a la pomme très-ferme & jaune, monte tard & soutient bien les chaleurs : semences noires.

La *Laitue de Batavia brune*. Ses feuilles sont légérement frisées, brunes; sa pomme est peu serrée & très-grosse; elle diffère peu pour les qualités de la Laitue de Batavia verte. C'est une des variétés que, sous le nom de *Laitue-Chou*, on fait le plus fréquemment cuire.

La *Laitue paresseuse* a les feuilles unies sur les bords, & très-crispées dans leur milieu. Sa pomme est grosse & pleine, monte tard & résiste à la chaleur, ainsi qu'à la secheresse; est amère & dure. Il faut, dans le nord, la semer sur couche & de bonne heure, pour en avoir de la graine, qui est blanche.

La *Laitue passion*. Feuilles très-bullées, vertes, tachetées de brun. C'est une de celles qui résistent le mieux aux froids, & qu'on cultive en conséquence le plus généralement aux environs de Paris. Ses défauts sont les mêmes que ceux de la précédente : graines blanches.

La *Laitue royale* a les feuilles extérieures d'un beau vert, un peu bullées, & les autres tachetées; sa pomme est bien formée, tendre, douce & d'une longue durée. Elle demande beaucoup d'eau. C'est une des meilleures : semences blanches.

La *Laitue d'Italie*. Feuilles fines, unies sur les bords, d'un vert-rougeâtre; pomme serrée, de médiocre grosseur, jaune, tendre, d'un excellent goût; exige peu d'eau; est peu difficile sur le terrein; monte tard; préférable à la précédente, sous quelques considérations : graines noires.

La *Laitue de Perpignan, mouchetée de jaune*, ou *Laitue à grosses côtes*, diffère peu de la Laitue de Perpignan verte. On la cultive rarement aux environs de Paris.

La *Laitue petit crêpe* ou *petite noire* a les feuilles d'un vert-noirâtre, frisées, dentelées & arrondies : sa pomme est petite; elle passe bien l'hiver, mais monte facilement. On la sème fréquemment sur couche pour la manger dès qu'elle a cinq à six feuilles, sous le nom de *salade de carême* : elle a peu de goût. Sa sous-variété, appelée *grosse crêpe*, la *ronde*, la *crêpe blanche* ou *printanière*, lui sont préférables.

Parmi les *Laitues flagellées ou tachetées de rouge*, on doit remarquer :

La *Laitue pomme de Berlin*. Ses feuilles, d'un vert tendre, ont les bords teints de rouge. Sa pomme est des plus volumineuse, peu serrée, mais très-blanche & tendre. On doit la semer de bonne heure, parce qu'elle monte facilement : graines noires.

La *Laitue grosse rouge*. Ses feuilles sont grandes, d'un vert foncé, rembruni par du gros rouge; sa pomme est grosse & très-tendre. Elle se plaît dans les terrains fertiles & dure long-tems; elle n'est pas assez répandue : graines noires.

La *Laitue petite rouge*. Un vert tendre, foncé de rouge, est la couleur de ses feuilles extérieures; le cœur est jaune & tendre : elle pomme lentement, mais monte tard. Rare aux environs de Paris : graines noires.

La *Laitue de Berg-op-Zoom*. Ses feuilles sont rondes, d'un vert-brun, fortement lavées de rouge-brun sur tous les endroits exposés au soleil; pomme petite, ronde, ferme. Elle croît rapidement, monte difficilement & brave les froids : graines noires.

La *Laitue palatine* se rapproche de la précédente; mais sa pomme est plus grosse & ses teintes de rouge moins fortes. On la cultive beaucoup à Paris : ses graines sont noires.

La *Laitue sans pareille*. Ses feuilles sont d'un vert-clair tirant sur le blond, finement dentelées & lavées de rouge sur les bords; sa pomme est de grosseur moyenne : graines blanches.

La *Laitue mousseronne* a les feuilles très-frisées, dentelées, d'un vert-clair, fortement teintes de rouge sur les bords; sa pomme est petite & tendre : graines blanches.

La *Laitue sanguine* ou *flagellée*. Ses feuilles sont unies, d'un gros vert, marbrées de veines rouges & quelquefois entièrement rouges; la pomme est médiocre & monte facilement dès que les chaleurs arrivent; aussi faut-il la manger au printems. Elle exige une terre legère & de fréquens arrosemens : graines noires.

Elle offre une sous-variété à couleurs plus claires & à graines blanches.

Il est bon d'observer que ces Laitues panachées, si agréables à l'œil, ne sont pas aussi bonnes, en général, que quelques-unes de celles de couleur uniforme, quoique quelques personnes assurent le contraire.

3°. Les Laitues-romaines ou Chicons. Leurs feuilles sont longues, concaves, droites, nullement bullées, constamment douces & cassantes.

La *Laitue-romaine hâtive* a des feuilles pointues, d'un vert-pâle : elle s'élève & se forme bien sous cloche. On la sème sur couche, à Paris, en octobre, & dans le midi en pleine terre, en janvier : graines blanches.

La *Laitue-romaine verte* a les feuilles très-alongées, arrondies, un peu foncées, d'un vert-obscur : elle est dure, mais très-grosse. Elle se sème avant l'hiver pour la repiquer au printems, à une exposition méridienne : graines blanches.

La *Laitue-romaine grise*. Ses feuilles sont d'un vert-gris : elle est hâtive & fort tendre, mais difficile sur le terrein. C'est celle qu'on cultive le plus en automne : graines blanches.

La *Laitue-romaine blonde* a des feuilles minces, unies, un peu pointues, d'un vert jaunâtre. Elle est délicate, fond facilement quand elle est jeune, monte rapidement quand elle est arrivée à sa grosseur, & n'aime pas l'humidité : graines blanches.

La *Laitue-romaine alphange*. Ses feuilles sont lisses, très-pointues, tendres, avec quelques taches rouges au sommet : très-grosse & délicate : graines blanches.

La *Laitue-romaine panachée*. Feuilles tachées de rouge, monte rapidement pendant les chaleurs : graines noires. Elle présente une sous-variété à cœur plus rouge, dont les graines sont blanches, & qui n'a pas besoin d'être liée.

La *Laitue-romaine rouge*. Elle n'a que les feuilles extérieures tachées de rouge : les intérieures sont jaunes. Elle aime une terre forte, & cependant craint l'humidité; elle blanchit sans être liée; on la sème de bonne heure en automne.

La culture des Laitues, encore plus que celle des autres plantes potagères, diffère suivant les terreins, les climats, les variétés & le but qu'on se propose.

Elles demandent généralement un terrein fertile, léger, ni trop sec ni trop humide.

Dans les climats chauds, il leur faut de l'ombre & des arrosemens fréquens pour retarder leur tendance à monter en graine.

Il est reconnu que la graine de deux ans lève presqu'aussi bien que celle de l'année, & que les plants qui en proviennent, sont moins disposés à monter en graine; c'est donc elle qui doit être semée de préférence toutes les fois qu'on le peut. Celle de trois ans manque pour la plus grande partie, parce qu'elle est devenue rance.

C'est sur un fondement désavoué par l'expérience qu'on conseille de tremper la graine de Laitue dans des liqueurs composées pour les empêcher de monter.

Les variétés hâtives se placent sur couche, soit à chassis, soit à cloche, soit nue ou sur des ados, aux expositions les plus méridiennes.

Il est des Laitues qu'on veut manger fort jeunes, d'autres qu'on préfère à demi pommées, d'autres qui ne sont estimées que lorsqu'elles sont arrivées au dernier degré de leur grosseur.

En tout pays on sème des Laitues en pleine terre avant l'hiver, pour les repiquer à la fin de cette saison, contre un mur exposé au midi, & les manger au milieu du printems. Ce sont les variétés les plus rustiques qui sont les plus propres à cet usage : je les ai indiquées plus haut; mais ces Laitues sont toujours dures, & ne parcourent pas les phases de leur végétation avec plus de rapidité que celles qui ont été semées, au mois de février, sur couche & sous châssis ou sous cloches. En conséquence la plupart des jardiniers préfèrent ce dernier mode d'en avoir de hâtives. J'ai également indiqué plus haut les variétés les plus convenables dans ce cas.

Généralement les Laitues hâtives sont semées sur couche très-épais, parce qu'on les éclaircit pour en manger une partie lorsqu'elles n'ont que quelques feuilles; cependant cette méthode est vicieuse en ce que le plant ainsi pressé prend une foible organisation & ne vient jamais ni aussi promptement, ni aussi bien que celui qui a pu acquérir d'abord toute la force qui lui est propre. Je crois donc qu'on peut semer un peu épais & séparément les Laitues qu'on veut manger jeunes, & qu'il faut toujours semer très-clair celles qui doivent être repiquées.

Les graines des Laitues étant très-minces, & le plant qu'elles donnent étant d'abord très-délicat, il faut que la couche où on les sème soit d'un foible degré de chaleur. Les châssis & les cloches doivent être fréquemment aérés; car le jeune plant est très-susceptible de fondre par suite de l'émanation des gaz délétères fournis par le fumier. Des arrosemens fréquens, mais très-légers, sont également indispensables. On doit veiller attentivement sur les limaces, les escargots & les chenilles, qui sont extrêmement friands du jeune plant, & qui le dévorent. *Voyez* aux mots COUCHE, CHASSIS & CLOCHE.

Ceux qui veulent avoir des Laitues pommées ou demi-pommées de bonne heure, en font repiquer le plant sur une autre couche, à cinq ou six pouces de distance, & le couvrent également d'un châssis ou de cloches, sous chacune desquelles il en entre trois ou quatre; mais alors il faut que le terreau de cette nouvelle couche soit, ou excessivement consommé, c'est-à-dire d'une formation de deux à trois ans, ou mêlé avec moitié de terre de bruyère ou autre très-légère; car les Laitues sont très-susceptibles de prendre le goût du fumier, & de devenir par-là un très-mauvais manger. C'est pour ne pas prendre cette précaution, que les maraichers de Paris fournissent souvent de si mauvaises salades à l'époque où elles sont les plus chères.

Les Laitues qui n'ont pas été mangées ou repiquées sur couche, se repiquent, huit jours plus tard, en pleine terre, soit dans des planches, soit sur des ados, contre un mur exposé au midi, & se recouvrent de paillassons pendant la nuit. La terre de ces planches & de ces ados doit être extrêmement travaillée & fortement fumée; mais non pas au point de faire retomber dans l'inconvénient dont je viens de parler.

Des labours multipliés & des engrais très-consommés sont nécessaires au succès de la culture des Laitues en pleine terre.

Comme les pluies sont très-fréquentes à l'époque où on repique les Laitues en pleine terre, elles peuvent souvent se passer d'arrosemens; mais il ne faut pas cependant manquer de leur en donner dès que la sécheresse de la terre l'exige; car l'eau attendrit les Laitues, & leur fait perdre une partie de leur âcreté naturelle; c'est pourquoi, hors le cas ci-dessus cité, elles sont généralement meilleures à Paris que dans les départemens.

C'est de huit pouces à un pied, selon les variétés, qu'on espace les Laitues repiquées. On leur donne un léger binage ou serfouissage tous les huit jours. Elles se coupent dès qu'elles sont arrivées à ce que les jardiniers appellent *leur point*, moment difficile à fixer, parce qu'il dépend de la variété, de la saison, de la terre, des soins &, par-dessus tout, du besoin de vendre & de consommer. En général, ces premières Laitues se mangent plutôt trop jeunes que trop vieilles, parce qu'on veut tirer parti ou jouir de la dépense extraordinaire à laquelle elles ont donné lieu.

Il est des Laitues qui pomment difficilement, & qu'on est obligé de lier pour les faire blanchir. On leur fait subir cette opération huit jours seulement avant celui où on doit les manger. *Voyez* LIAGE.

Les Laitues qu'on sème plus tard sur couche, c'est-à-dire, en avril, ne se repiquent plus sur des ados, mais en planches, parce qu'elles auroient trop de chaleur sur ces ados. Ces Laitues tardives sont exposées à monter en fleurs sans pommer; mais il est facile de les en empêcher, ou mieux de retarder l'époque de la sortie de leur tige, en les liant par l'extrémité de leurs feuilles, après avoir supprimé leur cœur.

Cette tendance à monter en graine est, pendant l'été, si générale dans certaines variétés & dans certaines années, celles qui sont chaudes & pluvieuses, & principalement dans les jardins mal conduits, qu'il est impossible de n'en pas avoir une grande quantité impropres à être mangées en salade. Ces Laitues sont mises sur la table dans quelques endroits où on mange leurs tiges & leurs feuilles cuites & assaisonnées de diverses manières; mais généralement on les donne aux volailles, aux cochons & aux vaches, qui tous aiment cette plante avec passion, & qui se trouvent fort bien de son usage. Il seroit même peut-être bon de semer des Laitues avec d'autres plantes annuelles pour cet objet. *Voyez* PRAIRIES TEMPORAIRES.

Dans les terres sèches, il est fort avantageux de planter les Laitues d'été au nord, ou de couvrir les planches où elles sont repiquées de paille ou de mousse, pour conserver à leur pied un peu plus d'humidité.

Quelques écrivains ont conseillé de semer les Laitues en place, sous prétexte que celles dont le pivot étoit conservé, devenoient plus belles; mais ils n'ont pas fait attention que cet avantage est de beaucoup compensé par l'inconvénient qu'ont ces Laitues de monter plus promptement en graine.

Les variétés de ces Laitues, destinées à donner de la graine, seront séparées par de grands intervalles, pour éviter les fécondations réciproques qui les altèrent. On les placera dans un bon fond & dans un lieu abrité des vents. Chaque jour, lorsque leurs graines seront mûres, on en fera la récolte à la main, & on les mettra de suite dans des sacs de papier duement étiquetés, sacs qu'on déposera dans un lieu ni trop sec ni trop humide. La pratique de ceux qui arrachent les Laitues porte-graines, lorsque la moitié des graines est passée, est blâmable, parce que ce sont les premières qui valent le mieux, & que celles qu'on récolte après leur arrachement ayant, pour la plupart, mûri artificiellement ou par force, ne donnent que de foibles productions, & même point de productions. *Voyez* GRAINE.

On plante des Laitues dans les pépinières pour attirer les vers blancs & les tuer facilement. *Voy.* HANNETON.

Il se fait en France une immense consommation de Laitues, & elle n'est pas encore assez considérable relativement aux avantages diététiques qu'elles offrent, surtout pendant les chaleurs de l'été; elles nourrissent peu, mais rafraîchissent beaucoup. Les cultivateurs devroient en avoir toujours en abondance dans leurs jardins, pour en faire manger chaque jour à leurs ouvriers.

La semence de Laitue fournit par expression une huile d'excellente qualité, mais qu'il seroit trop coûteux d'extraire en grand pour pouvoir la mettre dans le commerce. On dit cependant qu'on le fait en Égypte.

Parmi les autres espèces de Laitues indigènes, je citerai :

La Laitue à feuilles de chêne, qu'on a regardée, mais mal-à-propos, comme le type de la Laitue cultivée, puisqu'elle est vivace. Elle se voit rarement dans nos jardins.

La Laitue sauvage, qui se trouve abondamment dans les terreins argileux & humides, sur le bord des chemins, dans les vignes, & qui est toujours l'indice d'un bon fond. Les bestiaux la mangent. On a souvent beaucoup de peine à la détruire, parce que ses graines sont nombreuses & facilement transportées par les vents. Il faudroit que tous les cultivateurs d'un canton s'entendissent à cet effet, pour détruire avant leur floraison, non-seulement les pieds qui sont dans leurs champs, mais même sur les berges des fossés, le long des chemins, &c. On la sème en place dans les jardins de botanique : on l'éclaircit & on la sarcle, après quoi on l'abandonne à elle-même.

La Laitue nudicaule. Elle se sème sur couche ou en place dans les jardins de botanique, & ne demande que la culture des espèces annuelles du pays.

La Laitue vineuse se rapproche beaucoup de la précédente & se trouve dans les mêmes endroits. Les bestiaux n'y touchent pas. On la conduit de même dans les jardins de botanique.

La Laitue à feuilles de saule est encore dans le même cas. Les bestiaux la repoussent.

La Laitue vivace croît abondamment dans certains champs argileux, pierreux & humides. Elle devient souvent la peste des cultivateurs par son abondance & la difficulté de la détruire, ses racines étant très-longues, & la plus petite, laissée en terre, suffisant pour la reproduire. Les labours la multiplient à raison de cette dernière circonstance. Ainsi ce n'est que par un défoncement à la pioche, au moins de deux pieds de profondeur & en l'enlevant à mesure, qu'on peut s'en débarrasser. On le peut cependant encore, mais à la longue, par un assolement, où des récoltes sarclées succèdent à des récoltes étouffantes. Les bestiaux ne la mangent pas.

La Laitue épineuse exige l'orangerie : on la met en conséquence en pots qu'on tient, pendant l'été, à une exposition chaude. Sa multiplication a lieu par graines & peut-être par le déchirement des vieux pieds.

La Laitue scarole se confond avec la chicorée du même nom. *Voyez* CHICORÉE. (*Bosc.*)

LAMARKÉE. *Lamarkea.*

Plante de Cayenne, qui, selon Richard, forme seule un genre dans la pentandrie monogynie.

Comme cette plante ne se voit pas encore dans nos jardins, je suis dispensé de m'étendre sur ce qui la concerne. (*Bosc.*)

LAMBERTIE. *Lambertia.*

Très-belle plante de la Nouvelle-Hollande, qui faisoit jadis partie des *Protées*, mais à laquelle Smith a trouvé des caractères suffisans pour en former un particulier. Elle se voit dans quelques collections de France. C'est l'orangerie qu'elle demande. Comme sa culture ne diffère pas de celle des PROTÉES, je renvoie à leur article. (*Bosc.*)

LAMBOURDES, petites branches qui se distinguent des autres par leur position toujours horizontale, par leur grosseur toujours peu considérable relativement à leur longueur, par leurs boutons toujours plus gros & plus bruns, & par la propriété de donner presqu'exclusivement naissance aux fruits.

Quelques personnes confondent les Lambourdes avec les brindilles; mais il faut réserver ce dernier nom aux branches ordinaires, qu'une cause quelconque a rendues plus foibles que les autres.

Les branches à fruits, qui sont grosses & courtes, s'appellent des BOURSES dans le pommier & même dans le poirier, qui en offrent souvent.

C'est principalement dans le pêcher que les Lambourdes sont faciles à reconnoître, parce qu'elles meurent après avoir porté du fruit, à moins qu'on ne leur fasse subir l'opération appelée REMPLACEMENT. *Voyez* ce mot.

Souvent une Lambourde peut être transformée en branche à bois, en la taillant sur un seul œil. Je dis souvent, parce qu'il arrive quelquefois que la sève, entraînée dans les branches voisines, abandonne la portion laissée de la Lambourde, dont l'œil se dessèche.

Cet article pourroit paroître court; mais j'observe qu'il recevra tous les développemens nécessaires aux mots BRANCHE, TAILLE, PALISSADE, ESPALIER, CONTRE-ESPALIER, PYRAMIDE, PÊCHER, POIRIER, POMMIER, &c. (*Bosc.*)

LAMBROTTE; c'est, dans le département des Deux-

Deux-Sèvres, une grappe de raisin peu garnie de grains.

LAMBRUCHE ou LAMBRUSQUE. On donne ce nom, dans le midi de la France, aux vignes qui ont crû naturellement dans les haies & les bois. Le grand nombre de variétés qu'elles offrent, prouve qu'on ne doit pas les regarder comme le type de l'espèce, type qui ne se trouve que sur les bords de la Mer-Caspienne. *Voyez* VIGNE. (*Bosc.*)

LAMIER. *Lamium.*

Genre de plante de la didynamie gymnospermie & de la famille des *Labiées*, dans lequel se trouvent réunies quinze espèces, dont deux ou trois sont assez communes pour mériter l'attention des cultivateurs, & dont la plupart se cultivent en pleine terre, dans les jardins de botanique. *Voyez* pl. 506 des *Illustrations des genres* de Lamarck.

Espèces.

1. Le LAMIER à grandes feuilles.
Lamium orvala. Linn. ♃ Du midi de l'Europe.
2. Le LAMIER d'Italie.
Lamium garganicum. Linn. ♃ De l'Italie.
3. Le LAMIER blanc, vulgairement *ortie blanche.*
Lamium album. Linn. ♃ Indigène.
4. Le LAMIER taché.
Lamium maculatum. Linn. ♃ Du midi de l'Europe.
5. Le LAMIER velu.
Lamium hirsutum. Lam. ♃ Du Mont-d'Or.
6. Le LAMIER lisse.
Lamium lævigatum. Linn. ♃ Du midi de l'Europe.
7. Le LAMIER pourpre.
Lamium purpureum. Linn. ⊙ Indigène.
8. Le LAMIER embrassant.
Lamium amplexicaule. Linn. ⊙ Indigène.
9 Le LAMIER multifide.
Lamium multifidum. Linn. Du Levant.
10. Le LAMIER rugueux.
Lamium rugosum. Ait. ♃ De l'Italie.
11. Le LAMIER à feuilles entières.
Lamium molle. Ait. ♃ De.....
12. Le LAMIER incisé.
Lamium incisum. Willd. ⊙ Du midi de l'Europe.
13. Le LAMIER bifide.
Lamium bifidum. Cyril. Du midi de l'Europe.
14. Le LAMIER lanugineux.
Lamium tomentosum. Willd. De l'Orient.
15. Le LAMIER hispidule.
Lamium hispidulum. Mich. ♃ De l'Amérique septentrionale.

Culture.

De ces espèces, la première & la seconde sont cultivées dans les jardins pour l'ornement. On les place, ou dans les parterres ou au milieu des gazons, ou à une petite distance des massifs; elles demandent une terre légère & de l'ombre. C'est par le déchirement des vieux pieds, effectué en automne, qu'on les multiplie le plus habituellement, parce que ce moyen suffit aux besoins; car leurs graines mûrissent bien dans le climat de Paris, & les reproduisent avec la plus grande facilité & la plus grande certitude.

La culture à donner à cette plante se borne à deux ou trois binages de propreté, & au retranchement de leurs tiges en automne. Il est bon aussi de les changer de place de tems en tems, ou de leur donner de la nouvelle terre.

Le Lamier blanc croît autour des villages, le long des haies, des chemins, dans tous les lieux où il y a de la bonne terre & de l'ombre. Tous les bestiaux le mangent au printems, mais le repoussent le reste de l'année. Les abeilles font sur ses fleurs, qui s'épanouissent au premier printems & se succèdent pendant presque tout l'été, une riche récolte de miel. Il est si commun en certains lieux, qu'il est avantageux de le couper au milieu de l'été pour chauffer le four, fabriquer de la potasse, faire de la litière, augmenter la masse des fumiers.

Les Lamiers pourpre & amplexicaule croissent dans les champs & sont quelquefois, principalement le dernier, excessivement abondans dans les friches, les vieilles luzernes, &c. Tous les bestiaux les mangent malgré leur odeur forte : il n'est pas toujours facile de les détruire, parce qu'ils fleurissent & fructifient pendant tout l'été.

Ces deux espèces, ainsi que l'incisé, se sèment en place dans les jardins de botanique, & n'exigent d'autres soins que d'être éclaircis & sarclés au besoin.

Les autres espèces vivaces se sèment de même & se multiplient comme les premières, par le déchirement de leurs vieux pieds : toute terre leur convient, mais elles craignent l'excès d'humidité. (*Bosc.*)

LAMPERY.

Arbrisseau des Moluques, cité par Rumphius, mais qui, ne se cultivant pas dans nos jardins, n'est pas ici dans le cas d'un article particulier. (*Bosc.*)

LAMPOURDE. *Xanthium.*

Genre de plante de la monoécie pentandrie & de la famille des *Corymbifères* ou mieux des *Orties*, qui réunit six espèces, dont une est quelquefois très-commune autour des habitations rurales. *Voy.* les *Illustrations des genres* de Lamarck, pl. 765.

Observations.

Les deux dernières Lampourdes ont servi à établir le genre FRANSERIE de Willdenow. Quelques auteurs les ont placées parmi les AMBROISIES. *Voyez* ce mot.

Espèces.

1. La LAMPOURDE commune.
Xanthium strumarium. Linn. ☉ Indigène.
2. La LAMPOURDE à gros fruits.
Xanthium orientale. Linn. ☉ De l'Inde.
3. La LAMPOURDE épineuse.
Xanthium spinosum. Linn. ☉ Du midi de l'Europe.
4. La LAMPOURDE échinée.
Xanthium echinatum. Linn. ☉ De.....
5. La LAMPOURDE arborescente.
Xanthium fruticosum. Linn. ♄ Du Pérou.
6. La LAMPOURDE ambrosioïde.
Xanthium ambrosioides. Cavan. ♄ Du Mexique.

Culture.

La Lampourde commune est quelquefois extrêmement abondante dans les pays gras & humides, surtout autour des fermes, & devient nuisible de deux façons, c'est-à-dire, en occupant la place de plantes utiles, & en laissant ses fruits, à l'approche de leur maturité, dans les crins des chevaux & dans la laine des moutons, de manière à en faire perdre beaucoup. J'ai eu, en Caroline, où cette plante a été transportée, mon cheval si garni de ces graines pendant une seule nuit, où je l'avois abandonné dans un enclos, que, dans l'impossibilité de les ôter une à une, je fus obligé de lui couper la moitié des crins de sa queue & de son encolure. Il seroit impossible de conserver des moutons dans une ferme autour de laquelle il y en auroit beaucoup. Ainsi, quoique les animaux domestiques la mangent quand elle est jeune, les cultivateurs doivent tendre à la détruire; ce qui n'est pas difficile, puisqu'étant annuelle, il suffit de l'arracher avant sa floraison, c'est-à-dire, de l'empêcher de porter graine. On peut employer ses tiges, qui sont presque ligneuses, à chauffer le four, à fabriquer de la potasse ou à augmenter la masse des fumiers.

Cette plante, ainsi que toutes celles qui sont annuelles, se sement en place dans les jardins de botanique, & ne demandent d'autres soins que des sarclages de propreté. Les premières gelées de l'automne les frappent ordinairement; mais elles ont déja fourni plus de graines que les besoins de leur propagation ne l'exigent. On peut aussi, pour avancer leur végétation, les semer sur couche nue, & les repiquer lorsqu'elles ont acquis deux ou trois pouces de hauteur.

Comme les graines de ces plantes sont osseuses, il est nécessaire, si on veut les voir lever dans l'année, de les stratifier, immédiatement après leur maturité, avec de la terre dans un pot qu'on rentrera dans l'orangerie.

Quant aux deux espèces frutescentes, leur culture est indiquée au mot AMBROISIE. (*Bosc.*)

LANAIRE. *LANARIA.*

Plante vivace du Cap de Bonne-Espérance, qui seule forme un genre dans l'hexandrie monogynie & dans la famille des *Liliacées*.

Cette plante n'est pas cultivée dans nos jardins. (*Bosc.*)

LANCISIE. *LANCISIA.*

Genre de plante de la syngénésie superflue & de la famille des *Corymbifères*, établi, aux dépens des COTULES de Linnæus, par Lamarck, qui l'a figuré pl. 701 de ses *Illustrations*. Il renferme quatre espèces, qui ont été appelées LIDBECKIE par Willdenow, & dont l'une forme le genre CENIE de Persoon.

Espèces.

1. La LANCISIE lobée.
Lancisia lobata. Pers. Du Cap de Bonne-Espérance.
2. La LANCISIE pectinée.
Lancisia pectinata. Pers. ♄ Du Cap de Bonne-Espérance.
3. La LANCISIE bipinnée.
Lancisia bipinnata. Pers. Du Cap de Bonne-Espérance.
4. La LANCISIE turbinée.
Lancisia turbinata. Lam. ☉ Du Cap de Bonne-Espérance.

Culture.

Cette dernière est la seule que nous possédions, & sa culture est indiquée au mot COTULE. (*Bosc.*)

LANDES. On applique généralement ce nom à des plaines composées de terres argileuses recouvertes de sable, & où il ne croît presqu'exclusivement que des bruyères, des ajoncs, des genêts, des bugranes, des méliques bleues, des tormentilles, des joncs, des laiches, &c.

Dans beaucoup d'endroits on appelle cependant Landes, les PATURAGES & les FRICHES en terrein sec. Dans le cours de cet article, je les considérerai sous le rapport de l'acception la plus commune.

Comme les Landes ne contiennent de l'humus qu'à leur surface, qu'elles sont plus ou moins couvertes d'eau pendant l'hiver, & extrêmement sèches pendant l'été, il est très-difficile d'y cultiver, avec succès, des céréales, des plantes fourageuses, des légumes, &c.

Les bois de chêne y réussissent quelquefois passablement, lorsqu'on les tient en taillis; mais ce n'est pas sans soins & sans dépenses qu'on les y fait venir, comme je le dirai plus bas. Les pins seuls, surtout ceux de Bordeaux & d'Écosse, y végètent avec force.

Un certain nombre de plantes, à la tête desquelles sont celles que j'ai citées plus haut, y réussissent seules constamment; mais les revenus qu'on en peut tirer sont bien inférieurs à ceux des produits des cultures communes.

Il existe beaucoup de Landes en France, dont les plus considérables sont celles de la Bretagne, celles de la Sologne & celles de Bordeaux. J'ai observé celles des deux derniers de ces pays.

Pourquoi ces vastes plaines ne sont-elles pas mieux cultivées, demande le voyageur qui arrive dans un pays de Landes? Pourquoi ces chevaux, ces vaches, ces moutons sont-ils si chétifs, ajoute-t-il? Il me semble que cette terre est facile à cultiver; il faut la fumer plus abondamment; il faut remplacer ces bestiaux par de plus forts. Mécontent des raisons qu'on lui donne, il pense pouvoir faire mieux, ne doute pas qu'il lui sera facile de s'enrichir mieux, achète à très-bas prix une grande étendue de terre, achète des bestiaux de belles races, laboure convenablement, fume avec excès, obtient d'abord quelques belles récoltes qui l'encouragent, & cependant, au bout de quelques années, se trouvant ruiné, il abandonne sa terre, qui, deux ou trois ans après, est de nouveau recouverte de bruyères, d'ajoncs, de genêts, &c. En effet, à quoi ont abouti ces millions enfouis par les capitalistes hollandais dans les Landes de Bordeaux, les sommes que chaque année, depuis des siècles, quelques particuliers aisés consacrent à l'amélioration de leurs Landes? Mais n'est-il donc pas possible de tirer des Landes un meilleur parti que celui qu'on en tire ordinairement? On le peut, répondrai-je, au moyen d'une culture très-économique, très-judicieuse, & suivie avec la plus constante persévérance.

Ce n'est pas, je dois le dire, de la part des cultivateurs nés dans les Landes, qu'on peut espérer une telle culture. Leur misère & leur ignorance s'opposent invinciblement à toute opération agricole qui sort de leur routine. Toujours ils voudront, comme ils le font aujourd'hui, diviser leur Lande en deux soles, dont l'une, celle du seigle & du sarrazin, sera le sixième, le huitième, le dixième & même le douzième de l'autre, qui sera consacrée au pâturage de moutons de la plus petite taille.

Pour détruire le premier des obstacles qui s'opposent à la culture des Landes, la surabondance d'eau qui s'y conserve, il faudroit les défoncer jusqu'au gravier sur lequel repose presque toujours l'argile superficielle qui empêche l'eau de s'infiltrer; mais cette opération deviendroit très-coûteuse, & ses frais ne seroient jamais remboursés par ses produits. Un moyen d'y suppléer jusqu'à un certain point, c'est de faire des fossés d'écoulement qui traversent une grande étendue de terrein; mais, 1°. comme les Landes ont ordinairement fort peu d'inclinaison, ce moyen n'est pas toujours praticable; 2°. comme il faut le concours de beaucoup de propriétaires qui ne tirent presque rien de leurs fonds, & dont la plupart n'ont point d'autre revenu, ils ne veulent pas en faire les frais. Un autre, c'est de creuser de loin en loin, & dans les endroits les plus bas, des fosses qui aillent au-dessous de cette argile, fosses qu'on remplit ensuite avec le sable de la surface. Un troisième, anciennement proposé & nouvellement rappelé par M. Cadet-de-Vaux, c'est de faire, avec une tarière, un grand nombre de trous de cinq à six pouces de diamètre, également jusqu'au-dessous de la couche d'argile, dans tous les lieux où l'eau séjourne, & de les remplir de broussailles recouvertes de terre.

Cependant il faut de l'eau dans les Landes pour l'usage des hommes, pour celui des animaux, pour arroser, pour donner à l'air le degré d'humidité nécessaire, &c. On devra donc y creuser des puits, des citernes, des mares, des étangs. Ces derniers, en les faisant plus profonds qu'ils le sont ordinairement, en leur donnant surtout des bords perpendiculaires, n'auront pas les inconvéniens qu'on leur reproche, à si juste titre, lorsqu'ils sont multipliés.

Pour détruire le second des obstacles, celui des sécheresses de l'été, on doit diviser tout le terrein par des haies élevées & garnies de grands arbres, & assez rapprochées pour que les enceintes qu'elles formeront ne soient que de dix arpens, terme moyen.

On facilitera les croissances des haies qui, n'ayant pour objet que l'abri, pourront être composées d'ajoncs, de genêts, de chênes, de bouleaux, de pins, arbres qui, comme je l'ai déjà observé, croissent naturellement dans les Landes, en les semant & plantant entre deux rangs de topinambours, qui les garantiront dans leur jeunesse des rayons desséchans du soleil. Leur largeur pourra être de plusieurs toises pour qu'elles fournissent un revenu par leur coupe, qui se fera en jardinant.

Le terrein des Landes desséché & enclos sera ensuite aussi profondément labouré que possible, afin de mêler l'argile du fond avec le sable de la surface, puis assujéti à un cours de récoltes, où les plantes non épuisantes, comme le trèfle, la luzerne, le sainfoin, ou les plantes susceptibles d'être enterrées en fleur, comme le sarrazin, la navette, reparoîtront souvent. On les fumera de plus, abondamment, chaque fois qu'on leur fera porter des céréales, & on le pourra au moyen des bestiaux que les prairies artificielles permettront d'élever.

Cultiver peu (relativement à ses moyens), mais cultiver bien, doit être la devise des agriculteurs des pays de Landes; car, comme l'expérience le prouve, une seule année de négligence peut ramener la terre dans son état primitif.

En conséquence de cette observation, tout propriétaire qui a plus de terrein qu'il n'en peut cultiver, convertira en bois la partie la plus mauvaise ou la plus éloignée de sa demeure. Il faut qu'il renonce à ces immenses parcours, qui aujourd'hui semblent devoir nécessairement être annexés à toute exploitation rurale dans les Landes. Pour y parvenir, il emploiera les moyens dont il a fait usage pour se créer des haies.

Quiconque a voyagé dans les pays de Landes, a dû remarquer que les environs des villages y sont très-productifs, quoique le sol soit le même que celui du reste de la contrée, & que par conséquent il est possible, en cultivant de même la totalité, d'arriver au même résultat. L'établissement de la petite culture peut donc y être introduite avec un avantage certain. Je trouve dans les Lettres de Deluc à la reine d'Angleterre, que les grands propriétaires des Landes de Hanovre & de Zell ont su employer ce moyen en les concédant par petites portions, c'est-à-dire, de cent arpens au plus, à des cultivateurs peu aisés, à qui ils bâtissoient une maison, creusoient un puits, fournissoient des vaches, des poules, des instrumens aratoires, à condition qu'ils défonceroient le terrein à la pioche, y planteroient des haies, des arbres fruitiers & autres, & y suivroient la rotation anglaise des terreins secs, c'est-à-dire, de quatre ans au moins & quelquefois de dix, & que, par ce moyen, ils ont peuplé leurs déserts, & ont retiré un bon revenu de terreins qui n'en n'avoient pas donné jusqu'alors.

Mais dans leur état actuel, les Landes sont susceptibles d'un certain degré de culture, & avec du travail on en obtient dans certains lieux plus de produits que dans certains autres.

Comme il ne s'agit que de creuser ou de faire une digue de deux ou trois pieds de haut, pour former partout un étang, que les étangs fournissent du poisson dans leur milieu & des pâturages sur leurs bords, on a été déterminé, malgré leur insalubrité reconnue, à en construire toutes les fois que ce poisson a pu être de vente, par la proximité d'une grande ville : c'est le cas de la Sologne. Ces étangs fournissent de plus, par les herbes aquatiques qui y croissent, des moyens de litière, d'engrais, de couverture de maisons, &c. qui ne sont pas à dédaigner. Toutes les fois qu'ils peuvent être desséchés à volonté, & complétement, il est très-avantageux de les mettre en culture tous les trois ou quatre ans, pendant autant de tems, parce que le fond en est devenu très-fertile par l'accumulation des plantes & des animaux qui y ont crû ou qui y ont été amenés par les eaux pluviales. On peut toujours, je le répète, empêcher les maladies qui sont la suite de la multiplication des étangs, en creusant assez leurs bords pour que la diminution des eaux, pendant l'été, n'y laisse pas une ceinture de marécage, véritable cause de celles qui emportent, chaque année, tant d'habitans de la Sologne, de la Bresse & du Forez.

Comme je l'ai déjà observé, la bruyère, le genêt & l'ajonc croissent abondamment dans les Landes & s'y succèdent sans cesse; or, il est possible de tirer un certain parti de ces arbrisseaux pour le chauffage & pour l'engrais, & en outre, du dernier, pour la nourriture des bestiaux. On ramasse donc la bruyère pour en chauffer le four, en faire de la litière, ou l'enterrer en fleur. On sème donc, sur un ou deux labours, le genêt & l'ajonc, & on les coupe plus tôt ou plus tard selon l'objet qu'on a en vue. Ainsi, à un an, s'il a été semé épais, le genêt peut être enterré pour engrais, & préparer une bonne récolte de seigle & une d'avoine. Ainsi, après trois ans, il peut être successivement éclairci pendant le double de ce tems, & fournir annuellement du bois pour les tuileries, les fours à chaux si on en a à sa portée. (*Voyez* GENÊT.) Ainsi, à deux ans, l'ajonc commence à devenir bon à être coupé pour, après avoir été écrasé, servir à la nourriture des bestiaux, & surtout des chevaux, auxquels il est très-propre, comme le prouve l'usage de la ci-devant Bretagne. (*Voyez* AJONC.) En Espagne ces deux plantes, & surtout la dernière, parviennent, avec le tems, à la grosseur de la jambe & à la hauteur de quinze à vingt pieds, comme je m'en suis assuré sur les lieux.

Le genêt d'Espagne, si fort du goût des moutons, & dont on peut tirer une filasse propre à faire de la toile, pourroit être substitué avantageusement au genêt commun, dans tous les lieux où il n'auroit pas trop à craindre les gelées, auxquelles il est très-sensible.

On devroit alonger la rotation des assolemens dans les Landes, plus que partout ailleurs; mais on n'y connoît ni la chose ni le nom.

Une pratique assez commune dans les Landes, qui devroit être proscrite par l'opinion, si le droit de propriété s'oppose à ce qu'elle le soit par la loi, c'est le pelage d'une partie de la surface pour améliorer l'autre; car il en résulte une augmentation de stérilité sur la partie pelée, bien plus nuisible à la société, que l'augmentation de la récolte sur la partie améliorée n'a été utile.

Mais plus généralement les Landes ne servent qu'à la pâture des chevaux, des vaches & surtout des moutons, animaux qui, quoique toujours d'une petite stature & de peu de produits, quand on les compare à ce qu'on en retire dans les pays plus favorisés de la nature, n'en font pas moins la richesse. On y élève aussi beaucoup de volailles, surtout de dindons qui, pendant l'été & l'automne y trouvent, lorsqu'on les mène paître au loin, beaucoup d'insectes, surtout des grillons & des sauterelles, qui les nourrissent sans frais.

Dans les Landes où on spécule ainsi sur les bestiaux, il est d'usage de partager les exploitations rurales, qui sont généralement fort étendues, en deux parties : les terres les plus éloignées de la maison qu'on abandonne éternellement à elles-mêmes, & celles qui sont dans le voisinage & qu'on laboure pendant deux ou trois ans pour les laisser se remettre en Landes pendant le triple ou le quadruple de ce tems. C'est sur la portion actuellement en labour que se versent tous les engrais ; mais il n'y en a jamais suffisamment, parce qu'on veut cultiver le plus possible. Il est même de ces exploitations où les bestiaux meurent de faim pendant l'été, lorsque la sécheresse est constante ; meurent de faim pendant l'hiver, lorsque la neige reste long-tems sur la terre, à raison de ce qu'on n'y connoît pas les prairies artificielles, & qu'on s'y abandonne à la providence. Je ne parle pas des mortalites causées parmi les chevaux & les bœufs ou vaches, par les épidémies, & parmi les moutons, par la pourriture & le claveau. Il n'y a pas jusqu'aux volailles qui, en Sologne du moins, sont plus sujètes aux épidémies qu'ailleurs.

Dans beaucoup de Landes on procède au défrichement après avoir essarté à la pioche les touffes de bruyère & d'ajonc qui pourroient arrêter la charue, & dans beaucoup d'autres on commence par écobuer le terrein. Cette dernière méthode donne lieu à des récoltes plus abondantes ; mais, quoi qu'on en dise, elle doit accélérer l'épuisement du sol. Sans doute la brique en petits fragmens qui se forme dans l'opération de l'écobuage, est avantageuse pour rendre plus perméable à l'eau, l'argile qui entre dans la composition du sol des Landes ; mais il vaudroit mieux fabriquer cette brique en prenant l'argile dans des trous profonds, & en employant les broussailles qui ne peuvent être enterrées. *Voyez* ÉCOBUAGE.

Les Landes de l'Armagnac ont été transformées en vignobles, parce qu'elles n'étoient pas aquatiques pendant l'hiver ; il en est de même de beaucoup de portions de celles de Bordeaux.

On doit à M. d'Herbouville un très-bon Mémoire sur les Landes, dans sa *Statistique du département des Deux-Nèthes*, & à M. de Père, d'excellentes idées sur les moyens de rendre à la culture celles de Bordeaux, insérées dans le tome XLV des *Annales d'Agriculture*. J'ai également présenté à la suite d'un Mémoire de M. Deslandes, qui les a pour objet, & qui est inséré dans le même Recueil, tome XLIII, des considérations qui pourront paroître utiles. (*Bosc.*)

LANGEOLE : nom de l'EUPHRAISE, dans le département des Deux-Sèvres.

LANGIT. *Voyez* AILANTHE, dans le *Dictionnaire des Arbres & Arbustes*.

LANGUE. La forme de la Langue & les papilles de sa surface varient dans tous les animaux domestiques.

Les chevaux sont les seuls d'entr'eux dans lesquels on est déterminé à la considérer. Il en est dont la Langue est pendante, ce qui est très-désagréable à la vue. Il en est qui remuent sans cesse leur Langue, la faisant sortir & rentrer à tous momens, ce qui ne l'est guère moins. Certains d'entr'eux replient leur Langue sur le mors, d'autres la font passer par-dessus. Quelquefois on peut, d'autres fois on ne peut pas remédier à ces inconvéniens, par le moyen des EMBOUCHURES. *Voyez* ce mot.

Souvent la Langue des chevaux est blessée par le mors, & dans ce cas le simple repos suffit pour la guérir. Il n'en est pas de même du CHANCRE & encore moins du CHARBON. Ce sont des maladies graves : la dernière même est presque toujours suivie de la mort. (*Bosc.*)

LANGUE DE CERF. *Voyez* DORADILLE-SCOLOPENDRE.

LANGUE DE CHIEN. C'est la CYNOGLOSSE vulgaire.

LANGUE DE SERPENT. Appellation commune de l'OPHIOGLOSSE vulgaire.

LANGUE DE SERPENT. On donne ce nom à la SCABIEUSE DES CHAMPS, aux environs de Boulogne.

LANGUETTE. *Aizoon*.

Genre de plante de l'icosandrie pentagynie & de la famille des *Ficoïdes*, qui contient une douzaine d'espèces, parmi lesquelles il en est plusieurs qui se cultivent dans les jardins de botanique. *Voyez* pl. 437 des *Illustrations des genres* de Lamarck, où il est figuré.

Espèces.

1. La LANGUETTE des Canaries.
Aizoon canariense. Linn. ☉ Des Canaries.

2. La LANGUETTE d'Espagne.
Aizoon hispanicum. Linn. ☉ De l'Espagne.

3. La LANGUETTE lancéolée.
Aizoon lanceolatum. Willd. ☉ Du Cap de Bonne-Espérance.

4. La LANGUETTE glinoïde.
Aizoon glinoides. Linn. ♄ Du Cap de Bonne-Espérance.

5. La LANGUETTE sarmenteuse.
Aizoon sarmentosum. Linn. Du Cap de Bonne-Espérance.

6. La LANGUETTE étoilée.
Aizoon stellatum. Lam. Du Cap de Bonne-Espérance.

7. La LANGUETTE unilatérale.
Aizoon secundum. Linn. Du Cap de Bonne-Espérance.

8. La LANGUETTE roide.
Aizoon rigidum. Linn. ♄ Du Cap de Bonne-Espérance.

9. La LANGUETTE frutescente.
Aizoon fruticosum. Linn. ♄ Du Cap de Bonne-Espérance.

10. La LANGUETTE paniculée.
Aizoon paniculatum. Linn. Du Cap de Bonnee Espérance.

11. La LANGUETTE cotoneuse.
Aizoon tomentosum. Lam. ♄ Du Cap de Bonne-Espérance.

Culture.

Nous cultivons les quatre premières de ces espèces dans nos jardins.

Celles qui sont annuelles se sèment, au printems, dans des pots remplis de terre de bruyère usée, sur couche nue, & lorsque ces plants ont poussé quatre ou cinq feuilles, on les repique partie en pleine terre & en place, & partie dans d'autres pots. Ces derniers, si l'automne a été pluvieux ou froid, se rentrent dans l'orangerie aux approches des gelées, afin de donner moyen aux pieds qu'ils contiennent de perfectionner la maturité de leurs graines; ils demandent fort peu d'arrosement.

L'espèce vivace se multiplie de boutures faites sur couche & sous châssis. Du reste, elle se conduit comme les FICOÏDES. *Voyez* ce mot.

Les Languettes des Canaries & d'Espagne se mangent quelquefois comme le pourpier. (*Bosc.*)

LANI.

Arbrisseau des Moluques, dont Rumphius a donné la figure, & dont il dit que les fruits sont employés contre les effets des poisons.

Cet arbrisseau n'a pas encore été introduit dans nos cultures. (*Bosc.*)

LANQUAS. *Voyez* GALANGA.

LANZA.

Arbre des Moluques, dont les fruits se mangent, & qui a été décrit & figuré par Rumphius.

Comme cet arbre n'a pas été apporté en Europe, je n'ai rien à en dire. (*Bosc.*)

LAPAGÉRIE. *Lapageria.*

Arbrisseau qui seul forme un genre dans l'hexandrie monogynie, mais que nous ne possédons pas dans nos jardins, & sur lequel je ne puis pas, par conséquent, m'étendre davantage. (*Bosc.*)

LAPI : nom du CELERI dans le département de Lot & Garonne.

LAPEYROUSIE. *Lapeyrousia.*

Arbrisseau du Cap de Bonne-Espérance, qui faisoit partie des *Osmites*, & qu'on a séparé dans ces derniers tems, pour en former un particulier dans la syngénésie sustranée.

Cet arbrisseau n'étant pas cultivé dans nos jardins, n'est pas dans le cas de donner lieu à un plus long article. (*Bosc.*)

LAPIA.

Arbre des Moluques, qui a été figuré par Rumphius, mais dont il n'existe pas d'individu dans les jardins de l'Europe. (*Bosc.*)

LAPIN. Cet animal doit être considéré ici sous deux rapports;

Comme nuisible, parce que, dans l'état sauvage ou demi-sauvage, il ronge l'écorce des arbres, & s'oppose à toute amélioration agricole;

Comme utile, parce que sa chair est un bon manger, parce que sa peau est d'une vente certaine, sa reproduction rapide, son éducation facile, &c.

Il est donc de l'intérêt des cultivateurs de détruire les Lapins sauvages, de n'en mettre que dans les parcs incapables, par la nature de leur sol, de produire de beaux arbres, & de les multiplier le plus possible dans les garennes ou les clapiers, c'est-à-dire, dans des enceintes où on les nourrit à la main.

On procède à la destruction des Lapins sauvages en les tuant à coups de fusil, ou en faisant entrer dans leurs terriers un furet, & en les arrêtant, à la sortie, dans un filet en forme de sac long & étroit. Ce dernier moyen est le plus certain, le plus rapide & le plus économique (*voyez* au mot FURET, dans le *Dictionnaire des Quadrupèdes*); c'est donc celui que les cultivateurs doivent préférer.

La chair des Lapins sauvages est sans doute plus savoureuse que celle des Lapins domestiques; mais il ne faut pas croire que celle de ces derniers ne soit pas mangeable, comme on veut le faire croire. Je parle de ce préjugé, parce qu'il influe sur la multiplication des Lapins domestiques, qui est beaucoup moindre qu'elle le seroit s'il n'existoit pas. La nuance est si difficile à saisir, que de prétendus gourmets y sont trompés tous les jours. Il est d'ailleurs aisé, par des procédés connus, & dont je parlerai plus bas, de rendre la chair des Lapins domestiques égale en qualité à celle des Lapins sauvages. Pourquoi donc tant de cultivateurs, qui ne mangent que du pain sec pendant la plus grande partie de l'année, & qui pourroient si aisément & à si peu de frais se donner presque tous les jours un Lapin à manger, se le refusent-ils? Ce ne peut être que par ignorance; car rien ne s'y oppose, chaque Lapin, comme je l'ai démontré par des calculs, au mot GARENNE, ne pouvant pas leur revenir à plus de deux sous, & sa peau seule se vendant quatre sous, terme moyen.

Il y a lieu de croire que la principale cause qui, avec le préjugé ci-dessus, s'oppose à ce que les Lapins soient aussi multipliés dans les campagnes, qu'il seroit à desirer qu'ils le fussent, est la grande mortalité qui règne quelquefois parmi eux, & qui les enlève en peu de jours. Tous les faits qui sont cites dans les auteurs, & ceux qui me sont propres, prouvent que c'est à des erreurs d'hygiène qu'elles sont dues. Le Lapin est un animal des pays élevés, secs & chauds. Un mauvais air, l'humidité & le froid lui sont donc extrêmement contraires. Or, ils trouvent tout cela réuni dans les enceintes resserrées où les cultivateurs les forcent de rester. Ajoutez qu'un exercice modéré leur est indispensable. Il n'est point rare de les voir périr d'asphixie, par suite des émanations des restes de leur nourriture & de leurs excrémens, dans des tonneaux dont l'air ne peut se renouveler. Il est très-commun de les voir périr de la POURRITURE, comme les moutons, parce qu'ils sont dans un lieu trop humide, ou qu'on leur donne des alimens trop aqueux; aussi l'exposition au nord leur est toujours préjudiciable.

C'est donc en plaçant les clapiers au levant ou au midi, en les nétoyant tous les jours, pendant l'été, ou au moins deux fois par semaine, pendant l'hiver, en leur donnant le plus d'air possible, qu'on peut être certain de les conserver & de les voir prospérer.

Je renvoie au mot GARENNE pour tout ce qui concerne leur construction & la conduite des Lapins qui s'y trouvent; ainsi je ne parlerai ici que des petits clapiers.

Lorsque, par sa position, on est forcé de mettre les Lapins sous des toits à Lapins, qui ne diffèrent des TOITS A PORCS (*voyez* ce mot) que par leurs dimensions plus petites, ou dans des tonneaux, il faut avoir assez de ces toits ou de ces tonneaux pour tenir séparément les mâles, les femelles pleines, les femelles nouvellement accouchées, les petits après leur sévrage, & les Lapins d'un an qu'on veut engraisser. Des grilles ou des couvertures, percées d'un grand nombre de grands trous, doivent les mettre à l'abri de la rapacité des chats, des fouines, des belettes & même des rats, qui les mangent.

Il est un moyen très-assuré de conserver la santé & d'augmenter la qualité de la chair des Lapins élevés dans un clapier, un tonneau ou autre enceinte très-circonscrite; c'est de les changer tous les mois de local, & de n'en remettre dans celui où ils étoient, que six mois après. On est bien dédommagé de l'augmentation de dépense que nécessite cette pratique par les avantages qu'on en retire.

Il est d'usage de ne donner à manger aux Lapins que deux fois par jour, le matin & le soir. Leur nourriture doit être variée autant que possible, & surtout jamais composée uniquement, plusieurs jours de suite, d'alimens trop aqueux, comme des feuilles de choux, de laitues, de carottes, de navets, &c. Il faut surtout éviter, je ne puis trop insister sur ce point, de leur donner de l'herbe couverte de rosée ou mouillée par la pluie. Un peu de sel mêlé avec du son, ou introduit exprès dans du pain, pendant les saisons humides, concourt à entretenir leur bonne santé. L'avoine, l'orge & les autres grains sont également utiles dans ce cas, & pour les mères nourrices. Pendant l'hiver on leur distribue du foin de regain, des feuilles d'arbres desséchées, des branches d'arbres dont ils aiment à ronger l'écorce, celles des acacias surtout, des pommes de terre, des topinambours, des betteraves, &c.

Les Lapins sauvages mangent tant qu'ils veulent, & n'ont jamais d'indigestions; mais les Lapins domestiques, à qui on donne tantôt beaucoup, tantôt peu de nourriture, qui se la disputent entre eux, à raison de leur rapprochement, en ont fréquemment. Pour les leur éviter le plus possible, il faut ne leur donner que la quantité strictement nécessaire, excepté aux mères nourrices, & la disperser autour d'eux.

Une litière sèche, abondante & fréquemment renouvelée, est, comme je l'ai déjà observé, la condition la plus essentielle à la bonne santé & à la conservation des Lapins. Cette litière donne un fumier analogue à celui des moutons, par conséquent excellent, &, sous ce rapport, l'éducation des Lapins est encore quelque peu avantageuse aux cultivateurs.

Après ces soins, les plus dans le cas d'être recommandés sont ceux relatifs à la fécondation, à la gestation, à l'accouchement & à la nourriture des petits.

Ainsi que je l'ai dit plus haut, les mâles, dans les petites enceintes, doivent être tenus séparés des femelles, parce que l'ardeur des premiers pour la jouissance fait souvent avorter les secondes. Ils doivent être encore plus rigoureusement éloignés des mères nourrices, puisque le même inconvénient seroit la suite de leur réunion, & de plus causeroit la mort de beaucoup de petits, qu'ils tueroient pour rendre les mères plus dociles, ainsi que l'expérience l'a prouvé des milliers de fois.

Il n'est pas bon de faire accoupler les Lapins de moins de six mois, parce que les productions de cet âge se ressentent de leur foiblesse. Il n'est pas bon, par la même raison, de les faire accoupler après six ans. Un an & demi pour les mâles & un an pour les femelles est l'âge convenable.

On juge que les femelles sont en chaleur à l'agitation qu'elles montrent & à la tuméfaction de leur vulve.

Ordinairement chaque femelle fait cinq portées par an, qui, à six petits, terme moyen, chacune, donnent trente. Leur gestation dure trente-un jours. Au bout de trois semaines de nourriture, on la remet au mâle pendant une nuit, tems suffisant pour qu'elle soit ordinairement fécondée, & huit jours après on la sépare de ses petits, pour qu'elle ait le tems de se fortifier & que la portée suivante soit vigoureuse.

Il est des femelles qui tuent leurs petits, principalement quand elles deviennent en chaleur. Si, en les remettant au mâle & en les nourrissant bien, elles répètent cet acte contre nature, le meilleur parti à prendre est de les tuer.

Conserver note du jour où les femelles ont été mises au mâle est une précaution importante, parce qu'il est très-avantageux de connoître, à deux ou trois jours près, le moment de leur accouchement, afin de leur donner d'avance une litière fraîche & abondante ; car il peut résulter de graves inconvéniens, pour les petits, de les troubler eux & leur mère dans les premiers jours de leur naissance. Il faut laisser à ces dernières le soin de faire leur nid, dans lequel elles font toujours entrer du poil qu'elles arrachent de leur ventre. Elles ne doivent voir, pendant les huit premiers jours, que celui qui leur apporte à manger, & encore faut-il qu'il évite de faire des mouvemens trop brusques ou trop de bruit en le leur donnant. Ces mères doivent en tout tems, & principalement alors, être plus abondamment & plus délicatement nourries que les autres.

Les Lapereaux commencent à manger seuls à trois semaines, & à quatre semaines, comme je l'ai indiqué plus haut, ils peuvent se passer de leur mère. A trois mois on peut déjà les servir sur la table ; mais il vaut mieux, sous tous les rapports, attendre qu'ils en aient six. Les mâles sont châtrés peu après qu'ils sont sévrés, par l'enlévement des deux testicules, ou seulement par leur désorganisation (*voyez* Castration), ce qui permet de les laisser avec les jeunes, & ce qui favorise leur accroissement en grosseur, ainsi que leur engrais.

Les Lapins d'un an sont plus tendres que ceux d'un âge plus avancé, &, comme ils ne grossissent alors presque plus, il est de l'intérêt des cultivateurs de les manger ou de les vendre à cette époque ; & comme c'est en hiver que leur peau est garnie de poils plus longs & plus nombreux, il est encore de leur intérêt de faire en sorte que le plus grand nombre soit arrivé à l'âge susdit à cette époque.

Outre la pourriture dont j'ai déjà parlé, & que l'on appelle *dase*, *gros ventre*, les Lapins sont sujets à une autre maladie, à une sorte d'éthisie, accompagnée de gale, qu'on attribue à la même cause que la pourriture, & qui se guérit de même, c'est-à-dire, au moyen d'une nourriture sèche & fortifiante, accompagnée d'une extrême propreté.

Les jeunes Lapins sont encore dans le cas, lorsqu'ils ne sont pas bien soignés, de perdre la vue, & même de mourir par suite des gaz délétères dans lesquels ils sont constamment plongés, & qui agissent sur leurs organes avec beaucoup plus d'activité que sur ceux des vieux, à raison de leur extrême foiblesse.

Il n'est pas vrai, comme on le répète dans tous les livres, que les Lapins sauvages doivent leur fumet à ce qu'ils mangent du serpolet. Il est de fait, ainsi que je l'ai constaté plusieurs fois, qu'ils le refusent, ainsi que toutes les autres plantes aromatiques d'une saveur âcre ; c'est aux plantes des terreins secs & arides, qui croissent à côté du serpolet, principalement à la fétuque ovine, que j'ai remarqué qu'ils aimoient avec passion, ainsi qu'au bon air qu'ils respirent, qu'est due leur supériorité de saveur.

On connoît plusieurs procédés propres à rendre meilleure la chair des Lapins de clapier. Par exemple, on y parvient en mettant dans le corps de ceux que l'on destine à être rôtis ; une petite poignée de feuilles du bois de Sainte-Lucie, de fleurs de mélilot, de thym ou de serpolet. Il est beaucoup de manières de les apprêter, manières qui seront indiquées dans les autres parties de cet ouvrage.

Jusqu'à présent je n'ai parlé que du Lapin sauvage mis en captivité, & dont le pelage est gris sur le corps & blanc dessous ; mais il a donné naissance, par suite de sa domesticité, à différentes races, dont plusieurs ont une supériorité marquée sur lui, sous un ou plusieurs rapports. Ainsi il y en a de blancs, de noirs, de roux, &c. qui sont généralement plus gros & plus tendres que le commun. Parmi ces races, il en est une qu'il faut principalement distinguer & souvent préférer, à raison de la longueur & de la beauté de son poil ; c'est celle qu'on appelle d'*Angora* : elle varie en couleur comme le commun. Parmi ces couleurs, il en est deux plus estimées ; c'est la blanche & l'ardoisée. Les peaux de la première valent plus du double, & celles de la seconde plus du triple que celles du Lapin commun. On en fait des fourures ; on fait entrer leurs poils dans la fabrication des tricots, des chapeaux, &c. Souvent on gagne à enlever ces poils dans le tems de la mue & à les vendre séparément. Il n'est point de ménagère qui ne puisse les introduire elle-même dans la laine qu'elle file, afin d'en faire des bas chauds à son vieux père, à ses petits enfans.

Un bon choix des individus mâles & femelles, pour la reproduction, est toujours nécessaire ; mais il l'est principalement pour les belles races, telles que celles dont il vient d'être question. Ainsi tout cultivateur qui voudra se livrer à leur élève devra ne conserver que les individus les plus gros, les mieux constitués, les mieux pourvus de toutes les qualités physiques & même morales que leur a départies la nature. J'ai vu des Lapins angora d'une telle grosseur, & dont le poil étoit si long, qu'on étoit tenté de les prendre pour des épagneuls.

C'est à mon collègue Silvestre qu'on doit les meilleurs écrits qui aient encore été publiés sur les Lapins, & je n'ai pu mieux faire que d'en extraire ce qu'on vient de lire. (*Bosc.*)

LAPPAGE.

Genre établi pour placer une espèce de Racle, la *racle à fleurs en grappes.* Il en sera question à ce mot. (*Bosc.*)

LAPPULIER. *Triumfetta.*

Genre de plante de la dodécandrie monogynie & de la famille des *Liliacées*, qui réunit une quinzaine d'espèces, dont plusieurs se cultivent dans les jardins

jardins de botanique. Il est figuré pl. 400 des *Illustrations des genres* de Lamarck.

Espèces.

1. Le LAPPULIER sinué, vulgairement *herbe à cousin.*
Triumfetta lapula. Linn. ♄ Des Antilles & de l'Ile-de-France.
2. Le LAPPULIER trilobé.
Triumfetta semitriloba. Linn. ♄ Du Brésil.
3. Le LAPPULIER hétérophylle.
Triumfetta heterophylla Lam. ♄ De Saint-Domingue.
4. Le LAPPULIER de Bartram.
Triumfetta bartramia. Lam. ⊙ Des Indes.
5. Le LAPPULIER des Indes.
Triumfetta annua. Linn. ⊙ Des Indes.
6. Le LAPPULIER anguleux.
Triumfetta angulata. Lam. Des Indes.
7. Le LAPPULIER à feuilles rondes.
Triumfetta rotundifolia. Lam. Des Indes.
8. Le LAPPULIER glanduleux.
Triumfetta glandulosa. Lam. Des Indes.
9. Le LAPPULIER althéoïde.
Triumfetta altheoides. Lam. ♄ De Cayenne.
10. Le LAPPULIER velouté.
Triumfetta velutina. Vahl. ♄ De l'Ile-de-France.
11. Le LAPPULIER couché.
Triumfetta procumbens. Forst. Des îles de la Société.
12. Le LAPPULIER hérissé.
Triumfetta hirta. Vahl. ♄ De l'Amérique méridionale.
13. Le LAPPULIER à grandes fleurs.
Triumfetta grandiflora. Vahl. ♄ De l'Amérique méridionale.
14. Le LAPPULIER à grandes feuilles.
Triumfetta macrophylla. Vahl. ♄ De l'Amérique méridionale.
15. Le LAPPULIER à feuilles rhombes.
Triumfetta rhombeæfolia. Jacq. ♄ De l'Amérique méridionale.

Culture.

La première espèce fournit une filasse dont on fait des cordes : la seconde & la troisième sont les seules qui se cultivent dans nos serres. On ne les obtient que de graines ; elles demandent une terre de moyenne consistance, beaucoup de chaleur & peu d'arrosemens : ce sont des arbrisseaux sans agrémens, qui subsistent rarement long-tems. (*Bosc.*)

LAPSANE ou LAMPSANE. *Lapsana.*

Genre de plante de la syngénésie égale & de la famille des *Chicoracées*, qui réunit cinq espèces, dont une est fort commune, & dont plusieurs se cultivent dans nos jardins de botanique. *Voyez* les *Illustrations des genres* de Lamarck, pl. 655.

Observations.

Ce genre étoit autrefois plus nombreux en espèces ; mais on l'en a dégarni pour en former les genres ZACINTHE & RHAGADIOLE, & ses deux dernières espèces faisoient jadis partie des HYOSÉRIDES. *Voyez* ces mots.

Espèces.

1. La LAPSANE commune.
Lapsana communis. Linn. ⊙ Indigène.
2. La LAPSANE grêle.
Lapsana virgata. Desf. ♃ De la Barbarie.
3. La LAPSANE crépue.
Lapsana crispa. Willd. ⊙ De.....
4. La LAPSANE fétide.
Lapsana fetida. Willd. ♃ Indigène.
5. La LAPSANE naine.
Lapsana pusilla. Willd. ⊙ Indigène.

Culture.

La Lapsane commune croît dans les bois, les haies, autour des maisons, enfin dans tous les lieux ombragés dont la terre est légère & fertile, quelquefois en très-grande abondance. Il est des jardins où les sarclages les plus réguliers ne peuvent la faire disparoître. Son port ne manque pas d'élégance. Les bestiaux la mangent quand elle est jeune, mais ne la recherchent pas. Le meilleur emploi qu'on en puisse faire, c'est pour augmenter la masse des fumiers. On la sème en place dans les jardins de botanique, & on la sarcle au besoin.

La seconde espèce a été cultivée au Jardin du Muséum ; mais elle en est disparue faute d'avoir donné de bonnes graines. On la semoit dans des pots, sur couche nue, & on la mettoit en place lorsqu'elle avoit acquis deux à trois pouces de haut.

On y cultive encore la troisième de la même manière.

Les deux dernières espèces se sèment en place, & ne demandent que des sarclages & des binages de propreté. (*Bosc.*)

LARD, forte de graisse qui se dépose exclusivement dans le tissu cellulaire de la peau du COCHON. *Voyez* ce mot.

Le Lard est la partie la plus importante de la dépouille des cochons, à raison de la grande consommation qui s'en fait pour la nourriture & l'assaisonnement des mets, principalement dans les campagnes. On en voit dont l'épaisseur est de plus de quatre pouces.

Pour conserver le Lard, on le sale & on le suspend ensuite à l'air. La première altération qu'il éprouve, & que beaucoup de perſonnes veulent qu'il ait, eſt la RANCIDITÉ. *Voyez* ce mot. (*Bosc.*)

LARDIZABALE. *LARDIZABALA.*

Genre de plante de la dioécie monadelphie, qui renferme deux eſpèces, dont aucune ne ſe cultive dans les jardins de Paris.

Eſpèces.

1. La LARDIZABALE à feuilles deux fois ternées.
Lardizabala biternata. Ruiz & Pav. ♄ Du Chili.
2. La LARDIZABALE à feuilles trois fois ternées.
Lardizabala triternata. Ruiz & Pav. ♄ Du Chili. (*Bosc.*)

LARME DE JOB. *Voyez* l'article ſuivant.

LARMILLE. *Coix.*

Genre de plante de la monoécie triandrie & de la famille des *Graminées*, qui réunit trois eſpèces, qui toutes fourniſſent ou peuvent fournir, par leurs graines farineuſes, un aliment aux habitans des pays chauds, & dont deux ſe cultivent dans nos jardins. *Voyez* les *Illuſtrations des genres* de Lamarck, pl. 750, où il eſt figuré.

Eſpèces.

1. La LARMILLE des Indes.
Coix lacryma. Linn. ♃ Des Indes.
2. La LARMILLE arondinacée.
Coix arundinacea. Lam. ♃ De l'Amérique méridionale.
3. La LARMILLE agreſte.
Coix agreſtis. Willd. ♃ De la Cochinchine.

Culture.

On a dit que la première eſpèce ſe cultivoit en Eſpagne & en Portugal, & qu'on y faiſoit du pain de ſes graines moulues; cependant il paroît qu'on n'y emploie réellement ces graines que pour compoſer des chapelets, ce à quoi elles ſont très-propres par leur groſſeur, leur forme & leur luiſant. C'eſt dans l'Inde, c'eſt dans la Cochinchine qu'on mange ſes graines, & nous n'avons aucun renſeignement ſur leur culture dans ces pays.

Dans le climat de Paris, on ne peut eſpérer de voir arriver les graines des Larmilles à maturité, qu'autant qu'on les ſème ſur couche, qu'on les repique dans des pots remplis de bonne terre, qu'on les place à une expoſition méridienne, que l'on arroſe abondamment pendant les chaleurs, & qu'on les rentre avant les gelées dans l'orangerie ou la ſerre tempérée: il eſt cependant des années où elle fructifie en pleine terre.

Il eſt à remarquer que la première eſpèce devient annuelle, même dans nos ſerres chaudes, & que la ſeconde s'y conſerve vivace: nous ne poſſédons pas la troiſième. (*Bosc.*)

LARMOIEMENT: écoulement de l'humeur lacrymale des yeux des animaux domeſtiques.

Pluſieurs cauſes peuvent produire le Larmoiement. Les principales ſont: 1°. une inflammation des muſcles de l'œil; 2°. la foibleſſe des muſcles amenée par une cauſe quelconque, & ſurtout par la vieilleſſe; 3°. une tumeur qui comprime le ſac lacrymal.

Dans le premier cas, il faut traiter l'inflammation par les adouciſſans; dans le ſecond, fortifier les parties par des échauffans ou des aſtringens; dans le troiſième, extirper la tumeur ſi cela paroît poſſible.

Un Larmoiement peut exiſter ſans nuire au travail qu'on exige des chevaux: en conſéquence on fait fort peu d'attention à celui qui ſurvient aux chevaux gourmeux. (*Bosc.*)

LAROCHÉE. *LAROCHEA.*

Genre de plante établi dans la pentandrie pentagynie, pour placer deux eſpèces de craſſules qui n'ont pas tous les caractères des autres; ce ſont les CRASSULES écarlate & en faux.

Comme il a été queſtion de la culture de la première au mot CRASSULE, & que celle de la ſeconde eſt poſitivement la même, je n'ai rien à en dire de plus. (*Bosc.*)

LARRÉE. *LARREA.*

Genre de plante de la décandrie monogynie, qui réunit trois eſpèces, dont aucune n'eſt cultivée dans nos jardins.

Eſpèces.

1. La LARRÉE luiſante.
Larrea nitida. Cavan. ♄ De l'Amérique méridionale.
2. La LARRÉE divariquée.
Larrea divaricata. Cavan. ♄ De l'Amérique méridionale.
3. La LARRÉE à feuilles en coin.
Larrea cuneifolia. Cavan. ♄ De l'Amérique méridionale. (*Bosc.*)

LARVE. On appelle ainſi, dans le langage de la ſcience, l'état dans lequel ſe trouvent preſque tous les inſectes au ſortir de l'œuf; état fort différent de ce qu'ils ſeront enſuite.

Dans le langage vulgaire, les Larves des lépidoptères s'appellent des *chenilles*, & celles des autres claſſes, des *vers*, mais fort improprement, ce dernier nom appartenant particulièrement aux animaux sans vertèbres, qui ne subissent pas de transformations.

Il y auroit lieu de s'étendre beaucoup sur les Larves, en ce qu'il en est beaucoup qui nuisent aux cultivateurs ; mais cet objet ayant été traité convenablement dans le *Dictionnaire des Insectes*, je suis dispensé de m'en occuper davantage. (*Bosc.*)

LASER. *Laserpitium*.

Genre de plante de la pentandrie digynie & de la famille des *Ombellifères*, qui rassemble une trentaine d'espèces, dont plusieurs se cultivent dans les jardins de botanique. Il est figuré pl. 199 des *Illustrations des genres* de Lamarck.

Espèces.

1. Le LASER à larges feuilles.
Laserpitium latifolium. Linn. ♃ Des Alpes.
2. Le LASER pourpré.
Laserpitium libanotis. Linn. ♃ De l'est de l'Europe.
3. Le LASER trifurqué.
Laserpitium gallicum. Linn. ♃ Des Alpes.
4. Le LASER à feuilles étroites.
Laserpitium angustifolium. Linn. ♃ Du midi de l'Europe.
5. Le LASER de Prusse.
Laserpitium prutenicum. Linn. ♃ Des Alpes.
6. Le LASER daurique.
Laserpitium dauricum. Jacq ⊙ De la Tartarie.
7. Le LASER velu.
Laserpitium villosum. Linn. ♃ Des Alpes.
8. Le LASER polygame.
Laserpitium polygamum. Lam. ♃ Des côtes de Barbarie.
9. Le LASER peucédanoïde.
Laserpitium peucedanoides. Linn. ♃ De l'Italie.
10. Le LASER sermontain.
Laserpitium siler. Linn. ♃ Des Alpes.
11. Le LASER férulacé.
Laserpitium ferulaceum. Lam. ♃ Du Levant.
12. Le LASER simple.
Laserpitium simplex. Linn. ♃ Des Alpes.
13. Le LASER du Cap.
Laserpitium capense. Thunb. Du Cap de Bonne-Espérance.
14. Le LASER à trois lobes.
Laserpitium trilobum. Jacq. ♃ Des Alpes de l'Allemagne.
15. Le LASER à feuilles d'ancholie.
Laserpitium aquilegifolium. Linn. ♃ De l'Allemagne.
16. Le LASER à feuilles très-aiguës.
Laserpitium angustissimum. Willd. Du midi de l'Europe.
17. Le LASER beau.
Laserpitium formosum. Willd. ♃ Du midi de l'Europe.
18. Le LASER doré.
Laserpitium aureum. Willd. ♃ De l'Orient.
19. Le LASER à feuilles de siler.
Laserpitium silaifolium. Jacq. ♃ De l'est de l'Europe.
20. Le LASER acyphylle.
Laserpitium acyphylle. Linn. De la Nouvelle-Zélande.
21. Le LASER archangélique.
Laserpitium archangelica. Jacq. ♃ De l'est de l'Europe.
22. Le LASER chicorée.
Laserpitium chiroocum. Mill. ♃ Du midi de l'Europe.
23. Le LASER luisant.
Laserpitium lucidum. Ait. ♂ Des Alpes.
24. Le LASER rude.
Laserpitium scabrum. Cavan. ⊙ De l'Espagne.
25. Le LASER triangulaire.
Laserpitium triquetrum. Vent. ♃ De la Turquie.
26. Le LASER thapsioïde.
Laserpitium thapsioides. Desfont. ♃ Des côtes de Barbarie.
27. Le LASER méoïde.
Laserpitium meoides. Desfont. ♃ Des côtes de Barbarie.
28. Le LASER daucoïde.
Laserpitium daucoides. Desfont. ♃ Des côtes de Barbarie.
29. Le LASER de Desfontaines.
Laserpitium Fontanesii. Perf. ♃ des côtes de Barbarie.
30. Le LASER gummifère.
Laserpitium gummiferum. Desfont. ♃ Des côtes de Barbarie.

Culture.

On possède dans nos jardins de botanique une douzaine de ces espèces, qui toutes supportent la pleine terre, mais ont besoin d'être plantées dans une terre légère & dans une exposition chaude, pour résister aux rigueurs de l'hiver. Celles des côtes de Barbarie & du Levant exigent l'orangerie pendant cette saison, & doivent par conséquent être tenues en pot. Toutes sont de grandes plantes qui ne manquent pas d'élégance, & qui peuvent être placées avec avantage dans les endroits les plus secs & les plus abrités des jardins paysagers, comme en avant des massifs, contre les fabriques, &c.

La multiplication des Lasers a lieu de deux manières, ou par le semis de leurs graines, ou par le déchirement de leurs vieux pieds.

Le semis se fait peu après la récolte des graines, parce qu'elles perdent facilement leur faculté germinative, & autant que possible en place. Cependant il arrive souvent que, pour avancer la végétation du plant, on les sème au printems (& dans ce cas il faut les avoir stratifiées pendant l'hiver), dans des pots qu'on enterre dans une couche nue, pots dont on enlève le plant, lorsqu'il a quelques feuilles, pour le mettre en place.

Le déchirement des vieux pieds a lieu à la fin de l'hiver, & n'offre aucune difficulté. Il est même bon de faire cette opération toutes les trois ou quatre années, pour empêcher les touffes de trop s'étendre.

Chaque année, en automne, on renouvellera la terre des pieds. (*Bosc.*)

LASIOPÉTALE. *Lasiopetalum.*

Arbrisseau de la Nouvelle-Hollande, qu'on cultive dans nos orangeries, & qui seul forme un genre dans la pentandrie monogynie & dans la famille des *Nerpruns.*

Cet arbrisseau demande de la terre de bruyère & des arrosemens fréquens; car c'est dans les marais qu'il croît naturellement. On le multiplie de boutures faites au printems, sur couche & sous châssis. Comme il est en végétation & même en fleur presque toute l'année, il faut lui donner de la nouvelle terre tous les ans en automne. Au reste, il est de peu d'agrément, & ne se recherche que dans les jardins de botanique & les grandes collections. (*Bosc.*)

LATANIER. *Latania.*

Genre de plante de la dioécie monadelphie & de la famille des *Palmiers*, qui rassemble deux espèces, dont une est cultivée dans nos serres.

Espèces.

1. Le LATANIER de la Chine.
Latania chinensis. Jacq. ♄ De la Chine.
2. Le LATANIER rouge.
Latania rubra. Jacq. ♄ De l'Ile-de-France.

Culture.

Le Latanier de la Chine, qui se trouve aussi à l'Ile-Bourbon, ne peut, comme tous les autres palmiers, se multiplier autrement que de graines tirées de son pays natal. C'est un superbe arbre, mais qui croît avec une lenteur désespérante. Une terre consistante & une grande chaleur lui sont nécessaires dans nos climats. Jamais on ne le sort de la serre chaude; il faut tous les deux à trois ans augmenter la capacité du vase où il est placé, & lui donner de la nouvelle terre : trop d'arrosemens lui sont préjudiciables pendant les saisons froides. *Voyez* au mot PALMIER, pour la culture & l'utilité de cet arbre dans son pays natal. (*Bosc.*)

LATRINE : fosse profonde, plus ou moins large, le plus souvent revêtue de murs, surmontée ordinairement d'un siége en bois, percé d'un trou d'un pied de diamètre, dans laquelle les hommes vont déposer leurs excrémens.

Sous les rapports de la salubrité, de la propreté & de l'économie des engrais, les cultivateurs, & en général tous les hommes, habitant des demeures fixes, devroient mettre une grande importance au placement & à la construction de leurs Latrines, & malheureusement ce n'est que dans les grandes villes où on y procède convenablement, & encore seulement parce qu'on y est forcé par les réglemens d'une sévère police.

Eclairé sur ses véritables intérêts, un cultivateur, s'il ne veut pas faire trop de dépense, construira ses Latrines à une certaine distance de sa maison, de son puits, de sa cave, dans un petit cabinet fermé, ou au moins derrière un appentis propre à les cacher aux regards & à les garantir de la pluie. Il pavera la fosse en pierres dures, & fera revêtir les côtés d'un mur, tel que les urines ne puissent se perdre; mur que, pour plus de sécurité, il garnira par-derrière d'un corroiement d'argile. La grandeur de cette fosse sera proportionnée au nombre de personnes qui demeurent chez lui, & telle qu'il puisse rester le maître de la nétoyer tous les ans, tous les deux ans, trois ans, à volonté, &c. Si elle est peu profonde & qu'il soit dans son intention, comme cela est bon, de la faire nétoyer souvent, il y fera jeter de tems en tems de la paille.

Les propriétaires des maisons considérables ne peuvent se dispenser de placer les Latrines dans l'intérieur; mais alors c'est, à raison de la mauvaise odeur, à la partie la plus élevée qu'il faut placer leur ouverture, afin que les vapeurs qui en émanent, se perdent dans l'atmosphère. En conséquence, on établit contre les murs, le plus souvent dans l'angle de l'escalier, un conduit en forme de cheminée ou une suite de larges tuyaux de terre ou de fer, qui répond à l'ouverture de la fosse, & on ménage, au rez-de-chaussée, une seconde ouverture couverte d'une dalle de pierre scellée à la chaux, qui ne se lève que lorsqu'on veut la nétoyer.

Plusieurs tuyaux latéraux peuvent être dirigés dans le tuyau principal, pourvu que l'angle que chacun forme avec lui soit très-aigu, à raison du danger des obstructions de matières fécales.

Il est très-avantageux à la salubrité de faire sortir d'un des angles de la fosse, un autre tuyau large de trois à quatre pouces, qui aura son issue sur le toit, afin qu'il y ait un courant d'air dans cette fosse qui en chasse, à mesure qu'ils se forment, les gaz délétères & les odeurs désagréables qui les accompagnent.

On a beaucoup varié sur les accessoires des lunettes ou siéges des Latrines. Il y a quelques années qu'on les tenoit fermées au moyen d'un piston qu'on n'ouvroit qu'au besoin : c'étoient les *Commodités à l'anglaise.* Ces lunettes étant couteuses, sujètes à entretien, & présentant des inconvéniens graves à raison de l'accumulation des gaz qu'elles faisoient naître dans la fosse, on y a renoncé. Aujourd'hui on se contente de placer dessous un vase en cône tronqué en faïence, vase qu'on nétoie dans le besoin.

Dans certaines dispositions de l'atmosphère, dans les tems humides & chauds principalement, quelques Latrines, surtout celles dont beaucoup de personnes font usage, exhalent une odeur infecte. Le moyen le plus sûr de faire disparoître cette odeur, c'est d'y jeter de la chaux. On peut aussi quelquefois parvenir au même résultat, au moyen d'un fourneau rempli de braise allumée, qu'on descend le plus profondément possible : je dis quelquefois, parce qu'il est de ces odeurs qui ne peuvent être décomposées par le feu, & qu'il est des fosses où le feu ne peut s'entretenir faute d'oxigène; d'autres dans lesquelles le feu cause des explosions dangereuses, à raison de la quantité de gaz hydrogène qui s'y trouve.

Le nétoyage des Latrines, outre les désagrémens qui en sont inséparables, peut donner lieu, particuliérement dans les villes, à des accidens graves, dont les suites sont souvent la mort des hommes qui en font métier. Les moyens de les prévenir sont les mêmes que ceux que je viens d'indiquer, c'est-à-dire, la projection d'une quantité de chaux, ou l'établissement d'un ventilateur à leur ouverture, pour décomposer ou chasser les gaz impropres à la respiration qui en émanent, tels que le gaz azote, le gaz acide carbonique & le gaz hydrogène sulfuré ou phosphoré. *Voyez*, pour le surplus, aux mots AMENDEMENS, MATIÈRES FÉCALES & POUDRETTE. (*Bosc.*)

LATTE : expression employée par les cultivateurs des environs de Genève.

Une terre se latte, lorsque la charue la retourne sans la rompre & encore moins la diviser.

Les terres argileuses sont principalement dans le cas de se latter, lorsqu'on les laboure après la pluie. *Voyez* LABOUR. (*Bosc.*)

LATTES : morceaux de chêne refendu, ordinairement longs de six pieds, larges de deux pouces & épais de six lignes, qu'on emploie à arrêter & soutenir les tuiles des toits, à garnir les plafonds, &c. &c. C'est exclusivement avec le CHÊNE PÉDONCULÉ qu'on les fabrique.

On donne aussi ce nom, dans le Médoc, à de longues perches qui servent à palissader les vignes. (*Bosc.*)

LAVANDE. *LAVENDULA.*

Voyez ce mot dans le *Dictionnaire des Arbres & Arbustes.*

LAVANÈLE, synonyme de GALEGA.

LAVATÈRE. *LAVATERA.*

Genre de plante de la monadelphie décandrie & de la famille des *Malvacées*, qui rassemble seize espèces, dont plusieurs se cultivent dans nos jardins. Il est figuré pl. 582 des *Illustrations des genres* de Lamarck.

Espèces.

Lavatères à tige ligneuse.

1. La LAVATÈRE arborée.
Lavatera arborea. Linn. ♂ Du midi de l'Europe.

2. La LAVATÈRE à feuilles pointues.
Lavatera olbia. Linn. ♄ Des parties méridionales de l'Europe.

3. La LAVATÈRE à trois lobes.
Lavatera triloba. Linn. ♄ De l'Espagne.

4. La LAVATÈRE maritime.
Lavatera maritima. Gouan. ♄ Du midi de la France.

5. La LAVATÈRE luisante.
Lavatera micans. Linn. ♄ De l'Espagne.

6. La LAVATÈRE hispide.
Lavatera hispida. Desf. ♄ De la Barbarie.

7. La LAVATÈRE de Portugal.
Lavatera lusitanica. Linn. ♄ Du Portugal.

8. La LAVATÈRE tomenteuse.
Lavatera unguiculata. Linn. ♄ De.....

9. La LAVATÈRE à feuilles d'érable.
Lavatera acerifolia. Lagas. De.....

10. La LAVATÈRE d'Afrique.
Lavatera africana. Cavan. ♄ De l'Afrique.

11. La LAVATÈRE d'un rouge-vif.
Lavatera phœnicea. Vent. ♄ De Téneriffe.

Lavatères à tige herbacée.

12. La LAVATÈRE de Thuringe.
Lavatera thuringiaca. Linn. ♂ Du midi de l'Europe.

13. La LAVATÈRE de Candie.
Lavatera cretica. Jacq. ⊙ De Candie.

14. La LAVATÈRE à grandes fleurs.
Lavatera trimestris. Linn. ⊙ Du midi de l'Europe.

15. La LAVATÈRE jaune.
Lavatera flava. Desf. ⊙ De la Barbarie.

16. La LAVATÈRE ponctuée, *variété à fleurs roses.*
Lavatera punctata. Allioni. ⊙ Du midi de l'Europe.

Culture.

Les espèces frutescentes de ce genre sont d'orangerie dans le climat de Paris; mais la plupart peuvent cependant y passer l'hiver en pleine terre, lorsque cette saison est douce & qu'elles sont dans une terre légère & à une exposition chaude. Comme, malgré leur apparence ligneuse, elles ne subsistent pas généralement plus de trois ans, on peut les tenir en pot pendant les deux premières années, & les mettre en pleine terre au printems de la troisième, afin de jouir de tout le développement dont elles sont susceptibles. Ce sont des plantes d'un grand aspect, qui ont de belles fleurs, qui conservent leurs feuilles toute l'année; mais cependant elles plaisent peu. On les place dans les parterres, contre les fabriques des jardins paysagers, &c. Elles craignent l'humidité des orangeries. On les multiplie par le semis de leurs graines, dont elles donnent abondamment, dans des pots remplis de terre légère & placée sur couche nue. Le plant levé doit être garanti des dernières gelées du printems, auxquelles il est très-sensible, puis séparé & mis seul à seul dans d'autres pots, en mai ou juin. On peut aussi les multiplier de boutures, mais on le fait rarement. Les arrosemens leur sont ménagés en tout tems, hors les grandes chaleurs.

La Lavatère d'un rouge-vif est plus délicate que les autres; on la recherche beaucoup en ce moment, à raison de son élégance. C'est celle qu'on multiplie le plus fréquemment de boutures faites sur couche & sous châssis, en même tems que de graines. Elle préfère la serre tempérée à l'orangerie, parce qu'elle craint l'humidité.

Les Lavatères annuelles se sèment de même; mais au lieu de les repiquer en pot, on les repique en pleine terre; cependant on pourroit les semer en place. On y sème même le plus souvent celle à grandes fleurs, la seule d'entr'elles qui se cultive pour l'ornement, dans les parterres en sol sec & chaud, & en bonne exposition. C'est une assez belle plante, qui varie à fleurs roses, blanches, & rayées de ces deux couleurs, & qui fait d'autant plus d'effet que le mélange de ces variétés est plus égal; mais c'est le hasard seul qui peut former une réunion convenable; car si les graines des pieds à fleurs blanches donnent plus de pieds blancs, elles donnent aussi des pieds à fleurs rouges & des pieds à fleurs rayées de blanc. (*Bosc.*)

LAVEMENT : fluide simple ou composé qu'on introduit dans les intestins des animaux domestiques, au moyen d'une seringue, soit pour déterminer seulement la sortie des matières fécales endurcies, soit pour augmenter, dans les cas d'atonie, soit pour diminuer, dans les cas d'inflammation, l'action de ces viscères.

Le cheval & le bœuf ou la vache sont les animaux à qui on donne le plus souvent des Lavemens; & pour rendre leur effet plus assuré, on doit au préalable enlever avec la main, qu'on introduit dans le fondement, tout ce qu'il est possible de matières fécales.

Dans le plus grand nombre de cas, un Lavement fait avec de l'eau un peu dégourdie remplit toutes les indications; c'est le plus simple. Il produit de très-bons résultats dans les constipations, les inflammations légères, dans les ardeurs d'urine. On l'aiguise avec un peu de vinaigre, lorsqu'on a lieu de craindre la putridité. Des épizooties ont été arrêtées dans quelques lieux par ce seul moyen, répété cinq à six fois par jour. Quelquefois on ajoute du miel au vinaigre pour diminuer son action sur les intestins.

Pour un Lavement tonique ou irritant, on fait une foible décoction ou même une foible infusion de plantes odoriférantes, comme le thym, le romarin, la lavande, la sauge, la camomille, &c. Du vin chaud suffit. Quelquefois les Lavemens sont plus nuisibles qu'utiles; c'est pourquoi ils ne doivent être donnés que par un vétérinaire éclairé.

On appelle *Lavemens émolliens*, ceux faits avec la décoction des plantes mucilagineuses, comme la mauve, la guimauve, la pariétaire, la mercuriale, la gomme, le son, les graines de lin, de concombre, de courges, d'amandiers, &c.

Il existe des circonstances où il est avantageux de purger par le moyen des Lavemens, & alors on fait une décoction ou de manne, ou de séné, ou d'aloès, ou de coloquinte, ou de tabac, &c. ou de plusieurs de ces substances en même tems : quelquefois on y ajoute du vin émétique & autres préparations antimoniales.

Dans les fièvres, des Lavemens d'eau chargée des principes du quinquina font de merveilleux effets.

Autrefois on donnoit beaucoup de Lavemens huileux; mais on y a renoncé par suite de leur peu d'efficacité. (*Bosc.*)

LAVENIE. *Lavenia.*

Genre de plante de la singénésie égale & de la famille des *Radiées*, qui réunit deux espèces, lesquelles appartenoient ci-devant aux COTULES & aux VERBESINES (*voyez* ces mots), mais qui ne se voient pas encore dans nos jardins.

Espèces.

1. La LAVENIE couchée.
Lavenia decumbens. Swartz. ⊙ De la Jamaïque.
2. La LAVENIE droite.
Lavenia erecta. Swartz. De Ceilan. (*Bosc.*)

LAVIRONS : nom donné, par les cultivateurs de la ci-devant Bourgogne, aux fragmens de pierre calcaire primitive qui se lèvent en lames minces par l'effet des labours, & qui quelquefois couvrent leurs champs. *Voyez* PIERRE.

LAVOIR. La propreté est trop importante à la santé de l'homme & aux agrémens de la société, pour que les cultivateurs ne doivent pas, toutes les fois que la localité qu'ils habitent ne s'y oppose pas invinciblement, établir sur un cours d'eau un lieu où leurs femmes, leurs filles, leurs servantes puissent commodément laver leur linge de corps & de table. Cependant, combien peu il y en a dans les campagnes, & combien peu de ceux qui s'y voient, possèdent les avantages qu'ils sont susceptibles d'avoir! Le plus souvent ces Lavoirs ne consistent qu'en un trou fangeux, fait sur ou à côté du cours d'un ruisseau ou d'une mare infecte, produit de l'accumulation des eaux pluviales. On en voit dont les eaux sont trop peu profondes, trop froides en été, colorées, incapables de dissoudre le savon, &c.

Ce n'est pas une construction assez compliquée & assez coûteuse que celle d'un Lavoir, pour que toutes les communes ne dussent pas en offrir un ou plusieurs à la disposition publique; celles qui n'ont point de fontaine, de ruisseau ou de rivière, pourroient au moins avoir un réservoir artificiel, suffisant pour satisfaire aux besoins. Il ne faut point qu'on lave dans les étangs, parce que cela nuit aux poissons; il ne faut pas qu'on lave dans les ruisseaux & les rivières, parce que cela consomme trop de savon. C'est une eau presque stagnante, mais qui peut être renouvelée à volonté & promptement, qui, sous tous les rapports, doit être préférée.

D'après ces principes, le Lavoir sera placé sur le canal de dérivation d'un ruisseau, d'une rivière, d'un étang, plutôt que sur le ruisseau, la rivière, l'étang. Il y prendra ses eaux à volonté par le moyen d'une vanne, & les évacuera par le même moyen. Une profondeur de deux pieds sera presque toujours suffisante. Sa largeur sera proportionnée au nombre des laveuses qui pourront être dans le cas d'y travailler ensemble. Son fond sera pavé de larges pierres, & ses bords revêtus d'un mur à fleur de terre, surmonté de dalles ou de madriers inclinés sous un angle de 45 deg. Le tout, ou seulement les bords, sera recouvert d'un toit suffisamment large pour mettre les laveuses à l'abri de la pluie & du soleil. A peu de distance se trouvera un espace de terrein, garni d'arbres élevés, alignés sur plusieurs rangs, espace destiné à la dessiccation du linge.

Toutes les fois qu'on aura lavé pendant un certain tems, on lâchera l'eau, & lorsqu'elle sera écoulée, on en fera entrer de la nouvelle, d'abord pour laver le fond, & ensuite pour remplir.

Il faut, autant que possible, qu'un Lavoir particulier soit très-près de la buanderie, à cause de la facilité des transports & de la surveillance, & qu'un Lavoir public se trouve au centre ou très-près de la commune qui doit en faire usage.

Combien il seroit à desirer que chaque commune eût une fontaine publique, un abreuvoir public, un Lavoir public, tous à la suite les uns des autres & dans l'ordre ci-dessus, & qu'ils fussent disposés convenablement! (*Bosc.*)

LAUGERIE. *Laugeria.*

Genre de plante de la pentandrie monogynie & de la famille des *Rubiacées*, qui réunit cinq espèces, dont aucune n'est cultivée dans nos jardins.

Observations.

Ce genre a été réuni, par quelques botanistes, aux GUETTARDS (*voyez* ce mot); mais il paroît pourvu de caractères suffisans pour en être distingué.

Espèces.

1. La LAUGERIE odorante.
Laugeria odorata. Jacq. ♄ De l'Amérique méridionale.

2. La LAUGERIE luisante.
Laugeria lucida. Swartz. ♄ De la Jamaïque.

3. La LAUGERIE coriace.
Laugeria coriacea. Vahl. ♄ De l'Amérique méridionale.

4. La LAUGERIE résineuse.
Laugeria resinosa. Vahl. ♄ De l'Amérique méridionale.

5. La LAUGERIE lanugineuse.
Laugeria tomentosa. Swartz. ♄ De la Jamaïque. (*Bosc.*)

LAURELLE. *Cansjera.*

Arbrisseau du Malabar, qui seul forme un genre dans la tétrandrie monogynie & dans la famille des *Thymélées.*

Cet arbrisseau n'a pas encore été introduit dans nos jardins; ainsi je n'ai rien à dire sur sa culture. (*Bosc.*)

LAURÉOLE. *Daphne.* *Voyez* ce mot dans le *Dictionnaire des Arbres & Arbustes.*

LAURIER. *Voyez* ce mot dans le *Dictionnaire des Arbres & Arbustes.*

LAURIER ALEXANDRIN : nom vulgaire d'une espèce de FRAGON. *Voyez* ce mot.

LAURIER CERISE. On appelle ainsi une espèce de CERISIER dont les feuilles sont coriaces & persistantes, comme celles du Laurier.

LAURIER DE PORTUGAL, autre espèce de cerisier, qui offre les mêmes ressemblances avec le Laurier.

LAURIER ROSE. *Voyez* LAUROSE.

LAURIER THYM, espèce de VIORNE.

LAURIER TULIPIER : c'est le TULIPIER.

LAURIER DE SAINT-ANTOINE. *Voyez* ÉPILOBE A EPI.

LAURIER AU LAIT : c'est le LAURIER CERISE. *Voyez* CERISIER, dans le *Dictionnaire des Arbres & Arbustes.*

LAURIER ROUX DES ALPES : c'est le ROSAGE FERRUGINEUX. *Voy.* ce mot dans le *Dictionnaire des Arbres & Arbustes.*

LAUROPHYLLE. *Laurophyllus.*

Arbrisseau du Cap de Bonne-Espérance, qui seul forme un genre dans la dioécie tétrandrie, mais que nous ne possédons pas dans nos jardins, & qui n'est pas dans le cas de donner lieu, par conséquent, à un plus long article. (*Bosc.*)

LAUROSE. *Nerium. Voyez* ce mot dans le *Dictionnaire des Arbres & Arbustes.*

LAXMAN. *Laxmania.*

Genre de plante cité par Forster, mais qui n'a pas été revu depuis lui.

Il y a lieu de croire que son caractère étoit mal exprimé. (*Bosc.*)

LEBAN : c'est le Levain dans quelques endroits.

LEBECKIE. *Lebeckia.*

Genre de plante établi dans la diadelphie décandrie & dans la famille des *Légumineuses*, pour placer quelques espèces de *Spartions*, qui n'ont pas les caractères des autres. *Voyez* Spartion dans le *Dictionaire des Arbres & Arbustes.*

Espèces.

1. La Lebeckie sale.
Lebeckia contaminata. Thunb. ♄ Du Cap de Bonne-Espérance.

2. La Lebeckie des haies.
Lebeckia sepiaria Thunb. ♄ Du Cap de Bonne-Espérance.

3. La Lebeckie piquante.
Lebeckia pungens. Thunb. ♄ Du Cap de Bonne-Espérance.

4. La Lebeckie armée.
Lebeckia armata. Thunb. ♄ Du Cap de Bonne-Espérance.

5. La Lebeckie dense.
Lebeckia densa. Thunb. ♄ Du Cap de Bonne-Espérance.

6. La Lebeckie naine.
Lebeckia humilis. Thunb. ♄ Du Cap de Bonne-Espérance.

7. La Lebeckie soyeuse.
Lebeckia sericea. Thunb. ♄ Du Cap de Bonne-Espérance.

8. La Lebeckie cytisoïde.
Lebeckia cytisoides. Thunb. ♄ Du Cap de Bonne-Espérance.

Je ne crois pas qu'aucune espèce de ce genre soit cultivée dans nos jardins; mais il y en a deux qui le sont dans ceux d'Angleterre. Elles demandent l'orangerie, une terre sablonneuse & des arrosemens modérés. On ne peut les multiplier que de graines tirées de leur pays natal.

LEBRETON : forme qu'on donnoit jadis aux arbres fruitiers en espalier ou en contr'espalier; elle n'est plus usitée.

LÈDE. *Ledum. Voyez* ce mot dans le *Dictionnaire des Arbres & Arbustes.*

LÉE. *Leea.*

Genre de plante de la pentandrie monogynie & de la famille des *Sapotilliers*, qui réunit quatre espèces, dont deux se voient dans quelques-uns de nos jardins.

Observations.

Ce genre a été confondu avec celui des Aquilices. *Voyez* ce mot.

Espèces.

1. La Lée à feuilles de sureau.
Leea sambuccina. Willd. ♄ Des Indes.

2. La Lée unie.
Leea æquata. Linn. ♄ Des Indes.

3. La Lée crépue.
Leea crispa. Linn. ♃ Du Cap de Bonne-Espérance.

4. La Lée pinnée.
Leea pinnata. H. Angl. ♃ Des Indes.

Culture.

La troisième espèce, qui se contente de l'orangerie, & la quatrième, qui veut la serre chaude, sont celles qui sont cultivées en Europe. On leur donne une terre franche & des arrosemens peu abondans. J'ignore leurs moyens de multiplication. (*Bosc.*)

LEERSE. *Leersia.*

Genre de plante de la triandrie digynie & de la famille des *Graminées*, qui renferme une demi-douzaine d'espèces, dont une a été introduite avec le riz dans les parties méridionales de l'Europe, & se cultive dans nos jardins.

Observations.

Ce genre, qu'on nomme aussi Asperelle, a fait partie des Alpistes, & la culture de l'espèce indiquée plus haut est mentionnée à leur article; cependant, comme il s'est beaucoup augmenté depuis la rédaction de cet article, & qu'il a été parlé trop succinctement de cette espèce, je crois devoir en occuper de nouveau le lecteur.

Espèces.

1. La Leersie oryzoïde.
Leersia oryzoides. Willd. ♃ Des Indes.

2. La Leersie lenticulaire.
Leersia lenticularis. Mich. ♃ De la Caroline.

3. La Leersie de Virginie.
Leersia virginica. Bosc. ♃ De la Virginie.

4. La Leersie monandre.
Leersia monandra. Swartz. ♃ De la Jamaïque.

5. La Leersie hexandre.
Leersia hexandra. Swartz. ♃ De la Jamaïque.

Culture.

Culture.

J'ai observé la première espèce en Caroline & en Italie, où elle est extrêmement abondante dans les rizières. Il lui faut un terrein aquatique. Elle nuit beaucoup aux cultures du riz, parce qu'on ne connoît pas de moyens de la détruire, ou mieux qu'on ne veut pas se donner la peine de la sarcler avec le soin convenable. Les bestiaux, au reste, l'aiment beaucoup.

Dans nos jardins, il faut semer cette plante dans des pots qu'on plonge, pendant tout l'été, dans des terrines pleines d'eau, & qu'on rentre, par excès de précaution, dans une orangerie pendant l'hiver. Il est, en général, assez difficile de la conserver plusieurs années de suite; de sorte qu'il est bon de se munir de graines tirées d'Italie, pour en semer tous les ans. (*Bosc.*)

LÉFLINGE. *Lœflingia.*

Genre de plante de la triandrie monogynie & de la famille des *Caryophillées*, qui renferme deux espèces, dont une se cultive dans les écoles de botanique. Il est figuré pl. 29 des *Illustrations des genres* de Lamarck.

Espèces.

1. La LÉFLINGE d'Espagne.
Lœflingia hispanica. Linn. ⊙ De l'Espagne.
2. La LÉFLINGE des Indes.
Lœflingia indica. Willd. Des Indes.

Culture.

La première espèce, qui croît dans les lieux les plus arides, demande une terre sèche & une exposition chaude, dans le climat de Paris. On sème ses graines, ou dans des pots, sur couche nue, pour repiquer en place le plant qui en est provenu, lorsqu'il a acquis assez de force, ou directement en place. Dans ce dernier cas, le plant ne demande que des sarclages & des binages de propreté.

Cette plante est sans beauté; de sorte qu'elle ne se cultive que dans les écoles de botanique. (*Bosc.*)

LEGNOTE. *Legnotis.*

Genre de plante contenant deux arbres, qui ne sont pas cultivés dans nos jardins. L'un d'eux, qui est figuré pl. 406 des *Illustrations des genres* de Lamarck, est mentionné sous le nom de CASSIPOURIER, qu'il porte à la Guiane. *Voyez* ce mot. (*Bosc.*)

LÉGUMINEUSES. L'une des deux familles de plantes dont les espèces sont le plus souvent l'objet de nos cultures, soit pour notre nourriture, soit pour celle des animaux que nous nous sommes assujétis; l'autre est celle des GRAMINÉES. *Voyez* ce mot.

Il est de l'intérêt des cultivateurs d'étudier l'organisation générale des plantes de cette famille, de chercher à y faire naître de nouvelles variétés ou plus hâtives, ou moins sensibles à la gelée, ou plus grandes, ou plus savoureuses, ou plus susceptibles de garde, &c. L'expérience du passé fait connoître tout ce que l'avenir peut nous faire espérer à cet égard. Leur introduction dans les assolemens a constamment été suivie de produits si avantageux, qu'on ne peut concevoir comment quelques cantons se refusent à les y comprendre, soit comme plantes uniquement fourageuses, le TRÈFLE, le SAINFOIN, la LUZERNE, l'AJONC, soit pour en retirer & des fourages & des graines, la GESSE, la VESCE, le POIS, la LENTILLE, le FENU-GREC; soit pour en obtenir seulement les graines, le HARICOT, la FÈVE, le CHICHE, le LUPIN.

Beaucoup d'autres espèces de Légumineuses sont d'une grande importance agricole & commerciale dans les pays intertropicaux. C'est parmi elles que se classent le TAMARINIER, la CASSE, le CAMPÊCHE, le BRESILLET, l'ARACHIDE, l'INDIGOTIER, &c.

Comme on trouvera au mot correspondant à celui-ci, dans le *Dictionnaire de Botanique*, les indications nécessaires pour apprendre à distinguer les Légumineuses des autres classes de végétaux, ainsi que la liste des genres qui entrent dans cette famille, il devient superflu que je m'étende plus au long sur ce qui les concerne.

Il est bon que les cultivateurs sachent que les espèces de quelques genres de cette famille, au lieu de développer des cotylédons & des feuilles séminales, poussent immédiatement leurs tiges. Ces genres sont OROBE, VESCE, GESSE & LENTILLE. *Voyez* ces mots. (*Bosc.*)

LÉLEBA.

Plante voisine des bambous, si elle n'en est pas une espèce, qui a été figurée par Rumphius, & dont les tiges & les feuilles servent à un grand nombre d'usages économiques dans les Moluques. *Voyez* BAMBOU.

Comme cette plante n'existe pas dans nos jardins, je n'ai rien à en dire de plus. (*Bosc.*)

LENTICULE ou LENTILLE D'EAU. *Lemna.*

Genre de plante de la monoécie diandrie & de la famille de *Nayades*, qui réunit une demi-douzaine d'espèces, la plupart indigènes, & que le cultivateur est dans le cas de desirer connoître, à raison de leur abondance sur certaines eaux. Il est figuré pl. 747 des *Illustrations des genres* de Lamarck.

Espèces.

1. La LENTICULE rameuse.
Lemna trisulca. Linn. ♃ Indigène.
2. La LENTICULE commune.
Lemna minor. Linn. ♃ Indigène.
3. La LENTICULE globuleuse.
Lemna gibba. Linn. ♃ Indigène.
4. La LENTICULE polirise.
Lemna polyrhiza. Linn. ♃ Indigène.
5. La LENTICULE arrise.
Lemna arrhisa. Linn. ⊙ Indigène.
6. La LENTICULE à feuilles en cœur.
Lemna obcordata. Vahl. ♃ Des Indes.

Culture.

Les Lenticules croissent naturellement sur les eaux stagnantes & chargées des principes extractifs des végétaux, & changent de place au gré des vents. Souvent elles les couvrent complétement. Elles possèdent éminemment la faculté d'absorber & de décomposer le gaz hydrogène sulfuré qui se dégage du fond de ces mêmes eaux, & par conséquent d'améliorer l'air des marais, de le rendre moins mal-sain pour l'homme & les animaux domestiques. C'est donc toujours une opération nuisible que de les retirer, au printems & en été, des pièces d'eau voisines des habitations, comme on le fait souvent par principe de propreté. On devroit plutôt y en mettre. Quelques poignées suffisent pour garnir un arpent de surface en deux ou trois ans, si d'ailleurs il y a convenance. Les canards & les carpes les mangent, & ces dernières trouvent sous elles un ombrage favorable pendant les chaleurs de l'été. Dans certains pays on est dans l'usage de les retirer de l'eau en automne, pour les porter sur le fumier & en augmenter la masse, opération peu avantageuse à raison de ce qu'elles sont spongieuses & se réduisent presqu'à rien par la dessiccation. (*Bosc.*)

LENTILLE. *ERVUM.*

Genre de plante de la diadelphie décandrie & de la famille des *Légumineuses*, qui renferme six espèces, dont une est l'objet d'une culture assez étendue pour la nourriture de l'homme, & qui toutes sont propres à servir de fourage aux bestiaux. *Voyez* pl. 634 des *Illustrations des genres* de Lamarck, où il est figuré.

Observations.

Ce genre se rapproche infiniment des VESCES, & plusieurs espèces, qui en faisoient partie, ont été réunies nouvellement à ces dernières.

Espèces.

1. La LENTILLE cultivée.
Ervum lens. Linn. ⊙ Du midi de l'Europe.
2. La LENTILLE à quatre graines.
Ervum tetraspermum. Linn. Indigène.
3. La LENTILLE velue.
Ervum hirsutum. Linn. ⊙ Du midi de l'Europe.
4. La LENTILLE grêle.
Ervum tenuissimum. Bierb. ⊙ Des bords de la Mer-Caspienne.
5. La LENTILLE vicioïde.
Ervum vicioides. Desf. ⊙ D'Alger.
6. La LENTILLE de la Cochinchine.
Ervum cochinchinense. Lour. ⊙ de la Cochinchine.

Culture.

La première espèce est la seule que nous cultivions. On en connoît deux principales variétés, la *grosse* ou la *blonde*, & la *petite* ou la *rouge*, autrement appelée *Lentille à la reine*. Les opinions sur leur valeur comparative varient, & comme elles ont chacune des avantages & des inconvéniens, je n'entreprendrai pas de discuter quelle est réellement celle qui mérite la préférence : je crois que le mieux, c'est de les cultiver toutes deux.

La terre la plus légère, ou la plus sabloneuse, est celle qui convient le mieux aux Lentilles, & ce, non-seulement parce qu'elles y sont meilleures, mais encore parce que, produisant peu, il seroit désavantageux de les semer dans un bon fond. Comme originaires des pays chauds, il faut aux Lentilles une exposition méridienne, ou au moins abritée des vents froids & des vents humides.

Le plus souvent on ne fume pas les terres où on sème les Lentilles, 1°. parce que c'est une depense que leur valeur ne comporte pas toujours & qu'on veut éviter; 2°. parce qu'elles sont moins bonnes après cette opération. Je dois cependant observer que les engrais augmentent beaucoup leur produit, & que cette augmentation peut être un motif de leur en donner.

Un seul labour suffit à la culture des Lentilles: il arrive cependant qu'on leur en donne souvent deux.

Le plus généralement les Lentilles sont l'objet d'une petite culture dans les jardins, dans les vignes, autour des villages, & alors les labours qu'elles demandent se font exclusivement à la bêche ou à la houe.

Il est trois manières de semer les Lentilles, à la volée, en touffes & en rayons. Comme un ou deux binages concourent puissamment à augmenter leur produit, les deux dernières manières sont préférables. Ces binages, dans la culture en rayons, peuvent être faits avec une charue légère ou une houe à cheval; ce qui économise d'autant les frais.

On doit compter sur un emploi d'environ trente livres de semences par arpent lorsqu'on sème à la volée, & seulement vingt livres quand on sème en touffes ou en rayons. En général, il est mieux que les plants soient plutôt écartés que trop serrés, parce qu'ils se nuisent beaucoup en s'affamant réciproquement par leurs racines, à raison de la mauvaise nature de la terre où je les suppose, & qu'elles craignent l'ombre plus que beaucoup d'autres plantes. Cette dernière observation doit empêcher de les semer sous des arbres ou au nord des haies, des murs, &c.

Dans les vignes, on sème ordinairement les Lentilles sur la crête des fosses creusées pour les plantations. Dans les jardins, on élève souvent des ados pour les y placer : on devroit suivre cette pratique en plein champ, toutes les fois que le terrein est gras & humide.

C'est au printems, lorsque les gelées ne sont plus à craindre, qu'il faut semer les Lentilles ; un peu plus tôt ou un peu plus tard, suivant le climat, l'exposition, la nature du sol, &c.

Les sécheresses nuisent souvent beaucoup au succès des semis de Lentilles. Les arrosemens seuls sont dans le cas d'empêcher leurs effets ; mais on peut rarement les exécuter hors des jardins.

De toutes les plantes qui sont l'objet de nos cultures, la Lentille est celle qui mûrit le plus promptement. Trois mois suffisent pour qu'elle parcoure toutes les phases de sa végétation. Comme je l'ai dit plus haut, il faut lui donner un ou deux binages pendant cet intervalle, si on veut en tirer tout le parti possible. Sa récolte a lieu à la fin de de juillet ou au commencement d'août, dans le climat de Paris. A cette époque, il faut veiller sur les pigeons, les moineaux, les souris & autres animaux qui en sont très-friands.

Comme les gousses de la Lentille s'ouvrent peu après la maturité de la graine, maturité qui a lieu successivement & qui s'annonce par leur changement de couleur, il devient nécessaire d'en faire la récolte avant celle des dernières, afin de ne pas perdre les premières. Lors donc qu'un tiers des gousses seront brunies, on arrachera les pieds & on les étendra sur le sol, sur des haies, sur des toits ; on les suspendra à des branches d'arbres, à des clous fichés dans les murs, ou, mieux que tout cela, on les liera par paquets qu'on transportera de suite dans les greniers ou dans la grange, où on les suspendra à des perches, à des cordes, &c. Je dis ou mieux, parce qu'indépendamment des pertes de graines qu'on évite par ce dernier moyen, la maturité se complète plus lentement, & par conséquent mieux à l'ombre qu'au soleil.

Les Lentilles, convenablement desséchées, se mettent en bottes & se conservent à l'abri de l'humidité & des souris, jusqu'à ce qu'on soit dans le cas de les battre ; opération qu'il est bon de retarder le plus possible, pour assurer la qualité & la conservation de la GRAINE. *Voyez* ce mot.

On bat les Lentilles au fléau, à la baguette, &c. ; on les vanne, les crible, &c. ; on les conserve d'abord étendues dans des greniers, ensuite renfermées dans des sacs.

La BRUCHE DES POIS dévore les Lentilles, & on ne peut les en débarrasser que par leur exposition dans un four très-chaud. *Voyez* BRUCHE & POIS.

Les Lentilles que j'ai mangées dans le midi de la France m'ont paru bien plus savoureuses que celles des environs de Paris. Celles de ces dernières qui sont le plus estimées, proviennent des cultures de Gaillardon, près Rambouillet, village situé au milieu des sables.

La conservation des Lentilles peut se prolonger plusieurs années ; mais elles diminuent de qualité en vieillissant.

On trouve dans les Lentilles une nourriture substantielle, saine & agréable, soit qu'on les mange en entier, soit qu'on les réduise en purée ; elles sont excellentes vertes : l'eau dans laquelle elles ont cuit, sert à faire une bonne soupe. La consommation qui s'en fait est considérable. Elles font partie de l'approvisionnement des vaisseaux. On pourroit les faire entrer, après les avoir réduites en farine, pour un tiers dans la composition du pain.

Nos pères faisoient germer les Lentilles avant de les faire cuire pour les manger. Il seroit sans doute fort avantageux de ramener cette pratique, qui développe leur principe sucré.

On est dans l'usage, en Angleterre, de vendre les Lentilles après les avoir débarrassées de leur enveloppe par une sorte de mouture ; ce qui rend leur cuisson bien plus facile. Je trouve cet usage si bon, que je fais des vœux pour qu'il s'introduise en France.

La culture des Lentilles pour fourage est fort circonscrite, à raison du peu de produits qu'elles fournissent, comparativement aux vesces, aux pois, &c. ; cependant elle a lieu dans quelques cantons dont le sol lui est exclusivement propre. Dans ce cas, on sème toujours à la volée & épais, parce qu'on doit faucher avant la maturité des premières graines, & avant la formation des dernières. Le fourage qu'elles fournissent est de la plus excellente qualité, très-propre surtout aux vaches & aux brebis portières. On le leur donne ou vert ou sec ; il se stratifie très-avantageusement avec des pailles, auxquelles il communique sa saveur & son odeur.

Lorsqu'on cultive la Lentille dans ce dernier but, il est plus profitable de le faire dans des terres fortes & humides, en y multipliant les labours, parce qu'elle s'y élève davantage & y fournit par conséquent une plus grande abondance de fanes.

Il est des cantons où on sème les Lentilles, principalement la petite, avec du seigle ou de l'avoine, dans la proportion d'un tiers, pour leur fanage être coupé lorsqu'elles sont en fleur, & être employé à la nourriture des bestiaux, ou pour être pâturé sur place. Cette pratique est très-recommandable. *Voyez* MÉLANGE.

La culture de la Lentille est très-épuisante lorsqu'elle a pour objet la récolte des graines, parce que ces graines sont nombreuses & fort grosses, relativement à la hauteur de la plante.

Comme la végétation des Lentilles est très-rapide, on peut presque toujours, lorsque le terrein leur convient, les substituer aux récoltes de la fin du printems ou à celles qui ont manqué. Nos cultivateurs des plaines ne font pas assez attention aux avantages qu'elles présentent pour les grandes exploitations, parce qu'ils ne considèrent que la graine, qui tomberoit de prix s'ils en mettoient trop dans le commerce.

Les trois premières espèces sont les seules que nous cultivions dans nos écoles de botanique. Leur culture se borne à les semer en place, au printems, & à leur donner les façons de propreté en usage dans les jardins bien tenus.

La seconde & la troisième espèce sont aussi fort du goût des bestiaux; mais, comme elles fournissent moins de fourage que la première, on ne les cultive pas.

La Lentille ervillers est actuellement réunie aux vesces. (*Bosc.*)

LENTILLE DU CANADA : c'est la VESCE BLANCHE.

LENTILLE D'ESPAGNE. On donne ce nom à la GESSE CULTIVÉE. *Voyez* ce mot.

LENTILLON : c'est la GESSE CULTIVÉE, pour quelques cantons.

LENTISQUE, espèce de PISTACHIER. *Voyez* ce mot dans le *Dictionnaire des Arbres & Arbustes*.

LÉONIER. *LEONIA.*

Arbre du Pérou, dont on mange les fruits, & qui seul forme un genre dans la pentandrie monogynie.

Comme il n'existe pas dans nos jardins, je n'ai rien à en dire. (*Bosc.*)

LÉONTICE. *LEONTICE.*

Genre de plante de l'hexandrie monogynie & de la famille des *Vinettiers*, qui rassemble cinq espèces, dont deux sont cultivées dans quelques-uns de nos jardins. Il est figuré pl. 254 des *Illustrations des genres* de Lamarck.

Observations.

Michaux a séparé une des espèces de ce genre pour former celui qu'il a appelé CAULOPHILLE.

Espèces.

1. La LÉONTICE pinnée.

Leontice chrysogonum. Linn. ♃ Des îles de la Grèce.

2. La LÉONTICE commune.

Leontice leontopetalum. Linn. ♃ Des îles de l'Archipel.

3. La LÉONTICE thalictroïde.

Leontice thalictroides. Linn. ♃ De l'Amérique septentrionale.

4. La LÉONTICE vésicaire.

Leontice vesicaria. Pall. ♃ De la Sibérie.

5. La LÉONTICE altaïque.

Leontice altaica. Pall. ♃ De la Sibérie.

Culture.

Les Léontices ne se multiplient que de graines tirées de leur pays natal, & semées dans des pots remplis de terre consistante & placés sur couche & sous châssis; elles ne lèvent pas si elles ont plus de six mois. Le plant qui en provient, se repique dans d'autres pots, qu'on place contre un mur, à l'exposition du midi, & même on peut le mettre en pleine terre, à la même exposition, & on l'arrose au besoin.

Ces plantes subsistent rarement plus de deux ou trois ans dans nos jardins, & n'y donnent jamais de bonnes graines; aussi y sont-elles rares. J'en ai vu deux ou trois espèces au Jardin du Muséum, & aujourd'hui il n'y en a plus une seule. (*Bosc.*)

LEONURUS : nom latin du PHLOMIDE.

LÉPANTHE. *LEPANTHES.*

Genre de plante de la gynandrie diandrie & de la famille des *Orchidées*, qui renferme quatre espèces, toutes parasites des arbres, & dont aucune ne se voit dans nos jardins.

Espèces.

1. La LÉPANTHE mignone.

Lepanthes concinna. Swartz. ♃ De la Jamaïque.

2. La LÉPANTHE très-belle.

Lepanthes pulchella. Swartz. ♃ De la Jamaïque.

3. La LÉPANTHE à trois dents.

Lepanthes tridentata. Swartz. ♃ De la Jamaïque.

4. La LÉPANTHE à feuilles recoquillées.

Lepanthes cochlearifolia. Swartz. ♃ De la Jamaïque. (*Bosc.*)

LÉPICHINIE. *LEPICHINIA.*

Genre de plante de la didynamie angiospermie & de la famille des *Labiées*, lequel renferme deux espèces, qui se cultivent dans quelques jardins, sous le nom d'HORMINELLE. *Voyez* ce mot. (*Bosc.*)

LÉPIDAGATHE. *Lepidagathis.*

Plante vivace de l'Inde, qui forme seule un genre dans la didynamie angiospermie & dans la famille des *Personnées.*

Comme cette plante ne se voit pas encore dans nos jardins, je suis dispensé de m'étendre sur ce qui la concerne. (*Bosc.*)

LÉPIRONIE. *Lepironia.*

Plante peu connue de Madagascar, qui seule forme un genre dans la triandrie monogynie & dans la famille des *Graminées.* Elle n'a pas encore été cultivée dans nos jardins; ainsi je n'ai rien à en dire. (*Bosc.*)

LÈPRE : croûtes blanchâtres, plus ou moins saillantes, plus ou moins raboteuses, qui se montrent sur les bourgeons, sur les feuilles & même sur les fruits des arbres. Ces croûtes sont quelquefois dues à l'extravasion de la séve; mais le plus souvent elles sont le premier état des champignons parasites des genres URÉDO, ÉRÉSYPHÉ, &c. *Voyez* ces mots & les mots BLANC & ROUILLE.

La soustraction des parties affectées de Lèpre est le seul moyen dans le cas d'être conseillé pour prévenir le retour de cette maladie. (*Bosc.*)

LEPTANTHE. *Leptanthus.*

Genre de plante de la triandrie monogynie & de la famille des *Iridées*, qui renferme trois espèces, dont aucune n'est cultivée dans nos jardins.

Espèces.

1. Le LEPTANTHE à feuilles ovales.
Leptanthus ovalis. Mich. ♃ Des marais de l'Amérique septentrionale.

2. Le LEPTANTHE à feuilles de graminées.
Leptanthus gramineus. Mich. ♃ Des rivières de l'Amérique septentrionale.

3. Le LEPTANTHE du Pérou.
Leptanthus peruvianus. Perf. ♃ Du Pérou.

Cette dernière formoit le genre *Hétéranthère* de la *Flore du Pérou.* (*Bosc.*)

LEPTOSPERME. *Leptospermum.*

Genre de plante de l'icosandrie monogynie & de la famille des *Myrthoïdes*, qui rassemble dixhuit espèces, dont plusieurs sont cultivées dans nos orangeries. Il est figuré pl. 423 des *Illustrations des genres* de Lamarck.

Observations.

Lamarck & quelques autres botanistes ont réuni les *Metrosideros* à ce genre; mais, comme ils en sont fort bien distingués par les cultivateurs, je ne les imiterai pas ici.

Espèces.

1. Le LEPTOSPERME à balai.
Leptospermum scoparium. Smith. ♄ De la Nouvelle-Zélande.

2. Le LEPTOSPERME thé.
Leptospermum thea. Willd. ♄ De la Nouvelle-Hollande.

3. Le LEPTOSPERME jaunâtre.
Leptospermum flavescens. Smith. ♄ De la Nouvelle-Hollande.

4. Le LEPTOSPERME atténué.
Leptospermum attenuatum. Smith. ♄ De la Nouvelle-Hollande.

5. Le LEPTOSPERME cotoneux.
Leptospermum lanigerum. Smith. ♄ De la Nouvelle-Hollande.

6. Le LEPTOSPERME pubescent.
Leptospermum pubescens. Willd. ♄ De la Nouvelle-Hollande.

7. Le LEPTOSPERME à petites feuilles.
Leptospermum parvifolium. Smith. ♄ De la Nouvelle-Hollande.

8. Le LEPTOSPERME arachnoïde.
Leptospermum arachnoideum. Smith. ♄ De la Nouvelle-Hollande.

9. Le LEPTOSPERME à feuilles de genévrier.
Leptospermum juniperinum. Smith. ♄ De la Nouvelle-Hollande.

10. Le LEPTOSPERME à baies.
Leptospermum baccatum. Smith. ♄ De la Nouvelle-Hollande.

11. Le LEPTOSPERME ambigu.
Leptospermum ambiguum. Smith. ♄ De la Nouvelle-Hollande.

12. Le LEPTOSPERME verge.
Leptospermum virgatum. Forst. ♄ De la Nouvelle-Calédonie.

13. Le LEPTOSPERME étoilé.
Leptospermum stellatum. Cavan. ♄ De la Nouvelle-Hollande.

14. Le LEPTOSPERME porophylle.
Leptospermum porophyllum. Cavan. ♄ De la Nouvelle-Hollande.

15. Le LEPTOSPERME multiflore.
Leptospermum multiflorum. Cav. ♄ De la Nouvelle-Hollande.

16. Le LEPTOSPERME à feuilles de myrte.
Leptospermum myrtifolium. ♄ De la Nouvelle-Hollande.

17. Le LEPTOSPERME piquant.
Leptospermum pungens. Dum. Cours. ♄ De la Nouvelle-Hollande.

18. Le LEPTOSPERME à trois loges.
Leptospermum triloculare. Vent. ♄ De la Nouvelle-Hollande.

Culture.

La moitié des espèces de ce genre se cultive dans nos jardins. Quoiqu'elles craignent peu les froids, elles exigent d'en être abritées pendant l'hiver. Une serre tempérée leur convient mieux qu'une orangerie, parce qu'elles redoutent l'absence de la lumière & la présence de l'humidité. Un air stagnant leur est très-contraire; en conséquence on doit ouvrir les châssis de la serre toutes les fois qu'il ne gèle pas, & que l'air n'est pas saturé d'eau. Toutes demandent la meilleure terre de bruyère & de fréquens rempotemens. Il leur faut des arrosemens abondans pendant leur végétation, & elles poussent souvent toute l'année. On les sort vers le commencement de mai, & comme un soleil trop ardent leur est nuisible pendant l'été, on les place au levant, ou au couchant, ou à l'abri de quelques grands arbres.

La multiplication des Leptospermes a lieu dans nos jardins, 1°. par le semis de leurs graines, qui ont besoin de rester dix-huit mois sur le pied pour arriver à complète maturité. C'est sur des terrines de terre de bruyère qu'on les répand, & on les y enterre par un simple arrosement, car elles sont extrêmement fines. Ces terrines se placent ensuite sur couches & sous châssis. Le jeune plant, arrivé à deux pouces de haut, se repique seul à seul dans de petits pots, & se conserve encore une année sous châssis, après quoi on le traite comme les vieux pieds; 2°. par marcottes, qui prennent toujours racine dans l'année; on les fait, ou dans des cornets ou en couchant un pied & en mettant en terre la base de ses plus petits rameaux; 3°. par boutures placées dans des pots sur couches & sous châssis, boutures qui ne réussissent pas toujours, mais dont on obtient des productions plus abondantes qu'il ne faut pour satisfaire aux besoins du commerce. Dumont-Courset pensé, & je crois l'avoir également remarqué, que l'automne est la saison la plus avantageuse à leur réussite: ces boutures reprises se cultivent comme les jeunes pieds ou les marcottes.

Les Leptospermes sont des arbustes d'un port élégant & d'un aspect fort agréable lorsqu'ils sont couverts de fleurs. Tous exhalent, dans la chaleur ou quand on les froisse, une odeur aromatique. C'est avec l'infusion des feuilles de la seconde espèce, que Cook a guéri son équipage du scorbut lors de sa seconde relâche à la Nouvelle-Hollande. Il les employa ensuite, en guise de houblon, à la fabrication de sa bierre, & il s'en trouva extrêmement bien; j'en ai pris plusieurs fois l'infusion avec plaisir. (*Bosc.*)

LEQUÉE. *Lechea.*

Genre de plante de la triandrie trigynie & de la famille des *Caryophillées*, dans lequel se trouvent une demi-douzaine d'espèces, dont aucune n'est cultivée dans nos jardins. Il est figuré pl. 52 des *Illustrations des genres* de Lamarck.

Espèces.

1. La LEQUÉE axillaire.
Lechea major. Linn. ♃ De l'Amérique septentrionale.

2. La LEQUÉE à panicules.
Lechea minor. Linn. ♃ De l'Amérique septentrionale.

3. La LEQUÉE à feuilles de thym.
Lechea thymifolia. Mich. ♃ De l'Amérique septentrionale.

4. La LEQUÉE à grappes.
Lechea racemosa. Mich. ♃ De l'Amérique septentrionale.

5. La LEQUÉE à feuilles menues.
Lechea tenuifolia. Mich. ♃ De l'Amérique septentrionale.

6. La LEQUÉE verticillée.
Lechea verticillata. Mich. ♃ De l'Amérique septentrionale.

Culture.

J'ai observé les deux premières de ces espèces en Caroline, où elles croissent en très-grande abondance dans les sables les plus arides, & où elles forment des touffes de deux pieds de haut sur un de diamètre, touffes qui ne manquent pas d'élégance. On n'en tire aucun parti; mais un jour on les emploiera à chauffer le four, à augmenter la masse des fumiers, &c.

J'avois apporté en France une grande quantité de graines de ces espèces. Elles ont levé; mais le plant qui en est provenu n'a pas subsisté. (*Bosc.*)

LÉROT. Beaucoup de personnes confondent cet animal avec le loir, quoiqu'il en soit fort distinct. On n'a à se plaindre du loir que dans les jardins voisins des grandes forêts, & le Lérot dévaste même ceux des faubourgs de Paris. Le loir ne se retire pendant le jour que dans le creux des arbres, & le Lérot se cache principalement dans les trous des murs. C'est aux pêches que ce dernier s'attache le plus volontiers, & un seul individu peut anéantir, en quelques jours, la récolte de l'espalier le mieux garni, non en les mangeant, mais en les entamant toutes & en les faisant tomber. Il se bat contre les chats, & les force à la retraite par la douleur de ses morsures. C'est avec des piéges de différentes sortes, avec des viandes, des fruits empoisonnés, qu'on doit lui faire la guerre. Il aime surtout les noix.

Les trous habités par des Lérots se reconnoissent à la mauvaise odeur qui en émane, & aux excrémens qui en couvrent l'entrée. *Voyez*, pour le surplus, au mot LÉROT du *Dictionnaire des Quadrupèdes.* (*Bosc.*)

LERQUE. *Lerchea.*

Arbre des Indes, qui seul forme un genre dans la monadelphie pentandrie & dans la famille des *Malvacées* ou des *Tiliacées*.

Comme cet arbre, qui est appelé le LERQUE A LONGUE QUEUE, n'est pas encore cultivé dans nos jardins, je n'ai rien à en dire de plus. (*Bosc.*)

LESQUE. Ce sont, dans le Médoc, les terres sans culture.

LESSERTIE. *Lessertia.*

Genre de plante établi par Decandolle, pour placer le BAGUENAUDIER DE SIBERIE, *colutea perennans*. Linn.

Comme ce genre n'a pas été généralement adopté, je parlerai de cette espèce au mot BAGUENAUDIER du *Dictionnaire des Arbres & Arbustes*. (*Bosc.*)

LESSIVE : opération par laquelle on nétoie le linge employé à l'usage de l'homme, soit directement, soit indirectement, de toutes les matières étrangères qui le salissent, c'est-à-dire, de celles de la transpiration & de la sueur, de celles qui coulent des voies excrétoires, de celles provenant de la boue, de la poussière, des objets qu'on laisse tomber, de celles qui sont le résultat de l'emploi dans les repas, dans les cuisines, dans l'économie domestique enfin, d'une certaine portion de ce linge.

C'est de l'eau seule ou de l'eau & des alkalis, dont on fait usage dans les Lessives. La première suffit pour enlever la poussière, la boue & beaucoup de sortes de taches. Les seconds sont nécessaires pour dissoudre les graisses, les huiles, &c. Il est des substances tachantes, comme l'encre, la rouille, &c. qui demandent l'action de certains agens chimiques pour être complétement dissous.

Le savon, qui est un composé d'alkali & d'huile, est très-employé pour le blanchissage du linge, parce qu'il est moins caustique que l'alkali pur.

Comme la laine & la soie sont susceptibles d'être dissoutes dans les alkalis, on ne peut les mettre à la Lessive; elles se blanchissent à l'eau pure, ou à l'eau chargée d'une très-légère quantité de savon.

Les tissus de lin, de chanvre & de coton teints ne supportent pas non plus les Lessives sans s'altérer. Il n'y a que le bleu & le rouge qui, appliqués convenablement, y résistent un peu.

Généralement le linge sale s'accumule dans des bas d'armoires, dans des mannes, &c. où il conserve son humidité & s'altère. Il est très-important pour la prolongation de sa durée, de l'étendre au contraire au grenier, afin de le faire sécher autant que possible.

On appelle *Buanderie* le lieu où on fait la Lessive. Dans les maisons des riches, c'est un bâtiment ou au moins une chambre particulière. Les pauvres, qui n'ont souvent qu'une pièce à cheminée, sont obligés de faire leur Lessive dans cette pièce.

Les procédés du lessivage peuvent se ranger tous sous quatre séries :

L'échangeage ;
Le coulage ;
Le retirage ;
Le savonage.

Pour échanger le linge, on le met dans un cuvier à moitié plein d'eau, ou dans un LAVOIR (*voyez* ce mot), & on le frotte comme si on le lavoit. Le but de cette première opération est de l'imbiber d'eau dans toutes ses parties, & d'enlever toutes les saletés qui sont susceptibles d'être dissoutes dans l'eau seule.

Souvent, & on devroit toujours le faire pour la perfection des procédés suivans, on échange dans une eau de savon.

Toutes les fois qu'on emploie du savon, il faut éviter de se servir d'eau séléniteuse, & les eaux de puits le sont très-souvent. On reconnoît de telles eaux à la propriété qu'elles ont de ne pas dissoudre complétement le savon.

Le linge échangé est rincé dans de la nouvelle eau, tordu, & mis dans le cuvier où doit se faire le coulage.

Pour disposer le linge dans le cuvier de coulage d'une manière convenable, il faut étendre chaque pièce séparément, & mettre le plus fin au fond. Lorsque le cuvier est presque plein, on recouvre le linge d'une grosse toile, sur laquelle on met une couche épaisse de trois ou quatre pouces de cendre tamisée, cendre qui contient plus ou moins d'alkali, & dont on augmente la force au besoin, en y ajoutant de la potasse ou de la soude, & même une petite quantité de chaux.

Cela fait on coule, c'est-à-dire, qu'on verse sur la cendre de l'eau froide, ou plus communément de l'eau chaude, eau qui dissout l'alkali qu'elle contient, le porte sur le linge, dont il dissout les taches graisseuses, & qui s'échappe goutte à goutte par un trou garni de paille, ménagé au fond du cuvier, & tombe dans un autre petit cuvier à ce disposé, où on la puise pour la remettre sur le feu & ensuite sur la cendre, & cela pendant douze, quinze, vingt heures & même plus, selon la quantité de linge à lessiver.

On calcule ordinairement sur vingt-cinq boisseaux de cendres, & sur une à deux livres de potasse ou de soude, lorsqu'elles sont d'ailleurs bonnes, par cinq cents livres de linge. La chaux sera extrêmement ménagée, attendu qu'elle peut brûler le linge; aussi ne doit-elle être employée que par des personnes très-prudentes & très-exercées.

Les ménagères exercées, & encore plus les blanchisseurs de profession, jugent, à l'inspection de l'eau de Lessive & à celle des pièces de linge placées en dessus, qui sont toujours les plus grosses & les plus sales (les torchons de cuisine), si le coulage doit être suspendu.

La coulée finie, on procède au retirage, qui, comme son nom l'indique, consiste en l'action de retirer le linge du cuvier pour le laver. Autant que possible, il faut faire cette opération de manière qu'on porte le linge au lavoir avant qu'il soit complétement refroidi.

Les argiles blanches, appelées *terres à foulon*, ayant la propriété d'absorber les graisses, peuvent être employées en place d'alkali. Pour cela, on en fait dissoudre (suspendre) plus ou moins dans l'eau où on doit échanger le linge, & on lessive comme à l'ordinaire; mais il n'y a que les lieux voisins de ceux où se trouvent ces argiles qui puissent en faire usage, à raison des frais de transport.

En Angleterre, on se sert de la fiente de cochon, qui contient un véritable savon, pour suppléer aux Lessives; mais elle donne au linge une odeur de graisse désagréable & difficile à faire disparoître.

Une eau pure, abondante & peu courante, est celle qui convient le mieux au lavage du linge. (*Voyez* LAVOIR.) Lorsque le coulage est bien fait, il suffit de frotter le linge dans l'eau avec les mains, & ensuite le tordre, pour enlever l'alkali & les matières étrangères qui s'y trouvent encore, pour le rendre, comme on dit, *blanc de Lessive*. Mais il arrive souvent que toutes les taches de graisse ne sont pas enlevées, ce qui nécessite le savonage; opération qui se fait en frottant la tache avec du savon, & en froissant dans l'eau, avec les deux mains, la partie du linge où elle se trouve, jusqu'à ce qu'elle soit enlevée.

Le linge très-fin ne se lave que de cette dernière manière. C'est ce qu'on nomme le SAVONAGE. *Voyez* ce mot.

Quelquefois on fait le savon au moment de l'employer, en mêlant de la chaux avec des cendres, en la lessivant par les moyens ordinaires, & combinant l'eau qui en résulte avec une petite quantité d'huile.

Généralement on aide au nétoyage du linge au moyen de battoirs & de brosses; mais leur secours, quelqu'efficace qu'il soit, doit être repoussé à raison de l'altération qu'ils font éprouver au linge, altération qui diminue souvent de moitié sa durée moyenne.

Le linge lavé est tordu & mis à sécher sur des cordes ou des perches. Il est très-important que cette dessiccation soit prompte & complète; car, lorsqu'il reste long-tems mouillé, il se pourrit plus ou moins, &, comme dans le cas précédent, se conserve moins long-tems propre au service auquel il est destiné; aussi, dans plusieurs grands établissemens des villes, comme les hôpitaux de Paris & dans des buanderies publiques, emploie-t-on d'abord de puissantes presses pour enlever le plus possible l'eau aux linges lavés, & ensuite des étuves fortement chauffées & convenablement aérées, pour en faire évaporer les restes.

Fondé sur l'observation que l'alkali, aidé de la chaleur & de l'eau, dissout complétement les graisses & les huiles qui salissent si souvent le linge, M. Chaptal a inventé un appareil, par le moyen duquel, en beaucoup moins de tems, & avec beaucoup moins de dépense, on obtient un lessivage bien plus parfait.

Je ne puis mieux faire que de copier sa rédaction.

« 1°. On échange le linge à l'eau ordinaire; on le laisse bien tremper; on le frotte à la main, surtout les pièces & les parties qui sont les plus sales; on le laisse encore dans l'eau pendant quelques heures, après quoi on le rince dans une nouvelle eau, & de préférence dans une eau courante, pour enlever & entraîner de suite tout ce que l'eau & le frottement ont pu dissoudre & détacher : dès que le linge est bien lavé, on l'exprime avec soin.

» 2°. Le linge exprimé & bien égoutté est placé dans un cuvier ordinaire, où on l'étend pièce à pièce. Là on l'imprègne à mesure de l'eau de Lessive ci-après; on frotte à la main avec cette Lessive les parties les plus sales.

» On forme la Lessive de douze livres de sel de soude, d'une livre de savon, & de cinquante pintes d'eau par cinq cents livres de linge. La dissolution doit marquer dix degrés de l'aréomètre; & lorsqu'on l'a mêlée avec le linge, elle ne doit plus marquer que deux degrés.

» On peut remplacer la soude par la potasse ou par une Lessive de cendres : dans ce dernier cas, on met la cendre dans un cuvier dont on a garni le fond d'une couche de paille; on verse de l'eau sur les cendres; on laisse reposer cinq à six heures, après quoi on ouvre la douille adaptée au bas du cuvier pour faire couler la Lessive : si elle marque dix degrés ou plus, on la conserve pour l'usage; si elle marque moins, on la fait tiédir & on la reverse sur la cendre jusqu'à ce qu'elle ait acquis le degré convenable. Lorsque la Lessive est trop forte, on la ramène à dix degrés, en y mêlant de l'eau ou de la Lessive foible. On coule la Lessive foible & chaude à travers les cendres, jusqu'à ce qu'elles soient épuisées de tout le sel qu'elles contiennent.

» 3°. Lorsque le linge est bien imbibé de Lessive, on le laisse reposer dans le cuvier pendant toute la nuit.

» 4°. On porte le linge imprégné de Lessive dans la cuve à vapeur; on place le linge gros par-dessus & le fin par-dessous; on ferme le couvercle & on allume le feu sous la chaudière, dans laquelle un tiers à peu près de la Lessive a coulé. Cette Lessive ne tarde pas à bouillir; les vapeurs s'élèvent dans la cuve, la masse de linge s'échauffe

peu

peu à peu ; & au bout de quatre à six heures, selon la quantité & la nature du linge, on arrête le feu.

» 5°. On porte le linge à la rivière ; on le lave avec soin en le frottant & l'exprimant entre les mains ; on le rince ensuite à grande eau ; on l'exprime, on l'égoutte & on le fait sécher.

» Il est rare qu'on soit forcé de recourir au savon pour enlever des taches qui aient résisté à la Lessive. »

La cuve à vapeur dont parle M. Chaptal est une cuve ovale ou en cône tronqué, dont la base est percée d'un grand nombre de petits trous, & dont les parois sont garnies d'un grillage en bois à mailles étroites. Cette cuve s'enchâsse, par son bord inférieur, dans une chaudière, de manière qu'elle en recouvre bien exactement l'orifice. La cuve est fermée, à sa partie supérieure, d'un couvercle percé d'une petite ouverture. Trois tuyaux plantés perpendiculairement en dedans établissent une communication entre la chaudière & sa partie supérieure, en même tems qu'ils distribuent la chaleur dans la masse du linge.

L'appareil ainsi diposé, on verse de la Lessive dans la chaudière & on met le feu au fourneau sur lequel elle est placée. La chaleur ne tarde pas à s'élever dans la cuve à quatre-vingts degrés du thermomètre de Réaumur.

Beaucoup de particuliers, & surtout d'établissemens publics, ont adopté cette manière de blanchir le linge, qui, je le répète, est plus rapide, moins coûteuse & d'un résultat plus satisfaisant que la méthode commune ; mais elle ne s'étend pas dans les campagnes avec autant de rapidité qu'il seroit à desirer, sans doute à raison de la mise dehors plus considérable & des soins plus minutieux qu'elle exige : cela est fâcheux.

Les taches produites par des oxides de fer s'enlèvent avec un acide foible, tel que le sulfureux, le tartareux, l'oxalique, le citrique, &c.

Celles de ces taches qui ont été produites par des fruits ne disparoissent que par l'effet de l'action de l'acide sulfureux & de l'acide muriatique oxigéné ; ce dernier, uni à un peu de potasse, porte à Paris le nom d'*eau de javelle*.

Les résines & les vernis s'enlèvent au moyen de l'esprit-de-vin, ou de l'essence de térébenthine, ou des liqueurs dont elles sont la base.

Les eaux de Lessive contiennent une grande quantité de graisse, & la graisse est un des plus puissans ENGRAIS, une grande quantité d'alcali, & l'alcali est le plus puissant des amendemens. Pourquoi donc les ménagères les jettent-elles presque partout devant leur porte ? Leur trop d'énergie, qui fait qu'elles brûlent les jeunes plantes sur lesquelles on les répand, est probablement la cause qui les fait repousser d'un usage auquel elles sont éminemment propres ; mais qui s'oppose à ce qu'on les affoiblisse en les étendant d'eau & en les employant en petite quantité à la fois ? Qui empêche qu'on les jette sur le fumier, dont elles augmenteroient considérablement l'énergie ? Quels prodigieux effets elles doivent produire sur les composts ? Ce sont principalement les terres fraîches & abondantes en humus, pour lesquelles il est avantageux de les utiliser. Je fais des vœux pour que les cultivateurs mieux éclairés ne laissent plus perdre ces précieuses eaux.

Dans les lieux où le combustible est à bon marché, on peut aussi faire évaporer les eaux de Lessive pour en retirer la potasse, qui, calcinée, ne diffère pas de celle du commerce. (*Bosc.*)

LESSIVE POUR LES ARBRES. Toute dissolution alcaline, ainsi que l'eau de savon, est un moyen certain, lorsqu'on en humecte les branches & les feuilles des arbres, de faire mourir les PUCERONS, les COCHENILLES, les ACANTHIES, les CHENILLES & autres insectes qui nuisent aux agriculteurs, & on leur a donné, avec raison, le nom de *Lessive*.

Ces Lessives, quoiqu'on l'ait dit, ne font point de mal aux arbres, à moins qu'elles soient au plus haut degré de causticité, ce qui est rare, attendu qu'il n'est pas nécessaire qu'elles aient cette force pour produire leur effet, & qu'alors elles coûteroient plus que la valeur du bien qu'elles pourroient produire.

Les eaux résultant des Lessives ordinaires suffisent dans tous les cas, hors celui où les cochenilles sont arrivées à toute leur grosseur, c'est-à-dire, en automne & en hiver ; on doit donc les employer au printems & en été avec assurance de succès, toutes les fois que le besoin l'exige. *Voyez* GALLE & PUCERON.

Les décoctions de feuilles de tabac, de sureau, de noyer & autres plantes âcres s'appellent aussi des *Lessives*, quand on en fait usage dans la même intention, quoiqu'elles n'en soient pas réellement. Leur action est bien moins certaine. (*Bosc.*)

LESSIVE DES GRAINS. A raison de leur causticité, les alcalis sont propres à détruire les germes de la carie & du charbon, qui se trouvent épars sur la surface des grains de froment destiné à l'ensemencement : ils vaudroient mieux même que la chaux, si leur haut prix n'étoit pas un obstacle à leur emploi.

Comme cette dernière substance remplit parfaitement l'objet qu'on a en vue en chaulant, lorsque d'ailleurs on procède d'une manière convenable, il est un très-petit nombre de cas où on doive lui préférer les Lessives caustiques. (*Bosc.*)

LÉTHARGIE : maladie caractérisée par un sommeil continuel accompagné d'insensibilité, qui, parmi les animaux domestiques, se remarque plus fréquemment chez les bœufs & les cochons.

Le traitement de cette maladie est peu connu, parce qu'il est plus avantageux de tuer les animaux qui en sont affectés, que de chercher à les guérir. Je renverrai donc à ce mot, dans le *Dictionnaire de*

Médecine, ceux qui voudroient la connoître plus en détail. (*Bosc.*)

LETTSOMIE. *Lettsomia.*

Genre de plante de la polyandrie monogynie, qui renferme deux espèces, dont aucune ne se cultive dans nos jardins.

Espèces.

1. La LETTSOMIE cotoneuse.
Lettsomia tomentosa. Ruiz & Pav. ♄ Du Pérou.

2. La LETTSOMIE lanugineuse.
Lettsomia lanata. Ruiz & Pav. ♄ Du Pérou.

Je n'ai rien de plus à dire sur ce genre. (*Bosc.*)

LEUGE : nom vulgaire du LIÉGE. *Voyez* CHÊNE dans le *Dictionnaire des Arbres & Arbustes.*

LEVAIN : pâte en état de fermentation, qu'on mélange avec une plus grande quantité de farine & d'eau, pour en faire du PAIN. *Voyez* ce mot. (*Bosc.*)

LEVANT ou EST, partie de l'horizon où semble se lever le SOLEIL. *Voyez* ce mot.

En agriculture on appelle du même nom la partie d'un mur, d'une montagne, d'un bois, qui fait face au soleil au moment où il se lève.

Il est reconnu, dans le climat de Paris, & plus au nord, que l'exposition du Levant est la meilleure pour les semis, dans les terres légères & sèches. Dans les terres froides & humides, c'est le midi.

Les arbres fruitiers précoces, en espaliers, demandent à être placés au Levant, quelque danger qu'il y ait à le faire. Plusieurs pêches, telles que la grosse & petite mignone, la madeleine, la galande, la pêche de Malte, la pourprée hâtive, la petite violette hâtive sont de ce nombre. Je dis quelque danger, parce que cette exposition est plus sujète que les autres aux GELÉES du printems & à la BRULURE. *Voyez* ces mots.

Les abeilles devant sortir le plus matin possible pour butiner au moment même où les fleurs s'épanouissent, les ruches doivent toujours être placées de préférence au Levant.

Les maisons exposées au Levant sont les plus saines de toutes. (*Bosc.*)

LEVEI, LEVURE : premier labour qu'on donne aux champs & aux vignes, dans le département des Deux-Sèvres.

LEVER. Ce mot a beaucoup d'acceptions en agriculture; ainsi on dit qu'une graine lève lorsqu'elle germe & sort de terre : on lève une plante, un arbre qu'on veut transplanter.

Lever n'est pas arracher, comme on le croit communément.

LEVURE. *Voyez* BIÈRE & PAIN.

LEYSÈRE. *Leysera.*

Genre de plante de la syngénésie superflue & de la famille des *Corymbifères*, qui rassemble une dixaine d'espèces, dont quelques-unes sont cultivées dans nos jardins de botanique. *Voy.* pl. 688 des *Illustrations des genres* de Lamarck, où il est figuré.

Espèces.

1. La LEYSÈRE gnaphaloïde.
Leysera gnaphaloides. Linn. ♄ Du Cap de Bonne-Espérance.

2. La LEYSÈRE callicorne.
Leysera callicornis. Linn. ♄ Du Cap de Bonne-Espérance.

3. La LEYSÈRE ciliée.
Leysera ciliata. Thunb. ♄ Du Cap de Bonne-Espérance.

4. La LEYSÈRE blanchâtre.
Leysera incana. Thunb. ♄ Du Cap de Bonne-Espérance.

5. La LEYSÈRE galeuse.
Leysera squarrosa. Thunb. ♄ Du Cap de Bonne-Espérance.

6. La LEYSÈRE à feuilles de piloselle.
Leysera pilosella. Thunb. ♄ Du Cap de Bonne-Espérance.

7. La LEYSÈRE à feuilles ovales.
Leysera ovata. Thunb. ♄ Du Cap de Bonne-Espérance.

8. La LEYSÈRE striée.
Leysera picta. Thunb. ♄ Du Cap de Bonne-Espérance.

9. La LEYSÈRE à feuilles de polium.
Leysera polifolia. Thunb. ♄ Du Cap de Bonne-Espérance.

10. La LEYSÈRE à feuilles d'arctotis.
Leysera arctotiodes. Thunb. ♄ Du Cap de Bonne-Espérance.

Culture.

La première espèce est celle qui se voit le plus communément dans nos jardins de botanique. Il lui faut l'orangerie, la terre de bruyère & de rares arrosemens. On doit la mettre près des jours & loin de toute autre plante qui exhaleroit trop d'humidité. C'est de boutures faites dans des pots, au printems, sur couche & sous châssis, qu'elle se multiplie; car elle donne rarement de bonnes graines dans le climat de Paris. De la nouvelle terre tous les deux ans lui suffit.

Cette plante, ainsi que la plupart de ses congénères, ne manque pas d'élégance; mais elle n'est pas assez remarquable pour mériter d'être recherchée. (*Bosc.*)

LÉZARDELLE. *Saururus*.

Plante vivace, qui croît dans les lieux inondés de l'Amérique septentrionale, & qu'on cultive dans les bassins de beaucoup de nos jardins. Elle est figurée pl. 276 des *Illustrations des genres* de Lamarck, & appartient à l'heptandrie monogynie & à la famille des *Nayades*.

Culture.

J'ai observé d'immenses quantités de Lézardelle penchée (*saururus cernuus* Linn.) dans les eaux de la Caroline, qu'elle dérobe quelquefois aux yeux ; car ses racines tracent avec une rapidité dont on ne se fait pas d'idée. C'est une plante qui ne manque pas d'élégance, mais qui ne peut être utile que pour augmenter la masse des fumiers.

On multiplie, en Europe, la Lézardelle par graines, qui mûrissent assez bien dans le climat de Paris, ou par le déchirement des vieux pieds. Ce dernier moyen, qui fournit beaucoup au-delà des besoins, est ordinairement celui duquel on se contente, d'autant plus qu'il donne des pieds qui fleurissent la même année. Les graines doivent être mises en terre aussitôt qu'elles sont mûres, & les vieux pieds déchirés pendant l'hiver. Comme elle craint les fortes gelées du climat de Paris, il faut, ou rentrer les pots qui les contiennent dans l'orangerie, au commencement de cette saison, ou les enfoncer profondément dans l'eau. Ce dernier moyen, aussi sûr & moins embarrassant que le premier, est le plus souvent préféré. Au printems on rapproche ces pots de la surface, car les pieds périssent s'ils ont plus de six pouces d'eau au-dessus d'eux : ils fleurissent hors de l'eau, mais foiblement. Une terre très-substantielle leur est indispensable, & il faut la renouveler tous les ans, en automne.

Quelques pieds de Lézardelle dans les bassins, sur le bord des lacs des jardins paysagers, font un fort agréable effet à la fin de l'été, époque de leur floraison, & en conséquence on ne doit pas se refuser à y en placer. (*Bosc.*)

LIATRIS. *Liatris*.

Genre de plante de la singénésie égale & de la famille des *Corymbifères*, qui réunit huit espèces, dont deux ou trois sont cultivées dans les jardins de Paris.

Observations.

Les espèces de ce genre sont très-rapprochées des EUPATOIRES ; elles faisoient jadis partie de celui des SERRATULES, & les caractères d'après lesquels on s'est déterminé à les en séparer, sont de peu d'importance, ainsi que j'ai pu l'observer en Caroline, où elles croissent presque toutes ; mais leur aspect les rassemble bien certainement.

Espèces.

1. La LIATRIS rude.
Liatris squarrosa. Willd. ♃ De l'Amérique septentrionale.

2. La LIATRIS à calice scarieux.
Liatris scariosa. Willd. ♃ De l'Amérique septentrionale.

3. La LIATRIS élégante.
Liatris elegans. Willd. ♃ De l'Amérique septentrionale.

4. La LIATRIS velue.
Liatris pilosa. Willd. ♃ De l'Amérique septentrionale.

5. La LIATRIS à feuilles de graminée.
Liatris graminifolia. Willd. ♃ De l'Amérique septentrionale.

6. La LIATRIS en épi.
Liatris spicata. Willd. ♃ De l'Amérique septentrionale.

7. La LIATRIS paniculée.
Liatris paniculata. Willd. ♃ De l'Amérique septentrionale.

8. La LIATRIS odorante.
Liatris odoratissima. Willd. ♃ De l'Amérique septentrionale.

Culture.

Presque toutes ces espèces ont été cultivées dans les jardins de Paris, par suite des envois de graines qui ont été faits par Michaux & par moi ; mais il n'y en a plus que deux ou trois, à raison de ce qu'elles y amènent rarement leurs graines à maturité, que leurs pieds ne subsistent que peu d'années & ne se multiplient pas autrement, leurs tiges étant annuelles, & leur racine étant unique & tubéreuse.

C'est la terre de bruyère que demandent les Liatris. Aux unes, comme la 1ere., la 2e., la 7e. & la 8e., il faut des arrosemens fréquens ; car c'est dans les lieux marécageux qu'elles croissent naturellement. Les autres n'exigent que ceux strictement nécessaires, puisque les sables les plus arides sont ceux qui leur plaisent le mieux. Comme elles craignent les gelées du climat de Paris, on doit préférer les mettre en pot pour les rentrer dans l'orangerie aux approches des froids ; cependant on peut mettre en pleine terre, dans une exposition chaude, les pieds qui ne doivent pas fleurir, parce qu'ils y poussent mieux. La plupart se font remarquer par l'élégance de leur port & la vive couleur de leurs fleurs. L'odeur de la dernière se rapproche de celle de la vanille.

On sème la graine des Liatris dans des pots, sur couche & sous châssis. L'hiver on repique, seul à seul, le plant qui en est provenu, dans d'autres pots. Ces pieds fleurissent ordinairement la troisième année, & périssent souvent ensuite. D'autres fois ils fleurissent deux ou trois fois. (*Bosc.*)

LIBER. Ce mot a deux acceptions, qu'il faut

d'abord indiquer; car c'est pour ne l'avoir pas fait, que la plupart des physiologistes modernes ne se sont pas entendus.

Selon Malpighi, Sennebier & autres, le Liber est un réseau d'abord rempli d'un mucilage, qui n'est autre chose que le CAMBIUM (*voyez* ce mot dans le *Dictionnaire des Arbres & Arbustes*), qui se forme entre l'aubier & l'écorce des arbres de la classe des dicotylédons, & qui sert, chaque année, à créer une ou deux couches d'aubier & une ou deux couches corticales.

Selon Duhamel & presque tous les physiologistes français, le Liber est la dernière couche corticale, celle qui est la plus voisine de l'aubier.

Voici comme il paroît que les choses se passent: la séve, toute l'année, mais principalement en mai & août, afflue, après s'être organisée dans les feuilles, entre l'aubier & l'écorce; là, elle s'épaissit au moyen d'un principe qui ne nous est pas connu; des points plus consistans & plus blancs d'un côté, & des linéamens réticulaires, plus colorés, de l'autre, s'y font bientôt remarquer. Chaque jour quelques-uns de ces points blancs se fixent sur l'aubier, deviennent parenchymateux en s'y desséchant, y forment ces petites aspérités qu'on y remarque, aspérités qui, liées entr'elles par de nouveaux dépôts, constituent le nouveau bois ou l'aubier, & chaque jour quelques parties du réseau s'appliquent contre la couche corticale, & pendant ce tems il afflue de la nouvelle séve, qui forme de nouveaux points blancs & un nouveau réseau entre le dernier & l'aubier.

Ainsi le Liber de Duhamel n'est qu'une des parties du Liber de Malpighi; il ne forme pas le bois comme celui de ce dernier, & c'est faute d'avoir fait cette distinction, que, je le répète, quelques physiologistes, qui avoient défini le Liber comme Duhamel & expliqué la formation du bois dans les principes de Malpighi, ont soutenu une absurdité palpable aux yeux les moins clairvoyans.

Mais d'où vient la séve qui forme le cambium? Je dirai hardiment des feuilles, car tout arbre à qui on enlève un morceau circulaire de son écorce, ne grossit plus qu'au-dessus de la plaie. C'est donc la séve descendante qui produit le bois, comme c'est elle qui produit les fruits, ainsi que le prouve la même opération. Cette sève passe en majeure partie entre l'aubier & la dernière couche corticale, & si on en remarque qui suinte de l'aubier & des couches corticales lorsqu'on écorce un arbre, c'est que ces parties en absorbent toujours, & doivent le faire à raison de leur nature parenchymateuse. Je ne crois pas qu'on puisse raisonnablement soutenir que le cambium vienne de la moëlle, malgré que ce soit l'opinion de quelques physiologistes, & surtout que ce soient les éradiations médullaires qui le portent sous l'écorce; car ces éradiations médullaires ne sont pas organisées de manière à produire cet effet, & d'ailleurs il n'y en a qu'un très-petit nombre, deux, quatre, six, huit, dix au plus, qui atteignent la moëlle. Je les regarde uniquement comme des brides destinées à lier les couches du bois entr'elles, & je me fonde sur l'examen, 1°. du chêne qui en a de très-grosses, & dont les couches ne se séparent jamais en pourrissant; 2°. du châtaignier qui les a très-petites, & dont les couches se séparent toujours dès qu'elles commencent à s'altérer.

Le Liber de Duhamel, ou la dernière couche corticale, semble être dans la plupart des arbres, dans le tilleul principalement, distincte des autres; mais avec des soins & à l'aide de la macération, on peut la diviser en couches, qui n'ont pu encore être comptées, tant elles sont nombreuses & minces. C'est ce qui m'a fait dire qu'il s'en formoit chaque jour.

Comme celles du bois, les couches corticales sont plus épaisses dans un bon terrein que dans un mauvais, dans les parties de l'arbre où il y a de plus grosses racines & de plus grosses branches.

On peut enlever presque sans inconvénient les couches corticales extérieures des arbres: on le fait même très-réguliérement au CHÊNE-LIÉGE (*voyez* ce mot); mais quand on enlève la dernière, le Liber de Duhamel, l'arbre meurt nécessairement au bout d'un, deux ou trois ans, parce qu'il ne peut plus grossir. *Voyez* ÉCORCEMENT dans le *Dictionnaire des Arbres & Arbustes*.

Lorsqu'un arbre grossit, les mailles de toutes ses couches corticales s'agrandissent d'abord comme celles d'un bas qu'on chausse, & finissent par se déchirer: de là les écorces raboteuses du chêne, du poirier, du pommier, &c. *Voyez* ÉCORCE dans le *Dictionnaire des Arbres & Arbustes*.

Les dernières couches corticales du tilleul, dans lesquelles se trouve compris le Liber de Duhamel, servent à faire des cordes d'un emploi assez étendu, à raison de leur bas prix & de leur durée dans l'humidité. Plusieurs arbres des pays chauds en offrent qui sont propres à des usages analogues.

On voit, par ce que je viens de dire, combien la conservation du Liber est importante aux arbres; aussi la nature leur a-t-elle donné plusieurs moyens pour le reproduire lorsqu'un accident l'a détruit. On peut toujours favoriser sa reproduction en garantissant la plaie de l'action desséchante de l'air. *Voyez* PLAIE DES ARBRES. (*Bosc.*)

LICANIE. *Licania.*

Genre de plante qui a aussi été appelé HÉDYCRÉE, & dont il a été fait mention à ce mot.

LICARI.

Arbre de la Guiane, dont le bois a l'odeur de la rose. Il est à croire qu'il appartient au genre des LAURIERS. *Voyez* ce mot.

Comme cet arbre n'est pas encore dans nos jardins, je n'ai rien à en dire de plus. (*Bosc.*)

LICHEN. *Lichen.*

Genre de plante de la cryptogamie & de la famille des *Algues*, dont on ne peut véritablement cultiver aucune espèce, quoiqu'on place souvent beaucoup d'entr'elles dans les jardins de botanique, mais qu'il est indispensable aux agriculteurs d'apprendre à connoître, à raison de leur grand nombre, de leur abondance, de leur influence sur les autres végétaux & sur la formation de l'humus. Enfin, à raison de l'utilité qu'on retire de quelques-unes, soit pour la nourriture des hommes & des bestiaux, soit pour la médecine, soit pour la teinture. Il est figuré pl. 878 des *Illustrations des genres* de Lamarck.

On voit des Lichens sur la terre, sur les arbres vivans ou morts, sur les pierres les plus tendres comme sur les plus dures. Les uns offrent des expansions crustacées, qui couvrent des espaces considérables, & dont les racines sortent de tous les points de leur surface inférieure. Les autres présentent ou des foliations plus ou moins larges, plus ou moins droites, plus ou moins lobées, ou des filamens simples ou ramifiés, dont les racines partent d'un seul point. Leurs couleurs varient dans presque toutes les nuances. La saveur de la plupart se rapproche de celle des champignons. On en compte plus de trois cents espèces de connues seulement en Europe.

Beaucoup de personnes croient que les Lichens sont des plantes parasites qui vivent aux dépens des arbres & nuisent à leur croissance; mais elles prennent l'effet pour la cause. S'ils sont plus abondans sur les arbres d'une mauvaise venue, c'est qu'ils n'y sont pas contrariés, dans leur croissance, par le rapide grossissement de ces arbres, grossissement qui les rompt toujours; & cela est si vrai, que ceux d'une belle venue, mais dont l'écorce est fortement crevassée, en présentent également beaucoup au sommet de ces crevasses; sommet qui n'est plus susceptible d'expansion. D'ailleurs, il est quelques espèces qui vivent également sur les arbres & sur les pierres; & comment cela pourroit-il être s'ils étoient parasites? Le vrai est que les Lichens vivent principalement d'air & d'eau. Qui n'a pas observé que c'est dans les tems pluvieux qu'ils végètent le mieux? Qui ne sait que c'est dans le nord & sur les hautes montagnes, c'est-à-dire, au milieu des brumes, qu'on en trouve le plus?

Si les Lichens nuisent aux arbres, ce ne peut donc être qu'en s'opposant à leur transpiration par l'écorce, & en entretenant sur cette écorce une humidité constante. Or, c'est par les feuilles que se fait la grande transpiration des plantes; & comme c'est principalement dans les terreins arides que croissent ceux qui portent le plus de Lichens, il est probable qu'en conservant l'humidité, ils leur sont au contraire utiles.

Les Lichens sont un des premiers moyens que la nature emploie pour former de la terre végétale ou humus. En effet, ils croissent sur les plus durs rochers, dont ils hâtent la décomposition par l'humidité qu'ils conservent sur leur surface. En France, ce sont les Lichens crustacés qui paroissent les premiers. Bientôt la décomposition de ces espèces fournit assez de terre végétale pour nourrir ceux qui sont coriaces, puis ceux qui sont foliacés, enfin les frutescens; enfin, il leur succède des mousses, des petites plantes dicotylédones, & une couche de terre végétale est formée. *Voyez* HUMUS.

Dans le Nord, quelques espèces de Lichens, entr'autres celui appelé spécialement *Lichen des rennes*, sert de nourriture à ces animaux & quelquefois aux hommes. J'ai mangé plusieurs fois ce dernier cuit dans du lait, & si j'avois pu le débarrasser du sable qu'il contient toujours, je l'eus trouvé bon, ayant le goût du champignon. Il est des cantons en France où on en donne habituellement aux cochons, & on ne peut attribuer qu'à l'ignorance le peu d'étendue de cet usage dans des pays sablonneux, où il est si abondant. Je parle toujours du Lichen des rennes, car il en est qui sont de violens vomitifs ou purgatifs, d'autres qui sont très-amers; ainsi il faut les connoître pour les employer sous ce rapport: on en trouvera la nomenclature dans le *Dictionnaire de Botanique.*

Beaucoup de Lichens, principalement les Lichens d'Islande, pulmonaire, contre-rage, aux aphtes & entrelacé, sont employés en médecine. Un plus grand nombre donne à la teinture des couleurs, sinon solides, au moins économiques & brillantes. Les plus en usage sous ce dernier rapport sont les Lichens roccelle & parelle, qui tous deux croissent sur les rochers. Le premier est, pour quelques parties méridionales de l'Europe, & le second pour les montagnes volcaniques, l'objet d'un commerce qui autrefois étoit de quelqu'importance.

Quoique, ainsi que je l'ai dit plus haut, les Lichens qui croissent sur les arbres ne soient pas nuisibles à ces arbres, leur présence semble indiquer un défaut de soin, & les jardiniers ou pépiniéristes, jaloux de se distinguer, doivent les enlever. On y parvient en les grattant avec le dos d'un couteau pendant un tems pluvieux: les imbiber d'eau de chaux les fait périr; mais cela donne aux corps des arbres une couleur blanche qui n'est pas agréable.

La présence des Lichens qui croissent sur la terre est toujours l'indication d'un mauvais sol, auquel, comme sur les rochers, ils fournissent de l'humus par le résultat de leur décomposition: ils servent d'indication aux acquéreurs. (*Bosc.*)

LICIET. *Licyum.*

Genre de plante de la pentandrie monogynie & de la famille des *Solanées*, qui rassemble une vingtaine d'arbustes, dont un appartient à l'Europe, & dont plusieurs autres se cultivent dans nos jardins. Il est figuré pl. 112 des *Illustrations des genres* de Lamarck, & il sera mentionné au *Dictionnaire des Arbres & Arbustes.*

LICUALE. *Licuala.*

Arbre épineux, originaire des Moluques, qui seul forme un genre dans l'hexandrie monogynie.

Comme il n'est pas cultivé dans nos jardins, je n'ai rien à en dire de plus. (*Bosc.*)

LIDBECKIE. *Lidbeckia.*

Genre de plante qui a été appelé aussi LANCISIE. *Voyez* ce mot.

LIE : matière épaisse qui se dépose au fond des vaisseaux qui contiennent du vin ou de l'huile.

La Lie de vin est composée de plusieurs sels, entr'autres de tartrite de potasse, de parties terreuses & d'un mucilage abondant. C'est un excellent engrais, qui trop souvent se jette sans raison, lorsqu'on pourroit en tirer un parti avantageux. On l'emploie ordinairement, soit par la dessiccation & la lessivation, à fournir du sel de tartre, dont on fait usage en médecine, soit à brûler pour en tirer la potasse (cendres gravelées), soit à distiller pour obtenir l'alcool qu'elle contient, soit à presser pour faire du vinaigre du vin qui y reste, soit enfin à servir au foulage des chapeaux.

La composition de la Lie, quant aux proportions de ses principes, varie selon les natures de vin : elle donne beaucoup plus de sels dans le midi, & beaucoup plus de mucilage dans le nord.

Il est des vins qui se conservent mieux sur la Lie que d'autres. *Voyez* VIN.

Dans l'huile, la Lie est principalement formée de mucilage. Presque toujours c'est par elle que commence son altération ; ainsi il faut l'en débarrasser par le transvasement. Elle se jette le plus souvent, quoiqu'on puisse l'utiliser pour, en la mêlant avec de l'argile, graisser les roues, en la mêlant avec de l'ochre ou autres terres colorées, peindre les instrumens aratoires, les boiseries des maisons, &c. *Voyez* HUILE. (*Bosc.*)

LIÉGE.

Espèce de chêne avec l'écorce de laquelle on fait les bouchons de bouteilles, & de laquelle on tire beaucoup d'autres services. *Voyez* au mot CHÊNE, dans le *Dictionnaire des Arbres & Arbustes.*

LIEN. On fait un grand usage de Liens en agriculture.

Les plus solides sont ceux qui sont formés de la pousse de deux ou trois ans, des chênes, des châtaigniers, des coudriers, de l'osier, &c. On en fait usage dans tous les lieux où les bois sont communs. S'ils n'étoient que le produit des éclaircies régulières de ces bois, on devroit en encourager l'emploi, parce que ce seroit un placement avantageux de ces éclaircies ; mais malheureusement presque partout ils sont le résultat d'un délit, & d'un délit d'autant plus dangereux à la prospérité des bois, que ce sont toujours les plus belles tiges qu'on coupe dans ce cas. Ces Liens s'appellent des HARTS dans beaucoup de lieux.

C'est principalement pour la fabrication des haies sèches, que les Liens de chêne ou de châtaigniers sont préférables, quel que soit le prix qu'ils valent.

On se procure par la culture les harts faites avec des osiers d'un ou de deux ans ; mais elles durent peu & ne peuvent être employées deux fois.

Dans certains pays on botele avec des lanières d'écorce de tilleul : c'est une excellente méthode ; mais il n'y a pas de tilleul partout. Les Liens de cette sorte peuvent servir plusieurs années, comme ceux de chêne & de châtaignier. Il ne s'agit, lorsqu'on veut en faire usage, que de les faire tremper vingt-quatre heures dans l'eau.

La paille de seigle est celle qu'on emploie le plus généralement, en France, pour lier les céréales. Sous ce rapport, elle fait l'objet d'un commerce de quelqu'importance dans les campagnes.

Celle de froment peut la suppléer & la supplée même souvent, mais avec beaucoup de désavantage.

Le foin se botèle, ou avec du foin ou avec de la paille de seigle ou de froment.

Lier les céréales, le foin, &c. n'est pas une chose difficile ; cependant, pour le bien faire, il faut de l'intelligence & de l'habitude. *Voyez* BOTTE. (*Bosc.*)

LIERRE. *Hedera.*

Genre de plante de la pentandrie monogynie & de la famille des *Caprifoliacées*, qui rassemble quatre arbrisseaux, dont un est très-commun dans nos forêts & autour de nos habitations rurales. Il est figuré pl. 145 des *Illustrations des genres* de Lamarck, & mentionné dans le *Dictionnaire des Arbres & Arbustes.* (*Bosc.*)

LIERRE TERRESTRE. *Voyez* TERRÈTE.

LIÈVRE. Les Lièvres, vivant le plus souvent au milieu des cultures, causent plus ou moins de dommage aux cultivateurs, en mangeant le blé & autres plantes qu'on ne sème pas pour eux. Il est donc bon de les empêcher de trop se multiplier : on y parvient par la chasse au fusil, par le courre au moyen de lévriers, & par des piéges.

Les inconvéniens qui peuvent résulter pour un cultivateur de son goût pour la chasse, goût qui fait presque toujours négliger les affaires, m'engagent à ne pas entrer dans beaucoup de détails sur ce qui y a rapport; en conséquence je parlerai seulement de la destruction des Lièvres par les autres moyens.

J'ai vu, en Espagne, les bergers tuer les Lièvres au gîte, presqu'avec certitude, au moyen d'un coup de bâton entre les deux oreilles. Pour cela, ils se font conduire sur un d'eux par leur chien qu'ils tiennent en laisse, & lorsqu'ils en sont à une certaine distance, douze ou quinze pas, par exemple, ils laissent leur chien devant lui pour fixer son attention, prennent un long détour, s'en rapprochent par-derrière & le frappent.

Deux personnes peuvent faire la même manœuvre, pendant l'hiver, en suivant la trace des pas d'un Lièvre; l'une restant en avant pour l'inquiéter, & l'autre allant l'attaquer par-derrière.

On tend des lacets de fil de laiton dans les lieux où les Lièvres passent habituellement, & ces lieux sont faciles à reconnoître dans les champs de blé ou autres céréales. Un homme exercé peut en prendre beaucoup ainsi.

Il en est de même des assominoirs, planches chargées de pierres, qui sont suspendues à un pied de terre, & qui tombent lorsque le Lièvre marche sur le bâton qui sert à retenir la mécanique par laquelle ces planches restent suspendues.

Il se prend beaucoup de Lièvres dans des panneaux, qui sont des filets peu élevés, à larges mailles, le plus souvent contre-maillés, qu'on élève autour des champs, vers lesquels on chasse les Lièvres, & dans lesquels ils s'embarrassent assez pour donner le tems de les prendre.

La haute valeur des Lièvres doit engager les cultivateurs voisins des grandes villes à en élever dans les enclos qu'ils possèdent. Il leur faut beaucoup d'espace, car ils ne se prêtent pas à la domesticité comme le lapin.

On recherche la peau du Lièvre pour la chapellerie; aussi se vend-elle bien pendant l'hiver (*Bosc.*)

LIGATURE DES BRANCHES. Toutes les fois qu'on empêche la séve descendante de revenir des feuilles aux racines, on détermine son accumulation dans les branches, & par suite le développement d'un plus grand nombre de fleurs, une fécondation plus certaine dans ces fleurs, & une maturité plus précoce dans les fruits; & lorsque les branches sont couchées en terre, une plus prompte & une plus assurée production de racines. C'est pourquoi l'INCISION ANNULAIRE, la TORSION, la COURBURE & la Ligature des branches ont des applications si utiles dans la pratique du jardinage. *Voyez* ces mots & les mots SÉVE & MARCOTTE.

Les Ligatures peuvent se faire avec toutes les matières susceptibles de lier. Une ficelle suffit le plus souvent; mais on est, à raison de la durée, dans le cas de préférer le fil de fer ou le fil de cuivre. Ce dernier seroit le meilleur si son oxide (vert-de-gris) ne faisoit pas quelquefois mourir les branches dans lesquelles il s'introduit.

Un simple contour ne suffit pas toujours pour remplir l'objet d'une Ligature; il faut en faire plusieurs à une petite distance les unes des autres, ou former une spirale d'une certaine étendue. Leur force doit être aussi variable que le but qu'on se propose, & que la nature de l'arbre sur lequel on opère. Il est presqu'impossible de donner des règles générales à cet égard.

C'est au milieu de l'été, au moment de la formation des boutons à fleurs, qu'il faut faire les Ligatures destinées à augmenter la production du fruit. C'est à la fin de l'hiver, avant le développement de la séve, qu'on doit exécuter celle des branches qu'on projette de marcotter un mois plus tard. On peut dire cependant que, sauf à retarder l'effet d'un an, on peut ligaturer en toutes saisons. (*Bosc.*)

LIGATURE DES GREFFES. Comme les greffes ne réussissent qu'autant que la séve du sujet passe en elles, il est indispensable de les assujétir par une Ligature, afin d'empêcher la sécheresse ou des accidens de déranger leur coïncidence avec l'aubier.

Pour les greffes en fente, cette Ligature se fait avec de l'osier, de l'écorce de tilleul, de la ficelle, &c., parce qu'elles se font, ou en terre, & pourrissent promptement, ou en l'air, sur de vieilles branches, qui grossissent peu rapidement.

Pour les greffes en écusson, qui ne peuvent se pratiquer avec succès que sur de jeunes sujets ou sur de jeunes branches, qui prennent un accroissement rapide, on ne doit faire la Ligature qu'avec du gros fil de laine, parce qu'il prête, en s'allongeant, au grossissement de ces jeunes sujets & de ces jeunes branches, grossissement qui peut être d'une moitié du diamètre dans le cours d'une saison, ainsi que j'ai eu occasion de le constater souvent, principalement sur des amandiers d'un an, & sur des érables-sycomores de deux ans. Le jonc, les feuilles de rubanier, de massette & autres plantes qu'on a préconisées, ne valent pas la laine qui, servant pendant trois ans au moins, lorsqu'elle est bien ménagée, n'est jamais d'une grande dépense.

Dans toutes les sortes de greffes, la Ligature doit être assez serrée pour empêcher l'écorce de se déjeter, mais pas assez pour opérer l'étranglement; car, dans ce cas, la greffe, ne recevant pas de séve, manqueroit certainement. On est même le plus souvent obligé, pour les greffes en écusson sur de jeunes sujets, tels que ceux des espèces que j'ai citées plus haut, de desserrer à une, deux & trois reprises, pour empêcher cet effet. C'est cet inconvénient qui avoit déterminé mon ancien camarade Dupont à employer de petites bandes de plomb tordues pour assujétir la greffe de ses roſiers, bandes qui ſe détordoient par le ſeul effet du groſſiſſement de la branche autour de laquelle elles étoient placées.

Les Ligatures de laine devant s'enlever lorſqu'elles ne ſont plus utiles, ſont nouées de manière à l'être avec la plus grande facilité. Les bien faire & les faire rapidement ne s'apprend pas en un jour de pratique. *Voyez*, pour le ſurplus, au mot GREFFE. (*Bosc.*)

LIGHTFOOTIE. *Lightfootia.*

Genre de plante de la pentandrie monogynie & de la famille des *Campanulacées*, établi par Lhéritier, dans ſon *Serthum anglicum*, & qui contient deux arbuſtes, dont un appartenoit aux LOBÉLIES, & l'autre aux CAMPANULES. Ces deux arbuſtes ont été cultivés, en 1787 ſeulement, dans les jardins d'Angleterre, où on les tenoit dans l'orangerie, & ne l'ont jamais été dans ceux de France.

Eſpèces.

1. La LIGHTFOOTIE ſubulée.

Lightfootia ſubulata. Lhérit. ♄ Du Cap de Bonne-Eſpérance.

2. La LIGHTFOOTIE oxicoccoïde.

Lightfootia oxicoccoides. Lhérit. ♄ Du Cap de Bonne-Eſpérance. (*Bosc.*)

LIGNE. On donne ce nom à une corde de chanvre ou de crin, dont l'une des extrémités, qui plonge dans l'eau, eſt garnie d'un ou de pluſieurs hameçons couverts par un appât, & avec laquelle on prend les poiſſons.

Lorſque cette corde eſt fixée à un pieu ou à un arbre par l'autre bout, c'eſt une *Ligne dormante*; lorſqu'elle l'eſt à un long bâton qu'un homme tient dans la main, & qu'il remue continuellement, c'eſt une *Ligne volante*.

Je n'entrerai pas dans de plus longs détails ſur cet objet, attendu qu'on les trouvera dans le *Dictionnaire des Pêches*, & qu'il ne convient pas aux cultivateurs de ſe livrer à la pêche à la ligne, ni pour le profit ni pour l'agrément. (*Bosc.*)

LIGNEUX. On donne ce nom aux petits arbuſtes dont on ſuppoſe le bois moins dur que celui des arbres. La bruyère, par exemple, eſt une plante ligneuſe. C'eſt une expreſſion vicieuſe. *Voyez* ARBRE, ARBRISSEAU & ARBUSTE.

Les fibres & les couches ligneuſes ſont l'agrégation des ſéries de grains parenchymateux dont les arbres ſont formés. C'eſt encore une mauvaiſe expreſſion. *Voyez* AUBIER & COUCHES LIGNEUSES, & le *Dictionnaire de Phyſique végétale.* (*Bosc.*)

LIGNOULOT : c'eſt, dans le département du Doubs, une perche horizontale, attachée à des pieux peu élevés, & ſur laquelle on attache les bourgeons de la vigne, qui, dans ce cas, eſt toujours plantée en ligne & eſpacée d'environ deux pieds.

Cette manière de paliſſader la vigne eſt en rapport avec celle uſitée dans le Médoc & autres localités, & eſt économique en ce qu'elle diminue la conſommation du bois des échalas, & qu'elle permet les labours & les binages à la charue. *Voy.* VIGNE, ÉCHALAS & ACCOLER.

LIGORNE. On appelle ainſi les tulipes dont la feuille caulinaire eſt attachée à la fleur, & qui en conſéquence ſont courbées du côté de cette feuille.

C'eſt dans les terreins gras & humides, dans les années pluvieuſes, que les tulipes ſont le plus ſujètes à ſe ligorner, & par ſuite à perdre la plus grande partie de leur mérite. Il eſt auſſi des oignons qui ſont plus diſpoſés que d'autres à donner des fleurs ligornées. Ce n'eſt que par une culture bien entendue, & en ſacrifiant les oignons qui l'ont montré deux fois de ſuite, qu'on parvient à empêcher le ligornage de ſe montrer.

Il arrive quelquefois qu'une partie de la feuille ſe colore dans le cas de ligornement; ce qui eſt un fait phyſiologique important à prendre en conſidération lorſqu'on porte ſon attention ſur l'organiſation des plantes. (*Bosc.*)

LILAS. *Syringa.*

Genre de plante de la diandrie monogynie & de la famille des *Jaſminées*, qui raſſemble quatre eſpèces d'arbriſſeaux, dont deux ſont très-communément cultivés dans nos jardins. Il en ſera fait mention dans le *Dictionnaire des Arbres & Arbuſtes.* (*Bosc.*)

LILAS DES INDES. *Voyez* AZEDERAC, dans le *Dictionnaire des Arbres & Arbuſtes.*

LILIACÉES. Famille de plante qui eſt dans le cas d'intéreſſer le cultivateur, à raiſon de la beauté & de la bonne odeur de beaucoup des eſpèces qui lui appartiennent, & de la culture toute particulière qu'elles demandent. La plupart de ces eſpèces ſont repouſſées par les beſtiaux; mais quelques-unes ſervent d'aliment ou de condiment, & un plus grand nombre ont des vertus médicales non conteſtées.

Ces eſpèces appartiennent principalement aux genres ANTHERIC, PHALANGÈRE, ASPHODÈLE, BASILE, PHORMION, CYANELLE, ALBUCA, SCILLE, ORNITHOGAL, AIL, TULIPE, VIOULTE, MÉTHONIQUE, UVULAIRE, FRITILLAIRE, IMPÉRIALE, LIS, YUCCA, ALOÈS, ALETRIS, JACINTHE, BULBOCODE, HÉMEROCALE & AGAPANTHE. *Voyez* ces mots.

On doit à Redouté un ſuperbe ouvrage, où les plantes de cette famille, qui ſont cultivées dans nos jardins, ſont figurées en couleur. (*Bosc.*)

LIMACE. Genre de ver molluſque, dont on diſtingue en France une demi-douzaine d'eſpèces, qui toutes vivent aux dépens des végétaux, & nuiſent quelquefois beaucoup aux produits des récoltes.

Faire

Faire la guerre aux Limaces, ainsi qu'aux hélices (*voyez* ce mot), qui n'en diffèrent que parce qu'ils sont couverts d'une coquille, est le devoir de tout jardinier, de tout pépiniériste jaloux du succès de ses cultures : c'est principalement dans les semis & les nouvelles plantations qu'elles font le plus de ravages. J'ai vu souvent des navettes être entiérement détruites par elles, peu après qu'elles étoient levées. Une plantation de jeunes acacias a totalement manqué dans les pépinières impériales, parce qu'elles avoient rongé rez-terre l'écorce de tous les pieds. Il est peu de personnes qui n'aient à se plaindre d'elles, parce qu'elles mangent, chaque année, les choux, les salades, les fraises, les pêches, &c. de leurs jardins.

Les terres humides, les années pluvieuses, sont les plus favorables à la multiplication des Limaces : elles surabondent surtout dans le voisinage des bois; elles ont un grand nombre d'ennemis parmi les animaux sauvages, & les intempéries de l'air en font immensément périr; aussi n'en voit-on pas beaucoup de vieilles; mais elles pondent un si grand nombre d'œufs, qu'elles couvrent quelquefois le terrein, après la pluie, à la fin du printems, époque où leurs petits éclosent. Ce sont les jeunes Limaces, qu'on n'apperçoit pas pendant le jour, surtout s'il fait sec & chaud, qui sont les plus dangereuses, à raison de leur nombre & de leur voracité.

Les grosses Limaces doivent être écrasées lorsqu'on les rencontre sur ses pas, & peuvent être recherchées dans les jardins, en suivant la trace argentée qu'elles laissent sur leur passage, & tuées dans le lieu de leur retraite, qui est un trou de mur, un dessous de pierre, un tas de feuilles sèches, &c. En disposant, de distance en distance, des planches soulevées d'un côté, on peut être assuré qu'elles se réfugieront dessous de préférence, & qu'on pourra les y tuer chaque matin. Les hérissons, les tortues, les canards, les dindons, en font une grande consommation. J'ai vu une ferme qui en étoit infestée, n'en presque plus offrir une année après qu'on y eut introduit un troupeau de ces derniers animaux.

Pour empêcher les Limaces de parvenir dans un semis, on peut l'entourer de sable fin, de chaux, de cendre, qui, s'empâtant avec leur gluten, les empêchent d'avancer & finissent par les faire périr; mais il faut que ces matières soient toujours pulvérulentes & sèches. *Voyez*, pour le surplus, au mot HÉLICE. (*Bosc.*)

LIMACIE. *Limacia.*

Arbrisseau grimpant, de la Cochinchine, dont les fruits se mangent, & qui forme seul un genre dans la dioécie hexandrie.

Comme cet arbrisseau ne se voit pas dans nos jardins, je n'en parlerai pas plus longuement. (*Bosc.*)

LIMBARDE. C'est, dans quelques lieux, l'INULE PERCE-PIERRE. *Voyez* ce mot.

LIME. On donne ce nom a plusieurs variétés d'oranger.

LIMÉOLE. *Limeum.*

Genre de plante de l'heptandrie digynie & de la famille des *Portulacées*, qui contient trois espèces, dont une est cultivée dans les serres de nos jardins de botanique. *Voyez* les *Illustrations des genres* de Lamarck, pl. 275, où il est figuré.

Espèces.

1. La LIMÉOLE d'Afrique.

Limeum africanum. Linn. ♃ Du Cap de Bonne-Espérance.

2. La LIMÉOLE du Cap.

Limeum capense. Linn. ♃ Du Cap de Bonne-Espérance.

3. La LIMÉOLE d'Éthiopie.

Limeum æthiopicum. Thunb. ♃ Du Cap de Bonne-Espérance.

Culture.

La première espèce, la seule que nous cultivions, est une petite plante sans agrément, qui ne se voit que dans les collections de botanique. On la tient dans la terre de bruyère & dans la serre chaude : elle demande peu d'arrosemens. Sa multiplication s'exécute par le déchirement des vieux pieds, en automne; car elle porte fort rarement des graines en Europe. Je ne sache pas qu'elle se trouve dans les jardins de Paris. (*Bosc.*)

LIMIER. Variété de chien, dressée à indiquer le lieu où se trouvent les bêtes fauves. *Voyez* CHIEN.

LIMITE. L'incertitude des Limites de beaucoup de propriétés rurales est une source féconde de procès, qui fatiguent & ruinent même quelquefois les cultivateurs, surtout lorsqu'ils ont pour voisins des hommes de mauvaise foi. Il faut donc, lorsqu'on en achète une, qu'on fasse d'abord reconnoître ses Limites par toutes les parties intéressées, qu'on constate rigoureusement, par un acte judiciaire, cette reconnoissance, & qu'on les fixe par des bornes en pierre, par des plantations d'arbres ou d'arbustes, par des fossés, &c. Je préfère les haies formées d'une grande variété d'espèces, comme les moins faciles à transposer, comme fournissant de bonnes défenses contre les entreprises des voleurs & des bestiaux, & d'utiles abris contre les chaleurs, les froids & les grands vents. *Voyez* au mot HAIE.

Il est un moyen d'indiquer les Limites, qui est

bien plus durable que les autres, mais qu'on pratique cependant le plus rarement : c'est de former un ados plus ou moins haut, plus ou moins large, ados qu'on laissera en pâturage, ou que mieux on plantera en bois. Quand on considère que les tumulus élevés sur les corps d'Achille, de Patrocle & autres héros grecs tués au siége de Troye ; que les camps formés par les Romains, lors de la conquête des Gaules, & autres monumens du même genre, subsistent encore après tant de siècles, il est étonnant qu'on ne marque pas les Limites par le même moyen.

Il est des arbres, comme l'olivier, comme le cornouiller, qui doivent être préférés pour la composition des haies de Limites, parce qu'ils vivent éternellement, c'est-à-dire, repoussent toujours de leurs racines lorsque leur tronc, après des siècles de durée, meurt enfin de vieillesse. *Voyez* ces deux mots. (*Bosc.*)

LIMNETIS. *Limnetis.*

Genre de plante de la triandrie monogynie & de la famille des *Graminées*, qui a été appelé TRACHYNOTIE par Michaux, & dont je ferai mention sous ce nom. (*Bosc.*)

LIMON. Dépôt des eaux qui ont enlevées des portions de terres sur lesquelles elles ont coulé.

Quelquefois le Limon est uniquement, ou presqu'uniquement formé de terre argileuse, de terre calcaire, de terre végétale ; mais en général il l'est de la réunion de toutes ces terres, & de plus de sable fin ; aussi sa fertilité est-elle extrêmement variable.

Toutes les rivières déposent du Limon après les longues pluies, les grandes fontes de neige : tous les orages en font descendre des montagnes dans les vallées. L'art profite de ces circonstances pour élever ou fertiliser le sol de certains lieux. *Voyez* CANAL, ALLUVION, PLUIE & ORAGE.

C'est au Limon charié par le Nil, dans ses crues, que l'Egypte doit sa fertilité & le Delta sa formation. Presque toutes nos grandes rivières ont également des attérissemens à leur embouchure ; mais ils ne sont pas toujours de Limon. La Hollande est formée du Limon amené par le Rhin & la Meuse ; l'Aunis, par celui de la Loire. (*Voyez* ATTÉRISSEMENT.) C'est au Limon déposé annuellement par le débordement des rivières, que les prairies qui bordent la Seine, la Saône, &c. sont si fertiles, quoiqu'on ne les fume jamais. *Voyez* DEBORDEMENT & INONDATION.

Les eaux pluviales, surtout celles qui tombent par ondées, entraînent du Limon dans les étangs, les fossés, les mares & autres lieux analogues. Ce Limon est un excellent engrais, qui doit être enlevé plus ou moins souvent pour être reporté, soit sur les terres dont il a été enlevé, soit sur d'autres. En conséquence, un cultivateur intelligent creuse des trous dans ceux de ses champs qui reçoivent les eaux des grandes routes, des rues des villages, des vallées supérieures, afin que le Limon qu'elles apportent, tourne à son profit. *Voyez* BOUE.

On confond quelquefois le Limon avec la vase ; mais cette dernière doit être considérée comme le produit de la décomposition des végétaux & des animaux qui ont crû dans l'eau, quoiqu'il soit rare qu'elle ne soit pas en partie composée de Limon. *Voyez* VASE. (*Bosc.*)

LIMODORE. *Limodorum.*

Genre de plante de la gynandrie diandrie & de la famille des *Orchidées*, qui réunit près de quarante espèces, dont plusieurs sont d'une beauté remarquable, & dont quelques-unes se cultivent dans nos jardins.

Observations.

Ce genre étant extrêmement voisin de ceux des HELLÉBORINES, des CYPRIPEDIONS, des ÉPIDENDRES, des ORCHIS & des SATYRIONS, ses espèces ont varié de nom selon les auteurs. Les genres CYMBIDIE, MALAXIS & autres voisins, contiennent des espèces qui lui ont été réunies par quelques botanistes, entr'autres le Limodore tubéreux de Linnæus, qui appartient actuellement aux *Cymbidies*. Je suis ici l'opinion de Willdenow.

Espèces.

1. Le LIMODORE de la Chine.
Limodorum Tankervillæ. Ait. ♃ De la Chine.

2. Le LIMODORE élevé.
Limodorum altum. Linn. ♃ Des Antilles.

3. Le LIMODORE pourpre.
Limodorum purpureum. Lam. ♃ Des Antilles.

4. Le LIMODORE barbu.
Limodorum barbatum. Swartz. ♃ Du Cap de Bonne-Espérance.

5. Le LIMODORE à fleurs lâches.
Limodorum laxiflorum. Lam. ♃ Des Indes.

6. Le LIMODORE à feuilles de vératre.
Limodorum veratrifolium. Willd. ♃ Des Indes.

7. Le LIMODORE de Laponie.
Limodorum boreale. Swartz. ♃ Du nord de l'Europe & de l'Amérique.

8. Le LIMODORE strié.
Limodorum striatum. Banks. ♃ De la Chine.

9. Le LIMODORE verdâtre.
Limodorum virens. Roxb. ♃ Des Indes.

10. Le LIMODORE cariné.
Limodorum carinatum. Willd. ♃ Des Indes.

11. Le LIMODORE bidenté.
Limodorum bidentatum. Retz. ♃ Des Indes.

12. Le LIMODORE épidendroïde.
Limodorum epidendroides. Willd. ♃ Des Indes.

13. Le Limodore recourbé.
Limodorum recurvum. Roxb. ♃ Des Indes.

14. Le Limodore triste.
Limodorum triste. Swartz. ♃ Du Cap de Bonne-Espérance.

15. Le Limodore en faulx.
Limodorum falcatum. Swartz.

16. Le Limodore à longue corne.
Limodorum longicorne. Swartz. ♃ Du Cap de Bonne-Espérance.

17. Le Limodore ivoire.
Limodorum eburneum. Willd. ♃ De l'Ile-Bourbon.

18. Le Limodore à feuilles en spatule.
Limodorum spathulatum. Willd. ♃ Des Indes.

19. Le Limodore orchidé.
Limodorum orchideum. Willd. ♃ Des Indes.

20. Le Limodore à épi aplati.
Limodorum complanatum. Retz. ♃ Des Indes.

21. Le Limodore à feuilles en massue.
Limodorum clavatum. Retz. ♃ Des Indes.

22. Le Limodore à feuilles subulées.
Limodorum subulatum. Retz. ♃ Des Indes.

23. Le Limodore nain.
Limodorum pusillum. Retz. ♃ Des Indes.

24. Le Limodore de funal.
Limodorum funale. Swartz. ♃ De la Jamaïque.

25. Le Limodore filiforme.
Limodorum filiforme. Swartz. ♃ De Saint-Domingue.

26. Le Limodore fasciole.
Limodorum fasciola. Swartz. ♃ Des îles de la Société.

27. Le Limodore à fleurs ouvertes.
Limodorum hians. Swartz. ♃ Du Cap de Bonne-Espérance.

28. Le Limodore en zigzag.
Limodorum flexuosum. Willd. ♃ De l'Amérique.

29. Le Limodore avorté.
Limodorum abortivum. Swartz. ♃ Indigène.

30. Le Limodore épipoge.
Limodorum epipogium. Swartz. ♃ Des Alpes.

31. Le Limodore à crête.
Limodorum cristatum. Perf. ♃ De Sierra-Leone.

32. Le Limodore à lèvre en cuiller.
Limodorum cucullatum. Swartz. ♃ De Sierra-Leone.

33. Le Limodore deux dents.
Limodorum bidens. Swartz. ♃ De Sierra-Leone.

34. Le Limodore émarginé.
Limodorum emarginatum. Swartz. ♃ De Sierra-Leone.

35. Le Limodore imbriqué.
Limodorum imbricatum. Swartz. ♃ De Sierra-Leone.

36. Le Limodore luisant.
Limodorum lucidum. Swartz. ♃ De Sierra-Leone.

Culture.

Le Limodore de la Chine est une des plus belles plantes qui se cultivent dans nos serres, où elle fleurit successivement pendant près de deux mois, à commencer de mars ou d'avril. Une terre demi consistante, des rempotemens annuels, en automne, & des arrosemens fréquens, surtout pendant qu'elle pousse sa tige, lui sont indispensables. On la multiplie par le déchirement des vieux pieds, ou mieux par la séparation, à l'époque du rempotement, des tubercules qui naissent autour de sa racine, tubercules qui ne sont jamais très-nombreux. C'est principalement lorsque le pied est fleuri, ce qui n'a pas lieu tous les ans, qu'il se développe de ces tubercules, & alors il faut nécessairement les séparer tous pour en faire de nouveaux pieds, en les plaçant chacun dans un pot qu'on enterre dans une couche à châssis; car la racine principale, c'est-à-dire, celle d'où la tige est sortie, ne repousse plus.

Les Limodores élevé & pourpre sont les seuls, avec le précédent, qui se cultivent au Jardin du Muséum de Paris, & il y en a un ou deux autres dans les jardins des amateurs: tous demandent la même culture. Quoique bien inférieurs en grandeur & en beauté au Limodore de la Chine, ils se font remarquer, principalement le troisième, qui fleurit pendant tout l'hiver.

Les Limodores de Laponie, avorté & épipoge, peuvent se cultiver en pleine terre dans nos jardins, & ils le font de tems en tems; mais, comme toutes les autres orchidées indigènes, ils ne s'y conservent pas long-tems, & surtout ne s'y multiplient pas, la nature de leur propagation s'opposant à ce qu'ils le fassent dans les terres labourées. Je développerai ce fait au mot Orchis. (*Bosc.*)

LIMONELLIER. *Limonia.*

Genre de plante de la décandrie monogynie & de la famille des *Orangers*, qui renferme une dixaine d'arbres ou d'arbrisseaux, dont un ou deux se cultivent dans nos serres. Il est figuré pl. 353 des *Illustrations des genres* de Lamarck.

Espèces.

Limonelliers à rameaux épineux.

1. Le Limonellier à feuilles simples.
Limonia monophylla. Linn. ♄ Des Indes.

2. Le Limonellier à trois feuilles.
Limonia trifoliata. Linn. ♄ Des Indes.

3. Le Limonellier acide.
Limonia acidissima. Linn. ♄ Des Indes.

4. Le Limonellier crénulé.
Limonia crenulata. Roxb. ♄ Des Indes.

Limonelliers à rameaux sans épines.

5. Le LIMONELLIER luisant.
Limonia lucida. Forst. ♄ De l'île Mallicoco.
6. Le LIMONELLIER de l'Ile-de-France.
Limonia mauritiana. Lam. ♄ De l'Ile-de-France.
7. Le LIMONELLIER à cinq feuilles.
Limonia pentaphylla. Retz. ♄ Des Indes.
8. Le LIMONELLIER de Madagascar.
Limonia madagascariensis. Lam. ♄ De Madagascar.
9. Le LIMONELLIER en arbre.
Limonia arborea. Roxb. ♄ Des Indes.
10. Le LIMONELLIER nain. *Voyez* SCOLOPIA.
Limonia minuta. Forst. ♄ Des îles des Amis.

Culture.

La seconde espèce est la plus commune dans nos jardins, & cependant on ne la voit que dans un petit nombre d'entr'eux. On la tient toute l'année dans la serre chaude : elle demande une terre consistante, des dépotemens bisannuels & des arrosemens peu abondans. Sa multiplication autrement que par graines, qui arrivent rarement à maturité en Europe, est fort difficile, pour ne pas dire impossible. On est cependant, dit-on, arrivé au but en greffant des rameaux sur des racines séparées de leur souche.

Cette espèce, ainsi que la troisième, se cultive dans les Indes & dans les îles de l'Amérique, pour leur fruit qui est acide, & qu'on mange confit au sucre comme les jeunes citrons. Ils forment, comme j'ai pu en juger, un excellent mets dans cet état. Je n'ai aucun renseignement sur le mode de leur culture dans ce pays ; mais je suppose qu'il est fort simple, c'est-à-dire, qu'il se réduit à semer les graines, & à donner de tems en tems quelques binages au pied des plants qui en sont provenus. (*Bosc.*)

LIMOSELLE. *Limosella.*

Genre de plante de la didynamie angiospermie & de la famille des *Lysimachies*, qui offre deux espèces, dont une se trouve quelquefois en abondance autour de nos étangs, & se cultive dans nos jardins de botanique. Il est figuré pl. 535 des *Illustrations des genres* de Lamarck.

Espèces.

1. La LIMOSELLE aquatique.
Limosella aquatica. Linn. ♃ Indigène.
2. La LIMOSELLE du Cap.
Limosella capensis. Thunb. ♃ Du Cap de Bonne-Espérance.

Culture.

La Limoselle aquatique ne peut se conserver dans les jardins de botanique, qu'autant qu'on la sème ou qu'on la plante dans une terrine qui soit plongée dans une autre au tiers remplie d'eau. Une terre composée de moitié sable & moitié limon est celle où elle prospère le mieux. Il faut changer, au moins une fois par semaine, pendant l'été, l'eau de la terrine inférieure, parce que dès qu'elle est corrompue, elle fait mourir les pieds de Limoselle qu'elle est chargée d'abreuver ; aussi le défaut de soin, à cet égard, est-il cause que cette plante ne se trouve le plus souvent qu'en étiquette dans ceux de ces jardins qui sont le mieux tenus. (*Bosc.*)

LIN. *Linum.*

Genre de plante de la pentandrie pentagynie & de la famille des *Caryophyllées*, qui rassemble trente-cinq espèces, dont plusieurs sont indigènes; d'autres se voient dans les jardins de botanique, & une se cultive de toute ancienneté dans la plus grande partie de l'Europe, ainsi que dans le nord de l'Asie & de l'Afrique, à raison de la filasse & de l'huile qu'elle fournit. *Voyez* les *Illustrations des genres* de Lamarck, pl. 219.

Espèces.

Lins à feuilles alternes.

1. Le LIN cultivé.
Linum usitatissimum. Linn. ⊙ Du midi de l'Europe.
2. Le LIN de Sibérie.
Linum perenne. Linn. ♃ De la Sibérie.
3. Le LIN visqueux.
Linum viscosum. Linn. ♃ Du midi de l'Europe.
4. Le LIN velu.
Linum hirsutum. Linn. ♃ De l'Allemagne.
5. Le LIN aquilin.
Linum aquilinum. Mol. ♃ Du Chili.
6. Le LIN de Narbonne.
Linum narbonense. Linn. ♃ Du midi de l'Europe.
7. Le LIN à feuilles réfléchies.
Linum reflexum. Ait. ♃ Du midi de l'Europe.
8. Le LIN à feuilles menues.
Linum tenuifolium. Linn. ♃ Indigène.
9. Le LIN sélaginoïde.
Linum selaginoides. Lam. ♄ Du Brésil.
10. Le LIN couché.
Linum prostratum. Lam. Du Pérou.
11. Le LIN gallique.
Linum gallicum. Linn. ⊙ Du midi de l'Europe.
12. Le LIN maritime.
Linum maritimum. Linn. ♃ Du midi de l'Europe.
13. Le LIN de montagne.
Linum alpinum. Linn. ♃ Des Alpes.
14. Le LIN d'Autriche.
Linum austriacum. Linn. ♂ De l'Allemagne.

15. Le LIN de Virginie.
Linum virginianum. Linn. ♂ De l'Amérique septentrionale.

16. Le LIN jaune.
Linum luteum. Jacq. ♃ De l'Allemagne.

17. Le LIN monopétale.
Linum monopetalum. Steph. De la Russie.

18. Le LIN rude.
Linum strictum. Linn. ♂ Du midi de l'Europe.

19. Le LIN monogyne.
Linum monogynum. Forst. ♄ De la Nouvelle-Zélande.

20. Le LIN ligneux.
Linum suffruticosum. Cavan. ♄ De l'Espagne.

21. Le LIN arboré.
Linum arboreum. Schreb. ♄ Du midi de l'Europe.

22. Le LIN campanulé.
Linum campanulatum. Linn. ♃ Du midi de l'Europe.

23. Le LIN à grandes fleurs.
Linum grandiflorum. Desf. ♄ De la Barbarie.

24. Le LIN à feuilles aiguës.
Linum angustifolium. Smith. ♃ De l'Angleterre.

25. Le LIN penché.
Linum decumbens. Desf. ♃ De la Barbarie.

26. Le LIN verge.
Linum virgatum. Schousb. De Maroc.

27. Le LIN strié.
Linum striatum. Walth. De l'Amérique septentrionale.

Lins à feuilles opposées.

28. Le LIN d'Afrique.
Linum africanum. Linn. ♄ Du Cap de Bonne-Espérance.

29. Le LIN d'Éthiopie.
Linum æthiopicum. Thunb. ♄ Du Cap de Bonne-Espérance.

30. Le LIN nodiflore.
Linum nodiflorum. Linn. Du midi de l'Europe.

31. Le LIN purgatif.
Linum catharticum. Linn. ⊙ Indigène.

32. Le LIN multiflore.
Linum radiola. Linn. ⊙ Indigène.

33. Le LIN à quatre feuilles.
Linum quadrifolium. Linn. Du Cap de Bonne-Espérance.

34. Le LIN verticillé.
Linum verticillatum. Linn. ⊙ De l'Italie.

35. Le LIN sétacé.
Linum setaceum. Brot. Du Portugal.

Culture.

C'est la première espèce qui se cultive en grand. J'en parlerai plus bas avec les détails convenables. Ici je vais dire un mot de celles qui se trouvent dans nos jardins de botanique, au nombre de quinze ou seize, mais dont on ne tire aucun parti utile.

Il est quelques-uns de ces Lins qui exigent l'orangerie dans le climat de Paris, tels que les 6e., 9e., 20e., 21e., 23e., 28e. On les sème, en conséquence, dans des pots remplis de terre consistante; on les place dans une bonne exposition, & on les rentre aux approches des gelées. Leur multiplication n'est pas facile lorsqu'on manque de graines, & ils en donnent rarement en France; mais on ne doit pas moins la tenter par le déchirement des vieux pieds, au printems. Il faut apporter de la précaution dans cette opération, parce qu'il est toujours à craindre que ses suites soient la mort du pied principal & de celui ou de ceux qu'on en a extraits.

Les autres espèces, soit qu'elles soient vivaces, soit qu'elles soient annuelles, se sèment en pleine terre & y restent. Les soins de culture qu'elles demandent, se réduisent à des sarclages & à des binages. Le multiflore seul exige une terre humide & de l'ombre. Celui à feuilles menues, ne croissant ordinairement que dans les sols calcaires, semble en vouloir une aride; cependant il s'accommode de celle où on le place: ce dernier est élégant. Le jaune, le ligneux, le campanulé, le grandiflore & l'arborescent ont d'assez belles fleurs; les autres n'offrent aucun intérêt.

Le Lin usuel, comme plante cultivée depuis des siècles, fournit plusieurs variétés, dont les plus dans le cas d'être remarquées sont:

1°. Le *Lin froid* ou *grand Lin*, qui a les tiges très-élevées & peu garnies de petites capsules. Il pousse d'abord très-lentement, & sa maturité est tardive. C'est lui qu'on cultive presqu'exclusivement en Flandre pour fabriquer ces belles batistes, ces superbes dentelles, qui font la richesse de cette partie de l'Empire.

2°. Le *Lin chaud* ou *têtard*, qui a les tiges peu élevées, rameuses, très-garnies de grosses capsules. Il pousse d'abord très-rapidement, mais s'arrête bientôt; sa maturité a lieu de bonne heure. On le cultive dans beaucoup de lieux des parties méridionales de la France.

3°. Le *Lin moyen*. Il tient le milieu entre les deux précédens. C'est le type de l'espèce, celui qu'on cultive & qu'on doit en effet cultiver le plus généralement en France.

Il existe, dit-on, dans le département du Mont-Tonnerre, deux variétés de Lin inconnues ailleurs: on les nomme *Lin précoce* & *Lin tardif*. Le premier se sème en mars, & donne une filasse très-fine. Le second se sème en mai, & donne une filasse analogue à celle du chanvre. Je ne connois pas ces variétés.

En d'autres pays, en Irlande, par exemple, on donne d'autres dénominations aux variétés du Lin, dénominations que je ne crois pas nécessaire de rappeler ici.

Toute terre peut porter du Lin ; mais lorsqu'on veut qu'il jouisse de toute la supériorité dont il est susceptible, il faut le semer dans celle qui est en même tems legère, fraîche & de bonne nature ou fortement engraissée, surtout si c'est du grand Lin.

Le Lin tétard épuise beaucoup plus la terre que les deux autres, parce qu'on le laisse mûrir complétement, ses graines étant souvent l'objet principal de sa culture.

Quand le Lin, n'importe la variété, est semé dans un terrein sec & léger, il s'élève peu, mais sa filasse est fine.

Il faut semer serré le grand Lin, & très-clair le tétard, parce que, dans ces cas, le premier devient plus fin, & le second plus garni de capsules. Cependant je dois faire observer que la filasse d'un Lin trop épais est cassante, & par conséquent d'un mauvais emploi.

La privation, comme l'excès des pluies, fait manquer la récolte du Lin ; voilà pourquoi elle est si incertaine ; aussi un cultivateur prudent n'en sème-t-il jamais assez pour être dans le cas de souffrir par sa non-réussite, & ce d'autant mieux que, dans les années favorables, la filasse perd beaucoup de sa valeur par l'effet de la concurrence.

Ce que je viens de dire, relativement à la nature du sol propre au Lin, indique le genre de culture qui lui convient ; ainsi il faut que la terre soit fortement engraissée, plusieurs fois labourée & disposée en planches bombées, lorsque la surabondance d'eau est à craindre.

On fume la terre destinée à recevoir le Lin, soit avec des matières fécales (poudrette), soit avec de la colombine, soit avec du fumier bien consommé. Des résultats de composts sont aussi très-avantageux, surtout lorsqu'il y est entré des matières animales, quoique M. François de Neuf-Château nous ait appris qu'on redoutoit ces sortes d'engrais dans la ci-devant Flandre. La chaux, employée avec modération, est également utile, en ce que le Lin parcourt rapidement les phases de sa végétation, & qu'il est important, dans sa jeunesse surtout, qu'il pousse avec la plus grande vigueur possible.

Lorsqu'on est dans le cas de semer le Lin dans une terre forte, il est nécessaire de lui donner des labours croisés ou très-divisans, dont le premier doit être aussi profond que possible, & de la fumer à deux reprises avec du fumier peu consommé; fumier qui, se décomposant lentement, a la propriété de tenir la terre meuble.

En Flandre, on sème le Lin dans certaines terres sabloneuses, sans y mettre d'engrais ; mais c'est que ces sables sont les produits d'anciennes alluvions, & qu'on les laboure très-profondément.

En Irlande, on préfère semer dans les terres argileuses, la graine de Lin tirée de Hollande, & dans les terres sabloneuses, celle tirée d'Amérique. Il paroît difficile de rendre raison de cette pratique. Dans ce pays on a reconnu que la récolte étoit plus belle lorsque le terrein venoit de porter des pommes de terre ; ce qui s'explique fort bien dans le système des assolemens, & d'après la considération que la terre a été plus souvent & plus profondément divisée.

C'est, je le répète, de la bonté des labours que dépend le succès de la culture du Lin. Ce fait semble devoir déterminer tout propriétaire qui veut se livrer à des spéculations annuelles qui l'ait pour objet, de faire défoncer le sol à la pioche, de deux ou trois pieds de profondeur, opération très-coûteuse, il est vrai, mais dont les effets se font sentir pendant un siècle dans certains terreins: c'est alors aussi qu'il convient de mettre du sable ou de la marne calcaire sur ce sol, s'il est argileux, afin de le rendre plus meuble.

Pour parvenir d'une manière certaine à faire un bon labour, on doit prendre une très-petite quantité de terre à la fois, plutôt que de croiser les sillons comme on le fait si généralement. *Voyez* LABOUR.

Tous les motifs ci-dessus devroient engager à ne semer le Lin sur les terres les mieux labourées, qu'après les avoir binées avec une HOUE A CHEVAL, à plusieurs socs, HERSÉES & ROULÉES. *Voyez* ces mots.

Le bombement des planches, que j'ai indiqué comme si avantageux dans les sols humides, ne suffit pas toujours, & des fossés lui servent fort utilement de supplément.

Ces opérations finies & la terre bien unie, il n'y a plus qu'à semer ; mais il faut indiquer le mode & l'époque de cette importante opération.

La quantité de graine de Lin qu'il convient de confier à la terre, dépend de sa qualité, de la nature du sol & du but de la culture. Ainsi, si elle est de première qualité, on en répandra moins sur une terre maigre ; & si on veut faire de l'huile, vingt-cinq livres suffisent pour dix mille pieds carrés, dans la culture ordinaire, & le double est à peine suffisant, aux yeux des cultivateurs flamands, pour le Lin de fin.

On sème généralement le Lin à la volée, fort épais lorsqu'il s'agit, comme je l'ai dit plus haut, d'en obtenir principalement de la filasse; fort clair lorsqu'il s'agit d'en obtenir principalement la graine. Quelques agronomes ont proposé de le semer en rangées dans ce dernier cas, & les motifs qu'ils ont fait valoir sont plausibles ; cependant je ne sache pas qu'on ait mis habituellement leurs conseils en pratique dans aucun pays.

Il faut éviter avec soin de semer les variétés de Lin les unes avec les autres, car elles se nuiroient réciproquement ; en conséquence on enlèvera tous les pieds de Lin tétard qui auront levé dans un semis de Lin de fin, & tous les pieds de Lin de fin qui se trouveroient dans une planche de Lin tétard.

Il faut, autant que possible, choisir un tems disposé à la pluie, ou le lendemain d'une journée de pluie pour semer le Lin, afin qu'il lève plus promptement. Aussitôt le terrein sera légérement hersé; car, à raison de la finesse de la graine, elle demande à être peu enterrée.

Mais à quels caractères reconnoît-on la bonne graine de Lin? A sa forme bombée, à sa couleur luisante, à son poids considérable. La plus nouvellement récoltée est généralement préférable, parce que l'ancienne est souvent rance, & que, dans ce cas, elle a perdu sa faculté germinative. C'est donc celle de la dernière récolte qu'il faut semer.

Dans un grand nombre de lieux, on est persuadé que les plantes dégénèrent, lorsqu'on ne substitue pas des graines venues de loin à celles de sa propre récolte. Cette opinion existe relativement au Lin, au moins dans le nord, pour le grand Lin, dans toute sa plénitude. Ainsi, en Flandre, on regarde la graine venant de Riga, comme la meilleure; après viennent celle de Hollande & celle d'Amérique. Comme ces graines arrivent dans des tonneaux, on appelle *Lin de tonne* celui qui résulte de ce premier semis, & *Lin d'après tonne* celui qui résulte du semis de la graine de ce dernier; puis on dit que la plante est dégénérée, & on tire de là nouvelle graine des mêmes pays.

Il est de fait, d'un côté, que pour avoir de belle filasse, en Flandre, on sème le Lin extrêmement épais, comme je l'ai dit plus haut, & qu'on n'attend pas la parfaite maturité de la plante pour la récolter; ce qui doit nécessairement affoiblir la qualité de la graine, & nécessiter d'en acheter dans les endroits où on dirige la culture, de manière à donner à cette graine toute la perfection dont elle est susceptible.

Il est de fait, de l'autre côté, que même aux environs de Riga, d'après les observations de M. Dubois de Douillac, on change la graine de Lin tous les trois, quatre ou cinq ans au plus tard, avec celle qu'on tire de France, & que les Hollandais nous vendent, comme graine de Riga, celle qu'ils récoltent en Zélande, & même celle qu'ils achètent en Normandie ou autres parties de la France où on ne cultive pas le Lin pour faire de la batiste ou de la dentelle avec sa filasse, & où par conséquent on ne le sème pas si serré.

Ces faits, dont j'ai développé le principe au mot SUBSTITUTION DE SEMENCE, me font croire que les cultivateurs de Lin fin peuvent se dispenser de tirer, à grands frais, surtout en tems de guerre, leur graine de Riga ou de Hollande, mais qu'ils doivent cultiver chaque année un champ de Lin, dans le but d'avoir de la graine, jouissant de la plénitude de ses qualités; à l'effet de quoi ce champ sera fumé & labouré avec autant de soin que les autres, & la graine, d'ailleurs bien choisie, y sera semée très-claire, & la récolte ne s'y fera qu'après la parfaite maturité des capsules, qui ne seront séparées de leurs tiges qu'au moment où on aura besoin, pour les semis, de la graine qu'elles contiennent. Si la filasse qui proviendra de ce Lin n'est pas propre à faire des toiles fines & de la belle dentelle, elle le sera au moins pour faire des toiles ordinaires & de la dentelle commune; ce qui l'utilisera avec suffisamment de profit.

Quoiqu'on ne regarde pas comme si nécessaire, ainsi que je l'ai dit plus haut, le changement de graine du Lin tétard, il arrive cependant un cas où elle peut être regardée comme nécessaire: c'est lorsqu'on l'a récoltée dans un champ mal fumé & mal labouré, ou dans une année, soit trop pluvieuse, soit trop sèche, parce que ces quatre circonstances affoiblissent la nature de la GRAINE. *Voyez* ce mot.

On doit à mon collaborateur Tessier un Mémoire qui décide la question de la nécessité du changement des semences, d'une manière négative, puisque des graines de Lin tirées de beaucoup d'endroits, & cultivées aux environs de Paris, lui ont donné des récoltes égales: ce Mémoire est inséré dans les *Annales d'Agriculture.*

Cet objet éclairci, il s'agit de savoir à quelle époque il convient de semer le Lin.

Si on consulte la pratique, on voit qu'il se sème généralement avant l'hiver dans les parties méridionales, & après l'hiver dans les parties septentrionales de la France; & en effet, dans ces dernières, il craint, pendant cette saison, & les grands froids & les longues pluies.

Si on consulte la théorie, on apprend que les plantes semées avant l'hiver perfectionnent mieux leurs graines que celles qui le sont après. Or, toutes les fois que la nature tend à ce but important, elle néglige les autres. Donc il faut reconnoître, avec Olivier de Serres, *que le Lin printanier rapporte moins de poil & de graines que l'hivernal, mais poil plus fin & plus subtil; donc, pour telle qualité, cestui-là est à préférer à cestui-ci.*

Ce peu de mots suffisent pour guider les cultivateurs dans le choix de l'époque où ils doivent ensemencer leurs Lins. Ainsi, 1°. dans les pays chauds; 2°. dans les terreins secs & abrités; 3°. lorsqu'on préférera la qualité ou la quantité de graine, on semera avant l'hiver. Ainsi, en tous pays & en tous terreins, on semera après l'hiver, lorsque, comme en Flandre & même en Normandie, on ne cherchera que la finesse & la longueur de la filasse.

Il est à observer cependant que si l'on semoit après l'hiver dans les pays méridionaux, il faudroit pouvoir arroser; car la sécheresse y est quelquefois dans le cas de saisir le Lin avant son complet développement, & par suite, de l'empêcher de s'élever à une hauteur convenable. Je puis même assurer que c'est cette circonstance, dont les suites sont une moindre longueur & une moindre finesse de la filasse, qui empêche les grandes cultures de Lin dans les pays chauds, quoique ce soit le climat qui lui convienne le mieux, sous le rapport de la nature de la plante, puisqu'elle en est originaire.

Le Lin semé avec les précautions indiquées ne tarde pas à lever. Il ne demande aucun soin jusqu'à l'époque où il monte en fleurs, à moins que quelques mauvaises herbes d'une grande stature ne soient à arracher, ce qu'on fait de loin avec une houlette; car on ne peut y entrer sans grands dommages. A cette époque le Lin de fin, ou grand Lin, demande, à raison de la foiblesse de ses tiges, à être garanti des efforts des vents & des pluies d'orages, par le moyen de perches, ordinairement de saule ou d'aulne, fixées parallèlement au sol, à un pied d'élévation, sur des piquets fourchus, enfoncés des deux côtés du champ, à trois, quatre, six & huit pieds les uns des autres, plus ou moins, selon l'importance que l'on met au succès, perches qui restent jusqu'à la récolte.

J'observerai, à cette occasion, qu'en tous pays, & surtout dans ceux où on ne rame pas le Lin, il est toujours fort avantageux de le semer dans des enclos qui le garantissent des vents & concentrent la chaleur du soleil. A défaut de murs & de haies, on peut faire des abris avec de la paille, des roseaux & autres matériaux de ce genre. *Voyez* ABRI.

Olivier de Serres avoit déjà observé que les tiges de Lin, dont la fleur avortoit, devenoient plus grandes & donnoient de la filasse plus fine. Il y auroit donc souvent de l'avantage de pincer les fleurs avant leur épanouissement, pour produire les mêmes résultats. Je suis surpris que les habiles cultivateurs de la Flandre, pour qui la dépense n'est rien lorsqu'ils ont le Lin le plus parfait, à raison du haut prix auquel il se vend, n'aient pas employé ce moyen si simple & si concordant avec les principes de la théorie. Je les engage à faire des essais à cet égard, puisque les résultats peuvent leur en être si avantageux.

Deux plantes parasites nuisent souvent beaucoup au Lin pendant sa croissance; la cuscute, qu'à cause de cela on appelle *angure* ou *angoise de Lin*, & l'orobranche rameuse. Arracher ces deux plantes dès qu'elles se montrent, sans craindre les dommages qui en pourront résulter pour le Lin, sont les moyens les plus assurés de les détruire pour le moment présent & pour l'avenir.

Un insecte dont Olivier de Serres a parlé, mais que je n'ai pas eu occasion de voir, dévore le Lin. Cet agriculteur recommande, pour le garantir de ses ravages, de saupoudrer la linière de cendres.

Mais ce qui fait le plus de tort au Lin, à toutes les époques de sa végétation, c'est la sécheresse, qui l'empêche de s'élever & s'oppose au grossissement des capsules. Il n'y a, comme je l'ai dit plus haut, que des arrosemens qui contre-balancent ses effets; mais il n'est pas possible d'en faire dans une infinité de lieux. Si on semoit le Lin entre deux rangées de topinambours, écartées seulement de six pieds, & dirigées du levant au couchant, on diminueroit beaucoup les suites de la sécheresse, au moins pendant la seconde moitié de la végétation du Lin, qui est le tems pendant lequel elle est plus commune & plus dangereuse. Ces rangées de topinambours, servant également à garantir ces tiges des effets des grands vents, éviteroient souvent les frais du ramage.

Le moment de la récolte du Lin dépend de l'objet qu'on a en vue en le semant.

Ainsi, si on veut une filasse forte, mais grossière, & de la graine abondante & de bonne qualité, il faut attendre que toutes les capsules soient devenues jaunâtres, ou que la plupart soient entr'ouvertes.

Ainsi, si on veut une filasse très-fine, très-soyeuse, il faut l'arracher dès que les dernières fleurs sont tombées; mais alors la filasse est foible.

Dans le midi on suit la première pratique; dans le nord, principalement aux environs de Saint-Amand, on suit la seconde. En Normandie, en Bretagne, & dans les autres cantons de la France où on fabrique des toiles fines, on préfère un terme moyen entre ces deux extrêmes, c'est-à-dire, qu'on récolte le Lin lorsque la moitié des capsules sont mûres.

Les Lins verts se rouissent plus facilement que ceux qui sont trop mûrs, & malgré le rouissage le plus parfait, la filasse de ces derniers se sépare plus difficilement de la tige.

Il est, dit-on, des pays où on fauche le Lin; mais en France, c'est toujours en l'arrachant qu'on le récolte. Cette opération doit être faite avec les précautions convenables, c'est-à-dire, qu'il faut prendre garde de casser les tiges, qu'on doit les débarrasser des herbes & de la terre qui pourroient y être attachées, & les coucher tout doucement par poignées sur la terre, les têtes tournées du côté du midi, ou attachant trois poignées ensemble, &, les écartant, poser les racines sur la terre de manière à ce que les tiges restent droites.

Lorsque les tiges sont complétement sèches, ou on en sépare les capsules en les faisant passer à travers les dents d'un peigne à dents de fer, à cet effet fixé sur un banc, ou on en tire les graines immédiatement en les égrugeant sous une pierre, une planche, &c., ou en les battant avec un bâton, un fléau, &c. Le premier moyen est préférable, en ce que l'on peut prendre son tems pour ôter les graines des capsules, & que plus elles y restent, plus elles se perfectionnent.

Le rouissage du Lin se fait, selon les pays, ou immédiatement après la récolte, ou aux approches de l'hiver, ou au printems, ou pendant l'été suivant. On l'exécute ou dans l'eau, ou dans la terre, ou sur l'herbe. J'ai développé, au mot ROUISSAGE,

Rouissage, les avantages & les inconvéniens de ces divers modes, & j'y renvoie le lecteur.

Dans quelques lieux on fait sécher le Lin roui dès qu'il est sorti de l'eau, au moyen de la chaleur du feu; mais cela n'a aucun avantage & offre des inconvéniens de plusieurs sortes. (*Voyez* Haller.) Il vaut mieux attendre quelques jours de plus & les éviter; car il est rare qu'on soit très-pressé d'employer le Lin.

La graine de Lin a trois principaux emplois: ou on la réserve pour la semer, ou en tire de l'huile, ou on la vend aux apothicaires pour l'usage de la médecine.

Dans le premier cas, il est bon de ne l'égruger qu'au moment de s'en servir, & on peut se dispenser de la nétoyer.

Dans le second, il est également bon de ne l'égruger que le plus tard possible; mais il faut la nétoyer exactement de tous les fragmens des capsules, de toute la terre & autres objets étrangers qui peuvent s'y trouver mêlés.

Il en est de même lorsqu'on la destine à la vente.

La graine de Lin, battue & vannée, surtout si c'est peu après la récolte, sera étendue dans un grenier, & remuée d'abord tous les jours, ensuite tous les deux jours, tous les trois jours, toutes les semaines, jusqu'à ce qu'elle soit extrêmement sèche & propre à être mise dans des sacs ou dans des tonneaux sans y moisir.

Comme toutes les autres graines huileuses, celle du Lin donne moins d'huile lorsqu'on la porte de suite au moulin, que quand on attend un ou deux mois pour le faire, à raison que le mucilage qu'elle contient, continue, pendant ce tems, à se transformer en huile; mais si on tardoit trop long-tems, on tomberoit dans un autre inconvénient, parce que l'huile ranciroit. *Voyez* Huile & Moulin a huile.

La petitesse des tiges du Lin ne permet pas d'en enlever économiquement l'écorce, quoiqu'on le fasse quelquefois, en le tillant comme le chanvre. *Voyez* Broie.

Les opérations que subit la filasse pour être en état de servir à faire de la toile, ainsi que la fabrication de la toile, quoique se faisant dans les campagnes, ne sont plus du ressort des cultivateurs. On en trouvera la description dans le *Dictionnaire des Manufactures & Arts*, rédigé par mon estimable ami Roland de la Platière, depuis ministre de l'intérieur, & une des victimes de la révolution.

Il est des cultivateurs qui sèment du Lin plusieurs années de suite dans le même sol; mais ils ne doivent pas être imités, d'après le principe des assolemens, principe qui s'applique aux plantes qui fournissent des graines huileuses bien plus rigoureusement qu'aux autres. Cinq à six ans ne sont pas de trop, selon d'autres, pour remettre du Lin dans le même local.

M. de Père est d'avis que, dans le midi, la rotation des récoltes dans laquelle entre le Lin, doit être une récolte fauchée en vert sur terrein amendé, suivie de trèfle & de froment ou de raves, de haricots, de maïs-fourage ou de fèves, vesces & froment. Il estime qu'une bonne récolte de Lin sur un hectare produit 900 fr.; mais que cette somme en représente ordinairement trois, l'usage, dans le canton de Mézin, département de Lot & Garonne, étant de faire précéder & suivre cette récolte d'une jachère.

Très-fréquemment, dans les parties intermédiaires de la France, on consacre des prés défrichés à la culture du Lin, & cette pratique est dans le cas d'être imitée; mais au lieu de labourer le sol pendant dix-huit mois sans profit, on doit de préférence y semer d'abord de l'avoine, ensuite des plantes qui exigent des binages d'été, comme haricots, pommes de terre, maïs, &c.

D'après le même principe, le Lin est dans le cas de prospérer après un trèfle, & c'est ce que prouve l'expérience, non-seulement dans les départemens septentrionaux, mais encore dans les pays les plus chauds, en Italie, par exemple.

On a remarqué en Zélande qu'il étoit très-avantageux de le substituer à la garance & au houblon.

Il est généralement reconnu, dans les départemens du nord, que le blé réussit fort bien après le Lin; mais souvent, pour gagner deux récoltes de plus, on sème des raves ou de la navette dès qu'il est arraché, quelquefois même avant qu'il soit arraché, & au printems, des pois, de la vesce ou autre fourage, qui permette un semis de froment l'automne suivant.

Arthur Young propose pour l'Irlande, pays où on récolte prodigieusement de Lin, le cours de récolte suivant:

Terres légères: 1°. turneps, 2°. Lin, 3°. trèfle, 4°. froment; ou 1°. pommes de terre, 2°. Lin, 3°. trèfle, 4°. froment.

Terres fortes: 1°. fèves, 2°. Lin, 3°. trèfle, 4°. froment.

On dit qu'on cultive, dans quelques lieux, le Lin pour fourage, soit seul, soit mélangé avec des céréales, des légumineuses, &c. Je ne crois pas cette pratique dans le cas d'être imitée.

L'aspect du Lin vivace fait croire, à raison de sa similitude avec l'espèce dont il vient d'être question, qu'il seroit d'une grande importance de le lui substituer; mais quelle que soit la quantité de graines que Thouin ait répandues en France dans ces vingt dernières années, il n'est pas encore sorti des jardins. Je ne puis croire que ce soit uniquement à cause que sa filasse est plus grossière que celle du Lin cultivé; car l'avantage d'être vivace, de donner trois coupes dans la même année, de ne craindre ni le chaud ni le froid, de s'accommoder des terres les plus médiocres, &c. semble de beaucoup compenser cette infériorité. Toutes les expériences faites en France, en Angleterre & en Allemagne, ne mettent pas sur la voie d'expliquer ce mystère. Il faut croire qu'il sera un jour dévoilé. Quoi qu'il en soit, je n'invite pas moins les cultivateurs à faire de nouveaux essais & d'en faire connoître les résultats. Je crois, d'après des observations qui me sont propres, qu'il seroit mieux de le semer par rangées & fort clair, qu'en planches & serré. On rapporte qu'il se cultive ainsi, avec succès, en Allemagne & en Suède. (*Bosc.*)

LIN de la Nouvelle-Zélande. *Voyez* PHORMION.

LINAIGRETTE. *Eriophorum.*

Genre de plante de la triandrie monogynie & de la famille des *Souchets*, qui rassemble huit espèces, dont plusieurs sont propres à l'Europe, & se cultivent dans les jardins de botanique. *Voyez* les *Illustrations des genres* de Lamarck, où il est figuré pl. 39.

Observations.

Ce genre ne diffère de celui des *Scirpes*, que par la longueur des soies qui environnent le germe; & je ne crois pas que ce caractère soit suffisant pour autoriser à le conserver. *Voyez* SCIRPE.

Espèces.

1. La LINAIGRETTE commune.
Eriophorum polystachion. Linn. ♃ Indigène.

2. La LINAIGRETTE à gaîne.
Eriophorum vaginatum. Linn. ♃ Indigène.

3. La LINAIGRETTE des Alpes.
Eriophorum alpinum. Linn. ♃ Des Alpes.

4. La LINAIGRETE de Virginie.
Eriophorum virginicum. Linn. ♃ De l'Amérique septentrionale.

5. La LINAIGRETTE à feuilles aiguës.
Eriophorum angustifolium. Reich. ♃ De l'Allemagne.

6. La LINAIGRETTE cypérine.
Eriophorum cyperinum. Linn. ♃ De l'Amérique septentrionale.

7. La LINAIGRETTE de Scheuchzer.
Eriophorum Scheuchzeri. Scheuc. ♃ De l'Allemagne.

8. La LINAIGRETTE grêle.
Eriophorum gracile. Roth. ♃ De l'Allemagne.

Culture.

La Linaigrette commune est fréquente dans les marais tourbeux, qui ne se couvrent d'eau que momentanément, & qui ne se dessèchent jamais; elle se fait remarquer par son élégance. L'introduire dans les jardins paysagers feroit augmenter leurs agrémens; mais il est inutile de l'entreprendre si le terrein ne lui convient pas naturellement. Pour la conserver dans les jardins de botanique, il faut la planter dans un pot rempli de terre légère, & dont le fond trempera continuellement dans l'eau. On la multiplie par le semis de ses graines & par le déchirement de ses vieux pieds. La seconde espèce se transporte aussi quelquefois dans les jardins de botanique, & se cultive de même. Je n'en ai jamais vu d'autres dans aucun de ceux que j'ai visités; cependant toutes peuvent l'être également. J'avois apporté d'Amérique beaucoup de graines de la sixième, qui ont fort bien levé, mais dont les plants n'ont pas pu se conserver. (*Bosc.*)

LINAIRE.

Plante du genre des *Mufliers*, qui a servi de type à un genre particulier.

Quoique quelques botanistes aient adopté la division de ce genre, je pense qu'elle n'est pas assez fondée. *Voyez* MUFLIER.

LINCONIE. *Linconia.*

Genre de plante de la pentandrie digynie & de la famille des *Pimprenelles*, qui rassemble deux espèces, dont aucune n'est cultivée dans nos jardins.

Espèces.

1. La LINCONIE alopécuroïde.
Linconia alopecuroides. Linn. ♄ Du Cap de Bonne-Espérance.

2. La LINCONIE du Pérou.
Linconia peruviana. Lam. ♄ Du Pérou.

Je n'ai rien de plus à dire sur ces plantes. (*Bosc.*)

LINDÈRE. *Lindera.*

Arbrisseau du Pérou, qui seul forme un genre dans l'hexandrie monogynie. Il est figuré pl. 263 des *Illustrations des genres* de Lamarck; mais il n'a pas encore été introduit dans nos jardins. (*Bosc.*)

LINDERNE. *Lindernia.*

Genre de plante de la didynamie angiospermie & de la famille des *Scrophulaires*, qui contient trois espèces, dont une est devenue indigène, & se cultive dans les jardins de botanique. Il est figuré pl. 522 des *Illustrations des genres* de Lamarck.

Espèces.

1. La LINDERNE pixydaire.
Lindernia pixydaria. Linn. ⊙ De l'Amérique septentrionale.

2. La LINDERNE à deux anthères.
Lindernia dianthera. Swartz. ⊙ De Saint-Domingue.

3. La LINDERNE du Japon.
Lindernia japonica. Thunb. ⊙ Du Japon.

Culture.

La première espèce a été transportée, avec le riz de Caroline, dans le Piémont, où elle est aujourd'hui fort commune dans les rizières. On sème annuellement ses graines au Jardin des Plantes de Paris, dans des pots remplis de terre légère, pots qu'on place, en avril, sur une couche nue, & qu'on arrose abondamment. Lorsque le plant, qui en est provenu, a acquis deux ou trois pouces de haut, on le met dans des terrines contenant deux ou trois pouces d'eau, & on les place contre un mur exposé au midi. Il faut avoir soin de renouveler l'eau de la terrine au moins une fois par semaine ; car si elle se corrompoit, la plante périroit. (*Bosc.*)

LINDSÉE. *Lindsæa.*

Genre de *Fougères*, établi pour placer plusieurs espèces d'ADIANTHES qui ne possèdent pas les caractères des autres, & auquel plusieurs nouvelles espèces ont été réunies : on n'en cultive aucune.

Espèces.

1. La LINDSÉE à feuilles sagittées.
Lindsæa sagittata. Dryand. ♃ De Cayenne.

2. La LINDSÉE réniforme.
Lindsæa reniformis. Dryand. ♃ De Cayenne.

3. La LINDSÉE à feuilles en sabre.
Lindsæa ensifolia. Swartz. ♃ De l'Ile-de-France.

4. La LINDSÉE lancéolée.
Lindsæa lanceolata. Bill. ♃ De la Nouvelle-Hollande.

5. La LINDSÉE à feuilles en croissant.
Lindsæa lunata. Willd. ♃ De la Nouvelle-Hollande.

6. La LINDSÉE à feuilles roides.
Lindsæa rigescens. Willd. ♃ De Caracas.

7. La LINDSÉE hétérophylle.
Lindsæa heterophylla. Dryand. ♃ Des Indes.

8. La LINDSÉE à feuilles en faulx.
Lindsæa falcata. Willd. ♃ De la Guiane.

9. La LINDSÉE en coutre.
Lindsæa cultrata. Willd. ♃ Des Indes.

10. La LINDSÉE en éventail.
Lindsæa flabellulata. Dryand. ♃ De la Chine.

11. La LINDSÉE à feuilles en coin.
Lindsæa cuneata. Willd. ♃ De l'Ile-Bourbon.

12. La LINDSÉE luisante.
Lindsæa nitidissima. Rich. ♃ De la Guiane.

13. La LINDSÉE trapéziforme.
Lindsæa trapeziformis. Dryand. ♃ Des Indes.

14. La LINDSÉE de la Guiane.
Lindsæa guianensis. Dryand. ♃ De la Guiane.

15. La LINDSÉE de Javite.
Lindsæa javitensis. Bonpl. ♃ De l'Amérique méridionale.

16. La LINDSÉE grêle.
Lindsæa stricta. Dryand. ♃ De la Jamaïque.

17. La LINDSÉE décomposée.
Lindsæa decomposita. Willd. ♃ Des Indes.

18. La LINDSÉE trichomanoïde.
Lindsæa trichomanoides. Dryand. ♃ De la Nouvelle-Zélande.

19. La LINDSÉE accrochante.
Lindsæa tenera. Dryand. ♃ Des Indes.

20. La LINDSÉE à petites feuilles.
Lindsæa microphylla. Swartz. ♃ De la Nouvelle-Hollande. (*Bosc.*)

LINNÉE. *Linneæ.*

Plante vivace, toujours verte, traçante, à fleurs portées, deux par deux, sur de longs pédoncules qui sortent de l'extrémité des rameaux, laquelle croît naturellement dans les parties septentrionales de l'Europe, ainsi que sur les montagnes à neige, & forme seule un genre dans la didynamie angiospermie & dans la famille des *Chèvre-feuilles*. On la cultive dans tous les jardins de botanique, & on devroit l'introduire dans tous ceux d'agrément. Elle est figurée pl. 536 des *Illustrations des genres* de Lamarck.

Culture.

La Linnée boréale exige la terre de bruyère & une situation fraîche & ombragée. Lorsqu'elle se trouve dans ces circonstances, elle pousse tant de rameaux, qui prennent successivement racine en en produisant de nouveaux, qu'elle ne tarde pas à couvrir tout le terrein d'un agréable tapis de verdure. Lorsqu'elle est en fleur, elle répand le soir une odeur des plus agréable à une assez grande distance. Comme elle est destinée par la nature à être couverte de neige pendant l'hiver, elle est sensible aux gelées de notre climat lorsque la terre en est dépourvue ; ainsi, quand elle commence à devenir forte, il faut la couvrir de fougère ou de feuilles sèches. C'est la nécessité de cette précaution qui fait qu'elle ne se voit pas aussi fréquemment qu'il seroit à desirer dans les jardins paysagers des environs de Paris, dont elle augmenteroit les agrémens, en garnissant la nudité de la terre de leurs bosquets ; car c'est à l'ombre qu'elle vient le mieux, comme je l'ai déjà observé plus haut.

On multiplie la Linnée boréale par le semis de ses graines fait au printems, & par le déchirement de ses vieux pieds. Ce dernier moyen est si facile, si certain, & fournit si abondamment, que c'est presqu'exclusivement le seul qu'on emploie : il s'exécute à la fin de l'hiver.

Cette plante ne suporte pas le fumier, ni même le terreau de couche. Quel nom elle rappelle ! Ce motif seul ne peut permettre à aucun ami de la botanique ou de la culture de se dispenser de la posséder. (*Bosc.*)

LINOCIÈRE. *Linociera.*

Arbre de la Jamaïque, qui seul forme un genre dans la diandrie monogynie. Il avoit été appelé Toninie par Swartz.

Cet arbre n'ayant pas encore été introduit dans nos jardins, n'est pas dans le cas d'être ici l'objet d'un article étendu. (*Bosc.*)

LIONDENT. *Leontodon.*

Genre de plante de la singénésie égale & de la famille des *Chicoracées*, qui est formé par vingt à trente espèces, dont quelques-unes sont extrêmement communes, servent journellement de pâturage aux bestiaux, même de nourriture à l'homme, & d'autres se cultivent dans les jardins de botanique. Il est figuré pl. 653 des *Illustrations des genres* de Lamarck.

Observations.

Ce genre a été divisé en trois dans ces derniers tems : l'un a conservé son nom, & les deux autres ont été appelés Apargie & Thrincie. Comme ces nouveaux genres n'ont pas été adoptés par tous les botanistes, & que la culture des espèces qui les composent, n'offre rien de particulier, j'ai cru devoir les regarder comme non-avenus. *Voyez* Taraxacon.

Espèces.

1. Le Liondent bulbeux.
Leontodon bulbosum. Linn. ♃ Du midi de la France.

2. Le Liondent écailleux.
Leontodon squamosum. Lam. ♃ Des Alpes.

3. Le Liondent crépidifome.
Leontodon crepidiforme. Lam. ♃ Des Alpes.

4. Le Liondent tubéreux.
Leontodon tuberosum. Linn. ♃ Du midi de la France.

5. Le Liondent hispide.
Leontodon hispidum. Linn. ♃ Indigène.

6. Le Liondent des montagnes.
Leontodon montanum. Lam. ♃ Des Alpes.

7. Le Liondent saxatile.
Leontodon saxatile. Lam. ♃ Indigène.

8. Le Liondent des Pyrénées.
Leontodon pyrenaicum. Gouan. ♃ Des Pyrénées.

9. Le Liondent orangé.
Leontodon aurantiacum. Waldst. ♃ Des Alpes de la Hongrie.

10. Le Liondent d'automne.
Leontodon autumnale. Linn. ♃ Indigène.

11. Le Liondent granuleux.
Leontodon granulosum. Smith. ♃ De l'Angleterre.

12. Le Liondent pissenlit.
Leontodon taraxacum. Linn. ♃ Indigène.

13. Le Liondent tardif.
Leontodon serrotinum. Waldst. ♃ De la Hongrie.

14. Le Liondent livide.
Leontodon lividum. Waldst. ♃ De la Hongrie.

15. Le Liondent à feuilles lisses.
Leontodon lævigatum. Willd. ♃ De l'Espagne.

16. Le Liondent obovale.
Leontodon obovatum. Willd. ♃ De l'Espagne.

17. Le Liondent safrané.
Leontodon croceum. Jacq. ♃ De la Hongrie.

18. Le Liondent douteux.
Leontodon dubium. Hopp. ♃ De l'Angleterre.

19. Le Liondent blanchâtre.
Leontodon incanum. Scop. ♃ Des Alpes.

20. Le Liondent crépu.
Leontodon crispum. Vill. ♃ Des Alpes.

21. Le Liondent de Villars.
Leontodon Villarsii. Willd. ♃ Des Alpes.

22. Le Liondent à feuilles en corne de cerf.
Leontodon coronopifolium. Desf. ♃ De la Barbarie.

23. Le Liondent âpre.
Leontodon asperum. Waldst. ♃ De la Hongrie.

24. Le Liondent d'Espagne.
Leontodon hispanicum. Cavan. ♃ De l'Espagne.

25. Le Liondent varié.
Leontodon variegatum. Willd. ♃ De l'Amérique méridionale.

26. Le Liondent hyéracioïde.
Leontodon hyeracioides. Willd. ♃ De la Galatie.

Culture.

Le Liondent pissenlit est l'espèce la plus commune ; elle est aussi la plus généralement répandue, car on la trouve dans les quatre parties du Monde, où elle a passé avec les cultures d'Europe. Les hommes la mangent dans beaucoup de lieux, soit crue, en salade, soit cuite, comme la laitue ; elle est saine & bonne de toutes les manières, surtout lorsqu'elle est blanchie (étiolée) par la privation de la lumière. Quelques personnes se contentent d'en rechercher les feuilles qui ont été mises par hasard dans cet état, soit parce qu'elles ont été recouvertes de terre par les taupes, soit parce qu'elles ont été recouvertes de feuilles par les vents, les eaux, &c. ; mais d'autres en cultivent dans leurs jardins, qu'ils chargent de paille ou de planches au premier printems, époque où on la mange le plus communément. Le seul reproche qu'on peut lui faire, c'est qu'elle fournit fort peu, & qu'il ne peut être avantageux, même aux environs de Paris, de la cultiver pour la vendre, à raison de cette circonstance & de la concurrence, qui est la suite de son abondance dans les prés, les champs, &c.

On a indiqué la racine du pissenlit, qui est longue & grosse, pour, après avoir été torréfiée & moulue, être avantageusement substituée au café. J'en ai fait usage, & j'ai jugé qu'elle ne valoit pas mieux, pour cet objet, que celle de Chicorée. *Voyez* ce mot.

Par sa grandeur & sa belle couleur, la fleur du pissenlit se fait remarquer des plus indifférens, surtout pendant l'hiver, époque où les autres sont rares. Je me rappelle en ce moment, avec émotion, les heures que je passois auprès d'elle, dans mon enfance, lors des premiers beaux jours du printems. On ne s'est cependant jamais occupé de le cultiver pour l'agrément.

Quoique la plupart des bestiaux aiment le pissenlit, il n'est pas avantageux aux cultivateurs de le laisser se multiplier dans les prairies & dans les pâturages, parce que, comme ses feuilles s'étendent sur la surface de la terre, ils ne peuvent le brouter facilement. Il n'y a que deux moyens de le détruire : le premier, de le couper entre deux terres, à la sortie de l'hiver, avec une pioche à fer étroit; le second, de labourer & de cultiver en céréales, pendant deux ou trois ans, le terrein qu'on veut en débarrasser. Dans l'un & l'autre cas, on doit être certain que, quelques années après, si le terrein lui convient, c'est-à-dire, est gras & frais, il y en aura autant; car ses graines sont portées partout par les vents, & il en donne pendant six mois de l'année.

Les Liondents bulbeux & tubéreux ont des racines susceptibles d'être mangées, & que les cochons recherchent beaucoup; mais ils sont rares.

Les autres espèces, qu'il est le plus intéressant d'indiquer aux cultivateurs, sont les Liondents hispide, saxatile, d'automne, hastile, qui couvrent quelquefois les pâturages secs, & nuisent, bien plus que le pissenlit, à la repousse des herbes propres aux bestiaux. Labourer le sol & le cultiver en céréales & en plantes qui exigent des binages d'été, est encore le seul moyen de les faire disparoître.

On cultive seulement dix à douze de ces espèces dans les jardins de botanique. La plupart ne demandent qu'à être mis en place & à recevoir les soins de propreté nécessaires. Quelques-uns veulent être semés dans des pots, sur couche nue, tenus dans un lieu abrité pendant l'été, & rentrés dans une orangerie aux approches de l'hiver. (*Bosc.*)

LIPARIE. *Liparia.*

Genre de plante de la diadelphie décandrie & de la famille des *Légumineuses*, dans lequel se trouvent treize espèces, dont aucune n'est cultivée dans nos jardins.

Espèces.

1. La LIPARIE sphérique.
Liparia sphærica. Willd. ♄ Du Cap de Bonne-Espérance.

2. La LIPARIE en tête.
Liparia capitata. Thunb. ♄ Du Cap de Bonne-Espérance.

3. La LIPARIE lanugineuse.
Liparia tomentosa. Thunb. ♄ Du Cap de Bonne-Espérance.

4. La LIPARIE habillée.
Liparia vestita. Thunb. ♄ Du Cap de Bonne-Espérance.

5. La LIPARIE à feuilles de graminée.
Liparia graminea. Thunb. ♄ Du Cap de Bonne-Espérance.

6. La LIPARIE à feuilles de myrte.
Liparia myrtifolia. Thunb. ♄ Du Cap de Bonne-Espérance.

7. La LIPARIE à feuilles unies.
Liparia lævigata. Thunb. ♄ Du Cap de Bonne-Espérance.

8. La LIPARIE à fleurs en ombelles.
Liparia umbellata. Thunb. ♄ Du Cap de Bonne-Espérance.

9. La LIPARIE velue.
Liparia villosa. Thunb. ♄ Du Cap de Bonne-Espérance.

10. La LIPARIE à tiges cylindriques.
Liparia cylindrica. Thunb. ♄ Du Cap de Bonne-Espérance.

11. La LIPARIE hérissée.
Liparia hirsuta. Thunb. ♄ Du Cap de Bonne-Espérance.

12. La LIPARIE couverte.
Liparia tecta. Thunb. ♄ Du Cap de Bonne-Espérance.

13. La LIPARIE soyeuse.
Liparia sericea. Thunb. ♄ Du Cap de Bonne-Espérance. (*Bosc.*)

LIPPI. *Lippia.*

Genre de plante de la didynamie angiospermie & de la famille des *Gattiliers*, qui rassemble cinq espèces, dont aucune n'est cultivée dans nos jardins. Il se rapproche beaucoup des *Sélages*, & est figuré pl. 539 des *Illustrations des genres* de Lamarck.

Espèces.

1. Le LIPPI d'Amérique.
Lippia americana. Linn. ♄ Du Mexique.

2. Le LIPPI hémisphérique.
Lippia hemisphærica. Linn. ♄ De l'Amérique méridionale.

3. Le LIPPI velu.
Lippia hirsuta. Linn. ♄ De l'Amérique méridionale.

4. Le LIPPI en ombelle.
Lippia umbellata. Cavan. ♄ Du Mexique.

5. Le LIPPI en corymbe.
Lippia corymbosa. Swartz. ♄ De la Jamaïque. (*Bosc.*)

LIQUIRITIE. *Liquiritia.*

Nom que les botanistes ont donné, dans ces derniers tems, à la réglisse, dont ils ont fait un genre particulier. *Voyez* RÉGLISSE.

LIQUIDAMBAR. *Liquidambar.*

Genre de plante de la monoécie polyandrie, qui réunit deux arbres qui se cultivent en pleine terre dans nos jardins, & dont il sera question dans le *Dictionnaire des Arbres & Arbustes.* (*Bosc.*)

LIS. *Lilium.*

Genre de plante de l'hexandrie monogynie & de la famille des *Liliacées*, qui comprend dix-huit espèces, presque toutes susceptibles d'être cultivées pour l'agrément, dans nos jardins, & dont beaucoup le sont. Il est figuré planche 246 des *Illustrations des genres* de Lamarck.

Espèces.

Lis à divisions de la corolle droites.

1. Le Lis blanc.
Lilium candidum. Linn. ♃ De l'Orient.
2. Le Lis de Constantinople.
Lilium peregrinum. Mill. ♃ Du Levant.
3. Le Lis bulbifère, vulgairement *lis rouge.*
Lilium bulbiferum. Linn. ♃ De l'est de l'Europe.
4. Le Lis à feuilles en cœur.
Lilium cordifolium. Thunb. ♃ Du Japon.
5. Le Lis à longues fleurs.
Lilium longiflorum. Thunb. ♃ Du Japon.
6. Le Lis du Japon.
Lilium japonicum. Thunb. ♃ Du Japon.
7. Le Lis à feuilles lancéolées.
Lilium lancifolium. Thunb. ♃ Du Japon.
8. Le Lis de Caroline.
Lilium Catesbæi. Walt. ♃ De la Caroline.
9. Le Lis à fleurs pendantes.
Lilium penduliflorum. Dec. ♃ De l'Amérique septentrionale.

Lis à divisions de la corolle réfléchies.

10. Le Lis fort beau.
Lilium speciosum. Thunb. ♃ Du Japon.
11. Le Lis turban.
Lilium pomponium. Linn. ♃ Des Pyrénées.
12. Le Lis de Calcédoine.
Lilium chalcedonicum. Linn. ♃ De l'est de l'Europe.
13. Le Lis superbe.
Lilium superbum. Linn. ♃ De l'Amérique septentrionale.
14. Le Lis martagon.
Lilium martagon. Linn. ♃ Indigène.
15. Le Lis du Canada.
Lilium canadense. Linn. ♃ De l'Amérique septentrionale.
16. Le Lis tacheté.
Lilium maculatum. Thunb. ♃ Du Japon.
17. Le Lis du Kamtschatka.
Lilium kamtschatkacense. Linn. ♃ Du Kamtschatka.
18. Le Lis de Philadelphie.
Lilium philadelphicum. Linn. ♃ De l'Amérique septentrionale.

Culture.

Le lis blanc, ou lis proprement dit, est celui dont la culture est la plus répandue, & il le mérite par la majesté de son port, la grandeur, l'éclatante blancheur & l'odeur suave de ses fleurs; il s'accommode de tous les terreins, mais vient plus beau & plus odorant dans ceux qui sont légers & chauds, pourvu qu'ils ne soient pas trop secs. Il donne rarement des fleurs dans ceux qui sont trop humides ou trop fumés. Les expositions du levant & du midi sont celles où il se plaît le mieux. C'est dans les grands parterres, au milieu des plates-bandes, dans les jardins paysagers, dans des corbeilles, à quelque distance des massifs & le long des allées, qu'il se place le plus avantageusement. La grandeur à laquelle parviennent ses tiges l'éloigne de beaucoup de places où il produiroit de bons effets, & l'odeur de ses fleurs, qui portent à la tête des personnes délicates, ne permet pas de le trop multiplier dans beaucoup d'autres.

Il est des amateurs qui veulent qu'on ne laisse qu'une tige à chaque pied de lis. Il est certain que deux tiges ne font pas un bon effet; mais il me semble qu'une touffe de trois ou quatre est d'un plus riche aspect. Au reste, il est défavorable d'en laisser pousser un plus grand nombre, parce que les oignons du centre périssent faute de nourriture, lorsqu'ils restent trop longtems dans la même place; aussi un cultivateur éclairé les relève-t-il tous les trois ou quatre ans pour les mettre ailleurs ou pour leur donner de la nouvelle terre dans le même lieu. En faisant cette opération, il enlève les caïeux superflus. C'est à la fin de l'été, époque où la végétation est suspendue en eux, qu'il faut s'occuper de cette transplantation.

Les soins propres à tout jardin bien tenu sont les seuls que demandent les lis, c'est-à-dire, un labour d'hiver & deux ou trois binages d'été. On coupe leurs tiges aussitôt après la chute des feuilles, parce qu'elles consommeroient inutilement la nourriture qui pourra profiter aux oignons.

On multiplie le lis blanc de graines, qui se mettent en terre aussitôt qu'elles sont mûres, dans des pots qu'on met sur couche nue ou en pleine terre au printems, & dont le plant se repique l'année suivante, ou par ses caïeux, dont il donne ordinairement en abondance. Comme cette dernière voie fournit des pieds qui fleurissent l'année suivante, tandis que par le semis on n'obtient des fleurs que la quatrième & même la sixième, on la préfère. On peut la pratiquer tous les ans; mais il est plus convenable de ne le faire que lorsqu'on déplante les pieds pour les changer de place, comme il a été dit plus haut. On enfonce les oignons de six pouces en terre, parce qu'ils remontent tous les ans, c'est-à-dire que, comme dans la tulipe, il s'en forme un nouveau au-dessus de l'ancien.

Il se cultive dans nos jardins une demi-douzaine au moins de variétés de lis, dont les plus communes sont: 1°. le lis à fleurs doubles. Comme ses fleurs sont presque toujours chiffonées, & même ne s'épanouissent pas complétement dans les années froides & pluvieuses, il est peu recherché; d'ailleurs, il est extrêmement délicat & donne peu de caïeux; 2°. le lis à fleurs panachées de pourpre: elle est très-belle, mais fort rare, & par conséquent fort chère; 3°. le lis à feuilles panachées de jaune. Il est peu recherché, parce qu'il ne produit pas un grand effet, qu'il est plus foible que l'espèce, & même reste quelquefois plusieurs années sans fleurir.

La larve d'un insecte, le criocère du lis, ronge les feuilles des lis, & quelquefois les en dépouille entiérement; ce qui les empêche de fleurir & leur donne un aspect hideux. Le meilleur moyen d'arrêter ses ravages, c'est de faire la chasse, au printems, aux insectes parfaits, puisqu'ils viennent déposer leurs œufs sur les feuilles, & de les écraser. Ils se font remarquer par leur belle couleur rouge. Plus tard on recherche les larves, qui sont sous de petites masses d'excrémens verdâtres.

Si le lis rouge avoit l'odeur du précédent, il seroit plus recherché, car il est bien plus propre à l'ornement des jardins, à raison de la moindre élévation de sa tige & de la vive couleur de ses fleurs. Il aime l'ombre, & par conséquent se prête mieux à la culture dans les jardins paysagers. C'est dans les corbeilles du milieu des gazons, sur le bord des massifs, à quelque distance des fabriques, qu'il se met avec le plus d'avantage. Du reste, sa culture est la même que celle qui vient d'être détaillée, c'est-à-dire, qu'il lui faut une terre légère, ni trop sèche, ni trop humide, & qu'on doit le changer de place tous les trois à quatre ans.

On en connoît deux variétés tranchées, que quelques botanistes regardent comme des espèces; l'une n'a qu'une fleur terminale, & l'autre en a plusieurs latérales, mais moins que le type. Cette dernière offre des bulbes aux aisselles de la plupart de ses feuilles.

Cette espèce se multiplie non-seulement de graines & de caïeux, mais encore de boutures faites en été, & sa variété, au moyen de ses tubercules qu'on plante en pleine terre, à six pouces, & qu'on relève au bout de deux ans pour les mettre en place. Ils ne donnent des fleurs que la quatrième ou cinquième année.

J'ai observé de grandes quantités du lis de Caroline dans son pays natal, & j'en ai apporté des graines & des bulbes. C'est une très-jolie espèce, mais qui est peu propre à l'ornement des jardins, parce qu'elle ne porte qu'une fleur au sommet de sa tige, laquelle ne subsiste qu'un à deux jours. Je ne crois pas qu'il existe en ce moment un seul pied dans Paris & les environs.

Le lis à fleurs pendantes se cultive chez Cels: il est également peu dans le cas d'être recherché; il exige une culture analogue à celle des précédens.

Les autres espèces de cette division n'ont pas encore été apportées en Europe.

Tous les lis de la seconde division, excepté le très-beau, se cultivent dans nos jardins, & s'y font remarquer par la forme singulière, la belle couleur & le nombre de leurs fleurs, surtout les 12e., 13e., 14e. & 15e. La terre de bruyère & une exposition ombragée sont ce qu'ils exigent pour se montrer dans toute leur pompe. Ils font très-bien dans toutes les parties des jardins paysagers, mais nulle part mieux que dans les réduits qui annoncent le manque de soin, le derrière des rochers, des fabriques, les petits bouquets d'arbrisseaux, &c. On ne peut trop les y multiplier.

Ils offrent quelques variétés peu saillantes, & que je crois inutile de mentionner. On les reproduit, comme les précédens, de graines & de caïeux, dont ils fournissent plus ou moins abondamment, selon les terreins & les circonstances atmosphériques. On peut en forcer la production, en brûlant, avec un fer rouge, le centre des oignons, & en les remettant de suite en terre. Souvent les écailles des oignons, mises en terre dans des pots sur couche & sous châssis, donnent naissance à de nouveaux pieds. Tout ce que j'ai dit à l'occasion du lis blanc convient à ceux-ci; ainsi je n'ai pas besoin de m'étendre plus au long sur ce qui les concerne.

Les oignons des lis craignent de rester exposés trop long-tems à l'air; ainsi il ne faut pas tarder à les replanter, lorsqu'on les a arrachés pour les changer de place ou pour d'autres causes. Ils sont tous susceptibles de servir de nourriture; mais celui de l'avant dernière espèce est la seule, à ma connoissance, qui soit habituellement employée à cet usage dans son pays natal, sous le nom de *serenna*. J'ai cité ce fait uniquement pour l'instruction du lecteur; car il ne faut pas penser à le cultiver dans l'intention d'en tirer parti sous ce rapport, vu qu'il est très-petit & donne extrêmement peu de caïeux. (*Bosc.*)

LISEROLE. *Evolvulus.*

Genre de plante de la pentandrie digynie & de la famille des *Liserons*, qui offre une dixaine d'espèces, dont quelques-unes se cultivent dans nos jardins de botanique. Il est figuré pl. 216 des *Illustrations des genres* de Lamarck.

Espèces.

1. La LISEROLE à feuilles de lin.
Evolvulus linifolius. Linn. ⊙ De la Jamaïque.

2. La LISEROLE alsinoïde.
Evolvulus alsinoides. Linn. ⊙ Des Indes.

3. La LISEROLE soyeuse.
Evolvulus sericeus. Lam. ⊙ De l'Amérique méridionale.

4. La LISEROLE hérissée.
Evolvulus hirsutus. Lam. ⊙ Des Indes.

5. La LISEROLE du Gange.
Evolvulus gangeticus. Linn. ⊙ Des Indes.

6. La LISEROLE hédéracée.
Evolvulus hederaceus. Lam. ⊙ Des Indes.

7. La LISEROLE échancrée.
Evolvulus emarginatus. Linn. ⊙ Des Indes.

8. La LISEROLE nummulaire.
Evolvulus nummularis. Linn. ⊙ De la Jamaïque.

9. La LISEROLE velue.
Evolvulus villosus. Ruiz & Pav. ♃ Du Pérou.

10. La LISEROLE blanchâtre.
Evolvulus incanus. Ruiz & Pav. ♄ Du Pérou.

Culture.

Les deux premières espèces sont les seules qui se cultivent aujourd'hui au Jardin du Muséum de Paris ; mais deux autres y ont été observées par moi, en fleurs, il y a quelques années. Toutes demandent la terre de bruyère. On les multiplie par leurs graines, qui mûrissent fort bien dans le climat de Paris, surtout quand on rentre leurs pieds dans la serre chaude de bonne heure, en automne, & qui se sèment, en avril, sur couche & sous châssis. Ces plantes n'ont aucun agrément. (*Bosc.*)

LISERON. CONVOLVULUS.

Genre de plante de la pentandrie monogynie & de la famille de son nom, qui rassemble près de cent quatre-vingts espèces, dont deux sont fort communes dans nos campagnes, & beaucoup d'autres se cultivent dans nos jardins de botanique, soit comme ornement, soit comme moyen d'instruction. Il est figuré pl. 105. des *Illustrations des genres* de Lamarck.

Observations.

Le caractère qui distingue les *Liserons* des *Quamoclits* étant difficile à observer sur le sec, plusieurs espèces, décrites ci-dessous, peuvent appartenir au second genre. Je citerai principalement le Liseron jalap, que j'ai observé vivant, & qui a certainement le stigmate en tête.

Espèces.

Liserons à pédoncules uniflores.

1. Le LISERON des haies.
Convolvulus sepium. Linn. ♃ Indigène.

2. Le LISERON des champs.
Convolvulus arvensis. Linn. ♃ Indigène.

3. Le LISERON auriculé.
Convolvulus auriculatus. Lam. ♃ De la Perse.

4. Le LISERON de Sicile.
Convolvulus siculus. Linn. ⊙ De la Sicile.

5. Le LISERON denticulé.
Convolvulus denticulatus. Lam. Des Séchelles.

6. Le LISERON du Japon.
Convolvulus japonicus. Thunb. ♃ Du Japon.

7. Le LISERON sans bractée.
Convolvulus ebracteatus. Lam. ♃ De.....

8. Le LISERON à fleurs blanches.
Convolvulus leucanthus. Jacq. ⊙ De l'Amérique méridionale.

9. Le LISERON fruticuleux.
Convolvulus fruticulosus. Lam. ♄ Des Canaries.

10. Le LISERON sagitté.
Convolvulus medium. Linn. ♃ De Madagascar.

11. Le LISERON hasté.
Convolvulus hostatus. Lam. Des Indes.

12. Le LISERON tridenté.
Convolvulus tridentatus. Ait. ⊙ Des Indes.

13. Le LISERON jalap.
Convolvulus jalapa. Linn. ♃ Du Mexique.

14. Le LISERON à grandes fleurs.
Convolvulus grandiflorus. Jacq. ♃ De la Martinique.

15. Le LISERON de Java.
Convolvulus obscurus. Linn. ⊙ De Java.

16. Le LISERON trinerve.
Convolvulus trinervis. Thunb. Du Japon.

17. Le LISERON à feuilles de saule.
Convolvulus salicifolius. Lam. De Saint-Domingue.

18. Le LISERON uniflore.
Convolvulus uniflorus. Burm. De Java.

19. Le LISERON luisant.
Convolvulus nitidus. Lam. ♄ Des Indes.

20. Le LISERON à feuilles de tilleul.
Convolvulus tiliæfolius. Lam. ♄ Du Cap de Bonne-Espérance.

21. Le LISERON à feuilles d'ansérine.
Convolvulus chenopodioides. Lam. De.....

22. Le LISERON de Dillen.
Convolvulus Dillenii. Lam. ⊙ De l'Éthiopie.

23. Le LISERON découpé.
Convolvulus dissectus. Linn. ⊙ De l'Amérique septentrionale.

24. Le LISERON à gros fruits.
Convolvulus macrocarpus. Lam. ⊙ Des Antilles.

25. Le LISERON tuberculeux.
Convolvulus tuberculatus. Lam. ♃ Du Brésil.

26. Le

26. Le LISERON ſtipulé.
Convolvulus copticus. Linn. ♃ De l'Égypte.

27. Le LISERON lacinié.
Convolvulus laciniatus. Lam. Du Bréſil.

28. Le LISERON des rives.
Convolvulus littoralis. Linn. ♃ Des Antilles.

29. Le LISERON de la Martinique.
Convolvulus martinicenſis. Linn. De la Martinique.

30. Le LISERON rampant.
Convolvulus repens. Linn. ♃ Des Indes.

31. Le LISERON traçant.
Convolvulus reptans. Linn. Des Indes.

32. Le LISERON à feuilles étroites.
Convolvulus anguſtifolius. Jacq. ♃ De l'Afrique.

33. Le LISERON horizontal.
Convolvulus patens. Lam. ♃ De la Caroline.

34. Le LISERON onagroïde.
Convolvulus œnotheroides. Linn. Du Cap de Bonne-Eſpérance.

35. Le LISERON tricolor, vulgairement *belle de jour.*
Convolvulus tricolor. Linn. ⊙ Du midi de l'Europe.

36. Le LISERON pentapétaloïde.
Convolvulus pentapetaloides. Linn. ⊙ Des îles Baléares.

37. Le LISERON épineux.
Convolvulus ſpinoſus. Linn. ♄ De la Sibérie.

38. Le LISERON dorycne.
Convolvulus dorycnium. Lam. ♄ Du Levant.

39. Le LISERON de Perſe.
Convolvulus perſicus. Linn. ♃ De la Perſe.

40. Le LISERON d'Amman.
Convolvulus Ammanii. Lam. De la Sibérie.

41. Le LISERON à feuilles de lavande.
Convolvulus ſpicæfolius. Lam. De l'Eſpagne.

42. Le LISERON ſoldanelle.
Convolvulus ſoldanella. Linn. ♃ Indigène, ſur les bords de la mer.

43. Le LISERON ſtolonifère.
Convolvulus ſtoloniferus. Cyril. ♃ De l'Italie.

44. Le LISERON de Whelère.
Convolvulus Wheleri. Vahl. De l'Eſpagne.

45. Le LISERON à tiges filiformes.
Convolvulus filicaulis. Vahl. ⊙ De la Guinée.

46. Le LISERON à bractées.
Convolvulus bracteatus. Vahl. Des Indes.

47. Le LISERON à trois lobes.
Convolvulus trilobus. Thunb. Du Cap de Bonne-Eſpérance.

48. Le LISERON velu.
Convolvulus obſcurus. Linn. ⊙ De la Chine.

49. Le LISERON des cabanes.
Convolvulus tuguriorum. Forſt. De la Nouvelle-Zélande.

50. Le LISERON à groſſe ſemence, *mouroucoa.* *Voyez* les *Illuſtrations des genres* de Lamarck, pl. 103.
Convolvulus macroſpermus. Willden. ♄ De Cayenne.

51. Le LISERON des ſables.
Convolvulus arenarius. Vahl. Des Açores.

52. Le LISERON linéaire.
Convolvulus linearis. Curt. ♄ De.....

53. Le LISERON hériſſoné.
Convolvulus hiſtrix. Vahl. ♄ De l'Arabie.

54. Le LISERON laſianthe.
Convolvulus laſianthus. Cavan. ♄ Du Chili.

55. Le LISERON d'un pied de haut.
Convolvulus ſpitameus. Linn. ♃ De la Caroline.

56. Le LISERON pied-de-chèvre.
Convolvulus pes capreæ. Linn. ⊙ Des Indes.

57. Le LISERON à feuilles multifides.
Convolvulus multifidus. Thunb. Du Cap de Bonne-Eſpérance.

58. Le LISERON ſagitté.
Convolvulus ſagittatus. Thunb. Du Cap de Bonne-Eſpérance.

59. Le LISERON des rivages.
Convolvulus littoralis. Linn. De l'Amérique méridionale.

60. Le LISERON de la Martinique.
Convolvulus martinicenſis. Jacq. De la Martinique.

61. Le LISERON incarnat.
Convolvulus incarnatus. Vahl. ♃ Des Antilles.

62. Le LISERON du Chili.
Convolvulus chilenſis. Cavan. Du Chili.

63. Le LISERON ſtable.
Convolvulus ſtans. Mich. ♃ Du Canada.

64. Le LISERON fruticuleux.
Convolvulus ſubfruteſcens. Desf. ♄ De la Barbarie.

65. Le LISERON elvolvuloïde.
Convolvulus evolvuloides. Desf. ⊙ De la Barbarie.

66. Le LISERON des marais.
Convolvulus paluſtris. Cavan. Du Mexique.

67. Le LISERON à lobes obtus.
Convolvulus obtuſilobus. Mich. De l'Amérique ſeptentrionale.

68. Le LISERON des bois.
Convolvulus ſylveſtris. Waldſt. ♃ De la Hongrie.

69. Le LISERON arboreſcent.
Convolvulus arboreſcens. Willd. ♄ De l'Amérique méridionale.

70. Le LISERON à feuilles de bryone.
Convolvulus bryoniæfolius. Willden. ♄ De la Chine.

71. Le LISERON de Bogota.
Convolvulus bogotenſis. Willd. ♄ De l'Amérique méridionale.

Liserons à pédoncules multiflores.

72. Le LISERON maritime.
Convolvulus maritimus. Linn. ♃ Des Indes.
73. Le LISERON à feuilles de pilofelle.
Convolvulus pilofellæfolius. Lam. Du Levant.
74. Le LISERON linéaire.
Convolvulus cantabrica. Linn. ♃ Du midi de l'Europe.
75. Le LISERON lanugineux.
Convolvulus lanuginofus. Lam. ♃ Du midi de l'Europe.
76. Le LISERON argenté.
Convolvulus cneorum. Linn. ♄ Des îles de l'Archipel.
77. Le LISERON à feuilles d'olivier.
Convolvulus oleæfolius. Lam. ♄ Du Levant.
78. Le LISERON thirfoïde.
Convolvulus floridus. Lam. ♄ De Ténériffe.
79. Le LISERON effilé, vulgairement *bois de Rhodes.*
Convolvulus fcoparius. Linn. ♄ De l'Afrique.
80. Le LISERON unilatéral.
Convolvulus fecundus. Lam. Du Levant.
81. Le LISERON rayé.
Convolvulus lineatus. Linn. ♃ Du midi de la France.
82. Le LISERON alongé.
Convolvulus elongatus. ⊙ Des Canaries.
83. Le LISERON fublobé.
Convolvulus fublobatus. Linn. ⊙ Des Indes.
84. Le LISERON azuré.
Convolvulus azureus. Lam. ♄ De Cayenne.
85. Le LISERON capité.
Convolvulus capitatus. Lam. Du Sénégal.
86. Le LISERON de la Guiane.
Convolvulus guianenfis. Aubl. De la Guiane.
87. Le LISERON de Saint-Domingue.
Convolvulus domingenfis. Lam. De Saint-Domingue.
88. Le LISERON filiforme.
Convolvulus filiformis. Jacq. ♃ Des Antilles.
89. Le LISERON ondé.
Convolvulus repandus. Jacq. ♃ De la Martinique.
90. Le LISERON à corymbes.
Convolvulus corymbofus. Lam. De Saint-Domingue.
91. Le LISERON à ombelles.
Convolvulus umbellatus. Lam. De Saint-Domingue.
92. Le LISERON en cime.
Convolvulus cymofus. Lam. Des Indes.
93. Le LISERON des Canaries.
Convolvulus canarienfis. Linn. ♄ Des Canaries.
94. Le LISERON à petites fleurs.
Convolvulus parviflorus. Lam. ♄ De Saint-Domingue.
95. Le LISERON nodiflore.
Convolvulus nodiflorus. Lam. ♄ De Saint-Domingue.
96. Le LISERON du Malabar.
Convolvulus malabaricus. Linn. ♄ Des Indes.
97. Le LISERON de Chine.
Convolvulus chinenfis. Lam. De la Chine.
98. Le LISERON biflore.
Convolvulus biflorus. Linn. ⊙ De la Chine.
99. Le LISERON géminé.
Convolvulus gemellus. Burm. De Java.
100. Le LISERON bordé.
Convolvulus marginatus. Lam. Des Indes.
101. Le LISERON muriqué.
Convolvulus muricatus. Linn. ⊙ Des Indes.
102. Le LISERON à feuilles d'hermane.
Convolvulus crenatus. Jacq. ♃ Du Pérou.
103. Le LISERON rongé.
Convolvulus erofus. Lam. Du Bréfil.
104. Le LISERON plifſé.
Convolvulus plicatus. Lam. Du Cap de Bonne-Efpérance.
105. Le LISERON foyeux.
Convolvulus fericeus. Lam. De Java.
106. Le LISERON délicat.
Convolvulus tenellus. Lam. ♃ De la Caroline.
107. Le LISERON farineux.
Convolvulus farinofus. Linn. ⊙ De Madère.
108. Le LISERON de Sibérie.
Convolvulus fibericus. Lam. ⊙ De la Sibérie.
109. Le LISERON fcamoné.
Convolvulus fcamonia. Linn. ♄ Du Levant.
110. Le LISERON d'Adanſon.
Convolvulus Adanfonii. Lam. Du Sénégal.
111. Le LISERON hériſſé.
Convolvulus hirtus. Linn. Des Indes.
112. Le LISERON hypocratériforme.
Convolvulus hypocrateriformis. Lam. ♄ Des Indes.
113. Le LISERON à larges fleurs.
Convolvulus latiflorus Lam. De Saint-Domingue.
114. Le LISERON turbith.
Convolvulus turpethum. Linn. ♃ Des Indes.
115. Le LISERON nerveux.
Convolvulus nervofus. Lam. ♄ Des Indes.
116. Le LISERON pelté.
Convolvulus peltatus. Lam. ♄ Des Indes.
117. Le LISERON à feuilles d'afaret.
Convolvulus afarifolius. Lam. Du Sénégal.
118. Le LISERON de Caroline.
Convolvulus carolinus. Linn. ♃ De la Caroline.
119. Le LISERON panduriforme.
Convolvulus panduratus. Linn. ♃ De la Caroline.
120. Le LISERON hédéracé.
Convolvulus hederaceus. Linn. ⊙ Du Mexique.
121. Le LISERON tomenteux.
Convolvulus tomentofus. Linn. De la Jamaïque.
122. Le LISERON trilobé.
Convolvulus trilobus. Lam. ⊙ De l'Amérique méridionale.
123. Le LISERON à feuilles d'acétofelle.
Convolvulus acetofellæfolius. Lam. de l'Ile-de-France.

124. Le LISERON bicolor.
Convolvulus bicolor. Lam. Du Sénégal.

125. Le LISERON althéiforme.
Convolvulus althæoïdes. Linn. ♃ Du midi de l'Europe.

126. Le LISERON anguleux.
Convolvulus angularis. Linn. Des Indes.

127. Le LISERON à feuilles de vigne.
Convolvulus vitifolius. Lam. Des Indes.

128. Le LISERON paniculé.
Convolvulus paniculatus. Linn. Des Indes.

129. Le LISERON pentaphylle.
Convolvulus pentaphyllus. Lam. ☉ De l'Amérique méridionale.

130. Le LISERON à cinq feuilles.
Convolvulus quinquefolius. Linn. De Saint-Domingue.

131. Le LISERON glabre.
Convolvulus glaber. Aubl. ♃ De Cayenne.

132. Le LISERON varié.
Convolvulus variosus. Lam. De l'Ile-de-France.

133. Le LISERON à graines velues.
Convolvulus eriospermus. Lam. ♄ De Saint-Domingue.

134. Le LISERON à grosse racine.
Convolvulus macrorhizos. Linn. ♃ De Saint-Domingue.

135. Le LISERON involucré.
Convolvulus involucratus. Willd. De la Guinée.

136. Le LISERON des rochers.
Convolvulus rupestris. Willd. ♃ De la Sibérie.

137. Le LISERON incane.
Convolvulus incanus. Vahl. De l'Amérique méridionale.

138. Le LISERON denté.
Convolvulus dentatus. Vahl. Des Indes.

139. Le LISERON à feuilles hastées.
Convolvulus hastatus. Vahl. De l'Égypte.

140. Le LISERON à feuilles de platane.
Convolvulus platanifolius. Vahl. ♃ Du Pérou.

141. Le LISERON à feuilles acuminées.
Convolvulus acuminatus. Vahl. De Sainte-Croix.

142. Le LISERON à cinq lobes.
Convolvulus nil. ☉ De Cayenne.

143. Le LISERON pourpre.
Convolvulus purpureus. Mull. ☉ De Cayenne.

144. Le LISERON jaunâtre.
Convolvulus flavus. Willd. Des Indes.

145. Le LISERON strié.
Convolvulus striatus. Vahl. Des Indes.

146. Le LISERON à cinq fleurs.
Convolvulus pentanthus. Jacq. ♄ De.....

147. Le LISERON à fleurs en tête, vulgairement *bois de Rhodes.*
Convolvulus capitatus. Vahl. ♄ Des Indes.

148. Le LISERON hispide.
Convolvulus hispidus. Vahl. Des Indes.

149. Le LISERON à petites fleurs.
Convolvulus parviflorus. Vahl. De Java.

150. Le LISERON à trois fleurs.
Convolvulus triflorus. Vahl. Des Indes.

151. Le LISERON violâtre.
Convolvulus violaceus. Vahl. De Sainte-Croix.

152. Le LISERON comestible.
Convolvulus edulis. Thunb. ♃ Du Japon.

153. Le LISERON patule.
Convolvulus patulus. Linn. ♃ Des Indes & de l'Amérique.

154. Le LISERON très-grand.
Convolvulus maximus. Linn. ♃ De Ceilan.

155. Le LISERON à feuilles en cœur.
Convolvulus cordifolius. Thunb. Du Cap de Bonne-Espérance.

156. Le LISERON bifide.
Convolvulus bifidus. Vahl. Des Indes.

157. Le LISERON bleu céleste.
Convolvulus celestis. Forst. De l'île Tana.

158. Le LISERON ferrugineux.
Convolvulus ferrugineus. Vahl. ♄ De l'Amérique méridionale.

159. Le LISERON à tige triangulaire.
Convolvulus triqueter. Vahl. De Sainte-Croix.

160. Le LISERON à tige aplatie.
Convolvulus anceps. Linn. De Java.

161. Le LISERON renflé.
Convolvulus inflatus. Mich. ♃ De l'Amérique septentrionale.

162. Le LISERON à feuilles peltées.
Convolvulus peltatus. Forst. Des Indes.

163. Le LISERON à feuilles de vigne.
Convolvulus vitifolius. Linn. Des Indes.

164. Le LISERON prolifère.
Convolvulus proliferus. Vahl. ♃ De l'Amérique méridionale.

165. Le LISERON laineux.
Convolvulus lanatus. Vahl. ♄ De l'Égypte.

166. Le LISERON à balai.
Convolvulus scoparius. Ait. ♄ De Ténériffe.

167. Le LISERON thyrsoïde.
Convolvulus floridus. Ait. ♄ De Ténériffe.

168. Le LISERON en coin.
Convolvulus cuneatus. Willd. ♄ Des Indes.

169. Le LISERON à feuilles larges.
Convolvulus brasiliensis. Mill. ♃ De l'Amérique méridionale.

170. Le LISERON presque lobé.
Convolvulus sublobatus. Linn. ☉ Des Indes.

171. Le LISERON du Cap.
Convolvulus capensis. Willd. Du Cap de Bonne-Espérance.

172. Le LISERON à feuilles crénelées.
Convolvulus crenatifolius. Ruiz & Pav. ☉ Du Pérou.

173. Le LISERON de Buénos-Ayres.
Convolvulus bonariensis. Cavan. De l'Amérique méridionale.

174. Le LISERON à feuilles de nummulaire.
Convolvulus nummularius. Vahl. De l'Amérique méridionale.

175. Le LISERON à feuilles ovales.
Convolvulus ovalifolius. Vahl. Des Indes.
176. Le LISERON à stigmate en tête.
Convolvulus sphærostigma. Cavan. Des îles de l'Inde.
177. Le LISERON unilatéral.
Convolvulus secundus. Ruiz & Pav. Du Pérou.
178. Le LISERON à fruit aplati.
Convolvulus platicarpos. Cavan. Du Mexique.

Culture.

Dans cette longue énumération de Liserons, il faut seulement en considérer ici une quarantaine, qui sont ou indigènes ou cultivés dans nos jardins, parmi lesquels quelques-uns, sans compter les indigènes, subsistent toute l'année en pleine terre dans le climat de Paris; d'autres demandent ou l'orangerie ou la serre chaude. Je vais d'abord parler des plus communs & de ceux qui, parmi les exotiques que nous possédons, sont utiles ou agréables. Il sera ensuite question, d'une manière générale, de ceux qui n'ont de mérite qu'aux yeux des botanistes, & parce qu'ils forment espèce.

Le Liseron des haies concourt à donner aux haies vives ou sèches, au milieu desquelles il croît, & entre les branches desquelles il s'entrelace, une apparence de consistance qui est avantageuse dans quelques cas. Ses feuilles grandes & d'une belle forme, ainsi que ses fleurs remarquables par les mêmes qualités, embellissent d'ailleurs leur aspect. On ne doit donc pas se refuser, lorsque la nature n'en a pas fait les frais, à semer ses graines à leur pied à la fin de l'hiver. On en garnit par la même raison les tonnelles, sous lesquelles on trouve un abri impénétrable aux ardeurs de la canicule. Je l'ai vu produire de très-agréables effets dans les jardins paysagers, où il étoit convenablement dirigé sur les buissons des derniers rangs des massifs. Il est encore possible de l'employer à garnir des palissades. Les chevaux aiment beaucoup ses feuilles; mais les autres bestiaux n'y touchent point.

Cette espèce se sème en place dans les jardins de botanique, & ne demande que les soins généraux de propreté. Il faut lui donner un tuteur.

Le Liseron des champs est beaucoup plus petit dans toutes ses parties que le précédent; mais il l'emporte sur lui par l'éclat de ses fleurs, qui varient naturellement du rose au blanc & au panaché dans toutes les nuances de ces deux couleurs. Il en croît dans toutes les terres cultivées qui ne sont pas trop sèches ou trop aquatiques, & il est si abondant dans certains lieux, qu'il nuit beaucoup aux récoltes; aussi, quoique recherché de tous les bestiaux, on doit tenter tous les moyens de le détruire. Rarement on le voit dans les prairies naturelles & dans les vieux pâturages. Il se conserve plusieurs années sans pousser, lorsqu'il est recouvert de pierres, ainsi que j'en ai eu la preuve dernièrement, & plus on le coupe & plus il repousse, comme on le voit, toutes les années, dans les champs le mieux cultivés & dans les jardins le mieux entretenus, ses racines pénétrant plus bas que n'atteint le soc de la charue du laboureur ou la bêche du jardinier. Les deux seuls de ces moyens sur lesquels on puisse constamment compter, sont, ou un défoncement de deux à trois pieds, défoncement pendant lequel on aura soin d'enlever les plus petites fibrilles des racines, ou par l'établissement d'un assolement régulier, c'est-à-dire, dans lequel des prairies artificielles, des cultures de plantes étouffantes, enfin, des cultures qui exigent des binages d'été, succéderont aux céréales.

Ce que je viens de dire suffit pour indiquer qu'il ne faut que mettre cette espèce en place, dans les jardins de botanique, pour l'y posséder pendant un grand nombre d'années.

Le Liseron jalap est originaire du Mexique & contrées voisines. Michaux l'avoit apporté de la Floride au Jardin de botanique de la France, près Charleston, où je l'ai cultivé, & dont j'ai apporté les graines qui ont fourni les premiers pieds qui aient paru dans nos jardins. Sa racine est globuleuse & parvient à plus de deux pieds de diamètre, comme le prouve celle provenant du jardin dont il vient d'être question, & que Michaux fils a remise à celui du Muséum de Paris. Le grand usage qu'on fait de cette racine en médecine, doit engager à la cultiver dans nos départemens méridionaux, à Montpellier, par exemple, où elle réussiroit certainement aussi bien qu'en Caroline. Je regrette beaucoup, en conséquence, que les pieds provenus de mes graines, ainsi que celui produit par la racine de Michaux fils, n'aient pas subsisté plus d'un à deux ans au Jardin du Muséum, & ne s'y soient pas multipliés.

En Caroline, cette plante ne demandoit que des binages de propreté & un tuteur. Je pouvois non-seulement la multiplier par graines, dont elle donnoit abondamment, mais encore en couchant ses tiges, qui prenoient racine à la base de toutes leurs feuilles.

On peut faire usage des racines du Liseron jalap lorsqu'elles ont acquis la grosseur du poing, c'est-à-dire, à la fin de la seconde année; mais il vaut sans doute mieux attendre la fin de la troisième & même de la quatrième. Lorsqu'elles sont plus vieilles, elles se creusent dans leur intérieur & perdent de leur qualité.

Cette espèce demande la serre chaude, ou au moins la serre tempérée dans le climat de Paris. Quoique pourvue de fleurs peu remarquables, elle peut servir à l'ornement des jardins.

Le Liseron scamonée ne se cultive pas dans son pays natal: on se contente de rechercher sa racine dans les campagnes, pendant l'hiver, pour l'arracher & la livrer au commerce. Je ne le connois dans aucun jardin de France; mais il est indiqué dans ceux d'Angleterre.

Il en est de même du Liseron turbith, dont la racine s'emploie aussi en médecine.

Le Liseron patate est l'objet d'une culture de si grande importance, dans les parties intertropicales de trois des parties du monde, que je ne puis me dispenser de lui consacrer un article particulier. *Voyez* au mot PATATE.

Il paroît que le Liseron comestible diffère peu du précédent, & exige la même culture; mais nous n'avons point de détails sur ce qui le concerne.

Le Liseron effilé ne se cultive point, quoique son bois soit fort recherché par sa bonne odeur. Il en est de même du Liseron à fleurs en tête, dont le bois a la même propriété & le même nom vulgaire.

De tous les Liserons, c'est le tricolor qui se voit le plus fréquemment dans les jardins de l'Europe; il demande une terre légère & une exposition chaude : c'est en touffe ou en bordure qu'on le place le plus généralement. Le semis de ses graines s'exécute ou en avril, dans des pots sur couche nue, ou en mai en pleine terre. Le plant qui en provient, s'éclaircit, se sarcle & se bine au besoin; il ne gagne pas à être transplanté sans la motte. Lorsqu'il est coupé rez-terre avant la chute de sa dernière fleur, & arrosé convenablement, il repousse & fleurit de nouveau jusqu'aux gelées. Ses premières graines mûres sont toujours les meilleures; ainsi ce sont elles qu'il faut ramasser pour la reproduction.

Le Liseron pourpre (& même celui à cinq lobes) se sème assez communément dans les jardins de Paris, pour garnir les tonnelles, les palissades, &c. Il se fait remarquer par la grandeur, la couleur & le nombre de ses fleurs. Pour en jouir plus promptement, on sème ses graines dans des pots sur couche, & lorsque le plant qui en provient a acquis quelques pouces de haut, on le plante à demeure avec la motte. Lorsqu'on met les graines directement en place, les pieds poussent plus lentement & sont frappés de la gelée avant d'avoir fourni la moitié de leurs fleurs. Je l'ai vu employer en Italie, où on ne craint pas cet inconvénient, avec un grand avantage à la décoration des jardins de toutes les sortes : je ne puis qu'en recommander la culture aux amateurs.

Le Liseron soldanelle ne se voit guère que dans les jardins des amateurs & dans ceux de botanique; cependant il est assez remarquable pour mériter une place dans ceux d'agrément. Il ne craint que les très-fortes gelées de l'hiver, & ce encore seulement lorsque la terre n'est pas couverte de neige. La plus foible brassée de fougère ou de paille suffit pour l'en garantir; cependant, pour plus de sûreté, il est bon, sous le parallèle du climat de Paris, & encore mieux plus au nord, d'en tenir toujours quelques pieds dans l'orangerie. On ne le multiplie que de ses graines, quoiqu'il fût possible de le faire par bouture & quelquefois par déchirement des vieux pieds. C'est dans les sables du bord de la mer qu'il croît naturellement; ainsi c'est dans la terre de bruyère qu'il faut le placer, & c'est avec de l'eau légérement salée qu'il faut l'arroser si on veut qu'il prospère.

Le Liseron argenté ou satiné est très-remarquable par ses feuilles d'un blanc-argentin, & par les grosses touffes qu'il forme. L'orangerie lui est indispensable dans le climat de Paris : sa multiplication a lieu de semence & de boutures.

Les autres espèces de Liserons que je dois citer sont : 1°. parmi les annuels, ceux découpés, de Sibérie, de Sicile, à cinq feuilles, évolvuloïde & farineux, qui se cultivent dans les écoles de botanique, comme le tricolor; 2°. le renflé, le panduriforme, l'althéiforme, à feuilles d'hermane, le rayé, le linéaire, le pied-de-chèvre, le dorycn, à feuilles de piloselle, qui peuvent se placer en pleine terre, sauf des couvertures pendant l'hiver ou être tenus dans des pots qu'on rentre dans l'orangerie aux approches des gelées; on les multiplie de graines, de boutures, ou par déchirement des vieux pieds; ils veulent peu d'arrosemens; 3°. le nerveux, à larges feuilles, en ombelle, exigent la serre chaude. Comme ils donnent rarement de bonnes graines dans le climat de Paris, on ne les multiplie que de boutures faites en mars, sur couche & sous châssis, boutures qui reprennent pour la plupart dans le courant de l'année, & qu'on traite ensuite comme les vieux pieds.

En général, je le répète, la plupart des Liserons peuvent être employés comme plantes d'ornement. J'en ai cultivé une douzaine d'espèces en Caroline, qui seroient certainement regardées comme telles, si on pouvoit les tenir en pleine terre dans nos jardins. (*Bosc.*)

LISETTE : nom vulgaire des insectes qui rongent les bourgeons des arbres. *Voyez* aux mots ATTELABE, GRIBOURI & CHARANÇON dans le *Dictionnaire des Insectes*.

LISIÈRE : bord des bois & des champs.

LISIANTHE. *Lisianthus.*

Genre de plante de la pentandrie monogynie & de la famille des *Gentianes*, qui réunit vingt quatre espèces, dont aucune n'est cultivée dans les jardins de France. Il est figuré pl. 107 des *Illustrations des genres* de Lamarck.

Espèces.

1. Le LISIANTHE à longues feuilles.
Lisianthus longifolius. Linn. ♄ De la Jamaïque.

2. Le LISIANTHE à feuilles glauques.
Lisianthus glaucifolius. Jacq. ♄ De.....

3. Le LISIANTHE bleuâtre.
Lisianthus cærulescens. Aubl. ☉ De Cayenne.

4. Le LISIANTHE ailé.
Lisianthus alatus. Aubl. ⊙ De Cayenne.
5. Le LISIANTHE à feuilles de cheloné.
Lisianthus chelonoides. Linn. De Cayenne.
6. Le LISIANTHE pourpre.
Lisianthus purpurascens. Aubl. ⊙ De Cayenne.
7. Le LISIANTHE à étamines saillantes.
Lisianthus exsertus. Swartz. ♄ De la Jamaïque.
8. Le LISIANTHE glabre.
Lisianthus glaber. Linn. De l'Amérique méridionale.
9. Le LISIANTHE des montagnes.
Lisianthus frigidus. Swartz. ♃ De la Dominique.
10. Le LISIANTHE à larges feuilles.
Lisianthus latifolius. Swartz. ♄ De la Jamaïque.
11. Le LISIANTHE à fleurs en ombelle.
Lisianthus umbellatus. Swartz. ♄ De la Jamaïque.
12. Le LISIANTHE à feuilles en cœur.
Lisianthus cordifolius. Swartz. ♄ De la Jamaïque.
13. Le LISIANTHE cariné.
Lisianthus carinatus. Lam. ♄ De Madagascar.
14. Le LISIANTHE à trois nervures.
Lisianthus trinervius. Lam. De Madagascar.
15. Le LISIANTHE élevé.
Lisianthus exaltatus. Lam. ♃ De Saint-Domingue.
16. Le LISIANTHE à grandes fleurs.
Lisianthus grandiflorus. Aubl. ⊙ De Cayenne.
17. Le LISIANTHE à fleurs en corymbe.
Lisianthus corymbosus. Ruiz & Pav. Du Pérou.
18. Le LISIANTHE à tige quadrangulaire.
Lisianthus calygonus. Ruiz & Pav. ♄ Du Pérou.
19. Le LISIANTHE visqueux.
Lisianthus viscosus. Ruiz & Pav. Du Pérou.
20. Le LISIANTHE à feuilles roulées.
Lisianthus revolutus. Ruiz & Pav. ♄ Du Pérou.
21. Le LISIANTHE à angles aigus.
Lisianthus acutangulus. Ruiz & Pav. ⊙ Du Pérou.
22. Le LISIANTHE à feuilles ovales.
Lisianthus ovatus. Ruiz & Pav. ♄ Du Pérou.
23. Le LISIANTHE campanulé.
Lisianthus campanulaceus. Ruiz & Pav. ⊙ Du Pérou.
24. Le LISIANTHE à petites feuilles.
Lisianthus parvifolius. Lam. De l'Amérique méridionale. (*Bosc.*)

LISIMAQUE. *LYSIMACHIA.*

Genre de plante de la pentandrie monogynie & de la famille de son nom, qui rassemble dix-huit espèces, dont plusieurs sont indigènes, & dont quelques-unes se cultivent dans nos jardins. *Voyez* pl. 101 des *Illustrations des genres* de Lamarck, où il est figuré.

Espèces.

A pédoncules multiflores.

1. La LISIMAQUE vulgaire, vulgairement *chasse-bosse.*
Lysimachia vulgaris. Linn. ♃ Indigène.
2. La LISIMAQUE à feuilles de saule.
Lysimachia ephemerum. Linn. ♃ Du midi de l'Europe.
3. La LISIMAQUE noir-pourpre.
Lysimachia atropurpurea. Linn. ⊙ Du Levant.
4. La LISIMAQUE orientale.
Lysimachia orientalis. Lam. ♂ Du Levant.
5. La LISIMAQUE à grappe.
Lymachia racemosa. Lam. ♃ De l'Amérique septentrionale.
6. La LISIMAQUE thyrsiflore.
Lysimachia thyrsiflora. Linn. ♃ Du nord de l'Europe.
7. La LISIMAQUE décurrente.
Lysimachia decurrens. Forst. De l'île Tana.
8. La LISIMAQUE à feuilles aiguës.
Lysimachia angustifolia. Mich. ♃ De l'Amérique septentrionale.

A pédoncules uniflores.

9. La LISIMAQUE à quatre feuilles.
Lysimachia quadrifolia. Linn. ♃ De l'Amérique septentrionale.
10. La LISIMAQUE ciliée.
Lysimachia ciliata. Linn. ♃ De l'Amérique septentrionale.
11. La LISIMAQUE ponctuée.
Lysimachia punctata. Linn. ♃ Du nord de l'Europe.
12. La LISIMAQUE hybride.
Lysimachia hybrida. Willd. De l'Amérique septentrionale.
13. La LISIMAQUE hétérophylle.
Lysimachia heterophylla. Mich. De Géorgie.
14. La LISIMAQUE du Japon.
Lysimachia japonica. Thunb. Du Japon.
15. La LISIMAQUE de Bourbon.
Lysimachia mauritiana. Lam. De l'Ile-Bourbon.
16. La LISIMAQUE des bois.
Lysimachia nemorum. Linn. ♃ Indigène.
17. La LISIMAQUE polygonée.
Lysimachia linum stellatum. Linn. ⊙ Indigène.
18. La LISIMAQUE monoyère, vulgairement *herbe aux écus.*
Lysimachia nummularia. Linn. ♃ Indigène.

Culture.

La première espèce est commune dans les prés humides & ombragés, dans les marais, sur le bord des rivières & des ruisseaux, qu'elle orne lorsqu'elle est en fleurs. Les bestiaux n'y touchent pas, ou n'y touchent que lorsqu'elle est fort jeune. De plus, elle nuit aux prairies basses à raison de sa grandeur & de la disposition traçante de ses racines; en conséquence il faut la détruire, ou en coupant ses touffes entre deux terres au commencement du printems, ou mieux en labourant le terrein & en y semant, deux ou trois années de suite, des céréales ou des graines dont le plant demande des binages d'été. Ses tiges servent à faire de la litière ou à chauffer le four. Quelquefois on la place dans les jardins paysagers, dans les lieux bas & ombragés, ou sur le bord des eaux, & elle y produit des effets agréables. Le plus grand soin qu'elle exige, c'est d'être arrêtée dans sa multiplication; car, je le répète, lorsque la situation où elle se trouve est favorable, elle s'étend avec une incroyable rapidité & couvre bientôt tout le sol. Sa culture, dans ceux de botanique, se réduit à la planter & à l'arroser dans les chaleurs, & même à l'empêcher de tracer. J'en ai vu à fleurs doubles.

La Lisimaque à feuilles de saule fait l'ornement de beaucoup de parterres, parce qu'elle jouit de la faculté de croître dans les terreins secs. C'est en touffes qu'on la dispose généralement. On la multiplie de graines qu'il est bon de semer ou de stratifier aussitôt qu'elles sont récoltées, ou par le déchirement des vieux pieds pendant l'hiver. On s'en tient le plus communément à cette dernière voie, qui suffit aux besoins du commerce & qui donne des jouissances plus promptes, puisque les nouveaux pieds donnent ordinairement des fleurs dès la même année. Cette espèce trace comme la précédente, mais beaucoup moins.

Les Lisimaques noire, pourpre & du Levant se ressemblent beaucoup, & pourroient être aussi cultivées pour leur beauté. On ne les voit cependant guère que dans les jardins de botanique, où on sème leurs grains dans des pots remplis de terre de bruyère, pots qu'on place en mars sur des couches nues, & dont on retire le plant lorsqu'il a trois à quatre pouces de haut, pour le mettre en pleine terre, dans un lieu chaud & ombragé.

Les Lisimaques à grappe, thyrsiflore, à quatre feuilles, ciliée & ponctuée, se voient dans la plupart des jardins de botanique, en pleine terre, & s'y conservent fort bien, pour peu que le sol en soit humide ou qu'on les arrose dans la sécheresse. On les multiplie comme les deux premières espèces; cependant il est assez rare que leurs graines viennent à bien. Ce sont des plantes de peu d'agrément.

Les Lisimaques des bois, monoyère & polygonée sont de petites plantes rampantes qui se font remarquer par la grandeur & l'abondance de leurs fleurs. Tous les bestiaux les mangent. On peut les introduire avec avantage dans les bosquets des jardins paysagers, où la seconde se trouve quelquefois naturellement en assez grande quantité pour couvrir la nudité du sol. Cette seconde, & encore plus la troisième, exigent beaucoup d'humidité : elles fleurissent pendant tout l'été.

Les autres espèces ne sont pas cultivées. (*Bosc.*)

LIT. Ce mot s'entend, en agriculture, d'une épaisseur quelconque. On dit un Lit de fumier, un Lit d'argile. Il est presque synonyme du mot COUCHE. *Voyez* ce mot.

LITA. *Lita* : nom donné par Willdenow au genre de plante qui avoit été appelé VOHIRIE par Aublet. *Voyez* ce mot.

LITCHI. *Euphoria*.

Genre de plante de l'octandrie monogynie & de la famille des *Savoniers*, qui réunit trois arbres d'un grand intérêt pour les habitans des climats intertropicaux, parce que leurs fruits se mangent. Deux d'entr'eux se cultivent dans nos serres. *Voy.* pl. 306 des *Illustrations des genres* de Lamarck, où il est figuré.

Observations.

Ce genre a été appelé *Scytalie* par Gærtner & Schreber, *Dimocarpe* par Willdenow, & a été placé parmi les *Savoniers* par Aiton & autres.

Espèces.

1. Le LITCHI ponceau.
Euphoria punicea. Lam. ♄ De la Chine.
2. Le LITCHI longane.
Euphoria longana. Lam. ♄ De la Chine.
3. Le LITCHI ramboutan.
Euphoria rambouta. Labill. ♄ Des Moluques.

Culture.

La première espèce est la plus connue, & celle dont les fruits sont les meilleurs. Toutes les personnes qui en ont mangé les placent au rang des plus excellens qui existent, & les comparent au raisin muscat. Sonnerat les représente gros comme des noix. On les sèche au four, comme les pruneaux, pour les conserver.

Cet arbre précieux a été porté à l'Ile-de-France, & de là dans nos colonies de l'Amérique. Partout il prospère & deviendra bientôt un objet important de culture. Ce n'est qu'à huit à dix ans que les pieds provenus de graines commencent à donner des fruits; mais quand on emploie la voie des marcottes, il devient productif en moitié moins de tems. Il ne faut qu'un été pour que ses branches, couchées en terre, prennent racine; ainsi il peut se multiplier rapidement & abondamment : on peut sans doute aussi le reproduire par racines.

Dans nos serres, où il a été transporté, le Litchi croît avec lenteur & ne s'annonce pas d'une manière à nous faire espérer des fruits; il s'y place dans des pots remplis d'une terre franche, un peu amendée avec du terreau. Comme il y a peu d'années qu'on l'y cultive, on tâtone encore pour savoir ce qui lui convient le mieux, & je ne puis l'indiquer d'avance. Sa multiplication n'y a pas été tentée, à raison de la trop grande jeunesse des pieds.

La seconde espèce a une plus grande hauteur & s'annonce avec plus d'avantage; mais ses fruits sont moins gros, moins bons & moins abondans. Elle a été également transportée à l'Ile-de-France & dans nos colonies d'Amérique, où elle réussit. Les pieds qui ont été envoyés pour les serres du Jardin du Muséum sont morts peu après leur arrivée.

On ne connoît le ramboutan que par ce qu'en dit Labillardière dans son *Voyage à la recherche de la Peyrouse*. Ses fruits ne sont pas inférieurs à ceux de la première espèce, & leur amande, dont le goût est analogue à celui de la noisette, donne par expression une huile aussi bonne que celle de l'olive.

Loureiro cite six espèces de ce genre; mais Willdenow pense que ce sont de simples variétés. Il se pourroit qu'il en fût de même du ramboutan : l'exemple de nos prunes, de nos poires, prouve jusqu'à quel point les fruits des arbres cultivés depuis long-tems peuvent différer les uns des autres. (*Bosc.*)

LITHARGE, ou oxide demi-vitreux de plomb. Elle est d'un fréquent usage dans la composition des onguens, & encore plus pour rendre plus siccatives les huiles grasses employées à la peinture. *Voyez* le *Dictionnaire de Chimie*.

J'ai dû signaler ici les emplois de cette substance, à raison du danger dont elle est, prise à l'intérieur. Le défaut de surveillance des chefs de famille cause chaque année la mort de bien des personnes : il est surtout fréquent que des planches peintes, employées à chauffer le four, empoisonnent le pain. (*Bosc.*)

LITHOPHILE. *Lithophila.*

Très-petite plante des îles de l'Amérique, qui seule forme un genre dans la diandrie digynie.

Comme cette plante n'est pas cultivée dans nos jardins, je n'ai rien à en dire de plus. (*Bosc.*)

LITIÈRE : paille de seigle, de froment, d'avoine ou d'orge, foin altéré, foin de marais, feuilles sèches d'arbres, plantes sèches de diverses espèces, qui se met dans les écuries, les étables, les bergeries, &c., pour donner aux animaux domestiques le moyen de se coucher plus mollement, plus proprement, & pour, après s'être mêlée avec leurs excrémens, s'être imprégnée de leurs urines & même de leur transpiration, être employée à composer le FUMIER. *Voyez* ce mot.

Par le moyen de la Litière on rend donc aux champs, soit directement par la paille, soit indirectement par les animaux, une partie des principes qu'on en avoit enlevés. *Voyez* PAILLE & ENGRAIS.

On ne doit donc pas ménager la Litière aux animaux, puisqu'il en résulte une augmentation de bien-être pour eux & une augmentation d'engrais pour les cultures.

Lorsqu'on n'a pas de matières végétales pour faire de la Litière, on peut mettre avec avantage, sous les animaux, de la terre sèche ou du sable, qu'on recharge tous les jours & qu'on enlève très-souvent : il est même à regretter qu'on n'emploie pas plus fréquemment ces moyens concurremment avec la paille; car la terre absorbe bien mieux que cette dernière l'urine & la transpiration, & le sable qui s'en charge à l'extérieur devient très-propre à l'amendement des terres argileuses. La dépense des transports des champs à la maison & de la maison dans les champs, est la seule objection qu'on puisse raisonnablement opposer à cette pratique; mais il est nombre de localités & de circonstances où cette dépense est tantôt à peine sensible, tantôt de beaucoup couverte par les bénéfices.

J'ai vu des cultivateurs très-pauvres se passer de Litière; il est des propriétaires très-riches qui ne veulent point qu'on en mette sous leurs chevaux & leurs vaches : les uns & les autres, quelle que soit la propreté avec laquelle ils entretiennent leurs écuries ou leurs étables, ont tort sous le rapport de la santé de leurs bestiaux & sous celui de l'intérêt de leurs cultures. En effet, les chevaux & les vaches qui couchent sur la terre humide, sur des pierres froides, sont exposés à des suppressions de transpiration qui peuvent les rendre perclus ou leur donner des maladies, & la formation des fumiers est une des plus importantes opérations de l'économie rurale. Conseillerai-je, comme cela se pratique, dit-on, dans quelques châteaux en Angleterre, de faire des parquets dans les écuries?

Mettre peu de Litière sous les animaux, ou ne l'augmenter que de loin en loin, est quelquefois plus blâmable que de n'en pas mettre du tout, parce qu'il en résulte une humidité constante, & que toute humidité concentrée & permanente est nuisible à la santé; c'est encore pire, & par la même raison, lorsqu'en en mettant davantage on l'enlève seulement tous les mois, tous les six mois, même tous les ans, comme on ne le fait que trop souvent dans certains cantons, par la considération que le fumier en est meilleur. Que de pertes de bestiaux, surtout de moutons, sont la suite de cette mauvaise habitude! Sans doute il faut de bons fumiers, mais il ne faut

pas

pas sacrifier des animaux, dont la valeur est réelle, à des récoltes futures, dont les produits sont incertains; d'ailleurs, il est possible de faire d'excellens fumiers par d'autres méthodes qui n'ont point d'inconvéniens.

Il est peu de pays où on sache disposer convenablement la Litière, ou mieux on varie partout sur les principes qui doivent guider dans sa disposition; cependant cette opération, comme toutes celles de l'économie rurale, est fondée sur des principes dont il n'est jamais avantageux de s'écarter.

Ainsi, au lieu de jeter la paille par brassées & sans méthode, comme on le pratique généralement, on l'éparpillera à petites poignées, après l'avoir froissée dans les mains, & on en mettra davantage sous les pieds de derrière des animaux, parce que c'est là que tombent leurs excrémens, & que leur train de derrière est la partie qui pèse le plus; ainsi on n'en mettra point sous les rateliers & dans les passages, puisqu'elle n'y serviroit à rien.

Pour aller plus vîte, on fait fréquemment la Litière avec une fourche de fer ou de bois; mais elle n'est pas si bonne.

La paille étant convenablement répandue, on borde, c'est-à-dire, qu'on fait rentrer en dessous celle du bord extérieur, qui est saillante, au moyen du manche de la fourche; de sorte qu'elle ait au moins six pouces d'épaisseur à ce bord.

Cette manière de faire la Litière ne s'applique pas aux bergeries ni aux toits à porcs, parce que les moutons & les cochons ne sont pas attachés: là, il faut la répandre également partout.

Dans les écuries & les étables de luxe bien tenues, on change la Litière, ou, pour parler le langage technique, on fait de la Litière neuve, tous les jours ou tous les deux jours; mais chez les cultivateurs on peut se contenter de la recharger chaque jour d'un lit de paille de deux pouces d'épaisseur, & de n'enlever la totalité que toutes les semaines pendant l'été, & tous les quinze jours pendant l'hiver. On gagne à cet usage une économie de tems & de meilleurs fumiers; & lorsque les écuries & les étables sont suffisamment vastes & aérées, il n'en résulte que peu d'inconvéniens pour la santé des animaux. Mais, je le répete, il ne faut jamais laisser plus long-tems la Litière en place, parce qu'alors elle se change en fumier & laisse dégager des gaz délétères, ainsi que l'odorat seul peut en juger avec certitude. D'ailleurs, des expériences positives, & faites avec authenticité, ont donné la preuve que si une Litière restée quinze jours sous des animaux est plus fertilisante que celle qui n'y est restée qu'un jour, celle qui y est restée deux mois l'est moins que deux qui y auroient été enlevées au bout de quinze jours: la théorie vient ici à l'appui de l'expérience.

Il est d'usage dans certains pays de faire de la Litière aux poules & aux pigeons, & on doit desirer qu'on agisse de même partout; car, je ne puis trop le répéter, la Litière conserve les excrémens des animaux, & moins on en perd, & plus on obtient des récoltes abondantes.

Mais, demandera-t-on, laquelle, de la paille de seigle, de froment, d'avoine & d'orge, est la meilleure pour composer la Litière? Il a été fait à ce sujet des observations dont les résultats sont trop contradictoires pour que je doive les consigner ici: je dirai seulement qu'on croit que celle de froment doit être préférée, & celle d'orge rejetée lorsqu'on le peut; mais que le choix tient le plus souvent à des circonstances tout-à-fait indépendantes de cette question; car, que feroit-on de la paille d'orge, dont les animaux ne mangent pas volontiers, & qui ne les nourrit nullement? Seroit-il raisonnable d'acheter de la paille de froment lorsqu'on a surabondance de paille de seigle? La Litière qui présente le plus d'avantage est celle du foin, parce qu'il est d'un coucher plus doux & qu'il contient plus de carbone (élément de la nutrition des plantes) que la meilleure paille. Mais s'il ne faut y employer que du foin altéré, on doit redouter celui qui l'est de manière à développer du gaz nuisible à la santé des animaux, & il en est souvent de tels; celui qui est moisi n'est même pas toujours convenable, parce que la poussière des moisissures excite la toux.

Les mousses, qui sont si abondantes dans certains lieux, & qui, desséchées, remplissent si bien les conditions exigées pour une bonne Litière, ne sont pas aussi employées qu'il semble qu'elles devroient l'être, & je sollicite à leur égard l'attention des cultivateurs éclairés & zélés.

Les rameaux d'arbres, les feuilles sèches, les grandes plantes refusées par les bestiaux, les herbes de marais altérées, servent aussi quelquefois à faire de la Litière. Je suis surpris qu'on ne tire pas plus parti de ces objets sous ce rapport, car ils contiennent plus de carbone que la paille, & c'est le carbone, je le répète, qui agit dans le fumier. Pour le surplus de ce qu'il convient de savoir à l'égard de la Litière, *voyez* FUMIER, ÉTABLE, ÉCURIE, BERGERIE, CHEVAL, BŒUF, VACHE, MOUTON, COCHON. (*Bosc.*)

LITIÈRE SAUTÉE. On donne ce nom, aux environs de Paris, à la Litière de cheval dont on a fait tomber tous les crotins en la faisant sauter au moyen d'une fourche.

Cette Litière, qui diffère peu de la paille, s'emploie pour recouvrir les semis & les plantations, soit pendant l'été dans les terreins secs & exposés à tous les feux du midi, soit pendant l'hiver dans toutes sortes de terreins, pour les garantir de l'effet des gelées; on en couvre encore les artichauts, les arbustes délicats, &c. *Voyez* PAILLER, EMPAILLER & COUVERTURE. (*Bosc.*)

LITSÉE. *Litsea.*

Genre de plante de la dodécandrie monogynie ou de la dioécie polyadelphie & de la famille des *Lauriers*, qui réunit une dixaine d'espèces, dont aucune n'est cultivée dans nos jardins. Il est figuré pl. 640 & 834 des *Illustrations des genres* de Lamarck.

Observations.

Ce genre est formé de la réunion de plusieurs autres, ou mieux a été successivement appelé THOMEX, TÉTRANTHÈRE, HEXANTHE, SEBIFÈRE & GLABRAIRE (*voyez* ces mots) : deux *Lauriers* en font partie.

1. La LITSÉE du Japon, vulgairement *faux cerisier de la Chine.*
Litsea japonica. Thunb. ♄ Du Japon.
2. La LITSÉE tétranthère.
Litsea tetranthera. Jacq. ♄ De la Chine.
3. La LITSÉE monopétale.
Litsea monopetala. Roxb. ♄ Des Indes.
4. La LITSÉE sans pétale.
Litsea apetala. Roxb. ♄ Des Indes.
5. La LITSÉE à trois nervures.
Litsea trinervia. Juss. ♄ De la Chine.
6. La LITSÉE à larges feuilles.
Litsea platiphylla. Juss. ♄ Des Indes.
7. La LITSÉE hexanthe.
Litsea hexanthus. Juss. ♄ De la Cochinchine.
8. La LITSÉE porte-suif.
Litsea sebifera. Juss. ♄ De la Cochinchine.
9. La LITSÉE cubèbe.
Litsea cubeba. Juss. ♄ De la Cochinchine.
10. La LITSÉE glabraire.
Litsea glabraria. Juss. ♄ Des Indes.

Culture.

La première espèce a été cultivée quelque tems dans les serres du Muséum ; mais elle ne s'y voit plus. On l'emploie à l'Ile-de-France, où elle a été apportée de la Chine, à faire des abris contre la violence des vents ; ce à quoi elle est très-propre par la flexibilité & la tenacité de ses rameaux.

Le fruit de la huitième espèce fournit par expression, aux habitans de la Cochinchine, une espèce de suif, ou mieux d'huile épaisse dont ils font des chandelles, & ses feuilles un mucilage avec lequel ils vernissent leurs boiseries.

C'est de la neuvième que provient une de ces sortes de fruits, jadis si vantés comme purgatifs, & aujourd'hui relégués dans les droguiers, connus sous leur nom spécifique. (*Bosc.*)

LITTORELLE. *Littorella.*

Petite plante vivace qu'on trouve quelquefois très-abondamment sur le bord des étangs & des lacs, & qui forme seule un genre dans la monoécie tétrandrie & dans la famille des *Plantains* : elle est figurée pl. 758 *des Illustrations des genres* de Lamarck.

Culture.

Cette plante se sème dans une terrine remplie de terre légère, terrine qu'on tient toute l'année dans une autre terrine plus grande, au fond de laquelle on met deux ou trois pouces d'eau. Si on ne renouveloit pas cette eau, elle se corromproit & feroit mourir les pieds, dont elle est destinée à entretenir la vie ; & c'est parce qu'on ne fait pas assez attention à cette circonstance, que la Littorelle se trouve plus souvent en nom qu'en réalité dans les jardins de botanique, les seuls où on ait quelqu'intérêt à la cultiver : une fois venue, elle ne demande que des sarclages. (*Bosc.*)

LIVÈCHE. *Ligusticum.*

Genre de plante de la pentandrie digynie & de la famille des *Ombellifères*, auquel appartiennent dix-neuf espèces, dont la plupart se cultivent ou peuvent se cultiver en pleine terre dans nos jardins, & qui, par leur grandeur & l'élégante découpure de leurs feuilles, peuvent servir à la décoration. Il est figuré pl. 198 des *Illustrations des genres* de Lamarck.

Espèces.

1. La LIVÈCHE cicutaire.
Ligusticum peloponense. Linn. ♃ Des Alpes d'Italie.
2. La LIVÈCHE d'Autriche.
Ligusticum austriacum. Linn. ♃ Des Alpes.
3. La LIVÈCHE à feuilles de persil.
Ligusticum apioides. Lam. ♃ Des Alpes.
4. La LIVÈCHE capillacée.
Ligusticum meum. Linn. ♃ Des Alpes.
5. La LIVÈCHE des prés.
Ligusticum silaus. Linn. ♃ Indigène.
6. La LIVÈCHE de Cornouaille.
Ligusticum cornubiense. ♃ De l'Angleterre.
7. La LIVÈCHE des Baléares.
Ligusticum balearicum. Linn. ♂ Des îles Baléares.
8. La LIVÈCHE australe.
Ligusticum gingidium. Forst. De la Nouvelle-Zélande.
9. La LIVÈCHE officinale.
Ligusticum livisticum. Linn. ♃ Des Alpes.
10. La LIVÈCHE d'Écosse.
Ligusticum scoticum. Linn. ♃ Des bords de la mer du nord de l'Europe.
11. La LIVÈCHE à feuilles d'ancolie.
Ligusticum aquilegifolium. Willd. ♃ Des Alpes.

12. La Livèche nodiflore.
Ligusticum nodiflorum. Vill. ♃ Des Alpes.
13. La Livèche des Pyrénées.
Ligusticum pyrenæum. Gouan. ♃ Des Pyrénées.
14. La Livèche blanchâtre.
Ligusticum candicans. Ait. ♃ De.....
15. La Livèche à feuilles de céleri.
Ligusticum peregrinum. Jacq. ♂ Du Portugal.
16. La Livèche à longues feuilles.
Ligusticum longifolium. Willd. ♃ De la Sibérie.
17. La Livèche à feuilles d'actée.
Ligusticum acteæfolium. Mich. ♄ Du Canada.
18. La Livèche à nœuds barbus.
Ligusticum barbinode. Mich. ♄ De la Caroline.
19. La Livèche bulbeuse.
Ligusticum nodosum. Mich. ♃ De la Caroline.

Culture.

Cinq à six de ces espèces se voient dans nos jardins de botanique, & quelquefois dans nos jardins paysagers, où elles se placent sur le bord des massifs, au milieu des gazons. Toutes aiment une terre fraîche & profonde; toutes se multiplient de graines & par déchirement des vieux pieds. Ce dernier moyen, qui a lieu à la fin de l'hiver, ne réussit pas toujours; en conséquence, on se tient généralement au premier, qui demande à être exécuté aussitôt que les semences sont mûres; car lorsqu'on ne les met en terre qu'au printems suivant, elles ne lèvent qu'après un an révolu, & même point du tout. Dans le cas où on ne pourroit pas les semer en automne, il faudroit ou les Stratifier (*voyez* ce mot), ou les semer au printems sur couche & sous châssis, en les arrosant fortement.

Presque toutes les Livèches ont une odeur forte, & leurs diverses parties peuvent s'employer en médecine. (*Bosc.*)

LLEDONÉ.

On appelle ainsi le Micocoulier dans les environs de Perpignan. *Voyez* ce mot dans le *Dictionnaire des Arbres & Arbustes.*

LOAM. Les Anglais désignent sous ce nom, une terre qui tient le milieu entre les sabloneuses & les argileuses. Cette sorte de terre est fort avantageuse à cultiver, parce que, n'étant ni trop légère ni trop compacte, elle se prête fort bien aux améliorations. *Voyez* Terre. (*Bosc.*)

LOASE. *Loasa.*

Genre de plante de la polyandrie monogynie & de la famille des *Onagres*, qui renferme treize espèces, dont aucune ne se cultive dans nos jardins. Il est figuré pl. 426 des *Illustrations des genres* de Lamarck.

Espèces.

1. La Loase piquante.
Loasa urens. Jacq. ⊙ Du Pérou.
2. La Loase torse.
Loasa contorta. Lam. Du Pérou.
3. La Loase à feuilles d'acanthe.
Loasa acanthifolia. Lam. Du Chili.
4. La Loase à grandes fleurs.
Loasa grandiflora. Lam. Du Pérou.
5. La Loase à feuilles d'ansérine.
Loasa chenopodifolia. Lam. Du Pérou.
6. La Loase luisante.
Loasa nitida. Lam. Du Pérou.
7. La Loase à trois lobes.
Loasa triloba. Juss. Du Pérou.
8. La Loase à feuilles d'érable.
Loasa acerifolia. Juss. Du Chili.
9. La Loase à feuilles de sclarée.
Loasa sclareæfolia. Juss. Du Chili.
10. La Loase à feuilles de xanthium.
Loasa xanthiifolia. Juss. Du Pérou.
11. La Loase argémonoïde.
Loasa argemonoides. Juss. Du Pérou.
12. La Loase grimpamte.
Loasa volubilis. Juss. Du Chili.
13. La Loase à trois feuilles.
Loasa triphylla. Juss. Du Pérou. (*Bosc.*)

LOBÉLIE. *Lobelia.*

Genre de plante de la pentandrie monogynie ou de la syngénésie monogamie & de la famille des *Campanulacées*, qui réunit quatre-vingt-quatre espèces, dont plusieurs sont remarquables, ou par leur beauté, ou par leurs propriétés médicinales, ou par leurs qualités délétères, & dont un assez grand nombre se cultivent dans nos jardins. Il est figuré pl. 724 des *Illustrations des genres* de Lamarck.

Observations.

On a séparé plusieurs espèces de ce genre pour former les genres Cyphie & Scévole; mais ce dernier n'ayant pas été traité, je le considérerai comme non établi. Quant au genre Raponce, indiqué par Gærtner, il n'a pas été établi.

Espèces.

Lobélies à feuilles entières.

1. La Lobélie simple.
Lobelia simplex. Linn. ⊙ Du Cap de Bonne-Espérance.
2. La Lobélie à feuilles de pin.
Lobelia pinifolia. Lam. ♄ Du Cap de Bonne-Espérance.

3. La LOBÉLIE tubulaire.
Lobelia dortmanna. Linn. ♃ Du nord de l'Europe.

4. La LOBÉLIE du Chili.
Lobelia tupa. Linn. Du Chili.

5. La LOBÉLIE columnoïde.
Lobelia columnea. Linn. ♃ De la Nouvelle-Grenade.

6. La LOBÉLIE à grandes feuilles.
Lobelia grandis. Linn. De l'Amérique méridionale.

7. La LOBÉLIE de Kalm.
Lobelia Kalmii. Linn. ⊙ Du Canada.

8. La LOBÉLIE paniculée.
Lobelia paniculata. Linn. De l'Afrique.

9. La LOBÉLIE graminée.
Lobelia graminea. Lam. Du Pérou.

10. La LOBÉLIE linéaire.
Lobelia linearis. Thunb. Du Cap de Bonne-Espérance.

11. La LOBÉLIE cornue.
Lobelia cornuta. Linn. De Cayenne.

12. La LOBÉLIE déprimée.
Lobelia depressa. Linn. Du Cap de Bonne-Espérance.

13. La LOBÉLIE pulvérulente.
Lobelia pulverulenta. Cavan. ♄ Du Pérou.

14. La LOBÉLIE barbon.
Lobelia andropogon. Cavan. ♄ Du Pérou.

Lobélies à feuilles dentées ou découpées.

15. La LOBÉLIE à feuilles de saule.
Lobelia acuminata. Swartz. ♄ De Saint-Domingue.

16. La LOBÉLIE montante.
Lobelia assurgens. Linn. ♄ De la Jamaïque.

17. La LOBÉLIE à feuilles de cirse.
Lobelia cirsifolia. Lam. De l'île Saint-Vincent.

18. La LOBÉLIE laciniée.
Lobelia laciniata. Lam. De Saint-Domingue.

19. La LOBÉLIE glabre.
Lobelia lævigata. Linn. De.....

20. La LOBÉLIE roide.
Lobelia stricta. Lam. Des Antilles.

21. La LOBÉLIE à feuilles de pêcher.
Lobelia persicifolia. Lam. De la Guadeloupe.

22. La LOBÉLIE de Surinam.
Lobelia surinamensis. Linn. ♄ De Surinam.

23. La LOBÉLIE à longues fleurs.
Lobelia longiflora. Linn. ⊙ De Saint-Domingue.

24. La LOBÉLIE conglobée.
Lobelia conglobata. Lam. De Saint-Domingue.

25. La LOBÉLIE éclatante.
Lobelia fulgens. Cavan. De l'Amérique méridionale.

26. La LOBÉLIE cardinale.
Lobelia cardinalis. Linn. ♃ De la Caroline.

27. La LOBÉLIE siphillitique, vulgairement la *cardinale bleue.*
Lobelia siphillitica. Linn. ♃ De la Caroline.

28. La LOBELIE agréable.
Lobelia amœna. Mich. ♃ De la Caroline.

29. La LOBÉLIE puberule.
Lobelia puberula. Mich. ♃ De la Caroline.

30. La LOBÉLIE glanduleuse.
Lobelia crassiuscula. Mich. ♃ De la Caroline.

31. La LOBÉLIE à fruit gonflé.
Lobelia inflata. Linn. ⊙ De la Caroline.

32. La LOBÉLIE de Cliffort.
Lobelia cliffortiana. Linn. ⊙ Des Antilles.

33. La LOBÉLIE brûlante.
Lobelia urens. Linn. ⊙ Indigène.

34. La LOBELIE à épi.
Lobelia spicata. Lam. Du Canada.

35. La LOBELIE naine.
Lobelia nana. Linn. ⊙ De l'île de Candie.

36. La LOBÉLIE petite.
Lobelia minuta. Linn. Du Cap de Bonne-Espérance.

37. La LOBÉLIE d'Italie.
Lobelia laurentina. Linn. ⊙ De l'Italie.

38. La LOBÉLIE érinole.
Lobelia erinus. Linn. ⊙ Du Cap de Bonne-Espérance.

39. La LOBÉLIE alsinoïde.
Lobelia alsinoides. Lam. Du Cap de Bonne-Espérance.

40. La LOBÉLIE campanulée.
Lobelia campanulata. Lam. ⊙ De l'Afrique.

41. La LOBELIE filiforme.
Lobelia filiformis. Lam. De l'Ile-de-France.

42. La LOBELIE traînante.
Lobelia serpens. Lam. De l'Ile-de-France.

43. La LOBELIE de Breyne.
Lobelia Breynii. Lam. De l'Afrique.

44. La LOBÉLIE anguleuse.
Lobelia angulata. Forst. De la Nouvelle-Zélande.

45. La LOBÉLIE de Ceilan.
Lobelia zeylanica. Linn. De Ceilan.

46. La LOBÉLIE jaune.
Lobelia lutea. Linn. Du Cap de Bonne-Espérance.

47. La LOBÉLIE corne-de-cerf.
Lobelia coronopifolia. Linn. Du Cap de Bonne-Espérance.

48. La LOBÉLIE trigone.
Lobelia triquetra. Linn. Du Cap de Bonne-Espérance.

49. La LOBÉLIE velue.
Lobelia hirsuta. Linn. Du Cap de Bonne-Espérance.

50. La LOBÉLIE à feuilles d'ivette.
Lobelia chamæpitys. Lam. Du Cap de Bonne-Espérance.

51. La LOBÉLIE à tiges nues.
Lobelia nudicaulis. Lam. Du Cap de Bonne-Espérance.

52. La LOBÉLIE pinnée.
Lobelia pinnata. Lam. ♄ Des Canaries.

53. La LOBÉLIE en arbre.
Lobelia arborea. Forst. ♄ Des îles de la Société.

54. La LOBÉLIE à feuilles de paquerette.
Lobelia bellidifolia. Linn. ⊙ Du Cap de Bonne-Espérance.

55. La LOBÉLIE cendrée.
Lobelia cinerea. Thunb. ⊙ Du Cap de Bonne-Espérance.

56. La LOBÉLIE tomenteuse.
Lobelia tomentosa. Linn. Du Cap de Bonne-Espérance.

57. La LOBÉLIE unilatérale.
Lobelia secunda. Linn. Du Cap de Bonne-Espérance.

58. La LOBÉLIE à rameaux écartés.
Lobelia patula. Linn. Du Cap de Bonne-Espérance.

59. La LOBÉLIE ferrugineuse.
Lobelia ferruginea. Linn. De l'Amérique méridionale.

60. La LOBÉLIE débile.
Lobelia debilis. Linn. ⊙ Du Cap de Bonne-Espérance.

61. La LOBÉLIE radicante.
Lobelia radicans. Thunb. Du Japon.

62. La LOBÉLIE campanuloïde.
Lobelia campanuloides. Thunb. Du Japon.

63. La LOBÉLIE à tige aplatie.
Lobelia anceps. Thunb. Du Cap de Bonne-Espérance.

64. La LOBÉLIE rampante.
Lobelia repens. Thunb. Du Cap de Bonne-Espérance.

65. La LOBÉLIE thermale.
Lobelia thermalis. Thunb. Du Cap de Bonne-Espérance.

66. La LOBÉLIE pubescente.
Lobelia pubescens. Ait. ♃ Du Cap de Bonne-Espérance.

67. La LOBÉLIE pygmée.
Lobelia pygmea. Thunb. Du Cap de Bonne-Espérance.

68. La LOBÉLIE crénelée.
Lobelia crenata. Thunb. Du Cap de Bonne-Espérance.

69. La LOBÉLIE cordigère.
Lobelia cordigera. Cavan. Du Chili.

70. La LOBÉLIE décurrente.
Lobelia decurrens. Cavan. Du Chili.

71. La LOBÉLIE hérissée.
Lobelia hirta. Cavan. Du Pérou.

72. La LOBÉLIE à double dentelure.
Lobelia biserrata. Cavan. Du Pérou.

73. La LOBÉLIE mucronée.
Lobelia mucronata. Cavan. Du Chili.

74. La LOBÉLIE très-feuillée.
Lobelia comosa. Cavan. De l'Espagne.

75. La LOBÉLIE fenestrale.
Lobelia fenestralis. Cavan. De l'Espagne.

76. La LOBÉLIE gigantesque.
Lobelia gigantea. Cavan. De l'Amérique méridionale.

77. La LOBÉLIE dentée.
Lobelia dentata. Cavan. de la Nouvelle-Hollande.

78. La LOBÉLIE bec-de-grue.
Lobelia gruina. Cavan. De l'Amérique méridionale.

Lobélies qui entrent dans le genre Cyphie.

79. La LOBÉLIE voluble.
Lobelia volubilis. Linn. Du Cap de Bonne-Espérance.

80. La LOBÉLIE digitée.
Lobelia digitata. Thunb. Du Cap de Bonne-Espérance.

81. La LOBÉLIE bulbeuse.
Lobelia bulbosa. Linn. ♃ Du Cap de Bonne-Espérance.

82. La LOBÉLIE à feuilles de cardaminé.
Lobelia cardamines. Thunb. Du Cap de Bonne-Espérance.

83. La LOBÉLIE à feuilles profondément découpées.
Lobelia incisa. Thunb. Du Cap de Bonne-Espérance.

84. La LOBÉLIE à feuilles de raiponce.
Lobelia phyteuma. Thunb. Du Cap de Bonne-Espérance.

Culture.

On cultive une vingtaine de Lobélies dans les jardins de Paris & des environs. Toutes celles propres à l'Europe, ainsi que celles de l'Amérique septentrionale, s'y mettent en pleine terre; elles demandent de la terre de bruyère par égale portion & de l'humidité. Parmi elles, les plus remarquables sont, la cardinale, la siphillitique & l'agréable. On les place comme ornement dans les jardins paysagers, & elles s'y font voir avec plaisir. C'est dans les corbeilles, au nord des massifs, qu'elles se plaisent le mieux. Les hivers trop longs & trop pluvieux, ou extrêmement froids, leur sont souvent préjudiciables; c'est pourquoi il est bon d'en tenir toujours quelques pots dans l'orangerie pour parer aux accidens. Les couvrir de litière ou de feuilles sèches, pendant cette saison, est presque toujours plus nuisible qu'utile; car dans ce cas elles sont fort exposées à pourrir.

On multiplie les Lobélies par le semis de leurs graines, au printems, sur couche & sous châssis, & par séparation des vieux pieds, à la fin de l'hiver, même par boutures sous cloches. Le plant qui provient des semis se repique en été, soit en pleine terre, soit en pot; il demande des arrosemens légers & fréquens pendant cette saison. C'est la seconde année seulement qu'elles fleurissent, & alors le pied meurt; mais il a ordinairement poussé des rejetons qui le remplacent. Le retranchement de la tige, immédiatement après la floraison, fait singuliérement multiplier ces rejetons; aussi doit-on la couper lorsque leur culture n'a pour but que la reproduction.

Il y a peu d'années que nous avons reçu dans nos jardins la Lobélie éclatante, qui se rapproche beaucoup de la cardinale, mais qui est infiniment plus belle; elle demande plus de chaleur, & en conséquence elle ne se sème qu'en pot & se rentre de bonne heure dans la serre. Du reste, sa culture ne diffère pas de celle qui vient d'être indiquée: elle a déjà donné des variétés, dont la plupart sont inférieures à l'espèce.

L'élégance, la belle couleur & l'abondance des fleurs de la Lobélie d'Italie la rendent propre, quoique petite, à être, comme les précédentes, employée à l'ornement des jardins. Ses graines se resèment ordinairement d'elles-mêmes, lorsque le terrein lui convient.

Quant aux autres espèces vivaces, soit frutescentes, soit herbacées, que nous possédons, telles que celles à feuilles de pin, de Surinam, à longues fleurs, elles exigent la serre; elles se reproduisent par boutures ou par déchirement des vieux pieds. La dernière, qui est en fleur presque toute l'année, est un violent poison (*Bosc.*)

LODOICÉE. *Lodoicea.*

Grand palmier originaire des Séchelles, décrit d'abord par Sonnerat sous le nom de Cocotier de mer, & que la grosseur & la forme de son fruit rendent fort remarquable. C'est à Labillardière qu'on doit de l'avoir fait servir de type à un genre. *Voyez* Cocotier.

Ce palmier a été transporté des Séchelles à l'Ile-de-France, où il y en a aujourd'hui plusieurs pieds; mais n'étant pas cultivé dans nos jardins, je n'ai rien à en dire de plus. (*Bosc.*)

LOESELLE. *Loesellia.*

Plante herbacée du Mexique, qui seule forme un genre dans la didynamie angiospermie & dans la famille des *Liserons*. Elle est figurée pl. 527 des *Illustrations des genres* de Lamarck. Comme elle ne se cultive pas dans nos jardins, je n'ai rien à en dire de plus. (*Bosc.*)

LOIR. *Myoxus.*

Quadrupède fort semblable à un écureuil, mais plus petit & de couleur grise, qu'on confond avec le lérot, quoiqu'il soit fort différent; c'est ce dernier qui, sous le nom de *Loir*, cause tant de dommages dans les jardins. Le véritable Loir quitte rarement les bois, & se loge rarement dans les murs. *Voyez* Lérot. (*Bosc.*)

LOMAIRE. *Lomaria.*

Genre de plante de la famille des *Fougères*, établi par Willdenow, & renfermant onze espèces, dont aucune n'est cultivée dans nos jardins: il faisoit ci-devant partie des Onoclées. *Voyez* ce mot.

LOMBRIC, animal alongé, cylindrique, rougeâtre, visqueux, qu'on trouve très-abondamment dans les terreins frais & abondans en humus, & qui est connu des cultivateurs sous le nom de *ver de terre*, & des pêcheurs sous celui d'*achée*. *Voyez* ce mot dans le *Dictionnaire des Vers*.

Ce n'est point aux dépens des plantes, comme le croient beaucoup de cultivateurs, que vivent les Lombrics; ils avalent la terre & en digèrent l'humus, de sorte que leurs excrémens qu'on voit souvent, surtout au printems, dans les allées des jardins, en filets entortillés, sont totalement impropres à la végétation. Leur abondance est donc toujours une cause réelle d'infertilité; elle est de plus fort nuisible dans les jardins & dans les pépinières, où ils bouleversent les semis des graines fines, en soulevant la terre & en en établissant des conduits qui détournent l'eau de sa destination: les détruire est donc une opération utile & même nécessaire.

Dans la grande culture il faut, à raison de la dépense, laisser aux taupes, aux hérissons, aux testacelles, aux corbeaux, aux pies & autres oiseaux, aux poissons, aux insectes, le soin de diminuer le nombre des Lombrics, & ils s'en acquittent assez bien. Les labours, en les mettant à l'air, favorisent beaucoup la consommation qu'ils en font.

Les moyens à employer pour détruire les Lombrics dans les jardins, sont les suivans:

1°. On visite la nuit, à la lumière d'une lanterne, les nouveaux semis, & on prend les Lombrics qui se promènent alors sur la surface de la terre: il est bon de faire remarquer d'abord qu'ils ne sortent pas lorsque la terre est sèche & qu'il fait du vent, ensuite que le plus petit bruit les fait rentrer.

2°. On frappe sur la paroi extérieure de la caisse ou du pot où se trouvent les semis: les vers sortent & on les enlève.

3°. On fait une forte décoction de brou de noix ou de feuilles de noyer, de tabac, de chanvre, & on la répand, au moyen d'un arrosoir, sur les semis; l'amertume de ces décoctions fait sortir en fort peu de tems les Lombrics.

Il est aussi des moyens d'empêcher les Lombrics de se rendre dans les planches de semis; c'est de les faire sur une couche de terre, qu'on a au préaſable laiſſée deſſécher à l'air, & qu'on poſe ſur un lit de gravas de deux à trois pouces, ou de mâche-fer pilé, ſur un lit de ſable pur du double d'épaiſſeur. Les Lombrics, qui paſſent l'hiver à plus d'un pied de profondeur, arrivant au printems à ce lit, trouvent qu'il ne fournit rien pour leur nourriture & ſe détournent : la terre des pots qui a été deſſéchée n'en contient non plus qu'autant qu'ils y auroient monté par le trou deſtiné à l'écoulement de l'eau.

La terre de bruyère, comme la plus légère & la plus abondante en humus, eſt la plus fréquentée par les Lombrics, lorſqu'elle eſt tranſportée dans nos jardins & placée à une expoſition fraîche; elle en contient rarement dans la campagne, à raiſon de la ſécheresſe habituelle.

Mais ſi les Lombrics ſont nuiſibles à l'agriculture, ils ſont utiles dans les vues générales de la nature: ce ſont eux qui, en perforant la terre au printems, en la recouvrant pour ainſi dire de leurs excrémens, favoriſent la germination des graines diſſéminées dans les bois, ſur les gazons, ſur les alluvions, &c. : ils méritent donc, ſous ce rapport, la protection de l'homme, qui doit jouir des réſultats de cette germination.

Les Lombrics ſe mangent, dit-on, dans quelques cantons de l'Aſie. Les ſeuls uſages auxquels ils ſervent en France, c'eſt pour la pêche à la ligne des poiſſons d'eau douce & pour la nourriture de la jeune volaille, ſurtout des canards & des dindons, ainſi que pour celle des carpes & autres poiſſons renfermés dans d'étroits viviers. Nulle part on ne les utiliſe : ainſi, ſous ces derniers rapports, ſi on devoit labourer la terre exprès pour en avoir, le profit, ſans doute, n'équivaudroit pas à la dépenſe; mais il eſt ſi facile d'avoir un pot dans lequel on les met lorſqu'on bèche le jardin; lorſqu'on retourne les champs, on a ſi ſouvent des enfans qui peuvent les aller ramaſſer chaque matin ſous les pierres, dans les lieux humides! Un bon moyen de les obtenir dans ces ſortes de lieux, ſurtout le matin, c'eſt d'enfoncer un pieu & de le tourner en agrandiſſant le trou qu'il a fait, la compreſſion que cette opération occaſionne les obligeant à ſortir de terre.

On rend les Lombrics meilleurs pour la pêche à la ligne, en les mettant huit jours d'avance dans de la terre où on a mêlé moitié de pain de chenevis ou de noix (réſidu de la fabrication de l'huile), parce que l'odeur ou le goût de l'huile qui tranſſude alors de leurs corps attire les poiſſons de très-loin. (*Bosc.*)

LONAS : nom donné par Adanſon à un genre de plante établi pour placer l'ATHANASE annuelle, qui, ſelon lui & Gærtner, n'a pas tous les caractères des autres ATHANASES. *Voyez* ce mot.

LONCHITE. *Lonchitis.*

Genre de plante de la famille des *Fougères*, qui eſt figuré pl. 868 des *Illuſtrations des genres* de Lamarck, & auquel on a, dans ces derniers tems, enlevé pluſieurs eſpèces, pour les faire entrer dans ceux CHEILANTHES, WOVARDIA & autres; de ſorte qu'il ne contient plus aujourd'hui, ſelon Willdenow, que quatre eſpèces, dont aucune n'eſt cultivée dans nos jardins.

Eſpèces.

1. La LONCHITE oreillée.
Lonchitis aurita. Linn. ♃ De la Martinique.
2. La LONCHITE rampante.
Lonchitis repens. Linn. ♃ De la Martinique.
3. La LONCHITE velue.
Lonchitis hirſuta. Swartz. ♃ De la Martinique.
4. La LONCHITE glabre.
Lonchitis glabra. Swartz. De l'Ile-Bourbon.

(*Bosc.*)

LONTAR.

Eſpèce de palmier, du genre RONDIER. *Voyez* ce mot.

LOPEZIE. *Lopezia.*

Plante annuelle, très-rameuſe, haute de deux à trois pieds, originaire du Mexique, qu'on cultive depuis quelques années dans les jardins de botanique, où elle ſe fait remarquer par la ſingulière organiſation & l'agréable couleur de ſa fleur. Seule elle forme un genre dans la monandrie monogynie & dans la famille des *Onagres.*

La Lopezie peut ſe cultiver en pleine terre dans le climat de Paris; mais elle y eſt expoſée à périr par ſuite des premières gelées de l'automne, au moment où elle eſt dans toute ſa beauté. C'eſt donc dans des pots, pour pouvoir la rentrer à cette époque dans la ſerre ou dans l'orangerie, qu'il convient de la placer lorſqu'on veut en jouir auſſi long-tems que ſa nature le permet. Ses graines ſe ſèment, au printems, ſur couche & ſous châſſis, même ſur couche nue, dans des pots remplis de terre de bruyère, mêlée par moitié avec de la terre franche. On les arroſe légérement. Le plant ſe repique ſeul à ſeul dans d'autres pots, de ſix pouces de diamètre au moins, pots où il eſt deſtiné à reſter juſqu'à ſa mort. Ces pots, lorſqu'il eſt repris, ſe placent contre un mur expoſé au midi, & s'arroſent d'autant plus qu'il fait plus chaud. Les pieds commencent à fleurir en juin, & ne ceſſent de le faire qu'au milieu de l'hiver. Une fois rentrés, il faut leur ménager les arroſemens, car ils craignent beaucoup la ſurabondance d'humidité : c'eſt près des jours qu'il convient de les mettre.

Quelques cultivateurs repiquent les Lopezies en pleine terre & les enlèvent, avec leur motte, à l'approche des gelées pour les rentrer à l'orangerie; mais ſi leur but eſt d'avoir des fleurs & des fruits, ils le remplissent mal, puisqu'elles poussent avec trop de vigueur pendant tout l'été, &, quoi qu'on fasse, ne tardent pas à périr après avoir été déplantées.

Jacquin a décrit & figuré une seconde espèce de ce genre, dont je ne parle pas, parce que quelques botanistes la regardent comme une simple variété de celle dont il vient d'être question. (*Bosc.*)

LOPHANTE. *Lophantes.*

Genre établi par Forster, mais qui a été reconnu depuis ne pas différer des *Waltheries*, avec lesquelles a été réunie la seule espèce qu'il contenoit. *Voyez* WALTHERIE.

LOPHIRE. *Lophira.*

Arbre d'Afrique, qui forme un genre dans la polyandrie digynie, mais qui, n'étant pas cultivé dans nos jardins, ne doit qu'être cité ici. (*Bosc.*)

LOQUE, LOQUETTE. Dans la plus grande partie de la France on palissade les arbres en espalier, au moyen de petits osiers, de joncs, de paille, &c., sur des treillages à cet effet fixés contre les murs; mais dans les environs de Paris & dans un petit nombre d'autres localités, où les murs sont récrépis en plâtre, on les palissade immédiatement sur les murs, au moyen de petites bandes d'étoffes de laine, qu'on appelle *Loques*, & de clous.

Cette manière de palissader est beaucoup plus avantageuse que l'autre, en ce que, 1°. les branches sont plus près du mur, & par conséquent les fruits qu'elles portent plus précoces; 2°. on peut écarter ou rapprocher les branches plus régulièrement que sur les palissades; 3°. la Loque ne serrant jamais rigoureusement les branches, il n'y a pas à craindre qu'elles s'étranglent.

On fabrique les Loques avec de vieux morceaux de drap, en les découpant en lanières d'environ un pouce de large sur deux à trois pouces de long, lanières qu'on replie autour de la branche, & qu'on attache au mur au moyen d'un clou & d'un coup de marteau. Chaque année, avant la taille, on enlève toutes ces Loques en arrachant le clou, & on les replace ensuite conformément au besoin. C'est à Montreuil qu'il faut aller admirer les résultats de cette manière d'opérer. *Voyez* PALLISSAGE.

Une Loque peut servir trois ans; après quoi elle est enterrée au pied de l'arbre & forme un excellent engrais, dont les effets durent le même espace de tems. *Voyez* ENGRAIS.

Les clous doivent avoir deux pouces de long & être en fer cassant, afin qu'ils s'oxident peu & coûtent moins; ils n'ont point de tête, & leur pointe est très-mousse. (*Bosc.*)

LOQUE. Dans quelques cantons on donne ce nom à la MORELLE *douce-amère*, & dans d'autres à la CARLINE *sans tige*. *Voyez* les articles de ces deux plantes.

LORANTHE. *Loranthus.*

Genre de plante de l'hexandrie monogynie & de la famille des *Chèvre-feuilles*, qui réunit près de cinquante espèces, la plupart parasites des arbres, comme le gui, & dont aucune ne se cultive dans nos jardins. Il est figuré pl. 258 des *Illustrations des genres* de Lamarck.

Espèces.

1. Le LORANTHE à petites fleurs.
Loranthus uniflorus. Linn. ♄ De Saint-Domingue.

2. Le LORANTHE d'Europe.
Loranthus europæus. Linn. ♄ De l'Allemagne.

3. Le LORANTHE d'Amérique.
Loranthus americanus. Linn. ♄ De la Martinique.

4. Le LORANTHE du Brésil.
Loranthus brasiliensis. Lam. ♄ Du Brésil.

5. Le LORANTHE marginé.
Loranthus marginatus. Lam. ♄ Du Brésil.

6. Le LORANTHE trigone.
Loranthus stelis. Linn. ♄ De l'Amérique méridionale.

7. Le LORANTHE coriace.
Loranthus coriaceus. Lam. ♄ Des Indes.

8. Le LORANTHE farineux.
Loranthus farinaceus. Lam. ♄ De Java.

9. Le LORANTHE pentandrique.
Loranthus pentandrus. Linn. ♄ Des Indes.

10. Le LORANTHE en massue.
Loranthus clavatus. Lam. ♄ De Madagascar.

11. Le LORANTHE à longues fleurs.
Loranthus longiflorus. Lam. ♄ Des Indes.

12. Le LORANTHE élastique.
Loranthus elasticus. Lam. ♄ Des Indes.

13. Le LORANTHE à larges bractées.
Loranthus longibracteatus. Lam. ♄ Du Pérou.

14. Le LORANTHE du Chili.
Loranthus corymbosus. Lam. ♄ Du Pérou.

15. Le LORANTHE à fleurs de budlège.
Loranthus budlejoides. Lam. ♄ Des Indes.

16. Le LORANTHE biflore.
Loranthus biflorus. Lam. ♄ Des Indes.

17. Le LORANTHE en faulx.
Loranthus falcatus. Linn. ♄ Des Indes.

18. Le LORANTHE à quatre pétales.
Loranthus tetrapetalus. Linn. ♄ De la Nouvelle-Zélande.

19. Le LORANTHE des Indes.
Loranthus indicus. Lam. ♄ Des Indes.

20. Le LORANTHE noueux.
Loranthus nodosus. Lam. ♄ Du Pérou.

21. Le

21. Le LORANTHE de la Chine.
Loranthus chinensis. Linn. ♄ De la Chine.

22. Le LORANTHE à épi.
Loranthus spicatus. Jacq. ♄ De l'Amérique méridionale.

23. Le LORANTHE pédonculé.
Loranthus pedunculatus. Jacq. ♄ De l'Amérique méridionale.

24. Le LORANTHE sessile.
Loranthus sessilis. Jacq. ♄ De l'Amérique méridionale.

25. Le LORANTHE d'Occident.
Loranthus occidentalis. Linn. ♄ De l'Amérique méridionale.

26. Le LORANTHE scurrule.
Loranthus scurrula. Linn. ♄ De la Chine.

27. Le LORANTHE glauque.
Loranthus glaucus. Thunb. ♄ Du Cap de Bonne-Espérance.

28. Le LORANTHE à petites feuilles.
Loranthus parvifolius. Swartz. ♄ De la Jamaïque.

29. Le LORANTHE émarginé.
Loranthus emarginatus. Swartz. ♄ De Saint-Domingue.

30. Le LORANTHE pauciflore.
Loranthus pauciflorus. Swartz. ♄ De la Jamaïque.

31. Le LORANTHE dichotome.
Loranthus dichotomus. Ruiz & Pavon. ♄ Du Pérou.

32. Le LORANTHE à feuilles aiguës.
Loranthus acutifolius. Ruiz & Pav. ♄ Du Pérou.

33. Le LORANTHE sarmenteux.
Loranthus sarmentosus. Ruiz & Pavon. ♄ Du Pérou.

34. Le LORANTHE acuminé.
Loranthus acuminatus. Ruiz & Pavon. ♄ Du Pérou.

35. Le LORANTHE à fleurs recourbées.
Loranthus retroflexus. Ruiz & Pavon. ♄ Du Pérou.

36. Le LORANTHE à feuilles lancéolées.
Loranthus lanceolatus. Ruiz & Pavon. ♄ Du Pérou.

37. Le LORANTHE ponctué.
Loranthus punctatus. Ruiz & Pavon. ♄ Du Pérou.

38. Le LORANTHE hétérophylle.
Loranthus heterophyllus. Ruiz & Pavon. ♄ Du Pérou.

39. Le LORANTHE à grandes fleurs.
Loranthus grandiflorus. Ruiz & Pavon. ♄ Du Pérou.

40. Le LORANTHE elliptique.
Loranthus ellipticus. Ruiz & Pavon. ♄ Du Pérou.

41. Le LORANTHE tétrandre.
Loranthus tetrandus. Ruiz & Pav. ♄ Du Pérou.

42. Le LORANTHE verticillé.
Loranthus verticillatus. Ruiz & Pavon. ♄ Du Pérou.

43. Le LORANTHE à feuilles ovales.
Loranthus ovalifolius. Ruiz & Pavon. ♄ Du Pérou.

44. Le LORANTHE cucullaire.
Loranthus cucullaris. Lam. ♄ De la Guiane.

45. Le LORANTHE à plusieurs épis.
Loranthus polystachius. Ruiz & Pavon. ♄ Du Pérou. (*Bosc.*)

LORIOT. *Oriolus.*

Genre d'oiseaux émigrans qui renferme un grand nombre d'espèces, dont une passe l'été en Europe & se fait remarquer par sa belle couleur jaune, & par la manière dont elle suspend son nid aux branches des arbres.

Le Loriot est très-avide de cerises, de mûres, de fraises, de figues & autres fruits en baies, & cause quelquefois de grandes pertes aux cultivateurs, surtout dans les parties moyennes de la France, où il est plus commun qu'ailleurs. Il faut lui faire une chasse journalière si on ne veut pas perdre le produit de ses peines. J'en ai tué une fois plus de cinquante sur un seul cerisier, aux environs de Lyon, sans pour cela pouvoir en conserver les fruits, qui furent dévorés par eux. (*Bosc.*)

LOTE. Poisson de rivière qui fait partie du genre des gades, & qui est recherché à raison de l'excellence de sa chair: c'est dans les rivières dont le fond est sabloneux qu'il se plaît le mieux. J'en parle ici parce que les cultivateurs doivent toujours tenter de l'introduire dans leurs étangs, dont l'eau est courante & le fond non vaseux, quoiqu'il soit incertain qu'il s'y multiplie, parce qu'il se prête difficilement au changement. *Voyez* le *Dictionnaire des Poissons & des Pêches.*

LOTIER. *Lotus.*

Genre de plante de la diadelphie décandrie & de la famille des *Légumineuses*, qui réunit une quarantaine d'espèces, dont plusieurs sont assez souvent sous les yeux des cultivateurs pour attirer leur attention, & dont quelques-unes peuvent être employées à la nourriture des bestiaux & à la décoration des jardins. Il est figuré pl. 611 des *Illustrations des genres* de Lamarck.

Observations.

Le Lotier digité, *lotus dorychium* Linn., fait aujourd'hui partie des ASPALATES. (*Voyez* ce mot.) Quelques auteurs en ont fait un genre.

Espèces.

Lotiers à pédoncules uniflores ou biflores.

1. Le LOTIER siliqueux.
Lotus siliquosus. Linn. ♃ Indigène.
2. Le LOTIER rouge.
Lotus tetragonolobus. Linn. ⊙ De la Sicile.
3. Le LOTIER biflore.
Lotus biflorus. Lam. De la Barbarie.
4. Le LOTIER conjugué.
Lotus conjugatus. Linn. ⊙ Du midi de l'Europe.
5. Le LOTIER gébelié.
Lotus gebelia. Vent. ♃ De l'Orient.
6. Le LOTIER comestible.
Lotus edulis. Lam. ⊙ Du midi de l'Europe.
7. Le LOTIER tétraphylle.
Lotus tetraphyllus Linn. ♃ Des îles Baléares.
8. Le LOTIER presque biflore.
Lotus subbiflorus. Lagaz. ♃ De l'Orient.
9. Le LOTIER anthylloïde.
Lotus anthylloides. Vent. ♄ Du Cap de Bonne-Espérance.
10. Le LOTIER à petits fruits.
Lotus microcarpos. Brot. Du Portugal.
11. Le LOTIER à gousses étroites.
Lotus peregrinus. Linn. ⊙ Du midi de l'Europe.
12. Le LOTIER hispide.
Lotus hispidus. Perf. Du midi de l'Europe.
13. Le LOTIER à fruits menus.
Lotus angustissimus. Linn. ⊙ Du midi de la France.
14. Le LOTIER flexueux.
Lotus flexuosus. Lam. De.....
15. Le LOTIER des Indes.
Lotus indicus. Lam. Des Indes.
16. Le LOTIER glauque.
Lotus glaucus. Ait. ♂ De Madère.
17. Le LOTIER grêle.
Lotus gracilis. Waldst. & Kit. ⊙ De la Hongrie.
18. Le LOTIER diffus.
Lotus diffusus. Smith. ⊙ De l'Angleterre.
19. Le LOTIER de Coimbre.
Lotus coimbrensis. Willd. ⊙ Du Portugal.

Lotiers triflores ou multiflores.

20. Le LOTIER d'Arabie.
Lotus arabicus. Linn. ♃ De l'Arabie.
21. Le LOTIER de Dioscoride.
Lotus Dioscoridis. Willd. ⊙ De Nice.
22. Le LOTIER pied-d'oiseau.
Lotus ornithopodioides. Linn. ⊙ Du midi de la France.
23. Le LOTIER de Saint-Jacques.
Lotus jacobaeus. Linn. ♄ Des îles du Cap-Vert.
24. Le LOTIER de Candie.
Lotus creticus. Linn. ♄ Du midi de l'Europe.
25. Le LOTIER odorant.
Lotus suaveolens. Perf. Du midi de la France.
26. Le LOTIER de Perse.
Lotus persicus. Lam. De la Perse.
27. Le LOTIER bugrane.
Lotus ononoides. Lam. Du Cap de Bonne-Espérance.
28. Le LOTIER en arbre.
Lotus arboreus. Forst. ♄ De la Nouvelle-Zélande.
29. Le LOTIER hémorrhoïdal.
Lotus hirsutus. Linn. ♄ Du midi de l'Europe.
30. Le LOTIER grec.
Lotus graecus. Linn. ♃ Du midi de l'Europe.
31. Le LOTIER gloméralé.
Lotus rectus. Linn. ♃ Du midi de la France.
32. Le LOTIER corniculé.
Lotus corniculatus. Linn. ♃ Indigène.
33. Le LOTIER des marais.
Lotus palustris. Willd. De l'île de Crète.
34. Le LOTIER à petites fleurs.
Lotus parviflorus. Desf. ⊙ D'Alger.
35. Le LOTIER pédonculé.
Lotus pedunculatus. Cavan. De l'Espagne.
36. Le LOTIER à tiges couchées.
Lotus prostratus. Desf. ♃ D'Alger.
37. Le LOTIER cotonneux.
Lotus cytisoides. Linn. ♃ Du midi de l'Europe.
38. Le LOTIER à fruits arqués.
Lotus medicaginoides. Retz. ⊙ De la Sibérie.
39. Le LOTIER à collerettes.
Lotus involucratus. Berg. Du Cap de Bonne-Espérance.
40. Le LOTIER à feuilles de trèfle.
Lotus trifoliastrum. Lam. Du Levant.
41. Le LOTIER à fruits pendans.
Lotus cernuus. Lam. De l'Afrique.

Culture.

Parmi ces espèces, les seules qui intéressent les agriculteurs & les amateurs des jardins sont :

Le Lotier siliculeux, qui croît abondamment dans les pâturages argileux & humides, où il se fait remarquer par la grandeur de ses fleurs & de ses fruits : les bestiaux n'y touchent pas. Il semble indiquer, par sa présence, que le terrein est fatigué de porter des graminées vivaces, & qu'il demande à être labouré.

Le Lotier corniculé. Il se trouve très-fréquemment dans les taillis, au milieu des buissons, sur le bord des haies, en sol léger & sec. Les bestiaux, & surtout les chevaux, le recherchent avec passion ; il se cultive en grand en Angleterre, & est à peine connu en France. Je sollicite les agriculteurs, non de le semer en plein champ, ce que la nature rampante ou grimpante de ses tiges ne permet pas de faire avec succès, mais de le planter le long des haies, autour des buissons, sur le bord des bois, dans tous les lieux enfin où il pourra trouver les moyens d'élever ses tiges, lieux où ensuite on saura bien le trouver chaque jour pour la nourriture des chevaux, des vaches & des moutons à l'écurie. On doit à Yvart l'observation, qu'il résiste également bien à l'effet des sécheresses & des inondations.

Le Lotier rouge est une plante d'un effet agréable. On la cultive pour l'ornement dans les parties méridionales de l'Europe, & même à Paris, quoiqu'elle soit exposée à y geler avant d'avoir amené toutes ses graines à maturité. C'est en bordure qu'on la plante ordinairement : pour avancer sa végétation, on sème ses graines sur couche & sous châssis.

Le Lotier gébelié se cultive dans l'Orient pour ses fruits, qui se mangent; il se sème sur couche & sous châssis, & se conserve en pot pour être rentré l'hiver dans l'orangerie. C'est à Olivier, de l'Institut, qu'on doit de l'avoir apporté en France.

Le Lotier comestible se sème, ou également sur couche & sous châssis, ou simplement sur couche nue, & se repique en pleine terre dès qu'il a acquis une certaine force. Ce sont ses gousses, remplies d'une pulpe dans laquelle sont noyées les semences, qui se mangent. Je les ai trouvées d'un goût assez agréable crues, & on dit qu'elles sont excellentes cuites & assaisonnées comme les petits pois. J'ai lieu de blâmer les cultivateurs du midi de l'Europe de ne pas, à l'imitation des Orientaux, en faire usage pour leur nourriture : peut-être le peu de produit qu'il donne, est-il la cause de cette négligence.

Le Lotier de Saint-Jacques se fait remarquer par la singulière couleur de ses fleurs, qui sont d'un brun-noir; aussi le cultive-t-on comme objet d'ornement dans nos jardins paysagers. Comme l'avant-dernier, il demande à être semé sur couche & sous châssis, & à être rentré pendant l'hiver dans l'orangerie; cependant, comme il pousse beaucoup mieux en pleine terre que dans des pots, il est commun de le repiquer dans une plate-bande exposée au midi, sauf à le voir périr à la suite des premières gelées de l'automne. Une terre fertile & sèche est celle qui lui convient le mieux; mais il lui faut des arrosemens légers & fréquens pendant les chaleurs de l'été.

Le Lotier odorant est rare dans nos jardins; mais il est cependant dans le cas d'y être cultivé, à raison de l'odeur agréable de ses fleurs : sa culture ne diffère pas de celle du lupin rouge.

Les Lotiers hémorrhoïdal & gloméruler peuvent aussi servir à l'ornement de nos jardins paysagers. Quoique craignant les fortes gelées de l'hiver, on doit les mettre en pleine terre dans une exposition sèche & chaude, sauf à les couvrir lorsqu'on a lieu de craindre pour eux. J'en ai sous les yeux des pieds qui subsistent sans soins depuis six à sept ans. Le premier offre deux ou trois variétés : leurs touffes & leurs jolies têtes de fleur ajoutent à la variété toujours si desirable dans ces sortes de jardins.

D'autres Lotiers se voient encore dans nos écoles de botanique & chez les grands amateurs de plantes; ce sont les 9e., 16e., 20e., 24e., 36e. & 37e., qui exigent l'orangerie; les 11e. & 22e., qui se sèment sur couche nue, & se repiquent en pleine terre. Leur culture se rapproche de celle qui a été indiquée plus haut. (*Bosc.*)

LOUCHET. On appelle ainsi la bêche à fer long & étroit.

Cette sorte de bêche est employée aux labours dans quelques cantons à sol argileux & tenace, & à extraire la tourbe dans la vallée de la Somme; elle expédie peu, mais fait un bon travail. *Voyez* BÊCHE. (*Bosc.*)

LOUP. Qui prononce ce mot, rappelle le nom du plus grand ennemi des cultivateurs. Cet objet de la terreur des Anciens & de la crainte des Modernes devroit donc être ici le sujet d'un long article; mais comme il a été décrit sous les rapports de son histoire naturelle, dans le *Dictionnaire des Quadrupèdes*, & sous celui des moyens de le détruire, dans celui des *Chasses*, je n'ai rien à en dire.

Je dois cependant observer que le Loup rend quelques services aux cultivateurs, en mangeant les fouines, les belettes, les rats, les campagnols, les mulots & autres quadrupèdes nuisibles. Il détruit aussi les hannetons, ainsi que j'ai eu occasion de m'en assurer par l'ouverture d'un d'eux, tué par moi, à l'époque de l'apparition de ces insectes.

Mon collaborateur Tessier a indiqué, dans son excellente *Instruction sur les Bêtes à laine*, un moyen simple, assuré & peu coûteux d'écarter les Loups des parcs pendant la nuit : c'est une lanterne composée par quatre verres de couleur différente qu'on attache à l'enceinte opposée à la cabane du berger, lanterne qui sert aussi en même tems au berger, & qui ne consomme que pour deux sous d'huile par nuit. (*Bosc.*)

LOUPE : saillies plus ou moins rapprochées de la forme globuleuse qu'on remarque fréquemment sur les arbres, surtout sur ceux qui sont plantés autour des villages ou le long des routes, & qui reconnoissent différentes causes.

Les plus communes de ces causes sont : 1°. une extravasion de sève produite par un coup de soleil, par une forte gelée, par une blessure, un affoiblissement quelconque d'une partie de l'écorce, &c.; 2°. à la sortie successive & long-tems répétée d'une grande quantité de petites branches qui se soudent à leur base; 3°. à la présence de champignons parasites internes, tels que des pucciniés, des gymnosporanges, &c.; 4°. à des GALLES d'insectes. *Voyez* ce mot.

Les Loupes de la première sorte offrent des fibres contournées qui permettent de les employer aux ouvrages qui demandent la plus grande force,

& à de petits ouvrages d'agrément, comme tabatières, &c.

C'est avec celles de la seconde, qu'on appelle BROUZIN, lesquelles se forment plus fréquemment sur l'orme & l'érable que sur toute autre espèce d'arbres, qu'on fait ces beaux meubles, dits de *bois indigène*; meubles réellement supérieurs, sous quelques rapports, à ceux d'acajou, mais dont la fabrication doit être nécessairement bornée, puisqu'il faut un siècle pour produire un orme ou un érable propre à en fournir, & que les circonstances qui forment ces ormes & ces érables sont fort rares.

Toutes les fois qu'on veut extirper une Loupe à un arbre d'avenue, on lui fait plus de mal que de bien, soit sous le rapport de l'individu, soit sous celui de l'aspect, parce que la plaie se ferme rarement & se transforme souvent en un ulcère incurable. On doit donc, autant que possible, les laisser subsister, quoiqu'elles déforment le tronc, vu surtout qu'elles nuisent rarement à son accroissement en hauteur & en grosseur. (*Bosc.*)

LOUPE (médecine vétérinaire) : tumeur formée par le gonflement d'une glande, ou l'accumulation de la graisse sous la peau.

On peut guérir les Loupes par résolution, par corrosion & par extirpation.

Par résolution, en les couvrant d'emplâtres émolliens & résolutifs.

Par corrosion, en les frottant avec de la pierre à cautère, de la pierre infernale, un fer rouge, des acides minéraux concentrés, &c.

Par extirpation, en l'enlevant au moyen d'une incision circulaire qui pénètre jusqu'à sa racine.

La première méthode est très-longue & très-incertaine.

La seconde est moins longue, mais cependant beaucoup trop, à raison de la douleur qui en est la suite.

La troisième s'exécute en peu d'instans, & quoique sujète à quelques inconvéniens que n'ont pas les autres, comme l'hémorrhagie, elle est préférable : la Loupe enlevée, on traite la plaie comme une PLAIE simple. *Voyez* ce mot.

Au reste, ce n'est que sur les chevaux de luxe, où lorsqu'elles sont très-gênantes, qu'on doit tenter d'extirper les Loupes.

Il est encore plus rare de le faire sur les autres animaux domestiques. (*Bosc.*)

LOURDERIE. C'est un des noms du TOURNIS.

LOUREIRE. *Loureira.*

Genre de plante de la dioécie monadelphie, qui renferme deux arbrisseaux : la LOUREIRE CUNÉIFORME & la LOUREIRE GLANDULEUSE, originaires du Mexique; c'est le *Mozinna* d'Ortega. On les cultive tous deux dans nos serres, mais ils y sont encore rares. Une bonne terre leur est indispensable. Ils demandent des arrosemens modérés en hiver, & peuvent rester trois mois en plein air pendant l'été. Leur multiplication a lieu par déchirement de vieux pieds, par rejetons & par boutures. (*Bosc.*)

LOUTRE, quadrupède qui vit préférablement de poisson, qui cause quelquefois de grands dommages aux propriétaires d'étangs, & qu'il est par conséquent nécessaire de signaler aux cultivateurs. *Voyez* le *Dictionnaire des Quadrupèdes.*

La facilité de reconnoître la présence des Loutres sur le bord des étangs, à leurs excrémens remplis d'écailles & d'arêtes, & l'habitude où elles sont de passer toujours par le même chemin lorsqu'elles sont accoutumées à y pêcher, rend leur destruction très-facile, attendu qu'il ne s'agit que de placer un piége sur ce chemin ou de les attendre pendant la nuit, un fusil à la main.

Il est des pays, dans le nord de l'Europe & en Chine, par exemple, où on dresse les Loutres à prendre le poisson & à le rapporter à leur maître. (*Bosc.*)

LOUVET ou LOVAT, maladie contagieuse & inflammatoire qui fait souvent périr de grandes quantités de bœufs & de chevaux en Suisse : c'est un véritable CHARBON (*voyez* ce mot), quoiqu'il ne se développe pas toujours des tumeurs gangreneuses à l'extérieur.

Aussitôt qu'un animal est atteint du Louvet, il perd ses forces, veut rester couché, a la peau sèche, la respiration courte, les urines rouges & peu abondantes, les excrémens durs, la langue noirâtre, &c.; il porte la tête basse, les oreilles pendantes, refuse de manger, recherche les lieux frais, &c.

Cette maladie est plus commune en automne & dans les terreins marécageux. On la combat avec du petit-lait, de l'eau fraîche acidulée au moyen du vinaigre, avec des décoctions de son, d'orge, de laitue & autres plantes rafraîchissantes, avec des dissolutions de nitre, de tartrite & de sulfate de potasse, ayant excès d'acide, avec le quinquina & autres amers, soit en boisson, soit en lavement. Un séton au poitrail ou au bas-ventre est presque toujours fort utile. L'air des montagnes boisées est très-avantageux pour assurer la guérison & diminuer la longueur & les dangers de la convalescence.

Ordinairement les bestiaux attaqués du Louvet meurent ou guérissent le quatrième jour : on peut avoir espérance lorsque les urines deviennent troubles, les excrémens mous & dépourvus d'odeur, la peau noire, les boutons purulens, & que ces symptômes sont suivis du retour de la soif & de l'appétit.

Quant aux tumeurs charbonneuses qui se forment sur la peau, il faut les cautériser dès qu'elles se montrent, & les panser ensuite comme les ULCÈRES. *Voyez* ce mot.

J'ai oublié de dire que, dès qu'on s'apperçoit des premiers symptômes du Louvet, il faut séparer les animaux qui les offrent des autres, & empêcher toute communication entr'eux, comme dans toutes les ÉPIZOOTIES. *Voyez* ce mot.

On doit à M. Pajot-la-Forêt un très-bon Mémoire sur cette maladie. (*Bosc.*)

LUBINIE. *Lubinia.*

Plante bisannuelle, originaire de l'Ile-Bourbon, qui, selon Commerson & Ventenat, forme un genre dans la pentandrie monogynie & dans la famille des *Lysimachies.*

Cette plante, décrite dans les *Illustrations des genres* de Lamarck, sous le nom de *Lysimachia mauritiana*, se cultive dans nos jardins. On en sème les graines dans des pots remplis de terre franche, pots qu'on place sur couche & sous châssis, & qu'on arrose modérément. Le plant levé se repique en automne, passe l'hiver dans la serre, & fleurit au milieu de l'été.

Cette plante est de nul agrément. (*Bosc.*)

LUCE (EAU DE), ancien nom de l'*ammoniac* ou *alcali volatil fluor.*

LUCIE (BOIS DE SAINTE-). *Voyez* CERISIER MAHALEB dans le *Dictionnaire des Arbres & Arbustes.*

LUCUMA. *Lucuma.*

Genre de plante établi pour placer le SAPOTILLIER mammé, qui diffère un peu des autres. Comme sa culture est la même, soit entre les tropiques, soit en France, je ne le séparerai pas de ce dernier. *Voyez* SAPOTILLIER. (*Bosc.*)

LUDIER. *Ludia.*

Genre de plante de la polyandrie monogynie & de la famille des *Rosacées*, qui rassemble trois espèces, dont une se cultive dans nos jardins. Il est figuré pl. 466 des *Illustrations des genres* de Lamarck.

Espèces.

1. Le LUDIER hétérophylle.
Ludia heterophylla. Lamarck. ♄ De l'Ile-de-France.

2. Le LUDIER à feuilles de myrte.
Ludia myrtifolia. Lam. ♄ De l'Ile-Bourbon.

3. Le LUDIER sessiliflore.
Ludia sessiliflora. Lam. ♄ De l'Ile-de-France.

Culture.

La dernière espèce est celle dont nous possédons deux ou trois pieds en France; elle se tient dans la serre chaude pendant huit mois de l'année. Une terre à demi consistante est celle qu'on lui donne. Des arrosemens abondans ne lui sont nécessaires que pendant l'été. On ne la multiplie que de graines tirées de son pays natal. (*Bosc.*)

LUDOLFIE. *Ludolfia.*

Genre de plante établi par Willdenow dans la polygamie monoécie & dans la famille des *Graminées*, qui renferme deux espèces : 1°. la LUDOLFIE glaucescente, qui est le *panicum arboreum* des jardiniers, originaire des Indes, & qu'on cultive dans quelques serres; 2°. la LUDOLFIE à gros fruit, qui est l'*arundinaire* de Michaux, la *miegie* de Persoon, que j'ai observée en Caroline, mais qui ne se voit pas encore dans nos jardins.

La culture de la première espèce consiste à la placer dans un grand pot, qu'on tient dans la serre six à huit mois de l'année, & dont on renouvelle la terre tous les ans. On la multiplie par ses drageons, dont elle pousse abondamment. Elle demande des arrosemens assez fréquens en été. (*Bosc.*)

LUDOVIE. *Ludovia.*

Genre de plante de la monoécie monadelphie, & qui appartient probablement à la famille des *Palmiers.* Il renferme cinq espèces, toutes originaires du Pérou, & décrites dans la Flore de ce pays sous le nom de *cardulovica.* Aucune de ces espèces n'étant cultivée dans nos jardins, je n'en parlerai pas plus longuement. (*Bosc.*)

LUDWIGE. *Ludwigia.*

Genre de plante de la tétrandrie monogynie & de la famille des *Onagres*, qui rassemble quinze espèces, dont deux ou trois sont cultivées dans les jardins de botanique. *Voyez* les *Illustrations des genres* de Lamarck, pl. 77.

Espèces.

1. La LUDWIGE à gros fruits.
Ludwigia alternifolia. Linn. ☉ De la Caroline.

2. La LUDWIGE velue.
Ludwigia hirsuta. Lam. ☉ De la Caroline.

3. La LUDWIGE jussioïde.
Ludwigia jussiæoides. Lamarck. ♄ De l'Ile-de-France.

4. La LUDWIGE à feuilles opposées.
Ludwigia oppositifolia. Linn. ♃ Des Indes.

5. La LUDWIGE triflore.
Ludwigia erigata. Linn. ☉ Des Indes.

6. La LUDWIGE luisante.
Ludwigia nitida. Mich. ♃ De la Caroline.

7. La LUDWIGE pédonculée.
Ludwigia pedunculata. Mich. ♃ De la Caroline.

8. La LUDWIGE en tête.
Ludwigia capitata. Mich. ♄ De la Caroline.

9. La LUDWIGE à petits fruits.
Ludwigia microcrapa. Mich. ☉ De la Caroline.

10. La LUDWIGE effilée.
Ludwigia virgata. Mich. ⊙ De la Caroline.
11. La LUDWIGE glanduleuse.
Ludwigia glandulosa. Walt. ⊙ De la Caroline.
12. La LUDWIGE à feuilles aiguës.
Ludwigia angustifolia. Mich. ⊙ De la Caroline.
13. La LUDWIGE molle.
Ludwigia mollis. Mich. ⊙ De la Caroline.
14. La LUDWIGE à feuilles de lin.
Ludwigia linifolia. Bosc. ⊙ De la Caroline.
15. La LUDWIGE grêle.
Ludwigia stricta. Bosc. ⊙ De la Caroline.

Culture.

Toutes les Ludwiges sont des plantes de peu d'apparence, & dont la culture est fort difficile, parce qu'elles demandent beaucoup de chaleur & beaucoup d'eau ; ainsi on doit les semer dans des pots remplis de terre de bruyère, sur couche nue, arroser souvent ces pots, & lorsque le plant a acquis quelques lignes de hauteur, les placer dans des terrines à demi pleines d'eau, à l'exposition la plus méridienne possible, & renouveler souvent cette eau ; car celle qui est putréfiée cause immanquablement la mort du plant.

Si on avoit ainsi traité les graines que j'ai apportées de la Caroline, & elles comprenoient la collection des espèces de ce pays, nos jardins en seroient mieux garnis. J'ai été conduit à indiquer cette manière, par la considération que presque toutes vivent dans des marais. (*Bosc.*)

LUFFE. *Luffa.*

Plante annuelle, grimpante, originaire des Indes, qui forme un genre dans la monoécie pentandrie & dans la famille des *Cucurbitacées*.

Cette plante, qu'il ne faut pas confondre avec la *momordica luffa*, n'est pas cultivée dans nos jardins, & ne peut ainsi devenir ici l'objet d'un article plus étendu. (*Bosc.*)

LUKÉE. *Lukea.*

Arbre des montagnes de Caracas, qui, selon Willdenow, forme seul un genre dans la polyadelphie polyandrie.

Cet arbre n'est pas cultivé dans nos jardins ; de sorte que je n'ai rien à en dire de plus (*Bosc.*)

LUMIER, variété d'ORANGER.

LUMIÈRE. Quelque nombreux que soient les ouvrages qui ont été publiés sur la Lumière, elle n'a pas encore pu être définie d'une manière satisfaisante. Voyez ce mot dans le *Dictionnaire de Physique.*

L'influence de la Lumière sur la végétation est extrêmement puissante. Il est indubitable qu'elle colore les plantes, puisque celles qui sont mises dans un lieu obscur y deviennent blanches. *Voyez* au mot ETIOLEMENT. Elle est le principe de leur saveur, augmente leur vigueur, assure leur fécondité ; aussi la recherchent-elles toutes. Comme le prouve l'observation, c'est elle qui, en décomposant l'acide carbonique, absorbé par les racines & les feuilles, donne lieu à ces émanations d'oxigène qui sortent de ces dernières pendant le jour, & qui conservent à l'air atmosphérique la propriété d'alimenter la vie de l'homme & des animaux. *Voyez* au mot OXIGÈNE. De là vient la nécessité de placer toujours les plantes dans les serres, dans les orangeries, de manière qu'elles puissent jouir de ses bienfaits ; de là vient l'importance de ne pas les planter, de ne pas les semer trop épais, crainte qu'elles s'en privent réciproquement. *Voyez* PLANTATION & SEMIS.

On ne peut pas nier non plus l'action de la Lumière sur l'homme & les animaux ; car on reconnoît que c'est parce qu'ils sortent peu de leur chambre, que tant d'habitans des villes, surtout d'hommes de métier, ont une foible constitution. Quel est celui qui ne s'est pas apperçu que les lapins élevés à l'ombre étoient moins savoureux que ceux qui vivent dans les bois ; que le lait des vaches qui sont nourries toute l'année à l'écurie est inférieur en saveur à celui de celles qui paissent journellement dans la campagne ; que les œufs des poules qui ne sortent jamais du poulailler sont dans le même cas ?

La seule circonstance où il soit réellement bon de mettre à l'ombre des animaux, c'est lorsqu'on veut les engraisser ; mais la GRAISSE, les physiologistes l'avouent tous, est une véritable maladie lorsqu'elle devient surabondante. *Voyez* ce mot. Quant aux végétaux, il est deux cas où les cultivateurs les privent de la Lumière : c'est lorsqu'ils les sèment & lorsqu'ils veulent attendrir & diminuer l'amertume de leurs feuilles. *Voyez* SEMIS, ÉTIOLEMENT.

En général, les effets de la Lumière sur les plantes sont trop difficiles à saisir & se confondent trop facilement avec ceux de la CHALEUR (*voyez* ce mot), pour qu'on puisse se flatter de les indiquer avec certitude. Il faut donc que je m'arrête, & renvoie aux différens articles précités ceux qui voudront des conseils de pratique.

D'après les expériences de Herschel, les rayons jaunes éclairent & les rayons rouges échauffent le plus : on peut tirer parti de ce fait en agriculture. (*Bosc.*)

LUNAIRE. *Lunaria.*

Genre de plante de la tétradynamie siliculeuse & de la famille des *Crucifères*, qui rassemble une demi-douzaine d'espèces, dont la moitié se cultive dans nos jardins. *Voyez* les *Illustrations des genres* de Lamarck, pl. 561.

Espèces.

1. La LUNAIRE annuelle, vulgairement *bulbonac, médaille*.
Lunaria annua. Linn. ⊙ Du midi de l'Europe.
2. La LUNAIRE vivace.
Lunaria rediviva. Linn. ♃ Du midi de l'Europe.
3. La LUNAIRE frutescente.
Lunaria fruticosa. Vent. ♄ De la Perse.
4. La LUNAIRE à feuilles pinnées.
Lunaria pinnata. Thunb. Du Cap de Bonne-Espérance.
5. La LUNAIRE à tiges diffuses.
Lunaria diffusa. Thunb. Du Cap de Bonne-Espérance.
6. La LUNAIRE à longs fruits.
Lunaria elongata. Thunb. Du Cap de Bonne-Espérance.

Culture.

La première espèce se cultive fréquemment dans les jardins, non-seulement à cause de l'élégance de son port & de ses jolies fleurs blanches, mais parce que la cloison de ses silicules est grande, d'un blanc-satiné fort agréable à la vue, & que par cette raison on la conserve pendant l'hiver pour l'ornement des cheminées, des consoles, &c. On sème ses graines en pleine terre, en place, aussitôt après leur maturité. Elle prospère mieux dans les terres substantielles, sèches & chaudes, qu'en toutes autres.

Elle donne une variété qui est bisannuelle, & qu'on pourroit peut-être considérer comme une espèce distincte.

La seconde est moins belle par toutes ses parties, mais elle a les fleurs odorantes; ce qui, joint à sa propriété de vivre plusieurs années sans qu'on en prenne pour ainsi dire soin, fait qu'elle se voit également dans quelques jardins d'agrément, & surtout dans les paysagers. Elle demande la même terre & la même exposition que la précédente. On la multiplie par le semis de ses graines, par déchirement des vieux pieds, & même par boutures. Lorsque ces deux plantes sont cultivées dans un terrein humide ou froid, les cloisons de leurs silicules sont bien moins brillantes.

La troisième espèce ne se trouve que dans les collections des amateurs, à raison de son peu de beauté. On la met en pot dans une terre un peu consistante, & on la rentre dans l'orangerie pendant l'hiver. Elle se multiplie très-facilement de boutures. (*Bosc.*)

LUNATIQUE. Long-tems on a cru que les phases de la lune influoient en bien ou en mal sur les animaux & les plantes, & c'est ce préjugé qui a donné lieu à ce mot, qui est encore employé dans les campagnes. *Voyez* LUNE.

LUNE : satellite de la terre ou astre qui tourne autour de la terre, & avec elle autour du soleil. *Voyez* le *Dictionnaire d'Astronomie*.

De tout tems on a attribué, dans les campagnes, une grande influence à la Lune sur la santé des hommes & des animaux, ainsi que sur la croissance des plantes & le produit des récoltes de toute espèce. Quelle peut être la cause de ce préjugé? Je ne puis le dire.

Il est aujourd'hui prouvé, par les recherches des physiciens, que la Lune ne peut avoir d'action que sur l'air & l'eau, en les aspirant & en les refoulant alternativement; mais comment concevoir l'effet des *marées aériennes* (si on peut employer ce mot), puisqu'elles ne donnent lieu qu'à un simple déplacement de l'air, & peuvent produire au plus le changement des vents?

Quoi qu'il en soit, il est aujourd'hui prouvé par l'observation, que lorsque toutes les circonstances favorables existent d'ailleurs, on peut semer, couper les arbres, châtrer les agneaux, faire couver les poules, &c., indifféremment, dans le cours & le décours de la Lune.

Ainsi donc on ne doit faire attention à la Lune que lorsqu'il s'agit de juger de la possibilité qu'elle apportera un changement dans le tems par suite de sa position relativement au soleil. *Voyez* ce mot.

Lorsque la Lune est entourée d'une lumière visible, c'est que l'atmosphère est abondamment chargée de vapeurs prêtes à se condenser en eau, & il n'est pas étonnant alors que ce phénomène annonce le mauvais tems; mais la Lune n'agit dans ce cas que comme corps lumineux. (*Bosc.*)

LUNETIÈRE. BISCUTELLA.

Genre de plante de la tétradynamie siliculeuse & de la famille des *Crucifères*, dans lequel se trouvent réunies une douzaine d'espèces, dont plusieurs sont cultivées dans les jardins de botanique. *Voyez* les *Illustrations des genres* de Lamarck, pl. 560.

Espèces.

1. La LUNETIÈRE auriculée.
Biscutella auriculata. Linn. ⊙ Du midi de l'Europe.
2. La LUNETIÈRE de la Pouille.
Biscutella apula. Linn. ⊙ Du midi de l'Europe.
3. La LUNETIÈRE lisse.
Biscutella lævigata. Linn. ⊙ Du midi de l'Europe.
4. La LUNETIÈRE à feuilles en lyre.
Biscutella lyrata. Linn. ⊙ Du midi de l'Europe.
5. La LUNETIÈRE à feuilles de raifort.
Biscutella raphanifolia. Linn. ⊙ Du midi de l'Europe.

6. La Lunetière toujours verte.
Biscutella sempervirens. Linn. ♄ Du midi de l'Europe.

7. La Lunetière du Pérou.
Biscutella peruviana. Lam. ♄ Du Pérou.

8. La Lunetière des montagnes.
Biscutella montana. Cavan. ♄ De l'Espagne.

9. La Lunetière presque spatulée.
Biscutella subspathulata. Lam. ♃ De l'Italie.

10. La Lunetière corne-de-cerf.
Biscutella coronopifolia. Linn. ⊙ Du midi de l'Europe.

11. La Lunetière des rochers.
Biscutella saxatilis. Vill. ⊙ Du midi de l'Europe.

Culture.

Les espèces annuelles se sèment toutes ou en pleine terre, aussitôt que leurs graines sont mûres, ou dans des pots, sur couche nue, au printems : dans l'un & l'autre cas il leur faut une terre consistante & une exposition chaude ; elles aiment les arrosemens pendant les chaleurs de l'été.

Ces plantes n'ont aucun agrément & ne sont d'aucune utilité.

La sixième est, parmi les vivaces, la seule qui se voie dans nos jardins. On la multiplie de graines qu'on sème sur couche nue, & dont le plant se repique dans d'autres pots pour le rentrer dans l'orangerie pendant l'hiver. On pourroit aussi la reproduire par boutures & par déchirement des vieux pieds ; mais le peu de besoin qu'on en a en dispense toujours. (*Bosc.*)

LUPIN, *Lupinus.*

Genre de plante de la diadelphie décandrie & de la famille des *Légumineuses*, qui rassemble vingt-deux espèces, dont une est l'objet d'une très-ancienne & très-importante culture dans les parties méridionales de l'Europe, & dont deux ou trois autres se placent ou peuvent se placer avantageusement, comme ornement, dans nos jardins. Il est figuré pl. 616 des *Illustrations des genres* de Lamarck.

Espèces.

1. Le Lupin vivace.
Lupinus perennis. Linn. ♃ De la Caroline.

2. Le Lupin blanc.
Lupinus albus. Linn. ⊙ Du Levant.

3. Le Lupin prolifère.
Lupinus termis. Forsk. ⊙ De l'Égypte.

4. Le Lupin velu.
Lupinus hirsutus. Linn. ⊙ Du midi de l'Europe.

5. Le Lupin à grandes bractées.
Lupinus bracteolaris. Lam. Du Brésil.

6. Le Lupin à fleurs roses.
Lupinus pilosus. Linn. ⊙ Du midi de l'Europe.

7. Le Lupin semi-verticillé.
Lupinus varius. Linn. ⊙ Du midi de l'Europe.

8. Le Lupin à feuilles étroites.
Lupinus angustifolius. Linn. ⊙ Du midi de l'Europe.

9. Le Lupin jaune.
Lupinus luteus. Linn. ⊙ Du midi de l'Europe.

10. Le Lupin multiflore.
Lupinus multiflorus. Lam. ♄ Du Brésil.

11. Le Lupin linéaire.
Lupinus linearis. Lam. Du Brésil.

12. Le Lupin à petites feuilles.
Lupinus microphyllus. Lam. ♄ Du Pérou.

13. Le Lupin à feuilles de lin.
Lupinus linifolius. Roth. ⊙ De.....

14. Le Lupin en arbre.
Lupinus arboreus. Curt. ♄ De.....

15. Le Lupin paniculé.
Lupinus paniculatus. Lam. Du Pérou.

16. Le Lupin sarmenteux.
Lupinus sarmentosus. Lam. ♄ Du Pérou.

17. Le Lupin à deux taches.
Lupinus bimaculatus. Lam. ♄ Du Pérou.

18. Le Lupin alopécuroïde.
Lupinus alopecuroides. Lam. Du Pérou.

19. Le Lupin à feuilles entières.
Lupinus integrifolius. Linn. ⊙ Du Cap de Bonne-Espérance.

20. Le Lupin de la Caroline.
Lupinus villosus. Willd. De la Caroline.

21. Le Lupin de la Cochinchine.
Lupinus cochinchinensis. Lour. De la Cochinchine.

22. Le Lupin de Nootka.
Lupinus nootkalensis. Hort. angl. ♃ De Nootka.

Culture.

La plupart des Lupins sont des plantes d'un aspect agréable lorsque leurs fleurs sont épanouies ; aussi en cultive-t-on plusieurs comme ornement dans nos jardins, entr'autres le 1er., le 2e., le 4e., le 6e. & le 9e.

C'est le second qui fait l'objet d'une culture de grande importance dans les parties méridionales de l'Europe, en Asie & sur la côte septentrionale d'Afrique.

Le Lupin vivace craint les fortes gelées du climat de Paris ; ainsi il est prudent de couvrir ses racines de feuilles sèches ou de fougère pendant l'hiver, ou d'en tenir quelques pieds en pot pour les rentrer annuellement dans l'orangerie pendant cette saison. On le place ordinairement sur les bords des plates-bandes des parterres. Une terre légère, principalement celle de bruyère, & une exposition chaude, lui sont très-favorables. Sa multiplication a lieu par graines, qui mûrissent assez bien dans le climat de Paris, & par déchirement des vieux pieds ; mais cette dernière manière est risquable, attendu qu'il n'aime point la transplantation.

transplantation. Il est bon de stratifier les graines dans des pots; car lorsqu'on ne les met en terre qu'au printems, il arrive souvent qu'elles ne lèvent plus. Les jeunes pieds ne fleurissent ordinairement que la seconde année.

Le Lupin de Nootka doit se cultiver de même que celui-ci.

Les espèces annuelles, citées plus haut comme également cultivées pour l'ornement des jardins, se sèment à la fin de mars ou au commencement d'avril, en place, dans une terre légère, & cependant substantielle & à une exposition chaude. Une surabondance d'humidité, soit naturelle, soit artificielle, leur est nuisible. C'est en touffes de cinq à six pieds qu'elles font le plus d'effet; mais on peut les placer aussi en rayons. Le seul soin à avoir, c'est de les éclaircir convenablement, c'est-à-dire, de les tenir au moins à six pouces les unes des autres, & de les sarcler lorsqu'elles en ont besoin.

Pour avancer la floraison des Lupins d'ornement, quelques jardiniers les sèment dans des pots, sur couche nue, dès la fin de février ou le commencement de mars, & mettent en pleine terre à la fin d'avril le plant qui en est provenu.

En semant ainsi des Lupins de quinze jours en quinze jours, on a la satisfaction d'en avoir en fleur jusqu'aux gelées, qui font périr le résultat des derniers semis, c'est-à-dire, de ceux faits en juillet & mois suivans.

Le Lupin en arbre s'élève à plus d'un mètre, mais perd toujours une partie de sa tige pendant l'hiver, qu'il doit passer dans l'orangerie, & le plus près possible des jours, attendu qu'il conserve ses feuilles toute l'année. On le multiplie de graines, qui mûrissent assez ordinairement dans nos jardins; graines qui se sèment sur couche & sous châssis, & qui donnent, dès la première année, des tiges aussi fortes que les vieux pieds.

La culture des Lupins blancs étoit en grande recommandation chez les Anciens; mais elle a beaucoup perdu de son importance aux yeux des Modernes, qui ont acquis, par la découverte de l'Amérique, de nouveaux & meilleurs objets de nourriture pour eux & leurs bestiaux; cependant on en cultive encore beaucoup en Espagne, en Italie, dans le Levant & sur la côte septentrionale d'Afrique.

Un avantage précieux du Lupin, qui n'a pas échappé à Columelle, c'est qu'il se plaît dans les terres maigres, exige peu de culture, & qu'enterré pendant qu'il est en fleur, il tient lieu de fumier.

Je vais le considérer successivement sous ces deux points de vue.

On sème ordinairement le Lupin sur un seul labour, dans les terres sèches, légères & exposées au midi, qui sont celles qui lui conviennent le mieux & celles qu'on trouve le plus difficilement moyen d'utiliser dans les pays chauds. Point de doute cependant, ainsi que l'expérience l'a prouvé, qu'on gagneroit à donner deux labours à ces terres. C'est en septembre ou octobre au plus tard qu'il faut faire cette opération. On emploie vingt-quatre à vingt-cinq livres de graines par cent toises carrées, qui rendent, terme moyen, quinze pour un.

La végétation du Lupin est rapide; cependant il ne fleurit que vers le milieu de l'été. Ses larges feuilles étouffent les mauvaises herbes & tiennent la terre dans un état de fraîcheur extrêmement avantageux. Il seroit sans doute très-profitable de le biner; mais il est généralement abandonné à lui-même jusqu'à la récolte, qu'on fait tantôt en l'arrachant, tantôt en coupant ses sommités, tantôt en cueillant seulement des gousses. Cette récolte n'est jamais très-pressée, parce que la gousse ne s'ouvre & ne se détache de la tige que par suite de son altération, ce qui n'a lieu que bien avant en automne. On ôte le grain des gousses, soit à la main, soit entre deux pierres, soit en les faisant fouler aux pieds par les bestiaux, soit en les battant au fléau.

Dans les environs de Paris, la culture du Lupin est très-bornée, en ce qu'elle n'a lieu que pour les usages médicinaux. Là, il ne peut être semé qu'au printems, à raison de la grande humidité ou du grand froid des hivers, qui le feroient immanquablement périr; du reste, il y demande également à être placé de préférence dans les terres sèches.

La graine de Lupin n'est mangeable que lorsqu'on lui a fait perdre son amertume par une longue macération dans plusieurs eaux. En Corse on préfère l'eau de mer: il semble que partout les eaux alcalisées produiroient plus d'effet. En tout état de cause, si j'en juge par les deux ou trois fois que j'en ai mangé en Espagne, c'est une nourriture fort peu agréable; aussi je juge que les esclaves des Romains, qui n'en avoient point d'autre, étoient fort à plaindre; aussi est-ce pour engraisser les bœufs, les moutons & les cochons qu'on la réserve, encore faut-il souvent prendre les mêmes soins pour les déterminer à en manger ou la faire cuire.

En Égypte on la réduit en farine pour s'en servir, comme ici la pâte d'amande à se nétoyer les mains & le visage: cette farine est éminemment résolutive, & là, comme en France, on l'emploie fréquemment sous ce rapport.

Les tiges du Lupin servent à faire de la litière, à chauffer le four, à cuire les alimens, à faire du charbon pour la poudre de guerre, &c. Ses tiges sont entourées d'une filasse analogue à celle du chanvre, qu'on a sans doute essayé de filer de toute ancienneté, mais que sa grosseur & son défaut de force rendent peu propre aux mêmes usages, ainsi que j'ai eu occasion de le faire voir à la Société d'encouragement en 1812. On doit à madame Ciceri & à M. Carli une instruction sur la manière de l'extraire & d'en tirer parti, instruction insérée dans les *Mémoires de la Société patriotique de Milan*.

On peut aussi faire pâturer le Lupin sur pied par les bestiaux, & surtout par les moutons, qui l'aiment beaucoup. Une autre méthode encore plus avantageuse de l'utiliser de cette manière, c'est de semer avec lui des vesces, des gesses ou des pois gris, plantes dont l'ombrage favorise sa végétation, & qui, s'attachant à ses tiges, montent plus haut & se ramifient davantage que lorsqu'elles sont seules. *Voyez* les articles qui les concernent.

Les fumiers sont généralement plus rares dans les pays chauds, les seuls où, comme je l'ai déjà observé, il puisse véritablement être profitable de cultiver en grand le Lupin; & cette plante étant susceptible de se contenter des terres les plus sèches & les plus maigres, elle devient, pour ces sortes de pays & ces sortes de terres, une ressource précieuse, puisqu'elle peut y remplir les mêmes fonctions que le SARRASIN, les FÈVES de marais, la VESCE, les POIS GRIS, les RAVES remplissent au nord & dans les terres humides, c'est-à-dire, y porter un principe nouveau de fécondité. *Voyez* les mots ci-dessus & celui RÉCOLTES ENTERRÉES EN VERT.

A cet effet donc on sème les Lupins plus épais que lorsqu'on les cultive pour la graine, sur un seul labour & après une récolte de printems; & lorsqu'ils sont en pleine fleur, on les enterre avec la charue & on met à leur place du blé ou toute autre plante. Les feuilles & les tiges des Lupins pourrissent & produisent deux effets également avantageux; elles entretiennent dans la terre un degré d'humidité qui n'y existeroit pas, & y portent un humus nourricier qui y manquoit.

On estime que l'engrais produit par les Lupins est plus durable que celui fourni par les plantes citées plus haut, parce que ses tiges se décomposent plus lentement. Il n'est nécessaire, pour entretenir la terre dans le même état de fertilité, que de répéter cette opération tous les trois ans, en supposant qu'on la cultive d'après les principes d'un bon système d'assolement, c'est-à-dire, qu'on n'y mette que de loin en loin des plantes à graines, surtout des céréales. (*Bosc.*)

LUPINELLE: nom de pays, du TRÈFLE INCARNAT.

LUPULINE.

Espèce de luzerne, plus petite que la commune, mais qui n'en forme pas moins un excellent fourage. *Voyez* LUZERNE.

LUSURIAGUE. *Lusuriaga.*

Plante du Pérou, qui forme un genre dans l'hexandrie monogynie & dans la famille des *Liliacées*.

Cette plante n'étant pas encore introduite dans nos jardins, n'est pas dans le cas d'un article de plus d'étendue. (*Bosc.*)

LUXATION: sortie de la tête d'un os, de la cavité avec laquelle elle s'articule; causée par un coup, une chute, un effort violent, &c.

Les animaux domestiques, surtout le cheval, sont fort sujets aux Luxations, & souvent ils en restent estropiés: il y en a de deux sortes, les complètes plus rares, & les incomplètes très-communes.

Une Luxation est complète lorsque les deux os sont totalement séparés; elle est incomplète, lorsqu'il y a seulement écartement & sortie de la cavité de celui qui s'emboîte dans l'autre.

La douleur vive, accompagnée d'enflure & de difficulté de mouvoir la partie, sont les symptômes d'après lesquels on reconnoît l'existence des Luxations, & leur distinction se fait au moyen du toucher.

La réduction d'une Luxation complète a lieu au moyen de l'extension, de la contre-extension & de la conduite de l'os à sa place. Il suffit souvent du repos pour rétablir les choses en état dans une Luxation incomplète. Dans l'un & l'autre cas, on applique sur les parties un appareil de bandages propre à les tenir en place, & on les humecte avec de l'eau-de-vie camphrée, du vin aromatisé, de la lie de vin, des décoctions de vulnéraires, &c.

Quelquefois les Luxations sont accompagnées de fractures, & alors on les traite séparément. *Voyez* FRACTURE.

Souvent les suites des Luxations sont longues; aussi faut-il, je le répète, ménager les animaux qui en ont, si on ne veut pas les voir estropiés. (*Bosc.*)

LUZERNA. C'est le sainfoin dans le département de la Haute-Garonne.

LUZERNE. *Medicago.*

Genre de plante de la diadelphie décandrie & de la famille des *Légumineuses*, dans lequel se trouvent rassemblées une quarantaine d'espèces, toutes susceptibles de servir à la nourriture des bestiaux, & dont une est l'objet d'une culture extrêmement importante, soit sous ce rapport, soit sous celui des assolemens, qu'elle favorise beaucoup. *Voyez* pl. 612 des *Illustrations des genres* de Lamarck, où elle est figurée.

Espèces.

1. La LUZERNE en arbre.
Medicago arborea. Linn. ♄ Du midi de l'Europe.

2. La LUZERNE rayonnée.
Medicago radiata. Linn. ☉ Du midi de l'Europe.

3. La LUZERNE pinnée.
Medicago circinata. Linn. ☉ Du midi de l'Europe.

4. La LUZERNE glutineuse.
Medicago glutinosa. Willd. ♃ De la Tauride.

5. La LUZERNE frutescente.
Medicago suffruticosa. Decand. ♃ Des Pyrénées.
6. La LUZERNE lupuline.
Medicago lupulina. Linn. ♂ Indigène.
7. La LUZERNE faucille.
Medicago falcata. Linn. ♃ Indigène.
8. La LUZERNE cultivée.
Medicago sativa. Linn. ♃ Du midi de l'Europe.
9. La LUZERNE lenticulaire.
Medicago obscura. Retz. ⊙ Du midi de l'Europe.
10. La LUZERNE couchée.
Medicago prostrata. Linn. ♃ Du midi de l'Europe.
11. La LUZERNE marine.
Medicago marina. Linn. ♃ Du midi de l'Europe.
12. La LUZERNE ridée.
Medicago rugosa. Lam. ⊙ De la Sicile.
13. La LUZERNE orbiculaire.
Medicago orbiculata. Linn. ⊙ Du midi de l'Europe.
14. La LUZERNE écusson.
Medicago scutellata. Linn. ⊙ Du midi de l'Europe.
15. La LUZERNE barillet.
Medicago tornata. Linn. ⊙ Du midi de l'Europe.
16. La LUZERNE rigidule.
Medicago rigidula. Linn. ⊙ Indigène.
17. La LUZERNE couronnée.
Medicago coronata. Linn. ⊙ Du midi de l'Europe.
18. La LUZERNE muriquée.
Medicago muricata. Linn. ⊙ Du midi de l'Europe.
19. La LUZERNE tribuloïde.
Medicago tribuloides. Linn. ⊙ Du midi de l'Europe.
20. La LUZERNE laciniée.
Medicago laciniata. Linn. ⊙ Du midi de l'Europe.
21. La LUZERNE en cœur.
Medicago cordata. Linn. ⊙ Indigène.
22. La LUZERNE à petits fruits.
Medicago minima. Linn. ⊙ Indigène.
23. La LUZERNE entre-mêlée.
Medicago intertexta. Linn. ⊙ Du midi de l'Europe.
24. La LUZERNE lappacée.
Medicago lappacea. Linn. ⊙ Du midi de l'Europe.
25. La LUZERNE agglomérée.
Medicago glomerata. Decand. ⊙ Du midi de la France.
26. La LUZERNE de la Carniole.
Medicago setosa. Jacq. ⊙ De l'Allemagne.
27. La LUZERNE escargot.
Medicago helix. Willd. ⊙ Du midi de l'Europe.
28. La LUZERNE aiguillonnée.
Medicago aculeata. Willd. ⊙ De.....
29. La LUZERNE rocher.
Medicago murex. Willd. ⊙ De.....
30. La LUZERNE ciliée.
Medicago ciliaris. Linn. ⊙ Du midi de l'Europe.
31. La LUZERNE tentaculée.
Medicago tentaculata. Gærtn. ⊙ Du midi de l'Europe.
32. La LUZERNE apiculée.
Medicago apiculata. Willd. ⊙ Du midi de l'Europe.
33. La LUZERNE denticulée.
Medicago denticulata. Willd. ⊙ Du midi de l'Europe.
34. La LUZERNE de Gérard.
Medicago Gerardi. Waldst. ⊙ Du midi de l'Europe.
35. La LUZERNE droite.
Medicago recta. Desf. ⊙ De la Barbarie.
36. La LUZERNE tarrière.
Medicago terebrellum. Willd. ⊙ Du midi de l'Europe.
37. La LUZERNE à hameçon.
Medicago uncinata. Willd. ⊙ Du midi de l'Europe.
38. La LUZERNE noire.
Medicago nigra. Linn. ⊙ Du midi de l'Europe.
39. La LUZERNE hérisson.
Medicago echinus. Decand. ⊙ Du midi de l'Europe.

Culture.

On voit plus de la moitié de ces espèces dans le Jardin du Muséum d'Histoire naturelle de Paris.

La seule d'entr'elles qui y demande l'orangerie, est la première; mais du reste, elle est aussi robuste qu'on doive le desirer; car elle peut se placer en pleine terre dans les hivers secs & doux, & toute terre lui est bonne. Sa multiplication a lieu par le semis de ses graines, dans des pots, sur couche nue, par le déchirement des vieux pieds & par boutures. Quoique ses fleurs jaunes & ses feuilles blanches la rendent assez agréable, on la recherche peu dans nos jardins.

Cette espèce, qui est le véritable cytise des Anciens, ne se cultive nulle part en grand; mais on connoît, dans tous les pays où elle croît naturellement, l'excellence de la nourriture qu'elle fournit aux bestiaux. Son bois, qui est dur, d'une belle couleur, & susceptible de recevoir un brillant poli, s'emploie à faire des manches de sabres, de couteaux & autres petits meubles. On doit à M. Amoureux un Mémoire très érudit & très-étendu, qui l'a pour objet, Mémoire où il prouve, par des faits, de quelle importance il seroit de la cultiver en grand sur les bords de la Méditerranée.

Toutes les autres espèces se sèment en place au printems, & ne demandent d'autre culture que celle propre à tout jardin soigné. Les vivaces peuvent rester en place pendant très-long-tems, parce qu'elles sont toutes pourvues de très-longues racines.

Parmi elles, trois méritent de fixer plus particuliérement l'attention des cultivateurs en grand, la sixième, la septième & surtout la huitième, qui est celle dont j'ai entendu parler au commencement de cet article.

La Luzerne lupuline croît abondamment dans les champs, les prés, le long des chemins, où tous les bestiaux, sans exception, la recherchent avec passion. Depuis quelques années on commence à la cultiver en grand, principalement pour les moutons, auxquels elle convient beaucoup. A cet effet on la sème avec l'orge ou l'avoine, & on la coupe deux fois dans le courant de la seconde année; après quoi on la retourne pour lui substituer une autre culture; on la fait aussi pâturer sur place. Ses effets, dans le systême des assolemens, sont absolument les mêmes que ceux du trèfle; mais ses produits sont bien inférieurs à ceux de ce dernier. Elle réussit fort bien dans les terres sèches & arides, & c'est là que, par la bonne qualité de son fourage & sa précocité, elle dédommage de son peu d'abondance; elle est surtout très-convenable pour rétablir les prairies hautes qui commencent à ne plus vouloir nourrir des graminées, & pour cela il suffit d'en répandre la graine à la volée, après la pluie, lors de la coupe des regains, & de herser. Quoique bisannuelle, elle peut s'y conserver plusieurs années lorsqu'on la coupe avant l'époque de la maturité de ses graines.

C'est donc avec fondement que les amis de la prospérité agricole de la France doivent desirer que sa culture se répande plus rapidement qu'elle ne l'a fait jusqu'à présent, n'y ayant guère que le département du Pas-de-Calais, les environs de Paris & de Coutances, où elle soit en quelque faveur.

On trouve fréquemment la Luzerne faucille dans les haies des parties montueuses de la France, où elle s'élève quelquefois jusqu'à leur sommet, quoique sa hauteur en plein champ surpasse rarement deux pieds. Comme les terreins les plus arides & les plus pierreux sont ceux où elle se plaît de préférence, & que tous les bestiaux la recherchent, il pourroit être très avantageux de la cultiver en grand en France, comme on le fait en Suède. Je sais qu'on l'a essayé en plusieurs endroits; mais j'ignore quels résultats on en a obtenus. Il est beaucoup à desirer, selon moi, qu'on s'occupe sérieusement de cet objet, vu qu'elle vient dans des lieux où l'espèce dont il va être question ne peut prospérer, & qu'elle ne craint pas les gelées.

Me voilà arrivé à la Luzerne cultivée, proprement dite, à celle qui, depuis tant d'années, ne cesse de faire la fortune d'un grand nombre de cultivateurs, & qu'il est cependant encore besoin de préconiser dans une partie de la France, tant il y a d'ignorance ou de préjugés dans les campagnes.

Les Anciens connoissoient tous les avantages de la culture de la Luzerne; aussi Varron, Caton & Columelle en parlent-ils avec enthousiasme. Notre Olivier de Serres, qui l'appelle *sainfoin*, comme on le fait encore en beaucoup de lieux, lui consacre un long chapitre, & la qualifie de l'épithète de *merveille du ménage*, à raison de sa prodigieuse fécondité & des nombreux moyens de prospérité qu'elle offre aux cultivateurs.

La Luzerne est une plante naturelle aux terreins gras, frais & profonds des parties méridionales de l'Europe; c'est là qu'elle pousse des racines d'une longueur démesurée (Rozier dit de dix pieds), des tiges qu'on peut couper sept à huit fois par an. On doit donc la semer de préférence dans de tels terreins, pour en obtenir tout le produit dont elle est susceptible: elle y subsiste en bon état pendant plus de vingt ans; Pline dit même trente ans; tandis que dans les terres froides, argileuses, où ses racines ne peuvent pénétrer que très-difficilement & trouvent une humidité permanente, ainsi que dans les craies, les marnes, les tufs, où ses racines ne peuvent pas pénétrer, elle ne se conserve que deux à trois ans, & même périt la même année. Dans ces dernières sortes de terres, il est plus fructueux de semer du SAINFOIN. *Voyez* ce mot.

Les gelées du printems frappant quelquefois de mort les jeunes pousses de Luzerne, & souvent leurs sommités, il est prudent, dans le nord de la France & même dans le climat de Paris, de ne pas la placer dans des expositions trop froides, dans le voisinage des bois, dans les vallées abondantes en eaux stagnantes.

Les plus hauts produits de la Luzerne ne s'obtiennent que dans les pays chauds & dans les terreins susceptibles d'irrigation.

C'est toujours après une récolte de céréales qu'on sème la Luzerne; cependant il est de fait qu'elle profite mieux lorsqu'elle est substituée à des cultures qui ont exigé des binages fréquens ou un défonçement, telles que celles des bois, des pépinières, de la vigne, de la garance, des pommes de terre, &c., parce que la terre est plus ameublie, & par suite plus perméable à ses racines.

J'ai vu un terrein de très-mauvaise nature, parce qu'il étoit très-pierreux, devenir une excellente luzernière, après l'avoir défoncée de deux pieds: il en est beaucoup dans ce cas.

On ne peut donner des labours trop profonds aux champs qu'on destine à recevoir de la Luzerne, & cela est motivé sur la disposition pivotante des racines de cette plante; aussi, si dans beaucoup de lieux elle ne réussit pas, c'est parce qu'on croit que le nombre de ces labours supplée à leur profondeur. *Voyez* LABOURS.

Généralement on donne deux labours & souvent trois à la terre destinée à recevoir la Luzerne. Il est fort indifférent qu'ils soient ou non croisés, pourvu qu'ils divisent bien la terre : le dernier a lieu immédiatement avant la semaille.

L'exposition du midi, dans les climats froids, est très-favorable au succès d'une Luzerne, & celle du levant y est la pire de toutes, parce que c'est celle où elle a le plus à craindre l'effet des gelées tardives du printems. *Voyez* GELÉE. Sa qualité est moins bonne dans les terres trop humides & dans les lieux trop ombragés.

Comme la durée moyenne de la Luzerne est de dix à douze ans, & comme il n'est pas bon, quoiqu'on le fasse souvent, de lui donner des engrais superficiels pendant ce tems, il devient d'autant plus indispensable de fumer fortement le champ où on se propose d'en semer, qu'il est plus maigre de sa nature ou plus épuisé par des récoltes antérieures.

Une des causes qui, presque partout, nuit à la beauté & à la durée de la Luzerne, c'est qu'on prend la graine destinée à la reproduire, ou sur de vieilles luzernières destinées à être rompues, ou sur la seconde & même la troisième recoupe : or, il est de fait que plus les plantes sont affoiblies, & plus les graines qu'elles donnent sont petites, & plus elles sont petites, & moins sont vigoureux les pieds qu'elles produisent. Un cultivateur éclairé & jaloux du succès de ses cultures doit donc consacrer un champ plus ou moins grand, semé en Luzerne, & dans un bon fond, à la reproduction exclusive de la graine, & ne prendra cette graine que sur la première coupe, qui est toujours la meilleure, & ni avant la troisième, ni après la dixième année.

Une luzernière ainsi consacrée à la reproduction de la semence, ne dure pas, il est vrai, aussi long-tems qu'une autre, parce que les plantes qu'on laisse grainer épuisent plus le sol ; mais on en est bien dédommagé par la bonté des autres : d'ailleurs, on en obtient ordinairement une coupe de regain.

Comme les gousses de la Luzerne s'ouvrent difficilement, on n'a pas à craindre la perte de ses graines, en retardant sa coupe : on doit donc la laisser mûrir avec excès, & choisir un tems bien sec pour la faucher, parce que, dans ce cas, l'excès n'est jamais un défaut ; qu'il est avantageux de ne battre la graine qu'au moment de la semer, & qu'il faut par conséquent rentrer le produit de la coupe le plus sec possible. Cette dernière considération est fondée sur ce que cette graine, encore plus que les autres, se perfectionne après la dessiccation des tiges qui la portent, & qu'elle se conserve beaucoup mieux dans sa gousse.

Battre la Luzerne n'est pas une chose aisée, ainsi qu'on peut le conclure de ce que j'ai dit plus haut ; mais on y parvient avec du tems & de la persévérance.

On reconnoît la bonté de la graine de Luzerne à sa pesanteur & à sa couleur brune & luisante. La plus nouvelle est toujours à préférer ; cependant elle peut se conserver propre aux semis cinq à six ans, surtout si elle est laissée dans sa gousse, comme je l'ai déjà observé. Il est, dit-on, avantageux dans le nord, d'en faire venir de loin en loin du midi.

L'époque où il convient de semer la Luzerne, dépendant du climat, du terrein, de la saison, il est impossible de l'indiquer précisément. Dans le midi, son lieu natal, on la sème depuis septembre jusqu'en mars, & alors on gagne au moins une coupe. Dans le nord, on ne doit le faire que lorsqu'on n'a plus à craindre l'effet des gelées, auxquelles elle est extrêmement sensible dans sa jeunesse, c'est-à-dire, en avril ou en mai.

La quantité de semence de Luzerne qu'on doit répandre ne peut être fixée, puisque cela dépend de la nature du terrein & des fumiers qu'on lui a donnés. Aux environs de Paris, c'est environ quinze à vingt livres par arpent. Il est cependant bon d'observer, malgré ce que dit mon collègue Yvart, pour appuyer la pratique contraire, qu'on gagne à la répandre claire plutôt qu'épaisse, parce que la première année de la croissance des plantes influe sur toute leur vie, ou mieux, que les plantes qui sont gênées dans leur semis ne deviennent jamais aussi belles & ne durent pas autant que les autres.

Le mélange de la Luzerne avec le trèfle ou le sainfoin, qu'on se permet quelquefois, n'est jamais avantageux en définitif, ainsi que le prouve l'aspect des champs où il a eu lieu. Tant de causes peuvent agir dans ce cas, que ce seroit beaucoup alonger cet article, que de chercher à les développer. *Voyez* au mot MÉLANGE.

Pour abriter le jeune plant de la trop grande ardeur du soleil ou des hâles trop desséchans, & en même tems ne pas perdre en entier le produit de la terre pendant sa première année, c'est ordinairement avec de l'avoine, dans le nord, & avec de l'orge, dans le midi, qu'on sème la Luzerne ; cependant, dans beaucoup de cantons, on le fait avec le seigle ou le froment.

Ces dernières plantes étant plus hautes & restant plus long-tems en terre, sont moins avantageuses.

Dans quelques parties de l'Angleterre, on sème la Luzerne par rangées, & on gagne l'avantage de pouvoir la biner avec la houe à cheval ; ce qui, dans les terres médiocres surtout, augmente de beaucoup ses produits ; cependant, quelques cultivateurs y ont renoncé à raison de ce qu'alors ses tiges deviennent si fortes, qu'elles ne peuvent plus être mangées par les bestiaux. Cette considération est en effet importante pour celles de ces

Luzernes qui sont destinées à être séchées ; mais elle me paroît nulle pour celles qui doivent être données en vert aux bestiaux, qu'on peut couper aussi souvent qu'on le juge à propos, & le nombre en est grand. *Voyez* au mot RANGÉE.

La graine de Luzerne étant petite craint d'être trop enterrée ; cependant elle veut l'être suffisamment, de sorte qu'il faut être exercé pour la répandre convenablement. Ordinairement c'est une herse légère, garnie postérieurement d'épines, qu'on emploie à la recouvrir.

Le plant de Luzerne ne tarde pas à se montrer si la terre est humide & le tems chaud. Il fait d'abord peu de progrès ; mais sa force augmente petit à petit.

On coupe l'avoine ou l'orge qui est semée avec elle à l'époque de leur maturité, un peu plus haut qu'à l'ordinaire, afin de ne pas mutiler ses pieds ; car s'il est avantageux ensuite de la couper souvent, il est nuisible alors de lui ôter la plus petite portion de ses feuilles, qui servent à la fortifier. *Voyez* FEUILLE.

Cette remarque indique que c'est toujours un mal que de couper la Luzerne, encore moins la faire pâturer la première année.

Quelques personnes, à l'exemple des Anciens, font sarcler la Luzerne après la fauchaison des grains qui avoient été semés avec elle ; mais, excepté les grandes plantes vivaces, telles que la bardane, le chardon, la patience, cela devient inutile, parce qu'elle les étouffera au printems suivant par la précocité & la force de sa végétation. Deux opérations sont plus importantes : c'est de l'épierrer pendant l'hiver & de la herser avec une lourde herse de fer après chaque coupe, les racines de la Luzerne résistant aux dents d'une telle herse, qui arrachent celles de la plupart des mauvaises herbes qui se trouvent mêlées avec elles, & qui donnent à la terre un binage toujours favorable.

Dès la seconde année, une Luzerne semée au printems peut donner deux coupes ; mais ce n'est qu'à la troisième qu'elle est dans toute sa force.

Le saupoudrement, après une pluie, avec du plâtre réduit en poudre, d'une Luzerne qui n'a encore que trois ou quatre pouces de haut, produit des effets qui tiennent du miracle. Il n'est pas rare, en effet, que cette seule opération double le produit d'un champ : il faut donc la pratiquer, surtout là où le plâtre n'est pas extrêmement cher.

C'est lorsque les Luzernes commencent à entrer en fleur qu'on doit les couper : plus tôt, elles noircissent plus, diminuent davantage par la dessiccation, & sont moins nourrissantes ; plus tard, elles sont plus dures, fatiguent davantage la terre, & il y a moins de tems pour la repousse.

Généralement les cultivateurs, à leur grand détriment, coupent leurs Luzernes trop tard.

Le fourage de la première coupe d'une vieille Luzerne est moins bon que celui de la seconde, parce qu'il contient une grande quantité de mauvaises herbes annuelles ou vivaces, qui ne repoussent plus ou qui poussent trop foiblement.

Les dernières coupes de Luzerne sont beaucoup inférieures aux premières en qualité & en quantité : on les réserve pour la nourriture des vaches & des moutons à l'étable en automne ou au commencement de l'hiver ; le plus souvent même il est plus avantageux de les leur donner en vert ou de les faire pâturer sur place. On a proposé de les faire confire dans des tonneaux pour les donner aux cochons, qui aiment cette plante avec passion ; & cette idée n'est point déraisonnable lorsqu'on a beaucoup de petit-lait ou de vin gâté à sa disposition.

Quant à la salaison de cette plante, indiquée dans les journaux, c'est une mauvaise plaisanterie.

On fanne la Luzerne comme les autres fourages : cette opération est seulement un peu plus longue, à raison de la grosseur de ses tiges, & un peu plus difficile, à raison de la disposition de ses feuilles à devenir cassantes & noires. *Voyez* FANNAGE.

Comme l'humidité du sol favorise la repousse de la Luzerne, on doit, dans le midi, l'arroser par irrigation, toutes les fois qu'on le peut, immédiatement après la coupe ; & dans le nord il est bon de la couper peu après la pluie, mais préjugeant cependant la beauté du tems ; car si elle restoit sur terre, elle perdroit de sa valeur, & si elle étoit rentrée mouillée, elle pourroit devenir entiérement impropre à la nourriture des bestiaux.

Ainsi que les autres fourages, la Luzerne peut se mettre en meule ou se transporter de suite dans les greniers : on gagne à suivre cette dernière pratique lorsqu'on le peut, parce que cette plante perd toujours beaucoup à être remuée, à raison de la fragilité de ses feuilles, & que par conséquent il est avantageux de la mettre en botte sur le champ même.

Quelques cultivateurs, & ils sont dans le cas d'être imités par tous ceux qui calculent leurs intérêts, stratifient la Luzerne encore verte avec de la paille, afin de donner ce mélange à leurs bestiaux, soit de suite, soit pendant l'hiver. Dans cette opération, la paille prend la saveur de la Luzerne, & cette dernière risque moins de se moisir : la petite augmentation de frais que cette opération occasionne, est de beaucoup compensée par ces avantages. *Voyez* STRATIFICATION & TRÈFLE.

On rapporte qu'il est des luzernières, & il faut qu'elles soient susceptibles d'irrigation, dans les parties méridionales de l'Espagne, qui donnent douze à quatorze récoltes par an. J'en ai vu dans les vallées du Vicentin en Italie qui en donnoient, m'a-t-on dit, quelquefois huit. Dans le midi de la France, avec la même circonstance, il en est qui sont coupées cinq à six fois. Au milieu de la France on en fait souvent quatre, & aux environs de Paris presque toujours trois; plus au nord, ce nombre se reduit à deux & même à une. On voit ainsi que la progression de décroissement suit celle de la chaleur; ainsi ce n'est ni dans les climats chauds, ni dans les climats froids qu'il faut aller chercher cette plante, quand on veut prendre en considération la somme de ses produits, mais dans les tempérés, dans celui de Paris, par exemple : or, là, les calculs de Duhamel, de Gilbert, ceux d'Arthur Young & autres établissent qu'aucune autre plante n'y donne des produits plus avantageux que la Luzerne. Il est donc évident qu'il faut semer cette plante, en se conformant rigoureusement aux principes des assolemens & aux convenances économiques, dans tous les terreins qui sont susceptibles d'en porter. *Voyez* ASSOLEMENT.

A raison de sa longue durée, la Luzerne est extrêmement précieuse pour concourir à l'établissement de certains de ces assolemens.

On a dit qu'une luzernière peut revenir dans le même lieu après un laps de tems égal à celui pendant lequel elle a séjourné; mais je crois, d'après l'expérience des cultivateurs de Norfolk, dont les terres ne peuvent plus nourrir du trefle, parce qu'ils l'y ont semé trop fréquemment, qu'il faut prolonger ce terme autant que possible, & ce d'autant plus, que les documens indiquent qu'on l'y cultive depuis plus long-tems. C'est principalement pour n'avoir pas fait attention à cette importante circonstance, que tant de cultivateurs, qui ayant répondu à l'appel des économistes, qui, il y a cinquante ans, vouloient qu'on mît la moitié des terres en Luzerne ou en sainfoin, se sont mal trouvés de leur complaisance. Plus une plante est productive, plus elle épuise le sol des sucs qui lui sont propres, & plus il faut retarder son retour dans le même lieu.

La durée de la Luzerne dépend de la nature du sol, de la culture qu'on lui a donnée, du plan d'assolement qu'on s'est fait : ainsi, dans un mauvais terrein, lorsqu'on l'arrose trop, ainsi quand on la coupe habituellement trop tard, ainsi si elle est gelée plusieurs fois successivement, elle dure moins long-tems; ainsi il est des cas où on doit ne la laisser subsister que la moitié de sa durée moyenne, qu'on peut évaluer à dix ans, quoiqu'il en existe de trente ans qui sont encore en grande valeur.

Fixer d'une manière générale l'époque où une luzernière doit être détruite, n'est donc pas une chose possible; c'est à chaque cultivateur à le faire. J'observerai seulement qu'il est presque toujours plus avantageux de devancer que d'outrepasser cette époque, à raison du principe que, plus on change souvent la culture d'une terre, & plus elle se conserve en état de donner de bonnes récoltes.

Ce n'est pas cependant qu'un long séjour de la Luzerne épuise le sol : au contraire, il le rend plus propre à produire des céréales & autres objets, en y laissant d'abondans débris.

D'après ce que je viens de dire, il paroîtroit superflu que je donnasse les moyens de rajeunir les vieilles Luzernes; cependant, comme il peut être des cas où cette opération fût bonne, je rappellerai que les hersages après la coupe produisent cet effet, & qu'on y parvient d'une manière encore plus durable, en y transportant, au commencement de l'hiver, des fumiers très-consommés, des terres végétales, de la marne, de la craie, en les saupoudrant pendant l'hiver de cendres, de chaux, de suie, &c.

Il est une plante parasite, la CUSCUTE (*voyez* ce mot), qui détruit rapidement les luzernières les plus vigoureuses : un seul pied suffit pour en faire périr cent de Luzerne, parce que dès qu'il est sorti de terre il envoie ses rameaux s'implanter sur les tiges de la Luzerne, & que chacun d'eux devient l'origine d'un nouveau pied, qui se propage de même jusqu'à la fin de l'été. J'ai observé qu'un seul pied avoit ainsi fait périr tous ceux de la Luzerne dans un rayon d'une toise; aussi ne faudroit-il pas deux ans à une luzernière qu'on ne faucheroit pas pour être entiérement anéantie, si on n'y apportoit pas remède.

Les moyens à opposer à la cuscute, outre un nétoiement plus exact des graines de la Luzerne, sont : 1°. de couper rez-terre, ou mieux entre deux terres, avant leur floraison, tous les pieds de Luzerne qui en offrent des filamens, & de les brûler au bout du champ; 2°. de brûler de la paille sur toutes les places où on a remarqué des filamens de cuscute; 3°. de couvrir ces places de terre, de balles de céréales ou autres objets propres à étouffer & la Luzerne & la cuscute : le premier de ces moyens est le plus simple, & il est étonnant qu'on ne l'emploie pas plus généralement. On peut remplacer, dans les endroits ainsi dévastés, la Luzerne par du trèfle ou par des céréales.

Plusieurs insectes vivent aux dépens de la Luzerne : celui qui lui fait le plus habituellement du tort est la larve du hanneton (le ver blanc); il n'est possible de s'opposer à ses ravages qu'en détruisant les insectes parfaits. *Voyez* HANNETON.

J'ai vu une luzernière, laissée en graines, être entiérement dévorée par la larve de l'EUMOLPE obscur. (*Voyez* ce mot dans le *Dictionnaire des Insectes.*) Cette larve est rare dans les Luzernes qu'on fauche régulièrement, parce que chaque coupe fait périr les larves; aussi cet insecte est-il peu connu des cultivateurs.

Dorthes a cité le CHARANÇON pyriforme (*curculio acridulus*), comme ayant produit les mêmes dommages sous ses yeux; d'autres, la COCCINELLE à vingt points.

Il est fréquent de voir des tas d'écume sur les tiges de la Luzerne ; ils sont dus à la larve de la TETTIGONE écumeuse (*cicada* Linn.), qui vit aux dépens de cette plante, en suçant sa séve. Une Luzerne qui ne seroit pas fauchée deux années de suite, seroit rendue d'un produit nul par la multiplication de cet insecte, principalement dans les terreins secs.

Les qualités alimentaires de la Luzerne pour les bestiaux ne sont contestées par personne ; mais il est des cultivateurs qui pensent qu'elle convient mieux aux bœufs & aux vaches qu'aux chevaux & aux brebis : verte & en petite quantité, elle les purge tous & les affoiblit ; verte & en grande quantité, principalement quand elle est chargée de rosée, elle leur donne des indigestions, accompagnées de MÉTÉORISATION (*voyez* ce mot), qui les conduisent souvent à la mort, principalement les bêtes à cornes & les bêtes à laine. Ce n'est donc qu'avec une extrême prudence qu'il faut laisser les animaux paître en liberté dans une Luzerne, surtout au printems, où les nourritures fraîches leur sont le plus agréables & le plus dangereuses. Sous un autre rapport, celui de la conservation de la plante, il est encore de l'intérêt des propriétaires de ne pas les mettre dans les Luzernes ; car rien ne les ruine plus promptement que le piétinement des chevaux, des bœufs & des vaches, ainsi que le broutement des moutons & des cochons. Je ne proscrirai cependant pas ce moyen si économique, si commode & si généralement usité de nourrir les bestiaux : il me suffit d'avoir mis les cultivateurs en garde contre ses inconvéniens, qui s'affoiblissent beaucoup en été & en automne, comme je l'ai déjà observé.

La Luzerne, ainsi que le trèfle & le sainfoin, fournissent, à raison de leur abondance, de même que les autres plantes, le moyen de nourrir au vert les animaux domestiques à l'écurie ; méthode très-préconisée en ce moment, mais que je n'approuve pas sous les rapports de la santé des animaux & de la bonté de leur chair ou de leur lait : dans ce cas, il est toujours prudent de ne la leur donner qu'après qu'elle aura eu le tems de perdre sa surabondance d'eau de végétation, c'est-à-dire, après vingt-quatre heures de coupe : la stratifier avec de la paille est encore un excellent moyen de diminuer ses dangers, comme je l'ai déjà fait remarquer.

La Luzerne sèche se garde environ deux ans bonne, lorsqu'elle est bien abritée de la pluie & pas trop souvent piétinée ; mais, passé cette époque, elle perd ses feuilles, ainsi que sa saveur, & n'est plus propre qu'à faire de la litière. Les agriculteurs entendus doivent donc s'arranger de manière à la faire consommer dans la première année, & même mieux dans l'hiver qui suit sa récolte, réservant le foin des prés naturels pour l'été. (*Bosc.*)

LUZIOLE. *Luziola.*

Plante du Pérou, qui seule forme un genre dans la monoécie polyandrie & dans la famille des *Graminées*.

Cette plante n'est pas dans le cas de donner lieu ici à un plus long article, puisqu'elle n'est pas cultivée dans nos jardins. (*Bosc.*)

LUZULE. *Luzula.*

Genre de plante établi pour placer les espèces de *Joncs*, dont les feuilles sont plates ; il en contient une douzaine, dont font partie le jonc velu, le jonc des champs, le jonc de montagne, le jonc à fleurs blanches, &c. *Voyez* JONC.

LYCHNIDE. *Lychnis.*

Genre de plante de la décandrie pentagynie & de la famille des *Cariophyllées*, qui contient une douzaine d'espèces, dont plusieurs sont cultivées, comme ornement, dans nos jardins, & d'autres sont assez communes dans nos campagnes pour mériter l'attention des agriculteurs. Il est figuré pl. 391 des *Illustrations des genres* de Lamarck.

Observations.

Quelques botanistes ont réuni les GITHAGES à ce genre ; mais je ne suis pas de leur avis : en conséquence, elles seront mentionnées à leur article. *Voyez* aussi le mot CUCUBALE.

Espèces.

1. La LYCHNIDE de Chalcédoine, vulgairement *croix de Jérusalem.*

Lychnis chalcedonica. Linn. ♃ De l'Asie septentrionale.

2. La LYCHNIDE laciniée, vulgairement *véronique des jardiniers.*

Lychnis floscuculi. Linn. ♃ Indigène.

3. La LYCHNIDE visqueuse, vulgairement *bourbonnaise des jardiniers.*

Lychnis viscaria. Linn. ♃ Indigène.

4. La LYCHNIDE des Alpes.

Lychnis alpina. Linn. ♃ Des Alpes.

5. La LYCHNIDE magellanique.

Lychnis magellanica. Lam. ♃ Du détroit de Magellan.

6. LYCHNIDE dioïque, vulgairement *robinet ; jacée des jardiniers.*

Lychnis dioica. Linn. ♃ Indigène.

7. La LYCHNIDE à petites corolles.

Lychnis apetala. Linn. ♃ De la Sibérie.

8. La LYCHNIDE à grandes fleurs.

Lychnis grandiflora. Jacq. ♃ Du Japon.

9. La LYCHNIDE de Sibérie.
Lychnis sibirica. Linn. ♃. De la Sibérie.
10. La LYCHNIDE à quatre dents.
Lychnis quadridentata. Linn. ☉. Du midi de l'Europe.
11. La LYCHNIDE de Portugal.
Lychnis læta. Ait. ☉ Du Portugal.

Culture.

La Lychnide de Chalcédoine est, depuis le tems des croisades, cultivée dans nos jardins, dont elle fait l'ornement en juin & en juillet. La vive couleur de ses fleurs & leur disposition peu commune font qu'elle produit beaucoup d'effet, surtout lorsqu'on la fait habilement contraster avec d'autres plantes. Elle fournit un grand nombre de variétés, toutes, à mon avis, inférieures au type de l'espèce; parmi elles, on recherche principalement celle à fleurs blanches, à fleurs carnées, à fleurs safranées & à fleurs doubles. C'est dans les parterres, sur le bord des corbeilles des jardins paysagers, qu'elle se place le plus communément. Elle demande une bonne terre fraîche & une exposition chaude, pour développer tous ses avantages: les gelées du climat de Paris lui sont rarement nuisibles.

On multiplie la Lychnide de Chalcédoine par le semis de ses graines en pleine terre, ou mieux dans un pot sur couche nue, par boutures qu'on place également en pleine terre, ou dans un pot sur couche & sous châssis; enfin, par le déchirement des vieux pieds. Cette dernière manière est la plus employée, parce que c'est celle qui est la plus expéditive, & dont les résultats donnent les jouissances les plus promptes: on la pratique à la fin de l'hiver.

En général, il est bon de changer de place tous les trois ou quatre ans, & en même tems de réduire la grosseur des touffes de la Lychnide de Chalcédoine, parce qu'épuisant la terre & périssant par le centre, elles diminuent de beauté lorsqu'on ne le fait pas. Ce sont toujours les bourgeons de l'extérieur qu'il faut replanter de préférence, comme les mieux pourvus de principe de vie.

La culture de la Lychnide de Chalcédoine, outre ce qui vient d'être indiqué, se réduit à des sarclages & des binages de propreté, & à couper ses tiges après que leurs fleurs sont passées.

La Lychnide laciniée, quoique moins brillante sous tous les rapports que la précédente, se voit cependant avec plaisir, même à côté d'elle, comme plus élégante: elle offre une variété à fleurs doubles plus agréable & plus durable que le type, mais qui a le grave inconvénient d'exiger souvent d'être soutenue par un tuteur; elle offre aussi une variété à fleurs blanches, inférieure à celle-ci sous tous les rapports. On la place, comme la précédente, dans les plates-bandes des parterres & dans les corbeilles des jardins paysagers; elle produit de très-bons effets sur le bord des pièces d'eau, des ruisseaux & fontaines; enfin, dans tous les lieux humides, qui sont ceux où elle se plaît le mieux: on la multiplie par tous les moyens que j'ai annoncés plus haut.

Cette plante est quelquefois si abondante dans les prés bas, qu'elle nuit à la qualité du foin qu'on y récolte; car les bestiaux se refusent à la manger, & il n'y a d'autres moyens à employer, pour s'en débarrasser, que de labourer le terrein & de le cultiver, pendant quelques années, en céréales & en plantes qui demandent des binages d'été, tels que des féves de marais, des pommes de terre, &c.

La Lychnide visqueuse est plus belle que la précédente, de laquelle elle se rapproche au reste beaucoup. Tout ce que j'ai dit d'elle lui convient parfaitement; ainsi je ne m'étends pas davantage sur ce qui la concerne. On l'appelle quelquefois *attrape-mouches*, parce que les mouches & autres petits diptères s'engluent souvent dans la viscosité du sommet de ses tiges & y périssent.

La Lychnide dioïque croît dans les prés, les champs abandonnés, le long des chemins, souvent en très-grande abondance. Tous les bestiaux la recherchent; on la cultive dans les jardins, où elle a varié en blanc, & où elle est devenue double dans les deux couleurs. La nature du terrein lui est parfaitement indifférente, venant également bien dans ceux qui sont maigres & secs, & dans ceux qui sont gras & humides: sa culture est encore la même que celle énoncée plus haut.

La Lychnide à grandes fleurs, demandant beaucoup de chaleur, doit être semée sur couche & placée à une bonne exposition, dans une terre consistante. C'est une très-belle espèce encore rare dans nos jardins, & qui craint prodigieusement l'humidité de l'hiver. On la multiplie du reste comme les autres, par boutures & par déchirement des vieux pieds, ou mieux par éclats; car il faut éviter l'emploi du fer dans cette opération.

Les autres espèces ne se voient que dans les jardins de botanique. Les vivaces se cultivant comme les précédentes & les annuelles, se sèment sur couche nue, & se repiquent lorsqu'elles ont acquis un à deux pouces de haut. (*Bosc.*)

LYCOPE. *Lycopus.*

Genre de plante de la diandrie monogynie & de la famille des *Labiées*, dans lequel se trouvent quatre espèces, dont une est fort commune sur le bord des eaux, &, ainsi que deux des autres, se cultive dans les jardins de botanique, & même dans ceux de quelques amateurs. *Voyez* les *Illustrations des genres* de Lamarck, pl. 872.

Espèces.

1. Le LYCOPE d'Europe, vulgairement *pied-de-loup* ou *marrube aquatique*.
Lycopus europæus Linn. ♃ Indigène.

2. Le LYCOPE pinnatifide.
Lycopus exaltatus. Linn. ♃ Du midi de l'Europe.

3. Le LYCOPE de Virginie.
Lycopus virginicus. Linn. De l'Amérique septentrionale.

4. Le LYCOPE uniflore.
Lycopus uniflorus. Mich. ♃ De l'Amérique septentrionale.

Culture.

Les trois premières espèces se cultivent en pleine terre dans nos jardins de botanique ; elles s'y sèment en place, & se multiplient par le déchirement des vieux pieds. La culture qu'elles demandent, se borne à des binages de propreté & à l'enlèvement de leurs tiges aux approches de l'hiver ; elles peuvent subsister plusieurs années dans le même lieu. Comme elles ne sont pas sans élégance, on peut les placer avantageusement dans les jardins paysagers. L'espèce d'Europe est si abondante sur le bord de certains étangs, de certaines rivières, qu'il peut être de l'intérêt des cultivateurs de la couper pour chauffer le four, augmenter la masse des fumiers : les bestiaux, excepté les chèvres & les chevaux, n'y touchent point. (*Bosc.*)

LYCOPODE. *Lycopodium.*

Genre de plante de la cryptogamie & de la famille des *Mousses*, qui rassemble plus de cinquante espèces, toutes presqu'impossibles à cultiver, mais dont on apporte quelquefois une ou deux avec la motte dans les jardins de botanique, où elles se conservent quelque tems vivantes, lorsqu'on a soin de les garantir du soleil & de les arroser pendant les grandes chaleurs.

Une de ces espèces, la LYCOPODE EN MASSUE, est extrêmement commune dans les bois des montagnes, & donne la matière d'un petit commerce utile aux habitans de ces montagnes, surtout en Suisse, par la poussière de ses épis, qui sert à faire à l'opéra ces flammes légères qu'on y admire sans craindre le danger du feu. A cet effet, les cultivateurs se transportent dans les bois à la fin de l'été, avec des sacs de toile serrée, sacs dans lesquels ils jettent les épis pour qu'ils y achèvent leur maturité. Il ne s'agit plus ensuite qu'à passer la poussière à travers un tamis de soie, un mois après, c'est-à-dire, quand elle est toute sortie des capsules.

On a cru long-tems que cette poussière, éminemment résineuse, étoit celle qui servoit à la fécondation des germes de la plante ; mais on paroît convaincu aujourd'hui que c'est sa semence. *Voy.* les *Illustrations des genres* de Lamarck, pl. 18. (*Bosc.*)

LYCOPSIDE. *Lycopsis.*

Genre de plante de la pentandrie monogynie & de la famille des *Borraginées*, qui rassemble treize espèces, dont une est commune dans les champs des environs de Paris, & dont plusieurs se cultivent dans les jardins de botanique. *Voyez* les *Illustrations des genres* de Lamarck, pl. 92.

Espèces.

1. La LYCOPSIDE vésiculaire.
Lycopsis vesicularia. Linn. ☉ Du midi de l'Europe.

2. La LYCOPSIDE noirâtre.
Lycopsis nigricans. Lam. ♂ Du Levant.

3. La LYCOPSIDE brune.
Lycopsis pulla. Linn. ♃ De l'Allemagne.

4. La LYCOPSIDE ciliée.
Lycopsis ciliaris. Willd. Du Levant.

5. La LYCOPSIDE à feuilles obtuses.
Lycopsis obtusifolia. Willd. ☉ Du Levant.

6. La LYCOPSIDE des champs.
Lycopsis arvensis. Linn. ☉ Indigène.

7. La LYCOPSIDE panachée.
Lycopsis variegata. Linn. ☉ Du Levant.

8. La LYCOPSIDE échioïde.
Lycopsis echioides. Linn. ♃ Du Levant.

9. La LYCOPSIDE orientale.
Lycopsis orientalis. Linn. ☉ Du Levant.

10. La LYCOPSIDE jaune.
Lycopsis lutea. Lam. De l'Afrique.

11. La LYCOPSIDE à grandes feuilles.
Lycopsis macrophylla. Lam. De l'Afrique.

12. La LYCOPSIDE de Virginie.
Lycopsis virginica. Linn. ♃ De l'Amérique septentrionale.

13. La LYCOPSIDE d'Égypte.
Lycopsis ægyptiaca. Linn. De l'Égypte.

Culture.

On cultive la moitié de ces espèces dans les jardins de botanique, & leur culture consiste uniquement à les semer en place au printems, à les éclaircir lorsqu'elles sont levées, à les biner lorsqu'elles en ont besoin. Une terre sèche est celle dans laquelle il paroît qu'elles se plaisent le plus ; mais elles viennent également bien dans toutes : elles n'ont aucun agrément.

Tous les bestiaux aiment la Lycopside des champs, & même les moutons la recherchent ; & comme elle est très-précoce, elle peut devenir un article important de culture dans les sables arides & les craies infertiles, sous le rapport de leur nourriture au printems : elle peut aussi être employée, en l'enterrant en fleurs, à améliorer les terreins que je viens de nommer. (*Bosc.*)

LYGODISODE. *Lygodisoda.*

Arbrisseau grimpant, du Pérou, qui sert à faire des liens, & qui forme seul un genre dans la pentandrie monogynie.

Cet arbrisseau n'étant pas cultivé dans nos jardins, ne peut devenir ici l'objet d'un article plus étendu. (*Bosc.*)

LYMNÉE. *Lymnea.*

Genre de coquille univalve qui renferme une douzaine d'espèces, si abondantes dans certains étangs, dans certaines mares, dans certains marais, qu'il est avantageux aux cultivateurs de les pêcher pour les employer à l'engrais de leurs terres. Ces coquilles, qui pendant l'été viennent à la surface de l'eau, & peuvent être alors prises très-facilement avec une trouble, sont très-recherchées en Angleterre & en Allemagne, pour l'objet ci-dessus, & je ne sais pourquoi elles sont si dédaignées en France, où elles seroient également une source de richesse pour ceux qui les emploieroient.

Les Lymnées agissent de trois manières : 1°. par leur chair, qui est un engrais du second ordre & d'une durée de plusieurs années; 2°. par leur coquille, qui, mince & se brisant facilement, rend les terres fortes plus légères; 3°. encore par leur coquille, qui, étant calcaire, agit à la longue comme la chaux, c'est-à-dire, favorise la dissolution de l'humus.

On donne aussi, avec profit, les Lymnées aux canards, aux dindes & aux cochons. *Voyez* le *Dictionnaire des Coquilles*. (*Bosc.*)

MABA. *Ferolia.*

Arbuste des îles de la mer du Sud, qui seul forme un genre dans la dioécie triandrie. Ses caractères sont figurés pl. 805 des *Illustrations des genres* de Lamarck.

Cet arbre, dont les feuilles sont alternes & les fleurs axillaires, n'étant pas cultivé dans les jardins d'Europe, je n'ai pas à m'arrêter plus longtems sur ce qui le concerne. (*Bosc.*)

MABI : nom caraïbe de la Patate. *Voyez* ce mot.

MABIER. *Mabea.*

Genre de plante de la monoécie polyandrie, qui renferme deux arbrisseaux lactescens, à feuilles alternes & à fleurs disposées en grappes terminales, dont aucun n'est cultivé dans nos jardins. *Voy.* les *Illustrations des genres* de Lamarck, pl. 773.

Espèces.

1. Le Mabier calumet, vulgairement *bois à calumet.*

Mabea piriri. Aubl. ♄ De la Guiane.

2. Le Mabier taquari.

Mabea taquari. Aubl. ♄ De la Guiane.

(*Bosc.*)

MABOLO. *Cavanillea.*

Arbre des Philippines, dont Lamarck a fait un genre, mais qu'on a reconnu depuis appartenir aux *Plaqueminiers*, parmi lesquels il sera mentionné sous le nom d'*embrioptère. Voyez* Lamarck, *Illustrations des genres*, pl. 454. (*Bosc.*)

MABOUIER. *Morisonia.*

Arbre à feuilles alternes & à fleurs disposées en corymbes, qui seul forme un genre dans la monadelphie polyandrie & dans la famille des *Caparidées. Voyez* les *Illustrations des genres* de Lamarck, pl. 595.

Cet arbre, originaire des parties les plus chaudes de l'Amérique, ne se cultive pas dans nos jardins, & n'est par conséquent pas dans le cas de donner lieu ici à un plus long article. Ses racines servent à faire des massues de guerre, & sont très-propres à cet usage par leur forme, leur pesanteur & le nombre de leurs nœuds. (*Bosc.*)

MABOUJA. C'est la racine de l'arbre précédent.

MABY. C'est la Patate.

MACAHALEF. C'est le Chalef.

MACANE. *Machanea.*

Arbrisseau sarmenteux, imparfaitement connu, qui croît naturellement à Cayenne, & qui, selon Jussieu, forme un genre dans la famille des *Guttifères.*

Cet arbrisseau, ne se cultivant pas dans nos jardins, n'est pas dans le cas de m'arrêter davantage. (*Bosc.*)

MACÉRATION : altération qu'on fait subir aux substances animales ou végétales, en les mettant dans l'eau, à la température de l'air.

L'objet le plus commun des Macérations est la formation des médicamens; aussi les vétérinaires les emploient-ils fréquemment.

Si on laissoit assez peu de tems les substances animales ou végétales dans l'eau, pour que leurs parties solides restent entières, ce seroit une Infusion.

Une Décoction est une Macération dans l'eau chaude.

Les animaux & les plantes qui pourrissent naturellement dans l'eau, forment de véritables Macérations; ainsi elles sont plus communes qu'on ne le pense généralement, car il y a peu d'eau exempte de matières extractives.

Le résultat des Macérations est toujours un Engrais. *Voyez* ce mot. (*Bosc.*)

MACÉRON. *Smyrnium.*

Genre de plante de la pentandrie dyginie & de la famille des *Ombellifères*, qui renferme dix espèces, dont la plupart se cultivent dans les jardins de botanique. *Voyez* les *Illustrations des genres* de Lamarck, pl. 204.

Espèces.

1. Le Macéron commun, vulgairement *persil de Macédoine.*

Smyrnium olusatrum. Linn. ♄ Indigène.

2. Le Macéron perfolié.

Smyrnium perfoliatum. Linn. ♂ Du midi de l'Europe.

3. Le Macéron doré.

Smyrnium aureum. Linn. ♃ De l'Amérique septentrionale.

4. Le MACÉRON noirâtre.
Smyrnium atropurpureum. Lam. ♃ De l'Amérique septentrionale.

5. Le MACÉRON d'Égypte.
Smyrnium ægyptium. Linn. de l'Égypte.

6. Le MACÉRON à feuilles entières.
Smyrnium integerrimum. Linn. ♃ De l'Amérique septentrionale.

7. Le MACÉRON à ombelles latérales.
Smyrnium laterale. Thunb. Du Cap de Bonne-Espérance.

8. Le MACÉRON à feuilles de céleri.
Smyrnium apiifolium. Willd. De l'île de Crète.

9. Le MACÉRON à feuilles en cœur.
Smyrnium cordatum. Mich. De la Caroline.

10. Le MACÉRON nodiflore.
Smyrnium nodiflorum. Allioni. ♃ Des Alpes.

Culture.

La première, qui croît naturellement dans les bois marécageux, a été autrefois mise au rang des légumes, & cultivée en conséquence dans les jardins, à raison de ce qu'on mangeoit ses jeunes pousses en salade, ses racines crues ou cuites, & que ses feuilles servoient à l'assaisonnement des autres mets : aujourd'hui on ne la voit plus que dans les collections de botanique. On la sème en place, au printems, chaque graine à un pied de distance en tous sens, & lorsqu'elle est levée, elle n'exige d'autres soins que les sarclages & les binages propres à toute culture : une terre substantielle & fraîche est celle où elle se plaît le mieux.

Les seconde & troisième espèces sont, avec celle-ci, les seules qui se trouvent dans nos jardins : elles exigent une terre plus légère & une exposition plus chaude ; du reste, elles se conduisent de même. La troisième, étant vivace, & restant plusieurs années dans le lieu de son semis, demande encore moins de soins.

La dixième, quoique d'Europe, est fort difficile à conserver dans les jardins. (*Bosc.*)

MACHE. *Fedia.*

Genre de plante qui, selon quelques botanistes, doit faire partie des VALÉRIANES (*voyez* ce mot), & qui, selon d'autres, est dans le cas d'en être distingué, à raison de ce que ses espèces ont le fruit triloculaire. *Voyez* les *Illustrations des genres* de Lamarck, pl. 24, fig. 3 & 4.

Espèces.

1. La MACHE commune, ou *doucette.*
Fedia locusta. Willd. ☉ Indigène.

2. La MACHE dentée.
Fedia dentata. Willd. ☉ Du midi de la France.

3. La MACHE vésiculeuse.
Fedia vesicaria. Willd. ☉ De l'île de Crète.

4. La MACHE hérissée.
Fedia echinata. Willd. ☉ Du midi de la France.

5. La MACHE corne-d'abondance.
Fedia cornucopiæ. Willd. ☉ Du midi de la France.

6. La MACHE couronnée.
Fedia coronata. Willd. ☉ Du Portugal.

7. La MACHE discoïde.
Fedia discoidea. Willd. ☉ De l'Espagne.

8. La MACHE radiée.
Fedia radiata. Willd. ☉ De l'Amérique septentrionale.

9. La MACHE naine.
Fedia nana. Willd. ☉ Du midi de la France.

10. La MACHE de Sibérie.
Fedia sibirica. Willd. ☉ De la Sibérie.

11. La MACHE hameçon.
Fedia uncinata. Bieb. ☉ De la Tauride.

12. La MACHE velue.
Fedia villosa. Thunb. Du Japon.

13. La MACHE à plusieurs épis.
Fedia polystachia. Smith. ♃ De l'Amérique méridionale.

14. La MACHE ruthenique.
Fedia ruthenica. Amm. ♃ De la Sibérie.

15. La MACHE des rochers.
Fedia rupestris. Wahl. ♃ De la Sibérie.

16. La MACHE dentelée.
Fedia serrata. Ruiz & Pavon. Du Pérou.

17. La MACHE rassemblée.
Fedia coarctata. Ruiz & Pavon. Du Pérou.

Culture.

La première espèce est l'objet d'une assez grande consommation comme salade d'hiver, attendu qu'elle conserve ses feuilles vertes pendant cette saison, & qu'elle végète même pour peu que le tems soit doux. Dans les campagnes on se contente souvent de ramasser les pieds qui croissent naturellement, & quelquefois en très-grande abondance, dans les champs cultivés en céréales, dans les vignes, &c. ; mais autour des villes on la cultive dans les jardins, & elle y devient plus grande, plus tendre & plus douce. La meilleure des variétés qui s'y voient, est celle appelée *à la régence.*

Toute espèce de terre, pourvu qu'elle ne soit pas trop aride ou trop marécageuse, convient à la Mâche ; mais elle prospère infiniment mieux dans celle qui est en même tems légère & substantielle. Le fumier lui communique son mauvais goût, ainsi qu'on s'en apperçoit si souvent à Paris ; par conséquent il faut lui en refuser, mais l'en dédommager par de bons labours.

Les semis de Mâche ont lieu depuis la fin de l'été jusqu'au commencement de l'hiver, de quinze jours en quinze jours, afin de prolonger la durée de sa consommation : par la même raison, les premiers seront faits au midi & les derniers au nord : à peine faut-il recouvrir la graine. On risque peu de la répandre épais, parce que, lorsqu'on cueille le plant, on choisit toujours le plus beau, & que par ce moyen on l'éclaircit; cependant il y a une mesure à garder. Le plant levé s'arrose au besoin, se sarcle s'il est nécessaire, mais d'ailleurs ne demande aucun autre soin.

Comme c'est de la beauté de la semence que dépend la bonté des semis, & que les végétaux dont la croissance est gênée dans leur première jeunesse n'en donnent jamais de belle, il est desirable qu'une planche soit semée très-clair & réservée pour la reproduction. Les graines de cette plante mûrissant successivement, il faut se résoudre à perdre les premières, qui sont les meilleures, à raison de leur peu d'abondance, & n'arracher les pieds que lorsque toutes les fleurs sont passées. Ces pieds sont ensuite suspendus dans un lieu frais, afin que leurs graines terminent leur évolution avec le plus de lenteur possible, puis soient nétoyées & mises dans des sacs de papier. Elles se conservent bonnes pendant plusieurs années.

Cette faculté de la Mâche de répandre successivement ses graines, fait que, dans les jardins mal tenus, on est dispensé d'en semer, par l'abondance des pieds qui lèvent spontanément.

Tous les bestiaux, & surtout les moutons, aiment beaucoup les feuilles de la Mâche; ce qui détermine à croire que ce seroit, dans les pays encore soumis à la jachère triennale, & où on ne laboure qu'après l'hiver, une bonne opération que d'en cultiver beaucoup dans les jardins pour en répandre la graine dans les champs après la moisson, & en garnir par conséquent le sol à l'époque où les herbes commencent à devenir rares.

Plusieurs des autres espèces de Mâches peuvent également se manger : on fait usage, sous ce rapport, de la seconde dans le midi de la France, où elle est regardée comme une variété de la première.

Les Mâches, n°s. 2, 4, 5, 6, 10, se cultivent dans nos jardins de botanique; peut-être le n°. 8 s'y trouve-t-il encore, car j'en avois apporté beaucoup de graines d'Amérique. On les y sème au printems, ou en place, ou dans des pots sur couche nue. Tout terrein leur convient; elles ne demandent, lorsqu'elles sont levées, que les sarclages de propreté. La dernière, Mâche de Sibérie, est une assez belle plante, lorsqu'elle est en fleur, pour mériter d'être mise dans les parterres. (*Bosc.*)

MACHE-FER : mélange à demi vitrifié, ou seulement aggloméré, pendant l'opération de la fonte du fer, des terres, du fer, des cendres, du charbon & autres matières qui y ont concouru.

Le Mâche-fer ne diffère du LAITIER (*voyez* ce mot) que parce qu'il entre plus de fer & de charbon dans sa composition, & qu'il est moins vitrifié.

Comme le laitier, le Mâche-fer s'emploie pour faire le fond des allées de jardins qu'on desire tenir toujours sèches; mais à raison de la surabondance du fer qu'il contient, il est moins propre à servir de base aux couches, à supporter les pots dans les serres, parce que le fer est meilleur conducteur de la chaleur que le verre; d'ailleurs, il s'oxide rapidement, & alors il porte l'infertilité partout où on le dépose. *Voyez* OXIDE DE FER. (*Bosc.*)

MACHERI. *MACHÆRIUM.*

Genre de plante établi dans la diadelphie décandrie pour placer trois espèces de *Nissoles*, qui diffèrent des autres par la structure de leur légume.

Comme ces espèces ne sont pas cultivées en Europe, & que le genre *Nissole* est peu nombreux, je remets à en parler à son article. (*Bosc.*)

MACHILE. *MACHILUS.*

Nom que Rumphius a donné à des arbres de l'Inde encore fort imparfaitement connus, & qui paroissent appartenir à différens genres : aucun n'est cultivé en Europe. (*Bosc.*)

MACHINES : assemblage de pièces de bois & de pièces de fer ou de cuivre, auxquelles sont quelquefois joints des tuyaux de plomb, qui servent à multiplier les forces des hommes, ou seulement à les régulariser, pour obtenir un effet quelconque.

On fait fréquemment usage de Machines dans l'agriculture, & encore plus dans les arts qui en dépendent; ainsi une charue, une voiture, une pompe, un tarrare sont des Machines, quoiqu'on leur donne peu souvent ce nom, à cause de leur simplicité; ainsi, un pressoir, un moulin sont des Machines.

Les instrumens diffèrent des Machines, en ce qu'ils sont plus simples & qu'ils agissent par l'action immédiate de la main de l'homme; telle est la bêche, la pioche, la serpe, &c. *Voyez* INSTRUMENT.

Les moteurs des Machines sont l'homme, les animaux, l'air, l'eau & le feu.

C'est dans le *Dictionnaire des Arts mécaniques* qu'on trouvera la nomenclature, la description & l'usage de la plupart des Machines qui sont employées dans l'agriculture & dans l'économie rurale; mais je dois ici faire l'observation que, quelqu'avantageuses qu'elles soient, sous les rapports de l'économie du tems, & même de la perfection des résultats, le haut prix de l'acquisition, la difficulté de l'emploi, le fréquent dérangement de celles qui sont compliquées à un certain point, en rendent souvent l'usage onéreux. Les simples cultivateurs doivent donc se mettre en garde contre les propositions d'emploi de celles qui ne leur sont pas parfaitement connues. Combien de ces Machines que l'on trouve dans les livres & jamais chez les cultivateurs ! Le semoir, par exemple, dont on ne peut contester l'utilité en théorie, a été reproduit à différentes époques & sous différentes formes, & on ne le voit plus que dans le grenier des cultivateurs. J'en excepte cependant celui derniérement perfectionné par M. Hayot, & dont il sera question au mot SEMOIR. (*Bosc.*)

MACIS : seconde écorce de la MUSCADE. *Voyez* ce mot.

MACLOU : nom vulgaire de l'ACONIT ANTHORE.

MACOCQUEWER : espèce de courge, qui sert aux sauvages de l'Amérique pour, en la vidant, en y mettant des cailloux & en la secouant, faire de la musique. (*Bosc.*)

MAÇONNERIE : constructions rurales en pierres ou en briques, liées ou non avec de la terre, du plâtre, de la chaux. *Voyez* MORTIER.

Un propriétaire doit attacher une grande importance à connoître les meilleurs matériaux de de son canton pour la Maçonnerie, & l'emploi le plus avantageux qu'on en peut faire; car il y a à craindre, pour lui ou ses enfans, de grandes dépenses s'il apporte peu de soin à les choisir & à les mettre en œuvre.

Il faut d'abord qu'il fasse attention à la nature de la pierre, y en ayant qui se délitent à l'air, & qui par conséquent se réduisent en poudre en peu d'années. On appelle ces pierres *gelive*, parce qu'on suppose que c'est la gelée qui opère leur décomposition; ce qui est vrai le plus souvent.

C'est en examinant les constructions anciennes, en consultant ses voisins & les ouvriers, qu'il apprendra ce qu'il lui convient de savoir à cet égard.

Une augmentation de frais pour faire venir de plus loin une pierre de meilleure qualité doit être regardée comme une économie.

Les bâtimens & les murs se font avec des pierres réguliérement taillées, ou des pierres dégrossies, ou des pierres brutes. Les constructions faites avec les premières sont les plus solides, mais les plus coûteuses. On risque fréquemment à voir s'écrouler celles où on n'emploie que les dernières. Entrer dans de plus grands détails à cet égard, sortiroit du but de cet article; on les trouve dans le *Dictionnaire d'Architecture.*

Dans les pays où la pierre se trouve par couches minces, on construit fort économiquement les murs de clôture, puisqu'on est dispensé d'y employer de la terre, de la chaux, du plâtre. Ces murs, qu'on appelle de *pierres sèches*, n'ont d'autre inconvénient que de se dégrader facilement par leur partie supérieure; mais on diminue cet inconvénient en les couvrant d'un lit de terre & en y plantant des iris, des joubarbes & autres plantes analogues.

Lorsqu'on est dans le cas de substituer la brique à la pierre, il est indispensable de s'assurer, par les moyens indiqués plus haut, si elle est de bonne nature, c'est-à-dire, si elle n'est pas faite avec une argile calcaire (marne), dans lequel cas elle est sujète à se déliter à l'air; il faut aussi veiller à ce qu'elle soit parfaitement bien cuite. Un moyen qu'on dit propre à empêcher les briques & les tuiles faites avec des marnes de se décomposer, c'est de les tremper quelques minutes dans l'eau au sortir du four, & quand elles sont encore un peu chaudes, cette eau régénérant la chaux en pierre calcaire, qui alors n'est plus susceptible de se gonfler par l'humidité.

Le choix de la terre, du plâtre, de la chaux employés dans la Maçonnerie est encore plus important que celui de la pierre ou de la brique, attendu que c'est le plus souvent par leur mauvaise nature que manquent les murs.

La terre argilo-sabloneuse, mêlée d'oxide de fer, est la meilleure après la terre franche. Il faut éviter les marnes & les humus, qui sont susceptibles de se gonfler par l'humidité & de se retraire par la sécheresse.

Le plâtre est plus ou moins argileux; celui qui l'est trop a le même inconvénient que la marne: de plus, il tombe par plaques, & est facilement dissous par les eaux pluviales.

Il y a des variations sans nombre dans la qualité de la chaux, & sans bonne chaux il ne peut y avoir de constructions durables. Il est trop difficile d'indiquer sommairement les moyens de reconnoître une bonne chaux, pour que j'entreprenne de le faire ici : en conséquence je renvoie encore au *Dictionnaire d'Architecture.*

Dans beaucoup de lieux on mêle, par économie, de la terre franche ou autre avec la chaux. Lorsque la terre est de bonne nature & la construction peu importante, un mur de clôture, par exemple, l'inconvénient est peu grave; mais il l'est beaucoup dans toute autre circonstance, quoi qu'en disent les maçons de campagne.

Puisque j'ai prononcé ce mot, je dois dire que leur peu d'habileté rend indispensable la surveillance de leur travail. Combien souvent ne voit-on pas un mur tomber peu de tems après sa construction, pour avoir négligé de prendre leur à-plomb, pour n'avoir pas bien assis les pierres, &c.? C'est bien pire lorsqu'ils sont chargés de faire leur ouvrage à l'entreprise; circonstance qui les détermine non-seulement à choisir les plus mauvais matériaux, comme à meilleur marché, mais encore à n'en employer que le moins possible : aussi ces constructions sont-elles souvent à refaire peu d'années après. (*Bosc.*)

MACOUBÉ. *MACOUBEA.*

Arbre laiteux de la Guiane, à feuilles opposées, dont la fructification n'est pas encore complétement connue.

Cet arbre n'est pas encore introduit dans nos jardins. (*Bosc.*)

MACOUCOU. *Macoucoua.*

Arbre de la Guiane, à feuilles alternes & à fleurs disposées en petits bouquets axillaires, qui forme, selon Aublet, un genre dans la tétrandrie monogynie, &, selon d'autres botanistes, qui doit être réuni aux CAÏMITIERS ou aux HOUX. *Voyez* ces mots.

Cet arbre n'existe pas dans nos jardins, & est par conséquent ici hors du cas d'un article. (*Bosc.*)

MACRE. *Trapa.*

Genre de plante de la tétrandrie monogynie & de la famille des *Epilobiennes*, qui renferme deux espèces, dont une est indigène aux eaux de l'Europe, & se cultive dans les jardins de botanique. *Voyez* les *Illustrations des genres* de Lamarck, pl. 75.

Espèces.

1. La MACRE flottante.
Trapa natans. Linn. ☉ Indigène.
2. La MACRE bicorne.
Trapa bicornis. Linn. ☉ De la Chine.

Culture.

La première, connue sous les noms vulgaires de *saligot*, *cornuelle*, *châtaigne d'eau*, *truffe d'eau*, est la seule dont je doive entretenir le lecteur; mais il paroît, par les renseignemens que nous possédons sur la seconde, que tout ce que j'en dirai lui est complétement applicable.

C'est dans les eaux peu profondes, peu courantes & vaseuses que croît exclusivement la Macre : elle périt dès que ces eaux s'élèvent trop ou s'altèrent par la décomposition putride des animaux ou des végétaux; c'est pourquoi il est beaucoup de mares, de bassins, & même d'étangs où on ne peut la multiplier.

Les fruits de la Macre doivent être semés peu après leur maturité ou tenus dans l'eau; car on risque de ne les pas voir lever, si on les laisse se dessécher. Pour assurer leur germination dans les eaux qui ne sont pas extrêmement vaseuses, il est bon de les entourer de bouse de vache ou de terre argileuse avant de les y jeter : cette opération faite, il n'y a plus qu'à attendre l'époque de la maturité du fruit, qui a lieu en juillet ou août.

Les pays froids ne sont point favorables à la Macre; elle y donne fort peu de fruits & de fort petits fruits. Je n'en ai pas vu plus d'un ou deux sur les pieds nés aux environs de Paris, & j'en ai compté jusqu'à huit sur ceux que j'ai observés dans les fossés de Mantoue. Cette circonstance fait qu'on ne peut la multiplier utilement pour la consommation au nord de la première de ces villes; aussi les départemens du midi & de l'ouest sont-ils les seuls où elle se trouve en assez grande abondance, pour que son fruit puisse être mis dans le commerce.

On mange les Macres, ou mieux leur amande, soit crues, comme les noisettes, soit cuites dans l'eau ou sous la cendre, comme les châtaignes. Leur goût se rapproche de celui des deux, & est par conséquent fort agréable, surtout quand elles ne sentent pas la vase; ce qui est assez rare. Les enfans les aiment avec passion, & hasardent partout leur vie pour en avoir. On en fait une excellente bouillie, & on peut les introduire dans le pain. Il est fâcheux qu'il soit si long & si pénible de les dépouiller de leur première enveloppe. Ce fruit est fort sain, fort nourrissant, & se conserve cependant six mois, en le tenant dans une eau courante ou souvent renouvelée. Il se recueille, soit avec des bateaux, soit avec des rateaux : entrer dans l'eau pour cela, soit en marchant, soit en nageant, est dangereux, à raison des épines dont il est armé, ainsi que de la longueur & du nombre des tiges de la plante. Pas assez mûr, il est sans saveur & ne peut se conserver : trop mûr, il tombe au plus petit attouchement; ce qui fait qu'il faut savoir choisir le moment précis de sa récolte. C'est cette dernière circonstance qui assure les reproductions futures.

Nulle part, à ma connoissance, la Macre ne se cultive en Europe : on se contente des pieds, qui croissent spontanément; aussi, à part quelques cantons, est-elle généralement rare. Les Chinois sont plus sages que nous à cet égard, puisqu'ils en couvrent leurs lacs, leurs étangs, leurs rivières, & que les lois punissent ceux qui en volent les fruits. Quels avantages ne retire-t-on pas, en effet, d'employer à multiplier les subsistances des espaces qui n'en produisent pas? Loin de nuire au poisson, la Macre lui est utile, en le mettant à l'abri des rayons du soleil.

Isolées ou disposées en petits groupes, les pieds de Macre, ou mieux les rosettes de leurs feuilles, font un agréable effet sur les eaux des jardins paysagers; plus abondantes, elles diminuent les qualités nuisibles de ces eaux, en absorbant les miasmes délétères qui en émanent. Les bestiaux, & surtout les vaches, les aiment beaucoup. Après la récolte, on peut les tirer sur le bord, au moyen de rateaux à longs manches, & les faire entrer dans la composition des COMPOSTES ou dans la FOSSE AUX ENGRAIS. (*Bosc.*)

MACROCNÈME. *Macrocnemum.*

Genre de plante de la pentandrie monogynie, qui réunit six espèces, dont aucune n'est cultivée dans nos jardins.

Espèces.

Espèces.

1. Le MACROCNÈME de la Jamaïque.
Macrocnemum jamaicense. Linn. ♄ De la Jamaïque.

2. Le MACROCNÈME très-blanc.
Macrocnemum candidissimum. Vahl. ♄ De l'île Sainte-Marthe.

3. Le MACROCNÈME rouge.
Macrocnemum coccineum. Vahl. ♄ De l'île de la Trinité.

4. Le MACROCNÈME à fleurs en corymbe.
Macrocnenum corymbosum. Ruiz & Pavon. ♄ Du Pérou.

5. Le MACROCNÈME à petits fruits.
Macrocnemum microcarpum. Ruiz & Pavon. ♄ Du Pérou.

6. Le MACROCNÈME veineux.
Macrocnemum venosum. Ruiz & Pavon. ♄ Du Pérou.

MACROLOBE. *Macrolobium.*

Genre de plante établi pour réunir les genres OUTAY & VOUAPA d'Aublet. Il est de la triandrie monogynie. *Voyez* pl. 26 des *Illustrations des genres* de Lamarck.

Espèces.

1. Le MACROLOBE outay.
Macrolobium pinnatum. Willd. ♄ De Cayenne.

2. Le MACROLOBE conjugué.
Macrolobium hymenoides. Willdenow. ♄ De Cayenne.

3. Le MACROLOBE sphérocarpe.
Macrolobium sphærocarpon. Willdenow. ♄ De Cayenne.

Ces espèces ont toutes les feuilles pinnées, sans impaire, & les fleurs disposées en grappes axillaires & transversales. Aucune n'est cultivée dans nos jardins. (*Bosc.*)

MACROSTÈME. *Macrostema.*

Arbuste grimpant de l'Amérique, qui, selon Cavanilles, qui l'a figuré pl. 476 de ses *Icones Plantarum*, forme seul un genre dans la pentandrie monogynie.

Cet arbuste, n'étant pas cultivé dans nos jardins, ne peut être l'objet d'un article plus étendu. (*Bosc.*)

MACUÈRE. *Macuerus.*

Plante herbacée d'Amboine, à tige articulée, à feuilles opposées, à fleurs en bouquets axillaires, qui est encore peu connue des botanistes, & qui ne se trouve pas dans nos jardins. On la mange comme les épinards. (*Bosc.*)

MACUSSON : synonyme de la GESSE TUBÉREUSE.

MACUÈRE. *Macuerus.*

Plante vivace qui croît naturellement à Amboine, & dont on mange les feuilles.

On ignore à quel genre elle appartient.

MADABLOTA.

Nom indien d'un arbre célèbre par la beauté & l'odeur de ses fleurs. Il a été regardé, tantôt comme devant former un genre particulier, tantôt comme devant être réuni aux GÆRTNÈRES & aux BANISTÈRES. *Voy.* ce dernier mot, où il se trouve mentionné. (*Bosc.*)

MADELEINE : variété de POIRE & de PÊCHE.

MADET : vieux BŒUF à l'engrais.

MADHUQUE. *Madhuca.*

Plante de l'Inde, qui seule forme un genre dans la polyandrie monogynie.

Cette plante n'étant pas introduite dans nos cultures, n'est pas dans le cas d'un plus long article. (*Bosc.*)

MADI. *Madia.*

Genre de plante de la syngénésie superflue & de la famille des *Corymbifères*, qui rassemble trois espèces, dont aucune n'est cultivée en Europe, mais dont l'une l'est très en grand dans son pays natal.

Espèces.

1. Le MADI cultivé.
Madia sativa. Mol. ⊙ Du Chili.

2. Le MADI sauvage.
Madia mellosa. Mol. ⊙ Du Chili.

3. Le Madi visqueux.
Madia viscosa. Cavan. ⊙ Du Chili.

Culture.

Feuillée & Molina, auxquels on doit les seuls renseignemens que nous ayons sur ces plantes, ne nous apprennent pas comment on cultive la première espèce; ils nous disent seulement qu'on tire de ses graines une huile claire, excellente pour la table, & supérieure à toutes celles dont on fait usage en Europe.

Il seroit d'une grande importance que cette plante fût introduite dans nos jardins. (*Bosc.*)

MAÈSE : genre de plante appelé BÆOBOTRYS par Vahl.

MAGALLANE. *Magallana.*

Plante herbacée, grimpante, originaire de l'Amérique méridionale, laquelle, selon Cavanilles, qui l'a figurée pl. 374 de ses *Icones Plantarum*, forme seule un genre dans l'octandrie monogynie.

Cette plante n'est pas cultivée dans nos jardins; ainsi je ne puis en parler plus au long. (*Bosc.*)

MAGJONC : c'est la GESSE TUBÉREUSE.

MAGNAN : c'est le ver à soie en Provence.

MAGNANDERIE. *Voyez* l'article suivant.

MAGNANIÈRE, MAGNONIÈRE, MAGNANDERIE. On donne ce nom, dans le midi de la France, aux bâtimens uniquement construits pour élever les VERS A SOIE. *Voyez* ce mot.

Un air sec, ainsi qu'une température élevée & uniforme, étant les conditions les plus importantes au succès des spéculations sur les vers à soie, il ne faut pas placer les Magnanières auprès des bois, des eaux, dans les vallons trop étroits: le voisinage des fumiers, des voiries, des mares corrompues, leur est fort nuisible : l'exposition entre le levant & le midi est la plus avantageuse.

Le bâtiment sera plus ou moins grand, selon le nombre des vers à soie qu'on se proposera d'élever, & d'un seul étage s'il se peut. Le rez-de-chaussée servira de dépôt aux feuilles, & le grenier les recevra instantanément lorsqu'elles seront mouillées. Toutes ces pièces seront bien carrelées & récrépies, & percées de beaucoup de fenêtres sur toutes leurs faces, fenêtres qui seront fermées de vitres & de contre-vents bien joints.

Le plancher inférieur & le plancher supérieur de la pièce de la Magnanière où doivent être placés les vers à soie, seront percés de quatre ou six trappes qui ne se correspondront pas : elles auront deux pieds carrés.

Plusieurs écrivains pensent qu'il vaut mieux avoir deux moyennes Magnanières qu'une grande, & leur opinion paroît fondée.

Beaucoup de propriétaires en veulent une grande & une petite. C'est dans cette dernière qu'ils placent les vers à soie au moment de leur naissance jusqu'après la seconde mue, & qu'ils remettent ensuite les vers en retard, ainsi que ceux qui sont malades. Elle a un ou deux poêles qu'on allume dans le besoin par l'extérieur : cette pratique est très-digne d'approbation.

Il faut que les vers à soie se trouvent extrêmement à l'aise dans une Magnanière; car c'est de leurs émanations, & par conséquent de leur entassement, que résultent les plus graves de leurs maladies.

On a calculé qu'une pièce de quarante pieds de longueur, sur vingt de largeur & douze de hauteur, suffisoit pour loger les vers à soie provenant de sept onces de graine, c'est-à-dire, plus de deux cents mille.

L'intérieur de cette pièce est garni de montans de bois léger, assemblés deux à deux par des traverses écartées de deux à trois pieds, sur lesquelles se placent les planches ou les claies destinées à recevoir les vers, & chaque assemblage est assez distant des deux assemblages voisins, pour qu'un homme puisse aisément tourner autour & y manœuvrer. La largeur des intervalles de ces assemblages varie plus que celle des assemblages mêmes. Il est arbitraire, & en l'augmentant on gagne plus de salubrité; mais alors on met moins de vers dans la pièce.

Les fenêtres de la Magnanière se tiennent fermées dans les tems froids ordinaires. Lorsqu'il gèle, on ferme les contre-vents pendant la nuit, & on allume les poêles. Lorsqu'il fait peu chaud, on ouvre les fenêtres au levant & au midi; lorsqu'il fait très-chaud, on les ouvre au nord & à l'ouest; on ouvre aussi les trappes pour augmenter le courant de l'air. Ces dernières seules restent ouvertes dans les tems d'orage & dans ces stagnations d'air appelées *touffes* par les habitans du midi, stagnations qui font naître la muscardine & autres maladies qui enlèvent tant de vers à soie, & ruinent par conséquent les cultivateurs.

J'entrerai, à l'article VER A SOIE, dans tous les détails nécessaires à l'intelligence de la direction des Magnanières, lorsqu'elles sont garnies. (*Bosc.*)

MAGNÉSIE : espèce de terre différente, mais ayant quelques caractères qui la rapprochent de l'alumine; elle est fort abondante dans les roches siliceuses, argileuses & même calcaires; mais elle en compose rarement seule. C'est avec elle & l'acide sulphurique, qu'on forme le sel de Sedlitz ou d'Epsom, dont on fait un si fréquent usage en médecine, comme purgatif. On l'emploie aussi pure, sous son nom propre, comme absorbant, pour dissiper les aigreurs de l'estomac.

Je cite ici la Magnésie, parce qu'il a été reconnu, il y a quelques années seulement, que la chaux faite avec la pierre calcaire, qui en renferme plus de deux cinquièmes, portoit une complète infertilité dans les terres sur lesquelles on la répand. Ainsi, toutes les fois qu'on a à se plaindre des nuisibles effets de la chaux, il faut croire que c'est à la Magnésie qu'ils sont dus : ainsi il ne faut pas employer la chaux des dolomies & autres pierres connues pour en contenir.

Au reste, ce fait n'est pas encore expliqué. *Voyez* les *Dictionnaires de Chimie & de Minéralogie*. (*Bosc.*)

MAGNOC. *Voyez* MANIOC.

MAGNOLIER. *Magnolia.*

Genre de plante de la polyandrie polygynie & de la famille des *Tulipifères*, qui renferme une douzaine d'arbres ou d'arbustes, tous plus ou moins intéressans par la beauté de leurs feuilles & de leurs fleurs, & dont la plupart se cultivent dans nos jardins. *Voyez* le *Dictionnaire des Arbres & Arbustes.*

MAGOUDEN : c'est le MIMUSOPE à feuilles pointues.

MAGUCY : nom mexicain de l'AGAVE.

MAHERNE. *Mahernia.*

Genre de plante de la monadelphie pentandrie ou de la pentandrie pentagynie & de la famille des *Tilliacées*, qui réunit près de douze espèces, dont plusieurs sont cultivées dans nos jardins de botanique. *Voyez* les *Illustrations des genres* de Lamarck, pl. 218.

Espèces.

1. La MAHERNE verticillée.
Mahernia verticillata. Lam. ♄ Du Cap de Bonne-Espérance.

2. La MAHERNE hétérophylle.
Mahernia heterophylla. Cavan. ♄ Du Cap de Bonne-Espérance.

3. La MAHERNE pinnée.
Mahernia pinnata. Linn. ♄ Du Cap de Bonne-Espérance.

4. La MAHERNE coronopoïde.
Mahernia pulchella. Cavan. ♄ Du Cap de Bonne-Espérance.

5. La MAHERNE lisse.
Mahernia glabrata. Linn. ♄ Du Cap de Bonne-Espérance.

6. La MAHERNE lancéolée.
Mahernia lanceolata. Cavan. ♄ Du Cap de Bonne-Espérance.

7. La MAHERNE diffuse.
Mahernia diffusa. Jacq. ♄ Du Cap de Bonne-Espérance.

8. La MAHERNE incisée.
Mahernia incisa. Jacq. ♄ Du Cap de Bonne-Espérance.

9. La MAHERNE biserrée.
Mahernia biserrata. Cavan. ♄ Du Cap de Bonne-Espérance.

10. La MAHERNE odorante.
Mahernia odorata. And. ♄ Du Cap de Bonne-Espérance.

11. La MAHERNE à grandes fleurs.
Mahernia grandiflora. Hort. angl. ♄ Du Cap de Bonne-Espérance.

Culture.

Les Mahernes sont des plantes d'un port élégant, & qu'on devroit cultiver plus généralement. La moitié de celles qui viennent d'être mentionnées, se voit dans nos jardins de botanique & dans les grandes collections des amateurs ; mais il n'y en a que deux ou trois qui y soient communes, telles que la troisième, la cinquième & la huitième. Elles demandent la terre de bruyère mêlée avec moitié de terre franche ; on leur donne peu d'arrosemens en tout tems, & principalement en hiver ; qu'elles passent près des jours dans une serre tempérée ou dans une orangerie. L'extrémité de leurs rameaux chancit lorsqu'elles sont privées de lumière & exposées à un air humide. Les froids leur sont peu nuisibles, tant qu'ils ne sont pas à la glace. De petits tuteurs deviennent souvent indispensables pour les soutenir. Tous les deux ans on les change de pots. Leur multiplication a lieu presqu'exclusivement par boutures qu'on place, au printems, dans des pots sur couche & sous châssis, & qui reprennent promptement & sûrement ; cependant, comme elles donnent quelquefois de bonnes graines, on peut aussi les renouveler par leur moyen, c'est-à-dire, en semant ces graines dans des pots, sur couche & sous châssis.

On ravive la vigueur de ces plantes, qui souvent sont grêles, & dont les fleurs tombent avant leur épanouissement, en les mettant de même, au printems, sur couche neuve & sous châssis. En général, elles subsistent peu, & en conséquence il faut en faire de nouveaux pieds tous les ans pour renouveler les anciens. (*Bosc.*)

MAHALEB : espèce de CERISIER. *Voyez* le *Dictionnaire des Arbres & Arbustes.*

MAHO : nom commun à plusieurs FROMAGERS.

MAHOGON. *Swietenia.*

Genre de plante de la décandrie monogynie & de la famille des *Azedarachs*, qui réunit quatre arbres, dont un est d'un grand intérêt par la beauté de son bois, si connu sous le nom d'*acajou*. Il se cultive dans nos serres.

Espèces.

1. Le MAHOGON d'Amérique.
Swietenia mahogoni. Linn. ♄ Des Antilles.

2. Le MAHOGON fébrifuge.
Swietenia febrifuga. Roxb. ♄ Des Indes.

3. Le MAHOGON jaune.
Swietenia chloroxylon. Roxb. ♄ Des Indes.

4. Le MAHOGON du Sénégal.
Swietenia senegalensis. Lam. ♄ Du Sénégal.

Culture.

On ne cultive pas le Mahogon d'Amérique dans son pays natal ; aussi y devient-il extrêmement rare, & bientôt n'y en aura-t-il plus d'une grosseur assez considérable pour servir aux objets pour lesquels on l'exporte. Il se plaît dans les montagnes, au milieu des rochers, croît fort vîte & acquiert six pieds de diamètre.

En France, le Mahogon demande constamment la serre chaude & même la tannée. On lui donne de la terre nouvelle tous les ans, & on le change de pot tous les deux ans; il pouſſe lentement & n'eſt d'aucun agrément; auſſi ne le voit-on que dans les jardins de botanique, où tout doit ſe trouver. Sa multiplication ne peut avoir lieu que par ſemences tirées des îles de l'Amérique, ſemences qu'on place dans des pots remplis de terre ſubſtantielle, ſous une bache dont la température eſt tenue fort élevée.

Il ne faut pas confondre cet arbre avec le véritable ACAJOU. *Voyez* ce mot. (*Bosc.*)

MAHON : un des noms du PAVOT-COQUELICOT. *Voyez* ce mot.

MAHURI. *Bonnetia.*

Arbre de Cayenne, qui ſeul fait un genre dans la polyandrie monogynie & dans la famille des *Ciſtoïdes.*

Cet arbre, qui eſt figuré pl. 464 des *Illuſtrations des genres* de Lamarck, n'étant pas cultivé dans nos jardins, ne peut devenir l'objet d'un article plus étendu. (*Bosc.*)

MAJANE. *Majana.*

Plante vivace, à feuilles oppoſées, panachées, odorantes, qu'on cultive dans les jardins de l'Inde, à raiſon de ſa beauté & de ſa ſuavité.

Nous ne la connoiſſons pas dans les nôtres. (*Bosc.*)

MAJANTHÈME : nom donné au MUGUET BIFLORE. *Voyez* ce mot.

MAJÉAUFE : une des nombreuſes variétés du FRAISIER.

MAJET. *Majetta.*

Arbriſſeau de Cayenne, à rameaux tétragones, à feuilles oppoſées, dont le pétiole eſt véſiculeux, & à fleurs ſolitaires & axillaires, qui, ſelon Aublet, forme un genre dans la décandrie monogynie.

Cet arbriſſeau, dont le fruit eſt bon à manger, n'eſt pas cultivé dans nos jardins, & par conſéquent n'eſt pas dans le cas d'un plus long article. (*Bosc.*)

MAI : c'eſt le mois où la végétation eſt dans tout ſon luxe, & qui a le plus d'influence ſur le ſuccès des récoltes. Pour qu'il donne des eſpérances favorables, il faut qu'il ne ſoit ni trop ſec, ni trop pluvieux, ni trop chaud, ni trop froid.

On commence, pendant ſa durée, les premiers labours des jachères, le premier binage des vignes, les ſarclages des champs s'achèvent, les ſemis du chanvre, des pois gris, des haricots, des féves s'exécutent, les jumens & les geniſſes ſont livrées à l'étalon, on châtre les veaux, tond les moutons, ſèvre les agneaux.

C'eſt généralement dans ce mois qu'eſſaiment les abeilles; auſſi faut-il s'occuper, dans ſes premiers jours, d'en faire d'artificielles.

Les travaux des jardins ſont alors très-actifs. On continue les labours & les ſemis commencés en avril, ſoit dans la vue de réparer les pertes, ſoit pour prolonger les jouiſſances. Alors, le grand ſemis des haricots, des concombres, des cornichons, le repiquage des melons, des choux-fleurs, des choux hâtifs, de la plupart des fleurs ſemées ſur couche, a lieu. On arrête les pois & les féves de primeur, ſarcle & bine tout ce qui le demande.

Les arbres fruitiers ſont ſurveillés pour diriger les bourgeons mal-venans, pour détruire les chenilles, les cochenilles, les pucerons, &c. On ſort les orangers & autres plantes de ſerre tempérée, on les taille, on les rempote, & on les multiplie par le déchirement des vieux pieds.

Beaucoup de boutures ſe font alors ſur couche & ſous châſſis.

A cette époque, la toilette des jardins d'agrément doit être terminée, c'eſt-à-dire, que leurs allées doivent être ratiſſées, leurs gazons coupés, leurs plates-bandes binées, les déſordres de toute eſpèce réparés. (*Bosc.*)

MAIGRE (TERRE). On donne ce nom à la terre qui contient fort peu d'humus, & qui par conſéquent eſt fertile à un très-foible degré.

Il eſt des terres Maigres parmi les argileuſes comme parmi les ſiliceuſes & les calcaires : des engrais abondans peuvent ſeuls les améliorer. Certaines terres légères paroiſſent Maigres, faute de pouvoir retenir ſuffiſamment ou long-tems l'eau des pluies; & alors on augmente leur fertilité par des arroſemens : la terre de bruyère eſt dans ce cas. *Voyez* TERRE. (*Bosc.*)

MAILLE, ſorte de HOUE. *Voyez* ce mot.

MAILLE. On donne ce nom à de petites meules temporaires dans le département des Deux-Sèvres.

MAIN, ſynonime de VRILLE.

MAIN DÉCOUPÉE. Quelques perſonnes appellent ainſi le PLATANE D'ORIENT.

MAINE. *Mayna.*

Arbriſſeau de Cayenne, à feuilles alternes & à fleurs blanches odorantes, qui ſeul forme un genre dans la dioécie polyandrie. Il eſt figuré pl. 491 des *Illuſtrations des genres* de Lamarck.

Comme on ne le cultive pas dans nos jardins, je n'ai rien à en dire de plus. (*Bosc.*)

MAIRE SIUVO : nom du CHÈVRE-FEUILLE aux environs de Marſeille.

MAÏS. *Zea.*

Genre de plante de la monoécie triandrie &

de la famille des *Graminées*, qui ne contient qu'une espèce originaire du Pérou, dont l'importance agricole est devenue telle, qu'elle se cultive aujourd'hui partout où elle peut l'être, & qu'elle semble reléguer le froment dans les pays froids. C'est au commencement du seizième siècle que le Maïs a été apporté en Europe. *Voyez* pl. 749 des *Illustrations des genres* de Lamarck, où elle est figurée.

Le Maïs, qu'on appelle aussi *blé de Turquie*, *blé d'Espagne*, *blé d'Inde*, a une racine annuelle, pivotante, une tige droite, solide, articulée, des feuilles engaînantes, des fleurs mâles disposées en panicule terminale, & des fleurs femelles en épis latéraux. Sa hauteur varie de dix à quatre pieds, & il peut rendre, terme moyen, environ huit cents grains pour un.

La prodigieuse fortune du Maïs est autant due à sa fécondité qu'à l'excellence de son grain pour la nourriture des hommes & des animaux. Si ce grain ne peut pas se transformer en pain, parce qu'il manque de matière glutineuse (*voyez* PAIN), il a l'avantage de n'exiger d'autre préparation que la mouture, un peu d'eau, un peu de sel, & la cuisson. Son usage nourrit fort bien & engraisse rapidement; mais il a, pour les hommes, l'inconvénient de charger l'estomac & de se digérer rapidement; & pour les animaux, surtout les chevaux, d'user beaucoup leurs dents, à raison de sa dureté.

Un sol profond, des engrais abondans, des labours fréquens, des soins de toute espèce sont nécessaires à la bonne croissance du Maïs; ainsi, même dans les climats qui lui sont propres, il ne peut être cultivé partout ni par tout le monde; ainsi, quelque productif qu'il soit, il arrive quelquefois qu'il ne donne pas en définitif autant de profit que le blé. Il est d'ailleurs ordinairement d'un prix inférieur; c'est pourquoi il est moins avantageux de chercher à en avoir en surabondance, de le cultiver plusieurs années de suite dans la même terre, de l'envoyer au loin, &c. Il semble qu'il faut que chaque famille n'en cultive que ce qui lui est nécessaire pour deux années, sauf à vendre l'excédant, si la nouvelle récolte s'annonce favorablement.

Le Maïs étant cultivé de tems immémorial au Pérou & au Mexique, a dû y varier beaucoup; & ayant été, il y a trois siècles, transporté dans tous les pays chauds de l'Europe, de l'Asie & de l'Afrique, il a dû y varier encore plus; car, ainsi qu'on l'a reconnu, les transplantations lointaines favorisent extrêmement les variations des plantes. Il s'en faut de beaucoup que toutes celles du Maïs, même seulement de France, me soient connues; mais je n'en dois pas moins citer quelques-unes, qui sont regardées comme plus avantageuses à cultiver sous quelques rapports.

La plus commune des variétés de Maïs recherchées par nos cultivateurs est celle qu'on appelle *Maïs jaune*. Il paroît que c'est celle qu'on doit regarder comme le type ou comme la plus voisine du type de l'espèce : c'est celui qui m'a toujours paru le plus savoureux, soit en France, soit en Italie, en Espagne & en Caroline; mais généralement on lui préfère, dans les pays chauds, le *Maïs blanc*, dont l'épi ou la rafle est plus long, plus gros, les grains plus larges & plus aplatis, qui fournit un tiers de plus de farine, & mûrit douze à quinze jours plus tôt : ces deux variétés se perpétuent exactement les mêmes.

Après ces deux variétés, je citerai, comme les plus importantes, le Maïs dit *à poulet*, dont l'épi, ainsi que le grain, sont quatre fois plus petits, & le *quarantain* qui les a deux fois plus petits, parce qu'elles mûrissent bien plus tôt que les précédentes, qu'elles s'accommodent d'une terre de qualité inférieure, qu'on peut par conséquent les cultiver avec succès dans les cantons où les autres ne peuvent prospérer, & en faire deux récoltes dans ceux qui leur sont le plus favorables. On les appelle encore *Maïs précoce*, *Maïs de deux mois*, qui est l'espace de tems, terme moyen, pendant lequel elles restent en terre. Quoique connues dans quelques parties de la France, elles ne sont pas encore cultivées avec l'abondance desirable. Le premier commence cependant à se multiplier dans les jardins des environs de Paris, où il mûrit fort bien; & il est à espérer qu'il ne tardera pas à passer dans les champs, à raison des bénéfices qu'il donne. Le second est déjà assez fréquent en Bresse, en Piémont, dans les environs de Bordeaux. Varennes de Fenilles a publié un Mémoire spécial pour encourager sa multiplication.

Il se cultive en Piémont un quarantain tardif; mais il semble que le retard de sa végétation ne doit lui donner quelqu'intérêt que lorsqu'une circonstance quelconque a empêché de semer les variétés à gros épis en saison convenable. Je ne connois pas cette variété.

Quant aux autres variétés connues en France, telles que celles à *grains bruns-noirs*, à *grains bleuâtres*, à *grains violets*, à *grains roux*, à *grains rouges*, à *grains chinés*, à *grains marbrés*, à *rafle rouge* & à *grains jaunes*, à *rafle violette* & à *grains blancs*, &c., on ne les cultive que par amusement & très en petit.

On doit encore considérer les variétés de Maïs d'après le nombre des rangées de grains qu'offre leur rafle, ce nombre étant assez constant; ainsi on voit, dans quelques parties du sud de la France, le *Maïs de Pradie*, qui n'a que huit rangées, & le *Maïs de Gussac*, qui en a seize. Mais quoique ce dernier paroisse devoir donner le double du premier, il n'est cependant pas plus avantageux, parce qu'il coule plus souvent & arrive plus tard à maturité.

Je crois devoir, à cette occasion, citer une expérience faite à Saint-Cloud, le 20 avril 1807, sur des Maïs envoyés de New-Yorck :

Maïs à poulet, récolté le 20 juin, a donné une seconde récolte le 1er. octobre;

Maïs dur ou pierre à fusil jaune, le 15 août;

Maïs dur ou pierre à fusil blanc, le 1er. septembre;

Maïs blanc, le 10 octobre;

Maïs fleur de farine, 15 octobre;

Maïs à dix rangs, 20 octobre;

Maïs à douze rangs, 1er. novembre.

Cette expérience prouve que les variétés les plus productives sont aussi les plus tardives, & que, comme je l'ai déjà observé, elles ne peuvent être cultivées avec profit dans le nord du climat de Lyon.

J'ai vu planter le Maïs, en Caroline, dans des sables presque purs; sur les bords de la Saône, dans des argiles très-compactes; aux environs de la Corogne, dans des détritus de granits & de schistes, & partout il donnoit de copieuses récoltes : c'est que partout il est possible à l'art de disposer les terreins de manière à les rendre propres à sa culture. En général, il ne convient pas plus, quoiqu'on l'ait écrit, d'exagérer les engrais pour le Maïs que pour le froment, parce qu'ainsi que lui il pousse, dans ce cas, exclusivement en feuilles, comme le prouve celui qu'on place dans certaines terres vierges de l'Amérique septentrionale; terres où il s'élève jusqu'à dix-huit pieds de haut, mais où il ne fournit pas d'épis.

Plus une plante donne de graines, & plus promptement elle épuise le terrein; aussi les retours du Maïs dans le même champ doivent-ils être retardés autant que possible. (*Voyez* ASSOLEMENT & SUCCESSION DE CULTURE.) On calcule que quatre, cinq & six ans, selon sa bonté, ne sont pas de trop pour donner à la terre qui en a porté, le tems de reprendre ses principes fertilisans; cependant il est beaucoup de cantons où on en met tous les deux ou trois ans dans le même lieu. Sans doute un bon fond & des engrais abondans peuvent permettre une telle pratique; mais elle n'en est pas moins dans le cas d'être proscrite de toute bonne culture. *Voyez* ASSOLEMENT.

Les agriculteurs ne sont point fixés sur le meilleur mode d'emploi du Maïs dans la rotation des assolemens. Le principe est que, faisant partie de la famille des *Graminées*, il ne doit pas succéder au sorgho, au millet, au froment, &c., & cependant cela arrive très-souvent. Il semble que c'est après une culture de prairies artificielles, de plantes tinctoriales ou de plantes qui, comme les féves, les haricots, les pois, les pommes de terre, &c., demandent des binages d'été, qu'il doit être le plus avantageux de le placer. En Caroline, il alterne presque toujours avec les patates ou le coton, & est suivi ou précédé d'une jachère. Je fais des vœux pour que quelque cultivateur du midi fasse une suite suffisante d'expériences pour nous fournir des données positives à cet égard; car, on ne peut trop le répéter, il résulte de grands avantages d'une bonne succession de culture.

L'usage général est de donner deux ou trois labours à la charue aux terres destinées à recevoir du Maïs, c'est-à-dire, un ou deux avant & pendant l'hiver, & un au printems. C'est immédiatement avant ce dernier qu'on répand le fumier qui, cette plante ne restant qu'environ quatre mois en terre, doit être aussi consommé que possible. Il est cependant des cas, dans les terres fortes, par exemple, où il est mieux de préférer du fumier non consommé; mais alors il faut l'enterrer par le premier ou le second labour. *Voyez* FUMIER & LABOUR.

Il est quelques parties de l'Amérique septentrionale & de l'Italie, où on ne laboure pas la totalité des champs destinés au Maïs. Là, on fait seulement deux traits de charue par chaque trois pieds, traits qu'on coupe à angles droits par deux autres traits semblables. C'est dans le point de jonction de ces traits, qu'on creuse, à la bèche, un trou d'un demi-pied carré, dans lequel on met une poignée de fumier & deux grains de Maïs. Cette pratique est dans le cas d'être conseillée partout comme très-économique; mais remplit-elle parfaitement son objet? Il est permis d'en douter.

Dans plusieurs cantons de l'Europe, & dans une grande partie de l'Asie, de l'Afrique & de l'Amérique, on laboure les terres à Maïs avec la houe. Il n'y a pas de doute que le labour à la houe est beaucoup meilleur que celui à la charue; mais sa plus grande dépense doit empêcher de le préférer partout où on peut employer ce dernier. C'est par ignorance de leurs véritables intérêts, que les cultivateurs des pays intertropicaux prétendent le contraire, ainsi que j'en ai acquis la preuve pendant mon séjour en Caroline.

L'époque du semis du Maïs varie selon les pays, les expositions & l'année. En général, il faut le mettre en terre le plus tôt possible; mais, comme le jeune plant est sensible aux plus petites gelées, on doit le retarder jusqu'à ce qu'elles ne soient plus à craindre. Dans la zône la plus septentrionale de sa culture, sur les bords de la Saône, par exemple, on hasarde presque toujours le semis de quelques pièces de terre, à raison des avantages de l'anticipation, au risque de perdre la semence & les frais du semis. En général, il est bon de faire les semis en trois tems, c'est-à-dire, à huit jours de distance les uns des autres, afin principalement de se mettre en mesure contre les circonstances défavorables au moment de la floraison, circonstances qui ne durent ordinairement que peu de jours. *Voyez* FÉCONDATION.

Le Maïs qu'on sème fort tard est sujet à manquer par suite des sécheresses de l'été, & à ne pas donner de bonnes récoltes par l'effet des gelées hâtives de l'automne. Malgré ces motifs, il est si avantageux certaines années, qu'on ne doit pas hésiter à en faire toutes les fois qu'on le peut. On l'appelle *regain* dans la ci-devant Bresse.

Beaucoup de cultivateurs ne donnent aucune importance au choix de la semence, quoiqu'il soit prouvé, par des milliers de faits, que la plus belle donne les meilleurs produits. Il faut donc, après la récolte, choisir les épis les plus gros & les plus sains, & les conserver dans un endroit sec & aéré, pour les employer exclusivement à la reproduction. On ne les égrainera que peu de jours avant leur mise en terre, & on rebutera les grains des deux extrémités comme moins bons. La graine de deux, & à plus forte raison de trois ans, étant de beaucoup inférieure à la nouvelle, elle ne sera employée qu'à défaut de celle-ci.

Plusieurs sortes de charbons affectant le Maïs sur pied, il seroit bon de le chauler avant de le semer; mais je n'ai vu nulle part employer ce préservatif si simple & si efficace. *Voy.* CHAULAGE.

La nature cornée de la graine du Maïs rend sa germination fort longue dans les années & les terres sèches; ce qui engage souvent de le mettre au préalable tremper plusieurs jours dans l'eau. Je ne puis qu'approuver cette pratique, puisqu'en accélérant la levée du plant, elle rapproche l'époque de la récolte, & empêche les quadrupèdes & les oiseaux de manger autant de graine.

Des expériences positives ont prouvé que la profondeur à laquelle on devoit enterrer la graine de Maïs étoit moindre que celle à laquelle on l'enterre ordinairement; c'est un pouce dans les terres fortes, & un pouce & demi dans les terres légères. On trouveroit même de l'avantage, d'après les expériences, à l'enterrer moins, s'il n'étoit pas nécessaire qu'elle trouvât un certain degré d'humidité dans la terre. *Voyez* GERMINATION.

Il est plusieurs moyens de répandre ces graines, qui tous ont des avantages & des inconvéniens.

1°. A la volée: ce moyen est fort expéditif; mais les graines ne sont pas également espacées & suffisamment enterrées; cependant, lorsque le labour est régulier, les sillons profonds & la herse dirigée en sens contraire de ces sillons, ses résultats, comme j'en ai souvent acquis la preuve, diffèrent peu du suivant: on a calculé qu'un boisseau de graine suffisoit pour un arpent.

2°. En rayons: c'est le moyen le plus généralement suivi; mais il est lent & coûteux. Je crois cependant qu'il est à préférer lorsqu'on met suffisamment de distance entre les rayons (deux ou trois pieds), & qu'on les dirige du levant au couchant. Les grains, dans les rayons, peuvent être alors, selon le terrein & le climat, rapprochés à huit, dix & douze pouces.

Une bonne méthode de semer en rayons est celle employée dans les landes de Bordeaux, qui consiste à faire des fossés d'un demi-pied de profondeur, & à semer au fond de ces fossés, parce que par-là on donne un abri au jeune plant, & que la terre tirée de ces fossés sert à buter.

3°. En augets: il est encore plus lent & plus coûteux que le précédent, & a l'inconvénient de rapprocher plusieurs pieds qui se nuisent réciproquement. Cependant il est préféré dans beaucoup de cantons, parce qu'il rend plus faciles les opérations subséquentes de la culture. En le pratiquant, on met cinq à six graines dans chaque auget, sauf, si elles lèvent toutes, à arracher les pieds superflus; car, outre les mauvaises graines, il faut toujours faire la part des animaux destructeurs.

4°. Au plantoir: cette méthode, qui consiste à faire des trous le long d'un cordeau, & à mettre une graine dans chacun d'eux, n'est pas usitée en grand, & doit être rejetée même en petit, parce qu'elle est fort lente, enterre trop les graines, & tassant la terre autour d'elles, rend plus lent le développement des racines du plant qui en sort.

On sème, dans beaucoup de lieux, une plus grande quantité de graines de Maïs que le terrein le comporte, afin de pouvoir enlever successivement, jusqu'à l'époque de la floraison, une partie des plants qui en proviennent pour la nourriture des bestiaux; mais cette pratique doit être repoussée, à raison de l'effet nuisible que les plants trop rapprochés exercent les uns sur les autres.

Le commencement d'avril, pour le midi de la France, & le commencement de mai, pour le nord, sont les époques reconnues les plus sûres pour commencer le semis du Maïs. Dans quelques cantons de l'Italie & entre les tropiques on les commence encore plus tôt.

Quelquefois les graines de Maïs restent quinze jours en terre, c'est-à-dire, lorsqu'il fait sec & froid; quelquefois elles lèvent au bout de quatre ou cinq jours, c'est-à dire, quand la terre est humide, & que le soleil est chaud.

On ne commence à s'occuper de la culture des champs de Maïs, que lorsque le plant a acquis trois à quatre pouces de haut. C'est alors qu'on donne le premier binage, pendant lequel on arrache les pieds qui se trouvent trop près des autres, les plus foibles de préférence. C'est une grande erreur de croire que plus on conserve de pieds, & plus la récolte est abondante. En effet, tous ceux de ces pieds qui n'auront pas assez d'espace pour étendre leurs racines latérales au loin, pour que l'air ne circule pas librement autour d'eux, pour que les rayons du soleil ne les frappent pas directement, ne donneront qu'un petit nombre d'épis, que de petits épis, & même point d'épis. J'ai vu ce résultat partout où j'ai suivi la culture de cette plante, c'est-à dire, en France, en Amérique, en Espagne & en Italie. J'ai de plus remarqué que les pieds ombragés par des arbres, par des haies, par des murs, ceux plantés dans un terrein trop gras & trop humide, étoient dans le même cas.

Cependant il faut de la mesure dans l'écartement des pieds de Maïs, à raison de la nécessité d'utiliser tout le terrein, d'entretenir la terre dans un degré de fraîcheur permanent, & de rompre l'effort des vents, qui causent quelquefois de grands dommages.

Le premier binage du Maïs doit être fait, autant que possible, par un tems humide. Il sera peu profond, & ménagé de manière que les plants ne soient ni blessés par la houe, ni écrasés par les pieds des ouvriers. Son principal objet est de détruire les mauvaises herbes naissantes, & de rendre la terre plus perméable aux influences de l'atmosphère.

Plusieurs cultivateurs repiquent, en faisant ce premier binage, dans les places vides, le plant qu'ils ont arraché dans les places où il étoit trop épais; mais il est d'observation que les pieds ainsi repiqués viennent rarement aussi beaux que les autres, & que leurs épis avortent souvent. Pour qu'ils remplissent complétement l'objet qu'on a en vue, il faudroit les lever avec la motte; mais cette opération est fort longue & fort coûteuse, & peut par conséquent difficilement s'exécuter en grand.

C'est environ un mois après le premier binage, lorsque les tiges du Maïs ont acquis un pied de hauteur, qu'on fait le second, qui diffère du premier en ce qu'en l'exécutant on rapproche la terre de ces tiges, c'est-à-dire, qu'on élève autour de leur pied un petit monticule ou bute; aussi l'appelle-t-on le *butage* ou *le chaussage* du Maïs. Par cette opération, qui est essentielle au succès de la culture, ainsi que l'a prouvé Varennes de Fenilles dans un excellent Mémoire sur la culture du Maïs en Bresse, inséré dans le Recueil de ses œuvres, on met en terre les deux ou trois articulations les plus basses de la tige, articulations desquelles il sort de nouvelles racines traçantes, qui, se trouvant dans une terre plus divisée & plus susceptible de recevoir les influences de l'air, soutirent une plus grande quantité de séve, qui tourne au profit de la plante.

On a souvent proposé de biner le Maïs à la charue, comme plus économique, & on le fait même dans quelques cantons où les bras manquent; mais comme, par ce moyen, on ne peut pas buter aussi exactement, les champs dans lesquels il est employé, donnent des récoltes inférieures. Je ne suis donc pas de l'avis du binage à la charue; cependant il me paroît qu'il seroit possible d'allier ces deux modes, c'est-à-dire, de labourer à la charue l'intervalle des rayons, & de rapprocher la terre autour des pieds à l'aide de la houe.

On procède au troisième binage au moment de la floraison; il n'a pour but que de détruire les mauvaises herbes & d'élever les butes de deux à trois pouces. Beaucoup de cultivateurs s'en dispensent; mais ils agissent contre leurs intérêts, puisque, d'après le Mémoire de Varennes de Fenilles, déjà cité, on augmente la récolte d'un treizième, en mettant une articulation de plus en terre.

Les butes ne doivent pas être coniques, mais aplaties, & même excavées à leur sommet, afin que les eaux pluviales pénètrent dans leur intérieur & abreuvent les racines les plus voisines du tronc.

En faisant ces butages, on doit enlever exactement les rejets latéraux des pieds du Maïs, comme nuisant beaucoup à la croissance de la tige principale, & s'opposant surtout à la formation des épis. On doit aussi arracher les pieds qui n'offrent pas d'épis; car, arrivés à cette époque de l'année, il n'y a plus d'espoir qu'ils en donnent: ces pieds sont donnés aux bestiaux ou desséchés pour leur nourriture pendant l'hiver.

Dans les terres de médiocre qualité, on trouve souvent de l'avantage à réduire à deux, & même quelquefois à un seul, le nombre des épis à laisser sur chaque pied. C'est aussi à cette époque qu'on enlève ceux qu'on ne veut pas conserver. Le plus souvent ce sont les supérieurs, mais quelquefois c'est l'inférieur, les plus foibles devant toujours être sacrifiés. Ces épis encore non fécondés sont très-agréables à manger, soit crus, soit à demi cuits sur les charbons, à raison de leur saveur sucrée: on les confit au vinaigre comme les cornichons, auxquels ils sont supérieurs en bon goût.

Sous ce dernier rapport, la culture du Maïs est, pour un propriétaire des environs de Paris, un objet de quelqu'importance. Pour en augmenter la production, il seroit bon peut-être de couper la tige au moment où elle a fourni les deux premiers épis, afin qu'il en repousse d'autres, c'est-à-dire, trois ou quatre qui en fourniront chacun autant. Les tiges sont employées à la nourriture des bestiaux, & on peut faire une seconde culture d'automne dans le même champ, celle-ci épuisant fort peu le terrein.

La récolte du Maïs est d'autant meilleure que les circonstances atmosphériques ont été plus favorables pendant la durée de sa végétation. Une température chaude & humide est celle qui est le plus à desirer. Si l'humidité prédomine, les tiges & les feuilles prennent de l'amplitude aux dépens des épis; si c'est la sécheresse, il n'y a que de foibles tiges & de courts épis, chargés de petits grains: c'est principalement à l'époque de la floraison que ces circonstances ont le plus d'influence. Un tems froid, une pluie prolongée pendant huit jours, une grande sécheresse, suffisent pour empêcher la fécondation des épis, & par conséquent anéantir toutes les espérances. Aucun moyen praticable en grand, excepté les irrigations, ne peut empêcher ces effets.

Les tiges de Maïs, dans le moment qui précède la floraison, sont si sucrées, que l'homme trouve du plaisir à les manger crues. Il y a déjà long-tems qu'on a cherché à en extraire du sucre; mais la quantité obtenue d'abord étoit si petite, qu'on ne pouvoit pas ſuppoſer, lorſque celui des colonies d'Amérique abondoit en France, qu'il pût devenir fructueux de ſpéculer ſur ſon extraction. Les expériences faites à cet égard ont été renouvelées dans ces derniers tems ; & malgré l'emphaſe avec laquelle on en a publié les réſultats, il reſte démontré, pour moi, qu'il faut chercher ailleurs la matière ſucrante, dont nous avons beſoin. En effet, tous les ſirops que j'ai goûtés conſervoient un goût herbacé fort peu agréable, & le ſucre étoit en ſi petite quantité, que les frais de la culture, joints à ceux de l'extraction, lui donnoient une valeur double de celle de celui de canne. Je reviendrai ſur cet objet au mot SUCRE.

Les trois binages dont il a été parlé plus haut rendent la culture du Maïs ſi chère, qu'on évite le plus poſſible d'en donner un quatrième ; cependant il n'eſt pas moins utile, puiſqu'il favoriſe le groſſiſſement du grain & débarraſſe le champ des mauvaiſes herbes qui y ont pouſſé depuis le troiſième. On le donne quinze jours ou trois ſemaines après, c'eſt-à-dire, au moment où le grain commence à prendre de la conſiſtance.

Les ſeuls animaux pâturans nuiſent au Maïs en herbe ; mais dès qu'il entre en graine, le nombre de ceux qui vivent à ſes dépens s'augmente. Ainſi, ce n'eſt que par une ſurveillance active qu'on peut le garantir des atteintes des ſangliers, des blaireaux, des écureuils, des rats, des mulots, des campagnols, &c. Les enfans, qui aiment à manger les grains des épis, après les avoir fait griller ſur des charbons ardens, peuvent être également mis au nombre des ennemis de ceux qui le cultivent.

Une phalène, la *phalæna forficalis* de Linné, dépoſe ſes œufs ſur les tiges du Maïs, & ſes chenilles entrent dans leur intérieur pour en manger la ſubſtance, ce qui les affoiblit beaucoup & même les fait périr ; il n'y a pas d'autre moyen de la détruire que d'arracher ces tiges pour les donner aux beſtiaux. Au reſte, il ne paroît pas que ces ravages ſoient fort conſidérables, puiſque, malgré des ſéjours prolongés dans les pays à Maïs, je n'ai jamais eu occaſion d'entendre les cultivateurs s'en plaindre. Il faut que cette phalène vive auſſi dans l'intérieur d'autres plantes, puiſqu'elle eſt commune dans des pays où on ne cultive pas le Maïs.

Je dois diſcuter ici la queſtion, ſi ſouvent agitée, de ſavoir s'il convient ou non de couper le ſommet de l'épi du Maïs, parce que c'eſt au moment du quatrième binage qu'on exécute cette opération le plus ordinairement.

Les feuilles & les jeunes tiges du Maïs étant une excellente nourriture pour tous les beſtiaux, les cultivateurs des pays chauds, qui manquent preſque partout de prairies naturelles, & qui ne connoiſſent pas les prairies artificielles, ont été déterminés à leur donner, plus tôt ou plus tard après la floraiſon, la partie de la tige qui eſt au-deſſus des épis, & qui contient les reſtes des fleurs mâles & deux ou trois feuilles. Outre cet avantage, ils ont cru que la ſuppreſſion du ſommet de cette tige favoriſoit le groſſiſſement du grain, & accéléroit ſa maturité.

Point de doute que ce dernier effet eſt produit quand la force végétative commence à diminuer dans les pieds de Maïs ; mais il en eſt autrement lorſque l'on coupe de trop bonne heure leur ſommité. En effet, on forme d'abord une large plaie dans la direction de la ſéve, qui en opère la déperdition, & enſuite on prive les épis de la nourriture que devoient leur fournir les deux ou trois feuilles ſupérieures. C'eſt bien pis ſi, comme on ne le fait que trop ſouvent, on enlève en même tems la plus grande partie des feuilles inférieures. *Voyez* FEUILLES.

Il réſulte de ces conſidérations que, quoiqu'il ſoit avantageux, ſous le rapport de la bonté des feuilles & des tiges du Maïs pour la nourriture des beſtiaux, de les couper de bonne heure, il l'eſt plus ſous ceux de la groſſeur & de la ſaveur des grains, de ne le faire que lorſque la ſéve commence à tomber, que les grains ſont arrivés à un aſſez haut degré de conſolidation pour ne pouvoir plus être entamés par l'ongle. Je ne dois cependant pas diſſimuler que les feuilles de Maïs deſſéchées ſur pied ne contiennent preſque plus de principes nutritifs, & ſont extrêmement dures ſous la dent des beſtiaux ; c'eſt pourquoi, lorſqu'on met plus d'importance à leur récolte qu'à celle des grains, on leur ſacrifie la ſupériorité de cette dernière.

Je ne parle pas de la pratique, uſitée en quelques lieux, de couper le ſommité des tiges de Maïs avant la floraiſon, pour les deſſécher & en faire un fourage d'hiver, parce que, même en laiſſant quelques-unes de ces ſommités de diſtance en diſtance, c'eſt un acte de folie, n'y ayant pas alors de fécondation, ou n'y ayant qu'une fécondation imparfaite, & par conſéquent peu ou point de grains ſur les épis. Il vaut beaucoup mieux cultiver le Maïs uniquement pour fourage, à la manière que j'indiquerai plus bas, cette manière étant plus productive & moins coûteuſe que celle dont il eſt ici queſtion.

La deſſiccation de la plus grande partie des feuilles du Maïs eſt le caractère qui indique la maturité des épis, & par ſuite le moment de la récolte, qui, dans le midi de la France & pour les deux variétés communes, jaune & blanche, a lieu généralement quatre mois après les ſemailles ; cependant il eſt toujours prudent de s'aſſurer, en dépouillant quelques épis, de la couleur & de la dureté du grain, qui ſont des ſignes de maturité encore plus certains. Toujours on gagne à laiſſer l'épi ſur la tige le plus long-tems poſſible, ſurtout ſi la récolte eſt deſtinée à être conſervée une année ſur l'autre, parce que le grain ſe perfectionne, même après ſa maturité apparente. Ceux de ces épis qu'on cueille trop tôt, ſe reconnoiſſent aux rides & aux concavités de leurs grains : la farine qu'ils donnent est plus sucrée, mais moins abondante & plus facilement altérable. Il est des cas, & ils se présentent souvent sur les bords de la Saône, pays que j'ai habité, où la précocité des froids oblige de cueillir le Maïs avant sa complète maturité, & alors on le fait dessécher au four, sur l'épi, en graduant le plus possible la chaleur.

Dans beaucoup de pays on casse à moitié le support de l'épi de Maïs, & on laisse les épis, alors renversés, attachés aux tiges, jusqu'à ce que leur dessiccation soit complète. Par cette pratique on empêche l'eau de pluie de pénétrer sur le grain & de l'altérer, à raison de la disposition des feuilles qui le recouvrent, & on accélère la maturité des grains, sans la précipiter ; ce qui est un avantage important.

Dans d'autres pays on fait la récolte du Maïs en arrachant les pieds & en les transportant sous des hangars, jusqu'à ce que les épis soient complétement secs. Cette méthode offre les mêmes avantages que la précédente ; mais elle exige, dans les grandes exploitations, des bâtimens d'une étendue telle que l'intérêt des avances qu'ils nécessitent, l'emporte de beaucoup sur les bénéfices qu'ils procurent.

La récolte du Maïs se fait le plus ordinairement en cassant, par un mouvement de torsion, le pédicule de l'épi, & n'apportant que les épis à la maison, où on les étend sur une aire pour les faire sécher en les remuant de tems en tems, afin que ceux du dessous ne moisissent pas. Tantôt toute la famille s'occupe de les dépouiller immédiatement de leurs feuilles, ce qu'on appelle *dérober*, auquel cas on met de côté les épis les moins mûrs, les moins garnis de grains, ceux qui sont difformes, pour en consommer le grain le premier ou le donner aux bestiaux & à la volaille ; tantôt on les laisse dans leur robe jusqu'au moment de l'emploi. Après quoi on les met en tas dans un grenier bien aéré, où on les remue d'abord tous les jours, ensuite tous les deux jours, ou mieux on les introduit par le haut dans des espèces de tours à claire-voie, construites à cet effet à une petite distance de la maison, tours dont on les tire à mesure du besoin, par une petite ouverture ménagée à leur base.

Dans les pays chauds, où le Maïs mûrit complétement & se dessèche facilement, il vaut mieux le garder dans sa robe que dépouillé, parce qu'il se conserve mieux & est moins sujet à être dévoré par les souris & les insectes destructeurs, tels que le CHARANÇON & l'ALUCITE.

Dès que les épis de Maïs sont rentrés à la maison, il faut s'occuper de ramasser les feuilles restées sur les tiges, & les tiges mêmes, parce que plus elles restent à l'air, & plus elles s'altèrent. Les feuilles sont encore mangées par les vaches, surtout lorsqu'on les a mêlées la veille avec du regain frais, ou qu'on les mouille avec de l'eau salée pour les attendrir ; cependant, pour peu qu'elles soient moisies, elles ne sont plus bonnes qu'à faire de la litière. Les tiges servent à chauffer le four ou faire bouillir la marmite : on peut aussi les brûler pour en retirer de la potasse ; mais elles en fournissent trop peu, à ce degré de vétusté, pour qu'on doive spéculer sur sa fabrication.

Mais il faut que je revienne sur mes pas, pour parler des cultures qu'on intercale souvent avec celle du Maïs.

Comme, ainsi que je l'ai dit plus haut, pour que le Maïs prospère, il faut qu'il soit planté fort clair, qu'il en périt des pieds, ou qu'il en est souvent qui ne portent pas d'épis, & qu'on arrache pendant le troisième binage, le desir d'employer le terrein vide, d'en tirer tout le parti possible, détermine, presque partout, à y semer ou planter des légumes. Il est même des cas, comme dans les terres sèches par leur nature, ou trop exposées aux rayons du soleil, où il est très-bon d'en mettre. Je ne puis blâmer que l'excès & le choix des plantes : l'excès, parce qu'il empêche les binages ; le choix, parce que celles à tiges élevées, comme le chanvre, le topinambour, &c., celles à tiges grimpantes, comme les pois, les haricots, &c., nuisent par leur ombre. Ce seront donc des pois nains, des haricots nains, des lentilles, des fèves de marais, des pommes de terre, des choux, des raves, de la spargoute, &c., qu'on y mettra, toujours en les éloignant d'un pied, au moins, de chaque tige de Maïs. A la Caroline, où il se récolte de bonne heure, il croît naturellement, autour de lui, une plante annuelle fort voisine du panic sanguin, le *syntherisma precox* de Walter, que les bestiaux recherchent avec passion, soit fraîche, soit sèche, & qui se multiplie assez après le troisième binage, pour pouvoir être coupée deux ou trois fois avant les gelées. Il est fâcheux que cette plante, dont j'avois apporté considérablement de graines, ne puisse pas prospérer dans le climat de Paris, & que personne n'ait voulu profiter, dans le midi, des ressources qu'elle offre pour augmenter, sans nouveaux frais, les produits de la culture du Maïs.

Ce que j'ai déjà dit de l'excellence des feuilles de Maïs pour la nourriture des bestiaux, porte à croire qu'il doit être avantageux de le cultiver comme fourage ; & c'est ce qui a eu lieu dans beaucoup de cantons. L'important pour les contrées méridionales, c'est de faire succéder sa culture à une précoce, afin que le même terrein donne deux récoltes par année. J'entrerai, au mot SUCCESSION DE CULTURE, dans des développemens qui m'autorisent à me contenter de dire ici que le plus grand inconvénient qu'on ait à redouter dans ce cas, c'est la sécheresse ; de sorte que, hors les terreins susceptibles d'être arrosés à volonté, elle est toujours précaire.

Dans les pays moins favorisés, on ne peut compter chaque année que sur une récolte de Maïs pour fourage, dans le même terrein; mais comme aucune plante n'en fournit autant, & d'aussi excellente qualité, il y a toujours un grand bénéfice à espérer de sa culture. Cependant il seroit souvent possible, aux environs de Paris, par exemple, de semer du Maïs dans cette intention, après une prairie temporaire, des petits pois, de la navette d'hiver, &c.

C'est sur un seul labour, & à la volée, qu'on sème généralement le Maïs pour fourage : huit ou neuf boisseaux de graines par arpent sont la quantité nécessaire; car le plant peut être dru, non-seulement sans inconvénient, mais même avec utilité, pourvu qu'il n'y ait pas excès, c'est-à-dire, que les pieds soient écartés au moins de deux pouces. On enterre la graine à la herse, & on veille pendant quelques jours sur le champ pour écarter les oiseaux. La recommandation de faire tremper la graine dans l'eau deux jours d'avance s'applique ici, encore mieux que dans la culture décrite plus haut, à raison de la sécheresse de la saison où on opère.

Un semis de Maïs pour fourage ne demande aucun soin, jusqu'au moment de le couper; moment qui est généralement indiqué par la sortie des panicules des fleurs mâles : plus tôt, il n'auroit pas encore assez acquis de perfection; plus tard, ses feuilles inférieures commenceroient à s'altérer. La faulx est l'instrument qu'on emploie. Il se dessèche comme le foin; mais ses tiges étant fort épaisses, & abondamment fournies de suc muqueux, il faut plus de tems & de soins pour le mettre en état d'être conservé. S'il n'étoit pas extrêmement sec au moment où on le rentre, il moisiroit & ne pourroit plus servir à la nourriture des bestiaux. Peut-être cette difficulté de sa dessiccation est-elle le principal motif qui empêche que sa culture, sous le rapport dont il est question, devienne aussi générale qu'il semble qu'elle devroit d'être. Un moyen assuré de diminuer cet inconvénient, c'est de le stratifier avec de la paille, qui s'emparera de la surabondance d'humidité qu'il conserve, & d'une partie de sa saveur & de son odeur.

L'usage habituel du Maïs pour fourage, à raison de l'abondance du principe sucré qui s'y trouve, engraisse rapidement les bestiaux, & donne à leur chair un excellent goût. Je m'appercevois toujours, en Amérique, à l'abondance & à la saveur de leur lait, des jours où mes vaches étoient nourries de feuilles de Maïs.

Les produits de la culture du Maïs sont, comme je l'ai déjà observé, les plus considérables de tous ceux que donnoit la grande culture en Europe. Le moindre taux paroît être celui indiqué par Varennes de Fenilles, pour la ci-devant Bresse, un des derniers cantons où elle ait lieu, c'est-à-dire, cinquante pour cent.

Il est généralement avantageux, & sous le rapport déjà annoncé de sa conservation, & sous celui, non moins important de sa bonté, de ne séparer le grain de Maïs qu'au moment de sa consommation. C'est presque partout avec la main qu'on fait cette opération, qu'on appelle *égrainer*; opération très-longue & très-pénible, lors même qu'on s'aide du bord d'un tonneau défoncé ou d'une barre de fer fixée à travers le bord supérieur d'un tonneau défoncé, ou d'une planche posée de champ sur une table; cependant, dans quelques endroits, on l'exécute, au moins en partie, à l'aide du fléau ou de gros bâtons; dans d'autres, en marchant dessus avec des sabots ou des souliers ferrés, ou en les plaçant sous une planche garnie en dessous, de têtes de cloux, planche sur laquelle un homme s'assied pour la faire mouvoir dans tous les sens.

Plusieurs sortes de machines ont été proposées pour égrainer le Maïs en grand, mais nulle part je n'en ai vues en activité. Une des plus ingénieuses est celle décrite par M. Romand, dans le septième volume de la *Feuille du Cultivateur.*

Comme une dessiccation complète des épis du Maïs favorise leur égrainage, que dans les pays du nord il est souvent nécessaire, ainsi que je l'ai déjà observé, de dessécher les grains pour pouvoir les moudre, on est déterminé, dans beaucoup de ces pays, à mettre les épis au four avant de les égrainer. Je ne blâme pas cette dessiccation forcée, en principe général; mais j'observe qu'elle nuit toujours à la saveur de la bouillie, ainsi que j'ai eu bien souvent occasion de m'en assurer.

Après que le Maïs est égrainé, on le vanne pour le débarrasser des pellicules de son axe, de la terre & autres corps étrangers qui peuvent le souiller; après quoi on le met au grenier, soit en tas, qu'on remue de tems en tems, soit dans des tonneaux défoncés, qu'on transvase tous les quinze jours, soit enfin en sacs isolés. Cette dernière méthode de conservation, indiquée par M. Parmentier, est certainement la meilleure, parce qu'elle ne prive pas les grains du contact de l'air, & qu'elle s'oppose efficacement aux ravages des insectes.

Les deux plus dangereux des insectes qui attaquent le Maïs en grain sont le charançon du blé & l'alucite des grains dans les pays septentrionaux, & les mêmes, ainsi que le charançon du riz, dans les pays méridionaux. Les moyens indiqués à l'article CHARANÇON, pour en garantir les blés, s'appliquent au Maïs. On peut les appliquer également à l'alucite, que j'ai vue si abondante en Caroline, où elle est connue sous le nom de *hessian flie*, qu'elle éteignoit quelquefois ma chandelle lorsque j'entrois dans mon grenier pendant la nuit. Peu de grains égrainés échappent à sa voracité; mais comme elle ne détruit que le quart de chacun de ceux qu'elle attaque, que le même grain n'est jamais attaqué deux fois, on se résigne aux pertes qu'elle fait éprouver, quelque considérables qu'elles soient. Je rappelle que ni elle ni les charançons ne nuisent au Maïs non égrainé, dont les grains ne présentent qu'une surface extrêmement dure; & par conséquent hors de leurs atteintes.

Les grains de Maïs ne passent ordinairement qu'une fois sous la meule; mais les riches, après en avoir séparé le son & la fine farine, qui est dépourvue de saveur, font moudre une seconde fois l'espèce de gruau qui reste, pour avoir une farine plus atténuée, & par conséquent plus propre à faire de la bonne bouillie, ou à prendre les assaisonnemens qu'on lui destine. Cette farine ne se conserve guère plus d'un mois pourvue de toute sa saveur; aussi les riches des pays où on en fait usage, ne la font-ils fabriquer qu'au moment du besoin; cependant, en la mettant dans des sacs isolés & exposés à des courans d'air, on peut encore la trouver bonne au bout d'un an. Il est avantageux de consacrer des moulins exclusivement à faire la mouture du Maïs, parce qu'elle est différente de celle du blé, & qu'elle demande de la pratique pour être bien faite.

Ainsi que je l'ai déjà observé, la matière glutineuse manque complétement dans la farine du Maïs; aussi ne peut-on en faire du véritable pain, qu'en la mélangeant au plus par moitié avec celle de froment. Le pain qui provient de ce mélange est fort agréable au goût; mais comme il exige des soins de fabrication fort multipliés, on en fait rarement usage.

En Europe on ne mange guère le Maïs qu'en bouillie au lait ou au beurre, bouillie qu'on appelle *polenta* en Italie, *gaude* dans la ci-devant Bourgogne, & *millasse* dans les Cévennes. Mise sous la tourtière, avec des œufs, du lait, du sucre & de la fleur d'orange, on en compose un mets d'excellent goût, analogue à celui qu'on appelle *totfait*, lorsqu'on emploie la farine de froment. En Caroline, où le Maïs tient lieu de pain, on fait cuire sa farine ou dans un vase avec beaucoup d'eau & un peu de sel, ou sur une planche avec peu d'eau & un peu de sel. Dans toutes ces manières il forme un aliment fort nourrissant, qui, quoique compacte en apparence, se digère facilement, ainsi que le constate l'expérience de trois siècles, & ainsi que je l'ai éprouvé bien des fois.

Tous les animaux domestiques aiment le grain de Maïs avec passion. C'est la nourriture habituelle des chevaux en Caroline; mais son usage a l'inconvénient d'user plus tôt leurs dents & de leur donner moins de courage que l'avoine. Il engraisse les bœufs, les cochons & les volailles avec la plus grande rapidité. On reconnoît, à la première vue, le lard des cochons qui en ont fait exclusivement usage. Les poulardes de Bresse & du Mans lui doivent leur célébrité; il n'y a pas jusqu'aux carpes dont il améliore la chair.

Les axes des épis du Maïs servent à faire du feu. M. Buniva, à qui on doit une fort bonne instruction sur la culture de cette plante en Piémont, insérée dans les *Mémoires de l'Académie de Turin*, les a fait moudre & en a tiré une farine, qui, mêlée avec celle de froment, lui a donné un pain qui n'a pas été trouvé mauvais. Tous les animaux ont mangé cette farine avec plaisir. Je n'indique pas cette farine comme une ressource; mais elle prouve qu'on peut tirer un parti utile de toutes les parties de cette plante.

J'ai annoncé plus haut que le Maïs étoit sujet à plusieurs espèces de charbons: ils ont été observés par un grand nombre d'agriculteurs, entr'autres par MM. Tillet & Jenhoff, & surtout par M. Buniva; ce dernier les a figurés dans l'ouvrage déjà cité. J'en ai observé trois: le premier, fort semblable à celui du froment, attaque le grain par son intérieur & réduit sa substance en poussière noire; le second agit sur les fleurs mâles, dont il transforme le pollen en poussière noire, & qu'il empêche par conséquent de féconder les fleurs femelles; le troisième consiste en des fongosités irrégulières, plus ou moins grosses, qui naissent sur la tige, & qui, après avoir absorbé assez de sève pour empêcher la formation des épis ou les arrêter dans leur croissance, finit par se résoudre aussi en poussière noire. Je crois, ainsi que je l'ai annoncé plus haut, que le CHAULAGE (*voyez* ce mot) peut empêcher ces trois espèces de charbon de naître; mais lorsqu'on n'a pas employé cet excellent procédé, il n'y a plus d'autre ressource que de couper ou arracher les pieds de Maïs qui offrent du charbon d'une de ces trois espèces, avant qu'il se soit réduit en poudre noire, afin d'empêcher sa reproduction l'année suivante. Ces pieds, quoiqu'atteints du charbon, ne sont pas moins bons pour la nourriture des bestiaux.

J'ai aussi remarqué des pieds de Maïs très-chargés de rouille, plante de la même famille que celle du charbon, & qui sans doute leur cause le même dommage que la rouille du blé en cause à cette plante. *Voyez* ROUILLE & UREDO.

Il m'eût été possible de beaucoup alonger cet article, en entrant dans tous les détails qu'il comporte; mais ce que j'aurois dit de plus se trouve dans les articles généraux de théorie, articles auxquels je renvoie le lecteur. (*Bosc.*)

MAISON DE CAMPAGNE. Les propriétaires aisés, qui habitent les villes pendant une partie de l'année, donnent ce nom aux habitations d'été qu'ils possèdent autour de ces villes ou sur leurs propriétés rurales.

Comme il est à desirer, pour l'avantage de l'agriculture, que les propriétaires séjournent le plus long-tems possible sur leurs terres, & qu'on ne se plaît que là où on est bien, il est bon que les Maisons de Campagne soient saines, commodes & agréables.

Pour être saine, une Maison de Campagne doit être placée au levant ou au midi, dans un lieu élevé & battu par les vents, suffisamment éloignée des eaux stagnantes, afin de n'en pas recevoir les émanations délétères.

Pour être commode, ses abords doivent être faciles, ses distributions intérieures bien entendues, ses accompagnemens convenables.

Pour être agréable, elle doit être en belle vue, décorée avec goût, accompagnée de jardins bien plantés, d'eaux vives abondantes, &c.

Lorsqu'on fait bâtir une Maison de Campagne, la première attention à avoir, c'est d'en proportionner la grandeur au revenu de la terre sur laquelle elle se trouve; car, comme la dépense de son entretien doit se prendre sur ce revenu, si elle est plus forte que la partie disponible de ce revenu, les besoins de première nécessité de la famille prélevés, ne le comporte, elle devient à charge, & on la laisse tomber en ruine. D'ailleurs, elle n'entre presque pour rien, quelqu'argent qu'elle ait coûté, dans l'évaluation du prix de la terre, lorsqu'on est dans la nécessité de la mettre en vente. Ce n'est qu'auprès des grandes villes, où la demande des Maisons de Campagne sans revenu se renouvelle tous les ans, qu'on peut agir autrement.

Ce n'est qu'après s'être bien rendu compte de sa position, qu'un propriétaire sage se résout à bâtir une Maison de Campagne; car, quelle que soit l'exactitude de ses calculs, il est presque toujours dans le cas de dépenser plus qu'il n'avoit compté, soit qu'il en confie la construction à la surveillance d'un architecte, soit qu'il dirige lui-même ses maçons, ses charpentiers, ses couvreurs, ses serruriers, ses menuisiers, ses vitriers, &c., parce qu'il a autant à craindre l'immoralité que l'inhabileté de ces ouvriers.

Bâtir avec les meilleurs matériaux que produit le pays est toujours une économie à mes yeux; car les réparations sont, proportions gardées, beaucoup plus coûteuses que les constructions.

Je n'entreprendrai ni de donner des préceptes sur la manière de bâtir une Maison de Campagne, ni d'indiquer les distributions qui lui conviennent le mieux, parce que ces objets sont du ressort du *Dictionnaire d'Architecture*, Dictionnaire auquel je renvoie le lecteur. (*Bosc.*)

MAITRES : sillons irréguliers, plus profonds que les autres, qu'on dirige, après le dernier labour, vers la partie la plus basse du champ, afin de favoriser l'écoulement des eaux surabondantes.

La formation des Maîtres sillons demande beaucoup d'intelligence; aussi doivent-ils être creusés, ou au moins tracés par le plus habile laboureur de l'exploitation. *Voyez* ÉGOUT DES TERRES & LABOUR.

MAKI.

Arbre du Japon, dont le bois sent mauvais lorsqu'il est plongé dans l'eau chaude, mais qui est fort recherché pour faire des meubles : on ignore à quel genre il appartient, & il n'est pas cultivé dans nos jardins. (*Bosc.*)

MALABATRUM. On donne ce nom, dans les pharmacies, à la feuille de LAURIER CASSIE.

MAL D'ANE : crevasse autour de la couronne du sabot des chevaux, de laquelle sort une humeur âcre qui cause une grande démangeaison à l'animal & le fait boiter.

Cette maladie reconnoît les mêmes causes & demande le même traitement que les EAUX AUX JAMBES. *Voyez* ce mot. (*Bosc.*)

MAL DE BROU ou MAL DE BOIS. Lorsqu'au printems on laisse les animaux domestiques paître dans les bois, & qu'ils y mangent les jeunes pousses du chêne, ils sont exposés, par l'effet astringent de cette nourriture, à la suppression de leurs évacuations, & par suite à l'inflammation des intestins, à la gangrène & à la mort.

Il n'est pas difficile d'arrêter les suites de ces effets lorsqu'on s'y prend de bonne heure, puisqu'il suffit de donner aux animaux qui en sont atteints, des boissons rafraîchissantes & émollientes, d'abondans lavemens, & de les tenir à une diète sévère.

Quand la maladie est arrivée à un certain degré, c'est-à-dire, quand elle dure depuis plusieurs jours, & que la fièvre est ardente, il n'y a plus d'espoir. Il faut tuer l'animal & le manger, s'il est du nombre de ceux qui sont destinés à la boucherie. Sa viande n'est nullement mal-saine.

Il dépend toujours des propriétaires d'éviter des pertes de bestiaux par cette cause, puisqu'il suffit qu'ils les empêchent d'aller dans les bois au printems.

Je dois faire remarquer que ceux des bestiaux qui sont accoutumés à y aller toute l'année y sont moins sujets que ceux qui n'y vont que par circonstance.

Chabert a publié un très-bon Mémoire sur cette maladie, imparfaitement connue avant lui. (*Bosc.*)

MAL DE CERF : tension spasmodique qui, tantôt générale, tantôt partielle, se développe dans le cheval, & qu'on a comparée, avec quelque raison, à celle qui précède la mort du cerf aux abois.

C'est surtout sur les muscles de la tête & du cou que le Mal de cerf se développe. Lorsqu'il se borne à ceux de la mâchoire inférieure, il se nomme le TIC DE L'OURS; lorsqu'il se borne à ceux du globe de l'œil, on l'appelle STRABISURE. *Voyez* ces mots.

Une blessure, du poison, une transpiration arrêtée, une action trop violente, peuvent causer le Mal de cerf; souvent on ne sait à quoi l'attribuer.

Les bains, les fomentations émollientes, les boissons rafraîchissantes, sudorifiques & diaphorétiques, les saignées, les frictions répétées, sont les moyens à employer pour ramener les muscles à leur état naturel. Lorsqu'ils ne réussissent pas, on doit regarder l'animal comme mort. Il est cependant arrivé que, lorsqu'on avoit perdu toute espérance, la maladie a cessé comme par enchantement.

Si le Mal de cerf a pour cause une blessure, il faut porter son attention sur elle, l'élargir si c'est une aponévrose ou un tendon qui a été entamé, couper le nerf s'il a été déchiré. Un simple cultivateur ne peut se permettre ces opérations, qui demandent beaucoup de connoissances en théorie & en pratique; en conséquence, je renvoie aux *Dictionnaires de Médecine* & *de Chirurgie*.

Les chevaux d'un naturel ardent & dans la force de l'âge sont les plus sujets à cette maladie, qui est principalement fort commune aux armées actives. (*Bosc.*)

Mal de feu ou d'Espagne. Les cultivateurs donnent ce nom aux premiers symptômes des maladies inflammatoires des bestiaux, principalement de la Pleurésie & de la Péripneumonie, lorsque ces maladies s'arrêtent avant de prendre les caractères graves qui leur sont propres. *Voyez* ces mots.

C'est par la diète & des boissons rafraîchissantes & émollientes qu'on arrête les progrès du Mal de feu. (*Bosc.*)

Mal de feu des brebis. *Voyez* Brulure.

Mal de foie. *Voyez* Pourriture des moutons.

Mal de garrot. Le frottement de la selle sur le garrot du cheval cause cette maladie, qui devient quelquefois fistuleuse, ulcéreuse, c'est-à-dire, fort difficile à guérir, & qui, en se gangrenant ou en donnant lieu à la carie de l'os, peut occasionner la mort de l'animal.

En général, c'est presque toujours la mauvaise construction de la selle qui cause ce mal; & comme la plupart des races de chevaux, souvent des chevaux de la même race, offrent des variations dans la conformation du dos, soit relativement à sa courbure, soit relativement à la saillie des apophyses de son épine, il est nécessaire de la faire fabriquer pour tel cheval, & ne pas l'employer sur les autres. Cependant les chevaux qui travaillent beaucoup, & qui sont exposés à changer souvent de selle, comme les bidets de poste, s'endurcissent la peau & sont moins sujets au Mal de garrot que les chevaux fins.

Lorsque la blessure au garrot est peu considérable, il suffit souvent de quelques jours de repos pour la guérir; mais aussi quelquefois elle reste long-tems sans se fermer, & alors il faut employer les emplâtres détersifs & autres. *Voyez* au mot Plaie.

Si la nécessité de faire usage d'un cheval atteint d'un Mal de garrot ne permet pas de le laisser en repos, on disposera, autour de la blessure, des coussinets, pour l'empêcher d'être touchée par la selle, ou on lui fera faire une selle propre à remplir cet objet.

Il est presque toujours dangereux d'employer des emplâtres répercutifs pour accélérer la guérison du Mal de garrot, à raison des accidens qui en peuvent être la suite.

Lorsque le Mal de garrot s'est changé en fistule ou en ulcère, ou qu'il est devenu gangreneux, on le traite en conséquence (*voyez* Fistule, Ulcère & Gangrène) : il en est de même lorsque sa suite a été la carie des os. *Voyez* Carie. (*Bosc.*)

Mal de rognon : blessure faite à la croupe du cheval par le derrière de la selle ou un portemanteau.

Comme cette maladie ne diffère du Mal de garrot que par sa position, & qu'elle se traite de même, je ne lui consacrerai pas un article particulier; je dirai seulement qu'elle est plus rarement dans le cas de devenir grave, à raison de sa position & du plus de facilité d'empêcher la permanence de sa cause. (*Bosc.*)

Mal rouge : maladie des moutons, ainsi appelée du sang qu'ils rendent : on la nomme aussi *maladie d'été*, parce que c'est pendant cette saison qu'elle se manifeste, & *maladie de Sologne*, parce que c'est le canton où elle se reproduit le plus souvent & le plus généralement.

Les moutons attaqués de cette maladie se reconnoissent à leur air triste, à leur marche lente, à leur défaut d'appétit. Quand elle est dans sa force, ils portent la tête entre les jambes, restent immobiles, soit debout, soit couchés, respirent avec peine, laissent couler de leur bouche une bave écumeuse, de leurs naseaux un mucus sanguinolent, rendent des excrémens & des urines teints de sang. Quelques individus boivent abondamment.

Cette maladie dure ordinairement six, huit, dix & douze jours, quelquefois plus, mais rarement moins. Si ces animaux ne meurent pas, leur convalescence est fort longue.

Tessier, auquel on doit un excellent Mémoire sur cette maladie, qu'il a observée en Sologne, assure qu'elle n'est pas contagieuse; qu'il faut en attribuer la cause à la trop foible nourriture des bêtes à laine pendant l'hiver, & sa gravité aux pâturages ou à la saison trop humide après le dégel.

Comme dit Tessier, la principale source du mal est dans la manière dont on soigne les brebis pleines & les agneaux. Les bergeries seront placées dans les lieux les plus élevés : on leur donnera plus d'étendue, on en renouvellera plus souvent la litière; on les y nourrira pendant la saison rigoureuse, & on ne les enverra que rarement & peu de tems dans les pâturages, tant qu'ils conserveront une surabondance d'humidité.

Vers l'époque où la maladie se déclare ordinairement, on fera des feux de flamme dans les bergeries, plusieurs jours de suite, matin & soir, pour en chasser le mauvais air, & on aspergera d'eau salée le fourage qu'on donnera aux animaux.

Les moyens employés pour guérir la maladie rouge sont les apéritifs, les diurétiques & les toniques. Ainsi, d'abord on donnera chaque jour, aux animaux malades, plusieurs verres d'une décoction d'écorce de sureau ou de baies d'alkekenge, ensuite de la décoction de sauge, d'hyssope, de pouliot ou de toute autre plante aromatique, en y joignant un gros de sel de nitre & deux gros de sel marin par pinte d'eau. La nourriture sera en outre du seigle ou du genêt, ou du foin. On aura soin de garantir les bêtes du froid & de la pluie.

Celles de ces bêtes qui sont arrivées au second état de la maladie, ne peuvent plus donner d'espérance, & il sera nécessaire de les tuer.

Il faudra séparer les bêtes malades de celles qui sont saines, & même ne mettre qu'un petit nombre des premières ensemble. (*Bosc.*)

MAL ROUGE : synonyme de claveau dans certains lieux.

MAL DE TAUPE : tumeur molle, de figure irrégulière, plus ou moins grosse, qui se développe sur le sommet de l'encolure du cheval, même sur le sommet de sa tête, laquelle tumeur contient un pus épais, qui devient quelquefois âcre au point de percer la peau & de carier le crâne.

Tantôt le Mal de taupe est enkisté, tantôt il ne l'est pas : on juge qu'il l'est lorsque la peau, quand on la comprime, glisse ou roule dessus.

Ce mal n'est dangereux que lorsqu'il se trouve placé sur les sutures du crâne, surtout quand il est adhérent, c'est-à-dire, non enkisté, parce qu'alors il peut avoir communication avec la dure-mère & mettre la vie de l'animal en danger.

Une nourriture sèche, un exercice modéré, des tisanes sudorifiques & toniques, ensuite des purgatifs répétés, sont les moyens préparatoires à la guérison du Mal de taupe.

Si la tumeur est nouvelle, elle peut se résoudre, surtout à l'aide, ou de l'onguent de vigo, ou de l'onguent de styrax, mêlé avec de la fleur de soufre, ou avec l'éthiops minéral.

Si elle ne se résout pas, il faut en faciliter la suppuration par des cataplasmes émolliens, tels que l'onguent basilicum, & ensuite ouvrir l'abcès & le panser, ou avec l'onguent égyptiac, ou avec l'alun calciné, ou avec le précipité rouge, le beurre d'antimoine, la pierre infernale, ou en opérer l'extirpation.

Pour exécuter cette opération, on ouvre la peau & on enlève la tumeur ou le kiste, s'il y en a un, par le moyen de la dissection; après quoi on panse d'abord avec les caustiques, comme il a été dit plus haut, & ensuite avec les suppuratifs. (*Bosc.*)

MALACHRE. *Malachra.*

Genre de plante de la monadelphie polyandrie & de la famille des *Malvacées*, dans lequel se trouvent réunies sept espèces, dont trois se cultivent dans les jardins de botanique. *Voyez* les *Illustrations des genres* de Lamarck, pl. 580.

Espèces.

1. La MALACHRE capitée.
Malachra capitata. Linn. ⊙ Des Antilles.

2. La MALACHRE rayonnée.
Malachra radiata. Cavan. ⊙ De Saint-Domingue.

3. La MALACHRE à bractées.
Malachra bracteata. Cavan. ⊙ De l'Amérique.

4. La MALACHRE à feuilles d'alcée.
Malachra alceæfolia. Jacq. ⊙ De Caracas.

5. La MALACHRE rayée.
Malachra fasciata. Jacq. ⊙ De Caracas.

6. La MALACHRE plumeuse.
Malachra plumosa. Lam. Du Brésil.

7. La MALACHRE à trois lobes.
Malachra triloba. Desf. ⊙ De.....

Culture.

Les trois espèces qui se trouvent dans nos jardins sont : la première, la quatrième & la septième. Leur culture est extrêmement simple, puisqu'elle ne consiste qu'à semer leurs graines, au printems, dans des pots, & à les placer sur une couche nue, à éclaircir le plant qui en provient, & lorsque les chaleurs sont arrivées à une suffisante intensité, c'est-à-dire, en juin, de placer les pots contre un mur exposé au midi. En tout tems on leur donne des arrosemens lorsqu'ils en ont besoin. Aux approches des gelées, on rentre les pots dans l'orangerie pour donner, aux pieds qu'ils contiennent, le moyen de mûrir leurs graines.

Les Malachres sont des plantes de peu d'agrément. (*Bosc.*)

MALACODRE. *Stuartia* ou *Stewartia.*

Genre de plante de la monadelphie polyandrie & de la famille des *Malvacées*, qui réunit deux espèces cultivées dans nos jardins, & qui méritent d'être plus multipliées qu'elles ne le sont, à raison de leur beauté. *Voyez* les *Illustrations des genres* de Lamarck, pl. 593.

Espèces.

1. Le MALACODRE à un style.
Stuartia malacodendron. Linn. ♄ De la Caroline.

2. Le MALACODRE à cinq styles.
Stuartia pentagynia. Lhérit. ♄ De la Virginie.

Culture.

J'ai observé la première espèce pendant mon séjour en Amérique, d'où j'ai apporté des millions de graines qui ont bien levé; cependant il ne reste peut-être pas un seul des pieds qu'elles ont produits. Il croît dans les endroits humides. Là, c'est un arbre médiocre, mais du plus grand éclat; mais en France il est toujours chétif & peu garni de fleurs. La terre qui lui convient est celle de bruyère, mêlée avec un tiers ou un quart de terre franche. On le multiplie de graines tirées de son pays natal, ou de marcottes, qui prennent racines au bout d'un ou de deux ans. Il se tient en pot pour être rentré dans l'orangerie, ou se met en pleine terre, contre un mur exposé au midi. Il craint moins les fortes gelées de l'hiver, que les dernières gelées du printems. Lorsqu'il est en pot, on le place, au printems, contre les fenêtres de l'orangerie, & on ne le sort que tard. Lorsqu'il est en pleine terre, on le laisse empaillé encore plus long-tems. La nécessité de ces précautions empêchera toujours qu'il se multiplie autant qu'il seroit à desirer, dans le climat de Paris, & plus au nord; mais dans celui de Lyon & plus au midi, il n'y a pas de raison pour qu'il ne serve pas à l'ornement de tous les jardins paysagers plantés en bon fond.

La seconde espèce ne paroît pas plus délicate que celle-ci, & cependant elle est encore plus rare dans nos jardins. La culture que je viens d'indiquer lui convient également.

Lorsqu'on reçoit des graines de ces deux arbres de leur pays natal, il faut les semer sur couche & sous châssis, & tenir le plant qu'elles donneront dans une serre tempérée, pendant les deux ou trois premières années. Quoique ce plant aime beaucoup les arrosemens, il craint singuliérement l'humidité de l'air pendant l'hiver, & il n'est pas rare de voir périr alors l'extrémité de ses branches, même sa tige. (*Bosc.*)

MALADIE CONVULSIVE. M. Tessier, dans son excellente *Instruction sur les Bêtes à laine*, signale cette maladie, qu'on appelle aussi *maladie folle*, comme devenant commune dans la ci-devant Beauce. Il la caractérise ainsi: « L'animal qui en » est attaqué a, de tems en tems, des mouve- » mens extraordinaires; il marche au hasard, chan- » cèle, tombe, & les membres sont agités, ainsi » qu'ils le sont dans les accès d'épilepsie: si on » le prend, il ne se soutient pas. »

Au reste, M. Tessier ne donne que des conjectures sur les causes de cette Maladie, & sur le traitement qui lui convient, n'ayant jamais été à portée de la voir.

Les fermiers se défont de leurs bêtes lorsqu'ils les voient prises de cette affection, dont la terminaison est la mort. (*Bosc.*)

MALADIE FOLLE. *Voyez* l'article précédent.

MALADIES DES ANIMAUX DOMESTIQUES. L'état contre nature dans lequel on tient les animaux domestiques, les travaux forcés auxquels on les assujettit, la mauvaise nourriture qu'on leur donne souvent, &c., les rendent sujets à beaucoup plus de Maladies que les sauvages, & c'est en les rapprochant le plus possible de cet état de nature, en ne les fatigant pas avec excès, en veillant sur leur nourriture avec plus de soin, qu'on peut diminuer le nombre de ces Maladies. *Voyez* au mot HYGIÈNE VÉTÉRINAIRE.

Quoique beaucoup de Maladies des animaux domestiques puissent se guérir par le seul effet de la cessation des causes qui les ont fait naître, ainsi que par le repos, la diète, un meilleur choix d'alimens, &c., il en est cependant dont la mort seroit certainement la suite, si l'art ne venoit pas au secours de la nature. C'est l'objet de la médecine vétérinaire, médecine abandonnée pendant des siècles à l'ignorance & à des charlataneries de plusieurs espèces, mais qui est aujourd'hui placée au rang des sciences, grâce à l'institution des écoles de Lyon & d'Alfort.

Le cultivateur qui a une bête malade doit d'abord considérer si, relativement à sa valeur numérique, elle peut supporter les frais du traitement. Ainsi, il n'y a aucun avantage à faire suivre un traitement à un bœuf attaqué de la pommelière; il doit être vendu de suite au boucher. Ainsi, il vaut autant livrer au même boucher un mouton commun dans lequel on reconnoît les symptômes du tournis, que de le faire opérer. Ainsi, quelle est la Maladie des poules, si elle n'est pas contagieuse, qui vaille la peine d'appeler un vétérinaire? Ce sont ces circonstances qui font que le cheval, & depuis quelques années le mouton mérinos, sont presque les seuls des animaux domestiques auxquels on donne des remèdes, ou sur lesquels on fasse des opérations chirurgicales.

Toute bête malade doit d'abord être isolée des autres, & traitée de suite; car le plus souvent on a à craindre la contagion, & un retard de quelques heures suffit fréquemment pour rendre les remèdes inutiles. *Voyez* CONTAGION, EPIZOOTIE. (*Bosc.*)

MALADIE DE BOIS. *Voyez* MAL DE BROU.

MALADIE CHARBONEUSE. M. de Buchepot assure, *Annales d'Agriculture*, vol. 51, avoir trouvé un spécifique contre les Maladies charboneuses. Ce sont des feuilles de la menthe des jardins, pilées avec de l'huile d'olive, appliquées sur les boutons, & renouvelées trois ou quatre fois par jour. Si la Maladie, faute d'avoir été prise à tems, continue de faire des progrès, on fait prendre à l'animal une décoction des mêmes feuilles & de thériaque dans du vin blanc. *Voyez* CHARBON. (*Bosc.*)

MALADIE DES CHIENS. Une espèce de catarre, accompagné de tristesse & de dégoût, est le premier symptôme de cette Maladie, qui devient chaque jour plus commune dans les chiens, & qui en en enlève tous les ans de grandes quantités. Plus tard, des mouvemens convulsifs se montrent dans les muscles de l'abdomen, ensuite dans tout le corps, & l'animal ne succombe qu'après un long tems, quelquefois après plusieurs années : elle guérit rarement seule, & quand cela arrive, il y a toujours affoiblissement d'une ou plusieurs des facultés de l'animal.

Cette Maladie se perpétue par la génération; ainsi, tuer de suite les individus qui en montrent les premiers symptômes, est le meilleur moyen d'en empêcher la propagation.

Les purgatifs & les émétiques à forte dose, & fréquemment répétés, accompagnés de cautères, de setons & autres émonctoires, sont les moyens curatifs qui ont le mieux réussi.

Les cultivateurs sont rarement assez attachés à leurs chiens, pour vouloir faire la dépense d'un traitement lorsqu'ils sont attaqués de cette Maladie; en conséquence, je n'entrerai pas dans de plus grands détails sur ce qui y a rapport. (*Bosc.*)

Maladies des plantes. Comme les animaux, les plantes sont sujètes à des Maladies qui altèrent l'organisation de quelques-unes de leurs parties, ou agissent sur l'ensemble de ces parties, & qui les font mourir partiellement ou totalement, très-lentement ou instantanément, ou qui seulement empêchent les fonctions de ces parties.

Plusieurs de ces Maladies ont été décrites par Duhamel & autres; mais beaucoup ne sont encore connues que par leurs noms. Plenk est celui qui a donné les notions les plus complètes sur la *Pathologie végétale*; il place les Maladies des plantes sous huit divisions, qui sont :

1°. Lésions externes, telles que *plaie*, *fente*, *fracture*, *ulcération*, *défoliation*;

2°. Ecoulement, comme *hémorrhagie*, *pleurs des bourgeons*, *miélat*;

3°. Débilité, c'est-à-dire, *foiblesse*, *accroissement arrêté*;

4°. Cachexie, où entrent la *chlorose* ou *étiolement*, l'*ictère*; l'*anasarque*, les *taches*, la *phthisie*;

5°. Putréfaction, qui renferme la *teigne des pins*, la *nécrose* ou *brûlure*, la *gangrène*;

6°. Excroissance : par exemple, la *squammation des bourgeons*, les *verrucosités des feuilles*, le *carcinome* & la *lèpre* ou *gale des arbres*;

7°. Monstruosités, qui sont offertes par les *fleurs doubles*, les *fleurs mutilées naturellement*, les *difformités de toutes sortes*;

8°. Stérilité : il s'en trouve par excès de nourriture, par manque de nourriture, par l'excès du froid, l'excès du chaud, par les pluies, les sécheresses, par causes accidentelles, &c.

On trouvera, à la plupart de ces mots, les indications nécessaires pour guider le cultivateur dans le choix des moyens qu'il doit employer pour prévenir, arrêter ou guérir ces Maladies : j'y renvoie le lecteur.

Depuis quelques années on a reconnu que plusieurs Maladies des plantes étoient dues à des plantes parasites de la famille des *Champignons*, plantes que Decandolle a appelées Parasites internes. C'est parmi elles que se trouvent la Carie, le Charbon, la Rouille, le Blanc, la Mort du safran, &c.

En mangeant les feuilles, les tiges, les racines & autres parties des plantes, les quadrupèdes, les oiseaux, & surtout les insectes, leur causent aussi des Maladies, que je citerai aux articles qui les auront pour objet. Je dois cependant dire ici que ces singulières monstruosités, qu'on appelle Gales, & dont la forme varie tant, sont aussi dues à des insectes. (*Bosc.*)

MALANDRE : crevasse au pli du genou du cheval, & d'où découle, comme dans les ulcères, une humeur qui corrode la peau.

Un grand nombre de causes peuvent produire la Malandre, & il n'est pas toujours facile de les deviner. Souvent elle n'est due qu'à un échauffement, & se guérit par de simples lotions d'eau tiède. Souvent elle est la suite d'une gale, d'un farcin & autres maladies de la lymphe, auxquels cas il faut joindre, à ces lotions, des plumasseaux chargés d'abord d'une dissolution de sulfate de zinc ou de sulfate de cuivre, & ensuite d'onguent égypriac : il est très-probable que des lotions d'acide nitrique affoibli (eau-forte) produiroient de meilleurs effets.

Le mouvement de l'articulation du genou, empêchant la Malandre de se fermer, elle est souvent long-tems avant de se guérir.

Mettre les chevaux au vert, guérit quelquefois les Malandres rebelles au traitement le mieux suivi. *Voyez* Solandre, maladie qui ne diffère de celle-ci que par sa position. (*Bosc.*)

MALANI. *Voyez* Mélani.

MALAPARI. *Malaparius.*

Arbre à feuilles alternes & à fleurs jaunes disposées en grappes, originaire des Moluques, dont les parties de la fructification sont incomplétement connues, & qui ne se trouve pas dans nos jardins. (*Bosc.*)

MALASSIN : synonyme de la maladie des moutons, appelée Phalère. *Voyez* ce mot.

MALAXIDE. *Malaxis.*

Genre de plante de la gynandrie diandrie & de la famille des *Orchidées*, dans lequel se trouvent rangées quatorze espèces, dont plusieurs se trouvent en France, & faisoient auparavant partie des Ophrydes. *Voyez* ce mot.

Espèces.

1. La MALAXIDE en épi.
Malaxis spicata. Swartz. ♃ De la Jamaïque.
2. La MALAXIDE à ombellules.
Malaxis umbellulata. Swartz. ♃ De la Jamaïque.
3. La MALAXIDE ophioglossoïde.
Malaxis ophioglossoides. Willd. ♃ De la Caroline.
4. La MALAXIDE à une seule feuille.
Malaxis monophyllos. Swartz. ♃ Des Alpes.
5. La MALAXIDE de Rheede.
Malaxis Rheedii. Swartz. ♃ Des Indes.
6. La MALAXIDE odorante.
Malaxis odorata. Willd. ♃ Des Indes.
7. La MALAXIDE des marais.
Malaxis paludosa. Swartz. ♃ Indigène.
8. La MALAXIDE à feuilles de lis.
Malaxis liliifolia. Swartz. ♃ De l'Amérique septentrionale.
9. La MALAXIDE de Loesel.
Malaxis Lœselii. Swartz. ♃ Indigène.
10. La MALAXIDE nerveuse.
Malaxis nervosa. Swartz. ♃ Du Japon.
11. La MALAXIDE penchée.
Malaxis cernua. Willd. ♃ Des Indes.
12. La MALAXIDE pendante.
Malaxis nutans. Willd. ♃ Des Indes.
13. La MALAXIDE à queue.
Malaxis caudata. Willd. ♃ Des Indes.
14. La MALAXIDE subulée.
Malaxis subulata. Labill. ♃ De la Nouvelle-Hollande.

Culture.

Si la culture des *Orchidées* est généralement très-difficile, celle des *Malaxides* en particulier est presqu'impossible. Les deux espèces les plus communes en Europe, c'est-à-dire, la septième & la neuvième, croissent dans la mousse des marais, & ne peuvent vivre autre part plus long-tems qu'une quinzaine de jours, quelques précautions qu'on prenne, ainsi qu'on le voit souvent dans les jardins de botanique. La troisième, que j'ai observée en grande quantité en Caroline, & la quatrième, qui croît sur les Alpes, n'offrent pas cet inconvénient; mais les essais que j'ai tentés n'ont offert aucune espérance. Il faut probablement surtout renoncer à voir jamais, dans nos jardins, celles des pays chauds, qui y exigeroient la serre. (*Bosc.*)

MALE : l'un des sexes des animaux & des végétaux, celui qui transmet le principe de la vie, ou porte le germe de nouveaux êtres dans les organes des femelles, où se trouvent exclusivement les circonstances propres à son développement.

Les Anciens ont reconnu, & l'expérience de tous les jours le vérifie, que le Mâle porte dans la conception plus de qualités internes, & la femelle plus de formes externes. Il en résulte que, dans les croisemens des chevaux, par exemple, il faut éviter d'employer pour étalon des individus d'un caractère vicieux, ou attaqués de maladies transmissibles. Je fais cette observation, parce qu'on ne porte pas assez d'attention au choix des Mâles dans ce cas. *Voyez* CROISEMENT, RACE, VARIÉTÉ.

La puissance génératrice n'ayant toute son amplitude dans les Mâles, que lorsqu'ils sont parvenus au maximum de leur accroissement, on n'obtient que de foibles productions en suivant l'usage, malheureusement si commun dans nos campagnes, de les employer trop jeunes à la reproduction de leur espèce. Jamais les races de nos animaux domestiques ne se relèveront, tant qu'on ne fera pas plus d'attention à cet objet; ainsi on doit desirer surtout qu'on renonce, dans certains pays, à se servir des plus jeunes taureaux, des jeunes béliers, des jeunes cochons, pour les châtrer l'année suivante; à ne conserver les coqs des poules, des dindes, les jars des oies, des canards, que jusqu'après la première ponte des femelles qui sont nées en même tems qu'eux. La considération que ces Mâles ne sont plus aussi tendres si on les garde jusqu'à ce qu'ils ne puissent plus être utiles à la reproduction, ne peut être valable quand on la compare à celle qui résulte de la bonté des productions de ceux qui sont parvenus à toute la vigueur de l'âge.

La nature ayant donné aux Mâles une grande énergie pour les rendre plus propres à surmonter les obstacles qu'ils peuvent trouver dans la poursuite des femelles, cette énergie est quelquefois, soit directement, soit indirectement, nuisible au but que se proposent les cultivateurs. En conséquence ils se sont déterminés à l'affoiblir par la castration, opération qui ne doit être exécutée ni trop tôt, ni trop tard. *Voyez* CASTRATION.

La chair des taureaux & des béliers arrivés à l'âge adulte est plus dure que celle des femelles & que celle des bœufs & des moutons; mais elle est plus savoureuse, quelquefois même elle l'est trop, ayant un goût spermatique, comme s'en apperçoivent ceux qui ont un palais délicat.

Les animaux mâles sont sujets à quelques maladies qui leur sont particulières, & qui seront mentionnées aux articles qui les ont pour objet. (*Bosc.*)

MALÉFICE. Autrefois ce mot auroit été l'objet d'un long article; mais, grâce aux progrès des lumières, il est rare aujourd'hui de voir des cultivateurs qui croient qu'un homme puisse, par des paroles, des gestes, des opérations secrètes, leur faire du mal dans leur personne ou dans leurs propriétés. Il ne paroît que de loin en loin des sorciers, des loups-garous, des revenans, &c., parce que lorsque quelques fripons s'annoncent comme tels, la loi les punit. (*Bosc.*)

MALESHERBE. *Gymnoplema.*

Genre de plante de la pentandrie trigynie, qui réunit deux espèces vivaces, & dont aucune n'est cultivée dans nos jardins.

Espèces.

1. La Malesherbe tubuleuse.
Gymnoplema tubulosa. Cavan. ♃ Du Pérou.
2. La Malesherbe à feuilles linéaires.
Gymnoplema linearis. Cavan. ♃ Du Chili.
(*Bosc.*)

MALETTE A BERGER. *Voyez* Thlaspi bourse a berger.

MALHERBE. C'est la Dentelaire commune.

MALICORNIUM. On donne ce nom, dans les boutiques des droguistes, à l'écorce de la Grenade.

MALI-MALI : nom caraïbe de la Casse ailée.

MALLÉAMOTE : synonyme de Pavette de l'Inde.

MALLET : cochon d'un an, réservé pour la multiplication, & tué ensuite. *Voyez* Cochon.

MALLINGTONE. *Mallingtonia.*

Grand arbre de l'Inde, à feuilles bipinnées, à fleurs blanches, odorantes, disposées en panicules terminales, qui forme seul un genre dans la didynamie angiospermie.

Cet arbre, qu'on cultive dans les jardins de l'Inde, à raison de sa beauté & de l'agréable odeur de ses fleurs, n'a pas encore été transporté dans les nôtres; ainsi je n'ai rien à en dire de plus. (*Bosc.*)

MALLOCOQUE : espèce de Greuvier. *Voy.* ce mot.

MALLOTE.

Arbre de la Cochinchine, que nous ne possédons pas dans nos jardins, & qui seul forme un genre dans la dioécie polyandrie. Ses feuilles sont alternes, & ses fleurs disposées en grappes terminales. (*Bosc.*)

MALMAISON : nom vulgaire de l'Astragale des champs.

MALNOMMÉE. C'est ainsi que les Créoles de Saint-Domingue appellent l'Euphorbe hérissée.

MALOPE. *Malope.*

Genre de plante de la monadelphie polyandrie & de la famille des *Malvacées*, qui rassemble quatre espèces, dont deux se cultivent dans nos jardins. Il est figuré pl. 583 des *Illustrations des genres* de Lamarck.

Espèces.

1. La Malope malacoïde.
Malope malacoides. Linn. ☉ Du midi de l'Europe.
2. La Malope trifide.
Malope trifida. Cavan. ☉ Du midi de l'Europe.
3. La Malope multiflore.
Malope multiflora. Cavan. ☉ Du midi de l'Europe.
4. La Malope à petites fleurs.
Malope parviflora. Lhérit. ☉ Du Pérou.

Culture.

Les deux premières espèces sont celles qu'on cultive dans nos jardins de botanique & dans nos grandes collections de plantes. On les y sème dans des pots remplis de terre légère, pots qui se placent, au printems, sur couche nue, & qu'on arrose au besoin. Lorsque les plants, provenus de ces semis, ont acquis six à huit pouces de haut, on les repique en pleine terre, dans un lieu abrité des vents froids. Les seuls soins qu'on leur donne, sont ceux propres à tout jardin bien tenu.

Ces plantes ne sont pas sans élégance; mais, comme leurs fleurs manquent d'odeur, & que beaucoup d'autres de la même famille & vivaces sont plus belles, on ne les recherche pas dans les jardins d'agrément.

La dernière espèce a été cultivée au Jardin du Muséum. (*Bosc.*)

MALT : orge germé pour fabriquer de la bière. *Voyez* Orge & Bière.

MALVACÉES : famille de plantes qui a la mauve pour type, & dont on cultive un grand nombre d'espèces appartenant aux genres Mauve, Guimauve, Alcée, Abutilon, Ketmie, Mauvisque, Palava, Lavatère, Malachre, Pavone, Urène, Napée, Anoda, Solandre, Cotonier, Fugosie, Melochie, Ruizie, Malacodre, Gordone, Hugonie, Fromager, Bahobad, Pentapète, Cacaoyer, Abronne, Guazuma, Dombey, Velagne, Assonie, Buinère, Arsenie, Kleinhove, Hélictère, Tongchu, Senrée, Crinodendre, Plagianthe, Acie, Pterosperme, Morisone, Crossostylis, Myrode, Baringtone, Mesua, Pourrétie, Lagunée, Achanie & Kitaibelie. Les deux plantes les plus importantes de cette famille, sous le rapport agricole, sont le cotonier & le cacaoyer.

La propriété émolliente & adoucissante des Malvacées engage à en faire un fréquent usage dans la médecine humaine & vétérinaire; ainsi tous les cultivateurs doivent avoir dans leur jardin quelques pieds de guimauve officinale, qu'on emploie de préférence, pour les avoir sous sa main dans l'occasion. (*Bosc.*)

MALVOISIE : sorte de raisin & de vin. *Voyez* VIGNE.

MAMALS. C'est le nom qu'on donne en Égypte aux fours dans lesquels on fait éclore des poulets, en grande quantité à la fois, par le moyen de la chaleur du feu.

Plusieurs auteurs ont décrit cette industrie, exclusivement propre à l'Égypte, & qui, au rapport de Diodore de Sicile, y est pratiquée depuis plusieurs milliers d'années. Je pourrois m'étendre beaucoup sur ce qui la concerne; mais comme l'expérience a prouvé qu'il n'étoit pas possible de l'introduire avec profit en Europe, je me contenterai d'en donner une idée succincte au lecteur.

Un Mamal est un bâtiment en brique, aux trois quarts enterré, & renfermant deux étages de chambres voûtées des deux côtés d'une galerie commune. Le nombre de ces chambres varie de six à vingt-quatre à chaque étage; les inférieures sont d'environ huit pieds de long sur cinq de large & trois de haut, chacune communiquant avec la galerie & avec la chambre qui lui est supérieure, par des ouvertures rondes ou carrées, seulement assez grandes pour le passage d'un homme, c'est-à-dire, de deux pieds de diamètre. Les supérieures ont les mêmes dimensions en longueur & en largeur que les inférieures; mais elles ont un pied de plus de hauteur. Elles sont également percées, du côté de la galerie, pour y entrer; & de plus en haut, pour donner entrée à l'air extérieur, lorsqu'on le juge à propos : cette dernière ouverture est très-petite. Le pourtour de leur plancher offre une rigole.

L'entrée de la galerie intermédiaire se prolonge de plusieurs toises en dehors, & en passant par deux ou trois pièces, qui servent à l'habitation des employés & au dépôt des œufs, pièces dont les portes se ferment successivement & de manière à s'opposer à l'introduction de l'air froid dans l'intérieur des chambres.

On voit par cette description que c'est la réunion d'une chambre inférieure & d'une chambre supérieure qui constitue proprement un Mamal.

C'est dans la chambre inférieure, dont le pavé a été au préalable garni de paille, que se déposent les œufs, au nombre d'environ six mille, en ayant soin de laisser libre la partie qui correspond au trou, afin qu'on puisse y mettre les pieds. Leur arrangement terminé, on allume du feu de bouze de vache dans la rigole du pourtour de la chambre supérieure, & on ferme l'ouverture de sa voûte, ainsi que l'ouverture latérale de la chambre inférieure. La chaleur produite par la combustion passe de la chambre supérieure dans la chambre inférieure par le trou qui leur sert de communication, & la fumée s'échappe par l'ouverture latérale de la supérieure pour entrer dans la galerie intermédiaire & sortir par des trous ménagés dans sa voûte de distance en distance.

Pour obtenir la chaleur nécessaire à l'incubation, qui n'est que de trente à trente-quatre degrés du thermomètre de Réaumur, il n'est pas nécessaire de faire du feu pendant toute la journée, surtout dans un climat naturellement aussi chaud que celui de l'Égypte; on ne l'entretient en conséquence que quatre heures pendant les premiers jours, puis pendant trois, puis pendant deux, enfin on cesse d'en faire le huitième ou dixième jour. A cette époque on ferme toutes les ouvertures des chambres, excepté une petite portion de celle de la voûte de la supérieure, afin d'y conserver un courant d'air.

Non-seulement la conduite du feu, dont ils ne peuvent juger de l'intensité que par sensation, ne connoissant pas le thermomètre, est l'objet des soins des directeurs des Mamals, mais encore celle des œufs, qu'ils retournent plusieurs fois par jour, pour établir entr'eux la plus juste portion de chaleur possible.

Vers le huitième ou dixième jour, c'est-à-dire, quand on cesse d'allumer du feu, on visite tous les œufs, & on jette ceux que, par le moyen d'une lumière, on a reconnu clairs : les bons sont ensuite répandus, par égale portion, sur le pavé de la chambre supérieure comme sur celui de la chambre inférieure, où ils restent, en les retournant cependant toujours plusieurs fois par jour, jusqu'à ce que les poulets en sortent, c'est-à-dire, jusqu'au vingtième ou vingt-unième jour.

Les poulets, à mesure qu'ils éclosent, sont portés dans une des pièces qui précèdent l'entrée du Mamal, & rendus le lendemain aux propriétaires, ou sont nourris avec de la pâte de farine de millet, jusqu'à ce qu'on vienne les réclamer.

Les seuls habitans d'un village nommé *Bermé* se livrent à la conduite des Mamals, & se répandent, à cet effet, dans toute l'Égypte, dans la saison la plus favorable, c'est-à-dire, au commencement de l'automne. Ces établissemens sont tous banaux, & les habitans sont forcés d'y porter leurs œufs.

On peut juger, par ce qui vient d'être dit, que quelque vantés qu'aient été les Mamals des Égyptiens, ils sont bien loin de la perfection dont ils sont susceptibles.

Il y a déjà plusieurs siècles que, pour la première fois, on a tenté de naturaliser, en Italie & en France, cette manière rapide & économique de faire éclore les poulets; mais quoiqu'on soit toujours parvenu au but, elle n'a pu devenir générale, parce que les variations de température propres au climat causoient la mort de la plus grande partie des produits dans les premiers jours de leur sortie. Toutes les inventions destinées à entretenir dans les petits poulets le degré de chaleur nécessaire à leur conservation offroient des inconvéniens graves; c'est-à-dire, ne pouvoient suppléer la mère.

Lorsque, vers le commencement du dernier siècle, les savans commencèrent à porter leurs regards sur les arts utiles, & en particulier sur l'économie rurale, l'illustre Réaumur s'occupa de faire éclore des poulets en grande quantité à la fois par le moyen de la chaleur du fumier. Les appareils qu'il imagina étoient simples, puisqu'ils ne consistoient qu'en des barils défoncés par un bout, dans lesquels on plaçoit, en les superposant l'un à l'autre, quatre, cinq & six corbeilles plates & à claire-voie, dont le fond étoit couvert d'œufs; barils qu'on enfonçoit aux trois quarts ou en totalité dans le fumier, après les avoir garnis d'un couvercle percé de trous susceptibles d'être ouverts ou fermés à volonté, en tout ou en partie. Plusieurs baromètres placés, & dans les barils & dans le fumier, indiquoient la nécessité d'enfoncer ou de relever davantage les barils. On remuoit les œufs tous les jours pour les exposer à toutes les variations de la chaleur, quoique cela fût moins nécessaire que lorsqu'ils sont posés sur un corps froid. La sortie des petits poulets se faisoit bien régulièrement; mais il en mouroit une partie au moment même de leur naissance, peut-être par asphixie, & la plupart des autres ne leur survivoient que de quelques jours, par suite des causes dont j'ai parlé plus haut. On voit, pl. 33, 34 & 35 de l'*Art aratoire* de l'*Encyclopédie*, la figure des appareils employés par Réaumur pour faire éclore des poulets par cette méthode; plus, par une autre, qui n'en diffère que parce que les œufs sont dans des boîtes, sous des planches recouvertes de fumier, & susceptibles d'être visités sans que le fumier soit remué. On y voit aussi les appareils imaginés par le même savant pour suppléer, par des moyens artificiels, à la chaleur naturelle de la poule.

Je ne crois pas devoir m'étendre plus longuement sur ces pratiques, qui, je le répète, ne peuvent jamais devenir d'un emploi utile en France, ainsi que le prouvent les essais de Réaumur & ceux, assez nombreux, qui ont été faits depuis lui. (*Bosc.*)

MAMANIRA. *Mamanira.*

Rumphius a donné ce nom à deux arbrisseaux des Moluques, qu'il figure & décrit incomplétement.

Nous ne possédons ni l'un ni l'autre dans nos jardins. (*Bosc.*)

MAMBRINE : variété de CHÈVRE.

MAMBU. Quelques voyageurs ont appelé ainsi le BAMBOU.

MAMEI. *Mammea.*

Genre de plante de la polyandrie monogynie & de la famille des *Guttiers*, qui comprend deux espèces, dont l'une se cultive dans nos serres, & offre un fruit fort estimé dans les îles de l'Amérique pour son bon goût. *Voyez* les *Illustrations des genres* de Lamarck, pl. 458.

Espèces.

1. Le MAMEI d'Amérique, vulgairement *abricotier de Saint-Domingue.*
Mammea americana. Linn. ♄ Des Antilles.

2. Le MAMEI nain.
Mammea nana. Vahl. ♄ De Montserrat.

Culture.

Le Mamei d'Amérique est très-commun à Saint-Domingue, à la Jamaïque, à Cuba & autres îles du golfe du Mexique; il se plaît principalement dans les montagnes. On ne le cultive pas; mais on réserve autour des habitations, lorsqu'on défriche les bois, un certain nombre de pieds pour en avoir le fruit à proximité des consommateurs. C'est un très-bel arbre, dont les fleurs sont grandes, d'un blanc-éclatant, odorantes, & dont les fruits ont quelquefois plus d'un demi-pied de diamètre. Ces fruits, dont la pulpe est jaune comme celle de l'abricot, sont fort agréables au goût, mais leur écorce est amère.

Le bois du Mamei est fort employé dans la charpente & dans la menuiserie.

On fait une liqueur de table avec les fleurs de Mamei infusées dans l'eau-de-vie, liqueur qu'on appelle *eau créole.*

Il découle de l'écorce du Mamei, surtout quand on y fait des incisions, une gomme ou mieux une gomme-résine, dont on fait usage en médecine.

En France on cultive les Mameis dans les écoles de botanique : on ne peut les y multiplier que de graines tirées de leur pays natal, & semées fraîches dans des baches dont la température est fort élevée. Ils y exigent la serre chaude pendant toute l'année. La terre qui leur convient le mieux est celle qui est consistante, & elle doit être renouvelée tous les deux ans. Les arrosemens leur sont ménagés en tout tems, & principalement pendant l'hiver. Quelques soins qu'on leur donne, ils poussent lentement & ne fleurissent jamais. (*Bosc.*)

MAMINA. *Mamina.*

Rumphius a figuré, sous ce nom, un arbre des Moluques, dont les feuilles servent à purger, & de l'écorce duquel il transsude une gomme jaunâtre, d'une saveur désagréable.

On ignore à quel genre appartient cet arbre, qui ne se trouve pas dans nos jardins. (*Bosc.*)

MAMMAROU. C'est la PAULLINIE POLYPHYLLE.

MANABO. *Manabea.*

Genre de plante établi par Aublet, & depuis réuni aux ÆGIPHILES. *Voyez* le mot NUXIE.

MANCENILLIER. *Hippomane.*

Arbre des Antilles & autres parties du golfe du Mexique, qui croît sur les bords de la mer, & dont toutes les parties contiennent un suc laiteux très-vénéneux.

Cet arbre forme seul un genre dans la monoécie monadelphie & dans la famille des *Titymaloïdes*, qui est figuré pl. 793 des *Illustrations des genres* de Lamarck.

On ne cultive pas le Mancenillier dans son pays natal; au contraire, on le détruit le plus possible; car on y exagère beaucoup ses propriétés malfaisantes. Son bois est mou, & ne peut servir à faire des meubles. Si on a dit le contraire, c'est qu'on l'a confondu, au rapport de M. de Tussac, avec un sumac qui porte quelquefois le nom de Mancenillier de montagne.

En Europe on voit quelquefois le Mancenillier dans les jardins de botanique & dans les grandes collections de plantes; mais il n'y prospère pas. Il faut le tenir constamment dans la serre, & même dans la tanée, & renouveler sa terre, qui doit être consistante, au moins tous les deux ans. Sa multiplication ne peut avoir lieu que par le semis de ses graines, tirées d'Amérique, dans des baches d'une température élevée. Je ne crois pas qu'il ait jamais fleuri au Jardin du Muséum d'Histoire naturelle de Paris. (*Bosc.*)

MANCHETTE DE LA VIERGE. On donne ce nom ridicule au LISERON des haies.

MANCHIBOUI : fruit du MAMEI.

MANCIENNE. On appelle ainsi la VIORNE COMMUNE & la CLÉMATITE VULGAIRE.

MANDELINE : nom vulgaire de l'ERINE.

MANDER. C'est, dans les Vosges, ôter le fumier de l'écurie.

MANDRAGORE : espèce du genre BELLADONE. *Voyez* ce mot.

MANE : grappe de raisin avant la floraison.

MANÈQUE : variété de la MUSCADE, autrement appelée *muscade noire.*

MANETTE : cylindre de tôle, ouvert aux deux bouts, & attaché, par un d'eux, à une fourche de fer très-ouverte & pourvue d'un court manche. L'autre bout, qui est un peu plus étroit, a ses bords coupans.

Cet instrument, dont le diamètre varie de trois à six pouces, & la longueur de six pouces à un pied, sert, en l'enfonçant dans la terre, autour d'une plante dont on a fait entrer les feuilles dans son intérieur, du côté du bout coupant, à l'enlever avec sa motte pour la transplanter ailleurs.

Le service de la Manette ne peut se bien faire que dans une terre consistante & dépourvue de pierres. On doit toujours faire précéder son emploi d'un copieux arrosement.

Les fleuristes faisoient autrefois un grand usage des Manettes; mais, comme leur service est lent, irrégulier, incertain, on y a renoncé. Il est très-rare d'en voir aujourd'hui, même dans les jardins les mieux montés. On préfère arracher avec la bêche, qui au moins permet de voir ce qu'on fait. *Voyez* TRANSPLANTATION. (*Bosc.*)

MANGAIBA. C'est le MAMEI.

MANGE-FROMENT. C'est la larve de la coccinelle à sept points, que Godard, par erreur d'observation, a ainsi appelée.

MANGIER ou MANGUIER. *Mangifera.*

Genre de plante de la pentandrie monogynie & de la famille des *Térébinthacées*, qui réunit trois espèces, dont une se cultive dans son pays natal, & se trouve dans nos jardins. Il est figuré pl. 138 des *Illustrations des genres* de Lamarck.

Espèces.

1. Le MANGIER commun.
Mangifera indica. Linn. ♄ Des Indes.
2. Le MANGIER à fleurs lâches.
Mangifera laxiflora. Lam. ♄ De l'Ile-de-France.
3. Le MANGIER axillaire.
Mangifera axillaris. Lam. ♄ Des Indes.

Culture.

La culture du Mangier commun, dans les Indes, où l'on fait une grande consommation de ses fruits, se réduit à planter ses noyaux autour des habitations, & à attendre. Il croît extrêmement vîte, & charge beaucoup. Ses fruits, dont la forme, la grosseur, la couleur varient considérablement, ont une saveur acide des plus agréables. On les mange crus ou confits au vinaigre. Leurs noyaux sont d'usage en médecine.

En Europe on est obligé de tenir constamment le Mangier dans la serre chaude, & il n'y pousse jamais vigoureusement. Le changer de pot, & lui donner de la nouvelle terre tous les deux ans, est indispensable. Il ne peut se multiplier que de graines tirées de son pays natal, & semées dans une bache dont la température est très-élevée.

Le Mangier pinné ou Mangier de Madagascar a été reconnu devoir faire partie des MONBINS. *Voyez* ce mot. (*Bosc.*)

MANGLIER, MANGUIER.

On donne ce nom, dans les colonies intertropicales, à tous les arbres qui croissent le long des rivières, & dont les rameaux pendans donnent naissance à de nouveaux pieds, tels que les FROMAGERS, les RAISINIERS, les RHIZOPHORES, les ÆGICÈRES, les PALETUVIERS, les CONOCARPES.

Il ne faut pas confondre les Mangliers avec le MANGIER, qui porte aussi le nom de *manguier*, comme l'ont fait tant de voyageurs. (*Bosc.*)

MANGLISSE. *Manglissa.*

Genre établi par Jussieu pour placer une espèce de Caballaire, qui n'a pas les caractères des autres. Il est de la pentandrie monogynie & de la famille des *Hillospermes.*

Cette espece, qui est originaire du Pérou, ne faisant pas partie de nos cultures, n'est pas dans le cas d'un plus long article. (*Bosc.*)

MANGOUSTAN. *Garcinia.*

Genre de plante de la dodécandrie monogynie & de la famille des *Guttiers*, qui réunit six espèces d'une grande importance pour les habitans de l'Inde ou des îles qui en dépendent, & dont l'une est cultivée dans le Jardin du Muséum d'Histoire naturelle de Paris. *Voyez* les *Illustrations des genres* de Lamarck, pl. 405.

Espèces.

1. Le Mangoustan cultivé.
Garcinia mangostana. Linn. ♄ Des îles de l'Inde.
2. Le Mangoustan des Célèbes.
Garcinia celebica. Lam. ♄ Des Célèbes.
3. Le Mangoustan à bois dur.
Garcinia cornea. Linn. ♄ Des îles de l'Inde.
4. Le Mangoustan camboge.
Garcinia cambogia. Gærtn. ♄ Des Indes.
5. Le Mangoustan morellier.
Garcinia morella. Gærtn. ♄ De Ceilan.
6. Le Mangoustan du Malabar.
Garcinia malabarica. Lam. ♄ Des Indes.

Culture.

Le Mangoustan cultivé est préféré, à raison de sa beauté, pour l'ornement des jardins. La gomme-résine jaune qui découle de son tronc est employée dans la médecine & dans les arts. Son fruit passe pour un des meilleurs de l'Inde. On trouve réuni en lui la saveur du raisin, de la cerise, de l'orange, de la fraise & de la framboise. Il est très-rafraîchissans & n'incommode jamais : on en fait des marmelades, des gelées, des sirops excellens.

Il ne paroît pas qu'on donne d'autre culture à cet arbre, dans son pays natal, que de légers binages pendant sa jeunesse, pour empêcher les autres arbres de l'étouffer. Il croît lentement, mais vit très-long-tems.

En Europe on tient le Mangoustan dans la serre chaude pendant toute l'année, & encore a-t-on beaucoup de peine à l'y conserver. Le seul pied que possédoit le Jardin du Muséum est mort.

Le Mangoustan des Célèbes a les fruits moins exquis que ceux du précédent, mais on ne les mange pas moins.

Le bois du Mangoustan à bois dur est recherché pour la charpente.

Le Mangoustan camboge est celui qui fournit la gomme gutte au commerce. Comme il formoit autrefois un genre particulier, il en a été question au mot Camboge.

Les trois autres espèces donnent des fruits bons à manger, ou des produits utiles aux arts. (*Bosc.*)

MANGROVE : nom anglais du Palétuvier.

MANGUIER. *Voy.* Manglier & Mangier.

MANI. *Symphonia.*

Arbre de la Guiane, à rameaux tétragones, à feuilles opposées & à fleurs solitaires dans les aisselles des feuilles, qui seul forme un genre dans la monadelphie pentandrie.

Cet arbre, duquel découle une résine propre à remplacer le goudron dans tous ses usages, n'est pas cultivé dans nos jardins; ainsi je n'ai rien à en dire de plus. (*Bosc.*)

MANICAIRE. *Manicaria.*

Palmier des Indes, qui seul forme un genre dans la monoécie polyandrie, & qui, ne se cultivant pas dans nos jardins, n'est pas dans le cas d'un article. (*Bosc.*)

MANIGUETTE : graine odorante qu'on vend chez les droguistes, & qui appartient ou au Canang, ou à l'Uvaire.

MANIOC : fécule qui fait la base de la nourriture des Nègres dans plusieurs parties de l'Amérique méridionale, & qui se tire des racines d'un arbrisseau du même nom, de la famille des *Euphorbes* & du genre des Médiciniers, *jatropha maniot*, Linn.

L'importance dont est la culture du Manioc, qu'on écrit aussi *Maniot* & *Magnoc*, me détermine à le rendre ici l'objet d'un article particulier, me réservant de parler de celle qu'il exige dans nos serres, au mot Médicinier.

Il existe un grand nombre de variétés de Manioc, relatives à l'époque de la floraison, de la maturité, à la grandeur, à la couleur, à la saveur, &c., toutes variétés qui sont imparfaitement connues, & qui se confondent comme celles de toutes les plantes anciennement cultivées. En général, ses racines sont de la grosseur du bras, oblongues, brunes : toutes contiennent une pulpe blanche, imbibée d'un suc caustique.

Une multiplication facile, une croissance rapide, une production abondante, sont les avantages que présente le Manioc.

Il faut y ajouter qu'il est moins sujet que le blé, le maïs, le riz, &c., aux variations de l'atmosphère, aux ravages des animaux, &c. On peut, sous plusieurs rapports, le comparer à la pomme de terre : il s'accommode de tous les terreins, pourvu qu'ils soient aérés.

C'est le plus souvent de boutures, placées trois ou quatre pieds les unes des autres, plus ou moins, selon la nature du sol, qu'on reproduit le Manioc. Quelquefois on sème aussi ses graines; mais alors il faut attendre deux fois plus long-tems la maturité de ses racines.

La racine du Manioc étant la partie pour laquelle on le cultive, on doit desirer l'avoir la plus grosse possible; or, pour parvenir à ce résultat, il faut rendre la terre très-meuble, dans une profondeur considérable, c'est-à-dire, la labourer avec soin: ces labours se font à la houe, la charue n'étant pas connue dans les pays intertropicaux.

La plus grande plantation des boutures s'exécute au commencement de la saison des pluies, au moyen de trous faits à la houe ou au plantoir; mais on la continue tous les mois pendant la durée de cette saison, & même hors de cette saison, afin d'avoir toute l'année des racines propres à être employées.

Lorsque les boutures sont complétement enracinées, c'est-à-dire, quinze jours après la plantation, il faut donner le premier binage, afin de détruire les mauvaises herbes & de faciliter l'action des principes de l'atmosphère sur les racines. On renouvelle cette opération deux & même trois autres fois, lorsque les mauvaises herbes nuisent au plant par leur multiplication. Il est bon, dans les dernières, de ramener la terre contre les pieds, c'est-à-dire, de les buter légérement. Il faut au moins un an pour que la racine soit parvenue à toute sa perfection; mais on peut commencer à en faire usage, en cas de nécessité urgente, dès le septième mois de la plantation. Rarement récolte-t-on à la fois une pièce entière de Manioc; on arrache les pieds les plus mûrs pour la consommation courante, & on laisse les autres se perfectionner en terre: cependant il ne faut pas les y laisser plus de dix-huit mois, parce qu'alors elles deviennent dures ou se pourissent. Quand la terre est bonne, la saison favorable & la culture convenable, les racines acquièrent la grosseur & la longueur de la cuisse: plusieurs animaux, & surtout les fourmis, lui nuisent souvent.

Pour faire la récolte du Manioc, on ébranche sa tige, on donne quelques coups de pioche autour des racines, &, sans beaucoup d'efforts, on les enlève avec la main & on les sépare de leurs tiges. Apportées à la maison, elles sont raclées avec un couteau, puis on les lave & on les rape.

Les indigènes de l'Amérique méridionale, qui ne connoissoient pas le fer, rapoient leur Manioc sur des pierres pourvues d'aspérités, le plus souvent sur des laves volcaniques. A l'arrivée des Européens, on a substitué à ces pierres des rapes de fer. Aujourd'hui on fait usage, tantôt d'un moulin de bois, allant à bras d'homme ou par le moyen d'un cheval, dont les meules sont garnies de clous à tête pointue & quadrangulaire; tantôt de deux ou trois cylindres de bois tournant en sens contraire, par un mouvement commun. La surface est garnie de clous semblables, ou mieux d'une feuille de tôle disposée en rape: l'important est que la racine de Manioc puisse être réduite exactement & promptement en parcelles très-petites.

Dès que la quantité de Manioc qu'on a apporté est rapée, on met l'espèce de pâte qui est résultée de l'opération, dans des sacs faits avec des nattes ou de la toile, & on la soumet, pendant plusieurs heures, à l'action d'une forte presse qui en exprime presque tout le jus. Ce qui reste est proprement la cassave, laquelle, séchée convenablement, peut se conserver long-tems, mais à laquelle on fait ordinairement subir de suite une des deux préparations suivantes:

La préparation la plus simple est celle qu'on appelle *farine de cassave*, *farine de Manioc*, *couaque*, &c. Pour la fabriquer, on met dans une bassine plate de cuivre, de quatre pieds de large & de sept à huit pouces de profondeur, placée sur un feu un peu fort & égal, de la rapure de Manioc, & on la remue continuellement. Cette rapure se granule, perd toute son humidité, se cuit & se colore. On reconnoît que l'opération doit être terminée, à la couleur & à l'odeur. Alors on diminue le feu, on enlève rapidement la farine de cassave avec une pelle, & on l'étend sur des toiles, où elle se refroidit; alors on la renferme dans des barils, & on la conserve pour l'usage: elle est encore bonne au bout de quinze ou vingt ans, quand on la tient à l'abri de l'humidité. On la mange en la faisant bouillir un instant dans du bouillon de viande ou de poisson, dans du lait, ou simplement, comme le font les Nègres, en la délayant dans l'eau chaude & en y ajoutant quelques grains de sel; elle gonfle prodigieusement: moins d'une demi-livre suffit pour nourrir l'homme le plus vigoureux pendant une journée.

La préparation la plus usitée parmi les planteurs, est celle qu'on appelle *pain de cassave*, ou tout simplement *cassave*; elle s'exécute en couvrant de deux doigts d'épaisseur de cassave fraîche, un disque de fer monté sur trois pieds, & en la comprimant avec une spatule de bois, puis en mettant ce disque sur un feu doux. Les grains de rapure s'attachent les uns aux autres en cuisant; leur épaisseur diminue de plus de moitié. Lorsque cette galette est suffisamment cuite, ce qu'on reconnoît aux mêmes caractères que ceux indiqués plus haut, on l'enlève de dessus le disque, au moyen d'une lame de couteau, & on la laisse refroidir: elle se mange sans sel, comme le pain, avec des viandes, des poissons, des fruits, &c.

Les Créoles aiment beaucoup la cassave; mais ceux qui en mangent pour la première fois, la trouvent d'une grande insipidité: c'est une nourriture fort saine & fort substantielle.

Le suc, exprimé de la racine râpée de Manioc, est un violent poison; il ne faut que quelques minutes pour qu'il agisse. On peut croire que comme le suc du laurier-cerise (*cerasus lauro-cerasus*), c'est sur le système nerveux qu'il agit; car il ne laisse aucune trace de ses effets dans l'estomac, & les premiers produits de sa distillation sont infiniment plus actifs que lui. Trente-cinq gouttes de ces produits, donnés à un esclave empoisonneur, furent à peine descendues dans son estomac, qu'il poussa des hurlemens, fit des contorsions qui furent suivies d'évacuations de toute nature, & il périt au bout de six minutes dans des convulsions les plus violentes. On ne connoît pas d'antidote contre ce poison; car l'opinion que le suc de roucou l'est, ne paroît pas fondée. Malgré la violence de ce poison, il n'arrive jamais d'accident à ceux qui mangent de la cassave.

Une autre preuve que le principe délétère du suc de Manioc est fugace, c'est qu'on en fabrique habituellement un condiment pour l'assaisonnement des mets. A cet effet, après en avoir retiré la fécule & le parenchyme, on le fait bouillir & on l'écume continuellement. Lorsqu'il ne rend plus d'écume, on le retire du feu & on le passe à travers un linge. Dès-lors il a perdu toute sa faculté vénéneuse. Pour le conserver, on le remet de nouveau sur le feu; on le réduit en consistance d'extrait, & on l'introduit dans des bouteilles: en cet état il est excellent pour assaisonner les viandes, surtout les rôtis.

Le suc de Manioc entraîne avec lui, lorsqu'il sort de dessous la presse, une fécule très-blanche, identique avec celle de la pomme de terre: cette fécule se dépose, par le repos, au fond des vases destinés à recevoir le suc. On la retire isolée par la décantation; on la lave à plusieurs eaux, on la fait sécher, on la réduit en poudre, puis on la garde pour l'usage dans un lieu sec: cette fécule peut se conserver indéfiniment. On l'emploie à faire des gâteaux, à donner de la liaison aux sauces, à suppléer à la poudre d'amidon, &c. *Voyez* FÉCULE.

On fabrique à Cayenne, avec du Manioc cru ou cuit, quatre sortes de liqueurs fermentées, connues sous les noms de *vicou*, *cachiri*, *paya* & *ouvapaya*. Comme les procédés employés sont très-défectueux, leurs résultats fort peu agréables, & qu'on peut les suppléer par les principes de toute fermentation vineuse, je n'en parlerai pas en détail, & je renverrai le lecteur au mot FERMENTATION. (*Bosc.*)

MANISURE. *Manisuris.*

Genre de plante de la polygamie monoécie & de la famille des *Graminées*, qui réunit deux espèces, dont aucune n'est cultivée dans nos jardins. *Voyez* les *Illustrations des genres* de Lamarck, pl. 839.

Espèces.

1. La MANISURE queue-de-rat.
Manisuris myurus. Swartz. ☉ Des Indes.

2. La MANISURE granulaire.
Manisuris granularis. Swartz. ☉ De l'Amérique.

Culture.

J'ai observé cette dernière en Caroline, où elle croît assez abondamment, & d'où j'en ai apporté des graines; mais les pieds qu'elles ont produits dans les jardins de Paris n'ont pas fleuri, & par conséquent ne s'y sont pas propagés. Cette plante, d'un grand intérêt pour les botanistes, à raison de la singulière organisation de ses fleurs, n'est d'aucune utilité pour les cultivateurs, parce que les bestiaux en dédaignent les feuilles. (*Bosc.*)

MANNE. On donne ce nom à un suc concret, éminemment sucré, qui flue de l'écorce ou des feuilles de plusieurs sortes de végétaux. *Voyez* ce mot dans les *Dictionnaires de Physiologie végétale*, *de Chimie* & *de Médecine*.

Les espèces dont on tire le plus abondamment de la Manne en Europe sont les FRÊNES à *feuilles rondes*, à *petites feuilles*, à *fleurs*, & le MELÈZE: cette dernière s'appelle *Manne de Briançon*. *Voyez* ces mots.

Ces Mannes s'emploient en Médecine comme purgatives. On en distingue, dans le commerce, plusieurs espèces, telles que la *Manne en sorte*, la *Manne en larme*, la *Manne grasse*.

On ne peut retirer du sucre de la Manne par aucun des procédés connus.

En Asie on retire de la Manne d'une espèce de sainfoin (*hedysarum alhaghi* Linn.). On a prétendu que c'étoit la Manne des Hébreux, comme si cette petite plante pouvoit en fournir assez pour nourrir un peuple entier. J'en ai trouvé à la base des fruits d'un rhododendron du Pont, cultivé à l'abri de la pluie.

Les Indes & l'Amérique offrent aussi plusieurs plantes, encore peu connues, qui en fournissent.

Il n'est pas possible de distinguer, en principe général, le miélat de la Manne. *Voyez* MIELAT.

Une secrétion surabondante de Manne doit nécessairement fatiguer les arbres; aussi ceux de qui on la retire artificiellement, sont-ils de la plus mauvaise apparence.

La récolte de la Manne est en Calabre, ainsi que dans l'Orient, faite par les cultivateurs. Je dois donc en dire un mot.

C'est pendant les mois de juin & de juillet, vers le milieu du jour, que la Manne coule naturellement des frênes dans la Calabre: d'abord très-liquide & très-transparente, elle se consolide peu à peu & devient blanche. On la ramasse, chaque matin, au moyen de couteaux de bois. Lorsqu'il pleut pendant la nuit, elle fond & se perd.

Cette Manne est ensuite séchée au soleil & mise dans le commerce.

Pendant que cet écoulement a lieu par le tronc & les grosses branches, il s'en fait aussi un par les feuilles, duquel il résulte de petits grains de Manne de la grosseur du blé; Manne qui est difficile à ramasser, & plus chère que l'autre, quoiqu'elle n'en diffère pas par ses qualités.

Lorsque cet écoulement naturel de la Manne a cessé, on fait de longues incisions à l'écorce des frênes, & il en sort encore de la Manne, qui se rend au pied de l'arbre, où elle se charge d'impuretés & prend une couleur brune ou rousse, & qui passe pour moins bonne que la première.

La Manne grasse est la Manne qu'on a fait fondre pour la purifier, & même souvent pour la frelater : elle passe pour plus purgative que les autres; mais son emploi est quelquefois dangereux. (*Bosc.*)

MANNE : espèce de panier dont on fait un fréquent usage dans les jardins pour transporter, soit les fruits & les légumes, soit les terres préparées, soit les immondices; elle est généralement plus longue que large. Sa profondeur atteint rarement un pied. C'est d'osier, de mancienne, ou mieux de lanières de chêne blanc qu'on la forme. L'important est qu'elle soit légère & solide en même tems. Pour la conserver en bon état de service, il faut la serrer dans un endroit sec lorsqu'on n'en fait pas usage. (*Bosc.*)

MANNEQUIN : autre panier généralement d'osier, beaucoup plus haut que long & large, le plus souvent représentant un cône tronqué dont l'ouverture est la base, qui sert à transporter les fruits & les légumes au marché. Il varie sans fin dans ses dimensions. Lorsqu'il est plus long ou plus large que haut, & qu'il est destiné à être mis de chaque côté d'un cheval ou d'un âne, il se nomme simplement *panier* aux environs de Paris, ou *bouyaut*, & *boulliot* dans d'autres parties de la France.

Comme les mannes, les Mannequins doivent être construits solidement, mais avec une grande économie de matière, pour que leur poids soit le moindre possible.

Il est une sorte de Mannequin à claire-voie dont on fait un grand usage aux environs de Paris, dans la pratique du jardinage, à raison de son excessivement bon marché; c'est celle dans lequel on apporte le poisson & les huîtres à la halle.

En effet, ces Mannequins se placent renversés sur les artichauts & autres plantes vivaces qui craignent & les gelées & les pluies de l'hiver, & se recouvrent de feuilles sèches, de fougère ou de litière, de manière que ces artichauts & autres plantes sont abritées des unes & des autres. Lorsqu'il y a un jour sec & chaud, on renverse le Mannequin, & l'objet qu'il abritoit jouit des bénéfices de la lumière. Cette pratique est bien préférable au butage & aux simples couvertures de feuilles ou de fougère, surtout dans les terreins très-humides. Deux autres emplois des Mannequins sont : 1°. de recevoir les arbres verts ou autres arbres & arbustes précieux, qu'on doit toujours planter en motte lorsqu'on veut être sûr de leur reprise : ces Mannequins favorisent leur transport dans cet état à de longues distances; 2°. de recevoir les mêmes sortes d'arbres & d'être mis de suite en terre, pour être levés à toutes les époques de l'année, transportés à de courtes distances, & remis en terre pour y rester définitivement; ces Mannequins ne mettant pas obstacle aux développemens des racines des arbres qu'ils contiennent, ou pourrissant avant qu'elles soient arrivées à leurs parois. Il est de ces Mannequins qui, dans les terres légères, restent trois ans en terre avant d'être assez altérés pour ne pouvoir plus remplir l'objet ci-dessus.

Cette méthode de planter en Mannequin a encore l'avantage de garantir les racines des arbres précieux de l'attaque des vers blancs & autres insectes destructeurs.

Cette grande utilité des Mannequins à claire-voie m'a fait desirer d'essayer s'il ne seroit pas possible d'en construire partout dont le prix fût aussi bas que ceux qu'on vend à la halle à Paris, c'est-à-dire, de deux sous au plus, & je crois avoir trouvé le moyen d'en fabriquer à moins d'un sou. Pour cela, je perce avec une vrille moyenne, dans une planche d'un pouce d'épaisseur, & autour du tracé d'un cercle de trois à quatre pouces de diamètre, huit trous convergens, & je place dans ces trous des bâtons d'un pied à un pied & demi de long, qui, s'écartant du centre du cercle, à raison de leur divergence, forment un entonnoir régulier de dix pouces, ou plus, de diamètre supérieur; alors j'enlace des rameaux autour de ces bâtons, & le Mannequin est fait. Il ne s'agit plus que de l'ôter de dessus la planche & d'en faire usage. Sans doute on le trouvera fort grossier, mais en même tems on sera aussi content de son usage que de ceux construits par le plus habile vanier.

Ces Mannequins n'ont point de fond, mais cela ne tire point à conséquence; on peut d'ailleurs leur en faire un, au moyen de quelques morceaux de branches croisées & passées à travers les derniers rangs des clayonages.

Comme, de tous les bois d'Europe, l'aune est celui qui se conserve le plus long-tems en terre sans pourrir, surtout les jeunes pousses, on devra le préférer partout où il sera possible : c'est lui que j'ai employé. (*Bosc.*)

MANOUSE. C'est, à Marseille, le LIN qu'on apporte du Levant.

MANS. Les agriculteurs donnent ce nom à la larve du HANNETON.

MANSANA. On appelle ainsi le JUJUBIER.

MANULÉE. *Manulea.*

Genre de plante de la didynamie angiospermie & de la famille des *Personnées*, qui réunit trente-six espèces, dont plusieurs se cultivent dans les jardins de botanique. Il est figuré pl. 520 des *Illustrations des genres* de Lamarck.

Espèces.

1. La Manulée à tiges nues.
Manulea cheiranthus. Linn. ⊙ Du Cap de Bonne-Espérance.

2. La Manulée tomenteuse.
Manulea tomentosa. Jacq. ♂ Du Cap de Bonne-Espérance.

3. La Manulée à feuilles de sariette.
Manulea satureioides. Lam. ♄ Du Cap de Bonne-Espérance.

4. La Manulée crochue.
Manulea uncinata. Lam. Du Cap de Bonne-Espérance.

5. La Manulée en roue.
Manulea rotata. Lam. ♄ Du Cap de Bonne-Espérance.

6. La Manulée rouge.
Manulea rubra. Linn. Du Cap de Bonne-Espérance.

7. La Manulée velue.
Manulea capensis. Lam. Du Cap de Bonne-Espérance.

8. La Manulée à fleurs de phlox.
Manulea lichnidea. Lam. Du Cap de Bonne-Espérance.

9. La Manulée argentée.
Manulea argentea. Linn. ♄ Du Cap de Bonne-Espérance.

10. La Manulée en corymbe.
Manulea corymbosa. Linn. Du Cap de Bonne-Espérance.

11. La Manulée très-élevée.
Manulea altissima. Linn. Du Cap de Bonne-Espérance.

12. La Manulée pinnatifide.
Manulea pinnatifida. Linn. Du Cap de Bonne-Espérance.

13. La Manulée à feuilles de plantain.
Manulea plantaginis. Linn. Du Cap de Bonne-Espérance.

14. La Manulée en tête.
Manulea capitata. Linn. Du Cap de Bonne-Espérance.

15. La Manulée antirrhinoïde.
Manulea antirrhinoides. Linn. Du Cap de Bonne-Espérance.

16. La Manulée à fleurs en thyrse.
Manulea thyrsiflora. Linn. Du Cap de Bonne-Espérance.

17. La Manulée capillaire.
Manulea capillaris. Linn. Du Cap de Bonne-Espérance.

18. La Manulée à feuilles en coin.
Manulea cuneifolia. Linn. Du Cap de Bonne-Espérance.

19. La Manulée bleue.
Manulea cœrulea. Linn. Du Cap de Bonne-Espérance.

20. La Manulée hétérophylle.
Manulea heterophylla. Linn. Du Cap de Bonne-Espérance.

21. La Manulée à feuilles entières.
Manulea integrifolia. Linn. Du Cap de Bonne-Espérance.

22. La Manulée à petites feuilles.
Manulea parvifolia. Linn. Du Cap de Bonne-Espérance.

23. La Manulée à feuilles contournées.
Manulea revoluta. Thunb. Du Cap de Bonne-Espérance.

24. La Manulée d'Éthiopie.
Manulea æthiopica. Thunb. Du Cap de Bonne-Espérance.

25. La Manulée pédonculée.
Manulea pedunculata. Andr. Du Cap de Bonne-Espérance.

26. La Manulée à fleurs alternes.
Manulea alterniflora. Perf. ⊙ De la Nouvelle-Hollande.

27. La Manulée blanchâtre.
Manulea incana. Thunb. Du Cap de Bonne-Espérance.

28. La Manulée divariquée.
Manulea divaricata. Thunb. Du Cap De Bonne-Espérance.

29. La Manulée à verge.
Manulea virgata. Thunb. Du Cap de Bonne-Espérance.

30. La Manulée à grosses têtes.
Manulea cephalotes. Thunb. Du Cap de Bonne-Espérance.

31. La Manulée hérissée.
Manulea hirta. Thunb. Du Cap de Bonne-Espérance.

32. La Manulée argentée.
Manulea argentea. Thunb. Du Cap de Bonne-Espérance.

33. La Manulée à feuilles en cœur.
Manulea cordata. Thunb. Du Cap de Bonne-Espérance.

34. La Manulée fétide.
Manulea fœtida. Willd. ⊙ Du Cap de Bonne-Espérance.

35. La Manulée visqueuse.
Manulea viscosa. Willd. ♄ Du Cap de Bonne-Espérance.

36. La Manulée à feuilles opposées.
Manulea oppositifolia. Vent. ♄ Du Cap de Bonne-Espérance.

Culture.

Nous ne possédons, dans nos jardins, qu'une demi-douzaine de ces espèces; savoir: la seconde, la cinquième, la huitième, la vingt-sixième, la trente-deuxième & la trente-sixième; mais j'y en ai vu plusieurs autres, qui ne s'y sont pas conservées. La culture de toutes se range sous deux modes: celui des espèces annuelles & celui des espèces frutescentes.

Les premières se sèment dans des pots remplis de terre de bruyère, sur couche, ou nue ou recouverte d'un châssis, & lorsque leur plant a acquis deux ou trois pouces de haut, ou on ôte ces pots de dessus la couche, pour les placer au midi, ou on repique le plant en pleine terre à la même exposition: là, on lui donne les arrosemens nécessaires.

Les secondes se sèment de même; mais elles sont toujours laissées dans leur pot pour pouvoir être rentrées dans l'orangerie aux approches de l'hiver. On les multiplie, l'année suivante, de boutures ou de marcottes faites sur couche & sous châssis, boutures & marcottes qui reprennent très-facilement. On doit les placer près des jours, dans les orangeries, & les arroser le moins possible, parce qu'elles sont exposées à y chancir.

Les Manulées sont des plantes assez élégantes, mais grêles & de peu de durée. Les annuelles ne sont dans le cas d'être cultivées que dans les jardins de botanique. Il faut fréquemment renouveler les frutescentes si on ne veut pas en perdre l'espèce. La plupart de ces dernières sont en fleurs presque toute l'année. (*Bosc.*)

MAOU. C'est, à l'Ile-de-France, la Ketmie a feuilles de Tilleul.

MAOURES: nom des landes dans le département du Var.

MAPANE. *Mapania.*

Plante vivace, à feuilles engaînantes, ovales, alongées, à fleurs en tête terminale, accompagnées de trois bractées, qui seule forme un genre dans la pentandrie monogynie & dans la famille des *Cypéracées*.

Cette plante, qui croît dans les marais de Cayenne, & qui est figurée pl. 37 des *Illustrations des genres* de Lamarck, n'étant pas cultivée dans nos jardins, ne peut être l'objet d'un plus long article. (*Bosc.*)

MAPROUNIER. *Ægopricum.*

Genre de plante de la monoécie monandrie, établi par Aublet pour placer un arbre de Cayenne à feuilles alternes & à fleurs disposées en panicules terminales, qui ne se cultive pas dans nos jardins, & dont je n'ai par conséquent rien à dire. *Voyez* les *Illustrations des genres* de Lamarck, pl. 743. (*Bosc.*)

MAPURI: nom générique donné par Aublet à une plante qui a été depuis placée parmi les Psychotres.

MAQUI. *Aristotelia.*

Arbrisseau du Chili, à feuilles alternes, persistantes, & à fleurs disposées en petits bouquets axillaires, qui seul forme un genre dans la dodécandrie trigynie. Il est figuré pl. 399 des *Illustrations des genres* de Lamarck.

Cet arbrisseau, des fruits duquel les Chiliens tirent une boisson rafraîchissante, se cultive dans nos jardins & y fructifie. Comme il craint les gelées du climat de Paris, on est obligé de le tenir en pot, pour le rentrer dans l'orangerie aux approches de l'hiver; mais on le met sans danger en pleine terre en Italie, comme je m'en suis personnellement assuré. Il demande à être tenu près des fenêtres dans l'orangerie, parce qu'il pousse de bonne heure, & que lorsqu'il est privé de lumière, à cette époque, il s'étiole & souffre ensuite la perte de l'extrémité de ses rameaux. Une terre à demi consistante & substantielle lui est nécessaire, & on la lui renouvelle, en partie, tous les ans. C'est de marcottes & de boutures qu'on le multiplie le plus ordinairement: ces dernières se font dans des pots sur couche & sous châssis au printems; elles manquent rarement. L'humidité leur est fort nuisible; ainsi il faut les mettre en plein air, dans une exposition chaude, dès qu'elles sont reprises.

On ne peut pas dire que le Maqui soit un arbuste d'un aspect agréable; cependant, comme il conserve ses feuilles pendant l'hiver, il jette de la variété dans les orangeries. Ses fruits, dont j'ai mangé, sont de la grosseur d'un grain de groseille, & en ont l'acidité. (*Bosc.*)

MAQUIRE. *Maquira.*

Arbre de Cayenne, imparfaitement connu des botanistes, mais qui a les feuilles alternes & les fleurs composées: il n'est pas cultivé dans nos jardins. (*Bosc.*)

MARA. On donne ce nom aux Béliers dans le département de la Haute-Garonne.

MARAICHERS. On appelle ainsi, à Paris, les jardiniers qui cultivent des légumes dans les faubourgs de cette ville.

Il n'est pas vrai, ainsi qu'on l'a assuré, que le nom de *marais*, donné aux terreins où ils exercent leur art, provient de ce que ces terreins étoient autrefois marécageux; car, excepté quelques-uns du faubourg Saint-Marceau, qui le furent, tous les autres reposent sur une couche de gravier d'une grande épaisseur, & fort dénuée de terre végétale. *Voyez* Sable.

C'est à produire le plus possible dans le même

espace & à activer le plus possible la végétation, que tendent principalement les Maraichers, parce qu'ils paient fort cher le loyer de leur terrein : ces deux circonstances leur ont donné une industrie toute particulière & très-intéressante à suivre dans ses développemens, mais qu'il ne seroit avantageux, sous aucun rapport, d'imiter dans tout autre endroit, parce qu'en le faisant on augmenteroit ses dépenses & diminueroit ses jouissances. On augmenteroit ses dépenses, puisque l'acquisition du fumier est partout plus coûteuse qu'à Paris, & que l'économie du terrein n'est nulle part la plus profitable que celle de la main-d'œuvre. On diminueroit ses jouissances, parce que les légumes des marais de Paris, si beaux & si tendres, manquent de saveur & de principes nutritifs : souvent même ils sentent le fumier, comme tant de personnes sont dans le cas de le reconnoître.

On doit envoyer les partisans des jachères à l'école des Maraichers, car il n'est pas rare de leur voir faire quatre & même six récoltes par an sur la même planche ; mais aussi ils n'épargnent ni le fumier ni les arrosemens, & ils connoissent parfaitement l'utilité des assolemens : non-seulement ils ne mettent jamais la même sorte de légumes immédiatement dans la même planche, mais encore ils ont soin d'en éloigner le plus possible les retours.

Pour établir un marais, il faut d'abord creuser un ou plusieurs puits, selon sa grandeur, & les munir d'un train à manège, pour employer les chevaux à en tirer l'eau, puis plusieurs réservoirs également distribués (le plus souvent ce sont de simples bariques à huile défoncées d'un bout), qui communiquent avec le puits ou les puits, par le moyen de rigoles en bois, en plâtre, en briques, &c.; après quoi on défonce le terrein à deux pieds de profondeur, & on le fume le plus possible.

Les premières années, le sol, non encore saturé d'humus, ne donnera que des récoltes peu abondantes & peu apparentes, qui, d'après cela, ne pourront, utilement pour le Maraicher, entrer en concurrence avec celles des marais établis depuis long-tems; aussi n'est-ce qu'à force de travail & de privations, qu'un Maraicher qui entreprend d'en former un, peut espérer d'y trouver quelque bénéfice : plus il est en avance pour pouvoir acheter du fumier, & plus tôt il amène son terrein à l'état convenable. Six ans sont un terme moyen assez généralement admis.

Les Maraichers ont sur les jardiniers des particuliers l'avantage d'être excités par leur propre intérêt à perfectionner continuellement leur pratique, à profiter de toutes les améliorations auxquelles les circonstances les invitent; mais à combien de travaux pénibles ils se livrent! Pendant le jour, ils labourent, arrosent, sèment, plantent, sans autre repos que celui du tems des repas : pendant la première partie de la nuit, le Maraicher dispose sa marchandise pour le marché, & pendant la seconde, il l'y porte & l'y vend : le dimanche n'est distingué des autres jours, que parce qu'il ne laboure & ne sème pas. Il semble que cette continuité de fatigue l'attache davantage à son état; aussi le quitte-t-il rarement volontairement, & celui dont la ruine est complète, aime-t-il mieux se mettre aux gages de son voisin qu'à ceux du bourgeois le moins exigeant.

On est étonné, en suivant les opérations d'un Maraicher, de la quantité de méthodes savantes dont il fait usage, sans se douter de la théorie sur laquelle elles sont fondées. Ces méthodes, je les rapporterai aux articles des légumes qu'elles concernent, & en conséquence je me contenterai de donner quelques apperçus sur le mode de leurs assolemens.

L'année des Maraichers est divisée en trois saisons : au milieu d'octobre, commence la première; alors ils sèment de la romaine sur couche, la repiquent un mois après, & la replantent définitivement devant un abri naturel ou artificiel vers la fin de janvier, après avoir labouré une ou deux fois le terrein & l'avoir couvert de terreau bien consommé. Le jour de cette plantation, ils sèment des radis & des poireaux dans la même planche. A la fin de mars ils vendent leurs radis, au commencement de mai leurs salades, & leurs poireaux en juin.

Au lieu de répandre du terreau sur leurs planches dans la seconde, ils les couvrent de paille, débris des vieilles couches, & plantent alternativement un rang de chicorées ou d'escaroles, & un rang de cornichons. Cette paille empêche la déperdition d'humidité, & par conséquent diminue la necessité des arrosemens. La chicorée s'arrache en juillet, & les cornichons finissent de fournir en septembre.

Dans la troisième saison on fume comme dans la première, & on sème des radis, des mâches, on plante de la chicorée, &c.

Dans toutes ces opérations on sème & on plante un peu serré, parce qu'on arrache les plus forts pieds les premiers, & qu'ils font de la place aux autres : cette pratique, qui seroit blâmable pour les cultures qui ont la graine pour but, est fort peu nuisible dans la culture maraichère, qui spécule presqu'exclusivement sur la production des feuilles.

Puisqu'ainsi que je l'ai observé plus haut, la plus rapide production & la vente la plus certaine sont les objets que desirent le plus les Maraichers, ils ont dû préférer les plantes annuelles, dont on mange les feuilles ou les racines, à toutes les autres; aussi le nombre de celles qu'ils cultivent est-il fort borné. Ce sont les salades de toutes les espèces, les radis ou petites raves, le cerfeuil, le persil, les épinards, les choux hâtifs & les choux-fleurs, les raves hâtives, les carottes hâtives, les panais hâtifs, les oignons hâtifs, les poireaux hâtifs : le céleri & le cardon se voient chez eux, mais c'est de loin en loin, & par principe d'assolement, c'est-à-dire, pour changer la nature des cultures. La seule plante vivace qu'ils trouvent un avantage permanent à cultiver, c'est l'oseille, parce qu'ils en accélèrent la végétation par des abris. Jamais on ne voit chez eux d'asperges, d'artichauts & autres gros légumes; ils sont l'apanage d'autres cultivateurs, qui se livrent presqu'exclusivement à leur culture dans les plaines voisines de Paris, & même fort éloignées de Paris. Ceux qui ont le plus d'avances & le plus de terrein établissent des couches à melons, qui, certaines années, sont pour eux d'un produit extrêmement avantageux, mais qui aussi, dans certaines autres, sont le sujet de pertes considérables, surtout lorsque la grêle brise les cloches. Les champignons deviennent aussi une fort bonne spéculation pour quelques-uns d'entr'eux; mais la consommation en étant bornée, & leur conservation au-delà de quelques jours étant impossible, cette spéculation est aussi hasardeuse que la précédente; cependant elle est moins ruineuse.

Quoique les Maraichers emploient tous les moyens possibles pour activer la végétation, il est cependant des cas où ils ont à craindre que tous leurs légumes arrivant à la fois au point convenable, ne puissent plus être vendus avant leur détérioration; alors ils cherchent à les retarder par l'enlèvement d'une partie des feuilles, par la suppression du sommet de leur tige, en en couvrant certains avec des feuilles, des pots renversés, des planches, en arrosant avec de l'eau froide, &c.

Malgré leur industrie & leur amour pour le travail, il est peu de Maraichers qui arrivent à se faire une fortune suffisante pour vivre dans l'oisiveté, & même beaucoup tombent à la charge de leurs enfans dans leur vieillesse. Quoique vivant au milieu des exemples de débauches, ils ne fréquentent ni les maisons de prostitution, ni celles de jeu, & rarement les cabarets; en général, leurs mœurs sont patriarchales, & ils font un grand nombre d'enfans.

Nous n'avons pas de Traité sur la culture des marais; & malgré que, d'après ce que j'ai dit plus haut, ce Traité fût d'une foible utilité pour la pratique, puisque les procédés se transmettent de père en fils, ou de maître au garçon, il seroit à desirer, pour la théorie, qu'il en fût rédigé un. La Société d'Agriculture de la Seine l'avoit rendu l'objet d'un de ses prix, qui n'a pas été remporté, parceque les Maraichers ne lisent ni n'écrivent pas, & que, pour se mettre au fait de leurs opérations, il faudroit, avec des connoissances préliminaires en théorie, travailler chez eux, pendant deux ou trois ans au moins, comme garçon. (*Bosc.*)

MARAICHINS. On appelle ainsi des bœufs qui sont élevés dans les marais du ci-devant Poitou & du ci-devant Aunis : ils ont beaucoup de suif; mais il est huileux & communique son goût à leur chair. *Voyez* BŒUF. (*Bosc.*)

MARACOC : nom des fruits de grenadilles, qui sont susceptibles d'être mangés.

MARAIS : terrein d'une certaine étendue, où les eaux se conservent par défaut d'écoulement ou d'infiltration, ou d'évaporation, soit qu'elles soient fournies par les pluies, soit qu'elles soient le résultat de l'épanchement ou de l'infiltration des fontaines, des ruisseaux, des rivières.

Il résulte de là que les Marais sont toujours dans un fond argileux ou pierreux, & qu'ils sont plus communs dans les pays froids que dans les pays chauds.

Il est des Marais qui sont couverts de plusieurs pieds d'eau pendant l'hiver, & se dessèchent plus ou moins complètement pendant l'été. Dans d'autres, la même quantité d'eau se conserve pendant toute l'année. Les modifications qu'ils présentent sont sans nombre.

Non-seulement les Marais donnent naissance à des plantes particulières, mais encore chaque sorte de Marais en offre qui leur sont spécialement propres. Presque toutes sont dures & peu du goût des bestiaux, surtout quand elles sont parvenues à toute leur grandeur : on les appelle *herbes aigres*, *herbes des Marais*, &, en prenant une partie pour le tout, *laiches*, *roseaux*, *joncs*.

Ce sont les bœufs & les vaches qui s'accommodent le mieux des herbes des marais; mais elles les nourrissent mal, & donnent aux dernières un lait peu abondant & souvent de mauvais goût. Leur emploi le plus général est pour faire de la litière & par suite du fumier, qui est supérieur à celui de paille, parce qu'en les coupant au moment de leur floraison, elles contiennent beaucoup plus de carbone. Il est des Marais alimentés par des sources, dont la température du sol est, en hiver, beaucoup plus élevée que celle de celui environnant, & où ces plantes poussent de très-bonne heure. Là, il en est d'excellente qualité, comme la canche aquatique, la fetuque flottante, la fléole noueuse, dont la recherche cause quelquefois la perte des bestiaux. *Voyez* FONDRIÈRE.

Les plantes les plus communes dans les Marais en France sont:

Parmi celles qui sont complétement noyées:
Callitriche, tous.
Charagnes, toutes.
Choin des étangs.
— noir.
— blanc.
Conferves, toutes.
Conifle, toutes.
Fluteau nageant.
Isoètes des lacs.
Hottone des marais.
Lenticules, toutes.
Macre flottante.
Marsille à quatre feuilles.

Ménianthe nymphoïde.
Millepertuis élode.
Morène aquatique.
Nayade fluviatile.
Nénuphar blanc.
— jaune.
Plumeaux, tous.
Potamots, tous.
Renoncule aquatique.
Renouée amphibie.
Ruban d'eau flottant.
Salvinie nageante.
Scirpe flottant.
Stratiote aloide.
Sysimbre amphibie.
Valisnère spirale.
Ulve intestinale.
— naine.
Utriculaires, toutes.

Parmi celles qui ont le pied dans l'eau pendant toute l'année:

Berle à feuilles étroites.
— à feuilles larges.
— nodiflore.
— rampante.
Bident penché.
Bourgène commune.
Bry des fontaines.
Bruyère tétralix.
— ciliée.
Butome à ombelle.
Caille-lait uligineux.
— des marais.
Calle d'Europe.
Canche aquatique.
Cresson de fontaine.
Epilobe des marais.
— pubescent.
Fétuque flottante.
Fléchière à feuilles sagittées.
Fluteau plantain d'eau.
— étoilé.
Fontinale des ruisseaux.
Germandrée aquatique.
Gesse des marais.
Grassette vulgaire.
Gratiole officinale.
Hypne des marais.
Jonc articulé.
— aggloméré.
— bulbeux.
— dichotome.
Iris des marais.
Isnarde des marais.
Laiche dioïque.
— pulicaire.
— compacte.
— des marais.
— écartée.
Laiche digitée.
— jaune.
— faux-souchet.
— des rivages.
— aiguë.
Limoselle aquatique.
Menthe aquatique.
Millepertuis des marais.
Myrtile canneberge.
Œnanthe fistuleux.
— à feuilles de persil.
Ophryde des marais.
— de Loesel.
Parnassie des marais.
Patience aquatique.
Pédiculaire des marais.
Pesse aquatique.
Phellandre aquatique.
Pilulaire à globules.
Populage des marais.
Prêle des marais.
— limoneuse.
— des rivières.
Renoncule lancéolée.
— petite douve.
— scélérate.
Renouée persicaire.
Rossolis à feuilles rondes.
— à feuilles longues.
Ruban d'eau à tiges droites.
— à tiges simples.
Scheuzérie des marais.
Scirpe des marais.
— des étangs.
Souchet odorant.
— jaunâtre.
— brun.
Sphaigne des marais.
Stellaire aquatique.
Sysimbre amphibie.
Toque aquatique.
— petite.
Tormentille droite.
Troscart des marais.
Véronique aquatique.

Parmi celles qui ont le pied dans l'eau seulement pendant une partie de l'année:

Achillée sternutatoire.
Ache des marais.
Aune commune.
Berce des prés.
Bident à trois feuilles.
Bouleau blanc.
Caille-lait des Parisiens.
Cardamine des prés.
Ceraiste aquatique.
Chardon des marais.
Comaret des marais.
Elatine poivre d'eau.

Elatine à feuilles menues.
Epervière des marais.
Eupatoire d'Avicène.
Fontinale incombustible.
Frêne commun.
Grassette commune.
Hydrocotyle vulgaire.
Inule dyssentérique.
— britanique.
— à feuilles de saule.
Jonc gloméruilé.
— des crapauds.
Laiche ovale.
— muriquée.
— étoilée.
— paniculée.
— filiforme.
— gazonante.
Laitron des marais.
Lède des marais.
Léersie orizoïde.
Linaigrette.
Littorelle des lacs.
Lobélie aquatique.
Lychnide des prés.
Lycope d'Europe.
Lycopode uligineux.
Lysimaque vulgaire.
— nummulaire.
Massette à larges feuilles.
— à feuilles étroites.
— petite.
Menthe à feuilles rondes.
— crépue.
— des champs.
Montie aquatique.
Obier commun.
Orchis morio.
— laxiflore.
— à larges feuilles.
Osmonde officinale.
— spicante.
Parnassie des marais.
Paturin des marais.
Peucédan des prés.
Peupliers, tous.
Phalaride arondinacé.
Pigamon des prés.
Polypode des fontaines.
Quenouille des prés.
Renouée persicaire.
— poivre d'eau.
Riz cultivé.
Roseau à balai.
Salicaire commune.
— à feuilles d'hyssope.
Samole mouron d'eau.
Saule, tous.
Scabieuse tronquée.
Scirpe gazonant.
Scirpe aiguille.
— ovale.
— setacé.
— maritime.
— des bois.
Scrophulaire aquatique.
Selin des prés.
Seneçon des marais.
Sison aquatique.
Sturie des prés.
Sysimbre sauvage.
Tythymale des marais.
Valériane dioïque.
Violette des marais.

Un Marais est ordinairement un dangereux voisin pour l'homme & les animaux domestiques, en raison des émanations de la terre qui s'en exhalent pendant les chaleurs de l'été, émanations qui donnent lieu à une dégénération remarquable & à des maladies très-meurtrières. Qui n'a pas gémi en voyant le teint have des habitans des pays marécageux, l'air triste des bestiaux qui y paissent habituellement? Il est très désavantageux sous tous les rapports agricoles, parce qu'il ne fournit au plus qu'un pâturage de mauvaise nature, & d'un dangereux abord. *Voy.* Miasme & Fondrière.

Les buffles, les cochons & les canards sont, parmi les animaux domestiques, les seuls qui prospèrent dans les Marais. Les vaches y sont petites & donnent du mauvais lait. Les chevaux y meurent quelquefois de faim. On sait qu'ils causent immanquablement la pourriture aux moutons.

Il n'y a pas deux Marais parfaitement semblables en France. Traiter de chacun en particulier seroit beaucoup trop long & fort peu utile. Je dois donc me borner à les ranger en trois classes: 1°. les Marais tourbeux; 2°. à flaques d'eau nombreuses; 3°. les Marais dont le sol est seulement imbibé d'eau.

Les Marais tourbeux n'existent pas dans les pays chauds, mais sont très-communs dans le nord. Comme ils sont dans une cathegorie particulière, à raison de l'état dans lequel se trouve l'humus qui y surabonde, j'en traiterai particuliérement aux mots Tourbière & Tourbe.

Les Marais à flaques d'eau nombreuses sont les plus communs: tantôt ils sont très-abondans en eaux, tantôt ils le sont peu. Il en est qui se dessèchent en partie ou en totalité tous les étés. Ce sont, ou des eaux pluviales, ou des eaux de sources, d'étangs, de ruisseaux, de rivières qui les forment.

Les Marais imbibés d'eau sont également très-fréquens, mais ordinairement moins étendus que les précédens; ils ne sont jamais produits par des eaux pluviales; mais ces eaux augmentent leur étendue pendant l'hiver.

L'intérêt des habitans des pays de Marais se réunit avec celui des propriétaires & de la société en société en général pour qu'ils soient desséché ; cependant les premiers s'y opposent souvent, parce que ces Marais appartiennent ou à des communes ou à des personnes riches qui, n'en tirant aucun parti, les abandonnent à la vaine pâture, & que l'ignorance de leurs vrais intérêts leur fait croire que cette vaine pâture leur est très-profitable. (*Voyez* VAINE PATURE.) Il a souvent fallu employer la force publique pour les empêcher de mettre obstacle à leur desséchement, témoins ceux de Bourgoin.

Cependant la raison finit toujours par triompher, & chaque jour le nombre des Marais diminue en France, ainsi que dans le reste de l'Europe. Il n'en existeroit même plus, si des motifs tirés ou de la trop grande division des propriétés, qui ne permet pas de faire au loin les travaux nécessaires, ou de la trop grande dépense qu'exigeroit leur desséchement, ne venoient arrêter les spéculations de l'industrie. Ce dernier motif est surtout le plus souvent insurmontable pour les particuliers, qui ne doivent jamais faire une avance en agriculture, sans être assurés d'en obtenir la rente & le remplacement avec bénéfice.

La nature tend à élever le sol des Marais, lorsque la main de l'homme ne vient pas la contrarier : cet effet, elle le produit, 1°. par l'accumulation des débris des plantes qui y croissent; 2°. par les terres, les sables, &c., qu'y apportent les eaux pluviales, soit directement, soit indirectement (les INONDATIONS, *voy.* ce mot). On peut très-souvent rappeler ces deux moyens, lorsqu'ils ont cessé d'avoir lieu, en y plantant des arbres & en y amenant des eaux troubles. Je vais entrer dans quelques détails à cet égard.

Les arbres qu'il est le plus convenable de planter dans les Marais sont d'abord le saule marseau des Marais, espèce distincte du commun, parce que c'est celui qui se plaît le mieux dans les lieux fangeux, qu'il croît rapidement & pousse immensément de racines qui couvrent la surface du sol. Après lui vient le galé d'Europe, qui lui cède sous le rapport de la taille, mais qui a sur lui l'avantage de décomposer l'hydrogène sulfuré & phosphoré, & de le convertir en oxigène. Cette propriété du galé d'Europe est également remarquable, ainsi que j'en ai acquis la preuve pendant mon séjour en Amérique, dans celui dont le fruit donne de la cire, *myrica cerifera* ; aussi mérite-t-il d'être préféré : puis viennent les aunes, les autres espèces de saules, les frênes, &c. Que de Marais mal-sains & qui ne fournissent qu'un mauvais pâturage à quelques avortons de vaches, pourroient devenir innocens & productifs, si on les plantoit d'AUNES & de FRÊNES (*voyez* ces deux mots), dont le bois est si recherché, & par conséquent d'une bonne vente!

Lorsque des circonstances insurmontables ne permettent pas de planter des arbres dans les Marais, la santé des riverains exige qu'on en plante au moins sur leurs bords & en plus grande quantité possible; car toute végétation décompose l'air délétère qui en émane.

Tantôt on réussit, tantôt on ne réussit pas à dessécher un Marais, en le chargeant de terre, de sable, de débris de pierres, &c., dans une épaisseur plus ou moins considérable; & cette opération est de plus d'une énorme dépense, si ce Marais est d'une certaine étendue : aussi l'exécute-t-on rarement dans des intentions relatives à l'agriculture. C'est pour assainir les environs d'une ville, d'un village, d'un château, pour établir solidement un chemin public, qu'on la pratique. Les Romains nous ont laissé, dans les Marais de Dieuze, un moyen de suppléer à la pierre, qui est le plus souvent préférable; ce moyen est des *poignées* d'argile, c'est-à-dire, ce que peut prendre d'argile & comprimer la main, poignées qui se fabriquent avec une grande rapidité, & se cuisent fort économiquement dans un four perpétuel.

On appelle, dans quelques parties de la France, *acoulis*, le mode d'élever le sol des Marais par les affluves d'eaux troubles. C'est certainement le moyen le plus économique pour arriver au but; mais toutes les localités ne se prêtent pas à son emploi. Les Marais des vallées ou de la base des chaînes de montagnes sont les plus favorablement situés pour en faire usage. A cet effet, on les transforme en étang par la construction d'une digue à leur partie la plus basse, & on dirige dans cet étang les eaux d'un torrent après les pluies d'orage, c'est-à-dire, quand elles sont le plus chargées de terre, de sable, &c. Ces matières se déposent au fond de l'étang & l'élèvent. Les eaux clarifiées se vident successivement par trois écluses, ménagées à différentes hauteurs dans la digue. Un grand nombre de Marais en France & dans les pays voisins ont été ainsi acquis à la culture. Je citerai, comme les plus considérables, ceux des environs d'Agde, ceux des environs de Florence. Il faut des siècles, dans certains cas, pour transformer ainsi un Marais en champ à blé; mais pendant ce siècle, non-seulement il ne nuit point aux hommes par ses exhalaisons délétères, mais il fournit du poisson, il fait marcher des moulins & autres usines.

Je dois dire ici, en passant, que lorsqu'un Marais mal-sain ne peut être desséché, il doit être transformé en étang, qui, lorsque ses bords, à raison de leur profondeur, ne sont pas susceptibles de dessiccation pendant l'été, ne peut être nuisible à la santé des riverains, surtout s'il est en plaine.

Mais le moyen le plus fréquent & le plus rapide de dessécher les Marais, c'est de donner un écoulement aux eaux qui les forment, par des saignées, des fossés, des canaux, des pierrées & autres travaux analogues. C'est ici qu'il faut des avances; mais aussi on jouit promptement, quelquefois dans l'année même.

Les fossés doivent être recouverts, toutes les

fois que cela est possible, à raison de l'économie de terrein qui en résulte. Il est une manière fort peu coûteuse d'y parvenir, lorsqu'ils n'ont pas plus d'un pied de large : c'est de placer dans leur fond, de chaque côté, un rang de pierres plates ou de tuiles, qui, se réunissant par leur bord opposé, forment une conduite triangulaire aux eaux qui passent par les interstices de réunion de ces pierres ou de ces tuiles. Quelquefois des gazons également disposés produisent le même effet pendant un grand nombre d'années consécutives, & doivent être par conséquent préférés. Si le fossé est plus large, il faut faire ou des murs en pierre sèche, recouverts de pierres plates, de fascinage, ou voûtés; mais alors la dépense augmente.

Des galeries d'écoulement, à une profondeur plus ou moins considérable, sont quelquefois un excellent moyen de dessécher tout un pays; mais il faut bien calculer les avantages, car elles sont toujours fort coûteuses.

Les travaux destinés à opérer le desséchement des Marais ne sont pas toujours faits avec la solidité convenable, parce que l'on veut économiser; mais on ne peut cependant nier qu'il n'y ait des cas où il ne soit plus avantageux, non-seulement à la situation pécuniaire du propriétaire, mais encore à la qualité des produits futurs, de faire une opération peu coûteuse & peu durable, plutôt qu'une très-dispendieuse & dont l'effet sera éternel. Ces cas, tenant à la nature du sol & à sa position topographique, ne peuvent être indiqués ici; mais les exemples en sont assez communs pour qu'on puisse en trouver facilement l'application. Que de particuliers, que d'associations se sont ruinés pour n'avoir pas fait attention à cette circonstance!

L'article DESSÉCHEMENT contient l'historique de plusieurs grands desséchemens, mais n'indique pas le mode des desséchemens en général. Je dois donc ici suppléer à son silence.

Beaucoup de terreins marécageux d'une petite étendue, quelle que soit la cause qui les rende tels, peuvent être desséchés par le seul effet d'un fossé de ceinture, plus ou moins profond; d'autres, par suite du creusement d'un puisard, dans le lieu le plus bas, soit qu'il atteigne, soit qu'il n'atteigne pas les couches inférieures perméables; d'autres, par de simples rigoles dirigées vers un ruisseau, une rivière, &c.

Si c'est un ruisseau, une rivière qui cause le Marais, on le fait quelquefois disparoître par le seul redressement de leur lit, ou en creusant un fossé parallèle à son cours. Ce dernier cas a surtout lieu lorsque les eaux de ce ruisseau, de cette rivière, refluent par suite d'un barrage quelconque, comme un bief de moulin, une vanne d'irrigation.

Souvent un terrein est marécageux, parce que beaucoup de fontaines y affluent, & que la plupart sont si foibles, qu'elles ne peuvent se creuser un lit : on peut donc le dessécher en faisant des fossés qui dirigent leurs eaux vers la partie la plus basse.

Il est des terreins marécageux, surtout de la troisième sorte, que la multiplicité des fossés ne dessèche pas, ou parce que les eaux sourdent, pour ainsi dire, de tous les points de leur surface, ou parce qu'ils conservent obstinément les eaux pluviales. Je citerai pour exemple ceux des vallons de l'intérieur & du pourtour de la forêt de Montmorency, Marais tous en pente rapide & qui offrent un terrein à demi tourbeux d'un pied d'épaisseur, reposant sur une marne argileuse de plusieurs toises de hauteur. Ce n'est donc pas en les coupant de fossés longitudinaux, qu'on devoit chercher à dessécher ces Marais, opération qui a été très-coûteuse & n'a produit aucun résultat; mais par un fossé supérieur transversal, versant ses eaux dans un petit nombre de longitudinaux, & surtout par le défoncement du sol à deux ou trois pieds de profondeur, afin de donner aux eaux un moyen souterrain d'écoulement, & de mélanger la couche inférieure avec la supérieure, pour les rendre l'une & l'autre propres à porter des chênes & autres arbres à hautes tiges.

Mais la multitude de fossés que nécessitent beaucoup de desséchemens, font perdre considérablement de terrein pour la culture, comme je l'ai déjà observé; & cette cause engage souvent à donner écoulement aux eaux sous terre, par le moyen de RIGOLES couvertes ou de PIERRES, ou de FASCINAGES, pour les rendre dans des FOSSÉS, dans des RUISSEAUX, dans des ETANGS, dans des MARES, dans des PUISARDS, &c. *Voy.* tous ces mots.

Généralement les fossés d'écoulement creusés dans les Marais, lorsqu'ils ne sont pas d'une grande largeur, se comblent rapidement. Il faut donc les réparer souvent, & cela est coûteux. Cette circonstance appuie l'opinion de ceux qui veulent qu'on ne fasse, dans les terreins marécageux, que les opérations strictement nécessaires à leur desséchement, sauf à recommencer lorsque cela est exigible. La nature tend toujours à reprendre ses droits, & j'ai tant vu de marais desséchés à grands frais redevenir impropres à la culture, au bout de quelques années, que je crois qu'il faut plutôt consacrer de petites sommes annuelles à l'entretien de moindres travaux, que de dépenser en une seule fois un grand capital.

Jusqu'ici, je n'ai eu en vue que de petits desséchemens; car la réflexion précédente ne peut s'appliquer aux grands, qui exigent, non des fossés, mais des canaux d'une grande largeur, d'une grande longueur, d'une grande profondeur, canaux qui servent à la navigation, ou au moins à la production du poisson : c'est de ces desséchemens dont il va être question.

Un grand desséchement intéresse presque toujours beaucoup de propriétaires, & ne peut, par conséquent, être fait que par le concours de leurs volontés ou l'intervention d'une loi. Dans le premier cas, il ne faut l'entreprendre qu'après avoir tellement lié, par des actes réguliers, les individus qui doivent y concourir, qu'aucun ne puisse ensuite en arrêter l'exécution. L'expérience prouve que les affaires de ce genre donnent souvent lieu, entre les intéressés, à des procès dont les suites sont la cessation des travaux & même la ruine des associés.

C'est ici que les calculs de dépense certaine & de produits présumables, & les opérations préparatoires, principalement les nivélemens, doivent être faits avec la plus rigoureuse exactitude, parce qu'une petite erreur peut occasionner une très-grande augmentation de frais, & souvent faire manquer le but.

Des sondes de distance en distance pour connoître la nature des couches inférieures de la terre, sondes qu'on devra souvent pousser jusqu'à cent pieds, peuvent devenir très-importantes, parce qu'il doit se trouver telle de ces couches qui sera dans le cas de donner écoulement aux eaux, & qu'alors la dépense se borneroit à faire un ou plusieurs puisards jusqu'à cette couche. Ces couches perméables aux eaux sont bien plus fréquentes qu'on ne le croit généralement : il seroit même facile d'établir en principe de théorie qu'elles existent partout, puisque partout il y a des courans souterrains à une plus ou moins grande profondeur, ainsi que le prouvent les fontaines, les puits & les mines.

Lors même que les sondes que j'indique ici n'auroient pas cet objet en vue, elles seroient toujours nécessaires pour calculer la dépense du creusement des canaux & fossés, les terres & les roches étant plus ou moins faciles à déblayer, selon qu'elles sont plus compactes ou plus tendres.

Pour arriver à un desséchement quelconque, il y a deux choses à faire : contenir les eaux qui viennent de l'extérieur & vider les eaux qui se trouvent dans l'intérieur, c'est-à-dire, qui constituent le Marais. Quelquefois ces deux sortes d'opérations doivent avoir simultanément lieu.

On contient les eaux extérieures par des digues ou par des fossés.

Quand un Marais est produit par les débordemens d'une rivière, le premier moyen réussit toujours lorsqu'il est convenablement employé.

Quand il est le résultat des infiltrations de cette même rivière, un fossé parallèle à cette rivière suffit souvent.

Mais il faut que les digues soient suffisamment épaisses, suffisamment élevées, les fossés suffisamment larges, suffisamment profonds; car lorsqu'une économie mal entendue fait qu'on ne leur donne pas les dimensions convenables, il en résulte quelquefois de grandes pertes.

Le plus souvent on dessèche un Marais formé par une rivière, en élargissant & creusant le lit de cette rivière, c'est-à-dire, en le transformant en un canal de grande dimension; mais il est des cas où on dévie le cours de la rivière qui le forme, par un canal pris beaucoup au-dessus, & en l'en faisant passer à une grande distance.

L'important, dans le premier de ces cas, c'est d'empêcher que les terres du Marais soient ramenées dans le canal par les eaux & le comblent en peu de tems; ce à quoi on ne parvient quelquefois qu'en le revêtissant d'un mur de pierres; mais cela est fort coûteux. C'est principalement dans les Marais tourbeux que cet inconvénient a lieu, le desséchement de la surface refoulant la vase du fond; aussi quelquefois est-il avantageux de faire, lorsque la pente le permet, une ou deux retenues d'eau par le moyen d'écluses qui, ouvertes, donnent lieu à un cours rapide qui nétoie le lit du canal.

C'est toujours une bonne opération que de nétoyer tous les ans, ou tous les deux ans au moins, les canaux & fossés qui assurent l'écoulement des eaux dans les Marais desséchés, afin de s'éviter la dépense de les creuser de nouveau au bout d'un nombre d'années plus ou moins considérable. S'il n'est pas possible de les mettre momentanément à sec pour l'exécuter, on y procédera avec des rabes ou des rateaux, avec des bateaux pourvus d'ailes à godets, & autres machines de même genre dont la description se trouve dans le *Dictionnaire d'Architecture hydraulique*.

Lorsque, comme dans beaucoup de cantons de la ci-devant Hollande, les eaux des rivières ou les eaux pluviales se réunissent dans des Marais inférieurs au niveau de la mer, & que ces eaux ne peuvent être écoulées par des puisards, il n'y a d'autre ressource que de les réunir dans des étangs, dans des canaux, &c., ou de les évacuer par le moyen de machines hydrauliques mues par le vent ou les animaux. On trouvera, dans le *Dictionnaire des Arts mécaniques*, des exemples d'application de ces machines, & j'y renvoie le lecteur.

Un terrein desséché est encore loin d'être propre à la culture. Il en est, parmi ceux qui sont tourbeux, qui sont même plus infertiles après qu'avant leur desséchement. On doit donc encore les soumettre à des travaux, & ces travaux sont quelquefois aussi longs & aussi coûteux que ceux dont il vient d'être question.

Le défoncement à la pioche ou à la bêche, du sol à une profondeur d'un à deux pieds, seroit presque toujours une opération très-avantageuse, parce qu'elle égalise la surface du terrein, opère la destruction des herbes marécageuses, &, lorsque la seconde couche est argileuse, favorise l'infiltration des eaux pluviales; mais la dépense, toujours considérable, empêche le plus souvent de l'exécuter. On la supplée dans ce cas par des labours profonds & répétés, avec une forte charue garnie de coutres. *Voyez* DÉFONCEMENT.

L'ÉCOBUAGE (*voyez* ce mot) est également toujours une opération avantageuse à faire subir aux terreins marécageux desséchés : comme la précédente, elle assure la destruction des racines, des herbes marécageuses, & de plus rend soluble, par la potasse & la chaux qu'elle forme, la portion d'humus insoluble, si abondante dans ces sortes de terreins. Les Marais tourbeux sont ceux sur lesquels elle agit avec le plus d'efficacité, ainsi qu'on le verra au mot TOURBE. On la supplée avec la chaux, qui produit les mêmes effets à un plus foible degré.

Comme, malgré un défoncement ou un écobuage bien fait, il repousse toujours beaucoup de mauvaises herbes, ces deux opérations séparées ou réunies, car on doit aussi défoncer après l'écobuage quand on peut le faire avec économie, non-seulement des labours plus ou moins nombreux, plus ou moins profonds, pendant le premier été, sont utiles, mais encore il est bon de commencer la culture par des plantes qui exigent des binages, principalement par celle de la féve de Marais & du colza, celles de toutes les plantes cultivées qui s'accommodent le mieux des terres marécageuses desséchées. Le chanvre, le lin, les vesces, les pois gris & autres plantes du même ordre produisent aussi de bons effets en étouffant les mauvaises herbes : après viendra l'avoine, qui, comme on sait, se plaît de préférence sur les défrichemens; mais il est à craindre qu'elle fournisse plus de fane que de graine, & en conséquence on doit calculer sur une & même deux coupes de fourage avant la montée en épi. *Voyez* EFFANURE.

Ce n'est qu'après la récolte de l'avoine, c'est-à-dire, au moins la seconde année après le desséchement, qu'on doit le plus souvent transformer en prairie naturelle un terrein conquis sur les eaux, parce qu'avant il repousse toujours beaucoup trop de mauvaises herbes, & que ces mauvaises herbes altèrent la qualité du foin. Parvenu à cet état, un tel terrein se traite comme tout autre de la même nature. *Voyez* PRAIRIE NATURELLE.

Un Marais desséché, quoiqu'il paroisse souvent d'abord complétement infertile; n'a pas besoin d'engrais, puisqu'il contient, comme je l'ai déjà observé plusieurs fois, une immense quantité d'humus ou terre végétale produite par la cumulation, pendant des siècles, des restes des plantes & des animaux qui y ont vécu : il ne s'agit que de rendre successivement cet humus soluble par le moyen de la CHAUX (*voyez* ce mot), pour lui faire produire les récoltes les plus abondantes. L'ignorance de ce moyen si simple, si peu coûteux, si facile à employer, a souvent fait abandonner des terreins desséchés à grands frais, auxquels on ne pouvoit faire produire du blé ou autres céréales.

On a beaucoup écrit sur le desséchement & la culture des Marais; cependant nous n'avons aucun ouvrage satisfaisant sur ces importans objets, parce que ceux qui les ont rédigés, ou n'avoient pas les connaissances élémentaires de physique, de mathématique, de géologie, de botanique, &c., ou n'ont parlé que d'une seule localité, d'une seule circonstance, d'un seul mode, &c. J'aurois voulu m'étendre davantage pour suppléer à l'insuffisance de ces ouvrages; mais c'est un article & non un traité que je rédige, & un article ne doit contenir que des indications générales, surtout lorsque la matière est d'une telle étendue, qu'il faudroit plusieurs volumes pour l'épuiser. (*Bosc.*)

MARAIS SALANS. On donne ce nom aux espaces disposés sur les bords de la mer (c'est presque toujours dans des Marais salés) pour fabriquer du sel de mer (muriate de soude), par le moyen de l'évaporation spontanée de l'eau de mer. Cet objet sortant du domaine de l'agriculture, n'est pas ici dans le cas d'un article de quelqu'étendue. Je renvoie donc au Dictionnaire qui en doit traiter. (*Bosc.*)

MARAIS SALÉS. Ce sont des marais dans lesquels l'eau de la mer pénètre par l'effet des marées, & dont par conséquent l'eau est salée.

Lorsqu'ils ne sont pas transformés en Marais salans, les Marais salés ne peuvent être utilisés qu'après les avoir garantis des invasions des marées par le moyen de digues très-fortes & très-élevées, & des eaux pluviales par de profonds fossés de ceinture dans leurs bords opposés à la mer & à la rivière, lorsque (& cela arrive souvent) il y en a une qui les traverse. Plus souvent que dans les autres on a besoin, dans ceux-ci, de faire des écluses qui permettent la sortie des eaux douces pendant les basses marées, ou des machines hydrauliques propres à les élever au-dessus des digues.

Un Marais d'eau douce peut être cultivé en céréales ou autre objet, l'année même de son desséchement; mais il n'en est pas de même d'un Marais salé : il faut encore le dessaler, sans quoi il continueroit à ne produire que des plantes maritimes, telles que des soudes, des salicornes, les arroches maritime, portulacoïde & de Tartarie, le statice maritime, l'inule à feuilles de critmum, le crambe, &c., uniquement propres à faire de la SOUDE. *Voyez* ce mot.

Il y a plusieurs moyens de dessaler des Marais salés desséchés & nivelés autant que possible.

1°. On peut attendre que les eaux pluviales aient entraîné le sel dans les couches inférieures, ce qui exige cinq, sept & même dix ans.

2°. On peut l'enlever rapidement en introduisant des eaux douces abondantes.

3°. On peut semer des SOUDES, planter des TAMARIX (*voyez* ces mots), ces végétaux ayant la propriété de décomposer le sel marin.

4°. On peut combiner ces moyens deux par deux, ou les réunir lorsque les circonstances locales s'y prêtent.

Les Marais salés desséchés sont quelquefois aussi fertiles que ceux d'eau douce dans le même cas. Les mêmes genres de culture peuvent par conséquent leur être appliqués. J'ai vu en Caroline d'immenses espaces ainsi conquis sur la mer, & devenus de riches champs de riz; quelquefois aussi, cependant, le sol de ces Marais est sabloneux, tel que celui de la côte de Bayonne à Bordeaux, du ci-devant Brabant, &c., & alors il exige des engrais au bout d'un petit nombre d'années de culture. (*Bosc.*)

MARASME : synonyme d'AMAIGRISSEMENT.

MARATTIE. *Marattia.*

Genre de plante de la famille des *Fougères*, qui renferme quatre espèces, dont deux avoient été rapportées aux *Myriothèques* par Bory-Saint-Vincent, & dont aucune n'est cultivée dans nos jardins.

Espèces.

1. La MARATTIE ailée.
Marattia alata. Swartz. ♃ De la Jamaïque.
2. La MARATTIE unie.
Marattia lævis. Swartz. ♃ De la Dominique.
3. La MARATTIE à feuilles de frêne.
Marattia fraxinea. Bory. De l'Ile-Bourbon.
4. La MARATTIE à feuilles de sorbier.
Marattia sorbia. Bory. ♃ De l'Ile-Bourbon.
(*Bosc.*)

MARBRE : pierre calcaire, le plus souvent primitive, dont le grain est assez fin pour pouvoir recevoir le poli & être employé à la décoration des bâtimens de luxe.

On trouve du Marbre dans beaucoup de parties de la France; mais on n'exploite que les carrières qui en fournissent de beau, & qui sont à portée des grandes villes.

Comme le Marbre n'intéresse l'agriculture qu'à raison de son excellence comme pierre à bâtir, & de la propriété qu'il a, comme toutes les autres pierres calcaires, de se transformer en chaux par la calcination, je ne m'étendrai pas sur ce qui le concerne particuliérement. *Voyez* le mot CHAUX & le *Dictionnaire de Minéralogie.* (*Bosc.*)

MARC : matières étrangères qui se trouvent dans des huiles, & qui se précipitent par le repos. *Voyez* HUILE.

MARC : résidu des raisins après qu'on en a exprimé toute la liqueur. *Voyez* VENDANGE.

Dans quelques cantons on donne le Marc aux bestiaux pendant l'hiver : pour cela on le comprime dans des tonneaux & on le recouvre de feuilles de noyer & d'argile : chaque fois qu'on en prend, on rebouche le trou, afin qu'il ne moisisse pas.

Cette nourriture se mélange avec de la menue paille, de la paille, des navets, des carrotes, des pommes de terre, &c. : il entretient les animaux en bon état de santé. (*Bosc.*)

MARCANTHE. *Marcanthus.*

Plante vivace de la Cochinchine, qui, selon Loureiro, forme un genre dans la diadelphie décandrie.

Cette plante n'étant pas encore introduite dans nos jardins, je n'ai rien à dire sur sa culture. (*Bosc.*)

MARCASSIN. On appelle ainsi partout les jeunes sangliers, & dans quelques endroits les jeunes COCHONS.

MARCEAU : espèce de SAULE.

MARCHE. C'est une MARE dans le département des Deux-Sèvres.

MARCOTTE. On appelle ainsi la branche ou d'un arbre, ou d'un arbrisseau, ou d'un arbuste, ou d'une plante vivace, qu'on couche en terre, dans le but de les multiplier; cette branche, dans la plupart des espèces, prenant plus ou moins promptement des racines, & devenant par conséquent un nouveau pied, qu'on peut séparer de l'ancien & planter autre part.

L'opération du marcottage s'exécute principalement sur les plantes étrangères qui ne donnent pas de fruits dans nos climats, & sur les variétés qui ne se reproduisent pas de graines. On en fait fréquemment usage dans les pépinières d'arbres d'agrément : dans celles destinées aux arbres fruitiers, on la restreint aux coignassiers & aux pommiers doucin & de paradis. Il faut la repousser complétement de celles où on ne cultive que des arbres forestiers, parce l'expérience prouve que les pieds qui en proviennent ne s'élèvent jamais autant, & durent beaucoup moins que ceux qui ont une semence pour origine.

Toute la théorie du marcottage consiste, dit Thouin, à déterminer, au moyen de l'humidité, de la chaleur, d'une terre préparée, des incisions, des ligatures, &c., les rameaux marcottés à pousser des racines.

Il y a cinq sortes de Marcottes, que je vais passer en revue, en commençant par les plus simples :

1°. On coupe une tige entre deux terres, & l'année suivante on bute les rejets qu'elle a poussés; ces rejets prennent racine, & on les enlève l'hiver suivant, ou deux ans après.

Une terre consistante, c'est-à-dire, susceptible de conserver l'humidité, est indispensable à la réussite de cette sorte de Marcotte. Lorsqu'on ne la possède pas, on est obligé d'entourer la bute de trois ou quatre pierres ou planches, & de l'arroser pendant les chaleurs de l'été : recouvrir la bute avec de la litière ou de la mousse, ou planter au nord les MÈRES (*voyez* ce mot) destinées à fournir annuellement des Marcottes, pour diminuer les effets de l'action évaporante de l'air, sont aussi des choses avantageuses.

Ce n'est guère que pour la multiplication des coignassiers ou des pommiers doucin & de paradis qu'on emploie aujourd'hui cette sorte de marcottage dans les pépinières bien conduites; mais elle est applicable à la plupart de nos arbres de pleine terre dont le bois n'est pas dur.

2°. On courbe les jeunes pousses d'un pied coupé rez-terre, & on les fixe dans une fosse plus ou moins profonde, en relevant leur sommité le plus possible vers l'angle droit, soit simplement avec la terre dont on remplit la fosse, soit au moyen d'une pierre, d'un crochet de bois, &c.

Ce mode de marcottage est un des plus employés, non-seulement dans les grandes pépinières, pour les arbres fruitiers ci-dessus dénommés, pour les tilleuls & les platanes, mais encore dans les taillis, pour regarnir les places vides ou remplacer une cepée, dont les racines sont en partie pourries. Le plus souvent il procure des plants bons à SEVRER (voyez ce mot), & même à séparer l'hiver suivant, & au plus tard l'année ensuite; quelquefois même, quoiqu'ayant pris racine la première année, on doit laisser les Marcottes deux ans en place, pour leur donner le tems de se fortifier. L'humidité est encore plus nécessaire à cette sorte de Marcottes qu'à la précédente, & on en voit souvent qui avoient poussé des racines au printems, les perdre en été, par suite de l'intensité de la sécheresse.

Plus la courbure de la branche mise en terre est considérable, & plus la production des racines est certaine, lorsqu'elle n'annonce pas, ce qui arrive souvent, la mort de la branche. La théorie de ce fait est fondée sur ce que la séve descendante est forcée de s'arrêter au bas de cette courbure & de donner naissance à des racines.

Plusieurs pépiniéristes recouvrent la tête du pied qui fournit ces Marcottes d'une large pierre, d'une tuile ou d'une couche épaisse de terre, pour empêcher la sortie de nouveaux jets, quoique le plus souvent cette opération soit inutile & qu'elle cause même la mort de ce pied, par la raison que je dirai plus bas. Jamais elle ne s'exécute dans les pépinières soumises à ma surveillance, & il n'en sort pas moins chaque année d'immenses quantités de beaux plants de Marcottes.

Mais une chose que je dois recommander, parce qu'elle se néglige trop, c'est de couper, aussitôt la levée des Marcottes, la partie restante sur laquelle ont poussé des rameaux plus ou moins vigoureux (voyez SAUTERELLE), afin qu'il sorte de nouveaux jets du collet de la racine, lesquels sont toujours à préférer pour les nouvelles Marcottes, au moins dans les grands arbres.

C'est ordinairement à la fin de l'hiver, lorsque la séve commence à monter, qu'on exécute le marcottage de cette sorte, parce que la séve, accumulée dans la partie supérieure de la branche, n'étant plus poussée par toute celle qui part de sa partie inférieure, redescend pour donner naissance à des racines : ce fait, je l'ai vérifié sur les jets du même pied de tilleul, dont la moitié avoit été marcottée avant & l'autre après l'hiver.

3°. On abaisse l'extrémité inférieure d'une branche dans un trou fait au-dessous, & on fixe dans ce trou, pour le recouvrir de terre, un ou plusieurs rameaux de cette branche, en leur faisant faire un angle aussi voisin que possible de l'angle droit. Plus le bois de ces rameaux est jeune, & plus tôt on doit compter sur son enracinement : il est même des cas où on gagne beaucoup à marcotter avant l'aoutement complet (voyez AOUTER); mais il faut connoître ces cas, car on risque aussi, en l'entreprenant, de voir pourrir la partie mise en terre.

Comme la partie de la branche marcottée, qui sort de terre, tend généralement à s'écarter de la perpendiculaire, il est toujours bon, lorsqu'on met de l'importance à lui faire produire un pied dont la tige soit droite & régulière, de lui donner un tuteur, qu'on place à l'opposé de sa courbure.

Il est indispensable, lorsqu'on fait des Marcottes sur un pied d'arbre, d'arbrisseau ou d'arbuste, foible ou par sa nature, ou parce qu'il se trouve dans un sol qui ne lui convient pas, ou parce qu'il n'y a pas assez long-tems qu'il est planté, de lui laisser une tige droite, sans quoi il est dans le cas de périr. C'est pour n'avoir pas fait attention à cette circonstance, que tant de pépiniéristes trop avides ont perdu des espèces précieuses, qu'ils n'ont pas pu se procurer depuis. On explique ce fait par la nécessité pour l'accroissement des racines, de la descente de la séve élaborée par les feuilles, nécessité qu'il prouve, puisqu'il n'en n'arrive plus à la mère lorsque les Marcottes ont pris racine. *Voyez* SÈVE.

Certaines espèces de branches, ou mieux les branches de certains arbrisseaux & arbustes, principalement des grimpans, peuvent être mises en terre & relevées, & donner ainsi plusieurs Marcottes dans leur longueur. M. Thouin appelle ces sortes de Marcottes en *serpenteau*.

4°. Lorsqu'on couche la totalité de la tige en terre, avec l'intention de ne la pas séparer de sa racine-mère, on forme l'espèce de Marcotte qu'on appelle PROVIN (voyez ce mot) : c'est celle qu'on pratique le plus communément sur la vigne dans la ci-devant Bourgogne & autres lieux, où on la cultive d'après la même méthode. Elle n'a pas, comme la précédente, qui s'applique également à la vigne dans beaucoup de pays, seulement pour objet la multiplication des pieds, mais encore celle des racines; & elle est fondée sur ce que, plus une plante en a, mieux elle résiste aux sécheresses, mieux elle répare les accidens produits par la gelée, la grêle, les insectes, &c., & plus elle pousse vigoureusement ou donne des fruits abondans, &c. : cela dans de certaines limites cependant. *Voyez* VIGNE & FEUILLE.

5°. Il est des cas où on ne peut pas amener les rameaux des arbres dans une fosse creusée dans la terre, & où on est par conséquent obligé de porter la terre à leur hauteur : ces Marcottes s'appellent *Marcottes en l'air*. On emploie, pour contenir la terre, ou des sacs de toile, de joncs & autres matières textiles, ou des paniers d'osier, de mancienne, de viorne, de chêne refendu, &c., ou des caisses en bois, ou des pots de terre, ou des cornets de plomb, de fer-blanc, &c. Tantôt les paniers, les caisses, les pots sont attachés à une branche de l'arbre, tantôt ils sont portés par un échafaud élevé exprès : dans les deux cas, tantôt on couche la Marcotte dans leur largeur, comme on la coucheroit dans la terre ; tantôt, au moyen d'une excision, d'une fente, d'un trou, on fait passer la branche à travers. Lorsqu'on fait usage des cornets, on lui donne toujours cette dernière disposition.

Il est le plus souvent avantageux de faire entrer dans la terre une partie de rameau de l'avant-dernière pousse avec une partie de rameau de la dernière, afin que l'espèce de bourrelet qui existe au point de jonction de ces deux pousses favorise le développement des racines.

Ordinairement on ne fait passer qu'un seul rameau dans chaque pot, lequel n'offre que deux ou trois bouts hors de terre ; mais si le pot est grand, on peut en faire passer un plus grand nombre.

Couper le bout des rameaux à deux ou trois yeux de la surface de la terre, s'il est plus haut que six pouces, est ordinairement une bonne opération, en ce qu'elle favorise un développement dans des bourgeons restans, & que les pousses les plus vigoureuses & les plus garnies de larges feuilles sont celles qui fournissent le plus de seve descendante pour la formation des racines, but de tout marcottage.

L'important dans cette sorte de marcottage, c'est que la partie enterrée se trouve toujours dans un degré suffisant d'humidité pour pouvoir pousser des racines & les conserver en état de végétation ; en conséquence, il faut faire usage d'une terre légère, & cependant consistante, en mettre suffisamment, la couvrir de mousse, de paille hachée, &c., pour la garantir du hâle, surtout l'arroser souvent & peu à la fois. On dit que les Anglais réussissent mieux que nous à faire ces sortes de Marcottes, parce qu'ils recouvrent la terre végétale d'une couche d'argile, qui empêche l'humidité de s'échapper ; couche percée de deux ou trois petits trous, pour faire arriver à cette terre l'eau des arrosemens.

Cette nécessité d'entretenir toujours les Marcottes en l'air, dans une humidité constante, & la gêne ou même la difficulté de leur arrosement journalier, a fait imaginer d'attacher à une branche, située au-dessus de la Marcotte, un vase plein d'eau, qu'on renouvelle seulement une fois ou deux par semaine, & à mettre cette eau en communication avec la terre qui entoure la Marcotte, par le moyen d'une étroite lisière de drap ou d'une mêche de laine, qui, par suite de sa propriété attractive, conduit goutte à goutte cette eau sur la terre : quand on a fait une fois usage de ce moyen, il est impossible de ne pas continuer de l'employer, tant on le trouve commode & assuré.

Le terreau de couche mêlé avec moitié de terre franche, ou pour les arbustes très-délicats avec un tiers de terre franche & un tiers de terre de bruyère, sont les compositions les plus avantageuses pour la réussite des Marcottes en l'air. Le terreau donne l'engrais & conserve l'humidité, la terre franche empêche la trop grande évaporation, & la terre de bruyère favorise l'action des racines nouvellement développées.

Jusqu'à présent j'ai supposé que tous ces arbres, arbrisseaux & arbustes jouissoient, au même degré, de la faculté de prendre racine à la suite de leur marcottage ; mais le vrai est qu'ils offrent de très-grandes variations à cet égard : en général, ceux à bois le plus mou sont les plus faciles à s'enraciner ; mais il y a des anomalies à cet égard, témoin le buis, qui le fait très-rapidement. Il est des arbres qui ne s'enracinent jamais ou presque jamais, comme le chêne ; cependant la plupart cèdent aux moyens suivans :

1°. On tord la partie de la branche qui est en terre ;

2°. On la casse à moitié ;

3°. On la lie fortement avec une ficelle cirée, ou bien d'osier, ou mieux un fil de fer ou de laiton ;

4°. On lui enlève un anneau d'écorce de six lignes ou plus de large.

Ces opérations sont fondées sur ce que, toutes les fois qu'il y a interruption dans le cours de la séve descendante, il y a formation d'un BOURRELET (*voyez* ce mot), & qu'il sort plus facilement des racines de ce bourrelet.

Il est des cas où il est plus avantageux de tordre, de casser, de lier, d'anneler la Marcotte un an avant de la mettre en terre ; d'autres où il suffit de le faire au moment de l'opération ; d'autres enfin où il vaut mieux le faire la seconde année du marcottage, lorsque la courbure de la branche est fixée : ces divers cas sont indiqués aux espèces auxquelles ils sont applicables.

Les ligatures, ainsi que les incisions, doivent avoir d'autant plus de largeur, que les branches sur lesquelles on les fait sont plus susceptibles de grossissement, parce qu'elles pourroient être recouvertes par une nouvelle écorce dans le cours de l'année, ce qui seroit contre le but. Le fil de fer, & même plus celui de cuivre, ont des inconvéniens, lorsqu'ils font un grand nombre de tours & qu'ils restent long-tems en terre ; en conséquence il vaut mieux, dans ce cas, faire deux ou trois ligatures d'un simple tour, qu'une seule de beaucoup.

Il est quelques plantes, par exemple, la ronce, qui ne prend racine que par l'extrémité de ses pousses de l'année : cette circonstance doit être connue lorsqu'on les marcotte, parce que si on opéroit à l'ordinaire, on n'auroit pas de résultat.

La sorte de Marcotte qu'on pratique sur les œillets, & qui porte le nom de ce genre, mérite une mention particulière, parce qu'elle diffère un peu de celles qui viennent d'être indiquées.

On choisit, de préférence, l'extrémité d'un rameau de l'avant-dernière pousse, & on l'incise transversalement jusqu'au centre avec un greffoir ou un canif bien tranchant, puis on courbe cette branche, dont alors les fentes s'ouvrent & représentent un Y renversé, qu'on maintient ouvert au moyen d'un peu de terre glaise, d'un morceau de bois ou d'une petite pierre; alors on la met en terre.

Cette pratique assure la pousse des racines dans les œillets & autres plantes pour lesquelles l'expérience a appris qu'elle étoit avantageuse.

Presque toujours une Marcotte doit être relevée aussitôt qu'elle a pris racine, pour, après avoir taillé ses racines & ses branches de manière à mettre le plus d'égalité possible entre les unes & les autres, être plantée pendant un an ou deux en pépinière. Ceux qui les sèvrent & les laissent ensuite en place jusqu'à leur transplantation définitive, obtiennent rarement des arbres aussi réguliers & aussi sûrs à la reprise.

On doit considérer comme un marcottage, la sorte de butage auquel on soumet les pommes de terre, après avoir écarté & couché leurs tiges, dans l'intention de leur faire produire une plus grande quantité de tubercules, & de plus gros tubercules. *Voyez* POMME DE TERRE.

Les arbres résineux, excepté les pins, se multiplient avec succès par Marcotte; mais les pieds qui en résultent n'étant jamais d'une belle venue, on emploie rarement ce moyen de reproduction.

On croit généralement que les plantes longtems multipliées par Marcottes perdent la faculté de donner des semences fécondes; ainsi, celles qu'on cultive pour la graine ne doivent être reproduites par Marcottes que le moins souvent possible. On ne fait pas assez attention à cette circonstance dans les pépinières marchandes; aussi ses effets sont-ils à craindre pour l'avenir. *Voyez* PÉPINIÈRE.

Il est plusieurs sortes de multiplications qui ont les mêmes inconvéniens, telles que les BOUTURES, les ECLATS, les ŒILLETONS, les DRAGEONS. *Voyez* ces mots.

Je renvoie encore le lecteur, pour des complémens à cet article, à ceux STOLONE, TURION, RACINE, TORSION, INCISION ANNULAIRE. (*Bosc.*)

MARÉCAGE. Ce mot s'emploie assez généralement pour indiquer un terrein peu aquatique, sur lequel les bestiaux, & surtout les bœufs & les vaches, trouvent une pâture sinon excellente, au moins passable: quelquefois aussi il s'applique à des marais d'une petite étendue.

Les motifs qui déterminent le desséchement des MARAIS, déterminent également, quoiqu'à un moindre degré, celui des Marécages, & les moyens à employer sont absolument les mêmes; ainsi, ce que j'ai dit à leur occasion leur est complétement applicable.

Il est cependant des terreins marécageux dont la possession est très-avantageuse, en ce qu'ils donnent du foin dans les années sèches, si nuisibles aux prairies élevées. *Voyez* PRAIRIES.

Certains terreins marécageux, qui sont rendus tels par l'épanchement des eaux de sources, offrent un autre avantage; c'est de donner, à raison de la température de l'eau de ces sources, un pâturage extrêmement précoce, même quelquefois un pâturage d'hiver. J'ai vu beaucoup de localités de ce genre, dans les pays de montagnes que j'ai habités ou visités. Les sources chaudes sont encore plus dans le même cas, telles que celles d'Aix, dans la ci-devant Savoie. (*Bosc.*)

MARES. On appelle ainsi, dans le département de l'Ain, des terres argileuses, dans lesquelles prospèrent toutes les productions de la grande agriculture, excepté le trèfle. Ces terres ne se reposent jamais, ne craignent ni les étés secs, ni les étés humides; mais elles se labourent difficilement. *Voyez* TERRES ARGILEUSES. (*Bosc.*)

MARES. Ce sont des étendues d'eau moins considérables que les lacs & les étangs, c'est-à-dire, de moins d'un quart d'arpent, & qui comme eux sont formées par la nature ou par la main de l'homme.

Il est des Mares dont les eaux ont un écoulement; il en est d'autres qui n'en ont pas: il en est qui sont alimentées par une fontaine, un ruisseau, une rivière; mais la plupart ne le sont que par les eaux pluviales.

C'est principalement dans les plaines argileuses qu'on voit le plus de Mares, parce que c'est là où elles sont le plus nécessaires & où il est le plus facile de les construire. Presque toutes les fermes de la ci-devant Normandie, de la ci-devant Picardie & des environs de Paris, en offrent au moins une dans laquelle les bestiaux s'abreuvent, les oies & les canards barbotent, &c.

Dans ces mêmes plaines on voit encore souvent des Mares loin des habitations, au milieu des champs & des bois: celles-là sont destinées à recevoir les eaux pluviales qui ne peuvent se rendre aux rivières. Le plus souvent elles sont remplies de plantes aquatiques, dont la coupe est de quelque valeur, & elles devroient toujours, lorsqu'elles ne dessèchent pas pendant l'été, être peuplées de poissons, tels que tanches, gardons, carassins, cobites, qui seroient aussi de quelque produit.

Il est beaucoup de lieux où on n'a pas d'autre eau pour boire que celle des Mares.

La plus grande partie des Mares ne demandent pour leur construction qu'un enlèvement de la surface de la terre, & le creusement de quelques rigoles pour y amener les eaux pluviales qui tombent sur les terres voisines.

Mais dans les pays où l'argile ne se trouve pas immédiatement

immédiatement au-dessous de la couche de terre végétale; il faut une plus grande dépense pour s'en procurer. Là, après avoir creusé le sol, on est obligé de le garnir d'une couche épaisse d'argile, apportée de loin, & de placer sur cette argile un pavé à chaux & à ciment, fait avec le plus grand soin.

Beaucoup de personnes s'élèvent contre les Mares, prétendant qu'elles sont mal-saines par leurs émanations, mal-saines par la nature de la boisson qu'elles fournissent aux hommes & aux animaux. Cela est vrai dans beaucoup de localités, mais presque toujours par la faute des cultivateurs, qui ne leur donnent pas assez de profondeur, ne les nétoient pas assez souvent, ne veillent pas assez pour empêcher leurs valets d'y jeter des immondices, des charognes, &c.

Les Mares dont l'eau est destinée à la boisson des cultivateurs doivent être placées dans un jardin ou dans toute autre enceinte où les bestiaux & les oiseaux d'eau ne puissent pénétrer; autant que possible, elles doivent être plus profondes que larges, & alimentées par l'eau qui tombe sur les toits, ou celle qui provient des champs cultivés. Pour conserver à l'eau le degré de bonté dont elle est susceptible, il est fort avantageux de faire arriver ces eaux à travers des pierrées, qui lui conservent sa fraîcheur. *Voyez* PIERRÉES.

Par la même considération on couvre, dans quelques endroits, les Mares destinées à fournir à la consommation du ménage, d'une voûte, ce qui les rapproche des CITERNES. *Voyez* ce mot.

On ne doit jamais souffrir de plantes dans ces sortes de Mares, parce qu'elles en colorent l'eau & lui donnent une saveur marécageuse : quelques poissons, pour manger les insectes qui s'y introduisent, y sont toujours à desirer.

Une bonne précaution à prendre, c'est de faire deux Mares à la suite l'une de l'autre, & de ne faire passer l'eau de la supérieure dans l'inférieure, au moyen d'une vanne, que lorsque cette eau se sera éclaircie. C'est surtout lorsqu'on veut conserver l'eau potable dans une Mare couverte ou dans une citerne, que cette pratique est fort avantageuse : je ne l'ai pas trouvée, dans mes voyages, aussi usitée qu'il seroit à desirer.

On améliore l'eau des Mares, en la faisant filtrer à travers du charbon en poudre; aussi, tous les cultivateurs qui sont dans le cas d'en faire usage pour leur boisson & la préparation de leurs alimens, devroient-ils avoir une fontaine disposée à cet effet. *Voyez* EAU.

Pour qu'une Mare, employée à la boisson des bestiaux, ait le moins d'inconvéniens possible, il faut que sa construction soit soignée, c'est-à-dire, qu'elle soit entourée, de trois côtés, d'un mur d'un à deux pieds de haut, & que le quatrième offre une pente douce pavée, qui se continue jusqu'au mur opposé; que les eaux des fumiers & des lieux très-fréquentés ne puissent pas y affluer : elle sera nétoyée tous les ans ou tous les deux ans au plus tard. Ses curures sont un excellent engrais, & paieront les frais de leur enlèvement. Cette opération se fera au commencement de l'hiver, & non pendant l'été, comme cela a si souvent lieu, afin qu'elle ne nuise pas à la santé des ouvriers, & que de l'eau nouvelle vienne de suite remplacer celle qu'on a épuisée.

L'eau des Mares est toujours la meilleure possible pour les arrosemens : on doit donc la préférer à celle des puits dans les jardins. *Voyez* ARROSEMENT.

La multitude des Mares, dans un canton, produit le même effet que des étangs, c'est-à-dire, que leurs émanations sont dangereuses pendant l'été, lorsque leurs bords ou leur totalité se dessèche. Cet effet a plus fortement lieu lorsqu'elles sont remplies de plantes & d'insectes en décomposition, lorsqu'on y a mis rouir du chanvre, &c. Deux moyens peuvent être employés pour diminuer leurs inconvéniens. Le premier, c'est de les entourer d'arbres ou d'arbustes, surtout de ceux qui décomposent l'hydrogène sulfuré, comme l'aune, le galé, arbres ou arbustes qui, par leur coupe, donneront un produit plus ou moins fréquent. Le second, c'est de les rendre d'une profondeur uniforme, & telle qu'elles ne puissent pas se dessécher; mais alors il faut les entourer de haies ou de barrières, afin que les hommes & les animaux ne soient pas exposés à y tomber pendant la nuit. (*Bosc.*)

MARGAL ou MARGOU : nom de l'ivraie vivace dans la ci-devant Provence.

MARGARITAIRE. *Margaritaria.*

Arbrisseau des Antilles & de Cayenne, à feuilles opposées, à fleurs disposées en panicule terminale & à fruits comme des perles, qui seul forme un genre dans la dioécie octandrie.

Cet arbrisseau n'étant pas cultivé dans nos jardins, je n'ai rien de plus à dire sur ce qui le concerne. (*Bosc.*)

MARGOTINS : petits FAGOTS.

MARGOUSIER. On appelle ainsi l'AZÉDÉRACH. *Voyez* ce mot.

MARGRAVE. *Marcgravia.*

Genre de plante de la polyandrie monogynie, qui renferme deux arbrisseaux radicans, remarquables par les espèces d'utricules qui accompagnent leurs fleurs, & qui leur ont fait donner le nom de *bois de couille*. *Voyez* les *Illustrations des genres* de Lamarck, pl. 447.

Espèces.

1. Le MARGRAVE à fleurs en ombelles.
Marcgravia umbellata. Linn. ♄ Des Antilles.
2. Le Margrave à feuilles coriaces.
Marcgravia coriacea. Vahl. ♄ De Cayenne.
Ces arbrisseaux ne sont point cultivés dans nos jardins. (*Bosc.*)

MARGUERITE. *CHRYSANTHEMUM.*

Genre de plante de la syngénésie superflue & de la famille des *Corymbifères*, qui a été réuni aux MATRICAIRES (*voyez* ce mot) par Lamarck, mais que la plupart des botanistes persistent à croire devoir en être distingué. Comme il est nombreux en espèces, je profiterai de la division proposée par Willdenow, en renvoyant une partie d'entr'elles à l'article PYRÈTHRE.

Espèces.

Marguerites à fleurs blanches ou rouges.

1. La MARGUERITE pinnatifide.
Chrysanthemum pinnatifidum. Linn. ♄ De Madère.
2. La MARGUERITE de l'Inde.
Chrysanthemum indicum. Linn. ♄ Des Indes.
3. La MARGUERITE des prés, vulgairement *grande Marguerite.*
Chrysanthemum leucanthemum. Linn. ♃ Indigène.
4. La MARGUERITE à calice noir.
Chrysanthemum atratum. Linn. ♃ Des Alpes.
5. La MARGUERITE hétérophylle.
Chrysanthemum heterophyllum. Willd. ♃ Des Alpes.
6. La MARGUERITE des montagnes.
Chrysanthemum montanum. Linn. ♃ Du midi de la France.
7. La MARGUERITE à feuilles rondes.
Chrysanthemum rotundifolium. Waldst. & Kit. ♃ De la Hongrie.
8. La MARGUERITE corne-de-cerf.
Chrysanthemum ceratophylloides. Allioni. ♃ Du Piémont.
9. La MARGUERITE à feuilles de graminée.
Chrysanthemum graminifolium. Linn. ♃ Du midi de la France.
10. La MARGUERITE à fleurs rouges.
Chrysanthemum coccineum. Willd. ♃ Du Portugal.
11. La MARGUERITE à feuilles de tanaisie.
Chrysanthemum tanacetifolium. Willd. ♃ De l'Orient.
12. La MARGUERITE de Montpellier.
Chrysanthemum monspeliense. Linn. ♃ Du midi de la France.
13. La MARGUERITE à feuilles d'absynthe.
Chrysanthemum absynthoides. Lam. ♃ De....
14. La MARGUERITE à mille feuilles.
Chrysanthemum achillea. Linn. ♃ De l'Italie.
15. La MARGUERITE argentée.
Chrysanthemum argenteum. Willd. ♃ De l'Orient.
16. La MARGUERITE polaire.
Chrysanthemum arcticum. Linn. ♃ Du nord de l'Europe & de l'Amérique.
17. La MARGUERITE à grandes fleurs.
Chrysanthemum grandiflorum. Decand. Des Pyrénées.
18. La MARGUERITE des lacs.
Chrysanthemum lacustre. Brot. ♃ Du Portugal.
19. La MARGUERITE très-élevée.
Chrysanthemum praaltum. Vent. ♃ De la Perse.
20. La MARGUERITE des marais.
Chrysanthemum palustre. Desf. ⊙ De la Barbarie.
21. La MARGUERITE carinée.
Chrysanthemum carinatum. Andr. ⊙ De la Barbarie.

Marguerites à fleurs jaunes.

22. La MARGUERITE pectinée.
Chrysanthemum pectinatum. Linn. Du midi de l'Europe.
23. La MARGUERITE d'Italie.
Chrysanthemum italicum. Linn. ♃ De l'Italie.
24. La MARGUERITE du mont Athos.
Chrysanthemum umbrosum. Willd. De l'Orient.
25. La MARGUERITE spatulée.
Chrysanthemum myconis. Linn. ⊙ Du midi de l'Europe.
26. La MARGUERITE des blés.
Chrysanthemum segetum. Linn. ⊙ Indigène.
27. La MARGUERITE des parterres, vulgairement *Marguerite jaune.*
Chrysanthemum coronarium. Linn. ⊙ Du midi de l'Europe.

Culture.

La plupart de ces plantes sont d'un assez bel aspect pour être employées à l'ornement des jardins. Qui n'a pas admiré le bel effet que produit la grande Marguerite dans les prés, où elle abonde si souvent? Cependant il n'y a que la seconde & la dernière qui soient cultivées sous ce rapport.

Celles de ces espèces qui se voient dans nos jardins de botanique se réduisent aux 2e., 3e., 4e., 6e., 12e., 13e., 17e., 25e., 26e. & 27e. Toutes se sèment en place au printems, & lorsque le plant qu'ont produit leurs graines est parvenu à deux ou trois pouces de haut, on l'éclaircit. Les vivaces peuvent rester plusieurs années dans la même place sans autre soin que de couper leurs tiges en automne, de les empêcher de trop s'étendre & de leur donner les sarclages ordinaires. Ces dernières se multiplient ensuite à volonté & fort facilement par le déchirement des vieux pieds en hiver. Il est même bon de le faire, afin de les changer de place.

La seconde espèce, qui nous est arrivée double & rouge, a si fort varié depuis une vingtaine d'années que nous la possédons, par suite du semis de ses graines, qu'on n'en voit plus deux pieds semblables; ses couleurs ne sortent cependant pas des nuances du rouge, du mordoré & du jaune : il en est de panachées d'un très-bel effet. Les gelées la frappent au moment de son plus grand éclat : ces gelées du reste ne nuisent pas à ses racines, qui repoussent l'année suivante avec une abondance presque toujours nuisible; de sorte qu'on est obligé de diminuer le nombre de ses tiges pour donner plus de grâce à ses touffes & plus de largeur à ses fleurs. Je l'ai vue jouir de tous ses avantages en Italie; aussi l'y multiplie-t-on excessivement. Elle vient fort bien de boutures faites en pleine terre & à l'ombre.

La grande Marguerite ne seroit pas déplacée dans les parterres, mais on ne l'y plante jamais; elle est partout si commune, qu'on est rassasié de sa vue. Les bestiaux & surtout les chevaux la recherchent; cependant il n'est pas avantageux de la laisser se multiplier dans les prairies, parce qu'elle fournit peu de fourage. Elle est devenue le fléau des cultivateurs du nord de l'Amérique, où il n'y en avoit pas un pied avant l'arrivée des Européens. C'est en labourant & cultivant pendant quelques années en céréales les lieux où elle surabonde, qu'on peut le plus sûrement s'en débarrasser.

La Marguerite des blés ne se trouve que dans les terreins argileux & humides. Je l'ai vue si abondante, qu'elle nuisoit beaucoup aux céréales. Il faut des soins prolongés & coûteux pour la faire disparoître (*voyez* MAUVAISES HERBES). Ses fleurs, quoiqu'inférieures en beauté à celles de la suivante, permettent de la lui substituer.

Il y a, à ce qu'il paroît, peu de tems qu'on emploie comme ornement la Marguerite jaune, quoique son éclat & sa durée la rendent très-propre à cet objet. Pour en jouir plus long-tems, on la sème sur couche nue, & lorsque le plant est parvenu à cinq à six pouces de hauteur, on le repique en place, en touffe de trois ou quatre pieds, dans un auget rempli de terreau de couche, & on l'arrose largement. Cependant, comme cette plante souffre toujours de la transplantation, beaucoup de personnes préfèrent la semer en place dans des augets disposés comme je viens de le dire. Cela fait, il n'y a plus qu'à donner des sarclages, à la suite desquels on éclaircit le plant, de manière à ne laisser que les plus beaux. On doit réserver la graine des premières fleurs pour les semis de l'année suivante.

On ne tire un bon parti de la Marguerite jaune, qu'autant qu'on la met en opposition avec des fleurs rouges, bleues, blanches, &c. (*Bosc.*)

MARGUERITE (Grande). On donne très-souvent ce nom à l'ASTÈRE DE LA CHINE. *Voyez* ce mot.

MARGUERITE (Petite). C'est la PAQUERETTE.

MARGUERITE DE SAINT-MICHEL. Quelques jardiniers appellent ainsi l'ASTÈRE AMELLE.

MARGUERILETTE : synonyme de PAQUERETTE.

MARGYROCARPE. *Margyrocarpus.*

Arbuste rampant du Chili, qui seul forme un genre dans la diandrie digynie.

Comme cet arbuste n'a pas encore été introduit dans nos jardins, je n'ai rien à en dire. (*Bosc.*)

MARIGONIA : espèce de GRENADILLE.

MARIPE *Maripa.*

Arbrisseau sarmenteux, originaire de Cayenne, qui seul forme un genre dans la pentandrie monogynie, & qui est figuré pl. 110 des *Illustrations des genres* de Lamarck.

Cet arbrisseau n'ayant pas encore été introduit dans nos jardins, n'est pas dans le cas de m'arrêter plus long-tems. (*Bosc.*)

MARIQUE. *Marica.*

Plante vivace, à racine bulbeuse, à feuilles linéaires, à tiges biflores, à fleurs bleues ou blanches, qui croît dans les marais de Cayenne, & qui forme seule un genre dans la triandrie monogynie & dans la famille des *Iridées*.

Cette plante, qui est figurée sous le nom de CIPURE, pl. 13 de l'ouvrage d'Aublet sur les plantes de la Guiane, n'ayant pas encore été introduite dans nos jardins, ne peut être ici l'objet d'un plus long article. (*Bosc.*)

MARISQUE. *Mariscus.*

Nom donné par Haller à un genre de plante qu'il a établi pour placer quelques espèces de choins, entr'autres le CHOIN MARISQUE. *Voyez* ce mot.

MARITAMBOUR : espèce de GRENADILLE qui croît à Cayenne.

MARITE. *Marita.*

Arbrisseau des îles de l'Amérique, qui, selon Swartz, forme un genre dans la polyandrie monogynie.

Cet arbrisseau n'est pas dans le cas de donner lieu ici à un article plus étendu, puisqu'il n'est pas cultivé en Europe. (*Bosc.*)

MARJOLAINE : espèce d'ORIGAN.

MARKÉE. *Markea.*

Plante de Cayenne qui se rapproche des LISERONS, & que Richard a établie en titre de genre dans la pentandrie monogynie.

Comme cette plante n'est point cultivée dans nos jardins, je n'ai rien à en dire de plus. (*Bosc.*)

MARMANTEAUX : arbres qui entourent un château, & que les usufruitiers ne peuvent couper. *Voyez* AVENUE.

MARMITE : vase de cuivre, de fonte ou de terre, dont on fait un grand usage dans les campagnes pour la préparation des alimens, & surtout de la soupe.

Les Marmites varient en grandeur & en forme. Les avantages de celles de cuivre sont la durée; ceux de celles de fonte & de terre sont le bon marché; mais ces dernières sont sujètes à être cassées, soit par le seul effet de leur emploi, soit par le défaut de précaution dans leur maniement.

Je ne cite ce meuble que pour parler de la supériorité de la Marmite américaine, que j'ai été à portée d'apprécier pendant mon séjour dans les États-Unis.

On donne ce nom à une Marmite ordinaire, mais dont le couvercle se ferme avec une rigoureuse exactitude, & dans laquelle on place une seconde Marmite en fer-blanc percé de trous, ou un simple grillage en bois, l'une ou l'autre élevée de deux à trois pouces au-dessus du fond. Par cette disposition, & en mettant un à deux pouces d'élévation d'eau au fond, on cuit la viande & les légumes à la vapeur de cette eau avec bien moins de combustible, puisqu'il ne s'agit que de faire bouillir les deux ou trois verres d'eau qui sont au fond de la Marmite, qu'ils cuisent plus promptement, conservent toute la saveur qui leur est propre, & on peut, au moyen de séparations, faire cuire en même tems deux ou trois sortes de viandes & deux ou trois sortes de légumes, sans qu'elles se nuisent réciproquement.

On ne craint jamais que ce qui est dans la Marmite américaine brûle ou cuise plus qu'il ne convient; ce qui est un avantage incalculable dans les campagnes, où les ménagères n'ont pas toujours le tems de surveiller convenablement leur cuisine, & où les filles qu'elles en chargent, sont souvent inattentives.

J'ai un grand nombre de fois mangé des viandes & des légumes ainsi cuits, & je les ai toujours trouvés supérieurs à ceux cuits dans l'eau. Il est donc à desirer que cette méthode, si facile & si économique, prenne faveur dans nos campagnes, surtout pour les pommes de terre & les châtaignes, qui y gagnent le plus. (*Bosc.*)

MARMITE DE SINGE : nom vulgaire du QUATELÉ.

MARMOLIER. *Duroia.*

Arbre de Cayenne, à feuilles opposées & à fleurs sessiles à l'extrémité des rameaux, qui seul forme un genre dans l'hexandrie monogynie.

Cet arbre, dont on mange les fruits dans son pays natal, n'étant pas cultivé dans nos jardins, ne peut être ici l'objet d'un plus long article. (*Bosc.*)

MAROUCHIN. C'est le PASTEL de la dernière qualité.

MARNE : mélange naturel d'argile & de pierre calcaire.

Cependant on n'appelle ce mélange véritablement Marne, que lorsque ses proportions sont telles que le résultat, exposé à l'air ou mis dans l'eau, s'y délite plus ou moins promptement.

Du sable quartzeux & de l'oxide jaune de fer se trouvent aussi, ensemble ou séparément, très-fréquemment entrer dans la composition de la Marne.

Une Marne calcaire est celle où le calcaire domine; une Marne argileuse est celle où l'argile est en plus grande quantité.

Il y a des Marnes de toutes les couleurs & de tous les degrés de dureté; celles qui sont en même tems très-argileuses, très-ferrugineuses, s'appellent GLAISES.

La formation de la Marne est généralement contemporaine de celle des montagnes calcaires; cependant il s'en trouve dont l'origine doit être attribuée aux alluvions. Il n'en existe point dans les pays granitiques. Elle se trouve en couches plus ou moins épaisses, plus ou moins profondes, plus ou moins mélangées de pierres ou en amas : cette dernière est le plus souvent moderne.

La gelée agit sur les terres marneuses, en en soulevant les molécules; aussi les blés qu'on y sème, sont-ils sujets à être déchaussés à la suite des hivers rigoureux.

Je n'entrerai pas dans des détails plus étendus sur la composition & la formation de la Marne, ces objets faisant partie de l'article qui la concerne dans les *Dictionnaires de Chimie, de Minéralogie & de Géologie.*

Dès les tems les plus anciens on avoit remarqué les bons effets de la Marne sur certaines terres. Les Grecs, les Romains, les Gaulois en faisoient un fréquent usage, ainsi qu'on le voit dans les écrits qu'ils nous ont laissés sur l'agriculture. Elle est appréciée à toute sa valeur par une grande quantité de cultivateurs dans toutes les parties du Monde, c'est-à-dire, qu'on sait partout qu'elle est un des meilleurs moyens d'améliorer les récoltes des terres arables; cependant son emploi n'est pas aussi étendu qu'il est à desirer pour l'avantage général des sociétés agricoles. Il est donc du devoir de tout ami de son pays de faire valoir son importance.

C'est évidemment par l'expérience que les anciens agriculteurs ont appris à connoître les bons effets de la Marne; car, comme elle est infertile par elle-même, qu'elle porte même l'infertilité, pendant plus ou moins de tems, sur les terres où on la répand en trop grande abondance, il est difficile de croire qu'ils aient pu être conduits à son usage par la théorie.

La Marne agit de deux manières, mécaniquement & chimiquement.

Ainsi, lorsqu'elle est argileuse & qu'on la répand sur un terrein sabloneux ou calcaire, elle le rend plus solide, plus susceptible de conserver l'eau des pluies; elle l'améliore donc mécaniquement sous ces deux rapports. *Voyez* ARGILE, PLUIE, PLOMBAGE.

Ainsi, lorsqu'un terrein trop argileux ne donne pas assez facilement passage aux eaux surabondantes des pluies & aux racines des jeunes plantes, il suffit d'y mêler de la Marne calcaire pour diminuer ces deux inconvéniens. *Voyez* CALCAIRE, LABOUR, RACINE, GERMINATION.

Mais, dira-t-on, dans ces deux cas on peut suppléer la Marne par des argiles, par des sables siliceux, par des pierres calcaires réduites en poudre.

Oui, mais où est la pierre calcaire qui ne soit pas argileuse, & où est l'argile qui ne contienne pas de calcaire ou de silice? Il est des Marnes qui, comme les CRAIES (*voy.* ce mot), contiennent encore des parties animales, restes des polypes qui les ont formées. Il en est aussi qui, comme celles des bords de l'Oise, au-dessus de Pontoise, ont conservé un peu de sel de mer. Ces deux sortes de Marnes agissent comme engrais ou comme stimulant, & produisent par conséquent des effets plus marqués.

La Marne absorbe l'eau avec la plus grande facilité, & la perd de même: c'est un des motifs qui la rend si précieuse pour les terres argileuses qu'elle dessèche & rend propres à un plus grand nombre de cultures.

L'action chimique de la Marne est fondée sur la faculté propre aux alcalis de dissoudre les substances animales & végétales. La terre calcaire qui est dans la Marne jouissant, comme on sait, de toutes les propriétés des alcalis, rend miscibles à l'eau la portion d'humus ou terre végétale qui ne l'étoit pas, & par-là lui donne la faculté d'entrer dans les racines des plantes, & de servir à leur nutrition. La théorie de cette action sera développée au mot VÉGÉTATION.

Il est si vrai que la Marne agit à raison de l'humus qui se trouve dans la terre, qu'elle n'opère plus sur les terres lorsqu'on l'y répand en surabondance; aussi vaut-il toujours mieux marner souvent que fortement.

D'après cela, on doit penser que les alcalis, surtout les caustiques, que les pierres calcaires réduites en poudre, surtout la chaux, doivent produire plus d'effet que la Marne, & cela est vrai; mais aussi trop d'effet est souvent nuisible, & ce cas le prouve, car les alcalis caustiques, car la chaux décomposent, brûlent l'humus ou terre végétale, & rendent infertiles, pour un grand nombre d'années, les champs où on les a répandus en certaine abondance.

La Marne s'emploie avec plus d'efficacité que la chaux dans les terreins secs & légers, & la chaux que la Marne dans ceux qui sont argileux & humides. Pour la rendre plus convenable à ces derniers, il est bon de lui faire subir l'action du feu, parce qu'alors sa partie argileuse se change en parcelles de briques, & que sa partie calcaire se change en chaux. Ces deux parties produisent ensuite, chacune à leur manière, l'effet qu'on en attend.

Toutes les fois qu'une terre aura un degré convenable de consistance, on devra préférer la chaux à la Marne, comme moins coûteuse.

Ce sont donc les Marnes calcaires qu'il faut, de préférence, employer dans les terres riches en humus: là, elles agissent successivement & si lentement, que leur action se prolonge quelquefois pendant vingt ou trente ans; ce qui, sous les rapports chimiques, à raison de l'économie, est un avantage important à considérer.

Il résulte de ces faits, que lorsque la Marne est d'un transport ou d'une exploitation trop coûteuse, on peut la suppléer par des cendres, & plus économiquement par une petite quantité de chaux.

Comme je l'ai dit au commencement de cet article, toutes les Marnes sont infertiles lorsqu'elles sortent du sein de la terre: il faut qu'elles se saturent des principes de l'air, surtout de l'acide carbonique, pour qu'elles le deviennent. Quoique cette circonstance doive faire présumer qu'employées de suite, elles seroient plus propres à dissoudre l'humus ou terre végétale, on est généralement dans l'usage de les laisser exposées à l'air, en petits tas, au moins pendant un an, avant de les répandre sur les champs qu'on veut amender par leur moyen: cette pratique est, de plus, commandée pour beaucoup d'entr'elles, par la nécessité de les laisser se déliter, c'est-à-dire, se réduire en petits fragmens, par suite de l'effet de l'alternative de l'humidité & de la sécheresse, de la gelée & du dégel. Cette exposition de la Marne à l'air s'appelle MURIR. *Voyez* ce mot.

Il est des Marnes qui se délitent en peu de mois: il en est qui ne le font qu'après un hiver; quelques-unes demandent plusieurs années; plusieurs exigent une légère calcination. L'important est qu'elles soient divisées le plus possible, parce qu'alors elles agissent plus également; cependant certains cultivateurs en enterrent des morceaux gros comme le poing, laissant au tems le soin de les diviser davantage; mais il arrive souvent que ces morceaux ne se divisent pas, & qu'il faut ensuite les enlever à la main, ou les laisser souiller les champs.

Les agronomes du siècle dernier, qui ne connoissoient pas la véritable théorie du marnage, ont beaucoup disputé sur la question de savoir s'il étoit préférable de marner rarement & beaucoup, ou souvent & peu; quelle étoit la quantité de Marne qu'il falloit employer; combien de tems duroient ses effets; à quelle époque il convenoit de la tirer de la terre, de la répandre sur les champs. Le vrai est qu'on ne doit fixer aucune de ces circonstances d'une manière générale, à raison des variations qui existent entre les diverses sortes de Marne, entre les différentes sortes de terre, entre les différentes expositions, entre les différens climats, entre les différens buts, &c. C'est donc à chaque cultivateur qu'il appartient de juger de ces cas. La seule chose commune à tous, c'est que le capital employé au marnage ne soit pas plus considérable que celui de la rente qu'il doit faire obtenir, en plus, de la terre; car c'est toujours une folie que de faire une dépense de culture qui ne produit pas un bénéfice prochain ou éloigné. En général, cependant, je crois qu'il vaut toujours mieux marner foiblement & souvent, que fortement & rarement.

Le principal but du marnage indique l'époque où il est le plus souvent convenable de l'exécuter. C'est celle où la terre vient d'être labourée, où les pluies vont commencer, où les gelées ne tarderont pas à se faire sentir; je veux dire à la fin de l'automne. Il se fait en répandant le plus également possible la Marne sur la terre, au moyen d'une large pelle. On n'en laisse point aux endroits où étoient les tas, parce que, quelque soin qu'on mette à l'enlever, il en reste toujours assez. Après l'hiver, immédiatement avant le labour des mars (ordinairement ce sont eux qu'on sème d'abord sur les champs marnés), on parcourt le champ, lorsque cela est nécessaire, avec un casse-motte, & on réduit en poudre, par son moyen, tous les morceaux de Marne qui ont résisté à la décomposition spontanée.

Il est des agriculteurs qui fument leurs terres en même tems qu'ils les marnent. Arthur Young appuie beaucoup sur les avantages de cette pratique. Je dois cependant observer qu'elle n'est réellement très-avantageuse que sur les terres maigres, parce que, sur celles qui sont naturellement fertiles, elle peut donner lieu à une trop grande pousse de feuilles, & par suite à une moindre production de graine. (*Voy.* FERTILITÉ, FEUILLE & GRAINE.) Dans tous les cas, le talent du cultivateur consiste à donner à sa terre juste ce qu'il lui faut d'engrais, ni plus ni moins.

Une autre manière de tirer parti des Marnes, qui n'est malheureusement pas assez connue, c'est de les stratifier, soit avant, soit après qu'elles sont délitées, pendant une ou deux années, avec de la terre végétale, avec des plantes marécageuses, du chaume, du foin gâté, & enfin du fumier, & d'en former des espèces de murs dans un lieu peu exposé au vent. Ces murs décomposent l'air & le chargent de ses principes, au point qu'une petite quantité de leur détritus suffit pour fertiliser un espace considérable. On augmente leur fertilité en les arrosant de sang de bœuf & d'eau salée. *Voyez* NITRIÈRE ARTIFICIELLE.

La Marne se tire de la terre à toutes les époques de l'année; cependant c'est pendant l'hiver, lorsque la diminution du travail met au plus bas le salaire des ouvriers, qu'on en exploite le plus. On ne peut trop recommander de faire cette opération au commencement plutôt qu'à la fin de cette saison, parce que la Marne sortant humide de la terre, & se conservant humide par l'effet des pluies fréquentes qui règnent alors, ses molécules sont plus facilement désagrégées par la gelée.

On exploite la Marne tantôt à ciel ouvert, tantôt par des galeries horizontales, tantôt par des puits. Cette dernière manière est la plus coûteuse. La première doit être préférée, à raison du moindre danger auquel elle expose.

L'aspect général du pays, & l'examen des pierres qui s'y trouvent, peuvent guider dans la recherche de la Marne. Les ravins, les carrières, les puits, donnent souvent des indications certaines, ainsi que la tarière inventée par Bernard Palissy, & dont les mineurs font aujourd'hui un si fréquent usage. Je n'entrerai pas dans des détails à cet égard, attendu qu'on les trouvera suffisamment développés dans le *Dictionnaire de Minéralogie.*

Certaines Marnes se laissent tellement pénétrer par l'eau, qu'une pluie un peu forte suffit pour les réduire en bouillie. Il en est d'autres, comme je l'ai déjà observé, qui au contraire restent toujours sous forme pierreuse, & qu'il faut ou briser mécaniquement, ou calciner au feu. Quelques personnes prétendent que les Marnes d'une facile délitation sont meilleures que les autres; mais cela n'est vrai, d'après ce que j'ai dit plus haut, qu'à raison de la plus grande promptitude de leurs effets.

Des faits, cités par Arthur Young, semblent prouver que la Marne détériore la qualité des pommes de terre.

Ce n'est pas seulement sur les terres labourables que la Marne produit de bons résultats. On en fait aussi un fréquent usage sur les prairies naturelles, dont elles augmentent prodigieusement les produits. Là, elles agissent de plus d'une manière, c'est-à-dire, en fournissant aux graminées, par l'élévation qu'elles donnent au sol, le moyen de multiplier leurs racines. *Voyez* GRAMINÉE & PRAIRIE. Cette considération a engagé quelques cultivateurs anglais à la répandre aussi sur leurs seigles & leurs fromens en végétation à l'issue de l'hiver, & leur attente a été surpassée. J'invite les cultivateurs français à les imiter, la théorie se trouvant ici complétement en concordance avec la pratique de ces cultivateurs.

Il me seroit extrêmement facile de doubler la longueur de cet article, en citant des exemples des merveilleux effets produits par la Marne; mais je me contente des généralités ci-dessus, les avantages de cette substance n'étant plus aujourd'hui douteux pour personne. La connoissance des caractères auxquels on la reconnoît & les avances que nécessite son extraction, sont les seules causes qui empêchent d'en faire un usage plus général en France. (*Bosc.*)

MAROUTE : nom vulgaire de la CAMOMILLE PUANTE.

MARRE. C'est tantôt une grosse, tantôt une large PIOCHE, tantôt une pelle de fer. *Voyez* HOUE.

MARRE. On donne ce nom aux béliers dans le département de Lot & Garonne.

MARRON : variété de la châtaigne, & fruit du MARRONIER d'INDE.

MARRONIER. *Æsculus.*

Genre de plante de l'heptandrie monogynie & de la famille des *Malpighiacées*, qui renferme plusieurs arbres introdruits dans nos cultures depuis long-tems, & qui par conséquent sera l'objet d'un article étendu dans le *Dictionnaire des Arbres & Arbustes*. (*Bosc.*)

MARRUBE. *Marrubium.*

Genre de plante de la didynamie gymnospermie & de la famille des *Labiées*, qui rassemble une vingtaine d'espèces, dont deux croissent naturellement en France, & dont la moitié se cultive dans nos jardins de botanique. Il est figuré pl. 508 des *Illustrations des genres* de Lamarck.

Espèces.

Marrubes à calice à cinq dents.

1. Le MARRUBE cunéiforme.
Marrubium alyssum. Linn. ♃ De l'Espagne.
2. Le MARRUBE d'Astracan.
Marrubium astracanicum. Jacq. ♃ D'Astracan.
3. Le MARRUBE à feuilles d'agripaume.
Marrubium leonuroides. Lam. ♃ De.....
4. Le MARRUBE paniculé.
Marrubium creticum. Linn. ♃ De l'Orient.
5. Le MARRUBE incane.
Marrubium incanum. Lam. ♃ De.....
6. Le MARRUBE couché.
Marrubium supinum. Linn. ♃ Du midi de la France.
7. Le MARRUBE sétacé.
Marrubium setaceum. Lam. ♃ De l'Espagne.
8. Le MARRUBE à feuilles de chataire.
Marrubium catariæfolium. Lam. ♃ De l'Orient.
9. Le MARRUBE à feuilles oblongues.
Marrubium peregrinum. Linn. ♃ Du midi de l'Europe.
10. Le MARRUBE très-blanc.
Marrubium candidissimum. Linn. ♃ De l'Orient.
11. Le MARRUBE à feuilles rondes.
Marrubium circinatum. Lam. ♃ De l'Orient.

Marrubes à calice à dix dents.

12. Le MARRUBE commun.
Marrubium vulgare. Linn. ♃ Indigène.
13. Le MARRUBE faux-dictame.
Marrubium pseudo-dictamus. Linn. ♃ De l'Orient.
14. Le MARRUBE acétabule.
Marrubium acetabulosum. Linn. ♃ De l'Orient.
15. Le MARRUBE d'Espagne.
Marrubium hispanicum. Linn. ♃ De l'Espagne.
16. Le MARRUBE cendré.
Marrubium cinereum. Lam. ♃ De l'Espagne.
17. Le MARRUBE crépu.
Marrubium crispum. Lam. ♃ De l'Espagne.
18. Le MARRUBE à petites feuilles.
Marrubium microphyllum. Lam. ♃ De l'Espagne.
19. Le MARRUBE d'Afrique.
Marrubium africanum. Linn. ♃ Du Cap de Bonne-Espérance.
20. Le MARRUBE hérissé.
Marrubium hirsutum. Willd. ♃ De.....

Culture.

Les espèces indiquées sous les nos. 1er., 4e., 6e., 9e., 10e., 12e., 13e., 14e., 15e., 17e. & 19e., sont celles que nous cultivons dans nos jardins.

Les sept premières y passent toute l'année en pleine terre, pourvu que le sol soit sec & l'exposition chaude : la douzième est la plus indifférente à ces circonstances. On les sème en place, & quand on les possède, on les multiplie, si on veut, par déchirement de leurs vieux pieds en hiver ou par boutures au printems.

Les quatre dernières exigent l'orangerie pendant l'hiver ; elles y veulent de la lumière & peu d'arrosement. Leurs graines se sèment sur couche & sous châssis, & ensuite elles se multiplient comme les précédentes, excepté que les boutures se font sur couche & sous châssis.

La couleur blanchâtre de la plupart des Marrubes les fait remarquer ; mais du reste elles ont peu d'agrément. La troisième est la plus belle.

Le Marrube commun est souvent extrêmement abondant dans les décombres, autour des villes, le long des chemins. Les bestiaux n'y touchent pas. (*Bosc.*)

MARRUBE NOIR : c'est la BALLOTTE. *Voyez* ce mot.

MARS. Dans ce mois, le dernier de l'hiver, on trouve souvent les beaux jours du printems ; le cultivateur doit se hâter d'en profiter pour achever ses labours, ses fumages, ses marnages, faire ses semailles du blé, dit de son nom BLÉ DE MARS, ainsi que celle des avoines, des orges, auxquelles on donne également son nom lorsqu'on les prend collectivement, les MARS. *Voyez* ces mots.

C'est encore pendant sa durée qu'on met en terre les pommes de terre, les topinambours, les vesces, les gesses, les pois, les féves, les trèfles, les luzernes, les sainfoins, &c. ; qu'on donne l'eau aux prés susceptibles d'irrigation, qu'on en retire les bestiaux, qu'on donne la première façon aux vignes. Les oies, les canards & quelques poules commencent à couver pendant sa durée. On châtre, vers sa fin, les agneaux de novembre & de décembre.

Quelqu'occupé que soit le laboureur en Mars, le jardinier l'est bien davantage. Alors tout est pressé pour lui. En supposant ses labours faits, & ils doivent toujours l'être, il a à semer presque tous ses légumes, soit sur couche, soit contre des abris, soit en pleine terre, tels que radis, pourpier, laitue, cresson alénois, melons, choux-fleurs, pois, féves, haricots, épinards, oignons, cerfeuil, persil, carottes, panais, betteraves, navets, scorsonère, salsifis, cresson de fontaine, &c. Il doit aussi planter l'ail, l'échalotte, le fraisier, l'oseille, l'asperge, repiquer toutes les primeurs qui en sont susceptibles, & plusieurs fleurs semées sur couche ou qui ont passé l'hiver dans les planches de semis.

Dès les premiers jours du mois, si on ne craint plus les fortes gelées, on découvre les artichauts, les figuiers & autres plantes. On bine tout ce qui en a besoin.

La taille des arbres à fruits à noyau s'exécute alors, celle de la vigne en espalier, ainsi que leur palissage.

Dans les pépinières, on lève toutes les couvertures mises sur les plants délicats: on donne de l'air tous les jours aux châssis, aux baches, aux orangeries; on finit les semis, les repiquages, les levées d'arbres à feuilles caduques, & on commence celle des arbres verts, qui ne doit avoir lieu que lorsque les bourgeons commencent à se montrer. (*Bosc.*)

MARS, MARSAIS, MARSAGE. Ainsi que je l'ai dit dans l'article précédent, on appelle ainsi les grains qui, comme le froment, l'orge & l'avoine, se sèment en Mars.

La nécessité de mettre une certaine égalité dans la somme des travaux de chaque mois, plus qu'aucune autre cause, oblige souvent de remettre au printems des semis qui gagneroient à être faits en automne. Il est de principe reconnu par l'expérience, que toute plante annuelle qui ne craint pas les gelées, pourroit être semée avant l'hiver, parce qu'elle croît plus lentement & est moins dans le cas d'être saisie par la sécheresse. *Voyez* FROMENT, ORGE & AVOINE. (*Bosc.*)

MARSANE. Genre de plante établi par Sonnerat, sur une plante qui depuis a été réunie aux MURRAIS. (*Bosc.*)

MARSEAU : nom spécifique d'un SAULE.

MARSEICHE : nom de l'ORGE à deux rangs. *Voyez* ce mot.

MARSELLE. C'est la viorne dans les environs de Boulogne.

MARSHALLIE. *Marshallia.*

Genre de plante de la polyandrie trigynie, établi par Scopoli, sans avoir indiqué l'espèce qui lui sert de type.

MARSILE. *Marsilea.*

Genre de plante de la cryptogamie, qui renferme une demi-douzaine d'espèces, dont une est indigène, & se cultive dans les jardins de botanique. Il est figuré dans les *Illustrations des genres* de Lamarck, pl. 833.

Espèces.

1. La MARSILE à quatre feuilles.
Marsilea quadrifolia. Linn. ♃ Du midi de la France.

2. La MARSILE de Coromandel.
Marsilea coromandelina. Willd. ♃ Des Indes.

3. La MARSILE grêle.
Marsilea strigosa. Willd. ♃ Des bords de la Mer-Caspienne.

4. La MARSILE rongée.
Marsilea erosa. Willd. ♃ Des Indes.

5. La MARSILE d'Egypte.
Marsilea ægyptiaca. Willd. ♃ De l'Égypte.

6. La MARSILE à deux lobes.
Marsilea biloba. Willd. ♃ Du Cap de Bonne-Espérance.

Culture.

La première espèce, qui craint peu les froids du climat de Paris, se cultive au Jardin du Muséum, dans un pot qu'on place dans un autre pot à moitié plein d'eau. Il est important de renouveler assez souvent cette eau, pour qu'elle ne se corrompe pas; car cette circonstance la fait immanquablement périr. On la multiplie par le déchirement des vieux pieds, qui tracent beaucoup. (*Bosc.*)

MARTAGON : nom commun aux LIS dont les divisions de la corolle sont réfléchies, mais qui s'applique plus particuliérement à celui qui croît naturellement en France.

MARTINÈZE. *Martinezia.*

Genre de palmier de la polygamie monoécie, qui renferme cinq espèces, dont aucune n'est cultivée dans nos jardins, & ne peut par conséquent devenir ici l'objet d'un article.

Espèces.

1. La MARTINÈZE ciliée.
Martinezia ciliata. Ruiz & Pav. ♄ Du Pérou.

2. La MARTINÈZE interrompue.
Martinezia interrupta. Ruiz & Pav. ♄ Du Pérou.

3. La MARTINÈZE ensiforme.
Martinezia ensiformis. Ruiz & Pav. ♄ Du Pérou.

4. La MARTINÈZE linéaire.
Martinezia linearis. Ruiz & Pav. ♄ Du Pérou.

5. Le

5. La MARTINÈZE lancéolée.
Martinezia lanceolata. Ruiz & Pav. ♄ Du Pérou. (*Bosc.*)

MARUM : nom latin de la GERMANDRÉE MARITIME.

MASDEVALLIE. *MASDEVALLIA.*

Plante vivace du Pérou, qui seule constitue un genre dans la gynandrie triandrie & dans la famille des *Orchidées*.

Cette plante n'étant pas cultivée dans nos jardins, je n'ai rien à en dire de plus. (*Bosc.*)

MASGNAPEUME. C'est la SANGUINAIRE ROUGE & l'HÉRITIERE TEIGNANTE.

MASLAC. C'est le CHANVRE de l'Inde, dont les tiges sont grosses comme le bras, & hautes de douze à quinze pieds.

MASSAMUS : nom du JUJUBIER.

MASSE AU BEDEAU : espèce de BUNIADE.

MASSETTE. *TYPHA.*

Genre de plante de la monoécie triandrie & de la famille des *Typhoïdes*, qui réunit quatre espèces, toutes propres à l'Europe, toutes cultivées dans nos écoles de botanique, & dont l'une sert à l'ornement des eaux des jardins paysagers, à couvrir les maisons des pauvres, &c. *Voyez* les *Illustrations des genres* de Lamarck, pl. 748.

Espèces.

1. La MASSETTE à feuilles larges, vulgairement *masse d'eau*.
Typha latifolia. Linn. ♃ Indigène.

2. La MASSETTE à feuilles étroites.
Typha angustifolia. Linn. ♃ Indigène.

3. La MASSETTE petite.
Typha minor. Willd. ♃ De la Suisse.

4. La MASSETTE très-petite.
Typha minima. Willd. De l'Angleterre.

Culture.

Toutes ces espèces croissent dans les lacs & les étangs vaseux, le long des rivières dont le cours est tranquille. La première, la plus importante de toutes, est excessivement commune en France; elle remplit entiérement un grand nombre d'étangs, dont on ne peut l'extirper que par leur curage à deux pieds de profondeur, ou leur mise à sec pendant plusieurs années. Ses racines tracent avec une grande rapidité; mais elles s'arrêtent là où l'eau a plus de deux pieds de hauteur, & où l'eau manque pendant l'été. Lorsqu'elle n'est pas surabondante, sa présence est utile dans les étangs, en ce qu'elle fournit aux petits poissons un asyle contre les brochets, les perches, &c., & donne de l'ombre à tous pendant les chaleurs de l'été. Ses jeunes pousses se confisent dans du vinaigre pour l'usage de la table. Les chevaux en recherchent les feuilles au printems, & les cochons les racines toute l'année. Il est des lieux où les cultivateurs en tirent un grand parti pour couvrir leurs maisons; ce à quoi elle est plus propre qu'aucune autre plante d'Europe, à raison de la largeur & de la longueur de ses feuilles, qui résistent fort long-tems à la pourriture, & qui se disposent on ne peut plus facilement. On en fait aussi des paillassons, des nattes; on en rembourre les chaises, &c. C'est à la fin de l'été qu'il faut les couper pour qu'elles jouissent de toute leur force & de toute leur durée dans les emplois ci-dessus. Lorsqu'on attend que les eaux soient gelées, comme on ne le fait que trop souvent, parce qu'alors on la coupe & l'enlève avec plus de facilité, elle n'est plus bonne qu'à faire de la litière & à augmenter la masse des fumiers, ce qui est déjà quelque chose. Il est fâcheux qu'on ne connoisse pas partout les avantages de cette plante, & qu'on en laisse perdre de si grandes quantités chaque année. L'espèce de coton qui entoure ses semences a été indiquée pour ouater & faire des tissus; mais son peu de force & d'élasticité y a fait renoncer.

L'élégance des pieds de Massette, garnis de leur tige, doit engager à en placer dans les eaux dormantes des jardins paysagers; mais il faut sévèrement veiller à ce qu'ils ne se multiplient pas trop; car leur effet n'est beau qu'autant qu'ils sont groupés en très-petit nombre, cinq à six, par exemple, & que les groupes ne sont pas trop multipliés. Les empêcher de s'étendre & couper leurs feuilles, ainsi que leur tige, entre deux eaux, au commencement de l'hiver, est toute la culture qu'ils demandent.

Dans les jardins de botanique on met les Massettes ou dans des bassins, ou dans de petites auges à moitié remplies de terre, auges qu'on entretient pleines d'eau. (*Bosc.*)

MASSIF. On donne ce nom, dans les jardins, aux plantations d'arbres ou d'arbrisseaux assez grandes pour intercepter la vue & le passage.

Dans les jardins ornés, les Massifs sont presque toujours réguliers, & le plus souvent entourés de charmille. Leurs bords sont toujours en ligne droite & taillés annuellement en croissant, pour leur conserver une rigoureuse régularité. Le chêne, l'orme, le charme & autres arbres communs les composent. Il est de principe que ces arbres ne doivent pas s'élever autant que ceux de ligne qui sont dans les allées; ainsi il faut les couper tous les douze, quinze ou vingt ans, selon la nature du sol. La vue des petites allées du jardin de Versailles (au moment actuel 1813) prouve la justesse de ce principe; car la plus grande partie des charmilles sont mortes pour l'avoir laissé en oubli; & au lieu de verdure on n'y voit plus que des perches d'un aspect monotone (le tronc des arbres).

Il n'en est pas de même dans les jardins paysagers. Là, les Massifs sont toujours irréguliers & plantés du plus grand nombre d'espèces d'arbres ou d'arbrisseaux possible. Le résultat de cette pratique, c'est que ces Massifs sont très-variés dans leur aspect, & n'ont jamais besoin d'être coupés à blanc. Lorsqu'un des arbres qui les composent est devenu trop grand, on l'abat, & sa suppression n'offre, au moins la seconde ou la troisième année, qu'un changement dans l'ordonnance. Jamais le croissant ne touche leur extérieur pour le régulariser; au contraire, on cherche à rendre les plus nombreux possible les angles saillans & rentrans qu'ils offrent, parce que ce sont eux qui font le charme du coup-d'œil. C'est avec la serpe ou la serpette qu'on se débarrasse des branches mortes ou de celles dont l'alongement est disproportionné. Lorsqu'on n'a pas assez d'arbres & d'arbustes étrangers à sa disposition, on plante l'intérieur en arbres communs. Dans les deux cas, les arbres & arbustes à fleurs sont réservés pour les bords, & on les dispose de manière qu'ils contrastent entr'eux, & que le retour de la même espèce soit éloigné.

Pour planter un Massif dans un jardin orné, il suffit du jardinier le moins capable, puisqu'il ne s'agit que de faire des trous & d'y placer le premier arbre qui se présente; mais il n'en est pas de même dans les jardins paysagers. L'architecte le plus habile, joint au botaniste le plus instruit, ne réussit pas ordinairement du premier coup, à raison des combinaisons d'effets à produire, combinaisons qui ne se présentent pas toujours d'abord à l'esprit; aussi un propriétaire sage ne fait-il d'abord planter que le noyau de ses Massifs, & se réserve-t-il d'en augmenter successivement l'étendue par des plantations calculées les unes sur les autres. Il est de ces jardins qui ne peuvent être finis qu'à la douzième ou quinzième année. (*Voy.* Jardin.) C'est un plaisir toujours renaissant pour le propriétaire qui a des lumières & du goût, que l'étude des dispositions les plus favorables à donner aux arbres du bord des Massifs des jardins paysagers, parce qu'il s'en occupe perpétuellement dans ses promenades, & que le désœuvrement de corps & d'esprit est la pire des situations.

Il est rare qu'on entre dans les Massifs des jardins ornés; le plus souvent ils sont remplis de ronces & d'orties, & servent de réceptacle à toutes les immondices des allées. Ceux des jardins paysagers sont coupés par de petits sentiers irréguliers, dans lesquels les promeneurs trouvent un refuge pendant la chaleur du jour; ainsi il faut les embellir par des plantations d'arbustes ou de plantes vivaces propres, par leur nature, à croître à l'ombre & à couvrir la nudité du sol. Parmi ces arbustes & ces plantes, je citerai les différentes espèces de rosiers, les ronces à fleurs doubles, les lauréoles commune & jolie, les fragons, le lierre, le millepertuis calicinal, les hellébores, les renoncules ficaire & des bois, l'anémone des bois, les violettes, les fraisiers, la terrette, la mélite, &c. (*Bosc.*)

MASSONE. *Massonia.*

Genre de plante de l'hexandrie monogynie & de la famille des *Asphodèles*, qui contient six espèces remarquables par la disposition de leurs feuilles & de leurs fleurs, dont quatre se cultivent dans nos écoles de botanique. *Voyez* les *Illustrations des genres* de Lamarck, pl. 233.

Espèces.

1. La Massone à feuilles larges.
Massonia latifolia. Linn. ♃ Du Cap de Bonne-Espérance.

2. La Massone à feuilles étroites.
Massonia angustifolia. Ait. ♃ Du Cap de Bonne-Espérance.

3. La Massone à corymbes.
Massonia corymbosa. Ait. ♃ Du Cap de Bonne-Espérance.

4. La Massone violette.
Massonia violacea. Andr. ♃ Du Cap de Bonne-Espérance.

5. La Massone ondulée.
Massonia undulata. Thunb. ♃ Du Cap de Bonne-Espérance.

6. La Massone hérissée.
Massonia echinata. Linn. ♃ Du Cap de Bonne-Espérance.

Culture.

Il semble que les Massones devroient, comme les autres plantes bulbeuses du Cap, se contenter de l'orangerie dans nos climats; mais comme elles fleurissent pendant l'hiver, il est indispensable de leur donner la serre chaude. On les y tient donc dans des pots remplis d'un mélange de terre de bruyère & de terre franche, mélange qu'on renouvelle tous les deux ans. Il leur faut peu d'arrosemens en tout tems, mais principalement quand elles ne sont pas en végétation, c'est-à-dire, pendant tout l'été & le commencement de l'hiver: elles ne fleurissent pas souvent, & on ne connoît pas de moyen de les forcer à fleurir.

Ces plantes, donnant très-rarement des caïeux, ne fructifiant presque jamais dans nos climats, sont très-rares dans les collections. La dernière, que nous possédons depuis peu, paroît cependant fournir plus facilement des moyens de multiplication que la première, qui est la plus anciennement cultivée. (*Bosc.*)

MASSUES (Arbre aux). *Voyez* Mabouyer.

MASTIC. On donne ce nom à trois compositions fort différentes, mais dont les cultivateurs font assez souvent dans le cas de faire usage, pour qu'il soit économique pour eux de les savoir faire ou d'en avoir toujours chez eux en provision.

La première est le Mastic des vitriers; il sert à fixer les carreaux des vitres contre leur cadre, à boucher des fentes de planches, des trous produits par l'altération du bois dont sont formées les charettes, les charues, &c., afin d'arrêter les progrès de cette altération. On le compose avec un tiers de céruse ou blanc de plomb, & deux tiers de craie ou blanc d'Espagne imbibés d'une huile siccative, comme celle de lin, de noix, de chenevis. Lorsqu'on met moins d'oxide de plomb, comme cela arrive le plus souvent, le Mastic est sujet à s'écailler. Ce Mastic, mis dans un pot, à la cave, se conserve bon pendant plusieurs années.

La seconde est le Mastic des fontainiers; il se fabrique avec un tiers de résine de pin, un tiers de suif & un tiers de brique pilée le plus fin possible. Son usage est principalement d'empêcher l'écoulement des eaux dans les fontaines de terre, dans les tuyaux de conduite de la même matière ou de bois, les fentes des terrasses, &c.

La troisième est le Mastic des maçons. Il y en a de plusieurs sortes: l'un, qu'on appelle *Mastic de Loriot*, du nom de son rénovateur, est formé d'un tiers de chaux éteinte à l'air, d'un tiers de chaux vive & d'un tiers de brique pilée. On l'applique avec la truelle, immédiatement après qu'il est fait. Ses proportions peuvent varier. Un autre est fait avec des pierres calcaires, des pouzzolanes, du laitier de forge, de vieilles gazettes de porcelaine ou de vieux pots de verrerie finement pilés & mêlés avec une des huiles siccatives citées plus haut. On l'applique aussi, le plus généralement, avec la truelle; mais j'ai devers moi l'expérience, que lorsqu'il s'agit d'en mettre une petite couche, comme sur une terrasse, contre un mur, contre des planches ou autres pièces de bois qu'on veut rendre inaltérables par les agens atmosphériques ou garantir du feu, il faut mettre une couche d'huile fort épaisse, la saupoudrer des matières indiquées; & lorsqu'elle sera sèche, recommencer l'opération, ainsi de suite, jusqu'à ce qu'on soit arrivé à l'épaisseur desirée. Que d'économie & de sécurité les cultivateurs trouveroient à employer cette espèce de peinture, si économique, sur leurs ustensiles d'agriculture de bois, sur leurs planchers, leurs charpentes, &c.! (*Bosc.*)

MASTICATOIRES: remèdes dont on fait usage dans la médecine vétérinaire pour remédier, soit à l'engorgement des glandes salivaires, soit au dégoût des bestiaux.

Les principaux Masticatoires sont les racines d'impératoire, d'angélique, de zédoaire, de fraxinelle, de galega, la mirrhe, l'assa fœtida, la moutarde, l'ail, le vinaigre, le sel commun. On les emploie soit en nouet, c'est-à-dire, en les renfermant, grossiérement concassés, dans un linge qui se place sur la langue des bestiaux, soit en billot, c'est-à-dire, en les plaçant, au moyen d'un linge, autour d'un billot de bois qui fait l'office de bride. (*Bosc.*)

MATAYBE. *Ephielis.*

Arbre de Cayenne, à feuilles ailées sans impaire & à fleurs disposées en panicules, qui seul forme un genre dans l'octandrie monogynie & dans la famille des *Malpighiacées*.

Cet arbre, qui est figuré pl. 298 des *Illustrations des genres* de Lamarck, n'étant pas cultivé dans nos jardins, n'est pas dans le cas d'un plus long article. (*Bosc.*)

MATELÉE. *Hostea.*

Plante à feuilles opposées & à fleurs en grappes axillaires, qui croît à Cayenne, & qui forme un genre dans la pentandrie monogynie & dans la famille des *Apocinées*.

Cette plante, dont Lamarck donne la figure pl. 179 de ses *Illustrations des genres*, n'est pas cultivée dans nos jardins; ainsi je n'ai rien à en dire de plus. (*Bosc.*)

MATÈLE: préparation du MANIOC.

MATEY: mottes de gazon qu'on amoncèle dans le Médoc pour faire engrais.

MATIÈRES FÉCALES. *Voyez* AMENDEMENT & POUDRETTE.

MATIN: espèce de CHIEN de grosse race.

MATOQUE: nom d'une meule de foin dans le Médoc.

MATOURI. *Vandelia.*

Genre de plante de la didynamie angiospermie & de la famille des *Personnées*, qui réunit deux espèces, dont aucune n'est cultivée dans nos jardins. *Voyez* les *Illustrations des genres* de Lamarck, pl. 533.

Espèces.

1. Le MATOURI diffus.
Vandelia diffusa. Linn. ⊙ Du Mexique.

2. Le MATOURI des prés.
Vandelia pratensis. Vahl. ⊙ De Cayenne.

MATRELLE. *Matrella.*

On a donné ce nom à un genre de plante établi pour placer l'agrostide-jonc, à laquelle on n'a pas trouvé les caractères des autres. *Voyez* AGROSTIDE. (*Bosc.*)

MATRICAIRE. *Matricaria.*

Genre de plante de la syngénésie superflue & de la famille des *Corymbifères*, qui est plus ou moins nombreux en espèces, selon l'opinion des botanistes. En effet, les uns, comme Lamarck, lui réunissent les MARGUERITES & les BOLTONES (*voyez* ces mots), tandis que Willdenow lui enlève même l'espèce sur laquelle Linnæus l'avoit établi pour la placer parmi ses PYRÈTHRES (*voy.* ce mot).

Pour me conformer à l'usage le plus généralement suivi, je ne parlerai ici que de la véritable Matricaire des jardiniers, & des trois espèces qui y ont été réunies par tous les botanistes.

Espèces.

1. La MATRICAIRE officinale.
Matricaria parthenium. Linn. ♃ Indigène.

2. La MATRICAIRE camomille.
Matricaria chamomilla. Linn. ☉ Indigène.

3. La MATRICAIRE odorante.
Matricaria suaveolens. Linn. ☉ Indigène.

4. La MATRICAIRE du Cap.
Matricaria capensis. Linn. ♃ Du Cap de Bonne-Espérance.

Culture.

Comme plante d'un grand usage en médecine, la Matricaire officinale se cultiveroit dans les jardins du nord de la France, si, comme plante d'agrément, elle ne s'y trouvoit pas en aussi grande abondance : en effet, c'est elle qui sert le plus communément à l'ornement de ces jardins, & on a dû la préférer, premiérement parce qu'elle est réellement belle ; secondement parce qu'elle est en fleurs pendant deux à trois mois; troisiémement parce qu'elle fournit beaucoup de variétés ; quatriémement parce qu'elle s'accommode de toute nature de terrein ; cinquiémement que sa multiplication est extrêmement facile & extrêmement rapide. Parmi ses nombreuses variétés, je citerai celle à *fleurs doubles jaunes*, celle à *fleurs doubles blanches*, celle à *fleurons transparens*, celle à *feuilles frisées*, la plus jolie, & celle sans *fleurons*, la plus singulière.

C'est au milieu des plate-bandes des parterres que les Matricaires, à raison de leur hauteur (environ deux pieds), se placent le plus ordinairement. La seule culture qu'elles demandent, consiste dans les sarclages & binages propres à tout jardin soigné. Lorsqu'on veut retarder leur floraison, il faut couper leurs nouvelles tiges au printems; lorsqu'on veut les faire fleurir deux fois, il faut les couper aussitôt que les premières fleurs sont passées. Dans les bons terreins il est indispensable de réduire la largeur de leurs touffes tous les hivers, & dans les mauvais de les changer de place tous les deux ou trois ans; car les touffes trop grosses, comme les trop foibles, n'offrent pas autant d'agrément que les moyennes. Toutes les tiges en sont coupées rez-terre aux approches de l'hiver.

Les jardins paysagers ne sont pas moins ornés par les Matricaires que les parterres : on les y place, surtout celle à feuilles frisées, sur le bord des massifs, le long des allées, dans les corbeilles établies au milieu des gazons, &c.; partout elles produisent de bons effets.

La multiplication des Matricaires a lieu par le semis de leurs graines, qui sont très-abondantes, par boutures faites dans le courant de l'été, dans un endroit frais & ombragé, & par déchirement des vieux pieds en hiver. Le premier moyen donne de nouvelles variétés; mais ses résultats ne fleurissent guère, ou du moins ne sont touffes que la troisième année : le dernier offre les siens au bout de trois mois, & est exempt de tous soins; aussi est-ce celui qu'on emploie généralement.

On cueille les sommités de la Matricaire pour l'usage de la médecine lorsqu'elles commencent à s'épanouir, & on les fait sécher à l'ombre : c'est pour les maladies de matrice qu'on les emploie le plus, d'où le nom de la plante.

La potasse abonde dans cette plante comme dans la plupart de celles qui sont âcres; de sorte qu'il pourroit être avantageux de la cultiver en grand dans de mauvais terreins, pour l'en retirer, en la brûlant avant la floraison. *Voyez* POTASSE.

Les Matricaires camomille & odorante sont aussi de belles plantes; mais comme elles sont annuelles, on ne les cultive que dans les jardins de botanique, où on les sème en place, & où on ne leur donne d'autre culture que celle générale à tout jardin bien tenu. Leurs propriétés médicales sont plus puissantes que celles de la précédente; de sorte qu'on les substitue souvent à la CAMOMILLE ROMAINE. *Voyez* ce mot. (*Bosc.*)

MATTAMORES : excavations dans une terre sèche, qu'on pratique dans les pays chauds & mal gouvernés, pour y mettre les grains à l'abri, & des altérations auxquelles ils sont sujets lorsqu'ils restent à l'air libre, & de la rapacité des brigands.

Autrefois les Mattamores étoient très-communes : on en voyoit sur la côte septentrionale de l'Afrique, en Italie, en Sicile, en Espagne, jusqu'en Hongrie. Aujourd'hui il n'y en a plus que dans le premier de ces pays.

La diminution des Mattamores tient au perfectionnement des moyens de conserver les grains à l'air, & à la plus grande force effective & morale des gouvernemens.

Le premier des avantages que présentent les Mattamores, est dû au manque d'air; le second, à l'égalité de température; le troisième, à l'impossibilité où sont les oiseaux, les rats, les insectes d'y pénétrer.

La forme, la grandeur & le mode de construction des Mattamores varient beaucoup. Généralement leur forme est elliptique ou pyriforme. Leur grandeur doit être ni inférieure, ni supérieure au produit moyen des récoltes de celui à qui elles appartiennent, à moins qu'il ne soit marchand de grains. Les pauvres se contentent de les revêtir de paille. Les riches les entourent intérieurement d'un mur en pierres de taille. Ces dernières, qui ne diffèrent pas des citernes usitées dans beaucoup de parties de la France, sont de beaucoup préférables aux autres : ce sont les seules qu'on pourroit pratiquer avec sécurité dans la nord de l'Europe, où le sol, ainsi que l'atmosphère, est toujours humide, & où les grains ont beaucoup de dispositions à moisir.

Le plus souvent l'ouverture des Mattamores est supérieure & centrale; elle se bouche avec une pierre couverte de terre. On y descend au moyen d'une échelle.

Beaucoup de Mattamores creusées par les Maures se voient encore dans le midi de l'Espagne; mais on n'en fait plus aucun usage. Il n'y a pas bien long-tems qu'on en a découvert en Hongrie qui datoient de la guerre faite contre les Turcs en 1526, & dans lesquelles le blé s'étoit conservé encore bon, quoiqu'elles ne fussent pas revêtues de pierres; elles étoient creusées dans une argile très-dure & imperméable à l'eau. On trouve dans les historiens, des citations de Mattamores oubliées encore plus long-tems en Espagne, & dans lesquelles les grains s'étoient également bien conservés.

Un soin important à avoir quand on veut mettre des grains en dépôt dans les Mattamores, c'est de les faire complétement nétoyer & dessécher. Il importe peu que quelques charançons, alucites ou autres insectes s'y trouvent, parce qu'ils ne pourront pas s'y propager. On l'entoure complétement de paille également très-sèche. L'ouverture doit être rigoureusement scellée avec du mortier. Le mieux est de n'y laisser les grains qu'une seule année. Avant de les remplir de nouveau, il faut les laisser ouvertes pendant assez de tems pour que leur intérieur puisse perdre toute l'humidité qui s'y est accumulée, y faire même des feux de bois secs pour accélérer la dessiccation de leurs parois.

Le blé qui sort des Mattamores a un goût de renfermé peu agréable; mais il le perd en partie lorsqu'après l'avoir exposé à l'air, on le lave dans une eau courante.

L'établissement des Mattamores en France peut paroître inutile, parce que les moyens indiqués par Parmentier & autres, pour conserver les grains & les farines, sont préférables, & que le mouvement général du commerce & la force du gouvernement permettent de s'en passer; mais il est beaucoup de cas où il seroit préférable, surtout dans le midi, de mettre les produits de la récolte, jusqu'au moment de leur vente, dans des citernes ou dans des caves construites exprès sous les bâtimens, plutôt que dans des greniers ou des chambres à grains, où ils sont dévorés par les oiseaux, les rats, les charançons, les alucites: il faudroit que ces lieux fussent très-humides s'ils ne s'y conservoient pas un mois ou deux sans altération. (*Bosc.*)

MATTOIS : nom des bœufs nés en Auvergne & élevés dans le ci-devant Poitou : ils sont d'une belle race.

MATTE. C'est le thé du Paraguay. *Voyez* PSORALIER.

MATTHIOLE. *Matthiola.*

Arbre à feuilles opposées, ovales, rudes au toucher, à fleurs blanchâtres odorantes, disposées en cimes axillaires, dont quelques botanistes font un genre dans la pentandrie monogynie & dans la famille des *Rubiacées*, & que quelques autres réunissent aux GUETTARDES. *Voyez* ce mot.

La MATTHIOLE RUDE, *Matthiola scabra*, Linn., est originaire des Antilles. On la cultive dans nos serres, où il lui faut une grande chaleur & des arrosemens modérés. On lui donne de la nouvelle terre tous les ans, en automne. Sa multiplication a lieu par boutures sur couche & sous châssis.

Cet arbre fleurissant rarement en Europe, est peu cultivé; il ne se voit que dans les grandes collections & dans les jardins de botanique. (*Bosc.*)

MATTUSCHKÉE : nom donné par Schreber au genre PERAME.

MATURE (Arbres de). On appelle ainsi les arbres propres à être employés pour la Mâture des vaisseaux de guerre. Comme les mâts doivent être en même tems très-élevés, très-forts & très-légers, ce n'est que parmi les PINS, les SAPINS & les MELÈZES qu'on peut en trouver en Europe. *Voyez* ces trois mots.

Aujourd'hui on fait de plusieurs pièces les mâts des gros vaisseaux. (*Bosc.*)

MATURITÉ : état des fruits arrivés au dernier degré de leur perfection, & auquel ils tendent tous. Il est le plus souvent indiqué par leur chute naturelle des arbres ou des plantes. La cause de la Maturité, malgré les nombreux écrits dont elle a été l'occasion, n'est pas encore & ne sera probablement jamais connue. En étudier les effets, est donc ce à quoi doit se borner un agriculteur.

La chaleur & l'humidité sont indispensables à la Maturité régulière des fruits; mais leur intensité varie selon les espèces & les variétés. Ainsi il en faut moins pour une grappe de groseille, que pour une grappe de raisin; pour une poire petit-muscat, que pour une poire de Saint-Germain.

Certaines circonstances accélèrent la Maturité des fruits, même indépendamment de la chaleur & de l'humidité, lorsqu'ils sont arrivés au-delà de la moitié de leur accroissement; ainsi cet effet est produit par une sécheresse prolongée, par la mort partielle des racines ou des branches, par l'élèvement d'un anneau d'écorce, par la suppression des feuilles, par la courbure des rameaux, par la piqûre des insectes, par des blessures, &c.

D'autres circonstances les retardent, comme une humidité constante, une exposition froide & ombragée, par des labours profonds, par des engrais surabondans, des arrosemens d'eau froide, &c.

On lit dans les géoponiques, que les Anciens labouroient les vignes vers l'époque de la Maturité du raisin, pendant la sécheresse, afin d'élever de la poussière & de la fixer sur ses grains; car ils avoient remarqué que la croûte terreuse, en abforbant & conservant la chaleur des rayons du soleil, accéléroit cette Maturité.

L'influence de la culture a fait naître dans chaque espèce d'arbres fruitiers des variétés précoces & des variétés tardives, dont les premières se mangent plus d'un an & demi avant les dernières, & dont la Maturité n'est accomplie que plusieurs mois après leur chute de l'arbre. Jusqu'à présent on n'a pas pu rendre compte des causes qui agissent dans ces cas.

On distingue deux sortes de Maturité : celle qui amène la chute du fruit, & qu'on appelle *Maturité de nature*; celle qui a lieu après la chute, & qu'on nomme *Maturité subséquente*. Cette dernière s'exécute par la réaction les uns sur les autres des différens principes qui entrent dans la composition des fruits, & principalement par la transformation des acides en sucre, du mucilage en huile, &c. Une pêche, une fraise sont plus sucrées quelques heures après qu'elles ont été cueillies, que lorsqu'elles sont sur leur tige. On gagne immensément à ne fouler le raisin que deux ou trois jours après la vendange. Les fruits & les graines huileuses donnent plus d'huile lorsqu'on les porte au moulin un ou deux mois après leur récolte.

Dans la plupart des plantes, la Maturité des fruits s'annonce par des caractères très-marqués, soit sur les feuilles & les tiges, soit sur le fruit même. Ainsi, dans les annuelles surtout, les feuilles & les tiges se décolorent, se dessèchent; les fruits d'abord presque généralement verts, deviennent rouges, bleus, jaunes, blancs, noirs, dans toutes les nuances & sous tous les mélanges possibles. C'est au moment même où la Maturité de nature se complète, que les capsules, les gousses, les siliques & autres enveloppes s'ouvrent, que les aigrettes & autres accompagnemens se développent.

Il arrive presque toujours que la Maturité des fruits continue à se perfectionner, lors même que leur communication avec les racines est interceptée. On est souvent dans la nécessité de profiter de cette circonstance dans la grande & la petite agriculture, pour éviter la perte des graines. Ainsi la navette, le colza, le chanvre, le lin, les pois, la vesce, &c., dont d'un côté les oiseaux recherchent beaucoup la graine, & de l'autre la Maturité s'opère successivement sur le même pied, peuvent se couper ou mieux s'arracher avec peu d'inconvéniens, lorsque les premiers fruits sont arrivés à ce point, parce que les autres se perfectionnent au moyen de la sève qui se trouve dans la tige, que dans ce cas on doit toujours conserver dans un lieu ni trop sec ni trop humide, afin qu'elle se conserve fraîche, sans moisir, le plus long-tems possible.

Je n'indiquerai pas ici les moyens de reconnoître le point de Maturité des fruits, puisqu'ainsi que je l'ai annoncé plus haut, ce point diffère dans chaque espèce, dans chaque variété, dans chaque climat, dans chaque exposition, &c. C'est presqu'exclusivement à l'expérience qu'il appartient d'en juger avec la certitude convenable : cependant j'en parle aux articles des espèces & des variétés avec assez de détails pour guider ceux qui n'auroient pas encore acquis cette expérience. (*Bosc.*)

MATURITÉ DES TERRES : mauvaise expression employée dans quelques endroits pour indiquer l'époque où les terres qui reçoivent les influences de l'air, soit lorsqu'on les tire de la profondeur du sol, soit lorsqu'on les défriche, deviennent propres à la végétation, ou prennent le degré de fertilité qu'elles doivent avoir.

Pour comprendre l'effet de cette influence, il faut savoir que l'HUMUS (*voyez* ce mot) est presque la seule portion de la terre qui devienne partie constituante des végétaux, & que, pour qu'elle puisse entrer dans les racines, il faut qu'il soit à l'état soluble; or, l'OXIGÈNE de l'air (*voyez* ce mot) amène, petit à petit, ce résultat, qui est produit, presqu'instantanément, par les ALCALIS & la CHAUX. *Voyez* ces deux mots.

Une terre, épuisée par une trop abondante production de blé ou autres articles de culture, se répare, ou en lui donnant des ENGRAIS, qui ne sont que de l'humus en état plus ou moins soluble (*voyez* ENGRAIS), ou en lui laissant le tems, lorsqu'elle est du nombre des bonnes, de reprendre la portion d'humus soluble dont elle étoit pourvue avant cette production.

Les terres qu'on tire des étangs, des mares, des rivières, &c., doivent être laissées se mûrir à l'air, plus ou moins long-tems, selon leur nature argileuse ou sabloneuse. *Voyez* BOUE, VASE, CURURES.

Il en est encore de même des terres mélangées de plusieurs sortes & de divers engrais qu'on compose dans les jardins pour favoriser les cultures précieuses, principalement celles qui se font dans des pots. On a généralement reconnu que, pour accélérer d'autant leur Maturité, il convenoit de les tenir à l'ombre, & de les remuer une, deux, trois & même quatre fois par an, en les changeant de place avec la pelle, en les passant à la claie, &c. *Voyez* TERRE COMPOSÉE & ORANGER. Un, deux, trois, quatre, cinq & même six ans ne sont souvent pas un terme assez long pour les amener à parfaite Maturité.

MAU : abréviation de *mauve*.

MAUBLIE : synonyme d'AGAPANTHE.

MAUCERF. C'est l'HELLÉBORE PIED DE GRIFFON.

MAURANDIE. *Maurandia*. *Voy.* USTÉRIE.

MAURELLE. On donne ce nom au COTON à teinture dans le midi de la France.

MAURET. C'est l'AIRELLE vulgaire. *Voyez* ce mot.

MAURICE. *Mauricia.*

Espèce de palmier, originaire de l'Amérique méridionale, qui seul forme un genre dans la dioécie hexandrie.

Comme ce palmier ne se voit pas dans nos jardins, je ne puis indiquer la culture qui lui convient. (*Bosc.*)

MAUROI : maladie du sang dans quelques cantons.

MAUVAISES HERBES. On donne fort souvent ce nom aux herbes qui croissent naturellement dans les cultures, & qui leur nuisent sous quelque rapport que ce soit.

On les appelle aussi, mais fort improprement à mon avis, HERBES PARASITES.

La destruction des Mauvaises herbes s'exécute par les SARCLAGES, par les BINAGES, par une rotation de culture telle, qu'à des récoltes de céréales succèdent des récoltes susceptibles de binages, des récoltes étouffantes, des prairies artificielles. *Voyez* ces mots & celui ASSOLEMENT.

Un bon agriculteur doit veiller rigoureusement sur le criblage de ses semences, afin qu'elles ne portent pas de Mauvaises herbes dans les champs.

Dans le climat de Paris, c'est au milieu du printems que les Mauvaises herbes poussent avec le plus de force, & nuisent par conséquent le plus aux récoltes : c'est donc alors que les sarclages sont le plus nécessaires. Les partisans des jacheres commencent alors les labours préparatoires ; mais leur objet n'est que très-incomplétement rempli, puisqu'il en repousse l'année suivante. (*Bosc.*)

MAUVE. *Malva.*

Genre de plante de la monadelphie polyandrie & de la famille des *Malvacées*, dans lequel se trouvent réunies soixante-sept espèces, dont plusieurs croissent naturellement en France, & beaucoup se cultivent dans nos écoles de botanique. Il est figuré pl. 582 des *Illustrations des genres* de Lamarck.

Espèces.

1. La MAUVE de la Caroline.
Malva caroliniana. Linn. ⊙ De la Caroline.
2. La MAUVE couchée.
Malva prostrata. Cavan. Du Brésil.
3. La MAUVE élégante.
Malva elegans. Cavan. Du Cap de Bonne-Espérance.
4. La MAUVE abutiloïde.
Malva abutiloides. Linn. ♄ De l'île de la Providence.
5. La MAUVE à feuilles étroites.
Malva angustifolia. Cavan. ♄ Du Mexique.
6. La MAUVE d'Égypte.
Malva ægyptiaca. Linn. ⊙ De l'Égypte.
7. La MAUVE trifide.
Malva trifida. Cavan. De l'Espagne.
8. La MAUVE naine.
Malva spithamea. Cavan. ⊙ De l'Espagne.
9. La MAUVE d'Espagne.
Malva hispanica. Linn. ⊙ De l'Espagne.
10. La MAUVE en coin.
Malva cuneifolia. Cavan. De.....
11. La MAUVE à grandes stipules.
Malva stipulacea. Cavan. De l'Espagne.
12. La MAUVE coquelicot.
Malva papaver. Cavan. De la Louisiane.
13. La MAUVE operculée.
Malva operculata. Cavan. ♃ Du Pérou.
14. La MAUVE capitée.
Malva capitata. ♃ Du Pérou.
15. La MAUVE scabre.
Malva scabra. Cavan. ♄ Du Pérou.
16. La MAUVE à balais.
Malva scoparia. Cavan. ♄ Du Pérou.
17. La MAUVE de Coromandel.
Malva coromandeliana. Linn. ⊙ De la Jamaïque.
18. La MAUVE du Brésil.
Malva brasiliensis. Lam. Du Brésil.
19. La MAUVE de Shérard.
Malva sherardiana. Linn. ♃ De l'Orient.
20. La MAUVE à petites fleurs.
Malva parviflora. Linn. ⊙ De la Barbarie.
21. La MAUVE du Pérou.
Malva peruviana. Linn. ⊙ Du Pérou.
22. La MAUVE à feuilles de vigne.
Malva vitifolia. Cavan. ♃ Du Mexique.
23. La MAUVE lépreuse.
Malva leprosa. Orteg. De Cuba.
24. La MAUVE de Bonaire.
Malva bonariensis. Cavan. Du Brésil.
25. La MAUVE effilée.
Malva virgata. Murr. ♄ Du Cap de Bonne-Espérance.
26. La MAUVE ridée.
Malva rugosa. Lam. Du Cap de Bonne-Espérance.
27. La MAUVE biflore.
Malva biflora. Lam. Du Cap de Bonne-Espérance.
28. La MAUVE glutineuse.
Malva glossulariæfolia. Cavan. ♄ Du Cap de Bonne-Espérance.
29. La MAUVE subhastée.
Malva subhastata. Cavan. ♄ Du Brésil.
30. La MAUVE hibiscoïde.
Malva hibiscoides. Lam. De l'Ile-Bourbon.
31. La MAUVE à trois pointes.
Malva tridactilydes. Cavan. ♄ Du Cap de Bonne-Espérance.
32. La MAUVE en cime.
Malva fastigiata. Cavan. Indigène.

33. La MAUVE alcée.
Malva alcea. Linn. ♃ Indigène.

34. La MAUVE laciniée.
Malva laciniata. Lam. Indigène.

35. La MAUVE à feuilles menues.
Malva tournefortiana. Linn. Du midi de la France.

36. La MAUVE de Castille.
Malva abulensis. Cavan. De l'Espagne.

37. La MAUVE râpeuse.
Malva asperrima. Jacq. ♄ Du Cap de Bonne-Espérance.

38. La MAUVE verticillée.
Malva verticillata. Linn. ☉ De la Chine.

39. La MAUVE frisée.
Malva crispa. Linn. ☉ De la Syrie.

40. La MAUVE sauvage, vulgairement *grande Mauve*.
Malva sylvestris. Linn. ♂ Indigène.

41. La Mauve glabre.
Malva mauritiana. Linn. ♂ Du midi de l'Europe.

42. La MAUVE à feuilles rondes.
Malva rotundifolia. Linn. ☉ Indigène.

43. La MAUVE à feuilles de cymbalaire.
Malva cymbalarifolia. Lam. De la Sibérie.

44. La MAUVE à épis.
Malva spicata. Linn. ♄ De la Jamaïque.

45. La MAUVE de Curaçao.
Malva americana. Linn. ☉ De l'Amérique.

46. La MAUVE à feuilles de charme.
Malva carpinifolia. Lam. ☉ De l'Amérique.

47. La MAUVE à feuilles de bouleau.
Malva polystachia. Cavan. ♃ De l'Amérique.

48. La MAUVE sublobée.
Malva gangetica. Lam. ☉ Des Indes.

49. La MAUVE tomenteuse.
Malva tomentosa. Linn. ♄ Des Indes.

50. La MAUVE sans tige.
Malva acaulis. Lav. ♃ Du Pérou.

51. La MAUVE à feuilles de bryone.
Malva bryonifolia. Linn. ♄ Du Cap de Bonne-Espérance.

52. La MAUVE calycine.
Malva calycina. Thunb. ♄ Du Cap de Bonne-Espérance.

53. La MAUVE de Lima.
Malva limensis. Linn. ☉ Du Pérou.

54. La MAUVE en ombelle.
Malva umbellata. Cavan. ♄ Du Mexique.

55. La MAUVE odorante.
Malva fragrans. Jacq. ♄ Du Cap de Bonne-Espérance.

56. La MAUVE balsamique.
Malva balsamica. Jacq. ♄ De.....

57. La MAUVE rouge.
Malva miniata. Cavan. ♄ De.....

58. La MAUVE retuse.
Malva retusa. Cavan. ♄ Du Cap de Bonne-Espérance.

59. La MAUVE althéoïde.
Malva altheoides. Cavan. ☉ De l'Espagne.

60. La MAUVE de Nice.
Malva nicæensis. Cavan. ☉ De l'Italie.

61. La MAUVE musquée.
Malva moschata. Linn. ♃ Indigène.

62. La MAUVE élégante.
Malva elegans. Cavan. ♄ Du Cap de Bonne-Espérance.

63. La MAUVE grêle.
Malva tenella. Cavan. ☉ Du Pérou.

64. La MAUVE divariquée.
Malva divaricata. Andr. Du Cap de Bonne-Espérance.

65. La MAUVE réfléchie.
Malva reflexa. Andr. Du Cap de Bonne-Espérance.

66. La MAUVE à petits fruits.
Malva microcarpa. Desfont. ☉ De l'Égypte.

67. La MAUVE de Crète.
Malva cretica. Cavan. ☉ De l'île de Crète.

Culture.

Presque la moitié de ces espèces se cultive dans nos jardins de botanique.

Toutes celles qui sont propres à l'Europe, annuelles ou vivaces, se sèment en place, & ne demandent aucun autre soin que celui qu'on donne généralement aux jardins. Parmi elles il faut distinguer, 1°. la Mauve alcée & la Mauve musquée, qui sont assez belles pour être cultivées, pour ornement, dans les jardins, principalement dans les jardins paysagers, où elles se placeront au premier rang des massifs; elles demandent une bonne terre & de l'ombre; 2°. la Mauve sauvage & la Mauve à feuilles rondes, que leur excessive multiplication dans les cours des maisons rurales, dans les rues des villages, & généralement autour de tous les lieux habités, rend si remarquables. Le terrein est quelquefois exclusivement couvert, surtout de la seconde, qui semble d'autant mieux pousser, qu'on la foule davantage aux pieds, pourvu que ce ne soit pas journellement. Les bestiaux ne touchent ni à l'une ni à l'autre; de sorte qu'elles ne servent qu'aux usages médicinaux & à augmenter la masse des fumiers. Il faut, en conséquence, les arracher pour ce dernier objet, & pour donner moyen aux graminées & autres plantes utiles de les remplacer.

Les autres espèces vivaces de pleine terre, qui se cultivent dans les jardins de botanique, demandent un sol de moyenne consistance & une exposition chaude. Les soins qu'elles exigent, se réduisent à des binages, à couper leurs tiges en automne, & à empêcher leurs racines de trop s'étendre: le nombre en est peu considérable.

La Mauve frisée est employée souvent comme plante d'ornement, & elle le mérite par la beauté de son port & de ses feuilles. C'est dans les parterres ou parterres ou les corbeilles des jardins paysagers qu'on la met. On la sème au printems, ou en place, ou sur couche nue : par ce dernier moyen on avance sa floraison.

Il en est de même de la Mauve glabre, qui diffère fort peu de la Mauve sauvage, mais qui s'élève deux ou trois fois davantage, & qui se fait distinguer par la grandeur & le nombre de ses fleurs.

Les autres espèces annuelles, telles que celles des n°s. 1, 6, 9, 19, 20, 21, 30, 43, 45, 66 & 67, se sèment au printems, dans des pots sur couche nue, & se repiquent dans un lieu abrité, lorsqu'elles ont acquis quelques pouces de haut : là on les arrose & on leur donne les binages ordinaires; elles ne sont pas difficiles sur la nature du terrein.

Les Mauves frutescentes, indiquées sous les n°s. 4, 28 & 57, sont assez belles pour être cultivées comme ornement, ainsi que celles des n°s. 5, 13, 15, 16, 17, 23, 44, 47, 54 & 56 : elles se rentrent dans la serre chaude, ou au moins dans l'orangerie, aux approches de l'hiver. On les multiplie de boutures faites sous châssis. (*Bosc.*)

Mauve en arbre. C'est la Ketmie ou la Lavatère. *Voyez* ces mots.

Mauve rose. *Voyez* Ketmie & Alcée.

MAUVIETTE. C'est l'alouette hupée dans quelques endroits; dans d'autres, c'est la grive.

MAUVISQUE. *Achania.*

Genre de plante de la monadelphie polyandrie & de la famille des *Malvacées*, qui contient trois espèces, dont une se voit fréquemment dans nos serres.

Espèces.

1. Le Mauvisque écarlate.
Achania malvaviscus. Willd. ♄ Du Mexique.

2. Le Mauvisque velu.
Achania pilosa. Willd. ♄ De la Jamaïque.

3. Le Mauvisque cotoneux.
Achania mollis. Willd. ♄ De l'Amérique méridionale.

Observations.

Ce genre faisoit jadis partie des Ketmies, *hibiscus.* *Voyez* ce mot.

Culture.

La première espèce est la seule que nous cultivions à Paris ; mais les deux autres le sont en Angleterre. Ses fleurs, qui s'épanouissent successivement pendant presque toute l'année, sont grandes & d'un rouge-éclatant. Elle orne beaucoup les serres, contre le fond desquelles on la palissade ordinairement. On lui donne une terre consistante, qu'on renouvelle, en partie, tous les ans, & des arrosemens qui doivent être abondans pendant l'été & rares pendant l'hiver. C'est de boutures faites sur couche & sous châssis, boutures qui prennent assez facilement racines, qu'on la multiplie presqu'exclusivement, car ses graines sont rarement bonnes ; elle donne peu de drageons, & ses marcottes sont difficiles à faire.

Comme le Mauvisque écarlate est sujet à se dégarnir du pied, il est bon de le tailler ou de le rapprocher de tems en tems pour qu'il soit moins nu. (*Bosc.*)

MAXILLAIRE. *Maxillaria.*

Genre de plante de la gynandrie diandrie & de la famille des *Orchidées*, qui renferme douze espèces fort rapprochées des Dendrobions; aucune d'elles n'est cultivée dans nos jardins. (*Bosc.*)

MAYAQUE. *Syena.*

Petite plante, semblable à une mousse, qui croît sur le bord des eaux à Cayenne, & qui seule forme un genre dans la triandrie monogynie.

Cette plante, qui est figurée pl. 36 des *Illustrations des genres* de Lamarck, n'est pas cultivée dans nos jardins. (*Bosc.*)

MAYENNE. On appelle ainsi l'Aubergine dans quelques lieux.

MAYEPE. *Mayepea.*

Arbrisseau à feuilles opposées & à fleurs disposées dans les aisselles des feuilles, qui croît naturellement à Cayenne, & qui, selon quelques botanistes, doit former seul un genre dans la tétrandrie monogynie, &, selon d'autres, doit être réuni aux Chionantes. *Voyez* ce mot.

Cet arbrisseau est figuré pl. 72 des *Illustrations des genres* de Lamarck : comme il n'est pas cultivé dans nos jardins, je n'en dirai rien de plus. (*Bosc.*)

MAYTEN. *Maytenus.*

Arbre toujours vert, du Pérou, des feuilles duquel les bestiaux sont si friands, qu'ils les préfèrent à toute autre nourriture.

Il a été réuni aux Célastres. *Voyez* ce mot dans le *Dictionnaire des Arbres & Arbustes.* (*Bosc.*)

MAZARD. On donne ce nom, dans la ci-devant Bourgogne, à tous les insectes qui mangent les fleurs des arbres fruitiers. *Voyez* Charançon, Attalube, Mouche, Pyrale.

MAZUS. *Mazus.*

Plante vivace de la Cochinchine, qui seule constitue un genre dans la didynamie angiospermie.

Cette plante n'est pas encore cultivée en Europe, & je n'ai, en conséquence, rien à en dire de plus. (*Bosc.*)

MÉBORIER. *Rhopium.*

Arbrisseau à feuilles alternes & à fleurs en grappes terminales, qui est originaire de Cayenne, & qui seul forme un genre dans la gynandrie hexandrie. *Voyez* les *Illustrations des genres* de Lamarck, pl. 731.

Cet arbrisseau n'a pas encore été introduit dans nos cultures. (*Bosc.*)

MÉCARDONIE. *Mæcardonia.*

Plante vivace du Pérou, qui seule constitue un genre dans la didynamie angiospermie & dans la famille des *Personnées.*

Comme cette plante n'est pas cultivée dans nos jardins, je ne puis en rien dire de plus. (*Bosc.*)

MÉCHOACHAN : nom d'un liseron du Brésil, dont la racine est purgative.

MÉDAILLE DE JUDAS. *Voyez* Lunaire annuelle.

MÉDÉOLE. *Medeolea.*

Genre de plante de l'hexandrie trigynie & de la famille des *Asperges*, qui renferme trois espèces, dont deux, la Médéole asparagoïde & la Médéole à feuilles aiguës, en ont été, avec raison, séparées pour former le genre Myrsiphylle. *Voyez* ce mot.

Il n'y reste donc plus que la Médéole de Virginie, *Medeola virginica* Linn., figurée planche 266 des *Illustrations des genres* de Lamarck, n°. 2, plante très-élégante, dont la racine, qui est charnue, est assez agréable à manger.

Cette plante, dont j'ai observé beaucoup de pieds pendant mon séjour en Amérique, croît dans les lieux humides & ombragés. Ainsi, on doit la placer dans une plate-bande de terre de bruyère, exposée au nord, & lui donner de fréquens arrosemens en été. C'est par le semis de ses graines, dans un pot sur couche & sous châssis, & par la séparation des tubercules de ses racines, qu'on la multiplie. Elle ne se trouve plus en ce moment dans nos jardins ; mais des pieds provenant des graines que j'avois apportées d'Amérique y ont existé quelque tems. Je ne crois pas qu'elle craigne la gelée. (*Bosc.*)

MÉDICINIER. *Jatropha.*

Genre de plante de la monoécie monadelphie & de la famille des *Euphorbes*, qui réunit une vingtaine d'espèces, dont deux ou trois sont d'une importance majeure pour les pays où elles croissent. Nous en cultivons une demi-douzaine dans nos serres. *Voyez* pl. 791 des *Illustrations des genres* de Lamarck, où ce genre est figuré.

Espèces.

Médiciniers pourvus de calice.

1. Le Médicinier sauvage.
Jatropha gossipifolia. Linn. ♄ De l'Amérique méridionale.

2. Le Médicinier glauque.
Jatropha glauca. Vahl. ♄ Des Indes.

3. Le Médicinier glanduleux.
Jatropha glandulosa. Vahl. ♄ De l'Arabie.

4. Le Médicinier panaché.
Jatropha variegata. Vahl. ♄ De l'Arabie.

5. Le Médicinier épineux.
Jatropha spinosa. Vahl. ♄ De l'Arabie.

6. Le Médicinier acuminé.
Jatropha pandurifolia. Andr. ♄ De Saint-Domingue.

7. Le Médicinier cathartique.
Jatropha curcas. Linn. ♄ De l'Amérique méridionale.

8. Le Médicinier multifide.
Jatropha multifida. Linn. ♄ De l'Amérique méridionale.

9. Le Médicinier divariqué.
Jatropha divaricata. Swartz. ♄ De la Jamaïque.

10. Le Médicinier à feuilles entières.
Jatropha integrifolia. Jacq. ♄ De Cuba.

11. Le Médicinier à feuilles d'hermandia.
Jatropha hermandiæfolia. Vent. ♄ De Porto-Ricco.

Mediciniers dépourvus de calice.

12. Le Médicinier cassave.
Jatropha manihot. Linn. ♄ De l'Amérique méridionale.

13. Le Médicinier de Carthagène.
Jatropha janipha. Linn. ♄ De l'Amérique méridionale.

14. Le Médicinier piquant.
Jatropha urens. Linn. ♄ De l'Amérique méridionale.

15. Le Médicinier à feuilles de napée.
Jatropha napæifolia. Lam. ♄ Des Antilles.

16. Le Médicinier palmé.
Jatropha palmata. Willd. ♄ De.....

17. Le Médicinier des montagnes.
Jatropha montana. Willd. ♄ Des Indes.

18. Le Médicinier globuleux.
Jatropha globosa. Lam. ♄ De Curaçao.

19. Le Médicinier herbacé.
Jatropha herbacea. Linn. ⊙ De la Caroline.

Culture.

Les espèces nos. 1, 6, 7, 8, 12, 14, sont celles qui se cultivent dans nos jardins. Toutes demandent la serre chaude, une terre consistante & des arrosemens modérés. On les multiplie par graines tirées de leur pays natal, graines qu'on sème dans des pots, sur couche & sous châssis, & dont on repique les pieds, seul à seul, dans d'autres pots, lorsqu'ils ont acquis quelques pouces de haut. Une fois grands, ces pieds fournissent des boutures qu'on place de même, & dont on obtient, avec certitude, de nouvelles productions : tous les ans, en automne, on leur donne de la nouvelle terre.

Le Médicinier sauvage s'appelle, dans son pays natal, *herbe au mal de ventre*, parce qu'on emploie la décoction de ses feuilles pour se purger.

Le Médicinier cathartique est encore d'un plus grand usage sous ce rapport. Ses fruits, qui purgent très-violemment, sont connus en Europe sous les noms de *pignons de Barbarie*, *pignons d'Inde*, *noix médicinale*, *noix des Barbades*. Leur amande donne une huile fort bonne à brûler. Comme il vient facilement de boutures, on en fait, dans son pays natal, des haies qui se défendent par le suc blanc & âcre qui suinte de toutes ses plaies.

Le Médicinier multifide a les mêmes propriétés. Ses semences s'appellent, dans les pharmacies, *noisettes purgatives*, *noisettes d'Espagne*.

Le Médicinier cassave est l'objet d'une grande culture dans les pays intertropicaux de l'Amérique, attendu que c'est de sa racine qu'on retire la cassave, qui sert à la nourriture d'une grande partie de la population. Je suis entré, à son égard, dans des détails étendus à l'article MANIOC. *Voyez* ce mot.

Le Médicinier piquant seroit très-propre à faire des haies, s'il étoit plus élevé; car, dès qu'on le touche, les piquans, dont toutes ses parties sont pourvues, entrent dans la peau & causent des douleurs insupportables & de longue durée.

Le Médicinier herbacé a la même propriété. Il a été cultivé, pendant plusieurs années consécutives, dans nos jardins, au moyen de la provision de graines que j'avois apportées; mais comme il n'en donne pas en France, il a dû disparoître quand cette provision a été épuisée. On le semoit, comme il a été dit plus haut, dans des pots sur couche & sous châssis; & quand il avoit atteint deux ou trois pouces de haut, on le plaçoit à une exposition chaude, & on lui donnoit des arrosemens modérés : c'est dans les sables les plus arides qu'on le rencontre en Caroline. (*Bosc.*)

MÉDUSANE ou MÉDUSULE. MEDUSANA, MEDUSULA.

Genre de plante établi sur une seule espèce dans la monadelphie pentandrie.

Cette espèce, qui est un arbre, n'étant pas cultivée dans nos jardins, ne peut donner lieu à un article. (*Bosc.*)

MEI. C'est le MILLET dans le département du Var.

MEILE. C'est la nèfle dans le département des Deux-Sèvres.

MEILOT : mélange de foin & de paille qu'on donne aux bestiaux, dans le département des Deux-Sèvres.

MEITIVE. C'est la moisson dans les départemens de l'Ouest.

MEITURE : mélange de grains.

MEJÉ : petit tonneau.

MEISTERIE : synonyme de PARAQUIEBA.

MÉLALEUQUE. MELALEUCA.

Genre de plante de la polyadelphie icosandrie & de la famille des *Myrtes*, qui réunit seize espèces, qui, presque toutes, sont cultivées dans nos jardins. Il est figuré pl. 641 des *Illustrations des genres* de Lamarck.

Espèces.

Mélaleuques à feuilles alternes.

1. Le MÉLALEUQUE à bois blanc.
Melaleuca leucodendron. Linn. ♄ Des Indes.

2. Le MÉLALEUQUE à fleurs vertes.
Melaleuca viridiflora. Smith. ♄ De la Nouvelle-Hollande.

3. Le MÉLALEUQUE à feuilles de laurier.
Melaleuca laurifolia. Smith. ♄ De la Nouvelle Hollande.

4. Le MÉLALEUQUE rude.
Melaleuca squarrosa. Smith. ♄ De la Nouvelle-Hollande.

5. Le MÉLALEUQUE à feuilles contournées.
Melaleuca styphaloides. Smith. ♄ De la Nouvelle-Hollande.

6. Le MÉLALEUQUE à feuilles de fougère.
Melaleuca ericifolia. Smith. ♄ De la Nouvelle-Hollande.

7. Le MÉLALEUQUE noueux.
Melaleuca nodosa. Smith. ♄ De la Nouvelle-Hollande.

8. Le MÉLALEUQUE armillaire.
Melaleuca armillaria. Smith. ♄ De la Nouvelle-Hollande.

9. Le MÉLALEUQUE à feuilles de genêt.
Melaleuca genistifolia. Smith. ♄ De la Nouvelle-Hollande.

10. Le MÉLALEUQUE à feuilles de diosma.
Melaleuca diosmæfolia. Dum. Courf. ♄ De la Nouvelle-Hollande.

11. Le MÉLALEUQUE feuillé.
Melaleuca foliosa. Dum. Courf. ♄ De la Nouvelle-Hollande.

12. Le MÉLALEUQUE à feuilles de serpolet.
Melaleuca serpilifolia. Dum. Courf. ♄ De la Nouvelle-Hollande.

Mélaleuques à feuilles opposées.

13. Le MÉLALEUQUE à feuilles de myrte.
Melaleuca myrtifolia. Vent. ♄ De la Nouvelle-Hollande.
14. Le MÉLALEUQUE à feuilles de thym.
Melaleuca thymifolia. Smith. ♄ De la Nouvelle-Hollande.
15. Le MÉLALEUQUE à feuilles de linaire.
Melaleuca linariifolia. Smith. ♄ De la Nouvelle-Hollande.
16. Le MÉLALEUQUE à feuilles de millepertuis.
Melaleuca hypericifolia. Smith. ♄ De la Nouvelle-Hollande.

Culture.

A la première près, nous possédons toutes ces espèces dans nos jardins. Ce sont des arbustes élégans, dont les feuilles sont toujours vertes & odorantes, dont les fleurs ont une organisation remarquable, mais qui d'ailleurs sont de peu d'ornement. Comme ce n'est que depuis un petit nombre d'années que nous les possédons, on les recherche beaucoup, & comme elles se multiplient avec une grande facilité, elles ne tarderont pas à devenir très-communes.

La terre de bruyère pure est celle qui convient le mieux aux Mélaleuques, & on doit la leur renouveler tous les ans; car ils sont fort voraces. Ils demandent des arrosemens fréquens, mais peu abondans, surtout en hiver. Les froids de deux ou trois degrés au-dessous de zéro, du thermomètre de Réaumur, ne leur sont pas nuisibles; cependant ils exigent l'orangerie, ou mieux la serre tempérée pendant l'hiver; mais il n'en est pas de même de l'excès de l'humidité: aussi faut-il leur donner de l'air le plus souvent possible. Dès les premiers jours de mai, on les sort pour les mettre contre un mur, à l'exposition du levant & à l'abri des vents du nord: la plupart fleurissent en été; on les rentre en novembre ou décembre.

La multiplication des Mélaleuques est facile, puisqu'on l'exécute par le semis de leurs graines, par marcottes & par boutures.

Ce n'est qu'au bout de trois ou quatre ans que les graines sont mûres; ainsi il faut attendre que le moment en soit indiqué par l'ouverture naturelle de leurs capsules.

On sème, sans la recouvrir, la graine des Mélaleuques au printems, dans des pots remplis de terre de bruyère, pots qu'on place sur une couche à châssis, & qu'on arrose fréquemment, mais peu à la fois. Lorsque le plant a acquis deux ou trois pouces de hauteur, on le repique seul à seul dans d'autres pots, qu'on remet sous le châssis pour assurer sa reprise, puis on le traite comme les vieux pieds.

Les marcottes des Mélaleuques se font de deux manières. Quand on n'en veut qu'un petit nombre, on les fait dans des cornets ou des petits pots, & en l'air: quand on en veut un grand nombre, on couche, au printems, un pied en pleine terre, & on peut être assuré qu'on en aura autant qu'il aura de rameaux en automne. Les pieds ainsi traités sont désagréables à la vue; mais on les taille courts, & l'année suivante il n'y paroît plus.

Quant aux boutures, on les fait sur couche & sous châssis: elles sont sujètes à manquer dans quelques espèces, comme dans la treizième; en conséquence, il faut les faire avec les plus jeunes pousses, & les forcer par une haute température & des arrosemens fréquens, & surtout en multiplier le nombre au delà des besoins: reprises, on les traite comme le plant venu de semence.

Le bois de la première espèce est employé, dans les Indes, à la construction des vaisseaux, parce qu'il pourrit difficilement dans l'eau. Son écorce tient de la nature du liége, & a la propriété de se gonfler dans l'eau: on s'en sert, en guise d'étoupes, pour calfater. Par le moyen de la distillation, on retire de ses feuilles une huile essentielle, odorante, connue sous le nom d'*huile de cajaput*, huile qui est d'usage en médecine, & qui a la propriété de garantir les animaux empaillés des ravages des insectes, ainsi que j'en ai eu la preuve personnelle: cette huile est très-rare en Europe. On pourra sans doute la suppléer quand les autres espèces, & celles du genre des EUCALYTES, feront plus abondantes en Europe. (*Bosc.*)

MÉLAMPIRE ou MÉLAMPITE. *MELAMPYRUM.*

Genre de plante de la didynamie angiospermie & de la famille des *Pédiculaires*, dans lequel se rangent sept espèces, dont trois ou quatre sont dans le cas de fixer l'attention des agriculteurs, sous différens rapports. *Voyez* les *Illustrations des genres* de Lamarck, pl. 518.

Espèces.

1. Le MÉLAMPIRE à crête.
Melampyrum cristatum. Linn. ⊙ Indigène.
2. Le MELAMPIRE des champs, vulgairement *rougeole, blé-de-vache, queue-de-renard.*
Melampyrum arvense. Linn. ⊙ Indigène.
3. Le MELAMPIRE barbu.
Melampyrum barbatum. Waldst. ⊙ De la Hongrie.
4. Le MÉLAMPIRE violet.
Melampyrum nemorosum. Linn. ⊙ Indigène.
5. Le MELAMPIRE des prés.
Melampyrum pratense. Linn. ⊙ Indigène.
6. Le MELAMPIRE des bois.
Melampyrum nemorosum. Linn. ⊙ Indigène.

7. Le MÉLAMPIRE linéaire.
Melampyrum lineare. Lam. ⊙ De la Caroline.

Culture.

Excepté la troisième & la septième, toutes ces espèces se cultivent dans les jardins de botanique, où on les sème en place, au printems, & où on ne leur donne, après les avoir éclaircies, lorsqu'elles ont acquis deux ou trois pouces de haut, que les soins généraux propres à tout jardin soigné.

C'est sous leurs rapports avec la grande culture, qu'il est principalement nécessaire que je considère ici les plantes de ce genre.

D'abord la seconde, qui est souvent excessivement abondante dans les champs des cultivateurs ignorans ou insoucians, leur nuit de deux manières : 1°. elle enlève aux céréales une portion de leur nourriture, & par conséquent diminue la production de la paille & du grain ; 2°. elle porte dans le pain, par sa graine, lorsqu'on n'a pas soin de l'extraire rigoureusement avant d'envoyer le blé au moulin, une odeur, une couleur & un goût désagréables, & même quelquefois un principe nuisible à la santé.

Il est certainement facile d'extirper le Mélampire des terreins où il s'est multiplié outre mesure ; mais ce n'est pas par les voies ordinaires, car sa graine se conserve plusieurs années en terre, sans perdre sa faculté germinative, & au moment des sarclages, elle n'est pas encore assez grande pour être apperçue. On y parvient par un assolement bien entendu, c'est-à-dire, en substituant à la jachère triennale, des prairies artificielles & des récoltes susceptibles d'être sarclées, comme les pommes de terre, les haricots, les féves de marais, &c., & surtout en n'employant pour semence que des grains parfaitement nets. Je ne puis trop solliciter les cultivateurs, pour leur propre intérêt, de s'occuper sérieusement de l'emploi de ces moyens ; car, je le répète, le Mélampire est pour eux un fléau dont ils ne connoissent pas toute l'influence.

La graine du Mélampire diffère peu de celle du froment pour la grosseur ; aussi n'est-ce qu'à force de criblages soignés qu'on peut parvenir à en débarrasser le blé qui en est infesté. Il faut savoir perdre, au moins pour la mouture, beaucoup de bon grain pour arriver à ce résultat ; & dans les pays pauvres, on est peu disposé à ce sacrifice.

Les effets de l'introduction de la farine de Mélampire dans le pain sont de lui donner une teinte de noir-violâtre, d'où son nom de *rougeole*, une odeur piquante & nauséabonde, une saveur amère. Personne ne varie sur ces faits, qui sont évidens ; mais il n'en est pas de même de l'action sur l'estomac, du pain dans lequel il entre de la farine de Mélampire, les uns le disant mal-sain, les autres le croyant innocent. On a cherché à rendre raison de cette contradiction, en disant que, dans ce cas, le pain nouveau étoit dangereux, & le pain rassis innocent. Cela peut être vrai ; mais je crois que l'habitude influe beaucoup sur cette différence. Dans ma jeunesse, j'ai souvent mangé du pain qui contenoit surabondamment de la farine de Mélampire, sans en être incommodé ; & pour en avoir mangé une seule fois, il y a quelques années, j'ai eu de légers vertiges, & une pesanteur d'estomac douloureuse.

Quelquefois le Mélampire tache seulement le pain. Cela vient de ce que son grain étant corné, il se mout plus difficilement que le blé, & que son gruau erradie sa couleur, c'est-à-dire, qu'il se fait une auréole violette autour de chacune de ses molécules.

Les vaches aiment avec passion les feuilles & les tiges du Mélampire des champs, d'où le nom de *blé de vache*, qu'il porte dans beaucoup de lieux. Le lait provenant de celles qui en sont nourries est d'excellente qualité, ainsi que le fromage & le beurre qu'on en obtient : de là vient que des cultivateurs ne veulent pas le détruire dans leurs champs, comme si les pertes qu'il leur cause n'étoient pas cent fois plus considérables que les profits qu'ils en obtiennent. Pour en tirer tout le parti possible, ces cultivateurs font couper leurs blés fort haut, afin que les tiges restent entières & que leurs vaches en profitent.

Il sembleroit, vu le goût que ces animaux ont pour cette plante, & la hauteur d'un pied à laquelle elle parvient, qu'il pourroit être avantageux de la semer pour en faire des prairies temporaires ; mais mon collaborateur Tessier, auquel on doit un excellent Mémoire sur ce qui la concerne, a remarqué, 1°. qu'il étoit extrêmement difficile de se procurer une certaine quantité de graines, parce qu'elle mûrit successivement pendant trois mois, & qu'elle tombe aussitôt qu'elle est mûre ; 2°. qu'elle ne venoit pas belle quand elle étoit semée seule, & que l'ombre du blé favorisoit sa croissance. Il est évident, d'ailleurs, que comme plante annuelle, elle est nécessairement inférieure à la luzerne, au sainfoin & même au trèfle.

Le Mélampire des prés est également recherché des bestiaux, & surtout des vaches ; mais il n'en est pas moins vrai qu'il est plus nuisible qu'utile dans les prés où il surabonde, & ils ne sont pas rares, parce qu'il perd beaucoup à la dessiccation, qu'il ne fournit jamais une seconde coupe, & qu'il s'oppose à la croissance des graminées & autres plantes qui forment le fond des prairies. D'après cela, je pense que les cultivateurs qui savent calculer, doivent, pendant toute une année, mettre les vaches dans les prés qui en contiennent beaucoup, avant qu'il entre en fleur, bien persuadés qu'ils doivent être, qu'il n'en reparoîtra pas les années suivantes. On peut aussi les labourer & les cultiver, plusieurs années consécutives, en céréales, pour arriver au même résultat.

Le Mélampire des bois est, dans certains cantons, aussi abondant dans les taillis, que les deux précédens le sont dans les champs & les prés. Là, il ne fait aucun tort aux cultivateurs, & il doit au contraire leur être utile, puisqu'ils peuvent, ou le faire pâturer par leurs vaches, ou le faire couper pour le leur donner à l'étable; car il est autant de leur goût que les précédens. (*Bosc.*)

MÉLAMPODE. *Melampodium.*

Genre de plante de la syngénésie polygamie nécessaire & de la famille des *Corymbifères*, qui contient quatre espèces, dont aucune n'est cultivée dans nos jardins. Il est figuré pl. 713 des *Illustrations des genres* de Lamarck.

Espèces.

1. Le MÉLAMPODE d'Amérique.
Melampodium americanum. Linn. ♃ Du Mexique.

2. Le MÉLAMPODE austral.
Melampodium australe. Linn. ♃ Du Mexique.

3. Le MÉLAMPODE rudéral.
Melampodium ruderale. Swartz. ☉ De la Jamaïque.

4. Le MÉLAMPODE nain.
Melampodium humile. Swartz. ☉ De la Jamaïque.

Cette dernière nuit aux cultivateurs, au rapport de Swartz, probablement comme mauvaise herbe, & à raison de son abondance. (*Bosc.*)

MÉLANANTHÈRE. *Melananthera.*

Genre de plante établi dans la syngénésie égale, pour placer deux plantes qui avoient été confondues sous le nom de BIDENT BLANC.

Comme il en a été question à cet article, je suis dispensé d'en parler de nouveau ici. (*Bosc.*)

MÉLANGE. L'usage de mêler différens grains & de les semer ensemble existe dans beaucoup de lieux; & est tantôt approuvé, tantôt désapprouvé par ceux qui ont écrit sur l'agriculture en connoissance de cause.

J'ai parlé, au mot MÉTEIL, des inconvéniens bien réels de semer le seigle mêlé avec le froment, & j'y renvoie le lecteur.

On a remarqué que lorsqu'on semoit du seigle ou du froment, ou même de l'avoine avec la vesce, les pois, la gesse, ces dernières plantes s'entortilloient autour des premières & prospéroient beaucoup mieux: en conséquence il est le plus souvent bon de faire ce mélange.

Beaucoup de plantes sont fréquemment frappées de mort par une trop longue sécheresse ou par un soleil trop ardent dans la première année de leur croissance; c'est donc une chose avantageuse que de les semer avec d'autres plantes moins délicates, qui conservent l'humidité à la terre ou empêchent l'action directe des rayons du soleil: c'est un des motifs qui détermine à semer toujours la luzerne, le sainfoin & le trèfle avec de l'avoine ou de l'orge. Je dis un des motifs, parce qu'on gagne encore à cette pratique une coupe d'avoine ou d'orge, foible à la vérité, mais qui dédommage au moins des frais des semailles. Ce principe s'applique même quelquefois à la culture du maïs, du sorgho, &c., aux pépinières en terrein sec, même aux forêts qu'on replante.

C'est, par la même raison, une sage opération que de semer des raves, de la navette, de la spergule sur ses blés, sur ses avoines, sur ses orges, sur ses chanvres, avant leur coupe, afin qu'elles puissent germer & végéter sous leur abri, & mieux prospérer ensuite.

Les jardins maraichers des faubourgs de Paris offrent fréquemment des semis simultanés de trois sortes de plantes tellement choisies, qu'une lève & se récolte avant qu'elle puisse nuire aux deux autres, & que la seconde puisse nuire à la troisième. *Voyez* MARAICHERS.

Ce seroit cependant une pratique nuisible, que de mélanger toutes les cultures; car, outre que certaines plantes ne souffrent pas le voisinage de certaines autres, beaucoup ont besoin de toute la lumière possible pour donner les produits les plus avantageux. *Voyez* AIR, LUMIÈRE & ÉTIOLEMENT. (*Bosc.*)

MÉLANI. *Cunninghamia.*

Genre de plante de la tétrandrie monogynie & de la famille des *Rubiacées*, qui renferme deux espèces, dont aucune n'est cultivée dans nos jardins. Il se trouve figuré pl. 66 des *Illustrations des genres* de Lamarck.

Espèces.

1. Le MÉLANI sarmenteux.
Cunninghamia sarmentosa. Willdenow. ♄ De Cayenne.

2. Le MÉLANI verticillé, vulgairement *bois de lesteau.*
Cunninghamia verticillata. Willd. ♄ de l'Ile-de-France. (*Bosc.*)

MÉLANTHE. *Melanthium.*

Genre de plante de l'hexandrie trigynie & de la famille des *Jones*, qui réunit seize espèces, dont quelques-unes sont ou ont été cultivées dans nos jardins. Il est figuré pl. 269 des *Illustrations des genres* de Lamarck.

Espèces.

1. Le MÉLANTHE de Virginie.
Melanthium virginicum. Linn. ♃ De l'Amérique septentrionale.

2. Le MÉLANTHE de Sibérie.
Melanthium sibiricum. Linn. ♃ De Sibérie.

3. Le MÉLANTHE à grappes.
Melanthium lacteum. Ait. ♃ De l'Amérique septentrionale.

4. Le MÉLANTHE du Cap.
Melanthium capense. Linn. ♃ Du Cap de Bonne-Espérance.

5. Le MÉLANTHE à feuilles triangulaires.
Melanthium triquetrum. Linn. ♃ Du Cap de Bonne-Espérance.

6. Le MÉLANTHE cilié.
Melanthium ciliatum. Linn. ♃ Du Cap de Bonne-Espérance.

7. Le MÉLANTHE à feuilles de jonc.
Melanthium junceum. Jacq. ♃ Du Cap de Bonne-Espérance.

8. Le MÉLANTHE unilatéral.
Melanthium secundum. Lam. ♃ Du Cap de Bonne-Espérance.

9. Le MÉLANTHE phalangioïde.
Melanthium phalangioides. Lam. ♃ De l'Amérique septentrionale.

10. Le MÉLANTHE des Indes.
Melanthium indicum. Linn. ♃ Des Indes.

11. Le MÉLANTHE vert.
Melanthium viride. Thunb. ♃ Du Cap de Bonne-Espérance.

12. Le MÉLANTHE uniflore.
Melanthium uniflorum. Jacq. ♃ Du Cap de Bonne-Espérance.

13. Le MÉLANTHE nain.
Melanthium eucomoides. Jacq. ♃ Du Cap de Bonne-Espérance.

14. Le MÉLANTHE pumile.
Melanthium pumilum. Forst. ♃ De la Terre-de-Feu.

15. Le MÉLANTHE à feuilles de graminée.
Melanthium gramineum. Cavan. ♃ De Maroc.

16. Le MÉLANTHE ponctué.
Melanthium punctatum. Cavan. ♃ De Maroc.

Culture.

J'ai observé, dans l'Amérique septentrionale, les trois espèces ci-dessus indiquées, & plusieurs autres qui ne sont pas encore décrites : toutes croissent dans des sables humides. Il faut donc leur donner, en France, la terre de bruyère & des arrosemens journaliers. C'est probablement pour n'avoir pas pris cette dernière précaution, que toutes celles qui ont paru dans nos jardins ne s'y sont pas conservées. J'ai apporté des graines de trois ou quatre espèces, principalement des deux premières, graines qui, semées dans des pots, sur couche nue, ont fourni des plants. Il ne paroît pas qu'elles craignent les foibles gelées, puisqu'elles croissent naturellement dans des pays où la glace a quelquefois un pouce d'épaisseur.

Les espèces du Cap de Bonne-Espérance exigent l'orangerie pendant l'hiver, moins peut-être parce qu'elles sont plus sensibles au froid, que parce qu'elles végètent alors. On les place près du jour. La terre de bruyère leur est nécessaire.

Comme aucune de ces espèces, soit d'Amérique, soit du Cap, que nous possédons, ne donne de graines dans nos climats, on n'a, pour les multiplier, que le déchirement des vieux pieds, déchirement qui ne réussit pas toujours; aussi sont-elles généralement rares. Les plus communes dans nos jardins sont les n°s. 1, 3, 4, 5, 7, 11. (*Bosc.*)

MÉLASME : genre de plantes institué pour placer la GERARDE NIGRINE, qui offre quelques différences quand on la compare aux autres. *Voy.* GERARDE.

MÉLASSE : liqueur brune qui résulte des opérations qu'on fait subir au suc de la canne pour en retirer le sucre, & qui est principalement composée de matière sucrée incristallisable. *Voyez* SUCRE.

On tire parti de la Mélasse, en la faisant fermenter & en en retirant de l'eau-de-vie, qu'on appelle TAFIA. *Voyez* CANNE A SUCRE. (*Bosc.*)

MÉLASTOME. *MELASTOMA.*

Genre de plante de la décandrie monogynie & de la famille des *Mélastomées*, qui renferme cent treize espèces, dont quelques-unes sont cultivées dans nos serres. Il est figuré pl. 361 des *Illustrations des genres* de Lamarck.

Observations.

Ce genre se rapproche si fort de celui des *Rhexies* (*voyez ce mot*), qu'il est souvent difficile de rapporter une espèce à l'un plutôt qu'à l'autre.

Espèces.

1. Le MÉLASTOME à épis.
Melastoma spicata. Aubl. ♄ De Cayenne.

2. Le MÉLASTOME à larges feuilles.
Melastoma latifolia. Lam. ♄ Des Antilles.

3. Le MÉLASTOME plumeux.
Melastoma plumosa. Lam. ♄ De Saint-Domingue.

4. Le MÉLASTOME marginé.
Melastoma marginata. Lam. ♄ Du Brésil.

5. Le MÉLASTOME rouge.
Melastoma rubra. Aubl. ♄ De Cayenne.

6. Le MÉLASTOME fucculent.
Melastoma succosa, Aubl. ♄ De Cayenne.
7. Le MÉLASTOME arborefcent, vulgairement *mèle.*
Melastoma arborescens. Aubl. ♄ De Cayenne.
8. Le MÉLASTOME jaunâtre.
Melastoma flavescens. Aubl. ♄ De Cayenne.
9. Le MÉLASTOME maiet.
Melastoma maieta. Aubl. ♄ De Cayenne.
10. Le MÉLASTOME hétérophylle.
Melastoma heterophylla. Lam. ♄ Du Pérou.
11. Le MÉLASTOME à collerette.
Melastoma involucrata. Lam. ♄ De Saint-Domingue.
12. Le MÉLASTOME multiflore.
Melastoma multiflora. Lam. ♄ De Saint-Domingue.
13. Le MÉLASTOME à feuilles d'amandier.
Melastoma amygdalina. Lam. ♄ De Saint-Domingue.
14. Le MÉLASTOME crépu.
Melastoma crispata. Linn. ♄ Des Moluques.
15. Le MÉLASTOME malabathroïde.
Melastoma malabathroides. Linn. ♄ Des Indes.
16. Le MÉLASTOME rude.
Melastoma aspera. Linn. ♄ De Madagafcar.
17. Le MÉLASTOME foyeux.
Melastoma sericea. Linn. ♄ Du Bréfil.
18. Le MÉLASTOME diffus.
Melastoma diffusa. Lam. ♄ De Cayenne.
19. Le MÉLASTOME élégant.
Melastoma elegans. Aubl. ♂ De Cayenne.
20. Le MÉLASTOME champêtre.
Melastoma agrestis. Aubl. ♃ De Cayenne.
21. Le MÉLASTOME pauciflore.
Melastoma pauciflora. Lam. ♃ Du Bréfil.
22. Le MÉLASTOME tococo, vulgairement *bois macaque.*
Melastoma tococo. Aubl. ♄ De Cayenne.
23. Le MÉLASTOME ailé.
Melastoma alata. Aubl. ♄ De Cayenne.
24. Le MÉLASTOME velu.
Melastoma villosa. Aubl. ☉ De Cayenne.
25. Le MÉLASTOME grimpant.
Melastoma scandens. Aubl. ♄ De Cayenne.
26. Le MÉLASTOME à grandes fleurs.
Melastoma grandiflora. Aubl. ♃ De Cayenne.
27. Le MÉLASTOME dichotome.
Melastoma dichotoma. Lam. ♃ Du Bréfil.
28. Le MÉLASTOME lâche.
Melastoma laxa. Lam. ♃ Du Pérou.
29. Le MÉLASTOME blanc.
Melastoma nivea. Lam. ♄ De Saint-Domingue.
30. Le MÉLASTOME lappacé.
Melastoma lappacea. Lam. De.....
31. Le MÉLASTOME ferrugineux.
Melastoma ferruginea. Lam. ♄ De Saint-Domingue.

32. Le MÉLASTOME lancéolé.
Melastoma lanceolata. Lam. ♄ De Saint-Domingue.
33. Le MÉLASTOME hériffé.
Melastoma hirta. Linn. ♄ De Saint-Domingue.
34. Le MÉLASTOME à feuilles de croton.
Melastoma crotonifolia. Lam. ♃ De Saint-Domingue.
35. Le MÉLASTOME à grandes feuilles.
Melastoma macrophylla. Lam. ♄ De Saint-Domingue.
36. Le MÉLASTOME purpurin.
Melastoma purpurascens. Aubl. ♃ De Cayenne.
37. Le MÉLASTOME à feuilles feffiles.
Melastoma sessilifolia. Linn. ♃ De la Jamaïque.
38. Le MÉLASTOME granuleux.
Melastoma granulosa. Lam. ♄ Du Bréfil.
39. Le MÉLASTOME argenté.
Melastoma argentea. Lam. ♄ Du Bréfil.
40. Le MÉLASTOME Fothergille.
Melastoma fothergilla. Lam. ♄ De Cayenne.
41. Le MÉLASTOME dodécandre.
Melastoma dodecandra. Linn. ♄ De la Martinique.
42. Le MÉLASTOME mucroné.
Melastoma mucronata. Lam. ♄ De Cayenne.
43. Le MÉLASTOME celluleux.
Melastoma favosa. Lam. ♄ De Saint-Domingue.
44. Le MÉLASTOME en lime.
Melastoma lima. Lam. ♄ De Saint-Domingue.
45. Le MÉLASTOME à papilles.
Melastoma papillosa. Lam. ♄ Du Pérou.
46. Le MÉLASTOME à feuilles de lède.
Melastoma ledifolia. Lam. ♄ Du Pérou.
47. Le MÉLASTOME rouffeâtre.
Melastoma rufescens. Aubl. ♄ De Cayenne.
48. Le MÉLASTOME écailleux.
Melastoma tibouchina. Aubl. ♄ De Cayenne.
49. Le MÉLASTOME ftrié.
Melastoma strigosa. Linn. ♄ Des Antilles.
50. Le MÉLASTOME à longues feuilles.
Melastoma longifolia. Aubl. ♄ De Cayenne.
51. Le MÉLASTOME ponctué.
Melastoma punctata. Lam. ♄ De Saint-Domingue.
52. Le MÉLASTOME doré.
Melastoma chrysophylla. Lam. ♄ De Madagafcar.
53. Le MÉLASTOME à feuilles de cornouiller.
Melastoma cornifolia. Lam. ♄ De Cayenne.
54. Le MÉLASTOME myricoïde.
Melastoma myricoides. Lam. ♄ Des Antilles.
55. Le MÉLASTOME à coiffes.
Melastoma calytrata. Lam. ♄ Des Antilles.
56. Le MÉLASTOME à petites fleurs.
Melastoma parviflora. Aubl. ♄ De Cayenne.
57. Le MÉLASTOME liffe.
Melastoma lævigata. Linn. ♄ De Cayenne.
58. Le MÉLASTOME pyramidal.
Melastoma pyramidalis. Lam. ♄ Des Antilles.

59. Le MÉLASTOME à feuilles de nicotiane. *Melastoma nicotianæfolia.* Lam. ♄ De Saint-Domingue.

60. Le MÉLASTOME à longues étamines. *Melastoma staminea.* Lam. ♃ Du Brésil.

61. Le MÉLASTOME trichotome. *Melastoma trichotoma.* Lam. ♄ De la Martinique.

62. Le MÉLASTOME acuminé. *Melastoma acuminata.* Lam. ♃ De la Guadeloupe.

63. Le MÉLASTOME rampant. *Melastoma repens.* Lam. De la Chine.

64. Le MÉLASTOME noueux. *Melastoma nodosa.* Lam. ♄ Des Antilles.

65. Le MÉLASTOME safrané. *Melastoma crocea.* Lam. ♄ Du Pérou.

66. Le MÉLASTOME à grappes. *Melastoma racemosa.* Aubl. ♃ De Cayenne.

67. Le MÉLASTOME articulé. *Melastoma articulata.* Lam. De Cayenne.

68. Le MÉLASTOME bivalve. *Melastoma bivalvis.* Aubl. ⊙ De Cayenne.

69. Le MÉLASTOME trivalve. *Melastoma trivalvis.* Aubl. ⊙ De Cayenne.

70. Le MÉLASTOME à rameaux écartés. *Melastoma patens.* Swartz. ♄ De la Jamaïque.

71. Le MÉLASTOME crénelé. *Melastoma crenata.* Vahl. ♄ De l'Amérique méridionale.

72. Le MÉLASTOME roide. *Melastoma rigida.* Swartz. ♄ De la Jamaïque.

73. Le MÉLASTOME des montagnes. *Melastoma montana.* Swartz. ♄ De la Jamaïque.

74. Le MÉLASTOME élevé. *Melastoma procera.* Swartz. ♄ De la Jamaïque.

75. Le MÉLASTOME ascendant. *Melastoma ascendens.* Swartz. ♄ De la Jamaïque.

76. Le MÉLASTOME écarlate. *Melastoma coccinea.* Vahl. ♄ De l'île de Montferrat.

77. Le MÉLASTOME velouté. *Melastoma velutina.* Willd. ♄ Du Brésil.

78. Le MÉLASTOME ramiflore. *Melastoma ramiflora.* Swartz. ♄ De la Jamaïque.

79. Le MÉLASTOME glabre. *Melastoma glabra.* Forst. ♄ Des îles de la Société.

80. Le MÉLASTOME quadrangulaire. *Melastoma quadrangularis.* Swartz. ♄ De la Jamaïque.

81. Le MÉLASTOME à trois nervures. *Melastoma trinervia.* Swartz. ♄ De la Jamaïque.

82. Le MÉLASTOME groseillier. *Melastoma grossularioides.* Linn. ♄ De Cayenne.

83. Le MÉLASTOME acinodendron. *Melastoma acinodendron.* Linn. ♄ De l'Amérique méridionale.

84. Le MÉLASTOME à fleurs en cime. *Melastoma cimosa.* Willd. ♄ De l'Amérique méridionale.

85. Le MÉLASTOME élancé. *Melastoma elata.* Swartz. ♄ De la Jamaïque.

86. Le MÉLASTOME impétiolaire. *Melastoma impetiolaris.* Swartz. ♄ De l'Amérique méridionale.

87. Le MÉLASTOME fragile. *Melastoma fragilis.* Linn. ♄ Du Brésil.

88. Le MÉLASTOME coriace. *Melastoma coriacea.* Linn. ♄ De la Guadeloupe.

89. Le MÉLASTOME gros. *Melastoma grossa.* Linn. ♄ De la Nouvelle-Grenade.

90. Le MÉLASTOME strigilleux. *Melastoma strigillosa.* Swartz. ♄ De la Jamaïque.

91. Le MÉLASTOME blanchâtre. *Melastoma albicans.* Swartz. ♄ De la Jamaïque.

92. Le MÉLASTOME à fleurs en tête. *Melastoma capitata.* Vahl. ♄ De l'Amérique méridionale.

93. Le MÉLASTOME brillant. *Melastoma splendens.* Swartz. ♄ De la Jamaïque.

94. Le MÉLASTOME hérissé. *Melastoma hirsuta.* Swartz. ♄ De la Jamaïque.

95. Le MÉLASTOME à petites feuilles. *Melastoma microphylla.* Swartz. ♄ De la Jamaïque.

96. Le MÉLASTOME micranthe. *Melastoma micrantha.* Swartz. ♄ De la Jamaïque.

97. Le MÉLASTOME capillaire. *Melastoma capillaris.* Swartz. ♄ De la Jamaïque.

98. Le MÉLASTOME rouge. *Melastoma rubens.* Swartz. ♄ De la Jamaïque.

99. Le MÉLASTOME glabrate. *Melastoma glabrata.* Swartz. ♄ De la Jamaïque.

100. Le MÉLASTOME glanduleux. *Melastoma glandulosa.* Swartz. ♄ De la Jamaïque.

101. Le MÉLASTOME hirtellé. *Melastoma hirtella.* Swartz. ♄ De la Jamaïque.

102. Le MÉLASTOME triflore. *Melastoma triflora.* Vahl. ♄ Des Antilles.

103. Le MÉLASTOME divariqué. *Melastoma divaricata.* Willd. ♄ Des Indes.

104. Le MÉLASTOME tétrandre. *Melastoma tetrandra.* Swartz. ♄ De la Jamaïque.

105. Le MÉLASTOME fasciculaire. *Melastoma fascicularis.* Swartz. ♄ De la Jamaïque.

106. Le MÉLASTOME à feuilles aiguës. *Melastoma angustifolia.* Swartz. ♄ De la Jamaïque.

107. Le MÉLASTOME à fleurs latérales. *Melastoma lateriflora.* Vahl. ♄ De l'île de Montferrat.

108. Le MÉLASTOME éléagnonide.
Melastoma elaeagnoides. Swartz. ♄ De l'île Saint-Jean.

109. Le MÉLASTOME à verge.
Melastoma virgata. Swartz. ♄ De la Jamaïque.

110. Le MÉLASTOME ombreux.
Melastoma umbrosa. Swartz. ♄ Des Antilles.

111. Le MÉLASTOME hispide.
Melastoma hispida. Swartz. ♄ De la Jamaïque.

112. Le MÉLASTOME sessiliflore.
Melastoma sessiliflora. Vahl. ♄ De l'Amérique méridionale.

113. Le MÉLASTOME poilu.
Melastoma pilosa. Swartz. ♄ De la Jamaïque.

Culture.

De ce grand nombre d'espèces, nous n'en possédons que quatre dans nos jardins; savoir : la 15e., la 17e., la 84e., la 108e.; mais un plus grand nombre s'y sont vues & n'ont pu s'y conserver.

Ces plantes demandent une terre consistante & de la chaleur; elles ne peuvent sortir de la serre que pendant le fort de l'été. On les change de pot seulement tous les deux ou trois ans, parce que cette opération est toujours critique pour elles. Des arrosemens fréquens en été & modérés en hiver leur seront donnés. C'est uniquement par l'enlèvement des rejetons qu'elles poussent autour du collet de leurs racines, qu'on les multiplie en Europe, car aucune n'y a encore donné de fruits à ma connoissance, & elles ne reprennent ni de boutures, ni de marcottes. Ces rejetons, enlevés avec le plus de racines possible, sont mis dans des pots, sur couche & sous châssis, jusqu'à ce qu'ils soient bien repris, & ensuite on les traite comme les vieux pieds.

Les fruits de plusieurs Mélastomes, principalement ceux des espèces n°s. 6, 7 & 8, servent de nourriture habituelle aux habitans des pays où ils croissent; d'autres ont des fleurs, d'autres des feuilles odorantes.

Humboldt & Bonpland ont apporté de leur voyage dans l'intérieur de l'Amérique méridionale presqu'autant d'espèces nouvelles qu'il y en a d'indiquées plus haut : ils se proposent d'en publier la monographie. (*Bosc.*)

MÉLÉE. C'est le nom qu'on donne, dans beaucoup de lieux, à des pailles de froment, d'avoine ou d'orge stratifiées avec du foin de la dernière récolte, & destinées à servir de nourriture aux bestiaux.

Le foin, stratifié avec la paille, lui transmet une partie de son odeur & de sa saveur, & le rend par conséquent plus agréable aux bestiaux. Ce mélange a de plus l'avantage de faire circuler l'air dans le tas & de favoriser par-là sa conservation.

On devroit surtout toujours stratifier ainsi les dernières coupes de la LUZERNE, du TRÈFLE & même du SAINFOIN, pour que leur dessiccation puisse se compléter.

Je ne puis donc qu'approuver sous ces rapports & recommander l'usage de la Mêlée. Pour les animaux qui n'ont pas besoin d'être engraissés & pour ceux qui ne travaillent pas, elle n'a d'inconvéniens que ceux d'une main-d'œuvre plus considérable, & d'un plus grand emploi de place dans les greniers. *Voyez* NOURRITURE DES BESTIAUX, FOIN & PAILLE. (*Bosc.*)

MÉLÈZE. *Larix.*

Genre de plante de la monoécie monadelphie & de la famille des *Conifères*, qui renferme un petit nombre d'arbres, dont l'un est indigène & mérite par la grandeur à laquelle il parvient, par la bonté de son bois, par les produits qu'on en retire, d'être pris en grande considération par les cultivateurs. Il en sera question en détail dans le *Dictionnaire des Arbres & Arbustes.*

MÉLHANIE. *Melhania.*

Genre de plante de la pentandrie monogynie, établi par Forskhal sur une seule espèce, originaire d'Arabie, & que nous ne cultivons pas dans nos jardins. (*Bosc.*)

MÉLIANTHE. *Melianthus.*

Genre de plante de la didynamie angiospermie & de la famille des *Rues*, qui renferme trois espèces que nous cultivons dans nos jardins. Il est figuré pl. 552 des *Illustrations des genres* de Lamarck.

Espèces.

1. Le MÉLIANTHE à larges feuilles.
Melianthus major. Linn. ♄ Du Cap de Bonne-Espérance.

2. Le MÉLIANTHE à feuilles étroites.
Melianthus minor. Linn. ♄ Du Cap de Bonne-Espérance.

3. Le MÉLIANTHE velu.
Melianthus comosus. Vahl. ♄ Du Cap de Bonne-Espérance.

Culture.

Ces plantes craignent peu les froids des environs de Paris, & on y a vu le premier y subsister en pleine terre pendant plusieurs années; aussi l'orangerie leur suffit-elle. On leur donne une terre à demi consistante & des arrosemens abondans en été. On peut les laisser deux ou trois ans de suite sans leur donner de nouvelle terre. Leur multiplication a lieu par rejetons, que la première donne assez fréquemment; par marcottes qu'on ne peut guère faire que dans des cornets ou de petits pots échancrés, & par boutures qui se placent sur couche & sous châssis : les deux dernières espèces craignent beaucoup l'humidité de l'hiver, & il faut les placer le plus près possible des jours pendant cette saison.

Les Mélianthes, surtout le premier, fleurissent rarement dans le climat de Paris; mais en Italie, où on les met en pleine terre, ils le font presque tous les ans. Là, les tiges gèlent quelquefois, mais jamais les racines; de sorte qu'on n'a qu'à couper les premières pour avoir une nouvelle touffe plus belle que la précédente. (*Bosc.*)

MÉLICITE. *Melicytus.*

Plante bisannuelle, à feuilles alternes & à fleurs en grappes, découverte par Forster dans la Nouvelle-Zélande, & qui seule forme un genre dans la dioécie pentandrie & dans la famille des *Thytimaloïdes.*

Cette plante n'a pas encore été introduite dans nos jardins. (*Bosc.*)

MÉLICOPE. *Entoganum.*

Arbuste de la Nouvelle-Zélande, qui seul forme un genre dans l'octandrie monogynie, genre dont les caractères sont figurés pl. 294 *des Illustrations des genres* de Lamarck.

Cet arbuste n'étant pas encore introduit dans nos cultures, n'est pas dans le cas d'un plus long article. (*Bosc.*)

MÉLIER. C'est un des noms du Néflier commun.

MÉLIER. *Blakæa.*

Genre de plante de la dodécandrie monogynie & de la famille des *Mélastomes*, qui renferme trois arbrisseaux, dont un se cultive dans nos jardins. *Voyez* les *Illustrations des genres* de Lamarck, pl. 406.

Espèces.

1. Le Mélier trinerve.
Blakæa trinervia. Linn. ♄ De la Jamaïque.

2. Le Mélier quinquenerve.
Blakæa triplinervia. Linn. ♄ De Cayenne.

3. Le Mélier pulvérulent.
Blakæa pulverulenta. Vahl. De l'Amérique méridionale.

Culture.

La première espèce est celle que nous cultivons. C'est un fort bel arbuste lorsqu'il est en fleur, mais il y entre rarement dans nos climats. La serre chaude lui est indispensable pendant presque toute l'année; on lui donne une terre substantielle & consistante, & on la lui renouvelle tous les ans, en lui donnant chaque fois un plus grand vase, parce qu'il pousse vigoureusement. Les arrosemens ne doivent pas lui être ménagés en été. Il se multiplie de marcottes & de boutures, qui réussissent assez facilement lorsqu'elles ont de la chaleur, c'est-à-dire, surtout les dernières, lorsqu'on les fait sur couche & sous châssis. (*Bosc.*)

MÉLILOT. *Melilotus.*

Genre de plante de la diadelphie décandrie & de la famille des *Légumineuses*, qui rassemble quatorze espèces, dont une est très-commune dans les champs, dont deux ou trois peuvent être d'un grand intérêt agricole, & dont la plupart se cultivent dans nos jardins de botanique. Il est figuré pl. 613 des *Illustrations des genres* de Lamarck.

Observations.

Ce genre fait partie des *Trèfles* dans les ouvrages de Linnæus & de ses successeurs; mais il s'en distingue tellement par le port, que les agriculteurs doivent se ranger de l'avis des botanistes qui l'en séparent.

Espèces.

1. Le Mélilot officinal.
Melilotus officinalis. Linn. ⊙ Indigène.

2. Le Mélilot blanc.
Melilotus alba. Lam. ♂ De la Sibérie.

3. Le Mélilot bleu, vulgairement *baumier*, *lotier odorant.*
Melilotus cærulea. Linn. ⊙ De l'est de l'Europe.

4. Le Mélilot de Crète.
Melilotus cretica. Linn. ⊙ De l'île de Candie.

5. Le Mélilot des Indes.
Melilotus indica. Linn. ⊙ Des Indes.

6. Le Mélilot de Messine.
Melilotus messanensis. Linn. ⊙ De la Sicile.

7. Le Mélilot de Pologne.
Melilotus polonica. Linn. ⊙ De la Pologne.

8. Le Mélilot d'Italie.
Melilotus italica. Linn. ⊙ Du midi de l'Europe.

9. Le Mélilot ornithope.
Melilotus ornithopoides. Linn. ⊙ Du midi de l'Europe.

10. Le Mélilot de Mauritanie.
Melilotus sulcata. Desfont. ⊙ De la Barbarie.

11. Le Mélilot à grosses racines.
Melilotus macrorhiza. Waldst. ♃ De la Hongrie.

12. Le Mélilot à stipules dentées.
Melilotus dentata. Waldst. ♃ De la Hongrie.

13. Le Mélilot à petites fleurs.
Melilotus parviflora. Desf. ♂ De la Barbarie.

14. Le Mélilot linéaire.
Melilotus linearis. Cavan. ⊙ De l'Espagne.

Culture.

Le Mélilot officinal, ou simplement le *Mélilot*, croît avec une telle abondance dans certains champs, qu'il nuit beaucoup à la culture des céréales. Pour l'en faire disparoître, il n'y a pas d'autres moyens à employer que des cultures qui demandent des binages d'été. Il est du goût de tous les bestiaux, qui le recherchent, principalement les moutons & les chèvres, avant sa floraison. Comme ils le mangent également avec plaisir lorsqu'il est sec, & qu'il a la propriété de communiquer son odeur & sa saveur à la paille, c'est une bonne opération que de le stratifier avec elle. Je ne puis donc trop en recommander la culture. Presque tous les terreins qui ne sont pas aquatiques lui conviennent. On le sème en automne sur les chaumes, après un léger labour ou même un simple hersage, & on en peut faire trois coupes l'année suivante, ou deux en enterrant la troisième si le sol est bon & l'année favorable; mais c'est dans les terres à seigle qu'il convient principalement de le semer, & alors on ne peut en faire que deux coupes.

Mon collègue & collaborateur Thouin, dans un Mémoire imprimé parmi ceux de l'ancienne Société d'Agriculture de Paris, année 1788, a donné un excellent Mémoire sur la culture du Mélilot blanc, ou *Mélilot de Sibérie*. Cette espèce, qui jouit de tous les avantages de la précédente, & qui ne demande pas plus de soin, a de plus celui de s'élever deux à trois fois plus haut, & de faire des touffes deux à trois fois plus grosses. Elle doit donc être cultivée de préférence. Il est beaucoup à desirer qu'elle entre dans les assolemens de la grande agriculture, assolemens dans lesquels elle produiroit le grand bien de reculer les retours de la même culture.

Outre le fourage & la litière, cette plante fournit encore ses graines, que les volailles & les cochons aiment beaucoup. Il seroit possible que sa culture, seulement sous ce rapport, fût avantageuse, & alors ses tiges serviroient à chauffer le four, ce à quoi elles sont très-propres.

Il est cependant bon d'observer que la fauchaison des Mélilots est difficile, à raison de la dureté, de l'entrelacement & de l'inclinaison de leurs tiges.

Les moutons qui mangent du Mélilot pendant la rosée sont sujets à la météorisation, d'après l'observation de mon collègue Yvart.

Thouin nous a appris que le Mélilot blanc est d'un rapport plus avantageux lorsqu'on le sème avec la vesce de Sibérie, qui pousse & fleurit avec lui, & à laquelle il sert de tuteur.

On sème, dans beaucoup de jardins, le Mélilot bleu, à raison de l'odeur de ses sommités, odeur qui devient plus intense après leur dessiccation. Ses touffes, lorsqu'elles ne sont ni trop grosses ni trop petites, y font un bon effet: sa culture ne diffère pas de celle des précédens.

Toutes ces espèces de Mélilot sont couvertes d'abeilles pendant leur floraison; ce qui est une indication qu'on doit en semer dans les environs de leurs ruches.

Les autres espèces de Mélilot qui se voient dans nos écoles de botanique, sont celles des nos. 4, 5, 6, 7, 8, 12: on les y sème en automne ou au printems, & on ne leur y donne d'autre culture que celle propre à tout jardin bien tenu.

Il sera question du MÉLILOT-HOUBLONET, *trifolium agrarium* Linn., au mot TRÈFLE. (*Bosc.*)

MELINET. *Cerinthe.*

Genre de plante de la pentandrie monogynie & de la famille des *Borraginées*, qui comprend trois espèces, toutes cultivées dans nos jardins de botanique. Il est figuré pl. 93 des *Illustrations des genres* de Lamarck.

Espèces.

1. Le MELINET à fleurs obtuses.
Cerinthe major. Linn. ⊙ Du midi de l'Europe.

2. Le MELINET à fleurs aiguës.
Cerinthe minor. Linn. ♂ Du midi de l'Europe.

3. Le MELINET à feuilles rudes.
Cerinthe aspera. Roth. ⊙ Du midi de l'Europe.

Culture.

Ces plantes ne sont pas sans agrément, & peuvent être placées dans les parterres; on les y voit cependant rarement: ainsi, c'est dans les jardins de botanique qu'il faut les aller observer. Elles demandent une terre sèche, légère, & une exposition chaude. On les sème en place, en automne, dans le climat de Paris; mais, comme leur plant peut lever avant l'hiver & être gelé, il est bon d'en conserver de la graine pour la semer dans des pots sur couche nue, au printems suivant, en cas d'accident.

On ne tire aucune utilité des Melinets dans les pays où ils croissent naturellement. (*Bosc.*)

MÉLIQUE. *Melica.*

Genre de plante de la triandrie digynie & de la famille des *Graminées*, dans lequel on compte vingt-quatre espèces, dont plusieurs sont fort du goût des bestiaux, & peuvent être cultivées utilement dans les prairies. Il est figuré pl. 44 des *Illustrations des genres* de Lamarck.

Espèces.

1. La MÉLIQUE ciliée.
Melica ciliata. Linn. ♃ Des parties méridionales de la France.

2. La MÉLIQUE papilionacée.
Melica papilionacea. Linn. ♃ Du Brésil.
3. La MÉLIQUE orangée.
Melica aurantiaca. Lam. ♃ Du Brésil.
4. La MÉLIQUE de Sibérie.
Melica altissima. Linn. ♃ De la Sibérie.
5. La MÉLIQUE pyramidale.
Melica pyramidalis. Lam. ♃ Du midi de l'Europe.
6. La MÉLIQUE de Magellan.
Melica magellanica. Lam. Du détroit de Magellan.
7. La MÉLIQUE penchée.
Melica nutans. Linn. ♃ Indigène.
8. La MÉLIQUE uniflore.
Melica uniflora. Linn. ♃ Indigène.
9. La MÉLIQUE imbriquée.
Melica falx. Linn. Du Cap de Bonne-Espérance.
10. La MÉLIQUE menue.
Melica minuta. Linn. De l'Italie.
11. La MÉLIQUE gigantesque.
Melica gigantea. Linn. ♃ Du Cap de Bonne-Espérance.
12. La MÉLIQUE géniculée.
Melica geniculata. Thunb. ♃ Du Cap de Bonne-Espérance.
13. La MÉLIQUE couchée.
Melica decumbens. Thunb. Du Cap de Bonne-Espérance.
14. La MÉLIQUE à grappes.
Melica racemosa. Thunb. Du Cap de Bonne-Espérance.
15. La MÉLIQUE rameuse.
Melica ramosa. Thunb. Du Cap de Bonne-Espérance.
16. La MÉLIQUE du Cap.
Melica capensis. Thunb. Du Cap de Bonne-Espérance.
17. La MÉLIQUE sétacée.
Melica setacea. Pers. Du midi de la France.
18. La MÉLIQUE âpre.
Melica aspera. Desf. De la Barbarie.
19. La MÉLIQUE laxiflore.
Melica laxiflora. Cavan. Du Chili.
20. La MÉLIQUE glabre.
Melica glabra. Mich. ♃ De la Caroline.
21. La MÉLIQUE rigide.
Melica rigida. Cavan. Du Brésil.
22. La MÉLIQUE interrompue.
Melica interrupta. Pers. De.....
23. La MÉLIQUE violette.
Melica violacea. Cavan. Du Chili.
24. La MÉLIQUE bleue.
Melica cærulea. Linn. ♃ Indigène.

Culture.

La première espèce se fait remarquer par son élégance, & peut se placer avantageusement dans les parties sèches & chaudes des jardins paysagers, par touffes d'un demi-pied de diamètre. Les bestiaux, surtout les moutons, la recherchent beaucoup, étant une des premières des graminées qui poussent au printems, & sa qualité étant excellente. C'est dommage qu'on ne puisse en former des prairies artificielles, à raison de ce qu'elle ne veut croître qu'en touffes isolées. C'est donc pour regarnir les pâturages exposés au midi qu'on doit la réserver ; & j'ai vu en France, en Italie & en Espagne, des localités impropres à toute culture, qui eussent tiré de grands avantages de sa multiplication si on avoit voulu s'en occuper.

Les Méliques penchée & uniflore croissent dans les bois, sous l'ombre des arbres, & sont également recherchées de tous les bestiaux, principalement des vaches & des chevaux ; elles sont la base de la nourriture de ceux qu'on met pendant l'été dans certains bois. Je n'en conseillerai cependant pas la culture, parce que je regarde le pâturage dans le bois comme sujet à des inconvéniens très-graves. Cette faculté si précieuse de croître à l'ombre, faculté qu'elles partagent avec peu d'autres graminées, doit faire desirer de les multiplier dans les parcs, dans les massifs des jardins paysagers, quoiqu'elles aient l'inconvénient d'être peu garnies de tiges & de feuilles, de ne pas former de gazons.

La Mélique de Sibérie est citée par Yvart, comme fournissant un fourage qui, à la précocité, réunit la quantité, la qualité & la propriété de croître dans toute espèce de sol. Je n'ai pas eu occasion de la voir cultiver.

On trouve en immense quantité la Mélique bleue dans les clairières des bois & dans les pâturages argileux, qui conservent l'eau pendant l'hiver. Les landes de la Sologne, de Bordeaux, & sans doute toutes les autres, en sont excessivement garnies : elle abonde aux environs de Paris, & y entre fort tard en végétation. Les bestiaux mangent ses jeunes pousses, mais la dédaignent ensuite. Ses tiges, qui sont souvent hautes de quatre à cinq pieds, servent, dans beaucoup d'endroits, à faire des cordes, des nattes, des paniers, des balais, à couvrir les maisons, à faire de la litière, &c. J'ai observé qu'elle ne subsistoit que deux ou trois ans dans les terreins sabloneux ; ainsi elle n'est pas propre, comme on l'a annoncé, à fixer les DUNES. (*Voyez* ce mot.) Je ne crois pas que nulle part il soit bon de la multiplier sous un rapport quelconque.

Ces quatre espèces, ainsi que la quatrième & la cinquième, se sèment en place dans les jardins de botanique, & n'y demandent d'autres soins que ceux propres à tout jardin bien tenu. (*Bosc.*)

MÉLISSE. *MELISSA.*

Genre de plante de la didynamie gymnospermie & de la famille des *Labiées*, dans lequel se trouvent réunies une dixaine d'espèces, dont une est un objet général de petite culture, & dont une autre est si commune, qu'il n'est pas permis aux cultivateurs de la méconnoître. *Voyez* les *Illustrations des genres* de Lamarck, pl. 512.

Espèces.

1. La MÉLISSE officinale.

Melissa officinalis. Linn. ♃ Des parties méridionales de la France.

2. La MÉLISSE à feuilles en cœur.

Melissa cordifolia. Pers. ♃ Des parties méridionales de l'Europe.

3. La MÉLISSE à grandes fleurs.

Melissa grandiflora. Linn. ♃ Des parties orientales de l'Europe.

4. La MÉLISSE calament.

Melissa calamintha. Linn. ♃ Indigène.

5. La MÉLISSE à petites fleurs.

Melissa nepeta. Linn. ♃ Des parties méridionales de la France.

6. La MÉLISSE de Crète.

Melissa cretica. Linn. ♃ Des parties méridionales de la France.

7. La MÉLISSE à feuilles obtuses.

Melissa obtusifolia. Mich. ♃ De l'Amérique septentrionale.

8. La MÉLISSE à feuilles de véronique.

Melissa veronicæfolia. Pers. ♃ De Bahama.

9. La MÉLISSE à feuilles de marum.

Melissa marifolia. Pers. ♃ Des parties méridionales de l'Europe.

10. La MÉLISSE frutescente.

Melissa fruticosa. Linn. ♄ De l'Espagne.

11. La MÉLISSE globulaire.

Melissa globularis. Dum. Cours. ♄ De l'Amérique meridionale.

Culture.

Le grand usage qu'on fait des produits de la Mélisse officinale dans la médecine & dans la parfumerie, donne lieu à sa culture en grand dans quelques jardins des principales villes, & la bonne odeur de ses feuilles détermine d'en mettre dans presque tous. Les jardins paysagers en réclament aussi quelques pieds, qui se placent le long des allées, autour des bancs & autres lieux de repos, partout enfin où on peut facilement en arracher des feuilles pour les sentir. Elle vient dans tous les terreins; mais elle n'acquiert toute la suavité qui lui est propre, que dans ceux qui sont secs & chauds. On la multiplie, ou par le semis de ses graines en place ou en pépinière, semis qui se fait au printems & qui n'offre rien de particulier, ou par le déchirement des vieux pieds pendant tout le cours de l'hiver. C'est à ce dernier moyen qu'on se tient ordinairement, 1°. parce qu'il fournit bien au delà des besoins; 2°. parce qu'il donne des résultats dont on jouit la même année; 3°. parce que les touffes de Mélisse deviennent trop fortes, si on ne les divise pas; 4°. parce que, d'après le principe des assolemens, il faut les changer de place tous les trois à quatre ans.

Les soins à donner aux pieds de Mélisse cultivés pour le profit, comme à ceux cultivés pour l'agrément, se réduisent, outre ce que je viens de dire, à deux ou trois binages par an, & à l'enlèvement des tiges aux approches de l'hiver.

Cette Mélisse, qu'on appelle vulgairement la *citronelle*, le *piment des mouches*, offre deux variétés remarquables, l'une à feuilles panachées, & l'autre à feuilles plus velues : cette dernière porte le nom de *Mélisse romaine.*

La Mélisse à grandes fleurs est plus belle que la précédente, & mérite en conséquence d'être préférablement cultivée dans les jardins paysagers; mais elle est encore rare.

Peu de plantes sont plus abondantes, dans certains lieux arides, que la Mélisse calament, ou simplement le calament. Il m'a semblé que c'étoit dans les terreins calcaires qu'elle se plaisoit le mieux. On peut la placer avec avantage, à raison de sa beauté & de sa bonne odeur, dans les jardins paysagers, sur la lisière des bosquets exposés au midi, entre les fentes des rochers, contre les murs des fabriques : elle ne demande aucune culture. Sa multiplication s'exécute par le semis de ses graines & par le déchirement des vieux pieds : elle est en fleur pendant tout l'été & l'automne. Les abeilles butinent beaucoup à ses dépens. Son abondance autorise à croire qu'il peut être profitable de la couper pour augmenter la masse des fumiers, ou pour chauffer le four.

Outre ces trois espèces on cultive encore en pleine terre, dans les écoles de botanique, la Mélisse à petites fleurs : toutes ne demandent que les soins généraux usités dans les jardins bien tenus.

La Mélisse de Crète & la Mélisse frutescente exigent l'orangerie & une terre légère : on les multiplie par boutures ou par déchirement des vieux pieds.

La dernière est peu connue & exige la serre chaude. (*Bosc.*)

MÉLISSOT. C'est la MÉLITE.

MÉLITE. *Melitis.*

Genre de plante de la didynamie gymnospermie & de la famille des *Labiées*, qui réunit trois espèces, dont une est commune dans nos bois, & se cultive dans nos jardins. *Voyez* les *Illustrations des genres* de Lamarck, pl. 513.

Espèces.

1. La MÉLITE sauvage.

Melitis melissophyllum. Linn. ♃ Indigène.

2. La MÉLITE à grandes fleurs.
Melitis grandiflora. Curtis. ♃ De l'Angleterre.
3. La MELITE du Japon.
Melitis japonica. Thunb. ♃ Du Japon.

Culture.

La première espèce, qui s'appelle aussi *mélissot*, *mélisse sauvage*, *mélisse des bois*, *mélisse bâtarde*, est une assez belle plante pour mériter d'être cultivée dans nos jardins; elle est surtout dans le cas de l'être dans les bosquets de ceux que j'appelle paysagers, à raison de la propriété qu'elle partage avec fort peu de plantes de sa famille, de croître à l'ombre. Il suffit d'en semer des graines au printems sur un simple ratissage, pour être certain d'en voir la terre garnie l'année suivante; car elle fait peu de progrès la première. Quand on considère la nudité du sol des massifs, on ne conçoit pas comment on ne saisit pas tous les moyens de la faire disparoître.

La Mélite se sème en place dans les jardins de botanique, & ne demande d'autres soins que des binages de propreté. Il est bon de l'ombrager pendant les chaleurs de l'été : on la multiplie aussi par le déchirement des vieux pieds. (*Bosc.*)

MÉLOCHIE. *Melochia.*

Genre de plante de la monadelphie pentandrie & de la famille des *Malvacées*, qui réunit seize espèces, dont quelques-unes sont cultivées dans nos jardins de botanique. Il est figuré pl. 571 des *Illustrations des genres* de Lamarck.

Espèces.

1. La MÉLOCHIE pyramidale.
Melochia pyramidata. Linn. ♄ Des Indes & de l'Amérique méridionale.
2. La MÉLOCHIE tomenteuse.
Melochia tomentosa. Cavan. ♄ De l'Amérique méridionale.
3. La MÉLOCHIE odorante.
Melochia odorata. Linn. Des îles de la mer du Sud.
4. La MELOCHIE du Pérou.
Melochia peruviana. Cavan. ♄ Du Pérou.
5. La MELOCHIE déprimée.
Melochia depressa. Linn. ♄ De Cuba.
6. La MELOCHIE de Bourbon.
Melochia borbonica. Cav. ♄ De l'Ile-Bourbon.
7. La MELOCHIE couchée.
Melochia supina. Linn. ♄ Des Indes.
8. La MELOCHIE de Caracas.
Melochia caracasana. Jacq. ♄ De Caracas.
9. La MELOCHIE à feuilles de corette.
Melochia cochorifolia. Linn. ☉ Des Indes.
10. La MELOCHIE à grappes.
Melochia concatenata. Linn. ♃ Du Sénégal.
11. La MELOCHIE velue.
Melochia hirsuta. Cavan. De.....
12. La MELOCHIE crénelée.
Melochia crenata. Vahl. ♄ De l'Amérique méridionale.
13. La MELOCHIE tronquée.
Melochia truncata. Willd. ♄ Des Indes.
14. La MELOCHIE veineuse.
Melochia venosa. Swartz. ♄ De la Jamaïque.
15. La MELOCHIE lupuline.
Melochia lupulina. Swartz. ♄ De la Jamaïque.
16. La MELOCHIE veloutée.
Melochia mollissima. Desf. ♄ De l'Amérique méridionale.

Culture.

Nous possédons dans nos jardins les espèces rappelées sous les n°s. 1er., 2e., 5e., 9e., 16e. : toutes demandent la serre chaude, une terre consistante, renouvelée tous les ans ou tous les deux ans, des arrosemens fréquens en été & rares en hiver. On les multiplie de marcottes & de boutures faites dans des pots, sur couche & sous châssis. Comme elles sont peu remarquables, on ne les recherche pas; aussi ne les voit-on que dans les collections nombreuses de plantes & dans les écoles de botanique. (*Bosc.*)

MELODIN. *Melodinus.*

Arbrisseau grimpant, à feuilles opposées, originaire de la Nouvelle-Calédonie, qui seul forme un genre dans la pentandrie monogynie. *Voyez* les *Illustrations des genres* de Lamarck, pl. 179.

Cet arbrisseau n'existe pas dans nos jardins. (*Bosc.*)

MÉLODORE. *Melodora.*

Genre de plante établi par Loureiro, dans la polyandrie polyginie, pour placer deux arbres fort voisins, par leurs rapports, des CANANGS & des CACHIMENS.

Espèces.

1. Le MELODORE frutescent.
Melodorum frutescens. Lour. ♄ De la Cochinchine.
2. Le MELODORE en arbre.
Melodorum arborescens. Lour. ♄ De la Cochinchine.

On mange les fruits du premier. (*Bosc.*)

MELON : espèce du genre CONCOMBRE, dont le fruit est un excellent manger; elle fournit un grand nombre de variétés qui se cultivent en pleine terre dans les pays chauds, & sur couches nues ou à châssis, même en serre, dans les pays froids. Il en a été question au mot CONCOMBRE, auquel je renvoie le lecteur. (*Bosc.*)

MÉLOTHRIE. *Melothria.*

Genre de plante de la triandrie monogynie & de la famille des *Cucurbitacées*, qui contient deux espèces, dont une est cultivée dans nos jardins de botanique. *Voyez* les *Illustrations des genres* de Lamarck, pl. 28.

Espèces.

1. La MÉLOTHRIE pendante.
Melothria pendula. Linn. ⊙ Des Antilles.
2. La MÉLOTHRIE fétide.
Melothria fetida. Lam. ♃ De l'Afrique.

Culture.

Ces deux plantes ne sont intéressantes qu'aux yeux des botanistes, & ne se voient que dans les écoles où on étudie la science qu'ils cultivent.

La première se sème dans des pots remplis de terre franche, mêlée de terreau, pots qu'on place au printems sur couche nue, & qu'on arrose au besoin. Le plant qui provient de ces semis est mis ensuite en pleine terre contre un mur exposé au midi, chaque pied à côté d'une rame sur laquelle il doit faire monter ses tiges.

La seconde a été cultivée au Muséum d'Histoire naturelle, mais elle ne s'y voit plus. (*Bosc.*)

MÉMARCHURE. C'est un des noms vulgaires des ENTORSES dans les chevaux.

MÉMECYLON. *Memecylon.*

Genre de plante de l'octandrie monogynie & de la famille des *Myrthoïdes*, qui renferme quatre espèces, dont aucune n'est cultivée dans nos jardins. Il est figuré planche 284 des *Illustrations des genres* de Lamarck.

Espèces.

1. Le MEMECYLON en tête.
Memecylon capitellatum. Linn. ♄ De Ceilan.
2. Le MEMECYLON ramiflore.
Memecylon tinctorium. Koenig. ♄ Des Indes.
3. Le MEMECYLON à feuilles en cœur.
Memecylon cordatum. Lam. ♄ De l'Ile-Bourbon.
4. Le MEMECYLON très-élevé.
Memecylon grande. Retz. ♄ Des Indes.
(*Bosc.*)

MENAIS. *Menais.*

Arbrisseau de l'Amérique méridionale, qui constitue seul un genre dans la pentandrie monogynie.

Cet arbrisseau n'étant pas cultivé dans nos jardins, ne peut être ici l'objet d'un plus long article. (*Bosc.*)

MENDOZIE. *Mendozia.*

Genre de plante de la didynamie angiospermie & de la famille des *Personnées*, qui renferme deux espèces, dont aucune n'est cultivée dans nos jardins.

Espèces.

1. La MENDOZIE âpre.
Mendozia aspera. Ruiz & Pav. ♄ Du Pérou.
2. La MENDOZIE à grappes.
Mendozia racemosa. Ruiz & Pav. ♄ Du Pérou.
(*Bosc.*)

MENIANTHE. *Menianthes.*

Plante vivace qui croît naturellement dans nos marais, & qui forme seule aujourd'hui un genre dans la pentandrie monogynie & dans la famille des *Gentiannées;* les autres espèces qui lui avoient été adjointes ayant servi à établir celui appelé VILLARSIE par Gmelin. *Voyez* ce mot.

Cette plante est figurée pl. 100 des *Illustrations des genres* de Lamarck.

Quoique très-amer, le Ménianthe, qu'on appelle aussi *trèfle d'eau*, est recherché par les chèvres & les moutons. On l'emploie quelquefois en place de houblon dans la fabrication de la bière. Linnæus rapporte qu'en Suède on mange ses racines dans les tems de disette. Ses fleurs, très-élégantes & d'une foible odeur, le rendent digne d'être cultivé sur le bord des eaux, dans les jardins paysagers. On peut l'y introduire par le semis de ses graines, semis qui doit être exécuté aussitôt qu'elles sont mûres; mais on préfère généralement le faire, comme plus certain & plus prompt, par le moyen des pieds arrachés dans les marais. Une fois en place, cette plante, dont les racines sont traçantes, se propage rapidement si la terre où elle a été mise est vaseuse, & est toujours couverte d'un à deux pouces d'eau.

Ordinairement, dans les jardins de botanique, on plante le Ménianthe dans un pot dont le pied trempe dans l'eau, & il s'y conserve fort bien, mais il n'y fait pas de fortes pousses; il ne demande d'autres soins que d'être sarclé & changé de pot tous les ans, ses nombreuses racines épuisant promptement la terre. (*Bosc.*)

MENICHEN : nom d'un genre de plante établi par Sonnerat pour placer le FROMAGER PENTANDRE. *Voyez* ce mot.

MÉNISCE. *Meniscium.*

Genre de *Fougères*, établi pour placer le *Polypode réticulé*, le *Cétérac à feuilles de sorbier* & l'*Hémionite prolifère*, mais auquel sont rapportées six autres espèces nouvelles.

Espèces.

Espèces.

1. Le MENISCE triphylle.
Meniscium triphyllum. Swartz. ♃ Des Indes.
2. Le MENISCE à feuilles aiguës.
Meniscium angustifolium. Willd. ♃ De Caracas.
3. Le MENISCE arborescent.
Meniscium arborescens. Willd. ♃ Du Mexique.
4. Le MENISCE réticulé.
Meniscium reticulatum. Willd. ♃ De la Martinique.
5. Le MENISCE à feuilles de sorbier.
Meniscium sorbifolium. Willd. ♃ De la Martinique.
6. Le MENISCE prolifère.
Meniscium proliferum. Willd. ♃ Des Indes.
(*Bosc.*)

MÉNISPERME. *MENISPERMUM.*

Genre de plante de la dioécie dodécandrie & de la famille des *Ménispermoïdes*, dans lequel se trouvent réunies vingt-quatre espèces, dont quelques-unes se cultivent dans nos serres. Il est figuré pl. 824 des *Illustrations des genres* de Lamarck.

Espèces.

1. Le MENISPERME du Canada.
Menispermum canadense. Linn. ♄ De l'Amérique septentrionale.
2. Le MENISPERME de Virginie.
Menispermum viginianum. Linn. ♄ De l'Amérique septentrionale.
3. Le MENISPERME de Caroline.
Menispermum carolinianum. Linn. ♄ De l'Amérique septentrionale.
4. Le MENISPERME trilobé.
Menispermum trilobatum. Thunb. ♄ Du Japon.
5. Le MENISPERME pointu.
Menispermum acutum. Thunb. ♄ Du Japon.
6. Le MENISPERME à tubercules.
Menispermum tuberculatum. Lam. ♄ Des Indes.
7. Le MENISPERME du Malabar.
Menispermum malabaricum. Lam. ♄ Des Indes.
8. Le MENISPERME pelté.
Menispermum peltatum. Lam. ♄ Des Indes.
9. Le MENISPERME du Japon.
Menispermum japonicum. Thunb. ♄ Du Japon.
10. Le MENISPERME orbiculaire.
Menispermum orbiculatum. Thunb. ♄ Du Japon.
11. Le MENISPERME velu.
Menispermum hirsutum. Linn. ♄ Des Indes.
12. Le MENISPERME jaunâtre.
Menispermum flavescens. Lam. ♄ Des Indes.
13. Le MENISPERME lacuneux.
Menispermum cocculus. Linn. ♄ Des Indes.
14. Le MENISPERME hasté.
Menispermum hastatum. Lam. ♄ Des Indes.

15. Le MENISPERME palmé, vulgairement *colombo.*
Menispermum palmatum. Lam. ♄ Des Indes.
16. Le MENISPERME comestible.
Menispermum edule. Vahl. ♄ De l'Arabie.
17. Le MENISPERME glauque.
Menispermum glaucum. Lam. ♄ Des Indes.
18. Le MENISPERME rayonné.
Menispermum radiatum. Lam. ♄ Des Indes.
19. Le MENISPERME abuta.
Menispermum abuta. Lam. ♄ De Cayenne.
20. Le MENISPERME acuminé.
Menispermum acuminatum. Lam. ♄ Des Indes.
21. Le MENISPERME troué.
Menispermum fenestratum. Gærtn. ♄ De Ceilan.
22. Le MENISPERME à feuilles en cœur.
Menispermum cordifolium. Willd. ♄ Des Indes.
23. Le MENISPERME à feuilles ovales.
Menispermum ovalifolium. Pers. ♄ Des Indes.
24. Le MENISPERME myosotoïde.
Menispermum myosotoides. Linn. ♄ Des Indes.

Culture.

On ne cultive en France que les trois premières espèces, que j'ai observées fréquemment en Amérique. La onzième se voit dans quelques serres d'Angleterre. Tous sont des arbrisseaux grimpans.

Le Ménisperme du Canada ne craint pas les plus grands froids de notre climat; ainsi on peut le planter partout.

Les Ménispermes de Virginie & de Caroline demandent à être mis contre un mur exposé au midi; encore, malgré cela, leurs tiges risquent-elles d'être gelées. Dans ce cas, on les coupe & il en repousse d'autres; car il n'y a pas encore d'exemples que les racines aient péri par la même cause. Il est cependant prudent d'en tenir un ou deux pieds en pots dans l'orangerie, principalement de celle de la Caroline.

Ces plantes veulent un terrein substantiel & consistant. On les multiplie par le semis de leurs graines, qui mûrissent fort bien dans le climat de Paris, par marcottes & par boutures. Elles peuvent être employées avec avantage à garnir des tonnelles, à couvrir la nudité des murs, à orner le tronc des arbres isolés, &c., leurs feuilles & leurs fruits mûrs se faisant remarquer, les premières par leur forme, les seconds par leur couleur.

C'est le fruit du Ménisperme lacuneux qui, sous le nom de *coquelevant*, sert à enivrer le poisson, à faire périr les loups, les renards, les fouines, les belettes, les souris, les poux, &c.

Il est remraquable qu'il se trouve dans ce genre une espèce dont le fruit se mange. (*Bosc.*)

MENOUN : nom du bouc châtré dans le département du Var.

MENS : larve du HANNETON.

MENTHE. *Mentha.*

Genre de plante de la didynamie gymnospermie & de la famille des *Labiées*, dans lequel on trouve trente espèces, la plupart propres à l'Europe, & dont plusieurs intéressent les cultivateurs, qui les connoissent sous le nom commun de *baume*. Il est figuré pl. 503 des *Illustrations des genres* de Lamarck.

Observations.

Plusieurs espèces ont été séparées de ce genre pour former ceux appelés PERYLLE & BYSTROPOGON. *Voyez* ces mots.

Espèces.

Menthes à fleurs en épi.

1. La MENTHE auriculaire.
Mentha auricularia. Linn. ♃ Des Indes.
2. La MENTHE sauvage.
Mentha sylvestris. Linn. ♃ Indigène.
3. La MENTHE verte.
Mentha viridis. Linn. ♃ Indigène.
4. La MENTHE poivrée.
Mentha piperita. Linn. ♃ De l'Angleterre.
5. La MENTHE à feuilles rondes, vulgairement *mentastre*.
Mentha rotundifolia. Linn. ♃ Indigène.
6. La MENTHE frisée.
Mentha crispa. Linn. ♃ Indigène.
7. La MENTHE némorose.
Mentha nemorosa. Willd. ♃ De l'Allemagne.
8. La MENTHE très-odorante.
Mentha gratissima. Willd. ♃ De l'Allemagne.
9. La MENTHE d'Égypte.
Mentha niliaca. Willd. ♃ De l'Égypte.
10. La MENTHE glabre.
Mentha glabrata. Vahl. ♃ De l'Égypte.
11. La MENTHE velue.
Mentha hirsuta. Linn. ♃ De l'Angleterre.
12. La MENTHE aquatique.
Mentha aquatica. Linn. ♃ Indigène.
13. La MENTHE à odeur de citron.
Mentha citrata. Willd. ♃ De l'Allemagne.
14. La MENTHE blanchâtre.
Mentha canescens. Roth. ♃ De l'Espagne.
15. La MENTHE du Cap.
Mentha capensis. Thunb. ♃ Du Cap de Bonne-Espérance.
16. La MENTHE à feuilles de lavande.
Mentha lavandulæfolia. Desf. ♃ De l'Amérique.
17. La MENTHE grêle.
Mentha tenuis. Walt. ♃ De la Caroline.

Menthes à fleurs verticillées.

18. La MENTHE cultivée.
Mentha sativa. Linn. ♃ Du midi de l'Europe.
19. La MENTHE dentée.
Mentha dentata. Mœnch. ♃ De l'Allemagne.
20. La MENTHE des jardins, vulgairement *herbe du cœur*.
Mentha gentilis. Linn. ♃ Du midi de l'Europe.
21. La MENTHE des champs.
Mentha arvensis. Linn. ♃ Indigène.
22. La MENTHE d'Autriche.
Mentha austriaca. Jacq. ♃ De l'Allemagne.
23. La MENTHE rouge.
Mentha rubra. Smith. ♃ De l'Angleterre.
24. La MENTHE du Canada.
Mentha canadensis. Linn. ♃ Du Canada.
25. La MENTHE à feuilles aiguës.
Mentha acutifolia. Smith. ♃ De l'Angleterre.
26. La MENTHE boréale.
Mentha borealis. Mich. ♃ De la baie d'Hudson.
27. La MENTHE chétive.
Mentha exigua. Smith. ♃ De l'Angleterre.
28. La MENTHE pouillot.
Mentha pulegium. Linn. ♄ Indigène.
29. La MENTHE cervine.
Mentha cervina. Linn. ♄ Indigène.
30. La MENTHE périlloïde.
Mentha perilloides. Linn. ⊙ Des Indes.

Culture.

Les Menthes sauvage, à feuilles rondes, aquatique, des champs & pouillot sont souvent extrêmement abondantes dans les lieux qui leur conviennent. Les bestiaux n'y touchent que lorsqu'ils n'ont pas autre chose à manger; cependant les deux dernières, comme plus douces, sont plus souvent mangées par eux, & on a remarqué que leur usage rendoit plus difficile à la coagulation le lait des vaches. Pour en tirer un parti quelconque, les cultivateurs doivent les couper lorsqu'elles sont en fleur & les porter sur les fumiers, dont elles augmentent la masse; cependant M. Gaujac rapporte avoir semé la Menthe pouillot avec des fourages insipides, & par-là les avoir rendus plus agréables à ses bestiaux, surtout à ses moutons. Quelquefois celles à feuilles rondes & aquatique nuisent aux prairies humides, au point qu'on est forcé de les détruire en y cultivant d'abord des céréales, ensuite des féves de marais & autres plantes qui demandent des binages d'été, puis des vesces, des pois gris & autres récoltes étouffantes. Il en est de même de la Menthe sauvage & des champs, qui sont souvent fort abondantes dans les terreins humides cultivés en jachère triennale, & qui résistent aux labours ordinaires. Ce n'est que par des binages d'été & par des cultures étouffantes qu'on peut s'en débarrasser.

Les Menthes verte, poivrée, cultivée & des jardins se voient fréquemment dans les jardins, où on en place quelques pieds pour l'usage de la cuisine & de la médecine; leurs feuilles servant d'assaisonnement & étant employées dans les remèdes; elles entrent aussi dans la composition de quelques parfums, & l'eau distillée de la seconde de ces dernières sert à aromatiser les pastilles dites de Menthe, qui sont l'objet d'un commerce de quelqu'importance à Paris & autres grandes villes.

M. de Buchepot, *Annales d'Agriculture*, vol. 51, a indiqué les feuilles de la Menthe des jardins pour guérir le charbon ou anthrax des animaux domestiques : pour cela il en écrase quelques-unes dans un mortier avec de l'huile d'olive, & les applique sur la tumeur en les changeant trois à quatre fois par jour. La douleur cesse bientôt, & l'animal est guéri.

La culture de ces Menthes est extrêmement facile, puisqu'elle se réduit à en semer les graines en pépinière après un labourage, & à en repiquer le plant dans le cours de l'hiver suivant, soit en touffes isolées, soit en bordure, soit en planche, en le plaçant, dans ces deux derniers cas, à la distance de huit à dix pouces. Une fois en possession de quelques pieds, on peut ensuite en étendre la culture par le déchirement de leurs racines, chaque bourgeon donnant naissance à un nouveau pied qui fleurit la même année, & qui est susceptible d'être aussi divisé l'hiver suivant. En général, il est bon de changer de place ces pieds tous les deux ou trois ans, parce qu'ils sont très-voraces & s'affoiblissent par défaut de nourriture lorsqu'on les laisse plus long-tems dans la même.

Lorsqu'on cultive quelques-unes de ces Menthes en touffes dans les parterres des jardins ornés, il faut leur faire subir la même opération, non-seulement pour qu'elles soient plus belles, mais encore pour qu'elles ne s'étendent pas trop ; ce à quoi elles ont beaucoup de propension.

La bonne odeur & l'agrément des fleurs des Menthes doit engager à en placer dans les jardins paysagers, sur le bord des allées, autour des eaux, même au milieu des gazons. Ordinairement on les y abandonne à elles-mêmes après les avoir plantées; on coupe leurs tiges par propreté aux approches de l'hiver. La Menthe pouillot y fait fort bien, en ce qu'elle devient elle-même un gazon fleuri sur lequel on aime à se reposer. C'est à quelque distance des eaux qu'il convient de la placer.

Toutes les Menthes, au nombre de douze, que nous possédons dans nos écoles de botanique, se sèment en place & ne demandent d'autre culture que celle indiquée plus haut. Une terre fraîche convient à toutes; mais les unes veulent qu'elle soit consistante, & c'est le plus grand nombre; d'autres demandent qu'elle soit légère. La cervine est principalement dans ce dernier cas. (*Bosc.*)

MENTIENE : nom vulgaire de la VIORNE.

MENTZÈLE. *MENTZELIA.*

Genre de plante de la polyandrie monogynie, qui renferme deux espèces, dont aucune n'est cultivée dans nos jardins. Il est figuré pl. 425 des *Illustrations des genres* de Lamarck.

Espèces.

1. La MENTZÈLE rude.
Mentzelia aspera. Linn. ⊙ Du Mexique.

2. La MENTZÈLE hispide.
Mentzelia hispida. Cavan. ♃ Du Mexique.

(*Bosc.*)

MENUS : épis de froment, de seigle ou d'orge, qui se sont séparés de leur chaume au moment du battage ou qui ont été coupés par les souris.

Les Menus se rassemblent avec des fragmens de chaume après le battage & se battent séparément. Un cultivateur doit essentiellement veiller sur cette opération, qui rarement se fait d'une manière convenable. *Voyez* BATTAGE.

MENUISE. Les pêcheurs donnent ce nom aux poissons qui sont trop petits pour être de vente. On s'en sert pour amorce ou on les mange en friture lorsqu'on ne les rejette pas à l'eau.

MÉON. C'est le MIEL dans le département du Var.

MENZIÈSE. *MENZIESIA.*

Genre de plante de l'octandrie monogynie & de la famille des *Bruyères*, qui rassemble quatre espèces, dont une a fait partie de celui des ANDROMÈDES. Il est figuré pl. 285 des *Illustrations des genres* de Lamarck.

Espèces.

1. La MENZIÈSE à feuilles de polium.
Menziesia polifolia. Juss. ♄ Du midi de la France.

2. La MENZIÈSE ferrugineuse.
Menziesia ferruginea. Smith. ♄ De l'Amérique septentrionale.

3. La MENZIÈSE velue.
Menziesia pilosa. Juss. ♄ De l'Amérique septentrionale.

4. La MENZIÈSE globuleuse.
Menziesia globularis. Dum. Cours. ♄ de l'Amérique septentrionale.

Culture.

Toutes ces espèces sont cultivées en Anglèterre ; mais nous ne possédons que la première dans nos jardins. C'est un arbuste qui, à l'aspect, ne paroît pas différer des bruyères, & qui demande la même culture, ainsi qu'on peut le voir à leur article. *Voyez* BRUYÈRE. (*Bosc.*)

MÉPHITISME. La fréquence des asphyxies produites dans les campagnes par le Méphitisme me force à lui consacrer un article, quoiqu'il soit du domaine de la médecine.

On a donné le nom d'*air méphitique* à l'air commun surchargé de gaz acide carbonique, gaz qui est impropre à la respiration, & dans lequel les hommes & tous les animaux meurent en peu d'instans.

Ainsi l'air d'un appartement exactement clos, dans lequel sont renfermés beaucoup d'hommes ou d'animaux; l'air de certaines mines, de certaines cavernes, de certaines caves, de certains puits, de certaines fosses d'aisances, de certaines écuries; l'air des celliers dans lesquels se trouvent du vin, du cidre, de la bière en fermentation; des appartemens dans lesquels on allume du charbon de bois, &c., devient méphitique.

Les Noyés (*voyez* ce mot) peuvent être regardés comme tués par le Mephitisme, puisque c'est le manque d'air commun qui les fait périr.

Que de millions d'hommes & d'animaux ont péri du Méphitisme avant qu'on en connût la cause & qu'on sût y appliquer le remède! C'est une découverte de ces derniers tems.

Lorsqu'un homme entre dans un air méphitique, il éprouve un mal de tête subit, suivi de vertiges; il tombe en peu de minutes pour ne plus se relever, s'il n'est secouru. Cette mort apparente ne devient cependant réelle que lorsqu'il a perdu toute sa chaleur naturelle, & la perte de cette chaleur est d'autant plus lente, qu'il est plus jeune, plus gras, que la saison ou le local est moins froid. Pendant tout ce tems, qui peut se prolonger jusqu'à plus de trois heures, il est possible de ranimer sa circulation, de le rappeler à la vie, en le mettant au grand air, en introduisant de l'air pur dans ses poumons au moyen d'un soufflet, ou mieux encore de gaz oxigène, en irritant sa membrane pituitaire par des gaz, ses lèvres, son anus, son gland ou sa valve par des chatouillemens, en le réchauffant enfin au moyen de flanelles, de linges chauds, &c.

Le manque de précautions des habitans des campagnes rend beaucoup plus commun parmi eux les dangers auxquels le Méphitisme expose. Leurs habitations sont basses, petites, humides, peu aérées. Il en est de même de leurs écuries, de leurs étables, de leurs bergeries, de leurs poulaillers, de leurs colombiers, de leurs toits à porcs, &c. Ils s'entassent & entassent leurs animaux dans ces logemens; ils y accumulent des fruits, des légumes, des fourages susceptibles de fermentation; ils y entretiennent des feux de braise dans des pots. Ces réunions de l'hiver qui se font dans des caves pour éviter la dépense du feu, & qu'on appelle *veillées*, *écraignes*, &c., sont toujours dangereuses, si ce n'est pour la vie, au moins pour la santé; car il est de fait que les hommes & les animaux qui vivent habituellement dans un air vicié deviennent foibles de corps & d'esprit, sont sujets aux fièvres lentes, aux avortemens, &c.

Bâtir des maisons plus vastes & mieux percées, ne pas réunir des matières susceptibles de fermentation dans des lieux fermés, n'aller dans les caves & autres endroits suspects qu'avec précaution, ne jamais mettre dans des pots que du charbon bien allumé, sont les moyens de prévenir les accidens du Méphitisme. Il est du devoir du cultivateur éclairé de guider à cet égard ceux qui ne le sont pas.

On peut juger qu'un lieu est méphitisé en y introduisant une chandelle allumée, parce que la combustion ayant le même principe que la respiration, sa lumière s'affoiblit & s'éteint dans un air méphitique.

Un courant d'air excité, soit mécaniquement au moyen d'un soufflet, soit chimiquement au moyen d'un brasier, fait disparoître le Méphitisme d'un lieu. On y parvient aussi au moyen de l'eau en forme de pluie qui dissout l'acide carbonique & de l'eau de chaux qui l'absorbe. *Voyez* Chaux. (*Bosc.*)

MERCADONE. *Mercadonia.*

Plante herbacée du Pérou, qui seule forme un genre dans la didynamie angiospermie.

Cette plante n'est pas cultivée dans nos jardins. (*Bosc.*)

MERCURIALE. *Mercurialis.*

Genre de plante de la dioécie enneandrie & de la famille des *Euphorbes*, dans lequel se trouvent réunies une demi-douzaine d'espèces, presque toutes cultivées dans nos jardins de botanique, & dont une est fréquemment sous les yeux des cultivateurs à raison de son abondance dans les jardins & autres lieux. Il est figuré pl. 111 des *Illustrations des genres* de Lamarck.

Espèces.

1. La Mercuriale annuelle.
Mercurialis annua. Linn. ⊙ Indigène.

2. La Mercuriale ambiguë.
Mercurialis ambigua. Lam. ⊙ De l'Espagne.

3. La Mercuriale vivace.
Mercurialis perennis. Linn. ♃ Indigène.

4. La Mercuriale elliptique.
Mercurialis elliptica. Lam. ♄ De l'Espagne.

5. La Mercuriale cotoneuse.
Mercurialis tomentosa. Linn. ♄ Du midi de la France.

6. La Mercuriale à longues feuilles.
Mercurialis longifolia. Lam. De.....

7. La Mercuriale à feuilles alternes.
Mercurialis alternifolia. Lam. ♃ Du Sénégal.

Culture.

La première espèce est si abondante dans certains champs voisins des habitations & dans les jardins, qu'elle nuit beaucoup à la culture. Aucun animal domestique n'y touche, excepté la chèvre, & elle n'en prend qu'une bouchée. Quelque soin qu'on apporte à l'arracher, elle renaît toujours, parce que d'un côté ses graines, lorsqu'elles sont à plus de deux pouces en terre, se conservent sans germer, jusqu'à ce que les labours les rapprochent de la surface, & de l'autre, qu'il suffit d'un seul pied oublié pour fournir des graines à un espace considérable. Ces graines se succédant pendant toute l'année, les jardins les plus soignés sont les seuls qu'elle n'infeste pas, & ils sont rares hors des environs des grandes villes. Plus la terre est fertile, & plus elle croît avec vigueur & abondance. Quelques mois de jachère, sans labour, suffisent pour qu'elle se multiplie au point de couvrir le sol & de le garnir de graines pour dix ans. Cette faculté de donner ses graines successivement, que possède la Mercuriale annuelle, oblige de la sarcler lorsqu'elle a à peine deux pouces de haut; & ne permet ni de l'enterrer par les labours, ce qu'on ne fait cependant que trop habituellement dans les jardins, ni de la porter sur les fumiers pour en augmenter la masse. C'est dans les cours, sur les routes, qu'on doit la répandre.

La troisième espèce croît dans les bois les plus ombragés & entre en végétation dès les premiers beaux jours du printems; elle trace avec tant de facilité, qu'un seul pied couvre quelquefois une toise de diamètre de terrein. Ces deux circonstances doivent engager les amateurs des jardins paysagers à l'introduire dans leurs massifs, dont elle fera disparoître la triste nudité du sol; il suffit d'y jeter quelques poignées de graines ou d'y planter quelques centaines de pieds par arpent pour arriver à ce but.

La Mercuriale cotoneuse & la Mercuriale elliptique sont des plantes d'un assez agréable aspect pour être cultivées dans les jardins d'agrément; mais on ne les voit cependant que dans les écoles de botanique. A la rigueur, elles peuvent passer l'hiver en pleine terre dans le climat de Paris, pourvu qu'on les plante dans une terre sèche & légère, & à une exposition chaude; mais il est prudent d'en tenir quelques pieds en pot, pour pouvoir les rentrer dans l'orangerie pendant l'hiver. On les multiplie & par graines, dont elles donnent un peu, & par boutures & par déchirement des vieux pieds : ces deux derniers moyens sont les plus employés, & suffisent bien au delà aux besoins du commerce.

J'ai observé d'immenses quantités de Mercuriale cotoneuse en Espagne, où elle croît, le long des routes, en grosses touffes, auxquelles les bestiaux ne touchent pas. (*Bosc.*)

MÈRE. Les pépiniéristes appellent ainsi les arbres, arbrisseaux & arbustes dont le tronc a été coupé aussi bas que possible, dans le but de les forcer à pousser des rejets vigoureux qui, couchés en terre, ou chaussés avec de la terre, prennent racine, & sont ensuite levés pour être plantés ailleurs, dans l'intention d'en former de nouveaux pieds. *Voyez* au mot MARCOTTE.

Un arbre, un arbrisseau, un arbuste auquel on ne fait que quelques marcottes, sans lui couper le tronc, n'est donc pas une Mère.

Autrefois on ne voyoit, dans les pépinières, qu'un petit nombre d'espèces disposées en Mère, & c'étoient toujours de gros arbres, comme le tilleul, le platane, le coignassier, le pommier : aujourd'hui l'extension du commerce des arbrisseaux & des arbustes d'agrément, & la certitude de la réussite, ainsi que l'abondance de la production des marcottes par le moyen des Mères, les y a fait multiplier autant que possible. On les met en pleine terre, sous des châssis, dans des baches, dans des serres.

Pour le succès de la multiplication par le moyen des Mères, il faut que chaque espèce soit placée dans le sol & à l'exposition qui convient à sa nature; ainsi les arbrisseaux de terre de bruyère doivent être dans la terre de bruyère; ainsi les arbustes des pays chauds, mais qui croissent en pleine terre dans le climat de Paris, doivent être contre un mur au midi. Il est cependant deux considérations subséquentes dans le placement des Mères, qui dérangent quelquefois l'application de ces principes : la première, c'est que le terrein soit assez perméable aux racines, pour que celles des marcottes puissent y pénétrer sans obstacles; la seconde, c'est qu'il soit toujours assez humide pour que la végétation y soit active, & que les nouvelles racines, presque toujours fort voisines de la surface de la terre, ne périssent pas desséchées par défaut de pluie; aussi les Mères des arbres rustiques, comme ceux que j'ai cités plus haut, ne sont-elles pas bien dans un sol trop léger, & toutes celles des arbrisseaux & des arbustes prospèrent-elles mieux au nord qu'à toute autre exposition.

C'est presque toujours avec des pousses de l'année qu'il est le plus avantageux de faire les marcottes : ainsi il faut, en principe général, ne jamais laisser du vieux bois aux Mères; cependant, dans les espèces rares, on est souvent obligé de le ménager pendant deux ou trois ans, après quoi on le coupe.

Lorsque les Mères sont de gros arbres fortement enracinés, on peut coucher toutes les pousses sans inconvéniens; mais lorsque ce sont des arbustes jeunes ou foibles par leur nature, il est indispensable de laisser toujours une des pousses les plus centrales suivre la direction verticale; car le manque de cette attention expose, comme tant de pépiniéristes avides ou ignorans l'éprouvent annuellement, à perdre le pied, la séve produite par l'absorption des feuilles ne pouvant plus descendre aux racines pour les nourrir.

Les Mères d'arbustes délicats, qu'on ne peut pas arroser journellement pendant les sécheresses, doivent être entourées de mousse, ou de paille hachée, ou de feuilles sèches, afin de retarder l'évaporation de l'humidité, qui est si nécessaire, comme je l'ai déjà observé, à l'enracinement de leurs pousses marcottées.

On donne, chaque hiver, un labour profond aux Mères, immédiatement après avoir sevré leurs marcottes & coupé leur vieux bois, & un ou deux binages en été.

Une bonne manière de diriger les Mères, seroit de couper toutes leurs pousses, jeunes & vieilles, en enlevant leurs marcottes, & de les laisser un an en repos; mais on agit rarement ainsi.

Dans les pépinières bien montées, les Mères sont dans des endroits séparés des autres plants.

Il y a aussi des Mères de racines, c'est-à-dire, des arbres dont on arrache tous les ans ou tous les deux ans une partie des racines pour en obtenir de nouveaux pieds; l'AYLANTE, le SUMAC, le GYMNOCLADE (*voyez* ces mots) sont principalement dans ce cas. (*Bosc.*)

MÈRE. Les vignerons donnent ce nom, dans quelques cantons, à la plus grosse racine de la vigne, & les jardiniers aux deux principales branches des espaliers, à ce qu'on nomme des BRAS à Montreuil. (*Bosc.*)

MÉRENDÈRE. *Merendera.*

Genre de plante qui ne contient qu'une espèce long-tems confondue avec le bulbocode, mais que Ramond a su en distinguer. Cette espèce, dont j'ai vu d'immenses quantités en Espagne, a toute l'apparence d'un colchique, fleurissant comme lui en automne, & ne poussant ses feuilles qu'au printems. On l'a cultivée dans quelques jardins; mais elle ne s'y est pas conservée. Une terre légère & sèche est celle qu'elle demande. Sa multiplication a lieu par les caïeux que fournit son oignon, oignon qu'on doit relever tous les ans ou tous les deux ans : elle craint l'humidité & les gelées du climat de Paris; ainsi, c'est en pot qu'il faut la tenir pour pouvoir la rentrer dans l'orangerie aux approches de l'hiver, comme beaucoup de plantes des Alpes. (*Bosc.*)

MERGER. On donne ce nom, dans plusieurs départemens, aux tas de pierres qui proviennent de l'épierrement des champs & des vignes, tas qui sont le plus souvent longitudinaux & qu'on n'utilise presque jamais, quoiqu'il fût possible d'y planter des épines-vinettes, des prunelliers, des groseilliers & autres arbustes; d'y faire courir des tiges de courges, de haricots, de pois, &c.

J'ai vu des arbres plantés au centre des Mergers, & y prospérer; de sorte que leur surface étoit utilisée d'une manière permanente : pour cela, il ne s'agit que d'enlever les pierres de ce centre dans un espace de deux pieds carrés.

En général, les Mergers sont mal disposés & occupent beaucoup trop de place; mais comme le terrein est le plus souvent de peu de valeur dans les lieux où on les établit, on ne met pas d'importance à en perdre. Les faire servir à la clôture des champs ou des vignes, seroit très-facile & très-économique, & il est cependant peu d'endroits où cela ait lieu.

Le terrein recouvert d'un Merger ne donnant naissance à aucune production, est le plus souvent très-fertile, & donne, lorsqu'on en enlève les pierres, des productions abondantes. (*Bosc.*)

MÉRIANELLE. *Merianella.*

Nom donné à un genre de plante séparé des ANTHOLYZES, & qui a ensuite été nommé WATSONIE. *Voyez* ces deux mots.

MÉRINGÈNE : espèce de MORELLE. *Voyez* ce mot.

MÉRINGINE. *Mœhringia.*

Petite plante vivace qui croît naturellement sur les montagnes des parties méridionales de l'Europe, & qui seule forme un genre dans l'octandrie digynie & dans la famille des *Caryophyllées.* *Voyez* les *Illustrations des genres* de Lamarck, pl. 314.

Cette plante, appelée MÉRINGINE touffue, *Mœhringia muscosa*, Linnæus, se cultive dans les écoles de botanique. On la sème en place, & on ne lui donne d'autres soins que ceux propres à tous les jardins soignés. Il est bon cependant de la garantir du soleil pendant les chaleurs de l'été, surtout si le sol est naturellement sec. (*Bosc*).

MÉRINOS : nom des moutons d'Espagne à laine fine. Ils forment une race à part, qui a des caractères propres, & qui a des qualités qui la rendent supérieure aux autres. *Voyez* BÊTES A LAINE, BREBIS & MOUTON.

On s'est beaucoup occupé, en France, de cette race depuis plus de trente ans. Il a paru différens écrits où il en est spécialement question, savoir, une petite brochure publiée par la Commission d'agriculture, réimprimée & rédigée par Gilbert; des notes de M. Huzard, dans les deux dernières éditions de l'*Instruction de Daubenton pour les bergers & les propriétaires de troupeaux*; deux éditions d'un volume, intitulé *Instruction sur les Bêtes à laine, & particulièrement sur les Mérinos*, que le Gouvernement a desiré que je composasse. Les *Annales de l'Agriculture française* contiennent des Mémoires & des Observations sur cet important objet. Enfin, quelques hommes éclairés & amis de l'économie rurale ont fait connoître, pour l'utilité de l'amélioration, leurs expériences & leurs découvertes, soit dans les papiers publics, soit dans des feuilles à part.

On est persuadé que les Mérinos sont originaires d'Afrique, sans qu'on puisse en avoir ni en donner de preuve. Ce qu'il y a de certain, c'est que les nations de l'Europe qui en possèdent, les ont toutes tirés d'Espagne, ou directement ou indirectement : il est inutile de chercher autre chose.

Le Mérinos est une race particulière, comme, dans le genre des chiens, celle du barbet, du bichon, du danois, du levrier, &c.; ainsi que dans ce genre, les croisemens peuvent produire des individus plus ou moins approchans de l'espèce, mais jamais l'espèce même.

Sa taille n'est pas des plus élevées; elle n'est pas non plus des plus petites, comparativement à quelques autres races. De l'extrémité d'un pied de devant au garrot, elle a, terme moyen, de 55 à 68 centimètres (20 à 25 pouces); & dans la plus grande grosseur, un mètre & quelques centimètres (3 pieds & quelques pouces); du sommet de la tête à la naissance de la queue, environ un mètre (3 pieds); en sorte que sa grosseur est à peu près égale à sa longueur. Le Mérinos vivant est du poids de 30 à 40 kilogr. (60 à 80 livres); à volume égal, il pèse plus que beaucoup de bêtes de races communes, parce que sa chair est plus compacte. Les béliers sont plus gros que les brebis. Toutes ces dimensions se sont augmentées en France, en raison des soins & de la nourriture.

La forme du Mérinos est plus arrondie que plate & longue; sa face est large; son dos n'est pas cambré; son corps a de l'amplitude; ses jambes sont courtes. Excepté aux aisselles, au plat des cuisses & à une partie de la face, il a de la laine partout: on voit des individus dont les joues, le dessous de la ganache, le front & les jambes, jusqu'au sabot même, en sont entièrement couverts. Dans les anthenois & les agneaux, par exemple, la laine descend quelquefois sur les yeux; il s'en trouve aussi qui ont des plis aux épaules, aux fesses & au cou, & des fanons comme la gorge du cerf.

Les mâles ont les testicules gros & pendans, séparés par un sillon longitudinal très-prononcé; ils ont des cornes épaisses, larges, contournées en spirale, & d'une étendue qui quelquefois a 52 centimètres (20 pouces) d'envergure. Cet organe, qui contribue à leur beauté sous plusieurs rapports, est nuisible. Les béliers qui en sont pourvus ne peuvent enfoncer leurs têtes dans les rateliers; ils exigent plus d'emplacement dans les bergeries. Lorsque les béliers y entrent, mêlés avec les brebis pleines, ils les blessent quelquefois & les font avorter; & dans les terribles combats qu'ils se livrent entr'eux, il en résulte la mort de plusieurs. Ces motifs ont engagé des propriétaires à les couper, au moins dans les béliers de monte (*voyez*, pour la manière, le mot BÊTES A LAINE, page 210 du tome II). Il s'en trouve qui n'ont pas de cornes; ce n'est pas une race à part. Des expériences que nous avons fait faire à Rambouillet & dans la bergerie impériale des Pyrénées-Orientales, nous ont appris que si les béliers sans cornes en produisent qui n'en ont pas, ils en produisent aussi qui en ont; ce qui sembleroit devoir en faire regarder la privation comme un jeu de la nature. Cependant M. Olivier, régisseur de la bergerie impériale des Pyrénées-Orientales, prétend qu'on parvient à n'avoir plus que des béliers sans cornes, lorsque dans plusieurs générations on allie cette sorte de béliers avec des brebis issues de mâles qui sont dans le même cas. On m'a assuré que maintenant la majeure partie des béliers de cet établissement étoient sans cornes. J'ai remarqué qu'à choses égales, ils ont plus de taille & de laine que les autres, peut-être parce que l'absence des cornes permet à la matière nutritive qui leur est destinée, de se répandre dans les autres parties du corps : certaines brebis ont aussi des cornes, mais elles sont courtes & étroites.

Ce qui distingue le plus le Mérinos, c'est sa laine; elle est superfine, abondante, douce au toucher, pleine d'une matière grasse qu'on appelle *suint*, tassée, un peu vrillée, élastique, moins longue que celle des races communes, d'un blanc-sale & rembruni, à cause de la poussière & des ordures qui s'y attachent. Dans les individus bien portans, la peau, sous la laine, est couleur de rose. Il arrive souvent que, dans les bêtes de nouvelle importation, on découvre entre les filamens de laine, particuliérement aux joues, au toupet, aux fesses & aux cuisses, des poils brillans & gris-perlé, auxquels on a donné le nom de *jarre* ou *poil de chien*, qu'il ne faut pas confondre avec cette espèce de duvet qu'on voit sur beaucoup d'agneaux nouvellement nés, même de la plus belle race. Ce duvet, quand ils ont deux ou trois mois, tombe & est remplacé par de la laine fine; ceux qui en offrent le plus deviennent ordinairement très-beaux. Le jarre, en France, disparoît par l'attention qu'on a d'écarter des accouplemens les mâles & les femelles dans lesquels on le remarque.

D'après ces caractères, on ne peut jamais confondre le Mérinos avec la bête à laine commune : mais il n'y a pas de moyen de le distinguer d'un métis à la quatrième, cinquième ou sixième génération. Il lui ressemble à l'extérieur si parfaitement, qu'il ne faut pas s'en rapporter à la seule inspection, lorsqu'on a intérêt de s'assurer de la pureté.

Les brebis Mérinos peuvent vivre jusqu'à vingt ans & même au delà. Cette longévité est rare : on en voit beaucoup qui atteignent quatorze &

quinze ans, & qui conservent leur fécondité. Ordinairement elles donnent chaque année un agneau, quelquefois elles en font deux d'une seule portée. La fécondité des béliers pourroit être mise à profit le même nombre d'années, si on les ménageoit & s'il n'y avoit pas de l'avantage à n'employer que de jeunes étalons.

Quand on châtre de bonne heure des béliers Mérinos & qu'on les fait paître dans des pâturages qui aient de la qualité ou qu'on les engraisse convenablement de pouture, c'est-à-dire, avec du grain, leur viande est excellente, & ne diffère de celle des races communes que parce qu'elle est un peu moins brune : ils sont également susceptibles de prendre beaucoup de graisse & de donner de bon suif. On a contesté cette vérité dans les premiers tems de l'introduction des Mérinos en France; mais nous avons fait des expériences qui ont mis la chose hors de doute. Il a été reconnu que les bouchers rebutoient jusqu'aux métis pour les avoir à bon marché.

Après des tentatives infructueuses pour procurer à la France des Mérinos, on réussit cependant à en avoir, en 1776, un troupeau qui fut partagé entre trois personnes; il produisit peu d'effet pour l'amélioration : c'est le sort des choses qui commencent, de rester long-tems ignorées. Les difficultés qu'éprouvent les introductions nouvelles semblent les étouffer jusqu'au moment où il se fait une explosion qui les mette en évidence. On ne parla guère publiquement des Mérinos & des avantages qu'ils devoient donner, qu'environ dix ans après. A cette époque interrogé, au nom de Louis XVI, pour savoir comment on devoit établir la ferme qu'il vouloit créer dans son parc de Rambouillet, je conseillai surtout d'extraire d'Espagne un beau troupeau de Mérinos & de l'y placer : l'ordre en fut donné & exécuté. J'eus la satisfaction de recevoir les animaux à leur arrivée, & d'en diriger particulièrement la conduite pendant quelques années. L'importation avoit été bien choisie; aucune peut-être ne lui a ressemblé. Depuis ce tems il y en a eu plusieurs remarquables pour le compte du Gouvernement & pour celui des particuliers. En conséquence d'un des articles du traité de Bâle, dicté par MM. Barthélemy & Richard d'Aubigny, la France fut autorisée à extraire de ce royaume 5,000 Mérinos; savoir : 4,000 brebis & 1,000 béliers. Sous le Directoire exécutif, le Conseil d'agriculture engagea Gilbert, l'un de ses membres, d'en aller acheter un certain nombre qu'il choisit dans le royaume de Léon, & qui servit pour la bergerie nationale des Pyrénées-Orientales, dans la commune de Perpignan. Gilbert, dont le zèle égaloit l'activité, n'eut pas la satisfaction de voir prospérer dans sa patrie la colonie qu'il y avoit envoyée, & qui lui avoit coûté bien des peines; il mourut en terre étrangère après avoir pris toutes les mesures pour assurer une opération qui a eu un grand succès. Le Gouvernement, par d'autres moyens, tira successivement d'Espagne le surplus des animaux qu'il lui avoit été accordé d'y puiser en les payant. M. Poyféré de Cère en fit une avec beaucoup de soin. Les bergeries des départemens des Bouches-du-Rhône, de la Loire-Inférieure & de la Sarre furent formées de ces diverses importations, & par suite celle du Puy-de-Dôme, des Landes & du département du Rhône, sous le ministère de M. le comte de Champagny (duc de Cadore), & celle du département de la Roër, sous le ministère de M. Crétet (comte de Champmol). Ces faits me sont d'autant plus connus, que j'ai été chargé moi-même d'établir ces bergeries.

A l'imitation du Gouvernement, beaucoup de propriétaires, les uns par zèle, d'autres par spéculation, d'autres par mode, voulurent se procurer des Mérinos. Le Gouvernement, qui avoit intérêt de les répandre, après en avoir donné d'abord sans succès, se détermina à en faire chaque année des ventes publiques dans ses établissemens. Ce moyen lui réussit parfaitement : on s'empressa d'en acheter, la concurrence devint considérable, les prix montèrent très-haut, & ce motif décida l'amélioration, chacun espérant tirer de son troupeau de race pure un grand profit. En effet, plusieurs y gagnèrent; ce qui fut un bien & un encouragement.

Des fermiers & de petits cultivateurs, ne se voyant pas en état d'acquérir des troupeaux purs qui leur auroient coûté trop cher, pensèrent qu'ils pouvoient profiter de la circonstance pour améliorer la race indigène qu'ils entretenoient, & cela en alliant des béliers Mérinos à leurs brebis communes. L'espérance certaine de perfectionner leurs laines & de les vendre un plus haut prix, les engagea à acheter des béliers, soit dans les ventes du Gouvernement, soit chez les possesseurs d'animaux qu'ils croyoient les meilleurs & les plus propres pour cet effet. Ce goût prit naissance aux environs de Rambouillet & des autres bergeries nationales, & se propagea dans des lieux plus éloignés. On vit de simples fermiers ne pas craindre de payer jusqu'à 1,500 francs un bélier qui leur convenoit. La métisation dans ce pays marcha donc d'un pas rapide, parce qu'il falloit peu d'individus Mérinos & seulement des béliers pour l'opérer; l'accroissement des troupeaux purs fut plus lent, à cause des grands capitaux qu'il exigeoit : on en vit cependant s'établir particulièrement auprès de la capitale & dans les départemens d'Eure & Loir, de Seine & Oise & de Seine & Marne. Les dons & les ventes du Gouvernement en offrirent les premiers moyens. Il s'en présenta d'autres dans la suite. Des négocians envoyèrent leurs agens en Espagne, des propriétaires espagnols firent eux-mêmes diriger sur la France des portions de leurs troupeaux pour les vendre. On ne fut pas difficile sur le choix. Les importateurs,

importateurs, ne se piquant pas de délicatesse, achetèrent les animaux le plus près possible de la frontière, sans s'embarrasser s'ils étoient ou non de la véritable race léonaise, la plus pure & la plus estimée. Il en est résulté que s'il y a parmi nous des troupeaux qui sont du meilleur type (& le nombre en est plus grand qu'on ne croit), il en est aussi qui sont équivoques pour la pureté, & qu'on pourroit regarder comme des métis espagnols. Il a été impossible de parer à cet inconvénient : il eût fallu interdire toute entrée de bêtes à laine qui n'avoient pas de bons certificats d'origine. On fit même une faute plus grave : on permit d'importer d'Allemagne de prétendus Mérinos qui n'étoient que des métis. Au reste, les bergeries pures sont en quelque sorte signalées ; celles du Gouvernement & de quelques particuliers connus conserveront toujours le feu sacré, & on pourra y trouver de quoi réparer le mal que les introductions par contrebande ont fait à l'amélioration.

Originairement, lorsqu'on forma le projet d'améliorer nos laines, on croyoit qu'il suffisoit de faire choix des béliers les plus beaux & les plus fins dans les différentes races indigènes, & que des attentions constantes à ne pas s'écarter de cette mesure ameneroient peu à peu au point où l'on vouloit parvenir ; mais on y renonça totalement après l'arrivée de quelques troupeaux purs, & surtout de celui de Rambouillet, parce qu'il parut bien plus avantageux de croiser des brebis communes avec des béliers Mérinos. Il ne tarda pas à se glisser dans les esprits une fausse opinion qu'il fallut détruire. Les premiers améliorateurs, à la vue des bons effets de leurs croisemens, qui donnoient naissance à des béliers plus beaux que ceux des races indigènes, furent disposés à les employer comme étalons par économie, & parce qu'ils croyoient aller, par cette voie, de perfectionnement en perfectionnement. Quelques générations y gagnèrent ; mais ce qui avoit été presqu'une nécessité dans le commencement, à cause de la rareté des béliers Mérinos, dont le nombre ne suffisoit pas aux demandes, a dans la suite fait un mal réel. On se persuada qu'au 5e. ou 4e. ou 3e. degré de métisation, suivant les races, des béliers issus de croisemens devoient être regardés comme des béliers purs, comme de vrais Mérinos : on les vendoit en conséquence. Cette opinion, qui pouvoit se soutenir dans l'enfance de l'amélioration, & qu'il seroit impardonnable de défendre maintenant, s'étoit répandue avec la plus grande rapidité. Daubenton & Gilbert l'avoient eue. Le premier disoit qu'il importoit peu de quel pays venoient les béliers, pourvu que leur laine fût plus belle que celle des brebis qu'on vouloit croiser : l'autre, animé par-dessus tout du desir de voir nos laines grossières disparoître, réfléchit peu sur les inconvéniens qu'il y avoit de faire couvrir des brebis par des béliers métis. L'erreur se fortifia de l'autorité de ces deux hommes de mérite ; elle acquit encore du crédit par la beauté de la laine des métis des générations avancées, & par les rapports de leur forme avec celle des Mérinos. Il eût mieux valu que l'amélioration allât moins vîte, que de chercher à l'accélérer par un moyen plus propre à la faire rétrograder. Heureusement l'expérience, les raisonnemens & l'abondance des béliers Mérinos vinrent à bout d'anéantir cette erreur.

Toutes les races indigènes ne se perfectionnent pas aussi promptement les unes que les autres par les croisemens ; il y en a dont les métis ont une finesse très-sensible dès la 2e. génération ; dans d'autres elle n'est bien marquée qu'à la 3e. ou à la 4e. La race roussillonne est celle qui s'affine le plus promptement ; celles du Berry, de la Sologne, des Ardennes, sont au deuxième rang. La Commission d'agriculture, dont j'étois membre, a entrepris de s'assurer du plus ou du moins de facilité qu'avoient à se perfectionner les races françaises : tant qu'elle a pu suivre elle-même ce travail, elle a eu l'espérance qu'il seroit intéressant & qu'on obtiendroit des données positives ; mais il a été confié à d'autres mains, & on ne peut pas compter sur les résultats qui sont présentés. Ce qu'on doit dire en général, c'est que telle race est, pour la finesse de la laine seulement, assimilée au Mérinos au 3e., telle autre au 4e., telle autre au 5e. croisement. Toujours est-il vrai qu'il ne faut point faire couvrir des brebis métisses, de quelque degré qu'elles soient, par d'autres béliers que par ceux de race pure Mérinos ; car un métis ne peut jamais devenir un Mérinos. *Voyez* les pages 11, 12, 13 & 14 de mon Instruction, deuxième édition.

M. Morel de Vindé, desirant généraliser en France les Mérinos, & favoriser les propriétaires qui n'avoient pas assez de fonds pour se procurer une certaine quantité de ces animaux, leur a indiqué un moyen de prendre sur eux-mêmes les béliers de monte, & de se former insensiblement un troupeau entier de Mérinos préférable à tous égards ; car, bien que la voie des croisemens soit avantageuse, on n'en obtient que des métis ; il faut treize années révolues pour que la totalité des brebis d'un troupeau soit à la cinquième génération, tems nécessaire si celles qu'on a croisées étoient d'une race à laine très-grosse, & onze & neuf ans, si on emploie des races qui ont déjà un degré de finesse. Ce mode, que M. de Vindé appelle *établissement de progression*, en supposant qu'un fermier ait dans sa bergerie trois cents brebis communes, consiste à acheter, avec le nombre suffisant de béliers Mérinos, quelques femelles de la même race, soit douze, soit huit, soit six, soit même quatre. Ce qu'il lui faudra de capitaux pour cette dernière acquisition n'excédera guère le prix des béliers qu'il seroit obligé de se procurer pour les renouveler chaque fois qu'il en auroit eu besoin, s'il n'avoit fait qu'un simple croisement. Son troupeau, dans les premières années, se composera de deux classes d'animaux; savoir : 1°. de mâles & de femelles Mérinos, produits par les béliers & brebis de race pure; 2°. de femelles & de mâles métis, issus de l'accouplement de béliers Mérinos & de brebis communes. Son premier soin sera de châtrer tous les agneaux mâles métis, sans y manquer, pour les vendre en état de moutons. Il gardera quelque tems les femelles communes & les métisses, dont il se défera successivement en commençant par les communes & par les métisses des premiers degrés, à mesure que le nombre des brebis de race pure s'accroîtra. Parmi les béliers qui naîtront de l'accouplement de la portion des brebis pures, alliées avec un bélier pur, il choisira les plus beaux pour ses montes & disposera des autres. Quand il aura la quantité de trois cents femelles Mérinos, il ne subsistera plus aucune brebis métisse dans son troupeau.

Pour obtenir ce résultat, si le propriétaire commence avec douze brebis, il lui faudra onze ans; si c'est avec dix, il lui en faudra douze; si c'est avec huit, il lui en faudra treize; si c'est avec six, quatorze; & si c'est avec quatre, quinze. Dans le cas où il surviendroit une mortalité qui enleveroit beaucoup de brebis, ce qui est rare dans les troupeaux bien soignés, il faudroit attendre une ou deux années de plus pour arriver au nombre de trois cents brebis.

Bien des fois j'ai conseillé à des acquéreurs de béliers Mérinos, lorsqu'ils venoient de loin, d'y joindre des brebis de cette race, afin de s'épargner des voyages pour les renouveler, & de pouvoir se recruter à l'avenir dans leurs propres troupeaux : c'étoit pressentir les idées de M. Morel de Vindé.

En suivant cette marche progressive, on se procurera, avec un foible capital, un troupeau d'une grande valeur, qui n'aura pas coûté plus de soins qu'un autre; il sera d'autant plus beau, d'autant plus productif, d'autant plus sain, que le propriétaire l'aura bien nourri & bien dirigé, & qu'il aura choisi pour sa monte les béliers les plus fins & les mieux constitués.

On demandera peut-être comment il sera possible de reconnoître les différentes générations sans confusion. Rien ne sera plus facile si l'on adopte des distinctions qui ne s'effacent & ne se perdent pas; par exemple :

Bêtes communes, nulle marque.

Première génération, un trou à l'oreille droite.

Deuxième génération, un trou à l'oreille gauche.

Troisième génération, un trou à chacune des deux oreilles.

Quatrième génération, nulle marque. Il n'y a plus alors de bêtes communes.

Cinquième génération, un trou à l'oreille droite. Il n'y a plus de bêtes de première génération.

Sixième génération, un trou à l'oreille gauche. Il n'y a plus de bêtes de deuxième génération.

Septième génération, un trou à chacune des deux oreilles. Il n'y a plus de bêtes de troisième génération.

Huitième génération, nulle marque. Il n'y a plus de bêtes de quatrième génération, & ainsi de suite.

Au lieu de trous, on peut faire des coupures aux oreilles & les varier de différentes manières. Les trous se font avec un emporte-pièce : quelque marque qu'on emploie, on doit la faire peu après la naissance des agneaux, parce qu'alors on n'a aucun doute sur les mères auxquelles ils appartiennent.

Il n'y a pas de pays en Europe où les Mérinos ne réussissent; dans quelques endroits, en Suède, en Russie même, en Hollande, dans diverses parties de l'Allemagne & d'Italie, cette race a été introduite. Il en existe maintenant sur tous les points de la France, au sud, au nord, à l'est & à l'ouest, dans les plaines, dans les vallées, sur les coteaux, sur les montagnes élevées, près de l'Océan & de la Méditerranée, dans des positions exposées à toute la violence des vents, comme dans celles qui sont abritées. Le placement de plusieurs bergeries du Gouvernement en fournit une preuve. Celles des départemens des Bouches-du-Rhône, des Pyrénées-Orientales, des Landes, sont au midi; celles des départemens de la Sarre & de la Roër au nord; celle du Puy-de-Dôme est dans un endroit très-élevé, & celle de la Loire-Inférieure se trouve à peu de distance de la mer. Le desir de constater une vérité utile est entré pour quelque chose dans le choix que j'ai fait des locaux pour ces établissemens. Je connois des bergeries de particuliers qui sont situées sur les Alpes; j'en connois au haut des falaises de Normandie, où souvent des vents d'ouest, venant de la mer, soufflent avec impétuosité. Nulle part les Mérinos, lorsqu'on en a pris soin, n'ont souffert de manière à se détériorer; on en a vu même qui, abandonnés ou laissés exprès dans des îles pendant plusieurs années, ont conservé leur forme & leur caractère primitif.

On ne pourra pas avoir parmi nous des troupeaux aussi considérables de Mérinos qu'il y en avoit en Espagne avant la guerre actuelle qui désole cette contrée : il s'en trouvera à peine quelques uns qui s'éleveront à plusieurs mille bêtes, tandis qu'en Espagne certains propriétaires en possédoient jusqu'à cent mille; c'étoit au surplus la principale richesse du pays. Si la multiplication de cette race est encouragée en France, il s'y formera un si grand nombre de petits troupeaux, que la quantité égalera au moins ceux qui étoient soumis aux lois de la mesta en Espagne. Les lieux les plus cultivés sont ceux où l'on en élèvera le plus, parce qu'on y sèmera, pour les nourrir, des prairies artificielles. Avant que les parties de nos montagnes, qui jusqu'ici ne rapportent rien, soient employées, en été, au pacage des troupeaux, avant que les landes & les friches servent toutes à cet usage, on a beaucoup de latitude pour augmenter les Mérinos, qui se plairont & réussiront partout où l'on entretient d'autres races; au lieu de troupeaux de très-peu de prix, on en posséderoit qui auroient de grandes valeurs.

Il a été fait, contre l'introduction des Mérinos, diverses objections. Voici la plus importante : ils dégénéreront, a-t-on dit. On se fondoit sur ce que la nourriture & le climat ne seroient pas les mêmes qu'en Espagne, & sur la nécessité de faire voyager les Mérinos tous les ans; c'étoit une grande erreur. Une expérience de vingt-huit ans, offerte par l'établissement de Rambouillet, prouve que la laine des Mérinos conserve en France toute sa finesse. J'en ai des tableaux remplis d'échantillons, recueillis sur des béliers & des brebis, année par année, sans interruption. Cette laine a acquis plus de valeur, & les individus en ont un quart de plus qu'en Espagne. Le Mérinos vit des herbes que notre climat produit; il n'a pas besoin de voyager pour se bien porter. En Espagne, les troupeaux transhument pour trouver de quoi vivre, comme certains genres d'oiseaux; ils mourroient de faim, en été, dans les plaines, qui sont desséchées alors, & en hiver ils ne pourroient habiter les montagnes, qui sont couvertes de neige. Dans nos départemens méridionaux il y a des bêtes à laine qui transhument par les mêmes raisons. Ce n'est donc que par nécessité que les Mérinos voyagent : se trouvant, par ce moyen, bien nourris, ils ont de la santé, qui influe sur leur laine; mais, bien nourris, sans voyager, ce seroit la même chose. Ils s'acclimatent avec la plus grande facilité; c'est la race, & non le pays d'où elle vient, qu'il faut uniquement considérer; elle est la même dans quelque partie du globe qu'on la transporte. Les enfans des premiers Mérinos qu'on a importés ont ressemblé à leurs pères; ils ont donné, d'âge en âge, des productions qui n'en différoient point : il est démontré qu'à moins d'une mésalliance, cette race se soutient telle qu'elle est sortie d'Espagne. On pourroit en rapporter un grand nombre d'exemples. Il suffira de dire que le troupeau de Rambouillet, extrait en 1786, n'a rien perdu, en vingt-cinq ans, des qualités qu'il avoit quand il est arrivé d'Espagne. La laine est égale pour la finesse. Les formes se sont bien conservées; elles sont plus prononcées qu'elles ne l'étoient. La taille s'est agrandie. Les toisons pèsent davantage, & l'animal a plus de chair. Au lieu d'avoir dégénéré, les Mérinos se sont plutôt perfectionnés; ce qui n'est pas étonnant, d'après le principe, que les animaux prospèrent en passant du midi au nord. L'industrie des propriétaires ruraux en France y a beaucoup contribué sans doute. Il faut ajouter que l'Espagne, dans l'état de son atmosphère, éprouve des effets qui ne semblent appartenir qu'à des régions moins méridionales, c'est-à-dire, des neiges & des froids tardifs; que, par la transhumance, ses troupeaux se trouvent dans une température peu différente de la nôtre, & que le sol de l'Espagne est en général plus élevé que celui de la France.

On fait une autre objection, qu'il ne faut pas laisser sans réponse. On dit que les Mérinos sont plus délicats, exigent plus de soins & de nourriture, & sont plus sujets à des maladies que les races indigènes : il y a du vrai dans ces assertions; mais il y a aussi du spécieux. Soit défaut d'acclimatation complète, soit constitution particulière, le Mérinos supporte plus difficilement que les bêtes communes les intempéries de l'air, & souffriroit si en hiver on ne le traitoit pas mieux; il contracte plus souvent la gale, à cause du tassé de sa laine. Si l'on vouloit absolument se conduire à l'égard d'un troupeau de Mérinos, venant d'Espagne, comme à l'égard d'un troupeau de race indigène, les choses seroient à peu près les mêmes : seulement on en perdroit peut-être un peu plus, & il n'y auroit, à l'égard des maladies, que la différence dans la facilité à gagner & à conserver la gale. Ce sont là sans doute des inconvéniens; mais ils sont compensés par tant d'avantages, qu'ils se réduisent, pour ainsi dire, à zéro, si l'on calcule la longévité de cette race, la qualité de sa laine & son abondance, qui est toujours en raison de la bonne santé des individus, & le prix qu'on peut les vendre. On devra à l'intérêt qu'on a eu de multiplier les Mérinos, la connoissance des véritables soins qu'on doit aux troupeaux : on lui devra bien plus, la suppression d'une partie des jachères; car beaucoup de cultivateurs, voulant abondamment nourrir leurs troupeaux améliorés, n'ont trouvé d'autres moyens que de former des prairies artificielles & de multiplier les racines qu'ils peuvent manger, sans que leurs récoltes en céréales en souffrissent : leurs nombreux troupeaux leur ont procuré d'abondans engrais, & ces engrais de meilleures récoltes.

On connoît trois manières de faire valoir un troupeau de Mérinos ou métis; savoir : par soi-même, soit dans sa propriété, soit dans le domaine dont on est fermier; ou bien en louant d'un fermier des pâtures & des bergeries, ce qu'on appelle *une place à moutons*, ou enfin en mettant des bêtes à laine en *cheptel*.

La première est celle où les animaux sont toujours le mieux : la surveillance s'y exerce bien; l'œil du maître, qui, dans une exploitation vivifie tout, est ouvert sur les moindres détails; les bergers ne commettent point de fautes, ou elles sont aussitôt reprises & réparées. Rarement les maladies causent des ravages sur les troupeaux dirigés de la sorte : ceux auxquels ils appartiennent, outre une abondance d'engrais, dont leurs terres s'améliorent, recueillent tous les ans de riches toisons, & voient leurs bénéfices augmentés par la naissance de beaux agneaux.

D'aussi grands avantages ne se rencontrent pas dans la deuxième manière; cependant elle en offre beaucoup. Elle convient à un capitaliste, qui, ne voulant pas risquer des fonds dans le commerce, préfère les employer à acheter un troupeau pour en tirer un parti légitime. Ses produits consistent dans la vente des laines & dans celle d'un certain nombre d'animaux, qui, soustraction faite de la nourriture, des salaires des bergers & des frais de location, donnent plus ou moins de revenu. Le fermier, qui reçoit ainsi le troupeau d'autrui, a pour lui le prix de la location, le produit du parcage & le fumier des bergeries, pour lequel il n'a donné que de la paille, dont il ne peut faire un meilleur usage. C'est pour lui une occasion de vendre l'excédant de ses fourages, sans être obligé de le porter au loin, &c. A la vérité, il pourroit tromper, en s'entendant avec les bergers; mais on n'a pas à le craindre, si on ne choisit des places que chez des fermiers honnêtes, probes & attentifs. J'en connois qui, surveillant comme pour eux les troupeaux qu'ils hébergent, ne font pas regretter aux maîtres de ne pouvoir les inspecter eux-mêmes & les visiter aussi fréquemment qu'ils le voudroient.

La voie du cheptel est la troisième manière : dans celle-ci on abandonne, pendant un tems fixé par un bail, une partie du produit, & on partage le croît après avoir retiré le fonds. Ce genre de fermage est usité pour les terres comme pour les bestiaux dans beaucoup de contrées de la France, presque dans tout le midi; aussi a-t-on fait des lois pour le régler & éviter des difficultés aux contractans, dont l'un est le preneur, c'est-à-dire, le fermier, & l'autre le bailleur, c'est-à-dire, le propriétaire. Cette manière de faire valoir est utile aux deux; au bailleur, en lui donnant le moyen d'avoir un troupeau, sans être forcé de le diriger lui-même, ni d'acheter ou louer une ferme pour le placer; au preneur, en le mettant à portée de s'en former un, peu à peu, en quelques années, uniquement par des soins & des sacrifices de salaires, nourriture & fourages, que quelquefois il n'auroit pas la facilité de vendre. Dans cette espèce de traité, les intérêts des deux parties sont tellement liés, que les absences du bailleur ne font pas souffrir ce qu'il a confié au preneur. *Voyez* le mot BAIL.

Les conditions des cheptels varient suivant la position respective des bailleurs & preneurs, la qualité des bêtes, les pays & différentes circonstances. Il est difficile de les déterminer d'une manière applicable à tout. Le plus ordinairement on estime les bêtes en commençant le bail, afin que le bailleur, à son expiration, retrouve son fonds, soit en nature, soit en argent. Pendant son cours, on partage les produits des ventes de laine & d'animaux, &, à la fin, la totalité de ce qui reste, le fonds prélevé. J'ai donné, sur cela, des projets dans mon Instruction; j'ai supposé une mise en cheptel de cinq cents bêtes communes, croisées par des béliers espagnols, & un bail de neuf ans, avec une diminution chaque année d'un cinquième de brebis portières & d'un cinquième d'agneaux pour les pertes & accidens : au bout de neuf ans, le troupeau est composé de deux mille soixante-dix-sept bêtes, déduction faite de onze cent quarante-cinq de réforme & dix-neuf cent trente-huit agneaux coupés, qui ont été vendus. Dans les hypothèses que j'indique, je compte, année par année, la recette & la dépense, tant du fermier que du propriétaire.

La laine du Mérinos est la production qui les fait préférer aux autres races. Les marchands & les fabricans ont fait tous leurs efforts pour la décrier; c'est la plus grande opposition que nous ayions éprouvée contre la propagation de ces animaux; ce n'est que par la force des choses qu'ils se sont déterminés à les acheter ouvertement & à les employer seules ou mêlées à d'autres laines. Leur longue résistance, leurs sourdes menées, le mépris qu'ils faisoient publiquement de ces laines, lors même qu'une fois parvenues dans leurs manufactures, ils ne les distinguoient plus, ont ralenti & retardé l'amélioration pendant bien des années : maintenant on n'a plus à combattre contre la prévention qu'ils donnoient, mais on a toujours à se garantir de leur cupidité.

Deux intérêts opposés se rencontrent dans la vente des laines, celui du propriétaire de troupeaux & celui du fabricant : s'ils traitent par un intermédiaire, c'est-à-dire, par la voie d'un marchand ou d'un courtier, c'est un troisième intérêt qui vient se placer entr'eux; il vaudroit mieux que le fabricant achetât directement du propriétaire; ils partageroient le profit de l'intermédiaire; mais cela seroit très-difficile à établir : les hommes qui élèvent des troupeaux ne connoissent pas les fabricans, & n'ont aucun moyen de les chercher; ils sont donc obligés d'attendre qu'on vienne chez eux, & ne peuvent traiter qu'avec des marchands, qui revendent ensuite aux fabricans.

Il arrive cependant que ceux-ci envoient dans les campagnes leurs commis pour acheter des laines & les avoir à bon compte, en persuadant aux paysans que les prix qu'ils en offrent sont le cours du moment, & qu'il est utile pour eux qu'ils acceptent leurs propositions. Le besoin d'argent, la crainte de perdre en attendant, déterminent les paysans à vendre à bas prix. Quelques grands propriétaires, qui ont des troupeaux, prennent mieux leurs informations; ils découvrent ce que valent les laines en Espagne, connoissent les débouchés des manufactures, &, se pressant moins, amènent les fabricans à peu près au prix qui convient.

On est dans l'usage de donner les quatre au cent de livres de laine ou de toisons; les fabricans appellent cela un *don*. Cet usage n'est qu'au détriment du vendeur; il vaut mieux que les marchés se fassent pour des quantités réelles & effectives, sans aucune addition. Ce qui a donné lieu à ces sortes de présens, qui sont regardés comme un droit, c'est que l'on accordoit quelques livres pour le poids des liens. Les propriétaires de troupeaux ne doivent consentir ni à l'une ni à l'autre de ces réductions; le poids des liens n'est rien, si l'on se sert de ficelle ou de brins de jonc, comme je le conseille, surtout pour ôter tout prétexte.

Il y a du profit pour le vendeur à livrer ses laines immédiatement après la tonte, parce qu'en se séchant elles perdent de leur poids; il est aussi plus avantageux pour l'acheteur de les recevoir à l'époque la moins éloignée de la tonte, parce qu'elles se dégraissent mieux ayant plus de suint : la saison d'ailleurs est plus favorable pour le lavage. Si on les vend lavées, l'avantage cesse pour l'un comme pour l'autre, & toutes les époques sont bonnes.

Beaucoup de fabriques françaises avoient des marchés pour un certain nombre d'années avec les propriétaires de troupeaux d'Espagne pour l'achat de leurs laines : les marchés ont été une des causes des obstacles qu'ils ont mis à la multiplication de nos laines fines. Les propriétaires espagnols leur accordoient des crédits. Rien n'empêche que de pareilles conventions ne se fassent dans notre pays. Les cultivateurs & les fabricans peuvent traiter ensemble, & faire des baux de cinq, six ou neuf ans. Quand les troupeaux seront renommés pour la beauté de la laine, il y aura sans doute des fabriques qui se les attacheront.

Au surplus, d'après les expériences faites avec une exactitude sévère, en 1807, par M. Morel de Vindé, & dont j'ai une connoissance personnelle, il est prouvé que la laine des Mérinos français a la même force, le même nerf & la même élasticité que celle des Mérinos espagnols. Par une comparaison très-suivie de son emploi en fabrique, il a été constaté que ses produits étoient strictement égaux en qualité & en quantité : par conséquent, le prix de la laine des Mérinos espagnols doit être la base certaine & semblable du prix de celle des Mérinos français.

Une personne qui fabrique du drap dans la Belgique, prétend que les laines des Mérinos français ont plus de nerf que celles des Mérinos ou métis saxons. Un manufacturier, à Aix-la-Chapelle, m'a assuré que, sous le même rapport, les laines des Mérinos français l'emportoient sur celles d'Espagne. Ces assertions s'accordent avec les observations & les expériences de M. Morel de Vindé, que je viens de citer, & dont les détails sont consignés dans un écrit de lui, intitulé : *Mémoire sur l'exacte parité des laines françaises & espagnoles*.

Il existe maintenant en France une assez grande quantité de Mérinos & de bêtes à laine améliorées, pour qu'il s'y établisse de grands lavoirs comme en Espagne : il y en a bien quelques-uns de particuliers qui réussissent; mais à cause du nombre assez considérable de propriétaires de troupeaux fins qui vivent isolés & qui sont à la merci des fabricans, il seroit à desirer qu'on eût des lavoirs publics, où chacun enverroit ses laines. Il n'y auroit plus de prétexte de la part des fabricans, puisqu'ils achèteroient des laines dépouillées d'ordures. Le propriétaire connoîtroit ce qu'il leur vend. A la page 236 & suivantes, 2e. vol. de ce Dictionnaire, on voit la description d'un lavoir en Espagne, & le travail du lavage dans mon Instruction : outre la description & le travail, on y trouve les plans levés par M. Poyferé de Cère.

L'introduction des Mérinos en France est une véritable conquête très-profitable, dont les effets influeront long-tems sur nos manufactures & sur notre agriculture. Grâces en seront rendus aux hommes qui en ont conçu le projet, à ceux qui ont coopéré à son exécution, & à ceux qui ont combattu contre les efforts de la malveillance, des préjugés & de la cupidité, pour empêcher notre patrie de jouir d'un bienfait dont la nature n'a voulu priver personne. C'est à la sagesse du Gouvernement qu'il appartient de bien conserver ce trésor dans sa pureté, & de ne point le laisser altérer. (TESSIER.)

MERISIER : espèce de cerisier propre aux bois de l'Europe, & qui sert de type aux guignes & autres cerises à chair ferme. *Voyez* CERISIER, dans le *Dictionnaire des Arbres & Arbustes*.

MERLE : oiseau du genre des grives, qui vit d'insectes pendant l'hiver & le printems, & de baies pendant l'été & l'automne. Il est donc alternativement l'ami & l'ennemi des cultivateurs. C'est principalement en mangeant les cerises & les raisins, qu'il prend ce dernier titre. La consommation qu'il en fait ne laisse pas que d'être considérable, car il est d'un vaste appétit; mais comme il n'est pas très-commun & qu'il vit solitaire, on s'en apperçoit peu. *Voyez* le *Dictionnaire ornithologique*.

On prend les Merles à la PIPÉE, au COLLET, au TRÉBUCHET, à la FOSSETTE, & autres piéges. *Voyez* le *Dictionnaire des Chasses*. (BOSC.)

MERLIER. C'est le NÉFLIER.

MERRAIN : bois de CHÊNE, de PIN, de SAPIN, &c., refendu & destiné à faire des tonneaux. *Voyez* ces mots.

La fabrication du Merrain est un objet de grande importance en France, à raison de la grande quantité de vin qu'on y récolte; elle est livrée à une classe particulière de bûcherons. C'est le chêne pédonculé, connu sous le nom vulgaire de *chêne blanc*, qui s'y emploie presqu'exclusivement. Chaque jour cette espèce devient plus rare & plus chère; ce qui doit engager les propriétaires de vignes à substituer, dans leurs caves, des foudres aux tonneaux. *Voyez* TONNEAU & FOUDRE. (*Bosc.*)

MERTENSIE. *Mertensia.*

Genre de plante de la famille des *Fougères*, établi aux dépens des *Polypodes*, & qui renferme onze espèces, dont aucune n'est cultivée dans nos jardins.

Espèces.

1. La MERTENSIE fourchue.
Mertensia furcata. Swartz. ♃ De la Jamaïque.
2. La MERTENSIE dichotome.
Mertensia dichotoma. Swartz. ♃ De l'Inde.
3. La MERTENSIE glauque.
Mertensia glaucescens. Bonpl. ♃ Du Mexique.
4. La MERTENSIE pectinée.
Mertensia pectinata. Swartz. ♃ De Caracas.
5. La MERTENSIE pubescente.
Mertensia pubescens. Bonpl. ♃ Du Mexique.
6. La MERTENSIE bifide.
Mertensia bifida. Swartz. ♃ De Caracas.
7. La MERTENSIE flagellaire.
Mertensia flagellaris. Bory. ♃ De l'Ile-Bourbon.
8. La MERTENSIE tronquée.
Mertensia truncata. Willd. ♃ De Java.
9. La MERTENSIE unie.
Mertensia lævigata. Willd. ♃ De Java.
10. La MERTENSIE lanugineuse.
Mertensia tomentosa. Swartz. ♃ Du Pérou.
11. La MERTENSIE glauque.
Mertensia glauca. Swartz. ♃ Du Japon. (*Bosc.*)

MÉRUA. *Mœrua.*

Genre de plante de la polyandrie monogynie, qui renferme deux espèces d'arbres ou d'arbustes, dont aucun n'est cultivé dans nos jardins.

Espèces.

1. Le MERUA uniflore.
Mœrua uniflora. Forskh. ♄ De l'Arabie.
2. Le MERUA à grappes.
Mœrua racemosa. Forskh. ♄ De l'Arabie.
(*Bosc.*)

MERVEILLE DU PÉROU. C'est le NYCTAGE BELLE-DE-NUIT.

MÉSA. *Bæbotrys.*

Genre de plante de la pentandrie monogynie, qui renferme deux espèces, dont une est figurée pl. 111 des *Illustrations des genres* de Lamarck. Aucune n'est cultivée dans nos jardins.

Espèces.

1. Le MÉSA des bois.
Bæbotrys nemoralis. Forst. ♃ De l'île de Tanna.
2. Le MÉSA lancéolé.
Bæbotrys lanceolata. Forskh. ♄ De l'Arabie.
(*Bosc.*)

MÉSANGE. On appelle ainsi un genre d'oiseaux dont on trouve cinq à six espèces en France, qui toutes, & surtout la plus grosse, la MESANGE CHARBONNIÈRE, sont tantôt utiles, tantôt nuisibles aux cultivateurs. *Voyez* le *Dictionnaire ornithologique.*

En effet, les Mésanges vivent plus habituellement d'insectes que de graines, détruisent beaucoup de ceux que les cultivateurs redoutent. Ainsi, je les ai vues souvent pendant l'hiver, époque où elles se rapprochent des habitations, déchirer les toiles qui défendent la chenille commune (*voyez* BOMBICE dans le *Dictionnaire des Insectes*), & manger cette chenille. Ainsi je les ai vues très-fréquemment au printems parcourir avec rapidité toutes les branches des arbres fruitiers, & n'y pas laisser un seul des insectes qui déposent leurs œufs dans les fleurs, œufs dont résultent les larves qui rendent les fruits VERREUX. *Voyez* ce mot.

Mais par contre, elles sont de cruels ennemis pour les abeilles, ce qui les a fait appeler *croque-abeilles* dans quelques cantons. Les propriétaires de ruches ne doivent donc jamais les souffrir dans leur voisinage, surtout au printems. Comme elles ne s'épouvantent pas à la présence de l'homme, même au bruit du fusil, il faut les tuer pour s'en débarrasser. On les prend aussi en vie, avec la plus grande facilité, dans des trébuchets garnis de chenevis, de noix cassées, d'abeilles mortes, de morceaux de viande, principalement quand ils sont pourvus d'un APPELANT. *Voyez* ce mot dans le *Dictionnaire des Chasses.* (*Bosc.*)

MESCLE. On donne ce nom, dans le midi de la France, au mélange du froment & de l'orge. *Voyez* METEIL.

MESIER. *Walkera.*

Arbrisseau toujours vert, à feuilles alternes & à fleurs jaunes, disposées en cime, qui forme seul un genre dans la pentandrie monogynie.

Cet arbre, qui est originaire de l'Inde, a l'écorce amère & les fruits acides. Il ne se voit pas encore dans nos jardins. (*Bosc.*)

MESLIER : synonyme de NÉFLIER.

MESQUITE. Grand arbre de l'Amérique, de la famille des *Légumineuses*, dont les fruits servent à engraisser les bestiaux. (*Bosc.*)

MÉTADIE. C'est le méteil dans le département du Var.

MÉTAIRIE. L'acception de ce mot varie selon les pays. C'est une maison à laquelle est jointe une foible quantité de terre, dans laquelle loge tantôt un fermier qui paie son loyer en argent, & alors il est presque synonyme de ferme; tantôt un cultivateur, qui fournit son travail & la moitié des bestiaux, des semences, &c., & qui partage les produits avec le propriétaire, & alors il est synonyme de BORDERIE; tantôt enfin, le propriétaire a un maître-valet qui rend compte de toutes ses dépenses & recettes, & qui n'a que des gages pour salaire, & alors il est synonyme de MANOIR.

C'est principalement dans les pays de montagnes qu'on trouve le plus de Métairies, parce que les fortunes y sont plus égales & les cultures plus variées. Leurs avantages & leurs inconvéniens se rattachent à la question des grandes & des petites exploitations rurales. Si, sous le rapport pécuniaire & celui de la production du blé, deux Métairies de cent vingt hectares, c'est le taux moyen, ne sont pas aussi avantageuses à un propriétaire qu'une ferme de même contenance, elles sont plus communément favorables à l'élève & l'engrais des bestiaux, à la production du lin, du chanvre, des graines huileuses, &c.: elles appellent une plus grande population & font plus habituellement le bonheur de leur propriétaire, lorsqu'il cultive par lui-même ou par ses valets.

Généralement les Métairies sont plus mal cultivées en France que les fermes, & ce par plusieurs raisons, la plupart étrangères à la science agricole. Je vais présenter les principales de ces raisons, en les appliquant à chacune des manières de tirer parti des Métairies.

Les Métairies qui sont louées en argent, le sont toujours par des cultivateurs qui n'ont reçu aucune instruction, & qui n'ont juste en capital que ce qu'il faut pour les faire valoir. Ainsi, d'un côté, ils ne peuvent perfectionner leur culture, faute d'en connoître les moyens; de l'autre, ils ne peuvent faire les avances indispensables pour améliorer le sol, tels que des défoncemens, des marnages, des fumures extraordinaires, des fossés, des plantations d'arbres, &c. Ils semblent ne chercher qu'à tirer du sol, avec le moins de dépense possible, tout ce qu'il peut donner. Si par malheur ils perdent quelques bestiaux, ils ne peuvent les remplacer faute d'argent; & si la grêle dévaste leurs récoltes, ils ne peuvent payer leurs propriétaires. Ce n'est qu'à force de travail & de privations qu'ils se trouvent avoir gagné, à la fin de leur bail, de quoi en prendre un autre ou établir un enfant. Le plus souvent même ils ne regardent leurs terres que comme un moyen de nourrir les bestiaux dont ils font commerce, ou qu'ils emploient à des charrois étrangers à leur exploitation. J'ai vu, dans la ci-devant Bourgogne & ailleurs, de ces Métairies dont les trois quarts des terres étoient destinés au pâturage naturel, pour nourrir sans travail & sans dépense ces bestiaux, ce qui ne produisoit pas le quart de ce qu'on pouvoit raisonnablement demander chaque année à ces terres par une culture convenable.

Les Métairies abandonnées à des cultivateurs, à condition d'en partager le produit avec le propriétaire, que ce soit à la moitié, au tiers & même au quart, quelles que soient les combinaisons d'arrangemens qui existent entr'eux, soit pour les impôts, les pertes de récoltes, &c., soit pour les bestiaux, les volailles, &c., soit pour les semences, les pailles, les bois, &c., sont encore dans une situation généralement plus déplorable. En calculant bien, le propriétaire y trouve rarement un revenu équivalant à l'intérêt de son argent; & malgré les dilapidations de toute espèce que se permet chaque jour le métayer, ou l'industrie particulière qu'il exerce le plus souvent, il est presque toujours dans la plus grande misère.

Comment espérer, en effet, qu'un homme sans capital, sans crédit, sans instruction, puisse améliorer une terre? Il doit chercher à en tirer le plus possible, sans s'inquiéter de ce qu'elle deviendra après lui. En conséquence il se refuse aux plantations, ne répare pas les fossés, les haies, les murs, dégrade les taillis, laboure & fume le moins possible.

Dans certains cantons, les métayers changent régulièrement tous les trois ans par le mécontentement du propriétaire, qui ne sait pas voir que c'est la faute de la chose si l'homme est fripon, si la terre est si mal cultivée, & s'il en tire si peu de revenu. Je gémis de voir ce mode de location en faveur dans une grande partie de la France, au détriment de la morale & de la fortune publique. Dans l'état de dégradation & de misère des cultivateurs des pays où il existe, il n'y a pas moyen d'espérer qu'il s'améliore, quelques sacrifices & quelque surveillance que fassent les propriétaires. C'est à cultiver par eux-mêmes, ou à faire cultiver sous leurs yeux par des maîtres-valets, que ces derniers doivent se résoudre.

Mais comment faire entendre raison aux propriétaires sur ce point? Il est si agréable de recevoir son blé, son avoine, son orge, ses pommes, ses noix, &c., sans faire autre chose que d'assister au mesurage. Si je ne touche que le sixième de la rente de ma terre, au lieu de la moitié que je parois toucher, me disoit un propriétaire à qui je faisois des observations sur ce objet, mon métayer, ainsi que sa nombreuse famille, en profite, & j'ai, comme tous les autres, acheté en conséquence. J'approuve votre bon cœur, lui répliquai-je; mais il ne paroît pas que vos intentions soient remplies; car, quelque rangé qu'il soit, il n'a pas un meuble chez lui, ses enfans sont déguenillées, & il dit ne vivre que de pain d'orge & de lait caillé; il assure ne pouvoir donner un trousseau de cent francs à sa fille, qu'on lui demande en mariage. Certainement ce n'est pas à l'amélioration de vos terres qu'il consacre ses bénéfices, car nous venons de nous assurer de leur mauvais état.

Le vrai mode de culture des Métairies, comme je viens de l'observer, est celui qui se fait par le propriétaire & sa famille, ou par un maître-valet, qui reçoit & fait exécuter ses ordres, parce qu'il n'y a alors de pertes que celles qui sont la suite de l'ignorance ou du défaut de surveillance, & qu'un propriétaire est toujours déterminé, par son propre intérêt, à mettre en amélioration une partie de ses bénéfices, même toute la partie de ses bénéfices qui n'est pas nécessaire à la subsistance & à l'entretien de sa famille. Il est vrai de dire que les deux causes de non-valeur que je viens d'indiquer, agissent souvent isolément & simultanément; mais cela tient à des causes totalement étrangères à l'objet qui m'occupe, principalement au mode de l'éducation des hommes de la classe moyenne dans les départemens. Je n'en fais pas moins des vœux pour que toutes les Métairies soient, ou louées en argent, ou exploitées par le propriétaire, pour l'avantage de tous.

Les bâtimens d'une Métairie peuvent avec avantage recevoir la même disposition que ceux d'une FERME (*voyez* ce mot); mais, devant être proportionnés à l'étendue des terres, ils seront moins grands ou moins nombreux. Ainsi, au fond de la cour, trois pièces, par bas, seront suffisantes pour le logement du métayer & de sa famille; deux pièces au premier, dont une pour le propriétaire quand il viendra, & l'autre pour serrer les grains & autres articles. Il faudra des écuries, des étables & des bergeries d'un côté de la cour; une grange, un poulailler, un toit à porc de l'autre; un trou à fumier & une mare aux deux côtés de la porte.

C'est dans les Métairies qu'on se livre le plus à l'élève des bœufs. Le plus souvent les bestiaux y sont à cheptel, & plus nombreux qu'il n'est nécessaire à l'exploitation des terres. Il faut donc que, dans ces deux cas, les bâtimens destinés à les loger soient plus vastes.

Comme, ainsi que je l'ai déjà dit plusieurs fois, les Métairies rapportent peu à leur propriétaire, il n'y dépense en réparations que le moins possible; aussi est-il partout commun d'en voir les bâtimens en ruines, quel que soit le bon marché des matériaux & de la main-d'œuvre. J'ai presque toujours pu juger, dans mes voyages, à leur seul aspect, si elles étoient louées en argent, exploitées à partage des fruits, ou habitées par le propriétaire.

Voyez, pour le surplus, au mot AGRICULTURE. (*Bosc.*)

MÉTEIL : mélange de seigle & de froment semés & récoltés ensemble dans le même champ.

L'usage de semer du Méteil plutôt que du seigle & du froment purs prédomine dans une partie de la France, quoiqu'il soit d'observation que le premier de ces grains, n'exigeant pas une terre aussi fertile, & se vendant moins cher, diminue la valeur de la récolte, & que, mûrissant au moins quinze jours avant l'autre, il est dans le cas de s'égrainer lorsque le second est arrivé au point d'être coupé. Joignez à ces deux graves inconvéniens, qu'il ne se comporte pas de même au moulin, & que par conséquent la mouture de leur mélange ne peut jamais être parfaite.

Le seul motif qu'on puisse faire valoir en faveur de ce mélange, c'est que, si la saison est défavorable à l'un des grains, elle sera favorable à l'autre; mais il est évident qu'il est captieux, puisque les mêmes effets auront lieu sur un seigle pur & sur un froment pur, qui auroient été semés séparément dans les deux moitiés du même champ.

Au reste, je puis annoncer que l'usage de semer du Méteil est bien moins général qu'autrefois; ce qui prouve que les lumières pénètrent dans les campagnes.

On donne le nom de *gros Méteil* à celui où le froment domine, & celui de *petit Méteil* à celui où c'est le seigle qui surabonde.

Les cultivateurs peu soigneux sont exposés à avoir du Méteil sans le vouloir, parce qu'ils n'ont pas pris assez de soin de cribler leur semence pour en séparer les grains de seigle qui s'y trouvoient. Comme cette opération ne laisse pas que d'être longue & difficile, ceux qui sont desireux d'avoir des fromens bien purs font arracher à la main, pendant la moisson, les tiges de seigle qui se trouvent dans les fromens qu'ils destinent à leurs semis. (*Bosc.*)

MÉTÉORES : effets physiques ou chimiques, soit simples, soit combinés, des divers élémens de l'atmosphère.

Il existe des Météores aériens, les VENTS; des aqueux, les NUAGES, les BROUILLARDS, les BRUINES, l'HUMIDITÉ, la PLUIE, la ROSÉE, la NEIGE, la GRÊLE, le GIVRE; des ignés, les FEUX-FOLLETS, les GLOBES ENFLAMMÉS, les PIERRES MÉTÉORIQUES, les ÉCLAIRS, le TONNERRE, la FOUDRE; des lumineux, l'ARC-EN-CIEL, les PARÉLIES, les AURORES BORÉALES, &c.

La plupart de ces Météores influent, soit directement, soit indirectement, sur les animaux & sur les végétaux. Il est donc de l'intérêt de l'agriculture d'en étudier les effets. *Voyez* MÉTÉOROLOGIE.

Comme je suis entré, à chacun des articles qui les concernent, dans des détails suffisans pour les agriculteurs, je renvoie ceux qui voudroient approfondir leur théorie aux articles correspondans du *Dictionnaire de Physique*. (*Bosc.*)

MÉTÉORISATION, MÉTÉORISME, TYMPANITE. On donne ce nom à l'enflure du ventre des animaux domestiques, produite par un dégagement intérieur d'air ou de gaz.

Outre le gonflement du ventre, la Météorisation offre pour caractères une grande difficulté de respirer & une grande agitation dans les muscles de l'abdomen.

Les animaux ruminans sont les seuls dans lesquels la Météorisation se montre avec évidence.

Les causes de la Météorisation varient; mais la plus commune d'entr'elles, c'est une nourriture très-abondante, très-aqueuse & très-froide en même tems. Ainsi, quand les bœufs, les vaches, les moutons, les brebis, les chèvres paissent, pendant la rosée, dans les trèfles, les luzernes, les sainfoins, qu'ils mangent en surabondance des pommes, des courges, &c., ils sont exposés à cet accident, qui les fait périr en peu d'heures si on ne leur donne pas de prompts secours.

Beaucoup de remèdes ont été indiqués comme spécifiques contre la Météorisation, & la plupart ont produit de bons effets, parce que la nature seule guérit souvent, & que plusieurs d'entr'eux aident à son action. Ainsi, donner des breuvages, tels que de l'eau-de-vie, du vin mêlé avec de l'extrait de genièvre, de l'eau à la glace & des lavemens purgatifs, joints, si c'est un bœuf ou une vache, à l'enlèvement, avec la main, des matières fécales qui se trouvent dans les gros intestins, font arriver au but; mais souvent aussi leur action, qui est nécessairement lente, n'a pas le tems de se compléter, & l'animal, malgré leur emploi, périt par suite de l'impossibilité où il se trouve de respirer.

C'est donc sur des moyens qui se portent directement sur le gaz qui se forme dans l'estomac & les intestins des animaux frappés de Météorisation, qu'on doit chercher à agir. Or, il y en a deux dont la théorie & l'expérience ont consacré l'efficacité. Le premier, c'est de donner issue au gaz en faisant, avec un trois-quarts, une ouverture dans la panse. Cette opération, lorsqu'elle est bien faite, est rarement suivie de la mort; mais il faut avouer que souvent l'animal ne s'en remet jamais parfaitement, c'est-à-dire, qu'il languit le reste de sa vie. Le second, c'est de décomposer le gaz, qui contient constamment beaucoup d'acide carbonique, par le moyen des alcalis volatil ou fixe. Ainsi, immédiatement après qu'on se sera apperçu de l'invasion de la maladie, on mettra, si c'est de l'ammoniaque, & il est préférable comme plus actif, pour un bœuf ou une vache, de trente à cinquante gouttes, plus ou moins, suivant la force de la liqueur; & pour une brebis ou une chèvre, si c'est de la soude ou de la potasse exempte de substances étrangères, de dix à vingt gouttes dans un verre d'eau, & on le fera boire à l'animal. Au défaut de ces ingrédiens (tout cultivateur devroit toujours en avoir en petite provision), on y suppléera par la cendre du foyer, dont on mettra quelques poignées dans une quantité d'eau suffisante pour la tenir facilement en suspension, & on la fera également boire à l'animal. Ces remèdes seront répétés à de courts intervalles, & suivis de quelques verres de vin pour donner du ton à l'estomac; mais ce vin ne doit pas être acide, sans quoi il contrarieroit les effets qu'on attend.

L'important, dans ces deux sortes de traitemens, c'est de ne pas perdre un moment pour agir; car le mal arrivé à un certain degré ne se guérit plus.

La chair des animaux morts de la Météorisation est aussi bonne que celle de ceux tués à la boucherie; aussi on ne doit se faire aucun scrupule d'en manger.

Actuellement que j'ai indiqué les moyens de prévenir les suites des Météorisations, il convient que j'indique ceux bien plus faciles à exécuter, & bien plus certains de les prévenir. Ces derniers consistent à ne laisser jamais aller les bestiaux dans les trèfles, les luzernes, les sainfoins & même dans les prairies naturelles, lorsque l'herbe en est nouvelle & abondante, lorsqu'il y a beaucoup de rosée, surtout de la gelée blanche; à ne leur donner ces fourages à l'écurie qu'après les avoir laissés se faner, & en petite quantité à la fois; de s'opposer à ce qu'ils mangent en trop grande abondance des pommes, des courges, des navets, des carottes, &c.

Si les animaux sauvages ne sont pas exposés aux Météorisations, c'est que, mangeant de l'herbe fraîche à volonté, ils ne sont jamais pressés, comme les animaux domestiques, de profiter de l'occasion pour s'en surcharger l'estomac.

Quant à la Météorisation qui est la suite d'une inflammation, elle se guérit par la diète, les rafraîchissans, &c. *Voyez* le mot INFLAMMATION. (*Bosc.*)

MÉTEOROLOGIE. C'est la science qui a pour objet les météores & leurs actions sur les animaux & les végétaux.

L'influence des météores ne peut être niée; car qui ne s'est pas apperçu qu'une chaleur & une humidité modérées accélèrent la végétation, qu'une grande chaleur & une grande humidité lui sont souvent nuisibles?

Tous les phénomènes qui se passent dans l'atmosphère sont du ressort de la Météorologie; mais je ne dois considérer ici que ceux qui intéressent l'agriculteur.

Il n'est point de cultivateur, quelque borné qu'il soit d'ailleurs, qui ne fasse journellement des observations météorologiques; car les phénomènes atmosphériques agissent sur son corps comme sur celui des animaux domestiques & des végétaux qui font sa richesse, & la plupart ont donné lieu à des proverbes ou des dictons populaires qu'il a entendu citer depuis sa première enfance. J'ai rassemblé au mot PRONOSTIC les plus communs de ces résultats de l'expérience des siècles, & à ceux ORAGE, VENT, TONNERRE, ÉLECTRICITÉ, GRÊLE, PLUIE, BROUILLARD, HUMIDITÉ, NEIGE, GIVRE, FROID, GELÉE, GLACE, CHALEUR, SÉCHERESSE, AIR, GAZ, &c.,

la théorie sur laquelle ils sont fondés. Ici je n'ai qu'à dire un mot de l'état actuel de la science & des moyens de la perfectionner.

Le premier écrivain qui ait recommandé aux cultivateurs l'étude de la Météorologie, est Duhamel. Sennebier, Cotte, Dumont-Courset, Mourgues, Lamarck & autres savans français ont ensuite cherché à en fixer les bases. Dire jusqu'à quel point ils sont arrivés au but, n'est pas chose facile; aussi, pour éviter une discussion qui appartient plutôt à l'article correspondant du *Dictionnaire de Physique*, je renverrai le lecteur à ce Dictionnaire.

C'est au moyen des instrumens appelés BAROMÈTRE, THERMOMÈTRE, HYGROMÈTRE & GIROUETTE (*voyez* ces mots), que les physiciens font la plus grande partie des observations météorologiques, & elles sont aussi exactes que possible; mais les cultivateurs se contentent le plus souvent des indications données par les sens ou par les objets qui les entourent, & cela leur suffit. La seule chose qu'on peut leur demander, c'est d'inscrire sur un regiſtre, 1°. les époques & la durée des grêles, des inondations, des pluies, des sécheresses, des froids, des chauds, des gelées, des neiges, &c.; l'influence qu'ils ont eue sur les productions agricoles de l'année, & celles qu'ils sont présumés pouvoir avoir, par suite, sur les années suivantes; 2°. sur les maladies qui ont attaqué leurs bestiaux, sur la multiplication des insectes, &c. C'est d'un pareil registre qu'on pourra, au bout d'un siècle, obtenir quelques résultats généraux applicables à l'avenir, & non des faits isolés qu'un esprit de système lie à d'autres, pour en tirer des conclusions que repousse l'expérience. Si nous nous moquons aujourd'hui des préceptes de l'astrologie, craignons que nos enfans se moquent un jour de ceux de la Météorologie, si nous les leur présentons dénaturés. (*Bosc.*)

MÉTÉORUSE. *Meteorus.*

Grand arbre de la Cochinchine, dont les feuilles se mangent en salade, & qui seul forme un genre dans la monadelphie polyandrie; il a les feuilles alternes, & les fleurs disposées en grappes terminales.

On ne le cultive pas dans nos jardins. (*Bosc.*)

MÉTÉRÉOLITHES. *Voy.* PIERRES MÉTÉORIQUES.

MÉTHONIQUE. *Gloriosa.*

Genre de plante de l'hexandrie monogynie & de la famille des *Liliacées*, qui réunit deux espèces, dont une est cultivée dans nos serres. Il est figuré pl. 247 des *Illustrations des genres* de Lamarck.

Espèces.

1. La METHONIQUE du Malabar, vulgairement *la superbe.*
Gloriosa superba. Linn. ♃ Des Indes.
2. La METHONIQUE simple.
Gloriosa simplex. Linn. ♃ Du Sénégal.

Culture.

La première espèce est celle que nous possédons. C'est une plante du plus bel aspect lorsqu'elle est en fleur, & qui n'est pas aussi cultivée qu'elle mérite de l'être; elle demande la serre toute l'année. Une terre substantielle & consistante, renouvelée tous les ans, est avantageuse à sa belle végétation. On doit placer le pot qui la contient dans la tannée, au printems, c'est-à-dire, au moment où elle commence à pousser, afin d'accélérer sa floraison, sans quoi on risqueroit que cette floraison n'ait pas lieu en été; ce qui diminueroit le nombre & la durée de ses fleurs, l'empêcheroit même de fleurir. Il faut la pourvoir d'une rame de trois à quatre pieds de haut pour supporter ses tiges & favoriser leur extension. Des arrosemens assez fréquens lui sont nécessaires pendant cette saison; mais il ne faut pas lui en donner du tout en hiver, époque où elle est en repos. C'est alors qu'on la change de pot & qu'on sépare les petits tubercules qui ont pu naître autour du principal; petits tubercules qu'on met dans des pots particuliers & qu'on place, la première année, sur couche & sous châssis, & qu'ensuite on traite comme la mère qui les a fournis. Dumont-Courset observe qu'ils sont quelquefois isolés, & qu'on ne conçoit pas comment ils ont pu se former & croître. (*Bosc.*)

MÉTIS. On donne ce nom aux animaux qui proviennent des croisemens de deux races, & principalement aux individus qui naissent de l'accouplement des mérinos avec les moutons communs.

Tantôt il y a de l'avantage de faire des Métis, tantôt il y a du désavantage : indiquer ici les cas, exigeroit des développemens beaucoup trop étendus; c'est à chaque cultivateur à les rechercher; car ils varient selon les lieux, les tems, les circonstances, &c. On trouvera, à chaque article des animaux domestiques, les données propres à se guider dans cette détermination.

Pour la grosseur, les Métis tiennent plus de la mère que du père; c'est pourquoi on fait saillir une jument normande par un étalon limousin, pour avoir de beaux chevaux de grosse cavalerie. Pour la finesse de la laine, ils tiennent plus du père que de la mère; c'est pourquoi on donne des béliers mérinos aux brebis communes. *Voyez* aux mots ESPÈCE, VARIÉTÉ & RACE. (*Bosc.*)

MÉTROSIDEROS. *Metrosideros.*

Genre de plante de l'icosandrie monogynie & de la famille des *Myrtes*, qui réunit près de trente espèces introduites nouvellement dans nos jardins, mais qui y sont cependant déjà très-communes. Il est figuré pl. 421 des *Illustrations des genres* de Lamarck.

Observations.

Les Métrosideros ayant été répandus presqu'instantanément dans les jardins de l'Europe, ils ont été nommés d'abord par les jardiniers, décrits ensuite par plusieurs botanistes à la fois; ce qui fait que la plupart portent plusieurs noms. J'ai dû préférer ceux de Smith.

Espèces.

Métrosideros à feuilles opposées.

1. Le METROSIDEROS hispide.
Metrosideros hispida. Smith. ♄ De la Nouvelle-Hollande.

2. Le METROSIDEROS à feuilles de laurier.
Metrosideros floribunda. Smith. ♄ De la Nouvelle-Hollande.

3. Le METROSIDEROS à côtes.
Metrosideros costata. Smith. ♄ De la Nouvelle-Hollande.

4. Le METROSIDEROS diffus.
Metrosideros diffusa. Smith. ♄ De la Nouvelle-Zélande.

5. Le METROSIDEROS velu.
Metrosideros villosa. Smith. ♄ De l'île d'Otahiti.

6. Le METROSIDEROS à grandes fleurs.
Metrosideros florida. Smith. ♄ De la Nouvelle-Zélande.

7. Le METROSIDEROS à fleurs glomérulées.
Metrosideros glomulifera. Smith. ♄ De la Nouvelle-Hollande.

8. Le METROSIDEROS à feuilles aiguës.
Metrosideros angustifolia. Linn. ♄ Du Cap de Bonne-Espérance.

9. Le METROSIDEROS à fleurs en ombelles.
Metrosideros umbellata. Cavan. ♄ De.....

Métrosideros à feuilles alternes.

10. Le METROSIDEROS à feuilles lancéolées.
Metrosideros lophantha. Vent. ♄ De la Nouvelle-Hollande.

11. Le METROSIDEROS à feuilles de buis.
Metrosideros ciliata. Smith. ♄ De la Nouvelle-Calédonie.

12. Le METROSIDEROS à feuilles linéaires.
Metrosideros linearis. Smith. ♄ De la Nouvelle-Hollande.

13. Le METROSIDEROS lancéolé.
Metrosideros lanceolata. Smith. ♄ De la Nouvelle-Hollande.

14. Le METROSIDEROS à feuilles de saule.
Metrosideros saligera. Smith. ♄ De la Nouvelle-Hollande.

15. Le METROSIDEROS à feuilles d'osier.
Metrosideros viminalis. Gærtn. ♄ De la Nouvelle-Hollande.

16. Le METROSIDEROS à fleurs en tête.
Metrosideros capitata. Smith. ♄ De la Nouvelle-Hollande.

17. Le METROSIDEROS rude.
Metrosideros aspera. Dum. Courf. ♄ De la Nouvelle-Hollande.

18. Le METROSIDEROS acuminé.
Metrosideros acuminata. Dum. Courf. ♄ De la Nouvelle-Hollande.

19. Le METROSIDEROS piquant.
Metrosideros rigida. Dum. Courf. ♄ De la Nouvelle-Hollande.

20. Le METROSIDEROS canaliculé.
Metrosideros canaliculata. Dum. Courf. ♄ De la Nouvelle-Hollande.

21. Le METROSIDEROS glauque.
Metrosideros glauca. Dum. Courf. ♄ De la Nouvelle-Hollande.

22. Le METROSIDEROS à feuilles épaisses.
Metrosideros crassifolia. Dum. Courf. ♄ De la Nouvelle-Hollande.

23. Le METROSIDEROS à feuilles courbes.
Metrosideros falcata. Dum. Courf. ♄ De la Nouvelle-Hollande.

24. Le METROSIDEROS à feuilles en cœur.
Metrosideros cordifolia. Cavan. ♄ De la Nouvelle-Hollande.

25. Le METROSIDEROS bordé.
Metrosideros marginata. Cavan. ♄ De la Nouvelle-Hollande.

26. Le METROSIDEROS à nervures saillantes.
Metrosideros speciosa. Dum. Courf. ♄ De la Nouvelle-Hollande.

27. Le METROSIDEROS à feuilles de plinia.
Metrosideros pliniæfolia. Desf. ♄ De la Nouvelle-Hollande.

28. Le METROSIDEROS à feuilles de coris.
Metrosideros corifolia. Vent. ♄ De la Nouvelle-Hollande.

Culture.

Les Métrosideros sont la plupart remarquables par leur feuillage persistant, & par la disposition de leurs fleurs; ils exigent tous l'orangerie, ou mieux la serre tempérée, dans le climat de Paris, & la terre de bruyère pure. On les multiplie, 1°. par leurs graines, dont ils commencent à fournir en Europe, mais qui ne sont mûres qu'à la troisième ou quatrième année; 2°. par marcottes; 3°. par boutures.

Les graines des Métrosideros se sèment au printems, sur des pots remplis de terre de bruyère, pots qu'on place sur couche & sous châssis, & dans lesquels on entretient une humidité constante. Je dis sur des pots, parce que, si elles étoient recouvertes seulement d'une ligne d'épaisseur de terre, elles ne lèveroient pas. On rentre ces pots dans l'orangerie aux approches de l'hiver. Le printems suivant, on sépare le plant qu'elles ont fourni, & on le met seul à seul dans d'autres pots, qu'on place encore, pendant quelques mois, sur couche & sous châssis, après quoi on le traite comme les vieux pieds.

Les marcottes des Métrosideros se font, chez les amateurs, en toutes saisons; mais mieux au printems, dans de petits pots & en l'air. On recouvre ces pots de mousse, & on les arrose dès que leur terre commence à se dessécher, c'est-à-dire, très-fréquemment. Les cultivateurs qui spéculent sur la vente inclinent au printems, sous un châssis garni de terre de bruyère, un ou plusieurs pieds, en les laissant dans leur pot & en couchant en terre toutes les extrémités des rameaux, de manière qu'ils ont, en automne, une grande quantité de pieds qu'ils séparent de leur mère, laquelle est relevée, rentrée dans l'orangerie, où elle pousse, l'année suivante, de nouvelles branches, qui seront également marcottées lorsqu'elles auront acquis la longueur convenable. Les jeunes marcottes sont ensuite mises seule à seule dans des pots, & placées sur une couche à châssis, où elles restent jusqu'à ce qu'elles soient bien reprises, puis on les rentre dans l'orangerie.

On fait les boutures des Métrosideros dans des pots, sur couche & sous châssis. La plupart réussissent lorsqu'on choisit le moment convenable, c'est-à-dire, celui où ils entrent en végétation, & qu'on les recouvre d'un entonnoir de verre qui concentre une chaleur humide & permanente autour d'elles. On en met un certain nombre dans le même pot, qu'on rentre dans l'orangerie aux approches des gelées. Au printems de l'année suivante, on les isole dans d'autres pots, qu'on remet encore quelque tems sur la couche à châssis pour les faire reprendre, & on les réunit ensuite aux vieux pieds.

Tous les Métrosideros de plus d'un an sont chaque printems placés dans un lieu abrité des vents froids & de la trop grande chaleur du soleil. On les arrose fréquemment pendant l'été, mais peu pendant l'hiver. Comme la plupart des arbres de leur pays natal, ils s'élancent généralement plus qu'il ne seroit à desirer; de sorte que, quand ils sont arrivés à une certaine hauteur, ils perdent une partie de leurs agrémens, & on ne sait plus où les placer. Le tranchant de la serpette ne les touche presque jamais sans inconvénient; aussi faut-il les ménager sous ce rapport. Vers le milieu de l'été, lorsque leurs fleurs sont passées, on les met dans un plus grand pot, & on leur donne de la nouvelle terre; car ils sont très-voraces. Enfin, lorsque les gelées sont arrivées, on les rentre dans l'orangerie. Là, on veille à ce qu'ils ne soient pas arrosés sans nécessité absolue, & à ce que leurs feuilles ne chancissent pas. C'est pour éviter ce dernier inconvénient que j'ai dit que la serre tempérée leur valoit mieux que l'orangerie. (*Bosc.*)

METTRE À FRUIT. La plupart des arbres, comme les animaux, arrivent plus ou moins promptement à la puberté, c'est-à-dire, à l'époque où leurs organes sont assez développés pour donner leurs fruits.

Ceux qu'on appelle spécialement *fruitiers*, en Europe, c'est-à-dire, les poiriers, les pommiers, les cerisiers, les pruniers, &c., ne parviennent à ce point qu'au bout d'un assez grand nombre d'années, douze ou quinze au moins pour les premiers lorsqu'ils sont abandonnés à la nature, & l'homme est impatient de jouir; il a donc dû chercher les moyens d'avancer cette époque, & il les a trouvés.

Ainsi, il a remarqué qu'un arbre planté dans un mauvais terrein, un arbre qui a souffert dans ses premières années, un arbre dont on enlève les feuilles, dont on gêne la végétation par la courbure, la demi-cassure, la ligature, l'incision annulaire de ses branches, se met plus promptement à fruit que les autres.

Mais ce sont les variétés naturellement plus foibles, & greffées sur des variétés ou des espèces également foibles, sur lesquelles on compte le plus pour avoir promptement des fruits. Ainsi, le poirier venu de pepin de poire sauvage ne donne du fruit qu'au bout de vingt ans; le poirier provenant de pepin de poire améliorée en donne, comme je l'ai déjà indiqué, après quinze ans; ce dernier, greffé sur lui-même, après dix ans; greffé sur le coignassier, à cinq ans, & quelques variétés, comme la bergamotte de Pâques, le doyenné, le beurré, la seconde année de la greffe. Souvent certaines variétés de pommes, comme la cressane, greffées sur paradis, donnent du fruit l'année même de leur greffe, tandis qu'elles n'en eussent donné que dix ans plus tard si elles avoient été greffées sur franc.

Mais ces arbres, qui donnent du fruit si hâtivement, vivent peu long-tems, parce que la force de végétation, qui devoit d'abord étendre les racines & les branches, se perd à les reproduire, & ce n'est qu'artificiellement qu'on les conserve au delà de huit à dix ans.

Cette circonstance doit donc faire desirer que leur multiplication ne soit pas trop considérable; car, quel que soit leur mérite sous les rapports de l'intérêt général, ils cèdent nécessairement à ces arbres séculaires qui produisent tous les ans, ou tous les deux ans, des charretées de fruits.

Les arbres se *mettent à fruit* lorsque l'art n'a pas agi; ils sont mis à fruit quand on les force d'en produire plus tôt.

Je donnerai, à chaque article des arbres fruitiers, les indications nécessaires pour les faire mettre à fruit. (*Bosc.*)

METURE. *Voyez* MIXTURE.

MEUBLE. Une terre meuble est celle dont les molécules sont naturellement peu liées entr'elles, ou qu'on a très-divisée par les labours. *Voyez* LABOUR.

Cette sorte de terre est avantageuse, en ce qu'elle permet aux racines de pénétrer plus facilement; elle est désavantageuse, en ce qu'elle laisse passer ou évaporer trop rapidement l'eau des pluies.

Lorsqu'on peut arroser à volonté, une terre ne peut donc jamais être trop meuble.

Il est, au reste, des plantes qui demandent une terre plus meuble que les autres.

C'est parce qu'elle est extrêmement meuble, que la terre de bruyère est si précieuse pour élever quantité d'arbustes à racines menues. *Voyez* TERRE. (*Bosc.*)

MEULE. Ce sont des tas de gerbes de céréales, de foin ou de paille, qu'on établit dans la campagne, ou mieux autour de son habitation, faute de greniers ou de granges d'une capacité suffisante pour pouvoir les serrer.

Il y a aussi des Meules de foin qui ne sont que temporaires, c'est-à-dire, qu'on élève le soir, lorsqu'on craint la pluie pendant sa dessiccation, & qu'on détruit le lendemain matin, lorsque cette crainte est passée.

Les Meules de céréales, qu'on appelle aussi GERBIERS, se construisent de différentes manières plus avantageuses les unes que les autres, & dont je dois parler avec quelques détails.

La manière la plus simple & la plus générale de construire les Meules de céréales, surtout les Meules à blé, qui sont les plus importantes, est d'applanir un espace circulaire dans le voisinage de la maison, de l'entourer d'un fossé d'un pied de profondeur, à parois perpendiculaires qui empêchent les eaux pluviales de se porter vers la Meule, & dans lequel tombent les rats, les souris, les campagnols, les mulots & les insectes qui tentent d'en approcher; d'en bien battre le sol; de le couvrir d'un lit de fagots, surmonté d'un lit de paille, sur lequel on dispose circulairement les gerbes, les épis en dedans, en éloignant chaque tour du centre jusqu'à ce qu'on soit arrivé à environ six pieds de haut, & ensuite en les rapprochant jusqu'à ce que les gerbes opposées se recouvrent à moitié. Le milieu est également rempli de gerbes disposées de même. Il en résulte deux cônes tronqués, opposés par la base, dont l'inférieur est plus court que le supérieur. Ce dernier se recouvre ensuite de paille, positivement comme une maison, & par-là son intérieur, ainsi que celui de l'autre, est mis à l'abri de la pluie.

Les dimensions des gerbiers varient beaucoup; c'est pourquoi je ne les indique pas; cependant je dirai qu'on fabrique, dans quelques cantons, de petites Meules provisoires, destinées à donner moyen au blé de se dessécher lentement, & que ces Meules s'appellent MOYATTES.

Elever une Meule à blé, solide & régulière, n'est pas une chose facile; ce n'est que par l'habitude qu'on y parvient constamment; aussi, en tout pays où on en voit, se consacre-t-il à leur construction des hommes qui se font payer assez cher, & malgré cela il n'y en a pas moitié sur lesquelles il n'y ait rien à redire au moment où on les démonte.

Mais les rats, les souris, les campagnols, les mulots entrent facilement dans l'intérieur de ces sortes de Meules, & y causent des ravages extrêmement grands; mais l'humidité de la terre entre également dans ses couches inférieures; mais celle qui existoit dans les gerbes au moment de leur entassement ne peut se dissiper; mais l'eau des pluies peut y pénétrer à travers leur couverture, soit parce qu'elle a été mal faite, soit parce qu'elle a été dérangée par les vents.

Pour affoiblir ces inconvéniens, on a imaginé plusieurs moyens: comme d'établir la Meule sur des madriers élevés d'un pied au-dessus de la surface de la terre, sur un massif de maçonnerie dont les bords supérieurs saillissent de quelques pouces; comme de conserver au centre de la Meule un courant d'air au moyen de fagots superposés les uns aux autres dans leur longueur, ou de perches formant un cercle; comme en les couvrant d'un toit de toile, de planches, de tuiles, &c.

C'est dans le nord de l'Allemagne, en Hollande & en Angleterre, qu'il faut se transporter pour voir des Meules construites d'après ces principes; car elles ne se voient en France que chez quelques cultivateurs riches & instruits. Il faudra bien cependant que tous en viennent là; car la construction des granges est extrêmement coûteuse aujourd'hui, par suite de la rareté des bois.

Les fagots, pour entrer dans la composition d'une Meule à courant d'air, doivent être fort secs & formés d'épines ou autres espèces dont les branches laissent beaucoup d'intervalle entr'elles.

Les perches qu'on leur substitue ne peuvent être en moindre nombre que celui de trois, & doivent être bornées à celui de six. On les lie de distance en distance les unes avec les autres, au moyen de traverses ou de cercles fixés par de l'osier.

Les toits doivent être portés sur trois, quatre ou cinq montans, & de deux à trois pieds au moins plus larges que la Meule. Quelquefois on les rend mobiles, pour pouvoir les abaisser à mesure que la Meule se démolit, & alors il faut qu'ils soient fort légers.

Il est à desirer que ces Meules à toit mobile, si en usage en Hollande, soient introduites en France de préférence aux autres; car leur supériorité est indubitable.

Lorsque l'on donne un toit aux Meules, au lieu de la forme de deux cônes tronqués opposés par la base, on leur donne celle d'un cylindre régulier.

Si les Meules à base de bois ou de pierre, à courant d'air intérieur & à toit fixe ou mobile, exigent, pour leur construction primitive, une avance de quelqu'importance, on en est bientôt remboursé par les économies sur la construction annuelle & sur la moindre perte de grain.

En effet, la forme des Meules étant dans ce cas régularisée par les fagots ou les perches du courant d'air, & par les montans du toit, elles peuvent être construites par le premier venu, & être bien moins sujètes aux éboulemens, aux crevasses, &c. Les animaux rongeurs, les poules, les moineaux, peuvent plus difficilement les attaquer: il est facile, lorsque le toit est mobile, de les démolir en plusieurs fois sans inconvéniens, &c.

M. Morel de Vindé a donné l'idée d'un toit de Meule qui monte & descend par un pas de vis; mais la dépense de sa construction doit en éloigner les cultivateurs peu fortunés.

Il se construit aussi des Meules ovales, carrées & parallélogramiques; mais elles sont bien moins avantageuses que les rondes, en ce qu'elles contiennent moins de gerbes dans le même espace, & donnent plus de prise au vent.

Comme les Meules de toute espèce sont détériorées par les volailles, il seroit bon de les faire, non dans les lieux qu'elles fréquentent, mais dans un enclos isolé & attenant aux bâtimens. On gagneroit encore par-là de la sécurité contre les vols & les incendies, auxquels leur isolement les expose trop souvent.

Les Meules de paille battue se construisent positivement comme les Meules à foin, c'est-à-dire, qu'il suffit, pour les faire, d'entasser la paille dans une place circulaire jusqu'à la hauteur qu'on juge à propos, & d'en unir la surface en lui donnant une forme conique, au moyen d'un rateau. On couvre ensuite la partie supérieure avec de la longue paille, comme il a été dit plus haut. *Voy.* PAILLE & PRAIRIE. (*Bosc.*)

MEULE DE CHAMPIGNONS : couche destinée uniquement à produire des champignons. (*Bosc.*)

MEUM. *Meum.*

Genre de plante établi nouvellement pour placer les ÆTHUSES DE MONTAGNE, MUTELLINES, A FEUILLES CAPILLAIRES, & une autre dont on ne connoît pas le pays natal. *Voyez* ÆTHUSE.

MEUNIER : variété de RAISIN. *Voy.* VIGNE.

MEURON : fruit de la ronce dans quelques cantons.

MEY : coffre dans lequel on pétrit le PAIN. *Voyez* ce mot.

MEYÈRE. *Meyera.*

Plante annuelle des marais de la Jamaïque, qui avoit d'abord été réunie aux ECLIPTA, mais qui, depuis, a été reconnue devoir former seule un genre dans la syngénésie superflue.

Cette plante, n'étant pas cultivée dans nos jardins, ne peut être ici l'objet d'un plus long article. (*Bosc.*)

MEZEREUM : nom latin de la LAURÉOLE GENTILLE.

MIASME. Quoique ce mot ne soit plus employé dans les ouvrages scientifiques, depuis qu'on connoît bien la composition de l'air & le mode de son action sur l'économie animale & végétale, je dois en dire un mot.

On définissoit le Miasme un principe invisible, qui, se combinant avec l'air, altéroit ses propriétés, le rendoit moins propre à servir à la respiration, à la combustion, donnoit lieu aux maladies épidémiques & autres. *Voyez* GAZ, CARBONE, HYDROGÈNE & AZOTE.

Croire que la peste, la petite-vérole, les maladies charboneuses, &c., puissent se communiquer par le moyen de Miasmes répandus dans l'air, est certainement une erreur; mais il n'en est pas moins vrai que l'altération de l'air cause des maladies qu'on appelle, comme elles, des épidémies : telles sont certaines fièvres, principalement les fièvres jaunes, pernicieuses, de prison, d'hôpital, &c. Qui ne sait que le voisinage des marais abondans en Miasmes (les gaz hydrogène sulfuré & hydrogène phosphoré) occasionne des fièvres automnales très-rebelles dans les hommes & un affoiblissement très-marqué dans les animaux?

Les moyens les plus certains de détruire ou de neutraliser les Miasmes sont des plantations d'arbres & des feux de flammes dans & autour des marais, des vapeurs d'acide muriatique oxigéné, quelquefois l'eau de chaux, lorsque le Miasme est du gaz d'acide carbonique. Quand ces moyens ne peuvent être employés, & cela arrive souvent, il faut faire usage, pour les hommes comme pour les animaux, d'un régime tonique à l'intérieur & rafraîchissant à l'extérieur.

Voyez, pour le surplus, le *Dictionnaire de Médecine*. (*Bosc.*)

MIAU : synonyme de MIEL.

MICHAUXIE. *Michauxia.*

Genre de plante de l'octandrie monogynie & de la famille des *Campanulacées*, qui renferme deux espèces, cultivées en pleine terre dans nos jardins. Il est figuré pl. 295 des *Illustrations des genres* de Lamarck.

Espèces.

1. La Michauxie rude.
Michauxia campanuloides. Lhérit. ♂ De la Syrie.
2. La Michauxie lisse.
Michauxia lævigata. Vent. ♄ De la Perse.

Culture.

Les Michauxies seroient de belles plantes si leurs fleurs se développoient toutes à la fois & avant la chute de leurs feuilles ; mais elles ont toujours une apparence mourante à l'époque où elles paroissent être pourvues d'un excès de vie : c'est pourquoi on ne les a pas introduites dans nos parterres.

On multiplie les Michauxies de graines, qui ne mûrissent que dans les années chaudes aux environs de Paris, mais qu'on peut tirer des parties méridionales de la France, où elles trouvent un climat analogue au leur. Ces graines se sèment, au printems, dans des pots remplis de terre à demi consistante, qu'on enterre dans une couche nue, & qu'on arrose au besoin. Comme le plant qui provient de ces semis est sensible aux gelées, ces pots sont rentrés, aux approches de l'hiver, dans l'orangerie ; au printems suivant on les repique en plein air, dans une exposition chaude ; c'est là qu'elles fleurissent.

Il seroit peut-être possible de multiplier ces plantes, en faisant des boutures avec leur tige coupée en plusieurs morceaux, comme on en fait avec celles de quelques campanules ; mais alors on n'auroit plus une tige unique & des fleurs aussi grandes, & c'est de ces deux circonstances qu'elles tiennent leur principal mérite. (*Bosc.*)

MICOCOULIER. *Celtis.*

Genre de plante de la polygamie pentandrie & de la famille des *Amentacées*, qui réunit quelques arbres d'Europe, d'Asie & d'Amérique, dont plusieurs se cultivent en pleine terre dans le climat de Paris. Il en sera traité dans le *Dictionnaire des Arbres & Arbustes*. (*Bosc.*)

MICONIE. *Miconia.*

Genre de plante de la décandrie monogynie, qui contient trois espèces, dont aucune n'est cultivée dans nos jardins.

Espèces.

1. La Miconie pulvérulente.
Miconia pulverulenta. Ruiz & Pav. ♄ Du Pérou.
2. La Miconie à trois nervures.
Miconia triplinervia. Ruiz & Pav. ♄ Du Pérou.
3. La Miconie émarginée.
Miconia emarginata. Ruiz & Pav. ♄ Du Pérou. (*Bosc.*)

MICROCOS. *Microcos.*

Arbre à feuilles alternes & à fleurs disposées en panicule terminale, qui croît naturellement dans l'île de Ceilan, & qui seul forme un genre dans la polyandrie monogynie.

Cet arbre, n'étant pas cultivé dans nos jardins, je n'ai rien de plus à en dire. (*Bosc.*)

MICROPE. *Micropus.*

Genre de plante de la syngénésie polygamie superflue & de la famille des *Corymbifères*, dans lequel se trouvent réunies deux espèces, dont une est indigène à la France, & qui toutes deux se cultivent dans les jardins de botanique. Voyez les *Illustrations des genres* de Lamarck, pl. 694.

Espèces.

1. Le Micrope à tiges droites.
Micropus erectus. Linn. ⊙ Indigène.
2. Le Micrope à tiges couchées.
Micropus supinus. Linn. ⊙ De l'Espagne.

Culture.

Ces plantes n'ont aucun agrément. On sème la première en place, au printems, & on ne lui donne, pendant sa durée, que les soins généraux des jardins bien tenus. La seconde se sème dans des pots, sur couche nue, & lorsqu'elle a acquis quelques feuilles, on la repique en place. (*Bosc.*)

MICROPÉTALON. *Micropetalon.*

Genre de plante de la décandrie tétragynie & de la famille des *Caryophillées*, établi par Michaux sous le nom de *Pergulastre*, & qui renferme trois espèces, dont aucune n'est cultivée dans nos jardins.

Espèces.

1. Le Micropétalon lanugineux.
Micropetalon lanuginosum. Mich. De la Caroline.
2. Le Micropétalon lancéolé.
Micropetalon lanceolatum. Mich. De la Virginie.
3. Le Micropétalon graminé.
Micropetalon gramineum. Mich. de Pensylvanie. (*Bosc.*)

MICROTÉE. *Microtea.*

Petite plante annuelle, originaire des Antilles,

qui seule forme un genre dans la pentandrie digynie, & qui est figurée pl. 182 des *Illustrations des genres* de Lamarck.

Cette plante n'est pas cultivée dans nos jardins ; ainsi je n'ai rien à en dire de plus. (*Bosc.*)

MIDI ou SUD. J'entends ici, par ce mot, l'exposition que frappent perpendiculairement les rayons du soleil au milieu du jour.

Cette exposition, la plus recherchée dans les pays du Nord, à raison de la grande chaleur qu'elle offre, ne convient nullement à ceux du Midi, par cette même raison. Dans les climats intermédiaires, elle doit par conséquent être favorable pendant l'hiver pour obtenir des récoltes précoces ou avancer la végétation des plantes qui y craignent le froid. Il ne faut pas croire, comme cela paroîtroit devoir être, que l'exposition du Midi soit celle où les plantes qui sont susceptibles de ressentir les effets de la gelée les redoutent le moins ; au contraire, comme la végétation y commence plus tôt, c'est celle qui est la plus dangereuse sous ce rapport. *Voyez* Gelée.

Dans les pays même les plus froids, l'exposition du Midi présente quelquefois l'inconvénient qu'elle offre constamment dans les climats brûlans, c'est-à-dire, que la chaleur y devient si grande, que les plantes y perdent leurs feuilles, même y périssent instantanément, soit parce que les rayons du soleil enlèvent toute l'humidité de la terre, soit parce qu'ils brûlent les feuilles & les bourgeons, soit parce qu'ils dessèchent l'écorce du tronc, &c. Pour éviter ces inconvéniens, on place des contr'espaliers, des pyramides, des quenouilles, des treilles à quelque distance des murs à cette exposition qui sont garnis d'espaliers : on plante plus rapprochées les vignes des coteaux qui s'y trouvent également, &c.

Ce sont presqu'exclusivement des pêchers, des amandiers & des vignes qui garnissent les murs au Midi dans le climat de Paris & plus au nord. Dans les départemens méridionaux, on y place le figuier, l'oranger, le citronier, le caprier, &c. : partout on y fait des couches (*voyez* ce mot), on y sème en pleine terre, en planche ou sur des ados (*voyez* ces mots), toutes les plantes dont on veut activer la croissance ou au moins la germination. *Voyez* Semis & Primeur.

MIEL : excrétion mucilagino-sucrée des plantes que les abeilles recueillent pour leur nourriture, & que nous leur enlevons pour la nôtre. *Voyez* Abeille.

Il est aujourd'hui indubitable que c'est avec le Miel que les abeilles font la cire. C'est à Huber de Genève qu'on doit les premières expériences qui aient été faites pour le prouver. Je les ai répétées en enfermant des abeilles dans des ruches, & en les nourrissant pendant quinze jours de Miel, ensuite pendant autant de tems de sucre fondu, & chaque jour j'ai eu une production de cire.

C'est de glandes particulières, situées le plus souvent au fond des fleurs, que sort le Miel ; mais il est des cas où les feuilles en fournissent aussi. *Voyez* Miélat. Sa vraie destination paroît être de lubréfier le pistil, pour retenir, par sa viscosité, la poussière fécondante des étamines & l'entraîner par sa réabsorption jusqu'au germe : on en trouve la preuve dans les plantes monoïques, dont les mâles ne secrètent pas de Miel.

Loin de nuire à la fécondation en suçant le Miel, les abeilles la favorisent, parce qu'elles portent, sur le pistil, la poussière des étamines, dont elles déchirent les anthères, & y causent une irritation qui ne peut qu'être qu'avantageuse.

Chaque espèce de plante donne un Miel différent ; mais comme les abeilles les confondent dans les alvéoles, cette circonstance ne se remarque que dans les cantons où une plante domine assez pour que son Miel soit le plus abondant. Tantôt le propriétaire des ruches gagne à avoir un Miel uniforme, parce qu'il est meilleur qu'un Miel mélangé ; tel celui provenant des fleurs de l'oranger, qui est délicieux (le Miel de Cuba) ; tel celui provenant des fleurs du romarin, qui le cède peu au précédent (le Miel de Mahon, de Crète, de Narbonne, &c.) ; tel le Miel provenant de la lavande, encore fort bon (celui de la haute Provence, du mont Himette, &c.) ; tel celui provenant des fleurs du saule marsault, que les fabricans de pain d'épice de Reims préfèrent, comme plus doux, au rapport de M. Alaire : tantôt il perd, parce qu'il est plus mauvais, tel que le Miel provenant des fleurs des pins & sapins, qui sent la résine ; le Miel provenant des fleurs de tilleul, des fleurs de sarrazin, qui a un mauvais goût, qui est noir, &c.

Xénophon, il y a deux mille ans, nous avoit déjà appris que certains Miels étoient dangereux (il paroît que celui dont il parloit, provenoit de l'Azalée pontique, *voyez* ce mot), & Michaux m'a appris que celui que fournissent les fleurs du catalpa passoit pour mal-sain en Amérique.

Je sollicite pour l'intérêt de l'agriculture de faire des expériences sur les diverses natures de miel que donnent les plantes d'Europe ; mais il n'est pas facile de les rendre rigoureusement exactes.

Presque toujours la couleur du Miel est un indice de sa bonté : ordinairement il est jaune ; celui qui est le plus blanc est le meilleur. Les Miels noirs de Bretagne sont détestables. Pour avoir chaque sorte de Miel aussi bonne que possible, il faut le laisser le moins de tems possible dans la ruche, parce qu'il s'y oxide & qu'il s'y colore ; aussi la ruche à section perpendiculaire est supérieure aux autres. *Voyez* Ruche.

La secrétion du Miel est presque nulle dans les tems froids, dans les tems secs, dans les tems pluvieux ; c'est pourquoi sa récolte varie tant. Il est des années, & la dernière (1812) est du nombre, où les abeilles ne peuvent pas en ramasser suffisamment pour leur provision d'hiver, & où elles sont par conséquent exposées à mourir de faim. Il n'y a pas moyen de remédier à cet inconvénient, qui est moins commun dans les pays de montagnes & dans les pays de bois, que dans ceux de plaine.

On peut conserver le Miel plusieurs années dans des pots ou dans des barils placés à une température fraîche & égale, dans une bonne cave, par exemple; mais quand on le tient dans un lieu chaud, il fermente & n'est plus bon qu'à faire de l'HYDROMEL ou du VINAIGRE (*voyez* ces mots). En général, il n'est pas avantageux d'en faire provision pour plus d'un an lorsqu'on peut s'en dispenser.

L'emploi du Miel dans l'économie domestique & la médecine est très-étendu; c'est un aliment qui nourrit beaucoup sous un petit volume, & qui convient principalement aux vieillards & aux personnes cacochimes. Les enfans l'aiment avec passion: on s'en servoit jadis exclusivement en place de sucre, & on l'a dédaigné depuis que ce dernier est devenu commun; mais en ce moment, les circonstances politiques forcent à y revenir, & sa production seroit cent fois plus considérable, qu'il n'y en auroit pas encore assez; aussi l'éducation des abeilles a-t-elle repris toute l'importance qu'elle n'eût dû jamais perdre.

Jusqu'à ces derniers tems, on n'avoit pas pu faire perdre au Miel ce goût qui lui est propre, & qui nuit tant à la bonté des alimens avec lesquels on le mêle; mais le besoin, mère de l'industrie, a enfin conduit au but.

On obtient un sirop de Miel transparent & n'ayant plus de goût particulier, en ajoutant à un Miel quelconque un quart d'eau & en faisant bouillir, par exemple, cinquante livres de ce mélange sur quatre livres de charbon concassé, puis en ajoutant sur la fin de l'opération un peu de craie en poudre pour neutraliser l'acide libre, & un ou deux blancs d'œuf pour clarifier. La liqueur se réduit ensuite en consistance convenable, en la tenant sur le feu le tems nécessaire: ce sirop se conserve à la cave dans des bouteilles bien bouchées. Comme il est sujet à fermenter dans la chaleur, il ne faut en faire en été qu'une quantité proportionnée à la consommation.

On tire aussi en ce moment, au moyen de l'eau & de la presse, le sucre du vieux Miel; mais ce sucre étant de même nature que celui du raisin, c'est-à dire, très-peu sucrant, il n'y a pas d'avantage à l'isoler. *Voyez* SUCRE.

Comme le Miel se dessèche très-difficilement & qu'il défend les corps du contact de l'air, on peut l'employer avec succès pour conserver les fruits, les œufs, &c. J'en ai fait souvent usage avec succès pour envoyer au loin des greffes & des graines fraiches: il faut seulement disposer les objets dans des boîtes, de manière que sa fermentation ne puisse l'affecter, car il produiroit, si elle avoit lieu, un effet diamétralement contraire au but qu'on se propose. (*Bosc.*)

MIÉLAT ou MIELLÉE, ou MIELLURE: substance de la nature du miel & de la manne, qui se forme sur la surface des bourgeons, des feuilles, des fleurs & des fruits d'une grande quantité de plantes, & qui leur nuit, soit parce qu'elle les prive de la partie la mieux élaborée de leur séve, soit parce qu'elle met obstacle à leur absorption & à leur transpiration.

Quelques écrivains ont prétendu que le Miélat étoit exclusivement produit par les déjections des pucerons qui suçoient la séve des plantes; mais il suffit d'observer que des milliers d'arbres sont couverts de Miélat & n'ont aucun puceron, pour être convaincu du contraire. Sauvage a déjà prouvé ce fait par l'observation que, dans le chênevert, ce sont seulement les vieilles feuilles, celles sur lesquelles ne se tiennent pas les pucerons, qui laissent fluer du Miélat. Il n'en est pas moins vrai que ces insectes augmentent considérablement son écoulement, soit en lui ouvrant de plus grandes issues, soit en le rendant, à peine altéré, par leur anus. Les fourmis, ainsi que les abeilles & autres insectes mellivores, qui le recherchent avec ardeur, n'ont aucune influence sur sa formation, ainsi qu'on s'en est assuré il y a long-tems par des expériences positives que j'ai répétées.

Dans chaque espèce de plantes, ce sont les plus foibles par leur constitution, celles qui se trouvent dans les terreins les plus secs, qui sont principalement sujètes au Miélat. C'est pendant les tems secs & chauds qu'il s'en produit le plus, & alors les plantes les plus vigoureuses en fournissent davantage. La conclusion de ces deux remarques, c'est que le Miélat est, comme la sueur dans les animaux, tantôt l'effet d'une maladie, tantôt l'effet d'un excès de santé. Encore comme la sueur, un Miélat trop abondant affoiblit les plantes, c'est-à-dire, nuit à leur accroissement, diminue leur production pour l'année suivante, empêche leurs fruits de grossir, de prendre de la saveur, & les fait tomber avant leur maturité. Les pépinières surtout souffrent beaucoup par son fait lorsqu'il se montre pendant long-tems.

Une seule pluie suffit pour faire disparoître le Miélat, surtout lorsqu'elle est forte & accompagnée de vent, & assez généralement il ne reparoît plus. Cela indique que, dans la petite culture, il est possible de s'opposer à ses effets par des arrosemens sur les feuilles & sur les tiges; mais dans la grande, il faut savoir se résigner; car comment arroser les arbres d'une forêt, les blés d'une plaine? Comme la rosée le dissout aussi, il a été conseillé de passer, le matin, une corde sur les blés pour faire tomber cette rosée, &

ce conseil a eu des résultats avantageux, mais fort incomplets, comme on peut bien le penser.

Il est des espèces de plantes sur lesquelles on n'a jamais vu de Miélat. Dans une plantation d'arbres de la même espèce, il est des individus qui n'en ont pas telle année, & qui en offrent telle autre. Je l'ai vu si abondant, que la terre en étoit aussi couverte que les feuilles.

On connoît fort mal la nature du Miélat. Celui du frêne purge comme la manne, & il est probable que chaque plante en offre un différent. Il faudroit qu'un chimiste habile fît, la même année, l'analyse de celui des différens arbres. Celui qui a passé par le corps des pucerons doit avoir subi une altération, &, en effet, il m'a paru être d'un goût plus agréable. Il semble qu'il en devroit être de même de celui qui a été récolté par les abeilles; cependant j'ai eu la preuve du contraire. *Voyez* MIEL. (*Bosc.*)

MIGE : semis sur chaume, usité dans le département des Deux-Sèvres.

MIGNARDISE : sorte d'ŒILLET qu'on emploie en bordure.

MIGNONETTE. C'est la SAXIFRAGE GRANULEUSE.

MIKANIE. *MIKANIA.*

Genre de plante établi pour placer quatorze eupatoires qui n'ont pas les caractères des autres.

Comme les espèces qui y entrent, sont la plupart mentionnées à l'article des EUPATOIRES, ce seroit un double emploi que de lui consacrer ici un plus long article. (*Bosc.*)

MIL. *MILIUM.*

Genre de plante de la triandrie digynie & de la famille des *Graminées*, que quelques auteurs, & en particulier Lamarck, ont réuni aux *Agrostides*, mais que la plupart ont conservé & même augmenté dans ces derniers tems. Aujourd'hui, il est composé d'une quinzaine d'espèces, dont plusieurs sont indigènes, &, sous le rapport de leur culture, ont été mentionnées à l'article AGROSTIDE. *Voyez* ce mot.

Espèces.

1. Le MIL noir.
Milium paradoxum. Scop. ⊙ Du midi de la France.

2. Le MIL étalé.
Milium effusum. Linn. ♃ Indigène.

3. Le MIL tuberculeux.
Milium lendigerum. Schreb. ⊙ Du midi de la France.

4. Le MIL ramassé.
Milium confertum. Mill. ♃ Des Alpes.

5. Le MIL du Cap.
Milium capense. Linn. Du Cap de Bonne-Espérance.

6. Le MIL ponctué.
Milium punctatum. Linn. De la Jamaïque.

7. Le MIL comprimé.
Milium compressum. Swartz. ♃ De la Jamaïque.

8. Le MIL digité.
Milium digitatum. Swartz. ⊙ De la Jamaïque.

9. Le MIL globuleux.
Milium globosum. Thunb. Du Japon.

10. Le MIL velu.
Milium villosum. Swartz. ⊙ De la Jamaïque.

11. Le MIL rameux.
Milium ramosum. Retz. Des Indes.

12. Le MIL noirâtre.
Milium nigricans. Ruiz & Pav. Du Pérou.

13. Le MIL punaise.
Milium cimicinum. Linn. ⊙ Des Indes.

14. Le MIL panicé.
Milium paniceum. Swartz. De la Jamaïque.

15. Le MIL bleuâtre.
Milium cæruleum. Desf. De la Barbarie.
(*Bosc.*)

MIL-GLOCUM : appellation de la RENOUÉE AVICULAIRE dans la ci-devant Bretagne.

MILLE-DOUX : un des noms vulgaires du MILLEPERTUIS commun.

MILLARGON : MAÏS semé épais pour fourrage.

MILLASSE : nom de la bouillie de MAÏS dans les Cévennes.

MILLÉE. *MILLEA.*

Plante vivace, à racines bulbeuses, à feuilles linéaires, à tige biflore, qui seule forme un genre dans l'hexandrie monogynie & dans la famille des *Liliacées.*

Cette plante, originaire du Mexique, n'étant pas cultivée dans nos jardins, n'est pas dans le cas d'un plus long article. (*Bosc.*)

MILLEFEUILLE : espèce du genre ACHILLÉE. *Voyez* ce mot.

MILLEGRAINE. C'est la TURQUETTE.

MILLEGREUX. On donne ce nom, sur nos côtes, aux plantes aquatiques de la famille des *Joncs*, ou à celles qui leur ressemblent.

MILLEPERTUIS. *HYPERICUM.*

Genre de plante de la polyadelphie polyandrie & de la famille des *Hypéricoïdes*, qui rassemble une centaine d'espèces, dont quelques-unes croissent naturellement dans nos campagnes, & dont beaucoup se cultivent dans nos jardins. Les unes & les autres sont par conséquent dans le cas de mériter l'attention des cultivateurs. Il est figuré pl. 643 des *Illustrations des genres* de Lamarck.

Espèces.

Millepertuis à cinq pistils.

1. Le MILLEPERTUIS de Mahon.
Hypericum balearicum. Linn. ♄ De Majorque.
2. Le MILLEPERTUIS de la Chine.
Hypericum monogynum. Linn. ♄ Des Indes.
3. Le MILLEPERTUIS lancéolé.
Hypericum lanceolatum. Lamarck. ♄ De l'Ile-Bourbon.
4. Le MILLEPERTUIS à feuilles étroites.
Hypericum angustifolium. Lamarck. ♄ De l'Ile-Bourbon.
5. Le MILLEPERTUIS calicinal.
Hypericum calicinum. Linn. ♄ Du Levant.
6. Le MILLEPERTUIS veineux.
Hypericum venosum. Lam. ♄ De.....
7. Le MILLEPERTUIS de Sibérie.
Hypericum ascyron. Linn. ♃ De la Sibérie.
8. Le MILLEPERTUIS ascyroïde.
Hypericum ascyroides. Willd. ♃ De l'Amérique septentrionale.
9. Le MILLEPERTUIS amplexicaule.
Hypericum pyramidatum. Ait. ♃ De l'Amérique septentrionale.
10. Le MILLEPERTUIS frangé.
Hypericum Richeri. Vill. ♃ Des Alpes.
11. Le MILLEPERTUIS de Kalm.
Hypericum kalmianum. Linn. ♄ De l'Amérique septentrionale.
12. Le MILLEPERTUIS étalé.
Hypericum patulum. Thunb. ♄ Du Japon.
13. Le MILLEPERTUIS à larges feuilles.
Hypericum latifolium. Aubl. ♄ De Cayenne.
14. Le MILLEPERTUIS de la Guiane.
Hypericum guianense. Aubl. ♄ De Cayenne.
15. Le MILLEPERTUIS rousseâtre.
Hypericum rufescens. Lam. ♄ De Cayenne.
16. Le MILLEPERTUIS à feuilles sessiles.
Hypericum sessilifolium. Aubl. ♄ De Cayenne.
17. Le MILLEPERTUIS acuminé.
Hypericum acuminatum. Lam. ♄ De Cayenne.
18. Le MILLEPERTUIS de Cayenne.
Hypericum cayanense. Linn. ♄ De Cayenne.
19. Le MILLEPERTUIS baccifère.
Hypericum bacciferum. Linn. ♄ De Cayenne.
20. Le MILLEPERTUIS de Guinée.
Hypericum guineense. Linn. ♄ De l'Afrique.
21. Le MILLEPERTUIS lauriforme.
Hypericum lauriforme. Linn. ♃ De la Nouvelle-Grenade.

22. Le MILLEPERTUIS junipéroïde.
Hypericum bratys. Smith. ♃ De la Nouvelle-Grenade.

23. Le MILLEPERTUIS à feuilles alternes.
Hypericum alternifolium. Vahl. ♄ Des Indes.

24. Le MILLEPERTUIS à gros fruits.
Hypericum macrocarpon. Mich. Du Canada.

Millepertuis à trois pistils.

25. Le MILLEPERTUIS toute-saine.
Hypericum androsæmum. Linn. ♄ Du midi de la France.
26. Le MILLEPERTUIS échancré.
Hypericum emarginatum. Lam. ♄ De.....
27. Le MILLEPERTUIS du mont Olympe.
Hypericum olympicum. Linn. ♄ Du midi de l'Europe.
28. Le MILLEPERTUIS des Canaries.
Hypericum canariense. Linn. ♄ Des Canaries.
29. Le MILLEPERTUIS multiflore.
Hypericum multiflorum. Ait. ♃ De Madère.
30. Le MILLEPERTUIS fétide.
Hypericum hyrcinum. Linn. ♄ Du midi de l'Europe.
31. Le MILLEPERTUIS des Açores.
Hypericum foliosum. Ait. ♄ Des Açores.
32. Le MILLEPERTUIS élevé.
Hypericum elatum. Ait. ♄ De l'Amérique septentrionale.
33. Le MILLEPERTUIS scabre.
Hypericum scabrum. Linn. ♄ De l'Arabie.
34. Le MILLEPERTUIS rampant.
Hypericum repens. Linn. ♄ De la Barbarie.
35. Le MILLEPERTUIS effilé.
Hypericum virgatum. Lam. De.....
36. Le MILLEPERTUIS à feuilles de ciste.
Hypericum cistifolium. Lam. De.....
37. Le MILLEPERTUIS d'Arabie.
Hypericum revolutum. Vahl. ♄ De l'Arabie.
38. Le MILLEPERTUIS prolifère.
Hypericum proliferum. Linn. ♄ De l'Amérique septentrionale.
39. Le MILLEPERTUIS à feuilles de romarin.
Hypericum rosmarinifolium. Lam. ♄ De l'Amérique septentrionale.
40. Le MILLEPERTUIS fasciculé.
Hypericum fasciculatum. Lam. ♄ De l'Amérique septentrionale.
41. Le MILLEPERTUIS luisant.
Hypericum nitidum. Lam. ♄ De.....
42. Le MILLEPERTUIS axillaire.
Hypericum axillare. Lam. ♄ De l'Amérique septentrionale.
43. Le MILLEPERTUIS galioïde.
Hypericum galioides. Lam. ♄ De l'Amérique septentrionale.
44. Le MILLEPERTUIS réfléchi.
Hypericum reflexum. Linn. ♄ De l'île de Ténériffe.
45. Le MILLEPERTUIS du Canada.
Hypericum canadense. Linn. ♄ De l'Amérique septentrionale.
46. Le MILLEPERTUIS de Virginie.
Hypericum virginicum. Linn. ♄ De l'Amérique septentrionale.
47. Le MILLEPERTUIS droit.
Hypericum erectum. Thunb. Du Japon.

48. Le MILLEPERTUIS du Japon.
Hypericum japonicum. Thunb. Du Japon.
49. Le MILLEPERTUIS carré.
Hypericum quadrangulare. Linn. ♃ Indigène.
50. Le MILLEPERTUIS ponctué.
Hypericum punctatum. Lam. ♄ Du Levant.
51. Le MILLEPERTUIS commun.
Hypericum perforatum. Linn. ♃ Indigène.
52. Le MILLEPERTUIS de Barbarie.
Hypericum afrum. Lam. ♄ De la Barbarie.
53. Le MILLEPERTUIS couché.
Hypericum humifusum. Linn. ♄ Indigène.
54. Le MILLEPERTUIS dichotome.
Hypericum dichotomum. Lam. ♄ De Saint-Domingue.
55. Le MILLEPERTUIS crépu.
Hypericum crispum. Linn. ♄ Du midi de l'Europe.
56. Le MILLEPERTUIS d'Égypte.
Hypericum ægyptiacum. Linn. ♄ De l'Égypte.
57. Le MILLEPERTUIS conné.
Hypericum connatum. Lam. ♄ Du Brésil.
58. Le MILLEPERTUIS du Mexique.
Hypericum mexicanum. Linn. ♄ Du Mexique.
59. Le MILLEPERTUIS articulé.
Hypericum articulatum. Linn. ♄ De Madagascar.
60. Le MILLEPERTUIS pétiolé.
Hypericum petiolatum. Linn. ♄ Du Brésil.
61. Le MILLEPERTUIS biflore.
Hypericum biflorum. Lam. ♄ De la Chine.
62. Le MILLEPERTUIS barbu.
Hypericum barbatum. Linn. ♄ De l'Allemagne.
63. Le MILLEPERTUIS cilié.
Hypericum ciliatum. Lam. ♄ Du Levant.
64. Le MILLEPERTUIS lanugineux.
Hypericum lanuginosum. Lam. Du Levant.
65. Le MILLEPERTUIS de montagne.
Hypericum montanum. Linn. ♃ Indigène.
66. Le MILLEPERTUIS velu.
Hypericum hirsutum. Linn. ♃ Indigène.
67. Le MILLEPERTUIS élégant.
Hypericum pulchrum. Linn. ♃ Indigène.
68. Le MILLEPERTUIS des marais.
Hypericum elodes. Linn. ♃ Indigène.
69. Le MILLEPERTUIS cotoneux.
Hypericum tomentosum. Linn. ♄ Du midi de la France.
70. Le MILLEPERTUIS monnoyer.
Hypericum nummularium. Linn. ♄ Des Alpes.
71. Le MILLEPERTUIS à feuilles de serpolet.
Hypericum serpilifolium. Lam. ♄ Du Levant.
72. Le MILLEPERTUIS du Levant.
Hypericum orientale. Linn. ♃ Du Levant.
73. Le MILLEPERTUIS éricoïde.
Hypericum ericoides. Linn. ♄ De l'Espagne.
74. Le MILLEPERTUIS coris.
Hypericum coris. Linn. ♄ Du midi de l'Europe.
75. Le MILLEPERTUIS multicaule.
Hypericum multicaule. Lam. Du midi de l'Europe.

76. Le MILLEPERTUIS à feuilles d'hyssope.
Hypericum hyssopifolium. Vill. ♃ Du midi de la France.
77. Le MILLEPERTUIS à feuilles linéaires.
Hypericum linearifolium. Vahl. ♄ De l'Espagne.
78. Le MILLEPERTUIS à feuilles de myrte.
Hypericum mutilum. Linn. ♃ De.....
79. Le MILLEPERTUIS à feuilles sétacées.
Hypericum setosum. Linn. De l'Amérique septentrionale.
80. Le MILLEPERTUIS arborescent.
Hypericum arborescens. Vahl. ♄ Des Indes.
81. Le MILLEPERTUIS à fleurs nombreuses.
Hypericum floribundum. Ait. ♄ De Madère.
82. Le MILLEPERTUIS inodore.
Hypericum inodorum. Willd. ♄ Du Levant.
83. Le MILLEPERTUIS couché.
Hypericum procumbens. Willd. ♃ De l'Amérique septentrionale.
84. Le MILLEPERTUIS à feuilles d'empétrum.
Hypericum empetrifolium. Vahl. ♄ Du Levant.
85. Le MILLEPERTUIS anguleux.
Hypericum angulosum. Mich. ♃ De l'Amérique septentrionale.
86. Le MILLEPERTUIS graminé.
Hypericum gramineum. Vahl De la Nouvelle-Calédonie.
87. Le MILLEPERTUIS à petites fleurs.
Hypericum parviflorum. Willd. ♃ De l'Amérique septentrionale.
88. Le MILLEPERTUIS à fleurs en corymbe.
Hypericum corymbosum. Willd. ♃ De l'Amérique septentrionale.
89. Le MILLEPERTUIS de Caracas.
Hypericum caracasanum. Willd. ♄ De Caracas.
90. Le MILLEPERTUIS glanduleux.
Hypericum glandulosum. Vahl. ♄ De Madère.
91. Le MILLEPERTUIS à feuilles d'origan.
Hypericum origanifolium. Willd. ♃ Du Levant.
92. Le MILLEPERTUIS verticillé.
Hypericum verticillatum. Thunb. Du Cap de Bonne-Espérance.
93. Le MILLEPERTUIS dolabriforme.
Hypericum dolabriforme. Vent. ♄ De l'Amérique septentrionale.
94. Le MILLEPERTUIS hétérophylle.
Hypericum heterophyllum. Vent. ♄ De la Perse.
95. Le MILLEPERTUIS taché.
Hypericum maculatum. Mich. De l'Amérique septentrionale.
96. Le MILLEPERTUIS à trois nervures.
Hypericum triplinerve. Vent. De l'Amérique septentrionale.
97. Le MILLEPERTUIS à feuilles de mélèze.
Hypericum laricifolium. Juss. Du Pérou.
98. Le MILLEPERTUIS à feuilles de struthiola.
Hypericum struthiolæfolium. Juss. Du Pérou.
99. Le MILLEPERTUIS silénoïde.
Hypericum silenoides. Juss. De.....

100. Le MILLEPERTUIS frondeux.

Hypericum frondosum. Mich. ♄ De l'Amérique septentrionale.

101. Le MILLEPERTUIS du Dauphiné.

Hypericum delphinense. Vill. ♃ Des Alpes.

Culture.

On cultive dans nos jardins près de la moitié de ces espèces. Une partie d'entr'elles exigent l'orangerie; ce sont celles inscrites sous les n°s. 1, 28, 29, 33, 39, 44, 55, 56, 62, 69, 74, 79, 90, 94. Les autres se contentent de la pleine terre. Celles de ces dernières qu'on voit le plus fréquemment dans nos jardins, se trouvent indiquées aux n°s. 2, 5, 6, 7, 9, 10, 11, 24, 25, 26, 27, 30, 32, 38, 40, 43, 46, 49, 51, 53, 65, 66, 68, 70, 77, 93, 96, 100, 101.

Les Millepertuis d'orangerie sont en général fort peu délicats; ils ne craignent que les grands froids, & se contentent de la terre qu'on leur donne, pourvu qu'elle ne soit pas trop consistante. Leur peu de beauté fait qu'on ne les voit que dans les écoles de botanique. Le premier est le plus distingué d'entr'eux, & il ne l'est pas beaucoup. On les place, pendant l'été, contre un mur exposé au midi, & on les arrose au besoin : tous les ans, on les change de pot & on leur donne de la nouvelle terre. Leur multiplication s'exécute le plus souvent par le semis de leurs graines dans des pots, sur couche & sous châssis, graines qu'on arrose souvent & peu à la fois. Les pots sont rentrés dans l'orangerie aux approches de l'hiver, &, au printems, on met seul à seul, dans d'autres pots, le plant qu'ils contiennent, après quoi on les traite comme les vieux pieds. Quelquefois aussi on les multiplie par éclat de racines ou par déchirement des touffes.

Les Millepertuis de pleine terre offrent une plus grande variation dans le mode de leur culture; de sorte que je suis obligé de les passer chacun en revue.

Le Millepertuis de la Chine ne se voit guère que dans les écoles de botanique & dans les grandes collections de plantes, quoiqu'il soit assez beau pour être employé comme ornement dans les jardins. Une terre légère & une exposition chaude sont favorables à sa croissance. On le multiplie par le déchirement de ses vieilles touffes, qui chaque année s'augmentent en diamètre; on le pourroit aussi par le semis de ses graines, qui arrivent fort bien à maturité dans le climat de Paris; mais on ne le recherche pas assez pour employer ce moyen, qui est très-long.

Le Millepertuis calicinal est un de ceux qu'on cultive le plus dans les jardins d'agrément, & on ne l'y cultive pas encore assez, à raison de la grandeur de ses fleurs, de la permanence de ses feuilles, & de la propriété dont il jouit de ne bien venir qu'à l'ombre. Les terres fraîches sont celles où il se plaît le mieux. La hauteur de ses tiges surpasse rarement un pied, & elles prennent toujours une disposition inclinée fort élégante. C'est à couvrir la nudité du sol des massifs, à orner les bords des allées, à garnir le pied des murs exposés au nord, qu'on doit principalement l'employer. Il fait aussi un très-bel effet en touffes isolées, au milieu des gazons ombragés; il trace avec tant de rapidité, qu'un seul pied peut couvrir en peu d'années un grand espace. Sa multiplication est si facile, qu'un morceau de racine suffit pour donner un nouveau pied. On le reproduit aussi de graines qu'on sème dans une plate-bande de terre de bruyère, au nord, & qui donnent des plants propres à être mis en place à la troisième année. De loin en loin, c'est-à-dire, tous les trois à quatre ans, on le transplante pendant l'hiver. Il est bon aussi de couper les tiges pour en faire pousser de nouvelles plus nombreuses, & par conséquent qui garnissent mieux. J'ignore combien de tems il peut subsister dans le même terrein; mais j'en ai vu qui s'y trouvoient depuis dix à douze ans, & qui étoient encore très-vigoureux.

On ne voit le Millepertuis veineux que dans les jardins de botanique. On l'y multiplie uniquement par le déchirement des vieux pieds.

Le Millepertuis de Sibérie est dans le même cas que le précédent.

Il en est encore de même du Millepertuis amplexicaule, quoique réellement très-beau & aussi facile à multiplier par graine & par éclatement des bourgeons qu'aucun autre.

On voit très-rarement, même dans les jardins de botanique, le Millepertuis frangé, jolie espèce de nos montagnes.

Il n'en est pas ainsi du Millepertuis de Kalm: c'est un des plus communs de ceux qui se cultivent, quoique sa culture ne soit pas des plus aisées. D'abord, il exige impérieusement la terre de bruyère, ensuite de l'humidité & de l'ombre. C'est, au reste, une très-belle espèce qui forme des buissons de deux pieds de haut, extrêmement éclatans lorsqu'ils sont en fleurs. On le place dans les jardins paysagers avec les autres plantes de terre de bruyère qui aiment l'ombre, à quelque distance au nord des massifs, au nord des murs, derrière les rochers & les fabriques. Partout il remplit bien son objet. Il est bon de le recéper tous les quatre à cinq ans, pour qu'il fournisse de nouvelles tiges, les vieilles étant sujètes à avoir des rameaux desséchés & à se couvrir de mousse. On le multiplie par éclat de racines & par semis de graines : ce dernier moyen est le plus employé; on l'exécute au printems dans une plate-bande de terre de bruyère, située au nord, sans recouvrir la graine. Les arrosemens ne lui sont pas épargnés, surtout pendant les chaleurs. L'année suivante on repique le plant à six pouces de distance dans une plate-bande semblable, & au bout de deux autres années il est bon à être mis en place.

Le Millepertuis à gros fruits est encore fort

rare dans nos jardins : il mérite d'être plus multiplié qu'il ne l'a été jusqu'à présent.

Un des Millepertuis le plus fréquemment cultivés dans les jardins d'agrément, est la toute-saine, que la beauté de ses feuilles & de ses fleurs y a fait introduire il y a long-tems. Tout terrein lui convient, pourvu qu'il soit frais. On le place aux expositions ombragées, où il forme des touffes d'un aspect agréable; on le multiplie par éclat de racines pendant l'hiver, & par le semis de ses graines (qui sont des baies) en automne. Le premier de ces moyens est le plus employé, comme le plus rapide, & il suffit aux besoins.

Les Millepertuis échancré & du mont Olympe ne se cultivent que dans les écoles de botanique, où on les multiplie comme le précédent.

Malgré sa mauvaise odeur, le Millepertuis fétide se plante souvent dans les jardins paysagers, où ses grosses touffes couvertes de fleurs le font remarquer. On l'y place, du côté du nord, sur le bord des massifs, qui forment un point de vue & qu'on fréquente peu. Il se conduit & se multiplie ainsi qu'il a été dit à l'occasion de la toute-saine.

Les Millepertuis élevé, prolifère, fasciculé, galioïde, du Canada, de Virginie, sont encore peu cultivés hors des écoles de botanique. Je n'ai rien à en dire de particulier : on les multiplie comme les autres.

Les Millepertuis carré & commun sont très-abondans dans nos bois taillis en bons fonds. Ce sont d'assez belles espèces pour mériter d'être multipliées dans les jardins paysagers, dont elles peuvent garnir, de distance en distance, le bord des massifs; mais on en fait peu de cas, parce qu'elles sont communes. Elles se multiplient très-facilement par graines & par déchirement des vieux pieds. Les moutons, les chèvres & surtout les bœufs, les mangent volontiers quand elles sont jeunes, mais les dédaignent dès qu'elles sont fleuries. Le meilleur parti qu'on en puisse tirer, c'est de les couper au commencement de l'automne pour chauffer le four, faire de la potasse ou augmenter la masse des fumiers. J'ai vu des taillis de deux ans où un homme pouvoit en charger plusieurs voitures en un jour, sans trop s'écarter & sans trop se fatiguer.

Le Millepertuis couché est une très-élégante espèce, mais que sa petitesse ne permet pas d'introduire dans les jardins paysagers. C'est dans les allées des bois, en sol argileux, dans les lieux où l'eau séjourne pendant une partie de l'année, qu'elle croît naturellement. On la cultive dans les écoles de botanique, où on a souvent de la peine à la conserver, par la difficulté de lui donner le terrein qui lui est propre : elle se multiplie de graines semées en place.

Les Millepertuis de montagne & velu croissent dans les bois des montagnes, très-souvent avec les Millepertuis carré & commun : tout ce que j'ai dit de ces deux derniers leur est applicable. Les bestiaux ne les mangent pas. Le premier est même une espèce de poison, qui, comme l'opium, diminue l'action de la vie dans ceux qui en prennent la décoction, ainsi que Romme me l'a appris; & les Tartares en font usage pour se plonger dans une stupeur qui leur est fort agréable.

Le Millepertuis élégant se trouve dans les mêmes sols, & souvent à côté du Millepertuis couché, dont il diffère beaucoup par son port. Comme son nom l'indique, c'est une très-élégante espèce; mais elle est d'une petite stature & forme des touffes très-peu garnies, de sorte qu'on ne peut pas l'introduire dans nos jardins; aussi ne la voit-on que dans ceux de botanique, où on a aussi beaucoup de peine à la conserver : c'est exclusivement de graines qu'on la multiplie.

Les eaux stagnantes & peu profondes sont l'habitation du Millepertuis des marais; aussi n'est-il pas commun partout. Il est d'un assez agréable aspect lorsqu'il est en fleur, pour mériter d'être placé dans les lacs des jardins paysagers. On ne le voit cependant que dans ceux de botanique, encore a-t-on de la peine à l'y conserver. On le plante dans un pot qu'on plonge entiérement dans un autre plus grand, lequel on entretient plein d'eau, ayant soin qu'elle ne se corrompe pas, car cette circonstance fait mourir la plante; en conséquence il faut la changer tous les quinze jours en hiver, & tous les deux ou trois jours en été, soin que les ouvriers négligent volontiers.

Le Millepertuis monnoyer est dans un cas tout-à-fait contraire, car il lui faut une terre aride & une exposition chaude. Il se rapproche beaucoup par son aspect du Millepertuis couché; cependant il est plus grand dans toutes ses parties; on le multiplie de même. Il est bon d'en tenir quelques pieds dans l'orangerie pour parer aux accidens : les écoles de botanique seules le cultivent.

Les Millepertuis dolabriforme, à trois nervures & frondeux ne se voient que dans les jardins de botanique; mais ceux d'agrément devront réclamer le premier lorsqu'il sera plus commun; car c'est réellement un très-bel arbuste, ainsi que j'ai pu en juger en Caroline. On les multiplie de graines qu'on sème dans des pots sur couche & sous châssis, & dont on repique le plant en pleine terre de bruyère, à une exposition chaude & rendue humide par de fréquens arrosemens.

Le Millepertuis du Dauphiné veut être traité comme celui de montagne, dont il se rapproche beaucoup.

Parmi les Millepertuis étrangers que nous ne cultivons pas dans nos jardins, mais qui sont remarquables par quelques particularités, je citerai :

1°. Le Millepertuis lancéolé, connu à l'Ile-Bourbon sous le nom d'*amblaville*, qui devient de la grosseur d'un homme, & duquel découle une liqueur balsamique extrêmement estimée.

2°. Le Millepertuis baccifère, appelé *caaopia*

au Brésil, dont le tronc laisse fluer un suc qui est d'usage en médecine, & qu'on emploie à peindre. C'est la *gomme gutte d'Amérique*. (*Bosc.*)

MILLERIE. *Milleria.*

Genre de plante de la syngénésie nécessaire & de la famille des *Corymbifères*, qui réunit quatre espèces, toutes cultivées dans nos jardins de botanique. Il est figuré pl. 710 des *Illustrations des genres* de Lamarck.

Observations.

Jussieu a établi un nouveau genre aux dépens de celui-ci, & l'a appelé FLAVERIE. Comme il n'en n'a pas été question à ce mot, je considère celui des *Milleries* comme entier, & ce avec d'autant plus de raison, que tous les botanistes ne sont pas d'accord sur la nécessité de sa division.

Espèces.

1. La MILLERIE quinqueflore.
Milleria quinqueflora. Linn. ⊙ Du Mexique.

2. La MILLERIE biflore.
Milleria biflora. Linn. ⊙ Du Mexique.

3. La MILLERIE du Pérou.
Milleria contrahierba. Linn. ⊙ Du Pérou.

4. La MILLERIE à feuilles aiguës.
Milleria angustifolia. Cavan. ⊙ Du Mexique.

Culture.

Ces plantes exigent la serre chaude ou au moins la serre tempérée dans le climat de Paris, pour pouvoir amener leurs graines à maturité; car d'ailleurs elles supportent fort bien le plein air pendant l'été. La troisième est la plus rustique. On en sème la graine dans des pots remplis de terre à demi consistante, pots qu'on place sur couche & sous châssis dès les premiers jours du printems, & qu'on arrose au besoin. Lorsque le plant a acquis assez de force, on le repique seul à seul dans d'autres pots qu'on remet sur une couche à châssis, & qu'on peut en ôter au milieu de juin pour les placer contre un mur exposé au midi, où ils restent jusque vers le milieu d'octobre, qu'on doit les rentrer dans la serre pour, ainsi que je l'ai dit plus haut, favoriser la maturité de leurs graines, afin de les reproduire l'année suivante.

Les Milleries n'ont aucun agrément, & ne se voient que dans les jardins de botanique. La troisième espèce est employée, dans son pays natal, à teindre en jaune. (*Bosc.*)

MILLET. *Voyez* PANIS, HOULQUE, SORGHO & MAÏS.

MILLINGTON. *Millingtonia.*

Grand arbre qui forme un genre dans la didynamie angiospermie & dans la famille des *Personnées*. On le cultive dans l'Inde à raison de l'excellente odeur de ses fleurs; mais nous n'avons aucun renseignement sur le mode de sa culture, & il ne se trouve pas dans nos jardins; de sorte que je ne puis le rendre l'objet d'un plus long article. (*Bosc.*)

MILLOCOCO : c'est le SORGHO.

MIMULE. *Mimulus.*

Genre de plante de la didynamie angiospermie & de la famille des *Personnées*, dans lequel se trouvent réunies quatre espèces, toutes cultivées dans nos jardins. Il est figuré pl. 523 des *Illustrations des genres* de Lamarck.

Espèces.

1. Le MIMULE de Virginie.
Mimulus ringens. Linn. ♃ De l'Amérique septentrionale.

2. Le MIMULE ailé.
Mimulus alatus. Ait. ♃ De l'Amérique septentrionale.

3. Le MIMULE jaune.
Mimulus luteus. Linn. ♃ Du Pérou.

4. Le MIMULE glutineux.
Mimulus glutinosus. Willd. ♄ De.....

Culture.

Les deux premières espèces, dont j'ai observé de grandes quantités dans leur pays natal, croissent dans les terres légères & dans les lieux ombragés & humides; elles doivent être placées dans la même situation dans nos jardins paysagers, qu'elles contribuent à embellir. Leur multiplication a lieu, 1°. au moyen du semis de leurs graines dans une plate-bande de terre de bruyère, aussitôt après leur récolte & sans les recouvrir, à raison de leur grande finesse, autrement que par les arrosemens, qui doivent être fréquens dans les tems de sécheresse : le plant se repique en place au printems de l'année suivante, & ne demande plus d'autres soins que ceux propres aux jardins soignés; 2°. par le déchirement des vieux pieds, déchirement qui s'exécute au printems, & qui fournit des pieds qui le plus souvent fleurissent la même année. C'est à ce dernier moyen qu'on se tient le plus généralement, ces plantes étant peu recherchées.

Les deux dernières espèces sont plus belles que les premières, & exigent l'orangerie dans le climat de Paris. On les tient, en conséquence, en pots remplis de terre à demi consistante & fort substantielle, terre qu'on renouvelle tous les ans en automne. On les place pendant l'été contre un mur exposé au midi, en les arrosant souvent. Elles craignent l'humidité de l'air des orangeries : en conséquence, il faut les peu arroser, les isoler & les tenir près des jours pendant l'hiver. On les multiplie comme les précédentes, & de plus, de boutures qui se font au printems dans des pots, sur couche & sous châssis.

Comme, malgré les soins, ces plantes ne subsistent pas au delà de quatre à cinq ans, il est bon d'en avoir plus que le nécessaire pour ne pas être dans le cas d'en manquer au moment où l'on s'y attend le moins. (*Bosc.*)

MIMUSOPE. *Mimusops.*

Genre de plante de l'octandrie monogynie & de la famille des *Sapotilliers*, qui rassemble trois espèces, dont une est cultivée dans nos jardins. Il est figuré pl. 300 des *Illustrations des genres* de Lamarck.

Espèces.

1. Le MIMUSOPE à feuilles pointues.
Mimusops Elengi. Linn. ♄ De l'Inde.
2. Le MIMUSOPE à feuilles obtuses.
Mimusops obtusifolia. Lam. ♄ Des Indes.
3. Le MIMUSOPE hexandre.
Mimusops hexandra. Willd. ♄ Des Indes.

Culture.

La première espèce est celle que nous cultivons. C'est un grand arbre donnant beaucoup d'ombre, dont les fleurs exhalent une excellente odeur, & dont les fruits sont bons à manger. Nous avons peu de notions sur la culture qu'on lui donne dans l'Inde, quoiqu'il se voie dans tous les jardins, ainsi que sur celle qu'il demande dans nos serres, où il est fort rare. J'observerai seulement qu'il lui faut une terre légère, une grande chaleur, beaucoup d'arrosemens en été, & qu'on ne le multiplie que de graines tirées de son pays natal, quoique peut-être on puisse espérer de le faire de marcottes & même de boutures. (*Bosc.*)

MINDI. *Voyez* HENNÉ.

MINDIUM. C'est la même chose que MICHAUXIE.

MINE. Ce mot s'applique tantôt aux lieux d'où on tire les métaux, tantôt aux métaux mêmes, tels qu'ils sortent de la terre, c'est-à-dire, oxidés, combinés avec le soufre, l'arsenic, &c.

Les Mines sont disposées ou en filons, ou en couches. Les premières, d'après les lois nouvelles, appartiennent à l'État, & ne peuvent être exploitées, même par le propriétaire du sol, qu'avec l'autorisation du Gouvernement. Les secondes, lorsqu'elles sont superficielles, ce sont principalement celles de fer dites d'alluvion, peuvent l'être par le propriétaire ; mais, à son défaut, les maîtres de forge peuvent les exploiter malgré lui.

C'est par erreur qu'on a cru pendant tant de siècles, que les Mines de la première sorte étoient la cause de l'infertilité des montagnes dans lesquelles elles se trouvent. Cette infertilité, comme il a été reconnu dans ces derniers tems, tient à la nature même du sol, qui est le plus ordinairement PRIMITIF. *Voyez* ce mot & ceux GRANIT, SCHISTE & GNEISS.

Les Mines de fer d'alluvion sont indiquées par la couleur rouge du sol. Il en est qui le rendent si stérile, que les bois mêmes refusent d'y croître, & que ce n'est qu'à force de fumier qu'on peut leur faire produire quelques récoltes de seigle & d'avoine. On les améliore par des mélanges de marne calcaire & de terre d'alluvion. La vente de la Mine dédommage le propriétaire ; mais lorsqu'elle est épuisée, le terrein qui a été profondément remué est encore plus infertile qu'auparavant, & il faut attendre des siècles pour qu'il s'y produise un peu de terreau. *Voyez* le mot MINE dans les *Dictionnaires de Géologie, de Minéralogie & de Chimie.* (*Bosc.*)

MINER. C'est, dans beaucoup de lieux, défoncer à deux ou trois pieds les terreins très-pierreux, pour enlever la plus grande partie des pierres & ensuite y planter de la vigne.

Cette sorte de défoncement est très-avantageuse, mais très-coûteuse. Pour rendre la dépense moins sensible, chaque année les vignerons sont obligés, par leurs arrangemens avec le propriétaire, à en faire une petite partie pendant les jours perdus de l'hiver. Il seroit à desirer que cette pratique fût plus générale, & s'appliquât aux terres à grains & même aux bois. *Voyez* DEFONCEMENT. (*Bosc.*)

MINEL DU CANADA. C'est le CERISIER A GRAPPES.

MINETTE DORÉE. C'est la LUZERNE-HOUBLON. *Voyez* ce mot.

MINQUAR. *Minquartia.*

Arbre de la Guiane, qui est imparfaitement connu, mais qu'on n'en croit pas moins devoir former seul un genre particulier.

Comme cet arbre n'existe pas dans nos jardins, je n'ai rien à en dire de plus. (*Bosc.*)

MINSI : mélange de son & d'ortie hachée qu'on donne aux dindons dans le département des Deux-Sèvres.

MINUART. *Minuartia.*

Genre de plante de la triandrie trigynie & de la famille des *Caryophillées*, qui rassemble trois espèces, dont deux se cultivent dans nos écoles de botanique.

botanique. Il est figuré pl. 51 des *Illustrations des genres* de Lamarck.

Espèces.

1. Le MINUART des champs.
Minuartia campestris. Linn. ⊙ De l'Espagne.
2. Le MINUART dichotome.
Minuartia dichotoma. Linn. ⊙ De l'Espagne.
3. Le MINUART des montagnes.
Minuartia montana. Lœfl. ⊙ De l'Espagne.

Culture.

On sème les graines de ces plantes dans des pots remplis de terre légère, & on les place au printems sur une couche nue. Lorsque le plant qui est provenu de ce semis a acquis assez de force, ou mieux lorsque la couche est complétement refroidie, on place ces pots contre un mur exposé au midi, où ils ne demandent plus d'autres soins que des arrosemens. Ces plantes sont de nul intérêt pour d'autres que pour des botanistes. (*Bosc.*)

MIRBEL. *MIRBELIA.*

Arbrisseau très-élégant de la Nouvelle-Hollande, qui seul, selon Smith & Ventenat, forme un genre dans la décandrie monogynie & dans la famille des *Légumineuses*, fort voisin des PULTENÉES. *Voyez* ce mot.

Cet arbrisseau se cultive dans nos jardins, où on le tient en terre de bruyère, & où on le rentre dans l'orangerie, ou mieux la serre tempérée pendant l'hiver. L'humidité lui est très-nuisible; aussi demande-t-il à être isolé & tenu près des jours. Il se multiplie, 1°. par le semis de ses graines, dans des pots qu'on met ensuite sur couche & sous châssis; 2°. par boutures, qu'on place de même.

Cet arbrisseau est au reste encore trop rare pour qu'on puisse en dire davantage sur sa culture. (*Bosc.*)

MIRIOFLE. *MYRIOPHYLLUM.*

Genre de plante de la monoécie polyandrie & de la famille des *Onagres*, qui réunit une demi-douzaine d'espèces vivant toutes dans les eaux stagnantes; deux sont indigènes & peuvent intéresser les cultivateurs. *Voyez* les *Illustrations des genres* de Lamarck, pl. 775.

Espèces.

1. Le MIRIOFLE à épi.
Myriophyllum spicatum. Linn. ♃ Indigène.
2. Le MIRIOFLE verticillé.
Myriophyllum verticillatum. Linn. ♃ Indigène.
3. Le MIRIOFLE des Indes.
Myriophyllum indicum. Willd. ♃ Des Indes.
4. Le MIRIOFLE hétérophylle.
Myriophyllum heterophyllum. Mich. ♃ De la Caroline.
5. Le MIRIOFLE rude.
Myriophyllum scabrum. Mich. ♃ De la Caroline.
6. Le MIRIOFLE amphibie.
Myriophyllum amphibium. Labill. ♃ De la Nouvelle-Hollande.

Culture.

Les deux espèces indigènes sont les seules que nous puissions introduire dans nos jardins. Il leur faut des eaux vaseuses & profondes de plus de six pouces. Vues de près, elles sont fort élégantes, mais leur effet est nul de loin. On fera bien cependant d'en placer quelques touffes dans les lacs des jardins paysagers. On peut les multiplier par graines, qu'il faut semer, comme celles de toutes les plantes véritablement aquatiques, aussitôt qu'elles sont récoltées : on peut aussi en arracher des pieds dans les environs, pour les planter dans ces lacs. Une fois introduites dans des eaux qui leur conviennent, elles ne demandent plus d'autres soins que de les empêcher de trop s'étendre, ce à quoi elles ont beaucoup de propension.

L'abondance des Miriofles dans certaines eaux doit engager les cultivateurs à les arracher, au milieu de l'été, avec des rateaux à longs manches, pour, après qu'ils se seront desséchés sur les bords, les transporter sur leurs fumiers & en augmenter la masse. Le terreau qu'ils donnent est d'excellente nature. (*Bosc.*)

MIRLIROT : nom altéré de MÉLILOT.

MIROIR DE VÉNUS : espèce de CAMPANULE qui croît abondamment dans certains champs.

MIROSPERME. *MYROSPERMUM.*

Genre de plante de la décandrie monogynie & de la famille des *Légumineuses*, dans lequel se trouvent réunies trois espèces, dont aucune n'est encore introduite dans nos cultures. Il est figuré planche 341 des *Illustrations des genres* de Lamarck. Linnæus l'avoit appelé MYROXYLON.

Espèces.

1. Le MIROSPERME baume du Pérou.
Myrospermum peruiferum. Linn. ♄ Du Pérou.
2. Le MIROSPERME pédicellé.
Myrospermum pedicellatum. Lam. ♄ Du Pérou.
3. Le MIROSPERME sessile.
Mirospermum frutescens. Lam. ♄ De l'Amérique méridionale.

La première espèce est celle qui donne le *baume*

du Pérou, résine liquide fort employée en médecine.

La seconde est appelée *quina-quina* au Pérou, & son écorce y est employée contre la fièvre. Notre quinquina y est nommé *cascara*. (*Bosc.*)

MIROXYLLE. *Miroxylon*. C'est le même genre que le MIROSPERME. *Voyez* ce mot.

MIRSINE. *Myrsine*.

Genre de plante de la pentandrie monogynie & de la famille des *Hilospermes*, dans lequel se trouvent réunis deux arbustes, qui sont cultivés dans nos jardins. Il est figuré pl. 122 des *Illustrations des genres* de Lamarck.

Espèces.

1. Le MIRSINE du Cap.

Myrsine capensis. Linn. ♄ Du Cap de Bonne-Espérance.

2. Le MIRSINE à feuilles arrondies.

Myrsine retusa. Vent. ♄ Du Cap de Bonne-Espérance.

Culture.

Ces deux arbustes demandent la terre de bruyère, l'orangerie, & des arrosemens peu abondans; ils font un assez joli effet. On multiplie le premier par ses graines, dont il donne abondamment, tous deux de marcottes & de boutures; & la seconde, de rejetons, dont elle fournit beaucoup.

Les graines de la Mirsine du Cap se sèment au printems, dans des pots, sur couche & sous châssis. On rentre le plant qu'elles ont produit dans l'orangerie, & au printems suivant on le plante seul à seul dans d'autres pots, qui se mettent encore sur couche & sous châssis. Les jeunes pieds sont ensuite traités comme les vieux. Les rejetons se placent comme ces jeunes pieds, & ne demandent pas plus de soins.

Les marcottes se font dans des pots en l'air, & les boutures dans des pots sur couche & sous châssis. Lorsqu'elles sont bien enracinées, on les conduit comme le jeune plant.

Chaque année il faut renouveler la terre des Mirsines. C'est toujours au détriment de leur forme qu'on leur fait sentir le tranchant de la serpette. (*Bosc.*)

MIRTIL : nom vulgaire de l'AIRELLE commune.

MITCHELLE. *Mitchella*.

Petit arbuste rampant de l'Amérique septentrionale, qui seul forme un genre dans la tétrandrie monogynie & dans la famille des *Rubiacées*. Il est figuré pl. 63 des *Illustrations des genres* de Lamarck.

Culture.

La Mitchelle rampante ne craint point les gelées du climat de Paris; mais il lui faut de la terre de bruyère & de l'ombre. C'est dans les corbeilles des jardins paysagers qu'il convient de la cultiver, jusqu'à ce qu'elle soit devenue assez abondante pour garnir le dessous des massifs, dont elle couvriroit si agréablement la triste nudité. Je ne pouvois me lasser de considérer son élégance, ses jolies fleurs odorantes, ses fruits d'un rouge-vif, lorsque je parcourois les forêts de la Caroline, où elle est fort commune. Elle se multiplie, 1°. par ses graines, qui mûrissent fort bien dans le climat de Paris; 2°. par la séparation de ses tiges, qui prennent naturellement racine à tous leurs nœuds; 3°. par marcottes; 4°. par boutures. Je suis surpris qu'avec les agrémens dont elle est pourvue, & ses nombreux moyens de reproduction, elle soit encore si peu abondante dans les jardins des environs de Paris. Sa petitesse, qui permet aux grandes plantes de l'étouffer, en est sans doute la cause. Je la recommande aux amis de la culture. (*Bosc.*)

MITELLE. *Mitella*.

Genre de plante de la décandrie digynie & de la famille des *Saxifrages*, qui comprend quatre espèces, dont deux sont cultivées dans nos jardins. Il est figuré pl. 373 des *Illustrations des genres* de Lamarck.

Espèces.

1. La MITELLE diphylle.

Mitella diphylla. Linn. ♃ De l'Amérique septentrionale.

2. La MITELLE nue.

Mitella reniformis. Linn. ♃ De l'Asie septentrionale.

3. La MITELLE à feuilles en cœur.

Mitella cordifolia. Lam. ♃ De l'Amérique septentrionale.

4. La MITELLE couchée.

Mitella prostrata. Mich. ♃ De l'Amérique septentrionale.

Culture.

Les deux premières espèces, c'est-à-dire, celles que nous possédons, se placent dans les plates-bandes de terre de bruyère, ou exposées au nord ou ombragées, ou qu'il est facile d'entretenir dans une constante humidité par des arrosemens. Rarement elles donnent de bonnes graines dans nos climats; mais elles fournissent annuellement des rejetons, qu'on peut séparer des vieux pieds pendant l'hiver, & qui souvent fleurissent la même année. Il est cependant bon de ne faire cette opération que tous les trois ou quatre ans, lorsque la nécessité de les changer de place se fait sentir, afin que les touffes restent plus grosses, & qu'on puisse jouir de tout l'effet qu'elles doivent produire lorsqu'elles seront en fleurs; effet qui ne tient qu'à l'élégance de leurs fleurs, petites & peu nombreuses. (*Bosc.*)

MITRAIRE. *Mitraria.*

Arbrisseau grimpant, qui croît naturellement dans l'archipel de Chiloé, & qui seul forme un genre dans la didynamie angiospermie.

Cet arbrisseau, dont les feuilles sont opposées & les fleurs axillaires, de couleur rouge, n'est pas cultivé dans nos jardins, & ne peut par conséquent exiger ici un article étendu. (*Bosc.*)

MIXTURE ou MITTURE. On appelle ainsi, dans quelques endroits, une réunion de pois gris, de féves de marais, de vesce, de froment, de seigle, d'avoine, ou seulement un mélange de deux ou trois de ces graines, qu'on sème dans l'intention de le couper avant la floraison, pour le donner en vert aux animaux domestiques.

C'est une très-bonne opération que de se procurer ainsi du fourage de bonne qualité & abondant, ainsi que je l'ai fait voir aux mots Mélange & Prairie temporaire.

L'union des plantes à tiges droites & des plantes à tiges grimpantes est surtout importante à prendre en considération, à raison de la plus avantageuse croissance de ces dernières, lorsqu'elles peuvent s'élever sur un support. (*Bosc.*)

MNÉMOSILLE. *Mnemosilla.* Genre de plante établi aux dépens des Raiforts.

MNIARE. *Mniarum.*

Petite plante qui croît naturellement à la Nouvelle-Zélande, & dont Forster a fait un genre dans la diandrie digynie.

Cette plante n'étant pas cultivée dans nos jardins, ne peut être ici l'objet d'un article étendu. (*Bosc.*)

MOCANÈRE. *Visnea.*

Petit arbuste des Canaries, du fruit duquel se nourrissoient les anciens habitans de ces îles. Il se cultive dans nos jardins depuis quelques années, & forme seul un genre dans la dodécandrie trigynie & dans la famille des *Plaqueminiers*. *Voyez Essais sur les Iles fortunées*, par Bory-Saint-Vincent, pl. 7.

La Mocanère demande l'orangerie dans le climat de Paris. Il lui faut une terre demi consistante & substantielle, ainsi que des arrosemens peu abondans, surtout en hiver. Comme elle n'a pas encore porté de fruits dans le climat de Paris, on est réduit à l'y multiplier par marcottes & par boutures.

On fait les premières ou dans des pots en l'air, ou en couchant le pied sous un châssis; dans l'un & l'autre cas, si elles sont bien suivies, elles poussent des racines dans l'année & peuvent être sevrées au printems suivant, pour être mises en pot sur couche & sous châssis, afin d'assurer leur reprise.

Les secondes se font, au printems, dans des pots sur couche & sous châssis; elles s'enracinent difficilement, mais quelques-unes le font, & celles-là se traitent comme les marcottes.

La Mocanère offre un beau feuillage toujours vert. Elle n'est pas encore commune. (*Bosc.*)

MODÈQUE. *Modeca.*

Genre de plante établi par Rheed, & adopté par Jussieu & Lamarck, pour placer quelques plantes sarmenteuses de l'Inde, qui ont beaucoup de rapport avec les Grenadilles. *Voyez* ce mot.

Espèces.

1. La Modèque palmée.
Modeca palmata. Lam. ♄ Du Malabar.
2. La Modèque à feuilles entières.
Modeca integrifolia. Lam. ♄ Du Malabar.
3. La Modèque à bractées.
Modeca bracteata. Lam. ♄ Du Malabar.

Ces trois espèces ne sont pas cultivées dans nos jardins; ainsi je n'ai rien à en dire de plus. (*Bosc.*)

MOËLLE. On appelle ainsi un tissu cellulaire particulier, qui remplit un canal central dans toutes les plantes dicotylédones.

Les usages de la Moëlle ne sont pas encore parfaitement connus. L'expérience prouve que la plupart des plantes ou parties de plantes peuvent s'en passer dès la seconde année de leur naissance. Il paroît qu'elle leur est nécessaire pendant la première année.

Quelques physiologistes pensent que c'est la Moëlle qui fournit le *cambium* qui sert à l'accroissement en hauteur & en grosseur des arbres, parce qu'il semble être apporté au moyen des éradiations qui en partent, & suinter de l'aubier d'un arbre qu'on écorce pendant qu'il est en séve; mais cela ne me paroît rien moins que certain, car ces éradiations ne sortent pas toutes d'elle: il n'y a que celles de la première année, & les arbres qui n'ont point de Moëlle, comme les saules creux, ne croissent pas moins en hauteur & en grosseur.

Le plus souvent les éradiations médullaires sont d'une texture plus solide que le bois. Je ne connois que l'aristoloche siphon où elles soient de même nature que lui. On peut croire de l'observation, que celles des arbres dont les couches annuelles se séparent facilement, comme le châtaignier, sont plus foibles, qu'elles ne servent qu'à lier ces couches ligneuses les unes aux autres. *Voyez* Roulure.

C'est toujours des angles de la Moëlle, lorsqu'elle en a, que partent les premières éradiations médullaires.

Lorsqu'on greffe un arbre en écusson, il n'y a pas de communication entre la Moëlle du sujet & celle de la greffe; mais elle ne tarde pas à s'établir à travers les couches ligneuses du sujet sans qu'on sache comment. Il en est de même quand on coupe toutes les branches à un arbre, & qu'il est forcé de pousser des boutons sur son vieux bois.

Les arbres qui ont beaucoup de Moëlle, tels que le noyer, se greffent difficilement en fente, en raison de la prompte dessiccation que la plaie occasionne dans le chicot; aussi est-ce en écusson ou en flûte qu'on le fait ordinairement.

L'étui médullaire a une forme constante ou presque constante dans chaque espèce, & cette forme, ainsi que l'a prouvé M. Palisot-Beauvois, & ainsi que l'avoit remarqué long-tems auparavant M. Feburier, tient à la disposition des feuilles sur la tige. Tous les cultivateurs sont persuadés qu'elle diminue de diamètre à mesure que l'arbre vieillit; mais quelques physiologistes sont d'une opinion contraire.

Pour mettre le lecteur au fait de l'état actuel de nos connoissances à cet égard, je crois devoir donner ici l'extrait du Mémoire du dernier des auteurs précités, extrait rédigé par lui-même.

Pour juger la marche de la nature dans la formation & les développemens de la Moëlle, M. Feburier l'examine à trois époques différentes.

La première époque est celle de l'apparition de l'étui médullaire au moment de la germination. Ses observations réitérées sur un grand nombre de végétaux dicotylédons l'ont convaincu que la Moëlle au-dessus des cotylédons étoit ronde. Il n'a trouvé que peu d'exceptions en faveur de la forme ovale. La coupe de la Moëlle des ifs lui a cependant présenté cette dernière forme bien déterminée; mais la Moëlle des végétaux qui ont un plus grand nombre de cotylédons, tels que les pins, a autant d'angles qu'il y a de cotylédons. Ainsi les cotylédons paroissent influer sur la forme de la Moëlle & de l'étui médullaire.

Deuxième époque. Lorsque les végétaux ont pris de l'accroissement & qu'ils sont garnis d'un certain nombre de feuilles, la coupe de la tige au-dessus des cotylédons fait voir la Moëlle représentant une figure plus ou moins irrégulière & déterminée suivant la position des feuilles; ainsi on trouve, avant d'être arrivé aux premières feuilles, deux ou plusieurs angles à la Moëlle, dont un, deux ou trois, suivant la disposition des feuilles alternes, opposées ou verticillées sur la tige, augmentent plus que les autres jusqu'à ce qu'on soit arrivé au point d'insertion des pétioles ou des feuilles sessiles : à ce point, les angles correspondant aux pétioles ont leurs plus grandes dimensions en longueur.

Quelquefois l'angle se déforme en s'élargissant dans sa pointe. Souvent un filet se détache de ces angles pour former la Moëlle du pétiole : tantôt il est accompagné de deux, quatre ou même d'un plus grand nombre d'autres filets de Moëlle, qui partent des angles ou d'autres points de la circonférence de l'étui médullaire, & qui se réunissent tous pour former la Moëlle du pétiole. Dans d'autres végétaux, ce ne sont que des filets placés dans l'étui médullaire qui composent la Moëlle des pétioles : ces filets s'écartent insensiblement de cet étui, & pénètrent jusque dans l'écorce, d'où ils se rendent dans le pétiole. On apperçoit assez ordinairement un rayon médullaire plus large que les autres, qui s'étend des points de l'étui médullaire d'où le filet s'est détaché, & qui s'alonge à mesure que le filet se rapproche de l'écorce. Le frêne, le pêcher, le sureau, le châtaignier, peuvent servir d'exemple de ces modifications.

Ces filets médullaires, négligés jusqu'à ce jour, ont fixé l'attention de M. Feburier; il a examiné un grand nombre de Moëlles, & particuliérement celles des pétioles & des pédoncules, prises au-dessous du point d'insertion des pétioles & des pédoncules; au point même d'insertion, au milieu des pétioles & des pédoncules, & auprès des feuilles & des fruits. Il a trouvé des différences considérables, non-seulement dans le nombre & la position des filets médullaires autour de la Moëlle des tiges de chaque espèce, mais encore dans les diverses parties des pétioles & des pédoncules de la même plante.

L'étui médullaire de quelques espèces de végétaux paroît à l'œil nu, & quelquefois même avec la loupe, ne former qu'un tout bien homogène, & ce n'est qu'à un point très-rapproché du pétiole, qu'on commence à distinguer le filet ou les filets médullaires qui doivent y pénétrer. Dans d'autres espèces, on apperçoit au-dessus des points d'insertion du pétiole inférieur, trois angles plus alongés que les autres dans l'étui médullaire de la tige : ce sont les filets médullaires qui doivent pénétrer dans le pétiole supérieur, qui font cette différence, principalement aux deux angles qui sont à droite & à gauche de celui qui correspond à l'insertion du pétiole supérieur : placés à l'extrémité de ces angles, comme dans le poirier, le pêcher & le cerisier, ils ne peuvent en être distingués, & paroissent en être le prolongement : tantôt on les voit dans la partie extérieure & intérieure de l'étui médullaire; ils sont alors de différentes grandeurs. Les plus grands sont dans la partie extérieure, & ce sont ceux qui se détachent les premiers de l'étui médullaire pour se rendre dans les pétioles. Quelquefois les filets qui doivent former la Moëlle d'un pétiole sont separés de l'étui médullaire, à partir du point de développement du pétiole inférieur. C'est ainsi que, lorsqu'on coupe une branche de sureau au point où une feuille s'en détache, on voit des filets médullaires à la vue simple, bien distincts & séparés de l'étui médullaire : ils s'en écartent insensiblement & ils vont former la Moëlle des deux pétioles supérieurs avec deux autres filets trop petits pour les distinguer en même tems que les autres. Enfin, dans certains arbres, comme le châtaignier & autres, on voit une double ligne extérieure autour de l'étui médullaire; elle semble unie à celle intérieure par de petits traits qui font paroître cet étui comme rayonnant : cette ligne extérieure est formée d'une multitude de filets médullaires, dont un grand nombre se rend dans chaque pétiole.

Ces filets médullaires sont enveloppés de trachées, fausses trachées & grands tubes qui les accompagnent dans les pétioles & jusque dans les feuilles, où ils forment les nervures. Il en résulte qu'en général, l'étui médullaire des tiges est composé de la réunion d'un grand nombre de petits étuis médullaires, au milieu de chacun desquels il y a un filet de Moëlle.

Indépendamment de ces filets médullaires, il sort de l'angle de l'étui médullaire qui correspond à la feuille, un autre filet pour se rendre dans le bouton qui se développe à l'aisselle de la feuille. Ce filet change peu à peu de forme, à mesure qu'il se rapproche du bouton : si, comme dans le pêcher, il y a trois boutons à l'aisselle de la feuille, le filet médullaire se divise en trois.

Lorsqu'on enlève à la tige des tranches au-dessus de l'insertion du pétiole & du bouton, on voit que l'angle qui avoit pris de si grands développemens jusqu'à cette partie, est souvent à peine visible au-dessus, pendant que l'angle qui correspond au pétiole supérieur commence à augmenter & continue à le faire jusqu'au point d'insertion de ce pétiole. Il en résulte que l'on ne trouve jamais tous les angles de la Moëlle de même dimension. On en voit cependant deux dans les végétaux à feuilles opposées, comme le sureau, le frêne, & trois dans les verticilles à trois feuilles, comme le catalpa, &c., parce que ces angles se sont développés & viennent aboutir au même point.

Si on examine ensuite un bouton à bois bien formé, on voit que la Moëlle y a pris une forme déterminée. Tous les angles sont développés à l'insertion des feuilles, quoiqu'on ne puisse encore distinguer les boutons qui existeront dans la suite à l'aisselle de ces petites feuilles. On s'assure également, en coupant ces boutons par tranches très-minces, que les angles les plus grands sont toujours au point d'insertion de chaque feuille.

Si on suit, en outre, le développement d'un de ces boutons, on remarque que la Moëlle augmente en diamètre, & que lorsqu'elle a pris tout son développement, les angles ne sont plus aussi saillans : les lignes d'un angle à l'autre, qui étoient concaves, deviennent droites ou se rapprochent de la ligne droite ; celles qui étoient droites, forment un arc dont la partie convexe est du côté de l'écorce. La Moëlle a un plus grand volume au point d'insertion des feuilles. Les cellules ou utricules ont pris leurs plus grandes dimensions, & en comparant les utricules d'une branche qui a une forte végétation avec celle de la Moëlle d'une branche qui pousse médiocrement, il est facile de s'assurer que les premières sont plus grandes que les secondes.

On remarque encore que si la pousse est très-vigoureuse & qu'il y ait une grande distance entre les feuilles, les angles de la Moëlle ne sont pas si saillans dans l'intervalle, & que la Moëlle s'y rapproche plus de la forme ronde ; elle est même entiérement ronde dans les gourmands de rosier, d'églantier, &c., si on en excepte le point d'insertion des feuilles, où il y a un angle.

Tel est le développement de la Moëlle dans les branches verticales qui ont poussé en plein air ; mais si un côté de la branche est contre un mur, ou d'autres branches qui la privent de l'air & de lumière, ou si les branches sont renversées, les feuilles, en s'écartant plus ou moins de leur position naturelle pour jouir des influences atmosphériques, produisent un effet assez sensible sur la forme de l'étui médullaire, dont les angles ne se trouvent plus dans la même direction. Ainsi, dans le frêne & le sureau, où la seconde paire de feuilles forme l'angle droit avec la première dans les branches verticales qui jouissent de l'air & de la lumière de tous côtés, la Moëlle a quatre angles, deux grands & deux petits. Mais si la situation des feuilles est un peu dérangée, la Moëlle & l'étui médullaire peuvent avoir six & huit angles, & ils sont souvent plus alongés dans un sens que dans l'autre, parce que les quatre angles supérieurs n'étant pas placés dans la même ligne que les quatre inférieurs, ne se confondent pas avec eux. On trouve quelquefois, dans les espèces dont les feuilles sont disposées en spirale, comme le cerisier, deux angles de plus.

Cette forme de la Moëlle & de l'étui médullaire de la tige & des branches, fixée par la position des feuilles, paroît également établie dans les pédoncules par le nombre de pédicelles ou par les divisions du calice, même lorsque ces divisions ne sont que des échancrures qui ne se prolongent pas jusqu'au point d'insertion du calice, qu'on considère alors comme monophylle, pourvu que le nombre des pétales soit égal à celui de ces divisions.

Il résulte de ces faits, que la Moëlle & l'étui médullaire ont plus ou moins d'angles, suivant la position des feuilles; que si les feuilles sont alternes, la Moëlle présente un angle plus fort & un autre plus foible; si elles sont opposées, deux grands angles & deux petits; si elles sont verticillées, autant d'angles qu'il y a de feuilles aux verticilles, & en observant que, si les feuilles du second verticille sont placées entre celles du premier, au lieu d'être dans la même ligne, les angles sont doublés. On voit un angle très-ouvert, suivi d'un angle moins ouvert, puis un angle très-ouvert, &c. Il faut remarquer qu'à égale distance de deux verticilles, de deux couples de feuilles opposées, &c., la différence entre les angles est peu sensible; elle n'est considérable qu'autant qu'elle se rapproche de l'insertion des pétioles. Enfin, si les feuilles sont en spirale, il y a autant d'angles que la spirale est composée de feuilles.

Troisième époque. Elle commence lorsqu'il se forme des fibres ligneuses. L'étui médullaire, dont le diamètre avoit continué à augmenter jusqu'à ce moment, est arrêté dans ses développemens. La Moëlle change de couleur; elle devient blanche & elle semble perdre la faculté de se dilater; elle blanchit plus tard aux points d'insertion, & beaucoup d'étuis médullaires conservent la couleur verte pendant un an; il en est même qui, comme le peuplier du Canada, ont cette couleur pendant trois ans.

Bientôt la Moëlle & l'étui médullaire éprouvent une réduction qui est très-sensible aux points d'insertion des pétioles. Cette partie de la Moëlle est, au moment du plus grand développement, plus large que les autres, comme on peut le vérifier dans les Moëlles de vigne, de sureau, de catalpa, &c.; mais lorsqu'il s'est formé une couche d'aubier, cette partie est plus réduite que les autres, & son diamètre est quelquefois plus petit; aussi remarque-t-on que la couche ligneuse y est plus épaisse qu'ailleurs dès le mois d'août, ce qui prouve que les fibres ligneuses ne sont pas formées d'un seul jet dans toute la longueur du végétal. L'examen des espèces qui ont une forte végétation, comme celles que je viens de citer, en fourniront facilement la preuve.

Mais si une feuille est recouverte par d'autres, qu'elle ne prenne pas toutes ses dimensions, ou qu'elle ne puisse pas bien remplir ses fonctions, ou si elle est coupée par le cultivateur, ou bien dévorée par les chenilles, la couche ligneuse ne se forme pas au point d'insertion, du côté où la feuille manque, ou bien elle y est très-mince. L'angle formé de ce côté reste aigu, saillant, & son extrémité est très-rapprochée de l'écorce, pendant que les autres angles deviennent obtus & disparoissent même dans plusieurs espèces dont la Moëlle prend la forme ronde : telles sont les Moëlles du sureau, du frêne.

Si une branche végète à l'ombre, les feuilles, privées de lumière, ne remplissant qu'imparfaitement leurs fonctions, les angles de la Moëlle sont moins comprimés par la couche mince ligneuse qui se forme; son diamètre est moins réduit, & un an après on trouve encore le diamètre de la Moëlle plus considérable au point d'insertion des pétioles, qu'au-dessous entre deux couples de feuilles.

Le diamètre de la Moëlle continue à éprouver une réduction pendant la formation des couches ligneuses pendant le reste de la saison. La Moëlle, qui étoit verte dans le principe, & qui est devenue blanche, se dessèche, & dans quelques espèces elle produit un effet qui semble faire exception à la règle générale; par exemple, dans les chèvre-feuilles d'Europe & de Tartarie, elle se retire dès le mois d'août contre le canal médullaire, & laisse un vide au centre dans toute la longueur du canal. La Moëlle du noyer se divise, au contraire, sur la longueur en petites lames aussi minces que du papier fin, qui remplissent le canal dans toute sa largeur, & qui ne sont qu'à une demi-ligne les unes des autres.

Ce desséchement de la Moëlle paroît annoncer que ses fonctions sont terminées, & qu'elle coopère au moins très-peu, par la suite, à la végétation.

Les années suivantes, l'étui éprouve encore une légère réduction. Cette réduction, la première année & les suivantes, n'influe pas seulement sur la largeur de son diamètre; les angles deviennent moins saillans, les contours de l'étui s'arrondissent un peu, & sa forme se rapproche de celle circulaire. La couleur de la Moëlle change; elle devient d'un roux-brun. On voit des lignes d'un rouge assez vif qui environnent la Moëlle dans le canal médullaire du sureau, & dont quelques-unes même sont placées dans la Moëlle. Les choses restent en cet état plusieurs années, après quoi la Moëlle s'ossifie dans plusieurs végétaux.

Si on recherche, dit l'auteur, les causes qui font varier la forme & les proportions de la Moëlle & de son étui, l'examen d'un bouton à bois, plus facile à faire que celui d'une plumule, fournira quelques données à cet égard.

Au moment où on commence à appercevoir ce bouton, ce n'est qu'une petite portion de matière parenchymateuse, dans laquelle on ne peut distinguer aucune organisation avec la loupe. Peu à peu il grossit : des fibres qui se séparent de l'étui médullaire, & qui traversent l'écorce, se développent en réseau & produisent une feuille. La perte de ces fibres doit affoiblir l'étui au point où elle s'en détache pour traverser l'écorce. D'une autre part, les fibres qui forment l'étui médullaire sont très-peu développées, puisqu'une branche qui peut, dans une année, s'alonger de cinq à six pieds, est contenue dans un bouton de deux lignes, & souvent moins de longueur; la distance entre les feuilles y est en quelque sorte nulle, & les feuilles inférieures recouvrent celles supérieures. Ainsi, l'impression faite par une feuille sur la tige doit nécessairement se faire sentir jusqu'à la feuille inférieure, qui est placée dans la même ligne. C'est ce que l'expérience constate, même sur la partie extérieure de la tige, comme on peut le vérifier dans le peuplier de la Caroline & autres, où on trouve sur l'écorce plusieurs angles qui vont d'une feuille supérieure à celle inférieure, & qui ne disparoissent que lorsqu'il s'est formé plusieurs couches ligneuses.

Les feuilles, forcées, pour se développer & pour pénétrer à travers l'écorce, de former un angle avec la petite tige, écartent un peu l'écorce au point d'insertion. La Moëlle, comprimée par les parois de l'étui qui la contient, en profite pour se dilater, & elle forme un angle dans ce point. Cet angle n'a lieu, dans le principe, que sur une partie très-petite; mais l'impression une fois faite se conserve plus ou moins dans cette partie lorsqu'elle se développe, parce que les fibres de l'étui qui l'ont reçue, ne font que s'alonger entre deux feuilles.

L'impression faite à l'étui médullaire devoit être la plus forte possible au point de la séparation du faisceau qui forme le pétiole : c'est aussi à ce point que l'angle est le plus considérable, & il se réduit insensiblement en s'écartant de la feuille.

Si on continue à enlever des tranches du bouton, jusqu'à ce qu'on ne trouve plus d'insertion de feuilles, on n'apperçoit presque plus les angles, & on ne voit qu'un point à peu près rond.

On observe encore, lorsque le bouton se développe, l'influence des feuilles sur les angles, puisque toutes les feuilles qui s'écartent un peu de leur position produisent un changement dans la forme de l'étui médullaire. Cette influence se remarque encore dans les boutons qui se forment & se développent de suite au printems sur la tige ou les grosses branches. Ils y produisent des gourmands; mais comme les feuilles y sont plus petites & plus écartées sur ces gourmands, les angles de la Moëlle sont moins saillans aux points d'insertion, & la Moëlle est presque circulaire d'une feuille à l'autre, jusqu'à la partie supérieure des gourmands, où les feuilles sont plus larges & plus rapprochées, & où les angles sont marqués comme dans les branches ordinaires.

Le développement de la Moëlle est dû à sa force de dilatation, & à la quantité plus ou moins grande de sucs séveux qu'elle contient. Comprimée dans son étui, elle fait effort contre ses parois intérieures; mais les parties rentrantes ou droites de cet étui doivent opposer moins de résistance que les parties anguleuses, parce qu'elles sont plus rapprochées du centre; elles sont aussi moins soutenues par l'écorce, qui tend à prendre la forme circulaire, tant par la force qui l'éloigne du centre, que par l'atmosphère qui l'enveloppe & la presse de toutes parts. Les parties rentrantes ou droites de l'étui médullaire, cédant à la puissance qui agit sur elles, s'écartent un peu du centre, & les angles s'ouvrent davantage. Si la branche prend un accroissement très-prompt & très-grand, les fibres qui composent l'étui médullaire acquièrent tout le développement dont elles sont susceptibles, & elles le font dans un tems trop court pour prendre beaucoup de consistance; d'une autre part, cette grande extension les affoiblit, & elles résistent moins à la pression de la Moëlle, qui tend à les écarter du centre. La Moëlle prend alors un plus grand diamètre, tant dans l'étui principal que dans les petits étuis dont il est formé, & les cellules ou utricules de la Moëlle acquièrent leurs plus grandes dimensions. Si, au contraire, la pousse est lente & foible, l'étui moins affoibli oppose plus de résistance, la Moëlle ne prend pas un aussi grand diamètre, ses utricules sont plus petits & ses angles plus saillans.

Bientôt les couches ligneuses commencent à se former : ces couches, pour trouver place entre l'étui médullaire & l'écorce, doivent faire effort contre ces deux parties. D'un côté, elles repoussent en dehors l'écorce qui cède à leurs efforts, parce que ses fibres ont la faculté de s'étendre en réseau, dont les mailles prennent de plus grandes dimensions; de l'autre, ces couches comprennent l'étui médullaire & particuliérement ses parties anguleuses, qui, étant plus rapprochées de l'écorce, gênent davantage la formation des couches ligneuses, & sont plus exposées à leur action. Les parties avancées ou anguleuses de l'étui éprouvent donc une plus grande réduction que les autres; & comme c'est au point d'insertion des feuilles que les couches ligneuses commencent à se former, c'est aussi à ce point que la Moëlle commence à éprouver une réduction, & que son diamètre diminue davantage.

Mais l'écorce réagit à son tour contre les couches ligneuses, particuliérement dans les tems chauds & secs, & même lorsqu'il fait un froid sec. En comprimant ces couches, elle détermine nécessairement une réaction sur l'étui médullaire, qui cède avec d'autant plus de facilité qu'il est plus foible, en raison de son grand développement. La Moëlle, qui, en se desséchant, a perdu sa force de dilatation, ne soutient pas, par sa résistance, les parois de l'étui contre la pression des couches ligneuses; elle cède elle-même à cette force de compression, & son diamètre se réduit insensiblement. Les filets médullaires contenus dans l'étui principal, & plus exposés à l'action des couches ligneuses, éprouvent une telle réduction, qu'ils sont à peine visibles la troisième année. On observe que ces filets, qui sont en dehors de l'étui médullaire dans quelques végétaux, tels que le peuplier du Canada & autres, sont ronds la première année; mais qu'ils s'aplatissent & s'alongent à mesure qu'ils éprouvent les effets de la compression des couches ligneuses.

L'effet de cette compression ne peut oblitérer l'étui médullaire, mais seulement resserrer les fibres qui le composent, jusqu'à ce qu'elles opposent une force assez grande pour résister à la compression, parce que la pression a lieu tout autour de l'étui médullaire.

On a cependant apperçu quelquefois un petit nombre de fibres dans la Moëlle de sureau; ce qui avoit déterminé quelques auteurs à conclure qu'après le développement de la Moëlle, il s'y formoit des fibres qui remplissoient insensiblement le canal médullaire. Mais une longue suite d'observations a prouvé à M. Feburier qu'il n'y avoit pas de production de fibres dans la Moëlle, & que le petit nombre de celles qu'on y avoit trouvées, n'étoient que des fibres detachées des étuis qui enveloppent les filets médullaires qui forment la Moëlle des pétioles. Ces étuis, dans le sureau, paroissent quelquefois en dedans du canal médullaire, où ils font saillie.

L'auteur pense qu'on peut tirer de tous les faits qu'il a détaillés, & des explications qui les suivent, les conclusions suivantes : la Moëlle est susceptible d'une dilatation plus ou moins grande, suivant les circonstances; la position des feuilles détermine sa forme; lorsqu'elle a acquis tout son développement, sa force de dilatation a un peu modifié cette forme par sa pression inégale contre les parois intérieures de l'étui médullaire, & par la résistance plus ou moins grande des diverses parties de cet étui. La formation des couches ligneuses ajoute encore à cette modification, en comprimant plus particuliérement les parties les plus saillantes de l'étui médullaire; enfin, cette compression réduit insensiblement le diamètre de la Moëlle, jusqu'à ce que l'étui médullaire, dont les parties se sont resserrées & consolidées, oppose une résistance égale à la force de compression.

On voit, par ce résumé du Mémoire de M. Feburier, qui servira de complément à celui de Sennebier, dans le *Dictionnaire de Physiologie végétale*, que la Moëlle n'a pas toujours les mêmes formes ni les mêmes dimensions. Ainsi, la Moëlle du sureau a, dans le principe, quatre angles. Ces angles deviennent plus obtus quand la Moëlle augmente son diamètre, parce que les quatre lignes qui formoient le quadrilatère de la coupe de la Moëlle deviennent des arcs dont le côté convexe est du côté de l'écorce. La compression des fibres ligneuses sur ces angles finit par les faire disparoître, & la coupe de la Moëlle est alors à peu près circulaire. Cet effet est relatif à la dilatation de la Moëlle & à l'épaisseur de la couche ligneuse, la première année; car les branches dont la végétation a été foible, & dont la couche ligneuse est très-mince, ont, l'année suivante, une Moëlle anguleuse & non circulaire.

Je pourrois m'étendre davantage sur les considérations physiologiques que présente la Moëlle; mais ce seroit répéter ce qui a été dit dans l'article précité du *Dictionnaire de Physiologie végétale*.

La Moëlle de sureau sert à quelques petits objets d'économie, & on fait, avec celle du jonc aggloméré, d'excellentes mèches de lampes. (*Bosc.*)

MŒNCHIE. *Mœnchia.*

On a donné ce nom à un genre fait aux dépens des *Myagres*, & ayant pour type la CAMELINE. *Voyez* ce mot.

On l'a aussi appliqué à un genre de la tétrandrie tétragynie, voisin des *Sapins*, & qui ne renferme qu'une espèce, qui croît naturellement en Angleterre. C'est une plante annuelle que je ne crois pas qu'on trouve dans les jardins des environs de Paris, & sur la culture de laquelle je n'ai aucun renseignement. (*Bosc.*)

MOETTE. C'est, dans quelques cantons, une tenaille de bois avec laquelle on échardonne. *Voy.* CHARDON.

MOFETTE : gaz acide méphitique qui se développe dans les mines, dans les fosses d'aisance, &c.

MOGORI. *Mogorium.*

Genre de plante de la diandrie monogynie & de la famille des *Jasminées*, établi pour placer quelques espèces de JASMINS & de NYCTANTES, qui diffèrent un peu des autres par leurs caractères. Comme ce genre n'a pas été adopté par tous les botanistes, j'ai traité de ces espèces à ceux dont elles font partie. (*Bosc.*)

MOHRIA. *Mohria.*

Espèce de *Fougère* qu'on a successivement placée parmi les *Polypodes*, sous le nom de *P. des Caffres*; les *Osmondes*, sous le nom d'*O. thurifère*, *marginale*; les *Adiantes*, sous le nom d'*A. des Caffres*, & dont on a fait enfin un genre particulier.

Cette plante, n'étant pas cultivée dans nos jardins, n'est pas dans le cas d'un plus long article. (*Bosc.*)

MOIGNON. Ce mot est synonyme de CHICOT (*voyez* ce mot); mais il s'applique plus particuliérement aux grosses branches.

Ce n'est pas une chose agréable à la vue, mais c'est une chose toujours utile à l'arbre, que de lui laisser des Moignons lorsqu'on l'élague, parce que, par leur moyen, on évite la formation des CHANCRES, des GOUTIÈRES (*voyez* ces mots), qui sont la suite des grandes plaies faites à son tronc. (*Bosc.*)

MOINEAU : l'oiseau d'Europe le plus multiplié dans les villes & autour des villages, celui qui nuit le plus aux récoltes des céréales, à raison de ce qu'il en mange la graine sur pied, dans les granges, dans les greniers, dans les semis, jusque dans les marchés.

Il est fort difficile d'empêcher les ravages des Moineaux. Ils s'accoutument en peu de tems aux épouvantails qu'on leur présente, & si les cris des

des enfans qui gardent les chenevières les font lever dans un bout, c'est pour aller se poser dans l'autre. Il n'y a que les coups de fusil répétés, & la vue de la mort de plusieurs d'entr'eux, qui puissent les forcer à quitter prise.

Duhamel a observé que les Moineaux faisoient moins de dégâts dans les seigles & dans les fromens barbus, que dans les fromens sans barbe. En effet, il doit leur être plus difficile de prendre le grain dans les premiers.

On calcule généralement que chaque Moineau peut manger dix livres de blé ou un demi-boisseau par an, quoiqu'il paroisse constant, par des observations positives, qu'il en peut consommer quatre fois plus. Rougier-Labergerie établit qu'il en mange un boisseau, & qu'il y en a dix millions dans l'ancienne France. J'ai tout lieu de croire que ce dernier nombre est aujourd'hui dix fois trop foible, à raison de leur multiplication, qui a été la suite de la loi du port d'armes & de la cherté de la poudre à tirer; qu'ainsi il faut dire que la France est privée, chaque année, de cent millions de revenu par leur seul fait.

Comment diminuer cette énorme perte? En mettant, comme en Angleterre & dans quelques contrées de l'Allemagne, la tête des Moineaux à prix. Quelque considérable que soit la dépense de cette mesure, elle sera toujours fort économique. D'ailleurs, il est à croire que, dans le moment actuel, par exemple (1812), où elle est plus que jamais commandée par les circonstances, on en apporteroit immensément pour un sou la pièce, & que le double ou au plus le triple de cette somme suffiroit par la suite.

Les Moineaux vivant continuellement au milieu des hommes, sont hardis & rusés; ils ont peu d'ennemis à craindre parmi les animaux, & les moyens de les détruire, autres que le fusil, ne sont pas nombreux. Je vais les passer en revue.

Hors le tems de leurs amours, les Moineaux vivent en bandes plus ou moins nombreuses, quelquefois de plusieurs centaines, qui semblent être conduites par une volonté commune. Si ces bandes se divisent, surtout en hiver, ce n'est que pour quelques heures. Cette disposition favorise le chasseur.

Pour tuer beaucoup de Moineaux à la fois, le fusil étant chargé de cendrée de plomb, on choisit les momens où ils sont très-rapprochés sur les buissons, ou celui où ils volent très-serrés, & on en abat des douzaines à la fois. On fait des traînées avec des criblures de grains, à peu de distance d'une fenêtre, d'un mur, d'une haie, &, lorsqu'ils sont occupés à manger, on les tire dans la longueur de cette traînée.

C'est dans les haies que les Moineaux se retirent le plus volontiers, surtout dans les pays de plaines. Lorsqu'on sait où la bande est dans l'habitude de se placer, un homme, à trois ou quatre heures de la nuit, fixe à l'extrémité de la haie, sous le vent, & perpendiculairement à la haie & au sol, un large filet contre-maillé, soutenu entre deux bâtons, & se tient derrière, à quelque distance, avec une chandelle à la main. Alors un ou deux autres hommes partent de l'autre extrémité de la haie, cheminant lentement, & frappant de tems en tems quelques petits coups de bâton dessus. Les Moineaux réveillés se portent de branche en branche jusqu'à l'extrémité où est le filet, & les branches leur manquant, ils se jettent dedans. On en prend ainsi la plus grande partie. Quelques jours après on recommence. Les nuits froides & obscures de l'hiver sont celles qu'on doit préférer. Je parle ici d'après ma propre expérience, ayant ainsi pris bien des centaines de ces oiseaux dans ma jeunesse.

Les filets à alouettes, garnis d'une ou plusieurs moquettes, sont très-propres à détruire beaucoup de Moineaux. Il n'est pas rare, aux environs de Paris, de voir des oiseleurs de profession en prendre, par ce moyen, plusieurs douzaines par heure.

Toutes les fermes & les métairies devroient disposer deux des fenêtres de leur grenier à paille de la manière suivante: à l'une d'elles seroit un filet contre-maillé ou à poche, à demeure, & au-dessus de l'autre une poulie de renvoi, munie d'une corde qui, passant dans deux anneaux attachés au bord supérieur des volets, les feroit fermer instantanément lorsqu'on la tireroit de la cour; les autres fenêtres étant fermées, on fermeroit celle-ci chaque fois qu'on auroit la certitude qu'il y a des Moineaux dans le grenier, & ces Moineaux iroient se prendre dans le filet. On peut ainsi, dans un hiver, comme j'en ai encore l'expérience, détruire la majeure partie des Moineaux d'un canton.

Les enfans des cultivateurs détruisent partout beaucoup de Moineaux en leur apprêtant un lieu pour nicher (le plus communément un pot attaché à une certaine hauteur de la muraille), ou en les recherchant dans les trous qu'ils ont choisis; ils en détruisent encore avec les petits piéges qu'ils leur tendent pendant l'hiver, comme trébuchets, quatre de chiffre, &c.

La chair des Moineaux est coriace, surtout celle des vieux; mais il ne faut pas la dépriser autant qu'on le fait en certains lieux. (*Bosc.*)

MOIS. On nomme ainsi chacune des douze divisions qu'on suppose dans le cercle que parcourt la terre autour du soleil.

Les Mois ne sont pas égaux dans le calendrier grégorien, parce qu'il a fallu répartir sur plusieurs d'entr'eux les cinq ou six jours que l'année a au delà de trois cent soixante.

Je renvoie au *Dictionnaire d'Astronomie* ceux qui voudront avoir des notions détaillées sur les Mois; mon objet ici a été seulement de dire que j'ai indiqué à chacun d'eux la série des travaux de la grande & de la petite culture qui doivent se faire dans le climat de Paris pendant sa durée.

On réunit les Mois en quatre groupes, qui s'appellent *faisons*, & dont il sera aussi question à leurs noms propres. (*Bosc.*)

MOISISSURE. *Mucor.*

Genre de plante de la famille des *Champignons*, qui renferme un assez grand nombre d'espèces, toutes croissant sur des substances animales & végétales en décomposition, & que beaucoup de personnes croient être le produit d'une génération spontanée, quoiqu'il soit de fait qu'elles ne se développent pas dans les vases hermétiquement fermés.

Il n'est pas nécessaire, puisqu'elles ne se cultivent point, que je donne la liste des espèces qui composent ce genre; cependant, certaines d'entr'elles se trouvant exclusivement sur telle ou telle substance, je dois indiquer ici les plus communes ou les plus importantes à connoître sous le rapport de l'économie domestique, en renvoyant au *Dictionnaire de Botanique* pour les autres.

La MOISISSURE CRUSTACÉE. C'est sur le vieux fromage qu'elle se trouve, par plaques d'abord grisâtres, ensuite rouges.

La MOISISSURE ORANGÉE. Elle forme sur le liége, l'intérieur des tonneaux vides, des taches jaunâtres qui donnent un goût de moisi au vin qu'on y met. L'eau bouillante, employée à plusieurs reprises, peut seule débarrasser les bouchons & les tonneaux de ce goût.

La MOISISSURE OMBELLÉE. Elle croît sur les fruits, les confitures & autres matières végétales.

La MOISISSURE GRISATRE. On la trouve sur la plupart des substances qui servent à la nourriture de l'homme, principalement sur le pain : c'est la plus commune & la plus nuisible.

Tenir dans un lieu sec les matières animales & végétales qu'on veut préserver de la Moisissure, est le moyen le plus généralement employé, & il suffit souvent; mais lorsque la décomposition de ces matières se compléte, il ne produit plus aucun effet. Les renfermer hermétiquement, les recouvrir de graisse, d'huile, les plonger dans le vinaigre, dans l'eau-de-vie, les sucrer, les saler, sont des moyens plus puissans, mais qui ne réussissent pas toujours.

Les lavages à l'eau bouillante & la cuisson sont souvent suivis de la disparition plus ou moins complète de l'odeur & de la saveur des Moisissures; mais, en général, il est difficile de les ôter absolument : c'est donc sur sa vigilance qu'une ménagère doit le plus compter pour s'éviter les pertes qui sont les suites de leur multiplication; ainsi, elle visitera, toutes les semaines au moins, ses provisions, séparera des autres celles qui commenceroient à s'altérer, ôtera avec un couteau ou une cuiller toutes les taches de Moisissure qu'elle y remarquera, fera recuire ses confitures, ses herbes un peu altérées, & mettra en consommation celles dont l'altération sera trop avancée.

Les Moisissures ne sont pas un poison, comme quelques personnes le croient. Si elles causent quelquefois des douleurs d'estomac & des vomissemens, cela est occasionné par leur odeur & par leur saveur nauséeuse, odeur & saveur telles, que l'animal le moins délicat, le cochon même, refuse de manger les substances qui en sont imprégnées.

On ne doit jamais donner aux bestiaux du foin moisi, & ce par la même raison. (*Bosc.*)

MOISSINE ou MOINSINE. On appelle ainsi un sarment de vigne garni de ses raisins, qu'on suspend au plancher pendant l'hiver.

Chaque variété de raisin ayant une faculté conservatrice différente, & ces variétés changeant de vignoble à vignoble, il est des Moissines qui peuvent donner des raisins excellens au bout de trois mois : celles de la panse, par exemple, & d'autres où l'altération sera complète au bout de quinze jours; celles du gros-blanc, par exemple. *Voyez* VIGNE. (*Bosc.*)

MOISSON : premier but des travaux du laboureur, & terme de ses plus grandes inquiétudes.

En effet, il ne sème que pour récolter, & dès qu'il a engrangé ou emmeulé ses seigles, ses fromens, ses orges, ses avoines, les grêles, les vents orageux, les pluies battantes ou durables, les inondations, &c. ne sont plus à craindre pour lui.

Le moment de la Moisson est partout indiqué par la maturité des grains, maturité qui se reconnoît à sa dessiccation, ainsi qu'à celle de la tige; mais il ne peut être fixé, car il varie, non-seulement dans tous les climats, mais encore dans chaque lieu, toutes les années, selon l'époque des semailles, la nature du sol, celle du grain, les circonstances atmosphériques, &c., &c.

Le résultat d'une Moisson anticipée est un grain qui se retrait (se ride & devient plus petit), qui se garde moins bien, qui donne moins de farine, &c.

Le résultat d'une Moisson retardée est une grande perte de grain, occasionnée par les pluies, les vents qui secouent les épis lorsqu'ils sont sur pied, par les moissonneurs qui les secouent en les coupant, en les liant, en les chargeant, &c.; enfin, par les quadrupèdes & les oiseaux, qui s'en nourrissent.

Les inconvéniens étant moindres dans ce dernier cas, & pouvant être diminués par les soins des cultivateurs, c'est lorsque la maturité des grains est complète, qu'on doit généralement commencer la Moisson. *Voyez* MATURITÉ.

Le mois d'août est, pour la plus grande partie

de la France, celui pendant lequel se fait la Moisson; de là le nom d'*août*, que les cultivateurs lui ont donné pour synonyme.

Pour faire promptement & économiquement la Moisson, il faut s'occuper de ses préparatifs longtems d'avance. Ainsi on s'assurera des bras extraordinaires qui seront nécessaires, on se précautionnera de liens, on réparera les voitures, les harnois, les chemins qui conduisent de la maison aux champs à moissonner; on nétoiera & réparera les granges, les greniers; on laissera reposer quelques jours les chevaux de trait, pour qu'ils puissent mieux supporter les travaux extraordinaires qu'on sera dans le cas de leur demander.

Il est toujours desirable que la Moisson se fasse par un tems sec & chaud, parce que les gerbes serrées humides moisissent, pourrissent & occasionnent la germination, la moisissure & la pourriture du grain; mais, comme les épis s'égrainent beaucoup plus par un semblable tems, & que les moissonneurs fatiguent davantage, on desire souvent un ciel brumeux, mais sans pluie. Toujours, par la même raison, il faut commencer la Moisson au jour, c'est-à-dire, avant que la rosée se soit dissipée, & l'interrompre après midi, pour la reprendre lorsque la chaleur commence à tomber. Les moissonneurs mangent, se reposent & dorment pendant cet intervalle.

Il arrive souvent que des pluies permanentes s'opposent à ce qu'on fasse la Moisson au moment convenable, & qu'on est exposé à voir germer le grain dans l'épi. Je suis étonné que, dans ce cas, on ne coupe pas les épis à six pouces de leur base pour les faire sécher successivement dans les granges & dans les greniers, puisqu'ils peuvent, sans inconvénient, attendre plusieurs jours, en tas, le moment d'être étendus sur l'aire : cette opération me paroît surtout praticable dans les pays de petite culture.

En général, on n'est pas assez persuadé en France des avantages de la Moisson en deux tems, usitée dans quelques pays, savoir, celle des épis à la main avec une petite faucille & des sacs, & celle du chaume avec la faulx & des voitures; car on est dédommagé de la plus grande dépense qu'elle occasionne, 1°. par la moindre perte du grain; 2°. par sa plus grande pureté, si à desirer, soit pour le moulin, soit pour la semence; 3°. par la facilité & la rapidité de sa séparation de sa bâle au moyen du MOULIN. *Voyez* ce mot.

Dans une partie de la France on coupe toutes les céréales avec une FAUCILLE (*voyez* ce mot); dans une autre on ne coupe que les seigles & les fromens, enfin dans une autre on coupe tout à la faulx. Ce dernier mode, certainement le plus avantageux sous tous les rapports, s'étend de jour en jour, & il y a lieu d'espérer qu'il sera dominant dans quelques années. J'ai déjà discuté ses avantages & fait voir le peu d'importance de ses inconvéniens au mot FAUCHER, auquel je renvoie le lecteur.

Cependant je crois devoir annoncer ici que M. Ch. S. N. Lullin de Genève, auteur de l'excellent *Almanach du Cultivateur du Léman*, annonce dans cet ouvrage qu'il fait faucher ses blés depuis vingt-cinq ans, & qu'il s'en trouve très-bien, puisqu'il accélère sa besogne & économise la moitié des frais. On a pu croire qu'il se perdoit plus de blé par cette méthode que par le sciage à la faucille, observe-t-il; mais il n'y a qu'à moissonner, de chacune de ces deux manières, la moitié d'un même champ, & comparer la totalité des produits en grain, pour acquérir la preuve qu'il n'y a pas de différence. Si on comptoit par gerbes, l'avantage paroîtroit pour la coupe à la faucille, parce que les gerbes résultant de la coupe avec la faulx sont plus irrégulièrement disposées. Au reste, il faut employer, autant que possible, dans cette opération comme dans toutes les autres, des hommes exercés. S'il tombe quelques épis de plus lorsque l'opération est faite par des ouvriers mal habiles, on les retrouve au moyen de la ratissoire.

Il existe dans le Devonshire une manière de moissonner qui ne se voit pas ailleurs : la faucille est très-grande, très-pesante, & offre à son extrémité un bourrelet pour l'empêcher de glisser de la main. Le moissonneur coupe les tiges très-près de terre & les saisit en même tems par le milieu, avec la main gauche, pour les réunir en une javelle contre celles qui sont encore debout. Lorsque la javelle est suffisamment grosse, le moissonneur la pose sur le lien qui l'attend. Cette manière tient le milieu entre faucher & fauciller : elle est nécessairement vicieuse lorsque le blé est versé.

On laisse souvent les céréales, après leur coupe, surtout l'avoine, trop long tems sur terre avant de les lier & de les enlever. J'ai fait voir au mot JAVELER l'absurdité de cette pratique. Toutes, sans exception, doivent être liées & enlevées aussitôt qu'elles sont suffisamment sèches, & si leur maturité est complète; si elles sont dépourvues de mauvaises herbes, elles doivent l'être, le plus souvent, le soir du jour même de leur coupe. Quand on considère les dangers qui sont si fréquemment la suite du javelage, tels qu'une grêle, un vent ou une pluie d'orage, & celui toujours subsistant de l'égrainement, on ne peut concevoir comment son usage a pu s'établir, & comment il peut subsister encore.

Presque partout les céréales se mettent en bottes dans le champ même pour être chargées sur une voiture & apportées à la maison. Dans beaucoup de lieux, on emploie des liens de bois ou d'écorce; dans beaucoup d'autres, on préfère des liens de paille de seigle : cette dernière méthode est préférable sous plusieurs rapports, ainsi que je l'ai fait voir au mot LIEN.

En général, on a lieu de se plaindre du peu de soin que mettent à les manier ceux qui rassemblent les céréales coupées & réunies en javelles sur la terre, qui les mettent en gerbes, qui les chargent sur les voitures & les déchargent dans la grange ou sur la meule. Il en résulte une perte de grains qui emporte souvent tout le bénéfice du cultivateur. Je n'ai pas de base pour l'évaluer; mais j'ai été assez souvent témoin de ces opérations, pour oser dire qu'en France elle surpasse une valeur annuelle de cinquante millions.

La grosseur des gerbes varie selon les lieux; le principe est de les faire telles qu'un homme de moyenne force puisse les lever & les porter facilement; celles de seigle & de froment auront tous leurs épis d'un seul côté. Il n'est pas aussi nécessaire de mettre cette régularité dans celles d'orge & d'avoine.

Toujours il seroit bon que les voitures destinées au transport des Moissons fussent garnies de toiles propres à empêcher les grains de se perdre; cependant cette pratique est circonscrite à un petit nombre de lieux.

La manière d'arranger les gerbes dans les granges ou sur les gerbiers n'est pas indifférente; aussi font-ce des ouvriers reconnus habiles qui en sont spécialement chargés.

Je pourrois beaucoup alonger cet article; mais ce que j'aurois à dire de plus se trouvera aux articles des céréales, qui sont l'objet de la Moisson: ainsi je renvoie aux mots SEIGLE, FROMENT, ORGE & AVOINE, pour les complémens qu'on pourroit desirer. (*Bosc.*)

MOISSONNEUR : celui qui coupe les céréales avec la faucille.

Comme, dans les pays de plaines, les fermes ne sont pourvues que du nombre de bras strictement nécessaires aux travaux journaliers de la culture, la moisson ne pourroit s'y faire rapidement (seule manière convenable), si une partie de la population des pays de montagnes, où la moisson se fait plus tard, ne venoit y concourir.

De cet ordre de choses, établi de tems immémorial, il résulte l'avantage important pour cette population, de gagner en peu de jours une partie de sa subsistance de l'année, soit en nature, beaucoup de Moissonneurs se faisant payer en grain, soit en argent, avec lequel elle achète le grain qui lui manque; mais elle a l'inconvénient de mettre souvent le propriétaire ou le fermier à la merci de ceux qui se présentent, de donner lieu à de la mauvaise besogne & à de nombreux délits: il est donc dans l'intérêt de ce dernier, de substituer la coupe à la faulx à celle à la faucille; & il le pourra toujours, si ses champs sont régulièrement labourés, peu garnis de pierres, & si la paille longue n'est pas d'un très-haut prix à ses yeux; car il est aujourd'hui prouvé que cette manière de couper les céréales, lorsqu'elle est exécutée par des hommes habiles, cause moins d'égrainage que celle à la faucille, surtout quand c'est un ramassis d'hommes, de femmes & d'enfans, n'ayant aucun intérêt de bien faire, qui s'en chargent.

Qu'on ne s'apitoie pas sur les privations qui pourroient résulter pour les habitans des pays de montagnes de la suppression de la coupe de la moisson à la faucille dans les pays de plaines; car ce n'est qu'autant que cette suppression seroit subite & imprévue, qu'elle auroit des suites dangereuses, & les événemens de la révolution ont amené forcément un autre ordre de choses. En ce moment les céréales se coupent, dans une grande partie des pays de plaines, soit à la faulx à long manche, par les personnes attachées aux exploitations ou des voisins, soit à la faulx à court manche, par des personnes venant des plaines du Nord. Il résultera de ce nouvel ordre de choses, que les cultivateurs des pays de montagnes ne pouvant plus espérer trouver, dans un travail de quinze jours, des moyens de subsistance pour six mois, travailleront mieux leurs terres, généralement très-mal cultivées, & se livreront à des pratiques industrielles propres à augmenter leur bien-être. J'ai trop vécu dans les montagnes, j'ai trop vu que la paresse & l'ignorance étoient les causes permanentes de la misère qui y règne, pour ne pas desirer qu'on y stimule l'énergie par tous les moyens possibles, dont celui du besoin est le plus fort.

Un propriétaire ou un fermier qui emploie des Moissonneurs de la sorte ne peut se dispenser de les surveiller ou faire surveiller sans cesse, soit pour les forcer à travailler convenablement, s'ils sont à la journée, soit pour les obliger à ne laisser perdre ni les épis ni la paille, pour s'éviter quelque peine de plus, s'ils sont à la tâche; il doit, au reste, les bien nourrir & leur donner le repos nécessaire. Je n'approuve point cette économie qui leur fait refuser du vin ou du cidre, & je voudrois que leur eau fût toujours aiguisée de bon vinaigre, afin de diminuer en eux les dispositions inflammatoires auxquelles un travail violent & un soleil brûlant les disposent. (*Bosc.*)

MOITANGE. *Voyez* MÉTEIL.

MOLASSE. C'est une pierre calcaire, tendre, mêlée de sable & d'argile, qui n'est pas susceptible de se déliter à l'air. Son infertilité la rend le fléau de l'agriculture dans les pays où elle est à la surface de la terre. Comme elle est généralement en couches peu épaisses, l'extraire est le seul moyen d'empêcher ses effets nuisibles, toutes les fois qu'on le peut. La charue l'entame facilement. Réduite en poudre, elle sert, comme la marne, d'amendement aux terres riches en HUMUS. *Voyez* MARNE & HUMUS.

MOLDAVIE ou MOLDAVIQUE : espèce de DRACOCÉPHALE. *Voyez* MELISSE.

MOLEINE : nom des taupinières dans le département des Vosges. *Voyez* TAUPE.

MOLÈNE. *VERBASCUM.*

Genre de plante de la pentandrie monogynie & de la famille des *Solanées*, qui réunit trente espèces, dont plusieurs sont si communes & d'un aspect si agréable, qu'il n'est pas possible de se dispenser d'apprendre à les connoître. Leurs feuilles & leurs fleurs sont de plus quelquefois employées dans la médecine. *Voyez* les *Illustrations des genres* de Lamarck, pl. 117.

Espèces.

1. La MOLÈNE officinale, vulgairement le *bouillon-blanc*, *le bon-homme*.
Verbascum thapsus. Linn. ♂ Indigène.

2. La MOLÈNE thapsoïde.
Verbascum thapsoides. Linn. ♂ Indigène.

3. La MOLÈNE hémorrhoïdale.
Verbascum hæmorrhoidale. Ait. ♂ De Madère.

4. La MOLÈNE phlomoïde.
Verbascum phlomoides. Linn. ♂ Indigène.

5. La MOLÈNE mucronée.
Verbascum mucronatum. Lam. ♂ De Candie.

6. La MOLÈNE lychnite.
Verbascum lychnitis. Linn. ♂ Indigène.

7. La MOLÈNE noire.
Verbascum nigrum. Linn. ♂ Indigène.

8. La MOLÈNE à feuilles d'ortie.
Verbascum urticæfolium. Lam. De.....

9. La MOLÈNE pinnatifide.
Verbascum pinnatifidum. Vahl. Des îles de la Grèce.

10. La MOLÈNE de Barnadèse.
Verbascum Barnadesii. Vahl. De l'Espagne.

11. La MOLÈNE floculeuse.
Verbascum floccosum. Kitaib. ♂ De la Hongrie.

12. La MOLÈNE du Caucase.
Verbascum caucasicum. Dum. Cours. ♃ Du Caucase.

13. La MOLÈNE glabre.
Verbascum glabrum. Dum. Cours. ♂ De.....

14. La MOLÈNE pulvérulente.
Verbascum pulverulentum. Vill. ♂ Des basses Alpes.

15. La MOLÈNE queue-de-renard.
Verbascum alopecurus. Thuill. ♂ Indigène.

16. La MOLÈNE parisienne.
Verbascum parisiense. Thuill. ♂ Indigène.

17. La MOLÈNE de Chaix.
Verbascum Chaixi. Vill. ♂ Des Alpes.

18. La MOLÈNE sinuée.
Verbascum sinuatum. Linn. ♂ Du midi de l'Europe.

19. La MOLÈNE ondulée.
Verbascum undulatum. Lam. ♂ Du Levant.

20. La MOLÈNE à petites fleurs.
Verbascum parviflorum. Lam. ♂ De.....

21. La MOLÈNE épineuse.
Verbascum spinosum. Linn. ♄ De Candie.

22. La MOLÈNE en lyre.
Verbascum lyratum. Lam. ♂ De l'Espagne.

23. La MOLÈNE de Boerhaave.
Verbascum Boerhaavii. Linn. ⊙ Du midi de l'Europe.

24. La MOLÈNE ferrugineuse.
Verbascum ferrugineum. Ait. ♃ Du midi de l'Europe.

25. La MOLÈNE purpurine.
Verbascum phœniceum. Linn. ♂ De l'est de l'Europe. Elle varie par la couleur de ses fleurs.

26. La MOLÈNE blattaire, vulgairement *herbe aux mites*.
Verbascum blattaria. Linn. ⊙ Indigène. Elle varie par ses feuilles & par ses fleurs.

27. La MOLÈNE blattariforme.
Verbascum blattarioides. Linn. ⊙ De.....

28. La MOLÈNE de Clayton.
Verbascum Claytoni. Pers. De.....

29. La MOLÈNE de Montpellier.
Verbascum monspessulanum. Pers. Du midi de la France.

30. La MOLÈNE à feuilles de bugle.
Verbascum osbeckii. Linn. Du Levant.

31. La MOLÈNE à tiges nues.
Verbascum myconi. Linn. ♃ Des Pyrénées.

Culture.

Toutes les espèces de Molène indigènes, excepté la blattaire, demandent une terre légère & sèche, ainsi que le grand soleil. C'est le long des chemins, au milieu des champs incultes, sur les pâturages des montagnes, qu'on les rencontre le plus souvent. Quoiqu'elles ne soient pas positivement de belles plantes, leur grandeur, leur port, le grand nombre, ainsi que la couleur de leurs fleurs, les rendent d'autant plus propres à l'ornement des gazons dans les jardins paysagers, qu'elles ne demandent aucune culture. Il suffit d'en répandre les graines, en automne, dans les lieux qu'on veut en garnir, & d'avoir la patience d'attendre deux ans le développement de leurs fleurs. Il en est de même dans les jardins de botanique, où on doit en semer tous les ans; car elles ne se prêtent à la transplantation que dans leur jeunesse, ou quand on les enlève avec leur motte.

Les graines de la Molène noire s'emploient, dans quelques lieux, pour enivrer le poisson.

Parmi les espèces du midi de l'Europe ou de l'Orient, qui se cultivent dans les derniers de ces jardins ou dans les grandes collections de plantes, il y en a quelques-unes, principalement la troisième, qui exigent l'orangerie pendant l'hiver, & en général, comme on ne peut prévoir le degré de rigueur de cette saison, il est bon d'en tenir un ou deux pieds de toutes dans des pots, pour parer aux événemens.

La blattaire & les deux ou trois espèces suivantes veulent un terrein gras, frais & ombragé; du reste, elles ne demandent pas plus de culture que les autres.

Il n'en est pas de même de la dernière, la Molène à tiges nues, dont on a fait un genre sous le nom de *Ramondie*; elle exige la terre de bruyère, une chaleur au-dessus de zéro pendant l'hiver, & des arrosemens fréquens & de l'ombre pendant l'été. On la tient le plus communément en pot dans le climat de Paris, & même on a de la peine à la conserver plusieurs années consécutives. Elle se multiplie, ainsi que les autres vivaces, par ses rejetons enlevés au printems, & mis dans de petits pots, sur couche à châssis. (*Bosc.*)

MOLETTE : tumeur molle formée par un dépôt lymphatique ou séreux qui se forme au boulet des chevaux.

On distingue deux sortes de Molettes, relativement à leur position : la *Molette soufflée*, lorsqu'elle se montre des deux côtés du tendon; la *Molette simple* ou *Molette nerveuse*, lorsqu'elle est sur le tendon même.

Il est des chevaux qui, par leur constitution, sont plus sujets aux Molettes que les autres : elle naît souvent chez ceux qu'on EMPÊTRE dans les pâturages.

La Molette lymphatique se reconnoît à son défaut de ressort lorsqu'on la comprime avec le doigt; la Molette séreuse à la prompte disparition de la compression.

La guérison de ces deux sortes de Molettes est plus prompte & plus assurée dans les commencemens que lorsqu'elles existent depuis long-tems, parce que d'un côté le tissu cellulaire est plus distendu, & que de l'autre il s'y forme des concrétions fort dures. On doit donc l'entreprendre aussitôt qu'on s'apperçoit de leur formation.

Des remèdes internes & externes, ainsi que des opérations, doivent être simultanément employés à la guérison des Molettes.

Une tisane apéritive, c'est-à-dire, faite avec des racines de patience, d'aunée, de fenouil, d'asperges, de fragon, sera d'abord donnée pendant quinze jours, à la dose d'une ou deux bouteilles par jour; après quoi on purgera une, deux fois & plus, selon les indications, avec du jalap, de la gomme-gutte, du sirop de nerprun, de la semence d'hièble & autres hydragogues. Avant la fin de ce traitement on appliquera, 1°. alternativement & journellement, sur la Molette, des linges imbibés d'eau, qui tiendra de la soude ou de la potasse en dissolution, même, s'il est nécessaire, aiguisée d'ammoniac ou alcali volatil; 2°. d'une décoction de romarin, de sauge, de camomille ou d'esprit-de-vin, ou d'eau de chaux.

Dans le cas où la maladie résisteroit à ce traitement, on feroit des scarifications pour donner écoulement à la lymphe ou à la sérosité, & enlever les concrétions qu'elle pourroit contenir, & on panseroit la plaie avec l'eau vulnéraire, l'eau-de-vie camphrée, & même le baume de styrax, si la gangrène étoit à craindre.

Les Molettes qui sont la suite de la conformation du cheval, se guérissent comme les autres, mais elles reviennent de suite; de sorte qu'il est inutile de les traiter. (*Bosc.*)

MOLIÈRE. On donne ce nom, dans quelques pays, aux terreins marécageux, dont la surface se solidifie pendant l'été, & dans lesquels les hommes & les animaux risquent alors d'être engloutis. *Voyez* MARAIS.

MOLINA. *MOLINA.*

On a donné ce nom à deux genres de plantes, dont l'un, établi dans la *Flore du Perou*, contient dix-huit arbrisseaux de la syngénésie de Linnæus, & l'autre a été appelé depuis GÆRTNER. *Voyez* ce mot. (*Bosc.*)

MOLINÉE. *MOLINÆA.*

Genre de plante de l'octandrie monogynie, qui renferme trois espèces, dont aucune n'est cultivée dans les jardins de l'Europe. *Voyez* pl. 705 des *Illustrations des genres* de Lamarck, où il est figuré.

Espèces.

1. La MOLINÉE glabre.
Molinæa lævis. Willd. ♄ De l'Ile-Bourbon.
2. La MOLINÉE blanchâtre.
Molinæa canescens. Roxb. ♄ Des Indes.
3. La MOLINÉE à feuilles alternes.
Molinæa alternifolia. Willd. ♄ De l'Ile-Bourbon. (*Bosc.*)

MOLINIE. *MOLINIA.* On a donné ce nom à un genre fait avec la MELIQUE BLEUE. *Voyez* ce mot. (*Bosc.*)

MOLLAVI. *HERITIERA.*

Genre de plante de la monoécie monadelphie ou de la polygamie monoécie, dans lequel se trouvent placés deux arbres des Indes, dont l'un est l'objet d'une culture dans son pays natal & dans nos serres.

Espèces.

1. Le MOLLAVI des Indes.
Heritiera littoralis. Ait. ♄ Des Indes.
2. Le MOLLAVI amadou.
Heritiera fomes. Willd. ♄ Des Indes.

Culture.

La première espèce est celle qu'on cultive, à raison de sa beauté & des amandes de ses fruits qui se mangent, quoiqu'amères.

Dans nos serres, cet arbre demande de grands pots remplis de terre à demi substantielle, qu'on renouvelle tous les ans en partie. Il lui faut de la chaleur en hiver & en été, époque où il entre en végétation, sans cependant exiger la tannée. On doit lui donner des arrosemens fréquens pendant cette dernière saison. C'est par marcottes & par boutures qu'on le multiplie : ces dernières, quelques moyens artificiels qu'on emploie, ne poussent que lorsque les vieux pieds entrent en sève, c'est-à-dire, en juin ; ainsi il ne faut les faire que dans le commencement de ce mois. Elles se placent dans des pots sur couche & sous châssis, & se recouvrent, de plus, d'une cloche propre à concentrer autour d'elles une plus grande chaleur. (*Bosc.*)

MOLLÉ. *Schinus.*

Genre de plante de la dioécie décandrie & de la famille des *Térébinthacées*, qui réunit trois espèces, dont la seconde n'est peut-être qu'une variété de la première. Toutes deux se cultivent dans nos orangeries. *Voyez* les *Illustrations des genres* de Lamarck, pl. 822, où il est figuré.

Espèces.

1. Le Mollé à folioles dentées, vulgairement *poivrier du Pérou*.
Schinus molle. Linn. ♄ Du Pérou.
2. Le Mollé à folioles entières.
Schinus areira. Linn. ♄ Du Pérou.
3. Le Mollé de Molina.
Schinus huygan. Mol. ♄ Du Pérou.

Culture.

Ces arbrisseaux sont assez sensibles au froid, mais cependant se contentent de l'orangerie dans le climat de Paris, pourvu qu'ils n'y trouvent pas une humidité surabondante & qu'ils y aient beaucoup de lumière. Il faut les rentrer de bonne heure, sinon les premières gelées frappent sur leurs pousses non aoutées, & font par-là quelquefois périr le pied. Une terre consistante, qu'on renouvelle en partie tous les ans ou tous les deux ans, & des arrosemens fréquens en été leur sont convenables. On les multiplie de marcottes, qui sont ordinairement deux ans à prendre racines, & qu'on traite ensuite comme les vieux pieds : il ne paroît pas que leurs boutures soient dans le cas de réussir.

Les feuilles de ces arbrisseaux ont une saveur piquante, aromatique, agréable, & s'emploient, dit-on, en guise de poivre dans l'assaisonnement des mets. Lorsqu'on les casse & les jette sur une eau dormante, leurs fragmens prennent un mouvement circulaire, par suite de la sortie de la résine liquide qu'elles renferment. Leurs fruits, qui n'arrivent jamais à maturité dans nos climats, écrasés dans l'eau, font une boisson d'abord vineuse, & ensuite acide, qui est fort recherchée, sous ces deux états, dans leur pays natal. (*Bosc.*)

MOLLIE. *Mollia.*

Genre de plante de la pentandrie monogynie & de la famille des *Caryophyllées*, qui renferme deux espèces, rapportées aux Polycarpées par Lamarck, qui les a figurées pl. 129 de ses *Illustrations des genres.*

Espèces.

1. La Mollie diffuse.
Mollia diffusa. Willd. ☉ De l'île de Ténériffe.
2. La Mollie à larges feuilles.
Mollia latifolia. Willd. ♄ De l'île de Ténériffe.

Culture.

Ces deux espèces se voient dans nos jardins. On les sème sur couche & sous châssis au commencement du printems ; & lorsque leurs pieds ont acquis un ou deux pouces de haut, on les repique, seul à seul, dans des pots, qu'on replace pendant quelque tems dans le même lieu, & qu'ensuite on met à une bonne exposition. La seconde espèce se rentre dans l'orangerie aux approches des gelées.

Ces plantes n'ont aucun agrément & ne se voient que dans les écoles de botanique ou dans les grandes collections. (*Bosc.*)

Mollie. *Voyez* Jungie.

MOLLINÉDIE. *Mollinedia.*

Genre de plante de la polyandrie polyginie, qui renferme trois espèces, dont aucune n'est cultivée dans nos jardins.

Espèces.

1. La Mollinédie à tige ailée.
Mollinedia repanda. Ruiz & Pav. ♄ Du Pérou.
2. La Mollinedie à feuilles ovales.
Mollinedia ovata. Ruiz & Pav. ♄ Du Pérou.
3. La Mollinedie à feuilles lancéolées.
Mollinedia lanceolata. Ruiz & Pav. ♄ Du Pérou.

MOLUCELLE. *Molucella.*

Genre de plante de la didynamie gymnospermie

& de la famille des *Labiées*, dans lequel se rangent six espèces, dont deux se cultivent dans les écoles de botanique & dans les jardins des amateurs de plantes. *Voyez* les *Illustrations des genres* de Lamarck, pl. 510, où elles sont figurées.

Espèces.

1. La MOLUCELLE lisse.
Molucella lævis. Linn. ☉ De l'Orient.
2. La MOLUCELLE épineuse.
Molucella spinosa. Linn. ☉ De l'Orient.
3. La MOLUCELLE frutescente.
Molucella frutescens. Linn. ♄ De l'Italie.
4. La MOLUCELLE de Perse.
Molucella persica. Linn. ♄ De la Perse.
5. La MOLUCELLE tubéreuse.
Molucella tuberosa. Pall. ♃ De la Tartarie.
6. La MOLUCELLE à grandes fleurs.
Molucella grandiflora. Pall. ♃ De la Tartarie.

Culture.

Les deux premières espèces se cultivent en Europe; ce sont des plantes fort remarquables & dont l'odeur est très-aromatique, mais qui sont peu recherchées dans les jardins d'agrément. Ordinairement on sème leurs graines lorsque les gelées ne sont plus à craindre, dans des pots remplis de terre de bruyère; pots qu'on place sur une couche nue, & qu'on arrose au besoin. Lorsque le plant qui provient de ces semis a acquis cinq à six pouces de haut, on le repique dans une terre légère, à une exposition chaude, où il fleurit & donne ordinairement de bonnes graines; je dis ordinairement, parce qu'il arrive souvent que, dans le climat de Paris, il est frappé par les premières gelées d'automne, avant leur maturité, à l'effet de quoi il est toujours prudent d'en laisser quelques pieds en pot, pour pouvoir les rentrer dans l'orangerie, afin qu'ils y terminent leur évolution.

On retire des feuilles & des tiges des Molucelles une huille essentielle, dont on fait quelquefois usage en médecine. (*Bosc.*)

MOLUGINE. *Mollugo.*

Genre de plante de la triandrie trigynie & de la famille des *Caryophyllées*, auquel se réunissent une demi-douzaine d'espèces, dont une se cultive dans les écoles de botanique. Il est figuré pl. 52 des *Illustrations des genres* de Lamarck.

Espèces.

1. La MOLUGINE à tiges nues.
Mollugo nudicaulis. Lam. ☉ Des Indes.
2. La MOLUGINE roide.
Mollugo stricta. Linn. ☉ Des Indes.
3. La MOLUGINE à cinq feuilles.
Mollugo pentaphylla. Linn. ☉ De Ceilan.
4. La MOLUGINE verticillée.
Mollugo verticillata. Linn. ☉ De l'Amérique septentrionale.
5. La MOLUGINE hérissée.
Mollugo hirta. Thunb. ☉ Du Cap de Bonne-Espérance.
6. La MOLUGINE radiée.
Mollugo radiata. Ruiz & Pav. ☉ Du Pérou.

Culture.

On sème chaque printems, lorsque les gelées ne sont plus à craindre, les graines de la Mollugine verticellée, qui est la seule que nous cultivions en pleine terre, dans un sol léger, sec & chaud, & on donne au plant qui en provient les binages & les arrosemens convenables, puis on récolte les graines à l'époque de leur maturité.

Toutes les espèces de ce genre sont petites, de nulle utilité & de nul agrément. (*Bosc.*)

MOLUQUE. C'est la même chose que la MOLUCELLE.

MOMORDIQUE. *Momordica.*

Genre de plante de la monoécie monadelphie & de la famille des *Cucurbitacées*, dans lequel se rangent une douzaine d'espèces, dont une, indigène, est d'un fréquent usage en médecine, & dont plusieurs exotiques se cultivent dans nos jardins de botanique. Il est figuré pl. 794 des *Illustrations des genres* de Lamarck.

Espèces.

1. La MOMORDIQUE lisse, vulgairement *pomme de merveille* & *balsamine mâle*.
Momordica balsamita. Linn. ☉ Des Indes.
2. La MOMORDIQUE à feuilles de vigne.
Momordica charantia. Linn. ☉ Des Indes.
3. La MOMORDIQUE du Sénégal.
Momordica senegalensis. Lam. ☉ De l'Afrique.
4. La MOMORDIQUE anguleuse.
Momordica luffa. Linn. ☉ Des Indes.
5. La MOMORDIQUE cylindrique.
Momordica cylindrica. Linn. ☉ De Ceilan.
6. La MOMORDIQUE operculée.
Momordica operculata. Linn. ☉ De l'Amérique.
7. La MOMORDIQUE pédiaire.
Momordica pedata. Linn. ☉ Du Pérou.
8. La MOMORDIQUE trifoliée.
Momordica trifoliata. Linn. ☉ Des Indes.
9. La MOMORDIQUE piquante, vulgairement *concombre sauvage*.
Momordica elatrium. Linn. ♃ Indigène.
10. La MOMORDIQUE épineuse.
Momordica muricata. Willd. ☉ Des Indes.

11. La

11. La MOMORDIQUE échinée.
Momordica echinata. Willd. ⊙ De l'Amérique septentrionale.

12. La MOMORDIQUE laineuse.
Momordica lanata. Thunb. Du Cap de Bonne-Espérance.

13. La MOMORDIQUE dioïque.
Momordica dioica. Roxb. ⊙ Des Indes.

Culture.

La première de ces espèces se fait remarquer par ses fruits d'un rouge-écarlate, qui lancent leurs semences avec élasticité. On fait de ces fruits un baume balsamique beaucoup plus vanté qu'il le mérite. Elle se cultive dans les écoles de botanique & chez quelques curieux; pour cela, on sème ses graines au printems, lorsque les gelées ne sont plus à craindre, dans des pots remplis de terreau, pots qu'on enterre dans une couche nue & qu'on arrose au besoin. Le plant levé se repique, lorsqu'il a quatre à cinq pouces de haut, contre un mur exposé au midi, & on place à côté de chaque pied un rameau pour qu'il puisse s'élever dessus; il ne demande plus d'autres soins que ceux propres à tout jardin bien soigné.

Les seconde, quatrième & septième espèces que nous possédons aussi en Europe, mais qui offrent encore moins d'intérêt, se cultivent positivement de même.

La Momordique piquante croît naturellement dans les parties méridionales de l'Europe, & se reproduit tous les ans, en pleine terre, dans quelques endroits des environs de Paris; mais elle y est annuelle, par l'effet des gelées qui la frappent de mort les hivers. Elle est sans beauté; cependant comme ses fruits, à l'époque de leur maturité, tombent pour peu qu'on les touche, en lançant au loin leurs graines & la pulpe dans laquelle elles sont noyées, quelques personnes la cultivent pour s'en amuser, quoique ce jeu ne soit pas sans danger; car la pulpe qui entre dans les yeux peut causer une grave inflammation, même la perte de la vue. On la cultive aussi pour l'usage de la médecine, qui, sous le nom d'*elaterium*, emploie ses fruits, qui sont purgatifs, dans l'hydropisie & autres maladies où il faut fortement secouer la machine.

La culture de cette espèce se borne à en semer les graines dans un terrein sec & léger, & à une exposition chaude. Les pieds qui en proviennent ne demandent qu'à être éclaircis & sarclés au besoin. (*Bosc.*)

MONADELPHIE : seizième classe du système des plantes de Linnæus, celle qui renferme les MALVACÉES de Tournefort. *Voyez* ce mot.

MONANDRIE : première classe du système de Linnæus, renfermant les plantes qui n'ont qu'une étamine. *Voyez* PLANTE.

MONARDE. *MONARDA.*

Genre de plante de la diandrie monogynie & de la famille des *Labiées*, qui réunit huit espèces, dont la moitié au moins est cultivée dans nos jardins. Il est figuré pl. 19 des *Illustrations des genres* de Lamarck.

Espèces.

1. La MONARDE velue.
Monarda fistulosa. Linn. ♃ De l'Amérique septentrionale.

2. La MONARDE à longues feuilles.
Monarda oblongata. Ait. ♃ De l'Amérique septentrionale.

3. La MONARDE glabre.
Monarda rugosa. Ait. ♃ De l'Amérique septentrionale.

4. La MONARDE pourpre, vulgairement le *thé d'Oswego.*
Monarda didyma. Linn. ♃ De l'Amérique septentrionale.

5. La MONARDE ciliée.
Monarda ciliata. Linn. ♃ De l'Amérique septentrionale.

6. La MONARDE clinopode.
Monarda clinopodia. Linn. ♃ De l'Amérique septentrionale.

7. La MONARDE ponctuée.
Monarda punctata. Linn. ♃ De l'Amérique septentrionale.

8. La MONARDE allophylle.
Monarda allophylla. Mich. ♃ De l'Amérique septentrionale.

Culture.

Ce sont les six premières espèces qui se voient le plus communément dans nos jardins; toutes demandent une terre légère & humide, & une exposition chaude. Elles forment, lorsqu'elles sont convenablement placées, de grosses touffes, remarquables par leur beauté & leur bonne odeur, mais qui ne peuvent rester plus de deux ou trois ans dans la même place, sans périr en tout ou en partie. Leur reproduction s'opère avec la plus grande facilité & par le moyen de leurs graines, semées en place aussitôt qu'elles sont récoltées, & par le moyen de leurs rejetons, dont elles fournissent chaque année de grandes quantités. Ordinairement, c'est lorsqu'on les relève qu'on déchire leurs pieds pour les multiplier; du reste, elles ne demandent dans le cours de l'année que les soins ordinaires à tout jardin bien tenu, & d'être débarrassées de leurs tiges à la fin de l'automne. On fera bien cependant de les arroser pendant les grandes sécheresses.

C'est sur le bord des allées, au pied des fabriques, dans les corbeilles de terre de bruyère, qu'on place les Monardes dans les jardins paysagers.

Le thé d'Oswego est fort agréable à prendre. (*Bosc.*)

MONBIN. *Spondias.*

Genre de plante de la décandrie pentagynie & de la famille des *Térébinthacées*, qui réunit cinq espèces, dont les fruits se mangent dans leur pays natal. Il est figuré pl. 384 des *Illustrations des genres* de Lamarck.

Espèces.

1. Le MONBIN à fruits rouges, vulgairement *prunier d'Espagne.*

Spondias monbin. Linn. ♄ De l'Amérique méridionale.

2. Le MONBIN à fruits jaunes.

Spondias myrobolanus. Linn. ♄ De l'Amérique méridionale.

3. Le MONBIN de Cythère, vulgairement *arbre de Cythère.*

Spondias cytherea. Lam. ♄ D'Otahiti.

4. Le MONBIN amer.

Spondias amara. Lam. ♄ Des Indes.

5. Le MONBIN à feuilles de manguier.

Spondias mangifera. Willd. ♄ Des Indes.

Culture.

La première espèce se cultive dans toutes les colonies intertropicales de l'Amérique, si on appelle cultiver, mettre une branche en terre & l'y oublier jusqu'à ce qu'elle porte des fruits, ce qui n'est pas long, puisque, si la branche en a déjà de noués, ils continuent à grossir & arrivent à leur maturité comme ceux restés sur l'arbre. On en fait des haies, à raison de cette rapidité de croissance. Les fruits varient dans leur forme plus ou moins alongée, plus ou moins régulière, & en couleur, dans toutes les nuances entre le rouge & le jaune. Leur pulpe est jaune, d'une acidité agréable & d'une odeur suave : on en fait une grande consommation à Saint-Domingue & autres îles du golfe du Mexique. La marmelade qui s'en fabrique se transporte jusqu'en Europe. Ses feuilles & son écorce sont employées comme astringens en médecine, & ses noyaux passent pour vénéneux.

Dans nos serres, où elle a été apportée, cette espèce demande un haut degré de chaleur en hiver & en été, & dans cette dernière saison des arrosemens fréquens. Une terre substantielle, qu'on renouvelle en partie tous les ans ou tous les deux ans, lui est la plus convenable. Sa multiplication a lieu de boutures faites au printems, sur couche & sous châssis. Elles reprennent fort aisément.

La seconde espèce croît dans les mêmes contrées que la première & se multiplie de même, mais moins abondamment, à raison de ce que ses fruits sont plus petits & moins bons. On les récolte principalement pour les cochons.

On voit la troisième espèce en Europe, dans quelques collections de plantes rares; mais elle n'est pas encore dans les jardins de Paris. Elle se cultive aujourd'hui très-abondamment à l'Ile-de-France, d'où Commerson en a apporté des pieds. Sa multiplication est aussi facile & aussi rapide que celle des autres. Ses fruits, qui sont de la grosseur d'un petit œuf de poule, ont le goût de la pomme de reinette & sont fort estimés. (*Bosc.*)

MONBIN BATARD. C'est le TRICHILIER SPONDIOÏDE.

MONDAIN : race de pigeon de volière qu'il est fort avantageux de préférer, comme étant la plus productive.

MONETIE. *Voyez* AZIME.

MONGETTE. On donne ce nom aux HARICOTS dans le sud-ouest de la France.

MONIMIE. *Monimia.*

Genre de plante établi par Aubert du Petit-Thouars dans la dioécie monandrie & dans la famille des *Urticées*, lequel renferme un arbrisseau à feuilles opposées & à fleurs axillaires, originaire de l'Ile-Bourbon.

Cet arbrisseau, rapporté aux TAMBOUCS par Bory-Saint-Vincent, n'étant pas encore cultivé dans nos jardins, ne doit pas être l'objet d'un article plus étendu. (*Bosc.*)

MONINE. *Monina.*

Genre de plante de la diadelphie octandrie, dans lequel sont réunis six arbres ou arbustes, dont aucun n'est cultivé, à ma connoissance, dans les jardins de l'Europe.

Espèces.

1. La MONINE à plusieurs épis.

Monina polystachia. Ruiz & Pav. ♄ Du Pérou.

2. La MONINE à feuilles de saule.

Monina salicifolia. Ruiz & Pav. ♄ Du Pérou.

3. La MONINE à feuilles ramassées.

Monina conferta. Ruiz & Pav. ♄ Du Pérou.

4. La MONINE à feuilles linéaires.

Monina linearifolia. Ruiz & Pav. ♄ Du Chili.

5. La MONINE à gros épis.

Monina macrostachya. Ruiz & Pav. ♄ Du Pérou.

6. La MONINE à fruits ailés.

Monina pterocarpa. Ruiz & Pav. ♄ Du Pérou. (*Bosc.*)

MONJOLI. *Varronia.*

Genre de plante de la pentandrie monogynie &

de la famille des *Borraginées*, qui rassemble dix-sept espèces, dont six se voient dans nos serres. Il est figuré pl. 95 des *Illustrations des genres* de Lamarck.

Espèces.

1. Le MONJOLI à grandes fleurs.
Varronia mirabiloides. Jacq. ♄ De Saint-Domingue.

2. Le MONJOLI capité.
Varronia lineata. Linn. ♄ De l'Amérique méridionale.

3. Le MONJOLI ferrugineux.
Varronia ferruginea. Lam. ♄ De l'Amérique méridionale.

4. Le MONJOLI velouté.
Varronia mollis. Desf. ♄ De l'Amérique méridionale.

5. Le MONJOLI de la Martinique.
Varronia martinicensis. Linn. ♄ De la Martinique.

6. Le MONJOLI de Curaçao.
Varronia curassavica. Linn. ♄ De Cayenne.

7. Le MONJOLI globuleux.
Varronia globosa. Linn. ♄ Des Antilles.

8. Le MONJOLI tomenteux.
Varronia tomentosa. Lam. ♄ De.....

9. Le MONJOLI à fleurs blanches.
Varronia alba. Linn. ♄ De l'Amérique méridionale.

10. Le MONJOLI à feuilles crénelées.
Varronia crenata. Ruiz & Pav. ♄ Du Pérou.

11. Le MONJOLI à petites fleurs.
Varronia parviflora. Orteg. ♄ Du Pérou.

12. Le MONJOLI à feuilles bullées.
Varronia bullata, Swartz. ♄ De la Jamaïque.

13. Le MONJOLI dichotome.
Varronia dichotoma. Ruiz & Pav. ♄ Du Pérou.

14. Le MONJOLI à feuilles obliques.
Varronia obliqua. Ruiz & Pav. ♄ Du Pérou.

15. Le MONJOLI à épis cylindriques.
Varronia cylindristachia. Ruiz & Pav. ♄ Du Pérou.

16. Le MONJOLI à feuilles aiguës.
Varronia angustifolia. Willd. ♄ De l'île Sainte-Croix.

17. Le MONJOLI à une seule graine.
Varronia monosperma. Jacq. ♄ De l'Amérique méridionale.

Culture.

Ce sont les six premières espèces que nous possédons. Elles demandent toutes la serre chaude, une terre légérement consistante, & peu d'arrosemens en hiver. On les multiplie de boutures faites au printems, sur couche & sous châssis, dans des pots qu'on recouvre d'un entonnoir de verre. Leur beauté n'est pas assez remarquable pour qu'on cherche à les avoir autre part que dans les écoles de botanique & dans les collections des amateurs. (*Bosc.*)

MONNIÈRE. *MONNIERA.*

Genre de plante de la didynamie angiospermie & de la famille des *Personnées*, dans lequel se trouvent huit espèces, dont une ou deux sont cultivées dans les écoles de botanique.

Observations.

Ce genre, fort voisin des *Gratioles* par l'ordre des rapports, a été établi par Michaux, & diffère extrêmement des *Monnieria* de Linnæus, qui sont actuellement partie d'un autre genre.

Espèces.

1. La MONNIÈRE à feuilles rondes.
Monniera rotundifolia. Mich. De l'Amérique septentrionale.

2. La MONNIÈRE amplexicaule.
Monniera amplexicaulis. Mich. De l'Amérique septentrionale.

3. La MONNIÈRE cunéiforme.
Monniera cuneifolia. Mich. De l'Amérique septentrionale.

4. La MONNIÈRE d'Afrique.
Monniera africana. Pers. De l'Afrique.

5. La MONNIÈRE pédonculée.
Monniera pedunculata. Pers. De l'Afrique.

6. La MONNIÈRE de Brown.
Monniera Brownii. Pers. De l'Amérique méridionale.

J'ai apporté de la Caroline deux autres espèces de ce genre, dont Michaux n'a pas fait mention, & que je crois devoir indiquer ici.

7. La MONNIÈRE nageante.
Monniera natans. Bosc. ⊙ De la Caroline.

8. La MONNIÈRE de la Caroline.
Moniera caroliniana. Bosc. ⊙ De la Caroline.

Culture.

La sixième espèce est la seule qui ait été cultivée au Muséum d'Histoire naturelle de Paris, où on l'a perdue depuis bien des années; elle se tenoit dans la serre chaude, & s'arrosoit beaucoup. La terre franche étoit celle qui lui convenoit le mieux. On la multiplioit par le déchirement des vieux pieds. (*Bosc.*)

MONNAIE DU PAPE : nom vulgaire de la LUNAIRE. *Voyez* ce mot.

MONOCOTYLÉDONES : une des principales subdivisions des végétaux, celle où les semences sont composées d'un seul lobe.

Cette subdivision, qui renferme les *Graminées*, les *Liliacées*, &c., est d'une grande importance pour les cultivateurs & mérite toute l'attention des botanistes, à raison de sa singularité. *Voyez* le *Dictionnaire de Botanique* & le mot PLANTE.

MONOÉCIE : vingt-unième classe du système botanique de Linnæus, que quelques personnes ont cru devoir supprimer. *Voyez* le *Dictionnaire de Botanique* & le mot PLANTE.

MONOGAMIE. Linnæus a donné ce nom aux plantes de la SYNGÉNÉSIE (*voyez* ce mot), dont les fleurs ne sont pas réunies dans un calice commun. *Voyez* le *Dictionnaire de Botanique*.

MONOÏQUES (Plantes). Ce sont celles dont les organes mâles sont séparés des organes femelles, mais dans des fleurs portées par le même pied. *Voyez* ce mot dans le *Dictionnaire de Botanique*. (*Bosc.*)

MONOPÉTALE : fleur dont la corolle est d'une seule pièce. *Voyez* ce mot dans le *Dictionnaire de Botanique* & le mot PLANTE.

MONOPHYLLE : CALICE ou COROLLE d'une seule pièce. *Voyez* ces mots dans le *Dictionnaire de Botanique*.

MONOTROPE. *MONOTROPA*.

Genre de plante de la décandrie monogynie, & dont la famille n'est pas encore fixée. Il renferme quatre espèces, toutes parasites des racines des arbres, & dont aucune n'est cultivée dans nos jardins. *Voyez* les *Illustrations des genres* de Lamarck, pl. 362, où il est figuré. Celle indigène, vivant dans les grands bois & étant fort rare, ne peut être regardée comme nuisible sous les rapports agricoles.

Espèces.

1. La MONOTROPE multiflore.
Monotropa hypopithis. Linn. ⊙ Indigène.
2. La MONOTROPE lanugineuse.
Monotropa lanuginosa. Mich. ⊙ De l'Amérique septentrionale.
3. La MONOTROPE de Morison.
Monotropa Morisonii. Mich. ⊙ De l'Amérique septentrionale.
4. La MONOTROPE uniflore.
Monotropa uniflora. Mich. ⊙ De l'Amérique septentrionale. (*Bosc.*)

MONSONE. *MONSONIA*.

Genre de plante de la monadelphie dodécandrie & de la famille des *Malvacées*, fort voisin des GÉRANIONS (*voyez* ce mot), qui réunit sept espèces, dont quatre se cultivent dans nos serres. Il est figuré pl. 638 des *Illustrations des genres* de Lamarck.

Espèces.

1. La MONSONE élégante.
Monsonia speciosa. Linn. ♄ Du Cap de Bonne-Espérance.
2. La MONSONE lobée.
Monsonia lobata. Linn. ♄ Du Cap de Bonne-Espérance.
3. La MONSONE épineuse.
Monsonia spinosa. Lam. ♄ Du Cap de Bonne-Espérance.
4. La MONSONE incisée.
Monsonia incisa. Dum. Cours. Du Cap de Bonne-Espérance.
5. La MONSONE à feuilles menues.
Monsonia tenuifolia. Cav. ♃ Du Cap de Bonne-Espérance.
6. La MONSONE fille.
Monsonia filia. Thunb. Du Cap de Bonne-Espérance.
7. La MONSONE ovale.
Monsonia ovata. Lam. ♂ Du Cap de Bonne-Espérance.

Culture.

Des quatre espèces que nous cultivons, & ce sont les premières, une seule se trouve fréquemment dans les collections, &, ainsi que les autres, elle y fleurit rarement. Leur culture diffère peu de celle des GERANIONS TRICOLOR & à FEUILLES DE CAROTTE (*voyez* leur article), c'est-à-dire, qu'on les met dans des pots d'une petite capacité, remplis de terre substantielle, qu'on leur donne de la chaleur en hiver, en tout tems peu d'arrosemens, & qu'on les multiplie par la séparation de leurs rejetons, lorsqu'ils sont suffisamment enracinés : en général, quelque soin qu'on en prenne, on risque de les voir périr, sans qu'on sache pourquoi. Ce sont des plantes fort élégantes, & qui se font remarquer quand elles sont en fleurs. (*Bosc.*)

MONSTÈRE. C'est la DRACONITE à cinq feuilles.

MONSTRE, MONSTRUOSITÉ. On donne ce nom aux animaux & aux parties des végétaux qui offrent des différences, remarquables & visibles à l'extérieur, dans leur organisation.

Les mulets dans les animaux, & les hybrides dans les végétaux, doivent être regardés comme des monstres.

Un animal ou un végétal qui, dans ses proportions, sort des règles ordinaires, est aussi qualifié de l'épithète de *Monstre* : ainsi on dit que l'éléphant est un Monstre parmi les quadrupèdes, le baobab parmi les végétaux. Un bœuf de Hollande, qui pèse de trois à quatre mille livres, est monstrueux ; un melon de Honfleur, qui en pèse de cinquante à soixante, l'est également.

Il est aussi des Monstruosités qui sont la suite de maladies ou d'accidens, comme les exostoses, les dépôts lymphatiques, &c., les piqûres d'insectes. *Voyez* GALE.

Tantôt les Monstres & les Monstruosités sont par excès, tantôt par défaut; ainsi, il naît quelquefois des animaux domestiques avec deux têtes, cinq pattes, &c., avec un seul œil, point d'oreilles, &c.

La plupart des Monstruosités sont nuisibles; mais il en est qui sont utiles : par exemple, le mouton à large queue, la vache sans cornes; d'autres qui sont seulement agréables aux yeux de certaines personnes, par exemple, les chiens sans poils, les poules à plumes renversées, &c. Ces dernieres sortes de Monstruosités se propageant par la génération, ne sont pas reconnues comme telles par tout le monde.

La cause qui fait naître des Monstres n'est pas encore connue : on pourra voir à leur article, dans le *Dictionnaire de Physiologie animale & végétale*, ce qu'on en a dit dans les tems anciens & modernes.

Il n'est point, dans les végétaux, de parties qui n'offrent des exemples de Monstruosités; le seul chou les réunit toutes. Ainsi, il y a pour ses racines le chou-navet; pour sa tige le chou-rave & le chou-cavalier; pour ses feuilles le chou quintal, le chou milan, le chou violet; pour ses pétioles le chou à larges côtes; pour ses pédoncules le chou-fleur, le brocoli, &c.

La plupart des Monstruosités des végétaux sont recherchées des cultivateurs. Qui ne préfère la rose double à la rose simple, la poire de beurré au bieusson, le houx panaché au houx ordinaire?

Plusieurs des Monstruosités des végétaux qui ne se propagent pas par le semis de leurs graines, sont multipliées par le moyen des greffes, des marcottes & des boutures. (*Bosc.*)

MONTAGNES : élévations plus ou moins hautes, plus ou moins alongées, le plus souvent groupées, parsemées sur la surface de la terre, & qui doivent leur origine, les premières à la cristallisation du granit, lors du refroidissement de l'eau dans laquelle ses élémens étoient dissous (1); les secondes au dépôt de la partie la moins combinée des élémens de ce granit, ou aux madrépores, aux coraux, aux coquillages marins mêlés avec des sables & des argiles; enfin, les troisièmes, aux détritus de celles-ci, amoncelés, soit par les eaux de la mer, soit par celles des pluies.

Je ne dois considérer ici les Montagnes, ni sous les rapports géologiques, ni sous les rapports minéralogiques; mais il ne m'est pas possible de ne pas en parler sous le rapport physique, à raison de leur grande influence indirecte sur l'agriculture. *Voyez* GÉOGRAPHIE AGRICOLE.

En effet, ne sont-ce pas les Montagnes qui fixent le plus souvent la direction des vents, déterminent le plus généralement la chute des pluies, qui forment les grands abris naturels? *Voyez* VENT, PLUIE & ABRI.

Les Alpes sont, pour la plus grande partie de la France, la cause que les vents du nord-est sont si froids, qu'il pleut par le vent de sud-ouest, &c., pour la côte de Gênes, que les orangers peuvent y croître en pleine terre. Chaque chaîne de Montagnes un peu élevées agit de même dans certains cas, pour les contrées qui les avoisinent.

C'est parce que les nuages sont attirés par les Montagnes, qu'il y pleut d'autant plus fréquemment & plus abondamment qu'elles sont plus élevées. Ainsi tous les voyageurs rapportent qu'il est rarement de beaux jours dans l'année au sommet des Cordillières. J'ai éprouvé moi-même combien ils sont rares dans les Alpes. Il tombe trois fois plus d'eau sur la chaîne qui s'étend de Langres à Lyon, par Dijon & Autun, qu'aux environs de Paris, quoique son élévation soit très-peu considérable; aussi les plus grands fleuves proviennent des plus hautes Montagnes, comme tout le monde le fait.

L'observation géologique fait voir que les plus hautes Montagnes, c'est-à-dire, celles qui ont été formées par le granit ou ses élémens, ainsi que par le calcaire primitif, &c., se sont considérablement abaissées & s'abaissent encore tous les jours. Il suffit de voyager dans les Alpes, surtout pendant la fonte des neiges, pour se convaincre de ce dernier fait; car on entend les fragmens des rochers s'écrouler de tous côtés.

La rapidité des pentes des hautes Montagnes transforme toutes leurs rivières en torrens dévastateurs, qui se gonflent après les orages & les fontes de neige, & entraînent toutes les pierres, toutes les terres qui se trouvent sur leur passage.

La conséquence de ces faits, c'est qu'autrefois les rivières étoient plus considérables, les abris plus puissans, & que les premières doivent diminuer, & les seconds s'affoiblir dans l'avenir.

Ce sont les débris des Montagnes qui ont élevé les vallées qui les sillonnent, & qui recouvrent les plaines qui les entourent dans une étendue & une profondeur dont on ne peut se former d'idée. *Voyez* TORRENT, CAILLOUX, GRAVIER, SABLON, SABLE, ALLUVION.

Un autre fait que je dois seulement citer ici, mais qui sera développé complétement dans le

(1) Il est impossible d'expliquer la cristallisation du granit & les faits géologiques qu'il présente, sans supposer qu'il a été dissous dans l'eau; & comme l'eau, même dans la marmite à Papin, n'en enlève pas un atôme, il faut encore supposer que cette eau étoit à un degré excessif de chaleur, c'est-à-dire, au delà du rouge. Cette idée, que la physique actuelle doit repousser, est une modification de celle de Buffon, qui n'a paru si déraisonnable à tant de personnes, que parce qu'elle ne faisoit pas entrer l'eau dans la formation primitive du globe terrestre, lorsque tout prouve qu'elle y a joué un grand rôle.

Dictionnaire de Géologie, c'est que le froid augmente à mesure qu'on s'élève sur les Montagnes, & que, dans les Alpes, on voit des neiges perpétuelles à environ quinze cents toises au-dessus du niveau de la mer.

Au-dessous des neiges perpétuelles se trouvent des pâturages qui peuvent nourrir, & nourrissent en effet pendant quatre mois de nombreux troupeaux de vaches, qui fournissent principalement des fromages d'une vente fort avantageuse. Plus bas, viennent les forêts de mélèzes, de pins, de sapins, & enfin celles de chênes. Ce n'est qu'au-dessous de ces dernières qu'il est permis d'espérer quelques foibles récoltes d'avoine ou de seigle, de raves, &c. Il faut descendre presqu'au pied de ces Montagnes pour trouver de belles cultures de froment, d'orge, de chanvre, &c., des vignes, des arbres fruitiers de toutes les espèces.

Cinq sortes de Montagnes sont distinguées par les géologues; savoir:

1°. Les Montagnes granitiques. Elles sont formées de granit dans leurs parties les plus élevées, de gneiss, de schiste, de chaux carbonatée & de grès sur leurs flancs & à leur base. On y trouve aussi quelquefois des amas de PLATRE. (*Voyez* ce mot.) Leurs sommets sont presque toujours aigus. Les sources y sont très-nombreuses, mais peu abondantes. La couche de terre végétale qui les revêt, excepté dans les vallées, est généralement fort mince; aussi leur agriculture est-elle peu productive, & vaut-il souvent mieux les laisser en pâturages & en bois, que de les labourer pour y semer des céréales. C'est le châtaignier qui en fait souvent exclusivement la richesse: les raves y prospèrent ordinairement. On n'y fait pas assez usage des récoltes enterrées en vert, pour augmenter la masse de leur humus, quelque certain que soit ce moyen. En général, si leurs habitans sont actifs & économes, ils sont peu éclairés & fort misérables. La plupart, sous les noms de *Savoyards*, de *Limousins*, d'*Auvergnats*, &c., vont pendant l'été dans les plaines, & pendant l'hiver dans les villes, chercher, par le travail de leurs mains, un supplément à la foiblesse de leurs récoltes. *Voyez* GRANIT & SCHISTE.

2°. Les Montagnes secondaires. Les roches calcaires dans lesquelles on trouve des vestiges de productions marines, mais d'espèces & même de genres différens de ceux qui existent dans les mers actuelles, les composent. Lorsqu'elles sont plus hautes que les précédentes, c'est presque toujours qu'elles se sont plus lentement décomposées, comme Ramond l'a prouvé par les Pyrénées, & comme j'ai eu occasion de l'observer plusieurs fois dans mes voyages; leurs sommets sont généralement arrondis en dos d'âne; leurs pentes sont le plus souvent recouvertes d'argile & d'une assez grande épaisseur de terre végétale. Elles sont susceptibles de recevoir toutes sortes de culture. Il n'est pas rare de les voir couvertes de riches récoltes; cependant l'abondance des pierres & le défaut d'eau nuisent souvent à leurs productions: les terreins crayeux en font partie. *Voyez* CRAIE dans le *Dictionnaire des Arbres & Arbustes*.

3°. Les Montagnes tertiaires, ou à couches, sont formées de bancs de pierres calcaires, renfermant des coquilles analogues par leurs genres, & même quelquefois leurs espèces, à celles qui se trouvent dans les mers actuelles des pays chauds. Leurs sommets sont généralement aplatis, même offrent des plaines d'une grande etendue. Les eaux y sont plus abondantes que dans les Montagnes secondaires, parce que l'argile y abonde, souvent même alterne avec les bancs de pierre. Leur élévation est peu considérable, & presque partout la même. La correspondance des angles saillans & rentrans de leurs vallées prouve que ces vallées ont été creusées par les eaux.

C'est à leur suite que je place les Montagnes formées dans l'eau douce, Montagnes sur lesquelles j'avois deja fixé mon opinion, il y a plus de vingt-cinq ans, & dont l'origine vient d'être appuyée sur des preuves irrécusables par Cuvier & Brongniard. Ces Montagnes, dont on trouve un grand exemple aux environs de Paris & aux environs de Burgos (*voyez* mon *Voyage en Espagne*), sont évidemment plus nouvelles de bien des milliers d'années que les précédentes; mais elles offrent peu de caractères agricoles particuliers: la production du plâtre est ce qu'elles présentent de plus avantageux aux cultivateurs qui les avoisinent.

4°. Les Montagnes d'alluvion sont le résultat du transport par les eaux des débris des trois sortes précédentes, principalement des deux premières; elles sont composées ou de cailloux, ou de gravier, ou de sable, ou d'argile, ou de toutes ces matières réunies en proportions très-variables; elles offrent souvent une forme demi-sphérique. Les eaux y sont fort rares. Leur culture est tantôt avantageuse, tantôt peu productive. *Voyez* CAILLOUX, GALET, GRAVIER & SABLE.

5°. Les Montagnes volcaniques: celles-ci sont formées par les élémens des premières & des secondes, rejetés par les feux souterrains & altérés par l'action de ces feux (*voyez* VOLCAN dans le *Dictionnaire de Géologie*). Leur élévation est souvent très-considérable, & leur forme rarement arrondie ou aplatie. Leur couleur est toujours rembrunie, & leur composition offre tantôt des pierres dures, tantôt des pierres poreuses, tantôt des sables plus ou moins fins. L'eau leur manque le plus souvent, &, quand elles en ont, elles sont d'une fertilité extrême.

Ces Montagnes sont fort fréquentes dans le centre de la France & en Italie: on en connoît aussi quelques unes en Allemagne. *Voyez* VOLCANIQUE.

Si la nature tend d'un côté à diminuer la hauteur des Montagnes, elle tend aussi de l'autre à arrêter leur abaissement, lorsqu'il est arrivé à un certain terme; ainsi, toutes les fois que leur sommet s'est arrondi, que leurs pentes ont pris une inclinaison approchante de celle de quarante-cinq degrés, elles se couvrent naturellement de végétation, & les agens destructeurs n'agissent plus que foiblement sur elles, parce que les pierres qui les composent sont soustraites au contact de l'air, à l'action de la sécheresse, de la gelée, des eaux pluviales, &c. C'est donc se rendre coupable, quelquefois sous le rapport de son propre intérêt, toujours sous le rapport de la postérité, que de transformer les bois & les pâturages des sommets pointus & des pentes rapides des Montagnes en champs propres à produire des céréales & autres plantes qui demandent des labours fréquens, parce que les eaux pluviales entraînent la terre, mettent à nu la roche, & qu'il en résulte d'abord une infertilité complète, ensuite de nouveaux moyens aux agens physiques & chimiques pour renouveler la décomposition de la roche qui en forme le noyau.

Que de terreins en France sont perdus pour la culture par cette seule cause! Que de sources se sont taries, parce que les bois du sommet des Montagnes ont disparu! En effet, d'un côté, les nuages ne sont plus aussi attirés par elles, & de l'autre, les eaux s'écoulent en torrens dans la plaine, au lieu de s'infiltrer, comme lorsqu'elles étoient arrêtées par les racines des arbres & des plantes, avec lenteur dans les couches supérieures du sol.

Je suis si persuadé des avantages de la conservation des bois sur le sommet des Montagnes, que, quoique je n'aime point voir l'autorité agir sur les propriétés particulières, je me suis mis au nombre de ceux qui pensent qu'il est de son devoir d'empêcher leur destruction par tous les moyens compatibles avec la justice. En Suisse, on ne met pas plus de surveillance à cet objet qu'en France; cependant il y a, dans quelques lieux, peine de mort contre celui qui couperoit des arbres dans les forêts qui servent à garantir les villages des avalanches, c'est-à-dire, de ces masses de neige qui roulent, en s'augmentant, du sommet des Montagnes, & écrasent si fréquemment des voyageurs, même des villages.

Les abris fournis par les Montagnes sont un objet de première importance, puisque c'est presque toujours eux qui décident de l'espèce des cultures sur leur pente & dans leur voisinage. Ainsi, dans la ci-devant Provence, on place au midi l'oranger, l'olivier, le pin pignon, le pin d'Alep, le maïs, &c.; au nord, le châtaignier, le pommier, le pin cembro, le pin sylvestre, le froment, &c.; excepté dans les environs de Reims, on croit ne pouvoir faire de bons vins qu'à l'exposition du midi, &c.

Je ne m'étendrai pas plus au long sur cet objet, qui a été traité convenablement au mot ABRI.

Par leurs grandes variations dans la nature du sol, dans l'élévation, dans l'aspect, les Montagnes ne peuvent être soumises, comme les plaines, à un mode uniforme de culture; aussi la petite culture leur est seule applicable, parce que, dans beaucoup de leurs localités, il est impossible de labourer à la charue, à raison de la rapidité des pentes, de la multiplicité des pierres, &c. Tous les riches propriétaires qui ont tenté d'y former de grandes fermes n'y ont pas trouvé leur compte (*voyez* FERME). La pioche y est plus employée que la bêche, le bœuf plus que le cheval; l'âne & le mulet y sont préférables pour les transports. Les irrigations, que favorisent l'abondance des sources & des pentes, y sont très-pratiquées. On y construit fréquemment des terrasses en pierres sèches, pour arrêter l'éboulement des terres, terrasses qui sont elles-mêmes fréquemment entraînées à la suite des orages, & auxquelles je préfère des haies transversales. Les labours à la charue s'y font dans ce dernier sens, ce qui est bien, & ceux à la pioche le plus souvent du bas en haut, ce qui est mal, puisque par-là on accélère la dénudation du sol. *Voyez* HAIE & LABOUR.

Une manière très-avantageuse de tirer parti des Montagnes dont les pentes sont rapides & trop peu fournies de terre végétale pour être plantées en forêts, c'est de les garnir d'arbres écartés & disposés en quinconce, tels que des châtaigniers, si le sol est granitique ou schisteux; des ormes, des chênes, s'il est calcaire; des saules, des frênes, s'il est argileux, pour les tenir en TETARD (*voyez* ce mot), qu'on tondra tous les dix à quinze ans, & sous lesquels on trouvera un pâturage abondant pour les vaches & les moutons. J'ai vu retirer de très-grands produits de ce mode de culture dans quelques parties de la France & de l'Espagne.

La culture des arbres fruitiers est une des plus convenables aux Montagnes; mais malheureusement elle n'y est pas adoptée aussi généralement qu'il seroit à desirer.

C'est la vigne qui fait la richesse des pays de Montagnes, ou mieux de collines; car elle ne peut prospérer dans les Montagnes élevées. *Voyez* VIGNE.

Voyez, pour le surplus, aux mots VALLÉE, VALLON. (*Bosc.*)

MONT-AU-CIEL. C'est un des noms vulgaires de la PERSICAIRE DU LEVANT.

MONTER EN GRAINE. Les jardiniers emploient cette expression pour désigner l'apparition de la tige dans les plantes qui n'ont d'abord que des feuilles radicales, & la plupart de celles qu'ils cultivent sont dans ce cas.

Comme c'est le plus souvent pour leurs racines ou pour leurs feuilles que ces plantes sont cultivées, telles que les radis, les raves, les choux, les laitues, &c., il est de l'intérêt de ces jardiniers de retarder la montée en graine des pieds qu'ils ne réservent pas pour la multiplication. Ils y parviennent par divers moyens :

1°. Le choix de la variété : y ayant de ces variétés qui montent moins promptement en graine que d'autres, toutes circonstances égales d'ailleurs ;

2°. L'époque des semis : les plantes montant plus tôt en graine si ces semis sont faits pendant les chaleurs de l'été, que s'ils sont faits au printems ou en automne ;

3°. L'exposition : le nord, comme plus froid, étant moins favorable à la végétation que le midi ;

4°. La culture : les plantes binées & arrosées montant plus lentement en graine que celles qui ne le sont pas ; les arrosemens d'eau de puits ou de fontaine produisent encore mieux cet effet à raison de leur fraîcheur.

5°. La ligature des feuilles les unes avec les autres, ou la couverture du centre du pied avec une petite pierre ou la feuille d'une autre plante.

Lorsqu'on coupe toutes ou la plus grande partie des feuilles d'une plante vivace, on l'affoiblit & on retarde sa fructification ; mais il n'en est pas de même des plantes annuelles ou bisannuelles, qui, dans ce cas, montent plus vîte en graine & donnent des graines moins nombreuses & plus petites.

Je gémis toutes les fois que je vois les pieds de légumes montés en graine, & par cela rendus inutiles à la nourriture de l'homme, se perdre dans les allées des jardins, tandis qu'on pourroit en nourrir les bestiaux ou en composer des composts.

Voyez, pour le surplus, aux mots PORTE-GRAINE & GRAINE. (*Bosc.*)

MONTIE. *Montia.*

Petite plante annuelle qui croît autour des fontaines, sur le bord des ruisseaux, dans presque toute l'Europe, & qui seule forme un genre dans la triandrie trigynie & dans la famille des *Portulacées.*

Cette plante, figurée pl. 50 des *Illustrations des genres* de Lamarck, ne se cultive que dans les jardins de botanique, où on la sème dans un pot dont on place le pied dans un bassin ; car elle veut être dans une terre constamment humectée par une eau pure. Les pieds levés ne demandent plus qu'à être éclaircis & sarclés. Si on mettoit le pot où elle est dans un autre pot avec un peu d'eau, elle périroit certainement, parce que cette eau se putréfieroit & communiqueroit son altération aux racines des pieds de Montie. (*Bosc.*)

MONTIN. *Montinia.*

Arbrisseau du Cap de Bonne-Espérance, qui forme un genre dans la dioécie tétrandrie, & qui, n'étant pas cultivé dans nos jardins, ne peut être ici l'objet d'un article étendu. Ses feuilles sont alternes & ses fleurs terminales. (*Bosc.*)

MONTIRE. *Montira.*

Plante annuelle de la Guiane, qui seule forme un genre dans la didynamie angiospermie & dans la famille des *Personnées.* Elle est figurée planche 523 des *Illustrations des genres* de Lamarck.

Comme cette plante n'est cultivée dans aucun jardin de l'Europe, je n'ai rien à en dire de plus. (*Bosc.*)

MONTJOLI. *Voyez* MONJOLI.

MOQUILIER. *Moquilea.*

Arbre de la Guiane, figuré pl. 427 des *Illustrations des genres* de Lamarck, qui seul forme un genre dans l'icosandrie monogynie & dans la famille des *Rosacées.*

Cet arbre, dont la fructification n'est pas encore complétement connue, n'est pas cultivé dans nos jardins. (*Bosc.*)

MORAILLE : instrument composé de deux branches de fer d'un pied de long & de six lignes de diamètre à peu près, réunies, d'un bout, par un axe autour duquel elles tournent, & offrant, de l'autre, deux boucles d'un à deux pouces de diamètre, dans lesquelles passe une petite corde. Cet instrument sert à pincer le nez des chevaux méchans qu'on veut ferrer ou opérer de quelque maladie chirurgicale, pour les empêcher de se défendre.

Il y a lieu de croire que c'est moins la douleur, car on ne ferme les Morailles qu'autant qu'il est nécessaire pour les empêcher de tomber, que l'inquiétude, qui rend leur emploi si souvent nécessaire. On leur substitue deux morceaux de bois liés par les deux bouts, ou une corde. *Voy.* TORCHE-NEZ & CHEVAL. (*Bosc.*)

MORÉE. *Moræa.*

Genre de plante de la triandrie monogynie & de la famille des *Iridées*, qui rassemble plus de deux douzaines d'espèces, dont quelques-unes sont cultivées dans nos jardins. Il est figuré pl. 31 des *Illustrations des genres* de Lamarck.

Observations.

Les nombreux rapports qui existent entre les iris, les glaïeuls, les ixies & les Morées, ainsi que la difficulté de les étudier sur le sec, ont beaucoup fait varier leur nomenclature générique. Ce n'est que lorsque le bel ouvrage sur les *Liliacées*, entrepris par Redouté, sera terminé, que cette nomenclature pourra être regardée comme fixée. Il a fait un un genre de la Morée de la Chine, sous le nom de *Belamcanda*.

Espèces.

1. La MORÉE iridiforme.
Moræa iridioides. Linn. ♃ Du Levant.

2. La MORÉE de la Chine.
Moræa chinensis. Linn. ♃ De la Chine.

3. La MORÉE onguiculaire.
Moræa unguicularis. Lam. ♃ Du Cap de Bonne-Espérance.

4. La MORÉE demi-deuil.
Moræa lugens. Linn. ♃ Du Cap de Bonne-Espérance.

5. La MORÉE spirale.
Moræa spiralis. Linn. ♃ Du Cap de Bonne-Espérance.

6. La MORÉE bleue.
Moræa cærulea. Thunb. ♃ Du Cap de Bonne-Espérance.

7. La MORÉE barbue.
Moræa cristata. Lam. ♃ Du Cap de Bonne-Espérance.

8. La MORÉE polyanthe.
Moræa polyanthos. Linn. ♃ Du Cap de Bonne-Espérance.

9. La MORÉE spathacée.
Moræa spathacea. Linn. ♃ Du Cap de Bonne-Espérance.

10. La MORÉE gladiée.
Moræa gladiata. Linn. ♃ Du Cap de Bonne-Espérance.

11. La MORÉE corniculée.
Moræa corniculata. Lam. ♃ Du Cap de Bonne-Espérance.

12. La MORÉE à tiges nues.
Moræa aphylla. Linn. ♃ Du Cap de Bonne-Espérance.

13. La MORÉE filiforme.
Moræa filiformis. Linn. ♃ Du Cap de Bonne-Espérance.

14. La MORÉE effilée.
Moræa virgata. Jacq. ♃ Du Cap de Bonne-Espérance.

15. La MORÉE flexueuse.
Moræa flexuosa. Thunb. ♃ Du Cap de Bonne-Espérance.

16. La MORÉE ixioïde.
Moræa ixioides. Thunb. ♃ De la Nouvelle-Zélande.

17. La MORÉE naine.
Moræa pusilla. Thunb. ♃ Du Cap de Bonne-Espérance.

18. La MORÉE magellanique.
Moræa magellanica. Willd. ♃ Du détroit de Magellan.

19. La MORÉE à feuilles plissées.
Moræa plicata. Willd. ♃ Des îles Caraïbes.

20. La MORÉE en ombelle.
Moræa umbellata. Thunb. ♃ Du Cap de Bonne-Espérance.

21. La MORÉE crépue.
Moræa crispa. Thunb. ♃ Du Cap de Bonne-Espérance.

22. La MORÉE à pétales d'iris.
Moræa iriopetala. Linn. ♃ Du Cap de Bonne-Espérance.

23. La MORÉE à longue gaîne.
Moræa vaginata. Decand. ♃ Du Cap de Bonne-Espérance.

24. La MORÉE négligée.
Morea sordescens. Jacq. ♃ Du Cap de Bonne-Espérance.

25. La MORÉE à grandes fleurs.
Moræa virgata. Linn. ♃ Du Cap de Bonne-Espérance.

Culture.

Les deux premières espèces supportent fort bien la pleine terre dans le climat de Paris, & quoique leurs fleurs durent fort peu d'heures, elles sont très-propres à l'ornement des parterres & des jardins paysagers. C'est sur le bord des allées, dans les corbeilles placées au milieu des gazons, ou à quelque distance des massifs, qu'il convient de les placer. Une terre fraîche & un peu consistante est celle qui leur convient le mieux. On les multiplie avec la plus grande facilité, au moyen du déchirement des vieux pieds, déchirement qui s'exécute à l'issue de l'hiver, & qui donne de nouveaux pieds, qui fleurissent le plus souvent la même année. Ces plantes ne demandent d'autre culture que celle qu'on donne dans tous les jardins. La seconde, qui est la plus répandue, se multiplie aussi par graines, dont elle donne beaucoup & de bonnes.

Parmi les autres espèces, les 4e., 23e., 24e. & 25e. sont les seules qui se voient dans nos jardins; mais plusieurs autres y ont paru à différentes époques. Toutes demandent l'orangerie, ou mieux la serre tempérée ou la bache pendant l'hiver. En conséquence, il faut les tenir en pots remplis de terre de bruyère, pour pouvoir les rentrer aux approches des froids. On ne les multiplie guère que par leurs caïeux, dont elles sont généralement avares; aussi ne les trouve-t-on nulle part en abondance. Leur terre doit être renouvelée tous les deux ans au moins, & les arrosemens leur être constamment ménagés. (*Bosc.*)

MORÉES. C'est, dans le département de la Haute-Marne, l'argile que l'eau entraîne lorsqu'on lave les mines de fer limoneuses, argile qui se dépose au fond & sur le bord des ruisseaux, d'où on l'enlève pour la porter sur les champs & sur les prés. Quoiqu'infertile par sa nature, elle améliore, comme la marne, les lieux où on la répand, mais seulement au bout de deux à trois ans. (*Bosc.*)

MORELLANE. *Morella.*

Arbre à feuilles alternes & à fleurs en chatons, qui seul forme un genre dans la monoécie monandrie, qu'on cultive à la Chine pour son fruit, qui ressemble à une mûre, & qu'on mange cuit avec des viandes avant sa maturité, cru au moment de sa maturité, & avec lequel on fait un vin fort agréable lorsque sa maturité est complète.

Cet arbre, qui se rapproche des GNETS, est peut-être le prunier de Kempfer. On ne le cultive pas dans nos jardins. (*Bosc.*)

MORELLE. *Solanum.*

Genre de plante de la pentandrie monogynie & de la famille des *Solanées*, dans lequel on trouve cent quarante-cinq espèces connues, parmi lesquelles il en est plusieurs, entr'autres la pomme de terre ou parmentière, qui sont cultivées en grand, & beaucoup qui se voient dans les écoles de botanique & dans les collections des amateurs de plantes. Il est figuré pl. 115 des *Illustrations des genres* de Lamarck.

Observations.

Deux espèces de ce genre forment actuellement celui NICTERION. *Voyez* ce mot.

Espèces.

Morelles sans piquans.

1. La MORELLE à feuilles de molène.
Solanum verbascifolium. Jacq. ♄ De l'Amérique méridionale.

2. La MORELLE auriculée.
Solanum auriculatum. Lamarck. ♄ De l'Ile-de-France.

3. La MORELLE à feuilles de laurier.
Solanum laurifolium. Linn. ♄ De l'Amérique méridionale.

4. La MORELLE à feuilles de sauge.
Solanum salvifolium. Lam. ♄ De la Guiane.

5. La MORELLE effilée.
Solanum virgatum. Lam. ♄ Des Canaries.

6. La MORELLE faux-piment, vulgairement l'*amomum.*
Solanum pseudocapsicum. Linn. ♄ De Madère.

7. La MORELLE pubescente.
Solanum pubescens. Willd. ♄ Des Indes.

8. La MORELLE de Bomba.
Solanum bombense. Jacq. ♄ Du Mexique.

9. La MORELLE à petit fruit.
Solanum microcarpon. Vahl. ♄ De l'Égypte.

10. La MORELLE terminale.
Solanum terminale. Forsk. ♄ De l'Arabie.

11. La MORELLE pauciflore.
Solanum pauciflorum. Vahl. ♄ De la Martinique.

12. La MORELLE diphylle.
Solanum diphyllum. Linn. ♄ De l'Amérique méridionale.

13. La MORELLE sombre.
Solanum triste. Jacq. ♄ De la Martinique.

14. La MORELLE à grappes.
Solanum ramosum. Lam. ♄ De la Martinique.

15. La MORELLE de la Havane.
Solanum havanense. Lam. ♄ De Cuba.

16. La MORELLE géminée.
Solanum geminatum. Vahl. ♄ De Cayenne.

17. La MORELLE pendante.
Solanum retrofractum. Vahl. ♄ De l'Amérique méridionale.

18. La MORELLE étoilée.
Solanum stellatum. Jacq. ♄ De.....

19. La MORELLE nodiflore.
Solanum nodiflorum. Jacq. ♄ De l'Ile-de-France.

20. La MORELLE fugace.
Solanum fugax. Jacq. ♄ De l'Amérique méridionale.

21. La MORELLE lycioïde.
Solanum lycioides. Linn. ♄ De l'Amérique méridionale.

22. La MORELLE douce-amère.
Solanum dulcamara. Linn. ♄ Indigène.

23. La MORELLE à feuilles épaisses.
Solanum crassifolium. Lam. ♄ Du Cap De Bonne-Espérance.

24. La MORELLE tégorée.
Solanum tegore. Aubl. ♄ De Cayenne.

25. La MORELLE triangulaire.
Solanum triquetrum. Cavan. ♄ De la Nouvelle-Espagne.

26. La MORELLE grimpante.
Solanum scandens. Linn. De Cayenne.

27. La MORELLE lyrée.
Solanum lyratum. Thunb. Du Japon.

28. La MORELLE de Quito.
Solanum quitoense. Lam. ♄ Du Pérou.

29. La MORELLE à gros fruit.
Solanum macrocarpon. Linn. ⊙ Du Pérou.

30. La MORELLE nageante.
Solanum natans. Ruiz & Pav. ♄ Du Pérou.

31. La MORELLE à grandes fleurs.
Solanum grandiflorum. Ruiz & Pav. ♄ Du Pérou.

32. La MORELLE à fleurs vertes.
Solanum viridiflorum. Ruiz & Pav. ♄ Du Pérou.

33. La MORELLE sessile.
Solanum sessile. Ruiz & Pav. ♄ Du Pérou.

34. La MORELLE glanduleuse.
Solanum glandulosum. Ruiz & Pav. ♄ Du Pérou.

35. La MORELLE flexible.
Solanum lentum. Pers. ♄ Du Mexique.

36. La MORELLE à feuilles obliques.
Solanum obliquum. Ruiz & Pav. ♄ Du Pérou.

37. La MORELLE à feuilles oblongues.
Solanum oblongum. Ruiz & Pav. ♄ Du Pérou.

38. La MORELLE à deux sortes de feuilles.
Solanum biformifolium. Ruiz & Pav. ♄ Du Pérou.

39. La MORELLE à feuilles linéaires.
Solanum lineatum. Ruiz & Pav. ♄ Du Pérou.

40. La MORELLE à feuilles filiformes.
Solanum filiforme. Ruiz. & Pav. ♄ Du Pérou.

41. La MORELLE fétide.
Solanum fetidum. Ruiz & Pav. ♄ Du Pérou.

42. La MORELLE urcéolée.
Solanum urceolatum. Ruiz & Pav. ♄ Du Pérou.

43. La MORELLE pulvérulente.
Solanum pulverulentum. Ruiz & Pavon. ♄ Du Pérou.

44. La MORELLE luisante.
Solanum nitidum. Ruiz & Pav. ♄ Du Pérou.

45. La MORELLE à rameaux écartés.
Solanum patulum. Ruiz & Pav. ♄ Du Pérou.

46. La MORELLE gnaphalioïde.
Solanum gnaphalioides. Ruiz & Pav. ♄ Du Pérou.

47. La MORELLE à feuilles aiguës.
Solanum acutifolium. Ruiz & Pav. ♄ Du Pérou.

48. La MORELLE soyeuse.
Solanum sericeum. Ruiz & Pav. ♄ Du Pérou.

49. La MORELLE diffuse.
Solanum diffusum. Ruiz & Pav. ♄ Du Pérou.

50. La MORELLE à rameaux pendans.
Solanum pendulum. Ruiz & Pav. ♄ Du Pérou.

51. La MORELLE ternate.
Solanum ternatum. Ruiz & Pav. ♄ Du Pérou.

52. La MORELLE à feuilles de chêne.
Solanum quercifolium. Linn. ♄ Du Pérou.

53. La MORELLE laciniée.
Solanum laciniatum. Ait. ♄ De la Nouvelle-Zélande.

54. La MORELLE radicante.
Solanum radicans. Linn. ♃ Du Pérou.

55. La MORELLE en corymbe.
Solanum corymbosum. Jacq. Du Pérou.

56. La MORELLE tubéreuse, vulgairement *pomme de terre.*
Solanum tuberosum. Linn. ♃ Du Pérou.

57. La MORELLE pomme-d'amour, vulgairement *tomate.*
Solanum lycopersicum. Linn. ⊙ De l'Amérique méridionale.

58. La MORELLE fausse-pomme-d'amour.
Solanum pseudo-lycopersicum. Jacq. ⊙ De.....

59. La MORELLE du Pérou.
Solanum peruvianum. Linn. ♃ Du Pérou.

60. La MORELLE des montagnes.
Solanum montanum. Linn. ♃ Du Pérou.

61. La MORELLE rouge.
Solanum rubrum. Linn. De.....

62. La MORELLE multifide.
Solanum multifidum. Lam. ♃ Du Pérou.

63. La MORELLE pinnatifide.
Solanum pinnatifidum. Lam. ♃ Du Pérou.

64. La MORELLE à feuilles étroites.
Solanum angustifolium. Lam. Du Pérou.

65. La MORELLE noire.
Solanum nigrum. Linn. ⊙ Indigène.

66. La MORELLE d'Éthiopie.
Solanum æthiopicum. Linn. ⊙ Des Indes.

67. La MORELLE arquée.
Solanum incurvum. Ruiz & Pav. Du Pérou.

68. La MORELLE à tige aplatie.
Solanum anceps. Ruiz & Pav. ♃ Du Pérou.

69. La MORELLE roncinée.
Solanum runcinatum. Ruiz & Pav. ♃ Du Pérou.

70. La MORELLE douce.
Solanum mite. Ruiz & Pav. ♃ Du Pérou.

71. La MORELLE conique.
Solanum conicum. Ruiz & Pav. ♃ Du Pérou.

72. La MORELLE anserine.
Solanum chenopodioides. Lam. Du Chili.

73. La MORELLE scabre.
Solanum scabrum. Lam. ⊙ Du Pérou.

74. La MORELLE à feuilles de poirier.
Solanum pyrifolium. Lam. De la Martinique.

75. La MORELLE blanche.
Solanum album. Lour. De la Cochinchine.

76. La MORELLE dichotome.
Solanum dichotomum. Lour. De la Chine.

77. La MORELLE biflore.
Solanum biflorum. Lour. De la Chine.

78. La MORELLE légérement épineuse.
Solanum subinerme. Jacq. ♄ Des Indes.

79. La MORELLE muriquée.
Solanum muricatum. Ait. ♄ Du Pérou.

80. La MORELLE à longues fleurs.
Solanum longiflorum. Vahl. ♄ De Cayenne.

Morelles munies de piquans.

81. La MORELLE mélongène, vulgairement *aubergine.*
Solanum melongena. Linn. ⊙ Des Indes.

82. La MORELLE folle.
Solanum insanum. Linn. ⊙ Des Indes.

83. La MORELLE de Ceilan.
Solanum zeylanicum. Scop. ⊙ De Ceilan.

84. La MORELLE féroce.
Solanum ferox. Linn. ⊙ Des Indes.

85. La MORELLE brune.
Solanum fuscatum. Linn. ⊙ De l'Amérique méridionale.

86. La MORELLE de travers.
Solanum torvum. Swartz. ♄ De la Jamaïque.

87. La MORELLE voluble.
Solanum volubile. Swartz. ♄ De Cuba.

88. La MORELLE de Campêche.
Solanum campechiense. Linn. ♄ De l'Amérique méridionale.

89. La MORELLE mammiforme.
Solanum mammosum. Linn. ⊙ Des Barbades.

90. La MORELLE hispide.
Solanum hispidum. Ruiz & Pav. Du Pérou.

91. La MORELLE lépreuse.
Solanum leprosum. Orteg. ♄ Du Chili.
92. La MORELLE ramassée.
Solanum aggregatum. Lam. ♄ De Guinée.
93. La MORELLE couverte.
Solanum tectum. Cavan. Du Mexique.
94. La MORELLE paniculée.
Solanum paniculatum. Linn. Du Brésil.
95. La MORELLE hérissée.
Solanum hirtum. Vahl. ♄ De l'île de la Trinité.
96. La MORELLE très-aiguillonnée.
Solanum aculeatissimum. Jacq. ♄ De l'Amérique méridionale.
97. La MORELLE chevelue.
Solanum crinitum. Lam. ♄ De Cayenne.
98. La MORELLE de Virginie.
Solanum virginicum. Linn. ⊙ De l'Amérique septentrionale.
99. La MORELLE sodomée.
Solanum sodomæum. Linn. ♄ Du Cap de Bonne-Espérance.
100. La MORELLE de Jacquin.
Solanum Jacquini. Willd. ⊙ Des Indes.
101. La MORELLE xanthocarpe.
Solanum xanthocarpum. Schrad. ⊙ De l'Afrique.
102. La MORELLE coagulante.
Solanum coagulans. Forsk. ♄ De l'Arabie.
103. La MORELLE de la Jamaïque.
Solanum jamaicense. Swartz. ♄ De la Jamaïque.
104. La MORELLE de l'Inde.
Solanum indicum. Linn. ♄ Des Indes.
105. La MORELLE de la Caroline.
Solanum caroliniense. Linn. ⊙ De l'Amérique septentrionale.
106. La MORELLE ciliée.
Solanum ciliatum. Lam. ⊙ De.....
107. La MORELLE pyracanthe.
Solanum pyracanthos. Lam. ♄ De Madagascar.
108. La MORELLE sinuée.
Solanum sinuatum. Willd. ♄ De.....
109. La MORELLE scabre.
Solanum scabrum. Ruiz & Pav. Du Pérou.
110. La MORELLE prisonnière.
Solanum incarceratum. Ruiz & Pav. Du Pérou.
111. La MORELLE âpre.
Solanum asperum. Ruiz & Pav. Du Pérou.
112. La MORELLE du Cap.
Solanum capense. Thunb. ♄ Du Cap de Bonne-Espérance.
113. La MORELLE marginée.
Solanum marginatum. Linn. ♄ De l'Abyssinie.
114. La MORELLE à feuilles de stramoine.
Solanum stramonifolium. Jacq. ♄ Des Canaries.
115. La MORELLE automnale.
Solanum oporinum. Willd. ♄ Du Cap de Bonne-Espérance.
116. La MORELLE ondée.
Solanum undatum. Lam. ♄ De l'Ile-de-France.

117. La MORELLE à feuilles entières.
Solanum integrifolium. Lam. ♄ De l'Ile-de-France.
118. La MORELLE hétérophylle.
Solanum heterophyllum. Lam. ♄ De Cayenne.
119. La MORELLE de Palestine.
Solanum sanctum. Linn. ♄ De l'Arabie.
120. La MORELLE trong.
Solanum trungum. Lam. ♄ Des Indes.
121. La MORELLE cotoneuse.
Solanum tomentosum. Linn. ♄ De l'Afrique.
122. La MORELLE hybride.
Solanum hybridum. Jacq. ♄ De l'Afrique.
123. La MORELLE polygame.
Solanum polygamum. Vahl. ♄ De l'île Sainte-Croix.
124. La MORELLE de Bahama.
Solanum bahamense. Linn. ♄ Des îles de Bahama.
125. La MORELLE à fruits rouges.
Solanum coccineum. Jacq. ♄ De.....
126. La MORELLE roide.
Solanum rigidum. Lam. ♄ De.....
127. La MORELLE à feuilles larges.
Solanum latifolium. Lam. De.....
128. La MORELLE anguivi.
Solanum anguivi. Lam. ♄ De Madagascar.
129. La MORELLE obscure.
Solanum obscurum. Vahl. ♄ De Cayenne.
130. La MORELLE gigantesque.
Solanum giganteum. Jacq. ♄ Du Cap de Bonne-Espérance.
131. La MORELLE en zigzag.
Solanum flexuosum. Vahl. ♄ De Cayenne.
132. La MORELLE à feuilles en lance.
Solanum lanceæfolium. Jacq. ♄ De l'Amérique méridionale.
133. La MORELLE lancéolée.
Solanum lanceolatum. Cavan. ♄ Du Mexique.
134. La MORELLE à feuilles de chalef.
Solanum eleagnifolium. Cavan. ♄ De l'Amérique méridionale.
135. La MORELLE polyacanthe.
Solanum polyacanthos. Lam. ♄ De la Dominique.
136. La MORELLE à piquans rouges.
Solanum igneum. Linn. ♄ De l'Amérique méridionale.
137. La MORELLE de Miller.
Solanum Milleri. Jacq. ♄ Du Cap de Bonne-Espérance.
138. La MORELLE trilobée.
Solanum trilobatum. Willd. ♄ Des Indes.
139. La MORELLE de Buénos-Ayres.
Solanum bonariense. Linn. ♄ Du Brésil.
140. La MORELLE à feuilles d'oseille.
Solanum acetosæfolium. Lam. ♄ Des Indes.
141. La MORELLE micranthe.
Solanum micranthos. Lam. ♄ Du Brésil.

142. La MORELLE crotonoïde.
Solanum crotonoides. Lam. ♄ De la Martinique.
143. La MORELLE à feuilles de sisymbre.
Solanum sisymbrifolium. Lam. ♄ Du Brésil.
144. La MORELLE juripéba.
Solanum juripeba. Rich. De Cayenne.
145. La MORELLE toxicaire.
Solanum toxicaria. Rich. De Cayenne.

Culture.

Pour mettre de l'ordre dans ce que j'ai à dire sur la culture des Morelles, je parlerai successivement des espèces indigènes & de celles qui se cultivent en pleine terre pour l'utilité; ensuite je réunirai en groupe celles qui ne se voient que dans les écoles de botanique ou dans les collections des amateurs, afin de n'être pas dans la nécessité de me répéter à chaque espèce.

La Morelle douce-amère croît dans les bois, les buissons, les haies de toute l'Europe qui sont en terrein gras & frais. On emploie fréquemment ses feuilles & ses jeunes pousses en médecine, comme apéritives, détersives, résolutives & expectorantes, principalement dans les maladies cancéreuses & arthritiques. Les moutons & les chèvres les mangent, mais non les autres bestiaux. Ses baies sont si fort du goût des renards, qu'on les emploie pour les attirer aux piéges. On fait des corbeilles avec ses tiges.

La propriété qu'a cette plante de grimper, & l'élégance de ses fleurs, engagent souvent à la cultiver autour des tonnelles & dans les jardins paysagers; elle donne une ombre légère & agréable pendant l'été dans le premier cas, & produit de fort jolis effets dans le second. Quoique facile à casser, il est utile de l'introduire dans les haies, parce qu'elle se dirige conformément au besoin, pour boucher les trous & enlacer les branches. On la multiplie de semences, de racines, de marcottes & de boutures, sans aucune difficulté. Elle ne craint que l'excès de la sécheresse & l'excès de l'humidité. Il y en a une variété à fleurs blanches & une à feuilles panachées : cette dernière est fort délicate & même craint la gelée.

La Morelle noire croît en quantité autour des maisons, dans les jardins, le long des haies, sur le bord des chemins, enfin dans tous les lieux cultivés qui sont gras & frais. On la retrouve aussi abondante en Asie, en Afrique & en Amérique; elle offre des variétés nombreuses qu'on a souvent décrites comme des espèces. L'odeur de ses feuilles est musquée, & en même tems narcotique & nauséabonde. Aucun animal domestique n'y touche. Elle passe généralement pour un poison; cependant, à l'Ile-de-France, on la mange journellement en guise d'épinard, sous le nom commun de *berde*. La médecine en fait usage comme anodine & rafraîchissante.

L'excessive abondance de cette espèce dans certains lieux doit engager à l'arracher à la fin de l'automne, non-seulement pour favoriser la pâture des bestiaux, mais encore pour, en l'apportant sur les fumiers, en augmenter la masse, ou, en la brûlant, en tirer de la potasse. Il me semble qu'il pourroit souvent être avantageux de la semer dans les champs pour l'enterrer en fleur, & suppléer par-là au manque d'engrais; car elle paroît l'emporter en rapidité de végétation & en abondance de parenchyme sur la plupart des plantes qu'on emploie à cet objet. *Voyez* RÉCOLTES ENTERRÉES.

Dans les écoles de botanique, les seuls lieux où on cultive cette plante, on se contente d'en enterrer quelques graines en place, & de donner au plant qui en provient les soins propres à tout jardin bien soigné.

La Morelle tubéreuse ou pomme de terre, ou parmentière, est devenue d'une importance telle, qu'on ne peut trop s'étendre sur sa culture. Je la rendrai l'objet d'un article particulier au mot POMME DE TERRE.

La Morelle pomme-d'amour ou tomate est cultivée dans tous les jardins des pays chauds à raison de son fruit, dont la pulpe, d'un bel orangé & légérement acide, sert à assaisonner les viandes & le poisson. Sa culture est des plus faciles, puisqu'il ne s'agit, pour avoir du fruit au printems & en automne, que de semer ses graines, de mois en mois, à une exposition chaude, & pour avoir du fruit en été, à une exposition fraîche. Il m'a paru, partout où je l'ai vu cultiver, c'est-à-dire, en Amérique, en Espagne, en Italie & dans les parties méridionales de la France, qu'une terre légère lui convenoit mieux qu'une terre forte; cependant on met peu d'attention à celle où on la place. Le plant levé s'éclaircit & se sarcle au besoin; on lui donne quelques arrosemens dans les tems de sécheresse, & un mois s'est à peine écoulé qu'on commence à cueillir ses fruits, qui paroissent & mûrissent successivement, jusqu'à ce que le pied soit épuisé; ce qui n'a lieu qu'au bout de deux ou trois mois de production. Il est de ces pieds qui couvrent un espace de terrein de six pieds de diamètre. L'influence de la saison se fait prodigieusement sentir sur les fruits, qui deviennent mauvais pendant les pluies & les froids, & qui reprennent ensuite toute leur qualité. Les personnes qui y sont accoutumées souffrent beaucoup de leur privation; aussi, pour en avoir pendant les deux ou trois mois d'hiver où les fraîches manquent, les fait-on confire dans le vinaigre ou sécher & réduire en poudre. La consommation qui s'en fait est immense.

Dans le climat de Paris, la culture des tomates est un peu plus difficile, & son fruit n'y est jamais ni aussi bon, ni aussi recherché, ni aussi abondant. Dès que les gelées tardives ne sont plus à craindre, on sème leur graine sur couche nue, soit dans des pots, soit en rayon, & lorsque le plant qui en est provenu a acquis six pouces de haut, on le repique contre un mur exposé au midi, dans une terre modérément amandée avec du terreau, & on arrose. Si la terre étoit trop fumée & trop arrosée, il en résulteroit une plus vigoureuse pousse de feuilles & moins de fruit, & les fruits auroient un mauvais goût ou point de goût, selon que le fumier & les arrosemens prédomineroient. Ces pieds sont ordinairement frappés de la gelée au moment de leur plus forte production, & en conséquence ce sont leurs premiers fruits qu'il faut garder pour semence.

Il y a un assez grand nombre de variétés de tomates, dont les unes ont les feuilles très-découpées, les autres peu découpées; les unes avec le fruit rond, petit & abondant, les autres avec le fruit aplati à son sommet, gros, plissé, mamelonné, peu abondant. C'est cette dernière variété qu'il est préférable de cultiver, au moins dans les pays chauds. Il n'est pas rare, en Caroline, de voir de ces fruits gros comme les deux poings: on m'a assuré, dans ce pays, qu'il y avoit une variété dont le fruit étoit blanc.

Comme la pulpe des tomates contient une grande quantité de petites graines désagréables sous la dent, il est bon, quoiqu'on ne le fasse pas toujours, de l'en purger au moyen d'une toile claire ou d'une passoire.

Le fruit de la Morelle mélongène ou aubergine n'est pas l'objet d'une consommation aussi étendue que celle de la tomate; cependant elle ne laisse pas que d'être encore considérable. Ces deux plantes s'accompagnent partout, quoique la première exige plus de chaleur. En Caroline, on est obligé de lui donner des abris, & dans le midi de la France, de les semer sur couche pour en avoir dès la fin du printems: on est obligé de leur donner deux ou trois légers binages & des arrosemens plus abondans pendant les chaleurs: du reste, la manière de la traiter est la même.

Aux environs de Paris, les aubergines, même semées sur couche & ensuite plantées dans les meilleures expositions, amènent rarement la plus grande partie de leurs fruits à maturité avant les premières gelées de l'automne; aussi, quand on veut en avoir en abondance de beaux & de bons, est-on obligé de les laisser constamment sous châssis. Au reste, ils n'y sont recherchés que par ceux qui en ont mangé dans les pays chauds; très-rarement ils y sont bons.

On garde les graines des premières aubergines mûres pour servir aux semis de l'année suivante, & on les laisse terminer leur évolution dans leur pulpe.

Le nombre des variétés de l'aubergine est fort considérable: il y en a de rouges rondes, de rouges ovales, de rouges alongées & recourbées, dans presque toutes les nuances. Il y en a de blanches qui ressemblent exactement à un œuf de poule.

Il est des personnes qui sont persuadées que les aubergines sont mal-saines, parce qu'elles appartiennent à une famille de plante qui contient beaucoup de poison; mais si cela étoit, il y a long-tems que la population des pays chauds seroit anéantie. Si elles sont quelquefois du mal, c'est parce qu'on en mange trop & qu'elles causent des indigestions. Leurs feuilles ont une légère odeur narcotique, & sont employées en médecine comme émollientes & adoucissantes.

Parmi les autres espèces de Morelle, il en est encore une, la Morelle faux-piment, que les jardiniers de Paris appellent *amomum*, *faux-piment*, *petit cerisier d'hiver*, dont il faut aussi parler particuliérement, parce que sa culture est ancienne & fort étendue, à raison de ce qu'il sert à orner les appartemens pendant l'hiver, saison où il conserve ses feuilles & reste garni de ses fruits, presque semblables à des cerises. On peut la multiplier de semences, de boutures, de racines, de rejetons & de marcottes; mais on se contente généralement des deux premiers de ces moyens, comme les plus propres à donner des arbres d'une belle venue. Les graines se sèment sur couche & sous châssis dans des pots remplis par tiers de terre de bruyère, de terre franche & de terreau; & lorsque le plant qui en provient est parvenu à six ou huit pouces de haut, on le repique seul à seul dans d'autres pots qu'on rentre dans l'orangerie, ou mieux dans la serre tempérée, car cette espèce craint beaucoup l'humidité, & le grand jour lui est fort nécessaire. A trois ou quatre ans, il est déjà dans le cas d'être employé à la décoration des appartemens, & jouit de ses avantages pendant le double de ce tems: alors, il faut que sa tige & sa tête aient chacun environ un pied de haut, & que cette dernière ne soit ni trop ni pas assez garnie de branches principales & de branches secondaires. Ce n'est pas à tous les jardiniers qu'il est donné de former cette tête convenablement: les coups de serpette n'y font jamais un bon effet. Je n'ai jamais vu ceux qui avoient été rapprochés sur leurs grosses branches produire un bon effet. C'est l'intelligence & le goût qui doivent présider à cette opération; ainsi ce que je pourrois en dire de plus seroit superflu.

Les boutures se font aussi dans des pots sur couche & sous châssis, & s'enracinent promptement. On les rentre en automne dans la serre tempérée, & on les traite de même que les pieds d'un an, venus de graines.

Comme les pieds de cette Morelle donnent des rameaux d'autant plus courts & des fleurs d'autant plus nombreuses, qu'ils sont moins grassement nourris, il est avantageux de ne leur donner de la nouvelle terre que tous les deux ans, mais d'ailleurs de les tenir dans des pots d'une suffisante capacité, car ils jettent beaucoup de racines. Lorsqu'on veut la conserver avec toute sa beauté dans un appartement, il faut la placer près des fenêtres toutes les fois qu'on n'y est pas en représentation, & lui donner fort peu d'arrosemens.

Les Morelles étrangères qui, avec celle-ci, se cultivent dans nos écoles de botanique ou dans les grandes collections de botanique, doivent se ranger sous trois dénominations: les annuelles, les vivaces herbacées qui se contentent de l'orangerie, les vivaces herbacées qui exigent la serre chaude, les frutescentes qui se contentent de l'orangerie, & les frutescentes à qui la serre chaude est indispensable.

Les espèces annuelles que nous possédons, sont celles fausse-pomme-d'amour, d'Éthiopie, scabre, mammiforme, de Virginie, de Caroline, ciliée. On les multiplie par le semis de leurs graines, sur couche & sous châssis, dès la fin de l'hiver; & l'année suivante, après avoir isolé dans d'autres pots les plants qu'ont fournis ces semis, on les remet ou sur couche nue, ou contre un mur exposé au midi, lieux où on les arrose fréquemment. Ceux de ces plants qui n'ont pas donné leurs fruits à l'époque des premières gelées, sont rentrés dans l'orangerie, ou mieux dans la serre tempérée pour leur donner moyen de les amener à maturité.

Je ne crois pas que nous possédions au delà de cinq espèces de Morelles herbacées & vivaces, y compris la pomme de terre: ce sont celles à feuilles de chêne, radicante, corymbifère, inclinée, lycioïde, à gros fruit, parmi lesquelles la dernière seule demande la serre chaude; les deux premières passent même quelquefois l'hiver en pleine terre. On les multiplie par semence, dont elles donnent toutes, par boutures & par déchirement des racines.

C'est parmi les espèces frutescentes que nos collections sont riches en Morelles: on en compte treize qui se contentent de l'orangerie ou mieux de la serre tempérée, & vingt-trois qui exigent la serre chaude; & si je pouvois me rappeler de toutes celles que j'ai vu cultiver au Muséum, à Trianon, à Bagatelle, à Bellevue, chez MM. Lemonnier, Saint-Germain; Cels, &c., & qui ont disparu de nos jardins, j'en doublerois peut-être le nombre.

Les premières sont les Morelles effilée, lycioïde, à feuilles épaisses, laciniée, lépreuse, à grandes fleurs, très-aiguillonnée, sodomée, coagulante, de Bahama, de Buénos-Ayres, de Miller, hérissée.

Les secondes sont les Morelles à feuilles de molène, auriculée, à feuilles de laurier, à feuilles de sauge, diphylle, triangulaire, pendante, à gros fruit, radicante, corymbiforme, du Pérou, agrégée, mammiforme, pyracanthe, marginée, à feuilles de stramoine, cotoneuse, polygame, à feuilles de bette, gigantesque, à feuilles de chalef, polyacanthe, à épines rouges.

J'ai réuni ces Morelles à la suite les unes des autres, parce que les dernières n'ont pas besoin d'un assez haut degré de chaleur pour qu'il ne soit pas possible de les conserver dans les serres tempérées, & qu'on les y voit même plus souvent; seulement elles n'y végètent pas avec la même force. Presque toutes craignent l'humidité pendant l'hiver, & demandent des arrosemens abondans pendant l'été. Une terre à demi consistante, qu'on renouvelle en partie tous les ans, à la fin de l'été, leur convient le mieux: il en est même qu'il faut changer deux fois ou mettre dans de très-grands pots, tant elles poussent de racines. On multiplie de graines qu'on sème au printems, sur couche & sous châssis, celles qui en fournissent, & les autres de boutures faites dans la même saison & dans le même lieu: en général, ces plantes ne veulent pas être tourmentées par la serpette, & il vaut mieux faire des boutures avec un vieux pied que de chercher à le conserver en le rapprochant.

La plupart des Morelles frutescentes sont des plantes remarquables par leurs feuilles ou par leurs fleurs: celles qui ornent le plus nos serres sont les 1re., 2e., 9e., 21e., 96e., 107e., 113e., 114e., 130e., 136e., 139e. (*Bosc.*)

MORÈNE. *Hydrocharis.*

Plante vivace de la dioécie ennéandrie & de la famille des *Hydrocharidées*, qui croît dans les eaux stagnantes & vaseuses, & qui est figurée pl. 820 des *Illustrations des genres* de Lamarck.

Cette plante, n'ayant aucun agrément, ne se cultive que dans les écoles de botanique, & sa culture ne consiste qu'à y transporter des pieds pris dans la campagne, & à les y placer dans un pot qu'on plonge dans un bassin, de manière qu'il soit couvert de deux à trois pouces d'eau. Ses graines, comme celles de presque toutes les plantes aquatiques, perdent leur faculté germinative par la dessiccation; de sorte qu'elles ne peuvent être envoyées au loin que dans l'eau ou de la terre humide: on est rarement dans le cas de les semer.

J'ai observé en Amérique une nouvelle espèce de ce genre, qui se trouve décrite & figurée dans les *Annales du Muséum*. (*Bosc.*)

MORFÉE ou MORPHÉE: nom qu'on donne, à Nice, aux cochenilles de l'olivier & de l'oranger. *Voyez* COCHENILLE & GALLE-INSECTE.

MORFONDU: Roger-Schabol a employé ce mot pour désigner les effets du froid sur les GREFFES. *Voyez* ce mot.

MORFONDURE: espèce de rhume auquel sont exposés les chevaux dont la transpiration s'est arrêtée, soit parce qu'ils ont été mouillés, soit parce qu'ils ont été exposés à un air froid, soit parce qu'ils ont bu de l'eau froide pendant qu'ils étoient en sueur.

On reconnoît la Morfondure à la toux & aux

mucosités qui coulent par le nez ; symptômes qui s'aggravent, qui sont suivis d'une difficulté de respirer plus ou moins grande, & qui se terminent quelquefois par la mort de l'animal.

Faire respirer la vapeur de l'eau chaude au cheval morfondu, lui donner à boire de l'eau blanche nitrée & miellée, le mettre à la diète, lui couvrir le corps d'une étoffe, le tenir dans une écurie sèche & aérée, sont les moyens curatifs les plus convenables à employer. C'est une erreur de croire qu'il soit utile de le faire suer ; au contraire, cela peut aggraver la maladie, faire naître une inflammation de poitrine, & amener sa mort.

Quelquefois la Morfondure dégénère en MORVE. *Voyez* ce mot. (*Bosc.*)

MORGELINE. *Alsine.*

Genre de plante de la décandrie trigynie & de la famille des *Caryophyllées*, qui rassemble quatre espèces, dont une est excessivement commune dans les jardins, les champs & autres lieux. Il est figuré pl. 214 des *Illustrations des genres* de Lamarck.

Espèces.

1. La MORGELINE des oiseaux.
Alsine media. Linn. ☉ Indigène.
2. La MORGELINE des blés.
Alsine segetalis. Linn. ☉ Indigène.
3. La MORGELINE mucronée.
Alsine mucronata. Linn. ☉ Du midi de la France.
4. La MORGELINE rampante.
Alsine prostrata. Forsk. ☉ De l'Égypte.

Culture.

Les trois premières de ces espèces se cultivent au Jardin du Muséum d'Histoire naturelle de Paris, & leur culture n'est pas difficile, puisqu'elle se borne à répandre quelques graines en place au printems, ainsi qu'à éclaircir & sarcler au besoin le plant qui en provient. Elles se multiplient même seules les années suivantes.

La Morgeline des oiseaux, c'est-à-dire, celle dont j'ai entendu parler plus haut, fait à Paris l'objet d'un petit commerce, attendu qu'il est nécessaire de la donner aux serins & autres petits oiseaux qu'on élève en cage, pour contre-balancer les inconvéniens de la nourriture sèche à laquelle on les assujettit toute l'année ; ils en mangent avec avidité, non-seulement les graines, mais encore les fleurs & les feuilles. Elle concourt, avec la renouée-traînasse, à nourrir ceux des champs pendant l'hiver. On la trouve en fleur toute l'année, parce qu'elle se resème continuellement, & que le plus foible degré de chaleur suffit à sa végétation. Tous les bestiaux la mangent, & les cochons l'aiment beaucoup ; aussi, dans quelques cantons, la ramasse-t-on à la main ou avec des rateaux pour la leur donner. Loin de nuire aux cultures, elle leur est avantageuse, en ombrageant la terre & en lui conservant par-là un degré d'humidité favorable, ainsi qu'en portant dans cette terre, par sa décomposition, un humus fertilisant. Il ne faut donc pas s'inquiéter de la voir couvrir les jardins, les vignes, les champs & autres lieux cultivés. Sa destruction est d'ailleurs presqu'impossible, par l'abondance de ses graines, leur dispersion pendant toute l'année, & la faculté qu'elles ont de se conserver indéfiniment en terre en état de germination, lorsqu'elles sont à plus d'un pouce au-dessous de la surface. C'est toujours elle qui se montre la première sur les terreins stérilisés par l'excès des engrais, & sous ce rapport elle rend encore des services aux agriculteurs. *Voyez* ENGRAIS. (*Bosc.*)

MORILLE. *Phallus.*

Genre de champignon qui contient plusieurs espèces, dont aucune n'est susceptible de culture, mais dont je crois devoir dire un mot, parce qu'il en est une qui se mange, & que ce sont exclusivement les habitans des campagnes qui en font la récolte. *Voyez* les *Illustrations des genres* de Lamarck, pl. 885, où cette dernière est figurée.

Les Morilles naissent au printems, dans les taillis & les prés. Il est des lieux où elles sont si abondantes, qu'elles donnent lieu à un profit de quelqu'importance pour ceux qui les recherchent. On en compte trois variétés, la blanche, la grise & la brune. Comme la terre des racines qui s'introduit dans les lacunes de la tête ne peut plus être enlevée, il vaut mieux les couper rez-terre que de les arracher. C'est après que la rosée est disparue qu'il convient de les récolter. Les vieilles & celles qui se trouvent dans des lieux trop ombragés sont moins bonnes. Pour les dessécher, on les coupe en morceaux, qu'on enfile & qu'on suspend dans un appartement sec & aéré. (*Bosc.*)

MORILLON : variété de raisin. *Voyez* VIGNE.

MORINDE. *Morinda.*

Genre de plante de la pentandrie monogynie & de la famille des *Rubiacées*, dans lequel se trouvent rangées six espèces, dont aucune n'est cultivée dans nos jardins. Il est figuré pl. 153 des *Illustrations des genres* de Lamarck.

Espèces.

1. La MORINDE ombellée.
Morinda umbellata. Linn. ♄ Des Moluques.
2. La MORINDE à feuilles de citronier.
Morinda citrifolia. Linn. ♄ Des Indes.
3. La MORINDE royoc.
Morinda royoc. Linn. ♄ De la Chine & de l'Amérique.

4. La

4. La MORINDE mouffeufe.
Morinda muſcoſa. Jacq. ♄ De la Martinique.
5. La MORINDE axillaire.
Morinda axillaris. Lam. ♄ De Madagaſcar.
6. La MORINDE obtuſe.
Morinda obtuſa. Lam. ♄ De Madagaſcar.
(*Bosc.*)

MORINE. *Morina.*

Plante vivace, qui ſeule forme un genre dans la diandrie monogynie & dans la famille des *Dipſacées*, & qui eſt figurée pl. 21 des *Illuſtrations des genres* de Lamarck.

Cette plante, qui eſt originaire des contrées orientales, ſe cultive dans les jardins de botanique depuis que Tournefort en a apporté des graines; elle demande une terre en même tems légère, ſubſtantielle & fraîche : les hivers très-rigoureux la font périr. On la multiplie de graines, dont elle donne rarement dans le climat de Paris, & d'éclats qui reprennent très-difficilement; auſſi eſt-elle fort rare. Les premières ſe ſèment, & les ſecondes ſe repiquent ſur couche & ſous châſſis, dès la fin des froids, & on rentre les jeunes pieds dans l'orangerie pendant l'hiver, juſqu'à ce qu'ils ſoient en état de ſupporter la pleine terre.

La Morine eſt une aſſez belle plante, dont les fleurs exhalent une odeur mielleuſe, agréable. On pourroit l'introduire avec avantage dans les jardins payſagers; mais ſa rareté n'a pas encore permis d'y penſer. (*Bosc.*)

MORINGA. *Hyperanthera.*

Genre de plante de la décandrie monogynie & de la famille des *Légumineuſes*, qui contient quatre eſpèces, dont une ſe voit dans nos cultures. Il eſt figuré pl. 337 des *Illuſtrations des genres* de Lamarck.

Eſpèces.

1. Le MORINGA noix de ben.
Hyperanthera moringa. Vahl. ♄ Des Indes.
2. Le MORINGA décandre.
Hyperanthera decandra. Willd. ♄ Des Indes.
3. Le MORINGA ſemi-décandre.
Hyperanthera ſemidecandra. Vahl. ♄ De l'Arabie.
4. Le MORINGA de la Cochinchine.
Hyperanthera cochinchinenſis. Willd. ♄ De la Cochinchine.

La culture de la première eſpèce, qui eſt celle que nous poſſédons, a été indiquée au mot BEN. (*Bosc.*)

MORONOBEA : nom donné, par Aublet, au genre MANI.

MORS DU DIABLE. C'eſt la SCABIEUSE DES BOIS.

MORSEGO : arbre de l'Inde, figuré par Rumphius, pl. 10 du *Supplément de l'Herbier d'Amboine*, & dont on ne connoît pas encore la fructification.

Cet arbre n'étant pas cultivé en Europe, n'eſt pas ici dans le cas d'un article plus étendu. (*Bosc.*)

MORSURE. C'eſt le nom qu'on donne aux plaies faites aux animaux par les dents des autres animaux.

On guérit les Morſures ordinaires comme les autres PLAIES. *Voyez* ce mot.

Mais il n'en eſt pas de même des Morſures des animaux enragés & des vipères. Les premières donnent lieu à une maladie des plus graves, & qui n'eſt plus ſuſceptible de guériſon quand elle eſt déclarée : les ſecondes cauſent ſouvent la mort en peu d'heures. *Voyez* RAGE & VIPÈRE. (*Bosc.*)

MORT AU CHANVRE. C'eſt l'OROBANCHE RAMEUSE.

MORT AUX CHIENS. *Voyez* COLCHIQUE D'AUTOMNE.

MORT AUX RATS. C'eſt, à Saint-Domingue, le HAMEL A FEUILLES VELUES.

MORT-BOIS : bois de peu de valeur, comme le prunellier, la bourdaine, le cornouiller ſanguin, troêne, genêt, bruyère, épine, groſeillier, ronce & autres, qu'il étoit permis à tout le monde d'extraire des bois du Roi & de ceux des communes.

Aujourd'hui il n'y a plus que les genêts & la bruyère qu'il ſoit permis d'enlever des forêts nationales.

Il y a un ſiècle que les bois blancs, tels que les peupliers & les ſaules, faiſoient partie des Morts-bois. (*Bosc.*)

MORTFLATS. On donne ce nom à une maladie des vers à ſoie, qui ſe termine par un dévoiement & la gangrène. *Voyez* VERS A SOIE.

MORTIER : mélange de ſable avec de l'eau & de la chaux, qui ſert à lier les pierres des conſtructions en maçonnerie.

Quelquefois, pour augmenter la ſolidité du Mortier, on ſubſtitue la terre cuite ou la pouzzolane au ſable, principalement quand on conſtruit ſous l'eau. Les terres argileuſes, que par économie on emploie pour remplacer le Mortier dans les conſtructions rurales, portent auſſi quelquefois le nom de *Mortier*.

Le choix d'un Mortier de bonne nature eſt très-important pour la durée des bâtimens ruraux & des murs de clôture; ainſi les propriétaires doivent y apporter une grande attention. Je devrois, par conſéquent, entrer ici dans des développemens propres à les guider; mais comme il en eſt traité en détail dans le *Dictionnaire d'Architecture*, j'y renvoie le lecteur. (*Bosc.*)

MORVE : maladie qui enlève chaque année d'immenſes quantités de chevaux, & à laquelle on n'a pas encore trouvé de ſpécifique, quelque nombreux que ſoient les remèdes qui ont été donnés comme tels. Celui qui apprendroit à la guérir seroit le bienfaiteur de l'agriculture ; car quoiqu'elle exerce principalement ses ravages aux armées, dans les postes, & en général dans toutes les réunions de chevaux qui communiquent beaucoup entr'eux, il est infiniment commun qu'elle cause la ruine des cultivateurs.

Généralement on range la Morve dans les maladies épidémiques ; mais quoiqu'il arrive souvent qu'un grand nombre de chevaux en soient attaqués en même tems, il y a lieu de penser qu'elle doit être placée au nombre des contagieuses, dont elle a éminemment le principal caractère, c'est-à-dire, celui de se communiquer par la cohabitation.

Les causes auxquelles on attribue la Morve sont au nombre de huit :

1°. La mauvaise qualité des alimens, ou une trop petite quantité d'alimens ;
2°. Une nourriture échauffante, continuée pendant long-tems ;
3°. Une suppression subite de transpiration ;
4°. Des affections catarrhales, négligées ou mal traitées ;
5°. La gourme ou la morfondure devenue à l'état chronique ;
6°. Le farcin, des javards, des crapaux, des poireaux, des eaux aux jambes, & autres maladies de la lymphe guéries par les répercutifs ;
7°. La rentrée de la gale ;
8°. Enfin, la communication avec les chevaux morveux, ou l'emploi des objets qui leur ont servi, même instantanément.

La considération qu'il n'y a pas de chevaux morveux en Asie, en Amérique & probablement en Afrique, ainsi que dans la Nouvelle-Hollande, donne lieu de croire que cette dernière cause est la seule véritablement agissante.

L'intérêt public exige donc que la loi intervienne, à défaut du propriétaire, toutes les fois que la Morve se montre dans un cheval ; aussi ordonne-t-elle que l'autorité locale en sera instruite, qu'il sera séparé des autres, même tué lorsque tout espoir de guérison est perdu. Ainsi, un cultivateur qui se trouve dans ce cas, ne peut se dispenser de prendre ces mesures & d'appeler un vétérinaire.

Les symptômes de la Morve, comme ceux de toutes les maladies, s'aggravent sans transition ; mais pour s'entendre, on est convenu de les ranger sous trois degrés.

Premier degré.

1°. Ecoulement par un naseau seulement, d'une humeur blanchâtre & fluide, & qui n'est bien apparente que quand on a fait courir le cheval ;
2°. Inflammation de la membrane qui tapisse l'intérieur du nez ;
3°. Gonflemens des vaisseaux sanguins de cette membrane ;
4°. Engorgement d'une ou de plusieurs des glandes de la ganache, du côté où l'écoulement a lieu ;
5°. Crudité & transparence des urines ;
6°. Bon état apparent de l'animal, dont le poil est plus lustré qu'à l'ordinaire, par suite du défaut de transpiration.

Second degré.

1°. Epaississement, coloration en jaune-verdâtre du flux ;
2°. Froncement de la partie supérieure de l'orifice du naseau par lequel l'écoulement a lieu ;
3°. Sensibilité des glandes engorgées & leur adhérence aux os de la mâchoire postérieure.

Troisième degré.

1°. Couleur grisâtre ou noirâtre, & fétidité de l'humeur qui coule par les naseaux ;
2°. Traînées de sang sur les membranes de ces naseaux ;
3°. Hémorrhagies fréquentes par cette membrane ;
4°. Ecoulement par les deux naseaux ;
5°. Ulcères chancreux qui corrodent la membrane des naseaux ;
6°. Augmentation de sensibilité des glandes engorgées, & adhérence à l'os de la mâchoire ;
7°. Chassie aux yeux ou à l'œil ;
8°. Tuméfaction de la paupière inférieure ;
9°. Boursoufflement & soulèvement des os, du nez & du chanfrein ;
10°. Dégoût, abattement, toux, enflure des jambes & des testicules, claudication, mort.

Il est d'autres maladies, comme la gourme, la fausse gourme, la péripneumonie, la morfondure & la pleurésie, qui ont quelques symptômes communs avec la Morve, tels que l'écoulement par le nez, l'engorgement des glandes, même des chancres ; mais alors ils n'existent jamais à la fois, & quoiqu'en apparence plus graves, ils disparoissent promptement.

Je fais cette remarque, parce qu'il arrive souvent que des personnes peu éclairées se hâtent de faire tuer les chevaux qui ont un de ces trois symptômes.

On peut encore confondre la Morve avec les affections catarrhales, avec les suites de coups sur le nez, de productions polypeuses, &c. Il faut beaucoup d'habitude, je le répète, pour la distinguer ; aussi, dans l'incertitude, convient-il d'appeler un vétérinaire éclairé, plutôt que de porter un jugement.

Lorsque les chevaux ont pris la Morve par communication d'autres chevaux malades au troisième degré, ses symptômes s'aggravent plus rapidement.

Le plus ordinairement, la véritable Morve parcourt ses périodes avec une extrême lenteur. Les chevaux qui en sont affectés, sont souvent susceptibles de tous les services auxquels on les emploie jusqu'au commencement de la troisième période. Jamais un cultivateur ne peut trouver son intérêt à profiter de cette circonstance pour faire travailler des chevaux reconnus morveux; il doit de suite, ou les abandonner isolément dans des pâturages clos, ce qui a suffi quelquefois pour les guérir spontanément, ou les tenir également isolément dans des écuries bien saines, pour les traiter, ou mieux essayer de les traiter. J'insiste sur leur isolement, parce que le plus souvent on met tous les chevaux morveux dans la même écurie, ce qui fait que ceux qui sont les plus malades aggravent la maladie des autres, & que ceux qui sont guéris reprennent la maladie.

Tout cheval attaqué de la Morve au troisième degré, quelle que soit sa valeur, doit être tué, parce que les exemples de guérison sont si rares, qu'ils ne peuvent servir de compensation aux dangers de la communication.

Tout cheval usé & de peu de valeur doit être tué, parce que les frais de son traitement absorberoient une partie de sa valeur, toute sa valeur, & même au delà de sa valeur, & que, pendant le traitement, il pourroit donner la maladie à d'autres chevaux d'un plus grand prix.

Je n'approuve cependant pas ceux qui, pour arrêter la contagion, conseillent de tuer immédiatement tous les chevaux reconnus morveux: 1°. parce que c'est attaquer la propriété, & que la loi ne doit le faire que dans l'urgence; 2°. parce qu'on peut, par erreur, déclarer morveux un cheval qui ne l'est pas; 3°. parce qu'il est constant que des chevaux évidemment morveux ont été guéris lorsqu'on s'y est pris à tems.

Les sudorifiques, parmi lesquels les préparations antimoniales tiennent le premier rang, sont les remèdes qui ont donné les résultats les plus avantageux. Le soufre, donné à forte dose, a aussi réussi très-souvent. Dernièrement M. Colaine a renouvelé, en exagérant les doses, l'emploi de ce dernier, & a obtenu de très-grands succès; mais ils n'ont pas eu lieu de même entre les mains d'autres personnes.

Je n'entreprendrai pas de donner ici le détail du traitement de la Morve, puisqu'il doit varier suivant les individus, suivant l'époque de la maladie, suivant la saison, &c. C'est à un vétérinaire éclairé que les cultivateurs doivent s'adresser lorsqu'ils ont des chevaux qui en sont attaqués. Je renverrai cependant ceux qui n'en auroient pas à leur proximité, à l'Instruction de MM. Chabert & Huzard, imprimée par ordre du Gouvernement, le meilleur ouvrage pratique que nous ayions sur cet objet.

Les chevaux morts de la Morve doivent être de suite enterrés avec leur peau, au moins à six pieds de profondeur, pour éviter les conséquences de la contagion dont ils peuvent être encore le principe, soit directement, soit indirectement, par l'intermédiaire des chiens, des surmulots (*mus decumanus*), &c. qui en mangeroient la chair.

Les restes du manger, la litière, le fumier des chevaux attaqués de la Morve doivent être brûlés ou également enterrés dans un lieu non fréquenté. Les longes, harnois, mangeoires, râteliers & autres objets à leur usage seront lavés à plusieurs eaux bouillantes, ou mieux avec de l'eau de lessive bouillante; enfin, le sol de l'écurie sera imprégné, & ses murs blanchis avec du lait de chaux, & les chevaux n'y seront remis qu'un mois après. (*Bosc.*)

MORVE. On donne ce nom au mucilage qui remplit la cavité de la plupart des semences avant leur complète maturité. Certaines semences, telles que les noix, présentent ce mucilage pendant plus long-tems & en plus grande abondance que d'autres. *Voyez* MUCILAGE & FRUIT. (*Bosc.*)

MORVE DES CHIENS. La MALADIE DES CHIENS (*voyez* ce mot) porte quelquefois ce nom, parce qu'elle offre dans ses commencemens un flux nasal fort analogue à celui de la Morve proprement dite. (*Bosc.*)

MORVE DES MOUTONS. C'est, comme dans l'homme, un des symptômes du rhume.

MOSAMBE. *Cleome.*

Genre de plante de la tétradynamie siliqueuse ou de l'hexandrie monogynie & de la famille des *Capriers*, qui rassemble plus de deux douzaines d'espèces, dont plusieurs sont cultivées dans nos écoles de botanique & dans les collections des amateurs. Il est figuré pl. 567 des *Illustrations des genres* de Lamarck.

Espèces.

1. La MOSAMBE à sept feuilles.
Cleome heptaphylla. Linn. ⊙ De la Jamaïque.
2. La MOSAMBE à cinq feuilles.
Cleome pentaphylla. Linn. ⊙ Des Indes.
3. La MOSAMBE à trois feuilles.
Cleome triphylla. Linn. ⊙ Des Indes.
4. La MOSAMBE polygame.
Cleome polygama. Linn. ⊙ De la Jamaïque.
5. La MOSAMBE icosandre.
Cleome icosandra. Linn. ⊙ De la Chine.
6. La MOSAMBE visqueuse.
Cleome viscosa. Linn. ⊙ De Ceilan.
7. La MOSAMBE dodécandre.
Cleome dodecandra. Linn. ⊙ Des Indes.

8. La MOSAMBE géante.
Cleome gigantea. Linn. ♄ Des Indes.
9. La MOSAMBE piquante.
Cleome aculeata. Linn. ⊙ De l'Amérique méridionale.
10. La MOSAMBE épineuse.
Cleome spinosa. Linn. ⊙ De l'Amérique méridionale.
11. La MOSAMBE dentée.
Cleome serrata. Linn. ⊙ De l'Amérique méridionale.
12. La MOSAMBE ornithopode.
Cleome ornithopoides. Linn. ⊙ Du Levant.
13. La MOSAMBE violette.
Cleome violacea. Linn. ⊙ De l'Espagne.
14. La MOSAMBE d'Arabie.
Cleome arabica. Linn. ⊙ De l'Arabie.
15. La MOSAMBE monophylle.
Cleome monophylla. Linn. ⊙ De Ceilan.
16. La MOSAMBE du Cap.
Cleome capensis. Linn. ⊙ Du Cap de Bonne-Espérance.
17. La MOSAMBE couchée.
Cleome prostrata. Linn. ♃ Des Antilles.
18. La MOSAMBE de la Guiane.
Cleome guianensis. Aubl. ⊙ De la Guiane.
19. La MOSAMBE à feuilles étroites.
Cleome angustifolia. Forsk. ⊙ De l'Égypte.
20. La MOSAMBE chelidonière.
Cleome chelidonii. Linn. Des Indes.
21. La MOSAMBE chataire.
Cleome felina. Linn. De Ceilan.
22. La MOSAMBE jonciforme.
Cleome juncea. Linn. ♄ Du Cap de Bonne-Espérance.
23. La MOSAMBE délicate.
Cleome tenella. Linn. ⊙ Des Indes.
24. La MOSAMBE digitée.
Cleome digitata. Forsk. De l'Arabie.
25. La MOSAMBE à une seule glande.
Cleome uniglandulosa. Cavan. Du Mexique.

Culture.

La moitié de ces Mosambes sont cultivées dans nos jardins ; savoir : les 1re., 2e., 3e., 6e., 7e., 8e., 9e., 10e., 12e., 13e., 14e., 15e. Parmi elles, une seule, la 13e., peut se semer en pleine terre à une bonne exposition, & une seule, la 8e., exige l'orangerie ; cette dernière est une très-belle plante, mais elle répand une odeur fort désagréable. Toutes les autres se sèment au printems dans des pots remplis de terre de bruyère, mêlée d'un peu de terreau, pots qui se placent sur une couche nue, & auxquelles on donne les arrosemens convenables. Les plants arrivés à trois ou quatre pouces de haut, se mettent seul à seul dans d'autres pots qu'on arrange sur une autre couche ou contre un mur exposé au midi, où ils fleurissent & amènent leurs graines à maturité. Pour plus de sécurité, il seroit bon de les faire passer, immédiatement après leur repiquage, une quinzaine de jours sous un châssis. (*Bosc.*)

MOSCAIRE. *Moscaria.*

Plante annuelle du Chili, qui, selon Persoon, seule forme un genre dans la syngénésie égale & dans la famille des *Chicoracées;* elle n'est pas cultivée dans nos jardins. (*Bosc.*)

MOSCATILLINE. *Adoxa.*

Petite plante vivace, qui croît dans les bois, les buissons, les haies de toute l'Europe, & qui se fait remarquer par la précocité de sa floraison & par l'odeur musquée qu'elle exhale.

Cette plante, dont on voit la figure pl. 320 des *Illustrations des genres* de Lamarck, est de l'octandrie tétragynie & de la famille des *Saxifrages*, & ne se cultive que dans les écoles de botanique, où on l'apporte de la campagne. On la conserve en la garantissant des rayons du soleil, qu'elle craint beaucoup, par le moyen d'un tesson de pot. Elle demande une terre très-légère & fraîche, sans être cependant humide.

J'aime beaucoup voir cette plante garnir la nudité du sol des bosquets dans les jardins paysagers, & je suis étonné qu'on ne cherche pas plus à l'employer à cet usage. (*Bosc.*)

MOSCHAIRE. *Moscharia.*

Plante vivace d'Égypte, dont Forskal a fait un genre dans la didynamie gymnospermie & dans la famille des *Labiées*. On ne l'a pas encore introduite dans nos cultures. (*Bosc.*)

MOSCOUADE : sorte de sucre brut. *Voyez* CANNE A SUCRE & SUCRE.

MOTET : nom d'une variété de froment qu'on cultive beaucoup aux environs de Genève.

MOTTE. On donne ce nom, à Marseille, à la quantité de mesures d'olives qui entre dans une mouture. La Motte varie en masse dans chaque moulin. *Voyez* OLIVE, HUILE & MOULIN.

MOTTES : morceaux de terre que les labours ont laissés dans les champs ou les jardins.

Ce sont les terres où l'argile domine, celles qui n'ont pas été labourées depuis long-tems, les prairies naturelles ou artificielles qu'on rompt, qui sont le plus dans le cas d'offrir des Mottes par suite de leur LABOUR. *Voyez* ce mot.

Il est des terres qui forment plus de Mottes quand on les laboure en état de sécheresse, & d'autres qui en donnent davantage quand on les laboure lorsqu'elles sont imprégnées d'eau. En général, il n'en est pas deux qui se ressemblent sous ce rapport, soit à la même époque, soit à des époques différentes.

Puisqu'on ne laboure que pour diviser la terre, & que les Mottes ne sont point divisées, elles nuisent nécessairement au but du labourage; elles nuisent encore en recouvrant les semences, parce qu'elles empêchent, lorsque ces dernières germent, la sortie de terre de leur plumule; ainsi le cultivateur doit tendre à n'en faire que le moins possible, & à détruire celles qu'il fait.

Pour produire peu de Mottes ou de petites Mottes, on choisit le tems le plus favorable au labour, c'est-à-dire, l'époque où la terre n'est ni trop sèche ni trop mouillée; on prend avec la charue, ou avec la bêche, une petite épaisseur de terre à la fois, on fait plusieurs labours successifs, on croise les labours.

C'est principalement parce qu'il fournit le moins de Mottes, que le labour à la houe est le meilleur de tous les labours.

Un champ ou un carré de jardin couvert de Mottes annonce un laboureur ou un jardinier insouciant ou peu capable.

Pour écraser les Mottes, on les frappe avec un maillet de bois, appelé de cet usage CASSE-MOTTE (*voyez* ce mot), on passe le rouleau simple ou le rouleau armé de dents de fer, ou la herse. *Voyez* ROULEAU & HERSE. Mais le meilleur de tous les moyens, & le moins usité, c'est le binage avec une houe à cheval armée de plusieurs fers. *Voyez* HOUE A CHEVAL.

Cependant il est des cas où les Mottes sont utiles à la croissance des blés: c'est lorsqu'elles se déchaussent pendant l'hiver & qu'elles se fondent au printems (*voyez* DÉCHAUSSEMENT); c'est lorsqu'au moyen des abris qu'elles fournissent, il croît plus rapidement & brave plus certainement les gelées. *Voyez* ABRI & GELÉE. (*Bosc.*)

MOTTE (LEVER OU PLANTER en). On lève une plante en Motte lorsqu'on laisse, en l'arrachant, suffisamment de terre autour de ses racines pour que, remise autre part, elle continue à végéter comme si elle n'avoit pas changé de place.

Les plantes qui croissent dans les terres légères sont les seules qu'on ne peut pas toujours lever en Motte; cependant on y parvient souvent avec des précautions, après les avoir, au préalable, arrosées copieusement.

Il est des cas où on attend, pour lever en Motte dans ces sortes de terres, que la gelée y ait pénétré, & qu'on accélère même cette pénétration en creusant successivement autour de la plante un fossé dont on arrose le fond pour rendre la glace plus consistante.

L'économie du tems, de la main-d'œuvre & du transport s'opposent seuls à ce que toutes les plantes, tous les arbustes, tous les arbrisseaux & tous les arbres à transplanter soient levés en Motte; car les avantages de cette pratique sont certains sous le rapport de la reprise & sous celui de l'accélération du développoment des fleurs. Parmi les arbres le plus généralement cultivés, les résineux sont ceux qu'il est le plus indispensable de lever en Motte. *Voyez* PIN, SAPIN, ÉPICEA, GENÉVRIER, IF, dans le *Dictionnaire des Arbres & Arbustes.*

Souvent on sème ou on repique dans les pots uniquement pour pouvoir planter en Motte.

C'est principalement quand les plantes sont en pleine végétation qu'il est important de les lever en Motte; aussi les plantes annuelles peuvent-elles l'être rarement de l'autre manière avec succès.

Autrefois les fleuristes se servoient d'un instrument appelé MANETTE (*voyez* ce mot) pour lever les plantes; mais aujourd'hui on préfère partout la bêche, qu'il suffit, en effet, de savoir manier pour arriver au but plus promptement & plus certainement.

Ainsi, pour lever une plante en Motte, on donne autour d'elle, à la distance convenable, autant de coups de bêche qu'il est nécessaire pour la cerner, & on la soulève à la suite du dernier. *Voyez* LEVER.

Ainsi, pour lever un arbre, on cerne la terre autour de lui par un fossé, & lorsqu'on est arrivé au-dessous de la plupart des racines, on coupe celles qui pivotent avec la bêche, & on enlève le tout avec la main ou autrement.

Quelques heures de pratique en apprendront plus que tout ce que je pourrois dire de plus; ainsi je m'arrête.

Les arrosemens sont moins nécessaires quand on plante en Motte; cependant il est toujours bon d'en donner un immédiatement après l'opération.

Voyez, pour le surplus, aux mots PLANTATION, TRANSPLANTATION, REMPOTAGE, RENCAISSAGE. (*Bosc.*)

MOUCHE: genre d'insecte qui comprend un très-grand nombre d'espèces, plus de deux cents, parmi lesquelles il en est plusieurs qu'il est important de faire connoître aux cultivateurs, à raison des services qu'elles leur rendent ou des dommages qu'elles leur causent. *Voyez* le *Dictionnaire des Insectes.*

Généralement on applique, dans les campagnes, le nom de *Mouche* à tous les insectes à deux ailes, même à ceux à quatre ailes nues: ici je le restreins à ceux à qui Fabricius & Olivier l'appliquent.

Les Mouches proviennent d'œufs, d'où sortent des larves (vers) alongées, sans pattes, ordinairement coniques, dont la tête, placée au petit bout, est armée de deux crochets qui leur servent à déchirer les viandes ou les parties molles des végétaux. Arrivées à leur dernier degré d'accroissement, la peau de ces larves, qui est molasse, se durcit & devient une coque dans laquelle elles se transforment en nymphes, & dont elles sortent sous la forme d'insectes parfaits.

La plupart des Mouches donnent plusieurs générations par an, & pondent plusieurs centaines d'œufs à chaque génération.

Les Mouches & leurs larves sont la nourriture de beaucoup d'oiseaux & de plusieurs poissons. Les volailles & les carpes en font surtout une grande consommation. Il est des pays où on établit dans la cour de chaque ferme une fosse pour y jeter toutes les matières animales, afin de fournir, par les larves qui y naissent, un aliment aux poulets & autres petits des oiseaux de basse-cour, pour engraisser les carpes du vivier, &c. Il n'y a pas de doute pour moi que si on le faisoit partout, on éviteroit bien des pertes au moment de la poussée du rouge dans ces oiseaux, surtout des dindons : il y a cependant à observer que les poules pondeuses qui en mangent beaucoup font des œufs dont le jaune est noirâtre & a un goût désagréable ; ainsi il faut les en éloigner. On recouvre ces fosses de quelques pouces de terre, & d'une claie qu'on enlève tous les matins pour donner aux couvées la facilité de se repaître. Cette terre est, au commencement de l'hiver, répandue sur les champs, qu'elle engraisse éminemment. Il a été prouvé, par des expériences directes, que la multitude de ces larves affoiblit les émanations délétères, & même l'odeur de ces fosses.

Outre ces services, les larves des Mouches concourent puissamment à accélérer la décomposition des charognes, des matières fécales, des amas de végétaux herbacés qui affectent désagréablement nos sens & peuvent nuire à notre santé.

Celles d'entre les Mouches que les cultivateurs sont le plus dans le cas de remarquer, sont :

La Mouche carnassière : elle dépose ses petits, car elle est vivipare ou mieux ovovivipare dans les charognes, & quelquefois dans la viande réservée dans la cuisine des cultivateurs.

La Mouche bleue de la viande. Celle-ci fait des œufs dans les mêmes lieux que la précédente, mais plus communément dans la viande fraîche : c'est celle dont les ménagères ont le plus à se plaindre.

De tous les moyens indiqués pour empêcher cette Mouche de déposer ses œufs sur la viande fraîche, il n'y a que les cages à cannevas de bon. Un commencement de cuisson retarde bien la ponte, mais ne l'empêche pas.

Le Mouches dorée & césar ne diffèrent presque que pour la grandeur; elles choisissent aussi les charognes pour y pondre. Ce sont principalement leurs larves qui forment la population des fosses dont j'ai parlé plus haut, & qui, sous le nom d'*arcot*, servent le plus fréquemment d'appât pour la pêche à la ligne des petits poissons.

La Mouche des larves est au nombre des auxiliaires des cultivateurs contre leurs ennemis, puisqu'elle dépose ses œufs sur le corps des chenilles, & que ses petits, vivant aux dépens de leur substance, les font périr.

La Mouche commune est plus incommode par son immense multiplication, que véritablement nuisible. Ses larves vivent dans les fumiers, les excrémens, les ordures des cours. Ce n'est pas elle qui pique, comme on le croit communément, mais le Stomoxe. *Voyez* ce mot.

Pour se débarrasser de cette Mouche dans les appartemens, qu'elle salit de ses excrémens, & où elle se rend souvent insupportable, on a indiqué bien des recettes; mais la seule qui remplisse suffisamment son objet, c'est de l'eau sucrée empoisonnée.

La Mouche stercoraire : sa larve vit dans les excrémens des hommes, dont elle accélere la décomposition.

La Mouche des fromages provient de larves qui se nourissent de fromage, & qui l'empêchent de se conserver aussi long-tems. Certaines personnes préfèrent le fromage où elles se trouvent, parce qu'il est plus piquant ; mais elles n'en causent pas moins une perte considérable de cette denrée. On les empêche de naître en tenant les fromages dans un lieu frais & obscur, & on les fait périr en les salant & en les trempant dans le vinaigre.

La Mouche de la truffe vit dans ce champignon lorsqu'elle est en état de larve, & indique le lieu où il se trouve quand elle est à l'état parfait, en voltigeant au-dessus de sa place.

La Mouche des racines. C'est des racines du radis noir que vit sa larve, & certaines années elle leur nuit beaucoup. Je ne connois d'autre moyen d'arrêter ses ravages, qui sont quelquefois considérables, que d'arracher une année tous les radis avant qu'elle se soit transformée en nymphe, au mois de juin, par exemple, ou de suspendre pendant un ou deux ans la culture de cette plante, afin d'interrompre sa multiplication.

La Mouche du chou produit sur les racines de cette plante le même effet que la précédente sur le radis. Les mêmes moyens de destruction doivent lui être appliqués.

La Mouche du vinaigre doit sa naissance à une larve qui vit dans le vinaigre. Il est rare qu'on laisse pendant l'été un verre de vinaigre ou de vin exposé à l'air, sans qu'elle y accoure. Tenir ces liqueurs dans des vases bien bouchés, c'est le meilleur moyen de l'empêcher d'y déposer ses œufs.

La Mouche météorique se fait remarquer dans les pays de montagnes par la ténacité avec laquelle elle poursuit les animaux & les hommes, pour se fixer autour de leurs yeux & sucer l'humeur qui en lubréfie les bords.

La Mouche des épis de l'orge (*Musca frit*, Linn.) dépose ses œufs dans le grain de l'orge encore en lait, & sa larve le dévore. Je ne l'ai pas observée en France, mais elle est commune en Suède.

La Mouche des tiges de l'orge (*Musca lineata*, Fabr.) choisit une tige d'orge, de froment ou de seigle pour y déposer un œuf d'où sort une larve qui la fait périr, & elle pond plus de cent œufs; aussi cause-t-elle beaucoup de dommages aux cultivateurs dans certains cantons & dans certaines années.

Plusieurs autres larves de Mouches non encore connues des naturalistes déposent aussi leurs œufs dans les tiges des céréales, & elles seront bientôt signalées par mon collègue & collaborateur Olivier, qui s'occupe d'un travail fort étendu qui les a pour objet.

La Mouche de l'olive : sa larve fait tomber, certaines années, une partie de la récolte des oliviers avant sa maturité, & cause par conséquent de grandes pertes aux propriétaires de ces récoltes. Le moyen qu'on emploie aux environs d'Aix est le seul praticable pour s'en débarrasser : c'est de cueillir les olives un peu avant leur complète maturité, & d'en exprimer l'huile de suite, les larves n'ayant pas alors le tems de se transformer en insectes parfaits. *Voy.* le mot Olivier dans le *Dictionnaire des Arbres & Arbustes*.

La Mouche du cerisier offre pour les bigarreaux le même inconvénient que la précédente; mais comme leur valeur est bien différente, on ne s'en plaint que par suite du désagrément de trouver sa larve sous la dent lorsqu'on les mange.

Il est encore beaucoup de Mouches qui nuisent aux produits des cultures; mais, ou elles sont ordinairement trop rares pour mériter l'attention des cultivateurs, ou elles sont encore imparfaitement connues. Je m'arrête donc ici.

Voyez en supplément à cet article, ceux Stomoxe, Hippobosque, Œstre, Taon, Tipule & Syrphe. (*Bosc.*)

Mouche cantharide. *Voyez* Cantharide dans le *Dictionnaire des Insectes*.

Mouche a miel. *Voyez* Abeille & Ruche.

MOUCHETÉ (Blé). C'est tantôt du froment qui donne des indices de carie ou de charbon, tantôt celui qui a été taché par un commencement de pourriture pour avoir été mouillé, soit dans le champ, soit dans la grange ou les meules, soit après avoir été battu. Dans tous ces cas, le blé perd beaucoup de sa qualité, & par conséquent de sa valeur. (*Bosc.*)

MOUILLURE : synonyme d'Arrosement. *Voyez* ce mot.

Il est cependant des lieux où on donne spécialement ce nom aux arrosemens légers ou faits avec la pomme d'arrosoir percée des plus petits trous, arrosemens que dans d'autres lieux on appelle Bassinage. (*Bosc.*)

MOULIN A FARINE. Ce n'est pas tout que d'avoir du blé, il faut encore l'approprier à l'usage auquel on le destine, puisqu'il ne peut être mangé ni avec autant d'agrément, ni avec autant de profit, simplement cuit comme le riz, que réduit en farine & transformé en pain. Les Moulins sont donc nécessaires dans l'état actuel des nations. Un long article devroit donc leur être ici consacré; mais comme ils ont été décrits, & leur emploi développé dans le *Dictionnaire des Arts mécaniques*, auquel je renvoie le lecteur, je me contenterai d'en dire quelques mots.

Deux pierres plates & de surface rude furent un moulin dans l'enfance des sociétés agricoles. Bientôt la pierre supérieure fut percée pour donner passage à un pivot fixé dans l'inférieure, & elle fut mise en mouvement au moyen d'un bâton un peu oblique, entrant d'un bout dans un trou creusé au bord de cette pierre supérieure, & de l'autre dans un trou creusé dans la branche horizontale d'un arbre, dans une traverse, une poutre, &c. C'est encore ainsi que les peuples demi-sauvages de l'Afrique & de l'Amérique réduisent en farine grossière les grains dont ils se nourrissent. Je suis étonné que ce Moulin, si simple & si économique, que j'ai vu si souvent en action pendant mon séjour en Amérique, ne soit pas connu en Europe, où, malgré l'imperfection de ses produits, il trouveroit un emploi utile dans beaucoup de cas.

Les Moulins des Anciens étoient formés d'un cône tronqué de pierre, tournant dans une cavité de pierre de même forme : les hommes, les animaux & l'eau étoient les agens qui les faisoient mouvoir. On dit qu'il y en a encore de tels dans l'Asie mineure & autres contrées de l'Orient.

Aujourd'hui, il n'y a plus en Europe que des Moulins composés de deux pierres plates, dont l'inférieure est mise en mouvement au moyen de plusieurs engrainages de roues & de lanternes, par l'effet d'un courant d'eau, de la vapeur de l'eau, du vent, d'un animal, d'un homme. Leur construction est plus ou moins simple & extrêmement variée.

Les Moulins mus par l'eau ou par la vapeur de l'eau sont les meilleurs de tous, parce qu'ils agissent le plus constamment, le plus régulièrement, & peuvent avoir les meules les plus grandes; ce sont donc ceux qu'on doit préférer toutes les fois qu'on le peut. Dans leur grand nombre il faut distinguer ceux qui sont dits économiques, parce que ce sont eux qui fournissent le plus de farine & qui la font meilleure. *Voyez* au mot Farine.

Il y a aussi un grand nombre de sortes de Moulins à vent. Leur invention, qui est due aux peuples de l'Orient, est un bienfait inappréciable pour les pays qui manquent d'eau & qui ne sont pas assez riches pour faire les frais de premier établissement d'un Moulin à vapeur; cependant ils ont le très-grave inconvénient de ne pouvoir pas agir en tout tems, & de donner une mouture fort inégale, à raison de la variation perpétuelle de la force de leur moteur.

Les Moulins mus par des animaux ou par des hommes sont d'un bien petit effet, quand on les compare aux précédens; aussi ne sont-ils guère en usage que dans les pays où on ne peut en avoir d'autres, ou dans des circonstances extraordinaires; ils se modifient de mille manières.

Le célèbre Molard, directeur du Conservatoire des Arts & Métiers, vient de perfectionner les Moulins à café & de les appliquer, en leur donnant de plus fortes dimensions, à la mouture des grains dans les armées. La facilité de leur transport & le grand nombre de bras dont on peut disposer sans frais, doit rendre leur usage d'une importance souvent incalculable; mais la farine qu'ils rendent est grossière & mêlée de beaucoup de son. On trouvera, pl. 39, fig. 3, de l'*Art aratoire*, le dessin d'un Moulin construit dans les mêmes principes, mais différant de ceux de M. Molard, & pl. 44, 52, 53, trois autres construits dans des principes totalement différens.

Il est à desirer, pour l'avantage général de la société, que les Moulins économiques remplacent partout les Moulins ordinaires, qu'on appelle *à la grosse*; déjà ils sont nombreux autour des grandes villes, des ports de mer, & dans les pays qui font un grand commerce de blé; & petit à petit ils gagnent les départemens où ils ne sont point connus: ce qui les empêche d'être plus rapidement adoptés, c'est, 1°. l'ignorance de leurs avantages; 2°. la dépense de leur construction; 3°. l'impossibilité d'y suivre la mouture du blé qu'on y porte.

Cette dernière cause, qui tient à la mauvaise réputation des meûniers, est la plus difficile à faire disparoître dans les pays pauvres, & où chacun fait son pain chez soi; elle est nulle pour les meûniers; aussi partout où le commerce des farines est en faveur, ces derniers se sont-ils empressés d'adopter, comme je l'ai annoncé plus haut, la mouture dont il est ici question. Je reviendrai sur cet objet au mot MOUTURE.

La commodité & l'économie doivent faire desirer que le nombre des Moulins soit aussi multiplié que possible; cependant ceux à eau nuisent souvent à l'agriculture & à la salubrité des pays où ils se trouvent. En effet, par suite de la mauvaise construction de leurs biefs & des infiltrations d'eau qui en sont la conséquence, des prairies sont transformées en marais qui ne donnent plus que du foin de la plus mauvaise qualité, & d'où émanent des gaz délétères: c'est là le cas où l'autorité doit intervenir; car l'intérêt d'un individu ne doit pas nuire à celui de beaucoup d'autres. (*Bosc.*)

MOULIN A HUILE. La nécessité de triturer les graines ou les fruits qui donnent de l'huile a fait inventer une grande variété de machines auxquelles on a donné le nom commun de *Moulins*, quoiqu'elles n'aient souvent aucun rapport avec ceux à farine.

Je vais d'abord parler de celles de ces machines employées dans le midi de la France pour extraire l'huile d'olive, & ensuite je ferai connoître celles dont on fait usage dans le nord pour extraire celle des graines dites huileuses. Je renverrai, pour les détails, au mot MOULIN A HUILE du *Dictionnaire des Arts mécaniques*, où leurs diverses sortes sont décrites.

Les Anciens écrasoient leurs olives dans une auge, au moyen de deux segmens de sphère placés perpendiculairement, & tournant autour d'un axe par l'effet d'un courant d'eau ou de l'action d'un animal.

Les Modernes préfèrent un ou deux segmens de cylindre, mais du reste les placent & les font mouvoir comme les Anciens.

Ces Moulins écrasent les noyaux des olives & mêlent l'huile de l'amande qu'ils contiennent avec celle de la pulpe; ce qui a paru à M. Sieuve, & avec raison, sujet à des inconvéniens assez graves, soit relativement à la bonté, soit relativement à la conservation de l'huile; il a en conséquence proposé une machine propre à réduire la pulpe en bouillie, sans entamer le noyau.

La machine de M. Sieuve, qu'il a fait travailler en grand jusqu'à sa mort, est principalement composée d'un châssis qui porte une table épaisse, cannelée dans sa largeur; table sur laquelle on place les olives, qui y sont écrasées, ou mieux déchirées, par le moyen d'une planche épaisse, également cannelée, qui leur est superposée, & à laquelle on donne un mouvement de va & vient avec la main.

Je ne sache pas qu'on fasse encore en ce moment usage de la machine de M. Sieuve; mais elle paroît mériter de ne pas tomber dans l'oubli; car il est difficile de nier les avantages que lui a attribués ce cultivateur, & sa construction n'est ni coûteuse ni difficile.

Les olives écrasées ou détritées se mettent dans des sacs de spart ou de toile, ou de crin, & se placent ensuite sous de puissantes presses pour en exprimer l'huile: ces presses sont généralement mal construites & foibles; aussi reste-t-il beaucoup d'huile dans la pulpe, que dans cet état on nomme le *grignon*, & faut-il lui faire subir une autre opération pour l'en extraire.

Cette opération est celle appelée des *Moulins de recense*; Moulins qu'on devroit employer partout d'abord, mais qui sont encore entre les mains de quelques particuliers, lesquels achètent les grignons pour en extraire l'huile à leur profit. Ces moulins sont décrits dans le *Dictionnaire des Arts mécaniques*.

Les cultivateurs des parties moyennes de la France ne tirent d'huile, du moins habituellement, que des noix, de la navette & du chenevis; ils ont, pour cela, des Moulins composés d'une meule de pierre tournant perpendiculairement sur une table de même matière, autour de laquelle est une rigole & des pressoirs analogues à ceux employés pour le vin, mais plus petits. Ces machines étant peu puissantes, il reste beaucoup d'huile dans les résidus; mais comme on emploie ces résidus, appelés TOURTEAUX (*voyez* ce mot), à à l'engrais des bestiaux & des terres, la perte est pour ainsi dire nulle : en général, on ne fait dans ces contrées que la quantité d'huile nécessaire à la consommation.

Il n'en est pas de même dans les départemens du nord de la France : là, on cultive en grand le colza, le pavot, le lin, &c., & on y fabrique beaucoup d'huile pour le commerce ; aussi la manière de l'extraire, sous les rapports de la quantité, est-elle très-perfectionnée ; aussi le Moulin à huile hollandais est-il le meilleur de tous ceux qui sont connus. C'est sur les puissances de la percussion & du coin que son mécanisme est fondé. Toute graine qui a été soumise à son action ne peut plus fournir d'huile, quels que soient les autres moyens qu'on veuille employer.

Je ne puis trop engager les cultivateurs aisés, de quelque partie de la France que ce soit, à en faire construire, s'ils ont de grandes cultures de plantes oléagineuses ou s'ils veulent entreprendre le commerce des huiles, puisqu'ils offrent au moins un quart d'augmentation d'huile, comparativement à ceux dont on fait généralement usage.

C'est encore au *Dictionnaire des Arts mécaniques* que je renverrai ceux qui voudront avoir des détails sur la construction & l'emploi de cette sorte de Moulin. (*Bosc.*)

MOULINS A BATTRE BLÉ. La longueur du battage des céréales au fléau & la perte de grain qui en résulte, ont fait imaginer de couper les épis & de les faire passer, soit entre deux meules analogues à celles des Moulins à farine, & écartées de toute la longueur du grain (ces meules peuvent être de bois & couvertes de têtes de clous), soit entre trois cylindres de bois, armés de têtes de clous, l'inférieure fixe & les deux supérieurs tournant en sens contraire ; soit entre deux grandes râpes plates de tôle, dont l'inférieure est fixe & l'autre se meut en va & vient ; soit entre deux cylindres perpendiculaires, encore de même matière, également disposés en râpe, dont l'intérieur joue dans l'extérieur par le moyen précédent ; soit enfin entre deux râpes coniques de même matière, dont l'une tourne & l'autre est fixe.

Je ne fais qu'indiquer ces sortes de machines, parceque, quelqu'avantageuses qu'elles paroissent en théorie, il ne s'en voit pas en France, du moins à ma connoissance, & qu'il faut qu'il y ait à cela quelques motifs qui ne me sont pas connus. Il est si facile, d'ailleurs, de les concevoir & de les exécuter, que si quelqu'un vouloit les employer, il n'auroit que les matériaux à acheter. (*Bosc.*)

MOURÉE ou MOURÈRE. *Lacis.*

Plante vivace qui croît dans les rivières de Cayenne, & qui seule forme un genre dans la polyandrie digynie. Il est figuré pl. 480 des *Illustrations des genres* de Lamarck.

Cette plante n'étant pas cultivée dans nos jardins, ne peut être ici l'objet d'un plus long article. (*Bosc.*)

MOURELIER. *Malpighia.*

Genre de plante de la décandrie & de la famille des *Malpighiacées*, dans lequel se trouvent réunies trente-une espèces, dont huit sont cultivées dans nos jardins. Il est figuré pl. 381 des *Illustrations des genres* de Lamarck.

Espèces.

1. Le MOURELIER glabre, vulgairement *cerisier des Antilles.*
Malpighia glabra. Linn. ♄ De Cayenne.
2. Le MOURELIER à feuilles de grenadier.
Malpighia punicifolia. Linn. ♄ De Cayenne.
3. Le MOURELIER biflore.
Malpighia biflora. Cavan. ♄ De l'Amérique méridionale.
4. Le MOURELIER piquant, vulgairement *bois-de-capitaine.*
Malpighia urens. Linn. ♄ De Cayenne.
5. Le MOURELIER odorant.
Malpighia odorata. Jacq. ♄ De l'Amérique méridionale.
6. Le MOURELIER à feuilles d'yeuse.
Malpighia coccifera. Linn. ♄ De Cayenne.
7. Le MOURELIER à feuilles étroites.
Malpighia angustifolia. Linn. ♄ Des Antilles.
8. Le MOURELIER à feuilles de houx.
Malpighia aquifolia. Linn. ♄ De l'Amérique méridionale.
9. Le MOURELIER en épi, vulgairement *bois-tan.*
Malpighia spicata. Cavan. ♄ Des Antilles.
10. Le MOURELIER élevé.
Malpighia altissima. Aubl. ♄ De Cayenne.
11. Le MOURELIER abricotier.
Malpighia armeniaca. Cavan. ♄ Du Pérou.
12. Le MOURELIER brillant.
Malpighia nitida. Linn. ♄ Des îles de l'Amérique.
13. Le MOURELIER glanduleux.
Malpighia glandulosa. Cavan. ♄ Des Antilles.
14. Le MOURELIER à feuilles de molène.
Malpighia verbascifolia. Linn. ♄ De Cayenne.
15. Le MOURELIER de montagne.
Malpighia crassifolia. Linn. ♄ De Cayenne.
16. Le MOURELIER des Savanes.
Malpighia moureila. Aubl. ♄ De Cayenne.
17. Le MOURELIER douteux.
Malpighia dubia. Cavan. ♄ De Saint-Domingue.
18. Le MOURELIER lisse.
Malpighia lævigata. Lam. ♄ De Cayenne.
19. Le MOURELIER roux.
Malpighia rufa. Lam. ♄ De Cayenne.
20. Le MOURELIER lancéolé.
Malpighia lanceolata. Lam. ♄ De Cayenne.

21. Le MOURELIER diphylle.
Malpighia diphylla. Jacq. ♄ De l'Amérique méridionale.
22. Le MOURELIER coriace.
Malpighia coriacea. Swartz. ♄ De la Jamaïque.
23. Le MOURELIER paniculé.
Malpighia paniculata. Mill. ♄ De la Jamaïque.
24. Le MOURELIER de Campêche.
Malpighia campechiensis. Lam. ♄ De l'Amérique méridionale.
25. Le MOURELIER à grandes feuilles.
Malpighia grandifolia. Jacq. ♄ De la Martinique.
26. Le MOURELIER blanchâtre.
Malpighia canescens. Ait. ♄ Des Indes.
27. Le MOURELIER à feuilles de hêtre.
Malpighia faginea. Swartz. ♄ De l'Amérique méridionale.
28. Le MOURELIER argenté.
Malpighia lucida. Swartz. ♄ De l'Amérique méridionale.
29. Le MOURELIER tuberculé.
Malpighia tuberculata. Jacq. ♄ De l'Amérique méridionale.
30. Le MOURELIER à larges feuilles.
Malpighia macrophylla. Desf. ♄ De l'Amérique méridionale.
31. Le MOURELIER à feuilles de myrte.
Malpighia myrtifolia. Desf. ♄ De l'Amérique méridionale.

Culture.

Les Moureliers sont des arbustes d'un effet fort agréable lorsqu'ils sont en fleurs : les fruits de quelques-uns peuvent se manger. Ceux qui se cultivent dans nos serres sont les 1er., 2e., 4e., 7e., 8e., 12e., 14e., 26e., 30e. & 31e. La terre qu'on leur donne doit être consistante & renouvelée tous les ans à la fin de l'été. Ils n'exigent des arrosemens fréquens que lorsqu'ils sont en végétation. Une grande chaleur & beaucoup de lumière leur sont nécessaires pendant toute l'année; cependant, lorsqu'ils sont parvenus à une certaine grosseur, on peut les sortir de la serre pendant les trois mois de l'été, en les plaçant contre un mur exposé au midi. Leur multiplication s'opère, 1°. par le semis de leurs graines, qui mûrissent quelquefois dans nos climats, & qui se sèment sur couche & sous châssis; 2°. par boutures faites dans le courant de l'été, également sur couche & sous châssis, & de plus sous une cloche pendant la première quinzaine, tems qui suffit ordinairement pour leur reprise. Les pieds provenant de graines ou de boutures se mettent seul à seul l'année suivante, & se traitent comme les vieux pieds : on leur ménage, autant que possible, l'emploi de la serpette, qu'ils n'aiment point. (*Bosc.*)

MOURETIER. C'est, dans quelques lieux, l'AIRELLE COMMUNE.

MOURIRI. *PETALOMA.*

Genre de plante de la décandrie monogynie & de la famille des *Onagres*, qui renferme deux arbres qui ne sont pas cultivés dans nos jardins. Il est figuré pl. 360 des *Illustrations des genres* de Lamarck.

Espèces.

1. Le MOURIRI de la Guiane.
Petaloma muriri. Aubl. ♄ De la Guiane.
2. Le MOURIRI myrtiloïde.
Petaloma myrtiloides. Swartz. ♄ De la Jamaïque. (*Bosc.*)

MOUROI : un des noms de la maladie du sang. *Voyez* ce mot.

MOURON. *ANAGALLIS.*

Genre de plante de la pentandrie monogynie & de la famille des *Lysimachies*, qui réunit une douzaine d'espèces, dont plusieurs indigènes sont assez communes dans les campagnes pour mériter l'attention des agriculteurs, & dont plusieurs exotiques se cultivent dans les écoles de botanique. Il est figuré pl. 101 des *Illustrations des genres* de Lamarck.

Espèces.

1. Le MOURON rouge.
Anagallis arvensis. Linn. ⊙ Indigène.
2. Le MOURON bleu.
Anagallis cærulea. Lam. ⊙ Indigène.
3. Le MOURON à larges feuilles.
Anagallis latifolia. Linn. ⊙ De l'Espagne.
4. Le MOURON à feuilles étroites.
Anagallis monelli. Linn. ⊙ De l'Italie.
5. Le MOURON à feuilles de lin.
Anagallis linifolia. Linn. ⊙ De l'Espagne.
6. Le MOURON verticillé.
Anagallis verticillata. Lam. ⊙ De l'Italie.
7. Le MOURON délicat.
Anagallis tenella. Linn. ♃ Indigène.
8. Le MOURON nain.
Anagallis pumila. Swartz. ⊙ De la Jamaïque.
9. Le MOURON à feuilles ovales.
Anagallis ovalis. Ruiz & Pav. ⊙ Du Pérou.
10. Le MOURON à feuilles alternes.
Anagallis alternifolia. Cavan. Du Chili.
11. Le MOURON à feuilles épaisses.
Anagallis crassifolia. Th(?). ♃ Des Pyrénées.
12. Le MOURON de Maroc.
Anagallis fruticosa. Vent. ♄ De la Barbarie.

Culture.

Les espèces 1re. & 2e. sont celles qui se reproduisent si abondamment dans nos champs. Les bestiaux les mangent; cependant, des expériences faites à l'école vétérinaire de Lyon constatent que, desséchées, elles les font immanquablement périr. C'est sur les organes de la déglutition qu'elles paroissent spécialement diriger leur action : on les emploie en médecine. Leur culture, dans les écoles de botanique, consiste simplement à semer leurs graines en place, & à les éclaircir & sarcler le plant qu'elles produisent.

La 7e. espèce croît dans les marais où l'eau n'est abondante que pendant l'hiver. Pour la conserver dans les écoles de botanique, on la plante dans un pot dont le fond trempe dans l'eau.

Les 3e. & 4e. demandent à être semées dans des pots sur couche, & repiquées contre un mur exposé au midi, ou mieux, laissées sur couche & rentrées de bonne heure à l'orangerie, pour que leurs graines puissent se perfectionner.

La 12e. demande la même culture; mais comme elle est vivace, on est sûr de la perdre en la mettant en pleine terre; cependant, comme elle y vient dix fois plus belle qu'en pot, il est bon d'y placer tous les pieds qu'on ne veut pas conserver. On la multiplie aussi de boutures, qui reprennent difficilement; c'est une assez jolie plante, qui est en fleur toute l'année, & qui est propre à servir à l'ornement des appartemens. (*Bosc.*)

MOURON D'ALOUETTE : nom vulgaire du CERAISTE. *Voyez* ce mot.

MOURON D'EAU. On appelle ainsi le SAMOLE. *Voyez* ce mot.

MOURON DES OISEAUX. C'est la MORGELINE. *Voyez* ce mot.

MOUROUCOU. *Mouroucoa.*

Arbrisseau sarmenteux de la Guiane, formant seul un genre dans la pentandrie monogynie & dans la famille des *Liserons*, qui est figuré pl. 103 des *Illustrations des genres* de Lamarck.

Comme il ne se cultive pas dans nos jardins, il n'est pas ici dans le cas de devenir l'objet d'un article de quelqu'étendue. (*Bosc.*)

MOUSSE. M. Amouroux dit qu'on appelle ainsi, dans quelques parties du midi de la France, un grand dental plat en dessous, ou au plus légérement bombé & fourchu à sa partie postérieure, qu'on adapte à l'araire. *Voyez* CHARUE. (*Bosc.*)

MOUSSES. On donne ce nom à une famille de plante qui se fait remarquer par la petitesse de la plupart des espèces qui la composent, par l'époque de leur végétation, qui a généralement lieu en hiver, par leur verdure perpétuelle, par la singularité de leur fructification, de leur foliation, & par les usages auxquels on les emploie.

Je renverrai au *Dictionnaire de Botanique* ceux qui voudront apprendre à connoître les différens genres de cette famille, ainsi que les espèces qui les composent, espèces extrêmement nombreuses, & souvent peu distinctes entr'elles. Je me bornerai ici à mettre sous les yeux du lecteur quelques considérations générales sur le rôle qu'elles jouent dans la nature, & sur l'emploi qu'on en fait ou peut faire en agriculture.

Comme je l'ai indiqué à leur article, les lichens sont les premières plantes qui s'emparent des lieux dénués de végétation; après elles viennent les Mousses. Pourvu que les uns & les autres trouvent une surface inégale & de l'humidité, ils croissent avec vigueur, s'étendent avec rapidité, & fournissent promptement de l'humus aux autres plantes; aussi les voit-on croître sur les pierres les plus dures, sur les arbres les plus élevés, dans les sables les plus arides.

Elles favorisent la décomposition des rochers & des arbres morts, en conservant l'humidité sur leur surface & en favorisant, par cet intermédiaire, l'action des météores & de l'alternative du froid & du chaud.

D'un autre côté, les Mousses ne sont jamais plus abondantes, plus vigoureuses que dans les terreins gras & ombragés, dans les lieux aquatiques, même dans les marais fangeux. Dans le premier cas, elles concourent puissamment à la germination des graines des arbres, qu'elles dérobent à l'avidité des animaux qui les recherchent, qu'elles protègent contre l'effet des fortes gelées & des grandes sécheresses; dans le second, elles élèvent rapidement le sol, & rendent la tourbe susceptible de nourrir des arbustes & même des arbres, par l'humus soluble qu'elles y introduisent. *Voyez* TOURBE.

D'un autre côté, la plupart des Mousses poussant pendant l'hiver, & leur grande abondance suppléant à leur petitesse, elles concourent, en absorbant l'hydrogène & le carbone de l'air & en les remplaçant par de l'oxigène, à le rendre plus salubre pour l'homme & les animaux.

Les plantes, comme je l'ai déjà fait voir un grand nombre de fois, & comme je le prouverai à l'article SUBSTITUTION DE CULTURE, ne peuvent subsister dans la même place qu'un nombre d'années relatif à leur nature & à celle du terrein; elles se substituent continuellement les unes aux autres. Presque toujours ce sont les Mousses qui servent d'intermédaire entr'elles : une vieille luzerne se couvre de Mousse; un pré naturel qui n'est pas arrosé s'en couvre également : de là l'expression que la *Mousse mange l'herbe.*

Il y a long-tems qu'on a remarqué pour la première fois que les Mousses se reproduisent avec la plus grande rapidité, & qu'un terrein qu'on en a dégarni s'en trouvoit de nouveau couvert au bout de deux ans; de sorte qu'elles enrichissent continuellement le sol du terreau qui provient de leur décomposition.

Ainsi, les Mousses jouent un grand rôle dans l'ordre général de la nature. Je vais faire voir qu'elles sont aussi de quelqu'importance pour les agriculteurs.

Dans beaucoup d'endroits, les cultivateurs arrachent, avec un rateau à dents de fer, les Mousses dans les bois, dans les marais, les prés, &c., & les emploient pour faire de la litière à leurs bestiaux. Cet exemple est très-bon à imiter, car elles sont un excellent coucher pour les animaux, s'imbibent facilement de leur urine, de la matière de leur transpiration, & elles fournissent un fumier très-abondant, que la lenteur de sa décomposition rend très-précieux pour les terres fortes, qu'il soulève & rend par conséquent plus propres à laisser passer les racines des plantes.

Le terreau qu'elles forment lorsqu'on les accumule en tas, ou mieux dans des fosses, & qu'on les arrose souvent pendant les sécheresses, est extrêmement propre à remplacer la terre de bruyère dans les lieux où elle manque & où on en desire pour la culture des arbrisseaux qui l'exigent. Comme leur reproduction est très-rapide, il n'y a pas à craindre d'en manquer : il suffit seulement, ou de ne pas épuiser une localité, ou, si on l'a épuisée, de n'y revenir qu'au bout de deux ou trois ans.

La plupart des Mousses ornent les terreins qu'elles recouvrent, & on doit bien se garder de les détruire sous les massifs des jardins paysagers. Il est fâcheux que l'humidité qu'elles recèlent au printems, époque où elles jouissent de leurs avantages au plus haut degré, ne permette pas de se coucher sur elle, comme elles semblent y inviter. On doit également se garder de détruire celles qui croissent sur les murs de clôture dont le chaperon est recouvert de terre, parce qu'elles défendent ce chaperon de l'action destructive des eaux pluviales. Quant à celles qui naissent sur les toits, il est indispensable de les enlever à mesure qu'elles se forment, c'est-à-dire, tous les ans; car, conservant l'humidité au-dessous de leurs touffes, elles favorisent la décomposition des tuiles & la pourriture des chaumes. C'est en automne, avant la formation de leurs urnes, qui sont leurs capsules dans ma manière de voir, qu'on doit exécuter cette opération.

On se sert encore des Mousses, dans les cultures, pour couvrir la surface des terreins qu'on desire garantir de l'action desséchante des rayons du soleil, ou entretenir dans un degré d'humidité constante, afin de favoriser la germination des graines fines, telles que celles des bouleaux, des aunes, des rosages, des andromèdes, &c. On en enveloppe les racines des plantes destinées à être envoyées au loin.

Dans l'économie domestique, on emploie aussi les Mousses pour remplir les couchettes sur lesquelles dort le pauvre, pour emballer les objets casuels, pour lier l'argile dont les maisons rurales sont enduites dans quelques cantons, pour fermer les fentes qui s'y forment, pour calfater les bateaux, &c.

Les Mousses les plus abondantes & le plus dans le cas d'être utiles à l'économie domestique, sont le bry à balais, la fontinale incombustible, la sphaigne des marais, les hypnes pur, prolifère, cupressiforme, squarreux, fourgon, triangulaire & soyeux.

Quoique, ainsi que je l'ai annoncé plus haut, les Mousses ne nuisent point aux arbres, il est cependant bon, par principe de propreté, de les enlever sur ceux qui se trouvent dans les jardins bien soignés, & on y parvient, soit avec un couteau à tranchant émoussé, soit avec une petite étrille recourbée dans sa largeur, soit enfin avec du lait de CHAUX. *Voyez* CHAUX & LICHEN.

Les Mousses ne se cultivent que dans les écoles de botanique, encore en petite quantité, en les transportant de la campagne: c'est ce qui a déterminé mon collaborateur Thouin, qui a commencé le présent ouvrage, à n'en point parler sous leurs noms génériques, & j'ai dû respecter son plan. (*Bosc.*)

MOUTABIÉ. *Cryptostomum.*

Arbrisseau de la Guiane, à rameaux sarmenteux, à feuilles alternes, ovales, coriaces, à fleurs blanches, disposées en bouquets dans les aisselles des feuilles, qui seul forme un genre dans la pentandrie monogynie ou dans la monadelphie pentandrie, & qui est figuré pl. 274 des *Plantes de la Guiane* par Aublet.

Cet arbrisseau a les fleurs odorantes & la pulpe agréable au goût. On appelle ses fruits *graine makaque*, parce que les singes les aiment beaucoup. Il n'est pas cultivé en France. (*Bosc.*)

MOUTARDE. *Sinapis.*

Genre de plante de la tétradynamie siliqueuse & de la famille des *Crucifères*, dans lequel se rangent vingt-sept espèces, dont plusieurs intéressent les cultivateurs, soit par le dommage qu'elles leur causent, soit par le profit qu'ils en retirent, & dont un plus grand nombre se cultivent dans les écoles de botanique. Il est figuré pl. 596 des *Illustrations des genres* de Lamarck.

Espèces.

1. La MOUTARDE blanche.
Sinapis alba. Linn. ☉ Indigène.

2. La MOUTARDE d'Orient.
Sinapis orientalis. Linn. ☉ De l'Orient.

3. La MOUTARDE des Pyrénées.
Sinapis pyrenaica. Linn. ♃ Des Pyrénées.

4. La MOUTARDE pubeſcente.
Sinapis pubeſcens. Linn. ♄ De la Sicile.
5. La MOUTARDE flexueuſe.
Sinapis flexuoſa. Lam. De.....
6. La MOUTARDE de la Chine.
Sinapis chinenſis. Linn. ⊙ De la Chine.
7. La MOUTARDE jonciforme.
Sinapis juncea. Linn. ⊙ De la Chine.
8. La MOUTARDE penchée.
Sinapis cernua. Thunb. ⊙ De la Chine.
9. La MOUTARDE à feuilles de chou.
Sinapis braſſicàta. Linn. ⊙ De la Chine.
10. La MOUTARDE de Pékin.
Sinapis pekenſis. Lour. ⊙ De la Chine.
11. La MOUTARDE d'Allioni.
Sinapis Allioni. Jacq. ⊙ De l'Italie.
12. La MOUTARDE noire, vulgairement *ſenevé*.
Sinapis nigra. Linn. ⊙ Indigène.
13. La MOUTARDE des champs.
Sinapis arvenſis. Linn. ⊙ Indigène.
14. La MOUTARDE velue.
Sinapis incana. Linn. ⊙ Indigène.
15. La MOUTARDE à feuilles de roquette.
Sinapis erucoides. Linn. ⊙ Du midi de l'Europe.
16. La MOUTARDE glauque.
Sinapis lævigata. Linn. ⊙ De l'Eſpagne.
17. La MOUTARDE du Japon.
Sinapis japonica. Thunb. ⊙ Du Japon.
18. La MOUTARDE millefeuille.
Sinapis millefolium. Jacq. ♄ De Ténériffe.
19. La MOUTARDE à feuilles de creſſon.
Sinapis hiſpanica. Linn. ⊙ Du midi de l'Europe.
20. La MOUTARDE d'Égypte.
Sinapis harra. Forsk. De l'Égypte.
21. La MOUTARDE ligneuſe.
Sinapis fruteſcens. Ait. ♄ Des Canaries.
22. La MOUTARDE chou.
Sinapis braſſicata. Linn. ⊙ Du nord de l'Europe.
23. La MOUTARDE radicale.
Sinapis radicata. Desf. ♃ D'Alger.
24. La MOUTARDE hériſſée.
Sinapis hiſpida. Linn. ⊙ De Maroc.
25. La MOUTARDE circinatée.
Sinapis circinata. Desf. ⊙ D'Alger.
26. La MOUTARDE géniculée.
Sinapis geniculata. Desf. ⊙ D'Alger.
27. La MOUTARDE à feuilles entières.
Sinapis integrifolia. Willd. ♃ Des Indes.

Culture.

Je vais d'abord parler de celles de ces eſpèces qu'on cultive en Europe & en Aſie, & enſuite de celles dont le laboureur redoute le plus la multiplication; enſuite je parlerai de celles qui ſe voient dans nos écoles de botanique.

La Moutarde noire eſt celle dont la culture eſt la plus étendue dans la partie moyenne & ſeptentrionale de l'Europe; c'eſt preſqu'excluſivement pour ſa graine, avec laquelle on fait cet excipient, qu'on appelle ſimplement *Moutarde*, & qui ſert également en médecine, qu'on la recherche. Il lui faut un terrein fertile, léger & bien travaillé. Ordinairement on ſème ſes graines après une récolte de céréales, ſur deux labours, dont le ſecond eſt précédé d'un demi-engrais de fumier bien conſommé, ſoit fort clair à la volée, ſoit un peu plus ſerré en rayons : dans le premier cas, on donne ſimplement un ſarclage, pendant lequel on éclaircit; dans le ſecond, ce qui procure une récolte bien plus avantageuſe, un binage, ſoit avec la houe, ſoit avec la charue, ou la houe à cheval.

C'eſt tantôt avant, tantôt après l'hiver qu'on ſème la Moutarde noire : ſemée avant, elle parcourt plus lentement les phaſes de ſa végétation, & donne par conſéquent & plus de graines & de plus groſſes graines. Ce n'eſt donc que quand on ne peut pas faire autrement qu'on doit la ſemer au printems.

La Moutarde eſt complétement abandonnée à elle-même dès qu'elle entre en fleur : il faut ſeulement veiller d'abord à ce que les beſtiaux, qui ſont friands de ſes feuilles, enſuite à ce que les oiſeaux, qui aiment paſſionnément ſes graines, ne lui nuiſent pas.

Comme cette plante fleurit ſucceſſivement, ſes graines mûriſſent à des époques différentes; & ſi on les récoltoit lorſque ces dernières ſont toutes mûres, il y en auroit beaucoup de perdues; on doit donc l'arracher, ou mieux la couper rez-terre dès que ſa tige eſt devenue jaune, & l'amonceler dans le champ, en la recouvrant de paille. Les ſiliques qui ne ſont pas mûres achèvent leur évolution, & celles qui le ſont ne s'ouvrent point, à raiſon de la grande humidité qui les entoure. Au bout de quinze jours ou de trois ſemaines on la bat ſur des toiles, avec des baguettes, & on tranſporte les graines & les tiges à la maiſon; les unes pour les vaner & les étendre ſur le grenier, les autres pour les employer à chauffer le four ou pour les introduire dans la maſſe du fumier. Brûler ces dernières ſur-le-champ, comme on le fait ſouvent, eſt peu avantageux, à raiſon de la petite quantité de potaſſe qu'elles contiennent.

La graine de Moutarde doit être, pendant la première quinzaine, remuée tous les deux ou trois jours, afin de l'empêcher de s'échauffer & de moiſir; plus tard, on peut ſe borner à la remuer ſeulement toutes les ſemaines, & enſuite tous les mois : alors elle eſt en état d'être miſe dans des ſacs ou dans des tonneaux; moins elle eſt vieille, & meilleure elle eſt pour l'objet qu'on a en vue. Rarement on peut la conſerver bonne pendant deux ans; ainſi, lorſqu'on n'a pas pu s'en défaire au bout de ſix mois, il eſt bon d'en faire de l'huile, qui eſt fort peu différente de celle de la navette, & qui s'emploie poſitivement aux mêmes uſages.

C'eſt toujours la graine qui tombe la première, par ſuite du battage, qu'il faut réſerver pour les femailles fuivantes, parce qu'elles font les plus groffes & les plus mûres.

Pour transformer la graine de Moutarde en Moutarde, on emploie deux méthodes : la première confifte à la laver, puis on la laiffe fe gonfler pendant un ou deux jours, pour pouvoir la piler plus facilement dans un mortier, ou la broyer dans un moulin à ce deftiné, en y ajoutant un peu de vinaigre & de fel, & on la garde dans des vafes; dans la feconde, on broie la graine fèche, on tamife fa farine, & on la garde pour la transformer en pâte au moment du befoin.

Comme c'eft l'écorce feule qui donne la force à la Moutarde, plus elle eft fine & jaune, & moins elle eft piquante; il faut la préparer quinze jours au moins avant de l'employer, parce qu'elle eft d'abord amère : elle fe conferve mieux en pâte qu'en poudre, pourvu que le vafe foit bien fermé.

On fabrique différentes fortes de Moutarde, en ajoutant à la pâte différens ingrédiens, dont les marchands font des fecrets. Qui ne connoît les Moutardes de Naigeon à Dijon, de Maille à Paris?

Il eft à defirer que l'ufage de la Moutarde s'étende, non-feulement parce qu'elle eft fort faine, principalement en mer, mais parce que fa culture entreroit avec avantage dans la férie des affolemens.

Dans quelques lieux on fème la Moutarde, foit pour la couper en vert & l'employer à la nourriture des vaches & des moutons, qui l'aiment beaucoup, foit pour l'enterrer en fleur, & augmenter ainfi la fertilité du fol. *Voyez* RECOLTES ENTERRÉES. Ces deux pratiques font dans le cas d'être recommandées. On peut la couper jufqu'à deux fois, & enfuite l'enterrer. Le confeil donné par quelques écrivains de la couper au moment où elle entre en fleurs, pour enfuite la laiffer monter en graine, eft dans le cas d'être fuivi, parce qu'il réfulte de cette opération une nouvelle pouffe, qui fournit beaucoup plus de graines, qui, par cela même qu'elles font plus petites que celles qu'auroit donnée la première pouffe, font plus propres à faire de la bonne Moutarde, puifque c'eft l'écorce de la graine qui lui donne fa force.

La Moutarde noire donne, dans les pays chauds, une Moutarde fi forte, qu'elle ne peut être d'un ufage habituel; c'eft pourquoi on préfère y cultiver la Moutarde blanche, plus douce par fa nature & plus propre à réuffir dans les fols arides & fecs. La culture de cette efpèce ne diffère pas de celle de la précédente; ainfi je ne dois pas en parler particuliérement. Sa graine eft plus groffe, moins brune, & fournit beaucoup plus d'huile. La Moutarde qu'on en fabrique, & qui m'a fouvent été fervie dans mes voyages, m'a paru bien plus agréable que celle qu'on confomme à Paris. Je voudrois donc qu'on la cultivât plus en grand dans le midi de la France; je dis le midi de la France, parce qu'il eft à ma connoiffance que les effais qui ont été tentés pour l'introduire dans les affolemens des environs de Paris ont été fans fuites utiles, parce qu'on ne pouvoit la femer avant l'hiver, par la crainte des gelées de cette faifon, & que les gelées de l'automne la frappoient fouvent avant la complète maturité de fes graines. On la connoît dans quelques cantons fous le nom de *plante à beurre*, à raifon de l'abondance de lait & de beurre qu'elle procure aux vaches. Elle fouffre deux coupes & un pâturage.

Les feuilles de ces deux fortes de Moutardes peuvent fe manger crues comme les falades, ou cuites comme les choux; cependant on ne les emploie nulle part en France, à ma connoiffance, fous ce rapport. Il n'en eft pas de même en Chine, où on cultive, uniquement pour la nourriture de l'homme, les efpèces indiquées comme propres à ce pays. Nous n'avons aucun renfeignement fur le mode que les Chinois ont adopté pour leur culture; mais il eft facile de fuppléer, par l'analogie, à notre ignorance à cet égard.

Toutes les Moutardes peuvent être fubftituées, plus ou moins, les unes aux autres, pour les objets ci-deffus; mais fi elles peuvent être utiles, elles peuvent auffi être nuifibles, lorfqu'elles font trop multipliées dans les champs femés en céréales. C'eft celle des champs que les cultivateurs du centre & du nord de la France, qui la connoiffent fous le nom de *fanve*, font le plus fouvent dans le cas de redouter : en effet, elle eft quelquefois fi furabondante, qu'elle femble être femée exprès, qu'elle rend les champs tout jaunes lorfqu'elle eft en fleurs, & qu'elle ne permet qu'à une partie des pieds des céréales d'arriver à bien. On la diftingue du RAIFORT RAPHANISTRE (*voyez* ce mot), fouvent auffi multiplié qu'elle, à fes fleurs parfaitement jaunes. Il eft de toute bonne agriculture de la faire difparoître; mais ce n'eft pas par des farclages, moyen qu'on emploie ordinairement, qu'on peut arriver à ce but, parce qu'elle donne des graines pendant prefque tout l'été, & que ces graines, lorfqu'elles font enterrées à plus de trois pouces, reftent en état de germer, jufqu'à ce que les labours les ramènent à la furface. Un bon affolement & un emploi de femences parfaitement nettes font feuls, avec le tems, propres à l'empêcher de fe propager : ainfi, aux céréales il faut faire fuccéder des récoltes qui exigent des binages d'été pour faire mourir tous les pieds qui lèvent, & enfuite des prairies artificielles qui produifent le même effet; ainfi, au lieu de femer le feigle, le froment, l'orge & l'avoine, tels qu'ils fortent de deffous le fléau, on les crible de manière qu'il n'y refte pas une graine étrangère.

Le pain dans lequel il entre beaucoup de grains de cette Moutarde prend un léger goût âcre & amer, mais n'eft pas dangereux pour la fanté.

Les petits oifeaux granivores vivent en partie de cette graine pendant l'hiver, lorfqu'elle eft ramenée à la furface par l'effet des labours, de sorte qu'il n'est jamais dans les intérêts des cultivateurs de les détruire, comme ils le font si souvent.

Les Moutardes qui se trouvent en ce moment dans nos jardins de botanique sont les n°s. 1, 2, 3, 4, 5, 6, 7, 9, 12, 14, 15, 16, 21, 22, 24; toutes, excepté les 4 & 21, se sèment en place au printems, & ne demandent d'autres soins que ceux qui se donnent à tous les jardins : les deux exceptées exigent l'orangerie pendant l'hiver & se multiplient de boutures. (*Bosc.*)

MOUTARDON. C'est la MOUTARDE BLANCHE dans quelques cantons.

MOUTONS. Ce mot peut être pris dans deux sens : on s'en sert pour exprimer un genre entier de quadrupèdes de la classe des ruminans, dont la peau est ordinairement couverte de laine; on le restreint aussi à ceux des mâles de ce genre, qu'on a privés de l'usage des organes de la reproduction. Je l'ai considéré sous l'un & l'autre rapport, surtout sous le premier, lorsque j'ai traité des BETES A LAINE (*voyez* ce mot). J'ai divisé tout ce que j'avois à en dire en trois articles. Dans le premier, j'ai parlé de ces animaux, quant au physique des individus; j'ai parlé des espèces ou races & variétés des troupeaux d'Espagne, d'Angleterre, de France; de la taille, des âges & de la laine. Le deuxième a eu pour objet, la manière d'améliorer ces animaux; j'y fais voir comment on doit composer un troupeau, faire voyager les bêtes, les allier, & par conséquent choisir les béliers & les brebis destinées à devenir mères; quelle est la saison de les réunir; quels soins on doit avoir des femelles pendant la gestation, dans leur agnellement & l'alaitement; suivent le sevrage des agneaux, la castration des mâles, même des femelles, la section de la queue, la nourriture de tous les individus, leur boisson, l'engraissement des agneaux, des Moutons & moutonnes, la conduite des troupeaux aux champs, leurs logemens & le parcage. C'est au troisième article que j'ai placé les produits qu'on en retire, qui consistent dans la vente des agneaux, des béliers, des vieilles brebis & des fromages; dans l'engrais ou fumier de la bergerie & du parc; dans la tonte. Je fais connoître le lavage des laines, les insectes qui les attaquent, & la valeur de cette matière. Voulant ne laisser à desirer que le moins possible sur ces animaux, j'ai consigné ensuite les renseignemens que je me suis procurés sur les pays qui en fournissent à la consommation de Paris, sur les différences qui existent entre les Moutons d'une province ou d'une division de province & ceux des autres : 1°. par la manière dont ils sont châtrés; 2°. par celle dont ils sont engraissés, & par leur poids; 3°. par la qualité de leur chair; 4°. par la quantité & la qualité de leur suif; 5°. par la qualité & le poids de leur toison; 6°. par la qualité & l'emploi des peaux; enfin, j'ai donné le nombre de Moutons & d'agneaux qui se consommoient dans la capitale en 1785. A cette époque, j'ai cherché à mettre les lecteurs au courant de l'état où en étoient les connoissances sur les bêtes à laine.

J'aurai à ajouter, à ce qui précède, quelques points, & ce qu'on a acquis de lumières depuis que j'ai traité l'article BETES A LAINE.

Je ne répéterai donc point ici ce que j'ai dit au mot BETES A LAINE, ce seroit faire un double emploi; mais je donnerai une sorte de supplément à différens objets, & j'en ajouterai d'autres sur lesquels on n'avoit pas les données qu'on a obtenues depuis 1791.

Ages des bêtes à laine.

C'est par les dents qu'on juge de l'âge des bêtes à laine. A la page 199, tome II de ce Dictionnaire, je n'ai qu'effleuré cet objet; je vais ici le développer, d'après l'instruction que j'ai publiée sur les bêtes à laine en 1811.

On divise les dents des bêtes à laine en pinces, premières mitoyennes, secondes mitoyennes & coins. Les deux pinces occupent le milieu; les deux premières mitoyennes sont à côté d'elles, l'une à droite & l'autre à gauche; chacune des deux secondes mitoyennes touche une des deux premières; les deux plus éloignées des pinces s'appellent *coins*.

Les bêtes à laine n'ont des incisives qu'à la mâchoire inférieure ou postérieure; un bourrelet cartilagineux en tient lieu à la mâchoire supérieure ou antérieure. La première année il paroît huit dents incisives, qui sont des dents de lait; l'animal porte alors le nom d'*agneau* ou d'*agnelle*, selon qu'il est mâle ou femelle. Il naît avec ces huit dents, ou s'il lui en manque quelques-unes, elles ne tardent pas à percer; elles ont peu de largeur, & sont tranchantes par le bout. La seconde année, les deux pinces, ainsi nommées parce qu'elles prennent l'herbe en la pressant, tombent pour être remplacées par deux nouvelles, plus larges que les six autres qui restent. La troisième année, les deux premières mitoyennes tombent à leur tour; il leur en succède deux larges, en sorte qu'il y a alors quatre dents larges & quatre étroites, c'est-à-dire, quatre de lait. L'année suivante, les deux secondes mitoyennes ont le même sort, & disparoissent en faisant place à deux larges; enfin, la cinquième année, les deux coins ne subsistent plus, & les huit dents sont toutes des dents larges. Dans cet ordre général de la nature, il y a une exception pour la race des mérinos, surtout quand ils sont bien nourris. La chute de leurs deux premières dents d'agneau ou de lait précède le plus souvent de six mois, l'époque de celle des races indigènes.

Cela vient-il de ce que les mérinos sont originaires du Midi, ou de ce qu'on les nourrit mieux? Les deux causes peuvent y concourir. Quand les cinq ans font accomplis, on peut encore tirer quelqu'indication de l'état des dents; mais il faut bien s'y connoître & être très-exercé. Alors on fe guide fur l'ufé & fur la difpofition de ces petits os; ils s'ufent de deux manières: le plus ordinairement c'eft en dedans, par l'effacement en bifeau, ou obliquement, de deux petites cavités qui fe trouvent en bas & du côté de la mâchoire. Dans l'autre manière, les bords des dents font comme limés prefque horizontalement, & non en plan incliné, comme dans le premier cas; il s'y forme auffi des brêches le plus fouvent entre les deux dents du milieu ou à leur extrémité. Les dents dites les *coins*, qui ont pouffé les dernières, felon qu'elles font plus ou moins entières, font encore juger de l'âge. Dans la jeuneffe, les dents font courtes; elles paroiffent longues dans l'âge avancé, parce qu'elles pouffent toujours & que les gencives fe retirent. Enfin, la forme des dents, qui eft en général pyramidale, ayant fa bafe à l'extrémité & la pointe dans l'alvéole, ceffe de l'être autant dans la vieilleffe, & fe rapproche de la forme cylindrique, c'eft-à-dire, qu'elle devient plus égale dans fa longueur. Les mérinos, par un avantage de leur conftitution, gardent leurs dents plus long-tems que les autres races, quoique, chez eux, celles de remplacement aient été plus hâtives. L'habitude de vivre au milieu des troupeaux, de les obferver, de les manier fouvent, donne encore des moyens de découvrir les âges, quand on n'a plus d'indice certain par l'infpection des dents. En voyant les yeux moins vifs, les lèvres pendantes, les nafeaux ridés, on peut juger qu'un animal n'eft plus jeune.

On fent bien que, quand une bête à laine a plus de cinq ans, on ne fauroit avoir fur fon âge que des apperçus, & à moins d'être un habile anatomifte, il eft impoffible, avec les feuls fignes que je viens d'indiquer, de fe déterminer précifément, ce qui au refte n'eft pas toujours néceffaire. On a cru que l'âge des béliers qui ont des cornes fe marquoit par les cercles de leur furface; mais il ne s'en forme pas d'une manière affez régulière pour qu'on doive compter fur cet indice. Il faut obferver que, quand les herbes des pâturages font dures, les bêtes à laine perdent leurs dents beaucoup plus tôt; on doit avoir égard à cette circonftance. Il y a auffi quelquefois des individus dont les dents s'ufent de très-bonne heure: cela dépend de leur conftitution particulière.

Les notions que je viens de donner fur les dents des bêtes à laine font le fruit d'entretiens que j'ai eus avec M. Girard, profeffeur d'anatomie à l'Ecole impériale vétérinaire d'Alfort, qui a fait un examen fuivi d'un grand nombre de mâchoires poftérieures de bêtes à laine. Pour rendre plus fenfible les différences que préfentent les dents de ces animaux aux divers âges de leur vie, je les ai fait deffiner, & j'en ai placé la gravure dans mon Inftruction, page 198, 2e. édition.

Marques.

Indépendamment des marques à l'oreille, ou avec un fer chaud, ou avec un inftrument tranchant, foit emporte-pièce, foit couteau, foit cifeau, & de celles qu'on fait fur la laine avec diverfes compofitions, marques dont il a été queftion aux pages 203 & 204, t. II de ce Dictionnaire, on a propofé l'emploi du *tatouage*, qui confifte à appliquer fur une partie de la tête ou du corps un fer dentelé, ayant la forme d'une ou plufieurs lettres. De toutes les piqûres il fort un peu de fang; on les frotte avec de la poudre à canon pulvérifée ou avec toute autre matière; les plaies fe referment & la couleur ne s'efface jamais. Cependant cette application ne fe faifant que fur des parties dénuées de laine, telles que le plat des cuiffes & le deffous des aiffelles, le fuint qui y abonde & les ordures de la bergerie ou du terrein fur lequel fe couche l'animal donnent de la peine à découvrir la marque; d'ailleurs, il faut prendre, coucher & examiner la bête, chofe bien moins commode que fi à l'œil on appercevoit ce qui la diftingue. La meilleure manière, la plus fûre, celle qui n'a aucun inconvénient pour la laine, eft d'imprimer fur la face, avec un fer chaud, un chiffre ou des lettres initiales. En Efpagne, les lois puniffoient très-févérement ceux qui prenoient la marque des autres.

Manière de faire voyager les bêtes à laine.

Pour bien conduire les bêtes à laine en petits troupeaux, il faut, quand on le peut, choifir les faifons où il ne faffe ni un grand froid ni une grande chaleur. *Voyez* les pages 204 & 205, t. II. L'hiver & l'été ne font pas favorables. Autant qu'on peut, on ne doit pas fe fervir de chiens qui, en harcelant les animaux fans ceffe, les tourmentent & fouvent les bleffent. Suivant le nombre des bêtes du troupeau on emploie deux hommes; dans ce dernier cas, un marche devant & l'autre derrière. On fait faire aux béliers quatre lieues par jour, en partageant en deux fois la courfe; de tems en tems, furtout fi les chemins font mauvais & le ciel pluvieux, on donne un jour ou deux de repos. Si, fur la route ou près de la route, il y a des herbes faines, crues dans un fol qui ne foit pas humide, on ralentit la marche, pour que les animaux paiffent. Le foir, à l'arrivée au gîte, comme le matin avant de partir, les conducteurs comptent les individus, examinent ceux qui ont eu de la peine à fuivre les autres, & panfent les bleffés ou les malades. Pendant la nuit on a foin de placer devant le troupeau du fourage de bonne qualité, même de donner de la provende aux plus fatigués, dans une proportion relative à ce qui leur a manqué de pâture. Parvenus à leur deftination, ces animaux doivent

doivent se reposer trois ou quatre jours avant d'être conduits au pacage ; pendant ce tems on les nourrit à la bergerie, ou avec du fourage sec & de la provende, ou avec des herbes de prairies qu'on laisse un peu faner avant de les leur donner à manger.

Il est bien important d'avoir des hommes sûrs pour la conduite de ces animaux : la moindre négligence peut leur être funeste. Il arrive souvent que quand il s'en trouve d'autres près des chemins, les troupeaux se mêlent, & qu'on a bien de la peine à séparer les individus : à cet inconvénient il s'en joint un autre plus grand, c'est le risque de faire contracter à la troupe qui voyage une maladie contagieuse. Avec de l'attention on s'informe de l'état des troupeaux des pays par lesquels on passe ; on évite les endroits suspects, on s'écarte des routes qui conduisent à des foires ou à des marchés de bestiaux.

Je ne parle pas d'un point essentiel, qui ne concerne pas plus la conduite des bêtes à laine en voyage que toute autre chose, je veux dire de la probité de ceux qu'on en charge ; on est obligé de s'en rapporter à eux, quand on ne peut les accompagner pour la nourriture des animaux aux différens gîtes : il arrive quelquefois qu'ils s'entendent avec les aubergistes pour leur donner des reçus de fournitures dont ils n'ont fait qu'une partie, & qu'ils n'ont peut-être pas faites ; les animaux en souffrent. Pour qu'il y paroisse peu, ils les lâchent furtivement, pendant la route, dans des champs cultivés ou dans des prairies plus ou moins mouillées, ce qui est un vol fait aux propriétaires des champs, & un tort à celui auquel appartient la troupe. Je conseille de bien choisir les conducteurs & de prendre toutes les précautions possibles pour qu'ils ne manquent point à leur devoir.

Monte ou accouplement & agnelage.

Je n'ai dit que peu de chose à la page 210 du tome II sur l'accouplement, en indiquant la saison où l'on doit mettre les béliers parmi les brebis ; j'ai même donné un conseil qui n'est pas suivi par des propriétaires de troupeaux, & que je ne suis pas moi-même. Je croyois qu'il falloit, dans les parties septentrionales de la France, toujours faire couvrir les brebis en septembre & octobre, & non auparavant, afin que les agneaux, à leur naissance, n'éprouvassent pas de grands froids, & que les mères, trouvant de l'herbe aux champs, eussent plus de lait : ce motif est très-bon, il ne peut être condamné par personne ; cependant il y a des économes qui préfèrent que la monte commence dès la fin de juin ou au premier de juillet, de manière que les agneaux soient tous nés en janvier. On préserve aisément du froid ces petits animaux, en les plaçant dans des bergeries où la température soit douce, & par le moyen d'abris ; il faut qu'alors les mères reçoivent une abondante nourriture. Il en résulte que les agneaux, ayant presqu'un an pour se fortifier avant l'hiver suivant, sont infiniment plus gros & ont de l'avance sur ceux qui ne naissent qu'en mars & avril : à la vérité, il en coûte plus aux propriétaires ; mais on suppose qu'ils ont des récoltes qui les mettent à portée d'y suffire ; ils s'en dédommagent, parce que leurs animaux sont plus tôt en état d'être vendus. Il est de fait que dans la ci-devant Beauce, pays où il n'y a point de prairies naturelles, & où autrefois on n'en faisoit que très-peu d'artificielles, l'agnelage n'avoit lieu qu'en hiver, parce que c'étoit le tems où l'on nourrissoit le mieux les brebis ; on les entretenoit spécialement à la bergerie avec des affourées de froment ou d'avoine, ou des pois en gerbe : au printems elles ne trouvoient que très-peu d'herbe aux champs, car on ne les menoit que sur les jachères. J'établis en principe que la véritable époque où il convient de disposer l'accouplement des brebis est celle qui peut faire naître les agneaux, quand on a de quoi bien substanter les mères ; ce qui doit varier suivant les pays, les circonstances & les propriétaires.

On a peu observé jusqu'ici les détails de la monte, parce que les bergers, les seuls qui eussent pu le bien faire, n'avoient ni le zèle, ni l'attention, ni les connoissances nécessaires. Un agronome très-distingué, M. Morel de Vindé, a entrepris cette tâche peu facile, qui exige beaucoup de suite & une grande patience : il a publié cette année (1813) ses remarques & ses réflexions sous le titre d'*Observations sur la monte & l'agnelage*. Je renvoie, pour les développemens, à l'ouvrage même, & je me bornerai à en extraire les résultats.

La brebis, en l'absence du bélier, ne paroît pas avoir des chaleurs régulières ; il y a lieu de croire que sa chaleur dure depuis le printems jusqu'à l'automne, & qu'elle se renouvelle tous les dix-sept jours, avec quelques légères variations, d'après ce qui se passe dans les troupeaux où le bélier reste toute l'année.

M. Morel de Vindé dit avoir fait des remarques certaines sur cent quatre-vingt-dix-neuf brebis de la monte de 1812, n'ayant pu examiner les autres, qui ont été couvertes pendant la nuit. Les béliers ont été introduits le 1er. juillet dans le troupeau des portières : ce sont les seizième, dix-septième & dix-huitième jours de ce mois, sur vingt-six, que le plus grand nombre de brebis ont reçu le mâle ; cent cinquante-sept ont été fécondées dès leur première chaleur ; quarante-deux n'ont pas retenu & sont revenues en chaleur, dont vingt-deux le dix-septième jour ; vingt-sept ont été fécondées à leur seconde chaleur, quinze n'ont pas retenu & sont revenues en chaleur ; ces quinze ont été recouvertes trois fois, dont huit le dix-septième jour ; treize de ces quinze ont été fécondées à leur troisième chaleur, deux encore n'ont pas retenu, & sont revenues en chaleur ; enfin, une de celles-ci l'a été le seizième jour, ses précédentes chaleurs ayant eu lieu d'abord le quinzième jour, & ensuite le seizième, & l'autre le dix-neuvième jour, ses autres chaleurs ayant été le dix-septième jour & le seizième. L'avant-dernière a péri sans être pleine, & la dernière n'a point été fécondée. Il arrive sans doute dans cette classe d'animaux ce que j'ai vu arriver dans d'autres, par exemple, les vaches; celles qui ne retiennent pas aux premiers accouplemens, & qui demandent fréquemment le taureau, parce qu'elles éprouvent dans les organes, quelquefois malades de la reproduction, une irritation plus ou moins forte, sont incapables de concevoir; on n'en doit plus rien attendre, il faut s'en défaire. *Voyez* le mot AVORTEMENT.

Pour régulariser la monte, & par conséquent faire venir les agneaux à peu près dans le même tems, ce qui est très-avantageux sous plusieurs rapports, & particuliérement pour qu'il y ait plus d'uniformité dans les tailles, & pour qu'aux rateliers ils puissent tous manger à la fois, sans qu'il y en ait de foibles qui en soient écartés par les autres, M. Morel de Vindé conseille d'introduire dans le troupeau des portières quinze jours avant la monte, un ou deux béliers revêtus d'un tablier qui s'opposeroit à l'accouplement. La présence de ces animaux disposeroit un plus grand nombre de brebis à entrer en chaleur, comme celle du cheval, dit *boute-en-train*, le fait à l'égard des jumens des haras. Cette idée est très-bonne, & je ne doute pas que, dès cette année, plusieurs propriétaires de troupeaux n'en profitent.

Les plus grandes chaleurs étant du quinzième au vingtième jour, c'est alors qu'il faut donner aux brebis plus de béliers; le reste du tems, c'est-à-dire, avant & après le quinzième & le vingtième, deux suffisent par cent, si on n'adopte pas l'emploi du bélier *boute en-train*; car dans le cas où on en feroit usage, ce ne seroit pas du quinzième au vingtième jour qu'il conviendroit d'augmenter le nombre des béliers, mais du deuxième au sixième. Au reste, un berger intelligent & attentif voit bien quand il a un grand nombre de brebis en chaleur. C'est alors qu'il doit mettre parmi elles plus de béliers, pour en retirer à mesure qu'il s'apperçoit qu'il y a moins de femelles en chaleur.

Le tems de la monte, d'après ce qui a été déjà dit, est ordinairement de deux mois. M. Morel de Vindé veut qu'on la fixe à soixante-quatre jours, fondé sur ce que toutes les premières chaleurs n'ayant lieu qu'au vingt-sixième jour, il faut sept jours de plus, afin que les brebis qui n'auroient pas été fécondées, puissent revenir une deuxième fois en chaleur. Pour exciter les plus lentes, & en quelque sorte les plus apathiques, il est d'avis qu'on ôte du troupeau, quinze jours avant que la monte ne soit terminée, les béliers lourds & fatigués, pour leur substituer des antenois très-vifs & très-ardens : cette attention me paroît bonne.

L'auteur traite une question qui n'est pas sans intérêt; il s'agit de déterminer à quel âge il est plus avantageux de soumettre les brebis à la monte. C'est la troisième année de leur vie que j'ai indiquée à la page 210 du tom. II : M. Morel de Vindé le croit aussi. Ce n'est pas qu'elles ne puissent être fécondées plus tôt, & donner même de très-beaux agneaux; mais il vaut mieux, autant qu'on le peut, attendre qu'elles aient cet âge & qu'elles soient dans la plénitude de leur force. Parmi des propriétaires éclairés, plusieurs ont fait rapporter leurs antenoises, parce qu'ils étoient pressés de multiplier les brebis, & qu'il leur en eût trop coûté pour se procurer un troupeau de bêtes faites, assez nombreux pour être dispensés d'employer ce moyen. A mesure qu'ils ont obtenu la quantité qu'ils vouloient, ils ont mis aux mâles moins d'antenoises, & seulement les plus fortes, & ont fini par les laisser vierges plus de deux ans révolus.

Dès l'âge de cinq mois, le bélier pourroit couvrir des brebis; il n'est pas alors à la moitié de sa croissance : cependant on en a vu donner naissance à des agneaux, qui sont devenus forts & vigoureux. Il y a des fermiers qui les emploient à six ou sept mois : ils allèguent pour raison la vivacité de leurs productions; mais ils en ont une autre : peu leur importe que des agneaux béliers s'épuisent, ne servent qu'une année, ils en prennent de nouveaux l'année d'après, & ne sont pas embarrassés, pendant l'hiver, de béliers qu'ils seroient forcés de tenir avec les brebis. L'antenois est bien préférable lorsqu'il a vingt mois & qu'il est bien constitué; il est très-près du terme de sa croissance, & diffère peu, pour ses productions, du bélier de vingt-huit à trente mois, regardé à juste raison comme étant dans le meilleur âge.

Le bélier lourd & pesant, & il le devient à cinq ans ou cinq ans & demi, doit être privé de la monte : le point essentiel est d'obtenir le plus d'agneaux possible. Or, suivant M. Morel de Vindé, le but est manqué si on s'en sert quand il a cet âge; il a remarqué qu'il ne couvroit pas assez vîte les brebis; que quand il y en a plusieurs dans le troupeau, les autres accourent pour l'en éloigner, bien qu'ils soient occupés ailleurs, qu'il en résulte des combats, & l'infécondation de quelques femelles. Le bélier, âgé ou fatigué, s'attache de préférence à une brebis, emploie ce qui lui reste de force pour la couvrir tant qu'elle est en chaleur, & néglige les autres groupées autour de lui; il porte même sa prédilection jusqu'à frapper celles-ci & à les blesser : la chaleur des brebis dédaignées se passe sans fécondation. On prévient ce cas en le retirant de la monte & en mettant avec les brebis des béliers supplémentaires, des antenois surtout.

On a dit qu'un seul bélier pouvoit couvrir cent brebis en un jour. Ce fait, que les gens raisonnables ne croyoient pas, est absolument démenti par M. Morel de Vindé ; il admet la possibilité de vingt-quatre fécondations par le même individu, qui ne soutiendroit pas long-tems cette lutte ; pour moi, je doute même fort que cela ait jamais lieu.

La rivalité des béliers nuisant à la fécondation, il est utile de ne point employer ensemble à la monte, ceux qu'on reconnoît pour être jaloux, ennemis & d'égale force. Il n'y a plus d'inconvénient quand il y en a un qui a de la supériorité; comme il ne peut pas couvrir toutes les brebis, les autres en trouvent toujours assez, surtout aux champs. Sans cela, beaucoup de brebis ne sont pas fécondées, plusieurs même sont blessées, & il périt des béliers. Ce conseil, donné par M. Morel de Vindé, mérite qu'on y ait égard : les bergers seuls sont en état de remarquer les inimitiés, la supériorité de force, & d'y faire attention ; on doit le leur recommander.

De tout ce qui précède, on peut établir la conduite suivante : introduire dans le troupeau des brebis quinze jours avant la monte, un ou deux béliers ayant des tabliers. Après cette époque les retirer ; employer la moitié des béliers de trente mois, destinés à la monte, & la moitié des antenois, en les renouvelant chaque semaine à raison de trois pour cent ; quand l'affluence des brebis en chaleur diminue, ne se servir plus que d'antenois pour terminer la monte ; avoir soin de choisir des béliers parmi lesquels il s'en trouve un qui soit le maître des autres. Par ce moyen, la monte ira vîte, durera peu de tems ; toutes ou presque toutes les brebis seront fécondées ; les agneaux seront également forts, le sevrage sera plus uniforme.

Castration.

La castration n'a pas plus été traitée avec détails, que la connoissance des âges par les dents. *Voyez* page 212, tome II.

On peut châtrer les béliers à tous les âges de leur vie ; on les châtre dans l'état d'agneau, depuis trois semaines jusqu'à six mois. Plus tôt on leur fait cette opération, moins ils souffrent & moins on en perd : il faut profiter du tems où ils tètent : le lait de la mère, outre qu'il les nourrit, est un adoucissant capable de calmer la douleur. On les châtre le plus ordinairement lorsqu'ils ont trois semaines ou un mois, & quand les testicules sont descendus dans les bourses.

La meilleure manière de châtrer est par l'enlèvement des testicules : on incise au bas des bourses ; on fait sortir les testicules l'un après l'autre. L'opérateur les saisit chacun à leur tour & les arrache avec les dents ; il tord le cordon qui cède & se tire facilement. Il y en a qui frottent ensuite les bourses avec du sain-doux, d'autres se contentent de rapprocher la plaie. La chair d'un animal privé de ces organes, ayant qu'ils aient servi à la sécrétion de la semence, est très-bonne & délicate.

Cette manière ne conviendroit pas pour les béliers de trois ou quatre ans ; ils la supporteroient difficilement ; on les bistourne ou on les fouette. La première de ces deux opérations consiste à saisir les testicules & à les tordre si fortement, qu'ils ne puissent plus servir en qualité d'organes de l'humeur séminale. Comme on suppose qu'on les tord deux fois, on appelle l'opération *bistourner*. On fait remonter les testicules ; on lie au-dessous pour qu'ils ne redescendent pas ; au bout de quelques jours on retire la ligature.

La deuxième opération tire son nom de *fouet*, espèce de ficelle forte qu'on emploie ordinairement. Pour l'exécuter, on lie les pieds de l'animal ; on ôte avec les doigts, plutôt qu'avec des ciseaux, la laine qui recouvre les testicules. Pour les faire descendre, on frotte le scrotum ou sac qui les contient ; on place entr'eux & les petits mamelons qu'ont aussi les béliers, la ficelle qui doit être forte & même plus forte que du fouet. On fait un nœud, dans lequel passent les testicules ; chaque bout de la ficelle est attaché à un morceau de bois que tient une personne ; on fait couler le nœud, & les deux hommes serrent le plus qu'ils peuvent sans donner de secousses & sans couper les cordons spermatiques. Sur le premier nœud on en fait un second, qu'on serre également ; on coupe la ficelle à un pouce & demi. Si, pendant qu'on serre, elle venoit à casser, on en prendroit une autre qu'on mettroit de la même manière, sans ôter la première. On doit prendre garde de ne point intéresser la verge, pour ne pas causer de *phimosis*. Trois jours après l'opération, on coupe tout ce qui est au-dessous du nœud de la ficelle.

Quelle que soit la manière dont on se serve, on doit châtrer au printems ou à l'automne, afin d'éviter le grand froid & la grande chaleur, & le faire par un beau tems, le matin, avant que les animaux aient mangé. Les bergers, pour la plupart, savent employer les trois méthodes ; il y en a qui sont si habiles, que sur cent béliers agneaux auxquels ils enlèvent les testicules, il n'en meurt quelquefois pas un. Dans plusieurs pays, des hommes nommés *châtreurs* parcourent les fermes à certaines époques ; ils ont grand soin, après avoir fait l'opération, de mettre leurs doigts dans la bouche de l'animal, afin qu'il remue les mâchoires, ce qui le préserve de l'espèce de convulsion ou serrement qu'on appelle *tétanos*, & qui le feroit mourir : ce moyen leur réussit.

La chair des béliers bistournés ou fouettés n'est pas aussi agréable à manger que celle des Moutons auxquels on a enlevé les testicules lorsqu'ils étoient encore jeunes, parce que, dans ceux-ci, il ne s'est pas formé de matière séminale.

Le luxe des tables a quelquefois déterminé à châtrer les brebis, en leur ôtant les ovaires ; leur viande en acquiert de la qualité : cette opération est plus difficile que la castration des mâles.

Nourriture des bêtes à laine.

On voit à la page 215, tome II, l'énumération des divers alimens qu'on donnoit aux bêtes à laine; il a été reconnu que ce n'étoit pas les seuls qu'on pût employer. Parmi les racines, on ne faisoit pas usage alors du topinambour, de la pomme de terre, des betteraves, des navets, surtout du turneps & du rutabaga, peu sensible à la gelée. Pour les faire manger, on les nétoie, on les coupe par morceaux & on les place dans les crêches : c'est dans des baquets pleins d'eau & à double fond qu'il faut les laver; le premier fond doit être percé de trous, par lesquels passe la terre, & qu'on laisse échapper par un robinet. Il y a des moulins avec lesquels on coupe ces racines, pour économiser le tems & la peine. J'en ai décrit un & placé sa gravure dans mon Instruction. Depuis qu'on extrait du sucre de la betterave, le marc se donne aux bêtes à laine, qui le préfèrent à ceux de colza, de lin, &c.

Elles mangent avec plaisir les feuilles de chicorée sauvage, de chou & de la vigne même. La chicorée sauvage se sème en plein champ; on la cultive plus pour être broutée sur pied que pour être coupée. Les choux conviennent à tous les ruminans. Pour conserver les feuilles de vigne, on les met dans des tonneaux, lits par lits, en les saupoudrant de sel, où on les mêle alternativement avec de la paille. Des propriétaires de troupeaux de plusieurs départemens du Midi louent en automne pour pacage, des vignes à l'époque où il y a encore des feuilles aux ceps; les bêtes à laine s'en accommodent bien.

Elles ne dédaignent pas même le jonc marin, mais il faut qu'il soit bien battu pour être attendri.

Au reste, c'est à chacun à se servir de ce que le sol produit spontanément ou de ce qu'on peut lui faire produire; ce qui est au meilleur marché, à qualité égale, est ce qu'on doit préférer.

Boisson.

Il me paroît utile d'ajouter à ce que contient la page 218, tome II, deux procédés, qui sont plutôt des remèdes préservatifs que des boissons. Je crois cependant qu'ils ne sont pas déplacés ici : M. Yvart, cultivateur distingué, & maintenant professeur d'économie rurale à l'École impériale vétérinaire d'Alfort, les a employés pour la conservation de son nombreux troupeau de bêtes à laine. Le premier est une dissolution de sulfate de fer (vitriol martial, ou vitriol vert, ou couperose verte) dans un baquet plein d'eau, contenant huit seaux, du poids de trente livres. M. Yvart met douze gros de sulfate de fer, qui donne à l'eau, en peu de tems, une teinte assez forte de rouille. Lorsque cette boisson est placée, on ne laisse pas boire les bêtes à laine ailleurs que dans les bergeries. Si l'on vouloit asperger leur fourage de cette dissolution, on porteroit la dose du sulfate de fer à douze onces pour cent bêtes dans la quantité d'eau nécessaire; on pourroit encore la mêler à la même dose avec la provende : l'emploi d'une seule de ces manières suffit. M. Yvart s'applaudit de ce préservatif, que je crois bon.

Lors des grandes chaleurs, tems où, dans certains pays, on a à craindre la maladie du sang, M. Yvart fait boire à ses troupeaux de l'eau dans laquelle il verse trois onces d'acide sulfurique (huile de vitriol) par huit seaux, ayant soin de les empêcher de boire dehors; ce moyen me paroît aussi utile que le premier.

Logemens des bêtes à laine.

Les parcs, de quelque manière qu'ils soient faits, dans quelques endroits qu'on les place, mobiles ou non, ne sauroient être regardés comme des logemens de bêtes à laine, ce sont des enceintes pour les contenir & les défendre; leurs véritables logemens, ceux où ils sont plus ou moins à couvert des injures de l'air, se nomment *bergeries* & *hangars*. Aux pages 223 & 224, tome II, j'ai discuté les opinions sur les avantages ou les désavantages des logemens, & j'ai fait voir dans quels cas ils étoient indispensables & dans quels cas on pouvoit s'en passer, & je n'ai rien dit de la manière dont les bergeries devoient être construites pour réunir la salubrité à la commodité, espérant en traiter au mot FERME; comme il n'en a été dit que très-peu de chose, j'entrerai ici dans des développemens.

Il est indifférent que les murs d'une bergerie soient en pierre, ou en pisé, ou en torchis, ou en roseaux, ou en bois, chacun doit se servir des matériaux qui sont à sa disposition & de ceux qui coûtent le moins ou qui portent le plus de profit par leur durée. Il est d'usage dans plusieurs départemens de faire descendre trop bas les couvertures; l'air glisse sur le bâtiment & n'y entre pas; ces sortes de bergeries ne sont pas saines. Pour qu'une bergerie soit bonne, il faut qu'assise sur un terrein sec, elle soit à l'abri de la pluie & de la neige; qu'elle ait une étendue & une hauteur suffisante; que l'air puisse s'y renouveler fréquemment, & être rendu tempéré & frais suivant le besoin.

On n'a pas toujours la facilité d'avoir un terrein naturellement sec; mais il le deviendra, si on remplace ou la glaise ou la terre franche de la surface par des gravats, ou du sable, ou du mâchefer. L'étendue d'une bergerie sera proportionnée au nombre de bêtes qu'on desire y placer & à l'espèce de bêtes qui l'habiteront : celle des brebis-mères devra être plus grande, à cause de leurs agneaux, que celle des beliers à grandes cornes; & cette dernière plus que celle des moutons qui n'ont que de petites cornes & des brebis qui ne font pas d'agneaux.

On a besoin encore d'un moindre espace, si l'on n'a à loger que de jeunes agneaux; l'essentiel est que tous les animaux puissent se reposer, manger tous à la fois, & se mouvoir dans différens sens avec facilité.

Une bergerie aura les dimensions convenables, si on les calcule de manière à compter trois mètres & un tiers (dix pieds carrés) pour une brebis & son agneau; deux mètres & un tiers (sept pieds) pour un bélier, un mouton ou une brebis qui n'a pas d'agneau; & deux mètres (six pieds) pour un agneau; par conséquent l'étendue moyenne, pour chaque bête, sera de deux mètres deux tiers (huit pieds carrés).

La hauteur ne peut être au-dessous de quatre mètres (douze pieds), pourvu toutefois qu'on n'y laisse pas accumuler beaucoup de fumier; car il faudroit, dans ce cas, qu'elle eût cinq mètres & un tiers (seize pieds) sous plancher: si l'on n'y fait pas de plancher, la hauteur naturelle, depuis le sol jusqu'à la toiture, sera toujours assez élevée.

L'avantage de faire des planchers aux bergeries consiste dans le placement de fourages & de grains destinés aux bêtes à laine. Il y a des économes qui les disposent de manière à pouvoir faire descendre les fourages dans les rateliers par des ouvertures pratiquées au-dessus de distance en distance, & les grains par des trémies; en sorte qu'on évite des transports & de la perte.

Les bergeries qui n'ont que les murs & le toit, & celles qui sont faites de planches mal jointes, peuvent n'avoir pas besoin de fenêtres: dans les unes l'ouverture des portes, & dans les autres les fentes & les interstices entre les planches suffisent pour établir un courant d'air; mais il faut nécessairement des fenêtres à celles qui sont sous plancher: on en pratiquera tout autour, si la bergerie est isolée de tout bâtiment; par ce moyen il sera facile d'ouvrir ou de fermer de différens côtés, selon le tems ou la saison. Quelques personnes ont conseillé de faire de petites barbacanes dans la partie inférieure des murs pour balayer les exhalaisons: ce moyen ne peut être que très-utile; il chasse les gaz dangereux qui, séjournant dans le bas des bergeries, nuiroient à la santé des bêtes. La grandeur des fenêtres sera telle qu'on le voudra; si on les fait petites, on les multipliera davantage. La manière de les boucher, quand on le croit indispensable, est fort simple; une botte de paille suffit. On ferme en hiver les fenêtres du nord & de l'est, & en été celles de l'ouest & du sud, pendant le jour, pour laisser tout ouvert pendant la nuit, en supposant que le troupeau ne couche pas au parc. Dans le cas où, par économie, on voudroit profiter d'une bergerie déjà faite, mais ayant peu de hauteur, on y pratiquera des ventouses; elles coûteront peu si on les forme avec des planches de sapin ou d'autre bois de peu de valeur, dont on fera des boîtes longues, qui, d'une part, ouvriront dans le plancher, & de l'autre, dans le toit du grenier placé au-dessus. En donnant à ces boîtes de l'inclinaison, elles ne monteront pas jusqu'au comble, mais elles sortiront à deux mètres deux tiers ou trois mètres un tiers (huit ou dix pieds) au-dessus de l'égoût seulement. J'ai traité de ces ventouses dans un livre intitulé: *Observations sur plusieurs maladies de bestiaux, surtout sur celles qui sont occasionnées par les constructions vicieuses des étables, bergeries, &c.*: règle générale, il faut, quand on entre dans une bergerie, qu'on n'y éprouve ni froid, ni chaleur, ni odeur forte d'ammoniac.

Il vaudroit mieux qu'il y eût une bergerie particulière pour chacune des classes d'animaux, que de les recevoir toutes dans un seul & même bâtiment, comme on le fait dans bien des pays, où l'on se contente de le diviser en autant de parties par des treillages. La masse d'air, altérée par la respiration d'un grand nombre de bêtes, se renouvelle plus difficilement. Le voisinage des mâles & des femelles nuit au repos & à la tranquillité de tous, le bélier s'échauffant, sentant ou entendant les brebis; les jeunes agneaux, au moment du sevrage, appellent long-tems leurs mères: ce sont là des inconvéniens qu'on évite quand on peut disposer de beaucoup de bâtimens, mais ils ne sont pas assez importans pour les exiger; il est au moins nécessaire d'avoir une ou deux infirmeries pour mettre à part les bêtes malades.

C'est une sage précaution que de garnir de barreaux de fer & de grillages les fenêtres des bergeries qui ouvrent hors de la ferme ou métairie; on empêche par ce moyen les loups de s'y introduire, les bergers quelquefois infidèles de livrer de beaux agneaux, qu'ils vendent, & les malveillans de jeter des charbons allumés ou des drogues capables de faire du mal aux animaux. On donnera aux portes des bergeries un mètre deux tiers (cinq pieds) de largeur; elles seront à deux battans & coupées dans la hauteur: cette largeur n'est pas trop considérable, parce que les bêtes à laine se pressent toujours en y entrant, surtout quand elles savent qu'on les affourage. Le berger ferme les deux battans lorsqu'il veut compter son troupeau. Au moyen de la coupure des portes, on donne de l'air, en laissant ouverte la partie supérieure. On posera les battans de manière qu'ils ouvrent en dehors, autrement les brebis qui s'en approchent toujours le matin empêcheroient qu'on ne les ouvrît; enfin, on aura l'attention d'arrondir tous les jambages, & de ne souffrir aucun angle saillant qui pourroit donner lieu à l'avortement.

Dans la plupart des fermes ou des métairies on place la nourriture des troupeaux par terre: l'inconvénient qui en résulte est sensible; une partie des alimens tombe sur la litière & est foulée par les pieds des animaux. Dans un grand nombre d'autres on voit des rateliers, ce qui est un premier perfectionnement. Depuis quelques années on a employé des auges, appelées *crêches* ou *mangeoires*, d'abord séparées des rateliers, puis réunies & ne formant qu'un corps, dont les mangeoires sont la base. Il existe des rateliers-mangeoires qui, au lieu d'être d'une seule pièce continue le long d'un mur, sont divisibles & séparément transportables partout où l'on veut les placer : moyennant des cordes qui y sont attachées, on les accroche à volonté à des piquets ou à de forts cloux; celles de M. Morel de Vindé sont faites de cette manière. Par cette disposition, les fleurs, les graines, les petites feuilles, au lieu d'être perdues, sont ramassées par les moutons & leur profitent; on évite l'embarras d'apporter & d'emporter les auges, & l'intérieur de la bergerie n'en est point obstrué.

Les rateliers se composent de fuseaux ou barreaux de bois maintenus supérieurement par une traverse, & implantés inférieurement dans la mangeoire. Quand il y a entr'eux trop de largeur, les bêtes avides s'y prennent la tête, qu'elles ne peuvent plus en retirer; j'en ai vu y périr étranglées. L'espace le plus convenable d'un fuseau à l'autre est de seize à dix-sept centimètres (six pouces); il ne faut pas qu'il soit moindre. On donne aux rateliers de l'inclinaison, pour que les fourages descendent à la portée des animaux. Si on la donnoit trop forte, les débris des fourages tomberoient sur les toisons & les gâteroient. Il faut que cette inclinaison soit presque verticale ou perpendiculaire. Tantôt la mangeoire est de deux pièces, dont l'une est une bande qui en fait le bord, tantôt d'une seule pièce creusée en cuiller : cette dernière forme est préférable, parce qu'elle résiste aux divers frottemens & aux violens coups de tête des béliers.

Dans les bergeries étroites on établit des rateliers seulement le long des murs; dans celles qui sont larges, on en place un double au milieu; ce qui fait quatre dans la largeur, non compris ceux des extrémités. Les uns se nomment *rateliers simples*, & les autres *rateliers doubles* ou *doubliers*. Les extrémités de chaque ratelier doivent être fermées, pour qu'aucune bête n'y entre, & les angles émoussés, pour éviter les accidens.

Un point qu'on ne doit pas négliger, c'est de mettre le berger à portée de veiller sur son troupeau pendant la nuit. Pour cela, il faut qu'il ait une chambre qui communique avec la bergerie, ou qu'on lui en pratique une de planches, en forme de soupente, dans la bergerie même; une échelle ordinaire ou un escalier de meûnier suffira pour y monter & en descendre. Il en résulte quelquefois un inconvénient; c'est que le berger, pour ne point éprouver de froid, tient toutes ses fenêtres exactement fermées : c'est au maître à prendre des mesures pour y remédier.

Au tems de l'agnelage, il sera indispensable de tenir de la lumière dans la bergerie, au moyen d'une lanterne de verre grillée, pour prévenir les incendies.

Il faut curer les bergeries de tems en tems, & non pas aussi fréquemment que quelques agronomes l'ont dit, parce que le fumier ne seroit pas fait. L'odeur & la chaleur en indiqueront le besoin : on y mettra souvent de la litière fraîche.

On voit maintenant, en France, beaucoup de bergeries faites sur de bons modèles; elles sont variées suivant le goût & la fortune des propriétaires; il y en a même qui ont employé un luxe inutile. C'est à ceux qui vont les visiter à savoir ce qu'ils doivent en copier. Ils éviteront chez eux, s'ils sont économes, tout ce qui ne contribue en rien à la salubrité.

Désinfection des bergeries.

Pendant une maladie pestilentielle & contagieuse des bêtes à laine, il est utile de tenir les bergeries propres, d'y procurer à l'air une libre circulation & d'y renouveler la litière. Quand la maladie est passée, on doit procéder à une désinfection, pour purifier le local avant d'y remettre des animaux.

On a long-tems pris confiance dans des fumigations aromatiques, telles que celles qui se font en brûlant des branches ou des graines de genièvre, ou des substances résineuses; mais il ne s'agit pas ici de substituer une odeur agréable à une odeur infecte. Les fumigations, si elles n'ont pas l'avantage de neutraliser les gaz pernicieux ou d'éteindre l'activité des miasmes funestes, ne sont bonnes à rien. On en a senti l'inutilité; on leur a préféré ensuite des vaporisations de vinaigre, qui n'ont pas été plus efficaces.

Les vrais moyens sont les suivans : d'abord on ôtera tout le fumier, on ouvrira les portes & les fenêtres, on lavera à l'eau bouillante les rateliers, les mangeoires & les murs jusqu'à un mètre (trois pieds) de hauteur; on enlèvera six centimètres (deux pouces) de terre, & l'on en substituera d'autre; ensuite on emploiera une méthode qui, pour bien remplir le but qu'on se propose, doit concourir avec les moyens de propreté que je viens d'indiquer. On a éprouvé d'heureux effets de cette méthode, qui est due à M. Guyton de Morveau. Voici en quoi elle consiste.

Mettez sur un réchaud plein de charbon allumé ou sur des cendres chaudes, une terrine large, dans laquelle il y aura quatre onces de sel commun & deux onces de manganèse, l'un & l'autre réduits en poudre & bien mélangés; fermez les fenêtres & les portes de la bergerie, portez-y le vase, versez sur le mélange environ deux onces d'huile de vitriol étendue d'eau : on pourroit, à la rigueur, se passer de manganèse si on n'avoit pas la facilité de s'en procurer; on remuera le tout & on se retirera aussitôt pour ne pas respirer la vapeur suffocante qui se dégagera & remplira l'intérieur de la bergerie ; on n'en ouvrira les portes & les fenêtres que quand cette vapeur sera entiérement dissipée ; alors on pourra y faire entrer les animaux.

Addition au mot Claveau.

A la page 266 du tome III, à l'occasion du claveau, j'ai fait voir qu'on pouvoit inoculer le claveau avec du pus des boutons formés dans cette maladie. J'ai cité des exemples, & particuliérement un essai que j'ai fait il y a trente ans : j'ajouterai quelque chose d'après les connoissances acquises depuis cette époque.

A peine a-t-on vu les succès de la vaccination, employée sur l'homme pour le préserver de la petite-vérole, qu'on a conçu l'espérance d'appliquer utilement cette pratique aux bêtes à laine, afin de leur éviter les effets ou les suites funestes du claveau. Malheureusement il a été prouvé par des expériences bien combinées & exécutées avec tout le soin possible, à Versailles, sous la direction de M. Voisin, docteur en chirurgie, &c. &c., que la vaccination étoit insuffisante contre ce fléau. On s'est rabattu sur l'inoculation du claveau lui-même. Dans différens pays, plusieurs personnes, outre M. Voisin, s'en sont occupées ; savoir : M. Huzard, inspecteur-général des écoles vétérinaires, sur le troupeau de M. le comte sénateur Chaptal, à Chanteloup (Indre & Loir) ; M. Dehannel, à Sedifcourt, arrondissement de Saint-Hubert ; M. Allaire, administrateur des forêts, dans le département de la Marne ; M. de Barbançois, dans celui de l'Indre ; M. de Lafayette, dans celui de Seine & Marne ; M. Picot de Lapeyrouse, dans celui de la Haute-Garonne, &c. &c. J'ai moi-même demandé au ministre de l'intérieur, qui m'y a autorisé, à faire inoculer le troupeau de la bergerie impériale de Saint-Georges de Ronains, département du Rhône ; un dépôt de béliers du Gouvernement, placé chez M. Bertier, à Roville, département de la Meurthe ; & un autre chez M. Jourdheuil, à Veuxaules, département de la Côte-d'Or. Dans tous ces endroits, à la vérité, & dans d'autres encore, dont le nombre commence à se multiplier, on n'a pas eu de succès. Il y a même des propriétaires qui ont éprouvé des pertes, soit parce qu'on s'y est mal pris, soit parce qu'on n'a pas usé de toutes les précautions convenables, soit parce qu'on n'a pas choisi le tems favorable. En général, la plupart des opérations ont réussi sans accidens, & ont mis les animaux à l'abri de la contagion du claveau.

L'exemple de ce qui s'est passé à Roville & à Veuxaules, à Roville surtout, a eu beaucoup d'imitateurs dans les environs. On a vu avec plaisir des propriétaires de troupeaux adopter cette méthode, à laquelle il ne manque que quelques éclaircissemens sur les causes du défaut de succès & même des accidens qui ont eu lieu dans certains pays.

Je ne crois pas inutile de rapporter ici les précautions que j'ai indiquées aux dépositaires de béliers du Gouvernement, de Roville & de Veuxaules, puisqu'ils en ont profité.

1°. Ne pas approcher trop près les bêtes claveleuses de celles à inoculer ;

2°. Opérer par un tems d'une température modérée, c'est-à-dire, au printems ou en automne ;

3°. Faire deux ou trois piqûres seulement, en soulevant légérement l'épiderme, sans attaquer la peau & sans répandre du sang ;

4°. Faire les piqûres au plat des cuisses, sur les côtés de la poitrine, en arrière des coudes ;

5°. Inoculer peu d'animaux avec le virus du claveau naturel, mais faire un plus grand usage du virus du claveau artificiel, qu'on croit plus mitigé & plus benin ;

6°. Ne pas employer la matière trop avancée, mais un peu avant sa maturité dans les boutons ; ce point est important pour la saisir au moment où elle n'est pas dégénérée : c'est au fond du bouton qu'elle mûrit le plus tôt ; on la prend ou de côté ou à la surface ; on n'épuisera pas un bouton ;

7°. Choisir de préférence le pus sur des bêtes qui ne sont pas bien malades, & dont le claveau est benin ;

8°. Tremper le bout de l'instrument dans la matière du bouton, pour l'appliquer sur l'entamure ou l'effleurure, si je puis m'exprimer ainsi, faite à l'endroit de l'insertion, & immédiatement après, passer le doigt par-dessus.

Les uns, pour inoculer le claveau, emploient la lancette ordinaire ; d'autres, une aiguille légérement cannelée & montée avec châsse. Le virus se place dans la cannelure ; on introduit l'aiguille sous l'épiderme. Pour opérer en grand, il faut deux aiguilles, dont une se charge pendant que l'autre pose la matière : cet instrument est préférable à la lancette.

On doit contenir les animaux, sans cependant les gêner, pour que l'inoculation se fasse bien.

Si elle ne produit aucun effet, au bout de quelque tems on la répète.

Il ne faut pas faire sortir les animaux soumis à l'inoculation, par le mauvais tems.

S'il survenoit de la gangrène aux plaies des insertions, il seroit pressant de faire des scarifications, & de panser d'abord avec des lotions fréquentes de vinaigre & d'eau-de-vie camphrée, & ensuite d'y appliquer des compresses trempées dans une dissolution d'essence de térébentine, par de l'eau-de-vie camphrée ; pendant cinq ou six jours on donneroit aux animaux qui éprouveroient cet accident, le matin & le soir, un verre de décoction de racine de gentiane.

Le régime des autres sera un peu de son gras & de grains concassés, & des fourages choisis. (*Tessier.*)

MOUTOUCHI : nom donné par Aublet au PTÉROCARPE.

MOUTURE. La plupart des personnes qui n'ont pas fait une étude particulière de l'art de la boulangerie, croient qu'il suffit de réduire le blé en poudre & d'en ôter le son pour avoir rempli toutes les conditions de la Mouture; mais elles se trompent beaucoup.

Les grains du blé sont composés de plusieurs parties, les unes plus dures, les autres plus tendres, les unes plus, les autres moins nourrissantes. Il est donc impossible de les moudre également par une seule opération; il est donc bon de pouvoir les séparer les unes des autres. Les parties dures s'appellent le GRUAU, & les parties incapables de nourrir se nomment le SON. *Voyez* ces mots.

Ce n'est pas tout : il y a dans le produit du même blé plusieurs espèces de gruau, plusieurs espèces de farine, plusieurs espèces de son, qui diffèrent en qualité & en quantité, & qu'on peut se procurer isolément par une Mouture plus perfectionnée.

Mais quelle est la Mouture la plus perfectionnée? Pour répondre à cette question, il faut que je passe en revue les quatre sortes de Moutures usitées en France.

La *Mouture rustique*, dans laquelle les produits restent confondus, excepté les gros sons, qu'un bluteau joint au moulin sépare de la farine, produits qu'on emploie tels à la fabrique d'une seule espèce de pain. C'est la plus mauvaise. On la trouve cependant encore en faveur dans une grande partie de la France; elle se subdivse en *Mouture septentrionale* & en *Mouture méridionale*, des climats où on la pratique.

Dans la Mouture septentrionale, les meules sont peu serrées, tournent lentement, & les gruaux sont gros. En employant des bluteaux fort serrés, il ne passe que la farine dite *de blé*; si le bluteau est plus clair, la farine contient une partie des gruaux. Le reste des gruaux est employé à la composition du pain bis.

Dans la Mouture méridionale, les meules sont très-serrées & marchent plus vîte; ce qui fait que les gruaux & les sons sont plus fins & plus échauffés. Elle est préconisée comme la meilleure par quelques personnes; cependant elle offre deux graves inconvéniens; savoir : 1°. de trop échauffer la farine, & par suite de l'empêcher de se conserver; 2°. d'introduire beaucoup de son dans le pain.

La *Mouture à la grosse*. Ses produits, même le son, restent mélangés, pour être séparés à la main, à la maison, par le moyen de tamis ou de blutoirs de différens degrés de finesse. Elle a moins d'inconvéniens que la précédente, puisque, par son moyen, on peut faire des pains de plusieurs qualités.

La *Mouture à la lyonnaise*. Elle consiste à retirer la farine dite *de blé* par une première Mouture, ensuite à remettre les gruaux sous la meule, pour en tirer deux autres farines qu'on mélange avec la première & les sons, pour remoudre le tout. Son résultat est une farine bise, qui a coûté plus de main-d'œuvre que les trois farines blanches d'abord obtenues.

La *Mouture en son gras* ou *Mouture de Melun*. Dans cette Mouture, la farine dite *de blé* est séparée au sortir de dessous la meule, & les gruaux, ainsi que les sons, sont envoyés au boulanger, qui les sépare & les fait remoudre; ce qui lui occasionne des frais de transport qu'il est bon d'éviter.

Enfin, la *Mouture économique*. C'est la plus perfectionnée de toutes, celle qu'il est à desirer qu'on pratique exclusivement partout.

Par cette Mouture, on tire du blé la plus grande quantité de farine & la plus belle farine.

A cet effet, les meules sont médiocrement rapprochées, même moins que dans la Mouture rustique septentrionale, & la farine tombe premiérement dans un bluteau ou dodinage, qui en sépare la première farine ou farine de blé, & de là dans un second bluteau, qui, ayant des étamines de différens degrés de finesse, mettent à part les différens gruaux, ainsi que les recoupettes, & rejette les sons par son extrémité. Ces différens gruaux & les recoupettes sont ensuite remis séparément sous des meules très-rapprochées; ils fournissent chacun différentes farines & le remoulage ou petit son qui recouvroit les gruaux.

Toutes ces opérations se font par le mouvement même du moulin; de sorte qu'il y a une grande économie de tems, de main-d'œuvre, de frais de transport, & une diminution considérable de perte.

M. Parmentier, à qui on doit de si excellens travaux sur la Mouture des grains, établit ainsi les résultats de la Mouture d'un setier de blé pesant deux cent quarante livres net.

	livres.	
Farines blanches.		
Première, dite *de blé*	92	160
Deuxième, dite *première de gruau*	46	
Troisième, dite *seconde de gruau*	22	
Farines bises.		
Quatrième, dite *troisième de gruau*	12	20
Cinquième, dite *de gruau*	8	
Issues.		
Remoulages	14	55
Recoupes	15	
Sons	26	
Déchets		5
Total égal		240

Tels sont les résultats de la Mouture économique,

mique. Entr'elle & la plus grossière, il y a une différence de vingt à trente livres en plus en sa faveur, sans compter l'infériorité des produits. Il est physiquement impossible au meûnier le plus habile d'aller au delà sans nuire à la qualité de la farine.

C'est principalement aux Moutures vicieuses qu'est dû le plus haut prix du pain dans les départemens les plus éloignés de Paris, car il faut que le consommateur supporte la perte plus considérable, les profits illicites du fermier, les altérations fréquentes des farines, &c. Il n'est pas possible, dans ceux où on ne connoît pas celle dont je viens de parler, de taxer ce prix avec connoissance de cause; aussi le particulier & le boulanger se plaignent presque toujours avec raison.

Au moyen de la Mouture économique on connoît, à deux ou trois livres près, pour la différence de la nature de chaque blé, supposé toujours rigoureusement nétoyé, la quantité de farine & d'issues que donne un setier de blé : ainsi on peut asseoir cette taxe avec justice; ainsi on peut laisser son blé au moulin autant de tems qu'il est nécessaire, sans crainte que le meûnier vous trompe; ainsi les spéculateurs peuvent faire le commerce des farines avec sécurité. C'est parce que tous les moulins sont montés à l'économie dans les États-Unis de l'Amérique septentrionale, que ce pays a pu s'enrichir en approvisionnant tous les ans l'Amérique méridionale presqu'entière, & souvent plusieurs des États de l'Europe.

Ceux qui desireront de plus grands développemens sur la Mouture, les trouveront dans les ouvrages de Beguillet & de Parmentier, cet objet, quelqu'important qu'il soit pour les agriculteurs, n'étant pas directement de leur ressort. (*Bosc.*)

MOXA : espèce d'ABSINTHE.

MOYÈRE. C'est, dans quelques pays, un lieu couvert de roseaux qu'on coupe tous les ans pour couvrir les chaumières ou faire de la litière. *Voyez* ROSEAU. (*Bosc.*)

MOYETTE : sorte de petite MEULE (*voyez ce mot*) très-favorable à la dessiccation des blés mûrs ou légérement mouillés.

Pour établir une Moyette, on étend d'abord trois javelles en triangle sur la terre, de manière que leurs épis reposent sur leurs pieds, ensuite trois autres sur celles-ci, en plaçant leur milieu sur les épis, & ainsi jusqu'à ce que le tout ait acquis une élévation de trois à quatre pieds; après quoi on remet deux javelles en une seule botte, on la renverse, on écarte les épis & l'on recouvre.

Il est fort à desirer que la fabrication des Moyettes devienne plus générale, car elles offrent des avantages réels. (*Bosc.*)

MOZINNE. *LOUREIRA.*

Genre de plante de la diœcie monadelphie & de la famille des *Euphorbes*, qui réunit deux arbrisseaux à feuilles alternes rougeâtres, axillaires, dont un se cultive dans nos serres.

Espèces.

1. La MOZINNE à feuilles en coin.
Loureira cuneifolia. Cavan. ♄ Du Mexique.
2. La MOZINNE glanduleuse.
Loureira glandulosa. Cavan. ♄ Du Mexique.

Culture.

C'est la première espèce que nous possédons. On la place dans une serre chaude, en bonne terre, & on lui donne des arrosemens modérés. Elle se multiplie par rejetons, par marcottes, par déchirement des vieux pieds & par boutures faites sur couche & sous châssis. Son rempotement est indispensable tous les ans en automne. Du reste, elle demande peu de chaleur, & peut être laissée trois ou quatre mois en plein air pendant l'été.

Ses racines sont tuberculées, & ses tiges laissent fluer un suc laiteux. (*Bosc.*)

MUCILAGE : l'un des principes constituans des végétaux, qui est indiqué par une matière liquide, épaisse, filante & d'une saveur fade. On le trouve plus abondant dans les *Malvacées* que dans beaucoup d'autres plantes.

Il y a peu de différence entre le Mucilage & la gomme, & entre le Mucilage & l'huile; aussi se transforme-t-il, selon les espèces, fort facilement en ces deux substances & en sucre : il se dissout dans l'eau, se précipite par l'alcool & se réduit difficilement en cendre. On peut croire qu'il joue un grand rôle dans la formation de la potasse; il nourrit beaucoup sous un petit volume, & s'emploie en médecine comme émollient & adoucissant. *Voyez* SÈVE & GOMME. (*Bosc.*)

MUE. On appelle ainsi la chute naturelle des poils des quadrupèdes & des plumes des oiseaux.

Les causes de la Mue sont détaillées à son article, dans le *Dictionnaire de Physiologie animale.*

La Mue est toujours une époque critique pour les animaux, surtout pour ceux qui l'éprouvent pour la première fois; elle occasionne souvent la mort aux jeunes volailles, surtout aux dindonneaux. La chaleur & une nourriture fortifiante sont les moyens que l'hygiène recommande dans ce cas. *Voyez* HYGIÈNE VÉTÉRINAIRE, POULE & DINDON. (*Bosc.*)

MUFLE-DE-VEAU. *Voyez* l'article suivant.

MUFLIER. *ANTIRRHINUM.*

Genre de plante de la didynamie angiospermie & de la famille des *Personnées*, dans lequel se trouvent réunies quatre-vingt-quatre espèces, dont beaucoup sont cultivées dans les jardins d'agrément & dans les écoles de botanique. Il est figuré pl. 531 des *Illustrations des genres* de Lamarck.

Observations.

Ce genre a été divisé en plusieurs autres, tels que CYMBALAIRE, LINAIRE, ORONTIUM, ANARRHINUM, par quelques botanistes, mais conservé entier par la plupart des autres. Je suivrai ici l'opinion de ces derniers.

Espèces.

1. Le MUFLIER cymbalaire.
Antirrhinum cymbalaria. Linn. ♃ Indigène.

2. Le MUFLIER pileux.
Antirrhinum pilosum. Linn. ♃ Des Alpes.

3. Le MUFLIER bâtard.
Antirrhinum spurium. Linn. ⊙ Du midi de la France.

4. Le MUFLIER scarieux.
Antirrhinum dentatum. Vahl. ⊙ De l'Espagne.

5. Le MUFLIER porte-laine.
Antirrhinum lanigerum. Desf. ⊙ De Tunis.

6. Le MUFLIER hétérophylle.
Antirrhinum heterophyllum. Willden. ⊙ De Maroc.

7. Le MUFLIER auriculé, vulgairement *velvotte*.
Antirrhinum elatine. Linn. ⊙ Indigène.

8. Le MUFLIER vrillé.
Antirrhinum cirrhosum. Lam. ⊙ De l'Égypte.

9. Le MUFLIER élatinoïde.
Antirrhinum elatinoides. Desf. ⊙ D'Alger.

10. Le MUFLIER d'Égypte.
Antirrhinum ægyptiacum. Linn. ⊙ De l'Égypte.

11. Le MUFLIER frutescent.
Antirrhinum fruticosum. Desf. ♄ D'Alger.

12. Le MUFLIER hexandre.
Antirrhinum hexandrum. Forsk. D'Otahiti.

13. Le MUFLIER trifolié.
Antirrhinum triphyllum. Linn. ⊙ Du midi de l'Europe.

14. Le MUFLIER à grandes fleurs.
Antirrhinum triornothophorum. Linn. Du midi de l'Europe.

15. Le MUFLIER à larges feuilles.
Antirrhinum latifolium. Desf. ⊙ D'Alger.

16. Le MUFLIER pourpre.
Antirrhinum purpureum. Desf. ♃ De l'Italie.

17. Le MUFLIER strié.
Antirrhinum striatum. Linn. ♃ Indigène.

18. Le MUFLIER gallioïde.
Antirrhinum repens. Linn. ♃ Indigène.

19. Le MUFLIER bigaré.
Antirrhinum versicolor. Ait. ⊙ Du midi de la France.

20. Le MUFLIER linarioïde.
Antirrhinum linarioides. Linn. Du midi de l'Europe.

21. Le MUFLIER sparthe.
Antirrhinum spartheum. Linn. ♂ De l'Espagne.

22. Le MUFLIER de Montpellier.
Antirrhinum monspessulanum. Linn. ♃ Du midi de la France.

23. Le MUFLIER biponctué.
Antirrhinum bipunctatum. Linn. ⊙ Du midi de l'Europe.

24. Le MUFLIER améthyste.
Antirrhinum amethysteum. Lam. ⊙ Du midi de l'Europe.

25. Le MUFLIER bipartite.
Antirrhinum bipartitum. Vent. De Maroc.

26. Le MUFLIER svelte.
Antirrhinum gracile. Pers. Du midi de la France.

27. Le MUFLIER élégant.
Antirrhinum elegans. Desf. ⊙ De l'Espagne.

28. Le MUFLIER pubescent.
Antirrhinum pubescens. Desf. De.....

29. Le MUFLIER à fleurs écartées.
Antirrhinum laxiflorum. Desf. ⊙ D'Alger.

30. Le MUFLIER à petite tête.
Antirrhinum capitellatum. Lam. De l'Espagne.

31. Le MUFLIER glauque.
Antirrhinum glaucum. Linn. ⊙ De l'Espagne.

32. Le MUFLIER triste.
Antirrhinum triste. Linn. ♃ De l'Espagne.

33. Le MUFLIER hælava.
Antirrhinum hælava. Forsk. ⊙ De l'Égypte.

34. Le MUFLIER à feuilles de thym.
Antirrhinum thymiflorum. Vahl. Du midi de la France.

35. Le MUFLIER marginé.
Antirrhinum marginatum. Desf. D'Alger.

36. Le MUFLIER champêtre.
Antirrhinum arvense. Linn. ⊙ Indigène.

37. Le MUFLIER couché.
Antirrhinum supinum. Linn. ⊙ Indigène.

38. Le MUFLIER simple.
Antirrhinum simplex. Willd. ⊙ Du midi de la France.

39. Le MUFLIER de Chalep.
Antirrhinum chalepense. Linn. ⊙ Du midi de l'Europe.

40. Le MUFLIER pélissérien.
Antirrhinum pelisserianum. Linn. ⊙ Du midi de la France.

41. Le MUFLIER à petites fleurs.
Antirrhinum parviflorum. Desf. ⊙ D'Alger.

42. Le MUFLIER jaunâtre.
Antirrhinum flavum. Desf. ⊙ D'Alger.

43. Le MUFLIER des rochers.
Antirrhinum saxatile. Linn. ♃ De l'Espagne.

44. Le MUFLIER à petit éperon.
Antirrhinum micranthum. Cavan. ⊙ De l'Espagne.

45. Le MUFLIER visqueux.
Antirrhinum viscosum. Linn. ⊙ De l'Espagne.

46. Le MUFLIER aparinoïde.
Antirrhinum aparinoides. Willd. ♃ D'Alger.

47. Le MUFLIER multicaule.
Antirrhinum multicaule. Linn. ⊙ De l'Orient.
48. Le MUFLIER réticulé.
Antirrhinum reticulatum. Desf. ♃ D'Alger.
49. Le MUFLIER des Alpes.
Antirrhinum alpinum. Linn. ⊙ Des Alpes.
50. Le MUFLIER sans feuilles.
Antirrhinum aphyllum. Linn. Du Cap de Bonne-Espérance.
51. Le MUFLIER bicorne.
Antirrhinum bicorne. Linn. ♃ Du Cap de Bonne-Espérance.
52. Le MUFLIER velu.
Antirrhinum villosum. Linn. ♃ De l'Espagne.
53. Le MUFLIER à longues cornes.
Antirrhinum longicorne. Thunb. Du Cap de Bonne-Espérance.
54. Le MUFLIER réfléchi.
Antirrhinum reflexum. Linn. ♂ D'Alger.
55. Le MUFLIER en zigzag.
Antirrhinum flexuosum. Desf. ♃ D'Alger.
56. Le MUFLIER à feuilles d'origan.
Antirrhinum origanifolium. Linn. ⊙ Du midi de l'Europe.
57. Le MUFLIER nain.
Antirrhinum minus. Linn. ⊙ Indigène.
58. Le MUFLIER des rochers.
Antirrhinum casium. Perf. De l'Espagne.
59. Le MUFLIER saphirin.
Antirrhinum saphirinum. Perf. Du Portugal.
60. Le MUFLIER de Dalmatie.
Antirrhinum dalmaticum. Linn. ⊙ De l'est de l'Europe.
61. Le MUFLIER hérissé.
Antirrhinum hirtum. Linn. ⊙ De l'Espagne.
62. Le MUFLIER pyramidal.
Antirrhinum pyramidale. Lam. De l'Arménie.
63. Le MUFLIER de Portugal.
Antirrhinum lusitanicum. Lam. Du Portugal.
64. Le MUFLIER à feuilles de genêt.
Antirrhinum genestifolium. Linn. ♃ De la Sibérie.
65. Le MUFLIER linaire.
Antirrhinum linaria. Linn. ♃ Indigène.
66. Le MUFLIER à feuilles de lin.
Antirrhinum linifolium. Linn. ♃ De l'Italie.
67. Le MUFLIER pédonculé.
Antirrhinum pedunculatum. Linn. De l'Espagne.
68. Le MUFLIER pied-de-lièvre.
Antirrhinum lagopodioides. Linn. De la Sibérie.
69. Le MUFLIER du Canada.
Antirrhinum canadense. Linn. ⊙ De l'Amérique septentrionale.
70. Le MUFLIER incarnat.
Antirrhinum incarnatum. Lam. De l'Espagne.
71. Le MUFLIER à feuilles de paquerette.
Antirrhinum bellidifolium. Linn. ♂ Du midi de la France.
72. Le MUFLIER de Brotéro.
Antirrhinum duximinium. Perf. ♂ Du Portugal.
73. Le MUFLIER pédate.
Antirrhinum pedatum. Desf. D'Alger.
74. Le MUFLIER ligneux.
Antirrhinum fruticosum. Desf. ♄ D'Alger.
75. Le MUFLIER à feuilles épaisses.
Antirrhinum crassifolium. Cavan. ⊙ De l'Espagne.
76. Le MUFLIER grêle.
Antirrhinum tenellum. Cavan. ⊙ De l'Espagne.
77. Le MUFLIER des jardins, vulgairement *mufle-de-veau.*
Antirrhinum majus. Linn. ♂ Indigène.
78. Le MUFLIER tortueux.
Antirrhinum siculum. Willd. ♃ De la Sicile.
79. Le MUFLIER toujours vert.
Antirrhinum sempervirens. Lapeyr. ♄ Des Pyrénées.
80. Le MUFLIER rubicon.
Antirrhinum orontium. Linn. ⊙ Indigène.
81. Le MUFLIER calicinal.
Antirrhinum calicinum. Lam. De.....
82. Le MUFLIER papilionacé.
Antirrhinum papilionaceum. Linn. De la Perse.
83. Le MUFLIER velouté.
Antirrhinum molle. Linn. ♃ De l'Espagne.
84. Le MUFLIER asarin.
Antirrhinum asarina. Linn. ♃ Du midi de l'Europe.

Culture.

Je vais passer en revue les plus communes de ces espèces, & ensuite je parlerai de celles qui ne se voient que dans les jardins de botanique.

Le Muflier cymbalaire croît dans les fentes des rochers & des murs exposés au nord, & pend en guirlandes qui, pour être petites, n'en sont pas moins élégantes. On doit le multiplier, autant que possible, sur les fabriques des jardins paysagers, en y semant ses graines partout où elles peuvent se soutenir.

Les Mufliers auriculé & rubicon croissent en abondance dans les champs cultivés en céréales. Quoique peu nuisibles, il est bon de les détruire, car les bestiaux ne s'en soucient pas; mais on n'y parvient que par un assolement dans lequel reviennent souvent, & les prairies artificielles, & les récoltes sarclées, comme les fèves de marais, les haricots, les pommes de terre.

Les Mufliers strié, gallioïde & linaire sont d'assez jolies plantes pour pouvoir être introduites avec avantage dans les jardins paysagers. Tout terrein, pourvu qu'il ne soit pas excessivement sec ou très-aquatique, leur convient. On les multiplie par leurs graines, ou de pieds enlevés dans la campagne, & on les place sur le bord des sentiers, au milieu des gazons, &c.

Il en seroit positivement de même des Mufliers champêtre, couché & nain, s'ils n'étoient pas annuels; cependant, malgré cet inconvénient, on ne doit pas se dispenser d'en introduire quelques pieds dans les jardins, pieds qui se reproduisent ensuite d'eux-mêmes par la dissémination de leurs graines.

Le Muflier des jardins croît naturellement dans une grande partie de l'Europe, dans les terreins secs & incultes, parmi les rochers, sur les murs, &c., & fleurit pendant presque tout l'été. C'est une fort belle plante; aussi la cultive-t-on de toute ancienneté dans les jardins. Ses fleurs y ont varié en couleur de chair & en blanc, s'y sont panachées & doublées; ses feuilles y sont devenues rondes & s'y sont panachées. Il m'a toujours paru que le type étoit préférable aux variétés. On le place dans les plate-bandes des parterres, le long des allées, au milieu des gazons, autour & sur les fabriques, les rochers des jardins paysagers; partout il se fait remarquer. On le multiplie par graines, par déchirement des vieux pieds & par boutures. Sa culture se borne à des sarclages, à la suppression, avant la chute de la dernière fleur, des tiges qui en ont porté, afin qu'il en pousse de nouvelles en automne, & à le changer de place tous les cinq à six ans, soit pour lui donner de la nouvelle terre, soit pour l'empêcher de faire de trop grosses touffes.

Le Muflier tortueux, que j'ai le premier décrit dans les *Actes de la Société d'Histoire naturelle de Paris*, peut être substitué au précédent dans tous les cas où il y a moyen de lui donner un arbuste pour tuteur. Sa culture est la même, excepté peut-être qu'il craint les grands froids de l'hiver.

Le Muflier à feuilles de paquerette est aussi une très-jolie plante, qui supporte fort bien, en pleine terre, les hivers ordinaires du climat de Paris, ainsi que je m'en suis assuré en semant, dans la forêt de Montmorenci, les graines que j'avois apportées de la fonderie du Creuzot. Elle demande la terre de bruyère & une exposition chaude. On la multiplie aussi par l'enlèvement de ses rejetons, dont elle donne plusieurs toutes les années.

Tous les autres Mufliers vivaces que nous possédons dans les écoles de botanique, savoir, les 16e., 17e., 22e., 32e., 48e., 52e., 82e., 83e., exigent l'orangerie pendant l'hiver. On sème leurs graines dans des pots, sur couche & sous châssis, & le plant qu'elles donnent se repique seul à seul dans d'autres pots qu'on place à une exposition chaude jusqu'aux approches des gelées. Lorsqu'on veut en faire des boutures, c'est également dans des pots, sur couche & sous châssis.

Quant aux annuels, il n'en est point qui ne soient susceptibles de terminer leur évolution en pleine terre; en conséquence on se contente de semer leurs graines en place, & d'éclaircir & sarcler au besoin le plant qui en provient. Les principales de ces espèces, qui se voient dans nos jardins, sont les 3e., 8e., 13e., 14e., 19e., 21e., 40e., 45e., 49e., 51e., 52e., 61e., 65e., 68e. & 79e.

En général, on ne cultive pas assez les Mufliers dans les jardins d'agrément. (*Bosc.*)

MUGET DES BOIS. C'est l'Aspérule odorante. *Voyez* ce mot.

MUGHO : nom spécifique d'un Pin.

MUGUET. *Convallaria.*

Genre de plante de l'hexandrie monogynie & de la famille des *Liliacées*, dans lequel on comprend quinze espèces, dont la plupart se trouvent dans nos bois, & se cultivent dans nos jardins. Il est figuré pl. 248 des *Illustrations des genres* de Lamarck.

Observations.

Ce genre, à raison de la disparité de la forme de la corolle de ses espèces, a été divisé en quatre autres par quelques botanistes; mais je suivrai ici l'opinion du plus grand nombre. Ces genres sont: *Convallaria*, *polygonatum*, *smilacina* & *majanthenum*, &c.

Espèces.

1. Le Muguet des bois.
Convallaria majalis. Linn. ♃ Indigène.
2. Le Muguet du Japon.
Convallaria japonica. Thunb. ♃ Du Japon.
3. Le Muguet en épi.
Convallaria spicata. Thunb. ♃ Du Japon.
4. Le Muguet verticillé.
Convallaria verticillata. Linn. ♃ Indigène.
5. Le Muguet de Sibérie.
Convallaria sibirica. Decand. ♃ De la Sibérie.
6. Le Muguet anguleux, vulgairement *sceau-de-Salomon.*
Convallaria polygonatum. Linn. ♃ Indigène.
7. Le Muguet multiflore.
Convallaria multiflora. Linn. ♃ Indigène.
8. Le Muguet hérissé.
Convallaria hirta. Bosc. ♃ De l'Amérique septentrionale.
9. Le Muguet à larges feuilles.
Convallaria latifolia. Jacq. ♃ De l'Autriche.
10. Le Muguet en ombelle.
Convallaria umbellulata. Mich. ♃ De l'Amérique septentrionale.
11. Le Muguet à grappes.
Convallaria racemosa. Linn. ♃ De l'Amérique septentrionale.
12. Le Muguet étoilé.
Convallaria stellata. Linn. ♃ De l'Amérique septentrionale.
13. Le Muguet à trois feuilles.
Convallaria trifolia. Linn. ♃ De la Sibérie.
14. Le Muguet quadrifide.
Convallaria bifolia. Linn. ♃ De la Sibérie.

15. Le MUGUET du Canada.
Convallaria canadensis. Decand. ♃ Du Canada.

Culture.

On trouve le Muguet des bois, ou simplement le Muguet, dans tous les bois dont le sol est léger & un peu frais. Quoique petit, il en fait l'ornement pendant tout le mois de mai, époque de sa floraison, par la disposition élégante, la belle couleur blanche, & surtout l'odeur extrêmement suave de ses fleurs; aussi est-il recherché par toutes les classes de la société.

Les bestiaux ne se soucient pas de ses feuilles; cependant, excepté les vaches, ils les mangent.

On transporte l'odeur des fleurs de Muguet dans l'huile par le moyen de l'infusion, & on en fait un assez fréquent usage en médecine pour les maladies des nerfs.

Les racines du Muguet sont traçantes, & périssent d'un côté à mesure qu'elles poussent de l'autre; à l'effet de quoi les fleurs sortent, chaque année, de terre à une autre place que l'année précédente: cette circonstance seroit suffisante pour mettre obstacle à la culture de cette plante dans les parterres; & il en est encore une autre de pareille valeur qui s'y oppose également, c'est le besoin qu'elle a d'ombre & de fraîcheur. Ce n'est donc que dans les jardins paysagers, sous les massifs qui ne sont pas trop touffus, dans les plates-bandes de terre de bruyère, qu'elle peut être cultivée avec succès, & il y a lieu de s'étonner qu'elle ne s'y trouve pas plus souvent, à raison de ses agrémens & de la facilité de sa multiplication. En effet, il suffit, lorsque le terrein lui convient, d'en planter en automne quelques pieds arrachés dans les bois, pour en avoir bientôt en quantité. Rarement elle donne des graines, & plus rarement encore ces graines arrivent à maturité; c'est pourquoi la nature lui a donné tant de propension à pousser des racines, ou mieux des tiges souterraines, car on doit les considerer comme telles. Chaque portion de ces racines ou tiges, telle petite qu'elle soit, suffit pour reproduire un pied.

On connoît deux variétés du Muguet des bois, celle dont les fleurs sont simplement doubles, & celle dont les fleurs sont doubles & rougeâtres: toutes deux sont plus fortes dans toutes leurs parties, & durent plus long-tems en fleurs que le type; mais il m'a paru que leurs fleurs etoient constamment moins odorantes. Je conseille cependant d'en avoir toujours quelques pieds dans les plate-bandes de terre de bruyère, pieds qu'on indiquera par de petits bâtons, afin qu'on ne les retourne pas par les labours d'hiver.

Le Muguet du Japon se cultive dans les écoles de botanique & dans les grandes collections de plantes. Comme il ne craint que les fortes gelées, on peut le mettre en pleine terre, en en réservant cependant quelques pieds pour les rentrer dans l'orangerie aux approches de l'hiver. Il n'est pourvu d'aucun agrément. Rarement il donne de bonnes graines dans le climat de Paris; mais la facilité de sa multiplication par le déchirement des vieux pieds n'en fait jamais sentir le besoin. Les touffes qu'il forme sont fort denses & peuvent remplacer celles du statice gazon d'olympe, auxquelles elles ressemblent un peu avant la floraison, pour la bordure des plate-bandes, attendu que, comme elles, elles se conservent vertes toute l'année.

Le Muguet verticillé ne se cultive également que dans les écoles de botanique & les jardins des amateurs, quoiqu'il soit d'un port assez agréable pour concourir à l'ornement. On le met dans une terre de bruyère & au nord lorsqu'on veut être sûr de le conserver. Sa multiplication a lieu par le déchirement des vieux pieds ou par graines semées en place, quand on peut s'en procurer. Il est rare.

Les Muguets anguleux & multiflore ont été souvent confondus ensemble. On les trouve tous les deux dans les bois, principalement dans ceux qui sont exposés au nord, pourvu que leur sol ne soit pas trop argileux ou trop aquatique. Ce sont, surtout la seconde, des plantes d'un aspect fort élégant, & qui doivent être introduites, pour l'avantage des promeneurs, dans les bosquets des jardins paysagers, par le moyen de leurs graines, qui sont abondantes dans les bois, ou par la transplantation de leurs racines prises dans les mêmes lieux; comme celles du Muguet, elles tracent, mais moins rapidement. Dans quelques pays, les jeunes pousses se mangent en guise d'asperges. Tous les bestiaux, & principalement les chevaux, en aiment les feuilles. Les cochons préfèrent ses racines a la plupart de celles qu'ils trouvent avec elles. On les emploie en médecine comme vulnéraires & astringentes. Ils offrent une variété à fleurs doubles, peu digne de considération à mon avis.

Les Muguets hérissé & à larges feuilles diffèrent fort peu l'un de l'autre, & se rapprochent des deux précédentes. On les cultive & on les multiplie de même.

La culture des Muguets à grappes & étoilé est la même que celle du Muguet verticillé. Ils sont également rares dans nos jardins.

Le Muguet quadrifide s'y voit plus fréquemment, parce qu'il est commun dans certains bois, & qu'il souffre mieux que les autres l'aspect du soleil. On le multiplie, comme eux, de graines & de racines. Les mêmes soins lui sont nécessaires. Sa présence dans les bosquets des jardins paysagers ne peut aussi que contribuer à leurs agrémens. (*Bosc.*)

MUGUET DES AGNEAUX: espèce de chancre qui se forme dans la bouche des agneaux, les empêche de teter, & les fait quelquefois périr. Des boutons sans nombre en sont le symptôme. Bassiner l'intérieur de la bouche avec du vinaigre aiguisé de sel & de poivre, est le moyen le plus certain de le guérir. Il ne paroît pas, au reste, être contagieux, du moins des petits à leur mère.

MUHLENBERGIE. *Muhlenbergia.*

Plante vivace de la triandrie digynie & de la famille des *Graminées*, qui ne renferme qu'une espèce, originaire de l'Amérique septentrionale, laquelle, n'étant pas cultivée dans nos jardins, ne peut être ici l'objet d'un article plus étendu. (*Bosc.*)

MUID, TONNEAU, BARIQUE : noms de vases de bois représentant un cylindre bombé dans son milieu, fermé de tous côtés & composé de petites pièces de bois liées ensemble par des cercles de même nature. Leurs capacités & leurs proportions varient selon les lieux. A Mâcon, le Muid est de deux cent quarante bouteilles; à Paris, de deux cent quatre-vingt-huit; à Montpellier, de six cent soixante-quinze, &c. : deux Muids font une queue en Bourgogne & ailleurs.

La fabrique des Muids est un art exercé par les tonneliers, & décrit dans le *Dictionnaire des Arts mécaniques*, auquel je renvoie le lecteur.

C'est le bois de chêne pédonculé ou chêne blanc qu'on emploie le plus communément à la fabrication des Muids destinés à contenir du vin, parce que c'est celui qui, à la plus grande facilité de sa mise en MERRAIN & en DOUVES (*voyez* ces mots), joint la plus grande imperméabilité & la plus grande durée. Après lui, c'est celui du châtaignier, puis celui du mûrier, dont on se sert le plus communément. Ce n'est jamais que pour contenir des solides qu'on en construit en sapin, en peuplier, &c., & alors ils ne sont pas formés avec des douves, mais avec des planches.

Les vieux Muids servent aux cultivateurs, après l'enlèvement des douves d'un des fonds, à renfermer une infinité d'objets qui tiendroient trop de place s'ils étoient répandus, ou qui seroient altérés par des causes extérieures, mangés par les souris, les insectes, comme graines, farine, son, cendre, charbon, &c., ou l'eau de puits nécessaire à l'arrosement des plantes, &c.

Le Muid est naturellement devenu une mesure de capacité, & il est encore considéré rigoureusement comme tel dans beaucoup de lieux; mais dans d'autres, cette mesure étoit devenue fictive, comme le tonneau de mer : ainsi, à Paris, le Muid de blé contenoit cent quarante-quatre boisseaux; le Muid d'avoine, deux cent quatre-vingt-huit boisseaux; le Muid de charbon, trois cent vingt, &c. Ces irrégularités n'existent plus, grâces à la loi sur les poids & mesures. (*Bosc.*)

MULES TRAVERSINES ; crevasses qui se forment derrière le boulet du pied du cheval, & d'où suinte une sérosité âcre & fétide. Les pieds de devant en sont rarement affectés. Elles sont constamment douloureuses. Dans leurs commencemens on les guérit avec des cataplasmes émolliens & adoucissans, ensuite avec des dessiccatifs.

Quant aux Mules traversines invétérées, on leur applique les remèdes indiqués pour le CRAPAUD. *Voyez* ce mot.

Comme la partie où se trouve la Mule traversine fatigue beaucoup dans la marche, & encore plus dans le travail, il faut ou abandonner les chevaux qui en sont affectés dans les pâturages, ou les tenir constamment à l'écurie. (*Bosc.*)

MULET. On applique proprement ce nom au produit de l'accouplement de l'âne avec la jument; mais, par extension, on le donne aussi à celui de tous les quadrupèdes & de tous les oiseaux d'espèces différentes.

Le Mulet du cheval & de l'ânesse se nomme BARDEAU. *Voyez* ce mot.

Dans les plantes, les résultats des fécondations de deux espèces différentes s'appellent HYBRIDES. *Voyez* ce mot.

Ce n'est pas ici le lieu de disserter sur les causes physiologiques qui font que quelques animaux peuvent procréer des Mulets, & que d'autres ne le peuvent pas. On trouvera des données à cet égard dans le *Dictionnaire des Animaux* & dans celui *de Physiologie animale*; il suffira de dire que ce n'est que des espèces du même genre, les plus voisines, qu'on peut en espérer, & qu'il n'y a guère que ceux de l'âne avec la jument, & du canard avec la canne de Barbarie, qui soient importans à considérer sous les rapports agricoles. En effet, les Mulets de l'ânesse avec le cheval ou le bardeau, est plus foible que son père, & n'a pas la patience & la frugalité de sa mère. Ceux du zèbre & de l'ânesse n'ont pas encore vécu âge d'âne; ceux du loup & de la chienne, ou du du chien & de la louve, n'ont servi qu'à prouver ce qu'on savoit déjà, que, dans l'acte de la génération, le père donne les qualités morales, & la mère les formes extérieures; ceux du serin avec les tarins, les linotes, les chardonnerets, &c., ne sont que des amusemens.

Le Mulet, proprement dit, est connu de toute ancienneté. Les écrivains grecs & romains nous le peignent comme il est encore, c'est-à-dire, préférable au cheval sous le rapport de la sobriété, de la force, de la douceur du caractère, de la résistance à la fatigue & aux chaleurs, de la sûreté de la marche, de la moindre disposition aux maladies, de la longévité, &c. En conséquence de ces qualités, les Mulets sont très-recherchés dans les pays arides, chauds & montueux, principalement en Italie & en Espagne, & on cherche à les obtenir les plus gros possible, en accouplant les plus beaux ânes avec les plus belles jumens.

Les provinces centrales & occidentales de la France étoient, avant la révolution, en possession de fournir une grande quantité de Mulets à l'Espagne & aux colonies, ce qui étoit une source considérable de richesses pour elles. Aujourd'hui ce commerce est presque nul : espérons qu'il reprendra son ancienne splendeur. Là, dans le ci-devant Poitou, il est une race d'âne très-grosse & très-vigoureuse, qui est exclusivement réservée à procréer des Mulets par son accouplement avec des jumens normandes. Les produits de ces ânes & de ces jumens se vendent quelquefois plus cher que les beaux chevaux de races françaises; les mules surtout, qui ont à un plus haut degré les qualités indiquées. On a vu des couples de ces mules assorties se vendre jusqu'à trente mille francs en Espagne & en Portugal, pour les voitures des riches prélats de la Cour.

En Italie, où on fait beaucoup de Mulets, on préfère les ânes de Malte, qui sont en effet de fort beaux animaux.

Il résulte de ces faits, que celui qui veut spéculer sur la production des Mulets & des mules ne doit pas craindre la dépense pour se procurer de beaux ânes & de belles jumens, puisque leurs produits seront toujours mieux vendus, & ne coûteront cependant pas davantage à élever.

L'accouplement des ânes & des jumens, quoique d'abord quelquefois un peu plus difficile, & plus incertain dans ses résultats que ceux des individus de leur espèce entr'eux, offre les mêmes préliminaires & les mêmes suites. Tout ce qu'on trouvera à cet égard aux mots Ane & Cheval s'y applique donc complétement.

L'éducation des jeunes Mulets ou des jeunes mules est plus facile que celle des poulains & des pouliches. Moins le propriétaire y intervient, & mieux il fait. Je renverrai également aux mots Ane & Cheval, pour apprendre à en connoître les détails. Seulement j'observerai que plus ils sont abondamment & délicatement nourris, & plus ils gagnent en grosseur & en vigueur, & que c'est par conséquent une mauvaise spéculation que d'économiser sur ce point; ils se sevrent naturellement plus tôt que l'ânon & le poulain, c'est-à-dire, entre six & sept mois.

On est généralement dans l'habitude de vendre les Mulets & les mules à deux ou trois ans. L'intérêt des cultivateurs est cependant d'attendre qu'ils soient arrivés à toute leur grandeur, puisque ce n'est qu'alors qu'ils se vendent à leur véritable taux.

La singularité la plus remarquable que présentent les Mulets & les mules, c'est que, quoique pourvus des organes de la génération, ils sont incapables de se multiplier entr'eux & avec les ânes ou les chevaux; du moins les exemples en sont-ils extrêmement rares. C'est peut-être à cette circonstance que sont dues leurs bonnes qualités; car le desir du coït d'abord, & la déperdition de la semence de l'autre, sont fréquemment des causes de mauvaises qualités des ânes & des chevaux. Quoi qu'il en soit, elle évite la castration aux mâles, ce qui est un avantage très-important, puisque cette opération affoiblit toujours les chevaux & les fait même souvent périr.

Quelques personnes ont conclu de ce que les jumens repoussoient quelquefois d'abord les ânes qu'on leur présentoit pour étalons, que lorsqu'elles avoient cédé, elles ne pouvoient plus concevoir avec les chevaux; mais c'est une erreur, comme des expériences authentiques l'ont prouvé.

Les soins à prendre des Mulets & des mules adultes & employées aux mêmes services que le cheval & l'âne, ne diffèrent point de ceux qu'on donne généralement à ces derniers; seulement ils sont moins nombreux & moins rigoureux; ainsi je n'en parlerai pas.

Cependant il convient que je dise qu'en Espagne, il est de mode qu'ils soient harnachés d'une manière particulière, & avec un luxe constamment coûteux & souvent exagéré. Les sonnettes & les grelots sont multipliés outre mesure autour de leur cou & sur leur tête; de sorte que leur arrivée est toujours annoncée de loin par un charivari qui fatigue beaucoup les oreilles des personnes qui n'y sont pas accoutumées. On prétend qu'ils aiment le bruit de ces sonnettes & de ces grelots, & que, lorsqu'on les en prive, ils ont moins de courage au travail, ce qui peut être vrai lorsqu'ils ont l'habitude de l'entendre; on y est aussi dans l'usage de tondre, au printems, la plus grande partie du poil de leur corps, avec des forces d'une structure particulière & fort bien appropriée à cet objet. Chaque fois que j'entrois le soir dans ce qu'on appelle une auberge en Espagne (*posada*), je m'extasiois à la vue des soins que prenoient les muletiers de leurs Mulets, & je faisois des vœux pour que les rouliers de France prennent l'usage d'en donner de semblables à leurs chevaux, dont ils s'occupent généralement beaucoup trop peu.

Ainsi que je l'ai déjà annoncé, les maladies des Mulets sont absolument les mêmes que celles des chevaux; mais elles sont chez eux moins fréquentes & moins graves. Je renverrai donc encore à l'article Cheval pour leur énumération, & aux articles de chacune d'elles pour leur traitement. (*Bosc.*)

MULINON. *Mulinum.*

Genre de plante de la pentandrie digynie & de la famille des *Ombellifères*, qui rassemble quatre espèces, dont aucune n'est cultivée dans nos jardins.

Espèces.

1. Le Mulinon prolifère.

Mulinum proliferum. Cavan. ♄ De l'Amérique méridionale.

2. Le MULINON à petites feuilles.

Mulinum microphyllum. Cavan. ♄ De l'Amérique méridionale.

3. Le MULINON couché.

Mulinum supinum. Cavan. ♄ De l'Amérique méridionale.

4. Le MULINON sans tige.

Mulinum acaule. Cavan. ♄ De l'Amérique méridionale. (*Bosc*.)

MULLE : nom marchand de la plus mauvaise sorte de GARANCE.

MULLÈRE. *Mullera*.

Genre de plante de la diadelphie décandrie & de la famille des *Légumineuses*, qui contient deux espèces, dont aucune n'est cultivée dans nos jardins.

Espèces.

1. La MULLÈRE moniliforme.

Mullera moniliformis. Linn. ♄ De Cayenne.

2. La MULLÈRE verruqueuse.

Mullera verrucosa. Pers. ♄ De Cayenne.

(*Bosc*.)

MULON : petite meule temporaire qu'on forme le soir, pour mettre le foin à l'abri de la pluie ou simplement du serein de la nuit. *Voyez* aux mots MEULE & PRAIRIE.

MULOT : petit quadrupède du genre des rats, qui est assez commun, certaines années, dans les pays montagneux & boisés, mais généralement assez rare dans les plaines, où il est remplacé par le campagnol, qui y porte souvent son nom.

Comme il n'a pas été question du campagnol, je vais parler des deux, qui ont à peu près les mêmes mœurs, & qui se détruisent par les mêmes moyens.

La grosseur du Mulot est plus considérable que celle de la souris; sa tête ronde & camuse l'en distingue surtout. De plus, il a la queue plus courte, les poils du dos d'un gris plus foncé, & ceux de la poitrine jaunâtres.

La grosseur du campagnol est inférieure à celle de la souris. Son museau est alongé, sa queue est plus courte; les poils de son dos sont plus fauves, & ceux de son ventre moins blancs. *Voyez* le *Dictionnaire des Quadrupèdes*.

En général, le Mulot profite des trous de taupes & autres qu'il trouve tout faits, & y revient constamment; ils aboutissent à une cavité de quelques pouces de diamètre, dans laquelle il accumule des herbes sèches & des provisions de grains pour l'époque où les femelles font leurs petits, ou pour passer plus tranquillement la mauvaise saison. Chaque portée est de cinq à douze petits, & il y en a au moins deux par an; ce qui explique sa grande multiplication lorsque deux années sont consécutivement favorables. Le campagnol, au contraire, ne cesse de creuser des trous, & craint d'entrer dans ceux qui sont abandonnés. Il n'y fait point de provisions; aussi, dans les tems de disette, se jettent-ils les uns sur les autres, & les plus forts mangent-ils les plus foibles.

Quoique les uns & les autres se trouvent, pendant l'hiver, dans les granges, les greniers, les meules, ce sont toujours les campagnols qui y sont les plus abondans, & qui y font le plus de dégât; ils savent s'introduire dans les gerbes amoncelées dans les champs, & se faire porter dans les lieux ci-dessus dénommés, où ils s'engraissent malgré les chats, qui ne peuvent les atteindre, parce qu'ils sortent peu de leur retraite dans cette saison.

Les ennemis des Mulots & des campagnols sont nombreux, & suffiroient à les empêcher de se multiplier au point d'être nuisibles, si, contre leur intérêt, les cultivateurs cessoient de leur faire la guerre & de les détruire. J'ai souvent vu des chiens qui les poursuivoient avec fureur, & en faisoient un grand massacre quand on deblayoit une grange, ou qu'on demolissoit une meule, &c. Parmi les oiseaux de proie on doit citer les buses, les tiercelets, les émouchets & tous les nocturnes, comme ducs, chats-huans, chouettes, orfraies, &c. comme vivant principalement à leurs dépens.

Plus les Mulots & les campagnols sont nombreux, & plus on doit espérer qu'on en sera plus tôt débarrassé, non-seulement parce qu'ils se mangent alors entr'eux, comme je l'ai déjà dit, mais que, consommant promptement toutes leurs subsistances, ils finissent par mourir de faim. Les inondations, les longues pluies, les fortes gelées, les neiges durables font aussi qu'ils disparoissent, pour plusieurs années, des lieux qui en étoient le plus infestés.

Il existe un très-grand nombre de moyens de détruire les Mulots & les campagnols, dont je vais citer quelques-uns.

On mêle un centième d'arsenic, de noix vomique, ou une plus grande quantité de poudre de garou, de suc d'euphorbe, avec des tourteaux provenant de la fabrication des huiles de noix, de navette, de chenevis, &c., & on en forme des petites boules qu'on introduit dans les trous. Aucun animal utile à l'homme n'est dans le cas d'en être la victime.

Les cultivateurs font suivre leur charrue, ou par des chiens dressés, ou par des chats, ou par des enfans armés de bâtons, & tous les Mulots ou les campagnols qu'elle met au jour, & elle en met souvent un grand nombre, sont tués par eux.

On enterre des pots vernissés, dont les bords sont un peu plus bas que la surface du sol, ou on fait, lorsque le fond de la terre est argileux, soit avec une tarière, des trous de huit pouces de large & d'un pied de profondeur, soit avec la bêche, des fosses plus larges & de même profondeur, pots, trous ou fosses dans lesquels tombent les

les Mulots & les campagnols, & dans lesquels on peut les tuer chaque matin. (*Bosc.*)

MULTIPLICATION. Tout cultivateur doit tendre à la reproduction des objets sur lesquels il spécule ; car s'il cesse de les augmenter, ils diminuent par suite de la tendance générale de la nature vers la destruction ; ainsi ses bestiaux meurent, ses grains, ses vins se consomment ou s'altèrent, &c.

Mais la Multiplication doit être calculée d'après le besoin ou la consommation ; ainsi, s'il a plus de bestiaux qu'il n'en peut nourrir, & qu'il soit obligé de les vendre à perte ; ainsi, si le blé, si le foin, si le vin, &c., sont surabondans & qu'ils n'aient pas de valeur ?

Il résulte de ces circonstances, qu'un agriculteur doit combiner ses cultures de manière à n'avoir que des produits susceptibles de lui donner des bénéfices certains, & c'est en les variant autant que la nature de son sol & sa position le permettent, qu'il peut arriver, sous ces rapports, à des résultats constamment avantageux. On gagne de plus à ce système de conduite : 1°. une rotation de culture plus étendue, & par conséquent l'amélioration des terres ; 2°. une moindre crainte des non-valeurs produites par les météores, & par conséquent une plus grande assurance de revenu. Les disettes étoient fréquentes lorsque nos pères ne cultivoient que du blé. Le Maïs, les pommes de terre, les haricots, les pois & en général tous les légumes, aujourd'hui si multipliés, ne permettent plus de les redouter. *Voyez* DISETTE.

Une amélioration quelconque, dans une branche de la culture, en amène nécessairement une autre ; aussi nos pères voyoient souvent leurs bestiaux périr dans les hivers rigoureux, faute d'une suffisante quantité de foin, & aujourd'hui, que nous avons abondamment des prairies artificielles, ce malheur n'est plus à craindre. Nous pouvons donc multiplier nos bestiaux plus qu'autrefois, & par conséquent faire de plus nombreux & de meilleurs labours. *Voyez* BESTIAUX, CHEVAL, BŒUF, MOUTON, &c. (*Bosc.*)

MUNCHAUSIER. *MUNCHAUSIA.*

Très-bel arbrisseau de la Chine, qui formoit, dans la polyandrie monogynie, un genre qui depuis a été réuni aux LAGERSTROMES. *Voyez* ce mot.

Le Munchausier, ou LAGERSTROME remarquable, est cultivé en Chine pour l'ornement des bosquets ; mais, à ma connoissance, il ne l'est dans aucun des jardins de l'Europe. (*Bosc.*)

MUNGO : espèce d'OPHIORISE.

MUNNOZIE. *MUNNOZIA.*

Genre de plante de la syngénésie superflue, qui réunit quatre espèces, dont aucune n'est cultivée dans nos jardins.

Espèces.

1. La MUNNOZIE à fleurs en corymbe.
Munnozia corymbosa. Ruiz & Pav. ♃ Du Pérou.

2. La MUNNOZIE trinerve.
Munnozia trinervis. Ruiz & Pav. ♃ Du Pérou.

3. La MUNNOZIE vénéneuse.
Munnozia venenosissima. Ruiz & Pavon. ♃ Du Pérou.

4. La MUNNOZIE à feuilles lancéolées.
Munnozia lanceolata. Ruiz & Pav. ♃ Du Pérou. (*Bosc.*)

MUON. C'est le MULET dans le département du Var.

MUR : assemblage de pierres, ayant une petite épaisseur relativement à sa longueur & à sa hauteur, assemblage qui tantôt est sans intermède, tantôt est lié par de la terre, de la chaux, du plâtre, &c.

On donne aussi, par suite, le même nom à des constructions de forme analogue, faites en terre pure, en terre mêlée de paille hachée, de bourre, d'os d'animaux, &c. *Voyez* PISÉ & TORCHIS.

Les Murs servent, 1°. à former l'enceinte & les subdivisions des habitations ; 2°. à défendre les cultures des atteintes des malfaiteurs & des animaux ; 3°. à fournir des abris aux plantes qui craignent le trop grand froid ou le trop grand chaud.

Je n'entrerai point ici dans les détails de la construction des diverses sortes de Murs, attendu que cet objet se trouve développé, sous tous ses rapports, dans le *Dictionnaire d'Architecture.*

Il ne peut être trop exercé de surveillance, de la part des propriétaires, sur les maçons de campagne qu'ils emploient à construire leurs Murs, parce que ces maçons apportent rarement à leur fabrication l'intelligence & les soins convenables. C'est surtout lorsqu'il y a un forfait, que cette surveillance devient indispensable ; car l'intérêt de ces ouvriers est alors de faire vîte & au meilleur marché, & ils trompent sous tous les rapports. Je dois conseiller de préférer à ces forfaits, le paiement à la journée avec fourniture des matériaux, parce que, si l'ouvrage est moins promptement fait & coûte davantage, il est au moins bon & durable.

Dans les pays de montagnes, où la couche de terre a peu de profondeur, on construit souvent, autour des propriétés, des Murs en pierre sèche uniquement pour employer les pierres qui sont enlevées du sol. Pour empêcher ces Murs d'être aussi promptement dégradés, il faudroit toujours les recouvrir de terre, dans laquelle on planteroit des herbes à racines traçantes, principalement des joubarbes & des iris.

J'ai vu dans ces pays des champs enclos avec des pierres calcaires ou avec des schistes fissiles placés de champ ; ainsi ces Murs n'avoient que quelques pouces d'épaisseur.

De tous les abris artificiels, les Murs sont les plus puissans, à raison de leur imperméabilité aux vents, & de la faculté dont ils jouissent de réfléchir les rayons du soleil. Ce sont donc eux qu'on doit préférer pour enclore les jardins destinés à la culture, ou des plantes des pays chauds, ou des primeurs, ou des arbres fruitiers en espalier. Dans ce dernier cas, ceux colorés en noir, parce qu'ils s'échauffent mieux, & ceux fabriqués en plâtre, parce qu'ils reçoivent le palissage à la loque, sont préférables aux autres. *Voyez* ESPALIER & PLATRE.

C'est un grand moyen de conserver les Murs, que de les faire réparer tous les ans, en été; car une seule relevée de pierre, au moyen d'une dépense de quelques sous, peut souvent empêcher leur écroulement.

La cherté de la construction & de l'entretien des Murs s'oppose à ce qu'on en fasse usage dans la grande agriculture, malgré les nombreux avantages qu'ils offrent : les HAIES les remplacent. *Voyez* ce mot & les mots ENCLOS, CLÔTURES.

Les enceintes formées de planches ou de bois refendu s'appellent des PALISSADES ou des PALIS. *Voyez* ces mots. (*Bosc.*)

MURE : fruit du MURIER & de la RONCE.

MURET. C'est le GIROFLIER JAUNE. *Voyez* ce mot.

MURICIER : arbrisseau grimpant, à vrilles, dont les feuilles sont alternes & digitées, les fleurs jaunâtres & solitaires, les fruits une baie épineuse. Il croît dans la Chine & la Cochinchine, & forme, selon Loureiro, un genre dans la monoécie syngénésie.

Cet arbrisseau, qui ne se voit pas dans nos jardins, fournit ses diverses parties à la médecine & à l'office. (*Bosc.*)

MURIE. C'est ainsi que l'on nomme, dans le département du Jura, les inflammations du cerveau des animaux domestiques & du poumon. *Voyez* INFLAMMATION.

MURIER. *Morus.*

Genre de plante qui ne renferme que des arbres, dont plusieurs se cultivent en pleine terre dans le climat de Paris. *Voyez* le *Dictionnaire des Arbres & Arbustes*, où il en est question. (*Bosc.*)

MURIR LA TERRE : expression qui s'emploie dans quelques endroits, & qui est par conséquent dans le cas d'être prise ici en considération. *Voyez* TERRE.

Toute terre qui n'a pas été remuée par la main de l'homme, à moins qu'elle ne soit le produit d'un alluvion moderne, & qui se trouve à quelques pieds au-dessous de celle qui l'a été, ne peut d'abord servir à la germination des graines & à la végétation des plants qu'on lui confie. Ce n'est qu'après avoir été exposée à l'air, pendant un certain tems, qu'elle y devient propre. Cette loi est générale, mais très-variable dans ses applications; car il est de ces terres qui sont productives au bout de six mois, & d'autres qui ne le sont pas encore au bout de six ans.

Ce qui manque à ces terres, c'est de l'humus à l'état soluble. Or, celui de celles qui en contiennent, devient soluble par l'absorption des gaz atmosphériques, & plus rapidement par le moyen des alcalis & de la chaux.

Il faut qu'il s'en forme ou qu'il s'en transporte dans celles qui n'en contiennent pas; ce qui est toujours fort lent lorsque les eaux ou la main de l'homme n'y concourent pas.

On appelle donc *mûrir les terres*, l'action de les exposer à l'air, de les remuer & de les mélanger.

Non-seulement on laisse mûrir les terres retirées d'un fossé, d'un étang, d'une fouille quelconque, avant de les répandre sur le sol, mais encore celles qui sont déjà très-fertiles, & dont on veut augmenter la fertilité en les mélangeant avec des engrais, telles que les TERRES A ORANGER. *Voyez* ce mot & le mot ORANGER.

Plus on mélange intimement, plus on remue complétement les terres qu'on veut faire mûrir, & plus on arrive promptement au but. Les changer de place trois fois par an, par le moyen d'une pelle qui en disperse au loin les molécules, n'est pas trop les travailler. Il est bon de les arroser dans la sécheresse; mais il seroit encore meilleur de les garantir des grandes pluies par des couvertures.

On laisse aussi mûrir les marnes, mais c'est principalement dans l'intention qu'elles se délitent. *Voyez* MARNE. (*Bosc.*)

MUROT. C'est la même chose que MERGER. *Voyez* ce mot.

MURRAI. *Murraya.*

Arbrisseau à feuilles ailées & à fleurs odorantes, disposées en panicules terminales, qui seul forme un genre dans la pentandrie monogynie. *Voyez* les *Illustrations des genres* de Lamarck, planche 352.

Cet arbrisseau, dont le bois est propre aux ouvrages d'ébénisterie, se cultive dans son pays natal & dans nos serres. Son aspect est celui du buis; aussi porte-t-il le nom de *buis de la Chine*. Sonnerat lui a donné celui de *marsane*. On le multiplie assez facilement de boutures faites sur couche & sous châssis. Il est fâcheux qu'il ne fleurisse pas souvent. (*Bosc.*)

MURTILLE. *Voyez* AIRELLE.

MURUCUIA. *Murucuia.*

Genre de plante établi aux dépens des PASSIFLORES, & qui réunit trois espèces, dont il sera question à l'article de ces derniers. (*Bosc.*)

MUSARAIGNE : animal de la famille des *Ron-*

geurs, un peu plus petit que la souris, dont le museau se prolonge beaucoup, dont les yeux sont très-petits, & qui répand une odeur forte. On le trouve principalement dans les bois, où il vit d'insectes morts. Pendant l'hiver, il se refugie quelquefois dans les fermes, où, à défaut d'insectes, il mange les excrémens des bestiaux. Je le cite ici uniquement parce qu'on l'accuse de faire naître par sa morsure, dans les chevaux & les moutons, une maladie charboneuse, qu'on a appelée de son nom. Il suffit d'examiner ses dents pour se convaincre qu'elles ne doivent pas être disposées à mordre; car elles sont extrêmement petites & incapables de pénétrer dans le cuir d'un cheval, puisqu'elles n'ont pas pu entamer la peau de ma main. *Voyez*, pour le surplus, le *Dictionnaire des Quadrupèdes*. (*Bosc.*)

MUSCADIER. *Myristica*.

Genre de plante de la dioécie monadelphie & de la famille des *Lauriers*, qui renferme une dixaine d'arbres, dont un est très-célèbre par son fruit, que son odeur suave & son goût piquant rendent propre à l'assaisonnement des mets & à la composition de liqueurs fort agréables. Il est figuré pl. 832 & 833 des *Illustrations des genres* de Lamarck.

Espèces.

1. Le MUSCADIER aromatique.
Myristica aromatica. Linn. ♄ Des Moluques.
2. Le MUSCADIER des Philippines.
Myristica philippensis. Lam. ♄ Des Philippines.
3. Le MUSCADIER du Malabar.
Myristica tomentosa. Thunb. ♄ Des Moluques.
4. Le MUSCADIER globulaire.
Myristica globularis. Lam. ♄ D'Amboine.
5. Le MUSCADIER de Madagascar.
Myristica madagascariensis. Lam. ♄ De Madagascar.
6. Le MUSCADIER acuminé.
Myristica acuminata. Lam. ♄ De Madagascar.
7. Le MUSCADIER porte-suif.
Myristica sebifera. Lam. ♄ De Cayenne.
8. Le MUSCADIER à petit fruit.
Myristica uviformis. Lam. ♄ D'Amboine.
9. Le MUSCADIER otoba.
Myristica otoba. Humb. ♄ Du Mexique.
10. Le MUSCADIER de Surinam.
Myristica fatua. Swartz. ♄ De Cayenne.
11. Le MUSCADIER à feuilles de saule.
Myristica salicifolia. Willd. ♄ Des Moluques.

Culture.

Dans son pays natal, c'est-à-dire, l'île Banda & autres voisines, le Muscadier aromatique, le seul dont il doive être question ici, est l'objet d'un grand produit; mais il paroît que sa culture se borne au semis de ses fruits, à la conservation des pieds qu'ils produisent, & à la récolte, au bout de neuf mois, des fruits que donnent les pieds femelles lorsqu'ils sont parvenus à l'âge de sept à huit ans. Il en est de même dans l'Ile-de-France, l'Ile-Bourbon, Cayenne, la Martinique & autres colonies européennes, où on l'a transporté de la première. *Voyez* le mot ÉPICERIE, où l'indication de sa culture est fort détaillée.

J'ajouterai un fait d'une grande importance, relativement aux bénéfices de cette culture, qui ne se trouve pas relaté à ce mot.

Le Muscadier étant dioïque, & ses fleurs ne commençant à paroître que la septième ou huitième année, ce n'est qu'à cette époque qu'on peut savoir quels sont les pieds mâles & les pieds femelles, pour arracher le superflu des premiers, un seul par cent de femelles suffisant; ce qui cause une perte de tems & de terrein considérable. Pour éviter ce grave inconvénient, M. Hubert, cultivateur de l'Ile-Bourbon, s'est imaginé de greffer avec des rameaux de femelles tous les pieds de ses semis à leur seconde année. Par cette opération, non-seulement il est assuré de n'avoir que des pieds femelles, mais encore il les fait mettre à fruit une année au moins plus tôt.

En Europe, le Muscadier aromatique exige la serre chaude toute l'année; il y est rare & ne s'y porte jamais bien. On l'y multiplie par marcottes, qui reprennent la seconde année.

On tire des fruits du Muscadier porte-suif, par le moyen de leur ébullition dans l'eau, une espèce de cire jaunâtre, avec laquelle on fabrique des chandelles. (*Bosc.*)

MUSCARDINE : maladie qui cause, certaines années, de grandes pertes aux cultivateurs qui spéculent sur l'éducation des vers à soie. Ce n'est qu'après la mort de l'animal qu'on peut la caractériser, son corps étant alors constamment dur, rougeâtre & couvert d'une sorte de moisissure.

Tous les auteurs qui ont écrit sur l'éducation des vers à soie ont parlé de la Muscardine; mais c'est à M. Nysten qu'on doit les premières observations propres à mettre sur la voie pour l'empêcher de faire des ravages. Les résultats qu'il a obtenus ont été depuis confirmés par M. Paroletti; ainsi il est aujourd'hui certain que la Muscardine est produite par l'altération de l'air des chambres où sont placés les vers à soie, altération que la chaleur aggrave considérablement, & qu'en les mettant dans des chambres très-aérées, en les tenant dans une rigoureuse propreté, & surtout en faisant en sorte que leur éducation soit terminée avant l'arrivée des chaleurs (touffe), on évitera cette maladie, & par conséquent la grande mortalité qu'elle occasionne. *Voyez* VER A SOIE. (*Bosc.*)

MUSCARI : espèce de jacinthe, dont quelques botanistes ont fait un genre. *Voyez* JACINTHE. (*Bosc.*)

MUSCAT : variété de raifin. *Voyez* VIGNE.

MUSEROLE : affemblage de lanières de cuir, ou grillage en fil de fer, dans lequel on met le museau des chiens, afin de les empêcher de mordre ou de manger le gibier. *Voyez* CHIEN.

MUSSE : trouée dans une haie.

MUSSENDE. *MUSSÆNDA.*

Genre de plante de la pentandrie monogynie & de la famille des *Rubiacées*, dans lequel fe trouvent comprifes onze efpèces, dont aucune ne fe cultive en Europe, ni dans les jardins de botanique, ni dans les collections des amateurs. Il eft figuré pl. 157 des *Illuftrations des genres* de Lamarck.

Obfervations.

Ce genre fe rapproche beaucoup de celui des QUINQUINA, des GARDÈNES, des MANETTIES, des OPHIORRHIZES & des MACROCNÈMES; auffi quelques auteurs n'y placent-ils que les deux dernières efpèces. *Voyez* ces mots.

Efpèces.

1. Le MUSSENDE arqué.
Muffænda arcuata. Lam. ♄ De l'Ile-de-France.
2. Le MUSSENDE à larges feuilles.
Muffænda landia. Lam. ♄ De l'Ile-de-France.
3. Le MUSSENDE lancéolé.
Muffænda lanceolata. Lam. ♄ De l'Ile-de-France.
4. Le MUSSENDE à feuilles de citronier.
Muffænda citrifolia. Lam. ♄ De Madagafcar.
5. Le MUSSENDE à longues feuilles.
Muffænda longifolia. Lam. ♄ De Madagafcar.
6. Le MUSSENDE glomérulé.
Muffænda glomerulata. Lam. ♄ De Cayenne.
7. Le MUSSENDE d'Égypte.
Muffænda ægyptiaca. Lam. ♄ De l'Égypte.
8. Le MUSSENDE écarlate.
Muffænda coccinea. Lam. ♄ De l'île de la Trinité.
9. Le MUSSENDE blanc.
Muffænda candida. Lam. ♄ De l'île Sainte-Marthe.
10. Le MUSSENDE appendiculé.
Muffænda frondofa. Linn. ♄ Des Indes.
11. Le MUSSENDE glabre.
Muffænda glabra. Vahl. ♄ Des Indes. (*Bosc.*)

MUSSINIE. *MUSSINIA.*

Genre de plante de la fyngénéfie fruftranée & de la famille des *Corymbifères*, qui renferme une demi-douzaine d'efpèces jadis réunies aux GORTÈRES. *Voyez* ce mot.

Efpèces.

1. La MUSSINIE linéaire.
Muffinia linearis. Thunb. ⊙ Du Cap de Bonne-Efpérance.
2. La MUSSINIE uniflore.
Muffinia uniflora. Willd. ♃ Du Cap de Bonne-Efpérance.
3. La MUSSINIE remarquable.
Muffinia fpeciofa. Willd. ⊙ Du Cap de Bonne-Efpérance.
4. La MUSSINIE incifée.
Muffinia incifa. Willd. ⊙ Du Cap de Bonne-Efpérance.
5. La MUSSINIE othonne.
Muffinia othonna. Willd. ♃ Du Cap de Bonne-Efpérance.
6. La MUSSINIE pinnée.
Muffinia pinnata. Willd. ⊙ Du Cap de Bonne-Efpérance.

Culture.

La dernière de ces efpèces eft la feule que nous poffédions dans nos jardins, où on la tient dans la ferre tempérée, & on la multiplie par le déchirement des vieux pieds. Elle craint les arrofemens & demande beaucoup de lumière. (*Bosc.*)

MUTAGE & MUTISME. Depuis un tems immémorial on introduit dans quelques-uns des vins des environs de Bordeaux, deftinés pour le Nord, au fortir de la cuve, une petite quantité de gaz fulfureux, qui en arrête la fermentation; & on appelle cette opération *Mutage* ou *Mutifme.* Ces vins mutés font enfuite employés, à toutes les époques de l'année, à couper les autres vins pour les adoucir, parce que, lorfque le gaz fulfureux eft trop affoibli, il ceffe d'avoir de l'action, & que la fermentation recommence dans le mélange.

Pour muter on employoit autrefois des mèches foufrées, qu'on brûloit dans un tonneau à moitié plein, en le roulant après la combuftion de chacune pour introduire le gaz dans le vin. Ce moyen étoit long, difficile à exécuter, & n'offroit aucune régularité. Depuis on a fait brûler le foufre dans une boîte d'une capacité connue, & on a introduit le gaz à l'aide d'un foufflet. Enfin, le célèbre chimifte Prouft a indiqué le fulfite de chaux comme produifant le Mutage avec plus d'avantage, parce qu'on peut rigoureufement en fixer la dofe.

L'emploi du Mutage a pris une grande amplitude depuis qu'il fe fabrique du firop de raifin, parce qu'on n'a pas le tems, dans le travail en grand, de concentrer tout le moût exprimé avant la fermentation; cependant il a de graves inconvéniens, à raifon de ce que la faveur & l'odeur du foufre, qui fembloient avoir difparu dans le firop, s'y développent de nouveau au bout de quelques mois, le rendent désagréable, & souvent en empêchent l'usage.

Olivier de Serres conseille de plonger les tonneaux, remplis de vin doux, dans une eau profonde pour arrêter sa fermentation, & ce moyen n'est pas à dédaigner dans certains cas. *Voyez*, pour la théorie du Mutage, le *Dictionnaire de Chimie*. (*Bosc.*)

MUTISIE. *Mutisia.*

Genre de plante de la syngénésie superflue & de la famille des *Corymbifères*, qui renferme onze espèces, originaires de l'ouest de l'Amérique méridionale, dont aucune n'est cultivée dans nos jardins.

Espèces.

1. La MUTISIE clématite.
Mutisia clematisis. Cavan. ♄ Du Pérou.
2. La MUTISIE pédonculaire.
Mutisia peduncularis. Cavan. ♄ Du Pérou.
3. La MUTISIE à feuilles de vesce.
Mutisia viciæfolia. Cavan. ♄ Du Pérou.
4. La MUTISIE à feuilles de houx.
Mutisia ilicifolia. Cavan. ♄ Du Chili.
5. La MUTISIE à feuilles rongées.
Mutisia runcinata. Willd. ♄ Du Pérou.
6. La MUTISIE à feuilles sinuées.
Mutisia sinuata. Cavan. ♄ Du Chili.
7. La MUTISIE épineuse.
Mutisia subspinosa. Cavan. ♄ Du Pérou.
8. La MUTISIE fléchière.
Mutisia sagittata. Cavan. ♄ Du Chili.
9. La MUTISIE décurrente.
Mutisia decurrens. Cavan. ♄ Du Chili.
10. La MUTISIE à feuilles recourbées.
Mutisia inflexa. Cavan. ♄ Du Chili.
11. La MUTISIE à feuilles linéaires.
Mutisia linearifolia. Cav. ♄ Du Chili. (*Bosc.*)

MYGINDE. *Myginda.*

Genre de plante de la tétrandrie tétragynie & de la famille des *Nerpruns*, qui réunit six espèces, dont deux se voient dans quelques collections de plantes étrangères. Il est figuré pl. 76 des *Illustrations des genres* de Lamarck.

Espèces.

1. La MYGINDE diurétique.
Myginda uragoga. Linn. ♄ Du Mexique.
2. La MYGINDE ovale.
Myginda rhacoma. Lam. ♄ De la Jamaïque.
3. La MYGINDE à feuilles d'yeuse.
Myginda ilicifolia. Lam. ♄ De Saint-Domingue.
4. La MYGINDE à feuilles entières.
Myginda integrifolia. Lam. ♄ De la Martinique.
5. La MYGINDE arrondie.
Myginda rotundata. Lam. ♄ Des Antilles.
6. La MYGINDE à larges feuilles.
Myginda latifolia. Swartz. ♄ De la Jamaïque.

Culture.

Ce sont les deux premières espèces que nous possédons, & elles sont de peu d'intérêt sous les rapports de l'agrément; mais la première est d'un emploi assez fréquent en médecine dans son pays natal. Elles exigent la serre chaude pendant toute l'année. On les multiplie de marcottes, mais assez difficilement; ce qui les rend rares. (*Bosc.*)

MYLOCARYE. *Mylocarium.*

Arbuste de l'Amérique septentrionale, dont Willdenow a fait un genre dans la décandrie monogynie & dans la famille des *Bruyères*.

Cet arbuste, que je ne connois pas, n'étant pas cultivé dans nos jardins, ne doit pas faire l'objet d'un article étendu. (*Bosc.*)

MYONIME. *Myonima.*

Genre de plante de la pentandrie monogynie & de la famille des *Rubiacées*, qui renferme deux espèces, dont aucune n'est cultivée dans nos jardins. Il est figuré pl. 68 des *Illustrations des genres* de Lamarck.

Espèces.

1. La MYONIME ovale.
Myonima obovata. Lam. ♄ De l'Ile-Bourbon.
2. La MYONIME à feuilles de myrte.
Myonima myrtifolia. Lamarck. ♄ De l'Ile-de-France. (*Bosc.*)

MYOPORE. *Myoporum.*

Genre de plante de la didynamie angiospermie, établi par Forster, & qui renferme quatre espèces, dont aucune n'a encore été introduite dans nos jardins.

Espèces.

1. Le MYOPORE à feuilles lacérées.
Myoporum lætum. Forst. ♄ De la Nouvelle-Zélande.
2. Le MYOPORE pubescent.
Myoporum pubescens. Forst. ♄ De la Nouvelle-Zélande.
3. Le MYOPORE à feuilles épaisses.
Myoporum crassifolium. Forst. ♄ De l'Ile des Botanistes.
4. Le MYOPORE à feuilles menues.
Myoporum tenuifolium. Forst. ♄ De la Nouvelle-Calédonie. (*Bosc.*)

MYOSCHILE. *Myoschilos.*

Arbrisseau du Pérou, qui forme seul un genre dans la pentandrie monogynie & dans la famille des *Élagnoïdes.* Ses feuilles sont éparses & ses fleurs disposées en épi.

Comme on ne le cultive pas dans nos jardins, je n'ai rien à dire sur ce qui le concerne. (*Bosc.*)

MYOSOTE. *Myosotis.*

Genre de plante de la pentandrie monogynie & de la famille des *Borraginées*, dans lequel se trouvent placées une vingtaine d'espèces, dont plusieurs sont très-communes dans la campagne, & se cultivent, ainsi que d'autres, dans les écoles de botanique. Voyez les *Illustrations des genres* de Lamarck, pl. 91.

Espèces.

Myosotes à semences nues.

1. La Myosote des marais.
Myosotis scorpioides. Willd. ♃ Indigène.

2. La Myosote des champs, vulgairement *scorpione.*
Myosotis arvensis. Linn. ⊙ Indigène.

3. La Myosote des rochers.
Myosotis rupestris. Lam. ♃ De la Sibérie.

4. La Myosote frutiqueuse.
Myosotis fruticosa. Linn. ♄ Du Cap de Bonne-Espérance.

5. La Myosote à fleurs jaunes.
Myosotis apula. Linn. ⊙ Du midi de la France.

6. La Myosote à feuilles obtuses.
Myosotis obtusa. Wald. ♃ De la Hongrie.

7. La Myosote naine.
Myosotis nana. Willd. ♃ Des Alpes.

8. La Myosote spatulée.
Myosotis spathulata. Forst. De la Nouvelle-Zélande.

9. La Myosote en corymbe.
Myosotis corymbosa. Ruiz & Pavon. ⊙ Du Pérou.

10. La Myosote granulée.
Myosotis granulata. Ruiz & Pav. Du Pérou.

11. La Myosote petite.
Myosotis humilis. Ruiz & Pav. ⊙ Du Pérou.

Myosotes à semences échinées.

12. La Myosote lapule.
Myosotis lapula. Linn. ⊙ Indigène.

13. La Myosote de Virginie.
Myosotis virginica. Linn. ⊙ De l'Amérique septentrionale.

14. La Myosote de Bourbon.
Myosotis borbonica. Lam. De l'Ile-Bourbon.

15. La Myosote cynoglosse.
Myosotis cynoglossoides. Lam. Du Cap de Bonne-Espérance.

16. La Myosote échinophore.
Myosotis echinophora. Pall. De la Sibérie.

17. La Myosote pectinée.
Myosotis pectinata. Pall. ⊙ De la Sibérie.

18. La Myosote rude.
Myosotis squarrosa. Roxb. ⊙ De la Sibérie.

19. La Myosote à semences épineuses.
Myosotis spinocarpa. Vahl. ♄ De l'Égypte.

20. La Myosote grêle.
Myosotis gracilis. Ruiz. & Pav. ⊙ Du Pérou.

Culture.

La fleur de la première espèce, vulgairement connue sous le nom de *souvenez-vous-de-moi*, est assez jolie pour mériter d'être introduite dans les jardins paysagers. On la multiplie par ses graines & par le déchirement des vieux pieds. Lorsqu'elle a été broutée par les bestiaux, qui l'aiment beaucoup, elle forme des touffes qui fleurissent de nouveau en automne. C'est sur le bord des eaux qu'elle se plaît le mieux, comme l'indique son nom; cependant elle vient partout où le sol est humide ou ombragé.

La seconde espèce est fort commune dans les champs mal cultivés. Le tort qu'elle fait aux céréales est peu considérable, sans doute; cependant il est de principe qu'on doit chercher à la détruire, & on y parvient par suite d'un assolement régulier, dans lequel entrent des cultures binées. Les bestiaux, & surtout les moutons, l'aiment beaucoup.

Ces deux espèces, ainsi que la 5e., la 12e. & la 13e., se sèment en place, dans les écoles de botanique, & ne demandent d'autres soins que d'être éclaircies & sarclées au besoin. Elles ne jouissent d'aucun agrément. (*Bosc.*)

MYRIANTHE. *Myrianthus.*

Arbre d'Afrique, à feuilles alternes, digitées, à fleurs en corymbe, qui seul, selon Palisot-Beauvois, forme un genre dans la monoécie monadelphie. *Voy. Flore d'Oware & de Benin*, pl. 11 & 12.

Cet arbre, n'étant pas dans nos jardins, ne peut être l'objet d'un article plus étendu. (*Bosc.*)

MYRIOTHÈQUE. *Myriotheca.*

Genre de plante de la famille des *Fougères*, qui se rapproche beaucoup des *Maratties*, & qui renferme trois espèces, dont aucune n'est cultivée dans nos jardins.

Espèces.

1. La Myriothèque ailée.
Myriotheca alata. Smith. ♃ De la Jamaïque.

2. La MYRIOTHÈQUE lisse.
Myriotheca lævis. Smith. ♃ De Saint-Domingue.
3. La MYRIOTHÈQUE à feuilles de frêne.
Myriotheca fraxinea. Smith. ♃ De l'Ile-Bourbon. (*Bosc.*)

MYRMÉCIE. *Voyez* TACHIE.

MYROBOLAN : espèce de PRUNIER d'Amérique.

MYROSME. *Myrosma.*

Plante des marais de la Guiane, qui seule fait un genre dans la monandrie monogynie & dans la famille des *Amomes.*

Cette plante, n'étant pas cultivée dans nos jardins, ne peut ici devenir l'objet d'un article de quelqu'étendue. (*Bosc.*)

MYROSPERMUM. On a donné ce nom au MIROXILE. *Voyez* ce mot.

MYRRHIDE. *Myrrhides.*

Genre de plante nouvellement établi pour placer quelques espèces de cerfeuils, auxquelles on a trouvé des caractères différens de ceux des autres.

Les CERFEUILS ODORANT, BULBEUX, A FRUITS JAUNES, A FLEURS JAUNES, PENCHÉ, AQUATIQUE, &c., en font partie. *Voyez* CERFEUIL.

MYRSIPHYLLE. *Myrsiphyllum.*

Genre de plante de l'hexandrie trigynie & de la famille des *Asparagoïdes*, qui réunit deux arbrisseaux volubles, qui se cultivent dans nos serres. Il est figuré pl. 266, n°. 1, des *Illustrations des genres* de Lamarck, sous le nom de MÉDÉOLE (*voyez* ce mot), genre auquel il étoit réuni.

Espèces.

1. La MÉDÉOLE asparagoïde.
Medeola asparagoides. Linn. ♄ Du Cap de Bonne-Espérance.
2. La MÉDÉOLE à feuilles aiguës.
Medeola angustifolia. Linn. ♄ Du Cap de Bonne-Espérance.

Culture.

Ces deux plantes exigent la serre chaude ou au moins l'orangerie; la terre de bruyère est celle où elles se plaisent le mieux. Il leur faut peu d'arrosemens. On les multiplie par leurs tubercules qu'on sépare au printems, & qu'on replante sur couche & sous châssis.

Comme c'est pendant l'hiver qu'elles fleurissent, on doit les mettre contre les fenêtres, afin qu'elles aient beaucoup de lumière. (*Bosc.*)

MYRTE. *Myrtus.*

Genre de plante de l'icosandrie monogynie & de la famille de son nom, dans lequel se trouvent réunies plus de quarante espèces d'arbres ou d'arbustes toujours verts, dont une est indigène au midi de l'Europe & s'y cultive fréquemment, ainsi que dans les orangeries du nord, & dont plusieurs exotiques se voient dans nos jardins de botanique & dans les collections des amateurs. Il est figuré pl. 419 des *Illustrations des genres* de Lamarck.

Observations.

Plusieurs plantes autrefois rapportées à ce genre font actuellement partie des JAMBOISIERS, des CALYPTRANTES, des GIROFLIERS & réciproquement.

Espèces.

1. Le MYRTE commun.
Myrtus communis. Linn. ♄ Du midi de l'Europe.
2. Le MYRTE nummulaire.
Myrtus nummularia. Lam. ♄ De l'Ile-Bourbon.
3. Le MYRTE du Brésil.
Myrtus brasiliana. Linn. ♄ Du Brésil.
4. Le MYRTE biflore.
Myrtus biflora. Linn. ♄ De la Jamaïque.
5. Le MYRTE à feuilles étroites.
Myrtus angustifolia. Linn.
6. Le MYRTE luisant.
Myrtus lucida. Linn. ♄ De Cayenne.
7. Le MYRTE céramique.
Myrtus cemini. Linn. ♄ De Ceilan.
8. Le MYRTE dioïque.
Myrtus dioica. Linn. ♄ Des Indes.
9. Le MYRTE lisse.
Myrtus lævis. Thunb. ♄ Du Japon.
10. Le MYRTE androsème.
Myrtus androsæmoides. Linn. ♄ De Ceilan.
11. Le MYRTE à feuilles de citronier.
Myrtus citrifolia. Lam. ♄ De Ceilan.
12. Le MYRTE aromatique, vulgairement *giroflier clou-de-girofle.*
Myrtus caryophyllata. Linn. ♄ Des Indes.
13. Le MYRTE à feuilles rondes.
Myrtus cotynifolia. Linn. ♄ De Saint-Domingue.
14. Le MYRTE bractéolé.
Myrtus bracteolaris. Lam. ♄ De Cayenne.
15. Le MYRTE tomenteux.
Myrtus tomentosa. Ait. ♄ De la Chine.
16. Le MYRTE axillaire.
Myrtus axillaris. Swartz. ♄ De Saint-Domingue.
17. Le MYRTE musqué.
Myrtus agni. Mol. ♄ Du Chili.
18. Le MYRTE luma.
Myrtus luma. Mol. ♄ Du Chili.

19. Le Myrte à feuilles linéaires.
Myrtus tenuifolia. Smith. ♄ De la Nouvelle-Hollande.

20. Le Myrte porte-cerises.
Myrtus cerasina. Vahl. ♄ Des Antilles.

21. Le Myrte élevé.
Myrtus procera. Swartz. ♄ De Saint-Domingue.

22. Le Myrte à bractée.
Myrtus bracteata. Willd. ♄ Des Indes.

23. Le Myrte à trois nervures.
Myrtus trinervia. Smith. ♄ De la Nouvelle-Hollande.

24. Le Myrte à feuilles de fragon.
Myrtus ruscifolia. Willd. ♄ Des Indes.

25. Le Myrte à feuilles linéaires.
Myrtus lineata. Swartz. ♄ De Saint-Domingue.

26. Le Myrte à feuilles en cœur.
Myrtus cordata. Swartz. ♄ Des Antilles.

27. Le Myrte pâle.
Myrtus pallens. Vahl. ♄ De l'Amérique méridionale.

28. Le Myrte des buissons.
Myrtus dumosa. Vahl. ♄ De l'Amérique méridionale.

29. Le Myrte glabre.
Myrtus glabrata. Swartz. ♄ De Saint-Domingue.

30. Le Myrte horizontal.
Myrtus disticha. Swartz. ♄ De la Jamaïque.

31. Le Myrte des montagnes.
Myrtus monticola. Swartz. ♄ De la Jamaïque.

32. Le Myrte à feuilles rondes.
Myrtus gregia. Swartz. ♄ Des Antilles.

33. Le Myrte porte-verge.
Myrtus virgultosa. Swartz. ♄ De la Jamaïque.

34. Le Myrte de Ceilan.
Myrtus zeylanica. Vahl. ♄ De Ceilan.

35. Le Myrte brillant.
Myrtus splendens. Swartz. ♄ De Saint-Domingue.

36. Le Myrte à feuilles d'androsème.
Myrtus androsæmoides. Vahl. ♄ De Ceilan.

37. Le Myrte âcre.
Myrtus acris. Jacq. ♄ Des Antilles.

38. Le Myrte à feuilles elliptiques.
Myrtus coriacea. Vahl. ♄ De Saint-Domingue.

39. Le Myrte piment.
Myrtus pimenta. ♄ De la Jamaïque.

40. Le Myrte à feuilles de romarin.
Myrtus rosmarinifolia. Pers. ♄ Des Antilles.

41. Le Myrte à larges feuilles.
Myrtus latifolia. Duh. ♄ De l'Amérique méridionale.

42. Le Myrte à feuilles ovales.
Myrtus zuzygium. Swartz. ♄ De la Jamaïque.

43. Le Myrte dichotome.
Myrtus chytraculia. Sw. ♄ De la Jamaïque.

Culture.

Le Myrte commun étant cultivé de toute ancienneté, & se propageant de marcottes & de boutures, a dû donner & a donné en effet un grand nombre de variétés, dont nous ne connoissons peut-être pas la vingtième partie. Les plus importantes de toutes sont celles à gros fruits rouge-clairs & à gros fruits blancs, qu'on cultive dans l'Asie mineure comme arbres fruitiers, & dont Olivier a parlé dans son *Voyage dans l'Empire ottoman*, mais que nous ne possédons pas en France. Dans l'impossibilité de les indiquer toutes, je me contenterai de donner la liste de celles qui se voient le plus communément dans les jardins des environs de Paris, & ce, avec d'autant moins de regret, que la même culture peut s'appliquer à toutes les autres.

Le *Myrte romain* ou *Myrte à larges feuilles & à longs pédoncules.* Il double souvent.

Le *Myrte de Portugal.* Il a les feuilles ovales-lancéolées & fort larges : on lui connoît une sous-variété à feuilles panachées.

Le *Myrte de la Belgique.* Ses feuilles sont lancéolées & acuminées; il offre une sous-variété à fleurs doubles.

Le *Myrte à feuilles d'oranger* ou *bétique* a les feuilles larges, ovales, pointues, ramassées au sommet des rameaux.

Le *Myrte d'Italie.* Ses feuilles sont petites, lancéolées, & ses rameaux sont droits; il donne une sous-variété dont les feuilles sont bordées de blanc.

Le *Myrte de Tarente* ou *à feuilles de buis.* Ses feuilles sont ovales, rapprochées, disposées sur quatre rangs sur de courts rameaux; il a une sous-variété à feuilles bordées de blanc, & une autre à feuilles tachetées de même couleur.

Le *Myrte à feuilles mucronées* ou *Myrte à feuilles de thym, de romarin* a les feuilles petites, linéaires, pointues. Sa sous-variété les a de plus panachées.

A raison de la différence de leur feuillage, on ne donne généralement pas la même forme à ces variétés. Les trois premières se tiennent le plus souvent en pyramide; la quatrième ne se taille pas, & les trois dernières se mettent en boule. Ceux qui, pour les disposer ainsi, les taillent au ciseau, & c'est le plus grand nombre, agissent mal; c'est avec la serpette, & en empêchant les rameaux qui veulent s'étendre de le faire, qu'on leur donne un coup-d'œil vraiment agréable, sans les empêcher de fournir une grande quantité de fleurs.

Il est bon de prévenir que les fleurs des Myrtes se développent exclusivement sur les jeunes pousses.

C'est dès leurs premières années qu'il faut ainsi conduire les Myrtes; car il devient difficile de régulariser ensuite ceux qui ont été abandonnés à eux-mêmes.

Les sous-variétés panachées sont plus recherchées & cependant sont plus délicates, &, à mon avis, moins belles que les autres. Elles demandent

dent aussi plus de chaleur & fleurissent peu malgré cela.

Le Myrte commun, comme je l'ai dit au commencement de cet article, est très-abondant dans le midi de la France; il vit plusieurs siècles, mais perd tous ses agrémens en vieillissant, & ne pourroit être utilisé, dans ce cas, que dans l'ébénisterie, son bois étant dur, bien veiné & susceptible d'un beau poli. Généralement on ne l'y trouve qu'en buissons qu'on coupe plus ou moins souvent, soit pour les faire servir de combustible, soit pour les employer au tanage des cuirs. Leurs fruits peuvent, à la rigueur, se manger; mais on les abandonne aux grives, à la chair desquelles ils donnent une saveur aromatique très-agréable. On en fait une eau distillée & un extrait qu'on emploie en médecine sous le nom de *myrtille*. Sur les bords de la Méditerranée, ainsi que sur ceux de l'Océan, car il ne craint point les hivers des départemens de l'Ouest, la culture du Myrte commun se réduit à fort peu de chose. Lorsqu'on veut le multiplier dans un lieu pour former une haie, une palissade, on pourroit semer ses fruits, immédiatement après l'hiver, dans une ou plusieurs rigoles parallèles, & conduire le plant qui en proviendroit conformément à l'objet qu'on auroit en vue; mais généralement on préfère, comme plus expéditive, la voie des éclats du collet des racines ou celle des boutures, voies par lesquelles on réussit toujours lorsqu'on a de l'eau à sa disposition pour arroser pendant les premiers mois de l'été.

Dans le climat de Paris, on a vu quelquefois les Myrtes palissadés contre un mur exposé au midi, &, couverts de paille ou de fougère pendant l'hiver, subsister plusieurs années en pleine terre; mais il est mieux de les y tenir en pot ou en caisse, pour pouvoir les rentrer, pendant l'hiver, dans l'orangerie. Il est des pieds à l'orangerie de Versailles ainsi tenus, qui ont deux cents ans d'âge, & qui sont encore passablement bien garnis de rameaux. Là on leur donne une terre substantielle qu'on ne renouvelle que lorsque leurs racines ont rempli la totalité de leur vase. C'est dans les plus mauvaises places qu'on les tient pendant l'hiver, parce qu'ils s'en contentent. Des arrosemens fréquens leur sont donnés pendant l'été, époque de leur floraison. On les taille tous les ans, immédiatement après leur sortie, ainsi que je l'ai dit plus haut.

Le moyen des boutures est presque le seul dont on fasse usage, aux environs de Paris, pour multiplier les Myrtes. A cet effet on coupe au milieu de l'été, sur le bois de l'année précédente, les pousses les plus vigoureuses, & on les met, dans des pots remplis d'un mélange de terre de bruyère & de terre franche, sur une couche à châssis. Ces boutures prennent ordinairement assez de force dans le reste de la saison pour pouvoir être traitées, dès l'hiver suivant, comme les vieux pieds. Si elles restent foibles, ou on les laisse sur la couche, qu'on réchauffe, ou on les place dans une serre. Au printems suivant, on les met isolément dans d'autres pots, qu'après un mois de séjour sous châssis on enterre contre un mur exposé au midi.

Les autres espèces de Myrtes cultivées dans nos serres sont les 14e., 15e., 22e., 30e., 36e. & 39e.; elles exigent exclusivement la serre chaude, & se multiplient de boutures & de marcottes. Parmi elles, la 39e., vulgairement appelée *piment de la Jamaïque*, *Myrte-piment*, *toute-épice*, est la plus intéressante par ses fruits, qui servent à l'assaisonnement des mets, & par son bois, qui entre dans le commerce de l'ébénisterie, à raison de son odeur, de sa dureté, de sa couleur d'abord rouge & ensuite noire; elle fait peu d'effet dans nos serres, mais est d'un grand produit dans son pays natal, où sa culture se borne à la transplantation, autour des habitations, des pieds qui lèvent naturellement, à des binages de loin en loin, à la cueillette des fruits & à leur dessiccation. (*Bosc.*)

MYRTE SAUVAGE OU ÉPINEUX : un des noms vulgaires du FRAGON.

MYRTILLE : fruit de l'AIRELLE. *Voy.* ce mot.

NAC

NAÇIBE. *Manettia.*

Genre de plante de la tétrandrie monogynie & de la famille des *Rubiacées*, dans lequel se trouvent huit espèces, dont quelques-unes ont fait partie des Petésies, des Ophyorhizes, des Mussendes, & dont aucune n'est cultivée dans nos jardins. Il est figuré pl. 64 des *Illustrations des genres* de Lamarck.

Espèces.

1. Le Nacibe incliné.
Manettia inclinata. Linn. ⊙ Du Mexique.
2. Le Nacibe lygiste.
Manettia lygistum. Swartz. ♄ De la Jamaïque.
3. Le Nacibe écarlate.
Manettia coccinea. Aubl. ♄ De Cayenne.
4. Le Nacibe peint.
Manettia picta. Aubl. ♄ De Cayenne.
5. Le Nacibe lancéolé.
Manettia lanceolata. Vahl. ♄ De l'Arabie.
6. Le Nacibe en ombelle.
Manettia umbellata. Ruiz & Pav. Du Pérou.
7. Le Nacibe changeant.
Manettia mutabilis. Ruiz & Pav. Du Pérou.
8. Le Nacibe à fleurs aiguës.
Manettia acutiflora. Ruiz & Pav. Du Pérou.
(*Bosc.*)

NAGAS. *Mesua.*

Arbre de l'Inde, qui seul forme un genre dans la polyandrie monogynie. Ses fleurs répandent une odeur fort agréable; ses fruits laissent fluer une liqueur extrêmement tenace, & son bois est si dur, qu'il porte le nom de *bois de fer.*

Cet arbre, intéressant sous tant de rapports, n'étant pas cultivé, je ne dois pas m'étendre davantage sur ce qui le concerne. (*Bosc.*)

NAGEIS. *Nageia.*

Gærtner a donné ce nom à un genre de plante qu'il a établi aux dépens des Gales. *Voyez* ce mot.

Comme la seule espèce que contient ce genre, laquelle est originaire du Japon, ne se voit pas dans nos jardins, je ne puis m'étendre sur sa culture. (*Bosc.*)

NAÏADE. *Nais.*

Genre de plante de la monoécie tétrandrie, qui renferme deux espèces croissant sous les eaux, & qu'on ne cultive nulle part. Il est figuré pl. 799 des *Illustrations des genres* de Lamarck.

Espèces.

1. La Naïade monosperme.
Nais monosperma. Linn. ⊙ Indigène.
2. La Naïade tétrasperme.
Nais tetrasperma. Willd. ⊙ De l'Italie.

Les graines & même les feuilles de la première de ces espèces sont, d'après l'observation de Block, extrêmement du goût des carpes. Il peut être, en conséquence, avantageux de la multiplier dans les étangs, où d'ailleurs elle croît souvent naturellement en abondance. J'invite les propriétaires d'étangs à ne pas négliger ce moyen d'amélioration. (*Bosc.*)

NAIN. Il est des hommes, des animaux, des plantes beaucoup plus petites que les autres, & on les appelle des *Nains.*

Excepté les chiens & les chevaux, que les femmes estiment souvent lorsqu'ils sont très-petits, les Nains ne sont point recherchés parmi les animaux domestiques. Au contraire, les cultivateurs tendent toujours à élever la grosseur des races qu'ils emploient, en faisant accoupler les plus beaux individus, & en en soignant les produits pendant leur jeunesse. *Voyez* Race.

Dans le règne végétal il y a deux sortes de Nains; ceux qui appartiennent à l'espèce & ceux qui dependent de la variété, soit accidentelle, soit permanente. Les Nains de la première sorte, tels que le chêne Nain, le bouleau Nain, l'amandier Nain, n'en sont point véritablement, puisqu'ils n'offrent point, dans leur espèce, d'individus plus grands.

L'art du jardinier rend souvent Nain un arbre qui, sans lui, fût parvenu à une grande élévation. Ainsi, en le plantant dans un très-mauvais sol ou dans un sol très-contraire à sa nature; ainsi, en lui coupant tous les ans ses branches, en supprimant la plus grande partie de ses feuilles au printems, en retranchant ses racines à la même epoque, ou en gênant leur développement de quelque manière que ce soit, il l'empêchera de s'élever. Qui n'a pas vu des charmilles de cent ans d'âge, à peine hautes de quelques pieds, parce qu'on les avoit constamment tondues? des haies rester toujours basses, &c.? C'est sans doute par ce moyen que les Chinois donnent une apparence de décrépitude à des arbres qui n'ont que quelques années.

Mais ces Nains ne sont pas encore des Nains véritables. Il faut exclusivement réserver ce nom à ceux qui sont provenus de semences & qui se conservent petits, dans quelques circonstances qu'on les place, tels que le pommier paradis, le cerisier précoce, le pois Nain, le haricot Nain.

On ne multiplie les variétés dans les arbres, que par la greffe; mais dans les plantes annuelles, c'est par les semis; ce qui indique que les dernières de ces variétés sont bien plus organiques que les premières.

Un arbre de haute stature, greffé sur un Nain, reste Nain, comme le prouvent tant de pommiers qu'on place sur paradis.

Lorsqu'on met un Nain constamment dans les circonstances les plus favorables, il tend à remonter à son type; c'est pourquoi le doucin, qui étoit autrefois le Nain dans le pommier, a cédé sa place au paradis, & que ce paradis, au dire des jardiniers, n'est plus aussi Nain aujourd'hui qu'il l'étoit il y a cinquante ans, époque de sa découverte.

Les pommiers Nains offrent pour avantages, 1°. de donner plus tôt des fruits; 2°. de donner de plus gros fruits; 3°. de ne point gêner par leur ombre. Leurs inconvéniens sont de durer & de fournir peu; leur taille est différente de celle des autres arbres. *Voyez* TAILLE DES ARBRES.

On fait aussi des arbres Nains en greffant sur des espèces plus foibles. Ainsi, les poiriers greffés sur coignassier, sur épine, s'élèvent moins haut que ceux greffés sur francs, & encore moins que ceux greffés sur sauvageons. Ces arbres Nains se plantent quelquefois dans des pots, pour être tenus sur des fenêtres & être apportés sur la table lorsqu'ils sont garnis de fruits mûrs. Dans le nord, on les tient dans l'orangerie, ou on les place dans des baches pour avancer leur floraison. (*Bosc.*)

NAMA. *Nama.*

Plante annuelle de la Jamaïque, qui seule forme un genre dans la pentandrie digynie, & qui est figuré pl. 184 des *Illustrations des genres* de Lamarck.

Cette plante n'est pas encore cultivée dans nos jardins.

Une autre espèce appartenoit autrefois à ce genre; mais elle forme aujourd'hui celui appelé STERIS. *Voyez* ce mot. (*Bosc.*)

NAMETARA : synonyme de MONBIN. *Voyez* ce mot.

NANDINA. *Nandina.*

Arbrisseau du Japon, qu'on y cultive fréquemment à raison de l'odeur suave de ses fleurs. Il est figuré pl. 261 des *Illustrations des genres* de Lamarck, & appartient à l'hexandrie monogynie.

Cet arbrisseau ne se voit dans aucun jardin en Europe, quoiqu'il soit un de ceux qu'il seroit le plus intéressant d'y apporter, d'après ce qu'en disent Kœmpfer & Thunberg, qui l'ont observé dans son pays natal, & qui le vantent à l'excès. (*Bosc.*)

NANDIROBE. *Fevillea.*

Genre de plante de la dioécie pentandrie, qui renferme deux espèces, dont aucune n'est cultivée dans nos jardins. Il est figuré pl. 815 des *Illustrations des genres* de Lamarck.

Espèces.

1. Le NANDIROBE trilobé.

Fevillea trilobata. Linn. ♄ Des Indes.

2. Le NANDIROBE à feuilles en cœur.

Fevillea cordifolia. Linn. ♄ De l'Amérique méridionale. (*Bosc.*)

NANHUA : arbre des îles de l'Inde, figuré par Rumphius, qui paroît se rapprocher des jamboisiers.

Cet arbre, encore imparfaitement connu, n'est pas cultivé. (*Bosc.*)

NANI : autre arbre du même pays, également figuré par Rumphius, mais beaucoup plus important que le précédent, en ce que son bois est extrêmement dur & résiste à la pourriture, ainsi qu'aux vers destructeurs des vaisseaux; aussi est-il recherché pour les digues.

On ne le cultive pas. (*Bosc.*)

NAPÉE. *Napæa.*

Genre de plante de la monadelphie polyandrie & de la famille des *Malvacées*, lequel réunit deux espèces, qui se cultivent dans nos jardins. Il est figuré pl. 579 des *Illustrations des genres* de Lamarck.

Espèces.

1. La NAPÉE lisse.

Napæa lævis. Linn. ♃ Des parties méridionales de l'Amérique septentrionale.

2. La NAPÉE rude.

Napæa scabra. Linn. ♃ Des parties méridionales de l'Amérique septentrionale.

Culture.

Ces deux plantes ne se voient guère que dans les écoles de botanique, attendu que leurs fleurs sont petites & sans odeur; mais la grandeur de leur tige & l'élégance de leurs feuilles peuvent autoriser à les placer dans les jardins paysagers, sur le bord des sentiers, à quelque distance des massifs, au milieu des gazons, &c. On les multiplie de graines, qui mûrissent souvent dans le climat de Paris, surtout celles de la seconde, &

qu'on sème sur couche & sous châssis. Le plant levé, on l'arrose au besoin ; & lorsqu'il a acquis assez de force, on le repique en pleine terre, dans une exposition chaude. L'année suivante on le plante à demeure. Une terre légère est celle qui lui convient le mieux.

Les fortes gelées font quelquefois périr ces plantes ; c'est pourquoi il est bon de couvrir leurs racines de litière pendant l'hiver, & d'en conserver quelques pieds en pot pour les rentrer dans l'orangerie. On peut aussi les multiplier par le déchirement des vieux pieds, principalement la première, dont les racines sont traçantes.

L'écorce des Napées peut donner une filasse propre à faire de la toile : on mange les feuilles de la première en place d'épinards. (*Bosc.*)

NAPEL : espèce d'ACONIT. *Voyez* ce mot.

NAPIMOGAL. *Napimogala.*

Arbre de la Guiane, qui seul forme un genre dans la polyandrie trigynie, mais dont le fruit n'est pas connu. Il est figuré pl. 484 des *Illustrations des genres* de Lamarck.

On ne le cultive pas encore en Europe (*Bosc.*)

NARCAPHTE : écorce du BALSAMIER KA-BAL, qui fournit l'oliban.

NARCISSE. *Narcissus.*

Genre de plante de l'hexandrie monogynie & de la famille de son nom, dans lequel on range vingt-quatre espèces, dont plusieurs sont indigènes à la France, & qui, ainsi que plusieurs autres étrangères, se cultivent dans les jardins à raison de la beauté ou de la bonne odeur de leurs fleurs. Il est figuré pl. 229 des *Ilustrations des genres* de Lamarck.

Espèces.

1. Le NARCISSE des poètes, vulgairement *janette*.
Narcissus poeticus. Linn. ♃ Indigène.

2. Le NARCISSE incomparable.
Narcissus incomparabilis. Curt. ♃ De l'Espagne.

3. Le NARCISSE des bois, vulgairement *aïau*.
Narcissus pseudo-narcissus. Linn. ♃ Indigène.

4. Le NARCISSE de deux couleurs.
Narcissus bicolor. Gouan. ♃ De l'Espagne.

5. Le NARCISSE blanc.
Narcissus candidissimus. Dec. ♃ De l'Espagne.

6. Le NARCISSE musqué.
Narcissus moschatus. Linn. ♃ De l'Espagne.

7. Le NARCISSE à feuilles de jonc.
Narcissus triandrus. Linn. ♃ Des Pyrénées.

8. Le NARCISSE d'Orient.
Narcissus orientalis. Linn. ♃ De l'Orient.

9. Le NARCISSE à trois lobes.
Narcissus trilobus. Linn. ♃ Du midi de l'Europe.

10. Le NARCISSE petit.
Narcissus minor. Linn. ♃ De l'Espagne.

11. Le NARCISSE de Gouan.
Narcissus Gouani. Decand. ♃ Du midi de la France.

12. Le NARCISSE en entonnoir.
Narcissus infundibulum. Lam. ♃ De.....

13. Le NARCISSE pâle.
Narcissus pallidus. Lam. ♃ Du midi de la France.

14. Le NARCISSE biflore.
Narcissus biflorus. Curt. ♃ Du midi de l'Europe.

15. Le NARCISSE à corbeille.
Narcissus calathinus. Linn. ♃ Du midi de l'Europe.

16. Le NARCISSE à bouquets.
Narcissus tazetta. Linn. ♃ Du midi de l'Europe.

17. Le NARCISSE douteux.
Narcissus dubius. Gouan. ♃ Du midi de la France.

18. Le NARCISSE à bulbes.
Narcissus bulbocodium. Linn. ♃ Du midi de l'Europe.

19. Le NARCISSE d'automne.
Narcissus serotinus. Linn. ♃ Du midi de l'Europe.

20. Le NARCISSE jonquille.
Narcissus junquilla. Linn. ♃ Du midi de l'Europe.

21. Le NARCISSE odorant.
Narcissus odorus. Linn. ♃ Du midi de l'Europe.

22. Le NARCISSE lobé.
Narcissus lobatus. Lam. ♃ De.....

23. Le NARCISSE à fleurs vertes.
Narcissus viridiflorus. Schousb. ♃ De Maroc.

24. Le NARCISSE du Pérou.
Narcissus amancaes. Ruiz & Pav. Du Pérou.

Culture.

La première espèce est très-abondante dans certains prés du centre & du midi de la France ; mais comme ses tiges & ses feuilles sont fanées à l'époque de la coupe des foins, elle leur nuit peu. On la cultive de tems immémorial dans les jardins, à raison de sa précocité, de sa beauté & de sa bonne odeur. Elle produit de fort bons effets dans les parterres & encore plus dans les jardins paysagers, lorsqu'elle est en bordures ou en touffes ni trop grosses ni trop foibles. On doit d'autant moins se refuser à la multiplier dans ces derniers, que ses touffes ne demandent d'autre culture que d'être débarrassées des autres plantes qui pourroient lui nuire, & d'être relevées tous les trois, quatre ou cinq ans, pour être placées dans un autre lieu ; car elles épuisent la terre & peuvent périr faute de nourriture, si on ne leur fait pas subir cette opération. On la multiplie rarement de graines, quoiqu'elle en produise abondamment, parce que ses caïeux suffisent, & bien au-delà, au besoin du commerce. Ces caïeux, qu'on relève à la fin de l'été & à la fin de l'automne, ne fleurissent guère que la seconde & même la troisième année ; mais ensuite ils le font régulièrement tous les ans. Cet inconvénient ne se fait pas sentir lorsqu'on divise les touffes, parce qu'elles contiennent de vieux & de jeunes oignons.

Ce Narcisse ne craint point les plus fortes gelées du climat de Paris; il offre une variété à fleurs doubles.

La seconde espèce se rapproche de la précédente, mais est beaucoup plus belle, & sa couleur est jaune; elle est fort rare dans les jardins de Paris.

Le Narcisse des bois est si abondant dans quelques lieux, qu'il couvre le sol; il n'a point d'odeur. Les principales raisons qui doivent engager à le multiplier autant que possible dans les jardins paysagers, car on le voit rarement dans les parterres, sont, 1°. la grandeur & la brillante couleur de sa fleur; 2°. la précocité de l'épanouissement de ses fleurs (fin de mars dans le climat de Paris); 3°. la faculté dont il jouit de croître & de fleurir dans les massifs, pour peu qu'ils soient peu épais. On en connoît plusieurs variétés, dont une à fleurs doubles, toutes, à mon avis, inférieures en beauté à l'espèce. Il se reproduit de graines & plus généralement de caïeux. Les touffes qu'il forme sont rarement grosses, & elles demandent à être plus souvent divisées & changées de place que celles de l'espèce précédente.

Les Narcisses de deux couleurs & le blanc ont été regardés comme des variétés; mais il est reconnu aujourd'hui qu'ils forment des espèces distinctes: on les voit rarement dans nos jardins.

Les Narcisses musqué, de Gouan, petit & autres, du midi de la France, y sont également fort rares.

Le Narcisse à bouquets est une des plus belles plantes que nous cultivions: élégance, couleur, odeur, époque de la floraison, elle a tout pour elle; mais elle craint les fortes gelées du climat de Paris. On la cultive avec le plus grand soin en Hollande, ainsi qu'autour de Gênes, & elle y est l'objet d'un commerce de quelqu'importance. On y admire, soit parmi les simples, soit parmi les doubles, des variétés nombreuses & remarquables par la quantité ou la grandeur de leurs fleurs: ces variétés ont toutes des noms, tels que le *grand soleil d'or*, le *Narcisse de Constantinople*, le *Narcisse de Chypre*, &c. On a vu des oignons se payer cent francs pièce. On en vend pour plus de cent mille francs chaque année dans la seule ville de Paris. Il est à regretter qu'une plante aussi distinguée dégénère dès la seconde année, sans qu'on puisse en assigner positivement la cause.

Une terre chaude, légère & bien engraissée, est celle qui convient le mieux au Narcisse à bouquets à fleurs simples. On place ces oignons en lignes ou en quinconce, à cinq à six pouces de distance les uns des autres; c'est seulement lorsque les oignons commencent à pousser leurs feuilles & même leurs racines, qu'il faut les planter, & la température de la saison fixe le moment.

Pendant la durée de la végétation des Narcisses à bouquets, ils ne demandent qu'un ou deux binages & des sarclages de propreté; cependant il est quelquefois nécessaire de donner des tuteurs aux tiges qui sont trop foibles, ou dont le sommet est trop chargé de fleurs.

Lorsqu'on ne veut pas obtenir de graines des Narcisses à bouquets à fleurs simples, on coupe leur tige aussitôt que leurs fleurs sont passées, parce que l'oignon gagne à cette opération; dans le cas contraire, on la laisse se dessécher sur pied, afin que la graine se perfectionne autant que possible.

Il est avantageux de relever, comme ceux des autres, les oignons de Narcisses à bouquets tous les deux ou trois ans. J'ajoute qu'il l'est aussi de les laisser quelques mois exposés à l'air, l'expérience ayant appris que cette pratique les empêchoit de dégénérer aussi promptement que dans la pratique contraire.

Lorsque l'on veut obtenir des productions simples & fortes de la graine de Narcisse à bouquet, il faut la semer aussitôt qu'elle est récoltée; mais si ce sont des fleurs doubles sur lesquelles on spécule, il est bon d'attendre deux & trois ans, au risque de n'en obtenir que fort peu.

Cette graine se met dans des terrines remplies de terre légère, enterrées contre un mur au midi, & qu'on arrose au besoin. Les oignons qui en proviennent ne se relèvent généralement que la troisième année, & ne donnent guère des fleurs avant la cinquième.

Les Narcisses à bouquets à fleurs doubles qu'on veut cultiver en pleine terre dans le climat de Paris, sont plantés à une exposition méridienne comme les précédens. Aux approches des froids, on les couvre de feuilles sèches, de fougère ou de paillassons, qu'on n'enlève que lorsque les gelées ne sont plus à craindre; malgré ces soins on perd quelquefois une partie, même la totalité des oignons.

La beauté & la précocité de la fleur de ce Narcisse font qu'on le cultive rarement en pleine terre, à Paris, hors des jardins des marchands de fleurs; c'est dans des pots & dans des caraffes qu'on le place généralement, pour, au moyen de la chaleur de la serre, du châssis ou de la cheminée d'un appartement, le faire fleurir à toutes les époques de l'hiver, & offrir ainsi des jouissances depuis novembre jusqu'à la fin d'avril.

Mais cette culture forcée fait perdre immensément d'oignons; car il est rare que ceux qui y ont été soumis puissent être conservés, & encore plus qu'ils fleurissent avant un repos de deux ou trois ans. Il faut les traiter, surtout ceux qui ont fleuri dans l'eau, comme des caïeux, ou mieux, les mettre dans des pots remplis de terre substantielle, & les placer sur couche & sous châssis, pour leur faire reprendre cette surabondance de vie, sans laquelle il n'y a pas de floraison.

Les maladies des oignons des Narcisses sont les mêmes que celles de ceux des Tulipes & des Jacinthes. (*Voyez* ces mots.) Un Syrphe (*voyez ce mot*), décrit & figuré par Réaumur, dépose ses œufs entre leurs tuniques, & la larve qui en provient, vit aux dépens de leur substance. Comme cette larve n'a taqué pas la couronne des racines, il se produit autour de cette couronne, dans les oignons où elle se trouve, une plus grande quantité de caïeux; de sorte qu'on ne perd que la jouissance d'une année. On reconnoît aisément, lorsqu'ils sont arrachés, les oignons qui contiennent de ces larves; car ils ont un trou duquel sortent des grains noirs, excrément de ces larves.

Le Narcisse douteux, qui a la fleur constamment blanche, est sans doute moins beau que le précédent; mais il possède l'avantage d'être plus odorant, & de ne pas craindre les gelées. On commence à le multiplier dans les jardins de Paris. Je fais des vœux pour qu'il y devienne commun, car je l'estime beaucoup.

Le Narcisse à bulbes ne se cultive que dans les écoles de botanique & dans les grandes collections, parce qu'il est petit & n'a ni éclat ni odeur. On l'y met ou en pleine terre ou en pot, & on l'y laisse cinq à six ans, après quoi on le relève pour le changer de place & le multiplier.

Le Narcisse jonquille est fort recherché par l'odeur extrêmement suave & la belle couleur jaune de ses fleurs: il n'a que le défaut d'avoir des hampes trop grêles & trop peu garnies de fleurs. Les gelées lui sont très-peu unisibles. Un terrein sec & léger, & une exposition chaude, lui conviennent exclusivement. On le cultive & on le multiplie positivement comme le Narcisse à bouquets à fleurs simples. C'est dans des planches, où il reste deux à trois ans, qu'on le place ordinairement, parce que ne faisant d'effet ni dans les parterres ni dans les jardins paysagers, on n'a presque jamais en vue que de couper ses fleurs pour les faire entrer dans la composition des bouquets. Comme son oignon tend à s'enfoncer, & que, lorsqu'il l'est trop, il ne fleurit pas, on a imaginé de le planter obliquement, ce qui retarde cet effet. Il offre une variété à fleurs doubles qui a l'avantage de durer plus long-tems, mais qui, à mon avis, est inférieure, sous le rapport de l'odeur & de la couleur.

On a aussi long-tems regardé comme sa variété le Narcisse odorant, qui est plus grand dans toutes ses parties, & dont l'odeur est moins forte; mais il est reconnu aujourd'hui que c'est une espèce distincte. Elle est assez commune dans les jardins des environs de Paris, où elle se cultive positivement comme la précédente.

J'ai lieu de croire que le nombre des Narcisses propres à l'Europe est plus considérable que celui que je viens d'indiquer. (*Bosc.*)

Narcisse d'automne: c'est l'Amaryllis jaune. *Voyez* ce mot.

Narcisse de mer. On donne quelquefois ce nom, ou au Pancrais d'Illyrie ou à la Scille maritime.

NARD. *Nardus.*

Genre de plante de la triandrie digynie & de la famille des *Graminées*, qui renferme quatre espèces, dont deux sont indigènes & se cultivent dans les jardins de botanique, & dont une a été célèbre par ses propriétés vraies ou supposées. Il est figuré pl. 29 des *Illustrations des genres* de Lamarck.

Espèces.

1. Le Nard serré.
Nardus stricta. Linn. ♃ Du midi de la France.
2. Le Nard aristé.
Nardus aristata. Linn. ♂ Du midi de la France.
3. Le Nard des Indes.
Nardus indica. Linn. Des Indes.
4. Le Nard cilié.
Nardus ciliaris. Linn. Des Indes.

Culture.

Les deux premières espèces se sèment au printems, sur couche nue, dans des pots remplis de terre franche; & lorsque leur plant a acquis quelques feuilles, on l'éclaircit & on le met en pleine terre, où il ne demande que les soins ordinaires aux jardins bien tenus. On pourroit aussi multiplier la première par le déchirement de ses vieux pieds.

Quoique j'aie fréquemment observé ces deux Nards dans leur pays natal, je ne sais pas si les bestiaux les recherchent. Leurs feuilles sont fort coriaces. (*Bosc.*)

Nard. On donne aussi ce nom à la Lavande spic & à la Valériane celtique. Le faux Nard est l'Ail victorial. *Voyez* ces mots.

NAREGAN. *Nela-Naregam.*

Rheed a figuré, sous ce dernier nom, une plante fort singulière, dont la racine est aromatique. On ne sait à quel genre elle appartient, & elle n'existe dans aucun jardin en Europe. (*Bosc.*)

NARTHECE. *Narthecium.*

Plante vivace, originaire des marais du nord de l'Europe, appelée Tofielde par Smith, que Willdenow a réunie aux Heloniades (*voyez* ce mot), mais que quelques botanistes persistent à croire devoir former seule un genre dans l'hexandrie monogynie & dans la famille des *Joncs*. Elle est figurée pl. 268 des *Illustrations des genres* de Lamarck.

Le Narthece caliculé croissant dans les marais, sa graine doit être semée dans un pot rempli de terre franche & posé dans une terrine contenant quelques pouces d'eau, qu'on renouvelle souvent pendant l'été. Le plant levé est éclairci & sarclé au besoin, mais ne demande du reste aucun soin. Une fois qu'on en possède des pieds, on peut en augmenter le nombre par l'enlèvement des œilletons qui se développent annuellement au collet des racines. (*Bosc.*)

NARVOL. Rheed & Rumphius ont figuré sous ce nom un arbre des Indes, dont les feuilles, qui sont odorantes, se mettent dans les ragoûts, & même se mangent seules.

Cet arbre ne se voit pas dans nos serres. (*Bosc.*)

NASITOR. C'est la PASSERAGE CULTIVÉE.

NASSAUVE. *Nassauvia.*

Plante du détroit de Magellan, figurée pl. 721 des *Illustrations des genres* de Lamarck, & qui, seule, en forme un dans la syngénésie agrégée.

Cette plante n'étant pas encore introduite dans nos cultures, je n'ai rien à en dire de plus. (*Bosc.*)

NASTE. *Nastus.*

Plante fort voisine des BAMBOUS, & qui en a complétement l'aspect. On la trouve dans l'Ile-Bourbon.

Cette plante n'a pas encore été apportée en France. Sa culture ne doit pas différer de celle des BAMBOUS. *Voyez* ce mot. (*Bosc.*)

NASTURTIE. *Nasturtium.*

Genre de plante établi par Tournefort & rappelé par Jussieu, dont le type est la PASSERAGE CULTIVÉE.

Il sera question à ce dernier mot des espèces qui le composent. (*Bosc.*)

NATTIER ou BARDOTIER. *Imbricaria.*

Genre de plante de la pentandrie monogynie & de la famille des *Hilospermes*, aussi appelé *jungia* par Gærtner, & si voisin des MIMUSOPS, que quelques botanistes les ont y réunis. Il est figuré pl. 300 des *Illustrations des genres* de Lamarck.

Espèces.

1. Le NATTIER crénelé, vulgairement *bois-de-natte.*

Imbricaria crenulata. Linn. ♄ Des Indes.

2. Le NATTIER cilié.

Imbricaria ciliaris. Smith. ♄ De la Nouvelle-Hollande.

3. Le NATTIER à gros fruits.

Imbricaria maxima. Lam. ♄ Des Indes.

Aucune de ces espèces n'est cultivée dans nos jardins. (*Bosc.*)

NATURALISATION DES ANIMAUX ET DES PLANTES. Lorsqu'un animal, lorsqu'une plante sont portés dans un pays éloigné de celui où la nature les avoit placés, & que l'un & l'autre se propagent dans ce dernier pays, on dit qu'ils s'y sont naturalisés.

Mais le nombre des animaux qui, d'après cette définition, se sont naturalisés en Europe sans le secours de l'homme, se réduit à un, le surmulot, qu'on dit originaire de l'Inde; & en France se réduisent à deux, le lapin, originaire de l'Espagne, & le faisan, originaire de la Grèce. Parmi les plantes, il n'y a presque que l'onagre bienne, le phytolaca décandre, la vergerolle du Canada & l'argemone du Mexique qui se trouvent dans le même cas.

Cependant nos animaux domestiques, c'est-à-dire, le cheval, l'âne, la brebis, la chèvre, le dindon, la poule sont étrangers à l'Europe & s'y multiplient dans l'état de domesticité; cependant la totalité de nos céréales, de nos plantes textiles, la plupart de nos plantes oléifères, de nos légumes le sont aussi & s'y multiplient également, sous la protection ou au moyen des secours de l'homme.

Comment se fait-il que les animaux que je viens d'indiquer en dernier lieu, que les plantes, telles que le seigle, le froment, l'orge, l'avoine; que les arbres, comme le noyer, l'amandier, le pêcher, l'abricotier, &c. ne puissent pas se multiplier en Europe sans le secours de l'homme, quoiqu'ils y existent depuis tant de siècles? L'état actuel de nos connoissances ne permet pas de répondre à cette question. Mais il faut avouer qu'il y a deux sortes de Naturalisation; la complète, telle que celle du surmulot, de l'onagre, &c.; l'incomplète, telle que celle des animaux domestiques, des arbres fruitiers cités, &c.

La dernière moitié du dernier siècle a été une époque remarquable par la multitude d'arbres, d'arbrisseaux, d'arbustes & de plantes étrangères qui ont été introduites dans nos jardins, qui s'y sont acclimatées, & qui n'en sortiront probablement pas plutôt que celles qui y ont été plus anciennement apportées. Ces végétaux proviennent des parties méridionales de l'Europe, des parties septentrionales de l'Asie & de l'Afrique, de la Chine, du Cap de Bonne-Espérance, de la Nouvelle-Hollande, & surtout de l'Amérique septentrionale, que Michaux a explorée avec un zèle sans égal. Nous continuons à nous enrichir sous ce rapport; mais les efforts qui ont été faits pour naturaliser en France le kangourou & autres quadrupèdes, le cygne noir & autres oiseaux de la Nouvelle-Hollande, n'ont pas encore donné de résultats certains.

L'opinion que les animaux, comme les végétaux, doivent être acclimatés petit à petit, a été soutenue par des hommes fort estimables; mais elle ne paroît pas prédominante en ce moment parmi les naturalistes. L'expérience que je fais si en grand dans les pépinières de Versailles, depuis une dixaine d'années, lui est contraire. En effet, je ne me suis pas apperçu que les graines que je reçois directement d'Amérique, & j'en reçois des tonneaux de la même espèce, produisent des pieds plus foibles, plus sensibles à la gelée, moins propres à donner de la graine que ceux provenans des graines des pieds de même espèce, nés & cultivés dans nos jardins depuis un demi-siècle. Si quelques espèces, comme le tulipier, comme le catalpa, ont été d'abord tenues dans des orangeries, c'est qu'on ignoroit le mode de leur culture & qu'on craignoit de les perdre.

Tout ami de son pays doit desirer voir naturaliser en France le plus possible d'animaux & de végétaux, non-seulement à raison des jouissances qui en résultent pour ceux qui se livrent à leur multiplication, mais encore des espérances qu'ils peuvent donner pour l'avenir. En effet, l'introduction d'une seule espèce nouvelle peut changer la face des cultures & du commerce, agir sur nos mœurs d'une manière irrésistible. J'ai publié sur cet objet une notice, page 597 du second volume de la nouvelle édition d'Olivier de Serres, notice à laquelle je renvoie le lecteur. (*Bosc.*)

NATURE. Ce mot a différentes acceptions dans notre langue; il signifie, 1°. le principe de toutes choses; comme dans ces phrases, la puissance de la Nature ne peut se calculer, la Nature a répandu les animaux & les végétaux dans tout l'Univers; 2°. l'assemblage des choses qui existent; la Nature offre des objets sans nombre aux recherches de ceux qui veulent l'étudier; 3°. l'état d'une chose; ainsi on dit: il est dans la Nature de l'homme de marcher sur ses pieds. La propriété essentielle; par exemple, la Nature des terreins sabloneux est de laisser passer l'eau des pluies, & celle des terreins argileux est de la retenir.

Je pourrois beaucoup étendre cet article; mais comme il ne renfermeroit que des considérations générales, dont les bases se trouvent dans chacun des autres, je crois superflu de le faire. (*Bosc.*)

NAUCADE; mélange de son & d'herbe dans l'eau, qu'on donne aux cochons dans le département de Lot & Garonne.

NAUCLÉE. *Nauclea.*

Genre de plante de la pentandrie monogynie & de la famille des *Rubiacées*, qui est formé par la réunion d'une demi-douzaine d'espèces, dont aucune n'est cultivée dans nos jardins. Il est figuré pl. 153 des *Illustrations des genres* de Lamarck.

Espèces.

1. La NAUCLÉE orientale.
Nauclea orientalis. Linn. ♄ Des Indes.
2. La NAUCLÉE pourpre.
Nauclea purpurea. Roxb. ♄ Des Indes.
3. La NAUCLÉE à petites feuilles.
Nauclea parviflora. Roxb. ♄ Des Indes.
4. La NAUCLÉE d'Afrique.
Nauclea africana. Willd. ♄ De la Guinée.
5. La NAUCLÉE aiguillonnée.
Nauclea aculeata. Willd. ♄ De Cayenne.
6. La NAUCLÉE à feuilles en cœur.
Nauclea cordifolia. Roxb. ♄ Des Indes. (*Bosc.*)

NAUENBURGIE. *Nauenburgia.*

Genre de plante de la syngénésie agrégée, qui ne renferme qu'une espèce originaire de l'Amérique méridionale & annuelle. Son introduction dans nos jardins n'a pas encore eu lieu. Elle faisoit ci-devant partie du genre BROTÈRE, lui-même séparé des CARTHAMES. *Voyez* ces mots. (*Bosc.*)

NAUSE. On donne ce nom, dans le département de Lot & Garonne, aux fossés qui servent de déchargeoir lors du débordement des rivières & des torrens. Les avantages de ces fossés sont si palpables, qu'il est étonnant qu'ils ne soient connus que dans une très-petite partie de la France. (*Bosc.*)

NAVARRETIE. *Navarretia.*

Plante annuelle du Chili, qui seule forme un genre dans la pentandrie monogynie.

Cette plante ne se voit pas encore dans les jardins d'Europe. (*Bosc.*)

NAVEAU, NAVET, NAVIAU: synonymes de rave, ou nom d'une variété turbinée de la rave, quelquefois aussi du radis. *Voyez* RAVE, RADIS & CHOU.

NAVET DU DIABLE: c'est la BRYONE.

NAVETTE, RABIOLLE: espèce du genre des choux, *brassica napus* Linn., dont la culture en grand est fort en faveur dans les zônes intermédiaires de la France, pour l'huile que donne sa graine.

Si la Navette est moins productive que le colza, autre espèce ou variété du même genre, qu'on cultive principalement dans les départemens du Nord, elle prospère dans presque tous les terreins, & sa culture est beaucoup plus économique. Je ne puis donc trop la recommander.

Il existe deux variétés de la Navette, celle d'automne & celle du printems ou de mai; variétés souvent confondues, peu faciles à faire reconnoître par la description, mais qu'on distingue fort bien lorsqu'elles sont semées l'une à côté de l'autre: la dernière offre des récoltes moins abondantes; mais l'avantage de n'avoir pas l'hiver à à craindre & de ne rester que deux mois en terre, compense beaucoup cet inconvénient ; aussi est-elle regardée, dans les cantons où elle est connue, comme devant toujours entrer dans la série des assolemens.

La Navette d'été est principalement dans le cas de remplacer un semis qui a manqué par suite des intempéries de l'hiver ; c'est pourquoi un cultivateur soigneux doit toujours avoir en réserve une certaine quantité de graines de cette variété, graines qui se conservent bonnes plusieurs années, & qu'on peut en tout tems envoyer au moulin à huile, ou donner aux volailles.

Un sol frais & léger, principalement lorsqu'il est calcaire, est celui dans lequel la Navette se plaît le mieux : il m'a paru qu'elle ne demandoit pas beaucoup de profondeur. On doit lui donner partout des engrais abondans très-consommés, & au moins deux labours. Jamais on ne la sème en France qu'à la volée ; mais il seroit sans doute avantageux de lui appliquer la culture par rangées, qui permettroit de lui donner des binages avec la houe à cheval. *Voyez* au mot RAVE.

Comme la Navette craint beaucoup l'eau qui séjourne à son pied, les champs susceptibles de la garder doivent être traversés de sillons profonds, & même de fossés pour son écoulement. *Voyez* au mot ÉGOUT.

C'est presque toujours sur les chaumes, c'est-à-dire, après une récolte de froment ou de seigle, qu'on sème la Navette, au taux de trois livres de graine seulement par arpent ; puisqu'elle gagne à n'être pas trop serrée. Un hersage est indispensable pour la recouvrir, car les oiseaux en sont extrêmement friands ; mais il doit être très-léger, attendu qu'elle ne veut pas être trop profondément enterrée. Après cette opération, on ROULE pour PLOMBER le terrein & écraser les MOTTES. *Voyez* ces trois mots.

Pour peu que le terrein soient humide ou qu'il pleuve, la graine de Navette ne tarde pas à lever. On sarcle le champ lorsqu'on en reconnoît le besoin. On éclaircit le plant dans toutes les places où il est trop épais, dès qu'il a acquis quelques pouces de hauteur. Empêcher les bestiaux, & même les oiseaux de basse-cour d'entrer dans les Navettes, est de première urgence ; car ils lui nuisent, non-seulement en la mangeant, mais encore en la foulant aux pieds.

Ici je dois revenir sur les deux variétés de Navettes citées plus haut, pour indiquer les différences qu'elles offrent dans leur culture.

La Navette d'hiver se sème en octobre, & même en novembre ; le plus tôt est le meilleur, parce qu'elle peut alors acquérir la force nécessaire pour résister à l'excès de l'humidité & du froid de la mauvaise saison. Ce sont les gelées tardives du printems qui, frappant ses jeunes pousses, sont le plus souvent à craindre pour elle. Lorsque cet événement arrive, il n'y a pas pour cela perte de récolte, à raison de ce que les tiges se conservent & poussent de nouvelles branches ; mais il y a diminution dans le produit, parce que les siliques fournies par ces nouvelles branches sont moins nombreuses, plus courtes, & garnies de plus petites graines. Je crois, par analogie, qu'il seroit toujours plus avantageux alors de couper les pieds avec la faux, pour leur faire pousser de nouvelles tiges, surtout dans le cas où deux gelées, à quelque distance l'une de l'autre, les auroient successivement mutilés.

On peut encore enterrer les Navettes d'hiver trop fatiguées par les gelées, & les remplacer de suite par de la Navette de printems : il n'y a que la graine de perdue, car la façon est payée par l'augmentation de fertilité que les tiges procurent au sol en se décomposant. *Voyez* RÉCOLTES ENTERRÉES.

Mais si les fortes gelées de l'hiver sont peu à redouter pour la Navette, les longues pluies & les inondations lui sont toujours funestes ; ce sont elles qui la font le plus souvent manquer. Dans ce cas, il n'y a d'autre ressource que celle de la labourer & de la remplacer par une autre culture.

La récolte de la Navette d'hiver est plus ou moins hâtive, selon le climat, l'exposition, la nature du sol, l'époque des semailles, la saison, &c. ; mais elle a toujours lieu dans le courant du mois de mai ou de juin.

Ainsi que je l'ai déjà observé, la Navette d'été, comme parcourant plus rapidement les phases de sa végétation, donne des récoltes moins abondantes ; mais on en est bien dédommagé par la rapidité de sa végétation. On la sème en mars ou en avril : plus tôt elle l'est, & plus elle se rapproche, par ses produits, de celle d'hiver, & plus on est sûr de sa réussite, à raison des pluies dont elle a besoin pour sa germination & son accroissement.

Pour assurer sa plus prompte levée, on fait quelquefois tremper la graine de Navette vingt-quatre heures dans l'eau, & alors on la sème en la mélangeant avec moitié de terre sèche, pour empêcher les grains de s'accoler.

Les gelées tardives frappent aussi quelquefois les Navettes d'été, & leur font toujours plus de tort qu'à celles d'hiver ; cependant ce sont principalement les sécheresses qu'on doit redouter pour elles. Je les ai vues, dans la ci-devant Bourgogne, empêcher souvent toute récolte pendant plusieurs années consécutives.

On donne un sarclage à cette Navette quand elle a acquis cinq à six pouces de haut, & on la récolte ordinairement environ deux mois après son ensemencement, c'est-à-dire, en juillet, août ou septembre.

Parcourant rapidement les phases de sa végétation, ayant des tiges épaisses & des feuilles nombreuses, la Navette d'été est une des plantes les plus propres à être enterrée en fleurs pour engrais. Je ne puis trop recommander son emploi sous ce rapport, à raison des nombreux avantages qui en sont la suite. *Voyez* RÉCOLTES ENTERRÉES.

Beaucoup d'oiseaux, surtout ceux du genre linotte, sont très-friands des graines de Navette, & il est des cantons où ils n'en laisseroient pas un grain, si on ne s'opposoit à leurs dévastations par une garde sévère & quelques coups de fusil journaliers pendant la quinzaine qui précède sa maturité : les épouvantails qu'on emploie si souvent ne produisent d'effet que pendant quelques heures.

Le moment de la récolte des deux Navettes est indiqué par la couleur blanche des siliques & la chute des feuilles inférieures. Il seroit bon de la faire au dernier degré de maturité de toutes les siliques; mais comme cette maturité est successive dans celles de chaque pied, & qu'on perd toujours à attendre, on l'exécute avant celle des siliques qui sont le plus en retard.

Tantôt on coupe la Navette avec la faucille, tantôt on l'arrache à la main : la première méthode est plus expéditive; la seconde est plus favorable à l'achèvement de la maturité des graines, à raison de ce qu'elle n'est pas suivie de déperdition de séve.

Pour que cette maturité s'achève, on réunit les tiges des Navettes, la tête en haut, en meules de six à huit pieds de diamètre, & on les recouvre de paille dans une assez grande épaisseur pour empêcher les oiseaux d'en manger la graine. Elle reste dans cet état plus ou moins de tems, selon qu'il fait plus sec ou plus chaud, que la graine étoit plus mûre, &c.; huit jours ne sont jamais de trop.

Arrivées au point de maturité convenable, les Navettes sont ou transportées à la maison dans des charettes garnies de toiles, ou battues, dans le champ même, sur de grands draps, avec des baguettes : rarement on emploie le fléau, qui écrase la graine.

La graine battue & vanée s'étend sur le plancher, & se remue de deux jours l'un, pour lui donner la facilité de se dessécher complétement. Au bout de quinze jours on peut la mettre dans des sacs ou dans des tonneaux, jusqu'à l'époque de son transport au moulin ou de sa vente.

Si on portoit trop tôt au moulin la graine de Navette, on obtiendroit moins d'huile, & de l'huile plus susceptible d'altération (*voyez* au mot HUILE); si on la portoit trop tard, l'huile qu'elle fourniroit, auroit le goût de rance, & seroit par conséquent moins propre à l'assaisonnement des mets. Un mois & demi est le terme moyen qu'on peut conseiller. On a calculé qu'un sac de graine devoit fournir quarante livres d'huile.

Le commerce de l'huile de Navette est considérable, & pourroit l'être encore plus, si on la fabriquoit mieux. Elle entre dans la préparation des alimens des habitans de la campagne. On l'emploie à brûler, à préparer les cuirs, à faire du savon noir. La mauvaise odeur qu'on lui trouve si souvent provient preque toujours du peu de soin qu'on apporte à sa fabrication.

Comme la graine doit être extrêmement nette pour être portée au moulin, il en reste beaucoup de bonne dans les vanures & les criblures. Ces résidus sont propres à la nourriture de la volaille; ils conviennent principalement aux poulets & aux pigeons; les cochons s'en accommodent aussi fort bien.

Les résidus de la fabrication de l'huile de Navette, qu'on appelle PAIN DE NAVETTE, TOURTEAU (*voyez* ces mots), sont également très-fort du goût de tous les bestiaux & des volailles, qu'ils engraissent promptement.

Les tiges de la Navette servent à chauffer ou à augmenter la masse des fumiers.

Je n'ai point parlé de la culture de la Navette comme fourage; cependant on la sème quelquefois dans cette intention, soit pour la faire paître sur place par les moutons, soit pour la couper & la donner à l'écurie aux vaches, aux cochons, &c.: dans ce dernier cas, elle peut donner deux coupes, plus un foible pâturage.

Les Navettes, comme toutes les plantes oléifères, épuisent le terrein, & en conséquence ne doivent être remises dans le même champ qu'au bout de plusieurs années.

Voyez, pour le surplus, au mot COLZA. (*Bosc.*)

NAVETTE (Grosse). On appelle ainsi le COLZA dans quelques lieux.

NEBLE : sorte de brouillard qui, dans la ci-devant Provence, passe pour être fort nuisible aux blés au commencement de l'été. *Voyez* BROUILLARD.

NECKERIE : nom d'un genre de plante qui sera mentionné au mot POLLICHE. *Voyez* ce mot.

NECTANDRE. Genre de plante dont les espèces ont été réunies aux STRUTHIOLES. *Voyez* ce mot.

NECROSE. On a appelé ainsi une maladie des plantes, à la suite de laquelle elles deviennent noires : c'est une sorte de gangrène sèche, dont la nature n'est pas encore bien connue; elle se rapproche beaucoup de certaines BRULURES. *Voyez* ce mot. (*Bosc.*)

NECTAIRE. Linnæus avoit donné ce nom à toutes les parties de l'intérieur des fleurs qui n'étoient ni étamines ni pistils. Depuis lui on l'a restreint aux petites fossettes qui se remarquent quelquefois sur les côtés de l'ovaire, & qui se remplissent de miel à l'époque de la fécondation.

Les Nectaires sont très-grands, & par conséquent très-visibles dans l'impériale, la scrophulaire, &c.

C'est dans les Nectaires que les abeilles font leur plus abondante récolte de miel, & ils ne sont dans le cas d'être considérés que sous ce rapport par les agriculteurs. *Voyez* ABEILLE & MIEL.

Comme organes particuliers, les Nectaires

doivent être l'objet de l'étude des physiologistes & des botanistes. *Voyez* ce mot dans les *Dictionnaires physiologique & botanique.* (*Bosc.*)

NECTRIS. *Nectris*; Nom donné par Schreber au genre appelé CABOMBA par Aublet. *Voyez* ce dernier mot.

NÉE. *Neea.*

Genre de plante de l'octandrie monogynie & de la famille des *Nyctaginées*, qui renferme deux arbrisseaux non encore cultivés dans nos jardins.

Espèces.

1. La NÉE verticillée.
Neea verticillata. Ruiz & Pav. ♄ Du Pérou.
2. La NÉE à feuilles opposées.
Neea oppositifolia. Ruiz & Pav. ♄ Du Pérou. (*Bosc.*)

NEFLIER. *Mespilus.*

Genre d'arbre qui renferme plusieurs espèces dont il sera question dans le *Dictionnaire des Arbres & Arbustes.* Il a souvent été confondu avec les AUBÉPINES, les ALISIERS & les SORBIERS. *Voyez* ces mots.

NEGA. On appelle ainsi le CERISIER RAGOUMIER dans le Canada.

NEGRETIE. *Negretia.*

Genre établi pour placer quelques espèces de dolics, dont les caractères diffèrent un peu de ceux des autres. Le DOLIC A POILS CUISANS peut en être regardé comme le type; il n'a pas été adopté par la majorité des botanistes. Je le mentionnerai cependant sous le nom de STICOLOBION qu'il porte aussi. (*Bosc.*)

NEGRET : espèce d'altise qui mange les feuilles du PASTEL. *Voyez* ce mot.

NEGUNDO : espèce d'ÉRABLE & de GATILIER. *Voyez* ces deux mots.

NEIGE. Lorsqu'un nuage rencontre une feuille d'herbe, une branche d'arbre dont la température est plus froide que la sienne, ses molécules aqueuses s'y fixent & forment ce qu'on appelle GELÉE BLANCHE & GIVRE. *Voyez* ces mots.

Lorsqu'un nuage prêt à se résoudre en pluie arrive dans une partie de l'atmosphère dont la température est au-dessous de zéro du thermomètre de Réaumur, ses molécules aqueuses (vésicules de Saussure) se glacent, se réunissent & forment, en tombant, les flocons de Neige; flocons qui sont d'autant plus gros que l'air est moins froid.

Enfin, lorsqu'un nuage se résout en eau au-dessus d'un courant d'air, à la température de la glace, les gouttes d'eau se congèlent en le traversant, & forment la GRÊLE. *Voyez* ce mot. *Voyez* aussi le *Dictionnaire de Physique.*

La Neige peut tomber par tous les vents; mais dans le climat de Paris, c'est principalement ceux du nord & de l'est qui l'amènent, soit directement, soit indirectement; je dis indirectement, parce qu'il arrive souvent qu'après que ces vents ont soufflé pendant plusieurs jours de suite, & qu'ils ont refroidi l'atmosphère, elle tombe par ceux du sud & de l'ouest.

Autrefois on supposoit que la Neige contenoit des nitres, des huiles, &c., parce qu'on avoit remarqué que son abondance & sa durée amenoient des récoltes avantageuses : aujourd'hui on sait qu'elle ne contient que de l'eau.

La Neige est utile à l'agriculture, 1°. parce qu'elle empêche l'évaporation des gaz qui se forment continuellement dans la terre & qui concourent à sa fécondité (*voyez* GAZ); 2°. parce qu'elle arrête l'émission de la chaleur terrestre & s'oppose à l'action nuisible de la gelée sur les plantes (*voyez* CHALEUR & GELÉE); 3°. parce qu'elle défend les graines & les jeunes plantes des quadrupèdes, des oiseaux, des insectes qui s'en nourrissent, & diminue le nombre de ces ennemis, qui alors meurent de faim.

On s'apperçoit peu dans nos plaines de la différence de température entre les deux surfaces de la couche de Neige qui les recouvre; mais dans les montagnes, où cette couche a souvent une grande épaisseur, elle est fort remarquable : aussi les torrens coulent-ils pendant l'hiver comme pendant l'été; aussi le lendemain du jour où la Neige disparoît, le sol est-il couvert de verdure, & même quelquefois de fleurs; aussi, lorsqu'elle est épaisse dans les environs de Paris, dispense-t-elle de couvrir les semis, ainsi que les jeunes plantes sensibles à la gelée. *Voyez* COUVERTURE.

Il est très-fréquent dans les montagnes, & cela arrive presque tous les ans dans les Hautes-Alpes, que la Neige s'oppose, par sa permanence, aux semis du printems. La nécessité, mère de l'industrie, a fait imaginer un moyen fort ingénieux d'accélérer sa disparition de quinze jours, & même plus. D'après le principe que les corps noirs absorbent la chaleur du soleil, ils parsèment la surface de celle qui couvre les champs qu'ils veulent labourer, de terre noire (c'est souvent du SCHISTE, *voyez* ce mot), & cette opération la fait fondre, c'est-à-dire, donne les résultats qu'on en attend.

Dans les montagnes moyennes, la permanence de la Neige devient nuisible sous d'autres rapports : elle rend les communications difficiles & même dangereuses (*voyez* AVALANCHES), force de retenir très-long-tems les bestiaux à l'étable & de consommer par conséquent plus de fourage, retarde les travaux, cause des maladies d'yeux, rend plus avides les loups & autres animaux carnivores.

L'influence des hautes montagnes, couvertes de Neige, est fort puissante sur les contrées voisines, & même sur celles qui en sont fort éloignées; c'est parce que l'air qui les entoure est plus froid, que non-seulement les vallées des Alpes ont, selon que le vent tourne, ou une haute température chaude ou un froid glacial; que le vent du sud-est est plus froid à Paris pendant l'été que celui du nord.

La Neige donne, en fondant, environ un douzième de son volume en eau; aussi, après les dégels, les champs en plaine sont-ils momentanément transformés, pour la plupart, en marais, & les rivières considérablement augmentées.

Beaucoup de cultivateurs sont dans l'opinion qu'il est très-avantageux de labourer lorsque les champs sont couverts de Neige. Il est probable qu'en effet la Neige enterrée, fondant bientôt, laisse des vides dans la terre, vides que les gaz remplissent, & qui, en s'affaissant lentement, fournissent aux racines les moyens de s'étendre.

La Neige se conserve, comme la glace, pendant l'été, dans des souterrains, & même mieux, à raison de ce qu'on peut, en la comprimant, en composer une seule masse. *Voyez* GLACIÈRE. (*Bosc.*)

NELITRE. *Nelitris.*

Genre de plante établi par Gærtner pour placer le GOYAVIER DÉCASPERME. *Voyez* ce mot. (*Bosc.*)

NELITTE. *Æschynomene.*

Genre de plante de la diadelphie décandrie & de la famille des *Légumineuses*, dans lequel se rangent une vingtaine d'espèces, dont quelques-unes se cultivent dans nos serres. Il est figuré pl. 629 des *Illustrations des genres* de Lamarck.

Observations.

Ce genre a beaucoup de rapport avec les SAINFOINS & les CORONILLES, de sorte que plusieurs de ses espèces leur ont été rapportées. En dernier lieu, on a établi à ses dépens le genre SESBAN. *Voyez* ce mot.

Espèces.

1. La NELITTE d'Amérique.
Æschynomene americana. Linn. ☉ Des îles Caraïbes.

2. La NELITTE hispide.
Æschynomene hispida. Willd. ☉ De l'Amérique septentrionale.

3. La NELITTE visqueuse.
Æschynomene viscidula. Mich. ☉ De l'Amérique septentrionale.

4. La NELITTE des Indes.
Æschynomene indica. Linn. ☉ Des Indes.

5. La NELITTE scabre.
Æschynomene aspera. Linn. ☉ Des Indes.

6. La NELITTE de Ceilan.
Æschynomene pumila. Linn. De Ceilan.

7. La NELITTE hérissée.
Æschynomene hirta. Lam. ☉ Des Indes.

8. La NELITTE chanvreuse.
Æschynomene cannabina. Retz. ☉ Des Indes.

9. La NELITTE pileuse.
Æschynomene pilosa. Lam. Des Indes.

10. La NELITTE pubescente.
Æschynomene pubescens. Lam. Des Indes.

11. La NELITTE à courtes feuilles.
Æschynomene brevifolia. Linn. De Madagascar.

12. La NELITTE sensitive.
Æschynomene sensitiva. Gmel. ♄ Des îles Caraïbes.

13. La NELITTE écartée.
Æschynomene remota. Lam. ♄ Des Indes.

14. La NELITTE à épi.
Æschynomene spicata. Lam. Des îles Caraïbes.

15. La NELITTE en arbre.
Æschynomene arborea. Linn. ♄ Des Indes.

16. La NELITTE aristée.
Æschynomene aristata. Jacq. ♄ De Saint-Domingue.

17. La NELITTE diffuse.
Æschynomene diffusa. Willd. ☉ Des Indes.

18. La NELITTE hétérophylle.
Æschynomene heterophylla. Lour. De la Cochinchine.

19. La NELITTE à bouchons.
Æschynomene lagenaria. Lour. De la Cochinchine.

Culture.

J'ai vu cultiver les trois premières au Jardin du Muséum & dans ceux de Versailles; mais elles n'ont fait qu'y passer, parce que leurs graines n'y sont pas parvenues à maturité. On les semoit sur couche & sous châssis; & lorsque leur plant avoit deux pouces de hauteur, on le repiquoit, seul à seul, dans des pots remplis de terre légère, qu'on plaçoit ensuite à une exposition chaude. (*Bosc.*)

NELUMBO. *Nelumbium.*

Genre de plante de la polyandrie polyginie, qui contient six espèces originaires des pays chauds, & dont on ne cultive aucune dans nos jardins. Il a été long-tems confondu avec celui des NÉNUPHARS (*voyez* ce mot), quoiqu'il en diffère fortement par les caractères de son fruit. *Voyez* les *Illustrations des genres* de Lamarck, pl. 453.

Espèces.

1. Le NELUMBO des Indes.
Nelumbium speciosum. Willd. ♃ Des Indes.

2. Le NELUMBO d'Amérique.
Nelumbium americanum. Bosc. ♃ De la Caroline.

3. Le NELUMBO à fleurs jaunes.
Nelumbium luteum. Willd. ♃ De la Caroline.

4. Le NELUMBO à cinq pétales.
Nelumbium pentapetalum. Willd. ♃ De la Caroline.

5. Le NELUMBO réniforme.
Nelumbium reniforme. Willd. ♃ De la Caroline.

6. Le NELUMBO de Java.
Nelumbium javanicum. Lam. ♃ De Java.

Culture.

J'ai semé plus d'un millier de graines de la seconde de ces espèces, qui est fort distincte de la première, ainsi que je m'en suis convaincu dans les étangs des environs de Paris; & si elles ont levé, le plant qui en est provenu ne s'est pas montré à la surface de l'eau : depuis j'ai observé, dans son pays natal, que ces graines germoient dans leur péricarpe, qu'elles le brisoient par leur gonflement, & ne tomboient au fond de l'eau que quand elles avoient une radicule de plusieurs lignes & des cotylédons très-développés. D'après cela, il ne paroît pas possible d'espérer introduire le Nelumbo en Europe par le moyen de ses graines. On dit cependant qu'il se cultive dans un jardin particulier de Montpellier. *Voyez*, pour le surplus, le mot NÉNUPHAR. (*Bosc.*)

NEMÉSIE. *NEMESIA.*

Genre de plante de la didynamie angiospermie & de la famille des *Scrophulaires*, qui rassemble cinq espèces, faisant ci-devant partie des *Linaires*, dont une est cultivée dans nos jardins.

Espèces.

1. La NEMÉSIE fétide.
Nemesia fetida. Vent. ♄ Du Cap de Bonne-Espérance.

2. La NEMÉSIE linéaire.
Nemesia linearis. Vent. De.....

3. La NEMÉSIE à feuilles de germandrée.
Nemesia chamædrifolia. Vent. ♄ Du Cap de Bonne-Espérance.

4. La NEMÉSIE bicorne.
Nemesia bicorne. Vent. ⊙ Du Cap de Bonne-Espérance.

5. La NEMÉSIE à longues cornes.
Nemesia longicorne. Vent. ♃ Du Cap de Bonne-Espérance.

Culture.

La première espèce est celle que nous possédons; elle demande la terre de bruyère & l'orangerie pendant l'hiver. On la multiplie de boutures faites au printems sur couche & sous châssis. Elle est encore rare & n'offre rien de remarquable. (*Bosc.*)

NÉMIE. *NEMIA.* Synonyme de MANULÉE. *Voyez* ce mot.

NENAX. *NENAX.*

Genre établi par Gærtner pour placer la CLIFFORTE A FEUILLES DE FOUGÈRE. *Voyez* ce mot.

Nous ne possédons pas cette espèce dans nos jardins. (*Bosc.*)

NÉNUPHAR. *NYMPHÆA.*

Genre de plante de la polyandrie monogynie & de la famille des *Hydrocharidées*, qui réunit quatorze espèces, dont deux sont indigènes & se cultivent, ainsi que deux autres, dans les eaux des jardins paysagers & dans ceux de botanique. Il est figuré pl. 453 des *Illustrations des genres* de Lamarck.

Observations.

Long-tems on a réuni les NELUMBOS à ce genre, quoiqu'ils en diffèrent beaucoup par le nombre de leurs pistils & par l'organisation de leurs fruits. *Voyez* ce mot.

Espèces.

1. Le NÉNUPHAR jaune.
Nymphæa lutæa. Linn. ♃ Indigène.

2. Le NÉNUPHAR blanc, vulgairement le *lis d'eau.*
Nymphæa alba. Linn. ♃ Indigène.

3. Le NÉNUPHAR très-petit.
Nymphæa minima. Timm. ♃ De la Hongrie.

4. Le NÉNUPHAR de Kalm.
Nymphæa kalmiana. Mich. ♃ Du Canada.

5. Le NÉNUPHAR lotos.
Nymphæa lotus. Linn. ♃ De l'Égypte.

6. Le NÉNUPHAR bleu.
Nymphæa cærulea. Sav. ♃ De l'Égypte.

7. Le NÉNUPHAR du Malabar.
Nymphæa malabarica. Lam. ♃ Du Malabar.

8. Le NÉNUPHAR d'Amérique.
Nymphæa advena. Ait. ♃ De la Caroline.

9. Le NÉNUPHAR odorant.
Nymphæa odorata. Ait. ♃ De la Caroline.

10. Le NÉNUPHAR velouté.
Nymphæa velutina. Bosc. ♃ De la Caroline.

11. Le NÉNUPHAR nouchali.
Nymphæa nouchali. Burm. ♃ Des Indes.

12. Le NÉNUPHAR à feuilles sagittées.
Nymphæa sagittifolia. Walt. ♃ De la Caroline.

13. Le NÉNUPHAR étoilé.
Nymphæa stellata. Willd. ♃ Des Indes.

14. Le NÉNUPHAR pubescent.
Nymphæa pubescens. Willd. ♃ Des Indes.

Culture.

Les deux premières espèces croissent en Europe, dans les étangs & dans les rivières dont le cours est lent, & dont ils couvrent quelquefois la surface de leurs larges feuilles; ce qui fournit aux poissons qui les peuplent, un abri tutélaire pendant les chaleurs de l'été. Toutes deux, & principalement la seconde, embellissent ces eaux lors du développement de leurs fleurs. On doit en conséquence placer cette seconde dans les bassins & les canaux des jardins paysagers dont le fond est fangeux. Il est possible de les multiplier de graines; mais on se borne généralement à le faire par la section de leurs racines, qui sont grosses comme le bras d'un enfant & extrêmement longues. Le suc de ces racines passe pour être éminemment rafraîchissant, & surtout pour amortir les besoins physiques de l'amour. En conséquence, les vieilles religieuses en faisoient souvent prendre à leurs jeunes victimes; mais comme il est narcotique, l'excès en devient souvent dangereux.

Les Egyptiens mangent les racines de la cinquième espèce, qui ne possèdent pas les qualités délétères des deux précédentes. On fait, au rapport de Savigny, du pain avec ses semences.

Le Nenuphar bleu se cultive, depuis quelques années, dans nos serres & est fort élégant; il est à craindre qu'il se perde bientôt.

On dit que le Nénuphar odorant se trouve dans quelques jardins d'Europe. Je souhaite que le fait soit véritable, car il est très-propre à se faire rechercher par la suavité de l'odeur de ses fleurs. J'en avois apporté des graines de la Caroline, mais elles n'ont pas lévé. En général, les graines des Nénuphars, comme celles de la plupart des plantes complétement aquatiques, doivent être semées le même jour qu'on les cueille, parce qu'elles germent dans leur capsule. *Voyez* NELUMBO. (*Bosc.*)

NÉOTTIE. *Neottia.*

Genre de plante de la gynandrie diandrie & de la famille des *Orchidées*, qui rassemble dix-sept espèces, dont trois sont indigènes & peuvent se placer chaque année dans les écoles de botanique. La plupart faisoient partie des OPHRYS & des SATYRIONS. *Voyez* ces mots.

Espèces.

1. La NÉOTTIE spirale.
Neottia spiralis. Swartz. ♃ Indigène.
2. La NÉOTTIE d'été.
Neottia estivalis. Mich. ♃ Indigène.
3. La NÉOTTIE rampante.
Neottia repens. Swartz. ♃ Des Alpes.
4. La NÉOTTIE très-belle.
Neottia speciosa. Jacq. ♃ De l'Amérique méridionale.
5. La NÉOTTIE élevée.
Neottia elata. Swartz. ♃ De la Jamaïque.
6. La NÉOTTIE lancéolée.
Neottia lanceolata. Willd. ♃ De Cayenne.
7. La NÉOTTIE diurétique.
Neottia diuretica. Willd. ♃ Du Chili.
8. La NÉOTTIE à quatre dents.
Neottia quadidentata. Willd. ♃ De Cayenne.
9. La NÉOTTIE tordue.
Neottia tortilis. Swartz. ♃ De la Jamaïque.
10. La NÉOTTIE adnée.
Neottia adnata. Swartz. ♃ De la Jamaïque.
11. La NÉOTTIE orchioïde.
Neottia orchioides. Swartz. ♃ De la Jamaïque.
12. La NÉOTTIE à éperon.
Neottia calcarata. Sw. ♃ De Saint-Domingue.
13. La NÉOTTIE à plusieurs épis.
Neottia polystachya. Swartz. ♃ De la Jamaïque.
14. La NÉOTTIE jaune.
Neottia flava. Swartz. ♃ De la Jamaïque.
15. La NÉOTTIE pubescente.
Neottia pubescens. Willd. ♃ De l'Amérique septentrionale.
16. La NÉOTTIE penchée.
Neottia cernua. Willd. ♃ De l'Amérique septentrionale.
17. La NÉOTTIE de la Chine.
Neottia chinensis. Lour. ♃ De la Chine.

Culture.

Comme toutes les autres plantes de la famille des *Orchidées*, les Néotties sont fort difficiles à conserver dans les jardins lorsqu'on les y apporte de la campagne, & il est presqu'impossible de les y introduire de graines. De tems en tems on voit, au Jardin du Muséum de Paris, la première espèce, qui ne végète que sur les pelouses sèches, & tous les ans la seconde, qui se trouve en grande abondance dans le marais de la queue de l'étang de Montmorenci, & rarement elles y subsistent deux ans : il en seroit de même de la troisième si elle naissoit à une petite distance de cette ville. J'avois apporté de Caroline des graines des quatre espèces qui y croissent, mais elles n'ont point levé dans la forêt de Montmorenci, où je les avois semées dans des terreins analogues à ceux qu'elles occupoient. (*Bosc.*)

NÉPHELE. *Nephelium.*

Arbrisseau de Java, qui forme seul un genre dans la monoécie pentandrie, figuré pl. 764 des *Illustrations des genres* de Lamarck. Labillardière, qui l'a de nouveau observé sur le vivant, pense qu'il doit être réuni aux LITCHI. *Voyez* ce mot.

Cet arbrisseau n'est pas encore introduit dans nos cultures. (*Bosc.*)

NÉPHRANDE. *Nephranda.*

Genre de plante établi par Willdenow, & depuis réuni aux GATILIERS. *Voyez* ce mot dans le *Dictionnaire des Arbres & Arbustes.*

NÉPHRÉTIQUE (Bois). C'est celui du BEN. *Voyez* ce mot.

NÉPHRODION. *Nephrodium.*

Richard a ainsi appelé un genre de plante formé aux dépens des polypodes de Linnæus. On peut regarder le polypode fougère femelle, comme lui servant de type. Le nom d'ASPIDION, donné par Swartz, semble avoir prévalu. *Voyez* FOUGERE & POLYPODE. (*Bosc.*)

NÉPHROJE. *Nephroja.*

Arbrisseau grimpant de la Cochinchine, qui seul forme un genre dans la monoécie hexandrie.

Cet arbrisseau n'est pas cultivé. (*Bosc.*)

NÉPENTHE. *Nepenthes.*

Genre de plante de la dioécie monadelphie, qui renferme trois espèces, que la forme & la propriété de leurs feuilles de se remplir d'eau ont rendues l'objet de l'étonnement de tous les observateurs. Aucune de ces espèces n'est cultivée dans les jardins d'Europe.

Espèces.

1. Le NÉPENTHE de Ceilan.

Nepenthes distillatoria. Linn. ♃ De Ceilan.

2. Le NEPENTHE de Madagascar.

Nepenthes madagascariensis. Lam. ♃ De Madagascar.

3. Le NÉPENTHE de la Cochinchine.

Nepenthes phyllamphora. Willd. ♃ De la Cochinchine. (*Bosc.*)

NEPTUNIE. *Neptunia.*

Plante aquatique vivace de la Cochinchine, qui paroît se rapprocher des acacias, & qui, selon Loureiro, doit former un genre dans la polygamie monoécie.

On ne cultive nulle part cette plante; ainsi je suis dispensé d'en parler ici. (*Bosc.*)

NERF-FERRURE : inflammation, quelquefois suivie d'engorgement, de suppuration & même de gangrène, qui se développe sur le tendon fléchisseur du pied de devant du cheval, par l'effet d'un coup, & le fait boîter.

Lorsque l'inflammation est récente & peu considérable, elle se guérit par le simple repos, ou au plus par l'application des décoctions émollientes; mais quand le canon s'engorge, il faut employer des frictions, des cataplasmes, des bains; souvent l'usage des aromatiques à l'extérieur devient nécessaire, & quelquefois des incisions & des emplâtres suppuratifs, même antigangréneux, sont indispensables. (*Bosc.*)

NERIETTE : nom quelquefois donné aux EPILOBES. *Voyez* ce mot.

NEROLI : huile essentielle d'orange. *Voyez* le mot ORANGER.

NERPRUN. *Rhamnus.*

Genre de plante dans lequel se trouvent plus de cinquante espèces d'arbres & d'arbustes, dont plusieurs croissent naturellement dans nos forêts, & dont un plus grand nombre se cultivent dans nos jardins. Il en sera fait mention en détail dans le *Dictionnaire des Arbres & Arbustes.*

NERTE. On appelle ainsi le myrte dans la ci-devant Provence.

NEUBLE : nom de la carie dans le département des Deux-Sèvres.

NERTRE. *Nertera.*

Plante annuelle de la Nouvelle Grenade, qu'on avoit d'abord appelée *gomnosie*, & qui seule forme un genre dans la tétrandrie digynie.

Cette plante n'est cultivée dans aucun jardin d'Europe. (*Bosc.*)

NEURADE. *Neurada.*

Plante annuelle d'Egypte, qui seule forme un genre dans la décandrie décagynie & dans la famille des *Rosacées.* Elle n'est pas cultivée dans nos jardins; ainsi je n'ai rien à en dire de plus. (*Bosc.*)

NEZ COUPÉ : nom vulgaire du STAPHYLIER. *Voyez* ce nom dans le *Dictionnaire des Arbres & Arbustes.*

NICANDRE. *Nicandra.*

Adanson, & depuis Jussieu, ont donné ce nom à un genre établi aux dépens des belladones. La BELLADONE PHYSALOÏDE (*voyez* ce mot) lui sert de type. (*Bosc.*)

NICOTIANE. *Nicotiana.*

Genre de plante de la pentandrie monogynie & de la famille des *Solanées*, auquel se réunissent quatorze espèces, dont deux ou trois sont l'objet d'une culture de grande importance pour plusieurs contrées de l'Europe, de l'Asie & de l'Amérique, & dont huit, y compris les trois que je viens d'indiquer, se trouvent dans nos écoles de botanique. *Voyez* pl. 113 des *Illustrations des genres* de Lamarck.

Espèces.

1. La NICOTIANE frutiqueuse.
Nicotiana fruticosa. Linn. ♄ De la Chine.
2. La NICOTIANE tabac.
Nicotiana tabacum. Linn. ⊙ De l'Amérique méridionale.
3. La NICOTIANE rustique.
Nicotiana rustica. Linn. ⊙ De l'Amérique méridionale.
4. La NICOTIANE paniculée.
Nicotiana paniculata. Linn. ⊙ Du Pérou.
5. La NICOTIANE glutineuse.
Nicotiana glutinosa. Linn. ⊙ De.....
6. La NICOTIANE piquante.
Nicotiana urens. Linn. ♄ De l'Amérique méridionale.
7. La NICOTIANE axillaire.
Nicotiana axillaris. Lam. Du Brésil.
8. La NICOTIANE à petites feuilles.
Nicotiana minima. Lam. Du Brésil.
9. La NICOTIANE du Mexique.
Nicotiana pusilla. Linn. Du Mexique.
10. La NICOTIANE ondulée.
Nicotiana undulata. Vent. ⊙ De la Nouvelle-Hollande.
11. La NICOTIANE crépue.
Nicotiana crispa. Viviani. ♃ De.....
12. La NICOTIANE velue.
Nicotiana tomentosa. Ruiz & Pav. ♄ Du Pérou.
13. La NICOTIANE ondulée.
Nicotiana undulata. Ruiz & Pav. ♃ Du Pérou.
14. La NICOTIANE à feuilles aiguës.
Nicotiana angustifolia. Ruiz & Pavon. ⊙ Du Pérou.

Culture.

Les Nicotianes tabac, rustique & paniculée sont celles qu'on cultive en grand pour leurs feuilles qu'on prend en poudre par le nez, qu'on mâche, dont on aspire la fumée, dont on fait usage en médecine, &, parmi elles, la Nicotiane tabac plus que les autres. Je traiterai en détail de la culture qui leur convient dans les pays chauds & dans les pays froids, au mot TABAC, sous lequel elles sont plus connues.

Dans les écoles de botanique on sème la graine de ces trois plantes dans des pots qu'on place, lorsque les gelées ne sont plus à craindre, sur une couche nue; & quand le plant qui en est résulté a acquis cinq à six feuilles, on le repique en pleine terre, où il ne demande plus que les soins de propreté. Plus la terre où on les place est engraissée, chaude & humide, & plus les pieds deviennent vigoureux. Toujours elles sont frappées des gelées, dans le climat de Paris, avant que leurs fleurs se soient toutes épanouies; mais elles ont, à cette époque, donné un million de fois plus de graines que les besoins de la culture n'en exigent.

Toutes trois, & surtout la Nicotiane tabac, font de belles plantes qu'on peut placer avec avantage pour l'ornement dans les jardins paysagers.

Quoique la Nicotiane ondulée craigne moins les gelées, elle se traite positivement comme les précédentes : ses fleurs sont odorantes.

Les espèces n°s. 1, 5, 9 & 11, qui sont vivaces, ou mieux qui subsistent plusieurs années, se sèment de même en mars; mais on les laisse dans des pots, un pour chaque pied, afin de pouvoir les rentrer dans l'orangerie pendant l'hiver, ou mieux dans une serre tempérée; car elles craignent prodigieusement l'humidité surabondante de cette saison. (*Bosc.*)

NICTAGE. *MIRABILIS.*

Genre de plante de la pentandrie monogynie & de la famille de son nom, dans lequel se rangent trois espèces, qui toutes se cultivent dans nos jardins. Il est figuré pl. 105 des *Illustrations des genres* de Lamarck.

Observations.

On avoit réuni à ce genre plusieurs espèces, qui en ont ensuite été retirées pour former celui OXYBAPHE. *Voyez* ce mot.

Espèces.

1. Le NICTAGE du Pérou, vulgairement *belle-de-nuit.*
Mirabilis jalappa. Linn. ♃ Du Pérou.
2. Le NICTAGE dichotome.
Mirabilis dichotoma. Linn. ♃ Du Mexique.
3. Le NICTAGE à longues fleurs.
Mirabilis longiflora. Linn. ♃ Du Mexique.

Culture.

La première espèce est depuis long-tems cultivée dans nos parterres, qu'elle orne beaucoup. Ses fleurs, nombreuses & assez grandes, varient, sur le même pied, en rouges, en jaunes, en panachées, & ne s'épanouissent que lorsque le soleil s'est couché. Elles se succèdent depuis le commencement de juin jusqu'aux gelées, auxquelles toute la plante est fort sensible. Ses racines sont fusiformes, charnues & fortement émétiques. Long-tems on a cru qu'elles fournissoient le *jalap* du commerce; mais aujourd'hui on sait qu'il provient d'un LISERON. *Voyez* ce mot.

La seconde espèce a les fleurs plus petites que celles de la précédente, & constamment pourpres. Elle est bien moins recherchée, en conséquence, par les amateurs; aussi ne la voit-on guère que dans les jardins de botanique.

L'excellente odeur des fleurs de la troisième la rendroit préférable aux deux précédentes si elles étoient

étoient plus nombreuses, ses tiges plus ramassées.

On doit à M. Amédée Lepelletier la connoissance d'une hybride de la première & de la dernière qui mérite d'être multipliée, attendu qu'elle offre à un moindre degré les inconvéniens précédens.

On place les Nictages non-seulement dans les parterres, mais encore dans les plates-bandes des jardins paysagers, autour de leurs fabriques, sur le bord de leurs allées. Une terre légère & chaude est celle qui leur convient le mieux : elles pourrissent ou ne fleurissent pas dans celles qui sont fortes & humides; elles sont généralement considérées comme annuelles, parce que leurs racines gèlent tous les ans dans le climat de Paris; cependant elles sont réellement vivaces, & il y a, à arracher les vieux pieds aux premières gelées, pour les abriter de leur effet dans une orangerie & pour les remettre en terre au printems suivant, l'avantage d'avoir de plus fortes touffes & des des fleurs plus précoces d'un mois. J'engage donc les cultivateurs à mettre plus fréquemment en usage ce moyen si simple & si certain de conservation, au lieu de semer des graines tous les ans, graines dont ils peuvent être dans le cas de manquer, car elles ne mûrissent pas toujours.

On sème les graines des Nictages (celles fournies par les premières fleurs sont les meilleures) dans des pots sur couche nue, & lorsque le plant qu'elles ont donné a acquis trois à quatre feuilles, on le repique en place. Là il ne demande, après sa reprise, d'autres soins que des sarclages de propreté. Les pieds exposés au midi, contre un mur, sont ceux qui prospèrent le mieux, & ceux sur lesquels on est le plus assuré de récolter de la bonne graine.

Les graines de la belle-de-nuit du Pérou, & probablement des autres, contiennent un amidon dont on peut tirer parti pour la nourriture des hommes & des animaux, ainsi que pour faire de la colle; mais elles sont rarement assez abondantes dans le climat de Paris, pour qu'on doive spéculer sur leur emploi. Il est possible qu'on puisse aussi tirer parti un jour de celui qui est contenu dans ses racines. Au reste, il nous manque encore beaucoup d'expériences sur cet objet. *Voyez* AMIDON.

Le phénomène de l'époque de l'épanouissement des fleurs des Nictages a de tout tems frappé les observateurs. On a cherché à l'expliquer, mais on n'a pas réussi : c'est une propriété inhérente à leur nature. (*Bosc.*)

NICTANTE. *Nyctanthes.*

Arbre du Malabar, dont les fleurs exhalent une odeur très-suave & ne s'ouvrent que la nuit, d'où le nom d'*arbre triste* qu'il porte. Il est figuré pl. 6 des *Illustrations des genres* de Lamarck, & forme seul un genre dans la diandrie monogynie & dans la famille des *Jasminées*, les espèces qui lui étoient réunies autrefois formant aujourd'hui celui appelé MOGORI. *Voyez* ce mot.

On ne cultive le Nictante dans aucun jardin d'Europe. (*Bosc.*)

NIELLE : nom qui appartient à plusieurs plantes & à des maladies des plantes, entr'autres à la NIGELLE DES CHAMPS & à l'AGROSTÈME GITAGE, ainsi qu'au CHARBON & à la CARIE du froment, à l'ERGOT du seigle, à la ROUILLE, au BLANC, à la BRULURE, &c. *Voyez* tous ces mots.

NIEREMBERGE. *Nierembergia.*

Plante annuelle du Chili, qui forme seule un genre dans la pentandrie monogynie.

Cette plante n'est pas cultivée dans nos jardins. (*Bosc.*)

NIGELLE. *Nigella.*

Genre de plante de la polyandrie pentagynie & de la famille des *Renonculacées*, qui rassemble cinq espèces, toutes cultivées dans nos jardins. Il est figuré pl. 488 des *Illustrations des genres* de Lamarck.

Espèces.

1. La NIGELLE des champs.
Nigella arvensis. Linn. ⊙ Du midi de l'Europe.

2. La NIGELLE de Crète.
Nigella sativa. Linn. ⊙ De Crète.

3. La NIGELLE de Damas.
Nigella damascena. Linn. ⊙ Du midi de l'Europe.

4. La NIGELLE d'Espagne.
Nigella hispanica. Linn. ⊙ Du midi de l'Europe.

5. La NIGELLE d'Orient.
Nigella orientalis. Linn. ⊙ De la Turquie d'Asie.

Culture.

La première espèce est fort commune dans les terres des parties méridionales de l'Europe, dans les cultures en céréales; mais il ne m'a pas paru qu'elle y fît plus de mal que le coquelicot dans celles des environs de Paris. Il doit être cependant bon de la détruire, ou au moins de l'empêcher de trop se multiplier par un assolement bien combiné. On l'y connoît sous le nom de *nielle*, de *barbiche*, de *barbe de capucin*, à raison des barbes de ses fleurs; de *toute-épice*, à raison de l'emploi qu'on fait de ses graines, qui sont aromatiques, pour assaisonner les mets.

La seconde espèce se cultive, dit-on, dans l'Orient, pour les semences plus aromatiques que celles de la précédente. Ce sont elles qu'on trouve principalement chez les droguistes, sous le nom de *toute-épice*, pour l'usage de la médecine. Je n'ai point de renseignemens sur la culture qu'on lui donne; mais cette culture doit être peu compliquée. Il est probable qu'elle se réduit au semis des graines avant l'hiver & sur un seul labour, puis à la récolte au commencement de l'été.

La troisième est celle qui se voit le plus fréquemment dans nos jardins, parce que c'est celle dont les fleurs sont les plus grandes & les plus remarquables. On la connoît sous le nom de *nielle* & de *patte d'araignée*. Elle varie à fleurs blanches, à fleurs doubles, moins belles que les simples, à mon avis, ainsi qu'à tige très-basse. C'est en touffes ou en bordures qu'on la place le plus ordinairement & qu'elle produit le plus d'effet : tantôt on la sème avant l'hiver, tantôt après; & je préfère la première époque, comme donnant des fleurs plus grosses, plus nombreuses & plus précoces. La transplantation lui est nuisible en tout tems. Une fois levée, elle ne demande plus que d'être éclaircie & sarclée au besoin. Une terre très-légère & très-chaude est celle qu'elle aime de préférence. Les plus fortes sécheresses ne lui font aucun tort. Ses semences sont également odorantes.

Cette plante, plus singulière que belle, se sème rarement dans les jardins paysagers. (*Bosc.*)

NIGRINE. *Chloranthus.*

Arbrisseau de la Chine, qui forme un genre dans la tétrandrie monogynie, & qu'on cultive dans nos écoles de botanique. Il demande une terre substantielle & légère, ainsi que des arrosemens abondans en été. Sa multiplication s'exécute par rejetons & par marcottes, à toutes les époques de l'année, mais mieux au printems. Il ne possède aucun agrément, mais il conserve ses feuilles. On en voit la figure pl. 71 des *Illustrations des genres* de Lamarck. (*Bosc.*)

NILBEDOUSI ou KAKA-NIARA : arbre du Malabar figuré par Rheed.

Il n'est pas encore introduit dans nos cultures. (*Bosc.*)

NIMBO : nom vulgaire de l'AZEDERACH.

NINSIN : nom chinois de la BERLE CHERVI. *Voyez* ce mot.

NIOTTE. *Niotta.*

Genre de plante de l'octandrie monogynie, dans lequel se trouvent deux arbres, dont aucun n'est cultivé dans nos jardins. *Voyez* les *Illustrations des genres* de Lamarck, pl. 299.

Espèces.

1. Le NIOTTE à quatre pétales.
Niotta tetrapetala. Lam. ♄ Des Indes.

2. Le NIOTTE à cinq pétales.
Niotta pentapetala. Lam. ♄ Des Indes. (*Bosc.*

NIPE. *Nipa.*

Palmier des Moluques qui ne s'élève pas au-delà de six pieds. Comme la plupart des autres, il fournit une liqueur sucrée par l'incision des pétioles de ses fleurs. Seul il forme un genre dans la monoécie monadelphie.

Il n'est pas cultivé en Europe. (*Bosc.*)

NIRURIS : espèce de PHYLLANTHE. *Voyez* ce mot.

NIRUSALA : autre espèce de PHYLLANTHE. *Voyez* ce mot.

NISSOLE. *Nissolia.*

Genre de plante de la diadelphie décandrie & de la famille des *Légumineuses*, qui réunit deux espèces, dont une est cultivée dans nos serres. Il est figuré pl. 600 des *Illustrations des genres* de Lamarck.

Observations.

Ce genre contenoit jadis cinq espèces; mais on lui en a ôté trois pour en former celui MACHÉRI. *Voyez* ce mot.

Espèces.

1. La NISSOLE en arbre.
Nissolia arborea. Linn. ♄ De l'Amérique méridionale.

2. La NISSOLE articulée.
Nissolia fruticosa. Linn. ♄ De l'Amérique méridionale.

Culture.

La dernière espèce est celle que nous possédons; elle est fort rare, parce qu'elle est fort difficile à multiplier. On la tient dans la serre chaude pendant toute l'année; elle y fleurit quelquefois, mais n'y donne jamais de bonnes graines. Comme c'est une plante grimpante, elle exige un tuteur. Les arrosemens doivent lui être ménagés, surtout en hiver. On lui donne tous les deux ans de la nouvelle terre. (*Bosc.*)

NITRAIRE. *Nitraria.*

Genre de plante de la dodécandrie monogynie & de la famille des *Ficoïdes*, dans lequel se trouvent trois espèces, dont deux sont cultivées dans nos jardins. Il est figuré pl. 403 des *Illustrations des genres* de Lamarck.

Espèces.

1. La NITRAIRE de Sibérie.
Nitraria Schoberi. Linn. ♄ De la Sibérie.

2. La NITRAIRE à trois dents.

Nitraria tridentata. Desf. ♄ Des côtes de la Barbarie.

3. La NITRAIRE du Sénégal.

Nitraria senegalensis. Lam. ♄ Du Sénégal.

Culture.

La première espèce est de pleine terre, mais elle subsiste rarement plus de deux ou trois ans dans le climat de Paris, & y donne rarement des graines; c'est pourquoi il faut la multiplier tous les ans de marcottes. On ne la voit que dans les jardins de botanique & dans ceux des amateurs. Une terre légère & chaude, même un peu salée, lui est indispensable. Il est bon de la couvrir de paille ou de fougère pendant les grands froids.

La seconde espèce exige l'orangerie pendant l'hiver. On la multiplie comme la précédente. Il faut lui donner de la nouvelle terre tous les deux ans, & cette nouvelle terre doit être légère. (*Bosc.*)

NITRE : sel neutre qui a pour bases l'acide nitrique & la potasse. *Voyez* le *Dictionnaire de Chimie.*

Je ne dois parler ici du Nitre que sous les rapports agricoles; mais ces rapports ne laissent pas que d'être étendus.

Autrefois on faisoit jouer dans la nature un grand rôle au Nitre ou au salpêtre, qui est le Nitre impur : c'étoit le Nitre de l'air, le Nitre de la neige, le Nitre des fumiers qui fertilisoit la terre : aujourd'hui on ne parle plus ainsi; mais on n'en reconnoît pas moins que le Nitre est très-abondant autour des habitations, surtout dans les écuries, sur les murs desquels il se dépose, & d'où on le retire par le houssage (balayage), par la lixiviation, &c., & que les décombres qui en contiennent le plus sont les plus propres à être employés comme amandement. Il est possible que cet effet soit dû à toute autre chose que le Nitre. On croit, par exemple, que les sels à base de chaux qui se forment aussi sur les murs, & qui attirent l'humidité de l'air, agissent plus dans ce cas. *Voyez* au mot SALPÊTRE.

Le Nitre étant un des composans de la poudre à canon, les gouvernemens ont partout autorisé leurs agens à fouiller les écuries, les celliers, les caves des cultivateurs, pour en lessiver les terres & l'en retirer. Cette servitude, fort gênante dans certains cas, peut être évitée en construisant des nitrières artificielles, dont le produit est livré à ces agens à un prix suffisant pour en payer les frais. Je dois donc engager les cultivateurs des pays calcaires, les seuls où elle puisse être fructueuse, à spéculer sur cette fabrication, qui n'est point difficile. Ils trouveront dans le *Dictionnaire de Chimie* des instructions propres à les guider dans l'exécution de leurs projets à cet égard. (*Bosc.*)

NIVEAU. Ce mot, dans sa stricte signification, ne doit s'appliquer qu'à un terrein exactement parallèle à l'horizon & à l'instrument avec lequel on s'assure qu'il l'est; mais dans la pratique de la culture, on dit souvent qu'un terrein est de Niveau lorsque sa surface est parfaitement plane, c'est-à-dire, sans élévations & sans enfoncemens, quoique d'ailleurs il soit en pente d'un côté.

Il est toujours avantageux que les champs soient de Niveau dans cette dernière acception, parce les opérations des labours, des semailles, de la fauchaison, &c., s'y font plus facilement & mieux, & que les eaux n'y séjournent pas; mais la dépense s'oppose le plus souvent à ce qu'on les rende tels; cependant il est possible, par des labours partiels plus profonds, ou dirigés de telle ou telle manière, de parvenir petit à petit à ce but.

Quant aux jardins, leur nivellement est de rigueur, & toujours il doit se faire en même tems que le défoncement, à l'époque de leur formation.

Le plus souvent le coup d'œil suffit aux personnes exercées pour juger de l'exactitude d'un nivellement; dans le cas contraire, on fait usage, pour le reconnoître, de grandes règles de bois ou d'un cordeau.

Les liquides tendant toujours à se porter, par leur nature même, aux endroits les plus bas, on juge du Niveau de la seconde espèce par le cours des eaux, qui est d'autant plus rapide, que le terrein est plus incliné; & quand on veut mesurer cette inclinaison, on emploie l'instrument qu'on appelle *Niveau*, lequel n'est autre chose qu'un tube de verre long d'environ un pied, de la grosseur du doigt, à un pouce près rempli d'eau, & fermé aux deux bouts. Lorsqu'on donne à ce tube une position horizontale, la bulle d'air qui se trouve dans le vide coule dans la partie supérieure de sa longueur; & son arrivée au milieu de cette longueur, milieu, au préalable, marqué sur le verre, indique que ce tube est exactement parallèle à l'horizon, c'est-à-dire, est au Niveau parfait.

Ce Niveau ne s'emploie pas tel que je viens de le décrire; il s'applique ordinairement à une règle de bois, qui est supportée sur trois pieds mobiles, & qui est terminée de chaque côté par un alidade. *Voyez* NIVELLEMENT. (*Bosc.*)

NIVÉOLE ou PERCE-NEIGE. *Leucoium.*

Genre de plante de l'hexandrie monogynie & de la famille des *Narcisses*, réunissant quatre espèces, toutes cultivées dans nos jardins. Il est figuré planche 330 des *Illustrations des genres* de Lamarck.

Espèces.

1. La NIVÉOLE d'été.

Leucoium æstivum. Linn. ♃ Du midi de la France.

2. La NIVÉOLE d'été.
Leucoium estivum Linn. ♃ Du midi de la France.
3. La NIVÉOLE d'automne.
Leucoium autumnale. Linn. Du midi de l'Europe.
4. La NIVÉOLE à fleurs roses.
Leucoium roseum. Decand. ♃ De la Barbarie.
5. La NIVÉOLE à grandes fleurs.
Leucoium grandiflorum. Déc. ♃ De la Barbarie.

Culture.

Quoique ces plantes soient assez jolies, on ne les voit guère hors des jardins de botanique. Les trois premières espèces se contentent de la pleine terre & fleurissent abondamment. On les multiplie par la séparation de leurs caïeux. Elles demandent à être changées de place tous les trois ou quatre ans. Il est bon de les laisser en touffes de moyenne grosseur, car ce n'est que dans ce cas qu'elles procurent quelqu'effet. Leur place dans les jardins paysagers est au milieu des gazons, à quelque distance des massifs, près des fabriques, &c. *Voyez*, pour le surplus, au mot GALANTHINE.

Les deux dernières espèces exigent l'orangerie & sont très-rares. (*Bosc.*)

NOBLE-ÉPINE : nom vulgaire de l'AUBE-ÉPINE.

NOCCA. *Nocca.*

Arbrisseau qui seul forme un genre dans la pentandrie monogynie, fort voisin des LAXMANNES. Comme il n'est pas encore cultivé dans les jardins d'Europe, je n'ai rien à en dire. (*Bosc.*)

NOCTUELLE. *Noctua.*

Genre d'insecte de l'ordre des *Lépidoptères*, qui se rapproche des bombices & des phalènes, & dons les nombreuses espèces sont, ainsi que ces dernières, vulgairement connues sous le nom de *papillons de nuit.* *Voyez* le *Dictionnaire des Insectes.*

Quoique les larves (chenilles) des Noctuelles soient moins nuisibles aux cultivateurs que celles des bombices, des phalènes, des pyrales, des teignes, &c., il en est cependant beaucoup dont ils ont souvent à se plaindre, & que je dois en conséquence signaler ici.

La NOCTUELLE DE LA CARDÈRE. *Noctua dipsacea.* Fab. Sa chenille vit dans l'intérieur des têtes de la cardère, des artichauts, des scorsonères, & empêche leurs fleurs de se développer.

La NOCTUELLE HIBOU. *Noctua pronuba.* Fab. Sa chenille se trouve sur les plantes cultivées de la famille des *Crucifères.* Elle dévore les choux, les raves, les juliennes, les giroflées, &c., & se cache dans la terre pendant le jour.

La NOCTUELLE DU SEIGLE dévore les racines du seigle dans les parties septentrionales de l'Europe. Je ne l'ai jamais trouvée en France.

La NOCTUELLE C-NOIR. C'est sur les feuilles des épinards qu'elle se jette, & les jardiniers ne remarquent que trop souvent ses ravages.

La NOCTUELLE DU CHOU. Sa chenille se dispute les feuilles de cette plante, ainsi que celles des raves, avec celles des papillons blancs ; mais, plus habile qu'elles, elle se cache entre les feuilles pendant le jour.

La NOCTUELLE GAMMA. Sa chenille se tient constamment cachée pendant le jour ; aussi l'accuse-t-on rarement des ravages qu'elle cause. Presque toutes les plantes potagères lui conviennent. Il est des années où elle est excessivement abondante.

La NOCTUELLE DU PIED-D'ALOUETTE. Sa chenille dépouille quelquefois les pieds-d'alouette de leurs feuilles ; elle mange même leurs capsules.

La NOCTUELLE DES POIS n'est pas toujours commune ; mais lorsqu'elle l'est, sa chenille nuit beaucoup aux récoltes des pois, des gesses, des vesces & autres légumineuses cultivées.

La NOCTUELLE DES LÉGUMES. Sa chenille, qui est connue sous le nom de *ver gris*, se tient le jour dans la terre & mange la nuit le collet des racines ou le cœur des salades & autres plantes cultivées dans les jardins. Les dommages qu'elle cause, sont souvent considérables.

La NOCTUELLE DE LA PERSICAIRE. Sa chenille a les mêmes habitudes, vit des mêmes plantes & cause les mêmes dégâts que la précédente.

La NOCTUELLE DES SALSIFIS. Ce que j'ai dit des deux précédentes convient à celle-ci.

Les NOCTUELLES DE L'OSEILLE & DE LA LAITUE sont dans le même cas.

La NOCTUELLE EXOLÈTE, dont la chenille vit sur les mêmes plantes, doit être rangée dans la même cathégorie.

La NOCTUELLE PSY. Sa chenille vit sur les arbres fruitiers ; elle cause souvent de grands dommages aux pommiers ; elle est facile à voir & à détruire.

Les chenilles de la plupart des Noctuelles vivant isolées, & même souvent cachées pendant le jour, il devient difficile de leur faire une chasse utile : c'est aux pluies froides, aux oiseaux, aux ichneumons que les cultivateurs doivent s'en rapporter pour en diminuer le nombre. Les carabes doré & granuleux font aussi un grand carnage de celles qui se cachent dans la terre ; ainsi les jardiniers ne doivent pas détruire ces deux derniers insectes, comme ils le font si souvent.

Quant aux insectes parfaits, on en peut bien tuer quelques-uns pendant la chaleur du jour, contre les arbres & les murs, lieux où ils se tiennent alors ; mais la destruction qu'on peut en faire est nécessairement fort bornée. (*Bosc.*)

NŒUD. On appelle ainsi, dans le bois, la base

des branches de l'arbre, base qui interrompt la continuité des fibres de ce bois.

Les Nœuds formés dans la jeunesse de l'arbre disparoissent, sans qu'on sache comment, par les progrès de l'âge : ceux qui se font produits plus tard nuisent beaucoup à la solidité des bois, & s'opposent à leur emploi dans un grand nombre de circonstances. Il est des espèces en qui ils font plus abondans & où ils s'oblitèrent plus difficilement, le sapin, par exemple.

Il est rare que les cultivateurs soient dans le cas de prendre en considération les Nœuds pendant la vie de l'arbre; ainsi je ne m'étendrai pas plus au long sur ce qui les concerne. (*Bosc.*)

NOIR DES GRAINS. *Voyez* CARIE & CHARBON.

NOIR-MUSEAU : espèce de dartre qui se montre sur le museau des moutons, & qui est provoquée par des blessures jointes à la mal-propreté.

Cette maladie, qu'on appelle aussi *vivrogne*, est peu dangereuse; mais quelquefois elle se prolonge pendant un long espace de tems. On la guérit, après avoir mis à part les individus qui en sont attaqués, en frottant les croûtes noirâtres qui la caractérisent, avec de l'onguent composé de deux parties de graisse & d'une de fleur de soufre.

NOIR-PRUN. *Voyez* NERPRUN.

NOISETIER. *Corylus.*

Genre de plante qui renferme quelques arbres ou arbrisseaux, dont un est fort commun dans nos forêts, & dont la plupart se cultivent dans nos jardins. Il en sera fait mention dans le *Dictionnaire des Arbres & Arbustes*.

NOISETIER DE SAINT-DOMINGUE. C'est l'OMPHALIER.

NOIX. Ce sont généralement les fruits qui ont une coque dure & ligneuse, recouverte par un brou, & particuliérement le fruit du NOYER. *Voyez* ce mot.

NOIX D'ACAJOU. *Voyez* ACAJOU.

NOIX D'AREC. *Voyez* AREC.

NOIX DE BANCOUL. *Voyez* BANCOULIER.

NOIX DES BARBADES : fruit du RICIN & du MÉDICINIER CATHARTIQUE. *Voyez* ces mots.

NOIX DE BECUIBA : fruit de l'Inde qui donne une huile qu'on dit être spécifique contre les cancers. On ignore de quel arbre elle provient.

NOIX DE BEN. *Voyez* BEN.

NOIX DE BENGALE. C'est le MYROBOLAN CITRIN.

NOIX DE COCO. *Voyez* COCOTIER.

NOIX DE COURBARIL. *Voyez* COURBARIL.

NOIX DE CYPRÈS. *Voyez* CYPRÈS.

NOIX DE GALLE : excroissance que fait naître un insecte sur un chêne du Levant, & dont on fait un grand usage dans la teinture, dans le tanage des cuirs, & même en médecine; elle est un des principaux ingrédiens de l'encre. *Voyez* GALLE & CHENE.

Ce seroit une très-utile opération que d'introduire ce chêne & l'insecte dans le midi de la France, où ils se multiplieroient aussi facilement que dans leur pays natal. (*Bosc.*)

NOIX DE GIROFLE. C'est le fruit du RAVENALA.

NOIX ISAGUER. C'est la même chose que la féve de Saint-Ignace.

NOIX D'INDE. C'est quelquefois le fruit du COCOTIER, & d'autres fois celui du CACAOTIER. *Voyez* ces mots.

NOIX DE MARAIS : fruit de l'ANACARDE ORIENTALE. *Voyez* ce mot.

NOIX MÉDICINALE : fruit d'un RONDIER. *Voyez* ce mot.

NOIX MÉTEL : fruit de la STRAMOINE de ce nom. *Voyez* ce mot.

NOIX DES MOLUQUES. C'est la même chose que la NOIX VOMIQUE.

NOIX MUSCADE. *Voyez* MUSCADIER.

NOIX NARCOTIQUE. On ignore à quel arbre elle appartient.

NOIX PACANE. *Voyez* NOYER PACAN.

NOIX DE PISTACHE. *Voyez* PISTACHIER.

NOIX DE RICIN. *Voyez* MEDICINIER CATHARTIQUE.

NOIX DE SERPENT. C'est le fruit, ou de la FEUILLEE A FEUILLES ENTIÈRES, ou de l'AHOUHAI. *Voyez* ces mots.

NOIX DE TERRE : racine de SURON. *Voyez* ce mot.

NOIX VOMIQUE : fruit du STRYCHNOS.

NOLANE. *Nolana.*

Genre de plante de la pentandrie monogynie & de la famille des *Borraginées*, qui réunit cinq espèces, dont une se cultive dans nos écoles de botanique. Il est figuré pl. 97 des *Illustrations des genres* de Lamarck.

Espèces.

1. La NOLANE couchée.
Nolana prostrata. Linn. ⊙ Du Pérou.

2. La NOLANE couronnée.
Nolana coronata. Ruiz & Pav. ⊙ Du Pérou.

3. La NOLANE spatulée.
Nolana spathulata. Ruiz & Pav. ⊙ Du Pérou.

4. La NOLANE enflée.
Nolana inflata. Ruiz & Pav. ⊙ Du Pérou.

5. La NOLANE à feuilles contournées.
Nolana revoluta. Ruiz & Pav. ⊙ Du Pérou.

Culture.

La Nolane couchée, la seule que nous possédions, est une assez jolie plante. On la sème dans le climat de Paris, lorsque les gelées ne sont plus à craindre, dans un pot rempli d'un mélange de terre franche & de terre de bruyère, pot qu'on enterre dans une couche nue, & qu'on arrose au besoin. Les pieds levés s'éclaircissent & se sarclent à l'ordinaire. Lorsqu'ils ont acquis un peu de force, on place le pot contre un mur exposé au midi, où on les repique en pleine terre à la même exposition. Leurs graines mûrissent fort bien, & il arrive même souvent qu'elles lèvent spontanément l'année suivante. (*Bosc.*)

NOLINE. *Nolina*.

Plante vivace, à racine bulbeuse, tuniquée, qui seule forme un genre dans l'hexandrie trigynie & dans la famille des *Liliacées*.

Cette plante, qui est originaire de Virginie, n'étant pas cultivée dans nos jardins, ne peut être l'objet d'un article étendu. (*Bosc.*)

NOMBRIL DE VÉNUS : nom vulgaire du COTYLET.

NONAIN. On appelle ainsi l'asphodèle rameux aux environs de Tours.

NONATELIE. Genre de plante établi par Aublet, mais depuis réuni aux PSYCHOTRES. *Voyez* ce mot.

NONE, TRUIE COUPÉE. *Voyez* COCHON.

NONETTE : variété de FROMENT des environs de Genève.

NON-FEUILLÉES. *Aphyllanthes*.

Plante vivace de l'hexandrie monogynie & de la famille des *Joncs*, qui croît aux environs de Montpellier, où elle est connue sous le nom de *bragaloue*. Elle est figurée pl. 252 des *Illustrations des genres* de Lamarck.

Cette plante se multiplie difficilement de graines; aussi se voit-elle rarement dans les jardins de botanique, & jamais dans les autres. Les pieds qu'on fait venir de son pays natal se mettent en place ou contre un mur exposé au midi, dans une terre sèche & légère; le mieux est de l'abandonner à elle-même, en empêchant cependant les grandes plantes de l'étouffer. On peut ensuite la multiplier par le déchirement de ses racines. Il est bon de couvrir ces dernières de feuilles sèches ou de fougères pendant les fortes gelées de l'hiver. (*Bosc.*)

NOPAL : espèce de cactier, originaire du Mexique, & sur lequel vit la cochenille.

Il a été question de la culture de cette espèce au mot CACTIER.

NORANTE. *Ascium*.

Arbre de la Guiane, d'une singulière conformation, qui forme un genre dans la polyandrie monogynie, & dont un rameau est figuré pl. 447 des *Illustrations des genres* de Lamarck.

Cet arbre n'étant pas cultivé dans nos jardins, ne peut devenir ici l'objet d'un article plus étendu. (*Bosc.*)

NORD ou SEPTENTRION : exposition directement contraire à celle du midi, c'est-à-dire, celle que les rayons du soleil ne peuvent jamais frapper directement.

La chaleur & la lumière étant les élémens de la saveur des légumes & des fruits, l'exposition du Nord ne convient point à la plupart des cultures; aussi, dans les pays froids, est-elle réservée aux bois, surtout aux bois d'arbres résineux; aussi nos pères ne savoient-ils qu'en faire dans leurs jardins ornés.

Mais comme beaucoup d'arbres, d'arbrisseaux, d'arbustes & de plantes d'agrément, outre les arbres résineux, préfèrent l'exposition du Nord, on sait depuis quelques années en tirer un tel parti dans les jardins paysagers, que c'est celle qui y fournit le plus de moyens d'agrément. En effet, c'est là où se placent exclusivement les ROSAGES (*rhododendron*), les KALMIA, les ANDROMÈDES, & tant d'autres plantes de terre de bruyère qui sont recherchées à raison de la beauté de leurs fleurs, de leur feuillage, &c. *Voyez* BRUYÈRE.

C'est encore au Nord que, dans les pépinières bien conduites, on sème la plupart des graines des plantes de l'Amérique septentrionale, toutes celles des arbres résineux & des plantes de terre de bruyère. *Voyez* SEMIS.

Une singularité qui ne s'explique pas encore d'une manière complétement satisfaisante, c'est que l'exposition du Nord, qui, étant la plus froide, paroîtroit devoir être la plus facilement atteinte par les gelées, est cependant celle où les arbres, arbrisseaux & arbustes qui les craignent le plus, résistent le mieux à leur action; aussi aujourd'hui est-ce au Nord qu'on place ceux de ces arbres, arbrisseaux & arbustes qui sont originaires des parties méridionales de l'Europe & de l'Amérique septentrionale, & qui peuvent supporter la pleine terre dans le climat de Paris, mais auxquels les fortes gelées sont nuisibles.

Ayant indiqué aux articles de ces arbres, arbrisseaux & arbustes, ceux qui se trouvent dans le cas ci-dessus, je me crois dispensé d'en donner de nouveau l'énumération.

Les vignes de la côte de Reims & autres qui donnent les meilleurs vins de Champagne, sont plantées au Nord. Dans le Midi, une pareille exposition ne donneroit pas du vin potable. *Voyez* VIGNES. (*Bosc.*)

NORIA : nom d'une machine dont on fait usage dans l'Orient, en Afrique, & en Espagne, pour les irrigations. C'est une suite de pots de terre attachés à une chaîne qui tourne autour d'une roue verticale, mise en mouvement par un cheval.

Les Norias diffèrent peu de la machine employée dans les puits dits *à chapelet.* (*Voyez* PUITS.) Il est à desirer qu'on les multiplie beaucoup dans les parties méridionales de la France.

NORRIN : synonyme d'ALVIN. *Voyez* ÉTANG.

NOSTOC : espèce du genre TREMELLE. *Voy.* ce mot.

NOTHRIE. *Nothria.*

Plante du Cap de Bonne-espérance, fort voisine des MOSAMBÉS, & dont Bergius a fait un genre dans la monadelphie hexandrie.

Elle ne se trouve pas dans nos jardins. (*Bosc.*)

NOU : synonyme d'AUGE.

NOUE. On appelle ainsi, dans quelques lieux, les parties creuses des terres arables argileuses, dans lesquelles les eaux des pluies séjournent, & où les récoltes sont exposées à manquer par cette cause. On diminue les inconvéniens des terres qui offrent beaucoup de Noues, par des FOSSÉS, des GOUTIÈRES, des ÉGOUTS, des SAIGNÉES, des MAITRES, &c.

On donne aussi ce nom, dans d'autres endroits, aux intervalles des billions, parce qu'ils offrent les mêmes circonstances. (*Bosc.*)

NOUEUX : bois qui renferme beaucoup de NŒUDS. *Voyez* ce mot.

Un bois très-noueux est tantôt de moindre, tantôt de plus grande valeur, selon le but qu'on se propose en l'employant.

NOUGAT : marc de l'huile de noix dans quelques cantons. *Voyez* NOYER dans le *Dictionnaire des Arbres & Arbustes.*

NOUGUÉ & NOGUIER : synonymes de NOYER.

NOURRITURE DES ANIMAUX. Cet article pourroit être fort étendu sous les rapports théoriques & pratiques; mais son objet ayant été traité d'une manière générale dans le *Dictionnaire de Physiologie* & dans celui-ci, aux articles de chacun des animaux, je me bornerai aux seules considérations suivantes :

La Nourriture du bétail à l'étable a été l'objet de nombreuses discussions entre les agronomes d'Angleterre, d'Allemagne, de Suisse & même de France. Point de doute que par cette pratique on obtienne quatre fois plus de fumier, & l'importance d'abondans engrais n'est contestée par personne. Reste donc à savoir si les frais de coupe & de transport journalier des fourrages ne compensent pas l'augmentation d'engrais. Or, on ne peut décider de ce fait par un principe général. C'est à chaque cultivateur à établir ses calculs d'après la position de ses terres, relativement aux bâtimens de son exploitation, à la cherté de la main-d'œuvre dans son canton, & à beaucoup d'autres circonstances trop longues à déduire. Il peut aussi rechecher s'il ne lui seroit pas plus économique d'établir des hangars temporaires dans le voisinage des terres éloignées & cultivées en prairies artificielles ou en racines nourrissantes, que de faire transporter les produits de ces terres jusqu'à son habitation.

La Nourriture à l'écurie ou à l'étable, lorsque d'ailleurs les bâtimens sont dans une situation saine, & que leur intérieur est convenablement aéré & aussi fréquemment nétoyé qu'il est nécessaire, devient sans inconvénient pour les chevaux & les bœufs assujettis à un travail fréquent; mais elle en a de graves pour les vaches, dont elle n'augmente le lait qu'en diminuant sa bonne qualité, ainsi que celle du beurre & du fromage qui en proviennent, & qu'elle expose à de plus fréquentes & plus dangereuses maladies, ainsi que l'expérience & la théorie le prouvent. Je veux donc que les vaches ne soient nourries qu'en partie à l'étable, c'est-à-dire, ou qu'on les fasse sortir chaque jour pendant quelques heures, ou tous les deux jours pendant la matinée ou la soirée, ou tous les trois jours depuis le matin jusqu'au soir. La variété dans la Nourriture concourt aussi puissamment, & à la qualité du lait, & à la santé des vaches; en conséquence elles seront, dans ces jours de sortie, conduites sur des terreins différens.

Quant aux moutons, ils ne peuvent pas souffrir un trop long séjour dans les bergeries & les parcs; cependant ils remplissent fort bien & même mieux le but qui fait desirer de tenir les autres bestiaux à couvert. *Voyez* BÊTES A LAINE.

De tous les animaux domestiques, le cochon est celui qui se ressent le moins du défaut d'exercice & du séjour dans un air infect; aussi est-il très-commun d'en voir qui ne sortent de leur étroite demeure que pendant le tems qu'on la nétoie, c'est-à-dire, cinq minutes par semaine. Cependant combien la chair de ces cochons est fade, quand on la compare à celle de ceux qui ont vécu en liberté dans les bois!

D'après des expériences faites en Allemagne, quatre-vingt-dix livres, ou de trèfle, ou de luzerne, ou de sainfoin, ou de vesce sèche; deux cents livres de pommes de terre, deux cent soixante livres de carottes, trois cent cinquante livres de rutabuga, quatre cent soixante livres de betteraves, cinq cent vingt-cinq livres de raves, & six cent livres de choux, équivalent à cent livres de foin de bonne qualité, pour la Nourriture des bestiaux. (*Bosc.*)

NOURRITURE DES PLANTES. *Voyez* NUTRITION.

NOUURE : terme qui indique le succès de la fécondation des plantes, succès que rend visible le grossissement de l'ovaire. *Voyez* FÉCONDATION & COULURE.

La fécondation, comme personne ne l'ignore en ce moment, s'exécute dans les plantes par l'émission de la poussière des étamines, c'est-à-dire, du pollen, & par son introduction dans l'ovaire, ou le germe, par l'intermède du ſtigmate. Ainſi, toutes les fois que les pouſſières des étamines ne peuvent pas ſe porter ſur le ſtigmate, ou toutes les fois que le ſtigmate ne peut pas les recevoir, il n'y a pas de fécondation.

Ces circonſtances arrivent ſouvent, & il eſt quelquefois poſſible au cultivateur de les détourner. Ce ſeroit un grand bonheur qu'il le pût toujours; car c'eſt ſouvent au ſeul défaut de fécondation qu'il doit, non-ſeulement la diminution, mais la perte totale de ſes récoltes en céréales, en vin, en fruits, &c.

Pour que la fécondation ait lieu, il faut que les fleurs ſoient bien développées, qu'elles ſoient frappées de la lumière, & que le tems ne ſoit ni ſec, ni froid ni pluvieux.

Toutes les fois qu'une cauſe organique empêche les étamines ou le piſtil de ſe développer convenablement, il n'y a pas de fécondation. Ainſi, dans les arbres très-vieux, les arbres malades, dans les années ſèches, dans les terreins très-arides, dans les arbres nouvellement plantés, dans ceux qui ont donné exceſſivement de fruits l'année précédente, la Nouure n'a pas lieu, parce que la ſéve ne ſe porte pas aſſez abondamment aux fleurs. Dans les derniers cas, on la favoriſe par des arroſemens, par de la mouſſe, de la litière & autres moyens qui donnent ou qui conſervent l'humidité.

Un vent très-ſec produit auſſi le même effet, en abſorbant la portion d'humidité qui eſt néceſſaire à la pouſſière des étamines pour ſe développer, ou celle qui eſt néceſſaire au ſtigmate pour abſorber cette pouſſière.

Toutes les fois que l'air eſt froid, la ſéve ne monte pas, & les étamines, ainſi que le piſtil, ſe trouvent dans une diſpoſition ſemblable à la précédente : ainſi, dans ce cas, ils uſent leurs facultés, ſi je puis employer ce terme, en efforts impuiſſans. On peut du moins le préſumer, puiſque, quand ce froid dure quelque tems, il n'y a pas fécondation.

Toutes les fois qu'il tombe de la pluie pluſieurs jours de ſuite, à l'époque de la fécondation, elle ne s'opère pas, ſoit parce que cette pluie entraîne la pouſſière fécondante, ſoit parce qu'elle l'empêche de ſe fixer ſur le ſtigmate, en enlevant le miel que la nature y a mis pour la retenir.

Une pluie froide, on le conçoit, doit produire encore des réſultats plus nuiſibles, lorſqu'elle eſt durable. Il en eſt de même d'une inondation qui dure quelque tems, lors même qu'elle auroit lieu quinze jours avant l'époque de la fécondation.

De plus, un vent violent doit déchirer, avant le tems, les loges des étamines, dont les membranes ſont toujours très-minces, & emporter au loin la pouſſière qu'elles contiennent.

Il eſt d'obſervation que les fleurs ne ſe fécondent pas à l'obſcurité. Que penſer de ces jardiniers qui placent d'épais paillaſſons devant leurs abricotiers, leurs pêchers, &c., pendant qu'ils ſont en fleurs?

Une autre ſérie de cauſes contraires de Nouure agit également très-ſouvent.

Ainſi, dans les arbres jeunes, dans les terreins très-fertiles, dans les années chaudes & humides, la ſéve ſe portant avec force dans la direction des pouſſes, n'entre pas dans les conduits des fleurs, & leur fécondation n'a pas lieu.

Ainſi, lorſque le ſol eſt beaucoup plus chaud ou plus froid que l'atmoſphère, il y a toujours coulure; c'eſt pourquoi elle a ſi fréquemment lieu dans les vallées profondes, dans les lieux fort abondans en ſources, au midi ou au nord des murs élevés.

Ainſi, les arbres qu'on multiplie depuis long-tems par marcottes ou boutures perdent ſouvent la faculté de donner des fruits.

Certaines ſécrétions des plantes, comme la gomme, le miélat, &c., ſont ſouvent la cauſe immédiate de la coulure.

Les termes moyens ſont donc, dans tous les cas, ceux qui ſont les plus favorables à la fécondation.

C'eſt pour que quelques fleurs échappent à l'influence des circonſtances nuiſibles, que la nature a voulu que la plupart s'ouvriſſent à des époques différentes. Si la vigne offre plus que les autres arbres les triſtes effets de la coulure, c'eſt que ſa floraiſon s'opère en très-peu de jours, & que peu de fleurs échappent par conſéquent à ſon influence lorſque le tems eſt mauvais.

Les inſectes, principalement les abeilles & autres de la même famille, favoriſent extrêmement la fécondation, en déchirant les bourſes des étamines, & en portant ſur le piſtil leur pouſſière fécondante.

La Nouure des fruits eſt une criſe pour les arbres; elle en ſuſpend la végétation & leur cauſe quelquefois la mort; elle eſt le dernier effort de certains arbres languiſſans.

Ce que je viens de dire ſuffira au cultivateur intelligent pour aſſurer la Nouure des fruits de ſes eſpaliers, par des paillaſſons & même de ſimples toiles, par des arroſemens, &c.; mais pour les arbres en plein vent, mais pour le blé, mais pour la vigne, il ne peut que ſe ſoumettre à ſon ſort. (*Bosc.*)

L'ARGURE, la LIGATURE, l'INCISION de l'écorce des branches aſſurent auſſi la Nouure des fruits. *Voyez* ces mots. (*Bosc.*)

NOUVELETTE : jeune BREBIS. *Voy.* BÊTES A LAINE.

NOVALE : tantôt c'eſt la JACHÈRE, tantôt une terre nouvellement DÉFRICHÉE.

NOVEMBRE : le ſecond mois de l'automne, celui où commence ordinairement l'hiver dans le climat de Paris, c'eſt-à-dire, où les plantes achèvent de perdre leurs feuilles, où les froids deviennent vifs, &c.

Pendant

Pendant ce mois on achève de semer les blés, de donner les premiers labours pour les orges, les avoines & autres graines du printems. On plante les arbres, les vignes; on coupe les bois, &c.

Dans les jardins on taille ou émonde les arbres fruitiers; on butte les artichauts; on donne le premier labour d'hiver & le dernier ratissage aux allées; on transporte dans la serre aux légumes, ou on enfouit en terre, les carottes, les panais, les pommes de terre, les navets, les betteraves & autres racines; les choux, les cardons, les chicorées & autres légumes qui craignent la gelée ou l'humidité.

Les semis ne se font plus que sur couche ou contre des abris, & se bornent à des radis, des salades, du persil.

On plante les oignons & les bulbes des narcisses, des jacinthes, des tulipes, des renoncules, des anémones & autres fleurs.

C'est alors que naissent les agneaux & qu'ils demandent le plus de soins, ainsi que leurs mères; que les cochons se tuent avec le plus d'avantage pour les provisions d'hiver; que les bœufs de réforme se vendent.

C'est encore l'époque de la fabrication des huiles de noix, de faine, de navette, de colza, de chenevis, de pavot, &c.; de la récolte des glands & du rassemblement des feuilles destinées à couvrir les artichauts & les semis pendant les gelées. (*Bosc.*)

NOYAU : enveloppe ligneuse de plusieurs graines, principalement de celles qui appartiennent à des DRUPES. *Voyez* ce mot.

L'AMANDIER, le PÊCHER, l'ABRICOTIER, le PRUNIER, le CERISIER & le MYRTE (*voyez* tous ces mots) ont des fruits à Noyaux.

Le NOYER, le NOISETIER, le MUSCADIER, quoiqu'ayant un drupe pour fruit, ne sont pas appelés arbres à fruits à Noyaux.

Tous les Noyaux ont une graine huileuse qu'on appelle AMANDE (*voyez* ce mot), & qui est fort susceptible de rancidité. On en peut faire de l'huile; mais on n'en fait guère, & encore en petite quantité, qu'avec l'amande proprement dite.

Cette disposition à rancir des amandes des Noyaux, oblige à stratifier en terre ceux qu'on desire ne planter qu'au printems, soit pour les garantir du pillage des animaux rongeurs, soit pour toute autre cause. *Voy.* STRATIFICATION.

Il est des cultivateurs qui cassent les Noyaux avant de les mettre en terre, espérant par-là accélérer la germination de leur amande; mais quoiqu'on arrive quelquefois, par ce moyen, au résultat desiré, il est sujet à trop d'accidens pour qu'on ne doive pas le repousser. Je préfère de beaucoup celui de faire tremper les Noyaux plusieurs jours dans l'eau avant de les mettre en terre, comme arrivant au même but presqu'aussitôt & sans inconvéniens.

Presque toujours on laisse germer dans le lieu de leur stratification les Noyaux auxquels on fait subir cette opération, & on y gagne la faculté de ne planter que ceux dont on est sûr, ainsi que de pouvoir pincer le pivot du germe. *Voyez* PIVOT.

Les Noyaux se plantent presque toujours à la main & à une distance plus ou moins considérable, selon l'objet qu'on a en vue. Ainsi, s'ils doivent donner des arbres pour rester en place, il faudra les écarter de plusieurs toises; ainsi, si on ne veut que les élever en pépinière, pour les greffer & les transporter ailleurs, s'ils appartiennent à l'amandier, au pêcher, à l'abricotier, on ne les écartera que de deux pieds; & s'ils appartiennent au prunier & au cerisier, on les semera seulement à deux ou trois pouces.

La raison de cette différence, c'est qu'on relève le plant de ces derniers la première année, & qu'on ne greffe ce plant que la seconde.

Rarement on plante des Noyaux de PÊCHERS & d'ABRICOTIERS dans les pépinières. J'en ai donné la raison aux articles de ces deux arbres.

Souvent les Noyaux qui n'ont pas été stratifiés ne lèvent que la seconde & même la troisième année; ainsi il ne faut pas se presser de labourer la planche où ils ont été placés. (*Bosc.*)

NOYER. *JUGLANS.*

Genre d'arbres qui renferme plusieurs espèces, la plupart cultivées en Europe, & dont une est un objet de grande importance pour quelques parties de l'Empire: il en sera question dans le *Dictionnaire des Arbres & Arbustes*.

NOYER DE LA JAMAÏQUE. *Voy.* SABLIER.

NOYER DE SAINT-DOMINGUE. On ignore à quel genre il appartient. C'est un grand arbre dont le fruit se mange comme les noix, dont il a le goût.

NUAGE : vapeurs, sous forme vésiculaire, réunies à une certaine hauteur dans l'atmosphère. *Voyez* le *Dictionnaire de Physique*.

Les brouillards ne diffèrent des Nuages que parce qu'ils sont à la surface de la terre.

Comme générateurs de la pluie, comme dépositaires des orages, comme pronostics du changement de tems, comme interceptant les rayons du soleil, les Nuages doivent être les objets de l'observation journalière des cultivateurs; mais comme ils n'ont aucun moyen d'agir sur eux, je ne dois pas en entretenir plus long-tems le lecteur. *Voyez* SOLEIL, LUMIÈRE, OMBRE, EAU, BROUILLARD, PLUIE, NEIGE, GRÊLE, VENT, ÉLECTRICITÉ, TONNERRE, &c. (*Bosc.*)

NUIT : absence complète du soleil pour une latitude terrestre. *Voyez* le *Dictionnaire de Physique*.

Sous l'équateur les Nuits sont égales aux jours; au pôle il n'y a qu'une Nuit & qu'un jour, chacun de six mois : dans l'intervalle, les Nuits & les jours varient en longueur, suivant les saisons. En France, la plus longue Nuit est de dix-huit heures au 21 décembre, & la plus courte de six au 21 juin. *Voyez* SOLSTICES. Aux équinoxes, c'est-à-dire, au 21 mars & au 21 septembre, les Nuits sont égales aux jours.

On est dans l'habitude de ne considérer les effets de la Nuit sur les animaux & sur les plantes que sous les rapports négatifs : c'est probablement cette circonstance qui a empêché les observateurs de porter leurs regards sur ces effets; du moins je ne connois pas d'ouvrage qui les ait pris en considération spéciale, soit dans les animaux, soit dans les végétaux. *Voyez* aux mots SOLEIL, LUMIÈRE, JOUR, CHALEUR, ÉTIOLEMENT.

C'est pendant la Nuit que les animaux devroient tous dormir pour réparer leurs forces; mais la crainte de l'homme a changé la loi générale pour ceux qui pâturent & vivent dans l'état sauvage. *Voyez* SOMMEIL.

Quant aux animaux carnassiers, ils ont dû, pour la plupart, dormir pendant le jour, parce qu'ils trouvoient, outre la sécurité mentionnée ci-dessus, une plus grande facilité de surprendre leur proie pendant la Nuit.

Il y a tout lieu de croire que les plantes ont une sorte de sommeil, puisqu'il en est beaucoup qui ferment leurs feuilles & leurs fleurs aux approches de la Nuit; cependant les expériences qu'on a tentées pour s'en assurer positivement n'ont pas donné de résultats satisfaisans.

Pendant la Nuit il émane de l'azote des feuilles des plantes; pendant le jour c'est de l'oxigène qui s'en exhale : cette différence seule prouve combien sont grands les changemens que l'obscurité opère momentanément en eux.

M. Gardini a prouvé de plus, par des expériences positives, que les plantes poussoient plus rapidement la Nuit que le jour pendant l'été, & il attribue ce fait à l'ÉTIOLEMENT (*voyez* ce mot). Il me paroît qu'il est possible que d'autres causes, comme la plus grande humidité, y concourent également.

On doit à Decandolle la confirmation du fait que la lumière artificielle peut, jusqu'à un certain point, suppléer celle du soleil.

C'est le froid (*voyez* ce mot) qui a le plus d'action positive pendant la Nuit sur la végétation des plantes, surtout dans leur première jeunesse, & au printems ou en automne; aussi est-ce alors que les cultivateurs ferment leurs châssis, couvrent leurs semis de paillassons ou autres objets pendant la Nuit, & rentrent certaines de celles qui sont en pots dans l'orangerie.

Je m'arrête ici, tout ce que je pourrois dire de plus n'étant pas, à mon avis, suffisamment prouvé. (*Bosc.*)

NUMMULAIRE : espèce du genre des LYSIMACHIES. *Voyez* ce mot.

NUNÈZE. *Nunezia.*

Palmier du Pérou, qui seul forme un genre dans la dioécie hexandrie.

Ce palmier n'est pas cultivé en Europe. (*Bosc.*)

NUNNÉZARE ou NUNNÉZIE. *Nunnezharie.*

Petit palmier du Pérou, qui seul forme un genre dans l'hexandrie trigynie, ou dans la polygamie monoécie, & qui n'est cultivé ni dans son pays natal ni en Europe. (*Bosc.*)

NUTRITION DES PLANTES. Cet objet ayant été celui d'un article étendu dans le *Dictionnaire de Physiologie végétale*, je me dispenserai d'en parler ici.

Je dirai seulement que deux opinions partagent les physiologistes sur ce qui a rapport à la Nutrition des plantes, c'est-à-dire, que les uns pensent que chacune exige une nourriture exclusive, nourriture que les racines savent aller chercher au loin & s'approprier, & que les autres croient que cette nourriture est la même pour toutes, mais que chacune la modifie dans ses organes : cette dernière me paroît plus probable que la première; mais je n'affirmerai pas qu'elle soit la bonne. Ce que je sais, c'est que l'humus est la seule partie nutritive de la terre, qu'il doit être à l'état soluble pour pouvoir entrer dans la circulation, & que l'EAU, l'AIR, la LUMIÈRE, la CHALEUR sont indispensables à l'action nutritive des plantes. *Voyez* ces mots & ceux TERREAU, HUMUS, ALCALI, CHAUX. (*Bosc.*)

NUXIER. *Ægyphila.*

Genre de plante de la tétrandrie monogynie & de la famille des *Gatilliers*, dans lequel se trouvent réunies neuf espèces, dont deux sont cultivées dans nos serres. Il est figuré pl. 71 des *Illustrations des genres* de Lamarck.

Observations.

Quelques botanistes pensent que la troisième espèce doit former un genre particulier, à qui le nom de *Nuxier* conviendroit exclusivement.

Espèces.

1. Le NUXIER de la Martinique.

Ægyphila martinicensis. Linn. ♄ De la Martinique.

2. Le NUXIER élevé.

Ægyphila elata. Swartz. ♄ De la Jamaïque.

3. Le NUXIER verticillé.

Ægyphila nuxia. Willd. ♄ De l'Ile-Bourbon.

4. Le Nuxier à feuilles velues.
Ægyphila villosa. Willd. ♄ De Cayenne.
5. Le Nuxier arborescent.
Ægyphila arborescens. Willd. ♄ De Cayenne.
6. Le Nuxier glabre.
Ægyphila lævis. Willd. ♄ De Cayenne.
7. Le Nuxier fétide.
Ægyphila fetida. Swartz. ♄ De la Jamaïque.
8. Le Nuxier trichotome.
Ægyphila trisulca. Swartz. ♄ De la Jamaïque.
9. Le Nuxier à grandes feuilles.
Ægyphila macrophylla. Desf. ♄ De l'Amérique méridionale.

Culture.

La première & la dernière espèce se cultivent au Jardin du Muséum & se tiennent en serre toute l'année. On les multiplie très-difficilement de marcottes, & elles ne donnent point de rejetons. Une terre forte, qu'on renouvelle tous les deux ans, est celle qui leur convient le mieux. (*Bosc.*)

NYALEL : arbre toujours vert, qui croît au Malabar, & dont les fruits sont délicieux. Il est figuré par Rheed.

Comme il n'est pas cultivé, je n'ai rien à en dire de plus. (*Bosc.*)

NYCTÉRION. *Nycterium.*

Genre de plante établi par Ventenat dans le Jardin de la Malmaison, pour placer deux morelles, dont une des étamines est beaucoup plus grosse que les autres. *Voyez* Morelle.

Espèces.

1. Le Nyctérion à feuilles en cœur.
Nycterium cordifolium. Vent. ♄ Des Canaries.
2. Le Nyctérion à feuilles de cardamine.
Nycterium cardaminæfolium. Vent. ♄ Du Brésil. (*Bosc.*)

NYCTÉRISITION. *Nycterisition.*

Grand arbre du Pérou, qui seul forme un genre dans la pentandrie monogynie, & qui laisse fluer de son écorce une liqueur blanche, qui devient rouge en séchant.

Cet arbre n'a pas encore été introduit dans nos cultures. (*Bosc.*)

NYMPHE, PUPE ou CHRYSALIDE. C'est le second état dans lequel passent presque tous les insectes avant de parvenir au dernier, appelé *parfait.*

La plupart des Nymphes sont cachées dans la terre, dans l'intérieur des arbres, dans des cocons de soie qu'elles ont construits. Le plus petit nombre se fixe contre les murs, les arbres, &c. Il n'y a que celles des névroptères & des hémiptères qui conservent la faculté de se mouvoir.

Il est des cas où la connoissance des Nymphes intéresse plus les cultivateurs que celle des larves & des insectes parfaits ; c'est lorsqu'elles sont plus faciles à trouver, & par conséquent à tuer que ces derniers : telle est celle des papillons du chou, laquelle se fixe par sa partie postérieure contre les arbres & les murs, où elle est très en vue. *Voyez* Papillon.

Je n'entrerai pas cependant ici dans des détails nécessaires pour faire connoître aux cultivateurs toutes les larves qui appartiennent à des insectes dont ils ont à redouter les ravages, attendu que cela exigeroit des volumes. Je les renverrai aux articles de chacun de ces insectes, tant ici que dans le *Dictionnaire des Insectes.* (*Bosc.*)

NYMPHÉAU. C'est le Menyanthe flottant, qui actuellement entre dans le genre Villarsie. *Voyez* ce mot. (*Bosc.*)

NYSSA. *Nyssa.*

Genre de plante dans lequel se trouvent placés quelques arbres, dont il sera fait mention dans le *Dictionnaire des Arbres & Arbustes*, comme pouvant se cultiver en pleine terre dans une partie de la France.

NYSSALU. *Nussaluvica.*

Arbre d'Amboine figuré par Rumphius, mais qui n'est pas dans le cas d'un article, attendu qu'on ne le cultive ni dans son pays natal, ni en Europe. (*Bosc.*)

OBÉLISCAIRE : nom jardinier du RUDBECQUE VELU.

OBÉLISQUE. On donne ce nom à des pyramides très-élevées & à base étroite, le plus souvent quadrangulaires, qu'on place dans les jardins, les parcs, à la réunion de plusieurs allées, dans les salles de verdure, &c. *Voyez* PYRAMIDE.

Nos pères élevoient beaucoup d'Obélisques dans les environs de leurs châteaux, mais cette mode est passée depuis long-tems ; & en effet, ce qu'ils ajoutent aux agrémens d'un lieu n'est jamais proportionné à la dépense à laquelle il a donné lieu.

Moins il entre de pierres dans un Obélisque, & plus il est solide : les plus inaltérables de ces pierres, telles que les granits, les marbres, font toujours dans le cas d'être préférées pour sa construction, parce que sa forme & sa position le mettent plus dans le cas d'éprouver les effets destructifs de l'air ou mieux des alternatives du chaud & du froid, de la sécheresse & de l'humidité, &c.

Les cultivateurs n'ayant à considérer les Obélisques qu'à raison des rapports qu'ils ont avec les plantations qui les environnent, je renverrai, pour tout ce qui regarde leur construction, au *Dictionnaire d'Architecture*. (*Bosc.*)

OBÉSITÉ : synonyme de corpulence. *Voyez* GRAISSE & ENGRAIS.

Ce mot suppose toujours une affection nuisible à la santé d'un animal, & ne s'applique guère qu'à ceux qui, comme les chevaux, les ânes, les mulets, les chiens, les chats, les poules, &c., remplissent moins bien les fonctions qu'on leur demande lorsqu'ils sont trop gras.

Les causes de l'Obésité sont les mêmes que celles de l'engrais. (*Bosc.*)

OBIER : espèce du genre des VIORNES. *Voyez* ce mot & AUBIER.

OBIONE. *Obione.*

Genre de plante établi par Gærtner pour placer l'ARROCHE DE SIBÉRIE, à laquelle il n'a pas trouvé les caractères des autres. *Voyez* ARROCHE.

OBLETIE ou mieux AUBLÉTIE. On a donné ce nom à la VERVEINE à longues fleurs.

OBOLAIRE. *Obolaria.*

Plante qui a le port d'une orobanche, & qui seule forme un genre dans la didynamie angiospermie, & dans la famille des *Personnées.*

Cette plante, originaire de l'Amérique, n'est pas cultivée dans nos jardins; ainsi il n'est pas nécessaire que je m'étende davantage sur ce qui la concerne. (*Bosc.*)

OBSCURITÉ : privation de la lumière.

L'influence de l'Obscurité de la nuit est fort puissante sur les plantes ; cependant, comme il n'est pas donné à l'homme d'empêcher qu'elle n'ait lieu, je n'en parlerai pas ici. *Voyez* aux mots NUIT, OMBRE & ÉTIOLEMENT.

La germination des graines s'exécute mieux à l'Obscurité qu'au grand jour ; mais on peut difficilement appliquer cette remarque à la pratique, attendu que la lumière est indispensable à la plante qui sort de terre. *Voyez* GERMINATION.

On trouve des avantages réels à placer les fruits, les graines & autres parties des végétaux dont on veut prolonger la durée, dans une Obscurité complète. *Voyez* FRUITIER. (*Bosc.*)

OCHNA. *Ochna.*

Genre de plante de la polyandrie monogynie & de la famille des *Magnoliers*, lequel renferme deux espèces, qui ne se cultivent point dans les jardins de Paris. Il est figuré pl. 471 des *Illustrations des genres* de Lamarck.

Observations.

Ce genre a beaucoup de rapport avec les GOMPHIES (*voyez* ce mot) ; aussi la plupart des espèces qui en faisoient partie, sont-elles aujourd'hui réunies à ces dernières. *Voyez* GOMPHIE.

Espèces.

1. L'OCHNA rude.
Ochna squarrosa. Linn. ♄ Des Indes.

2. L'OCHNA à petites feuilles.
Ochna parvifolia. Vahl. ♄ De l'Arabie. (*Bosc.*)

OCHRE : argile colorée en jaune par l'oxide de fer, qui devient rouge lorsqu'on la met au feu, & qui ne diffère de la glaise que parce qu'elle est moins mélangée de corps étrangers. *Voyez* GLAISE & ARGILE, ainsi que le *Dictionnaire de Minéralogie & de Géologie.*

On ne trouve l'Ochre que dans les montagnes secondaires, & plus souvent en amas qu'en bancs ; elle n'influe en rien sur les cultures.

L'emploi ordinaire de l'Ochre est, mêlée avec l'huile, pour peindre les bois qui entrent dans les bâtimens & dans les instrumens aratoires. (*Bosc.*)

OCHROME. *Ochroma.*

Arbre des Antilles, qui faisoit jadis partie des FROMAGERS (*voyez* ce mot), mais qui aujourd'hui en forme seul un dans la monadelphie pentandrie & dans la famille des *Malvacées.*

Cet arbre, dont le nom caraïbe est *huampo*, est d'un très-bel aspect. Le coton que contiennent ses capsules est employé à plusieurs usages économiques. Comme on ne le cultive pas dans nos serres, je n'ai rien à en dire de plus. (*Bosc.*)

OCHROSIE. *Ochrosia.*

Genre de plante établi par Jussieu sur une seule espèce originaire de l'Ile-Bourbon. Il est de la pentandrie monogynie, & se rapproche des DISSOLAINES & des AHOUAI (*voyez* ces mots) : on ne le possède pas encore dans les jardins d'Europe. (*Bosc.*)

OCOTE. *Porostoma.*

Arbre de Cayenne, dont Aublet avoit fait un genre dans la polyadelphie polyandrie, mais que Swartz a réuni aux lauriers : c'est aujourd'hui le LAURIER DE SURINAM. *Voyez* ce mot.

OCTANDRIE : huitième classe des plantes dans le système de Linnæus, qui renferme celles qui ont huit étamines. *Voyez* PLANTE.

OCTOBRE : premier mois de l'automne, pendant lequel, dans le Nord, se font les vendanges, se terminent la cueillette des fruits, les semailles du blé, se donnent les premiers labours d'hiver, se plantent les arbres de toute espèce, surtout dans les terreins secs.

Dans les jardins on fait également les premiers labours d'hiver. On repique, au midi, les salades, les choux; on commence la taille des pommiers & des poiriers; on arrache les racines, on dispose des feuilles sèches pour couvrir les artichauts, les semis, &c.

Dans la maison on continue de faire les huiles de graines, de teiller le chanvre, de gruger le lin, de soigner les vins nouveaux.

Les brebis portières doivent être mieux nourries, pour qu'elles donnent des agneaux plus forts.

Le beurre & le fromage faits pendant ce mois sont d'une bonne qualité & d'une longue conservation. (*Bosc.*)

OCTRALE. *Octralium.*

Grand arbre de la Cochinchine, qui seul forme un genre dans la tétrandrie monogynie. Comme nous ne le possédons pas dans nos jardins, je n'ai rien à en dire de plus. (*Bosc.*)

ODEUR DES PLANTES. Il n'est point de partie des plantes qui ne puisse laisser émaner une Odeur due tantôt à une huile essentielle, tantôt à une émanation aqueuse : on appelle actuellement cette odeur ARÔME.

Une grande variation se remarque dans les Odeurs des plantes, soit relativement à leur durée & à leur intensité, soit relativement à la manière dont elles affectent nos organes. En effet, il en est qui ne subsistent que quelques instans, qu'on sent à peine; il en est qui sont agréables, & d'autres qui sont désagréables.

Les fleurs sont de toutes les parties des plantes celles qui sont le plus souvent odorantes, mais aussi celles de qui l'Odeur est la plus fugace; c'est pour elle qu'on en cultive un grand nombre.

Dans la famille des *Labiées* il est peu d'espèces dont les feuilles ne soient pas odorantes : c'est tout le contraire dans les familles des *Légumineuses* & des *Crucifères.* Une grande partie des racines des *Ombilifères* sont pourvues d'une Odeur particulière qui leur est presqu'exclusivement propre. *Voyez* le *Dictionnaire de Physiologie végétale.*

On peut facilement s'emparer, au moyen de l'alcool, des Odeurs qui sont dues à une huile essentielle; mais ce n'est qu'en imprégnant des corps gras, comme l'axonge ou l'huile de ben, qu'on peut fixer celles qui sont le résultat des émanations aqueuses : c'est l'objet de l'ART DU PARFUMEUR. *Voyez* le *Dictionnaire des Arts chimiques.*

C'est par l'Odeur que les animaux pâturans distinguent d'abord les plantes qui pourroient leur nuire; aussi les voyons-nous les flairer constamment avant de les brouter.

Il est certain que les Odeurs agissent d'une manière très-marquée sur les nerfs de certaines personnes; en conséquence, il est prudent de ne pas trop multiplier, dans les lieux peu aérés, les plantes qui en sont fortement pourvues. (*Bosc.*)

ŒCONOME. On donne ce nom à celui qu'un propriétaire met à sa place, en le salariant, pour diriger & surveiller la culture de son bien; mais le plus souvent on l'appelle RÉGISSEUR. *Voyez* ce mot.

Trouver un Œconome est une chose très-facile; mais en rencontrer un bon n'est pas commun; le plus souvent les propriétaires sont guidés dans leur choix par des principes d'économie ou par des considérations étrangères à la culture. Beaucoup d'entr'eux pensent même qu'ils doivent préférer des *praticiens*, c'est-à-dire, de ces hommes qui, ayant travaillé quelque tems chez un procureur & un notaire, possèdent les élémens des lois positives sur la propriété & les transactions, & qui, le plus souvent, ne savent que les tromper habilement, ou les enlacer dans un labyrinthe de procès.

Il vaut toujours mieux louer son bien à longues

années & par grandes parties, que de le confier à un Œconome ignorant ou fripon ; car, dans ce cas, on a au moins la chance que l'intérêt personnel du fermier l'engagera à bien cultiver ; cependant je repousse ces fermiers généraux qui ne sont point cultivateurs, & qui n'ont d'autre talent que de cruellement pressurer ceux qui tiennent le manche de la charrue.

Pour être bon Œconome il faut, outre des connoissances théoriques & pratiques fort étendues sur toutes les parties de l'art agricole, posséder celles relatives à l'aménagement des forêts, à l'éducation des bestiaux, à la conduite des étangs, à la bâtisse, &c. &c. ; il doit de plus savoir tenir un livre où toutes ses opérations & leurs résultats soient inscrits avec détail, & un compte rigoureux de dépense & de recette.

Il est à croire que par la nouvelle amplitude donnée au cours d'agriculture & d'économie rurale de M. Yvart à l'École d'Alfort, il se formera à l'avenir un plus grand nombre d'Œconomes instruits, & que les grands propriétaires ne seront plus aussi embarrassés lorsqu'ils seront dans le cas d'en desirer. (*Bosc.*)

ŒDÈRE. *Œdera.*

Genre de plante de la syngénésie polygamie séparée & de la famille des *Corymbifères*, qui réunit trois espèces propres au Cap de Bonne-Espérance. Il est figuré pl. 720 des *Illustrations des genres* de Lamarck.

Espèces.

1. L'Œdère prolifère.

Œdera prolifera. Linn. ♄ Du Cap de Bonne-Espérance.

2. L'Œdère à feuilles linéaires.

Œdera aliena. Linn. ♄ Du Cap de Bonne-Espérance.

3. L'Œdère hérissée.

Œdera hirsuta. Thunb. ♄ Du Cap de Bonne-Espérance.

Culture.

Nous possédons les deux premières de ces espèces ; elles demandent l'orangerie & la terre de bruyère ; on les multiplie de boutures, leurs fleurs ne donnant pas de bonnes graines dans le climat de Paris. Ce sont des plantes fort peu remarquables & qu'on ne voit, encore est-ce rarement, que dans les écoles de botanique. (*Bosc.*)

ŒDMANNIE. *Œdmannia.*

Plante herbacée, originaire du Cap de Bonne-Espérance, qui, selon Thunberg, forme seule, dans la diadelphie décandrie, un genre fort voisin des Bossies.

Cette plante n'étant pas cultivée dans nos jardins, n'est pas dans le cas de donner lieu à un article plus étendu. (*Bosc.*)

ŒDME. On donne ce nom, dans l'art vétérinaire comme dans la médecine humaine, à une tumeur formée par un épanchement de sérosité entre les lames du tissu cellulaire ; tumeur qui est caractérisée par son insensibilité & son défaut d'élasticité lorsqu'on la comprime.

Le cheval & le mouton sont plus sujets aux Œdmes que les autres animaux domestiques. On en distingue de deux especes : celles de la première sont dues à des contusions, à des compressions, à des ligatures ; elles disparoissent ordinairement lorsque leur cause a cessé ; celles de la seconde proviennent de l'altération des humeurs, & sont souvent fort difficiles à guérir.

Les indications propres à faire arriver à la guérison, surtout dans ce dernier cas, sont : 1°. l'usage des diurétiques & des sudorifiques ; 2°. des fomentations accompagnées de frictions sur la tumeur avec des toniques, comme l'eau-de-vie camphrée, le vin chaud, les décoctions de sauge, de romarin, &c. ; le feu est encore un excellent moyen. *Voyez* Eaux aux jambes.

Un travail modéré est avantageux pendant le traitement des Œdmes. (*Bosc.*)

ŒIL. Tous les animaux domestiques sont sujets aux maladies des yeux ; mais il n'y a guère que le cheval en qui elles aient assez d'importance pour qu'on y fasse attention ; car si une vache, une brebis deviennent borgnes, elles n'en remplissent pas moins leur objet ; si elles deviennent aveugles, on les vend au boucher.

Pour reconnoître avec certitude l'état sain ou maladif des yeux, il faut avoir des connoissances anatomiques étendues sur leur organisation ; cependant, par l'habitude, on juge généralement assez bien les cas les plus ordinaires. Je n'entreprendrai pas de fournir ici les moyens de suppléer à cette habitude ; mais j'indiquerai les principales considérations ayant rapport aux yeux, sur lesquelles l'acquéreur d'un cheval doit porter son attention.

Lorsqu'on veut examiner les yeux d'un cheval, on le fait placer à contre-jour & loin de tout corps capable de s'y peindre ; ensuite on se met soi-même en position de pouvoir examiner facilement ses diverses parties.

Il faut examiner :

1°. La grandeur : elle est une beauté ; les petits yeux sont appelés *yeux de cochons.*

2°. La position : ils doivent être à fleur de tête ; des yeux trop enfoncés, comme des yeux trop saillans, sont désagréables & n'indiquent rien de bon.

3°. L'inégalité ; elle est, ou un vice de conformation, & alors elle n'indique rien de mauvais, ou la suite d'une altération des paupières.

Les deux paupières peuvent être collées l'une contre l'autre, rétractées ou rongées à leurs angles, relâchées, relevées, couvertes de poils hérissés.

4°. La diaphanéité : il faut en juger sur tous les points ; la cornée transparente est sujète à des NUAGES, à des TAIES, à des ALBUGO ; le peu de grandeur de la cornée opaque qui occasionne les *yeux carrelés* ; l'inflammation de cette même cornée qui constitue l'OPHTHALMIE ; la couleur du cristallin, qui étant verdâtre (Œil cul-de-verre), annonce la foiblesse de la vue, & qui étant blanchâtre, constitue la CATARACTE plus ou moins avancée.

5°. Les mouvemens de l'iris : lorsque ces mouvemens n'ont pas lieu, le cheval est aveugle, quoiqu'ayant des yeux en apparence très-sains. On reconnoît ce cas en couvrant les yeux du cheval pendant quelques minutes, & en examinant leur prunelle lorsqu'elle est frappée du grand jour : si elle ne se resserre pas alors, c'est une preuve que le sens de la vue est perdu.

En général, on divise les maladies des yeux des chevaux en deux ordres; savoir : celles des parties environnantes & celles du globe même, outre celles mentionnées plus haut. Les premières sont l'EMPHYSÊME, l'ŒDME, les VERRUES, les POIREAUX, le LARMOIEMENT, la PARALYSIE; les secondes comprennent l'ONGLÉE, la LESION DE LA CORNÉE, la RUPTURE, la GOUTTE SEREINE, la FLUXION PERIODIQUE. *Voyez* ces mots.

Je dois ajouter que cette dernière maladie, qui devient plus fréquente que jamais, paroît devoir être mise au nombre de celles qui se propagent par la génération, & qui sont par conséquent incurables. (*Bosc.*)

ŒIL. On donne vulgairement ce nom au bouton naissant des arbres, au *gemma* de quelques écrivans, au *bourgeon* de quelques autres.

Dans ma manière de voir, conforme à celle de tous les agriculteurs, l'Œil devient bouton en automne lorsqu'il a grossi, & bourgeon au printems, lorsqu'il commence à pousser; il est donc l'origine d'une branche.

Dans l'état naturel, c'est toujours de l'aisselle d'une feuille que naît l'Œil; je dis dans l'état naturel, parce que lorsqu'on ôte toutes les feuilles d'un arbre, & qu'on coupe l'extrémité de ses branches, ou toutes ses branches, il sort de l'écorce des boutons adventifs qui donnent naissance à de nouvelles branches.

Tout Œil qu'on prive de sa feuille avant l'époque de sa complète évolution, c'est-à-dire, avant la pousse d'août pour ceux nés au printems, & avant les gelées pour ceux nés en août, périt immanquablement. *Voyez* FEUILLE.

C'est avec les yeux de la dernière séve qu'on greffe en écusson, soit à Œil dormant, soit à Œil poussant. Il faut, quand on veut opérer, 1°. savoir distinguer ceux de la dernière séve; 2°. ceux qui sont *éteints* (morts), & ceux qui sont *faux* de ceux qui sont *bons*. On appelle *faux yeux* ceux dont ne doivent sortir que des feuilles.

La partie moyenne des rameaux de la dernière pousse fournit les meilleurs yeux, parce que ceux de la partie inférieure s'oblitèrent ordinairement par suite de la vigueur de la végétation, & parce que ceux de la partie supérieure sont moins bien formés.

On détermine & on accélère la formation, ainsi que l'évolution des yeux sur une branche, en arrêtant ou en diminuant la circulation de sa séve par la suppression de son extrémité, par sa courbure, par la ligature ou l'annelation de sa partie inférieure. *Voyez*, pour le surplus, le *Dictionnaire de Physiologie végétale*. (*Bosc.*)

ŒIL-DE-BŒUF. On donne ce nom aux plantes des genres BUPHTHALME & CAMOMILLE. (*Bosc.*)

ŒIL-DE-BOUC. Tantôt c'est la CHRYSANTHÈME DES PRÉS, tantôt la CAMOMILLE PYRÈTHRE. *Voyez* ces mots.

ŒIL-DE-BOURIQUE. On appelle ainsi la semence du DOLIC A FRUITS HÉRISSÉS.

ŒIL-DE-CHAT. C'est la semence du BONDUC. *Voyez* ce mot.

ŒIL-DE-CHRIST : nom jardinier de l'ASTÈRE AEMLLE.

ŒIL-DE-PERDRIX : nom vulgaire de l'ADONIDE D'ÉTÉ.

ŒILLET, *DIANTHUS*.

Genre de plante de la décandrie digynie & de la famille des *Cariophyllées*, dans lequel se trouvent réunies une soixantaine d'espèces, la plupart propres à l'Europe, & dans le cas de servir à l'ornement dans les diverses sortes de jardins. Plusieurs sont, à raison de leur beauté & de leur odeur, l'objet d'une culture fort soignée. Il est figuré pl. 376 des *Illustrations des genres* de Lamarck.

Espèces.

Œillets à fleurs réunies en bouquet.

1. L'ŒILLET barbu, vulgairement *bouquet parfait*.
Dianthus barbatus. Linn. ♃ Du midi de la France.

2. L'ŒILLET à grandes fleurs, vulgairement *œillet de poète*, *œillet d'Espagne*.
Dianthus grandiflorus. Lam. ♃ De l'Espagne.

3. L'ŒILLET à feuilles de silené.
Dianthus silenoides. Lam. ♃ De.....

4. L'ŒILLET du Japon.
Dianthus japonicus. Thunb. ♃ Du Japon.

5. L'ŒILLET des chartreux.
Dianthus carthusianorum. Linn. ♃ Indigène.

6. L'ŒILLET rouillé.
Dianthus ferrugineus. Linn. ♃ Du midi de l'Europe.

7. L'ŒILLET velu.
Dianthus armeria. Linn. ⊙ Indigène.

8. L'Œillet prolifère.
Dianthus proliferus. Linn. ☉ Indigène.
9. L'Œillet de Caroline.
Dianthus carolinianus. Linn. ☉ De l'Amérique septentrionale.
10. L'Œillet rouge-noir.
Dianthus atrorubens. Allioni. ♃ De l'Italie.
11. L'Œillet des collines.
Dianthus collinus. Willd. ♃ De la Hongrie.
12. L'Œillet alpestre.
Dianthus alpestris. Balbis. ♃ Des Alpes.
13. L'Œillet épineux.
Dianthus spinosus. Desfont. ♃ De la Perse.

Œillets à fleurs solitaires, plusieurs sur une même tige.

14. L'Œillet des fleuristes.
Dianthus caryophyllus. Linn. ♃ Du midi de l'Europe.
15. L'Œillet à petites feuilles.
Dianthus diminutus. Leers. ☉ Du midi de l'Europe.
16. L'Œillet du Levant.
Dianthus pomeridianus. Linn. ♃ Du Levant.
17. L'Œillet glauque.
Dianthus glaucus. Linn. ♃ Du nord de l'Europe.
18. L'Œillet d'Afrique.
Dianthus albens. Ait. ♃ Du Cap de Bonne-Espérance.
19. L'Œillet deltoïde.
Dianthus deltoides. Linn. ♃ Indigène.
20. L'Œillet à longues fleurs.
Dianthus longiflorus. Lam. ♃ Du midi de l'Europe.
21. L'Œillet de la Chine, vulgairement *œillet de la Régence.*
Dianthus chinensis. Linn. ♂ De la Chine.
22. L'Œillet mignonette.
Dianthus superbus. Linn. ♃ Indigène.
23. L'Œillet musqué, vulgairement *la mignardise.*
Dianthus moschatus. Gmel. ♃ De l'est de l'Europe.
24. L'Œillet de Montpellier.
Dianthus monspeliensis. Linn. ♃ Du midi de la France.
25. L'Œillet plumeux.
Dianthus plumarius. Linn. ♃ Du midi de la France.
26. L'Œillet pourpre.
Dianthus purpureus. Lam. ♃ De....
27. L'Œillet nain.
Dianthus glacialis. Jacq. ♃ Des alpes de l'Allemagne.
28. L'Œillet d'Espagne.
Dianthus hispanicus. Lam. ♃ De l'Espagne.
29. L'Œillet des bois.
Dianthus sylvestris. Wulf. ♃ Des Alpes.
30. L'Œillet crénelé.
Dianthus crenatus. Thunb. ♃ Du Cap de Bonne-Espérance.
31. L'Œillet du Liban.
Dianthus libanotis. Labill. ♃ Du Liban.
32. L'Œillet porte-crins.
Dianthus crinitus. Smith. ♃ Du Levant.
33. L'Œillet aminci.
Dianthus attenuatus. Smith. ♃ Du midi de la France.
34. L'Œillet de Grèce.
Dianthus pungens. Smith. ♃ Du midi de l'Europe.
35. L'Œillet de roche.
Dianthus virgineus. Smith. ♃ Du midi de la France.
36. L'Œillet frutescent.
Dianthus fruticosus. Willd. ♄ De l'est de l'Europe.
37. L'Œillet à feuilles de genévrier.
Dianthus juniperinus. Smith. ♄ De l'est de l'Europe.
38. L'Œillet monadelphe.
Dianthus procumbens. Vent. ♃ De l'Orient.
39. L'Œillet fourchu.
Dianthus furcatus. Balbis. ♃ Des Alpes.
40. L'Œillet jaune.
Dianthus ochroleucus. Vent. ♃ De l'Orient.
41. L'Œillet des pierres.
Dianthus petraus. Waldst. & Kit. ♃ De la Hongrie.
42. L'Œillet filiforme.
Dianthus filiformis. Lam. ♃ Du midi de la France.

Œillets à une seule fleur.

43. L'Œillet à pétales linéaires.
Dianthus leptocephalus. Musch. ♃ De la Russie.
44. L'Œillet des sables.
Dianthus arenarius. Linn. ♃ Des Alpes.
45. L'Œillet des Alpes.
Dianthus alpinus. Linn. ♃ Des Alpes.
46. L'Œillet en gazon.
Dianthus cæspitosus. Lam. ♃ Des Alpes.
47. L'Œillet à feuilles épaisses.
Dianthus arboreus. Linn. ♄ De l'île de Crète.
48. L'Œillet rampant.
Dianthus repens. Willd. ♃ De la Sibérie.
49. L'Œillet bleuâtre.
Dianthus cæsius. Smith. ♃ Des Alpes.
50. L'Œillet des marais.
Dianthus cæspitosus. Thunb. ♃ Du Cap de Bonne-Espérance.
51. L'Œillet rude.
Dianthus scaber. Thunb. ♃ Du Cap de Bonne-Espérance.
52. L'Œillet nain.
Dianthus pumilus. Vahl. ♃ De l'Arabie.
53. L'Œillet grêle.
Dianthus tener. Balbis. ♃ Des Alpes.
54. L'Œillet des glaciers.
Dianthus glacialis. Jacq. ♃ Des Alpes de l'Allemagne.

55. L'Œillet

55. L'Œillet à pétales tachés.
Dianthus guttatus. Bieb. ♃ Du Caucase.

56. L'Œillet du Caucase.
Dianthus caucasicus. Bieb. ♃ Du Caucase.

57. L'Œillet champêtre.
Dianthus campestris. Bieb. ♃ Du Caucase.

58. L'Œillet à pétales linéaires.
Dianthus leptopetalus. Bieb. ♃ Du Caucase.

59. L'Œillet à feuilles roides.
Dianthus rigidus. Bieb. ♃ Du Caucase.

60. L'Œillet frangé.
Dianthus fimbriatus. Bieb. ♃ Du Caucase.

Culture.

Nous possédons dans nos écoles de botanique environ la moitié de ces espèces, & nous en cultivons dans nos jardins, comme ornement, près du quart: ce sont généralement des plantes fort agréables par la grandeur, le nombre, la couleur & l'odeur de leurs fleurs. La première de cette série, l'Œillet des fleuristes, qui est la plus belle & la plus recherchée, fournit un grand nombre de variétés plus intéressantes les unes que les autres, & donne lieu à une culture très-étendue & très-soignée. Excepté deux, qui sont d'orangerie, c'est-à-dire, celles des nos. 36 & 45, toutes croissent fort bien en pleine terre dans le climat de Paris, & s'accommodent de toutes les expositions & de toutes les natures de terre, pourvu qu'elles ne soient pas complétement infertiles ou trop aquatiques.

Je vais passer en revue toutes les espèces que nous cultivons, dans l'ordre de leur énumération, en m'arrêtant davantage sur celles qui sont le plus estimées des cultivateurs.

L'Œillet barbu n'a point d'odeur; mais la belle couleur & la disposition de ses fleurs font qu'on l'emploie fréquemment à la décoration des parterres, à l'ornement des corbeilles & autres parties labourées des jardins paysagers. Il est naturellement rouge, mais il varie dans toutes les nuances de cette couleur; dans toutes celles du blanc, il se panache, se tiquette & se double. Pour qu'il produise tout son effet, il faut que ses touffes ne soient ni trop petites ni trop grosses. Une bonne terre potagère est celle où il prospère le mieux. On le multiplie, 1°. par le semis de ses graines, fait au printems dans une bonne terre douce, à l'exposition du levant; 2°. par le déchirement des vieux pieds, exécuté à la même époque, & encore mieux en automne; 3°. par boutures mises en terre au nord d'un mur ou dans des pots sur couche & sous châssis. Le second ces moyens est le plus usité, & il suffit communément aux besoins.

Ce que je viens de dire s'applique complétement à l'Œillet à grandes fleurs, que quelques botanistes s'obstinent à regarder comme une de ses variétés: on le possède en état simple & en état double; mais sa couleur rouge-foncé ne change jamais.

J'en dirai encore autant de l'Œillet des chartreux, inférieur au précédent, mais qui se cultive cependant très-fréquemment.

Les Œillets rouillé, velu, prolifère, rougenoir & des collines se voient seulement dans les écoles de botanique & dans les collections des amateurs, parce qu'ils sont de beaucoup inférieurs en beauté aux autres; ils se sèment ou se plantent en place, & ne demandent pas d'autres soins que des binages de propreté.

L'étendue de la culture & l'importance qu'on attache depuis plus d'un siècle à l'Œillet des fleuristes m'obligent à m'étendre beaucoup sur ce qui le concerne.

Cette espèce, aussi remarquable par son parfum que par sa beauté & le nombre de ses variétés, offre quatre classes de ces dernières, qui s'appellent *Œillet à ratafia*, *Œillet à cartes ou prolifère*, *Œillet jaune*, *Œillet flamand* : celle-ci, qui est celle dont je dois parler le plus en détail, se subdivise ensuite en Œillets purs ou d'une seule couleur, en Œillets de deux, de trois couleurs ou bizarres, & chaque variété porte un nom particulier.

Il y a encore des variétés de circonstance ou des monstruosités qui se font remarquer, mais qu'on ne recherche pas dans les collections, telles que celles dont la tige est couverte de feuilles imbriquées, très-courtes, qui ont été en faveur pendant quelques années. Il faudroit un ouvrage spécial pour les mentionner toutes, & cela ne conduiroit à rien d'utile, puisqu'elles paroissent & disparoissent continuellement de nos jardins. Je citerai encore moins les noms, la plupart emphatiques, que portent les plus remarquables, attendu qu'ils n'ont rien de fixe.

L'Œillet à ratafia est la variété la moins éloignée de l'espèce, celle qui se présente le plus fréquemment dans tous les semis; elle est repoussée des jardins des amateurs, quoique sa belle couleur, constamment rouge, & sa bonne odeur l'y rendent recommandable; mais il se voit souvent dans ceux des habitans des campagnes. Cette variété offre, par ses nuances, des sous-variétés nombreuses, simples ou doubles: c'est celle de ces sous-variétés qui est la plus foncée en couleur, qu'on cultive en grand aux environs de Paris pour l'usage des confiseurs, des pharmaciens & des parfumeurs, sous le nom de *grenadin*, & qui est l'objet d'un commerce fort restreint, mais très-productif, puisqu'un arpent peut, par sa culture, rapporter 1000 à 1200 francs par an, ainsi que je m'en suis assuré à Bagnolet, lieu des environs de Paris où on s'y livre le plus aux spéculations qui l'ont pour objet.

Les graines de l'Œillet à ratafia doivent se récolter sur les pieds les plus foncés en couleur, lorsque les capsules sont à moitié ouvertes, & conservées en lieu sec, dans cette capsule, jusqu'au moment du semis : elles restent bonnes plusieurs années. On les sème fort clair, à la fin de l'hiver, dans une plate-bande exposée au levant, dont la terre doit être légère & amandée avec du terreau bien consommé. Le plant, levé, se sarcle & se serfouit deux ou trois fois dans le courant de l'été suivant, & il se repique l'hiver dans des planches également en terre légère, bien labourées & amandées, en rangées écartées de deux pieds, chaque pied éloigné d'un pied de ses voisins. Ce plant donne quelques fleurs la même année; mais il n'est en plein rapport qu'à la troisième.

Les opérations annuelles que demandent les plantations d'Œillets à ratafia sont, 1°. un labour d'hiver, pendant lequel quelquefois on fume, on fait des marcottes, on enlève les pieds pour les diviser & les transporter ailleurs; 2°. deux binages au moins dans le courant de l'été, le premier précédé de la plantation d'échalas & de la ligature des tiges contre ces échalas; 3°. la récolte des fleurs & l'enlèvement des tiges.

L'enlèvement des pieds a lieu lorsque le terrein est fatigué de les porter, ce qu'on reconnoît à la foiblesse des pousses & à la petitesse des fleurs. Leur déchirement s'exécute lorsqu'on veut avoir une plantation nouvelle qui donne des fleurs la même année. Le renouvellement par semis est cependant préférable, & il est assez rare qu'on ne le pratique pas.

Quelques cultivateurs se dispensent d'attacher les tiges aux échalas; mais ils risquent de perdre une partie ou la totalité de leur récolte, s'il vient des orages qui les cassent.

La récolte des fleurs se fait chaque matin, à la chute de la rosée, une à une, & avec des ciseaux, & le produit se met dans des sacs pour être livré de suite aux consommateurs; ainsi il faut avoir pris d'avance des arrangemens avec eux.

Aussitôt après la dernière récolte des fleurs, on coupe le reste des tiges, au moyen de la serpette; si on retardoit, les pieds se fortifieroient d'autant moins, & la récolte suivante seroit peu avantageuse.

Beaucoup de cultivateurs plantent des fraisiers, de l'oseille, &c. entre les rangs des Œillets; mais ces cultures gênent leur binage, & nuisent nécessairement à l'abondance de leurs fleurs.

Les Œillets à carte ou prolifères ont été fort recherchés il y a une cinquantaine d'années; mais on en fait aujourd'hui fort peu de cas. En effet, les soins minutieux qu'ils demandent au moment de leur floraison, pour réformer l'irrégularité qui constitue leur caractère, & l'insuffisance de ces soins pour les ramener à une belle forme, sont bien propres à produire ce résultat; ce sont des monstres par excès, & tout monstre n'est pas dans le cas de plaire long-tems. On les reconnoît à l'ampleur & au peu de longueur de leur calice, qui crève & qui laisse sortir, par la fente, des pétales très-nombreux, très-longs & dentelés. Du centre de ces pétales naît un second calice, renfermant encore des pétales qui ont aussi quelquefois un calice à leur centre de réunion. Ceux de ces Œillets dont le fond est blanc, piqueté de différentes couleurs, sont les plus recherchés. Les qualités de ces Œillets, dit M. Féburier, à qui on doit un très-bon travail sur leur culture, sont d'avoir les premiers pétales longs, larges, épais, & de faire le dôme, au moyen de la seconde fleur, qu'on réunit à la première par l'extraction de son calice; il faut aussi que la tige soit forte & d'une longueur proportionnée à la grandeur de l'Œillet. C'est au moyen d'une carte coupée en rond, percée à son milieu & fendue d'un côté, qu'on maintient les pétales : pour qu'ils offrent plus de régularité, on déchire artificiellement leur calice en six parties avant de faire cette opération.

Ces sortes d'Œillets ont été trouvés anciennement dans des semis, & peuvent s'y rencontrer encore, mais on n'en cherche plus; tous ceux qui existent se multiplient de marcottes ou de boutures, ainsi qu'il sera dit plus bas. Comme ils sont plus forts dans toutes leurs parties, surtout dans leurs fleurs, ils demandent une terre plus substantielle qu'aucune autre : des tuteurs leur sont indispensables.

Les Œillets jaunes ont les pétales d'un jaune pur ou piqueté de cramoisi. Leur calice ordinairement ne crève pas; cependant cela arrive quelquefois, quoique leurs fleurs soient, même dans ce cas, plus petites que celles des précédentes.

Des pétales non dentelés & bien arrondis sont le caractère auquel on distingue les Œillets flamands. On estime exclusivement ceux dont les fleurs sont larges, en dôme, bien panachées. Il leur arrive quelquefois de se fendre; mais c'est un défaut qu'on cherche à cacher, en liant les pétales avec une lanière de feuille de poireau. C'est vers eux que se porte presqu'exclusivement aujourd hui le goût des amateurs. Ils offrent des variétés sans nombre, plus brillantes les unes que les autres, la plupart pourvues d'une odeur très-suave. M Féburier en a eu qui étoient piquetés, ce qui est très-rare dans les collections, & il croit les avoir obtenus de la fécondation d'un Œillet prolifère, par le pollen d'un de ceux-ci.

Je dois encore citer ici l'*Œillet à bois*, qui par la nature ligneuse de ses tiges & la grandeur à laquelle il parvient, semble faire une espèce distincte, mais qui a tant de rapports avec celui dont je traite en ce moment, qu'on ne peut l'en séparer. Cette variété est inférieure à beaucoup d'autres; mais elle est recherchée, en ce qu'elle fleurit pendant toute l'année & qu'elle est plus vivace. On la met ordinairement en pot pour pouvoir la tenir pendant l'hiver dans les apparnens & jouir de ses fleurs. Comme elle s'élève quelquefois à plusieurs pieds de haut (six ou huit, s'il m'en souvient bien), on lui donne ordinairement un treillage.

Les auteurs qui ont les premiers traité de la culture des Œillets, écrivant sous la dictée de l'enthousiasme, & n'étant pas guidés par les principes d'une saine physique, l'ont, pour se faire valoir, surchargée de préceptes ou d'opérations minutieuses & d'une difficile exécution, quelquefois même ridicules. Ici j'irai directement au but, en m'appuyant sur M. Féburier, déjà cité.

Une terre plus légère au nord & plus forte au midi, très-riche en humus, est celle qui convient le mieux aux Œillets; aussi toutes les compositions doivent-elles tendre à l'obtenir telle; ainsi je puis citer les suivantes comme bonnes : au nord, un tiers de terre franche, un tiers de terre de bruyère, un tiers de terreau de couche de deux ans; au midi, moitié de terre franche, un quart de terre de bruyère, un quart de terreau de couche de deux ans, auquel on ajoutera un huitième de poudrette ou de colombine de même âge. Ces terres devront être mélangées au moins un an avant l'emploi. Si les engrais n'étoient pas bien consommés, on risqueroit de perdre les Œillets à la suite de la maladie du jaune. *Voyez* JAUNISSE.

En indiquant ces proportions, je n'entends pas vouloir exiger qu'on ne cultive des Œillets que dans des terres factices, mais seulement qu'on rapproche d'une d'elles celle de son jardin par tous les moyens compatibles avec l'économie que j'aime qu'on apporte, même dans les cultures de luxe.

On a déjà vu plus haut que les Œillets se multiplioient de graines, de boutures & de marcottes; ces trois manières s'appliquent à toutes les variétés de celui dont il est ici question.

Lorsqu'un amateur veut faire un semis pour obtenir de nouvelles variétés dignes de marque, il ne s'adresse pas au commerce pour avoir des graines, parce qu'il n'en trouveroit que de celles provenant des variétés les plus communes; mais il réserve les pieds simples ou sémi-doubles les plus beaux de sa collection ou de celle de ses amis, & les soigne spécialement; car ce sont les variétés simples & sémi-doubles les plus perfectionnées & celles qui sont le mieux cultivées, qui, sous le rapport de la beauté & de la vigueur, donnent les résultats les plus satisfaisans.

Pour plus de sûreté on peut, comme le conseille M. Féburier, placer ces belles variétés au milieu des pieds à fleurs doubles, qui, conservant quelquefois des étamines, concourent à leur fécondation.

Les graines provenues de ces fécondations ont en général moins d'apparence que celles de l'Œillet à ratafia; elles se récoltent & se conservent comme celles de ce dernier.

Les semis des Œillets se font au printems, ou en pleine terre, dans une planche bien préparée & exposée au levant ou au midi, ou dans des terrines, dans des caisses qu'on laisse à l'air, aux mêmes expositions. La pleine terre est préférable, lorsque le sol est propre aux Œillets; les terrines ou les caisses, lorsqu'il n'a pas les qualités requises.

Comme les plantes dont la végétation est rapide dans leur jeunesse doublent rarement, non-seulement il ne faut pas presser le développement des semis d'Œillets en terrine ou en caisse, en les mettant, comme quelques jardiniers, sur couche & sous châssis, mais semer plus tard, dans le midi & aux expositions froides, afin que le plant se fortifie avec la lenteur convenable.

Les graines d'Œillets étant très-légères demandent à être peu enterrées : en conséquence, après avoir égalisé le terrein avec le dos du rateau ou autrement, on répandra la graine très-clair & on la recouvrira d'une ligne au plus de terre avec un crible ou avec la main. Un arrosement avec un arrosoir à pomme, percé de très-petits trous, termine l'opération.

Le plant levé a besoin d'être sarclé, même serfoui & garanti par des couvertures des coups de soleil du printems, ainsi que des pluies continues, & défendu contre les attaques des limaçons qui le recherchent pour s'en nourrir.

Dans les cantons froids & humides on fait bien de repiquer en pot, & avant l'hiver, le plant d'Œillet, pour pouvoir le rentrer dans une orangerie très-sèche; mais cela est inutile dans ceux qui sont secs & chauds. Une légère couverture de feuilles sèches ou de fougère suffit pour les garantir des gelées, & surtout des alternatives du gel & du dégel, qui leur nuisent souvent. Là, le repiquage se fait au premier printems, dans une planche préparée, comme je l'ai dit plus haut, surtout bien engraissée avec du vieux terreau.

La distance entre chaque pied, si on espère de belles variétés, ne doit pas être de moins de dix pouces; & si on a le projet de faire des marcottes, il faut la porter à quinze. On gagne toujours à donner de l'espace aux plantes qui, comme les Œillets, consomment beaucoup de nourriture, & doivent être très-vigoureuses pour donner de belles fleurs.

Les jardiniers qui sèment toute sorte de graines, & qui vendent toute sorte de variétés, peuvent diminuer de moitié cette distance, parce que, dès qu'un pied a commencé à fleurir, & qu'ils ont reconnu sa valeur, ils le lèvent en motte pour le placer en pot & le vendre, ce qui fait que chez eux le nombre des belles variétés est fort circonscrit.

La plantation faite, on l'arrose & on continue de le faire pendant les chaleurs, mais modérément. Les soins qu'elle exige de plus, sont deux ou trois binages & des tuteurs pour attacher les tiges, si, comme cela arrive si souvent, elles ne sont pas assez fortes pour soutenir les fleurs.

Quelques amateurs, au lieu de tuteurs, placent sur des piquets, à un pied & demi du sol, des traverses légères, qui remplissent le même but sans gêner les tiges, & sans nuire à l'effet du coup-d'œil.

Beaucoup d'Œillets simples & quelques doubles fleurissent dès cette seconde année ; ceux qu'on ne veut pas conserver seront de suite arrachés. C'est la troisième que le reste des doubles donne les premières fleurs. Toutes les belles variétés sont marquées pour être mises en pot ou transplantées à demeure, avec la motte, à la fin de l'hiver qui suit leur floraison.

Pendant la floraison, les Œillets demandent plus d'eau que dans tout autre tems, surtout s'ils sont en pot.

Il y a de l'avantage à mettre les plus beaux Œillets en pots, 1°. parce qu'on peut plus facilement les garantir des maladies & des accidens ; 2°. parce qu'on peut les disposer sur des gradins au moment de leur floraison, & en jouir plus complétement & plus long-tems.

Une humidité très-intense ou très-prolongée nuit beaucoup aux Œillets en pourrissant les racines & en mélangeant les panachures des fleurs. Il est donc bon, même quelquefois indispensable, de les couvrir, pendant les pluies, avec des paillassons portés sur des châssis élevés de trois pieds & plus s'il est nécessaire.

On reconnoît que les racines pourrissent à la suspension de la végétation. Si le mal n'est pas invétéré, en arrachant les pieds, en coupant toutes les racines affectées & une partie des tiges, on peut espérer quelquefois de les sauver.

On reconnoît que les panachures se mélangent, à des taches vineuses qui se font voir sur les feuilles. Il n'y a pas de remède à ce mal ; aussi les véritables amateurs rejettent-ils tous les pieds qui ont *bu* : c'est leur expression.

Le blanc est encore une maladie qui est due à un tems pluvieux ou à un climat humide, au dire des cultivateurs ; mais on sait aujourd'hui que ces circonstances ne font que la développer. *Voyez* au mot URÉDO.

On attribue encore la gale à la même cause, mais cela n'est rien moins que certain : ce sont des taches grises, qui deviennent noires & qui paroissent être produites par quelqu'autre champignon parasite interne ; mais ne l'ayant pas vu, je ne puis en parler plus au long.

Supprimer les feuilles malades & changer les pieds de terre sont les moyens les plus efficaces à employer contre ces maladies, qui les font quelquefois périr, & toujours les empêchent de donner de belles fleurs, ou même des fleurs.

Toutes ces circonstances, & plusieurs autres moins influentes, font que les Œillets doubles vivent rarement long-tems.

Outre les LIMAÇONS dont j'ai déjà parlé, & dont les moyens de destruction seront indiqués au mot qui les concerne, les Œillets ont encore pour ennemis, 1°. les pucerons, qui en pompent la séve, & qu'on peut faire disparoître avec une eau de lessive ou une eau de savon (*voyez* PUCERON) ; 2°. les forficules ou perce-oreilles, qui s'introduisent dans les fleurs & en rongent les pétales : il n'est pas aussi facile de s'en débarrasser ; mais on peut en diminuer le nombre par les moyens rapportés au mot FORFICULE.

Les Œillets poussent d'abord une seule tige, & cette tige n'offre généralement alors qu'un seul bouton ; à mesure qu'elle s'élève, il sort des branches de l'aisselle d'une ou plusieurs des feuilles, & souvent de ces branches de nouveaux rameaux ; de sorte que chaque tige principale porte quelquefois huit à dix fleurs, qui s'épanouissent successivement pendant le cours de l'été. Cette faculté des Œillets, qui augmente leur mérite aux yeux de la plupart des amateurs, est regardée comme un inconvénient aux yeux de quelques autres, en ce que la séve, se partageant entre toutes ces fleurs, ne peut faire parvenir aucune d'elles à un degré extraordinaire de grosseur, & que la grosseur est à desirer en elles ; en conséquence ces derniers amateurs coupent tous les boutons secondaires à mesure qu'ils sortent de la gaîne des feuilles, & remplissent leur objet par ce moyen.

Dès qu'une fleur d'Œillet a fini son évolution, qu'elle s'est fermée, que ses pétales se sont plissés, on coupe le pédoncule qui la porte, aussi bas que possible, afin qu'elle ne nuise ni à l'effet ni à la croissance des autres.

J'ai dit que l'on plaçoit les Œillets en pots sur des gradins, lorsqu'ils étoient en fleurs, pour jouir plus complétement de leur aspect ; je dois ajouter qu'il faut, dans ce cas, faire contraster leurs couleurs par une disposition convenablement combinée, & garantir leur ensemble des rayons du soleil, par des toiles ou autres moyens, afin de prolonger leur durée & la vivacité de leurs couleurs.

Les plates-bandes des jardins ornés sont très-susceptibles de recevoir une culture d'Œillets de choix, mais difficilement on trouve moyen d'en placer avantageusement un grand nombre dans les jardins paysagers ; là un amphithéâtre, construit près de la maison ou d'une des principales fabriques, suppléera à ce qu'on desire.

Voilà les plus belles variétés trouvées dans semis plantées dans une plate-bande ou dans des pots : il s'agit de les multiplier en les conservant telles ; or, il n'y a, comme je l'ai déjà observé, que les marcottes & les boutures qui soient dans le cas de faire arriver à ce but, car la greffe, qu'on est parvenu à y appliquer également, paroît d'un résultat très-incertain.

On commence à faire des marcottes pendant la floraison, & on peut continuer à en faire jusqu'à l'automne. Lorsqu'on veut y procéder, on diminue les arrosemens, afin que les branches se fannent & par suite deviennent plus souples, & on se pourvoit de petits crochets de bois, ou de petites branches fendues, de trois ou quatre pouces de long; puis on épluche les branches, c'est-à-dire, qu'on coupe avec des ciseaux les feuilles inférieures qui nuiroient à l'opération.

Il est trois manières principales de disposer ensuite la branche qu'on se propose de marcotter, laquelle doit, autant que possible, être la plus longue & la plus basse, pour assurer l'opération & ses suites.

Dans la première manière on incise en dessous, jusqu'à moitié, le nœud de la branche le plus éloigné de la racine; on replie la branche pour la faire éclater longitudinalement, au lieu de la fente, d'environ six lignes, puis on met dans la fente un morceau de feuille, un morceau de bois, une petite pierre, & on fait entrer la branche dans une fosse creusée en terre; on l'assujettit au moyen d'un des crochets préparés, & on la recouvre de terre. Ce crochet sera, autant que possible, fixé au-dessous de la fente, afin de favoriser la reprise de la marcotte; mais, dans le cas contraire, on la mettra au-dessus, ce qui consolidera davantage sa position.

Si la fente avoit plus d'un pouce, la marcotte pourroit pourrir, surtout si l'hiver étoit humide; plus la partie de la branche hors de terre est redressée, & plus la reprise est assurée, si elle ne périt pas.

Dans la seconde manière on incise la branche également en dessous, à quelques lignes au-dessous d'un nœud, puis on l'éclate comme précédemment; après quoi, par une seconde incision sur le nœud, on enlève toute la partie éclatée, qui doit être au moins la moitié de l'épaisseur de la branche, & on la couche positivement comme il a été dit plus haut: cette manière vaudroit mieux que la première, si la plaie n'étoit pas sujète à se refermer sans pousser des racines.

La troisième manière ne diffère de celle-ci, qu'en ce qu'au lieu d'éclater la branche, on se contente de lui faire une large entaille; elle offre le même inconvénient précité.

Dans ces trois manières on ne place pas toujours les marcottes dans une fosse; quelquefois, pour n'être pas dans le cas de casser la branche à marcotter, ce qui arrive souvent quand on ne procède pas avec suffisamment de soin, ou on élève la terre autour de la marcotte, ou on fait passer cette dernière dans un cornet de plomb, dans un petit pot, l'un & l'autre remplis de terre. *Voyez* au mot Marcotte.

Ordinairement les marcottes sont suffisamment enracinées au bout de deux mois, & on les lève avant l'hiver pour les repiquer autre part. Deux précautions doivent être prises en faisant cette opération: c'est, 1°. de couper la tige le plus net & le plus près possible du collet de la racine; 2°. d'enlever la marcotte avec la terre qui l'entoure, à l'effet de ce qu'on l'arrose d'avance; ensuite on les place soit en pleine terre, soit dans des pots, on les arrose, on les traite enfin comme les vieux pieds. Quel que soit le soin qu'on en ait, il s'en perd toujours pendant l'hiver beaucoup plus que de plants de semence; preuve que leur force organique est moindre: elles durent aussi moins long-tems; de sorte qu'il faut en faire tous les ans ou tous les deux ans, si on ne veut pas perdre la variété; cela est d'autant plus assuré, que cette variété est plus perfectionnée. Il en est, dit-on, qui ne peuvent atteindre la quatrième année.

La reprise des boutures est moins assurée que celle des marcottes; aussi en fait-on moins. Les branches destinées à en faire se coupent sur un nœud. On fait à leur extrémité une incision cruciale peu profonde, qu'on tient ouverte avec un corps solide; puis on les place à trois pouces de distance dans une terrine qu'on met, pour le mieux, sur couche & sous châssis, & qu'on ombre. Elles s'arrosent souvent, mais légérement. On ne leur donne de l'air que lorsqu'elles commencent à pousser. Si elles ont acquis assez de force, on les transplante, comme les marcottes, en automne, sinon on les laisse dans leur terrine jusqu'au printems.

J'aurois sans doute encore beaucoup de choses à dire sur les Œillets des fleuristes, mais il faut cependant que je m'arrête. Je finis donc par recommander leur culture aux habitans des villes, qui, n'ayant que de petits jardins, doivent se borner aux fleurs qui donnent le plus de jouissances: c'est dans ces petits jardins, lorsqu'ils sont bien abrités & exempts de toute humidité superflue, qu'ils prospèrent le mieux.

L'Œillet glauque & l'Œillet d'Afrique, qui se voient dans les écoles de botanique seulement, se contentent de la plus simple culture, & même une fois mis en place, ils ne demandent plus que des binages annuels.

C'est principalement en pot qu'on tient l'Œillet de la Chine, quoiqu'il orne fort bien un parterre ou une corbeille de jardin paysager, parce qu'il se place avec un grand avantage sur les rampes des escaliers, sur les murs d'appui, sur les fenêtres, &c. Il varie dans ses couleurs, dont le rouge fait cependant toujours le fond, & dans le nombre de ses pétales, y en ayant de simples, de sémi-doubles & de doubles. On le multiplie exclusivement de graines, qui se sèment dans des pots sur couche nue, & dont on transporte le produit, seul à seul, dans d'autres pots remplis de terreau mêlé avec de la terre de bruyère, lorsqu'il a acquis deux pouces de haut. Il fleurit jusqu'aux gelées, & repousse l'année suivante, quand il est garanti de leur action; mais ses fleurs ne sont pas alors ni si nombreuses, ni si grosses, ni si vives en couleur : en conséquence on doit renouveler ses pieds chaque année. Une exposition chaude & des arrosemens légers & fréquens favorisent singuliérement la beauté de sa floraison.

Beaucoup de botanistes regardent comme variétés l'une de l'autre les Œillets mignonette, musqué, de Montpellier & plumeux; cependant il y a des motifs de croire qu'ils forment réellement des espèces distinctes, dont le principal est qu'ils se trouvent dans l'état sauvage, comme je m'en suis personnellement assuré pour les deux derniers. Ils demandent le même terrein (léger & chaud), la même culture & la même exposition. Tous quatre sont recherchés dans les jardins, où ils se placent en touffes & en bordures, & où ils se font remarquer par l'excellente odeur, le nombre & la variation de leurs fleurs, mais la première plus que les autres. C'est principalement elle qui offre ces nombreuses variétés simples, sémi-doubles & doubles, dont les plus communes sont les rouges panachées, les blanches, les roses, toutes sans on avec une couronne pourpre. Les simples & les sémi-doubles se multiplient par le semis de leurs graines sur couche nue, & elles donnent de nouvelles variétés. On reproduit les doubles par le déchirement des vieux pieds, ou même simplement par l'enlèvement des marcottes, qui s'enracinent naturellement par l'effet de l'humidité dans laquelle se trouvent constamment les tiges inférieures. Pour augmenter ce moyen de multiplication, il suffit d'écarter, au milieu de l'été, les tiges du centre d'une touffe, & de mettre à leur base une poignée de terre. Ces opérations de déchirement & de transplantation se font pendant tout l'hiver.

L'expérience prouve que l'Œillet mignonette, en touffe comme en bordure, peut rester environ trois ans en place, après quoi il faut le relever, soit parce qu'il a épuisé le terrein, soit parce qu'il s'est trop étendu. On le repique, après avoir divisé ses touffes, dans un autre endroit, ou dans le même, si on y apporte de la nouvelle terre. Pour le faire fleurir deux fois dans la même année, il suffit de couper ses tiges rez-terre, lorsque les premières fleurs commencent à se passer.

Dans les écoles de botanique se voient encore les Œillets monadelphe, leptocéphale, aminci, des sables, des Alpes, des gazons, qui se cultivent de même que les Œillets glauque & d'Afrique, dont il a été question plus haut. Celui des gazons, quoiqu'inférieur en beauté à la mignonette, peut s'employer comme lui en bordure; il a même, sur ce dernier, l'avantage d'avoir la tige moins haute, & par conséquent de ne jamais se coucher.

J'ai vu un plus grand nombre d'Œillets de pleine terre se cultiver dans les jardins des amateurs, mais ils ne s'y sont pas conservés. Leur culture ne différoit pas, ou différoit très-peu de celle qui vient d'être indiquée.

Les deux seuls Œillets qui croissent communément dans nos plaines sont le velu, qui se trouve dans les taillis & les buissons, & le prolifère, propre aux sables les plus arides. Le premier est le plus remarquable, mais il l'est cependant peu, comparativement aux autres. Tous les bestiaux mangent leurs feuilles.

Il ne me reste plus, pour compléter ce que j'ai à dire relativement aux Œillets qui se cultivent en France, qu'à parler de deux espèces, qui sont frutescentes, & qui exigent l'orangerie pendant l'hiver; savoir : l'Œillet frutescent & l'Œillet à feuilles épaisses. Tous deux sont assez beaux, lorsqu'ils sont en fleurs, pour mériter d'être employés à l'ornement des jardins; cependant ils sont encore fort rares. On les place dans des pots remplis, par parties égales, de terre franche, de terre de bruyère & de terre de couche. On les multiplie presqu'exclusivement de boutures faites sur couche & sous châssis, quoiqu'on puisse le faire également de marcottes, & même de graines. Ils veulent, pendant l'été, une exposition chaude & peu d'arrosemens. (*Bosc.*)

ŒILLET D'AMOUR : nom vulgaire de la GYPSOPHILLE SAXIFRAGE. *Voyez* ce mot.

ŒILLET DE DIEU. C'est, à Boulogne, la COQUELOURDE. *Voyez* AGROSTÊME.

ŒILLET FRANGÉ. Les jardiniers appellent ainsi l'ŒILLET MIGNONETTE.

ŒILLET DE LA REGENCE. *Voyez* ŒILLET DE LA CHINE.

ŒILLET D'INDE. On donne généralement ce nom au TAGET. *Voyez* ce mot.

ŒILLET DE POÈTE : synonyme d'ŒILLET BARBU.

ŒILLETTE : nom du PAVOT CULTIVÉ dans quelques parties de la France, ainsi que de l'huile qu'on retire de ses graines.

ŒNANTHE. *ŒNANTHE.*

Genre de plante de la pentandrie digynie & de la famille des *Ombellifères*, lequel réunit quatorze espèces, dont sept sont propres à l'Europe, & se cultivent dans les écoles de botanique. Il est figuré pl. 203 des *Illustrations des genres* de Lamarck.

Observations.

Quelques botanistes réunissent les *Phellandres* à ce genre, mais je ne suivrai pas ici leur opinion.

Espèces.

1. L'ŒNANTHE fistuleuse.
Œnanthe fistulosa. Linn. ♃ Indigène.

2. L'ŒNANTHE safranée.
Œnanthe crocata. Linn. ♃ Indigène.

3. L'ŒNANTHE prolifère.
Œnanthe prolifera. Linn. ♃ De l'Italie.

4. L'ŒNANTHE globuleuse.

Œnanthe globulosa. Linn. ♂ De l'Espagne.

5. L'ŒNANTHE pimpinelline.

Œnanthe pimpinelloides. Linn. ♃ Du midi de la France.

6. L'ŒNANTHE élancée.

Œnanthe virgata. Lam. ♃ De la Barbarie.

7. L'ŒNANTHE filiforme.

Œnanthe filiformis. Lam. ♃ Du Cap de Bonne-Espérance.

8. L'ŒNANTHE de la Caroline.

Œnanthe caroliniana. Bosc. ♃ De la Caroline.

9. L'ŒNANTHE à feuilles linéaires.

Œnanthe peucedanifolia. Poll. ♃ Des Alpes.

10. L'ŒNANTHE enivrante.

Œnanthe inebrians. Thunb. ♃ Du Cap de Bonne-Espérance.

11. L'ŒNANTHE à petites feuilles.

Œnanthe tenuifolia. Thunb. ♃ Du Cap de Bonne-Espérance.

12. L'ŒNANTHE férulacée.

Œnanthe ferulacea. Thunb. ♃ Du Cap de Bonne-Espérance.

13. L'ŒNANTHE interrompue.

Œnanthe interrupta. Thunb. ♃ Du Cap de Bonne-Espérance.

14. L'ŒNANTHE élevée.

Œnanthe exaltata. Thunb. ♃ Du Cap de Bonne-Espérance.

Culture.

La première espèce est commune dans les prés marécageux, où elle se fait remarquer par sa grandeur de deux pieds. Aucun animal n'y touche. Il est de l'intérêt des cultivateurs de s'en débarrasser, non-seulement comme plante inutile, mais encore comme plante dangereuse. On y parvient en la coupant, au printems, au-dessous du collet de ses racines.

La seconde espèce est un des plus violens poisons de l'Europe, surtout ses racines, qui sont charnues & fusiformes. On doit mettre le plus grand soin à la détruire partout où on la trouve. Heureusement elle est plus rare que la précédente. Le vinaigre mêlé d'eau est le meilleur des remèdes qu'on puisse employer contre ses effets; mais il faut en faire usage sur-le-champ & ne pas l'épargner.

Ces deux espèces, ainsi que les 3e., 4e. & 5e., se cultivent dans les écoles de botanique, où elles ne se conservent qu'autant qu'on les met dans des pots ayant le pied dans l'eau, ou qu'on les arrose fréquemment & abondamment. Une fois en place elles s'y conservent, avec les soins précités, plusieurs années de suite. On les multiplie de graines ou par déchirement des vieux pieds. A Angers on mange les racines de la dernière espèce sous le nom de *jouannette*; leur goût est en même tems fade & sucré. Ce sont, au rapport de Decandolle, les plus vieilles qui sont les meilleures. (*Bosc.*)

ŒNOLOGIE : nom scientifique de l'art de faire le vin. *Voyez* ce mot & le mot VIGNE.

ŒNOMÈTRE : nom de deux instrumens proposés pour régulariser la fermentation du moût dans le cuvage des vins.

Le premier, dont on doit l'invention à Bertholon, est aujourd'hui appelé GLEUCOMÈTRE. *Voyez* ce mot.

Le second est destiné à indiquer la quantité d'alcool contenu dans le vin nouvellement fait : c'est un véritable PÈSE-LIQUEUR. *Voyez* ce mot dans le *Dictionnaire de Physique*.

C'est dans les grandes villes, principalement à Paris, que les cultivateurs doivent se pourvoir d'Œnomètres, parce qu'il faut beaucoup de talent pour les construire.

On a beaucoup vanté les avantages de l'emploi de l'Œnomètre dans la fabrication des vins; cependant nulle part il n'est en usage. Je crois, en effet, qu'il ne remplit pas son objet, puisque ce n'est pas toujours à la quantité d'alcool que les vins doivent leur bonté; témoins ceux du Rhin, de Champagne & même de Bourgogne. A mon avis, il est plus nécessaire à un fabricant d'eau-de-vie qu'à un vigneron. (*Bosc.*)

ŒRVE. *Œrva.*

Genre de plante établi pour placer le CADELARI ALOPECUROÏDE de Lamarck, qui offre dans ses caractères quelques différences notables; on y a réuni la DIGÈRE FRUTESCENTE & le CADELARI LAINEUX. *Voyez* ces mots. (*Bosc.*)

ŒSTRE. *Œstrus.*

Genre d'insecte de l'ordre des *Diptères*, dans lequel on compte une douzaine d'espèces, dont la moitié est dans le cas d'être remarquée des cultivateurs, comme vivant à l'état de larve aux dépens des animaux domestiques.

Les Œstres ne mangent point & vivent très-peu de jours, c'est-à-dire, seulement autant qu'il leur faut pour s'accoupler & pondre. On les confond souvent, dans les campagnes, avec les taons, auxquels ils ressemblent par la grosseur & la faculté de bourdonner; mais en s'approchant comme eux des animaux, ce n'est point pour les piquer, c'est pour déposer leurs œufs sur leur corps, & même dans leur corps. *Voyez* le *Dictionnaire des Insectes*.

Les espèces dont je suis dans le cas de faire particulièrement mention sont :

L'ŒSTRE DES BŒUFS. Sa femelle dépose ses œufs, seul à seul, sous le cuir du dos des bœufs, des vaches, des cerfs, &c. Les larves qui en naissent, vivent aux dépens de l'humeur qui fait naître leur irritation. Une tumeur de la grosseur d'une noix, percée à son sommet, & d'où découle une sanie blanchâtre, est le résultat de leur action. Les jeunes animaux sont plus sujets que les vieux à ces tumeurs, à raison de ce que leur peau est plus tendre & leur lymphe plus abondante. Lorsqu'il n'y a qu'un petit nombre de ces larves sur une vache, six à huit, par exemple, & c'est l'ordinaire, le mal qu'elles causent est insensible; souvent même, si elle est mal portante, elles la rétablissent, faisant l'effet d'un SETON (*voyez* ce mot); mais quand il y en a beaucoup, trente à quarante, par exemple, elles la font maigrir considérablement & font tarir son lait. Tuer ces larves est très-facile, puisqu'il ne s'agit que de les piquer, à travers le trou de la tumeur, ou mieux de fendre la tumeur & de les extraire; mais on le fait rarement, soit parce qu'on ignore leur existence, soit parce qu'on est persuadé qu'il est utile à la santé des bestiaux de les conserver. Il est cependant un motif qui milite puissamment en faveur de leur destruction; c'est qu'elles occasionnent dans la peau de ces bestiaux, après leur sortie, une nodosité fort dense qui nuit à la qualité du cuir, & qui ne disparoît jamais complétement.

Ces larves, arrivées à toute leur grosseur, sortent de leur trou & vont se transformer en insectes parfaits sous des pierres ou dans des trous: les plaies qu'elles ont faites se guérissent en peu de jours.

Les chevaux nourrissent trois espèces d'Œstres, & peut-être quatre; car on dit que la précédente se trouve quelquefois sur eux; savoir: l'ŒSTRE DES CHEVAUX, l'ŒSTRE VETERIN & l'ŒSTRE HÉMORROIDAL.

Le premier dépose ses œufs sur le devant des jambes antérieures & sur le flanc des chevaux, d'où ils sont portés dans l'estomac avec les poils, par suite de l'habitude qu'ont les chevaux de se lécher ces parties. Clark dit que ces œufs éclosent sur le poil, & que ce sont par conséquent les larves qui sont emportées.

Le second & le troisième paroissent déposer leurs œufs sur les bords de l'anus des chevaux, d'où leurs larves pénètrent dans les intestins; cependant Clark assure que c'est sur leurs lèvres, & que la larve passe ensuite dans la bouche, & de là dans l'estomac & les intestins.

Ces trois espèces vivent aux dépens du suc gastrique & pancréatique, & ne causent du mal aux chevaux qu'autant qu'elles sont très-multipliées.

Valisnieri cite cependant des épidémies qui les ont eus pour cause. Le meilleur moyen de s'opposer à leur multiplication seroit certainement de tenir les chevaux à l'écurie pendant le tems de la ponte; mais ce tems (les mois de mai & juin) est celui où l'abondance des pâturages invite à les mettre au vert.

On a indiqué l'huile, soit en breuvage, soit en lavemens, pour faire périr les larves de ces trois espèces d'Œstres; mais Réaumur observe qu'elle produit fort peu d'effet. Les purgatifs drastiques amers, comme l'aloès, paroissent devoir offrir des résultats plus satisfaisans, & ils sont les moyens que je propose.

L'ŒSTRE DES MOUTONS dépose ses œufs dans les sinus frontaux des moutons, des chèvres, des cerfs, &c. Il arrive souvent que sa larve, lorsqu'elle est multipliée à un certain point, cause à ces animaux des vertiges qu'on peut confondre avec ceux qui sont produits par l'HYDATIDE CÉRÉBRALE (*voyez* ce mot); mais qui ont rarement des suites graves. Réaumur s'est assuré qu'il y avoit toujours environ un tiers des moutons, paissant dans un pays boisé, qui nourrissent de ces larves, dont je ne sache pas qu'on ait cherché à les débarrasser, à raison de la sensibilité de l'organe dans lequel elles se tiennent. On a proposé de les empêcher de naître, en garnissant, pendant les mois de mai & de juin, époque de leur ponte, le nez des moutons d'une muselière en canevas ou en fil de fer; & ce moyen, malgré les inconvéniens qu'il entraîne, est sans doute le meilleur.

Dans le nord de l'Europe il y a aussi des Œstres sur les rennes, mais leurs mœurs sont peu connues.

Il en est de même de ceux qui vivent sur plusieurs animaux de l'Asie, de l'Afrique & l'Amérique. (*Bosc.*)

ŒUFS : moyen de reproduction propre aux oiseaux, aux reptiles, aux poissons & aux insectes. *Voyez* le *Dictionnaire de Physiologie.*

Ce sont les Œufs des oiseaux de basse-cour que je dois principalement considérer ici.

De toutes les femelles de ces oiseaux, la poule est celle qui les a les meilleurs, & celle qui en pond le plus. Ceux de dinde, d'oie, de canard, de pintade, &c., quoique se mangeant quelquefois, ne sont guère considérés que sous le rapport de la multiplication de l'espèce.

Les premiers Œufs des oiseaux sont plus petits que ceux qui viennent ensuite. On appelle *Œufs de coq*, ceux des poulettes qui n'ont pas un pouce de diamètre.

Chaque acte du mâle peut rendre trois à quatre Œufs, & même plus, susceptibles de produire des petits, parce que les embryons de ces Œufs sont disposés par grappes dans l'ovaire, & que tous les Œufs d'une grappe se présentant ensemble à l'ouverture de l'oviducte, peuvent être fécondés à la fois; mais, en général, il est préférable d'avoir plus de mâles que cette circonstance semble l'indiquer; car lorsqu'on veut spéculer sur le produit des couvées, la dépense d'un ou deux mâles de plus n'entre pas en proportion avec la perte, qui est la suite d'une grande diminution dans le résultat de ces couvées. Je fais cette observation, parce qu'il m'a paru qu'on réduisoit généralement beaucoup trop le nombre de ces mâles par esprit d'économie. *Voyez les articles* POULE, DINDE, OIE, CANARD.

Les expériences de Parmentier prouvent que les Œufs non fécondés se conservent plus longtems

tems que les autres : ce seroit donc une chose très-avantageuse que de séparer les coqs des poules lors de la seconde ponte, c'est-à-dire, depuis le mois d'août jusqu'en octobre, ponte qui n'est jamais employée à la multiplication de l'espèce, à raison de l'approche des froids. J'invite les amis de l'économie domestique à porter leur attention sur cet objet, qui n'est pas de petite importance, quand on considère l'immense quantité d'Œufs qui se gâtent pendant l'hiver.

Je ne parle pas du moyen de conserver les Œufs, en les faisant légérement cuire, parce qu'il ne peut être que d'un emploi très-circonscrit : deux secondes dans l'eau bouillante sont suffisantes pour les amener à l'état desirable pour remplir ce but.

Il est des Œufs qui offrent deux jaunes, d'autres qui n'ont point de jaune, d'autres qui en ont un autre intérieur avec sa coquille, d'autres qui n'ont point de coquille, d'autres qui sont très-longs & étranglés dans leur milieu. Toutes ces monstruosités peuvent bien appeler les réflexions des physiologistes, mais elles ne méritent point l'attention des ménagères, dont l'unique but est la reproduction ou la vente.

Il est des personnes qui prétendent reconnoître les Œufs des mâles à leur petit bout plus pointu; cependant des expériences positives ont prouvé que cette circonstance n'étoit pas plus un indice du sexe que la circonstance contraire.

Comme le germe a une opacité plus grande que le reste du blanc, on peut le plus souvent, en présentant un Œuf vis-à-vis d'une chandelle dans un lieu obscur, en les mirant, comme on dit vulgairement, reconnoître ceux qui sont fécondés, & par conséquent ceux qui sont propres à être mis à couver; mais il n'est pas vrai non plus qu'on puisse distinguer, par la grosseur ou la forme de ce germe, si l'oiseau qui en doit naître sera mâle ou femelle : je dis le plus souvent, parce qu'il y a lieu de croire, par le grand nombre d'Œufs qui n'arrivent pas à bien, même entre les mains des plus habiles ménagères, qu'elles sont sujètes à se tromper.

C'est par le même moyen qu'on juge les Œufs qui sont vieux & ceux qui sont gâtés; les premiers par le vide qu'ils offrent à la partie la plus élevée, & les seconds par leur complète opacité. Le bruit de liquide enfermé qui se fait entendre quand on secoue les Œufs qui sont dans ces deux états, ne peut guider que les oreilles très-exercées.

L'oie & la poule font des Œufs à coque blanche, que l'on distingue à leur grosseur, plus considérable du double dans l'oie, & à leur forme plus pointue d'un côté dans la poule.

Il en est de même de ceux de dinde & de pintade; ces derniers sont plus petits que ceux de poule; tous deux sont tachetés de points rougeâtres, jaunâtres, grisâtres, &c.

Quant à ceux de cane, ils sont d'un gris-verdâtre, & plus alongés.

Les Œufs de poule sont les meilleurs pour être mangés seuls, ensuite viennent ceux de dinde, ceux de cane, ceux d'oie; ceux de pintade se mangent rarement.

Je dois cependant observer que cette qualité des Œufs dépend aussi beaucoup de la nourriture; ainsi, les poules qui vivent beaucoup de vers, d'insectes & autres matières animales, donnent des Œufs qui ont le jaune noirâtre & de mauvais goût; ainsi celles qui mangent beaucoup d'herbes aqueuses, de laitue, par exemple, sont plus liquides & moins savoureux. Les meilleurs sont ceux de celles qui ne mangent que du grain.

Le nombre des Œufs varie, 1°. selon l'espèce & dans l'ordre suivant : poule, oie, cane, dinde, pintade; 2°. selon la chaleur de la saison; ainsi les poules qu'on tient dans des écuries surchargées de fumier, dans des dessus de four, &c., pondent plus tôt & plus long-tems que les autres; 3°. selon la nourriture qu'on leur donne : par exemple, les poules auxquelles on fournit abondamment de l'avoine, de l'orge, du froment, du seigle, pondent également plus tôt & plus long-tems. Il est des pays où on croit que le chenevis produit mieux cet effet, les échauffe davantage, comme on dit, que les graines des céréales; mais il ne paroît pas qu'il y ait beaucoup d'avantages à préférer cette nourriture hors des pays où elle est surabondante.

J'ai déjà fait remarquer que les jeunes volailles, c'est-à-dire, celles qui font leur première ponte, donnoient des Œufs plus petits; j'ajouterai qu'à la fin de la ponte ils diminuent un peu de grosseur : outre ces cas, la grosseur des Œufs, dans chaque espèce, dépend de la variété. Plusieurs écrivains ont assuré que le plus de nourriture ou la meilleure nourriture influoit sur cette grosseur des Œufs; mais c'est une erreur, ainsi que le savent toutes les ménagères, & ainsi que l'a prouvé mon collègue Parmentier par des expériences rigoureuses.

Si la nourriture influe sur la grosseur des Œufs, ce n'est qu'autant qu'ayant été distribuée sans parcimonie dans la jeunesse, elle a concouru à augmenter la taille de l'individu. C'est, au reste, une remarque assez générale, que les variétés de volailles de la plus haute taille pondent le moins; d'où il faut conclure que lorsqu'on veut avoir des poules, principalement pour le profit direct des Œufs, ce sont celles de grosseur moyenne qu'il faut préférer.

Une poule devenue très-grasse donne moins d'Œufs, mais ses Œufs sont de la même grosseur qu'avant; quelquefois ces Œufs n'ont point de coquille : il en est de même des vieilles poules.

Dans toutes les fermes bien tenues, il y a des bâtimens pour chaque sorte de volaille; savoir : un POULAILLER pour les poules, un autre pour les dindons, un TOIT à oies & un autre à canards; c'est dans ces lieux qu'elles doivent pondre, dans des nids disposés pour cet objet, & où on laisse toujours un Œuf, vrai ou faux, qu'on appelle *le niot*. Chaque jour la ménagère va deux & même trois fois *lever* les Œufs pondus, pour les apporter à la maison, savoir, à dix heures, à deux heures & à six heures. Ce n'est pas seulement la crainte des accidens qui la déterminent, mais la connoissance des suites qui résultent de la succession des pondeuses sur ces Œufs; suites qui sont les mêmes que celles d'un commencement de COUVAISON. *Voyez* ce mot.

Les Œufs levés sont apportés à la maison & mis dans des paniers, où ils restent jusqu'à la consommation ou la vente, si cette consommation ou cette vente ne doit pas être trop retardée; dans le cas contraire on prend les précautions ci-dessus indiquées. Quand on lève beaucoup d'Œufs, il est bon de ne pas mêler ceux des jours différens, ou au moins ceux des semaines différentes, ou de les marquer avec du charbon, parce que les plus frais sont les meilleurs pour couver & pour manger.

Lorsque les Œufs viennent d'être pondus, ils sont complétement pleins; mais leur partie la plus liquide ne tarde pas à s'évaporer à travers la coquille, surtout s'il fait chaud, ou s'ils sont placés dans un lieu sec ou aéré. Ainsi ce vide, qui est toujours du côté du gros bout, peut faire juger avec exactitude de l'âge de l'Œuf, en faisant entrer comme élément du calcul le plus ou moins de chaleur de la saison. Il résulte donc de ce fait que pour conserver les Œufs, il faut les mettre dans une chambre fraîche & bien fermée, ou les envelopper de corps propres à empêcher l'évaporation de leur partie la plus liquide. Or, l'expérience prouve que lorsque cette évaporation n'a pas eu lieu, ils s'altèrent promptement, & cessent par conséquent d'être propres à la multiplication & à la nourriture. D'après cela, quel compte doit-on faire de cette multitude de recettes qui ont pour but d'empêcher cette évaporation, telles que de les vernir, de les huiler, de les mettre dans l'eau, &c.? Comme en les recouvrant de sciure de bois, de cendres, de sable, de terre, &c., l'évaporation est seulement diminuée, c'est ce qu'il faut faire. J'ai cru m'appercevoir, par suite de quelques expériences qui demandent à être renouvelées, que le meilleur de tous les moyens de conserver les Œufs, c'est de les entourrer de terreau de couche sec, ou de poussier de charbon, stratifié avec du sel en poudre. Au reste, hors les approches de l'hiver, il est toujours avantageux de vendre ses Œufs à mesure qu'ils sont pondus.

Les Œufs qui ont été secoués par un voyage, ou trop fréquemment remués, s'altèrent plus promptement que les autres.

La gelée fait souvent casser les Œufs; mais qu'ils se cassent ou non, ils n'en sont pas moins perdus pour tous les usages, si on ne les fait pas cuire avant leur dégel. Il faut donc toujours les garantir des grands froids; c'est pendant leur durée seulement qu'on peut les porter à la cave, car en tout autre tems la surabondance d'humidité & le défaut de renouvellement de l'air qui s'y trouve, favorise leur altération.

Les Œufs de la première ponte sont ceux qu'on doit préférer pour faire couver, parce que les petits qui en proviennent, peuvent, 1° mieux se vendre puisqu'ils sont les premiers; 2°. s'engraisser avec plus d'économie, puisqu'ils peuvent profiter des grains perdus pendant la moisson; 3°. supporter plus facilement les chaleurs de l'été & les pluies de l'automne. J'en excepte cependant ceux de ces Œufs qui sont pondus en hiver, & qu'il est plus profitable de vendre que de garder, à raison de leur haute valeur & de l'incertitude du succès de leur couvaison.

L'objet naturel des Œufs étant la reproduction de l'espèce, & la race gagnant d'autant plus que ceux qu'on fait couver sont plus gros, une ménagère jalouse de sa basse-cour choisit toujours les plus beaux pour cet objet; elle les prend frais, c'est-à-dire, pondus depuis peu de jours, les mire pour rejeter ceux qu'elle juge inféconds, & n'en met sous chaque couveuse que le nombre qu'elle peut aisement couvrir. *Voyez* COUVAISON.

La consommation des Œufs de poule est très-considérable en Europe, & il seroit à desirer qu'elle le fût encore plus, tant à raison de l'excellence de cet aliment, que pour la facilité de l'avoir sous la main au moment du besoin; cependant, il y a tout lieu de croire qu'elle décroît annuellement, à raison du haut prix habituel des grains. Ce n'est plus guère que dans les pays où on nourrit les poules avec du sarrasin, du millet ou du maïs, qu'il est possible d'en entretenir avec profit dans les manoirs ruraux de peu d'étendue. S'il en vient à Paris de si grandes quantités, à un prix raisonnable, de la Normandie, de la Flandre, de la Picardie, c'est que les terres de ces anciennes provinces sont exploitées en grandes fermes, où on bat des grains toute l'année, & où les poules ramassent la partie, toujours si considérable de ces grains, qui échappe au fléau, & qui seroit perdue pour le fermier, sans elles & les autres volailles.

Pour fournir les Œufs à l'aprovisionnement de Paris, il y a dans chaque arrondissement de ces pays, & autres voisins de Paris, des personnes qui parcourent journellement les fermes, & achètent les Œufs qui s'y pondent; ils les portent à certains marchés, où ils les vendent en gros aux *coquetiers*, c'est-à-dire, aux marchands qui les apportent à Paris. Ceux qui sont pondus dans les mois d'août, de septembre & d'octobre, époque de la seconde ponte générale, se gardent en partie pour l'hiver, par les personnes qui les ont d'abord achetés, même par les fermiers. Pour les conserver, on les place sur des planches garnies de paille, on les retourne souvent, & on les mire tous les huit jours, afin de se défaire d'abord de ceux qui se sont le plus vidés. La paille, à raison de ce qu'elle est un très-mauvais conducteur de la chaleur, est très-propre à remplir le but qu'on se propose; mais il faut qu'elle soit bien sèche, sans quoi elle donne aux Œufs un goût qui lui est propre, & qui est connu des marchands sous le nom de *goût de paille*.

Il sembleroit qu'à raison de leur fragilité, les Œufs ne pourroient pas être transportés en grande quantité à la fois, & dans des voitures très-cahotantes; mais il est de fait qu'on les amène à Paris en train de poste, dans des paniers qui en renferment chacun plus d'un millier.

Pour cela, le moyen est bien simple: on les met dans ces paniers après les avoir triés selon leur grosseur, par lits séparés par de la longue paille non froissée, lits de paille dont l'épaisseur diffère peu de celle des Œufs, & on serre le lit supérieur avec de la ficelle, de manière qu'aucun Œuf ne puisse remuer. Il est très-rare qu'un Œuf de ces paniers casse complétement, & lors même qu'il en casseroit plusieurs à chaque lit, cela ne nuiroit ni à ceux restant du même lit, ni à ceux des autres lits.

Quand on veut envoyer des Œufs en petit nombre, à une grande distance, on emploie une boîte où chacun est isolé & ne peut remuer.

Outre la nourriture, les Œufs servent encore à plusieurs usages d'économie domestique. Ainsi le jaune, qui est un savon animal, enlève les taches de graisse sur les étoffes, dissout les résines, & facilite l'emploi de quelques médicamens; ainsi, le blanc supplée la colle de poisson pour la clarification des vins & autres liqueurs: mêlé avec de la chaux, il devient un excellent lut; il sert à vernir les tableaux, à coller le papier, &c. (*Bosc.*)

OHIGGINSIE. *Ohigginsia.*

Genre de plante fort voisin des HAMELS, établi par Ruiz & Pavon dans la tétrandie monogynie, & qui renferme trois arbrisseaux originaires du Pérou.

Comme ces arbrisseaux ne se trouvent pas dans nos jardins, je suis dispensé d'en parler avec plus d'étendue. (*Bosc.*)

OIE: oiseau du genre des canards, propre à l'Europe ainsi qu'à l'Asie, qui vit en troupes plus ou moins nombreuses, & que l'homme a su rendre domestique pour profiter de sa chair, dont il se nourrit, & de ses plumes qu'il emploie à divers usages. *Voyez* le *Dictionnaire des Oiseaux*.

L'Oie sauvage niche rarement en France; mais elle y afflue à la fin de l'automne, lorsqu'elle est chassée par les neiges & les glaces des pays du nord, ainsi qu'au printems, à son retour vers ces pays. C'est à ces époques qu'on les tue ou qu'on les prend. *Voyez* le *Dictionnaire des Chasses*.

Certains cantons de plaines sont principalement affectionnés par les Oies sauvages, &, en arrachant les blés & autres céréales dans le but de s'en nourrir, elles causent annuellement des dommages plus ou moins considérables aux cultivateurs, qui ne les éloignent pas par des coups de fusil ou des cris: ceux de la haute Champagne m'ont fréquemment prouvé ce fait dans ma jeunesse.

L'époque où l'Oie a été réduite en domesticité se perd dans la nuit des tems. Il est probable qu'elle a dû suivre de bien près l'origine des sociétés agricoles. Quel que soit le nombre de celles qu'on élève en France, elles ne sont pas encore à beaucoup près aussi multipliées que le besoin de la consommation l'exige. En effet, combien de villages où on n'en voit pas une seule, & où elles pourroient cependant réussir parfaitement! Quand on considère la facilité de leur éducation, le peu de dépense de leur nourriture, les bénéfices qu'elles produisent, on se demande comment se fait-il qu'elles ne soient pas vingt fois plus nombreuses, puisqu'il n'y a que les cantons les plus arides où elles ne prospèrent pas. Combien de cultivateurs, dont la constitution est foible parce qu'ils ne se nourrissent que de mauvais pain, seroient pleins de vigueur s'ils élevoient des Oies pour leur usage!

Je fais des vœux pour que, plus éclairés sur leurs vrais intérêts, tous les Français qui sont en position de le faire, se livrent à l'éducation de ce précieux oiseau.

L'influence de la domesticité s'est fait sentir sur les races de l'Oie, & celles que nous élevons, sont toutes plus grosses & plus susceptibles de l'engrais, que le type sauvage. Généralement elles sont blanches, avec une espèce de hupe sur la tête & une masse de chair pendante sous le ventre. Les plus belles de ces races sont celles du haut Languedoc.

Ce sont toujours les plus grosses Oies qu'on doit préférer pour la reproduction, afin que les races ne s'affoiblissent pas; mais il est malheureusement peu de personnes qui mettent de l'importance à ce choix.

Le mâle de l'Oie se distingue de la femelle à son corps plus petit, à son cou plus long, à son cri bien plus aigu, & sa menace lorsqu'on approche du troupeau dont il fait partie.

On est persuadé, dans beaucoup de lieux, qu'il faut un mâle par six femelles; mais il paroît qu'on peut lui en donner un plus grand nombre sans inconvéniens. Il est même des lieux où un seul mâle sert d'étalon, en payant, à toutes les femelles d'un village.

Il est généralement d'usage de tuer les mâles immédiatement après la ponte, & de compter sur les jeunes pour les reproductions de l'année suivante. Certainement il y a quelques motifs plausibles à cet usage, tels que ceux relatifs à l'économie de la nourriture & à la méchanceté des vieux mâles; mais la vigueur des reproductions n'en est-elle pas affoiblie?

La ponte des Oies a lieu de très-bonne heure, c'est-à-dire, immédiatement après le dégel. Dès qu'on s'apperçoit qu'elle va commencer, il faut renouveler la litière de leur toit (c'est le nom du bâtiment où elles couchent), y construire sur les côtés & au fond autant de cases en planches qu'il y a de femelles, & les tenir renfermées jusqu'à ce que toutes aient pondu au moins un œuf. Ce conseil, de renouveler leur litière, est fondé sur l'inconvénient de les troubler pendant la couvaison; celui de construire des cases, sur l'utilité que chaque couveuse soit isolée, & ne puisse voir ses voisines; celui de les renfermer, sur le desir qu'elles ont généralement de se cacher pour pondre, & sur l'observation qu'elles continuent de le faire là où elles ont commencé.

Si les Oies femelles ne sont point interrompues par un desir trop précoce de couver, elles peuvent pondre jusqu'à cinquante œufs; mais ordinairement elles ne vont que jusqu'à la moitié de ce nombre, encore trop considérable, puisque chacune n'en peut couver que quinze, terme moyen.

Les œufs d'Oie, comme nourriture, sont peu estimés; mais on les emploie avantageusement dans la préparation de la pâtisserie: il s'en vend rarement dans les villes.

Il est toujours desirable que la couvaison ait lieu de bonne heure, & en conséquence on doit ne pas chercher à prolonger la ponte par les moyens employés pour les POULES. *Voyez* ce mot.

On juge que les Oies femelles sont au moment de couver, lorsqu'elles gardent le nid, après la ponte, plus long-tems que de coutume, & qu'elles s'en rapprochent souvent dans le cours de la journée. Alors il faut les inciter à s'y placer à demeure, en mettant auprès d'elles deux vases, l'un dans lequel on met de la nourriture, & l'autre de l'eau. Cette nourriture doit être substantielle, c'est-à-dire, de farine d'orge ou de maïs, du pain d'avoine, des pommes de terre, des pois, ou des lupins bouillis, &c.

Lorsqu'on met couver les Oies dans un lieu différent de celui où elles ont pondu, comme on le fait dans tant d'endroits, on risque qu'elles se refusent à rester sur leur nid, ou qu'après y être restées quelque tems, elles le quittent.

Dans quelques cantons, on estime qu'il vaut mieux faire couver les œufs d'Oie par des poules, & notre Olivier de Serre est de cet avis; mais quand on considère qu'on ne peut guère en mettre que six & même que cinq sous chaque poule, & qu'ils n'y trouvent pas assez de chaleur pour peu que le tems soit froid & humide, on est déterminé à croire qu'il vaut mieux suivre la voie de la nature.

Dans d'autres cantons, on fait couver ces œufs par des dindes. Là, l'inconvénient précité ne peut être mis en avant; mais comme les dindes sont plus délicates & d'un débit plus avantageux que les Oies, il n'est pas économique de les employer à cet objet, lorsqu'on peut faire autrement.

Une fois fixées sur leurs œufs, les Oies ne doivent plus être touchées. Il faut les laisser dans le plus grand isolement possible, c'est-à-dire, empêcher les enfans, les chiens, les chats & même les individus de leur espèce, excepté peut-être les mâles, d'entrer dans le lieu où elles couvent. La seule personne qui leur apporte chaque jour à boire & à manger, & qu'elles connoissent, aura cette prérogative; mais elle se gardera bien de prendre les couveuses de force pour les faire manger, comme on le pratique en quelques lieux, car il en peut résulter des inconvéniens sans aucun avantage.

L'incubation des Oies dure trente jours. Il est extrêmement fréquent qu'il y ait une partie des œufs inféconds; c'est pourquoi il est bon de visiter tous ceux de chaque couvée après le vingtième jour, pour, en les secouant légérement, juger, par le bruit d'eau qu'ils rendent, ceux qui ne contiennent pas de petit & les jeter sur le fumier.

Les petits premiers nés sont enlevés à leur mère par quelques femmes, & mis dans un endroit chaud jusqu'à la naissance des autres; mais cette précaution, motivée sur ce que quelquefois la mère abandonne le nid lorsqu'elle en voit quelques-uns, & occasionne ainsi la mort de ceux qui ne sont pas encore sortis, est sujète à de graves inconvéniens, tels que la mort de ces premiers nés, par suite de leur refroidissement, ou le refus de la mère de les reconnoître lorsqu'on les lui rend. Il en est de même de l'usage, si commun dans certains pays, de donner à une seule mère, outre ses petits, ceux d'une ou de deux autres, dont plusieurs des œufs se sont trouvés inféconds ou se sont cassés, pour déterminer ces dernières à couver de nouveau. D'ailleurs, une seconde couvée épuise complétement les Oies, & il n'est pas rare que leur mort en soit la suite.

C'est ordinairement en mai que se terminent les naissances des oisons, les couvées plus tardives réussissant mal à cause des chaleurs.

La première nourriture des oisons est de l'orge ou du maïs moulu, détrempé dans du lait & mêlé avec des feuilles de laitue ou de bette, ou des pommes de terre, des raves cuites, &c., hachées menu. Le pain trempé leur est encore meilleur, comme plus facile à digérer & plus substantiel.

S'il fait chaud, on peut laisser sortir les oisons deux ou trois jours après leur naissance, pendant quelques heures le matin & le soir. La trop grande ardeur du soleil, ainsi que la pluie & le froid, font dans le cas de les tuer. Dans ce premier âge, il faut veiller sur les fouines, les belettes, & surtout les gros rats (*mus decumanus*), qui les tuent pour les manger.

Très-souvent les mères écrasent leurs petits pendant les cinq à six premiers jours après leur sortie de l'œuf. Cet inconvénient, qui tient à la largeur des pieds & à la sorte de bêtise de cet oiseau, peut être difficilement évité, & favorise l'opinion de ceux qui veulent qu'on fasse couver les œufs d'Oie par des poules.

A mesure que les oisons grandissent, on augmente leur nourriture; mais vers deux mois, on peut se dispenser de la leur donner de choix. Leur voracité fait qu'ils se contentent alors des herbes qu'ils paissent, des insectes qu'ils saisissent, des légumes cuits qu'on leur donne, de son, de graines de toute espèce. Toutes les couvées se réunissent & ne forment qu'un seul troupeau qui rôde seul autour de la maison pendant toute la journée, & qui rentre le soir pour manger encore ce qu'on lui a destiné, & se coucher sous le toit qui leur est préparé.

Il est très-rare que la première mue, si fatale aux poulets & surtout aux dindoneaux, soit la cause de la mort de beaucoup d'oisons; cependant, s'il fait froid & s'il pleut lorsqu'elle commence, il est prudent de les empêcher de sortir pendant quelques jours, & de les remettre à la nourriture de leur première enfance. S'il s'en trouve de plus tristes que les autres, on leur donnera un peu de vin chaud.

Lorsqu'on spécule pour l'élève des Oies, outre la fille de basse-cour chargée de leur direction à la maison, par chaque centaine il faut avoir une autre petite fille ou un jeune garçon préposé uniquement, lorsqu'elles sont parvenues à deux mois d'âge, à les mener paître au loin, d'abord dans les terreins en friche & ensuite dans les prés nouvellement fauchés, dans les champs nouvellement moissonnés. Le conducteur est armé d'une longue houssine, avec laquelle il dirige la marche des oisons : quelquefois il est aidé par un chien à ce dressé. Dans ces courses, dont le lieu varie chaque jour, les jeunes Oies se disposent à l'engrais par l'abondance des subsistances en herbes, en insectes & surtout en graines qu'elles trouvent.

On ne doit point laisser aller les Oies dans les prés pendant la pousse des herbes, parce qu'elles porteroient préjudice à cette pousse, en mangeant les bourgeons & en y déposant leurs excrémens, qui nuisent par l'excès de fertilité dont ils sont pourvus, & par l'odeur qu'ils communiquent à l'herbe. On ne doit pas non plus les laisser aller dans les champs semés en froment ou autres céréales avant la moisson, par les ravages qu'elles y occasionneroient, aimant beaucoup les feuilles & les graines de ces plantes. Dans les pays où on élève beaucoup d'Oies, les propriétés sont entourées de haies vives soigneusement entretenues, & pour les empêcher de s'y introduire par les ouvertures que ces haies peuvent offrir, on passe une de leurs plumes de l'aile à travers leurs narines, plume à laquelle on conserve toute sa longueur : c'est un fort singulier spectacle que de voir des troupeaux d'Oies ainsi décorées.

Les cultivateurs de certains cantons de la France se dispensent d'élever des Oies pendant les deux premiers mois de leur vie, pensant qu'il est plus économique pour eux de les acheter à cette époque pour les engraisser. Ce sont principalement ceux des grandes plaines à blé, comme la Beauce, parce qu'en envoyant ensuite journellement ces Oies parcourir leurs chaumes après la moisson, elles s'engraissent sans dépense au moyen du grain qu'elles ramassent, & qui auroit été perdu sans elles.

Il arrive quelquefois, pendant l'hiver, que des Oies sauvages s'abattent au milieu d'un troupeau d'Oies domestiques, & les emmènent avec elles, non pour long-tems, parce que ces dernières, n'ayant pas l'habitude du vol, ne peuvent aller loin, mais assez de tems cependant pour qu'elles soient perdues pour le propriétaire. Afin d'éviter cet événement, on doit leur ôter à cette époque deux ou trois des grandes plumes de l'aile.

Les Oies destinées à servir à la reproduction n'ayant besoin que d'être entretenues, ne sont plus nourries extraordinairement, dès que les autres sont renfermées pour l'engrais; elles trouvent, jusqu'aux gelées, suffisamment à vivre dans la campagne. Mais à cette époque, il faut recommencer à les nourrir à la maison matin & soir, & abondamment, afin qu'elles soient en bon état de chair, comme on dit vulgairement, lorsqu'elles seront dans le cas de pondre par suite de l'abaissement de la température. *Voyez*, pour la théorie, au mot POULE.

Comme les Oies sont, à celles près réservées pour la reproduction, mangées avant la fin de l'hiver suivant, & que ce n'est qu'au printems que les jeunes éprouvent, pour la première fois, les feux de l'amour, on regarde partout comme inutile de leur faire subir la castration.

Ainsi que je l'ai déjà observé, ce sont les pères & ensuite les mères, qui sont les premières sacrifiées; mais comme leur chaire est coriace, elles sont réservées le plus souvent pour régaler les faucheurs, les moissonneurs & autres ouvriers du même genre, lorsqu'ils ont fini le travail pour lequel ils avoient été appelés.

On vend à deux mois les oisons les premiers nés, & ce par principe d'économie, c'est-à-dire, parce que la saison de l'engrais étant encore éloignée, ils coûteroient trop si on attendoit à cette époque : ce sont les habitans des villes qui les achètent.

Les jeunes Oies sont sujètes à deux maladies,

occasionnées par des causes opposées; elles prennent la diarrhée lorsque le tems est froid & humide. On les guérit avec du vin chaud ou autre boisson tonique & fortifiante : elles tombent de vertige après avoir tourné quelques momens, lorsque le soleil est chaud & le tems sec. On les guérit en les saignant aux pattes.

Les poux, les acares & autres insectes suceurs fatiguent souvent les Oies qui ne vont pas habituellement à l'eau, au point de les faire maigrir (quelquefois même les jeunes en meurent). Le remède, c'est, ou de nétoyer leur toit avec beaucoup d'exactitude une fois par semaine, pendant les chaleurs de l'été, époque où ils sont le plus tourmentés de ces insectes, & d'y brûler quelques poignées de paille contre les murs, ou de les empêcher alors d'y entrer.

On a dit qu'il étoit important d'arracher la jusquiame & la ciguë, des cantons où on élève des Oies; mais je puis assurer en avoir possédé qui ne touchoient pas à ces plantes, quelqu'abondantes qu'elles fussent autour de ma demeure.

C'est à la même époque qu'on plume les Oies pour la première fois. Long-tems on a cru, par principe de théorie, que cette opération étoit très-nuisible à leur accroissement & à leur engraissement; mais l'expérience prouve que si elles sont d'ailleurs convenablement nourries, & qu'on les empêche d'aller à l'eau pendant quelques jours, elle est presque sans inconvénient. Ce premier plumage, qui ne précède que de peu de jours la mue naturelle, en tient lieu. On les plume une seconde fois au commencement de l'automne, & enfin une troisième après leur mort. On plume également trois fois, & la première bien plus rigoureusement, les pères & mères.

La veille du jour où on doit plumer les Oies, on les force d'aller plusieurs heures sur une eau claire, lorsqu'on en a à sa portée, & pendant ce tems, on nétoie exactement leur demeure & on leur donne de la litière neuve.

Il y a trois sortes de plumes dans une Oie : 1°. le duvet, qui se rapproche de celui de l'eider; 2°. les plumes proprement dites, destinées à faire des matelas, des traversins, des oreillers, &c.; 3°. enfin, les pennes ou grosses plumes des ailes, qui servent à écrire & à plusieurs autres usages moins importans.

C'est le dégré de maturité du duvet, si je puis me servir de cette expression, maturité qu'on reconnoît à sa longueur & à la facilité de l'arracher, qui doit décider de l'époque de son enlèvement & de celle des petites plumes. Lorsqu'il n'est pas arrivé à ce point, sa qualité est moindre & sa conservation est plus difficile. Celui des Oies mortes naturellement sent mauvais & se pelotonne; il en est de même de celui de celles des Oies tuées & plumées après qu'elles sont refroidies. C'est pourquoi, dans le grand commerce de ces oiseaux, dans celui qui se fait à Paris, par exemple, on les vend toujours plumées.

Dès que le duvet & la plume des Oies sont arrachés, il faut les mettre dans un four légérement chaud pour les faire sécher, & tuer les insectes qui pourroient s'y trouver attachés; après quoi on les dépose dans des tonneaux défoncés, ou des sacs à claire-voie, dans un grenier ou autre lieu sec & aéré.

Quant aux plumes des ailes, on ne les ôte qu'une fois aux jeunes Oies, après qu'on les a tuées, & deux fois aux vieilles, c'est-à-dire, au premier & au troisième plumage. En Hollande, d'où nous viennent les plus belles plumes à écrire connues, on ne les enlève qu'une fois, c'est-à-dire, au premier plumage, celui qui précède immédiatement l'époque de la mue, où elles tomberoient naturellement. Ces plumes sont au nombre de dix, & se rangent sous plusieurs qualités différentes. L'opération qu'on leur fait subir, c'est de les tremper dans une dissolution chaude de potasse, & de les dépouiller de toutes les membranes graisseuses dont elles sont entourées, ensuite on les fait sécher; plus elles sont anciennement préparées, & plus elles offrent d'avantages dans leur emploi.

Dans le nord de la France, on élève les Oies principalement pour manger leur chair; en conséquence on ne leur donne qu'un demi-engrais, suffisant pour en rendre la vente facile; mais dans la partie du midi, où l'on manque de beurre, on les engraisse complétement, afin de se procurer les moyens d'assaisonner les mets. Ces deux buts exigent donc deux modes de direction dans les propriétaires d'oisons. Il y en a un troisième, borné à un petit nombre de lieux, & qui consiste à donner à ces oiseaux une maladie qui leur fait grossir & engraisser le foie avec excès. Je vais faire connoître les moyens employés.

Comme je l'ai déjà dit plus haut, on peut commencer à engraisser les Oies immédiatement après leur première mue, c'est-à-dire, à deux mois & demi, lorsqu'on les élève seulement pour leur chair; mais ce n'est que lorsqu'elles sont arrivées à toute leur croissance, & que la température de l'atmosphère commence à diminuer, qu'on doit le faire, lorsqu'on a pour but la production de la graisse entre leurs muscles ou dans leur foie.

Pour engraisser les Oies propres à être mangées, il suffit, ainsi qu'il a été déjà observé, de les mettre à portée de manger abondamment, & de varier leur nourriture. On arrive à ce résultat, soit en les laissant en liberté, soit en les renfermant dans des endroits obscurs : en les laissant en liberté, l'engrais est plus long & moindre, mais la chair est plus savoureuse, & approche davantage du fumet des Oies sauvages.

Il y a long-tems qu'on a renoncé aux vieilles pratiques qui précédoient ou accompagnoient l'engrais des Oies, telles que de leur contourner lès ailes, de leur clouer les pattes, de leur crever les yeux, pratiques qui, outre leur barbarie, étoient directement en opposition avec le but qu'on leur attribuoit. Le repos, la chaleur, l'abondance, la bonne qualité de la nourriture, sont les bases des moyens qu'on emploie partout en ce moment, & ils suffisent. *Voyez* au mot ENGRAIS.

On connoît plusieurs sortes de manières de renfermer les Oies destinées à l'engrais. Quelques personnes les mettent dans de vieux tonneaux défoncés d'un bout, tonneaux auxquels on fait, à la hauteur d'un pied du sol, des trous assez grands pour laisser passer la tête de chaque Oie; d'autres, & c'est le plus grand nombre, font faire des boîtes en planches légères, divisées en loges, tellement larges & hautes, que les Oies ne puissent s'y remuer : leur partie inférieure est à claire-voie pour que les excrémens puissent tomber, & en avant est une ouverture longitudinale, assez large pour le passage de la tête. Ces boîtes, qu'on appelle *épinettes*, peuvent être propres à contenir de une à douze Oies; mais il ne faut jamais outre-passer ce nombre. En Pologne on forme des vases de terre grossière, inégalement percés aux deux bouts, justement assez grands pour contenir une Oie accroupie qu'on y fait entrer de force. Dans toutes ces manières, les Oies sont placées dans des lieux obscurs & chauds, loin de toute espèce de bruit, surtout du rappel des Oies en liberté, & elles ne sont visitées qu'une fois par jour par la personne qui leur apporte la nourriture : toute Oie criarde qui s'y trouve, doit en être séparée sans rémission. Cette nourriture consiste en de la pâtée faite de pommes de terre cuites, de féves trempées de la veille, ou cuites, de pois gris trempés de la veille, ou cuits, de vesce, de gesse, également trempés de la veille, ou cuits, de maïs en grains, secs ou trempés, de glands, de châtaignes, de farine de maïs, de farine d'orge, de seigle, de pain d'orge ou d'avoine, le tout en surabondance, de l'eau renouvelée tous les jours, & également en surabondance. Le MAÏS doit être préféré. (*Voyez* ce mot.) Il faut plus ou moins de jours, selon la disposition des individus, selon la température, selon la qualité des alimens, selon l'exactitude des précautions indiquées ci-dessus, pour amener les Oies au degré de graisse desiré; mais on peut considérer celui de quinze jours comme le terme moyen.

Lorsqu'on veut engraisser les Oies à fond, on commence à cette époque à les *emboquer*, c'est-à-dire, à les faire manger de force plus qu'elles ne le veulent. Pour cela on emploie divers procédés dont le plus simple est de leur ouvrir le bec & d'y mettre le pain ou la pâtée qu'on pousse ensuite avec un bâton arrondi; le plus commode est une espèce d'entonnoir de fer-blanc, à tuyau coupé en bec de flûte, & garni d'un rebord bien poli. Cette opération doit être faite avec beaucoup de lenteur & de précaution, pour ne pas blesser & même étouffer l'animal. Il faut la terminer par la boisson, & malgré cela en laisser toujours à la portée de l'Oie, que cette surabondance de nourriture altère beaucoup. Ce ne doit être qu'à des femmes âgées qu'il faut la confier : dix Oies en occupent une pendant une heure le matin & autant le soir. Rarement on est dans le cas de les emboquer une troisième fois, à moins qu'on leur donne peu les autres fois, parce qu'il est très-important d'attendre que leur digestion soit complète avant de recommencer. En moins d'un mois, ces Oies prennent tant de graisse, que de huit à dix livres au plus qu'elles pesoient, elles arrivent à dix-huit ou vingt livres chacune. Dès qu'elles sont arrivées à point, ce qu'on reconnoît principalement à la pelotte de graisse du dessous des ailes, & à la difficulté de leur respiration, il faut les tuer, parce qu'elles ne gagneroient plus, & par conséquent coûteroient davantage, à pure perte, & même seroient en danger de périr.

C'est aux environs de Lauragais où cette sorte d'engrais se fait le mieux; aussi ce pays fait-il un commerce avantageux de graisse, de cuisses confites & de plumes.

Pour donner aux Oies la sorte de maladie qui fait grossir leur foie outre mesure, on ne fait que légérement modifier la méthode ci-dessus, c'est-à-dire, qu'on enferme les Oies dans des cellules si étroites, qu'elles ne peuvent absolument se donner aucun mouvement, & qu'on les place dans un lieu, non-seulement sombre & éloigné de tout bruit, mais encore dont la température est tenue fort élevée, à vingt degrés du thermomètre de Réaumur, par exemple. On les emboque de même, & vers le vingt-deuxième jour on mêle à leur nourriture quelques cuillerées d'huile; à la fin du mois leur foie pèse depuis une livre jusqu'à deux. On dit généralement que ces Oies à foie si gras sont extrêmement maigres de corps; mais cela est contesté, quoique dans les principes de la médecine, puisque toute obstruction des viscères amène la maigreur.

Les Oies à foie gras doivent être tuées à l'époque précitée, sinon on risque de les voir mourir, ce qui diminue beaucoup de leur valeur. Comme ce sont généralement des pâtissiers qui font cette sorte d'engrais pour leur compte, ils peuvent toujours choisir le jour où il convient de tuer les Oies : de suite les foies sont mis en pâtés qui peuvent se garder un mois & plus, & qui sont l'objet d'un commerce de quelqu'étendue : c'est de Strasbourg que viennent les plus réputés. C'est un manger très-délicat, mais très-cher & très-indigeste, auquel bien des Lucullus modernes ont dû la mort.

Actuellement il faut revenir à l'objet véritablement important de l'éducation des Oies, c'est-à-dire, au parti qu'on en tire pour la nourriture de la masse du peuple.

Ainsi que je l'ai déjà annoncé plusieurs fois, dans le nord de la France on mange les Oies à mi-graisse en automne; & comme elles ont peu coûté, on les vend à un prix inférieur à celui de la viande de boucherie: la consommation qui s'en fait parmi la classe ouvrière des villes & les habitans des campagnes, les jours de régal, est immense. Il s'en débite annuellement plus d'un million dans le seul marché de Paris, pendant les mois de septembre, octobre & novembre; aussi est-ce toujours une spéculation très-fructueuse que celle d'élever des Oies dans un rayon de cinquante lieues de cette capitale. Leur chair est savoureuse, mais indigeste, surtout celle des jeunes & des trop grasses; elle est, à Paris, repoussée de la table des riches; celle des vieilles est extrêmement coriace.

Avant l'invention des tourne-broches, on employoit fréquemment des Oies pour les suppléer, de sorte que telle étoit dans le cas de faire rôtir son père, sa mère, ses sœurs; ce qui appeloit des idées révoltantes.

Dans les départemens de la Haute-Garonne, du Lot, de l'Aveyron, du Tarn, de l'Aude, de l'Arriège, des Hautes-Pyrénées, des Basses-Pyrénées, du Gers, de Lot & Garonne & autres voisins, non-seulement on consomme beaucoué d'Oies demi grasses & grasses, immédiatement après les avoir tuées, mais, comme je l'ai dit précédemment, on sale, on confit leur chair, surtout celle de leurs cuisses, pour la provision de la fin de l'hiver, ainsi que de tout le printems & d'une partie de l'été de l'année suivante. Il convient que j'entre dans quelques détails sur les opérations qui sont les plus propres à faire arriver au but.

Il y a deux méthodes de conserver les cuisses d'Oie, qui ont chacune des avantages & des inconvéniens, par conséquent des prôneurs & des détracteurs. On peut se déterminer indifféremment, à ce qu'il paroît, pour l'une ou pour l'autre.

Dans toutes les deux, il faut immédiatement, après que l'Oie est tuée, & on la tue toujours entre six & huit mois, la plumer, lever ses cuisses ainsi que ses ailes, & écorcher le reste de son corps pour en enlever la graisse. Cette graisse est d'abord fondue & séparée de ses membranes dans un vase de cuivre bien propre, & mise de côté, tant pour l'emploi dont il sera parlé plus bas, que pour l'usage de la cuisine, étant, à raison de sa saveur agréable, plus propre à l'assaisonnement des viandes & des légumes que celle du COCHON, connue sous le nom de SAIN-DOUX. *Voyez* ces deux mots.

Dans la première, on couvre de sel les cuisses & les ailes, & on les laisse s'en imprégner pendant vingt-quatre heures entre deux planches chargées de lourdes pierres, puis on en remplit des vases de terre vernissés, les cuisses dans les uns, les ailes dans les autres, en les pressant fortement, afin de laisser le moins de vide possible, jusqu'à deux pouces du bord; après quoi on y verse de la graisse d'Oie, chaude, mais non bouillante, petit à petit, & on l'en remplit complétement; quelques jours après on couvre le pot de papier huilé.

Dans la seconde, on fait risoler (cuire sans y mettre d'eau) dans un chaudron de cuivre très-propre, les cuisses & les ailes d'Oie, jusqu'à ce qu'une paille puisse pénétrer dans la chair: on coupe les os saillans; on met ces cuisses & ces ailes séparément dans des pots semblables aux premiers, & on les recouvre de même de graisse d'Oie chaude; quelques jours après on couvre le pot d'un papier huilé.

Certaines personnes préfèrent envelopper les cuisses & les ailes de sain-doux, comme se garantissant mieux que la graisse d'Oie des atteintes de la rancidité; d'autres se contentent d'en mettre de l'épaisseur d'un pouce au-dessus de celle d'Oie, c'est-à-dire, d'achever de remplir le pot avec le sain-doux.

Il est des cantons où, au lieu de lever seulement les cuisses & les ailes, on coupe l'Oie après en avoir retranché le cou & les pattes, en quartiers, qu'on aplatit: on les sale, on les cuit comme il a été dit.

Les cuisses se conservent plus long-tems que les ailes: ce sont elles qu'on envoie exclusivement au loin.

Les carcasses d'Oie qui ne se mangent pas fraîches, se salent & se traitent de même, mais se consomment de suite; car plus il y a d'os, moins la chair se garde; c'est la nourriture de régal des domestiques & des gens de journée.

Les pots qui renferment des membres d'Oies se placent à la cave, & s'y conservent six mois sans que ce qu'ils contiennent, offre une altération sensible, après quoi la graisse rancit, & la chair prend un mauvais goût. Ce qui est dans ceux qui ont voyagé se conserve moins de tems, quelque précaution qu'on prenne.

C'est un très-agréable manger que les cuisses d'Oie ainsi préparées, lorsqu'elles sont nouvelles. On en fait de la soupe, & on les prépare de beaucoup de manières différentes.

J'ai appris que quelques particuliers avoient substitué aux méthodes ci-dessus le procédé employé en Espagne pour conserver la plupart des viandes, & s'en étoient bien trouvé. Le voici:

On fait cuire l'Oie coupée en morceaux dans sa graisse (risoler), & lorsqu'elle est à point on la désosse, on coupe sa chair en morceaux de la grosseur du doigt, & on les introduit, sans les presser, dans des boyaux de bœuf ou de cochon, préparés; puis on les noie dans la graisse chaude, dont on remplit ces boyaux, qui sont ensuite contournés dans des pots, & couverts d'une forte saumure

saumure qu'on renouvelle deux fois l'an. La chair d'Oie ainsi disposée peut se conserver excellente plusieurs années, & être envoyée au bout du monde. (*Bosc.*)

OIGNON. On appelle ainsi vulgairement les BULBES (*voyez* ce mot) composées de tuniques ou d'écailles en recouvrement.

La plupart des plantes de la famille des *Liliacées* ont des Oignons pour racines. Celles de ces plantes qui intéressent le plus les cultivateurs, autres que l'OIGNON proprement dit, dont il va être question, appartiennent aux genres TULIPE, JACINTHE, LIS & FRITILLAIRE. *Voyez* ces mots. (*Bosc.*)

OIGNON (*allium cepa* Linn.): espèce du genre de l'AIL (*voyez* ce mot), qui paroît originaire d'Egypte, ou mieux de la haute Asie, qu'on cultive presque dans tout l'Univers pour l'assaisonnement des mets, & dont la culture est en France un objet d'assez grande importance pour mériter ici un article de quelqu'étendue.

Il y a des variétés sans fin dans l'espèce de l'Oignon, comme dans toutes les plantes très-anciennement cultivées; mais il n'y en a qu'un petit nombre qui méritent la préférence, & parmi elles, faute d'avoir pris dans mes voyages les notes convenables, je suis forcé de ne faire mention ici que de celles qui se cultivent dans les jardins des environs de Paris.

L'OIGNON ROUGE, aplati & très-gros.

L'OIGNON PALE, de même forme, un peu moins gros & plus piquant que le précédent: on le cultive beaucoup aux environs de Paris; c'est un de ceux qui se conservent le mieux.

L'OIGNON JAUNE, encore plus pâle que le précédent, mais du reste en différant peu pour les qualités.

L'OIGNON BLANC ORDINAIRE, très-aplati, très-gros, très-piquant; il craint peu les gelées & se conserve bien.

L'OIGNON BLANC HATIF DE FLORENCE est plus petit & plus doux que le précédent; il est le premier en état d'être mangé, & se conserve le plus long-tems.

L'OIGNON ROUGE D'ESPAGNE est ovale-alongé, très-gros & très-doux.

L'OIGNON BLANC D'ESPAGNE ne diffère presque du précédent que par sa couleur.

L'OIGNON BULBIFÈRE; il porte des bulbes au lieu de fleurs, & ces bulbes donnent la même année des Oignons assez gros; on le cultive peu, quoiqu'il ait été beaucoup vanté.

C'est dans les terres légères, humides & chaudes, que l'Oignon prospère le mieux; mais il s'accommode de toutes celles qui ne sont pas extrêmement arides ou très-aquatiques. Les plus beaux & les meilleurs croissent dans les parties méridionales de la France, en Espagne, en Italie, dans la Grèce & îles adjacentes, sur la côte de Barbarie, & surtout en Egypte; tous les habitans de ces pays les aiment avec passion, & en font en conséquence une prodigieuse consommation. On en cite de monstrueux: j'en ai vu de tels, c'est-à-dire, de plus d'un demi pied de diamètre. Les petits sont les plus recherchés dans les bonnes cuisines.

Dans les mauvaises terres, les Oignons ne viennent beaux qu'autant qu'on les sème sur un copieux engrais; mais il faut que cet engrais soit du fumier bien consommé, car ils prennent facilement le goût de celui qui ne l'est pas, ou des boues des villes. Le mieux est dans ce cas d'imiter les cultivateurs de la plaine de Saint-Denis près Paris, plaine où on sème immensément d'Oignons, qui font précéder ce légume d'une récolte doublement fumée, de sorte qu'ils n'ont jamais cet inconvénient à craindre. On peut aussi le cultiver avec avantage sur les terres nouvellement marnées ou chaulées, sur celles qu'on a recouvertes de curures d'étangs ou de rivières.

Dans les jardins il est toujours facile de placer les Oignons d'après le principe précédent, puisqu'il y a constamment des parties qui ont eu une plus forte fumure l'année précédente. D'ailleurs, à moins qu'ils ne soient nouvellement fumés, les terres y sont toutes assez fertilisées pour nourrir des Oignons qu'on cherche rarement à obtenir d'une grosseur remarquable.

Malgré que les Oignons croissent à la surface du sol, ils n'en demandent pas moins d'être semés sur deux bons labours; il faut surtout qu'il ne se trouve pas de mottes; en conséquence on doit plusieurs fois passer la herse, le rouleau, le rateau, afin de faire disparoître ces mottes.

Dans les départemens méridionaux, on seme les Oignons plutôt avant qu'après l'hiver, & c'est le contraire dans les septentrionaux. La raison en est, dans le premier cas, qu'il ne faut pas que les grandes chaleurs les saisissent pendant le cours de leur végétation; & dans le second, que les froids, & surtout les alternatives du gel & du dégel, ou l'humidité surabondante les font périr.

Comme ce dernier accident tient principalement à la foiblesse du plant, on seme le plus souvent les Oignons de très-bonne heure aux environs de Paris, c'est-à-dire, en juillet, août & septembre, pour leur donner moyen de se fortifier & de braver plus facilement les intempéries de la mauvaise saison. Dans les jardins des maraichers & de quelques particuliers, une partie de ce plant est ensuite repiquée en janvier & février, à une bonne exposition, quelquefois même sous châssis, pour donner des Oignons de primeur. C'est, comme cela doit être dans ce cas, l'Oignon blanc hâtif qu'on préfère.

L'influence du soleil est très-avantageuse aux succès d'un semis d'Oignons, surtout dans les départemens du nord: il ne faut donc jamais le faire à l'ombre des arbres ou des murs; & si, comme les maraichers de Paris, on y réunit d'autres plantes, il faut qu'elles soient rares & n'y restent pas long-tems.

Les grands semis d'Oignons se font généralement au commencement de février; cependant la prudence exige qu'on conserve de la graine pour les recommencer en mars & même en avril, dans le cas où les premiers ne réussiroient pas. Lorsqu'on peut, comme les maraichers de Paris, qui les vendent sous le nom de CIBOULES (*voyez* ce mot); tirer parti des Oignons en vert, c'est-à-dire, avant leur maturité, on en sème encore plus tard.

La graine d'Oignons manque souvent, soit parce qu'elle a été cueillie avant sa complète maturité, soit parce qu'elle est trop vieille, soit parce qu'elle a été trop ou pas assez enterrée, soit parce qu'il a fait trop sec, soit qu'il a trop plu, soit parce qu'il a gelé. Elle demande donc à être, non-seulement bien choisie, mais semée en tems opportun & avec les soins convenables: en toutes circonstances elle est plus long-tems à lever que beaucoup d'autres plus grosses, ce qui laisse les cultivateurs dans l'incertitude du succès.

C'est presque généralement à la volée & en place qu'on seme la graine d'Oignons aux environs de Paris, & là, l'important est de la répandre le plus également possible, & ni trop clair ni trop serré, ce qui n'est pas facile à raison de sa légéreté, &, comme je l'ai observé plus haut, de sa fréquente mauvaise qualité. On l'éclaircit lorsque le plant a acquis deux ou trois pouces de haut; & si on repique, dans les places vagues, ce qui a été arraché, c'est rarement. Les maraichers qui cultivent des Oignons de primeur, & qui, comme je l'ai observé plus haut, les vendent avant leur maturité, c'est-à-dire, en feuilles, les sèment épais & les éclaircissent successivement à mesure de la vente. Dans le midi de la France, on la sème le plus souvent très-serrée, & on repique ce plant en quinconce; opération sans doute avantageuse, mais toujours longue & coûteuse.

Arroser les semis d'Oignons, & même les Oignons déjà grands, est de nécessité dans les tems de sécheresse, attendu que cela assure leur réussite, accélère leur accroissement & adoucit beaucoup leur saveur; ainsi, on doit le faire toutes les fois que cela est possible.

Le plant des Oignons semés en août & en septembre, & qu'on destine à être repiqué, l'est à la fin de novembre; celui de ceux semés en octobre reste sur place pendant l'hiver, & est repiqué en mars ou avril. La distance à laquelle on doit mettre ce plant est de quatre à cinq pouces. Dans le midi, où on met plus d'importance à avoir de gros Oignons, on l'écarte du double: un arrosement est fort avantageux à la suite de cette opération, lorsqu'elle n'est pas faite, comme on doit le desirer, par un tems de pluie.

La manière de lever le plant d'Oignons influe beaucoup sur le succès de sa reprise. Généralement on l'arrache par le seul effort de la main, ce qui écourte les racines, blesse même souvent leur couronne, puis on lui coupe les racines & les feuilles, & on le met en terre au moyen d'un PLANTOIR (*voyez* ce mot), opérations qui toutes nuisent à sa reprise. Le mieux est de le lever avec une bêche, & de le planter dans des sillons faits au moyen de la houe.

On sarcle une ou deux fois les Oignons semés à la volée en plein champ, & trois ou quatre fois ceux des jardins, mais rarement on les bine; cependant cette opération, qui favorise la croissance de tous les objets de nos cultures, leur seroit encore plus avantageuse qu'aux Oignons repiqués en quinconce, auxquels on l'applique presque toujours. Je sollicite de leur donner au moins deux SERFOUISSAGES. *Voyez* ce mot.

L'emploi des Oignons pour l'usage de la cuisine peut commencer dès qu'ils ont deux à trois pouces de haut, & continuer pendant toute la durée de leur croissance. Les Oignons sont arrivés à ce qu'on appelle leur maturité, lorsque leurs feuilles se sont desséchées. Ce n'est que quinze jours, ou même plus, après qu'ils sont à ce point, qu'il est bon de les arracher, parce qu'ils se perfectionnent tant que quelques-unes de leurs racines se conservent en vie. On ne doit cependant pas, comme le font quelques jardiniers, les laisser sur place jusqu'à ce que tous soient mûrs, parce qu'il en est qui mûrissent fort tard, même jamais, & que ceux qui sont mûrs peuvent repousser si l'automne est chaud & humide, ce qui s'oppose à leur conservation. Je puis dire qu'en général il faut faire trois récoltes d'Oignons dans la même planche: la première, comme la meilleure & la plus susceptible de garde, sera pour la consommation de l'hiver, ou la vente pendant cette saison; les plus belles bulbes seront réservées pour donner de la graine l'année suivante; la seconde sera vendue de suite; la troisième sera consommée sur place & à mesure du besoin.

Après que les Oignons sont arrachés, on les laisse exposés au soleil sur la planche, ou mieux, dans une allée pendant quelques jours, afin qu'ils perdent la surabondance de leur eau de végétation; ensuite on les nétoie & on les apporte au grenier, où les plus petits sont étendus sur le plancher, & les plus gros rassemblés, au moyen de leurs fannes & de brins de paille, en chaînes qu'on suspend contre les murs.

On appelle *Oignons tapés* ceux qui n'excèdent pas la grosseur d'une noix, & qui sont réservés pour des emplois particuliers.

Les Oignons, surtout ceux qui ne sont pas complétement murs, craignent les suites des fortes gelées de l'hiver. Il faut donc alors les descendre à la cave, mais ne les y laisser que jusqu'à la fin de ces gelées, car la douce température & l'humidité qui y règnent ordinairement ne tarderoient pas à les faire pouſſer. Pour faciliter ce tranſport, & faire que ceux qui ne ſont pas ſuſpendus occupent moins de place, on les dépoſe dans de hautes mannes à claire-voie, qui permettent à l'air de circuler autour d'eux.

Les Oignons gelés dégèlent quelquefois ſans s'altérer, mais en général ils pourriſſent. On doit donc les conſommer pendant qu'ils ſont gelés.

Viſiter tous les quinze jours les tas d'Oignons pour enlever ceux qui ſe gâtent, eſt un ſoin très-recommandable; car ces derniers concourent puiſſamment à l'altération des autres.

Après l'hiver, dès que les chaleurs commencent à ſe faire ſentir, la plupart des Oignons pouſſent, & ne tardent pas à devenir impropres aux uſages auxquels ils ſont deſtinés. On peut retarder leur végétation en les mettant dans des ſalles baſſes, ni chaudes ni humides, encore mieux en les enterrant dans du pouſſier de charbon. Il en eſt, & ce ſont ceux qui, parmi les petits, ſont arrivés les premiers à maturité, qui ſe conſervent une année ſur l'autre, ſeulement en les laiſſant dans un grenier ſec & aéré.

On conſerve encore les Oignons, ſurtout lorſqu'ils ſont petits, en les mettant dans du vinaigre qu'on renouvelle une fois; ainſi conſervés ils peuvent être employés à beaucoup des uſages auxquels ils ſont deſtinés, & de plus, être plus facilement mangés crus avec du pain, parce qu'ils ſe ſont adoucis. Il ſeroit extrêmement deſirable que tous les cultivateurs fiſſent une ample proviſion d'Oignons ainſi confits, pour les diſtribuer à leurs enfans & à leurs ouvriers pendant les chaleurs de l'été, principalement pendant la moiſſon; car par-là ils empêcheroient beaucoup de maladies inflammatoires & putrides de ſe développer, & par conſéquent diminueroient la mortalité.

Au printems on repique en ligne ou en quinconce, à huit ou dix pouces de diſtance, les Oignons réſervés pour graines, qui doivent être, je le répète, choiſis parmi les plus beaux des premiers mûrs. C'eſt vouloir abâtardir l'eſpèce que de préférer, comme on le fait ſouvent, par un mauvais principe d'économie, ceux qui ont été laiſſés dans la planche faute d'être parvenus au degré de maturité convenable. Comme les tiges de ces porte-graines ſont ſujètes à être renverſées par les vents, il eſt bon, avant leur floraiſon, de les attacher avec un brin de paille ou de jonc, à une gaulette parallèle au terrein, & fixée à des pieux à la hauteur d'un pied & demi, ſi mieux on n'aime leur donner à chacune un tuteur particulier.

La maturité des graines de l'Oignon ſe reconnoît à l'ouverture naturelle des capſules où elles ſont contenues; alors on coupe les têtes à un pied au deſſous; on les raſſemble en paquets & on les dépoſe dans un lieu ſec & aéré, à l'abri des ravages des rats. Il eſt mieux de ne les battre qu'au moment des ſemis.

La bonté de la graine de l'Oignon ſe reconnoît à ſon poids & à ſa noirceur. La meilleure en contient toujours beaucoup de mauvaiſe, quelque précaution qu'on prenne, parce que celle des dernières fleurs avorte, & qu'il y en a preſque toujours au moins une de chaque capſule qui avorte également; elle ſe conſerve quatre à cinq ans: celle de la ſeconde année vaut mieux que celle d'aucune autre; elle germe ſurtout beaucoup plus promptement, ce qui n'eſt pas facile à expliquer.

On rapporte que les Tartares ne multiplient l'Oignon qu'en le fendant en quatre, & en le mettant en terre. Cette pratique ne donnant qu'un petit nombre de nouvelles bulbes, & exigeant un emploi de tems & de terrein plus conſidérable, n'eſt dans le cas d'être conſeillée que dans des circonſtances particulières. (*Bosc.*)

OIGNON: maladie de la ſole du cheval, qui eſt bien plus fréquente aux pieds de devant, & en dedans qu'en dehors.

Ce n'eſt pas la ſole qui eſt viciée dans l'Oignon, c'eſt l'os du pied qui s'augmente irrégulièrement, s'exoſtoſe dans une de ſes parties. Il n'y a point de remède certain contre cette difformité.

Les Oignons n'empêchent pas le ſervice des chevaux, mais ils diminuent leur valeur; on les empêche de groſſir par une ferrure particulière. *Voyez* FERRURE. (*Bosc.*)

OIGNON MARIN. C'eſt la bulbe de la SCILLE MARITIME. *Voyez* ce mot.

OIGNON MUSQUÉ. On appelle ainſi la JACINTHE MUSQUÉE.

OISEAUX. Sous le rapport de l'agriculture, les Oiſeaux doivent être conſidérés comme utiles ou comme nuiſibles. Beaucoup d'entr'eux ſont en même tems l'un & l'autre.

Je vais les paſſer en revue d'une manière générale, en ſuivant l'ordre ſyſtématique de Linnæus, ſans contredit le meilleur.

Les Oiſeaux de proie offrent trois genres:

1°. Les vautours, qui mangent les charognes, & qui, dans les pays chauds ſurtout, ſont par-là utiles à la ſalubrité des campagnes; mais ces charognes qui, enterrées, euſſent fourni un excellent engrais, ſont par conſéquent perdues pour l'agriculture.

2°. Les faucons, dont le nombre des eſpèces eſt conſidérable. Ils mangent les moutons, les volailles, le gibier. On leur fait une guerre à outrance; cependant ils délivrent les campagnes de beaucoup d'animaux nuiſibles, comme loups, renards, blaireaux, putois, fouines, martes, loirs, rats, ſouris, campagnols, mulots, taupes, oiſeaux, reptiles, inſectes, &c.

3°. Les hiboux: ils vivent d'animaux vivant comme les précédens, mais ne ſortant que la nuit, & étant plus foibles ils détruiſent davantage de loirs, de rats, de ſouris, de campagnols, de mulots, de taupes. Les cultivateurs ne devroient jamais les tuer ; ils font meilleure chasse que les chats.

Les pies renferment vingt-sept genres, dont douze seulement comprennent des espèces propres à l'Europe.

1°. Les pigriesches ; elles mangent aussi des souris, des campagnols, des mulots, les petits Oiseaux, & surtout prodigieusement de gros insectes, comme les hannetons, les cerfs-volans, les cetoines, les scarabées, les capricornes, les chenilles, &c. Elles sont par conséquent également plus utiles que nuisibles.

2°. Les corbeaux ; ils rendent à peu près les mêmes services que les pigriesches, excepté qu'ils attaquent rarement les petits quadrupèdes & les petits Oiseaux ; plus qu'elles ils doivent être protégés par les cultivateurs, dont ils suivent la charue pour manger les larves d'insectes & les vers qu'elle met à leur portée. La destruction qu'ils font chaque année de larves de hannetons est immense.

3°. Les loriots ne vivent que de baies & de petits insectes ; ils nuisent beaucoup aux cerisiers & aux mûriers. Comme ils retournent en Afrique dès que leurs petits sont assez forts pour les suivre, ils se voient rarement dans les vignes.

4°. Le coucou mange les œufs des petits Oiseaux & les insectes. Je serois embarrassé de dire s'il est plus nuisible qu'utile.

5°. Les pics vivent d'insectes & percent les gros arbres. Comme ils n'attaquent que ceux de ces arbres dont l'intérieur est pourri, le mal qu'ils font, est plus apparent que considérable.

6°. Le martin-pêcheur ne mange que les plus petits poissons ; mais il ne rend aucun service.

7°. La hupe & le grimpereau vivent de petits insectes & sont utiles.

Les passereaux : on en compte dix-sept genres, la plupart propres à l'Europe, & fort nombreux en espèces ; ils sont de tous les Oiseaux les plus nuisibles aux cultivateurs.

1°. L'étourneau ; il vit d'insectes & de grains, & rend probablement plus de services qu'il ne fait de mal.

2°. Les grives. Quoiqu'elles mangent immensément d'insectes, le tort qu'elles font aux cerisiers, aux mûriers, & surtout aux vignes, les fait redouter des cultivateurs. Ce sont elles qui disséminent les graines du gui sur les arbres fruitiers & autres. On doit leur faire une guerre continuelle.

3°. Les pinçons vivent de graines, excepté pendant l'été, où ils mangent des insectes, principalement des chenilles ; cependant ils peuvent être considérés comme plus utiles que nuisibles, parce qu'ils diminuent beaucoup la quantité de mauvaises graines qui souillent les jardins, les champs, les vignes & autres lieux cultivés. Parmi eux il faut noter principalement le bec-croisé, qui ouvre les cônes de pin pendant l'hiver, & qui, laissant tomber beaucoup de graines, accélère l'époque de leur germination ; le gros-bec & le bouvreuil, qui nuisent immensément, au printems, aux arbres fruitiers, dont ils mangent alors les boutons.

4°. Les bruants, qui renferment, outre l'espèce qui porte particulièrement ce nom, l'ortolan, dont la chair est si estimée, & le proyer.

5°. Les moineaux. L'espèce commune cause des pertes énormes aux cultivateurs de céréales, ainsi qu'on peut le voir à son article ; sans presqu'aucune compensation. Ce genre renferme encore le friquet, la soulcie, les pinçons, le chardonneret, le tarin, le serin & les linottes, qui tous se jettent sur les champs de colza, de navette, de chanvre, &c., & y font des dégâts incalculables.

6°. Les alouettes ; elles consomment beaucoup de seigle & de froment, mais aussi beaucoup de mauvaises graines. Il est encore incertain si elles sont plus nuisibles qu'utiles aux cultivateurs.

7°. Les lavandières ne vivent que d'insectes de petite taille, principalement de diptères & de lépidoptères ; elles rendent des services réels aux cultivateurs. En les mettant, avec un vase d'eau, dans les greniers infectés de l'alucite des céréales, on se débarrasse promptement de cet insecte destructeur.

8°. Les fauvettes. Ce que je viens de dire convient également aux fauvettes, dont le nombre des espèces est considérable, & parmi lesquelles se rangent le rossignol, le bec-figue, le rouge-gorge, le traquet, le motteux, le roitelet & le pouillot. Le bec-figue seul nuit, dit-on, aux figueries en Provence, & aux vignes en Bourgogne, en entamant les fruits pour en manger le grain, exception remarquable si elle est fondée, ce dont je doute aujourd'hui, quoique j'aie tué dans ma jeunesse des milliers de ces derniers.

Les hirondelles ; elles vivent exclusivement d'insectes, principalement de diptères & de lépidoptères. L'utilité dont elles sont pour les cultivateurs, les rend l'objet d'une espèce de culte. C'est faire un acte très-blâmable aux yeux de beaucoup d'entr'eux, que de les tuer ou de détruire leur nid.

Les colombes, dont on voit trois espèces en Europe, parmi lesquelles l'une, le pigeon, est le type des nombreuses variétés que nous nourrissons pour leurs petits, dont la chair est très-recherchée. Les autres sont le ramier & la tourterelle, qui ne vivent, comme le pigeon, que de grains, mais qui sont trop peu abondans, dans l'état sauvage, pour que les cultivateurs se plaignent du tort qu'ils leur font.

Les gallinacées. Dans cette famille se trouvent des genres de première importance pour les cultivateurs, tels que la poule, la dinde, la pintade, le paon, le faisan, & parmi eux il n'y a que le genre des perdrix, qui comprend la caille, & celui de l'outarde, dont ils aient à se plaindre. Je suis entré dans de grands détails sur ces espèces, aux articles qui les concernent.

Les autruches présentent quatre genres peu nombreux, & parmi lesquels aucune espèce n'intéresse les cultivateurs européens.

Les échassiers renferment dix-sept genres, dont dix offrent des espèces propres à l'Europe. Toutes vivent de poissons, de reptiles, de vers ou d'insectes, & sont plutôt dans le cas de rendre service que d'être nuisibles aux agriculteurs, excepté à ceux qui possèdent des étangs, que les hérons dépeuplent de petits poissons & de frai. Plusieurs ne se trouvent que sur les bords de la mer. Les plus communs dans les bois, sont le courli, la bécasse & la bécassine. Les râles sont un peu plus rares.

Les palmipèdes comprennent vingt genres, dont le seul important, aux yeux des cultivateurs, est celui des canards, dans lequel, outre les espèces de ce nom, se trouvent le cigne & l'oie : ce dernier & le canard commun sont un moyen de richesse pour beaucoup de cantons. Les autres nuisent aux étangs en mangeant le frai & les petits poissons. Il est à desirer que l'on puisse rendre domestiques plusieurs espèces d'Europe & des autres parties du Monde, entr'autres l'oie eider, qui fournit au commerce ce précieux duvet qu'on appelle *édredon*.

Outre leur chair, que donnent presque tous les Oiseaux, plusieurs d'entr'eux offrent leurs œufs, nourriture excellente & toujours prête à être employée (*voyez* ŒUF), & leurs plumes, qui se divisent en trois sortes : les plumes proprement dites, le duvet & les plumes à écrire ou à employer en panache. *Voyez* PLUME.

Quelqu'abondans que soient les Oiseaux dans nos basses-cours, il est à desirer que leur nombre augmente encore. Il est affligeant de penser que, vu la nécessité de vendre ceux qu'ils élèvent, les habitans de beaucoup de cantons de la France n'en mangent jamais & épargnent même leurs œufs. Quand le vœu d'un de nos rois, de Henri IV, sera-t-il rempli? Quand tous nos cultivateurs pourront-ils, chaque dimanche, mettre la poule au pot? (*Bosc.*)

OISON : jeune oie.

Ce nom se donne aussi à des tas de javelles d'avoine qu'on forme lorsqu'on n'a pas le tems de les lier en bottes. *Voyez* AVOINE.

OKIR : arbre d'Amboine encore imparfaitement connu, & dont l'écorce sert à teindre les filets des pêcheurs.

OLAMPI. On croit que c'est la résine du courbaril.

OLAX. *Olax.*

Arbre de l'île de Ceilan, qui forme seul un genre dans la triandrie monogynie, & dont on mange les feuilles en salade.

Il ne se voit pas encore dans nos jardins. (*Bosc.*)

OLDENLANDE. *Oldenlandia.*

Genre de plante de la tétrandrie monogynie & de la famille des *Rubiacées*; qui réunit dix-neuf espèces, dont deux ou trois se cultivent dans les écoles de botanique. Il est figuré pl. 61 des *Illustrations des genres* de Lamarck.

Observations.

Ce genre diffère fort peu des *Hédiotes*, & devroit lui être réuni, puisque le caractère tiré de sa corolle polypétale a été reconnu faux, & par conséquent de nulle valeur. *Voyez* HÉDIOTE.

Le genre DENTELLE (*voyez* ce mot) doit être réuni à celui-ci.

Espèces.

1. L'OLDENLANDE verticillée.
Oldenlandia verticillata. Linn. Des Indes.

2. L'OLDENLANDE rampante.
Oldenlandia repens. Linn. ⊙ Des Indes.

3. L'OLDENLANDE à feuilles de serpolet.
Oldenlandia serpilloïdes. Lam. De la Guadeloupe.

4. L'OLDENLANDE du Cap.
Oldenlandia capensis. Linn. Du Cap de Bonne-Espérance.

5. L'OLDENLANDE uniflore.
Oldenlandia uniflora. Linn. De la Jamaïque.

6. L'OLDENLANDE biflore.
Oldenlandia biflora. Linn. ⊙ De la Martinique.

7. L'OLDENLANDE à corymbes.
Oldenlandia corymbosa. Linn. ⊙ De l'Amérique méridionale.

8. L'OLDENLANDE à ombelle.
Oldenlandia umbellata. Linn. ♃ Des Indes.

9. L'OLDENLANDE sperguloïde.
Oldenlandia stricta. Linn. ♃ Des Indes.

10. L'OLDENLANDE à longues fleurs.
Oldenlandia longiflora. Linn. ♄ De la Martinique.

11. L'OLDENLANDE tubéreuse.
Oldenlandia tuberosa. Swartz. ⊙ De la Jamaïque.

12. L'OLDENLANDE trinerve.
Oldenlandia trinervia. Retz. Des Indes.

13. L'OLDENLANDE pentandrique.
Oldenlandia pentandra. Retz. Des Indes.

14. L'OLDENLANDE digyne.
Oldenlandia digyna. Retz. Des Indes.

15. L'OLDENLANDE hérissée.
Oldenlandia hirsuta. Retz. Des Indes.

16. L'OLDENLANDE déprimée.
Oldenlandia depressa. Willd. Des Indes.

17. L'OLDENLANDE débile.
Oldenlandia debilis. Forst. De Tongatabu.

18. L'OLDENLANDE fétide.
Oldenlandia fœtida. Forst. De Tongatabu.

19. L'OLDENLANDE de Madagascar.
Oldenlandia madagascariensis. De Madagascar.

Culture.

La 7e., la 8e. & la 19e. font celles qui se cultivent dans nos jardins, mais j'en ai vu un plus grand nombre s'y montrer & disparoître. Toutes se sèment au printems sur couche, dans des pots remplis de terre de bruyère; & lorsqu'elles ont acquis quelques pouces de haut, on les repique seul à seul dans des pots qu'on place contre un mur, au midi, & qu'on arrose au besoin. Ce sont des plantes de nu agrément, & dont les graines, quelques précautions qu'on prenne, mûrissent rarement dans le climat de Paris. (*Bosc.*)

OLEB : nom oriental du LIN. *Voyez* ce mot.

OLIBAN : résine qui ne paroît pas différer de l'encens, & qu'on croit découler d'un BALSAMIER. *Voyez* ce mot.

OLIET. Dans quelques cantons on donne ce nom à la LUZERNE LUPULINE. *Voyez* ce mot.

OLINET. C'est le LYCIET. *Voyez* ce mot.

OLIVETIER. *Elæodendron.*

Genre de plante de la pentandrie monogynie & de la famille des *Rhamnoïdes*, qui réunit deux espèces. Il est figuré pl. 132 des *Illustrations des genres* de Lamarck, & a été appelé RUBENTIE par Jussieu.

Espèces.

1. L'OLIVETIER d'Orient.

Elæodendron orientale, Jacq. ♄ De Madagascar.

2. L'OLIVETIER argan.

Elæodendron argan. Retz. ♄ Du royaume de Maroc.

Cette dernière espèce a fait partie du genre des NERPRUNS. *Voyez* ce mot.

Aucune des deux n'est cultivée dans nos jardins. (*Bosc.*)

OLIVIER. *Olea.*

Arbre d'une grande importance agricole pour les parties méridionales de l'Europe & septentrionales de l'Afrique, à raison de l'huile qu'on retire de la pulpe de son fruit. Il en sera question dans le *Dictionnaire des Arbres & Arbustes*, auquel je renvoie le lecteur. *Voyez* pl. 8 des *Illustrations des genres* de Lamarck, où il est figuré. (*Bosc.*)

OLIVIER BATARD. *Voyez* au mot DAPHNOT.

OLIVIER DE BOHÊME. On appelle communément ainsi le CHALEF A FEUILLES ÉTROITES. *Voyez* ce mot.

OLIVIER NAIN. C'est la CAMELÉE. *Voyez* ce mot.

OLIVIÈRE. *Oliviera.*

Plante annuelle, dont les feuilles sont odorantes, & qui seule forme un genre dans la pentandrie digynie & dans la famille des *Ombellifères*.

Cette plante, qui a été rapportée de Bagdad par Olivier, de l'Institut, & qui est figurée pl. 21 de l'*Histoire des plantes du Jardin de Cels* par Ventenat, a été cultivée dans ce jardin; mais n'y ayant pas donné de bonnes graines, elle y a disparu. (*Bosc.*)

OLMÈDE. *Olmedia.*

Genre de plante établi par Ruiz & Pavon dans la dioécie tétrandrie, & qui renferme deux arbres du Pérou, qui ne sont pas encore introduits dans les jardins d'Europe. (*Bosc.*)

OLYRE. *Olyra.*

Genre de plante de la monoécie triandrie & de la famille des *Graminées*, dans lequel se réunissent trois espèces, dont une a été cultivée dans nos serres. Il est figuré pl. 751 des *Illustrations des genres* de Lamarck.

Espèces.

1. L'OLYRE à larges feuilles.

Olyra paniculata. Swartz. ♃ De la Jamaïque.

2. L'OLYRE pauciflore.

Olyra pauciflora. Swartz. ⊙ De la Jamaïque.

3. L'OLYRE orientale.

Olyra orientalis. Lour. ⊙ De la Cochinchine.

Culture.

On tenoit l'Olyre à larges feuilles dans la serre chaude pendant les trois quarts de l'année. La terre qu'on lui donnoit, étoit à demi consistante, & on l'arrosoit peu souvent. On la multiplioit exclusivement par le déchirement des vieux pieds, les graines ne venant pas à bien dans nos climats.

Lorsqu'il nous arrivera de nouvelles graines de son pays natal, on devra les semer dans des pots qu'on placera sur une couche à châssis. (*Bosc.*)

OMBELLES. On donne ce nom aux fleurs qui sont portées sur des pédoncules partant d'un même point & égaux en hauteur, quoiqu'inégaux en longueur, comme celles de la carotte, du panais, du cerfeuil, &c.

Il y a des Ombelles simples & des Ombelles composées. *Voyez* le *Dictionnaire de Botanique.*

OMBELLIFÈRES; famille de plante dont les fleurs sont disposées en ombelles. *Voyez* le *Dictionnaire de Botanique.*

Plusieurs espèces de cette famille se cultivent pour la nourriture des hommes & des animaux; d'autres sont des poisons qu'il est bon que les cultivateurs connoissent pour n'en pas être la victime. Les premières sont le PANAIS, la CAROTTE, le CARVI, le PERSIL, le CERFEUIL, le FENOUIL, le SESELI, la CORIANDRE, le CUMIN, l'ANGÉLIQUE, la BACCILE, le SURON, la SANICLE, le BUPLÈVRE, le PANICAUT. Les secondes, le PHELLANDRE, l'ŒNANTHE, la CIGUË & la CICUTAIRE. *Voyez* tous ces mots. (*Bosc.*)

OMBILIC : partie de la surface des graines par laquelle elles étoient nourries, lorsqu'elles tenoient au péricarpe ou au placenta, & par laquelle elles reçoivent l'humidité qui doit les faire germer. *Voyez* le mot GRAINE dans le *Dictionnaire de Physiologie végétale.*

OMBRE. C'est, pour un lieu circonscrit, la privation de l'action directe des rayons du soleil ; ainsi un nuage, une montagne, un mur, un arbre, &c., donnent de l'Ombre lorsqu'ils sont interposés entre le soleil & un objet.

Il y a des degrés infinis dans l'Ombre, depuis la plus légère jusqu'à la plus intense, qui est l'OBSCURITÉ, la NUIT. *Voyez* ces mots.

Comme l'influence des rayons du soleil est très-puissante sur les végétaux, & que l'Ombre en diminue l'action, il est très-important pour les agriculteurs d'apprendre à en régler les effets.

L'obscurité produisant l'ÉTIOLEMENT (*voyez* ce mot), & l'Ombre n'étant qu'une moindre obscurité, il doit arriver que les plantes qui ne voient jamais le soleil doivent s'alonger, s'attendrir & perdre de leur couleur, de leur saveur, de leur odeur, & c'est ce que l'expérience prouve journellement. On ne doit donc pas semer au nord d'une montagne, d'un mur, sous des arbres, les espèces dont ces qualités ne doivent pas être le partage : or, beaucoup des objets de nos cultures sont dans ce cas.

Les plantes semées trop dru, les arbres placés à une petite distance les uns des autres, s'ombragent en partie réciproquement, & sous ce rapport se nuisent peut-être plus que sous celui de l'appauvrissement des sucs de la terre.

Mais une trop forte & trop continuelle action des rayons du soleil augmente outre mesure la transpiration des plantes, ainsi que l'absorption dans l'air de l'humidité des couches supérieures de la terre. Il peut donc se trouver des cas, & il s'en voit fréquemment, où il est avantageux d'ombrager ou ombrer, pour me servir du terme technique.

Les terreins argileux ou sabloneux, exposés au midi, les jeunes plants, les plantes dont on mange les feuilles, celles dont on veut retarder l'évolution, &c., demandent principalement à être ombragées pendant les chaleurs trop prolongées de l'été.

Certaines graines fines qui doivent être semées à la surface de la terre ne pourroient lever, ou le plant qu'elles produisent, périroit immanquablement, si le lieu où on les a semées n'étoit pas ombragé : de là la nécessité des abris dans les jardins, dans les pépinières. La nature nous indique cette précaution, puisque presque toutes les graines qui se disséminent dans les bois, dans les plaines, &c., sont ombragées par les feuilles sèches, par les plantes qui se développent avant elles, &c.

Certaines plantes veulent d'ailleurs de l'Ombre, par suite de leur organisation, au moins pendant leur jeunesse. Je fais mention de cette circonstance aux articles qui concernent ces plantes.

Les plantes herbacées qu'on transplante pendant leur végétation, principalement lorsqu'il fait sec & chaud, ne recevant plus par leurs racines la même quantité d'humidité, & perdant par leurs feuilles celle qu'elles contenoient, demandent, pour ne pas se faner, d'être ombragées, ou arrosées, ou privées de leurs feuilles.

Ce sont surtout les plants ou les boutures repiquées sous châssis & sur couches qui demandent à être ombragées, parce qu'outre les effets ci-dessus, le soleil développe souvent de plus, sous un châssis, une énorme CHALEUR & des GAZ mortels. (*Voyez* CHALEUR, GAZ & COUCHE.) L'époque de la journée où il est dans ce cas le plus nécessaire d'ombrer, est depuis dix heures du matin jusqu'à trois après midi, excepté quand le tems est orageux, où il faut ombrer toute la journée, parce que les coups de soleil sont alors très à craindre. On ombre avec des paillassons, des toiles, des claies, des branches d'arbres garnies de feuilles, &c. Les toiles & les claies sont préférables, parce qu'elles laissent passer plus de lumière que les paillassons, & qu'elles peuvent servir un très-grand nombre d'années.

Dans les pépinières, où l'Ombre est si desirable pour les semis & les repiquages, on se la procure par des plantations d'arbres faisant rideau, principalement de peupliers d'Italie, qui croissent vîte & se garnissent dès le pied. On les renouvelle tous les dix à douze ans. Le thuya du Canada & le genévrier de Virginie sont également très-propres au même objet. A défaut d'arbres, on fait des palissades en planches, en roseaux, en paille, &c.

Dans les jardins des fleuristes & dans les écoles de botanique, où on n'a souvent qu'une plante à ombrer, on pose des PARASOLS (*voyez* ce mot) en tôle ou en osier, des pots renversés, coupés par la moitié dans leur longueur, &c.

Souvent une feuille de chou, supportée par deux petits bâtons ou deux petits rameaux d'arbres garnis de feuilles, remplissent mieux le but que la machine la plus recherchée.

Les personnes riches qui ne veulent pas supporter la sensation trop vive du soleil d'été, entourent leur demeure de jardins uniquement destinés à leur donner de l'Ombre pendant cette saison, & dans esquels il n'entre que fort peu d'arbres à fruits. On y obtient de l'Ombre par des plantations d'arbres en quinconces, en allées, en berceaux, ou par des massifs irréguliers offrant des angles saillans & rentrans très-profonds, & des sentiers en lignes courbes de différentes longueurs. Le premier mode étoit préféré par nos pères; mais l'Ombre qu'il donnoit, étoit constamment accompagnée d'humidité & privoit de gazon. Le second est aujourd'hui généralement adopté : outre plusieurs avantages qui tiennent à la disposition & à la nature des arbres, il a celui de faire successivement ressentir à toutes les parties qui ne sont pas directement au nord, l'influence des rayons du soleil, dont l'effet est de faire disparoître la rosée, & de rendre les gazons verdoyans. *Voyez* JARDINS PAYSAGERS. (*Bosc.*)

OMPHALIER. *Omphalea.*

Genre de plante de la monoécie triandrie & de la famille des *Euphorbes*, qui réunit quatre espèces, dont une est cultivée dans nos serres. Il est figuré pl. 753 des *Illustrations des genres* de Lamarck.

Espèces.

1. L'OMPHALIER grimpant.
Omphalea diandra. Linn. ♄ De la Jamaïque.
2. L'OMPHALIER noisetier, vulgairement le *noisetier de Saint-Domingue.*
Omphalea triandra. Linn. ♄ De Saint-Domingue.
3. L'OMPHALIER axillaire.
Omphalea axillaris. Swartz. ♄ De la Jamaïque.
4. L'OMPHALIER cauliflore.
Omphalea cauliflora. Swartz. ♄ De la Jamaïque.

Culture.

La seconde espèce est celle qui se cultive, ou mieux qui s'est cultivée dans nos jardins; elle exige la serre chaude toute l'année. On la multiplie exclusivement de semences tirées de son pays natal. Ces semences sont au nombre de trois dans chaque fruit, & ont la grosseur & le goût des noisettes; on les mange; elles rancissent promptement. (*Bosc.*)

OMPHALOBE. *Omphalobium.*

Genre de plante établi par Gærtner dans la décandrie monogynie. La seule espèce qu'il contient, est originaire de Ceilan, & ne se cultive pas dans nos jardins. (*Bosc.*)

ONA : arbre du Malabar, figuré par Rumphius, & dont les parties de la fructification ne sont pas connues.

Cet arbre ne se cultive dans aucun jardin en Europe.

ONAGRAIRE ou ONAGRE. *Œnothera.*

Genre de plante de l'octandrie monogynie & de la famille de son nom, qui réunit trente espèces, toutes exotiques, mais dont une est actuellement naturalisée en Europe, & dont la moitié d'entr'elles se cultivent dans nos écoles de botanique & dans nos jardins paysagers. Il est figuré pl. 279 des *Illustrations des genres* de Lamarck.

Observations.

Ce genre est voisin des ÉPILOBES, des GAURES & des JUSSIES. *Voyez* ces mots.

Espèces.

1. L'ONAGRAIRE bisannuelle, vulgairement *herbe-aux-ânes.*
Œnothera biennis. Linn. ♂ De l'Amérique septentrionale.
2. L'ONAGRAIRE à petites fleurs.
Œnothera parviflora. Linn. ♂ De l'Amérique septentrionale.
3. L'ONAGRAIRE hérissée.
Œnothera muricata. Linn. ♂ De l'Amérique septentrionale.
4. L'ONAGRAIRE à longues fleurs.
Œnothera longiflora. Linn. ♂ De l'Amérique méridionale.
5. L'ONAGRAIRE veloutée.
Œnothera albicans. Lam. ♄ Du Pérou.
6. L'ONAGRAIRE molle.
Œnothera mollissima. Linn. ⊙ De l'Amérique méridionale.
7. L'ONAGRAIRE sinuée.
Œnothera sinuata. Linn. ⊙ De l'Amérique septentrionale.
8. L'ONAGRAIRE frutiqueuse.
Œnothera fruticosa. Linn. ♄ De l'Amérique septentrionale.
9. L'ONAGRAIRE rampante.
Œnothera pumila. Linn. ♃ De l'Amérique septentrionale.
10. L'ONAGRAIRE à fleurs pourpres.
Œnothera purpurea. Lam. ♃ Du Pérou.
11. L'ONAGRAIRE en corymbe.
Œnothera corymbosa. Lam. De....
12. L'ONAGRAIRE à grandes fleurs.
Œnothera grandiflora. Lam. De l'Amérique septentrionale.
13. L'ONAGRAIRE nocturne.
Œnothera nocturna. Jacq. ⊙ Du Cap de Bonne-Espérance.
14. L'ONAGRAIRE velue.
Œnothera villosa. Thunb. ⊙ Du Cap de Bonne-Espérance.
15. L'ONAGRAIRE odorante.
Œnothera odorata. Jacq. ♃ Du pays des Patagons.
16. L'ONAGRAIRE blanche.
Œnothera tetraptera. Cav. ♃ Du Mexique.
17. L'ONAGRAIRE à fleurs roses.
Œnothera rosea. Ait. ♃ De l'Amérique septentrionale.

18. L'ONAGRAIRE

18. L'ONAGRAIRE couchée.
Œnothera prostrata. Ruiz & Pav. Du Pérou.

19. L'ONAGRAIRE grêle.
Œnothera tenella. Ruiz & Pav. Du Chili.

20. L'ONAGRAIRE à feuilles étroites.
Œnothera tenuifolia. Ruiz & Pav. Du Pérou.

21. L'ONAGRAIRE dentée.
Œnothera dentata. Ruiz & Pav. Du Pérou.

22. L'ONAGRAIRE acaule.
Œnothera acaulis. Ruiz & Pav. Du Chili.

23. L'ONAGRAIRE verge.
Œnothera virgata. Ruiz & Pav. Du Pérou.

24. L'ONAGRAIRE glauque.
Œnothera glauca. Mich. De l'Amérique septentrionale.

25. L'ONAGRAIRE hybride.
Œnothera hybrida. Mich. De l'Amérique septentrionale.

26. L'ONAGRAIRE naine.
Œnothera pusilla. Mich. De l'Amérique septentrionale.

27. L'ONAGRAIRE à fleurs dorées.
Œnothera chrysantha. Mich. De l'Amérique septentrionale.

28. L'ONAGRAIRE linéaire.
Œnothera linearis. Mich. De l'Amérique septentrionale.

29. L'ONAGRAIRE subulée.
Œnothera subulata. Ruiz & Pav. Du Chili.

Culture.

La première espèce est celle qui est naturalisée en Europe ; c'est dans les terreins secs & sablonneux qu'elle se voit le plus communément. On la cultivoit autrefois fréquemment dans les grands parterres ; mais aujourd'hui elle ne l'est plus que dans les écoles de botanique & dans les jardins paysagers. Elle peut se placer partout dans ces derniers ; car la grandeur de ses tiges & le nombre de ses fleurs, qui sont jaunes, larges & s'épanouissent successivement, la font remarquer. Sa multiplication a lieu par la dissémination naturelle ou par le semis de ses graines. Quoique bisannuelle, elle devient souvent vivace dans les terreins gras & frais, parce qu'après sa floraison il pousse, du collet de ses racines, des rejets qui la reproduisent. Dans quelques parties de l'Allemagne, on mange ses racines cuites, & on les trouve agréables : les cochons en sont très-friands. Ses feuilles & ses tiges contiennent beaucoup de tanin, & pourroient, suivant Braconot, être substituées à la noix de galle & à l'écorce du chêne, pour la teinture & la préparation des cuirs. Comme elle croît fort bien dans les clairières des bois, principalement dans les places à charbon, il pourroit être avantageux de l'y semer pour ces objets, ainsi que pour la fabrication de la potasse, dont elle donne abondamment.

Dans les jardins de botanique, on sème chaque année quelques graines en place, & le plant qui en provient ne demande d'autres soins que des sarclages.

L'Onagraire à longues fleurs, l'Onagraire odororante & l'Onagraire à fleurs roses sont également dans le cas d'être cultivées dans les parterres pour l'ornement. La première a les tiges les plus foibles, & la dernière les tiges les moins élevées. On peut les semer en pleine terre, chaque année, en automne ; cependant on préfère ordinairement de le faire au printems, dans des pots sur couche nue, & de les repiquer lorsque le plant a acquis cinq à six feuilles, parce que cela avance leur floraison. Il est prudent d'en tenir toujours quelques pieds en pots pour les rentrer de bonne heure dans l'orangerie, car elles craignent les gelées.

Il en est de même des autres espèces que nous possédons, mais qui ne se cultivent que dans les écoles de botanique, telles que les 2e., 3e., 5e., 6e., 7e., 8e., 9e., 10e., 12e, 13e., 16e.

Souvent il est plus difficile d'arrêter la multiplication des Onagraires que de la favoriser. Des binages au printems sont le moyen le plus certain d'empêcher qu'elles ne s'emparent du terrein autour du lieu où il y a eu un vieux pied l'année précédente. (*Bosc.*)

ONCIDION. *Oncidium.*

Genre de plante établi par Swartz, pour placer quelques espèces d'ANGRECS qui diffèrent des autres.

Nous ne possédons dans nos jardins aucune des espèces de ce nouveau genre. *Voyez* ANGREC. (*Bosc.*)

ONCINE. *Oncinus.*

Arbrisseau de la Cochinchine, dont on mange les baies, & qui seul, selon Loureiro, forme un genre dans la pentandrie monogynie.

Cet arbre, qui paroît fort voisin des COQUEMOUILLES, n'a pas encore été transporté en Europe. (*Bosc.*)

ONCOBA. *Oncoba.*

Plante qui croît naturellement en Arabie, & qui a servi à Forskal pour établir un nouveau genre dans la polyandrie monogynie.

Cette plante n'étant pas cultivée dans nos jardins, ne peut servir d'objet à un article plus étendu. (*Bosc.*)

ONCUS. *Oncus.*

Arbrisseau grimpant, à racines tubéreuses, originaire de la Cochinchine, qui, selon Loureiro, forme seul un genre dans l'hexandrie monogynie & dans la famille des *Asparagoïdes.*

Cet arbrisseau, dont les rapports avec les ignames sont nombreux, & dont les racines se mangent, ne se cultivant dans aucun jardin en Europe, n'est pas ici dans le cas de mériter un article plus étendu. *Voyez* IGNAME. (*Bosc.*)

ONDÉE : pluie subite, violente & de peu de durée, qui ne diffère de celle des orages que parce qu'elle n'est pas accompagnée de vent. En conséquence, son plus grand inconvénient, c'est de tasser les terres nouvellement binées, & d'obliger quelquefois à recommencer cette opération. Comme souvent c'est l'électricité qui amène cette sorte de pluie, elle offre les avantages de celle d'orage, c'est-à-dire, qu'elle accélère la végétation. *Voyez* PLUIE & ORAGE. (*Bosc.*)

ONGLE : partie solide qui termine les pieds ou les doigts des quadrupèdes, des oiseaux & de quelques reptiles.

La matière des Ongles ne diffère pas, quant à ses principes chimiques, des poils & des plumes; c'est une gélatine épaissie. *Voyez* au mot CORNE.

On appelle SABOT, l'Ongle du cheval & de l'âne.

Les Ongles sont dans le cas de s'user par un usage trop fréquent, de tomber à la suite de quelqu'accident, ou par suite d'une maladie : on ne considère guère sous ces deux rapports, que ceux du CHEVAL, de l'ANE & du BŒUF. *Voyez* ces trois mots, & ceux SABOT & FERRURE.

On a dans la matière des Ongles un excellent engrais, qui possède l'éminent avantage d'agir lentement, & d'autant plus que la terre est plus chaude & plus humide; il ne faut donc pas le perdre. C'est autour des racines des arbres fruitiers qu'il est le plus avantageux de l'employer. *Voyez* CORNE & ENGRAIS. (*Bosc.*)

ONGLÉE : maladie de l'œil du cheval. *Voyez* ONGLET & CHEVAL.

ONGLET. On donne ce nom, dans les fleurs polypétales, à la partie de chaque pétale qui l'attache au réceptacle, partie qui, dans ce cas, est très-alongée & comme distincte de l'autre, qu'on appelle la LAME. L'œillet, le chou, offrent des pétales pourvus d'Onglet. (*Bosc.*)

ONGLET : relâchement de la membrane clignotante de l'œil du cheval, de l'âne, du bœuf, du mouton, de la chèvre, &c., & qui nuit à la vision de ces animaux, en couvrant la pupille en partie ou en totalité. L'Onglet peut reconnoître plusieurs causes, dont les unes sont temporaires, & les autres permanentes. Dans les premières, il suffit souvent d'attendre pour voir la membrane se contracter & reprendre sa place accoutumée, & au plus, de la solliciter par des astringens, principalement par une légère dissolution de sulfate de fer; dans les secondes, il est presque toujours nécessaire de l'enlever par une opération chirurgicale. Cette opération consiste à tirer la membrane avec une pince ou un fil, & à la couper avec des ciseaux le plus près possible de la paupière. On bassine ensuite l'œil avec de l'eau fraîche, & on tient l'animal à la diète. Ce traitement empêche l'inflammation, seul inconvénient qui soit à craindre dans ce cas. (*Bosc.*)

ONGUENT : médicament qu'on n'emploie qu'à l'extérieur, mais qui est d'un fréquent usage dans la médecine vétérinaire. Il est composé d'une base graisseuse ou huileuse, & d'une substance minérale, animale ou végétale, & sa consistance est d'une solidité telle, qu'il se pétrit difficilement entre les doigts sans l'aide de la chaleur : c'est cette solidité qui le différentie des CERATS, des POMMADES & des LINIMENS. *Voyez* ces mots.

Il est des Onguens adoucissans, émolliens, résolutifs, consolidans, fortifians, dessiccatifs, détersifs, consomptifs, maturatifs, fondans, discussifs, calmans, antiputrides, vésicatoires, &c.; leur nombre est très-considérable.

Voici la recette des Onguens qu'on emploie le plus dans la médecine vétérinaire.

Onguent égyptiac.

Prenez, miel blanc, quatre onces; vinaigre, sept onces; vert-de-gris pulvérisé, cinq onces : faites bouillir doucement dans une bassine de cuivre, en agitant sans interruption avec une spatule de bois, jusqu'à ce que le mélange cesse de se gonfler & qu'il ait pris une couleur rouge.

Cette composition ne tarde pas à noircir. On doit la remuer toutes les fois qu'on veut en faire usage. C'est un consomptif qui déterge puissamment les plaies & les ulcères, & qui résiste à la gangrène.

Onguent brun ou de la mère.

Prenez, graisse de porc, beurre, cire jaune, suif de mouton, oxide de plomb demi vitreux (litharge), de chaque huit onces; huile d'olive, une livre : on met ces substances dans une grande bassine, à l'exception de l'oxide de plomb; on les fait chauffer jusqu'à ce qu'elles fument; on ajoute peu à peu l'oxide. On agite continuellement, jusqu'à ce qu'il soit parfaitement dissous, & que l'Onguent ait acquis une couleur d'un brun-foncé; il est émollient & maturatif.

Onguent mercuriel citrin.

Prenez, mercure pur, deux onces; acide nitrique, trois onces : on met ces substances dans un matras; & si le mercure n'est pas complétement dissous, on chauffe légérement. On fait alors fondre séparément, axonge de porc, deux livres; on laisse un peu refroidir & on mêle peu à peu la dissolution de mercure. On agite le mélange jusqu'à ce qu'il commence à se figer; on le coule promptement dans un carré de papier.

Cet Onguent s'emploie contre la gale, après avoir préparé la peau par des émolliens.

Onguent gris.

Pour le préparer, on triture dans un mortier de fer, du mercure avec de l'axonge, jusqu'à ce que le premier soit complétement éteint; le mieux est de mettre peu de ces matières à la fois, & de mélanger ensuite le tout pour triturer de nouveau : la dose est de partie égale en poids.

C'est un puissant résolutif & discussif; il sert aussi dans la gale & autres maladies cutanées.

Onguent de pied.

Prenez, huile fine, cire jaune, sain-doux, térébenthine, miel, de chaque demi-livre; faites fondre, à un feu doux, la cire & le sain-doux dans l'huile; ajoutez, en retirant du feu, la térébenthine & le miel; mêlez jusqu'à la consistance d'Onguent.

On le regarde comme émollient & adoucissant. Il s'emploie principalement pour entretenir la souplesse de la couronne du sabot des chevaux.

Onguent de populeum.

On met digérer pendant vingt-quatre heures dans une bassine, avec trois livres d'axonge liquéfiée, une livre de boutons de peuplier noir, verts ou secs; ensuite on ajoute feuilles de pavot, de mandragore ou de belladone, de jusquiame, de joubarbe, de laitue, de bardane, de violier, d'orpin, de ronce, de chacun dix onces; de morelle, six onces : on fait chauffer & on remue sans discontinuer, jusqu'à ce qu'il ne reste plus d'humidité, après quoi on passe dans un linge.

Cet Onguent est émollient & calmant.

Onguent vésicatoire.

Prenez, huile oxigénée, dix gros; poix blanche, térébenthine, de chacune vingt gros : faites liquéfier ces matières ensemble; & lorsque vous les aurez retirées du feu, remuez-les jusqu'à ce qu'elles commencent à se figer; ajoutez alors cantharides, vingt gros; formez du tout un mélange exact. Son nom indique sa principale propriété.

Lorsqu'il entre des oxides dans les Onguens, leur rancidité est un avantage, en ce que l'acide qui se forme alors les dissout & augmente leur action médicamenteuse; mais, dans tous les cas, il est bon de les renouveler après un certain laps de tems, un an, par exemple.

Onguent de Saint-Fiacre.

On appelle ainsi, dans la pratique du jardinage, un mélange bien corroyé de terre franche avec partie égale de fiente de vache ou de bœuf récente, mélange qu'on emploie pour recouvrir les plaies des arbres, afin d'accélérer leur guérison.

Cet Onguent remplit aussi bien son objet qu'aucun des autres indiqués pour le même but, comme huile, cire, résine, chaux, plâtre, &c., & il leur est préférable, en ce qu'il ne coûte rien, & peut être préparé presqu'en tous lieux en quantité proportionnée au besoin. *Voyez* PLAIES DES ARBRES.

Il est également dans le cas d'être employé, après l'avoir rendu un peu plus liquide par une addition d'eau, pour entourer, en les y plongeant, les racines des arbres verts & des arbustes délicats, comme ceux de terre de bruyère, qu'on veut transporter au loin, afin d'y former une croûte qui empêche leur dessiccation. *Voyez* TRANSPLANTATION. (*Bosc.*)

ONOBROME. *Onobroma.*

Genre de plante établi par Gærtner pour placer le CARTHAME BLEU (*voy.* ce mot), qui n'a pas complétement les caractères des autres. (*Bosc.*)

ONOCLÉE. *Onoclea.*

Genre de plante de la cryptogamie & de la famille des *Fougères*, qui ne renferme actuellement qu'une espèce, l'ONOCLÉE SENSIBLE, *onoclea sensibilis* Linn., originaire des parties méridionales de l'Amérique septentrionale, & qui se cultive en Europe, dans quelques écoles de botanique. *Voyez* les *Illustrations des genres* de Lamarck, pl. 864.

Cette plante, que j'ai vue abondante en Caroline, dans les lieux humides & ombragés, demande l'orangerie dans le climat de Paris. On la tient dans des pots remplis de terre de bruyère, qu'on arrose souvent, qu'on place, dès que les gelées ne sont plus à craindre, contre un mur exposé au nord. On la multiplie par le déchirement des vieux pieds. Elle a l'aspect du polypode commun, & n'offre d'autre intérêt que la délicatesse de son organisation, délicatesse telle, qu'il suffit de presser une feuille entre les doigts pour la faire périr. (*Bosc*)

ONOPORDE. *Onopordum.*

Genre de plante de la syngénésie égale & de la famille des *Cynarocéphales*, dans lequel se trouvent réunies dix espèces, dont une est commune, & dont la plupart se cultivent dans nos écoles de botanique. Il est figuré pl. 664 des *Illustrations des genres* de Lamarck.

Espèces.

1. L'ONOPORDE acanthin, vulgairement *pet-d'âne*. *Onopordum acanthium.* Linn. ♂ Indigène.

2. L'Onoporde d'Arabie.
Onopordum arabicum. Linn. ♂ Des parties méridionales de l'Europe.

3. L'Onoporde alongé.
Onopordum illyricum. Linn. ♂ Des parties méridionales de l'Europe.

4. L'Onoporde de Grèce.
Onopordum græcum. Gouan. ♂ Des îles de la Grèce.

5. L'Onoporde à grosses épines.
Onopordum macrocanthum. Sousb. ♂ De Maroc.

6. L'Onoporde deltoïde.
Onopordum sibiricum. Ait. ♂ De la Sibérie.

7. L'Onoporde nain.
Onopordum acaulon. Linn. ♂ De l'Espagne.

8. L'Onoporde de la Crimée.
Onopordum tauricum. Willd. ♂ De la Crimée.

9. L'Onoporde à une fleur.
Onopordum uniflorum. Cav. ♂ De l'Espagne.

10. L'Onoporde à feuilles rondes.
Onopordum rotundifolium. Allioni. ♃ Des Alpes.

Culture.

La première espèce est, comme je l'ai déjà observé, très-commune dans beaucoup de cantons, principalement autour des villages, sur la berge des fossés, le long des haies, &c. Elle s'élève à trois ou quatre pieds dans les terreins gras, & reste presque naine dans ceux qui sont arides. Les bestiaux la dédaignent à toutes les époques de sa végétation. Ses racines, ses tiges & les réceptacles de ses fleurs sont bons à manger crus ou cuits, & l'étoient fréquemment par nos pères, moins riches que nous en objets de subsistances. Toutes ses parties peuvent être employées, ou à faire de la potasse, ou à chauffer le four, ou à augmenter la masse des fumiers. C'est avec les poils qui les couvrent que les Espagnols font leur amadou, comme je m'en suis assuré pendant mon séjour dans ce pays.

La seconde s'élève quelquefois à huit ou dix pieds & plus. C'est une superbe plante, qui mérite d'être plus souvent employée à la décoration des jardins paysagers.

La troisième ne lui est guère inférieure, & peut remplir les mêmes indications.

La sixième n'est pas dans le même cas.

Quoique la septième ne soit pas visible de loin, & que ses feuilles soient, comme celles des précédentes, horriblement épineuses, leur couleur blanche & leur grandeur, ainsi que le nombre de ses fleurs, la rendent fort remarquable, & quelques pieds répandus dans les gazons exciteront toujours l'intérêt des promeneurs.

Bien souvent on a semé, au Jardin du Muséum de Paris, des graines de la neuvième, dont Villars a fait un genre, sous le nom de Berardie; mais les pieds qui en sont nés n'ont pas pu s'y conserver assez long-tems pour donner des fleurs. C'est une de ces plantes qui se refusent à la culture. (*Bosc.*)

ONOSÈRE. *Onoseris*.

Arbuste de la syngénésie égale & de la famille des *Corymbifères*, originaire de la Nouvelle-Grenade, lequel forme seul un genre fort voisin des Atractylis & des Carthames. *Voyez* ces mots.

Cet arbuste n'étant pas cultivé dans nos jardins, ne peut devenir l'objet d'un article plus étendu. (*Bosc.*)

ONOSME. *Voyez* Orcanette.

ONOSMODE. *Onosmodium*.

Genre de plante établi par Michaux pour le Gremil de Virginie (*voyez* ce mot), qu'il a trouvé offrir des caractères suffisans pour le séparer des autres. (*Bosc.*)

ONXIE. *Unxia*.

Plante originaire de Cayenne, qui répand une forte odeur de camphre, & qui forme seule un genre dans la syngénésie superflue. Il est figuré pl. 699 des *Illustrations des genres* de Lamarck.

Comme elle n'est pas cultivée dans nos jardins, je n'ai rien à en dire de plus. (*Bosc.*)

OPA. *Opa*.

Genre de plante établi par Loureiro dans l'icosandrie monogynie, pour placer un arbre & un arbuste de la Cochinchine, fort voisins des Mélaleuques. *Voyez* ce mot.

Cet arbre & cet arbuste ne se cultivent pas encore dans les jardins d'Europe.

OPALAT. *Opalatoa*.

Aublet avoit donné ce nom à un genre que Lamarck a depuis reconnu devoir être réuni aux Ptérocarpes. *Voyez* ce mot. (*Bosc.*)

OPALE : espèce du genre Érable.

OPELIE. *Opelia*.

Arbre des montagnes de l'Inde, qui, selon Roxburg, forme seul un genre dans la pentandrie monogynie.

Cet arbre n'est pas cultivé en Europe, & ne peut par conséquent devenir l'objet d'un plus long article. (*Bosc.*)

OPERCULAIRE. *Opercularia*.

Genre de plante de la tétrandrie monogynie, qui réunit cinq espèces, dont trois sont cultivées dans nos jardins. *Voyez* pl. 58 des *Illustrations des genres* de Lamarck.

Observations.

Une de ces espèces, la troisième, a été retirée du genre pour former celui appelé CRYPTOSPERME.

Espèces.

1. L'OPERCULAIRE à fleurs en ombelle.
Opercularia umbellata. Gærtn. ♃ De la Nouvelle-Hollande.

2. L'OPERCULAIRE diphylle.
Opercularia diphylla. Gærtn. ♃ De la Nouvelle-Hollande.

3. L'OPERCULAIRE à paillettes.
Opercularia paleacea. Yung. ♃ De la Nouvelle-Hollande.

4. L'OPERCULAIRE à fleurs sessiles.
Opercularia sessiliflora. Juss. ♃ De la Nouvelle-Hollande.

5. L'OPERCULAIRE à fruit rude.
Opercularia aspera. Gærtn. ♃ De la Nouvelle-Zélande.

Culture.

Les trois dernières espèces sont celles que nous cultivons; elles exigent l'orangerie pendant l'hiver & la terre de bruyère. On les multiplie de graines tirées de leur pays natal, & peut-être par déchirement des vieux pieds. Au reste, elles sont encore fort rares. (*Bosc.*)

OPETIOLE. *OPETIOLA.*

Plante de l'Inde, encore incomplétement connue, qui paroît devoir former un genre, & dont les semences sont figurées planche 2 de la *Carpologie* de Gærtner. (*Bosc.*)

OPHÈLE. *OPHELUS.*

Arbre de la côte orientale d'Afrique, dont Loureiro a fait un genre, mais qui paroît devoir être placé parmi le BAOBABS. *Voyez* ce mot. (*Bosc.*)

OPHIOGLOSSE. *OPHIOGLOSSUM.*

Genre de plante de la cryptogamie & de la famille des *Fougères*, dans lequel se trouvent réunies dix espèces, dont deux sont originaires de nos contrées, & dont une de ces deux se cultive dans nos écoles de botanique. *Voyez* les *Illustrations des genres* de Lamarck, où il est figuré pl. 864.

Espèces.

1. L'OPHIOGLOSSE vulgaire, vulgairement *langue-de-serpent.*
Ophioglossum vulgatum. Linn. ♃ Indigène.

2. L'OPHIOGLOSSE de Portugal.
Ophioglossum lusitanicum. Linn. ♃ Du Portugal.

3. L'OPHIOGLOSSE à tige nue.
Ophioglossum nudicaule. Linn. ♃ Du Cap de Bonne-Espérance.

4. L'OPHIOGLOSSE réticulée.
Ophioglossum reticulatum. Linn. ♃ Des Antilles.

5. L'OPHIOGLOSSE bulbeuse.
Ophioglossum bulbosum. Willd. ♃ De la Caroline.

6. L'OPHIOGLOSSE ovale.
Ophioglossum ovatum. Bory. ♃ De l'Ile-Bourbon.

7. L'OPHIOGLOSSE à feuilles linéaires.
Ophioglossum gramineum. Willd. ♃ Du Malabar.

8. L'OPHIOGLOSSE pendante.
Ophioglossum pendulum. Willd. ♃ De l'île d'Amboine.

9. L'OPHIOGLOSSE palmée.
Ophioglossum palmatum. Linn. ♃ De Saint-Domingue.

10. L'OPHIOGLOSSE du Japon.
Ophioglossum japonicum. Thunb. ♃ Du Japon.

Culture.

La culture que demande la première espèce, qui est celle que j'ai eu en vue au commencement de cet article, se réduit à planter, presque tous les ans, les pieds qu'on va enlever avec une grosse motte dans les bois, où elle croît naturellement, & de les abriter des rayons du soleil par un moyen quelconque, un pot à demi cassé, par exemple; je dis presque tous les ans, parce qu'il est rare que ces pieds repoussent au printems suivant.

La racine de la cinquième espèce est très-bonne à manger crue & cuite, ainsi que j'ai eu occasion de m'en assurer dans son pays natal. Il est fâcheux qu'elle soit rarement plus grosse qu'un pois. (*Bosc.*)

OPHIORHIZE. *OPHIORHIZA.*

Genre de plante de la pentandrie digynie & de la famille des *Gentianées*, dans lequel se placent trois espèces, dont aucune n'est cultivée dans nos jardins. Il est figuré pl. 107 des *Illustrations des genres* de Lamarck.

Espèces.

1. L'OPHIORHIZE mitréolée.
Ophiorhiza mitreola. Linn. ⊙ De l'Amérique.

2. L'OPHIORHIZE de l'Inde.
Ophiorhiza mungos. Linn. ♃ De l'Inde.

3. L'Ophiorhize presqu'en ombelle.
Ophiorhiza subumbellata. Forst. ♄ D'Otahiti.

Observations.

La première espèce, que j'ai observée souvent en Caroline, croît dans les sables humides. J'en avois rapporté une grande quantité de graines, qui n'ont point levé. (*Bosc.*)

OPHIRE. *Ophira.*

Arbuste du Cap de Bonne-Espérance, qui est figuré pl. 293 des *Illustrations des genres* de Lamarck, & qui seul en forme un dans l'octandrie monogynie.

Cet arbuste n'étant pas cultivé dans nos jardins, ne peut être dans le cas de devenir l'objet d'un article plus étendu. (*Bosc.*)

OPHRYSE. *Ophrys.*

Genre de plante de la gynandrie diandrie & de la famille des *Orchidées*, qui rassemble dix-huit espèces, dont les plus communes des indigènes se transportent quelquefois dans les jardins de botanique; ce qui semble leur valoir le titre de plantes cultivées, quoiqu'elles soient, ainsi que les exotiques, presqu'incultivables. *Voy.* les *Illustrations des genres* de Lamarck, où il est figuré pl. 727.

Observations.

Ce genre a été bouleversé par Swartz; plusieurs de ses espèces ont été réunies aux genres Néottie, Épipactis, Malaxide, Corycion, Dipsère, Ptérigodion, Satyrion, Disa (*voyez* ces mots), & il lui en a réuni d'autres qui faisoient partie du genre Orchide. Pour tenir le lecteur au courant de l'état actuel de la science, je dois me contenter d'énumérer les espèces qui sont restées sous leur ancien nom.

Espèces.

1. L'Ophryse à une bulbe.
Ophrys monorchis. Linn. ♃ Indigène.
2. L'Ophryse des Alpes.
Ophrys alpina. Linn. ♃ Des Alpes.
3. L'Ophryse homme.
Ophrys antropophora. Linn. ♃ Indigène.
4. L'Ophryse changeante.
Ophrys antropomorpha. Willd. ♃ Du Portugal.
5. L'Ophryse lance.
Ophrys lancea. Swartz. ♃ De Java.
6. L'Ophryse porte-croix.
Ophrys crucigera. Jacq. ♃ De l'Italie méridionale.
7. L'Ophryse mouche.
Ophrys myoides. Jacq. ♃ Indigène.
8. L'Ophryse sphex.
Ophrys sphegifera. Willd. ♃ De la Barbarie.
9. L'Ophryse guêpe.
Ophrys vespifera. Willd. ♃ De la Barbarie.
10. L'Ophryse abeille.
Ophrys apifera. Smith. ♃ Indigène.
11. L'Ophryse araignée.
Ophrys aranifera. Smith. ♃ Indigène.
12. L'Ophryse tenthrède.
Ophrys tenthredinifera. Willd. ♃ De la Barbarie.
13. L'Ophryse taon.
Ophrys tabanifera. Willd. ♃ De la Barbarie.
14. L'Ophryse bombile.
Ophrys bombilifera. Willd. ♃ Du Portugal.
15. L'Ophryse peinte.
Ophrys picta. Willd. ♃ Du Portugal.
16. L'Ophryse brune.
Ophrys fusca. Willd. ♃ Du Portugal.
17. L'Ophryse bécasse.
Ophrys scolopax. Cavan. ♃ De l'Espagne.
18. L'Ophryse jaune.
Ophrys lutea. Cav. ♃ De l'Espagne.

Culture.

Celles de ces espèces qui croissent dans la campagne, à la portée des jardins de botanique, s'enlèvent au printems avec une grosse motte, s'y transportent, & elles y fleurissent ordinairement comme si elles n'avoient pas changé de place; mais le plus souvent elles ne reparoissent pas l'année suivante; ainsi il faut recommencer.

J'indiquerai, au mot Orchide, les causes qu'on a assignées à ce résultat, qu'il n'a pas encore été possible d'empêcher d'avoir lieu. (*Bosc.*)

OPHTHALMIE: maladie du globe de l'œil, à laquelle les chevaux sont plus sujets que les autres animaux domestiques, & qui est occasionnée, ou par un vice organique, ou par une altération des humeurs, ou par une contusion ou autre accident.

On la reconnoît à la rougeur plus ou moins intense de la partie antérieure du globe de l'œil, à un larmoiement continuel & à l'affoiblissement de la vue.

Dans le premier cas, l'Ophthalmie est inguérissable; mais on ne peut le reconnoître que par l'inefficacité des remèdes.

Dans le second, il faut d'abord attaquer sa cause, qui est le plus souvent la Morve, le Farcin, les Dartres, la Gale. *Voyez* ces mots.

Dans le troisième, il suffit le plus souvent de bassiner l'œil avec de l'eau fraîche, & lorsque le résultat de ce moyen n'est pas satisfaisant, on saignera l'animal & on substituera à l'eau pure de l'eau vulnéraire, de l'eau de rose distillée, de l'eau de plantain, &c. *Voyez* Inflammation. (*Bosc.*)

OPHYON. *Ophioxylum.*

Arbrisseau des Indes, qui seul forme un genre dans la polygamie monoécie. Sa racine, connue sous le nom de *racine de serpent*, est regardée dans son pays natal comme un remède souverain contre la morsure des serpens, les blessures empoisonnées, &c. Nous ne le possédons pas encore dans nos jardins. *Voyez* les *Illustrations des genres* de Lamarck, pl. 842, où il est figuré. (*Bosc.*)

OPIAT : médicament dont la consistance est celle de la bouillie, & qui est composé de poudres amères, de fleur de soufre, de sels, de gomme-résine, &c., mélangées dans du miel, ou une pâte farineuse : on l'administre aux animaux, au moyen d'une cuiller. (*Bosc.*)

OPIUM : gomme-résine qui découle dans les pays chauds, soit naturellement, soit artificiellement, des têtes du pavot, & dont on fait un fréquent usage dans la médecine humaine & vétérinaire : il en sera question au mot PAVOT.

On doit à M. Loiseleur de Longchamp un Mémoire où il prouve, par de nombreuses expériences, que l'Opium recueilli en France produit les mêmes effets que celui tiré de l'Orient; de sorte qu'il semble qu'il n'y a aucun motif pour que les cultivateurs se refusent à tirer parti du pavot sous ce rapport.

Mon collègue M. Palisot-Beauvois m'a fait voir un gros morceau d'Opium qu'il a eu la patience de récolter sur les pavots de son jardin, & qui ne m'a pas paru différer de celui du commerce, lorsque ce dernier est pur.

OPOPONAX : gomme-résine provenant d'une berce, & dont on fait usage en médecine. *Voyez* BERCE.

OPUNTIA : nom latin de la RAQUETTE A COCHENILLE. *Voyez* ce mot & le mot NOPAL.

ORAGE. Ce mot s'applique à la réunion d'un grand VENT, d'une grosse PLUIE, souvent accompagnés du TONNERRE, & suivis de la GRÊLE. *Voyez* ces quatre mots.

Le moindre mal que puissent faire les Orages, c'est de froisser, même déchirer les feuilles des arbres & d'entraîner les terres des lieux en pente; mais de quels désastres ne sont-ils pas souvent suivis lorsqu'ils sont violens? Combien de fois n'a-t-on pas vu les arbres cassés ou déracinés, les maisons renversées, les champs dénudés, les récoltes anéanties, les animaux domestiques, les hommes même tués ou noyés? Aussi leurs avant-coureurs inspirent-ils toujours l'effroi; aussi l'anxiété la plus pénible existe-t-elle constamment pendant leur durée; aussi est-il rare que la désolation & la misère n'en soient pas le résultat. Quel affreux spectacle, mais en même tems quel spectacle imposant qu'un Orage, surtout dans les pays de montagnes, où le tonnerre semble se multiplier & où les torrens ne respectent rien!

Les Orages sont d'autant plus fréquens & d'autant plus violens, qu'il fait plus chaud; aussi est-ce dans les pays intertropicaux qu'ils exercent les plus grands ravages, & pendant l'été, qu'ils sont les plus redoutables en France. J'en ai vu presque journellement en Caroline pendant les mois de juin, juillet & août. La description des maux qu'ils causent dans nos Colonies à sucre sembleroit devoir en éloigner tous les cultivateurs sages : là, toutes les cultures sont anéanties en moins d'une heure, la plupart des maisons & des arbres renversés seulement par la violence des vents.

Il est en Europe des cantons qui sont beaucoup plus sujets aux Orages que les autres, ce qui est dû à la disposition des montagnes; disposition qui décide du cours des vents & de la chute des pluies. J'en connois de tels sur le revers oriental de la chaîne calcaire primitive qui part de Langres & s'unit aux granits des environs d'Autun.

Les avant-coureurs des Orages se font sentir en mal sur les hommes & les animaux, dont ils diminuent les facultés intellectuelles & dont ils augmentent les infirmités, & en bien sur les plantes, dont ils accélèrent la végétation : ces effets sont dus à la diminution de l'oxigène & à la surabondance du fluide électrique dans l'air.

C'est tout le contraire lorsque l'Orage est passé : la foudre ayant consumé le fluide électrique, la pluie ayant entraîné les gaz azote & hydrogène, les facultés morales & physiques des hommes & des animaux se rétablissent, pendant que les végétaux, rafraîchis par les vents, par la pluie, ralentissent leur végétation.

Il y a lieu de croire que les Orages sont, malgré les pertes qu'ils font si souvent éprouver aux cultivateurs, un bienfait de la nature, & que sans eux la plupart des pays chauds ne seroient pas habitables pendant l'été. Je n'entreprendrai pas de prouver ce fait, attendu qu'il exigeroit de très-longs développemens de théorie, que l'on trouvera dans le *Dictionnaire de Physique.*

N'y a-t-il pas de moyens d'empêcher la formation des Orages? Il en est deux, mais ils sont foibles & d'un effet incertain : l'un seroit la replantation en bois des sommets des montagnes, parce que ces bois attirant les nuages, ils fondroient le plus souvent sur eux; l'autre seroit le placement de plusieurs paratonnerres au sommet des montagnes reconnues comme les attirant, parce qu'ils soutireroient le fluide électrique & empêcheroient au moins la GRÊLE de se former. *Voyez* ce mot.

Comme il faut que le Gouvernement intervienne pour exécuter ces deux grandes opérations, les simples cultivateurs ne peuvent que diminuer les effets de la suite des Orages & en réparer les dommages; ainsi, un cultivateur éclairé & actif se précautionne d'instrumens & de graines supplémentaires; & au lieu de se lamenter & de se livrer à des pratiques d'une absurde superstition, avant qu'ils arrivent, il se presse de ramasser ses foins, ses grains coupés, ses fruits mûrs, &c.; pendant qu'ils durent, il parcourt ses champs, la bêche à la main, pour détourner les eaux, pour les empêcher d'entraîner ceux de ses foins & de ses grains qu'il n'a pas pu rentrer; quand ils sont passés, il comble les rigoles faites par ces mêmes eaux, il y sème des graines propres à le dédommager des produits perdus, il rétablit l'ordonnance de ses vignes, de ses arbres fruitiers, répare de suite ses toits, ses chemins, &c.

Les travaux à faire dans les jardins d'agrément, après l'Orage, surtout s'ils sont en pente, sont souvent très-dispendieux; ils le sont plus dans ceux dits *français*, dont les allées sont larges & droites, & rigoureusement sablées, que dans ceux dits *anglais* (paysagers), où les allées sont étroites & courbes. Là, souvent il faut couper de suite les tiges des plantes vivaces rez-terre, & tailler les arbres fruitiers & les arbres d'agrément pour leur rendre une apparence supportable.

Il est à remarquer que les plantes aquatiques sont plus sensibles aux Orages que les autres, & que les poissons affluent davantage à la surface de l'eau & mordent plus à l'hameçon à leur approche & pendant leur durée. (*Bosc.*)

ORANGIN ou FAUSSE ORANGE. *Voyez* PEPON.

ORANGERIE. Dans l'origine on donnoit exclusivement ce nom aux endroits où on renfermoit les orangers pendant l'hiver; aujourd'hui on l'applique à tout lieu où on met des plantes vivantes pour les garantir de l'atteinte des gelées: ainsi tantôt c'est un bâtiment fait exprès & uniquement destiné à cet objet, tantôt c'est une salle basse de la maison, qui ne sert que pendant l'hiver.

Une Orangerie diffère d'une serre tempérée, parce qu'elle ne prend de jour que de distance en distance par de larges & hautes fenêtres, tandis que cette dernière est complétement garnie de vitres d'un & quelquefois de trois côtés, ce qui lui donne un grand avantage. *Voyez* SERRE.

Au commencement du siècle dernier, il n'y avoit encore que les rois & les princes qui eussent des Orangeries; aujourd'hui elles sont excessivement multipliées. Il est peu de propriétaires aisés qui n'en aient. Je dois donc leur consacrer un article d'une certaine étendue.

Pour qu'une Orangerie soit bien placée, il faut qu'elle se trouve dans le voisinage de la maison, assez éloignée des bois & des eaux pour que l'humidité ne l'atteigne pas. Le sol sur lequel on l'établit, quelque sec qu'il soit naturellement, sera élevé d'un à deux pieds par des assises de pierre à chaux & à ciment, ou mieux par un lit de même épaisseur en laitier de forge, ou, à son défaut, en mâche-fer: le charbon est aussi très-bon.

Une Orangerie qui n'est pas à l'exposition du midi, ou à peu près, ne peut remplir complétement le but pour lequel elle est construite; ainsi il faut la lui donner, à moins de causes insurmontables.

La grandeur d'une Orangerie varie autant que possible, puisqu'elle dépend de la quantité d'objets qu'on a à y placer, de la fortune du propriétaire, du local dont on peut disposer, &c.

La nécessité d'y entretenir un air sec doit faire desirer qu'elle soit très-élevée; mais sa hauteur dépend de celle des plantes qu'on y place, & de leur disposition sur des gradins. Il ne faut pas surtout que les plus grands arbres touchent sa partie supérieure.

En conséquence, une Orangerie destinée à recevoir de vieux orangers aura au moins vingt-cinq pieds d'élévation, & celle destinée à recevoir des plantes en pots sur des gradins, pourra n'en avoir que la moitié sans grands inconvéniens. D'après cela on choisira, suivant les circonstances, sa hauteur entre ces deux extrêmes seulement, quoiqu'on puisse les dépasser dans quelques cas.

Le besoin qu'ont en tout tems les plantes de la lumière, &, pendant l'hiver, du peu de chaleur dont sont pourvus les rayons du soleil, exige que les Orangeries soient le moins profondes possible; mais la nécessité d'économiser ne permet pas, comme cela seroit bon, de n'y mettre qu'un ou au plus deux rangs d'arbres; en conséquence, les meilleures devront avoir en largeur la moitié de leur hauteur. Cependant, comme il est des arbres & des plantes qui perdent leurs feuilles pendant l'hiver, & que celles-là peuvent se passer d'une grande lumière, on leur donne le plus communément en largeur les deux tiers de leur hauteur. Il en est même qui sont aussi larges que hautes, & qui remplissent fort bien leur destination.

Quant à la longueur des Orangeries, elle est entiérement arbitraire; ainsi ce sont des considérations de fortune, d'espace, &c., qui la déterminent.

Une Orangerie de soixante-douze pieds de long, ayant huit fenêtres de cinq pieds de large sur neuf de hauteur, & ayant au milieu une porte de six pieds de large sur douze de hauteur, convient beaucoup à un propriétaire aisé. Je donne ces dimensions, parce que la fixation de la grandeur des fenêtres est difficile à établir. En principe général, elles doivent être le plus large possible, puisque plus il entre de lumière dans l'Orangerie, & plus les plantes y prospèrent; mais il ne faut pas que leur nombre ou leur largeur favorise l'entrée du froid dans l'intérieur, ou nuise à l'effet du coup d'œil à l'extérieur.

On peut construire les Orangeries en pierres de taille, en moellons ou meulières, en briques, en bois. Le plus souvent c'est en moellons ou meulières, avec les angles & le tour des fenêtres & de la porte en pierres de taille; cependant les briques, surtout quand elles sont vernies à l'extérieur par excès de cuisson, sont préférables, comme étant de plus mauvais conducteurs de la chaleur & ne contenant point d'humidité. Dans la possibilité de choisir, on ne doit donc pas hésiter à les préférer. Les murs auront au moins un pied d'épaisseur, afin que le froid ne puisse pas facilement les pénétrer, pour me servir de l'expression vulgaire. Sur le derrière, c'est-à-dire, du côté du nord, il sera bon d'établir des chambres pour serrer les outils, les graines, ou même pour servir d'habitation au jardinier, parce que c'est de ce côté que le froid agit le plus constamment & le plus fortement.

Quelquefois on voûte les serres; mais la dépense de ce genre de construction, qui sans doute est le meilleur, fait qu'on se contente le plus souvent d'un plancher plafonné. Dans ce cas, il faut que ce plancher ait également un pied d'épaisseur, & que le grenier qui lui est supérieur, si, comme on le pratique souvent, il ne supporte pas une suite de chambres, soit bien clos.

Si j'avois une Orangerie à construire pour un cultivateur jaloux du succès de ses cultures, je ne suivrois pas la routine. D'après le principe que l'air est un des plus mauvais conducteurs de la chaleur, après avoir établi des fondemens sur du laitier, je ferois élever avec des briques posées de champ, entre des montans de bois de chêne goudronnés ou peints à l'huile, deux murs parallèles, écartés d'un pied sur le derrière & les côtés, & de six pouces sur le devant; l'entre-deux de ces murs seroit divisé de distance en distance par des cloisons aussi en briques, qui d'un côté les soutiendroient, & de l'autre empêcheroient les courans d'air. Une telle Orangerie coûteroit moins, & conserveroit mieux la chaleur que toutes celles qu'on voit en ce moment aux environs de Paris. Sa durée seroit éternelle, puisque les montans de bois n'étant pas recouverts, pourroient être facilement remplacés lorsqu'ils seroient pourris; ce qui probablement n'auroit lieu que très-rarement.

Le plus difficile & le plus coûteux dans la construction des Orangeries, c'est l'établissement & la conservation des fenêtres & des portes: leur bois ne peut être trop sain & trop sec: leur fabrication & leur placement trop soignés. C'est le cœur de chêne qu'il faut choisir de préférence. On le peint d'abord à deux ou trois couches, & tous les cinq à six ans on lui donne une nouvelle couche. Il faut que les montans & les traverses aient le moins de largeur possible, afin qu'ils ne diminuent pas trop la quantité de lumière, & que par la même raison les vitres soient d'un beau verre & d'une grande dimension; mais l'économie, à raison de la cassure, oblige de se réduire à une moyenne grandeur: les vitres colorées en rouge donnent plus de chaleur, mais c'est ce qu'on demande rarement. Un excellent mastic doit être employé à les fixer. Comme ce sont les portes & les fenêtres qui offrent le moins d'épaisseur, & par suite le plus de moyens à l'introduction du froid, on les fait doubles; & comme ce n'est que la nuit, dans le climat de Paris, qu'il y a beaucoup à craindre des effets de la gelée, on peut se contenter de garnir de papier huilé les fenêtres intérieures.

Paver le sol des Orangeries, même lorsque ce sol est formé de laitier, est toujours une bonne opération; cependant, si cette Orangerie est destinée à recevoir des orangers assez gros pour ne pouvoir être transportés qu'au moyen des chevaux, il ne faudroit pas le faire. Les carreaux vernis seroient à préférer, par la raison indiquée plus haut, s'ils n'étoient pas si cassans.

Quelques cultivateurs font couvrir leur Orangerie & garnir tout leur intérieur en paille longue, parce que la paille est un mauvais conducteur de la chaleur.

L'eau avec laquelle on arrose les plantes pendant l'hiver, devant être à leur température, il est nécessaire d'avoir, dans un des angles de l'Orangerie, une cuvette en pierre ou un tonneau défoncé pour la contenir.

Il doit aussi y avoir deux thermomètres pour juger en tout tems de sa température.

Un mois avant de rentrer les plantes dans l'Orangerie, on les rempote, c'est-à-dire, qu'on donne de la nouvelle terre à celles qui en ont besoin, & qu'on place dans de plus grands pots celles qui se trouvent trop à l'étroit. *Voyez* RENCAISSAGE & REMPOTAGE.

A cette même époque on inspecte toutes les parties de l'Orangerie, on y fait faire toutes les réparations nécessaires, & on laisse ouvertes les portes & les croisées pour qu'elle se dessèche le plus possible.

Les opinions sont divergentes, parmi les cultivateurs, sur la question de savoir s'il est plus convenable de rentrer les plantes dans l'Orangerie de bonne heure que tard. Ceux qui prétendent qu'il faut les rentrer de bonne heure, disent que les plantes se fortifient davantage avant les gelées, & passent par conséquent mieux la mauvaise saison; ceux qui prétendent qu'il faut rentrer le plus tard possible, disent que les plantes s'accoutument davantage au froid, s'acclimatent mieux, & doivent par conséquent braver plus facilement les gelées. Fondé sur les observations que je fais depuis quinze ans que j'ai de grandes Orangeries sous ma direction, je crois devoir me ranger de l'avis des premiers; car, lorsqu'on laisse toutes les portes & les fenêtres ouvertes jour & nuit, les plantes s'accoutument également au froid, & cependant poussent mieux, parce qu'elles sont à l'abri des vents, & on ne risque pas, comme cela arrive si souvent, d'être surpris par les gelées & d'avoir beaucoup de plantes tuées ou au moins mutilées, avant de les avoir pu mettre en sûreté.

C'est vers le milieu d'octobre qu'on rentre la plupart des plantes des Orangeries dans les environs de Paris.

Il faut cesser d'arroser les plantes quelques jours avant de les rentrer, & les nétoyer de toutes leurs feuilles mortes & surtout moisies.

Retarder de quelques jours est avantageux lorsque le tems est humide.

Il y a deux manières de disposer les plantes dans les Orangeries, ou à plat sur le sol, ou sur des gradins de bois : toutes deux ont leurs avantages & leurs inconvéniens.

Ce n'est pas une chose facile que de ranger convenablement les plantes dans une Orangerie. Pour bien faire cette opération, il faut connoître la nature des plantes & les changemens qui s'opèrent en elles pendant le cours de leur végétation d'hiver. En principe général, à raison de la nécessité qu'elles soient toutes également frappées de la lumière, les plus grandes se mettent dans le fond, & ainsi successivement jusqu'aux plus basses; mais comme celles qui perdent leurs feuilles ont moins besoin de lumière, on doit les placer derrière les plus grandes : aucune ne doit toucher contre les murs. Si l'Orangerie a douze pieds ou plus de large, outre l'allée qui tournera autour, on en fera une dans le milieu, non-seulement pour la facilité du service, mais encore pour qu'il y ait plus d'air. Cette allée sera d'un à deux pieds, & même plus, si ce sont des orangers ou autres grands arbres, & qu'ils soient sur quatre rangs.

Certaines plantes, telles que celles qui fleurissent pendant l'hiver, & dont les feuilles sont très-tendres ou très-aqueuses, celles qui exigent un air constamment sec, qui demandent plus d'air & plus de lumière, celles-là seront mises de préférence devant les fenêtres; car il faut établir un gradin d'un pied de large à la hauteur de ces fenêtres, gradin sous lequel on place les pots qui renferment des racines ou des graines qui ne doivent pousser qu'au printems, & qui par conséquent n'ont nullement besoin de jour.

Les plantes cultivées dans nos Orangeries sont de plusieurs climats, & demandent un mode différent de culture; celles des parties méridionales de l'Europe qui, comme l'oranger, ne doivent pas pousser pendant l'hiver, sont les moins difficiles à conduire, puisqu'il ne faut que les empêcher de geler; mais celles du Cap de Bonne-Espérance, de la Nouvelle-Hollande, qui végètent & même fleurissent pendant cette saison, ont besoin d'une surveillance d'autant plus active, que les premières veulent un air sec, & les secondes un air humide pour prospérer. Ces deux circonstances contraires devroient engager les cultivateurs qui en ont les moyens, à avoir deux Orangeries; savoir : une pour les plantes qui craignent, & une pour celles qui ne craignent pas l'humidité.

Dans tous les cas, le nombre des pieds d'arbres, d'arbrisseaux, d'arbustes ou de plantes qui conservent leurs feuilles pendant l'hiver, doit être plutôt foible qu'exagéré dans une Orangerie d'une dimension donnée, attendu que leur surabondance amène toujours un excès d'humidité, & que, je ne cesserai de le répéter, c'est l'humidité qui nuit le plus à la conservation des plantes qui y sont renfermées.

C'est encore la crainte de cette humidité qui s'oppose à ce qu'on arrose les plantes dans les Orangeries autant qu'en plein air; généralement ce n'est que lorsqu'elles se sont fanées par le besoin d'eau, qu'il faut leur en donner. Les arbres ou les plantes qui perdent leurs feuilles ne seront arrosés qu'une fois par mois au plus. Il faut qu'un cultivateur, jaloux de la prospérité de son Orangerie, se persuade que les plantes n'y sont pas placées pour végéter, mais pour être conservées; s'il veut avoir des fleurs pendant l'hiver, c'est dans des serres, des baches, sous des châssis qu'il faut qu'il renferme ses plantes.

Très-fréquemment on met un ou deux poêles dans les Orangeries, mais le plus souvent c'est moins pour parer aux effets des gelées qu'à ceux de l'humidité. Quand il n'y en a qu'un, c'est au milieu qu'il doit se trouver; quand il y en a deux, c'est à huit ou dix pieds des deux extrémités. On doit éviter de les accoler à un mur, parce que, d'un côté, il y auroit une partie de leur chaleur de perdue dans ce mur, & que de l'autre ils attireroient l'humidité de ce mur. On les allume le matin lorsque les tems brumeux se prolongent, & que la moisissure (CHANCISSURE, *voyez* ce mot) commence à se montrer. On les allume aussi le soir dans les Orangeries à murs peu épais & à fenêtres & portes mal fermées, lorsqu'il y a apparence de forte gelée pendant la nuit.

Tant que la température se soutient de cinq à six degrés au-dessus de zéro du thermomètre de Réaumur, & que le ciel n'est pas chargé de brouillards, on ouvre tous les jours les fenêtres de l'Orangerie, depuis dix heures du matin jusqu'à trois heures du soir. Si cette température baisse, on ne les ouvre plus que quelques instans vers midi; & lorsqu'elle est à zéro, on les tient constamment fermées. C'est alors seulement qu'on calfeutre toutes les fenêtres, excepté deux, une de chaque côté, en collant du papier sur tous les joints de leur fermeture; on en fait de même aux jointures des portes qui ne sont pas nécessaires pour entrer. Ces deux fenêtres sont destinées à donner de l'air à l'intérieur lorsque le tems est sec & qu'il ne gèle pas.

S'il est important d'empêcher le froid d'entrer dans les Orangeries, il l'est aussi d'empêcher la chaleur de s'y élever; car il en résulteroit que les plantes pousseroient à contre-saison & s'étioleroient, deux circonstances qui seroient fort défavorables à leur conservation, ainsi qu'aux jouissances qu'on en attend : à leur conservation, parce qu'elles seroient plus exposées à pourrir & à être frappées de l'air froid, & même de l'air sec : aux jouissances qu'on en attend, parce qu'elles ne fleuriroient pas.

Tous les jours un jardinier, jaloux du succès de ses cultures, visite son Orangerie pour voir ce qu'il y a à y faire, surtout à l'époque des grands brouillards & à celle des fortes gelées ; toutes les semaines il fait enlever les extrémités des pousses qui pourrissent, les feuilles mortes, cueillir les graines mûres, & il fait arroser les plantes qui en ont le plus de besoin, &c. ; tous les mois il fait déranger tous les pots, leur donne un léger binage, fait balayer le sol, change de place les plantes qui l'exigent, &c. J'ai eu soin, à l'article de chaque plante exigeant l'Orangerie, d'indiquer la place qu'elle doit y occuper.

Aussitôt que les gelées ont cessé, on ouvre toutes les croisées, d'abord dans le milieu du jour, puis tout le jour, enfin jour & nuit, afin de réaccoutumer les plantes aux effets du grand air. *Voyez* ÉTIOLEMENT.

Certaines plantes étant plus robustes que les autres, peuvent être sorties de l'Orangerie dès le commencement d'avril ; mais dans le climat de Paris on ne sort guère les orangers avant le 10 ou le 15 de mai. Un tems doux & un ciel couvert sont indispensables pour éviter les inconvéniens qui sont souvent la suite de cette opération, beaucoup de pousses étiolées étant subitement frappées de mort lorsqu'un air sec les saisit. Si le tems n'est pas couvert, on place les plantes à l'ombre pour quelques jours, afin de leur faire éprouver l'impression du grand air avant de les exposer aux rayons directs du soleil ; des cultivateurs les y laissent même jusqu'à l'époque de leur rempotement, & par-là ils évitent une dépense de main-d'œuvre qui ne laisse pas que d'être quelquefois considérable. *Voyez* REMPOTAGE.

La manière de disposer dans les jardins les plantes sorties de l'Orangerie, varie selon le but de la culture & le goût du propriétaire ; tantôt on les disperse, en enterrant les pots, de manière à les faire participer à l'agrément de toutes les parties. Dans les écoles de botanique & chez les pépiniéristes, on les enterre les unes à côté des autres, sur plusieurs rangs, dans l'ordre de leur grandeur, le plus grand nombre vis-à-vis de l'Orangerie, ou à quelque distance d'un mur exposé au midi ; quelques-unes au levant & quelques autres au nord. Les plantes de la Nouvelle-Hollande sont celles qui aiment mieux le levant, & celles des Alpes, qu'on renferme dans l'Orangerie pour remplacer la neige qui les couvre pendant six mois, sont celles qui exigent le nord. J'indique ces circonstances aux articles des plantes qui les offrent.

Beaucoup de plantes d'Orangerie, principalement les géranions, servent aujourd'hui à l'ornement des jardins français ; celles-là trouvent leur place sur les appuis des terrasses, sur les gradins des escaliers, sur des amphithéâtres construits en gazons ou en pierres dans le voisinage de la maison, le long des allées des parterres. Rarement on enterre leurs pots, mais on les cache souvent dans des vases de marbre, de terre cuite, de fonte, &c., servant eux-mêmes, à raison de leur grandeur, de leur forme & de leur sculpture, à l'embellissement du local.

Les pots enterrés, surtout lorsque leur terre est couverte de mousse, perdant moins d'eau par l'évaporation, n'exigent pas autant d'arrosement que ceux qui sont exposés à l'air par tous leurs points.

Je parlerai, au mot ORANGER, des soins particuliers que demande cette espèce d'arbre pendant les sept mois qu'il reste dans l'Orangerie.

Les arbres destinés à être mis en Orangerie sont généralement en pots, & par conséquent gênés dans leur accroissement : il y auroit beaucoup à gagner pour eux de les mettre en pleine terre, & de disposer leurs entours de manière à pouvoir les couvrir d'un toit, & les garantir du côté du midi par des vitrages. Ces sortes d'Orangeries sont inconnues en France ; mais il en est plusieurs en Allemagne, qui excitent l'admiration des amis de la culture ; celles de Schoenbrunn, château de l'empereur d'Autriche, près Vienne, sont principalement dans ce cas.

Ces Orangeries peuvent paroître, au premier coup d'œil, d'un établissement & d'un entretien plus considérable que celles que je viens de décrire ; mais j'ai lieu de croire, d'après des calculs approximatifs que j'ai faits pendant que j'étois à la tête de l'Orangerie de Versailles, la plus grande & la plus coûteuse de toutes celles qui existent en France, qu'il y auroit eu une économie de moitié si elle avoit été bâtie & conduite comme celle de Schoenbrunn. Il est vrai qu'il y auroit eu moins d'orangers, mais ces orangers eussent annuellement fourni plus de fleurs que ceux qui existent en ce moment.

Pour construire une Orangerie de ce genre, de quelque longueur qu'elle soit, mais n'ayant que douze à quinze pieds de large, c'est-à-dire, ne devant contenir que deux rangées d'orangers, on défoncera le sol de six pieds ; on construira le mur de derrière de dix pieds plus haut que la partie antérieure de ceux des côtés ; sur le devant, excepté l'ouverture pour la porte, il y en aura un de deux à trois pieds de haut ; sur ce mur s'éleveront des montans en bois, de douze à quinze pieds de longueur, d'un pied carré d'épaisseur, espacés de six pieds, qui se fixeront par le bas dans des trous creusés dans la pierre ; & par le haut, dans des mortaises creusées dans une sablière, ou poutre, de même grosseur, & de la longueur de l'Orangerie. Deux traverses seront posées parallèlement à la sablière, savoir, une au milieu & une contre le mur de derrière ; & les murs de côtés, qui sont coupés obliquement à leur sommet, feront également garnis d'une fablière. C'eft fur ces fablières que repoferont les madriers qui compoferont la couverture, madriers qui auront tous un pied de large, quatre pouces d'épaiffeur, qui fe réuniront par des rainures ou des feuillures, & qui feront fixés, au moyen de fiches de fer, à la fablière & à la dernière traverfe. C'eft entre les montans qu'on placera les fenêtres, qui pourront être doubles. Toutes les boiferies feront peintes à l'huile, & entretenues toujours en bon état fous ce rapport; & celles qu'on ne laiffera pas en place pendant l'été, devront être alors dépofées dans un lieu abrité de la pluie. On peut laiffer à demeure les montans & les traverfes, pour économifer, & alors il n'y auroit que les madriers du toit & les croifées à démonter, ce qui feroit une opération fort peu coûteufe. L'important eft d'empêcher l'eau & le froid de pénétrer par les jointures, & on le peut en clouant fur ces jointures des madriers, en dehors, de très-légères planches de trois pouces de large, & en dedans, des bandes de papier fort épais : on collera également des bandes de papier fur les jointures de toutes les croifées, excepté deux. La mouffe, qu'on emploie fouvent dans ce cas, accélère la pourriture du bois.

Il y a lieu de croire que les bois d'une Orangerie de cette forte, convenablement foignés, dureront plus d'un fiècle fans avoir befoin d'un renouvellement complet.

La terre d'une telle Orangerie n'auroit pas befoin d'être auffi furchargée de principes nutritifs que celle qu'on met dans les caiffes; cependant il feroit bon qu'elle fût très-fertile, & qu'on la renouvelât en partie, de loin en loin; car enfin, elle feroit dans une grande caiffe : on la laboureroit une fois, & on la bineroit trois à quatre fois par an : les orangers y devroient également être taillés en cylindre pour empêcher les racines de trop s'étendre, & augmenter le produit des fleurs; on les couvriroit & découvriroit aux mêmes époques que les autres; enfin, on donneroit aux arbres qu'elle contiendroit, les mêmes foins qu'à ceux qui font en caiffe; feulement on les arroferoit moins fouvent pendant l'hiver, foit parce que l'humidité de la terre fe conferveroit plus longtems; pendant l'été, foit parce que les pluies en difpenferoient fouvent.

Dans les fortes gelées, le toit & les fenêtres de cette Orangerie feroient couvertes avec des paillaffons.

Il feroit peut-être bon de clouer auffi des paillaffons, pour tout l'hiver, dans l'intérieur, contre les madriers.

J'ai indiqué deux rangs d'orangers, parce que cela eft avantageux fous tous les rapports, ceux en avant étant tenus plus bas que ceux en arrière; mais on peut en mettre trois & même quatre; feulement, dans ce cas, il faudra mettre une ou deux traverfes de plus, & avoir deux rangs de madriers au toit; peut-être même un rang de plus de poteaux au milieu de l'Orangerie, pour foutenir les traverfes, deviendroit-il néceffaire.

Je fais des vœux pour que des Orangeries de cette forte foient bâties aux environs de Paris, pour fervir de modèle & convaincre de leurs avantages.

Voyez, pour le complément de cet article, ceux SERRE, BACHE & CHASSIS. (*Bosc.*)

ORCANETTE. *ONOSMA.*

Genre de plante de la pentandrie monogynie & de la famille des *Borraginées*, qui préfente dix efpèces, dont trois ou quatre fe cultivent dans les écoles de botanique & dans les grandes collections des amateurs. Il eft figuré pl. 93 des *Illuftrations des genres* de Lamarck.

Efpèces.

1. L'ORCANETTE échioïde.
Onofma echioides. Linn. ♃ Du midi de l'Europe.
2. L'ORCANETTE de Sibérie.
Onofma fimpliciffima. Linn. ♃ De la Sibérie.
3. L'ORCANETTE orientale.
Onofma orientale. Linn. ♃ De l'Orient.
4. L'ORCANETTE foyeufe.
Onofma fericea. Willd. ♃ De l'Orient.
5. L'ORCANETTE gigantefque.
Onofma gigantea. Lam. ♃ Du Levant.
6. L'ORCANETTE à petites fleurs.
Onofma micrantha. Pall. ⊙ De la Sibérie.
7. L'ORCANETTE bleue.
Onofma cærulea. Willd. ♃ De l'Arménie.
8. L'ORCANETTE à fleurs grêles.
Onofma tenuiflora. Willd. ♃ De l'Orient.
9. L'ORCANETTE de la Mer-Cafpienne.
Onofma capfica. Willd. ⊙ Des bords de la Mer-Cafpienne.
10. L'ORCANETTE échinée.
Onofma echinata. Desfont. ♂ De la côte d'Afrique.

Culture.

Les deux premières de ces efpèces font les feules qui fe cultivent en ce moment au jardin du Muféum d'hiftoire naturelle de Paris. Quoiqu'elles redoutent les fortes gelées, on les tient en pleine terre & en place; mais pour ne point courir de chances défavorables, on en laiffe quelques pieds en pots, qu'on rentre dans l'orangerie pendant l'hiver : c'eft de graines femées dans des pots, fur couche nue, qu'on les multiplie; d'ailleurs, elles ne demandent que les foins ordinaires aux plantes cultivées dans les jardins foignés, c'eft-à-dire, deux ou trois binages par an.

La racine de la première efpèce (& probablement de toutes les autres) eft recouverte d'une écorce rouge qui donne une mauvaife couleur, qu'on recherchoit autrefois pour la teinture dite de *petit teint*, & encore aujourd'hui pour la coloration des liqueurs, des sucreries, des mets, &c.

Il est cultivateurs dans les parties méridionales de la France, qui se livrent à la recherche des racines de cette plante pendant l'hiver, époque où elles sont le plus colorées, sur les montagnes pelées & autres lieux incultes, pour les mettre dans le commerce, & se faire ainsi une augmentation de revenu. Les préparations qu'ils leur donnent se bornent à les laver & à les faire sécher.

Si la consommation de ces racines étoit plus considérable, il deviendroit sans doute avantageux de cultiver l'Orcanette échioïde, attendu qu'elle donne ses racines, dont les plus petites sont les plus estimées, dès la seconde année, & qu'elle préfère les plus mauvais terreins.

On confond souvent, sous le nom d'*Orcanette*, les racines de cette plante avec celle de la Buglosse teignante (*voyez* ce mot), quoiqu'il y ait beaucoup de différence entr'elles. (*Bosc.*)

ORCHIDOCARPE. *Orchidocarpum.*

Nom donné par Michaux à un genre destiné à recevoir quelques espèces placées par les autres botanistes parmi les Corossols (*anona* Linn.). *Voyez* ce mot.

Comme ces espèces étoient peu ou point connues lorsque l'article Corossol a été rédigé, j'en parlerai dans le *Dictionnaire des Arbres & Arbustes.* (*Bosc.*)

ORCHIS. *Orchis.*

Genre de plante de la gynandrie diandrie & de la famille de son nom, dont les espèces, imparfaitement observées par Linnæus, viennent d'être étudiées de nouveau par Swartz & Willdenow, qui en ont porté plusieurs dans les anciens genres Satyrion & Ophrise, & réciproquement, & en ont employé d'autres pour former les nouveaux genres Disa, Bonatée & Habenarie. *Voyez* ces mots & les *Illustrations des genres* de Lamarck, pl. 726.

Observations.

Je dois prendre dans le *Species Plantarum* de Willdenow la série des espèces de ce genre, à laquelle j'ajouterai les trois qui entrent dans ceux Bonatée & Habenarie.

Espèces.

Orchis à deux bulbes arrondies & rapprochées.

1. L'Orchis Suzanne.
Orchis Susanna. Linn. ♃ De l'île d'Amboine.

2. L'Orchis radié.
Orchis radiata. Thunb. ♃ Du Japon.

3. L'Orchis cilié.
Orchis ciliaris. Linn. ♃ De l'Amérique septentrionale.

4. L'Orchis blépharigiotte.
Orchis blephariglottis. Willd. ♃ De l'Amérique septentrionale.

5. L'Orchis en crête.
Orchis cristata. Mich. ♃ De l'Amérique septentrionale.

6. L'Orchis blanc.
Orchis bifolia. Linn. ♃ Indigène.

7. L'Orchis en massue.
Orchis clavellata. Mich. ♃ De l'Amérique septentrionale.

8. L'Orchis feuillé.
Orchis foliosa. Swartz. ♃ Du Cap de Bonne-Espérance.

9. L'Orchis à larges feuilles.
Orchis platyphyllos. Swartz. ♃ Des Indes.

10. L'Orchis pectiné.
Orchis pectinata. Thunb. ♃ Du Cap de Bonne-Espérance.

11. L'Orchis hispidule.
Orchis hispidula. Thunb. ♃ Du Cap de Bonne-Espérance.

12. L'Orchis unilatéral.
Orchis secunda. Thunb. ♃ Du Cap de Bonne-Espérance.

13. L'Orchis à fleurs vertes.
Orchis viridiflora. Swartz. ♃ Des Indes.

14. L'Orchis capuchon.
Orchis cucullata. Linn. ♃ De la Sibérie.

15. L'Orchis ornithe.
Orchis ornithis. Murr. ♃ Des alpes d'Allemagne.

16. L'Orchis conique.
Orchis conica. Willd. ♃ Du Portugal.

17. L'Orchis globuleux.
Orchis globosa. Linn. ♃ Des Alpes.

18. L'Orchis pyramidal.
Orchis pyramidalis. Linn. ♃ Indigène.

19. L'Orchis condensé.
Orchis condensata. Desf. ♃ De la Barbarie.

20. L'Orchis puant.
Orchis coriophora. Linn. ♃ Indigène.

21. L'Orchis acuminé.
Orchis acuminata. Desf. ♃ De la Barbarie.

22. L'Orchis cubital.
Orchis cubitalis. Linn. ♃ De Ceylan.

23. L'Orchis bouffon.
Orchis morio. Linn. ♃ Indigène.

24. L'Orchis mâle.
Orchis mascula. Linn. ♃ Indigène.

25. L'Orchis à fleurs lâches.
Ochis latifolia. Vill. ♃ Indigène.

26. L'Orchis à longues cornes.
Orchis longicornu. Desf. ♃ De la Barbarie.

27. L'ORCHIS à découpures très-ouvertes.
Orchis patens. Desf. ♃ De la Barbarie.
28. L'ORCHIS psycode.
Orchis psycoda. Swartz. ♃ Du Canada.
29. L'ORCHIS brûlé.
Orchis ustulata. Linn. ♃ Indigène.
30. L'ORCHIS militaire.
Orchis militaris. Linn. ♃ Indigène.
31. L'ORCHIS intact.
Orchis intactà. Linn. ♃ Du Portugal.
32. L'ORCHIS singe.
Orchis tephrosanthos. Villars. ♃ Indigène.
33. L'ORCHIS varié.
Orchis variegata. Jacq. ♃ Indigène.
34. L'ORCHIS à longues découpures.
Orchis longicruris. Linck. ♃ Du Portugal.
35. L'ORCHIS brun.
Orchis fusca. Jacq. ♃ Indigène.
36. L'ORCHIS lacté.
Orchis lactea. Lam. ♃ De la Barbarie.
37. L'ORCHIS papilionacée.
Orchis papilionacea. Linn. ♃ Du midi de l'Europe.
38. L'ORCHIS rouge.
Orchis rubra. Jacq. ♃ De l'Italie.
39. L'ORCHIS d'Ibérie.
Orchis iberica. Marsch. ♃ De l'Orient.
40. L'ORCHIS élevé.
Orchis elata. Poir. ♃ De la Barbarie.
41. L'ORCHIS de Provence.
Orchis provincialis. Decand. ♃ Du midi de la France.
42. L'ORCHIS des marais.
Orchis palustris. Jacq. ♃ De l'Allemagne.
43. L'ORCHIS pâle.
Orchis pallens. Linn. ♃ Du midi de l'Europe.
44. L'ORCHIS à petites fleurs.
Orchis parviflora. Willd. ♃ Du Piémont.
45. L'ORCHIS à feuilles en cœur.
Orchis cordata. Willd. ♃ Du Portugal.
46. L'ORCHIS à odeur de bouc.
Orchis hircina. Willd. ♃ Indigène.
47. L'ORCHIS souris.
Orchis muscula. Curt. ♃ De l'Angleterre.
48. L'ORCHIS en casque.
Orchis mimusops. Lam. ♃ Indigène.
49. L'ORCHIS de Robert.
Orchis robertiana. Loif. ♃ Du midi de la France.

Orchis à bulbes palmées.

50. L'ORCHIS à larges feuilles.
Orchis latifolia. Linn. ♃ Indigène.
51. L'ORCHIS sanguinolent.
Orchis cruenta. Willden. ♃ Du nord de l'Europe.
52. L'ORCHIS d'un demi-pied.
Orchis sesquipedalis. Willd. ♃ Du Portugal.
53. L'ORCHIS incarnat.
Orchis incarnata. Linn. ♃ Du nord de l'Europe.
54. L'ORCHIS sambucine.
Orchis sambucina. Linn. ♃ Indigène.
55. L'ORCHIS maculé.
Orchis maculata. Linn. ♃ Indigène.
56. L'ORCHIS odorant.
Orchis odoratissima. Linn. ♃ Indigène.
57. L'ORCHIS conopsé.
Orchis conopsea. Linn. ♃ Indigène.
58. L'ORCHIS jaune.
Orchis flava. Linn. ♃ De l'Amérique septentrionale.
59. L'ORCHIS vert.
Orchis viridis. Swartz. ♃ Indigène.
60. L'ORCHIS à longues bractées.
Orchis bracteata. Willd. ♃ De l'Amérique septentrionale.
61. L'ORCHIS effacé.
Orchis obsoleta. Willd. ♃ De l'Amérique septentrionale.
62. L'ORCHIS noir.
Orchis nigra. Swartz. ♃ Des Alpes.
63. L'ORCHIS à fleurs denses.
Orchis densiflora. Wallenb. ♃ De la Suède.

Orchis à bulbes fasciculées.

64. L'ORCHIS de Sibérie.
Orchis fuscescens. Linn. ♃ De la Sibérie.
65. L'ORCHIS à grandes fleurs.
Orchis spectabilis. Linn. ♃ De l'Amérique septentrionale.
66. L'ORCHIS à feuilles de plantain.
Orchis plantaginea. Swartz. ♃ De la Jamaïque.
67. L'ORCHIS verdâtre.
Orchis virescens. Willd. ♃ De l'Amérique septentrionale.
68. L'ORCHIS hyperboré.
Orchis hyperborea. Linn. ♃ De l'Islande.
69. L'ORCHIS feuillé.
Orchis strateumatica. Linn. ♃ De Ceylan.
70. L'ORCHIS hérissé.
Orchis hirtella. Swartz. ♃ De la Jamaïque.
71. L'ORCHIS blanchâtre.
Orchis albida. Swartz. ♃ Des Alpes.
72. L'ORCHIS de Koenig.
Orchis Koenigii. Willd. ♃ De l'Islande.
73. L'ORCHIS frangé.
Orchis fimbriata. Ait. ♃ De l'Amérique septentrionale.
74. L'ORCHIS ichneumon.
Orchis ichneumonea. Sw. ♃ De Sierra-Leone.
75. L'ORCHIS nain.
Orchis humilis. Mich. ♃ De l'Amérique septentrionale.

Orchis dont la forme des bulbes est inconnue.

76. L'ORCHIS psycode.
Orchis psycodes. Linn. ♃ De l'Amérique septentrionale.

77. L'ORCHIS incisé.
Orchis incisa. Willd. ♃ De l'Amérique septentrionale.

78. L'ORCHIS fendu.
Orchis fissa. Willd. ♃ De l'Amérique septentrionale.

79. L'ORCHIS trident.
Orchis tridentata. Willd. ♃ De l'Amérique septentrionale.

80. L'ORCHIS saint.
Orchis sancta. Linn. ♃ De la Palestine.

81. L'ORCHIS tipuloïde.
Orchis tipuloides. Linn. ♃ Du Kamtzchatka.

82. L'ORCHIS denté.
Orchis dentata. Swartz. ♃ De la Chine.

83. L'ORCHIS atlantique.
Orchis atlantica. Desfont. ♃ De la Barbarie.

84. L'ORCHIS de l'Isle-de-France.
Orchis mauritiana. Lam. ♃ De l'Isle-de-France.

85. L'ORCHIS écailleux.
Orchis squarrosa. Lam. ♃ De l'Ile-Bourbon.

Orchis formant les genres BONATÉE *&* HABENARIE.

86. L'ORCHIS brillant.
Orchis speciosa. Thunb. ♃ Du Cap de Bonne-Espérance.

87. L'ORCHIS macrocératite.
Orchis habenaria. Linn. ♃ De la Jamaïque.

88. L'ORCHIS brachycératite.
Orchis brachyceratitis. Swartz. ♃ De la Jamaïque.

Culture.

Je ne crois pas avoir vu des Orchis étrangers aux environs de Paris, cultivés dans le jardin du Muséum; mais tous les ans on y en apporte de la campagne, au printems, lorsqu'ils commencent à pousser leurs tiges, & ils y fleurissent. Pour cela il faut les enlever des prairies, des bois, des pâturages, avec une grosse motte, & après s'être assuré que cette motte contient la bulbe, qui quelquefois est à un pied de profondeur en terre, mettre cette motte dans le lieu qui lui est destiné. Rarement les Orchis, ainsi transplantés, subsistent deux ans, quelques soins qu'on en prenne. A quoi tient cette singularité? Jusqu'à présent personne n'en a donné une explication plausible. Probablement que la propriété qu'ont les racines de ces plantes de se renouveler chaque année par le développement d'une nouvelle bulbe à côté de l'ancienne, qui périt, influe dans ce cas; mais tant d'autres bulbes, comme les tulipes, les renoncules, l'ont également!

Il est fâcheux que les Orchis se refusent aussi obstinément à la culture, car ce sont en général des plantes très-belles & très-propres à orner les parterres; plusieurs sont, de plus, pourvus d'une odeur très-suave.

Mais s'il est difficile d'introduire d'une manière permanente les Orchis dans les écoles de botanique & dans les parterres, il ne l'est point autant de les multiplier au milieu des gazons & sous les massifs des jardins paysagers, puisqu'il ne s'agit que de faire attention à la concordance des sols & des espèces, & d'employer, pour leur transplantation, les précautions indiquées plus haut. La voie des graines sembleroit aussi pouvoir réussir; cependant, tous les essais que j'ai faits ou vu faire n'ont point donné de résultats. Il paroît que la nature, qui a prodigué les graines à ces plantes, a voulu, ou que la plus grande partie fût infecondée, ou que les circonstances favorables à leur germination fussent difficiles à réunir. Je tire cette conclusion de l'observation que nulle part les Orchis, quelque nombreux qu'ils soient, ne le sont autant que l'immensité de leurs graines fait croire qu'ils devroient l'être. On les trouve écartés les uns des autres, & pour ainsi dire parsemés dans les lieux qui paroissent leur convenir le mieux.

Dans nulle partie de la France on ne tire un parti économique des Orchis; mais à Constantinople & dans tout l'Orient, on fait usage, comme aliment, sous le nom de *salep*, de leurs bulbes desséchées & cuites avec du lait ou du bouillon.

Pour faire le salep, les Turcs arrachent les bulbes des Orchis pyramidal, mâle, bouffon & autres espèces communes, avant que leurs tiges soient fleuries; ils ôtent ensuite l'écorce de ces bulbes, les lavent, les font cuire à demi dans l'eau, & les enfilent pour les faire sécher à l'air: par ces procédés elles deviennent dures, demi transparentes, & presqu'inaltérables si on les conserve dans un lieu sec. Pour en faire usage, on les pile dans un mortier: la farine qui en résulte, a beaucoup de rapport avec la fécule de pomme de terre, & comme elle, elle fait, avec le lait ou le bouillon chaud, une espèce de gelée très-facile à digérer, & très-nourrissante; c'est pourquoi elle convient aux estomacs délicats, aux personnes épuisées par les maladies ou les jouissances immodérées de l'amour. On lui donne le goût qui lui manque par le moyen des assaisonnemens & des aromates.

On vend fort cher le salep dans les pharmacies de Paris, où il y en a de plusieurs qualités qui tiennent, ou au mode de leur préparation, ou à l'espèce d'Orchis employé; on en fait aujourd'hui moins usage qu'autrefois.

Pour quiconque réfléchit il ne paroîtra pas possible que les racines des Orchis puissent devenir en France un moyen important de nourriture; elles peuvent tout au plus aider quelques personnes dans les momens de disette; car la dépense de leur arrachement & de leur préparation, en calculant le tems, les met à un taux beaucoup plus élevé que le pain, ainsi que j'ai eu occasion de m'en assurer à l'époque de la terreur, époque où j'avois cherché à les utiliser pour ma subsistance. La fécule de pomme de terre, si abondante & si facile à se procurer, sera toujours préférée, & avec raison, pour l'usage des malades & des convalescens.

Les animaux domestiques recherchent peu les Orchis; cependant ils les mangent quelquefois, principalement le cheval. (*Bosc.*)

OREILLE DE LA CHARUE. On l'appelle aussi le versoir. Il est beaucoup de charues qui n'en ont point; sa forme doit varier selon les terreins, mais pas autant qu'elle varie; sa mauvaise construction est aussi nuisible à la bonté des labours qu'à la conservation des chevaux. Jefferson, l'illustre président des Etats-Unis de l'Amérique, a indiqué un moyen graphique de la tailler, moyen qu'on trouve décrit dans les *Annales du Muséum d'Histoire naturelle de Paris*. *Voyez* LABOUR.

OREILLE-D'HOMME. *Voyez* BOLET DU NOYER dans le *Dictionnaire de Botanique.*

OREILLE-D'HOMME : nom vulgaire de l'ASARET. *Voyez* ce mot.

OREILLE-DE-JUDAS. On appelle ainsi la CHANTERELLE COMMUNE. *Voyez* le *Dictionnaire de Botanique.*

OREILLE-DE-LIÈVRE. C'est un BUPLÈVRE. *Voyez* ce mot.

OREILLE-D'OURS ou AURICULE : espèce du genre des primevères, que la beauté de ses fleurs & le grand nombre de variétés qu'elles offrent, ont rendue l'objet d'une culture extrêmement soignée, & qui mérite par conséquent d'être celui d'un article particulier. *Voyez* PRIMEVÈRE.

L'Oreille-d'ours (*primula auricula* Linn.) est une plante vivace, originaire des montagnes élevées de l'Europe, dont les fleurs sont monopétales, solitaires sur chaque pédoncule, plus ou moins nombreuses, & disposées circulairement au sommet d'une hampe plus ou moins élevée. On la cultive de tems immémorial dans les jardins; mais les Anglais & les Liégeois en ont perfectionné la culture, au rapport de M. Feburier, dans des tems peu éloignés de nous, de sorte que quelques personnes croient qu'ils l'ont cultivée les premiers.

Chaque fleur, selon les fleuristes, offre trois parties : 1°. le tube de la corolle; 2°. l'œil qui commence au sommet du tube, & se termine aux divisions de la corolle; ces deux parties sont colorées de même; 3°. les pétales, c'est-à-dire, les divisions de la corolle, qui diffèrent du reste pour la couleur.

Les mêmes fleuristes rangent les nombreuses variétés d'Oreille-d'ours sous trois grandes divisions.

1°. Les pures, dont l'œil est blanc & le limbe d'une autre couleur. On n'estime parmi elles que celles à limbe d'un beau bleu, d'un brun-noir bien velouté, ou de couleur de feu.

2°. Les ombrées ou liégeoises, dont l'œil est jaune, olive & rarement blanc : le limbe offre deux couleurs, ou une seule couleur, se dégradant de l'œil au bord; les couleurs feu, olive & quelquefois bleue, sont les plus recherchées.

3°. Les poudrées ou anglaises, qui se distinguent par une poudre blanchâtre & granulée qui recouvre le pédicule, le calice & l'œil de la fleur, & la font paroître blanche : les feuilles le sont aussi quelquefois; mais la même chose a également lieu dans les variétés des autres divisions. Ces fleurs sont le plus souvent panachées : leurs couleurs prédominantes sont le vert, le brun-pourpré & le blanc.

Une Oreille-d'ours est estimée quand sa tige est assez longue pour s'élever du double au-dessus des feuilles, assez grosse pour ne pas se recourber; quand les pédoncules ont assez de force pour tenir les fleurs droites; quand la longueur du tube est proportionnée à la largeur de son limbe; que son ouverture n'est ni trop grande ni trop petite; que les étamines ne la dépassent pas & couvrent le pistil. Il faut de plus que l'œil soit rond, plat, de couleur tranchée, seulement le tiers de la fleur; que le limbe soit plat, point plissé, peu en recouvrement à ses divisions, & que leurs couleurs, lorsqu'il y en a plusieurs, soient bien tranchées. Enfin, on exige que les fleurs soient assez nombreuses pour former un bouquet sur la même tige.

On s'est procuré des Oreilles-d'ours doubles; mais comme leur beauté est inférieure à celle des simples, on n'en a conservé que deux, l'une jaune & l'autre mordorée.

L'Oreille-d'ours demande une terre plus légère que consistante, peu chargée d'humus; elle ne craint pas les froids, mais bien l'humidité. Les terreins marécageux, les vallées où l'air est stagnant, les années pluvieuses lui sont extrêmement défavorables. Une trop grande chaleur ne lui convient pas; en conséquence, c'est l'exposition du levant qu'il faut lui donner. Rarement on voit l'Oreille-d'ours en planche, c'est en bordure ou en pot qu'on la cultive; elle produit de très-bons effets de la première de ces manières, mais on n'y met que les variétés les plus communes. Les amateurs préfèrent employer la seconde pour celles qu'ils regardent comme précieuses. Les pots doivent au plus avoir six pouces de diamètre d'ouverture.

Au moment de la floraison, les Oreilles-d'ours en pot se placent en amphitéâtre, & se recouvrent d'une toile en forme de tente, pour en prolonger la durée. Les variétés sont mélangées de manière à faire opposition; elles offrent alors un coup d'œil magnifique. Après la floraison, on les enlève pour les mettre ailleurs; pendant le tems de leur repos on les arrose peu, & s'il pleut beaucoup on couche les pots le fond tourné au midi; on on les couche aussi pendant l'hiver, à cause de la neige. Jamais on ne doit les rentrer dans l'orangerie, mais on peut les placer sous un hangard exposé à tous les vents.

En bordure, la transplantation des Oreilles-d'ours a lieu tous les trois ou quatre ans, plus tôt ou plus tard, selon la fertilité du sol, à l'effet de renouveler la terre autour de leurs racines, de séparer les œilletons & d'enfoncer le collet de leurs racines, qui tend toujours à s'élever, & qui enfin ne fournit plus d'œilletons : si on les enterroit trop, les feuilles pourriroient, & par suite les racines.

En pot on met de la nouvelle terre, & on sépare les œilletons après avoir coupé les racines tournantes. Cette opération s'exécute pendant l'été. On arrose & on met à l'ombre immédiatement après qu'elle est terminée. Rarement on est dans le cas d'augmenter le diamètre des pots, parce que les pieds à tiges nombreuses font un moins bon effet & donnent moins de fleurs, ainsi que des fleurs plus petites sur chaque tige. En général, les amateurs ne souffrent qu'une tige sur chaque pied.

Les œilletons se détachent de leur mère, soit simplement avec la main, soit au moyen de la serpette. Il faut éviter, lorsqu'on le fait, les trop grandes pluies, qui peuvent donner lieu à la pourriture. Aussitôt qu'ils sont séparés, on les repique, sans racourcir ni leurs racines, ni leurs feuilles, & on les arrose ; ils reprennent assez aisément. On les traite ensuite absolument comme les vieux pieds.

Quelque facile que soit la multiplication des Oreilles-d'ours par œilletons, les amateurs l'exécutent souvent aussi par le semis de leurs graines. Je dois donc en parler.

On reconnoît que la graine des Oreilles-d'ours est bonne à recueillir, à la couleur foncée des capsules & à l'écartement du sommet de leurs valves. Alors on coupe les tiges & on les dépose dans un lieu sec, où la maturité des graines s'achève. Si on tardoit à couper les tiges, on risqueroit de perdre les meilleures graines. Ces graines se conservent mieux dans la capsule que séparées : ainsi on ne doit les en ôter qu'au moment de leur semis.

C'est en hiver qu'on fait les semis de l'Oreille-d'ours, dans des terrines ou des caisses remplies de terre légère. On sème clair, & on ne les recouvre pas de terre ou au plus de très-peu. Après le semis on porte les terrines, ou les caisses, au levant, dans un lieu à l'abri des grandes pluies & des limaçons. Le grand soleil est très-nuisible au jeune plant ; ainsi il faut transporter les terrines ou les caisses au nord dès le mois de mars.

Le plant levé se sarcle & s'arrose au besoin ; ordinairement on ne le transplante qu'au printems de l'année suivante, lorsqu'il a six feuilles, dans d'autres terrines ou caisses, à deux ou trois pouces, ou dans une plate-bande, à quatre pouces de distance, où on l'arrose & on l'ombre de suite. Ce plant reste ainsi jusqu'à ce qu'il fleurisse, ce qui n'arrive, pour le plus grand nombre, que la seconde année.

A mesure que les Oreilles-d'ours fleurissent, on les examine & on les divise en trois classes : les moins belles s'arrachent de suite ; les passables sont destinées à être plantées en bordures ; les plus belles sont marquées pour être mises en pots. On peut faire cette opération de suite, à raison de la facilité de lever le plant en motte ; mais il vaut mieux attendre la fin de l'été.

Le goût pour la culture des Oreilles-d'ours est bien moins général qu'autrefois ; mais il est encore quelques personnes qui s'y livrent avec passion. C'est à M. Feburier qu'on doit les meilleures notions sur ce qui la concerne. (*Bosc.*)

OREILLE-DE-LIÈVRE. *Voyez* BUPLÈVRE FRUTESCENT.

OREILLE-DE-RAT. L'ÉPERVIÈRE PILOSELLE porte vulgairement ce nom.

OREILLES-DE-SOURIS. On nomme ainsi les CERAISTES dans beaucoup de lieux.

OREILLES. Organes de la sensation du son.

ORELIE. *Allamanda.*

Arbrisseau de Cayenne, qui seul forme, dans la pentandrie monogynie, un genre qui est figuré pl. 171 des *Illustrations des genres* de Lamarck.

La décoction de ses feuilles est un vomitif & un purgatif violent.

Comme cet arbrisseau ne se cultive pas dans nos jardins, je n'en dirai rien de plus. (*Bosc.*)

ORGANES DES VEGÉTAUX. Tout état de vie suppose des moyens d'entretien & de conservation, & ces moyens sont ce qu'on appelle des Organes.

Il est, dans les plantes, des Organes plus nécessaires que les autres, ce qui par conséquent mérite d'être pris en considération plus spéciale. L'étude de leurs formes, de leurs positions, &c., est l'objet de l'anatomie végétale, & celle de leurs fonctions l'objet de la physiologie végétale. *Voyez* le Dictionnaire de cette dernière science.

Les principaux Organes des végétaux sont : les RACINES, les TIGES, les BOUTONS, les BOURGEONS, les FEUILLES, l'ÉCORCE, l'AUBIER, le BOIS, la MOELLE, les GLANDES, les POILS, les ÉPINES, les AIGUILLONS, les VRILLES ou MAINS ; la FLEUR, composée, lorsquelle est complète, du CALICE, de la COROLLE, du RÉCEPTACLE, des ÉTAMINES, du PISTIL, du NECTAIRE, du FRUIT, dans lequel on trouve le PÉRICARPE & la SEMENCE : le premier offre des CAPSULES, des BAIES, des NOIX, des DRUPES, des COQUES, des SILIQUES, des GOUSSES & des CÔNES ; la seconde présente le CORDON OMBILICAL, les COTYLÉDONS, le PÉRISPERME, l'Embryon, la Radicule & la Plumule. *Voyez* tous ces mots. (*Bosc.*)

ORGE. *Hordeum.*

Genre de plante de la triandrie digynie & de la famille des *Graminées*, dans lequel se trouvent réunies une douzaine d'espèces, parmi lesquelles il en est une qui est l'objet d'une culture de première importance pour toute l'Europe & les autres contrées du Monde où l'agriculture est en faveur. Il est figuré pl. 49 des *Illustrations des genres* de Lamarck.

Espèces.

1. L'Orge commune.
Hordeum commune. Linn. ⊙ De la haute Asie.
2. L'Orge des murs.
Hordeum murinum. Linn. ⊙ Indigène.
3. L'Orge des prés.
Hordeum pratense. Roth. ⊙ Indigène.
4. L'Orge seglin.
Hordeum secalinum. Lam. ⊙ Indigène.
5. L'Orge à longues barbes.
Hordeum jubatum. Linn. ⊙ Du Levant.
6. L'Orge de la Caroline.
Hordeum carolinianum. Bosc. ⊙ De l'Amérique septentrionale.
7. L'Orge géniculée.
Hordeum geniculatum. Allioni. ⊙ Des bords de la Méditerranée.
8. L'Orge roide.
Hordeum rigidum. Roth. ⊙ De l'Espagne.
9. L'Orge hérisson.
Hordeum histrix. Roth. ⊙ De l'Espagne.
10. L'Orge grêle.
Hordeum strictum. Desf. ♃ De la Barbarie.
11. L'Orge maritime.
Hordeum maritimum. Linn. ♃ Des bords de la mer.
12. L'Orge bulbeuse.
Hordeum bulbosum. Linn. ♃ De l'Orient.
13. L'Orge tubéreuse.
Hordeum nodosum. Linn. ♃ Des Indes.

Culture.

Nous possédons les cinq premières de ces espèces dans nos écoles de botanique, où toutes se sèment en place au printems, & ne demandent d'autres soins que des sarclages de propreté.

La première espèce est celle dont la culture est si étendue. C'est, selon Pline, la première céréale employée à la nourriture de l'homme, & par conséquent cultivée; elle offre un grand nombre de variétés, dont plusieurs, qui se cultivent en France, ont été regardées comme des espèces par les botanistes; elles diffèrent en effet assez pour en être séparables aux yeux de ceux qui ne savent pas combien la culture influe sur les formes & les qualités des végétaux. On les distingue par le nombre des rangs de leurs graines.

L'Orge commune, regardée comme type de l'espèce, & qui l'est en effet, puisque les graines apportées de la Perse par mon collègue Olivier me l'ont donnée, a quatre rangs de grains dans l'enveloppe extérieure, qui est terminée par une longue barbe.

Trois de ses variétés ont aussi quatre rangs; savoir :

1°. *L'Orge du printems*, peu caractérisée, mais qui ne diffère pas seulement par l'époque de son ensemencement.

2°. *L'Orge à graines noires*; elle est à peine connue en France, mais fort estimée en Allemagne; elle devient quelquefois bisannuelle.

3°. *L'Orge céleste* ou *l'Orge nue*, dont le caractère principal est de perdre ses enveloppes comme le seigle & le froment, par le seul résultat du battage; elle offre une sous-variété pourvue de barbes qui tombent facilement.

Deux offrent seulement deux rangs de graines; ce sont :

L'Orge pamelle ou *pamoule*, *Orge bellarge*, *Orge à longs épis*, *Orge à deux rangs*, *Orge petite*, *Orge d'Angleterre*, *Orge de Russie*, *Orge du Pérou*, *Orge d'Espagne* : ses épis sont sans barbes & ne présentent que deux rangs, parce que les deux autres avortent toujours; on la cultive beaucoup en Angleterre; elle fournit deux sous-variétés, dont l'une prend le nom de *sucrion*, de la saveur sucrée de ses graines, & l'autre s'appelle *Orge piliet*, *pamelle nue*, à raison de ce que, comme l'Orge céleste, ses graines se séparent facilement de leur balle.

L'Orge faux-riz ou *riz d'Allemagne*, *Orge en éventail*, *Orge pyramidal* (*hordeum zeocritum* Linn.); son épi n'a que deux rangs de grains, sans barbes; il est très-large & très-serré; l'écorce de ces grains est très-dure. C'est la meilleure espèce pour manger en gruau & pour faire de la bière; cependant les cultivateurs la repoussent comme délicate & difficile à battre.

Une autre présente six rangs de grains; c'est l'*Orge escourgeon* (*hordeum hexasticon* Linn.): tous ses grains sont terminés par une barbe. On la préfère dans beaucoup de lieux, parce que, quoique ses grains soient plus petits, elle produit davantage.

Toutes ces variétés ont des avantages qui leur sont particuliers; mais, au rapport de mon célèbre collègue Parmentier, celle qui en réunit le plus est l'Orge céleste, qui donne des récoltes doubles de la commune, chaque pied ne produisant jamais moins de deux épis, & souvent trois ou quatre, & chaque épi étant ordinairement composé de quatre-vingts grains, terme moyen, plus gros & plus alongés que ceux des autres variétés. De plus, sa paille est plus tendre, & est mangée avec plus de plaisir par les vaches. Le seul défaut qu'il lui reproche, c'est de donner une farine plus bisé; mais qu'importe, observe-t-il, que l'Orge mondée ou gruée soit plus ou moins blanche, pourvu que le grain se gonfle bien & reste entier après sa cuisson.

Cette même variété, semée avant l'hiver, mûrit ordinairement plus tôt que le seigle, ce qui la rend bien précieuse dans les années de disette, & devroit engager à la cultiver plus généralement. Pourquoi ne la préfère-t-on pas aux autres dans les pays de montagnes, où les grains ont de la peine à mûrir à raison de la basse température & du peu de longueur de l'été?

La plupart des terreins, pourvu qu'ils ne soient pas complétement stériles ou marécageux à l'excès, conviennent à l'Orge; mais c'est dans ceux en même tems légers & chauds, principalement si le calcaire y domine, qu'elle prospère le mieux. Lorsqu'on est forcé de la semer dans des terreins argileux & constamment humides, il est indispensable de disposer ces terreins en BILLONS. *Voy.* ce mot. Des variétés citées, c'est l'Orge pamelle qui, comme la plus petite, s'accommode le mieux des mauvais, & c'est l'Orge céleste, comme la plus grosse, qui exige les meilleurs. On la cultive également sous les feux de l'équateur & sous les glaces du pôle, & elle manque rarement lorsqu'on a pris les soins que j'indiquerai plus bas. Sa vente est assurée dans le Midi pour la nourriture des chevaux, & dans le Nord pour la fabrication de la BIÈRE. *Voyez* ce mot dans le *Dictionnaire des Arts économiques*. Partout elle sert de base à la nourriture des pauvres, à l'engrais des bœufs, des cochons, des moutons, des volailles, &c., à raison de ce que le peu de dépense de sa culture & l'abondance de ses produits permettent de la livrer à très-bon compte aux consommateurs.

On a souvent dit que l'Orge se vendant ordinairement moitié moins que le froment, il n'y avoit pas de l'avantage à la cultiver dans les terres susceptibles de recevoir ce dernier. Cette objection est fondée jusqu'à un certain point; mais il y a des terres, telles que celles qui se déchaussent pendant l'hiver, où il est plus profitable de mettre de l'Orge que du froment de mars. D'ailleurs, l'opinion s'opposant à ce que les bestiaux soient nourris & engraissés avec le froment, il faut bien, quoi qu'il en coûte, cultiver l'Orge & l'avoine.

Presque partout on sème l'Orge après une récolte de froment; mais cette pratique est des plus blâmables, puisqu'elle est plus épuisante que ce dernier, ainsi que le prouve l'expérience; & encore, par principe d'économie, lui donne-t-on rarement des engrais. Cette faculté épuisante, qu'elle doit à la grosseur & au nombre de ses grains, jointe à la grande quantité de ses racines & à la petite quantité de feuilles dont elle est pourvue, doit au contraire engager à ne les semer qu'après ou avant toute autre culture. Arthur-Young, Victor Yvart & autres agriculteurs, ont remarqué qu'elle fournissoit les plus riches produits si on la faisoit succéder aux carotes, aux pommes de terre, aux raves, aux choux, &c. Comme le froment, sa culture ne doit entrer que de loin en loin dans la série d'un assolement régulier, & basé sur les principes d'une saine théorie. Cependant il a été remarqué, dans le duché de Magdebourg, que l'Orge réussissoit moins bien après une culture de carottes, qu'après celle de toute autre racine, & que c'étoit après les pois qu'elle donnoit la récolte la plus avantageuse.

Une économie mal-entendue engage souvent à refuser des engrais aux terres destinées à recevoir de l'Orge, même lorsqu'elles viennent de porter du seigle, du froment ou de l'avoine. Je crois qu'excepté les cas d'une excellente terre, ou de récoltes antérieures non épuisantes, on doit toujours leur en donner, mais modérément, attendu qu'elle est fort disposée à prendre, avant de monter en graines, une amplitude extraordinaire de feuilles qui nuit à la formation des épis, & encore plus des grains. *Voyez* ÉCIMAGE.

Il est beaucoup de lieux où on sème l'Orge sur un seul labour; mais il est desirable qu'elle le soit sur deux, & même qu'ils soient profonds, parce que sa racine pivote plus profondément que celle du froment : six pouces d'entrure ne sont jamais de trop lorsque la mauvaise terre est plus basse. Après ces labours on donne de forts hersages, ou mieux un binage avec la houe à cheval, pour ameublir convenablement la surface de la terre.

C'est à la suite du premier labour qu'il faut fumer ces terres.

Très-souvent, principalement dans le Midi, on sème l'Orge avant l'hiver, & alors on la récolte en même tems que les seigles & même les fromens; mais généralement, surtout dans le Nord, elle fait partie des mars, c'est-à-dire, se sème au printems; de là les dénominations d'*Orge d'hiver* & d'*Orge de printems*, connues dans quelques pays, quoique ce soient les mêmes variétés qu'on y emploie ordinairement. Il n'y a pas de doute, par l'effet d'une végétation lente, qu'en la semant en automne on n'obtienne une récolte plus avantageuse; mais il est beaucoup de circonstances étrangères à sa nature, qui ne permettent pas de le faire, par exemple, l'enlèvement tardif des récoltes auxquelles elle succède, les pluies permanentes de l'automne, le séjour de l'eau des inondations, &c.

Comme l'Orge fournit beaucoup de fannes, & des fannes extrêmement recherchées par les bestiaux, on la cultive quelquefois, j'aimerois mieux dire très-souvent, pour leur nourriture aux approches de l'hiver & au premier printems; alors on la sème immédiatement après les premières pluies de septembre, afin qu'on puisse la couper au moins une fois avant les gelées, & le plus tôt possible au printems: ces deux coupes (il peut s'en faire trois & quatre certaines années) n'empêchent pas d'avoir une récolte passable pour peu que le terrein soit bon ou convenablement fumé.

Le plus souvent, aux environs de Paris du moins, on retourne le terrein qui a porté de l'Orge pour fourage, aussitôt que cette Orge est fauchée, pour l'utiliser en haricots, en raves, en navette, en vesce & autres articles qui peuvent donner une seconde récolte avant l'hiver, soit sans le fumer, soit en le fumant.

On peut aussi y semer du chanvre, qui, si l'été est convenable, donnera une très-bonne dépouille.

Je dois dire ici, en passant, que l'Orge doit toujours entrer pour beaucoup dans les prairies temporaires, c'est-à-dire, composées d'un mélange de plantes annuelles de diverses familles, & qui ne doivent exister que trois ou quatre mois au plus.

Le motif qui fait desirer de semer l'Orge en automne, doit engager à la semer de meilleure heure possible au printems; aussi, dans le climat de Paris, est-il de fait que la récolte de celle qui a été semée après le mois d'avril est toujours très-foible.

Le semis de l'Orge se fait généralement à la volée, & peu serré. Il ne diffère pas dans son mode de celui des autres céréales. Il est très-avantageux de l'exécuter un peu avant, ou immédiatement après la pluie. On recouvre la graine avec la herse; il a rarement lieu sous raie, c'est-à-dire, avant le dernier labour.

La culture par rangée a été appliquée à l'Orge en Angleterre; mais comme cette culture tend à la faire pousser en feuilles, elle a dû, d'après le principe émis plus haut, avoir des résultats peu avantageux. C'est dans les terreins peu fertiles, ou lorsqu'on cultive l'Orge pour donner sa fanne aux bestiaux, qu'il faut donc se réserver de la pratiquer; il en est de même des semis en quinconce.

Il est impossible de fixer d'une manière générale la quantité de semence d'Orge qu'il faut répandre sur un arpent, puisque cette quantité dépend de circonstances extrêmement variables. Ainsi, celle semée dans un mauvais terrein, ou après l'hiver dans un bon, ainsi celle de la variété appelée *Orge céleste*, doit être moindre. Dans l'incertitude, il est toujours bon de se conformer à l'usage des lieux, sauf à diminuer l'année suivante s'il est trop fort. On calcule, aux environs de Paris, sur quarante à cinquante livres pour un arpent de bonne terre.

Très-souvent c'est l'Orge qu'on sème avec le trèfle & la luzerne pour protéger ces fourages dans leur première jeunesse contre les effets du hâle, & pour pouvoir tirer la première année quelque revenu du terrein où on les a placés; alors il faut réduire au moins de moitié la quantité de la semence d'Orge, afin que les produits de cette dernière n'étouffent pas les jeunes plantes de trèfle ou de luzerne.

C'est toujours la plus belle Orge qu'il faut employer pour semence; & comme elle est encore plus sujète au charbon que le froment & l'avoine, il faut la chauler avec rigueur avant de la répandre. Je voudrois insister sur la nécessité de ce chaulage, parce qu'on le pratique peu, & que j'ai vu souvent des champs d'Orge où il n'y avoit pas un dixième de bon grain. Il faut faire usage de chaux vive & n'en pas épargner la quantité, à raison de ce que les balles florales entourent ce grain, & s'opposent à l'action directe de la chaux. *Voyez* CHAULAGE & CHAUX.

Malgré sa dure enveloppe, l'Orge lève assez promptement, & lorsqu'elle a acquis trois feuilles, elle ne craint plus que les pluies continues & les très-fortes gelées. Un sarclage, lorsque le terrein & la semence n'ont pas été débarrassés des graines des mauvaises herbes, & un écimage lorsque la nature du sol ou des fumiers trop abondans ou une année trop favorable fait que les plantes poussent trop en feuilles, sont toutes les opérations qu'elle demande pendant la durée de sa croissance. *Voyez* SARCLAGE & ÉCIMAGE.

Quelques cultivateurs spéculent sur l'écimage de leurs Orges, mais je crois qu'ils ont tort; car cette opération, quoique faite en tems opportun, & avec les précautions convenables, ne doit pas suppléer à une croissance régulière, c'est-à-dire, conforme aux lois de la nature. Ce n'est donc que comme un remède que je la présente ici, mais un remède qu'on ne doit pas craindre d'employer.

Plusieurs insectes vivent aux dépens de l'Orge naissante, parmi lesquels le plus commun est la *mouche linéate*, qui attaque le collet des racines, & fait quelquefois périr le pied. Il n'y a pas moyen de s'opposer aux ravages de ces insectes, qui, certaines années, sont très-considérables; mais, ainsi que l'a prouvé mon collègue Olivier dans un Mémoire spécial, ces insectes ont, parmi leurs congénères, des ennemis nombreux qui servent utilement d'auxiliaires aux cultivateurs.

Je reviens encore sur l'Orge semée dans des terreins trop fertiles ou trop fumés, ou crus dans une année trop favorable, pour observer qu'elle a les grains plus petits & moins nombreux, & qu'il en est de même pour celle du printems dans les années sèches. Dans les années humides, ses grains sont très-gros, mais peu savoureux.

La récolte de l'Orge se fait plus tôt ou plus tard, selon l'époque des semis, la nature du sol, la marche de la saison, les abris, la variété, &c. Il est absolument impossible d'en indiquer le moment d'une manière générale; c'est lorsque les tiges sont complétement desséchées, que les épis sont jaunes & recourbés, qu'il convient de l'entreprendre.

Quelques personnes, pour éviter la perte des grains qui tombent plus facilement lorsqu'ils sont trop mûrs, commencent la récolte pendant que l'Orge offre encore des parties vertes; mais si le but qu'elles se proposent est rempli (chose qui n'est pas certaine à mes yeux), si même elles ont des grains plus serrés, elles ne gagnent rien en définitif, puisqu'il n'y a que les grains bien mûrs qui soient à toute leur grosseur, dont la conservation soit assurée, & dont l'emploi soit aussi avantageux que possible.

La récolte de l'Orge s'exécute, soit avec la faucille, soit avec la faux à main, la faux ordinaire simple, la faux ordinaire accompagnée d'un rateau. Les avantages & les inconvéniens de chacune de ces manières sont, à mon avis, compensés; mais la faux ordinaire, pourvu qu'on opère de bon matin, me paroît devoir être préférée. *Voyez* FAUCHAGE.

Lorsque l'Orge est exempte d'herbe, on peut la lier dès le soir du même jour, & la rentrer le lendemain vers midi. Dans le cas contraire, on la laisse en javelle jusqu'à ce que l'herbe qu'elle contient se soit desséchée, c'est-à-dire, un ou deux jours de plus, selon la chaleur de la saison.

Lorsqu'on coupe à la faucille, on peut facilement faire les gerbes régulières, c'est-à-dire, tourner tous les épis du même côté. Lorsqu'on coupe à la faux, surtout à la faux simple, cela devient presqu'impossible. Au reste, comme les chaumes sont ordinairement courts, cet inconvénient est peu important pour le battage.

A raison de sa disposition à s'égrener, l'Orge se met rarement en meule dans les champs; mais si on vouloit l'y mettre, il faudroit procéder comme pour l'avoine.

Il seroit bon, pour éviter des pertes de grains, de garnir de toile les voitures qui doivent transporter l'Orge du champ à la maison.

On bat les Orges au fléau dans les pays du Nord, & au moyen du piétinement des animaux dans ceux du Midi. Dans l'un & l'autre cas, cette opération est des plus rapides, des plus complètes.

Les bestiaux n'aiment pas la paille de l'Orge, probablement à raison de sa dureté & de son peu de saveur. Parmi eux, ce sont les bœufs & les vaches qui s'en accommodent le plus facilement; ordinairement on la mélange avec celle d'avoine ou avec du foin, pour la leur faire manger plus facilement. Son emploi le plus général est pour faire de la litière, quoique, même sous ce rapport, elle soit inférieure à celle des autres céréales.

Le vanage du grain de l'Orge est plus complet & plus tôt terminé que celui des autres céréales, à raison de sa grosseur & de son poids, à raison surtout de ce que ses balles lui restent adhérentes; il en est de même de son criblage. C'est en conséquence une chose très-rare que de voir dans les marchés de l'Orge qui ne soit pas très-bien nétoyée.

La conservation de l'Orge dans les greniers est beaucoup plus facile que celle du froment & du seigle, attendu qu'elle ne craint ni le charançon ni l'alucite, par suite de l'épaisseur de son enveloppe; seulement il faut la remuer fréquemment pendant les premiers mois, à l'effet de favoriser sa dessiccation; car cette dessiccation étant lente, elle seroit fort exposée à moisir si on ne prenoit pas cette précaution.

Un cultivateur actif & intelligent peut presque toujours, sur les terreins qui ont porté de l'Orge d'hiver, en leur donnant un léger labour, faire une seconde récolte de raves, de spergule, de sarrazin, de féves de marais, de vesce, de maïs pour fourage ou pour enterrer en vert; on peut aussi lui faire succéder une PRAIRIE TEMPORAIRE. *Voyez* ce mot.

Puisque l'Orge, surtout l'escourgeon, ainsi que je l'ai déjà observé, épuise beaucoup la terre, il est le plus souvent nécessaire de la faire suivre d'une culture améliorante, soit qu'elle soit de peu de durée, comme toutes celles que je viens de citer, soit qu'elle subsiste plusieurs années, comme la luzerne, le sainfoin & le trèfle.

Il est d'observation que l'Orge est susceptible d'une plus prompte altération dans sa saveur que le seigle & le froment; en conséquence il est bon de la consommer dans le courant de l'année qui suit celle de sa récolte. Ses emplois sont si nombreux, qu'on est rarement dans le cas de trouver de la difficulté à s'en défaire.

Comme je l'ai déjà annoncé plusieurs fois, tous les animaux domestiques, quadrupèdes ou volatiles, même les carpes, se nourrissent, même s'engraissent avec de l'Orge. Dans le Midi, il remplace l'avoine pour les chevaux; dans le Nord, il s'emploie à fabriquer la bière, dont l'usage est si général.

La consommation qui se fait de l'Orge partout pour l'engrais des bœufs, des cochons, des moutons, des dindons, des oies, des chapons, &c., est immense. Enfin, l'homme en tire parti pour sa subsistance dans un grand nombre de lieux, & sous plusieurs formes.

La farine d'Orge, même passée au tamis fin, a un aspect rougeâtre, peu agréable, est ce que l'on appelle *courte*, c'est-à-dire, manque de matière glutineuse. (*Voyez* GLUTEN) Elle demande, pour être réduite en pain, plus de levain & plus de travail que celle de seigle & de froment. C'est toujours un manger peu flatteur à l'œil, à l'odorat & au goût, que le pain d'Orge; il est lourd & d'une pénible digestion pour les estomacs délicats. Combien d'hommes sont cependant heureux d'en avoir!

L'Orge en farine est beaucoup plus propre à engraisser les bestiaux & les volailles que l'Orge en grain, parce qu'elle se digère plus promptement & plus complétement. Il seroit donc bon d'imiter partout les cultivateurs des pays où on l'emploie; elle est encore meilleure lorsqu'on la fait cuire dans l'eau, ou lorsqu'on la transforme en pain.

Si les riches dédaignent le pain d'Orge, ils recherchent, au moins quand ils sont malades, l'Orge en gruau, l'Orge mondée & l'Orge perlée.

On appelle *gruau d'Orge*, l'Orge concassée entre deux meules écartées de l'épaisseur d'un grain, & dont on sépare la fine farine d'un côté & le son de l'autre. On en fait des potages d'un goût fort agréable, des bouillies passables, & des tisanes rafraîchissantes fort employées en médecine. On peut fabriquer du gruau dans toutes sortes de moulins.

L'Orge mondée est de l'Orge dont on a simplement enlevé l'enveloppe & l'écorce, & arrondi les deux extrémités ; on en fait peu en France, où elle est remplacée avantageusement par l'Orge perlée. Voici les procédés qu'on suit en Saxe pour la fabriquer.

Trois ou quatre cents livres d'Orge sont mises à la fois dans la trémie six ou huit heures après avoir été mouillées le plus également possible.

Le moulin a des meules de trois pieds & demi de diamètre ; elles sont rayonnées de deux ou trois lignes de profondeur ; elles sont écartées juste de l'épaisseur du grain qu'on veut monder.

Les archures qui renferment les meules sont des tôles piquées en râpes : il y a trois pouces de distance de la râpe à la meule tournante.

Deux petits balais sont adaptés à la meule, afin de ramasser le grain qui se porte vers le pourtour.

Les grains mondés tombent dans un crible ou ventilateur, & toutes les pellicules qui s'y trouvent, sont rejetées en dehors.

Ces trois à quatre cents livres d'Orge en grain fournissent de deux cent cinquante à trois cinquante livres d'Orge mondée.

L'Orge perlée diffère de l'Orge mondée en ce que ses grains sont plus petits, demi transparens, & polis comme une perle. Le moulin avec lequel on la fabrique ne diffère pas essentiellement de celui qui vient d'être décrit : seulement ses meules sont de bois, plus profondément cannelées, & elles sont plus rapprochées ; les déchets sont par conséquent beaucoup plus considérables, mais ils ne sont pas perdus, puisqu'ils servent à la nourriture des hommes & des animaux. Comme n'offrant que le centre de chaque grain, l'Orge perlée est moins âcre que l'Orge mondée, & elle est par conséquent plus propre à être employée en forme de riz, soit au lait, soit au bouillon, soit autrement.

Je finis en rappelant que l'Orge est, de tous nos grains, le plus fructueux & le moins coûteux à cultiver, & que, quelqu'étendue qu'en soit la production, elle n'est pas, à beaucoup près, aussi considérable qu'il seroit à desirer qu'elle le fût pour l'avantage de la société.

Les seconde, troisième & quatrième espèces d'Orge se rapprochent beaucoup ; cependant elles diffèrent suffisamment pour être regardées comme distinctes.

La seconde, qui croît abondamment autour des villes & des villages, sur les murs, les décombres, le long des haies, des chemins, &c., est recherchée par tous les bestiaux lorsqu'elle est jeune, & en est dédaignée quand elle est montée en épi, à raison des crochets de ses barbes ; elle s'élève rarement à plus d'un pied. Il est de l'intérêt des cultivateurs de la détruire autant que possible, parce qu'elle tient la place d'un meilleur fourage ; mais il est rare qu'ils y pensent. C'est l'*Orge des rats*, la *queue d'anguille* de quelques cantons.

La troisième croît dans les prairies fraîches, & forme un des meilleurs fourages ; mais ses fannes sont trop peu abondantes, quoiqu'elle s'élève quelquefois à plus de trois pieds, pour qu'elle puisse être cultivée avec profit. (*Bosc.*)

ORGE PETITE : synonyme de CÉVADILLE.

ORGEOT : nom vulgaire de l'Orge des murs.

ORGIER : mélange d'orge, d'avoine, de pois, de féves, qu'on sème dans la ci-devant Franche-Comté. *Voyez* MÉLANGE.

ORI. On appelle ainsi l'huile dans le département du Var.

ORIBAN. *Oribasia.*

Nom donné par Gmelin aux plantes appelées NONATELIE par Aublet, & qui sont aujourd'hui partie des PSYCHOTRES. *Voyez* ce mot. (*Bosc.*)

ORIENTEMENT DES BATIMENS RURAUX. Un air sec & toujours renouvelé est nécessaire à la conservation de la santé des hommes & des animaux domestiques. Ainsi il est bon de disposer les bâtimens des cultivateurs de manière à ce qu'ils soient, 1°. le moins possible exposés aux vents du sud-ouest & de l'ouest, qui sont les pluvieux & les dominans dans la plus grande partie de la France (au nord de Lyon), ainsi qu'aux émanations des étangs & des marais ; 2°. qu'ils aient le moins d'ouverture possible du côté où viennent ces vents ou les miasmes de ces étangs & de ces marais. Que de cultivateurs, s'ils avoient pris ces précautions, seroient, chaque été, exempts de ces fièvres qui les empêchent de vaquer à leurs travaux pendant plusieurs mois ; qui leur occasionnent une dépense extraordinaire, & qui enfin causent leur mort !

Partout l'exposition de l'est & les ouvertures à l'est sont les plus saines pour l'homme : après elle, dans les climats septentrionaux, c'est celle du midi ; dans les méridionaux, c'est celle du nord. Un bâtiment rural qui a cette exposition jouit de plus de l'avantage de pouvoir être ouvert au nord pendant l'été & au midi pendant l'hiver.

Quant aux bâtimens destinés à l'habitation des grands animaux, l'exposition du nord, à moins qu'ils soient voisins des étangs & des marais, est partout celle qui doit être préférée ; tandis que ceux destinés aux petits, comme lapins, volailles, vers à soie, si on veut qu'ils prospèrent, ne peuvent être qu'en face de l'est ou du midi.

Il en est de même pour ceux destinés aux produits des récoltes : les chambres à blé, les greniers à foin, les laiteries, les fromageries seront ouvertes du côté du nord, & les serres à légumes du côté du midi.

C'est d'après ces principes qu'il faut que le propriétaire qui fait construire un manoir dispose ses bâtimens. Je n'entrerai dans aucun développement ultérieur, puisque les détails doivent se trouver dans le *Dictionnaire d'Architecture*. (*Bosc.*)

ORIGAN. *Origanum*.

Genre de plante de la didynamie gymnospermie & de la famille des *Labiées*, qui rassemble dix-sept espèces, dont une est fort commune dans certains bois, une autre fréquemment cultivée dans les jardins, une troisième célèbre par ses propriétés vraies ou supposées, & dont la plupart se cultivent dans les écoles de botanique. Il est figuré pl. 511 des *Illustrations des genres* de Lamarck.

Espèces.

1. L'Origan commun.
Origanum vulgare. Linn. ♃ Indigène.
2. L'Origan marjolaine.
Origanum majorana. Linn. ♃ Du midi de l'Europe.
3. L'Origan majoranoïde.
Origanum majoranoides. Willd. ♄ De.....
4. L'Origan dictame, vulgairement *dictame de Crète*.
Origanum dictamus. Linn. ♄ De Candie.
5. L'Origan d'Égypte.
Origanum ægyptiacum. Linn. ♃ De l'Égypte.
6. L'Origan sipylien.
Origanum sipyleum. Linn. ♄ De l'Orient.
7. L'Origan de Crète.
Origanum creticum. Linn. ♃ Du midi de l'Europe.
8. L'Origan précoce.
Origanum heracleoticum. Linn. ♃ De l'Europe méridionale.
9. L'Origan de Smyrne.
Origanum smyrneum. Linn. ♃ De l'Orient.
10. L'Origan d'Amorgos.
Origanum Tournefortii. Ait. ♄ De l'île d'Amorgos.
11. L'Origan onite.
Origanum onites. Linn. ♄ De la Sicile.
12. L'Origan cilié.
Origanum ciliatum. Willd. De la Guinée.
13. L'Origan du Bengale.
Origanum benghalense. Burm. De l'Inde.
14. L'Origan glanduleux.
Origanum glandulosum. Desf. ♃ De la Barbarie.
15. L'Origan de Syrie.
Origanum siriacum. Linn. De l'Orient.
16. L'Origan roide.
Origanum maru. Linn. ♃ De Candie.
17. L'Origan pâle.
Origanum pallidum. Desf. ♃ De la Barbarie.

Culture.

La première espèce est très-abondante sur les montagnes sèches & chaudes de toute la France, surtout sur celles qui sont calcaires. Les bestiaux, excepté les vaches, la mangent sans la rechercher, surtout quand elle est jeune. Toutes ses parties sont odorantes, & s'emploient en médecine comme apéritives, cordiales & détersives. Employées en guise de houblon, elles donnent un bon goût à la bière & s'opposent à son altération. Elle est assez jolie, lorsqu'elle est en fleur, pour mériter d'être placée dans les jardins paysagers, au bord des massifs, autour des buissons; elle est connue des jardiniers sous le nom de *marjolaine d'Angleterre*. On la multiplie par le semis de ses graines & le déchirement de ses vieux pieds. Une fois mise en place, si le terrein lui convient, elle ne demande plus de soins.

La seconde espèce se cultive fréquemment, à raison de son excellente odeur; mais elle exige l'orangerie dans le climat de Paris, & elle est sujète à périr lorsqu'elle y a trop d'humidité. Il lui faut une terre légère & peu d'arrosemens. On la multiplie par graines, par déchirement des vieux pieds & par boutures: ces dernières se font au printems, dans des pots qu'on place sur couche & sous châssis; elles reprennent si aisément, que c'est le moyen de reproduction le plus usité.

La troisième se confond avec la précédente, & n'en n'est peut-être qu'une variété: elle se cultive de même.

La quatrième a été célèbre dans l'antiquité à raison de ses vertus, & on a encore dans son pays natal, & même en Europe, une grande confiance en son usage. Elle n'a probablement de supériorité, comparativement à beaucoup d'autres labiées, qu'une saveur & une odeur plus agréables. L'infusion de ses feuilles, en guise de thé, est en effet très-flatteuse. Elle se cultive & se multiplie comme la marjolaine; seulement elle est plus difficile à conserver dans les orangeries, où elle demande à être placée près des jours & dans les lieux les plus secs.

Les cinquième, sixième, septième, huitième, neuvième, dixième, seizième se cultivent encore dans nos écoles de botanique, & positivement comme les précédentes. Il est bon d'en faire quelques nouveaux pieds tous les ans pour remplacer ceux qui meurent subitement pendant l'hiver, quelques précautions qu'on prenne. (*Bosc.*)

ORILLETTES. On appelle ainsi la mâche dans quelques cantons.

ORISEL: nom donné dans les Canaries à une espèce de Genet.

ORIXA. *Orixa*.

Arbrisseau du Japon, qui, selon Thunberg, forme seul un genre dans la tétrandrie monogynie, & qui n'est pas encore cultivé dans nos jardins. (*Bosc.*)

ORME. *Ulmus.*

Genre de plante de la pentandrie digynie & de la famille des *Amentacées*, qui réunit une douzaine d'espèces d'arbres, dont un est un article de grande importance dans nos cultures & notre économie rurale, & dont plusieurs autres se cultivent dans nos jardins. Il en sera question, avec tous les détails convenables, dans le *Dictionnaire des Arbres & Arbustes.*

ORME POLYGAME. *Voyez* PLANÈRE.

ORNEMENT. Nos pères ne trouvoient beaux que les jardins surchargés d'Ornemens étrangers à leur but; aujourd'hui, par le retour à la nature, on les en repousse complétement.

Les véritables Ornemens des jardins sont en effet des arbres, des plantes, des gazons, des allées, des eaux dormantes ou courantes, cependant ménagés & placés avec goût : les objets d'arts peuvent certainement y entrer avec avantage. *Voyez* JARDIN. (*Bosc.*)

ORNITHOGALE. *Ornithogalum.*

Genre de plante de l'hexandrie monogynie & de la famille des *Liliacées*, dans lequel se trouvent réunies une cinquantaine d'espèces, dont quelques-unes se cultivent dans nos parterres, & un plus grand nombre dans nos écoles de botanique. Il est figuré pl. 242 des *Illustrations des genres* de Lamarck.

Espèces.

1. L'ORNITHOGALE jaune.
Ornithogalum luteum. Linn. ♃ Indigène.

2. L'ORNITHOGALE uniflore.
Ornithogalum uniflorum. Linn. ♃ De la Sibérie.

3. L'ORNITHOGALE bulbifère.
Ornithogalum bulbiferum. Linn. ♃ De la Sibérie.

4. L'ORNITHOGALE réticulé.
Ornithogalum reticulatum. Pall. ♃ De la Sibérie.

5. L'ORNITHOGALE des Pyrénées.
Ornithogalum pyrenaicum. Linn. ♃ Indigène.

6. L'ORNITHOGALE à épis serrés.
Ornithogalum stachyoides. Ait. ♃ Du midi de la France.

7. L'ORNITHOGALE de Narbonne.
Ornithogalum narbonense. Linn. ♃ Du midi de l'Europe.

8. L'ORNITHOGALE pyramidal, vulgairement *épi-de-lait.*
Ornithogalum pyramidale. Linn. ♃ Du midi de l'Europe.

9. L'ORNITHOGALE chevelu.
Ornithogalum comosum. Linn. ♃ De.....

10. L'ORNITHOGALE à longues bractées.
Ornithogalum longibracteatum. Jacq. ♃ De.....

11. L'ORNITHOGALE à larges feuilles.
Ornithogalum latifolium. Linn. ♃ De l'Arabie.

12. L'ORNITHOGALE strié.
Ornithogalum striatum. Willd. ♃ De la Sibérie.

13. L'ORNITHOGALE spathacé.
Ornithogalum spathaceum. Willd. ♃ Du nord de l'Europe.

14. L'ORNITHOGALE de Bohême.
Ornithogalum bohemicum. Willd. ♃ Du nord de l'Allemagne.

15. L'ORNITHOGALE circinate.
Ornithogalum circinatum. Linn. ♃ De la Sibérie.

16. L'ORNITHOGALE paradoxal.
Ornithogalum paradoxum. Jacq. Du Cap de Bonne-Espérance.

17. L'ORNITHOGALE blanc.
Ornithogalum niveum. Ait. ♃ Du Cap de Bonne-Espérance.

18. L'ORNITHOGALE conique.
Ornithogalum conicum. Jacq. ♃ Du Cap de Bonne-Espérance.

19. L'ORNITHOGALE odorant.
Ornithogalum suaveolens. Jacq. ♃ Du Cap de Bonne-Espérance.

20. L'ORNITHOGALE fluet.
Ornithogalum tenellum. Jacq. ♃ Du Cap de Bonne-Espérance.

21. L'ORNITHOGALE maculé.
Ornithogalum maculatum. Jacq. ♃ Du Cap de Bonne-Espérance.

22. L'ORNITHOGALE ombellé, vulgairement *dame-de-onze-heures.*
Ornithogalum umbellatum. Linn. ♃ Indigène.

23. L'ORNITHOGALE jaunâtre.
Ornithogalum flavescens. Jacq. Du Cap de Bonne-Espérance.

24. L'ORNITHOGALE thyrsoïde.
Ornithogalum thyrsoides. Jacq. ♃ Du Cap de Bonne-Espérance.

25. L'ORNITHOGALE d'Arabie.
Ornithogalum arabicum. Linn. ♃ De la Barbarie.

26. L'ORNITHOGALE penché.
Ornithogalum nutans. Linn. ♃ Du midi de l'Europe.

27. L'ORNITHOGALE du Cap.
Ornithogalum capense. Lam. ♃ Du Cap de Bonne-Espérance.

28. L'ORNITHOGALE ovale.
Ornithogalum ovatum. Thunb. ♃ du Cap de Bonne-Espérance.

29. L'ORNITHOGALE lacté.
Ornithogalum lacteum. Jacq. ♃ Du Cap de Bonne-Espérance.

30. L'ORNITHOGALE cilié.
Ornithogalum ciliatum. Linn. ♃ Du Cap de Bonne-Espérance.

31. L'ORNITHOGALE crénelé.
Ornithogalum crenatum. Linn. ♃ Du Cap de Bonne-Espérance.

32. L'Ornithogale velu.
Ornithogalum pilosum. Linn. ♃ Du Cap de Bonne-Espérance.

33. L'Ornithogale à pétales recourbés.
Ornithogalum revolutum. Jacq. ♃ Du Cap de Bonne-Espérance.

34. L'Ornithogale gigantesque.
Ornithogalum altissimum. Linn. ♃ Du Cap de Bonne-Espérance.

35. L'Ornithogale scilloïde.
Ornithogalum scilloides. Jacq. ♃ Du Cap de Bonne-Espérance.

36. L'Ornithogale du Japon.
Ornithogalum japonicum. Thunb. ♃ Du Japon.

37. L'Ornithogale odorant.
Ornithogalum odoratum. Jacq. ♃ Du Cap de Bonne-Espérance.

38. L'Ornithogale suave.
Ornithogalum suaveolens. Jacq. ♃ Du Cap de Bonne-Espérance.

39. L'Ornithogale unilatéral.
Ornithogalum secundum. Jacq. ♃ Du Cap de Bonne-Espérance.

40. L'Ornithogale brunâtre.
Ornithogalum fuscatum. Jacq. ♃ Du Cap de Bonne-Espérance.

41. L'Ornithogale barbu.
Ornithogalum barbatum. Jacq. ♃ Du Cap de Bonne-Espérance.

42. L'Ornithogale polyphylle.
Ornithogalum polyphyllum. Jacq. ♃ Du Cap de Bonne-Espérance.

43. L'Ornithogale à feuilles de jonc.
Ornithogalum juncifolium. Jacq. ♃ Du Cap de Bonne-Espérance.

44. L'Ornithogale rupestre.
Ornithogalum rupestre. Linn. ♃ Du Cap de Bonne-Espérance.

45. L'Ornithogale doré.
Ornithogalum aureum. Curt. ♃ Du Cap de Bonne-Espérance.

46. L'Ornithogale resserré.
Ornithogalum coarctatum. Jacq. ♃ Du Cap de Bonne-Espérance.

47. L'Ornithogale à long épi.
Ornithogalum caudatum. Jacq. ♃ Du Cap de Bonne-Espérance.

48. L'Ornithogale fibreux.
Ornithogalum fibrosum. Desf. ♃ De la Barbarie.

49. L'Ornithogale de Buénos-Ayres.
Ornithogalum bonariense. Pers. ♃ De l'Amérique méridionale.

50. L'Ornithogale frangé.
Ornithogalum fimbriatum. Willd. ♃ De la Sibérie.

Culture.

L'Ornithogale jaune croît dans les champs; mais il n'est nulle part assez abondant pour nuire aux récoltes. Sa destruction est difficile, à raison de la profondeur qu'atteint son oignon, profondeur souvent au-dessous du trait de la charue. Il se voit aussi fréquemment dans les allées des jardins, d'où on ne peut le faire disparoître qu'en fouillant à la bêche son oignon, qui est bon à manger. Une fois mis en place dans les écoles de botanique, il ne demande plus d'autres soins que des binages de propreté. On le multiplie de graines qui se sèment au printems & en place.

Les Ornithogales des Pyrénées & à épi serré diffèrent si peu, que quelques botanistes ne les considèrent que comme des variétés. Quoiqu'inférieurs en beauté aux espèces suivantes, ils peuvent être introduits avec avantage sous les massifs des jardins paysagers, parce qu'ils ont la propriété de croître & de fleurir à l'ombre. C'est de graines qu'on doit principalement les multiplier, leurs caïeux étant rares & difficiles à enlever, vu la profondeur où ils se trouvent.

Les Ornithogales de Narbonne & pyramidal se rapprochent infiniment, & se cultivent quelquefois dans les parterres & dans les jardins paysagers: ce sont des espèces fort élégantes, mais qui ont l'inconvénient de perdre leurs feuilles avant de fleurir. On les multiplie de graines ou de caïeux, dont elles donnent peu.

L'Ornithogale ombellé est le plus cultivé de tous: on le voit surtout fréquemment dans les parterres. Sa multiplication a lieu presqu'exclusivement par la séparation de ses caïeux, dont il donne davantage que les espèces précédentes, & qu'il est avantageux de laisser se fortifier. Ce n'est, en conséquence, que tous les deux ou trois ans qu'il convient de lever les vieux pieds; ceux de ces pieds qui ont plusieurs tiges font d'ailleurs plus d'effet que ceux qui n'en n'offrent qu'une seule.

Une terre légère, sèche & chaude, est celle dans laquelle cette espèce fait le plus de progrès. Les seuls soins annuels qu'elle demande, sont deux ou trois binages de propreté, & l'enlèvement des tiges après la floraison. Ses oignons sont très-bons à manger cuits avec des viandes ou autrement, & il peut se trouver des circonstances où il soit utile de profiter de la ressource qu'ils offrent.

Les autres espèces d'Ornithogales que nous possédons ne se voient que dans les écoles de botanique ou dans les collections de plantes étrangères; ce sont celles indiquées sous les n°s. 10, 11, 24, 25, 26, 27, 34, 35, 41, 45, 46, 47: toutes exigent la terre de bruyère & l'orangerie pendant l'hiver. Plusieurs d'entr'elles ne sont point bulbeuses. On les multiplie, 1°. de graines semées au printems, dans des pots, sur couche & sous châssis; 2°. par séparation de caïeux ou de déchiremens de vieux pieds faits à la même époque; 3°. de boutures également faites à la même époque. Peu sont aussi remarquables que celles de pleine terre. On doit, pendant l'hiver, avoir soin de les tenir le plus près des jours & de les arroser le moins possible. (*Bosc.*)

ORNITHOPE. *Ornithopus.*

Genre de plante de la diadelphie décandrie & de la famille des *Légumineuses*, contenant huit espèces, dont trois se cultivent dans les écoles de botanique. Il est figuré pl. 631 des *Illustrations des genres* de Lamarck.

Espèces.

1. L'ORNITHOPE pied-d'oiseau.
Ornithopus perpusillus. Linn. ⊙ Indigène.
2. L'ORNITHOPE comprimée.
Ornithopus compressus. Linn. ⊙ Du midi de l'Europe.
3. L'ORNITHOPE scorpioïde.
Ornithopus scorpioides. Linn. ⊙ Du midi de l'Europe.
4. L'ORNITHOPE dure.
Ornithopus durus. Pav. ♃ De l'Espagne.
5. L'ORNITHOPE sans bractée.
Ornithopus ebracteatus. Brot. ⊙ Du midi de l'Europe.
6. L'ORNITHOPE sinuée.
Ornithopus repandus. Poiret. ⊙ Du midi de l'Europe.
7. L'ORNITHOPE à quatre feuilles.
Ornithopus tetraphyllus. Linn. De la Jamaïque.
8. L'ORNITHOPE rouge.
Ornithopus ruber. Lour. De la Cochinchine.

Culture.

La première espèce croît naturellement dans les sables les plus arides; la forme de son fruit, semblable à un pied d'oiseau, la fait remarquer. Tous les bestiaux, & surtout les moutons, l'aiment beaucoup. On la cultive dans les écoles de botanique, & on l'y sème en place au printems; les seuls soins qu'elle y demande, sont d'être éclaircie & sarclée.

Les deux espèces suivantes, quoiqu'originaires de climats plus chauds, se contentent de la même culture.

On dit que la seconde, ou mieux ses variétés, se cultive en Portugal pour ses semences, qui se mangent. Comme je n'ai aucun renseignement sur le mode de la culture, je me contenterai d'observer qu'il doit différer bien peu de celui des lentilles. Au reste, la petitesse de ces semences ne permet pas de croire qu'il soit à regretter qu'on n'en fasse pas usage en France comme aliment, soit pour l'homme, soit pour les animaux. (*Bosc.*)

ORNITHOPODE : nom spécifique d'un LOTIER. *Voyez* ce mot.

ORNITROPHE. *Ornitrophe.*

Genre de plante de l'octandrie monogynie & de la famille des *Saponacées*, dans lequel se trouvent réunies huit espèces, dont une ou deux se cultivent dans nos serres. Il est figuré pl. 309 des *Illustrations des genres* de Lamarck.

Observations.

Ce genre a été confondu avec l'ALOPHYLLE & la SCHMIDELIE. *Voyez* ces mots.

Espèces.

1. L'ORNITROPHE à grappes.
Ornitrophe occidentalis. Willd. ♄ De Saint-Domingue.
2. L'ORNITROPHE cobbé.
Ornitrophe cobbe. Willd. ♄ De Ceylan.
3. L'ORNITROPHE à feuilles entières.
Ornitrophe integrifolia. Willd. ♄ De l'Ile-Bourbon.
4. L'ORNITROPHE à feuilles dentées.
Ornitrophe serrata. Roxb. ♄ Des Indes.
5. L'ORNITROPHE cominia.
Ornitrophe cominia. Willd. ♄ De la Jamaïque.
6. L'ORNITROPHE occidental.
Ornitrophe occidentalis. Willd. ♄ De Saint-Domingue.
7. L'ORNITROPHE roide.
Ornitrophe rigida. Willd. ♄ De Saint-Domingue.
8. L'ORNITROPHE de Schmidel.
Ornitrophe schmidelia. Pers. ♄ Des Indes.

Culture.

La première espèce est la seule qui se trouve dans les serres du Jardin du Muséum; elle demande une terre substantielle, & plutôt une température égale qu'une température élevée. On la multiplie de boutures faites au printems, dans des pots, sur couche à châssis, boutures qui s'enracinent très-rapidement.

On voit encore quelquefois la seconde dans les collections des amateurs. Sa culture ne diffère pas de celle de la précédente. (*Bosc.*)

OROBANCHE. *Orobanche.*

Genre de plante de la didynamie angiospermie & de la famille des *Personnées*, renfermant vingt-quatre espèces, toutes parasites des racines des arbres ou des herbes, & dont au moins une nuit souvent aux cultures. Il est figuré pl. 551 des *Illustrations des genres* de Lamarck.

Espèces.

1. L'Orobanche majeure.
Orobanche major. Linn. ♃ Indigène.
2. L'Orobanche commune.
Orobanche vulgaris. Lam. ♃ Indigène.
3. L'Orobanche barbue.
Orobanche barbata. Lam. ♃ De l'Espagne.
4. L'Orobanche fétide.
Orobanche fœtida. Poiret. ♃ De la Barbarie.
5. L'Orobanche bleue.
Orobanche lævis. Linn. ♃ Indigène.
6. L'Orobanche d'Amérique.
Orobanche americana. Linn. ♃ De l'Amérique septentrionale.
7. L'Orobanche des teinturiers.
Orobanche tinctoria. Forsk. ♃ De l'Arabie.
8. L'Orobanche penchée.
Orobanche cernua. Linn. ♃ De l'Espagne.
9. L'Orobanche crénelée.
Orobanche crenata. Forst. ♄ De l'Égypte.
10. L'Orobanche rameuse.
Orobanche ramosa. Linn. ♃ Indigène.
11. L'Orobanche de Virginie.
Orobanche virginiana. Linn. ♃ De l'Amérique septentrionale.
12. L'Orobanche uniflore.
Orobanche uniflora. Linn. ♃ De l'Amérique septentrionale.
13. L'Orobanche œiller.
Orobanche caryophyllata. Smith. ♃ Indigène.
14. L'Orobanche bleuâtre.
Orobanche cærulescens. Steph. ♃ De la Sibérie.
15. L'Orobanche très-élevée.
Orobanche elatior. Sult. ♃ De l'Angleterre.
16. L'Orobanche pourpre.
Orobanche purpurea. Linn. ♃ Du Cap de Bonne-Espérance.
17. L'Orobanche petite.
Orobanche minor. Sult. ♃ De l'Angleterre.
18. L'Orobanche blanche.
Orobanche alba. Steph. ♃ De la Sibérie.
19. L'Orobanche grêle.
Orobanche gracilis. Smith. ♃ Des environs de Gênes.
20. L'Orobanche écarlate.
Orobanche coccinea. Linn. ♃ De la Sibérie.
21. L'Orobanche violette.
Orobanche phelypæa. Willd. ♃ De la Sibérie.
22. L'Orobanche du Cap.
Orobanche capensis. Thunb. ♃ Du Cap de Bonne-Espérance.
23. L'Orobanche écailleuse.
Orobanche squammosa. Thunb. ♃ Du Cap de Bonne-Espérance.
24. L'Orobanche à longues fleurs.
Orobanche longiflora. Perf. ♃ Du Cap de Bonne-Espérance.

Culture.

Toutes ces espèces vivent aux dépens des racines, sur lesquelles elles croissent & les font périr; mais comme toutes celles d'Europe, à deux près, sont rares & s'attachent aux arbres ou arbustes, leurs dommages sont peu sensibles.

Celle que j'excepte, qui, en Italie surtout, nuit beaucoup à la culture des féves, au rapport de Decandolle, est la dixième, qui croît principalement sur les racines du chanvre, à la récolte duquel elle s'oppose quelquefois par son abondance. J'ai fréquemment observé cette dernière, & je me suis assuré que le seul moyen certain de la détruire étoit de l'arracher à la main avant la maturité de ses graines, pendant trois à quatre années consécutives, au risque de perdre une certaine quantité de pieds de chanvre, parce qu'elle ne se multiplie que par graines, & que ses graines se conservent long-tems dans la terre sans germer, soit parce qu'elles sont trop profondément enterrées, soit parce qu'elles ne trouvent pas à leur portée des racines sur lesquelles elles puissent s'implanter.

Il est probable que c'est la même espèce que M. François de Neufchâteau accuse de causer tant de dommages dans les trèfles du département de l'Escaut.

J'observerai à cette occasion que tous les botanistes mettent les Orobanches au nombre des plantes vivaces; beaucoup d'observations faites par moi, en France & en Amérique, me portent à croire qu'elles sont annuelles.

On ne cultive aucune Orobanche dans les écoles de botanique; il semble cependant qu'on pourroit y introduire les indigènes.

On mange les tiges des Orobanches en guise d'asperges dans quelques cantons de l'Italie: il paroît que les bestiaux n'y touchent pas. (*Bosc.*)

OROBE. *Orobus.*

Genre de plante de la diadelphie décandrie & de la famille des *Légumineuses*, qui réunit dix-huit espèces, toutes susceptibles d'intéresser les cultivateurs sous quelques rapports, principalement comme éminemment propres à la nourriture des bestiaux, & dont la plupart se cultivent dans nos écoles de botanique. Il est figuré pl. 633 des *Illustrations des genres* de Lamarck.

Espèces.

1. L'Orobe à larges feuilles.
Orobus lathyroides. Linn. ♃ De la Sibérie.
2. L'Orobe velu.
Orobus hirsutus. Linn. ♃ De l'est de l'Europe.
3. L'Orobe à feuilles étroites.
Orobus angustifolius. Linn. ♃ De la Sibérie.

4. L'OROBE à deux couleurs.
Orobus varius. Curt. ♃ De l'Italie.
5. L'OROBE des Pyrénées.
Orobus pyrenaïcus. Linn. ♃ Du midi de la France.
6. L'OROBE noir.
Orobus niger. Linn. ♃ Indigène.
7. L'OROBE jaune.
Orobus luteus. Linn. ♃ Du midi de la France.
8. L'OROBE printanier.
Orobus vernus. Linn. ♃ Du midi de l'Europe.
9. L'OROBE tubéreux.
Orobus tuberosus. Linn. ♃ Indigène.
10. L'OROBE droit.
Orobus erectus. Lam. ♃ Du.....
11. L'OROBE des bois.
Orobus sylvaticus. Linn. ♃ Indigène.
12. L'OROBE fauve.
Orobus ochroleucus. Waldst. ♃ De l'est de l'Europe.
13. L'OROBE noir-pourpre.
Orobus atropurpureus. Desf. ♃ De la Barbarie.
14. L'OROBE blanchâtre.
Orobus canescens. Linn. ♃ Du midi de l'Europe.
15. L'OROBE blanc.
Orobus albus. Linn. ♃ De la Sibérie.
16. L'OROBE des rochers.
Orobus saxatilis. Vent. ♃ Du midi de la France.
17. L'OROBE alpestre.
Orobus alpestris. Waldst. ♃ De l'est de l'Europe.
18. L'OROBE frutescent.
Orobus fruticosus. Ruiz & Pav. ♄ Du Pérou.

Culture.

Parmi ces espèces, dix se cultivent dans nos écoles de botanique, & parmi elles quatre sont assez agréables pour orner nos parterres & nos jardins paysagers; ce sont les 4e., 6e., 8e., 9e. Toutes demandent une terre plutôt forte que légère, plutôt humide que sèche : un peu d'ombre leur est en général favorable. On les sème en place, & lorsqu'elles sont levées, on ne leur donne d'autres soins que des binages de propreté. Non-seulement la précocité de la floraison de la huitième la rend très-intéressante aux yeux des amateurs, mais encore la bonté de ses semences, ce qui devroit lui mériter une culture plus étendue.

Les espèces nos. 1, 3, 6, 7, 9, 11 & 15 se voient aussi dans nos jardins, & se cultivent comme les précédentes.

L'espèce 18e. exige la serre chaude. On la multiplie de graines.

En général, toutes les semences des Orobes sont dans le cas d'être mangées; mais il ne peut être avantageux de les cultiver sous ce rapport, à raison de leur peu d'abondance. Leurs tiges sont fort du goût des bestiaux; mais nulle part, à ma connoissance, on ne les cultive plus pour leur nourriture, probablement parce qu'elles fournissent moins de fourrage que les vesces & les gesses. Je crois cependant que l'espèce printanière est dans le cas d'être cultivée, même cet inconvénient existant, car l'avantage d'un fourrage frais à la fin de l'hiver est tel, dans certains cas, qu'il semble qu'on ne doit pas calculer le prix auquel il revient. J'invite les cultivateurs à prendre cette observation en considération spéciale.

Les racines de la neuvième espèce sont à peine grosses comme des noisettes, peu nombreuses sur chaque pied, & difficiles à se procurer, parce qu'elles sont toujours à une certaine distance de la tige : ainsi il n'est pas possible d'espérer en tirer parti pour la nourriture des hommes & des animaux; cependant je dois les signaler comme d'un excellent goût, soit crues, soit cuites, en ayant plusieurs fois fait mon déjeûner pendant la disette & ma retraite dans la forêt de Montmorency. (*Bosc.*)

ORONCE. *Orontium.*

Genre de plante de l'hexandrie monogynie, dans lequel se trouvent rangées deux espèces, dont une est figurée pl. 251 des *Illustrations des genres* de Lamarck.

Espèces.

1. L'ORONCE aquatique.
Orontium aquaticum. Linn. ♃ De la Caroline.
2. L'ORONCE du Japon.
Orontium japonicum. Thunb. ♃ Du Japon.

Culture.

J'ai observé de grandes quantités de la première de ces espèces dans les eaux bourbeuses de la Caroline, où elle fleurit au premier printems. Ses graines germent dans leurs follicules, & ne tombent dans l'eau que lorsque leur radicule a acquis deux ou trois lignes de longueur. Cette circonstance donne lieu de croire qu'il sera impossible d'introduire les Oronces dans nos jardins par l'envoi de leurs graines; qu'ainsi ce sont ses racines que doivent envoyer les voyageurs jaloux d'en enrichir nos cultures. (*Bosc.*)

ORONGE : nom de deux espèces de champignons, du genre des bolets, dont la couleur est écarlate : l'un est un manger délicieux, & l'autre un poison très-actif. *Voyez* CHAMPIGNON.

ORPIN. *Sedum.*

Genre de plante de la décandrie pentagynie & de la famille des *Succulentes*, dans lequel on a réuni quarante-une espèces, dont la plupart sont indigènes à l'Europe & se cultivent dans nos écoles de botanique. Il est figuré pl. 390 des *Illustrations des genres* de Lamarck.

Observations.

La RHODIOLE ROSE a été réunie à ce genre par plusieurs botanistes ; mais j'en traiterai particuliérement.

Espèces.

Orpins à feuilles planes.

1. L'ORPIN verticillé.
Sedum verticillatum. Linn. ♄ De la Sibérie.
2. L'ORPIN reprise.
Sedum telephium. Linn. ♄ Indigène.
3. L'ORPIN à feuilles rondes.
Sedum anacampseros. Linn. ♃ Du midi de l'Europe.
4. L'ORPIN à feuilles de peuplier.
Sedum populifolium. Linn. ♃ De la Sibérie.
5. L'ORPIN à fleurs jaunes.
Sedum aizoon. Linn. ♄ De la Sibérie.
6. L'ORPIN hybride.
Sedum hybridum. Linn. ♄ De la Sibérie.
7. L'ORPIN divariqué.
Sedum divaricatum. Ait. ♄ De Madère.
8. L'ORPIN étoilé.
Sedum stellatum. Linn. ☉ Du midi de l'Europe.
9. L'ORPIN paniculé.
Sedum cepæa. Linn. ☉ Indigène.
10. L'ORPIN du Liban.
Sedum libanoticum. Linn. ♃ De l'Orient.
11. L'ORPIN à feuilles de morgeline.
Sedum alsinefolium. Allioni. ♂ Du Piémont.
12. L'ORPIN à sept pétales.
Sedum heptapetalum. Poiret. De la Barbarie.
13. L'ORPIN théléphioïde.
Sedum thelephioides. Mich. De l'Amérique septentrionale.
14. L'ORPIN à feuilles ternées.
Sedum ternatum. Mich. De l'Amérique septentrionale.
15. L'ORPIN aizoïde.
Sedum aizoides. Lam. ♄ Des Canaries.

Orpins à feuilles cylindriques.

16. L'ORPIN glauque.
Sedum dasiphyllum. Linn. ☉ Du midi de l'Europe.
17. L'ORPIN réfléchi, vulgairement *trique-madame.*
Sedum reflexum. Linn. ♃ Indigène.
18. L'ORPIN verdâtre.
Sedum virescens. Ait. ♃ Du Portugal.
19. L'ORPIN des rochers.
Sedum rupestre. Linn. ☉ Des montagnes élevées de l'Europe.
20. L'ORPIN d'Espagne.
Sedum hispanicum. Linn ♃ Du midi de l'Europe.
21. L'ORPIN à fleurs blanches.
Sedum album. Linn. ♃ Indigène.
22. L'ORPIN bleu.
Sedum cæruleum. Vahl. De la Barbarie.
23. L'ORPIN brûlant.
Sedum acre. Linn. ♃ Indigène.
24. L'ORPIN à six angles.
Sedum sexangulare. Linn. ♃ Des Alpes.
25. L'ORPIN anglais.
Sedum anglicum. Hudſ. ♃ De l'Angleterre.
26. L'ORPIN annuel.
Sedum annuum. Linn. ☉ Du nord de l'Europe.
27. L'ORPIN pubescent.
Sedum pubescens. Vahl. De la Barbarie.
28. L'ORPIN velu.
Sedum villosum. Linn. ☉ Des Alpes.
29. L'ORPIN hispide.
Sedum hispidum. Lam. Du midi de la France.
30. L'ORPIN hérissé.
Sedum hirsutum. Allioni. Des Alpes.
31. L'ORPIN quadrifide.
Sedum quadrifidum. Pall. De la Sibérie.
32. L'ORPIN linéaire.
Sedum lineare. Thunb. Du Japon.
33. L'ORPIN de Nice.
Sedum nicæense. Allioni. ☉ Des Alpes.
34. L'ORPIN panaché.
Sedum atratum. Linn. ☉ Des Alpes.
35. L'ORPIN élevé.
Sedum altissimum. Lam. Des Alpes.
36. L'ORPIN agréable.
Sedum pulchellum. Mich. De l'Amérique septentrionale.
37. L'ORPIN ariste.
Sedum aristatum. Vill. Des Alpes.
38. L'ORPIN de Monrégale.
Sedum monregalense. Balb. Des Alpes.
39. L'ORPIN petit.
Sedum pusillum. Mich. De l'Amérique septentrionale.
40. L'ORPIN nu.
Sedum nudum. Ait. ♄ De Madère.
41. L'ORPIN à feuilles en croix.
Sedum cruciatum. Desf. ♃ De.....

Culture.

La moitié de ces espèces se cultivent dans nos écoles de botanique ; ce sont les 1re., 2e., 3e., 4e., 5e., 6e., 8e., 9e., 11e., 16e., 17e., 18e., 19e., 20e., 21e., 23e., 25e., 26e., 28e., 40e. & 41e., parmi lesquelles il n'y a que les 11e., 20e. & 40e. qui soient d'orangerie ; toutes les autres s'y sèment en place, & n'y demandent d'autres soins que des sarclages de propreté : celles d'orangerie se tiennent en pots remplis de terre de bruyère épuisée, & se placent, pendant l'hiver, dans la partie la plus sèche & la plus éclairée de l'orangerie ; car elles craignent beaucoup l'humidité & le défaut de lumière. On les multiplie par graines, par déchirement des vieux pieds, &, surtout la dernière, par boutures qui se font au printems, dans des pots, sur couche & sous châssis.

La seconde espèce est une assez belle plante pour mériter d'être cultivée dans les parterres & dans les jardins paysagers ; elle offre deux ou trois variétés de grandeur & de couleur. C'est sur les rochers, contre les murs des fabriques, au bord des allées, qu'il convient de la placer. Sa racine est un peu acide & se mange. Ses feuilles sont employées en médecine. Tous les bestiaux les recherchent, & dans quelques endroits on les récolte soigneusement pour les cochons.

Il est plusieurs des espèces indigènes de la seconde division, principalement la 17e. & la 23e, qui croissent naturellement dans les gazons des jardins paysagers, en fond sec & aride, & elles s'y font remarquer, la dernière plus que la première, lorsqu'elles sont en fleurs. Il peut donc être bon quelquefois de les y introduire. Elle concourt, par son abondance & sa rapide multiplication, à l'amélioration des terreins arides & abandonnés, & sous ce rapport elle rend un service important aux cultivateurs. Je ne conseillerai cependant pas de la semer comme plante améliorante ; car il en est beaucoup d'autres qui sont dans le cas de lui être préférées à raison de leur grandeur. *Voyez* RÉCOTTES ENTERRÉES POUR ENGRAIS. (*Bosc.*)

ORSEILLE. On appelle ainsi, dans le commerce, une pâte faite, ou avec le LICHEN PARELLE, ou avec le LICHEN ROCCELLE, laquelle sert à la teinture des étoffes, des papiers, des liqueurs, &c. *Voyez* LICHEN.

L'Orseille donne les diverses nuances du pourpre & du violet, mais elles ne sont nullement solides. On s'en sert peu depuis quelques années, parce que l'art se perfectionne, & qu'on peut obtenir la même couleur, & au même prix, du bois d'inde & autres ingrédiens. (*Bosc.*)

ORTÉGIE. *Ortegia.*

Genre de plante de la triandrie monogynie & de la famille des *Caryophyllées*, qui renferme deux espèces, qu'on cultive dans les écoles de botanique. Il est figuré pl. 29 des *Illustrations des genres* de Lamarck.

Espèces.

1. L'ORTÉGIE d'Espagne.
Ortegia hispanica. Linn. ♃ Du midi de l'Europe.

2. L'ORTÉGIE dichotome.
Ortegia dichotoma. Allioni. ♃ Du midi de l'Europe.

Culture.

Ces deux plantes sont sans utilité & sans agrément. On les sème en place dans les écoles de botanique ; mais comme elles sont dans le cas de périr dans les hivers dont le froid est extraordinaire, on a soin d'en tenir quelques pieds en pots, qu'on rentre dans l'orangerie pour parer aux événemens. Elles aiment une terre légère, sèche & chaude. On les multiplie de graines qu'on sème dans des pots, sur couche nue, & dont on repique les produits lorsqu'ils ont acquis une certaine force, & par déchirement des vieux pieds, déchirement qui s'effectue au printems. (*Bosc.*)

ORTIE. *Urtica.*

Genre de plante de la monoécie tétrandrie & de la famille de son nom, dans lequel se réunissent quatre-vingt-dix espèces, dont deux sont extrêmement communes dans nos climats, & dont une douzaine se cultivent dans nos jardins. Plusieurs peuvent être employées à la nourriture des bestiaux & à suppléer le chanvre pour la confection des toiles. Il est figuré pl. 761 des *Illustrations des genres* de Lamarck.

Observations.

Plusieurs espèces de ce genre lui ont été enlevées pour former le genre BOEHMÈRE ; mais comme il n'en a pas été question à ce mot, je les citerai à la suite des autres. Quelques-unes ont aussi été placées parmi les PARIETAIRES. Le genre PROCRIS s'en rapproche beaucoup.

Espèces.

Orties à feuilles opposées.

1. L'ORTIE pilulifère, vulgairement *ortie-romaine.*
Urtica pilulifera. Linn. ⊙ Du midi de l'Europe.

2. L'ORTIE des Indes.
Urtica balearica. Linn. ⊙ Des Indes.

3. L'ORTIE de Dodart.
Urtica Dodartii. Linn. ⊙ De.....

4. L'ORTIE à feuilles entières.
Urtica integrifolia. Lam. ⊙ De.....

5. L'ORTIE naine.
Urtica pumila. Linn. ⊙ De l'Amérique septentrionale.

6. L'ORTIE à grandes feuilles.
Urtica grandifolia. Linn. ♄ De la Jamaïque.

7. L'ORTIE piquante, vulgairement *petite ortie.*
Urtica urens. Linn. ⊙ Indigène.

8. L'ORTIE dioïque, vulgairement *grande ortie.*
Urtica dioica. Linn. ♃ Indigène.

9. L'ORTIE à feuilles de molène.
Urtica longifolia. Willd. ♄ De l'Isle-de-France.

10. L'ORTIE à pointes.
Urtica cuspidata. Willd. ♄ De l'Isle-de-France.

11. L'ORTIE à feuilles épaisses.
Urtica crassifolia. Willd. ♄ De l'Amérique méridionale.

12. L'ORTIE à larges feuilles.
Urtica macrophylla. Thunb. Du Japon.
13. L'ORTIE verticillée.
Urtica verticillata. Vahl. ♃ De l'Arabie.
14. L'ORTIE membraneuse.
Urtica membranacea. Poiret. ♃ De la Barbarie.
15. L'ORTIE à feuilles de figuier.
Urtica ficifolia. Lam. ♄ De l'Ile-Bourbon.
16. L'ORTIE réticulée.
Urtica reticulata. Swartz. ♄ De la Jamaïque.
17. L'ORTIE lâche.
Urtica laxa. Swartz. ♃ De Saint-Domingue.
18. L'ORTIE diffuse.
Urtica diffusa. Swartz. ♄ De la Jamaïque.
19. L'ORTIE à feuilles de bouleau.
Urtica betulæfolia. Swartz. ♄ De Saint-Domingue.
20. L'ORTIE rousse.
Urtica rufa. Swartz. ♄ De la Jamaïque.
21. L'ORTIE élevée.
Urtica procera. Willd. ♄ De l'Amérique septentrionale.
22. L'ORTIE féroce.
Urtica ferox. Willd. ♄ De la Nouvelle-Zélande.
23. L'ORTIE à feuilles de chanvre.
Urtica cannabina. Linn. ♃ De la Sibérie.
24. L'ORTIE verge.
Urtica virgata. Forst. Des îles de la Société.
25. L'ORTIE rugeuse.
Urtica rugosa. Swartz. ⊙ De Saint-Domingue.
26. L'ORTIE rampante.
Urutica repens. Swartz. ⊙ De Saint-Domingue.
27. L'ORTIE stolonifère.
Urtica stolonifera. Swartz. ♃ De Saint-Domingue.
28. L'ORTIE à feuilles de pariétaire.
Urtica parietaria. Linn. ♃ De l'Amérique.
29. L'ORTIE trilobée.
Urtica triloba. Lam. De l'Isle-de-France.
30. L'ORTIE lancéolée.
Urtica lanceolata. Lam. De Saint-Domingue.
31. L'ORTIE à long épi.
Urtica caudata. Lam. ♄ Des Indes.
32. L'ORTIE corymbifère.
Urtica corymbosa. Lam. De la Guadeloupe.
33. L'ORTIE pendante.
Urtica rupipendia. Lam. De l'Ile-Bourbon.
34. L'ORTIE fasciculée.
Urtica fasciculata. Lam. De la Caroline.
35. L'ORTIE cunéiforme.
Urtica cuneiformis. Lam. De l'Isle-de-France.
36. L'ORTIE luisante.
Urtica lucens. Lam. De l'Isle-de-France.
37. L'ORTIE à tige nue.
Urtica nudicaulis. Swartz. ♄ De la Jamaïque.
38. L'ORTIE grêle.
Urtica gracilis. Ait. ♃ De la baie d'Hudson.
39. L'ORTIE en épi.
Urtica spicata. Thunb. Du Japon.
40. L'ORTIE ciliée.
Urtica ciliaris. Linn. Des Indes.
41. L'ORTIE rhomboïdale.
Urtica rhombea. Linn. Du Mexique.
42. L'ORTIE à feuilles de lierre.
Urtica hederacea. Lam. De la Guadeloupe.
43. L'ORTIE à feuilles sessiles.
Urtica sessilifolia. Lam. De l'Isle-de-France.
44. L'ORTIE radicante.
Urtica radicans. Swartz. ♃ De la Jamaïque.
45. L'ORTIE à feuilles de nummulaire.
Urtica nummularifolia. Swartz. ⊙ De la Jamaïque.
46. L'ORTIE comprimée.
Urtica depressa. Swartz. ♃ De la Jamaïque.
47. L'ORTIE à feuilles d'herniaire.
Urtica herniarifolia. Swartz. ⊙ De Saint-Domingue.
48. L'ORTIE à petites feuilles.
Urtica microphylla. Swartz. De la Jamaïque.
49. L'ORTIE à feuilles de trianthême.
Urtica trianthemoides. Swartz. ♃ De Saint-Domingue.
50. L'ORTIE serrulée.
Urtica serrulata. Swartz. ♄ De la Jamaïque.
51. L'ORTIE brillante.
Urtica lucida. Swartz. ♄ De la Jamaïque.
52. L'ORTIE à feuilles en coin.
Urtica cuneifolia. Swartz. ♄ De la Jamaïque.
53. L'ORTIE des marais.
Urtica palustris. Pers. ⊙ De l'Amérique septentrionale.
54. L'ORTIE à trois doubles nervures.
Urtica triplinervia. Pers. De l'Ile-Bourbon.
55. L'ORTIE à feuilles d'héraclée.
Urtica heracleifolia. Pers. De l'Ile-Bourbon.

Orties à feuilles alternes.

56. L'ORTIE estuante.
Urtica estuans. Linn. ⊙ De Cayenne.
57. L'ORTIE lappulace.
Urtica lappulacea. Swartz. ♃ De Saint-Domingue.
58. L'ORTIE agglomérée.
Urtica glomerata. Willd. ♄ Des Indes.
59. L'ORTIE hétérophylle.
Urtica heterophylla. Vahl. ♃ De l'Arabie.
60. L'ORTIE capitée.
Urtica capitata. Linn. Du Canada.
61. L'ORTIE divariquée.
Urtica divaricata. Linn. ♃ De l'Amérique septentrionale.
62. L'ORTIE velue.
Urtica villosa. Thunb. Du Japon.
63. L'ORTIE à fleurs sessiles.
Urtica sessiliflora. Willd. De la Jamaïque.
64. L'ORTIE des murs.
Urtica muralis. Vahl. ♃ De l'Arabie.

65. L'Ortie des Caffres.
Urtica caffra. Thunb. Du Cap de Bonne-Espérance.

66. L'Ortie rudérale.
Urtica ruderalis. Forst. ♃ Des îles de la Société.

67. L'Ortie hérissée.
Urtica hirsuta. Forst. De l'Arabie.

68. L'Ortie du Canada.
Urtica canadensis. Linn. ♃ Du Canada.

69. L'Ortie baccifère.
Urtica baccifera. Linn. ♄ de Ceylan.

70. L'Ortie argentée.
Urtica argentata. Forst. Des îles de la Société.

71. L'Ortie de la Chine.
Urtica nivea. Linn. ♃ De la Chine.

72. L'Ortie du Cap.
Urtica capensis. Linn. Du Cap de Bonne-Espérance.

73. L'Ortie élancée.
Urtica elata. Swartz. ♄ De la Jamaïque.

74. L'Ortie de Caracas.
Urtica caracasana. Jacq. ♄ De l'Amérique méridionale.

75. L'Ortie stimulante.
Urtica stimulans. Linn. De Java.

76. L'Ortie à longs épis.
Urtica leptostachia. Pers. De l'Ile-Bourbon.

77. L'Ortie à larges feuilles.
Urtica latifolia. Rich. De Cayenne.

78. L'Ortie à feuilles de laurier.
Urtica laurifolia. Pers. De Java.

Orties placées dans le genre Boehmère.

79. L'Ortie caudate.
Urtica caudata. Swartz. ♄ De la Jamaïque.

80. L'Ortie littorale.
Urtica littoralis. Swartz. ⊙ De Saint-Domingue.

81. L'Ortie cylindrique.
Urtica cylindrica. Linn. De l'Amérique septentrionale.

82. L'Ortie en épi.
Urtica spicata. Thunb. ♃ Du Japon.

83. L'Ortie de Ceylan.
Urtica alienata. Linn. ♄ De Ceylan.

84. L'Ortie ramiflore.
Urtica ramiflora. Swartz. ♄ De la Jamaïque.

85. L'Ortie latériflore.
Urtica lateriflora. Willd. ♃ De l'Amérique septentrionale.

86. L'Ortie hérissée.
Urtica hirta. Swartz. ♄ De la Jamaïque.

87. L'Ortie interrompue.
Urtica interrupta. Linn. ⊙ Des Indes.

88. L'Ortie frutescente.
Urtica frutescens. Thunb. ♄ Du Japon.

89. L'Ortie à fleurs nues.
Urtica nudiflora. Willd. ♄ De l'Amérique méridionale.

90. L'Ortie en arbre.
Urtica arborea. Lhérit. ♄ De Ténériffe.

Culture.

De ce grand nombre d'espèces, outre les deux indigènes, il ne s'en cultive qu'une douzaine dans nos écoles de botanique; elles se rangent en trois classes : les unes, comme les 1re., 3e., 24e., 39e., 69e., 72e., 82e., se contentent de la pleine terre; on les sème en place & on leur donne les binages ordinaires. Les espèces vivaces se multiplient aussi très-facilement par le déchirement des vieux pieds. Parmi elles se distinguent celle à feuilles de chanvre, celle du Canada & celle de la Chine, qui peuvent servir à l'ornement des jardins paysagers; celle-ci pousse peu dans les étés froids, & craint les fortes gelées, mais ses racines n'en souffrent point; les autres, comme la 90e., demandent l'orangerie pendant l'hiver. On les met en conséquence dans des pots remplis de terre consistante, & on les rentre dès que les froids commencent à se faire sentir. Les troisièmes enfin, comme les 11e., 70e., 72e. & 75e., exigent la serre chaude. Toutes se multiplient, le plus communément, de boutures faites au printems, sur couche & sous châssis, boutures qui s'enracinent très-facilement. Ces dernières & la 90e. craignent la grande humidité & sont exposées à chancir pendant l'hiver, pour peu qu'elles soient trop arrosées : ce sont des plantes de peu d'intérêt pour les cultivateurs.

Les deux espèces indigènes sont celles qu'il est le plus important de prendre en considération, parce que ce sont celles dont on tire le meilleur parti, quoique l'Ortie à feuilles de chanvre pour le Nord & l'Ortie de la Chine pour le Midi puissent être avantageusement substituées à l'une d'elles, c'est-à-dire, l'Ortie dioïque, comme plante à écorce textile.

La petite Ortie croît en abondance dans les jardins, les chenevières, le long des maisons, des haies & autres endroits cultivés; elle est la sûre indication d'un terrein gras & frais, & par conséquent extrêmement fertile. Les jardiniers la regardent comme une peste, à raison de la difficulté qu'ils trouvent à la détruire, ses graines étant excessivement nombreuses & se conservant en terre, sans germer, pendant un grand nombre d'années lorsqu'elles sont à plus de deux pouces de la surface. Des sarclages, ou mieux des binages exacts & continuellement répétés, sont le seul moyen de s'en débarrasser. Jamais on ne doit jeter dans un coin du jardin, & encore moins sur le fumier, les pieds arrachés, parce que les graines mûres qu'ils fournissent, la reproduisent à l'excès, mais en faire un tas sur quelques branches sèches & les brûler. Ses sommités, hachées, se mettent la la pâtée dont on nourrit les dindonneaux pendant la première quinzaine de leur vie. Elle est si piquante, qu'aucun animal domestique ne veut en manger ni verte ni sèche; mais ses graines, quelque petites qu'elles soient, sont recherchées par les poules.

L'Ortie dioïque se voit en abondance dans les bois, les buissons, les haies, autour des maisons, parmi les décombres, enfin dans tous les lieux où le terrein est léger & fertile. Il est peu de plantes plus communes; peu peuvent être plus utiles, & peu sont autant dédaignées par les cultivateurs. Ses jeunes pousses sont mangées par tous les animaux domestiques, surtout par les vaches, dont elles augmentent la qualité & la quantité du lait. Ils la dédaignent plus vieille, parce qu'elle pique leur palais; mais il suffit de la laisser faner pendant quelques heures, pour que cet effet n'ait plus lieu. Poussant une des premières au printems, c'est-à-dire, un mois avant la luzerne, elle devient pour leur nourriture une ressource précieuse, qu'il ne s'agit que de régulariser. Dans beaucoup de cantons de la France, on la coupe autour des villages pour la donner aux vaches; mais nulle part on ne la cultive pour cet usage ni pour aucun autre. C'est en Suède qu'il faut se transporter pour apprendre à connoître, par l'expérience, tout le parti qu'en peut tirer l'industrie agricole.

Dans ce pays donc on cultive l'Ortie dioïque en grand, ainsi que nous l'apprend Servières dans un très-bon Mémoire inséré dans le *Journal de Physique* de juin 1781. Je vais en donner l'extrait.

Pour obtenir les graines de cette plante, on la coupe au milieu de l'été & on la fait sécher à l'ombre. Ces graines tombent d'elles-mêmes & se sèment avant l'hiver, sans être nétoyées, sur un léger labour: on laisse à la pluie le soin de les enterrer. Quelquefois, pour plus d'économie, on se contente de donner, de pied en pied, dans les champs qui ont porté une récolte, un coup de pioche à large fer, & de jeter dans le trou une pincée de graines. Ces graines lèvent au printems suivant, & leur plant acquiert souvent six pouces de haut dans la même année; cependant il est bon de le laisser se fortifier sans y toucher, d'après le principe que les plantes se nourrissent autant par leurs feuilles que par leurs racines, & de ne commencer à les couper que la seconde année: cette seconde année on en fera deux coupes, & les suivantes, trois à quatre, selon la bonté de la terre & la température du printems, coupes qui doivent fournir, sèches, dix-huit à vingt voitures par arpent, ce qui est un produit presque double de la luzerne. Il y a lieu de croire, vu que les racines de l'Ortie sont traçantes, que les vieilles meurent pendant qu'il en pousse de nouvelles, qu'on la coupe avant sa floraison, que ses graines sont fort petites, qu'elle peut rester dans une même localité, pour peu qu'elle soit binée, plus long-tems que la luzerne, ce qui est un avantage important dans tout système d'assolement. Quoiqu'elle vienne plus belle & dure plus long-tems dans les terreins indiqués plus haut, comme lui étant propres, c'est dans les champs rocailleux, sur les coteaux en pente, dans les sables arides, enfin dans tous les lieux où d'autres récoltes prospéreroient moins, qu'il faut exclusivement la placer. Que de terreins de cette sorte qui sont perdus en France, & qu'on pourroit utiliser par son moyen! Et qu'on ne dise pas qu'elle ne convient qu'aux climats septentrionaux; car l'aspect de vigueur qu'elle offre dans le midi de la France, pendant que la plupart des autres plantes sont brûlées par la chaleur, indique qu'elle y seroit un moyen certain de fortune pour les cultivateurs.

Il peut y avoir une légère différence en plus ou en moins dans l'époque & la quantité des récoltes de l'Ortie, selon l'état de la saison; mais jamais elles ne manquent complétement, & ordinairement la coupe suivante dédommage de la foiblesse de la précédente. Lorsqu'on commence à s'appercevoir qu'elles diminuent par suite de l'épuisement du sol, on le réchauffe avec du mauvais fumier, des gravats, des boues, &c., ou mieux on le retourne pour, après avoir enlevé à la fourche le plus possible de racines, y semer de l'avoine, dans laquelle il pousse encore beaucoup d'Orties, qui lui nuisent peu. L'année d'après, on doit y cultiver des pommes de terre, des fèves & autres objets qui demandent plusieurs sarclages pendant l'été, afin de la détruire complétement.

On donne, en Suède comme en France, les Orties fraîches & fanées aux bestiaux, & on les y sèche pour l'hiver, non simplement comme la luzerne, parce qu'elle perd difficilement son eau de végétation & qu'elle devient très-cassante, mais en la stratifiant avec de la paille ou du foin de l'année précédente, auxquels elle communique son odeur & sa saveur. Cette pratique est d'autant plus à imiter, que cette plante étant légérement purgative, elle pourroit, étant donnée seule & en grande abondance, trop affoiblir les bestiaux de trait & diminuer le rapport des vaches laitières. En Suède on la donne encore aux bestiaux, hachée, crue ou cuite, mélangée avec l'avoine, l'orge, les pois gris, &c. Dans les épizooties, l'eau qu'on leur fait boire est une décoction d'Ortie, dans laquelle on a mis un peu de sel.

La coupe des Orties pour fourage cesse d'avoir lieu en Suède vers le milieu de l'été. Dans le climat de Paris, ce seroit vers le milieu du printems, c'est-à-dire, le 15 mai, & à Marseille encore plutôt. La dernière repousse, qui se coupe aux approches de l'hiver, est propre à faire de la litière & à fournir du fumier d'excellente qualité, ou une quantité considérable de potasse. Il est même des cultivateurs qui trouvent leur compte à consacrer toutes leurs récoltes à ces deux objets, principalement au premier. Il n'est pas bon de prendre les graines de cette coupe pour semence, parce qu'elles sont d'une foible nature : on doit réserver un petit canton qu'on ne coupe pas, pour s'en pourvoir d'une bonne qualité. Cette graine engraisse & fait pondre plus tôt les poules & les pigeons.

On peut encore reproduire les Orties par le déchirement des vieux pieds, chaque portion de racine, pourvue d'un nœud, donnant naissance à un nouveau pied. Cette manière de les multiplier, quoiqu'exigeant un peu plus de main d'œuvre, est même préférable, en ce que son résultat peut donner deux coupes dans le courant de l'année suivante. C'est dans les petites cultures & dans les lieux d'un labour difficile qu'il est principalement dans le cas d'être employé. Un propriétaire qui garniroit ainsi les clairières de ses taillis en retireroit un grand avantage sans nuire à la repousse de ses bois, même en la favorisant s'ils étoient en sol sec & chaud.

L'homme même mange l'Ortie cuite en guise d'épinards; j'en ai goûté plusieurs fois; mais je suis d'avis qu'il ne faut y avoir recours qu'en cas de nécessité.

Les avantages ci-dessus ne sont pas les seuls dont soit pourvue l'Ortie dioïque; il est encore possible d'en tirer, & on en tire dans quelques lieux, principalement en Suède & au Kamtzchatka, une excellente filasse, avec laquelle on fabrique des toiles, des cordes, des filets, &c. La Société d'agriculture d'Angers, qui a fait de nombreuses & authentiques expériences sur la filasse qu'elle fournit, a reconnu que la toile qui en provient, prend le blanc avec plus de facilité que toute autre. Cette plante, dit cette Société, n'exigeant ni culture ni engrais, ni terrein particulier, doit paroître bien précieuse sous ce rapport. Il n'est point de propriétaire qui ne puisse trouver dans les terreins perdus de sa propriété, surtout en l'y semant ou plantant, assez d'Orties pour se fournir du linge nécessaire à son usage, & par conséquent réserver pour la vente la totalité de son chanvre & de son lin. On peut aussi faire de très-beau papier avec sa filasse, comme l'ont prouvé, par des essais multipliés, les directeurs d'une fabrique établie à Leipsick, & des amateurs des arts, en Italie.

Pour obtenir la filasse des tiges de l'Ortie dioïque, on les coupe lorsque leurs graines commencent à mûrir, & on les fait rouir de suite, positivement comme le chanvre. (*Voyez* Rouissage.) Cette opération terminée, on les tire de l'eau, on les fait sécher & on les broie encore positivement comme le Chanvre. *Voyez* ce mot.

J'ai vu de la toile faite avec de la filasse d'Ortie; elle étoit grosse, ce qui tenoit au peu d'habileté du fabricateur, mais elle étoit en même tems moins forte qu'une en chanvre de même grosseur, ce qui ne prouve pas en faveur de l supériorité de la filasse de l'Ortie. Il paroissoit certain, par cet échantillon, que, comme je l'ai rapporté plus haut, cette toile est bien plus facile à blanchir que celles de chanvre ou de lin, & prend un aussi beau blanc. Si on vouloit cultiver les Orties sous le point de vue de leur filasse, je crois qu'il faudroit préférer les Orties à feuilles de chanvre, ou de la Chine, parce qu'étant vivaces comme la dioïque, elles s'élèvent trois à quatre fois davantage. Je crois préférable la première, dont la filasse m'a paru plus fine & plus forte que celle d'aucune autre, & rivaliser enfin, sous tous les rapports, avec celle du chanvre; la seconde, à raison de la grosseur & du nombre de ses tiges, fournit bien davantage; mais sa filasse a les qualités contraires, ainsi que j'ai pu m'en convaincre par des essais nombreux faits en Italie, & dont j'ai été à portée de juger les résultats. D'ailleurs, elle ne peut être cultivée avec succès que dans les pays chauds, ses tiges s'élevant peu dans le climat de Paris, & y gelant souvent avant leur floraison.

Je le répète encore, les cultivateurs peu fortunés peuvent trouver dans les Orties dioïques, qui croissent spontanément autour de leur demeure, une ressource pour entretenir leur ménage du linge qui leur est nécessaire; & les fabricans de papiers peuvent, par des cultures en grand, soit de cette Ortie, soit de celle à feuilles de chanvre, se fournir les moyens de ne jamais chaumer par manque de matière, & d'étendre leurs affaires à volonté. Certes, ces avantages sont assez importans pour qu'on doive placer les Orties parmi les plantes les plus utiles. (*Bosc.*)

Ortie morte : nom vulgaire d'une espèce du genre Lamier. *Voyez* ce mot.

Ortie morte puante : c'est le Galéope rouge.

ORTOLAN. Cet oiseau est, dans les parties méridionales de la France, l'objet d'une chasse de quelqu'importance, à raison de l'excellence de sa chair & du prix auquel il se vend. C'est avec des gluaux ou des filets à alouettes qu'on le prend, & c'est en l'enfermant dans une chambre à demi obscure, dans laquelle on a mis de la nourriture en surabondance, qu'on l'engraisse. J'en parle, parce que les cultivateurs du pays où il se trouve, spéculent souvent sur lui en automne, lorsque leurs travaux sont peu pressés. *Voyez*, pour les détails de sa chasse & de son engrais, le *Dictionnaire d'Ornithologie*. (*Bosc.*)

ORVALE : espèce du genre des Sauges. *Voyez* ce mot.

ORYGIE. *Orygia.*

Genre de plante établi par Forskal, mais qui a été depuis réuni aux Talines. *Voyez* ce mot.

ORYSOPSIS. *Orysopsis.*

Plante vivace de la triandrie digynie & de la famille des *Graminées*, qui a été établie par Michaux, & qui est figurée dans sa *Flore de l'Amérique septentrionale.*

Cette plante n'étant pas cultivée dans nos jardins, ne peut être l'objet d'un article plus étendu. (*Bosc.*)

OS. En France, les Os, tant ceux provenant des boucheries, que ceux provenant des animaux morts, sont jetés comme inutiles; mais en Angleterre, où les cultivateurs sont plus instruits, on les écrase sous une meule de moulin à huile, & on répand leurs fragmens, à la fin de l'hiver, sur les terres ensemencées, à raison de deux cent cinquante à trois cents boisseaux par acre. Arthur-Young regarde cet engrais comme un des plus durables, surtout dans les terres fortes, & cite des faits qui constatent qu'il produit encore des effets au bout de trente ans.

La connoissance de la composition des Os semble devoir suffire pour engager les cultivateurs français à imiter les Anglais, & à ne pas en laisser perdre un seul; car leur gélatine & leur graisse sont d'excellens Engrais (*voyez* ce mot), & le calcaire un amendement très-puissant, soit sous leur partie chimique, soit sous le rapport physique. *Voyez* Chaux & Marne.

Je fais donc des vœux pour que les cultivateurs, surtout ceux des environs des grandes villes, cessent de craindre de dépenser quelqu'argent pour faire ramasser les Os, pour les réduire en poudre & pour les répandre sur leurs terres fortes.

On fait de fort bons bouillons avec les Os simplement bouillis; mais lorsqu'on les met dans une marmite à Papin, le phosphate calcaire se dissout & détériore ce bouillon. Il a été entrepris un grand nombre d'expériences pour constater ce fait: on doit donc se rufuser à faire fabriquer ces bouillons d'Os, préconisés par un enthousiasme irréfléchi. (*Bosc.*)

OSBECKIE. *Osbeckia.*

Genre de plante de l'octandrie monogynie & de la famille des *Mélastomées*, qui renferme deux espèces, dont aucune n'est cultivée dans nos jardins. Il est figuré pl. 283 des *Illustrations des genres* de Lamarck.

Espèces.

1. L'Osbeckie de la Chine.
Osbeckia chinensis. Linn. ♃ De la Chine.
2. L'Osbeckie de Ceylan.
Osbeckia zeylanica. Linn. ♃ De Ceylan. (*Bosc.*)

OSEILLE. *Rumex.*

Genre de plante de l'hexandrie trigynie & de la famille des *Polygonées*, qui rassemble trente-huit espèces, dont une, indigène à nos prés, est l'objet d'une culture générale dans nos jardins, & dont plusieurs autres s'emploient en médecine & se voient dans nos écoles de botanique. Il est figuré pl. 271 des *Illustrations des genres* de Lamarck.

Observations.

Les Oseilles proprement dites paroissent toutes plus ou moins acides lorsqu'on les mange, mais c'est le plus petit nombre; les autres se rangent en un groupe, auquel on donne généralement le nom de *patience* que porte l'une d'elles.

Espèces.

Oseilles à fleurs unisexuelles.

1. L'Oseille acide, vulgairement *grande oseille.*
Rumex acetosa. Linn. ♃ Indigène.
2. L'Oseille-surelle, vulgairement *petite oseille.*
Rumex acetosella. Linn. ♃ Indigène.
3. L'Oseille des Alpes.
Rumex alpinus. Linn. ♂ Des Alpes.
4. L'Oseille épineuse.
Rumex spinosus. Linn. ⊙ De l'île de Crète.
5. L'Oseille tubéreuse.
Rumex tuberosus. Linn. ♃ De l'Italie.
6. L'Oseille en thyrse.
Rumex thyrsoides. Desf. ♃ De la Barbarie.
7. L'Oseille à aiguillons.
Rumex aculeatus. Linn. ♃ Du midi de l'Europe.
8. L'Oseille luxuriante.
Rumex luxurians. Linn. ♃ De l'Italie.
9. L'Oseille d'Abyssinie.
Rumex arifolius. Ait. ♄ De l'Abyssinie.
10. L'Oseille bipinnée.
Rumex bipinnatus. Linn. ♃ De la Barbarie.

Oseilles à fleurs hermaphodites.

11. L'Oseille-patience.
Rumex patientia. Linn. ♃ De l'Italie.
12. L'Oseille sanguine, vulgairement *sang-de-dragon.*
Rumex sanguineus. Linn. ♃ De l'Amérique septentrionale.
13. L'Oseille glomérulée.
Rumex conglomeratus. Murr. ♃ Du nord de l'Europe.
14. L'Oseille frisée.
Rumex crispus. Linn. ♃ Indigène.
15. L'Oseille spatulée.
Rumex spathulatus. Thunb. ♃ Du Cap de Bonne-Espérance.
16. L'Oseille verticillée.
Rumex verticillatus. Linn. ♃ De l'Amérique septentrionale.

17. L'Oseille à feuilles de persicaire.
Rumex persicarioides. Linn. ⊙ De l'Égypte.
18. L'Oseille d'Égypte.
Rumex ægyptiacus. Linn. ⊙ De l'Égypte.
19. L'Oseille britannique.
Rumex hydrolapathum. Ait. ♃ Du nord de l'Europe.
20. L'Oseille des marais.
Rumex nemolapathum. Linn. ♃ Du nord de l'Europe.
21. L'Oseille maritime.
Rumex maritimus. Linn. ⊙ Du nord de l'Europe.
22. L'Oseille divariquée.
Rumex divaricatus. Linn. ⊙ De l'Italie.
23. L'Oseille à feuilles aiguës.
Rumex acutus. Linn. ♃ Indigène.
24. L'Oseille à feuilles obtuses.
Rumex obtusifolius. Linn. ♃ Du nord de l'Europe.
25. L'Oseille sinuée.
Rumex pulcher. Linn. ♃ Du nord de l'Europe.
26. L'Oseille à racines jaunes.
Rumex xanthorhiza. Mich. ♃ De l'Amérique septentrionale.
27. L'Oseille crispate.
Rumex crispatus. Mich. ♃ De l'Amérique septentrionale.
28. L'Oseille bouvielle.
Rumex bucephallophorus. Linn. ⊙ De l'Italie.
29. L'Oseille aquatique.
Rumex aquaticus. Linn. ♃ Indigène.
30. L'Oseille à feuilles en croissant, ou Oseille en arbre.
Rumex lunaria. Linn. ♄ Des Canaries.
31. L'Oseille frangée.
Rumex fimbriatus. Lam. Du Cap de Bonne-Espérance.
32. L'Oseille vésiculeuse.
Rumex vesicarius. Linn. ⊙ De l'Afrique.
33. L'Oseille rosacée.
Rumex roseus. Linn. ⊙ De l'Afrique.
34. L'Oseille de Tanger.
Rumex tingitanus. Linn. De la Barbarie.
35. L'Oseille à feuilles rondes, vulgairement *oseille de Montagne*.
Rumex scutatus. Linn. ♃ Du midi de l'Europe.
36. L'Oseille à trois nervures.
Rumex nervosus. Vahl. ♄ De l'Égypte.
37. L'Oseille à deux styles.
Rumex digynus. Linn. ♃ Du nord de l'Europe.
38. L'Oseille lancéolée.
Rumex lanceolatus. Thunb. Du Cap de Bonne-Espérance.

Culture.

Les deux tiers de ces espèces se cultivent dans nos écoles de botanique.

La première, la plus importante de toutes, ainsi que je l'ai déjà observé, croît naturellement dans les prés qui ne sont ni trop secs ni trop humides, & y forme des touffes quelquefois fort grosses; toujours elle indique un bon fond. Les bestiaux, principalement les bœufs & les moutons, la recherchent, surtout quand elle est jeune; cependant, comme elle fournit peu & qu'elle les affoiblit en les purgeant, il n'est pas avantageux de la laisser trop se multiplier, & encore moins de la semer exprès pour eux. Quoique très-acide, elle se mange crue ou cuite, seule ou mêlée avec d'autres végétaux & des viandes. Son usage est utile à la santé, surtout à la fin de l'hiver, époque où elle commence à pousser, & où elle est la meilleure.

Mais l'Oseille sauvage est très-fortement acide, & a les feuilles petites. Il a donc été desirable de saisir les variétés plus douces & à feuilles plus grandes qui se sont trouvées dans les semis, & de les cultiver de préférence dans les jardins. Aujourd'hui donc on ne cultive à Paris, & dans les grandes villes, que les cinq variétés suivantes:

L'Oseille à larges feuilles, ou *Oseille commune*.

L'Oseille à larges feuilles obtuses, ou *Oseille de Hollande*.

L'Oseille à larges feuilles glauques, ou *Oseille d'Italie*.

L'Oseille à feuilles crépues. Rare.

L'Oseille vierge, ou *Oseille stérile*. Celle-ci a les feuilles larges & courtes, & ne monte jamais en graines; elle n'est pas très-recherchée, parce qu'elle pousse plus tard & fournit moins que les précédentes; mais elle est cependant préférable.

La terre la plus fertile, comme je l'ai déjà observé, est celle qui convient le mieux à l'Oseille; cependant il ne faut pas la fumer immédiatement, parce qu'elle prend facilement une saveur désagréable dans ce cas. Il est cependant bon d'activer sa végétation dans les jardins dont le sol est maigre; mais c'est du terreau de couche de deux ans qu'on doit employer pour cet objet. On le répandra au commencement de l'hiver.

Comme toutes les autres plantes, mais moins promptement que beaucoup d'autres, à raison de la longueur & de la grosseur de ses racines, l'Oseille épuise le terrein des sucs qui lui sont propres. Il faut donc, d'après le principe des assolemens, la changer de place d'autant plus souvent que le terrein est moins fertile; dix à douze ans paroissent être le terme moyen à prendre; cependant, en général, les jeunes pieds de cette plante, comme ceux de toutes les autres, poussant de plus grandes feuilles que les vieux, il est presque toujours avantageux de devancer ce terme. On ne laisse subsister ses planches que trois ans dans les jardins maraichers des faubourgs de Paris, jardins qui sont conduits empiriquement, mais d'après les plus excellens principes.

Généralement, hors ces jardins maraichers & quelques autres montés sur un grand luxe, on plante l'Oseille en bordure, parce qu'elle fournit beaucoup plus de feuilles dans cette disposition, & qu'elle est très-propre à retenir les terres des plates-bandes : six pouces sont la distance moyenne qu'on doit donner aux pieds. Un labour en hiver, & deux ou trois binages dans le cours de l'été sont très-favorables à sa venue. Les tiges des pieds qui en offrent, doivent être coupées avant leur floraison, & données, mêlées avec d'autres fourrages, aux vaches, aux moutons & aux cochons. On met généralement assez d'importance à cette opération, qui est principalement fondée sur ce que c'est la formation des graines qui épuise le plus les plantes.

Il y a plusieurs modes de faire les récoltes des feuilles de l'Oseille : le plus commun, c'est d'en couper la totalité des feuilles avec un couteau ou une faucille; le pire c'est de tordre cette même totalité; le meilleur d'enlever seulement les feuilles les plus extérieures. Les avantages de ce dernier mode sont, 1°. que les feuilles se développant successivement, on ne prend que celles qui ne peuvent plus croître, & on laisse celles qui doivent ensuite prendre leur place; 2°. que les plantes vivant autant par leurs feuilles que par leurs racines, on affoiblit nécessairement les pieds lorsqu'on les enlève toutes à la fois, au moment de la plus grande force végétative. Le seul inconvénient qu'ait cette pratique, provient de ce que les vieilles feuilles sont plus acides que les nouvelles; mais on le rend nul en les mélangeant, par le hachis, avec des feuilles de plantes insipides, telles que celles de l'ARROCHE des jardins, de la BETTE poirée, &c. (*Voyez* ces mots.) Comme cette acidité des feuilles est d'autant plus forte que le terrein est plus sec & la saison plus chaude, les jardiniers soigneux, ou arrosent fortement leur Oseille, ou en plantent dans ces sortes de terreins, & pour cette saison, à l'exposition du nord.

Une autre manière d'adoucir l'Oseille, c'est de la couvrir de paillassons pendant la plus grande partie du jour; elle reste aussi plus tendre.

Pour activer sa croissance au printems, c'est au contraire pendant la nuit qu'il faut la couvrir avec des paillassons.

La multiplication de l'Oseille s'exécute par le semis de ses graines, ou par le déchirement des vieux pieds. On ne peut conserver la variété que par le secours de ce dernier moyen, ce qui engage à le préférer dans les jardins des particuliers, quoiqu'il soit le moins favorable sous le rapport de la vigueur & de la durée des pieds.

C'est vers la fin de l'eté que mûrissent les graines de l'Oseille. Il y auroit de l'avantage à les mettre en terre immédiatement après leur récolte; mais on attend généralement au printems suivant. On les sème dans une terre bien préparée par les labours, soit à la volée, soit en rayons, mais plus généralement de cette dernière manière. Le plant levé s'éclaircit & s'arrose; on ne doit point toucher à ses feuilles. La seconde année on l'éclaircit encore s'il est destiné à rester en place, & alors on le traite comme les vieux pieds, ou on le transplante dans le lieu qu'on lui a réservé.

La transplantation du plant de l'Oseille ou du produit du déchirement des vieux pieds a lieu en automne ou pendant l'hiver; elle ne demande que les soins ordinaires, mais cependant ne réussit pas toujours. Choisir un tems chaud & pluvieux, ou arroser immédiatement après qu'elle est terminée, sont des précautions bonnes à prendre.

Du déchirement des vieux pieds de l'Oseille, il faut n'employer que les bourgeons latéraux, encore seulement lorsqu'ils ont du chevelu, ceux du centre étant sujets à ne pas reprendre.

L'acide de l'Oseille est combiné dans les feuilles avec la potasse, & forme un sel neutre avec excès d'acide, qu'on emploie pour enlever les taches d'encre ou de rouille sur le linge. Ce n'est cependant pas de la plante dont il est ici question, qu'on extrait le sel d'Oseille du commerce, mais de l'OXALIDE Oseille. *Voyez* ce mot.

On emploie fréquemment les feuilles & les racines de l'Oseille en médecine.

L'Oseille-surelle se trouve abondamment dans certains champs dont le sol est sabloneux. Souvent elle nuit aux récoltes de seigle, d'avoine ou d'orge qu'on leur a confiées. Il semble singulier qu'une plante vivace puisse ainsi se multiplier dans des champs cultivés; mais c'est que ces champs sont laissés au moins une année sur trois en jachère, & qu'elle est si vivace, qu'elle repousse quoiqu'arrachée & retournée. Pour la détruire il faut semer, ou des plantes étouffantes, comme le trèfle, le saintoin, la vesce, &c., ou des plantes qui exigent des binages d'été, comme les pois, les haricots, les pommes de terre, &c. Tous les bestiaux la mangent au printems, principalement les brebis, chez qui elle prévient la POURRITURE (*voyez* ce mot); aussi dans quelques lieux l'appelle-t-on *Oseille de brebis*. Quoique plus acide & infiniment plus petite, elle peut suppléer la précédente pour la nourriture des hommes.

L'Oseille des Alpes & l'Oseille tubéreuse partagent encore cette propriété de suppléer la première, & sont plus agréables; mais on les voit rarement dans nos jardins.

Ces trois espèces, ainsi que la septième, se cultivent dans les écoles de botanique, & ne demandent qu'à y être semées & sarclées.

L'Oseille épineuse, qui fait partie de la même division, s'y cultive également; mais comme elle est annuelle & originaire d'un pays chaud, il faut la semer dans un pot, sur couche nue, & dès qu'elle a acquis deux pouces de haut, la repiquer dans une terre légère, la terre de bruyère, par exemple, contre un mur exposé au midi.

La culture de l'Oseille-patience est assez étendue, parce que ses racines sont d'un fréquent usage en médecine, sous le nom de *rhubarbe des moines*. On la sème ordinairement dans un coin de jardin, où, après l'avoir éclaircie, on l'abandonne presque complétement à elle-même jusqu'à ce qu'on en ait besoin, c'est-à-dire, pendant trois ans; elle n'aime point à être transplantée: lui donner un labour pendant l'hiver, & deux ou trois binages pendant l'été, seroit cependant fort avantageux à son accroissement. Elle n'est pas assez dénuée de beauté lorsqu'elle est en fleurs, à raison de sa grandeur & de la largeur de ses feuilles, pour qu'on ne puisse pas l'introduire dans la décoration des jardins paysagers.

La couleur des feuilles de l'Oseille sanguine la rend extrêmement propre à ce dernier objet, & il y a lieu de se plaindre de ce qu'on ne l'utilise pas assez sous ce rapport. C'est sur le bord des allées, au pied des fabriques, qu'il convient de la placer. Ainsi que la précédente, elle ne demande, pour ainsi dire, que des soins de propreté.

Les Oseilles frisée, britannique, des marais, maritime & sinuée, sont encore dans le même cas, mais elles ne se voient guère que dans les jardins de botanique; celle des marais se rapproche beaucoup, & se confond avec celle dont il va être question; elle partage toutes ses propriétés: on mange dans quelques lieux ses feuilles sous le nom de *parelle*. Les chevaux l'aiment avec passion, mais les vaches n'y touchent pas.

L'Oseille sauvage, ou patience sauvage, est très-commune, & forme de fort grosses touffes dans les terreins gras & frais, principalement dans les prés, auxquels elle nuit souvent beaucoup, les bestiaux la repoussant fraîche & sèche; toujours elle est l'indice d'une mauvaise culture des prés, parce qu'il est facile de la détruire par des labours, ou même simplement en la coupant, au printems, entre deux terres, au moyen d'une pioche à fer étroit. Ses tiges & ses feuilles, apportées sur le fumier, en augmentent utilement la masse.

Celles appelées bouviette, véficuleuse & rose, étant annuelles & des climats chauds, exigent d'être traitées comme l'épineuse, dont il a été question plus haut.

Les Oseilles d'Abyssinie & à feuilles en croissant se cultivent dans des pots pour pouvoir les rentrer dans l'orangerie pendant l'hiver, attendu qu'elles sont sensibles aux gelées de cette saison. On les multiplie facilement de boutures faites au printems, dans des pots, sur couche, sous châssis, & quelquefois de graines.

L'Oseille à feuilles rondes est fort commune sur les montagnes pelées du midi de la France, où elle forme des touffes souvent de plusieurs pieds de diamètre, & d'un aspect fort agréable; elle est très-propre à entrer dans la composition des jardins paysagers, où elle se place sur les rochers, les murs & autres lieux secs & chauds. Quoique pourvue d'un arrière-goût particulier, elle se mange fréquemment crue ou cuite, sous le nom d'*Oseille franche*, & se cultive même dans quelques jardins pour l'usage de la cuisine. Les moutons en mangent les feuilles, mais les recherchent peu. Comme elle subsiste un grand nombre d'années, ses tiges deviennent ligneuses. Le meilleur parti qu'on puisse en tirer dans les lieux où elle croît abondamment, c'est de la couper pour l'apporter sur le fumier, dont elle augmentera la masse encore plus utilement que les patiences.

Il est beaucoup de personnes qui font cuire de l'Oseille en automne pour la conserver dans des pots de moyenne ou de petite capacité, après l'avoir recouverte avec du beurre ou du saindoux. Le procédé indiqué par M. Appert, dans son excellent ouvrage sur la conservation des substances alimentaires, est plus certain; il consiste à mettre l'Oseille cuite, dans des bouteilles à large goulot, &, après les avoir bouchées, à lui faire éprouver pendant un quart d'heure la chaleur de l'eau bouillante. (*Bosc.*)

Oseille de Guinée. On donne ce nom, dans nos colonies, à la Ketmie acide, qui se mange comme notre Oseille, & qui est originaire d'Afrique.

Oseille des bucherons. C'est l'Oxalide Oseille.

OSERAIE : lieu planté en Osier.

OSERDO. Les cultivateurs des environs de Perpignan appellent ainsi la Luzerne. *Voyez* ce mot.

OSIER. On donne ce nom à plusieurs espèces du genre Saule, dont les jeunes pousses sont tellement flexibles, qu'on les emploie généralement à faire des liens. Je traiterai de leur culture dans le *Dictionnaire des Arbres & Arbustes*. (*Bosc.*)

Osier fleuri. C'est un des noms vulgaires des Épilobes. *Voyez* ce mot.

OSMITE. *Osmites.*

Genre de plante de la syngénésie polygamie frustranée & de la famille des *Corymbifères*, qui rassemble cinq espèces, dont aucune n'est cultivée dans nos jardins. Toutes exhalent une forte odeur de camphre. *Voyez* les *Illustrations des genres* de Lamarck, où il est figuré pl. 704.

Espèces.

1. L'Osmite tomenteuse.
Osmites bellidiastrum. Linn. ♄ De l'Afrique.

2. L'Osmite calicinale.
Osmites calycina. Linn. ♄ De l'Afrique.

3. L'Osmite camphrée.
Osmites camphorina. Linn. ♄ De l'Afrique.

4. L'Osmite à fleurs d'aster.
Osmites astericoides. Linn. ♄ De l'Afrique.

5. L'Osmite dentée.
Osmites dentata. Thunb. ♄ De l'Afrique.

(*Bosc.*)

OSMONDE. *Osmunda.*

Genre de plantes cryptogames de la famille des *Fougères*, qui renferme trente-deux espèces, dont deux ou trois sont communes en Europe, lesquelles, ainsi que quelques-unes exotiques, se cultivent dans nos écoles de botanique. Il est figuré pl. 865 des *Illustrations des genres* de Lamarck.

Observations.

Ce genre a été divisé en quatre, dont trois sont appelés TODÉE, ANÉMIE & BOTRYCHION. Comme il n'a pas été question de ces deux derniers, j'en indiquerai plus bas les espèces. Plusieurs autres Osmondes ont été de plus réunies aux ACROSTIQUES. *Voyez* ce mot.

Espèces.

Osmondes proprement dites.

1. L'OSMONDE commune.
Osmunda regalis. Linn. ♃ Indigène.

2. L'OSMONDE agréable.
Osmunda spectabilis. Willd. ♃ De l'Amérique septentrionale.

3. L'OSMONDE claytonienne.
Osmunda claytoniana. Linn. ♃ De l'Amérique septentrionale.

4. L'OSMONDE laineuse.
Osmunda cinamomea. Linn. ♃ De l'Amérique septentrionale.

5. L'OSMONDE du Japon.
Osmunda japonica. Thunb. ♃ Du Japon.

6. L'OSMONDE en lance.
Osmunda lancea. Thunb. ♃ Du Japon.

Osmondes formant aujourd'hui le genre ANÉMIE.

7. L'OSMONDE phyllitide.
Osmunda phyllitidis. Linn. ♃ De la Jamaïque.

8. L'OSMONDE hérissée.
Osmunda hirta. Linn. ♃ De la Jamaïque.

9. L'OSMONDE à feuilles oblongues.
Osmunda oblongifolia. Pav. ♃ De Panama.

10. L'OSMONDE naine.
Osmunda humilis. Cav. ♃ De Tabago.

11. L'OSMONDE filiforme.
Osmunda filiformis. Lam. ♃ De l'Amérique méridionale.

12. L'OSMONDE grêle.
Osmunda tenella. Cavan. ♃ De l'Amérique méridionale.

13. L'OSMONDE poilue.
Osmunda hirsuta. Linn. ♃ De la Jamaïque.

14. L'OSMONDE hérissée.
Osmunda hirta. Linn. ♃ De la Martinique.

15. L'OSMONDE velue.
Osmunda villosa. Willd. ♃ De l'Amérique méridionale.

16. L'OSMONDE tomenteuse.
Osmunda tomentosa. Lam. ♃ De l'Amérique méridionale.

17. L'OSMONDE pubescente.
Osmunda pubescens. Lam. ♃ De Saint-Domingue.

18. L'OSMONDE fauve.
Osmunda fulva. Cavan. ♃ De l'Amerique méridionale.

19. L'OSMONDE à feuilles d'adiante.
Osmunda adiantifolia. Linn. ♃ De l'Amérique méridionale.

20. L'OSMONDE bipinnée.
Osmunda bipinnata. Linn. ♃ De Saint-Domingue.

21. L'OSMONDE à oreille.
Osmunda aurita. Swartz. ♃ De la Jamaïque.

22. L'OSMONDE verticillée.
Osmunda verticillata. Linn. ♃ De la Jamaïque.

23. L'OSMONDE filicule.
Osmunda filiculifolia. Linn. ♃ De la Jamaïque.

Osmondes faisant aujourd'hui le genre BOTRYCHION.

24. L'OSMONDE lunaire.
Osmunda lunaria. Linn. ♃ Indigène.

25. L'OSMONDE à feuilles de rue.
Osmunda rutæa. Swartz. ♃ Du nord de l'Europe.

26. L'OSMONDE à feuilles de matricaire.
Osmunda matricarioides. Schranck. ♃ De l'Allemagne.

27. L'OSMONDE à feuilles subdivisées.
Osmunda dissecta. Willd. ♃ De l'Amérique septentrionale.

28. L'OSMONDE ternée.
Osmunda ternata. Thunb. ♃ Du Japon.

29. L'OSMONDE biternée.
Osmunda biternata. Lam. ♃ De l'Amérique septentrionale.

30. L'OSMONDE de Virginie.
Osmunda virginica. Linn. ♃ De l'Amérique septentrionale.

31. L'OSMONDE à feuilles de ciguë.
Osmunda cicutaria. Linn. ♃ De Saint-Domingue.

32. L'OSMONDE de Ceylan.
Osmunda zeylanica. Linn. ♃ De Ceylan.

Culture.

La première espèce est la seule dont on puisse tirer quelque parti sous les rapports utiles ou agréables. Son abondance dans les lieux qui lui conviennent, c'est-à-dire, dans les lieux rendus marécageux par des eaux de source d'un écoulement lent, permet de l'employer comme les autres fougères pour chauffer le four, fabriquer de la potasse, faire de la litière, augmenter la masse des fumiers. La grandeur & le beau vert de ses touffes autorisent à la placer sur le bord des ruisseaux & des lacs, dans les jardins paysagers. On pourroit sans doute la multiplier par le semis de ses graines; mais on ne le fait guère que par le déchirement de ses touffes, dont quelques-unes ont jusqu'à trois & quatre pieds de diamètre.

Outre celles-là, on voit encore, dans quelques collections d'amateurs, les Osmondes laineuse, lunaire & de Virginie : la première & la dernière s'y tiennent en pots pour pouvoir les rentrer l'hiver dans l'orangerie. (*Bosc.*)

OSSELET. *Voyez* SUR-OS.

OSTÉOSPERME. *Osteospermum.*

Genre de plante de la syngénésie polygamie nécessaire & de la famille des *Corymbifères*, dans lequel on trouve réunies vingt-trois espèces, dont plusieurs sont cultivées dans nos écoles de botanique. Il est figuré pl. 714 des *Illustrations des genres* de Lamarck.

Espèces.

1. L'OSTÉOSPERME élancé.
Osteospermum junceum. Linn. ♄ Du Cap de Bonne-Espérance.

2. L'OSTÉOSPERME à feuilles de houx.
Osteospermum ilicifolium. Linn. ♄ Du Cap de Bonne-Espérance.

3. L'OSTÉOSPERME à feuilles triquètres.
Osteospermum triquetrum. Linn. ♄ Du Cap de Bonne-Espérance.

4. L'OSTÉOSPERME épineux.
Osteospermum spinosum. Linn. ♄ Du Cap de Bonne-Espérance.

5. L'OSTÉOSPERME spinescent.
Osteospermum spinescens. Willd. ♄ Du Cap de Bonne-Espérance.

6. L'OSTÉOSPERME pisifère.
Osteospermum pisiferum. Linn. ♄ Du Cap de Bonne-Espérance.

7. L'OSTÉOSPERME porte-collier.
Osteospermum moniliferum. Linn. ♄ Du Cap de Bonne-Espérance.

8. L'OSTÉOSPERME souci.
Osteospermum calendulaceum. Linn. ♄ Du Cap de Bonne-Espérance.

9. L'OSTÉOSPERME polygaloïde.
Osteospermum polygaloides. Linn. ♄ Du Cap de Bonne-Espérance.

10. L'OSTÉOSPERME roide.
Osteospermum rigidum. Ait. ♄ Du Cap de Bonne-Espérance.

11. L'OSTÉOSPERME à fleurs bleues.
Osteospermum cæruleum. Aiton. ♄ Du Cap de Bonne-Espérance.

12. L'OSTÉOSPERME en corymbe.
Osteospermum corymbosum. Linn. ♄ Du Cap de Bonne-Espérance.

13. L'OSTÉOSPERME cilié.
Osteospermum ciliatum. Linn. ♄ Du Cap de Bonne-Espérance.

14. L'OSTÉOSPERME imbriqué.
Osteospermum imbricatum. Linn. ♄ Du Cap de Bonne-Espérance.

15. L'OSTÉOSPERME herbacé.
Osteospermum herbaceum. Thunb. ♃ Du Cap de Bonne-Espérance.

16. L'OSTÉOSPERME tomenteux.
Osteospermum niveum. Linn. ♄ Du Cap de Bonne-Espérance.

17. L'OSTÉOSPERME perfolié.
Osteospermum perfoliatum. Linn. ☉ Du Cap de Bonne-Espérance.

18. L'OSTÉOSPERME bipinné.
Osteospermum bipinnatum. Thunb. ♄ Du Cap de Bonne-Espérance.

19. L'OSTÉOSPERME en lyre.
Osteospermum arctotoides. Linn. ♄ Du Cap de Bonne-Espérance.

20. L'OSTÉOSPERME pinnatifide.
Osteospermum pinnatifidum. Lhérit. ♄ Du Cap de Bonne-Espérance.

21. L'OSTÉOSPERME rude.
Osteospermum scabrum. Thunb. ♄ Du Cap de Bonne-Espérance.

22. L'OSTÉOSPERME blanchâtre.
Osteospermum incanum. Thunb. ♄ Du Cap de Bonne-Espérance.

23. L'OSTÉOSPERME à feuilles cylindriques.
Osteospermum teretifolium. Thunb. ♄ Du Cap de Bonne-Espérance.

Culture.

Sept de ces espèces se cultivent dans nos écoles de botanique : ce sont les 4e., 6e., 7e., 11e., 17e., 20e. & 21.e, parmi lesquelles la 17e. seule peut être mise en pleine terre, les autres étant frutescentes & craignant les gelées de l'hiver de notre climat. Cette dernière se sème dans des pots, sur couche; & lorsqu'elle a acquis deux ou trois pouces de haut, on la repique dans une bonne terre, à l'exposition du midi, où elle ne demande plus que des binages & des arrosemens.

Celles qui sont frutescentes restent toute l'année dans un pot rempli de terre à demi consistante, c'est-à-dire, moitié terre de bruyère & moitié terre franche. On les multiplie, ou de graines semées, comme il vient d'être dit, ou par boutures faites sur couche & sous châssis, boutures qui s'enracinent facilement.

Les Ostéospermes ont des fleurs assez belles; mais dans la plupart des espèces elles sont souvent en petit nombre. La septième & la vingtième sont les plus favorisées sous ce rapport. (*Bosc.*)

OSTRYE.

OSTRYE. *Ostrya.*

Genre de plante établi pour placer deux espèces de charme qui ont le fruit différent des autres. *Voyez* le mot CHARME dans le *Dictionnaire des Arbres & Arbustes.* (*Bosc.*)

OTHÈRE. *Othera.*

Arbrisseau du Japon, qui, selon Thunberg, forme seul un genre dans la tétrandrie monogynie.

Cet arbrisseau ne se voit pas dans nos jardins. Le LEPTA de Loureiro s'en rapproche infiniment, & lui sera probablement réuni lorsqu'ils seront mieux connus l'un & l'autre. (*Bosc.*)

OTHONE. *Othona.*

Genre de plante de la syngénésie polygamie nécessaire & de la famille des *Corymbifères*, lequel comprend une quarantaine d'espèces, dont plusieurs se cultivent dans nos écoles de botanique. Il est figuré pl. 714 des *Illustrations des genres* de Lamarck.

Espèces.

Othones à feuilles simples.

1. L'OTHONE à feuilles menues.
Othona tenuissima. Linn. ♄ Du Cap de Bonne-Espérance.

2. L'OTHONE à feuilles de lin.
Othona linifolia. Linn. ♄ Du Cap de Bonne-Espérance.

3. L'OTHONE à feuilles épaisses.
Othona crassifolia. Linn. ♄ Du Cap de Bonne-Espérance.

4. L'OTHONE à feuilles de giroflier, vulgairement *souci d'Afrique.*
Othona cherifolia. Linn. ♄ Du Cap de Bonne-Espérance.

5. L'OTHONE coronope.
Othona coronopifolia. Linn. ♄ Du Cap de Bonne-Espérance.

6. L'OTHONE parviflore.
Othona parviflora. Linn. ♄ Du Cap de Bonne-Espérance.

7. L'OTHONE latériflore.
Othona lateriflora. Linn. ♄ Du Cap de Bonne-Espérance.

8. L'OTHONE langue.
Othona lingua. Linn. ♄ Du Cap de Bonne-Espérance.

9. L'OTHONE hétérophylle.
Othona heterophylla. Linn. ♄ Du Cap de Bonne-Espérance.

10. L'OTHONE cacaliforme.
Othona cacalioides. Linn. ♄ Du Cap de Bonne-Espérance.

11. L'OTHONE frutescente.
Othona frutescens. Linn. ♄ Du Cap de Bonne-Espérance.

12. L'OTHONE arborescente.
Othona arborescens. Linn. ♄ Du Cap de Bonne-Espérance.

13. L'OTHONE bulbeuse.
Othona bulbosa. Linn. ♃ Du Cap de Bonne-Espérance.

14. L'OTHONE lâche.
Othona laxa. Lam. ♄ Du Cap de Bonne-Espérance.

15. L'OTHONE nudicaule.
Othona nudicaulis. Lam. ♄ Du Cap de Bonne-Espérance.

16. L'OTHONE virginée.
Othona virginea. Linn. ♄ Du Cap de Bonne-Espérance.

17. L'OTHONE à feuilles de bruyère.
Othona ericoides. Linn. ♄ Du Cap de Bonne-Espérance.

18. L'OTHONE divergente.
Othona retrofacta. Jacq. ♄ Du Cap de Bonne-Espérance.

19. L'OTHONE sillonnée.
Othona sulcata. Thunb. ♄ Du Cap de Bonne-Espérance.

20. L'OTHONE denticulée.
Othona denticulata. Ait. ♄ Du Cap de Bonne-Espérance.

21. L'OTHONE à cinq dents.
Othona quinquedentata. Thunb. ♄ Du Cap de Bonne-Espérance.

22. L'OTHONE à tige filiforme.
Othona filicaulis. Jacq. ♄ Du Cap de Bonne-Espérance.

23. L'OTHONE amplexicaule.
Othona amplexicaulis. Thunb. ♄ Du Cap de Bonne-Espérance.

24. L'OTHONE imbriquée.
Othona imbricata. Thunb. ♄ Du Cap de Bonne-Espérance.

25. L'OTHONE à petites feuilles.
Othona tenuissima. Linn. ♄ Du Cap de Bonne-Espérance.

Othones à feuilles composées ou profondément divisées.

26. L'OTHONE imbriquée.
Othona imbricata. Linn. ♄ Du Cap de Bonne-Espérance.

27. L'OTHONE trifide.
Othona trifida. Linn. ♄ Du Cap de Bonne-Espérance.

28. L'OTHONE capillaire.
Othona capillaris. Linn. ⊙ Du Cap de Bonne-Espérance.

29. L'OTHONE pectinée.
Othona pectinata. Linn. ♄ Du Cap de Bonne-Espérance.

30. L'OTHONE à feuilles d'aurone.

Othona abrotanifolia. Linn. ♄ Du Cap de Bonne-Espérance.

31. L'OTHONE trifurquée.

Othona trifurcata. Linn. ♄ Du Cap de Bonne-Espérance.

32. L'OTHONE tagète.

Othona tagetes. Linn. ♄ Du Cap de Bonne-Espérance.

33. L'OTHONE uniflore.

Othona uniflora. Lam. ♄ Du Cap de Bonne-Espérance.

34. L'OTHONE athanafie.

Othona athanasia. Linn. ♄ Du Cap de Bonne-Espérance.

35. L'OTHONE multifide.

Othona multifida. Thunb. ♄ Du Cap de Bonne-Espérance.

36. L'OTHONE ciliée.

Othona ciliata. Linn. ♄ Du Cap de Bonne-Espérance.

37. L'OTHONE pinnatifide.

Othona pinnatifida. Thunb. ♄ Du Cap de Bonne-Espérance.

38. L'OTHONE munite.

Othona munita. Linn. ♄ Du Cap de Bonne-Espérance.

39. L'OTHONE pinnée.

Othona pinnata. Linn. ♃ Du Cap de Bonne-Espérance.

40. L'OTHONE digitée.

Othona digitata. Linn. ♃ Du Cap de Bonne-Espérance.

Culture.

On voit dans nos écoles de botanique & dans les jardins des amateurs quatorze ou quinze de ces espèces; favoir : les 4e., 5e., 8e., 10e., 12e., 13e., 18e., 20e., 22e., 25e., 29e., 30e. 34e., 39e.: toutes demandent une terre à demi confiftante & l'orangerie pendant l'hiver. La moins délicate eft la quatrième, qu'on peut placer en pleine terre, à une expofition chaude, en ayant foin de la couvrir pendant l'hiver. Ce font d'affez belles plantes lorfqu'elles font en fleurs, particuliérement la 29e., qui eft une des plus répandues : elles craignent l'humidité.

Les Othones fe multiplient par le femis de leurs graines dans des pots & fur couche ; mais comme elles n'en donnent pas toujours dans le climat de Paris, on emploie plus fréquemment la voie des boutures, qui fe font au printems, fur couche & fous châffis, & qui manquent rarement. (*Bosc.*)

OTTELIE. *Ottelia.*

Plante des Indes, qui feule forme un genre dans l'hexandrie hexagynie, fort voifin des FLUTEAUX, avec lefquels elle avoit été d'abord réunie. *Voyez* ce mot.

Cette plante n'étant pas cultivée dans nos jardins, ne peut donner lieu à un article plus étendu. (*Bosc.*)

OUAILLE. On nomme ainfi la brebis dans le département des Deux-Sèvres.

OUANGUE : nom que les Nègres de Cayenne donnent au SESAME qu'ils cultivent.

OUAPE. C'eft le VOUAPA d'Aublet, c'eft-à-dire, un MACROLOBE. *Voyez* ce mot.

OUAROUCHI : arbre de Cayenne, du fruit duquel on tire du fuif. C'eft probablement un ICIQUIER. *Voyez* ce mot.

OUARQUER. C'eft, dans le département des Vofges, le nom du labour d'automne des terres qu'on veut femer au printems.

OUASSACOU : arbre vénéneux de Cayenne, qui appartient au genre PHYLLANTHE. *Voyez* ce mot.

OUATTE. C'eft l'APOCIN de Syrie, dont les femences font entourées d'un coton propre à OUATTER. *Voyez* APOCIN.

OUDRY : vieux mot qui fignifie FANER.

OUË : vieux nom de l'oie.

OUELE : arbufte grimpant de l'Inde, qui fert à faire des cercles, & qui paroît appartenir au genre PISONE.

OUEST : un des quatre points cardinaux du Monde, celui où le foleil femble fe coucher dans le tems des équinoxes : on l'appelle auffi *le couchant.*

C'eft d'entre le couchant & le midi, c'eft-à-dire, du fud-oueft, que foufflent les vents qui donnent le plus fouvent la pluie dans une grande partie de la France. *Voyez* PLUIE. Cela tient à la pofition des Alpes.

Les coteaux & les murs tournés à l'Oueft ne recevant l'influence des rayons du foleil que lorfqu'ils fe font affoiblis, cette expofition eft la plus mauvaife, après le nord, pour les cultures des plantes des pays chauds. On ne peut en tirer un parti utile que pendant les chaleurs de l'été. *Voyez* EXPOSITION. (*Bosc.*)

OUILLE. C'eft la brebis dans le département de Lot & Garonne.

OUILLER LES VINS. C'eft remplir les tonneaux où il eft en fermentation. *Voyez* VIN.

OULLIÈRE. On donne ce nom, aux environs de Marfeille, aux allées qui font entre les rangs de vignes; allées qu'on cultive en céréales, en légumes, &c. *Voyez* VIGNE.

OUMA : un des noms de l'ORME.

OURAGAN. Quelques perfonnes croient ce mot fynonyme d'orage; mais il fignifie feulement la réunion de deux ou plufieurs vents qui foufflent dans des directions oppofées, & qui ne font pas accompagnés de tonnerre & de grêle, quelquefois même pas fuivis de pluie.

Certains Ouragans font accompagnés de tourbillons de plufieurs fortes, entr'autres de ceux qu'on appelle TROMBES (*voyez* ce mot), & alors leurs effets sont bien plus désastreux sur les points où passent ces tourbillons & ces trombes. Rien ne peut leur résister, & ils enlevent les terres & les eaux à une grande hauteur pour les répandre au loin.

On voit arriver des Ouragans en toute saison ; mais c'est en général à la fin de l'été qu'ils sont les plus fréquens.

Il est difficile de s'opposer aux effets des orages. Cependant il y a des moyens de diminuer leurs ravages (*voyez* ORAGE); mais l'homme n'a absolument aucune action sur les Ouragans, qui, en quelques instans, enlèvent les toits des maisons, renversent ou cassent les arbres, font verser les blés sur pied, dispersent ceux qui sont coupés, font tomber tous les fruits, &c. ; seulement il peut, ou choisir, pour se bâtir une demeure, pour exécuter des plantations, des cultures de toutes espèces, une localité garantie des vents dominans, qui sont, pour tout le nord de la France, ceux du sud-ouest, par des montagnes élevées & couvertes de bois, ou entourer sa propriété d'une épaisse ceinture de bois, & chacune de ses divisions de haies rustiques, garnies de grands arbres. *Voyez* HAIE.

C'est dans les pays intertropicaux que les Ouragans sont les plus fréquens, les plus violens, & par conséquent les plus désastreux. Ils causent annuellement des pertes immenses dans nos colonies à sucre, quoiqu'on y connoisse le moyen de mettre obstacle à leur fureur par des plantations.

Immédiatement après un Ouragan il faut réparer les maux qu'il a causés, ou au moins en faire disparoître les traces. Je n'entrerai dans aucun détail à cet égard, attendu que les circonstances variant sans fin, les pratiques doivent également varier, & que leur exposition me conduiroit trop loin, me feroit faire des répétitions. *Voyez* au mot VENT, auquel j'indiquerai un moyen de relever les arbres renversés. (*Bosc.*)

OURAME : nom de la faucille dans la ci-devant Provence.

OURATE. *Ouratea.*

Très-grand arbre de Cayenne encore imparfaitement connu, mais qui fait genre dans la décandrie monogynie.

Cet arbre, dont les fleurs exhalent l'odeur de la giroflée, n'est pas encore cultivé dans nos jardins. (*Bosc.*)

OURDE. C'est la SOUDE FRUTESCENTE aux embouchures du Rhône.

OURDON : nom des feuilles du CYNANQUE, qu'on mêle en Égypte avec celles du séné.

OUREGON : nom spécifique d'un CANANG de Cayenne. *Voyez* ce mot.

OURISIE. *Ourisia.*

Plante vivace du détroit de Magellan, qui faisoit ci-devant partie des GALANES (*voyez* ce mot), & auquel on a trouvé des caractères suffisans pour constituer un genre. (*Bosc.*)

OUROUPAN : genre établi par Aublet, & réuni aux NAUCLÉES. *Voyez* ce mot.

OURSINE. *Arctopus.*

Plante vivace, très-remarquable, du Cap de Bonne-Espérance, qui seule forme un genre dans la polygamie monoécie, & qui est figurée pl. 855 des *Illustrations des genres* de Lamarck.

Cette plante n'est point cultivée dans nos jardins. (*Bosc.*)

OUTARDE : le plus gros des oiseaux d'Europe, & dont la chair est extrêmement estimée.

Cet oiseau se tient pendant l'été dans les déserts de la Sibérie, & vient pendant l'hiver dans les plaines de la Champagne, de la Touraine, &c. Il est extrêmement difficile à tuer, parce qu'il se tient toujours dans les lieux découverts, & qu'il ne se laisse pas approcher.

Je ne parle ici de l'Outarde que pour dire que de tout tems on a fait des efforts pour le rendre domestique, mais qu'ils n'ont pas encore eu de résultats satisfaisans. On parvient assez bien à accoutumer les Outardes, prises jeunes, à rester dans une basse-cour avec les autres volailles, mais elles ne s'y accouplent pas, & par conséquent ne peuvent s'y multiplier. J'ai vu dans ma jeunesse, à Châlons-sur-Marne, un mâle & une femelle qu'on y gardoit depuis plusieurs années dans ce but, sans que cette dernière eût pondu une seule fois.

Voyez, pour le surplus, le *Dictionnaire des Oiseaux.*

OUTÉE. *Outea.*

Genre fait par Aublet, & réuni depuis aux MACROLOBES. *Voyez* ce mot.

OUTILS D'AGRICULTURE. Ce mot n'a pas une acception bien précise, beaucoup de personnes confondant les Outils avec les INSTRUMENS D'AGRICULTURE ; cependant le mot OUTILS s'applique particuliérement à cette portion des instrumens qui est de fer ou d'acier, avec ou sans manche, & dont la grandeur est moyenne ou petite.

Les observations que j'ai présentées au lecteur, à l'article des INSTRUMENS, s'appliquent complétement aux Outils ; ainsi je le renvoie à ce mot.

Quant aux différentes sortes d'Outils, je le renvoie aux articles qui les concernent, tels que BÊCHE, HOUE, PIC, TOURNÉE, SERPE, SERPETTE, FAUX, FAUCILLE, CROISSANT, SCIE, CISEAUX, HACHE, COGNÉE, GREFFOIR, RATISSOIR, RATEAU, &c.

C'est toujours une fort mauvaise économie que d'acheter des Outils mal fabriqués ou fabriqués avec de mauvais fer, à raison du meilleur marché; on y perd de deux manières, c'est-à-dire, ou parce qu'on fait moins promptement & moins bien la besogne à laquelle ils sont propres, ou parce qu'on est forcé de les faire réparer ou de les renouveler plus souvent. L'instruction & l'aisance des campagnes peuvent seuls arrêter les effets désastreux du mauvais choix des Outils. (*Bosc.*)

OUVIRANDRA. *Uvirandra.*

Plante aquatique de Madagascar, qui seule forme un genre dans l'hexandrie monogynie & dans la famille des *Fluviales*.

Cette plante a une racine tubéreuse & bonne à manger, & des feuilles percées à jour en réseau.

Comme elle n'est point cultivée en Europe, je n'ai rien à en dire de plus. (*Bosc.*)

OUVRIER : homme qui travaille, soit à la terre, soit à quelque métier.

Dans l'origine des sociétés agricoles, les propriétaires des terres les cultivoient de leurs propres mains, comme le font encore la plupart de ceux qui en possèdent fort peu : cette situation des choses faisoit des peuples heureux & nombreux, mais non des peuples riches. Aujourd'hui que la classe des non-propriétaires est incomparablement plus nombreuse que celle des propriétaires, il faut qu'une partie des individus qui la composent, louent leurs bras sous les noms de VALETS, de JOURNALIERS, de TERRASSIERS, de FAUCHEURS, de MOISSONNEURS, &c., aux propriétaires ou aux fermiers pour pouvoir se procurer leur nourriture, leur vêtement, leur logement, &c.

C'est principalement dans les cantons de grande culture où les Ouvriers sont les plus nombreux; là, sur une étendue de plusieurs centaines d'arpens, on ne trouve qu'un propriétaire, ou son régisseur, ou un fermier, qui ne le soient pas.

Un tel ordre de choses a de graves inconvéniens sous les rapports moraux & politiques, mais il conduit à une grande économie dans les travaux & à une grande augmentation dans les produits. Ce sont les cantons de grande culture qui alimentent de blé les armées, les flottes, qui l'accumulent dans les tems d'abondance pour les années de disette : sans eux la laine seroit beaucoup plus rare & plus chère.

Les entrepreneurs de la grande culture, comme ceux de la petite, font le plus souvent la loi aux Ouvriers qu'ils louent; quelquefois aussi ce sont les Ouvriers qui leur font la loi. S'il est desirable que les premiers ne mésusent pas de leur position pour obliger les derniers à se contenter d'un salaire insuffisant pour nourrir eux & leur famille, il l'est aussi que les seconds ne puissent exiger une somme plus forte que ne le demande la valeur réelle du blé, qui, dans ce cas, est la règle du juste & de l'injuste.

J'ai cru voir qu'il étoit presque toujours plus avantageux de bien payer les Ouvriers que de les mal payer. Par ce moyen, on les choisit mieux, on les attache davantage à ses intérêts, & on en exige plus de travail.

Il est plusieurs modes d'arrangement usités pour la location des Ouvriers : tantôt on les prend à la tâche, tantôt à la journée; tantôt on les paie en denrées, tantôt en argent. On a beaucoup disputé pour savoir quel est le meilleur de ces modes, & la question n'est pas encore décidée. Le vrai est qu'il y a des inconvéniens dans tous pour le propriétaire : lorsqu'ils sont à la tâche, ils font mal pour aller plus vîte; lorsqu'ils sont à la journée, ils font le moins d'ouvrage possible, soit pour moins se fatiguer, soit pour être plus long-tems employés.

C'est la nature du travail qui doit déterminer les cultivateurs à choisir l'un de ces modes, parce qu'il y a des ouvrages qui peuvent être exactement vérifiés après qu'ils sont terminés, comme le creusement d'un fossé, la coupe d'une haie, &c., & qu'il en est d'autres qu'il vaut mieux payer plus chers pour les obtenir aussi bons que possible, comme un défoncement, une digue, &c.

Il est des localités où on ne peut se dispenser de nourrir les Ouvriers qu'on emploie; mais il est bon de se rendre très-difficile à cet égard, car il en résulte toujours pour le propriétaire plus de dépense qu'il n'en résulte de profit pour les ouvriers.

De même, quoique dans beaucoup de lieux l'usage oblige de payer les Ouvriers en blé, il vaut mieux faire le marché en argent, sauf à leur fournir ensuite du blé au prix du marché à un jour convenu.

L'économie commande de prendre pour certains ouvrages les Ouvriers à l'époque de l'année où ils sont au meilleur compte possible.

On ne doit jamais craindre de prendre un grand nombre d'Ouvriers lors des principales récoltes, telles que les FOINS, les MOISSONS, les VENDANGES, lors même que ce grand nombre feroit augmenter un peu le prix de leur travail, parce que le chapitre des accidens est alors si étendu, que sur dix ans on est certain de regagner cette augmentation au centuple. *Voyez* ces trois mots. (*Bosc.*)

OVAIRE : partie de la fleur qui contient les rudimens des graines, & qui supporte le style ou le stigmate : tantôt elle est supérieure au calice, & c'est le plus souvent; tantôt elle lui est inférieure, & on dit alors qu'elle lui est adhérente.

Voyez FLEUR, FÉCONDATION, FRUCTIFICATION. (*Bosc.*)

OVIAUX. Ce nom s'applique, dans quelques cantons de la Picardie, aux petits tas de pois ou de vesce; & qui se font lors de la récolte de ces plantes.

Il faut que les Oviaux ne soient ni trop gros, parce qu'ils sécheroient difficilement, ni trop petits, parce qu'il se perdroit trop de graines. *Voyez* VESCE.

OVIÈDE. *OVIEDA.*

Genre de plante de la didynamie angiospermie & de la famille des *Pyrénacées*, qui réunit trois espèces, dont aucune n'est cultivée dans nos jardins. Il est figuré pl. 538 des *Illustrations des genres* de Lamarck.

Espèces.

1. L'OVIÈDE épineuse.
Ovieda spinosa. Linn. ♄ De l'Amérique méridionale.

2. L'OVIÈDE à feuilles ovales.
Ovieda ovalifolia. Juss. ♄ Des Indes.

3. L'OVIÈDE inerme.
Ovieda mitis. Linn. ♄ De Java. (*Bosc.*)

OXALIDE. *OXALIS.*

Genre de plante de la décandrie pentagynie & de la famille des *Géranions*, dans lequel on trouve réunies cent quatre espèces, dont deux se trouvent en France; & dont beaucoup se cultivent dans les écoles de botanique. *Voyez* les *Illustrations des genres* de Lamarck, pl. 391.

Espèces.

Oxalides à feuilles simples.

1. L'OXALIDE monophylle.
Oxalis monophylla. Linn. ♃ Du Cap de Bonne-Espérance.

2. L'OXALIDE jolie.
Oxalis lepida. Jacq. ♃ Du Cap de Bonne-Espérance.

3. L'OXALIDE à bec.
Oxalis rostrata. Jacq. ♃ Du Cap de Bonne-Espérance.

Oxalides à feuilles géminées.

4. L'OXALIDE oreillée.
Oxalis asinana. Jacq. ♃ Du Cap de Bonne-Espérance.

5. L'OXALIDE fer-de-lance.
Oxalis lanceæfolia. Jacq. Du Cap de Bonne-Espérance.

6. L'OXALIDE léporine.
Oxalis leporina. Jacq. ♃ Du Cap de Bonne-Espérance.

7. L'OXALIDE à feuilles crépues.
Oxalis crispa. Jacq. ♃ Du Cap de Bonne-Espérance.

Oxalides à feuilles ternées.

8. L'OXALIDE naine.
Oxalis nana. Thunb. ♃ Du Cap de Bonne-Espérance.

9. L'OXALIDE très-petite.
Oxalis minuta. Jacq. ♃ Du Cap de Bonne-Espérance.

10. L'OXALIDE courte.
Oxalis pusilla. Jacq. ♃ Du Cap de Bonne-Espérance.

11. L'OXALIDE ponctuée.
Oxalis punctata. Thunb. ♃ Du Cap de Bonne-Espérance.

12. L'OXALIDE nageante.
Oxalis natans. Thunb. ♃ Du Cap de Bonne-Espérance.

13. L'OXALIDE à feuilles de féve.
Oxalis fabæfolia. Jacq. ♃ Du Cap de Bonne-Espérance.

14. L'OXALIDE à feuilles d'aubours.
Oxalis laburnifolia. Jacq. ♃ Du Cap de Bonne-Espérance.

15. L'OXALIDE sanguine.
Oxalis sanguinea. Jacq. ♃ Du Cap de Bonne-Espérance.

16. L'OXALIDE ambiguë.
Oxalis ambigua. Jacq. ♃ Du Cap de Bonne-Espérance.

17. L'OXALIDE ondulée.
Oxalis undulata. Jacq. ♃ Du Cap de Bonne-Espérance.

18. L'OXALIDE fuscate.
Oxalis fuscata. Jacq. ♃ Du Cap de Bonne-Espérance.

19. L'OXALIDE glanduleuse.
Oxalis glandulosa. Jacq. ♃ Du Cap de Bonne-Espérance.

20. L'OXALIDE tricolore.
Oxalis tricolor. Jacq. ♃ Du Cap de Bonne-Espérance.

21. L'OXALIDE rouge-jaune.
Oxalis rubro-flava. Jacq. ♃ Du Cap de Bonne-Espérance.

22. L'OXALIDE à feuilles pendantes.
Oxalis flaccida. Jacq. ♃ Du Cap de Bonne-Espérance.

23. L'OXALIDE exaltée.
Oxalis exaltata. Jacq. ♃ du Cap de Bonne-Espérance.

24. L'OXALIDE variable.
Oxalis variabilis. Jacq. ♃ Du Cap de Bonne-Espérance.

25. L'OXALIDE à grandes fleurs.
Oxalis grandiflora. Jacq. ♃ Du Cap de Bonne-Espérance.

26. L'OXALIDE sulfurée.
Oxalis sulphurea. Jacq. ♃ Du Cap de Bonne-Espérance.

27. L'OXALIDE pourpre.
Oxalis purpurea. Jacq. ♃ Du Cap de Bonne-Espérance.

28. L'OXALIDE à tige courte.
Oxalis brevicarpa. Jacq. ♃ Du Cap de Bonne-Espérance.

29. L'OXALIDE spécieuse.
Oxalis speciosa. Jacq. ♃ Du Cap de Bonne-Espérance.

30. L'OXALIDE oseille, vulgairement *alleluia*, *oseille-de-bucheron*, *pain-de-coucou*.
Oxalis acetosella. Linn. ♃ Indigène.

31. L'OXALIDE laineuse.
Oxalis lanata. Thunb. ♃ Du Cap de Bonne-Espérance.

32. L'OXALIDE comprimée.
Oxalis compressa. Thunb. ♃ Du Cap de Bonne-Espérance.

33. L'OXALIDE à longue fleur.
Oxalis longiflora. Lam. ♃ Du Cap de Bonne-Espérance.

34. L'OXALIDE de Magellan.
Oxalis magellanica. Forst. ♃ Du détroit de Magellan.

35. L'OXALIDE marginée.
Oxalis marginata. Jacq. ♃ Du Cap de Bonne-Espérance.

36. L'OXALIDE belle.
Oxalis pulchella. Jacq. ♃ Du Cap de Bonne-Espérance.

37. L'OXALIDE obtuse.
Oxalis obtusa. Jacq. ♃ Du Cap de Bonne-Espérance.

38. L'OXALIDE à feuilles tronquées.
Oxalis truncatula. Jacq. ♃ Du Cap de Bonne-Espérance.

39. L'OXALIDE à tumeur.
Oxalis strumosa. Jacq. ♃ Du Cap de Bonne-Espérance.

40. L'OXALIDE à feuilles ponctuées.
Oxalis punctata. Jacq. ♃ Du Cap de Bonne-Espérance.

41. L'OXALIDE jaunâtre.
Oxalis luteola. Jacq. ♃ Du Cap de Bonne-Espérance.

42. L'OXALIDE à gros angles.
Oxalis macrogonia. Jacq. ♃ Du Cap de Bonne-Espérance.

43. L'OXALIDE fallacieuse.
Oxalis fallax. Jacq. ♃ Du Cap de Bonne-Espérance.

44. L'OXALIDE grêle.
Oxalis tenella. Jacq. ♃ Du Cap de Bonne-Espérance.

45. L'OXALIDE à feuilles étroites.
Oxalis tenuifolia. Jacq. ♃ Du Cap de Bonne-Espérance.

46. L'OXALIDE à long style.
Oxalis macrostylis. Jacq. ♃ Du Cap de Bonne-Espérance.

47. L'OXALIDE hérissée.
Oxalis hirta. Linn. ♃ Du Cap de Bonne-Espérance.

48. L'OXALIDE tubiflore.
Oxalis tubiflora. Jacq. ♃ Du Cap de Bonne-Espérance.

49. L'OXALIDE unilatérale.
Oxalis secunda. Jacq. ♃ Du Cap de Bonne-Espérance.

50. L'OXALIDE multiflore.
Oxalis multiflora. Jacq. ♃ Du Cap de Bonne-Espérance.

51. L'OXALIDE rubelle.
Oxalis rubella. Jacq. ♃ Du Cap de Bonne-Espérance.

52. L'OXALIDE rosacée.
Oxalis rosacea. Jacq. ♃ Du Cap de Bonne-Espérance.

53. L'OXALIDE rampante.
Oxalis repens. Jacq. ♃ Du Cap de Bonne-Espérance.

54. L'OXALIDE tranchante.
Oxalis reptatrix. Jacq. ♃ Du Cap de Bonne-Espérance.

55. L'OXALIDE distique.
Oxalis disticha. Jacq. ♃ Du Cap de Bonne-Espérance.

56. L'OXALIDE incarnate.
Oxalis incarnata. Linn. ♃ Du Cap de Bonne-Espérance.

57. L'OXALIDE glabre.
Oxalis glabra. Thunb. ♃ Du Cap de Bonne-Espérance.

58. L'OXALIDE bifide.
Oxalis bifida. Thunb. ♃ Du Cap de Bonne-Espérance.

59. L'OXALIDE versicolore.
Oxalis versicolor. Linn. ♃ Du Cap de Bonne-Espérance.

60. L'OXALIDE veinée.
Oxalis venosa. Lam. ♃ Du Cap de Bonne-Espérance.

61. L'OXALIDE sans bractées.
Oxalis ebracteata. Lam. ♃ Du Cap de Bonne-Espérance.

62. L'OXALIDE comprimée.
Oxalis compressa. Thunb. ♃ Du Cap de Bonne-Espérance.

63. L'OXALIDE soyeuse.
Oxalis sericea. Thunb. ♃ Du Cap de Bonne-Espérance.

64. L'OXALIDE à grosse racine.
Oxalis megalorhiza. Jacq. ♃ Du Cap de Bonne-Espérance.

65. L'OXALIDE tétraphylle.
Oxalis tetraphylla. Cav. ♃ Du Mexique.

66. L'OXALIDE violette.
Oxalis violacea. Linn. ♃ De l'Amérique septentrionale.

67. L'OXALIDE caprine.
Oxalis capra. Linn. ♃ Du Cap de Bonne-Espérance.

68. L'OXALIDE penchée.
Oxalis cernua. Thunb. ♃ Du Cap de Bonne-Espérance.

69. L'OXALIDE livide.
Oxalis livida. Jacq. ♃ Du Cap de Bonne-Espérance.

70. L'OXALIDE ciliée.
Oxalis ciliaris. Jacq. ♃ Du Cap de Bonne-Espérance.

71. L'OXALIDE arquée.
Oxalis arcuata. Jacq. ♃ Du Cap de Bonne-Espérance.

72. L'OXALIDE linéaire.
Oxalis linearis. Jacq. ♃ Du Cap de Bonne-Espérance.

73. L'OXALIDE à feuilles en coin.
Oxalis cuneifolia. Jacq. ♃ Du Cap de Bonne-Espérance.

74. L'OXALIDE cunéate.
Oxalis cuneata. Jacq. ♃ Du Cap de Bonne-Espérance.

75. L'OXALIDE filiforme.
Oxalis filicaulis. Jacq. ♃ Du Cap de Bonne-Espérance.

76. L'OXALIDE à feuilles convexes.
Oxalis convexula. Jacq. ♃ Du Cap De Bonne-Espérance.

77. L'OXALIDE alongée.
Oxalis elongata. Jacq. ♃ Du Cap de Bonne-Espérance.

78. L'OXALIDE réclinée.
Oxalis reclinata. Jacq. ♃ Du Cap de Bonne-Espérance.

79. L'OXALIDE polyphylle.
Oxalis polyphylla. Jacq. ♃ Du Cap de Bonne-Espérance.

80. L'OXALIDE tubéreuse.
Oxalis tuberosa. Mol. ♃ Du Chili.

81. L'OXALIDE frutescente.
Oxalis frutescens. Linn. ♃ De la Martinique.

82. L'OXALIDE à grappes.
Oxalis racemosa. Lam. ♃ Du Chili.

83. L'OXALIDE élevée.
Oxalis virgosa. Mol. ♃ Du Chili.

84. L'OXALIDE bicolore.
Oxalis bicolor. Lam. ♃ Du Pérou.

85. L'OXALIDE articulée.
Oxalis articulata. Lam. ♃ De l'Amérique méridionale.

86. L'OXALIDE érigée.
Oxalis erecta. Thunb. ♃ Du Cap de Bonne-Espérance.

87. L'OXALIDE rave.
Oxalis conorhiza. Jacq. ♃ Du Paraguay.

88. L'OXALIDE crénelée.
Oxalis crenata. Jacq. ⊙ Du Pérou.

89. L'OXALIDE à fleurs latérales.
Oxalis lateriflora. Jacq. ♃ Du Cap de Bonne-Espérance.

90. L'OXALIDE de Dillen.
Oxalis Dillenii. Jacq. ⊙ De l'Amérique septentrionale.

91. L'OXALIDE corniculée.
Oxalis corniculata. ⊙ Du midi de l'Europe.

92. l'OXALIDE d'Amérique.
Oxalis stricta. Jacq. ♃ De l'Amérique septentrionale.

93. L'OXALIDE à cinq angles.
Oxalis pentantha. Jacq. ♃ De l'Amérique méridionale.

94. L'OXALIDE à feuilles rhombes.
Oxalis rhombifolia. Jacq. ♃ De l'Amérique méridionale.

95. L'OXALIDE de Barelier.
Oxalis Barelieri. Jacq. ⊙ De l'Amérique méridionale.

Oxalides à feuilles digitées ou multifides.

96. L'OXALIDE jaune.
Oxalis flava. Linn. ♃ Du Cap de Bonne-Espérance.

97. L'OXALIDE tomenteuse.
Oxalis tomentosa. Thunb. ♃ Du Cap de Bonne-Espérance.

98. L'OXALIDE à six feuilles.
Oxalis sexenata. Lam. ♃ De l'Amérique méridionale.

99. L'OXALIDE digitée.
Oxalis quinata. Thunb. ♃ Du Cap de Bonne-Espérance.

100. L'OXALIDE de Burmann.
Oxalis Burmanni. Jacq. ♃ Du Cap de Bonne-Espérance.

101. L'OXALIDE à feuilles de lupin.
Oxalis lupinifolia. Jacq. ♃ Du Cap de Bonne-Espérance.

102. L'OXALIDE pectinée.
Oxalis pectinata. Jacq. ♃ Du Cap de Bonne-Espérance.

103. L'OXALIDE à feuilles en éventail.
Oxalis flabellifolia. Jacq. ♃ Du Cap de Bonne-Espérance.

104. L'OXALIDE sensitive.
Oxalis sensitiva. Linn. ♃ Des Indes.

Culture.

Une trentaine de ces espèces se cultivent dans nos écoles de botanique : ce sont celles indiquées sous les n°s. 1, 4, 24, 25, 27, 30, 31, 44, 47, 49, 50, 51, 54, 59, 65, 66, 67, 68, 75, 76, 77, 78, 79, 89, 91, 92, 96.

L'Oxalide oseille, qui se trouve si abondamment

dans nos bois, surtout dans ceux des montagnes, ainsi que l'Oxalide corniculée & l'Oxalide d'Amérique, se contentent de la pleine terre, pourvu, la première surtout, qu'elles soient tenues à l'ombre. Elles ne demandent aucun soin particulier: toutes les autres exigent l'orangerie, la terre de bruyère & des arrosemens fréquens pendant qu'elles sont en végétation. Parmi elles, la plus cultivée est l'Oxalide versicolore, dont la fleur, d'un blanc pur, bordé de rouge-vif, est si éclatante. Les Oxalides pourpre, à quatre folioles & à grandes fleurs, sont aussi fort remarquables. On les multiplie par le semis de leurs graines dans des pots sur couche & sous châssis, & par déchirement des vieux pieds pendant qu'elles sont en repos. Comme beaucoup ont les racines tubéreuses, cette opération devient très-facile, surtout lorsqu'on ne la fait, & on le doit toutes les fois qu'il n'y a pas urgence, que tous les deux & même tous les trois ans. Il suffit de changer leur terre tous les deux ans, car elles s'épuisent peu. La plupart fleurissent à la fin de l'hiver, c'est-à-dire, en février, & demandent alors d'être placées près des jours pour s'épanouir, ce qu'elles ne font que lorsque le soleil brille; elles gagnent même à être placées sous un châssis plus élevé.

Les tubercules de l'Oxalide tubéreuse se mangent au Chili, & sont excellens cuits, au rapport de Molina. J'ai trouvé passables ceux de l'Oxalide violette, que j'ai goûtés pendant mon séjour en Caroline. Il est probable que ceux de beaucoup d'autres du Cap de Bonne-Espérance sont également susceptibles d'être employés à la nourriture de l'homme.

L'Oxalide oseille se mange comme l'oseille dans les montagnes de l'est de la France, où elle est connue sous le nom d'*oseille de bûcheron*. J'en ai souvent fait servir sur ma table, mêlée avec moitié de bette-poirée ou de belle-dame, car son acidité est très-forte; ainsi adoucie, elle est plus agréable au goût que l'oseille des jardins. On la substitue avec avantage à cette dernière dans les maladies putrides, & lorsqu'il s'agit de rafraîchir le sang. C'est d'elle qu'on retire, en Allemagne & en Suisse, le sel d'oseille d'usage en médecine, & si employé dans l'art du dégraisseur pour enlever les taches d'encre & de rouille.

Pour faire le sel d'oseille, on coupe les feuilles de l'Oxalide oseille au moment où ses fleurs s'épanouissent; plus tôt ou plus tard, elles donnent moins de sel. Ces feuilles, apportées à la maison, sont de suite pilées dans un mortier de bois, & leur jus exprimé, mis dans un baquet également de bois, où, au bout de deux à trois jours, plus ou moins, selon la chaleur de la saison, le sel se cristallise. Lorsqu'il ne se forme plus de cristaux, on met dans la liqueur un peu de potasse purifiée, & il s'en précipite de nouveaux. On compte ordinairement sur cinq livres de sel par chaque cent livres de feuilles.

Il est à desirer que les habitans des montagnes de l'est & du centre de la France, où cette plante est si abondante, se livrent à la fabrication du sel qu'elle fournit, & qu'ils enlèvent aux étrangers les bénéfices du petit commerce auquel il donne lieu.

Je ne doute pas que l'Oxalide corniculée, qu'il est si facile de cultiver partout, & qui ne craint pas le soleil, ne puisse être avantageusement substituée à la précédente pour cette fabrication. Les terres les plus sabloneuses sont celles où elle prospère le mieux. (*Bosc.*)

OXIDES: combinaison de l'oxigène avec les métaux & quelques autres corps. *Voyez* le *Dictionnaire de Chimie*.

Je ne dois parler ici des Oxides que parce que, 1°. le fer, le cuivre & le plomb, dont on fait si généralement usage dans l'économie agricole, s'oxident par le seul contact de l'air, aidé de l'humidité, & qu'il est souvent nécessaire & toujours avantageux de les en garantir; 2°. parce que ceux des deux derniers de ces métaux sont de violens poisons, contre l'effet desquels il faut se tenir constamment en garde. *Voyez* FER, PLOMB, CUIVRE, ROUILLE & VERT-DE-GRIS.

Les matières grasses, qui elles-mêmes s'oxident & deviennent rances, favorisent beaucoup l'oxidation du cuivre & du plomb; ainsi il ne faut pas en laisser séjourner dans des vases de ces deux métaux; il ne faut pas davantage le faire dans les vases de terre grossière, vernissés, ce vernis étant le verre de l'Oxide de plomb, & étant dissoluble par eux.

Pour garantir le fer des instrumens aratoires de la rouille, il faut le peindre à l'huile ou le goudroner.

Pour garantir les vases de cuivre du vert-de-gris, on les couvre à l'interieur d'une couche d'étain; c'est ce qu'on appelle les *étamer*.

Souvent on peint les boiseries, les treillages, les instrumens d'agriculture en bois, en gris, en jaune, en rouge & en vert. Dans la première de ces couleurs il entre souvent de l'Oxide de plomb; dans les deux suivantes, toujours, & dans la dernière, toujours de l'Oxide de cuivre. Je dois prévenir les cultivateurs que s'ils font chauffer leur four avec des bois ainsi peints, ils doivent être assurés que le pain qui en sortira sera empoisonné. (*Bosc.*)

OXYBAPHE. *Oxybapha*.

Genre de plante établi par Lhéritier, & qui renferme une demi-douzaine de plantes qui se rapprochent infiniment des NICTAGES, avec lesquels il a même été réuni. On l'a aussi appelé CALYMÉNIE.

Espèces.

1. L'OXYBAPHE visqueuse.
Oxybapha viscosa, Lhéritier. ♃ Du Pérou.

2. L'OXYBAPHE

2. L'OXYBAPHE à feuilles ovales.
Oxybapha ovata. Ruiz & Pav. ♃ Du Pérou.
3. L'OXYBAPHE à rameaux écartés.
Oxybapha expansa. Ruiz & Pav. ♃ Du Pérou.
4. L'OXYBAPHE à tige couchée.
Oxybapha prostrata. Ruiz & Pav. ♃ Du Pérou.
5. L'OXYBAPHE à fleurs en corymbe.
Oxybapha corymbosa. Cavan. ♃ De la Nouvelle-Espagne.
6. L'OXYBAPHE à fleurs ramassées.
Oxybapha aggregata. Cavan. ♃ De la Nouvelle-Espagne.

Culture.

La première & les deux dernières se cultivent dans les écoles de botanique. On les sème dans des pots remplis de terre à demi consistante, pots qu'on enfonce jusqu'à leur bord dans une couche nue, lorsque les gelées ne sont plus à craindre, c'est-à-dire, à la fin d'avril. Quand le plant qui est provenu de ces graines a acquis deux à trois pouces de haut, on le repique seul à seul, en partie en pleine terre, à une exposition chaude, en partie dans d'autres pots qu'on place à la même exposition. Les pieds en pleine terre gèlent après avoir donné de bonnes graines; les autres se rentrent dans l'orangerie aux approches des froids, & fleurissent de nouveau l'année suivante.

Ces plantes demandent peu d'arrosemens, du reste se conduisent comme les NICTAGES. *Voyez* ce mot.

OXYCARPE. *Oxycarpus.*

Grand arbre de la Cochinchine, qui, selon Loureiro, forme seul un genre dans la polygamie monoécie. Ses fruits sont gros comme une pomme, & se mangent.

Cet arbre n'existe dans aucun jardin d'Europe, & je ne puis en conséquence m'étendre plus longuement sur ce qui le concerne. (*Bosc.*)

OXYCÈRE. *Oxyceros.*

Genre de plante établi par le même Loureiro, dans la pentandrie monogynie, & qui paroît se rapprocher beaucoup des PSYCHOTRES & des RONDELETTES. (*Voyez* ces deux mots.) Il renferme deux espèces, dont aucune n'est cultivée dans nos jardins. (*Bosc.*)

OXYCOQUE. *Oxycocus.*

Genre établi pour placer quelques espèces d'AIRELLES à tiges rampantes & à fleurs presque polypétales. *Voyez* ce mot.

OXYGÈNE : principe qui joue un grand rôle dans la nature, mais qu'on ne peut connoître que par ses propriétés, parce qu'à raison de sa grande affinité avec les autres corps, on ne peut jamais l'obtenir isolé.

Sa combinaison la plus simple est celle avec le calorique, d'où résulte le gaz Oxygène, qu'on appeloit jadis *air vital*, parce que lui seul entretient la vie dans les animaux; *air déphlogistiqué*, parce que c'est lui qui fait perdre leurs propriétés aux métaux exposés au feu ou mis dans des acides, &c. Il entre pour plus d'un quart (0,27) dans l'air atmosphérique, & pour plus des trois quarts dans l'eau (0,85) : sans lui il ne peut y avoir de respiration ni de combustion.

Comme le lecteur trouvera à l'article OXYGÈNE du *Dictionnaire de chimie*, l'exposé de toutes les connoissances actuellement acquises sur l'Oxygène considéré chimiquement, je dois me borner ici à donner un apperçu du rôle qu'il joue dans l'acte de la vie animale & végétale.

C'est, comme je l'ai annoncé ci-dessus, l'Oxygène contenu dans l'air qui entretient, au moyen de la respiration, la vie dans les animaux. Par cette dernière opération il passe dans le sang & lui donne cette chaleur vivifiante, sans laquelle nous ne pourrions exister.

Si l'homme & les animaux souffrent d'abord, & enfin meurent dans un espace resserré où l'air ne peut se renouveler, c'est qu'ils consomment l'Oxygène renfermé dans cet espace; ils meurent par la même cause, lorsqu'on les étrangle ou qu'on les noie; s'ils ne peuvent vivre dans les lieux remplis de gaz azote, de gaz acide carbonique, c'est parce qu'il n'y a pas d'Oxygène, ou qu'il n'est pas libre; s'ils sont exposés à plus de maladies dans le voisinage des marais, des voiries, dans les maisons & les écuries mal-propres, &c., c'est que l'air qu'ils respirent en contient moins qu'à l'ordinaire.

Il est donc de première importance pour les cultivateurs, lorsqu'ils sont dans le cas de bâtir, de choisir un local en bon air, de donner une grandeur raisonnable aux pièces de leurs bâtimens, & de les entretenir dans un état constant de propreté. *Voyez* MARAIS, HABITATION RURALE, ÉCURIE, ÉTABLE, BERGERIE.

Mais si les animaux en respirant, si les bois en brûlant, si les métaux en s'oxidant, &c., consomment tant d'Oxygène, comment l'air en contient-il toujours à peu près la même quantité? D'où vient celui qui remplace la partie journellement enlevée? Des végétaux vivans; & en effet il a été reconnu que les feuilles des plantes l'exhalent pendant le jour.

Voici comment on a été conduit à cette découverte.

Ingenhouze, physicien allemand, ayant mis des feuilles dans l'eau, au soleil, & les ayant recouvertes d'une cloche, s'apperçut qu'il en sortoit beaucoup plus de gaz Oxygène qu'elles ne devoient contenir d'air atmosphérique; ce qui le conduisit, ainsi que Sennebier & autres, à faire de nombreuses expériences, dont le résultat fut que ce gaz étoit dégagé de l'acide carbonique contenu dans l'eau par l'intermède de la lumière, par suite de la combinaison du carbone, partie constituante de cet acide, avec le parenchyme de la feuille. *Voyez* PARENCHYME.

Ce que les feuilles font sous l'eau, au moyen du gaz acide carbonique qui y est contenu, elles le font dans l'air au moyen du carbone que la décomposition des animaux & des végétaux y versent continuellement. Ainsi, il y a un perpétuel courant d'échange entre les deux règnes pour leur avantage réciproque : c'est parce que cette émanation du gaz Oxygène est plus abondante le jour, surtout au soleil, que la nuit, que l'air est moins pur pendant cette dernière partie du tems. *Voyez* SEREIN.

Toutes choses égales d'ailleurs, les feuilles ne donnent pas du gaz Oxygène dans la même proportion ; la même n'en donne pas la même quantité à toutes les époques de sa végétation ; & il en est qui n'en donnent pas du tout.

Ainsi, elles en émettent plus en dessus qu'en dessous, moins avant & après leur complet développement, qu'à l'époque précise de ce complet développement. Excepté quelques-unes, comme celles de l'amarante tricolore, du hêtre pourpre & autres colorées autrement qu'en vert, toutes les feuilles, ou parties de feuilles en donnent ; les feuilles étiolées n'en fournissent pas.

Il résulte des expériences de Humboldt & de Théodore de Saussure, que l'acide muriatique oxygéné, très-étendu d'eau, favorisoit la germination, & que cet acte s'opéroit mieux dans le gaz Oxygène que dans l'air atmosphérique.

C'est le gaz Oxygène qui, en enlevant du carbone au terreau, le rend susceptible d'être dissous dans l'eau, & par conséquent d'entrer dans les vaisseaux des plantes pour les nourrir. *Voyez* HUMUS & TERREAU.

Les arts économiques sont dans le cas d'étudier aussi les propriétés de l'Oxygène ; car il rend les huiles rances, blanchit la cire, les toiles, brunit les bois, décolore les étoffes, &c. (*Bosc.*)

OXYTROPHE. *Oxytrophis.*

Genre nouvellement établi pour séparer des astragales les espèces qui ont la carène terminée en pointe, c'est-à-dire, près de cinquante.

Ce genre n'est pas encore adopté par tous les botanistes. (*Bosc.*)

OZOPHYLLE. *Ozophyllum.*

Arbre de la Guiane, figuré par Aublet sous le nom de TICORÉE, qui seul forme un genre dans la monadelphie pentandrie.

Cet arbre n'étant pas cultivé dans nos jardins, ne peut devenir l'objet d'un article plus étendu. (*Bosc.*)

PACAGE, PAQUIS. L'acception de ces mots varie : tantôt ils sont synonymes de PATURAGE (*voyez* ce mot), tantôt ils indiquent un lieu sec ou marécageux, où les bestiaux paissent toute l'année. Il y a encore beaucoup de Pacages considérés sous le dernier rapport, dans les parties de la France où l'agriculture est peu éclairée; mais il n'y en a point, ou du moins fort peu, dans ceux où elle est fondée sur de bons principes, comme dans la Belgique, la plaine du Rhin, la basse Normandie, les bords de la Garonne, &c. *Voyez* au mot COMMUNAUX. (*Bosc.*)

PACAIS. On donne ce nom, à Cayenne, à l'ACACIE à fruits sucrés. (*Bosc.*)

PACANIER : nom que les Français du Canada donnent à une espèce de noyer dont les fruits sont bons à manger. *Voyez* le mot NOYER, dans le *Dictionnaire des Arbres & Arbustes*. (*Bosc.*)

PACHIRIER. *CAROLINEA.*

Genre de plante de la monadelphie polyandrie & de la famille des *Malvacées*, dans lequel se trouvent réunies deux espèces, dont une est figurée pl. 589 des *Illustrations des genres* de Lamarck, mais qui ne sont ni l'une ni l'autre cultivées dans nos jardins.

Espèces.

1. Le PACHIRIER à cinq feuilles.
Carolinea princeps. Linn. ♄ De l'Amérique méridionale.
2. Le PACHIRIER à sept feuilles.
Carolinea insignis. Swartz. ♄ De l'Amérique méridionale. (*Bosc.*)

PACHYSANDRE. *PACHYSANDRA.*

Plante vivace, originaire des montagnes de l'Amérique septentrionale, qui seule forme un genre dans la monoécie tétrandrie, & qu'on cultive dans nos jardins depuis quelques années. C'est moi qui en ai apporté les premiers pieds.

La PACHYSANDRE couchée s'élève de six à huit pouces, & forme toujours une touffe, sinon d'un brillant aspect, au moins digne d'attention par la disposition & la forme des feuilles. Ses fleurs sont au bas des tiges, & peu remarquables. Elle ne craint point les gelées du climat de Paris. La terre de bruyère est la seule qui lui convienne; une exposition ombragée & fraîche lui est plus favorable qu'aucune autre. Je n'ai pas encore vu ses graines en état de la produire, avortant toujours, même en Amérique, où on la multiplie avec la plus grande facilité par boutures, par marcottes, & encore mieux par le déchirement des vieux pieds, au printems.

On peut employer le Pachysandre à couvrir la nudité du sol des massifs, ainsi qu'à orner les plates-bandes exposées au nord. (*Bosc.*)

PACOURINE. *HAYNEA.*

Plante de la Guiane, qui forme un genre dans la syngénésie égale & dans la famille des *Chicoracées*.

Cette plante, dont on mange les feuilles, & surtout les réceptacles, croît à la Guiane, sur les bords des ruisseaux. Comme elle n'a pas encore été introduite dans nos jardins, je suis dispensé d'en parler plus longuement. *Voyez* pl. 665 des *Illustrations des genres* de Lamarck, où elle est figurée. (*Bosc.*)

PADRELLE. C'est la PATIENCE dans le Médoc. *Voyez* au mot OSEILLE.

PADOUAN. On appeloit ainsi, & on appelle probablement encore, dans quelques lieux, les mauvais PATURAGES, les LANDES, par exemple. *Voyez* ces deux mots.

PADUS : nom latin du CERISIER à grappes.

PÆDEROTE. *PÆDEROTA.*

Genre de plante de la diandrie monogynie & de la famille des *Personnées*, qui réunit quatre espèces, dont aucune n'est cultivée dans nos jardins. Il est figuré pl. 13 des *Illustrations des genres* de Lamarck.

Espèces.

1. La PÆDEROTE jaune.
Pæderota ageria. Linn. ⊙ de la Carniole.
2. La PÆDEROTE bleue.
Pæderota bonarota. Linn. ⊙ Des Alpes.
3. La PÆDEROTE nudicaule.
Pæderota nudicaulis. Lam. ⊙ De la Carinthie.
4. La PÆDEROTE du Cap de Bonne-Espérance.
Pæderota Bonæ-Spei. Linn. ⊙ Du Cap de Bonne-Espérance.
5. La PÆDEROTE délicate.
Pæderota minima. Retz. ⊙ Des Indes.
(*Bosc.*)

PAGAMAT : arbre des Moluques, qui paroît appartenir au genre GANITRE (*voyez* ce mot), & dont le bois se pourrit avec la plus grande rapidité. On fait des colliers avec les noyaux de ses fruits.

Il ne se trouve pas dans nos jardins. (*Bosc.*)

PAGAMIER. *Pagamea.*

Arbrisseau de la Guiane, qui seul constitue un genre dans la tétrandrie monogynie, genre qui est figuré pl. 88 des *Illustrations des genres* de Lamarck.

Comme ce genre n'est pas cultivé dans nos jardins, je n'en dirai rien de plus. (*Bosc.*)

PAGAPATE. *Sonneratia.*

Grand arbre de l'Inde, qui faisoit partie des PALETUVIERS de Linnæus, qui a été appelé AUBLETIE par Gærtner, & qui aujourd'hui forme un genre dans l'icosandrie monogynie. Il est figuré pl. 420 des *Illustrations des genres* de Lamarck. On ne le voit point dans nos jardins.

Son bois est employé à la construction des vaisseaux. Ses fongosités remplacent le liège, & ses fruits se mangent. (*Bosc.*)

PAGAYE. On donne ce nom, à Cayenne, à un AVOIRA avec le tronc duquel on fait des rames.

PAGE. On donne ce nom, dans quelques cantons, au premier bouton qui paroît après la sortie du bourgeon de la vigne sur ce bourgeon. Ce Page ne donne pas de raisin. *Voyez* VIGNE.

PAILLASSONS. Beaucoup des plantes que nous cultivons dans nos jardins, étant originaires des pays chauds, sont plus sensibles à la gelée, surtout au moment où elles sortent de terre, que celles qui sont propres à notre climat, & si on veut les semer de bonne heure, il faut les abriter des dernières gelées du printems ; beaucoup d'autres plantes de tous les climats craignent, dans la même circonstance, & même plus tard, l'action directe des rayons du soleil. Dans l'un & l'autre cas, il faut donc les garantir, & ce sont les Paillassons qui remplissent le mieux ce but, parce qu'ils sont mauvais conducteurs de la chaleur, sont pourvus de beaucoup de légéreté, coûtent peu, & durent long-tems.

On est souvent obligé de donner des abris temporaires aux plantes contre les froids produits par les vents du nord, & les Paillassons sont encore le moyen le plus économique à employer dans ce cas.

Il n'est donc point de jardin où on veut cultiver des plantes étrangères ou des primeurs, même dans le Midi, qui puisse se passer de Paillassons, & plus la culture y sera perfectionnée, & plus il lui en faudra.

Les meilleurs Paillassons sont faits avec de la paille de seigle, parce que c'est celle qui est la plus longue & qui s'altère le plus lentement à l'air ; cependant, comme celle de froment est souvent à plus bas prix, on s'en sert très-fréquemment ; elle passe pour presqu'aussi bonne, quand elle provient d'une terre ou d'une année sèche.

On fait très-rarement usage des pailles d'orge & d'avoine, comme trop courtes.

Les feuilles & les tiges de la MASSETTE, du ROSEAU des marais & du SCIRPE des lacs sont aussi très-propres à faire des Paillassons, & on les utilise sous ce rapport dans beaucoup de lieux. *Voyez* les mots précités.

Diverses sortes de Paillassons se voient dans les jardins ; je vais en parler succinctement.

Les plus simples, les plus tôt fabriqués & les plus économiques sont formés par une épaisseur de paille d'environ un pouce, étendue entre quatre ou six bâtons, ou lattes de quatre à six pieds de long, accolés à distance égale, deux par deux, & fixés fortement par le moyen d'un lien d'osier, de ficelle ou de fil de fer. Lorsqu'ils sont destinés à recouvrir des semis, la moitié de la paille est tournée en sens contraire de l'autre ; lorsqu'ils sont destinés à former des abris, elle est toute placée dans le même sens, parce que, devant être placés perpendiculairement, sa partie inférieure brave mieux la pourriture que sa partie supérieure, & s'enterre un peu. L'important, dans cette fabrication, est que les bâtons soient bien droits, & que la paille soit étendue avec une grande égalité. Ils durent rarement plus de deux à trois ans.

Quelquefois on fabrique de ces sortes de Paillassons qui ont trois, quatre & même six pouces d'épaisseur ; alors ils servent de contre-vent pour les orangeries & les portes des serres à légumes.

On fabrique les plus habituellement employés avec de petites bottes de paille d'un pouce de diamètre, dont la moitié des épis est d'un côté, & en les attachant les unes à côté des autres par le moyen de trois rangs de doubles ficelles ; savoir : un à chaque extrémité, & un au milieu. Quelquefois on les fait de deux longueurs de paille, & alors il y a cinq rangs de doubles ficelles ; tantôt les deux ficelles du même rang sont nouées à chaque botte ; tantôt, ce qui est moins solide, elles sont simplement croisées. On peut faire ces Paillassons aussi longs qu'on veut, parce que la faculté qu'on a de les rouler en rend le maniement facile ; mais rarement on leur donne plus de six à huit pieds.

Comme c'est toujours par la ficelle que ces Paillassons manquent, il faut n'en employer que de la bonne, & la goudronner, ou au moins la cirer à l'avance : les reparer toutes les fois qu'ils l'exigent, est de rigueur ; car une ficelle cassée amène rapidement leur complète détérioration ; ils ne servent guère qu'à couvrir, & peuvent durer cinq à six ans.

Ces sortes de Paillassons offrent une modification qui consiste à ne mettre que cinq à six brins de paille à chaque botte, & à laisser, en les attachant, une petite distance entr'elles ; aussi sont-ils fort légers, & laissent-ils passer une partie des rayons du soleil : leur objet est d'ombrer les semis & les fleurs épanouies. On les place aussi devant les pêchers & les abricotiers en espaliers, pendant qu'ils sont en fleurs, parce qu'ils suffisent pour préserver leurs fleurs de la gelée, & qu'ils ne mettent point obstacle à la fécondation des germes. *Voyez* OMBRE & FÉCONDATION.

Les Paillassons les plus solides sont ceux qui sont formés de tresses faites de bottes de paille de la grosseur du doigt, & cousues les unes contre les autres avec de la ficelle. Les Paillassons ainsi fabriqués peuvent être, comme les précédens, d'une largeur & d'une longueur indéterminée ; leur haut prix ne permet de les employer que dans les jardins de grand luxe, quoiqu'avec des soins on puisse les faire durer quinze à vingt ans.

Quelquefois on borde ces Paillassons avec de la grosse toile, ce qui assure leur conservation, & permet d'y attacher des anneaux.

Les meilleurs moyens à employer pour faire durer toutes ces sortes de Paillassons, lorsque, comme ceux qui servent à former des abris temporaires, ils ne sont pas constamment à l'air, c'est de ne les jamais laisser séjourner sur la terre, je veux dire de les rentrer après les avoir, au préalable, fait complétement sécher, lorsqu'on n'en a plus besoin, dans un grenier exempt de souris. Quand on voit l'insouciance qu'apportent la plupart des jardiniers à leur conservation, il semble qu'ils n'ont rien coûté, & qu'il est facile de les remplacer au moment du besoin. Aussi, combien de semis manquent faute d'en avoir, ou faute d'avoir réparé ceux qu'on a ! L'intérêt des propriétaires est donc d'exciter continuellement la surveillance de leur jardinier, & même de le renvoyer, lorsqu'après plusieurs avertissemens, il les laisse traîner sur la terre ou dans un local humide.

Une précaution qu'on ne prend pas assez, soit par l'effet de la paresse, soit par l'effet de l'ignorance, c'est de ne pas laisser, & encore plus de ne pas mettre des Paillassons mouillés sur des semis, surtout sur des semis sur couche, parce que l'humidité qu'ils renferment, refroidit l'air qui est dessous, s'oppose à la levée de ces semis, & par suite retarde la croissance du plant qui en est provenu. Après une pluie, il ne faut donc pas craindre de changer tous les Paillassons en service dans un jardin, ce qui oblige à en avoir deux fois plus qu'il ne paroît nécessaire.

La paille des vieux Paillassons a perdu une grande partie de ses parties fertilisantes ; cependant il ne faut point la perdre, comme on le fait si souvent, mais la mettre dans la fosse aux débris, ou la faire servir de premier lit aux couches.

Les sortes d'emplois qu'on donne aux Paillassons sont beaucoup plus considérables qu'on pourroit le croire après la lecture de cet article, dans lequel j'ai cru superflu de les énumérer tous, puisqu'ils seront indiqués à ceux qui les ont pour objet spécial. (*Bosc.*)

PAILLE. Les tiges des céréales portent ce nom, principalement après l'extraction des grains contenus dans leurs épis.

Comme l'agriculture, l'économie domestique & les arts tirent un grand parti de la Paille, elle est presque partout d'une certaine valeur, & elle entre pour quelque chose dans l'évaluation des produits de la terre.

Les deux plus grands emplois de la Paille sont la nourriture des bestiaux & la confection des fumiers.

Pour le premier objet, il y a des Pailles préférables à d'autres. Voici l'ordre dans lequel on les range ordinairement : de froment, d'avoine, d'orge, de seigle & de riz : il y a discussion relativement à ces trois dernières.

Thaer, dans ses *Elémens d'Agriculture*, établit que dans les céréales, terme moyen, la proportion entre la portion nutritive du grain & de la Paille est la suivante : orge 63, avoine 61, froment 50, seigle 40 ; c'est-à-dire, qu'il faut 63 livres de Paille d'orge pour équivaloir une de grains d'orge, &c.

Je ne discuterai pas la valeur de cette opinion ; mais il me semble qu'elle n'est pas appuyée sur des faits assez positifs pour faire abandonner celle reçue parmi les agriculteurs français, c'est-à-dire, que je viens d'indiquer.

Il est probable qu'il en est de même pour le second objet, qu'un ordre semblable doit être adopté ; mais on manque de renseignemens assez positifs pour oser l'assurer.

Le climat, le sol & l'année influent sur la qualité de la Paille. Ainsi, elle est meilleure au midi qu'au nord, dans les terreins secs que dans les terreins humides ; dans les années chaudes & sèches, que dans les années froides & pluvieuses. Les circonstances qui ont accompagné & suivi sa récolte, agissent aussi sur elle. Par exemple, celle qui provient des fromens versés, celle qu'on laisse trop long-tems sur le champ après avoir été coupée, noircit & perd une partie de sa saveur & de sa faculté nutritive ; celle qui a été rentrée mouillée, moisit & est repoussée par les bestiaux ; celle qui est renfermée dans des lieux trop exactement clos, celle qui n'est séparée des écuries, des étables & des bergeries, que par des claies, celle sur laquelle montent habituellement les volailles, &c., prend souvent une odeur désagréable.

Il n'y a pas de doute que la variété, dans chaque espèce, ne doive aussi être prise en considération sous le même rapport ; mais ici on manque encore d'observations rigoureuses, & je fuis obligé de me contenter d'annoncer que celle du froment à chaume folide eft plus avantageufe qu'aucune autre.

La graine étant la partie des végétaux la plus nourriffante, la Paille qui a été mal battue, & qui par conféquent en contient encore, eft beaucoup meilleure; c'eft pourquoi beaucoup de cultivateurs ne s'inquiètent de la perfection du battage que lorfqu'ils font dans l'intention de la vendre, les grains de celle deftinée à la litière étant retrouvés par les volailles.

Les Pailles coupées avant leur maturité font beaucoup plus nourriffantes, font même fupérieures au foin, puifqu'elles contiennent plus de mucofo-fucré. Dans beaucoup de lieux on confacre du feigle à cette fin. Prefque partout on coupe les avoines de bonne heure pour le même objet. *Voyez* SEIGLE & AVOINE; *voyez* auffi JAVELLER.

La Paille d'orge, quelque dure qu'elle foit, n'eft pas rebutée par les bœufs, mais elle entre très-rarement dans le commerce : c'eft à faire de la litière qu'on l'emploie le plus généralement.

On dit qu'une Paille de froment eft bonne, lorfque fa couleur eft d'un jaune-brillant & uniforme, fon odeur fuave & fa faveur fucrée. Un cultivateur jaloux de la fanté de fes beftiaux doit toujours tendre à en avoir de telle; & s'il ne cultive pas des marais, il peut le plus fouvent, par la perfection de fa culture, l'obtenir toujours de la meilleure qualité.

La quantité de Paille de froment que fournit un arpent de terre au plus haut point de fertilité a été évaluée à environ 2500 livres. Je ne cite ce fait que pour mémoire, car cette quantité doit différer felon la variété, l'année, le mode de fa coupe, de fon battage, &c.

La mauvaife Paille eft très-fréquente, & devient fouvent la feule caufe de ces épizooties qui dépeuplent de beftiaux des cantons entiers. C'eft fur elle, ainfi que fur le foin, qu'un vétérinaire éclairé doit d'abord porter fon examen lorfqu'il eft appelé à étudier les caufes de ces épizooties, & à leur appliquer un traitement.

Quoique, dans tous les pays où on cultive les céréales, on en nourriffe les beftiaux, il eft cependant généralement reconnu qu'elle eft extrêmement peu fubftantielle, & que lorfqu'on la donne feule pendant quelques jours à ceux qui font affujétis à des travaux forcés, ils deviennent incapables de les exécuter. Ce fait s'explique par l'obfervation que ce font les parties mucofo-fucrées & amilacées qui nourriffent dans les végétaux, & que ces parties paffent dans le grain & s'y accumulent pour le former & l'amener à maturité. Voilà pourquoi le froment, le feigle, l'orge, l'avoine, le riz & le maïs font fi recherchés par les hommes & les animaux, & pourquoi le foin eft meilleur que la Paille. S'il eft néceffaire de donner beaucoup plus de Paille que de foin aux chevaux de luxe qui travaillent peu & qui mangent beaucoup d'avoine, c'eft qu'il faut les occuper dans l'écurie, leur lefter l'eftomac, ne pas les engraiffer outre mefure, & économifer. Les jeunes animaux qu'on defire amener à une belle taille, ceux plus âgés qu'on veut engraiffer, ne doivent pas par conféquent être mis à la Paille pour tout régime.

Il eft des animaux qui refufent la Paille; il en eft d'autres qui, fans la refufer, en mangent extrêmement peu. On ne doit pas s'en inquiéter, & ne pas pour cela leur donner plus de foin ou d'avoine qu'aux autres; cependant, fi on mettoit de l'importance à les engager à en manger, on le pourroit prefque toujours facilement, en la ftratifiant avec du foin frais, pour lui communiquer fa faveur & fon odeur, ou en l'afpergeant d'eau falée. Cette opération de ftratifier la Paille & le foin, qui ne fe pratique guère que lorfqu'on a de la mauvaife Paille, eft fi avantageufe, même pour la confervation du foin, qu'il feroit à defirer qu'elle fût exécutée partout avec les Pailles de l'année précédente, furtout pour les regains, qu'on ne peut pas toujours amener fur la terre à une defficcation fuffifante, à raifon de l'affoibliffement de la température. Comme prefque toujours on mêle, au moment de la confommation, la Paille & le foin, pour les donner enfemble aux beftiaux, il n'y a pas augmentation de main-d'œuvre; on en change feulement l'époque.

La queftion de favoir s'il convient mieux de hacher la Paille pour la donner aux beftiaux, principalement aux chevaux, a été difcutée un grand nombre de fois, & n'a pas été complétement réfolue théoriquement; mais le non-ufage des machines plus ou moins ingénieufes qui avoient été inventées dans la dernière moitié du fiècle précédent, prouve qu'elle ne doit pas être difcutée ici. (*Voyez* HACHE-PAILLE.) En effet, la maftication étant le préliminaire le plus important à toute bonne digeftion, il doit être défavorable de ne pas la rendre obligatoire. De plus, la Paille hachée étant roide & piquante, elle met en fang la bouche des animaux qui n'y font pas accoutumés, principalement s'ils font jeunes.

On a obfervé dans le Midi, où on bat les céréales tantôt par le moyen du fléau, comme dans le Nord, tantôt (& c'eft le plus généralement) par le moyen du DEPIQUAGE (*voyez* ce mot), que les animaux préféroient la Paille provenant de ce dernier mode de battage. Ainfi, fi on doit faire fubir une opération à celle qui a été battue au fléau, c'eft celle de l'écrafer en la faifant paffer entre deux cylindres tournans, ou en la frappant avec un maillet; & il eft des lieux où on fuit cette pratique. Cette Paille écrafée eft auffi plus convenable pour faire de la litière, parce qu'elle eft plus douce & abforbe mieux les urines; mais la dépenfe de main-d'œuvre qu'elle néceffite, permet rarement d'en faire ufage.

La Paille légérement mouillée étant plus tendre & plus savoureuse, il sembleroit qu'on devroit toujours la donner telle aux bestiaux; mais on prétend qu'elle les affoiblit, les avachit, comme disent les palfreniers; cependant des expériences qui me sont propres, ne sont pas en concordance avec cette opinion: celle d'orge, comme plus dure, est principalement dans le cas d'être mouillée.

Une partie de la Paille mise devant les bestiaux pour leur nourriture est constamment rejetée par eux, soit parce qu'elle ne leur plaît pas, soit parce qu'ils mettent peu d'attention à la retenir. Cette Paille n'est pas perdue, puisqu'elle entre dans la composition des fumiers, mais elle oblige à augmenter la quantité de celle qu'on doit mettre dans le râtelier. Il est des animaux, surtout des chevaux, qui en gaspillent ainsi de grandes quantités.

La quantité de Paille qu'on donne aux animaux, par jour, varie selon sa nature & selon l'espèce de ces animaux, leur âge, le service qu'on leur demande, la saison, &c. Je ne puis donc l'indiquer ici, même approximativement; mais on trouvera aux articles de chacun de ces animaux, des considérations propres à guider dans sa fixation.

Plus la Paille est fraîchement battue, & plus elle plaît aux animaux, principalement aux chevaux: il est probable que c'est parce que le battage la débarrasse de la poussière qui la couvroit.

Après la Paille de froment, celle d'avoine est la plus du goût des bestiaux, & c'est celle qu'on leur donne le plus généralement, parce qu'elle n'est propre qu'à cet usage & à faire de la litière. Il est surtout des lieux où elle fait le fond de la nourriture d'hiver, des vaches & des brebis. On prétend que celle qui provient des semailles les plus retardées est la meilleure, & il est possible que cela soit, parce que le moindre tems que le grain a eu pour se former, ne lui a pas permis d'absorber toutes les parties nutritives de la tige. *Voyez* GRAINE.

La conservation de la Paille doit être un des objets de la sollicitude des cultivateurs. On ne se fait pas d'idée de l'énormité des pertes qui ont annuellement lieu par leur manque de soin à cet égard. Toujours, surtout, il faut avoir attention à ce qu'elle ne soit pas mouillée, parce qu'alors, non-seulement elle est moins nourrissante, mais que surtout, lorsqu'elle est moisie, elle est complétement repoussée par les bestiaux, ainsi que je l'ai observé plus haut, & que le fumier qu'elle forme alors est d'une qualité très-inférieure. C'est donc dans des greniers, dans des granges aérées, & cependant abritées de la pluie & de la visite des volailles qui y porteroient leurs fientes & leurs plumes, greniers ou granges assez éloignées des fumiers pour que leur odeur ne puisse pas s'y fixer, qu'il convient de la placer. A défaut de grenier ou de grange, on en fabrique des meules qu'on recouvre exactement; mais quelque bien faites que soient ces meules, il est rare que la Paille s'y conserve bonne plusieurs mois de suite. Je voudrois qu'on leur substituât des hangars à toits très-prolongés, ou des gerbiers à toits mobiles, c'est-à-dire, qui se baisseroient à mesure de la consommation. *Voy.* MEULE, HANGAR & GERBIER.

On trouvera aux mots LITIÈRE, FUMIER & ENGRAIS, ce qu'il convient de savoir relativement à l'emploi de la Paille, sous les rapports agricoles les plus importans; ainsi je n'en entretiendrai pas ici le lecteur. Je me contenterai de conseiller aux agriculteurs, à moins qu'ils ne soient voisins d'une grande ville, où ils pourront acheter des fumiers, de ne vendre aucune Paille, par la conviction où je suis qu'ils perdent à le faire, c'est-à-dire, que le bénéfice indirect qu'ils trouveront à mieux fumer leurs terres, l'emportera de beaucoup sur celui qu'ils en tireront directement.

Chauffer le four, faire bouillir la marmite avec de la Paille, ne peut être toléré que lorsqu'il est absolument impossible de faire autrement, car elle donne fort peu de chaleur. Partout où on peut faire venir des céréales, on peut faire venir du bois; ainsi c'est par un vice d'administration, s'il est des cantons où on est forcé d'employer ainsi une partie de la Paille. *Voyez* HAIE.

Dans les parties de la Russie où on manque de bois, on fabrique avec la Paille une tourbe artificielle. Pour cela on en fait une couche de deux à trois pieds d'épaisseur, qu'on arrose fortement à diverses reprises, & ensuite qu'on fait trépigner pendant quelques heures par des chevaux ou des bœufs. Il en résulte une masse qu'on coupe, à la fin de l'été, avec une bêche en parallélipipèdes, qui, séchés, se mettent au feu l'hiver suivant.

Il seroit à desirer que cette excellente pratique fût connue des cultivateurs des plaines de France où on ne brûle que de la Paille, car elle doit offrir en résultat une économie de Paille & un meilleur chauffage. *Voyez* TOURBE.

La Paille de seigle & de froment, mais principalement la première, comme plus longue, moins cassante & moins prompte à s'altérer à l'air, est encore employée à différens usages d'économie domestique, dont je dois signaler ici les principaux.

Ainsi, dans beaucoup de lieux, on en couvre les maisons: celle qui provient des terreins secs & des années sèches, celle qui a été coupée avant sa maturité, celle qui est la plus longue est préférable pour cet objet, parce qu'elle se pourrit plus difficilement & se met plus aisément en œuvre. Il est cependant des pays où on préfère celle d'orge, quelque courte qu'elle soit; il en est même où, par un principe d'économie fort mal entendu, on se contente du CHAUME. *Voyez* ce mot.

Les couvertures en Paille sont plus chaudes en hiver & plus fraîches en été que celles en tuiles ou en ardoises, & elles sont fort peu coûteuses; mais le danger du feu auxquelles elles exposent, doit faire desirer qu'on y renonce partout où il est possible d'avoir des tuiles à suffisamment bon marché, & il est peu d'endroits où cela soit impraticable si on le vouloit fortement.

Après les couvertures, c'est pour faire des liens qu'on consomme le plus de Paille dans les campagnes. Dans beaucoup de lieux, on sème exprès du seigle dans les terreins fertiles, afin d'avoir de la Paille plus longue & plus forte pour cet objet. Cette pratique est fort dans le cas d'être encouragée; car celle des lieux où on va dévaster les bois pour remplacer la paille nécessaire au liage, doit être proscrite par l'autorité, comme trop nuisible à l'intérêt de la société.

Qui ignore que c'est avec elle qu'on remplit le plus ordinairement les paillasses qui servent de première assise au lit des riches, & sur lesquelles le pauvre est souvent forcé de se coucher faute de pouvoir se procurer un matelas?

L'emballage des marchandises fragiles donne aussi lieu à une très-grande consommation de Paille.

Les jardiniers font usage de Paille pour la fabrication de leurs PAILLASSONS (*voyez* ce mot), pour servir de COUVERTURE (*voyez* ce mot) aux semis, aux plants & aux légumes qui craignent les fortes gelées de l'hiver. Ils en consomment aussi pour attacher leurs espaliers, leurs salades, &c. &c. *Voyez* JONC.

La fabrication des ruches, des chaises, des nattes, des corbeilles, des étuis, &c. &c., en exige également.

La Paille de seigle, pour tous ces objets, doit être battue en gerbe, ou même dans des tonneaux, ou sur des chevalets, afin qu'elle ne soit pas brisée: celle ainsi battue s'appelle GLUYS dans quelques lieux; elle demande, plus que toute autre, d'être conservée à l'abri de l'humidité & des ravages des souris.

Je desirerois, à raison de leur salubrité, de leur légéreté, de leur bon marché & de leur élégance, que les chapeaux de Paille, en faveur dans quelques parties de la France, fussent substitués pour les hommes qui travaillent au soleil pendant l'été, à ces grossiers & coûteux chapeaux de feutre; & pour les femmes, à ces bonnets sans goût, à ces cornettes quelquefois ridicules qu'on porte dans les campagnes. Il est plusieurs manières de disposer la Paille dans ce but, dont la plus simple est celle en usage dans les environs de Lyon, & qui consiste à faire de longues tresses à trois ou quatre brins, & à contourner ces tresses par leur tranchant en les cousant à mesure. J'ai vu des vachers & des bergers se faire un assez bon revenu en fabricant ainsi, pendant qu'ils étoient aux champs, des tresses qu'ils assembloient le soir, & dont ils faisoient un chapeau qu'ils vendoient quinze ou vingt sous le lendemain.

Les chapeaux de Paille fine d'Italie, dont les plus beaux se vendent en ce moment cinq à six cents francs pièce, au dire du *Journal des Modes*, sont faits avec de la Paille d'une variété particulière de froment, qu'on sème très-serré, pour ce seul objet, dans des terreins sabloneux des environs de Florence; Paille qui devient, par ces deux circonstances, extrêmement propre à l'objet qu'on a en vue, à raison de sa belle couleur & de sa finesse. Les amis de leur patrie doivent desirer que la culture de cette variété se naturalise en France, afin de nous approprier la branche d'industrie à laquelle elle donne lieu.

Cet article auroit pu être plus étendu; mais j'ai dû me restreindre, attendu que ce qui y manque se trouve répété plusieurs fois dans les autres. (*Bosc.*)

PAILLÉ: légers hangars, le plus souvent soutenus seulement sur quatre perches qu'on construit, principalement dans les départemens méridionaux, pour mettre la paille à l'abri de la pluie.

On peut généralement se plaindre de la mauvaise construction des Paillés; mais lorsqu'ils remplissent bien leur objet, ils sont très-dignes d'être approuvés, en ce qu'ils coûtent peu. *Voyez* PAILLE & MEULE. (*Bosc.*)

PAILLÉ. Ce même nom se donne aussi dans quelques lieux à la litière qui n'est restée qu'un jour sous les animaux, & dans d'autres au fumier dépouillé de tous ses principes animaux par le lavage des eaux pluviales. (*Bosc.*)

PAILLER. Dans plusieurs localités on appelle ainsi l'action de recouvrir les semis de paille courte, de litière, de mousse, &c., afin de conserver la terre dans un degré d'humidité suffisant, & d'empêcher la gelée ou le soleil de nuire aux jeunes plantes qui doivent en provenir.

Ce sont les semis de graines fines, c'est-à-dire, qui craignent d'être trop enterrés, surtout lorsqu'ils sont faits dans une terre légère & exposés au midi, qui gagnent à être paillés.

Il ne faut pas Pailler trop foiblement, parce que l'objet ne seroit pas rempli; il ne faut pas Pailler trop fortement, parce que le jeune plant trouveroit de la difficulté à se montrer au jour & que sa base s'étioleroit. Il ne faut pas employer de la litière trop chargée de crotin ou trop consommée, parce qu'il en résulteroit la brûlure par excès d'engrais. *Voyez* BRULURE.

La fréquente rareté des pailles ou litières convenables pour Pailler, & les dépenses qui sont toujours les suites de cette opération, engagent beaucoup de cultivateurs à s'y refuser ou à lui substituer des paillassons, ou mieux des claies, des toiles qui laissent passer l'air & la lumière. *Voyez* SEMIS, PAILLASSON, CLAIE, TOILES, COUVERTURE.

PAILLERO. Ce sont, dans le midi de la France, les tas de paille qu'on établit en plein air & qu'on emploie,

emploie, à mesure du besoin, pour faire la litière aux bestiaux. *Voyez* PAILLE.

PAILLOT. C'est, dans quelques vignobles, le dos d'âne que fait la terre entre deux rangées de ceps. Le Paillot ne subsiste ordinairement que pendant l'hiver. *Voyez* VIGNE.

PAIN : préparation qui sert d'aliment principal aux peuples de l'Europe & de l'Asie, & dont l'usage s'est étendu partout où ils ont établi des colonies.

Mon collègue Parmentier n'a cessé, pendant tout le cours de sa carrière, de fixer l'attention des hommes éclairés & des hommes en place sur le perfectionnement de la fabrication du pain : il mérite sous ce rapport, comme sous tant d'autres, la reconnoissance des amis de l'humanité.

C'est avec les céréales réduites en poudre, principalement avec le froment & le seigle, qu'on fabrique le Pain ; tous les ingrédiens qu'on y ajoute ne peuvent le constituer.

Pour faire le Pain, il faut, au préalable, avoir réduit les graines des céréales en poudre, les avoir transformées en FARINE. (*Voyez* ce mot & le mot MOULIN.) On mêle ensuite cette farine avec de l'eau, ce qui forme la PATE (*voyez* ce mot), à laquelle on ajoute ordinairement un peu de vieille pâte en état de fermentation, c'est-à-dire, du LEVAIN (*voyez* ce mot) ; & lorsque la sorte de fermentation, que de son nom on appelle *panaire*, s'est développée jusqu'à un certain point, on la réduit en parcelles plus ou moins grosses, c'est-à-dire, en MICHES, qu'on laisse encore fermenter dans des paniers ou des vases à ce destinés, puis on les fait cuire dans un FOUR. *Voy.* ce mot.

Les opérations que nécessite la fabrication du Pain appartenant plus au *Dictionnaire d'Économie domestique* qu'à l'agriculture, & leur théorie étant expliquée dans le *Dictionnaire de Chimie*, je n'en parlerai ici que fort succinctement, renvoyant à ces Dictionnaires ceux qui voudront des détails plus étendus.

Il paroît aujourd'hui certain que le seigle, le froment, l'orge & l'avoine, qui sont les quatre céréales les plus employées à faire du Pain, sont originaires de la haute Asie, & qu'elles ont été portées par le premier peuple, à mesure qu'il s'est éloigné du lieu de son origine, partout où ses colonies se sont fixées. D'abord, sans doute, on a mangé leurs graines, en les faisant simplement cuire dans l'eau, comme le riz ; ensuite on s'est apperçu qu'elles acquéroient plus de saveur lorsqu'elles avoient séjourné dans l'eau, qu'elles avoient pris un commencement de fermentation, puisque, lorsqu'elles étoient concassées, elles s'imbiboient plus promptement d'eau ; qu'enfin il étoit bon de les réduire en poudre impalpable & d'en séparer l'écorce pour en faire un aliment plus agréable. Petit à petit l'art s'est perfectionné, & aujourd'hui il est arrivé à un degré tel, qu'encore quelques efforts, & il ne laissera plus rien à desirer. *Voyez* MOUTURE.

Les détails qui se trouvent au mot FARINE me dispensent d'énoncer ici ses diverses sortes ; ainsi je suppose que le lecteur en est suffisamment instruit.

Les considérations que je dois présenter relativement à la fabrication du Pain se rangent sous quatre divisions : 1°. le choix de l'eau & son échauffement ; 2°. la préparation des levains ; 3°. le pétrissage ; 4°. la cuisson.

Long-tems on a cru que la qualité de l'eau influoit sur celle du Pain ; mais actuellement on sait que toutes celles qui n'ont ni odeur ni saveur y sont également propres : c'est la quantité qu'on y met, la chaleur qu'on lui donne, la manière de la mêler, qui, à farine de même sorte, fait le Pain plus ou moins bon. Il est donc important de connoître cette quantité & cette chaleur ; mais la première varie selon la nature de la farine, son degré de dessiccation, l'espèce de Pain, &c., & la seconde selon la température de l'atmosphère. Quant à la manutention, elle ne peut pas se décrire en peu de mots, & on en apprend plus en travaillant pendant un quart d'heure qu'en lisant des volumes.

Dans une partie des départemens méridionaux, où le blé est plus savoureux, on met du sel dans le Pain : on s'en dispense à Paris & dans le Nord, où le Pain cependant est mieux fait & meilleur. Sur cela donc on peut se conformer sans inconvénient à son goût, tant qu'on n'outre pas la dose de sel ; je dirai seulement que c'est dissous dans l'eau, & vers la fin de l'opération, qu'il faut l'introduire dans la pâte.

On nomme *levain de chef* le morceau de pâte mis de côté & conservé pendant plusieurs jours dans une corbeille ou dans un vase, afin de l'employer à exciter la fermentation dans une nouvelle pâte. Ce levain est ordinairement formé avec les râclures du pétrin & un peu de farine pour le rendre plus ferme ; car il est nécessaire que les degrés de la fermentation se suivent avec une grande lenteur.

Quelques heures avant de pétrir, plus ou moins, selon la chaleur de la saison, on délaie le levain de chef dans l'eau chaude ou froide, encore selon la chaleur de la saison, & on y ajoute assez de farine pour en faire une pâte consistante, qu'on pétrit convenablement & qu'on abandonne, arrêtée par de la farine, dans un bout du pétrin, où elle fermente avec rapidité. Indiquer les doses proportionnelles de levain de chef, d'eau & de farine, est impossible, puisqu'elles changent chaque fois, même à emploi égal de farine : c'est à l'expérience à guider à cet égard, & elle le peut d'autant mieux, qu'un peu plus ou un peu moins de l'une ou l'autre de ces parties n'est pas d'une grande conséquence ; il faut seulement faire en sorte que cette première pâte soit le tiers de celle qu'on a intention de fabriquer. En général, un levain est regardé comme bon lorsqu'il a acquis le double de son volume, que sa surface repousse la main qui la presse, qu'en l'ouvrant il répand une odeur vineuse agréable.

Il est des villes où on emploie beaucoup de levure de bière, c'est-à-dire, de cette mousse qui se forme sur la bière en fermentation lorsqu'on la brasse (*voyez* BIÈRE), pour suppléer au levain de pâte, en ce qu'elle accélère beaucoup la fermentation. C'est par le moyen de cette levure qu'on fabrique à Paris ce qu'on appelle *le Pain mollet*, Pain d'un excellent goût le jour de sa cuisson, mais qui se détériore dès le lendemain. Les boulangers de profession, ayant un grand débit, sont les seuls qui doivent faire usage de la levure de bière, parce que son action varie à chaque instant & qu'elle se garde peu. Un changement de vent, un coup de tonnerre, le développement d'une odeur fétide, &c., suffisent pour la faire instantanément gâter.

Le mélange du levain avec le reste de la farine se fait, peu à peu, dans un creux disposé au milieu de cette farine, & en y ajoutant de l'eau tiède peu à peu & à mesure du besoin. Ce n'est que par l'expérience qu'on apprend à bien faire ce mélange avec rapidité; il doit être le plus exact possible. Un petit morceau de levain ou de farine, laissé entier, un grumeleau comme on dit, rend défectueux le Pain le mieux fait d'ailleurs.

Il est possible de doubler la dose de l'eau qu'on introduit dans la farine, & c'est ce que font certains boulangers pour gagner davantage; mais on s'en apperçoit facilement, & les réglemens de police s'opposent à cette friponnerie.

Le pétrissage, qui s'exécute ensuite, est une opération extrêmement pénible, & qui demande une grande habitude pour être bien faite : je ne la décrirai pas, par la difficulté de le faire sans de trop longs développemens. Il suffira de savoir qu'il faut mêler toutes les molécules de farine imprégnées d'eau les unes avec les autres, de telle manière qu'il en résulte un tout parfaitement homogène & d'une consistance convenable, ce à quoi on parvient en foulant la pâte avec les poings, en la soulevant & la rejetant avec force, en l'étendant, la repliant, la coupant lorsqu'elle devient ferme, &c.

La fatigue du pétrissage & la mal-propreté qui l'accompagne souvent, ont fait desirer qu'on trouvât un moyen mécanique pour le suppléer. Quoique les essais faits en différens tems aient été sans résultats, la Société d'encouragement n'a pas pensé que cela fût impossible, & elle l'a mis au concours. Le prix a été accordé à M. Lembert, boulanger de Paris, qui a rempli toutes les conditions de ce concours avec un succès auquel la Société ne s'attendoit pas.

Voici l'extrait du rapport fait à la Société relativement à ce pétrin :

Le pétrin de M. Lembert est une caisse quadrangulaire de quatre-vingt-huit centimètres de longueur sur quarante-un de largeur & quarante-cinq de profondeur, composée de fortes planches de chêne solidement assemblées & réunies entr'elles de manière à ne pas laisser de vides. Cette caisse, dont la partie supérieure est un peu plus large que le fond, se ferme hermétiquement au moyen d'un couvercle qui est maintenu de chaque côté par des vis passant dans une pièce de fer percée, attachée au couvercle; l'intérieur est entiérement vide. A chaque extrémité sont adaptés deux axes mobiles sur des tourillons pratiqués dans les montans du bâtis, mais qui n'entrent pas dans l'intérieur de la caisse. L'un de ces axes porte une roue en fer composée de vingt-huit dents, qui engrène dans un pignon à huit dents montées sur l'axe de la manivelle. On conçoit que cet engrenage régularise & facilite le mouvement de la caisse, dont la manœuvre est à la portée de l'homme le moins exercé.

Ce pétrin est monté sur un bâtis composé de forts madriers de chêne : une pièce de bois qu'on place en dessous sert à le soutenir & à empêcher qu'il ne tourne pendant qu'on le charge.

Lors de l'expérience dont j'ai été témoin, M. Lembert jeta d'abord dans la caisse seize kilogrammes de farine, non compris le levain, & six kilogrammes d'eau; il ferma ensuite le couvercle & imprima à la machine un mouvement de va & vient, ou un balancement, pendant cinq minutes, afin de donner à la farine le tems de s'imbiber d'eau; alors il donna un mouvement de rotation lent & gradué, qu'il continua pendant quinze minutes. De tems en tems on ouvroit la caisse & on détachoit, avec un instrument nommé *coupe-pâte*, la pâte qui s'étoit attachée aux parois, lesquelles étoient saupoudrées de farine, afin d'empêcher la pâte d'y adhérer. Au bout d'un quart d'heure l'opération étant achevée, la pâte me parut, ainsi qu'à tous les assistans, parfaitement homogène, & en tout semblable à celle qu'on obtient par le pétrissage ordinaire. Le Pain provenant de cette opération, comparé avec du Pain de la même farine pétrie à bras d'homme, n'offrit pas la moindre différence, & même quelques personnes ont cru y remarquer une plus grande égalité.

M. Lembert assure qu'avec un pétrin de huit pieds de long il peut pétrir en trois quarts d'heure quatre cents livres de pâte, ce que l'ouvrier le plus fort & le plus exercé ne fait qu'en une heure, & ce qu'il ne peut recommencer qu'après un repos de plusieurs heures, tandis que le premier individu est dans le cas de travailler presque constamment pendant toute une journée à ce nouveau pétrin, qui ne fatigue presque pas, ainsi que je m'en suis assuré.

Au moyen de cette machine le Pain est toujours le même, tandis que par la manutention commune il est rare que dans les ménages où les servantes font le Pain, on en mange deux fois de suite de bon. La seule attention à avoir, c'est de couler convenablement l'eau nécessaire à l'imbibition de la farine : trop ou trop peu à la fois nuit au succès de l'opération. Un peu d'habitude suffit pour juger de la quantité qu'il faut en mettre chaque fois.

La machine de M. Lembert est actuellement en usage dans beaucoup d'établissemens publics, tels qu'hopitaux, manutentions d'armées, &c. Un grand nombre de particuliers habitant leur campagne, s'en servent également avec succès. Si quelques expériences publiques n'ont pas donné, relativement à l'économie, toute la satisfaction desirable, cela tient à des causes que je ne puis indiquer ; car il est constant, d'après le simple exposé ci-dessus, qu'il doit y en avoir. Aucune de ces expériences n'a démenti ce que je viens de dire relativement à la bonté du Pain.

La pâte étant suffisamment pétrie, ce qu'on reconnoît à sa dureté & à son élasticité, on la retire du pétrin de suite, s'il fait chaud, & environ une demi-heure après, si le tems est froid, par portions plus ou moins grosses, selon la nature du Pain qu'on veut avoir ; ainsi, ces portions peuvent être ou de quinze à vingt livres, ou seulement de deux à trois onces. Les très-gros Pains sont en faveur dans les campagnes où on ne cuit que deux fois par mois, parce qu'ils se dessèchent moins vîte ; les plus petits ne peuvent se fabriquer avantageusement que dans les grandes villes où on fait lever la pâte au moyen de la levûre de bière. A Paris, les gros Pains ne sont généralement que de quatre à six livres, & dans les campagnes voisines, les Pains sont de dix à douze livres. Les grosseurs moyennes paroissent les plus convenables pour une bonne fermentation & une cuisson convenable, & c'est à elles que doivent se fixer les ménagères qui raisonnent leur conduite.

L'habitude fait qu'on prend assez exactement la quantité de pâte voulue, une livre de plus ou de moins étant de peu de conséquence pour la fermentation & la cuisson dans les gros Pains qu'on fait pour son ménage. Les boulangers qui travaillent pour la vente sont obligés de la peser pour avoir des Pains rigoureusement du poids fixé.

Quelle que soit la portion qu'on retire du pétrin, il faut lui donner de suite la forme qu'on a choisie, forme qui est presque toujours ou ronde ou longue. Ce n'est guère que dans les villes qu'on préfère cette dernière, qui est la plus avantageuse pour une prompte & égale cuisson, parce qu'elle favorise trop la dessiccation, & qu'en conséquence les Pains qui l'ont reçue ne peuvent se conserver long-tems frais. Cette opération de donner la forme aux Pains doit être faite très-rapidement, & sans trop manier & fouler la pâte, surtout si elle a été laissée quelque tems dans le pétrin.

L'épaisseur des Pains doit être proportionnée à leur diamètre, sans cependant être moindre que trois pouces, ni plus forte que six pouces, parce que, dans le premier cas, leur intérieur se dessécheroit trop, & que dans le second il ne se cuiroit pas assez.

Dans toutes les boulangeries & les maisons bien montées, on a des paniers garnis ou non garnis de toile, ou des vases (sébiles) de bois, saupoudrés de farine, pour mettre fermenter la pâte : chez les pauvres, on se contente souvent de la mettre, après l'avoir façonnée en Pain, sur des toiles également saupoudrées de farine. Les paniers d'osier, revêtus de toile, sont préférables à tous les autres, parce que, lorsque la pâte, comme cela arrive souvent, de quelque quantité de farine qu'on la saupoudre, s'attache à la toile, on peut toujours facilement la détacher en la retournant.

Dans toutes ces manières, s'il fait chaud, la fermentation panaire ne tarde pas à se développer ; en conséquence, la pâte se ramollit, se gonfle & s'étend ; il s'y forme des crevasses peu profondes, crevasses percées de trous, d'où émane une odeur légérement acide. Si on rompt la pâte dans cet état, son intérieur présente une grande quantité de cavités de toutes grandeurs. Dans le froid, il faut envelopper les paniers de couvertures de laine, & même les placer dans un endroit échauffé artificiellement; car la fermentation n'a lieu que fort incomplétement lorsque la température est au-dessous du dixième degré du thermomètre de Réaumur.

On peut reconnoître que la pâte est suffisamment levée à l'augmentation de son volume, & à l'élasticité de sa surface, pressée par le dos de la main. Les ouvriers habiles ne se trompent pas lorsqu'ils emploient la farine à laquelle ils sont habitués ; mais chaque nature de farine ayant, dans ce cas, un mode particulier d'action, il arrive quelquefois que leur talent même les induit en erreur. Les inconvéniens d'une pâte qui n'est pas assez levée, c'est de donner un pain lourd, de difficile digestion, susceptible de moisir promptement, &c. ; ceux d'une pâte trop levée sont, d'avoir une saveur désagréable, de donner des aigreurs, & de nourrir beaucoup moins, &c. Le premier cas se montre bien plus fréquemment que le second, attendu que les circonstances qui empêchent la pâte de lever sont bien plus communes que celles qui accélèrent sa fermentation. D'ailleurs, il est facile de corriger la pâte trop levée, en lui donnant de la nouvelle farine & en recommençant l'opération du pétrissage.

La pâte bien levée, il ne s'agit plus, pour la transformer en Pain, que de la faire cuire, & c'est ce qu'on fait le plus communément dans un FOUR. *Voyez* ce mot.

Lorsqu'on est en voyage, & qu'on n'a qu'un ou deux Pains à faire, on supplée fort aisément aux fours par ce qu'on appelle un four de campagne, c'est-à-dire, par un vase de fer ou de cuivre, fort évasé, auquel s'adapte un couvercle de même matière, vase que l'on fait chauffer, dans lequel on met la pâte, & qu'on entoure ensuite de cendres mêlées de braise.

Pour mettre les Pains dans le four, on emploie une pelle de bois (celles de hêtre sont les meilleures, parce qu'elles s'enflamment le plus difficilement & ne se fendent point) de la forme du Pain, & saupoudrée de farine. Les masses de pâte se mettent sur la pelle, tantôt en les retournant, tantôt dans la position où elles étoient pendant qu'elles fermentoient. Cette dernière manière exigeant deux opérations contraires, assez difficiles, le renversement de la masse de son panier sur une planche, & de cette planche sur la pelle, elle est la moins pratiquée; cependant elle est indispensable pour certaines sortes de Pains.

La manière de ranger les Pains dans le four dépend de leur forme; encore ici l'habitude en apprend plus que les préceptes les plus détaillés. Le principal, c'est qu'il en entre le plus possible, & qu'ils ne se touchent pas.

Lorsque tous les Pains sont enfournés, on ferme le four pendant dix minutes, après lesquelles on l'ouvre pour voir comment le Pain se comporte. Si on s'apperçoit qu'il se soit trop coloré, c'est signe que le four étoit trop chaud; alors on en laisse la porte ouverte pendant plus ou moins de tems. Le tems nécessaire à la cuisson du Pain varie selon le degré de chauffement du four, selon l'espèce de Pain, selon la grosseur des miches, &c.; il est impossible de le fixer. Je dirai seulement que lorsque le four est convenablement construit & chauffé, c'est environ trois quarts d'heure pour les Pains de quatre livres, lorsque leur pâte est légère, & environ une heure & demie pour les très-gros Pains dont la pâte est très-ferme.

Le coup d'œil d'abord, ensuite le tact, décident du moment où il faut ôter les Pains du four. Une miche convenablement cuite résonne lorsqu'on la frappe avec le dos de la main, & lorsque la mie, dans les lieux où elle est visible (les baisures), repousse le doigt lorsqu'on la presse.

Les Pains se retirent du four avec la pelle employée pour les y mettre, quelquefois avec des crochets de fer. Il faut les ranger ensuite sur une planche, les uns à côté des autres, ne les renfermer que lorsqu'ils sont complétement refroidis; car sans cette précaution ils moisiroient promptement.

En gardant les Pains plus de deux à trois jours, on court risque, ou de les manger trop durs, ou de les voir moisir: ceux qui sont les mieux levés & les mieux cuits se dessèchent le plus vîte; ceux qui sont mal levés & mal cuits se moisissent le plus promptement. Ce dernier inconvénient est beaucoup plus grave que le premier, car on peut retarder le desséchement en mettant le Pain dans un coffre, en l'enveloppant d'un linge; on peut le ramollir au feu, à la vapeur de l'eau, mais la moisissure lui communique un goût extrêmement désagréable, & une altération nuisible à la santé, goût qu'on ne peut jamais lui enlever entièrement.

Il est utile à la santé & économique de manger le Pain rassis; mais il est beaucoup plus agréable de le manger frais, surtout si la levure de bière a été employée à sa fabrication. Tout Pain chaud doit être proscrit, comme pouvant donner lieu à des indigestions dont la suite est souvent la mort.

Comme sans humidité il ne peut se former de moisissure, & que les Pains très-secs peuvent être facilement ramollis, on a, depuis des siècles, imaginé de remettre les Pains au four, après leur cuisson, à un degré très-foible de chaleur, pour les faire dessécher complétement; de là le nom de *biscuit*, deux fois cuit, que porte une sorte de Pain fabriqué dans l'intention de le conserver des mois, même des années, en bon état. C'est principalement pour l'approvisionnement des vaisseaux qu'on en fait le plus.

Il y a deux sortes de biscuit: 1°. celui qui se fait comme il vient d'être dit, c'est-à-dire, des Pains de foible dimension, deux à trois livres, coupés dans le sens de leur épaisseur, & remis au four jusqu'à ce que toute leur humidité surabondante soit évaporée. On en fabrique à Paris pour la soupe, dans quelques campagnes isolées, pour les cas imprévus, & dans les ports de mer, pour les provisions des officiers de marine; 2°. celui qui est fabriqué avec de la pâte fermentée, mais qui, au lieu d'être façonnée en gros Pains, & mise de nouveau à fermenter, est divisée en galettes au plus de six pouces de large & un pouce d'épaisseur, galettes qu'on laisse dans le four jusqu'à ce qu'elles soient complétement sèches. C'est aujourd'hui le véritable biscuit, celui dont on approvisionne exclusivement les vaisseaux, les places assiégées, &c. Il seroit fort à desirer que les cultivateurs qui, par principe d'économie, ne cuisent que tous les quinze jours, même tous les mois, le préférassent au pain lourd & moisi qu'ils mangent si généralement. Mis en lieu sec, dans des boîtes ou des tonneaux exactement fermés, il peut se conserver plusieurs années au même degré de bonté qu'il avoit en sortant du four.

Dans l'origine des sociétés agricoles, on fabriquoit le Pain à mesure du besoin, avec de la pâte non fermentée, & on le faisoit cuire sous la cendre, ce qui suppose qu'on le mettoit en galette d'une petite épaisseur. Il avoit donc beaucoup de rapport de forme avec le biscuit.

Aujourd'hui on fait en Italie, principalement dans le pays de Venise, une sorte de Pain qui semble être en rapport avec ce Pain ancien.

Pour le fabriquer on met si peu d'eau dans la farine, qu'il est impossible de la pétrir. Pour suppléer au défaut de la main, on met la pâte sous un levier formé d'un arbre de quatre pouces de diamètre & de douze ou quinze pieds de long, fixé à un tourillon par une de ses extrémités; levier dont on introduit le corps dans la pâte, d'abord en appuyant avec les mains, & ensuite en sautant & s'asseyant sur son extrémité libre. Lorsque la pâte est suffisamment pétrie, c'est-à-dire, qu'elle est assez dure pour qu'on ne puisse pas y enfoncer le doigt, on l'abandonne pendant quelques heures, après quoi on la divise en morceaux d'un quart de livre, auxquels on donne une forme cylindrique & qu'on enfourne de suite.

Ce Pain, qui n'est réellement que de la farine légérement altérée, ne plaît pas d'abord aux personnes habituées à manger du Pain de pâte fermentée; mais on s'y accoutume bientôt, & il se mange de préférence, surtout à déjeûner, ainsi que je l'ai éprouvé pendant mon séjour dans le pays vénitien. Il peut se garder long-tems, mais ne conserve sa bonté que pendant quelques jours: c'est pourquoi il est assez général qu'on n'en fabrique à la fois que pour deux ou trois jours.

Ceux qui voudront prendre une idée de la manière de pétrir ce Pain, peuvent le faire en allant voir travailler la pâte des vermicelliers.

Il y a aussi une machine qui supplée à l'effort du levier, & qui nécessite l'emploi des forces de deux hommes pour être mise en action.

Jusqu'à présent j'ai supposé qu'on n'employoit dans la fabrication du Pain que de la farine pure de froment; actuellement je dois dire un mot du Pain de farine de froment mélangée de son & d'autres substances, ainsi que de celui fait avec de l'épeautre, du seigle, de l'orge, de l'avoine, du maïs, du riz, du sarrasin, &c. *Voyez* FARINE & MOUTURE.

On appelle Pain bis ou Pain de munition, parce que c'est celui qu'on donne aux soldats, celui dans lequel il entre plus ou moins de SON. *Voyez* ce mot.

Le son étant indigestible, & le Pain étant destiné à nourrir, il semble qu'il ne devroit jamais en entrer un atome dans ce dernier; cependant, d'un côté, l'estomac des personnes qui travaillent beaucoup des bras, & en plein air, est pourvu d'une telle activité, qu'il demanderoit continuellement des alimens, si on ne le lestoit pas de matières de difficile digestion, même totalement indigestes; de l'autre, excepté dans la mouture économique, il reste attaché au son une si grande quantité de farine, que ce seroit une perte considérable que de ne la pas employer; aussi les habitans des campagnes font-ils entrer dans leur Pain tout ce qui composoit le grain du blé, ou au plus en enlèvent-ils le plus gros son pour le donner à leurs bestiaux ou à leurs volailles.

L'effet du son dans le Pain, c'est de l'empêcher de lever convenablement, de lui donner une légère âcreté, & de le rendre purgatif pour ceux qui n'y sont pas accoutumés.

Le Pain méteil est celui dans lequel on mélange la farine du seigle à celle du froment; c'est un très-bon aliment, qui se digère plus facilement que le pur Pain de froment, & qui a l'avantage précieux de se conserver frais plus longtems. La proportion la meilleure est deux tiers de farine de froment & un tiers de farine de seigle; mais généralement, dans les campagnes, on mélange ces deux sortes de grains par moitié.

J'ai fait sentir au mot MÉTEIL les inconvéniens qu'il y avoit à semer le seigle & le froment ensemble, & au mot MOUTURE ceux qui résultoient du mélange de ces deux grains dans cette opération: ce sont donc les farines qu'il faut réunir pour faire le Pain méteil.

Beaucoup de pauvres cultivateurs mélangent aussi avec leur farine de froment, de la farine d'orge & d'avoine, ce qui altère d'autant plus la qualité du Pain, que ces dernières sont en plus grande proportion, ainsi qu'on en jugera d'après ce que je dirai plus bas de leur nature.

Il est quelques endroits où on fait entrer aussi de la farine de riz, de la farine de maïs, de la farine de pois, de haricots, de lentilles, de féves, de vesces, de gesses, même de lupins dans la composition du Pain de froment. Le résultat de tous ces mélanges donne des Pains plus ou moins lourds, plus ou moins désagréables au goût, même plus ou moins mal-sains.

J'en dirai autant du Pain de châtaignes, du Pain de pommes de terre, du Pain de patates, quelque préconisés qu'ils aient été, surtout le second, parce que tous les essais dont j'ai été témoin ont donné pour résultat une nourriture moins bonne que ces mêmes alimens simplement cuits sous la cendre ou dans l'eau, & de plus une manutention très-longue & très-dispendieuse. Ces sortes de Pains ne peuvent jamais, à mon avis, devenir d'un usage général: j'en parlerai cependant aux articles CHATAIGNIER, POMME DE TERRE & PATATE.

Presque toutes les matières nutritives peuvent être mêlées avec le Pain & lui donner leurs noms; mais je m'arrête à celles que je viens d'énoncer, comme les plus fréquemment employées.

La farine de seigle est, après celle de froment, la plus convenable pour fabriquer du Pain. *Voyez* SEIGLE.

Pour préparer le levain du Pain de seigle, il faut mêler le levain chef avec un cinquième de la farine destinée à la fournée; & lorsque le levain est parvenu au point convenable, on exécutera le pétrissage selon les règles indiquées pour celui de la pâte de farine de froment, excepté qu'on emploiera l'eau plus chaude & qu'on tiendra la pâte plus ferme.

La fermentation des masses de pâte s'exécute de la même manière, soit en été, soit en hiver.

Lorsqu'on juge que cette pâte est assez levée pour être enfournée, il faut donner un dernier coup de feu au four, afin qu'elle soit saisie par la chaleur dès qu'elle y sera placée. Le four ne doit être fermé que quelques minutes; car ce coup de feu pris, il eſt bon que la cuiſſon s'opère lentement; il faut, malgré cela, moins de tems, toutes choſes d'ailleurs égales, au Pain de ſeigle pour cuire, qu'au Pain de froment.

Bien préparé, le Pain de ſeigle eſt très-ſavoureux, mais il eſt un peu moins nourriſſant que celui de froment. C'eſt l'aliment ordinaire des habitans du Nord, ainſi que de ceux des hautes montagnes, lieux où le froment ne peut mûrir, faute de chaleur; c'eſt encore celui des pays arides & ſecs, où le froment ne peut proſpérer par le manque de principe de fertilité dans la terre. J'en mange toujours avec plaiſir, ſurtout quand il provient de grain cru dans un mauvais ſol, parce qu'alors il eſt plus blanc & plus délicat.

L'épeautre donne une farine qui ne diffère que par les proportions des principes de celle du froment, mais elle n'en demande pas moins une manipulation différente; il faut principalement employer l'eau plus chaude, augmenter la maſſe du levain, travailler davantage la pâte, la laiſſer moins long-tems fermenter & moins long-tems cuire.

Le Pain d'épeautre, au moyen de ces précautions, eſt blanc, léger, très-ſavoureux, & ſe conſerve frais pendant pluſieurs jours.

Il ne ſe fait que peu de Pain d'épeautre en France, cette céréale étant moins productive que le ſeigle, & ſon grain fourniſſant fort peu de farine blanche, proportionnellement à ſa groſſeur. *Voyez* ÉPEAUTRE.

Le Pain d'orge, quelque bien fait qu'il ſoit, eſt toujours lourd, viſqueux & âcre. Pour le fabriquer, il faut, en toute ſaiſon, employer de l'eau chaude & moitié de la farine en levain. Le pétriſſage de ſa pâte, ainſi que ſa cuiſſon, doivent être plus prolongés que celle de froment. Il eſt deſirable qu'on mêle toujours ſa farine avec plus ou moins de farine de froment, ou au moins de ſeigle, pour rendre le Pain plus léger & plus agréable au goût.

C'eſt en gruau & cuit dans l'eau qu'on devroit manger excluſivement l'ORGE. *Voyez* ce mot.

Le Pain d'avoine eſt encore plus mauvais que celui d'orge; il demande les mêmes ſoins dans ſa fabrication. Tous les amis de l'humanité doivent deſirer qu'on ceſſe d'en faire uſage, & qu'on réſerve l'avoine pour la nourriture des beſtiaux. Comme l'orge, on peut auſſi la manger en gruau plus avantageuſement qu'en Pain. *Voyez* AVOINE.

Je dirai la même choſe de la qualité du Pain de ſarraſin: il n'eſt pas mangeable pour ceux qui n'y ſont pas accoutumés, quelques précautions qu'on prenne pour le fabriquer convenablement. C'eſt en bouillie ou en galette que ce grain doit être employé à la nourriture de l'homme. *Voyez* SARRASIN.

Quelque peu agréables que ſoient ces trois dernières ſortes de Pains, elles ne ſervent pas moins à la nourriture d'une immenſe quantité de cultivateurs trop pauvres pour s'en procurer de froment ou de ſeigle. Que de réflexions affligeantes fait naître cette obſervation, lorſqu'on conſidère que tout terrein qui produit de l'orge, de l'avoine & du ſarraſin, peut produire du ſeigle & même du froment, s'il n'eſt pas dans une zône glaciale! L'inſtruction & un gouvernement protecteur peuvent cependant faire diſparoître cette malheureuſe ſituation des choſes. *Voyez* SUCCESSION DE CULTURE.

Les inſectes qui vivent de viande, tels que les larves du dermeſte du lard, des mouches bleue & dorée, &c., vivent également aux dépens du Pain humide gardé long-tems. Dans les boulangeries, & dans les pays chauds, le Pain frais craint auſſi les ravages des blattes, des ténébrions, des trogoſſites, &c. Quant au Pain ſec ou biſcuit, outre ces derniers inſectes, il eſt encore dévoré par les charençons, les vrillettes, les ptines, les mittes, &c.: on ne peut l'en garantir qu'en le renfermant hermétiquement.

On a fréquemment diſcuté la queſtion de ſavoir s'il convenoit mieux, même aux cultivateurs, de fabriquer le Pain à la maiſon ou de l'acheter journellement chez les boulangers: l'économie de tems & de combuſtible, ainſi qu'une meilleure fabrication, ſont ſi évidemment la ſuite du dernier de ces modes, que je ne puis que parler en ſa faveur. Il me ſemble qu'il gagne de jour en jour des partiſans dans les campagnes peu éloignées des grandes villes, & qu'on doit eſpérer qu'il s'étendra partout où le trop grand éloignement des habitations ne s'y oppoſera pas.

Que de choſes il me reſte à dire ſur le Pain, ce principal objet de la nourriture des Français! Il faut cependant m'arrêter. Je renvoie en conſéquence aux ouvrages de Parmentier ceux qui voudroient en ſavoir davantage. (*Bosc.*)

PAIN D'ÉPICE: ſorte de gâteau fait avec de la farine de ſeigle, du miel, ou du ſirop de raiſin, ou de la mélaſſe, & un peu de potaſſe, dont on fait une grande conſommation en France, & qui, quand il eſt bien fabriqué, eſt réellement un très-bon & très-ſalubre manger, ſurtout pour le jeune âge, qui généralement l'aime beaucoup.

La fabrication des Pains d'épice ne diffère pas eſſentiellement de celle du Pain de ſeigle ordinaire; ſeulement on pétrit la pâte un peu plus ferme, on fait les Pains plus petits, on chauffe moins le four, & on les y laiſſe plus long-tems. La potaſſe qu'on y ajoute, a pour objet d'augmenter leur ſaveur & de les conſerver plus long-tems en état frais.

Le Pain d'épice de Reims doit ſa réputation à la bonté du ſeigle & du miel de la Champagne. M. Allaire m'a appris que le miel du printems, c'eſt-à-dire, recolté ſur les ſaules marſault, ſe vendoit le plus cher, parce que les Pains d'épice dans leſquels il entroit, étoient plus eſtimés que les autres.

A Aloft on fabrique des Pains d'épice d'un très-gros volume, dans la pâte desquels on introduit des zestes de citron; il est fort estimé.

Voyez, pour le surplus, le *Dictionnaire d'Economie*. (*Bosc.*)

PAIN (Arbre à). *Voyez* JACQUIER.

PAIN BLANC: nom vulgaire de l'OBIER STÉRILE.

PAIN DE CASSAVE. *Voyez* CASSAVE & MANIOC.

PAIN A COUCOU: c'est l'OXALIDE OSEILLE.

PAIN DE CRAPAUD. On appelle ainsi le FLUTEAU.

PAIN DE DISETTE. On a donné ce nom à l'ORGE.

PAIN DES HOTTENTOTS: fruit de la ZAMIE africaine.

PAIN D'OISEAU. L'ORPIN brûlant porte communément ce nom.

PAIN DE POULET. On appelle ainsi le LAMIER purpurin.

PAIN DE POURCEAU. *Voyez* CYCLAME d'Europe.

PAIN DE SAINT-JEAN. On appelle ainsi le CAROUBIER.

PAIN DE SINGE. C'est le BAOBAB.

PAIN DE TROUILLE: résidu de la fabrication des huiles, c'est-à-dire, synonyme de TOURTEAU. *Voyez* ce mot & le mot HUILE.

On emploie généralement les Pains de trouille à la nourriture des animaux domestiques; on peut aussi les utiliser comme engrais des terres. M. Rast-Maupas les a indiqués comme propres à éloigner les COURTILLIÈRES des semis. *Voyez* ce mot.

PAIN VIN. L'AVOINE FROMENTALE est ainsi appelée dans quelques cantons, à raison de l'excellence de son fourage.

PALAGRIE: sorte de pioche en usage dans le département du Gers.

PALAIS DE LIÈVRE. Quelques cultivateurs donnent ce nom au LAITRON commun.

PALAVE. *Palava*.

Genre de plante de la polyandrie pentagynie, qui réunit trois espèces, dont aucune n'est cultivée dans nos jardins.

Espèces.

1. La PALAVE à feuilles lancéolées.
Palava lanceolata. Ruiz & Pav. ♄ Du Pérou.

2. La PALAVE à feuilles dentées.
Palava biserrata. Ruiz & Pav. ♄ Du Pérou.

3. La PALAVE glabre.
Palava glabra. Ruiz & Pav. ♄ Du Pérou.

PALAVIE. *Palavia*.

Genre de plante de la monadelphie polyandrie & de la famille des *Malvacées*, dans lequel on trouve deux espèces, qui ne se voient point dans les jardins. Il est figuré, sous le nom de PALAVE, pl. 577 des *Illustrations des genres* de Lamarck.

Espèces.

1. La PALAVIE à feuilles de mauve.
Palavia malvifolia. Cavan. ⊙ Du Pérou.

2. La PALAVIE musquée.
Palavia moscata. Cavan. ⊙ Du Pérou.
(*Bosc.*)

PALE: planche taillée en pointe, qui sert à former des PALISSADES. *Voyez* ce mot.

PALEJA: c'est labourer avec la bêche dans le département de la Haute-Garonne.

PALETTE. On appelle ainsi, dans le Médoc, les haricots qu'on mange en vert.

PALETUVIER. *Bruguiera*.

Arbre de l'Inde, figuré pl. 317 des *Illustrations des genres* de Lamarck, qui seul forme un genre dans la dodécandrie monogynie & dans la famille des *Caprifoliacées*; il croît dans l'Inde, sur le bord de la mer; ses feuilles & son amande se mangent; son écorce, qui sent le soufre, s'emploie dans la teinture en noir. Il est principalement remarquable par l'organisation de son fruit & sa germination. On ne le cultive pas dans nos jardins.

On appelle aussi ainsi plusieurs arbres d'Amérique: l'un, le Paletuvier gris, est l'AVICÈNE (*voy.* ce mot); l'autre, le Paletuvier de montagne, est le CLUSIER VEINEUX (*voyez* ce mot). Je ne sais à quels genres se rapportent les Paletuviers blanc & rouge. (*Bosc.*)

PALICOUR. *Palicouris*.

Genre établi par Aublet, appelé SMERE par Jussieu, & STEPHANION par Schreber, mais qui paroît devoir être réuni au PSYCHOTRE. (*Voyez* ce mot.) La seule espèce qu'il contient, se trouve rappelée sous le nom de PSYCHOTRE palicour. (*Bosc.*)

PALIPON: espèce d'AVOINE de Cayenne.

PALIS: synonyme de palissade. On fait aujourd'hui peu d'usage de ce mot.

PALISSADE. On donne indifféremment ce nom, ou à des planches, le plus souvent de refente, ou à des clôtures faites avec ces planches, ou à une suite d'arbres ou d'arbrisseaux plantés près à près, dans une même ligne, garnis, depuis leur racine, de branches qui se taillent ou se tondent annuellement.

Lorsque le bois ne coûtoit presque que la façon, on entouroit fréquemment les propriétés rurales, surtout les jardins & les vergers, avec des Palissades de chêne ou de sapin refendu. Aujourd'hui ces bois sont trop chers & trop précieux pour qu'on les emploie encore à cet usage; & si on voit des Palissades, ce n'est plus que dans les pays de montagnes, ou autour des grandes villes: dans ce dernier cas elles sont faites en vieilles planches, principalement à Paris & autres villes situées sur les grandes rivières, en planches provenant du déchirage des bateaux.

Les Palissades en planches, soit de refente, soit sciées, ont l'avantage de tenir très-peu de place, & d'être promptement formées: excepté celles faites avec les deux sortes de bois que j'ai nommées plus haut, elles sont de fort peu de durée. Ce n'est de plus qu'à peu de distance de l'habitation qu'on peut en construire, à raison de la facilité de leur destruction par ceux qui en convoitent les matériaux.

On construit ces Palissades en enfonçant en terre, à six ou huit pieds de distance, des pieux carrés, de six à huit pieds de longueur, pieux qu'on lie entr'eux par deux traverses parallèles, l'une à un pied de terre, & l'autre à quatre, lesquelles traverses sont destinées à soutenir droites les planches de six à huit pieds de haut, qu'on cloue contr'elles.

Il y a des Palissades de toute hauteur. Les dimensions que j'indique ici sont celles qu'on peut appeler rustiques, parce que ce sont celles qu'on voit le plus fréquemment dans les campagnes.

Tantôt les planches sont jointes aussi exactement que possible; tantôt elles sont plus ou moins écartées, mais jamais assez pour qu'un homme puisse passer dans l'intervalle.

Tantôt on met en terre un ou deux pouces du bas de la planche, tantôt on laisse ce bas à un ou deux pouces de terre; dans ce dernier cas, les planches se conservent mieux.

Un des moyens de faire durer les Palissades seroit sans doute de les peindre à l'huile; mais la dépense s'y oppose presque toujours.

Par extension, on a aussi appelé Palissade les clôtures faites avec des perches plus ou moins longues, plus ou moins grosses, liées avec des harts, avec du fil de fer, ou clouées contre des pieux, contre des traverses. De tous les bois d'Europe, le châtaignier est le meilleur à employer dans ce cas; on y emploie cependant fréquemment le charme, le frêne, le noisetier, même le saule.

Il faut ranger dans la même cathégorie une haie sèche, peu épaisse, quel que soit le moyen employé pour la fixer dans une position droite. *Voyez* Haie.

On forme encore des palissades avec des claies retenues droites, soit au moyen de pieux plantés de distance en distance, soit au moyen de perches fixées obliquement en terre de chaque côté. *Voyez* Claies.

Autrefois on voyoit beaucoup de Palissades dans les jardins, & c'étoit le Charme, l'Orme, le Buis & l'If qu'on employoit. (*Voyez* ces mots.) Actuellement on n'en plante plus guère que pour cacher des murs. *Voyez* Charmille.

Une Palissade, pour être belle, doit être également garnie dans toutes ses parties; & afin qu'elle se conserve telle, il faut la tailler une, & même mieux, deux fois l'an; au croissant, & le plus court possible, pendant qu'elle est dans la force de sa végétation, le but étant de lui faire pousser une plus grande quantité de petites branches, & empêcher de grossir les arbres qui la composent.

La plantation des Palissades vivantes ne diffère pas de celle des Haies. *Voyez* ce mot & celui Clôture. (*Bosc.*)

Palissade (Arbres en). Ce sont des arbres dont le tronc est dégarni de branches dans une hauteur plus ou moins considérable, & dont les branches supérieures sont taillées comme les Palissades décrites dans l'article précédent.

C'est dans les jardins dits *français*, qu'on voit le plus d'arbres en Palissade. Les plantations des promenades des grandes villes, & même beaucoup de routes, sont également disposées ainsi. On ne peut nier qu'ils ne produisent souvent un très-bel effet; cependant ils passent de mode, & on les repousse, surtout des jardins paysagers.

Les arbres en Palissade forment le plus souvent des allées simples ou doubles; quelquefois ils cachent la nudité d'un mur ou une vue désagréable. Généralement on les taille des deux côtés, mais quelquefois d'un seul, celui intérieur. Dans ce dernier cas, les arbres sont moins retardés dans leur croissance; en conséquence, on doit le préférer lorsqu'on veut en tirer parti.

Ceux des arbres indigènes, ou acclimatés, qui se prêtent le mieux à cette disposition, sont l'Orme, le Tilleul & le Marronier d'Inde. *Voyez* ces mots.

La plantation des arbres qu'on veut mettre en Palissade ne diffère pas de celle des autres; seulement il faut les rapprocher davantage, pour que leurs branches puissent se toucher en peu de tems. A la seconde, ou au plus tard à la troisième année, on coupe, au croissant, les rameaux perpendiculaires à la longueur de l'allée, & chaque année, ou chaque deux années, on répète cette opération pendant l'hiver: il en résulte que la tête des arbres prend de la hauteur & de la largeur, & presque pas d'épaisseur. Quelquefois cependant on leur coupe aussi la tête à la même hauteur. Par contre, d'autres fois on laisse le sommet de leur tête se développer en liberté, ce qui détermine la formation d'un Berceau. *Voyez* ce mot.

La taille des arbres en Palissade n'est pas aussi rigoureuse que celle des Palissades proprement dites; aussi, lorsqu'ils sont vieux, sont-ils d'une épaisseur de plusieurs pieds. *Voyez*, pour le surplus, aux mots Plantation, Allée, Avenue, Route, Taille. (*Bosc.*)

PALISSAGE. Les branches d'un arbre, appliquées

quées contre un mur, forment une espèce de palissade : de là le nom de *Palissage* qu'on a donné à l'opération pour les régulariser, qui s'exécute annuellement sur les ESPALIERS. *Voyez* ce mot.

On palissade les branches des arbres fruitiers, soit parce qu'on veut leur donner une direction contre nature, telles que celle des pêchers, des poiriers, &c., soit parce qu'elles ont besoin d'être soutenues, telles que celles de la vigne, du jasmin, du chèvre-feuille.

Tantôt on attache les branches directement contre les murs, au moyen de petits morceaux de vieux drap & d'un clou ; c'est le Palissage à la LOQUE (*voyez* ce mot) ; tantôt on les fixe avec de l'osier, du jonc, de la paille, &c., contre un treillage au préalable établi contre ce mur. *Voyez* TREILLAGE.

Pour convenablement palissader à la loque, il faut que le mur soit en PLATRE ou en PISÉ (*voyez* ces mots), ces modes de bâtisse étant les seuls dans lesquels les clous puissent être indifféremment enfoncés partout.

Le Palissage à la loque a sur l'autre l'avantage de permettre le placement rigoureux des branches dans la direction convenable ; celui sur treillage est plus économique, & s'exécute plus rapidement.

Les arbres fruitiers en espalier se palissadent deux fois dans l'année ; savoir : pendant l'hiver, lors de leur taille, & pendant l'été, entre les deux séves, à la suite de leur ÉBOURGEONNEMENT (*voyez* ce mot). Ces Palissages ont pour but de donner à l'arbre une plus grande largeur & une moindre épaisseur, afin de favoriser la coloration & d'accélérer la maturité des fruits.

Dans le principe de la taille de Montreuil (*voyez* PÊCHER), on ne doit laisser aucune branche perpendiculaire ; ainsi il faut toutes les palissader obliquement. Dans le principe de la taille en PALMETTE (*voyez* ce mot), on laisse la tige montante droite, & toutes les autres se palissadent presque horizontalement.

C'est dès l'hiver de la seconde année de la plantation qu'on doit commencer à palissader les arbres fruitiers en espalier, quoique cette opération retarde leur croissance ; parce que lorsque leurs branches ont acquis une certaine grosseur, il devient plus difficile de leur donner une direction forcée. Ce sont, le plus souvent, les branches de la dernière pousse qu'on palissade ; ainsi elles n'apportent point de résistance. Lorsqu'on se trouve obligé de changer la position des plus anciennes, il est prudent de ne le faire que petit à petit, pour éviter qu'elles ne se cassent.

Il arrive quelquefois que dans le Palissage sur treillage, une branche n'est pas assez longue pour atteindre la traverse ou le montant sur lequel on veut l'attacher : on y supplée en lui donnant une alonge d'osier ou de paille, alonge qu'on fixe à cette traverse ou à ce montant. On appelle cette alonge *bride* ou *alaise*.

On doit enlever tous les hivers, soit les loques, soit les autres liens avec lesquels on palissade, pour éviter les étranglemens auxquels ils donneroient lieu par suite du grossissement des branches ; c'est une attention à laquelle beaucoup de jardiniers n'ont pas assez d'égard, mais qu'on ne néglige jamais à Montreuil.

Presque toujours on abaisse les branches en les palissadant, même souvent on les courbe un peu, ces deux opérations les faisant mettre plus promptement à fruit ; & comme dans ces cas elles tendent à se relever & se redresser, par la seule influence de l'action de la séve, il ne faut cesser de les palissader que lorsqu'elles ont acquis une grosseur suffisante pour rendre cet effet insensible, c'est-à-dire, qu'après quatre à cinq ans.

Un jardinier qui voudroit apporter une précision mathématique dans le Palissage de ses espaliers, prouveroit par cela seul qu'il n'en comprend pas les principes. Il faut contrarier le moins possible la nature dans toutes les opérations de l'art agricole.

L'époque du Palissage d'été a été l'objet de nombreuses discussions parmi les écrivains qui ont traité de la conduite des espaliers. Roger-Schabol & les praticiens de Montreuil l'exécutent, pour le pêcher, immédiatement après l'ébourgeonnement, c'est-à-dire, à la fin de juillet. Butrel & tous les théoriciens disent qu'il faut le retarder le plus possible, & il semble en effet qu'il est bon de laisser aux arbres le tems de se refaire des pertes que leur occasionne l'ÉBOURGEONNEMENT. *Voyez* ce mot.

Dans le pêcher on palissade d'abord les jeunes pieds qui ne portent pas encore de fruit, puis ceux des variétés hâtives. Dans chaque arbre ce sont les prolongemens des membres, & ensuite ceux des mères branches qui devroient s'attacher d'abord, puis les autres branches à bois, enfin les brindilles ; mais rarement on procède ainsi, & uniquement pour n'être pas dans le cas de revenir plusieurs fois sur le même pied.

Autrefois on palissadoit véritablement des arbres fruitiers placés contre les murs, surtout des poiriers, c'est-à-dire, qu'on les tailloit comme on taille les contr'espaliers, sans attacher leurs branches au mur ou à un treillage. Cette méthode, qui avoit des avantages, ainsi que j'ai pu en acquérir plusieurs fois la preuve, ne se pratique plus que sur des espaliers négligés pendant quelques années, & qu'il n'est plus possible de ramener à la forme qu'on leur avoit d'abord donnée. (*Bosc.*)

PALISSE : nom des haies dans le département des Deux-Sèvres.

* PALIURE : espèce du genre des NERPRUNS, dont quelques botanistes ont fait un genre particulier, & que d'autres ont réuni avec les JUJUBIERS. *Voyez* ce mot dans le *Dictionnaire des Arbres & Arbustes*. (*Bosc.*)

PALLADIE. *Palladia.*

Plante des terres australes, qui seule, selon Gærtner, doit former un genre dans l'octandrie monogynie & dans la famille des *Gentianées*. Ses caractères sont figurés pl. 285 des *Illustrations des genres* de Lamarck. Elle ne se cultive pas dans nos jardins. (*Bosc.*)

PALLASIE. *Pallasia.*

Genre de plante de l'octandrie monogynie & de la famille des *Polygonées*, qui ne renferme qu'une espèce, que quelques botanistes ont réuni aux CALLIGONS (*voyez* ce mot), & qui est figuré sous ce nom dans les *Illustrations des genres* de Lamarck, pl. 410.

La PALLASIE caspienne est un arbuste de trois à quatre pieds de haut, qu'on cultive en pleine terre dans quelques jardins des environs de Paris, mais qui s'y conserve difficilement; aussi l'y ai-je vu paroître & disparoître à plusieurs reprises.

Une terre de moyenne consistance est celle qui convient le mieux à cet arbuste: peut-être faudroit-il la saler pour le conserver, car c'est dans les stepes salés qu'il croît naturellement. Il y a lieu de croire qu'il craint l'humidité & le tranchant de la serpette, puisque je l'ai vu périr dans ces deux circonstances. On ne le multiplie que de graines, dont il a donné quelquefois dans notre climat, graines qu'on sème au levant aussitôt après les gelées.

Lorsqu'elle est couverte de fleurs, la Pallasie fait un assez bel effet. Sa rareté n'a pas encore permis de la placer dans les jardins paysagers. (*Bosc.*)

PALLE. *Voyez* PELLE.

PALME DE CHRIST: nom vulgaire du MÉDICINIER RICIN dans les îles de l'Amérique. *Voyez* MÉDICINIER.

PALMETTE (Arbre en): sorte de disposition d'un arbre fruitier en espalier. Elle consiste à laisser monter perpendiculairement, à rabattre tous les ans à deux ou trois yeux, la pousse de l'année, & à palissader parallélement au sol, après les avoir taillées, les branches latérales, depuis la base jusqu'au sommet.

Cette disposition, qui s'applique principalement au poirier, a dû être une des premières connues; mais on y avoit renoncé presque généralement. Thouin l'a rappelée il y a une trentaine d'années, & on en voit aujourd'hui dans beaucoup de jardins des environs de Paris. C'est elle qu'a depuis préconisée Forseyte, directeur des jardins du roi d'Angleterre, dans son ouvrage sur la *Taille des arbres*. Elle ne diffère des quenouilles ou des pyramides, que parce qu'on y supprime les branches de devant & de derrière, & qu'on palissade celles des côtés. Ses avantages ne tiennent donc qu'à l'exposition contre un mur. On trouvera aux mots ESPALIER, POIRIER, QUENOUILLE, PYRAMIDE, TAILLE, PALISSAGE, toutes les indications nécessaires pour former & conduire des arbres en Palmette; ainsi j'y renvoie le lecteur. (*Bosc.*)

PALMETTE: synonyme de PALMISTE. *Voyez* ce mot.

PALMIERS: famille de plantes arborescentes, qui, dans les pays intertropicaux, fournit à l'homme presque tout ce qui lui est nécessaire pour sa nourriture, son vêtement, son logement, &c.

Ainsi, soit entier, soit simplement fendu, soit fendu & creusé, soit fendu, creusé & aplati en planche, le tronc des Palmiers sert à bâtir des maisons, à construire des digues, à entourer des cultures, à faire des conduits d'eau, &c. Ainsi, avec leurs feuilles entières, on couvre les maisons; avec leurs feuilles divisées en lanières, on fait des cordes de toute grosseur, des nattes, des parasols, des siéges, des chapeaux, des paniers, des tissus aussi fins que la toile; on écrit dessus, on mange dessus. Ainsi, avec les filamens qui accompagnent la base de leurs feuilles, on fabrique des cordes, des toiles grossières d'une grande force & d'une grande durée. Ainsi, avec leur spathe, avec leur noyau, on fait des vases pour contenir les liquides. Ainsi, on mange l'amande du noyau de beaucoup, principalement du cocotier; le brou de quelques-unes, le datier; les feuilles de quelques autres, l'arec; la fécule du tronc du sagoutier, &c. On fait de l'huile avec les noyaux de presque tous, & avec le brou de quelques-uns. Ainsi, enfin, le pédoncule de leur spadix, coupé au moment de la floraison, fournit une grande quantité de séve, qui, fraîche, est d'un goût agréable, & qui, fermentée, donne du vin & du vinaigre.

Cette famille de plantes est donc des plus intéressantes pour les cultivateurs, & mérite d'être considérée sous les rapports agricoles les plus étendus; cependant j'ai peu de chose à en dire, parce que généralement leur culture se borne au semis de leurs graines & à la jouissance de leurs produits.

La manière de croître des Palmiers est fort différente de celle des autres arbres. Ils sortent de terre avec une tige, le plus souvent unique, & terminée par un bouquet de feuilles qui se développent successivement. Cette tige s'alonge plus ou moins selon les espèces, mais ne grossit plus, ou du moins fort rarement. On l'appelle *caudex*, pour la distinguer de celle des arbres de la classe des dicotylédons, qui grossissent chaque année en même tems qu'elles s'alongent. Les feuilles, généralement peu nombreuses, mais fort grandes, se développent successivement, & laissent, en tombant, la marque de leur place, marque qui subsiste pendant fort long-tems & même toujours. C'est de la base interne de ces feuilles que sortent les fleurs, assez généralement renfermées d'abord dans une enveloppe commune, coriace, appelée *spathe*, & qui ensuite se développe sur des grappes qu'on appelle *spadix* ou *régime*. Dans la plupart des Palmiers, les fleurs sont monoïques ou dioïques. Les fruits sont tantôt des drupes secs, contenant un noyau bon à manger, & une liqueur excellente à boire; tantôt des drupes mous, dont la chair est, dans certaines espèces, d'un goût très-agréable.

Généralement les Palmiers croissent très-lentement, vivent long-tems, & donnent fort tard leurs premiers fruits. Il en est même, le rondier, par exemple, qui n'en fournissent qu'une seule fois après plus d'un siècle d'attente. Leur aspect est des plus majestueux & des plus pittoresques. On ne se lasse pas de les admirer lorsqu'on les voit pour la première fois, soit qu'ils se trouvent isolés, soit qu'on les ait semés en ligne.

Ce n'est que pendant leurs premieres années que les Palmiers se prêtent à la transplantation, encore cette opération leur est-elle alors souvent fatale. On sème leurs noyaux dans le lieu où ils doivent rester, & toute la culture que demandent les pieds qui en proviennent, consiste en un ou deux sarclages par an, pour empêcher les autres arbres & les grandes herbes de nuire à leur croissance.

Il semble qu'à raison de leur grand degré d'utilité ou d'agrément, les Palmiers devroient augmenter chaque année en nombre dans les colonies européennes d'Asie, d'Afrique & d'Amérique; mais il est de fait qu'ils y diminuent au point que quelques espèces en ont déjà totalement disparu, & que plusieurs autres, même des plus utiles, y sont devenues fort rares. La cause en est à l'égoïsme des colons, qui ne pensent qu'au moment présent, & se refusent à toute dépense ou peine, quelque légère qu'elle soit, qui ne doit pas leur apporter un profit prochain. Or, les Palmiers, comme je l'ai observé plus haut, sont des siècles à donner des produits; on ne ménage donc point ceux qui sont propres à être utilisés pour la bâtisse; ceux dont le bourgeon terminal, *le chou*, est bon à manger; ceux dont l'intérieur contient cette fécule nourrissante, appelée *sagou*; ceux dont le spadix fournit cette agréable liqueur, connue sous le nom de *vin de palme*. Quel moyen employer pour arrêter ces désordres, dont les suites peseront si cruellement sur l'avenir? Je n'en connois pas d'autre que l'instruction.

Voici l'énumération des genres établis dans la famille des Palmiers:

Palmiers à fleurs hermaphrodites: ROTANG, LICUALE, CORYPHE.

Palmiers à fleurs polygames: PALMISTE, RAPHIS.

Palmiers à fleurs monoïques: AREC, INDEL, COCOTIER, CARYOTE, NIPA, SAGOUTIER, BACTRIS, ARENGE, EUTERPE & DOUME.

Palmiers à fleurs dioïques: DATIER, AVOIRA, RONDIER, LAODICÉ & LATANIER.

Palmiers dont les sexes sont imparfaitement connus: HYOPHROME, MAURICE, MANIQUANE & CARANDIER.

On ne voit en Europe que deux espèces de Palmiers, le PALMISTE & le DATIER. Nous en cultivons une douzaine dans nos serres, mais ils y languissent plutôt qu'ils y végètent; rarement ils y fleurissent, &, excepté le palmiste, jamais ils n'y donnent de fruits. Leur culture consiste à semer leurs graines, à les rentrer aux approches de l'hiver dans la serre, à renouveler leur terre tous les ans, & à les arroser dans le besoin. (*Bosc.*).

PALMIER AOUARA. *Voyez* AVOIRA.

PALMIER DATIER. *Voyez* DATIER.

PALMIER EN ÉVENTAIL. C'est le plus souvent le RONDIER LATANIER.

PALMIER DU JAPON. On a donné ce nom au SAGOUTIER.

PALMIER NAIN. C'est le CORYPHA ou la PALMETTE.

PALMIER ROYAL. C'est la PALMETTE.

PALMIER A SAGOU. *Voyez* SAGOUTIER.

PALMIER A SANG DE DRAGON. *Voyez* au mot DRAGONIER.

PALMIER AREC. On donne ce nom à l'AREC CACHOU.

PALMISTE: synonyme de PALMETTE & de plusieurs autres palmiers de l'Isle-de-France, dont on mange le chou.

PALMISTE. *CHAMÆROPS*.

Genre de plante de l'hexandrie trigynie & de la famille des *Palmiers*, qui réunit quatre espèces, dont une est propre aux parties les plus chaudes de l'Europe, & se cultive dans nos orangeries. Il est figuré pl. 900 des *Illustrations des genres* de Lamarck.

Espèces.

1. Le PALMISTE palmette.
Chamærops palmeto. Mich. ♄ De la Caroline.

2. Le PALMISTE dentelé.
Chamærops serrulata. Mich. ♄ De la Caroline.

3. Le PALMISTE nain.
Chamærops humilis. Linn. ♄ Du midi de la France.

4. Le PALMISTE élevé.
Chamærops excelsa. Thunb. ♄ Du Japon.

Culture.

J'ai observé le Palmiste palmette & le Palmiste dentelé en Caroline, où le premier, qui s'élève fort haut, croît dans les îles sabloneuses de la côte, & où le second, qui reste nain, est fort abondant dans les sables de la terre ferme. Le tronc du premier sert à la construction des digues

& des fortifications de Charleton, ce à quoi il est très-propre, par la lenteur de sa décomposition & le peu d'action que les tarets (vers de digue) ont sur lui. Il devient rare, attendu qu'on ne le multiplie pas. Je les ai cultivés en grande quantité, dans les pépinières de Versailles, de graines envoyées par Michaux; mais j'ignore si les pieds que j'ai fait passer dans les départemens du Midi existent encore. C'est dans des pots remplis de terre de bruyère & placés sur une couche à châssis que j'ai fait lever ces graines. La seconde année, le plant fut mis seul à seul dans d'autres pots, qu'on rentroit dans l'orangerie aux approches de l'hiver. Quoique je n'eusse aucune espérance d'en tirer un parti utile, j'ai vu avec peine l'ordre de leur destruction.

Le Palmiste nain, *Palmetto* des Italiens, ressemble beaucoup au Palmiste denté. Il est fort abondant dans les terreins sabloneux du bord de la mer, aux environs de Nice, dans le midi de l'Espagne & de l'Italie, dans toutes les îles de la Méditerranée & sur la côte d'Afrique. Roland de la Platière, Poiret, Desfontaines & Cavanilles ont successivement observé qu'on mangeoit la pulpe de ses fruits, qui est douce & mielleuse; la fécule, analogue au sagou, qui se trouve dans le centre de sa tige, & même ses jeunes pousses, quelqu'acerbes qu'elles soient; qu'on fait avec ses feuilles des cordes, des paniers, des nattes, même de la toile, enfin qu'on en tire en petit tous les services des autres Palmiers.

Ce Palmier, malgré l'utilité dont il peut être, ne se cultive nulle part. On se contente partout de profiter des pieds qui croissent spontanément. Il se voit dans tous les jardins de botanique & des amateurs de l'Europe, où il se multiplie de graines semées sur couche & sous châssis, & se conserve dans l'orangerie pendant l'hiver. Quoiqu'il arrive rarement à une hauteur de plus de trois pieds dans l'état sauvage, on en voit deux pieds au Jardin du Muséum qui en ont plus de vingt; mais aussi sont-ils très-vieux, & prend-on de grandes précautions pour les conserver. Ces pieds donnent des fleurs tous les ans, & des fruits dans les années chaudes. Ils demandent à être fréquemment arrosés en été, à recevoir de la nouvelle terre tous les deux ans, & à être rentrés dans l'orangerie aux approches des gelées.

Le Palmiste élevé se trouve dans quelques jardins. Sa culture est la même que celle du précédent; cependant il est un peu plus délicat.

Il arrive assez souvent que ces Palmistes, surtout ce dernier, poussent des rejetons du collet de leurs racines. On lève ces rejetons au printems suivant, on les place dans des pots remplis de terre de bruyère, qu'on met sur couche & sous châssis, & lorsqu'ils ont repris, on les traite comme les vieux pieds; en général, ils croissent très-lentement. (*Bosc.*)

PALMISTE. On donne généralement, dans les colonies françaises, ce nom aux Palmiers dont on mange les jeunes feuilles, le chou.

PALMISTE AMER : un des noms du COCOTIER.

PALMISTE ÉPINEUX. L'AVOIRA porte ce nom.

PALMOULE ou PAMELLE. *Voyez* ORGE.

PALO DE CALENTURAS : nom du QUINQUINA au Pérou.

PALO DE LUZ : plante qu'on brûle au Pérou en guise de chandelle.

PALOMIER. *Voyez* GAULTHERIE.

PALOTAGE. C'est, dans les départemens du Nord, un des synonymes de BUTTER, CHAUSSER. Il s'applique particuliérement au COLZA. *Voyez* ces mots.

PALOTEURS : ouvriers qui font le palotage, & généralement tous ceux qui se servent de la BÊCHE.

PALOÜE. *Paloue* ou *Palovea*.

Arbrisseau de la Guiane, qui seul forme un genre dans l'ennéandrie monogynie, & que Willdenow a réuni aux BROWNÉES. Il est figuré pl. 323 des *Illustrations des genres* de Lamarck. On ne le cultive pas dans nos jardins. (*Bosc.*)

PALOUIN : synonyme de PALAGRIE.

PALOURDE : variété de COURGE qu'on cultive en grand pour la nourriture des bestiaux aux environs d'Angers.

PALTORE. *Paltorea*.

Arbrisseau du Pérou, qui seul forme un genre dans la tétrandrie monogynie.

Il ne se cultive pas dans nos jardins. (*Bosc.*)

PAMELLE : nom d'une variété de l'ORGE cultivée. *Voyez* ce mot.

PAMIER. Aublet a ainsi appelé un genre qui a été depuis réuni aux BADAMIERS.

PAMPELMOUSE : nom d'une variété d'ORANGER. *Voyez* ce mot.

PAMPRE. On appelle ainsi, dans quelques lieux, les bourgeons de la vigne lorsqu'ils ont acquis toute leur longueur, & qu'ils sont garnis de feuilles & de fruits. *Voyez* VIGNE.

PANACÉE : un des noms vulgaires de la BERCE & de la GALEOPE des marais.

PANACHE. On appelle ainsi les femelles du PAON dans quelques lieux.

PANACHURES DES FEUILLES ET DES FLEURS. Des taches ou des lignes différemment colorées que le fond des feuilles ou des fleurs, constituent leurs Panachures.

Il y a des Panachures naturelles, telles que celles des feuilles de l'aucuba, de l'amarante à trois couleurs, des fleurs de la fritillaire, de l'oxalide à deux couleurs, &c. Il y en a qu'on peut appeler artificielles, c'est-à-dire, qui sont, dans les semis, l'effet du hasard, & qui se propagent par la greffe, les marcottes, les boutures, & même les semis, telles que celles des feuilles du houx, celles des fleurs de la tulipe, &c.; enfin, il en est qui sont produites par une cause fortuite, & qui disparoissent lorsque cette cause cesse.

Je n'ai pas à m'occuper ici des Panachures de la première espèce, puisqu'elles sont hors du domaine de l'art.

Celles de la seconde espèce ont été regardées par la plupart des physiologistes comme une maladie du parenchyme; & en effet, dans ce cas, il est toujours altéré, puisqu'il n'exhale plus l'oxigène sous l'eau au soleil dans les places panachées des feuilles, & les plantes à feuilles panachées végètent toujours avec moins de vigueur que les autres. Cependant, comment se reproduisent-elles toujours les mêmes dans les feuilles qui naissent chaque année, & cela pendant toute la durée de la vie du pied & de ceux qu'on en a tiré? Il n'en est pas de même des fleurs sur lesquelles les Panachures n'annoncent pas un affoiblissement organique.

Il se produit quelquefois des Panachures aux feuilles des plantes en état sauvage; mais, à raison de la moindre vigueur de ces plantes, elles subsistent peu de tems. C'est dans les pépinières qu'il s'en montre le plus, & c'est là seulement qu'elles se conservent, parce que les amateurs les recherchant, & les pieds qui les offrent n'étant pas plus difficiles à multiplier que les autres, leur vente est sûre & profitable.

Très-souvent une seule branche, une seule partie de branche, une seule feuille même est panachée, & presque toujours cette branche, cette portion de branche bouturée, greffée ou couchée, l'œil de cette feuille greffée donne des pieds dont toutes les feuilles sont panachées.

Ainsi donc, chaque fois que le hasard fait naître dans une pépinière un arbre, ou arbrisseau, ou arbuste pourvu de Panachures, on peut y multiplier sans fin cette variété. Il est peu de végétaux ligneux indigènes qui n'en présentent au moins une sorte, & quelques-uns en présentent plusieurs. Le houx est celui qui est le plus favorisé à cet égard, car il offre toutes les sortes.

L'observation prouve que les graines des pieds panachés avortent plus fréquemment que celles de ceux qui ne le sont pas, & cela dans la proportion de l'étendue de la Panachure dans chaque feuille. Il est un orme à feuilles presqu'entièrement panachées d'un blanc-jaunâtre, qui n'en donne jamais de bonnes. Les graines fécondées de ces pieds produisent beaucoup plus fréquemment des arbres panachés que celles de ceux qui ne le sont pas; mais il n'est pas vrai, comme on l'a écrit, qu'elles n'en produisent que de tels.

Il arrive souvent que les arbres panachés dans leur jeunesse cessent de l'être lorsqu'ils avancent en âge; que ceux panachés, dans un terrein maigre & sec, perdent leurs Panachures lorsqu'on les transporte dans un terrein gras & humide.

Au reste, la couleur des Panachures des feuilles est bornée au blanc, au jaune & au rouge. On estime plus celles qui sont larges & tranchées, que celles qui sont petites, linéaires, & qui se fondent insensiblement avec le vert de la feuille: il en est de marginales, de centrales, de régulières, d'irrégulières, &c.

Outre leur singularité, qui frappe toujours la vue & porte de l'intérêt dans les promenades, les arbres, arbrisseaux & arbustes à feuilles panachées servent avantageusement à faire ressortir la couleur verte de ceux qui ne le sont pas; aussi est-ce toujours sur les premiers rangs des massifs des jardins paysagers qu'ils doivent être placés de préférence.

Il est aussi des plantes herbacées à tiges & des plantes herbacées à racines annuelles dont les feuilles sont panachées; on les recherche moins que les plantes ligneuses, parce qu'à raison de leur peu de vigueur, elles ont les fleurs inférieures en beauté à celles de la même espèce qui ne le sont pas; cependant il s'en voit dans tous les jardins de l'ornement desquels les propriétaires sont jaloux.

Les Panachures des fleurs sont sans doute produites par une autre cause que celle des feuilles, mais nous ne sommes pas plus instruits à leur égard. Depuis bien plus long-tems elles sont recherchées, principalement dans les TULIPES, dans l'ANEMONE, dans la RENONCULE, dans l'ŒILLET, dans l'OREILLE-D'OURS (*voyez* ces mots). Il n'est pas possible, à moins d'avoir un jugement faux, de nier que ces monstruosités, car elles en sont réellement, n'aient des beautés propres & méritent d'être multipliées de préférence à leur type. Toute Panachure nouvelle doit donc être considérée comme une véritable conquête, comme un moyen de plus d'embellir nos jardins.

Les fleurs dont la couleur naturelle est rouge sont celles qui se panachent le plus facilement. Leurs Panachures ne se développent souvent qu'au bout de plusieurs années. La tulipe est principalement dans ce cas, car elle ne prend le plus souvent ses Panachures que dix à douze ans après le semis de la graine dont elle provient.

C'est dans les années sèches & chaudes que les Panachures des fleurs se développent le mieux: certaines Panachures disparoissent même dans celles qui sont humides & froides pour se montrer de nouveau ensuite.

Ainsi que dans les plantes à feuilles panachées, le semis des graines des fleurs panachées fournit plus de pieds à fleurs panachées que le semis des graines de celles qui ne le sont pas: ce sont donc toujours les graines des plus belles variétés qu'on doit semer de préférence.

Les supplémens à cet article se trouveront aux mots VARIÉTÉ, GREFFE, MARCOTTE, BOUTURE, & à ceux qui traitent des diverses espèces d'arbres & de plantes qui offrent des Panachures. (*Bosc.*)

PANAGE. On appelle ainsi, dans l'ancien langage conservé dans le style forestier, l'action de mettre les cochons dans les forêts, en automne, pour manger le gland, la faîne, & autres fruits surabondans à la reproduction.

Le Panage étoit jadis un droit des habitans de beaucoup de communes; on l'a supprimé pendant la révolution, sous des prétextes plausibles; mais je ferai voir aux mots CHÊNE & HÊTRE, dans le *Dictionnaire des Arbres & Arbustes*, qu'il y a plus d'avantages que d'inconvéniens pour la reproduction, de le permettre chaque année pendant un tems plus ou moins long, & proportionné à l'abondance des glands & des faînes. (*Bosc.*)

PANAIS. *Pastinaca.*

Genre de plante de la pentandrie digynie & de la famille des *Ombellifères*, dans lequel se trouvent réunies quatre espèces qui se voient dans nos écoles de botanique, & dont une est l'objet d'une culture de grande importance dans les jardins & dans les champs. Il est figuré pl. 206 des *Illustrations des genres* de Lamarck.

Espèces.

1. Le PANAIS cultivé.
Pastinaca sativa. Linn. ♂ Indigène.

2. Le PANAIS luisant.
Pastinaca lucida. Linn. ♂ Du midi de l'Europe.

3. Le PANAIS à feuilles surdécomposées.
Pastinaca dissecta. Vent. ♂ De l'Orient.

4. Le PANAIS opoponax.
Pastinaca opoponax. Linn. ♃ Du midi de l'Europe.

Culture.

Le Panais cultivé croît naturellement & se trouve en abondance dans les champs argileux & un peu humides des parties moyennes & méridionales de l'Europe; il nuit beaucoup aux cultures des céréales dans la chaîne de montagnes qui s'étend de Langres à Lyon, contrée où j'ai demeuré pendant ma jeunesse; mais on ne l'y voit pas avec déplaisir, parce que tous les bestiaux, surtout les cochons, le recherchent. Les vaches qui s'en nourrissent, donnent du lait plus savoureux & plus abondant. Le faire disparoître seroit très-facile, au moyen d'un assolement dans lequel entreroient des prairies artificielles & des récoltes qui exigent d'être binées; mais on ne sait ce que c'est qu'assolement dans cette contrée.

C'est pour sa racine, qui a une saveur aromatique sucrée (elle contient 12 pour 100 de sucre, selon Drapier), qu'on cultive le Panais. Cette racine passe pour très-nourrissante & très-échauffante; elle se mange, soit cuite avec des viandes, soit assaisonnée au beurre, à l'huile, au lait, &c., soit frite; mais tous les goûts ne s'en accommodent pas également bien. On en fait en Thuringe un extrait qui remplace les confitures, & qu'on dit excellent. Quelqu'étendue que soit sa culture en France, il s'en faut de beaucoup qu'elle soit aussi générale qu'il seroit à desirer, tant pour la nourriture de l'homme que pour celle des animaux.

La culture des Panais étant plus pratiquée dans les jardins que dans les champs, je vais d'abord en parler.

Le Panais cultivé offre deux variétés qui m'ont paru inférieures au commun: ce sont le *Panais à racines rondes*, & le *Panais de Siam.* Il est vrai que je n'en ai goûté qu'à Paris, lieu où le commun est beaucoup moins bon que dans les parties moyennes & méridionales de la France, probablement parce qu'on fume trop les terres qu'on lui destine. Il n'est jamais d'excellente qualité dans les terreins argileux & humides.

Une terre profonde, légère & humide, est celle où prospèrent le mieux les Panais: or, on peut toujours la rendre telle par des défoncemens, des labours, des mélanges, un assolement régulier, &c. &c.

L'exposition la plus chaude doit être préférée dans le climat de Paris, & plus au nord. Dans le Midi c'est tout le contraire: trop de fumier nuit à leur bonté; aussi, en général, n'en met-on point pour eux dans les jardins bien dirigés.

La planche destinée aux Panais doit avoir été labourée une ou deux fois, bien nétoyée, soit de pierres, soit de chiendent.

L'époque des semis des Panais varie; les uns les exécutent avant, les autres après l'hiver. Dans le premier cas, on risque de les voir monter en graines l'été suivant; dans le second, qu'ils n'arrivent pas à toute leur grosseur: le mieux est d'en semer à toutes les époques, successivement de loin en loin.

On sème la graine des Panais à la volée ou en rayon, mais plus communément de la première manière. Comme il est rare qu'elle soit toute bonne, on la répand moins clair que l'exigeroit l'espace que doit couvrir chaque pied, sauf à éclaircir lorsque le plant sera levé. Elle demande à être très-peu recouverte, c'est-à-dire, seulement enterrée de deux à trois lignes.

Dans le courant d'avril on donne un premier binage aux Panais, pendant lequel on arrache tous les pieds qui sont à moins de six à huit pouces des autres; ceux qui n'en donnent point du tout ont grand tort, car leurs Panais ne prennent point la grosseur qu'ils doivent avoir, & montent plus sûrement en graines la première année. Un autre binage, pendant lequel on arrache les pieds qui montent en graines, est donné en juin. On en reste ordinairement là, quoiqu'un troisième binage ne pût être que très-avantageux au grossissement des racines. On arrose pendant les sécheresses.

Couper les feuilles des Panais pour les donner

aux vaches, est une fort mauvaise opération, attendu qu'elles concourent puissamment à augmenter la grosseur & à perfectionner la saveur des racines.

Dès le mois de juillet on peut commencer à manger des Panais; mais ce n'est qu'en septembre qu'ils ont acquis toute leur qualité. Il est mieux de les laisser en terre pendant l'hiver, que de les mettre en serre, sauf à en faire une petite provision pour les jours où la gelée ne permet pas d'en arracher. Dès les premiers jours du printems ils deviennent ligneux au centre; ainsi, il faut avoir consommé avant cette époque tout ce qu'on ne veut pas conserver pour avoir des graines.

Ce sont les plus beaux pieds qu'on réserve pour avoir des graines; ils doivent être isolés, afin qu'ils prennent tout leur développement. La graine des premières ombelles fleuries est la meilleure; on ne la cueille que lorsqu'elle est très-sèche, & on la garde dans des sacs de papier, tenus en lieu sec. Plusieurs cultivateurs coupent les pieds rez terre, pour les suspendre dans un grenier lorsque la moitié des graines est arrivée à maturité. Je trouve des inconvéniens égaux à l'une & à l'autre de ces deux pratiques. Cette graine est encore bonne la troisième & même la quatrième année; cependant il vaut toujours mieux préférer la plus nouvelle.

Ce que j'ai dit au commencement de cet article, relativement à l'excellence des Panais, feuilles & racines, pour la nourriture des bestiaux, doit faire préjuger qu'il est fort avantageux de les cultiver en grand. Cette culture est peu pratiquée en France; mais il n'en est pas de même en Angleterre & en Allemagne. Notre climat lui est cependant très-favorable, comme on l'a vu. Outre cela on gagne beaucoup à augmenter le nombre des plantes cultivées, surtout des plantes à racines pivotantes, parce qu'elles facilitent les moyens de retarder le retour des mêmes cultures dans le même sol, & qu'elles exigent des labours plus profonds. Il est donc à desirer qu'on se livre à la culture en grand de cette plante, dans les départemens méridionaux surtout, où les fourages sont généralement si rares.

Pour semer avec succès les Panais en plein champ, il faut donner deux labours très-profonds, & coup sur coup, à la terre, peu après la récolte des céréales, & y semer le plus également possible la graine de cette plante sur le pied de six à sept livres par arpent. Le plant lève au printems, & n'exige aucun soin; car ici on cherche moins la grosseur des racines que leur nombre. On peut couper ses feuilles en juillet pour la nourriture des vaches, des moutons, des cochons, &c. Ensuite, ou on met successivement ces animaux dans les champs, en octobre, dans l'ordre où je viens de les nommer pour en manger les repousses & les racines, ou on les arrache à la même époque pour les apporter à la maison & les leur donner pendant l'hiver. Je préfère la première méthode, en ce qu'elle est plus économique, & qu'elle laisse dans la terre une partie des racines, qui l'engraissent aussi bien qu'une fumure complète.

La nécessité d'épargner les frais des binages ne permet pas d'en donner à la main dans la culture des Panais pour la nourriture des bestiaux; mais il y a moyen d'y suppléer par des labours légers faits à la charrue, ou mieux avec une houe à cheval, à plusieurs fers. Pour cela on s'y prend de deux manières: ou on sème la graine en rayons, & on laboure entre les rayons, ou on la sème à la volée, &, au printems, lorsque les Panais ont cinq à six feuilles, on fait passer la charrue ou la houe à cheval à travers champ, en laissant intactes des bandes d'un demi-pied alternant avec des bandes de même largeur retournées. *Voyez* RANGÉES; *voyez* aussi les articles CAROTTE & BETTERAVE, plantes dont la culture ne diffère pas essentiellement de celle des Panais.

Il résulte des calculs de M. Lebrigant, que dans la ci-devant Bretagne un champ en Panais rapporte trois fois plus qu'en froment, & qu'il est en outre plus favorablement disposé pour les cultures suivantes.

On peut encore semer le Panais pendant la durée de la végétation des céréales, du lin, du chanvre, du pavot, du colza, &c., bien assuré que, sans aucun soin, il fournira une excellente pâture aux bestiaux après la récolte de ces plantes; mais dans ce cas il faut que les pieds soient fort espacés.

Dans les jardins de botanique on sème chaque année le Panais cultivé en place, & on se borne à l'éclaircir, à empêcher les mauvaises herbes de nuire à sa croissance.

Les Panais luisant & à feuilles surdécomposées s'y cultivent de même; cependant, comme ils sont plus sensibles aux fortes gelées de l'hiver, il est bon d'en tenir quelques pieds en pot, pour les rentrer dans l'orangerie.

Le Panais opoponax étant vivace, ne pourroit se conserver dans le climat de Paris si on ne le tenoit en pot, & si on ne le rentroit dans l'orangerie pendant l'hiver. C'est une plante très-belle par son feuillage & son port; elle se multiplie de graines qu'on sème dans des pots sur couche & sous châssis. On croit que son suc, qui est jaune, est, après qu'il a été desséché, la gomme-résine que les apothicaires appellent *opoponax*, gomme-résine dont on fait aujourd'hui fort peu d'usage. (*Bosc.*)

PANARIS DES MOUTONS. *Voyez* aux mots FOURCHET & PESOGNE.

PANCALIER: variété de CHOU.

PANCOVE. *Pancovia.*

Arbre de Guinée, qui seul forme un genre dans l'heptandrie monogynie.

Cet arbre n'a pas encore été introduit dans nos jardins. (*Bosc.*)

PANCRAIS. *Pancratium.*

Genre de plante de l'hexandrie monogynie & de la famille des *Liliacées*, dans lequel se trouvent placées vingt-quatre espèces, dont plusieurs se cultivent dans nos jardins. Il est figuré pl. 228 des *Illustrations des genres* de Lamarck.

Espèces.

1. Le PANCRAIS gigantesque.
Pancratium maximum. Lam. ♃ De l'Arabie heureuse.

2. Le PANCRAIS de Ceylan.
Pancratium zeylanicum. Linn. ♃ Des Indes.

3. Le PANCRAIS du Mexique.
Pancratium mexicanum. Linn. ♃ Du Mexique.

4. Le PANCRAIS maritime.
Pancratium maritimum. Linn. ♃ Des bords de la Méditerranée.

5. Le PANCRAIS nain.
Pancratium humile. Cav. ♃ De l'Espagne.

6. Le PANCRAIS de la Caroline.
Pancratium carolinianum. Linn. ♃ De l'Amérique septentrionale.

7. Le PANCRAIS des Antilles.
Pancratium caribæum. Linn. ♃ Des îles du golfe du Mexique.

8. Le PANCRAIS odorant.
Pancratium fragrans. Salisb. ♃ Des Barbades.

9. Le PANCRAIS des rivages.
Pancratium littorale. Jacq. ♃ De l'Amérique méridionale.

10. Le PANCRAIS à belles fleurs.
Pancratium speciosum. Salisb. ♃ De.....

11. Le PANCRAIS élégant.
Pancratium amœnum. Salisb. ♃ De la Guiane.

12. Le PANCRAIS d'Illyrie.
Pancraticum illyricum. Linn. ♃ Des bords de la Méditerranée.

13. Le PANCRAIS d'Amboine.
Pancratium amboinense. Linn. ♃ De l'île d'Amboine.

14. Le PANCRAIS à feuilles de narcisse.
Pancratium verecundum. Ait. ♃ Des Indes.

15. Le PANCRAIS safrané.
Pancratium croceum. Lam. ♃ Du Pérou.

16. Le PANCRAIS à tiges penchées.
Pancratium declinatum. Jacq. ♃ Des Antilles.

17. Le PANCRAIS à fleurs ridées.
Pancratium ringens. Ruiz & Pav. ♃ Du Pérou.

18. Le PANCRAIS jaune.
Pancratium flavum. Ruiz & Pav. ♃ Du Pérou.

19. Le PANCRAIS écarlate.
Pancratium coccineum. Ruiz & Pav. ♃ Du Pérou.

20. Le PANCRAIS à fleurs recourbées.
Pancratium recurvatum. Ruiz & Pav. ♃ Du Pérou.

21. Le PANCRAIS à larges feuilles.
Pancratium latifolium. Ruiz & Pav. Du Pérou.

22. Le PANCRAIS à fleurs vertes.
Pancratium viridiflorum. Ruiz & Pav. ♃ Du Pérou.

23. Le PANCRAIS à fleurs panachées.
Pancratium variegatum. Ruiz & Pav. ♃ Du Pérou.

24. Le PANCRAIS à grand nectaire.
Pancratium calathiforme. Redout. ♃ De.....

Culture.

La moitié de ces espèces se cultivent dans nos jardins, où elles se font remarquer par la grandeur & la singulière forme de leurs fleurs.

Les unes, comme la quatrième & la douzième, peuvent être placées en pleine terre, à une bonne exposition, dans le climat de Paris; les autres, comme les troisième & sixième, demandent l'orangerie; enfin, les seconde, septième, neuvième, dixième, onzième, treizième, quatorzième, quinzième, seizième & vingt-quatrième, exigent la serre chaude.

Comme la plupart des plantes bulbeuses, les Pancrais ne prospèrent que dans des terres à demi légères, &, lorsqu'ils sont en pots, renouvelées tous les ans; ceux de pleine terre doivent être relevés tous les deux ou trois ans, pour les changer de place & séparer leurs caïeux. Des arrosemens fréquens lorsqu'ils sont en végétation, & très-rares pendant leur repos, leur sont avantageux. On les multiplie, ou de caïeux, dont quelques-uns fournissent rarement, caïeux qu'on transplante à part & qui ne fleurissent qu'au bout de deux ou trois ans, ou de graines, dont quelques-uns donnent abondamment, graines qu'on sème dans des pots sur couche & sous châssis, & dont on traite les productions comme les caïeux.

La plus belle de toutes ces espèces est l'onzième, à raison de la grandeur & du nombre, ainsi que de la délicieuse odeur de ses fleurs. La seizième est également fort remarquable quand elle est en fleur. En général, toutes sont de belles plantes, & méritent d'être multipliées dans nos jardins. (*Bosc.*)

PANDANG : arbrisseau des îles de l'Inde, qui est figuré dans Rumphius, mais dont on ne connoît que fort imparfaitement les parties de la fructification.

Il n'est pas encore introduit dans nos jardins. (*Bosc.*)

PANETION. C'est le nom qu'on donne, dans le midi de la France, à l'insecte parfait de la CADELLE. *Voyez* TROGOSSITE.

PANGI : grand arbre des îles de l'Inde, dont fait mention Rumphius, mais dont les fleurs ne sont pas connues; son fruit contient un noyau qui donne de l'huile bonne à manger.

Comme il n'existe pas dans les jardins de l'Europe, je n'ai rien à en dire de plus. (*Bosc.*)

PANIC ou PANIS. *Panicum.*

Genre de plante de la triandrie digynie & de la famille des *Graminées*, qui renferme cent trente-neuf espèces, dont la plupart étant extrêmement du goût des bestiaux, peuvent être cultivées comme fourage, & quelques-unes ont des graines assez grosses pour être semées dans le but de servir à la nourriture de l'homme & des oiseaux qu'il s'est assujettis. Il est figuré pl. 43 des *Illustrations des genres* de Lamarck.

Observations.

Ce genre est souvent confondu avec les genres SERGHO & MILLET, parce que les graines des espèces qu'on cultive se ressemblent.

Espèces.

Panics à fleurs en épis.

1. Le PANIC cultivé, vulgairement le *millet des oiseaux*.
Panicum italicum. Linn. ⊙ De l'inde.

2. Le PANIC glauque.
Panicum glaucum. Linn. ⊙ De l'Inde.

3. Le PANIC géniculé.
Panicum geniculatum. Lam. ⊙ Des Antilles.

4. Le PANIC maritime.
Panicum maritimum. Lam. ⊙ De.....

5. Le PANIC vert.
Panicum viride. Linn. ⊙ Indigène.

6. Le PANIC verticillé.
Panicum verticillatum. Linn. ⊙ Indigène.

7. Le PANIC à plusieurs épis.
Panicum polystachion. Linn. ♂ De l'Inde.

8. Le PANIC soyeux.
Panicum sericeum. Ait. ⊙ De l'Amérique.

9. Le PANIC paillé.
Panicum helvolum. Linn. ⊙ De l'Inde.

10. Le PANIC violet.
Panicum violaceum. Lam. ⊙ Du Sénégal.

11. Le PANIC alopécuroïde.
Panicum alopecurus. Lam. ⊙ Du Brésil.

12. Le PANIC hordéoïde.
Panicum hordeoides. Lam. ⊙ De Sierra-Leone.

13. Le PANIC à petit épi.
Panicum microstachyon. Lam. ⊙ De l'Inde.

14. Le PANIC à soies.
Panicum setosum. Swartz. De la Jamaïque.

15. Le PANIC lancéolé.
Panicum lanceolatum. Retz. De l'Inde.

16. Le PANIC des mares.
Panicum stagnorum. Retz. De l'Inde.

17. Le PANIC à deux épis.
Panicum distachyon. Linn. De l'Inde.

18. Le PANIC couché.
Panicum prostratum. Lam. De l'Inde.

19. Le PANIC granulaire.
Panicum granulare. Lam. De l'Isle-de-France.

20. Le PANIC brizoïde.
Panicum brizoides. Linn. De l'Inde.

21. Le PANIC colonien.
Panicum colonum. Linn. ⊙ De l'Inde.

22. Le PANIC de Burmann.
Panicum Burmanni. Retz. De l'Inde.

23. Le PANIC distique.
Panicum distichum. Lam. De Cayenne.

24. Le PANIC fasciculé.
Panicum fasciculatum. Lam. De la Jamaïque.

25. Le PANIC de Magellan.
Panicum magellanicum. Lam. Du détroit de Magellan.

26. Le PANIC hirtelle.
Panicum hirtellum. Linn. ♃ Des Indes.

27. Le PANIC setaire.
Panicum setarium. Lam. De l'Amérique méridionale.

28. Le PANIC bromoïde.
Panicum bromoides. Lam. De l'Isle-de-France.

29. Le PANIC loliacé.
Panicum loliaceum. Lam. des Philippines.

30. Le PANIC des bois.
Panicum sylvaticum. Lam. De l'Isle-de-France.

31. Le PANIC flavide.
Panicum flavidum. Retz. De Ceylan.

32. Le PANIC squarreux.
Panicum squarrosum. Lam. De l'Inde.

33. Le PANIC pied-de-corbeau.
Panicum crus corv. Linn. ⊙ De l'Inde.

34. Le PANIC ergot-de-coq.
Panicum crus galli. Linn. ⊙ Indigène.

35. Le PANIC sétigère.
Panicum setigerum. Retz. De la Chine.

36. Le PANIC scabre.
Panicum scabrum. Lam. Du Sénégal.

37. Le PANIC hispidule.
Panicum hispidulum. Lam. De l'Inde.

38. Le PANIC barbu.
Panicum barbatum. Lam. De l'Isle-de-France.

39. Le PANIC purpurin.
Panicum purpureum. Ruiz & Pav. Du Pérou.

40. Le PANIC paspaloïde.
Panicum paspaloides. Pers. De l'Inde.

41. Le PANIC flottant.
Panicum fluitans. Retz. De l'Inde.

42. Le PANIC à demi unilatéral.
Panicum dimidiatum. Linn. De l'Inde.

43. Le PANIC velu.
Panicum pilosum. Swartz. De la Jamaïque.

44. Le PANIC mou.
Panicum molle. Swartz. De la Jamaïque.

45. Le PANIC fasciculé.
Panicum fasciculatum. Swartz. De la Jamaïque.

46. Le PANIC de Carthagène.
Panicum carthaginense. Swartz. ♃ Du Mexique.

47. Le PANIC congloméralé.
Panicum conglomeratum. Linn. De l'Inde.

48. Le PANIC interrompu.
Panicum interruptum. Thunb. De l'Inde.

49. Le PANIC pyramidal.
Panicum pyramidale. Lam. De l'Inde.

50. Le PANIC queue-de-renard.
Panicum vulpisetum. Lam. De Saint-Domingue.

51. Le PANIC accrochant.
Panicum tenax. Rich. De Cayenne.

52. Le PANIC en queue.
Panicum caudatum. Lam. De Cayenne.

53. Le PANIC plissé.
Panicum plicatum. Lam. ♃ De l'Isle-de-France.

54. Le PANIC composé.
Panicum compositum. Linn. De Ceylan.

55. Le PANIC élancé.
Panicum elatius. Linn. ⊙ De l'Inde.

56. Le PANIC cenchroïde.
Panicum cenchroides. Lam. De l'Inde.

57. Le PANIC sanguin.
Panicum sanguinale. Linn. ⊙ Indigène.

58. Le PANIC pied-de-poule.
Panicum dactylon. Linn. ♃ Indigène.

59. Le PANIC des lieux ombragés.
Panicum umbrosum. Retz. ♃ De l'Inde.

60. Le PANIC filiforme.
Panicum filiforme. Linn. De l'Amérique septentrionale.

61. Le PANIC d'Égypte.
Panicum ægyptiacum. Retz. ⊙ De l'Égypte.

62. Le PANIC ciliaire.
Panicum ciliare. Burm. De l'Inde.

63. Le PANIC punaise.
Panicum cimicinum. Retz. ⊙ De l'Inde.

64. Le PANIC écailleux.
Panicum squamosum. Retz. ⊙ De l'Inde.

65. Le PANIC hispidule.
Panicum hispidulum. Retz. De l'Inde.

66. Le PANIC élevé.
Panicum elatius. Linn. ⊙ De l'Inde.

67. Le PANIC cespiteux.
Panicum cæspitosum. Swartz. De la Jamaïque.

Panics à fleurs en panicule.

68. Le PANIC brun-rougeâtre.
Panicum fusco-rubrum. Lam. ♃ De Saint-Domingue.

69. Le PANIC agrostidiforme.
Panicum agrostidiforme. Lam. De Cayenne.

70. Le PANIC queue-de-rat.
Panicum myuros. Rich. De Cayenne.

71. Le PANIC strié.
Panicum striatum. Lam. ♃ De la Caroline.

72. Le PANIC effilé.
Panicum virgatum. Linn. ♃ De l'Amérique septentrionale.

73. Le PANIC dichotome.
Panicum dichotomum. Linn. De la Caroline.

74. Le PANIC rameux.
Panicum ramosum. Linn. Des Indes.

75. Le PANIC de Numidie.
Panicum numidianum. Lam. De la Barbarie.

76. Le PANIC brûlé.
Panicum deustum. Thunb. Du Cap de Bonne-Espérance.

77. Le PANIC coloré.
Panicum coloratum. Linn. ⊙ De l'Égypte.

78. Le PANIC élevé, vulgairement *herbe de Guinée.*
Panicum altissimum. Desf. ⊙ De l'Afrique.

79. Le PANIC millet, vulgairement *le petit millet.*
Panicum miliaceum. Linn. ⊙ de l'Inde.

80. Le PANIC miliaire.
Panicum miliare. Lam. De l'Inde.

81. Le PANIC rampant.
Panicum repens. Linn. ⊙ De l'Inde.

82. Le PANIC ischémoïde.
Panicum ischæmoides. Retz. De l'Inde.

83. Le PANIC aristé.
Panicum aristatum. Retz. De la Chine.

84. Le PANIC antidotal.
Panicum antidotale. Retz. De l'Inde.

85. Le PANIC tacheté.
Panicum notatum. Retz De Sumatra.

86. Le PANIC muriqué.
Panicum muricatum. Retz. De l'Inde.

87. Le PANIC hérissé.
Panicum hirtum. Lam. De Cayenne.

88. Le PANIC velu.
Panicum hirsutum. Lam. De Cayenne.

89. Le PANIC capillaire.
Panicum capillare. Retz. ⊙ De l'Amérique.

90. Le PANIC en zigzag.
Panicum flexuosum. Retz. De l'Inde.

91. Le PANIC capillacé.
Panicum capillaceum. Lam. De la Jamaïque.

92. Le PANIC de Cayenne.
Panicum cayanense. Lam. De Cayenne.

93. Le PANIC polygonoïde.
Panicum polygonoides. Lam. De Cayenne.

94. Le PANIC à petites feuilles.
Panicum parvifolium. Lam. De Cayenne.

95. Le PANIC grossaire.
Panicum grossarium. Linn. De la Jamaïque.

96. Le PANIC gigantesque.
Panicum maximum. Jacq. ♃ De la Guadeloupe.

97. Le PANIC des Savanes.
Panicum nemorosum. Swartz. De la Jamaïque.

98. Le PANIC délicat.
Panicum tenellum. Lam. De Sierra-Leone.

99. Le PANIC des gazons.
Panicum sespititium. Lam. De l'Amérique méridionale.

100. Le PANIC pâle.
Panicum pallens. Swartz. De la Jamaïque.

101. Le PANIC à feuilles courtes.
Panicum brevifolium. Linn. De l'Isle-de-France.

102. Le PANIC en balais.
Panicum scoparium. Lam. De la Caroline.

103. Le PANIC nodiflore.
Panicum nodiflorum. Lam. de la Caroline.
104. Le PANIC des fables.
Panicum fabulosum. Lam. Du Bréfil.
105. Le PANIC villeux.
Panicum villosum. Lam. De l'Inde.
106. Le PANIC acuminé.
Panicum acuminatum. Swartz. De la Jamaïque.
107. Le PANIC ridé.
Panicum ringens. Swartz. De la Jamaïque.
108. Le PANIC brun.
Panicum fufcum. Swartz. De la Jamaïque.
109. Le PANIC lâche.
Panicum laxum. Swartz. De la Jamaïque.
110. Le PANIC à larges feuilles.
Panicum latifolium. Linn. ♃ De l'Amérique méridionale.
111. Le PANIC jaunâtre.
Panicum flavefcens. Swartz. De la Jamaïque.
112. Le PANIC diffus.
Panicum diffufum. Swartz. De la Jamaïque.
113. Le PANIC oryzoïde.
Panicum oryzoideum. Swartz. De la Jamaïque.
114. Le PANIC clandeftin.
Panicum clandeftinum. Linn. ♃ De l'Amérique feptentrionale.
115. Le PANIC à balles courbes.
Panicum curvatum. Linn. De l'Inde.
116. Le PANIC difperme.
Panicum difpermum. Lam. De Cayenne.
117. Le PANIC fillonné.
Panicum fulcatum. Lam. Des Antilles.
118. Le PANIC à fleurs rares.
Panicum rariflorum. Lam. De Cayenne.
119. Le PANIC prolifère.
Panicum proliferum. Lam. ♃ De la Virginie.
120. Le PANIC multinode.
Panicum multinodum. Lam. De l'Ifle-de-France.
121. Le PANIC nerveux.
Panicum nervofum. Lam. De Cayenne.
122. Le PANIC divergent.
Panicum divaricatum. Linn. De la Jamaïque.
123. Le PANIC pubefcent.
Panicum pubefcens. Lam. De la Caroline.
124. Le PANIC arborefcent.
Panicum arborefcens. Linn. ♄ De l'Inde.
125. Le PANIC verge.
Panicum virgatum. Linn. ♃ De la Virginie.
126. Le PANIC à fleurs écartées.
Panicum patens. Linn. ♃ De l'Inde.
127. Le PANIC à graines triangulaires.
Panicum trigonum. Retz. De l'Inde.
128. Le PANIC lanugineux.
Panicum lanatum. Swartz. De la Jamaïque.
129. Le PANIC arundinacé.
Panicum arundinaceum. Swartz. De la Jamaïque.
130. Le PANIC polygame.
Panicum polygamum. Swartz. De la Jamaïque.
131. Le PANIC glutineux.
Panicum glutinofum. Swartz. de la Jamaïque.
132. Le PANIC à panicule lâche.
Panicum laxiflorum. Lam. De l'Amérique feptentrionale.
133. Le PANIC de Bobart.
Panicum Bobarti. Lam. De l'Amérique feptentrionale.
134. Le PANIC radicant.
Panicum radicans. Retz. ♃ De la Chine.
135. Le PANIC trichoïde.
Panicum trichoides. Swartz. De la Jamaïque.
136. Le PANIC à tiges aplaties.
Panicum anceps. Mich. De l'Amérique feptentrionale.
137. Le PANIC luifant.
Panicum nitidum. Mich. De l'Amérique feptentrionale.
138. Le PANIC barbu.
Panicum barbatum. Mich. De l'Amérique feptentrionale.
139. Le PANIC rameux.
Panicum ramulofum. Mich. De l'Amérique feptentrionale.

J'ai rapporté de la Caroline beaucoup d'efpèces de ce genre, dont plufieurs ne fe trouvent pas dans la lifte qu'on vient de lire, parce que je n'ai pas encore publié l'ouvrage où je me propofe de les décrire.

Culture.

De ce grand nombre d'efpèces, on ne trouve aujourd'hui dans les écoles de botanique de France, que les 1re., 2e., 4e., 5e., 6e., 21e., 34e., 57e., 58e., 60e., 72e., 77e., 78e., 81e., 89e., 110e., 119e., 124e.; mais j'y en ai vu cultiver un bien plus grand nombre, parmi lefquelles plufieurs font confervées dans mon herbier.

Toutes ces efpèces, excepté celle du no. 124, qui exige la ferre chaude toute l'année, fe fèment en place, & ne demandent d'autres foins que des farclages de propreté; cependant, comme les annuelles des pays chauds n'amènent pas toujours leurs graines à maturité dans le climat de Paris, il eft bon d'en tenir quelques pieds en pot pour pouvoir les rentrer dans l'orangerie, fi l'automne eft froid ou pluvieux. Les vivaces fe multiplient par le déchirement de leurs pieds, opération très-facile, & qui réuffit toujours lorfqu'on la fait pendant l'hiver.

Parmi elles, je dois diftinguer les 1re., 5e., 6e., 34e., 57e., 58e., 79e., comme intéreffant plus particuliérement les cultivateurs; les unes, les nos. 1 & 79, en donnant lieu à une culture de quelqu'importance; les autres, par leur abondance dans les jardins & les champs, furtout des parties méridionales de la France. Je vais d'abord parler de ces premières, afin de m'étendre enfuite fur les dernières.

Le Panic vert eft, pour beaucoup de jardins, une pefte dont il eft fort difficile de les garantir.

Il y est d'autant plus abondant, que ces jardins sont plus fumés & plus arrosés. On y voit ses épis se succéder pendant tout l'été, & ses graines s'attacher aux habits des hommes & aux poils des animaux, pour être disséminés au loin. Ces graines se conservent dans la terre, lorsqu'elles y sont enfoncées de plus de deux pouces, un nombre d'années indéterminé. Ce n'est que par des sarclages, par des binages sans fin, qu'on peut empêcher cette plante de nuire à celles qui sont l'objet de la culture, & quelques semaines d'oubli suffisent pour rendre ces sarclages inutiles pour l'avenir. Elle périt aux environs de Paris dès les premières gelées; mais aux environs de Montpellier, elle subsiste toute l'année: plus on la coupe, & plus elle donne d'épis. Les bestiaux aiment beaucoup ses feuilles, & les volailles ses graines, ce qui est une compensation du mal qu'elle fait.

Le Panic verticillé présente une partie de ces inconvéniens; mais il est plus rare dans le Nord: du reste, tout ce que je viens de dire du précédent lui convient.

Le Panic ergot-de-coq est encore dans le même cas. C'est dans les champs gras & humides qu'il se montre le plus abondamment. Je l'ai vu dans les rizières de l'Italie, acquérir près d'un pied de haut, & se ramifier considérablement. Là, il seroit peut-être avantageux de le semer pour fourage temporaire, c'est-à-dire, pour le couper tous les quinze jours & le donner en vert aux bœufs & aux vaches, qui l'aiment avec passion quand il est jeune; car quand ses graines sont mûres, ils n'y touchent plus.

Le Panic sanguin est également fort commun dans les mêmes lieux que le précédent; mais il est moins redouté des cultivateurs, parce qu'il subsiste moins long-tems en fleur & se reproduit moins abondamment. Les bestiaux aiment également ses fanes: on le détruit par les sarclages & les binages.

Le Panic dactyle, vulgairement appelé *chiendent-pied-de-poule*, ne se voit que dans les jardins & les champs en friche, les labours suffisant pour le détruire; il aime un terrein sabloneux & susceptible d'être inondé. C'est dans les pâturages du bord des rivières, le long des chemins, au pied des murs, qu'il se perpétue le plus. Il trace avec une incroyable rapidité, & un seul pied peut couvrir, en deux ans, un espace considérable: tous les bestiaux l'aiment. On dit que les Polonais récoltent ses graines pour en faire de la bouillie. Ses racines servent en médecine, en place de chiendent, pour faire des tisanes. Il est fâcheux qu'il s'élève aussi peu, car l'agriculture pourroit en tirer un parti fort avantageux en le semant dans les mauvais terreins.

Le Panic cultivé, *petit millet à épis*, *millet des oiseaux*, présente un assez grand nombre de variétés, dont les deux principales sont celle à épi barbu, celle à épi rouge & celle à épi d'un brun-pourpré. On le cultive beaucoup dans les parties méridionales de l'Europe, principalement en Italie, pour la nourriture de l'homme & des volailles. Je l'ai vu semer en grand sur les bords de la Saône, dans la ci-devant Bourgogne. Il s'en sème quelques champs aux environs de Paris, surtout dans la vallée de Montmorenci, pour la nourriture des serins des Canaries & autres petits oiseaux qui sont nourris en cage dans la capitale.

Un sol léger, substantiel, & une exposition chaude, sont ce que demande le Panic cultivé; ainsi il faut fortement fumer, & labourer au moins deux fois les champs qu'on lui destine. Il ne donne que des tiges courtes & des épis peu garnis de graines dans les terres arides; &, s'il ne pourrit pas dans sa jeunesse, ses graines avortent ou n'arrivent pas à maturité dans celles qui sont grasses & humides.

Comme le Panic cultivé craint beaucoup les gelées, on ne doit le semer que lorsqu'elles ne sont plus à craindre, c'est-à-dire, en avril dans le Midi, & en mai dans le Nord. Il est fort avantageux de le faire avant ou immédiatement après la pluie; car la graine est fort dure & demande beaucoup d'humidité pour germer: c'est à la volée ou par rangées qu'on la répand. Dans le premier cas, elle doit être très-peu abondante, puisqu'il faut qu'il y ait assez d'espace entre les pieds pour pouvoir les biner. Le semis par rangées est préféré aux environs de Paris, parce qu'on l'exécute sur les ados des plantations de vignes ou d'asperges. Il devroit l'être aussi dans le Midi, pour pouvoir donner le premier binage à la charrue: un pied entre les rangées est la distance moyenne la plus convenable.

Lorsque le plant est parvenu à trois ou quatre pouces de haut, on éclaircit les places trop serrées, & on regarnit celles qui sont trop claires, puis on lui donne le premier binage. Quelques cultivateurs suppriment alors les pousses latérales, dans la persuasion, bien fondée, qu'une seule tige fournira un plus bel épi & de plus grosses graines. Deux mois après, lorsqu'il est prêt à entrer en fleur, on le bine de nouveau, de manière à le butter, c'est-à-dire, à rapprocher la terre de chaque tige, & à en couvrir les deux ou trois premiers nœuds pour faire pousser de nouvelles racines à ces nœuds. (*Voyez* BUTTAGE & MAÏS.) Ceux qui attendent ce second binage pour supprimer les pousses latérales ont tort, parce qu'alors la plus grande force de la végétation est passée, & qu'il y a plus à perdre qu'à gagner en le faisant. Un troisième binage, un mois plus tard, seroit utile; cependant on s'en dispense ordinairement.

C'est à cette époque que les cultivateurs prudens, qui ont semé par rangées, & dont le

Panic a bien prospéré, plantent de distance en distance, au milieu de ces rangées, des pieux de trois pieds de haut, auxquels ils attachent de chaque côté des perches légères, afin d'empêcher les tiges, qui sont alors chargées d'un épi extrêmement lourd, d'être renversées par les vents, les animaux, &c.; car les épis renversés mûrissent mal ou sont mangés par les campagnols ou autres rongeurs.

Les tiges du Panic semé à la volée sont moins exposées à être ainsi renversées, parce qu'elles se garantissent mieux les unes par les autres, & qu'en général leurs épis sont moins longs & moins gros.

La plupart des petits oiseaux granivores sont très-friands du Panic, & lorsqu'on ne met pas obstacle à leurs ravages, causent de grands dégâts dans les champs qui en contiennent. Il faut leur faire une guerre à outrance, d'abord tant qu'il n'est pas levé, & ensuite dès que les épis commencent à jaunir. Les épouvantails, si on ne les change deux fois par semaine, font peu d'effet. C'est sur des coups de fusil le matin & le soir, ou une garde continuelle, qu'on peut seulement compter.

Si on tardoit trop à faire la récolte du Panic, il y auroit à craindre une grande perte de graine, parce que, malgré la surveillance, les oiseaux en consomment toujours; en conséquence, dès que les épis sont d'un beau jaune-paille, on les coupe en leur laissant un pied, & on en forme des paquets qu'on suspend dans un grenier pour compléter leur maturité. Quinze jours après, on peut les battre, soit au fléau, soit à la baguette, soit en les froissant; mais il vaut mieux, lorsqu'on le peut, ne faire cette opération qu'à mesure du besoin. Ce qui doit être vendu pour la nourriture des petits oiseaux en cage ne l'est point, sa vente en épi étant plus avantageuse.

On sépare la graine du Panic de ses balles, soit dans un mortier de bois, ce qui est le plus long, soit entre deux meules convenablement écartées, ce qui expédie très-vîte : ce n'est qu'après avoir subi cette opération, qu'elle est propre à la nourriture des hommes.

C'est, ainsi que j'en ai l'expérience, un très-bon manger que la bouillie de graine de Panic nouveau, mais il faut qu'elle soit long-tems sur le feu, ce qui l'expose à tourner; aussi les ménagères intelligentes des bords de la Saône, où on en consomme beaucoup, la mettent-elles tremper dans l'eau dès la veille, & la font-elles à moitié cuire dans cette eau avant d'y mettre le lait. On la mange encore, comme la semoule, avec le bouillon gras. Elle entre aussi, après avoir été moulue, avec avantage dans la composition du pain de froment, auquel elle donne un goût plus agréable que le maïs, & qu'elle conserve également frais.

La graine de Panic perd rapidement sa délicatesse : les riches cessent d'en manger au milieu de l'hiver. Alors on la donne aux volailles, surtout aux pigeons, qu'elle engraisse rapidement : elle peut également servir à engraisser les cochons & même les bœufs.

Fraîches & même sèches, les feuilles du Panic sont une excellente nourriture pour les bestiaux; il seroit même avantageux de le semer pour le couper en vert comme fourrage, si on n'avoit pas le maïs qui vaut mieux & fournit davantage. Ses tiges servent à chauffer le four ou à faire bouillir la marmite.

Le Panic millet offre quelques variétés de couleur. Sa graine passe pour plus sucrée & plus délicate que celle de l'espèce précédente, dont elle se distingue par sa forme plus alongée. Les volailles l'aiment également. Sa culture ne diffère pas, ou presque pas de celle qui vient d'être décrite; seulement il est moins nécessaire de garantir les tiges des coups de vent, parce qu'elles s'en défendent elles-mêmes, quoique ses panicules soient aussi garnies de graines & aussi penchées. La question de savoir laquelle doit être semée de préférence a été discutée & non résolue; cependant il m'a paru, soit dans le midi de la France, soit en Espagne, soit en Italie, que celle dont je parle en ce moment étoit le plus généralement cultivée. Aux environs de Paris, c'est l'autre, à raison de la facilité que donnent ses épis de les placer hors des cages d'une manière élégante, pour que les serins en mangent lentement & successivement les graines à travers les fils de fer.

Ces deux Panics sont partout regardés comme des récoltes de seconde importance; cependant, d'un côté, quoiqu'ils effritent beaucoup la terre, il est avantageux de les faire entrer, pour changer, dans la série des assolemens à longs termes; & de l'autre, la faculté dont ils jouissent de parcourir dans les climats méridionaux en trois mois, & dans les septentrionaux en quatre mois & demi, toutes les phases de leur accroissement, permet de les faire succéder la même année, dans le même terrein, à d'autres cultures, comme les pois, la navette d'hiver, les prairies temporaires, &c.

Une grande partie des espèces de Panics dont j'ai fait mention seroient susceptibles d'être employées à la formation des prairies, ou au moins d'être multipliées dans les pâturages. Presque toutes celles que j'ai observées en Caroline, & dont les unes croissent dans les sables les plus arides, & les autres dans les marais les plus fangeux, sont très-recherchées des bestiaux. (*Bosc.*)

PANICAUT. *Eryngium.*

Genre de plante de la pentandrie digynie & de la famille des *Ombellifères*, réunissant cinquante-deux espèces, dont un petit nombre se voit dans nos écoles de botanique, mais dont une est si commune dans certaines de nos campagnes, qu'il n'est pas permis aux cultivateurs de ne la pas connoître. Il est figuré pl. 187 des *Illustrations des genres* de Lamarck.

Observations.

M. Laroche ayant donné depuis peu une très-belle monographie de ce genre, je crois devoir en tirer la nomenclature des espèces qu'il renferme.

Espèces.

1. Le PANICAUT commun, vulgairement *chardon Roland*.
Eryngium campestre. Linn. ♃ Indigène.
2. Le PANICAUT à feuilles rondes.
Eryngium bourgati. Gouan. ♃ Du midi de l'Europe.
3. Le PANICAUT de Labillardière.
Eryngium Billardieri. Laroche. ♃ De la Syrie.
4. Le PANICAUT épine-blanche.
Eryngium spinalba. Vill. ♃ Des Alpes.
5. Le PANICAUT dilaté.
Eryngium dilatatum. Lam. ♃ Du Portugal.
6. Le PANICAUT améthyste.
Eryngium amethystinum. Linn. ♃ De l'est de l'Europe.
7. Le PANICAUT scarieux.
Eryngium scariosum. Laroche. ♃ De la Syrie.
8. Le PANICAUT à bec.
Eryngium rostratum. Cav. ♃ Du Chili.
9. Le PANICAUT gloméruIé.
Eryngium glomeratum. Lam. De Candie.
10. Le PANICAUT feuillu.
Eryngium comosum. Laroche. ♃ Du Mexique.
11. Le PANICAUT de Crète.
Eryngium creticum. Lam. ♃ De Candie.
12. Le PANICAUT grêle.
Eryngyum tenue. Lam. ♃ De l'Espagne.
13. Le PANICAUT à trois dents.
Eryngium tricuspidatum. Linn. ♃ De la Barbarie.
14. Le PANICAUT à feuilles d'yeuse.
Eryngium ilicifolium. Lam. ♃ De l'Espagne.
15. Le PANICAUT à feuilles de houx.
Eryngium aquifolium. Cav. ♃ De l'Espagne.
16. Le PANICAUT maritime.
Eryngium maritimum. Linn. ♃ Indigène.
17. Le PANICAUT à feuilles rudes.
Eryngium asperifolium. Laroche. ♃ De.....
18. Le PANICAUT d'Olivier.
Eryngium oliverianum. Laroche. ♃ De la Perse.
19. Le PANICAUT des Alpes.
Eryngium alpinum. Linn. ♃ Des Alpes.
20. Le PANICAUT en faux.
Eryngium falcatum. Laroche. ♃ De la Syrie.
21. Le PANICAUT plane.
Eryngium planum. Linn. ♃ Du midi de l'Europe.
22. Le PANICAUT dichotome.
Eryngium dichotomum. Desf. De la Barbarie.
23. Le PANICAUT corniculé.
Eryngium corniculatum. Lam. ♃ Du Portugal.
24. Le PANICAUT triquetre.
Eryngium triquetrum. Vahl. ♃ De la Barbarie.
25. Le PANICAUT nain.
Eryngium pusillum. Linn. ♃ De l'Espagne.
26. Le PANICAUT à feuilles de cresson.
Eryngium nasturtifolium. Juss. ♃ De l'Amérique méridionale.
27. Le PANICAUT vésiculeux.
Eryngium vesiculosum. Labill. ♃ De la Nouvelle-Hollande.
28. Le PANICAUT de Cervantès.
Eryngium Cervantesii. Laroche. ♃ Du Mexique.
29. Le PANICAUT de Virginie.
Eryngium virginianum. Lam. ♃ De l'Amérique septentrionale.
30. Le PANICAUT effilé.
Eryngium virgatum. Lam. ♃ De l'Amérique septentrionale.
31. Le PANICAUT fétide.
Eryngium fetidum. Linn. ♃ De l'Amérique septentrionale.
32. Le PANICAUT à tiges nues.
Eryngium nudicaule. Lam. ♃ Du Brésil.
33. Le PANICAUT raponcule.
Eryngium phyteuma. Laroche. Du Mexique.
34. Le PANICAUT de Bonpland.
Eryngium Bonplandii. Laroche. ♃ Du Mexique.
35. Le PANICAUT dentelé.
Eryngium serratum. Cav. ♃ Du Mexique.
36. Le PANICAUT à feuilles de carline.
Ernygium carlinæ. Laroche. ♃ Du Mexique.
37. Le PANICAUT mince.
Eryngium gracile. Laroche. ♃ Du Mexique.
38. Le PANICAUT étoilé.
Eryngium stellatum. Laroche. ♃ Du Mexique.
39. Le PANICAUT peu élevé.
Eryngium humile. Laroche. ♃ Du Pérou.
40. Le PANICAUT presque sans tige.
Eryngium subacaule. Cavan. ♃ Du Mexique.
41. Le PANICAUT aquatique.
Eryngium aquaticum. Linn. ♃ De la Caroline.
42. Le PANICAUT à longues feuilles.
Eryngium longifolium. Cav. ♃ Du Mexique.
43. Le PANICAUT à fleurs paniculées.
Eryngium paniculatum. Cavan. ♃ Du Chili.
44. Le PANICAUT à feuilles de graminées.
Eryngium gramineum. Laroche. ♃ Du Mexique.
45. Le PANICAUT à feuilles d'ananas.
Eryngium bromeliæfolium. Laroche. ♃ Du Mexique.
46. Le PANICAUT de Humboldt.
Eryngium Humboldtii. Laroche. ♃ De la Nouvelle-Grenade.
47. Le PANICAUT à fleurs de protée.
Eryngium proteæflorum. Laroche. ♃ Du Mexique.
48. Le PANICAUT à une seule tête.
Eryngium monocephalum. Cav. ♃ Du Mexique.

49. Le PANICAUT à fleurs en cime.
Eryngium cymosum. Laroche. ♃ Du Mexique.
50. Le PANICAUT sans bractées.
Eryngium ebracteatum. Laroche. ♃ Du Brésil.
51. Le PANICAUT odorant.
Eryngium suaveolens. Brouff. ⊙ Des Canaries.
52. Le PANICAUT bleu.
Eryngium cœruleum. Munt. ♃ Des bords de la Mer-Caspienne.

Culture.

De ces espèces nous possédons dans nos jardins les 1re., 2e., 4e., 5e., 6e., 12e., 13e., 16e., 18e., 19e., 21e., 22e., 25e., 31e., 41e & 51e. La plupart demandent un terrein sec & l'exposition du midi; l'ombre leur est contraire. D'autres, comme en général celles d'Amérique, & principalement l'aquatique, exigent d'être dans l'eau. Rarement elles subsistent plus de trois ou quatre ans, les hivers humides étant fort contraires à celles des terreins secs. On les multiplie de graines qu'on sème dès qu'elles sont mûres; car quand on attend au printems, on risque de ne les voir lever qu'un an après, & même point du tout. C'est, autant que possible, en place qu'il faut les semer, parce que leurs longues racines pivotantes ne permettent pas de les transplanter sans danger, à moins qu'on ne s'y prenne lorsqu'elles n'ont encore que quelques feuilles. La même cause s'oppose à ce qu'on les multiplie, avec un succès assuré, par déchirement des vieux pieds; opération à laquelle porte souvent la grosseur de leurs touffes, car la mort du pied principal & des œilletons en peut être la suite; cependant il est des cas où il faut en courir les risques.

Le Panicaut fétide est le seul qui exige la serre chaude. On lui donne de la nouvelle terre tous les deux ans.

Plusieurs des Panicauts, principalement ceux des Alpes, maritime & améthyste, méritent d'être cultivés dans les jardins paysagers, à raison de leur forme remarquable & de leur belle couleur bleue. Leur place est à quelque distance des massifs, au midi, & dans les plus mauvaises parties du sol.

Le Panicaut commun est fort abondant dans les terreins secs & crétacés, le long des routes, dans les pâturages, &c. On fait usage de sa racine en médecine. Ses feuilles ne sont point du goût des bestiaux. Le seul usage que les cultivateurs puissent en tirer, c'est pour chauffer le four ou augmenter la masse des fumiers; en général, ils ne doivent point le laisser se multiplier, parce qu'il s'oppose au pâturage des bestiaux. Un coup de pioche donné entre deux terres à chaque pied suffit pour le faire périr. (*Bosc.*)

PANIER : ustensile propre à contenir des choses sèches, &c.

En Europe c'est l'osier qu'on emploie le plus souvent à la fabrication des Paniers, mais il s'en fait aussi de viorne manseine, de clématite viorne, de lanières de chêne blanc, de paille, de jonc, &c.

La grandeur, la forme & la contexture des Paniers varient sans fin : il en est de très-évasés, de très-élevés, de ronds, d'ovales, de carrés, de paralléllogramiques, de forts, de foibles, de serrés, de grillés, &c. Leur confection est du ressort d'un art particulier, qu'on appelle VANNERIE. *Voyez* ce mot dans le *Dictionnaire des Arts économiques*.

Les cultivateurs font un usage très-étendu de Paniers de diverses sortes, dont la forme varie selon les lieux. Entreprendre de les décrire seroit complétement superflu, puisqu'ils peuvent le plus souvent, à égalité de force & de poids, se substituer les uns aux autres sans inconvéniens notables.

Il est des sortes de Paniers qui portent des noms particuliers : elles sont mentionnées à leur article.

Dans certains lieux on fabrique des Paniers d'osier si serrés, qu'on peut y mettre des liquides: ceux à vendange ont souvent cette perfection.

Généralement les Paniers sont à très-bas prix; aussi la plupart des cultivateurs ne s'occupent-ils pas de leur conservation. On les voit abandonnés dans les cours, dans les granges, laissés à la disposition des enfans, &c. Ce n'est pas ainsi que doivent agir ceux d'entr'eux qui sont jaloux de faire prospérer leurs affaires, car la véritable économie consiste à n'employer que les meilleurs ustensiles & à les renouveler le plus rarement possible; en conséquence, ils veilleront à ce que leurs Paniers, même les plus grossiers, 1°. soient mis à l'abri de la pluie & des accidens pendant qu'on ne s'en sert pas; 2°. soient raccommodés dès qu'une de leurs parties se désunit. Au moyen de ces soins, tel Panier qui n'auroit duré que deux mois peut durer deux & trois ans.

Les Paniers à bois sans écorce durent plus longtems que les autres, & parmi eux, ceux qui sont à bois entier plus que ceux à bois refendu.

On fabrique dans les environs des grandes villes des Paniers de luxe d'une élégance très-remarquable & d'un prix fort élevé : ceux-là se conservent souvent un grand nombre d'années, parce qu'on les tient constamment à l'abri des causes de destruction. (*Bosc.*)

PANKE : nom qu'on donne au Chili à l'espèce de GUNNÈRE qui y croît. *Voyez* ce mot.

Quelques botanistes, entr'autres Willdenow, en font un genre auquel ils donnent ce nom. (*Bosc.*)

PANOCOCO. Le grand est l'ÉRITHRINE à fruits de corail, & le petit est l'ABRUS.

PANOUIL : épi de maïs dans quelques parties de la France.

PANTRIE. C'est l'OPHRIDE homme.

PANSEMENT DES ANIMAUX DOMESTIQUES. Ce mot a deux acceptions principales: la plus directe comprend les soins que l'on donne aux plaies naturelles ou factices, telles que contusions, blessures, fractures, plaies, vésicatoires, cautères, sétons, &c.; l'autre a rapport à l'action de les étriller, bouchonner, brosser, peigner, éponger, afin qu'ils soient toujours propres. Cette dernière se particularise par la phrase *Pansement à la main*.

Chaque espèce de maladie demande un Pansement particulier qui est indiqué à l'article de cette maladie; ainsi celui-ci doit être court.

Des étoupes, des bandages & des médicamens sont les objets nécessaires à la plupart des Pansemens; cependant il en est, tels que les fomentations, les linitifs, &c., où on n'emploie pas les deux premiers.

Il est des Pansemens où il faut assujettir les animaux pour les empêcher de remuer ou de blesser; ceux-là nécessitent de plus des attaches, des liens, des entraves, &c.

Dans l'état naturel les animaux, changeant de lieu à chaque instant, ne sont pas dans le cas de se coucher sur leurs excrémens, & étant exposés à la pluie, les ordures qui s'appliquent sur leurs corps sont bientôt emportées. Il n'en est pas de même dans les écuries; aussi le Pansement à la main est-il de nécessité première pour le cheval, de tous les animaux domestiques celui qui exige le plus de soin.

Non-seulement le Pansement à la main est utile sous le rapport de la propreté, il l'est aussi sous le rapport de la santé, en ce qu'il favorise la transpiration, cette fonction si importante de la peau, dont la suppression cause beaucoup de maladies.

Voici comme on doit s'y prendre pour panser un cheval.

On sort, si la saison le permet, le cheval de l'écurie & on l'attache; alors on prend sa queue d'une main, & de l'autre on passe l'ÉTRILLE (*voy.* ce mot) sur sa croupe, sur ses fesses, sur ses jambes, sous son ventre, en appuyant peu sur les parties qui saillissent, ainsi que sur celles où la peau est mince. On ne touche pas aux organes de la génération, à quelques parties de la tête, à l'entre-deux des cuisses, &c.; puis on quitte la queue & on vient se placer de chaque côté du cou pour recommencer de même. De tems en tems on frappe le côté de l'étrille contre une pierre pour en faire tomber la poussière & les poils. Il est avantageux de pouvoir se servir indifféremment des deux mains. Après l'étrille on prend l'époussette, c'est-à-dire, un morceau de serge ou de drap, avec lequel on frotte tout le corps pour en enlever la poussière que l'étrille a fait sortir.

Le bouchon, qui succède à l'époussette, est une poignée de paille tortillée; on la mouille légérement & on la fait passer sur toutes les parties du cheval.

Ce n'est pas tout, on brosse encore le cheval avec une brosse fabriquée exprès; brosse qu'on fait de tems en tems passer sur l'étrille pour la débarrasser des poils & de la crasse qui ont pu s'y attacher. Une autre petite brosse longue, qu'on appelle *passe partout*, sert à brosser les paturons.

On lave avec une éponge à moitié imbibée d'eau le tour des yeux, les naseaux, les genoux, les organes de la génération & l'anus.

Il ne reste plus qu'à peigner la queue & la crinière. Cette opération, au moins pour la queue, est ordinairement précédée d'un lavage à grande eau, & pour la crinière d'un lavage à l'éponge. On doit, en peignant, faire en sorte de casser ou arracher le moins possible de poils, & en conséquence commencer par le bout & aller lentement. Il est quelquefois nécessaire d'huiler les crins pour faciliter le passage du peigne.

Le Pansement fait, on ramène le cheval à l'écurie.

Rarement on panse les ânes, mais toujours les mulets. En Espagne, le Pansement de ces derniers est même plus minutieux que celui de nos chevaux de luxe. On leur fait très-fréquemment le poil. *Voyez* MULET.

Les bœufs & les vaches sont pansés dans quelques cantons de la France, soit en les étrillant, soit en les lavant tous les jours, tous les deux ou trois jours, toutes les semaines, &c. Il seroit à desirer que cet usage fût partout en faveur. Quoi de plus dégoûtant que des vaches couvertes d'un doigt d'épaisseur de leurs excrémens, comme on les voit en tant de lieux !

Les chèvres & les brebis sont encore plus rarement pansées : ces dernières ne peuvent généralement l'être que par immersion, & cette immersion n'est pas sans danger pour elles.

Les chiens & les chats sont tantôt pansés avec soin, tantôt abandonnés à eux-mêmes.

Dans quelques cantons du midi de la France, on appelle *panser*, l'opération de donner à manger aux bestiaux dans l'écurie, l'étable ou la bergerie; opération dont l'effet est de remplir leur panse. *Voyez*, pour le surplus, le mot HYGIÈNNE.

Il est des lieux où on étrille les cochons, & on a remarqué que dans ces lieux ils engraissoient plus rapidement; ailleurs on se contente de les conduire fréquemment à l'eau. (*Bosc.*)

PANTAINE : sorte de grand filet qu'on tend perpendiculairement pour prendre les oiseaux de passage, principalement les bécasses & les grives. Ces derniers oiseaux nuisant beaucoup aux vignes dont la récolte est tardive, il est bon que les propriétaires de ces vignes aient une Pantaine. *Voyez* le *Dictionnaire des Chasses*.

PANTE : plante des îles de l'Inde, dont Rumphius fait mention, mais qui n'est pas encore parfaitement connue des botanistes : elle ne se cultive pas dans nos jardins. (*Bosc.*)

PANZÈRE : nom donné par Willdenow au genre appelé ÉPERU par Aublet. *Voyez* ce mot.

PAON.

PAON. *Pavo.*

Gros oiseau, originaire de l'Inde, que la beauté de son plumage fait rechercher dans toutes les parties du Monde, & dont la chair & les œufs se mangent.

Autrefois on élevoit en Europe beaucoup de Paons pour le service de la table des gens riches ; mais depuis que nous avons acquis le dindon, qui est plus gros & meilleur, leur nombre a beaucoup diminué.

Comme quelques cultivateurs nourrissent encore des Paons pour le plaisir de la vue, ou même pour s'en nourrir, je dois en parler ici.

Il y a, soit dans sa forme, soit dans son habitude, une grande analogie entre le Paon & le dindon. L'article de ce dernier servira donc de complément à celui-ci.

La femelle du Paon est beaucoup moins belle que le mâle ; elle est principalement dépourvue de couleurs vives, & de la faculté de faire la roue.

Les seigneurs féodaux du moyen âge ont fait de perpétuelles tentatives pour naturaliser les Paons dans leurs forêts, mais ils n'y sont pas parvenus ; tout ce qu'ils ont pu obtenir de ces tentatives, ce sont des Paons à demi sauvages, c'est-à-dire des Paons qui, après s'être repus dans leur basse-cour, le matin & le soir, s'envoloient dans leurs parcs pour passer le reste du jour & la nuit. On les appeloit *Paons célestes*, & ce sont eux qu'on préféroit lorsqu'il étoit question de donner un repas d'apparat, repas dont un Paon rôti, & garni d'une partie de ses plumes, faisoit nécessairement partie.

Quoique destiné par la nature à habiter un pays chaud, le froid est fort peu nuisible au Paon. Sa jeunesse est moins sujète aux maladies que celle du dindon.

Etant depuis bien des siècles soumis à la domesticité, le Paon a dû varier, & a en effet varié. Les Anciens citent plusieurs de ces variétés qui sont aujourd'hui inconnues. Je ne parlerai que de la blanche, la seule qui mérite quelqu'attention, & que je regarde comme inférieure au type, sous le rapport de la beauté, mais qui, étant plus foible, doit avoir une chair plus tendre.

On croit que le terme moyen de la vie du Paon est de vingt-cinq ans ; mais comme bien avant cette époque il a perdu toute sa beauté & sa bonté, il est rare qu'on le laisse arriver à cet âge.

Le comble des toits, le sommet des murs, les hauts tas de bois, de fagots, sont les lieux où les Paons aiment à passer la nuit. C'est là principalement qu'il fait entendre ce cri monotone & fréquemment répété, si désagréable à l'oreille, que beaucoup de personnes ne peuvent, à cause de lui, souffrir de Paon dans le voisinage de leur demeure ; cependant il est souvent, comme celui des oies, l'annonce de l'arrivée des voleurs ou des ennemis.

Pendant le jour les Paons se promènent dans les cours, les jardins ; ils vivent solitaires au milieu des autres volailles, qu'ils éloignent à coups de bec toutes les fois qu'il y a concurrence.

Des feuilles, des insectes, toutes sortes de grains, du son, des pommes de terre & autres racines, & même de la viande, sont la nourriture des Paons ; ils ne demandent pas d'être mieux traités, à cet égard, que les poules.

Ce n'est qu'à deux ans que les Paons prennent toute leur parure, & ce n'est qu'à trois qu'ils deviennent propres à la propagation. Les femelles pondent, au commencement du printems, cinq à six œufs de la grosseur & de la couleur de ceux de dindes, qu'elles couvent pendant un mois. Les petits qui en proviennent ne demandent aucun soin particulier ; mais il est bon de ne leur pas laisser manquer de nourriture, car ils sont très-voraces, & ne trouvent pas toujours assez à vivre dans les campagnes voisines de l'habitation.

Aujourd'hui on ne mange plus que les jeunes Paons, & c'est à six mois qu'on les estime le plus. On les engraisse comme les dindons. (*Bosc.*)

PAOUMOULL ou PAMELLE. *Voyez* ORGE.

PAPAICOT. C'est probablement le PAPAYER.

PAPALU. Rheed appelle ainsi un arbre du Malabar, dont on substitue les fruits à l'arec dans l'usage du bétel ; il est imparfaitement connu des botanistes, & ne se cultive pas dans nos jardins. (*Bosc.*)

PAPANGA. On donne ce nom à la MOMORDIQUE. *Voyez* ce mot.

PAPARIAN : arbrisseau d'Amboine, cité par Rumphius, dont les feuilles ont une odeur forte & une saveur amère. Les botanistes ne le connoissent qu'imparfaitement, & les cultivateurs point du tout. (*Bosc.*)

PAPAROI. Ce sont, en Provence, les fleurs du GRENADIER à fleurs doubles.

PAPAS : nom de la POMME DE TERRE au Pérou.

PAPAU. *Voyez* PAPAYER.

PAPAYER. *Carica.*

Genre de plante de la dioécie décandrie & de la famille des *Cucurbitacées*, dans lequel se trouvent réunies cinq espèces, dont les fruits se mangent, & dont trois se cultivent dans nos serres. Il est figuré pl. 821 des *Illustrations des genres* de Lamarck.

Espèces.

1. Le PAPAYER commun.
Carica papaya. Linn. ♄ Des Indes.

2. Le PAPAYER cauliflore.
Carica cauliflora. Jacq. ♄ De Cayenne.

3. Le PAPAYER monoïque.
Carica microcarpa. Jacq. ♄ De Cayenne.

4. Le PAPAYER posoposa.
Carica pyriformis. Willd. ♄ Du Pérou.

5. Le Papayer épineux.
Carica spinosa. Aublet. ♄ De Cayenne.

Culture.

Dans son pays natal, & dans tous les pays intertropicaux où il a été transplanté, on multiplie beaucoup le Papayer commun à raison de ses fruits, qui se mangent crus ou cuits, mais plus généralement de cette dernière manière; ils sont peu estimés de ceux qui n'y sont pas accoutumés dès l'enfance; on les confit au vinaigre avant leur maturité, & on les sucre à cette époque, pour les conserver ou les envoyer au loin; ils sont excellens de cette dernière manière. Leur forme est tantôt ronde, tantôt ovale, & leur couleur constamment jaune. Ses fleurs ont une odeur très-suave; on mange les mâles en compote. Ses feuilles peuvent suppléer le savon, & son écorce, le chanvre.

On multiplie le Papayer de graines, dont on sème tous les ans quelques-unes, à différentes époques, aussitôt qu'elles sont mûres, & dont on abandonne le plus souvent le produit à la nature. Ce n'est qu'à environ deux ans qu'il commence à donner du fruit; mais depuis lors chaque pied en offre constamment à tous les degrés de maturité, jusqu'à sa mort, qui a lieu après ce double espace de tems: c'est pourquoi il faut en avoir constamment de tous les âges.

En Europe le Papayer demande la serre chaude toute l'année; il y donne quelquefois de bonnes graines qu'on sème sur couche & sous châssis, & qui servent à le reproduire. Lorsqu'elles manquent, il faut en tirer d'Amérique; car cet arbre se multiplie difficilement de marcotte, puisqu'il se ramifie rarement. Comme il est continuellement en végétation, il faut lui donner de fréquens arrosemens en été, & tous les ans de la nouvelle terre qui doit être consistante. Ses belles feuilles se font remarquer; mais comme elles tiennent beaucoup de place, on ne peut en posséder qu'un petit nombre de pieds.

On cultive, dans les serres du Muséum d'histoire naturelle, les seconde & troisième espèces; leur culture ne diffère pas de celle de la précédente, qui s'y voit également. (*Bosc.*)

PAPETON: axe de l'épi du maïs; on le brûle ordinairement, mais M. Buniva l'ayant fait moudre & mêler à un tiers de farine de froment, en a fabriqué un pain très-mangeable. *Voyez* Maïs.

PAPILLON. *Papilio.*

Genre d'insecte de la classe des *Coléoptères*, qui renferme une grande quantité d'espèces, dont beaucoup se font remarquer par la légéreté de leur vol & la beauté de leurs couleurs, & dont trois ou quatre proviennent de chenilles qui nuisent quelquefois aux cultivateurs.

Les développemens que présente l'article correspondant dans *le Dictionnaire des Insectes* me dispense d'entrer ici dans aucun détail d'histoire naturelle. Je me contenterai donc de dire que les chenilles mentionnées plus haut sont:

1°. Celle du chou. *Papilio brassicæ*, Linn. Elle est rayée de jaune & de bleuâtre, avec des tubercules noirs & velus; elle vit de feuilles de chou, de rave, de capucine; son abondance est quelquefois telle, qu'elle ne laisse que les grosses côtes (principales nervures) aux choux de toute une plantation. Comme pendant le jour elle se tient cachée entre les feuilles, ou dans la terre, il n'est pas toujours facile alors de lui faire utilement la chasse. En conséquence, c'est le matin & le soir, & encore mieux la nuit, avec une lanterne, qu'il faut la rechercher pour l'écraser. Il doit paroître singulier à ceux qui observent combien de plantations de choux sont complétement détruites par elle, qu'on apporte aussi peu de soin à cette opération, qui ne demande que quelques minutes à deux ou trois reprises.

Cette chenille, lorsqu'elle veut se transformer, va souvent loin du chou qui l'a nourrie, se fixer contre un arbre ou un mur; sa chrysalide est anguleuse, jaunâtre & tachée de noir. On peut, lorsqu'on la connoît, en écraser beaucoup en se promenant; car elle n'est pas ordinairement cachée.

Une autre manière aussi efficace, mais plus longue, c'est de faire la chasse aux Papillons qui sont blancs, avec deux taches, & l'angle extérieur & supérieur noir, au moyen d'un petit filet disposé en forme de sac, autour d'un gros fil de fer attaché à un bâton. Si tous les jardiniers d'un canton exécutoient cette chasse cinq à six fois par an, le même jour & à la même heure (les jours chauds, & l'heure de midi sont les plus convenables), ils se débarrasseroient de toute crainte de perdre le fruit de leur travail; car en tuant une femelle on tue deux cents chenilles. Les résultats de cette chasse sont tels, que l'autorité publique devroit forcer les cultivateurs des environs des villes où on cultive beaucoup de choux, à la faire.

Le Papillon du chou donne deux ou trois générations par an; aussi est-il très-commun partout. Les individus de la dernière passent l'hiver dans des trous, & ceux, en petit nombre, qui échappent aux frimats & à leurs ennemis, se montrent dès les beaux jours du printems: c'est alors qu'il faut leur faire la chasse dont je viens de parler.

2°. Le Papillon de la rave, *Papilio rapæ*, Linn. Sa chenille est toute verte, & de moitié plus petite que la précédente; elle mange également les choux, les raves, les capucines; elle se cache encore mieux aux regards. On lui fait la chasse de la même manière; son Papillon est blanc, avec la pointe des ailes supérieures noire.

3°. Le Papillon gazé, *Papilio cratægi*, Linn. Sa chenille est noirâtre, avec des bigarures noires,

& des poils blancs & jaunes ; elle vit en société sur le poirier, le prunier, l'aubépine, &c. Les dommages qu'elle cause aux arbres fruitiers sont quelquefois considérables. On peut facilement la détruire en frappant sur la tente de soie sous laquelle, dans sa jeunesse, elle se réfugie le jour. Sa chrysalide est anguleuse, & se suspend aux branches des arbres ; le Papillon a les ailes blanches, demi transparentes, veinées de noir.

4°. Le Papillon grande tortue, *Papilio polychloros*. Linn. Sa chenille est épineuse & variée de brun & de jaune ; elle vit en société sur les arbres fruitiers & sur l'orme. Comme la précédente, on peut en tuer des quantités à la fois, en frappant avec un bâton sur la tente sous laquelle elles se rassemblent dans leur jeunesse. Sa chrysalide se suspend aux branches. Son Papillon est fauve, mêlé & bordé de noir.

Ces deux dernières espèces, quoique souvent abondantes, ne sont pas assez fréquentes sur les arbres fruitiers pour être mises, comme celles des choux, au nombre des fléaux des cultivateurs.

De petits ichneumons déposent leurs œufs dans le corps des chenilles de ces quatre espèces, & en font chaque année périr des millions. (*Bosc.*)

PAPILLOTTER. La vigne papillotte lorsque lorsque les bourgeons se développent d'une manière incomplète par suite de l'affoiblissement des racines. *Voyez* VIGNE dans le *Dictionnaire des Arbres & Arbustes*.

PAPINGAIE : sorte de CONCOMBRE de la Chine.

PAPIRIE : synonyme de GETHYLLIS.

PAPIRIER. *Broussonnetia.*

Genre de plante fort voisin du MURIER (*voyez* ce mot), qui en a même fait partie sous le nom de *mûrier à papier*, & qui renferme deux espèces, dont une est aujourd'hui cultivée en pleine terre dans nos jardins, & fera l'objet d'un article dans le *Dictionnaire des Arbres & Arbustes*.

PAPONGE : fruit du CONCOMBRE à angles aigus.

PAPPOPHORE. *Pappophorum.*

Plante vivace de la triandrie digynie & de la famille des *Graminées*, qui croît naturellement dans l'Amérique méridionale, mais qui n'est pas encore cultivée dans nos jardins.

Le Pappophore queue-de-renard, *Pappophorum alopecurideum* Linn., est fort voisin des cannamelles, avec lesquelles Lamarck l'a réuni. (*Bosc.*)

PAPULAIRE : genre établi par Forskal, mais depuis réuni aux TRIANTHÈMES. *Voyez* ce mot.

PAQUERETTE. *Bellis.*

Genre de plante de la syngénésie superflue & de la famille des *Corymbifères*, qui contient sept espèces, dont une est fort commune dans nos prés & nos pâturages, & se cultive très-fréquemment dans nos jardins, à raison de la beauté & du grand nombre de ses variétés. Il est figuré pl. 677 des *Illustrations des genres* de Lamarck.

Espèces.

1. La PAQUERETTE vivace, vulgairement *petite marguerite*.
Bellis perennis. Linn. ♃ Indigène.

2. La PAQUERETTE des bois.
Bellis sylvestris. Cyrill. ♃ De l'Italie.

3. La PAQUERETTE annuelle.
Bellis annua. Linn. ⊙ Du midi de la France.

4. La PAQUERETTE à tige.
Bellis stipitata. Labill. De la Nouvelle-Hollande.

5. La PAQUERETTE épineuse.
Bellis aculeata. Labill. De la Nouvelle-Hollande.

6. La PAQUERETTE à feuilles de graminée.
Bellis graminea. Labill. De la Nouvelle-Hollande.

7. La PAQUERETTE à feuilles entières.
Bellis integrifolia. Mich. De l'Amérique septentrionale.

Culture.

La première espèce est si abondante dans certains lieux incultes, qu'elle domine sur toutes les autres plantes. Tous les terreins lui sont bons, mais c'est dans ceux qui sont gras & humides qu'elle prospère le mieux. Elle fleurit une des premières au printems, & continue à le faire jusqu'aux gelées, de sorte qu'elle est un des ornemens de nos campagnes. Aucun animal domestique ne la mange, & ses feuilles, étalées en rosette sur la terre, s'opposent à la croissance des graminées ou autres plantes fourageuses ; aussi, malgré ses agrémens, doit-on la faire disparoître des prairies & même des pâturages, en les labourant de loin en loin, & en les cultivant en plantes annuelles, surtout en celles susceptibles de binage d'été : on peut aussi, lorsqu'il y en a peu, la sarcler en la coupant d'un seul coup entre deux terres, au moyen d'une pioche à fer étroit.

Cette plante offre dans les jardins plusieurs variétés, dont les plus fréquemment cultivées sont : la *blanche double*, la *rose*, la *rouge*, la *panachée simple* ou *double*, la *double fistuleuse* & la *prolifère*. C'est une chose fort brillante qu'une touffe ou une bordure formée d'une ou de plusieurs de ces variétés : on en couvre même des espaces assez étendus pour mériter le nom de *gazon* ; aussi ne peut-on trop les multiplier. Les jardins paysagers principalement en tirent de fort grands avantages, parce qu'on peut les placer à toutes les expositions

& les y multiplier sans frais. Une fois mises en place, leur culture annuelle se borne à des sarclages de propreté. Partout il faut les relever tous les trois à quatre ans, pendant l'hiver, pour les changer de place ou leur donner de la nouvelle terre, & diminuer, par leur déchirement, lorsquelles sont en bordure, la trop grande largeur de leurs pieds. C'est avec le résultat de ce déchirement qu'on les multiplie le plus ordinairement, car rarement on sème leurs graines, dont les produits se font attendre deux à trois ans.

La troisième espèce se voit dans nos jardins de botanique. Ses graines se sèment en place ou dans un pot sur couche nue. On ne lui donne d'autre culture que des sarclages. Elle offre deux variétés, dont Lamarck a fait deux espèces, la rameuse & la rampante. (*Bosc.*)

PAQUEROLLE. *Bellium.*

Genre de plante de la syngénésie superflue & de la famille des *Corymbifères*, dans lequel on a réuni deux espèces, qui se cultivent dans nos écoles de botanique. Il est figuré pl. 684 des *Illustrations des genres* de Lamarck.

Espèces.

1. La PAQUEROLLE à tige nue.
Bellium bellidioides. Linn. ⊙ Du midi de l'Europe.

2. La PAQUEROLLE naine.
Bellium minutum. Linn. ⊙ De l'Orient.

Culture.

Ces deux plantes se sèment en place ou dans des pots sur couche nue, dès que les gelées ne sont plus à craindre; après quoi il n'y a plus qu'à leur donner les sarclages ou binages de propreté: elles sont sans agrément. (*Bosc.*)

PARADIS: variété fort foible de pommier qui sert à la greffe des autres variétés qu'on veut tenir naines. *Voyez* POMMIER dans le *Dictionnaire des Arbres & Arbustes.*

PARAGE. On appelle ainsi, dans certains lieux, la première façon qu'on donne aux vignes après les vendanges, façon qui a leur propreté pour but principal. *Voyez* VIGNE.

PARALÉ. *Paralea.*

Arbre de Cayenne, formant seul, dans la polyandrie monogynie, un genre qui est figuré pl. 454 des *Illustrations des genres* de Lamarck.

Cet arbre n'étant pas cultivé dans nos jardins, n'est pas dans le cas d'exiger ici un plus long article. (*Bosc.*)

PARALYSIE: maladie qui a pour effet la cessation de l'action des nerfs qui font mouvoir les muscles, & dont le résultat est la privation de la faculté de marcher, de prendre, de manger, de crier, &c.

On appelle *hémiplégie* la Paralysie qui affecte la moitié du corps.

Les causes de la Paralysie sont très-nombreuses & très-incertaines: les développer appartient au *Dictionnaire de Médecine*, auquel je renvoie le lecteur. Je ne parlerai ici que de celles des animaux sur lesquelles l'homme peut influer.

Un grand nombre de faits prouvent qu'un coup ou une blessure peuvent paralyser la partie inférieure d'une jambe, & que des cataplasmes imbibés d'eau-de-vie, de vin très-fort, un régime très-fortifiant, suffisent souvent pour rétablir l'animal. Cette sorte de Paralysie se guérit même souvent sans remède, ce qui doit la distinguer des véritables.

Beaucoup de Paralysies, chez les animaux âgés, se développent à la suite d'une indigestion. Il faut donc ne donner à ces animaux que peu d'alimens à la fois, ou des alimens d'une facile digestion. Les fortifians, tels que les infusions des plantes aromatiques dans du vin, du vin vieux mêlé avec de l'eau-de-vie, ensuite l'application du feu, si ces premiers moyens ne remplissent pas le but, sont les remèdes les plus puissans.

Il est aussi des Paralysies qui sont provoquées par la pléthore; on les prévient par la saignée, & on les guérit quelquefois par le feu, qui, dans ce cas, ainsi que dans le précédent, agit comme stimulant: par conséquent plus on fait de mal à l'animal, & mieux on remplit son objet. (*Bosc.*)

PARAPHIMOSIS: gonflement de la tête de la verge, qui n'a guère lieu parmi les animaux domestiques que dans le cheval & dans le chien. Il est le plus souvent produit par le resserrement de la gaîne. Comme la maladie est locale, on la traite par les bains, les applications émollientes & les boissons rafraîchissantes; cependant on est quelquefois obligé d'inciser la gaîne pour faire cesser la cause de l'inflammation.

Le virus vénérien est quelquefois aussi la cause de cette maladie dans le chien, & alors il faut agir sur lui par les remèdes connus, mais qui sortent de l'objet de cet article. (*Bosc.*)

PARAPHRÉNÉSIE: inflammation du DIAPHRAGME. *Voyez* PLEURESIE.

PARAPLUIE. C'est un pot renversé & supporté sur trois fourches, ou des planches disposées en forme de toit & portées par quatre supports, ou un demi-cylindre de tôle, couvert d'un chapiteau, qu'on place sur les fleurs, les plantes grasses ou autres qu'on veut garantir de la pluie.

On ne fait habituellement usage des Parapluies que dans les jardins de botanique; ailleurs ils sont momentanément suppléés par des paillassons, des châssis, &c. *Voyez* ABRI.

PARASITE. Ce mot a deux acceptions dont je dois traiter ici: il signifie, dans quelques lieux, les insectes, les vers & les plantes qui vivent aux dépens des animaux domestiques & des plantes. Dans d'autres lieux, le mot *herbes parasites* est synonyme de MAUVAISES HERBES. *Voyez* ce mot.

Ainsi les poux, les hydatides, les guis, les cuscutes, les orobanches sont des Parasites.

Dans la rigueur on ne devroit appeler *Parasites* que ces trois dernières sortes de plantes, ainsi que quelques autres, comme l'hypociste, le loranthe, les champignons arborescens, &c.

Lorsqu'on coupe en différens sens la partie d'une branche sur laquelle un pied de gui est implanté, on voit des tubercules plus verts, se diriger de tous les côtés; & ces tubercules absorbent sans doute la séve comme les racines de l'arbre absorbent l'eau chargée d'humus dans le sein de la terre; cependant on peut dire, avec vérité, que la manière de végéter des véritables Parasites est encore un problême.

Comme l'expérience prouve que les Parasites nuisent à la croissance & à la fructification des plantes, en absorbant une partie de la séve qui devoit les nourrir, les agriculteurs doivent les détruire par tous les moyens possibles; moyens que j'ai indiqués aux mots GUI, OROBANCHE & CUSCUTE, les seuls genres de plantes qui soient à redouter en Europe sous ce rapport.

Dans les pays intertropicaux il y a un bien plus grand nombre de plantes Parasites; & parmi elles une, la VANILLE (*voyez* ce mot), est l'objet d'une culture très-importante. (*Bosc.*)

PARASOL : arbri portatif fait en osier, en paille, en tôle, & qu'on place, dans les jardins de botanique, sur les plantes qui redoutent l'action d'un soleil trop ardent ou trop continu, ou sur celles qu'on vient de transplanter.

Les paillassons & les toiles suppléent les Parasols dans les autres jardins. *Voyez* ABRI. (*Bosc.*)

PARATONNERRE : perche terminée par une pointe de cuivre ou de fer dorée, qu'on élève au-dessus des édifices pour soutirer l'électricité des nuages, & empêcher les effets désastreux de la foudre. *Voyez* le second Discours préliminaire de ce Dictionnaire.

C'est à Francklin qu'on doit la première idée des Paratonnerres, & il y fut conduit par la théorie. L'expérience de près d'un siècle a aujourd'hui prouvé leur efficacité. Je n'entrerai ici ni dans le détail de l'explication de l'effet des Paratonnerres, ni dans ceux de leur construction, cela étant du ressort du *Dictionnaire de Physique.*

Le prix que coûte un Paratonnerre ne permet pas aux pauvres cultivateurs d'en élever sur leurs maisons; mais il est à desirer qu'il y en ait un ou deux dans chaque village, faits aux dépens de la communauté, & placés, un sur le clocher, & l'autre sur la maison la plus élevée par sa position ou autrement; car par leur moyen les accidens, soit morts, soit incendies, qui arrivent chaque année par suite de la chute du tonnerre, seroient considérablement diminués. Un Paratonnerre peut durer cent ans & peut-être plus, lorsqu'il est convenablement construit; ainsi, la dépense des cent cinquante francs qu'il coûte, ne se renouvellera pas souvent.

Non-seulement les Paratonnerres ainsi multipliés produisent les résultats ci-dessus, mais encore préservent de la GRÊLE, qui, comme je l'ai expliqué à son article, est un véritable phénomène électrique. Quand on considère qu'il y a beaucoup de lieux en France, & j'en connois de tels, où sur cinq années il y a trois récoltes de perdues par suite de la grêle, on ne peut pas concevoir comment les cultivateurs ne consacrent pas une petite partie du produit d'une récolte non-détruite pour assurer les récoltes futures. Dans ce cas, ce n'est pas sur les bâtimens seulement qu'il faut placer des Paratonnerres, mais sur le sommet des montagnes, & alors ils sont un grand mât fortement scellé dans la terre, à l'aide d'une maçonnerie, & renforcé par quatre arcs-boutans scellés de la même manière. L'observation de la marche habituelle des nuages peut seule indiquer le lieu ou les lieux où ces Paratonnerres, ou mieux ces paragrêles devront être placés. Ce que je pourrois dire ici à cet égard serviroit peu pour la pratique. (*Bosc.*)

PARC : lieu planté de bois & entouré de murs ou de haies, ou de fossés, qui avoisine les maisons de campagne des riches propriétaires, & qui sert seulement à la promenade, ou, lorsqu'il est peuplé de gibier, à la promenade & à la chasse.

Autrefois les Parcs étoient beaucoup plus communs qu'aujourd'hui; ils sont remplacés par les JARDINS PAYSAGERS (*voyez* ce mot), bien plus dispendieux à construire & à entretenir, mais aussi beaucoup plus agréables pour la promenade, par les nombreux effets qu'ils offrent.

Un Parc ne diffère ordinairement d'un bois, que parce qu'il est percé d'un plus grand nombre d'allées, dont les principales sont en concordance avec la maison d'habitation; cependant il en est qui offrent des terreins en culture ou en pâturage, des pièces d'eau, &c. Tantôt il est en taillis, tantôt en futaie, selon le goût ou les convenances du propriétaire. Ceux en taillis sont plus propres à la conservation du petit gibier, tels que lièvre, lapin, faisan, perdrix, &c.; ceux en futaie à celle du gros gibier, tels que sanglier, cerf, chevreuil, daim, &c. Ils ont chacun, sous les rapports de l'agrément, des avantages & des inconvéniens qui se compensent. Les premiers offrent des produits plus rapprochés, une plus grande masse de verdure à portée de l'œil, & les seconds donnent des coupes bien plus importantes & plus d'ombre.

Pour construire un Parc, on a deux moyens: ou on perce un bois déjà existant, en arrachant les arbres des allées, ou on en plante un, en réservant les allées.

Le premier est le plus économique, & celui qui donne les jouissances les plus promptes ; le second est celui qui se pratique le plus habituellement aujourd'hui, parce qu'on ne bâtit plus guère de maisons d'une certaine importance sur la lisière des bois.

Souvent les allées ou une partie des allées d'un Parc sont plantées de deux ou de quatre rangs d'arbres, qu'on taille ou qu'on abandonne à eux-mêmes. Souvent aussi leurs massifs sont entourés de charmilles qui se tondent tous les ans. Il s'y trouve des vides ronds, carrés, parallélogramiques, &c., quelquefois ornés d'obélisques, de pièces d'eau, &c.

Quand les Parcs sont d'une très-petite étendue, il est ordinairement convenable d'en couper tous les bois à la fois. S'ils avoient plus de douze à quinze arpens, il paroîtroit sans doute souvent avantageux de les mettre en coupe réglée.

Un Parc dans lequel on veut conserver du gibier doit être entouré de murs de huit à dix pieds de hauteur, pour rendre plus difficile la sortie des cerfs, qui sautent fort bien, & l'entrée, pendant la nuit, des braconiers.

Si on veut mettre des lapins dans un Parc, il faut de plus que la base des murs, du côté intérieur, soit accompagnée d'une excavation d'un pied de profondeur & d'autant de largeur, afin que ces animaux soient déterminés à ne pas creuser leurs terriers dans une direction telle qu'ils puissent passer sous le mur. En général, les lapins nuisent beaucoup aux Parcs en taillis, & ne prospèrent pas dans les Parcs en futaie. Il faut n'en laisser qu'un petit nombre dans les premiers, si on veut tirer un parti avantageux de la vente de leurs coupes. *Voyez* Lapin.

C'est par du gibier pris dans les bois qu'on peuple les Parcs. Il faut faire en sorte qu'il soit proportionné à la quantité de subsistance que son terrein peut fournir pendant l'hiver, ou se résoudre à les nourrir alors de foin ou de graines. Une autre attention consiste à n'y laisser que le nombre de mâles strictement nécessaire, un superflu donnant lieu à des inconvéniens.

La chair du gibier élevé dans un Parc passe pour être moins savoureuse que celle de celui tué dans la campagne, & cela tient sans doute au moindre choix qu'il y a pour sa nourriture & au moindre exercice qu'il y fait.

Les Parcs ont été de tout tems regardés comme des objets de luxe, & en ce moment ils sont grévés d'une imposition plus élevée que celle des bois. Il me semble qu'ils ont été proscrits dans l'opinion, à raison de ce que beaucoup de leurs propriétaires étoient, avant la révolution, des seigneurs, dont les cultivateurs avoient à se plaindre. Les effets n'eussent-ils que l'avantage de retenir dans une enceinte le gibier qui, lorsqu'il est libre, nuit toujours plus ou moins aux récoltes, ils feroient du bien à l'agriculture ; mais ils fournissent du bois, mais ils fournissent des pâturages dont la reproduction est plus prompte, à raison de ce qu'ils sont moins ravagés que les bois & les pâturages ouverts.

Je ne crois pas devoir m'étendre plus au long sur ce qui concerne les Parcs, attendu que tout ce que j'aurois à en dire de plus se trouvera aux mots Jardins, Bois, Futaie, &c. (*Bosc.*)

Parc. Dans l'économie rurale on donne aussi le nom de Parc à des enceintes temporaires formées au milieu des champs, & qui ont pour objet de renfermer les troupeaux, surtout ceux des bêtes à laine, pendant la nuit : 1°. pour empêcher les nuisibles effets des bergeries ordinaires sur la santé des moutons pendant les chaleurs de l'été ; 2°. pour s'éviter la peine de les ramener chaque soir à la maison ; 3°. pour les empêcher de se disperser & de devenir la proie des loups ; 4°. pour les forcer d'y déposer leurs déjections de la nuit, & pour fumer sans frais le terrein.

Daubenton, dirigé par des idées de théorie, a voulu entretenir les moutons toute l'année dans des Parcs ; mais l'expérience a prouvé qu'il falloit réserver cette pratique pour les pays plus chauds & moins pluvieux que le climat de Paris, même que le midi de la France ; & en conséquence très-peu de propriétaires de troupeaux font des Parcs d'hiver.

Sous le premier rapport on peut se dispenser de faire parquer les moutons, en leur bâtissant des bergeries à claire-voie, ou au moins extrêmement aérées, ou en les faisant coucher pendant tout l'été dans une cour qu'on garnit journellement de nouvelle litière.

Le second rapport n'est obligatoire que dans les exploitations extrêmement vastes, comme celles des pays arides ; & le troisième, que dans ceux où il y a des loups.

C'est donc seulement sous le quatrième rapport, que l'établissement d'un Parc est constamment avantageux ; aussi est-ce sur lui que je me propose de m'étendre le plus.

On construit les Parcs de différentes manières, dont je vais indiquer les principales.

1°. Avec des fagots qu'on place debout à côté les uns des autres. On a dû d'abord employer ce moyen à raison de sa simplicité ; mais on a dû aussi l'abandonner promptement, à raison de ses nombreux inconvéniens.

2°. Avec des pieux de six pieds de haut, placés à cinq à six pouces les uns des autres, qu'on enfonce à coups de maillet. Cette manière, assez usitée dans les pays de pâturages, où on ramène les moutons tous les soirs dans le même Parc, n'est pas connue dans les plaines cultivées, & n'est pas dans le cas d'être conseillée à raison de sa lenteur, de sa fatigue, de sa dépense, & encore plus à raison de ce qu'elle ne permet pas de changer le Parc de place tous les jours, & encore moins deux fois par jour.

3°. Avec des pieux de même hauteur & du double de grosseur, percés de trous de huit pouces en huit pouces, espacés de huit à dix pieds, & liés entr'eux par des perches parallèles, fixées dans les trous. Cette manière a les inconvéniens de la précédente, mais à un moindre degré. Dans quelques endroits, des cordes sont substituées aux perches.

4°. Avec des pieux de même hauteur, mais moins gros & écartés de douze ou quinze pieds, dont l'intervalle est garni d'un filet de ficelle à mailles d'un demi-pied de diamètre : celui-ci se pose & se lève promptement, mais il a l'inconvénient de coûter beaucoup : ce moyen est en conséquence peu usité.

5°. Avec des Claies (*voyez* ce mot). C'est la méthode la plus économique, & en conséquence la plus généralement pratiquée dans tous les pays où on peut se procurer facilement du bois propre à fabriquer des claies. Ces claies ont ordinairement cinq pieds de haut sur huit de longueur, avec un intervalle vide à un demi pied de leur sommet, appelé Voie ou Éperneau, pour pouvoir la transporter sur l'épaule.

6°. Avec des châssis fabriqués avec des refentes de planches de trois à quatre pouces de large, divisés par des traverses plus étroites, écartées de huit pouces. Cette manière est usitée dans les plaines dépourvues de bois taillis, & me semble, quoiqu'au premier coup d'œil plus coûteuse que la précédente, devoir lui être préférée, en goudronnant le bois des châssis ou des traverses, ou le peignant à l'huile, à raison de la plus grande légéreté & de la plus grande durée de ces châssis.

Home, dans ses *Principes d'Agriculture*, rapporte que, dans quelques cantons de l'Angleterre, on forme des Parcs permanens pendant tout un été, avec des murs de terre de trois pieds de haut, & qu'on y met, soit des bœufs, soit des vaches, soit des moutons qu'on fait pâturer le jour dans les environs, auxquels on donne chaque nuit, pour supplément de nourriture, des turneps, des carottes, des pommes de terre, &c., & qu'en automne on abat les murs, dont on répand la terre sur le sol. Il est facile de croire que la terre de ces Parcs est par-là mise dans un éminent degré de fertilité, puisqu'outre les excrémens des animaux, elle a reçu les débris des racines qu'on leur a donnés, & que les principes de l'air se sont fixés dans les murs. Il est fort à desirer qu'une aussi excellente pratique soit introduite en France.

Les claies ou les châssis se placent à la suite les unes des autres, & se fixent dans une situation presque perpendiculaire au moyen des Crosses, c'est-à-dire, au moyen, ou de bâtons fourchus d'un bout & pointus de l'autre, qui d'un côté traversent la claie ou le châssis dans sa partie supérieure, & de l'autre s'enfoncent obliquement dans la terre, ou de barres de bois percées de deux trous, l'un pour les attacher au sommet de la claie, l'autre à la terre, en lui faisant faire un angle de quarante-cinq degrés au moyen d'une cheville de bois ou de fer. On ne met ordinairement qu'une de ces crosses à chaque réunion de deux claies ou de deux châssis, & deux aux angles du carré ou du parallélogramme qui forme le Parc; mais dans les plaines exposées aux grands vents, il est bon d'en mettre davantage pour éviter le renversement des claies ou des châssis, principalement des premières, qui sont plus exposées que les seconds à l'effort de ces vents, à qui elles présentent plus de prise.

Une de ces claies ou un de ces châssis sert de porte, & c'est devant que se place la Cabane (*voyez* ce mot) où couche le berger.

Le berger, pour former son Parc, mesure le terrein avec une toise, ou le plus souvent en marchant. Il faut trois de ses pas pour chaque claie, & quatre par chaque châssis. Le Parc est le plus souvent carré; quelquefois il est plus long que large : cela dépend de la forme de la pièce de terre sur laquelle on l'établit, ou du caprice du berger. Son étendue est proportionnée au nombre & à la grosseur des bêtes qu'il doit contenir; car il faut que les moutons n'y soient ni trop à l'aise ni trop gênés. Cependant on le fait plus grand dans les terres fertiles, & plus petit dans celles qui sont arides, & où l'excès des engrais n'est jamais nuisible. Je n'indiquerai pas, en conséquence, sa mesure en long & en large, comme l'ont fait plusieurs écrivains qui ne considéroient que le lieu qu'ils habitoient.

Il est à remarquer, 1°. que les brebis fournissent un vingt-sixième d'engrais de plus que les moutons, & peuvent par conséquent être renfermées dans des Parcs plus étendus; 2°. qu'elles fientent aussitôt qu'elles sont levées, & qu'on doit par conséquent les faire sortir plus promptement du Parc que les moutons.

Pendant le printems & l'automne, & dans les sols humides, les brebis, comme les moutons, fientent plus souvent : alors on doit donc encore donner un peu plus d'étendue aux Parcs.

La pluie entraînant le suint des bêtes à laine, & ce suint étant un excellent engrais, le Parc peut être plus étendu ou rester moins long-tems dans la même place pendant les tems pluvieux que pendant les tems secs, & d'autant plus que ces tems pluvieux rendent les herbes d'une nature analogue à celle dont il vient d'être immédiatement question.

Une des plus importantes attentions que doit avoir le berger, c'est que l'engrais soit également distribué partout le Parc, & en conséquence il doit veiller à ce que les brebis ne s'accumulent pas dans une seule de ses parties, comme elles y sont déterminées par leur instinct, qui les porte à se serrer le plus possible quand il fait froid, qu'il pleut, ou que le vent, surtout celui du nord, soufle fort.

Comme toutes les opérations qu'exige la conduite d'un Parc sont décrites au mot BÊTES A LAINE, je n'en parlerai pas ici.

Il est remarquable que le parcage n'est en faveur que dans une petite partie de la France, sans qu'on puisse deviner pourquoi il ne s'exécute pas partout, surtout dans le Midi, où le défaut général d'engrais lui donne beaucoup plus d'importance. On distingue aisément, à l'égalité des productions, les champs qui ont été parqués.

Le parcage évite la perte des urines, du suint & d'une partie des excrémens des bêtes à laine, & les dépenses du transport des fumiers. Il est utile à la santé des troupeaux, 1°. parce qu'il force de les sortir des bergeries, & de les exposer plusieurs mois de suite constamment au grand air; 2°. parce qu'il fait qu'ils ne perdent pas, pour aller & revenir du pâturage, un tems qu'ils emploient à manger. Il est donc à desirer qu'il ait lieu partout où il est praticable. (*Bosc.*)

PARCOURS & VAINE PATURE: pâturage des bestiaux sur toutes les propriétés, soit des communes voisines, soit de leur propre commune, contre le gré des propriétaires.

Dans l'origine des sociétés agricoles il n'y avoit point de propriétés foncières, & les peuples étant pasteurs, tout le terrein qui les entourroit étoit livré au Parcours. Plus tard, lorsque la culture commença à prendre faveur, les terreins couverts de récoltes furent défendus du Parcours, mais ils y étoient soumis de nouveau dès que ces récoltes étoient enlevées: ce dernier mode est encore celui pratiqué presque partout, & dans beaucoup de lieux il est fondé sur la loi; cependant il est attentatoire au droit de propriété, & s'oppose au perfectionnement de l'agriculture.

En effet, le droit de propriété étant de tirer, pour son seul intérêt, tout le parti possible de son terrein, dès que, par le Parcours & la vaine pâture on ne peut ensemencer un champ, jouir de la seconde pousse des herbes d'une prairie, dès qu'enfin la vache ou la brebis d'un autre peut manger un brin d'herbe sur votre fond, votre propriété perd de sa valeur.

En tout tems donc le droit de Parcours & de vaine pâture est nuisible aux propriétaires, & par eux indirectement à la société entière; & aujourd'hui que l'agriculture est devenue une science, que les avantages des assolemens ne sont plus mis en doute, plus que jamais il doit être proscrit, parce qu'il s'oppose invinciblement à la pratique des ASSOLEMENS. *Voyez* ce mot & celui SUBSTITUTION DE CULTURE.

En vain des hommes peu éclairés, mus par la bonté de leur cœur, s'apitoient-ils sur le sort des pauvres cultivateurs que la suppression du droit de Parcours ou de vaine pâture privera de la vache, de la chèvre, du cochon, qui, selon eux, font tout leur bien-être, il n'en sera pas moins vrai que les pays où les pauvres cultivateurs jouissent de cet avantage prétendu sont les plus malheureux. En effet, se fondant sur cette ressource, ces pauvres cultivateurs, & encore moins leurs femmes & leurs filles ne travaillent pas; & lorsque le lait de leur vache ou de leur chèvre est diminué, lorsque leur cochon est mangé, ils ne vivent plus que de privations. J'ai habité de tels pays; j'en ai habité aussi où le droit de Parcours ou de vaine pâture n'existoit pas; je parle d'après mes propres observations. Que de milliers de fois j'ai vu une seule vache qui rapportoit pour cinq à six sous de lait par jour, occuper tout le tems d'une mère de famille & d'un ou deux de ses enfans, qui, réunis, eussent gagné dix à douze fois plus en travaillant à la terre, en filant, en faisant de la dentelle, &c., &c.! De plus, il est défavorable aux cultivateurs de ne vivre que de lait & de ses produits, attendu que cette nourriture les affoiblit.

C'est sur le salaire de leur travail que doivent le plus compter les habitans des campagnes qui n'ont pas de terres, parce que, s'ils ne sont pas paresseux, ce salaire leur manquera rarement; parce qu'avec de l'argent ils auront non-seulement du lait, du beurre, du fromage, mais encore de la viande, du lard, des vêtemens, des outils, &c. Ils se maintiendront, s'ils sont rangés & économes, dans une aisance qui leur permettra d'envoyer leurs enfans à l'école, au lieu de les employer à garder & à soigner leur vache ou leur chèvre.

Tous les agronomes éclairés sentent aujourd'hui la nécessité de supprimer absolument le droit de Parcours & de vaine pâture. Déjà une loi du 28 septembre 1791 autorise à s'y soustraire par la clôture de sa propriété; chose qu'on ne pouvoit pas faire autrefois dans beaucoup de lieux, & le projet du nouveau Code rural en propose partout la suppression. Je fais des vœux pour que, malgré des inconvéniens qu'elle pourra avoir dans quelques lieux, on la prononce bientôt, sauf à l'effectuer par gradation dans les communes qui tiendroient le plus à sa conservation. (*Bosc.*)

PARENCHYME. On donne ce nom à l'ensemble des petites loges ou utricules membraneuses que forme l'intérieur des feuilles, des fleurs, des fruits, des bourgeons & autres parties vertes des plantes, & dont l'influence est très-grande sur la végétation.

La forme des loges ou utricules du Parenchyme est fort irrégulière, mais elle se rapproche très-souvent de l'hexaèdre. Leur grandeur varie sans fin, non-seulement dans des plantes différentes, mais dans la même: les membranes qui composent ces loges ou utricules sont elles-mêmes formées d'autres loges ou utricules plus petites, qui sans doute sont constituées de même que les grandes.

On a comparé, & avec raison, le Parenchyme au poumon des animaux; car, en principe général, sa composition & ses fonctions diffèrent peu; effectivement, c'est dans lui que le gaz acide carbonique

bonique se décompose continuellement, c'est-à-dire, que le carbone qu'il contient se fixe dans le végétal pour l'accroître, & c'est de lui que l'OXIGÈNE s'exhale pour rendre respirable aux animaux l'air atmosphérique. *Voyez* CARBONE & OXYGÈNE.

Les effets de la culture se portent souvent sur le Parenchyme & en augmentent la masse, soit généralement, soit dans un lieu particulier. Ainsi un chou sauvage pèse à peine deux onces, & un chou cultivé souvent plus de trente; ainsi, dans cette espèce, il est plus abondant, tantôt dans la racine (le chou-navet), tantôt dans la tige (le chou-rave), tantôt sur le pétiole (le chou à grosses côtes), tantôt sur le pédoncule (le chou-fleur).

Quoique généralement le Parenchyme soit vert dans les feuilles & les bourgeons, il est quelquefois d'une autre couleur, comme dans quelques amarantes, le gouet de deux couleurs, l'aucuba, &c., & il varie souvent par l'effet de causes que nous ne connoissons pas, mais qui ne s'exercent que dans l'acte de la fécondation ou de la germination, comme le prouvent les feuilles & les tiges panachées. *Voyez* PANACHURES.

Cet article seroit susceptible de fort longs développemens; mais comme il a été l'objet de considérations fort étendues dans le *Dictionnaire de Physiologie végétale*, je ne dois pas l'étendre davantage. (*Bosc.*)

PARFUM : matière d'où s'exhale une odeur agréable. *Voyez* ODEUR dans le *Dictionnaire de Physiologie végétale*.

On trouve des Parfums dans les trois règnes de la nature.

Le musc & l'ambre sont les Parfums les plus recherchés du règne animal : le premier provient d'un quadrupède de la famille des *Pécores* (*moschus moschiferus*), & le second est, à ce que tout porte à croire, une déjection des cétacées qui se sont nourris d'une espèce de sèche. La civette, le castor, &c., donnent aussi des Parfums.

Un grand nombre de résines, telles que l'encens, le benjoin, beaucoup de bois, comme l'agalloche, le sandal, &c., sont des Parfums.

Mais c'est dans les feuilles & dans les fleurs qu'on en rencontre le plus; des familles entières, comme les *Labiées*, ont les feuilles odorantes, & il n'est peut-être pas de famille qui ne renferme des genres ou au moins des espèces qui en offrent : tant de fleurs le sont, qu'il seroit difficile de les énumérer.

Beaucoup de plantes ne sont cultivées que pour le Parfum dont leurs tiges, leurs feuilles & leurs fleurs sont pourvues. Je les indique à chacun des articles qui les concernent.

Quelqu'agréables qu'ils soient, les Parfums sont, à la longue, toujours nuisibles; ils affoiblissent l'action de l'estomac & agissent fortement sur les nerfs des personnes délicates : il ne faut pas en laisser dans une chambre à coucher trop petite & trop fermée, car ils peuvent conduire à la mort.

Pendant long-tems on a cru, & quelques personnes croient même encore qu'en parfumant une chambre, une étable, &c., on chassoit le mauvais air qui y est contenu; d'où l'usage de brûler du genièvre, de la sauge, du vinaigre, du sucre, du pain, &c.; mais ce sont des palliatifs pour le sens de l'odorat, qui quelquefois même augmentent le mal : le vrai Parfum, dans ce cas, c'est le renouvellement de l'air & la décomposition du gaz délétère par l'acide muriatique oxigéné, réduit en vapeur. (*Bosc.*)

PAREIRE. CISAMPELOS.

Genre de plante de la diodécie monadelphie & de la famille des *Ménispermes*, dans lequel on compte neuf espèces, dont cinq se cultivent dans les écoles de botanique. Il est figuré pl. 830 des *Illustrations des genres* de Lamarck.

Espèces.

1. La PAREIRE à feuilles rondes.
Cisampelos pareira. Linn. ♄ De l'Amérique méridionale.

2. La PAREIRE à feuilles ovales.
Cisampelos ovata. Lam. ♄ Des Indes.

3. La PAREIRE à feuilles de laurier.
Cisampelos laurifolia. Lam. ♄ De l'Amérique méridionale.

4. La PAREIRE du Cap.
Cisampelos capensis. Thunb. ♃ Du Cap de Bonne-Espérance.

5. La PAREIRE arborescente.
Cisampelos fruticosa. Thunb. ♄ Du Cap de Bonne-Espérance.

6. La PAREIRE convolvulacée.
Cisampelos convolvulacea. Willd. ♄ Des Indes.

7. La PAREIRE veloutée.
Cisampelos coapeba. Linn. ♃ De l'Amérique méridionale.

8. La PAREIRE smilacée.
Cisampelos smilacina. Linn. ♄ De la Caroline.

9. La PAREIRE naine.
Cisampelos humilis. Lam. ♄ Du Cap de Bonne-Espérance.

Culture.

La première, la quatrième & les trois dernières sont celles qui se cultivent dans nos écoles de botanique. La première & la septième sont de serre chaude; elles demandent une terre consistante, qu'on renouvelle tous les deux ans, & de fréquens arrosemens en été. Leur multiplication a lieu par graines tirées de leur pays natal, n'en donnant que rarement dans notre climat, ou par marcottes, ou par boutures, qui se font sur couche & sous châssis, & qui réussissent difficilement.

La quatrième & la neuvième sont d'orangerie.

La huitième se contente de la pleine terre, pourvu qu'on la mette dans une terre chaude & à une exposition méridienne; cependant il est prudent d'en tenir quelques pieds en pots pour les rentrer dans l'orangerie aux approches des gelées.

Toutes ces espèces se multiplient comme les premières. N'ayant aucun agrément, on n'en voit dans les collections que le nombre de pieds strictement nécessaire à la conservation de l'espéce. (*Bosc.*)

PARELLE. L'oseille peltacée porte ce nom dans quelques lieux.

On appelle aussi ainsi un lichen crustacé qui sert à la teinture. *Voyez* LICHEN.

PARESSEUSE. C'est l'ACACIE glauque.

PARIANE. *PARIANA.*

Plante vivace de Cayenne, qui seule forme un genre dans la monoécie polyandrie, & qui est figurée pl. 776 des *Illustrations des genres* de Lamarck.

Elle ne se voit point dans nos jardins. (*Bosc.*)

PARIÉTAIRE. *PARIETARIA.*

Genre de plante de la polygamie monoécie & de la famille des *Urticées*, dans lequel se trouvent réunies vingt espèces, dont une est extrêmement commune, & dont plusieurs se cultivent dans les jardins de botanique. Il est figuré pl. 853 des *Illustrations des genres* de Lamarck.

Espèces.

1. La PARIÉTAIRE officinale.
Parietaria officinalis. Linn. ♃ Indigène.

2. La PARIÉTAIRE de Judée.
Parietaria judaica. Linn. ♃ Du midi de l'Europe.

3. LA PARIÉTAIRE à feuilles de basilic.
Parietaria ocimifolia. Lam. ♃ De la Sicile.

4. La PARIÉTAIRE de Sonnerat.
Parietaria Sonnerati. Lam. ♃ De l'Inde.

5. La PARIETAIRE de Crète.
Parietaria cretica. Linn. ♃ De Candie.

6. La PARIÉTAIRE de Portugal.
Parietaria lusitanica. Linn. ⊙ De l'Espagne.

7. La PARIÉTAIRE redressée.
Parietaria assurgens. Lam. ♃ De l'Espagne.

8. La PARIETAIRE à petites feuilles.
Parietaria microphylla. Linn. ♃ De la Martinique.

9. La PARIÉTAIRE à feuilles de serpolet.
Parietaria serpillifolia. Lam. ♃ De la Martinique.

10. La PARIÉTAIRE à feuilles de molène.
Parietaria verbascifolia. Lam. De l'Ile-Bourbon.

11. La PARIÉTAIRE arborescente.
Parietaria arborescens. Lam. ♃ Des Canaries.

12. La PARIETAIRE lisse.
Parietaria lævigata. Lam. ♃ De l'Isle-de-France.

13. La PARIÉTAIRE de l'Inde.
Parietaria indica. Linn. ♃ De l'Inde.

14. La PARIETAIRE ponctuée.
Parietaria punctata. Willd. ♃ De l'Orient.

15. La PARIETAIRE débile.
Parietaria debilis. Willd. De la Nouvelle-Zélande.

16. La PARIÉTAIRE velue.
Parietaria pilosa. Willd. Du Cap de Bonne-Espérance.

17. LA PARIÉTAIRE à feuilles d'ortie.
Parietaria urticæfolia. Linn. ♃ De l'Ile-Bourbon.

18. La PARIÉTAIRE de la Cochinchine.
Parietaria cochinchinensis. Lour. ♃ De la Cochinchine.

19. La PARIÉTAIRE de Pensylvanie.
Parietaria pensylvanica. Willd. ⊙ De l'Amérique septentrionale.

20. La PARIÉTAIRE polygonoïde.
Parietaria polygonoides. Willd. De l'Orient.

Culture.

La Pariétaire officinale est extrêmement commune sur les vieux murs, parmi les décombres, sur le bord des haies, dans presque toute l'Europe. On en fait un fréquent usage en médecine. Les bestiaux n'y touchent pas. Comme elle accélère la dégradation des murs, en y entretenant une humidité permanente, il est de l'intérêt des propriétaires de l'arracher à mesure qu'elle s'y montre. Son abondance en quelques lieux doit même engager à le faire partout, dans le but de l'employer à augmenter la masse des engrais.

Cette espèce, ainsi que la seconde, la cinquième, la sixième, se cultivent dans les jardins de botanique, où on les sème en place, & où elles ne demandent d'autres soins que ceux de propreté.

La Pariétaire arborescente, plus connue sous le nom d'*ortie arborescente*, se voit, depuis quelques années, dans nos orangeries, où elle se fait remarquer, quoique sans beauté réelle, par l'épaisseur de ses touffes toujours vertes & toujours garnies d'épis de fleurs. On doit lui donner une terre de moyenne consistance & des arrosemens fréquens en été. On renouvelle sa terre tous les ans, parce que poussant sans cesse, elle l'épuise rapidement des sucs qui lui conviennent. Elle est très-sujète à moisir & à pourrir pendant l'hiver, par l'effet de la trop grande humidité; & dans ce cas, il est avantageux de la dépouiller de toutes ses branches, & par suite de ses feuilles, certain qu'elles en repousseront de nouvelles au printems. Sa multiplication a lieu par le semis de ses graines, dont elle donne abondamment; graines qu'on sème dans des pots, sur couche nue, & plus communément de boutures faites au printems, sur couche & sous châssis; boutures qui réussissent toujours, & qui fleurissent dès la même année. (*Bosc.*)

PARILI : arbre du Malabar, figuré par Rheed, mais dont les caractères botaniques sont encore imparfaitement connus; ses racines & ses feuilles sont amères, & employées en médecine.

On ne le cultive pas dans nos jardins. (*Bosc.*)

PARILIE : nom donné par Gærtner au genre appelé NICTANTE par les autres botanistes.

PARINAIRE ou PARINARI. *Petrocaria.*

Genre de plante de l'heptandrie monogynie, qui renferme deux arbres, dont aucun n'est cultivé dans dans nos jardins. Il est figuré pl. 439 des *Illustrations des genres* de Lamarck.

Espèces.

1. Le PARINAIRE à gros fruits.
Petrocaria montana. Aubl. ♄ De Cayenne.

2. Le PARINAIRE à petits fruits.
Petrocaria campestre. Aubl. ♄ De Cayenne.
(*Bosc.*)

PARISETTE. *Paris.*

Plante vivace des bois humides de l'Europe, qui seule forme un genre dans l'octandrie tétragynie & dans la famille des *Asparagoïdes.* Elle est figuré pl. 319 des *Illustrations des genres* de Lamarck.

Cette plante, qu'on appelle vulgairement *raisin de renard*, parce que ces animaux recherchent son fruit, qui est une baie de la couleur & de la grosseur d'un grain de raisin noir, se fait remarquer par son port & la singulière disposition de ses feuilles. Il est bon d'en placer quelques pieds dans les massifs des jardins paysagers, dont le terrein lui convient, pour exciter l'attention des promeneurs. On ne la cultive que dans les écoles de botanique, où on en apporte, des bois, des pieds qui n'y subsistent pas long-tems, craignant la terre labourée, la sécheresse & la lumière. Pour la conserver autant que possible, il faut en conséquence ne point biner autour d'elle, l'arroser souvent pendant l'été, & la garantir des rayons directs du soleil par un PARASOL. *Voyez* ce mot. (*Bosc.*)

PARISIOLE. *Trillium.*

Genre de plante de l'hexandrie trigynie & de la famille des *Asperges*, dans lequel se trouvent réunies six espèces, dont trois ou quatre se cultivent dans les écoles de botanique. Il est figuré pl. 319 des *Illustrations des genres.* de Lamarck.

Espèces.

1. La PARISIOLE penchée.
Trillium cernuum. Linn. ♃ De l'Amérique septentrionale.

2. La PARISIOLE droite.
Trillium erectum. Linn. ♃ De l'Amérique septentrionale.

3. La PARISIOLE à fleurs sessiles.
Trillium sessile. Linn. ♃ De l'Amérique septentrionale.

4. La PARISIOLE à baie oblongue.
Trillium erithrocarpum. Mich. ♃ De l'Amérique septentrionale.

5. La PARISIOLE à feuilles rhomboïdales.
Trillium rhomboideum. Mich. ♃ De l'Amérique septentrionale.

6. La PARISIOLE naine.
Trillium pusillum. Mich. ♃ De l'Amérique septentrionale.

Culture.

Les quatre premières espèces sont celles qui se cultivent, ou se sont cultivées en France. Je les ai observées en Amérique, où elles croissent dans les bois sabloneux & frais, positivement comme la parisette d'Europe. La terre de bruyère & l'exposition du nord leur sont indispensables dans les jardins, où elles se conservent un peu plus que la parisette, mais d'où elles finissent cependant par disparoître, quelques soins qu'on prenne. On les multiplie, 1°. par la séparation des œilletons des vieux pieds, en automne, époque où elles perdent leurs tiges; ou, lorsqu'il n'y a pas plusieurs œilletons, en coupant, à un pouce de celui qui existe, une des grosses racines sans l'enlever de terre, assuré qu'elle poussera un œilleton au printems suivant, & qu'on pourra le lever l'automne d'après; 2°. par le semis de leurs graines, qui mûrissent assez souvent dans nos jardins, aussitôt qu'elles sont récoltées, & dans le lieu où doivent rester les pieds qui en proviendront.

Ces plantes, sans être belles, se font remarquer par la grandeur & la couleur de leurs fleurs. Il seroit bon d'en placer dans les massifs des jardins paysagers qui sont susceptibles d'en recevoir par la nature de leur sol; mais je ne sache pas qu'on l'ait encore fait. Tous les pieds que je cultivois, des envois de Michaux, dans les pépinières impériales, à cette intention, ont disparu avant que j'eusse pu assez les multiplier pour cette destination. (*Bosc.*)

PARIVE. *Dimorpha.*

Genre de plante de la diadelphie décandrie & de la famille des *Légumineuses*, dans lequel se rangent deux arbres, qui ne sont point cultivés dans nos jardins.

Espèces.

1. La PARIVE à grandes fleurs.
Dimorpha grandiflora. Willd. ♄ De Cayenne.
2. La PARIVE cotoneuse.
Dimorpha tomentosa. Willd. ♄ De Cayenne.

Dans leur pays natal on emploie le bois de ces arbres à faire des pilotis, parce qu'il se conserve fort bien dans l'eau. (*Bosc.*)

PARKINSON. *Parkinsonia.*

Bel arbrisseau de l'Amérique méridionale, qui seul forme un genre dans la décandrie monogynie & dans la famille des *Légumineuses*, & qu'on cultive dans les serres de nos écoles de botanique. Il est figuré pl. 336 des *Illustrations des genres* de Lamarck.

Culture.

Les graines de cet arbrisseau, apportées de son pays natal, lèvent fort bien sur couche & sous châssis, & le plant qui en provient s'élève à plus d'un pied dès la première année; mais dès la seconde il dépérit si on n'a soin de lui donner le plus d'air possible, & seulement le degré de chaleur qui lui est nécessaire. Pendant les quatre mois de l'été il faut le mettre hors de la serre, contre un mur qui l'abrite des vents du nord, & réverbère sur lui la chaleur des rayons solaires; alors seulement on doit l'arroser fréquemment & abondamment. Tous les ans on renouvelle sa terre, qui doit être à demi consistante, & tous les deux ou trois ans on lui donne un plus grand pot.

Le PARKINSON à aiguillons fleurit dans nos serres; mais je ne sache pas qu'il y ait encore donné de bonnes graines. Ses fleurs sont jaunes & odorantes. (*Bosc.*)

PARNASSIE. *Parnassia.*

Genre de plante de la pentandrie monogynie & de la famille des *Câpriers*, qui réunit quatre espèces, dont une est fort commune dans nos marais, & s'y fait remarquer par la grandeur & la singulière organisation de sa fleur, toujours unique au sommet d'une tige élevée, & pourvue d'une seule feuille. Il est figuré pl. 216 des *Illustrations des genres* de Lamarck.

Espèces.

1. La PARNASSIE des marais.
Parnassia palustris Linn. ♃ Indigène.
2. La PARNASSIE à feuilles d'asaret.
Parnassia asarifolia. Vent. ♃ De l'Amérique septentrionale.
3. La PARNASSIE de la Caroline.
Parnassia caroliniana. Mich. ♃ De l'Amérique septentrionale.
4. La PARNASSIE d'Égypte.
Parnassia ægyptiaca. Lam. ♃ De l'Égypte.

Culture.

La Parnassie des marais s'apporte en mottes des marais dans les écoles de botanique, & s'y place dans un pot dont on fait tremper le fond dans une terrine où on met un pouce d'eau qu'on renouvelle souvent pendant l'été; par ce moyen on peut la conserver deux à trois ans. Du reste, elle ne demande aucune culture : même toute culture accélère sa perte.

On peut placer la Parnassie des marais avec utilité, pour l'agrément des promeneurs, sur le bord des lacs & des ruisseaux des jardins paysagers, en l'y apportant comme je viens de le dire. J'ai inutilement cherché à la faire venir de graines, quoique ces graines eussent été semées peu de jours après leur récolte.

La seconde espèce a été cultivée à la Malmaison. (*Bosc.*)

PAROIS (Arbre de), c'est-à-dire, qui se trouve sur la lisière des FORÊTS. *Voyez* ce mot.

PARONYQUE : espèce du genre ILLÉCÈBRE, sur laquelle M. de Lamarck a établi un nouveau genre qui n'a pas été adopté par les autres botanistes. *Voyez* ILLÉCÈBRE.

PARRÉ. C'est, dans le département de la Meurthe, la paille étendue dans les rues des villages, dans les lieux boueux, & destinée à être ensuite réunie aux FUMIERS. *Voyez* ce mot.

PARTONSIE. *Partonsia.*

Plante vivace de la Jamaïque, que Brown regarde comme devant faire un genre, mais que les autres botanistes croient devoir réunir aux SALICAIRES. *Voyez* ce mot.

PART DES ANIMAUX DOMESTIQUES. C'est le synonyme de *mise bas*, d'accouchement.

Ou le Part est naturel, ou il est contre nature.

Le Part naturel est celui qui s'exécute dans l'ordre voulu par la nature, c'est-à-dire, qui a lieu au terme marqué par la nature, terme qui varie pour chaque espèce, qui est quelquefois, à quelques jours près de différence, en plus ou en moins, de onze mois dans la jument, de neuf mois dans la vache, de cinq mois dans la brebis & la chèvre, de soixante-trois jours dans la chienne, de cinquante-cinq jours dans la chatte.

Dans le Part naturel, le petit se présente tantôt par la tête & les deux jambes de devant, tantôt par la tête seule, tantôt par les deux jambes de derrière.

Toutes les autres positions du petit sont contre nature, & offrent des obstacles plus ou moins graves à sa sortie, obstacles qu'on ne surmonte que par l'art.

Quelquefois, soit dans le Part naturel, soit dans celui contre nature, il se présente des accidens qui le rendent plus difficile, comme la présence d'une grande quantité d'excrémens dans le rectum, une inflammation de la vulve, la foiblesse générale du sujet.

On remédie à la première de ces causes en vidant l'intestin avec la main, ou au moyen des lavemens; à la seconde, par une ou plusieurs saignées & des fomentations émollientes; à la troisième, par des fortifians, principalement du bon vin, à la dose d'une bouteille pour la jument & la vache.

Une nourriture astringente produit aussi cet effet: aussi dans quelques lieux, comme la chaîne de montagnes qui lie Langres à Lyon, donne-t-on aux vaches, dans cette circonstance, de la sanicle, qui, de cet usage, a pris le nom d'*herbe du défaut*.

Lorsque le fœtus se présente dans une position contre nature, l'objet doit être de l'y mettre, & on y parvient, le plus souvent, en faisant rentrer les membres qui n'eussent pas dû sortir les premiers, afin de le ramener aux trois positions dont il a été parlé plus haut. Cette opération se fait avec la main ointe d'huile, & privée d'ongles saillans. Il faut agir doucement & ne pas trop contrarier la nature. Les procédés à suivre variant sans fin, je ne puis les détailler ici. D'ailleurs, les plus longs raisonnemens ne suppléent pas à l'expérience; aussi ne doit-on pas, sous prétexte d'économie, se refuser d'appeler un vétérinaire éclairé, toutes les fois qu'une jument ou une vache se trouve dans ce cas.

Le Part effectué, le placenta, autrement appelé *arrière-faix*, *délivre*, *fécondine*, suit ordinairement; mais quelquefois il reste attaché à la matrice, en tout ou en partie. Il faut éviter de le tirer avec force; au contraire, attendre sa sortie du travail de la nature, légérement aidée de la main & d'une boisson fortifiante.

Des injections aromatiques avec du vin, mêlées d'infusion de sureau, à laquelle on a ajouté un peu d'eau-de-vie, sont, dans certains cas, fort utiles pour fortifier la matrice; mais il ne faut pas les multiplier, crainte d'arrêter les lochies, dont la suppression cause des accidens graves.

Si dans le Part la matrice se renverse, comme on en voit des exemples, il faut la rétablir, avec la main, dans sa position naturelle, & donner des fortifians astringens. *Voyez* RENVERSEMENT DE LA MATRICE.

Avant & après le Part, il convient de donner aux bestiaux une nourriture choisie, mais pas trop abondante, & pour boisson de l'eau blanche, c'est-à-dire, de l'eau dans laquelle on aura délayé de la farine.

Les familles des carnivores mangent toujours leur délivre, & cet acte, indiqué par la nature, opère leur sécurité & celle de leur progéniture; ce délivre étant dans le cas, en restant sur terre & en s'y corrompant, d'attirer les autres carnivores. Il est même des herbivores qui le mangent, & il est probable que dans l'état sauvage tous le mangent également, & par la même raison. C'est donc mal-à-propos qu'on déprécie les vaches qui ont cette habitude, & qu'on fait tout ce qu'on peut pour la leur faire perdre.

Le Part prématuré, c'est l'AVORTEMENT. *Voyez* ce mot. (*Bosc.*)

PARTERRE. La partie du jardin la plus voisine de la maison porte ce nom lorsqu'elle est exclusivement consacrée à la culture des fleurs, ou qu'elle n'est composée que de gazons & de petites allées sablées, disposées en compartimens. *Voyez* JARDIN.

Nos pères faisoient un grand cas des Parterres, & tous les anciens écrits sur le jardinage leur consacrent un long article. Aujourd'hui on n'en construit plus, & la conservation de ceux qui subsistent encore, tient à des circonstances étrangères au goût dominant.

Tout, dans les Parterres, étant idéal, il n'est pas possible de fixer des règles pour leur construction. Je vais cependant indiquer celles que le Blond, d'après le Nostre, a prétendu établir, mais qui ne sont que le résultat du goût de l'époque où il vivoit, goût qui a changé bien des fois depuis Louis XIV.

On distingue cinq sortes de Parterres.

1°. Ceux de broderie: ils imitent, au moyen des buis & des petites allées, ou vides sablés, la broderie bizarre d'une étoffe; leurs variations sont sans fin. Je n'en connois plus aux environs de Paris: ce sont les plus ridicules.

2°. Ceux à compartiment: ils offrent de grandes pièces de gazon symmétriques, coupées par des allées ou des découpures également symmétriques. Le Parterre du Midi, à Versailles, est de cette sorte.

3°. Ceux à l'anglaise: ce sont les plus simples; ils consistent en pièces de gazon carrées, parallélogramiques, rondes, ovales, &c., seulement entourées de petites allées sablées & de plates-bandes garnies de fleurs. Celui des Tuileries en est un très-beau modèle à citer.

4°. Ceux coupés & découpés: on n'y voit que des plates-bandes garnies de fleurs, & des allées sablées; mais ces plates-bandes & ces allées varient. Ce sont les plus communs dans les villes où les jardins, étant très-petits, doivent être, lorsque leur propriétaire est amateur de la culture des fleurs, le mieux utilisés possible.

5°. Les Parterres d'eau: ce sont des bassins &

des canaux de formes, de dimensions & de directions différentes. On en voit peu.

Il est de principe que les Parterres doivent avoir la largeur des bâtimens devant lesquels ils se trouvent : leur longueur peut, sans nuire à l'effet, ou être la même, ou un peu plus courte, ou un peu plus longue. La plus rigoureuse symmétrie doit régner dans leurs diverses parties, surtout s'ils sont, comme cela est le plus généralement, d'un niveau parfait. Leur tracé est l'objet de l'architecture ; ainsi je renverrai au Dictionnaire de cet art ceux qui voudront le connoître.

L'entretien des Parterres consiste en des ratissages d'allée, des tontes de buis ou de gazons, des labours de plates-bandes, & plantation des fleurs qui ornent ces dernières. *Voyez*, pour ces diverses opérations, les mots RATISSAGE, BUIS, TONTE, GAZON & PLATE-BANDE. (*Bosc.*)

PARTHÉNIE. *PARTHENIUM.*

Genre de plante de la syngénésie nécessaire & de la famille des *Corymbifères*, qui contient deux espèces, toutes deux cultivées dans les jardins de botanique. Il est figuré pl. 766 des *Illustrations des genres* de Lamarck.

Espèces.

1. La PARTHÉNIE multifide.

Parthenium hysterophorus. Linn. ☉ De la Jamaïque.

2. La PARTHÉNIE à feuilles entières.

Parthenium integrifolium. Linn. ♃ De la Virginie.

Culture.

Ces deux plantes demandent une terre un peu forte & des arrosemens abondans pendant les chaleurs : toutes deux se multiplient de graines qu'on sème dans des pots sur couche & sous châssis dès les premiers jours du printems.

Le plant provenant de la première se repique dans d'autres pots, qu'on remet sur couche ou qu'on rentre dans une serre jusqu'en juin, époque où on peut les placer contre un mur à l'exposition du midi.

Le plant provenant de la seconde peut se repiquer en pleine terre & y passer les hivers ordinaires au climat de Paris ; cependant il est bon d'en mettre quelques pieds en pots pour pouvoir les rentrer dans l'orangerie & prévenir les accidens.

Toutes deux sont peu remarquables pour leurs fleurs. (*Bosc.*)

PAS-D'ANE. *Voyez* TUSSILAGE.

On donne ce même nom à un instrument destiné à tenir ouverte de force la bouche des animaux domestiques.

Cet instrument est trop peu en usage, & il est si facile de le suppléer, que je n'en parlerai pas plus longuement. (*Bosc.*)

PASCHALIE. *PASCHALIA.*

Plante vivace du Chili, qui seule forme un genre dans la syngénésie superflue & dans la famille des *Corymbifères.* On la cultive dans nos écoles de botanique.

La Paschalie glauque pourroit, faute d'autres, être employée à la décoration des parterres dans les départemens du Midi, à raison du grand nombre & de la largeur de ses fleurs. Dans le climat de Paris, les pieds qu'on met en pleine terre périssent presque toujours par suite des gelées de l'hiver ; en conséquence, il est nécessaire d'en conserver quelques pieds en pots, pour la multiplier au printems suivant. Elle demande beaucoup de chaleur & d'humidité pour prospérer.

On multiplie cette plante de graines qui mûrissent fort bien dans l'orangerie, même quelquefois en pleine terre, de marcottes, d'œilletons & de boutures ; ainsi on ne manque pas de moyens de la conserver, malgré les accidens de l'hiver. Les semis & les boutures se font sur couche & sous châssis, & exigent fort peu de soin. (*Bosc.*)

PASPALE. *PASPALUM.*

Genre de plante de la triandrie digynie & de la famille des *Graminées*, dans lequel se trouvent réunies trente-huit espèces, presque toutes fournissant un excellent fourage, & dont plusieurs se cultivent dans nos écoles de botanique. Il est figuré pl. 43 des *Illustrations des genres* de Lamarck.

Observations.

Plusieurs botanistes ont réuni à ce genre les panics sanguin & dactylon, tandis que d'autres en ont fait un genre particulier sous le nom de DIGITAIRE. Je me conforme ici à l'avis du plus grand nombre. *Voyez* PANIC.

Espèces.

1. Le PASPALE penché.

Paspalum nutans. Lam. ♃ De Cayenne.

2. Le PASPALE pileux.

Paspalum pilosum. Lam. ♃ De Cayenne.

3. Le PASPALE velu.

Paspalum hirsutum. Bosc. ♃ De la Caroline.

4. Le PASPALE distique.

Paspalum distichum. Linn. ♂ De la Jamaïque.

5. Le PASPALE couché.

Paspalum supinum. Bosc. ♃ De la Caroline.

6. Le PASPALE bicorne.

Paspalum bicorne. Lam. ♃ De l'Inde.

7. Le PASPALE cilié.

Paspalum ciliatum. Lam. ♃ De Cayenne.

8. Le Paspale conjugué.
Paspalum conjugatum. Swartz. ♃ De.....
9. Le Paspale membraneux.
Paspalum membranaceum. Lam. ♃ Du Pérou.
10. Le Paspale ondulé.
Paspalum undulatum. Lam. ♃ De Porto-Ricco.
11. Le Paspale glabre.
Paspalum glabrum. Linn. De....
12. Le Paspale lentifère.
Paspalum lentiferum. Lam. ♃ De la Caroline.
13. Le Paspale lâche.
Paspalum laxum. Lam. ♃ De la Jamaïque.
14. Le Paspale spathacé.
Paspalum dissectum. Linn. ♃ De l'Amérique méridionale.
15. Le Paspale velu.
Paspalum villosum. Thunb. ♃ Du Japon.
16. Le Paspale de Coromandel.
Paspalum scrobiculatum. Linn. ♃ De l'Inde.
17. Le Paspale hémisphérique.
Paspalum hemisphæricum. Lam. ♃ De Porto-Ricco.
18. Le Paspale à longs épis.
Paspalum virgatum. Linn. ♃ De Porto-Ricco.
19. Le Paspale stolonifère.
Paspalum stoloniferum. Bosc. ♃ Du Pérou.
20. Le Paspale touffu.
Paspalum densum. Lam. ♃ De Porto-Ricco.
21. Le Paspale paniculé.
Paspalum paniculatum. Linn. ⊙ De la Jamaïque.
22. Le Paspale orbiculaire.
Paspalum orbiculatum. Lam. ♃ De Porto-Ricco.
23. Le Paspale de Commerson.
Paspalum Commersonii. Lam. ♃ De l'Isle-de-France.
24. Le Paspale capillaire.
Paspalum capillare. Lam. ♃ De Cayenne.
25. Le Paspale à trois épis.
Paspalum tristachyon. Lam. ♃ De Cayenne.
26. Le Paspale délicat.
Paspalum molle. Lam. ♃ De Saint-Thomas.
27. Le Paspale à tiges plates.
Paspalum platicaulon. Lam. ♃ De Porto-Ricco.
28. Le Paspale à épis élargis.
Paspalum dilatatum. Lam. ♃ Du Brésil.
29. Le Paspale divisé.
Paspalum dissectum. Linn. ⊙ De l'Amérique méridionale.
30. Le Paspale rampant.
Paspalum repens. Berg. ♃ De Cayenne.
31. Le Paspale de la Chine.
Paspalum chinense. Retz. ♃ De la Chine.
32. Le Paspale kora.
Paspalum kora. Willd. ♃ De l'Inde.
33. Le Paspale à longues fleurs.
Paspalum longiflorum Retz. ♃ De l'Inde.
34. Le Paspale en graine.
Paspalum vaginatum. Swartz. ♃ De la Jamaïque.
35. Le Paspale filiforme.
Paspalum filiforme. Swartz. ♃ De la Jamaïque.
36. Le Paspale couché.
Paspalum decumbens. Swartz. ♃ De la Jamaïque.
37. Le Paspale de la Floride.
Paspalum floridanum. Mich. ♃ De la Floride.
38. Le Paspale plissé.
Paspalum plicatum. Mich. ♃ De la Floride.

Culture.

J'ai observé dix espèces de ce genre en Caroline, & toutes étoient extrêmement recherchées des chevaux & des vaches. J'ai décrit une de celles propres au Pérou, le Paspale stolonifère, & je l'ai citée comme offrant le meilleur de tous les fourages connus. En effet, il n'en est pas qui fournissent davantage, puisqu'une seule graine peut donner lieu à un pied d'une toise & plus de diamètre, à travers les tiges duquel une souris pourroit à peine passer, & que ses feuilles sont si tendres & si sucrées, que les hommes mêmes trouvent du plaisir à les mâcher. Elle n'a que le défaut d'être frappée des premières gelées du climat de Paris, mais avant elle peut déjà avoir donné deux très-fortes coupes. Je suis autorisé à supposer qu'elle en fourniroit six à huit dans les pays chauds & humides, comme en Andalousie, aux environs de Naples, &c., & quatre ou cinq dans nos départemens voisins de la Méditerranée. Comment se fait-il donc que cette plante, dont on peut obtenir chaque année des graines de mon collègue & collaborateur Thouin, ne soit encore cultivée que dans les jardins de botanique? On ne peut excuser cette insouciance des propriétaires du Midi, qui ont tant à se plaindre de la disette des fourages, & qui ne saisissent pas une indication aussi importante. Je les invite de nouveau à cultiver cette plante, qui paroît aimer les terreins légers, gras & humides, mais qui vient fort bien dans tous ceux qui ne sont pas trop arides.

C'est au printems, lorsque les gelées ne sont plus à craindre, qu'il convient de semer en pleine terre le Paspale stolonifère. Il ne tarde pas à lever, si une pluie bienfaisante vient favoriser le desir du cultivateur. Une tige ne tarde pas à paroître; elle se couche en partie sur le sol, & de ses nœuds inférieurs sortent des racines qui donnent naissance à de nouvelles tiges, & ainsi de suite jusqu'aux gelées. Plus on coupe souvent les tiges déjà couchées, & plus celles qui naissent se développent en grand nombre. Il n'est point de graminées cultivées en Europe qui offrent le même résultat; mais on le trouve dans le fléau noueux, & en Caroline dans le *synthérisme précoce*. Les graines des premiers épis sont mûres à l'époque où on doit faire la première coupe, & par conséquent elles reproduisent la plante spontanément, & ce jusqu'à ce que le sol soit fatigué d'en porter.

Le Paspale kora entre comme fourage dans la culture de l'Inde. Il paroît qu'il a beaucoup de rapports avec le précédent.

Les Paspales que nous avons dans nos écoles de botanique, c'est-à-dire, ceux des nos. 4, 9, 16 & 21, demandent à être semés dans des pots, sur couche nue, & le plant qui en provient laissé dans ces pots qu'on place contre un mur exposé au midi, & qu'on rentre dans l'orangerie aux approches des grands froids : le n°. 9 est même mieux dans la serre chaude ; quant au n°. 19, on peut le semer en place. (*Bosc.*)

PASSE-FLEUR. C'est tantôt l'AGROSTÈME coronaire, tantôt la LYCHNIDE dioïque, tantôt la LYCHNIDE de Calcédoine.

PASSE-PARTOUT : grand crible à trous ronds qui tient lieu de VAN dans quelques parties de la France.

PASSE-PIERRE. *Voyez* BACCILLE.

PASSE-RAGE. *Lepidium.*

Genre de plante de la tétradynamie siliculeuse & de la famille des *Crucifères*, dans lequel se rassemblent trente-huit espèces, dont quelques-unes sont naturelles à la France, dont une est l'objet d'une culture spéciale dans nos jardins, pour l'assaisonnement des salades, & dont près de la moitié se voit dans nos écoles de botanique. Il est figuré pl. 156 des *Illustrations des genres* de Lamarck.

Observations.

Les espèces de ce genre se confondent souvent, dans les auteurs, avec celles des genres THLASPI, IBÉRIDE & SENNEBIÈRE.

Espèces.

1. La PASSE-RAGE à larges feuilles.
Lepidium latifolium. Linn. ♃ Indigène.

2. La PASSE-RAGE linéaire.
Lepidium lineare. Lam. Des îles de la mer du Sud.

3. La PASSE-RAGE sous-ligneuse.
Lepidium suffruticosum. Linn. ♄ De l'Espagne.

4. La PASSE-RAGE subulée.
Lepidium subulatum. Linn. ♃ De l'Espagne.

5. La PASSE-RAGE verruqueuse.
Lepidium verrucosum. Decand. ♃ De l'Orient.

6. La PASSE-RAGE ibéride.
Lepidium iberis. Linn. ⊙ Indigène.

7. La PASSE-RAGE perfoliée.
Lepidium perfoliatum. Linn. ⊙ De l'Orient.

8. La PASSE-RAGE arquée.
Lepidium arcuatum. Decand. De.....

9. La PASSE-RAGE en lyre.
Lepidium lyratum. Linn. De l'Orient.

10. La PASSE-RAGE enflée.
Lepidium vesicarium. Linn. ⊙ de l'Orient.

11. La PASSE-RAGE des rocailles.
Lepidium petræum. Linn. ⊙ Indigène.

12. La PASSE-RAGE couchée.
Lepidium procumbens. Linn. ⊙ Indigène.

13. La PASSE-RAGE des Alpes.
Lepidium alpinum. Linn. Des Alpes.

14. La PASSE-RAGE violier.
Lepidium violiforme. Decand. De l'Espagne.

15. La PASSE-RAGE à tiges nues.
Lepidium nudicaule. Linn. ⊙ Indigène.

16. La PASSE-RAGE calicinale.
Lepidium calicinum. Willd. ♃ De la Sibérie.

17. La PASSE-RAGE cresson.
Lepidium cardamines. Linn. ♂ De l'Espagne.

18. La PASSE-RAGE épineuse.
Lepidium spinosum. Linn. ⊙ De l'Orient.

19. La PASSE-RAGE cultivée, vulgairement *cresson alénois.*
Lepidium sativum. Linn. ⊙ De la Perse.

20. La PASSE-RAGE à feuilles épaisses.
Lepidium crassifolium. Wald. & Kit. ♃ De la Hongrie.

21. La PASSE-RAGE amplexicaule.
Lepidium amplexicaule. Willd. ♃ De la Sibérie.

22. La PASSE-RAGE à feuilles de pastel.
Lepidium glastifolium. Desf. De la Barbarie.

23. La PASSE-RAGE comestible.
Lepidium oleraceum. Forst. ⊙ De la Nouvelle-Zélande.

24. La PASSE-RAGE des pêcheurs.
Lepidium piscidium. Forst. ⊙ Des îles de la Société.

25. La PASSE-RAGE à feuilles linéaires.
Lepidium graminifolium. Linn. ♃ Du midi de l'Europe.

26. La PASSE-RAGE sans pétales.
Lepidium apetalum. Willd. ⊙ De la Sibérie.

27. La PASSE-RAGE didyme. *Voy.* SENNEBIÈRE.
Lepidium didymum. Ait. ⊙ De l'Angleterre.

28. La PASSE-RAGE ruderale.
Lepidium ruderale. Linn. ⊙ Indigène.

29. La PASSE-RAGE de Virginie.
Lepidium virginicum. Linn. ⊙ De l'Amérique septentrionale.

30. La PASSE-RAGE divariquée.
Lepidium divaricatum. Aiton. ♄ Du Cap de Bonne-Espérance.

31. La PASSE-RAGE de Polliche.
Lepidium Pollichii. Roth. ⊙ De l'Allemagne.

32. La PASSE-RAGE du Brésil.
Lepidium bonariense. Linn. ⊙ Du Brésil.

33. La PASSE-RAGE d'Alep.
Lepidium chalepense. Linn. ⊙ De l'Orient.

34. La PASSE-RAGE à long style.
Lepidium stylosum. Pers. ⊙ Indigène.

35. La PASSE-RAGE du Cap.
Lepidium capense. Thunb. ♄ Du Cap de Bonne-Espérance.

36. La PASSE-RAGE à feuilles de lin.
Lepidium linoides. Thunb. Du Cap de Bonne-Espérance.

37. La PASSE-RAGE à tige géniculée.
Lepidium flexuosum. Thunb. Du Cap de Bonne-Espérance.

38. La Passe-rage verruqueuse.
Lepidium verrucosum. Perf. De l'Orient.

Culture.

L'espèce qui est cultivée dans nos jardins est celle connue sous les noms de *cresson alenois*, de *cresson des jardins*, de *nasitor.* On la mange en salade, ou mieux on l'emploie à assaisonner les salades ; elle est aussi d'usage en médecine. Elle se sème, dans le climat de Paris, en février, sur couche ; en mars, contre un mur exposé au midi ; en avril & en mai, en planches au milieu du jardin ; en juin & en juillet, contre un mur au nord. Le but de ces changemens de localité des semis est d'en avoir toujours de propre à être mangée, c'est-à-dire, avant la pousse de ses tiges, pousse qui a lieu très-promptement lorsqu'il fait chaud. Pour l'avoir plus douce, on l'arrose beaucoup pendant les sécheresses & les chaleurs. C'est presque toujours en rayons espacés de six pouces, ou en bordures qu'on la dispose, à raison de la facilité de la biner qui en résulte : elle repousse jusqu'à trois fois, après avoir été coupée. Un petit nombre de pieds, réservés parmi ceux qui ont levé en avril & en mai, suffisent pour approvisionner de sa graine, qui se conserve bonne pendant deux ou même trois ans, le jardin particulier le plus étendu.

A Paris on préfère les variétés de cette plante, que mal-à-propos on y appelle *cresson à la noix*, peut-être uniquement parce qu'elles sont plus rares. Ces variétés se caractérisent suffisamment par leurs noms : ce sont le *cresson alenois à larges feuilles*, le *cresson alenois à feuilles dorées*, le *cresson alenois à feuilles frisées.*

La Passe-rage à larges feuilles est celle qui a donné le nom au genre ; car on a cru pendant long-tems que l'extrait de ses feuilles & de ses racines avoit la propriété de guérir la rage. Dans quelques endroits on la mange crue ou cuite ; dans d'autres elle supplée le cresson alenois pour la fourniture des salades. Partout on en fait un fréquent usage en médecine. Elle est fort commune sur le bord de certaines rivières, où elle s'élève à la hauteur de deux ou trois pieds. Tous les bestiaux la recherchent. Son aspect est assez élégant pour lui mériter une place dans les jardins paysagers. Ses racines tracent au point de pouvoir être employées avec avantage à fixer les terres des bords des rivières, & du revêtissement des fossés. Il est probable qu'on en pourroit tirer un parti avantageux dans la grande culture, ne fût-ce que pour, ou l'enterrer en vert dans un lieu différent de celui où elle a crû, ou l'employer à augmenter la masse des fumiers. Elle se multiplie avec la plus grande facilité, par graine & par déchirement des racines.

La Passe-rage à tiges nues est aussi mangée en salade dans quelques lieux, & elle m'a paru meilleure que les deux précédentes ; elle n'a contre elle que sa petitesse. C'est dans les terreins sablonneux qu'elle se trouve.

La 23e. espèce a été utile au capitaine Cook pour rétablir la santé de ses équipages, & la 24e. sert à enivrer le poisson.

Outre ces trois espèces, on cultive dans les jardins de botanique les 4e., 6e., 7e., 10e., 11e., 12e., 13e., 17e., 23e., 27e., 28e. & 29e. J'en ai vu encore quelques autres qui ne s'y sont pas conservées. Parmi ces espèces, la 4e. & la 29e. sont d'orangerie, & doivent être semées en pot ; les autres se contentent de la pleine terre. Les terreins un peu légers leur conviennent le mieux en général. Des éclaircis & des binages de propreté sont tous les soins qu'elles demandent. (*Bosc.*)

Passe-rage petite. Le Cresson de fontaine, *sysimbrium nasturtium* Linn. porte ce nom dans quelques lieux.

PASSERILLE : espèce de raisin sec qui vient du Levant.

PASSERINE. *Passerina.*

Genre de plante de l'octandrie monogynie & de la famille des *Thymélées*, renfermant vingt-deux espèces, parmi lesquelles une douzaine se cultivent dans nos écoles de botanique. Il est figuré pl. 291 des *Illustrations des genres* de Lamarck.

Observations.

Ce genre a beaucoup de rapport avec celui des *Lauréoles*, & quelques-unes de ses espèces sont regardées, par plusieurs botanistes, comme lui appartenant. *Voyez* Lauréole dans le *Dictionnaire des Arbres & Arbustes.*

Espèces.

1. La Passerine velue.
Passerina hirsuta. Linn. ♄ Du midi de l'Europe.

2. La Passerine filiforme.
Passerina filiformis. Linn. ♄ Du Cap de Bonne-Espérance.

3. La Passerine à feuilles de kali.
Passerina salsolæfolia. Lam. ♄ Du Cap de Bonne-Espérance.

4. La Passerine à feuilles de bruyère.
Passerina ericoïdes. Linn. ♄ Du Cap de Bonne-Espérance.

5. La Passerine à fleurs capitées.
Passerina capitata. Linn. ♄ Du Cap de Bonne-Espérance.

6. La Passerine globuleuse.
Passerina globosa. Lam. ♄ Du Cap de Bonne-Espérance.

7. La Passerine ciliée.
Passerina ciliata. Linn. ♄ Du Cap de Bonne-Espérance.

8. La Passerine uniflore.
Passerina uniflora. Linn. ♄ Du Cap de Bonne-Espérance.

9. La PASSERINE des teinturiers.
Passerina tinctoria. Lam. ♄ De l'Espagne.
10. La PASSERINE à rameaux lâches.
Passerina laxa. Linn. ♄ Du Cap de Bonne-Espérance.
11. La PASSERINE luisante.
Passerina nitida. Desf. ♄ De la Barbarie.
12. La PASSERINE effilée.
Passerina virgata. Desf. ♄ De la Barbarie.
13. La PASSERINE striée.
Passerina striata. Lam. ♄ Du Cap de Bonne-Espérance.
14. La PASSERINE à grandes fleurs.
Passerina grandiflora. Linn. ♄ Du Cap de Bonne-Espérance.
15. La PASSERINE couchée.
Passerina prostrata. Linn. ♄ De la Nouvelle-Zélande.
16. La PASSERINE nerveuse.
Passerina nervosa. Thunb. ♄ Du Cap de Bonne-Espérance.
17. La PASSERINE à grosse tête.
Passerina cephalophora. Thunb. ♄ Du Cap de Bonne-Espérance.
18. La PASSERINE orientale.
Passerina orientalis. Willd. ♄ De l'Orient.
19. La PASSERINE blanchâtre.
Passerina canescens. Willd. ♄ De Maroc.
20. La PASSERINE à fleurs en épi.
Passerina spicata. Linn. ♄ Du Cap de Bonne-Espérance.
21. La PASSERINE anthylloïde.
Passerina anthylloides. Linn. ♄ Du Cap de Bonne-Espérance.
22. La PASSERINE pentandre.
Passerina pentandra. Thunb. ♄ Du Cap de Bonne-Espérance.

Culture.

Les espèces de Passerines qui se cultivent aujourd'hui dans nos écoles de botanique sont les 1re., 2e., 5e., 7e., 8e., 10e. & 13e.; mais il y en a plusieurs autres que j'y ai vues, & qui ont disparu. En effet, elles sont fort difficiles à conserver, surtout dans leur jeunesse; toutes demandent la terre de bruyère & l'orangerie; toutes craignent les arrosemens, principalement pendant l'hiver. Rarement elles donnent de bonnes graines dans le climat de Paris, & c'est presqu'exclusivement de boutures faites au printems, dans des pots, sur couche & sous châssis, qu'on les multiplie, quoique leur reprise ne soit pas facile. Le premier hiver est le tems critique pour les pieds provenus de ces boutures; en conséquence, il est indispensable de les tenir sous châssis pendant tout l'été, afin de leur donner moyen de se fortifier.

Dans les pépinières marchandes on a, dans un châssis permanent, un ou plusieurs vieux pieds de ces espèces en pleine terre, pieds dont on couche annuellement les rameaux; & par ce moyen on en obtient de jeunes pieds bien enracinés, dont on craint moins la perte.

C'est dans l'endroit le plus sec & le plus éclairé de l'orangerie qu'il faut placer les Passerines. On veillera à enlever leurs feuilles moisies à mesure qu'on les remarquera; & en cas que leurs extrémités moisissent aussi, on les retranchera en les coupant sur le vif.

Les Passerines se font remarquer par leur feuillage & par leurs fleurs, quoique ni les uns ni les autres ne soient fort belles, mais elles ont un aspect qui n'est pas commun & qui fait diversité. (*Bosc.*)

PASSE-ROSE : nom vulgaire de l'ALCÉE des jardins.

PASSE-TOUTES : sorte de POIRE.

PASSE-VELOURS. CELOSIA.

Genre de plante de la pentandrie monogynie & de la famille des *Amaranthoïdes*, dans lequel se trouvent réunies dix-neuf espèces, dont plusieurs se cultivent dans nos jardins, à raison de la belle coloration de leurs calices. Il est figuré pl. 168 des *Illustrations des genres* de Lamarck.

Observations.

Ce genre se rapproche beaucoup des AMARANTINES, & la culture de leurs espèces ne diffère pas.

Espèces.

1. Le PASSE-VELOURS argenté.
Celosia argentea. Linn. ☉ De l'Inde.
2. Le PASSE-VELOURS margaritacé.
Celosia margaritacea. Linn. ☉ De l'Inde.
3. Le PASSE-VELOURS blanc.
Celosia albida. Willd. ☉ De l'Inde.
4. Le PASSE-VELOURS en crête de coq.
Celosia cristata. Linn. ☉ De l'Inde.
5. Le PASSE-VELOURS écarlate.
Celosia coccinea. Linn. ☉ De l'Inde.
6. Le PASSE-VELOURS aigretté.
Celosia castrensis. Linn. ☉ De l'Inde.
7. Le PASSE-VELOURS paniculé.
Celosia paniculata. Linn. ☉ De la Jamaïque.
8. Le PASSE-VELOURS de Montone.
Celosia monsonia. Willd. ☉ De l'Inde.
9. Le PASSE-VELOURS à trois stigmates.
Celosia trigyna. Linn. ☉ Du Sénégal.
10. Le PASSE-VELOURS chevelu.
Celosia comosa. Willd. de l'Inde.
11. Le PASSE-VELOURS effilé.
Celosia virgata. Jacq. ♄ De.....
12. Le PASSE-VELOURS nodiflore.
Celosia nodiflora. Linn. ☉ De Ceylan.
13. Le PASSE-VELOURS à feuilles de renouée.
Celosia polygonoides. Willd. ♃ De l'Inde.

14. Le PASSE-VELOURS de Madagascar.
Celosia madagascariensis. Lam. De Madagascar.
15. Le PASSE-VELOURS à baies.
Celosia baccata. Retz. De l'Inde.
16. Le PASSE-VELOURS luisant.
Celosia nitida. Vahl. De l'Amérique méridionale.
17. Le PASSE-VELOURS à queue.
Celosia caudata. Vahl. De l'Arabie.
18. Le PASSE-VELOURS alongé.
Celosia elongata. Spreng. De.....
19. Le PASSE-VELOURS glauque.
Celosia glauca. Pers. ♄ Du Cap de Bonne-Espérance.

Culture.

Nous possédons huit de ces espèces dans nos jardins; savoir: les nos. 1, 4, 5, 6, 7, 8, 9 & 12; toutes demandent une terre de consistance moyenne, un haut degré de chaleur & peu d'arrosemens. On ne les multiplie que de graines, qu'il faut choisir les plus mûres possible, & qu'on sème dans des pots sur couche & sous châssis dès les premiers beaux jours du printems. Lorsque le plant qui en est provenu a acquis cinq à six pouces de hauteur, on le repique, soit dans d'autres pots, qu'on remet sur couche nue, soit en pleine terre, contre un mur exposé au midi, ayant soin de les ombrer pendant quelques jours. Par ce moyen on aura des pieds très-vigoureux, & dont les épis seront très-colorés : ceux qui ont été laissés en pot seront rentrés dans la serre chaude aux premières apparences des froids, pour qu'ils y perfectionnent leurs graines; car, je le repète, c'est de la bonté des graines que résultent les beaux pieds.

Les plus belles des espèces que nous possédons, sont les 4e. & 5e., que la vivacité de leur couleur fait remarquer aux plus indifférens : ce sont presque les seules qu'on cultive hors des écoles de botanique. L'effet qu'elles font dans les parterres & sur les gradins est très-brillant. On les dessèche, & elles se conservent comme les IMMORTELLES (*voyez* ce mot) pour l'ornement des appartemens pendant l'hiver, attendu que, comme elles, ce ne sont pas leurs fleurs, mais leurs écailles calicinales qui sont colorées. La quatrième offre des variétés d'un rouge-pourpre, d'un rouge-jaune, panachées en jaune & en rouge, & blanches; variétés auxquelles le type m'a toujours paru préférable. (*Bosc.*)

PASSIFLORE. *Voyez* GRENADILLE & MURUCUIA.

PASSIS : vers à soie foibles, ou dont la croissance est plus tardive, & qui meurent lorsqu'on ne les sépare pas des autres pour leur donner une nourriture choisie & abondante. *Voyez* VERS A SOIE.

PASSOURE : synonyme de CONORI. *Voyez* ce mot.

PASTEL. *Isatis.*

Genre de plante de la tétradynamie siliculeuse & de la famille des *Crucifères*, qui renferme cinq espèces, dont une a été anciennement & est redevenue aujourd'hui l'objet d'une très-grande culture, à raison de la fécule bleue, propre à la teinture, qu'on retire de ses feuilles. Il est figuré pl. 854 des *Illustrations des genres* de Lamarck.

Espèces.

1. Le PASTEL des teinturiers, vulgairement *voede*, *vouède*, *gueldre*.
Isatis tinctoria. Linn. ♂ Indigène.
2. Le PASTEL à feuilles dentées.
Isatis dentata. Pers. ♂ De l'Orient.
3. Le PASTEL de Portugal.
Isatis lusitanica. Lam. ⊙ Du midi de l'Europe.
4. Le PASTEL d'Arménie.
Isatis armeniaca. Linn. ♂ De l'Orient.
5. Le PASTEL des Alpes.
Isatis alpina. Willd. ♃ Des Alpes.

Culture.

Nos écoles de botanique possèdent la première, la troisième & la cinquième de ces espèces, & la culture qu'on leur y donne, se réduit au semis de leurs graines en automne, des éclaircis & des binages de propreté au printems.

La première est une assez belle plante, par la couleur de ses feuilles, la grandeur de ses tiges & le nombre de ses fleurs, qui sont très-recherchées par les abeilles, pour mériter d'être placées dans les grands parterres & dans les jardins paysagers, & elle s'y voit quelquefois; mais c'est, comme je l'ai déjà dit, comme plante propre à la teinture qu'elle mérite toute l'attention des cultivateurs.

Le Pastel étoit la seule plante dont nos pères obtenoient la couleur bleue; aussi sa culture a-t-elle été très-florissante jusqu'à l'époque où la découverte du passage du Cap de Bonne-Espérance & de l'Amérique nous a procuré l'indigo, qui fournit beaucoup plus de fécule exempte de matières étrangères. Ce n'est que depuis quelques années que les circonstances politiques ont relevé sa culture, & ont déterminé les chimistes à chercher les moyens d'améliorer l'extraction de sa matière colorante. Il a donné lieu, dans ces dernières années, à beaucoup de bons ouvrages, parmi lesquels se distingue celui de M. Giobert.

On peut cultiver avec succès le Pastel dans presque toute l'Europe, car il ne craint point les plus fortes gelées de l'hiver; cependant c'est dans le Midi qu'il prospère le mieux, & que ses feuilles donnent le plus de fécule. Les environs de Valenciennes, de Caen, d'Avignon, d'Alby & de Toulouse sont les lieux où on le cultivoit le plus en France avant ces dernières années, que sa culture s'est étendue ailleurs aussi en grand.

Comme plante cultivée de tems immémorial, le Pastel fournit un grand nombre de variétés, dont quelques-unes sont préférables sous les rapports, ou de la largeur, ou de la quantité, ou de la rusticité des feuilles, ou de l'abondance de la fécule qu'elles contiennent. Dans chacun des cantons où on la cultive, on a adopté l'une de ces variétés, & on rejette celles inférieures qui se montrent dans les semis par la tendance qu'ont toutes les plantes cultivées, surtout les annuelles & les bisannuelles, à se rapprocher du type sauvage; variétés qu'on connoît sous le nom commun de *Pastel bâtard* en Normandie; *de boury* ou de *bourdaine* en Lauraguais.

Toute terre, excepté celle qui est aride au plus haut degré, & celle qui est complétement marécageuse, peut recevoir le Pastel; cependant, comme c'est l'abondance & la grandeur de ses feuilles que l'on recherche, on doit ne le semer que dans celle qui est profonde, substantielle & un peu humide. De vieux prés qu'on veut rompre sont très-bons à employer à sa culture. Si cette terre est maigre, on lui fournira les engrais convenables.

Ces engrais doivent être, autant que possible, tirés des animaux. S'ils sont le produit de la décomposition des végétaux, il faut qu'ils soient plus abondans, & employés sur une culture antérieure d'une année, afin qu'ils puissent être réduits en HUMUS ou TERREAU. *Voyez* ces mots.

Parmi ces engrais, il ne faut pas oublier les feuilles de l'isatis même, qui, après qu'on leur a enlevé la matière féculente qui n'en compose que la plus petite partie, se déposent dans des fosses où on les retrouve changées en terreau l'année suivante.

Trois, ou au moins deux labours sont indispensables pour obtenir de bonnes récoltes de Pastel, & ils doivent être les plus profonds & les plus parfaits que faire se peut; ceux à la bêche, & encore mieux ceux à la houe, sont préférables, comme divisant plus le sol. Disposer le terrein en planches étroites & bombées, est indispensable s'il est argileux, & que la surabondance des eaux soit à craindre en hiver. Dans tout autre cas on peut se contenter de creuser à la charrue des rigoles propres à donner de l'écoulement à ces eaux.

C'est toujours la graine des plus beaux pieds, ayant les feuilles les plus larges & les plus dépourvues de poils, qu'on doit préférer. Pour remplir parfaitement son objet, elle doit être bombée, pesante & d'un violet noir; car celle qui est avortée, & il y en a toujours beaucoup dans une récolte, surtout dans les climats froids, est plate, légère, & d'un violet clair. En général, dans ces derniers climats, il est avantageux d'en tirer de loin en loin du Midi.

On peut semer l'isatis en toutes saisons, & on le fait; mais il n'y a pas de doute que dans le Midi le semis d'automne, & dans le Nord, la fin de l'hiver, soient les époques les plus avantageuses. Toutes les préparations indiquées, comme favorisant la germination de sa graine, sont inutiles; mais il est bon de la faire tremper dans l'eau, 1°. pour enlever, comme infertiles, celles de ces graines qui surnagent; 2°. pour rendre plus pesantes les autres, & empêcher le vent de les emporter lorsqu'on les répand; 3°. pour accélérer leur germination. En prenant cette précaution, le semis sera très-clair; car chaque pied doit occuper un cercle d'une vingtaine de pouces de diamètre, terme moyen, & les feuilles sont d'autant plus belles, que les pieds sont plus espacés. Il se recouvre légérement avec la herse.

Dans quelques lieux on sème en rayons, & on s'en trouve bien.

On pourroit aussi semer à la volée, un peu épais, puis faire dans le semis, après qu'il sera levé, soit avec la charrue, soit avec la houe à cheval, des raies vides, d'un à deux pieds de large, alternant avec des raies pleines de même largeur, sauf à regarnir avec une partie du plant arraché par cette opération, les places les plus pourvues de vides des dernières de ces raies.

C'est à cette époque de la croissance du Pastel que la transplantation en quinconce, à la distance de deux pieds, s'exécute lorsqu'on veut se livrer à la dépense de cette opération, qui tantôt est avantageuse, tantôt est nuisible à l'abondance des produits, selon le tems & les lieux. En général on la pratique peu en France.

Vers le mois d'avril, plus tôt ou plus tard, selon le climat, l'exposition, l'année, &c., c'est-à-dire, quand le plant de Pastel a acquis une certaine force, il faut lui donner un premier binage, pendant lequel on fera disparoître les pieds les plus foibles de ceux qui seront trop rapprochés, & on chaussera ceux qui resteront. *Voyez* CHAUSSER.

Cette opération se renouvellera chaque année, trois fois dans le courant de l'été, & une fois plus profondément pendant l'hiver, car elle débarrassera le semis des mauvaises herbes, & favorisera la repousse des feuilles. *Voyez* BINAGE. Dans les semis par rangée on la fera plus économiquement avec une charrue ou une HOUE A CHEVAL. *Voyez* ce mot & celui RANGÉE.

Les feuilles de Pastel sur lesquelles on a répandu du plâtre dans le commencement de leur végétation, sont plus riches en matières colorantes, ainsi que l'a constaté M. Giobert. Il ne faut donc pas se refuser à leur en donner lorsqu'on le peut sans trop de dépense. *Voyez* PLATRE.

Un mois plus tard on commence à récolter les feuilles de Pastel.

On a cru jusqu'à ces derniers tems que ce n'étoit que lorsque les feuilles commençoient à ne pouvoir plus se soutenir droites, même à jaunir à leur extrémité, qu'il étoit le plus avantageux d'employer les feuilles de Pastel; mais, d'après des expériences directes, M. Giobert s'est assuré que la proportion d'indigo s'augmente dans les feuilles depuis l'onzième jusqu'au treizième jour de leur végétation, qu'elle reste alors quatre à cinq jours stationnaire, & qu'ensuite elle s'affoiblit. Il résulte de là que l'époque la plus avantageuse est entre seize & vingt jours dans la bonne saison; en automne, cette époque pourra se prolonger de quatre à cinq jours. En se conformant à ces données, on n'obtient pas seulement un produit plus abondant & plus vif en couleur à chaque coupe, mais encore on double le nombre des coupes, puisque dans la pratique ordinaire on ne coupe qu'au bout de trente à trente-cinq jours.

On mettoit autrefois beaucoup d'importance à ne faire la récolte du Pastel que par un tems sec, ce qui la retardoit souvent beaucoup; aujourd'hui on la fait au jour fixé, à moins que la pluie soit battante, ou qu'elle empêche d'entrer dans le champ.

Il y a deux méthodes de faire la récolte des feuilles de Pastel : la plus généralement suivie, & la plus économique en apparence, c'est de couper toutes les feuilles de chaque pied avec une faucille. La plus conforme aux principes de la théorie, mais la plus coûteuse au premier coup d'œil, c'est de n'enlever, en les tordant avec la main, que les plus extérieures. Dans cette dernière on doit opérer au moins deux fois par semaine; je la regarde comme plus économique, en définitif, que la première, parce qu'elle donne lieu à une repousse plus rapide & plus vigoureuse, & qu'on a constamment des feuilles au point convenable. On peut d'ailleurs n'employer, pour l'exécuter, que des femmes & des enfans, dont le salaire est peu élevé; mais elle suppose une grande culture, car il faut avoir, à chaque coupe, assez de feuilles pour faire une opération.

Dans la pratique ordinaire la première coupe est constamment la meilleure, & les deux ou trois autres sont inférieures à proportion qu'elles s'en éloignent; dans celle-ci, toutes, jusqu'à celles de l'arrière-saison, sont presqu'égales en qualité : ces faits s'expliquent par les principes que je viens d'indiquer, & dont on trouvera les développemens aux mots FEUILLE & VÉGÉTATION.

Les feuilles coupées, on les met dans des sacs ou dans des paniers, pour les porter à l'atelier; ces derniers sont préférables en ce que l'air y circule mieux lorsqu'on les y laisse long-tems, parce qu'elles sont très-faciles à s'échauffer, & que le plus petit échauffement altère leur matière féculente; mais quand on doit les mettre de suite sous la meule, les sacs ont l'avantage, comme plus faciles à manier.

Il est des personnes qui lavent les feuilles de Pastel à grande eau, pour les débarrasser de la terre qui les souille souvent; mais comme cette terre ne nuit point aux opérations qu'elles doivent d'abord subir, qu'elle se précipite à la suite de ces opérations, on peut en conséquence se dispenser de le faire, & on le fait très-rarement.

Du choix de la graine, ainsi que je l'ai déjà observé, dépend le succès de la culture du Pastel : il faut donc choisir les plus beaux pieds pour l'avoir au degré de bonté convenable. Ainsi, on réservera ceux qui se trouvent dans la meilleure partie du champ, ou mieux, on fera dans un jardin, ou près de la maison, un semis uniquement destiné à la fournir. Les pieds réservés ne seront jamais dépouillés de leurs feuilles, comme on le fait si souvent, car ce seroit les affoiblir, & on leur donnera un ou deux binages de plus qu'aux autres, même des arrosemens si les circonstances l'exigent. Des tuteurs, si les pieds ne sont pas abrités des grands vents, sont quelquefois nécessaires : du reste, on ne touche plus à la plantation jusqu'à la maturité des graines.

On reconnoît la maturité des graines de Pastel à la coloration des silicules en violet-foncé, même presque noir. Comme elle s'opère successivement, non-seulement sur le même pied, mais sur la même panicule, il ne faut penser à en faire la récolte que lorsque les dernières sont aussi colorées que les premières. On ne risque rien à attendre, ces graines ne tombant naturellement que bien long-tems après leur complète maturité.

C'est avec une faucille qu'on coupe, le plus près possible de terre, les tiges du Pastel. Il faut choisir un beau jour. Les tiges coupées sont apportées dans la grange, & mises en tas pendant une huitaine de jours, après quoi on les éparpille pour achever leur dessiccation, & on bat la graine avec des baguettes ou le fléau. Il vaudroit mieux suspendre les tiges, la tête en bas, par paquets au grenier, & les y laisser jusqu'au moment des semailles.

La graine battue s'étend à l'air & se remue tous les jours pendant une semaine pour compléter sa dessiccation, après quoi on la met en tas, ou dans des tonneaux défoncés, jusqu'au semis ou à la vente. Il est prudent d'en garder pour deux ans, en cas de non-réussite : celle de la quatrième année est encore passablement bonne.

Il en faut environ six à huit livres pour ensemencer un arpent. Les souris la recherchent; ainsi il faut la mettre hors de leurs atteintes. Je dois dire en passant, que les excrémens des souris qui en ont mangé, se colorent en bleu, & peuvent être employés à la peinture en détrempe.

Les feuilles de Pastel sont sujètes à la maladie de la ROUILLE & à celle de la JAUNISSE (*voyez* ces mots). La première est due à une atmosphère humide; on la prévient en ne faisant les semis qu'en plaine & loin des lieux marécageux, & la seconde au manque d'eau; elle se guérit par des arrosemens.

Les altises, qui vivent aux dépens des crucifères, attaquent le Pastel. Elles sont principalement dangereuses au moment de la sortie du plant hors de terre. On les combat avec de la chaux, de la suie & de la cendre; & si on ne les fait pas périr, on en écarte au moins la plus grande partie.

Il est des années où les chenilles du chou se jettent sur le Pastel. On peut leur faire la chasse le soir & le matin, & encore mieux prendre leurs papillons lorsqu'ils viennent déposer leurs œufs.

Exigeant de bons labours & des binages d'été, le Pastel est très-propre à entrer, avec avantage, dans un système d'assolement bien combiné; il rendra la terre beaucoup plus propre aux cultures des céréales, que la plupart des autres plantes annuelles qui font les objets ordinaires de nos cultures. On devra donc encore le considérer sous ce rapport dans les grandes exploitations; mais il y a lieu de croire, par le résultat des calculs de M. Giobert, qu'il doit être un objet de moyenne & petite culture, un seul propriétaire ne pouvant en cultiver assez pour établir une fabrique suffisamment grande. En effet, dit-il, un arpent de terre en Pastel donne cent cinquante quintaux de feuilles vertes, & chaque quintal deux onces & demie à trois onces d'indigo; chaque arpent donnera donc environ vingt-huit livres d'indigo. Supposant cent arpens couverts de cette plante, on ne peut en avoir moins pour une grande fabrique, & le prix de l'indigo à dix francs la livre, on aura vingt-huit mille francs de produit brut. Or, cent arpens en indigo exigent un domaine de six cent soixante-six arpens; & combien de propriétaires jouissent d'une telle étendue de terre dans une même commune? Et combien y en auroit-il parmi le petit nombre de ceux qui en jouissent, qui voulussent la consacrer exclusivement à la fabrique de l'indigo? Ce n'est certainement pas une grande fabrique que celle qui rapporte vingt-huit mille francs par an de produit brut. C'est donc à multiplier les petites indigoteries que le Gouvernement doit tendre, puisqu'il met tant d'intérêt à substituer dans le commerce l'indigo du Pastel à celui de l'anil.

Les feuilles du Pastel ne sont pas naturellement du goût des bestiaux; mais on peut très-facilement les accoutumer à les manger, & alors elles deviennent, à raison de la précocité de leur pousse, une ressource pour les nourrir à la fin de l'hiver, époque où on manque souvent de fourage sec & vert. Bohardsch est le premier qui ait éveillé l'attention des cultivateurs sur cet objet, & ses expériences ont eu un résultat très-avantageux. Depuis lui, plusieurs propriétaires de troupeaux de moutons y ont eu recours & s'en sont parfaitement bien trouvés. Sous ce nouveau point de vue, la culture du Pastel doit être faite dans les terreins secs & chauds, parce que c'est la précocité qu'on doit principalement avoir en vue: on semera plus épais pour faire compensation.

Arthur Young propose de cultiver le Pastel dans ces sortes de terreins, non-seulement dans ce but, mais encore dans celui de multiplier les engrais par la coupe de ses feuilles pendant l'été & l'automne, & leur enfouissement en vert ou leur transport sur le fumier. *Voyez* ENGRAIS & RECOLTES ENTERRÉES.

Je reviens actuellement à la suite des opérations qu'exigent les feuilles, & ensuite la pâte qu'elles ont produite pour en former le Pastel en coques; puis je parlerai en détail des nouveaux procédés indiqués pour obtenir la fécule dans l'état de plus grande pureté, principalement de celui de M. Giobert, qui de tous me paroît le plus approcher de la perfection.

Aussitôt que les feuilles sont arrivées à l'atelier, on les met ordinairement sous le moulin pour les broyer; mais il vaut mieux attendre qu'elles aient perdu une partie de leur eau de végétation, c'est-à-dire, qu'elles soient fanées; car cette eau, en s'écoulant dans l'opération, emporte une partie de la matière colorante. C'est à M. Giobert qu'on doit la connoissance de ce fait. Le broyage doit être complet. A cet effet on remue continuellement la pâte, pour que toutes ses parties passant sous la meule, pas une seule nervure n'y reste visible.

Le moulin employé à cet effet est le même que celui qui sert à broyer les graines huileuses, les pommes à cidre, &c., c'est-à-dire, qu'il est composé d'une meule en pierre de trois ou quatre pieds de large & d'un pied d'épaisseur, qu'un cheval ou un cours d'eau fait tourner de champ autour d'un pivot dans une auge circulaire, également de pierre. Il est de ces moulins qui ont un râcloir qui ramène à chaque tour la matière broyée sous la meule; d'autres où on fait cette opération à la main, au moyen d'un bout de planche fixé à l'extrémité d'un bâton.

Cette pâte, mise dans une cuve & conduite comme il est d'usage, fermente & donne sa teinture au bout de quelques heures. Il seroit donc avantageux que les teinturiers de village cultivassent le Pastel, le réduisissent en pâte & teignissent de suite, parce que par-là ils éviteroient bien des opérations coûteuses & des pertes de matière.

Ceci me conduit à observer qu'on a proposé de dessécher les feuilles d'isatis, de les réduire en poudre, & de mettre cette poudre en proportion convenable dans les cuves de teinture, où elle éprouveroit la fermentation qui est nécessaire au développement & à la fixation sur les étoffes, de la matière colorante qu'elles contiennent; mais que cette proposition ne peut pas être admise en grand, 1°. par la presqu'impossibilité de dessécher une récolte entière de feuilles; 2°. par la difficulté de sa conservation après cette opération; 3°. par l'inégalité de la fermentation des feuilles sèches dans la cuve, & l'abondance de parenchyme qu'elle y porte. En conséquence, je ne m'étendrai pas davantage sur cette méthode d'employer les feuilles de cette plante.

Cependant il a été reconnu que ces feuilles,

réduites en poudre & mises dans le bain de teinture, étoient préférables au Pastel en coque pour y déterminer la fermentation; ainsi il sera bon d'en dessécher une petite partie pour remplir cet objet.

La pâte, bien triturée, se porte ensuite dans la partie la plus élevée d'une chambre attenante, ouverte à l'air d'un côté, & pavée de dalles inclinées avec une rigole. Là, on en fait un tas qu'on comprime & qu'on unit le plus possible. La fermentation s'y établit; le tas se gonfle, se crevasse; un jus noir s'en sépare, coule dans la rigole, & de là dans la rue. Ce jus est généralement perdu; cependant il contient beaucoup de molécules colorantes, & peut devenir un excellent engrais. Il seroit donc bon de le réunir dans une citerne pour l'utiliser ensuite, au moins sous ce dernier rapport.

La durée de la fermentation de la pâte ne peut être fixée; quelquefois elle est de vingt jours, d'autres fois de six mois. Une croûte se forme sur les tas. Comme cette croûte s'oppose à l'évaporation des élémens gazeux de l'intérieur, il est bon de boucher avec de la pâte toutes les fentes qui s'y montrent. Ce n'est que lorsqu'elle a cessé de fermenter, qu'il s'y produit des vers & qu'on la transforme en coques, c'est-à-dire, qu'après l'avoir broyée de nouveau, on en forme des boules de la grosseur du poing, boules qu'on fait sécher sur des claies sous un hangar, ou si le tems est humide, dans une étuve.

Ces coques de pâte de Pastel, qu'on appelle *florée* ou *cocagne* dans quelques lieux, se conservent au grenier dans des tonneaux défoncés. On dit qu'elles augmentent en qualité pendant dix ans, ce qui n'est pas facile à concevoir.

Les coques sont souvent frelatées par la cupidité des fabricans, qui y mêlent de la terre, des feuilles, &c. Il y a long-tems qu'on sollicite l'intervention de l'autorité publique pour empêcher cette fraude, qui nuit beaucoup à leur commerce.

C'est ici le lieu de dire que les teinturiers ont deux objets en vue, en se servant du Pastel en coque : l'un, d'en appliquer la matière colorante sur les étoffes; l'autre, de le faire servir de ferment dans la cuve à indigo. Sous ce dernier rapport, qui est celui pour lequel il servoit presqu'exclusivement lorsqu'on avoit de l'indigo d'anil en surabondance, il est toujours assez bon, pourvu qu'il soit à bon marché & qu'il ne contienne pas de matières étrangères insolubles : de là vient le peu de soin qu'apportent assez généralement à sa fabrication les cultivateurs les plus honnêtes.

Dans quelques endroits, il est d'usage de faire subir à ces coques une nouvelle opération, qui est appelée *le raffinage*. A cet effet, on les réduit en poudre; on fait une pâte avec cette poudre, en lui donnant de l'eau, & on lui fait subir une nouvelle fermentation: cette fermentation est putride. Le Pastel raffiné se vend toujours plus facilement & plus cher que celui qui ne l'est pas; ce qui prouve qu'il a acquis de la perfection aux yeux des teinturiers.

M. Giobert a cherché à connoître la quantité de matière colorante qui se trouve dans le Pastel en coque. A défaut d'expériences positives, il a conclu avec Hellot, de la pratique des teinturiers, que cent dix livres de Pastel de l'Albigeois & du Lauraguais équivalent, le premier à quatre, & le second à cinq livres de bon indigo de Guatimala. Qu'à Quiers, où les teinturiers sont d'une grande habileté, on est persuadé qu'un rub de vingt-cinq livres (la livre de douze onces) répond, par sa matière colorante, à six onces du meilleur indigo : ces trois sortes sont les plus réputées de l'Europe.

La teinture sortant des attributions ordinaires de la culture, je n'en parlerai pas ici. Le lecteur qui voudra la connoître, devra recourir au *Dictionnaire des Manufactures*, où ses opérations seront développées avec beaucoup d'étendue.

Mais les coques de Pastel, avec quelque soin qu'on les prépare, contiennent fort peu de matière colorante, en comparaison du parenchyme & autres substances inutiles à la teinture. Il y a long-tems qu'on a senti l'avantage qu'il y auroit d'avoir cette matière colorante aussi pure que celle de l'indigo, dont elle ne diffère pas en principes. Déjà Arthur & Dambournay en France, Justi, Borth, Kulenkamp & Green en Allemagne, Hurasti, Morrina en Italie, avoient tenté, il y a plus de vingt-cinq ans, des essais qui avoient été couronnés de succès; mais l'abondance & le bas prix de l'indigo produit dans les pays chauds ne permettoient pas d'en tirer des conséquences utiles au commerce, & il falloit les circonstances de la guerre avec l'Angleterre & de la proscription des denrées coloniales pour donner à cette branche d'industrie toute l'amplitude dont elle est susceptible. En ce moment, graces aux excitations & aux encouragemens donnés par le Gouvernement & les sociétés savantes, graces surtout à l'école établie à Turin, sous l'influence de M. Giobert, nous pouvons retirer des feuilles du Pastel, même avec espoir de soutenir, à la paix, la concurrence commerciale contre l'indigo de l'anil, une fécule pure qui jouit de quelques avantages sur ce dernier.

Les objets dont on se sert dans une indigoterie sont, outre les feuilles du Pastel, l'eau, la chaux & l'eau de chaux, la potasse caustique, l'acide sulfurique, l'alun & l'huile.

Toutes les eaux ne sont pas propres à être employées à la fabrication du Pastel : celles qui sont troubles y portent des terres ou des matières animales ou végétales qui altèrent la beauté de la fécule; celles qui contiennent de la sélénite, du calcaire, &c., s'opposent à une bonne fermentation; elles doivent donc être claires & pures.

L'eau de chaux est au premier rang parmi les agens nécessaires; c'est le précipitant par excellence, malgré les inconvéniens qu'il entraîne. La potasse caustique ne lui sert que de supplément. On emploie l'acide sulfurique pour arrêter la fermentation & précipiter l'indigo des eaux de lavage; l'alun produit le même effet. Les huiles servent à faire fondre les écumes.

Pour chauffer l'eau, il faut des chaudières d'une capacité proportionnée à la quantité de feuilles qu'on veut mettre en fabrication, & que ces chaudières soient établies sur des fourneaux d'une construction telle, qu'il ne se perde pas de combustible, & qu'elles puissent communiquer les unes avec les autres, au moyen d'un tube d'un pouce au moins de diamètre.

Beaucoup de cuves ou cuviers sont indispensables; savoir : deux au moins pour l'infusion des feuilles; on les appelle *le trempoir*; ce sont les plus élevés au-dessus du sol; un pour recevoir l'eau chargée de la matière colorante, & la laisser déposer ses impuretés; c'est le *cuvier du repos*; un pour battre cette eau; il se nomme *le battoir*; un pour déposer l'indigo après cette opération; c'est le *cuvier de précipitation*; un pour recevoir les eaux privées de leur indigo & en retirer les restes : on pourroit, selon M. Giobert, l'appeler le *cuvier d'économie*; un pour laver l'indigo précipité; c'est le *cuvier de lavage*; un pour sa fermentation; c'est le *cuvier de fermentation*. Enfin, un pour l'eau de chaux.

Dans une petite indigoterie, ces cuviers ou cuves seront en bois, & dans une grande, en pierre; toutes auront des tuyaux d'écoulement en dehors.

On met les feuilles de Pastel dans une des cuves appelées *trempoirs*, pendant qu'on vide l'autre. Il vaut mieux multiplier ces cuves que de les faire trop grandes. Leur hauteur doit être moindre que leur largeur. Elles communiquent avec la suivante.

Ces feuilles, en plus ou moins de tems, suivant la chaleur de la saison, y éprouvent une fermentation qui désorganise leur parenchyme, & qui permet à l'eau de dissoudre la matière féculente qui étoit interposée dans ce parenchyme. On fait passer cette eau dans la seconde cuve lorsqu'on juge que l'opération est terminée, c'est-à-dire, quand elle est devenue d'un vert-brun, & que les feuilles s'écrasent facilement sous les doigts.

La cuve du repos épargne l'opération de laver les feuilles pour en ôter les ordures : elle est plus haute que large, & son fond est incliné du côté opposé à ses deux robinets, pour que les sédimens restent; elle communique par l'un de ses robinets avec la suivante.

La cuve du battage doit être un parallélipipède ou un ovale, pour que l'opération qui s'y fait s'exécute avec facilité. Sa hauteur est très-inférieure à ses autres dimensions. On y fait passer l'eau de la cuve précédente lorsqu'elle a déposé toutes les matières étrangères qu'elle tenoit en suspension, & on verse une quantité d'eau de chaux proportionnée, c'est-à-dire, deux ou trois livres (plus ou moins, selon sa force) par dix livres de feuilles employées; ensuite on agite cette eau, soit avec un balai, soit avec une rame, soit avec un treuil armé de plusieurs planches peu larges, soit avec un cylindre crénelé, se mouvant à moitié dans la liqueur à l'aide de deux roues : ce dernier moyen est le meilleur, parce qu'il réduit plus promptement l'eau en écume, & que c'est dans cet état seulement que toutes les molécules de la fécule peuvent être en contact avec l'air qui les colore. Cette cuve doit communiquer avec la suivante dans les grandes indigoteries, & avoir trois robinets dans les petites.

La cuve de précipitation est destinée à recevoir l'eau devenue colorée dans la précédente par l'effet du battage, afin que la fécule qu'elle tient en suspension se précipite par le repos. Elle a trois robinets au-dessus les uns des autres; les deux premiers pour soutirer successivement l'eau qui s'est décolorée; le plus inférieur pour en faire sortir l'indigo encore en bouillie.

Dans les petites indigoteries, cette cuve peut être économisée, en opérant la précipitation dans celle du battage.

La forme de la cuve d'économie & le lieu où elle se place sont indifférens; mais il faut qu'elle puisse contenir toutes les eaux des autres, & que ces eaux y soient amenées par conduits pourvus de robinets. Là on met de la nouvelle eau de chaux; on bat de nouveau, pour déterminer la précipitation de ce qui peut rester de matière colorante en dissolution dans les eaux; on laisse reposer, on soutire les eaux lorsqu'elles se sont recolorées, & on réunit l'indigo précipité.

La cuve pour le lavage de l'indigo sera disposée de manière qu'on puisse y conserver l'eau à une température très-élevée; elle est destinée à enlever à l'indigo la chaux & autres matières dissolubles au moyen de l'acide sulfurique.

Celle de fermentation doit être pourvue d'un couvercle, pour empêcher les ordures d'y tomber : c'est là que l'indigo se purge par la fermentation putride des particules végétales qui lui sont étrangères, particules sur lesquelles l'acide sulfurique n'a pas eu d'action.

Les autres instrumens nécessaires dans une indigoterie sont des baquets grands & petits, des casseroles ou de grandes cuillers de cuivre, des thermomètres, des flacons, des verres, des chevalets, des chausses, des moules en fer-blanc, des tissus grossiers de laine, des paniers d'osier, des fourches, des tonneaux défoncés.

Je ne fais qu'indiquer les opérations de l'extraction de l'indigo des feuilles de Pastel par fermentation, parce qu'elles ne diffèrent pas essentiellement de celles de l'anil. *Voyez* INDIGO.

J'ai annoncé à ce dernier article, qu'en Égypte, à Ceylan & autres lieux, on retiroit la fécule des feuilles

feuilles de l'anil par infusion ou décoction. On a dû appliquer ces procédés à celles du Pastel. Borth, Dambournay, Kulenkam, Green, Morrina, Harasti, & enfin M. Giobert les ont essayés avec succès. L'ouvrage de ce dernier surabonde en preuves de la supériorité de sa pratique, qui diffère de celles de tous les autres. Sans entrer dans aucun détail sur ces dernières, je passe à l'exposition de celle de M. Giobert.

L'eau étant bouillante, ou presque bouillante, on met dans la cuve, sans les presser, des feuilles fraîches de Pastel en suffisante quantité pour qu'elles soient recouvertes de deux ou trois pouces, & on les y laisse cinq à six minutes au plus. On soutire alors la liqueur; mais si elle n'a pas une couleur paille, on la reverse sur les feuilles & on attend quelques minutes de plus.

Dès que le premier extrait est écoulé & qu'il repose, on verse de nouvelle eau tiède sur les feuilles; on l'y laisse un quart d'heure, & on en met de nouvelle, qu'on y laisse une heure.

Pendant ce tems la première liqueur a déposé au fond du reposoir la terre qu'elle a pu avoir entraînée. On la fait passer dans le battoir, & on lui réunit les eaux du premier lavage.

Les feuilles épuisées peuvent être soumises à la presse, par le moyen de laquelle elles donnent une fécule impure qui peut servir à la teinture, au moins comme ferment : sinon on les utilise comme engrais.

La liqueur de l'infusion, dit M. Giobert, doit être regardée comme une dissolution de l'indigo désoxidé, réuni avec le moins possible d'autres principes, & qui, par différentes circonstances qui l'accompagnent dans sa dissolution, & surtout par sa température élevée, se trouve dans l'état le plus favorable pour exercer ses fonctions de corps combustible dès l'instant qu'il sera en réaction avec l'air.

La potasse complétement caustique, mise en petite quantité dans l'eau chaude destinée à extraire l'indigo des feuilles de Pastel, favorise la dissolution de cet indigo; mais sa proportion dépendant de la pureté de l'eau employée, il est difficile de la fixer. Je dirai seulement que lorsqu'on en met trop, on ne peut retirer la totalité de l'indigo sans des opérations coûteuses. M. Giobert pense en conséquence qu'il est prudent & économique de ne pas s'en servir habituellement : c'est aux expériences d'essai qu'il est véritablement utile de l'appliquer.

Dès que les deux liqueurs d'infusion & de premier lavage des feuilles sont réunies dans le battoir, on commence à les battre. Il est utile de ne pas attendre le refroidissement. On doit battre d'abord lentement, & on se repose quelques minutes lorsqu'il y a beaucoup d'écumes de formées, pour laisser à ces écumes le tems de se colorer. A mesure que la température de l'eau s'affoiblit, on augmente la force du battage. Lorsqu'on bat à la main avec un balai, & qu'on a battu pendant une heure un quart ou une heure & demie, les écumes cessent de devenir bleues par le repos. On reconnoît à ce signe que l'opération tire à sa fin; mais pour s'assurer que tout l'indigo s'est précipité, il faut mettre dans un verre un tiers de la liqueur & deux tiers d'eau. Si la liqueur, vue au jour, paroît uniformément brune, c'est signe qu'il faut cesser le battage; si on voit une ligne verte-bleuâtre au contour de la liqueur, elle a encore besoin d'être battue.

Un battage trop prolongé n'a d'autre inconvénient que la perte de tems & la fatigue de l'ouvrier.

On peut précipiter l'indigo resté dans l'eau à la suite d'un battage incomplet par l'addition d'un peu d'eau de chaux.

L'eau, après la précipitation de l'indigo, peut être réunie à celle du second lavage des feuilles, & non à celle de celui de la fécule précipitée, pour en retirer, par diverses opérations subséquentes dont il sera parlé plus bas, la portion d'indigo qui peut y être restée en état de dissolution.

Lorsqu'on juge que le battage doit cesser, on détruit l'écume par le moyen d'un peu d'huile, & on laisse l'indigo se précipiter, ce qui se termine dans l'espace de huit à dix heures, après quoi on soutire l'eau.

Quelquefois il s'excite, pendant cette précipitation, un commencement de fermentation qui trouble la liqueur & fait remonter l'indigo; la soustraction du tiers supérieur de la liqueur, & son remplacement par l'eau fraîche, puis le battage du tout pendant deux à trois minutes, suffisent souvent pour l'arrêter : si cet effet n'est pas produit, il faut employer deux à trois gros d'acide sulfurique.

Comme il n'a été employé ni chaux ni autre matière, & que la chaleur de 35 à 40 degrés a seule agi, l'indigo qui se précipite est très-pur, & n'a besoin d'aucun affinage par les acides.

Les eaux du second lavage des feuilles & autres sont froides, & l'indigo ne pourroit plus se former par le seul battage, parce que le calorique nécessaire pour en déterminer l'oxidation y manque; il faut donc le traiter différemment. Un précipitant d'une autre nature est alors indispensable : ce précipitant, c'est l'eau de chaux, à laquelle on peut joindre un peu de potasse.

L'indigo précipité de ces dernières eaux contient souvent, quelques précautions qu'on ait prises, des matières étrangères, & une de ses portions, ordinairement petite à la vérité, n'est pas oxidée; cette dernière se dissout dans le lavage, & seroit perdue si on ne la retiroit en lavant d'abord dans un peu d'eau froide, puis en l'oxidant & la précipitant séparément, soit par le moyen de l'eau de chaux, soit par celui de l'acide sulfurique.

Pour donner de la qualité & de l'éclat à l'indigo, il faut, après ce premier lavage, recommencer à le laver jusqu'à ce que l'eau sorte claire. Cette opération est en apparence très-facile, mais il n'en est pas moins vrai qu'elle demande beaucoup de soins. On doit, par exemple, ne pas mettre trop d'eau à la fois, remuer de tems en tems pendant une demi-journée, & laisser reposer pendant le même espace de tems : l'eau la plus limpide est la seule qu'on puisse employer.

Lorsqu'on met sur de l'indigo lavé ainsi, de l'eau chaude, cette eau se colore, & d'autant plus qu'elle est plus chaude.

Si on abandonne l'indigo en pâte à lui-même, on trouvera, trois à quatre jours après, qu'il s'y est formé de grandes crevasses, des bulles nombreuses, qu'il a pris un goût acide, &c.

Dans ces deux cas, l'indigo a diminué en masse & a gagné en éclat par l'enlèvement ou la destruction des matières étrangères à sa nature, principalement de la matière muqueuse.

M. Giobert pense que l'indigo n'est jamais altéré par la fermentation acide; en conséquence il propose de la faire toujours subir à la pâte, & de la laver jusqu'à eau claire.

Pour commencer la dessiccation de l'indigo en pâte, on attache sur des cadres élevés au-dessus du sol, des morceaux d'étoffe de laine, en forme de cornets, qu'on appelle *chausses*, & on les en remplit; des baquets placés sous chaque chausse reçoivent l'eau qui s'en écoule : il faut trente-six heures pour que la sortie entière de l'eau s'effectue; cette sortie s'accélère dans un lieu chaud.

La pâte retirée des chausses se pétrit pour être rendue homogène dans toutes ses parties. On la fait chauffer dans une bassine, & on la met dans des moules de fer-blanc, garnis de papier-joseph; une demi-heure après, on ôte les pains du moule; on enlève le papier qui les recouvre, & on achève de les faire sécher dans une étuve, à une température de 36 à 40 degrés. Lorsque cette température est plus basse, il moisit, & lorsqu'elle est plus haute, elle se racornit.

Dans les pays intertropicaux, on regarde le ressuage de l'indigo comme nécessaire, & en effet il lui donne une plus belle apparence. M. Giobert est porté à croire que le ressuage s'opère par la fermentation acide de la partie muqueuse qui a résisté aux autres opérations. Pour l'exécuter, on met l'indigo, pendant trois semaines, dans des bariques bien closes. *Voyez* INDIGO.

En résumé, un quintal de feuilles fraîches de de Pastel donne, par les procédés ci-dessus, deux onces & demie d'indigo égal au plus beau de l'Inde ou de l'Amérique, & il revient à dix francs la livre, tous frais faits, prix de beaucoup inférieur à celui que valoient jadis les qualités égales venant de ces deux parties du Monde. Il est donc à desirer que les propriétaires français, surtout ceux du Midi, se livrent aux spéculations qui ont pour objet la culture du Pastel & la fabrication de l'indigo. (*Bosc.*)

PASTENADE. C'est le PANAIS dans le midi de la France.

PASTÈQUE : nom d'une espèce de COURGE. *Voyez* ce mot.

La Pastèque porte plus communément le nom de *melon d'eau*, à raison de la grande abondance de sa partie aqueuse : elle offre plusieurs variétés, dont les principales sont, *à pulpe rouge & graines noires ; à pulpe jaune & graines noires ; à pulpe rouge & graines blanches ; à pulpe blanche & graines blanches*.

La consommation qu'on fait des Pastèques dans les parties méridionales de la France, en Espagne & en Italie, & encore plus dans tous les pays intertropicaux, est immense; on en mange en Caroline, pour ainsi dire, toute la journée, pendant quatre mois, ainsi que j'ai pu m'en assurer par un séjour de près de deux ans. Tous les bestiaux les aiment avec passion, & jamais mes vaches ne me donnoient plus, & de meilleur lait que les jours où on leur donnoit les fanes & les fruits avortés, résultats de ma culture. Là, leur culture se réduit à mettre les graines en terre après un léger labour, & à leur donner un binage lorsque les pieds commencent à entrer en fleur. J'ai vu des fruits qui avoient un pied de diamètre & deux pieds de long, & qui devoient peser de 40 à 50 livres.

Je n'ai pas encore goûté d'une bonne Pastèque aux environs de Paris, où leur culture ne diffère pas de celle des MELONS. *Voyez* ce mot. (*Bosc.*)

PASTEUR : ancien nom des gardeurs de bestiaux, qui ne s'emploie plus guère que dans le style relevé. *Voyez* aux mots PATRE, BOUVIER & BERGER.

PATABÉ. *Patabea.*

Arbrisseau de Cayenne, qui a servi à Aublet pour établir, dans la tétrandrie monogynie, un genre qui depuis a été réuni aux TAPOGOMES (*cephalis* Willd.). *Voyez* ce mot.

Le Patabé se trouve figuré pl. 65 des *Illustrations des genres* de Lamarck. (*Bosc.*)

PATAGONE. *Boerhaavia.*

Genre de plante de la triandrie monogynie & de la famille des *Nictaginées*, dans lequel se trouvent placées dix-neuf espèces, dont plusieurs se cultivent dans nos écoles de botanique. Il est figuré pl. 4 des *Illustrations des genres* de Lamarck.

Espèces.

1. La PATAGONE paniculée.

Boerhaavia diandra. Linn. ♄ De l'Amérique méridionale.

2. La PATAGONE droite.
Boerhaavia erecta. Linn. ♃ De l'Amérique méridionale.

3. La PATAGONE étalée.
Boerhaavia diffusa. Linn. ♃ De l'Amérique méridionale.

4. La PATAGONE à feuilles obtuses.
Boerhaavia obtusifolia. Lam. Du Pérou.

5. La PATAGONE à feuilles de vulvaire.
Boerhaavia vulvarifolia. Lam. De l'Égypte.

6. La PATAGONE sarmenteuse.
Boerhaavia scandens. Linn. ♄ De l'Amérique méridionale.

7. La PATAGONE sinuée.
Boerhaavia repanda. Willd. De l'Inde.

8. La PATAGONE grimpante.
Boerhaavia ascendens. Willd. De la Guinée.

9. La PATAGONE plombaginée.
Boerhaavia plumbaginea. Cavan. ♃ De l'Espagne.

10. La PATAGONE verticillée.
Boerhaavia verticillata. Lam. Du Sénégal.

11. La PATAGONE tubéreuse.
Boerhaavia tuberosa. Lam. ♄ Du Pérou.

12. La PATAGONE élevée.
Boerhaavia excelsa. Willd. ♄ De.....

13. La PATAGONE œillet.
Boerhaavia chærophylloides. Willd. ☉ Du Pérou.

14. La PATAGONE à feuilles aiguës.
Boerhaavia angustifolia. Willd. De.....

15. La PATAGONE tétrandre.
Boerhaavia tetrandra. Forst. Des îles de la Société.

16. La PATAGONE variable.
Boerhaavia polymorpha. Rich. De Cayenne.

17. La PATAGONE arborescente.
Boerhaavia arborescens. Cav. Du Mexique.

18. La PATAGONE rampante.
Boerhaavia repens. Willd. ♃ De l'Égypte.

19. La PATAGONE visqueuse.
Boerhaavia viscosa. De....

Culture.

Les espèces n°s. 2, 3, 4, 6, 11 & 19 sont les seules qui se voient, en ce moment, dans nos écoles de botanique : ce sont des plantes de peu d'agrément, qui demandent un haut degré de chaleur pour fleurir, & qui sont difficiles à conserver long-tems. On sème leurs graines, dont elles donnent assez souvent dans nos climats, dans des pots remplis de terre à demi consistante, pots qu'on enterre au printems dans une couche à châssis, & qu'on arrose au besoin. Le plant étant élevé de deux à trois pouces, on le repique seul à seul dans d'autres pots, qu'on place de même. On le rentre dans la serre chaude dès les premiers jours de septembre, & on le place à la lumière. L'année suivante, il peut être mis en plein air, contre un mur exposé au midi, pendant les quatre mois de l'été.

Ce n'est jamais avec assurance de succès qu'on tente de multiplier ces plantes par le déchirement de leurs vieux pieds, &, de plus, on risque toujours, dans ce cas, de perdre ces derniers.

Les espèces frutescentes peuvent être multipliées de boutures, mais elles réussissent peu souvent.

Il suffit de renouveler tous les deux ans la terre des Patagones, parce qu'elles sont peu épuisantes. (*Bosc.*)

PATAGONULE. *PATAGONULA.*

Arbrisseau toujours vert, d'Amérique, qui faisoit partie des SEBESTIERS (*voyez* ce mot), & auquel on a, depuis peu, trouvé des caractères suffisans pour servir de type à un genre particulier.

On cultive le PATAGONULE d'Amérique dans nos serres. Il n'est pas délicat, mais il fleurit rarement. Sa multiplication s'opère par marcottes & par boutures. Il est bon que sa terre soit un peu consistante, & les arrosemens doivent lui être ménagés. Le mettre à l'air, contre un mur exposé au midi, pendant les quatre mois d'été, est presque toujours avantageux à sa croissance. (*Bosc.*)

PATAGUA. *CRINODENDRON.*

Arbre du Chili, à fleurs très-odorantes, qui seul forme un genre dans la monadelphie décandrie, & qui, n'étant pas encore cultivé dans nos jardins, n'est pas dans le cas d'être l'objet d'un article plus étendu. (*Bosc.*)

PATOUA : nom d'un palmier de Cayenne, qui paroît appartenir au genre AVOIRA.

PATATE ou BATATE : espèce du genre LISERON (*voyez* ce mot), originaire de l'Inde, mais qu'on cultive aujourd'hui dans toutes les parties du Monde où la température des étés le permet, à raison de l'excellente nourriture que fournissent ses racines.

Par une erreur résultant de la similitude qui se trouve entre les deux racines, on donne aussi quelquefois le même nom à la POMME DE TERRE.

Il est fort remarquable que la pomme de terre violette, lorsqu'elle a été gelée, prend, après sa cuisson, une saveur sucrée tellement analogue à celle de la Patate, que j'y ai été trompé.

Plusieurs personnes, sachant que j'ai cultivé concurremment la Patate & la pomme de terre pendant le séjour que j'ai fait en Caroline, m'ont demandé laquelle, dans ce pays, on regardoit comme la plus avantageuse, & j'ai dû répondre que c'étoit la Patate, parce qu'elle étoit bien plus agréable au goût, bien plus facile à digérer; qu'elle n'étoit d'aucune autre manière meilleure que cuite sous la cendre ou à la vapeur de l'eau;

qu'elle ne contenoit aucun principe délétère, & que sa récolte étoit aussi abondante & aussi assurée. Il n'en n'est pas de même en Europe, où le peu de chaleur des étés donne toute supériorité aux POMMES DE TERRE. *Voyez* ce mot.

Comme plante cultivée depuis des siècles & dans toutes les parties du Monde, la Patate a dû varier & a varié en effet sous les rapports de la couleur, de la saveur, de la forme, de la grosseur, de son abondance sur chaque pied, de sa faculté de résister au froid, de l'époque de sa maturité, de la longueur de sa conservation, &c. &c. Ses feuilles & ses fleurs ont également changé de forme, de grandeur, de couleur, &c. Entrer dans le détail de toutes ces variations me seroit impossible, & ne seroit d'aucune utilité. Je me bornerai donc à citer la rouge, la jaune & la blanche, parce que ce sont celles qui sont les plus communes en Caroline, & les seules qui se cultivent en France. Je renverrai pour les autres aux ouvrages de botanique, principalement à Rheed & à Rumphius, qui en ont figuré plusieurs si différentes entr'elles, qu'on seroit tenté de les regarder comme des espèces, si l'exemple des articles les plus habituels de nos cultures ne nous offroit pas tous les jours de semblables anomalies.

Les qualités particulières à chacune des trois variétés sont d'être, la rouge, la plus précoce; la jaune, la plus farineuse & la plus sucrée; la blanche, la plus grosse.

En général, les Patates sont alongées & amincies aux deux extrémités; quelquefois elles sont courbées. Leur grosseur & leur longueur diffèrent sur le même pied, autant qu'il y en a: j'en ai vu en Caroline qui avoient près d'un pied de long sur quatre pouces de diamètre dans leur milieu. Leur peau est mince & lisse, & n'offre pas d'yeux comme celle de la pomme de terre; aussi n'est-ce que par l'extrémité qui étoit tournée vers la surface de la terre, qu'elle repousse; & ce seroit une opération nuisible que de les couper en plusieurs morceaux avant de les replanter, puisqu'il n'y auroit qu'un des morceaux qui donneroit naissance à un nouveau pied, & que ce pied seroit d'autant moins vigoureux, que ce morceau seroit plus petit. Presque partout ce sont les plus petites qu'on réserve pour la reproduction; cependant, par le même principe, on devroit prendre au moins les moyennes.

Comme toutes les racines nourrissantes, les Patates contiennent entre les fibres qui en constituent la charpente, & qui se rapprochent à leurs deux extrémités, de l'amidon, du sucre & une matière extractive; mais ces principes diffèrent dans chaque variété, d'après Parmentier, qui en a fait l'analyse en 1780, dans leurs proportions, selon l'âge, le terrein, l'exposition, l'année, le mode de culture, &c. Nulle racine n'est, en effet, plus soumise qu'elle aux influences extérieures, & c'est ce qui fait qu'il est si difficile d'en trouver d'excellentes. Un terrein fumé leur donne un mauvais goût; un terrein aquatique, ou une année pluvieuse, les empêche d'avoir du goût; un printems froid les rend grasses, &c.

Ce n'est pas moins un excellent manger que les Patates. Je me rappellerai toujours l'époque de ma vie où j'en faisois ma nourriture journalière. Son usage est aussi sain qu'agréable. Jamais, quelque quantité qu'on en mange, elle ne cause d'indigestion. On peut dire qu'elle est agréable, lors même qu'elle est pourrie, car alors elle a l'odeur de la franchipane. La consommation qu'on en fait dans les pays intertropicaux & autres voisins est immense. Pendant huit mois de l'année elle fournit la moitié de la nourriture des Noirs.

Ainsi que la pomme de terre, la Patate cuite & écrasée peut entrer pour un quart dans la composition du pain de froment, & par-là en augmenter la masse; elle n'y porte pas ce principe d'âcreté qui est propre à la pomme de terre; mais malgré cela nulle part on ne la consomme ainsi. *Voyez* POMME DE TERRE & PAIN.

Comme la Patate, surtout la jaune, contient beaucoup de sucre, elle fermente facilement lorsqu'après l'avoir écrasée dans l'eau, on l'expose à une température élevée, & le résultat de cette fermentation, distillé, fournit du premier coup une eau-de-vie abondante & de meilleure qualité que celle de la pomme de terre.

Il n'y a pas jusqu'à ses feuilles & ses tiges qui s'utilisent; elles se mangent cuites en guise d'épinards, & sont d'un fort bon goût.

Tous les animaux domestiques aiment les Patates avec passion. On donne habituellement aux cochons, aux poules & aux dindons, crues ou cuites, celles qui sont très-petites, ainsi que celles qui sont altérées. Partout, malgré l'inconvénient qui en résulte pour la racine, on coupe les fanes avant leur maturité pour la nourriture des vaches & des cochons. Si on ne les donne pas aux chevaux, ce n'est pas qu'ils les repoussent; au contraire, ils se jettent sur elles avec ardeur, mais c'est parce qu'elles les affoiblissent trop, à raison de leur nature aqueuse.

Ainsi que toutes les racines tubéreuses, la Patate se plaît davantage dans un sol léger que dans un autre; cependant elle s'accommode de tous ceux qui ne sont pas très-argileux ou très-aquatiques : seulement dans les terres tenaces il faut multiplier davantage les labours. Il vaut beaucoup mieux les placer dans un sable presque pur que dans une bonne terre, parce que là, si elle est moins grosse, elle est plus abondante, plus hâtive & plus sucrée.

En Caroline, où j'ai suivi leur culture en grand, on plante toujours les Patates dans la plus mauvaise partie du domaine. Dans la partie basse de cette contrée, qui n'est qu'une laisse sabloneuse de la mer, très-peu chargée d'humus, sa culture est très-simple, comme ce qui suit le prouvera.

Au mois de février on gratte à la profondeur de trois pouces la terre (c'est de la véritable terre de bruyère), au moyen d'une large houe, & on en forme des ados larges & hauts d'environ un pied, & écartés de trois pieds. C'est au sommet de ces ados, toujours parallèles, ou à peu près, & à la direction desquels on ne met aucune importance, qu'on plante, à la distance d'environ deux pieds l'une de l'autre, de petites Patates conservées de la dernière récolte, ou l'extrémité supérieure d'une grosse. Quand ces Patates ont un peu poussé, c'est-à-dire, en mars (quelques jours plus tôt ou quelques jours plus tard sont sans inconvéniens), on donne un léger binage aux ados, & on porte sur leur surface trois ou quatre pouces de nouvelle terre, prise en grattant de nouveau dans les intervalles. Un mois plus tard, les tiges couvrant non-seulement les ados, mais encore les intervalles, ou au moins la plus grande partie des intervalles, on les coupe rez terre, & on donne un nouveau binage semblable au précédent. Une partie des tiges, avec leurs feuilles s'entend, est portée aux bestiaux, & l'autre est plantée, sur des ados préparés comme les précédens, pour fournir à la seconde récolte, qui est la plus importante, puisque c'est elle qui donne les provisions de l'automne & de l'hiver; aussi lui consacre-t-on le double & même le triple du terrein de la première.

Pour que, dans les étés secs, les boutures des tiges de Patate reprennent, il faut les enterrer un peu profondément; & pour qu'elles ne pourrissent pas dans les étés pluvieux, il faut les enterrer très-superficiellement. Comme on ne peut deviner le tems qui surviendra, on dispose les tiges de manière à les approprier aux deux circonstances, c'est-à-dire, que chaque tige, qui alors a au moins trois à quatre pieds de long, est enfoncée une ou deux fois profondément & une ou deux fois superficiellement en terre, ce qui forme des arcs de six à huit pouces de diamètre. On ne coupe point les feuilles avant cette opération, quoique cela fût avantageux au succès de la reprise (*voyez* BOUTURE). Les nouvelles racines sortent des renflemens qui se trouvent à l'opposite des feuilles qui sont en terre (quelquefois elles sont déjà poussées), & les nouvelles tiges de l'aisselle des feuilles qui sont hors de terre. Souvent, quand il pleut le lendemain de la plantation des boutures, leur reprise est assurée peu de jours après. Souvent, dans le cas contraire, elles restent long-tems sans pousser. En général, cette seconde récolte est, par cette cause, plus incertaine que la première; & le peu de soin qu'on apporte généralement à sa plantation (les esclaves en sont-ils susceptibles!) augmente beaucoup cette incertitude.

Couper toutes les tiges des Patates lorsqu'elles sont dans le fort de leur végétation, est une pratique évidemment nuisible, puisque par-là on suspend cette végétation & on empêche les tubercules de prendre toute la grosseur dont ils sont susceptibles (*voyez* au mot FEUILLE); je voudrois donc, ou qu'on ne coupât les tiges destinées à faire des boutures, qu'au milieu de leur longueur, ce qui feroit grossir les racines (*voyez* ARRÊTER, PINCER), ou qu'on ne coupât qu'une partie du nombre des tiges de chaque pied, c'est-à-dire, qu'en en laissant au moins trois ou quatre qu'on ne raccourciroit pas.

La récolte des Patates provenue des racines commence en juin & se termine en juillet, car on arrache alors à mesure du besoin.

Les premières qu'on mange, & en général toutes celles qui ne sont pas parvenues à leur entière maturité, sont grasses & peu sucrées. A cette époque on ne peut les conserver plusieurs jours hors de terre sans qu'elles se rident ou se pourrissent. Plus tard, c'est-à-dire, en juillet, quand elles sont arrivées au point convenable, on ne peut les conserver plus d'un mois, parce qu'elles dessèchent si elles sont dans un air sec, & poussent si elles sont dans un air humide.

La récolte de celles provenant des boutures commence en septembre, après deux façons semblables à celles dont j'ai parlé plus haut. Elle se complète à la fin d'octobre; &, comme je l'ai déjà dit, c'est celle qui sert à la consommation de l'hiver & à la reproduction du printems. Quelques jours avant chacune d'elles, on coupe la totalité des tiges pour l'usage des bestiaux.

C'est en tas sur terre, dans des bâtimens de bois fort peu élevés, appelés *cases à Patates*, qu'on conserve les produits de cette dernière récolte. Ceux qui veulent procéder avec plus de certitude, les disposent dans ces cases, lit par lit, avec du sable presque sec, qui empêche les tubercules qui se pourrissent d'infester les autres. Au moyen de ce soin, on se rend en outre plus facilement compte de la consommation; ce qui reste, après les semis de février, devient filandreux, & ne tarde pas à cesser d'être mangeable.

On peut retirer la fécule des Patates par tous les moyens employés pour la retirer de la pomme de terre; mais je ne sache pas qu'on le fasse nulle part.

J'ai lu la plupart des ouvrages qui ont parlé de la culture de la Patate aux Indes & en Amérique, & ils m'ont donné la conviction que partout où elle fait le fond de la nourriture, on s'écarte peu des procédés que je viens de décrire. Entrer dans le détail des légères variations qu'elle offre dans ces pays, seroit superflu pour la plus grande partie des lecteurs.

Dès que les Européens connurent la Patate, ils firent des tentatives pour l'introduire chez eux. Il y a plus d'un siècle qu'elle est cultivée en grand dans les parties les plus chaudes de l'Espagne & du Portugal. Un petit village voisin de Malaga en fait un commerce fort lucratif. A différentes époques on en a essayé, dans les parties méridionales de la France, des plantations qui ont toujours réussi, mais qui n'ont pas été continuées à raison des soins qu'elles exigeoient, & de l'inconstance du climat. Plusieurs fois j'en ai mangé provenant de Toulon, de Montpellier, de Toulouse, de Bordeaux, &c. Aujourd'hui encore quelques particuliers en ont tous les ans en pleine terre dans les environs de Dax, où le climat & le sol lui sont très-favorables. Dans tous ces lieux leur culture doit se rapprocher, pour être bonne, de celle que j'ai décrite plus haut; mais je n'ai pas assez de renseignemens pour faire connoître ici les différences qu'a dû y apporter un climat plus froid & plus variable, différences qui portent sans doute principalement sur l'époque de la plantation & de la récolte.

Le climat de Paris est beaucoup trop septentrional pour espérer que la Patate puisse jamais s'y cultiver en pleine terre avec profit; elle n'y sera jamais qu'un objet de luxe, un amusement d'amateur.

Jusqu'au règne de Louis XV, qui les aimoit, on ne les y a cultivées que sur couches à châssis. On doit à mon collaborateur Thouin l'exposition du procédé employé un peu en grand dans les couches du Jardin du Muséum (outre les pieds qui se perpétuent dans les serres), pour en distribuer les produits aux écoles de botanique françaises & étrangères : je vais la transcrire ici.

« Dès le mois de février on établit une couche de fumier de cheval mélangé de litière & de fumier court, de l'épaisseur d'environ deux pieds; on la couvre d'un lit composé de terre franche, de terreau de couche consommé & de sable gras par parties égales, & bien mélangées ensemble; ensuite on place un châssis par-dessus, dont les vitreaux doivent être distans de terre d'environ quinze pouces. Lorsque la chaleur de la couche est tombée à environ vingt degrés, on plante les racines de Patate; on les recouvre seulement d'environ deux pouces de terre, en les espaçant, sur deux lignes, à environ deux pouces de distance les unes des autres en tous sens. Il faut que la terre de la couche soit plus sèche qu'humide pour cette plantation, & choisir, autant qu'il est possible, un beau jour. On recouvrira ensuite ces châssis de leurs vitreaux. Les racines ne doivent être arrosées que lorsqu'on s'apperçoit qu'elles commencent à pousser, & très-légérement dans les premiers tems. Toutes les fois que le soleil se montre sur l'horizon, & que la chaleur se trouve être sous le châssis au-dessus de douze degrés, on donnera de l'air en soulevant le châssis; mais il faut avoir soin de le fermer & même de le couvrir de paillassons pendant la nuit, pour conserver les douze ou quinze degrés de chaleur qui sont nécessaires à la végétation de cette plante. Des réchaux à la couche sont quelquefois nécessaires pour entretenir cette chaleur. Les racines de Patate ainsi cultivées ne tardent pas à pousser leurs tiges; elles s'alongent de quatre à six pouces dans l'espace d'un mois; & vers la mi-mai, on doit s'occuper de les marcotter. Cette opération est simple; elle consiste à courber les branches & à les fixer, avec de petits morceaux de bois, à environ trois pouces en terre, & à environ huit pouces de leur souche; bientôt elles reprennent racine & forment de nouvelles branches qui couvrent toute la surface du châssis. Lorsque la chaleur de l'été est déterminée, & que les nuits sont devenues chaudes, on peut retirer les vitreaux de dessus les châssis, & laisser les plantes en plein air : il convient alors de les arroser à la volée matin & soir, & abondamment.

» A l'époque où les marcottes sont reprises, on les sèvre de leur mère en les coupant avec la serpette. On pince, à trois ou quatre yeux hors de terre, la marcotte pour l'obliger à pousser des branches; & lorsque ces branches ont atteint cinq à six pouces de longueur, on les arrête, puis on les butte, dans les deux tiers de leur hauteur, avec de la terre semblable à celle qui couvre la couche, & on répète cette opération autant de fois que les branches s'alongent de six pouces jusqu'au commencement de septembre. Passé cette époque, on doit laisser pousser les plantes en liberté. Pendant tout ce tems, on doit les arroser souvent & les garantir de la fraîcheur des nuits. Tant qu'il ne surviendra pas de gelées, les racines de Patate profiteront & augmenteront de volume; mais sitôt que le froid se fait sentir, il convient de les arracher.

» Par ce procédé de culture on obtient quelques Patates de six pouces de long sur trois de diamètre, & beaucoup de petites. Toutes celles dont j'ai goûté, soit des jardins du Roi à Choisi & à Versailles, soit de ceux des particuliers, étoient grasses, & ne pouvoient se comparer avec celles dont j'ai fait depuis un si grand usage en Caroline. En effet, aucune n'étoit arrivée à son point de maturité complète, puisque les tiges poussoient toujours, & ce n'est que lorsque ces dernières se sont naturellement desséchées, que le sucre & l'amidon des racines sont les plus abondans possible, & qu'elles jouissent de toute la perfection dont elles sont susceptibles. »

J'ai vu, dans ma jeunesse, cultiver en pleine terre des Patates à Choisi, par Gondouin, & à Trianon, par Richard; mais leur culture différoit peu de celle sous châssis, puisqu'on élevoit d'abord les pieds dans des pots, sur des couches à ananas, qu'on les transplantoit en mai en pleine terre à une bonne exposition, & qu'on les couvroit de paillassons pendant la nuit. Dans ces derniers tems, M. le Lieur de Ville-sur-Arce a renouvelé cette culture à Saint-Cloud; mais il l'a perfectionnée autant qu'elle est susceptible de l'être; aussi ses résultats ont-ils été plus satisfaisans que ceux d'aucun autre, dans les années chaudes. Voici son procédé :

Il creuse en avril, à une bonne exposition, un trou de deux pieds de diamètre & d'un pied de profondeur, qu'il remplit de fumier de cheval, fumier qu'il élève à un demi-pied au dessus du sol. Sur ce fumier il forme un cône de huit à dix pouces d'épaisseur de terre de bruyère, mêlée par moitié avec du terreau de couche bien consommé. C'est au sommet de ce cône qu'il plante une ou deux Patates dans un trou de six pouces de diamètre & de profondeur, trou qu'il remplit de pur terreau. Il recouvre ensuite toute la butte de fumier court, & son sommet d'une cloche.

La chaleur du soleil se fait beaucoup plus promptement sentir dans ces buttes, & s'y fixe beaucoup mieux que dans le sol environnant, tant en raison de leur obliquité & de leur isolement, que de leur couleur noire, & la végétation y est en conséquence accélérée : aussi les Patates y prospèrent-elles mieux. On les arrose, on les bine, on les charge de terre au besoin. Lorsque les chaleurs commencent à se faire sentir, on ne met plus la cloche que la nuit, & enfin on en cesse totalement l'usage. Les tiges s'arrêtent à deux ou trois reprises à la fin de l'été, & la récolte a lieu immédiatement après les premières gelées de l'automne.

J'ai lieu de croire que des ados, comme ceux en usage en Caroline, dirigés du levant au couchant, seroient préférables aux buttes, en ce qu'il y auroit moins de déperdition de chaleur par l'effet des courans d'air.

Un obstacle qui se présente de plus pour empêcher de cultiver un peu en grand la Patate aux environs de Paris, c'est la difficulté de la conserver pendant l'hiver, difficulté telle qu'on ne peut jamais être certain en automne d'avoir des moyens de multiplication au printems.

En effet, si on garde à l'abri de la gelée les Patates, qui, comme je l'ai fait remarquer plusieurs fois, n'y parviennent jamais à maturité dans un air sec, elles se dessèchent, & si on les garde dans un air humide, elles se pourrissent. C'est en les plaçant à trois pieds en terre, au centre d'une masse de sable presque sec, dans une orangerie ou sous un toit de chaume en plein air, qu'on a le mieux réussi, & c'est à ce moyen que je conseille de recourir, en employant les tubercules du second ordre.

Il me semble qu'on pourroit aussi enterrer quelques pieds en végétation dans une serre chaude, pour employer la voie des boutures au printems. (*Bosc.*)

PATENTRIER. C'est le Staphylier.

PATERSONNE : nom donné par Gmelin à un genre qui ne diffère pas des Crustotes. *Voyez* ce mot.

PATIENCE : nom vulgaire d'une oseille, & qui s'applique souvent à toutes celles qui n'ont point les feuilles acides. *Voyez* Oseille.

PATIME. *Patima.*

Plante vivace de Cayenne, dont on ne connoît pas les fleurs, mais qui, par ses fruits, forme un genre distinct de ceux qui sont connus. Comme elle ne se cultive pas en Europe, je n'ai rien à en dire de plus. (*Bosc.*)

PATIS : terrein vague, & où les bestiaux pâturent continuellement. *Voyez* Paturage.

Il est bien à desirer, pour l'avantage de l'agriculture française, que les Pâtis soient partout supprimés. *Voyez* Communaux.

PATISSON : variété de Courge.

PATRE. C'est tantôt le gardien de tous les bestiaux d'une commune, tantôt celui des bœufs d'un particulier. Il est plus généralement appelé Bouvier. *Voyez* ce mot, & celui Bêtes a cornes.

PATRISIE. *Patrisia.*

Arbre de Cayenne, dont Richard a fait un genre dans la polyandrie monogynie, lequel a été appelé *Ryanie* par Vahl & Willedenow.

Cet arbre n'est pas cultivé dans nos jardins. (*Bosc.*)

PATTE-D'ARAIGNÉE. *Voyez* Nigelle.

PATTE-DE-LAPIN : synonyme d'Orpin velu.

PATTE-DE-LION : nom vulgaire de l'Alchemille.

PATTE-DE-LOUP. C'est le Lycopode.

PATTE-D'OIE. Dans quelques lieux l'Anserine des murs porte ce nom.

PATTES. Les racines des renoncules & de quelques autres plantes s'appellent ainsi dans le langage des fleuristes.

Pattes : nom des chiffons de laine employés comme engrais dans quelques cantons du midi de la France.

PATURAGE : terrein consacré à la Pature des bestiaux (*voyez* ce mot), soit perpétuellement, soit temporairement.

Les Pâturages sont, ou des propriétés particulières, ou des propriétés communes.

Les hautes montagnes qui sont couvertes de neige pendant six mois de l'année, & qui ne peuvent, faute de chaleur, produire les objets ordinaires de nos cultures, celles dont la pente est trop rapide pour être défrichée avec avantage, celles qui n'offrent au-dessus du roc qu'une épaisseur de terre insuffisante, doivent être consacrées au Pâturage.

Il est beaucoup de localités, soit arides, soit marécageuses, dans lesquelles la fortune de leurs propriétaires ne permet pas de faire les dépenses nécessaires pour les mettre en état de culture, & qu'ils sont par cela seul forcés de laisser en Pâturage.

Les pâturages peuvent être temporaires de deux manières, c'est-à-dire, lorsqu'ils fournissent à la pâture pendant une partie seulement de l'année, comme les prairies naturelles dont on ne récolte que la première herbe, ou lorsqu'on les met en culture après quelques années. Ce dernier mode est très-fréquent dans les pays secs & montagneux. Il a été question des Pâturages COMMUNAUX à ce dernier mot.

Les cultivateurs qui ne possèdent point de moutons, trouvent toujours de l'avantage à transformer leurs Pâturages en champs soumis à une rotation de culture convenable à la nature du sol, rotation dans laquelle entrent nécessairement les prairies artificielles, les fourages annuels & les six racines alimentaires, parce qu'ils peuvent en tirer, outre les récoltes propres à être vendues, bien plus de nourriture à donner à l'écurie ou à l'étable, que leurs bestiaux n'en eussent trouvé dans le Pâturage; mais la santé des moutons exige impérieusement qu'ils pâturent; aussi est-ce à eux que les Pâturages sont principalement consacrés.

D'autres motifs militent encore en faveur de la transformation, au moins temporaire, des Pâturages en champs labourés : ce sont, 1°. la nécessité de détruire les arbustes, tels que les bugranes, les bruyères, les genêts, les polygales, les joncs, les ronces, les thyms, & un grand nombre de plantes vivaces que repoussent les bestiaux, telles que les bugles, les prunelles, les anémones, les renoncules, les mufliers, les linaires, l'aristoloche, les sauges, les armoises, les roseaux, les scirpes, les choins, les asclépiades, les astragales, les buplèvres, les populages, les chardons, les scabieuses, les laiches, les centaurées, les tussilages, les quenouilles, les conizes, les tanaisies, les pigamons, les coronilles, les cucubales, les verveines, les cuscutes, les cynogloses, les orties, les cytises, les vipérines, les prêles, les panicauts, les euphorbes, les inules, les joncs, les lamiers, les salicaires, les mauves, les marrubes, les matricaires, les menthes, l'ièble; 2°. celle d'enterrer les excrémens des bœufs & même des chevaux, excrémens qui déterminent des pousses d'herbe de belle apparence, mais à laquelle ces bestiaux ne touchent pas la première & même la seconde année.

On peut, il est vrai, faire couper chaque année, entre deux terres, les arbustes & les plantes ci-dessus, faire éparpiller & même enlever chaque jour les excrémens, & on le fait souvent; mais ces opérations ne remplissent pas aussi parfaitement le but qu'un LABOUR complet. *Voyez* ce mot.

Je ne veux pas dire pour cela qu'il faille proscrire les Pâturages; au contraire, je pense que toute grande exploitation rurale doit en avoir; mais seulement qu'il ne faut pas les conserver éternellement dans le même lieu. Un Pâturage de plusieurs années repose mieux les terres humides qu'une prairie artificielle, & les bêtes à cornes qui passent une partie de l'année à l'air se portent mieux & donnent de meilleurs produits en viande & en lait que celles qui ne sortent pas de l'étable. Une PRAIRIE TEMPORAIRE, c'est-à-dire, formée avec des plantes annuelles qui doivent être pâturées sur place, peut être considérée comme un Pâturage. *Voyez* PRAIRIE.

En se procurant des Pâturages, un cultivateur éclairé calcule leur étendue à raison de la bonté du sol & de la quantité de bestiaux qu'il possède; il les divise, soit par des haies vives ou sèches, soit par des claies, soit par des perches horizontales, fixées à des pieux, soit par de larges fossés, &c., en plusieurs compartimens, afin que ses chevaux, ses bœufs, ses moutons passent successivement de l'un dans l'autre, & que l'herbe repousse avec toute la rapidité desirable dans ceux qui ont été broutés, rien ne nuisant plus aux plantes que la coupe continuelle de leurs feuilles, puisque c'est par elles qu'elles soutirent les gaz atmosphériques qui nourrissent en partie les racines, & qu'elles exhalent ceux qui sont inutiles à l'acte de la végétation.

Cette subdivision est encore plus nécessaire lorsqu'on élève en grand des poulains & des veaux, car il ne faut pas réunir les petits des différens âges si on veut qu'ils prospèrent tous, les plus forts consommant la meilleure herbe au détriment des plus foibles, qui alors ne se fortifient pas.

Si les Pâturages ainsi divisés ne le sont pas par de hautes haies vives, ainsi que ceux si bien conduits de la ci-devant Normandie, il sera bon d'y planter quelques bouquets d'arbres, afin que les bestiaux puissent se réfugier sous leur ombrage pendant les chaleurs de l'été; les bœufs & les moutons ne ruminant pas bien au soleil, & y étant plus tourmentés des taons, des asiles, des stomoxes & autres insectes qui vivent de leur sang.

Le plus généralement on laisse les bestiaux en liberté dans les Pâturages, & il n'y a pas de doute que ce ne soit le meilleur moyen de les faire profiter autant que possible des avantages qu'on en attend; mais la crainte qu'ils ne se portent sur les propriétés voisines, ou le desir de ménager l'herbe de sa propriété, engage beaucoup de cultivateurs qui ne veulent pas faire les frais de leur garde, à mettre aux gros, comme chevaux, ânes, bœufs & vaches, des entraves qui les empêchent de courir, ou même à les attacher avec une longue corde à un piquet autour duquel ils peuvent paître dans un rayon seulement égal à la longueur de leur corde. Les accidens qui sont fréquemment la suite de l'emploi de ces moyens violens doivent y faire renoncer, & c'est encore ce à quoi conduisent les clôtures permanentes ou temporaires. Pourquoi ne pas faire partout ce qu'on fait dans un petit nombre de lieux pour les chevaux & les bœufs, & dans beaucoup pour les moutons, c'est-à-dire, pourquoi ne construit-on pas généralement des PARCS? *Voyez* ce mot.

Les

Les goûts des divers animaux que l'homme s'est assujettis, & l'économie qu'exige toute bonne administration, indiquent qu'il faut d'abord mettre les chevaux dans les Pâturages, parce qu'ils sont plus délicats sur le choix des plantes; ensuite les bœufs, parce qu'ils se contentent de ce que les chevaux ont rebuté; enfin les moutons, quoique plus difficiles que les chevaux & les bœufs, parce qu'ils pincent l'herbe de plus près & consomment par conséquent ce qui reste, & parce qu'il est desirable que la repousse se fasse exclusivement par le centre des bourgeons.

Si on a la faculté d'arroser, cette division des Pâturages est encore avantageuse, principalement dans les départemens du Midi, en ce qu'on peut mettre l'eau dans la partie qui vient d'être broutée, à quelqu'époque que ce soit de l'année, sans être obligé de suspendre la pâture.

Assez généralement on met en Pâturage les parties les plus éloignées de la maison, parce qu'on trouve plus économique d'y envoyer le bétail, que d'en rapporter les produits en céréales & autres objets de nos cultures. Le vrai est que cet avantage est compensé par tant d'inconvéniens, qu'il semble mieux de faire mettre au contraire en Pâturage les champs les plus voisins. C'est surtout pour les bœufs & les chevaux de travail que ces inconvéniens se font le plus sentir, à raison de la fatigue & de la perte de tems de l'aller & du retour. Je rappelle, malgré cela, que, suivant mon opinion, il est d'une bonne administration de mettre successivement toute une exploitation rurale en Pâturage pendant deux ou trois ans au moins.

L'organisation des bestiaux, qui détermine le goût que j'ai dit qu'ils avoient pour certaines plantes, les porte à préférer certains Pâturages à certains autres; ainsi, les chevaux aiment l'herbe des prairies sèches & des clairières des bois; les bœufs & les vaches, celle des prairies humides, & celle qui croît à l'ombre des arbres; les moutons, celle des montagnes & des plaines arides. Il est donc utile, avant de faire une spéculation sur l'un d'eux, d'étudier la nature du sol de sa propriété, ou, ce qui est la même chose, des plantes qui y dominent.

Quoique les bœufs & les vaches aiment les Pâturages humides, il n'en faut pas conclure qu'ils puissent prospérer dans les véritables marais; je les y ai toujours vus petits, tristes, les uns peu capables de travail, & les autres donnant un lait peu abondant & de mauvais goût: il n'y a que les bufles qui s'accommodent des plantes qui y croissent & de l'air empesté qu'on y respire.

L'époque de l'année & de la journée où il convient d'envoyer les bestiaux dans tel ou tel Pâturage, fait partie essentielle de leur hygiène, & sera mentionnée à chacun d'eux. Les MOUTONS, à raison de la terrible maladie cachetique, appelée vulgairement POURRITURE (*voyez* ces mots), sont principalement dans le cas d'une surveillance active à cet égard. Il en est de même des bœufs & des vaches qui, mis au mois de mai dans les taillis, où ils mangent les bourgeons du chêne, sont attaqués alors du MAL DE BROU (*voyez* ce mot), mal qui en enlève souvent. En général, l'herbe des forêts étant plus ou moins étiolée, nourrit peu, & il est prudent de ne pas laisser les bestiaux en vivre exclusivement à quelqu'époque de leur vie ou de l'année que ce soit. Je fais cette remarque, parce que l'économie engage beaucoup de cultivateurs à y faire paître constamment leurs jeunes chevaux, leurs jeunes bœufs ou leurs vaches, & qu'elle ne peut être plus mal entendue, puisque ces chevaux, ces bœufs & ces vaches restent petits, & que leurs services, & par suite leur prix, sont inférieurs à ce qu'on auroit pu espérer s'ils eussent été mieux nourris dans l'âge de leur croissance.

Il est beaucoup de cantons où les cultivateurs voient avec plaisir leurs blés très-fournis de mauvaises herbes, parce qu'après les moissons & jusqu'aux labours du printems, ils y font pâturer leurs bestiaux. On ne peut plus mal calculer, puisque l'abondance & la qualité des grains dépendent de la bonne végétation des pieds de cette céréale, & qu'une bonne végétation ne peut avoir lieu dans ce cas. L'expérience de tous les tems, vérifiée nouvellement par des expériences rigoureuses, prouve incontestablement qu'il vaut beaucoup mieux consacrer, lorsqu'on n'a pas de Pâturages, un terrein au semis de plantes annuelles pour la nourriture des bestiaux pendant l'hiver. *Voyez* PRAIRIE TEMPORAIRE.

C'est encore une très-mauvaise pratique que celle usitée dans certains endroits, & qui consiste à mettre les bestiaux dans les prairies au commencement de la pousse des herbes, ce qu'on appelle *déprimer*, puisque, ainsi que je l'ai déjà observé plus haut, la coupe des feuilles des plantes au printems affoiblit leur végétation; aussi les prairies déprimées, toutes choses égales d'ailleurs, ne donnent-elles pas la moitié du foin des autres. La conséquence de ce fait, c'est qu'il vaut mieux consacrer une partie de pré au Pâturage que de faire déprimer le tout.

Ce seroit ici le cas de discuter la grande & importante question de savoir s'il convient de mettre les bestiaux dans les prés en quelque tems de l'année que ce soit, mais je préfère la prendre en considération au mot PRAIRIE. Je dirai seulement que le nombre & l'importance des inconvéniens semblent l'emporter sur le nombre & l'importance des avantages, & que je crois qu'on ne doit mettre les bestiaux que sur les prés qu'on doit rompre, c'est-à-dire, qu'on doit labourer un ou deux ans plus tard, prés qu'on transforme ainsi en véritables Pâturages. (*Bosc.*)

PATURANS. On appelle ainsi généralement

tous les animaux qui vivent exclusivement de végétaux, & plus particuliérement les animaux domestiques qui sont dans ce cas, c'est-à-dire, le cheval, l'âne, le bœuf, la brebis & la chèvre; on les appelle aussi HERBIVORES. *Voyez* ce mot.

PATURE. Ce mot est tantôt synonyme de pâturage, tantôt il désigne l'action que font les animaux herbivores en mangeant; ainsi on dit également, ce cheval est sur la pâture, & ce cheval pâture. *Voyez* l'article précédent.

PATURE DE CHAMEAU. Les Arabes donnent ce nom au BARBON odorant.

PATURIN. *Poa.*

Genre de plante de la triandrie digynie & de la famille des *Graminées*, qui réunit quatre-vingt-sept espèces, presque toutes du goût des bestiaux, & dont plusieurs forment la base de nos prairies & de nos pâturages, ainsi que de nos gazons, ou doivent y être multipliées à profusion. Beaucoup d'entr'elles se cultivent dans nos écoles de botanique. *Voyez* pl. 45 des *Illustrations des genres* de Lamarck, où il est figuré.

Espèces.

Paturins de deux à cinq fleurs dans chaque épillet.

1. Le PATURIN des champs.
Poa pratensis. Linn. ♃ Indigène.

2. Le PATURIN commun.
Poa trivialis. Linn. ♃ Indigène.

3. Le PATURIN à feuilles étroites.
Poa angustifolia. Linn. ♃ Indigène.

4. Le PATURIN fluet.
Poa debilis. Thuill. ♃ Indigène.

5. Le PATURIN annuel.
Poa annua. Linn. ⊙ Indigène.

6. Le PATURIN en gazon.
Poa cæspitosa. Lam. ♃ Indigène.

7. Le PATURIN glauque.
Poa glauca. Lam. ♃ De.....

8. Le PATURIN bulbeux.
Poa bulbosa. Linn. ♃ Indigène.

9. Le PATURIN des Alpes.
Poa alpina. Linn. ♃ Indigène.

10. Le PATURIN panaché.
Poa variegata. Lam. ♃ Des Alpes.

11. Le PATURIN à deux fleurs.
Poa biflora. Retz. ♃ De l'Inde.

12. Le PATURIN des forêts.
Poa sylvatica. Vill. ♃ Des Alpes.

13. Le PATURIN à épi.
Poa spicata. Linn. ♃ De l'Espagne.

14. Le PATURIN pectiné.
Poa pectinata. Lam. ♃ De.....

15. Le PATURIN à crête.
Poa cristata. Linn. ♃ Du midi de la France.

16. Le PATURIN luisant.
Poa nitida. Lam. ♃ Indigène.

17. Le PATURIN pyramidal.
Poa pyramidalis. Linn. ♃ De.....

18. Le PATURIN divergent.
Poa divaricata. Linn. ⊙ Du midi de la France.

19. Le PATURIN distant.
Poa distans. Linn. ♃ De l'Allemagne.

20. Le PATURIN des bois.
Poa nemoralis. Linn. ♃ Indigène.

21. Le PATURIN strié.
Poa striata. Lam. ♃ De l'Amérique septentrionale.

22. Le PATURIN lâche.
Poa laxa. Lam. ♃ De l'Amérique septentrionale.

23. Le PATURIN effilé.
Poa virgata. Lam. ♃ De Saint-Domingue.

24. Le PATURIN d'Abyssinie, vulgairement *le teff.*
Poa abyssinica. Jacq. ⊙ De l'Abyssinie.

25. Le PATURIN capillaire.
Poa capillaris. Linn. ⊙ De l'Amérique septentrionale.

26. Le PATURIN pileux.
Poa pilosa. Linn. ♃ De l'Italie.

27. Le PATURIN des marais.
Poa palustris. Linn. ♃ Indigène.

28. Le PATURIN de Silésie.
Poa sudetica. Willd. ♃ De l'Allemagne.

29. Le PATURIN serré.
Poa contracta. Retz. De l'Inde.

30. Le PATURIN d'Amboine.
Poa amboinica. Linn. De l'Inde.

31. Le PATURIN de Ciliane.
Poa cilianensis. ⊙ Du Piémont.

32. Le PATURIN à larges feuilles.
Poa latifolia. Vahl. ♃ De l'Inde.

33. Le PATURIN de la Chine.
Poa chinensis. Linn. De l'Inde.

34. Le PATURIN nerveux.
Poa nervata. Willd. ♃ De l'Amérique septentrionale.

35. Le PATURIN hérissé.
Poa hirta. Thunb. Du Japon.

36. Le PATURIN à fleurs ramassées.
Poa glomerata. Thunb. Du Cap de Bonne-Espérance.

37. Le PATURIN de Gmelin.
Poa Gmelini. Roth. De.....

38. Le PATURIN tardif.
Poa serrotina. Koel. De.....

39. Le PATURIN multiflore.
Poa multiflora. Forsk. De l'Arabie.

40. Le PATURIN plumeux.
Poa plumosa. Retz. De l'Inde.

41. Le PATURIN de Saint-Domingue.
Poa domingensis. Pers. De Saint Domingue.

42. Le PATURIN en zigzag.
Poa flexuosa. Smith. ♃ De l'Écosse.

43. Le PATURIN hydrophille.
Poa hydrophilla. Pers. De l'Amérique septentrionale.

Paturins à six fleurs & plus dans chaque épillet.

44. Le PATURIN aquatique.
Poa aquatica. Linn. ♃ Indigène.

45. Le PATURIN des sables.
Poa arenaria. Lam. ♃ Des bords de la mer.

46. Le PATURIN maritime, vulgairement *misotte.*
Poa maritima. Linn. ♃ Des bords de la mer.

47. Le PATURIN comprimé.
Poa compressa. Linn. ♃ Indigène.

48. Le PATURIN dur.
Poa rigida. Linn. ⊙ Indigène.

49. Le PATURIN amourette.
Poa eragrostis. Linn. ⊙ Du midi de la France.

50. Le PATURIN d'un vert-foncé.
Poa atrovirens. Desf. ♃ De la Barbarie.

51. Le PATURIN rougeâtre.
Poa amabilis. Linn. ♃ De l'Inde.

52. Le PATURIN fubunilatéral.
Poa subsecunda. Lam. ♃ De la Chine.

53. Le PATURIN délicat.
Poa tenella. Linn. ⊙ De l'Inde.

54. Le PATURIN visqueux.
Poa viscosa. Retz. De l'Inde.

55. Le PATURIN cilié.
Poa ciliaris. Linn. ⊙ De l'Amérique méridionale.

56. Le PATURIN du Pérou.
Poa peruviana. Jacq. ⊙ Du Pérou.

57. Le PATURIN des rives.
Poa littoralis. Gouan. Du midi de la France.

58. Le PATURIN caréné.
Poa carinata. Lam. De Porto-Ricco.

59. Le PATURIN interrompu.
Poa interrupta. Lam. De l'Inde.

60. Le PATURIN élégant.
Poa elegans. Lam. De Porto-Ricco.

61. Le PATURIN seslérioïde.
Poa seslerioides. Allioni. ♃ Du Piémont.

62. Le PATURIN hypnoïde.
Poa hypnoides. Lam. De l'Amérique méridionale.

63. Le PATURIN écailleux.
Poa squamata. Lam. De Sierra-Leone.

64. Le PATURIN rude.
Poa aspera. Lam. ♃ De.....

65. Le PATURIN de Madagascar.
Poa madagascariensis. Lam. De Madagascar.

66. Le PATURIN tremblant.
Poa tremula. Lam. Du Sénégal.

67. Le PATURIN unioloïde.
Poa unioloides. Retz. De la Caroline.

68. Le PATURIN sessile.
Poa sessilis. Lam. De l'Inde.

69. Le PATURIN glutineux.
Poa glutinosa. Swartz. De l'Inde.

70. Le PATURIN ponctué.
Poa punctata. Linn. ♃ De l'Inde.

71. Le PATURIN de Bade.
Poa badensis. Willd. ♃ De l'Allemagne.

72. Le PATURIN du Japon.
Poa japonica. Thunb. Du Japon.

73. Le PATURIN brizoïde.
Poa brizoides. Linn. Du Cap de Bonne-Espérance.

74. Le PATURIN barbu.
Poa barbata. Thunb. ⊙ Du Japon.

75. Le PATURIN penché.
Poa nutans. Retz. De l'Inde.

76. Le PATURIN pâle.
Poa pallens. Lam. Du Brésil.

77. Le PATURIN verticillé.
Poa verticillata. Cav. ⊙ De l'Espagne.

78. Le PATURIN lanugineux.
Poa lanuginosa. Lam. Du Brésil.

79. Le PATURIN mucroné.
Poa mucronata. Lam. De l'Afrique.

80. Le PATURIN à tige aplatie.
Poa anceps. Forst. De.....

81. Le PATURIN cypéroïde.
Poa cyperoides. Thunb. Du Cap de Bonne-Espérance.

82. Le PATURIN sarmenteux.
Poa sarmentosa. Thunb. ♃ Du Cap de Bonne-Espérance.

83. Le PATURIN à deux rangs.
Poa bifaria. Vahl. De l'Inde.

84. Le PATURIN prolifère.
Poa prolifera. Swartz. Des Antilles.

85. Le PATURIN épineux.
Poa spinosa. Thunb. ♃ Du Cap de Bonne-Espérance.

86. Le PATURIN à grappes.
Poa racemosa. Thunb. Du Cap de Bonne-Espérance.

87. Le PATURIN rampant.
Poa reptans. Mich. De l'Amérique septentrionale.

Culture.

Les trois premiers Paturins, qui se confondent très-facilement, à raison de leurs nombreux rapports & de leur réunion fréquente dans les mêmes lieux, sont extrêmement du goût des bestiaux, & fournissent une fane abondante : presque partout ils forment le fond des bons prés, c'est-à-dire, le premier dans les terreins frais, le second dans les terreins moyens, & le troisième dans les terreins secs. Ce sont eux principalement qui entrent dans la composition du *foin fin* dont l'odeur est si suave, la saveur si fort du goût des chevaux, foin qui se vend toujours le plus cher, & qu'il est par conséquent de l'intérêt des cultivateurs d'obtenir de préférence. Ils sont en plein rapport à la seconde année de leur semis.

Tous les cultivateurs devroient donc avoir, selon la nature de leur terrein, une petite pièce uniquement semée d'un de ces trois Paturins, pour en employer annuellement la graine à regarnir leurs prés ou leurs pâturages, à les substituer aux luzernes & aux sainfoins sur le retour, &c. Ces regarnis sont très-faciles à effectuer, puisqu'il suffit de répandre la graine, au printems, pendant un tems pluvieux, à la volée : il vaudroit sans doute mieux de le faire en automne; mais on a alors à craindre la dévastation des oiseaux, parce qu'elle est plus long-tems à lever. Je dois dire cependant que, comme toutes les autres plantes, ces Paturins épuisent à la longue le sol où ils se trouvent des sucs qui leur sont propres, & qu'ils finissent par disparoître faute de nourriture. Il ne faut donc pas, dans ce cas, forcer la nature, mais retourner le pré à la charrue, pour, après l'avoir cultivé deux ou trois ans en plantes annuelles, autres que des graminées, y semer de nouveau des graines de Paturin. Au reste, cette époque de la mort des Paturins est d'autant plus éloignée, qu'on a l'attention de les faucher avant la maturité de leurs graines, car c'est la production de ces graines qui cause le plus particuliérement cet épuisement du sol. Ceci me conduit à observer que les terreins où on cultive seules ces espèces, doivent être labourés tous les cinq à six ans au plus tard. *Voyez* PRAIRIES.

Les Paturins peuvent également, & sont même très-souvent employés à la formation des gazons dans les jardins : s'ils remplissent un peu moins bien cet objet que l'ivraie vivace, ils ont l'avantage de donner un meilleur foin. *Voyez* GAZON & IVRAIE.

Le Paturin annuel est une des graminées les plus communes dans les villes, les villages, le long des routes, dans tous les lieux enfin qui sont piétinés par l'homme & les animaux domestiques. C'est lui qui paroît avec tant de persévérance entre les pierres des cours les mieux pavées. Il semble que plus on le fait pâturer, plus on l'arrache, & plus il se multiplie. Les touffes qu'il forme ont quelquefois un demi-pied de diamètre, & fournissent successivement une quantité considérable d'épis dont les graines mûrissent pendant toute l'année, même en hiver, lorsqu'il ne gèle pas. Les bestiaux l'aiment tous avec passion. Il ne s'élève jamais assez pour pouvoir être coupé avec profit; mais il est très-avantageux d'en ramasser la graine dans une pièce à ce destinée pour regarnir les pâturages, pour former même des prairies temporaires dans les champs qui ont besoin de se reposer. C'est ainsi qu'on l'utilise, principalement dans le comté de Suffolk, d'où le nom de *Suffolk graff* qu'il porte en Angleterre. Il est utile pour réparer les gazons, parce qu'il pousse si vîte, que, s'il pleut, il en recouvre en huit jours les parties vides : sous ce rapport, ainsi que sous les autres, il n'est pas assez apprécié.

Le Paturin bulbeux ne croît que dans les terreins les plus secs; il est très-commun sur les vieux murs, où il se fait remarquer par la vigueur de sa végétation. Je le cite, parce qu'il peut devenir précieux pour garnir des terreins où les autres graminées ne peuvent croître. Tous les bestiaux l'aiment.

Le Paturin des Alpes remplace les trois premiers sur les hautes montagnes, & concourt à donner au lait des vaches qui y paissent, cet excellent goût qui lui est propre. Il s'élève peu.

Le Paturin à crêtes croît dans les sables les plus arides, où il forme des touffes fort grosses & fort hautes. Il peut être utilisé pour former des pâturages dans ces sables, quoiqu'il ne se conserve qu'en touffes isolées, & quoique les bestiaux ne le recherchent qu'au printems.

Le Paturin d'Abyssinie, malgré la petitesse de sa graine, est la manne de ce pays, où on ne le connoît que sous le nom de *teff*, & où on en obtient jusqu'à quatre récoltes par an sur le même terrein, tant sa croissance est rapide. Bruce vante le bon goût du pain & de la bouillie qui en sont faits. Ce seroit probablement une chose desirable que sa culture dans nos départemens méridionaux; mais malgré qu'on puisse en obtenir annuellement des graines du Jardin du Muséum d'Histoire naturelle, où il se trouve, je ne sache pas que personne ait encore entrepris de l'essayer. Sans doute que nos céréales sont préférables; mais n'est-ce rien en faveur de cette plante, que de pouvoir en récolter la graine moins de deux mois après les semailles?

Le Paturin aquatique est une des plus grandes espèces de sa famille en Europe, puisqu'il s'élève à plus de six pieds. C'est dans les mares, sur le bord des étangs & des rivières qu'il croît naturellement : il pousse peu & ne fleurit pas, s'il se trouve avoir les pieds hors de l'eau. Les bestiaux l'aiment quand il est jeune, & le dédaignent plus tard. On peut l'employer avec avantage pour utiliser les mares alimentées par des eaux de source, parce qu'il devance alors, à raison de la plus haute température de ces eaux, toutes les autres graminées, & qu'on peut le faucher deux à trois fois avant la première coupe de la luzerne. Arthur Young rapporte qu'on en forme des prairies dans quelques cantons d'Angleterre, & je conçois en effet qu'il doit remplacer fort fructueusement les autres plantes marécageuses dans les lieux où les bonnes graminées des prairies ne peuvent croître. Lors même qu'il ne concourroit pas à la nourriture des bestiaux, il peut encore devenir très-utile aux cultivateurs par ses fanes, qui forment une excellente litière, & qui augmentent considérablement la masse des fumiers.

On multiplie très-facilement le Paturin aquatique par le semis de ses graines, lorsqu'on les défend des oiseaux qui les recherchent, & par le déchirement des vieux pieds. Un seul œilleton, mis dans le lac d'un jardin paysager, formoit une grosse touffe l'année suivante, & deux ou trois ans après on fut obligé d'arracher le tout, crainte qu'il ne remplît le lac entier. Ceci indique l'utilité dont il peut être pour élever le sol des lieux inondés chaque année par les débordemens, soit en y laissant ses débris, soit en arrêtant les terres entraînées par les eaux. Dans quelques lieux il concourt également à la formation de la tourbe.

Le Paturin des sables, ainsi que le Paturin maritime, croissent dans les lieux que la mer recouvre quelquefois, & dont le sol est par conséquent un peu salé. Leurs longues racines traçantes, l'immense quantité de tiges auxquelles elles donnent naissance, empêchent d'un côté l'enlèvement des sables par les eaux de la mer, & arrêtent ceux qui sont apportés par elles. Les bœufs & les moutons aiment beaucoup ces espèces, & tout convie à les multiplier dans les lieux qui leur sont propres.

Ce que j'ai dit du Paturin bulbeux s'applique au Paturin comprimé, qui est également commun sur certains murs.

Le Paturin unioloïde peut également être placé parmi les UNIOLES (*voyez* ce mot). On le connoît en Amérique sous le nom de *Bufalo-grass*, parce que les bufles aiment beaucoup à s'en nourrir. On m'a dit, dans ce pays, que quelques cultivateurs en formoient des prairies pour la nourriture de leurs bestiaux. Il m'a paru avoir la fane fort dure en automne.

Toutes ces espèces & une vingtaine d'autres moins importantes se cultivent dans les écoles de botanique. On y sème en place celles des pays froids, & sur couche nue celles des pays chauds. Toutes celles qui sont annuelles n'ont pas besoin de la serre pour amener leurs graines à maturité; mais il en est quelques-unes parmi les vivaces à qui elle devient nécessaire. (*Bosc.*)

PATURON : partie de la base du pied du cheval qui est entre le BOULET & la COURONNE. *Voyez* ces mots.

Le Paturon des pieds de derrière est un peu plus long & plus grêle que celui des pieds de devant.

On appelle le cheval qui l'a trop court, *court jointé*, & celui qui l'a trop long, *long jointé* : ce sont des défauts héréditaires qui dans le premier cas rendent les chevaux durs à monter, & dans le second les rendent foibles à tirer. La ferrure ne peut que fort incomplétement cacher ces défauts.

Les accidens qui affectent fréquemment le Paturon sont les LUXATIONS & les ATTEINTES. *Voyez* ces mots.

Il naît assez fréquemment des FORMES & des POIREAUX autour du Paturon : leur traitement est indiqué aux articles qui les concernent. (*Bosc.*)

PAU : synonyme de PIEU dans plusieurs lieux; d'ÉCHALAS dans le haut Médoc. *Voyez* ces mots.

PAULETIE, *PAULETIA.*

Genre de plante qui a été réuni aux BAUHINIES (*voyez* ce mot), & qui contenoit deux arbustes, ni l'un ni l'autre cultivés en Europe.

Espèces.

1. La PAULETIE sans épines.
Pauletia inermis. Cav. ♄ Du Pérou.

2. La PAULETIE épineuse.
Pauletia spinosa. Cav. ♄ De Panama. (*Bosc.*)

PAULLINIE. *PAULLINIA.*

Genre de plante de l'octandrie trigynie & de la famille des *Savoniers*, dans lequel se classent vingt-huit espèces, dont seulement trois se cultivent dans nos serres. Il est figuré pl. 318 des *Illustrations des genres* de Lamarck.

Observations.

Plusieurs espèces ont été enlevées à ce genre pour former ceux SERIANE & KOELREUTHERIE. *Voyez* ces mots.

Espèces.

1. La PAULLINIE noueuse.
Paullinia nodosa. Jacq. ♄ De l'Amérique méridionale.

2. La PAULLINIE ternée.
Paullinia cernua. Linn. ♄ De l'Amérique méridionale.

3. La PAULLINIE de Carthagène.
Paullinia carthaginensis. Jacq. ♄ Du Mexique.

4. La PAULLINIE des Caraïbes.
Paullinia caribæa. Jacq. ♄ De l'île Saint-Vincent.

5. La PAULLINIE de Curaçao.
Paullinia curassavica. Linn. ♄ De l'Amérique méridionale.

6. La PAULLINIE des Barbades.
Paullinia barbadensis. Jacq. ♄ Des îles Barbades.

7. La PAULLINIE polyphylle.
Paullinia polyphylla. Linn. ♄ De l'Amérique méridionale.

8. La PAULLINIE tétragone.
Paullinia tetragona. Aubl. ♄ De Cayenne.

9. La PAULLINIE chauve-souris.
Paullinia vespertilio. Swartz. ♄ De l'île Saint-Christophe.

10. La PAULLINIE ailée.
Paullinia pinnata. Linn. ♄ De l'Amérique méridionale.

11. La PAULLINIE tomenteuse.
Paullinia tomentosa. Jacq. ♄ De l'Amérique méridionale.

12. La PAULLINIE cauliflore.
Paullinia cauliflora. Jacq. ♄ De l'Amérique méridionale.

13. La PAULLINIE à feuilles variables.
Paullinia diversifolia. Jacq. ♄ De l'Amérique méridionale.

14. La PAULLINIE bipinnée.
Paullinia bipinnata. Juss. ♄ Du Brésil.
15. La PAULLINIE à feuilles-d'azédarac.
Paullinia meliæfolia. Juss. ♄ Du Brésil.
16. La PAULLINIE à feuilles de pigamon.
Paulinia thalictrifolia. Juss. ♄ Du Brésil.
17. La PAULLINIE à angles aigus.
Paullinia acutangula. Ruiz & Pavon. ♄ Du Pérou.
18. La PAULLINIE à feuilles obovales.
Paullinia obovata. Ruiz & Pav. ♄ Du Pérou.
19. La PAULLINIE du Sénégal.
Paullinia senegalensis. Juss. ♄ Du Sénégal.
20. La PAULLINIE à fruits ronds.
Paullinia sphærocarpa. Juss. ♄ Du Sénégal.
21. La PAULLINIE presque ronde.
Paullinia subrotunda. Ruiz & Pav. ♄ Du Pérou.
22. La PAULLINIE à feuilles de cupani.
Paullinia cupanifolia. Juss. ♄ De Cayenne.
23. La PAULLINIE à feuilles de cormare.
Paullinia cormarifolia. Juss. ♄ De Cayenne.
24. La PAULLINIE chevillée.
Paullinia fibulata. Juss. ♄ De Cayenne.
25. La PAULLINIE rousseâtre.
Paullinia rufescens. Juss. ♄ De Cayenne.
26. La PAULLINIE à feuilles d'inga.
Paullinia ingæfolia. Juss. ♄ De Cayenne.
27. La PAULLINIE triangulaire.
Paullinia triquetra. Desfont. ♄ De l'Amérique méridionale.
28. La PAULLINIE du Japon.
Paullinia japonica. Thunb. ♃ Du Japon.

Culture.

Nous ne possédons que les espèces n°s. 2, 3, 5, & encore sont-elles rares dans nos plus riches collections : ce sont des arbrisseaux grimpans, faisant partie des lianes, dont l'effet est nul dans les serres, & qui y embarrassent beaucoup. On leur donne une terre consistante, qu'on renouvelle tous les deux ans, & des arrosemens d'autant moins copieux qu'il fait plus froid. Une chaleur constante & élevée leur est indispensable. Leur multiplication n'a lieu que par leurs graines tirées de leur pays natal, & semées dans des pots sur couche & sous châssis. (*Bosc.*)

PAUMELLE : variété d'ORGE à deux rangs.

PAUPIÈRE. Les Paupières des chevaux sont sujètes à s'enfler par suite d'un coup, de la piqûre d'un insecte, d'un vice des humeurs, &c. Dans les deux premiers cas, des lotions avec de l'eau tiède, ou des cataplasmes émolliens suffisent pour les remettre dans leur état naturel. Dans le second cas, il faut traiter la maladie principale. *Voyez* ERESIPÈLE, ORDURE, SQUIRRE.

Souvent les Paupières se joignent par l'épaississement des humeurs que secrètent les yeux. Quelle que soit la cause de cet épaississement, on commence par laver les parties avec de l'eau tiède, & ensuite on fait suivre au cheval un régime rafraîchissant.

Lorsque, comme cela arrive quelquefois, la Paupière supérieure ne peut plus se relever, on commence par y appliquer des compresses toniques, d'abord foibles & ensuite énergiques. Si ce moyen ne produit aucun résultat, on doit croire que la Paupière est paralysée, & alors il n'y a pas d'autre ressource que de la couper. (*Bosc.*)

PAVANE. C'est le bois du DRYMIS.

PAVEMENT. L'humidité étant indispensable à la végétation, empêcher son évaporation peut être une mesure avantageuse dans un grand nombre de cas.

D'après ce principe, les pierres qui recouvrent certains terreins naturellement très-secs ou exposés aux feux du midi, doivent assurer leur fertilité, & cela l'assure en effet, ainsi que le prouve l'expérience. *Voyez* PIERRE, EPIERREMENT.

Placer des pierres sur un sol de cette nature, lorsqu'il n'y en a pas naturellement, c'est-à-dire, le paver, est une opération qui s'exécute rarement, mais qui n'en a pas moins les résultats les plus fructueux.

C'est parce que les raisins de Fontainebleau, les rousselets de Rheims, les bons-chrétiens d'Auch sont dans des cours pavées, qu'ils sont si bons, & que leur récolte ne manque presque jamais.

La connoissance de ces faits avoit engagé Rozier à faire paver ses vignes des environs de Beziers ; & il commençoit à jouir des succès auxquels il s'attendoit, lorsque la persecution de l'évêque de cette ville le força d'abandonner le pays & de vendre son domaine. J'ai appris sur les lieux, que la première opération de l'acquéreur avoit été de détruire tout ce qu'avoit commencé ce célèbre agronome.

En pavant, on s'évite la dépense des labours & des arrosemens, ce qui est une économie très-majeure. Mais, dira-t-on, les labours sont nécessaires pour les plantes annuelles & celles dont on enlève les tiges & les feuilles une ou plusieurs fois par an ? mais ils ne sont point nécessaires dans la nature, puisque les prairies, les forêts se couvrent annuellement de verdure sans être labourées. *Voyez* LABOUR.

Il suffit d'avoir du bon sens pour juger que la grande culture ne peut pas s'approprier ce moyen, qu'il faut le circonscrire dans les jardins & dans les cours, où le Pavement s'exécute par d'autres motifs.

Dans les pays à pierres calcaires plates, qu'on appelle LAVE, dans ceux où les SCHISTES sont fissiles (*voyez* ces mots), on pourroit cependant en faire usage dans quelques cas : par exemple, pour les cultures par rangées, pour celle en quinconce. Qui empêcheroit de tailler une grande quantité de ces pierres à peu près en carré, & cela se fait très-rapidement, comme j'ai eu occasion de m'en assurer, & de les placer à la suite les unes des autres, en laissant un intervalle convenable entre chaque rangée, ou de les disposer en échiquier, de manière qu'il y ait dans tous les sens, alternativement, une pierre & un espace vide? Je suis fondé à dire que cette dernière méthode seroit applicable au moins au TABAC. *Voyez* ce mot. (*Bosc.*)

PAVETTE. *PAVETTA.*

Genre de plante renfermant cinq ou six espèces, qui ont été réunies aux IXORES. *Voyez* ce mot.

PAVIE. *PAVIA.*

Genre établi aux dépens de celui des marroniers, & qui renferme les espèces propres à l'Amérique; il en sera question dans le *Dictionnaire des Arbres & Arbustes.*

PAVIE : variété de PÊCHE.

PAVILLON : petit bâtiment isolé, très-varié dans sa forme & ses ornemens, qu'on élève dans les jardins de toutes les sortes, pour servir de point de repos aux promeneurs, ou leur fournir un abri en cas de pluie.

C'est ordinairement sur des points élevés, dans les lieux d'où l'on jouit d'une longue vue, à une certaine distance de la maison, qu'on bâtit les Pavillons; mais quelquefois, surtout dans les jardins paysagers, on les place dans les réduits, sur le bord des eaux, &c. Le caprice du propriétaire ou de l'architecte est plus souvent consulté dans ce cas que l'utilité réelle.

Pour qu'un Pavillon remplisse son principal objet, c'est-à-dire, concoure à l'ornement d'un jardin, il faut qu'il ait de l'élégance sans luxe, & qu'on puisse saisir facilement son motif. Il contraste avec les KIOSTES & les CHAUMIÈRES, autres constructions, les premières plus élégantes ou plus bizarres; les secondes, en apparence, plus simples & moins coûteuses. *Voyez* ces mots.

Je ne m'étendrai pas plus longuement sur cet objet, qui regarde le *Dictionnaire d'Architecture*, auquel je renvoie le lecteur. (*Bosc.*)

PAVILLON. Ce nom a été donné par M. Besnard, cultivateur instruit & zélé, demeurant à Montreuil, près Versailles, à des espèces de châssis portatifs ou de grandes cloches d'une construction très-économique, qu'il place sur ses primeurs, ses melons, &c., au lieu des véritables châssis & des cloches, objets qui sont fort coûteux.

Un Pavillon est établi sur un carré ayant quatre pieds sur chaque face, formé de quatre bâtons de moins d'un pouce de diamètre, attachés par leurs bouts au moyen de clous ou de fils de fer. Un autre carré semblable, mais plus foible, & seulement de neuf pouces sur chaque face, est fixé au-dessus du premier, à environ un pied, par quatre fils de fer d'une demi-ligne de diamètre, ou quatre osiers de trois lignes, attachés aux quatre angles des deux carrés par le moyen de petits morceaux de fil de fer ou de l'osier; ensuite on fixe des osiers de quatre pouces en quatre pouces le long de chaque côté du carré inférieur, osiers qu'on fixe également au carré supérieur, & qu'on lie par des traverses également d'osier, aussi écartées de quatre pouces. Au carré supérieur, on place un verre à vitre par l'intermède du mastic, & à tous les trapèzes des côtés, ou des verres à vitre ou du papier huilé : ces verres étant de petite dimension, & provenant des rognures ou des cassures, sont extrêmement à bon marché. On peut, en opérant soi-même, construire un de ces Pavillons pour quinze à vingt sous.

Ces Pavillons étant fort peu élevés, conservent autour des plantes la chaleur qui émane de la terre, & cependant, n'étant pas très inclinés, ils permettent à celle des rayons du soleil de s'y introduire & de s'y fixer : on peut les élever au moyen de quatre voliges disposées en un carré de la largeur de la base; on peut les doubler, en augmentant de deux pouces les dimensions du Pavillon supérieur, ou mieux, les recouvrir pendant la nuit, ou même pendant tout le tems des fortes gelées, d'un autre Pavillon simplement garni de papier huilé; on peut les échauffer par des conduits de chaleur, alimentés par le feu du foyer, par celui d'une lampe, &c.

J'ai vu en action les Pavillons de M. Besnard, & je leur ai trouvé tous les avantages indiqués : le seul défaut qu'ils eussent, étoit leur peu de solidité; mais ce défaut tenoit à leur mauvaise construction, & il m'a paru très-facile de le faire disparoître en la perfectionnant. (*Bosc.*)

PAVON, PAVONE ou PAVONIE. *PAVONIA.*

Genre de plante de la monadelphie polyandrie & de la famille des *Malvacées*, contenant dix-huit espèces, dont quelques-unes se cultivent dans nos jardins. Il est figuré pl. 585 des *Illustrations des genres* de Lamarck.

Observations.

Ce genre a beaucoup de rapports avec les ABUTILONS, les URÈNES, les MALACHRES & les ALCÉES. *Voyez* ces mots.

Espèces.

1. Le PAVON épineux.

Pavonia spinosa. Cav. ♄ De l'Amérique méridionale.

2. Le PAVON aristé.

Pavonia aristata. Cav. ♄ De l'Amérique méridionale.

3. Le PAVON à fleurs en tête.

Pavonia typhalea. Cavan. ♄ De l'Amérique méridionale.

4. Le PAVON de Ceylan.

Pavonia zeylanica. Cavan. ☉ De Ceylan.

5. Le PAVON cloisonné.

Pavonia cancellata. Cavan. De l'Amérique méridionale.

6. Le PAVON paniculé.

Pavonia paniculata. Cavan. ♄ De l'Amérique méridionale.

7. Le PAVON en épi.

Pavonia spicata. Cavan. ♄ De Saint-Domingue.

8. Le PAVON piquant.

Pavonia urens. Cavan. ♄ De l'Amérique méridionale.

9. Le PAVON hasté.

Pavonia hastata. Cavan. Du Brésil.

10. Le PAVON columelle.

Pavonia columella. Cavan. De l'Ile-Bourbon.

11. Le PAVON cunéiforme.

Pavonia cuneifolia Cavan. ♄ De.....

12. Le PAVON à fleurs écarlates.

Pavonia coccinea. Cav. ♄ De Saint-Domingue.

13. Le PAVON papilionacé.

Pavonia papilionacea. Cavan. De l'île d'Otahiti.

14. Le PAVON leptocarpe.

Pavonia leptocarpa. Cavan. ♄ De Cayenne.

15. Le PAVON en spirale.

Pavonia spiralis. Cavan. ♄ De l'île Tabago.

16. Le PAVON odorant.

Pavonia odorata. Willd. Des Indes.

17. Le PAVON en corymbe.

Pavonia corymbosa. Willd. ♄ Du Mexique.

18. Le PAVON à petites fleurs.

Pavonia parviflora. Desf. De.....

Culture.

Les espèces que nous possédons, sont les 1re., 3e., 4e., 7e., 8e. & 18e.; toutes sont de serre chaude, & demandent même un assez grand degré de chaleur pour fleurir. On leur donne une terre de moyenne consistance, qu'on renouvelle tous les ans à la fin de l'été : les arrosemens doivent leur être ménagés en hiver & prodigués en été. Leur multiplication a lieu par le semis de leurs graines sur couche & sous châssis, au commencement du printems. Le plant se sépare pour être mis seul à seul dans d'autres pots, au printems suivant, & ensuite traité comme les vieux pieds. Ces plantes ont en général de belles fleurs ; mais elles ne durent pas long-tems. (*Bosc.*)

PAVOT. *Papaver.*

Genre de plante de la polyandrie monogynie & de la famille de son nom, dans lequel se trouvent réunies onze espèces, dont une est extrêmement abondante dans nos champs, & une autre l'objet d'une culture très-importante en Europe & dans l'Orient. Il est figuré pl. 451 des *Illustrations des genres* de Lamarck.

Espèces.

1. Le PAVOT cultivé.

Papaver somniferum. Linn. ☉ De l'Orient.

2. Le PAVOT coquelicot.

Papaver rheas. Linn. ☉ Indigène.

3. Le PAVOT d'Orient.

Papaver orientale. Linn. ♃ De l'Orient.

4. Le PAVOT jaune.

Papaver cambricum. Linn. ♃ Des Alpes.

5. Le PAVOT à feuilles obtuses.

Papaver obtusifolium. Desf. ☉ De la Barbarie.

6. Le PAVOT fugace.

Papaver fugax. Lam. De la Perse.

7. Le PAVOT à petites fleurs.

Papaver dubium. Linn. ☉ Du midi de l'Europe.

8. Le PAVOT hérissé.

Papaver hybridum. Linn. ☉ Du midi de l'Europe.

9. Le PAVOT en massue.

Papaver argemone. Linn. ☉ Du midi de l'Europe.

10. Le PAVOT à tige nue.

Papaver nudicaule. Linn. ♂ De la Sibérie.

11. Le PAVOT des Alpes.

Papaver alpinum. Linn. ♃ Des Alpes.

Culture.

Il est des cantons où les coquelicots sont si abondans dans les cultures, qu'ils en cachent l'objet, & que le terrein semble couvert d'un tapis écarlate, d'un très-brillant aspect, surtout lorsque le soleil brille. Dans ce cas, le dommage qu'ils causent, soit en profitant des sucs destinés aux céréales ; soit en étouffant ces dernières, devient d'une grande importance pour les cultivateurs, & ils doivent d'autant plus tenter tous les moyens possibles d'en diminuer le nombre, que les bestiaux ne les mangent qu'à contre-cœur : ces moyens sont, 1°. les SARCLAGES rigoureux & fréquemment répétés (*voyez* ce mot) ; 2°. un assolement régulier, c'est-à-dire, la substitution des cultures qui exigent des binages d'été, à celles des céréales, & ensuite des prairies artificielles. C'est bien inutilement qu'on multiplie à cet effet les labours dans le système des jachères, les graines que donne un seul pied de coquelicot suffisant pour en couvrir un champ, & ces graines se conservant plusieurs années en terre en état de germination, lorsqu'elles sont à plus d'un pouce de profondeur. J'ajouterai que ces graines, ou au moins la plus grande partie, mûrissent avant les céréales, & sont par conséquent dispersées quand on coupe ces dernières, ou se dispersent par le fait même de leur coupe.

Cette

Cette espèce, transportée dans les jardins, a varié dans ses couleurs, & y a plus ou moins doublé. La durée des fleurs doubles est décuple de celle des fleurs simples, qui, en général, ne subsistent que deux ou trois jours au plus. Ses variétés sont si nombreuses, que je ne puis les indiquer; il m'a semblé que chaque année en amenoit de nouvelles: quelques-unes sont très-belles, & concourent beaucoup à l'embellissement des jardins, soit réguliers, soit paysagers; on les place dans les plates-bandes des parterres des premiers, & dans les corbeilles des seconds, car elles ne profitent pas dans les terres qui ne sont pas labourées; il leur faut même un bon fond, ou un fond amélioré par des engrais, pour qu'elles se montrent avec tous leurs avantages.

Comme il reste toujours dans les fleurs doubles quelques étamines fécondes, il est rare qu'elles ne donnent pas de bonnes graines qui rendent des variétés analogues & différentes; ce sont celles de ces graines semées avant l'hiver qui produisent les pieds les plus vigoureux & les plus garnis de fleurs; mais pour prolonger les jouissances, il est bon d'en semer aussi à deux ou trois époques au printems. Souvent on se contente des pieds qui ont levé spontanément, & qu'on ménage dans les labours ou les binages qu'exige tout jardin bien tenu.

Dans les écoles de botanique on sème cette espèce en place, & les soins qu'elle y demande se réduisent à un éclairci & à des sarclages.

Les Pavots à petites fleurs, en massue, hérissé & à tige nue se sèment de même, & n'exigent pas plus de culture.

Ceux appelés d'Orient & jaune, étant vivaces, peuvent se multiplier, non-seulement de graines, dont ils fournissent souvent des quantités plus que suffisantes dant le climat de Paris, mais encore par le déchirement des vieux pieds. Les graines de la première espèce doivent être semées aussitôt leur maturité, si on veut les voir lever, & les rejetons de la seconde doivent être mis en place avant l'hiver si on veut qu'ils reprennent sûrement. Toutes deux se plaisent dans les terres légères & substantielles, telles que celle de bruyère. Quoiqu'on ne les voie guère que dans les écoles de botanique, elles peuvent être cultivées avec avantage dans les jardins paysagers, celle d'Orient à l'exposition du midi, la jaune à l'exposition du nord.

M. Dumont - Courset observe que les campagnols sont très-friands des racines & des feuilles de celle d'Orient, & qu'il faut leur faire une chasse rigoureuse.

Le *Pavot cultivé*, aussi appelé le *Pavot somnifère*, le *Pavot des jardins*, le *Pavot blanc & rouge*, ou simplement le *Pavot*, se cultive de tems immémorial en grand, dans l'Orient pour la gomme-résine connue sous le nom d'*opium*, si employée en médecine, & en Europe pour l'huile que donne sa graine, huile si improprement appelée à Paris *huile d'œillette*; enfin, dans toutes les parties du monde civilisé, dans les jardins, pour l'ornement. Je vais le considérer successivement sous ces trois rapports.

Mon collègue à l'Institut, Olivier, est le dernier voyageur qui ait parlé du Pavot qu'on cultive en Turquie & en Perse, & de l'opium qu'on en retire. Les graines qu'il a rapportées de ce Pavot ne nous ont donné qu'une variété à fleurs blanches & à tête un peu ovoïde, mais bien moins grosse que celle de la variété blanche, qu'on cultive aux environs de Paris pour l'usage de la médecine, & dont je parlerai plus bas.

Dans ces contrées on sème le Pavot en automne, & on le repique au printems sur un seul labour: c'est vers le mois de juillet, c'est-à-dire, quand les capsules approchent de leur maturité, que commence la récolte de l'opium. Alors on fait une incision transversale, d'un côté, à la partie supérieure des capsules qui sont arrivées à toute leur grosseur, & deux jours après on va ramasser, avec un couteau de bois, la gomme-résine qui en est sortie, puis on fait une incision de l'autre côté, & deux ou trois jours après on recommence, & ainsi de suite, en faisant les incisions au-dessous des premières, jusqu'à ce que la capsule ne fournisse plus rien. Pendant ce tems on exécute successivement la première opération aux capsules plus en retard, de sorte qu'il y a du travail pour le reste de l'été. Chaque incision ne donne qu'une très-petite quantité de gomme-résine; mais il y a tant de capsules, & les incisions qu'on leur fait sont si multipliées, que la masse de l'opium qui se recueille annuellement est très-considérable, & donne de grands bénéfices aux cultivateurs.

Le meilleur opium qui se récolte en Turquie, provient de la Natolie, surtout d'*Afiom-Kara-Hissar*; en Perse on estime principalement celui qu'on recueille dans les provinces méridionales.

Autrefois on tiroit aussi l'opium des têtes de Pavot par décoction; mais à moins que ce ne soit dans l'Inde, cette manière n'est plus pratiquée.

Des tentatives pour retirer de l'opium des Pavots cultivés en France ont été faites un grand nombre de fois, & ont presque toujours réussi: dernièrement encore, M. Palisot-Beauvois, mon collègue à l'Institut, m'en a fait voir un morceau de la grosseur du pouce qu'il avoit récolté près Paris, dans son jardin, & qui, à l'aspect & au goût, ne paroissoit pas différer de celui du commerce; mais outre que cet opium doit être inférieur en vertu à celui retiré des pays chauds, il revient beaucoup plus cher que celui fourni par les Turcs & les Persans, chez qui le loyer des terres & la main-d'œuvre sont à beaucoup plus bas prix que chez nous. Reste donc à savoir si la nouveauté & la certitude de sa pureté peuvent compenser la foiblesse de son action & son plus haut prix.

En France, & principalement aux environs de Paris, on cultive pour l'usage de la médecine, comme je l'ai déjà dit plus haut, une variété de Pavot blanc, dont la capsule a la forme & la grosseur d'un œuf de poule fort alongé. Sa culture, qui a lieu dans les meilleurs terreins & aux expositions les plus chaudes, ne diffère pas d'ailleurs de celle dont il va être question. Les capsules de ce Pavot se coupent avant leur maturité & se sèchent au soleil, puis on les vend aux apothicaires ou aux herboristes, pour s'en servir à faire des infusions ou des décoctions légérement somnifères, objet que les capsules des autres variétés remplit également lorsqu'elles sont récoltées de même.

Nous ne possédons pas des données bien positives sur la série de l'assolement dans lequel entre le Pavot. Sur les bords du Rhin, on le fait succéder aux raves; dans les départemens qui remplacent la Flandre, c'est le plus souvent après les céréales. Comme cette plante est la seule de sa famille qui se cultive en grand, il peut être assez indifférent de s'occuper de cet objet: j'observerai seulement qu'il ne me paroît pas dans les principes, comme je l'ai vu dans la ci-devant Picardie, de la faire remplacer le colza & le chanvre, qui sont deux plantes huileuses, & par conséquent épuisantes comme le Pavot.

Plusieurs variétés de Pavot se cultivent en grand pour la fabrication de l'huile; mais quoique je les ai observées bien des fois dans la Picardie, je ne puis les indiquer, parce que les caractères qui les distinguent ne sont pas assez saillans; elles ont généralement les tiges plus hautes, & les capsules plus garnies de graines que celles des variétés qui se cultivent dans nos jardins; & en effet, ce sont ces circonstances qui doivent déterminer leur choix dans ce cas, puisque c'est l'huile qu'on a en vue. Ce seroit une erreur de croire que les variétés à plus grosses capsules sont préférables, car souvent ce sont celles qui contiennent le moins de graines, témoin celle que j'ai citée ci-devant.

La variété bien choisie, on réservera pour les semis la graine des capsules les premières mûres, parce que c'est celle qui est la plus grosse, & que la beauté des semis dépend toujours, toutes choses égales, de celle de la graine, & que, je le répète, on ne peut trop constamment tendre à ce qui peut augmenter la production de l'huile dans une étendue de terre donnée.

Les plantes cultivées pour leurs graines, surtout lorsqu'elles sont huileuses, épuisent beaucoup plus le sol que les autres, parce qu'elles emploient une grande quantité du principe fertilisant (le carbone) à la confection de ces GRAINES (*voyez* ce mot). D'après cela on doit croire, & cela est en effet prouvé par l'expérience, que c'est une terre très-fertile, ou une terre très-engraissée, ou une terre très-reposée, qu'il faut choisir pour la culture du Pavot. Il ne doit cependant pas y avoir excès, parce qu'alors la vigueur de la végétation se porteroit sur les feuilles, & qu'il y auroit moins de productions en graines.

Comme la racine du Pavot est pivotante, & que ses fibrilles sont fort grêles & fort longues, il ne prospère que dans les terres profondes & naturellement légères, ou divisées par les labours: il faut donc encore, ou choisir des terres légères, ou les labourer profondément à deux ou trois reprises au moins.

Un peu d'humidité & de chaleur lui est aussi très-favorable.

Comme la graine de Pavot est très fine, & qu'elle ne lève pas lorsqu'elle est enterrée de plus d'un demi-pouce, il devient nécessaire, pour qu'il n'y en ait pas de perdue, de herser & rouler le champ qui doit en recevoir, immédiatement avant les semailles, afin d'en briser les mottes & d'en combler les cavités.

L'assolement déterminé, la terre bien fumée, bien labourée & bien nivelée, il ne s'agit plus que de semer.

Toutes les plantes annuelles qui, comme le Pavot, ne craignent pas les gelées du climat de Paris, gagnent à être semées en automne, & même, comme je l'ai vu relativement à lui dans la ci-devant Picardie, peu après la maturité de leurs graines, parce qu'elles ont le tems de prendre de la force avant les froids de l'hiver, & qu'elles montent en graines au printems avant les sécheresses de l'été. On peut juger de ce fait, dans les jardins, par les Pavots levés spontanément à la suite de la chute naturelle des graines, car ils sont toujours beaucoup plus beaux que ceux qui ont été semés au printems par la main du jardinier. Ainsi donc (excepté les terreins trop humides, où ils pourrissent souvent en hiver), c'est en automne qu'on doit les semer dans les champs; cependant, dans la plupart des départemens du Nord, c'est en février, & même en mars, qu'on les sème. Souvent même ils servent à remplacer les autres récoltes qui ont péri par suite des gelées & des inondations.

On devroit toujours semer le Pavot seul, à raison de l'avantage qu'il y a à lui donner un ou deux binages; malgré cela, il est des cultivateurs qui sèment des carottes, des panais, des pommes de terre, &c. avec lui, & qui en font la récolte après la sienne. Je préférerois beaucoup imiter ceux qui sèment de la navette, de la moutarde, des raves, des fourages temporaires, &c., sur le dernier binage, pour en profiter en automne.

La quantité de graines à mettre par arpent varie entre trois & quatre livres, plus sur les terres médiocres & moins sur les bonnes, attendu que dans ces dernières les pieds feront plus feuillus & plus branchus. On la répand à la volée & le plus également possible, tantôt seule, en en prenant fort peu à la fois, tantôt mêlée avec dix fois plus de terre sèche, & alors on la prend à la poignée; après quoi on herse légérement avec un fagot d'épine : si le tems est à la pluie, & il est bon de le choisir tel, on peut se dispenser de herser, parce que la graine sera suffisamment enterrée par la chute de l'eau.

Pour peu que la terre soit humide & qu'il fasse chaud, la graine de Pavot ne tarde pas à lever, & le plant qui en provient, pousse petit à petit jusqu'aux grands froids, époque où sa croissance s'arrête pour ne reprendre qu'au printems. Éclaircir le plant, le débarrasser des mauvaises herbes, & empêcher les bestiaux de le piétiner, sont les seuls soins qu'il demande alors.

Après l'hiver, dès que le tems le permet, on donne un binage aux champs de Pavot, binage pendant lequel on arrache les pieds trop rapprochés pour les repiquer, quoique cette opération soit peu avantageuse, dans les places où ils sont trop éloignés les uns des autres. Resemer ces places ne pourroit être conseillé que dans le cas où elles seroient fort étendues, parce que la graine des nouveaux pieds mûriroit beaucoup plus tard. Un mois après on donne un second binage, & quelquefois même un troisième. Fondés sur des principes d'économie, il est des cultivateurs qui n'en donnent qu'un, & même point; mais la foiblesse de leur récolte prouve qu'ils font un faux calcul, les capsules étant d'autant plus nombreuses, d'autant plus grosses & d'autant plus garnies de graines, que, à égalité de terrein, les binages ont été plus nombreux.

L'époque de la maturité des graines de Pavot varie selon les terreins, les expositions, la culture, &c. Elle a lieu successivement sur le même pied, suivant l'ordre de la floraison; elle est dans toute sa force en août dans les plaines du nord de Paris, où on cultive cette plante le plus en grand. Il y a beaucoup d'avantages à ne pas se presser de la cueillir, parce que les graines peu mûres donnent moins d'huile & de l'huile de moins de garde; mais si on attendoit trop, on perdroit beaucoup de graines, par suite de l'action des vents, des averses, des animaux, &c. On reconnoît la maturité des capsules à leur changement de couleur & à l'ouverture des trous par où les graines doivent sortir, & celle des graines au bruit qu'elles font dans la capsule lorsqu'on les agite, & à l'intensité de leur couleur brune.

Deux méthodes sont usitées pour effectuer la récolte des Pavots.

La première, c'est la plus conforme aux principes, mais la plus coûteuse, consiste à entrer par une des extrémités du champ, en nombre proportionné à sa largeur; chaque personne, ce sont ordinairement des femmes, munie d'un panier très-serré ou garni d'une toile, & d'une serpette ou d'une paire de gros ciseaux, & à couper, une à une, à trois ou quatre pouces, toutes les capsules mûres pour les placer dans le panier, & lorsqu'il est plein, pour les mettre dans des sacs & les emporter à la maison, où ces capsules sont amoncelées sur des toiles jusqu'à leur parfaite dessiccation : c'est le matin, avant la disparition de la rosée, qu'il est le plus avantageux d'opérer. La principale attention doit être de couper la capsule sans secousse, & de ne la renverser que lorsqu'elle est au-dessus du panier, afin qu'il ne se perde pas de graines : on recommence cette récolte toutes les semaines, jusqu'à terminaison.

La seconde est sujète aux graves inconvéniens de faire perdre beaucoup de graine & d'en obtenir beaucoup qui n'est pas arrivée au degré convenable de maturité; c'est donc la moins bonne, & c'est cependant la plus généralement usitée. Elle consiste à arracher ou couper par le pied les tiges de Pavot lorsqu'une moitié des capsules est mûre, à les secouer sur des draps pour faire tomber la graine qui en est susceptible, & à mettre les tiges en tas dans une position droite, à en recouvrir le sommet avec de la paille pour attendre la dessiccation de celles des capsules qui n'ont pas donné leur graine, graine qu'on obtient plus tard par le même moyen que ci-dessus.

Il est encore un troisième moyen intermédiaire, qui consiste à incliner les tiges de Pavot & à les secouer sur des draps pour en faire tomber la graine mûre; mais ce moyen est aussi coûteux que le premier, & donne lieu à une perte de graines plus considérable que le second : on le pratique cependant dans quelques cantons.

Dans toutes ces méthodes, la graine la première récoltée est la meilleure, & c'est elle qu'il faut toujours réserver pour la semence. Ne point mêler celle des différentes récoltes est une pratique fort avantageuse, comme je le prouverai plus bas, mais c'est ce qu'on fait rarement.

Quelque soin qu'on prenne, il reste toujours quelques graines dans les capsules après qu'on les a secouées; ainsi il est bon de les écraser après qu'elles sont complétement desséchées, soit avec les pieds garnis de sabots, soit avec un fléau, un rouleau, &c.

La graine de Pavot demande à être rigoureusement nétoyée des débris des capsules, parce que ces débris absorbent l'huile dans l'opération du moulin, & en diminuent par conséquent la masse; il faut donc la faire passer par des cribles à très-petits trous, & la vanner ensuite en plein air.

Si on entassoit, sans la remuer, la graine du Pavot aussitôt sa récolte, elle ne tarderoit pas à moisir & à devenir impropre à fournir de l'huile & à être semée. On doit donc l'étendre sur des toiles à l'air ou sur le plancher d'un grenier, & la changer de place, d'abord tous les jours, ensuite tous les deux jours, tous les trois jours, toutes les semaines, jusqu'à ce qu'elle soit parfaitement sèche; après quoi on peut la conserver dans des sacs ou dans des tonneaux jusqu'à sa vente ou son emploi.

Ainsi que les autres graines destinées à faire de l'huile, celle de Pavot n'est bonne à être envoyée au moulin qu'un ou deux mois après sa récolte, parce que pendant ce tems son mucilage se transforme en huile par la réaction de ses principes & l'absorption de l'oxigène de l'air. Il faut donc attendre cette époque; si on la dépassoit, beaucoup de graines ranciroient, & porteroient dans l'huile une âcreté désagréable & un motif de plus prompte altération.

Les graines de Pavot fraîches sont fort agréables au goût, & beaucoup de personnes, moi du nombre, se font un plaisir d'en manger pendant la saison. Pilées & mises au four sur une couche de pâte peu épaisse, elles constituent un mets extrêmement délicat, dont on fait une grande consommation aux environs de Saint-Quentin, & qu'à mon avis on devroit imiter partout : les petits oiseaux, même les pigeons, recherchent avidement ces graines.

L'huile se retire de la graine des Pavots au moyen de moulins semblables à ceux qui servent pour extraire celle des autres graines. *Voyez* HUILE & MOULIN A HUILE.

Il y a beaucoup de rapport entre l'huile de Pavot, appelée, comme je l'ai déjà observé, *huile d'œillet* ou *d'œillette* dans le commerce, & l'huile d'olive; on la distingue cependant facilement à son odeur nulle, à son goût plus fade, à sa propriété de former des bulles d'air par son agitation, & au degré de froid qu'il lui faut pour se figer. Longtems il a été défendu de la vendre à Paris, sous prétexte qu'elle participoit des qualités de l'opium, mais réellement pour empêcher qu'elle soit connue des consommateurs, & que les épiciers, en la mêlant avec un peu d'huile d'olive, pussent la vendre, sous le nom de cette dernière, huit à dix fois plus cher qu'ils l'achetoient. C'est à l'abbé Rozier qu'on doit d'avoir mis au jour cette fraude & d'avoir fait rapporter l'ordonnance de police qui défendoit la vente de l'huile d'œillette pure; aujourd'hui on la vend dans toutes les boutiques, concurremment avec l'huile d'olive, & tout le monde s'en trouve bien.

Les restes des graines de Pavot dont on a extrait l'huile se donnent aux vaches, dont ils augmentent le lait, aux cochons qu'ils engraissent rapidement, enfin aux volailles qui les aiment beaucoup. *Voyez* au mot TOURTEAU.

Beaucoup de personnes ont écrit sur la culture du Pavot; mais les deux Mémoires les plus complets qui l'aient pour objet sont celui de Rozier & celui de M. d'Herbouville, qui l'a introduite aux environs de Rouen. Il est à desirer qu'elle s'étende dans les parties moyennes & méridionales de la France, où elle n'est pas connue.

Le Pavot cultivé s'emploie fréquemment à la décoration des jardins, principalement des parterres. Il remplit parfaitement bien cet objet par sa grandeur, son beau port & le grand nombre de ses variétés, simples & doubles. Enumérer ces variétés n'est pas pour moi possible, car il y en a presqu'autant que de pieds, même, pour ainsi dire, presqu'autant que de fleurs. On en voit surtout dans toutes les nuances du rouge, du blanc, de panachées de toutes les façons, dont les pétales sont fort larges, dont les pétales sont les uns larges & les autres linéaires, dont tous les pétales sont linéaires. Il y a aussi de grandes variations dans la hauteur des tiges, dans le nombre & la grosseur des fleurs. Les uns ont la graine noire, & les autres la graine blanche. Les variétés doubles donnent presque toutes des graines, soit parce qu'elles conservent quelques étamines, soit parce que leur pistil, qui ne s'altère jamais, est fécondé par les pieds sémi-doubles ou simples qui se trouvent dans le voisinage. Ce sont toujours les plus beaux pieds qu'il faut réserver pour graine, parce qu'ils la fournissent meilleure & plus variée dans ses produits. Comme, excepté dans les nuances rouge-foncé & blanc pur, cette graine rend rarement sa couleur avec exactitude, on peut presque toujours être assuré qu'il y aura mélange de variété dans un semis. Elle dure bonne trois ou quatre ans, mais celle de l'année est la meilleure.

Les pieds de Pavot provenant des graines qui sont tombées naturellement sont toujours les plus vigoureux; aussi beaucoup de jardiniers, au lieu d'en semer, se contentent-ils de réserver une partie de ceux qui ont levé spontanément : ceci indique qu'il faut, lorsqu'on veut faire des semis en règle, s'y prendre de fort bonne heure en automne. Les semis faits au printems donnent des tiges très-courtes, très-peu garnies de fleurs, & des fleurs fort petites. Il en est de même des pieds qu'on a transplantés, même en automne.

Comme au Pavot cultivé en grand, il faut à celui des jardins deux ou trois binages pour développer toute sa beauté; des arrosemens pendant les sécheresses lui seront aussi fort avantageux. Le principe est qu'il faut peu de pieds, mais de très-beaux pieds, pour remplir le but; ainsi on les éclaircira à tous les binages; &, au moment où ils entreront en fleur, on supprimera tous ceux qui paroîtront trop inférieurs aux autres.

On devroit tirer parti du Pavot des jardins pour la provision d'opium nécessaire à la maison, & même à l'hôpital le plus voisin, & employer le superflu des graines pour faire des pâtisseries analogues à celles dont j'ai parlé plus haut. (*Bosc.*)

PAVOT AVEUGLE. C'est la variété de Pavot à grosse tête oblongue, qu'on cultive pour l'usage de la médecine.

PAVOT CORNU. *Voyez* GLAUCIENNE.

PAYROLE. *Wibelia.*

Arbrisseau de Cayenne, formant seul, dans la pentandrie monogynie, un genre qui est figuré pl. 125 des *Illustrations des genres* de Lamarck.

La Payrole n'étant pas cultivée dans nos

ferres, ne peut être l'objet d'un article plus étendu. (*Bosc.*)

PAYS. L'acception de ce mot varie continuellement. Pour un Européen, l'Afrique est un Pays; pour un Français, l'Italie est un Pays; pour un habitant de Paris, la ci-devant Provence est un Pays; pour l'habitant de la campagne, tous les villages voisins sont des Pays. Il faut donc considérer la position de celui qui parle, pour entendre ce qu'il veut dire par ce mot.

Pays est souvent synonyme de climat dans les ouvrages d'agriculture.

M. Morel, dans son ouvrage intitulé *Théorie des Jardins*, a donné ce nom à ce que beaucoup de personnes appellent *jardin anglais*, & que j'ai appelé JARDIN PAYSAGER, & non pas paysagiste, comme un journaliste l'a pu faire croire, car ce mot *paysagiste* a déjà une acception dans notre langue. (*Bosc.*)

PEAU : tissu membraneux qui recouvre le corps des animaux, & qui le garantit des atteintes extérieures. *Voyez* le *Dictionnaire de Physiologie animale.*

On appelle aussi *Peau*, mais mal-à-propos, l'ÉPIDERME des diverses parties des plantes. *Voyez* ce mot.

La Peau des quadrupèdes est le plus communément garnie de poils; celle des oiseaux, de plumes; celle des poissons, d'écailles.

Toute Peau est composée de gélatine & de fibrine.

Les agriculteurs ne considèrent la peau des animaux, qu'à raison de son influence sur la santé de ceux qu'ils se sont assujettis, & de l'utilité qu'ils en retirent après la mort, & de ces animaux, & d'un certain nombre d'autres.

La principale fonction de la Peau est de sécréter les humeurs & les gaz qui constituent la TRANSPIRATION (*voyez* ce mot). On rend plus facile la transpiration par le moyen du PANSEMENT à la main. *Voyez* ce mot.

Quant aux maladies de la Peau, je renvoie aux articles qui portent leur nom. *Voyez* GALE, DARTRE, ÉRESIPÈLE, FARCIN, CLAVEAU, &c.

En faisant dessécher les Peaux après les avoir dépouillées de leurs poils au moyen de la chaux vive ou de la putréfaction, on en forme les différentes espèces de parchemins pour écriture, pour tambours, pour cribles, &c. Ce sont principalement les Peaux d'âne, de mouton & de chèvre qu'on prépare ainsi.

Celle de cochon sert, avec ses poils, à couvrir des malles.

La colle-forte est la gélatine pure qu'on extrait en faisant bouillir les Peaux & les aponevroses dans de l'eau, & en séparant la fibrine par le moyen d'un tamis ou d'un canevas.

Par l'art du chamoiseur, on retire la gélatine des Peaux minces sans altérer la fibrine, & on les rend propres à faire des culottes, des gants si elles sont dépouillées de leurs poils, & des fourrures si elles en sont garnies. Avec les Peaux épaisses on fabrique le bufle.

Par celui du hongroyeur on retire également la gélatine des Peaux épaisses, & on lui substitue du suif; ce qui fait le cuir de Hongrie, qui sert aux soupentes des voitures & à d'autres usages.

Un principe des végétaux, appelé *tanin*, surtout surabondant dans l'écorce du chêne, du sumac, de la coriaire, &c., a la propriété de se combiner avec la gélatine & de la rendre insoluble à l'eau. C'est sur cette propriété qu'est fondé l'art du taneur & tous ceux qui en dépendent.

L'usage du cuir de bœuf, de veau, de chèvre, de mouton & de cheval est extrêmement étendu dans l'économie rurale & domestique. Sa bonté dépend principalement de l'état de complète indissolubilité de la gélatine, état auquel on ne parvient qu'en apportant beaucoup de lenteur, & par conséquent de tems dans l'opération du tanage.

Ce n'est pas ici le lieu de détailler les opérations des arts qui ont les Peaux pour objet. Le lecteur trouvera ce qu'il peut desirer à cet égard, dans le *Dictionnaire des Manufactures*, aux mots PEAU, CHAMOISEUR, PELLETIER, FOURREUR, HONGROYEUR, TANNEUR, MEGISSIER, PEAUSSIER, CORROYEUR, MAROQUINIER, PARCHEMINIER, COLLE-FORTE. *Voy.* ces mots.

Dans l'origine des sociétés, les cultivateurs fabriquoient eux-mêmes les articles provenant des Peaux, qui leur étoient nécessaires; mais dans l'état actuel des arts, ils ne trouveroient pas d'avantages à le faire, parce qu'ils ne pourroient apporter aux opérations qu'ils exigent, ni la même habileté, ni la même économie que ceux qui en font leur état. Ils doivent donc se borner à écorcher les animaux qu'ils tuent ou qui meurent naturellement, & à en conserver les Peaux après les avoir dégraissées, lavées & séchées, pour les vendre; mais ils doivent les vendre le plus tôt possible, parce que beaucoup d'insectes vivent aux dépens de ces Peaux ou aux dépens du poil qui les recouvre, & qu'il est difficile de les en garantir dans un grenier. La perte qui résulte pour la France, du défaut de soin à cet égard, est peut-être annuellement de plusieurs millions.

Pendant l'été, les Peaux destinées à la fourrure & à la chapellerie sont moins bonnes, parce que le poil y est en plus petite quantité, & qu'il tombe plus aisément (*voyez* MUE). On doit donc, autant qu'il est possible, ne tuer les animaux qui les portent que pendant l'hiver. *Voyez* LIÈVRE, LAPIN, LOUTRE, MARTRE, CHAT, FOUINE, OURS, RENARD, LOUP, CHIEN, CASTOR, BLAIREAU, MOUTON. (*Bosc.*)

PEBROUN : synonyme de PIMENT.

PÊCHE : fruit du PÊCHER.

PÊCHER : arbre originaire de Perse, qui appartient au genre *Amandier*, & que l'excellence de son fruit rend l'objet d'une culture de grande importance dans toutes les parties méridionales & moyennes de l'Europe. Il en sera question dans le *Dictionnaire des Arbres & Arbustes.*

PECTINE. *Pectinea.*

Genre de plante établi par Gærtner sur un seul fruit venu de Ceylan.

PECTIS. *Pectis.*

Genre de plante de la syngénésie polygamie superflue & de la famille des *Corymbifères*, dans lequel se trouvent placées six espèces, dont une est cultivée dans nos écoles de botanique. Il est figuré pl. 684 des *Illustrations des genres* de Lamarck.

Observations.

Le Pectis pinné forme aujourd'hui le genre SCHKUHRIE. *Voyez* ce mot.

Espèces.

1. Le PECTIS cilié.
Pectis ciliaris. Linn. ⊙ De Saint-Domingue.
2. Le PECTIS ponctué.
Pectis punctata. Jacq. ⊙ De l'Amérique méridionale.
3. Le PECTIS à feuilles de lin.
Pectis linifolia. Linn. ⊙ De la Guadeloupe.
4. Le PECTIS rampant.
Pectis humifusa. Swartz. ⊙ De la Martinique.
5. Le PECTIS fasciculé.
Pectis fasciculata. Lam. De.....
6. Le PECTIS couché.
Pectis prostrata. Cavan. ♃ De l'Amérique méridionale.

Culture.

La dernière espèce est la seule que nous possédons. On sème ses graines dans des pots remplis de terre légère, pots qu'on place au printems sur une couche. Le plant levé s'éclaircit & s'arrose au besoin. Au milieu de l'été, on le repique dans d'autres pots qu'on place contre un mur exposé au midi, & qu'on rentre dans la serre aux approches des froids. C'est une plante fort peu remarquable. (*Bosc.*)

PEDALION. *Pedalium.*

Plante annuelle de Ceylan, qui seule forme un genre dans la didynamie angiospermie & dans la famille des *Bignonées*. Elle est figurée pl. 538 des *Illustrations des genres* de Lamarck.

Cette plante se cultive dans nos écoles de botanique, & ne demande d'autre soin que d'être semée sur couche, & arrosée au besoin. Elle est sans agrément. (*Bosc.*)

PEDANE : nom vulgaire de l'ONOPORDE ACANTHIN. *Voyez* ce mot.

PÉDICELLAIRE. *Pedicellaria.*

Petit arbre de la Cochinchine, qui seul forme un genre dans la polygamie dioécie, & qui, n'étant pas cultivé en Europe, ne peut pas être l'objet d'un plus long article. (*Bosc.*)

PÉDICELLE & PÉDICULE. Tantôt ces mots sont synonymes de *pédoncule*, tantôt ils signifient les rayons des fleurs en ombelles.

PÉDICULAIRE. *Pedicularis.*

Genre de plante de la didynamie angiospermie & de la famille des *Rhinanthoïdes*, dans lequel on a réuni trente-cinq espèces, la plupart propres aux hautes montagnes de l'Europe. Il est figuré pl. 517 des *Illustrations des genres* de Lamarck.

Espèces.

Pédiculaires à tiges rameuses.

1. La PÉDICULAIRE des marais.
Pedicularis palustris. Linn. ♃ Indigène.
2. La PÉDICULAIRE des bois.
Pedicularis sylvatica. Linn. ♃ Indigène.
3. La PÉDICULAIRE à feuilles d'euphraise.
Pedicularis euphrasifolia. Willd. ♃ De la Sibérie.
4. La PÉDICULAIRE volant-d'eau.
Pedicularis myriophylla. Willd. ♃ De la Sibérie.
5. La PÉDICULAIRE en épi.
Pedicularis spicata. Willd. ♃ De la Sibérie.
6. La PÉDICULAIRE de Virginie.
Pedicularis virginica. Linn. ♃ De la Virginie.

Pédiculaires à tiges simples.

7. La PÉDICULAIRE renversée.
Pedicularis resupinata. Willd. ♃ De la Sibérie.
8. La PÉDICULAIRE impériale.
Pedicularis sceptrum. Linn ♃ De la Suède.
9. La PÉDICULAIRE hispide.
Pedicularis tristis. Linn. ♃ De la Sibérie.
10. La PÉDICULAIRE de Lapponie.
Pedicularis laponica. Linn. ♃ De la Lapponie.
11. La PÉDICULAIRE à feuilles d'asplénion.
Pedicularis asplenifolia. Willd. ♃ De l'Allemagne.
12. La PÉDICULAIRE jaune.
Pedicularis flava. Willd. ♃ De la Sibérie.
13. La PÉDICULAIRE striée.
Pedicularis striata. Willd. ♃ De la Lapponie.
14. La PÉDICULAIRE de Sibérie.
Pedicularis sudetica. Willd. ♃ De la Sibérie.
15. La PÉDICULAIRE obtuse.
Pedicularis recutita. Linn. ♃ Des Alpes.
16. La PÉDICULAIRE étalée.
Pedicularis elata. Willd. ♃ De la Sibérie.
17. La PÉDICULAIRE feuillée.
Pedicularis foliosa. Linn. ♃ Des Alpes.

18. La PÉDICULAIRE chevelue.
Pedicularis comosa. Linn. ♃ Des Alpes.
19. La PÉDICULAIRE du Canada.
Pedicularis canadensis. Linn. ♃ Du Canada.
20. La PÉDICULAIRE du Groënland.
Pedicularis groenlandica. Willdenow. ♃ Du Groënland.
21. La PÉDICULAIRE incarnate.
Pedicularis incarnata. Jacq. ♃ Des Alpes.
22. La PÉDICULAIRE oncinée.
Pedicularis uncinata. Willd. ♃ De la Sibérie.
23. La PÉDICULAIRE interrompue.
Pedicularis interrupta. Willd. ♃ De la Sibérie.
24. La PÉDICULAIRE verticillée.
Pedicularis verticillata. Linn. ♃ Des Alpes.
25. La PÉDICULAIRE sans tige.
Pedicularis acaulis. Jacq. ♃ De l'Allemagne.
26. La PÉDICULAIRE écarlate.
Pedicularis flammea. Linn. ♃ Des Alpes.
27. La PÉDICULAIRE velue.
Pedicularis hirsuta. Linn. ♃ De la Lapponie.
28. La PÉDICULAIRE rougeâtre.
Pedicularis rosea. Willd. ♃ Des Alpes.
29. La PÉDICULAIRE en bec d'oiseau.
Pedicularis rostrata. Linn. ♃ Des Alpes.
30. La PÉDICULAIRE tubéreuse.
Pedicularis tuberosa. Willd. ♃ Des Alpes.
31. La PÉDICULAIRE réfléchie.
Pedicularis gyroflexa. Willd. ♃ Des Alpes.
32. La PÉDICULAIRE fasciculée.
Pedicularis fasciculata. Willd. ♃ Des Alpes.
33. La PÉDICULAIRE à calice rouge.
Pedicularis rubens. Willd. ♃ De la Sibérie.
34. La PÉDICULAIRE à épi dense.
Pedicularis compacta. Willd. ♃ De la Sibérie.
35. La PÉDICULAIRE mille feuilles.
Pedicularis achilleifolia. Willd. ♃ De la Sibérie.

Culture.

Toutes les espèces de ce genre sont presqu'incultivables. Il est extrêmement rare que leurs graines lèvent lorsqu'on les sème dans les jardins, quelques précautions qu'on prenne. Lorsqu'on veut absolument les avoir dans les écoles de botanique, il faut en aller lever des pieds en motte dans les marais ou les bois, & les y transporter, en les mettant, autant que possible, dans des circonstances semblables à celles où elles se trouvoient, principalement dans une humidité constante; malgré ces soins, on ne peut y conserver ces pieds plus d'un an ou deux. On prétend qu'elles sont dangereuses pour les bestiaux; cependant j'ai constamment vu les deux premières mangées par eux. (*Bosc.*)

PEDIVEAU : nom donné par M. Poiret au genre de plante appelé CALADIUM par Ventenat. *Voyez* au mot GOUET, où il est question des espèces qui le composent.

PÉDONCULE : le support ou la queue des fleurs & des fruits; il est ou simple, ou composé. *Voyez* le *Dictionnaire de Botanique*.

PEIGNE. *SCANDIX*.

Genre de plante de la pentandrie digynie & de la famille des *Ombellifères*, dans lequel se placent vingt-quatre espèces, dont une est l'objet d'une culture fort étendue dans nos jardins. *Voyez* planche 201 des *Illustrations des genres* de Lamarck, où il est figuré.

Observations.

Le genre *Cerfeuil* (*chærophyllum*) ayant été réuni à celui-ci par plusieurs botanistes, je ferai d'autant plus disposé à les imiter, que le mot *Cerfeuil* a été oublié dans ce Dictionnaire; j'y réunirai encore les genres MYRHIDE & ANTRISQUE, qui en avoient été séparés sans motifs suffisans: d'autres ont placé ce dernier parmi les CAUCALIDES. *Voyez* ce mot.

Espèces.

1. Le PEIGNE odorant.
Scandix odorata. Linn. ♃ Du midi de l'Europe.
2. Le PEIGNE de Vénus.
Scandix pecten. Linn. ⊙ Indigène.
3. Le PEIGNE du Chili.
Pecten chilensis. Mol. Du Chili.
4. Le PEIGNE cerfeuil.
Scandix cerefolium. Linn. ⊙ Du midi de l'Europe.
5. Le PEIGNE à longues soies.
Scandix trichosperma. Linn. ⊙ De l'Égypte.
6. Le PEIGNE puant.
Scandix infesta. Linn. ⊙ De l'Arabie.
7. Le PEIGNE à grandes fleurs.
Scandix grandiflora. Linn. De l'Orient.
8. Le PEIGNE couché.
Scandix procumbens. Linn. De la Virginie.
9. Le PEIGNE pinnatifide.
Scandix pinnatifida. Vent. ⊙ De la Perse.
10. Le PEIGNE des bois.
Chærophyllum sylvestre. Linn. ♃ Indigène.
11. Le PEIGNE bulbeux.
Chærophyllum bulbosum. Linn. ♃ Du midi de l'Europe.
12. Le PEIGNE aristé.
Chærophyllum aristatum. Thunb. Du Japon.
13. Le PEIGNE tacheté.
Chærophyllum temulum. Linn. ♂ Indigène.
14. Le PEIGNE du Cap.
Chærophyllum capense. Thunb. Du Cap de Bonne-Espérance.
15. Le PEIGNE rude.
Chærophyllum scabrum. Thunb. Du Japon.
16. Le PEIGNE hérissé.
Chærophyllum hirsutum. Linn. ♃ Des Alpes.

17. Le PEIGNE aromatique.

Chærophyllum aromaticum. Linn. ♃ De l'Allemagne.

18. Le PEIGNE coloré.

Chærophyllum coloratum. Linn. De l'Illyrie.

19. Le PEIGNE doré.

Chærophyllum aureum. Linn. ♃ De la Suisse.

20. Le PEIGNE arborescent.

Chærophyllum arborescens. Linn. ♄ De la Virginie.

21. Le PEIGNE verticillé.

Chærophyllum verticillatum. Pers. ♃ De l'Europe.

22. Le PEIGNE très-glabre.

Chærophyllum glaberrimum. Desf. De la Barbarie.

23. Le PEIGNE du Canada.

Chærophyllum canadense. Pers. De l'Amérique septentrionale.

24. Le PEIGNE de Clayton.

Chærophyllum Claytoni. Mich. De l'Amérique septentrionale.

Culture.

La première espèce se voit dans beaucoup de jardins, où la précocité de sa végétation, la beauté de ses touffes, l'agréable odeur de ses feuilles & de ses fruits la font recherche; elle se plaît à toutes les expositions & dans tous les terreins, se multiplie avec la plus grande facilité, soit par graines, soit par le déchirement des vieux pieds. Dans les jardins paysagers, c'est le long des allées, dans le voisinage des lieux de repos, qu'il convient de la placer; elle subsiste trois à quatre ans belle dans la même place, après quoi il est bon de la transporter autre part. Ses feuilles peuvent être avantageusement substituées à celles du cerfeuil commun dans l'assaisonnement des mets.

La seconde espèce est abondante, quelquefois même trop, dans les champs des parties moyennes & méridionales de la France, attendu qu'elle nuit au produit des récoltes. Comme sa graine mûrit avant celle des céréales, ce n'est que par un assolement régulier, c'est-à-dire, lorsqu'on fait succéder des récoltes binées aux céréales, & à ces récoltes binées des prairies artificielles, qu'on peut s'en débarrasser: son amertume fait que les bestiaux la repoussent d'abord; cependant ils s'y accoutument peu à peu. Quoique petite, elle est assez élégante pour tenir sa place dans un parterre en petites touffes peu garnies.

Le Peigne cerfeuil ou simplement le cerfeuil est l'espèce que j'ai indiquée comme la plus généralement cultivée; &, en effet, on ne peut pas s'en passer dans l'art de la cuisine pour donner du goût aux mets; elle est aussi employée en médecine. Étant depuis des siècles sous la main de l'homme, elle a produit plusieurs variétés qu'on recherche peu, parce qu'elles n'offrent aucun avantage. Une terre légère & fraîche est celle qui lui convient le mieux, mais elle s'accommode de toutes; la trop grande abondance de fumier lui communique une saveur désagréable. On sème sa graine clair, en rayon ou en planche, à un demi-pouce de profondeur. Cette graine est quelquefois long-tems avant de lever si on ne l'arrose pas. Pour avoir toujours du jeune cerfeuil, qui est le meilleur, on répète les semis tous les quinze jours, au printems & en automne à une exposition chaude, & en été au nord ou à l'ombre. Le couper avant sa montée en graine est une opération propre à le conserver plus long-tems bon à remplir sa destination. Avec ces précautions, comme il ne craint point les gelées, on peut en avoir toute l'année sans le secours des châssis & des couches.

Les feuilles de cerfeuil perdent une partie de leur odeur & de leur saveur par la dessiccation, mais peuvent être cependant employées. Pour cet effet on en fait de petites bottes, qu'on suspend au plancher.

Tous les bestiaux aiment beaucoup le cerfeuil; il donne aux vaches un lait excellent & abondant. Il seroit probablement avantageux d'en semer pour leur seul usage, attendu qu'on pourroit le couper trois fois dans le courant de l'été; mais je ne sache pas qu'on le fasse nulle part.

Le Peigne pinnatifide a été cultivé dans le jardin de Cels; mais il n'y a pas subsisté long-tems, ses graines n'étant pas parvenues à maturité.

Le Peigne des bois est très-commun dans les haies & les buissons, dans les terreins secs & légers de presque toute l'Europe. C'est une des premières plantes qui poussent au printems, & elle se fait remarquer par la belle forme & la belle couleur de ses feuilles; on la connoît sous le nom de *persil-d'âne.* Son odeur fétide & sa saveur âcre en éloignent les bestiaux; cependant ils s'y accoutument, & il a été fait des essais qui prouvent l'utilité dont elle pourroit être pour leur nourriture, surtout des bœufs & des vaches. Outre son extrême précocité & l'abondance de sa fane, elle pousse si rapidement, qu'elle peut donner deux coupes avant la première coupe du trèfle. Je fais des vœux pour qu'on cesse de méconnoître ses nombreux avantages, & pour qu'on la cultive en grand.

Comme cette espèce vient fort bien à l'ombre, les amateurs des jardins paysagers feront bien d'en garnir le sol des massifs; ce qui les embellira beaucoup au premier printems.

Le Peigne bulbeux paroît, d'après ce que j'en ai vu, offrir les mêmes motifs de culture, & de plus posséder des racines extrêmement du goût des bestiaux. Gmelin rapporte que les habitans de la Siberie les mangent, soit crues, soit cuites.

Ces espèces, ainsi que celles inscrites sous les n°s. 13, 15, 17, 18, 19 & 20, se cultivent dans les écoles de botanique: toutes se contentent de la pleine terre & se sèment en place. (*Bosc.*)

PEINTADE.

PEINTADE. *Voyez* PINTADE.

PÉKI. *Pekia.*

Genre de plante établi par Aublet, & depuis réuni aux CARYOCARS. *Voy.* ce mot. Il est figuré pl. 486 des *Illustrations des genres* de Lamarck.

Comme il n'a été cité qu'une espèce de ce genre à son article, je vais les rapporter toutes ici, quoiqu'aucune ne soit cultivée dans nos jardins.

Espèces.

1. Le CARYOCAR noix.
Caryocar nucifera. Linn. ♄ Des îles de l'Amérique.

2. Le CARYOCAR à feuilles glabres.
Caryocar glabra. Aubl. ♄ De Cayenne.

3. Le CARYOCAR à feuilles velues.
Caryocar villosa. Aubl. ♄ De Cayenne.

4. Le CARYOCAR butireux.
Caryocar butyrosum. Aubl. ♄ De Caye ne.

5. Le CARYOCAR tomenteux.
Caryocar tomentosum. Aubl. ♄ De Cayenne.

Culture.

Le Péki butireux se cultive à Cayenne à raison de son fruit, qui se mange, & duquel on tire de l'huile.

Il en est de même du fruit des autres espèces.

Le bois de toutes est propre à la construction des navires. (*Bosc.*)

PÉKIA : espèce du genre LÉCYTHIS.

PEL : synonyme de POIL, maladie des COCHONS. *Voyez* ces deux mots.

PELARD : bois écorcé sur pied. *Voyez* FORÊT dans le *Dictionnaire des Arbres & Arbustes.*

PELARGONION. *Pelargonium.*

Genre de plante formé aux dépens des GÉRANIONS de Linnæus. Les espèces qui le composent ont été mentionnées à ce dernier mot, auquel je renvoie le lecteur. (*Bosc.*)

PÉLEGRINE. *Alstrœmeria.*

Genre de plante de l'hexandrie monogynie & de la famille des *Liliacées*, dans lequel se rangent vingt-cinq espèces, dont quelques-unes se cultivent dans nos jardins. Il est figuré pl. 231 des *Illustrations des genres* de Lamarck.

Espèces.

1. La PÉLEGRINE tachetée, vulgairement *lis des Incas.*
Alstrœmeria pelegrina. Linn. ♃ Du Pérou.

2. La PÉLEGRINE ligtu.
Alstrœmeria ligtu. Linn. ♃ Du Pérou.

3. La PÉLEGRINE salsila.
Alstrœmeria salsila. Linn. ♃ Du Pérou.

4. La PÉLEGRINE mignonne.
Alstrœmeria pulchella. Linn. ♃ Du Pérou.

5. La PÉLEGRINE à feuilles ovales.
Alstrœmeria ovata. Cavan. ♃ Du Pérou.

6. La PÉLEGRINE multiflore.
Alstrœmeria multiflora. Linn. ♃ Du Pérou.

7. La PÉLEGRINE recourbée.
Alstrœmeria revoluta. Ruiz & Pav. ♃ Du Pérou.

8. La PÉLEGRINE de plusieurs couleurs.
Alstrœmeria versicolor. Ruiz & Pav. ♃ Du Pérou.

9. La PÉLEGRINE rouge.
Alstrœmeria hæmantha. Ruiz & Pav. ♃ Du Pérou.

10. La PÉLEGRINE à fleurs panachées.
Alstrœmeria lineatiflora. Ruiz & Pav. ♃ Du Pérou.

11. La PÉLEGRINE à feuilles distiques.
Alstrœmeria distichifolia. Ruiz & Pav. ♃ Du Pérou.

12. La PÉLEGRINE à feuilles unilatérales.
Alstrœmeria secundifolia. Ruiz & Pav. ♃ Du Pérou.

13. La PÉLEGRINE à tige aplatie.
Alstrœmeria anceps. Ruiz & Pav. ♃ Du Pérou.

14. La PÉLEGRINE rose.
Alstrœmeria rosea. Ruiz & Pav. ♃ Du Pérou.

15. La PÉLEGRINE safranée.
Alstrœmeria crocea. Ruiz & Pav. ♃ Du Pérou.

16. La PÉLEGRINE à bractées.
Alstrœmeria bracteata. Ruiz & Pav. ♃ Du Pérou.

17. La PÉLEGRINE frangée.
Alstrœmeria fimbriata. Ruiz & Pav. ♃ Du Pérou.

18. La PÉLEGRINE à larges feuilles.
Alstrœmeria latifolia. Ruiz & Pav. ♃ Du Pérou.

19. La PÉLEGRINE lanugineuse.
Alstrœmeria tomentosa. Ruiz & Pav. ♃ Du Pérou.

20. La PÉLEGRINE à feuilles sétacées.
Alstrœmeria setacea. Ruiz & Pav. ♃ Du Pérou.

21. La PÉLEGRINE à feuilles denticulées.
Alstrœmeria denticulata. Ruiz & Pavon. ♃ Du Pérou.

22. La PÉLEGRINE pourpre.
Alstrœmeria purpurea. Ruiz & Pav. ♃ Du Pérou.

23. La PÉLEGRINE à gros fruit.
Alstrœmeria macrocarpa. Ruiz & Pav. ♃ Du Pérou.

24. La PÉLEGRINE à feuilles en cœur.
Alstrœmeria cordifolia. Ruiz & Pav. ♃ Du Pérou.

25. La PÉLEGRINE très-belle.
Alstrœmeria formosa. Ruiz & Pav. ♃ Du Pérou.

Culture.

Les trois premières espèces sont les seules qui se voient en ce moment en France ; mais il s'en est cultivé un plus grand nombre, qui n'ont pu être conservées.

La première est la plus commune & la moins délicate. C'est une plante d'un aspect fort agréable & d'une odeur très-suave, & qu'on doit d'autant plus multiplier, qu'elle reste long-tems en fleur. Sa culture en pleine terre est très en faveur en Italie, où elle réussit fort bien. Il est des années où elle réussit de même aux environs de Paris; mais on a toujours à y craindre les gelées de l'hiver: en conséquence, il est prudent d'y tenir cette plante en pot, pour la rentrer dans l'orangerie pendant l'hiver, quoique les fleurs qu'elle donne alors ne soient ni aussi grandes, ni aussi nombreuses.

Une terre de moyenne consistance & très-amandée, qu'on renouvelle tous les deux ou trois ans, est celle qui convient le mieux à la Pélegrine tachetée. Comme elle est toute l'année en végétation, elle demande des arrosemens réguliers, mais foibles, pendant l'hiver. Sa multiplication a lieu, 1°. par le semis de ses graines dans des pots sur couche & sous châssis, ses graines mûrissant fort bien dans nos climats; 2°. par le déchirement des vieux pieds en automne. Les produits du semis se repiquent l'année suivante, également en automne, & ne demandent pas d'autres soins que les vieux pieds.

Comme cette plante périt souvent sans qu'on sache pourquoi, il est bon d'en avoir toujours un certain nombre de pieds au-delà du besoin.

Les Pélegrines ligtu & salsila exigent la serre chaude; elles ne se multiplient que de racines. (*Bosc.*)

PÉLICINE. *Bisserula.*

Petite plante annuelle, qui croît naturellement dans les terreins sabloneux des parties méridionales de l'Europe, & qui seule forme un genre dans la diadelphie décandrie & dans la famille des *Légumineuses*. *Voyez* les *Illustrations des genres* de Lamarck, pl. 622, où elle est figurée.

La Pélicine est remarquable seulement par la forme de son fruit: on ne la cultive que dans les écoles de botanique. Sa culture consiste à semer ses graines, au printems, dans un pot rempli de terre légère, pot qu'on place ou sur une couche nue, ou contre un mur exposé au midi; à arroser dans le besoin, à éclaircir & sarcler le plant, & à recolter les graines. (*Bosc.*)

PELLA. *Pella.*

Genre de plante établi par Gærtner, d'après un fruit venu de Ceylan, qui paroît se rapprocher de ceux des BANISTÈRES.

PELLE: instrument de bois ou de fer, composé d'une partie courte, plate, large & terminée en biseau, appelée proprement *la Pelle*, & destinée à recevoir des terres ou de petites pierres, & d'une partie longue, ronde & étroite, nommée *le manche*, dont l'objet est de tenir la première à la hauteur des mains.

Il est des Pelles de bois, des Pelles de fer, dont la partie large est postérieurement plus ou moins concave. Il est des Pelles de bois dont le biseau est armé d'une lame de fer, & ce ne sont pas les moins propres à remplir le but. Le plus ordinairement les Pelles de fer ont un manche de bois qui entre dans une douille placée à cet effet à leur extrémité supérieure.

On fabrique des Pelles de bois & de fer, dont le manche forme un angle de quarante-cinq degrés, ou à peu près, avec le plan de la partie large; alors le manche n'est jamais d'une seule pièce avec la partie plate & large: celui des Pelles de bois entre dans un trou percé obliquement à son extrémité postérieure, & il est souvent consolidé au moyen d'une cheville qui le traverse, & qui entre dans un prolongement de cette même extrémité postérieure; celui des Pelles de fer entre dans une douille, à cet effet fixée obliquement à son extrémité postérieure.

Les Pelles, soit en bois, soit en fer, varient extrêmement dans leurs formes & leurs dimensions. Il seroit fort difficile de les décrire toutes, & cela seroit peu utile, à raison de la nécessité où les cultivateurs se trouvent le plus souvent d'employer celle en usage dans le pays, & de la facilité de la perfectionner si on la trouve peu appropriée à l'objet qu'on a en vue.

La question de savoir s'il est plus avantageux & plus économique de se servir de Pelles de bois que de Pelles de fer, seroit dans le cas d'être ici discutée; mais cette discussion ne peut également offrir un résultat utile. En effet, il est des cas ou une Pelle de fer est indispensable; il est des lieux où on ne pourroit s'en procurer qu'avec beaucoup de dépense; il est des ouvriers qui ne pourroient pas s'en servir, tant ils sont esclaves de l'habitude. En général, il semble que ces dernières doivent entrer plus facilement dans la terre, & durer plus long-tems; mais quand elles sont larges, elles sont lourdes: lorsque leur fer n'est pas bien choisi, elles se cassent, s'usent lorsqu'il est bon & qu'on les fait travailler dans des lieux pierreux; de plus elles se rouillent & coûtent beaucoup plus cher. Leur emploi est, à ce qu'il m'a paru, moins général que celui des Pelles de bois.

Les meilleures Pelles de bois sont celles fabriquées avec du hêtre vert & séché rapidement au feu. Il en est dont le tranchant est rendu presqu'aussi dur que celui des Pelles de fer par une légère carbonisation: on en fait aussi avec l'aune, avec le bouleau, avec le noyer.

Les Pelles servent à jeter les terres, les sables remués par la pioche, soit hors des fossés, soit dans les brouettes, les tombereaux, &c.; on les emploie également pour déblayer les gravas, pour remuer

& enſacher les grains ; enfin, à un grand nombre d'autres uſages. C'eſt donc un inſtrument de première néceſſité dans une exploitation rurale. Tout cultivateur doit donc avoir un approviſionnement de Pelles en bois & en fer, de pluſieurs formes & dimenſions ; mais il doit auſſi, ce que tous ne font pas, à beaucoup près, ne laiſſer à la diſpoſition de ſes valets que le nombre ſtrictement néceſſaire au beſoin du moment, & veiller à ce qu'elles ſoient miſes en une place convenable dès qu'elles ne ſont plus employées. Ces réflexions ſont le réſultat de l'obſervation du peu de ſoin qu'on en a généralement. (*Bosc.*)

PELLE : nom de la bêche dans quelques lieux.

PELLICULE : ſynonyme d'ÉPIDERME dans beaucoup de cas.

PELORE. On a donné ce nom, en Suède, à un genre de plante créé dans un jardin, & qu'on a ſuppoſe hybride de la linaire commune.

Aujourd'hui qu'on ſait que pluſieurs eſpèces de plantes à fleurs anomales peuvent prendre une corolle analogue à celle de la Pelore, on eſt fondé à croire que ſa forme extraordinaire eſt le réſultat d'une altération organique.

Les eſſais qu'on a tentés pour produire artificiellement des Pelores n'ont produit aucun réſultat.

Au reſte, la Pelore n'a d'intéreſſant que la ſingulière forme de ſa corolle, quand on la compare à celle de la plante d'où elle ſort, & les cultivateurs n'ont aucun intérêt à ſe la procurer. (*Bosc.*)

PELOTTE-DE-NEIGE : nom vulgaire de la VIORNE-OBIER, dont les fleurs ſont ſtériles.

PELOU. C'eſt, dans quelques lieux, l'axe de l'épi du maïs lorſqu'il eſt dépouillé de ſon grain.

PELOUSE : terrein inculte & ſec, dépourvu d'arbres & d'arbriſſeaux, mais bien garni de petites plantes, quelquefois ligneuſes, comme les ciſtes, les polygalas, les thyms, &c.

C'eſt principalement dans les montagnes calcaires ſecondaires que les Pelouſes ſont fréquentes, parce que le ſol y eſt ſouvent de bonne nature, & cependant très-peu profond. J'en ai vu de très-belles qui n'avoient que deux à trois pouces de terre ſur le roc vif.

Les Pelouſes ſont toujours le réſultat d'un pâturage qui a fait diſparoître & empêché de ſe reproduire les arbres & arbriſſeaux ; auſſi n'en trouve-t-on point dans les pays où on n'élève point de beſtiaux, principalement de moutons.

Lorſqu'elles ne ſont pas continuellement couvertes de troupeaux, les Pelouſes ſont ſupérieures en beauté aux gazons qu'on établit & entretient à ſi grands frais dans les jardins payſagers, parce que l'herbe en eſt conſtamment plus raſe, plus variée, & que les fleurs s'y ſuccèdent pendant toute la belle ſaiſon. Elles ont pour moi, qui ai paſſé mon enfance dans un pays où elles étoient très-communes, un charme inexprimable. Heureux les poſſeſſeurs de jardins payſagers qui ont le bon eſprit de les conſerver !

Cependant, comme les Pelouſes fourniſſent un pâturage peu abondant, même aux moutons, il n'eſt pas de l'intérêt des cultivateurs de les laiſſer ſubſiſter : les planter en bois eſt généralement le meilleur parti qu'on puiſſe en tirer. *Voy.* FRICHE & MONTAGNE. (*Bosc.*)

PELTAIRE. *PELTARIA.*

Genre de plante établi pour placer la CLYPÉOLE ALLIACÉE, qui n'a pas complétement les caractères de la CLYPÉOLE ALYSSOÏDE ; il a été auſſi appelé BOHADSCHIE. *Voyez* ces mots.

Comme il a été queſtion de la PELTAIRE ALLIACÉE au mot CLYPÉOLE, je n'ai plus qu'à dire qu'on lui a réuni depuis peu deux autres eſpèces que nous ne cultivons pas dans nos jardins ; ſavoir :

1. La PELTAIRE de Garcin.
Peltaria Garcini. Burm. De Perſe.

2. La PELTAIRE du Cap.
Peltaria capenſis. Linn. Du Cap de Bonne-Eſpérance.

PELUCHE. Les amateurs de fleurs donnent ce nom aux pétales qui, dans l'anémone double, remplacent les piſtils, c'eſt-à-dire, à ceux du centre de la fleur. *Voyez* ANÉMONE.

PELURE-D'OIGNON : variété de pomme de terre, autrement appelée *truffe d'août*, & qui réunit les avantages de la bonté, de la précocité & de l'abondance. C'eſt une de celles qui méritent le plus d'être cultivées. *Voyez* POMME DE TERRE.

PEMPHIS : arbriſſeau des îles de la mer du Sud, qu'on a d'abord rangé parmi les ſalicaires, & qu'enſuite on a établi en titre de genre. Il eſt figuré pl. 408 des *Illuſtrations des genres* de Lamarck. *Voyez* SALICAIRE.

PENNANTIE. *PENNANTIA.*

Plante des îles de la mer du Sud, qui ſeule forme un genre dans la polygamie pentandrie.

Comme cette plante, qui eſt figurée pl. 854 des *Illuſtrations des genres* de Lamarck, ne ſe cultive pas dans nos jardins, je n'en dirai rien de plus.

PENNÉE. *Voyez* SARCOCOLLE.

PENNISÈTE. *PENNISETUM.*

Genre de plante de la triandrie digynie & de la famille des *Graminées*, établi aux dépens des HOULQUES & des RACLES (*voyez* ces mots), qui renferme une demi-douzaine d'eſpèces, dont aucune n'eſt cultivée dans nos jardins.

Espèces.

1. Le PENNISÈTE typhoïde.
Pennisetum typhoideum. Perf. ☉ Des Indes.
2. Le PENNISÈTE soyeux.
Pennisetum setosum. Perf. ☉ De la Jamaïque.
3. Le PENNISÈTE racle.
Pennisetum cenchroides. Perf. ☉ Du Cap de Bonne-Espérance.
4. Le PENNISÈTE d'Orient.
Pennisetum orientale. Perf. ☉ De l'Orient.
5. Le PENNISÈTE violet.
Pennisetum violaceum. Perf. ☉ Du Sénégal.
6. Le PENNISÈTE comprimé.
Pennisetum compressum. Palif.-Beauv. ♃ De la Jamaïque. (*Bosc.*)

PENSÉE : espèce du genre VIOLETTE. *Voyez* ce mot.

PENSTÉMON. *PENSTEMON*.

Genre de plante établi pour placer une espèce de galane (*chelone penstemon* Linn.), mais qui n'a pas été adopté. *Voyez* GALANE. (*Bosc.*)

PENTAGLOSE. *PENTAGLOSSUM*.

Genre de plante établi par Forskhal, sur une espèce d'Arabie, qui n'est autre que la SALICAIRE A FEUILLES DE THYM. *Voyez* ce mot.

PENTANDRIE : cinquième classe du système de botanique de Linnæus, une de celles qui contiennent le plus de genres & d'espèces ; elle est formée par la réunion de plusieurs familles, dont une, celle des *Ombellifères*, est fort naturelle. *Voyez* le *Dictionnaire de Botanique*.

PENTAPÈTE. *PENTAPETES*.

Genre de plante de la monadelphie décandrie & de la famille des *Labiées*, qui tantôt a été composé par un grand nombre, tantôt par un petit nombre d'espèces, selon qu'on y a réuni ceux appelés DOMBEYE & ASSONE par Cavanilles. Comme ces deux genres n'ont pas été mentionnés à leur article, je préférerai l'opinion de Lamarck à celle de Willdenow, & je traiterai ici des Pentapètes avec toute l'étendue exigible. *Voyez* PTEROSPERME dans les *Illustrations des genres* de Lamarck, pl. 576.

Espèces.

1. Le PENTAPÈTE galeux, vulgairement *bois de senteur bleu*.
Pentapetes populnea. Lam. ♄ De l'Ile-Bourbon.
2. Le PENTAPÈTE palmé.
Pentapetes palmata. Lam. ♄ De l'Ile-Bourbon.
3. Le PENTAPÈTE à angles aigus.
Pentapetes acutangula. Lamarck. ♄ De l'Ile-Bourbon.
4. Le PENTAPÈTE anguleux.
Pentapetes angulosa. Lam. ♄ De l'Ile-Bourbon.
5. Le PENTAPÈTE à feuilles de tilleul.
Pentapetes tiliæfolia. Lam. ♄ De l'Ile-Bourbon.
6. Le PENTAPÈTE tomenteux.
Pentapetes tomentosa. Lam. ♃ De Madagascar.
7. Le PENTAPÈTE ponctué.
Pentapetes punctata. Lam. ♄ De l'Ile-Bourbon.
8. Le PENTAPÈTE à double anthère.
Pentapetes decanthera. Lam. ♄ De Madagascar.
9. Le PENTAPÈTE ombellé.
Pentapetes umbellata. Lamarck. ♄ De l'Ile-Bourbon.
10. Le PENTAPÈTE à fleurs écarlates.
Pentapetes phœnicea. Linn. ♄ Des Indes.
11. Le PENTAPÈTE ovale.
Pentapetes ovata. Lam. ♄ De l'Ile-Bourbon.
12. Le PENTAPÈTE couleur de rouille.
Pentapetes ferruginea. Lamarck. ♄ De l'Isle-de-France.
13. Le PENTAPÈTE velouté.
Pentapetes velutina. Lam. ♄ De l'Arabie.
14. Le PENTAPÈTE érythroxyle.
Pentapetes erythroxylon. Lam. ♄ De l'île Sainte-Hélène.
15. Le PENTAPÈTE à feuilles tronquées.
Pentapetes præmorsa. H. Angl. ♄ Des Indes.

Culture.

Le véritable Pentapète, selon Willdenow & autres, c'est-à-dire, le Pentapète à fleurs écarlates, est le seul qui soit commun dans nos jardins : on ne le cultive qu'en pot, & on le tient dans la serre chaude pendant presque toute l'année. La terre qui lui convient, est celle de moyenne consistance. Il ne faut l'arroser un peu abondamment que lorsqu'il est en fleur. On le multiplie de graines, dont il donne assez souvent dans le climat de Paris, graines qu'on sème dans des pots sur couche & sous châssis, & quelquefois de marcottes. Il vit peu de tems, & chaque année il faut en faire de nouveaux pieds si on ne veut pas le perdre.

Les autres espèces que nous possédons, sont la douzième, la quatorzième & la quinzième. Leur culture est la même que celle de la précédente ; mais comme elles donnent rarement des graines, leur conservation est plus incertaine. (*Bosc.*)

PENTAPHYLLE. *PENTAPHYLLUM*.

Gærtner a donné ce nom à un genre qu'il a formé, avec la *Potentille de Norwège* ; mais il n'a pas été adopté. *Voyez* POTENTILLE.

PENTAPHYLLE. *PENTAPHYLLUM*.

Genre de plante établi pour placer le TRÈFLE LUPINASTRE. *Voyez* ce mot.

PENTHORE. *Penthorum.*

Plante vivace qui croît dans les marais de l'Amérique septentrionale, & qui seule forme un genre dans la décandrie pentagynie & dans la famille des *Succulentes*. Elle est figurée pl. 390 des *Illustrations des genres* de Lamarck.

La Penthore se cultive dans nos écoles de botanique : on la sème dans un pot ou dans une terrine qu'on plonge à moitié dans un bassin. Le plant s'éclaircit & se sarcle, mais du reste ne demande aucun soin. Rarement il subsiste plus d'une année dans le climat de Paris, soit parce qu'il gèle pendant l'hiver, soit parce que l'eau dans laquelle il plonge se corrompt. Lorsqu'on la sème dans une terre sèche, il faut l'arroser fréquemment & abondamment, sans quoi elle ne s'élève qu'à quelques pouces.

Cette plante, dont j'ai observé de grandes quantités pendant mon séjour en Caroline, exhale, pendant qu'elle est en fleur, une odeur assez agréable; du reste, elle n'est utile à rien. (*Bosc.*)

PENTZIE. *Pentzia.*

Arbrisseau du Cap de Bonne-Espérance, que quelques botanistes ont réuni aux MARGUERITES ou aux BALSAMITES, genre établi aux dépens de ces dernières, & que d'autres croient devoir constituer seul un genre dans la syngénésie égale.

Comme cet arbrisseau n'est pas cultivé dans nos jardins, je n'en parlerai pas plus au long. (*Bosc.*)

PÉPEROMIE. *Peperomia.*

Genre de plante de la décandrie monogynie, établi par Ruiz & Pavon, qui renferme vingt-quatre espèces originaires du Pérou, mais qui ne paroissent pas assez différentes des poivres pour en être séparées. *Voyez* POIVRE.

PÉPIE : espèce d'ulcère qui se produit à l'extrémité de la langue des volailles, & qu'on guérit par l'extirpation ou l'application des caustiques. *Voyez* POULE.

PEPIN. Ce mot ne devroit être appliqué qu'aux semences des poires & des pommes, c'est-à-dire, à celles des fruits appelés *pommum* par Linnæus; mais il se donne aussi à celles de plusieurs fruits à baies, comme des raisins, des groseilles, de l'épine-vinette, &c.

Les Pepins continuant de mûrir après que le fruit auquel ils appartiennent est tombé de l'arbre, il faut bien se garder de les en extraire de suite lorsqu'on les destine à la reproduction.

Tous les Pepins sont dans le cas de servir à la nourriture de la volaille, & contiennent une amande dont on peut extraire de l'huile. Il est assez rare cependant qu'on les utilise.

Lorsqu'on veut envoyer des Pepins au loin pour les employer à faire des semis, il est indispensable de les stratifier dans de la terre ou de la mousse, ou de la sciure de bois légérement humide; car ils perdent leur faculté germinative par suite de leur dessiccation.

Par la même raison il faut, ou les semer avant l'hiver, ou les stratifier également lorsqu'ils ont été séparés de leur pulpe. (*Bosc.*)

PÉPINIÈRE : terrein consacré au semis des graines, & à l'éducation des arbres & arbustes pendant les premières années de leur existence.

La culture des Pépinières, par cette seule définition, doit être développée dans le *Dictionnaire des Arbres & Arbustes*, plutôt que dans celui-ci; en conséquence j'y renvoie le lecteur.

PÉPLIS. *Peplis.*

Petite plante annuelle, rampante, qu'on trouve en Europe, dans les lieux sabloneux & constamment humides, & qui forme seule, dans l'hexandrie monogynie & dans la famille des *Calycanthèmes*, un genre qu'on voit figuré pl. 262 des *Illustrations des genres* de Lamarck.

Cette plante se cultive dans les écoles de botanique, où on la sème dans une terrine remplie de terre de bruyère, terrine qu'on place, en l'enfonçant de deux pouces seulement, dans un bassin d'eau pure. Le plant levé s'éclaircit & se sarcle, mais du reste ne demande aucun soin jusqu'à la récolte des graines, qu'on peut même se dispenser de faire, puisqu'elles se resèment elles-mêmes.

Il est une autre plante du même genre qui croît dans les Indes, mais que nous ne cultivons pas dans nos jardins. (*Bosc.*)

PÉRAGU. *Clerodendron.*

Genre de plante figuré pl. 547 des *Illustrations des genres* de Lamarck, dans lequel on a réuni dix espèces, dont quatre se cultivent dans nos serres.

Observations.

Ce genre se rapproche tant des VOLKAMÈRES (*voyez* ce mot), que plusieurs espèces, entr'autres celle qui est la plus commune dans nos serres, lui ont été rapportées.

Espèces.

1. Le PÉRAGU infortuné.
Clerodendron infortunatum. Linn. ♄ Des Indes.
2. Le PÉRAGU visqueux.
Clerodendron viscosum. Vent. ♄ Des Indes.
3. Le PÉRAGU fortuné.
Clerodendron fortunatum. Linn. ♄ Des Indes.
4. Le PÉRAGU écailleux.
Clerodendron squamatum. Vahl. ♄ Des Indes.

5. Le PÉRAGU trichotome.
Clerodendron trichotomum. Thunb. ♄ Du Japon.
6. Le PÉRAGU calamiteux.
Clerodendron calamitosum. Linn. ♄ Des Indes.
7. Le PERAGU à ombelles.
Clerodendron umbellatum. Linn. ♄ De l'Afrique.
8. Le PÉRAGU à feuilles variables.
Clerodendron diversifolium. Vahl. ♄ Des Indes.
9. Le PERAGU paniculé.
Clerodendron paniculatum. Linn. ♄ Des Indes.
10. Le PERAGU à feuilles de molène.
Clerodendron phlomoides. Linn. ♄ Des Indes.

Culture.

Les cinq premiers, dont un est à fleurs doubles, se cultivent dans nos serres. Ce sont des arbrisseaux à fleurs odorantes, d'une facile multiplication, attendu qu'on les obtient de marcottes & de boutures faites dans des pots, sur couche & sous châssis, à toutes les époques de l'année; de rejetons qu'on sépare en automne, & même quelquefois de graines. Ils fleurissent ordinairement deux fois l'an, & ornent les serres à ces époques. Une terre un peu consistante & renouvelée en partie tous les ans en automne, est celle qu'ils exigent; il leur faut beaucoup de chaleur & des arrosemens abondans pendant qu'ils poussent. (*Bosc.*)

PÉRAME. *Matteschkea.*

Petite plante annuelle de Cayenne, qui, selon Aublet, forme seule, dans la tétrandrie monogynie, un genre figuré pl. 68 des *Illustrations des genres* de Lamarck. Nous ne la cultivons pas dans nos jardins. (*Bosc.*)

PERCE-BOSSE. *Voyez* LISYMAQUE.

PERCE-FEUILLE: espèce de BUPLÈVRE que l'on trouve très-fréquemment dans les céréales des parties méridionales & moyennes de la France, & qui nuit souvent à leurs produits.

PERCE-MOUSSE. *Voyez* POLYTRIC.

PERCE-MURAILLE. On appelle ainsi la PARIÉTAIRE.

PERCE-NEIGE. Tantôt c'est la NIVÉOLE, tantôt la GALANTINE.

PERCE-OREILLE. *Voyez* FORFICULE.

PERCEPIER. *Aphanes.*

Petite plante annuelle, qui croît abondamment dans les champs sablonneux, & qui est figurée pl. 87 des *Illustrations des genres* de Lamarck. Plusieurs botanistes la réunissent aux *Alchemilles;* mais elle doit former un genre particulier dans la tétrandrie digynie. On la cultive dans les écoles de botanique, où sa culture consiste uniquement à la semer en place, à éclaircir le plant, à le sarcler & à en ramasser la graine. (*Bosc.*)

PERCE-PIERRE. *Voyez* BACCILE.

PERCHE: poisson d'eau douce dont la fécondité & la bonté rendent très-avantageuse la multiplication dans les étangs d'eau vive, & que je dois en conséquence signaler ici aux cultivateurs. *Voyez* le *Dictionnaire ichtiologique.*

PERCHES: brins de bois plus ou moins gros, plus ou moins longs, dont on est dans le cas de faire un fréquent usage en économie rurale, & dont toutes les exploitations doivent être pourvues.

Pour qu'une Perche remplisse bien les services qu'on en attend, il faut qu'elle soit en même tems très-légère & très-solide. Or, ce sont celles de charme & de châtaignier qui réunissent le mieux ces deux avantages.

Dans les pays boisés, les Perches sont faciles à se procurer: il n'en est pas de même dans les plaines nues; là il faut les ménager. (*Bosc.*)

PERCHIS: bois de dix à quinze ans, c'est-à-dire, contenant beaucoup de perches. Il est souvent beaucoup plus avantageux d'exploiter un Perchis, que d'attendre qu'il ait perdu ce nom: on en tire du bois pour les verreries, & du charbon pour les forges. (*Bosc.*)

PERDICIE. *Perdicium.*

Genre de plante de la syngénésie superflue & de la famille des *Corymbifères,* dans lequel se trouvent réunies douze espèces, dont une seulement est cultivée dans nos écoles de botanique. Il est figuré pl. 677 des *Illustrations des genres* de Lamarck.

Espèces.

1. La PERDICIE de la Jamaïque.
Perdicium radiale. Linn. ♄ De la Jamaïque.
2. La PERDICIE du Brésil.
Perdicium brasiliense. Linn. ♃ Du Brésil.
3. La PERDICIE à feuilles glabres.
Perdicium lævigatum. Berg. ♃ Du Brésil.
4. La PERDICIE recourbée.
Perdicium recurvatum. Vahl. ♄ Du détroit de Magellan.
5. La PERDICIE écailleuse.
Perdicium squarrosum. Willd. ♃ Du Brésil.
6. La PERDICIE lactucoïde.
Perdicium lactucoides. Vahl. ♃ Du détroit de Magellan.
7. La PERDICIE du Chili.
Perdicium chilense. Willd. ♃ Du Chili.
8. La PERDICIE nerveuse.
Perdicium nervosum. Thunb. Du Cap de Bonne-Espérance.
9. La PERDICIE de Magellan.
Perdicium magellanicum. Vahl. ♃ Du détroit de Magellan.
10. La PERDICIE pourpre.
Perdicium purpureum. Vahl. Du détroit de Magellan.

11. La PERDICIE velue.
Perdicium tomentosum. Vahl. ♃ Du Japon.

12. La PERDICIE à feuilles de pissenlit.
Perdicium taraxacum. Vahl. ♃ Du Cap de Bonne-Espérance.

Culture.

La dernière est celle que nous cultivons : on la multiplie de graines, dont elle donne quelquefois dans nos jardins, & par déchirement des vieux pieds. Une terre très-légère est celle qui lui convient; elle demande fort peu d'arrosemens, surtout en hiver, qu'elle passe dans l'orangerie. C'est une plante de fort peu d'agrément. (*Bosc.*)

PERDRIX : genre d'oiseau dont il existe cinq à six espèces en France, parmi lesquelles une est fort commune dans les plaines à blé, & peut se considérer relativement à l'agriculture, ou comme oiseau utile, ou comme oiseau nuisible. En effet, d'un côté, la bonté de sa chair fait rechercher la Perdrix, & de l'autre elle consomme beaucoup plus de blé, soit pendant les semailles, soit pendant les moissons, qu'elle n'a de valeur réelle. Il est vrai cependant qu'elle rend quelques services aux cultivateurs en mangeant les graines des mauvaises herbes, surtout de la moutarde sauvage, qui infestent souvent leurs champs.

Il résulte de ces observations qu'il est bon d'avoir quelques compagnies de Perdrix sur sa terre, mais qu'il ne faut pas qu'il y en ait trop.

On peut assez facilement accoutumer les Perdrix à ne pas quitter de petits enclos lorsqu'elles y trouvent nourriture & sécurité; mais il est presqu'impossible de les réduire en domesticité. Ainsi les cultivateurs, entre les mains de qui tombent des œufs de cet oiseau, par suite de la coupe des foins ou autrement, doivent les faire couver par des poules, & laisser libres les petits qui en proviennent, bien assurés qu'ils ne s'écarteront pas de la maison. Une Perdrix à laquelle on a enlevé sa première ponte en fait une seconde & même une troisième; ce qui en rend facile la multiplication lorsqu'on veut la forcer. La chasse aux Perdrix la plus régulière se fait au fusil. Pour fixer les jeunes dans le lieu de leur naissance, on commence par tuer le père & la mère.

Lorsqu'on veut diminuer rapidement le nombre des Perdrix, on les prend avec des filets, des lacets, des trébuchets, &c. *Voyez* le *Dictionnaire d'Ornithologie* & celui *des Chasses*. (*Bosc.*)

PEREBIER. *Perebea.*

Arbre de Cayenne, qui seul forme, dans la dioécie, un genre qui n'est connu que dans sa fructification femelle. Nous ne le cultivons pas en Europe. (*Bosc.*)

PÉREPÉ. *Clusia.*

Genre de plante de la polyandrie monogynie & de la famille des *Guttiers*, qui renferme six espèces, dont une seule est cultivée dans nos écoles de botanique. Il est figuré pl. 852 des *Illustrations des genres* de Lamarck.

Espèces.

1. Le PÉREPÉ à fleurs roses.
Clusia rosea. Linn. ♄ De Saint-Domingue.

2. Le PÉREPÉ à fleurs jaunes.
Clusia flava. Linn. ♄ De Cayenne.

3. Le PÉREPÉ à fleurs blanches, vulgairement *aralie*.
Clusia alba. Linn. ♄ De la Martinique.

4. Le PÉREPÉ à feuilles rétuses.
Clusia retusa. Lam. ♄ De l'Amérique méridionale.

5. Le PÉREPÉ à fleurs sessiles.
Clusia sessiliflora. Lam. ♄ De Madagascar.

6. Le PÉREPÉ à feuilles veinées, vulgairement le *paletuvier de montagne*.
Clusia venosa. Linn. ♄ De l'Amérique méridionale.

Culture.

Les deux premières espèces se voient dans nos serres. Ce sont des arbrisseaux à demi parasites, qui demandent une terre très-légère, une grande chaleur & peu d'arrosemens; ils ne donnent jamais de bonnes graines dans nos climats. En conséquence on ne peut les multiplier que de boutures, qui réussissent assez bien lorsqu'on les fait dans des pots remplis de terre de bruyère, & dans une bonne bache.

Ces arbustes se font remarquer dans les serres par la beauté de leurs feuilles; mais il faut éviter de les toucher, parce qu'il suinte de leurs blessures un suc blanc extrêmement caustique. (*Bosc.*)

PERESKIA. *Pereskia.*

Genre de plante établi aux dépens des *Raquettes*, mais qui n'a pas été adopté. *Voyez* CACTIER.

PERGULAIRE. *Pergularia.*

Genre de plante de la pentandrie monogynie & de la famille des *Apocinées*, dans lequel se rangent cinq espèces, dont aucune n'est cultivée dans nos jardins.

Espèces.

1. La PERGULAIRE glabre.
Pergularia glabra. Linn. ♄ Des Indes.

2. La PERGULAIRE tomenteuse.
Pergularia tomentosa. Linn. ♄ De l'Arabie.

3. La PERGULAIRE du Japon.
Pergularia japonica. Thunb. ♄ Du Japon.
4. La PERGULAIRE purpurine.
Pergularia purpurea. Vahl. ♄ De la Chine.
5. La PERGULAIRE comestible.
Pergularia edulis. Willd. ♃ Du Cap de Bonne-Espérance. (*Bosc.*)

PÉRIANTHE : enveloppe propre de la fleur. *Voyez* CALICE dans le *Dictionnaire de Botanique.*

PÉRICARPE : enveloppe propre de la graine. On distingue huit sortes de Péricarpes ; la NOIX, le DRUPE, la POMME, la BAIE, la CAPSULE, la GOUSSE ou LÉGUME, la SILIQUE, la FOLLICULE. *Voyez* ces mots.

Lorsqu'il n'y a pas de Péricarpe, on dit que la graine est nue.

Dans les Péricarpes secs, la graine est attachée au placenta par un cordon ombilical. *Voyez* pour le surplus au mot GRAINE, soit dans ce Dictionnaire, soit dans ceux de *Botanique* & de *Physiologie végétale.* (*Bosc.*)

PÉRILLA. *Perilla.*

Plante annuelle de l'Inde, qui seule forme un genre dans la didynamie gymnospermie & dans la famille des *Labiées.* Elle est figurée pl. 503 des *Illustrations des genres* de Lamarck.

Culture.

La Pérille à feuilles de basilic (*Perilla occimoides* Linn.) ne se cultive que dans les écoles de botanique, où on la sème sur couche & sous châssis dès les premiers jours du printems, & où on la rentre dans la serre chaude dès les premiers froids, afin qu'elle y perfectionne la maturité de ses graines. Une terre légère est celle qui lui convient le mieux : on lui ménage les arrosemens pendant la durée de son existence. (*Bosc.*)

PÉRINE VIERGE. C'est la résine qui découle naturellement du pin, & qu'on recherche à cause de sa pureté. *Voyez* PIN dans le *Dictionnaire des Arbres & Arbustes.*

PÉRIPE. *Peripea.*

Genre de plante établi par Aublet, mais qui depuis a été réuni aux BUCHNÈRES. *Voyez* ce mot.

Ce genre est fondé sur une seule espèce, qui ne se cultive pas dans nos jardins.

PÉRIPLOQUE. *Periploca.*

Genre de plante de la pentandrie monogynie & de la famille des *Apocinées*, qui rassemble seize espèces, dont quatre sont cultivées dans nos jardins. Il est figuré pl. 177 des *Illustrations des genres* de Lamarck.

Espèces.

1. Le PÉRIPLOQUE de Grèce.
Periploca græca. Linn. ♄ Du midi de l'Europe.
2. Le PÉRIPLOQUE de l'Ile-Bourbon.
Periploca mauritiana. Lam. ♄ De l'Ile-Bourbon.
3. Le PÉRIPLOQUE à feuilles lisses.
Periploca lævigata. Ait. ♄ Des Canaries.
4. Le PÉRIPLOQUE à feuilles étroites.
Periploca angustifolia. Labill. ♄ De la Syrie.
5. Le PÉRIPLOQUE scamoné.
Periploca scamonea. Linn. ♄ De l'Égypte.
6. Le PÉRIPLOQUE comestible.
Periploca esculenta. Linn. ♄ Des Indes.
7. Le PÉRIPLOQUE d'Afrique.
Periploca africana. Linn. ♄ Du Cap de Bonne-Espérance.
8. Le PÉRIPLOQUE des Indes.
Periploca indica. Linn. ♄ De Ceylan.
9. Le PÉRIPLOQUE sauvage.
Periploca sylvestris. Retz. ♄ De Ceylan.
10. Le PÉRIPLOQUE tuniqué.
Periploca tunicata. Retz. Des Indes.
11. Le PÉRIPLOQUE blanchâtre.
Periploca albicans. Lam. ♄ Des Indes.
12. Le PÉRIPLOQUE à feuilles en cœur.
Periploca cordata. Lam. ♄ Des Indes.
13. Le PÉRIPLOQUE à petites fleurs.
Periploca parviflora. Lam. ♄ Des Indes.
14. Le PÉRIPLOQUE effilé.
Periploca virgata. Lam. ♄ Des Indes.
15. Le PÉRIPLOQUE émétique.
Periploca emetica. Willd. ♄ Des Indes.
16. Le PÉRIPLOQUE capsulaire.
Periploca capsularis. Forst. ♄ De la Nouvelle-Zélande.

Culture.

La première espèce est la seule qui se cultive fréquemment dans nos jardins, attendu qu'elle ne craint que les très-fortes gélées de l'hiver, & qu'elle s'accommode de tous les terreins & de toutes les expositions. C'est à former des berceaux, ce à quoi ses rameaux très-nombreux & très-flexibles la rendent extrêmement propre, qu'on la destine le plus ordinairement ; cependant on l'emploie aussi à garnir les murs & à varier l'aspect des arbres, sur lesquels on la fait monter. La grande quantité de fleurs dont elle se garnit pendant la belle saison, surtout quand elle est exposée au soleil, ajoute à ses agrémens ; elle n'a contr'elle, dans les jardins paysagers, que le suc laiteux qu'elle contient, lequel est extrêmement âcre, & peut faire naître des ampoules sur la peau, circonstance qui la rend très-propre à entrer dans la composition des haies de défense, qu'elle garnit d'ailleurs très-bien.

Cette espèce se multiplie par le semis de ses graines, dont elle donne fréquemment, mais plus rapidement

rapidement & plus certainement de marcottes, qui reprennent la même année, & qui peuvent être mises en place dès l'hiver suivant. C'est à ce dernier moyen qu'on doit donc s'en tenir & qu'on s'en tient généralement.

Les autres espèces que nous possédons, sont les 4e., 5e., 7e.; elles exigent l'orangerie & se mettent en conséquence dans des pots remplis de terre légère, qu'on place pendant l'été contre un mur exposé au midi, & qu'on n'arrose que lorsque cela est absolument nécessaire. On les multiplie presqu'uniquement de marcottes; car elles donnent rarement des fruits dans nos climats.

C'est la cinquième qui fournit la gomme-résine de son nom, gomme-résine dont on fait un assez fréquent usage en médecine pour qu'on puisse croire avantageux de cultiver cette espèce dans les bons abris du midi de la France.

On mange les feuilles de la sixième au Cap de Bonne-Espérance, chose fort remarquable, puisque celles de toutes les autres sont des poisons. (*Bosc.*)

PÉRIPNEUMONIE : maladie qui est produite par l'inflammation des organes de la respiration, & qui enlève souvent en peu de jours tant de chevaux & de bœufs, qu'elle est regardée comme ÉPIZOOTIQUE. *Voyez* ce mot.

Beaucoup de causes souvent contraires font naître la Péripneumonie, comme un air trop sec & un air trop humide, un air trop chaud & un air trop froid, trop de travail & trop de repos; mais c'est au trop de travail pendant la chaleur qu'on la doit le plus communément. Ménager alors ses chevaux & ses bœufs est donc un moyen préservatif dans le cas d'être employé.

Tantôt un seul lobe des poumons s'est enflammé, tantôt les deux, tantôt les deux avec la gorge; dans ce dernier cas, la maladie est au plus haut degré de danger.

Toujours la Péripneumonie est accompagnée de la fièvre, de la perte de l'appétit, de la toux, de la difficulté de respirer, de douleurs aiguës dans la région de l'estomac, &c.

La saignée est le premier des moyens à employer lorsqu'on s'est assuré de la nature de la maladie, & elle doit être copieuse ou fréquemment répétée pour arrêter les progrès de l'inflammation par l'affoiblissement de l'animal. Par le même motif, on lui refusera toute nourriture solide; il sera rigoureusement tenu à l'eau blanche, nitrée & chaude. Comme c'est pendant l'été que cette maladie se montre le plus communément, on tiendra ouvertes les fenêtres de l'écurie ou de l'étable, afin que l'air respiré par l'animal soit aussi pur que possible; on frottera ses flancs & sa poitrine avec de la flanelle pour faciliter la transpiration dans ces parties. L'application, ou du feu, ou des vésicatoires, ou du séton, est encore un moyen qui ne doit pas être négligé.

Un grand nombre de remèdes internes ont été indiqués contre la Péripneumonie à tous ses degrés; mais il semble que la plupart méritent peu de confiance; cependant il est bon d'appeler un vétérinaire instruit pour juger de la nécessité de leur emploi.

Le plus ordinairement la Péripneumonie se termine par la résolution, & cela est toujours à desirer. Quelquefois il se forme, dans les poumons, un dépôt dont le pus est expectoré. Le cas le plus dangereux est celui où la putridité se développe, & où la gangrène affecte les organes. On appelle, dans ces derniers cas, la Péripneumonie, tantôt putride, tantôt maligne : le quinquina à forte dose, les boissons acidulées avec du vinaigre & même de l'acide sulfurique, des lavemens antiputrides sont alors indispensables. Le plus souvent la mort est la suite de ces complications qui aggravent la maladie principale, déjà si dangereuse.

Il est une autre sorte de Péripneumonie qu'on distingue de la précédente par l'épithète de fausse, & qui, en effet, en diffère essentiellement; c'est un engorgement du poumon sans inflammation, qui ne se forme guère que dans les animaux vieux ou d'une très-foible constitution, dans ceux qui vivent habituellement dans les marais. Au commencement le malade éprouve des alternatives de froid & de chaud, il tousse beaucoup, il tombe dans l'engourdissement, le pouls disparoît presque.

La saignée est rarement utile dans cette maladie; ce sont les toniques & les purgatifs stimulans qui la surmontent le plus certainement. Les vésicatoires, les sétons & surtout les ventouses ou le fer rouge, produisent ordinairement de bons effets. (*Bosc.*)

PÉRISPERME, c'est-à-dire, qui enveloppe le germe.

La nature du Périsperme varie beaucoup : il est corné dans les *Rubiacées*, farineux dans les *Graminées*, mucilagineux dans les *Convolvulacées*, &c.; tantôt il paroît servir à la nutrition de la plante qui germe, tantôt il semble n'avoir aucun but d'utilité. Les botanistes modernes le regardent comme étant d'une grande importance, & emploient fréquemment les considérations qu'il présente dans sa structure ou sa position, pour établir les caractères des familles des plantes.

M. Corréa de Serra, qui a émis tant d'idées lumineuses sur la physiologie végétale, pense que le Périsperme n'est que le superflu desséché de la liqueur qui a servi à la nourriture de l'embryon. Cette opinion est plausible.

Voy. les *Dictionnaires de Botanique* & *de Physiologie végétale.* (*Bosc.*)

PERLIÈRE. C'est le GNAPHALE MARITIME (*athanasia maritima* Linn.).

PÉROJOA. *Perojoa.*

Arbrisseau de la Nouvelle-Hollande, d'après un échantillon duquel Cavanilles a établi un genre dans la pentandrie monogynie.

Cet arbrisseau n'ayant pas encore été introduit dans nos jardins, je n'ai rien à en dire de plus. (*Bosc.*)

PÉROT. Ce nom se donne, dans quelques lieux, aux baliveaux de deux âges. *Voyez* BOIS (Exploitation des) dans le *Dictionnaire des Arbres & Arbustes.*

PÉROTE. *Perotis.*

Genre de plante de la triandrie digynie & de la famille des *Graminées*, établi aux dépens des *Canamelles*, & qui renferme deux espèces, dont aucune n'est cultivée dans nos jardins. Il est figuré pl. 40, fig. 3, des *Illustrations des genres* de Lamarck.

Espèces.

1. La PÉROTE à larges feuilles.
Perotis latifolia. Willd ⊙ Du Cap de Bonne-Espérance.

2. La PÉROTE à plusieurs épis.
Perotis polystachia. Willd. ♃ De l'Inde. (*Bosc.*)

PERSICAIRE : espèce de plante du genre des RENOUÉES. *Voyez* ce mot.

PERSIL. *Apium.*

Genre de plante de la pentandrie digynie & de la famille des *Ombellifères*, dans lequel on compte trois espèces, dont deux sont l'objet d'une culture très-étendue dans nos jardins. Il est figuré pl. 196 des *Illustrations des genres* de Lamarck.

Espèces.

1. Le PERSIL commun.
Apium petroselinum. Linn. ♂ Du midi de l'Europe.

2. Le PERSIL ache.
Apium graveolens. Linn. ♂ Du midi de l'Europe.

3. Le PERSIL céleri.
Apium dulce. ♂ du midi de l'Europe.

Culture.

Quoique le Persil croisse naturellement dans les bois humides, c'est-à-dire, qu'il se plaise mieux dans les terres légères & fraîches, il s'accommode de tous les sols; il faut seulement les labourer profondément, & n'en remettre à la même place qu'après quelques années. Les fortes gelées lui nuisent, surtout quand il est exposé au midi, situation qui fait qu'il pousse plus tôt au printems & plus tard en automne; mais ces gelées attaquent rarement ses racines; de sorte qu'elles ne causent qu'un retard de jouissance, ce qui ne doit pas empêcher d'en placer à ces expositions, ainsi qu'à celle du nord, pendant l'été, parce qu'il y est plus beau & plus doux. Les fumiers altérant son odeur, ne doivent être employés qu'avec parcimonie, quoiqu'ils le fassent pousser avec beaucoup de vigueur.

On peut semer le Persil pendant toute l'année, les gelées exceptées; cependant c'est généralement au printems qu'on le fait, parce qu'il a le tems de se fortifier, & que, durant un an & demi, il y a certitude d'en avoir toujours la quantité nécessaire à la consommation ou à la vente. On doit préférer le mettre en rayons écartés de quatre à six pouces, comme poussant mieux & fournissant davantage de feuilles, qu'en planches pleines. Sa graine doit être enterrée d'un demi-pouce; elle ne lève qu'au bout de quarante jours, & quelquefois plus : il faut l'arroser dans la sécheresse. Le plant levé ne demande plus qu'à être sarclé dans le besoin, & biné une ou deux fois dans l'année.

Très-fréquemment c'est en bordure qu'on sème le Persil, parce qu'ainsi disposé il soutient les terres, fait ornement, & produit plus abondamment des feuilles.

La coupe des feuilles de Persil peut commencer dès qu'il en a cinq à six, & être continuée presque sans interruption jusqu'à ce que la maturité de ses graines soit effectuée, après quoi il périt. Ordinairement on pratique cette opération avec un couteau; mais le mieux est de la faire avec l'ongle, & feuille à feuille; car les feuilles étant aussi essentielles à la vie des plantes que les racines, les couper toutes, c'est retarder leur reproduction.

Lorsqu'on a soin de couper les tiges du Persil à mesure qu'elles montent, on retarde la mort des pieds; mais on ne fait pas habituellement usage de ce moyen, le produit des semis de l'année étant propre à être employé à l'époque où on le peut utilement pratiquer.

Quelquefois les vaches mangent les tiges du Persil, d'autres fois elles les refusent; les cochons les mangent toujours, & encore mieux les racines. Lorsqu'on n'a pas de bestiaux, on ne doit pas jeter ces tiges, comme le font tant de jardiniers, mais les réunir avec les autres débris du jardin pour les mettre dans la fosse aux fumiers.

Dans beaucoup de lieux on dessèche les feuilles de Persil pendant l'été, par leur simple exposition à l'air, & on les conserve dans des sacs de papier pour la consommation de l'hiver : au moment de s'en servir on les fait tremper dans l'eau; mais ces feuilles ont perdu une grande partie de leur odeur & de leur saveur.

Comme je l'ai déjà dit plus haut, il est des pays où on mange les racines du Persil. C'est seulement aux approches de l'hiver qu'on commence à les arracher pour cet objet, & on doit cesser dès que le printems ramène leur végétation. Leur plus grand défaut est leur peu de grosseur, mais il est diminué lorsqu'on cultive la variété citée plus bas. Elles sont très-nourrissantes & très-échauffantes. Je voudrois que leur usage fût plus répandu en France.

La récolte des graines du Persil ne doit pas être

faite indifféremment sur toutes les ombelles, comme c'est l'usage, mais seulement sur celles qui se sont développées les premières, & où elle est la plus grosse. Si la maturité de cette graine n'est pas complète, elle ne lève pas ou donne de foibles productions: quoiqu'elle reste bonne pendant trois ans, il vaut toujours mieux semer celle de la dernière récolte.

Dans les écoles de botanique on sème tous les ans, en place, quelques graines de Persil, de sorte qu'il y a toujours des pieds jeunes & vieux.

Le Persil commun présente plusieurs variétés qu'on ne recherche pas infiniment, mais dont quelques-unes ont cependant des avantages marqués. Ainsi le *Persil à larges feuilles* produit davantage; le *Persil à feuilles frisées* a un aspect plus agréable; le *Persil à feuilles panachées* a un aspect plus singulier; le *Persil à grosses racines* est préférable lorsqu'on veut manger ses racines. Cette dernière, qu'on connoît peu en France, est fort recherchée dans certaines contrées de l'Allemagne, où elle remplace le céleri, dont elle ne diffère que par moins de grosseur & plus de saveur & d'odeur.

Toutes les parties du Persil commun sont odorantes & âcres, principalement ses graines : on en fait un assez fréquent usage en médecine, & l'art de la cuisine ne peut aujourd'hui se passer de ses feuilles; aussi sa culture est-elle générale en Europe & dans tous les pays habités par des Européens.

Le Persil ache croît sur le bord des eaux, où il forme des touffes remarquables par leur largeur & leur hauteur. Les bestiaux n'y touchent pas. Quoique ne devant subsister que deux ans, ces touffes se conservent souvent cinq à six, parce que tous les œilletons ne portent pas graine en même tems, & que ceux qui ne le font pas poussent de nouveaux bourgeons latéraux, & ainsi de suite, jusqu'à ce que le terrein soit fatigué de les porter. On peut en placer avec avantage, de loin en loin, des pieds dans les lieux frais des jardins paysagers.

Une fois introduite dans les écoles de botanique, on peut y conserver long-tems cette espèce, en réduisant chaque année la largeur de ses touffes, & en lui donnant de nouvelle terre.

La plupart des botanistes regardent le Persil céleri comme une variété du Persil ache; mais quoique je reconnoisse toute l'influence de la culture sur les germes des plantes, j'ai peine à me ranger de leur avis. Quoi qu'il en soit, le céleri offre plusieurs variétés, dont les plus connues sont :

1°. Le céleri long, ou grand céleri, ou céleri tendre, ou céleri creux. C'est le céleri qu'on cultive le plus à Paris. On lui connoît deux sous-variétés, dont l'une a la racine rose, & l'autre les feuilles petites. Cette derniere est la plus délicate au goût, mais elle est très-sensible aux gelées.

2°. Le céleri court est moins élevé, moins tendre, plus vert & plus hâtif que le précédent : on ne le cultive qu'à raison de ce dernier avantage.

3°. Le céleri branchu se divise, dès le collet de la racine, en plusieurs œilletons, de sorte que chaque pied semble être la réunion de plusieurs. Sa hauteur & sa couleur le rapprochent du précédent, mais il est bien plus agréable au goût.

4°. Le céleri rave ou céleri à grosse racine a la racine de la grosseur du poing; ses feuilles s'étendent sur la terre : on n'en mange que la racine, qui est extrêmement délicate, surtout lorsqu'elle est cuite. C'est la variété qu'on cultive le plus dans le midi de la France, & celle que je préfère. Elle produit une sous-variété à racine veinée de rouge.

Une terre profonde, légère, humide & fertile, est celle où le céleri prospère le mieux, & l'art de le cultiver consiste principalement à donner ces qualités à celle qui ne les possède pas, par des labours, des arrosemens & des engrais.

Étant originaire des pays chauds, le céleri, surtout dans sa jeunesse, craint l'effet des gelées; ainsi il faut, dans le climat de Paris, ou retarder les semis jusqu'en mai, ou semer contre un mur exposé au midi, & garantir le plant par des paillassons ou autres abris. Quelques jardiniers le sèment même sur couche; mais on peut toujours s'en dispenser quand on ne veut pas avoir du céleri avant sa saison, qui commence en septembre & dure jusqu'en mars de l'année suivante. Celui dont on hâte la végétation est sujet à monter en graine, & par conséquent n'est plus propre à l'objet pour lequel on le cultive.

La graine de deux ans est préférable à celle de l'année, parce que les pieds qui en proviennent, sont moins sujets à l'inconvénient précité.

Pour bien opérer, on sème du céleri à trois époques différentes, séparées de quinze jours, afin que celui qu'on ne doit consommer qu'à la fin de l'hiver soit en état d'être butté seulement aux approches des gelées.

Le semis du céleri doit être très-clair, afin d'avoir du plant vigoureux, car c'est de cette vigueur que dépend la beauté des pieds à venir. Il s'arrose fréquemment, & même se recouvre de fumier court, pour que le terrein conserve mieux son humidité.

Lorsqu'on a semé sur couche pour avoir du céleri hâtif, la nécessité d'épargner le terrein force de repiquer le plant lorsqu'il n'a encore que trois à quatre pouces de haut, & alors on le met en pépinière, à quatre pouces de distance, pour le placer à demeure, six semaines après, au double de cette distance; mais ces deux transplantations le retardent nécessairement, & on doit les éviter quand on sème en pleine terre.

Dans le midi de la France on replante le céleri sur de petits ados, & on laisse entre leurs rangs un intervalle d'un pied qu'on creuse en rigole, & dans lequel on fait venir l'eau des irrigations. Comme c'est le céleri rave ou le céleri branchu qu'on y préfère, comme je l'ai dit plus haut, on le butte peu.

Dans les environs de Paris & plus au nord, on repique à plat, & on laisse entre les rangs ou entre tous les deux rangs un intervalle de trois pieds, ou une planche vide entre deux pleines, intervalle dans lequel se sèment des salades, des raves & autres légumes de peu de durée, c'est-à-dire, qu'on peut enlever avant le mois d'août. Comme c'est le grand céleri ou le céleri plein, on le butte en août ou en septembre, après avoir lié chaque pied, en rejetant entre ces pieds la terre des intervalles, jusqu'à ce qu'on ne voie plus que l'extrémité de ses plus longues feuilles.

Depuis le repiquage du céleri jusqu'à son buttage, on donne deux & même quelquefois trois binages, & on arrose dans la sécheresse le plus fréquemment & le plus abondamment possible. Le céleri qui n'est pas biné devient moins haut, & celui qui n'est pas arrosé devient également moins haut, & de plus reste trop âcre & trop odorant.

Dans l'ouest de la France on repique le céleri dans des fosses de quatre pieds de large & de huit pouces de profondeur, séparées les unes des autres par un ados de pareille largeur, qui reçoit la terre de ces fosses. Cette pratique a l'avantage de favoriser les arrosemens, de former de puissans abris, & devroit être partout préférée. On utilise les ados en été, comme il a été dit précédemment, & on les détruit en automne pour butter les pieds de céleri dont les racines sont ainsi enterrées très-profondément.

Le but de ce buttage est, 1°. de faire blanchir les pétioles communs des feuilles du céleri pour les rendre plus tendres & plus doux; 2°. d'empêcher l'effet des gelées sur ces pétioles, ainsi que sur les racines.

Le céleri rave, dont on ne mange que les racines, n'a pas besoin d'être aussi hautement butté. Six pouces lui suffisent dans le Midi, où les gelées sont peu à craindre: on le butte en conséquence à la manière des pommes de terre, c'est-à-dire, seulement en ramenant la terre contre le collet de ses racines, au moyen d'une pioche à large fer.

Il en est de même du céleri branchu, qu'on couvre, en outre, de plus d'un pied d'épaisseur de litière, ou mieux de feuilles sèches, de fougère, &c.

Je dois faire observer que le céleri, comme le Persil, prend facilement le goût du fumier, ainsi que tous ceux qui en mangent à Paris s'en apperçoivent quelquefois, & que par conséquent il faut n'en employer que du bon, & en moindre proportion possible, lorsqu'on en met sur des pieds parvenus à toute leur grosseur. A mon avis, le terreau doit être préféré pour engraisser la terre où on est dans l'intention de le repiquer.

Dans les pays où l'hiver est pluvieux, il faut butter le céleri plus tard que dans les autres, parce qu'il seroit exposé à pourrir, ou mieux l'arracher à la fin de septembre pour le transporter dans une serre à légumes, & l'entourer de sable humide, en le plaçant debout & en laissant deux ou trois pouces d'intervalle entre chaque pied pour économiser le terrein. Quelques maraichers de Paris le disposent de même en pleine terre.

Le céleri destiné à être consommé après l'hiver ne se butte qu'à la veille des gelées, ainsi que je l'ai déjà dit, afin qu'il puisse mieux résister aux pluies & aux gelées, auxquelles l'étiolement (blanchiment) le rend plus sensible.

On arrache le céleri à mesure du besoin, en augmentant la provision lorsqu'on est dans le cas de craindre les fortes gelées, qui empêchent de fouiller la terre.

Les jardiniers jaloux de bien faire placent séparément, à deux pieds de distance en tout sens, dans un lieu abrité, un certain nombre des plus beaux pieds de leur plant, pour fournir des graines l'année suivante. Ces pieds ne se buttent pas, mais se couvrent, aux approches des gelées, d'une assez grande épaisseur de feuilles, pour que les plus fortes de ces gelées ne puissent pas les atteindre. On augmente ou diminue, ou on ôte entièrement ces feuilles, selon l'intensité des froids: le but doit être de s'opposer aux gelées, & de ne pas laisser les pieds s'étioler complétement. Les autres jardiniers se contentent de planter à part, au printems, quelques-uns des pieds buttés qui leur restent; mais quelle différence dans la beauté, la bonté & le nombre des graines qu'ils fournissent!

La graine du céleri, comme celle du Persil, se conserve bonne environ trois ans, pourvu qu'on la conserve dans un lieu sec.

Quelque grande que soit la consommation du céleri en France, elle n'est pas aussi étendue qu'il seroit bon qu'elle le fût; car c'est, surtout la racine, lorsqu'on n'en mange pas habituellement ou trop, une excellente nourriture qui facilite la digestion des objets avec lesquels on l'allie. C'est à raison de ses propriétés nutritive & excitante, qu'anciennement on n'en donnoit pas à manger aux jeunes religieuses.

Dans les écoles de botanique on cultive le céleri comme le Persil, c'est-à-dire, en en semant quelques graines tous les ans; seulement on couvre le plant de litière pendant l'hiver. (*Bosc.*)

PERSIL D'ANE. C'est un des noms du CERFEUIL SAUVAGE. *Voyez* ce mot.

PERSIL GROS. *Voyez* MACERON.

PERSIL DE MACÉDOINE : nom vulgaire du BUBON. *Voyez* ce mot.

PERSIL DES MARAIS. On appelle ainsi le SELIN DES MARAIS.

PERSIL DE MONTAGNE. *Voyez* SELIN DES MONTAGNES.

PERSONAIRE. *Personaria.*

Genre de plante figuré pl. 716 des *Illustrations*

des genres de Lamarck, mais dont les caractères ne sont pas encore publiés.

PERSONNÉES : famille de plantes qui n'offre que cinq à six plantes habituellement cultivées, mais qui n'en mérite pas moins l'attention des agriculteurs par le grand nombre de celles qui se trouvent dans nos campagnes ou qu'on peut conserver dans nos écoles de botanique. *Voyez* le *Dictionnaire de Botanique*.

PERSOONE. *Persoonia*.

Genre de plante de la tétrandrie monogynie & de la famille des *Protées*, qui rassemble cinq espèces, dont trois se cultivent dans nos jardins.

Espèces.

1. La PERSOONE à larges feuilles.
Persoonia laurina. Pers. ♄ De la Nouvelle-Hollande.

2. La PERSOONE lancéolée.
Persoonia lanceolata. Pers. ♄ De la Nouvelle-Hollande.

3. La PERSOONE linéaire.
Persoonia linearis. Vent. ♄ De la Nouvelle-Hollande.

4. La PERSOONE à feuilles de saule.
Persoonia salicina. Smith. ♄ De la Nouvelle-Hollande.

5. La PERSOONE velue.
Persoonia hirsuta. Smith. ♄ De la Nouvelle-Hollande.

Culture.

Ce sont les trois premières espèces que nous possédons; elles demandent l'orangerie, la terre de bruyère, des arrosemens abondans : on les multiplie de graines tirées de leur pays natal, ou de boutures faites sur couche à châssis ou dans des baches. Ce sont d'assez beaux arbrisseaux qui restent toujours verts, & qui ornent les jardins pendant qu'ils sont en fleur. (*Bosc.*)

PERVENCHE. *Vinca*.

Genre de plante de la pentandrie monogynie & de la famille des *Apocinées*, dans lequel sont réunies six espèces, dont deux sont communes dans nos bois, & se cultivent, ainsi qu'une autre originaire de Madagascar, très-fréquemment dans nos jardins. Il est figuré pl. 172 des *Illustrations des genres* de Lamarck.

Espèces.

1. La PERVENCHE à grandes fleurs.
Vinca major. Linn. ♃ Indigène.

2. La PERVENCHE à fleurs moyennes.
Vinca minor. Linn. ♃ Indigène.

3. La PERVENCHE herbacée.
Vinca herbacea. Kit. ♃ De la Hongrie.

4. La PERVENCHE à petites fleurs.
Vinca parviflora. Ait. ☉ Des Indes.

5. La PERVENCHE à fleurs jaunes.
Vinca lutea. Linn. ♄ De la Caroline.

6. La PERVENCHE de Madagascar.
Vinca rosea. Linn. ♄ De Madagascar.

Culture.

La première espèce est commune dans certains bois des montagnes; elle se plaît dans les fentes des rochers exposés à l'ombre, dans les vallons rocailleux, &c. C'est une très-belle plante, soit par ses feuilles toujours vertes, soit par ses grandes fleurs bleues. On la cultive dans les jardins paysagers, où on la place contre les murs, les fabriques, &c. Elle ne peut y être trop multipliée. Toute terre lui est bonne, pourvu qu'elle ait constamment de la fraîcheur, & une fois mise en place, on n'a plus à s'en occuper que pour l'empêcher de trop s'étendre, ses tiges rampantes prenant racine à chacun de leurs nœuds, & chaque nœud devenant un nouveau pied. Rarement elle donne de la graine; aussi n'est-ce que par marcottes & par déchirement des vieux pieds, en automne, qu'on la propage; mais ces deux moyens en fournissent mille fois plus que la quantité dont on a besoin.

La seconde espèce croît abondamment dans les bois en plaine, dont elle couvre quelquefois entiérement le sol. Quoique moins belle que la précédente, elle tient également bien sa place dans les jardins paysagers, principalement pour couvrir la nudité du sol des massifs, à l'ombre desquels elle se plaît. Je ne conçois pas comment on ne l'y voit pas plus fréquemment, attendu qu'un seul pied peut, en peu d'années, couvrir un espace fort étendu, tant est grande la rapidité avec laquelle elle se propage par ses tiges.

Ces deux espèces, auxquelles les bestiaux ne touchent pas, offrent des variétés à feuilles panachées, à fleurs doubles & à fleurs blanches, toutes, à mon avis, inférieures à leur type.

La Pervenche herbacée se rapproche de la seconde; mais elle est plus petite. On ne la voit encore que dans les écoles de botanique, où on la propage comme il vient d'être dit.

La Pervenche de Madagascar est en ce moment fort recherchée pour l'ornement, à raison de sa beauté & de la durée de sa floraison. On la cultive en pleine terre en Italie; mais elle exige l'orangerie, & même mieux la serre chaude dans le climat de Paris. Il lui faut une terre substantielle, qu'on renouvelle en partie tous les ans, & de fréquens arrosemens pendant l'été. Elle se multiplie très-facilement de graines qui mûrissent dans nos serres, de marcottes, qu'on lève au printems, sur une couche à châssis, & qui donnent des productions qui fleurissent la même année, & de boutures faites sur couches & sous châssis. Comme ses agrémens s'affoibliſſent en vieilliſſant, il eſt néceſſaire de ſe fournir tous les ans de nouveaux pieds ; même quelques cultivateurs préfèrent les traiter comme plantes annuelles, en mettant en pleine terre, contre un mur expoſé au midi, une partie des pieds qu'ils ſe ſont procurés, & on doit les approuver.

Cette eſpèce donne des variétés à fleurs blanches & centre rouge, à fleurs blanches & centre vert. Lorſqu'on mélange avec intelligence les pieds de ces deux variétés avec le type, on en obtient des effets très-agréables. (*Bosc.*)

PÉRULE. *Perula*.

Arbre du Bréſil, qui ſeul forme un genre dans la dioécie polyandrie.

Nous ne le poſſédons pas dans nos jardins ; ainſi je n'ai rien à dire ſur ſa culture. (*Bosc.*)

PESOGNE. Cette maladie des pieds, à laquelle les moutons ſont ſi ſujets depuis quelques années, a de ſi grands rapports avec le FOURCHET (*voyez* ce mot), qu'elle eſt confondue avec lui par la plupart des cultivateurs. A l'article FOURCHET j'ai commis la même erreur ; mais il eſt de fait que cette dernière maladie eſt une ulcération de la glande de la fourche du pied, & que la Peſogne, qu'on appelle auſſi *piétin*, *pourriture du pied*, *crapaudeau*, eſt celle de la couronne des ſabots.

Il eſt fort remarquable que la Peſogne ne ſoit connue que depuis quelques années. N'avoit-elle pas été remarquée ou n'exiſtoit-elle pas ? C'eſt ce ſur quoi je ne puis prononcer. Tout ce que je puis aſſurer, c'eſt qu'elle n'a jamais été auſſi commune qu'elle l'eſt en ce moment dans les pays que j'ai habités pendant ma jeuneſſe, puiſque je ne l'avois pas obſervée.

On doit à MM. Charles Pictet, Tardy de la Broſſy, Dandolo & Morel de Vindé, les meilleures obſervations qui aient été faites ſur la Peſogne.

Lors de l'invaſion de cette maladie, les bêtes boitent peu, ſont ſans fièvre, & mangent comme à l'ordinaire ; on ne remarque entre les doigts qu'un peu de rougeur ou au plus un léger ſuintement.

Quelques jours plus tard, les bêtes boitent tout bas, paiſſent à genoux, ont la fièvre, ſont triſtes, mangent peu ; une ulcération plus ou moins étendue, plus ou moins fétide, exiſte entre leurs doigts & autour de la couronne de leurs ſabots : ſi on n'y apporte pas de remède, ces ſymptômes s'aggravent bientôt ; les bêtes ne peuvent plus ſe lever, ceſſent de manger, la puanteur devient inſuportable, leur laine tombe, leurs ſabots ſe détachent, les os ſe carient ; elles meurent.

Ce qu'il y a de plus inquiétant dans cette maladie, c'eſt qu'elle ſe communique, non-ſeulement aux bêtes du même troupeau, mais à celles de tous les troupeaux qui paiſſent ſur les mêmes terreins, qui voyagent par les mêmes chemins ; à plus forte raiſon à ceux qui ſéjournent dans les mêmes bergeries.

La première choſe à faire quand on s'apperçoit qu'une bête boite, c'eſt de la ſéparer complétement des autres, & d'examiner l'intervalle des deux ongles ou ſabots du pied qui forme le boitement, pour déterminer la cauſe de cet état : ſi c'eſt une épine, une bleſſure quelconque, on peut la remettre dans le troupeau ; ſi c'eſt la Peſogne ou le piétin, on l'iſolera, & on veillera attentivement ſur les autres, pour iſoler auſſitôt de même celles qui boiteront.

Si on ne prenoit pas ces précautions, on ſeroit expoſé à voir la maladie ſe perpétuer indéfiniment dans le troupeau, parce qu'elle en attaqueroit non-ſeulement toutes les bêtes, mais encore pluſieurs fois ſucceſſivement celles qui auroient été guéries.

Lorſqu'on fait voyager un troupeau, il faut donc prendre des informations ſur les bergeries où on les fait paſſer la nuit, même ſur les troupeaux qui ont ſuivi depuis peu la même route. Il faut encore plus néceſſairement cantonner ſon troupeau lorſqu'on aprend que la Peſogne règne dans un des troupeaux de la commune qu'on habite.

Les premiers remèdes indiqués contre cette maladie étoient des cauſtiques ſecs, comme les vitriols de cuivre & de zinc, le verdet en poudre, &c., cauſtiques qu'on plaçoit ſur l'ulcère ou ſur la couronne des ſabots, à cet effet découverte au moyen d'un canif ; ils rempliſſoient ſouvent fort incomplétement le but, parce qu'ils ne pénétroient pas toujours ſous les ſabots, qu'il falloit alors complétement détacher. L'eau de Goulard, qu'on a auſſi employée, n'avoit pas cet inconvénient ; mais elle n'agiſſoit pas avec aſſez d'énergie. On étoit de plus obligé, lorſque les ſabots étoient enlevés, d'envelopper le pied de bandes de toiles fines, coûteuſes & difficiles à maintenir.

On doit à M. Morel de Vindé la connoiſſance de l'emploi des acides minéraux, ſurtout de l'acide nitrique, comme moyen curatif certain, & de l'uſage le plus facile. Aujourd'hui donc, dès qu'une bête à laine eſt attaquée de cette maladie, on la ſépare des autres, comme il a été dit, & de ſuite on paſſe dans l'entre-deux des ſabots du pied malade, & autour de la couronne de ces mêmes ſabots, un pinceau trempé dans de l'eau ſeconde (eau-forte du commerce affoiblie), & on laiſſe la bête tranquille ; le ſurlendemain on recommence. Ordinairement ces deux panſemens ſuffiſent : il eſt bon cependant de ne rendre la malade au troupeau que lorſqu'après pluſieurs jours d'obſervations, on s'eſt aſſuré qu'elle eſt entiérement guérie.

La litière qui a ſervi aux bêtes malades doit être enterrée de ſuite ou brûlée, & le ſol, ainſi que les râteliers, doivent être lavés à pluſieurs eaux bouillantes.

Cette maladie a aussi gagné les cochons, & nuisoit beaucoup à leur commerce avant qu'on connût le moyen de guérison dont il vient d'être question, parce que, d'un côté, elle les faisoit rapidement maigrir, & que de l'autre elle s'opposoit à ce qu'on les conduisît aux foires, par l'impossibilité de les faire marcher. (*Bosc.*)

PESSE. *Hippuris.*

Genre de plante figuré pl. 5 des *Illustrations des genres* de Lamarck, & qui appartient à la monandrie monogynie, & de la famille des *Naïades.* Il renferme deux espèces, dont l'une se cultive dans les écoles de botanique.

Espèces.

1. La PESSE des marais.
Hippuris vulgaris. Linn. ♃ Indigène.

2. La PESSE maritime.
Hippuris maritima. Linn. ♃ Du nord de l'Europe.

Culture.

La première espèce est, selon Linnæus, très-recherchée par les chèvres, & repoussée par les autres bestiaux. Je ne l'ai jamais vue broutée, & de fait on ne mène guère les chèvres dans les marais fangeux, les seuls où elle se plaise & où elle soit très-abondante.

Elle se lève en motte à toutes les époques de l'année pour être transportée dans les écoles de botanique, où on la plante dans une terrine remplie d'eau qu'on renouvelle souvent, ou mieux dans un bassin; là elle ne demande d'autres soins qu'un ou deux sarclages par an. (*Bosc.*)

PESSE ou ÉPICEA. *Voyez* SAPIN.

PESTE. On appelle ainsi, dans la médecine humaine, une sorte de maladie charboneuse qui se communique & enlève annuellement beaucoup de monde en Orient; maladie qui, de loin en loin, pénètre sur quelques points des côtes de l'Europe, & y cause de grands ravages.

Par extension on appelle quelquefois *Peste* toutes les maladies qui enlèvent en peu de tems beaucoup d'hommes ou d'animaux dans un même lieu.

C'est au charbon que, d'après la définition précédente, on doit principalement appliquer le nom de *Peste* dans la médecine vétérinaire. *Voyez* MALADIES CHARBONEUSES & ÉPIZOOTIES. (*Bosc.*)

PÉTALE. Ce nom est synonyme de corolle dans l'expression *corolle monopétale,* & indique seulement une partie de la corolle dans l'expression *corolle polypétale.*

Les Pétales sont proprement les fleurs pour la plupart des hommes; pour les botanistes, ils ne sont qu'une portion de la fleur. *Voyez* aux mots FLEURS & COROLLE, tant dans ce Dictionnaire, que dans celui de Botanique.

PETASITE : espèce du genre TUSSILAGE.

PÉTALOURE. *Voyez* MOURIRI.

PÉTALOSTOME. *Petalostomum.*

Genre de plante de la diadelphie pentandrie & de la famille des *Légumineuses,* qui se rapproche beaucoup des PSORALIERS, des DALÉES, des HYMÉNOPAPPES, &c. (*voyez* ces mots), & dont on cultive trois espèces dans les jardins de Paris. Comme il n'a pas été question des DALÉES à leur article, & que leur culture diffère peu, j'en parlerai ici.

Espèces.

1. Le PÉTALOSTOME blanc.
Petalostomum candidum. Mich. ♃ De l'Amérique septentrionale.

2. Le PÉTALOSTOME carné.
Petalostomum carneum. Mich. ♃ De l'Amérique septentrionale.

3. Le PÉTALOSTOME violet.
Petalostomum violaceum. Mich. ♃ De l'Amérique septentrionale.

4. Le PÉTALOSTOME queue-de-renard.
Petalostomum alopecuroides. Mich. ⊙ De l'Amérique septentrionale.

5. La DALÉE de Cliffort.
Dalea cliffortiana. Willd. ⊙ De l'Amérique septentrionale.

6. La DALÉE ennéaphylle.
Dalea enneaphylla. Willd. ⊙ Du Mexique.

7. La DALÉE odorante.
Dalea citriodora. Willd. ⊙ Du Mexique.

8. La DALÉE phymathode.
Dalea phymathodes. Willd. ♃ Du Mexique.

9. La DALÉE penchée.
Dalea nutans. Willd. ♃ Du Mexique.

10. La DALÉE changeante.
Dalea mutabilis. Willd. ♃ De Cuba.

11. La DALÉE lagopède.
Dalea lagopus. Willd. ♃ Du Mexique.

12. La DALÉE réclinée.
Dalea reclinata. Willd. ♃ Du Mexique.

13. La DALÉE jaune.
Dalea lutea. Cavan. ♃ Du Mexique.

14. La DALÉE couchée.
Dalea prostrata. Orteg. ♃ Du Mexique.

15. La DALÉE tomenteuse.
Dalea tomentosa. Willd. ♃ Du Mexique.

Culture.

Les trois premières espèces, que j'ai cultivées en Amérique & dans les pépinières de Versailles, sont des plantes très-élégantes, qu'il est fâcheux de ne pouvoir multiplier facilement dans le climat de Paris, parce que leurs graines y mûrissent rarement; elles demandent la terre de bruyère & une exposition chaude pour prospérer. Généralement on les sème sur couche & sous châssis; on en repique le plant à la fin de mai, dans d'autres pots, & on rentre ces pots dans l'orangerie ou mieux dans la serre tempérée, aux approches des froids; ils veulent fort peu d'arrosemens. Il semble que ces plantes ayant les racines vivaces, il seroit possible de les multiplier aussi par déchirement des vieux pieds; mais ces pieds sont généralement si peu garnis d'œilletons, qu'on doit craindre de les faire périr en les soumettant à cette opération.

J'avois rapporté beaucoup de graines des véritables Pétalostomes à mon retour d'Amérique, graines que j'ai distribuées dans les jardins de Paris & des pays étrangers; de sorte que ces plantes ont été très-communes pendant quelques années. Aujourd'hui on n'en voit plus qu'un petit nombre de pieds, qu'on perdra sans doute bientôt s'il n'en vient pas de nouvelles graines.

La quatrième espèce étant annuelle ne peut se multiplier que de semences; elle demande les mêmes soins que les autres.

Il en est de même de la cinquième, de la sixième & de la septième espèce, quoiqu'elles diffèrent beaucoup des précédentes par leur port. (*Bosc.*)

PÉTESIE. *Petesia.*

Genre de plante de la tétrandrie monogynie, qui renferme trois arbustes, dont aucun n'est cultivé dans nos jardins.

Espèces.

1. La Pétesie stipulaire.
Petesia stipularis. Linn. ♄ De la Jamaïque.

2. La Pétesie tomenteuse.
Petesia tomentosa. Jacq. ♄ De l'Amérique méridionale.

3. La Pétesie carnée.
Petesia carnea. Forst. ♄ De l'île Namoka.
(*Bosc.*)

PÉTESIOÏDE. *Petesioides.*

Genre de plante établi par Jacquin, & depuis appelé Vallenie. *Voyez* ce mot.

PÉTIANELLE: nom de deux variétés de froment, l'une blanche & l'autre rousse, qu'on cultive au midi de la France. *Voyez* Froment.

PETIT CÈDRE. C'est le Genévrier oxycèdre. *Voyez* ce mot.

PETIT CHÊNE: nom vulgaire d'une Germandrée.

PETIT CYPRÈS. On donne ce nom à l'Auronne.

PETIT HOUX. *Voyez* Fragon.

PETITE ORGE. On appelle quelquefois ainsi la Cevadille.

PETITIE. *Petitia.*

Arbrisseau de Saint-Domingue, qui seul forme, selon Jacquin, un genre dans la tétrandrie monogynie.

Cet arbrisseau n'existe pas dans nos jardins; ainsi je n'ai rien à en dire de plus. (*Bosc.*)

PÉTIOLE. C'est le support, la queue des feuilles.

Tantôt le Pétiole est propre à une seule feuille, tantôt il appartient à plusieurs. Il manque quelquefois.

On trouvera au mot Feuille, soit dans ce Dictionnaire, soit dans celui de Botanique, tout ce qu'il convient de savoir relativement au Pétiole. J'y renvoie le lecteur.

PETUN: synonyme de Tabac.

PETIVÈRE. *Petiveria.*

Arbuste des îles de l'Amérique, dont les feuilles sentent l'ail, & qui seul forme, dans l'heptandrie monogynie & dans la famille des *Arroches*, un genre qui est figuré pl. 272 des *Illustrations des genres* de Lamarck.

Cet arbuste se cultive dans nos serres; il est toujours vert, mais ses fleurs sont sans agrément. Une bonne terre, à demi consistante, est celle qui lui plaît le mieux; on la renouvelle en partie tous les ans, & on ne l'arrose que lorsqu'elle est complétement sèche. C'est presqu'exclusivement de boutures faites au milieu de l'été, sur couche à châssis, qu'on la multiplie.

On doit laisser les pieds de Petivère alliacée en plein air, à une exposition chaude, pendant tout l'été, attendu qu'ils y prennent de la force.

PETOULIER. C'est l'Olivier sauvage. (*Bosc.*)

PÉTRÉE. *Petræa.*

Genre de plante de la didynamie angiospermie & de la famille des *Pyrénacées*, qui ne contient qu'une espèce originaire de l'Amérique méridionale, & figurée pl. 539 des *Illustrations des genres* de Lamarck.

Cette espèce, qui est un arbrisseau grimpant, n'est pas encore cultivée en Europe; ainsi je n'ai rien à en dire.

Amman a donné le même nom à une autre plante qui fait aujourd'hui partie des Tétracères. (*Bosc.*)

PÉTROMARULE. *Petromarula.*

On a donné ce nom à un genre de plante établi aux dépens des Raiponces. *Voyez* ce mot.

PÉTUNIE. *Petunia.*

Genre de plante de la pentandrie monogynie, qui

qui réunit deux espèces, ni l'une ni l'autre cultivée dans nos jardins.

Espèces.

1. La PÉTUNIE à petites fleurs.
Petunia parviflora. Juss. De l'Amérique méridionale.

2. La PÉTUNIE à fleurs de nyctage.
Petunia nyctaginiflora. Juss. De l'Amérique méridionale. (*Bosc.*)

PEUCÉDANE. *Peucedanum.*

Genre de plante de la pentandrie digynie & de la famille des *Ombellifères*, dans lequel se rassemblent quinze espèces, dont plusieurs sont communes dans nos campagnes, & se cultivent dans les écoles de botanique.

Observations.

Ce genre se rapproche beaucoup de ceux des ATHAMANTES & des LIVÈCHES (*voyez* ces mots); aussi plusieurs de ses espèces ont-elles été portées dans ces genres.

Espèces.

1. Le PEUCÉDANE officinal, vulgairement *queue-de-pourceau.*
Peucedanum officinale. Linn. ♃ Indigène.

2. Le PEUCÉDANE des prés.
Peucedanum silaus. Linn. ♃ Indigène.

3. Le PEUCÉDANE d'Alsace.
Peucedanum alsaticum. Linn. ♃ De l'est de la France.

4. Le PEUCÉDANE à tiges courtes.
Peucedanum minus. Linn. ♃ De l'Angleterre.

5. Le PEUCÉDANE sauvage.
Peucedanum alpestre. Linn. ♃ De.....

6. Le PEUCÉDANE à tige noueuse.
Peucedanum nodosum. Linn. ♃ De Candie.

7. Le PEUCÉDANE de Sibérie.
Peucedanum sibiricum. Willd. ♃ De la Sibérie.

8. Le PEUCÉDANE du Japon.
Peucedanum japonicum. Thunb. ♃ Du Japon.

9. Le PEUCÉDANE des sables.
Peucedanum arenarium. Kit. ♃ De la Hongrie.

10. Le PEUCÉDANE d'Italie.
Peucedanum italicum. Pers. ♃ De l'Italie.

11. Le PEUCÉDANE capillacé.
Peucedanum capillaceum. Thunb. Du Japon.

12. Le PEUCEDANE tardif.
Peucedanum serotinum. Pers. ♃ De.....

13. Le PEUCÉDANE à feuilles menues.
Peucedanum tenuifolium. Thunb. ♃ Du Japon.

14. Le PEUCÉDANE doré.
Peucedanum aureum. Ait. ♂ Des Canaries.

15. Le PEUCÉDANE géniculé.
Peucedanum geniculatum. Forst. De la Nouvelle-Zélande.

Culture.

La première espèce, dont les tiges sont hautes de deux à trois pieds, & nullement du goût des bestiaux, est quelquefois si abondante dans les prés marécageux, qu'elle nuit à la production de la bonne herbe, & qu'on doit la détruire, soit en labourant le pré, soit en la coupant entre deux terres. Sa racine, grosse & longue, est pourvue d'un suc jaune, fétide, qui n'empêche pas les cochons de la rechercher. On la cultive dans les écoles de botanique, où tous les soins qu'elle demande sont d'être semée en place, sarclée & arrosée aussi souvent que possible dans la chaleur.

On voit encore dans les mêmes écoles la seconde, la troisième, la quatrième, la douzième, qui toutes quatre demandent la même culture que la première.

Quant au Peucédane doré, qu'on y voit aussi, il exige d'être semé dans un pot, sur couche & sous châssis, & le plant qui en provient repiqué dans d'autres pots, pour être rentré dans l'orangerie aux approches de l'hiver. (*Bosc.*)

PEUMO. *Peumus.*

Genre de plante de l'hexandrie monogynie & de la famille des *Nerpruns*, qui renferme quatre espèces, dont aucune ne se cultive dans nos jardins.

Espèces.

1. Le PEUMO à fruits rouges.
Peumus rubra. Mol. ♄ Du Chili.

2. Le PEUMO à fruits blancs.
Peumus alba. Mol. ♄ Du Chili.

3. Le PEUMO à fruits à mamelons.
Peumus mammosa. Mol. ♄ Du Chili.

4. Le PEUMO à feuilles opposées.
Peumus balda. Mol. ♄ Du Chili.

Les fruits de ces arbres ont une amande qui est très-bonne à manger, dont on tire une excellente huile. Leur écorce sert à la teinture & au tanage des cuirs. (*Bosc.*)

PEUPLIER. *Populus.*

Genre de plante de la dioécie octandrie & de la famille des *Amentacées*, qui réunit une vingtaine d'espèces d'arbres, presque toutes susceptibles d'être cultivées en pleine terre dans le climat de Paris. Il en sera question avec de grands développemens dans le *Dictionnaire des Arbres & Arbustes.*

PEYROUSIE. *Perousia.*

Genre de plante établi aux dépens des *Glaïeuls*, mais qui n'a pas été adopté des botaniſtes.

PHACA. *Phaca.*

Genre de plante fort voiſin de celui des ASTRAGALES, & que quelques botaniſtes, entr'autres Lamarck, lui ont réuni. Comme il réſulte du travail de Decandolle ſur les plantes qui les compoſent, que ce genre doit être conſervé, je vais en indiquer les eſpèces, quoique quelques-unes d'entr'elles aient été mentionnées parmi les ASTRAGALES. *Voyez* ce mot.

Eſpèces.

1. Le PHACA de Portugal.
Phaca bœtica. Linn. ♃ Du Portugal.
2. Le PHACA des ſables.
Phaca arenaria. Decand. ♃ De la Sibérie.
3. Le PHACA des hautes Alpes.
Phaca frigida. Dec. ♃ Des hautes Alpes.
4. Le PHACA des baſſes Alpes.
Phaca alpina. Willd. ♃ Des baſſes Alpes.
5. Le PHACA de la Floride.
Phaca floridana. Willd. ♃ De la Floride.
6. Le PHACA des lieux ſalés.
Phaca ſalſula. Linn. ♃ De la Sibérie.
7. Le PHACA auſtral.
Phaca auſtralis. Linn. ♃ Du midi de l'Europe.
8. Le PHACA à trois fleurs.
Phaca triflora. Decand. ⊙ Du Pérou.
9. Le PHACA des montagnes.
Phaca aſtragalina. Decand. ♃ Des baſſes Alpes.
10. Le PHACA à trois feuilles.
Phaca trifoliata. Decand. ⊙ De la Chine.
11. Le PHACA à calice enflé.
Phaca halicacaba. Willd. ♃ Du midi de l'Europe. (*Bosc.*)

PHACELIE. *Phacelia.*

Genre de plante de la pentandrie monogynie, qui renferme deux eſpèces, dont aucune n'eſt cultivée dans nos jardins.

Eſpèces.

1. La PHACELIE bipinnatifide.
Phacelia bipinnatifida. Mich. ♃ De l'Amérique ſeptentrionale.
2. La PHACELIE frangée.
Phacelia fimbriata. Mich. ♃ De l'Amérique ſeptentrionale. (*Bosc.*)

PHAETUSE. *Phaetusa.*

Plante vivace, originaire d'Amérique, qui ſeule forme un genre dans la ſyngénéſie ſuperflue. Elle eſt figurée pl. 609 des *Illuſtrations des genres* de Lamarck. On ne la cultive pas dans nos jardins. (*Bosc.*)

PHAIE. *Phaius.*

Plante du plus bel aſpect, qui ſemble ſe rapprocher des ANGRECS, mais qui ſeule forme un genre dans la gynandrie octandrie.

On la cultive dans les jardins de la Chine, mais elle n'a pas encore paſſé dans ceux d'Europe. (*Bosc.*)

PHALANGÈRE. *Phalangium.*

Genre de plante de l'hexandrie monogynie & de la famille des *Aſphodèles*, qui réunit quarante-huit eſpèces, dont pluſieurs ſe cultivent dans nos écoles de botanique. Il eſt figuré pl. 240 des *Illuſtrations des genres* de Lamarck.

Obſervations.

Ce genre a beaucoup de rapport avec celui des ANTHÉRICS; auſſi beaucoup de ſes eſpèces ont-elles été réunies à ce dernier, même par les botaniſtes qui l'ont adopté.

Eſpèces.

1. La PHALANGÈRE tardive.
Phalangium ſerotinum. Linn. ♃ Des Alpes.
2. La PHALANGÈRE ondulée.
Phalangium undulatum. Jacq. ♃ Du Cap de Bonne-Eſpérance.
3. La PHALANGÈRE à feuilles filiformes.
Phalangium filifolium. Jacq. ♃ Du Cap de Bonne-Eſpérance.
4. La PHALANGÈRE à feuilles flexueuſes.
Phalangium flexifolium. Willd. ♃ Du Cap de Bonne-Eſpérance.
5. La PHALANGÈRE à longues feuilles.
Phalangium longifolium. Jacq. ♃ Du Cap de Bonne-Eſpérance.
6. La PHALANGÈRE dépouillée.
Phalangium exuviatum. Jacq. ♃ Du Cap de Bonne-Eſpérance.
7. La PHALANGÈRE bipédonculée.
Phalangium bipedonculatum. Jacq. ♃ Du Cap de Bonne-Eſpérance.
8. La PHALANGÈRE pileuſe.
Phalangium piloſum. Jacq. ♃ Du Cap de Bonne-Eſpérance.
9. La PHALANGÈRE à fleurs de lis.
Phalangium liliago. Linn. ♃ Des Alpes.
10. La PHALANGÈRE lis de Saint-Bruno.
Phalangium liliaſtrum. Linn. ♃ Des Alpes.
11. La PHALANGÈRE écailleuſe.
Phalangium ſquameum. Willd. ♃ Du Cap de Bonne-Eſpérance.

12. La PHALANGÈRE effilée.
Phalangium virgatum. Lam. ♃ Du Cap de Bonne-Espérance.

13. La PHALANGÈRE fastigiée.
Phalangium fastigiatum. Lam. ♃ Du Cap de Bonne-Espérance.

14. La PHALANGÈRE en épi.
Phalangium spicatum. Lam. ♃ Du Cap de Bonne-Espérance.

15. La PHALANGÈRE odorante.
Phalangium fragrans. Jacq. ♃ Du Cap de Bonne-Espérance.

16. La PHALANGÈRE filiforme.
Phalangium filiforme. Ait. ♃ Du Cap de Bonne-Espérance.

17. La PHALANGÈRE capillaire.
Phalangium capillare. Lam. ♃ Du Cap de Bonne-Espérance.

18. La PHALANGÈRE du Japon.
Phalangium japonicum. Lam. ♃ Du Japon.

19. La PHALANGÈRE neigeuse.
Phalangium niveum. Lam. ♃ Des Indes.

20. La PHALANGÈRE à fleurs renversées.
Phalangium revolutum. Lam. ♃ Du Cap de Bonne-Espérance.

21. La PHALANGÈRE élevée.
Phalangium elatum. Ait. ♃ Du Cap de Bonne-Espérance.

22. La PHALANGÈRE canaliculée.
Phalangium canaliculatum. Lam. ♃ Du Cap de Bonne-Espérance.

23. La PHALANGÈRE en spirale.
Phalangium spirale. Lam. ♃ Du Cap de Bonne-Espérance.

24. La PHALANGÈRE à fleurs d'albuca.
Phalangium albucoides. Lam. ♃ Du Cap de Bonne-Espérance.

25. La PHALANGÈRE du soir.
Phalangium vespertinum. Lam. ♃ Du Cap de Bonne-Espérance.

26. La PHALANGÈRE réfléchie.
Phalangium reflexum. Cavan. ♃ De.....

27. La PHALANGÈRE de Grèce.
Phalangium græcum. Lam. ♃ De l'Orient.

28. La PHALANGÈRE rameuse.
Phalangium ramosum. Linn. ♃ Indigène.

29. La PHALANGÈRE marginée.
Phalangium marginatum. Thunb. ♃ Du Cap de Bonne-Espérance.

30. La PHALANGÈRE pauciflore.
Phalangium pauciflorum. Willd. ♃ Du Cap de Bonne-Espérance.

31. La PHALANGÈRE scilloïde.
Phalangium scilloides. Lam. ♃ Du Brésil.

32. La PHALANGÈRE rouge.
Phalangium croceum. Mich. ♃ De l'Amérique septentrionale.

33. La PHALANGÈRE à feuilles planes.
Phalangium planifolium. Schous. ♃ De Maroc.

34. La PHALANGÈRE feuillue.
Phalangium comosum. Thunb. ♃ Du Cap de Bonne-Espérance.

35. La PHALANGÈRE à épi serré.
Phalangium floribundum. Ait. ♃ Du Cap de Bonne-Espérance.

36. La PHALANGÈRE sulfurée.
Phalangium sulphureum. Kit. ♃ De la Hongrie.

37. La PHALANGÈRE bleue.
Phalangium cæruleum. Ruiz & Pav. ♃ Du Pérou.

38. La PHALANGÈRE à fleurs rapprochées.
Phalangium coarctatum. Ruiz & Pav. ♃ Du Pérou.

39. La PHALANGÈRE à racines chevelues.
Phalangium eccremorhisum. Ruiz & Pav. ♃ Du Pérou.

40. La PHALANGÈRE glauque.
Phalangium glaucum. Ruiz & Pav. ♃ Du Pérou.

41. La PHALANGÈRE en faux.
Phalangium falcatum. Linn. ♃ Du Cap de Bonne-Espérance.

42. La PHALANGÈRE contournée.
Phalangium contortum. Linn. ♃ Du Cap de Bonne-Espérance.

43. La PHALANGÈRE hérissée.
Phalangium hirsutum. Thunb. ♃ Du Cap de Bonne-Espérance.

44. La PHALANGÈRE adénanthère.
Phalangium adenantherum. Pers. ♃ De la Nouvelle-Calédonie.

45. La PHALANGÈRE physode.
Phalangium physodes. Jacq. ♃ Du Cap de Bonne-Espérance.

46. La PHALANGÈRE naine.
Phalangium nanum. Jacq. ♃ De.....

47. La PHALANGÈRE mille-fleurs.
Phalangium milleflorum. Decand. ♃ De la Nouvelle-Hollande.

48. La PHALANGÈRE de deux couleurs.
Phalangium bicolor. Desfont. ♃ Du midi de l'Europe.

Culture.

On cultive dans nos jardins une quinzaine de ces espèces ; savoir, les 1re., 6e., 9e., 10e., 15e., 20e., 21e., 22e., 24e., 25e., 28e., 35e., 47e., 48e.

La 28e. est la plus commune en France ; c'est dans les sables arides qu'elle se plaît : on la cultive dans les parterres, soit en touffes isolées, soit en bordure. L'élégance de son port & le grand nombre de ses fleurs, qui se succèdent pendant deux mois, la rendent très-propre à leur ornement. On peut aussi la placer avec avantage dans les lieux découverts des jardins paysagers ; elle se multiplie très-facilement de graines semées en place au printems, & par déchirement des vieux pieds, pendant toute la durée de l'hiver. Les seuls soins à lui donner sont des binages de propreté, & le retranchement des tiges après la floraison. Il est bon de la changer de place ou de lui donner de la nouvelle terre tous les deux ou trois ans.

La 10e., quoique la plus belle des espèces indigènes, ne se cultive pas autant que la précédente, sans que je puisse en dire la raison. C'est exclusivement en touffes qu'elle doit se placer : une terre de bonne nature lui est très-avantageuse. On la multiplie comme la précédente, & on lui donne les mêmes soins. J'engage les amis des plantes à jeter sur elles un regard favorable.

La 9e. n'est guère inférieure à la précédente, & tout ce que je viens d'en dire lui est applicable.

La 1re. & la 48e. ont été cultivées dans le Jardin du Muséum ; mais elles ne s'y voient plus.

Quant aux autres, elles demandent toutes l'orangerie pendant l'hiver, & la terre de bruyère mêlée par moitié avec la terre franche. On les multiplie, soit par leurs graines, soit par la séparation de leurs vieux pieds, soit même de boutures faites en été. De la nouvelle terre leur est indispensable tous les deux ans au moins. Elles ne peuvent être comparées, pour l'agrément, avec les deux précédentes ; cependant elles ne sont pas à dédaigner sous ce rapport. Plusieurs d'entr'elles peuvent être hasardées en pleine terre, car elles ne craignent que les grands froids. Je citerai les 20e. & 47e. comme étant dans ce cas, & cela par suite de ma propre expérience. (*Bosc.*)

PHALARIDE : nom latin francisé de l'ALPISTE. *Voyez* ce mot.

PHALÈNE. *Phalæna.*

Genre d'insecte de la classe des *Lépidoptères*, dans lequel sont comprises plus de cinq cents espèces, dont quelques-unes intéressent les cultivateurs comme nuisant, par leurs larves, au produit des récoltes. *Voyez* au mot CHENILLE.

C'est à la largeur de leurs ailes & à leur vol léger & sautillant, analogue à celui des papillons, qu'on distingue les Phalènes des sphinx, des sésies, des bombices, des noctuelles, des pyrales & des teignes ; toutes les espèces de ce genre ne volant que le soir, sont en conséquence confondues sous la dénomination vulgaire de *papillons de nuit.* Leurs chenilles n'ont qu'une ou deux paires de pattes membraneuses, & sont fort grêles relativement à leur longueur ; ce qui fait qu'elles ont une marche particulière, qu'elles semblent mesurer le terrein ; ce qui les a fait appeler *Arpenteuses. Voyez* le *Dictionnaire des Insectes.*

Quoique les chenilles des Phalènes fassent beaucoup de mal aux arbres, on s'en plaint moins que de celles des bombices & des noctuelles, parce que c'est aux dépens de ceux des forêts que les plus communes se nourrissent. En conséquence, je n'en citerai ici que quatre comme importantes à connoître pour les cultivateurs.

La PHALÈNE HYÉMALE, *phalæna brumata* Linn. : sa chenille dévore les feuilles des pommiers au moment où elles sortent du bouton, & par-là empêche ces arbres de porter du fruit & de s'accroître. Il est des années où elle est si abondante sur cet arbre, qu'un coup de bâton donné avec force sur une brincipale branche en fait tomber des milliers, qui, au moyen de leurs fils, restent suspendues à différentes hauteurs, prêtes à remonter, si on ne coupoit ces fils avec le même bâton. Un coup de fusil tiré au milieu des branches produit le même effet sur tout l'arbre. On met au tronc une ceinture de poix pour les empêcher de remonter.

La chenille de la PHALÈNE de la farine vit aux dépens de la farine & du pain.

Celle de la PHALÈNE de la graisse se trouve dans le lard, la graisse, la viande, &c.

Ces deux chenilles, généralement peu communes, sont trop bien cachées pour être facilement remarquées.

Celle de la canne à sucre préfère cette plante, & nuit beaucoup aux produits de sa culture dans les colonies. (*Bosc.*)

PHALÈRE : maladie des moutons, qui, d'après mon collaborateur Tessier, reconnoît la même cause que la MÉTÉORISATION, autrement appelée *l'enflure* ou *le mal de panse* des bêtes à cornes.

Les premiers symptômes de cette maladie sont un état de stupeur, une foiblesse de cou & de jambes ; l'animal chancèle, tombe, se relève pour tomber encore ; les sens de la vue & de l'ouïe paroissent éteints ; le pouls est serré, irrégulier ; de violentes convulsions surviennent ; le ventre se tuméfie ; il sort par la bouche une écume sanguinolente, & par l'anus des excrémens presque liquides ; la mort arrive enfin après une douloureuse agonie, & la tuméfaction du ventre augmente.

Il est plus facile de prévenir cette maladie que de la guérir. La ponction, qu'on emploie quelquefois avec succès sur les vaches météorisées, n'a pas réussi. Les boissons alcalines, surtout d'ammoniac, sont ce qui convient le mieux. *Voyez* MÉTEORISATION.

Pour empêcher les bêtes à laine d'être frappées de la Phalère, on évitera de les mener paître pendant la rosée, surtout dans des luzernes, des trèfles, des sainfoins & autres plantes aqueuses, & on ne leur en donnera que modérément à la bergerie. En général, la nourriture de ces animaux doit être prise dans des pâturages secs & peu abondans. *Voyez* BÊTES A LAINE & MÉRINOS. (*Bosc.*)

PHANÈRE. *Phanera.*

Arbrisseau grimpant de la Cochinchine, qui seul forme, dans la triandrie monogynie & dans la famille des *Légumineuses*, selon Loureiro, un genre fort voisin des BAUHINIES. *Voyez* ce mot.

Cet arbrisseau n'est pas cultivé en Europe, & ne peut par conséquent donner lieu ici à un article plus étendu. (*Bosc.*)

PHARELLE. *Pharus.*

Genre de plante de la monoécie hexandrie & de la famille des *Graminées*, auquel se réunissent quatre espèces, dont aucune n'est cultivée dans nos jardins. Il est figuré pl. 709 des *Illustrations des genres* de Lamarck.

Espèces.

1. La PHARELLE à larges feuilles.
Pharus latifolius. Linn. ♃ De l'Amérique méridionale.

2. La PHARELLE lappulacée, vulgairement *avoine-de-chien.*
Pharus lappulaceus. Aubl. ♃ De Cayenne.

3. La PHARELLE ciliée.
Pharus ciliatus. Berg. ♃ Des Indes.

4. La PHARELLE aristée.
Pharus aristatus. Berg. ♃ Des Indes. (*Bosc.*)

PHARMAC. *Pharmacum.*

Genre de plante imparfaitement connu, mais qui contient deux arbres figurés dans l'herbier d'Amboine de Rumphius, arbres avec les racines desquels on fait une sorte de bière.

Ces deux arbres ne se cultivent pas en Europe. (*Bosc.*)

PHARNACE. *Pharnaceum.*

Genre de plante de la pentandrie trigynie & de la famille des *Cariophyllées*, dans lequel se rangent dix-sept espèces, dont deux ou trois se cultivent dans les écoles de botanique. Il est figuré pl. 214 des *Illustrations des genres* de Lamarck.

Espèces.

1. La PHARNACE ombellée.
Pharnaceum cerviana. Linn. ⊙ Du midi de l'Europe.

2. La PHARNACE à feuilles de spargoute.
Pharnaceum sperguloides. Lam. ⊙ Des Indes.

3. La PHARNACE blanchâtre.
Pharnaceum incanum. Linn. ♄ Du Cap de Bonne-Espérance.

4. La PHARNACE à feuilles de mollugine.
Pharnaceum mollugo. Linn. ⊙ Des Indes.

5. La PHARNACE linéaire.
Pharnaceum lineare. Linn. ⊙ Du Cap de Bonne-Espérance.

6. La PHARNACE glomérulée.
Pharnaceum glomeratum. Linn. ⊙ Du Cap de Bonne-Espérance.

7. La PHARNACE quadrangulaire.
Pharnaceum quadrangulare. Linn. ♄ Du Cap de Bonne-Espérance.

8. La PHARNACE à feuilles de serpolet.
Pharnaceum serpillifolium. Linn. ⊙ Du Cap de Bonne-Espérance.

9. La PHARNACE distiquée.
Pharnaceum distichum. Linn. Des Indes.

10. La PHARNACE à feuilles de paquerette.
Pharnaceum spathulatum. Vahl. ♄ De l'Amérique méridionale.

11. La PHARNACE à feuilles en cœur.
Pharnaceum cordifolium. Linn. Du Cap de Bonne-Espérance.

12. La PHARNACE albescente.
Pharnaceum albescens. Linn. ⊙ Du Cap de Bonne-Espérance.

13. La PHARNACE déprimée.
Pharnaceum depressum. Linn. Des Indes.

14. La PHARNACE maritime.
Pharnaceum maritimum. Walt. ♃ De la Caroline.

15. La PHARNACE à petites feuilles.
Pharnaceum microphyllum. Linn. Du Cap de Bonne-Espérance.

16. La PHARNACE marginée.
Pharnaceum marginatum. Pers. Du Cap de Bonne-Espérance.

17. La PHARNACE dichotome.
Pharnaceum dichotomum. Linn. ⊙ Du Cap de Bonne-Espérance.

Culture.

La première, la troisième & la dix-septième espèce sont celles que nous cultivons.

Les deux premières se sèment en place lorsque les gelées ne sont plus à craindre; & lorsque leur plant est levé, on le sarcle & on le bine. C'est à cela que se borne leur culture. Une terre légère est celle qui leur convient le mieux.

La dernière espèce exige l'orangerie pendant l'hiver. On la place en conséquence dans un pot rempli de terre de bruyère, mêlée avec moitié de terre franche. Rarement elle donne de bonne graine dans le climat de Paris, mais elle se multiplie facilement de boutures faites sur couche & sous châssis au commencement du printems.

Les Pharnaces n'offrent aucun intérêt aux cultivateurs. (*Bosc.*)

PHASÉOLE : nom des HARICOTS dans le midi de la France.

PHASQUE. *Phascum.*

Genre de mousses dont les espèces sont fort petites & fort peu nombreuses. Pour démontrer celles du pays, dans les écoles de botanique, on enlève dans les campagnes une motte sur laquelle il s'en trouve, & on la met en place dans le jardin. Rarement elles y subsistent plus d'un an, sans qu'on puisse deviner ce qui les fait périr. C'est généralement dans les terreins sabloneux qu'elles se trouvent. *Voyez* MOUSSE. (*Bosc.*)

PHAYLOPSIS. *Phaylopsis.*

Plante annuelle de l'Inde, qui seule forme un genre dans la didynamie angiospermie.

Cette plante n'étant pas cultivée dans nos jardins, n'est pas dans le cas d'un plus long article. (*Bosc.*)

PHÉBALION. *Phebalium.*

Arbrisseau de la Nouvelle-Hollande, qui, selon Ventenat, *Jardin de la Malmaison*, forme seul un genre dans l'icosandrie monogynie & dans la famille des *Myrtes.*

Cet arbrisseau, d'un aspect agréable quand il est en fleurs, se cultive dans nos jardins; il demande la terre de bruyère & l'orangerie pendant l'hiver. Sa multiplication a lieu de boutures, qui réussissent ordinairement lorsqu'elles sont faites en été & sur une couche à châssis. Il aime les arrosemens pendant les chaleurs, & les craint pendant l'hiver. (*Bosc.*)

PHELIPÉE. *Phelipea.*

Genre de plante de la didynamie angiospermie & de la famille des *Pédiculaires*, qui a beaucoup de rapport aux *Orobanches*, & dans lequel se rangent trois espèces, toutes parasites des racines des autres plantes.

Espèces.

1. La PHELIPÉE à fleurs violettes.
Phelipea violacea. Desfont. ⊙ De la Barbarie.
2. La PHELIPÉE à fleurs jaunes.
Phelipea lutea. Desfont. ⊙ Du midi de l'Europe.
3. La PHELIPÉE à fleurs écarlates.
Phelipea coccinea. Lam. ⊙ De la Sibérie.

Culture.

Aucune de ces espèces n'est & même ne peut probablement être cultivée. *Voyez*, à cet égard, ce que j'ai dit au mot OROBANCHE. (*Bosc.*)

PHELLANDRE. *Phellandrium.*

Genre de plante de la pentandrie digynie & de la famille des *Ombellifères*, qui est constitué par deux espèces, dont une se fait remarquer par sa grandeur & le danger dont elle est pour les bestiaux qui en mangent, & la seconde par sa petitesse & l'excellence dont elle est pour la nourriture des vaches.

Observations.

Ce genre se rapproche si fort des ŒNANTHES, qu'il leur a été réuni par plusieurs botanistes. *Voyez* ce mot.

Espèces.

1. Le PHELLANDRE aquatique, vulgairement *ciguë aquatique.*
Phellandrium aquaticum. Linn. ♂ Indigène.
2. Le PHELLANDRE muteline.
Phellandrium mutelina. Linn. ♃ Des Alpes.

Culture.

La première espèce croît dans les étangs & les fossés dont le fond est vaseux; elle s'élève quelquefois à six pieds hors de l'eau, & acquiert à sa base la grosseur du bras. C'est un poison pour les bestiaux qui en mangent, comme le témoigne son nom vulgaire; & en effet elle répand quand on la froisse, & même seulement dans la chaleur, une odeur vireuse qui porte à la tête. Linnæus pense cependant que ce n'est pas elle qui cause la mort dans ces cas; mais la larve d'un charançon (le *curculio paraplecticus*) qui vit dans l'intérieur de ses tiges; ce qui ne peut être admis, puisque cette larve se tient presqu'exclusivement dans le bas, partie à laquelle les bestiaux ne touchent pas.

Cette plante, quoique d'un bel aspect, doit, à raison de ses dangers, être détruite dans les étangs, où elle se multiplie quelquefois excessivement; & pour cela il suffit d'arracher les tiges avant leur floraison pendant deux ou trois années de suite. Elles forment un bon fumier.

Pour la cultiver dans les écoles de botanique, il faut semer ses graines dans un pot rempli de vase, pot qu'on place ensuite dans un bassin ou dans un autre pot plus grand, rempli d'eau. Elle n'y devient jamais belle; mais elle y montre tous les caractères propres à la faire reconnoître.

La seconde espèce offre, lorsqu'elle est froissée, une odeur de fenouil fort agréable; elle tapisse les pâturages des hautes Alpes, & y passe pour concourir le plus à la bonté du lait des vaches qui y paissent. J'ai remarqué qu'elle y repousse avec une grande activité; ce qui est un avantage de plus.

Celle-ci se cultive en pot dans les écoles de botanique, pour pouvoir être rentrée dans l'orangerie pendant l'hiver, attendu qu'elle est sensible aux gelées, quoique, dans son pays natal, elle reste tous les ans cinq à six mois au moins sous la neige. (*Bosc.*)

PHEUCAGROSTIS. *Pheucagrostis.*

Plante vivace, qui vit dans la mer du golfe de Venise, & qui seule forme un genre dans la dioécie monandrie; elle paroît se rapprocher des NAÏADES & des CHARAGNES. *Voyez* ces mots.

Cette plante, très-nouvellement connue, n'est pas cultivée, & peut difficilement l'être. (*Bosc.*)

PHILANTHE. *Philanthus.*

Genre d'insecte de la famille de son nom, fort voisine de celle des *Guêpes*, que je cite ici à raison d'une de ses espèces, qui est un ennemi fort dangereux pour les abeilles. *Voyez* le *Dictionnaire des Insectes.*

Cette espèce, aujourd'hui appelée PHILANTHE APIVORE, est *la guêpe à anneaux bordés de jaune* de Geoffroy. Le mâle diffère un peu de la femelle. Cette dernière creuse, dans les terreins légers & en pente, des trous de près d'un pied de profondeur, dans lesquels elle enterre, après les avoir percées de son aiguillon pour les faire mourir, & avoir déposé un œuf dans leur corps, au moins six abeilles. Or, on conçoit que lorsqu'elles sont multipliées, & elles le sont beaucoup en certains lieux, elles doivent diminuer considérablement le nombre de ces dernières. Il est donc de l'intérêt des cultivateurs de les détruire.

Le meilleur moyen pour parvenir à ce but, selon Latreille, auquel on doit un Mémoire sur cette espèce, est d'ébouler, vers la fin de l'automne, la terre où les abeilles ont été enterrées, pour faire périr les larves & les nymphes des Philanthes; mais je pense, pour avoir aussi observé leurs mœurs, qu'il est préférable d'attendre les femelles à l'époque de leur ponte, c'est-à-dire, au mois de mai, & de les prendre avec un filet, au moment où elles entrent dans leur trou. Quand on sait le lieu qu'elles ont adopté pour leur ponte, & elles en changent rarement, on est presque sûr du succès. (*Bosc.*)

PHILÉSIE. *Philesia.*

Arbrisseau du détroit de Magellan, qui seul forme un genre dans l'hexandrie monogynie, & qui est figuré pl. 248 des *Illustrations des genres* de Lamarck.

Cet arbrisseau n'étant pas cultivé dans nos jarpins, n'est pas dans le cas d'un plus long article. (*Bosc.*)

PHILIDRE. *Philydrum.*

Plante vivace, originaire de la Cochinchine, qui seule forme un genre dans la monandrie monogynie.

Nous ne la possédons pas dans nos jardins.

PHLEBOLITHIS. *Phlebolithis.*

Genre de plante établi par Gærtner, sur la seule considération du fruit, & qui ne peut par conséquent être ici l'objet d'un article plus étendu. (*Bosc.*)

PHLEGMASIE. *Voyez* PHLEGMON.

PHLEGMON: tumeur inflammatoire, élevée, circonscrite, le plus souvent accompagnée de fièvre, qui naît sur le corps des animaux. On en distingue le commencement, l'état & le déclin. Dans le commencement, la chaleur, la tension & la douleur sont légères; dans l'état, elles sont considérables; dans le déclin, ces accidens diminuent.

Les causes du Phlegmon sont le plus souvent indéterminables; le virus du farcin, de la morve & de la gale le font quelquefois naître dans les chevaux. Il est plus ou moins dangereux, selon le lieu où il se trouve & selon la terminaison qu'il prend. Ainsi celui qui se développe sur les parties tendineuses est le plus à craindre; ainsi celui qui devient gangréneux est le plus souvent mortel.

C'est, ou par résolution, ou par suppuration, ou par endurcissement, ou par gangrène que se terminent les Phlegmons.

La guérison par résolution seroit toujours desirable si ses suites n'étoient pas quelquefois rendues fort graves par l'effet de la résorption de l'humeur dans le torrent de la circulation.

La guérison par suppuration n'a pas cet inconvénient; mais elle est accompagnée de vives douleurs, & n'arrive qu'après un assez long espace de tems.

On ne peut pas appeler guérison la terminaison du Phlegmon par endurcissement, car le plus souvent on est obligé d'extirper la tumeur par une opération, c'est-à-dire, dans tous les cas où elle gêne les mouvemens, où elle se trouve sous une partie du harnois, &c. *Voyez* SQUIRRE.

Quant à la terminaison par gangrène, elle fait changer de nom à la maladie. *Voyez* CHARBON.

Il est des vétérinaires qui font saigner l'animal sur qui un Phlegmon se développe; mais cela peut, dans quelques cas, compromettre sa vie. D'autres y appliquent des onguens huileux ou graisseux, qui, s'ils ne sont pas dangereux pour la vie, retardent toujours la terminaison. Il vaut beaucoup mieux se contenter de fomenter la partie malade avec des décoctions émollientes chaudes, & y appliquer un cataplasme anodyn, c'est-à-dire, composé de farine de graine de lin ou de mie de pain trempée dans du lait.

Lorsque la suppuration commence à se former, ce qu'on reconnoît à la diminution de la tension, de la chaleur & de la douleur, on doit changer de remède, c'est-à-dire, substituer les décoctions résolutives, telles que celles de camomille, de fleurs de sureau, aiguisées d'eau-de-vie camphrée; bientôt le sommet de la tumeur devient blanc, cède sous le doigt; ce qui annonce la formation du pus. Alors, ou on le laisse crever naturellement, ou on l'ouvre avec le bistouri pour donner issue à la matière purulente. Dans cet état c'est un abcès. *Voyez* ce mot.

PHLEGMON-INSECTE. On appelle ainsi les tumeurs produites par la piqûre des guêpes, des abeilles & autres insectes, & celles que les œstres font naître sur le dos des vaches.

Dans le premier cas, il suffit de bassiner les tumeurs avec une décoction émolliente pour les faire disparoître en peu d'heures.

Dans le second, il faut tuer avec une épingle la larve qui est dans la tumeur, & laisser agir la nature. *Voyez* ŒSTRE. (*Bosc.*)

PHLOGISTIQUE. C'étoit, dans le langage de l'ancienne chimie, le principe du feu. *Voyez* FEU & CHALEUR, & le *Dictionnaire de Chimie*.

PHLOMIDE. *Phlomis.*

Genre de plante de la didynamie gymnospermie & de la famille des *Labiées*, renfermant trente espèces, dont plusieurs peuvent être employées, & le sont même quelquefois, à l'ornement des jardins. *Voyez* les *Illustrations des genres* de Lamarck, pl. 510, où il est figuré.

Espèces.

1. La PHLOMIDE frutescente.
Phlomis fruticosa. Linn. ♄ Du midi de l'Europe.

2. La PHLOMIDE visqueuse.
Phlomis viscosa. Lam. ♄ De.....

3. La PHLOMIDE à fleurs purpurines.
Phlomis purpurea. Linn. ♄ Du midi de l'Europe.

4. La PHLOMIDE d'Italie.
Phlomis italica. Smith. ♄ Du midi de l'Europe.

5. La PHLOMIDE de Nissole.
Phlomis nissolia. Willd. ♄ Du Levant.

6. La PHLOMIDE d'Arménie.
Phlomis armenica. Willd. ♃ Du Levant.

7. La PHLOMIDE lychnite.
Phlomis lychnitis. Linn. ♄ Du midi de l'Europe.

8. La PHLOMIDE laciniée.
Phlomis laciniata. Linn. ♃ Du Levant.

9. La PHLOMIDE de Samos.
Phlomis samia. Linn. ♃ Du Levant.

10. La PHLOMIDE chevelue.
Phlomis crinita. Cavan. ♃ De l'Espagne.

11. La PHLOMIDE à deux lobes.
Phlomis biloba. Desf. ♃ De la côte d'Afrique.

12. La PHLOMIDE piquante.
Phlomis pungens. Willd. ♃ De la Perse.

13. La PHLOMIDE herbe-du-vent.
Phlomis herba venti. Linn. ♃ Du midi de l'Europe.

14. La PHLOMIDE tubéreuse.
Phlomis tuberosa. Linn. ♃ De la Sibérie.

15. La PHLOMIDE alpine.
Phlomis alpina. Pall. De la Sibérie.

16. La PHLOMIDE de la Martinique.
Phlomis martinicensis. Jacq. ♃ Des îles de l'Amérique.

17. La PHLOMIDE des Indes.
Phlomis indica. Linn. ⊙ Des Indes.

18. La PHLOMIDE de Ceylan.
Phlomis zeylanica. Linn. ⊙ Des Indes.

19. La PHLOMIDE à dix dents.
Phlomis decemdentata. Willd. Des îles de la Société.

20. La PHLOMIDE de Chine.
Phlomis chinensis. Retz. ♄ De la Chine.

21. La PHLOMIDE glabre.
Phlomis glabrata. Vahl. De l'Arabie.

22. La PHLOMIDE molucelle.
Phlomis molucaides. Vahl. ♄ De l'Arabie.

23. La PHLOMIDE à fleurs blanches.
Phlomis alba. Forsk. De l'Arabie.

24. La PHLOMIDE queue-de-lion.
Phlomis leonurus. Linn. ♃ Du Cap de Bonne-Espérance.

25. La PHLOMIDE à feuilles de chataire.
Phlomis nepetifolia. Linn. ⊙ Des Indes.

26. La PHLOMIDE léonite.
Phlomis leonitis. Linn. ♄ Du Cap de Bonne-Espérance.

27. La PHLOMIDE à deux fleurs.
Phlomis biflora. Vahl. Des Indes.

28. La PHLOMIDE à feuilles de sauge.
Phlomis salviæfolia. Jacq. ♄ De.....

29. La PHLOMIDE à feuilles d'ortie.
Phlomis urticæfolia. Vahl. ⊙ Des Indes.

30. La PHLOMIDE d'Amérique.
Phlomis caribea. Jacq. ⊙ Des îles de l'Amérique.

Culture.

Les espèces n°s. 1, 3, 7, 8, 9, 13, 14, 17, 18, 24, 25, 26 & 30 sont celles qui se cultivent dans les jardins des environs de Paris, &, parmi elles, la première & la vingt-quatrième plus que les autres.

La première, c'est-à-dire, la Phlomide frutescente, est une plante d'orangerie pour le climat de Paris; cependant elle peut y passer l'hiver en pleine terre, dans les années où il n'y a pas de fortes gelées. Des couvertures de fougère ou de feuilles sèches l'assurent bien contre l'effet de ces gelées; mais elles font le plus souvent pourrir ses branches, ce qui revient au même. C'est dans les terreins secs & dans les expositions chaudes qu'elle se conserve le mieux sans abris, parce qu'elle y pousse moins & y est moins aqueuse.

Lorsqu'on cultive la Phlomide frutescente dans des pots, il faut lui donner de la terre à demi consistante, renouveler en partie tous les ans cette terre, en automne, & ne lui donner de fréquens arrosemens que pendant les chaleurs de l'été. On rentre ces pots dans l'orangerie aux approches des gelées, & on les place dans l'endroit le plus aéré,

aéré, parce qu'elle y craint beaucoup plus l'humidité que le froid.

Cet arbuste, qui se fait remarquer, est très-propre à orner les jardins. On le place sur les murs des terrasses, les rampes des escaliers, les angles des parterres, &c.; là il produit plus d'effet que dans les jardins paysagers.

On multiplie la Phlomide frutescente de graines & de boutures.

Les premières se sèment au printems, dans des pots, sur couche nue. Le plant levé se sarcle, s'éclaircit & se met contre un mur exposé au midi: on le rentre dans l'orangerie aux approches de l'hiver. Au printems suivant on le repique seul à seul dans d'autres pots, qu'on dispose de même. Il ne faut penser à le mettre en pleine terre qu'à la troisième & même à la quatrième année.

Pour faire des boutures, on coupe en mai des rameaux de l'année précédente, & on les met dans des pots, sur couche & sous châssis. La plupart reprennent dans le courant du mois, & peuvent être isolées au printems suivant. Souvent même elles fleurissent la même année; ce qu'il est cependant bon d'empêcher.

Les pieds de la Phlomide frutescente ne jouissent de tous leurs avantages qu'autant qu'ils ont une tige de plus d'un, & de moins de deux pieds de haut, dégarnie de branches. Il faut donc, à leur troisième année, commencer à former cette tige par la soustraction des rameaux inférieurs. Plus tard on empêchera les rameaux supérieurs de trop s'étendre, en en pinçant l'extrémité; ensuite il ne faut plus y toucher, que lorsqu'un d'entr'eux pousse plus vigoureusement que les autres, parce qu'ils prennent naturellement une forme régulière.

Les Phlomides à fleurs purpurines, de Nissole, lychnite, de Samos & léonite, qu'on ne voit guère que dans les écoles de botanique, se cultivent & se multiplient de même; elles craignent un peu plus les gelées, & doivent en conséquence être constamment tenues en pot.

La Phlomide laciniée demande une bonne terre, un peu forte; elle se multiplie de graines, dont elle donne assez souvent dans les jardins de Paris, & par éclat des racines. On sème les premières dans des pots sur couche nue, & on traite le plant comme il a été dit plus haut à l'occasion de la Phlomide frutescente. Ce plant ne craint que les fortes gelées, & peut être mis en pleine terre, à l'exposition du midi, dès la seconde année. Ses tiges, rarement branchues & garnies de belles fleurs rouges dans presque toute leur longueur, la font remarquer; mais elle est encore trop rare pour qu'on ait pu l'employer à la décoration des jardins.

Les Phlomides de Samos, tubéreuse & herbe-du-vent peuvent être traitees comme la précédente: la dernière surtout vient fort bien en pleine terre dans le climat de Paris; elle est pour les champs, en Espagne, une peste difficile à détruire, si j'en juge par l'abondance avec laquelle elle s'y trouve: on l'appelle *herbe-du-vent*, parce que ses tiges sèches sont cassées & ballotées par les vents pendant tout l'hiver.

La Phlomide queue-de-lion se sème & se traite comme les précédentes; mais sa beauté bien supérieure la fait rechercher des plus indifférens. C'est le plus ordinairement en pot qu'on la tient pour pouvoir la mettre sur des gradins, dans le voisinage de la maison, & même souvent dans les appartemens; cependant elle est beaucoup plus belle en pleine terre, & plusieurs personnes l'y mettent, quoique presque certaines qu'elle y sera frappée de la gelée avant la fin de sa floraison. Il faut absolument rentrer de très-bonne heure dans l'orangerie les pieds dont on veut obtenir de la graine, & les y placer dans un endroit sec & éclairé. Quoique vivace, on conserve rarement ses pieds après leur floraison, parce qu'ils poussent l'année suivante des tiges moins belles. En Italie, où elle ne demande aucun soin, & où elle ne gèle jamais, au moins par le pied, elle concourt beaucoup à l'ornement des jardins.

Toutes les espèces annuelles que nous possédons, peuvent être assimilées à cette dernière pour leur multiplication dans les écoles de botanique; ainsi je ne m'étendrai pas davantage sur ce qui les concerne. (*Bosc.*)

PHLOX. *Phlox.*

Genre de plante de la pentandrie monogynie & de la famille des *Polemonacées*, dont beaucoup d'espèces sont susceptibles d'être cultivées pour l'ornement des jardins, & dont plusieurs s'y cultivent en effet dans ce but. Il est figuré pl. 108 des *Illustrations des genres* de Lamarck.

Espèces.

1. Le PHLOX paniculé.

Phlox paniculata. Linn. ♃ De l'Amérique septentrionale.

2. Le PHLOX ondulé.

Phlox undulata. Ait. ♃ De l'Amérique septentrionale.

3. Le PHLOX maculé.

Phlox maculata. Linn. ♃ De l'Amérique septentrionale.

4. Le PHLOX de la Caroline.

Phlox caroliniana. Linn. ♃ De l'Amérique septentrionale.

5. Le PHLOX glabre.

Phlox glaberrima. Linn. ♃ De l'Amérique septentrionale.

6. Le PHLOX divergent.

Phlox divaricata. Linn. ♃ De l'Amérique septentrionale.

7. Le PHLOX à feuilles ovales.

Phlox ovata. Linn. ♃ De l'Amérique septentrionale.

8. Le PHLOX blanc.

Phlox suaveolens. Ait. ♃ De l'Amérique septentrionale.

9. Le PHLOX pileux.

Phlox pilosa. Linn. ♃ De l'Amérique septentrionale.

10. Le PHLOX à larges feuilles.

Phlox latifolia. Mich. ♃ De l'Amérique septentrionale.

11. Le PHLOX arifté.

Phlox aristata. Mich. ♃ De l'Amérique septentrionale.

12. Le PHLOX rampant.

Phlox reptans. Mich. ♃ De l'Amérique septentrionale.

13. Le PHLOX ligneux.

Phlox suffruticosa. Willd. ♃ De l'Amérique septentrionale.

14. Le PHLOX de Sibérie.

Phlox sibirica. Linn. ♃ De la Sibérie.

15. Le PHLOX triflore.

Phlox triflora. Mich. ♃ De l'Amérique septentrionale.

16. Le PHLOX à feuilles fétacées.

Phlox setacea. Linn. ♃ De l'Amérique septentrionale.

17. Le PHLOX fubulé.

Phlox subulata. Linn. ♃ De l'Amérique septentrionale.

18. Le PHLOX linéaire.

Phlox linearis. Ruiz & Pav. ♃ Du Pérou.

19. Le PHLOX biflore.

Phlox biflora. Ruiz & Pav. ♃ Du Pérou.

20. Le PHLOX pinné.

Phlox pinnata. Cavan. ♃ De l'Amérique méridionale.

Culture.

Nous possédons dans nos jardins les espèces n°s. 1, 2, 3, 4, 5, 6, 7, 8, 12, 13, 15, 16 & 17; toutes s'y font plus ou moins remarquer par le nombre de leurs tiges, la beauté & la durée de leurs fleurs. Il est fâcheux que, à une près, ces fleurs soient sans odeur, & même aient, lorsqu'elles commencent à se faner, une odeur repoussante.

La plus commune de toutes dans nos jardins, & la plus belle, est la paniculée; elle ne craint ni le froid ni le chaud. Un terrein argileux, légérement humide, est celui où elle prospère le plus. Les touffes qu'elle forme, souvent hautes de trois à quatre pieds, augmentent chaque année de diamètre, de sorte qu'il faut les arrêter si on ne veut pas qu'elles s'emparent de tout le terrein. D'ailleurs, elles perdent de leur effet lorsqu'elles ont plus d'un pied de diamètre. C'est en hiver qu'on enlève leurs accrus.

Comme, encore plus que celles des autres plantes, à raison de la vigueur de leur végétation, les touffes du Phlox paniculé épuisent rapidement le sol où elles sont plantées, il vaut mieux, si on veut en avoir constamment de belles, les changer de place tous les deux ans, en les divisant en hiver par de simples coups de bêche, & en replantant de suite séparément, dans d'autres places, la totalité ou une partie des morceaux. Cette séparation, loin de nuire à la floraison suivante, la favorise au contraire.

Quand on coupe les tiges du Phlox paniculé avant que ses fleurs soient complétement passées, il en pousse de nouvelles, qui fleurissent souvent avant les fortes gelées, mais c'est aux dépens des productions de l'année suivante; de sorte que cette opération n'est pas avantageuse.

On place le Phlox paniculé dans les jardins ornés & dans les jardins paysagers, au milieu des plates-bandes des parterres, le long des allées, entre les fabriques, sur le bord des eaux. Toutes les expositions lui sont bonnes, pourvu qu'il ait de l'air.

La multiplication du Phlox paniculé peut se faire par le semis de ses graines, par le déchirement des vieux pieds & par boutures. Le premier moyen donne des variétés dans la nuance des fleurs bleues, des fleurs blanches & des feuilles panachées; mais on l'emploie peu, le second fournissant plus qu'il n'est nécessaire aux besoins, & remplissant plus rapidement le but. Il est encore plus rare de faire usage du troisième.

Cette espèce est une de celles qui sentent mauvais lorsqu'elles se fanent: en conséquence on doit éviter de la mettre dans des carafes, sur les cheminées ou les consoles des appartemens; ce qui est fâcheux, car elle y produit un fort bel effet.

Le Phlox ondulé diffère peu du précédent, & se cultive comme lui.

Il en est de même des Phlox maculé, de la Caroline, glabre, divergent, à feuilles ovales, blanc & pileux. Il ne faut pas confondre l'avant-dernier avec la variété blanche du paniculé, & on l'en distingue fort bien à son odeur agréable. On en cultive une variété à feuilles panachées.

Le Phlox rampant est très-propre à faire des bordures, mais il a besoin d'être châtré deux ou trois fois par an, tant il a de disposition à s'étendre. On doit le laisser dans la même place trois ou quatre ans au moins, parce que, quand il est trop vigoureux, il donne moins de fleurs, & que par ce moyen il l'est moins.

Le Phlox ligneux craint les gelées du climat de Paris: on le tient en pot pour pouvoir le rentrer dans l'orangerie pendant l'hiver: quand il est convenablement conduit, il ne cesse pas un seul moment d'être en fleur. C'est de boutures faites sur couche & sous châssis qu'il se multiplie le plus communément, & elles manquent rarement.

Le Phlox à feuilles fétacées craint aussi les gelées; cependant on peut hasarder de le placer en pleine terre contre un mur exposé au midi, & le couvrir de feuilles sèches pendant les gelées.

Le Phlox subulé les redoute moins; aussi le place-t-on toujours comme j'ai dit qu'on pouvoit placer le précédent.

Du reste, ces deux espèces ne se voient guère que dans les écoles de botanique, quoiqu'elles soient d'un fort agréable aspect. (*Bosc.*)

PHOBÈRE. *Phobera.*

Genre de plante de l'icosandrie monogynie & de la famille des *Myrtes*, qui renferme deux arbrisseaux de la Chine, qui ne se cultivent pas dans nos jardins, & sur lesquels je n'ai par conséquent rien à dire. (*Bosc.*)

PHORMION. *Phormium.*

Plante vivace de la Nouvelle-Zélande, qui seule constitue un genre fort voisin des JACINTHES, & encore plus des LACHENALES (*voyez* ces mots), & dont la culture peut devenir un jour un objet de grande importance pour l'Europe, à raison de l'excellence & de l'abondance de la filasse que contiennent ses feuilles. *Voyez* CHANVRE & LIN.

Nous devons la connoissance de cette plante & des avantages économiques qu'elle présente, au célèbre Cook, qui l'a appelée *lin de la Nouvelle-Zélande*, & c'est d'après ce qu'il nous en a appris, que la France & l'Angleterre ont fait des expéditions uniquement pour l'apporter en Europe. Les premières des nôtres n'ont point réussi, mais bien une de celles des Anglais, qui en ont envoyé des pieds au Jardin du Muséum de Paris, où ils se sont multipliés, & d'où ils ont été répandus dans le reste de la France, en Italie & en Allemagne. L'expédition du capitaine Baudin en a depuis directement rapporté; aujourd'hui on en trouve dans presque toutes les écoles de botanique, dans les jardins des amateurs & dans ceux des marchands. Sa possession peut être regardée comme nous étant assurée pour toujours.

La culture de cette plante est extrêmement facile, peu sujète aux inconvéniens qui font manquer si souvent le lin & le chanvre : sa production en filasse est excessivement abondante. Les opérations qu'exige cette filasse ne peuvent se comparer, par la simplicité & l'économie, à celles qu'exigent les deux plantes précitées. Que d'avantages! Et cette plante ne deviendroit pas bientôt l'objet d'une culture des plus étendues en Europe, surtout dans les parties méridionales de la France, dont le climat paroît si bien lui convenir!

Mon collègue Labillardière, qui a visité la Nouvelle-Zélande après Cook, a confirmé que les habitans de cette île en tiroient une filasse, dont ils fabriquoient leurs vêtemens, leurs filets de pêche, leurs cordes, &c. Il a fait plus, dans un Mémoire publié parmi ceux de l'Institut, il a constaté que la force & la distension sont ainsi représentées dans les objets textiles les plus usités; savoir, sous le premier rapport, celle du pite par 7, celle du lin par 11 $\frac{2}{3}$, celle du chanvre par 16 $\frac{1}{3}$, celle du Phormion par 23 $\frac{5}{11}$, & celle de la soie par 34; & sous le second rapport, celle du pite 2 $\frac{1}{2}$, du lin $\frac{1}{2}$, du chanvre 1, du Phormion 1 $\frac{1}{2}$, de la soie 5.

A l'avantage de la force, les fibres du Phormion joignent une éclatante blancheur & un coup d'œil satiné, qui les rendront d'un emploi bien moins dispendieux dans la fabrication des toiles, puisque ces toiles n'exigeront pas l'opération du blanchissage, opération si coûteuse, & qui affoiblit encore considérablement les fibres du chanvre ou du lin qui les composent.

On doit à mon collaborateur Thouin un excellent Mémoire sur la culture du Phormion textile (c'est ainsi qu'il traduit le nom latin *Phormium tenax*). Je vais en donner l'extrait.

Le Phormion perd ses feuilles extérieures chaque année, à mesure qu'il en pousse de nouvelles au centre. Il en résulte que la récolte des feuilles doit être faite successivement, & dès que les extérieures sont parvenues à toute leur croissance.

Les plus mauvaises terres suffisent au Phormion, mais il profite davantage dans celles qui sont fertiles : on peut donc le mettre dans toutes. Les foibles gelées du climat de Paris ne l'affectent nullement, mais on a lieu de craindre qu'il n'en soit pas de même des fortes. On sait indubitablement qu'il peut passer toute l'année sans couverture dans les parties méridionales de la France.

Ce sont les œilletons, qui naissent tous les ans autour du collet des racines, qui servent de moyen de multiplication dans nos climats, où cette plante n'a encore fleuri qu'une fois, chez M. Frécinet, cultivateur près de Montelimart, & où elle n'a pas donné de graines. On peut obtenir au moins cinq à six de ces œilletons par an des pieds en pleine terre; c'est au printems qu'on les sépare par éclatement. Pourvu qu'ils aient trois ou quatre fibrilles de racines, ils reprennent sans difficulté; s'ils n'en ont point, il faut les traiter comme des boutures forcées, c'est-à-dire, les placer dans des pots sur couche & sous châssis, & les arroser souvent.

Il est prudent de tenir en pot les jeunes pieds de Phormion pendant leurs deux premières années, afin de pouvoir les rentrer dans l'orangerie pendant l'hiver.

Les cultivateurs marchands des environs de Paris tiennent les pieds de Phormion qu'ils destinent à la production des œilletons, pieds qu'ils appellent *des mères*, en pleine terre, dans des baches, à raison du haut prix des jeunes pieds; mais bientôt, sans doute, ils les mettront en pleine terre, & se contenteront de les couvrir de feuilles sèches ou de fougère pendant le fort de l'hiver.

La quantité de pieds de Phormion qui existent en ce moment dans le Midi, principalement chez M. Frécinet, dont il vient déjà d'être parlé, & chez M. Faujas de Saint-Fond, son voisin, fait croire que bientôt cette plante pourra être cultivée en grand, pour l'utilité, dans cette partie de la France. Là on devra les planter en quinconce ou en lignes parallèles, dans la direction du levant au couchant, à la distance de trois ou quatre pieds. Ces pieds ayant leurs feuilles disposées en éventail, il sera bon de les planter de manière qu'ils présentent tous leur face au soleil, afin qu'ils s'ombragent réciproquement; car il paroît qu'ils aiment l'ombre & la fraîcheur. Des arrosemens leur seront, sans doute, quelquefois avantageux; mais s'ils sont dans un bon terrein, il est probable qu'ils ne seront jamais nécessaires.

Comme on ne peut guère compter sur une récolte de plus de quatre feuilles de Phormion par an, par chaque pied, il faudra d'abord une culture fort étendue pour pouvoir établir une fabrique; mais bientôt chaque propriétaire en plantera quelques pieds dans ses terreins perdus, & en vendra les feuilles aux fabricans. Sous ce rapport de l'emploi des terreins perdus, cette plante peut devenir un moyen incalculable de richesse pour les pays de petite culture.

Deux ou trois binages pendant l'été & un labour d'hiver seront, sans doute, toute la culture que demandera le terrein. Au bout de trois ou quatre ans on donnera des engrais, & au bout de dix à douze on détruira la plantation pour la porter ailleurs. *Voyez* ASSOLEMENT.

Les naturels de la Nouvelle-Zélande emploient un moyen très-lent & fort fatigant pour isoler les fibres des feuilles du Phormion; ils râclent les feuilles des deux côtés avec une coquille, de manière à enlever leur épiderme & une partie de leur tissu cellulaire; ensuite ils la divisent en lanières qu'ils tordent & battent dans l'eau pendant long-tems pour enlever le reste du tissu cellulaire. Ces procédés seroient trop coûteux en Europe pour y être mis en usage; aussi M. Faujas de Saint-Fond, à qui on doit la première bonne figure de cette plante & un très-bon Mémoire sur son histoire, sa culture & ses usages, Mémoire imprimé dans les *Annales du Muséum*, a-t-il cherché à les suppléer par une opération chimique, & il a réussi au premier essai.

« Le décrusage de la soie, dit-il, dont le but est de débarrasser ce tissu précieux d'une substance gommo-résineuse, qui voile son éclat & ternit sa blancheur, m'a suggéré l'idée très-simple & très-naturelle d'appliquer la même opération au Phormion.

» Voici comme j'ai agi:

» J'ai recueilli, à la fin du mois de septembre, vingt-cinq livres de feuilles, que j'ai laissé se faner pendant dix à douze jours à l'ombre; j'ai ensuite divisé chaque feuille en quatre lanières, à l'aide de la pointe d'un couteau, & j'ai disposé ces lanières en faisceaux, chacun d'une quarantaine, disposés dans leur sens naturel, c'est-à-dire, les pointes tournées du même côté, afin de pouvoir les lier fortement par ces pointes avec de la ficelle. Tous ces faisceaux sont disposés en ordre & fixés, au moyen d'un corps pesant, au fond d'une chaudière oblongue qu'on remplit d'eau, dans laquelle on fait dissoudre trois livres de savon: on fait bouillir l'eau pendant cinq heures. Après que l'eau est assez refroidie pour y tenir la main, on enlève successivement les faisceaux, on en exprime le parenchyme dissous, en les faisant passer, la pointe en haut, dans la main fortement fermée; puis on les lave en eau courante, en faisant attention de ne pas mêler les fibres.

» La belle filasse que j'ai obtenue par ce moyen a été séchée à l'ombre, & employée à faire des cordes qui paroissent excellentes, & que j'ai exposées dans une des galeries du Muséum d'histoire naturelle. »

Je ne puis que remercier, au nom des amis de la prospérité nationale, M. Faujas de Saint-Fond, des efforts qu'il fait pour achever de naturaliser en France cette plante qui peut un jour tant influer sur notre industrie. Peut-être les toiles qu'on en fera seront-elles inférieures en finesse à celles de chanvre, & encore plus à celles de lin, mais elles seront moins coûteuses & plus durables. Certainement les cordages pour la marine, fabriqués avec ces fibres, seront plus forts, plus durables & à meilleur marché que ceux de chanvre, avantages immenses, & dont on ne peut calculer les résultats pour la diminution des naufrages, & par conséquent pour la conservation de la vie des marins & des richesses territoriales & industrielles. (*Bosc.*)

PHOSPHORE: substance analogue au SOUFRE, mais qui s'enflamme sans le contact d'un corps embrâsé, & qui forme, avec l'oxigène, un acide différent du sulfurique.

On retire l'acide phosphorique des os des animaux; les plantes en contiennent aussi.

Les cultivateurs ne sont pas dans le cas de faire usage du Phosphore. Par son moyen cependant on peut, en l'enfermant dans un flacon, mettre le feu aux allumettes: de là le briquet dit *phosphorique*, qui a été à la mode pendant quelques années, mais que son haut prix & ses inconvéniens ont fait abandonner. (*Bosc.*)

PHRÉNÉSIE DES ANIMAUX. *Voy.* RAGE.

PHRYMA. *Phryma.*

Plante vivace de l'Amérique septentrionale, qui seule forme un genre dans la didynamie angiospermie & dans la famille des *Personnées*, genre qui est figuré pl. 516 des *Illustrations des genres* de Lamarck, mais que nous ne possédons pas dans nos jardins, quoique j'en ai apporté beaucoup de graines.

Je ne parlerois pas davantage de cette plante si elle n'offroit un phénomène physiologique remarquable, que j'ai observé le premier, & que je crois bon de rapporter ici.

Lorsque le Phryma est en vie, sa tige offre, un peu au-dessus de chaque paire de feuilles, un renflement oblong, où la tige est susceptible de se plier presqu'à angle droit sans aucun inconvénient; elle se relève ensuite toute seule, mais avec une telle lenteur, qu'il lui faut une heure pour redevenir parfaitement droite. Après la dessiccation, la place de ces renflemens est indiquée par une plus grande diminution de son diamètre que celle de celui de la tige.

Je n'ai pu reconnoître, ni sur le vivant ni sur le sec, quelle étoit la cause de ce phénomène. (*Bosc.*)

PHRYNE. *Phrynium.*

Plante de l'Inde, qui seule forme, dans la monandrie monogynie, un genre voisin des PONTEDÈRES, avec lesquels elle a été ci-devant placée. C'est le *Phyllodes* de Loureiro. Ses feuilles sont acides & se mangent. Nous ne possédons pas cette plante en Europe. (*Bosc.*)

PHTHISIE PULMONAIRE : maladie du poumon, à la suite de laquelle le plus souvent il se détruit en plus ou moins grande partie par la suppuration, ou plus rarement il diminue de volume par le dessèchement.

Cette maladie affecte tous les animaux domestiques, même les volailles; elle reconnoît un grand nombre de causes, dont la plus commune est l'inflammation du poumon. Il paroît, par quelques observations faites sur les vaches, chez qui elle est très-commune, & chez qui on l'appelle POMMELIÈRE (*voyez* ce mot), qu'elle est parmi eux, comme parmi les hommes, quelquefois héréditaire; elle s'annonce par la maigreur, la tristesse, le dégoût, une toux sèche, un affoiblissement toujours croissant.

Un air pur, une nourriture adoucissante, des travaux modérés, l'emploi des sudorifiques & des narcotiques, peuvent prolonger la vie d'un animal attaqué de Phthisie pulmonaire; mais il n'y a pas moyen de la guérir radicalement. En conséquence il vaut mieux, dès qu'on a reconnu la maladie dans un bœuf, dans une vache, dans un mouton, dans une volaille, tuer l'animal & en manger la chair, qui n'est nullement mal-faisante, que de chercher à le conserver par un traitement suivi. *Voyez*, pour le surplus, au mot POMMELIÈRE. (*Bosc.*)

PHYLA. *Phyla.*

Plante annuelle, originaire de la Cochinchine, qui seule forme, dans la tétrandrie monogynie, un genre fort voisin des PROTÉES & des ALLIONES. *Voyez* ces mots.

Comme elle ne se cultive pas dans nos jardins, je n'ai rien à en dire de plus. (*Bosc.*)

PHYLIDRE. *Phylidrum.*

Plante vivace qui croît à la Cochinchine, & qui seule constitue un genre dans la monandrie monogynie.

On ne la cultive pas dans nos jardins; ainsi je ne puis rien en dire de plus. (*Bosc.*)

PHYLIQUE. *Phylica.*

Genre de plante de la pentandrie monogynie & de la famille des *Rhamnoïdes*, dans lequel se placent vingt-huit espèces, dont plusieurs sont d'un aspect fort agréable & se cultivent dans nos orangeries. Il est figuré pl. 127 des *Illustrations des genres* de Lamarck.

Espèces.

1. La PHYLIQUE à feuilles de bruyère, vulgairement *bruyère du Cap.*
Phylica ericoides. Linn. ♄ Du Cap de Bonne-Espérance.

2. La PHYLIQUE à petites fleurs.
Phylica parviflora. Linn. ♄ Du Cap de Bonne-Espérance.

3. La PHYLIQUE brunioïde.
Phylica brunioides. Lam. ♄ Du Cap de Bonne-Espérance.

4. La PHYLIQUE stipulaire.
Phylica stipularis. Linn. ♄ Du Cap de Bonne-Espérance.

5. La PHYLIQUE axillaire.
Phylica axillaris. Lam. ♄ Du Cap de Bonne-Espérance.

6. La PHYLIQUE à feuilles de romarin.
Phylica rosmarinifolia. Lam. ♄ Du Cap de Bonne-Espérance.

7. La PHYLIQUE bicolore.
Phylica bicolor. Linn. ♄ Du Cap de Bonne-Espérance.

8. La PHYLIQUE âpre.
Phylica strigosa. Berg. ♄ Du Cap de Bonne-Espérance.

9. La PHYLIQUE plumeuse.
Phylica plumosa. Linn. ♄ Du Cap de Bonne-Espérance.

10. La PHYLIQUE pubescente.
Phylica pubescens. Lam. ♄ Du Cap de Bonne-Espérance.

11. La PHYLIQUE luisante.
Phylica nitida. Lam. ♄ Du Cap de Bonne-Espérance.

12. La PHYLIQUE calleuse.
Phylica squarrosa. Ait. ♄ Du Cap de Bonne-Espérance.

13. La PHYLIQUE à feuilles de buis.
Phylica buxifolia. Ait. ♄ Du Cap de Bonne-Espérance.

14. La PHYLIQUE en cœur.
Phylica cordata. Linn. ♄ Du Cap de Bonne-Espérance.

15. La PHYLIQUE en épi.
Phylica spicata. Linn. ♄ Du Cap de Bonne-Espérance.
16. La PHYLIQUE à feuilles de myrte.
Phylica myrtifolia. Lam. ♄ Du Cap de Bonne-Espérance.
17. La PHYLIQUE à grappes.
Phylica racemosa. Linn. ♄ Du Cap de Bonne-Espérance.
18. La PHYLIQUE à feuilles de pin.
Phylica pinifolia. Linn. ♄ Du Cap de Bonne-Espérance.
19. La PHYLIQUE imbriquée.
Phylica imbricata. Thunb. ♄ Du Cap de Bonne-Espérance.
20. La PHYLIQUE paniculée.
Phylica paniculata. Willd. ♄ Du Cap de Bonne-Espérance.
21. La PHYLIQUE velue.
Phylica villosa. Thunb. ♄ Du Cap de Bonne-Espérance.
22. La PHYLIQUE lancéolée.
Phylica lanceolata. Thunb. ♄ Du Cap de Bonne-Espérance.
23. La PHYLIQUE trichotome.
Phylica trichotoma. Thunb. ♄ Du Cap de Bonne-Espérance.
24. La PHYLIQUE dioïque.
Phylica dioica. Linn. ♄ Du Cap de Bonne-Espérance.
25. La PHYLIQUE réfléchie.
Phylica reflexa. Lam. ♄ Du Cap de Bonne-Espérance.
26. La PHYLIQUE à feuilles de thym.
Phylica thymifolia. Vent. ♄ Du Cap de Bonne-Espérance.
27. La PHYLIQUE à feuilles de ledon.
Phylica ledifolia. Vent. ♄ Du Cap de Bonne-Espérance.
28. La PHYLIQUE orientale.
Phylica orientalis. Dum.-Courf. ♄ Du Cap de Bonne-Espérance.

Culture.

De ces efpèces, dix-fept ou dix-huit fe cultivent dans les orangeries des écoles de botanique & dans les collections des amateurs, & plufieurs autres s'y font fait voir également, mais en ont difparu. Cela fuppofe que leur culture eft difficile, ou qu'elles font fujètes à des accidens. En effet, elles craignent également le trop grand chaud & le trop grand froid, la trop grande fécherefle & la trop grande humidité. La multiplication par marcottes & celle par boutures, prefque les feules ufitées dans nos climats, ne réuffiffent pas toujours pour certaines efpèces, & leurs produits font fujets à périr l'hiver fuivant.

De toutes ces efpèces, la première eft la plus commune & la moins fujète aux inconvéniens précités, mais auffi une des moins belles. L'avantage qu'elle a d'être en fleur pendant tout l'hiver, & de former de petits arbres d'un joli afpect, la fait rechercher à Paris, pour être mife fur les cheminées, les confoles, &c.; auffi le commerce qui s'en fait eft-il de quelqu'importance.

Une terre à demi confiftante, c'eft-à-dire, compofée par moitié de terre franche & de terre de bruyère, eft celle qui lui convient le mieux; on la renouvelle tous les ans au printems: elle ne demande de fréquens arrofemens que pendant qu'elle pouffe le plus fortement. On la multiplie très-facilement de marcottes & de boutures, ces dernières faites plutôt en automne qu'au printems, dans des pots fur couche & fous châffis. Les marcottes, quoique prenant promptement racines, ne fe févrent qu'après l'hiver, & malgré cela elles rifquent de périr l'hiver fuivant dans les orangeries, lorfque ces orangeries font fombres & humides, & en conféquence on fera mieux de les placer dans des baches. Dès cette première année on commence à leur faire une tige, à donner une forme globuleufe à leur tête, à l'étager, &c.

Les efpèces indiquées fous les n°s. 9, 10, 11 & 12, font les plus belles, mais les plus fujètes à périr, quelque foin qu'on en prenne; elles font peu communes hors des collections des amateurs.

Quant aux efpèces 2, 4, 5, 6, 13, 15, 16, 17, 18, 26, 27 & 28, qui fe voient encore dans nos écoles & dans nos collections, elles demandent à être traitées comme la première. (*Bosc.*)

PHYLLACÈRE. *Phyllacera.*

Arbriffeau de la Chine qui conftitue, dans la monoécie polyandrie, un genre fort voifin de celui des *Crotons.* C'eft le *Croton variegatum* de Linnæus.

Cet arbriffeau, remarquable par la riche parure de fes feuilles, n'eft pas cultivé dans nos jardins. (*Bosc.*)

PHYLLACHNE. *Phyllachne.*

Petite plante qui a l'apparence d'une mouffe, qui croît dans les marais du détroit de Magellan, & qui feule forme, dans la monoécie monandrie, un genre figuré pl. 741 des *Illustrations des genres* de Lamarck.

On ne la cultive pas dans nos jardins. (*Bosc.*)

PHYLLAMPHORE: fynonyme de NEPENTHE. *Voyez* ce mot.

PHYLLANTHE. *Phyllanthus.*

Genre de plante de la monoécie triandrie & de la famille des *Euphorbes*, dans lequel fe placent quarante-deux efpèces, dont quelques-unes fe cultivent dans nos écoles de botanique. Il eft figuré pl. 756 des *Illustrations des genres* de Lamarck.

Observations.

Ce genre se confond facilement avec celui appelé XYLOPHYLE. *Voyez* ce mot.

Espèces.

1. La PHYLLANTHE à grandes feuilles.
Phyllanthus grandifolius. Linn. ♄ De l'Amérique méridionale.

2. La PHYLLANTHE du Brésil, vulgairement *bois à enivrer.*
Phyllanthus brasiliensis. Aubl. ♄ De l'Amérique méridionale.

3. La PHYLLANTHE luisante.
Phyllanthus lucens. Lam. ♄ De la Chine.

4. La PHYLLANTHE velue.
Phyllanthus villosus. Lam. ♄ Des Indes.

5. La PHYLLANTHE à feuilles arrondies.
Phyllanthus rotundatus. Lam. ♄ Des Indes.

6. La PHYLLANTHE à feuilles ovales.
Phyllanthus ovatus. Lam. ♄ De la Martinique.

7. La PHYLLANTHE recourbée.
Phyllanthus nutans. Swartz. ♄ De la Jamaïque.

8. La PHYLLANTHE à feuilles de nerprun.
Phyllanthus ramnoides. Retz. ♄ Des Indes.

9. La PHYLLANTHE réticulée.
Phyllanthus reticulatus. Lam. ♄ Des Indes.

10. La PHYLLANTHE penchée.
Phyllanthus cernuus. Lam. ♄ Des Indes.

11. La PHYLLANTHE simple.
Phyllanthus simplex. Retz. ♄ Des Indes.

12. La PHYLLANTHE à feuilles de fillaria.
Phyllanthus phyllyeæfolius. Lam. ♄ De l'Ile-Bourbon.

13. La PHYLLANTHE multiflore.
Phyllanthus multiflorus. Lam. ♄ De Madagascar.

14. La PHYLLANTHE à feuilles lancéolées.
Phyllanthus lanceolatus. Lamarck. ♄ De l'Ile-Bourbon.

15. La PHYLLANTHE étoilée.
Phyllanthus stellatus. Retz. ♄ De Ceylan.

16. La PHYLLANTHE à grappes.
Phyllanthus racemosus. Linn. ♄ De Ceylan.

17. La PHYLLANTHE de Madras.
Phyllanthus maderaspatensis, Linn. ♄ Des Indes.

18. La PHYLLANTHE verge.
Phyllanthus virgatus. Forst. ♄ Des îles de la Société.

19. La PHYLLANTHE à verrues.
Phyllanthus verrucosus. Thunb. ♄ Du Cap de Bonne-Espérance.

20. La PHYLLANTHE poison.
Phyllanthus virrosus. Roxb. ♄ Des Indes.

21. La PHYLLANTHE acuminée.
Phyllanthus acuminatus. Vahl. ♄ De Cayenne.

22. La PHYLLANTHE obscure.
Phyllanthus obscurus. Roxb. ♄ Des Indes.

23. La PHYLLANTHE quadrangulaire.
Phyllanthus quadangularis. Klein. ♄ Des Indes.

24. La PHYLLANTHE mimeuse.
Phyllanthus mimusoides. Vahl. ♄ Des îles Caraïbes.

25. La PHYLLANTHE polyphylle.
Phyllanthus polyphyllus. Willd. ♄ Des Indes.

26. La PHYLLANTHE kirganèle.
Phyllanthus kirganelia. Willd. ♄ De l'Ile-Bourbon.

27. La PHYLLANTHE myrobolan.
Phyllanthus emblica. Linn. ♄ Des Indes.

28. La PHYLLANTHE calicinale.
Phyllanthus calicinus. Labill. ♄ De la Nouvelle-Hollande.

29. La PHYLLANTHE à feuilles longues.
Phyllanthus longifolius. Lamarck. ♄ De l'Ile-Bourbon.

30. La PHYLLANTHE linéaire.
Phyllanthus linearis. Swartz. ♄ De la Jamaïque.

31. La PHYLLANTHE en faux.
Phyllanthus falcatus. Swartz. ♄ De l'Amérique méridionale.

32. La PHYLLANTHE des montagnes.
Phyllanthus montanus. Swartz. ♄ De la Jamaïque.

33. La PHYLLANTHE en buisson.
Phyllanthus dumetosus. Lam. ♄ De l'île Rodrigue.

34. La PHYLLANTHE comprimée.
Phyllanthus anceps. Vahl. ♄ Des Indes.

35. La PHYLLANTHE fasciculée.
Phyllanthus fasciculatus. Lam. ♄ Des Indes.

36. La PHYLLANTHE niruri.
Phyllanthus niruri. Linn. ⊙ De l'Amérique méridionale.

37. La PHYLLANTHE urinaire.
Phyllanthus urinaria. Linn. ⊙ Des Indes.

38. La PHYLLANTHE de la Caroline.
Phyllanthus carolinianus. Walt. ⊙ De la Caroline.

39. La PHYLLANTHE bacciforme.
Phyllanthus bacciformis. Linn. ⊙ Des Indes.

40. La PHYLLANTHE à feuilles de nummulaire.
Phyllanthus nummularifolius. Lamarck. ⊙ De Cayenne.

41. La PHYLLANTHE à feuilles d'andrachne.
Phyllanthus andrachnoides. Willd. ⊙ Des Indes.

42. La PHYLLANTHE à feuilles rondes.
Phyllanthus rotundifolius. Klein. ⊙ Des Indes.

Culture.

De ces quarante-deux espèces, nous n'en possédons que neuf ou dix dans nos jardins ; mais il y en a eu plusieurs autres qui y ont été cultivées pendant quelque tems, & qui en ont disparu ; ce sont, parmi celles à tiges frutescentes, les 1re., 2e., 7e., 17e., 27e. & 29e. Ces espèces demandent la ſerre chaude & une terre légère, renouvelée tous les deux ans au moins, & de fréquens arroſemens en été. On les multiplie ou de graines tirées le plus ordinairement de leur pays natal & ſemées dans des pots ſur couche & ſous châſſis, ou de boutures faites au moment où le pied entre en végétation, & placées de même. Ces boutures reprennent difficilement; ce qui fait que ces eſpèces ſont peu communes. Au reſte, elles n'offrent preſqu'aucun agrément. Les fruits de la 27ᵉ. ſont l'objet d'un petit commerce, à raiſon de leur emploi dans la médecine, comme purgatifs.

On cultive auſſi, parmi celles à racines annuelles, les 36ᵉ. & 38ᵉ. C'eſt à moi qu'on doit, en Europe, la poſſeſſion de cette dernière. On ſeme leurs graines, qui mûriſſent fort bien dans nos climats, au printems, dans des pots remplis de terre de bruyère, ſur couche & ſous châſſis. Lorſque le plant a acquis un ou deux pouces de haut, on le ſépare & on le met ſeul à ſeul dans d'autres pots, que, quinze jours après, on place contre un mur expoſé au midi. Il y demande des arroſemens légers, mais fréquens. (*Bosc.*)

PHYLLACTIS. *Phyllactis.*

Genre de plante de la triandrie monogynie, fort voiſin des VALERIANES, dans lequel on a réuni trois eſpèces, dont aucune n'eſt cultivée dans nos jardins.

Eſpèces.

1. Le PHYLLACTIS roide.
Phyllactis rigida. Ruiz & Pav. ♃ Du Pérou.
2. Le PHYLLACTIS à feuilles menues.
Phyllactis tenuifolia. Ruiz & Pav. ♃ Du Pérou.
3. Le PHYLLACTIS à feuilles ſpatulées.
Phyllactis ſpathulata. Ruiz & Pav. ♃ Du Pérou.
(*Bosc.*)

PHYLLIREA. *Voyez* FILARIA.

PHYLLIS. *Phyllis.*

Arbuſte des Canaries, qui ſeul conſtitue un genre dans la pentandrie digynie & dans la famille des *Rubiacées*.

Cet arbuſte, qui eſt figuré pl. 186 des *Illuſtrations des genres* de Lamarck, ſe cultive depuis long-tems dans nos orangeries, qu'il orne plus par la beauté de ſes feuilles que par celle de ſes fleurs.

Une terre ſubſtantielle, c'eſt-à-dire, une terre franche pure eſt celle que demande le Phyllis : on la renouvelle en partie tous les ans. Des arroſemens fréquens en été, ſaiſon qu'il paſſe contre un mur expoſé au midi, lui ſont néceſſaires. Il ſe multiplie ou par ſes graines, qui mûriſſent fort bien dans nos climats, & qu'on ſème dans des pots ſur couche & ſous châſſis, au printems, ou par boutures placées de même. Son plant ſe met ſeul à ſeul dans d'autres pots, lorſqu'il eſt parvenu à deux pouces de haut, & ſes boutures ſe repiquent au printems de l'année ſuivante ſeulement, attendu qu'elles prennent lentement leurs racines.

Les pieds de Phyllis ſe conſervent pluſieurs années. (*Bosc.*)

PHYLLODA. C'eſt la même choſe que PHRYNIE.

PHYSIOLOGIE VÉGÉTALE. On appelle ainſi la ſcience qui a pour but l'étude de l'organiſation & des fonctions vitales des plantes.

Comme étant extrêmement étendue, & ſervant de fondement à la botanique & à l'agriculture, la Phyſiologie végétale a paru devoir devenir l'objet d'un Dictionnaire particulier, & en conſéquence je n'ai rien à en dire ici. (*Bosc.*)

PHYSKI. *Physki.*

Plante aquatique de la Cochinchine, qui ſeule forme un genre dans la polygamie monoécie.

Cette plante n'eſt pas cultivée en Europe. (*Bosc.*)

PHYTHELEPHAS. *Phythelephas.*

Genre de plante de la dioécie polyandrie, qui renferme deux eſpèces non encore cultivées dans les jardins en Europe.

Eſpèces.

1. La PHYTHELEPHAS à gros fruit.
Phythelephas macrocarpa. Ruiz & Pav. ♄ Du Pérou.
2. La PHYTHELEPHAS à petit fruit.
Phythelephas microcarpa. Ruiz & Pav. ♄ Du Pérou.

Le fruit de la première eſpèce ſe mange ſous le nom de *cabeza de negro.* (*Bosc.*)

PHYTEUME. *Phyteuma.*

Genre de plante de la pentandrie monogynie & de la famille des *Campanulacées*, qui réunit ſeize eſpèces, la plupart d'Europe, & cultivées dans les écoles de botanique. Il eſt figuré pl. 124 des *Illuſtrations des genres* de Lamarck, qui l'appelle *Raponcule.*

Eſpèces.

1. La PHYTEUME pauciflore.
Phyteuma pauciflora. Linn. ♃ Des Alpes.
2. La PHYTEUME de Scheuchzer.
Phyteuma Scheuchzeri. Allioni. ♃ Des Alpes.
3. La PHYTEUME de Micheli.
Phyteuma Michelii. Allioni. ♃ Des Alpes.
4. La PHYTEUME hémiſphérique.
Phyteuma hemiſphærica. Allioni. ♃ Des Alpes.

5. La

5. La Phyteume feuillue.
Phyteuma comosa. Jacq. ♂ Des Alpes.

6. La Phyteume orbiculaire.
Phyteuma orbicularis. Linn. ♃ Indigène.

7. La Phyteume noire.
Phyteuma nigra. Willd. ♃ Des Alpes.

8. La Phyteume à feuilles de bétoine.
Phyteuma betonicifolia. Willd. ♃ Des Alpes.

9. La Phyteume en épi.
Phyteuma spicata. Linn. ♃ Indigène.

10. La Phyteume ovale.
Phyteuma ovata. Willd. ♃ Des Alpes.

11. La Phyteume verge.
Phyteuma virgata. Labill. ♂ Du Liban.

12. La Phyteume lobéillioïde.
Phyteuma lobeillioides. Willd. De l'Arménie.

13. La Phyteume lancéolée.
Phyteuma lanceolata. Willd. De l'Arménie.

14. La Phyteume roide.
Phyteuma rigida. Willd. De l'Orient.

15. La Phyteume amplexicaule.
Phyteuma amplexicaulis. Willd. De l'Orient.

16. La Phyteume pinnée.
Phyteuma pinnata. Willd. ♂ De l'île de Crète.

Culture.

J'ai vu cultiver au Jardin du Muséum, sous le nom français de *raponcule*, toutes ou presque toutes les espèces qui croissent dans les Alpes, mais elles ne s'y sont pas conservées. Aujourd'hui on n'y voit que la 4e., la 6e., la 9e. & la 16e.

Les trois premières sont de pleine terre, & se sèment en place aussitôt la récolte de leurs graines. Lorsque le plant est levé, on l'éclaircit & on le sarcle ; il ne demande plus ensuite aucun soin.

La dernière est d'orangerie. C'est une fort belle plante, qui a été rapportée par Olivier, de l'Institut. On la multiplie de graines, qui se sèment dans des pots sur couche & sous châssis.

Toutes les Phyteumes laissent fluer, quand on les blesse, un suc laiteux, agréable au goût. Il est probable qu'on peut manger partout leurs feuilles & leurs racines, comme on mange, en France, celles des 6e. & 9e. espèces, sous le nom de *raiponce*, qu'elles partagent avec une campanule. Ce sont les pieds qui n'ont pas encore fleuri qu'on préfère, parce que ce sont les plus tendres.

Ces deux espèces, surtout la première, ont un aspect assez remarquable pour être placées dans les gazons des jardins paysagers, où elles ne demandent aucune culture, mais où elles durent peu, car elles sont réellement bisannuelles ; & si elles subsistent quelquefois trois ou quatre ans, c'est que leurs racines poussent de nouveaux bourgeons, qui remplacent les pieds qui ont fleuri : on doit donc en semer tous les ans. (*Bosc.*)

PHYTOLACCA. *Phytolacca.*

Genre de plante de la décandrie décagynie & de la famille des *Chénopodées*, qui est formé par six espèces, toutes provenant de l'Amérique, dont une est presque naturalisée en Europe, & peut se cultiver avantageusement sous divers rapports. *Voyez* les *Illustrations des genres* de Lamarck, pl. 393, où il est figuré.

Espèces.

1. Le Phytolacca à dix étamines, vulgairement *raisin d'Amérique*.
Phytolacca decandra. Linn. ♃ De l'Amérique septentrionale.

2. Le Phytolacca à huit étamines.
Phytolacca octandra. Linn. ♃ Du Mexique.

3. Le Phytolacca à sept étamines.
Phytolacca heptandra. Linn. ♃ De l'Amérique méridionale.

4. Le Phytolacca icosandre.
Phytolacca icosandra. Linn. ♃ Des Indes.

5. Le Phytolacca à douze étamines.
Phytolacca dodecandra. Lhérit. ♄ De l'Abyssinie.

6. Le Phytolacca dioïque.
Phytolacca dioica. Linn. ♄ De l'Amérique méridionale.

Culture.

Nous possédons ces espèces, excepté la troisième.

La première seule est de pleine terre, & s'est naturalisée dans presque toutes les parties de la France ; mais elle subsiste difficilement dans les terreins humides & les expositions froides. On l'a appelée *raisin d'Amérique*, parce que ses fruits sont rouges & disposés en grappes. La belle couleur qu'ils donnent est trop fugace pour être employée à la teinture. Ils purgent & fournissent, par leur infusion dans l'eau, un remède contre les cancers, & dans l'eau-de-vie, un remède contre les rhumatismes ; dans ces deux cas on les emploie à l'extérieur.

On multiplie le Phytolacca décandre par le semis de ses graines, dont une partie mûrit fort bien dans le climat de Paris. Ces graines se sèment immédiatement après qu'elles ont été cueillies, ou, si on les a cultivées dans un terrein humide, au printems suivant, soit en pleine terre, à une bonne exposition, soit dans des pots sur couche nue ; elles donnent des plants qui, repiqués, fleurissent le plus souvent la même année, mais ne sont dans toute leur force que la troisième. On le multiplie aussi par déchirement des vieux pieds & même de boutures, moyens moins bons & plus incertains que les semis.

A raison de la grandeur des touffes qu'elle forme, de la beauté de ses tiges, de ses feuilles, même de ses grappes de fruits, cette plante peut être introduite dans les parterres & dans les jardins paysagers; tout terrein, pourvu qu'il ne soit pas trop humide, lui convient; elle croît fort bien dans les sables qui ont quelque profondeur. Une exposition méridienne lui est favorable dans le climat de Paris, attendu qu'elle craint les fortes gelées. Couvrir ses racines de feuilles sèches ou de fougère, à l'approche de l'hiver, seroit une précaution bonne à prendre si ces feuilles sèches & cette fougère ne conservoient pas une humidité toujours nuisible à leur conservation. Une fois en place elle peut, hors ces deux cas, subsister plusieurs années sans autres soins que ceux propres à tous les jardins; elle a l'avantage de pousser de très-bonne heure au printems, & de le faire sans interruption jusqu'aux premières gelées; aussi, passé le mois de mai, offre-t-elle constamment, en même tems, des fleurs & des fruits. C'est aux bords des allées, surtout à leurs points de réunion, autour des fabriques, à quelque distance des massifs, qu'elle se place le plus communément. Un seul pied, pourvu qu'il soit fort, produit plus d'effet que plusieurs réunis.

Les jeunes tiges & les jeunes feuilles du Phytolacca décandre sont bonnes à manger en guise d'épinards. On en fait, pendant le mois de mars, une grande consommation en Caroline, ainsi que j'ai pu m'en assurer pendant deux années de séjour, parce qu'on croit leur usage propre à adoucir l'âcreté des humeurs. Leur véritable effet est de nourrir fort peu & de tenir le ventre libre; ce qui est réellement utile, à la sortie de l'hiver, pour des personnes qui mangent beaucoup de viande & de salaisons. Je desire qu'on la cultive aux environs de Paris dans le même but; car on ne peut trop multiplier les moyens diététiques autour des grandes villes, & elle a d'ailleurs, sur l'épinard, l'avantage d'être vivace & de fournir bien davantage.

Dans le Médoc, où cette plante est presque naturalisée, on nourrit les jeunes volailles avec ses baies, & on s'en trouve bien sous le rapport de l'économie. J'ajoute que j'ai acquis la preuve pendant mon séjour en Amérique, que ce qui faisoit tant périr de dindonneaux, en Europe, dans les premiers jours de leur vie, & lors de la crise de la puberté, étoit le manque de baies pour leur nourriture, ainsi, à mon avis, si la pratique des habitans des landes étoit partout imitée, on en sauveroit bien des milliers tous les ans, au grand bénéfice de l'agriculture. *Voyez* DINDON.

Mais le Phytolacca décandre doit être considéré sous des rapports bien plus importans, puisqu'il peut, au moins dans les parties méridionales de la France, augmenter considérablement nos richesses territoriales. Jusqu'à présent il n'a pas été cultivé en grand; mais j'ai lieu de croire que le tems viendra bientôt, où les propriétaires éclairés, qui habitent sur leurs terres, feront connoître les ressources qu'on en peut tirer en le faisant entrer dans le système de leurs assolemens.

On peut cultiver le Phytolacca décandre, en grand & avec profit, sous deux rapports distincts.

Le premier, c'est pour suppléer à la pénurie des engrais, pénurie qui presque partout se fait annuellement sentir, & influe d'une manière si nuisible sur le produit des récoltes des céréales.

En effet, formant de grosses touffes, poussant rapidement & continuellement, s'accommodant des plus mauvais terreins, il peut être semé dans ces derniers à l'effet d'être coupé trois ou quatre fois au moins chaque été, pour être employé, soit à augmenter la masse des fumiers, soit à former des composts, soit à être enterré de suite. Que d'amélioration recevroient de sa culture les landes de Bordeaux, de Bretagne, de Sologne, &c.! (*Voyez* RECOLTES ENTERREES POUR ENGRAIS.) Je ne m'étends pas plus au long sur cet emploi, parce qu'il suffit de voir le Phytolacca décandre en pleine végétation pour être persuadé qu'il y est très-propre.

Le second, c'est pour fournir de la potasse, substance si nécessaire dans les arts, & si chère en ce moment. On doit, je crois, à Braconnot la première indication de la possibilité de tirer parti du Phytolacca décandre pour cet objet. Depuis, Théodore de Saussure & mon frère ont confirmé ses apperçus. Cette plante, avant sa floraison, donne, par son incinération, juste moitié de son poids de salin (potasse non purifiée), ce qu'aucune autre n'a pas offert jusqu'à présent. Ce que j'ai dit plus haut laisse donc croire qu'il seroit très-profitable de la cultiver en grand, uniquement pour cet objet. Plusieurs personnes, entr'autres mon frère, font en ce moment des tentatives, du succès desquelles je ne doute pas. Le seul inconvénient qu'elle offre, c'est qu'étant très-aqueuse, elle se dessèche difficilement & brûle avec peine; mais en cultivant, concurremment avec elle, les hélianthes annuel ou tubéreux (le tournesol ou le topinambour), dont les tiges se dessèchent très-facilement, peuvent se garder une année sur l'autre, & fournissent également beaucoup de potasse, on rend presque nul cet inconvénient. *Voyez*, pour le surplus, au mot POTASSE.

Pour ces deux objets on pourroit, ou semer le Phytolacca à la volée, sur un seul labour, ou le planter en quinconce, à six pieds de distance si le terrein étoit fertile, & à quatre s'il ne l'étoit pas. Je préférerois ce dernier mode. Un labour d'hiver, soit à la charrue, soit à la houe, seroit la seule culture que demanderoit le terrein. Au bout de huit ou dix ans, plus ou moins, selon la nature de ce terrein, on détruiroit la plantation, & les récoltes de céréales qui lui succéderoient, seroient, sans doute, aussi belles qu'il seroit possible de le desirer.

Les autres Phytolaccas demandent au moins la serre tempérée ou une bonne orangerie. On les multiplie par le semis de leurs graines, lorsqu'elles en donnent de bonnes (ce qui n'est pas très-commun), sur couche & sous châssis ; par éclats de racines & par boutures faites également sur couche & sous châssis. Ces boutures manquent rarement, mais sont sujètes à périr pendant le premier hiver. Une bonne terre légère & des arrosemens modérés leur sont convenables. Comparées à la première espèce, elles sont de peu d'interêt & ne contribuent pas beaucoup à l'ornement des serres. Les deux dernières, qui sont ligneuses, perdent presque toutes les années l'extrémité de leurs touffes ; aussi les buissons qu'elles forment, sont-ils toujours hideux. Il n'en est pas de même en Italie, où je les ai vu palissader fort avantageusement contre les murs pour en cacher la nudité. (*Bosc.*)

PICEA : espèce de SAPIN. *Voyez* ce mot.

PICOT : nom des OREILLES-D'OURS, dont les étamines sont courtes. *Voyez* ce mot.

PICOTTE : synonyme de CLAVEAU. *Voyez* ce mot.

PICRAMNIE. *PICRAMNIA.*

Arbuste de la Jamaïque, qui seul forme un genre dans la dioécie triandrie.

Il n'est pas cultivé dans nos jardins. (*Bosc.*)

PICRIA. *PICRIA.*

Plante médicinale de la Cochinchine, & qui s'y cultive, mais que nous ne possédons pas dans nos jardins. Elle forme seule un genre dans la didynamie angiospermie. (*Bosc.*)

PICRIDE. *PICRIS.*

Genre de plante de la syngénésie égale & de la famille des *Chicoracées*, dans lequel se placent huit espèces, la plupart propres à l'Europe, & cultivées dans les écoles de botanique. *Voyez* les *Illustrations des genres* de Lamarck, pl. 648, où il est figuré.

Observations.

Quelques botanistes ont séparé des espèces de ce genre pour former ceux HELMENTIE & TOLPIS. *Voyez* ces mots.

Espèces.

1. La PICRIDE épervière.
Picris hyeracioides. Linn. ♂ Indigène.

2. La PICRIDE asplénioïde.
Picris asplenioïdes. Linn. ⊙ De la Barbarie.

3. La PICRIDE à feuilles entières.
Picris integrifolia. Desf. ⊙ Indigène.

4. La PICRIDE globulifère.
Picris globulifera. Desf. ⊙ De.....

5. La PICRIDE épineuse.
Picris aculeata. Vahl. ♃ De la Barbarie.

6. La PICRIDE pauciflore.
Picris pauciflora. Desf. ⊙ De la Barbarie.

7. La PICRIDE rudérale.
Picris ruderalis. Willd. ♃ De la Bohême.

8. La PICRIDE du Japon.
Picris japonica. Thunb. ⊙ Du Japon.

Culture.

On voit dans l'école de botanique du Muséum d'histoire naturelle de Paris, les quatre premières de ces espèces ; leur culture consiste à semer leurs graines dans des pots sur couche nue, & à repiquer le plant qu'elles ont produit, lorsqu'il a acquis trois à quatre feuilles : on le sarcle s'il en est besoin. Une terre légère est celle qui lui convient le mieux. Ces plantes sont de nul intérêt pour tout autre qu'un botaniste. (*Bosc.*)

PIE : oiseau du genre des *Corbeaux*, qui vit par couple ou en société de famille, & qui tantôt fait du bien aux cultivateurs, en détruisant les larves des insectes qui nuisent aux produits des récoltes, tantôt leur fait du mal, en mangeant ses grains & plusieurs fruits, comme cerises, raisins, &c. Il y a donc autant & peut-être même plus de motifs de le conserver que de le détruire. *Voyez* le *Dictionnaire d'Ornithologie.* (*Bosc.*)

PIED DES ANIMAUX. Les variations qui existent dans les proportions des différentes parties du corps des animaux sauvages sont trop petites pour qu'elles soient sensibles à leur Pied ; aussi n'y fait-on nulle attention ; mais celles que la domesticité dévéloppe dans le cheval, l'âne, le mulet, le bœuf, le mouton, la chèvre, le cochon, le chien, la poule, le pigeon, &c., sont quelquefois tellement grandes, qu'on est forcé de la prendre en considération. Quelle différence, en effet, entre le Pied d'un cheval de Hollande & d'un cheval limousin, d'un chien basset & d'un chien levrier, d'un pigeon biset & d'un pigeon patu, &c. !

Les cultivateurs sont donc forcés d'étudier les différences qu'offrent les Pieds des races des animaux qu'ils se sont assujettis, surtout des chevaux. (*Voyez* CHEVAL.) Je ne parlerai ici avec quelqu'étendue que de ceux de ces derniers, renvoyant, pour les autres, aux articles des animaux qui les offrent.

Le cheval véritablement sauvage n'est plus

connu, c'est-à-dire, que tous ceux qui existent, portent plus ou moins l'empreinte de leur ancienne domesticité (*voyez* ESPÈCE, RACE & VARIETÉ), & par conséquent nous ne pouvons nous former une idée exacte de son état de nature. A défaut de ce point de comparaison, on s'est formé une opinion sur ce qu'il convenoit d'appeler un *beau Pied*, & c'est à Lafosse qu'on doit les meilleures notions à cet égard. *Voyez* CHEVAL.

J'observerai cependant que ce qu'il dit a été critiqué & devoit l'être, puisque la beauté est, jusqu'à un certain point, de convention. D'ailleurs, celle du Pied d'un cheval de trait ne doit pas être la même que celle de celui d'un cheval de selle; un cheval élevé sur les montagnes sèches ne peut avoir les Pieds semblables à ceux d'un cheval nourri dans les marais, &c.

Comme les Pieds des chevaux sont exposés à avoir des vices de conformation, à faire souvent des efforts exagérés, à recevoir des blessures de plusieurs sortes, &c., le nombre des maladies qui leur sont propres est fort multiplié. La ferrure seule en cause beaucoup.

Les principales de ces maladies sont: les ATTEINTES, les EAUX-AUX-JAMBES, les FICS, les CREVASSES, la CRAPAUDINE, l'ENTORSE, la FORME, les JAVARTS, l'ÉTONNEMENT, la FOURBURE, la FOURMILIÈRE, le CROISSANT, la FOULURE, la FOURCHETTE, le CRAPAUD, la BLEIME, la PIQURE, l'ENCLOUURE, les OSSELETS, les SEIMES, les OIGNONS, la RETRAITE, la SOLE BAVEUSE, la SOLE BATTUE, la SOLE FOULÉE, la SOLE ÉCHAUFFÉE, la SOLE BRULÉE, &c. *Voyez* ces mots.

La différence qui existe entre les Pieds des chevaux & ceux des mulets & des ânes n'est pas assez marquée pour donner lieu à des accidens particuliers, à des maladies différentes; mais ils offrent plus fréquemment quelques-uns de ces accidens ou quelques-unes de ces maladies, comme on le verra à leur article.

Les bêtes à laine sont sujètes à deux maladies des Pieds, qui portent des noms différens de leurs congénères dans le cheval; c'est le FOURCHET & le PIETIN. *Voyez* ces mots.

Je traiterai du petit nombre de maladies des Pieds des autres quadrupèdes domestiques, ainsi que des oiseaux de basse-cour, aux articles qui concernent ces quadrupèdes & ces oiseaux; ainsi *voyez* les mots BÊTES A CORNES, BÊTES A LAINE, COCHON, CHIEN, CHAT, POULE, DINDON, OIE, CANARD, PIGEON. (*Bosc.*)

PIED AFFOIBLI. Il est des maréchaux qui ne croient jamais assez enlever de corne aux chevaux qu'ils ferrent, & qui par conséquent l'affoiblissent au point de rendre douloureux le marcher des chevaux. Dans ce cas on déferre le cheval, & on le met au pâturage ou à la charrue, ou dans un terrein doux, jusqu'à ce que sa sole se soit suffisamment régénérée.

PIED ALTÉRÉ. Les vétérinaires donnent ce nom au Pied d'un cheval, dont la sole de dessous, ou la sole de corne, s'est desséchée par suite de ce qu'elle a été trop parée, c'est-à-dire, amincie.

On remédie aux suites de cette circonstance, qui fait toujours boiter le cheval, par des cataplasmes émolliens qui ramollissent la sole de corne & favorisent la tendance qu'elle a à reprendre de l'épaisseur, & par suite à défendre la sole charnue des atteintes des pierres & autres corps durs sur lesquels elle se repose dans l'action du marcher.

PIED-DE-BOEUF. Ce nom se donne à un Pied de cheval qu'une difformité de naissance ou un accident a plus ou moins rendu fourchu à son extrémité antérieure. Les Pieds postérieurs sont plus sujets au Pied-de-boeuf que les antérieurs.

Il n'y a de différence entre le Pied-de-boeuf & la SOIE (*voyez* ce mot), que la plus grande largeur de la fente. *Voyez* CHEVAL.

PIED-BOT. Dans cette difformité, le sabot est presque perpendiculaire en devant; elle est le plus souvent la suite de la fourbure: un cheval qui l'offre est de peu de service, & par conséquent de peu de valeur. Il n'y a pas moyen de la guérir.

PIED CAGNEUX: Pied dont la pince est tournée en dedans. Ce vice est peu nuisible & compte peu dans les chevaux de trait, mais il déplait beaucoup dans ceux de selle. On le corrige, quoique foiblement, par le moyen d'une ferrure appropriée.

PIED CERCLÉ. On appelle ainsi un Pied de cheval qui offre des saillies circulaires autour du sabot. Tantôt ces bosses ne sont qu'extérieures, & n'ont d'autre inconvénient que de défigurer le Pied, tantôt elles sont extérieures & intérieures, ou seulement intérieures, & alors elles font boiter l'animal. Dans ces derniers cas, on est quelquefois obligé de dessoler le Pied pour renouveler sa corne. *Voyez* DESSOLEMENT.

PIEDS COMBLES. Par sa conformation naturelle le Pied du cheval doit être excavé en dessous avec une saillie en V, qu'on appelle *la Fourchette*; mais par un vice d'organisation assez commun, par l'effet d'une maladie, d'un accident, &c., ou pour avoir vécu dans sa jeunesse dans des terreins humides, être resté habituellement dans une écurie fangeuse, cette cavité se remplit de corne, qui quelquefois même devient saillante, ce qui fait que l'animal ne peut marcher sans douleur, & est dans l'impossibilité de tirer de lourdes voitures.

Les PIEDS PLATS (*voyez* ce mot) deviennent souvent combles, mais leur difformité n'a pas toujours la même origine.

C'est encore par une ferrure appropriée qu'on diminue les inconvéniens des Pieds combles, pour rendre propres à quelques services les chevaux qui les ont tels. *Voyez* FERRURE.

PIED COMPRIMÉ. Lorsqu'on frappe les clous du fer du cheval, le fer presse fortement la corne, qui par suite comprime la sole charnue & rend le marcher douloureux, au point de faire boiter l'animal.

Lorsqu'on s'apperçoit de cet accident, on ôte le fer, on enveloppe le Pied d'un cataplasme émollient, & on laisse reposer l'animal jusqu'à ce qu'il ne souffre plus de ses suites.

PIEDS DEROBÈS : Pied de cheval dont la corne est si cassante, qu'elle se fend chaque fois qu'on y introduit des clous pour y attacher un fer, & que ce fer y tient fort peu de tems. C'est un grand vice, auquel on ne remédie qu'imparfaitement au moyen d'une étampure extraordinaire. *Voyez* CHEVAL & FERRURE.

PIED DESSOLÉ. Il arrive quelquefois que le sabot du cheval tombe de lui-même à la suite d'une fourbure ou d'un violent effort ; quelquefois aussi on l'enlève pour guérir un javart ou autre maladie grave.

Dans le premier cas il se régénère rarement, & dans le second, le plus souvent d'une manière imparfaite.

Pour favoriser cette régénérescence, on enveloppe le Pied d'un cataplasme émollient, qu'on renouvelle aussi souvent qu'il est nécessaire, & on place le cheval sur une litière épaisse & douce. Il faut toujours un long tems pour arriver au moment où on peut le mettre de nouveau au travail ; de sorte que ce n'est que lorsque sa valeur est considérable, qu'il faut le soumettre à ce traitement.

PIED ENCASTELÉ. On appelle ainsi tout Pied dont la sole se resserre à la partie supérieure des deux quartiers. Dans ce cas la compression est plus grande dans cette partie, & cause une douleur qui fait boiter le cheval. Les chevaux fins de selle sont les plus sujets à cette difformité, à laquelle on remédie plus ou moins par une FERRURE appropriée. *Voyez* ce mot.

La différence de cette sorte de défectuosité avec celle qu'on nomme *à talons serrés*, consiste en ce que, dans cette dernière, il n'y a que les talons qui soient resserrés.

PIED FOIBLE. Les chevaux dont la sole est mince sont appelés ainsi. Ils sont exposés à être plus souvent piqués dans l'opération de la ferrure, & à recevoir des atteintes, tant en dessous par les pierres sur lesquelles ils marchent, qu'en dessus par les coups qu'ils reçoivent. Comme c'est un vice d'organisation, on ne peut le détruire, mais on en diminue les inconvéniens au moyen d'une ferrure appropriée ; & souvent même on les évite par une surveillance toujours active. *Voyez* FERRURE & CHEVAL.

PIED GRAS. Dans les chevaux, les Pieds sont appelés *gras* lorsque le sabot est naturellement plus chargé de lymphe, & est par conséquent moins dur qu'à l'ordinaire. Ce vice, tantôt de conformation, tantôt circonstanciel, est toujours accompagné de foiblesse ; aussi les chevaux qui en sont affectés sont moins propres à tous les services, & principalement à celui du tirage.

Ce défaut se guérit quelquefois, lorsqu'il est héréditaire, par les progrès de l'âge ou par l'habitation dans un pays très-sec ; mais l'application des remèdes a peu d'action sur lui.

PIED PANARD : Pied dont la pince est tournée en dehors. Cette conformation vicieuse est plus désagréable à la vue que nuisible au service de l'animal.

PIEDS PLATS. Ce sont, dans le cheval, ceux qui sont plus larges & moins excavés en dessous qu'à l'ordinaire. Il est des Pieds plats en tout pays, mais c'est dans les pays marécageux, dans ceux où on remonte des bateaux avec des chevaux, qu'on en voit le plus, parce que la sole étant souvent dans l'eau, s'amollit & s'étend ; quelquefois ils sont le premier degré des Pieds combles ; mais il est des Pieds combles qui ne sont pas plats.

Les chevaux à Pieds plats sont peu propres à tirer de lourdes voitures par l'impossibilité où ils sont de *pincer* le sol en tendant les jarrets ; aussi leur prix est-il inférieur. On remédie en partie à cette difformité par une FERRURE appropriée. *Voyez* ce mot.

PIED RAMPIN : conformation du Pied telle que le cheval marche sur la pince & même sur la partie antérieure de la muraille ; elle est commune dans les mulets. On en atténue les inconvéniens par la diminution de la hauteur des talons, & l'application d'un fer terminé en pointe à l'extrémité antérieure. *Voyez* FERRURE & SABOT.

PIED RESSERRÉ. C'est un pied de cheval auquel on a trop diminué l'épaisseur du sabot en râpant le dessus, & auquel on a par cela même donné moyen de se trop dessécher, & par conséquent de devenir plus sensible aux chocs de toute espèce.

On guérit cet accident, comme celui du PIED ALTÉRÉ, par des cataplasmes émolliens. *Voyez* ce dernier mot.

PIED SERRÉ. Les vétérinaires appellent ainsi un Pied de cheval, dont la chair cannelée a été comprimée par un clou dans l'action de la ferrure, ce qui le fait boiter.

La chair cannelée peut être comprimée par un clou droit, par un clou courbé ou coudé, ou par un clou retourné du côté mince.

Dans tous ces cas il faut, aussitôt qu'on s'est assuré du lieu de l'accident, en frappant légérement avec la triquoise sur la rivure de tous les clous nouvellement brochés, ôter le clou ou même déferrer. Souvent il ne se développe qu'une simple inflammation qui se dissipe d'elle-même en peu de jours ; souvent aussi l'inflammation est suivie de suppuration, & alors il faut faire les opérations & appliquer les remèdes indiqués pour l'ENCLOUURE. *Voyez* ce mot.

PIED-D'ALEXANDRE : nom donné à la PYRÈTHRE. *Voyez* ce mot.

PIED-D'ALOUETTE. *Voyez* DAUPHINELLE.

PIED-DE-CHAT : espèce de GNAPHALE. Voyez ce mot.

PIED-CHAUD. C'est, dans la ci-devant Lorraine, le goût que prend le vin dans la cuve par l'effet de l'action de l'air sur la croûte (le chapeau) qui le recouvre. Voyez VIN.

PIED-DE-CHÈVRE. Voyez BOUCAGE.

PIED-DE-COQ. On donne ce nom à un PANIC, à une CLAVAIRE & à la CRETELLE. Voyez ces mots.

PIED-DE-GRIFFON. C'est vulgairement l'ELLÉBORE FÉTIDE. Voyez ce mot.

PIED-DE-LIÈVRE. Le TRÈFLE des champs porte ce nom.

PIED-DE-LION. On donne ce nom à l'ALCHEMILLE. Voyez ce mot.

PIED-DE-LIT. C'est l'ORIGAN.

PIED-DE-LOUP. Voyez LICOPE.

PIED-DE-MULET. Dans le Médoc, où on la mange en salade, la RENONCULE FICAIRE s'appelle ainsi.

PIED-D'OISEAU. Voyez ORNITHOPE.

PIED-DE-PIGEON : nom vulgaire du GÉRANION COLUMBIN. Voyez ce mot.

PIED-POU : on appelle ainsi la RENONCULE RAMPANTE aux environs de Boulogne.

PIED-DE-POULE : espèce de CHIENDENT. Voyez ce mot & celui PANIC.

PIED-DE-VEAU. Voyez GOUET COMMUN, dont ce nom est synonyme.

PIEDS CORNIERS ou CORMIERS. On donne ce nom aux arbres qui servent de limites aux propriétés ou aux ventes de bois, parce qu'on emploie de préférence le CORNOUILLER mâle ou le CORMIER (*crataegus aria* Linn.). Voy. ces mots.

Un propriétaire de bois ou de terrein inculte ne doit jamais négliger de visiter tous les ans ses Pieds corniers pour remplacer ceux qui périssent ; car c'est d'eux que dépend sa sécurité pour l'avenir, lorsqu'il a pour voisins des hommes avides & processifs, qui arrachent ces marques de limites pour avoir occasion de s'emparer, quelques années plus tard, d'une portion de sa propriété.

Le cornouiller dans le Nord, & l'olivier dans le Midi, sont préférables, parce qu'ils vivent des siècles, & que lorsqu'on les arrache, ils repoussent un grand nombre de rejetons qu'il est fort difficile de détruire. (*Bosc.*)

PIERRE ou CALCUL. Ainsi que l'homme, les animaux domestiques sont exposés à la maladie qu'on appelle *la Pierre*, & ils en meurent souvent.

Parmi eux, c'est le cheval qui en ressent le plus les atteintes, & le seul qu'il soit quelquefois très-desirable d'en guérir, parce que les bêtes à cornes, les bêtes à laine & le cochon peuvent être, dans ce cas, envoyés au boucher.

Il se trouve des Pierres dans la vessie, dans les reins & autres organes. Tous les systèmes imaginés pour expliquer leur formation sont susceptibles de grandes objections. Tous les remèdes indiqués comme propres à les faire disparoître, ont un effet si incertain & si lent, qu'il faut les considérer comme insuffisans. L'opération de l'extraction peut seule en débarrasser avec certitude ; mais il n'y a que celles de la vessie qu'on puisse aller chercher avec un instrument.

Je renvoie, pour le développement historique de cette maladie, au *Dictionnaire de Médecine.*

On reconnoît qu'un cheval & qu'un bœuf sont atteints de la Pierre à la difficulté d'uriner, à la petite quantité d'urine qu'ils rendent à la fois, à la douleur & souvent au sang qui accompagne la sortie de cette urine : on s'en assure d'une manière encore plus positive, en introduisant la main, frottée d'huile, dans le fondement, & en tâtant la vessie avec les doigts.

Lorsque la valeur d'un cheval rend l'opération de la Pierre, malgré l'incertitude de sa réussite, avantageuse à tenter, on le fait jeûner pendant deux ou trois jours, puis on le saigne, le tout pour l'affoiblir ; ensuite on le renverse sur le dos & on rapproche ses pieds de derrière de ceux de devant, en les écartant un peu l'un de l'autre, & en les assujettissant fortement ; après quoi, avec un bistouri d'un pouce & demi de long, on fend le canal de l'urètre longitudinalement vers le bas de la symphyse des os pubis ; on introduit ensuite une sonde cannelée & courbée pour pénétrer dans la vessie, & on incise sur cette cannelure le col de la vessie en évitant de toucher le rectum : la vessie étant ouverte, on enlève la Pierre avec des tenettes plates si elle est unique, ou avec une curette si ce sont des graviers.

Ordinairement on injecte dans la vessie une décoction de graine de lin, mais cela n'est utile à rien. La plaie se ferme d'elle-même, sans aucun appareil, pourvu qu'il ne s'y forme pas d'inflammation ; ce qu'on prévient en tenant l'animal à la diète : on la bassine cependant de tems en tems avec des lotions émollientes. Au bout d'un mois l'animal peut ordinairement être remis au travail.

Aucune des précautions indiquées par quelques auteurs, pour prévenir la formation de la Pierre, ne donne de résultats complétement satisfaisans. Il faut donc se résoudre à craindre le mal, qui du reste n'est pas aussi commun dans les animaux que dans l'homme. J'ai vu des calculs qui avoient près d'un demi-pied de diamètre, & qui n'empêchoient pas le service qu'on exigeoit des chevaux qui les portoient. (*Bosc.*)

PIERRE A FEU & PIERRE A FUSIL : sorte de caillou qui se trouve dans les marnes superficielles en rognons plus ou moins gros, & qu'on casse en lames minces au sortir de la terre, moment où il est tendre, pour, soit au moyen d'un briquet & d'un morceau d'amadou, se procurer du feu en tout tems, en tout lieu, soit en la fixant au chien d'un fusil, opérer par la détente de ce chien l'inflammation instantanée de la poudre qui est dans le bassinet & dans le canon.

Tous les cailloux ne sont pas propres à faire des Pierres à feu, & encore moins des Pierres à fusil. Pour qu'elles soient bonnes, il faut qu'elles ne soient ni trop dures ni trop tendres. La couleur est indifférente. On ne connoît que deux endroits en France où on trouve de bonnes Pierres à fusil susceptibles de se tailler facilement. Aux environs de Laval, ce sont les meilleures de l'Europe; elles sont de couleur blonde; aux environs de Bordeaux, elles sont fort inferieures aux précédentes, comme étant moins dures & se fixant plus difficilement au fusil; elles sont de couleur noire.

Les cultivateurs doivent toujours avoir des Pierres à feu, de l'amadou & des allumettes en provision, afin de ne pas perdre autant de bois pour avoir continuellement du feu dans leur foyer, ou de ne pas perdre de tems à en aller chercher chez les voisins, quelquefois même dans les villages voisins, comme j'en ai eu la preuve. Ces Pierres se conservent meilleures lorsqu'on tient dans de la terre humide celles dont on ne sert pas. (*Bosc.*)

PIERRÉES: encaissement de pierres dans un trou ou un fossé d'une certaine largeur & d'une certaine profondeur, à l'effet de recevoir les eaux dans leurs intervalles, soit pour les conserver pures & fraîches, soit pour leur donner écoulement dans un lieu plus bas, soit pour favoriser leur infiltration dans la terre.

Le plus souvent les Pierrées sont recouvertes de terre qu'on cultive comme les autres parties de la propriété, ou, & c'est le mieux, qu'on laisse en pâturage pour l'usage des bestiaux. Dans ce cas, encore plus que dans les autres, la partie supérieure de la Pierrée doit être formée de petites pierres, pour que le piétinement des bestiaux ne l'enfonce pas.

Les cultivateurs ont donc deux motifs de former des Pierrées ou des empierremens, car ces deux mots sont synonymes; il est fâcheux qu'ils en fassent aussi peu dans les pays privés de sources & de rivières, car les eaux des mares sont beaucoup plus mal-saines & désagréables que celles qu'elles fournissent pour la boisson & les usages domestiques.

Une Pierrée faite avec des pierres meulières, des granits & autres pierres quartzeuses, avec des pierres calcaires primitives, ne communique aucun goût à l'eau. Il n'en est pas de même de celle formée de schistes, de marne & de certaines pierres calcaires secondaires; mais à moins qu'il n'y ait des pyrites, les schistes en renferment souvent: ce goût n'indique rien de nuisible à la santé. *Voyez* PIERRES.

Les Pierrées demandent à être relevées de loin en loin pour être débarrassées de la terre que l'infiltration des eaux y a apportée. Il est telle de ces Pierrées ayant pour objet de donner l'écoulement aux eaux d'une source, qui subsiste depuis un siècle, & qui n'a pas besoin d'être relevée. Il est telle autre construite dans le but de conserver les eaux de pluie, qu'il faut relever tous les six ans, tous les douze ans. Les anciennes pierres, dans ce cas, doivent être, avant de les remettre en place, ou laissées plusieurs mois exposées à la pluie, ou lavées à grande eau, afin de les débarrasser de la terre qui s'est fixée sur leur surface; les mêmes, surtout si elles sont quartzeuses, peuvent servir des milliers d'années. (*Bosc.*)

PIERRES. On appelle *Pierre* une matière plus ou moins dure qui se trouve dans la terre & qui ne contient pas de métal.

Il est des Pierres d'un grand nombre de sortes, qui la plupart n'intéressent pas l'agriculteur, parce qu'elles sont rares ou se confondent avec d'autres dans leurs usages économiques ou leurs inconvéniens.

Ou les Pierres constituent des montagnes entières plus ou moins recouvertes de terre, quelquefois même nues, ou elles sont disséminées dans les terres cultivées, en fragmens plus ou moins gros, c'est-à-dire, tantôt pesant plusieurs centaines de livres, tantôt pesant seulement quelques onces, & même quelques grains.

Les sortes de Pierres les plus importantes à faire connoître aux cultivateurs sont le GRANIT & le CALCAIRE. (*Voyez* ces mots.) La première comprend les gneiss, les schistes & les autres sortes moins communes; elles forment le noyau de toutes les hautes chaînes de montagnes; la seconde se divise en Pierre calcaire primitive, c'est-à-dire, qui avoisine le granit, & est, comme lui, en grande masse; en Pierre calcaire secondaire qui ne contient que des coquilles de l'ancienne mer, comme cornes-d'Ammon, térébracules, bélemnites, &c., & en Pierres calcaires en couche, qui forment les petites montagnes sur lesquelles repose le sol des plaines, & où se trouvent des coquilles dont les analogues existent encore dans nos mers. *Voyez*, pour les détails, les *Dictionnaires de Minéralogie & de Géologie.*

Il y a encore les Pierres argileuses ou les Pierres dans lesquelles l'argile ou la terre alumineuse entre en plus ou moins grande proportion, & les Pierres quartzeuses ou siliceuses secondaires, parmi lesquelles se trouvent les Pierres à fusil, les Pierres meulières, les cailloux roulés, &c. &c.

Je parlerai, aux mots MONTAGNE & ROCHE, des Pierres en masse; il sera question aux mots GALETS, GRAVIER, SABLON & SABLE, des petites Pierres roulées, qui composent presque entièrement le sol de cantons fort étendus; ici, je n'entretiendrai le lecteur que des Pierres plus ou moins grosses, mais ne pesant pas plus de cent livres, ni moins d'une once, qui sont disséminées dans les terres cultivées, & qui, excepté les cailloux, n'ont pas été roulées. Je parlerai ensuite des Pierres propres à la bâtisse & autres usages d'économie rurale & domestique.

Les cailloux sont toujours quartzeux; ils sont

abondans dans certaines plaines voisines des hautes chaînes de montagnes ou des grandes rivières, & proviennent de la décomposition de ces montagnes & du chariage de ces rivières. Les caractères qui les différencient des GALETS sont à peine sensibles, & ce que j'ai dit à ce mot leur convient généralement. Ils se rapprochent aussi infiniment des silex ou Pierres à fusil, Pierres qui se sont formées dans les craies ou dans les marnes, & qui ont été entraînées avec ces craies & ces marnes, soit rapidement lors des grands mouvemens survenus à la surface du Globe, soit petit à petit par l'effet des eaux pluviales. Les craies & les marnes, comme plus légères, ont été entraînées plus loin, & forment, sans doute, aujourd'hui en partie le fond des mers.

Les cailloux usent beaucoup le soc des charrues, le fer des bêches, des pioches, &c.; lorsqu'ils ne sont pas trop gros ou trop surabondans, ils nuisent peu aux labours, parce que leur forme arrondie favorise leur déplacement par la charrue; ils nuisent également peu aux récoltes, parce que le germe des graines qui se trouvent placées sous eux, se contourne pour sortir de terre un peu plus loin; ils nuisent encore moins à la culture de la vigne & aux plantations de bois. On se contente donc presque partout d'enlever les plus gros de ceux que la charrue ramène à la surface. Dans tous les cantons où il passe des grandes routes, les entrepreneurs de ces routes évitent même ce soin aux cultivateurs, ces cailloux étant préférables à toutes autres Pierres à raison de leur dureté, de leur forme, de leur grosseur & de l'économie de leur exploitation, pour les former & les entretenir. Dans beaucoup de lieux, on pave les rues des villes avec ces cailloux; on bâtit les maisons avec les plus gros; mais, vu leur forme plus ou moins globuleuse, ils sont inférieurs aux grès pour le premier de ces objets, & aux calcaires pour le second.

La couleur des cailloux est le plus souvent la même que celle de la paille; il en est cependant beaucoup de bruns & même de noirs: ces derniers absorbant les rayons du soleil mieux que les premiers, communiquent au sol un degré de chaleur qui contribue à rendre très-propres à la culture des primeurs les terreins qui les contiennent; aussi, aux environs de Paris, est-ce dans les plaines du Point-du-Jour, de Boulogne, de Neuilly, de Clichy, d'Asnière, &c., qu'on les établit principalement.

Quelque durs que soient les cailloux, ils se décomposent en argile par leur simple exposition à l'air, ainsi qu'on peut le voir partout où il y en a, à la couleur blanche ou grise de leur surface. Cette décomposition plus ou moins rapide, selon leur espèce, est un des moyens employés par la nature pour les faire disparoître, mais il n'y a pas de moyens praticables en grand pour l'accélérer.

Il est des cantons où il se trouve, au milieu des champs, des Pierres siliceuses ou calcaires qui pèsent plusieurs quintaux, & qui sortent à moitié de terre. Pour les enlever entières il faudroit des efforts très-coûteux; il n'en faudroit pas moins pour les briser. Comme les champs où elles se trouvent sont généralement de peu de valeur, on craint de faire la dépense de leur extraction, & on fait tourner la charrue autour. Cependant cela donne lieu à une perte de terrein qu'il seroit bon d'éviter; en conséquence je voudrois que les propriétaires de ces champs fissent enlever ou briser chaque année quelques-unes de ces Pierres, ce qui seroit rarement au-dessus de leurs moyens; de manière qu'au bout d'un certain tems il n'y en auroit plus. Il est beaucoup de lieux où on peut faire à côté d'elles un trou fort profond pour les y faire rouler sans beaucoup d'effort, & où elles sont recouvertes d'un pied de terre, épaisseur suffisante pour la culture de toutes sortes de plantes annuelles.

C'est dans les montagnes de Pierre calcaire secondaire, c'est-à-dire, dans celles où la Pierre ne contient que des coquilles pélasgiennes, que les champs sont le plus garnis de Pierres. Là, la terre végétale, ou mieux l'argile qui la remplace, n'a souvent que quelques pouces d'épaisseur, & immédiatement au-dessous se trouve une masse calcaire argileuse en couches en partie décomposées d'un à deux pouces d'épaisseur, qu'on appelle LAVE dans quelques cantons, couches que la charrue soulève & brise en fragmens plus ou moins larges. Tel champ en est si rempli, qu'on ne voit pas la terre qui le compose, & cependant ce champ donne quelquefois des récoltes fort avantageuses. Il n'est pas toujours bon de les enlever, comme j'en ai eu des exemples sous les yeux, tant dans des champs semés en céréales, que dans des vignes. Déjà, dès le tems de Virgile, on connoissoit l'action des Pierres sur la fertilité de certaines terres sèches ou exposées au soleil. Ce poète nous apprend, dans le second livre de ses *Géorgiques*, qu'après avoir planté la vigne dans ces sortes de terreins, il faut mêler de l'argile avec le sol ou bien le recouvrir de Pierres plates, de tuiles, d'ardoises, de tessons de pots & autres matières analogues, surtout lorsqu'il est à l'exposition du midi, parce que ces Pierres entretiennent une humidité favorable. On n'en doit pas moins, dans le plus grand nombre de lieux, consacrer, chaque année, quelques journées d'enfans, après les labours d'automne, pour ramasser les plus grosses, &, ou les enterrer à un pied de profondeur si le voisinage de la roche ne s'y oppose pas, ou en faire, autant que possible, des murs de clôture peu élevés, mais suffisans pour empêcher l'entrée des bestiaux, ou au moins limiter la propriété. Dans le cas où les Pierres seroient trop petites ou trop arrondies pour fabriquer ces murs; on en fera sur les bords du champ, ou à ses extrémités, ou sur les chemins qui l'avoisinent, des tas, soit ronds, soit

soit alongés, tas que, dans la ci-devant Bourgogne, on appelle MERGERS (*voyez* ce mot), & qu'on peut utiliser, ou en les couvrant d'assez de terre pour nourrir des buissons, dont le bois sert à chauffer le four, ou en y faisant monter des courges, des pois, des haricots, &c.

L'épierrement est principalement de rigueur dans les champs où on a semé du sainfoin, du trèfle ou de la luzerne, parce que les Pierres qui se trouvent à la surface du sol s'opposent à ce qu'on coupe ces plantes assez bas, & que, même en les coupant haut, elles ébrèchent les faux; on l'exécute, dans ce cas, pendant l'hiver qui suit le semis de ces plantes. Il l'est également dans ceux destinés au semis des navets, des carottes, des panais, des betteraves & autres racines pivotantes, que les Pierres empêchent de s'enfoncer en terre.

Comme la dépense d'un épierrement complet est fort considérable, & peut, dans beaucoup de cas, coûter autant que la valeur du champ, excepté dans les jardins où il est de rigueur qu'il soit fait en une seule fois, il ne faut lui consacrer chaque année, comme je l'ai déjà annoncé, que quelques journées de femmes & d'enfans, dans la mauvaise saison, ou lorsqu'on n'a pas de travaux pressés. Par ce moyen, il s'accomplit sans qu'on s'apperçoive de ce qu'il a coûté.

Toutes les fois qu'on peut utiliser le résultat d'un épierrement à dessécher un terrein voisin, il ne faut pas s'y refuser, lorsqu'on en a le moyen, car si chaque cultivateur doit calculer ses dépenses annuelles pour qu'elles n'absorbent pas ses bénéfices, ne doit-il pas aussi envisager le bien-être de ses enfans, & même celui de la société en général? Or, les effets d'un desséchement bien exécuté durent des siècles.

Actuellement je passe aux Pierres propres à la bâtisse, Pierres sur lesquelles les cultivateurs ne portent pas assez leur attention, comme le prouvent tant de maisons, tant de murs de clôture qui commencent à se délâbrer peu après leur construction; tandis que si on y eût employé des matériaux mieux choisis, leur durée eût été plus que séculaire.

Il est cependant à observer que les frais du transport des Pierres sont si grands, que, dès qu'il faut les aller chercher à quelques lieues, il devient impossible aux fortunes ordinaires des cultivateurs de les supporter, & qu'ils sont alors déterminés à préférer celles qui sont plus à leur portée, quelqu'inférieures qu'elles soient d'ailleurs.

Le granit est une excellente Pierre pour la bâtisse, en ce qu'il est pour ainsi dire inaltérable; mais il est excessivement dur à tailler; aussi n'y a-t-il que les gens riches qui bâtissent régulièrement avec lui. Dans les montagnes qui en sont composées, les cultivateurs en emploient les fragmens tels qu'ils se trouvent, en les liant avec un mortier sans chaux, composé des détritus argileux de ces mêmes granits & de terre végétale. Ces murs s'écroulent souvent à la suite des dégels, parce qu'on ne peut pas mettre dans leur construction tout l'aplomb convenable; mais leurs matériaux peuvent être réemployés de suite.

On bâtit rarement avec le gneiss, parce qu'il se décompose rapidement; mais il se dispose avec plus de facilité que le granit, à raison de ce qu'il est en couches de peu d'épaisseur. Du reste, on le lie, comme le granit, avec ses propres débris.

Le schiste, qui est également en couches, & dont beaucoup de sortes sont peu altérables, est d'autant plus propre à la bâtisse des maisons rustiques, qu'il offre de fréquentes fissures aussi unies que si elles avoient été taillées. On se sert encore pour mortier, lors de son emploi, des détritus de granits & des gneiss mêlés de terre végétale. Les maisons & les murs qui en sont construits, lorsque le travail a été bien exécuté, sont d'une fort longue durée.

Je puis parler ici des grès, quoique quelques-unes de leurs sortes se trouvent dans les pays de troisième & même de quatrième formation, parce que leur nature quartzeuse les rapproche des granits. La difficulté de les tailler s'oppose à ce qu'on en construise, sans de grandes dépenses, des maisons & des murs, excepté lorsqu'ils sont en couches peu épaisses, ou qu'ils se cassent en cubes, comme ceux de Fontainebleau. Le mortier ne lie que très-imparfaitement les bâtisses qui en sont composées. C'est avec des grès primitifs qu'on fabrique les meules à aiguiser, dont chaque cultivateur doit avoir une dans son manoir. C'est avec les grès tertiaires qu'on pave les rues des villes & les grandes routes, partout où on le peut.

Les Pierres calcaires primitives, parmi lesquelles se trouvent les plus beaux marbres, principalement celui de Carare, sont au nombre des plus propres à la bâtisse; elles se taillent assez facilement lorsqu'elles sortent immédiatement de la carrière, & le plus souvent leur altération est insensible. Ce sont elles qu'on doit préférer partout lorsqu'on est à portée de choisir. La chaux qu'elles donnent est excellente, mais plus dure à cuire que les autres. (*Voyez* CHAUX.) On la lie avec de la chaux & du sable.

Les Pierres calcaires secondaires contiennent souvent beaucoup d'argile qui absorbe l'eau, laquelle, en se gelant, fait désunir leurs molécules; mais quelquefois aussi elles sont aussi bonnes que les précédentes : elles s'emploient de même. On doit redouter les premières, car les constructions dans lesquelles on les fait entrer durent peu, quelque belle apparence qu'elles aient. Ces Pierres s'appellent vulgairement *Pierres gélives*, & ne se reconnoissent qu'à l'usage. Ainsi, si un cultivateur se transporte dans un pays de seconde formation, il ne doit bâtir qu'après avoir consulté sur la nature de la Pierre du canton, ou après avoir examiné, tant les carrières anciennement ouvertes, que les maisons & les murs.

La chaux que fournissent ces Pierres est quelquefois excellente, quelquefois au-dessous du médiocre : celle des gélives ne vaut rien.

La craie, cette Pierre si blanche & si tendre, qui domine dans une partie du nord de la France, & qui est si rare ailleurs, appartient à cette cathégorie. On l'emploie à bâtir après l'avoir taillée, ce qui est très-facile quand elle sort de la carrière ; & lorsqu'elle s'est complétement desséchée sans s'écailler, les murs qui en sont construits durent fort long-tems. Des habitations souterraines se creusent aussi dans ses masses. La chaux qu'elle fournit ne vaut rien.

Les Pierres calcaires tertiaires en couches sont, comme les précédentes, tantôt fort bonnes, tantôt fort mauvaises ; ainsi, aux environs de Paris, sur cinq bancs superposés les uns aux autres, il n'y en a qu'un de passable ; les autres sont des marnes sabloneuses, susceptibles de se décomposer à l'air. La carrière de Saillancourt, près de Meulan, est la seule qui en fournisse d'excellente ; aussi l'emploie-t-on exclusivement à la construction des ponts & autres édifices publics : on la taille souvent avec une grande facilité au sortir de la carrière, après quoi elle durcit ; elle ne se met généralement en œuvre qu'après un année au moins d'exposition à l'air, afin de juger de sa qualité. *Voyez* MARNE.

On doit ranger les tufs parmi ces sortes de Pierres, quoiqu'ils puissent appartenir à toutes les formations, & ce principalement parce qu'ils sont un produit nouveau, déposé par les eaux pluviales.

Les Pierres volcaniques varient sans fin dans leur contexture : les unes sont très-dures & d'une altération fort lente ; les autres, très-tendres & susceptibles de se décomposer promptement : il en est d'aussi solides que le granit, & d'aussi poreuses qu'une éponge. Les constructions qu'on en fait, sont donc tantôt très-chères, tantôt peu coûteuses & excellentes, ou fort mauvaises ; leur couleur sombre les rend peu propres à la bâtisse des édifices de luxe, mais celles qui sont poreuses sont toujours à préférer pour les constructions sous l'eau, pour les voûtes, &c., attendu qu'elles retiennent le mortier avec une grande ténacité.

Les Pierres meulières qui, quoique quartzeuses, sont également très-poreuses, se trouvent aussi dans le cas d'être préférées pour ces deux sortes de constructions ; c'est à la dernière formation d'eau douce qu'elles appartiennent : il est fâcheux qu'elles soient si rares dans la nature. Les environs de Paris sont la localité connue où on en trouve le plus, & où elles se présentent sous le plus gros volume. Les meilleures meules de moulin sont faites de cette Pierre, & quelque chères qu'elles soient, il y a toujours à gagner en les préférant.

C'est encore à cette dernière formation qu'appartient la Pierre à plâtre, si utile pour les constructions économiques, & pour activer la végétation des plantes de la famille des *Légumineuses*. J'en parlerai au mot PLATRE. (*Bosc.*)

PIERRES ROULÉES. *Voyez* GALET, CAILLOUX, GRAVIER, SABLE & SABLON.

PIÉTIN : maladie de pied des bêtes à laine & des cochons, qui les fait d'abord boiter, & qui peut s'aggraver au point de leur carier les os & les faire périr.

Cette maladie, connue depuis quelques années seulement, est, dit-on, différente de la pesogne ou pourriture des moutons ; mais je n'ai pas été à portée de saisir son caractère propre dans le nombre des animaux que j'ai examinés ; quoi qu'il en soit, son traitement est exactement le même. *Voyez* PESOGNE. (*Bosc.*)

PIÉTINEMENT : opération qu'on pratique souvent dans les jardins, & quelquefois dans les champs, pour donner à la terre, trop bien labourée ou trop légère par sa nature, le degré de consistance convenable ; quelquefois aussi elle a lieu uniquement pour enterrer les semences.

Dans les jardins, c'est toujours l'homme qui exécute le Piétinement, & il le fait régulier.

Dans les champs, ce sont ordinairement les moutons, quelquefois les bœufs ou les chevaux, & il est difficile d'en voir de bien faits.

Le Piétinement est un véritable PLOMBAGE plus appuyé. *Voyez* ce mot.

Les sentiers qui séparent les planches dans les jardins se piétinent toujours : 1°. pour les indiquer ; 2°. pour les rendre plus praticables après la pluie.

Le Piétinement des bestiaux dans les champs rend le labourage plus difficile ; c'est pourquoi il ne faut les y envoyer paître que dans les tems secs. Celui des mêmes animaux dans les prairies est fort nuisible à la reproduction de l'herbe ; c'est pourquoi il faut éviter de les y laisser aller dès que la végétation commence à s'y développer. Il y a au reste un moyen terme à tout ; & c'est, à mon avis, une idée ridicule que de vouloir se priver des avantages du pâturage, à raison de ses inconvéniens. *Voyez* PATURAGE. (*Bosc.*)

PIEU : portion du tronc d'un arbre ou d'une branche, soit ronde, soit refendue, qu'on aiguise à une de ses extrémités pour pouvoir l'enfoncer en terre, ou par le simple effort de la main, ou au moyen d'un maillet, ou en creusant un trou.

Les Pieux dont on a enlevé l'écorce durent plus que ceux à qui on l'a laissée. Duhamel a prouvé, par des expériences directes, que ceux dont on carbonisoit la pointe, se pourrissoient plus vîte à cette partie. C'est en choisissant le bois, le cœur de chêne & le châtaiginer sont les meilleurs, &

en goudronant la pointe, qu'on peut espérer de les renouveler peu souvent.

PIGAMON. *Thalictrum.*

Genre de plante de la polyandrie polygynie & de la famille des *Renonculacées*, dans lequel on trouve réunies vingt-huit espèces, dont plusieurs sont remarquables par leur élégance, & peuvent se cultiver avec avantage dans les jardins paysagers. *Voyez* les *Illustrations des genres* de Lamarck, où il est figuré pl. 497.

Espèces.

1. Le PIGAMON à feuilles d'ancolie, vulgairement *aiglantine*.
Thalictrum aquilegifolium. Linn. ♃ Des Alpes.

2. Le PIGAMON contourné.
Thalictrum contortum. Linn. ♃ De la Sibérie.

3. Le PIGAMON jaunâtre, vulgairement *rue des prés*, *fausse rhubarbe*.
Thalictrum flavum. Linn. ♃ Indigène.

4. Le PIGAMON à feuilles glauques.
Thalictrum speciosum. Lam. ♃ Du midi de l'Europe.

5. Le PIGAMON luisant.
Thalictrum lucidum. Linn. ♃ Du midi de l'Europe.

6. Le PIGAMON à tige simple.
Thalictrum simplex. Linn. ♃ Des Alpes.

7. Le PIGAMON à feuilles étroites.
Thalictrum angustifolium. Linn. ♃ Du midi de l'Europe.

8. Le PIGAMON moyen.
Thalictrum medium. Jacq. ♃ De la Hongrie.

9. Le PIGAMON rugueux.
Thalictrum rugosum. Ait. ♃ De l'Amérique septentrionale.

10. Le PIGAMON penché.
Thalictrum nutans. Lam. ♃ Des Alpes.

11. Le PIGAMON à feuilles de rue.
Thalictrum minus. Linn. ♃ Indigène.

12. Le PIGAMON de Sibérie.
Thalictrum sibiricum. Linn. ♃ De la Sibérie.

13. Le PIGAMON élevé.
Thalictrum majus. Linn. ♃ De l'Allemagne.

14. Le PIGAMON étalé.
Thalictrum elatum. Jacq. ♃ De l'Allemagne.

15. Le PIGAMON pourpre.
Thalictrum purpurascens. Linn. ♃ De l'Amérique septentrionale.

16. Le PIGAMON scarieux.
Thalictrum squarrosum. Willd. ♃ De la Sibérie.

17. Le PIGAMON du Canada.
Thalictrum cornuti. Linn. ♃ De l'Amérique septentrionale.

18. Le PIGAMON dioïque.
Thalictrum dioicum. Linn. ♃ De l'Amérique septentrionale.

19. Le PIGAMON pétaloïde.
Thalictrum petaloideum. Linn. ♃ De la Sibérie.

20. Le PIGAMON styloïde.
Thalictrum styloideum. Linn. ♃ De la Sibérie.

21. Le PIGAMON tubéreux.
Thalictrum tuberosum. Linn. ♃ Du midi de l'Europe.

22. Le PIGAMON des Alpes.
Thalictrum alpinum. Linn. ♃ Des Alpes.

23. Le PIGAMON fétide.
Thalictrum fœtidum. Linn. ♃ Du midi de l'Europe.

24. Le PIGAMON à longues feuilles.
Thalictrum longifolium. Krock. ♃ De l'Allemagne.

25. Le PIGAMON de Caroline.
Thalictrum carolinianum. Walt. ♃ De la Caroline.

26. Le PIGAMON du Japon.
Thalictrum japonicum. Thunb. ♃ Du Japon.

27. Le PIGAMON galéoïde.
Thalictrum galeoides. Pers. ♃ De l'Allemagne.

28. Le PIGAMON anguleux.
Thalictrum angulatum. Pers. ♃ De.....

Culture.

Vingt de ces espèces se cultivent dans nos écoles de botanique & dans les jardins des amateurs; savoir, celles des n°s. 1, 2, 3, 4, 5, 6, 7, 8, 9, 10, 11, 12, 13, 17, 18, 19, 21, 22, 27 & 28. Ce sont des plantes rustiques, qui se plaisent dans des terreins gras & frais, & qui, pour la plupart, peuvent être cultivées dans les jardins paysagers, où elles se font remarquer par l'élégance de leurs touffes. C'est sur le bord des eaux, le long des massifs exposés au nord, contre les murs, &c., qu'elles doivent se placer pour qu'on puisse jouir de tous leurs avantages. Les plus remarquables sont les espèces n°s. 1, 4, 10, 12, 17. On les multiplie de graines, dont elles donnent abondamment, graines qu'on sème dans une plate-bande, contre un mur, à l'exposition du nord, & dont le plant est repiqué en place à la seconde année. Les pieds ainsi repiqués & repris ne demandent plus d'autres soins que ceux de propreté, c'est-à-dire, un labour d'hiver & un ou deux binages d'été, à la suite desquels on enlève leurs accrus, qui sont quelquefois très-nombreux, & la coupe des tiges aux approches de la chute des feuilles. On les multiplie aussi, & même bien plus communément, par le déchirement des vieux pieds, qui, comme je viens de le dire, poussent quelquefois des drageons outre mesure. Les pieds ainsi multipliés fleurissent ordinairement la même année.

Le Pigamon jaunâtre nuit souvent, par son abondance, aux prés bas, attendu que les bestiaux le repoussent, & qu'il tient la place de plantes qu'ils aiment. On parvient facilement à le faire disparoître, soit en arrachant les pieds avec une houe, au printems, soit, ce qui vaut mieux, en labourant le sol, & en y cultivant, pendant deux ou trois ans, des céréales, des féves de marais, des colzas, &c. (*Bosc.*)

PIGASSE. C'est la HACHE dans le département de la Haute-Garonne.

PIGEON : espèce d'oiseau du genre *Colombe*, dont la multiplication est en France un objet important d'économie rurale, & sur l'éducation duquel je dois par conséquent m'étendre, quoiqu'il en ait déjà été question dans le *Dictionnaire d'Ornithologie.*

M. de Vitry, membre de la Société d'Agriculture de Paris, & chef du bureau d'agriculture au ministère de l'intérieur, a établi, dans un Mémoire lu dans une des séances de cette Société, pour prouver la nécessité de rapporter le décret qui proscrivoit les Pigeons fuyards, qu'au moment de ce décret il y avoit en France quarante-deux mille colombiers, qui, à cent paires de Pigeons & à deux pontes par an (c'est caver au plus bas sous les deux rapports), fournissoient annuellement seize millions huit cent mille pigeonneaux, dont la viande, déduction faite des os & des intestins, formoit un poids de quatre millions deux cent mille livres, enlevé à la consommation par ce décret.

Le Pigeon est originaire de la haute Asie, comme tant d'autres objets de nos cultures; mais il est presque naturalisé en France, car, dans beaucoup de lieux, on en voit qui nichent dans les trous des tours des églises & autres grands édifices, & qui n'appartiennent à personne.

A raison du long espace de tems qui s'est écoulé depuis qu'il est sous la main de l'homme, le Pigeon a dû varier & a varié en effet sans fin. Il me seroit impossible d'énumérer seulement toutes les races qu'on connoît en France, à plus forte raison celles qui existent en Asie & dans le reste du Monde. Je vais donc seulement indiquer, d'après Buffon, celles qui sont le plus recherchées à Paris, ou les plus remarquables.

Il est probable que nous ne connoissons pas le type primitif du Pigeon; mais il suffit de comparer le *bisef* ou *Pigeon fuyard* aux autres variétés, pour être convaincu que c'est lui qui s'en rapproche le plus. On peut donc ici le considérer comme tel sans inconvénient.

Après le biset vient le Pigeon commun, le Pigeon de colombier, qui est un peu plus gros, mais qui à peine en diffère autrement. C'est celui qu'on élève avec le plus de profit en grand.

C'est dans les Pigeons de volière que se trouvent les races les plus remarquables, races dont les individus peuvent varier en couleur dans toutes les combinaisons possibles, quoique quelques-unes en affectent souvent une qui leur est propre. Je devrois suivre la filiation de ces races, en commençant par celles qui se rapprochent le plus du type; mais faute de connoître cette filiation, je me bornerai à leur simple énumération.

MONDAIN. C'est le plus recherché, & par suite le plus commun, à raison de sa taille double de celle des autres & de sa grande fécondité. Il y en a une sous-race plus grosse, mais moins féconde, qu'on appelle *gros mondain;* ses couleurs varient sans fin.

ROMAIN : race fort estimée à raison de sa fécondité, mais qui réussit mieux dans les pays chauds que dans les pays froids; elle se reconnoît à la couleur jaune de la base de son bec. Les variétés de couleur qu'elle offre sont très-nombreuses.

ESPAGNOL. Il ne diffère du gros mondain que par des paupières plus larges & plus saillantes. C'est un très-beau pigeon, mais il produit peu.

BAGADAIS. Ils se rapprochent des mondains pour la grosseur : on les reconnoît à un tubercule rouge irrégulier, au-dessus du bec, à un cercle de même couleur autour des yeux, & à la grande courbure de leur bec. Ils produisent peu & varient en couleur.

TURC. C'est un bagadais huppé, à jambes courtes & à vol très-lourd. Il varie en couleur. Cette race est peu commune.

TAMBOUR, ou *glou-glou*, ou *Pigeon de mois*, ou *Pigeon patu;* plus petit que les précédens, mais très-estimable, à raison de sa fécondité, qui est telle, que les femelles n'attendent pas que leurs petits mangent seuls pour pondre de nouveau; elles donnent généralement douze couvées dans les pays chauds, & huit à neuf dans le climat de Paris. On le reconnoît à sa huppe, ainsi qu'à ses pattes courtes & couvertes de plumes. Il y en a de toutes couleurs. Le Pigeon norwégien, qui est tout blanc & plus gros, ne paroît pas devoir en être distingué.

NONAIN. Il se distingue par la disposition retournée des plumes du derrière de la tête, & le peu de longueur de son bec. Sa taille est au-dessous de celle des précédens; mais sa forme est fort élégante. Il varie dans ses couleurs; la plus recherchée est la blanche.

PAON. Sa grosseur surpasse celle du précédent. On le reconnoît à la faculté de relever, comme le paon & le dindon, les plumes de sa queue, action pendant laquelle il porte sa tête en arrière & tremble. Les couleurs qu'il offre sont peu variées, & parmi elles la blanche est la seule commune. Les uns ont à la queue trente-deux plumes, & les autres seulement vingt-huit.

GROSSE GORGE. Il prend son nom de la faculté d'enfler sa gorge plus que les autres. Les variétés de couleur qu'il offre, sont très-nombreuses.

POLONAIS. Ses caractères se tirent de son bec, qui est gros & court; de ses pattes, qui sont extrêmement courtes, & du cercle qui entoure ses yeux. Ses couleurs varient.

HEURTÉ. Il est blanc, avec la tête & la queue variées de bleu, de jaune, de noir & de rouge; il est fort recherché des amateurs, à cause du contraste de ses couleurs. Sa grosseur est celle du mondain ordinaire.

COQUILLE HOLLANDAIS ou *cuirassé*. Son corps est alongé & varié dans ses couleurs, tandis que sa tête, ses ailes & sa queue sont d'une seule couleur; il a quelquefois, comme le Pigeon nonain, les plumes de l'occiput retournées en devant.

HIRONDELLE : corps alongé & toujours blanc en dessous, varié de plusieurs couleurs en dessus; recherché seulement par les curieux.

CANNE : petit; pattes courtes, très-garnies de longues plumes; bec très-court; une huppe en pointe derrière la tête; le dessous du corps toujours blanc, le dessus de couleurs variées. L'observation ci-dessus lui est applicable.

CRAVATE. Plusieurs rangées de plumes, qui se redressent sur sa poitrine, sont le caractère auquel on le reconnoît. Il a le bec court & le corps alongé : il n'est pas si gros que le biset, & son peu de grosseur fait qu'on ne l'élève que par curiosité. Ses couleurs varient.

SUISSE : fond blanc, panaché de jaune, de rouge & de bleu, avec deux colliers & un plastron rouge-brun. Cette bigarrure disparoît quelquefois dans les petits, mais revient ordinairement à la génération suivante; élevés seulement par curiosité; taille de biset.

CULBUTANT : tire son nom de sa manière de voler en tournant sur lui-même, en faisant continuellement la culbute. Il varie beaucoup dans ses couleurs. Sa petite taille & son peu de fécondité font qu'il n'est recherché que par les amateurs, & seulement à raison de la singularité de sa manière de voler.

TOURNANT ou *batteur* : tourne en rond & fait beaucoup de bruit en volant. Sa couleur est ordinairement un gris tacheté de noir sur les ailes. L'observation faite au sujet du précédent lui est applicable.

BARBARIE : la forme, la grosseur & la couleur du précédent, mais ne vole pas de même. Il ne se voit pas dans nos volières.

FRISÉ. Ses plumes sont petites, frisées, blanches, & ses pieds garnis de plumes; il vole difficilement, & n'a de mérite que sa singularité, qui le fait rechercher des amateurs.

MESSAGER. Il a le plumage brun, la base du bec & le tour des yeux couverts d'une large membrane blanchâtre. C'est lui qui est employé en Asie pour porter les lettres avec rapidité à de grandes distances. Il ne se voit pas dans nos volières.

CRINIÈRE. Il porte, sur le sommet de la tête, une huppe pendante, formée de plumes sans barbes. On ne le possède pas dans nos volières.

On doit juger, par ce que je viens de dire, qu'il peut y avoir deux buts dans l'éducation des Pigeons, le profit & l'agrément, & que le premier doit avoir deux modes distincts; & en effet, les bisets ou fuyards se logent par milliers dans de grands colombiers, les mondains & autres gros Pigeons très-féconds, dans de petits colombiers, appelés FUIES; & enfin, les variétés peu fécondes & de petite taille, dans des volières. Il est cependant des lieux où on met aussi les mondains dans des volières.

Avant la révolution, le droit d'avoir des Pigeons fuyards étoit féodal, & les seigneurs tenoient beaucoup à cet avantage; aussi en voyoit-on partout, & les dommages qu'ils causoient à l'agriculture étoient-ils comptés pour rien.

Quelque grande que fût la quantité de Pigeons bisets ou fuyards qui se voyoit en France avant la révolution, il s'en falloit de beaucoup qu'elle pût être comparée à celle de ceux qui s'entretiennent dant l'Orient & en Afrique. Il est dans ces contrées des villages où toutes les maisons ont un colombier, & les vols de Pigeons que rencontrent les voyageurs obscurcissent souvent le soleil, si je puis employer leur expression.

Cette multiplication des Pigeons fuyards est due au peu de soin qu'ils demandent, & à la certitude des produits qu'on en retire. En effet, il suffit de leur donner un logement, & dans les pays froids, de les nourrir pendant l'hiver, pour que chaque couple donne au moins quatre paires de petits, qui, à un mois d'âge, sont un manger aussi agréable que sain, qui convient à tous les tempéramens.

J'ai annoncé plus haut que les Pigeons fuyards étoient nuisibles à l'agriculture, mais ce n'est que lorsque parcourant librement les plaines, au moment des semailles & des récoltes, ils mangent le grain de ceux à qui ils n'appartiennent pas, comme celui de leur propriétaire, & qu'il ne faut que quelques instans à un de leur vol, on appelle ainsi une grande quantité de Pigeons réunis en plaine, pour déranger les calculs d'un cultivateur relatifs à la quantité de semence à mettre en terre. L'abus avoit été trop vivement senti, pour qu'on n'outre-passât pas le remède; aussi, pendant la révolution, une loi proscrivit les Pigeons fuyards, & leur destruction fut presque complète. Aujourd'hui on est revenu à des principes plus modérés; tout propriétaire de plus de trois cents arpens de terre dans une commune peut avoir un colombier; mais il faut qu'il enferme ses Pigeons pendant les semailles d'automne & de printems, & quinze jours avant la récolte des blés, époques où il est permis de les tuer quand ils sont sur la propriété du porteur de fusil. Il n'est pas parlé, dans la loi, des pois, des gesses & des vesces, récoltes sur lesquelles les Pigeons se jettent avec tant d'ardeur, & dont ils privent quelquefois entièrement les cultivateurs. Cette loi s'éxécute mal; cependant je dois avouer qu'elle est aussi bonne qu'on peut le desirer, car, à moins que tous les propriétaires de terre n'aient des Pigeons fuyards en nombre proportionné à l'étendue de leur propriété, ils seront onéreux à quelqu'un.

Il est cependant probable que, malgré la fécondité des Pigeons fuyards & le haut prix où se vendent en ce moment leurs petits, si on calculoit ce que coûtent la bâtisse & l'entretien des colombiers, ce qu'on donne à manger dans la cour & ce qu'ils mangent à leur propriétaire dans les champs, ils lui reviendroient à six fois leur valeur; mais tous ceux qui tiennent des colombiers ne voient que le produit brut qu'ils en retirent, produit qui est très-important aux environs des grandes villes. *Voyez* POULE & VOLAILLE.

Si, sous le point de vue de la consommation des semences confiées à la terre & des récoltes encore sur pied, les Pigeons fuyards sont onéreux à l'agriculture, ils lui rendent d'un autre côté un service important en mangeant les graines des mauvaises herbes qui infestent les champs de céréales, & en s'opposant par suite à leur reproduction. On n'a pas, jusqu'à présent, assez apprécié ce service, dont j'ai été une fois dans le cas de constater l'importance sur deux Pigeons tués un soir du mois de novembre sur un chaume, & dont le jabot contenoit une poignée de graines de ces herbes, dont je constatai les espèces.

Il faut, autant que possible, placer le colombier dans un endroit sec, élevé, mais cependant abrité, & non, comme cela arrive si souvent, sur le bord des mares, à côté du fumier, le long d'un mur, contre un massif d'arbres, sur la porte d'entrée, toutes choses qui nuisent beaucoup aux Pigeons. Il sera d'une hauteur moyenne & d'une grandeur proportionnée à celle de la propriété. En général, il est avantageux qu'il soit, ni trop ni pas assez peuplé. Des différentes formes qu'il est possible de lui donner, la circulaire est la préférable, comme favorisant, au moyen de l'échelle tournante qu'on y adapte, la recherche des petits.

On trouvera au mot COLOMBIER de ce Dictionnaire, des généralités sur ce qui les concerne; & au même mot, dans le *Dictionnaire d'Architecture*, des détails sur la manière de les construire. Ici, je me bornerai donc à dire qu'ils demandent à être toujours tenus en bon état de réparation, tant pour éloigner les FOUINES, les BELETTES, les RATS, les MOINEAUX, &c. (*voyez* ces mots), que pour empêcher les pluies, les vents & les grands froids d'y entrer; car les Pigeons en souffrent & pondent moins. Il ne faut pas y laisser un seul trou en dedans ni en dehors.

La question de savoir quelle est la forme à donner aux nids ou boulins, & de quelle matière on doit les construire, a été souvent discutée & non encore résolue d'une manière positive. Sans entrer dans de longs détails à cet égard, je dirai que, sous les deux rapports prédominans, à mon avis, de l'économie & de la santé des Pigeons, les boulins en terre cuite, à ouverture plus étroite, rangés & scellés en plein au-dessus les uns des autres, & accompagnés inférieurement d'une saillie ou d'un bâton pour en faciliter l'entrée aux Pigeons, doivent être préférés. Leur dépense d'achat est considérable, mais elle ne se renouvelle pas s'il n'entre dans le colombier que des personnes raisonnables.

La propreté, quoique rarement prise en considération, est indispensable à la prospérité d'un colombier; ainsi on en garnira le sol toutes les semaines, ou de paille ou de terre, & tous les trois mois on enlevera la totalité de la croûte d'excrémens qui s'y sera formée, pour la déposer dans un lieu abrité de la pluie, & l'utiliser pour engrais, dont elle est un des plus excellens (*voyez* COLOMBINE); ainsi, au moins deux fois par an, au printems avant, & en automne après la ponte, on nétoiera, avec un balai de panicules de roseau ou de crin, l'intérieur de tous les nids ou boulins; on époussetera le plafond, on grattera l'échelle & toutes les places où il y aura des excrémens desséchés. Il seroit encore bon, à la dernière de ces époques, immédiatement après l'opération susdite, de faire sortir tous les Pigeons, de boucher le mieux possible la fenêtre & la porte, & d'y décomposer du sel marin, par le moyen de l'acide sulfurique, ou, ce qui est moins bon, d'y brûler de la paille en grande quantité en la promenant partout, même dans l'intérieur des boulins, pour purifier l'air & faire périr les insectes qui tourmentent les Pigeons. Blanchir en totalité l'intérieur, tous les trois ou quatre ans, est encore une opération très-avantageuse.

Quoiqu'une propreté, je dirai presque minutieuse, soit le moyen le plus certain d'attacher les Pigeons au colombier, il en est encore un tellement certain & tellement facile, qu'il y a lieu d'être étonné qu'on ne l'emploie pas généralement; c'est de suspendre dans son milieu, au moyen d'un filet de ficelle, une boule de terre franche sèche, d'un pied de diamètre, dans laquelle on aura introduit, quand elle étoit encore humide, une livre de salpêtre mêlé de sel marin, tel qu'il sort de la première opération par laquelle on l'obtient dans la fabrique, salpêtre fort impur & à bas prix, qu'on peut même récolter soi-même dans ses écuries & ses caves en en balayant les murs. Quand on sait avec quelle fureur les Pigeons recherchent celui qui se forme contre certaines roches calcaires en décomposition, on peut juger quel plaisir ils trouvent à aller béqueter celui qui se trouve dans la boule qui est continuellement à leur portée, laquelle, si elle n'étoit pas pétrie fort dur & placée de manière à ce qu'ils puissent difficilement y atteindre, seroit détruite en peu de jours. Elle doit durer environ un an.

Les paquets de plantes odoriférantes, qu'on conseille aussi de placer dans les colombiers, y font trop peu de bien pour que je les recommande.

On peut procéder au peuplement d'un nouveau colombier, soit en y apportant un certain nombre de paires de vieux Pigeons pris au loin, car ceux des colombiers voisins n'y resteroient pas, soit en y apportant un certain nombre de paires de jeunes Pigeons pris entre le moment où ils commencent à manger seuls, & celui où ils commencent à voler.

Le premier moyen manque souvent, quelque précaution qu'on prenne, les Pigeons se déplaisant toujours dans les lieux autres que ceux où ils sont habitués d'être; aussi ne l'emploie-t-on que lorsqu'on ne peut faire autrement. Pour augmenter les chances de réussite, lorsqu'on est obligé de le préférer, il faut saisir le moment où, à la fin de l'hiver, les Pigeons commencent à entrer en amour, & choisir ceux des premières couvées de l'année précédente, couvées qu'on reconnoît à l'inspection du bec, & qui sont la plupart appareillées. Ces couvées, apportées dans le colombier, y seront renfermées & abondamment nourries; on leur donnera du chenevis & du sarrasin deux fois par semaine pour les exciter. Dès qu'elles auront pondu, on commencera par ouvrir la fenêtre, d'abord seulement le soir, ensuite seulement à midi, enfin toute la journée, en continuant de leur donner un peu à manger dans l'intérieur du colombier. Ce ne sera qu'à la seconde ponte qu'on pourra supprimer entiérement cette distribution.

Quelques personnes arrachent une partie des plumes des ailes des vieux Pigeons, qu'ils apportent dans un colombier à peupler; mais ce procédé est sujet à de graves inconvéniens que je me dispense d'énumérer, à raison de la facilité de suppléer à mon silence.

Le second moyen est plus sûr, mais plus embarrassant & plus long. On peut l'exécuter avec des pigeonneaux de la première ou de la dernière couvée; cependant les premiers ayant déjà acquis toute leur grosseur aux approches de l'hiver, sont plus en état de supporter les dangers de cette saison, & doivent être préférés. Ces pigeonneaux sont enfermés dans le colombier, & nourris avec des vesces bouillies, du grain trempé, même quelquefois emboqués, jusqu'à ce qu'ils soient assez forts pour voler au loin, après quoi on leur donne la liberté, d'abord le soir, ensuite toute la journée, en prenant toujours soin de leur fournir assez de nourriture dans l'intérieur du colombier, pour que le peu qu'ils peuvent trouver ailleurs ne leur serve qu'en surabondance. Les pigeonneaux devenus Pigeons ne connoissant que leur colombier s'y attacheront, & ce d'autant plus qu'ils y trouveront plus de nourriture. Comme ils ne pondront que l'année suivante, il faudra attendre au moins trois ans avant de tirer un revenu du colombier, autre que celui des petits dépareillés, ou des couples venues fort tard, mais la nourriture extraordinaire leur sera retirée dès le printem sde la seconde année.

Je ne fixe pas le nombre de couples de Pigeons qu'il convient de mettre dans un colombier, relativement à sa grandeur, parce que tant d'élémens entrent dans ce calcul, qu'il est rare qu'on puisse faire ce qu'on desire à cet égard. J'observerai seulement que les plus forts colombiers des environs de Paris contiennent trois cents, & les plus foibles cent paires de Pigeons fuyards. Généralement il ne s'en met pas assez, & on est obligé d'attendre les produits une année plus tard.

La couleur des Pigeons n'influe sur la qualité de leur chair & sur leur multiplication que dans un cas, c'est quand elle est toute blanche & que les yeux sont rouges (*voyez* ALBINOS dans le *Dictionnaire de Médecine*); alors cette chair est plus tendre, plus fade, & la multiplication un peu plus foible. Ces circonstances, jointes à celle que les individus de cette couleur sont vus de plus loin par les oiseaux de proie, doivent engager à les proscrire des colombiers, ce à quoi on parvient en n'en laissant aucun arriver à l'état adulte. Cette remarque, relativement à ce dernier motif, est principalement applicable aux pays voisins des grandes forêts ou des hautes montagnes, pays où les oiseaux de proie sont plus communs. Il est évident que la couleur de ciel, donnée par la nature aux bisets, a pour but de les soustraire à ces dangereux ennemis, dont un seul individu pourroit détruire une volée.

Empêcher un colombier de trop se peupler, est assez facile, puisqu'on peut n'y laisser, chaque année, que le nombre de paires de jeunes Pigeons qu'on juge à propos; mais il n'en est pas de même pour le purger des vieux, qui, au bout de six à huit ans, ne sont plus propres à la reproduction. On distingue bien à la vue un Pigeon d'un à deux ans, d'un autre de quatre à cinq, mais non un de ces derniers d'un de cinq à six, qui est l'âge où il est bon de cesser de les conserver. Le moyen indiqué par quelques écrivains de leur couper chaque année une moitié d'ongle, est presqu'impraticable en grand. Au reste, quoique l'enlévement des Pigeons de cinq à six ans & au-delà pût être certainement avantageux, on l'exécute rarement; les oiseaux de proie & les braconniers y suppléent suffisamment.

Quelqu'abondante en graines sauvages que soit une contrée, il est de fait que les Pigeons ne peuvent y trouver toute l'année assez de nourriture pour pouvoir se passer de celles que l'homme a récoltées & conservées pour son usage & celui des animaux qu'il s'est assujettis. L'hiver & le printems sont les saisons où leur consommation est le plus complétement à la charge de leur propriétaire; & si on peut la rendre aussi foible que possible pendant la première, il n'est jamais avantageux de continuer pendant la seconde, à raison du retard

& même de la diminution que cela apporte à la ponte. Au contraire, il faut alors les forcer en nourriture, & leur donner de préférence des nourritures plus substantielles & plus échauffantes, comme le sarrasin & le chenevis.

Il est également indispensable de leur donner à manger au colombier lorsque de fortes & longues pluies les empêchent de sortir.

Outre ce que trouvent les Pigeons aux champs pendant l'été & l'automne, ils partagent inégalement avec les autres volailles ce qui reste dans les épis après le battage des céréales, ou ce qui tombe à terre dans les différens transports de ces céréales; je dis inégalement, parce que la conformation de leur bec & l'absence de la faculté de gratter la terre ne leur permettent pas de chercher le grain; ils sont bornés à celui qui frappe leurs yeux. Les distributions qu'on leur fait dans le colombier doivent donc être plus fortes que celles qu'on feroit aux poules de même grosseur.

Presque toutes les graines farineuses ou huileuses d'un volume égal ou inférieur au plus gros pois sont dans le cas de servir de nourriture aux Pigeons; cependant il est reconnu que, dans le nord de l'Europe, la vesce, & dans le midi, le maïs, sont celles qui leur plaisent & leur conviennent le mieux; aussi en sème-t-on pour eux dans toutes les exploitations rurales bien montées. On leur donne aussi souvent des pois, des lentilles, de l'orge, &, comme je l'ai déjà observé, du sarrasin & du chenevis. Les pepins de raisin, qu'on perd presque partout, sont encore extrêmement de leur goût. Il a été remarqué que pour eux, encore plus que pour les poules, il étoit bon de varier la nourriture, & ne pas leur en donner assez pour les trop engraisser.

J'ai parlé jusqu'à présent comme si la nourriture des Pigeons leur étoit toujours donnée dans le colombier; mais le vrai est que, dans l'état de malpropreté où on le laisse presque partout, il seroit impossible de le faire à moins d'y étaler des toiles ou des planches. En général, c'est dans la cour, soir & matin, & en commun avec les autres volailles, qu'on la leur donne le plus généralement. Cette pratique n'est pas sans inconvéniens pour les Pigeons, que leur foiblesse rend victimes de tous leurs co-partageans. Il seroit bon de faire cette distribution dans une cour séparée, surtout pendant qu'ils ont des petits.

Dans les pays où il n'y a pas d'eau dans les champs ni dans le voisinage du colombier, il est de toute nécessité d'en donner aux Pigeons, car ils boivent beaucoup.

Les Pigeons fuyards font constamment deux pontes par an, la première en mars & la seconde en août. Souvent cependant ils en font une troisième dans l'intervalle des deux précédentes, surtout lorsqu'on a enlevé jeune le résultat de la première. Dans le Midi ils en font trois & quelquefois quatre. Ces pontes ne sont que de deux œufs produits à un jour d'intervalle, dont le plus souvent l'un donne naissance à un mâle, & l'autre à une femelle. Les deux sexes concourent ensemble, mais la femelle plus que le mâle, à la construction du nid, à l'incubation des œufs & à la nourriture des petits. Les petits éclosent le dix-septième ou le dix-huitième jour, & quelquefois même seulement le dix-neuvième. Il arrive quelquefois qu'un des œufs ou tous les deux sont inféconds; ce qui fait perdre une moitié de couvée ou une couvée toute entière, & cela, si on pouvoit s'en assurer aussi facilement dans un colombier que dans une volière, n'opéreroit qu'un retard de quelques jours dans la naissance des petits, à raison de ce que la couple à qui on a enlevé ses œufs pond de nouveau peu après. *Voyez* Œuf.

Jamais on ne doit tourmenter les Pigeons pendant la ponte & la couvaison, c'est-à-dire, qu'il faut n'entrer dans le colombier que pour enlever les petits bons à manger, autant que possible seulement une fois par semaine, & vers les neuf heures du matin, lorsque la plupart des Pigeons sont dehors. En faisant la revue des boulins on enlève aussi les œufs abandonnés & les petits morts.

Le père & la mère des pigeonneaux les nourrissent tour-à-tour en dégorgeant dans leur bec du grain d'autant plus digéré, qu'ils sont plus jeunes, & ne les abandonnent entiérement que lorsqu'ils sont assez forts pour voler & pourvoir eux-mêmes à leur nourriture. Souvent, lorsque le père & la mère sont tués, d'autres Pigeons se chargent de les suppléer, mais aussi souvent les petits, dans ce cas, meurent dans le nid.

A cette époque on ne doit pas se refuser, quelqu'abondans que soient les grains dans la campagne, à donner aux Pigeons un supplément à la maison, principalement s'il pleut : la grosseur & le bon tempérament des pigeonneaux dépendent de ce soin.

Il ne faut pas attendre que les pigeonneaux mangent seuls pour les vendre ou les employer à la consommation, 1°. parce qu'alors ils maigrissent; 2°. parce que leur chair perd de sa finesse; 3°. parce que plus tôt les père & mère en sont privés, & plus tôt leur ponte recommence. C'est à environ un mois avant qu'ils sortent du nid, qu'il est convenable, sous le plus grand nombre de rapports, de s'en emparer.

Les cultivateurs jaloux de la prospérité de leur colombier réservent toutes les premières couvées pour réparer ses pertes, parce qu'elles sont les meilleures. Ils marquent en conséquence, dès le commencement de la ponte, le nombre de nids garnis d'œufs qu'ils jugent nécessaires, afin qu'on ne touche pas aux couples qui en doivent sortir.

Les sexes des jeunes Pigeons fuyards ne se distinguent pas aisément la première année; mais à la seconde, le roucoulement indique bien certainement

tainement le mâle. Au reste, on a rarement besoin de le savoir.

Je renvoie au *Dictionnaire d'Ornithologie* ceux qui desirent de plus grands détails sur les mœurs des Pigeons, mœurs qui ont été de tout tems citées comme des modèles d'amour conjugal & d'amour maternel, parce que cela sort de l'objet de cet article.

On donne généralement le nom de *Pigeons de volière* à toutes les variétés de Pigeons autres que le biset & le Pigeon de colombier, qui, comme je l'ai déjà observé, diffèrent peu l'un de l'autre; cependant il est rare qu'on place dans des volières les variétés qui, comme celles des mondains, réunissent la grosseur & la fécondité. On leur consacre généralement de petits colombiers appelés *fuies*, pratiqués dans une chambre, un grenier, &c. Dans ces fuies, qui n'ont qu'une fenêtre qu'on ferme tous les soirs, se placent plus ou moins de paniers d'osier faits exprès, ou plus ou moins de cases construites en planches, les uns & les autres destinés à recevoir les couvées. La propreté la plus exacte doit y être entretenue. Chaque fois qu'on enlevera des pigeonneaux, on ôtera la paille de leur nid. Il faut toujours qu'il y ait de l'eau pure, c'est-à-dire, de l'eau renouvelée au moins deux fois par semaine en été, dans un baquet couvert en partie, ou dans un vase où elle tombe, à mesure de la consommation, d'un autre vase renversé (*voy.* POMPE); leur manger se met dans des espèces de trémies, souvent divisées en plusieurs compartimens, un pour chaque sorte de graine, trémies d'où elle s'écoule, à mesure de la consommation, dans des augets étroits & surmontés, à deux ou trois pouces de distance, d'une petite planche qui empêche les excrémens d'y tomber.

Comme les mondains & autres grosses variétés volent difficilement, elles ne s'éloignent pas de leur domicile, & on est forcé de les nourrir toute l'année, & plus abondamment lorsqu'elles ont des petits, c'est-à-dire, pendant près de six mois; car elles font ordinairement huit & même dix pontes par an dans le climat de Paris; aussi ce que coûte leur entretien, principalement dans les villes, où il faut acheter toute la graine qu'elles mangent, porte-t-il le prix des petits à un taux tellement élevé, qu'il n'y a que les gens riches qui puissent en manger. Ces petits, au reste, par leur grosseur & l'excellence de leur goût, sont au nombre des meilleurs alimens de luxe, &, sous ce rapport, ils sont recherchés pour les repas d'apparat, à l'occasion desquels on ne craint pas la dépense.

La vesce est la nourriture habituelle des Pigeons de fuie aux environs de Paris, & plus au nord. Dans le Midi, c'est le maïs. Ce que j'ai dit des avantages de varier la nourriture des fuyards leur est complétement applicable: on la leur distribue matin & soir.

Il est assez commun de voir des individus stériles parmi ces grosses races; mais comme on entre tous les jours dans l'intérieur de leur habitation pour leur donner à manger, & que généralement les fuies ne sont peuplées que d'un petit nombre de paires, on les reconnoît facilement & on les tue pour la consommation.

On ne doit jamais laisser non plus dans ces fuies de Pigeons dépareillés, parce que si c'est un mâle, il y portera le trouble, & que si c'est une femelle, on ne pourra que difficilement lui donner un mâle, soit qu'il soit plus vieux, soit qu'il soit plus jeune qu'elle.

Enlever les vieilles couples lorsque leur ponte commence à diminuer, est une opération également très-facile, parce que leur petit nombre permet de les remarquer.

Lorsqu'on veut peupler une fuie ou une volière, il est mieux d'y mettre des Pigeons déjà appareillés, que des Pigeons pris au hasard, quoique les mâles soient en même nombre que les femelles, parce que les individus mâles & femelles qui se sont déjà affectionnés s'attachent difficilement à d'autres.

Il est des amateurs qui trouvent de l'avantage à croiser les races en prenant la précaution de choisir toujours la femelle plus grosse que le mâle; d'autres qui soutiennent qu'il vaut mieux conserver les races pures. Il peut être indifférent de prendre parti pour les uns ou pour les autres, mais il ne l'est pas de profiter des belles variétés en grosseur & en fécondité, en disposition à la graisse, que le hasard présente, pour, en les accouplant, en former de nouvelles races préférables à celles qui sont connues. C'est par ce moyen qu'on s'est procuré toutes celles énumérées plus haut. Je fais ici cette observation, parce qu'il est constaté que ce sont les variétés les plus éloignées du type primitif qui sont le plus dans le cas d'en donner de nouvelles & de plus perfectionnées; aussi toujours, dans ces races, doit-on ne conserver, pour la reproduction, que les plus beaux individus, &, autant que possible, ceux provenant de la première couvée du printems, lesquels font ordinairement une ponte la même année, & sont en plein rapport la seconde. Leur vie, au reste, ne s'étend pas au-delà de celle des Pigeons fuyards.

Certaines fuies ont une volière plus ou moins étendue devant leur fenêtre, volière où les Pigeons vont prendre l'air à volonté. Il est toujours à desirer que cela soit, lorsque, par un motif quelconque, on ne peut leur laisser la liberté; car ceux qui ne sortent jamais, quelque bien soignés qu'ils soient, se portent moins bien & ont la chair inférieure en bonté.

Les variétés de Pigeons qu'on place le plus communément dans une volière proprement dite, sont celles qui se font remarquer par la beauté de leur plumage ou la singularité de leurs formes, principalement les 3e., 4e., 5e., 7e., 8e., 11e., 12e., 13e., 15e., 16e. & 20e. Du reste, on les traite comme ceux des fuies, excepté qu'ils demandent encore plus de propreté, à raison des plumes dont les pattes de plusieurs sont garnies, & qui, dans les tems de pluie, s'empreignent de terre ou d'excrémens, au point de gêner leurs mouvemens.

Les maladies des Pigeons sont les mêmes que celles des autres oiseaux, mais quelques-unes sont plus fréquentes ou plus intenses en eux.

On appelle *avalures* des nodosités analogues à celles de la goutte, qui se développent sur les articulations des pattes des Pigeons, & qui empêchent leur action. Cette maladie ne les conduit pas à la mort, mais elle nuit à leur multiplication, & ceux qui en sont attaqués doivent être sacrifiés. Le *ladre* a été regardé comme une maladie produite par la résorption dans la circulation de l'espèce de pâtée que les Pigeons préparent dans leur jabot pour la nourriture de leurs petits, parce que l'on a remarqué que c'étoient ceux qui avoient perdu leur progéniture peu après la sortie de l'œuf, qui en étoient le plus fréquemment affectés; mais cela est difficile à croire.

La maladie la plus commune & la plus dangereuse pour les Pigeons, c'est le *chancre*, qui se développe dans leur gorge, & qui paroît se communiquer des malades aux sains. On n'a pas encore trouvé de remède contr'elle, car toutes les recettes indiquées n'ont pas eu de succès constant. Quelques cultivateurs en craignent tant les suites, que, dès qu'ils voient quelques Pigeons en être attaqués, ils les vendent tous.

Il est encore une maladie éruptive, rare en France, mais commune en Italie, & qui en fait périr de grandes quantités; c'est la même qui a régné sur les poules des environs de Paris, il y a quelques années. *Voyez* POULE.

Les indigestions sont assez fréquentes parmi les Pigeons, surtout dans les grosses races qui font peu d'exercice, & qui ont à leur disposition une surabondance de nourriture; ils en meurent quelquefois. Le remède indiqué pour les guérir, est l'incision de leur jabot, remède aussi dangereux que le mal. Les tuer pour les manger, est le conseil que je crois le meilleur à suivre.

Je dois répéter que les diverses sortes de vermines, c'est-à-dire, les POUX, les PUCES, les ACARES, les HYPPOBOSQUES (*voyez* ces mots), sont quelquefois si abondans dans les colombiers mal soignés, qu'ils font maigrir les Pigeons, les empêchent de pondre & d'élever leurs petits: on voit même de ces petits mourir par suite de leurs piqûres. Ces considérations suffisent pour faire sentir la nécessité de tenir toujours les colombiers aussi propres que possible, de faire usage, ainsi que je l'ai dit plus haut, au moins une fois par an, de la vapeur d'acide sulfureux ou des feux de paille pour faire périr ces insectes. Au reste, il a été remarqué que ces insectes étoient moins multipliés dans les pays où des eaux pures permettoient aux Pigeons de se baigner souvent; ce qui indique l'utilité de leur en fournir dans des baquets peu profonds lorsque cette circonstance n'existe pas, ou lorsqu'ils sont renfermés.

Les propriétaires de colombiers doivent faire une chasse journalière aux animaux que j'ai signalés pour être les ennemis des Pigeons, surtout aux moineaux, les plus communs d'entr'eux, parce qu'une fois que ces derniers se sont habitués à en fréquenter un, non-seulement ils enlèvent une partie de la nourriture des Pigeons, mais ils crèvent les jabots des petits pour s'emparer de celle que les père & mère y ont dégorgée. (*Bosc.*)

PIGEONS. Ce nom s'applique, dans la ci devant Normandie, à une tumeur quelquefois grosse comme les deux poings, qui se développe sur la cuisse des bœufs gras, & s'étend ensuite au point de s'opposer à leur marche. Cette maladie faisant maigrir les bœufs, & pouvant être fort longue & fort coûteuse à guérir, on trouve, avec raison, plus simple de tuer ceux qui en sont affectés. (*Bosc.*)

PIGEONNIER. *Voyez* COLOMBIER.

PIGNON. On appelle ainsi le fruit du PIN CULTIVÉ. *Voyez* ce mot dans le *Dictionnaire des Arbres & Arbustes.*

PIGNON D'INDE. C'est le fruit du RICIN. *Voyez* ce mot.

PILIET: variété d'orge à deux rangées de grains, qui paroît fort peu différer du SUCRION. *Voyez* ORGE.

PILOCARPE. *PILOCARPUS.*

Plante du Mont-Serrat, qui seule forme un genre dans la pentandrie monogynie.

Cette plante n'étant pas cultivée dans nos jardins, je n'ai rien à en dire de plus. (*Bosc.*)

PILOSELLE: espèce d'ÉPERVIÈRE. *Voyez* ce mot.

PILULAIRE. *PILULARIA.*

Petite plante cryptogame, de la famille des *Fougères*, qui seule forme un genre; elle croît en Europe, sur le bord des étangs, des mares, &c.

Cette plante, remarquable par son organisation, doit se voir, autant que cela est possible, dans les écoles de botanique. Pour cela on apporte de la campagne de grosses mottes de terre qui en sont couvertes, & on les met dans des pots, dont on fait tremper le fond dans l'eau. Elle se conserve fort bien, par ce seul soin, jusqu'à l'hiver; mais il est rare qu'elle reparoisse au printems suivant, quoiqu'elle soit vivace; elle est du nombre de celles qui exigent, pour prospérer, des conditions qu'il est difficile de remplir avec une constante rigueur. (*Bosc.*)

PIMELÉE: synonyme de CANARI. *Voyez* ce mot.

PIMELÉE. *Pimelea.*

Genre de plante de la diandrie monogynie & de la famille des *Thymelées*, fort voisin des *Passerines*, dans lequel se rangent dix espèces, dont une se cultive dans nos jardins. Il est figuré pl. 9 des *Illustrations des genres* de Lamarck.

Espèces.

1. La PIMELÉE à feuilles de lin.
Pimelea linifolia. Smith. ♄ De la Nouvelle-Hollande.

2. La PIMELÉE à feuilles de thymelée.
Pimelea gnidia. Willd. ♃ De la Nouvelle-Zélande.

3. La PIMELÉE velue.
Pimelea villosa. Willd. ♄ De la Nouvelle-Zélande.

4. La PIMELÉE couchée.
Pimelea prostrata. Willd. ♄ De la Nouvelle-Zélande.

5. La PIMELÉE à feuilles de troêne.
Pimelea ligustrina. Labill. ♄ Du cap Van-Diémen.

6. La PIMELÉE spatulée.
Pimelea spathulata. Labill. ♄ Du cap Van-Diémen.

7. La PIMELÉE ferrugineuse.
Pimelea ferruginea. Labill. ♄ De la Nouvelle-Hollande.

8. La PIMELÉE blanche.
Pimelea nivea. Labill. ♄ Du cap Van-Diémen.

9. La PIMELÉE à fruit drupacé.
Pimelea drupacea. Labill. ♄ Du cap Van-Diémen.

10. La PIMELÉE en massue.
Pimelea clavata. Labillard. ♄ Du cap Van-Diémen.

Culture.

Toutes ces espèces s'accommodent sans doute de la culture des PASSERINES. (*Voyez* ce mot.) Nous ne possédons que la première, qui demande la terre de bruyère, l'orangerie, des arrosemens abondans en été, & qui se multiplie de marcottes & de boutures: ces dernières se font au printems, dans des pots sur une couche à châssis, & ne reprennent pas facilement. Quelquefois ses racines poussent des rejetons qu'on enlève au printems, & qu'on traite comme les marcottes. (*Bosc.*)

PIMENT. *Capsicum.*

Genre de plante de la pentandrie monogynie & de la famille des *Solanées*, offrant huit espèces, dont plusieurs se cultivent, principalement dans les pays chauds, pour leurs fruits, dont on fait un fréquent usage dans l'assaisonnement des mets. *Voyez* les *Illustrations des genres* de Lamarck, où il est figuré pl. 116.

Espèces.

1. Le PIMENT annuel, vulgairement *poivre long*.
Capsicum annuum. Linn. ⊙ Des Indes.

2. Le PIMENT frutescent.
Capsicum frutescens. Linn. ♄ De Ceylan.

3. Le PIMENT cerise.
Capsicum cerasiforme. Willd. ♄ Du Brésil.

4. Le PIMENT à petites baies, vulgairement *poivre d'oiseau.*
Capsicum baccatum. Linn. ♄ Des Indes.

5. Le PIMENT à gros fruits, vulgairement *poivre de Guinée.*
Capsicum grossum. Linn. ♄ Des Indes.

6. Le PIMENT de Chine.
Capsicum sinense. Jacq. ♄ De la Chine.

7. Le PIMENT conique.
Capsicum conicum. Lam. ♄ Des Indes.

8. Le PIMENT jaune.
Capsicum luteum. Lam. ♄ Des Indes.

Culture.

La première espèce se cultive en grande quantité, dans tous les pays chauds, pour ses fruits, de l'enveloppe desquels on fait une immense consommation, comme assaisonnement, soit avant, soit après leur maturité, soit verts, soit secs, soit confits au vinaigre ou au sucre, soit entiers, soit réduits en poudre. Là on en sème la graine en pépinière, au commencement de la saison des pluies; on en repique le plant à un pied de distance lorsqu'il a acquis deux pouces de haut, & on donne un ou deux binages pendant la durée de la floraison, durée qui se prolonge deux ou trois mois. La cueillette des fruits se fait à mesure du besoin, & ceux de ces fruits qui arrivent à maturité sont desséchés au soleil & gardés, soit entiers, soit réduits en poudre, pour le tems fort court où il n'y en aura pas de frais. En Espagne on voit les murs des maisons garnis de ces fruits disposés en longs chapelets pour sécher, & les marchés en offrent par tonneaux.

On ne tarit point, dans les pays chauds, sur les avantages diététiques du Piment. C'est, selon les créoles de toutes nos colonies, une panacée universelle, le seul moyen de digérer que leur ait donné la nature. Je n'ai cependant jamais pu me faire à son usage, ni en Caroline, ni en Espagne, ni en Italie, & mon estomac n'a pas cessé, dans ces pays, de faire fort bien ses fonctions.

Il se cultive aussi beaucoup de Piment dans les jardins de Paris pour les personnes qui s'y sont accoutumées ailleurs, & il est d'un bon produit pour les jardiniers lorsque l'été & l'automne sont chauds. On en connoît trois variétés principales:

1°. celle à fruit arrondi; 2°. celle à fruit ovale; 3°. celle à fruit très alongé. Il se sème lorsque les gelées ne sont plus à craindre, c'est-à-dire, à la fin de mars, en rayon sur couche nue, & lorsque le plant a acquis deux pouces de haut, on le repique dans une plate-bande bien labourée & bien fumée, contre un mur exposé au midi, à un pied de distance. Deux binages & quelques arrosemens pendant la sécheresse sont tous les soins qu'il demande. On en recueille généralement les fruits avant leur maturité pour les consommer frais ou les faire confire au vinaigre. Ce sont les premiers de ces fruits qu'il est le plus avantageux de réserver pour graine, parce qu'ils sont toujours les plus beaux, & qu'ils ont le tems de mûrir parfaitement. Presque toujours les gelées les frappent avant que tous soient récoltés; & alors il faut, le jour même, cueillir tout le reste de ces fruits, quel que soit leur degré de grosseur.

Les jeunes Pimens sont plus doux que les vieux; mais ils se conservent moins, & perdent la plus grande partie de leur saveur piquante par la dessiccation.

Quoiqu'il faille beaucoup de chaleur au Piment pour prospérer, il craint la grande ardeur du soleil, & il est bon de l'ombrager dans les parties méridionales de l'Europe, où cette ardeur est trop forte.

Il existe différentes manières de faire confire les fruits du Piment, qu'on appelle, dans quelques lieux, *poivrons*: les uns les font tremper d'abord dans l'eau salée, pendant deux à trois jours, & ils les mettent ensuite dans du vinaigre bouillant; d'autres les font bouillir un moment dans l'eau & les jettent dans du vinaigre froid; enfin, d'autres, & c'est ma pratique, les mettent sans préparation dans du bon vinaigre, qu'ils renouvellent au bout d'un mois.

Au lieu de sécher simplement les Pimens au soleil, & de les réduire en poudre dans un moulin à café ou dans un mortier, il est des cantons où on les hache grossiérement, & où on les fait entrer dans le pain, qu'on fait cuire à l'ordinaire. Ce pain est ensuite coupé par tranches minces, mis à sécher au four ou à l'air, & conservé, pour l'usage, dans un lieu sec & aéré.

Les autres espèces de Pimens peuvent se substituer plus ou moins à celle-ci pour les usages économiques. Comme elles sont toutes frutescentes & très-sensibles aux gelées, ce n'est que dans les serres qu'on peut les conserver pendant l'hiver. Il leur faut une terre à demi consistante, très-engraissée & renouvelée en partie tous les ans. Le voisinage des jours, & des arrosemens modérés leur sont nécessaires. On les multiplie, soit de graines, dont elles donnent toutes, soit par boutures faites au printems, sur couche & sous châssis. Leur verdure perpétuelle, &, pendant l'hiver, leurs fruits d'une belle couleur rouge font qu'elles concourent à l'ornement des serres. (*Bosc.*)

PIMENT DES ANGLAIS. C'est le MYRTE-PIMENT. *Voyez* ce mot.

PIMENT D'EAU. La RENOUÉE PERSICAIRE porte vulgairement ce nom. *Voyez* RENOUÉE.

PIMENT DES MOUCHES: synonyme de MÉLISSE. *Voyez* ce mot.

PIMENT ROYAL. On appelle ainsi le GALÉ COMMUN dans quelques lieux.

PIMPLIN: espèce de POIVRE du Bengale.

PIMPRENELLE. *SANGUISORBA.*

Genre de plante de la tétrandrie monogynie & de la famille des *Rosacées*, dans lequel on a réuni dix espèces, dont une est l'objet d'une culture de quelqu'importance en Europe. *Voyez* les *Illustrations des genres* de Lamarck, pl. 85 & 777.

Observations.

Les véritables Pimprenelles & les Sanguisorbes sont si voisines les unes des autres, & si souvent confondues par les cultivateurs, qui appellent proprement grande Pimprenelle le *sanguisorba officinalis*, qui est l'espèce qu'ils sèment pour fourage, & petite Pimprenelle le *poterium sanguisorba*, que je ne dois pas les séparer ici.

Espèces.

1. La PIMPRENELLE commune, vulgairement *la petite pimprenelle.*
Poterium sanguisorba. Linn. ♃ Indigène.

2. La PIMPRENELLE hybride.
Poterium hybridum. Linn. ♃ Du midi de l'Europe.

3. La PIMPRENELLE polygame.
Poterium polygamum. Willd. ♃ De la Hongrie.

4. La PIMPRENELLE de Barbarie.
Poterium ancistroides. Desf. ♄ De la Barbarie.

5. La PIMPRENELLE épineuse.
Poterium spinosum. Linn. ♄ Des îles de l'Archipel.

6. La PIMPRENELLE à épis alongés.
Poterium caudatum. Ait. ♄ Des Canaries.

7. La PIMPRENELLE cultivée, vulgairement *la grande pimprenelle.*
Sanguisorba officinalis. Linn. ♃ Indigène.

8. La PIMPRENELLE des Maures.
Sanguisorba mauritiana. Desf. ♃ De la Barbarie.

9. La PIMPRENELLE moyenne.
Sanguisorba media. Linn. ♃ Du Canada.

10. La PIMPRENELLE du Canada.
Sanguisorba canadensis. Linn. ♃ Du Canada.

Culture.

La première espèce est celle qu'on cultive le plus dans les jardins pour entrer, comme fourniture, dans les salades, & comme remède dans les jus d'herbes; & en effet, elle a plus d'odeur & de saveur que la septième, qu'on y voit cependant aussi quelquefois. C'est généralement en bordure qu'on la place, & elle se prête fort bien à cette ordonnance. Il est cependant des jardiniers qui en forment des planches. On la multiplie, 1°. de graines, qui se sèment en place & fort clair, au printems, & dont le plant ne demande d'autre culture que des éclaircissemens & des binages de propreté; 2°. par déchirement des vieux pieds, déchirement qui s'effectue en automne, dont les produits se placent à un demi-pied de distance, & fleurissent toujours l'année suivante. Le superflu des feuilles de cette plante, qu'on peut couper quatre à cinq fois par an, les usages précédens prélevés, se donne aux vaches, dont elles augmentent le lait, & aux lapins de clapier, dont elles améliorent la chair.

La septième espèce, à raison de sa grandeur, double de celle de la précédente, est préférable pour la grande culture; aussi est-ce celle qui est le plus communément employée. Cependant elle demande un meilleur terrein pour prospérer, & elle est un peu moins précoce.

Au reste, comme je l'ai déjà observé, ces deux espèces, quoiqu'appartenant à des genres différens, se confondent sans cesse dans la pratique de la culture, & je ne puis mieux faire, à l'imitation des autres agronomes, que de les considérer ici comme des variétés l'une de l'autre.

Quoique la Pimprenelle puisse venir partout, ce sont les terreins calcaires, exposés au midi, où elle se trouve de préférence dans l'état de nature. C'est donc dans ces sortes de terreins, souvent plus que médiocres & propres à très-peu de cultures, qu'il convient de la cultiver en grand.

Croissant dans les plus mauvais terreins, poussant sous la neige & dans les plus grandes chaleurs, ne craignant point d'être souvent broutée ou coupée, étant extrêmement du goût des bêtes à cornes & des bêtes à laine, des femelles desquelles, comme je l'ai déjà observé plus haut, elle augmente la qualité & la quantité du lait, la Pimprenelle doit être considérée comme un des plus excellens fourages de l'Europe; mais doit-on, comme l'ont indiqué tant d'écrivains, abandonner pour elle la luzerne, le sainfoin & le trèfle? C'est ce que je ne crois pas.

En effet, l'expérience prouve, 1°. que, semée dans le meilleur terrein, ses coupes réunies, toutes choses égales d'ailleurs, ne fournissent pas autant de fourage qu'une seule coupe des plantes précitées; 2°. qu'elle subsiste bien moins longtems que le sainfoin, & surtout que la luzerne, dans le lieu où elle a été semée, quelque bonne que soit la nature de ce terrein. Il n'est donc pas économique de la préférer sous ces deux rapports.

Si cependant on vouloit ensemencer une pièce de terre en Pimprenelle, il faudroit en répandre la graine au printems, avec de l'orge ou de l'avoine, & assez clair pour que le plant qui en doit provenir se trouve espacé de quatre à six pouces; résultat qu'on obtient de l'emploi de dix à douze livres de graines par arpent. L'avoine ou l'orge paiera par sa récolte les frais du semis. Dès les premiers jours du printems de l'année suivante, on pourra, ou mettre les bestiaux dans le champ, ou y faire, ce qui vaudroit mieux, une première coupe avec la faux.

Comme les tiges de la Pimprenelle deviennent dures dès l'instant où elles entrent en fleur, & que, dans cet état, les bestiaux les repoussent en partie ou en totalité, il est bon de les couper avant cette époque, c'est-à-dire, plus tôt que les autres plantes fourageuses. On gagne de plus, à cette pratique, un plus grand nombre de coupes.

Il est aujourd'hui reconnu que c'est moins comme propre à être coupée pour fourage, que comme propre à être employée au pâturage pendant toute l'année, principalement immédiatement après la fonte de la neige & pendant les chaleurs de l'été, époques où beaucoup de cantons à bestiaux manquent de nourriture, qu'il est avantageux de cultiver la Pimprenelle. Les bêtes à laine surtout, qui, pour leur santé, doivent être conduites aux champs presque tous les jours, gagnent beaucoup à en avoir un champ à leur disposition à ces époques. *Voyez* BÊTES A LAINE.

Mais, je le répète, une telle prairie, quelque bon que soit le terrein où elle se trouve, offre, au bout de deux ou trois ans, de nombreuses clairières, & au bout de quatre ou six les pieds s'y comptent; ce qui indique qu'il n'est pas dans la nature de cette plante d'être ainsi cultivée; aussi les praticiens, éclairés par l'expérience, se contentent-ils actuellement de la faire entrer dans la composition des prairies élevées, & de la multiplier dans leurs pâturages.

Afin de remplir ce dernier objet, il faut sacrifier, pendant l'hiver, quelques journées de femmes ou d'enfans, pour, avec une pioche à large fer, enlever de distance en distance une petite portion de gazon, & y jeter une pincée de graines de Pimprenelle. Les années suivantes les bergers & les vachers attachés à l'exploitation pourront facilement répéter ces semis, en conduisant leurs troupeaux. Les plus mauvais pâturages seront ainsi, presque sans frais, rendus aussi excellens que possible, & susceptibles de nourrir cinq à six fois plus de bestiaux. Ce sont, je le répète, ceux de ces pâturages qui sont au midi des montagnes calcaires, & qui sont le plus souvent fort maigres, qu'il convient de garnir de Pimprenelle. Si les semis rustiques que j'ai indiqués plus haut ne réussissoient pas, à raison de la trop grande sécheresse du sol, on pourroit les faire avec de l'avoine, qui garantiroit le jeune plant des rayons du soleil; mais alors il faudroit en éloigner les bestiaux pendant une année entière.

Ces deux espèces de Pimprenelles se sèment en place dans les écoles de botanique, & n'y demandent que d'être éclaircies & binées.

Les seconde, neuvième & dixième espèces se cultivent de même dans nos écoles de botanique.

La dernière, beaucoup plus grande dans toutes ses parties, devroit être préférée à la septième pour les grandes cultures; mais elle est encore extrêmement peu répandue. J'invite les amis de la culture, qui sont à portée de la multiplier, de lui donner tous leurs soins. J'ai vu de ses épis avoir plus d'un pied de long. Non-seulement on peut la reproduire de graines, mais encore par le déchirement des vieux pieds en hiver, déchirement qui suffit, au bout de quelques années, pour en avoir des champs entiers, en plantant le produit à un pied de distance, surtout si elle se trouve dans un bon terrein, tant ses touffes ont de propension à grossir. On peut aussi la placer avec plus d'avantage que toutes les autres, qui cependant n'y sont jamais déplacées, le long des allées, à quelque distance des massifs, dans les jardins paysagers, où elle se fera remarquer par sa beauté & son élégance.

Nous possédons dans nos écoles de botanique les trois espèces frutescentes, qui s'y tiennent en pots remplis de terre à demi consistante, pour pouvoir les rentrer dans l'orangerie aux approches des froids. Le voisinage des jours leur est avantageux, surtout à la quatrième, qui pousse pendant l'hiver. Toutes se muliplient très-facilement par boutures & par marcottes faites au printems; quelquefois aussi elles poussent des rejetons qu'on enlève à la même époque pour les planter séparément. On renouvelle en partie leur terre tous les ans, en automne. Il est bon de rapprocher de tems en tems leurs branches pour les empêcher d'être trop diffuses. Ces plantes, sans être belles, ne laissent pas que d'ajouter à l'agrément des serres. (*Bosc.*)

PIMPRENELLE D'AFRIQUE. *Voyez* MÉLIANTHE.

PIMPRENELLE BLANCHE. C'est le BOUCAGE.

PIMPRENELLE SAXIFRAGE. C'est encore le BOUCAGE. *Voyez* ce mot.

PIN. *Pinus.*

Genre de plante de la monoécie & de la famille des *Conifères*, qui réunit plus d'une vingtaine d'arbres, dont plusieurs sont indigènes à l'Europe, & la p[illegible]part sont cultivés dans nos jardins. Il en sera fait mention très en détail dans le *Dictionnaire des Arbres & Arbustes*. (*Bosc.*)

PINAIOUA: nom d'un COROSSOL de Cayenne (*anona longifolia.* Aubl.).

PINASTRE. On appelle ainsi, & le PIN CULTIVÉ, & le PIN CEMBRO, & le PIN MARITIME, & le PIN SYLVESTRE.

PINAUGA. C'est l'AREC. *Voyez* ce mot.

PINCER, PINCEMENT: opération de jardinage, qui consiste à couper avec l'ongle l'extrémité d'un bourgeon en état actif de végétation.

Le but de cette opération est d'arrêter la croissance en longueur du bourgeon, ou pour lui faire pousser des bourgeons latéraux, ou pour le forcer à grossir, ou pour augmenter la précocité, la grosseur & la bonté des fruits, ou pour accélérer l'époque de son AOUTEMENT. *Voyez* ce mot & le mot GREFFE.

Les divers résultats du Pincement s'expliquent par le principe que la séve tend toujours à monter directement, & que lorsqu'elle est forcée de s'arrêter, elle reflue dans ses vaisseaux, & porte son action ou sur les boutons, ou sur le fruit, ou sur le bois, selon l'époque où ce Pincement a eu lieu.

D'après cela, on doit juger que le Pincement est fort utile entre des mains habiles, mais qu'il peut beaucoup nuire s'il est fait à contre-tems. Le moment de l'exécuter ne peut être indiqué, puisqu'il varie non-seulement dans chaque plante, mais dans la même plante, chaque année, selon le terrein, selon l'exposition, selon l'époque de la plantation, selon la saison antérieure, selon l'objet qu'on a en vue, &c. &c. La pratique seule peut guider les cultivateurs dans ces cas.

Les POIS, les FÈVES DE MARAIS, les HARICOTS, les MELONS & autres plantes annuelles, qui se cultivent dans des terres très-fertiles, sont surtout toujours pincées au moment où elles sont en fleurs, pour les empêcher de trop pousser en hauteur, & obliger la séve à se porter sur leur fruit, afin de le faire grossir davantage & d'accélérer sa maturité. *Voyez* les mots précités.

On est déterminé à pincer les gourmands qui naissent sur les espaliers & en général sur tous les arbres fruitiers, afin de s'opposer à ce qu'ils continuent de croître, & d'enlever la séve aux branches; si on ne les pinçoit pas, une partie de ces branches ne porteroient que de petits fruits, même point de fruits, & finiroient par périr. *Voyez* PÊCHER.

Il est des arbres à qui on veut former une tête dans les pépinières, & c'est en pinçant l'extrémité de leur tige montante, qu'on y procède ordinairement, quoiqu'on pût arriver au même but par le retranchement, en hiver, de la branche terminale, parce que l'on gagne une année à le faire.

Lorsqu'on veut conserver une forme régulière aux arbustes en tête & aux plantes vivaces ou annuelles, lorsqu'on veut multiplier le nombre de leurs fleurs, on pince également l'extrémité de leurs bourgeons avant le développement de ces fleurs.

Plusieurs arbres étrangers entrent fort tard en végétation dans nos climats, & ne pourroient fournir de bons yeux pour leur greffe en écusson, à l'époque où ceux de nos climats, sur lesquels ils peuvent être greffés, sont en état de les recevoir. Pour accélérer la formation de leurs yeux, pour me servir de l'expression technique, on pince l'extrémité de leurs bourgeons, & on gagne, par ce seul moyen, une anticipation de huit, dix & même quinze jours. *Voyez* GREFFE.

D'après le même principe, on est souvent déterminé, dans les pépinières, à pincer l'extrémité des bourgeons de certaines espèces d'arbres des pays chauds, qui supportent cependant la pleine terre, qui AOUTENT (voyez ce mot) trop tard leur bois, soit parce qu'ils ont été greffés tard, soit parce que l'automne a été froid, &c., & on parvient par-là à empêcher les effets des gelées sur eux.

Dans la grande agriculture, à raison de ce que cette opération demande beaucoup de bras, il n'y a que la vigne qu'on pince; mais il est beaucoup de circonstances où on gagneroit à en faire la dépense, principalement pour les féves de marais, les pois, les lupins, &c.

La radicule des grosses graines germées, telles que celle des noix, des amandes, des glands, &c., se pince aussi pour empêcher le développement du pivot dans les arbres qu'elles doivent donner, & assurer par-là leur reprise lors de leur TRANSPLANTATION. Voyez ce mot & le mot PIVOT. (*Bosc.*)

PINCKNEYE. *Pinckneya.*

Genre de plante de la pentandrie monogynie & de la famille des *Rubiacées*, qui est fort voisin des quinquinas, & dans lequel il ne se trouve encore qu'une espèce découverte par Michaux dans la Floride, rapportée par moi en Europe, & que j'ai cultivée en Amérique & en France.

Dans son pays natal le Pinckneye croît dans les sables humides, forme des buissons de huit à dix pieds de haut, & fleurit pendant une partie de l'été. Il se multiplie, 1°. de graines, qui se sèment aussitôt qu'elles sont mûres; 2°. de racines; 3°. de marcottes; 4°. de boutures faites au printems, dans un lieu frais ou ombragé, & dont peu manquent.

Dans les jardins de Paris, le Pinckneye demande la terre de bruyère, l'orangerie pendant l'hiver, & des arrosemens abondans en été. Il ne se multiplie que par les deux derniers moyens, surtout par marcottes, qui s'enracinent dans l'année & peuvent par conséquent être séparées de leur mère au printems suivant, & traitées comme les vieux pieds.

Je ne doute pas que le Pinckneye sera un jour cultivé en pleine terre dans les parties méridionales de la France, & à plus forte raison en Italie & en Espagne, & qu'il devienne un objet très-important, à raison de ce qu'il appartient réellement au genre des *Quinquinas*, & que son écorce est propre à être substituée à la leur. Je sollicite les amis de l'humanité, qui habitent le climat propre à cet arbuste, d'accélérer ce moment, en s'occupant avec zèle de sa multiplication & de sa propagation; c'est d'ailleurs un arbuste d'un bel aspect lorsqu'il est en fleurs, & par conséquent dans le cas de servir à l'ornement des jardins paysagers. (*Bosc.*)

PINELLE : nom de l'EPICEA dans quelques lieux. *Voyez* SAPIN dans le *Dictionnaire des Arbres & Arbustes.*

PINETS. Les champignons bons à manger portent ce nom dans le département du Var.

PINTADE ou PEINTADE, *numida meleagris* Linn. : oiseau d'Afrique, naturalisé dans l'Amérique méridionale, un peu plus gros qu'une poule, remarquable par ses couleurs, dont la chair est regardée comme très-savoureuse, qui a été réduit en domesticité, & qu'on voit assez fréquemment dans nos basses-cours. *Voyez* le *Dictionnaire d'Ornithologie.*

Le naturel de la Pintade ne permet pas de l'élever en grande quantité, surtout avec les autres volailles, 1°. parce qu'elle ne souffre pas la concurrence & qu'elle est méchante; 2°. parce qu'elle ne peut s'astreindre à rester dans une cour, quelque bien nourrie qu'elle soit; 3°. parce qu'elle dévaste les jardins & les champs voisins. En conséquence on n'en tient qu'un mâle & une ou deux femelles dans chaque ferme, quoiqu'un mâle puisse suffire à douze femelles.

Le cri de la Pintade est peu agréable, & il est fréquemment répété, ce qui éloigne d'elle quelques personnes dont l'oreille est délicate. Elle partage cet inconvénient avec le paon. Du reste, ce cri peut être regardé comme un pronostic utile; car il se fait entendre principalement aux approches de la pluie.

On distingue le mâle de la Pintade de la femelle, à son corps plus petit, aux couleurs plus foncées de son plumage, à son cri plus aigu; enfin, à la dénudation de sa tête, qui est bleue, tandis qu'elle est rouge dans la femelle.

La nourriture de la Pintade est la même que celle des autres volailles; cependant elle est plus carnivore que les poules, & c'est pour satisfaire ce goût, qu'elle s'éloigne si souvent de la basse-cour, qu'elle monte sur les tas de bois, sur les murs, les toits, &c. Cette nourriture animale lui est principalement nécessaire dans sa première jeunesse, c'est-à-dire, avant sa première mue.

Il est difficile d'obliger les Pintades femelles à pondre dans un poulailler; toujours elles choisissent, comme les dindes, un endroit couvert par des arbustes ou de grandes plantes, à quelque distance de la maison, pour y déposer leurs œufs, endroit qu'on ne peut découvrir qu'en les faisant suivre, ou par hasard. Si on laisse ces œufs, elles n'en pondent guere plus de vingt, qui est la quantité qu'elles peuvent couver; mais si on les enlève à mesure, à un près, elles en pondent plus d'un cent. Leur ponte commence dans les premiers jours de mai, & dure trois mois, pourvu qu'elle ne soit pas interrompue.

Quoique la Pintade femelle soit très-bonne couveuse, on est assez généralement dans l'usage de faire couver ses œufs aux poules ou aux dindes: on y gagne au moins, 1°. de faire les couvées plus tôt; 2°. d'être plus maître des petits pendant les premiers mois de leur vie, attendu que ces volailles sont moins coureuses, & font plus dans le cas de fauver les pertes que peuvent causer les accidens & les animaux carnassiers, la Pintade femelle, comme je viens de l'observer, ne finissant sa ponte qu'au mois d'août, & cette époque étant trop retardée, dans nos climats, pour l'éducation des petits. La durée de l'incubation est de vingt-huit jours, terme moyen.

Quelque dure que soit la coquille de l'œuf de la Pintade, le petit la perce aisément, & il est rare qu'on soit obligé de se mêler de cette opération, comme chez les poules. *Voyez* INCUBATION.

Tout porte à croire que, dans les pays intertropicaux, les petits des Pintades vivent exclusivement de larves ou de vers pendant les premiers mois de leur vie; ce qui indique que de la viande hachée, mêlée avec du pain ou des racines cuites, est ce qui leur convient alors le mieux dans nos climats; des vers de terre, des larves d'insectes aquatiques, si abondantes dans les eaux stagnantes, des larves de mouches, prises dans des charognes (*voyez* VERMINIÈRE), des fourmis, des œufs de fourmis, suppléent avantageusement à ces mélanges; cependant, le plus souvent c'est une nourriture complétement végétale, c'est-à-dire, de la mie de pain mêlée avec du persil haché, du chenevis, du millet écrasé, qu'on leur donne. Les cultivateurs soigneux ajoutent cependant quelquefois des œufs cuits durs & écrasés à ces compositions.

Un tems humide & froid est fort dangereux pour les pintadeaux qui viennent de naître; aussi doit-on, dans ce cas, les renfermer dans un endroit sec & chaud, & leur donner, avec la nourriture ci-dessus, un peu de vin chaque jour pour les fortifier.

Un mois après leur naissance on peut, petit à petit, mettre les jeunes Pintades au régime des autres volailles; cependant elles demandent encore des soins particuliers lors de leur mue, qui est un moment de crise fort dangereux pour elles, surtout s'il fait humide & froid. Alors on doit les renfermer de nouveau, & les traiter comme dans leur premier âge.

On peut, en enfermant & isolant les Pintades dans un lieu chaud, & en leur donnant de la nourriture à discrétion, les engraisser très-aisément à trois ou quatre mois (*voyez* ENGRAIS DES VOLAILLES); rarement on les CHAPONNE (*voyez* ce mot). Toutes celles qui ne sont pas réservées pour les reproductions de l'année suivante doivent être mangées dans les six mois qui suivent leur naissance, parce que leur chair devient dure.

C'est, pour la plupart des agriculteurs, encore une question de savoir s'il convient mieux de garder les vieux mâles & les vieilles femelles des oiseaux domestiques, que les jeunes; mais ce n'en est pas une relativement aux Pintades, leurs vieux mâles & leurs vieilles femelles étant si méchans, qu'ils tourmentent les pigeons, les poules, les canards, les oies & même les dindes, au point de les empêcher de remplir l'objet ou les objets pour lesquels on les élève. On doit donc tuer les vieilles aussitôt que leurs petits peuvent se passer d'elles. (*Bosc.*)

PINTADE. On a donné ce nom à la FRETILLAIRE.

PIOCHE. On appelle ainsi un instrument de fer, à lame tranchante, plus ou moins large, fixée à l'extrémité d'un bâton plus ou moins long, qui sert à ouvrir la terre en frappant, & dont l'emploi est très-étendu dans l'agriculture.

Le labour à la Pioche est préférable à celui à la charrue & à celui à la bêche, parce qu'il divise & disperse davantage la terre. C'est surtout dans les terreins rocailleux ou dans ceux qui sont en même tems argileux & secs, qu'il produit les meilleurs effets: tout défoncement, dans ces deux sortes de terreins, ne doit jamais être fait que par son moyen, si on veut qu'il soit bon.

La forme & la grandeur de la Pioche varient sans fin. Chaque pays a son usage à cet égard, usage qu'il croit préférable à celui des pays voisins. Tantôt l'extrémité de la lame est pointue, tantôt elle est seulement plus étroite, tantôt elle est de même largeur, quelquefois même plus large. Ses proportions & son épaisseur varient également. Il en est de même de l'angle qu'elle forme avec le manche, du mode par lequel elle est attachée à ce manche, de la longueur & de la grosseur de ce manche. Les détails dans lesquels je pourrois entrer à cet égard seroient superflus pour la plupart des lecteurs, puisqu'ils n'en seroient pas moins obligés de se servir de la Pioche en usage dans leur canton; & d'ailleurs, je ne suis pas en état de fournir sur toutes les sortes, des détails propres à guider dans leur fabrication.

Il est des Pioches qui n'ont qu'un fer; il en est qui sont doubles. Ces dernières ont tantôt le fer des deux côtés semblable, tantôt l'un est aplati & coupant, & l'autre rond & pointu. Ces dernières s'appellent aussi quelquefois du nom d'un autre instrument dont le fer est unique ou double, & toujours pointu. *Voyez* PIC.

Une Pioche à défricher a le manche court, & le côté opposé à son fer offre une hache propre à couper les racines.

Il est des lieux où on n'appelle *Pioche* que ceux de ces instrumens dont le fer est épais, & qu'il faut une certaine force pour pouvoir manier; ceux dont la lame est mince s'appellent des HOUES. *Voyez* ce mot, où on trouvera tout ce qui peut servir de complément à cet article. (*Bosc.*)

PIONE: altération de PIVOINE.

PIONNIER: synonyme de terrassier, c'est-à-dire, ouvrier qui travaille à la terre avec une pioche, soit à la journée, soit à la tâche, soit à l'entreprise.

PIOT. On appelle ainsi les jeunes dindons dans le département de la Haute-Garonne.

PIPARDE:

PIPARDE : espèce de futaille, employée dans le département de Lot & Garonne.

PIPARE. *Piparea.*

Arbre de Cayenne, dont on ne connoît que les fruits, mais qui paroît devoir constituer un genre.

PIPE : grande futaille, qui contient un muid & demi.

Dans quelques endroits, c'est une mesure de capacité, contenant quarante boisseaux ou six cents livres de blé.

PIQUERIE. *Piqueria.*

Plante vivace du Mexique, qui seule constitue un genre dans la syngénésie polygamie égale.

PIQUET : pieu plus ou moins gros, plus ou moins court, qu'on fiche en terre, soit pour y attacher quelque chose, soit pour prendre des alignemens.

Les meilleurs Piquets, lorsqu'ils sont en bois, car on en fabrique aussi en fer, sont faits avec du cœur de chêne, du châtaignier, de l'acacia ; mais comme souvent ils ne servent que pour peu de tems, on peut les faire avec toutes sortes de bois. *Voyez* PIEU. (*Bosc.*)

PIQUET. Les ceps courbés en arcs pour leur faire porter plus de raisins s'appellent ainsi à Argenteuil. *Voyez* VIGNE.

PIQUET : petite faux employée dans les départemens du nord de la France, pour couper les céréales. *Voyez* FAUX, FAUCILLE & MOISSON.

PIQUETTE, PETIT VIN, REVIN, BUVANDE. Après qu'on a exprimé, par le moyen du pressoir, tout le vin qui se trouve dans le marc des raisins, on émiette ce marc, on le remet dans la cuve, avec assez d'eau pour qu'il en soit couvert : la nouvelle fermentation qu'il y éprouve, fait la boisson indiquée par les mots ci-dessus, boisson qui s'aigrit promptement, mais dont l'usage n'est pas moins général dans les pays de vignobles. (*Bosc.*)

PIQURE. Les animaux domestiques sont exposés à être piqués par des insectes, par des épines, par des instrumens pointus, & parmi eux, les chevaux, principalement par les clous avec lesquels on fixe leurs fers à la sole de leurs pieds.

La Piqûre des abeilles, des guêpes & autres insectes de cette classe excite, lorsqu'elle est isolée, une simple enflure locale, qui disparoît ordinairement au bout de vingt-quatre heures, plus ou moins, selon le lieu où elle a été faite & la grosseur de l'insecte. L'eau fraîche, l'huile, & encore mieux les alcalis affoiblissent la douleur, & ces derniers empêchent même l'enflure ; mais lorsqu'un cheval ou une vache met le pied dans un nid de guêpe, renverse une ruche, les insectes irrités se jetant par centaines, par milliers sur eux, il peut en résulter des accidens graves, & même la mort de l'animal. Dans ce cas, les remèdes ci-dessus doivent être également employés, ensuite la saignée, la diète & tous les moyens débilitans propres à diminuer la force musculaire & par suite l'inflammation.

Il est rare que les piqûres des insectes qui vivent du sang des animaux, tels que TAONS, ASILES, STOMOXES, COUSINS, HYPPOBOSQUES, &c., produisent d'autre mal que leur affoiblissement, résultant, soit de la perte de leur sang, soit de l'inquiétude & du manque de nourriture & de sommeil, qui en sont la suite : les garantir de ces Piqûres, soit par des toiles, des filets, soit par des lotions de décoctions amères, &c., doit être le but des soins des cultivateurs.

Quant à celle de ŒSTRES, *voyez* ce mot.

Les Piqûres que se font les animaux domestiques dans les buissons, contre les planches où se trouvent des clous, &c., sont des plaies simples, qui se guérissent d'elles-mêmes ou qui n'ont besoin que du traitement le moins compliqué. *Voyez* PLAIE.

Il n'en est pas de même de celle que fait, à la sole charnue, le maréchal ignorant ou mal-adroit, en ferrant un cheval, un âne ou un bœuf. Ses suites sont souvent fort graves, puisqu'elles sont non-seulement dans le cas de faire boiter l'animal pendant plusieurs jours, & même plusieurs semaines, mais encore d'obliger à le dessoler, & par conséquent à le rendre impropre à tout travail pendant plusieurs mois. Le cas le plus grave est lorsque le clou se casse dans la chair cannelée.

J'ai indiqué aux mots FERRURE, SOLE, DESSOLEMENT, CHEVAL, les moyens à employer dans ce dernier cas, & je renvoie le lecteur à ces articles.

Quant à la Piqûre simple, elle est quelquefois sans danger quand on ôte le clou sur-le-champ, même après qu'il est resté en place pendant quelques jours ; mais si la suppuration se développe, il est souvent indispensable d'élargir le trou de la sole pour y introduire de la charpie & faciliter la sortie du pus, quelquefois aussi de parer la sole, c'est-à-dire, de l'amincir & même de l'enlever entiérement à l'endroit de la blessure, & ce dans un semblable but. (*Voyez* SUPPURATION.) Cette dernière opération est presque toujours nécessaire lorsque la pointe du clou est restée dans la chair. (*Bosc.*)

PIRATINIER. *Piratinera.*

Arbre de la Guiane, encore imparfaitement observé, & qui paroît devoir former un genre particulier. Il est connu dans le pays sous le nom de *bois-de-lettre.*

On ne le cultive pas en Europe. (*Bosc.*)

PIRIGUARE. *Gustavia.*

Genre de plante de la monandrie & de la famille des *Malvacées*, dans lequel se rangent deux espèces d'un superbe aspect quand elles sont en fleurs, mais dont aucune n'est cultivée dans les jardins en Europe. Il est figuré pl. 592 des *Illustrations des genres* de Lamarck.

Espèces.

1. Le PIRIGUARE à quatre pétales.

Gustavia augusta. Linn. ♄ De l'Amérique méridionale.

2. Le PIRIGUARE à six pétales.

Gustavia fastuosa. Willd. ♄ De Cayenne.

(*Bosc.*)

PIRIQUETTE : synonyme de TURNÈRE.

PISANY : nom malais de la BANANE.

PISCIDELLE : espèce du genre LINDERNIE. *Voyez* ce mot.

PISÉ ou PISAI. On donne ce nom, aux environs de Lyon, à de la terre battue entre deux planches, au moyen de laquelle on bâtit, avec une extrême économie, des murs & même des maisons entières, qui subsistent plusieurs siècles.

J'ai vu à différentes fois travailler à piser dans les environs de Lyon, & j'ai toujours admiré la rapidité de cette opération, & toujours été étonné de la solidité & de l'élégance des constructions qui en résultoient, lorsqu'elles avoient été bien conduites ; aussi fais-je des vœux pour voir substituer le Pisé au BOUSIN, au TORCHIS & autres matériaux qui forment les murs de tant de maisons de cultivateurs aisés, murs qui annoncent, par leur délâbrement, & l'ignorance & la misère.

Je n'entreprendrai pas ici de faire un Traité sur le Pisé, cela regardant le *Dictionnaire d'Architecture ;* mais les avantages dont il peut être dans beaucoup de cantons, qui ne le connoissent pas, m'engage à décrire quelques-unes des opérations auxquelles il donne lieu.

Toute terre qui n'est pas purement argileuse ou purement sabloneuse est propre au Pisé ; cependant la meilleure est la terre franche, c'est-à-dire, celle qui contient de l'argile, du sable & du terreau par portions égales : on la reconnoît en ce qu'elle se prend en masse dans la main, sans adhérer aux doigts. On doit cependant encore éviter les marnes des couches inférieures, qui se délitent par la gelée ; mais lorsqu'elles sont mélangées avec la terre végétale, elles n'ont plus cet inconvénient. En principe général, c'est toujours à très-peu de profondeur, un pied, par exemple, qu'il faut prendre la terre pour cet objet ; mais il faut rejeter les racines & les feuilles des plantes, parce qu'en pourrissant elles laissent des vides nuisibles, ainsi que les cailloux un peu gros, & en général tous les corps étrangers. On doit aussi rejeter celle qui est trop mouillée, comme celle qui est trop sèche.

La terre choisie, & le choix, pour être bon, doit être fait par un ouvrier habile, il s'agit de la diviser le plus possible, d'en mélanger également toutes les parties ; car c'est de l'égalité de l'ensemble, que résulte la perfection de la construction à laquelle elle doit servir.

Le moule dans lequel on place la terre à piser est composé de quatre planches de sapin ; savoir : deux ordinairement de neuf pieds de long sur deux pieds & demi de large (comme on n'a pas facilement des planches de cette largeur, on en assemble deux ou trois ensemble, au moyen de trois traverses solidement clouées en dehors), & deux de même largeur, & de la longueur de l'épaisseur qu'on veut donner au mur, épaisseur qui diminue de quelques lignes à chaque assise ; ce qui oblige de rétrécir ces petites planches. Les pièces de ce moule s'assemblent en forme de caisse parallélipipède sans fond, par le moyen de deux cadres, dont la partie supérieure est liée avec une corde qu'on serre plus ou moins, au moyen d'un petit bâton.

On appelle *Pison* un morceau de bois de chêne de neuf à dix pouces de longueur, & de quatre pouces d'équarrissage, renflé en son milieu, surmonté d'un manche de trois pieds & demi de long. Il sert à battre la terre lorsqu'elle est placée dans le moule.

A chaque moule sont attachés six ouvriers, trois batteurs, deux porteurs & un tireur de terre. C'est de préférence dans une corbeille que l'on porte la terre.

L'époque la plus favorable à la construction du Pisé est depuis la fin de mars jusqu'au commencement d'août, les jours de pluie & les tems trop secs seuls exceptés.

Un constant état de sécheresse dans l'intérieur étant la condition la plus essentielle à la conservation d'un mur en Pisé, on ne peut le fonder dans la terre ; il est donc de toute nécessité de l'établir sur un mur, ou en pierre, ou en briques, ou au moins en cailloutages liés avec de la chaux, mur qui sera élevé de deux ou trois pieds au-dessus du sol.

C'est sur ces murs qu'on place le moule ou les moules, car souvent pour aller plus vîte, on travaille en divers endroits à la fois, après quoi on y verse une corbeillée de terre que l'on bat de suite dans tous les sens, puis on en apporte une autre, qu'on bat de même, & ainsi de suite jusqu'à ce que tout le moule soit rempli.

Battre la terre n'est pas une opération qu'on puisse apprendre à bien faire en quelques heures ; elle est assujettie à des règles fort minutieuses, mais essentielles à sa réussite ; aussi les piseurs sont-ils les plus intelligens des ouvriers, & se paient-ils plus cher que les porteurs & les tireurs de terre. La terre est suffisamment pisée lorsque le pison ne marque presque plus sur elle.

Lorsque le moule est rempli, on le démonte pour le transporter immédiatement plus loin, à droite ou à gauche, & recommencer l'opération, excepté qu'alors une des petites planches du moule, celle qui est du côté de la portion finie, devient inutile, cette portion devant être liée à celle qu'on se propose de fabriquer dans ce moule.

Les *banchées*, c'est ainsi qu'on appelle la portion du mur faite par chaque opération, se continuent ainsi dans toute la longueur du mur ou le pourtour de la maison; après quoi, lorsque cette première assise est suffisamment sèche pour en supporter une seconde, on élève cette seconde positivement comme la première, en ayant attention que les banchées soient plus étroites & recouvrent les intervalles de celles de la première, & ainsi de suite jusqu'à la fin.

Lorsque la pluie est à craindre, les ouvriers, en quittant leur ouvrage, doivent le couvrir de planches ou de larges tuiles pour l'empêcher d'être mouillé, car elle pourroit y produire une dégradation, ou au moins retarder le travail du lendemain. Je le répète, la perfection de ce travail tient à une juste proportion d'humidité.

On fait des banchées à extrémités perpendiculaires & des banchées à extrémités obliques. Ces dernières sont bien plus solides, mais un peu plus longues & plus difficiles à construire.

A chaque assise, il reste par banchée quatre trous qui traversent le mur: ils ont été formés par la partie inférieure des cadres qui lioient les deux grandes planches aux deux petites, & servoient à introduire successivement les perches, sur lesquelles s'établit le double échafaud nécessaire aux ouvriers pour élever les assises qui sont hors de la portée de leur main.

Ces trous, contribuant à accélérer la dessiccation des murs, ne se bouchent ordinairement qu'un an après que la construction est complétement achevée.

C'est dans quelques-uns de ces trous, qu'alors on élargit, que se placent les solives destinées à supporter les planchers.

Lorsqu'on doit construire les angles d'une maison, on serre le moule avec deux sergens de fer (instrument bien connu des menuisiers), à l'extrémité qui ne porte contre rien, & on place les assises alternativement d'un côté & de l'autre de cet angle.

Lorsqu'on doit construire un mur qui se lie perpendiculairement à un autre, on a un moule particulier, composé de deux, c'est-à-dire, qu'un côté de l'un offre une ouverture dans laquelle entre l'extrémité de l'autre. Ce moule représente un T.

Les portes & les fenêtres s'établissent dans des cadres de planches de même largeur que le mur, cadres dont la partie supérieure est toujours, & les trois autres le plus souvent, destinée à rester en place.

La charpente du toit d'une maison bâtie en Pisé se place sur des planches qui recouvrent la dernière assise des banchées, mais d'ailleurs ne diffère que par plus de légéreté de celle des maisons construites en pierres.

Les cheminées se bâtissent contre les murs en Pisé, positivement comme contre les murs en plâtre.

L'intérieur des appartemens peut être décoré également de la même manière, en bois ou en stuc.

Un mur de Pisé doit toujours être recouvert d'un chaperon en tuiles ou en chaume, pour empêcher les eaux pluviales de le dégrader. Il peut subsister sans être recrépi, mais ce recrépissage lui assure une bien plus grande durée, & on ne doit pas le lui refuser lorsque la chaux n'est pas excessivement chère. Il se donne lorsque le mur est parfaitement sec, c'est-à-dire, au milieu de l'été de la seconde année de sa construction. On peut l'appliquer avec la truelle; mais il vaut beaucoup mieux, relativement à sa durée, se servir d'un balai, dans lequel cas la chaux mêlée au sable doit être bien plus liquide. Cette dernière manière a encore pour elle d'être plus économique.

Il est des maisons de luxe bâties en Pisé, dont les angles & le tour des portes & des fenêtres sont en pierres de taille. Ce sont ces maisons, principalement lorsqu'elles sont recrépies de nouveau quand elles en ont besoin, qui durent si long-tems. J'en ai habité une qui avoit plus de cent cinquante ans d'existence constatée, & qui étoit encore aussi bonne que lorsqu'elle étoit sortie des mains de l'ouvrier.

Quelquefois les maisons de Pisé, construites avec négligence ou avec de la mauvaise terre, s'écroulent par portions considérables. Pour éviter ce grave inconvénient, il est des personnes qui introduisent, pendant leur construction, plusieurs longues perches ou plusieurs longues planches étroites dans l'épaisseur des murs, ce qui les soutient fort bien; mais les ouvriers se refusent souvent, par amour-propre, à employer ce moyen de sécurité, qui a, au reste, l'inconvénient de gêner le pisage. Ces perches & encore mieux ces planches, étant hors des atteintes des insectes destructeurs & de l'humidité, se conservent des siècles en bon état, comme j'en ai acquis personnellement la preuve.

Il est d'autres personnes qui font entrer dans la construction de leurs murs de Pisé, ou des planches couchées en long, & dont les bords saillent un peu, ou des tuiles, ou des briques, ou des assises de pierres de taille. Toutes ces modifications ont des avantages & des inconvéniens, & augmentent la dépense, qui doit être la moindre possible dans ce genre de bâtisse.

Les murs en Pisé sont très-avantageux pour la culture des arbres fruitiers en espalier, en ce que, comme dans ceux en plâtre, on peut effectuer à la LOQUE (*voyez* ce mot) le palissage de ces espaliers, & en ce que la couleur brune, qu'ils offrent le plus ordinairement, absorbe les rayons du soleil, & réfléchit leur chaleur sur les fruits pour hâter leur maturité.

Lorsqu'on démolit un mur ou une maison en Pisé, la terre qui y étoit entrée est reportée sur les champs, dont elle augmente considérablement la fertilité, tant parce que l'humus qu'elle contenoit est devenu presque tout soluble, que parce que les sels muriatiques & nitreux qui s'y sont formés, attirent & conservent l'humidité, & stimulent la végétation. Sous ce seul rapport on devroit, dans beaucoup de lieux, comme on le fait dans quelques parties de l'Angleterre, construire les murs des étables, des écuries & des bergeries en Pisé, bien assuré que leur démolition, au bout de quelques années, paieroit les frais de leur élévation. (*Bosc.*)

PISON : synonyme d'OISON. *Voyez* OIE.

PISONE. *Pisonia.*

Genre de plante de l'heptandrie monogynie & de la famille des *Nyctages*, renfermant huit espèces, dont quatre se cultivent dans nos serres. Il est figuré pl. 861 des *Illustrations des genres* de Lamarck.

Espèces.

1. La PISONE épineuse.
Pisonia spinosa. Linn. ♄ De l'Amérique méridionale.

2. La PISONE non épineuse.
Pisonia inermis. Linn. ♄ De l'Amérique méridionale.

3. La PISONE à fruits velus.
Pisonia villosa. Lam. ♄ Des Indes.

4. La PISONE à feuilles en cœur.
Pisonia subovata. Swartz. ♄ De l'île Saint-Christophe.

5. La PISONE à fruits écarlates.
Pisonia coccinea. Swartz. ♄ De l'Amérique méridionale.

6. La PISONE douce.
Pisonia mitis. Willd. ♄ Des Indes.

7. La PISONE luisante.
Pisonia nitida. Dum. Cours. ♄ De l'Amérique méridionale.

8. La PISONE odorante.
Pisonia fragrans. Dum. Cours. ♄ De l'Amérique méridionale.

Culture.

Les deux premières & les deux dernières de ces espèces sont celles qui se cultivent dans nos jardins, mais la première plus que les autres. Il leur faut une terre substantielle, à demi consistante, qu'on renouvelle en partie tous les ans. Elles demandent un degré de chaleur constamment élevé, & par conséquent des arrosemens modérés en tout tems; cependant elles se plaisent mieux à l'air, que renfermées pendant les quatre mois de l'été. On les multiplie de graines tirées de leur pays natal, car elles n'en donnent point dans nos climats, & de boutures faites au printems, dans des pots sur couche & sous châssis. Ces boutures s'enracinent difficilement; mais, avec des soins, elles réussissent presque toujours. (*Bosc.*)

PISSEMENT DE SANG : écoulement de sang par les voies urinaires, qui vient ou des reins ou de la vessie.

Dans le premier cas, le sang est rouge, abondant, & sort sans douleur.

Dans le second, il est noir, en petite quantité, & cause beaucoup de mal en sortant.

Des chutes, des coups, des efforts, causent la première sorte de Pissement de sang; des ulcères, des pierres, des remèdes trop irritans, sont le plus souvent l'origine de celui de la seconde sorte. *Voyez* MAL DE BROU.

Lorsque le Pissement de sang n'est pas accompagné de fièvre, il est rarement mortel; alors il se guérit même assez facilement par le repos, la diète & des boissons rafraîchissantes; s'il est dû à une pierre, il se guérit par l'opération. *Voyez* PIERRE ou CALCUL.

Le Pissement de sang est surtout dangereux quand il est accompagné de matières purulentes, c'est-à-dire, quand il est la suite d'un ulcère. Dans cette circonstance, il faut le traiter par les adoucissans ou les émolliens, bien assuré que le symptôme cessera avec la cause. *Voyez* ULCÈRE.

Il est aussi des cas où le Pissement de sang est le symptôme d'une maladie de mauvais caractère, comme d'une péripneumonie maligne; alors il se traite par les antiputrides, principalement par le quinquina. *Voyez* PÉRIPNEUMONIE.

Une pléthore, quelle que soit sa cause, occasionne souvent le Pissement de sang; alors la saignée est indiquée, ainsi que la diète & les rafraîchissans.

Quelques animaux sont sujets à des Pissemens de sang périodiques, presque toujours causés par la foiblesse de leur organisation. Un travail plus modéré, des alimens plus nourrissans ou plus fortifians en rendent plus rares ou moins durables les accès. (*Bosc.*)

PISSENLIT : espèce de LIONDENT. *Voyez* ce mot.

PISSE-SANG : nom vulgaire de la FUMETERRE dans quelques cantons.

PISTACHE DE TERRE. *Voyez* ARACHIDE.

PISTACHIER. *Pistacia.*

Genre de plante de la dioécie & de la famille des *Térébinthacées*, qui renferme plusieurs arbres qu'on cultive en pleine terre dans les parties méridionales de la France, & qui par conséquent est dans le cas d'être traité dans le *Dictionnaire des Arbres & Arbustes.* (Bosc.)

PISTACHIER FAUX. C'est le STAPHYLIER.

PISTIE. *Pistia.*

Plante qui étend ses feuilles à la surface des eaux dans les contrées chaudes des deux hémisphères, & qui seule constitue un genre dans l'octandrie monogynie & dans la famille des *Morènes.*

Cette plante, dont les racines ne s'enfoncent pas en terre, ne paroît pas pouvoir jamais être cultivée en Europe; ainsi je n'ai rien à en dire. (Bosc.)

PISTIL : nom de l'ensemble de l'organe femelle de la génération dans les plantes; il est composé du germe, partie basse; du style, partie moyenne, & du stigmate, partie supérieure. La partie moyenne peut manquer & manque même souvent. *Voyez* les *Dictionnaires de Botanique & de Physiologie végétale.*

Le Pistil ne peut être considéré par les cultivateurs que relativement à ses fonctions, mais rarement il leur est permis de réparer ses vices de conformation, de s'opposer aux effets de la gelée, de l'excès de la sécheresse, de l'excès de l'humidité sur lui. Il devient noir lorsqu'il a été gelé; ainsi cette couleur ôte toute espérance de fruit. *Voyez* FÉCONDATION, OVAIRE & STIGMATE. (Bosc.)

PITCAIRNE. *Pitcairnia.*

Genre de plante de l'hexandrie monogynie & de la famille des *Broméloïdes*, dans lequel se trouvent réunies dix espèces, dont trois se cultivent dans nos jardins. Il est figuré pl. 224 des *Illustrations des genres* de Lamarck.

Espèces.

1. La PITCAIRNE à feuilles d'ananas.
Pitcairnia bromeliæfolia. Ait. ♃ De la Jamaïque.

2. La PITCAIRNE à feuilles aiguës.
Pitcairnia angustifolia. Ait. ♃ De l'île Sainte-Croix.

3. La PITCAIRNE à larges feuilles.
Pitcairnia latifolia. Ait. ♃ De l'Amérique méridionale.

4. La PITCAIRNE lanugineuse.
Pitcairnia lanuginosa. Ruiz & Pav. ♃ Du Pérou.

5. La PITCAIRNE pulvérulente.
Pitcairnia pulverulenta. Ruiz & Pav. ♃ Du Pérou.

6. La PITCAIRNE paniculée.
Pitcairnia paniculata. Ruiz & Pav. ♃ Du Pérou.

7. La PITCAIRNE ferrugineuse.
Pitcairnia ferruginea. Ruiz & Pav. ♃ Du Pérou.

8. La PITCAIRNE cristalline.
Pitcairnia cristallina. Ruiz & Pav. ♃ Du Pérou.

9. La PITCAIRNE pyramidale.
Pitcairnia pyramidalis. Ruiz & Pav. ♃ Du Pérou.

10. La PITCAIRNE à fleurs ramassées.
Pitcairnia coarctata. Ruiz & Pav. ♃ Du Pérou.

Culture.

Les trois premières espèces sont celles que nous possédons dans nos jardins. Ce sont des plantes d'un bel aspect quand elles sont en fleurs, mais d'ailleurs fort peu différentes des ananas, & qui demanderoient positivement la même culture si on vouloit en obtenir du fruit; elles se tiennent dans la serre chaude pendant au moins la moitié de l'année : une bonne terre de consistance moyenne, qu'on renouvelle en partie tous les ans, est celle dans laquelle elles prospèrent le mieux. On les arrose avec modération pendant l'hiver, mais fort abondamment lorsqu'elles sont dans toute la force de leur végétation; leur multiplication a presqu'exclusivement lieu par les œilletons, qui sortent annuellement du collet de leurs racines, œilletons qu'on met dans un pot, sur une couche à châssis, & qui reprennent plus ou moins promptement, selon qu'ils ont de meilleures racines & qu'ils sont mieux conduits. Les deux dernières espèces sont plus difficiles à faire reprendre que la première, qui en conséquence est la plus commune. *Voyez*, pour le surplus, au mot ANANAS. (Bosc.)

PITE ou PITTE : nom vulgaire de l'AGAVE FÉTIDE. *Voyez* ce mot.

M. Humboldt nous a appris qu'au Mexique on tire de cette plante une liqueur mielleuse, avec laquelle on fabrique une liqueur vineuse, dont l'usage est fort étendu, & qui donne de grands revenus aux cultivateurs.

Là, les pieds du Pitte d'Amérique sont plantés par rangées, à quinze décimètres les uns des autres; ils ne commencent à donner du suc, appelé *miel* à cause de sa saveur sucrée, que lorsque leur hampe commence à se développer. A cette époque, on coupe le faisceau de feuilles centrales, on creuse un peu le collet des racines, on élargit insensiblement la plaie, & on la couvre avec les feuilles inférieures, qu'on lie ensemble par leurs extrémités. Cette plaie est une véritable source végétale, qui coule pendant deux ou trois mois, & dans laquelle on puise deux à trois fois par jour. Communément chaque pied donne chaque jour quatre décimètres cubes de ce suc, & quelquefois six à huit, produit énorme, si on considère le peu de volume de la plante & l'aridité du terrein où elle est placée. Le pied périt après cet écoulement, comme il auroit péri s'il eût fleuri & fructifié; mais il naît à son collet une infinité de drageons, qui perpétuent l'espèce. Un arpent renferme douze à treize cents pieds; dans un bon terrein, ils entrent en partie en rapport au bout de cinq ans, mais dans un mauvais il leur faut quinze à dix-huit ans, de forte qu'il n'y a que les riches qui puiffent fe livrer en grand à leur culture.

Le fuc de Pitte d'Amérique eft aigre-doux; il fermente facilement. La liqueur vineufe qui en réfulte, reffemble au cidre, & a, dans certains cantons, une odeur de viande pourrie fort défagréable, mais à laquelle on s'habitue facilement. On en retire par la diftillation une eau-de-vie très-enivrante.

PITOMBIER : arbriffeau de Cayenne, qui appartient au genre ANAVINGUE, ou au genre CESAIRE, & que nous ne cultivons pas en Europe.

PITTONE. *TOURNEFORTIA.*

Genre de plante de la pentandrie monogynie & de la famille des *Borraginées*, dans lequel fe rangent vingt-fept efpèces, dont plufieurs fe cultivent dans nos orangeries. Il eft figuré pl. 95 des *Illuftrations des genres* de Lamarck.

Efpèces.

1. La PITTONE velue.
Tournefortia hirfutiffima. Linn. ♄ De l'Amérique méridionale.

2. La PITTONE à grandes feuilles.
Tournefortia macrophylla. Lam. ♄ De l'Amérique méridionale.

3. La PITTONE à feuilles liffes.
Tournefortia lævigata. Lam. ♄ De la Martinique.

4. La PITTONE tachetée.
Tournefortia maculata. Lam. ♄ De l'Amérique méridionale.

5. La PITTONE farmenteufe.
Tournefortia farmentofa. Lam. ♄ De l'Ifle-de-France.

6. La PITTONE du Bréfil.
Tournefortia brafilienfis. Lam. ♄ Du Bréfil.

7. La PITTONE arborefcente.
Tournefortia arborefcens. Lam. ♄ Des Indes.

8. La PITTONE argentée, vulgairement *le veloutier*.
Pittonia argentea. Lam. ♄ De l'Ifle-de-France.

9. La PITTONE blanchâtre.
Tournefortia incana. Lam. ♄ De l'Amérique méridionale.

10. La PITTONE volubile.
Tournefortia volubilis. Linn. ♄ De l'Amérique méridionale.

11. La PITTONE à feuilles foyeufes.
Tournefortia fericea. Vahl. ♄ De l'Amérique méridionale.

12. La PITTONE tomenteufe.
Tournefortia tomentofa. Mill. ♄ De l'Amérique méridionale.

13. La PITTONE ferrugineufe.
Tournefortia ferruginea. Lam. ♄ De Saint-Domingue.

14. La PITTONE fcabre.
Tournefortia fcabra. Lam. ♄ De Saint-Domingue.

15. La PITTONE à feuilles de bugloffe.
Tournefortia humilis. Linn. ♄ De l'Amérique méridionale.

16. La PITTONE bifide.
Tournefortia bifida. Lam. ♄ De l'Ifle-de-France.

17. La PITTONE à feuilles de lilas.
Tournefortia fyringæfolia. Vahl. ♄ De Cayenne.

18. La PITTONE grimpante.
Tournefortia fcandens. Mill. ♄ De la Jamaïque.

19. La PITTONE à feuilles feffiles.
Tournefortia feffiliflora. Lam. ♄ De l'Amérique méridionale.

20. La PITTONE à feuilles charnues.
Tournefortia carnofa. Mil. ♄ De l'Amérique méridionale.

21. La PITTONE à plufieurs épis.
Tournefortia polyftachia. Ruiz & Pav. ♄ Du Pérou.

22. La PITTONE ondulée.
Tournefortia undulata. Ruiz & Pav. ♄ Du Pérou.

23. La PITTONE à longues feuilles.
Tournefortia longifolia. Ruiz & Pav. ♄ Du Pérou.

24. La PITTONE à feuilles aiguës.
Tournefortia anguftifolia. Ruiz & Pav. ♄ Du Pérou.

25. La PITTONE grêle.
Tournefortia virgata. Ruiz & Pav. ♄ Du Pérou.

26. La PITTONE changeante.
Tournefortia mutabilis. Vent. ♄ De la Jamaïque.

27. La PITTONE à feuilles de laurier.
Tournefortia laurifolia. Vent. ♄ De Java.

Culture.

On cultive dix de ces efpèces dans les ferres de nos écoles de botanique; favoir : celles des n°s. 1, 2, 3, 7, 9, 10, 14, 25, 26 & 27. Aucune n'a d'agrément; ce qui les exclut de la plupart des collections des amateurs. Une terre à demi confiftante & renouvelée en partie tous les ans eft celle qu'elles réclament; des arrofemens modérés en hiver empêchent la chanciffure de leurs feuilles, que le plus petit excès d'humidité fait naître. Leur multiplication a lieu par le femis des graines tirées de leur pays natal, car je ne fache pas qu'elles en donnent à Paris, femis qui s'exécute dans des pots fur couche & fous châffis. Les pieds arrivés à deux ou trois ans d'âge peuvent enfuite être reproduits par marcottes & par boutures, ces dernières faites fur couche & fous châffis. (*Bosc.*)

PITTOSPORE. *Pittosporum.*

Genre de plante de la pentandrie monogynie & de la famille des *Nerpruns*, qui rassemble cinq espèces, cultivées dans nos orangeries. Il est figuré pl. 143 des *Illustrations des genres* de Lamarck.

Espèces.

1. Le Pittospore ondulé.
Pittosporum undulatum. Ait. ♄ Des Canaries.
2. Le Pittospore coriace.
Pittosporum coriaceum. Vahl. ♄ Des Canaries.
3. Le Pittospore pubescent.
Pittosporum pubescens. Ait. ♄ Des Canaries.
4. Le Pittospore à feuilles recourbées.
Pittosporum revolutum. Ait. ♄ Des Canaries.
5. Le Pittospore de la Chine.
Pittosporum chinense. Ait. ♄ De la Chine.

Culture.

Les deux premières espèces sont celles qui se voient le plus fréquemment dans nos jardins; leurs fleurs paroissent à deux ou trois époques de l'année, & ont une odeur sauve, approchant de celle du muguet. Leurs feuilles sont persistantes & d'un beau vert.

Ces deux arbustes demandent une terre à demi consistante, qu'on renouvelle en partie tous les ans. On les multiplie de graines tirées de leur pays natal, car celles qui naissent dans nos orangeries ne sont pas fertiles, & plus communément de marcottes, qui ne prennent ordinairement racines que la seconde année, & après avoir été incisées. Du reste, ils ne sont point délicats. (*Bosc.*)

PITUITAIRE. C'est la Dauphinelle staphysaigre.

PIVETTE. On appelle ainsi la nouvelle herbe dans le département des Deux-Sèvres. *Voyez* Prairie & Paturage.

PIVOINE. *Pæonia.*

Genre de plante de la polyandrie digynie & de la famille des *Renonculacées*, dans lequel se trouvent réunies neuf espèces, toutes d'un très-bel aspect, & dont une est depuis plusieurs siècles employée à l'ornement des jardins. Il est figuré pl. 481 des *Illustrations des genres* de Lamarck.

Espèces.

1. La Pivoine officinale, vulgairement *la pivoine femelle* ou *pione*.
Pæonia officinalis. Linn. ♃ Du midi de l'Europe.
2. La Pivoine mâle.
Pæonia corallina. ♃ Du midi de l'Europe.
3. La Pivoine à fleurs blanches.
Pæonia albiflora. Pall. ♃ De la Sibérie.
4. La Pivoine velue.
Pæonia humilis. Retz. ♃ De l'Espagne.
5. La Pivoine anomale.
Pæonia anomala. Linn. ♃ De la Sibérie.
6. La Pivoine laciniée.
Pæonia laciniata. Willd. ♃ de la Sibérie.
7. La Pivoine lobée.
Pæonia lobata. Desf. ♃ De....
8. La Pivoine à feuilles menues.
Pæonia tenuifolia. Linn. ♃ De la Sibérie.
9. La Pivoine en arbre.
Pæonia fruticosa. Vent. ♄ De la Chine.

Culture.

La première espèce est la plus cultivée, & elle mérite cette préférence par la grandeur de ses fleurs; elle offre des variétés doubles dans toutes les nuances, depuis le rouge le plus foncé jusqu'au blanc. Celle des variétés qui est la plus vive en couleur, est la plus recherchée, & en conséquence la plus commune, quoique la rose soit la plus agréable à l'œil. On la place dans les parterres & dans les jardins paysagers, & partout elle produit les effets qu'on en attend. Au midi ses fleurs sont plus colorées, au nord elles sont plus grosses & plus durables. Il est fâcheux que la grosseur de ses tiges & le poids de ses fleurs ne soient pas mieux proportionnés, car ces dernières sont abattues lorsqu'elles n'ont pas de tuteur, pour peu qu'elles soient atteintes par un grand vent ou une pluie d'orage, & un tuteur est toujours désagréable à la vue. Toutes les natures de terre & toutes les sortes d'expositions lui sont bonnes; cependant elle prospère mieux dans celles qui sont légères & chaudes. On la multiplie de graines, dont les doubles même donnent quelquefois, & plus communément par le déchirement des vieux pieds. Ses graines se sèment, aussitôt qu'elles sont récoltées, dans une plate-bande à l'exposition du levant. On sarcle & on arrose, dans le besoin, le plant qui en est provenu. L'année suivante on le repique dans une autre place, à la distance d'un pied, pour, un an après, c'est-à-dire, quand il a déjà montré quelques fleurs, le mettre définitivement en place. Il ne jouit de tous ses avantages qu'à la quatrième & même à la cinquième année.

Cette longue attente fait qu'on emploie de préférence, pour la multiplier, le déchirement des vieux pieds, déchirement qui est sans nul inconvénient s'il est fait convenablement en automne, & dont les résultats sont des pieds qui fleurissent le plus souvent l'année suivante : si on l'exécutoit au printems, on n'auroit pas cet avantage, à raison de la précocité de la végétation de la Pivoine. On doit d'ailleurs ne la pas laisser plus de cinq à six ans dans la même place, car elle épuise considérablement le sol.

La culture de la Pivoine se borne à un labour d'hiver & à deux binages d'été : on coupe ses tiges & même ses feuilles après la floraison.

La Pivoine mâle ne double jamais, & ses couleurs varient peu; mais quelqu'inférieure qu'elle soit à la précédente, elle ne tient pas moins sa place dans les jardins, parce que ses capsules s'ouvrent long-tems avant la maturité des graines, & que ces graines, d'un rouge-vif de corail, se font remarquer avec intérêt des promeneurs : on la multiplie comme la précédente.

Les Pivoines à fleurs blanches, anomale & laciniée, ne se voient que dans les jardins de botanique; leur culture ne diffère pas de celle que je viens d'indiquer.

Il en est encore de même de la Pivoine à feuilles menues, qui se rend recommmandable par son élégance, & qui, quoiqu'ayant des fleurs plus petites que celles de la première, lui seroit préférable, parce que ses tiges ne se couchent pas, si elle fleurissoit plus souvent & plus abondamment. On commence à la voir dans beaucoup de jardins.

La Pivoine en arbre n'est cultivée en Europe que depuis un petit nombre d'années; elle est encore très-rare dans les jardins des environs de Paris. C'est une espèce fréquemment peinte sur les papiers de la Chine; mais, si j'en juge par le pied que j'ai vu en fleurs à la Malmaison, elle est inférieure à la première sous tous les rapports, excepté sa nature arborescente. Elle exige, à ce qu'il paroît, la serre tempérée dans le climat de Paris. On la multiplie de graines, dont elle a déjà donné deux ou trois fois; de marcottes, qui réussissent toujours, & de boutures, qui manquent rarement quand on les fait dans des pots sur couche & sous châssis. (*Bosc.*)

PIVOINE-RENONCULE. *Voyez* RENONCULE.

PIVOT : portion de la racine qui est la continuation de la tige, & qui s'enfonce perpendiculairement en terre. *Voyez* RACINE, RADICULE & GERMINATION.

Presque toutes les plantes ont un Pivot dans leur jeunesse; il en est chez qui il disparoît sans inconvénient par suite du plus rapide développement des racines latérales; il en est d'autres chez qui il est identique à la nature même de la plante.

L'utilité principale du Pivot, c'est d'aller chercher l'humidité & la nourriture dans la couche inférieure du sol. Relativement aux grands arbres, outre cet avantage, il a celui de les assurer contre les efforts des vents, qui pourroient les renverser.

Parmi les plantes herbacées cultivées en Europe, celles où le Pivot est le plus prononcé, sont la carotte, le panais, la rave, la scorsonère, le salsifis, le radis, &c.; parmi les arbres également cultivés, ceux qui l'ont le plus long, sont le chêne, le noyer & l'amandier. Le Pivot de ces trois arbres acquiert souvent, la première année de la germination de leurs graines, une longueur décuple de celle de la tige, & il n'est garni de fibrilles qu'à son extrémité; ce qui fait que lorsqu'on le coupe, en le transplantant, la reprise manque souvent, & c'est ce qui engage à pincer l'extrémité de la radicule de leurs graines germées, pour empêcher la formation de ce Pivot. *Voyez* TRANSPLANTATION, GERMOIR & PINCEMENT.

Il est assez rare qu'un Pivot coupé se reproduise, mais il est commun que deux, trois, ou quatre des racines latérales le remplacent, en s'enfonçant perpendiculairement; cependant le plus souvent les racines continuent à pousser dans leur première direction, c'est-à-dire, presque parallélement à la surface du sol, & c'est ce qu'on cherche.

La question de savoir s'il falloit laisser ou retrancher le Pivot aux grands arbres, comme le chêne, & aux arbres fruitiers, comme l'amandier, le prunier, le cerisier, &c., a donné lieu à de grandes discussions parmi les écrivains de la fin du dernier siècle.

Ceux qui vouloient que le Pivot fût toujours conservé, observoient avec raison, 1°. que les arbres qui en étoient dépourvus, étoient fréquemment renversés par les vents, &, à égalité de nature de terre, profitoient moins : les chênes, les noyers, les poiriers & les pommiers à cidre sont principalement dans ce cas; 2°. que plusieurs d'entr'eux poussoient annuellement une plus grande quantité de rejetons, qui s'opposoient à leur accroissement & à la production de leurs fruits, comme on le voit si souvent dans les pruniers & les cerisiers; 3°. que les racines latérales, s'étendant alors outre mesure, nuisoient aux cultures voisines, & l'orme des routes étoit spécialement cité.

Ceux qui vouloient que le Pivot fût constamment retranché, disoient avec fondement, & la pratique des pépinières le confirme, 1°. que les arbres qui en étoient pourvus ne pouvoient pas, comme je l'ai déjà fait remarquer, être transplantés avec espoir de succès & sans de très-grandes dépenses de remuement de terre; 2°. que les racines latérales, serpentant dans la couche supérieure du sol, y trouvoient plus de nourriture, y ressentoient davantage les influences de la chaleur solaire & des gaz atmosphériques.

Les avantages & les inconvéniens de la conservation ou de la suppression du Pivot sont donc à peu près égaux quand on les considère d'une manière générale, dans la culture des pépinières; mais dans les grandes plantations, & pour certains arbres, il n'en est plus de même. Ainsi l'utilité du Pivot est si évidente pour le chêne, qui doit vivre plusieurs siècles & acquérir une vaste cime, qu'il faut toujours semer les glands en place, lorsqu'on veut en former des forêts ou des avenues; ainsi il est également bon de semer de même les noix destinées à produire des arbres isolés, ou en avenue;

ainsi on doit planter, autant que possible, avec leur Pivot les ormes, les frênes, les poiriers, les pommiers, les pruniers & autres arbres en avenue ou en haie.

Mais l'économie de la main-d'œuvre & la plus grande certitude de la reprise obligent à supprimer le Pivot à tous les arbres d'agrément, destinés à former les massifs des jardins; à tous les arbres fruitiers qui doivent exister moins d'un siècle, & dont on veut obtenir en même tems, & beaucoup de fruits, & de beaux fruits, & des fruits d'une maturité précoce, le prunier & le cerisier seuls exceptés.

J'ai déjà parlé du PINCEMENT de la radicule des grosses graines germées, comme d'un moyen très-fréquemment employé dans les pépinières pour avoir des arbres privés de Pivot & pourvus, pour me servir du terme technique, d'un bel *empatement de racines.* Lorsque cette opération n'a pas eu lieu, & elle ne peut avoir lieu lorsque les graines sont petites, on est forcé de couper le Pivot du plant lors de sa première transplantation, opération qui s'exécute l'hiver qui suit le semis des graines, pour l'amandier & l'orme, & à deux & quelquefois à trois ans pour celui des autres arbres : c'est ce qu'on appelle HABILLER LE PLANT. *Voyez* ce mot.

Quelquefois, surtout lorsque le plant est en rangées, on coupe le Pivot du plant entre deux terres avec une bêche ou un grand couteau, & on laisse le plant en place une année au plus.

A raison des dangers de la suppression du Pivot dans le plant du chêne, on a cherché des moyens de l'éviter; pour cela on le sème, ou dans des terrines de six pouces de profondeur, ou dans des planches pavées de tuiles ou de carreaux, à la même profondeur, ou dans des sols où la roche est presque superficielle. Dans tous les cas, le Pivot ne pouvant s'alonger, se change en racine latérale, bien pourvue de chevelu, & par conséquent la reprise du plant est très-assurée à la transplantation.

Tout ce que je pourrois dire de plus sur ce sujet deviendroit superflu, puisqu'il se trouve aux articles généraux précités, & à ceux des arbres & des plantes à qui le Pivot est le plus utile. (*Bosc.*)

PIVRE : synonyme de frisée, maladie des POMMES DE TERRE. *Voyez* ce mot.

PLACEMENT D'UN ÉTABLISSEMENT RURAL. Dans le moyen âge, c'est-à-dire, à l'époque où la France étoit partagée entre un grand nombre de seigneurs féodaux, qui se faisoient perpétuellement la guerre, ces seigneurs construisoient leur manoir, ou sur le sommet des montagnes, ou au milieu des marais, pour pouvoir plus facilement le défendre contre leurs voisins, & tous les cultivateurs, propriétaires ou autres, étoient obligés de bâtir autour de ce manoir, pour être protégés par lui.

Depuis qu'un ordre plus concordant avec les bases de l'organisation sociale s'est établi, les cultivateurs ont été les maîtres de placer leur habitation dans le lieu le plus convenable de leur propriété. *Voyez* le *Dictionnaire d'Architecture.*

Les choses qui doivent être observées dans le choix d'un emplacement sont : 1°. le voisinage des sources ou des ruisseaux; 2°. la facilité des communications en voiture; 3°. l'exposition, celle du nord est la meilleure dans le midi, celle du levant dans les zônes intermédiaires, & celle du midi dans le nord; 4°. la nature du sol environnant; 5°. la nature du sol sur lequel reposent les fondemens; 6°. la direction des vents dominans; 7°. l'éloignement des marais & des bois; 8°. la facilité de l'écoulement des eaux pluviales.

C'est seulement sur un terrein en pente que cette dernière circonstance se trouve; c'est aussi là que les sources sont les plus communes, les puits les meilleurs. (*Bosc.*)

PLACENTA : organe qui communique, dans la matrice, de la mère à son petit, & leur rend la vie commune.

Les animaux qui font plusieurs petits ont autant de Placenta que de petits.

Ce n'est qu'après le part que le Placenta est dans le cas d'être pris en considération par les cultivateurs, parce que sa sortie, qui doit suivre celle du petit, d'où le nom d'*arrière-faix* qu'il porte ordinairement, donne lieu à quelques accidens, desquels j'ai parlé au mot PART.

Les femelles des animaux sauvages mangent toutes leur Placenta, & cela pour que son odeur n'attire pas les carnivores, qui, après l'avoir dévoré, se jetteroient sur elles & leurs petits. Quelquefois les vaches, les jumens, &c., obéissent à cet instinct; ce qui les fait considérer comme carnivores; c'est-à-dire, sous un aspect défavorable; mais on voit, par ce que je viens d'observer, qu'il ne faut nullement s'en inquiéter.

On appelle du même nom, dans le fruit, cette partie qui donne naissance aux vaisseaux qui portent la nourriture aux semences; elle varie dans sa forme, dans sa grosseur. Comme il est très-rare que les cultivateurs la prennent en considération, je renverrai à son article dans les Dictionnaires de *Botanique* & de *Physiologie végétale.* (*Bosc.*)

PLACUS. *Placus.*

Genre de plante de la syngénésie polygamie superflue & de la famille des *Corymbifères*, dans lequel se trouvent deux espèces, toutes deux non encore introduites dans nos jardins.

Espèces.

1. Le PLACUS tomenteux.

Placus tomentosum. Lour. ♄ De la Cochinchine.

2. Le PLACUS uni.
Placus glaber. Lour. ♄ De la Cochinchine. (*Bosc.*)

PLÉÉ. *Plæa.*

Plante vivace de l'Amérique septentrionale, fort voisine des TOFFIELDES (*voyez* ce mot), mais qui, selon Michaux, forme seule un genre dans l'ennéandrie trigynie & dans la famille des *Liliacées.*

Cette plante, malgré la quantité de graines que j'ai apportée de son pays natal, ne se cultive pas dans nos jardins; ainsi je n'ai rien à en dire. C'est dans les lieux légérement humides qu'elle croît. (*Bosc.*)

PLAGIANTHE. *Plagianthus.*

Arbrisseau de la Nouvelle-Zélande, qui seul forme un genre de la monadelphie dodécandrie & de la famille des *Malvacées.* Il n'est pas cultivé dans nos jardins. (*Bosc.*)

PLAIE : solution de continuité dans les chairs des animaux, produite par une cause quelconque.

Il n'est pas d'usage de ranger parmi les Plaies les lésions qui ne sont pas suivies d'une solution de continuité, comme les CONTUSIONS, les FRACTURES, les BRULURES, les INFLAMMATIONS; mais lorsqu'elles se terminent par la suppuration, elles en prennent le nom.

Lorsque la Plaie est faite par un corps pointu & très-effilé, on l'appelle PIQURE (*voyez* ce mot); lorsqu'elle est le résultat de l'action d'un instrument tranchant, on la nomme COUPURE. *Voyez* ce mot.

Les Plaies sont grandes ou petites, égales ou inégales, curables ou incurables, non mortelles ou mortelles.

Le tempérament de l'animal blessé, son âge, la saison, l'espèce du corps blessant, le lieu de la blessure, &c., établissent autant de différences dans les Plaies : celles faites à un cheval morveux, à un cheval farcineux, à un cheval galeux, sont bien plus rebelles que les autres. *Voyez* MORVE, FARCIN & GALE.

Souvent les Plaies sont accompagnées d'HÉMORRAGIE (*voyez* ce mot), & presque toujours suivies de la SUPPURATION. *Voyez* ce mot.

Pour reconnoître la gravité des Plaies extérieures, il suffit de les examiner; mais celles qui sont profondes exigent d'être sondées pour être jugées, & ce jugement suppose des connoissances anatomiques fort étendues.

Lorsqu'une Plaie est superficielle & n'est pas accompagnée d'hémorragie, elle se guérit promptement & d'elle-même. Au surplus, on doit la garantir de l'action de l'air, & empêcher l'écartement de ses lèvres par un léger bandage, du taffetas gommé, ou par une emplâtre simple.

Le premier soin à avoir lorsqu'on est dans le cas de traiter une Plaie grave, c'est de prévenir & de guérir les accidens qu'elle peut faire naître, tels principalement qu'une grande inflammation ou une forte hémorragie. Dans le premier but, on saigne l'animal, on le met à une diète sévère, on lui fait boire de l'eau nitrée, &c.; dans le second, on établit des points de compression, des ligatures de veines & d'artères; puis on rapproche les bords de la Plaie si cela est indiqué par son inspection, & on les contient par le moyen d'un bandage, après avoir mis, dans l'intervalle, des plumasseaux de charpie.

Lorsque la suppuration est bien établie, on lève l'appareil plus ou moins fréquemment, selon la nature de la Plaie & les progrès de sa guérison, pour mettre de la nouvelle charpie.

Si la suppuration n'est pas assez abondante, on cherche à l'exciter par des stimulans; & si elle l'est trop, on cherche à la diminuer par des purgatifs, des diurétiques, des sudorifiques & autres remèdes, qui opèrent une légère révulsion dans les humeurs.

Si le pus est de mauvaise nature, on tentera de le corriger par des remèdes internes, joints à des remèdes externes; les principaux de ces derniers s'appellent DÉTERSIFS. *Voyez* ce mot.

Quelquefois la gangrène menace la Plaie, & alors on fait usage de l'eau-de-vie CAMPHRÉE, des décoctions de QUINQUINA, des BAUMES, &c. *Voyez* ces mots.

La cautérisation des chairs fongueuses de la Plaie, ou avec un fer rouge, ou avec la pierre infernale, ou avec le beurre d'antimoine, &c., est nécessaire dans quelques cas. *Voy.* CAUTÉRISATION.

Lorsque la Plaie est guérie, les chairs restent souvent long-tems fort sensibles, & on doit continuer à les couvrir jusqu'à ce qu'elles soient arrivées au même degré de consolidation que les autres. Sa place se reconnoît toujours, soit à la saillie des chairs nouvelles, soit au manque de poils, &c.

Cet article est susceptible de très-longs développemens de théorie & de pratique; mais comme, en principe général, les Plaies des animaux ne diffèrent en rien de celles des hommes, je renverrai ceux qui voudroient des détails au *Dictionnaire de Médecine*, qui fait partie de l'*Encyclopédie.* (*Bosc.*)

PLAIES DES ARBRES. Les végétaux sont, comme les animaux, susceptibles de Plaies faites par des lésions organiques, par des corps pesans, par des instrumens pointus ou tranchans, & les usages qu'en tire l'homme, rendent excessivement fréquentes celles de la dernière espèce, c'est-à-dire, celles faites avec des instrumens tranchans.

La foudre, les vents & des arbres ou parties d'arbres qui tombent, causent aussi des Plaies aux autres plantes.

On doit ranger en deux séries les Plaies faites

aux arbres, qui sont celles qui intéressent le plus spécialement les cultivateurs : celles de l'écorce & celles du bois.

Lorsqu'il n'y a que la partie supérieure de l'écorce d'entamée, la Plaie ne se ferme pas; mais aussi elle n'est d'aucune importance pour l'arbre & les usages qu'on en retire, cette partie n'ayant qu'une demi-vie, si je puis me servir de cette expression, c'est-à-dire, qu'elle ne donne passage qu'à très-peu de fluide & ne s'accroît pas; mais si la Plaie arrive jusqu'à la dernière couche corticale, qui est le LIBER de Duhamel (*voyez* ce mot), il y a alors une véritable lésion qui se recouvre petit à petit, aux séves du printems & de l'automne, par le suintement du cambium, principalement à sa partie supérieure. (*Voyez* BOURRELET.) Ce recouvrement a lieu d'autant plus promptement, que l'arbre est plus jeune & mieux portant. Lorsque la Plaie a une longueur de six pouces plus ou moins, selon l'espèce d'arbre, & que cet arbre est vieux, elle ne peut plus se recouvrir en entier, & le plus ordinairement elle se transforme en ULCÈRE. *Voyez* ce mot.

Les plus fréquentes des Plaies qu'éprouvent les arbres, sont celles que leur font les hommes, soit pour utiliser leur tronc ou leurs branches, soit pour tailler ces dernières. *Voy.* COUPE & TAILLE.

Lorsqu'on coupe ou qu'on taille un arbre en séve, il se fait une plus ou moins grande déperdition de cette séve par la Plaie, ce qui affoiblit l'arbre; aussi ne doit-on couper & tailler, hors quelques cas particuliers, que lorsque la séve est en repos, c'est-à-dire, pendant l'hiver.

Il est des arbres qui ont un suc propre, & ce suc propre s'extravase de suite lorsqu'on leur fait une Plaie, ce qui nuit souvent beaucoup à leur croissance, occasionne même quelquefois leur mort; cependant il est des cas où on les blesse dans ce but. *Voyez* GOMME, PÊCHER, PRUNIER, CERISIER, RESINE, PIN, SAPIN, MÉLÈSE.

Les Plaies des arbres dont le bois est mou, c'est-à-dire, dont l'aubier ne se distingue pas, telles que celles des peupliers & des saules, se guérissent bien plus facilement que celles des arbres dont le bois est dur, du chêne, par exemple.

Recouvrir la Plaie avec de l'ONGUENT DE SAINT-FIACRE ou tout autre ENGLUMEN (*voyez* ces mots), accélère sa guérison, parce que sa dessiccation n'a pas lieu alors, & que les bourrelets s'étendent d'autant plus, qu'ils sont dans une plus constante humidité. On l'accélère encore en coupant, à chaque saison, le bord du bourrelet, afin que la séve, qui doit y affluer, s'extravase plus aisément.

Les Plaies des arbres qui regardent le nord, ou qui sont placées à l'ombre, se ferment plus promptement que celles qui sont exposées au soleil, & ce parce qu'elles sont constamment moins sèches.

C'est encore par l'effet de la permanence de l'humidité que la Plaie des arbres coupés entre deux terres ou recouverte de terre, se cicatrise plus sûrement & plus promptement, & que la repousse de ces arbres est plus vigoureuse, &c.; cela soit dit, en passant, pour l'avantage des propriétaires de taillis.

Il est des écrivains qui ont conseillé de couvrir chaque Plaie d'un arbre fruitier, qui vient d'être taillé, avec de la cire, de la résine, de l'englumen de Forseyth, de l'onguent de Saint-Fiacre, &c., sans considérer la dépense & l'emploi du tems. Cependant l'expérience prouve que les Plaies faites par cette opération, quelque nombreuses qu'elles soient, se guérissent, ou mieux se recouvrent d'autant plus rapidement, que la branche est plus jeune. Ce n'est donc que sur les Plaies faites par la coupe aux vieux arbres ou aux parties des vieux arbres, qu'il peut être utile de placer de l'englumen, & ce moins pour accélérer leur guérison, que pour retarder leur ulcération, qui alors est presqu'immanquable. Parmi eux, c'est l'onguent de Saint-Fiacre que je préfère, comme le moins coûteux. La composition, si inutilement compliquée de Forseyth, ne vaut pas mieux que le mortier ordinaire ou le plâtre.

Les Plaies faites au bois, y compris l'aubier, sont incurables; mais elles se recouvrent d'écorce dans les jeunes arbres, & par suite de nouvelles couches ligneuses, de sorte qu'on ne les apperçoit plus. Ce n'est que quand on travaille ce bois pour l'usage de la marine, de la charpente, de la menuiserie, du tour, &c., qu'on retrouve ces Plaies, qui souvent nuisent beaucoup à l'objet qu'on avoit en vue en l'achetant.

Il arrive fréquemment que les Plaies faites à un arbre, surtout celles qui sont la suite de la coupe d'une grosse branche, près le tronc, sont suivies de la CARIE (*voyez* ce mot). Tantôt cette Plaie cariée reste ouverte, & on peut juger des progrès de la carie; tantôt elle se recouvre d'écorce, & alors on ne connoît les effets de cette carie, que lorsque l'arbre est abattu & même débité en solives, en planches, &c.

Dans le premier cas, la carie est, ou sèche, ou humide. Lorsqu'elle est sèche, ses progrès sont ordinairement lents; mais on ne peut les arrêter qu'en coupant la partie malade jusqu'au vif, ce qui n'est pas toujours possible. Lorsqu'elle est humide, l'altération du bois est très-rapide, & on peut la retarder en bouchant la Plaie avec de la chaux, du plâtre, de l'onguent de Saint-Fiacre; en clouant dessus une planche, une feuille de fer-blanc, un morceau de toile cirée, &c., pour empêcher les eaux pluviales d'y entrer. *Voyez* GOUTTIÈRE & POURRITURE.

On trouvera dans le *Dictionnaire de Physiologie végétale*, au mot PLAIE, le supplément de cet article. (*Bosc.*)

PLAN : représentation en petit, sur le papier, d'une maison, d'un jardin, d'un domaine, enfin d'une terre de quelqu'étendue qu'elle soit.

Il est à desirer que tout propriétaire ait le Plan de sa propriété, levé par lui ou par un arpenteur habile, & que ce Plan soit légalement reconnu par tous les propriétaires limitrophes. C'est le moyen d'éviter des procès & de bien diriger ses assolemens.

Actuellement qu'on fait le cadastre de la France, c'est-à-dire, son Plan général, les Plans particuliers seront moins nécessaires pour les discussions relatives aux bornes des propriétés; mais ils n'auront pas moins une utilité de tous les jours pour ceux qui cultivent par eux-mêmes.

Je n'indiquerai pas ici les diverses méthodes employées pour lever un Plan & le dessiner sur le papier, cet objet ayant été suffisamment développé aux mots ARPENTAGE & PLAN du *Dictionnaire de Mathématiques*. (*Bosc.*)

PLANCHES : sections longitudinales & peu épaisses d'un arbre, opérées par le moyen de la scie.

Les sections d'un arbre, par le moyen de la fente, s'appellent des *pals*, des *merrains*, des *bardeaux*, selon leur longueur.

Lorsqu'une Planche a plus de deux pouces d'épaisseur, on la nomme un MADRIER. *Voy.* ce mot.

Un madrier qui n'a pas plus de largeur que d'épaisseur, porte le nom de SOLIVE.

Tous les arbres indigènes ne sont pas également propres à fournir des Planches : les plus employées sont celles de chêne, celles de sapin & celles de peuplier. On appelle VOLIGES celles du peuplier qui n'ont qu'un demi-pouce d'épaisseur : ce sont les moins bonnes, mais les plus légères.

Les cultivateurs ne peuvent se dispenser d'avoir un assortiment de Planches de diverses sortes, pour en faire usage dans l'occasion ; car c'est de leur parfaite dessiccation, & elle n'a lieu qu'après plusieurs années de coupe, que dépend la bonté de beaucoup des ouvrages auxquels on les destine, les nouvellement faites étant sujètes à se retraire, à se courber, à se déjeter, &c. On les tiendra dans un lieu abrité de la pluie.

Je renvoie, pour le surplus, au *Dictionnaire de l'exploitation des bois*.

Le mot PLANCHE a encore d'autres acceptions en agriculture.

Ainsi, on dit une Planche de jardin, pour une portion de terrein d'une longueur indéterminée, & d'une largeur de quatre à cinq pieds, & séparée d'autres Planches semblables par un sentier, qui change de place chaque année. *Voyez* JARDIN.

La largeur des Planches est fixée par la nécessité d'atteindre au milieu de chaque côté, avec la main, pour les sarcler, y cueillir des feuilles, des fleurs, des fruits, &c.

Chaque année on laboure une ou plusieurs fois les Planches, ainsi que les sentiers qui les séparent, & on a soin de n'y mettre jamais deux fois de suite la même plante. *Voyez* ASSOLEMENT & SUCCESSION DE CULTURE.

Ainsi, on dit *labourer en Planches*, c'est-à-dire, former en labourant des parallélogrames distincts, très-alongés & très-plats. La largeur de ces parallélogrames varie entre quatre & quinze pieds. S'ils étoient bombés à leur milieu, on les appelleroit BILLONS. *Voyez* LABOURAGE. (*Bosc.*)

PLANÇON, PLANTARD : branche d'un pouce ou moins de diamètre, & de trois pieds au moins de longueur, prise sur un saule, un peuplier, ou un autre arbre à bois mou, & qu'on met en terre, dans un trou fait au moyen d'un pieu de bois ou de fer, pour multiplier cet arbre.

Un Plançon est donc une véritable bouture, qui ne diffère des autres que par sa grosseur, sa longueur & la manière de la planter. *Voyez* BOUTURE.

La multiplication des saules & du peuplier noir par Plançons est d'un usage général; mais cependant elle n'a qu'un seul avantage fort facile à suppléer, c'est celui de donner des arbres qui se défendent dès la même année contre les accidens & les bestiaux.

En effet, & j'en ai eu bien souvent la preuve dans les pépinières soumises à ma surveillance, si on compare, après trois ans, une plantation de Plançons de saule, faite au moyen des pousses de trois ans, avec une plantation de boutures faites avec des pousses d'un an, & cultivée deux ans dans une pépinière, on trouvera un accroissement presque double aux arbres de cette dernière.

Je crois donc que les propriétaires, au lieu de planter des Plançons, dont beaucoup ne reprennent pas, dont beaucoup languissent plus ou moins d'années & même toute leur vie, & dont les mieux venans sont inférieurs à ce qu'ils devroient être, feront bien de consacrer une petite portion de terrein clos à former une pépinière, où ils planteront des boutures de saule d'un an, & où ils trouveront, au troisième hiver, des plants enracinés, supérieurs en grosseur aux branches de même âge qu'ils eussent employées cette année pour Plançons, & qui ne leur auront coûté, au-delà de la rente de l'espace de terre qu'ils occupent, que deux ou trois journées de travail dans l'année par mille.

Cependant comme les usages vicieux ne s'abandonnent pas aussi facilement qu'il seroit à desirer, je vais parler de la plantation & des soins à donner aux Plançons de saule.

On coupe ordinairement les pousses des saules tous les trois ans dans les bons terreins, & tous les quatre ou cinq ans dans les mauvais. Les Plançons du premier cas sont les meilleurs; ils doivent être choisis parmi les jets les plus droits & les moins pourvus de branches.

Quelques cultivateurs laissent sur pied, jusqu'au moment de leur plantation, les pousses qu'ils consacrent à former des Plançons, & ils sont dans le cas d'être approuvés; mais le plus grand nombre, à quelqu'époque de l'hiver qu'ils coupent les pousses de leurs saules, n'en laissent point, & se contentent de mettre en JAUGE (*voyez* ce mot), ou même dans l'eau, celles de ces pousses qu'ils destinent à cet objet.

Lorsque le moment de planter des Plançons est arrivé, c'est-à-dire, lorsque les saules commencent à bourgeonner, on aiguise le gros bout des Plançons, & le mieux est de le faire par trois seuls coups de serpe à distance égale, sur son contour, afin que l'écorce descende en languette le plus bas possible, parce que c'est de ces languettes que naîtront les racines, ensuite on les ébranche & on les coupe à une longueur de huit à neuf pieds.

Couper complétement la tête des Plançons doit nécessairement retarder leur reprise, puisque les boutons adventifs, qui doivent se développer sous leur écorce, auront d'autant plus de difficulté pour percer cette écorce, qu'elle sera plus épaisse, & qu'ils seront moins aidés par l'affluence de la séve, toujours peu abondante dans ces arbres, qui n'ont point de racines. Aussi combien de Plançons meurent sans donner de bourgeons ou peu après avoir montré de foibles bourgeons? Il faut avoir suivi, comme moi, des multitudes de plantations de Plançons, surtout dans les terreins secs, pour être convaincu de l'énormité des pertes qui sont la suite de la pratique ordinaire; mais on replantera, disent les propriétaires; oui, on replantera; mais la dépense, mais le tems perdu! Je conseille donc de ne jamais couper en totalité la tête des Plançons, c'est-à-dire, d'y laisser quelques grosses branches qu'on rapprochera à un pied du tronc, & toutes les petites branches sortant de ces dernières auxquelles on ne touchera pas. Ces petites branches sont pourvues de boutons qui se développeront sans obstacle & fourniront des feuilles, dont l'effet sera d'attirer la séve & de favoriser la sortie des boutons adventifs des grosses branches, & par suite la pousse des racines; car je ne dois pas cesser de le redire, il y a toujours un rapport direct entre les racines & les feuilles, & entre les feuilles & les racines.

Dans ce cas, le tronc des Plançons est ordinairement peu chargé de bourgeons, tandis que, dans la pratique ordinaire, il en offre quelquefois depuis la surface du sol, dont les inférieurs sont les plus vigoureux, & ne s'enlèvent pas sans risquer la mort du Plançon. Dans tout état de cause, l'ébourgeonnement de ces Plançons ne doit avoir lieu que petit à petit, c'est-à-dire, de huit jours en huit jours, entre les deux séves, & être d'autant moins rigoureux, qu'ils seront plus foibles. *Voyez* ÉBOURGEONNEMENT.

Généralement on place en terre les Plançons, dans un trou fait avec un pieu de bois ou mieux de fer, qu'on y enfonce avec un maillet. Dans cette opération la terre est circulairement comprimée & par conséquent durcie, & les racines encore foibles qui sortent du Plançon, la percent plus difficilement que si on avoit fait un trou avec une bêche ou une pioche; de plus, l'eau n'y arrive pas aussi aisément. Ces circonstances sont encore la cause de la mort d'un grand nombre de Plançons. Sans doute les trous faits avec la bêche ou avec la pioche seront plus coûteux, assureront moins les Plançons contre les voleurs, contre les vents, contre les bestiaux qui s'y frotteroient, & ce sont des inconvéniens; aussi, je le répète, je leur préfère les plantations d'arbres enracinés du même âge qu'eux.

Une manière de planter les Plançons, manière qu'on suit dans quelques lieux, c'est de faire les trous avec une tarière, & assez grands pour qu'on puisse mettre de la terre meuble autour du Plançon lorsqu'il y est placé. Il seroit à desirer que l'usage de cet instrument fût plus général. *Voyez* TARIÈRE.

On est souvent obligé d'assurer les Plançons contre les vents avec des tuteurs, qui s'ôtent dès que les Plançons ont pris assez de racines, c'est-à-dire, ordinairement la seconde année.

Il est bon d'arroser les Plançons pendant l'été qui suit leur plantation, si cet été est sec & que le terrein le soit également.

A la seconde année, on ne laisse plus au Plançon que trois de ses bourgeons les plus élevés, & on n'y touche plus que pour les couper, à moins que dans l'intervalle il ne s'en développe de nouveaux sur le tronc: à cette époque il est devenu SAULE. *Voyez* ce mot. (*Bosc.*)

PLANE: espèce d'ÉRABLE. *Voyez* ce mot.

PLANÈRE. *Planera.*

Genre de plante qui renferme deux arbres fort voisins des ormes, qui se cultivent en pleine terre, l'un dans toute la France, l'autre seulement dans le Midi. Il en sera fait mention dans le *Dictionnaire des Arbres & Arbustes*. (*Bosc.*)

PLANORBE. *Planorbis.*

Genre de coquillage d'eaux douces, & dont quelques-uns sont si abondans dans les étangs & les mares, qu'on peut les pêcher pendant les chaleurs de l'été pour les répandre sur les terres cultivées, & fumer ainsi ces terres d'une manière aussi économique que durable.

C'est surtout sur les terres argileuses que l'emploi des Planorbes est avantageux, attendu qu'ils y agissent de trois manières: 1°. mécaniquement, en les divisant par le moyen de leur test, qui se réduit promptement en fragmens; 2°. chimiquement, parce que leur test, après avoir perdu la gélatine qu'il contient, favorise la dissolution de l'HUMUS (*voyez* ce mot & le mot CHAUX); 3°. par la gélatine du corps & de la coquille, qui se transforme très-promptement en humus soluble.

Les Planorbes sont fort du goût des cochons, des canards, des oies, des dindons, des poules, &c.

Un cultivateur jaloux du bien-être de sa basse-cour les fait ramasser dans les canaux de ses jardins, pour les leur donner. Ils sont surtout fort bons pour les jeunes dindons, dont ils favorisent la poussée du rouge. *Voyez* DINDE. (*Bosc.*)

PLANT. Les mots SEMIS & PLANTATION sont généralement employés par les pépiniéristes & les jardiniers pour désigner les jeunes plantes destinées à être enlevées du lieu où les graines, dont elles sont provenues, avoient été semées, pour être plantées ailleurs.

A Paris cependant on appelle ORMILLE le Plant de l'orme, & dans le midi de la France, POURRETE le Plant du mûrier blanc; ŒILLETONS le Plant des artichauts; COULANS le Plant du fraisier, &c. *Voyez* ces mots.

Comme le Plant des arbres est celui qui intéresse le plus les cultivateurs, & que les opérations agricoles qu'il exige ne diffèrent pas de celles qu'exigent les plantes vivaces & annuelles, je parlerai principalement de lui dans la suite de cet article.

D'après cette définition, les jeunes arbres semés isolément, ou levant naturellement dans les bois, les jeunes plantes annuelles ou vivaces, disséminées dans les campagnes, ne sont pas du Plant; cependant si on lève ces jeunes arbres ou ces arbres, & qu'on les réunisse en bottes, on leur en donne le nom.

Le Plant prend constamment son nom dès qu'il est en état d'être levé pour être planté, c'est-à-dire, dès le commencement de l'hiver de la première année; mais on n'est pas également d'accord sur l'âge où on doit cesser de le lui attribuer, car j'ai vu des arbres de huit à dix ans, à qui on le donnoit encore. Il semble cependant que tous devroient le perdre à trois ans.

Dans quelques lieux on donne aussi le nom de *Plant* aux marcottes & aux boutures du COIGNASSIER, aux boutures & aux marcottes de la VIGNE, ainsi qu'aux résultats du déchirement des ACCRUES du POMMIER paradis, du PRUNIER & autres arbres qui en donnent. *Voyez* ces mots.

Le beau Plant n'est pas toujours du bon Plant, car on peut lui donner la première qualité aux dépens de la seconde, en fumant fortement la terre du semis, en arrosant fortement ce semis; il peut être fort grêle par suite de son trop grand rapprochement. (*Voyez* ÉTIOLEMENT.) Or, tout arbre qui a pris un accroissement exagéré par ces deux causes, qui a été gêné dans les premiers tems de sa croissance, & qui est transplanté dans un sol maigre & sec, dépérit très-rapidement. C'est donc une opération très-sage que de prendre le Plant dont on a besoin dans une pépinière dont le sol est analogue à celui où on veut le planter, & encore mieux de faire dans chaque propriété, lorsqu'elle est assez étendue, une pépinière destinée à la peupler d'arbres forestiers & fruitiers. *Voyez* PÉPINIÈRE.

La manière de LEVER le Plant (*voyez* ce mot) est encore moins indifférente que celle de lever les arbres faits; car elle influe considérablement sur le résultat des plantations. Beaucoup de pépiniéristes, après avoir arrosé le terrein pour le rendre moins compacte, arrachent le plus beau à la main, & laissent le plus foible se fortifier encore un an dans le lieu du semis. Ce moyen ne peut être exécuté sans dangers dans les terreins légers, & pour du Plant très-rustique, car il expose à rompre tout ou partie de son chevelu, & même la racine à son collet. Pour bien opérer, il faut faire une tranchée à un des bouts de la planche, assez profonde pour atteindre l'extrémité de la plus grande partie des racines, & enlever successivement, par son moyen, tout le Plant, en tirant un peu obliquement celui qui est mis au jour par l'enlèvement de la terre, & ainsi successivement. Le Plant est ordinairement séparé en trois lots : le plus fort destiné à être planté de suite à la distance de vingt à trente pouces; le moyen, qui sera mis en rigole, à la distance de six à huit pouces, & le plus petit, qu'on disposera de même, mais seulement à un ou deux pouces. *Voyez* RIGOLE.

Il est du Plant, tel que celui de l'orme, tel que celui de l'amandier & quelquefois celui du robinier, qui est presqu'en totalité propre à être planté à la première de ces distances, dès l'hiver qui suit le semis de ses graines; celui de l'amandier peut même être greffé dès l'automne, c'est-à-dire, six mois après la mise en terre de ses graines; les autres ne se lèvent qu'à l'automne de la seconde année, pour être mis en place ou en rigole, comme il vient d'être dit; mais presque toujours il peut être mis en rigole en totalité près à près pendant le cours de l'hiver suivant, si on le juge à propos. J'indiquerai à leurs articles, dans le *Dictionnaire des Arbres & Arbustes*, la manière de traiter le Plant de chaque espèce.

Lorsqu'on n'a pas le tems de planter de suite la totalité du Plant qu'on a arraché, on le met en JAUGE (*voyez* ce mot), soit en l'espaçant plus ou moins, comme lorsqu'on le met en RIGOLE (*voyez* ce mot), soit en le laissant en bottes. Dans ce dernier cas, il doit y rester peu de tems, car il court risque de s'échauffer ou de se dessécher, & par suite de périr. Il est une sorte de jauge qui est fort peu employée, mais qui a des avantages réels, lorsqu'on est forcé de retarder la végétation du Plant qui pousse de très-bonne heure; elle consiste à former de petites bottes avec le Plant, & à les enterrer, en les plaçant horizontalement à deux ou trois pieds de profondeur, dans un lieu où l'eau des pluies ne puisse pas s'arrêter. J'ai vu du Plant d'orme ainsi disposé dans les pépinières soumises à ma surveillance, y rester quinze jours après le développement de ses bourgeons, sans y éprouver aucune altération. Il pourroit y rester trois mois pendant l'hiver si cela étoit nécessaire. L'accident qu'il éprouve le plus fréquemment, c'est l'échauffement qui fait périr d'abord la tête & ensuite la totalité des pieds: on retarde cet échauffement en faisant les bottes petites & en les écartant, & encore mieux en mettant le Plant par lits simples, séparés par une épaisseur de deux pouces de terre. Il m'a paru que la terre de bruyère légérement humide étoit préférable à toute autre.

C'est en disposant ainsi le Plant dans des caisses, qu'on peut l'envoyer au loin avec sécurité. J'en reçois souvent de l'Amérique septentrionale pour les pepinières qui sont sous ma surveillance, qui est encore en bon état après trois à quatre mois de séjour dans un vaisseau battu par les tempêtes, & sur des charrettes continuellement cahotées. *Voyez* EMBALLAGE DES PLANTES.

Habiller le Plant est une opération qui a lieu généralement dans les pépinières, malgré que quelques écrivains se soient élevés contr'elle, faute d'avoir pris en considération la totalité des motifs sur lesquels elle est fondée. Elle consiste à couper la tige & les racines du Plant à trois, quatre ou cinq pouces du collet, & à raccourcir les petites branches, ainsi que les petites fibrilles qui se trouvent sur la portion conservée.

Il paroît réellement absurde, au premier apperçu, de mutiler ainsi le Plant, puisque l'objet est de lui faire pousser une tige & des racines; cependant, quand on considère que les branches doivent toujours être proportionnées aux racines, & que ce ne sont que les racines produites par la nouvelle pousse qui nourrissent les branches, on ne peut se refuser à croire qu'il faille diminuer les racines pour déterminer la sortie d'un plus grand nombre de suçoirs, & la tige pour qu'elle puisse être suffisamment nourrie par les premières racines qui sortiront. (*Voyez* RACINE, PIVOT, SEVE & VÉGÉTATION.) De plus, il est d'expérience que les racines, comme les branches, poussent beaucoup plus foiblement lorsqu'elles sont contournées; or, quelques précautions qu'on prenne, elles le sont toujours plus ou moins, par suite d'une plantation; ainsi elles le seroient constamment avec exagération, dans les plantations en grand, où la nécessité d'économiser le tems & les bras force de négliger les précautions. Comme l'écorce de la tige, ainsi que celle des racines, est mince dans le Plant, & que la séve y surabonde, les boutons adventifs qui s'y forment, sortent facilement & se développent fortement. *Voyez* PLANÇON, BOUTON & BOURGEON.

Mais il y a une mesure à garder, & elle ne l'est pas toujours par les pépiniéristes, qui ne réfléchissent pas sur la différence des circonstances; ainsi on peut, sans de graves inconvéniens, habiller sévérement le Plant de tous les bois blancs & autres arbres qui se multiplient de boutures & poussent avec force, l'orme compris; mais on ne réussiroit pas si on traitoit de même le chêne, le noyer & autres arbres à bois dur & à végétation lente. De même le Plant destiné à être placé dans un terrein frais, ou planté avant l'hiver, doit être plus ménagé que celui mis dans un sol aride, ou planté au printems, parce qu'il est nécessaire qu'il pousse plus rapidement dans ces derniers cas. Il est même des espèces d'arbres, comme les résineux, qui ne souffrent la mutilation, ni dans leurs branches, ni dans leurs racines. *Voyez* PIN & SAPIN dans le *Dictionnaire des Arbres & Arbustes*.

Comme cette impossibilité d'habiller le Plant des arbres résineux n'est pas accompagnée de l'abstraction des inconvéniens de les planter sans l'être, les pépiniéristes sont obligés, pour assurer leur reprise, de les repiquer à l'âge de deux ans dans de petits pots qu'ils enterrent totalement, pots dont les racines sortent, après les avoir remplis, pour les envelopper, & aller chercher la nourriture par-dessous, de sorte que quand on lève les arbres, deux ou trois ans après, il y a toujours quelques racines entourées de terre qui suffisent pour réparer la perte de celles qui ont été frappées du HALE (*voyez* ce mot). C'est encore dans le même but que ces arbres, lorsque l'on ne les tient pas en pot ou en MANNÉQUIN (*voyez* ce mot), sont changés de place tous les ans, puisqu'alors ils se garnissent, au lieu de quelques grosses racines qu'ils eussent poussées si on ne les avoit pas tourmentés, d'une immense quantité de fibrilles, entre lesquelles il se conserve nécessairement de la terre, pour peu qu'elle ne soit pas sabloneuse.

Le commerce du Plant est important pour quelques cantons qui s'y livrent exclusivement; mais pour être fructueux, il faut que la main-d'œuvre & le loyer des terres soient à bas prix, & les graines communes. Ainsi, aux environs de Caen, celui des arbres fruitiers, & aux environs d'Orléans, celui des arbres forestiers, revient moins cher qu'aux environs de Paris; aussi les pépiniéristes de cette dernière ville en tirent-ils beaucoup de ces villes, quoiqu'il s'en cultive aussi dans les villages voisins de la capitale.

La plantation du Plant des arbres forestiers & fruitiers se fait généralement en hiver, plus tôt dans les sols légers, plus tard dans les sols tenaces; celui des plantes annuelles, au contraire, n'a lieu qu'au printems & en été: elle demande en conséquence d'être suivie de quelques soins particuliers, tels que l'OMBREMENT & l'ARROSEMENT. *Voyez* ces mots & le mot PLANTATION. (*Bosc.*)

PLANTAIN. *Plantago*.

Genre de plante de la tétrandrie monogynie & de la famille des *Plantaginées*, qui réunit plus de soixante espèces, dont plusieurs sont très-communes dans nos campagnes, & dont beaucoup se cultivent dans nos écoles de botanique. Il est figuré pl. 85 des *Illustrations des genres* de Lamarck.

Observations.

Quelques botanistes ont établi aux dépens des Plantains à tiges feuillées, un genre en titre sous le nom de PSYLION, mais je ne crois pas devoir les séparer des autres.

Espèces.

Plantains à hampe nue.

1. Le PLANTAIN à grandes feuilles.
Plantago major. Linn. ♃ Indigène.
2. Le PLANTAIN à feuilles en cœur.
Plantago cordata. Lam. ♃ De l'Amérique septentrionale.
3. Le PLANTAIN asiatique.
Plantago asiatica. Linn. ♃ De la Sibérie.
4. Le PLANTAIN à feuilles sinuées.
Plantago sinuata. Lam. ♃ De l'Isle-de-France.
5. Le PLANTAIN en cornet.
Plantago cucullata. Lam. ♃ De la Sibérie.
6. Le PLANTAIN crépu.
Plantago crispa. Jacq. ♃ Du midi de l'Europe.
7. Le PLANTAIN moyen.
Plantago media. Linn. ♃ Indigène.
8. Le PLANTAIN lancéolé.
Plantago lanceolata. Linn. ♃ Indigène.
9. Le PLANTAIN à longues feuilles.
Plantago altissima. Jacq. ♃ De l'Italie.
10. Le PLANTAIN pied-de-lièvre.
Plantago lagopus. Linn. ♃ De l'Espagne.
11. Le PLANTAIN lagopoïde.
Plantago lagopoides. Desf. ♃ De la Barbarie.
12. Le PLANTAIN austral.
Plantago australis. Lam. ♃ Du Brésil.
13. Le PLANTAIN d'Espagne.
Plantago lusitanica. Linn. ♃ De l'Espagne.
14. Le PLANTAIN grêle.
Plantago gracilis. Poir. ♃ De la Barbarie.
15. Le PLANTAIN de Virginie.
Plantago virginica. Linn. ♃ De l'Amérique.
16. Le PLANTAIN à épi interrompu.
Plantago interrupta. Lam. ♃ De l'Amérique septentrionale.
17. Le PLANTAIN blanchâtre.
Plantago albicans. Linn. ♃ Du midi de l'Europe.
18. Le PLANTAIN des Patagons.
Plantago patagonica. Jacq. ♃ Du Brésil.
19. Le PLANTAIN tomenteux.
Plantago tomentosa. Lam. ♃ Du Brésil.
20. Le PLANTAIN du mont Victoire.
Plantago victorialis. Gerard. ♃ Du midi de l'Europe.
21. Le PLANTAIN argenté.
Plantago argentea. Gerard. ♃ Du midi de l'Europe.
22. Le PLANTAIN à petites têtes.
Plantago microcephala. Lam. ♃ De l'Orient.

23. Le PLANTAIN holoste.
Plantago holostea. Lam. ♃ Du midi de la France.
24. Le PLANTAIN velouté.
Plantago velutina. Lam. ♃ De l'Italie.
25. Le PLANTAIN cilié.
Plantago ciliata. Desf. ♃ De la Barbarie.
26. Le PLANTAIN de Crète.
Plantago cretica. Linn. ♂ De Candie.
27. Le PLANTAIN pygmée.
Plantago pygmæa. Lam. ♃ De.....
28. Le PLANTAIN du Cap.
Plantago capensis. Thunb. ♃ Du Cap de Bonne-Espérance.
29. Le PLANTAIN hérissé.
Plantago hirsuta. Thunb. ♃ Du Cap de Bonne-Espérance.
30. Le PLANTAIN des Alpes.
Plantago alpina. Linn. ♃ Des Alpes.
31. Le PLANTAIN barbu.
Plantago barbata. Forst. ♃ Du détroit de Magellan.
32. Le PLANTAIN maritime.
Plantago maritima. Linn. ♃ Des bords de l'Océan.
33. Le PLANTAIN subulé.
Plantago subulata. Linn. ♃ Des bords de la Méditerranée.
34. Le PLANTAIN à grosse racine.
Plantago macrorhiza. Vahl. ♃ De la Barbarie.
35. Le PLANTAIN dentelé.
Plantago serratia. Linn. ♃ Du midi de l'Europe.
36. Le PLANTAIN de Lima.
Plantago limensis. Ruiz & Pav. ♃ Du Pérou.
37. Le PLANTAIN à feuilles de graminées.
Plantago graminea. Lam. ♃ Du midi de l'Europe.
38. Le PLANTAIN soyeux.
Plantago sericea. Ruiz & Pav. ♃ Du Pérou.
39. Le PLANTAIN ramassé.
Plantago congesta. Ruiz & Pav. ♃ Du Pérou.
40. Le PLANTAIN recourbé.
Plantago recurvata. Linn. ⊙ Du midi de l'Europe.
41. Le PLANTAIN des Philippines.
Plantago philippica. Cav. ⊙ Des Philippines.
42. Le PLANTAIN corne-de-cerf.
Plantago coronopus. Linn. ⊙ Indigène.
43. Le PLANTAIN de Lœflinge.
Plantago lœflingia. Jacq. ⊙ De l'Espagne.
44. Le PLANTAIN à feuilles de scorsonère.
Plantago scorsoneræfolia. Lam. ♃ Du Levant.
45. Le PLANTAIN scirpoïde.
Plantago scirpoides. Lam. ♃ De l'Espagne.
46. Le PLANTAIN à fleurs écartées.
Plantago remota. Lam. ♃ Du Cap de Bonne-Espérance.
47. Le PLANTAIN de montagne.
Plantago montana. Lam. ♃ Du midi de la France.

48. Le PLANTAIN à tête arrondie.
Plantago sphærocephala. Lam. ♃ De....

49. Le PLANTAIN à épi penché.
Plantago nutans. Lam. ♃ De l'Espagne.

50. Le PLANTAIN gloméralé.
Plantago glomerata. Lam. ♃ De l'île de Ténériffe.

51. PLANTAIN à feuilles charnues.
Plantago carnosa. Lam. ♃ Du Cap de Bonne-Espérance.

52. Le PLANTAIN queue-de-souris.
Plantago myosuros. Lam. ♃ Du Brésil.

53. Le PLANTAIN barbu.
Plantago barbata. Forst. ♃ Du détroit de Magellan.

Plantains à tiges feuillées.

54. Le PLANTAIN à graines.
Plantago vaginata. Vent. ♄ De la Barbarie.

55. Le PLANTAIN arborescent.
Plantago arborescens. Lam. ♄ Des Canaries.

56. Le PLANTAIN de Genève.
Plantago genevensis. Lam. ♄ De la France.

57. Le PLANTAIN de Barbarie.
Plantago afra. Linn. ♄ De la Barbarie.

58. Le PLANTAIN sous-ligneux.
Plantago cynops. Linn. ♄ Du midi de l'Europe.

59. Le PLANTAIN amplexicaule.
Plantago amplexicaulis. Cavan. ⊙ De la Barbarie.

60. Le PLANTAIN des Indes.
Plantago indica. Linn. ⊙ De l'Égypte.

61. Le PLANTAIN scarieux.
Plantago squarrosa. Lam. ⊙ De l'Égypte.

62. Le PLANTAIN pucier.
Plantago psyllium. Linn. ⊙ Indigène.

63. Le PLANTAIN des sables.
Plantago arenaria. Lam. ⊙ Du midi de l'Europe.

64. Le PLANTAIN serré.
Plantago stricta. Schousb. ⊙ De la Barbarie.

65. Le PLANTAIN à petites fleurs.
Plantago parviflora. Desf. De la Barbarie.

Culture.

Nous cultivons en ce moment seulement vingt-sept de ces espèces dans nos écoles de botanique; mais il en a été cultivé beaucoup plus, ces plantes paroissant avoir une courte durée, & la plupart des étrangères n'y donnant pas de bonnes graines. Ces espèces sont les 1re., 2e., 3e., 5e., 6e., 7e., 8e., 9e., 10e., 13e., 15e., 16e., 17e., 22e., 26e., 30e., 31e., 32e., 34e., 42e., 43e., 48e., 54e., 58e., 59e., 60e. & 61e. Toutes se contentent de la pleine terre, excepté la 54e.; cependant plusieurs autres craignent les fortes gelées, & il seroit bon d'en tenir quelques pieds en pot pour les rentrer dans l'orangerie ou semer leurs graines en place, au printems. Sarcler & éclaircir leur plant au besoin, sont tous les soins qu'elles demandent. Comme ce sont des plantes de nul agrément, on ne les cultive jamais dans les jardins paysagers. Je n'ai donc à parler que des espèces les plus communes, relativement à leur influence sur l'agriculture, & à leur utilité économique.

Le Plantain à grandes feuilles est fort abondant dans les jardins, autour des maisons des villages, le long des chemins, dans tous les lieux cultivés, dont le sol est fertile & légérement humide. Les chèvres, les moutons & les cochons le mangent, mais les autres bestiaux le repoussent. Ses graines sont fort du goût des serins & de la plupart des oiseaux chanteurs; aussi ses épis font-ils l'objet d'un petit commerce à Paris & autres grandes villes.

Le Plantain moyen couvre quelquefois le sol dans les terreins secs & calcaires, & y nuit beaucoup aux prairies; ses feuilles s'étendent en rosettes sur la terre, ce qui fait que les bestiaux ne peuvent les brouter. Le seul véritablement bon moyen de le détruire, c'est de labourer le sol & d'y cultiver d'abord de l'avoine, ensuite des haricots, des pommes de terre & autres plantes qui demandent des binages d'été, puis du seigle ou du froment.

Le Plantain lancéolé est aussi commun que le précédent dans les prairies en bon fond, ni sèches, ni aquatiques; tous les bestiaux le mangent sans le rechercher. Haller dit que c'est à lui que le laitage des Alpes doit sa supériorité, mais cela est douteux. Comme ses feuilles se tiennent droites & s'élèvent de six à huit pouces, il peut être, non-seulement brouté, mais encore fauché; aussi ne passe-t-il pas pour nuire aux prairies, quoiqu'il y tienne la place de graminées plus grandes. On a écrit qu'il se cultivoit en Angleterre pour fourage; mais je crois que beaucoup d'autres plantes sont plus avantageuses, & doivent par conséquent être préférées.

Le Plantain maritime croît dans les sables du bord de la mer, s'élève à plus d'un pied, & est extrêmement du goût des bestiaux; aussi est-ce lui que je proposerois pour faire des prairies artificielles. J'appuie cette opinion sur l'observation que cette plante est toujours broutée très-court.

Le Plantain corne-de-cerf ne se voit que dans les lieux sabloneux, où quelquefois il recouvre seul des espaces considérables. Ses feuilles sont couchées en rosettes, & par conséquent difficilement broutées, excepté par les moutons, qui les aiment. Les hommes les mangent aussi en salade dans quelques pays.

Le Plantain pulicaire ne vient bien que dans les sables les plus arides; il s'élève à plus d'un pied; les bestiaux ne paroissent pas le rechercher: sa seule utilité est d'améliorer le sol par ses débris. On pourroit le semer afin de l'enterrer en fleurs, pour produire le même effet; mais d'autres plantes, comme le farrazin, lui font préférables fous ce rapport. (*Bosc.*)

PLANTAIN (arbre). C'eft le BANANIER.

PLANTAIN D'EAU. *Voyez* FLÉCHIÈRE.

PLANTARD : fynonyme de PLANÇON. *Voyez* ce mot.

PLANTATION. Ce mot a différentes acceptions, dont les deux plus généralement employées font un lieu planté d'arbres, & l'action de planter des arbres. Dans nos colonies, il s'applique auffi aux propriétés rurales en valeur.

Couvrir de Plantations tous les lieux qui en font fufceptibles, lorfqu'elles ne nuifent pas aux autres cultures, & en fe conformant aux principes qui font propres à en affurer le fuccès, eft le confeil que doit donner tout ami de la profpérité agricole de la France aux pères de famille, propriétaires de terres; car la diminution progreffive des forêts fait craindre la difette de bois pour l'avenir.

Il eft des cantons en France où des préjugés, des ufages & même des lois s'oppofent encore aux Plantations, foit directement, foit indirectement. L'intérêt public exige qu'on faffe difparoître les premiers par l'inftruction; les feconds par une police rurale févère; les troifièmes par le perfectionnement du Code civil.

Les lieux élevés, qui, garnis de bois, ont tant d'influence fur l'agriculture, en arrêtant les nuages & en formant des abris, font principalement ceux qu'il convient fpécialement de planter. C'eft en effet pour les avoir trop inconfidérément dépouillés, que leur terre a été entraînée par les eaux pluviales, que les fontaines fe font taries, que la vigne a été fi fréquemment atteinte par les gelées du printems.

Après les fommets des montagnes, ce font les terreins arides qu'il devient enfuite le plus utile de planter en bois, parce que les arbres y confervent l'humidité, & que les débris des feuilles y forment à la longue de l'humus. Or, fans ces deux circonftances il ne peut y avoir qu'une végétation foible, & par conféquent infuffifante pour payer les frais de la culture.

Rigoureufement parlant, on peut planter toute l'année; mais c'eft depuis la chute des feuilles, en automne, jufqu'à leur développement au printems, qu'on le fait généralement, & ce avec raifon, parce qu'alors cette opération n'interrompant pas la végétation, peut s'exécuter avec toute la lenteur convenable, & que la fufpenfion de beaucoup de travaux agricoles donne moyen d'y apporter toute l'économie poffible, par fuite de la diminution dans le prix de la main-d'œuvre qu'amène cette fufpenfion.

Un motif jufqu'à préfent peu développé, qui doit faire préférer les Plantations d'automne à celles du printems, c'eft que la feconde féve eft principalement deftinée à effectuer le prolongement des racines, & qu'elle agit, les jours de gelée exceptés, pendant tout l'hiver, ainfi que j'en ai tous les ans la preuve, ce qui fait que la reprife eft effectuée long-tems avant le développement des bourgeons; auffi arrive-t-il fouvent qu'il ne paroît pas, au moment de ce développement, que l'arbre ait changé de place, tant il pouffe vigoureufement. *Voy.* RACINE & SEVE.

Les Plantations faites pendant les gelées réuffiffent rarement, parce qu'on ne peut pas exactement entourer les racines de terre, & que ces racines font, dans ce cas, difpofées à fe deffécher.

Il y a cependant une différence notable entre l'époque de la Plantation des arbres réfineux, puifque, pour affurer leur réuffite, elle doit n'être effectuée que lorfqu'ils entrent en féve, c'eft-à-dire, dans le climat de Paris, au mois d'avril & au mois d'août. *Voyez* PIN, SAPIN, MÉLÈSE, CÈDRE, GENÉVRIER, THUYA, IF, dans le *Dictionnaire des Arbres & Arbuftes.*

Lorfque quelque circonftance force à planter un arbre pendant l'été, on doit le priver d'une partie de fes branches & de toutes fes feuilles. La diminution de fes branches doit être d'autant plus grande que fes racines ont été plus écourtées, que l'arbre eft plus vieux, & que le terrein ou le pays, où on doit le planter, eft plus fec & plus chaud. Ce confeil eft fondé fur ce qu'il faut que le premier chevelu, qui doit fortir des racines, foit dans le cas de pouvoir nourrir le tronc & la tête. L'enlèvement des feuilles a pour but de diminuer la déperdition de féve, qui eft la fuite de leur tranfpiration, déperdition qui, jufqu'au développement du nouveau chevelu, ne peut être remplacée, & il doit être d'autant plus rigoureux que les circonftances ci-deffus énoncées font plus prononcées; cependant on peut fuppléer, dans beaucoup de cas, à ces deux opérations, en abritant l'arbre des rayons du foleil & des vents defféchans, & en l'arrofant fortement & fréquemment. (*Voy.* ABRI & ARROSEMENT.) C'eft lorfqu'on les exécute entre les deux féves, c'eft-à-dire, dans le climat de Paris, pendant le mois de juillet, que les Plantations d'été réuffiffent le mieux, parce que, comme je l'ai obfervé plus haut, la pouffe d'août fe porte principalement fur les racines. La théorie de la féve afcendante & defcendante indique même que c'eft à cette époque qu'on devroit les entreprendre toutes. *Voyez* SEVE & RACINE.

Ce que je viens de dire des arbres s'applique généralement aux plantes annuelles qu'on ne peut tranfplanter que pendant qu'elles font en végétation, avec cette différence qu'il eft le plus fouvent poffible de les lever avec leur motte.

Une autre queftion qui partage les cultivateurs, c'eft celle de favoir s'il convient mieux de faire les Plantations au commencement qu'à la fin de l'hiver. Il eft évident que fi on pouvoit planter tous les arbres, comme j'ai confeillé de planter les arbres réfineux, le nouveau chevelu pouffant de fuite, les chances de réuffite feroient plus favorables;

mais d'abord on ne le peut pas en grand, puisqu'on n'auroit que quelques jours chaque année pour les exécuter; & en second lieu, on risque de laisser autour des racines, en les recouvrant de terre, des cavités qui ne peuvent être remplies qu'au moyen de l'affaissement de cette terre, par l'effet des pluies. C'est donc pour les jardins où on ne craint pas la dépense, qu'il faut réserver cette méthode. Cela dit, j'observerai que l'expérience a depuis long-tems constaté qu'il convenoit de planter à la fin de l'automne, dans les terreins légers, secs & chauds, & surtout les arbres, arbrisseaux, arbustes & plantes vivaces qui entrent de bonne heure en végétation, & au printems dans les terreins tenaces, humides & froids, & surtout les arbres, arbrisseaux, arbustes & plantes vivaces qui craignent les gelées.

Une transplantation semble devoir retarder l'accroissement de l'arbre, puisqu'elle en suspend d'abord & ensuite en affoiblit la végétation pendant quelques jours, quelques semaines & même quelques mois; cependant, comme elle se fait le plus souvent dans une terre neuve & nouvellement remuée, il regagne bientôt le tems perdu, par suite d'une plus grande abondance de sucs & d'une plus grande facilité de multiplier & d'alonger ses racines. Ce fait se remarque particuliérement dans les pépinières, sur les jeunes arbres qu'on change de place tous les ans, & qui cependant arrivent plus promptement à une grosseur donnée, que ceux laissés dans le lieu de leur semis.

Le seul cas où la transplantation soit quelquefois nuisible aux progrès futurs, & encore plus à la durée des arbres, c'est au moins dans ceux dont le bois est dur & qui sont destinés à vivre des siècles, lorsqu'on coupe leur pivot, qui est destiné à aller puiser la nourriture dans la couche inférieure de la terre, & à assurer leur cime contre les efforts des vents. *Voyez* PIVOT, CHÊNE, NOYER, &c.

Il est plusieurs modes de Plantations qui dépendent de l'âge du sujet & des motifs qui déterminent à le planter.

La Plantation du plant d'un à deux ans, dans les pépinières, s'appelle REPIQUER. J'en traiterai particuliérement à ce mot.

Lorsque, dans cette circonstance, on veut ménager le terrein, & que le plant est très-petit, on le met, pendant un ou deux ans, en RIGOLE. *Voyez* ce mot.

Les arbres de trois à quatre ans, c'est-à-dire, propres à être plantés, ne s'ARRACHENT pas, ils se LÈVENT; car, dans le premier cas, le but est de tirer principalement parti du tronc & de la cime; & en conséquence, il n'est pas nécessaire de conserver les racines; tandis que dans le second, au contraire, les racines doivent être ménagées le plus possible. *Voyez* ces mots.

Lorsqu'on lève un arbre & qu'on ne peut pas le replanter immédiatement, il faut recouvrir ses racines de terre, pour que leur dessèchement n'amène pas sa mort. Cette opération varie dans son mode, selon le tems plus ou moins long qui doit s'écouler jusqu'à la transplantation définitive. Je l'ai décrite au mot JAUGE & au mot PÉPINIÈRE.

On plante définitivement à DEMEURE ou en PLACE, lorsque les arbres sur lesquels on opère ne doivent plus sortir du lieu où on les met.

Mais à quel âge convient-il de planter les arbres? Plus on les plante jeunes, & plus on est assuré de leur réussite, & moins leur Plantation est coûteuse; ainsi on devroit toujours employer du plant d'un, de deux, ou au plus de trois ans; mais la nécessité de défendre les Plantations contre les voleurs, les bestiaux, les accidens, &c., engage le plus souvent, lorsqu'on plante le long des routes, ou même seulement en plein champ, à n'y employer que des arbres de trois, quatre à cinq ans, qui ont acquis deux à trois pouces de diamètre & cinq à six pieds de haut. Ces arbres portent dans les pépinières le nom de *plant fait*, de *plant défensable*. *Voyez* les mots ORME, FRÊNE, NOYER, POIRIER, POMMIER, SAULE, PEUPLIER.

Les cultivateurs qui, hors ces cas, croient gagner du tems en plantant les arbres les plus forts, & leur nombre n'est pas petit, se trompent donc grossiérement. *Voyez* aux mots ESPALIER, CONTR'ESPALIER, QUENOUILLE, PYRAMIDE, & à ceux de toutes les espèces d'ARBRES FRUITIERS.

Généralement ce n'est que lorsque quelque circonstance y oblige, qu'on doit se permettre de planter des arbres d'un âge au-dessus de six ans; cependant il est des arbres, comme ceux dits *à bois blanc*, c'est-à-dire, comme les TILLEULS, les SAULES, les PEUPLIERS, &c., qui peuvent l'être au double & au triple de cet âge, lorsqu'on ne craint pas la dépense.

Si on forme le projet de transplanter un arbre un an avant de l'exécuter, il est bon de couper de suite, à deux ou trois pieds du tronc, quelques-unes de ses grosses racines, les plus voisines de la surface de la terre, afin que les tronçons poussent du chevelu, qui assure sa reprise.

A quelqu'âge qu'on plante les arbres, il est prudent d'en tenir quelques-uns en réserve pour remplacer ceux qui meurent. Je ne fais cette observation que parce que j'ai vu souvent des propriétaires fort embarrassés lorsqu'ils ne trouvoient plus dans les pépinières des pieds de l'âge de leur Plantation. Pour remplir le but, on doit choisir les plus beaux pieds, & les déposer, soit en JAUGE, soit dans des MANNEQUINS. *Voyez* ces deux mots.

Souvent les arbres plantés en hiver avec tous les soins requis ne commencent à pousser qu'en automne, quelquefois même qu'au printems de l'année suivante; c'est principalement au manque d'humidité & de chaleur qu'on doit attribuer ce retard; mais il faut qu'il y ait aussi quelquefois une cause inhérente à l'arbre, puisqu'il y a des espèces & des individus qui offrent plus souvent ce phénomène. On m'a même cité des arbres qui ont été deux ou trois ans à *bouder*, c'est le terme. Arroser fortement, immédiatement après leur Plantation, tous les arbres qu'on plante, seroit sans doute un moyen propre à les empêcher souvent de *bouder*; mais la dépense, & même souvent la presqu'impossibilité de le faire, s'y opposent.

Un autre moyen, dans ce cas, de réparer le tems perdu, moyen que j'ai essayé avec succès sur des poiriers & des pommiers de cinq à six ans, levés dans les bois, c'est de les greffer en fente, au printems de l'année suivante.

Lorsqu'on veut planter un bois, ou même le massif d'un jardin, on peut employer tous les pieds disponibles; mais lorsqu'il s'agit de former une avenue, un quinconce, un verger, &c., il faut choisir les pieds qui n'ont qu'une seule tige, & que cette tige soit droite & dépourvue inférieurement de branches: aussi un des buts du travail des pépinières est-il de les rendre tels.

L'arbre destiné à être transplanté doit être levé avec le plus de soin possible. Il seroit à desirer qu'il conservât sa motte, c'est-à-dire, la terre qui entoure sa racine; mais la grande dépense en empêche le plus ordinairement. Quelquefois aussi, lorsque la dépense n'arrête pas, la nature trop légère du sol s'y oppose. Dans ce cas, on peut favoriser la réussite, en arrosant fortement la terre un instant avant, ou attendre qu'elle soit fortement gelée: ce dernier moyen s'emploie surtout pour les grands arbres, qui doivent être replantés seulement à quelques pieds, ou à quelques toises du lieu où ils se trouvoient.

Les racines mutilées des arbres qu'on transplante seront raccourcies, car elles peuvent donner lieu à des ulcères qui entraîneroient la mort du pied. Les plus petites, c'est-à-dire, les fibrilles, doivent l'être également pour peu que la transplantation ait été retardée, à raison de ce que leur extrémité peut s'être desséchée, & que c'est par l'extrémité qu'elles soutirent les sucs de la terre. On appelle, en terme de jardinage, cette opération RAFRAICHIR les RACINES (*voyez* ces mots); elle est en elle-même très-bonne, mais les cultivateurs qui l'outrent, sont dans le cas de voir manquer leurs Plantations. *Voyez* RACINE.

L'usage de couper la tête aux arbres qu'on plante, quelle que soit leur espèce ou leur âge, est presque général; cependant il offre de graves inconvéniens: 1°. les arbres qui ont une flèche, tels que les frênes, les érables, le marronier d'Inde, &c., par cela seul, perdent la faculté de s'élever droit & de prendre une forme régulière; 2°. les arbres dont l'écorce est épaisse, tels que les chênes, les hêtres, pour peu qu'ils soient âgés, ne poussent que difficilement de nouveaux bourgeons à travers cette écorce, ce qui retarde leur entrée en végétation & les fait même périr, surtout dans les terres légères & dans les années sèches. (*Voyez* PLANÇON.) En conséquence, on doit se borner à proportionner les branches aux racines, & pour cela couper les plus grosses branches à quelque distance du tronc, & laisser entières celles des petites qui restent. Les boutons de ces dernières se développeront à l'époque ordinaire, attireront la sève au sommet de l'arbre, & favoriseront la sortie de ceux qui devront percer l'écorce. *Voyez* ÉCORCE, SÈVE & GREFFE.

Le jeune plant ayant une écorce mince, craint peu d'être mutilé, & pour aller plus vîte en besogne, on lui coupe, dans les pépinières, & les racines, & la tige sur un billot avec une serpe. Cette opération s'appelle, en terme d'art, HABILLER LE PLANT. *Voyez* ce mot.

Ici je dois cependant observer que les arbres résineux ne supportent pas la perte de leur flèche, & souffrent toujours de celle de leurs branches latérales.

Ne faire des Plantations que dans un terrein complétement défoncé à deux ou trois pieds au moins, & ce encore un an à l'avance, seroit toujours desirable (*voyez* DÉFONCEMENT & LABOUR); mais la grande dépense, qui est la suite de ce mode, s'y oppose presque toujours. C'est donc dans des tranchées ou dans des trous qu'on les exécute. Les tranchées sont préférables, en ce que les racines peuvent s'étendre de deux côtés dans la terre labourée, mais leur dépense est encore un motif pour ne les employer que dans un petit nombre de circonstances. Restent donc les trous qu'on fait plus ou moins larges, plus ou moins profonds, selon la nature du sol, selon que les arbres sont plus gros, ou qu'on veut qu'ils profitent davantage. Ainsi ils seroient plus grands dans un sol argileux, pour un arbre de plus de dix ans, pour ceux dont il s'agit d'accélérer la croissance. M. Chalumeau a prouvé il y a quelques années, par des expériences directes, que plus les trous étoient grands, & plus les arbres atteignoient promptement leur grandeur. La théorie est ici en complète concordance avec la pratique. En général, ils doivent, terme moyen, offrir une excavation de deux pieds cubes lorsqu'ils sont destinés à recevoir des arbres de ligne, soit forestiers, soit fruitiers, de cinq à six ans, qui est l'âge auquel il convient de planter ceux qui ont été élevés dans les pépinières.

La distance à mettre entre les trous dépend, & du but de la Plantation, & de l'espèce des arbres, & de la nature du sol: ainsi ils seront plus écartés pour des arbres de ligne, pour des chênes, dans un sol fertile, que pour des arbres de massifs; pour des peupliers d'Italie, dans un sol maigre. L'excès en plus est bien moins nuisible que l'excès en moins, & cependant c'est ce dernier qui a lieu presque partout, par suite de l'ignorance ou de l'égoïsme des propriétaires.

Lorsqu'on veut planter des arbres qui doivent acquérir lentement une vaste cime, & cependant avoir de l'ombre le plus promptement possible, & ne pas perdre l'emploi du terrein, il faut, comme le conseille M. Rast Maupas, placer entre des arbres d'une longue durée, des arbres d'une prompte croissance, pour que ces derniers puissent donner des jouissances par leur feuillage, & produire un revenu par leur coupe. Il est bien à desirer que ce conseil soit pris en considération par tous les propriétaires qui habitent la campagne & qui se livrent aux Plantations.

Comme, ainsi que je le dirai aux mots HUMUS, TERREAU, VEGETATION, &c., l'action de l'air sur la terre augmente sa fertilité, en favorisant, par l'intermède des gaz qu'il contient, la dissolubilité de l'humus qui entre dans sa composition, il est extrêmement avantageux de faire les trous un an d'avance dans les terres qui n'ont jamais été défoncées, & six mois dans celles qui l'ont été, toutes les fois qu'il n'y a pas de motifs insurmontables qui s'y opposent. Leur forme est ordinairement carrée, probablement comme pouvant être plus facilement régularisée, car la ronde conviendroit également. En les faisant, il faut avoir attention de rejeter la terre de la surface exclusivement d'un côté, afin qu'on puisse la reprendre facilement lors de la Plantation, pour la mettre immédiatement sur les racines, comme étant la plus chargée d'humus. Si en s'enfonçant, comme cela arrive très-souvent, il se présente des couches trop argileuses, trop pierreuses, &c., il faut en jeter la terre encore séparément, comme n'étant pas propre à la végétation, pour la remplacer par celle prise à la surface. Souvent les terres de ces couches sont marneuses & par conséquent propres à améliorer la surface du sol, ce qui presque toujours doit déterminer à les remplacer, comme il vient d'être dit. *Voyez* MARNE.

Pour mieux remplir le but, il seroit bon de labourer une fois ou deux la terre sortie du trou, & qu'on se propose d'y rejeter, pour mettre un plus grand nombre de ses molécules en contact avec l'air; mais c'est ce qu'on fait rarement.

Dans un terrein où la couche de bonne terre n'auroit, par exemple, qu'un pied, il est mieux de faire les trous de cette profondeur, que de trop entamer la couche inférieure, parce que les racines des arbres ne peuvent pas s'introduire dans cette dernière, & meurent, tandis qu'elles rampent facilement dans la première. Au reste, pour juger de la nécessité de faire attention à cette circonstance, il faut étudier la végétation environnante, & pour cela ne pas craindre d'arracher dans le voisinage un arbre de quelque grosseur. Il est même des terreins à couche inférieure, formée par des pierres fissiles, où on peut avantageusement approfondir les trous destinés aux Plantations, parce que les racines des arbres s'introduisent entre ces pierres, & y trouvent une humidité constante, très-favorable à leur accroissement. Il en est où, après une couche infertile, plus ou moins épaisse, on en trouve une très-fertile, & qu'il est par conséquent utile d'atteindre.

Quand on veut planter, dans un terrein humide, des arbres qui craignent beaucoup l'eau, comme des AMANDIERS, des ABRICOTIERS & des PÊCHERS, il devient indispensable d'élever le sol dans une largeur de quatre à six pieds, & de les enterrer fort peu, car si on néglige cette précaution, les arbres poussent mal, ne subsistent pas long-tems, donnent peu de fruit & du mauvais fruit. *Voyez* les articles des trois arbres précités, & le mot ESPALIER.

Il ne faut jamais planter dans une tranchée ou dans un trou avant d'avoir épuisé l'eau & enlevé les feuilles sèches qui peuvent s'y trouver. La première, parce que ne pouvant s'écouler, elle pourriroit les racines; les secondes, parce que se décomposant avec une extrême lenteur, hors du contact de l'air, elles s'opposeroient à la prolongation des racines. Le manque d'attention à ces deux circonstances est annuellement la cause de la mort de bien des arbres.

Les soins à prendre pour effectuer la Plantation consistent, 1°. à labourer le fond du trou & à y jeter un lit de terre de la surface, lit qui doit être d'autant plus épais que le sol est plus argileux ou plus pierreux; 2°. à placer sur ce lit les racines de l'arbre, disposé comme il a été dit plus haut, de manière que sa tige soit rigoureusement perpendiculaire, & lorsqu'on plante en ligne ou en quinconce, alignée avec les autres tiges (*voyez* ALIGNER & QUINCONCE); 3°. à arranger à la main, lorsque cela est nécessaire, les racines de manière qu'elles soient complétement étendues, autant que possible également espacées & dans une position nullement forcée; 4°. à faire recouvrir de terre, encore prise à la surface, par un aide, les racines de l'arbre, qu'on secoue légérement, pour que cette terre pénètre dans leurs interstices; 5°. à plomber, par un léger trépignement du pied, la terre sur les racines, lorsqu'elles sont entiérement recouvertes; 6°. à achever de remplir le trou avec la terre qui en a été tirée, en l'élevant de quatre à six pouces au-dessus du sol environnant, à raison du tassement qu'elle doit éprouver, & formant une petite excavation à sa partie supérieure, pour faciliter l'imbibition des eaux pluviales.

Il est des personnes qui trépignent à diverses reprises, & avec beaucoup de force, la terre sur les racines, mais elles agissent mal; car, par ce moyen, non-seulement elles donnent aux racines existantes une position forcée qui nuit à leur reprise, mais encore elles rendent plus difficile l'introduction dans la terre des nouvelles fibrilles de ces racines & des eaux pluviales, circonstances importantes à favoriser.

Un arrosement abondant, immédiatement après la Plantation, est toujours une opération utile, parce que ses suites sont une intromission plus intime de la terre dans les interstices des racines, & que rien ne nuit plus à la reprise, comme je l'ai déjà dit plus haut, que les vides qu'y laissent les grosses mottes;

aussi le conseil que donnent quelques écrivains de recouvrir les racines de gazons, ne doit pas être écouté, quoiqu'il soit constant que ces gazons sont un excellent engrais.

On peut avantageusement employer le terreau pour recouvrir les racines des plantes ligneuses & des plantes herbacées, puisqu'il est extrêmement fertile & qu'il conserve fort bien l'humidité ; mais il ne faut pas en mettre trop, parce que faisant pousser les racines avec une excessive vigueur, la transition, lorsqu'elles sortent de sa masse, est trop brusque pour ne pas craindre que la plante languisse ou même meure.

De même il faut ménager le fumier lorsqu'on en met, & surtout ne pas l'appliquer immédiatement sur les racines, mais dessous le lit inférieur & dessus le lit supérieur de terre.

A quelle profondeur doivent être placées les racines ? Je répondrai, avec Duhamel, qu'un arbre planté trop près de la surface du sol est exposé à être renversé par les vents ; que les fortes gelées, les longues sécheresses peuvent frapper de mort ses racines ; qu'un arbre planté trop profondément est exposé à pousser foiblement : 1°. parce que ses racines reçoivent tard les influences de la chaleur du soleil ; 2°. que l'air & l'eau pénètrent plus difficilement jusqu'à elles ; 3°. que la meilleure terre est presque toujours à la surface. Il y a donc un terme moyen à garder. On doit d'ailleurs faire attention à l'espèce des arbres, à la nature du sol, à l'exposition, &c. ; ainsi un chêne sera plus enfoncé qu'un orme ; un poirier sera plus enfoncé dans un sol sec & léger, & à l'exposition du midi, que dans un sol humide & tenace, & à l'exposition du nord. Dans la pratique, c'est trop profondément qu'on plante le plus généralement, & c'est à cette cause que l'on doit attribuer la fréquence des non-réussites.

Il est si vrai que les arbres demandent à être peu enterrés, que tous ceux qui, par leur nature, poussent facilement des racines, comme les saules, les peupliers, les tilleuls, les érables, &c., remplacent, dans le cas ci-dessus, leurs anciennes racines par de nouvelles, qui sortent du tronc au-dessus des premières, comme j'ai eu des milliers de fois l'occasion de m'en assurer en inspectant les levées dans les pépinières commises à ma surveillance.

Des faits précédens on peut déduire deux moyens opposés pour forcer les arbres stériles par trop de vigueur à porter des fruits, en les levant pour les replanter de suite ; l'un en étendant leurs racines à la surface de la terre, de manière qu'elles souffrent des sécheresses ; l'autre en les contournant bien avant en terre, afin qu'elles soient dans une position forcée, & qu'elles reçoivent peu de chaleur solaire.

Il est des personnes qui croient d'une grande importance de placer les arbres dans la même position que celle où ils se trouvoient dans le lieu d'où on les a apportés ; mais outre la difficulté, je dirois même la presqu'impossibilité de mettre cette considération en pratique dans les Plantations en grand, il a été prouvé par des expériences positives, faites par Duhamel, & consignées dans son *Traité des Semis & des Plantations*, qu'il étoit fort indifférent qu'on y fît attention, ou qu'on la négligeât.

Comme les vents peuvent ébranler & même renverser les arbres de ligne nouvellement plantés ; on fortifie contre leur action ceux qui y sont trop exposés, par le moyen d'un ou deux tuteurs qu'on fixe dans la terre d'un côté, en les y enfonçant profondément, & sur leur tronc de l'autre, en les y attachant avec un osier, après avoir mis de la mousse ou de la paille dans les intervalles. La plupart des cultivateurs ne savent pas combien le manque de cette attention fait périr d'arbres isolés pendant les deux premières années de leur Plantation, en empêchant les nouvelles racines de remplir leurs fonctions. On juge cependant facilement de sa nécessité par l'examen de la partie du tronc qui est en terre, partie qui, dans le cas cité, est toujours séparée de la terre par un vide circulaire plus ou moins large.

Si ces arbres sont dans des lieux fréquentés par les bestiaux, qui peuvent les renverser ou au moins les ébranler en se frottant contre, qui peuvent brouter leur écorce, &c., on les entoure d'un petit fagot d'épines attaché au moyen d'une ou deux harts, ou mieux d'un ou deux fils de fer.

Les soins à donner aux arbres nouvellement plantés consistent, les deux ou trois premières années, en un labour à leur pied, pendant l'hiver, labour qu'on se dispense ordinairement de renouveler les années suivantes, mais qu'il seroit bon de continuer en sautant d'abord une, ensuite deux & même trois années. J'observe qu'en général on n'étend pas assez ces labours, ce qui fait qu'ils ne remplissent que fort imparfaitement le but. Si on craint l'augmentation de dépense, je conseillerois de les exécuter les deux premières années seulement, comme on le pratique ordinairement, & ensuite de les faire circulairement dans une largeur de deux à trois pieds au-dessus de l'extrémité des racines de l'année précédente, c'est-à-dire, d'autant plus loin du tronc, que l'arbre est plus anciennement planté. *Voyez* LABOUR.

Les suites des grandes sécheresses & des grandes pluies sont également à craindre pour les arbres & pour les herbes nouvellement plantées. Pour affoiblir les inconvéniens des sécheresses, on recouvre la terre, au-dessus des racines, d'un lit de feuilles sèches, ou d'une couche épaisse de litière, ou de tuiles, de pierres plates, de planches, &c., tous objets qui retardent l'évaporation de l'humidité renfermée dans la terre. (*Voyez* PAILLER.) Pour empêcher les inconvéniens des pluies, on élève la terre au pied de l'objet planté, en lui donnant une pente du côté opposé à ce pied, & on unit bien la surface avec le dos de la bêche, ce qui empêche l'eau d'y pénétrer.

Lorsqu'on plante un arbre avec une partie de ses branches, il n'y a ordinairement pas à toucher à sa tête, à moins qu'elle ne doive être disposée en PALISSADE, ou taillée en VASE, &c. (*voyez* ces mots); mais si on les lui a toutes coupées, il faudra, avant la séve d'automne, enlever de la partie inférieure de sa tige les bourgeons qui auront pu s'y développer; mais cette opération ne doit pas être faite sans réflexion, car il arrive quelquefois qu'elle est suivie de la mort de l'arbre. Ainsi on l'exécutera en deux ou trois tems éloignés de quelques jours. *Voyez* ÉBOURGEONNER.

Je terminerai ici cet article, qui trouvera de nombreux complémens aux mots JARDIN, BOIS, HAIE, PALISSADE, EMPOTER, RENCAISSER, & à presque tous les articles qui traitent de la culture des espèces, soit frutescentes, soit herbacées. (*Bosc.*)

PLANTE. On la définit un être organisé, vivant, privé de sentiment & de locomotion, tirant sa nourriture de l'air & de la terre, se multipliant toujours par GRAINES & souvent par ÉCLATS de racines, par BOUTURES & par MARCOTTES. *Voyez* ces mots.

C'est aux dépens des Plantes qu'est fondée, directement ou indirectement, l'existence de l'homme & de tous les animaux; c'est sur elles que l'agriculture proprement dite s'exerce exclusivement. L'article général qui les concerne, c'est-à-dire, celui que je traite en ce moment, devroit donc être d'une grande étendue; cependant il sera très-court, parce que les considérations qu'il rappelle, sont developpées dans les articles correspondans des Dictionnaires de *Physiologie végétale*, de *Physique* & de *Botanique*, qui font partie de cette édition de l'*Encyclopédie*.

Si l'on excepte quelques rochers, quelques espaces sabloneux ou en pente, toute la terre est couverte de Plantes, qui se succèdent les unes aux autres dans des intervalles extrêmement variables. Les pierres les plus dures donnent attache à des LICHENS, à des JONGERMANES, à des MOUSSES; les SABLES les plus arides, dès qu'ils sont fixés, les ARGILES les plus tenaces, dès qu'elles ont reçu les influences atmosphériques, donnent naissance à certaines espèces. On en voit même de grandes quantités vivre au milieu des eaux douces & des eaux salées, lorsqu'elles ne sont pas trop profondes ou trop agitées.

J'ai développé, aux mots LICHEN & MOUSSE, l'influence des espèces de ces deux genres de Plantes sur la végétation, surtout sur la première production de l'humus, sans lequel il n'y a qu'un très-petit nombre de Plantes qui puissent végéter. *Voyez* VEGETATION, HUMUS & TERREAU.

Considérées par rapport à l'homme, il est beaucoup de Plantes qui paroissent inutiles, soit à raison de leur rareté, soit à raison de leur petitesse, soit à raison de leurs qualités nuisibles; cependant toutes doivent remplir leur destination dans l'ensemble des êtres. La science du cultivateur, qui ne consiste qu'à multiplier les Plantes utiles aux dépens des Plantes inutiles, repose donc sur la botanique; aussi, quelque grand que soit le nombre de ceux d'entr'eux qui n'ont aucune idée de cette dernière, je prétendrai qu'on ne peut y faire de progrès sans y être initié, au moins jusqu'à un certain point. *Voyez* BOTANIQUE dans le Dictionnaire de ce nom.

Un assez grand nombre de Plantes croissent partout où leurs graines sont portées, mais la plupart affectent de préférence tel ou tel sol, ainsi que l'observation le prouve tous les jours. Le naturel de ces dernières peut bien être contrarié dans quelques cas, mais jamais fructueusement; c'est ce que ne savent pas la plupart des cultivateurs, & ce qui les expose à des résultats souvent fort éloignés de leurs calculs, même relativement à celles qui sont le plus généralement l'objet de leurs soins, résultats qu'ils éviteroient s'ils étoient plus instruits en botanique.

Il en est d'autres que les bestiaux repoussent entiérement, ou qu'ils ne mangent qu'à la dernière extrémité. Ne seroit-il pas très-avantageux qu'elles fussent connues des cultivateurs, pour les faire disparoître de leurs PRAIRIES, même de leurs PATURAGES? *Voyez* ces deux mots.

On doit à Linnæus un Catalogue des Plantes de Suède, qui indique le plus ou moins d'appétence que les bœufs, les chevaux, les chèvres, les moutons & les cochons ont pour chacune d'elles. J'ai rappelé les résultats des observations contenues dans ce Catalogue, aux articles qui les concernent, & j'y ai joint ceux obtenus par Lamanon & par moi sur les Plantes de France; mais il nous manque un ouvrage complet sur cet objet.

Depuis long-tems on sait qu'il est des Plantes que les bestiaux mangent au printems, & qu'ils repoussent en automne; d'autres qui sont nuisibles fraîches, & innocentes sèches; mais nous manquons aussi d'un ouvrage spécial sur cet important objet, que j'ai pris en considération toutes les fois que je l'ai pu.

Certaines Plantes, inutiles pour la nourriture des bestiaux, peuvent être avantageusement employées, soit à brûler, soit à augmenter la masse des fumiers, soit à faire de la potasse, &c. On peut blâmer les cultivateurs de ne pas toujours en tirer parti, lorsqu'ils le peuvent facilement avec un peu plus d'instruction & d'activité. Par exemple, pourquoi ne coupe-t-on pas partout les grandes herbes des bois, des marais, des chemins, dédaignées par les bestiaux? Pourquoi est-il si peu de lieux où on tire parti de celles qui croissent dans les eaux courantes ou stagnantes? J'ai eu soin de faire valoir, lorsque j'ai eu à en parler, les avantages qu'on en peut retirer, afin d'exciter l'attention des cultivateurs, & je crois par-là avoir bien mérité de la plupart d'entr'eux. (*Bosc.*)

Plantes marines. Quoique ce nom se donne vulgairement aux Plantes qui croissent dans les sols salés des bords de la mer, ainsi qu'à celles qui vivent dans la mer même, on doit, à raison de la grande différence d'organisation qui existe entr'elles, l'appliquer exclusivement à ces dernières, & réserver l'appellation, peu employée, de *Plantes maritimes* pour les premières.

Les genres qui constituent les véritables Plantes marines se réduisent aux Varecs (ou *fucus*), aux Ulves & aux Conferves. *Voyez* ces mots.

La réunion des nombreuses espèces de ces genres porte, chez les cultivateurs des bords de la mer, qui les emploient, soit à fumer leurs terres, soit à en retirer de la soude, les noms d'Algue, Varec, Goemon. *Voyez* ces mots. (*Bosc.*)

PLANTEUR. Dans nos colonies, ce nom s'applique aux propriétaires cultivateurs. En France, il indique, ou celui qui plante au moment même, ou celui qui a le goût des plantations; ainsi on dit: voilà un Planteur qui procède selon les règles; M. un tel est un grand Planteur.

PLANTOIR: morceau de bois rond, d'environ un pouce de diamètre, & de moins d'un pied de long, dont une des extrémités est pointue, & dont l'autre est ordinairement recourbée, lequel sert à faire dans la terre des trous propres à recevoir le jeune plant des arbres, des plantes potagères & des fleurs qu'on veut transplanter.

Le bois le plus dur doit être préféré pour un Plantoir, parce qu'il s'émousse & se dépolit moins: c'est ordinairement de poirier ou de pommier qu'ils sont faits; le chêne & le frêne y sont également propres. Sa grosseur varie selon la force du plant qu'on se dispose à planter; sa pointe est quelquefois revêtue de fer ou de cuivre. La courbure de sa partie supérieure doit être telle que la main l'embrassant, puisse exactement s'appliquer dessus. Cette disposition se trouve assez souvent dans les embranchemens des vieux arbres fruitiers, il ne s'agit que de la reconnoître. Lorsqu'elle manque, le Plantoir est tout droit avec une tête arrondie, mais alors son usage est plus lent & plus fatigant.

Après avoir fait un trou avec le Plantoir, on y met le plant, puis on enfonce de nouveau, mais légérement, sa pointe à côté de ce trou, & en la rapprochant du plant, on ramène la terre sur ses racines, & la plantation est terminée.

On ne peut nier que, par le moyen du Plantoir, on expédie beaucoup les plantations; mais ces plantations sont-elles aussi bonnes que celles faites au moyen de la pioche? La théorie dit que non, & elle doit être crue. En effet, en enfonçant le Plantoir, on tasse nécessairement la terre autour de lui; or, toute terre tassée donne plus difficilement passage aux racines du jeune plant, aux eaux des pluies ou des arrosemens, même aux gaz atmosphériques, & il en doit nécessairement résulter une moindre action végétative dans le plant. A ces inconvéniens il faut ajouter, 1°. que le trou ayant la forme d'un cône renversé, les racines inférieures du plant sont toujours repliées, contournées (*voyez* Plantation & Racines); 2°. que très-souvent le fond du trou formé par le Plantoir n'est pas rempli de terre par l'opération qui suit la mise en terre du plant, & que les racines de ce plant trouvant un vide, se dessèchent & périssent. Toutes ces considérations sont d'autant plus importantes, que la terre est plus forte ou moins labourée.

L'emploi du Plantoir est, par suite des progrès des lumières, bien moins fréquent aujourd'hui qu'autrefois: on n'en voit plus dans les pépinières bien montées, où toutes les plantations, même celles des boutures, se font à la pioche, avec presqu'autant de rapidité & plus de certitude de réussite.

Lorsqu'on veut planter des plançons de saule ou autres, on a des Plantoirs de la grosseur du bras, & longs de trois pieds, quelquefois même de fer, qu'on enfonce avec un maillet. Comme on les emploie presque toujours dans les terres non labourées, leurs effets nuisibles sont bien plus marqués; aussi une grande partie des plançons qu'on met en terre tous les ans manquent-ils. *Voyez* Plançon.

Des voyageurs ont rapporté qu'on plantoit le blé dans quelques parties de la Chine, & quelques agriculteurs français & anglais ont essayé de le faire. A cet effet, ils ont inventé un Plantoir composé, c'est-à-dire, qu'à une ou deux traverses fixées au bout d'un manche de trois pieds de long, ils ont mis jusqu'à douze chevilles de deux pouces de long, & écartées d'autant, de sorte qu'en appuyant ces chevilles sur une terre labourée, on fait douze trous à la fois. Ce Plantoir ne s'emploie plus. (*Bosc.*)

PLANT ENRACINÉ. Ce mot n'a réellement pas d'autre signification que Plant, puisque tout Plant doit avoir des racines; cependant on l'emploie assez souvent dans les pépinières, sans que j'aie pu me former une opinion sur la véritable acception qu'on lui donne. *Voyez* Plant & Bouture.

PLANTULE. On donne ce nom à la partie de la semence pour laquelle il y a lieu de croire que les autres existent, c'est-à-dire, à celle qui doit devenir la racine & la tige lorsque la chaleur & l'humidité auront mis en action sa force végétative; elle est ordinairement placée à la base des cotylédons; sa forme varie beaucoup. Lorsqu'elle s'est développée, la partie qui doit devenir racine s'appelle la Radicule; & celle qui doit devenir la tige se nomme la Plumule. *Voyez* ces deux mots dans les Dictionnaires de *Botanique* & de *Physiologie végétale*.

Les cultivateurs sont rarement dans le cas de considérer isolément la Plantule, attendu que tous les phénomènes qu'elle présente, entrent dans l'acte de la Germination. *Voy.* ce mot. (*Bosc.*)

PLAQUEMINIER. *Diospyros.*

Genre de plante qui renferme une trentaine d'espèces d'arbres, dont un est indigène au midi de la France, & un autre se cultive en pleine terre dans le nord. J'en parlerai en détail dans le *Dictionnaire des Arbres & Arbustes.* (*Bosc.*)

PLATANE. *Platanus.*

Genre de plante de la monoécie & de la famille des *Amentacées*, qui renferme deux arbres de première grandeur, qui se cultivent en pleine terre dans nos climats. Il en sera question dans le *Dictionnaire des Arbres & Arbustes.* (*Bosc.*)

PLATE-BANDE. On donne ce nom à des pièces de terre labourées, séparées les unes des autres par des allées, & dans lesquelles on cultive des légumes, des fleurs, des arbustes, &c. *Voyez* PLANCHE, JARDIN & PARTERRE.

Le plus souvent les Plates-bandes sont bombées dans leur milieu, &, pour empêcher la chute des terres à la suite des grosses pluies, bordées de plantes annuelles, ou de plantes vivaces, ou de plantes ligneuses, ou de planches, ou de pierres, ou de briques.

Dans les jardins légumiers, les Plates-bandes entourent les carrés, longent les murs & sont plantées d'arbres fruitiers en contr'espaliers, en pyramides, en quenouilles; rarement on y met des légumes; on les borde de préférence avec l'oseille, le persil, le cerfeuil, la rocambolle, la chicorée sauvage, la pimprenelle.

Dans les parterres on substitue à ces plantes le buis, le gazon, les petits œillets, la violette, les pieds d'alouettes, la giroflée de Mahon, les statices, la camomille, l'hyssope, la lavande, &c. Là, les Plates-bandes sont plus bombées, & garnies, dans leur milieu, d'arbustes à fleurs & de grandes plantes vivaces, & sur leurs bords, de petites plantes annuelles, qu'on renouvelle selon les saisons. Les plus employés de ces arbustes & de ces plantes sont, dans le rang du milieu, les rosiers, les althéas, les jasmins, les lilas, les obiers stériles, les ifs, les astères, les verges-d'or, les aconits, les alcées, les pivoines, les iris, les matricaires, les impériales, les lis, les hémérocales, les asphodèles, les ornithogales, &c., & dans les rangs latéraux, les ancolies, les tagets, les zinnia, les pieds-d'alouettes, les marguerites, les œillets, les alyssons, les pavots, &c. (*voyez* ces mots); tantôt il y a trois, tantôt cinq rangs de ces plantes. Les arbustes se taillent en boule ou en buisson, ordinairement avec les ciseaux, mais beaucoup mieux avec la serpette. Les tiges des plantes vivaces se coupent dès qu'elles ont fini leur floraison; on n'y met en place les plantes annuelles, qu'on élève à cet effet dans un coin du jardin, que lorsqu'elles sont prêtes à fleurir.

Les Plates-bandes, soit des jardins légumiers, soit des parterres, se labourent & se fument tous les hivers, & reçoivent au moins trois binages pendant l'été (dans les jardins très-soignés on leur en donne jusqu'à six). Les plantes annuelles qui s'y trouvent, sont arrosées au besoin. On peut reprocher à celles des jardins ornés, de n'être généralement pas assez fumées pour la quantité de plantes qu'on y place; ce qui fait que ces plantes sont maigres, jaunes, peu garnies de fleurs, & ne remplissent pas par conséquent aussi bien leur objet qu'il seroit à desirer. On peut aussi leur reprocher la trop grande quantité de ces plantes, qui se nuisent réciproquement par leurs racines & par leur ombre, & qui n'offrent pas cette harmonie de situation & de rapport qui plaît tant au coup d'œil.

Comme les amateurs de fleurs veulent jouir & faire jouir de l'ensemble de leurs cultures, & que leurs jardins sont le plus souvent d'une petite étendue, ils font leurs Plates-bandes parallèles entr'elles, & les séparent seulement par un petit sentier; ils préfèrent les border en pierres, en briques, en planches, parce qu'ils ont remarqué que les plantes donnent retraite à des escargots, des limaces & des insectes qui nuisent beaucoup à leurs semis & même à leurs plantations. (*Bosc.*)

PLATES-BANDES DE TERRE DE BRUYÈRE. Depuis une cinquantaine d'années qu'on connoît les avantages de la culture des arbrisseaux, des arbustes & des plantes qui ne peuvent prospérer que dans la terre de bruyère, on établit beaucoup de Plates-bandes de cette terre dans les jardins paysagers, dans les pépinières marchandes & dans les écoles de botanique. *Voyez* TERRE DE BRUYÈRE, JARDIN & PÉPINIÈRE.

C'est généralement au nord d'un mur peu élevé qu'on place les Plates-bandes de terre de bruyère; cependant on en voit aussi au levant, au couchant & même au midi. Ces dernières, en les ombrant avec des claies ou des toiles, pendant les jours où le soleil est trop vif, sont très-favorables au semis des arbres des pays chauds, du tulipier, par exemple.

Lorsqu'on n'a pas assez de longueur de mur pour l'étendue de la culture qu'on se propose, on élève des abris en roseaux, en paille, en claies; on plante des lignes des espèces d'arbres, qui se garnissent du bas, dans la direction du levant au couchant, & on sème, ou on plante, dans l'intervalle de ces abris ou de ces lignes. Les claies & les arbres ont l'avantage de donner passage à l'air & à quelques rayons de soleil : ces derniers nuisent aux cultures par leurs racines. L'arbre qu'on préfère est le peuplier d'Italie, à raison de la rapidité de sa croissance & de la facilité de le renouveler tous les cinq à six ans; mais la charmille, le thuya de la Chine & le genévrier de Virginie, quoique privés de ce dernier avantage, me paroissent préférables. Ces arbres se taillent très-court, pour empêcher le développement de leurs racines.

Voici comme on s'y prend pour construire une

Plate-bande de terre de bruyère contre un mur.

A un ou deux pieds de ce mur, & dans toute sa longueur, on creuse une fosse de six à huit pieds de large, plus rarement moins, & d'une profondeur d'autant plus considérable, que le sol est d'une nature plus compacte, qu'on a plus de terre de bruyère à sa disposition & qu'on veut y planter de plus grands arbrisseaux; mais jamais moindre de six pouces. Le fond de cette fosse se recouvre d'abord de sable fin, privé de terreau, si on peut s'en procurer, & ce d'autant plus épais, que la terre de bruyère est plus rare ou plus chère. Ce sable a pour objet principal d'empêcher les larves des HANNETONS, les VERS DE TERRE & les COURTILLIÈRES (*voyez* ces mots) de s'introduire par-dessous dans la terre de bruyère, & de nuire aux plantations qui doivent s'y faire; & pour objet secondaire, de suppléer à la terre de bruyère lorsque les pluies & les arrosemens y auront entraîné de l'humus. Sur cette couche de sable, on place les racines provenant du *cassement* de la terre de bruyère, & enfin la terre de bruyère elle-même jusqu'à six ou huit pouces au-dessus de la surface du sol. Cette élévation au-dessus du sol disparoîtra au bout d'un à deux ans par l'effet du tassement, & il sera bon de recharger d'autant, à cette époque, les Plates-bandes, tant parce que leur terre s'épuise, que parce que cette élévation est agréable à l'œil.

Si on n'avoit pas de terre de bruyère, on pourroit la suppléer jusqu'à un certain point en mettant alternativement dans la fosse des lits de sable de deux pouces d'épaisseur & des lits de feuilles, celles du chêne exceptées, de quatre à cinq pouces d'épaisseur.

Le terreau de couche, à raison des parties animales qui entrent dans sa composition, est fort nuisible, & ne doit jamais entrer dans une Plate-bande de terre de bruyère.

Il n'est presque pas d'espèces d'arbres, d'arbrisseaux, d'arbustes, de plantes vivaces ou annuelles, qui ne croissent beaucoup mieux dans une Plate-bande de terre de bruyère, ainsi disposée, qu'ailleurs; mais la dépense de sa construction oblige de n'y planter que les arbrisseaux, arbustes & plantes que la finesse de leurs racines ne permet pas de mettre ailleurs avec succès: ces arbrisseaux & ces arbustes appartiennent aux genres BRUYÈRE, ITÉE, ANDROMÈDE, LÈDE, AIRELLE, CÉANOTHE, FOTHERGILLE, HYDRANGÉE, CALYCANT, RHODORE, ARALIE, CLETHRA, ARBOUSIER, AZALÉE, ROSAGE, CALICCARPE, CEPHALANTE, KALMIE, SPIRÉE, &c. &c.

Dans les Plates-bandes de terre de bruyère, comme ailleurs, il convient de mettre les arbrisseaux & les arbustes à une distance telle, qu'ils ne se nuisent ni par leurs racines, ni par leurs tiges, & qu'on puisse jouir des agrémens qu'ils offrent à toutes les époques de leur végétation. En conséquence de cette considération, les plus grands seront placés sur le derrière, & les plus petits sur le devant.

Les pépinières marchandes ont trois sortes de Plates-bandes de terre de bruyère: les unes sont destinées à la reproduction par marcottes, & les pieds y sont très-espacés, pour pouvoir coucher leurs branches tout autour; les autres ont pour objet de recevoir les marcottes levées chaque année sur ces pieds; & comme elles ne doivent y rester que jusqu'à la vente, c'est-à-dire, au plus deux ans, on les plante le plus près possible pour économiser la place; les troisièmes sont destinées au semis des graines fines, ainsi qu'à celles de tous les arbres résineux, & leur exposition est le plus souvent au levant. Je reviendrai plus bas sur ces dernières.

Les soins à donner à une Plate-bande de terre de bruyère consistent: 1°. en un bon labour d'hiver, suivi le plus souvent d'une recharge de nouvelle terre de deux à trois pouces, labour pendant lequel on enlève tous les accrus & toutes les marcottes enracinées: on taille à la serpette les pieds qui ont pris une forme irrégulière; on récepe les vieux; on arrête les gourmands; on fait les nouvelles marcottes, les nouvelles plantations, &c.; 2°. en deux ou trois binages d'été; 3°. en des arrosemens pendant les grandes chaleurs ou les longues sécheresses.

Plusieurs arbrisseaux, arbustes & plantes vivaces qu'on cultive dans les Plates-bandes de terre de bruyère, provenant de pays chauds, craignent les fortes gelées; ainsi il faut les couvrir, aux approches de l'hiver, avec des feuilles sèches, avec de la fougère, avec de la paille, &c.; ceux qui, malgré cette précaution, en sont frappés, doivent être récepés au printems pour leur faire pousser de nouvelles tiges, & fortifier leurs racines en cas qu'elles aient aussi été atteintes, ce qui est rare.

Les arbustes & les plantes vivaces des Alpes, arbustes & plantes qui exigent la terre de bruyère, quoique couvertes de neige pendant six mois de l'année sur ces montagnes, craignent beaucoup les gelées du printems du climat de Paris, & doivent aussi être couvertes.

C'est une très-belle acquisition pour nos jardins paysagers que les Plates-bandes de terre de bruyère, qui permettent d'utiliser des expositions qui jusqu'alors avoient présenté l'aspect le plus monotone. On ne peut donc trop les multiplier.

Une Plate-bande de terre de bruyère qui est ronde, ovale ou irrégulière, & qui se trouve établie dans ces sortes de jardins au milieu des gazons, à quelque distance des massifs, se nomme une CORBEILLE. *Voyez* ce mot.

Actuellement je reviens aux Plates-bandes de terre de bruyère destinées aux semis.

J'ai déjà dit qu'on les plaçoit de préférence au levant, & même quelquefois au midi, pour leur procurer plus de chaleur & activer la germination des graines qu'on leur confie. J'ajoute qu'on les fait rarement aussi épaisses que celles dont je viens de parler, parce que par-là on épargne la terre de bruyère, & que cette épaisseur seroit inutile à des plantes qui doivent y rester deux ou trois ans au plus. Six pouces sont leur épaisseur ordinaire; quelquefois même on se contente de deux & même d'un pouce, mais cela rentre dans l'opération qu'on appelle TERREAUTER. *Voyez* ce mot.

Les graines des arbres résineux demandent une Plate-bande exposée au nord.

On sème ordinairement à la volée dans les Plates-bandes de terre de bruyère, au préalable divisées en autant de petites planches bordées d'une légère élévation de terre, qu'on a de sortes de graines. Le plant levé se sarcle, s'éclaircit, se serfouit à la main; souvent on le lève & le repique en ligne ou en quinconce dès la même année ou au printems suivant. Il demande des arrosemens abondans pendant les chaleurs, & lorsqu'il est au midi, comme je l'ai déjà observé, des abris contre les rayons du SOLEIL. *Voyez* ce mot.

Une Plate-bande de terre de bruyère destinée au semis se recharge toutes les fois qu'on y fait de nouveaux semis. *Voyez* SEMIS. (*Bosc.*)

PLATRAS. Dans les pays où on emploie le plâtre à la bâtisse, principalement à Paris, on appelle *Plâtras* le résultat de la démolition des murs, après qu'on en a ôté les grosses pierres. *Voyez* DÉCOMBRES.

Il y a fort peu de différence chimique entre les Plâtras & le plâtre; cependant, lorsqu'on les calcine de nouveau, ils ne reprennent pas au même degré la faculté de se gâcher, & ne peuvent être par conséquent employés de la même manière que le plâtre neuf; mais ils peuvent l'être:

1°. Comme pierres propres à la bâtisse de maisons, sur la durée desquelles on ne spécule pas, & surtout des murs destinés à recevoir des espaliers palissadés à la loque. *Voyez* MUR & PALISSAGE.

2°. Comme contenant du salpêtre, lorsqu'ils proviennent des caves, des écuries, des boucheries, &c., pour être lessivés, & en retirer ce salpêtre.

3°. Comme ayant la faculté de consolider le sol des allées des jardins, & pour empêcher la pluie de les rendre boueuses & de les dégrader.

4°. Pour servir d'amendement aux terres fortes, sur lesquelles ils agissent mécaniquement, en les rendant plus légères, & chimiquement en leur fournissant de la chaux & des sels.

Lorsqu'on veut utiliser les Plâtras dans les deux derniers buts, on les casse en très-petits fragmens.

Pour le premier, on accumule leurs fragmens sur les allées en dos-d'âne, on les mouille & on les comprime avec une BATTE (*voyez* ce mot), jusqu'à ce qu'ils ne fassent plus qu'une masse. Ceux de ces Plâtras qui ont été lessivés par les salpêtriers sont plus convenables que les autres, parce qu'ils sont plus entièrement imbibés d'eau.

Pour le second, on répand leurs fragmens sur les champs, à la fin de l'automne, & on ne les y enterre qu'au printems; les pluies de l'hiver en dissolvent quelques portions, & rendent plus divisibles les autres. Il ne faut pas s'inquiéter s'il en reste deux ou trois ans après, parce que leur décomposition est lente, & qu'ils agissent jusqu'à ce qu'elle soit complète.

Les effets des Plâtras ne sont révoqués en doute par personne; mais on a dit qu'ils encroûtoient les racines des plantes & les faisoient mourir. Des expériences directes ont prouvé que cet inconvénient n'avoit pas lieu. On ne doit cependant pas en répandre trop à la fois. Ils n'ont contre eux que la dépense de leur transport.

On peut aussi mêler les Plâtras réduits en poudre avec les fumiers, dont ils accéléreront la décomposition & amélioreront la qualité. *Voyez* ENGRAIS, AMENDEMENT, CHAUX & PLATRE. (*Bosc.*)

PLATRE: pierre formée de gypse mêlé en diverses proportions avec du carbonate de chaux, de l'argile & du sable.

Il est des Plâtres presque purs; ce sont ceux qui se trouvent dans les terreins primitifs; leurs carrières sont assez fréquentes dans les chaînes granitiques qui traversent la France & qui l'avoisinent, surtout dans les Alpes.

Il est des Plâtres très-mélangés; je n'en connois que trois dépôts en Europe, celui des environs de Paris, celui des environs d'Aix, & celui des environs de Burgos.

Ces deux sortes de Plâtres paroissent s'être formées dans l'eau douce, avec la différence que la première l'a été avant l'existence des êtres organisés, & la seconde bien long-tems après, puisqu'elle recèle de leurs dépouilles.

Le Plâtre sert principalement à la bâtisse, après qu'il a été calciné (cuit) & réduit en poudre grossière, & sous ce rapport, celui de la première sorte est inférieur à celui de la seconde, parce qu'il est plus susceptible d'être dissous par l'eau. Celui qui contient le moins d'argile, & dont le carbonate calcaire & le sable forment le tiers, passe pour le meilleur.

Je n'entrerai pas ici dans le détail des moyens employés pour cuire le Plâtre, le réduire en poudre & le mettre en œuvre, cela étant du ressort du *Dictionnaire d'Architecture;* mais je dirai un mot des avantages & des inconvéniens des bâtisses en Plâtre, soit en général, soit en particulier, relativement à l'agriculture.

Les avantages des bâtisses en Plâtre sont: 1°. d'être très-rapidement exécutées, & de peu de dépense lorsque le Plâtre est sur les lieux, comme aux environs de Paris; 2°. de pouvoir faire, par son moyen, des murs de deux à trois pouces d'épaisseur, soit seul, soit comme liant & recouvrant des briques posées de champ.

Les inconvéniens des bâtisses en Plâtre sont: 1°. de se dégrader très-promptement par l'effet des pluies, par l'action de tous les corps qui les frappent; 2°. d'exiger des réparations annuelles, &, malgré cela, de subsister peu long-tems.

Relativement à l'agriculture, les murs de Plâtre ont l'avantage de pouvoir être recouverts d'espaliers palissadés à la loque, & relevés en masse lorsqu'ils manquent par leur base. Au reste, à ma connoissance, la pratique de ce relèvement n'a lieu qu'à Montreuil près Paris. *Voyez* MUR, ESPALIER, LOQUE, PALISSAGE.

On peut recouvrir de Plâtre les murs en PISÉ & assurer par-là leur conservation, en faisant des réparations annuelles à cet enduit.

Les débris des murs en Plâtre sont un très-bon amendement, qu'on ne doit pas négliger d'employer, soit dans la grande, soit dans la petite culture. *Voyez* PLATRAS.

On peut supposer que l'emploi du Plâtre qui n'a pas encore servi, c'est-à-dire, comme disent les ouvriers, du Plâtre neuf, sous les rapports de l'agriculture proprement dite, est très-ancien dans les pays où il s'en trouve; mais il est certain qu'il n'a jamais été fort étendu.

C'est à Mayer, cultivateur allemand, que les agronomes doivent d'avoir le premier développé par écrit les avantages du Plâtre, & fait des expériences directes pour les constater. Depuis lors, il a été extrêmement vanté dans les livres. Personne aujourd'hui ne doute de son utilité, mais son usage n'est cependant pas encore aussi général qu'il seroit à desirer.

La manière d'agir du Plâtre est encore un problême. Quelques personnes l'assimilent à la marne, & en effet il doit jouir d'une partie de ses propriétés, puisqu'il offre les mêmes composans, au gypse près; d'autres croient, & Yvart est du nombre, que c'est l'acide sulfurique qui joue le véritable rôle; ils se fondent sur ce que les cendres de tourbe, qui renferment des sulfates, produisent des résultats analogues; enfin d'autres, frappés de la propriété que présente le Plâtre d'accélérer la putréfaction des matières animales, supposent qu'il décompose les gaz, & surtout l'acide carbonique.

Des observations qui me sont propres constatent que le Plâtre des terreins primitifs, qui est presque complétement exempt de terres étrangères, agit avec plus d'énergie sur les plantes, que celui des environs de Paris; ce qui prouve que c'est véritablement le sulfate de chaux qui en fait le mérite, sous les rapports agricoles.

Lastérye, dans son excellent Traité sur l'emploi du Plâtre en agriculture, établit qu'il agit avec d'autant plus d'énergie, que les racines des plantes, sur les feuilles desquelles on le répand, sont plus superficielles, ce qu'il explique par la plus prompte arrivée à ces racines des élémens propres à la végétation qu'il a soutirés de l'atmosphère.

Quoi qu'il en soit, il est certain que la véritable manière d'employer le Plâtre, c'est de le semer, réduit en poudre, sur les plantes lorsqu'elles commencent à entrer en végétation, & que c'est sur les plantes à feuilles nombreuses & aqueuses qu'il agit avec le plus d'intensité. Ainsi il produit peu d'effet sur le seigle, le froment & autres graminées, & double les récoltes du trèfle, de la luzerne, des raves, &c., surtout dans les terreins secs.

La question de savoir s'il convient mieux d'employer le Plâtre cru (c'est-à-dire, au sortir de la carrière) n'est pas encore résolue d'une manière absolue; mais la pratique de beaucoup de cultivateurs européens, & de tous ceux de l'Amérique septentrionale, pays où on plâtre généralement les prairies artificielles, est en faveur du premier: c'est celui qu'actuellement je conseille.

Plus le Plâtre est divisé, & mieux il se fixe sur les feuilles des plantes: c'est donc à le réduire exactement en poudre que doivent tendre les cultivateurs. Or, le Plâtre cru est bien plus difficile à mettre en cet état que le Plâtre cuit, & cette circonstance soutiendra encore long-tems son emploi. C'est avec des espèces de massues appelées *battes*, gros bâtons plus larges à une de leurs extrémités, qu'on brise le Plâtre cuit dans les carrières des environs de Paris, & ce moyen suffit au but qu'ont la plupart des carriers, parce qu'il est avantageux pour la bâtisse qu'il ne soit pas trop fin; aussi les machines imaginées pour suppléer à son battage n'ont-elles pas été adoptées de ces carriers. Les cultivateurs qui emploient le Plâtre cuit, acheté dans la carrière, sont obligés de le passer dans un tamis de fil de fer ou de laiton, & de battre de nouveau la portion qui ne peut pas y passer, jusqu'à ce que tout soit réduit en poudre.

Pour réduire le Plâtre cru en poudre, il faudroit que les cultivateurs eussent une machine, car il deviendroit trop fatigant de le faire avec les battes, & peu sont disposés à en construire, soit à raison de la dépense, soit à raison de l'espace qu'elle exigeroit; ils doivent donc desirer l'acheter prêt à être employé. Je ne doute pas que si l'usage en devenoit plus général, il ne s'établît, dans les campagnes, des machines destinées à le réduire en poudre.

Mais quelle machine est préférable? La plus simple & la moins coûteuse. Par exemple, trois cylindres de pierre ou de fonte tournant horizontalement les uns à côté des autres, au moyen d'un engrénage mu par une manivelle; par exemple, un moulin à huile ou un moulin à cidre, c'est-à-dire, une meule de pierre tournant de champ au moyen d'un manège mu par un cheval ou un bœuf, dans une rigole aussi de pierre. Je m'en tiens même à cette dernière, qui peut servir à plusieurs usages, & dont la construction est peu coûteuse dans les cantons où il se trouve des pierres dures. *Voyez* MOULIN A HUILE.

Il y a lieu de croire que le Plâtre qui tombe à terre dans l'opération du plâtrage, n'agit qu'à raison de la chaux, de l'argile & du sable qu'il contient, c'est-à-dire, comme agiroit la MARNE (*voyez* ce mot); mais nous manquons d'observations directes, de sorte qu'on ne peut l'assurer positivement. Un fait qui cependant semble militer en faveur de cette opinion, c'est que le Plâtre uni au fumier augmente son énergie, comme la marne l'augmente dans le même cas.

Un tems sombre & humide est celui qui est le plus avantageux pour répandre le Plâtre sur les plantes en végétation. Il faut cependant craindre la pluie dans ce cas, car en le faisant tomber de dessus les feuilles, elle diminue d'autant son action. Les grands vents sont aussi une circonstance défavorable, & ce par la même raison. En conséquence, on doit préférer le répandre par un tems calme, immédiatement après la pluie, ou le matin, avant la disparition de la rosée. On choisit le moment où le trèfle ou la luzerne commence à couvrir entiérement le sol. Il n'y a aucun motif pour faire cette opération en hiver.

Ce n'est pas une chose facile que de déterminer avec précision la quantité de Plâtre qui doit être répandue sur une surface donnée de terrein, puisque cette quantité doit nécessairement varier d'après sa nature, celle du sol, le genre de la culture, la saison, les circonstances qui ont accompagné son emploi, &c.

On pense cependant généralement que la même quantité en poids, que la semence de froment qu'on semeroit sur un arpent, est celle qui, terme moyen, convient pour cette étendue de trèfle ou de luzerne.

Le Plâtre cuit & pulvérisé perd d'autant plus sa qualité pour la bâtisse, qu'on le garde plus long-tems; mais il ne paroît pas qu'il en soit de même pour l'agriculture. Il suffit de l'empêcher d'être mouillé. L'entasser dans des tonneaux défoncés d'un bout est une mesure dans le cas d'être conseillée: cru il se conserve incontestablement, à l'abri de la pluie, aussi long-tems qu'on le desire.

Les effets du Plâtre se font sentir peu de jours après qu'il est répandu, lorsque d'ailleurs les circonstances ne sont pas trop défavorables, c'est-à-dire, quand sa dispersion n'est pas suivie d'une grande sécheresse. Les trèfles, les luzernes, reverdissent deux ou trois jours après, & acquièrent, en quinze jours, le double de la hauteur de leurs voisines non-plâtrées. J'ai vu dans un jardin des choux éprouver une amélioration aussi rapide par suite de son application.

Si, dans les pays chauds & humides, où on obtient jusqu'à douze coupes de luzerne par an, on faisoit usage du Plâtre, il est probable qu'on augmenteroit de moitié le nombre de ces coupes. Quel immense produit!

L'influence du Plâtre répandu sur les végétaux dure plusieurs années, jusqu'à quatre, selon quelques observateurs; ce qui est difficile à expliquer dans les théories ci-dessus énoncées. Peut-être confond-on l'effet du Plâtre sur les feuilles, comme Plâtre, avec l'effet du Plâtre sur les racines, comme marne; c'est ce que je ne puis décider.

Ce qui paroît plus certain, c'est que le Plâtre, en activant la végétation, fait que les plantes durent moins long-tems, & que le sol s'épuise plus promptement. On ne peut s'opposer complétement à ces deux effets que par des substitutions de culture & des engrais plus abondans; mais leurs inconvéniens sont compensés, & au-delà, lorsqu'on enterre en fleurs le produit des récoltes comme engrais. *Voyez* RÉCOLTES ENTERRÉES.

Ainsi que l'ont prouvé les expériences de M. de Saint-Geniès, à Pantin près Paris, le Plâtre n'agit pas ou agit peu sur les trèfles & les luzernes semées dans les terres qui en contiennent beaucoup. J'ai fréquemment comparé, en effet, les prairies artificielles, semées sur les déblais des carrières à Plâtre, à celles du voisinage, semées dans des sables ou des argiles exemptes de Plâtre, & je ne me suis pas apperçu qu'il y eût de différence marquée & constante dans leur végétation. (*Bosc.*)

PLATYLOBION. *Platylobium.*

Genre de plante de la diadelphie décandrie & de la famille des *Légumineuses*, dans lequel se placent six espèces, dont trois se cultivent dans nos orangeries.

Espèces.

1. Le PLATYLOBION élégant.
Platylobium formosum. Smith. ♄ De la Nouvelle-Hollande.

2. Le PLATYLOBION à feuilles de scolopendre.
Platylobium scolopendrium. And. ♄ De la Nouvelle-Hollande.

3. Le PLATYLOBION à feuilles ovales.
Platylobium ovatum. And. ♄ De la Nouvelle-Hollande.

4. Le PLATYLOBION à petites fleurs.
Platylobium parviflorum. Smith. ♄ De la Nouvelle-Hollande.

5. Le PLATYLOBION à feuilles lancéolées.
Platylobium lanceolatum. And. ♄ De la Nouvelle-Hollande.

6. Le PLATYLOBION à petites feuilles.
Platylobium mycrophyllum. And. ♄ De la Nouvelle-Hollande.

Culture.

Nous ne cultivons que les trois premières espèces, mais les Anglais les cultivent toutes. Ce sont des arbustes toujours verts, d'un aspect très-agréable quand ils sont en fleurs, mais qui se conservent fort difficilement, & qui ne se propagent guère que de semences, dont ils donnent rarement dans nos climats.

Une terre légère, en partie renouvelée tous les ans, des arrosemens modérés, même en été, & le plus grand jour de l'orangerie, ou mieux de la serre tempérée, sont ce que demandent les Platylobions. On sème leurs graines sur couche à châssis, & lorsqu'on a repiqué le plant qu'elles ont donné, seul à seul dans d'autres pots, il faut encore les remettre sur couche jusqu'aux froids, époque où on les rentre. Ce n'est que l'année suivante qu'on peut avec sécurité les abandonner à eux-mêmes dans un lieu abrité & un peu ombragé. (*Bosc.*)

PLAZE. *Plaza.*

Arbrisseau du Pérou, qui forme un genre dans la syngénésie polygamie égale. Il ne se voit pas dans nos jardins. (*Bosc.*)

PLECTRANTHE. *Plectranthus.*

Genre de plante de la didynamie gymnospermie & de la famille des *Labiées*, qui réunit six espèces, dont trois se cultivent dans nos écoles de botanique & dans les grandes collections de plantes. Il est figuré sous le nom de Germaine dans les *Illustrations des genres* de Lamarck, pl. 514.

Espèces.

1. Le Plectranthe en arbre.
Plectranthus fruticosus. Lhérit. ♄ Du Cap de Bonne-Espérance.

2. Le Plectranthe nudiflore.
Plectranthus nudiflorus. Willd. ♃ De la Chine.

3. Le Plectranthe ponctué.
Plectranthus punctatus. Lhérit. ♂ Du Cap de Bonne-Espérance.

4. Le Plectranthe casqué.
Plectranthus galeatus. Vahl. ♃ De Java.

5. Le Plectranthe de Forskhal.
Plectranthus Forskhalii. Vahl. ♃ De l'Arabie.

6. Le Plectranthe à feuilles épaisses.
Plectranthus crassifolius. Vahl. ♃ De l'Égypte.

Culture.

Les trois premières espèces sont celles que nous cultivons.

Le Plectranthe en arbre est le plus commun dans nos orangeries. Cette préférence, il la doit à la beauté de ses touffes fleuries & à la facilité de sa multiplication. Une terre substantielle, qu'on renouvelle tous les ans, lui est nécessaire. Il craint l'humidité pendant l'hiver : en conséquence il faut le mettre dans la partie la plus sèche & la plus éclairée de l'orangerie, & ne lui donner des arrosemens que dans la plus absolue nécessité. J'ai même cru m'appercevoir qu'il étoit avantageux de couper toutes ses branches, lorsque les fleurs étoient passées, c'est-à-dire, vers la fin de décembre, pour assurer sa conservation & avoir de plus belles touffes l'année suivante. Pendant l'été, il lui faut des arrosemens abondans & une exposition chaude. Élever cet arbuste sur une tige d'un pied de haut, & lui faire une tête globuleuse, est un moyen propre à augmenter ses agrémens ; ainsi on ne doit pas négliger de l'exécuter dans sa jeunesse.

On multiplie le Plectranthe en arbre par le semis de ses graines, dont il donne abondamment, semis effectué au printems dans des pots sur couche nue, & par boutures placées également dans des pots, mais sur une couche à châssis.

Le plant qui provient des graines, & il en manque peu, est repiqué en août, seul à seul dans d'autres pots qu'on rentre dans l'orangerie aux approches des gelées, & qu'on traite ensuite comme les vieux pieds.

Les boutures reprennent très-facilement, & ne demandent, lorsqu'elles sont bien enracinées, que les soins que je viens d'indiquer pour le plant.

La seconde espèce diffère peu de la précédente, mais elle est moins belle & plus rare. Sa culture est la même.

La troisième espèce, comme bisannuelle, semble ne devoir se multiplier que de graines qui mûrissent fort bien, & qui se sèment comme celles de la première ; mais on peut encore la multiplier de boutures, ce qui la rend vivace entre les mains des jardiniers. Sa nature étant beaucoup plus aqueuse que celle des espèces précédentes, il faut éviter encore plus qu'elle soit atteinte de l'humidité des orangeries ordinaires : une serre tempérée & sèche convient beaucoup mieux. (*Bosc.*)

PLECTRONE. *Plectronia.*

Arbre du Cap de Bonne-Espérance, qui seul forme un genre dans la pentandrie monogynie & dans la famille des *Rhamnoïdes*. Il est figuré pl. 146 des *Illustrations des genres* de Lamarck.

Comme on ne le cultive pas dans nos jardins, je n'en dirai rien de plus. (*Bosc.*)

PLÉGORHIZE. *Plegorhiza.*

Plante du Chili, qui forme un genre dans l'ennéandrie monogynie, mais que nous ne possédons pas dans nos jardins. (*Bosc.*)

PLEIN VENT. Par opposition aux arbres fruitiers en espalier, en contr'espalier, en quenouille, en pyramide, &c., on appelle ainsi ceux qu'on laisse monter autant que leur nature le comporte, & qu'on n'assujettit à aucune sorte de taille, dès qu'ils sont parvenus à l'âge de cinq à six ans.

Les arbres en Plein vent ne diffèrent donc de ceux qui ont crû dans les forêts, que parce qu'ils appartiennent à des variétés perfectionnées par la culture; qu'ils sont des SAUVAGEONS ou des FRANCS (*voyez* ces deux mots) greffés dans une pépinière, & qu'ils ont été conduits, pendant leurs premières années, selon les principes de l'art. *Voyez* PÉPINIÈRE.

Généralement les arbres en Plein vent font attendre leurs fruits bien plus long-tems que les arbres taillés, & leurs fruits sont moins gros; mais on en est bien amplement dédommagé par la longue durée de leur vie, l'abondance & le bon goût de leurs productions. Nos pères ne connoissoient que les arbres en Plein vent, qu'ils plantoient autour de leurs champs ou dans des enceintes voisines de leur domicile, appelées VERGERS (*voyez* ce mot). C'est sous Louis XIII, d'après Laquintinie, qu'on a commencé à voir des arbres tenus bas & annuellement taillés. Aujourd'hui, principalement dans les jardins voisins des grandes villes, on ne rencontre plus guère que des cerisiers & des pruniers en Plein vent; tous les autres arbres fruitiers sont tenus en demi-tige, en pyramide, en quenouille, en buisson, en espalier, en contr'espalier, en nain, &c.

La science de la culture & les jouissances des riches ont certainement trouvé de grands avantages dans ce changement; mais l'intérêt général de la société y a-t-il également gagné? Je ne le crois pas. En effet, si un poirier en pyramide donne plus tôt & plus régulièrement des fruits, & de plus beaux fruits qu'un en Plein vent, il en donne cent fois moins, ne dure au plus que vingt ans, & exige annuellement des soins pendant toute la durée de sa vie.

Une circonstance qui a pu éloigner les riches de la culture des arbres en Plein vent, c'est qu'existant depuis un siècle, ils n'offroient que des variétés peu perfectionnées, nullement comparables pour le goût, la grosseur, &c., à celles acquises depuis peu, & qu'étant disposées d'après la méthode nouvelle, elles paroissoient devoir leur perfection à cette méthode. Il existe encore dans les pays qui ont peu de communications avec les grandes villes, surtout avec Paris, ainsi que j'ai été à portée de l'observer dans mes voyages, beaucoup de ces arbres qui portent des variétés inconnues aux cultivateurs de la capitale, & généralement toutes inférieures à celles qui se voient dans nos pépinières, mais fournissant immensément.

Je dois donc ici, sans proscrire les arbres taillés, faire des vœux pour que les propriétaires reviennent un peu plus à la culture des arbres en Plein vent, & que les limites des champs, que les vergers se replantent avec les nouvelles variétés, sans contredit supérieures aux anciennes: en le faisant, ils s'attacheront d'autant leurs enfans, pour qui sera la plus abondante production de ces arbres, & dont la propriété aura par-là acquis plus de valeur; car on compte pour quelque chose, en cas de vente, les arbres en Plein vent, & pour rien ceux qui se taillent dans le jardin.

Lorsque les pépinières n'étoient point connues, ou étoient peu communes, on arrachoit dans les bois des poiriers, des pommiers, des cerisiers crûs naturellement, pour les planter dans le verger ou en plein champ, & les greffer en fente à six ou huit pieds de terre, trois à quatre ans après, c'est-à-dire, lorsqu'ils avoient pris un bel empatement de racines. Cette pratique avoit l'avantage de donner des arbres robustes & par conséquent d'une longue vie, car rien ne les affoiblit plus que de les greffer à deux ou trois ans & rez terre. Je ne la conseillerai cependant pas, parce qu'elle seroit aujourd'hui impraticable dans les trois quarts de la France; mais je dirai: semez en pépinière des graines de poires, de pommes, de cerises sauvages; traitez comme les francs les plants qui en proviendront, & ne les greffez qu'à cinq ou six ans & après les avoir mis en place. Les arbres qui résulteront de cette manière d'opérer jouiront des avantages d'une longue vie, & seront bien plus sûrs à la reprise. *Voyez* SAUVAGEON.

Aux environs de Paris & des autres grandes villes de France, on ne destine à devenir des Pleins vents que les sujets de pommier & de poirier dont la greffe a manqué à deux ou trois ans, & qui en conséquence se sont élevés. On les appelle alors des ÉGRAINS (*voyez* ce mot & celui PÉPINIÈRE); ils sont presque toujours le produit du semis des pommiers & des poiriers à cidre (*voyez* FRANC), & par conséquent un peu plus foibles que les sauvageons. Les cerisiers sont toujours le résultat du semis des merises, & les pruniers de celui de deux ou trois variétés peu perfectionnées de prunes. (*Voyez* PRUNIER.) Ces deux arbres se prêtent difficilement à une taille rigoureuse. Quant aux pêchers & aux abricotiers qu'on veut disposer pour le Plein vent, on les greffe ordinairement sur le prunier. Les noyers & les châtaigniers proviennent de semis; on greffe le COIGNASSIER, le NEFLIER, le CORMIER, l'AZAROLIER, sur l'ÉPINE ou le POIRIER. (*Voyez* ces mots.) L'OLIVIER, le CORNOUILLER, le NOISETIER & le FIGUIER se tiennent toujours ou en Plein vent ou en buisson. *Voyez* ces mots.

C'est presque généralement à trois ou quatre ans, & en fente, à six ou huit pieds de haut, qu'on greffe les égrains destinés à devenir des Pleins vents. Ces égrains greffés se lèvent la seconde ou la troisième année après cette opération pour être mis définitivement en place.

Ces arbres ne commencent à donner du fruit que six à huit ans après leur plantation, & ne sont en plein rapport qu'à vingt ans; mais ils continuent à produire pendant quarante ou cinquante ans, & quelquefois plus. Assez généralement, comme les arbres forestiers, ils ne donnent abondamment de fruits que de deux années l'une, parce que s'épuisant par cette abondance, ils ont besoin de se reposer pour reprendre des forces. (*Voyez* RÉCOLTES ALTERNES.) Ils sont aussi, à raison du manque d'abri, plus sujets aux influences atmosphériques que les arbres taillés, qui font manquer la fécondation de leurs fleurs. *Voyez* COULURE.

Les arbres en Plein vent demandent à être très-espacés pour pouvoir étendre leurs racines & leurs branches à volonté, ainsi qu'à être débarrassés de leurs branches mortes, de leurs branches CHIFFONÉES OU GOURMANDES, du GUI qui les dévore, des mousses & des lichens qui leur donnent un aspect désagréable. Lorsqu'ils sont vieux, on tente souvent de leur donner une nouvelle vigueur en coupant toutes leurs branches près du tronc. *Voyez* RAPPROCHEMENT, RAJEUNISSEMENT, TETARD.

Labourer le pied des arbres en Plein vent chaque hiver, donne toujours des résultats avantageux. (*Bosc.*)

PLÉOPELTIS. *Pleopeltis.*

Fougère du Mexique, qui seule forme un genre selon Humboldt & Bonpland, mais qui ne se cultive pas dans nos jardins. (*Bosc.*)

PLÉTHORE. L'acception de ce mot est un peu vague; cependant, le plus généralement, on l'applique à l'augmentation apparente ou réelle du sang, indiquée par le gonflement des veines.

Ainsi un cheval qui a beaucoup travaillé dans la chaleur, qui a été exposé au grand soleil dans le milieu d'un jour d'été, qui a mangé beaucoup de plantes aromatiques, qui est resté renfermé, à la même époque de l'année, dans une écurie basse, non aérée & surchargée de fumier, est dans le cas de la fausse Pléthore.

Le mouton, à raison de la laine dont il est couvert, est plus sujet à la Pléthore qu'aucun des autres animaux domestiques.

Du repos, un air frais, ensuite des lotions d'eau à la température de l'atmosphère, acidulée avec du vinaigre, sur la tête de l'animal, des bains de rivière, des boissons rafraîchissantes, des lavemens & la diète, sont les moyens les plus certains de guérir cette fausse Pléthore, qui, comme on voit, n'est que de circonstance, mais qui cependant conduit à la mort. *Voyez* APOPLEXIE.

Ainsi un cheval qui reste long-tems sans travailler, & qui est nourri avec abondance, dont la transpiration est arrêtée par une cause quelconque, offre souvent la vraie Pléthore, qu'on reconnoît à la chaleur de la peau, à la respiration fréquente, à l'assoupissement continuel & à l'affoiblissement des muscles.

Le cochon, comme plus glouton & plus mal soigné, est très-souvent attaqué de cette maladie. Les remèdes à y opposer sont le pansement à la main, fréquent & rigoureux, la saignée, l'exercice, la diète & quelques boissons sudorifiques.

Ce sont, comme on doit bien le penser, les chevaux de luxe qui sont les plus sujets à la vraie Pléthore; les vaches trop bien soignées l'offrent aussi quelquefois. (*Bosc.*)

PLETHORE. Plenck a transporté ce nom dans le jardinage, c'est-à-dire, aux arbres & aux plantes qu'un excès de nourriture empêche de porter des fleurs ou des fruits : ce cas est assez fréquent. On l'empêche de naître ou de produire entièrement ses effets, en mettant de la mauvaise terre autour des racines, en coupant quelques racines, en courbant les branches, en ébourgeonnant avec rigueur, en enlevant les feuilles, &c. *Voyez* ÉCIMAGE, FEUILLE, COURBURE, ENGRAIS. (*Bosc.*)

PLEURÉSIE : maladie qui affecte les diverses parties de la poitrine, & qui se divise en trois sortes.

La Pleurésie vraie est une inflammation de la plèvre, membrane qui tapisse toute la partie interne de la poitrine; elle a le plus communément pour cause une suppression de transpiration. Ainsi un cheval, & surtout un bœuf, sur lequel on jette de l'eau pendant la chaleur, qui boit de l'eau froide, qu'on laisse exposé à un courant d'air froid, quand il est en sueur, y est très-exposé; il en est de même quand il est dans une écurie ou étable humide : elle a encore pour cause, mais plus rarement, un écoulement ou une éruption ancienne supprimée, une poitrine naturellement étroite, des travaux excessifs, des coups, &c. &c.

Les animaux qui ont été attaqués une fois de la Pleurésie, y sont, par cela seul, plus sujets par la suite, & la récidive est pour eux plus dangereuse. Le printems est la saison où elle est la plus fréquente.

On distingue la Pleurésie vraie en sèche & en humide : la sèche se caractérise par une toux sans expectoration; l'humide par une toux accompagnée d'une expectoration facile.

Une fièvre accompagnée de toux, de chaleur, de soif & d'insomnie, est toujours le signe caractéristique d'une Pleurésie. On la reconnoît de plus, ainsi que son intensité, 1°. en frottant la main sur les côtes, lorsque l'animal inspire, ce qui le fait plus ou moins souffrir; 2°. en examinant les urines, qui sont rougeâtres.

La terminaison naturelle de cette maladie a lieu, ou par des sueurs abondantes, ou par une forte expectoration, ou par des urines très-chargées, ou par des déjections séreuses, ou par une hémorragie : ainsi, pour la favoriser, le vétérinaire tiendra l'animal chaudement, lui donnera fréquemment, mais peu à la fois, ou des boissons sudorifiques, ou des boissons émollientes, ou de légers purgatifs, ou il fera saigner, selon qu'il jugera la disposition de la maladie à telle ou telle terminaison.

son. L'animal sera soumis à une diète sévère ; on lui donnera des lavemens rafraîchissans ; on fera sur sa poitrine des fomentations émollientes. En général, c'est une saignée, même une forte saignée, qu'on préfère employer, & réellement elle est le plus souvent indiquée, mais aussi quelquefois elle contrarie la marche de la nature ; on la répète le lendemain lorsque les symptômes ne se sont pas affoiblis. Si tous ces moyens ne réussissent pas, on aura recours aux vésicatoires sur la poitrine.

Pendant la convalescence on veillera à ce que l'animal ne soit pas frappé d'une indigestion, ce à quoi sa foiblesse le rend fort sujet, car elle pourroit avoir des suites graves.

La Pleurésie fausse affecte principalement les muscles intercostaux ; elle n'a d'abord rien d'inflammatoire, mais elle se change très-facilement en Pleurésie vraie. Sa cause est le plus souvent un virus rentré ou un défaut total d'exercice. Sa durée est rarement de plus de sept jours : elle est encore plus sujète aux retours, que la Pleurésie vraie. Ses symptômes diffèrent peu de ceux de la précédente ; mais un caractère qui l'en distingue, c'est que les animaux qui en sont affectés, ne peuvent pas se coucher sans douleur. Une température chaude, une diète sévère & des boissons abondantes suffisent ordinairement pour la guérir ; si cependant elle ne cédoit pas à ces moyens, il faudroit avoir recours à ceux indiqués pour la Pleurésie vraie.

La paraphrénésie est l'inflammation du diaphragme. Les symptômes qu'elle offre, sont plus graves que ceux de la Pleurésie vraie, puisqu'outre la fièvre, la toux, la douleur, l'animal a la respiration douloureuse, des convulsions, des mouvemens de fureur, & que la terminaison est très-fréquemment la gangrène. Les remèdes à opposer à cette maladie sont encore les mêmes que ceux employés dans la Pleurésie vraie ; mais ils doivent être plus actifs, & il ne faut pas perdre un moment pour les employer, parce que la marche de la maladie est rapide. *Voyez* PARAPHRÉNÉSIE. (*Bosc.*)

PLEURS DE LA VIGNE : sève qui, au premier printems, s'extravase par les blessures que fait la taille à la vigne.

Ordinairement les Pleurs cessent de couler le lendemain du jour de l'opération, par suite de l'action desséchante de l'air sur la plaie ; mais si on recommençoit cette opération, elles couleroient de nouveau, & ce jusqu'à ce que le pied soit assez affoibli pour n'en plus donner.

Ce n'est pas toujours, comme quelques écrivains l'ont dit, une mauvaise pratique que de tailler la vigne pendant qu'elle est en sève, sous prétexte qu'il y a une grande déperdition de sève ; car cette déperdition, en affoiblissant le cep, est quelquefois favorable à la production du fruit ; par exemple, dans les terreins très-fertiles, dans les printems très-chauds & très-humides, circonstances où la vigne pousse trop vigoureusement ses bourgeons pour que les grappes puissent se former. *Voyez* VIGNE, ENGRAIS, ÉCIMAGE & FEUILLE. (*Bosc.*)

PLEYON ou PLOYON. Tantôt c'est un brin de bois flexible, servant à lier (*voyez* HART), tantôt un sarment de vigne, courbé en arc pour lui faire porter plus de fruit. *Voyez* VIGNE.

PLINIE. *Plinia.*

Arbre de l'Amérique méridionale, qui seul constitue un genre dans l'icosandrie monogynie & dans la famille des *Rosacées*. On le cultive dans nos serres. Il est figuré pl. 428 des *Illustrations des genres* de Lamarck.

La culture du PLINIE à fleurs jaunes, *Plinia crocea*, ne diffère pas de celle des JAMBOISIERS, genre avec quelques espèces duquel il a beaucoup de rapport. *Voyez* ce mot. (*Bosc.*)

PLOCAMIER. *Plocama.*

Arbuste fétide des Canaries, qui seul forme un genre dans la pentandrie monogynie & dans la famille des *Rubiacées*. Il se cultive dans les orangeries en Angleterre ; mais je ne sache pas qu'il existe dans aucune de celles des environs de Paris. M. Dumont-Courset annonce qu'il a plusieurs fois semé les graines, mais que, quelques précautions qu'il ait prises, il n'a jamais pu conserver le plant qui en est résulté. (*Bosc.*)

PLOMBAGE. L'expérience de tous les tems & de tous les lieux a constaté que les labours, en divisant la terre, la rendent plus perméable aux gaz atmosphériques, aux eaux pluviales & aux racines des plantes, & que c'est la réunion de ces trois circonstances qui fait prospérer les plantes cultivées. *Voyez* LABOUR.

Labourer, & encore labourer, doit donc être l'objet principal des travaux des cultivateurs.

Mais une terre très-divisée laisse passer trop rapidement les eaux pluviales, les laisse évaporer avec trop de facilité ; les racines des jeunes plantes peuvent souffrir, & même se dessécher par l'absence de l'humidité, & par conséquent les plantes ne pas croître vigoureusement ou périr.

Il est donc bon que la terre ne soit pas trop divisée, surtout à sa surface, principalement lorsque, par sa nature, elle l'est déjà. *Voyez* TERRE DE BRUYÈRE, TERRE SABLONEUSE.

On appelle *plomber* l'opération de donner, après le labour, un peu plus de densité à la surface de la terre, pour éviter les inconvéniens dont je viens de parler.

On plombe de diverses manières ; avec le dos de la main lorsqu'on sème des graines fines dans un pot ; avec une planche lorsqu'on fait la même opération sur une couche ; avec une BATTE ou avec les pieds lorsqu'on l'exécute dans les planches de jardin où on a semé des graines d'une grosseur égale ou supérieure aux pois; lorsqu'on met un arbre en terre, &c. (*voyez* PIÉTINEMENT); avec le dos d'une herse; avec un rouleau plus ou moins pesant; par le passage rapide d'un troupeau de moutons dans les champs ensemencés en blé ou en graines. *Voyez* ROULAGE.

Certaines graines demandent un Plombage plus appuyé que certaines autres, la RAIPONCE, par exemple. (*Voyez* CAMPANULE.) En général, plus le terrein est sec & léger, & plus cette opération est nécessaire.

Les fortes pluies, vulgairement appelées *pluies battantes*, plombent les terres, & les terres marneuses surtout, quelquefois de manière à ne plus offrir qu'une croûte imperméable aux pluies subséquentes, & que les plantes germantes ne peuvent percer. On n'a d'autre ressource, lorsqu'on veut ne pas perdre un semis fait dans une telle terre ainsi plombée, que de la herser avec une herse à dents de fer rapprochées, pour en déchirer la surface. Lorsqu'elle n'est pas semée, on doit la labourer de nouveau, soit avec une charrue légère, soit, & ce moyen est plus expéditif, avec une houe à cheval à plusieurs socs.

Une partie des terres de la ci-devant Champagne se trouvent dans le cas précédent plusieurs fois dans le courant de l'année, & cela, ainsi que j'ai cru m'en assurer, ne contribue pas peu à leur infertilité, n'y ayant point d'autre moyen de les rendre propres à absorber l'eau, lorsque les céréales sont montées en épis, que de les cultiver en rangées & de les biner avec la houe à cheval, moyen qui est inconnu dans cette contrée. C'est là que M. Hayot rendroit de grands services aux cultivateurs. *Voy.* SEMOIR & HOUE A CHEVAL. (*Bosc.*)

PLOTIE. *Plotia.*

Genre de plante établi par Adanson dans la dioécie pentandrie, mais sur lequel nous n'avons pas acquis, depuis lui, d'idées précises.

Je ne le connois pas, & j'ignore d'où vient la seule espèce qu'il contient, & si elle est cultivée. (*Bosc.*)

PLOUTER : sorte de hersage qui s'exécute avec une herse à dents de fer, très-lourde ou chargée de pierres; elle a le plus souvent pour objet de briser les mottes, & quelquefois de donner une sorte de LABOUR aux terres qui ont été PLOMBÉES par les PLUIES. *Voyez* ces mots.

Le roulage avec un ROULEAU à dents de fer produit mieux, & plus promptement, le premier de ces résultats, & la HOUE à cheval, à cinq ou six socs, le second; ainsi je conseille de les préférer. *Voyez* ROULEAU & HOUE. (*Bosc.*)

PLUIE. Soit comme utile, soit comme nuisible, la Pluie est dans le cas d'être souvent prise en considération par les cultivateurs, mais ils ne peuvent que foiblement la suppléer ou s'opposer à ses effets.

Dans les Dictionnaires de *Chimie* & de *Physique*, l'eau a été considérée sous les rapports de sa composition & des phénomènes qu'elle présente, phénomènes parmi lesquels l'évaporation, la formation des nuages & la chute de la Pluie ne sont pas les moins remarquables & les moins importans. Je n'entrerai donc pas ici dans le développement des causes de cette dernière, & je ne parlerai que de ceux de ses effets qui ont une influence directe ou indirecte sur l'agriculture.

Il est cependant nécessaire que je rappelle quelques principes.

On reconnoît deux origines à la Pluie : la première, l'abandon que fait l'air, lorsque sa température diminue, de l'eau qu'il tenoit en dissolution; cette origine n'est contestée de personne; la seconde, par l'action chimique de l'électricité, qui change subitement l'air en eau. Tout le monde n'est pas d'accord sur cet effet.

L'eau est dissoute en d'autant plus grande abondance dans l'air, que la température de ce dernier est plus élevée, sa densité plus considérable, son mouvement plus rapide; voilà pourquoi il pleut quand les nuages montent & que le vent diminue.

Pour tomber en Pluie, l'eau dissoute passe par un état intermédiaire : ce sont de petites vésicules creuses, plus légères que l'air, & qui constituent les NUAGES & les BROUILLARDS. *Voy.* ces mots.

Les hautes montagnes, en attirant les nuages, en les forçant de s'élever au-dessus de leur sommet, donnent lieu à la chute de la Pluie; voilà pourquoi il pleut presque continuellement sur les Cordillières du Pérou; qu'il pleut si souvent sur les Alpes, les Pyrénées, les pics de l'Auvergne.

Lorsque ces trois dernières chaînes de montagnes, ainsi que celles des Vosges, de la Bourgogne, des Ardennes, &c., étoient six fois (supposition peut-être foible) plus hautes qu'aujourd'hui, il tomboit douze fois plus d'eau sur le sol de la France qu'aujourd'hui, & la largeur du lit ancien des rivières le prouve d'une manière indubitable. *Voyez* MONTAGNE.

Déterminant la chute des Pluies, les montagnes sont donc cause qu'il pleut par tel vent dans tel pays, & par tel autre dans tel autre; ainsi le vent du sud-ouest est le vent pluvieux aux environs de Paris, parce que les Alpes sont au nord-est de cette ville; ainsi il est des lieux tellement placés, relativement aux montagnes, qu'il n'y pleut presque jamais, témoins le bas Pérou, la haute Egypte. Là, les rosées suppléent aux Pluies.

Comme les forêts augmentent la hauteur des montagnes & attirent aussi les nuages par le mouvement de leurs feuilles, il pleut plus souvent au pied des hautes montagnes boisées, qu'au pied de celles qui sont nues.

Ce ne sont point les vents, du moins le plus souvent, qui déterminent la chute de la Pluie, comme on le dit généralement, & comme je le dis moi-même pour me conformer à l'usage, mais la chute de la Pluie qui occasionne les vents, lesquels ne sont que l'air qui vient remplir le vide laissé par les NUAGES. *Voyez* ce mot.

Puisque les montagnes sont le plus souvent la cause de la chute de la Pluie, & qu'elles ne changent pas de place, il doit donc résulter qu'il doit, en chaque lieu, tomber toutes les années à peu près la même quantité de Pluie; ainsi on s'est assuré, par l'observation, qu'il tomboit par an, terme moyen, à Paris, une épaisseur de dix-neuf pouces d'eau; à Londres, de trente-sept; à Pise, de trente-quatre & demi; à Padoue, de trente-sept & demi; à Leyde, de vingt-neuf & demi; à Zurich, de trente-deux; à Lyon, de trente-sept.

La connoissance de la quantité d'eau qui tombe annuellement dans un lieu est importante pour déterminer le genre de culture qu'il convient d'y introduire.

L'influence indirecte de la Pluie sur le produit des récoltes s'exerce, ou avant, ou après sa chute; ainsi les NUAGES, les BROUILLARDS, les BRUMES, portent de l'OMBRE & de l'HUMIDITÉ sur les plantes, absorbent leur CHALEUR, diminuent leur TRANSPIRATION, &c.; ainsi l'EAU qui en résulte, accélère leur croissance lorsqu'elle est unie à la chaleur, & la diminue quand le FROID l'accompagne. *Voyez* ces mots & ceux ÉVAPORATION, ROSÉE, AIR, VENT, ORAGE, TONNERRE, GRÊLE, NEIGE & GIVRE.

La NEIGE n'est que de la Pluie congelée avant sa chute, & la GRELE, de la Pluie congelée pendant sa chute. *Voyez* ces mots.

L'hiver, & je comprends sous ce nom, non-seulement ce qu'on appelle ainsi sur le Calendrier, mais de plus la moitié de l'automne & la moitié du printems, est la saison des Pluies. C'est alors que la terre s'abreuve d'eau pour entretenir les fontaines, & satisfaire aux besoins des animaux & des végétaux pendant toute l'année.

La continuité des Pluies est aussi nuisible aux récoltes que leur extrême rareté; c'est toujours un terme moyen qui est à desirer; mais ce terme ne peut être fixé d'une manière absolue, car il dépend de la nature du sol & de l'objet de la culture: ainsi un terrein sabloneux & profond demande des Pluies fréquentes & abondantes; ainsi un terrein peu profond s'accommode mieux de celles qui sont fréquentes & peu abondantes; ainsi il en faut, ou de fréquentes & peu abondantes, ou de rares & d'abondantes aux terreins argileux; ainsi les semis de chanvre, de raves, de colza, veulent plus d'eau que ceux de seigle, d'orge, &c.

Lorsque les Pluies manquent au printems, les graines ne lèvent point, les plantes vivaces poussent foiblement, les arbres mêmes souffrent, les labours ne peuvent se faire dans les terres fortes, les foins sont maigres & même de nul rapport; les céréales principalement ne prennent pas tout leur accroissement; leurs graines n'arrivent pas à toute leur grosseur; il en est de même des plantes vivaces & des arbres. Quelquefois ces derniers périssent lorsqu'ils sont isolés & dans une terre légère. Les hommes & les bestiaux souffrent dans les lieux peu abondans en eaux courantes ou stagnantes.

Pendant la première moitié de l'automne, les inconvéniens de l'été se continuent, & pendant la seconde, ceux du printems se renouvellent lorsqu'il ne pleut pas.

Pleut-il avec excès au printems, les semailles sont retardées, les graines pourrissent, les tiges s'alongent, les fleurs ne se développent pas ou coulent, les labours ne peuvent s'exécuter dans les terres fortes.

En été, dans le même cas, les plantes annuelles n'amènent point leurs graines à maturité ou germent dans leurs enveloppes, & les fruits pulpeux & autres sont sans saveur & ne se gardent point; la récolte des grains se fait mal ou point du tout; des maladies se développent chez les hommes & les animaux domestiques.

Dans la première moitié de l'automne, si les inconvéniens ci-dessus continuent d'avoir lieu, les vendanges se font mal ou point du tout; & dans la seconde, ceux du printems reviennent.

Généralement les années pluvieuses sont mauvaises ou donnent des récoltes de médiocre qualité & de peu de garde. Ce sont celles, je le répéte, où les Pluies sont fréquentes & de peu de durée, qui comblent le mieux l'espérance du cultivateur; mais comme il est des terreins qui en demandent beaucoup plus que d'autres, il y a toujours quelques cantons qui prospèrent, soit qu'il en tombe peu, soit qu'il en tombe beaucoup.

Dans les jardins, on peut empêcher les Pluies de mouiller des espaces circonscrits, au moyen de châssis, de paillassons, de toiles, &c., mais dans les champs il faut souffrir tous leurs résultats.

On supplée à la Pluie dans les jardins par des ARROSEMENS, & dans certaines portions de champs, surtout dans les pays chauds, par des IRRIGATIONS. *Voyez* ces mots.

Certaines Pluies sont chaudes, & elles accélèrent prodigieusement la végétation; ce sont celles qui tombent par le vent du midi ou ceux qui s'en rapprochent; d'autres sont froides, & elles retardent beaucoup la croissance des plantes; ce sont celles qui accompagnent les vents du nord, ou ceux qui en sont voisins. *Voyez* VENT.

Les Pluies d'orage sont ordinairement chaudes lorsqu'elles ne sont pas accompagnées de GRÊLE (*voyez* ce mot), mais elles ont le grave inconvénient de plomber les terres en plaine, d'entraîner les terres en pente, de déchausser les jeunes plants, de mutiler les fleurs & même les feuilles naissantes. Les Pluies, qui purifient l'air d'une manière si marquée pour ceux qui n'en ont pas été mouillés, sont dangereuses à recevoir sur le corps dans les jours chauds de l'été, & les cultivateurs ne le savent pas assez généralement. Je ne puis que les engager à changer toujours le plus tôt possible d'habits lorsque les leurs auront été trempés par elles.

Les eaux de Pluie sont regardées comme les plus pures, & en effet elles ne contiennent, outre l'air, qu'une infiniment petite quantité d'acide carbonique, d'électricité & de sels terreux; aussi sont-ce les meilleures pour boire & pour arroser. On les réunit dans des ÉTANGS, dans des MARES, dans des CITERNES pour l'usage des hommes, des animaux, & pour les irrigations.

Mettre à l'abri de la Pluie le produit des récoltes est d'une si indispensable nécessité, qu'on les y met partout plus ou moins; mais on ne sait pas assez généralement de quelle importance il est d'y mettre également les INSTRUMENS d'agriculture dans le cas d'être pourris ou rouillés par l'eau; c'est pourquoi je renvoie à l'article qui les concerne pour apprendre quels sont les avantages économiques de cette mesure.

Je dois dire un mot de ces Pluies de soufre, de sang, de sable, de crapauds, de limaces, que l'ignorance & la superstition ont présentées comme signes de la colère céleste. La première est due à la poussière fécondante des pins, poussée au loin par les vents; la seconde, le résultat de l'évacuation que tous les papillons qui viennent d'éclore & qui se posent sur les murs, contre le tronc des arbres, &c., rendent par l'anus; la troisième, du sable enlevé par un vent d'orage; la quatrième & la cinquième, des crapauds & des limaces nés dans l'année, & il en naît immensément, parce qu'il en échappe peu aux circonstances atmosphériques & à leurs ennemis, qu'une Pluie douce détermine à sortir de leurs retraites & à venir chercher pendant le jour, & non pendant la nuit, comme à l'ordinaire, la nourriture qui leur est nécessaire.

Je finis en renvoyant au mot MÉTÉRÉOLITE pour les Pluies de pierres, dont l'existence vient d'être prouvée d'une manière indubitable. (*Bosc.*)

PLUKENÉTIE. *Plukenetia.*

Genre de plante de la pentandrie monogynie & de la famille des *Thytimaloïdes*, qui renferme trois espèces, dont aucune n'est cultivée dans nos jardins. *Voyez* les *Illustrations des genres* de Lamarck, pl. 788, où il est figuré.

Espèces.

1. La PLUKENÉTIE grimpante.
Plukenetia volubilis. Linn. ♄ Des Indes.
2. La PLUKENÉTIE verruqueuse.
Plukenetia verrucosa. Smith. ♄ De Cayenne.
3. La PLUKENÉTIE corniculée.
Plukenetia corniculata. Smith. ♄ De l'île d'Amboine.

Culture.

La première espèce se cultive dans l'Inde, autour des maisons, à raison de l'emploi qu'on y fait de ses feuilles, qui sont odorantes, pour l'assaisonnement des alimens. (*Bosc.*)

PLUME : vêtement donné aux oiseaux, par la nature, pour les garantir du froid & leur fournir les moyens de s'élever dans les airs & de s'y diriger à volonté. Les grandes Plumes des ailes s'appellent proprement *pennes*, mais ce dernier mot est peu employé hors des livres qui traitent de la science ornithologique.

Toutes les Plumes sont susceptibles de se détacher naturellement, & cela arrive ordinairement, chaque année, au commencement de l'été; c'est ce qu'on appelle la MUE. *Voyez* ce mot & le mot OISEAU.

A quelqu'époque de l'année qu'on arrache une Plume à un oiseau, soit petite, soit grande, elle repousse de suite, & d'autant plus promptement qu'il fait plus froid.

L'économie domestique tire un parti avantageux des Plumes des oiseaux, principalement de celles des oies & des canards; elles sont même l'objet d'un commerce assez important. C'est donc être blâmable que d'imiter ces ménagères qui ne conservent pas convenablement les Plumes de leurs volailles, encore plus celles qui les jettent au vent. Il n'est point de petite perte pour qui sait calculer, & la dépouille d'une poule, quelque peu importante qu'elle soit, prise isolément, augmente nécessairement le capital de son propriétaire.

Les Plumes des jeunes volailles, celles des volailles qui sont mortes de leur mort naturelle, même celles qui n'ont été enlevées de dessus leur corps que long-tems après qu'elles ont été tuées, ne sont pas propres à former des lits de Plumes, des traversins, &c. On doit les mettre à part pour être employées à l'engrais des terres, leur nature ne différant pas de celle de la CORNE. *Voyez* ce mot & les mots POIL & ENGRAIS.

Dès qu'elles ont été détachées de la volaille, les Plumes doivent être mises dans des paniers & exposées dans un grenier au grand air, pour qu'elles se dessèchent complétement, après quoi on les réunit dans un tonneau défoncé d'un bout, mais exactement couvert d'une toile à claire voie, pour empêcher les insectes destructeurs de les dévorer. Aux approches de l'hiver, on les introduit pendant une heure ou deux dans un four encore chaud à 15 ou 20 degrés, pour achever leur dessiccation & faire périr les larves des insectes qui pourroient s'y trouver. Alors elles sont propres à être employées.

Les Plumes sont de différentes valeurs, selon les oiseaux dont elles proviennent, & selon les usages auxquels elles sont propres.

Les cygnes & les oies sont les plus avantageux à élever sous ce rapport. Leur corps fournit les meilleures Plumes pour faire des lits & des traversins, & leurs ailes, les Plumes les plus recherchées pour écrire ; celles du corps des canards viennent ensuite pour le premier de ces usages ; enfin, celles de la poule. Le coq & le chapon présentent les Plumes de leur queue pour faire des houssoirs, & celles de leur croupion s'emploient à garnir les pompons des militaires. Ces deux articles ne laissent pas que d'avoir quelqu'importance dans certains lieux & dans certains cas.

Les Plumes ont souvent une odeur qui leur est propre, & qui déplaît souverainement à ceux qui n'y sont pas accoutumés. On la fait disparoître par une dessiccation plus complète, & par une exposition plus prolongée au grand air. Si, malgré cela, elle se conserve, on n'a plus que la ressource de faire tremper les Plumes dans une légère eau de savon, pour ensuite les laver à grande eau & les faire sécher. C'est par le même moyen qu'on nétoie celles qui sont devenues trop sales par l'usage.

Il n'est pas inutile d'apprendre aux cultivateurs que, pour rendre propres à écrire les Plumes des ailes des cygnes & des oies, même celles des dindons, qui les suppléent quelquefois dans les campagnes, il faut les tremper dans une forte lessive & les frotter avec un linge rude jusqu'à ce que toutes les membranes qui les recouvrent, soient enlevées. On appelle ce procédé les HOLLANDER, parce que c'est de Hollande qu'il nous est venu.

Voyez, pour le surplus, le *Dictionnaire des Arts & Métiers* de mon ami Roland de la Platière, au mot PLUMASSIER. (*Bosc.*)

PLUMULE. C'est la partie de la PLANTULE (*voyez* ce mot) qui sort de terre dans l'acte de la germination, & qui devient la tige. Les cultivateurs sont fréquemment dans le cas de la prendre en considération, à raison de l'influence qu'ont sur elles la sécheresse, le froid, la gelée, &c., à raison de ce qu'elle est sujète à être dévorée par les animaux, écrasée par les accidens, &c. *Voyez* GERMINATION. (*Bosc.*)

PODAGRAIRE. *ÆGOPODIUM.*

Plante vivace, indigène, très-commune dans les lieux argileux & humides, & qui seule forme un genre dans la pentandrie digynie & dans la famille des *Ombellifères*.

La Podagraire a l'odeur de l'angélique : de là le nom d'*angélique sauvage* qu'elle porte dans beaucoup de lieux. Comme elle s'élève à près de deux pieds de hauteur, & que tous les bestiaux la mangent (les bœufs, ainsi que les chevaux, la préfèrent même à beaucoup d'autres plantes), on ne peut pas la mettre au rang des plantes nuisibles, comme quelques écrivains l'ont fait. Son peu d'agrément ne permet pas de l'introduire dans les jardins paysagers, où elle se trouve d'ailleurs naturellement, si le sol lui convient. Dans les écoles de botanique on se contente de semer ses graines en place, d'éclaircir le plant qu'elles ont fourni, & de l'arroser pendant la sécheresse ; elle subsiste pendant cinq à six ans dans la même place. (*Bosc.*)

PODALYRE. *PODALYRIA.*

Genre de plante de la décandrie monogynie & de la famille des *Légumineuses*, dans lequel se trouvent réunies quinze espèces, dont la moitié se cultive dans nos écoles de botanique & dans les jardins de quelques-uns de nos amateurs. Il est figuré pl. 327 des *Illustrations des genres* de Lamarck.

Observations.

Ce genre se rapproche infiniment de celui des SOPHORES, & beaucoup des espèces qu'il renferme ont été rapportées à ce dernier par divers auteurs. *Voyez* aussi les mots VIRGILIE & CROTALAIRE.

Espèces.

1. Le PODALYRE monosperme.
Podalyria monosperma. Lam. ♄ De la Jamaïque.

2. Le PODALYRE à coiffe.
Podalyria calyptrata. Willd. ♄ Du Cap de Bonne-Espérance.

3. Le PODALYRE hérissé.
Podalyria hirsuta. Willd. ♄ Du Cap de Bonne-Espérance.

4. Le PODALYRE à feuilles en coin.
Podalyria cuneifolia. Vent. ♄ Du Cap de Bonne-Espérance.

5. Le PODALYRE à deux fleurs.
Podalyria biflora. Lam. ♄ Du Cap de Bonne-Espérance.

6. Le PODALYRE à feuilles de buis.
Podalyria buxifolia. Lam. ♄ Du Cap de Bonne-Espérance.

7. Le PODALYRE à cœur renversé.
Podalyria obcordata. Lam. ♄ Du Sénégal.

8. Le PODALYRE à fleurs blanches.
Podalyria alba. Willd. ♃ De l'Amérique septentrionale.

9. Le PODALYRE austral.
Podalyria australis. Willd. ♃ De l'Amérique septentrionale.

10. Le PODALYRE à feuilles de lupin.
Podalyria lupinoides. Willd. ♃ Du Kamtzchatka.

11. Le PODALYRE des teinturiers.
Podalyria tinctoria. Willd. ♃ De l'Amérique septentrionale.

12. Le PODALYRE velu.
Podalyria villosa. Mich. ♃ De l'Amérique septentrionale.

13. Le PODALYRE à feuilles molles.
Podalyria mollis. Mich. ♃ De l'Amérique septentrionale.

14. Le PODALYRE perfolié.
Podalyria perfoliata. Mich. ♃ De l'Amérique septentrionale.

15. Le PODALYRE uniflore.
Podalyria uniflora. Mich. ♃ De l'Amérique feptentrionale.

Culture.

Les efpèces que nous cultivons, font celles des n°s. 3, 4, 6, 8, 10 & 11; les trois premières font des arbuftes qui exigent l'orangerie, ou mieux la ferre tempérée pendant l'hiver: une terre légère, des arrofemens modérés leur font indifpenfables. On les multiplie de graines, dont elles donnent rarement dans nos climats, & par marcottes; les graines fe fèment dans des pots, fur couches à châffis, & le plant qui en provient eft repiqué feul à feul au printems fuivant. Les marcottes fe font au printems, & ne s'enracinent quelquefois que la feconde année.

Les autres font de pleine terre; mais, excepté la dixième, il eft prudent de couvrir leurs racines de feuilles fèches, ou de fougère, pendant l'hiver. On les multiplie, ou de graines, dont elles donnent du refte également peu fréquemment dans nos climats, graines qu'on fème dans des pots, fur couche nue, & dont le plant n'eft repiqué en pleine terre qu'au printems de l'année fuivante, ou par déchirement de vieux pieds, déchirement qui a lieu pendant tout l'hiver lorfqu'il ne gèle pas, mais qui ne réuffit pas toujours.

La difficulté de multiplier les Podalyres fait que, quoique ce foient d'affez belles plantes, même lorfqu'elles ne font pas en fleurs, ils font encore rares chez les amateurs. On devra les placer, lorfqu'elles feront plus communes, le long des fentiers, autour des fabriques & dans les jardins payfagers. Leur exiftence paroît pouvoir fe prolonger long-tems dans la même place. (*Bosc.*)

PODOCARPE. *Podocarpus.*

Genre de plante de la monoécie monadelphie & de la famille des *Crucifères*, extrêmement voifin des Ifs (*voyez* ce mot), dans lequel fe rangent deux efpèces, dont une fe cultive dans nos orangeries.

Efpèces.

1. Le PODOCARPE à longues feuilles.
Podocarpus elongatus. Ait. ♄ Du Cap de Bonne-Efpérance.
2. Le PODOCARPE à feuilles de doradille.
Podocarpus afplenifolius. Labill. ♄ De la Nouvelle-Hollande.

Culture.

C'eft la première efpèce que nous poffédons; il lui faut une terre légère & fubftantielle, & des arrofemens fréquens en été. On la reproduit, au défaut de graines, dont elle ne donne pas ordinairement dans nos climats, par marcottes & par boutures; les premières faites en tout tems, les fecondes faites au printems, dans des pots, fur couche à châffis. Les boutures prennent affez fûrement des racines, mais leur accroiffement eft long-tems peu accéléré. En général, il convient mieux de tenir cet arbriffeau dans un trop petit que dans un trop grand pot, & de ne pas renouveler fa terre fans néceffité. (*Bosc.*)

PODOLOPSIS. *Podolopsis.*

Plante vivace de la terre de Van-Diemen, qui feule, au dire de Labillardière, forme un genre dans la fyngénéfie fuperflue & dans la famille des *Corymbifères*.

Comme cette plante n'eft pas cultivée dans nos jardins, je ne dois rien en dire de plus. (*Bosc.*)

PODOPHYLLE. *Podophyllum.*

Genre de plante de la polyandrie monogynie & de la famille des *Renonculacées*, qui réunit deux efpèces, dont une eft cultivée dans toutes les écoles de botanique. *Voyez* les *Illuftrations des genres* de Lamarck, où il eft figuré, pl. 449.

Efpèces.

1. La PODOPHYLLE ombiliquée.
Podophyllum peltatum. Linn. ♃ De l'Amérique feptentrionale.
2. La PODOPHYLLE à double feuille.
Podophyllum diphyllum. Linn. ♃ De l'Amérique feptentrionale.

Culture.

Une terre légère, furtout la terre de bruyère, & une expofition ombragée, font néceffaires au fuccès de la culture de la Podophylle ombiliquée; très-rarement elle donne de bonnes graines, mais fes racines tracent tant, qu'elles fourniffent chaque année plus de nouveaux pieds qu'il n'eft néceffaire aux befoins. C'eft fous les grands arbres des jardins payfagers, au nord de leurs fabriques, de leurs rochers, &c., qu'il convient de la placer. Elle fe fait remarquer par la grandeur de fes feuilles & la fingulière pofition de fes fleurs. Je dois obferver que fa racine eft un violent poifon.

Je fuis le feul qui ai poffédé vivante, aux environs de Paris, la Podophylle à double feuille, mais un accident me l'a fait perdre avant fa floraifon: fa culture ne doit pas différer de celle de la précédente. On en a formé un genre fous le nom de JEFFERSONIE. (*Bosc.*)

PODORIE. *Podoria.*

Arbrisseau dont j'ai reçu des échantillons du Sénégal, échantillons qui m'ont servi à établir un genre que j'avois nommé *Podoriocarpus*, mais que Lamarck a cru devoir appeler de mon nom, quoique Thunberg m'eût accordé auparavant un autre genre de la tétrandrie, lequel ne contient qu'une espèce originaire du Cap de Bonne-Espérance.

Deux genres de même nom ne pouvant subsister, Persoon, dans son *Enchiridium*, a rétabli, en le raccourcissant, le nom que j'avois donné à ce genre, qui appartient à la dodécandrie monogynie.

Nous ne possédons pas dans nos jardins la Podorie du Sénégal. On m'a dit que les habitans du pays en mangeoient les fruits, quoiqu'ils aient l'apparence fort peu mangeable. (*Bosc.*)

PODOSPERME. *Podospermum.*

Plante annuelle de la Nouvelle-Hollande, qui seule forme un genre dans la syngénésie égale.

Cette plante ne se cultive pas dans nos jardins. (*Bosc.*)

PODOSTÈME. *Podostemum.*

Petite plante qui croît dans les eaux de l'Ohio dans l'Amérique septentrionale, & qui seule forme, selon Michaux, un genre dans la monoécie diandrie.

Nous ne possédons pas cette plante dans nos jardins. (*Bosc.*)

POGONIE. *Pogonia.*

Genre de plante établi par Jussieu dans la gynandrie diandrie & dans la famille des *Orchidées*, mais qui ne paroît pas avoir été adopté par les autres botanistes.

Le même nom a été donné par Andrew à un arbuste grimpant de la Nouvelle-Hollande, qui seul forme un genre dans la pentandrie monogynie, & que nous ne possédons pas encore dans nos jardins. (*Bosc.*)

POILS : filamens plus ou moins longs, plus ou moins fins, plus ou moins serrés, diversement colorés, implantés dans la peau, ou partie de la peau de l'homme, ainsi que de la plupart des quadrupèdes, & dont l'objet paroît être de la garantir du froid & des atteintes des objets extérieurs : il y en a de droits & de frisés. *Voyez* PLUME.

Les Poils de la tête de l'homme s'appellent CHEVEUX ; ceux de la brebis, LAINE ; ceux de la queue des chevaux, CRINS ; ceux des cochons, SOIE. *Voyez* ces mots.

Un bulbe sert de racine aux Poils, qui semblent végéter comme les plantes, & qui, comme elles, repoussent lorsqu'on les coupe.

De quelque couleur qu'ils soient, les Poils deviennent blancs par les progrès de l'âge. On n'a pas encore pu rendre raison de ce phénomène.

L'agriculteur doit considérer les Poils, proprement dits, sous les rapports de l'animal auquel ils appartiennent, & des emplois auxquels ils sont propres.

Lorsqu'ils sont lisses & luisans, c'est signe de bonne santé ; lorsqu'ils sont hérissés & ternes, & encore plus, lorsqu'ils s'arrachent facilement, c'est un fort mauvais symptôme.

Chaque année, à la fin du printems, plus ou moins promptement, & plus ou moins complétement, selon l'espèce, l'âge, le pays, &c., les Poils tombent. C'est ce qu'on appelle MUE. *Voy.* ce mot.

On entretient le Poil des chevaux en bon état par le PANSEMENT A LA MAIN (*voyez* ce mot). On fait le Poil aux mulets dans beaucoup de pays, surtout en Espagne. *Voyez* MULET.

On enlève les Poils des peaux des animaux domestiques dans les opérations qui précèdent leur tanage ou leur corroyage, & ces Poils, sous le nom de BOURRE, sont employés à garnir les fauteuils, les selles, les colliers, à consolider la chaux ou même l'argile dans la construction des maisons rurales.

Les chèvres, les chiens, les chats & les lapins à longs Poils sont tondus ou épilés toutes les années, pour employer leur Poil dans la fabrication des étoffes tissues ou tricotées, des chapeaux, &c.

Un grand parti est aussi tiré, pour ce dernier objet, du Poil des lapins ordinaires & des lièvres ; c'est pourquoi on en recherche les peaux dans les campagnes.

Les peaux de plusieurs animaux domestiques, couvertes de leurs Poils, principalement celles des veaux, des cochons, des moutons, sont fréquemment employées dans les arts économiques.

On appelle *fourrure* la peau garnie de Poils de beaucoup d'animaux sauvages, tels que les ours, les blaireaux, les renards, les loups, les fouines, les martres, les loutres, &c.

Cette rapide énumération suffit pour prouver combien il est important pour les agriculteurs de ne pas perdre le Poil des animaux qui meurent chez eux, ou qu'ils tuent à la chasse.

L'analyse chimique des Poils indique que leurs parties constituantes ne diffèrent pas de celles de la corne ; aussi est-il reconnu de toute ancienneté qu'ils sont un engrais d'autant plus excellent, qu'il augmente d'action à mesure que la chaleur & l'humidité s'augmentent, c'est-à-dire, qu'il agit dans le moment où la puissance végétative est la plus en mesure pour en profiter : autre raison aussi puissante que les précédentes, pour ne pas les perdre. Comme leur décomposition est lente, c'est au pied des arbres qu'il convient le mieux de les enfouir. *Voyez* CORNE & PLUME. (*Bosc.*)

POINCILLADE. *Poincinia.*

Genre de plante que quelques botaniftes ont réuni aux BRESILLETS (*cæfalpinia*), & que d'autres en ont féparé. *Voyez* ce mot & les *Illuftrations des genres* de Lamarck, pl. 333.

Dans l'état actuel des chofes, le genre POINCILLADE ne contient que trois efpèces; favoir:

1. La POINCILLADE élégante.
Poincinia pulcherrima. Linn. ♄ Des Indes.

2. La POINCILLADE étalée.
Poincinia elata. Linn. ♄ Des Indes.

3. La POINCILLADE des corroyeurs.
Poincinia corriaria. Jacq. ♄. De l'Amérique méridionale.

Culture.

Nous poffédons ces trois efpèces dans nos jardins; on les obtient de graines tirées de leur pays natal, & femées dans des pots fur couche à châffis. Le plant qu'elles donnent, demande une chaleur fèche, très-élevée, pendant toute l'année; on le fépare l'année fuivante pour le mettre feul à feul dans d'autres pots qui ne doivent pas quitter la ferre, & pour qui la place la plus chaude eft toujours la meilleure: on ne les arrofe que le moins poffible, furtout en hiver; on ne leur donne de la nouvelle terre qu'à la dernière extrémité. Lorfque leur tige périt, les racines fuivent le plus ordinairement; elles ne reprennent pas de boutures, & rarement de marcottes; auffi font-elles rares.

L'efpèce la plus commune & la plus belle eft la première; elle décore fort agréablement une ferre lorfqu'elle eft en fleurs, c'eft-à-dire, à la fin de l'été. D'ailleurs, fon feuillage eft toujours vert, & fort élégant. (*Bosc.*)

POINTULLE. On donne ce nom, dans le département de l'Aifne, aux différens infectes qui coupent les bourgeons de la vigne. *Voyez* COUPE-BOURGEONS, ATTELABE & CRYPTOCEPHALE.

POIRE: fruit du POIRIER. *Voyez* ce mot dans le *Dictionnaire des Arbres & Arbuftes.*

POIRÉ: liqueur vineufe, faite avec les poires fermentées, qui eft moins eftimée que le cidre, mais qui a cependant des qualités précieufes. J'en parlerai au mot POIRIER dans le *Dictionnaire des Arbres & Arbuftes.*

POIREAU: efpèce du genre de l'ail, originaire du midi de l'Europe, qui fe cultive dans tous les jardins pour l'ufage de la cuifine, où elle eft employée comme affaifonnement (*voyez* AIL); elle eft bifannuelle par fa nature; mais elle devient quelquefois vivace, furtout une de fes variétés, en pouffant du collet de fa racine des œilletons qui remplacent le pied après qu'il a porté graine. Je ne cite ce fait que parce qu'il eft peu connu; car nulle part on ne fait ufage de ces rejetons pour la multiplication.

En Efpagne, le Poireau eft une mauvaife herbe qui gêne beaucoup les cultures, & qu'on peut difficilement, ainfi que j'ai été à portée de l'obferver, faire difparoître des champs. Il m'a paru qu'on doit cependant y parvenir par un affolement régulier, c'eft-à-dire, en fubftituant aux céréales des récoltes fufceptibles d'être binées, & à ces dernières, des prairies artificielles.

Parmi les nombreufes variétés de Poireaux qui ont été la fuite de la culture, je ne citerai que le *Poireau long*, dont la racine s'enfonce beaucoup en terre, c'eft la plus commune à Paris, & le *Poireau court*, dont la racine n'a qu'un à deux pouces de long. Cette dernière eft plus groffe, plus âcre, & moins fenfible aux gelées.

Dans le nord de la France, les Poireaux ne fervent qu'à donner du goût aux potages & à certaines fauces; mais dans le midi, les pauvres les mangent crus avec du pain. Il eft des perfonnes, parmi les riches, qui ne peuvent en fupporter la faveur & même l'odeur.

Une terre fubftantielle, ni trop forte ni trop légère, eft celle qui convient le mieux aux Poireaux; mais ils s'accommodent de toutes, pourvu qu'elles ne foient ni trop arides ni trop aquatiques: une expofition chaude, ainfi qu'une humidité foible & conftante, leur font auffi très-favorables. C'eft, en tout pays, dans les alluvions qu'on obtient les plus beaux. *Voyez* ALLUVION.

La graine de Poireaux fe fème tantôt avant l'hiver, à une expofition chaude, ou fur couche, tantôt après l'hiver, en planches ou en plein champ. Dans le premier cas, on repique toujours le plant; mais dans le fecond, quand ils font jeunes, les Poireaux font fufceptibles des atteintes des fortes gelées; ainfi il faut les couvrir pendant l'hiver, lorfqu'on a lieu de les craindre.

Cette opération n'a pas toujours lieu: un ferfouiffage & un ou deux farclages font avantageux aux Poireaux encore dans la planche du femis.

On tranfplante les Poireaux lorfqu'ils ont cinq à fix pouces de haut. La planche où on les place doit avoir été, au préalable, profondément labourée; mais pour peu que la terre foit bonne, il n'eft pas befoin de la fumer, vu qu'ils vivent plus par leurs feuilles que par leurs racines, & que par conféquent ils épuifent peu. La diftance à laquelle on les place, eft fix pouces, terme moyen, & la profondeur à laquelle on les enterre, trois pouces pour la première variété.

Si on enfonce autant les Poireaux en terre, c'eft que leur partie blanche eft la plus tendre & la moins âcre, & que leur organifation permet de le faire fans craindre leur mort. *Voyez* PLANTATION.

La plupart des jardiniers coupent les feuilles & les racines du plant de Poireau à la moitié de leur longueur, mais cette opération eft plus nuifible qu'utile quand on a levé ce plant avec les foins convenables,

convenables, qu'on le transplante de suite, & qu'on a la facilité de l'arroser autant qu'il est nécessaire. Tantôt c'est avec le plantoir, tantôt, ce qui vaut mieux, avec une petite houe, qu'on fait le trou destiné à le recevoir.

Ordinairement on réserve une planche de semis duement éclaircie, ou on laisse dans la planche du semis un assez grand nombre de Poireaux pour suffire pendant deux ou trois mois à la consommation de la maison, afin de ne toucher à ceux qu'on transplante que lorsqu'ils auront acquis toute leur grosseur.

Deux ou trois binages dans le courant de l'été & de l'automne favorisent singulièrement l'accroissement des Poireaux, & on ne doit jamais les leur refuser si on veut les avoir beaux & bons : c'est pour ne leur en pas donner, que ce légume est si grêle dans la plupart des jardins.

Lorsqu'on a semé les Poireaux dans l'intention de ne pas les repiquer, il faut à plus forte raison, vu le moindre ameublissement de la terre, donner les trois binages ci-dessus indiqués.

L'important est de les semer le plus également possible, & d'éclaircir, lors du premier binage, toutes les plantes où les pieds seroient rapprochés de moins de quatre pouces.

En général, malgré ces trois binages, les Poireaux non transplantés sont moins beaux, & surtout n'offrent pas une aussi longue portion de blanc; c'est la seconde variété qu'il est le plus avantageux de préférer dans ce cas, & de fait, celle qu'on préfère le plus généralement.

Des arrosemens dans les sécheresses sont indispensables quand on veut avoir des Poireaux beaux & doux.

Quelques jardiniers coupent les feuilles de leurs Poireaux dans l'idée que cela fera grossir leur tige. Si cette opération se fait pendant l'interruption de la séve, elle peut remplir plus ou moins cet objet; mais dans le cas contraire, elle suspend la végétation, & devient par conséquent nuisible. *Voyez* FEUILLE.

La consommation des Poireaux commence dès qu'ils ont la grosseur d'une plume à écrire, & dure jusqu'à ce que ceux de l'année suivante soient arrivés à ce point, c'est-à-dire, jusqu'en avril : on les arrache à mesure du besoin. Dans les climats froids, où on craint l'effet des gelées sur eux, les jardiniers instruits les arrachent pour les placer près à près, en rigole, en les inclinant un peu, en ne laissant voir que l'extrémité de leurs feuilles, & en les couvrant ensuite d'une épaisse couche de feuilles sèches, de fougère ou de paille.

Là il est facile d'en prendre de loin en loin, malgré la gelée ou la neige, pour la provision de la maison.

Il est assez commun, dans les jardins des environs de Paris, de réserver une portion de planche de Poireaux pour la graine; mais plus au nord, où, comme je viens de l'annoncer, on est obligé de les arracher pour les préserver des grandes gelées, on en repique un certain nombre de pieds choisis, parmi les plus beaux, dans un bon fonds, & à une exposition méridienne. Je ne saurois trop le répéter, de la beauté des pieds résulte la beauté de la graine, & de la beauté de la graine, la beauté des semis. *Voyez* GRAINE.

Les pieds réservés sont binés, & lorsque leurs fleurs commencent à s'épanouir, on soutient les tiges contre les efforts des vents, ou les accidens, par des bâtons parallèles au terrein, & attachés à d'autres bâtons fixés en terre.

La maturité de la graine des Poireaux se reconnoît à l'ouverture des capsules qui la renferment. Cette époque arrivée, on coupe les tiges, & on les suspend la tête en bas, dans un grenier, au-dessus d'un vase propre à recevoir la graine qui tombe, & qui est la meilleure. On ne froisse les capsules, pour obtenir celle qui y reste, qu'au moment du semis, parce qu'elle s'y conserve mieux que dans des sacs. Cette graine reste bonne pendant trois ans; mais celle de l'année précédente est toujours préférable. (*Bosc.*)

POIREAU, VERRUE : petite tumeur charnue qui se forme sur diverses parties du corps des animaux domestiques, principalement sur la tête & autour des organes extérieurs de la génération.

La grosseur des Poireaux varie entre celle d'un pois & celle d'un œuf : ce n'est que lorsqu'ils sont près d'arriver à cette dernière, qu'il devient indispensable de les faire disparoître.

C'est, ou par la ligature, ou par l'extirpation, ou par les caustiques, ou par le feu, qu'on parvient à anéantir les Poireaux.

Toutes les fois que la base d'un Poireau sera moins large que son sommet, on l'entourera d'un fil ciré qu'on serrera tous les jours, jusqu'à ce que le Poireau soit mort; après quoi on en pansera la plaie, s'il y en a, comme plaie simple.

L'extirpation se fait avec un bistouri, & doit pénétrer jusqu'au-dessous de la racine, sans quoi elle n'auroit qu'un effet momentané, cette racine repoussant : la plaie se panse d'abord avec des plumasseaux imbibés d'acétate de plomb (eaux végéto-minérales de Goulard), ensuite chargés d'onguent ægyptiac.

Plusieurs sortes de caustiques peuvent être employés, tels que l'eau-forte, la pierre à cautère, la pierre infernale, le beurre d'antimoine, les sucs d'euphorbe & autres plantes âcres.

Un fer rouge, ou le cautère actuel, remplit plus promptement l'objet qu'aucun autre moyen, & doit par conséquent être employé de préférence; mais il faut le faire pénétrer jusqu'au-dessous des racines. Des sétons dans la partie opposée du corps ont un effet très-marqué sur la guérison, & empêchent le retour des Poireaux dans le voisinage, retour qui a très-fréquemment lieu sans cela.

A la suite des eaux aux jambes des chevaux, il naît souvent une grande quantité de Poireaux qui sont fort rebelles, & que le feu seul, joint au traitement de la maladie principale, peut guérir.

Un ulcère est quelquefois la suite de l'extirpation ou de la cautérisation d'un Poireau; alors on doit croire qu'il y a une cause générale, telle qu'une gourme, une gale, un farcin rentré, &c., cause qu'il faut chercher pour y appliquer les remèdes convenables. *Voyez* les mots ULCÈRE & FIC. (*Bosc.*)

POIRÉE : espèce du genre BETTE, dont on mange les côtes. *Voyez* BETTE.

POIRÉTIE. *POIRETIA.*

Arbuste de la Nouvelle-Hollande, qui seul forme un genre dans la pentandrie monogynie & dans la famille des *Ericoïdes.*

Il n'est pas cultivé dans nos jardins. (*Bosc.*)

POIRIER. *PYRUS.*

Genre de plante de l'icosandrie pentandrie & de la famille des *Rosacées*, qui réunit une douzaine d'espèces, toutes susceptibles d'être cultivées en pleine terre dans le climat de Paris. Il en sera question dans le *Dictionnaire des Arbres & Arbustes.* (*Bosc.*)

POIS. *PISUM.*

Genre de plante de la diadelphie décandrie & de la famille des *Légumineuses*, dans lequel se rangent cinq espèces, dont une est l'objet d'une importante culture dans toute l'Europe tempérée, soit dans les champs, soit dans les jardins. *Voyez* pl. 633 des *Illustrations des genres* de Lamarck, où il est figuré.

Espèces.

1. LE POIS des champs, vulgairement *bizaille*, *pois gris*.
Pisum arvense. Decand. ☉ Indigène.

2. LE POIS commun.
Pisum sativum. Linn. ☉ De.....

3. LE POIS maritime.
Pisum maritimum. Linn. ☉ Des bords de la mer du Nord.

4. LE POIS ailé.
Pisum ochrus. Linn. ☉ Du midi de la France.

5. LE POIS de Jomard.
Pisum Jomardi. Schr. ☉ De l'Égypte.

Culture.

Le Pois des champs se trouve sauvage dans plusieurs parties de la France, mais le Pois cultivé n'y a jamais été rencontré; ce qui fait croire, ou qu'il en est une variété, ainsi que la plupart des botanistes le croient, ou qu'il nous est venu, avec une grande partie de nos légumes, des contrées de la haute Asie, que tous les documens semblent devoir faire regarder comme le berceau du genre humain.

Je parlerai d'abord de la culture en grand des Pois gris : 1°. pour fourage; 2°. pour être enterré en fleurs; 3°. pour sa graine, tous objets auxquels on pourroit préférer quelques-unes des variétés du Pois commun, à raison de la grandeur plus considérable, de la saveur plus agréable de leurs tiges & de leurs feuilles, ainsi qu'à raison de leurs graines, plus nombreuses, plus grosses, plus tendres, plus agréables au goût, si elles n'étoient pas beaucoup plus délicates, & par conséquent plus sujètes à manquer par suite des intempéries de l'atmosphère.

La culture des Pois gris offre le moyen d'alonger la série des assolemens, & sous ce seul rapport elle doit être introduite dans toutes les exploitations; elle réussit fort bien après les céréales, & encore mieux après les pommes de terre, les betteraves & autres récoltes de plantes non légumineuses qui demandent des binages d'été : leurs longues tiges entrelacées & traînantes entretiennent sur le sol une humidité constante qui favorise la décomposition de l'humus non soluble, & font périr, par défaut de lumière & d'air, les mauvaises herbes à mesure qu'elles se montrent. On ne fait pas assez apprécier en France les avantages dont elle est sous ces deux rapports.

Les terres franches & un peu humides sont celles où se plaisent le mieux les Pois gris; ils ne profitent bien dans les autres, que dans les années pluvieuses.

En Angleterre on sème quelquefois les Pois gris en rayons, pour pouvoir les biner avec la charrue, ce qui augmente beaucoup leur production en graines. Lorsqu'on les coupe en vert, on les fait pâturer sur place. Ils épuisent peu la terre, parce que c'est la formation de la graine qui produit principalement cet effet. Dans ce dernier cas, on peut se dispenser de fumer la terre; mais lorsqu'on veut tirer parti de leurs graines pour la nourriture, & même pour l'engrais des bœufs & des cochons, ainsi que des volailles, il est nécessaire de le faire si on desire obtenir une récolte abondante de la plante qu'on est dans l'intention de mettre à sa place l'année suivante.

C'est sur deux bons labours, lorsque les gelées ne sont plus à craindre, que se sèment les Pois gris, à la volée & un peu clair. On herse ensuite, & on fait la garde pendant quelques jours pour garantir le semis des ravages des corbeaux & autres oiseaux : choisir un tems pluvieux, ou faire tremper pendant vingt-quatre heures les Pois dans l'eau, font des précautions fort bonnes à prendre. Il est fort avantageux de semer avec eux des féves de marais, du seigle ou du froment, pour que leurs tiges puissent monter sur celles de ces dernières plantes, & profiter de toute l'influence de la lumière & de l'air. Quelquefois encore, lorsqu'on est dans l'intention de faire couper en vert, ou pâturer sur place le produit, on augmente beaucoup la proportion de la graine, ou on y joint de la vesce, de la gesse, des lentilles, &c. &c. *Voyez* MELANGE & PRAIRIES TEMPORAIRES.

Il semble que le plâtre en poudre, répandu sur les feuilles des Pois gris, devroit être d'un grand effet; cependant je ne connois pas de cultivateur qui en fasse usage. J'appelle l'attention des amis de la prospérité agricole de la France sur cet objet.

Comme toute végétation luxuriante nuit à la production de la graine, il n'y a pas de doute cependant que l'emploi du même amendement sur les Pois des jardins, principalement sur les Pois de primeur, ne fût plus nuisible qu'utile. *Voyez* PLATRE.

Considérés comme produisant une récolte propre à être enterrée comme engrais, les Pois gris présentent des avantages très-importans, en ce qu'ils croissent rapidement & fournissent beaucoup de fanes; aussi, quoiqu'on les utilise très-fréquemment sous ce rapport, ne le fait-on pas encore assez pour la prospérité agricole de la France. Des expériences positives ont appris que leur enfouissement, en fleurs, équivaloit à une demi-fumure. *Voyez* RÉCOLTES ENTERRÉES.

Lorsqu'on coupe de bonne heure les Pois gris, pour les donner en vert aux bestiaux à l'écurie, & qu'on le fait à six ou huit pouces de terre, ils repoussent s'il survient des pluies, & on peut les faire pâturer trois semaines après par les moutons, ou les enterrer pour engrais. J'ai même vu de ces Pois fauchés donner une récolte passable de graines, petites il est vrai, mais par-là plus convenables pour la nourriture des pigeons.

Lorsqu'on les cultive pour fourage sec, on coupe les Pois gris à l'époque où la moitié à peu près de leurs graines sont arrivées à maturité. La raison de cette pratique, c'est que les graines nourrissent plus que les tiges & les feuilles, & que si on tardoit davantage, les tiges deviendroient trop dures, & la plupart des graines se perdroient; mais quand on les cultive pour la graine, malgré ce dernier inconvénient, il faut attendre que les trois quarts de ces graines soient mûres. Dans ce dernier cas, on ne les fauche que le matin, avant la disparition de la rosée, & on les charge de suite dans des charriots garnis de toile, pour les apporter dans la grange ou le grenier, où la dessiccation des tiges & des feuilles s'opère, & la maturité des graines se complète. Soit que ce soit pour fourage, soit que ce soit pour graines, on doit, si on a de la paille en surabondance, stratifier la récolte de Pois gris avec elle, cette opération favorisant sa dessiccation, & communiquant à la paille l'odeur & la saveur des Pois, odeur & saveur qui la font manger avec plus d'appétit par les bestiaux.

Les tiges des Pois gris étant très-dures, comme je viens de l'observer, les bœufs & les moutons peuvent difficilement les manger lorsqu'elles sont sèches, parce qu'ils n'ont pas de dents incisives. Il seroit bon de ne les leur donner que mouillées de la veille.

Les pigeons, les corbeaux, les geais, les moineaux, ainsi que les campagnols, les mulots, les souris, sont extrêmement friands des Pois gris, & causent de grands dommages, à l'époque de leur maturité, dans les champs qui en sont semés. Il faut renfermer les premiers, & faire une guerre à outrance aux autres, depuis la formation des premières graines jusqu'à la récolte.

Après la récolte des Pois gris, un cultivateur soigneux lâche ses pigeons, & envoie sur le champ qui les a portés, ses dindons, ses oies, ses canards, ensuite ses cochons, pour les faire profiter de toutes les graines qui se sont perdues.

Le battage des Pois gris s'exécute comme celui du blé, lorsqu'ils sont complétement secs, au moyen du fléau. On donne un demi-battage, ou même seulement, & c'est mieux, un quart de battage à ceux qui sont destinés à la nourriture des bestiaux pendant l'hiver. On vanne comme à l'ordinaire.

Le premier produit du battage des Pois gris doit être réservé pour la SEMENCE. *Voyez* ce mot.

La conservation des Pois gris en graine a lieu dans des sacs ou dans des tonneaux; elle peut se prolonger un grand nombre d'années, si les BRUCHES ne s'y opposent pas; mais en général on ne doit pas chercher à les garder au-delà de deux ou trois ans.

Il n'est point d'animal pâturant qui n'aime les Pois gris avec passion, & qui ne soit engraissé par eux plus promptement peut-être qu'avec aucune autre graine; ils en recherchent également la fane verte ou sèche. Les vaches, les brebis nourrices & les agneaux trouvent en eux une ressource difficile à remplacer; de là le nom de *Pois à vache*, *Pois à brebis*, *Pois à agneaux*, qu'ils portent.

Les cochons à l'engrais se trouvent encore mieux de leur usage; il en est de même de toutes les volailles. Que de motifs pour en étendre la culture!

Lorsqu'on fait tremper les Pois gris dans l'eau pendant vingt-quatre heures avant de les donner aux bestiaux, & encore mieux, lorsqu'on les fait cuire, ils les engraissent bien plus promptement.

Deux ou trois variétés de Pois gris sont indiquées dans les ouvrages d'agronomie; mais elles diffèrent trop peu pour mériter d'être ici l'objet d'un article particulier.

Je n'en dirai pas autant du Pois commun, ou du Pois des jardins dont je vais m'occuper; car il offre des variétés si importantes & si nombreuses, que partout où j'ai habité, j'en ai vu qui différoient de celles cultivées aux environs de Paris, & cela devoit être, puisqu'il est, depuis un grand nombre de siècles, l'objet des soins de tous les peuples policés. *Voyez* VARIÉTÉ.

Pour faciliter l'étude de ces variétés, on les a divisées & subdivisées.

La première division comprend les Pois à gousse coriace comme le parchemin, & qu'on ne peut manger; elle se subdivise en Pois nains & en Pois ramés.

La seconde réunit les Pois dont la gousse n'est pas coriace, & peut se manger.

Voici, dans l'ordre de leur maturité, la liste des Pois nains qui se cultivent aux environs de Paris, & qu'on peut se procurer, pour la reproduction, dans la maison de commerce de M. Villemorin, grainetier en cette ville.

Pois de Francfort ou *Michaux de Hollande*. Sa tige s'élève d'environ dix-huit pouces; son rapport est très-avantageux.

Pois Baron. Sa tige est plus haute que celle du précédent, mais ses gousses sont plus petites, & ses graines sont moins sucrées.

Pois de Blois. Il est plus petit dans toutes ses parties.

Pois nain à bouquets. On ne le rame pas; ses graines ne sont pas excellentes, mais elles sont très-abondantes: c'est lui qu'on cultive le plus aux environs de Lyon.

Pois Michaux, *Pois chaux*, *Pois hâtif ordinaire*, *Pois quarantain*. La consommation de ses graines, qui se fait à Paris, en vert (en petits Pois), est immense; elles sont tendres, sucrées & abondantes. Ses tiges s'élèvent jusqu'à trois pieds.

Pois crochu. Il a l'extrémité de la gousse plus crochue que celle des autres variétés. Apert le regarde comme le plus sucré & le plus propre à être conservé en vert par la méthode qui lui est propre.

Comme la culture de ces diverses variétés de Pois hâtifs est un peu différente de celle des autres, j'en parlerai particulièrement.

Quelques maraichers des faubourgs de Paris sèment des Pois hâtifs sur couche & sous châssis pour satisfaire au luxe des riches Sybarites de cette ville, qui en paient les produits jusqu'à 300 francs le litron, quoique ces produits soient de peu de saveur & aient souvent le goût de fumier. Ce n'est que par des soins constans & dispendieux qu'on peut parvenir à les obtenir, & on n'est jamais certain d'arriver à un résultat avantageux, puisqu'il ne faut qu'un oubli d'ouvrir ou de fermer le châssis, pour tout voir périr en quelques minutes. Je ne crois pas devoir m'étendre plus au long sur ce qui a rapport à cette culture, qui, à mon avis, n'est pas dans le cas d'être encouragée.

Il en est de même de la culture des Pois sur couche nue, culture moins savante, & dont les produits sont moindres & plus incertains, à raison, 1°. de la tendance qu'ont les Pois à s'étioler, & par conséquent à ne point donner de graines lorsqu'ils poussent trop rapidement; 2°. de la plus grande action du froid & du chaud sur ceux qui ont ainsi poussé.

La seule culture activée par le moyen des couches que doive se permettre un amateur de petits Pois, encore souvent n'y gagne-t-on rien, c'est celle qui consiste à semer les Pois dans des petits pots, quatre à cinq dans chaque, à enterrer ces pots dans la couche, & lorsque les Pieds ont acquis deux ou trois pouces de hauteur, à les mettre en terre en motte, contre un mur exposé au midi. J'insiste sur le mot *en motte*, parce que les Pois transplantés à racines nues ne prospèrent jamais; bien entendu que ces Pois sur couches seront abrités des gelées par des paillassons, arrosés & binés au besoin.

Je crois donc qu'il faut généralement se contenter, pour avoir des petits Pois de primeur aussi bons que possible, & à un prix raisonnable, d'en semer la graine à diverses époques de l'hiver, quand le tems est doux, c'est-à-dire, tous les quinze jours depuis octobre jusqu'en mars, dans une terre légère, sur des ADOS (*voyez* ce mot), au pied d'un mur exposé au midi, & les couvrir de paillassons toutes les fois que ces gelées seront à craindre. Si un des semis périt par l'effet de ces gelées, le précédent, qui étoit plus fort, y résistera, ou le suivant, qui n'étoit pas encore levé, le remplacera. Ces semis, du reste, sont conduits comme il sera dit plus bas.

Quelques jardiniers font avec des cercles de tonneaux, enfoncés en terre & liés entr'eux par des perches, des espèces de berceaux, qu'ils recouvrent de feuilles sèches, de fougère ou de litière. Les Pois sont plus à l'abri sous ces berceaux que sous de simples paillassons, mais ils s'y étiolent davantage, & lorsqu'on les met à l'air, si le tems n'est pas doux & pluvieux, ils risquent d'être frappés du FROID ou du HALE. *Voyez* ces mots.

Plus tard, c'est-à-dire, à la fin de mars, quand les fortes gelées ne sont plus à craindre, on sème encore des Pois nains hâtifs, en même tems que les Pois à rames, dans les planches du jardin, afin qu'il n'y ait pas d'interruption dans la production.

L'époque des gelées passée, on donne un binage & on rame les Pois hâtifs; car, quoique de petite taille, les rames, en favorisant le développement de leurs rameaux, leur sont utiles. Quinze jours après on bine encore, & c'est la dernière fois; car alors ils ne tardent pas à entrer en fleurs.

Le pincement est plus de rigueur dans les Pois nains de primeur, que dans tous les autres; ainsi il ne faut pas le négliger lorsque le moment de le faire est arrivé. *Voyez* PINCEMENT.

Actuellement je passe à la culture des Pois nains de primeur en plein champ, culture, je le répète, très-importante aux environs de Paris, & qui offre des faits dignes d'attention aux yeux des amis de la science agricole.

La terre qui convient le mieux aux Pois nains hâtifs est celle qui est sabloneuse, parce que c'est celle qui perd le plus promptement l'excès d'humidité, résultat des pluies de l'hiver, & dans laquelle la chaleur atmosphérique pénètre le plus facilement; aussi est-ce dans les plaines du Point-du-Jour, de Clichy, de Gennevilliers, de Colombe, de Houille, & autres semblables des environs de Paris, qu'on en voit le plus. Quelquefois on forme, dans ces plaines, des abris avec de la paille fixée perpendiculairement en terre, & retenue au moyen de deux échalas parallèles. Comme cette terre est fort maigre, & que les Pois qui donnent leur graine l'épuisent, on n'en met dans le même lieu que tous les six ou sept ans, & même, au dire de M. Sageret, qui a possédé une propriété dans la première de ces Plaines, que tous les dix ans. Toujours les cultivateurs préfèrent, d'après le même agronome, les champs qui n'en ont jamais porté, & en conséquence en paient un loyer plus cher. Comme le fumier frais leur communique son odeur & les fait pousser en tiges & en feuilles, au détriment des graines, on cherche à le suppléer par du terreau bien consommé, des débris de végétaux depuis long-tems accumulés, des immondices de rue laissés à l'air depuis plusieurs années, des transports de terre, & surtout par des défoncemens, des binages répétés.

Un labour très-profond à la houe à large fer est donné, au commencement de l'automne, à la terre destinée à recevoir des Pois de primeur; quelquefois cependant on se contente de celui fait à la charrue. Quinze jours avant le semis, on forme de petits ados dirigés du levant au couchant, afin de donner des abris au plant, au moment où il sort de terre. *Voyez* ADOS.

La graine de Pois qui a plus de deux ans est regardée comme peu propre au semis, & toujours on préfère celle de la dernière récolte. Rarement on la fait tremper dans l'eau pour accélérer sa germination, parce qu'il est à craindre que cette germination s'effectue dans une terre trop sèche, ce qui exposeroit la radicule à périr. Dans les terres fraîches par leur nature, cet inconvénient n'est point à craindre, ainsi que je l'ai déjà observé.

On sème les Pois, tantôt dans de petits AUGETS (*voyez* ce mot), cinq à six dans chacun, formés avec la houe au pied des ados, & espacés de huit à dix pouces; tantôt dans une rigole pratiquée, à l'aide du manche de cette houe, le long du pied de ces ados. Dans le premier cas, la terre du second auget sert à recouvrir les Pois mis dans le premier, avec une ou deux poignées de terreau, par la femme ou l'enfant qui suit celui qui les forme, & il en met environ un pouce d'épaisseur; dans le second cas, on met les Pois & le terreau dans la rigole après qu'elle est entièrement creusée, & on les recouvre, au moyen de la pioche, avec la terre prise sur l'ados voisin.

Deux espèces d'ados s'élèvent dans les plaines des environs de Paris: les plus communs sont ceux dont je viens de parler, & ils ont moins d'un pied de large à leur base; les autres ont trois pieds, & reçoivent trois rangées de Pois.

Toutes ces opérations se font très-vîte & très-bien, par l'habitude qu'ont acquise ceux qui les exécutent.

Ainsi semés, les Pois, si le tems est favorable, lèvent au bout de quinze jours, & acquièrent, avant les gelées, assez de force pour résister à celles de ces gelées qui ne passent pas six ou sept degrés au-dessous de zéro; quelquefois, surtout s'ils sont mis plus tard en terre, ils ne germent qu'en février ou mars: lorsqu'ils périssent, on a la ressource, ou d'en mettre d'autres, ou de semer des haricots, des pommes de terre, en place, ou d'ensemencer le terrein en avoine, en orge, &c.

Aucune opération agricole n'est nécessaire, en hiver, au Pois nain de primeur ainsi semé en plein champ; mais dès que la chaleur du printems commence à ranimer leur végétation, on leur donne un premier binage, & quand ils entrent en fleurs, on leur en donne un second. En faisant ce second, on chausse les Pois aux dépens de la hauteur des ados, hauteur qui peut alors être diminuée sans inconvénient.

Jamais on ne rame, aux environs de Paris, les Pois nains de primeur en plein champ, parce que cela seroit très-coûteux; mais pour rendre cette opération moins nécessaire, on a soin de les espacer davantage & de les pincer plus tôt.

En mars & en avril on sème encore beaucoup de Pois de primeur aux environs de Paris, mais alors on les place dans les terres franches & de bonne nature.

Il en est de même de ceux qu'on sème à la fin d'août ou au commencement de septembre, pour en manger les produits depuis octobre jusqu'aux gelées. Cette dernière culture, à laquelle les Pois ramés conviennent autant, est fort peu importante aux environs de Paris.

Lorsque la troisième ou quatrième fleur des Pois nains est épanouie, on pince l'extrémité de la tige pour l'empêcher de se prolonger davantage, & faire tourner entièrement la sève au profit du fruit, soit relativement à sa grosseur, soit relativement à sa maturité (*voyez* PINCEMENT), & immédiatement après on donne le troisième & dernier binage.

Huit à dix jours plus tard, si le tems est d'ailleurs favorable, on peut commencer à cueillir les gousses des petits Pois, & continuer sans interruption jusqu'à ce qu'elles soient entièrement épuisées.

Le succès d'un semis de Pois de primeur en plein champ dépend principalement de la régularité de la succession des pluies & des chaleurs. Les pluies trop prolongées, ainsi que les sécheresses, font souvent manquer leur récolte; les froids, en la retardant, la rendent souvent peu fructueuse.

Les petits Pois de primeur sont extrêmement recherchés à Paris; plus ils sont petits, & plus ils sont estimés, & plus ils coûtent cher. On a calculé que, dans une bonne année, il s'en vendoit pour un million à la Halle de cette ville.

Les cosses des petits Pois sont très-recherchées des bestiaux, surtout des vaches & des cochons; ainsi il ne faut jamais les jeter dans la rue lorsqu'on peut les utiliser pour leur nourriture. Les nourrisseurs de vaches de Paris les paient fort cher. En les faisant bouillir dans l'eau pendant quelques instans, on en extrait la saveur, & on en fait une soupe égale à celle dans laquelle entrent les graines.

Les variétés de Pois qui s'élèvent à plus de trois pieds, & que par cette raison on est forcé de ramer, c'est-à-dire, à qui il faut donner une branche d'arbre garnie de ses rameaux pour tuteur, sont plus nombreuses que les précédentes: je les indique ici encore dans l'ordre de leur maturité.

Pois dominé. Il succède au Pois Michaux, s'élève plus, produit davantage, résiste mieux au froid & à la sécheresse, & est moins difficile sur le terrein; son grain est aussi gros, mais moins rond; il est blanc & fort bon.

Pois Laurent. Il demande une terre légère, & ne réussit bien qu'au printems; son grain est gros & sucré.

Pois suisse ou *grosse cosse hâtive.* Son grain est rond, mais de couleur jaune-verdâtre & peu délicat. Il demande une bonne terre & fournit beaucoup: on le sème jusqu'à la fin de juin.

Pois commun. Son grain est aplati: c'est celui qu'on cultive le plus abondamment pour le manger en sec, parce qu'il a les gousses très-nombreuses, très-longues, très-grosses, & le plus remplies possible de graines.

Pois sans pareil. Il a les grains gros, alongés, fort tendres, mais peu abondans; aussi ne le voit-on que dans les jardins des amateurs.

Pois Marly. Il a le grain gros & parfaitement rond; on l'estimoit jadis le plus; mais il perd tous les ans dans l'opinion des cultivateurs.

Pois carré blanc. Son grain est très-gros, très-sucré, & seulement bon en vert; il est peu productif & demande une terre médiocre: on le sème très-clair depuis mars jusqu'en mai.

Pois cul noir. Il est peu différent du précédent; mais ayant l'ombilic de couleur noire, on l'en distingue fort aisément; il fournit beaucoup & exige une bonne terre.

Pois carré vert. Il se rapproche de l'avant-dernier; son grain n'est bon qu'en purée; il devient très-dur dans les bonnes terres; on doit le semer peu épais.

Pois normand. Il est fort voisin du précédent, mais plus gros, plus tendre & plus moëlleux; il se mange en vert & en sec, & comme sa peau est très-fine, il est excellent pour faire des purées: c'est dommage qu'il produise peu. Une bonne terre lui est indispensable, & il s'y sème depuis la fin de mars jusqu'à la fin de juin.

Pois à longue cosse. Son grain est d'une médiocre grosseur, mais il y en a douze ou quinze dans chaque gousse. On le sème depuis le milieu d'avril jusqu'au milieu de juillet. Comme il s'élève & fourche beaucoup, ses pieds doivent être tenus fort écartés.

Pois vert d'Angleterre. Ses grains sont gros, alongés & d'un excellent goût en vert & en sec. Il s'élève fort haut & fournit beaucoup. Une terre substantielle lui est indispensable.

Pois Clamart ou *carré fin.* Ses grains sont petits, aplatis, d'un blanc-roux, & d'un goût différent des autres. Il produit avec excès lorsqu'il est en bon fonds: c'est un des plus recherchés des habitans de Paris; aussi en vend-on tout l'été de grandes quantités dans cette ville, & devroit-on en vendre toute l'année, car secs, ils sont également excellens, & de plus, à raison de l'époque tardive où ils se récoltent, ils sont exempts, d'après l'observation de M. Villemorin fils, de la bruche, qui, comme je le dirai plus bas, dévore les graines des autres variétés.

On distingue, ainsi que je l'ai déjà observé, les variétés de *Pois sans parchemin*, ou *Pois mange-tout*, ou *Pois goulus*, ou *Pois gourmands*, à leur cosse tendre, sucrée & bonne à manger: ils sont peu estimés à Paris; c'est seulement dans les jardins qu'on les cultive; on les y sème tous les quinze jours, depuis mars jusqu'en mai seulement, & on les y arrose dans les sécheresses. Du reste, leur culture ne diffère pas de celle de ceux dont il va être question. Leurs cosses se cueillent quand leurs graines sont à moitié de leur grosseur, & se mangent comme les HARICOTS VERTS. *Voyez* ce mot.

S'élevant & se ramifiant beaucoup, les Pois ramés, qu'on appelle aussi *Pois de seconde saison* aux environs de Paris, demandent une terre moins légère & plus humide, ainsi qu'à être plus espacés que les Pois nains; rarement on les dispose en rayons. Dans les jardins bien tenus, on en sème depuis les premiers jours de mars jusqu'aux grandes chaleurs, & quelque peu après ces chaleurs, mais ces derniers réussissent rarement: il ne faut jamais en remettre dans les mêmes planches qu'après trois ou quatre années au moins, si on veut qu'ils prospèrent. On se refuse généralement à fumer ces planches; on préfère celles qui l'ont été l'année précédente, & c'est une mesure fort importante, car ils prennent facilement le goût du fumier. Pour conserver les variétés, empêcher qu'elles dégénèrent, comme disent les jardiniers, on doit placer ces variétés à d'assez grandes distances, pour que les poussières fécondantes des unes ne fécondent pas les autres ; ils se mettent en terre comme les Pois nains, c'est-à-dire, dans des augets, au nombre de cinq à six, & se recouvrent de même. On ne peut leur donner que deux binages à raison de la hauteur à laquelle ils parviennent, & à la suite du second on les rame, c'est-à-dire, qu'on fiche au milieu de chaque touffe, à six pouces de profondeur, une branche d'arbre garnie de rameaux. (*Voyez* RAME.) Ordinairement on fait converger vers le milieu de la planche l'extrémité des rames extérieures ; cependant cette disposition est nuisible, en ce qu'elle empêche la lumière de pénétrer entre les touffes : le contraire seroit certainement le meilleur ; cependant, comme les cultures voisines souffriroient de son adoption, je crois qu'on doit s'en tenir à la moyenne, c'est-à-dire, à la perpendiculaire. Dans quelques jardins, pour faire produire aux planches de Pois ramés la récolte la plus forte possible, on les isole toutes, & cette pratique est conforme aux principes. *Voyez* ETIOLEMENT.

Toutes les semaines il convient de faire la revue générale des planches de Pois ramés, pour relever les rames que le vent auroit renversées, pour donner une direction convenable aux tiges qui pendroient, pour tuer les limaçons, les chenilles, &c.

Beaucoup de jardiniers pincent les Pois à rames comme les Pois nains ; mais comme il est moins important d'accélérer le grossissement des grains de ceux qu'on veut manger en vert, lorsqu'on ne les pince pas, la sève qui devoit les nourrir continue de monter pour former de nouvelles fleurs ; de sorte qu'il y a dans ce cas de l'avantage à ne pas le faire.

La cueillette des Pois verts sur les tiges ramées demande beaucoup d'attention ; car leurs racines étant foibles, & leurs pédoncules tenaces, on risque d'arracher les pieds, & par suite de perdre la récolte qu'ils devoient donner lorsqu'on agit sans précaution.

Comme il échappe toujours beaucoup de cosses dans la cueillette de ces Pois, on est certain, lorsque la dessiccation des tiges annonce qu'il est tems de les enlever, qu'il s'en trouvera assez de reste pour les semis de l'année suivante ; cependant je dois observer qu'il vaut mieux manger ces Pois en sec, & réserver une planche pour la graine, afin d'être certain d'avoir toujours la meilleure possible.

La difficulté d'avoir des rames en assez grande quantité, ou à suffisamment bon marché, nuit beaucoup à la culture des Pois ramés. Ces rames, qui doivent être de jeunes bois, ne durent guère qu'un an ; ainsi il faut les renouveler tous les ans. Dans les grands jardins il seroit économique, pour les en fournir, de consacrer un certain nombre de vieux pieds d'orme, ou en têtards, ou coupés à fleur de terre, les pousses de cet arbre, qu'on couperoit à cet effet tous les ans à la fin de l'hiver, étant, par la disposition de leurs rameaux, les plus propres à en servir.

Lorsqu'on ne rame pas ces sortes de Pois, & cela a lieu dans quelques cantons, ils se couchent sur le sol, entrelacent leurs tiges, & quelqu'écartés qu'ils soient, donnent fort peu de graines, & des graines qui se perdent en partie avant la récolte.

En général, c'est dans les jardins, même les mieux soignés, un grave inconvénient que cette différence d'époque de maturité des graines de Pois ramés du même pied, surtout dans l'arrière-saison, qui est souvent brumeuse & pluvieuse. Tous les ans il s'en perd des quantités considérables qui germent ou pourrissent dans leur cosse, sans compter celles qui tombent à terre, & qui sont la proie des oiseaux ou des quadrupèdes rongeurs. Il est des années où on est forcé de les récolter avant leur complète maturité, pour n'en pas perdre plus qu'on n'en récolte. Comme ceux qui sont destinés à être mangés gagnent alors en saveur ce qu'ils perdent en grosseur, la portion destinée aux semences est la seule qu'il faille risquer.

On ne mange en grains, ni verts ni secs, les Pois sans parchemin ; en conséquence, il faut faire en sorte de ne laisser que justement la quantité de gousses nécessaires pour les semences, & principalement les premières mûres, comme contenant les plus belles graines.

Excepté dans les environs de Paris & autres grandes villes, la grande récolte des Pois est celle qui a lieu après la complète maturité des graines, c'est-à-dire, celle des Pois secs. En général, elle n'est pas aussi étendue en France que l'avantage de la société, & même des autres cultures, l'exigeroit. Il semble qu'on ne puisse manger des Pois secs qu'en carême, & qu'ils ne puissent pas être utilisés d'une autre manière. L'important est de choisir les variétés les plus productives & les meilleures, & à cet égard le Pois Clamart a tous les avantages en sa faveur, & doit être partout préféré.

Tout le monde reconnoît que les Pois verts sont un aliment aussi agréable que sain ; ils sont d'autant plus délicats, qu'ils sont plus précoces ; plus vieux, ils deviennent indigestes pour les estomacs foibles ; enfin, quand ils sont secs, ils ne peuvent plus être mangés que par les personnes les plus robustes ; aussi, dans les villes, réduit-on toujours ces derniers en purée avant de les servir sur les tables délicates ; quelquefois ils sont très-difficiles à cuire, même incuisables : dans ce cas, une petite quantité de potasse, mise dans la marmitte, peut produire un effet avantageux.

Nos pères faisoient germer les Pois avant de les faire cuire, afin de développer le principe sucré en eux. Il est à desirer qu'on revienne généralement à cet usage, qui rend ce légume plus savoureux & plus facile à digérer; je m'en suis bien trouvé lorsque je l'ai suivi, c'est-à-dire, deux ou trois fois.

Les Pois perdent de leur bonté à mesure qu'ils vieillissent; aussi les consomme-t-on généralement dans l'hiver qui suit leur récolte; cependant on peut les conserver mangeables un grand nombre d'années, & les faire servir à la nourriture des matelots, des prisonniers, des pauvres, &c.

Comme c'est leur enveloppe (leur peau) qui les rend si indigestes & si difficiles à cuire, & que la purée est longue & pénible à faire, on a imaginé, à diverses époques, de les réduire en farine; mais il m'a paru que cette farine, par sa disposition à se grumeler, cuisoit avec difficulté, & surtout fort inégalement. En Angleterre & en Allemagne on fait mieux, on les dépouille de leur enveloppe, à l'aide d'un moulin dont les meules sont très-écartées, & on les vend ainsi en détail. (*Voyez* GRUAU.) J'ai été si satisfait des résultats de cette pratique, dont j'ai été à portée d'apprécier les bons effets pendant mon séjour en Amérique, que je fais des vœux pour qu'elle s'introduise autour de Paris & des autres grandes villes de France, où on perd tant de tems & tant de matières en faisant de la purée de Pois.

Un insecte, la bruche des Pois, ou plutôt sa larve, connue sous le nom de *puceron*, de *ver de Pois*, dévore cette graine sèche, & cause chaque année d'énormes pertes à l'agriculture & au commerce. Beaucoup de personnes ne veulent pas manger de Pois, par le dégoût que cette larve leur occasionne: il n'y a pas moyen de s'opposer à sa multiplication dans les champs, & le seul qui puisse réussir dans la maison, est une chaleur prolongée de plus de quarante degrés; mais cette chaleur altère la saveur des Pois, & les rend plus difficiles à cuire. *Voyez* BRUCHE dans le *Dictionnaire des Insectes*.

Les Pois secs se conservent dans des sacs, dans des tonneaux tenus dans un lieu exempt d'humidité; les rats & les souris sont beaucoup à redouter pour eux.

Le goût des riches pour les petits Pois a provoqué l'industrie, & on a imaginé plusieurs moyens de les conserver; voici les deux meilleurs:

Mettez-les dans l'eau bouillante pendant deux ou trois minutes, faites-les refroidir dans l'eau fraîche, ensuite sécher à l'ombre, & conservez-les dans un sac de papier placé dans un lieu aéré: lorsqu'on veut les manger, on les fait revenir dans l'eau vingt-quatre heures à l'avance.

Renfermez-les dans une bouteille hermétiquement bouchée, & placez cette bouteille, pendant une heure & demie, dans l'eau bouillante: lorsqu'on veut les manger, on met tout ce qui est dans la bouteille dans la casserole.

Ce dernier moyen, qui est celui de M. Apert, est préférable; mais il expose à la cassure de la bouteille, & n'est pas, même sans cet événement, aussi économique que le premier.

Toutes les variétés de Pois ne sont pas propres à être ainsi conservées; celles qu'il faut préférer sont le crochu & le Clamart. *Voyez*, pour le surplus, le *Dictionnaire d'économie domestique*.

On prépare les Pois sans parchemin comme les haricots, c'est-à-dire, qu'on les laisse pendant quelques minutes dans l'eau bouillante, & qu'on les traverse d'un fil au moyen duquel on les suspend au plancher.

Les deux espèces de Pois dont je viens de parler se sèment en place dans les écoles de botanique, & n'y demandent d'autres soins que des sarclages & des rames.

Il en est de même des Pois maritime & ailé; le premier pourroit probablement être substitué au Pois des champs pour fourage & engrais dans les terreins sabloneux & salés des bords de la mer. Les bestiaux les aiment beaucoup tous deux. (*Bosc.*)

POIS D'ANGOLE. C'est le fruit du CYTISE CAJAN. *Voyez* ce mot.

POIS DE BELIER, DE BREBIS, DE MOUTON, D'AGNEAU: C'est, ou le Pois gris, ou la gesse cultivée, & non le chiche, comme Hall & Rozier l'ont cru. *Voyez* POIS & GESSE.

POIS CAFÉ. On donne ce nom au LOTIER quadrangulaire, parce qu'on a prétendu faire du café avec ses graines.

POIS CARRÉ. Tantôt c'est une variété du POIS CULTIVÉ, tantôt la GESSE cultivée.

POIS A CRAQUOIS. On appelle ainsi la cucubale commune dans quelques endroits.

POIS CHICTA. *Voyez* CHICHE.

POIS CORNU. C'est encore le CHICHE.

POIS DE LOUP: nom vulgaire du NARD SERRÉ.

POIS DE MERVEILLE. La CORINDE porte vulgairement ce nom.

POIS PERPÉTUEL. On appelle ainsi la GESSE A LONGUES FEUILLES.

POIS DE PIGEONS. La vesce, la gesse, & encore plus communément l'orobe, s'appellent ainsi dans quelques lieux.

POIS DE SENTEUR: nom sous lequel les jardiniers connoissent la GESSE ODORANTE.

POIS DE TERRE. *Voyez* ARACHIDE.

POISONS: nom des substances qui causent la mort, ou au moins de graves accidens aux hommes & aux animaux dans l'estomac desquels on en introduit.

Quoique le nom de *venin* ne s'applique qu'aux Poisons qui s'introduisent dans le sang, on appelle *vénéneuses* les plantes qui empoisonnent ceux qui en mangent.

Les cultivateurs étant exposés aux effets des Poisons, le plus souvent par ignorance, il est bon que je donne ici quelques indications qui les mettent à portée de les éviter.

Les

Les Poisons se trouvent dans les trois règnes de la nature.

Les minéraux agissent en corrodant : les principaux sont les oxides de plomb, de cuivre, d'arsenic; la baryte; les préparations antimoniales & mercurielles; enfin, les acides, comme le sulfurique (vitriol), le nitrique (eau-forte), le muriatique (eau régale). C'est en faisant d'abord vomir celui qui en a pris, & ensuite en lui donnant des dissolutions de savon, des mucilages, des huiles, qu'on peut diminuer les ravages qu'ils produisent toujours; mais il faut que ces moyens soient promptement mis en usage, sans quoi ils ne peuvent produire un effet utile; c'est pourquoi les cultivateurs, pour les employer, ne doivent pas attendre l'arrivée du médecin, qui est quelquefois retardée par l'éloignement : heureusement ces moyens sont le plus souvent sous leur main.

Mais c'est en tenant constamment propres leurs ustensiles de cuivre, en ne faisant pas usage de vases de plomb, en ne brûlant pas dans le four les planches peintes en blanc, en gris, en rouge ou en vert, en tenant toujours sous la clef l'arsenic, ainsi que les médicamens antimoniaux & mercuriaux, de même que les acides dont ils peuvent être dans le cas de tenir provision, qu'ils peuvent éviter les accidens.

Les végétaux ont une action délétère fort variable; mais quoiqu'on ne connoisse pas parfaitement cette action, il est généralement reconnu, par suite d'un grand nombre d'expériences, que le vomissement, suivi de boissons aiguisées par du vinaigre ou du suc de citron, est le moyen le plus efficace pour faire cesser les accidens.

Les Poisons végétaux sont très-nombreux en Europe, & encore plus dans les pays chauds; ils appartiennent principalement aux familles des *Solanées*, des *Renonculacées*, des *Ombellifères*, des *Tithymaloïdes*, des *Aroïdes*, des *Apocinées*, des *Champignons* : ces derniers seuls sont annuellement la cause de la mort de bien des cultivateurs qui pourroient cependant se garantir de leurs effets délétères, en les faisant tremper dans du vinaigre avant de les cuire, ou en les cuisant dans du vinaigre d'une force ou d'une quantité proportionnée à leur volume. *Voyez* aux mots BELLADONE, JUSQUIAME, MORELLE, STRAMOINE, PHELLANDRE, CICUTAIRE, CIGUE, ŒNANTHE, RENONCULE, ANÉMONE, ACONIT, VERATRE, DAUPHINELLE, ELLEBORE, CYCLAME, EUPHORBE, GOUET, APOCIN, ASCLEPIADE, AGARIC, BOLET & ORONGE, qui sont les genres contenant les espèces le plus à redouter par les cultivateurs européens.

Il semble que les animaux domestiques herbivores doivent être journellement dans le cas de s'empoisonner en broutant; mais le fait est que la sage nature leur a donné l'instinct de repousser les plantes nuisibles, & qu'il n'y a guère que ceux qui ne sont pas habitués dès l'enfance à vivre dans les prairies, les champs, les marais, les bois, qui se trompent à cet égard. D'ailleurs, la plupart de celles qui peuvent les empoisonner, quand ils en mangent beaucoup, servent d'excitant quand ils en mangent peu, & ne font aucun effet quand elles sont en fruit, ou sont desséchées; je citerai principalement les renoncules.

Outre le venin de la vipère, le seul des Poisons animaux qui soit redoutable en France est celui des cantharides, dont le remède est encore le vinaigre, mais dont les effets, lors même qu'on en réchappe, sont toujours durables. (*Bosc.*)

POISSONS. Les cultivateurs doivent favoriser autant que possible leur multiplication dans les petites rivières qui passent sur leur propriété, dans les étangs qu'ils possèdent, même dans les mares qui se trouvent au milieu de leurs champs ou autour de leur maison; car ils sont un manger aussi agréable que sain, & on ne peut trop varier les moyens de subsistance.

La multiplication des Poissons dans les rivières s'opère par la modération dans leur pêche. J'ai rapporté aux mots ÉTANG & MARE le mode le plus avantageux de tirer parti de ceux qu'on y met. Quant aux Poissons de mer, ils n'appartiennent au domaine de l'agriculture qu'autant qu'on les emploie, ou leurs débris, à l'ENGRAIS des terres. *Voyez* ce mot.

Dans le nord de l'Angleterre, en Norwège, &c., on fait servir fréquemment à l'engrais des terres, on nourrit des chevaux, des vaches, des cochons avec le Poisson de mer. Je ne dirai pas de sacrifier au même objet en France celui qui peut être mangé, car il n'est jamais surabondant; mais je voudrois qu'on ne laissât pas perdre ses débris à Dieppe, à Boulogne, &c. On m'a dit, au reste, que dans ce dernier port, on en nourrissoit depuis quelques années de jeunes cochons, qu'on envoyoit ensuite dans l'intérieur pour les mettre à une nourriture végétale, & faire disparoître le goût huileux que leur chair avoit contracté. *Voy.* COCHON.

Parmi les Poissons d'eau douce, il en est un, l'ÉPINOCHE, qui ne se mange pas, & qui est si abondant dans certaines eaux, qu'il est avantageux de le pêcher pour engrais. Quelquefois la foudre, une gelée prolongée fait périr tous les Poissons d'un étang; il est bon de les pêcher également de suite pour les utiliser sous les mêmes rapports.

Peu de cultivateurs nourrissent les Poissons de leurs rivières, de leurs étangs, de leurs mares avec les restes de leur cuisine, avec les restes de leur jardin, avec leurs grains gâtés, avec leurs bêtes mortes, &c.; cependant c'est le moyen d'accélérer leur croissance en grosseur, & de les engraisser rapidement. Tel propriétaire, par ce moyen, peut doubler le produit de son étang, tirer d'une petite mare tout le Poisson nécessaire à sa consommation, &c. (*Bosc.*)

POIVRE. *Voyez* POIVRIER.

POIVRE D'AFRIQUE, POIVRE INDIEN : fruit du CANANG.

POIVRE D'AMÉRIQUE. On a donné ce nom au MOLLE.

POIVRE DÉCUMANE : fruit du Brésil, qui est employé comme Poivre, & fort estimé dans cette contrée. J'ignore à quelle plante il appartient.

POIVRE D'EAU. *Voy.* RENOUÉE PERSICAIRE.

POIVRE DE GUINÉE. *Voyez* CANANG.

POIVRE DE LA JAMAÏQUE. *Voyez* MYRTE PIMENT.

POIVRE DES MURAILLES. C'est l'ORPIN BRULANT.

POIVRE DES NÈGRES. A Cayenne, on donne ce nom à l'UNONE & au FAGARIER.

POIVRE A QUEUE. Il y a à croire que c'est le CUBÈBE. *Voyez* POIVRIER.

POIVRE RÉTICULÉ : plante de Saint-Domingue, encore inconnue aux botanistes.

POIVRETTE COMMUNE. C'est la NIGELLE.

POIVRIER. *Piper.*

Genre de plante de la diandrie trigynie & de la famille des *Orties*, dans lequel se trouvent placées cent cinq espèces, dont le fruit de l'une est l'objet d'un grand commerce en Europe, & dont plusieurs autres sont remarquables sous certains rapports. Plusieurs d'entr'elles se cultivent dans nos serres. *Voyez* pl. 23 des *Illustrations des genres* de Lamarck, où il est figuré.

Observations.

Plumier, & après lui Ruiz & Pavon ont divisé ce genre en formant celui que le premier a appelé SAURURE, & les seconds PEPERONIE ; mais quoiqu'au premier aspect cette division paroisse devoir être admise, elle ne supporte pas l'examen des caractères de la fructification.

Espèces.

1. Le POIVRIER aromatique.
Piper aromaticum. Linn. ♄ Des Indes.

2. Le POIVRIER sauvage.
Piper sylvestre. Lam. ♄ Des Indes.

3. Le POIVRIER bétel.
Piper betle. Linn. ♄ Des Indes.

4. Le POIVRIER pédiculé.
Piper cubeba. Linn. ♄ Des Indes.

5. Le POIVRIER à feuilles de plantain, vulgairement *sureau, plantain.*
Piper amolago. Linn. ♄ De Saint-Domingue.

6. Le POIVRIER à épi lâche.
Piper discolor. Swartz. ♄ De la Jamaïque.

7. Le POIVRIER moyen.
Piper medium. Jacq. ♄ De Cayenne.

8. Le POIVRIER long.
Piper nigrum. Linn. ♄ Des Indes.

9. Le POIVRIER siriboa.
Piper siriboa. Linn. ♄ Des Indes.

10. Le POIVRIER à épis crochus.
Piper aduncum. Linn. ♄ De Saint-Domingue.

11. Le POIVRIER à côtes saillantes.
Piper melamiris. Linn. Des Indes.

12. Le POIVRIER verruqueux.
Piper verrucosum. Swartz. ♄ De la Jamaïque.

13. Le POIVRIER géniculé.
Piper geniculatum. Swartz. ♄ De la Jamaïque.

14. Le POIVRIER à feuilles de citronier.
Piper citrifolium. Lam. ♄ de Cayenne.

15. Le POIVRIER ridé.
Piper rugosum. Lam. ♄ De Saint-Domingue.

16. Le POIVRIER acuminé.
Piper acuminatum. Linn. ♃ De l'Amérique méridionale.

17. Le POIVRIER à feuilles glabres.
Piper glabellum. Swartz. ♃ De la Jamaïque.

18. Le POIVRIER à feuilles étroites.
Piper angustifolium. Lam. ♄ De Cayenne.

19. Le POIVRIER réticulé.
Piper reticulatum. Linn. ♄ De la Martinique.

20. Le POIVRIER velu.
Piper hirsutum. Swartz. ♄ De la Jamaïque.

21. Le POIVRIER du Cap.
Piper capense. Linn. Du Cap de Bonne-Espérance.

22. Le POIVRIER à feuilles luisantes.
Piper nitidum. Swartz. ♄ De la Jamaïque.

23. Le POIVRIER des hautes montagnes.
Piper alpinum. Swartz. ♃ De la Jamaïque.

24. Le POIVRIER amplexicaule.
Piper amplexicaule. Swartz. ♃ De la Jamaïque.

25. Le POIVRIER à feuilles en rein.
Piper reniforme. Lam. ♃ Des Indes.

26. Le POIVRIER en ombelle.
Piper umbellatum. Linn. ♄ De Saint-Domingue.

27. Le POIVRIER à larges feuilles.
Piper latifolium. Linn. ♄ De l'Isle-de-France.

28. Le POIVRIER à grandes feuilles.
Piper macrophyllum. Swartz. ♄ De la Martinique.

29. Le POIVRIER à nervures réticulées.
Piper decumanum. Linn. ♄ De la Martinique.

30. Le POIVRIER à feuilles de magnolier.
Piper magnoliæfolium. Jacq. ♄ De l'Amérique méridionale.

31. Le POIVRIER d'Otahiti.
Piper methysticum. Forst. ♄ Des îles de la Société.

32. Le POIVRIER en bouclier.
Piper peltatum. Linn. ♃ De Saint-Domingue.

33. Le POIVRIER tacheté.
Piper maculosum. Lam. De Saint-Domingue.

34. Le POIVRIER lomba.
Piper subpeltatum. Willd. ♃ De l'île d'Amboine.

35. Le POIVRIER à double épi.
Piper distachion. Linn. ♄ De l'Amérique méridionale.

36. Le POIVRIER en ovale renversé.
Piper obovatum. Ruiz & Pav. ♄ Du Pérou.

37. Le POIVRIER carpunya.
Piper carpunya. Ruiz & Pav. ♄ Du Pérou.

38. Le POIVRIER à feuilles aiguës.
Piper acutifolium. Ruiz & Pav. ♄ Du Pérou.

39. Le POIVRIER à longues feuilles.
Piper longifolium. Ruiz & Pav. ♄ Du Pérou.

40. Le POIVRIER scabre.
Piper scabrum. Ruiz & Pav. ♄ Du Pérou.

41. Le POIVRIER sinué.
Piper excavatum. Ruiz & Pav. ♄ Du Pérou.

42. Le POIVRIER calleux.
Piper callosum. Ruiz & Pav. ♄ Du Pérou.

43. Le POIVRIER hétérophylle.
Piper heterophyllum. Ruiz & Pav. ♄ Du Pérou.

44. Le POIVRIER onguiculé.
Piper unguiculatum. Ruiz & Pav. ♄ Du Pérou.

45. Le POIVRIER curumayer.
Piper curumayre. Ruiz & Pav. ♄ Du Pérou.

46. Le POIVRIER grêle.
Piper gracile. Ruiz & Pav. ♄ Du Pérou.

47. Le POIVRIER dichotome.
Piper dichotomum. Ruiz & Pav. ♄ Du Pérou.

48. Le POIVRIER lancéolé.
Piper lanceolatum. Ruiz & Pav. ♄ Du Pérou.

49. Le POIVRIER ailé.
Piper alatum. Ruiz & Pav. Du Pérou.

50. Le POIVRIER pourpre.
Piper purpureum. Ruiz & Pav. Du Pérou.

51. Le POIVRIER pileux.
Piper pilosum. Ruiz & Pav. Du Pérou.

52. Le POIVRIER à trois nervures.
Piper trinerve. Ruiz & Pav. Du Pérou.

53. Le POIVRIER à feuilles obtuses.
Piper obtusifolium. Linn. ♄ De l'Amérique méridionale.

54. Le POIVRIER à feuilles de nummulaire.
Piper nummularium. Lam. De l'Ile-Bourbon.

55. Le POIVRIER à feuilles rondes.
Piper rotundifolium. Lam. ⊙ De la Jamaïque.

56. Le POIVRIER à feuilles en cœur.
Piper cordifolium. Swartz. De la Jamaïque.

57. Le POIVRIER transparent.
Piper pellucidum. Linn. ⊙ De l'Amérique méridionale.

58. Le POIVRIER à feuilles en coin.
Piper cuneifolium. Lam. ⊙ Du Pérou.

59. Le POIVRIER délicat.
Piper tenellum. Swartz. ⊙ De la Jamaïque.

60. Le POIVRIER hispide.
Piper hispidulum. Swartz. ⊙ De la Jamaïque.

61. Le POIVRIER rampant.
Piper serpens. Swartz. ⊙ De la Jamaïque.

62. Le POIVRIER strié.
Piper striatum. Ruiz & Pav. ⊙ Du Pérou.

63. Le POIVRIER grimpant.
Piper scandens. Ruiz & Pav. Du Pérou.

64. Le POIVRIER à feuilles planes.
Piper planifolium. Ruiz & Pav. Du Pérou.

65. Le POIVRIER à tiges basses.
Piper humile. Mill. De la Jamaïque.

66. Le POIVRIER à feuilles en écusson.
Piper scutellæfolium. Ruiz & Pav. Du Pérou.

67. Le POIVRIER à feuilles florifères.
Piper foliiflorum. Ruiz & Pav. Du Pérou.

68. Le POIVRIER à feuilles inégales.
Piper inæqualifolium. Ruiz & Pav. Du Pérou.

69. Le POIVRIER à feuilles rhomboïdes.
Piper rhombeum. Ruiz & Pav. Du Pérou.

70. Le POIVRIER à feuilles concaves.
Piper concavum. Ruiz & Pav. Du Pérou.

71. Le POIVRIER tétragone.
Piper tetragonum. Ruiz & Pav. Du Pérou.

72. Le POIVRIER à fleurs unilatérales.
Piper secundum. Ruiz & Pav. Du Pérou.

73. Le POIVRIER à racines globuleuses.
Piper bulbosum. Ruiz & Pav. Du Pérou.

74. Le POIVRIER elliptique.
Piper ellipticum. Lam. De l'Isle-de-France.

75. Le POIVRIER à feuilles de pourpier.
Piper portulacoides. Lamarck. ⊙ De l'Isle-de-France.

76. Le POIVRIER à feuilles d'alsine.
Piper alsinoides. Lam. ⊙ De l'Amérique méridionale.

77. Le POIVRIER à sept nervures.
Piper septemnerve. Ruiz & Pav. Du Pérou.

78. Le POIVRIER à plusieurs épis.
Piper polystachion. Ait. ♃ De la Jamaïque.

79. Le POIVRIER à feuilles de péreskia.
Piper perescíæfolium. Jacq. ♃ De l'Amérique méridionale.

80. Le POIVRIER à tiges filiformes.
Piper filiforme. Swartz. De la Jamaïque.

81. Le POIVRIER orbiculaire.
Piper orbiculatum. Lam. De l'Amérique.

82. Le POIVRIER à feuilles quaternées.
Piper quadrifolium. Linn. De l'Amérique méridionale.

83. Le POIVRIER à feuilles réfléchies.
Piper reflexum. Linn. De la Jamaïque.

84. Le POIVRIER étoilé.
Piper stellatum. Swartz. ♃ De la Jamaïque.

85. Le POIVRIER élégant.
Piper blandum. Jacq. ♃ De l'Amérique méridionale.

86. Le POIVRIER à trois feuilles.
Piper trifolium. Linn. De l'Amérique meridionale.

87. Le POIVRIER verticillé.
Piper verticillatum. Linn. ⊙ De la Jamaïque.

88. Le POIVRIER élevé.
Piper excelsum. Forst. ♄ Des îles de la mer du Sud.

89. Le POIVRIER pâle.
Piper pallidum. Forst. Des îles de la mer du Sud.

90. Le Poivrier à feuilles rétuses.
Piper retusum. Linn. Du Cap de Bonne-Espérance.

91. Le Poivrier à feuilles de laurier.
Piper laurifolium. Mill. De l'Amérique méridionale.

92. Le Poivrier à grappes.
Piper racemosum. Mill. De l'Amérique méridionale.

93. Le Poivrier cotoneux.
Piper tomentosum. Mill. De l'Amérique méridionale.

94. Le Poivrier linéate.
Piper lineatum. Ruiz & Pav. Du Pérou.

95. Le Poivrier à épis recourbés.
Piper curvatum. Ruiz & Pav. Du Pérou.

96. Le Poivrier ponctué.
Piper punctatum. Ruiz & Pav. Du Pérou.

97. Le Poivrier cristallin.
Piper cristallinum. Ruiz & Pav. Du Pérou.

98. Le Poivrier à feuilles pendantes.
Piper dependens. Ruiz & Pav. Du Pérou.

99. Le Poivrier à un seul épi.
Piper monostachia. Ruiz & Pav. Du Pérou.

100. Le Poivrier à base des feuilles égale.
Piper æquale. Vahl. De.....

101. Le Poivrier nhandi.
Piper nhandi. Rich. De Cayenne.

102. Le Poivrier à feuilles plus larges que longues.
Piper dilatatum. Rich. De Cayenne.

103. Le Poivrier à feuilles rudes.
Piper asperifolium. Rich. De Cayenne.

104. Le Poivrier agréable.
Piper pulchellum. Ait. ♃ De la Jamaïque.

105. Le Poivrier à feuilles glabres.
Piper glabrum. Mill. ♄ De l'Amérique méridionale.

Culture.

De ces espèces, nous ne cultivons dans nos serres que celles qui sont inscrites sous les nos. 1, 5, 8, 9, 10, 19, 22, 26, 29, 30, 32, 53, 57, 58, 69, 78, 79, 85, 86, 87, 91, 92, 93, 104 & 105 : toutes, surtout les herbacées, dont la contexture est très-délicate & très-molle, sont difficiles à conserver, parce qu'elles craignent également une trop grande sécheresse & une trop grande humidité ; il leur faut cependant une chaleur constamment fort élevée, & des arrosemens fréquens. Une terre de moyenne consistance, qu'on renouvelle tous les deux ans, paroît être celle qui leur convient le mieux. La plupart fleurissent dans nos serres, mais aucune n'y donne de graines. On les multiplie, ou de graines tirées de leur pays natal, & semées, aussitôt après leur arrivée, dans des pots sur couche & sous châssis, ou, les espèces frutescentes, par marcottes & par boutures, & les espèces herbacées par boutures & par déchirement des vieux pieds. Les boutures se font sur couche & sous châssis, & reprennent généralement fort bien. Comme aucune n'a d'agrément, on ne les voit que dans les écoles de botanique & dans les collections des amateurs, & toujours une petite quantité de chaque espèce, c'est-à-dire, seulement assez de pieds pour ne pas craindre les chances des événemens.

Ce qu'on appelle proprement *le poivre*, & dont l'emploi dans l'assaisonnement des mets est si étendu, est le fruit de la première de ces espèces, qu'on cultive dans l'Inde, & surtout dans les îles qui en dépendent.

Les climats les plus chauds sont les seuls où le Poivre puisse prospérer ; il ne vient même pas sur les montagnes qui se trouvent sous la ligne, pour peu qu'elles soient élevées. Le plus estimé de la presqu'île de l'Inde est celui qui croît à Bragare, à Talicheri, à Calicut ; le plus estimé du Monde vient des îles de Malaca, de Java, & surtout de Sumatra.

On doit à M. Poivre, dont le nom ne périra jamais dans la mémoire des hommes de bien, d'avoir introduit la culture du Poivrier, d'abord à l'Isle-de-France, & ensuite à Cayenne & dans les autres colonies de l'Amérique, où elle a fort bien réussi.

Sumatra étant le pays dont le poivre est le plus réputé, c'est la culture qu'on y donne aux Poivriers que je crois devoir décrire la première. Je prends les notions qui la concernent dans l'*Histoire de Sumatra*, par Marsden.

La culture du Poivrier étant très-ancienne, cet arbuste a dû donner & doit encore donner des variétés nombreuses, dont les unes sont préférables aux autres sous les rapports de la grosseur, de l'abondance, de la précocité, de la certitude de la fécondation des fleurs, de la moindre influence des froids ou des pluies sur leur accroissement, &c. ; aussi les botanistes en possèdent-ils beaucoup dans leurs herbiers.

A Sumatra on en connoît trois : 1°. le *lado-cawoor* ou *poivre de Lampron* ; c'est celle dont les fruits sont les plus gros : elle est plus lente à arriver à perfection, mais elle subsiste plus long-tems ; 2°. le *lado manna* a les fruits plus petits & plus abondans que le précédent ; elle se met promptement en plein rapport, mais doit être arrachée à la quatrième année ; 3°. la *jambée* ; sa petitesse, son peu de durée & la difficulté de la faire monter sur les arbres la fait généralement repousser.

Le sol le plus convenable au Poivrier est celui qui n'est ni trop léger ni trop tenace, & dont la fertilité est prouvée par la vigueur des plantes sauvages qui y croissent. Il est indispensable qu'il soit abrité des grands vents, si fréquens entre les tropiques, soit par des montagnes, soit par de grands bois, ou au moins des plantations d'arbres. Le bord des rivières, lorsqu'il n'est pas sujet à inondation, est toujours à préférer.

La seule opération qu'on exécute à Sumatra,

dans les terreins destinés aux plantations du poivre, avant de les garnir de jeunes pieds, c'est de les essarter & de mettre le feu aux plantes qui les couvroient; rarement on leur donne un véritable labour, & jamais aucun engrais. Il est vrai qu'après quelques années de culture en Poivriers, d'après le principe des assolemens, on n'y en remet que dix à douze ans après.

Le Poivrier étant ligneux & grimpant, il faut lui donner un support, & choisir ce support tel, qu'il dure au moins autant que lui, & qu'il permette le développement de ses rameaux, & par suite la multiplication de ses grappes de fleurs, multiplication qui est d'autant plus grande, qu'il jouit davantage de la lumière & de l'air.

La distance à laquelle on place les Poivriers est généralement de six pieds en tous sens.

On appelle *chinkaréens*, dans le pays, & les tuteurs, & l'arbre qui les forme. Je n'ai pas pu reconnoître à quel genre appartient cet arbre, mais il est peu nécessaire de le savoir, puisque l'objet est rempli lorsqu'on en a un qui vient facilement de boutures, qui croît rapidement & qui se garnit de peu de branches & de peu de feuilles.

Dans quelques cantons, on plante des perches de bois mort, hautes de dix à douze pieds ou plus; mais on y trouve le grave inconvénient d'être obligé de les renouveler pendant la durée des pieds de Poivrier, ce qui nuit prodigieusement à la récolte de l'année de cette opération.

La plantation des chinkaréens a lieu pendant la saison pluvieuse, c'est-à-dire, en novembre & décembre, & s'exécute de deux manières: ou on fiche en terre de jeunes branches quelques mois avant la plantation des Poivriers, branches qui, comme je l'ai déjà rapporté, poussent très-rapidement, &, étant élaguées convenablement, fournissent un support suffisamment élevé pour les Poivriers; ou on plante des branches de six pieds de haut, en même tems que les Poivriers. Cette dernière manière est la moins pratiquée, parce qu'on a observé que les boutures, dans ce cas, manquoient souvent ou donnoient des pousses foibles & irrégulières. On doit faire en sorte que les chinkaréens filent droit, jusqu'à quinze pieds, hauteur à laquelle on les arrête pour leur faire pousser des branches latérales, leur former une tête, sur laquelle les branches du Poivrier doivent s'étendre.

Il a été souvent objecté que les chinkaréens vivans nuisoient par leurs racines, nuisoient par leur ombre aux Poivriers auxquels ils servent de tuteurs.

J'observe, 1°. que les arbres ne se nuisent par leurs racines que lorsqu'ils sont de la même espèce ou d'espèces fort rapprochées, & que le Poivrier a peu d'analogues parmi les grands arbres; 2°. que si les feuilles & les branches des chinkaréens nuisent une partie de l'année aux feuilles & aux fleurs des Poivriers, elles leur sont utiles pendant les grandes sécheresses & les grandes chaleurs, ce qui fait compensation; à cette époque même on ne sarcle pas les plantations, afin de conserver à la surface de la terre une fraîcheur qui est avantageuse au succès de la récolte.

Rarement, à Sumatra, on multiplie le Poivrier de graines, attendu qu'il en résulteroit un retard de deux ans au moins dans la production de la graine; ce sont des rejets ou des marcottes, ou des éclats, ou des boutures, qu'on emploie aux nouvelles plantations. Les rejets sont toujours très-abondans dans les plantations en rapport. Les marcottes se font naturellement, également en grande quantité, toutes les tiges couchées, & il y en a constamment beaucoup, prenant des racines à chacun de leurs nœuds.

Les boutures, qui semblent beaucoup plus faciles, ne sont pas employées, parce qu'on a reconnu que les pieds qui en provenoient ne portoient pas pendant autant d'années que les autres.

On lève les rejets ou les marcottes, ou les éclats, ou on coupe les boutures pendant la saison des pluies, pour les planter de suite, un de chaque côté de chaque chinkaréen, & à un demi-pied de lui. Les jeunes Poivriers qui résultent de cette plantation ont très-souvent besoin d'être fixés contre leur tuteur pour pouvoir s'y entortiller, ce qu'on fait avec la feuille d'une espèce de graminée qui tient lieu de jonc; mais du reste on n'en prend plus aucun soin, jusqu'à trois ans, qu'ils sont parvenus à dix pieds, terme moyen, & qu'ils commencent à porter du fruit.

A cette époque on fait l'opération qu'on appelle *du renversement*, c'est-à-dire, que lorsque leurs fruits commencent à mûrir, on coupe les Poivriers après les avoir détachés de leur appui, à trois pieds de terre, & on recourbe la partie de la tige restante pour faire entrer son extrémité en terre, à un pied de sa base. Ce bout prend racine, & le pied acquiert une nouvelle vigueur, porte très-abondamment la saison suivante, tandis qu'il se seroit épuisé à pousser des branches & des feuilles, & n'auroit donné que fort peu de fruit s'il n'avoit pas été renversé. *Voyez* COURBURE DES BRANCHES. Le moment à choisir pour exécuter le renversement est très-important; car s'il est fait trop tôt ou trop tard, les Poivriers ne portent plus que deux ou trois ans après.

En opérant le renversement, on ne laisse à chaque pied qu'un, ou au plus deux tiges; le surplus, si on a une plantation nouvelle à faire, est éclaté ou coupé avec quelques racines, & employé à cette plantation, ce qui fournit de nouveaux pieds qui donnent souvent des fruits la même année, & sont en plein rapport la suivante. C'est aussi avec ces forts pieds éclatés, appelés *lado angore* dans le pays, qu'on remplace ceux qui ont manqué dans la première plantation.

Il est remarquable que ce moyen de multiplication ne soit pas exclusivement usité pour toutes les plantations nouvelles, puisqu'il fait gagner au moins deux ans, ce qui est un avantage immense.

Probablement, & la théorie l'indique, les plantations faites avec ces éclats ne durent pas autant que celles qui sont le produit des jeunes pieds.

Quelquefois cependant on opère le remplacement des pieds qui ont manqué ou qui sont morts, en couchant en terre une des tiges des pieds voisins & en l'amenant contre le chinkaréen, qui a besoin d'être regarni.

Toutes les autres tiges droites ou rampantes, tous les rejets qui ne sont pas employés, sont brûlés, & leurs cendres dispersées sur la plantation. Avant cette incinération on cueille les graines des tiges qui en portent : ces graines, quoiqu'incomplétement mûres, fournissent un poivre de seconde qualité.

Outre ce mode de renversement, il en est un autre qui consiste à laisser la plus belle tige continuer de monter sur les chinkaréens, de couper & arquer, comme je l'ai dit plus haut, deux ou trois de celles qui s'en rapprochent le plus par leur grosseur, & de faire disparoître toutes les autres. Les deux ou trois tiges arquées prennent racine à leur extrémité, & les branches qui en sortent, sont attachées la seconde année aux chinkaréens comme celles de la tige non coupée.

Toutes ces opérations se rapprochent, comme on le voit, de celles qu'on fait subir à la vigne dans quelques cantons de la France ; elles ont pour but, 1°. d'augmenter le nombre des grains & leur grosseur ; 2°. de changer les pieds de place pour qu'ils aient toujours un sol également riche, & ces buts sont fort bien remplis.

Sarcler les mauvaises herbes une fois par an, au commencement de la saison des pluies, avec une houe, & fort incomplétement, est la seule culture qu'on donne aux Poivriers. Il ne paroît pas qu'on laboure même leur pied, quelqu'avantageux qu'il y ait lieu de croire que cela soit.

Les Poivriers, comme je l'ai déjà observé, commencent à porter la troisième année, mais la récolte est retardée pour une ou deux années par le renversement ; elle augmente dès-lors jusqu'à la septième ou huitième, époque où ils sont estimés être dans leur plus grande vigueur ; ils se maintiennent dans cet état selon la bonté du sol, pendant deux à trois ans, alors ils diminuent de produit jusqu'à leur mort. Quelques pieds portent jusqu'à vingt ans, mais ces exemples sont rares.

Un homme & une femme, & même un homme seul, s'il est actif, peuvent planter & cultiver mille pieds de Poivrier, & de plus, semer dans les intervalles autant de riz qu'il leur en faut pour leur subsistance.

Généralement les Poivriers en rapport donnent deux récoltes par an ; savoir : une grande au mois de septembre, & une petite au mois de mars ; mais il y a de nombreuses variations à cet égard, & il est des cantons où on en récolte tous les mois, & d'autres où on n'en récolte qu'une fois l'an. Les grandes sécheresses qui règnent souvent, sont la principale cause des retards ; ces sécheresses sont quelquefois si longues, que les Poivriers perdent leurs feuilles & leurs fleurs ; mais ordinairement la récolte de l'année suivante est si abondante, par suite du repos produit par cette circonstance, qu'elle dédommage de celle qui a manqué. *Voyez* Récoltes alternes.

On reconnoît que le poivre est bon à récolter lorsque quelques grains de chaque grappe sont devenus complétement rouges. Il vaudroit sans doute mieux attendre que tous fussent rouges, car cette couleur indique leur complète maturité ; mais comme ils ne mûrissent pas en même tems, & que ceux qui sont très-mûrs, ou tombent, ou sont la proie des oiseaux, on est forcé d'anticiper sur la maturité de la plupart. A mesure qu'on arrache les grappes, & elles tiennent peu à la tige, on les met dans un petit panier que le cueilleur porte derrière le dos, & ensuite on les étend sur des nattes, près de la maison, ou sur un terrein battu, pour les faire sécher ; là, le poivre devient noir & ridé, tel qu'il arrive en Europe : celui qui est le moins mûr est celui qui se ride le plus. Pendant qu'il sèche, on le nettoie par le moyen du van, & on en sépare les grains légers & tendres qui proviennent des moins mûrs, attendu qu'ils ne sont pas marchands. On reconnoît que le poivre est bon en le frottant entre les mains, les grains légers & tendres se réduisant en poudre par cette opération. Le poivre qui est tombé naturellement & qu'on a ramassé sur la terre, se distingue au manque de son enveloppe.

On a cru pendant long-tems que le poivre blanc provenoit d'une autre espèce que le poivre noir ; mais on sait aujourd'hui avec certitude que c'est le même privé de son enveloppe extérieure. Pour l'obtenir on fait macérer le poivre noir dans l'eau pendant une quinzaine de jours ; là, il se gonfle & son écorce crève ; alors on l'expose au soleil, & lorsqu'il est sec on le frotte entre les mains & on le vanne. Le poivre blanc a été long-tems plus estimé que le noir ; mais aujourd'hui qu'on a reconnu qu'il est moins piquant & qu'il a perdu une partie de son arome, on le recherche peu : en conséquence il n'en vient presque plus en Europe.

On prétend que l'eau de la mer n'altère pas le poivre ; en conséquence on ne prend pas, dans les vaisseaux, toutes les précautions nécessaires pour l'empêcher d'être mouillé par elle. Il m'est difficile de croire à la vérité de cet effet par les seules lumières de la théorie, & la grande différence de qualité de celui qu'on trouve dans le commerce semble prouver que cette eau agit sur lui.

La culture du poivre à Cayenne est dans un grand état de prospérité, quoiqu'il n'y ait guère que vingt-cinq à trente ans qu'elle y a été introduite. L'expérience a appris que l'espèce d'arbre qui est, dans cette colonie, la plus propre à suppléer aux chinkaréens de Sumatra, est le Cale-

BASSIER (*voyez* ce mot), qui, comme lui, se multiplie de boutures, croît fort vîte, s'élague sans inconvénient, & ne s'élève pas à plus de douze ou quinze pieds.

On peut aussi planter les Poivriers contre le bois immortel (*erythrina*), mais il n'y réussit pas si bien.

La plantation des boutures de calebassier se fait un an avant celle des Poivriers, & à six pieds de distance en tous sens. Les Poivriers, on n'en met qu'un à chaque, se plantent à six pouces de ces calebassiers, auxquels on ne laisse que sept à huit branches au sommet, pour qu'elles acquièrent plus de grosseur & donnent moins d'ombre; car le Poivrier est fort lourd, & donne moins de fruit quand il est ombragé.

Là, on multiplie les Poivriers de toutes les manières indiquées plus haut, mais plus souvent de boutures, avec la précaution de choisir des jets qui n'aient pas encore produit, ces jets ayant été reconnus les meilleurs. (*Voyez* BOUTURE.) Ces boutures doivent avoir quatre à cinq nœuds, & être plantées obliquement, un seul de ces nœuds restant hors de terre.

Lorsque les jeunes pousses des plantations de Poivriers commencent à monter, on leur fait prendre une bonne direction en les attachant avec un foible lien au tronc du calebassier.

On donne tous les ans un, & même quelquefois deux binages aux plantations du Poivrier; mais on ne leur fait pas subir l'opération du renversement dont il a été question plus haut. Lorsque la plantation est achevée, un seul nègre peut cultiver & récolter les fruits de huit cents à mille pieds.

A Cayenne comme à Sumatra, le Poivrier commence à donner des fruits la seconde année, & il est en plein rapport la quatrième ou cinquième. De ses deux récoltes, la première, qui a lieu en mai, est ordinairement la meilleure; mais il y a aussi des variations à cet égard, & une des récoltes manque également quelquefois, par suite des grandes pluies qui font couler ses fleurs. Les vents froids sont peu nuisibles à ces fleurs, parce que les grandes feuilles des calebassiers les abritent.

Les fruits du Poivrier se cueillent dès qu'ils commencent à rougir, au moyen d'une petite échelle & d'un panier attaché à la ceinture du cueilleur; les grappes se séparent sans effort de la tige; on fait ensuite sécher ces grappes, puis on isole les grains par le frottement & le vannage.

Chaque pied de Poivrier en plein rapport donne chaque année, terme moyen, vingt livres de poivre sec; ce poivre est gros, bien plein, d'une belle couleur, très-piquant & très-aromatique; enfin, supérieur à celui des Indes, ainsi que j'ai pu en faire la comparaison sous le ministère de Roland, à qui on en avoit officiellement envoyé une caisse. Sans doute cette supériorité provient des soins qu'on donne à sa plantation, à sa culture, à sa récolte, &c. (*Bosc.*)

POIVRIER DU JAPON. *Voyez* FAGARIER.

POIX. Toutes les résines qui fluent naturellement ou par incision des pins & sapins, portent ce nom; mais il s'applique cependant plus particuliérement à celle qui est fournie par le sapin pesse ou épicea.

Mise dans l'eau, sur le feu, la Poix se fond & peut être passée à travers un canevas. Le résultat de cette opération est la *Poix grasse* ou *Poix de Bourgogne*, & lorsqu'on y mêle du noir de fumée, la *Poix noire*.

Quelquefois cependant la Poix noire n'est que du GOUDRON épaissi. *Voyez* ce mot.

POIX-RÉSINE : synonyme de RÉSINE DE PIN. *Voyez* ce mot.

En général, les acceptions du mot *Poix* varient selon les lieux, & il seroit difficile de les fixer. *Voyez* les mots PIN, SAPIN & MÉLÈZE dans le *Dictionnaire des Arbres & Arbustes*. (*Bosc.*)

POLCHÉ. C'est la KETMIE à feuilles de peuplier.

POLDERS : nom flamand des terres desséchées par des moyens industriels, & devenues susceptibles de culture.

Les Polders les plus étendus sont ceux qui sont situés entre les villes de Dunkerque, Berg-Saint-Vinox, Honschoote & Furnes; ils appartiennent aux frères Herwyn, qui, sans être épouvantés par la ruine de plusieurs particuliers qui auparavant avoient tenté sans succès le desséchement des lacs & des marais dont ils tiennent la place, parvinrent, à force de dépense, à les mettre en état de donner de superbes récoltes. La guerre leur fit perdre, en 1793, la plus grande partie du fruit de leurs travaux, par l'inondation d'eau de mer opérée pour la défense de Dunkerque; mais ils ont réparé en grande partie ce désastre.

Le terrein des frères Herwyn est de trois mille arpens, séparé en deux par une chaussée, & chaque partie divisée par des digues garnies d'écluses. On y voit cinq moulins à vent pour élever les eaux & les porter dans un canal de ceinture, qui se jette dans le port de Dunkerque.

Honneurs soient rendus aux frères Herwyn, qui ont si bien mérité de l'agriculture! Puissent les événemens futurs favoriser leurs projets, & récompenser leurs efforts! (*Bosc.*)

POLEMOINE. *POLEMONIUM*.

Genre de plante de la pentandrie monogynie & de la famille de son nom, qui réunit six espèces, dont trois, les seules qui lui appartiennent certainement, se cultivent dans nos jardins. Il est figuré dans les *Illustrations des genres* de Lamarck, pl. 106.

Espèces.

1. La POLEMOINE à fleurs bleues, vulgairement *valériane grecque*.

Polemonium cæruleum. Linn. ♃ Du midi de l'Europe.

2. La POLEMOINE rampante.

Polemonium reptans. Linn. ♃ De l'Amérique septentrionale.

3. La POLEMOINE de Sibérie.

Polemonium sibiricum. H. Angl. ♃ De la Sibérie.

4. La POLEMOINE douteuse.

Polemonium dubium. Linn. ♃ De l'Amérique septentrionale.

5. La POLEMOINE à feuilles de ruellia.

Polemonium ruelloides. Linn. ♃ Du Cap de Bonne-Espérance.

6. La POLEMOINE à feuilles de pêcher.

Polemonium campanuloides. Linn. ♃ Du Cap de Bonne-Espérance.

Culture.

La première de ces espèces est la plus belle, & la seule qui se voit hors des écoles de botanique & des cultures des amateurs; elle est très-rustique, c'est-à-dire, qu'elle s'accommode de tous les terreins & de toutes les expositions; cependant elle prospère infiniment mieux dans les bonnes terres qui sont découvertes & à une exposition chaude. On la multiplie par ses graines, dont elle fournit abondamment, graines qui donnent naissance à des pieds qu'on n'a que la peine de relever au printems suivant, & de mettre en place. On la reproduit aussi par boutures en été, & par déchirement des vieux pieds en hiver. Ce dernier moyen est le plus usité, & en effet le plus facile & le plus profitable, puisque les nouveaux pieds qui en proviennent, fleurissent la même année.

La Polemoine à fleurs bleues se place très-fréquemment dans les parterres, en touffes isolées, qui ne doivent être ni trop grosses ni trop petites; elle fait un très-bon effet dans les jardins paysagers, le long des allées, sur le bord des eaux, dans les planches pratiquées au milieu des gazons; fréquemment elle est employée à garnir les vases qu'on place sur les rampes des escaliers, sur les terrasses à hauteur d'appui, &c. Comme elle effrite beaucoup, on la change de place ou de terre tous les deux à trois ans. Du reste, la culture qu'elle demande se réduit à des binages de propreté, & à l'enlèvement de ses tiges en automne.

Les deux autres espèces exigent positivement la même culture. (*Bosc.*)

POLIE. Loureiro a ainsi appelé le CADELARI en corymbe, dont il a fait un genre particulier. (*Bosc.*)

POLION. *POLIUM.* Genre établi aux dépens des GERMANDRÉES.

POLLEN : poussière fécondante, renfermée dans l'ANTHÈRE des ÉTAMINES. *Voyez* le *Dictionnaire de Botanique.*

Les cultivateurs ont à considérer théoriquement le Pollen par le manque de son effet, à la suite des pluies froides, & relativement au parti qu'en tirent les abeilles pour la nourriture de leurs petits; mais ils ne peuvent que rarement agir sur lui. *Voyez* FÉCONDATION & ABEILLE.

Je dois observer ici que la fécondation ne s'opère pas dans l'obscurité, & qu'ainsi les jardiniers qui couvrent jour & nuit leurs espaliers de paillaissons épais pour les garantir des gelées, n'empêchent un mal que pour en produire un autre. *Voyez* ESPALIER & PÊCHER dans le *Dictionnaire des Arbres & Arbustes.* (*Bosc.*)

POLLENTA : nom italien de la bouillie faite avec le maïs.

POLLIE. *POLLIA.*

Plante du Japon, qui seule forme un genre dans l'hexandrie monogynie & dans la famille des *Asparagoïdes.*

Cette plante n'étant pas encore introduite dans nos cultures, je n'ai rien à en dire de plus. (*Bosc.*)

POLLIQUE. *POLLICHIA.*

Plante frutescente du Cap de Bonne-Espérance, qui seule constitue un genre dans la monandrie monogynie & dans la famille des *Arroches*, & qu'on cultive dans nos serres tempérées.

La Pollique des champs demande une terre légère, des arrosemens fréquens en été, & du jour en hiver. On la multiplie de graines semées au printems, dans des pots, sur couche nue.

Cette plante est de peu d'agrément, & ne se voit que dans les écoles de botanique & dans les grandes collections des amateurs. (*Bosc.*)

POLYADELPHIE : nom de la dix-huitième classe des plantes de Linnæus, de celle dont les étamines sont réunies, par leur base, en plus de deux faisceaux; elle est peu nombreuse en genres. Les plus importans de ceux qu'elle comprend, sont le CITRON, le MÉLALEUQUE & le MILLEPERTUIS. *Voyez* le *Dictionnaire de Botanique.* (*Bosc.*)

POLYANDRIE. Linnæus a ainsi appelé la treizième classe de son Système des végétaux; elle comprend les plantes qui ont plus de douze étamines attachées au receptacle. Quelques botanistes ont cru qu'il falloit y faire aussi entrer celles de l'ICOSANDRIE, dont les étamines sont aussi en nombre plus grand que douze, mais attachées au calice.

Cette classe contient près de cent genres, dont plusieurs, tels que CAPRIER, CISTE, TILLEUL, THÉ, ROUCOU, NYMPHÉE, PIVOINE, DAUPHINELLE, ACONIT, ANCOLIE, NIGELLE, CLÉMATITE, PIGAMON, HELLEBORE, CALTHA, ANÉMONE, RENONCULE, ANONE, TULIPIER, MAGNOLIER, intéressent beaucoup les cultivateurs. *Voyez* le *Dictionnaire de Botanique.* (*Bosc.*)

POLYBOTRYS. *Polybotrys.*

Genre de fougères découvert par Humboldt & Bonpland dans l'Amérique méridionale, & que nous ne possédons pas dans nos jardins. (*Bosc.*)

POLYCARDE. *Polycardia.*

Arbrisseau de Madagascar, qui seul forme un genre dans la pentandrie monogynie & dans la famille des *Rhamnoïdes*. Il est figuré pl. 132 des *Illustrations des genres* de Lamarck.

Comme il ne se cultive pas dans nos jardins, je n'en dirai rien de plus. (*Bosc.*)

POLYCARPE. *Polycarpon.*

Genre de plante de la triandrie trigynie & de la famille des *Caryophyllées*, qui renferme deux espèces, dont une se cultive dans nos écoles de botanique, & est figurée pl. 51 des *Illustrations des genres* de Lamarck.

Espèces.

1. Le Polycarpe tétrapylle.
Polycarpon tetraphyllum. Linn. ☉ Du midi de l'Europe.

2. Le Polycarpe stipulifide.
Polycarpon stipulifidum. Mich. ☉ De l'Amérique septentrionale.

Culture.

Le Polycarpe tétraphylle se sème au printems, dans des pots remplis de terre de bruyère, sur couche nue, & lorsque le plant qui en provient a acquis quelques lignes de hauteur, on l'éclaircit & on le place en motte, après l'avoir mouillé, dans le lieu où il doit rester, lieu qui sera, autant que possible, à une exposition méridienne.

La seconde espèce, dont j'avois rapporté des graines qui ont bien levé, a disparu, parce qu'elle n'en a pas donné de nouvelles pour la reproduire. (*Bosc.*)

POLYCARPÉE. *Polycarpea.*

Lamarck a donné ce nom au genre que d'autres botanistes ont appelé Hagée. *Voyez* ce mot.

POLYCHNÈME. *Polychnemum.*

Genre de plante de la triandrie monogynie & de la famille des *Arroches*, dans lequel se trouvent réunies cinq espèces, dont une se cultive dans nos écoles de botanique. Il est figuré pl. 29 des *Illustrations des genres* de Lamarck.

Espèces.

1. Le Polychnème des champs.
Polychnemum arvense. Linn. ☉ Du midi de la France.

2. Le Polychnème monandrique.
Polychnemum monandrum. Pall. ☉ De la Sibérie.

3. Le Polychnème diandrique.
Polychnemum sclerospermum. Pall. ☉ De la Sibérie.

4. Le Polychnème triandrique.
Polychnemum triandrum. Pall. ☉ De la Sibérie.

5. Le Polychnème à feuilles opposées.
Polycknemum oppositifolium. Pall. ♂ De la Sibérie.

Culture.

La première espèce est la seule que nous possédions dans nos écoles de botanique, mais je crois en avoir vu cultiver une ou deux des autres. On la sème au printems, dans un pot rempli de terre de bruyère, pot qu'on place sur une couche nue, & dont on enlève le plant, en motte, lorsqu'il a acquis quelques lignes de haut, pour le placer à une exposition chaude. Il ne demande aucune culture ultérieure, & la plus mauvaise terre est la meilleure pour lui. (*Bosc.*)

POLYCHRÉE. *Polychroa.*

Plante de la Chine & qui s'y cultive, dans les jardins, à raison de la beauté de son feuillage, mais que nous ne possédons pas encore dans les nôtres. Elle forme seule un genre dans la monoécie pentandrie, fort voisin des Amarantes. (*Bosc.*)

POLYGALA. *Polygala.*

Genre de plante de la diadelphie octandrie & de la famille des *Pédiculaires*, dans lequel se rangent quatre-vingt-quatorze espèces, dont deux sont fort communes dans nos pâturages, & dont un assez grand nombre se cultivent dans nos écoles de botanique. Il est figuré pl. 598 des *Illustrations des genres* de Lamarck.

Espèces.

Polygalas à division inférieure de la corolle frangée.

1. Le Polygala vulgaire, vulgairement *laitier* & *herbe au lait*.
Polygala vulgaris. Linn. ♃ Indigène.

2. Le Polygala à feuilles amères.
Polygala amara. Linn. ♃ Indigène.

3. Le Polygala à larges feuilles.
Polygala major. Jacq. ♃ Indigène.

4. Le Polygala d'Autriche.
Polygala austriaca. Crantz. ♃ Indigène.

5. Le Polygala de Montpellier.
Polygala monspeliaca. Linn. ♃ Du midi de la France.

6. Le Polygala rose.
Polygala rosea. Desf. ♄ De la Barbarie.

7. Le POLYGALA paniculé.
Polygala paniculata. Linn. ☉ Du midi de l'Europe.
8. Le POLYGALA couché.
Polygala supina. Lam. ☉ De l'Orient.
9. Le POLYGALA atlantique.
Polygala oxicoccoides. Desf. ♄ De la Barbarie.
10. Le POLYGALA des rochers.
Polygala saxatilis. Desf. ♄ De la Barbarie.
11. Le POLYGALA à grappes axillaires.
Polygala axillaris. Lam. ☉ Des Antilles.
12. Le POLYGALA du Brésil.
Polygala brasiliensis. Linn. ♃ Du Brésil.
13. Le POLYGALA de Sibérie.
Polygala sibirica. Linn. ♃ De la Sibérie.
14. Le POLYGALA à feuilles de myrte.
Polygala myrtifolia. Linn. ♄ Du Cap de Bonne-Espérance.
15. Le POLYGALA ombellé.
Polygala umbellata. Linn. ☉ Du Cap de Bonne-Espérance.
16. Le POLYGALA à fleurs incarnates.
Polygala incarnata. Linn. ☉ De l'Amérique septentrionale.
17. Le POLYGALA trichosperme.
Polygala trichosperma. Linn. ♃ De l'Amérique méridionale.
18. Le POLYGALA Timoutou.
Polygala timutu. Aubl. ☉ De Cayenne.
19. Le POLYGALA bractéolé.
Polygala bracteolata. Linn. ♄ Du Cap de Bonne-Espérance.
20. Le POLYGALA des teinturiers.
Polygala tinctoria. Vahl. De l'Arabie.
21. Le POLYGALA aggloméré.
Polygala glomerata. Lour. De la Chine.
22. Le POLYGALA génistoïde.
Polygala genistoides. Lam. ♄ De.....
23. Le POLYGALA à feuilles de pin.
Polygala pinifolia. Lam. ♄ De.....
24. Le POLYGALA à fleurs violettes.
Polygala violacea. Aubl. ☉ De Cayenne.
25. Le POLYGALA épineux.
Polygala spinosa. Linn. ♄ De l'Éthiopie.
26. Le POLYGALA à feuilles opposées.
Polygala oppositifolia. Linn. ♄ Du Cap de Bonne-Espérance.
27. Le POLYGALA à feuilles d'aspalathe.
Polygala aspalatha. Linn. Du Brésil.
28. Le POLYGALA vénéneux.
Polygala venenosa. Lam. ♄ De Java.
29. Le POLYGALA rubelle.
Polygala rubella. Willd. ♃ De l'Amérique septentrionale.
30. Le POLYGALA théléphioïde.
Polygala thelephioides. Willd. ☉ Des Indes.
31. Le POLYGALA des champs.
Polygala arvensis. Willd. ♃ Des Indes.
32. Le POLYGALA à feuilles de linaire.
Polygala linarifolia. Willd. Des Célèbes.
33. Le POLYGALA à feuilles de théfion.
Polygala thesioides. Willd. ♄ Du Pérou.
34. Le POLYGALA grêle.
Polygala tenella. Willd. ☉ Du Mexique.
35. Le POLYGALA à tige cannelée.
Polygala sulcata. Willd. ☉ Du Brésil.
36. Le POLYGALA à feuilles de gnidion.
Polygala gnidioides. Willd. ♄ Du Chili.
37. Le POLYGALA à petites feuilles.
Polygala tenuifolia. Amm. ♃ De la Sibérie.
38. Le POLYGALA alongé.
Polygala elongata. Willd. ☉ Des Indes.
39. Le POLYGALA à feuilles rares.
Polygala paucifolia. Willd. ♃ De l'Amérique septentrionale.
40. Le POLYGALA des sables.
Polygala arenaria. Willd. ☉ De la Guinée.
41. Le POLYGALA du Japon.
Polygala japonica. Thunb. Du Japon.
42. Le POLYGALA penché.
Polygala cernua. Thunb. Du Cap de Bonne-Espérance.
43. Le POLYGALA à feuilles en cœur.
Polygala cordifolia. Willd. ♄ Du Cap de Bonne-Espérance.
44. Le POLYGALA de Guinée.
Polygala guineensis. Willd. De la Guinée.
45. Le POLYGALA verge.
Polygala virgata. Thunb. Du Cap de Bonne-Espérance.
46. Le POLYGALA agréable.
Polygala amœna. Thunb. Du Cap de Bonne-Espérance.
47. Le POLYGALA à feuilles cylindriques.
Polygala teretifolia. Linn. ♄ Du Cap de Bonne-Espérance.
48. Le POLYGALA laineux.
Polygala tomentosa. Thunb. ♄ Du Cap de Bonne-Espérance.

Polygalas à division inférieure de la corolle non frangée.

49. Le POLYGALA mitoyen.
Polygala mixta. Linn. ♄ Du Cap de Bonne-Espérance.
50. Le POLYGALA de la Chine.
Polygala chinensis. Linn. ♄ Des Indes.
51. Le POLYGALA onguiculé.
Polygala unguiculata. Lam. De.....
52. Le POLYGALA à petites feuilles.
Polygala microphylla. Linn. ♄ De l'Espagne.
53. Le POLYGALA à feuilles rudes.
Polygala penea. Linn. ♄ Du Pérou.
54. Le POLYGALA à feuilles variées.
Polygala diversifolia. Linn. ♄ De la Jamaïque.
55. Le POLYGALA en buisson.
Polygala dumosa. Lam. ♄ Du Cap de Bonne-Espérance.
56. Le POLYGALA à feuilles de buis.
Polygala chamæbuxus. Linn. ♄ Des Alpes.

57. Le POLYGALA stipulacé.
Polygala stipulacea. Linn. ♄ Du Cap de Bonne-Espérance.
58. Le POLYGALA squarreux.
Polygala squarrosa. Linn. ♄ Du Cap de Bonne-Espérance.
59. Le POLYGALA à feuilles de genévrier.
Polygala juniperifolia. Lam. ♄ Du Cap de Bonne-Espérance.
60. Le POLYGALA piquant.
Polygala heisteria. Linn. ♄ Du Cap de Bonne-Espérance.
61. Le POLYGALA à feuilles grêles.
Polygala tenuifolia. Lam. ♄ Du Cap de Bonne-Espérance.
62. Le POLYGALA pileux.
Polygala pilosa. Lam. De.....
63. Le POLYGALA à feuilles de lavande.
Polygala theezans. Linn. ♄ De Java.
64. Le POLYGALA à feuilles de saule.
Polygala salicifolia. Lam. ♃ Du Brésil.
65. Le POLYGALA lancéolé.
Polygala lanceolata. Lam. ♃ Du Pérou.
66. Le POLYGALA à feuilles ovales.
Polygala ovata. Lam. De Saint-Domingue.
67. Le POLYGALA à trois nervures.
Polygala trinervia. Linn. ♄ Du Cap de Bonne-Espérance.
68. Le POLYGALA à feuilles de serpolet.
Polygala serpillifolia. Lam. Des Indes.
69. Le POLYGALA en épi.
Polygala linoides. Lam. Du Brésil.
70. Le POLYGALA équinoxial.
Polygala estuans. Linn. ♄ De l'Amérique méridionale.
71. Le POLYGALA alopécuroïde.
Polygala alopecuroides. Linn. ♄ Du Cap de Bonne-Espérance.
72. Le POLYGALA polygame.
Polygala polygama. Walt. ♃ De l'Amérique septentrionale.
73. Le POLYGALA en cime.
Polygala cymosa. Walt. ♃ De l'Amérique septentrionale.
74. Le POLYGALA à feuilles de gramen.
Polygala graminifolia. Lam. De l'Amérique septentrionale.
75. Le POLYGALA à fleurs jaunes.
Polygala lutea. Linn. ⊙ De l'Amérique septentrionale.
76. Le POLYGALA uniflore.
Polygala uniflora. Mich. De l'Amérique septentrionale.
77. Le POLYGALA à longues feuilles.
Polygala longifolia. Lam. ⊙ De Java.
78. Le POLYGALA fasciculé.
Polygala fasciculata. Lam. De.....
79. Le POLYGALA verdâtre.
Polygala viridescens. Linn. ⊙ De l'Amérique septentrionale.
80. Le POLYGALA sanguin.
Polygala sanguinea. Linn. ⊙ De l'Amérique septentrionale.
81. Le POLYGALA cilié.
Polygala ciliata. Linn. ⊙ Des Indes.
82. Le POLYGALA à feuilles en croix.
Polygala cruciata. Linn. ⊙ De l'Amérique septentrionale.
83. Le POLYGALA à feuilles de gallium.
Polygala gallioides. Lam. ⊙ De Cayenne.
84. Le POLYGALA verticillé.
Polygala verticillata. Linn. ⊙ De l'Amérique septentrionale.
85. Le POLYGALA sétacé.
Polygala setacea. Mich. De l'Amérique septentrionale.
86. Le POLYGALA triflore.
Polygala triflora. Linn. ⊙ De Ceylan.
87. Le POLYGALA à petites fleurs.
Polygala parviflora. Lam. ⊙ De l'Amérique septentrionale.
88. Le POLYGALA acuminé.
Polygala acuminata. Willd. ♄ Du Mexique.
89. Le POLYGALA à feuilles mucronées.
Polygala mucronata. Willd. ♄ De l'Amérique méridionale.
90. Le POLYGALA violet.
Polygala violacea. Vahl. ♄ De Cayenne.
91. Le POLYGALA seneka.
Polygala senega. Linn. ♃ De l'Amérique septentrionale.
92. Le POLYGALA glaucoïde.
Polygala glaucoides. Willd. ♃ De Ceylan.
93. Le POLYGALA rampant.
Polygala prostrata. Willd. ⊙ Des Indes.
94. Le POLYGALA multiflore.
Polygala multiflora. Lam. De Sierra-Leone.

Culture.

On ne voit aujourd'hui dans nos jardins que seize de ces espèces; mais il s'y en est vu beaucoup d'autres qui n'ont pu s'y conserver. La plus grande partie de celles qui sont originaires de l'Amérique septentrionale ont principalement offert ce cas, leurs graines que j'ai rapportées ayant presque toutes levé. La cause de ce fait tient essentiellement à la difficulté de leur culture & de leur multiplication. Je vais passer successivement en revue les espèces que nous possédons.

Le Polygala vulgaire est extrêmement commun dans les pâturages secs, le long des bois & autres lieux incultes : tous les bestiaux, surtout les vaches, l'aiment avec passion, & il passe pour augmenter beaucoup leur lait. On doit donc le voir avec plaisir se multiplier, & on devroit tenter, chose que je ne sache pas qu'on ait jamais faite, d'en semer là où il n'y en a pas, d'en composer même des prairies artificielles. Son aspect est fort agréable quand il est en fleurs; il offre des variétés roses, violettes & blanches. Son introduction dans les gazons des jardins paysagers concourt toujours à leur beauté. On parvient à l'y placer, soit par le semis de ses graines, soit par la transplantation des mottes où il se trouve. Sa culture dans les écoles de botanique n'est pas aussi facile, attendu qu'il craint les labours & autres soins ordinaires; aussi les pieds qu'on y transporte en motte n'y subsistent-ils que peu de tems, c'est-à-dire, un ou deux ans au plus.

Le Polygala à feuilles amères ressemble beaucoup au précédent, mais il s'élève moins; ce que je viens de dire lui convient généralement: c'est sur les montagnes calcaires qu'il se plait le mieux. On le recherche beaucoup pour l'usage de la médecine.

Le Polygala d'Autriche diffère peu du premier, & demande la même culture.

Le Polygala de Montpellier ne craint pas la culture comme ceux-ci, attendu qu'il est annuel. On le sème dans un pot rempli de terre à demi consistante, pot qu'on enfonce au printems sur une couche nue, & qu'on place, lorsque le plant a acquis un pouce de haut, contre un mur exposé au midi.

Les Polygalas bractéolé, à feuilles de myrte, à feuilles opposées, épineux, à feuilles cylindriques & à feuilles en cœur, demandent l'orangerie pendant l'hiver, ou mieux une serre tempérée, car il leur faut beaucoup de lumière. Ce sont des plantes de mince agrément chez nous, parce qu'elles fleurissent peu; rarement elles donnent de bonnes graines dans le climat de Paris. On les multiplie, 1°. de marcottes qui prennent difficilement racines si elles ne sont placées sur couches à châssis; 2°. de boutures qui réussissent encore plus difficilement, quelque précaution qu'on prenne; aussi ces espèces ne sont-elles pas communes.

Le Polygala à feuilles de buis garnit fort agréablement les pâturages des hautes montagnes, mais il est de nul effet dans nos jardins, où, comme le premier, il ne subsiste pas long-tems; c'est un terrein frais & ombragé qui lui convient le mieux; il se multiplie par graines tirées des Alpes, par marcottes & par déchirement des vieux pieds, en hiver. Quoiqu'ordinairement six mois sous la neige dans les lieux où il croît naturellement, il craint les gelées tardives du climat de Paris, & il est en conséquence nécessaire de le couvrir de mousse pour le conserver.

Les Polygalas mitoyen, piquant & stipulacé sont de fort jolis arbrisseaux, qui se voient plus fréquemment dans nos jardins que ceux dont il a été question plus haut, parce qu'ils se multiplient plus facilement de marcottes & de boutures quand on prend les soins indiqués. Ils aiment aussi à être dans les serres tempérées plutôt que dans les orangeries, à raison de ce qu'ils redoutent également l'obscurité & l'humidité.

J'ai observé que le Polygala seneka se plaisoit en Caroline dans les sables les plus arides; c'est donc la terre de bruyère qui lui convient; il lui faut aussi l'orangerie pendant l'hiver. Les pieds provenant des graines que j'avois apportées de ce pays n'ont subsisté long-tems ni dans le jardin du Muséum d'histoire naturelle de Paris, ni dans celui de Cels. On le multiplie par le déchirement des vieux pieds, en automne.

Le Polygala alopécuroïde se conduit comme les avant-derniers. (*Bosc.*)

POLYGAMIE. Vingt-troisième classe des plantes dans le système de Linnæus, qui renferme celles qui portent sur le même pied des fleurs hermaphrodites, & des fleurs mâles ou des fleurs femelles.

Cette classe contient environ quatre-vingts genres, la plupart fort hétérogènes par leurs rapports; aussi quelques botanistes l'ont-ils rejetée. *Voyez* le *Dictionnaire de Botanique*. (*Bosc.*)

POLYGONELLE. *POLYGONELLA.*

Petit arbuste qui croît dans les sables les plus arides de la Caroline, & qui seul forme un genre dans la dioécie octandrie & dans la famille des *Polygonées*.

Il a été cultivé dans les jardins de Paris, par suite de l'envoi que j'avois fait de ses graines pendant mon séjour dans l'Amérique septentrionale, mais il ne s'y est pas conservé.

La serre tempérée pendant l'hiver, & des arrosemens rares sont ce que demande la Polygonelle. Il paroît qu'elle ne se multiplie ni de marcottes ni de boutures, & qu'elle ne donne pas de bonnes graines dans le climat de Paris. (*Bosc.*)

POLYLEPIS. *POLYLEPIS.*

Arbre du Pérou, qui seul forme un genre dans la polyandrie monogynie.

Nous ne possédons pas encore cet arbre dans nos jardins. (*Bosc.*)

POLYMNIE. *POLYMNIA.*

Genre de plante de la syngénésie nécessaire & de la famille des *Corymbifères*, qui réunit dix espèces, dont quelques-unes se cultivent dans nos écoles de botanique & dans les collections des amateurs. Il est figuré pl. 711 & 712 des *Illustrations des genres* de Lamarck.

Observations.

Des espèces de ce genre ont formé ceux TÉTRAGONOTEQUE, ALEYNE, POLYMNIASTRE & CHORISTÉE.

Espèces.

1. La POLYMNIE à feuilles charnues.
Polymnia carnosa. Linn. ♄ Du Cap de Bonne-Espérance.

2. La POLYMNIE de Wedelius.
Polymnia Wedelia. Linn. ♄ De l'Amérique méridionale.

3. La POLYMNIE épineuse.
Polymnia spinosa. Linn. ♄ Du Cap de Bonne-Espérance.

4. La POLYMNIE de la Caroline.
Polymnia caroliniana. Lam. ♃ De l'Amérique septentrionale.

5. La POLYMNIE du Canada.
Polymnia canadensis. Linn. ♃ De l'Amérique septentrionale.

6. La POLYMNIE variable.
Polymnia variabilis. Lam. ♄ De l'Amérique septentrionale.

7. La POLYMNIE à feuilles de doronic.
Polymnia tetragonotheca. Linn. ♃ De l'Amérique septentrionale.

8. La POLYMNIE à larges feuilles.
Polymnia vedalia. Linn. ♃ De l'Amérique septentrionale.

9. La POLYMNIE d'Abyssinie.
Polymnia abyssinica. Linn. ⊙ De l'Abyssinie.

10. La POLYMNIE perfoliée.
Polymnia perfoliata. Lam. ⊙ Du Mexique.

Culture.

Nous cultivons dans nos jardins les espèces inscrites sous les n°s. 7, 8, 9 & 10; les deux premières sont de pleine terre, mais n'en craignent pas moins les fortes gelées de l'hiver, époque où, en conséquence, on est obligé de couvrir leurs racines de feuilles sèches ou de fougère : on les trouve en Amérique, où je les ai observées dans les terres argileuses & humides; elles se multiplient par leurs graines, tirées de leur pays natal, semées dans des pots, au printems, sur couche nue, ou par déchirure de leurs vieux pieds, en automne. Ce sont d'assez grandes plantes qui tiendroient fort bien leur place dans les jardins paysagers, mais elles sont encore trop rares pour penser à les y introduire.

La neuvième est de serre chaude, & se tient en pot toute l'année.

La dixième se sème comme la septième, & lorsque le plant est parvenu à un pouce de haut, on le repique en pleine terre, à une exposition méridionale; elle fleurit jusqu'à ce que les gelées l'aient frappée. (*Bosc.*)

POLYOZE. *POLYOZA.*

Genre de plante établi par Loureiro, & qui ne diffère pas du ROUHAMON d'Aublet. *Voyez* ce mot.

POLYPARE. *POLYPARA.*

Plante de la Cochinchine, qu'on y cultive pour ses feuilles, qui ont l'acidité de l'oseille, & qu'on y mange; elle paroît devoir faire partie du genre HOUTUYNE. (*Bosc.*)

POLYPE : excroissance flasque & indolente, & de forme extrêmement variable, qui naît dans l'intérieur de la bouche, à l'ouverture de la gorge, ou dans le nez des chevaux & autres animaux, & que les maréchaux connoissent sous le nom de *souris*.

Lorsque cette excroissance ferme la glotte, elle gêne la respiration, & lorsqu'elle ferme le larynx, elle s'oppose à la déglutition; ses effets sont d'autant plus marqués dans ces deux cas, qu'elle est plus volumineuse.

La grosseur, la forme & la position des Polypes se jugent aux deux symptômes principaux, à l'inspection & au toucher, avec plus ou moins de certitude.

Beaucoup de causes peuvent donner lieu à la formation des Polypes. Ceux qui sont dus à un vice farcineux ou morveux se reconnoissent à la largeur de leur base, à leur couleur livide & à leur état constamment douloureux : ce sont les plus dangereux & les plus rebelles. Il faut d'abord suivre un traitement interne, propre à combattre ce vice.

Lorsque le Polype n'a pas un de ces vices pour cause, on le guérit par une opération qui est plus ou moins difficile, plus ou moins assurée dans ses résultats, encore selon sa position & sa grosseur.

Il y a quatre manières principales de faire disparoître un Polype, la cautérisation, la ligature, l'extraction & l'incision : cette dernière est sans contredit la plus simple & la plus certaine, mais elle ne peut pas être employée dans tous les cas. Par exemple, lorsque le Polype est situé trop profondément, qu'il est caché par la luette, &c., alors on peut encore avoir recours à l'extraction avec des tenettes ou des pinces mousses, opération plus longue, plus douloureuse, & qui ne réussit pas toujours. La cautérisation ne s'emploie que lorsque le Polype est fort large, peu élevé & situé sur le devant de la gorge, & quelque précaution qu'on prenne, elle n'est pas sans dangers. La ligature ne peut s'effectuer que lorsque le Polype est beaucoup plus étroit à sa base, & qu'on peut y porter un fort fil de soie.

Dans l'incision & l'extraction il y a souvent à craindre l'hémorragie; aussi doit-on se précautionner de bourdonnets imbibés d'eau de Rabel, d'amadou, de poudre de lycopode & autres substances propres à resserrer les vaisseaux ou à absorber le sang.

Un animal opéré aura ensuite la bouche lavée

avec du vin tiède, sera mis à la diète, & dispensé de tout travail jusqu'à ce que la plaie soit entiérement guérie.

Les volailles sont très-sujètes au Polype, mais il est rare qu'on cherche à l'opérer, à raison du peu d'importance de l'animal, qu'il est plus commode de tuer & de manger.

Quelques vices organiques peuvent être confondus avec les Polypes lorsqu'on ne les examine pas attentivement, tels que le relâchement du voile du palais ou de la tunique du cartilage épiglotique, l'exudation de la lymphe entre les deux membranes pituitaires, & un commencement d'ulcère. (*Bosc.*)

POLYPRÈME. *Polypremum.*

Plante annuelle & rampante, originaire de l'Amérique septentrionale, qui seule forme un genre dans la tétrandrie monongynie & dans la famille des *Scrophulaires.*

Cette plante n'étant pas cultivée dans nos jardins, malgré la quantité de graines que j'avois rapportées de la Caroline, où elle croît communément dans les sables les plus arides, je n'ai rien à en dire de plus. (*Bosc.*)

POLYPÉTALE: fleur dont la corolle est composée de plusieurs pièces distinctes.

Il y a des fleurs polypétales régulières, & des fleurs polypétales irrégulières.

Voyez le *Dictionnaire de Botanique* & celui de *Physiologie végétale.* (*Bosc.*)

POLYPHÈME. *Polyphema.*

Genre de plante établi par Loureiro aux dépens des Jacquiers, mais qui n'a pas été adopté.

POLYPODE. *Polypodium.*

Genre de plante de la famille des *Fougères*, qui réunit trente-trois espèces, dont quelques-unes, indigènes à nos climats, se cultivent dans nos écoles de botanique & dans nos jardins paysagers, & dont le plus grand nombre appartiennent aux pays intertropicaux. Il est figuré pl. 866 des *Illustrations des genres* de Lamarck.

Observations.

Swartz & Smith ayant, dans ces derniers tems, étudié de nouveau les caractères des fougères, il en est résulté la formation de plusieurs nouveaux genres, & le transport, dans tel des anciens genres, d'espèces qui jusqu'alors avoient paru appartenir à tel autre. Celui des Polypodes a été un des plus bouleversé par suite des travaux de ces botanistes, qui, outre les espèces qu'ils lui ont enlevées, ont formé à ses dépens les genres Gramnite & Aspidion.

Ces trois genres réunis renfermant un trop grand nombre d'espèces, & ces espèces intéressant peu les cultivateurs, je me contenterai de noter ici celles qui sont propres à la France, & celles qui se voient dans nos jardins.

Espèces.

1. Le Polypode à feuilles épaisses.
Polypodium crassifolium. Linn. ♃ De l'Amérique méridionale.

2. Le Polypode à feuilles de châtaignier.
Polypodium castaneæfolium. H. P. ♃ De l'Amérique méridionale.

3. Le Polypode phyllitide.
Polypodium phyllitidis. Linn. ♃ De l'Amérique méridionale.

4. Le Polypode commun.
Polypodium vulgare. Linn. ♃ Indigène.

5. Le Polypode lacinié.
Polypodium cambricum. Linn. ♃ Indigène.

6. Le Polypode doré.
Polypodium aureum. Linn. ♃ De la Jamaïque.

7. Le Polypode trifolié.
Polypodium trifoliatum. ♃ De l'Amérique méridionale.

8. Le Polypode phégoptère.
Polypodium phegopteris. Linn. ♃ Indigène.

9. Le Polypode dryoptère.
Polypodium dryopteris. Linn. ♃ Indigène.

10. Le Polypode lonchite.
Polypodium lonchitis. Linn. ♃ Indigène.

11. Le Polypode des fontaines.
Polypodium fontanum. Linn. ♃ Indigène.

12. Le Polypode fougère mâle.
Polypodium felix mas. Linn. ♃ Indigène.

13. Le Polypode fragile.
Polypodium fragile. Linn. ♃ Indigène.

14. Le Polypode fougère femelle.
Polypodium felix fœmina. Linn. ♃ Indigène.

15. Le Polypode des montagnes.
Polypodium montanum. Linn. ♃ Indigène.

16. Le Polypode raccourci.
Polypodium abbreviatum. Dec. ♃ Indigène.

17. Le Polypode roide.
Polypodium rigidum. Hoff. ♃ Indigène.

18. Le Polypode à aiguillons.
Polypodium aculeatum. Linn. ♃ Indigène.

19. Le Polypode à petites pointes.
Polypodium spinulosum. Decand. ♃ Indigène.

20. Le Polypode à feuilles de tanaisie.
Polypodium tanacetifolium. Hoff. ♃ Indigène.

21. Le Polypode en crête.
Polypodium cristatum. Linn. ♃ Indigène.

22. Le Polypode thélyptère.
Polypodium thelypteri. Linn. Indigène.

23. Le Polypode oréoptère.
Polypodium oreopteris. Hoff. ♃ Indigène.

24. Le Polypode pubescent.
Polypodium patens. Swartz. ♃ De la Jamaïque.

25. Le Polypode alongé.
Polypodium elongatum. Ait. ♃ De Madère.

26. Le Polypode rhétique.
Polypodium rhæticum. Linn. ♃ Indigène.

27. Le Polypode bordé.
Polypodium marginatum. ♃ De l'Amérique septentrionale.

28. Le Polypode élancé.
Polypodium axillare. Ait. ♃ De Madère.

29. Le Polypode des lieux ombragés.
Polypodium umbrosum. Ait. ♃ De Madère.

30. Le Polypode nain.
Polypodium annulum. Ait. ♃ De Madère.

31. Le Polypode étalé.
Polypodium effusum. Linn. ♃ De la Jamaïque.

32. Le Polypode épineux.
Polypodium spinosum. Linn. ♄ De l'Amérique méridionale.

33. Le Polypode redoutable.
Polypodium horridum. Linn. ♄ De l'Amérique méridionale.

Culture.

Les trois premières espèces se cultivent dans les serres chaudes du Muséum, de plants venus de leur pays natal. On leur donne de la nouvelle terre tous les ans, & des arrosemens abondans pendant l'été. Ce sont de fort belles plantes, mais qu'il est difficile de multiplier.

Le Polypode commun est fort abondant sur les rochers, sur les vieux murs, au pied des grands arbres qui sont à l'exposition du nord ou fortement ombragés; il concourt puissamment, par l'entrelacement de ses racines, à retarder la dégradation des murs ou du faîte des chaumières. Quoiqu'ayant les feuilles peu élevées, il n'en tient pas moins sa place dans les jardins paysagers, où on l'introduit par le moyen du déchirement des vieux pieds enlevés des bois. Il reprend facilement & se multiplie rapidement, pourvu qu'il soit dans une terre sèche, & dans un lieu frais & ombragé. Dans les écoles de botanique il faut le placer au nord d'un abri si on veut le conserver. Ses racines sont très-sucrées & recherchées pour la médecine, sous le nom de *réglisse des bois*, de *Polypode de chêne*: les cochons les aiment avec passion.

Le Polypode lacinié peut se cultiver comme le précédent, mais il craint les fortes gelées du climat de Paris, & en conséquence on le tient le plus souvent en pot, & pendant l'hiver dans l'orangerie.

Le Polypode doré est une très-belle plante, qui se multiplie très-facilement dans nos serres par le déchirement des vieux pieds, & même, dit-on, par semence. Il lui faut de la nouvelle terre tous les ans, & de forts arrosemens en été.

La même culture convient au Polypode trifolié, ainsi qu'aux Polypodes pubescent & étalé, plus rares dans nos jardins.

Le Polypode fougère mâle est la plus commune des fougères d'Europe, après la ptéride aquiline; elle forme de très-grosses touffes dans les bois des montagnes, surtout quand ils sont à l'exposition du nord ou humides. Les bestiaux n'y touchent pas. On en fait souvent la récolte pour augmenter la litière & par suite le fumier, pour couvrir les artichauts & autres plantes qui craignent les gelées, pour chauffer le four, cuire le plâtre, la chaux, les briques, enfin pour faire de la Potasse (*voyez* ce mot & celui Fougère). Ses racines sont un violent purgatif, & leur poudre fait la base du remède de madame Nouffre contre le tænia ou ver solitaire.

Cette plante, surtout quand elle n'est pas encore arrivée à toute sa croissance, est d'un aspect fort agréable, & il est par conséquent bon de l'introduire dans les jardins paysagers, dont le sol & l'exposition lui conviennent. Pour cela on en enlève de jeunes touffes ou des portions de vieilles touffes dans les bois, & on les y transporte pendant l'hiver; elles n'y demandent aucune culture. Comme ses feuilles restent vertes toute l'année, on n'a autre chose à faire que d'enlever, au printems, celles de ces feuilles qui sont mortes, & qui contrastent désagréablement avec le beau vert des autres. Si le terrein n'est pas très-humide, il faut lui donner de fréquens arrosemens en été.

Dans les écoles de botanique, on la met à l'abri du soleil par un moyen quelconque, & on l'arrose également dans la chaleur.

Les espèces des n°s. 9, 10, 11, 13, 14, 16, 17, 18, 19, 20, 22, 23 & 26 peuvent être & sont quelquefois cultivées comme cette dernière, & dans les jardins paysagers, & dans les jardins de botanique; elles demandent encore plus d'ombre & d'humidité. Ce sont généralement des plantes à feuilles élégantes, mais fort délicates, que le grand soleil & le plus petit attouchement flétrissent.

On tient dans des pots, pour les rentrer dans l'orangerie, les espèces indiquées sous les n°s. 25, 27, 28, 29 & 30; du reste, elles demandent les mêmes soins que celles de serre. On les multiplie par le déchirement des vieux pieds en hiver, déchirement qui eſt rarement ſuivi d'inconvéniens. Comme les autres, elles exigent des arroſemens abondans en été.

Les Polypodes épineux & redoutable ſont de grands arbres dans leur pays natal; la culture qu'ils demandent dans nos ſerres ne diffère pas de celle indiquée pour les trois premières eſpèces. (*Bosc.*)

POLYPOGON. *Polypogon.*

Genre de plante établi aux dépens des AGROSTIDES, & dont les eſpèces ont été rappelées à ce mot. (*Bosc.*)

POLYSCIAS. *Polyscias.*

Genre de plante établi par Forſter, & figuré par Lamarck dans ſes *Illuſtrations des genres*, pl. 320; il renferme pluſieurs eſpèces que non-ſeulement nous ne poſſédons pas dans nos jardins, mais encore ſur leſquelles nous n'avons aucun renſeignement. (*Bosc.*)

POLYTRICHE. *Polytrichium.*

Genre de mouſſe qui renferme une douzaine d'eſpèces, dont une eſt ſi commune dans les lieux ſabloneux & ombragés, qu'il n'eſt pas permis aux cultivateurs de ſe refuſer à la connoître. *Voyez* le *Dictionnaire de Botanique* & les *Illuſtrations des genres* de Lamarck, pl. 874.

Lorſqu'on veut introduire le Polytriche dans les écoles de botanique, on lève dans les bois une motte qui en ſoit bien garnie, & on la met en place, en ayant ſoin de la garantir des rayons du ſoleil, au moyen d'un PARASOL. (*Voyez* ce mot.) Cette touffe ſubſiſtera deux ou trois ans, en fleuriſſant toutes les années, après quoi on la remplacera par une autre. *Voyez* MOUSSE. (*Bosc.*)

POMADERYS. *Pomaderrys.*

Arbriſſeau de la Nouvelle-Hollande, qui, ſelon Labillardière, forme un genre dans la pentandrie trigynie & dans la famille des *Nerpruns*. On le cultive dans nos orangeries; il demande la terre de bruyère renouvelée en partie tous les ans, & de foibles arroſemens pendant l'hiver. C'eſt de marcottes & de boutures qu'on le multiplie. Les premières ſe font en tout tems & s'enracinent aſſez facilement; les ſecondes s'exécutent au printems ſur une couche à châſſis, & manquent rarement. (*Bosc.*)

POMARIE. *Pomaria.*

Arbriſſeau du Mexique, qui ſeul forme un genre dans la décandrie monogynie & dans la famille des *Légumineuſes*. Il eſt figuré pl. 402 des *Icones* de Cavanilles.

Cet arbriſſeau ſe cultive dans le Jardin de botanique de Madrid & dans deux ou trois de France; il demande la ſerre chaude. Du reſte, je manque de renſeignemens ſur ce qui le concerne. (*Bosc.*)

POMEREULLE. *Pomereulla.*

Plante vivace de l'Inde, qui ſeule forme un genre dans la triandrie digynie & dans la famille des *Graminées*. Elle eſt figurée pl. 37 des *Illuſtrations des genres* de Lamarck.

Cette plante a été cultivée au Jardin du Muſéum de Paris, mais elle a péri. On la tenoit en pot, & on la rentroit dans la ſerre pendant l'hiver. Quoique je l'aie vue, je ne puis en rien dire de plus. (*Bosc.*)

POMÉTIE. *Pometia.*

Genre de plante de la monoécie hexandrie & de la famille des *Saponacées*, qui réunit deux eſpèces, qui ne ſont cultivées ni l'une ni l'autre dans nos jardins.

Eſpèces.

1. La POMÉTIE pinnée.

Pometia pinnata. Forſt. ♄ de l'île Tana.

2. La POMETIE ternée.

Pometia ternata. Forſt. ♄ De la Nouvelle-Calédonie. (*Bosc.*)

POMME: fruit du POMMIER. *Voyez* ce mot dans le *Dictionnaire des Arbres & Arbuſtes*.

POMME D'AMOUR, autrement appelée TOMATE: eſpèce de MORELLE. *Voyez* ces deux mots.

POMME DE CANELLE: fruit du COROSSOLIER.

POMME ÉPINEUSE. On donne vulgairement ce nom au fruit de la STRAMOINE. *Voyez* ce mot.

POMME DE MERVEILLE. C'eſt un des noms que les jardiniers donnent à la MOMORDIQUE liſſe. *Voyez* ce mot.

POMME DE PIN: fruit du PIN CULTIVÉ. *Voy.* ce mot dans le *Dictionnaire des Arbres & Arbuſtes*.

POMMERAIE: lieu planté en pommiers. Ce mot ne s'emploie que dans les pays à cidre. *Voyez* VERGER.

POMME DE TERRE, SOLANÉE PARMENTIÈRE. *Solanum tuberosum*. Linn. *Voy.* MORELLE dans ce Dictionnaire & dans celui de *Botanique*.

Au nom de cette précieuse plante s'associe, comme de lui-même, le nom de M. Parmentier, cet ami éclairé de l'humanité, dont elle regrette la perte encore récente. Auteur de tant d'ouvrages économiques, tous éminemment consacrés à l'intérêt public, zélé propagateur de la culture de la Pomme de terre, à laquelle il avoit voué une estime fondée sur sa grande utilité, seul il étoit capable de rédiger convenablement cet article : ce n'est donc qu'à son défaut, mais sous ses auspices, que je vais entreprendre cette tâche ; imbu de ses principes, éclairé par ses leçons plus que par mon expérience, je prendrai dans ses ouvrages tout ce qui conviendra à mon sujet ; j'emploîrai jusqu'à ses propres expressions, ne changeant & n'ajoutant rien que ce qui sera absolument nécessaire pour nous mettre au niveau de la culture & des circonstances actuelles.

Ce végétal est bien, comme il l'a dit, le plus beau présent que le Nouveau-Monde ait fait à l'Ancien ; son acquisition n'a point coûté de larmes à l'humanité, bien différente en cela de ces denrées coloniales, dont notre luxe seul nous a fait un besoin, & dont la possession a été la cause & le prétexte de tant de conquêtes inutiles & de guerres dévastatrices.

On ne conteste plus aujourd'hui ces vérités ; chaque chose est remise à sa place ; le tems n'est plus où l'on disoit, en France, que la Pomme de terre n'étoit bonne que pour les animaux ; son importance est reconnue, & son usage est général ; ceux qui en mangent par goût, comme ceux qui s'en nourrissent par nécessité, se rappellent tous avec reconnoissance l'utilité dont elle leur a été aux diverses époques de notre révolution ; tous, par ses services passés, apprécient ceux qu'elle peut nous rendre encore.

Pour estimer son mérite à sa juste valeur, il n'est besoin ni de la comparer aux céréales, ni de déprécier celles-ci ; mais lorsque ces dernières nous manquent, quel est le végétal, soit parmi ceux qui nous offrent leurs graines, soit parmi ceux qui nous fournissent leurs racines, dans lequel nous puissions trouver, pour nous & pour nos animaux, un aliment aussi sain & aussi substantiel, & en même tems aussi abondant & aussi économique ?

C'est donc à la Pomme de terre, & à la Pomme de terre seule, dans nos climats du moins, qu'il faut avoir recours lorsque la proportion des céréales nécessaires à notre consommation est réduite par l'effet des saisons contraires, des exportations indispensables pour l'entretien de nos armées & de nos colonies, & enfin des réquisitions & des dévastations inséparables de la crise violente que nous venons d'éprouver, mais dont, grâces à la magnanimité des Souverains de l'Europe alliés, nous pouvons espérer de réparer les désastres sous un gouvernement pacifique & éclairé.

La Pomme de terre est appelée, pour sa bonne part, à réparer ces maux ; cette plante précieuse, une des bases de l'agriculture moderne, cultivable dans tous les climats, fera le tour du Monde, & avec elle disparoîtront la famine & tous les fléaux qui l'accompagnent ; car l'expérience a prouvé qu'il n'y avoit plus de disette à craindre partout où sa culture avoit pris l'extension convenable.

En effet, sa récolte est presque certaine ; son prix est rarement au-dessus des facultés du pauvre ; on n'est pas tenté de la lui enlever pour l'exporter ou l'accaparer ; c'est donc proprement sa denrée : quelques coins de terre plantés par lui dans son jardin, dans sa vigne, au bord de son champ, suffisent à sa subsistance ; quelques momens perdus ou dérobés à ses pénibles travaux lui en assurent le produit.

Lieu de son origine.

La Pomme de terre paroît originaire du Pérou : probablement elle y étoit cultivée par les naturels avant l'époque de sa découverte. On croit que François Drake, Anglais, l'a apportée du Pérou en Europe en 1586 ; d'autres veulent qu'elle ait été apportée de Virginie en Europe par sir Walther Raleig : on n'est pas sûr si Olivier de Serres, le patriarche de notre agriculture, l'a connue ou non, & il est fort incertain si la plante qu'il désigne sous le nom de *cartoufle* est la Pomme de terre ou le topinambour. Quoi qu'il en soit, cette plante, bien qu'originaire de la zône torride, s'est multipliée & acclimatée partout avec tant de facilité, qu'on la croiroit appartenir à l'Univers entier. On la cultive avec un égal succès dans nos colonies, en Angleterre, en Allemagne, dans les Pays-Bas, en France, & on commence à la cultiver dans le reste de l'Europe, & elle est partout aussi vigoureuse que dans sa première patrie.

Idée de la végétation de la Pomme de terre.

Comme c'est principalement par la plantation de ses tubercules que la Pomme de terre se multiplie, c'est sous cet aspect que nous allons la considérer ici ; d'ailleurs, lorsqu'on l'élève de semences, une fois levée, & ses feuilles séminales développées, elle suit à peu près la même marche dans sa végétation.

Peu de tems après que ses tubercules ont été confiés à la terre en saison favorable, les yeux, qui paroissoient à peine dans les cavités de ces tubercules, se développent sous forme de germes ou plutôt de bourgeons, qui se disposent dès-lors à sortir de terre pour former les tiges futures : de leurs extrémités inférieures, & communément à chaque nœud ou articulation, sortent des racines fibreuses ou chevelues. Lorsque ces tiges ont pris, hors de terre, un certain accroissement, plus tôt dans les variétés hâtives, plus tard dans les tardives, il sort du collet ou des environs du collet de la plante, des filets ordinairement blanchâtres, terminés par un petit bourgeon, & comparables à ceux des fraisiers, à cela près qu'ils courent sous terre. A une distance plus ou moins longue, ces filets se fixent, & le bourgeon se développe en une tige destinée à former elle-même une nouvelle plante, qui suit dès-lors la même marche que celle qui lui a donné naissance. A une époque un peu plus reculée, sortent de nouveau de la mère-plante d'autres filets semblables aux premiers par leur origine, leur marche & leur apparence, si ce n'est qu'au lieu d'être terminés par un bourgeon, ils le sont par un tubercule exigu, qui, dans la plupart des variétés, acquiert par suite sa grosseur, sans pousser ni feuilles ni racines; ce sont ces tubercules qui, recueillis à leur maturité, ou au moins quand l'approche des gelées y contraint, servent, soit à la nourriture des hommes & des animaux, soit à la replantation.

Culture de la Pomme de terre.

D'après cet exposé de la nature de la Pomme de terre, on est porté à conclure qu'elle exige un sol très-meuble; plus il l'est, plus il est en même tems substantiel, plus il lui laisse la faculté de déployer la riche & vigoureuse végétation dont elle est susceptible, beaucoup plus peut-être que bien d'autres plantes. Quelle que soit la nature du sol, il est donc essentiel de le rendre aussi net & aussi meuble qu'il est possible avant la plantation, & de continuer ces soins pendant toute la durée de l'accroissement de la plante, afin de la mettre à même de pomper toute la substance qui lui est nécessaire, à l'aide des nombreux suçoirs dont elle est pourvue, tels que racines, filets, &c., lesquels d'ailleurs ont la faculté de se multiplier d'autant plus, que la terre est en bon état, & que sa nourriture ne lui est disputée par aucune plante parasite, & qu'enfin une saison douce & humide en favorise l'accroissement.

Aucune espèce de sol, pourvu que l'eau n'y soit pas stagnante, ne se refuse à sa production; mais ceux où elle réussit le mieux, ceux où sa culture est plus facile, moins coûteuse & plus productive, où ses produits réunissent l'abondance & la bonne qualité, sont les terres légères, ni trop sèches, ni trop humides : ceux qui lui conviennent le moins sont les argiles & les craies pures; mais on peut dire en général qu'en ameublissant & assainissant les terres fortes & humides, en amendant & fumant celles qui sont maigres & crayeuses, sa culture est partout, non-seulement praticable, mais même avantageuse. Nous n'avons exposé ici, & nous ne continuerons à exposer que des généralités. En traitant des diverses variétés de la Pomme de terre, nous parlerons du sol & de la culture qui conviennent particuliérement à chacune d'elles; car il y a, à cet égard, de grandes différences : nous n'oublierons pas de noter les avantages que chacune d'elles peut présenter, & nous dirons aussi un mot des accidens & des maladies auxquelles elles peuvent être sujètes.

Labours préparatoires.

C'est sur la qualité du terrein qu'on doit se régler pour le nombre des labours, soit qu'on les donne à la charrue, soit qu'on les donne à la houe ou à la bêche; dans ce dernier cas, un seul doit suffire; mais si l'on emploie la charrue, & à moins que la terre ne soit très-légère, il en faut deux & même trois ou quatre, suivant les circonstances, mais dont un au moins soit donné avant l'hiver; car l'hiver, comme l'on sait, est un excellent laboureur. Il est bon de faire observer qu'il est à desirer que le labour sur lequel on plante ne soit pas trop vieux, surtout si la terre est sujète à se battre. L'engrais, si on lui en donne, & il sera toujours bien payé, peut être enterré à tel labour que ce soit, en se réglant néanmoins sur sa qualité. La Pomme de terre veut un fumier passablement consommé (mais non cependant réduit en terreau); elle en profite mieux, a moins à craindre les effets de la sécheresse & les ravages des insectes & des vers blancs, qui sont favorisés par l'emploi du fumier trop pailleux. C'est encore le climat & la nature du sol qui doivent guider dans sa préparation & son emploi; plus ils sont secs & chauds, plus le fumier doit être fait & enterré d'avance, & *vice versâ* dans les terres fortes, humides & froides. Les engrais animaux sont préférables pour le grand produit, quoi qu'on ait dit à l'avantage des engrais végétaux; ces derniers peuvent bien mériter la préférence pour la qualité du produit, mais c'est d'après les localités qu'on doit prononcer sur le choix; au surplus, aucun amendement tiré des trois règnes n'est à négliger. Plusieurs cultivateurs ont employé le plâtre avec succès, ainsi que l'enfouissement des plantes en vert, avant la plantation; cette méthode mérite d'avoir des imitateurs. *Voyez* PLATRE & AMENDEMENT.

Il y a plusieurs manières de répandre le fumier, soit également par toute la pièce, soit dans les raies seulement où l'on plante, soit en le jetant par poignées, rien que sur le tubercule lui-même. Chacune de ces pratiques a ses avantages & ses inconvéniens. Si d'un côté on est forcé de se régler sur la quantité de fumier dont on peut disposer, d'un autre cependant, il faut aussi se conduire d'après la nature des cultures subséquentes, auxquelles son inégale répartition pourroit nuire, bien qu'elle ait d'abord tourné à l'avantage des Pommes de terre. *Voyez* FUMIER & ENGRAIS.

Choix des Pommes de terre pour la plantation.

Il est essentiel que les tubercules qu'on destine à cet objet aient été recueillis mûrs, autant que possible, & cependant n'aient point repoussé avant d'être arrachés; il faut rejeter absolument ceux qui ne paroissent pas sains, que ce soit, ou non, l'effet des gelées, meurtrissure, pourriture, &c., parce que, s'ils manquoient, il en résulteroit un vide dans la plantation; ce qu'il faut éviter à cause de la perte du terrein. Ceux qui sont germés n'en sont pas moins bons, ainsi que ceux qu'on auroit privés de leurs germes pour en retarder la pousse; cependant, quand on peut les ménager, cela vaut encore mieux.

On est assez d'accord sur les principes que nous venons d'émettre, mais il y a eu quelques incertitudes, quant à la solution des questions suivantes.

1°. Quel est le plus avantageux de planter les tubercules entiers ou de les couper en un ou plusieurs morceaux; 2°. de planter dans le même trou plusieurs tubercules ou plusieurs morceaux de tubercules, ou de n'en planter qu'un seul; 3°. enfin doit-on préférer les gros aux moyens, & les moyens aux petits?

Après avoir passé en revue les avantages & les inconvéniens de chacune de ces pratiques, nous nous arrêterons à celles suivies par les cultivateurs les plus éclairés, & que nous croyons les meilleures, sans écarter cependant les raisons d'exception à cette meilleure méthode; au surplus, la discussion qui va suivre devra mettre chacun à même de prendre une détermination raisonnée d'après sa position particulière.

1°. Les tubercules coupés par morceaux sont sujets à se pourrir dans les terreins & les années humides, & exposés à se dessécher dans le cas contraire: ce n'est que par économie que l'on doit se décider à couper les Pommes de terre lorsqu'elles sont très-grosses, & dans ce cas, quoiqu'un œil à chaque morceau suffise, il est plus prudent d'en laisser au moins deux.

2°. L'usage de plusieurs petits cultivateurs est de mettre deux ou trois tubercules ou morceaux dans chaque trou, en l'élargissant à cet effet, & les y espaçant un peu: cet espacement des tubercules dans le trou remédie, jusqu'à un certain point, au vice de cette pratique; mais, d'un autre côté, elle force à éloigner les trous les uns des autres, plus qu'on ne le feroit sans cela; car si cet éloignement des trous n'avoit pas lieu, il en résulteroit difficulté de travail pour le binage & le buttage, les pieds étant trop près les uns des autres. Il vaut donc mieux espacer convenablement, & ne mettre qu'un morceau, ou plutôt un seul tubercule au milieu de chaque trou. En général, une plante qui est seule végète toujours avec plus de vigueur; car, ou deux plantes, associées l'une à l'autre, sont d'égale force, & alors elles se nuisent réciproquement, ou l'une est plus forte que l'autre, & la plus foible doit succomber.

3°. Les tubercules produits sont toujours en raison des tubercules plantés; une grosse Pomme de terre a les yeux plus gros qu'une moyenne, & à plus forte raison qu'une petite, & a en elle-même plus de substance nourricière à leur fournir; ses yeux doivent donc pousser avec plus de force: il arrive néanmoins quelquefois aux très-grosses Pommes de terre d'être creuses, & de n'avoir pas acquis la maturité & la qualité des moyennes; c'est ici une raison d'exception: de plus, l'emploi de toutes grosses Pommes de terre entières pour la plantation, en exigeroit une énorme quantité: ceci mérite aussi d'être pris en grande considération.

En résumé nous conclurons donc, en nous appuyant sur l'expérience des meilleurs cultivateurs, 1°. que le plus sage est de préférer les entières aux morceaux; 2°. que pour concilier ensemble les vues d'économie & de produit, les moyennes Pommes de terre entières doivent être préférées, & qu'une seule doit suffire dans chaque trou. Nous avons cru devoir entrer dans ces détails pour guider les cultivateurs dans le choix des moyens qu'il leur conviendra d'employer suivant leur position & le but qu'ils se proposent, & nous ajouterons, pour les tranquilliser, que quel que soit celui qu'ils choisiront, ils doivent être certains que si leur terre est bien préparée, bien cultivée, & la saison favorable, ils réussiront toujours, & c'est à cette réussite-là même, mais fondée sur leurs bons soins, qu'on doit attribuer la persévérance de chacun d'eux dans la méthode qu'il a adoptée, & la préférence exclusive qu'il lui donne, bien plus qu'à la bonté de la méthode elle-même: le choix, à cet égard, n'est donc pas d'une importance majeure, & c'est, comme nous l'avons dit, le terrein, la culture & la saison qui décident du produit.

Nous devons aussi ajouter que, quand on se détermine à couper les Pommes de terre, il faut, pour ménager les yeux, couper en biseaux & non par tranches: en moins d'une heure un ouvrier, soit même femme ou enfant, peut en couper quatre boisseaux & plus. Il est indifférent, en plantant, que le germe se trouve dessus ou dessous; il prendra toujours bien, & sans la moindre difficulté, la direction qui lui convient, si la terre est ameublie convenablement. Il est bon aussi, lorsqu'on plante dans un terrein froid & humide, de laisser quelque tems ressuer à l'air les morceaux de tubercules avant de planter, afin d'éviter qu'ils ne pourrissent.

Quantité de Pommes de terre nécessaire pour la plantation d'un arpent ou demi-hectare.

La quantité qu'on doit employer dépend, 1°. de la méthode de plantation qu'on a adoptée; 2°. de la nature du terrein; 3°. de la variété qu'on plante; 4°. de la grosseur des tubercules; 5°. &

enfin du plus ou moins d'économie qu'on veut mettre dans la plantation; économie qui peut être commandée par plusieurs causes, telles que le haut prix & la rareté de la denrée, & l'étendue du terrein qu'on veut planter. Il y a donc à cet égard tant de variantes, qu'il est difficile de prononcer positivement. Nous nous bornerons à dire en général que, 1°. dans les bons terreins on peut économiser sur la semence, surtout quant à la grosseur des tubercules; 2°. que les pieds peuvent y être espacés davantage, par la raison que leur fane y acquérant plus d'étendue, ils courroient risque de s'étouffer mutuellement, s'ils étoient trop rapprochés; 3°. que les pieds les plus espacés sont ceux qui donnent les plus beaux & les meilleurs tubercules; 4°. que d'autre part, cet espacement doit être limité, la force du terrein lui permettant de fournir à la nourriture d'un plus grand nombre de plantes; 5°. que dans les terreins maigres on s'expose à perdre du terrein si l'on espace trop, tout comme on s'expose à n'avoir que de petits tubercules lorsqu'on n'espace pas assez; 6°. que les variétés naturellement petites ou bien garnies d'yeux exigent dans chaque trou moins de semences que les autres, comme, d'un autre côté, elles peuvent être plus rapprochées que les variétés vigoureuses, ce qui fait que les unes exigeant un plus grand nombre de tubercules, les autres en emploient cependant un plus gros volume, d'où il résulte entre les foibles & les vigoureuses une espèce de compensation; 7°. qu'enfin la plantation à la charrue est celle qui en emploie le moins: toutes ces considérations, toutes ces circonstances peuvent faire varier la quantité de semence à employer depuis trois jusqu'à douze setiers de Paris par arpent ou demi-hectare; le terme moyen seroit donc de sept à huit setiers.

Époque de la plantation.

Encore ici, mêmes réflexions sur l'influence du sol & du climat, sur la localité qu'on habite & sur le but qu'on se propose, ainsi que sur la variété que l'on plante. Ce n'est point ici le lieu d'entrer dans tous ces détails; nous les renverrons au moment où nous traiterons des diverses variétés & du choix qu'on doit en faire; nous nous contenterons d'exposer ici les généralités.

On ne doit point se presser de planter, tant qu'il est à craindre que les tubercules ne gèlent en terre; d'ailleurs, leurs germes sont long-tems à sortir tant que la saison est froide, & on remarque très-peu de différence entre ceux plantés un mois plus tôt ou plus tard. Les gelées blanches du printems attaquent leurs pousses sans les faire périr, mais les fatiguent & les retardent d'autant. On plante dans le climat de Paris depuis la fin de mars jusqu'à la fin de mai, mais le milieu du mois d'avril est la véritable saison. Il faut planter plus tôt dans les terreins secs & légers que dans les terreins froids & humides; dans les premiers, les tubercules dorment quelquefois, par l'effet de la sécheresse, & dans les derniers ils languissent inutilement, ou même pourrissent. Si l'on pouvoit, à la maison, empêcher leur germination ou ménager les germes dans la plantation, il n'y auroit aucun inconvénient à la retarder jusqu'au mois de mai. Il est possible que, par une plantation tardive, le moment de la grande fructification des tubercules se trouve éviter les grandes chaleurs de l'été. On cite plusieurs faits qui tendroient à prouver que des plantations retardées, même jusqu'en juillet & août, n'en sont pas moins fructueuses; mais il est difficile de le croire, & si cela est arrivé, on doit l'attribuer à quelques circonstances particulières, & l'on ne peut en tirer des conséquences générales.

Des diverses méthodes de plantation.

Plusieurs méthodes de plantation & de culture sont usitées; plusieurs aussi ont été proposées. On peut les diviser en deux classes, celles à bras & celles à la charrue. Il seroit fort inutile de les exposer toutes; nous nous bornerons à celles consacrées par l'usage, & reconnues comme préférables par les cultivateurs les plus distingués.

Première méthode, qui est aussi la plus simple. Le terrein ayant été préparé par les labours nécessaires, & bien uni par un ou plusieurs hersages, le laboureur commence à ouvrir une raie la plus droite possible; une ou deux personnes le suivent, & placent les tubercules à la suite de la charrue, à un pied & demi ou deux pieds de distance l'un de l'autre, absolument au pied de la raie qu'elle vient de renverser, afin qu'en repassant, les pieds des chevaux ne les dérangent point; on pratique ensuite soit une, soit deux autres raies, dans lesquelles on ne met rien, & dont la première doit recouvrir suffisamment les tubercules; le champ est ensuite hersé pour recombler les raies. Il est bon d'y jeter un coup d'œil, pour voir si tous sont bien enterrés, & enterrer ceux qui ne le seroient pas.

Cette méthode est susceptible de quelques variantes, & aussi de quelques perfectionnemens: on peut, comme nous l'avons dit plus haut, planter de deux ou de trois raies l'une, suivant que l'on veut espacer les tubercules. Si la pièce de terre n'a point été fumée d'avance, & que l'on soit obligé d'économiser les engrais, on peut faire suivre les planteurs par un ouvrier chargé d'un panier de fumier pour en jeter une poignée sur chaque tubercule seulement; enfin, en observant de placer les tubercules à une égale distance, de sorte qu'ils ne se trouvent point vis-à-vis les uns des autres, mais en échiquier, cette régularité, qui tourne au profit de leur plus égale végétation, permet aussi de les cultiver dans tous les sens & de les butter avec la charrue; mais cela exige beaucoup d'attention & des ouvriers plus intelligens que ceux qu'on emploie ordinairement. Il paroît que tel est le procédé de M. Fellemberg.

Deuxième méthode employée par feu M. Creté de Palluel. Cette méthode, employée par lui avec beaucoup de succès, consiste à renverser, à l'aide de la charrue, trois raies l'une sur l'autre, en forme de sillon, ce qui élève le terrein & fait des ados d'environ trois pieds de large. Le fond de chaque sillon est fumé & ensuite labouré à la bêche; c'est dans ce fond & sur ce fumier qu'on met les tubercules avec la houe, à un pied de distance les uns des autres; de cette manière la plantation présente des rangées éloignées de trois pieds, qu'il est fort aisé de cultiver avec la charrue.

Troisième méthode; plantation à bras. Le terrein ayant été préparé convenablement, on ouvre avec la houe plusieurs rangs de trous d'environ six pouces de profondeur sur quinze pouces de largeur, & éloignés les uns des autres de deux ou trois pieds; une seconde rangée, puis une troisième, se pratiquent, soit en même tems, par un ou plusieurs autres ouvriers, soit par le même, lorsqu'il a fini la premiere, ayant soin que les trous de chaque rangée se trouvent précisément en face de l'espace qui sépare les trous de la précédente, & ainsi de suite. On y place les tubercules, qu'on recouvre avec une partie seulement de la térrre tirée du trou: cette pratique s'exécute avec une grande prestesse & une grande régularité par ceux qui y sont habitués; elle est le plus généralement en usage chez les petits cultivateurs & chez les vignerons; elle est très-usitée aux environs de Paris. Les ouvriers s'y font ordinairement accompagner par leurs femmes & leurs enfans, qui placent les tubercules dans les trous & les recouvrent, à moins que l'ouvrier ne le fasse lui-même immédiatement avec sa dernière houée de terre, sans être obligé d'y revenir.

Les Irlandais ont une méthode qui diffère de celle-ci, en ce qu'ils font des trous d'un pied de profondeur sur deux de largeur; ils remplissent ces trous de fumier, qu'ils foulent exactement. Sur ce fumier ils placent les tubercules, qu'ils recouvrent d'une partie de la terre tirée du trou; mais cela consomme prodigieusement d'engrais, & ne peut convenir qu'à celui qui en a beaucoup, & qui n'a au contraire que peu de terrein. C'est, il est vrai, le moyen d'obtenir un très-grand produit & de tirer d'un très-petit terrein le plus grand parti possible. On sait que la Pomme de terre est la base de la nourriture des Irlandais.

Telles sont les principales méthodes suivies pour la plantation: toutes supposent que les pièces de terre plantées sont consacrées à elle seule; mais en petite culture elle peut s'associer à plusieurs autres végétaux, & même avec beaucoup d'avantages, d'après le principe qu'ayant chacun leur manière de se nourrir particulière, ils se nuisent moins étant entre-mêlés, & que leur produit en est d'autant plus grand; aussi cette culture est communément pratiquée dans les vignes, dans les champs de maïs, de féves, de haricots, &c., dans les jeunes bois & même dans les taillis, au profit desquels tournent les labours & les engrais donnés à la Pomme de terre.

Façons à donner, binage, buttage, &c., soit à bras, soit à la charrue.

La Pomme de terre exige pendant la durée de sa végétation, qui varie de trois à six & sept mois, une culture assez soignée. L'économie en cette partie seroit en général assez mal entendue: il est cependant des cas particuliers que nous ferons connoître, où l'on peut & l'on doit épargner les façons; celles qu'il faut lui donner s'exécutent ou à bras ou à la charrue, souvent des deux manières.

Il seroit à desirer sans doute que toutes pussent toujours se faire à la charrue; il en résulteroit plusieurs avantages inappréciables, économie de tems & d'argent, & faculté d'en planter une plus grande quantité de terrein. Malheureusement cela est impossible, au moins quant à présent; cela tient à l'imperfection de notre agriculture, soit en instrumens de travail, soit à cause de la maladresse & de l'incurie des journaliers, lorsque la nature du terrein & du climat ne s'y oppose pas elle-même. D'ailleurs, il ne faut pas se dissimuler que ces obstacles mêmes, supposés vaincus, rien ne pourroit réellement remplacer complétement le travail des bras; & malgré tous les exemples contraires qu'on pourroit citer, malgré toutes les exceptions qu'on pourroit alléguer, il sera toujours vrai de dire que plus & mieux la Pomme de terre est travaillée, plus elle produit.

Nous allons d'abord exposer la méthode de petite culture; c'est celle qui est pratiquée par les vignerons, par les petits cultivateurs, par les petits propriétaires; c'est la plus coûteuse, mais c'est la plus productive: c'est donc la meilleure pour ceux qui peuvent l'employer. Nous la donnerons dans toute son étendue; il sera facile de revenir du plus composé au plus simple, puisqu'il ne sera question alors que de supprimer ce qui ne s'y trouvera pas absolument indispensable.

Aussitôt que la plante a acquis quelques pouces de hauteur, aussitôt même qu'il est possible de la distinguer des herbes parasites qui devancent quelquefois sa crue, il faut lui donner une façon; cette opération, qu'on appelle *sarclage* ou plutôt *binage*, s'exécute ordinairement avec la binette ou avec la houe plate, qui sont pour cela les meilleurs instrumens. Néanmoins, dans un terrein léger, ou du moins très-ameubli, on peut employer la ratissoire, dont l'usage est moins fatiguant pour ceux qui ne sont point accoutumés à se courber, mais qui, si elle débite assez promptement l'ouvrage, ne le fait jamais aussi bon & ne peut pas absolument s'employer dans les terreins durs & pierreux, pour lesquels on préfère la pioche ou la houe fourchue,

La houe américaine, beaucoup trop vantée, ne paroît pas propre à remplacer aucun des outils dont nous venons de parler. Au surplus, quel que soit celui qu'on emploie, la terre doit se trouver nétoyée, ameublie, & en même tems égalisée par le fait du comblement des trous dans lesquels les tubercules avoient été placés, d'où il résulte pour les jeunes plantes un rechauffement très-utile. Au bout de quelque tems, si le terrein se couvre de nouveau de mauvaises herbes, s'il est trop battu par la pluie, surtout si l'on ne craint pas trop la dépense, on peut donner une seconde façon. Il ne faut pas attendre, pour donner ces façons, que la terre soit ou trop couverte d'herbe ou trop durcie par la sécheresse, l'ouvrage seroit beaucoup plus difficile; il ne faut pas non plus les donner pendant la pluie; il faut les donner de préférence par un beau tems, précédé d'une pluie légère, s'il est possible, afin que l'herbe arrachée puisse se hâler au soleil, que la terre puisse s'émietter aisément, & que d'autre part sa trop grande humidité ne l'expose pas à s'attacher aux outils ou aux pieds de l'ouvrier, & à être battue par son passage.

Lorsque la plante commence à fleurir, ou du moins à prendre une grande élévation, il est tems alors de donner une seconde ou troisième, mais dernière façon, qu'on appelle *buttage*, ainsi nommée, parce qu'elle consiste à relever en butte autour des plantes la terre ramenée d'entre les intervalles. Il ne faut pas que les buttes soient trop liantes; leur forme doit, de préférence, être celle d'un cône tronqué, afin que la pluie, au lieu d'y glisser, puisse pénétrer plus aisément; il faut éviter aussi un tems trop sec: une butte de poussière & de mottes sèches seroit imperméable à l'eau. Le buttage peut s'exécuter avec les mêmes instrumens que le binage, à l'exception de la houe fourchue, qui ne seroit pas commode pour ramasser la terre, & qui pourroit même blesser les plantes. Quelques petits cultivateurs réitèrent les binages, donnent même un second buttage; ils prétendent qu'ils le regagnent bien; mais c'est un surcroît de travail quelquefois inutile, souvent impossible, qu'on s'épargne ordinairement & avec raison.

Dans les grandes exploitations, la méthode que nous venons d'indiquer seroit trop coûteuse; on ne trouveroit même pas toujours assez d'ouvriers pour l'exécuter en tems opportun: il a donc fallu recourir à d'autres moyens. Le binage peut se faire avec la houe à cheval, & la charrue dite *cultivateur* est préférable pour le buttage; mais pour que ces opérations s'exécutent avec facilité, il faut que la nature du terrein le permette; il faut surtout que les Pommes de terre aient été plantées par rangées bien droites. Quand la plantation est faite en échiquier, & bien régulière, alors on peut croiser les façons, alors la tête est remuée, & les Pommes de terre réchauffées dans tous les sens; mais il est difficile d'atteindre à ce point de perfection sans une attention dont la plupart des gens de campagne sont peu susceptibles, & même en y parvenant, il ne faut pas se flatter que le travail à la charrue puisse complétement remplacer le travail à bras. Un moyen terme est souvent employé; autant que possible, il concilie, & la bonté de l'ouvrage, & l'économie; il consiste à donner le binage à la main & le buttage avec le cultivateur; & au fait, quand par ce premier binage à la main la terre se trouve parfaitement ameublie & sarclée, le buttage peut très-bien, & sans le moindre inconvénient, s'exécuter à la charrue.

D'autres moyens d'économie sont encore employés: un simple hersage bien fait & à propos supplée quelquefois le binage, & on peut le répéter en cas de besoin. Quelquefois le binage seul est employé, & on supprime même le buttage; plus souvent on se contente de ce dernier tout seul; mais tout cela suppose, ou qu'on ne peut faire mieux, ou qu'on a des raisons d'économie auxquelles il n'y a pas de réplique à faire, soit que les moyens pécuniaires manquent absolument, soit que le calcul ait prouvé que la perfection de l'ouvrage ne fût pas la plus lucrative. Il faut cependant, quand on se détermine à ces suppressions, admettre que la terre est, jusqu'à un certain point, naturellement nette & meuble. Ces exemples ne peuvent être généralement suivis, & on ne doit pas les proposer pour modèles; il faut en laisser l'application aux cas seuls auxquels ils sont applicables, & l'on ne doit pas supposer que celui qui entreprend une culture quelconque soit absolument dépourvu de connoissances, ou au moins dénué de conseils.

Quelques personnes ont eu l'idée de supprimer les fleurs & les baies des Pommes de terre, dans l'espoir que cela tourneroit au profit des tubercules: il ne paroît pas que cela ait produit un effet sensible: certaines variétés donnent abondamment des baies, sans que la production des tubercules diminue; d'autres donnent fort peu de baies, & sont cependant d'un foible produit. On a conseillé aussi de pincer les extrémités de leur pousse, comme on le fait aux pois & aux féves, &c.; mais la comparaison entre ces diverses plantes est-elle bien juste? On pince les pois, afin d'arrêter les productions de nouvelles fleurs, de faire refluer la féve sur les premières siliques, & dans la vue d'en avancer le grossissement; on ne peut en dire autant quant à la Pomme de terre. Toutes ces pratiques d'ailleurs, fussent elles utiles, sont impraticables en grand.

Récolte des Pommes de terre.

Après le buttage, la Pomme de terre n'exige donc plus aucun soin jusqu'à la récolte. On est conduit à la faire, soit par sa maturité, soit par la saison, à moins que le besoin ne fasse devancer cette époque. Dans ce dernier cas, on ne doit en arracher qu'à fur & à mesure pour l'emploi qu'on en veut faire. Lorsqu'on n'en a besoin que de petite quantité, on peut même s'en procurer sans arracher la plante, en fouillant au pied avec la main.

La maturité des Pommes de terre est suffisamment indiquée par la teinte jaune ou la flétrissure des fanes, lorsqu'elle a lieu naturellement & sans accidens; elle est aussi indiquée par la gerçure de la peau des tubercules, qui leur donne une apparence un peu terne, ainsi que par sa plus grande adhérence à la chair, car auparavant elle se déchire aisément sous les doigts. Cette époque est différente, suivant le climat & les variétés; elle a lieu ordinairement depuis juillet jusqu'en octobre. Beaucoup de variétés ne mûrissent pas complétement; on est forcé de les arracher, soit parce qu'on craint les gelées, soit parce que leur effet en détruit le feuillage; car aussitôt que cette destruction a lieu, soit par une cause, soit par une autre, l'accroissement des tubercules cesse. Si, passé cette époque, on les laissoit en terre, & que la saison fût douce & humide, mûrs ou non mûrs, ils pousseroient eux-mêmes de nouveaux germes; il en résulteroit plusieurs inconvéniens : il faut donc les arracher.

Si on tarde trop à faire la récolte des variétés hâtives, on risque, s'il survient des pluies suivies de chaleurs, de voir les tubercules entrer en végétation, devenir creux, perdre leur saveur & la faculté de se conserver. Cette circonstance, qui n'arrive que de loin en loin aux environs de Paris, est fort commune dans le midi de la France, en Espagne, en Italie, &c. M. Bosc m'a rapporté qu'elle auroit même lieu chaque année dans les parties méridionales de l'Amérique septentrionale, si on n'arrachoit les Pommes de terre avant leur complète maturité.

Manière de faire la récolte.

Cette opération n'est pas toujours commode; on peut être contrarié par les pluies, le froid, &c. Pour prévenir la mauvaise saison, & trop souvent rien que par cette seule cause & malgré soi, on est obligé d'en avancer l'époque; si les pluies surviennent, les terres fortes & argileuses donnent beaucoup d'embarras.

La récolte peut s'exécuter de deux manières, ou à bras d'homme, ou à l'aide de la charrue. Pour employer ce dernier moyen, il faut que la nature & l'état du terrein ne s'y opposent pas; il faut que la plantation ait été faite par rangées très-droites, afin qu'en faisant piquer le soc de la charrue directement au-dessous, on puisse les suivre & mettre les tubercules hors de terre; mais cette méthode, qui paroît économique, ne l'est guère, à cause de la difficulté de son exécution; elle exige tout autant de bras pour ramasser les tubercules, & il en reste en terre une grande quantité que la charrue n'a point découverte ou a recouverte elle-même : on ne peut donc la recommander. Si la quantité des fanes étoit considérable, il faudroit auparavant s'en débarrasser, soit en la coupant & l'enlevant, ou au moins la mettant de côté, soit en faisant pâturer le champ d'avance, ce qui cependant n'est pas sans inconvénient, à cause du piétinement des animaux.

La récolte à bras est donc préférable : on perd moins de tubercules, on risque moins de les blesser. Peu de terreins permettent, en saisissant les tiges, de les tirer à soi avec tous les tubercules; il faut qu'ils soient très-meubles & que la maturité ne soit pas complète, car alors une partie resteroit en terre; & dans tous les cas cela est à craindre. On est donc presque toujours obligé d'employer les instrumens, tels que la fourche à trois ou quatre dents, la houe fourchue ou plate, la bêche & la pioche; mais les deux premiers, la fourche & la houe, sont les plus commodes; au surplus, la qualité du terrein & l'espèce de Pommes de terre doivent décider du choix.

On peut les faire arracher, soit à la journée, soit à la tâche; il faut, dans le premier cas, surveiller ses ouvriers, afin qu'ils ne perdent pas de tems, & dans les deux cas, pour qu'ils ne les blessent point en les arrachant, & qu'ils les ramassent exactement : à la tâche, l'ouvrage n'est jamais si bien fait, mais il coûte moins qu'à la journée. Un homme peut, en un jour, en recueillir depuis cinquante jusqu'à cent boisseaux, suivant le terrein & le produit de l'espèce de Pommes de terre. S'il a femme & enfans pour l'aider à ramasser, son travail sera plus expéditif & plus lucratif. On aura soin qu'ils les dépouillent exactement de leurs racines, de leurs filets & de la terre qui y est attachée, sans cela elles pourriroient, germeroient & geleroient bien plus aisément. Avant de les enlever des champs, il faut, autant qu'on peut, les laisser se ressuyer sur terre pendant quelques heures, si le tems le permet; il est cependant bon de ne pas les laisser passer la nuit dehors, si l'on a à craindre le pillage ou la gelée. Au sortir de terre elles sont extrêmement sensibles, & la moindre gelée blanche les attaqueroit. Pour les ramasser dans les champs & les rapporter à la maison, il faut se munir de paniers à bras & de mannes ou sacs; ces derniers sont plus commodes à charger dans les voitures, ainsi qu'à décharger : on peut bien les voiturer sans ces intermédiaires, elles n'en sèchent même que mieux, mais elles risquent plus d'être meurtries, ce qu'il faut éviter autant qu'il est possible, & ce qu'on ne peut cependant empêcher absolument. Il seroit à desirer qu'on pût faire entrer les voitures dans la place même où elles doivent être déposées, cela éviteroit & les frais & les meurtrissures auxquelles elles sont exposées par tant de transports multipliés, & qui en occasionnent la perte d'une grande quantité : il faut, dès ce moment, mettre de côté, pour les consommer sur-le-champ, toutes celles qui ont éprouvé quelqu'accident. Sur tout ce que nous venons de faire observer, chacun avisera suivant ses moyens & sa position à faire pour le mieux.

Des divers moyens de multiplier les Pommes de terre.

L'extrême facilité avec laquelle les Pommes de terre se multiplient, & souvent dans des circonstances qui paroîtroient défavorables à tout autre végétal, est un exemple frappant & de sa vigueur & des ressources de la nature. Elle est du nombre des plantes dont on peut prolonger l'existence, en la divisant presqu'à l'infini; aussi l'a-t-on appelée *polype végétal*. Elle a tant de propension à se reproduire, que souvent il se forme des tubercules le long des tiges, aux aisselles des feuilles, aux pédoncules qui soutiennent les baies, & même aux baies. Les tubercules, abandonnés à eux-mêmes dans un endroit chaud & humide, poussent des germes, & ces germes donnent eux-mêmes d'autres tubercules en état aussi de servir à la reproduction. Un autre phénomène qui sert à prouver de plus en plus combien les Pommes de terre conservent longtems leur faculté végétative, c'est que de nouvelles espèces envoyées autrefois de New-Yorck & de Long-Island, quoique soigneusement encaissées, ont végété pendant leur trajet, & n'ont plus offert à leur arrivée qu'une masse composée de germes entrelacés, en partie desséchés ou pourris; cependant, mises en terre dans cet état avarié, elles se sont développées à merveille. Frappées, avant leur floraison, d'une énorme grêle qui a haché la totalité de leur feuillage, leur végétation n'a été suspendue qu'un moment; bientôt elles ont repris leur première vigueur, & ont donné une abondante récolte. Faut-il s'étonner, d'après cela, que le principe de la reproduction réside dans toutes ses parties, & qu'elle ait la propriété de se perpétuer par tubercules, par boutures, par provins & par semis?

La multiplication par tubercules nous a seule occupés jusqu'ici; nous avons dû l'exposer à part & avec quelque détail, parce que c'est la culture la seule pratiquée généralement & la seule praticable. Nous devons cependant faire connoître les autres méthodes, indiquer quand & pourquoi on en peut faire usage, & le parti qu'on en peut tirer.

1°. *Par yeux.* Au lieu de couper les tubercules par morceaux, on peut enlever les yeux seulement; en les plaçant ensuite séparément & dans un bon terrein, ils peuvent donner un certain produit, mais toujours moindre que s'ils eussent été accompagnés de pulpe. Ce moyen a été imaginé dans un tems de disette pour conserver à la consommation la portion destinée à la replantation.

2°. *Par germes.* Lorsque les Pommes de terre ont poussé leurs germes avant le moment de la plantation, on peut les détacher & les planter sans pulpe; on en peut faire autant de tous ceux qui se cassent dans le remuement & le transport des tubercules. C'est un moyen de ne les pas perdre, bon à employer, surtout lorsque cette denrée est précieuse.

3°. *Par rejets.* Lorsque la plantation a déjà acquis une certaine force, on peut arracher à la main les pousses qui sortent autour des plantes, & les repiquer ailleurs; la mère-plante ne paroît pas en souffrir.

4°. *Par boutures.* A la même époque, on peut aussi couper quelques tiges & les planter dans des trous ou des rigoles; en les arrosant & les préservant du hâle par un peu de paille, on peut espérer qu'elles reprendront.

Ces quatre moyens exigeant de la main-d'œuvre, un excellent terrein, & de plus des soins & même beaucoup d'arrosemens, du moins pour les derniers, & ne donnant, avec tout cela, qu'un produit médiocre, ne sont pas susceptibles d'être employés en grand.

5°. *Par marcottes.* Ce moyen, sur lequel on a aussi insisté, consiste à coucher les branches latérales des plantes & à les couvrir de terre, à la manière des marcottes; cette opération, qu'on peut répéter jusqu'à trois fois sur les mêmes branches, à mesure qu'elles s'alongent, a produit, dit-on, en Angleterre, jusqu'à soixante-quatre pour un, tandis qu'à la manière ordinaire, celles buttées ne donnent que treize pour un, & celles simplement binées, neuf pour un. Il est possible que ce produit ait été obtenu; mais il n'en faut rien conclure pour la culture en grand, car il est de fait que si les branches couchées fournissent beaucoup de nouveaux tubercules, il l'est aussi que ces tubercules ne peuvent arriver à maturité avant les gelées, & que ceux produits antérieurement à l'opération cessent de grossir dès qu'elle est exécutée. D'ailleurs, l'adoption de ce moyen présente un grand inconvénient, outre celui-ci; c'est qu'il faut, lors de la plantation, laisser entre les plantes assez d'espace pour pouvoir la pratiquer; il est bien plus simple de planter tout d'abord. Au surplus, ce marcottage n'est applicable qu'à certaines variétés hâtives; pour plusieurs il seroit inutile, pour quelques-unes il seroit même nuisible.

En résumé, le défaut de tous ces moyens est d'exiger un bon terrein ou beaucoup de main-d'œuvre & de soins, & par conséquent d'être coûteux. Or, en fait de Pommes de terre, il faut viser à l'économie. Ils ne peuvent donc être d'une grande ressource, si ce n'est dans une grande disette, ou pour multiplier plus promptement quelque variété très-précieuse.

Mais il en est un autre qui, s'il a les mêmes inconvéniens, a du moins des avantages d'un autre genre, qui, pour être pris absolument dans la nature, n'en a pas moins contribué à éloigner la Pomme de terre de son état naturel, & c'est de cette propriété-là même qu'il tire une partie de son utilité; c'est du semis dont il va être question.

Multiplication par semis.

Ce n'est donc pas comme moyen de reproduction économique, ce n'est pas non plus comme ressource alimentaire en tems de disette, quoiqu'on en ait fait usage sous ces rapports, que l'on doit considérer le semis, mais sous un tout autre point de vue. Il paroît prouvé que les plantes multipliées pendant un long espace de tems par la voie des boutures, des marcottes, &c., s'affoiblissent peu à peu, & perdent de leurs facultés productives. Un fait certain, quant à la Pomme de terre, c'est que plusieurs variétés ont disparu, & qu'on a été forcé de les abandonner, parce qu'elles paroissoient plus sujètes à quelques maladies, ou parce que leur produit alloit en déclinant. Il a donc fallu trouver le moyen d'arrêter la dégénération de l'espèce, ou plutôt de la renouveler; or, il n'est pas de moyen plus assuré que celui du semis. Il est facile, par l'envoi des graines, de propager, d'une extrémité du royaume à l'autre, les meilleures espèces; & quoiqu'en semant on ne soit pas certain de se procurer précisément celles que l'on desire, il est cependant aisé d'en approcher. Il est bon d'observer que le choix de la graine n'est pas du tout indifférent; il doit être fait en raison du but que l'on se propose, car bien que la plupart des Pommes de terre soient, par le semis, susceptibles de varier à l'infini, ces variations sont cependant limitées, & il est rare que les produits ne retiennent pas quelque chose de la variété dont ils tirent leur origine. Les variétés provenues d'espèces vigoureuses retiennent assez ordinairement ce caractère, comme celles provenant des espèces précoces ou de qualité supérieure héritent aussi de ces qualités; & bien qu'on puisse objecter que, sous ces divers rapports, nous avons de quoi nous satisfaire dans le nombre de celles existantes, nous répondrons qu'une Pomme de terre qui mûriroit en juin, c'est-à-dire, deux mois plus tôt que la plus hâtive connue à Paris, ou qui, sous un moindre volume, contiendroit plus de substance nutritive, ou enfin douée d'une saveur particulière ou plus délicate, seroit encore une excellente acquisition; car il faut convenir qu'il y a à cet égard, entre les variétés existantes, très-peu de différence, & que cette différence tient autant à leur maturité plus ou moins parfaite, & à la nature du sol, qu'à la variété elle-même; mais de ce que nous ne possédons point encore cette variété exclusivement préférable, nous ne devons pas conclure qu'il nous soit impossible de nous la procurer, & c'est au semis seul que nous pouvons confier nos espérances.

Les graines doivent être recueillies sur des pieds sains & vigoureux; il faut les y laisser mûrir complétement, & si l'on tient à avoir des variétés qui se rapprochent le plus possible de celles qu'on veut semer, il sera bon de les prendre sur des pieds isolés, afin d'éviter les fécondations étrangères. Les baies ou fruits commencent à mûrir en juillet pour les hâtives, & continuent, pour les autres, jusqu'aux gelées; on peut les conserver en suspendant au mur ou à une planche les grappes attachées à leur pédicule commun; elles complètent ainsi leur maturité, & l'on peut, dès le moment même, les écraser dans les mains, les laver à grande eau pour détruire la viscosité de la pulpe qui les entoure, à l'aide, si l'on veut, d'un tamis; on étale ensuite la graine sur une toile, une feuille de papier, &c., & on la fait sécher à l'air. Cette semence est de la classe des émulsives; elle est petite, presque lenticulaire: une baie d'une moyenne grosseur en contient jusqu'à trois cents. Si l'on a conservé les baies pendant l'hiver, & qu'au moment de les semer elles se trouvent desséchées, on les écrasera avec un léger marteau & elles s'égraineront, ou bien on les fera tremper, & on aura recours au procédé indiqué ci-dessus.

Méthode de semis.

Sur un terrein bien labouré & bien fumé, de nature légère & surtout bien ameubli, à une bonne exposition, on dresse dans les premiers jours d'avril, si la saison est douce, des planches de trois ou quatre pieds de large; on y trace des rayons espacés l'un de l'autre de deux ou trois pieds, & de trois ou quatre pouces de profondeur; la graine s'y sème très-clair, & on la recouvre très-légérement de terre ou de terreau qu'on marche ou qu'on foule un peu. Au bout de quelques jours, si la saison est trop sèche, il est bon d'arroser lorsqu'on le peut. Quand les plantes sont levées, on les sarcle, on les éclaircit, on les bine à plusieurs reprises, on les arrose s'il est nécessaire, & on les butte lorsqu'elles sont assez hautes. Si l'on n'avoit point de terrein préparé pour semer, ou s'il n'avoit pas les qualités requises, on pourroit semer en pépinière & repiquer les pieds, quand ils seront assez forts, à un ou deux pieds de distance l'un de l'autre: en les arrosant, ils reprennent aisément; mais cette opération les privant de leur pivot, les retarde, & ils deviennent rarement aussi beaux. J'en ai présenté, en 1813, à la Société royale d'Agriculture, un pied issu de la graine de jaune, ayant vingt-sept tubercules, dont un seul pesoit dix onces, & la totalité quatre livres & demie: plusieurs autres, tant jaunes que rouges & blancs, rivalisoient avec lui. On a cité des exemples encore plus remarquables; des Pommes de terre de semis de l'espèce grosse blanche ont pesé, dès la première année, jusqu'à vingt-quatre onces, & des rouges-longues quatre à cinq onces. On voit donc par-là qu'il ne faut pas trois ou quatre ans aux tubercules venus de semence pour acquérir leur grosseur, & que, dès la première année, ils peuvent en approcher de très-près. Comme cette culture ainsi pratiquée reviendroit fort cher, environ 600 francs l'arpent, il ne faut guère y penser, même quand elle devroit produire cinquante à soixante setiers. Il ne faut pas d'ailleurs s'attendre à ce que les Pommes de terre venues de semences acquièrent, cette première année, une maturité complète, & il ne faut pas prétendre à juger leur saveur. On doit donc les arracher le plus tard possible, & seulement à l'approche des gelées. Il sera bon de mettre à part le produit de chaque pied, en gardant seulement les plus beaux tubercules pour la plantation de l'année suivante, où l'on pourra les juger. On peut, dès la première année, rejeter tous les pieds qui s'annoncent pour être d'un foible produit, qui sont trop petits, quoique nombreux, ou qui tracent trop, leur récolte étant plus difficile, ceux qui ne sont pas bien sains, & même ceux qui ne paroissent pas d'une forme & d'une couleur avantageuse. En général, les connoisseurs préfèrent ceux à peau gercée, à chair blanche ou encore mieux jaune, sans nuance de rouge ou de violet.

Des diverses variétés de Pommes de terre.

Y a-t-il plusieurs espèces de Pommes de terre, ou toutes celles connues ne sont-elles que des variétés d'une seule & même espèce, & cette espèce primitive est-elle la rouge, comme on l'a supposé?

Il paroît qu'à l'exception de la jaune, le semis de toutes les autres fournit un très-grand nombre de variétés, d'où l'on peut conclure qu'elles sont elles-mêmes le produit d'une culture déjà très-perfectionnée. La jaune, au contraire, par son semis, n'en donne que très-peu; d'où il suit, ou qu'elle est l'espèce primitive, ou du moins qu'elle en est très-rapprochée; mais comme cette même jaune en produit aussi par le semis, & qu'à leur tour ces sous-variétés en fournissent d'autres plus marquées & plus éloignées de leur mère commune, on peut bien croire qu'il s'est ainsi formé une transition de la jaune à celles qui s'en éloignent le plus, & qu'elle est la souche de toutes les autres. C'est donc, suivant toute apparence, le semis qui a donné naissance à toutes les variétés aujourd'hui existantes, soit qu'elles aient été importées d'Amérique, soit qu'elles aient pris naissance dans le pays même où on les trouve. Quelques amateurs peuvent avoir essayé de les multiplier de semence; on peut aussi en être redevable au hasard, car il en lève spontanément dans les lieux où on les cultive, surtout lorsque la terre y est meuble.

Le nombre des variétés actuelles est inconnu: il paroît qu'il est considérable, car chaque pays a les siennes. La collection formée par la Société royale d'Agriculture, & qui n'est composée que de celles disséminées sur les divers départemens qui composoient alors l'Empire français, se monte à plus de cent; mais l'Amérique, l'Angleterre, &c., en possèdent beaucoup d'autres; & un semis, fait à Paris en 1813, en a procuré plusieurs centaines de nouvelles. Ce nombre ne pourra que s'augmenter, & par des semis subséquens, & par l'importation des meilleures variétés étrangères, que la liberté des communications trop long tems interceptée nous permettra de nous procurer. Au surplus, nous n'en devrons être que plus difficiles sur le choix, & il deviendra important de les réduire en retranchant tout ce qui ne présentera rien d'intéressant.

Nous allons donner la liste des principales variétés qui se cultivent aux environs de Paris, & qui se débitent à la Halle, avec leur description & une notice abrégée de leur culture & de leurs avantages particuliers; nous ferons ensuite mention des plus remarquables qui se trouvent dans la collection de la Société royale, & de quelques-unes cultivées en Angleterre, d'après un extrait de la *Bibliothèque britannique*.

Variétés cultivées aux environs de Paris.

1°. PATRAQUE BLANCHE, *grosse-blanche* commune, dite aussi ailleurs *sauvage*, *rustique*, *à vaches* (peut-être est-ce aussi celle dite d'*Howard*).

Elle a les feuilles d'un vert-foncé, lisses en dessus, rudes en dessous; ses folioles sont larges, oblongues, aplaties & terminées en pointe; ses tiges sont fortes, son feuillage vigoureux; ses fleurs sont assez grandes, gris-de-lin, nuancées & abondantes, ainsi que les baies, qui deviennent fort grosses; ses tubercules de forme obronde ou ronde, un peu comprimés, de couleur non pas précisément blanche, mais rosée & nuancée, peuvent devenir très-gros, & sont alors conglomérés; ils sont intérieurement blancs ou blancs-jaunâtres, & marqués de rouge plus ou moins sensible. Cette variété est la plus vigoureuse, la plus féconde, la plus commune dans nos marchés; elle réussit dans tous les terreins, mais dans ceux qui sont sabloneux elle est assez farineuse, & acquiert une assez bonne qualité; son grand produit & son bas prix la font destiner principalement à la nourriture des bestiaux; aussi les nourrisseurs de Paris en consomment-ils beaucoup: elle convient, par la même raison, à l'emploi de divers usages économiques. On peut lui appliquer les principes de culture générale que nous avons exposés, en faisant attention qu'elle doit être espacée en raison de sa grande vigueur; c'est celle qui doit être cultivée de préférence dans les grandes exploitations, & par tous ceux qui préfèrent le produit à la qualité. Elle convient aussi particuliérement, & aux terres de qualité inférieure, & aux défrichemens.

2°. PATRAQUE ROUGE, *rouge-oblongue*, *rouge de l'Ile-longue*, d'où elle a été apportée. Elle a un feuillage vigoureux, d'un vert-pâle, assez reconnoissable; mais ses tiges ne sont pas si fortes que celles de la précédente ; ses folioles sont aussi plus petites, ainsi que ses fleurs, qui sont gris-de-lin, & ne donnent que peu ou point de baies, fort petites. Ses tubercules assez gros & nombreux, de forme obronde, un peu comprimée, d'un rouge très-vif, ont la chair très-ferme & très-blanche. Elle produit presqu'autant que la précédente, & sa beauté lui a donné de la vogue pendant quelque tems, mais elle l'a perdue avec raison, sa qualité ne lui étant pas supérieure.

3°. PATRAQUE JAUNE, ou *jaune de New-Yorck*, parce qu'elle en est originaire : feuillage vigoureux, tige verte, feuilles crépues, d'un vert-olivâtre ; fleurs bleues, quelquefois sémi-doubles ; baies abondantes ; tubercules assez gros, obronds, comprimés, quelquefois conglomérés, jaunâtres à l'extérieur & à l'intérieur, surtout dans leur maturité ; ils sont farineux & très-bons à manger, n'ayant jamais d'âcreté. Elle produit autant que la précédente, & lui est bien supérieure. On doit s'attacher à la multiplier : elle aime assez les terres légères ; sa culture n'a d'ailleurs rien de particulier. Il paroît qu'on en connoît, aux environs de Paris, deux variétés, dont l'une se distingue de l'autre en ce que ses tubercules sont moins gros, mais peut-être plus réguliers, plus nombreux, plus traçans, &, dit-on, d'un goût plus délicat.

4°. JAUNE-LONGUE, dite *Hollande jaune*, sous-variété de la précédente, à laquelle elle ressemble assez ; son port est plus svelte ; ses tubercules sont longs, un peu recourbés, un peu comprimés. Elle produit moins que la jaune commune ; mais elle est plus estimée, étant d'une saveur plus délicate. Elle doit être un peu moins espacée, & il faut la mettre dans un terrein au moins passable. Au total, la culture de ces quatre premières espèces est à peu près la même.

5°. TRUFFE D'AOUT, *rouge-pâle, hâtive*, connue aussi sous le nom de *grise d'août* ; & sous celui de *pelure d'oignon*, suivant M. Parmentier : tiges assez nombreuses, assez foibles, disposées à s'étaler ; sommités des pousses légèrement marquées de brun ; fleurs blanches, produisant quelques baies ; tubercules un peu traçans, d'un rouge-pâle, qui diminue d'intensité vers la partie qui tient au filet, de forme oblongue, quelquefois conglomérés dans les bons terreins, obronds ou ronds dans les plus foibles, de grosseur moyenne ; chair d'un jaune-pâle, légèrement marquée de rouge, farineuse & de bon goût : elle est précoce dans toute sa végétation ; elle mûrit ordinairement, dans le climat de Paris, vers le 1er. août, mais on en voit à la Halle de mangeables dès le commencement de juin. Elle exige un terrein meuble & amendé, & il faut planter ses tubercules à une distance moyenne ; elle produit un peu moins que les précédentes ; cependant M. Cadet de Mars, maire de la commune d'Aubervilliers près Paris, en a obtenu, en 1813, jusqu'à cent vingt setiers par arpent, mais il ne faut pas s'attendre à obtenir partout un produit même approchant de celui-là. Cette variété paroît faire infraction à cette loi générale, que les plantes précoces ont un produit inférieur en quantité & en qualité. Elle n'est pas très-répandue, & on doit en desirer la propagation. En effet, la différence d'époque dans sa fructification, qui se fait en juin & juillet, en opposition avec celle des tardives, qui n'a lieu qu'en août & septembre, l'expose moins aux sécheresses de ces derniers mois, & peut la rendre très-productive dans une année même, & dans un sol où les autres variétés pourroient manquer, & elle offre, sous les divers rapports de la qualité, du produit & de la précocité, une réunion d'avantages remarquables. Plantée de bonne heure, elle peut se récolter avant la moisson ; plantée tard, elle peut se récolter après : dans le premier cas, elle évite les gelées précoces d'automne, & dans le second, les gelées tardives du printems : sa plantation & sa maturité, qu'on dirige à volonté, la rendent propre à tous les climats & à toutes les expositions, la rendent susceptible de se récolter deux fois de suite dans le même pays, ou de servir de récolte primaire ou de secondaire, & lui donnent la faculté, étant récoltée tard, de se conserver plus avant dans l'hiver, étant récoltée de bonne heure, de pouvoir s'employer avec une grande économie à toutes les préparations & dessiccations qu'on voudroit lui faire subir, à l'aide de la chaleur naturelle du soleil.

On peut la planter dès la fin de février, ou au commencement de mars, si l'on veut en avoir de très-précoces. Comme la durée de sa végétation n'est pas très-longue, elle se contente quelquefois d'une seule façon, un simple binage, quelquefois même un simple buttage, qui ne doit pas être très-haut. Il est préférable de lui en donner deux, mais il faut les lui donner de très-bonne heure, sans cela ils lui seroient de peu d'utilité ; le dernier même pourroit lui être nuisible, parce qu'il pourroit blesser ses filets. Le seul défaut de cette variété est de germer promptement, surtout lorsqu'elle est en grandes masses ; elle doit donc être cultivée, non pas exclusivement, mais concurremment avec d'autres variétés plus tardives & d'une conservation plus aisée.

6°. ROUGE LONGUE, dite *vitelotte*, appelée ailleurs *souris*, *taupe*, *rognon*, à cause de sa forme : tiges élancées, feuillage peu fourni, fleurs blanches, baies assez rares, tubercules longs, surtout quand le terrein lui convient, & garnis d'un grand nombre d'yeux, lesquels sont dans des cavités assez profondes ; ce qui rend sa surface très-raboteuse, de couleur rouge, à chair blanche, mais un peu marquée de rouge, d'un bon goût, farineuse & ne se délayant point par la cuisson. Elle est très-recherchée pour la table, & son prix est au-dessus de celui des précédentes ; elle exige un bon terrein, très-amendé, & son produit y est passable, tandis qu'il se réduit à rien dans les mauvais; elle doit être espacée comme la précédente, mais il lui faut toutes ses façons; elle est aussi un peu précoce; en général, elle est regardée comme beaucoup moins productive. On en cultivoit autrefois une sous-variété plus tardive, qui est devenue très-rare.

7°. ROUGE LONGUE, dite *Hollande rouge*: ses tubercules, longs à peu près comme ceux de la précédente, mais plus gros par un bout & plus aplatis, en diffèrent encore par leur surface unie & la rareté de leurs yeux; on peut lui appliquer d'ailleurs tout ce que nous en avons dit: elle a de plus beaucoup de ressemblance avec elle par son port; elle est encore plus estimée pour sa qualité, & avec raison; aussi est-ce la plus chère de toutes.

8°. VIOLETTE: tiges grêles, feuillage d'un vert-clair, fleurs violettes, baies peu abondantes; plante en général peu vigoureuse; ses tubercules sont obronds, de moyenne grosseur, de couleur violette, marbrée de jaune; chair jaunâtre, farineuse, d'assez bon goût; même culture que les dernières: elle est d'un produit moyen, & assez recherchée. Il ne faut pas la confondre avec plusieurs autres violettes, cultivées ailleurs.

9°. PETITE BLANCHE, dite *chinoise* ou *sucrée d'Hanovre*: tiges grêles, nombreuses; feuillage d'un vert-clair, fleurs d'un beau bleu-céleste, baies peu nombreuses, tubercules nombreux, mais très-petits, irrégulièrement ronds, accompagnés souvent d'une espèce de mamelon, par lequel ils tiennent au filet; chair blanche ou d'un jaune très-pâle. Elle est très-peu productive, & par cette raison ne se vend point à la Halle; elle est renommée pour sa qualité & par le goût sucré qu'on lui a attribué, & qu'elle n'a pas plus que les autres; au total, elle ne mérite guère d'être cultivée que par les curieux.

Autres variétés.

Quelques-uns de nos départemens ont fourni leur tribut à la collection de la Société royale d'Agriculture: ainsi celui de la Haute-Saône a envoyé une Pomme de terre couleur lie-de-vin, assez estimée; celui du Morbihan en a fourni plusieurs d'origine anglaise ou hollandaise, provenant de prises maritimes, notamment la *kidney* ou *rognon jaune*, assez belle variété; celui de la Seine-Inférieure, une rouge-oblongue plate, dont le mérite est de se conserver très-long-tems; celui du Nord, une dite *coton* ou *à vaches*, très-productive, destinée à la nourriture des bestiaux, & plusieurs autres bonnes pour la table; les pays qui composoient nos départemens septentrionaux, tels que les Forêts, la Frise, l'Escaut, Jemmappes, les Ardennes, &c., où cette culture est très-suivie, nous ont fourni une rouge-hâtive qui rivalise avec notre truffe d'août; ainsi que plusieurs jaunes aussi hâtives, & de plus la *berbourg*, excellente & productive; la Pomme de terre de *Saint-Jacques*, très-répandue à cause de son mérite; la *chypre d'hiver*, très-renommée pour sa délicatesse, mais de peu de produit; la Pomme de terre de *Bavière*, rouge & à chair jaune, très-belle variété, & enfin celle dite d'*Ardennes*, rouge & à chair jaunâtre, excellente, & qu'on dit être très-abondante en fécule.

En Angleterre, où la Pomme de terre est en grande faveur, on en cultive un grand nombre de variétés. La *Bibliothèque britannique* nous a fourni, à ce sujet, l'extrait de quelques Notices recueillies par le département d'agriculture; on y en a mentionné plus de cinquante qui paroissent différer des nôtres, entr'autres une très-précoce, la *rouge-tachée*, qui mûrit, dans le comté d'Édimbourg, dans la dernière semaine de juillet; la *Surinam*, qui rend trente pour cent plus qu'aucune autre; une *noire*, qui se conserve jusqu'en août de l'année suivante, & qui est, dit-on, plus pesante & plus abondante en fécule que toute autre, &c.

Enfin, la plantation des tubercules provenant d'un semis fait en 1813, nous promet une collection encore plus nombreuse, composée de variétés absolument nouvelles, parmi lesquelles quelques-unes s'annoncent comme beaucoup plus hâtives qu'aucune de celles que nous avons mentionnées; ce qui est un objet important.

Des accidens & des maladies auxquelles les Pommes de terre sont exposées.

Si les Pommes de terre ne sont pas entièrement à l'abri des fléaux qui ravagent nos moissons, il faut néanmoins convenir qu'elles y sont bien moins sujètes. Hors la gelée d'hiver, de laquelle il faut les garantir soigneusement, on peut dire que le reste n'est pas fort à craindre pour elles; les gelées du printems, ainsi que la grêle, peuvent bien affecter leur feuillage; cela les retarde à la vérité, mais en peu de tems elles reprennent leur vigueur. Si après la plantation, ou immédiatement avant la récolte, le terrein étoit inondé, les tubercules risqueroient de pourrir ou de contracter une mauvaise qualité; mais il en seroit à peu près de même de toute autre production: elles peuvent bien aussi être attaquées par quelques animaux destructeurs, tels que les rats, les souris, les mulots, les lièvres & les lapins, & par quelques insectes, surtout par le ver blanc, la chenille du sphinx-tête-de-mort, mais il est rare qu'avec tout cela une récolte soit exposée à manquer.

Elle a peu de maladies à craindre; quelquefois les tubercules sont tachés; on les appelle alors *galeux*: ils n'en sont pas moins bons à manger, mais il faut les consommer sur-le-champ, & surtout ne pas les garder pour la plantation. Cette maladie n'est pas très-commune. Une autre plus redoutable, qu'on connoît à peine aux environs de Paris, mais qui, dans certains pays, fait de grands ravages, est le *pivre* ou *pivrée*, appelée aussi *frisée* ou *frisolée* ; son caractère principal est d'avoir la tige brunâtre & comme bigarrée, les feuilles repliées sur elles-mêmes, bouclées, maigres & voisines de la tige, marquées de points jaunâtres & d'une texture fort irrégulière ; les tubercules sont fanés, petits & peu nombreux. Elle paroît contagieuse, du moins les tubercules qui en sont affectés, la reproduisent l'année suivante ; il faut donc arracher les pieds malades, & les détruire absolument. Elle paroît attaquer de préférence les espèces rouges ou délicates ; elle a souvent forcé d'en abandonner la culture. Sa cause n'est pas bien connue, non plus que le remède ; mais le moyen de s'en débarrasser est de changer absolument la variété qu'on cultive, & de lui en substituer une autre qui y soit moins sujète, ou qui n'en ait jamais été attaquée : ce moyen est infaillible, & d'après les notions & les détails que nous avons donnés sur toutes les variétés qu'on peut se procurer aujourd'hui, les cultivateurs peuvent aisément faire un choix, & substituer avec avantage celles qui leur conviendront le mieux, à celles qu'ils seroient contraints d'abandonner.

Conservation des Pommes de terre.

Lorsqu'avant de les déposer dans l'endroit où elles doivent demeurer en réserve ou passer l'hiver, on peut les laisser se ressuer au soleil ou sur l'aire d'une grange, & les y remuer un peu, pour achever de détruire l'adhérence de la terre qui y reste plus ou moins attachée ; lorsqu'on peut faire le triage des grosses, des petites, faire la part qu'on destine à la vente ou à la nourriture des hommes & des bestiaux, on facilite leur conservation, & on s'évite de l'embarras pour la suite ; mais ces précautions ne sont guère aisées à prendre, que lorsque la récolte est bornée, & dans les grandes exploitations il est difficile de s'en occuper. Quoi qu'il en soit, voici les moyens de conservation les plus généralement adoptés.

Première pratique. On peut conserver les Pommes de terre comme les autres racines potagères, en les mettant dans un lieu sec & frais avec de la paille, lit sur lit ; mais il faut que cet endroit, cave ou grenier, soit à l'abri de la gelée : on se sert assez souvent des celliers, où ils y sont moins exposés ; on les couvre d'une couche de paille, à l'approche des grands froids.

Deuxième pratique. Quelques cultivateurs qui ont un emplacement convenable conservent les Pommes de terre dans des tonneaux avec des feuilles sèches ; ces tonneaux doivent être mis dans un endroit inaccessible au chaud & au froid. Ces deux premières pratiques ne sont bonnes que pour de petites récoltes.

Troisième pratique ; elle est généralement adoptée par les Anglais & les Allemands, qui la tiennent des Américains. On creuse dans le terrein le plus élevé, le plus sec, le plus voisin de la maison, quelquefois dans le champ même où on les a récoltées, s'il a les qualités convenables, une fosse d'une profondeur & d'une largeur rélative à la quantité de Pommes de terre qu'on veut conserver, ayant soin cependant qu'elles ne se trouvent pas en trop grande masse, de peur qu'elles ne s'échauffent ; on garnit le fond & les parois avec de la paille longue ; les racines, une fois disposées, sont recouvertes ensuite d'un autre lit de paille, & on fait au-dessus une meule en forme de cône ou de talus ; on a soin que la fosse soit moins profonde du côté où l'on tire les Pommes de terre pour la consommation, en observant de bien fermer l'entrée chaque fois qu'on en ôte : moyennant cet arrangement & cette précaution, ni le chaud, ni le froid, ni l'humidité, ni les animaux ne peuvent pénétrer jusqu'aux Pommes de terre, qui se conservent ainsi en bon état pendant tout l'hiver.

Quatrième pratique. Cette pratique, d'une exécution facile, convient aux grandes récoltes, & mérite d'être recommandée ; elle consiste à faire dans l'intérieur d'une grange, avec des claies dont on se sert ordinairement pour le parc des moutons, ou avec des planches, un espace plus ou moins grand, suivant l'étendue de sa récolte, en observant un passage pour y conduire, lequel sert aussi à les y déposer, & à les enlever à mesure de la consommation. On sent aisément que cet espace est entouré tous les ans par les grains & les fourages qu'on dépose dans la grange ; cette manière, qui supplée aux caves, aux fosses, &c., conserve les Pommes de terre sans inconvénient.

Il existe encore d'autres pratiques, mais on n'est pas toujours le maître de les employer, faute de moyens ou de local. On dépose donc ses Pommes de terre où l'on peut ; l'essentiel est de les garantir des gelées en les couvrant de paille, & bouchant avec du fumier les issues qui donneroient accès au froid. Il ne faut donner de l'air aux endroits où elles sont renfermées, que lorsque la gelée est bien passée, & cela est d'autant plus à observer, qu'au dégel même, l'air humide, pénétrant dans leur local, peut déposer sur les tubercules une croûte de glace & les endommager. On est souvent aussi obligé, lorsque l'hiver est doux & humide, de les remuer à la pelle & à diverses reprises, pour les empêcher de s'échauffer & de germer ; il faut alors jeter soigneusement dehors celles qui se gâtent, car elles feroient gâter les autres. Lorsque l'hiver est passé, on peut, de la cave ou des celliers trop humides où elles sont, les transporter au grenier ; elles s'y trouvent plus séchement, & germent moins vîte ; on peut même casser les germes, cela prolonge leur durée. Les mettre quelques instans dans un four dont on vient de retirer le pain, est encore un bon moyen de prolonger leur durée pour la nourriture, la chaleur désorganisant leurs germes ; mais ce moyen peut difficilement être employé en grand, & il demande de l'habitude pour être exécuté convenablement, pas assez & trop de chaleur étant également à éviter.

Frais de culture d'un arpent ou demi-hectare planté en Pommes de terre.

On peut bien s'imaginer que ces frais doivent varier à l'infini, en raison des localités, du prix de la main-d'œuvre & de la méthode de culture qu'on suit. En donnant le détail de la plus complète, & le prix de chaque façon à part, chacun sera à portée de faire son calcul particulier, d'après sa localité, & le nombre & l'espèce de façons qu'il se propose de donner.

Deux labours de charrue	30 fr.
Huit setiers pour la plantation, à 3 fr.	24
Plantation à bras	12
Binage *idem*	15
Buttage *idem*	15
Récolte évaluée	30
Total	126 fr.

Ces frais paroissent considérables, mais il faut faire attention que tout y est compté; ordinairement le cultivateur n'y comprend point ses labours de charrue, ni sa semence, lorsqu'il s'agit de Pommes de terre; la récolte aussi est supposée très-abondante, de cent cinquante setiers, par exemple; si elle étoit moindre, elle lui coûteroit aussi beaucoup moins; & de plus, elle est faite en partie par son monde : les déboursés effectifs pourroient donc se réduire à une soixantaine de francs. D'autre part, en plantant & donnant les façons à la charrue, il feroit une économie d'environ 40 fr. Il résulte de tout cela, qu'en prenant un terme moyen, la culture d'un arpent ou demi-hectare planté en Pommes de terre peut être évaluée à 80 ou 100 fr.

Chez les vignerons & autres, le terrein est labouré à la bêche ou à la houe; nous n'en parlons point ici, par deux raisons : la première, c'est qu'ils travaillent eux-mêmes & à leur tems perdu, ou du moins qu'ils n'évaluent point leur travail; & en second lieu, parce que cette méthode n'est pas susceptible d'être adoptée en grand. Un labour de bêche ou de houe peut s'évaluer de 24 à 30, & jusqu'à 60 fr., suivant les localités & la nature du terrein.

Du produit de la Pomme de terre.

On a cité plusieurs exemples merveilleux de la fécondité de la Pomme de terre : ainsi un seul morceau pourvu d'un ou deux yeux a donné trois cents tubercules & plus, depuis la grosseur du poing jusqu'à celle d'un œuf de pigeon; un seul tubercule isolé & cultivé avec soin en a donné neuf cent quatre-vingts autres; enfin, d'une Pomme de terre pesant une livre & un quart, garnie de vingt-deux yeux, & divisée en autant de morceaux, M. Parmentier a, dans son jardin, obtenu quatre cent soixante-quatre livres; mais ce n'est pas sur des exemples particuliers d'une culture très-soignée qu'on peut établir des calculs, & quand on veut s'en occuper, on ne s'apperçoit que trop que rien n'est plus embarrassant. Ce produit tient à tant de causes dont le nombre & l'influence varient tellement, qu'il est impossible d'arriver à un résultat satisfaisant; on est encore obligé de répéter ici qu'il dépend du climat, de la saison, de la nature du sol, du mode ordinaire de culture auquel ce sol est soumis, de la méthode qu'on emploie, de sa bonne ou mauvaise exécution, & de la variété qu'on cultive. En raison de ces circonstances, il peut varier du simple au décuple; & cela paroît être vrai de celui de la patraque blanche comparée à la petite-chinoise ou toute autre variété aussi délicate. Si, par comparaison avec le produit du blé, l'on pouvoit dire qu'en général, & toutes circonstances égales d'ailleurs, la Pomme de terre produit dix fois autant que le blé, supposition qui d'ailleurs n'a rien de déraisonnable, on auroit une base pour asseoir ses calculs; mais il est telle terre forte & argileuse, très-propre au blé & très-peu à la Pomme de terre; il est telle terre à seigle, beaucoup moins substantielle, mais beaucoup plus meuble, dont elle s'accommode mieux; mais la saison favorable à la végétation du blé n'est pas celle de la Pomme de terre, & la plus grande fructification de cette dernière a lieu ordinairement quand la moisson se fait, ou même quand elle est faite. Quoiqu'originaire des contrées chaudes de l'Amérique, elle a peine à soutenir la chaleur de nos départemens méridionaux, parce qu'elle est accompagnée de sécheresse, tandis que la chaleur tempérée, mais humide, de nos départemens septentrionaux, ainsi que celle de la Belgique, de la Hollande, de l'Irlande & de l'Angleterre, favorisent sa fructification à un point remarquable. On lit dans l'*Agriculture pratique* de Marschall, que dans le Rutland on obtient, à la vérité par la culture à bras, jusqu'à six cents boisseaux par acre (ce qui fait, si je ne me trompe, environ deux cents setiers de Paris); & dans la *Bibliothèque britannique*, on cite une variété qui donne jusqu'à treize cent quarante-deux boisseaux. Ces produits nous paroissent exorbitans, cependant ils ne sont point invraisemblables, puisqu'à Aubervilliers près Paris, on obtient de la truffe d'août jusqu'à cent quatre-vingts setiers de Paris par demi-hectare; & en effet, dix mille touffes de Pommes de terre, à un quart de boisseau chacune, ce qui arrive quelquefois, étant supposées contenues dans un demi-hectare, donnent un résultat de plus de deux cents setiers. Mais qu'il y a loin de là à celui qu'on obtient ordinairement! M. Parmentier, en admettant un excellent fonds & la variété dite *patraque blanche*, avoit évalué le plus haut produit à cent cinquante setiers de Paris par arpent ou demi-hectare, & le moyen à cinquante ou soixante setiers, & nous nous en tiendrons avec lui à ces évaluations.

De l'usage de la Pomme de terre pour la nourriture des animaux.

La Pomme de terre fournit à peu de frais aux animaux une nourriture abondante & saine ; son emploi économise les fourages & surtout les grains, & laisse à peine appercevoir le passage du vert au sec : tous s'en accommodent très bien, quoique quelques-uns d'entr'eux la refusent la première fois qu'on la leur présente, mais ils ne tardent pas à s'y habituer, & ils en deviennent même très-friands. On s'en sert pour nourrir & engraisser les bœufs, les vaches, les brebis & les moutons, mais c'est surtout pour les cochons qu'elle devient essentielle, sous ce double rapport. On a aussi essayé avec succès d'en donner aux chevaux ; elle augmente sensiblement le lait des vaches & des brebis. On lui reproche cependant de le rendre clair & de trop relâcher ces animaux ; on prétend même qu'elle communique aux excrémens des brebis une odeur fétide ; on se plaint aussi qu'elle ne donne point de fermeté, soit à la chair, soit à la graisse & au lard des animaux qui s'en nourrissent, & qu'elle les fait enfler lorsqu'ils en mangent trop. Mais il est facile d'éviter ces inconvéniens en l'assaisonnant d'un peu de sel, & en l'associant à une nourriture sèche. Un bœuf ou une vache peut en manger par jour jusqu'à deux boisseaux. Avant de les leur donner, il faut les laver & les couper par tranches, ce qui s'exécute promptement avec le MOULIN-COUPE-RACINES (*voyez* ce mot). Il seroit préférable de les leur faire cuire ; elles leur profiteroient davantage, & n'auroient aucun des inconvéniens qu'on leur reproche ; mais leur cuisson est embarrassante & dispendieuse sans une chaudière & un FOURNEAU ÉCONOMIQUE (*voyez* ce mot). Le feuillage peut aussi leur servir de nourriture, quoiqu'ils ne paroissent pas le rechercher beaucoup. On ne doit cependant pas le laisser perdre ; mais pour éviter qu'il ne leur fasse du mal, il est essentiel d'y joindre quelque chose de meilleur : on ne doit le couper qu'au moment de la récolte ou peu auparavant, à moins que les Pommes de terre ne soient plus dans la saison de profiter ; dans un autre tems, le retranchement pourroit nuire à leur production, & même les exciter à repousser. On peut aussi l'enfouir comme engrais. On prétend avoir observé, en Angleterre, qu'il étoit extrêmement propre à cet usage, parce qu'il contenoit beaucoup d'albumine.

Des Pommes de terre considérées relativement à la nourriture de l'homme.

Pour disposer les Pommes de terre à devenir un aliment pour l'homme, il faut les soumettre à la cuisson, c'est-à-dire, réunir leurs parties constituantes isolées dans l'état naturel, pour n'en plus former qu'un tout homogène. Arrachées le matin, elles peuvent, quelques instans après, cuites simplement sous la cendre, dans l'eau bouillante ou à sa vapeur, remplacer le pain ; associées avec quelques grains de sel, un peu de beurre, de graisse, de lard, de crême ou de lait, &c., elles peuvent remplacer nos meilleurs mets.

Ces moyens sont si simples & remplissent si bien leur but, qu'au premier coup d'œil on a droit de s'étonner de la multitude infinie de manipulations auxquelles elles ont été dès long-tems & tant de fois soumises, pour en obtenir un aliment toujours plus cher & souvent moins agréable que celui qu'elles nous procurent si aisément & à si peu de frais.

Cependant, lorsque l'on considère les difficultés, soit apparentes, soit réelles, de transport & de conservation qu'elles présentent, on ne peut se dissimuler que des moyens capables de vaincre ces difficultés ne dussent être accueillis avec un intérêt proportionné aux avantages qui en résulteroient.

En effet, on a reproché aux Pommes de terre d'être exposées à geler, à pourrir, à germer ; d'exiger pour leur conservation de très-grands emplacemens & des soins multipliés. Quels que soient les procédés qu'on emploie, il est impossible de prolonger leur durée au-delà d'un certain terme, & on en est privé une partie de l'année. Enfin, elles renferment peu de substance nutritive sous un volume & un poids considérable, ce qui en rend le transport difficile & coûteux, & les empêche d'être, d'un pays à l'autre, une ressource en cas de disette.

Ce sont ces inconvéniens assez graves auxquels, il faut l'avouer, on n'a encore pu remédier qu'en partie, du moins par des moyens simples & économiques, qui ont donné l'idée de les macérer, de les écraser, de les soumettre à la presse, d'en extraire la fécule & la matière fibreuse, enfin de les dessecher à l'aide du feu, de l'air, du soleil, du froid même, pour diminuer leur volume, faciliter leur transport, assurer leur conservation, & se mettre en état de les employer à volonté, soit dans le pain, soit dans toute autre préparation alimentaire, ou pour l'homme ou pour les animaux.

Mais au moins avoit-on pour excuse, dans ces diverses préparations, leur nécessité apparente pour assurer leur conservation : l'idée étoit bonne & louable, bien que les moyens n'y répondissent pas toujours ; mais que dire de la manie qu'on a eue & qu'on a encore de vouloir en faire du pain dans la saison même où elles jouissent de toute leur saveur, & où le moindre apprêt les met en état de suppléer au pain lui-même ?

Ce n'est donc qu'à cette habitude universelle

qu'ont les Français de se nourrir de pain, & trop exclusivement de pain, car on ne sauroit trop le redire, cette habitude n'est point favorable à l'agriculture; c'est elle qui a enfanté ce desir désordonné d'avoir du blé qui nuit à la production du blé : la culture trop souvent ramenée des céréales épuise les terres, s'oppose à l'établissement des prairies artificielles, & le manque de fourages, qui en est la suite, s'oppose à son tour à la multiplication des bestiaux, qui sont la source de la véritable richesse & la base de l'amélioration croissante des terres : ce n'est donc qu'à cette habitude, disons-nous, qu'est due cette tendance générale des esprits vers les moyens de convertir la Pomme de terre en pain, objet auquel la nature ne l'avoit pas destinée, auquel l'art n'a encore pu la soumettre avec un avantage décisif, puisqu'après tant d'essais réitérés, l'on n'est pas même aujourd'hui d'accord sur le vrai moyen d'y parvenir.

Car pour convertir la Pomme de terre en pain, & rendre ce pain d'un usage général, il faut qu'il soit en même tems salubre & agréable au goût; & quand on supposeroit ces deux premiers points obtenus, ce qui n'est pas, resteroit encore à atteindre celui d'économie, c'est le plus essentiel, mais c'est le plus difficile, & c'est justement celui sur lequel on s'est le plus étrangement abusé, celui sur lequel on en a le plus imposé, parce qu'on ne s'est attaché qu'à la considération de l'augmentation du poids & du volume, & nullement à celle de la substance vraiment nutritive. Au surplus, il ne s'agit point ici de maîtriser l'opinion; on peut chercher à l'éclairer, & laisser ensuite les choses aller librement leur cours. Nous passerons donc en revue tous les procédés de manipulation & de conservation de la Pomme de terre employés jusqu'à ce jour, en les faisant précéder de son analyse.

Analyse de la Pomme de terre.

La Pomme de terre est revêtue d'une peau ou espèce d'épiderme grisâtre, d'une texture très-serrée; aussi prétend-on qu'un ministre de Rensbourg en Allemagne a trouvé le moyen d'en faire du papier : cette peau est peu adhérente à la chair des tubercules encore frais, surtout lorsqu'ils ne sont pas mûrs; si on l'enlève avec soin, on en apperçoit dessous une seconde, mais qui a beaucoup moins de consistance.

Ces deux peaux, par la chaleur du feu, se confondent, en sorte qu'après la cuisson on n'en apperçoit plus qu'une seule. La chair blanche ou jaunâtre, quelquefois tachée de rouge ou de violet, suivant l'espèce, est composée de deux parties distinctes : l'une qu'on peut regarder comme le prolongement de l'écorce des tiges, & appelée *corticale*, laquelle enveloppe entièrement le tubercule; l'autre qu'on peut regarder comme le prolongement de la moëlle, & appelée *médullaire*, qui fait le centre du tubercule, & se fait distinguer de la partie corticale par un cercle d'une nuance un peu différente du reste de la chair. Dans les Pommes de terre tachées intérieurement d'une couleur quelconque, ce cercle est marqué de cette même couleur. L'épaisseur de la partie corticale varie suivant les espèces; mais il est remarquable que les yeux, placés ordinairement dans une cavité, & adhérant toujours à la partie médullaire, sont, à raison de ce, obligés de s'enfoncer dans la partie corticale, dont l'épaisseur est alors indiquée par le renflement qui en est la suite, & c'est ce qui détermine cette surface raboteuse & inégale qu'ont la plupart des Pommes de terre. Au surplus, ces deux parties, intérieure & extérieure, ne paroissent pas beaucoup différer entr'elles. Outre la peau extrêmement fine & légère qui les recouvre à l'extérieur, du poids de laquelle nous ne parlerons pas, parce qu'il est presqu'inappréciable, elles sont composées d'une très-petite partie de matière extractive, de matière fibreuse & de fécule, & d'une très-grande quantité d'eau de végétation, le tout dans les proportions suivantes, sur une livre en poids :

	onces.	gros.
1°. Eau de végétation....	12	0
2°. Fécule..............	2	4
3°. Matière fibreuse.....	1	0
4°. Extrait mucilagineux & salin...........	0	4
Total......	16 onces.	

Cette analyse diffère un peu de celle donnée par M. Parmentier dans les proportions des deux matières extractive & fibreuse; ces différences peuvent tenir à leur état de siccité plus ou moins parfait, mais encore plus à d'autres causes que nous allons développer.

Ici se présentent naturellement quelques questions. Les diverses espèces de Pommes de terre contiennent-elles les mêmes principes dans les mêmes proportions? Ces proportions varient-elles, ou dans toutes les espèces ou même dans chacune d'elles, en raison du climat, de la nature du sol, de leur maturité plus ou moins complète, de l'instant de leur récolte, & enfin du local où elles ont été déposées, & de leur état à l'époque où on les emploie, époque plus ou moins éloignée du moment de leur récolte, de leur plantation ou germination?

Ces questions offrent quelqu'intérêt, mais elles sont compliquées, & leur solution exigeroit un grand nombre d'expériences que peu de personnes ont été à portée de faire, & surtout beaucoup d'exactitude; elles n'ont probablement pas été faites. D'après quelques-unes qui nous sont personnelles, nous oserons émettre notre opinion; si elle ne répond pas à tout, elle mettra au moins sur la voie, & nous nous flattons qu'on ne la trouvera pas dénuée de vraisemblance.

La partie extractive contenue dans les Pommes de terre ressemble à celle de la plupart des plantes succulentes, telles que la bourrache & la buglosse; elle est trop peu considérable pour qu'on doive en tenir compte, lorsqu'il ne s'agit que d'évaluer la proportion de leur substance solide & vraiment alimentaire, & elle l'est assez pour leur communiquer une saveur âcre & désagréable. Elle paroît être plus abondante, ou du moins plus sensible, dans certaines rouges, ou dans les blanches tachées de rouge ou de violet, que dans les blanches ou les jaunes pures. On ne s'occupe donc de cette matière extractive que pour s'en débarrasser, lorsqu'on le peut; & il faut convenir que si la cuisson ne la détruit pas entiérement, elle en atténue les effets. Nous ne nous en occuperons pas davantage ici. Mais les parties constituantes de la Pomme de terre les plus importantes sont la fécule d'abord, & ensuite la matière fibreuse. Cette fécule a, comme toutes les autres, pour caractère son indissolubilité dans l'eau froide, sa manière de se précipiter & de s'amonceler au fond du vase, son cri, son toucher froid & son extrême divisibilité. La matière fibreuse est cette partie solide qui constitue le parenchyme, le squelette fibreux des Pommes de terre. Soumise à des lotions répétées pour l'avoir pure, elle est insipide & insoluble dans l'eau froide; desséchée à une douce chaleur, & réduite en poudre fine, elle est un peu grise & assez légère; délayée dans l'eau, elle devient plus grise, & prend, en cuisant, la consistance d'une bouillie qui retient l'odeur d'une colle de farine. L'analyse répétée en diverses années, à diverses époques, des variétés qu'on débite à la Halle de Paris, provenant de divers terreins, & récemment en 1812, sur les trois dites *patraque blanche*, *vitelotte* & *jaune de Hollande*, a donné en fécule des résultats si rapprochés l'un de l'autre, qu'on n'a pas dû tenir compte de la différence; mais en 1813, la collection de la Société royale d'Agriculture, composée de plus de cent variétés, toutes cultivées dans le même local au Jardin du Conservatoire des Arts & Métiers, nous ayant donné les moyens de varier & de multiplier nos expériences, nous avons pu les comparer toutes, soit entr'elles, soit avec leurs congénères cultivées aux environs de Paris: ainsi ont été analysées la patraque jaune, la blanche, la rouge, la truffe d'août, une rouge hâtive du département des Forêts, la Kidney blanche, la Bavière, la Berbourg, la violette, la Pomme de terre d'Ardennes, vantée comme très-abondante en fécule, & plusieurs autres, également estimées ou distinguées par des qualités particulières. On y a joint celles des environs de Paris, plusieurs venues de divers semis, & dont, à leur première année, les produits en fécule ont varié depuis treize jusqu'à dix-huit pour cent de leur poids, & en matière fibreuse depuis cinq jusqu'à huit & demi pour cent. Mais cette analyse ayant été répétée avec plus de soin encore sur les variétés qui avoient donné une première fois les résultats les plus avantageux, nous n'avons pas tardé à nous appercevoir d'un changement en moins dans la plupart d'entr'elles; faisant alors, dans de nouvelles expériences, attention aux circonstances accompagnantes, afin de pouvoir déterminer les causes de ce changement, nous avons reconnu que la variété n'entroit presque pour rien dans la qualité des produits. Nous l'avons vue constamment foible dans la Pomme de terre venue de semence, à telle variété qu'elle appartînt, attendu qu'elle mûrit incomplétement; nous l'avons vue toujours plus abondante, au contraire, dans les tubercules à peau gercée; ce qui est un indice de maturité complète; nous avons vu aussi, ce qui est assez remarquable, que dans le même tubercule, partagé en deux par moitié, la partie tenant au filet, que nous appellerons *la queue*, étoit constamment plus abondante en substance que la partie opposée que nous nommerons *tête*, parce qu'elle est produite la première, & par conséquent mûrit mieux, à telle variété aussi que tous appartînssent. Les mêmes avantages se retrouvent encore dans les tubercules les plus beaux, les plus gros, les mieux faits, & de la forme la plus avantageuse, indépendamment de leur espèce. La maturité & la perfection de l'individu sur lequel on opère, sont donc bien réellement la cause de son produit en substance solide; & l'on peut dire qu'il ne tient en rien ni à la variété ni au sol qui l'a produite, si ce n'est en ce sens, que telle variété acquiert plus aisément que telle autre sa maturité & sa perfection, que ses tubercules sont d'une grosseur plus égale & d'une forme plus avantageuse, & qu'enfin toutes ces qualités s'acquièrent plus aisément dans tel terrein que dans tel autre.

Quant aux proportions respectives de la matière fibreuse & de la fécule, aux causes qui font varier ces proportions, & à ce qui peut résulter de l'état où se trouvent les Pommes de terre au moment qu'on les emploie, soit fraîchement, soit anciennement arrachées, ou prêtes à germer, &c., nos expériences ne nous ont pas mis à même de prononcer encore; nous nous contenterons de faire observer qu'un boisseau de truffes d'août, pesant dix-huit livres le 20 août, époque de son arrachage, ne pesoit plus, en décembre, que seize livres, & en avril que quatorze livres; diminution de plus d'un quart, comme l'on voit. Cette diminution de poids, qui paroît dépendre de la perte d'une grande partie de son eau de végétation, doit être prise en considération, lorsqu'on la prend dans cet état pour la dessécher ou en extraire la substance solide.

Telles sont, suivant nous, les principales causes qui ont pu faire varier les résultats & induire en erreur sur leur quotité. Afin d'éviter les nombres fractionnaires, & prenant un moyen terme, nous admettrons, sinon comme certaine, sinon comme invariable, au moins comme la plus probable, comme la plus constante & comme la plus approchée de la vérité, cette proposition, que par toute espèce de dessiccation, quels qu'en soient les moyens, la Pomme de terre perd les trois quarts de son poids, & qu'il ne lui en reste par conséquent que le quart en substance solide & alimentaire; & c'est sur cette base que nous établirons nos calculs.

Panification de la Pomme de terre en nature, suivant les procédés de M. Parmentier.

Dès 1789, dans son *Traité sur la culture & les usages des Pommes de terre*, M. Parmentier avoit proposé & essayé trois sortes de pains, que, d'après les proportions de leurs parties constituantes, il avoit ainsi désignées : 1°. *pain de grains mélangés avec la Pomme de terre*; 2°. *pain de Pommes de terre mélangées avec du grain*; 3°. *pain de Pommes de terre sans mélange*. Les deux dernières espèces exigeant, l'une, une assez grande quantité de fécule, l'autre, employant une trop grande quantité de Pommes de terre, présentent, la première peu d'économie, & toutes deux trop de difficultés dans leur fabrication; on y a renoncé, & c'est de la première seule dont nous allons parler.

Pain de grains mélangés avec la Pomme de terre. Prenez vingt-cinq livres de farine de froment, de seigle ou d'orge, suivant l'usage & les ressources du canton; délayez-y un peu de levain quelconque avec assez d'eau chaude pour en former une pâte extrêmement ferme, que vous laisserez fermenter comme un levain ordinaire; ayez vingt-cinq livres de Pommes de terre préalablement cuites, mêlez-les toutes chaudes au levain & à un demi-quarteron de sel (si on le veut) fondu dans un peu d'eau; quand le mélange sera suffisamment pétri au moyen d'un rouleau de bois, divisez par pains de deux ou de quatre livres; dès quils seront bien levés, enfournez-les avec la précaution de chauffer moins le four, & d'y laisser la pâte séjourner plus long-tems.

Ce procédé consiste donc à n'employer la farine que sous forme de levain; à y mêler les Pommes de terre aussitôt qu'elles sont cuites, sans avoir besoin de les peler & les réduire en pâte, à y ajouter assez d'eau pour pétrir, à tenir la pâte extrêmement ferme, & à ne la mettre au four que quand elle est parfaitement levée; les racines étant ainsi mêlées avec le levain, immédiatement au sortir du chaudron, la chaleur qu'elles ont, se conserve un certain tems, & la pâte qui en résulte est plus solide, moins grasse, par conséquent lève mieux & plus promptement. On peut porter les proportions de Pommes de terre jusqu'aux deux tiers, en employant la farine blanche, & la réduisant à l'état d'un levain encore plus ferme & plus avancé; mais comme le pain le plus beau des habitans des campagnes est rarement composé de froment pur, le mélange, déjà gras par lui-même, ne pourroit pas absorber l'humidité contenue dans une aussi grande quantité de racines : la chose n'est donc possible que pour la farine blanche de gruau; on peut ajouter quelque chose à la qualité du pain en pelant les Pommes de terre & en les réduisant en pulpe; ce qui prévient le grumellement auquel ce pain est sujet. La Pomme de terre introduite dans le pain, suivant la proportion ci-dessus indiquée, augmente sa quantité de la valeur d'environ quarante à cinquante pour cent de son poids à elle-même; mais en séchant, il se réduit d'autant plus qu'il avoit absorbé ou contenoit plus d'eau. Ce procédé est anciennement connu dans les campagnes, & il y est pratiqué journellement; ce qui ne laisse aucun doute sur ses avantages pour ceux qui veulent économiser leur grain, & en même tems avoir leur nourriture sous forme de pain.

Pain de Pommes de terre râpées crues & associées à la farine. Ce procédé, indiqué aussi par M. Parmentier dans son ouvrage déjà cité, page 254, a été depuis renouvelé & perfectionné, notamment par MM. de Loys & Pictet. Dans plusieurs comparaisons des deux espèces de pain de Pommes de terre cuites & de Pommes de terre râpées crues, associées avec diverses proportions de farine, l'avantage, suivant M. de Loys, est toujours resté aux Pommes de terre râpées crues; ce qu'il attribue à ce qu'étant déchirées par la râpe, elles sont bien mieux disposées à absorber l'eau, à être mises en activité par le levain, & à présenter aux sucs gastriques toutes leurs facultés nutritives. Voici la proportion qu'il indique comme la plus économique :

Quatre livres de farine,
Dix livres de Pommes de terre brutes,
Deux onces de sel,

Produisent communément neuf livres un quart de pain assez beau & assez blanc, d'où ôtant, pour la part de la farine, cinq livres cinq onces un tiers, il reste, pour produit des dix livres de Pommes de terre, près de quatre livres de pain, c'est-à-dire, près de quarante pour cent de leur poids. Il estime que la Pomme de terre, associée à la farine de froment, y joue le même rôle que le seigle, & c'est bien aussi notre opinion. M. Pictet, de son côté, a associé à la Pomme de terre râpée crue, une farine composée de deux tiers de froment & un tiers d'orge : cent livres de cette farine lui produisoient cette année-là, à cause de l'excellente qualité des grains, cent quarante-trois livres de pain. Dans un très-grand nombre d'expériences, associée à un poids égal de Pommes de terre, elle leur faisoit produire assez régulièrement cinquante-un pour cent de leur poids de fort bon pain; & dans d'autres essais, où la farine étoit dans une proportion plus forte de moitié, elle leur faisoit produire jusqu'à cinquante-neuf pour cent. Tous deux pensent qu'il y a un avantage marqué à associer à la Pomme de terre la farine de froment seule, ou au moins de la meilleure qualité possible.

Voici la méthode de râpage & de pétrissage à laquelle ils paroissent avoir donné la préférence.

Les Pommes de terre, après avoir été préalablement lavées, sont portées dans la trémie du moulin-râpe; au fur & à mesure qu'elles sont râpées, la bouillie qui en résulte, tombe dans un vase contenant une certaine quantité d'eau destinée à la recevoir; à mesure que le vase se remplit, on la retire pour la faire égoutter, soit dans des paniers, soit dans un sac de toile qu'on exprime ou qu'on soumet à la presse, ayant soin de recueillir l'eau qui s'en écoule pour ne pas perdre la fécule qu'elle pourroit contenir. C'est la veille du jour où doit se cuire le pain, qu'il faut faire le râpage. Le même soir, lorsqu'on pétrit le petit levain de la fournée précédente, avec quelques livres de farine, pour augmenter sa masse, il convient d'y ajouter un poids égal de pulpe. Il faut avoir soin de finir de pétrir trois ou quatre heures avant d'enfourner, parce que ce pain lève plus lentement: il lui faut, pour cuire, un tems double du pain ordinaire.

D'autres râpent les Pommes de terre à sec, les mettent égoutter, ensuite y mêlent la farine & pétrissent avec de l'eau très-chaude, & regardent cette méthode comme préférable. Il nous semble qu'elle a l'inconvénient de ne point chasser la matière extractive qui peut communiquer au pain une certaine âcreté, & nous ne voyons pas d'ailleurs en quoi consiste sa supériorité.

Les procédés employés pour panifier la Pomme de terre en nature se réduisent donc à deux principaux: l'un, Pomme de terre en bouillie; l'autre, pomme de terre râpée crue, & associée à la farine: chacun vante la méthode qu'il emploie; l'une est consacrée par l'usage; l'autre, plus nouvelle, a pour partisans des hommes éclairés; elle est d'ailleurs d'une exécution simple & facile. Nous laisserons à l'expérience à prononcer.

Panification des Pommes de terre desséchées.

A la tête de ces procédés de dessiccation, nous placerons celui de M. Parmentier, anciennement connu: voici ce qu'il a lui-même dit & imprimé dès l'an 1773, dans son *Examen chimique des Pommes de terre.*

Les Pommes de terre perdent dans leur exsiccation les deux tiers de leur poids, & ce n'est que dans cet état, comme je m'en suis assuré plus d'une fois, qu'on peut les pulvériser. Si on fait bouillir ces racines quelques minutes dans l'eau, pour les peler plus aisément, & qu'après les avoir coupées par tranches on les fasse sécher, elles sont d'un beau jaune transparent, & offrent dans leur cassure le luisant du verre; la poudre qui en résulte est jaunâtre, & d'une saveur extrêmement douce.

Et ailleurs; les Pommes de terre qui ont été cuites avant d'être séchées & pulvérisées, fournissent une farine douce, savoureuse, mais moins blanche que celle des Pommes de terre qui n'ont pas été au feu; cette farine ne change pas de couleur lorsqu'on la délaie dans l'eau: on pourroit la conserver des siècles, pourvu qu'elle fût renfermée dans un endroit sec & à l'abri des animaux destructeurs; elle deviendroit une ressource de plus dans les années de disette & de stérilité, &c. On pourroit encore mêler cette poudre avec la pulpe de Pommes de terre, &, à l'imitation des pâtes de Gênes & d'Italie, en former des espèces de vermicelles & de macaronis, en y ajoutant les assaisonnemens ordinaires.

Ce procédé consiste donc à laver les Pommes de terre, à leur faire jeter quelques bouillons dans l'eau chaude, à les peler, si l'on veut, à les diviser par tranches d'environ une ligne & demie d'épaisseur, ce qu'on peut faire à l'aide d'un instrument, à les exposer dans un four où on les retourne pour les faire sécher; on peut ainsi les conserver fort long tems. Le moyen le plus simple d'en faire usage, est de les mettre dans un vase avec un peu d'eau, sur un feu doux; elles y reprennent leur mollesse, & deviennent en un instant un aliment très-sain: réduites en farine & cuites au lait ou au bouillon, elles offrent un aliment assez bon, mais recèlent cependant une saveur particulière qui n'a rien de désagréable. Cette farine, mêlée par moitié avec celle de froment, donne aussi un pain assez bon.

Conservation des Pommes de terre par le moyen de la macération dans l'eau, par M. de Lasteyrie.

Les Pommes de terre doivent être lavées avec soin; on les coupe ensuite par tranches d'une ligne ou une ligne & demie d'épaisseur, ce qui s'exécute rapidement avec le moulin coupe-racines. Au fur & à mesure qu'elles sont coupées, & le plus promptement possible, de peur qu'elles ne noircissent à l'air, on les jette dans des cuves, baquets ou tonneaux préparés à les recevoir: ces vases doivent contenir assez d'eau pour que les Pommes de terre en soient complétement & abondamment recouvertes. Le premier jour qu'elles sont à macérer, l'eau sera changée au moins deux fois; & à cet effet les vases doivent recevoir un robinet; ou plus simplement, être percés d'un trou à la hauteur d'un pouce au-dessus du fond; autour de ce trou, on a soin de mettre un peu de paille. Ces dispositions sont nécessaires pour que le changement d'eau s'exécute facilement, pour que le trou ne s'engorge point, & pour que l'eau qui doit entraîner la matière extractive & colorante ne puisse en même tems entraîner la fécule. La macération doit durer de six à dix jours, suivant le degré de température de la saison & du lieu où seront placées les Pommes de terre. Lorsqu'on verra paroître une espèce d'écume sur l'eau, lorsqu'elles commenceront à répandre une légère odeur acidule, ou, ce qui est un signe encore plus certain, lorsqu'elles commenceront à se décomposer dans leurs parties extérieures & à former une espèce de bouillie, il sera tems de les retirer. Dans les vingt-quatre heures qui précéderont, on aura soin de changer leur eau deux fois au moins. On pourroit cependant les laisser encore macérer plusieurs jours & même plusieurs semaines, sans craindre de les perdre, pourvu qu'on eût soin d'en changer l'eau trois ou quatre fois les deux derniers jours, avant de les soumettre à la pression. Dans cet état elles pourroient acquérir une odeur légérement désagréable, sans que la farine qui en proviendroit eût un mauvais goût, l'eau avec laquelle on les lave enlevant entiérement la saveur qu'elles auront contractée. Les Pommes de terre étant retirées, on les mettra à la presse afin d'en extraire plus promptement l'eau qu'elles contiennent; on peut à cet effet se servir de sacs de grosse toile claire. Au sortir de la presse, elles seront aussitôt répandues également sur des draps ou sur des claies couvertes de papier gris, & exposées ainsi à l'air & au soleil, si la saison le permet; sinon il faudra les mettre dans un grenier ou dans une chambre où l'on puisse établir un courant d'air, ou enfin dans une étuve construite à cet effet, si l'on vouloit opérer en grand & travailler pour le commerce. On pourroit également les mettre sur des claies, & les faire sécher au four après que le pain en aura été retiré, observant que le degré de chaleur ne soit pas trop fort; car alors les Pommes de terre, au lieu de se réduire en une substance friable & farineuse, se durciroient, & deviendroient transparentes & semblables à de la corne: dans ce cas elles ne seroient cependant pas perdues, elles serviroient pour la cuisine; en les faisant détremper dans l'eau tiède & cuire, elles pourront s'accommoder de différentes manières; mais elles seront surtout bonnes comme gruau, après avoir été concassées. La dessiccation étant achevée, les Pommes de terre seront friables sous les doigts; pour les réduire en farine, on peut se servir du moulin à blé ou du mortier, & la farine sera d'autant plus belle, que la dessiccation aura été plus prompte. Ces deux opérations ne sont d'ailleurs ni difficiles ni dispendieuses. On voit donc que tout ce procédé consiste à désunir & diviser par la macération les parties constituantes de la Pomme de terre, & à enlever, par le moyen de l'eau, la matière extractive, qui, en se combinant avec l'air, donneroit à la farine une âpreté & une couleur désagréables. Par cette manière de traiter les Pommes de terre, on trouve un grand avantage sur celle employée pour obtenir la fécule. La main-d'œuvre n'est pas plus considérable, & le produit est bien plus grand, puisqu'avec beaucoup de précautions on ne peut extraire que trois onces de fécule, au plus, sur une livre de Pommes de terre, tandis que par ce procédé on obtient deux livres & près de trois quarts de farine, sur dix livres de Pommes de terre: ainsi toutes les parties nutritives sont conservées; l'eau seule de combinaison disparoît. Pour faire de la bouillie au lait ou à l'eau, il faut très-peu de cette farine; elle est aussi bonne que celle de froment pour faire les sauces blanches, & elle s'emploie également aux autres usages de la cuisine; on en fait des gâteaux & des potages au beurre & au bouillon; elle peut remplacer la fécule de différentes plantes, & peut-être même le salep que nous achetons à si grand frais; elle donne une colle excellente & très-fine.

Pour faire du pain avec cette farine, on peut la joindre à celle de froment dans différentes proportions: associée par moitié, le produit en poids du pain qui en provient, égale, s'il ne surpasse celui de la farine de froment seule, & le pain en est très-beau & très-bon, & se conserve assez bien.

Ce procédé est encore peu répandu; la bonté de ses produits, & son exécution assez facile, font desirer qu'il le devienne. Outre ses avantages en tems de disette, son adoption préviendroit la perte qui résulte annuellement dans les campagnes des Pommes de terre qu'on est obligé de jeter au moment de leur germination: on ne peut donc trop le recommander.

De divers autres moyens de dessiccation & de conservation.

Premier moyen. M. Cadet de Vaux, toujours occupé d'objets utiles, n'a point oublié la Pomme de terre; il a entr'autres annoncé deux procédés, qu'il appelle, l'un *par dessiccation*, qui ressemble assez à l'un de ceux dont nous avons déjà parlé; & l'autre, qu'il appelle *procédé par extraction*; voici en quoi il consiste: dans l'extraction de la fécule, telle qu'elle se pratique ordinairement, la matière fibreuse est, ou abandonnée aux animaux, ou même perdue. M. Cadet de Vaux a voulu en tirer parti; il a imaginé de la faire sécher séparément, & de l'associer ensuite à la farine des céréales, soit seule, soit réunie à la fécule, & ce, dans différentes proportions. Dans cet emploi de la matière fibreuse il trouve réuni, économie, augmentation de saveur & faculté de subir la fermentation panaire que n'avoit plus la fécule, & qui lui est restituée par cette addition. C'est surtout pour les farines de froment un peu détériorées qu'il recommande l'emploi de ce procédé, ayant remarqué que le pain qui provenoit de ce mélange étoit de fort bonne qualité.

Deuxième moyen, aussi employé avec succès. Les Pommes de terre ayant été râpées ou écrasées sous le moulin à cidre, sont portées sous le pressoir; on en extrait toute l'eau de végétation: ce marc se trouve par-là réduit en une masse solide, d'autant plus sèche qu'elle sera plus mince; on la divise en morceaux cubiques de quatre à six pouces; on transporte ces cubes dans un lieu sec & chaud, s'il est possible, & on a soin de les retourner toutes les semaines, jusqu'à ce qu'ils soient parfaitement secs : ils doivent, en cet état, se conserver plusieurs années. On peut, à mesure du besoin, les employer, soit en les faisant cuire de diverses manières, soit en les faisant moudre, & associant leur farine à celle de froment ou autre, pour en faire du pain.

Troisième moyen. Les pommes de terre doivent être lavées d'abord, puis coupées en morceaux de la grosseur du doigt, exposées au soleil jusqu'à ce que leur surface se durcisse, & rentrées avant son coucher; elles y sont réexposées le lendemain si cela est nécessaire, à raison du peu de chaleur de la saison. Ce premier degré de dessiccation obtenu, on les remet en tas pour subir un premier degré de fermentation. Après douze heures environ, & lorsque la chaleur s'y établit, on les étend sur le plancher, & on les y laisse se raffermir. On les remet en tas pour fermenter, & on les étend de nouveau. Cette opération est répétée jusqu'à ce qu'elles n'exhalent plus aucune odeur, & jusqu'à ce qu'elles soient parfaitement sèches. Elles peuvent alors se moudre comme le blé, & donnent une farine passable.

Ce procédé, dû à M. Febvre, maire de la commune du Mont-Saint-Vincent, département de Saône & Loire, a été mis en pratique dans plusieurs communes de ce département.

Quatrième moyen. Les Pommes de terre, après une légère ébullition & un commencement de dessiccation au four, sont portées dans un endroit sec, &c.

Cinquième moyen. On leur ôte les yeux, afin de les empêcher de germer; on les expose ensuite au soleil ou à l'air, ou dans un four, pour les faire sécher, &c.

Les produits obtenus par ces trois derniers procédés sont en général très-médiocres.

Extraction de la fécule.

Quand les Pommes de terre sont lavées, ce qui doit être fait avec beaucoup de soin, on les jette toutes mouillées dans la trémie du MOULIN-RAPE (*voyez* ce mot); les racines une fois divisées, tombent dans un baquet placé sous le moulin, sous la forme d'une pâte liquide qui ne tarde pas à se colorer à l'air, & devient d'un brun-foncé. A mesure que le baquet se remplit, on met la pâte qu'il contient dans un tamis de crin, d'une dimension égale à celle du baquet sur lequel il pose, & l'eau qu'on y verse, entraîne avec elle l'amidon qui se dépose à la partie inférieure: lorsque la pâte n'en contient plus, on la presse entre les mains. Dans le tamis est la matière fibreuse que l'on emploie ordinairement à la nourriture des bestiaux, & que cependant l'on pourroit aussi faire sécher séparément pour la nourriture des hommes. Le dépôt étant achevé, on jette l'eau qui le surnage, & on en ajoute de nouvelle, tant qu'elle est colorée; on agite le tout au moyen d'une manivelle, jusqu'à ce qu'elle forme un lait; on le transvase ensuite dans un autre baquet, au-dessus duquel est un tamis de soie, & dès que la fécule est déposée, on jette l'eau; on en ajoute deux ou trois pintes environ, pour enlever la crasse qui salit la superficie, ce qu'on nomme *dégraisser.* On agite de nouveau, on remplit le baquet deux à trois fois d'eau; c'est alors que l'amidon est blanc & pur. L'opération une fois achevée, & la fécule parvenue au degré de blancheur qui caractérise sa pureté, on imite précisément les soins de l'amidonnier & du vermicellier; on enlève le précipité bien lavé; on le divise par morceaux que l'on distribue sur des tablettes à claire-voie, garnies de papier; quand il est un peu ressué à l'air, on le porte à l'étuve; à mesure qu'il sèche, il perd le gris-sale qu'il avoit au sortir de l'eau, pour prendre l'état sec, blanc & brillant: passé aussitôt à travers un tamis de soie, il acquiert une ténuité comparable au plus bel amidon.

Cette fécule ou amidon peut être cuite dans l'eau, dans du lait, dans du bouillon, & elle sert, dans cet état, aux malades, aux estomacs foibles; elle se substitue avec beaucoup d'avantage à la farine de froment pour faire de la bouillie aux enfans, étant aussi substantielle & beaucoup plus légère: on en prépare d'excellente crême, des biscuits, des gâteaux, &c.; elle fait des sauces blanches meilleures que celles à la farine. Si elle n'étoit pas d'un prix si élevé, on pourroit aussi l'associer à la farine pour en faire un pain très-agréable, très-léger, mais probablement moins nourrissant. On pourroit l'employer également dans plusieurs arts, pour faire de la colle, &c. L'eau qui a servi à séparer la fécule de la pulpe peut être employée à blanchir le linge fin; elle mousse comme celle où on a fait dissoudre du savon. Il seroit à desirer que les fabriques de fécule de Pommes de terre fussent plus répandues, & qu'il s'en fît même chez les particuliers; son prix baisseroit, & l'usage en deviendroit plus général.

La Pomme de terre cuite à l'eau, pelée & introduite dans un tube de fer-blanc percé à cet effet, & foulée à l'aide d'un piston qu'on y introduit, donne une pâte qui s'en échappe sous forme de vermicelle: étalée & séchée, elle peut le remplacer dans tous ses usages.

Fabrication d'eau-de-vie de Pomme de terre.

Depuis quelques années, & à l'imitation des Allemands, desquels nous est venu ce procédé, on a établi dans le département du Nord des distilleries de Pommes de terre: cuites à l'eau ou même à la vapeur, puis broyées & mêlées dans certaines proportions avec la drèche & la levure de bière, dont l'addition leur est nécessaire pour les faire parvenir à un degré de fermentation convenable & en obtenir toute la partie spiritueuse qu'elles sont susceptibles de donner, elles sont ensuite mises à macérer dans des cuves où la fermentation s'établit. Lorsqu'on juge qu'elle est à son point, on les met dans un alambic, & l'on procède à la distillation. La liqueur qu'on en obtient est à douze degrés; on la porte à dix-huit par la rectification. Le résidu de la distillation sert à nourrir les bestiaux, & leur profite autant, dit-on, que les Pommes de terre elles-mêmes; ce qui est difficile à croire. Au reste, ce nouvel emploi de la Pomme de terre, en rendant sa culture plus fructueuse, est pour elle un nouvel encouragement.

De l'usage des Pommes de terre gelées ou germées.

Tous les ans, à la fin de l'hiver, on voit & revoit avec peine, à la porte de presque tous les habitans des campagnes, des tas de Pommes de terre gelées & germées; la plupart d'entr'eux peuvent bien n'être pas logés commodément pour les conserver avec facilité, mais il faut convenir aussi que c'est souvent leur faute; il est bon qu'ils sachent que, dans ces différens états, ils peuvent encore en tirer parti.

Les Pommes de terre frappées par le froid & dégelées ensuite spontanément, ne tardent pas à s'altérer, & si l'on ne se hâte de les employer, la pourriture s'y met & gagne bientôt la totalité de la masse; elles exhalent alors une odeur infecte. Il faut prévenir ce moment, en les soumettant à la râpe pour en extraire la fécule, ou employer le procédé de la macération, ou tout autre s'il en est encore tems. Il ne faut cependant pas s'attendre à ce que les produits aient la même qualité, mais enfin cela vaudra mieux que de tout perdre. Les Pommes de terre germées peuvent être soumises aux mêmes procédés, mais elles donnent une proportion moins grande en fécule : on pourroit encore les abandonner aux animaux s'ils veulent s'en accommoder; mais ils n'en sont alors guère friands; car si elles ont été exposées à l'air ou plutôt à la lumière, elles ont pris une couleur verte, & contracté une âcreté désagréable. D'autres fois, & cela arrive particuliérement aux jaunes & aux violettes, la germination y développe un principe sucré, & j'ai rencontré de ces dernières dont la saveur imitoit exactement celle de la patate. Il y a lieu de soupçonner que celles dont il est ici question avoient subi un commencement de germination avant d'être arrachées, & que, peu avant d'être mangées, elles avoient été exposées à un très-grand froid, sans cependant en avoir été décomposées; car la gelée aussi adoucit les fruits & les racines. Au surplus, ce ne sont là que des conjectures, & cette expérience mériteroit d'être suivie.

Réflexions sur les diverses préparations dont il vient d'être question.

Après l'examen le plus attentif & le plus impartial de tous les procédés de dessiccation & de conservation qu'on peut appliquer aux Pommes de terre, tout en rendant justice au mérite & aux intentions de leurs auteurs, nous ne nous en sommes pas moins confirmés dans l'opinion que la meilleure manière & la plus économique étoit de les consommer en nature. Malgré ce que nous avons exposé des difficultés de leur conservation & de leur propension à germer, &c., il est de fait qu'on peut en avoir & en manger jusqu'au moment de la récolte suivante. Il est notoire que tous les ans, à la Halle de Paris, les anciennes se vendent concurremment avec les nouvelles, & à un prix assez modéré. En 1813, dès le 10 de juin, on y vendoit de la truffe d'août assez belle; en 1814, année beaucoup plus tardive, on n'y en a vu que le 25 juin; mais au commencement de juillet tous les marchés en étoient abondamment fournis, ainsi que de la vitelotte; car de ce que nous avons indiqué le 15 d'août comme l'époque de la maturité complète de la variété dite *truffe d'août*, il n'en faut pas conclure qu'elle ne puisse pas se manger plus tôt, &, à ce qu'il paroît, sans aucun inconvénient pour la santé, puisque, d'après son analyse faite par nous au 10 juillet, elle paroît dès-lors contenir tous ses principes dans la proportion accoutumée. Nous en avons indiqué une autre encore plus hâtive, connue à Edimbourg, qu'il sera désormais facile de se procurer; & d'autres variétés provenant de semis, qui s'élèvent aujourd'hui, nous promettent une récolte encore plus précoce. De plus, avec le moyen très-simple de les enterrer avec certaines précautions, il paroît que la durée des anciennes peut être prolongée beaucoup au-delà du terme accoutumé. Nous n'entendons pas pour cela proscrire dans l'économie domestique aucune des préparations conservatrices, dont plusieurs sont déjà consacrées par l'usage. Dans un ménage, où tout le monde peut mettre la main à l'œuvre sans qu'il en coûte de déboursés, tout est économie, tout est bénéfice. Quand la saison avancée fait craindre de perdre ce qui reste de la provision, tous moyens de la sauver sont bons; on ne doit point calculer avec la crainte de perdre une denrée précieuse; on calcule encore moins avec la crainte de la disette. Ce n'est donc que de leur emploi dans la boulangerie, & dans les grandes villes seulement, que nous entendons parler; c'est là que l'embarras des manipulations se fait sentir dans toute son étendue, & que les dépenses deviennent exorbitantes. Ce n'est guère, en effet, que dans les momens de cherté des grains, que l'on pense à recourir à ces moyens, & c'est précisément alors qu'ils cessent d'être avantageux, & que leur exécution devient impossible : la quantité de Pommes de terre qui est dans le commerce est bornée; cette quantité trouve son emploi & sa consommation dans l'usage ordinaire; si on veut l'appliquer à un usage extraordinaire, sur-le-champ, par-là même il devient impossible de s'en procurer; son prix est communément en rapport avec celui du blé; il hausse & baisse à peu près dans la même proportion; d'où il résulte nécessairement qu'en tems de disette, toute spéculation sur cette denrée est impossible ou ruineuse; car, soit qu'on en suppose le prix à 6 fr. le setier quand celui du blé est à 24 fr., soit qu'on le suppose à 12 fr. quand le blé est à 48 fr., par le seul fait d'une dessiccation, qui la réduit au quart de son poids, elle se trouve élevée au même taux que le blé, & cela indépendamment des frais de préparation & de transport. On peut bien objecter que le commerce & l'industrie y suppléeront; que s'il y avoit demande de Pommes de terre, il y auroit production de Pommes de terre, & pour toute autre denrée, c'est en effet ce qui arrive ordinairement. Mais qu'on y prenne bien garde, la culture de la Pomme de terre est nécessairement circonscrite; une culture nouvelle ne peut s'établir qu'aux dépens d'une ancienne; elle est plus coûteuse que celle de blé, & fût-elle plus avantageuse, il lui faut des bras, & c'est surtout de bras que manque notre agriculture. S'il faut quinze journées d'hommes pour la production & la récolte d'un arpent de blé, il en faut vingt-cinq, même jusqu'à quarante pour celle d'un arpent de Pommes de terre, & c'est dans la saison des travaux que ces journées sont nécessaires. En attendant qu'elle soit plus répandue, faisons en sorte d'en user avec économie, c'est-à-dire, ne lui faisons point perdre une partie de ses propriétés alimentaires par des préparations qui lui enlèvent les trois quarts de son poids. Qu'on ne dise pas que le quart restant jouit à lui seul des facultés nutritives de la totalité, attendu que ce n'est que l'eau de végétation qui en a été enlevée; ce seroit comme si l'on vouloit soutenir qu'un volume donné d'herbe fraîche ne nourrit pas plus d'animaux dans son état naturel, que quand il est séché & réduit en foin. Mais sans recourir à des exemples étrangers, tenons-nous-en à ceux fournis par la Pomme de terre elle-même. Plusieurs faits nous ont été cités, qui tendent à prouver, & il nous a été assuré positivement par M. Tessier, que la quantité de Pommes de terre simplement cuites à l'eau, & nécessaire pour la nourriture d'un homme, n'a pas besoin d'être d'un poids beaucoup plus considérable que celle du pain qu'il auroit mangé en place, d'où l'on pourroit inférer que l'eau de végétation combinée par la nature dans les Pommes de terre s'y manifeste d'une manière plus avantageuse que celle qu'y auroit combinée la fermentation panaire; de sorte qu'il n'y a aucun avantage à panifier la Pomme de terre en nature, & qu'il y auroit trois quarts de perte à la dessécher pour la panifier. Nous avons répété sur nous-mêmes une expérience à peu près semblable, & nous avons trouvé que douze onces de Pommes de terre pesées crues, & cuites sous la cendre, équivaloient pour nous à six onces de pain. Il est bon de savoir que la Pomme de terre cuite à l'eau, à un degré convenable, n'acquiert ni ne perd sensiblement rien en poids, & que cuite sous la cendre, elle peut perdre depuis un quart jusqu'aux deux cinquièmes.

Considérations sur la culture de la Pomme de terre, & réponse à quelques objections.

Les usages de la Pomme de terre, que nous avons passés en revue, sont si variés & si nombreux, elle est, pour les pays qui ont adopté sa culture, une telle source de population & de prospérité, qu'on se demande pourquoi elle n'est pas générale, pourquoi elle est encore si peu répandue dans nos départemens du Midi, du Centre & même de l'Ouest, ainsi que nous l'avons déjà fait observer; nous en avons bien indiqué quelques causes; mais desirant ne rien omettre sur un sujet aussi important, & forts des connoissances présentement acquises, nous allons y revenir, & combattre quelques objections contre sa culture, tirées des frais qu'elle exige & de l'effritement du sol qu'on lui reproche.

Les Pommes de terre effritent-elles le sol? Si c'est à la formation seule des graines qu'est dû cet effet, comment peut-il être produit par les Pommes de terre, qui ne donnent que peu ou point de graines? Enfin, si elles l'épuisent, comment se fait-il qu'elles soient une excellente préparation pour le blé?

Essayons de répondre à ces questions d'une manière satisfaisante, & d'expliquer ces apparentes contradictions.

Lorsque l'on considère le volume énorme de la récolte qui sort d'un champ planté en Pommes de terre, lorsqu'on fait attention aux nombreux suçoirs dont cette plante est pourvue, à l'augmentation de récolte qu'occasionne l'abondance des engrais, quand on lui en donne, peut-on croire que le détritus de ses tiges, de ses feuilles & de ses racines, tel considérable qu'il soit, puisse être une restitution équivalente? La Pomme de terre, dira-t-on, ne produit que peu ou point de graines, dont la plupart ne mûrissent qu'imparfaitement, & il est prouvé par plusieurs expériences bien constatées, que c'est la production seule & la maturation des graines qui épuisent la terre. Cela est vrai; mais il est ici une distinction importante à faire entre la végétation de la Pomme de terre & celle de la plupart des plantes que nous cultivons seulement pour leurs graines: prenons le blé pour exemple; une comparaison faite entr'elle & lui sera, en raison de leur éloignement, d'autant plus frappante. Le blé, pourvu seulement d'une tige grêle & de feuilles étroites & rares, dont par conséquent la sphère d'attraction est bornée, ne peut tirer de l'atmosphère qu'une très-petite partie de sa nourriture, & quelque tems avant sa maturité, sa tige & ses feuilles se desséchant, ne paroissent plus propres à remplir d'autres fonctions qu'à servir de conduit entre l'épi & les racines;

celles-ci font fibreufes, & propres à pomper avidement les fucs qui font à leur portée pour nourrir un grain très-fubftantiel, & qui ne peut acquérir cette fubftance ou ce carbone qu'aux dépens de la terre; il doit donc l'épuifer, & il l'épuife en effet. La Pomme de terre, pourvue également de racines fibreufes, produifant de gros & nombreux tubercules, dont le volume brut égale dix fois celui du blé, & donne encore en fubftance folide, & conféquemment en carbone, une quantité égale à deux fois & demie celle du blé, même lorfqu'il eft réduit au quart par la defficcation, doit épuifer la terre; auffi l'épuife-t-elle en effet.

Mais confidérons-la fous un autre point de vue, & tout va changer de face à fon avantage.

La Pomme de terre, abondamment pourvue de tiges charnues & d'un épais feuillage, couvre la terre pendant l'été, s'oppofe à l'évaporation des gaz provoquée par l'action du foleil & du hâle, ou les abforbe à leur paffage, & pompe auffi dans l'air une bonne partie de fa nourriture. Les profonds & fréquens labours qu'elle exige, nétoient le fol, l'ameubliffent, le rendent perméable aux influences météoriques. Tout en épuifant la terre pour elle-même, elle veut au moins l'épuifer toute feule; fi elle la laiffe un peu épuifée au blé qui la fuit, elle la laiffe du moins à lui tout feul; elle la lui laiffe difpofée à réparer fes pertes; il n'a plus à craindre la concurrence de mille plantes parafites, & peut à fon gré, dans une terre libre & ameublie, étendre fes nombreufes mais foibles racines, & profiter exclufivement de ce qui y refte de fucs nourriciers. L'expérience juftifie ces conjectures, & il eft bien reconnu qu'il n'eft jamais de blé ou de feigle plus beau, plus fain, plus grenu, plus net que celui qui fuccède à la Pomme de terre, & il en eft ainfi pour toute autre efpèce de céréales.

Il eft même des cas où fa culture leur eft un préalable néceffaire. Dans des terres neuves, dans des prairies nouvellement défrichées, la plupart d'entr'elles ne pouffent qu'un feuillage épais, mais ftérile : la Pomme de terre y donne un produit merveilleux & met des bornes à cette luxuriance de feuillage. Il y a cependant quelqu'inconvénient à ce que fa culture précède immédiatement celle du blé ou du feigle; c'eft que fa récolte fe faifant un peu tard, les femences ne peuvent fe faire que tard auffi; il eft vrai qu'un feul labour fuffit pour femer, & dans ce cas il eft à defirer que la terre, fi elle en a befoin, ait reçu l'engrais avant la plantation des Pommes de terre. On y trouve plufieurs avantages : il n'y a point de perte de tems pour le charrier; il fe trouve en partie payé, les Pommes de terre en ayant profité, & la deftruction des plantes parafites, dont il contient toujours des graines, a pu être opérée par les diverfes façons qui ont été données. C'eft au cultivateur à juger lequel eft pour lui le plus expédient, ou d'avancer de quelques jours la récolte des tubercules, pour moins retarder les femailles, ou, dans le cas contraire, d'avoir recours à l'orge & au blé de mars. Il peut encore parer à cet inconvenient par l'emploi judicieux de quelques variétés hâtives. La truffe d'août & plufieurs autres qui mûriffent dans ce mois, lui laifferoient amplement le tems de préparer fes champs. Nous devons cependant ici faire fur l'emploi de ces diverfes variétés une remarque relative à l'influence fur l'épuifement du fol, que peut avoir chacune d'elles, en raifon de la différence d'époque de fa végétation : car ce que nous avons dit de l'abri donné au fol par les Pommes de terre, & de l'abforption préfumée des gaz par fon feuillage, ne s'applique pas également à toutes fes variétés : la truffe d'août & autres hâtives le laiffent à découvert de très-bonne heure; les tiges grêles & peu fournies en feuilles de la vitelotte & de la Hollande rouge le couvrent à peine, & laiffent après elles de foibles débris, lorfqu'on les compare aux patraques blanche, jaune & rouge, & il eft poffible que les tubercules des hâtives mûriffant plus complétement, & contenant plus de principes fous un moindre volume, épuifent le fol plus que des tubercules plus gros, mais plus aqueux. Nous regardons ces confidérations comme neuves, & leur importance nous paroît mériter l'attention des agriculteurs.

On reproche encore à la Pomme de terre les frais qu'exige fa culture, mais ce défaut eft légérement couvert par fon grand produit. Un arpent de médiocre qualité, planté en Pommes de terre, peut nourrir cinq & fix fois autant d'hommes qu'un bon arpent de blé; & de plus, dans un cours de moiffons jugé avantageux, on ne doit point confidérer un feul article ifolément. Si fon emploi eft néceffaire, fi fa place eft marquée pour le complément des autres, lucratif ou non, on ne doit point le fupprimer. Il feroit ici déplacé d'entrer dans de trop grands détails fur ce fujet, qui fera convenablement développé aux mots SUCCESSION DE CULTURE; il nous fuffira de dire, avec M. Yvart, que la Pomme de terre, bien que fufceptible d'être cultivée avec grand profit dans de bons terreins, eft néanmoins très-propre à tirer parti des bruyères, des terres vaines & vagues, des friches, des landes, des tourbières fèches & improductives, &c., & à entrer dans l'affolement des terres filiceufes. (SAGERET.)

Fin du tome cinquième.